百年流泽

从土山湾到诸巷会

（上）

姚鹏 著

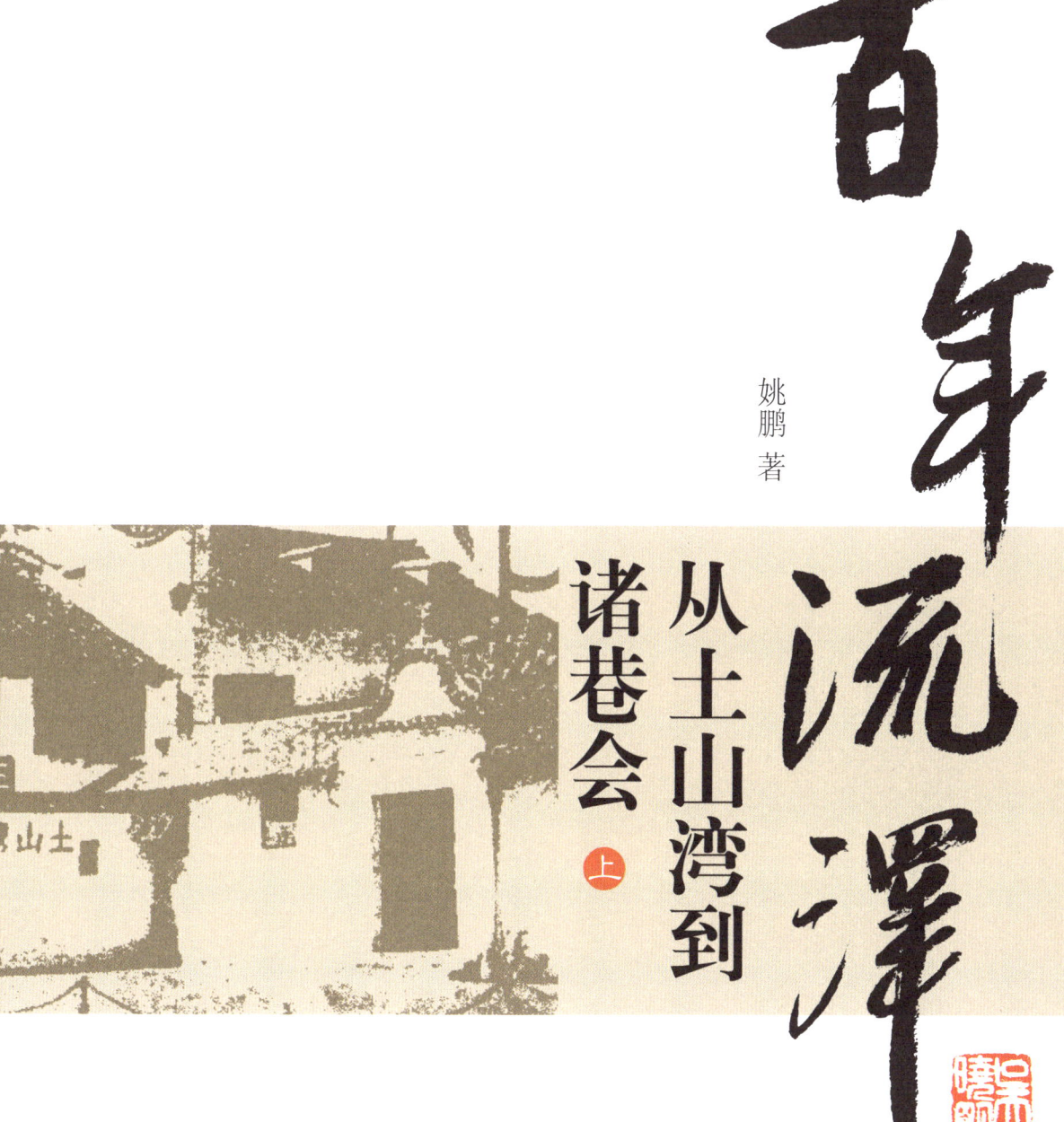

中西书局

图书在版编目（CIP）数据

百年流泽：从土山湾到诸巷会 / 姚鹏著 . —上海：中西书局，2020
 ISBN 978-7-5475-1740-6

Ⅰ. ①百… Ⅱ. ①姚… Ⅲ. ①出版事业—史料—汇编—中国—近代 Ⅳ. ① G239.296

中国版本图书馆 CIP 数据核字（2020）第 136298 号

前　言

三十多年前笔者翻译的《不列颠少年儿童百科全书》开篇提到："历史是什么？历史就是过去的故事。"当然，是真实的不是虚妄的故事，是完整的不是片面的故事，这个稚童都应该懂得的道理却是吾辈治史最容易忽略或漠视的前提。治史是从万花筒里看世界，五彩缤纷才是真实的，人为地过滤掉某些颜色，还原的只能是单调的、错配的、虚假的现实。

近代中国所发生的翻天覆地的变化是五千年中华大地上从未有过的，西方舶来的科学技术、宗教信仰、思想观念、文化艺术，在这片古老的土地上发酵，像幽灵徘徊，亦像洪水猛兽，摧枯拉朽般荡涤了曾被视为金科玉桌的一切，如同《浮士德》里的靡非斯特，搅乱了原有的自然欲求和道德灵境，让人们重新抉择。约百年的大变革是人类历史上内容最为丰富的篇章，其历史地位不逊于英国工业革命、美国独立战争和法国大革命。

解读中国近代史时常可以发现许多领域存在缺失和扭曲的现象，比如基督教在中国的传播并没有得到全面、完整、细致的研究和表述，致使后人对历史上许多现象不能做出合理解释。毕竟今日视为积极的、有益的西来之物，有一些是传教士为了敲开泱泱大国之门带进来的。无视其源，何议其果？

吾侪的研究如不想陷入往日的套路，必须掌握第一手资料。然而历经百年间的风风雨雨，西方近代来华教会的书籍和文献存世非常少。幸运的是，笔者因偶然机会接触并收藏了一些天主教和基督新教的文献，仅图书就有三千余种，还有期刊、手稿、布告、碑拓、画片、宣传画、邮品等，总数近万种。记得吾师葛力及张世英、王太庆等前辈一向教诲读原著的重要性，不可人云亦云。读了这几千部原著后，笔者才有勇气写下这部作品，介绍天主教百年来在中国发生的鲜为人知的故事，或许对读者重新认识中国近代史有所帮助。

书籍是传教士留下的脚印，把他们撰写和出版的书籍排列组合，可以勾勒出他们在中国工作和生活的路径。可惜的是笔者收藏和阅读的书籍有限，难言全面。关于文献，有一些情况需要特别说明。由于尚不清楚的原因，上海保留下来的耶稣会文献比较完整，近些年又流落市井，得之稍易，故在本作里介绍得比较详细。遣使会和圣言会的文献完整性稍差一些，圣母圣心会的书籍多为法文汉学研究著作，在海外可以寻得。笔者对巴黎外方传教会、多明我会、方济各会的文献接触得比较少，故介绍的完整性欠佳。

本作立意成为研究天主教在华历史的学术著作，不专为介绍天主教教义和礼仪——那是在教学者的事情，仅仅为了行文逻辑和方便读者，对有关内容稍稍涉及，未做系统叙述，请读者自酌。

本作有很多文献出自笔者所藏手稿、稿本和拓片，引用者请注明出处。

姚　鹏

2019 年 5 月 20 日

目 录

前言	1
正文	1—1045
归去来兮	1
续古抚今	13
圣教柱石	35
下乡上山	49
三山论学	61
滕公栅栏	73
主经体味	79
理窟未穷	97
无年不书	105
默思圣难	117
爱主准则	131
修成正鹄	143
诇真辨妄	163
辟畦辩道	171
初桄拾级	181
工具辞书	195
方言白话	215

◎ 百年流泽——从土山湾到诸巷会
◎ 目录

乐国之王	229
泽沐桃李	245
圣歌天籁	271
汇堂石室	285
天文地理	307
千奇万妙	345
抚恤孤儿	359
山湾堂团	375
像解圣史	403
墨井道人	417
东西来去	431
东西来去（续一）	443
东西来去（续二）	453
东西来去（续三）	473
东西来去（续四）	489
兀兀穷年	513
青灯黄卷	525
济济有众	551
退思胜世	581

宠爱至要	601
崇德自尊	611
正福救世	625
效法基督	649
帝都城记	663
筚路蓝缕	691
圣人言行	717
默想神工	733
塞外秋实	759
天堂永福	787
孔子故里	815
文化殿堂	833
丝域史迹	845
与时偕行	879
光荣归主	891
徐氏庖言	913
国家真诠	925
圣心益闻	941
传教史记	959

◎ 百年流泽——从土山湾到诸巷会

◎ 目录

修道人家	987
修道人家（续一）	995
修道人家（续二）	1009
修道人家（续三）	1021
百年流泽	1039

附录 ································· 1047—1260
一、上海土山湾印书馆中文出版物目录	1048
二、上海土山湾印书馆西文出版物目录	1089
三、河间胜世堂印书房及天津崇德堂中文出版物目录	1106
四、河间胜世堂印书房及天津崇德堂西文出版物目录	1119
五、北京北堂印书馆及遣使会中文出版物目录	1128
六、北京北堂印书馆西文出版物目录	1138
七、兖州天主堂印书馆中文出版物目录	1146
八、兖州天主堂印书馆西文出版物目录	1156
九、香港纳匝肋印书馆及巴黎外方传教会中文出版物目录	1159
十、香港纳匝肋印书馆西文出版物目录	1167
十一、香港纳匝肋印书馆小语种出版物目录	1175
十二、香港公教真理学会出版物目录	1180

十三、澳门慈幼会印书馆出版物目录 …… 1189
十四、方济各会在华出版物目录 …… 1200
十五、圣母圣心会在华出版物目录 …… 1208
十六、天主教在华全国性机构出版物目录 …… 1214
十七、北平辅仁大学出版物目录 …… 1221
十八、天主教在华出版中文报刊目录 …… 1226
十九、天主教在华出版西文报刊目录 …… 1231
二十、天主教在华传教修会名录 …… 1237
二十一、天主教在华主要学校名录 …… 1251

外国人名译名对照表 …… 1261
索引 …… 1272
参考书目 …… 1344
跋后 …… 1348

归去来兮

> 除了还没有沐浴我们神圣的天主教信仰之外，中国的伟大乃是举世无双的。
>
> ——利玛窦

大清道光二十二年五月二十六日（1842年7月4日），一艘桅杆悬挂英国国旗的机帆船缓缓驶入吴淞口。随这艘船而来的法国耶稣会传教士，在鸦片战争后涌入中国的形形色色、来去匆匆的洋人里显得普普通通，并不显眼；然而各种文献却意味深长地总是提到他们俨然成为历史符号的名字：南格禄①和艾方济②，还有结伴而来、耽搁在浙江定海的李秀芳③。

法国历史学家史式徽在他的名著《江南传教史》里是这样记述这段历史的：

> 神父们商讨后决定把李秀芳神父留在定海，有英国国旗庇护，他在那里开展工作是很安全的。南格禄神父和艾方济神父，以及去山西的两位方济各会神父，7月4日傍晚，登上一艘英国机帆船"安娜"号驶向吴淞。安然到达长江口时，他们又遇见了停泊在那儿的"埃里戈纳"号军舰，禁不住一阵兴奋……英军1842年6月16日驶进吴淞，6月19日占领上海；准备溯扬子江大举进攻镇江和南京，欲迫使中国做出关键性让步。④

舰长塞西尔再次在他的军舰上款待了四位神父。7月12日，一条由教友划来的小船接走了南格禄和艾方济两位神父，把他们送到浦东金家巷教堂。"神父们从离开法国布雷斯特至今，已经十四个月零十六天了。在这漫长的航行期间，英国人已为欧洲各国商贾打开了中国大门，天主教传教事业的条件也随之而发生深刻变化。"⑤

鸦片战争迫使清政府签署的条约，其中包含承诺传教自由的条款。各国传教士们——不管他们是否希望被历史这样理解，但人们千真万确看到的是——尾随着那些坚船利炮纷至沓来。

这船，这人，这氛围，耶稣会拉开了其归去来兮——重返中国的序幕。

耶稣会是早在明代就进入中国的天主教修会，在中国天主教机构中大部分时间居主导地位。由于利益纷争，教宗克莱门特十四世迫于欧洲世俗君主压力，于1773年（乾隆三十八年）解散耶稣会。本来已经处于"地下"活动的在华耶稣会传教士陆续撤离，由其他传教组织接替他们的工作。1814年（嘉庆十九年）教宗庇护七世发布《普世教会之不安》谕旨，决定恢复耶稣会。但此时嘉庆、道光年间清廷奉行愈加严厉的禁教政策，其他传教宗会也被迫撤离中国内地，至道光六年（1826），在清廷任职的传教士

---

① 南格禄（Claudius Gotteland，1803—1856），字德朗，西班牙人，1822年入法国耶稣会，1840年晋铎。道光二十二年（1842）来华，道光二十八年（1848）为江南耶稣会会长。逝于上海。
② 艾方济（Eugène-Martin-François Estève，1807—1848），字健行，法国人，1833年入耶稣会。道光二十二年（1842）来华，次年晋铎。逝于上海。
③ 李秀芳（Benjaminus Brueyre，1810—1880），字雅明，法国人，1831年入耶稣会。道光二十二年（1842）来华，在定海逗留三个月，当年十月抵沪，道光二十七年（1847）晋铎。逝于献县。
④⑤ J. de la Servière, *Histoire de la mission du Kiang-nan*, Imprimerie de L'Orphelinat de T'ou-sè-wè, Zi-ka-wei près Chang-hai, Chine, 1914, tom. I, par. I, chp. I, iii, p. 50. 史式徽及本作品详情见本书"传教史记"章。

也被驱离。大清国对洋教的禁教政策延缓了耶稣会返回中国的步伐。

然而这一天终于等到了。三位背负"崇高而神圣"使命的神父，携带着沉重的行囊，从法国西海岸出发，"苦海行舟"到达菲律宾马尼拉，又搭德国商船抵达澳门，换乘英船经浙江定海由吴淞口进上海，不事声张地在浦东下船，悄然落脚金家巷教堂。如此低调地回到中国，并不是害怕那些留着长辫子的"刁民"和敌视他们的先驱者的"官府"，而是他们的"地盘"已经先后归属意大利圣家会和方济各会"经营"了。

回来的耶稣会传教士们在松江府佘山山麓的张朴桥和横塘暂歇后，立马开始安排传教工作，修复教堂，开办修院，整理典籍。中法签署《黄埔条约》后，清廷于道光二十六年（1846）正式弛天主教之禁，返还没收的教会财产。耶稣会在上海城外拿到董家渡和洋泾浜的两块土地，陆续修建了董家渡主教座堂和松江张朴桥圣母无玷圣心修道院。一切看起来都还顺利有序。

西方传教士把他们在中国的开拓毫不掩饰地称为"征服"。金尼阁将利玛窦留下的笔记整理出版，冠名为 De Christiana expeditione apud Sinas suscepta ab Societate Jesu（《基督教远征中国史》①）。法国传教士裴化行在《利玛窦神父传》里为此作"合理性辩护"说，"远征"一词还恰当，甚至使用"征服"也不算过分狂妄，"只要人们把这类好战隐语不看作暴力侵犯，而看作和平地带来解放的结果"。②

凡是回顾这段"征服"历史者，无不从"排头兵"利玛窦神父下笔。

意大利耶稣会传教士利玛窦（Matteo Ricci，1552—1610），字西泰，又字清泰、西江，时人常尊称其为利先生。利先生1571年加入耶稣会，1580年晋铎，万历十年（1582）到澳门，次年随罗明坚神父到肇庆。

耶稣会自创始人依纳爵·罗耀拉创建起就确立了两大传教原则：一是走上层路线，即与主流社会保持良好的关系；二是本地化方针，倡导以学习传教地区的语言和风俗为必要条件的灵活传教方法。在华耶稣会士的传教策略，可说是这两大原则的延续，同时又是他们对自身所处环境做出的反应，是上述两大原则的深化和具体化。利玛窦以自己的睿智塑造了许多为后继者遵循的"利玛窦路线"和"利玛窦规矩"。

先到澳门，学习汉语；次抵肇庆，初试传教；落脚南京，结交名士；终于北京，觐见皇帝。这条"利玛窦路线"看似简单，实则不易。在他之前无数留下名字或没有留下名字的传教士们，面对闭关锁国的"中央王朝"无不"出师未捷身先死"。利玛窦的成功得益于他周密的"路线图"：第一步，落脚于葡萄牙已窃据之地澳门，学习中文和中国文化知识，除了一张改不了的洋面孔外，一切中国化；第二步，进入内地的南方城市，尝试性传教，结交中国开明官员和知识分子，使自己浑然成为他们社交中的一员；第三步，由这些莫逆之交引荐，北上京城，觐见皇帝，成为朝廷要臣，得到当局认同后开展传教活动。

利玛窦广交朋友的"工具"是西学。他把西方新颖的科学知识、奇妙的工艺械具带到中国，使自认为天朝无所不有的人们放下傲慢的架子，视利玛窦为可结交的博学之士，博取了中国人的好感。利玛窦带动了晚明以后士大夫学习洋学问的潮流，开风气之先。

得力于人们对于他的自然科学知识的倾慕，利玛窦在南京居住期间，结识了叶向高、李贽、徐光启

---

① 即中文版《利玛窦中国札记》。金尼阁及本作品详情见"传教史记"章。
② 裴化行：《利玛窦神父传》，商务印书馆1993年版，第9页。

等人，或为他府老客，弄器谈天，或结伴夫子庙，品茗论道。

樊国梁在《燕京开教略》中记述了利玛窦向万历皇帝进献礼物这件事。利玛窦第一次进京未见到皇帝，同"遣使会友加大挠①，前往澳门，购办西洋珍贵玩好之物，将欲献之廷阙。计购得座钟若干架，佩表若干对，大自鸣钟一架，洋琴一张。尚有他种新奇之物若干箱"②。万历二十八年（1600）利玛窦带着准备献给皇帝的礼物，由庞迪我神父陪同，搭乘一名太监的船，北上京城。行至山东，某巡抚公子、利玛窦南京旧识，迎接款待。舟行至临清，督税太监马堂贪馋贡品，诬利氏行邪术。利玛窦不肯返棹南归，身陷囹圄。遣使会士巴斯第盎拂尔南多写信给京城故友疏通，利玛窦陷狱六月后获释。万历二十九年（1601）乘御赐马匹抵京。

关于利玛窦能够留京，樊国梁也另有说法。礼部大臣不喜利玛窦，欲将其驱逐，而司理钟表太监担心自己不能独自维护自鸣钟，遂帮利玛窦向皇上传呈奏状：

西洋陪臣利玛窦，谨奏为贡献土物事。臣本国极远，从来贡献所不通。迩闻天朝声教文物，窃欲沾被其余，终身为氓，庶不虚生。用是辞离本国，航海而来，时历三年，经八万余里，始达广东。缘音译未通，有同喑哑。俛居学习言语文字，淹留肇庆韶州二府十五年，颇知中国古圣先贤之学。于凡经籍，亦略诵记，粗得其旨。

乃复越岭，由江西至南京，又淹留五年。伏惟堂堂天朝，方且招徕四夷，遂奋志径趋阙廷。谨以原携本国土物，所有天主图像一幅，天主母图像二幅，天主经一本，珍珠镶嵌十字架一座，报时自鸣钟二架，万国图志一册，西琴一张等物，敬献御前。虽不足为珍，然自极西贡至，差觉异耳。且稍寓野人芹曝之私。

臣从幼慕道，年齿逾艾。初未婚娶，都无系累。非有望幸，所献宝像，以祝万寿，以祈纯嘏，佑国安民。实区区之忠悃也。伏乞皇上怜臣诚恳来归，将所献土物，俯赐收纳，臣益感皇恩浩荡。靡所不容，而于远人慕义之忱，亦少伸于万一耳。

又臣先于本国，忝与科名，已叨禄位。天地图，及度数，深测其秘。制器观象，考验日晷，并与中国古法吻合。倘蒙皇上不弃疏微，令臣得尽其愚，披露于至尊之前，斯又区区之大愿，而不敢必也。臣不胜感激待命之至。谨奏。③

由是，"圣悦"，下诏恩允利玛窦等人长居北京。

利玛窦在北京以自己丰富的东西学识，结交中国的士大夫，与之畅谈天主、灵魂、天堂、地狱。在此期间他用中文写成《二十五言》等著作，被相知的士大夫视为值得尊重的洋人。经多年努力，到他去世时，北京已有两百余人信奉天主教，其中不乏公卿大臣，最著名的、对后世影响最大的是进士出身的翰林徐光启。

---

① 加大挠（Lazare Cattaneo，1560—1640），又记郭居静，字仰凤，意大利人。樊国梁称郭居静为遣使会士，费赖之在《在华耶稣会士列传及书目》里记郭居静1581年入耶稣会，1588年乘船东来，1589年抵达果阿，传教印度沿岸。万历十九年（1591）来华，在南京、北京助利玛窦管理教务，万历二十四年（1596）徐光启等回籍，邀郭居静到沪。万历三十九年（1611）受李之藻之邀传教浙江。逝于杭州，葬大方井。著有《灵性旨主》《悔罪要旨》《音韵字典》。
② 樊国梁：《燕京开教略》，北京救世堂印书馆刊印，1905年版，中篇，第9页。
③ 樊国梁：《燕京开教略》，中篇，第9页。

利玛窦与徐光启等人合作翻译的欧几里得《几何原本》①以及他自己撰写的一些书，带给中国许多先进的科学知识和哲学思想。还有许多中文词汇，例如点、线、面、平面、曲线、曲面、直角、钝角、锐角、垂线、平行线、对角线、三角形、四边形、多边形、圆心、外切、几何、星期等就是由他们创造而沿用至今。

另外，利玛窦于万历十二年（1584）到达广州后，着手绘制《坤舆万国全图》，并于万历二十九年（1601）呈送神宗。他让中国人首次接触到了现代地理学知识。

稍早于利玛窦来华的传教士罗明坚（Michele Ruggieri，1543—1607），又记罗明鉴，字复初，意大利人，1572年加入耶稣会；万历七年（1579）到澳门，在澳门耶稣会负责人范礼安②神父指导下学习中国语言和风俗；万历九年（1581）进入广东，与利玛窦等人结伴在中国内地传教；万历十六年（1588）回国，用拉丁文翻译了中国经典，并为欧洲人绘制中国地图；逝于家乡。

罗明坚在澳门时，为传教准备，翻译了一本教义入门读物，整理后于万历十二年（1584）在广州出版，名为《天主实录》。此书梵蒂冈耶稣会档案馆有藏。

《天主实录》最突出的特点是把天主教"藏"于佛教袈裟之下。作者署名"天竺国僧"，除了"天主"等几个词外，大量采用佛教名词，如"僧""寺"，或者杂糅了天主教和中国本土宗教特点的"圣母娘娘"等。

据《基督教远征中国史》记述，范礼安和利玛窦等人对《天主实录》不甚满意。③万历二十一年（1593）范礼安提出希望利玛窦新编一部更完备、更适合中国文化的教理书籍。利玛窦于万历二十三年（1595）在南京伏案数月撰写了《天主实义》一书，后在冯应京④和徐光启等人帮助下，一再推敲神学术语的中文译名，于万历三十一年（1603）在北京刊印。

《天主实义》在形式上"易佛补儒"，摈弃罗明坚《天主实录》中的佛道教名词，统统换成儒学术语。在内容上，利玛窦借用儒学道理解释天主教教义，批驳儒学以外的其他中国传统思想，"独尊儒术"。"这本书里包含了摘自古代中国作家的一些合用的引语，这些段落并非仅仅作为装饰，而是用以促使读别的中文书籍的好奇读者，接受这部作品。"⑤

利玛窦在《〈天主实义〉引》里描述了他写这部著作的心路历程：

窦也从幼出乡，广游天下，视此厉毒，无陬不及，意中国尧舜之氓，周公仲尼之徒，天理天学必不能移而染焉。而亦间有不免者，窃欲为之一证。复惟遐方孤旅，言语文字与中华异，口手不能开动，矧材质卤莽，恐欲昭而弥暝之，鄙怀久有慨焉。二十余年，旦夕瞻天泣祷，仰惟天主矜宥生灵，必有开晓匡正之日。忽承二三友人见示，谓虽不识正音，见偷不声，固为不可，或傍有仁恻，矫毅闻声，兴起攻

---

① 利玛窦和徐光启只翻译了《几何原本》前六卷，清咸丰七年（1857），李善兰和英国伦敦会传教士伟烈亚力续译后九卷，曾国藩作序。
② 范礼安（Alessandro Valignano，1538—1606），字立山，意大利人，1566年入耶稣会，1570年晋铎，1573年被任命为耶稣会远东观察员，视察澳门教会，万历六年（1578）由印度果阿抵达澳门。范礼安认为传教士中国化有利于天主教的发展，要求传教士们学习中国语言和中国风俗。万历二十二年（1594）在澳门建立圣保禄学院。逝于澳门。
③ Matteo Ricci & Nicolas Trigault, *De Christiana expeditione apud Sinas suspecta ab Societate Jesu*, Augsburg, Christoph Mang, 1615, tom. V, chp. ii.
④ 冯应京（1555—1606），字可大，号慕冈，安徽泗州（今江苏盱眙）人，万历进士，曾任湖广监察御史，后因案入狱，得利玛窦劝告，皈依天主教。
⑤ Matteo Ricci & Nicolas Trigault, *De Christiana expeditione apud Sinas suspecta ab Societate Jesu*, tom. V, chp. ii.

之。窦乃述答中土下问吾侪之意,以成一帙。

受洗为教徒的明朝士大夫李之藻在《〈天主实义〉重刻序》记《天主实义》为十篇,而现在可见版本均为上下两卷八篇。

上卷分为四篇:第一篇"论天主始制天地万物而主宰安养之",论证天地万物有一主宰,"妙在抽象之哲理,能以文笔达之,阅之心爽神快";第二篇"解释世人错认天主",辩斥佛老空无之说与宋儒太极之论,结论谓太极与理不能为物之原;第三篇"论人魂不灭大异禽兽",证明人有不死不灭之灵魂;第四篇"辩释鬼神及人魂异论而解天下万物不可谓一体"。

下卷五至八篇:第五篇"辩排轮回六道戒杀生之谬说而揭斋素正志",将佛家关于轮回杀生之种种謷言,辞而辟之,卫道之论也;第六篇"释解意不可灭并论死后必有天堂地狱之赏罚以报世人所为善恶",解答天堂地狱等诸多难点;第七篇"论人性本善而述天主门士正学",解答儒家性善性恶问题;第八篇"总举大西俗尚而论其传道之士所以不娶之意并释天主降生西土来由",详述教士守贞之道。

李之藻概括《天主实义》的核心为两点。一、"人知事其父母,而不知天主之为大父母也。人知国家有正统,而不知惟天主统天之为大正统也。不事亲不可为子,不识正统不可为臣,不事天主不可为人。"二、"其论万善未备,不谓纯善;纤恶累性,亦谓济恶。为善若登,登天福堂;作恶若坠,坠地冥狱。大约使人悔过徙义,遏欲全仁。念本始而惕降监,绵顾畏而遄澡雪,以庶几无获戾于皇天大主。"

利玛窦作《天主实义》有着划时代的贡献:一方面《天主实义》被公认为西方人用汉语书写的第一部基督教神学著作,虽然出版的时间晚于《天主实录》,但是它系统、准确地建立起基督教的汉语语汇,历经四百多年沿用至今;另一方面,利玛窦明智地选择了一条正确道路——把基督之普世原则与中国儒家思想实践相结合,使儒家学说为其所用,为其所依。被人们视为利玛窦"征服"中国成功之密钥的"利玛窦路线"和"利玛窦规矩"基本原则,已尽在《天主实义》里体现了。

国内可见《天主实义》版本有明万历三十五年(1607)苏州燕贻堂刻本、万历三十五年(1607)杭州汪汝淳①刻本、崇祯元年(1628)

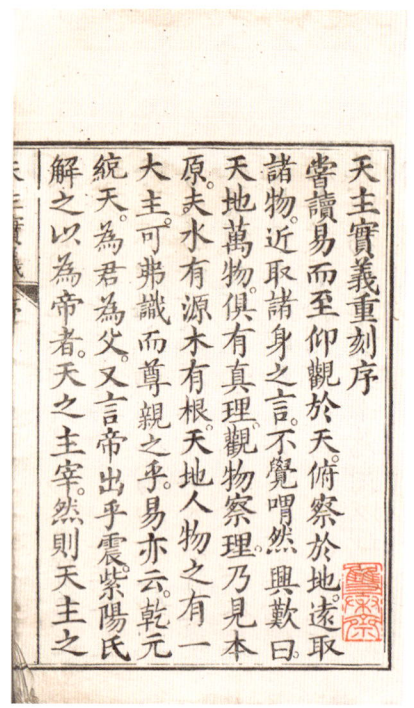

天主实义(内页)
[意]利玛窦撰
两卷 八篇
清同治七年(1868)慈母堂辑刻
刻本 纸本 筒子页 线装
十行二十字白口四周双边单鱼尾
开本:26.5×17(cm)
半框:19.5×14.5(cm)
132页

---

① 汪汝淳(1551—1610),号泓阳,徽州歙县(今安徽歙县)人,明末雅士。

李之藻辑《天学初函》刻本、清中期满文刻本、咸丰五年（1855）江南教区刻本、同治七年（1868）慈母堂刻本、光绪二十四年（1898）河间胜世堂刻本、光绪三十年（1904）北堂印书馆铅排本、光绪三十年（1904）土山湾慈母堂铅排本、光绪三十年（1904）香港纳匝肋静院铅排本、民国十五年（1926）兖州天主堂铅排本、民国三十年（1941）天津崇德堂铅排本等。

《畸人十篇》，利玛窦的另一重要著作。顾名思义，《畸人十篇》有十篇文章，论述的都是天主教信仰在人们日常生活中的应用。"人寿既过误犹为有"篇，教导人要珍惜在世时光，勤于修道养德。"人于今世惟侨寓耳"篇，解释世间的苦难之谜，说明世间非人本乡，而是人生试场，人当于此修德以归大本。"常念死候利行为祥"篇，告诉人常常思考死亡有助于提醒人们明确人生的目标与意义，从而免于世间的诱惑。"常念死候备死后审"篇，教导人们通过面对死亡来学会生存，修身进德，以除淫欲、轻名利、去倨傲、安受死。"君子希言而欲无言"篇，教导人正言以养德。"斋素正旨非由戒杀"篇，论述斋戒的意义，使人明白天佛二教斋素的不同，从而使人自卑、克己遏欲以全德。"自省自责无为为尤"篇，说明圣凡之别与成圣之路。"善恶之报在身之后"篇，论述天主教的祸福赏罚观和天堂地狱的喜乐与痛苦，说明天主以天堂地狱赏善罚恶，而世福世祸不足以报善恶。"妄询未来自速身凶"篇，用近乎心理学的方法说明算命的危害，并阐明了天主教禁绝算命的道理。"富而贪吝苦于贫瘘"篇，劝导人不可贪财吝啬，当以性命德性为宝。

"畸人"，本是旧时文人的谦辞。大概利玛窦视自己言行奇特与世人迥异，故以"畸人"自称。无锡周炳谟在为《畸人十篇》写的序言里解释说："求所为'畸人'者何？在其大者，在不怖死⋯⋯而去来之际，自无弗洒然也。夫世之芒于死生者，骤闻若说，有不骇以为吊诡者耶？即谓之'畸人'，宜也。"因为作者"关切人道"，以"澹泊以明志，行法以俟命，谨言苦志以褆身，绝欲广爱以通乎天"教人，使人"常念死候，了善防恶，以祈有

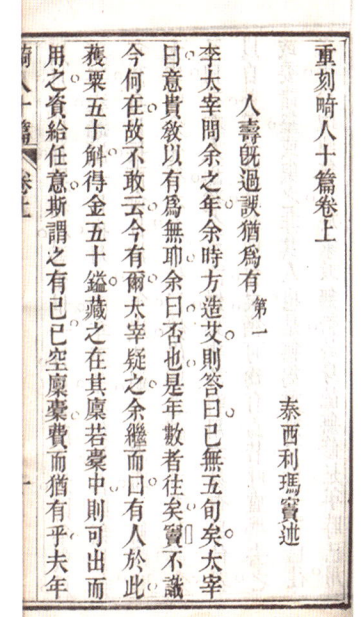

畸人十篇（扉页和内页）
[意]利玛窦述
两卷　两册
清道光二十七年（1847）江南教区辑刻
刻本　纸本　筒子页　线装
八行二十二字白口四周双边单鱼尾
开本：21.1×13.1（cm）
半框：17.5×11（cm）
115页

于帝天","一唱三叹，尤为砭世至论"，所以李之藻在崇祯元年（1628）编纂的《天学初函》中说："有知《十篇》之于德适也，不畸也。"

《畸人十篇》附《温陵张二水①先生赠西泰艾思及先生诗》，是明代大书法家张瑞图写给艾儒略的诗，谈及《畸人十篇》：

昔我游京师，曾逢西泰氏。贻我十篇书，名篇畸人以。
我时方少年，未省究生死。徒作文字看，有似风过耳。
及兹既老大，颇知惜余齿。学问无所成，深悲年月驶。
取书再三读，低徊抽厥旨。始知十篇中，篇篇皆妙理。
九原不可作，胜友乃嗣起。著书相羽翼，河源互原委。
孟氏言事天，孔圣言克己。谁谓子异邦，立言乃一揆。
方域岂足论，心理同者是。诗礼发冢儒，操戈出弟子。
口诵圣贤言，心营锥刀鄙。门墙堂奥间，咫尺千万里。

万历三十六年（1608）《畸人十篇》初刻于北京，次年在南京和南昌重刻，汪汝淳校梓。天启年间收入《天学初函》，辑入《四库全书》②子部杂家类存目。后有道光二十七年（1847）江南教区刻本、光绪三十年（1904）北堂印书馆铅排本、光绪三十四年（1908）重庆曾家岩印书局铅排本、民国九年（1920）兖州天主堂排印本、民国十七年（1928）土山湾印书馆排印本。

"利玛窦路线"的要义是体现对中国传统文化的尊重。利玛窦对中华文化非常赞赏，声言除了还没有沐浴"我们神圣的天主教信仰"之外，"中国的伟大乃是举世无双的"，"中国不仅是一个王国，中国其实就是一个世界"。③他感叹柏拉图在《理想国》中作为理论叙述的理想，在中国已被付诸实践。他还发现中国人非常博学，对医学、自然科学、数学、天文学都十分精通。利玛窦的尊重态度是真诚的，因而博得中国士大夫阶层的好感和回报。

"利玛窦规矩"即容许中国教徒继续传统的祭天、祭祖、祭孔。利玛窦主张以"天主"称呼天主教的"神"，他认为中国传统的"天"和"上帝"本质上与天主教所说的"唯一真神"并无分别。而祭祖祭孔，只是追思先人与缅怀哲人的仪式，与天主教信仰并无冲突，只要不掺入许愿、崇拜、祈祷等成分，本质上并没有违反天主教教义。利玛窦希望自己的传教策略和方式可以为后来者所遵从。

但"利玛窦规矩"并未被他的后继者和教廷完全认可，而且成为日后在清康熙至嘉庆几朝里，天主教屡遭"封杀"直至被公开逐出中国的直接原因。

万历三十八年（1610）五月十一日利玛窦病逝于北京，享年五十七岁，在华二十七年。利玛窦临终时对神父们说："我把你们留在一个大门洞开的门槛上，由此向前吧！前途可期，道路曲折。"④

利玛窦去世后，在他的传教士同事的坚持下，在他的中国学生以及朝中挚友的协调下，万历皇帝破天

---

① 即张瑞图（1570—1644），字长公，号二水，福建晋江人，明代书画家。万历三十五年（1607）进士，授翰林院编修，以礼部尚书入阁，晋建极殿大学士。
② 乾隆年间纪晓岚审定《四库全书》，收入中国天主教教义类书籍八种，科学类书籍十六种。
③④ Matteo Ricci & Nicolas Trigault, *De Christiana expeditione apud Sinas suspecta ab Societate Jesu*, tom. Ⅴ, chp. xx.

荒地恩准一位洋教士葬在北京，并赐给他北京平则门外的二里沟滕公栅栏一处墓地，作为利玛窦和在他以后归主的同伴的长眠之地。

庞迪我和龙华民是利玛窦在华传教的左膀右臂。

庞迪我（Diego de Pantoja，1571—1618），字顺阳，西班牙人，生于塞维利亚，1589年入耶稣会；万历二十七年（1599）抵澳门，受范礼安神父派遣前往南京，协助利玛窦工作；万历二十八年（1600）利玛窦第二次赴北京觐见神宗时庞迪我随伴。利玛窦对庞迪我的襄助颇为依赖，"迪我则以教义授予应受洗之人。盖其曾习华语，善于言词也"①。利玛窦去世后，庞迪我与熊三拔②联名奏请圣允，容利先生葬于北京，有朝中朋友帮助得以实现。

利玛窦走后的岁月里，庞迪我的精力大多用于案头工作。万历三十九年（1611）庞迪我与熊三拔奉旨修历。庞迪我还曾专门为万历皇帝绘制世界四大洲地图，每洲一幅，四围附以说明，志略各国之地理、历史、政治及物产。徐光启也附有教义说明。绘毕，庞迪我请人装裱，呈上。朝中人等无不赞绘事精美。

庞迪我善音乐，中国最早的西式乐队出现在明末宫廷，据说应该归功于庞迪我神父。

庞迪我对中国天主教最大的贡献是留下了《七克》一书。此书又名《七克大全》，为天主教经典，讲述的是天主教徒人人须知的七条教规。被列入《四库全书》子部杂家。《四库全书》对《七克》的题解是："其说以天主所禁罪宗凡七：一谓骄傲，二谓嫉妒，三谓悭吝，四谓忿怒，五谓迷饮食，六谓迷色，七谓懈惰于善。迪我因作此书，发明其义，一曰伏傲，二曰平妒，三曰解贪，四曰熄忿，五曰塞饕，六曰防淫，七曰策怠。"

《七克》与《天主实义》不同，《天主实义》着重向中国人宣讲基督教的上帝观念，《七克》则着力于自我修养的伦理学主题，两书互补。《七克》专门写天主教认定的七宗罪和与之相反的七项德行，是天主教讲述道德水平的著作。

《七克》于万历四十二年（1614）初刻于北京，后有崇祯十六年（1643）北京四卷本、嘉庆三年（1798）京都始胎大堂七卷刻

七克（内页）

[西]庞迪我撰述
七卷　四册
清嘉庆三年（1798）京都始胎大堂辑刻
刻本　纸本　筒子页　线装
九行二十一字白口左右双边单鱼尾
开本：27.2×15.6（cm）
半框：19×14（cm）
256页

---

① 费赖之：《在华耶稣会士列传及书目》，中华书局1995年版，第73页。
② 熊三拔（Sabbathin de Ursis，1575—1620），字有纲，意大利人，1597年入耶稣会。万历三十四年（1606）来华，万历四十五年（1617）晋铎。著作有《泰西水法》《简平仪说》《表度说》等。

本①,《四库全书》收录的两江总督采进本应该出自《天学初函》。

嘉庆三年（1798）京都始胎大堂七卷本的《七克》是诸多本子中辑刻得最好的。七卷题目：卷一"伏傲"，卷二"解贪"，卷三"防淫"，卷四"熄忿"，卷五"塞饕"，卷六"平妒"，卷七"策怠"。

书前有诸家序跋：陈亮采、杨廷筠、曹于汴、熊明遇、崔淐、彭端吾，以及庞迪我万历四十二年（1614）冬写的自序。

京都始胎大堂本《七克》每卷前面都有崔淐②撰写的单独小序，可以看成每一卷的梗概，也可以视为序者的读书体会。崔淐说，克罪七端有七德：谦让以克骄傲，舍财以克悭吝，绝欲以克色迷，含忍以克忿怒，淡薄以克饮食迷，仁爱人以克嫉妒，忻勤于天主之事以克懈惰于善。

万历四十四年（1616）发生南京教案，庞迪我等辩解无效，被遣逐回澳门，不久病殁。

利玛窦弥留之际把执掌在华传教的权杖交给了长庞迪我十二岁的龙华民神父。

龙华民（Niccolò Longobardi, 1559—1654），字精华，意大利人，1582年加入耶稣会；万历二十五年（1597）来中国传教，先到澳门，主持广东地方的教务。万历三十八年（1610）前往北京担任耶稣会中国省会长③，他在此位十二年，天启二年（1622）罗如望④接任会长。此后担当此任者，有案可稽的有四十四人，都是副会长，再无正职。⑤

没有了德高望重的利玛窦，龙华民深感各方压力。在华传教的方济各会、多明我会、巴黎外方传教会的传教士们，抨击耶稣会"适应政策"违背了天主教教义，无原则地向中国迷信习惯低头妥协。反对利玛窦规矩最激烈的是多明我会的高奇⑥神父、黎玉范⑦神父，方济各会的利安当⑧神父，巴黎外方传教会的阎当⑨神父。崇祯十六年（1643）黎玉范神父还到罗马教廷上访，向梵蒂冈传信部提出对耶稣会的十七项指控，要求教廷介入。他提出的问题有：中国信徒是否应与其他天主教徒一样领取圣餐；神父对妇女洗礼时可否不用口津及盐；可否允许中国信徒发放三分利高利贷，如以放债为生，皈信天主之后可否继续；是否允许中国信徒祭神时捐献财物；中国信徒是否可以参加政府举行的祭典；中国信徒是否可以祭孔或丧礼上祭拜；中国信徒是否可以祭拜祖先牌位；绝对禁止敬拜偶像是否在中国人入教之前

---

① 嘉庆三年（1798）京都始胎大堂七卷刻本书牌记"《七克》崇祯十六年庞迪我撰述"。
② 崔淐，字震水，号鹤汀，安徽芜湖人，生卒不详。万历二十九年（1601）进士，授行人司，升铨部郎中。著有《游马人山记》等。
③ 法国人习惯把巴黎以外地方称为"外省"（Province），把海外机构称为"海外省"（Province étranger），比如耶稣会中国分支称为"耶稣会中国省"。天主教修会使用的"外省"即分会的意思，故其长上不应译为"省长"，而是称"会长"比较合适。不论是省长还是会长，都是耶稣会内部职务，非罗马教廷任命，也不受其辖制。
④ 罗如望（João de Rocha, 1566—1623），又记罗儒望，字怀中，葡萄牙人，1583年入耶稣会。万历十六年（1588）来华，天启二年（1622）接替龙华民任耶稣会中国省会长，次年逝于杭州。著有《天主圣教启蒙》《天主圣像略说》。
⑤ 荣振华：《在华耶稣会士列传及书目补编》，中华书局1995年版，第780页。
⑥ 高奇（Angelo Cocchi, 1597—1633），西班牙人，多明我会传教士。1622年抵菲律宾。天启七年（1627）到中国台湾淡水，崇祯四年（1631）到福建，在闽北福安一带传教。
⑦ 黎玉范（Juan Bautista Morales, 1597—1664），西班牙人，多明我会传教士。崇祯六年（1633）从菲律宾来华，在福建传教。逝于福建。
⑧ 利安当（Antonio Caballero, 1602—1669），又记栗安当，字克敦，西班牙人，1618年入方济各会。崇祯六年（1633）来华，不久因中国礼仪之争离开中国，清顺治六年（1649）重返中国，传教于山东济南，康熙五年（1666）因教案被遣送广州。康熙八年（1669）逝于广州。曾为华人首位主教罗文藻祝圣。有名著《天儒印》。
⑨ 阎当（Charles Maigrot, 1652—1730），法国人，巴黎外方传教会会士。康熙十九年（1680）来华，在福建传教，康熙二十六年（1687）任福建主教，康熙三十二年（1693）在福州长乐发布禁止中国天主教徒祭祖祭孔的七条禁令。

提出：中国信徒可否尊孔子为圣；中国信徒可否称皇帝"万岁"；非教徒可否参加弥撒仪式。看似细枝末节，实质是对利玛窦在华传教所制订的路线和规矩提出质疑。

樊国梁在《燕京开教略》讲到这段历史时，把"礼仪之争"归纳为三点：一系敬奉先祖之礼；二系敬奉孔子之礼；三系以"上帝"二字和"天"字，称呼造化万有之真宰。他并且认为耶稣会内部也有分歧："当时耶稣会士分为二党。有从利玛窦曲解中国之礼者，谓中国之礼，原系仪文之礼，而非祀神之礼，故可容留。有从庞迪我者，则谓拜祀孔子之礼，实系祀神之礼。拜祀先祖之礼，亦属异端之条。至若天字与上帝二字，并无造化天地主宰之意，中国人所敬之天，不过苍苍之天，与造天地之主宰，毫无干涉。"① 遣使会身份的樊国梁在一百多年后，仍然不待见利玛窦的实践，用了一个词——"曲解"。

1645年罗马教廷经教宗英诺森十世批准，发布通谕禁止中国天主教徒参加祭祖祀孔。

顺治十一年（1654），耶稣会士卫匡国为"礼仪之争"赴罗马申诉。他向教宗和传信部门解释，中国人的祭祀是一种社会性的礼节，而不是宗教行为。奉教的学者可以在孔庙里参加领受登科的仪式，那里没有祭司在场，也没有崇拜偶像的设施制度，只是用政治和文化的礼仪承认孔子为先师。至于祭祖，卫匡国认为，应将下层民众的迷信活动和信教士大夫举行的仪式分开考虑。天主教知识分子在祭祖时供奉果子、肉类和丝绸，奉祭如在，敬死如生，并不是真想死者来享受，只是用以表达内心的孝思和感恩。

教宗亚历山大七世1656年表态，如果中国礼仪的意义如卫匡国所说，那么中国信徒可以行祭祀之礼。1659年罗马传信部指示：不要试图去说服中国人改变他们的礼仪、风俗、思维方式，因为这些并不公开地反对宗教和良善的道德。对天主的信仰并不和任何种族的礼仪习俗相矛盾，并嘱咐他们尽可能适应当地的习俗。

在此期间，面对教廷前后不一致的态度，龙华民坚持了一些旧的做法，也不得不做了些让步：要求耶稣会传教士们发展教徒不要过于注重上层，应该公开走向民众；规定入教者必须承诺抛弃中国传统习俗，严禁中国教民祭天、祭祖、祭孔。龙华民在对待"中国礼仪"态度上的这些改变，引起了一些中国人的反感与质疑，更引发天主教教廷与清廷在中国礼仪问题上的针锋相对，最终导致清廷采取反制措施，天主教被禁止传播。当然，这些后果发生在龙华民死后一百年，也未必都是他的责任。

龙华民于顺治十一年（1654）在北京病逝，葬于滕公栅栏。

利玛窦出版中国天主教第一部著作《天主实义》之前，万历三十年（1602）龙华民编纂了第一部中文天主教经书《圣教日课》，这本经书记载的日常祈祷文直至近代仍为人们所使用。此书分为两部分，上卷包括天主经、圣母经、悔罪经、信经和十诫等，下卷是早课、午课、晚课的祈祷文。

康熙四年（1665）南怀仁和利类思神父整理镌刻了《圣教日课》修订本《圣教日课要选》，这个版本被称为"定本"，以期确定一整套几近经典的祈祷经文。有些版本的《圣教日课》又称"次经"，意为"仅次于《圣经》的典籍"。当然这部《圣教日课》仅仅是给普通信徒使用的，在中国传教的洋神父们历来中规中矩地使用拉丁文的 *Breviarium Romanum*（《罗马日课经本》）、*Missale Romanum*（《罗马弥撒经本》）和 *Rituale Romanum*（《罗马礼仪书》）等教宗钦定的经籍。

黎玉范神父从罗马上访归来，带回一位同会神父万济国。万济国（Francisco Varo，1627—1687），字道津，西班牙人，1643年入多明我会，康熙十年（1671）左右来华，居福建传教，康熙二十六年（1687）逝于广州。

万济国在"礼仪之争"中出任反方辩手。他撰写过《辨斋》一书，把中国天主教徒"祀孔祭祖"斥

---

① 樊国梁：《燕京开教略》，中篇，第46页。

为"异端"。《辨斋》虽未刊印,却在传教士间广为传播,引起轩然大波,招致一些耶稣会传教士的激烈批驳,认为这种对中国文化传统的不尊重,会危害天主教在中国的传播。

除了《辨斋》,万济国让自己名字为后人所铭记凭借的是他的另外两部作品——《华语官话辞典》和《圣教明征》。《华语官话辞典》与他的《辨斋》一样未曾刊印,手稿现藏于梵蒂冈耶稣会档案馆。他唯一出版的作品《圣教明征》大约刊刻于康熙十六年(1677),这部大部头译品有八卷:卷一讲天主造天地万物,卷二讲天堂地狱、天神魔鬼,卷三讲灵魂,卷四讲十诫之第一诫,卷五是第二诫至第四诫,卷六是第五诫至第七诫,卷七是第八诫至第十诫,卷八讲罪宗。

《圣教明征》是那个时代内容颇为全面的天主教教理书籍之一。万济国在此书引言中解释他选择这部书给中国教友的原因:

圣教明征(内页)
(泰西)高而汇撰
[西]万济国译
八卷 两册
清康熙十六年(1677)辑刻
刻本 纸本 筒子页 线装
九行二十字小字双行同
左右双边单鱼尾
开本:24.6×16.1(cm)
半框:19×14(cm)
213 页

圣教来华久矣。乃明理者少,而不明理者多。揆厥所由,盖不知吾圣教中之理之至味也。夫嘉谷在前七箸而尝焉,乃识厥饴。倘弗拾而御诸口,即进易牙而调之五味和,诸品列曾莫之辨,曾复识,谁饴乎哉。虽然或尝或否者,人而吾味不可以不设。故圣而公教会盛筵也。圣教诸书,五味之相和,诸品之错列也,高以引贤智,使咀嚼而玩泳焉。如《实义》《畸人》诸篇者,是卑以迪颛蒙,使适口而知旨焉。如《蒙引》《问答》诸篇,是会友,诸君子前既详言之矣……《圣教明征》一书,恍若适中之味。人人克尝,庶不叹高者之难求,而卑者之易得也。

简单地说,万济国的意思是:教理书籍,深浅难测,众口难调;利玛窦的《天主实义》和《畸人十篇》给人以启迪,但普通信友看不懂,而《天主圣教蒙引》或《教理问答》类书籍又太浅显,唯有这部《圣教明征》适中。

在这部书里万济国并没有涉及"礼仪之争"议题,还对利玛窦的《天主实义》和《畸人十篇》恭敬有加。天主教来华传教修会虽然在一些重大问题上相争不让,然其目标是一致的,并都对利玛窦开辟中国传教事业所做的"征服"心悦诚服。

还需说明的是,明末清初来华的各个修会成员,他们之间的分歧并没有后来研究者渲染的那么大,反倒是基本没有什么隔阂,你中有我,我中有你,时有互动。他们各自遵守自己的修会规矩,但又相互提携。

续古抚今

> 假如上帝不允许人们抱有种瓜得瓜、种豆得豆的期望,我至少要给读者留下证词,讲述我们耶稣会为开辟这条道路并着手垦殖这块不毛之地经受过怎样的考验和痛苦。
>
> ——利玛窦

自明代后叶利玛窦在中国立足后,耶稣会历经万历、天启、崇祯、顺治、康熙、雍正、乾隆、嘉庆八朝,其传教士编辑和翻译了大量天主教典籍,还自撰了一些宣教书籍。无论什么样的书籍,其持续流传都有赖于不断地翻印。但耶稣会撤离中国的一百年里,接替他们工作的传教会一直为生存苦苦挣扎,这方面工作做得并不好,无甚建树。于是乎"去而复返"的耶稣会传教士们把整理故籍作为他们回归后的工作重点。

　　限于客观条件,这个时期他们仍用老方法——木刻雕版整理典籍。现在馆藏或民间散现的刻本,大部分是这个时期刊印的。

　　据史式徽记述,土山湾慈母堂①早期刻本有七八十部左右。这些刻本基本是在蔡家湾孤儿院(即土山湾孤儿院前身)印刷工场或者搬入土山湾早期完成的,大部分是覆刻十七、十八世纪利玛窦、柏应理、李玛诺②、南怀仁、艾儒略、潘国光、庞迪我等人的旧著,也有白德旺、李秀芳、夏显德的新作。③这七八十部书籍,从镌刻、刷印、纸张、装帧角度看,少有佳品,与"同光中兴"(即同治、光绪两朝)的那个时代的非传教书籍不能相比,只算实用而已,收藏价值没有市场上追捧的那么高。

　　这个时期江南教区包括慈母堂刻的书籍其实有百部左右,大致分成五类。

　　第一类是觅得原版,重新刷印,这类极少。

　　第二类是书牌没有题署刊刻者。这里有两种情况。一种是自清廷开放传教后,江南教区紧锣密鼓刻印一批宣教书籍(当时教区的管理者是多明我会和那不勒斯圣家会,还不是耶稣会),这些出版物与蔡家湾、土山湾没有直接关系。常常可以遇到同一本书,辑刻时间差不多,却既有慈母堂本,又有非慈母堂本,后者一般仅署"时任江南教区主教核准出版"。也许因为当时江南教区对设立出版机构的想法并没有那么认真,只是为传道需求覆刻而已。这类书大致刻于道光后期至咸丰初年。另一种情况,咸丰九年(1859)经梵蒂冈批准,耶稣会取得江南教区管理权,此后教区出版的书籍也有未署土山湾慈母堂的。尽管没有署刊刻者,但是当时印书馆的刻工不多,印刷条件不甚讲究,所以这批书,看字体、行格、油墨、纸张,很容易辨别是否为土山湾慈母堂所刻。简单说,咸丰九年以后凡是江南主教核准刊印而无款的书籍,基本都是出自土山湾慈母堂。

　　第三类,利用早期江南教区的版子重刷,署"慈母堂"。从笔者手头文献看,署"慈母堂"牌号刊印的书,最早的是白多玛的《圣教切要》,镌刻于道光二十二年(1842)。不过,这本慈母堂刻本的真实性让人生疑。这时耶稣会重返中国的第一批传教士南格禄等人刚刚抵达浦东,还在为生计忙碌,既没有精力也没有资金,不太可能刊印这本书。况且第二部书《不得已辩》刻于道光二十七年(1847),(见下表)两本书时间相隔五年,时间似乎太长。由此可以推测:《圣教切要》是道光二十二年(1842)由当时的江南教区刻

---

① 土山湾慈母堂的详细介绍见"下乡上山"和"抚恤孤儿"章。
② 李玛诺(Emmanuel Diaz, Senior, 1559—1639),字海岳,又称老玛诺(以别于阳玛诺),葡萄牙人,1576年入耶稣会。万历二十九年(1601)来华。逝于澳门。
③ J. de la Servière, *Histoire de la mission du Kiang-nan*, tom. II, par. II, chp. II, ii, p. 277.

印的，慈母堂出版机构成立后借版重刷，添加"慈母堂"牌号，刻印时间未改。

第四类是一种特例，同治元年（1862）有一本晁德莅的《敬礼圣母月》刻本，书牌记"上洋文艺堂赵氏镌"和"主教年安德准"。"上洋文艺堂"①与蔡家湾或土山湾没有关系，因为此书行款、字体、开本、纸张与蔡家湾或土山湾所刻书完全不同；有当值主教批准无疑是天主教会的正式出版物，年安德即年文思，耶稣会重返中国后江南教区首任主教，因而此书是江南教区委托出版的。不过以这种委托关系出版的情况在天主教出版物里很少见。

第五类，书牌署有"慈母堂"或"上海慈母堂"，就是史式徽提到的那七八十部，为了便于叙述，姑且把从道光到光绪年间，慈母堂刻印的天主教书籍笼统称为"慈母堂刻本"，搜聚如下：

书　名	著　述　者	刊刻时间
圣教切要	［西］白多玛	道光二十二年（1842）
不得已辩	［意］利类思	道光二十七年（1847）
圣母小日课	［意］利类思	道光二十八年（1848）
涤罪正规	［意］艾儒略	道光二十九年（1849）
圣教四规	［意］潘国光	道光二十九年（1849）
圣教理证	［法］白德旺	咸丰二年（1852）
善生福终正路	［意］陆安德	咸丰二年（1852）
天主降生言行纪略	［意］艾儒略	咸丰三年（1853）
天主圣教四字经文	［意］艾儒略	咸丰六年（1856）
轻世金书	［葡］阳玛诺	咸丰六年（1856）
弥撒规程		咸丰六年（1856）
圣路善工	［葡］伏若望	咸丰六年（1856）
七克真训	［西］庞迪我　［法］顾方济②	咸丰七年（1857）
教理简约	［意］晁德莅	咸丰八年（1858）
圣经广益	［法］冯秉正	咸丰九年（1859）
天神会课	［意］潘国光	咸丰十一年（1861）
圣母七苦籍规略		同治元年（1862）
大赦例解	［意］晁德莅	同治二年（1863）
盛世刍荛	［法］冯秉正	同治二年（1863）
已亡日课经、炼灵通功经	［意］利类思	同治二年（1863）
周年瞻礼公经		同治二年（1863）
中国大主保圣若瑟圣月	［法］李秀芳	同治二年（1863）

---

① 上洋文艺堂也记上洋文艺斋，出版过清人王之春的《谈瀛录》（光绪六年〔1880〕）、《防海纪略》（光绪六年〔1880〕）、《椒生随笔》（光绪七年〔1881〕），均为刻本。
② 顾方济（François-Xavier Danicourt，1806—1860），又记沙勿略·顾，法国人，1830年入遣使会。道光十四年（1834）到澳门，道光二十六年（1846）到宁波，在杭州建立中国第一座仁爱修女院，咸丰元年（1851）任宁波主教，咸丰四年（1854）任南昌总教区主教。逝于法国。

续表

书　名	著　述　者	刊刻时间
敬礼圣心月	［意］晁德莅	同治四年（1865）
慎思指南	［法］南弥德	同治四年（1865）
天阶	［意］潘国光	同治四年（1865）
圣经直解	［葡］阳玛诺	同治五年（1866）
德行谱	［法］巴多明	同治六年（1867）
圣事要理问答	［葡］罗如望［法］方守义	同治六年（1867）
天主实义	［意］利玛窦	同治七年（1868）
辟诬编		同治七年（1868）
占新圣经问答		同治七年（1868）
圣母圣衣会恩谕	（泰西）那永福①	同治七年（1868）
易简祷艺	［清］沈若瑟②	同治七年（1868）
天主圣教百问答	［比］柏应理	同治七年（1868）
敬礼若瑟月	［法］晁德莅	同治七年（1868）
真道自证	［法］沙守信	同治七年（1868）
解疑编		同治七年（1868）
圣事总录	［法］郎怀仁	同治七年（1868）
玫瑰经图像十五端	［葡］费奇观③　［法］范世熙	同治八年（1869）
诸宗徒行实圣像	［法］范世熙	同治八年（1869）
天主十诫劝论圣迹	［意］潘国光	同治八年（1869）
善恶报略说	［比］南怀仁	同治八年（1869）
济美篇	［法］巴多明	同治八年（1869）
取譬训蒙	［意］晁德莅	同治九年（1870）
仁爱首功		同治九年（1870）
提正编	［意］贾谊睦④	同治九年（1870）
答客问	［明］朱宗元	同治十年（1871）
观光日本	［法］夏显德	同治十年（1871）
圣若望枭玻穆传	［德］魏继晋	同治十年（1871）

---

① 那永福（Wolfgang de la Nativilé），字德修，生平无稽。《圣母圣衣会恩谕》"弁言"记："一七五九年泰西圣母会修士那永福德修氏书"；此书初刻于乾隆四十年（1775）。
② 即沈东行，详细介绍见"主经体味"章。
③ 费奇观（Gaspard Ferreira，1571—1649），字揆一，葡萄牙人，1588年入耶稣会。万历三十二年（1604）来华，助范礼安、利玛窦传教。逝于广州。另著有《周年主保圣人单》《振心总牍》等。
④ 贾宜睦（Jérôme de Gravina，1603—1662），字九章，意大利人，1618年入耶稣会。崇祯十年（1637）来华，顺治五年（1648）晋铎。康熙元年（1662）逝于常熟，葬虞山。另著有《辨惑论》。

续表

书　　名	著　述　者	刊刻时间
炼狱略说	〔清〕李杕	同治十年（1871）
训慰神编	[法]殷弘绪	同治十一年（1872）
圣母净配圣若瑟传	[法]马若瑟	同治十一年（1872）
真教自证	[意]晁德莅	同治十一年（1872）
口铎日抄	[意]艾儒略	同治十一年（1872）
天主降生引义	[意]艾儒略	同治十一年（1872）
真福直指	[意]陆安德	同治十二年（1873）
醒世迷编	〔清〕郁荪①	同治十二年（1873）
七克	[西]庞迪我	同治十二年（1873）
性学觕述	[意]艾儒略	同治十二年（1873）
圣记百言	[意]罗雅谷	同治十二年（1873）
逆耳忠言	[法]殷弘绪	同治十二年（1873）
拯世略说	〔明〕朱宗元	同治十二年（1873）
代疑编	〔明〕杨廷筠	同治十二年（1873）
人罪至重	[比]卫方济②	同治十二年（1873）
永福天衢	[西]利安定③	同治十二年（1873）
慎之慎之	[法]李秀芳	同治十二年（1873）
敬礼耶稣圣心月	[法]李秀芳	同治十二年（1873）
敬礼圣母月	[法]李秀芳	同治十二年（1873）
敬礼圣若瑟月	[法]李秀芳	同治十二年（1873）
圣依纳爵九日敬礼	[葡]林德瑶	同治十三年（1874）
圣沙勿略九日敬礼	[葡]林德瑶	同治十三年（1874）
教要序论	[比]南怀仁	光绪元年（1875）
圣母领报会规程	[比]南怀仁	光绪元年（1875）
哀矜炼灵说	[西]石铎琭④	光绪元年（1875）
圣教日课	[意]龙华民	光绪元年（1875）
哀矜行诠	[意]罗雅谷	光绪三年（1877）

① 郁荪，字湘华，淮安山阳人，乾隆二十六年（1761）举子，生平不详。
② 卫方济（François Noël，1651—1729），比利时人，1670年入耶稣会，1686年发愿。康熙二十六年（1687）来华。逝于法国里尔。主要著作有 Sinensis imperii libri Classici Sex（《中国六大经典》，1711年）等。
③ 利安定（Augustin de San Pascual，1637—1697），西班牙人，方济各会士。康熙十年（1671）来华，初期服务于福建多明我会教团，康熙十六年（1677）在山东方济各会教团活动。另著有《天成人要集》。
④ 石铎琭（Pedro de la Piñuela，1650—1704），西班牙人，康熙年间自今日之墨西哥来华，方济各会士。另著有《本草补》《听弥撒凡例》《默想神功》《初会问答》等。

续表

书　名	著　述　者	刊刻时间
正教奉传	〔清〕黄伯禄	光绪三年（1877）
景教流行中国碑颂正诠	〔葡〕阳玛诺	光绪四年（1878）
圣事答应经文		光绪四年（1878）
一目了然	崇道主人	光绪四年（1878）
集说诠真	〔清〕黄伯禄	光绪五年（1879）
集说诠真提要	〔清〕黄伯禄	光绪五年（1879）
集说诠真续集	〔清〕黄伯禄	光绪六年（1880）

"慈母堂刻本"大部分是在同治年间刻的。从著录看，光绪之后土山湾（慈母堂）印书馆还有少量"镌刻"的书籍。有些也可能是著录有误；有些本子虽然也被人著录为刻本，其实其"刻本"的含义是不同的——或指一些插图是刻版的，如《道原精萃》的插图是木刻的，文字是排印的，一般归类为排印本。

为了便于叙述，我把传教士来华时间分为三个阶段：明末（万历、天启、崇祯）来华称为"万历季"，清初（顺治、康熙、雍正、乾隆）来华称为"康熙季"，清中后期开教后来华称为"道光季"。

道光季新来的耶稣会传教士们，接受中国文人传统审美观念和读书习惯，延用一千五百年前中国先人已经熟练掌握的木刻雕版技术，重新整理刊印他们前辈著述的宣教典籍，这些典籍的适应性和包容性还是比较强的。这时期的木刻书籍作为一个时代的记忆留存，值得更多关注，现择要介绍。

七克真训（扉页）
[西]庞迪我撰
[法]顾方济校订
两卷　一册
清咸丰七年（1857）慈母堂辑刻
刻本　纸本　筒子页　线装
八行二十二字白口四周单边单鱼尾
开本：19.3×12.3（cm）
半框：16×10.5（cm）
167页

法国遣使会会士顾方济将庞迪我的《七克》重编为两卷官话本，改名《七克真训》以别。

"谦虚以克骄傲""仁爱以克嫉妒""含忍以克忿怒""贞洁以克邪淫""施舍以克吝啬""淡泊以克贪饕""忻勤以克懒惰"，这七句箴言的行文与庞迪我《七克》原文确有不同，但简洁通俗，易懂宜记。

顾方济在《重镌〈七克真训〉序》里说：

言之可贵，足以迪人心于希圣，垂后世于不朽者，吾教中不乏其书。第求其言简而意赅，词清而旨深者，盖不多观。丙辰春，予乃获斯编于豫邸，名曰七克真训，展玩之下，直觉在在金霏句句玉屑，有令人不忍释手者，倘使人人见此，谅无不有同之所好也。奈书本多缺，不能广布流传以公宇内，甚为惋惜……将原本校订，分为上下两卷，付之剞劂，速广其传。庶使玉蕴山辉，珠舍川媚之宝，不惟独我教中，实以迪君臣父子夫妇昆弟朋友之安其位，而开天下久安长治之道也。

《七克真训》于咸丰七年（1857）刊印时，顾方济已经调至南昌任主教。该书印制非常广泛，天主教在华出版机构都出版过这本书，版次繁多。

《圣记百言》，一部记述法国圣女德肋撒的语录，由罗雅谷编译，同治十二年（1873）慈母堂重刻。罗雅谷介绍此书意义说："此圣人习记百言，为日间修德行善之资也……为众人前所当循之规矩也。盖人有过而不改，恒苦于不自知。惟设有法，可为行事之镜。人观镜，则知面有垢；睹法，可知行有差矣。朝夕省察，觉而能改，斯可以涤免悔怨，与人交而无失矣。圣女德盛而言旨。"

德肋撒这一百条言论大多是讲信教者应当如何修行的日常劝解：

在众友中，减言寡语。

身在朋友间，常当自饬威仪。

小物小事，与己不管切者，不须争辩。

常乐道人之美行而誉之，然勿过其实。

凡谈言必率真，必有定准，乃能取信。若事未知其实然，安得遽谓之是。究竟非是，则而言不信也。平时多诳语者，人莫之信。即间有真实语，人并以诳置之。

食以为人，非人为食也。取足养身，为食之限量。多食损中，多饮乱德。盖过醉，则形神失其所司，似人非人，与畜等。况多酒则口不禁，必有非躲之言，君子所必慎之。

修德之士，以克己为本，如同席共食，不宜择取佳者。粗淡之食，他友可用，而何不用？非纵己以恣口骄乎？

朋友不得一品一类。其才其能其德，有大有小，小者为大之役，以安分为德。如身有目舌手足，各尽其用，相佑相辅，而成全身。

行德之路，如舟溯流，稍止必退。世俗如水，时时就下，违远其清源，自非强勉行持，顺流而屈，还源何日？

圣人在席，以善言为诸馔之味。或听人诵书，或述古今懿行，不但养其身，兼养其神。一时妆两益也。

圣记百言（扉页）

［意］罗雅谷编译

不分卷　一册

清同治十二年（1873）慈母堂辑刻

刻本　纸本　筒子页　线装

八行二十字小字双行同

白口四周双边单鱼尾

开本：24.5×15.2（cm）

半框：19×13.5（cm）

21页

罗雅谷（Giacomo Rho，1593—1638），又记罗雅各，字味韶，意大利人，1614年入耶稣会，天文学家。明天启四年（1624）来华，崇祯十一年（1638）逝于北京。曾在山西传教多年，崇祯三年（1630）到北京，与汤若望等继邓玉函①修订历法，参与《崇祯历书》编纂，著译还有《哀矜行诠》《圣若瑟传》《圣母经解》《杨淇园行迹》等。

潘国光（Francesco Brancati，1607—1671），字用观，意大利人。1624年入耶稣会，崇祯十年（1637）来华，主持上海教务，是天主教上海教区奠基者。因"康熙教案"②逝于广州，葬上海圣墓堂墓地。

他的著作大多是经籍类的，如《天神会课》《天主十诫劝谕圣迹》《圣教四规》《天阶》《瞻礼口铎》等。

潘神父在《天神会课》引言中阐明他撰写此书的初衷：

> 语云，新器无美恶，盛物则定名。余欲借斯言以勖天下之童子也。童子之时，为德之始基，而乘其时，即以大本大原之道教之，不为习俗所误，斯可望之恒定于善，而为天主真正之子矣。故余创立天神会，以教在教之童子。然教之而又恐其大理难明。所以著为问答之词，使之先熟于胸中。

由此看来，《天神会课》是一本入教初级读物。潘国光神父以问答形式解说了天主教的基本经文："天神会规""圣教要理六端解""天主圣性解""灵魄肉身解""圣号经解""天主经解""圣母经解""信经解""天主十诫问答""圣教会规四端解""圣事七迹解""真福八端""万民四终"。

市面流行的《天神会课》主要是咸丰十一年（1861）慈母堂刻本，还有民国十一年（1922）排印本。

《天阶》（Scala caelestis），顺治七年（1650）初刻于上海。另有同治四年（1865）和十年（1871）慈母堂刻本，民国四年（1915）土山湾印书馆排印本。

潘神父的这本书讲的是教徒日常行为规范。"人世之事，安能

天神会课（扉页）
[意]潘国光撰
十三篇　一册
清咸丰十一年（1861）慈母堂辑刻
刻本　纸本　筒子页　线装
九行二十一字白口四周双边单鱼尾
开本：23.4×14（cm）
半框：18.5×10.8（cm）
79页

---

① 邓玉函（Johann Terentius，1576—1630），字涵璞，德意志人，1611年入耶稣会。万历四十七年（1619）抵澳门，天启元年（1621）与汤若望、罗雅谷、傅泛际同行入内地，在杭州传教，天启三年（1623）到北京，崇祯二年（1629）经徐光启推荐在历局任职。他是伽利略的朋友，第一个把天文望远镜带进中国。逝于北京，葬滕公栅栏。
② "康熙教案"的详情见"下乡上山"章。

谢却？凡心思天主而不忘，口言天主而不欺，身行天主之事，或为天主而行事，即可谓之恒求矣。"于是潘国光细致地说明教徒每日行为之意义。这些行为包括："天明""起身""穿衣""穿鞋""洗脸""梳头""照镜""焚香""点烛""饮食""写字""做绣""阅耕""观山""看水""游园""看花""向火""行船""观天""闻雷""遇风""下雨""下雪""快乐""美物""遇难""有病""日没""燃灯""临睡"等。选录如下：

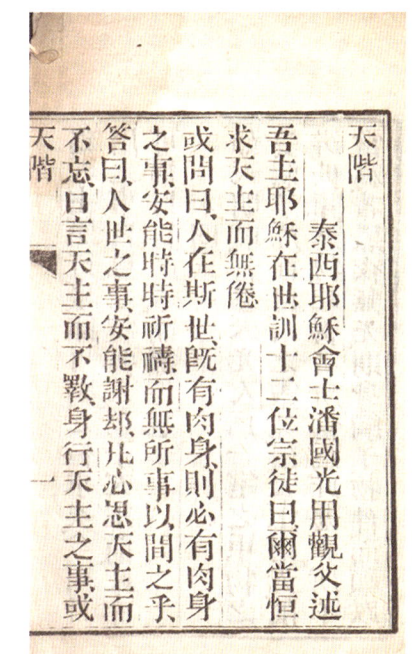

天阶（扉页和内页）
[意]潘国光述
二十五篇 一册
清同治四年（1865）慈母堂辑刻
刻本 纸本 筒子页 线装
八行十六字白口四周双边单鱼尾
开本：15×9.8（cm）
半框：11.5×8（cm）
12页

【天明】如天明时，当思天光入户。一室之中，物之美恶，了然在目；人之灵魂，得天主之光能辨世间之物。此善者所当为，此恶者所不当为。若黑夜无光，则身触于物件而颠跌，灵魂无光，则触于私欲，而陷于魔网。

【起身】起身时，当思此床者，肉身所安之物也。肉身不可无床，吾人不可无世物。肉身必朝朝离床，吾人亦须常常离世物。倘肉身久在床，则人必有病，不能全然行人世之事；吾人久恋世物，则其灵魂必有病，不能奋然行天上之路。

【穿衣】穿衣时，当思衣能美人肉身，德能润人灵魂。无衣者，不便见人，无德者，不可见天主。

【洗脸】洗脸时，当思清水能涤脸之污，心泪能洗心之垢。心垢者，罪恶也；洗之者，痛悔也。

【梳头】梳头时，当思发之紊乱，必理其结塞而始通，念之紊乱，必别其邪妄而始正；后能向天主，而归于一也。

【点烛】点烛时，当思人之生命如烛，终有尽时。故凡有所为，当于有烛之时为之，恐烛将尽，则不及为也；凡行善功，当于壮年之时行之，恐年将迈，则不及也，后见天主，无功可献矣。

【写字】写字时，当思手过纸上，其字迹永存；今身过世上，宜善攻常在，倘身过日，而无善可述，是犹作字而不用墨，空费一番运动。

【行船】行船时，当思船载吾身，助我往来，以达彼岸。天主生物，助我行善，以登天国。若人不肯离船，终不能至于岸上；人不肯弃世物，又安能归于天上乎。

潘国光神父之作，别具一格，且句句精辟，即便不在教者亦可习之，拟当"吾日三省吾身"的道理。

潘国光常见的著作还有《天主十诫劝谕圣迹》，也称《十诫劝谕圣迹》，顺治七年（1650）初刻于河南。此书有同治八年（1869）上海慈母堂刻本，光绪三十年（1904）慈母堂金属活字摆印本，以后依此版重印。

潘国光在此书中用十卷分别讲述天主教的"十诫"，并举引"圣迹"加以说明。徐宗泽点评："每诫先解诫之意义，继述圣迹以阐证之，故并不枯窘，文字亦洁明，一部论道之好书。"①

"慈母堂刻本"里有"康熙季"传教士陆安德的两本书《真福直指》和《善生福终正路》。

陆安德（Andreas Lubelli，1610—1683），字泰然，意大利人，1629年入耶稣会，1640年东来传教到印度，三年后转至澳门，遇上政权动荡，征战不息，他没有北上。顺治三年（1646）之后在海南岛和交趾（今越南北部）传教。自顺治十六年（1659）始，二十四年间一直主持广东教务。另著有《圣教略说》《圣教问答》《圣教撮言》《圣教要理》《默想大全》《默想规矩》《万民四末图》等。康熙二十二年（1683）逝于澳门。

《真福直指》，粤东天主堂初刻于康熙十二年（1673），分为上下卷，章名依次为："享世福不能得真福""推理能明真福何在""天主生人为得享真福""善德成人于真福""天主深奥之理又罪之其害""天主降生

真福直指（扉页和内页）
[意] 陆安德 撰
两卷　一册
清同治十二年（1873）慈母堂辑刻
刻本　纸本　筒子页　线装
九行二十一字白口四周双边单鱼尾
开本：20×12.7（cm）
半框：16.5×11（cm）
98页

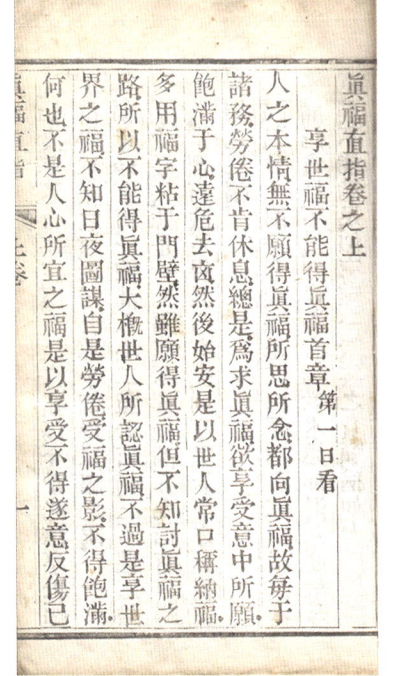

---

① 徐宗泽：《明清间耶稣会士译著提要》，中华书局民国三十八年（1949）版，第136页。

赎罪完全人之福乐""吾主耶稣成全福者的会升天""天主罚罪人死后永苦""天堂永福略讲"。泰然先生在序言里解析真福之本意：

> 世人皆愿享真福，但少有寻着享受处。盖缘大段已谬，自然寻觅不着。何也？真福犹正路，自是难行。人虽愿享之，而死不肯行此难行之路。乃告之偏捷之路，未有不欣然喜者，又安能得其享受也。
>
> 古贤者寓言有云，有一少年，行至崎岖，忽然迷途，第见前，一平坦路也，一崎岖路也。平坦路有一美女，崎岖路有一贤妇。美女请少年登平坦路云：若登此路，可享诸乐。贤妇亦请云：能行此路，虽受辛勤，终归万乐；苟登平坦，即始有诸乐终未免罹诸苦。少年果听贤妇之请，登崎岖之路。中途多遇魍魉之妖、猛烈之兽，坚忍而行，竞争胜之，乃至平善之地。
>
> 由此观之，平坦之路，乃世福也，美女乃本身情欲也。超平坦路，是放荡于邪乐、贪恋世福也。崎岖路，乃善德也。贤妇乃灵明本性，引人入善路也。走崎岖路，是克制其情欲，如妖邪猛兽争胜，方能成善，至快乐之处，享万福也。少年人，是良知良能，依理而行，终得真福。世人大概多趋平坦，而畏崎岖，故少有人得享真福，不知真福之正路故耳……

陆安德的传教事迹史载不多，相比之下，他的《真福直指》《善生福终正路》《圣教问答》等著作在中国天主教宣教活动中起了很大的作用，被视为经典，为后来许多传教士参照和摹写，如山西主教杜嘉弼的《圣教道理约选》的一些篇章就是改编自《真福直指》《善生福终正路》。

"慈母堂刻本"的《圣经广益》，天主教经籍，修道者礼拜工课，为传教士、早期汉学家冯秉正的译作。以往天主教文献中少见著录，提及更多的是冯秉正的另一部译作《圣年广益》，这是两本书。《圣经广益》初刻于清乾隆五年（1740），咸丰九年（1859）土山湾慈母堂重刻，后来有北京救世堂民国十八年（1929）排印本。

冯秉正（Joseph-François-Marie-Anne de Moyriac de Mailla, 1669—1748），字端友，出生于法国贵族家庭。1686年他抛弃荣华富贵进了耶稣会里昂的初学院，又申请到中国传教区，1702年获准启程

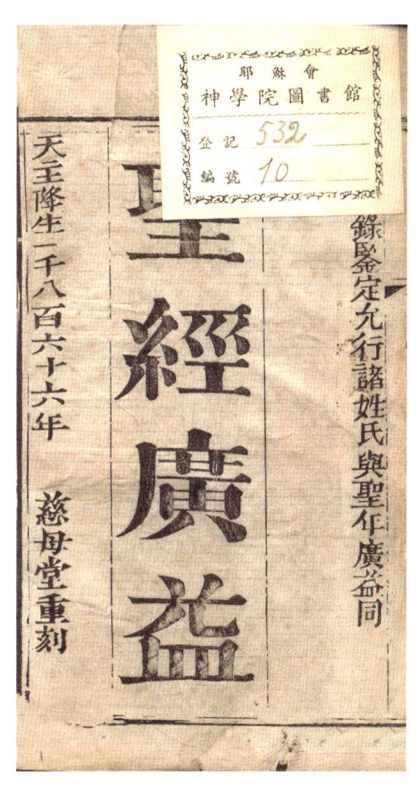

圣经广益（扉页）
[法] 冯秉正译
两卷首一卷 两册
清同治五年（1866）慈母堂辑刻
刻本 纸本 筒子页 线装
八行二十字小字双行同
白口四周双边单鱼尾
开本：16.5×10.5（cm）
半框：13×9（cm）
201 页

东来，康熙四十二年（1703）抵澳门，转赴广州学习汉语和中国习俗。

康熙四十九年（1710），冯秉正被教会委派协助雷孝思①神父进行地图测绘工作，测绘了河南、浙江、福建等省地图。康熙五十三年（1714），冯秉正、德玛诺②、雷孝思三人又被派去测绘台湾及其附属各岛的地图。康熙五十七年（1718）制成了《皇舆全览图》和各省分图图稿共三十二幅，并付梓。

冯秉正精通满汉语言，熟悉中国风俗习惯、宗教、历史，读过大量中国古籍。他先后为康、雍、乾三位皇帝效力。康熙皇帝先布置冯秉正把中国正史译为满文，后又颁旨要求冯秉正把自己御批过的朱熹著《通鉴纲目》译为法文。冯秉正奉旨编译了七卷本的 *Histoire générale de la Chine, ou annales de cet empire*（《通鉴纲目——中华帝国编年史》），历时六年，于雍正八年（1730）完成，乾隆二年（1737）将书稿寄至法国。这部书稿在法国没有得到应有的重视，在里昂学院图书馆沉睡了近四十年，主要原因是遇到耶稣会被解散。1775年格鲁贤③修道院长买下了这部手稿，重新编排为十二卷，于1777—1780年间在巴黎付梓，书名后附说明：Traduites du Tong-Kien-Kang-Mou, par le feu Père Joseph-Anne-Marie de Moyriac de Mailla, Jésuite François, Missionnaire à Pékin（"北京传教区法国耶稣会士冯秉正神父译自《通鉴纲目》"）。此书前九卷确实译自《御批通鉴纲目》，书边排有康熙批注；第十卷和第十一卷是冯秉正参考其他中国历史书籍编译的明朝及以后历史；第十二卷是索引。每卷或附有地图、插图和年表。这部中国通史同时又被译成三十六卷的意大利文本，*Storia Generale della Cina Ovvero Grandi Annali Cinesi Tradotti dal Tong-Kien-Kang-Mou*（1777—1781, Francesco Rossi Stamp Del Pubb），于锡耶纳出版。

《通鉴纲目——中华帝国编年史》向西方人呈现了较完整的儒家视角的中国历史，是第一部用西方语言出版的系统性中国历史。这一巨著奠定了冯秉正作为"法国汉学奠基者"的历史地位，为欧洲人研究中国提供了很大的方便。

冯秉正没能见到自己寄予厚望的作品问世，乾隆十三年（1748）逝于北京，被葬在正福寺法国传教士墓地——他的同事身边。墓碑今存于五塔寺石刻艺术博物馆。

乾隆四年至十一年（1739—1746），高宗下谕编纂完成明代史纲《御撰资治通鉴纲目三编》二十卷。法国艾嘉略④神父可能觉得冯秉正的《通鉴纲目——中华帝国编年史》后两卷有欠权威，便将《御撰资治通鉴纲目三编》译为法文 *Histoire de la dynastie des Ming composée par l'Empereur Khian-Loung, pouvant servir de supplément à l'Histoire générale de la Chine du P. de Mailla*（《乾隆皇帝御撰明史，冯秉正神父〈中华帝国编年史〉续》，原书扉页有中文书名《御撰资治通鉴纲目三编》）。艾嘉略只完成前十卷的翻译，

---

① 雷孝思（Jean-Baptiste Regis, 1663—1738），字永维，法国人，1679年入耶稣会，康熙三十七年（1698）来华。为地理学家、历史学家、博物学家，因精通历算天文，被召入京供职。著有《皇舆全览图》《朝鲜志》《根据西藏地图所作的地理历史观察》《中华帝国年鉴和西方年历对照》《诸经说》等，还将《易经》译成拉丁文。
② 德玛诺（Romanus Hinderer, 1669—1744），法国人，1686年入耶稣会，康熙四十六年（1707）来华，逝于常熟。著有《显相十五端玫瑰经》《与弥撒功程》等。
③ 格鲁贤（Jean-Baptiste Grosier, 1743—1823），法国文学艺术评论家。1761年入耶稣会，历任修道院长、卢浮宫圣路易的议事司铎，后又在珍宝库中任国王兄弟蒙西埃的图书馆馆长。著有 *L'Histoire de la Chine*（《中国概述》，作为《通鉴纲目——中华帝国编年史》第十三卷出版）。
④ 艾嘉略（Louis-Charles Delamarre, 1810—1863），法国人，1833年入巴黎外方传教会，次年晋铎。道光十五年（1835）来华，赴四川传教，负责安岳、叙府、纳溪等地教务，担任穆坪修院院长。咸丰十年（1860）曾赴香港，参与《北京条约》的谈判与签订。逝于汉口。

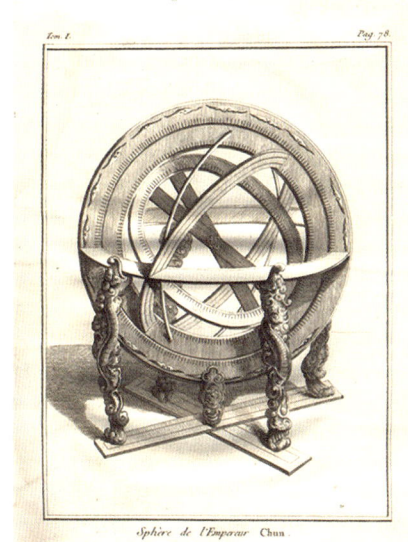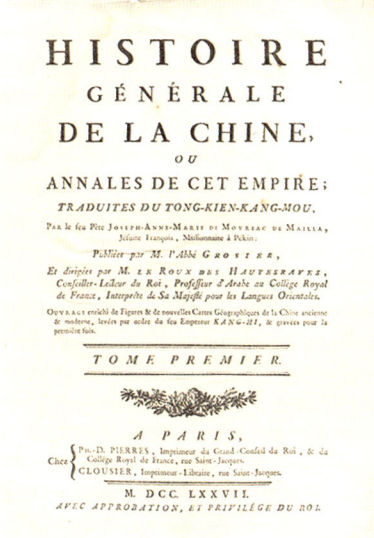

Histoire générale de la Chine, ou annales de cet empire
通鉴纲目——中华帝国编年史
（封面和插图）
法文
〔南宋〕朱熹等著　〔法〕冯秉正编译
十二卷　十二册
M.DCC.LXXVII—M.DCC.LXXX
（1777—1780）
Ph.-D.Pierres, et Clousier, Paris 排印
铅印本　纸本　平装
开本：27.5×21（cm）
7100 页
插图 14 幅　地图 3 幅　年表 5 幅

1865 年由 Benjamin Duprat 公司在巴黎出版。

　　巴多明（Dominique Parrenin，1665—1741），字克安，生于法国，1685 年入耶稣会，康熙三十七年（1698）离欧来华，搭乘"安斐特里特"号商船——同船来华的，还有几位后来在中国传教事业中做出显赫成绩的殷弘绪、傅圣泽、马若瑟等，他们都是被白晋招募而来——航海十月抵澳门，后赴京城，受康熙帝重视，指派官员教授其满、汉文，巴多明不久即娴熟。巴多明跟随康熙二十余载，曾扈从康熙出巡塞上。他最早在传教士中提议测量并制成《皇舆全览图》。雍正时他居内廷，任御前传译职务。雍正七年

（1729），皇帝在京创设译学馆，选满汉聪颖子弟入馆习拉丁文，颁旨巴多明主管。乾隆即位，各地排教事件增多，巴多明和郎世宁面呈乾隆疏通，各地教禁遂疏解。后卒于北京。译有《济美篇》。

《济美篇》，天主教圣人类思·公撒格的传记，可以看成是一部讲述天主教品行、情操、修养的书籍。圣类思·公撒格（Saint Louis Luigi Gonzaga，1568—1591），意大利贵族出身的耶稣会会士，在罗马学院求学期间因照顾流行病患者而死。他于1605年列福，1726年列圣，被视为青年学生的主保，每年6月21日是他的纪念日。

洋教士用中文"济美"一词做书名可谓贴切。"济美"典出《左传·文公十八年》"世济其美，不陨其名"，意为在前人的基础上发扬光大。出身贵族的圣类思·公撒格意识到"惭于薄行，何能配天主之宠施。有此以观，明系天主增益其能，特苦心积虑，以砥砺之，嗣因诵读维动，诲人不倦，是耶稣会中之本分"。"类思以默想为诸德之根，去私斩欲之利刀。""类思之治身修德，不独默想苦工之济美也。四体俱严，五官并饬。闻旁人闲话中无分美恶者，最为拂意。"

《济美篇》由巴多明译述，他的同志、同船者——白晋等人校阅，有慈母堂同治八年（1869）刻本，后无再刊。

除了《济美篇》，克安神父还有《德行谱》传世。从体例来看，这两本书差不多，《德行谱》是圣达尼老的评传，分为四卷，上中下三卷是圣达尼老本传。上卷，圣达尼老"初生及从游之始末"；中卷，圣达尼老"进会、肄业及殁后列入圣品之始末"；下卷，圣达尼老之"圣迹"。第四卷是圣达尼老外传，"圣人之兄保禄本传，言其劣迹甚详，迨后幡然改悔"。

克安神父为他这部译作写了序言和跋文。序曰：

古来精修之圣，求如圣达尼老各斯加之幼稚者，亦鲜矣。溯其生平，而不诵其轶事，恐或有疑其为日无多，如何直造圣人之域。噫！此未知才与德之分也。才之为道，非广见博闻，不能增其学识，非日积月累，不能臻于老成。是故年幼而擅通方之誉，犹如凤鸟麒麟，闻名而已，未之见也。惟大德行则不然，不专在乎读圣贤书，受父师训，自用其力也。必得天主分外神恩，始成其大耳。

圣达尼老自幼既知天主之恩，即仰承母敦，日夕冰兢，笃信而宝守之。故在世不烦迟久，而天主特施分外之神恩，俾其德行大成也。似此精修幼童，余窃向往之至。

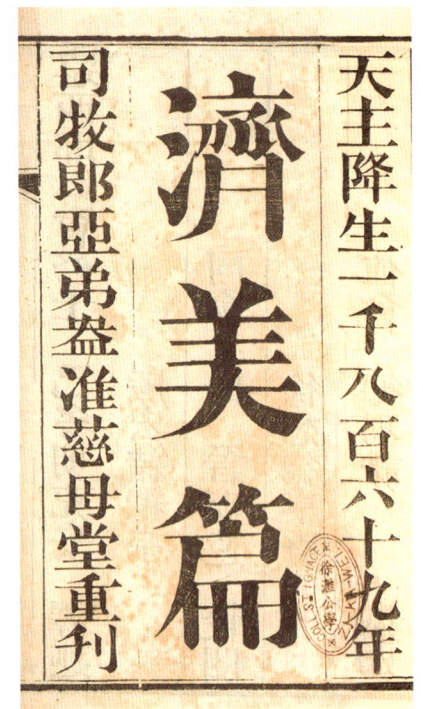

济美篇（扉页）
［法］巴多明译述
［法］白晋等校阅
三卷　一册
清同治八年（1869）慈母堂辑刻
刻本　纸本　筒子页　线装
九行二十字小字双行同
白口四周双边单鱼尾
开本：20×12.9（cm）
半框：16.4×11.2（cm）
50页

《德行谱》有雍正四年（1726）刻本、同治八年（1869）慈母堂刻本、民国二十年（1931）土山湾印书馆铅排本。

马若瑟（Joseph de Prémare，1666—1735），名马龙周，字若瑟，别号温古子（或记文古子，Wen Kou-Tseu），法国人，1683年加入耶稣会。康熙三十七年（1698）抵华后从广东上川岛被分配到江西传教，驻地饶州、建昌、南昌，雍正二年（1724）被逐广州，雍正十三年（1735）逝于澳门。欧洲史学家把马若瑟、白晋、傅圣泽等人称为"易经学派"或"索隐学派"，因为当时这几个人对《易经》作了大量研究，试图从《易经》中发掘中国古代思想与天主教的联系。马若瑟的著作有《圣若瑟传》、*Notitia Linguæ Sinicæ*（《汉语札记》，生前未刊）、小说《儒交信》（生前未刊）、

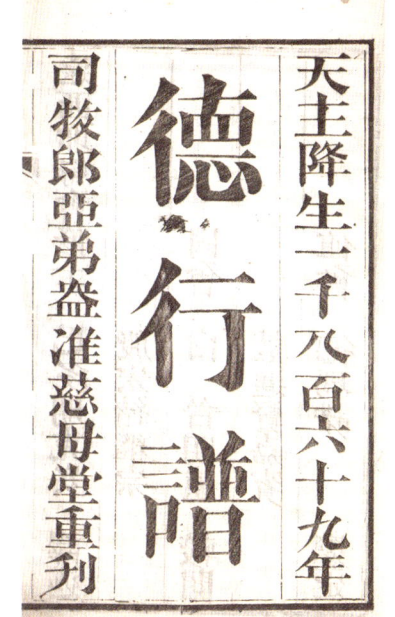

德行谱（扉页）
[法] 巴多明译
四卷　一册
清同治八年（1869）慈母堂辑刻刻本　纸本　筒子页　线装
九行二十字白口四周双边单鱼尾
开本：20×13.2（cm）
半框：16×10.8（cm）
39页

圣若瑟传（扉页）
[法] 马若瑟述
一卷　一册
清同治十一年（1872）慈母堂辑刻刻本　纸本　筒子页　线装
九行二十字小字双行同
白口半页四周双边
开本：26.2×18（cm）
全框：20×15（cm）
24页

《六书析义》（法文）、《信经直解》、《杨淇园行迹》、《真神说论》、《神明为主》、《经传议论》等。马若瑟翻译的元曲《赵氏孤儿》曾经在欧洲流行一时，奠定了他汉学家的地位。

《圣若瑟传》，也称《圣母净配圣若瑟传》，初刊于康熙六十年（1721）。马若瑟在"小引"中言：

天下之事，有当信者，有不当信者，有可信者，三等而已。当信者何？凡天主圣经、圣教真传，如信经十二节，及圣教会之已定者、有确理、有实据，是也。不当信者何？凡子平堪舆、佛老异端者，悖理败俗，无凭可依，是也。可信者何？凡圣经未书，圣会未定，然无碍真理，如此传所谓。诸圣中无一可与圣若瑟比肩，且不独具神灵在天，即其肉躯并在天者，是也。吾人当信而信，不当信

而不信之，不独免罪，且大有功焉。若当信而不信，不当信而信之，则其罪重矣。

马若瑟这本书，是根据《圣经》故事著述，不需多释。同治十一年（1872）慈母堂重新刊刻，后有宣统二年（1910）慈母堂石印本、民国二十年（1931）土山湾印书馆铅印本。

殷弘绪①（François-Xavier d'Entrecolles，1664—1741），字继宗，法国人，1681年入耶稣会。康熙三十八年（1699）抵广州，即赴江西饶州传教。康熙四十五年（1706）起担任法籍耶稣会会长。康熙五十一年（1712）主持九江教务。在北京生活了二十年。乾隆六年（1741）逝于北京。

"慈母堂刻本"里有殷弘绪作品两种，《训慰神编》和《逆耳忠言》，分别重刻于同治十一年（1872）和十二年（1873）。殷弘绪写作时正为雍正禁教的艰难时期，在此背景下，《训慰神编》和《逆耳忠言》的主题和宗旨是一样的："作者欲准备当时之教友，如遇教难当如何勇毅以赴之"。②

《训慰神编》初刻于雍正八年（1730），也叫《续古抚今》。徐宗泽解释，《训慰神编》就是《圣多俾亚传》。③ 多俾亚是天主教古史中"七十贤士"之一。殷弘绪以介绍多俾亚圣人的故事训慰处于苦难中的

训慰神编（扉页）
[法]殷弘绪译述
一卷 一册
清同治十一年（1872）慈母堂辑刻刻本 纸本 筒子页 线装
九行二十字小字双行同
白口四周双边单鱼尾
开本：20.5×13.5（cm）
半框：16×11（cm）
64页

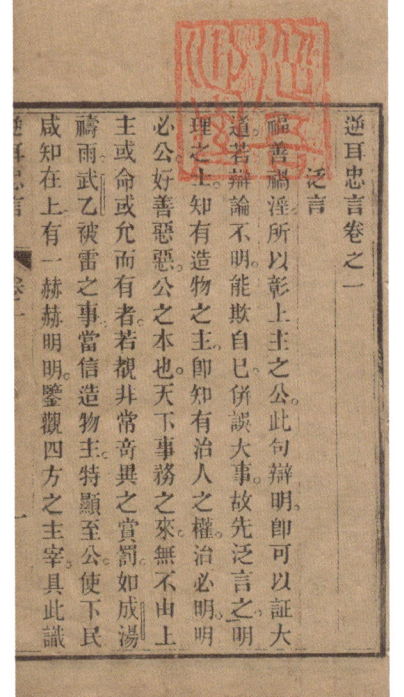

逆耳忠言（内页）
[法]殷弘绪撰
四卷 一册
清同治十二年（1873）慈母堂辑刻刻本 纸本 筒子页 线装
九行二十字白口四周双边单鱼尾
开本：26.6×15.4（cm）
半框：19×13（cm）
69页

---

① 殷弘绪一度被视为"工业间谍"。他在景德镇居住过七年，对陶瓷工艺十分熟悉。在九江时他写信给法国友人，详细地描述了瓷器的原材料和制作方法，从而使法国人在法国仿造出瓷器，后又传遍欧洲各地。其实，知识传播本身是文明进步的体现，东西方先进技术的交流应该是正面的、是互动的。
② 徐宗泽：《明清间耶稣会士译著提要》，第98页。
③ 徐宗泽：《明清间耶稣会士译著提要》，第404页。

教友:"大哉圣教爱人如己之德,奇矣至矣。奚啻乐人之乐,忧人之忧,更愿举吾身所有之乐,与人共乐而去其忧。此岂寻常之爱德哉,实纯善无私,大公无外。"

《逆耳忠言》,雍正九年(1731)初刻于北京,分为四卷。第一卷"泛言",论说天主赏罚之道理,解释何以恶人在世反而享福、善人难以实在的道理:最终之赏罚在后世,真福在永福不在世福。第二卷"正言",指出为义而被窘难者有福。第三卷"直言",论致命,详备致命圣人的故事。第四卷"引言",告诫教友如遇教难,应当如何为主忍受一切,乃至不避捐躯。

人更有言,积阴德与子孙,子孙常享其报,亦明知善在生前,多有不曾受报者。佛老劝人行善,现受福田利益。儒者非之,尝言行善,惟知善之美好,不当求行善之利。每以此贬二氏而扬儒学,由是以观。钦奉上主之人,其修德行善之意,更有进焉,不但不求现福,且明知所行者,是常遭苦难之路,盖以苦难炼成之德。始为极粹极精,无累无私之至德。若谓苦难,不加于行善之人,恐以德为不德也⋯⋯

殷弘绪还介绍了几位"以德为德"的圣人:圣隆仁、圣热尔瓦削、圣博罗大削、圣亚弟央、圣赫默搦日等。"世如大海,人遭窘难时,如渡海之遇飓风,怒浪掀天,阴霾蔽日,必藉罗经,始知方向",此是作为神父的他讲一番"逆耳忠言"之初衷。

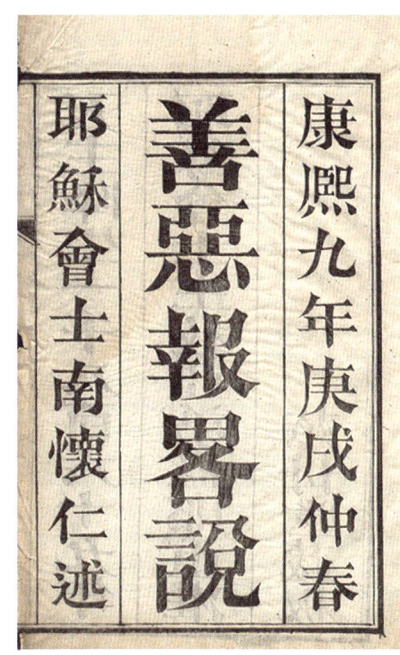

善恶报略说(扉页和书牌)
[比]南怀仁述
一卷 一册
清同治八年(1869)慈母堂辑刻
刻本 纸本 筒子页 线装
九行二十字白口四周双边单鱼尾
开本:23.5×15.5(cm)
版框:19×13.5(cm)
11页

与利玛窦、徐光启、汤若望并列,被认为对明末清初天主教在华传教起了不可替代作用的比利时传教士南怀仁①,康熙九年(1670)撰写了《善恶报略说》,慈母堂早期重镌的不多的几十本

---

① 关于南怀仁的详细介绍见"滕公栅栏"章。

书里就有此书。

南怀仁撰写此书缘起于康熙教案。"康熙八年八月内,诸王贝勒大臣,九卿科道,屡次会议天主教事情,屡次具疏云,该臣等会同再议得恶人杨光先,捏词控告天主教系邪教。"朝中大臣质疑:"天主教欲勉人为善享福,何故凡行善者,现世不降以福,行恶害人者,即时不降以祸?又何故容恶者多享富贵,终身快乐,善者多穷困患难灾病?岂不令人疑天地无主宰,或疑主宰不公乎!"

对此,南怀仁的解释是:"善恶由人自专而定""天主不强阻恶者以存其自专""善恶之报亦有现世""人在现世比鸟兽更苦""世福具有亏缺""世福不足以报善德""形天佛神等不能报善恶""托生之报惟推脱之言""以国法辟托生之报""托生之报绝人哀矜之情""托生之报有伤伦理""以现世之报辟托生之报""正教禁绝二色并不义之财"等。

魏继晋(Florian Bahr,1706—1771),又记魏福良,字善修,德意志人,耶稣会传教士。乾隆三年(1738)与另一位中文名字也叫作南怀仁①的奥地利神父结伴来华,在北京传教。他精通音乐,善操提琴。乾隆七年(1742),和鲁仲贤等传教士奉旨教太监学拉提琴,在清宫组建了中国最早的西洋管弦乐队。他的主要传教点是宝坻县(今天津宝坻区)。乾隆三十六年(1771)在北京去世,葬于滕公栅栏,墓碑今存。

魏继晋著述有《圣若望枭玻穆传》(Vita S. Joannis Nepomuceni),初刻于北京,年代不详。若望枭玻穆,现在译为枭玻穆的若望(Jan Nepomucký,约1345—1393),天主教圣人,波希米亚人。他是波希米亚王后的告解神师,因拒绝透露告解的秘密,被波希米亚国王瓦茨拉夫四世淹死在伏尔塔瓦河。若望枭玻穆被认为是天主教会第一位因告解保密而殉道者,因而他成为反诽谤的主保圣人,同时也是抵御洪水的主保圣人。该传讲述了这位圣人的诞生、幼年、晋铎、入狱、受刑、殉主、荣衰、遗爱、善终、灵迹、列圣、圣思等。

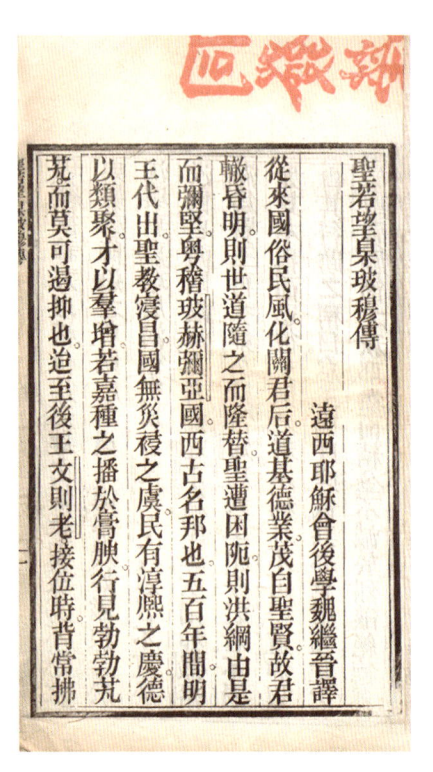

圣若望枭玻穆传(内页)
[德意志]魏继晋译
一卷 一册
清同治十年(1871)慈母堂辑刻
刻本 纸本 筒子页 线装
八行二十字白口半页四周双边
开本:24.7×15.3(cm)
全框:19×12.5(cm)
38页

---

① 南怀仁(Godefroid-Xavier de Limbeckhoven,1707—1787),奥地利人,1722年入耶稣会奥地利教区修院。1737年抵印度果阿。乾隆三年(1738)到澳门,赴京治历,后在湖广、河南、江西传教,乾隆十五年(1750)任南京主教,乾隆二十一年(1756)祝圣,次年兼管北京教务,因与澳门葡萄牙主教发生矛盾被夺权,乾隆五十年(1785)后独自管理江南教区教务。逝于松江府汤家巷,初葬苏州府白鹤山天主教墓地,今存墓碑为江南教区在光绪三年(1877)新志。

《圣若望枭玻穆传》有慈母堂同治十年（1871）重刻本和民国二十一年（1932）土山湾印书馆排印本。

魏继晋还著有《圣咏续解》，乾隆三十六年（1771）初刻于北京；光绪四年（1878）慈母堂出排印本，与利类斯的《圣母小日课》合册。魏继晋在乾隆十年（1745）编纂有《德汉词汇表》以及汉、拉、法、意、葡、德六种语言大辞典。

《圣依纳爵九日敬礼》和《圣沙勿略九日敬礼》，两种书是为信徒撰写的天主教两个节日"圣依纳爵日"和"圣沙勿略日"纪念活动礼拜形式、每日咏诵的经文、祈祷的诉求等。这里的"敬礼"就是瞻礼的意思。

依纳爵·罗耀拉（Ignacio de Loyola，1491—1556），耶稣会创始人，西班牙人。他所著《神操》一书为灵修辅导和退省神功的经典之作。罗耀拉1556年逝于罗马，1662年荣列圣品。教宗庇护十一世封他为神修和退省的主保。

写于清前期的《圣依纳爵九日敬礼》和《圣沙勿略九日敬礼》，作者林德瑶（João de Sexas，1710—1785），字洁修，葡萄牙人，耶稣会士，乾隆七年（1742）随葡萄牙使节来中国，留中国传教。逝后葬北京滕公栅栏。另著有《照永神境》（光绪四年〔1878〕北堂印书馆刻本）。

《圣依纳爵九日敬礼》和《圣沙勿略九日敬礼》分别初刻于北京，咸丰三年（1853）上海重刻《圣沙勿略九日敬礼》，同治十三年（1874）慈母堂重刻时合为一册。

率先重返中国的三位法国籍耶稣会神父里的李秀芳，到中国后，可记载的有三件事。第一件事是道光二十三年（1843）受托在上海张朴桥创办"圣母无玷圣心修道院"，这间修院当年迁址横塘。第二件事是咸丰十年（1860）在直隶河间府创办献县教区

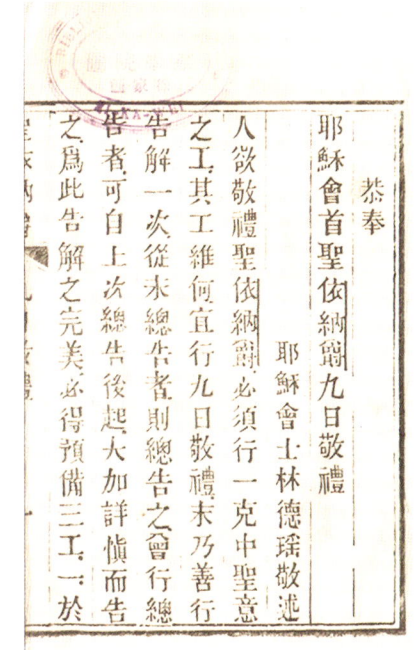

圣依纳爵九日敬礼
圣沙勿略九日敬礼（扉页和内页）
［葡］林德瑶述译
两种不分卷 一册
清同治十三年（1874）慈母堂重刻
刻本 纸本 筒子页 线装
八行十六字白口四周双边单鱼尾
开本：15×10（cm）
半框：11.3×8（cm）
50页

慎之慎之（扉页和插图）
［法］李秀芳著
三篇　一册
清同治十二年（1873）慈母堂辑刻
刻本　纸本　筒子页　线装
八行二十字小字双行同
白口四周双边单鱼尾
开本：16.8×15（cm）
半框：12×9（cm）
159页
插图4幅

"圣沙勿略修道院"。第三件事是他在这个动荡的时期写了几本书，如慈母堂于同治十二年（1873）辑刻的《慎之慎之》以及《中国大主保圣若瑟圣月》。

康熙七年（1668），中国天主教代表会议在广州召开，由葡萄牙人成际理[①]神父主持，各修会的传教士计二十三人参加并签名。会议拟定了举行弥撒圣祭、终傅圣事、婚配圣事等有关规定四十二条。在闭幕会上，神父们一致选择了童贞圣母玛利亚的净配、救主耶稣的鞠养父亲——荣福大圣若瑟为中国大主保。这一选择，由殷铎泽神父带往罗马，获得教宗认可。从这时开始，全国各地出现了以圣若瑟命名的教堂，中国教友开始敬大圣若瑟，每年三月十九日为大圣若瑟节。

李秀芳编著的《中国大主保圣若瑟圣月》就是介绍这位中国教友的大主保的。作者创作此书缘由有三点。第一，圣若瑟为人谦逊、诚朴、勤谨，这些美德正好是中国人的传统美德。第二，圣若瑟生平不为人知，《圣经》所记载的关于圣若瑟的事迹也寥寥无几，这也正符合老子所主张的"无为而有为"的境界。第三，就如大圣若瑟在世时曾经照顾了圣母和耶稣，也希望大圣若瑟在天上能照顾新生的中国教会。

李秀芳的另一本书《慎之慎之》，编排较乱，分为上下两篇，两篇中间插了《增补慎之慎之》。如果将其看成李秀芳神父的一部文集，那么思路还是可以捋清楚的。

上篇有九章："论默想人之四终""论人终向""论罪恶""论死候""论审判""论地狱""论炼狱""论天堂""论简选之数何寡少"。

下篇有四章："论得善默想之神益""默想善规略辩""论省察之法""论择位之教训"。以及十一诵经文：《恭敬耶稣圣心经》《求为本日临终者祝文》《呼号耶稣临终圣心经》《向耶稣苦像诵》《圣人依纳爵经文》《恃怙圣母诵》《求托圣母诵》《怙圣若瑟诵》《向耶稣玛利亚若瑟诵》《向若瑟求洁净诵》《呼圣若瑟诵》等。

《增补慎之慎之》有三篇："论耶稣圣心""论圣母""论圣若瑟"。这三篇原本是三本独立的书，《敬礼耶稣圣心月》《敬礼圣母月》《敬礼圣若瑟月》。

有文提到李秀芳和晁德莅合著了《圣母月》，这个记述错误来源于史式徽的《江南传教史》，[②]以讹传讹。李秀芳的《圣母月》只是《慎之慎之》的有关篇章，而晁德莅的《圣母月》是上洋文艺堂刻印的《敬礼圣母月》。二者泾渭分明，只是名称近似。

[①] 成际理（Felicien Pacheco，1622—1686），字竹君，葡萄牙人，1641年入耶稣会。顺治八年（1651）来华，耶稣会中国省副会长。康熙二十五年（1686）逝于淮安。
[②] J. de la Servière, *Histoire de la mission du Kiang-nan*, tom. II, par. II, chp. II, ii, p. 277.

圣教柱石

> 印刷术等手工艺的实践中,中国人肯定与所有别的民族都不相同,而他们在其他艺术和科学方面的实践却与我们自己十分相近。
>
> ——利玛窦

天主教历史上，习惯于把利玛窦最亲密的三位中国朋友徐光启、李之藻和杨廷筠称为"圣教三柱石"。他们三人也是最早皈依天主教的中国士大夫。

德礼贤在《中国天主教传教史》里这样说：

最著名的，便是那1603年领洗的上海徐光启氏，洗名保禄；他是那明朝的大学士，中华圣教多年的柱石，徐文定公。至今上海西乡徐家汇——文定公故里，现在天主教南京主教区中心——"徐阁老坟"还保存着，墓址在那世界闻名的徐汇天文台西北，相距有几百码的地方。据宋倪氏太夫人（1869—1931）左右声称，太夫人的母亲徐氏，伊的外祖父徐福运，是文定公十六世孙。这话如果真实，那么，太夫人的哲嗣宋子文氏，和伊的三位东床快婿，中华民国的国父孙中山氏，现任财政部长孔祥熙氏，和前国府主席蒋中正氏，也都是文定公的戚属咧。①

徐光启（1562—1633），上海徐家汇人，曾看到过《山海舆地全图》，对利玛窦十分仰慕。利玛窦在南京传教时的宅邸成为士大夫们趋之若鹜之处。他们讨论的内容既有人性、道德等伦理问题，也有天文、历算、地理等科学问题，士大夫们以与利玛窦交游为莫大荣光。万历二十八年（1600）徐光启到南京出差，会见利玛窦神父，"邂逅留都"，听了利玛窦的言论后，徐光启认为利玛窦是"海内博物通达之君子"。

据说，经这次短暂会晤，徐光启相信基督徒所信仰的上帝乃是万物的根本。他自述，上帝造就耶稣这个人来启明自己。圣三位一体的神异以某种方式在他梦中呈现：他在一座庙里看见三间教堂。在第一间，他看见一个人的形状，有人称其圣父；第二间里，他看到另一个人形，戴着皇冠，他听人称其圣子，他还听见有一个声音叫他向这些形象礼拜；在第三间教堂里，他一无所见，也没有敬礼。可能是上帝不愿把圣灵用教徒常见的鸽子形状来显示给一个还未皈依的人。

万历三十一年（1603），徐光启怀着对利玛窦的旧谊再次来到金陵，他不知道三年前利玛窦已去北京了，接待徐光启的是罗如望神父。据柏应理记述，罗如望神父引徐光启瞻仰天主像，讲述三位一体的教理，并指着画像说，这便是三位一体中的第二位（圣子）降生为人之像。徐光启突然回忆起那个梦，惊疑不止。罗如望送给他《天主实义》《天主教要》等书，他回到客栈习读，"达旦不寐，立志受教"，并连日去教堂观察教礼，学习教义，聆听罗如望讲解摩西十诫之理。回家后又捎来两封信，信中表明他受到基督教教义的感染有多么深。

几个月后，徐光启忙里偷闲地在南京住了八天，潜心研究了利玛窦的《天主实义》，遂起念皈依天主教。罗如望神父为他施礼，取圣名"保禄"。次年，徐光启参加会试，考中进士，随后进翰林院为翰林庶吉士，后又官拜礼部尚书、文渊阁大学士。

明末奉教的士大夫接受天主教思想，大抵走的是将儒家思想和天主教教理融会贯通的道路。徐光启在

---

① 德礼贤：《中国天主教传教史》，商务印书馆1933年版，第61—62页。

《辩学章疏》中写道，天主教"能令人为善必真，去恶必净，盖所言上主生育拯救之恩，赏善罚恶之理，明白真切，足以耸动人心"，因此可以"补益王化，左右儒术，就正佛法"，概括起来说也就是"补儒易佛"。

徐光启在明季天主教初入中国时期，对其生存和发展有三项重要贡献：

第一，徐光启真诚地向西方传教士学习科学知识，是第一次西学东渐的带头人之一。他与传教士、钦天监同事合作翻译了大量西方科学著作：

书　名	目　　次	时　　间	合作者
几何原本		万历三十五年（1607）	利玛窦（口授）
测量法义		万历三十五年至三十七年（1607—1609）	利玛窦（口授）
测量异同		万历三十六年（1608）	
勾股义		万历三十七年（1609）	
简平仪说		万历三十九年（1611）	熊三拔
平浑图说		万历三十九年（1611）	
日晷图说		万历三十九年（1611）	
夜晷图说		万历三十九年（1611）	
定法平方算数		万历三十八年（1610）	李之藻
泰西水法		万历四十年（1612）	熊三拔
刻《同文算指》序		万历四十二年（1614）	
崇祯历书		崇祯四年至七年（1631—1634）	徐光启（主编）李天经（续编）
	历书总目		徐光启
	测天约说，大测		龙华民 邓玉函
	黄赤距度表		邓玉函
	日躔历指，日躔表，测量全义，比例规解，月离历指，月离历表，五纬总论，日躔增，五星图，日躔表，火木土二百恒年表周岁时刻表，五纬历指，五纬用法，日躔考，夜中测时，五纬表，月离表，筹算，黄赤正球，历引日躔考昼夜刻分		罗雅谷
	交食历指，交食历表，交食诸表用法，交食表，交食蒙求，古今交食考，恒星出没表，恒星历指		汤若望
	南北高弧表，诸方半昼分表，诸方晨昏分表，黄平象限表，土木加减表，交食简法表方根表，高弧表，五纬诸表，甲戌乙亥日躔行细		钦天监局官生

第二，徐光启煞费苦心地帮助天主教传教士在中国立足。在他一再说服下，崇祯皇帝同意传教士进入钦天监，用西方历学方法帮助中国修历。此后一百九十六年间，不论政治风云如何变幻，钦天监（司天监）基本掌控在传教士手里。

万历三十八年（1610）徐光启奏荐庞迪我、熊三拔治历未准，万历四十一年（1613）李之藻奏荐庞迪我、熊三拔、龙华民、阳玛诺治历未准，崇祯二年（1629）徐光启奏荐邓玉函开历局译书获准，崇祯三年（1630）徐光启奏荐汤若望、罗雅谷入钦天监治历获准。下表为历年在钦天监任职的传教士：①

时　　间	名　字	所在修会	职　务
崇祯二年至三年（1629—1630）	邓玉函	耶稣会	设历局
崇祯三年至十七年（1630—1644）	汤若望	耶稣会	治历
崇祯三年至十一年（1630—1638）	罗雅谷	耶稣会	治历
顺治元年至康熙五年（1644—1666）	汤若望	耶稣会	监正
康熙八年至二十七年（1669—1688）	南怀仁	耶稣会	监正
康熙二十七年（1688）	闵明我	耶稣会	监正，未到任
康熙二十七年至四十七年（1688—1708）	徐日昇	耶稣会	监副
康熙二十七年至四十八年（1688—1709）	安多②	耶稣会	监副
康熙三十三年至五十五年（1694—1716）	纪理安	耶稣会	监正
康熙五十五年至乾隆十一年（1716—1746）	戴进贤	耶稣会	监正
乾隆元年至八年（1736—1743）	徐懋德	耶稣会	监副
乾隆八年至十一年（1743—1746）	刘松龄③	耶稣会	监副
乾隆十一年至三十九年（1746—1774）	刘松龄	耶稣会	监正
乾隆十一年至三十六年（1746—1771）	鲍友管④	耶稣会	监副
乾隆十八年至三十九年（1753—1774）	傅作霖⑤	耶稣会	监副
乾隆三十九年至四十年（1774—1775）	傅作霖	耶稣会	监正
乾隆四十年至四十五年（1775—1780）	安国宁⑥	耶稣会	监正
乾隆三十六年至四十五年（1771—1780）	高慎思⑦	耶稣会	监副
乾隆四十五年至五十三年（1780—1788）	高慎思	耶稣会	监正
乾隆四十六年至五十八年（1781—1793）	索德超⑧	耶稣会	监副

---

① 本表参考了徐宗泽民国二十九年（1940）手稿《钦天监中治历之耶稣会士表》。
② 安多（Antoine Thomas，1644—1709），字平施，比利时人，1660 年入耶稣会。康熙二十四年（1685）来华。逝于北京。
③ 刘松龄（Augustin de Hallerstein，1703—1774），字乔年，奥地利人，1721 年入耶稣会。乾隆三年（1738）来华。逝于北京。
④ 鲍友管（Antoine Gogeisl，1701—1771），字义人，德意志人，1720 年入耶稣会。乾隆三年（1738）来华。逝于北京。
⑤ 傅作霖（Félix da Rocha，1713—1781），字利斯，葡萄牙人，1728 年入耶稣会。乾隆三年（1738）来华。逝于北京。
⑥ 安国宁（Anoré Rodrigues，1729—1796），字永康，葡萄牙人，1745 年入耶稣会。乾隆二十四年（1759）来华。逝于北京。
⑦ 高慎思（Joseph d'Espinha，1722—1788），字若瑟，葡萄牙人，1739 年入耶稣会。乾隆十六年（1751）来华。逝于北京。
⑧ 索德超（Joseph-Bernard d'Almeida，1728—1805），字越常，葡萄牙人，1746 年入耶稣会。乾隆二十四年（1759）来华。逝于北京。

续表

时　　间	名　字	所在修会	职　务
乾隆五十八年至嘉庆十年（1793—1805）	索德超	耶稣会	监正
乾隆五十年至嘉庆六年（1785—1801）	罗广祥①	遣使会	监副
嘉庆五年至十一年（1800—1806）	汤士选	遣使会	监副
嘉庆十一年至十三年（1806—1808）	汤士选	遣使会	监正
嘉庆十一年至十三年（1806—1808）	福文高②	遣使会	监副
嘉庆十一年至道光三年（1806—1823）	李拱辰③	遣使会	监副
嘉庆十三年至道光三年（1808—1823）	福文高	遣使会	监正
嘉庆十三年至道光六年（1808—1826）	高守谦④	遣使会	监副
道光三年至六年（1823—1826）	李拱辰	遣使会	监正
道光三年至六年（1823—1826）	毕学源	遣使会	监副

第三，徐光启筹谋和推动了上海开教，由此联动江苏、浙江、福建等地教会组织的建立，在中国最富庶地区集聚起大批信众。

万历三十五年（1607），徐光启回乡奔丧，途经南京时，邀请郭居静神父前往上海传教。翌年，郭居静来到上海，在史称"九间楼"的徐光启宅设坛宣讲福音。这是上海天主教历史的发端，"九间楼"因此也被视为上海最早的天主教堂，也称"第一天主堂"。

意大利人潘国光神父于崇祯十年（1637）来华，在上海主持天主教教务，他与徐文定公一家人来往密切，徐光启下葬时的墓志铭就是他用拉丁文撰写的。潘国光先在"九间楼"西侧的圣母堂布道。他汉语流利，娴熟当地习俗，追随者众多，据说每年经由他入会的有二三千人之数。礼拜者日增，圣母堂不敷使用，崇祯十三年（1640）潘国光筹划另建新堂，得到徐光启孙女许太夫人帮助，购城北安仁里潘氏旧宅世春堂，重加修葺，改名"敬一堂"，俗称"老天主堂"。

清末徐家汇曾有人编撰了《敬一堂志》，世存几部抄本。《敬一堂志》主要根据康熙年《上海县志》等有关敬一堂的史料整理，分为六卷：

卷一，天主堂修建始末及"堂房屋宇实在细目"。介绍敬一堂的来龙去脉，时间跨度五十余年，从顺治五年（1648）至康熙三十九年（1700）。

---

① 罗广祥（Nicolas-Joseph Raux，1754—1801），又记郎霁·罗旋阁，碑记罗尼阁，法国人，1771年入遣使会，1777年晋铎。乾隆五十年（1785）来华，任法国传教团长上。逝于北京，葬正福寺。
② 福文高（Domingos-Joaquim Ferreira，1740—1824），葡萄牙人，1777年入遣使会。乾隆五十六年（1791）来华。逝于北京，葬滕公栅栏。
③ 李拱辰（José Ribero-Nuñes，1767—1826），葡萄牙人，1783年入遣使会。乾隆五十六年（1791）来华。逝于北京，葬滕公栅栏。
④ 高守谦（Verissimo Monteiro de Serra，1776—1852），葡萄牙人。嘉庆八年（1803）来华，嘉庆二十三年（1818）任北京主教，道光六年（1826）离开北京抵澳门。1832年返回葡萄牙，逝于家乡。

天主堂，在县治北，西士潘国光建。明松江府推官李瑞和记：天启间，长安中锄地，得唐建中二年景教牌（碑）。士大夫习西学者，相矜为吾学已显于唐之世。然抚碑版（板）之文，不睹异人之迹，则信从之者犹少，唯利西学士抱绝世之姿，一旦而入中国，其迹奇、其法大，中国贤智之士多宗之。是时徐文定公光启假归里居，讲求经国实用之学，而西士郭仰凤、黎宁石二先生者不远而来，文定与语契合，乃为建堂于居第之西。崇祯二年，文定以礼部侍郎入朝，遂以龙华民、邓玉函、罗雅谷、汤若望四先生荐修历法，朝廷谕钦天监正与西士，以日食迟速多少验之，唯西学不爽毫黍。于是遂督同修历，有"钦褒天学"之额悬之各堂，而上海居最先。余奉简命来李（？）是拜，于时有潘先生国光者，道风高峙，披面无斁。适余至沪城，先生不鄙余而过存之，虬髯深目，炯炯有光。余叩以天主立教之意云何，则抗声而谈曰：儒家不曰畏天命乎，无主何由命？不曰敬天勤民乎，公有勤民之职者，自源及流，非敬天，何以勤民！余悚然异其言，始知西学与吾儒本天之义为一揆也。会先生以旧建堂鄙隘，瞻礼者众，不足以容，乃市安仁里潘氏之故宅为堂，而以向所建者奉供圣母，郡公为之给帖改建，而余为之序。时崇祯十四年辛巳春日也。

在"堂房屋宇实在细目"里，作者计列敬一堂历年修建用度，细数厅堂结构、布局、陈设、圣物、花园等。

卷二，"昭事"。"向天主有三德，曰信、曰望、曰爱。堂宇聿信，人心向化，爰定修规，以申昭事。作昭事志。"逐一详解寓堂诸会，如圣母会、耶稣苦会、圣依纳爵会、圣类思会、圣方济各会、神功会、天神会、圣母无原罪会、圣若望会等。

卷三，"观瞻"。"伟哉，西士九万里而来，教人敬天修己之学，动天子公卿，相继褒扬，难尽修载其及吾上邑神父者，记之以存缁衣之好。作观瞻志。"

卷四，"坟墓"。"西士远来行道，在生亦无以家为去世又何云冢墓？而志者，亦惟以启后人之思也。我信肉身之复活，敢不存望于神父哉。作坟墓志。"

泰西天学修士之墓，在上海城南陆家浜上。康熙十四年八月中，西士柏应理题额，江右康文长撰志。先是顺治六年，潘先生用价银一百二十两买徐顺之尊公龙兴原买杨氏别业……

康熙十年，潘先生卒于粤，奉旨归葬，众教友经营丧葬。十一月柩至，十二月初行葬筑圹，安月迎丧到山……十二月二十五日丧事毕工，柏先生为之立石，题其墓曰：泰西天学修士用观潘公之墓。

先后葬于陆家浜"修士墓"（亦称"南门外圣墓堂墓地"），在潘国光左右的还有刘迪我[①]、金百炼[②]等人。

作者还撰写一篇《天学仁冢》，备述营筑墓冢之仁意：

吾天主教则重灵魂，而硕肉身，为知有一日复活，同灵魂，而共享常生也。夫水葬、火葬与暴露朽

[①] 刘迪我（Jacoques le Favre，1610—1676），字圣及，法国人，1627年入耶稣会。顺治十三年（1656）来华，在江西赣州传教。康熙教案释放后离开广州前往崇明岛传教。属"建昌学派"。

[②] 金白炼（Emmanuel de Pereira，1636—1682），字玉纯，葡萄牙人，1654年入耶稣会。康熙十年（1671）来华，居澳门，扶潘国光灵柩来上海，后主持敬一堂教务。

腐，均成灰烬。固知其在四行中，天主命之相聚而复活，有何难哉。但生人见之，于心何忍焉。故古之泽及枯骨者为仁政。今之众冢而名仁，盖怜吾同教之人，得一抔之土，而竟付之水火，心何忍。冢已有三，潘先生为之首倡。秦家石桥有一教众义举，望各乡各堂，同有好义者，起行葬死者之功，是圣教十四哀矜之一也。

这里提到，天主教当年在上海还有四处墓地："土山仁冢""吴淞江北仁冢""南门外仁冢""秦家石桥仁冢"。

【土山仁冢】在二十五保一区六图一百八十三号上，田一十二亩……明崇祯年，教下人徐侍溪受地方欺诈，坊厢役苦，乃以其田卖于潘先生。先生知城市之人，无地埋葬，不上官坛则投水火，因以其田为冢，收葬在教之人。

【吴淞江北仁冢】在闸西北二十五保一区二图四百四十七号上，拆田三亩四分六厘一毫；四百四十八号上，拆田三亩二分三厘……顺治年，教下人丁占三，契卖于潘先生，先生亦以为仁冢。

【南门外仁冢】在修士墓左二十五保一区十二图一百六十号上，一亩□分……康熙八年，教下人金爱山无子，想死后之肉体欲傍神父，买徐氏之田五分七厘。正茔之外凭埋葬教友。后伊女婿，外教，另自择地，遂以兹田为仁冢。

【秦家石桥仁冢】在二十保二图一百九十六号，田七分三厘五毫；一百九十七号，田四亩二分六厘五毫，共田五亩，每亩七折，准下乡熟田三亩五分。康熙元年，里书钱仁宇义举，呈县县公，给示勒石，上海县为损田助冢……

卷五，"田房"。"仕有常禄，民有房产，西士远来，不婚不宦。在朝者，佐天子靡食于大廷，而在外者，能无衣食之需乎？置有薄产，以供饘粥。作房田志。"

卷五与卷一叙述的外延不一样，卷一只限于敬一堂契屋本身的情况，而卷五讲的是教会名下的资产，遍布上海县远近各处。大致归算了一下上海教会名下田亩：

康熙三年（1664），潘国光奉旨进京，与刘迪我交接时有田亩三百六十九亩四分一厘三毫。

康熙十四年（1675），刘迪我去世，柏应理接手敬一堂时存田亩三百八十七亩六分四厘九毫。

潘国光碑拓（碑阳）
中题"泰西天学修士用观潘公之墓"旁题简历，周刻花边
［比］柏应理撰碑文
拓片　纸本　一通
清康熙十五年（1676）镌刻
上海南门外圣墓堂耶稣会墓地
清宣统元年（1909）拓印
尺幅：127×53（cm）

康熙十九年（1680），柏应理离任交予张安当①时有田亩三百七十四亩六分四厘四毫。

康熙二十一年（1682），张安当将教会财产托付刘岳宗代管，移交清单有田亩三百七十五亩五分七厘六毫。

这些田亩有的是神父购置的，大部分是教友捐赠的，时有赎回或变卖，所以亩数增减频繁。

卷六，"人物"。"神父来自九万里至我国者，不可不知其姓名，而况于莅吾地、扬教化、建事功者乎。况于吾蒙其教诲、惠吾形神、有亲近而薰炙者志之，以存去后思。"作者记述了罗明坚、郭居静、罗如望、黎宁石②、李玛诺、阳玛诺、金尼阁、毕方济③、艾儒略、曾德昭④、傅泛际⑤、伏若望⑥、瞿西满⑦、郭纳爵、卢纳爵⑧、贾谊睦、潘国光、卫匡国、穆尼阁⑨、汪儒望、成际理、张玛诺、刘迪我、洪度贞、毕嘉、柏应理、鲁日满、殷铎泽、陆安德、金百炼、李西满⑩、张安当、鲁日益⑪、潘玛诺⑫、洪度亮⑬等在敬一堂生活过的三十五位神父的生平。

潘国光在敬一堂传教二十八年，聚拢教徒数万人，"德业事功，道路口颂"。康熙四年（1665）禁教期间，潘国光等一批教士被遣送到广东，敬一堂被拆毁。康熙十年（1671）天主教恢复活动，敬一堂又成为圣堂，这一年潘国光病逝广州。他临终犹眷念老天主堂，教会遂其愿，归葬上海。

耶稣会遭梵蒂冈取缔而撤出中国后，上海地区传教活动划归多家修会主持的南京教区管辖，直到耶

---

① 张安当（Antoine Posateri，1640—1705），字静斋，意大利人，1657年入耶稣会。康熙十五年（1676）来华，初赴广东、上海，康熙三十年（1691）改赴山西、陕西、甘肃创建新传教区，康熙四十一年（1702）任山西代主教。逝于太原。
② 黎宁石（Pedro Ribeiro，1572—1640），字攻玉，葡萄牙人，1590年入耶稣会。万历三十二年（1604）来华，在上海和杭州传教。崇祯十三年（1640）逝于杭州，葬大方井。
③ 毕方济（Francesco Sambiaso，1582—1649），号今梁，意大利人，1603年入耶稣会。万历三十八年（1610）与艾儒略偕同来华。在京时，向明朝廷条陈救国之策，后到上海、开封、扬州、苏州、宁波等地传教。入闽前结识明唐王朱聿键，后唐王在福州即位，毕方济应召前来，备受礼遇，隆武帝谕令拨款扩建"三山堂"，赐御书"上帝临汝"匾额，准许公开传教，并作诗相赠。卒于广州。著有《画答》《睡画二答》《灵言蠡勺》《奏折皇帝御制诗》等。
④ 曾德昭（Alvaro de Semedo，1585—1658），又名谢务禄，字继元，葡萄牙人，1602年入耶稣会。万历四十一年（1613）到澳门，万历四十八年（1620）入内地，在浙江、江西、上海等地传教，居陕时考察景教碑。顺治六年（1649）主持广州教务。逝于广州。著有《中华大帝国志》（1645，巴黎）。
⑤ 傅泛际（Francisco Furtado，1587—1653），又记傅泛济，字体斋，葡萄牙人，1608年入耶稣会。天启元年（1621）来华，在杭州、西安等地传教。逝于澳门。著有《寰有诠》（崇祯元年〔1628〕杭州刻本）和《名理探》（崇祯四年〔1631〕杭州刻本）。
⑥ 伏若望（Joannes Froez，1590—1638），字定源，葡萄牙人。1608年加入耶稣会。天启四年（1624）来华，任杭州修道院院长九年，终身在浙江传教。卒于杭州，葬大方井。著有《助善终经》《五伤皇礼规程》《苦难祷文》等。
⑦ 瞿西满（Simon de Cunha，1590—1660），又记瞿洗满，字弗溢，葡萄牙人，1606年入耶稣会。崇祯二年（1629）来华，传教建宁、福州。逝于澳门。
⑧ 卢纳爵（Ignace Lobo），字亮贵，葡萄牙人，耶稣会士，生于1603年。崇祯三年（1630）来华，传教福建，崇祯十一年（1638）经上海赴印度，不知所终。
⑨ 穆尼阁（Jean-Nicolas Smogolenski，1611—1656），又记穆尼各，字如德，波兰人，1635年入耶稣会。顺治三年（1646）来华，传教建宁、福州、海南。逝于肇庆。
⑩ 李西满（Simon Rodrigues，1645—1704），字受谦，葡萄牙人，1659年入耶稣会。顺治十六年（1659）来华，传教上海、福建、崇明、常熟、苏州。逝于苏州。
⑪ 鲁日益（Jean de Yrigoyen，1646—1688），又记鲁日孟，字裕斋，西班牙人，1662年入耶稣会。康熙十七年（1678）来华，在苏州、福州传教。1685年赴菲律宾，逝于该地。
⑫ 潘玛诺（Emmanuel Laurifice，1646—1703），字国良，意大利人，1660年入耶稣会。康熙十九年（1680）来华，先传教于上海、松江、杭州，曾为许太夫人行终傅礼。康熙二十三年（1684）接替恩理格负责山西、河南教务，后赴西安、南京。逝于广州。
⑬ 洪度亮（François Cayosso，1647—1685），字方济，西班牙人，1665年入耶稣会。康熙十七年（1678）来华，传教福建、陕西。1685年赴菲律宾，逝于该国。

稣会"去而复归"。咸丰九年（1859）耶稣会获得教廷批准成立江南代牧区，重新掌管中国最富饶地区的传教工作。

上海开教逾四百年，盛衰兴废，恍然一梦。客叹：来时春社语喃喃，去时秋社忙劫劫；土山空见旧时月，夜深寂寞阁老爷。

与徐光启同时代的李之藻和杨廷筠也是当时著名的中国天主教徒。

李之藻（1565—1630），字我存，又字振之，浙江仁和（今杭州）人，万历二十二年（1594）中举，万历二十六年（1598）中进士。曾任工部水司郎中、南京太仆寺少卿、河道工部郎中、广东布政使、光禄寺少卿等职。万历三十九年（1611）受洗，教名良（Leo）。李之藻很早就从利玛窦学习天文、地理和数学等自然科学，还与利玛窦合译并出版了《浑盖通宪图说》《同文算指》《圜容较义》等著作。晚年编辑刻印了中国天主教最早的一部丛书《天学初函》（崇祯元年〔1628〕）。这部丛书收集了传教士和中国天主教徒撰写、翻译的西方科学和天主教著作共计二十种，分"理"和"器"两卷，在当时流行一时。

李之藻也是以中国儒学思想为出发点理解天主教的，他称传教士的学问为"天学"，与儒家学说并无抵触："知天、事天，不诡六经之旨……性命根宗，义畅旨玄，得未曾有。"对于天学中"微及性命根宗"部分，也就是天主教理，李之藻更是从儒家修身事亲的角度加以诠释。他在《〈天主实义〉重刻序》中写道："即知即事，事天事亲同一事，而天其事之大原也……利先生学术，一本事天，谭天之所以为天甚晰。"

杨廷筠（1562—1627），字仲坚，号淇园，教名弥格尔（Michael），也是浙江仁和（今杭州）人，万历二十年（1592）进士，官至监察御史。早年居杭州期间，曾研习王阳明心学，后来又"出儒入佛"，以居士自诩。他在北京做官时与利玛窦相识，但没有像徐光启、李之藻那样随耶稣会士研习天文历算。辞官回杭州后，与在江南的传教士郭居静、金尼阁和艾儒略等有深入交往。万历三十九年（1611）李之藻父亲去世，杨廷筠前去吊唁时发现李之藻把所有的佛像都请出家堂，也没有按传统请和尚来做法事，受到很大触动。在李之藻的劝说下，这一年杨廷筠决心辞休小妾，遵守教规，皈依基督。万历四十四年（1616）杨廷筠在杭州购买房屋给郭居静等外籍神父居住，天启二年（1622）又把位于杭州老东岳附近大方井的祖茔辟为传教士墓地，郭居静、金尼阁、阳玛诺、罗如望、殷铎泽、黎宁石、徐日昇、伏若望、卫匡国等人先后葬于此。① 天启七年（1627）杨廷筠在武林门外修建了浙江第一座天主教堂。

杨廷筠的著作《代疑编》，北京报领堂初刻于明天启元年（1621），巴黎国家图书馆有藏。

《代疑编》引征儒道学说解释有关天主教的问题："答造化万物一归主者之作用""答生死赏罚惟系一主百神不得参其权""答戒杀放生释氏上善西教不断腥味何云持戒""答佛由西来欧罗巴既在极西必所亲历无独言无佛""答大地四面皆人所居天有多层重重皆可测量""答人伦有五止守朋友一伦尽废其四""答天主有形有声""答有天堂有地狱更无人畜鬼魅轮回""答物性不同人性人性不同天主性""答既说人性以上所言报应反

---

① 大方井的传教士墓地有三间石砌碑屋，三座遗骨合瓮墓。有关大方井埋葬传教士的数量情况众说不一，笔者藏有宣统元年（1909）耶稣会墨治的全套拓片，确为十三人。

罗如望、金尼阁、黎宁石、徐日昇、郭居静、伏若望碑拓（碑阳）
右题"天学耶稣会泰西修士受铎德品级诸公之墓" 左题罗如望、金尼阁、黎宁石、徐日昇、郭居静、伏若望简历
拓片 纸本 一通
清中期重修镌刻
杭州大方井墓地坟门之右
清宣统元年（1909）拓印
尺幅：116×69（cm）

阳玛诺、卫匡国、洪度贞、殷铎泽、法安多碑拓
碑阳阳玛诺、卫匡国、洪度贞、殷铎泽、法安多简历
碑阴 我信肉身之复活
拓片 纸本 一通
清中期重修镌刻
杭州大方井墓地坟门之左
清宣统元年（1909）拓印
尺幅：116×69（cm）

涉粗迹""答九万里程途涉海三年始到""答从来衣食资给本邦不受中国供养""答礼惟天子祭天今日日行弥撒非僭即渎""答谓穿凿难益德达于人情""答疑西教者籍籍果尽无稽可置勿问""答西国义理书籍有万部之多若非重复恐多伪造""答天主有三位一体降生系第二位费略""答降孕为人生于玛利亚之童身""答被钉而死因以十字架为号""答耶稣疑是至人神人未必是天主""答耶稣为公教诸神相通功""答遵其教者罪过得消除""答命终时解罪获大利益""答十字架威力甚大诸魔当之立见消殒"等二十四篇。卷末附有《杨淇园先生超性事迹》，也就是杨廷筠传。

明末清初，讨论中西儒耶之异同的著作有许多，其中三部最为重要。一是利玛窦的《天主实义》，它是以批评佛教、道教，即后所谓"补儒易佛"的态度，主动地与中国文化中最有影响的一家相适应。它在士大夫之间获得广泛赞同，阅读者最多。二是利类思的《不得已辩》，这是在杨光先发难之后，耶稣会士被动地为自己辩护，辩论当中，让不少中国人看到天主教与中国文化真有不少差异。第三部影响较大的同类著作就是杨廷筠的《代疑编》，由于它是中国基督徒写的，当它解释教义的时候，对中西文化的同异阐述得较为贴切。从这三部书中，我们可以看到中国文化和西方基督教传统的基本差别。

除了徐光启、李之藻和杨廷筠这三"根"天主教柱石外，明末还有一些士人为天主教传播建树不凡，这里以朱宗元、韩霖、瞿式耜为例。

朱宗元（1609—1660），字维城，浙江鄞县（今宁波市鄞州区）人，江南早期天主教徒之一。为顺治贡生，顺治五年（1648）中举人。方豪先生题解：

朱宗元著有《答客问》，同学张成、义能信订正，1697年福建林文英作序，有云：古越朱子维城精其学，著《答客问》，今苏先生为之重梓，问序于予，予不敏，何敢轻为赘笔？……考朱子之诸篇也，年方二十二耳。超超见道，岁何其早，而力何其坚！殆斯教当兴而天主早授夫明道之人耶？……噫！朱子之尊天主也至矣！其欲正人心也明矣！读是篇者，不必歧之为西学，最其大经而合之为吾儒当奉之教，教固可行，道可一，而风亦可同也。可见宗元信教必二十三岁前，且对传教有极大热诚。按当时教士的西文书札中，都称朱宗元为朱葛斯默，可知在省城受洗，又到杭州延请神父到宁波去的葛斯默，即朱宗元。宗元后来又写了一部《拯世略说》，在自叙中，历述他求道、得道和传道的经过。1640年阳玛诺（E. Diaz）译《轻世金书》，宗元为之润色校订，用尚书误体，以显其高古，文字赡奥艰深，非深通经书者不办。宗元又撰《轻世金书直解》，未见传本。1642年，玛诺又有一《天主圣教十诫直诠》之作，宗元亦为作序。1642年，孟儒望神父在宁波出版《天学略义》，解释使徒信经，朱宗元与魏学濂同为校正。1659年夏，贾宜睦（J. de Gravina）神父《提正编》亦完成，宗元又与李祖白、何世贞共预参校。①

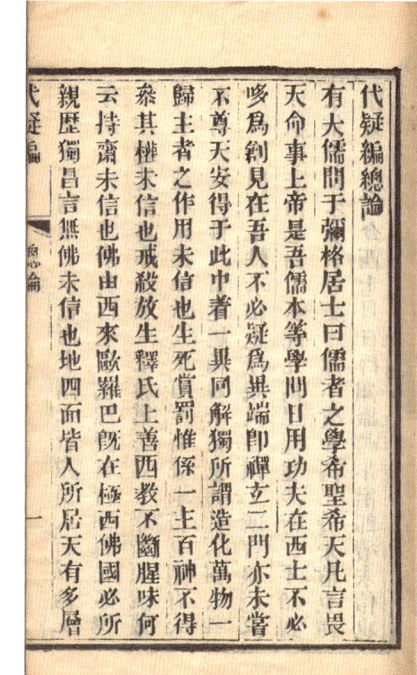

代疑编（内页）
〔明〕杨廷筠撰
一卷　一册
清同治十二年（1873）慈母堂辑刻
刻本　纸本　筒子页　线装
九行二十一字小字双行同
白口四周双边单鱼尾
开本：20.2×13.3（cm）
半框：16.5×10.5（cm）
79 页

朱宗元的著作有《答客问》《拯世略说》《天主圣教豁疑论》等。《答客问》在中国天主教史上太有名了，资深神职无不读过此书。《答客问》主要解释天主教与儒、释、道的差异，宣传天主教优于其他宗教理论。这本书的特点恰恰显示那个时代的传教特征：夹缝中求生存。它不像清朝末年天主教神父那么强势，只讲自己道理，信则享荣；它需要为自己的合理性辩解，它需要在他人认同下存在。因此，此书从武王伐纣、关公忠义谈到狄仁杰江南毁庙，从尧、舜、周、孔非圣人，到坚称程朱理学不及天主至爱。洋洋洒洒万把字，尽显一位信教者之自信和虔诚。

《答客问》的本子存世多见，同治十年（1871）的慈母堂刻本

---

① 方豪：《中国天主教史人物传》，宗教文化出版社2007年版，第293页。

答客问（扉页）
〔明〕朱宗元撰
一卷　一册
清同治十年（1871）慈母堂辑刻
刻本　纸本　筒子页　线装
九行二十一字白口四周双边单鱼尾
开本：20×12.7（cm）
半框：17×10.5（cm）
71 页

当然不错，此外还有光绪二十九年（1903）慈母堂排印本、民国十六年（1927）北京救世堂排印本等。

山西绛州（今新绛县）人韩霖（1596—1649），教名多默（Thomas）。《乾隆绛州志》原刻本卷十一《人物》记其生平曰：

> 韩霖字雨公，号寓庵，天启辛酉举人，为文有奇气。书法在苏、米间。与其兄孝廉云称竞爽。年舞象时，从兄云游娄东，为傅东渤、文太青两先生所知，黄石斋、马素修、董恩白诸公咸推许焉。后益嗜游，为聚书计，尝南至金陵，登凤凰台，历燕子矶，东览虎邱、震泽之盛。泛舟南下至武林西湖，访六桥三竺，西南探匡庐，游乌龙潭，观瀑布，复由淮南北上，谒孔林，抚手植桧。前后购书数万卷，法书数千卷，既归，筑卅乘藏书楼以贮之。日与及门数十人州次部分，讲诵不辍。又于读书之暇，学兵法于徐光启，学铳法于高则圣，务为当世有用之士。惜未及一试，遽以避寇山堡，遇难死。生平著述数十种，历遭兵燹，存者亦仅矣！所著见总目，祀乡贤。

韩霖传世著作最重要的是《铎书》，撰于崇祯十四年（1641）。韩霖为他的著作辑写提要"铎书大意"：

> 天生下民，赋以恒性，立之君师，俾以圣人在天子之位，如上古之世，帝尧帝舜是也。即有圣人为之臣，如禹平水土，稷教稼穑，当斯时也，百姓耕田而食，凿井而饮，饱食暖衣矣。又恐逸居无教，近于禽兽，使契为司徒，敬敷五教在宽。五教者何？父子有亲，君臣有义，夫妇有别，长幼有序，朋友有信也。孔夫子谓之达道，达道者，天下古今所共由之路也。孟子谓之人伦，曰：人伦明于上，小民亲于下。《中庸》曰：天命之谓性，率性之谓道，修道之谓教。是人伦本于天性，此外别无所谓道与教也。

基于如此对道和教的理解，韩霖把基督教的救世学说融于中国孔孟儒家理论里。《铎书》有六篇，篇名即对应基督教的"圣谕六言"：第一篇"孝顺父母"，第二篇"尊敬长上"，第三篇"和睦乡里"，第四篇"教训子孙"，第五篇"各安生理"，第六篇"毋作非为"。

从韩霖的《铎书》可以看到一点，明末清初来华传教士与本土传教士的著述有着很大不同：利玛窦、艾儒略等人在其著作里纳入许多儒家思想，但是他们撷择儒家学说主要是诠释基督教教义以适合中国传统，力图印证基督教的思想在中国古已有之，非蛮夷蛊惑；而徐光启、李之藻、杨廷筠、朱宗元、韩霖等本土教徒的著作，则以儒学为体，引基督教思想佐证基督教教义与孔孟之学并行不悖，并无冲突。

韩霖在《铎书》里说：

孔子言"朝闻道，夕死可矣"，注言"生顺而死安也"，可见不闻道不可死，死必受诸苦恼矣。孟子言"夭寿不贰，修身以俟之"，备死之说也，而死之期，在朝未必能至夕，在夕未必能至朝，危矣哉！故少者当备死候焉，何也？死候面攻老耋，背攻幼稚也；老者当备死候焉，何也？幼者早死，为常见常闻，而老者久生，则未见未闻也。然死候何以当备？以审判故。凡生前所思所言所行，皆于死后当鞫焉。天监在上，锱铢不爽，可不惧哉？而审判何以当惧？以有地狱天堂故。

一个是六经注我，一个是我注六经。虽方法有殊，然结果同一。

韩霖的《铎书》初刻于崇祯十四年（1641），年久无传。民国八年（1919）陈垣依徐汇藏书楼底本重新校刊付梓，为现通行本。

常熟人瞿式耜（1590—1650），字起田，号稼轩、耘野，又号伯略，瞿太素①侄子，诗人，南明重臣。万历四十四年（1616）进士，后授江西永丰知县，有惠政。天启三年（1623）丁父忧返里，与艾儒略交好，后受洗入教，教名多默（Thomas），曾为《性学觕述》作序。

瞿式耜拜钱谦益②为师。他在崇祯一朝官至户科给事中，晚年参加抗清活动，拥立桂王朱由榔。顺治四年（1647）城破被捕，他与张同敞同在桂林风洞山仙鹤岭下就义。从瞿式耜身上可以看到，信仰的改变并不会完全改变中国知识分子的风骨和气节。

当时有名望的奉教人还有李天经③、孙元化④、王徵⑤、金声⑥，以及段衮、张寿、李应试、陈于阶、韩霞、张庚、瞿式𬭚、瞿式榖、李祖白、诸际南、丁允泰等，都是明末清初有名的士大夫出身的天主教徒。

---

① 瞿太素（1549—1612），江苏常熟人，大宗伯文懿公长子，崇祯十三年（1640）经罗如望受洗，教名依纳爵。利玛窦在韶州传教期间与其相识，跟利玛窦学习欧洲算学、天象、数理，建议利玛窦穿儒服，认为如此易结交中国士大夫。
② 钱谦益（1582—1664），字受之，号牧斋，晚号蒙叟、东涧老人，江苏常熟人，明末清初散文家、诗人，与吴伟业、龚鼎孳并称为"江左三大家"，顾炎武、郑成功也是他的学生。
③ 李天经（1579—1659），字长德，河北吴桥人，明代历法家，神宗癸丑进士。听徐光启劝导入天主教。崇祯六年（1633）主持历局，编写《崇祯历法》，与徐光启、利玛窦合译《同文算指》，介绍西方的笔算数学。
④ 孙元化（1581—1632），字初阳，号火东，川沙（今属上海浦东新区）人，天启年间举人，受徐光启感化，天启元年（1621）领洗，教名依纳爵。从徐光启学西洋火器法，任为兵部司务、兵部职方主事、职方郎中、右佥都御史、登莱巡抚等，后遭诬杀。著有《经武主编》等。
⑤ 王徵（1571—1644），字良甫，号葵心，又号了一道人、了一子、支离叟，教名依纳爵，陕西泾阳县人。天启崇祯年间，任直隶广平府推官、南直隶扬州府推官及山东按察司金事等职。与传教士邓玉函合译《远西奇器图说》。与徐光启并称，被誉为"南徐北王"。
⑥ 金声（1589—1645），又名子骏，字正希，号赤壁，徽州休宁（今属安徽）人。崇祯进士，与徐光启善而奉教，其女守贞不嫁，亦奉教。明末抗清义军首领，顺治二年（1645）清军围攻，徽州失陷，拒降清，就义于南京雨花台。遗著有《金太史文章》《尚志堂集》等。

明末清初，中国"高级知识分子"皈依天主教，对这个时期的传教工作给予的是"正能量"：首先，他们有助于洋教士疏通与帝国朝廷的关系；其次，他们帮助传教士学习、了解中国文化传统，使天主教的"普世学说"与中国具体现实有机结合，为耶稣会在东方国家传教找到开创性模式；第三，他们为中国社会中下层知识分子和普通百姓接近天主教起了示范性作用；第四，他们的学识和修养，有力地推进了洋教士们带来的西方科学知识和技术在中国的传播和应用，使这些先进知识不再是宫廷里少数人把玩的"稀罕物"。

下乡上山

如果或迟或早上帝使这最初播下的福音种子获得丰收，使天主教会的仓廪充实，那么后来的信徒便可以知道，过去为了使这些可敬的人民皈依上帝所做的值得赞美的工作应该归功于谁。

——利玛窦

耶稣会传教士返回上海初期的工作可以简单概括为四个字:"下乡上山"。

南格禄、艾方济、李秀芳三位传教士到上海后,艾方济早逝,李秀芳多数时间在河间府,南格禄负责上海教区。在松江、青浦落脚之后,几位传教士谋划把总部安置在离上海市区较近的地方。得教友帮助,他们在徐家汇获得了第一块地,算是一个起点。同治二年(1863),耶稣会在此又购置了四百余亩土地。

彼时上海西南流淌着三条小河:肇嘉浜、蒲汇塘、法华泾。三河汇流的地方名"法华汇"。法华汇边上有个小村子,叫作"徐家库",就是"徐家村"的意思。徐光启就诞生在这里。徐家子孙世居于此,繁衍生息,渐成村落,后人渐渐把"法华汇"改称为"徐家汇"(Zi-ka-wei)①。

当年徐家汇南侧有一个土山坡,是林则徐在江苏巡抚任上疏浚河道时堆土形成的,当地百姓称"土山湾"(T'ou-sè-wè)。那时的土山湾还是个小村庄,根本不存在斜土路、漕溪路、南丹路,肇嘉浜、法华泾和蒲汇塘还是河道,作为地标存在的不过是荒烟衰草中的徐光启家族墓冢。

在南格禄筹划下,耶稣会的重心从青浦横塘移师徐家汇。他们平丘填壑,大兴土木,开始了中国最大天主教"重镇"的建设,逐步创立了驰名中外的上海徐家汇和以土山湾冠名的一系列著名天主教机构,就其规模而言,徐家汇和土山湾堪称"东方梵蒂冈"。(当然"东梵"与"西梵"的地位是完全不同的,无法相提并论。)

下表为1843—1933年约一百年间耶稣会在上海拥有的主要机构:

机 构 名 称		地 址	创办年份	现有建筑建成年份
圣母圣心堂	Sacre Coeur Basilique	张家楼	1640	1843
徐家汇耶稣会住院	Séminaire de Zi-ka-wei	徐家汇	1842	1847
徐汇公学	Collège Saint-Ignace	徐家汇	1850	1850
圣依纳爵教堂	Saint Ignatius Cathédrale	徐家汇	1842	1851,1896
圣方济各沙勿略教堂	Saint-François Xavier Cathedral	董家渡	1847	1853
徐汇藏书楼②	Bibliotheca Zi-ka-wei	徐家汇	1847	1860
土山湾孤儿院	Orphelinat de T'ou-sè-wè	徐家汇	1855	1864
圣母院③	Jardin de la Sainte Mére	徐家汇	1855	1869
耶稣圣心堂	Jésus Sacre Coeur Basilique	邱家湾	1658	1871
圣方济各学校	Collège Saint Francis Xavier	南浔路281号	1872	1872
光启社	Bureau Sinologique	徐家汇	1892	1892

① Zi-ka-wei 为徐家汇在西文文献中的常见写法,下土山湾同。
② 徐汇藏书楼,也称徐家汇藏书楼或徐家汇图书馆。
③ 包含拯广会女子修道院、圣衣会女子修道院、献堂会、启明女校、哑学堂、幼稚园、育婴堂、刺绣所、花边间、裁缝作坊和浣衣厂。

续表

机 构 名 称		地 址	创办年份	现有建筑建成年份
露德圣母堂	Saint Lourdes Basilique	唐墓桥	1868	1894
徐汇天文台①	Observatoire de Zi-ka-wei	徐家汇	1871	1899
佘山天文台	Observatoire de Zô-sè	佘山	1900	1900
圣玛利亚医院	Hôpital Sainte-Marie	金神父路 197 号	1907	1907
震旦大学	Aurore Université	吕班路 223 号	1903	1908
新普育堂	Saint Joseph Hospice	陆家浜	1913	1913
贞德女中	Collège Sainte Jeanne D'Arc	杜美路 18 号	1917	1917
徐汇师范学校	Collège Normale	徐家汇	1921	1921
圣女小德肋撒堂	Saint Theresa Basilique	大通路 35 号	1927	1927
徐家汇大修院	Collegium Maximun	徐家汇	1842	1929
自然历史博物馆	Musée de Heude	吕班路 223 号	1868	1930
圣伯多禄堂	Saint Paul Basilique	吕班路 220 号	1933	1933

此表里有几家不是上海教区兴建的，但上海教区或耶稣会参与管理，比如陆伯鸿和上海公教进行会举办的新普育堂等。上海是耶稣会的主场，上海教区还有一百四十座大大小小教堂遍布黄浦江和吴淞江两岸。但愿有朝一日这些建筑可以纳入世界文化遗产名录。

耶稣会在徐家汇大刀阔斧地"开疆辟土"，得益于一个人的帮助——当年法国驻上海领事敏体尼。敏体尼（Louis Charles de Montigny，1805—1868），法国外交官，道光二十八年至咸丰三年（1848—1853）出任领事，其间创建上海领事馆。咸丰六年（1856）他调至法属印度支那工作，任驻曼谷领事，曾奉拿破仑三世谕旨与越南政府谈判开放传教事宜。他于同治元年（1862）重回上海，任市政管委会主席，同治二年至同治七年（1863—1868）任法国驻天津领事。

敏体尼在华十四年，适逢列强用武力迫使清政府开放门户的混乱时期。敏体尼就是那个年代制定规则的人之一，他在保护法国天主教、保护侨民的利益、筹建外国租界、协调与当地政府的关系、制定法律法规等方面做了许多工作。现在上海西藏南路，当年的路名用的就是他的名字——敏体尼荫路。敏体尼作为非天主教教会人士，对徐家汇建设作出的贡献尤为突出。

法国历史学家傅立德（Jean Fredet，1879—1948）写过两部赫赫有名的上海开埠史，一部是 1929 年在巴黎出版的 *Histoire de la concession française de Changhai*（《上海法租界史》），另一部是民国三十二年（1943）由土山湾印书馆出版的 *Quand la Chine s'ouvrait...*, *Charles de Montigny Consul de France*（《门墉初

---

① 徐汇天文台，也称徐家汇天文台。

Quand la Chine s'ouvrait…, Charles de Montigny Consul de France
门牖初启——法国驻华领事敏体尼
（封面和插图）
［法］傅立德撰
法文
十章　一册
民国三十二年（1943）土山湾印书馆排印铅印本　纸本　平装
开本：24.5×18.7（cm）
310页　插图17幅

启——法国驻华领事敏体尼》），两部著作的主角都是敏体尼。

傅立德在《门牖初启——法国驻华领事敏体尼》里用了十章记述敏体尼的一生，从他青年时代参加希腊革命，直到逝于法国驻天津外交官任上。书的后半部是传主年表，并附有十七幅照片和插图。

土山湾印书馆的这部《门牖初启——法国驻华领事敏体尼》，印刷和装帧都非常精美，而且是限量书，只印了六百本。如此隆重地推出这部著作，当是抱着感恩心情，纪念这位当初仗义襄助而奠土山湾后日辉煌之人。

土山湾印书馆是中国近代史上大型出版机构之一。不了解土山湾印书馆，就无法全面懂得中国近代印刷史和出版史。

道光二十九年（1849）神父们在青浦县横塘的天主堂创建了一所孤儿院，咸丰五年（1855）迁至蔡家湾。这时孤儿院就有了雕版印刷作坊，印刷作坊的负责人由意大利耶稣会士夏显德神父担任。

太平天国战争后，同治三年（1864）蔡家湾孤儿院搬入土山湾，又接收大批"战争孤儿"。耶稣会神父们的想法是，收容的孤儿们将来总是要走向社会的，培育技能重于养育。他们在孤儿院里兴办了工艺工场，有木器、工艺、排版、印刷、绘画等车间。工艺工场逐年扩大，岗位分工细化，其中印刷车间初具规模，日渐独立，从孤儿院工艺工场的印刷排字车间逐渐扩充而形成完整的出版机构。大约同治六年（1867）正式有了印书馆建制，不仅包括印刷车间，还有编辑部门和发行部门，不过教会内部将土山湾（慈母堂）印书馆正式成立时间定为同治九年（1870）。史式徽概括道："这些年，土山湾孤儿院为教区做的最棒的工作是印书馆。孤儿院印书馆是最活跃、最有效的传教工具。"[1]

土山湾孤儿院工艺工场早期排印技术有赖于法国耶稣会士苏念澄[2]神父和严思愠[3]神父。他们两人陆陆续续从上海当地小作坊主手里盘下一些铅字字模，并派遣弟子去其他印书房学习排字技术。《江南传教史》记载："1874年，土山湾印书馆引进铅活字，从此可以生产既廉价又轻便的图书了。"据史式徽说，印书馆活字印刷的第一本西文书是 Bulletins des observations de Zi-ka-wei（《徐汇天文台观测公报》），[4]用铅活字排印的第一本中文书籍是讲述弥撒要领的《弥撒规程》。

西方先进印刷技术的引进是土山湾印书馆真正发轫的基础，是带动中国印刷技术走向现代化的尝试，也使得土山湾印书馆自身脱胎换骨。手工雕版的传统印书方法被放弃，铅字活版排印和石印成为出版的主要手段，大大提高了生产效率。研究者们可以明显感觉到，从这个时期开始，新出版物问世的速度在加快。

从这个时期至清末，土山湾印书馆出版了一批精品书籍，可称为"山湾精品"，是收藏界应该特别关注的善本。这些"山湾精品"有几个特点：一、铅字活版排印或石印，由于是硬版印刷，故而不必像木版刷印书籍那样讲究初印与否；二、尺寸 20×15（cm）左右，由于不像木刻版需要那样大的字体，开本往往较小；三、尊崇中国传统工艺和审美观念，采用白宣纸或上等白纸，有框，筒子页，线装，行款模仿木刻雕版样式，有版框、版心，折线黑白口，鱼尾，版心上印有书名、卷数和页码，注释大多采用比正文小的字体双行夹注在文中；四、沿袭中国古代雕版书籍中"牌记"（书牌）的形式，仍非今天意义上的版权页；五、或有插图，有的是铜版画，有的是雕版画。

与早期雕版所印书籍不同，"山湾精品"比那个年代绝大部分木刻书籍都要精美，且富时代气息，是清末民初的善本。与"山湾精品"比起来，备受人们追捧的同时代刻本"四印斋所刻词""彊村丛书""宋六十家词""古逸丛书"等，反而满脸皱纹，颇显老态龙钟。同时期或稍后，上海申报馆、图书集成局、点石斋等出版机构也采用土山湾的标准。比较讲究的私人出书大多无出其右。

土山湾印书馆巅峰期在民国前三十年，第二次世界大战爆发后便一蹶不振。天主教在中国内地的出版机构，除了辅仁大学印书局迁至台湾外，大多在战后歇业，只有土山湾印书馆延续到1961年[5]。

《圣母行实》是一部与艾儒略的《天主降生言行纪略》[6]相似且影响也很大的书，在华传教修会出版机构都曾翻印过这部经典之作。

---

[1] J. de la Servière, Histoire de la mission du Kiang-nan, tom. II, par. II, chp. II, ii, p. 277.
[2] 苏念澄（Hippolytus Basuiau, 1824—1886），字清渠，法国人，1847年入耶稣会，1857年晋铎。同治四年（1865）来华。逝于上海。
[3] 严思愠（Stanislaus Bernier, 1839—1903），字慎斋，法国人，1866年入耶稣会。同治八年（1869）来华，光绪五年（1879）晋铎。逝于上海。
[4] 史式徽这里记述稍有误差，《徐汇天文台观测公报》第一期印制于同治十一年（1872），见北京国家图书馆著录。
[5] 最后的印刷品是《庚寅年上海教区瞻礼单》，署主教张家树核准、上海徐家汇土山湾工艺院1961年12月印制；这是一份1962年的瞻礼日期表，不过1962年是"壬寅年"，排字有误。
[6] 本作品详细内容介绍见"三山论学"章。

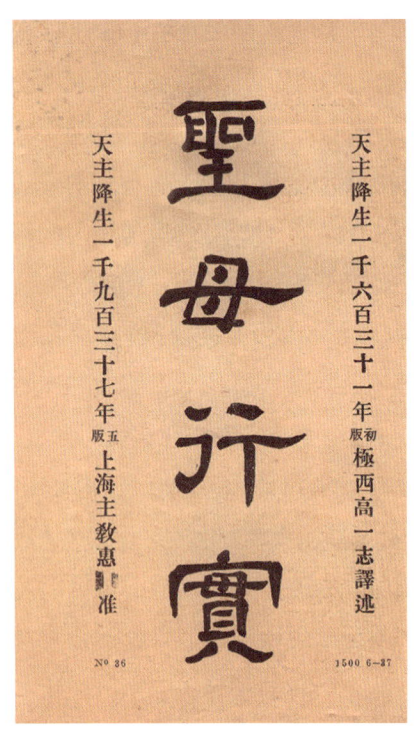

圣母行实（扉页）
[意]高一志译述
三卷首一卷　一册
民国二十七年（1937）土山湾印书馆排印
铅印本　纸本　筒子页　线装
十一行三十字无框
开本：19×13（cm）
145页

《圣母行实》共三卷。第一卷，推圣母出生并自幼至老行迹；第二卷，援古今圣贤之论，发明圣母大德；第三卷，述圣母贲人之恩，略纪圣迹万一。徐宗泽在《明清间耶稣会士译著提要》中述："此书论圣母行实最好之一部中文书，文字明白畅晓，又有故事，令人喜阅。书中当注意者，即是言圣母始胎独无原罪之染，不特不染，且不能染，因其为天主之母。此圣母无原罪始胎道理，在钦定信道之前，固为耶稣会士早已异口同声者也。"①

《圣母行实》，明崇祯四年（1631）初刻于绛州，覆刻于清嘉庆三年（1798），后有土山湾重刻本、民国初年石印本及土山湾排印本。

《圣母行实》的译著者是高一志。高一志（Alfonso Vagnoni，1566—1640），意大利人，1584年入耶稣会，万历三十三年（1605）来华，初到中国时取名王丰肃，字一元，又字泰稳、则圣。高一志先到南京，专心学习中国语言文字，研究古籍经典文献，著书立说，受到中国学者的认同。后因传教有方，信者甚众，获任南京天主教传教会首任会长。

树大招风。万历四十三年（1615）南京礼部侍郎沈㴶素奏表朝廷，攻击王丰肃等人。"自称其国曰大西，自名其教曰天主教。夫普天之下，薄海内外，惟皇上覆载为照临之主，是以国号曰大明，何彼亦曰大西，且既称归化，岂可为两大辞以相抗乎？"虽经徐光启、李之藻、杨廷筠、孙元化多人上疏力保，王丰肃得以免死，但被逐至澳门。

天启四年（1624），王丰肃改头换面，更名高一志，重返内地。王神父悄然转身为高神父，"战场"从南京转向山西绛州。崇祯十二年（1639），正在平阳府传教的高一志劳疾，次年在绛州离世，享年七十四岁。

高一志还有一项历史"第一"。"西学"概念出现在中国始于明末，现可查最早使用这个概念的就是高一志。万历四十三年（1615）他撰写了《西学》，被收入万历四十八年（1620）在澳门完成的《童幼教育》一书。高一志在这篇《西学》文中简要介绍了欧洲科学体系和分类，侧重欧洲的教育理论。西学教育最初从文学开始，也即从语言文字修辞、文章议论之学入门打基础，"文学毕，则众学者分于三家而各行其志矣，或从法律之学，或从医

---

① 徐宗泽：《明清间耶稣会士译著提要》，第42页。

学，或从格物穷理之学，三家者，乃西学之大端也"。然后是格物穷理之学，也就是"费罗所非亚"（哲学），又分为五科："落热加"（逻辑学）、"非西加"（物理学）、"玛得玛弟加"（数学）、"默大非西加"（形而上学）、"厄第加"（伦理学）。比这些学问还要高的是人学和神学。人学就是中国人讲的"修齐治平"学说。而神学则是"天学"，"天学已备，即人学无不全，而修齐治平之功更明且易，行道之力更强矣。故吾西大学之修从认己始，而至于知万有之至尊，正所谓复其初反其本也"。这些不过是复述托马斯·阿奎那的神学理论。

高一志还有几部"西学"著述：《童幼教育》（万历四十八年〔1620〕刻本）、《西学齐家》（又名《齐家西学》，天启四年〔1624〕刻本）、《西学修身》（又名《修身西学》，崇祯三年〔1630〕刻于山西）、《达道纪言》（崇祯十二年〔1639〕，韩云①序）、《斐录②汇答》等。

"人学"中比较有代表性的是《西学治平》。有文章称高一志有"西学治平四书"，即《西学治平》《民治西学》《王宜温和》和《王政须臣》。这个说法不对，后三本书都是《西学治平》的一部分。

《西学治平》初版时间不详，大约在高一志于山西绛州传教时期刻于山西。此书国内无藏，有关文献均来自法国图书馆藏本。据徐宗泽记述：

> 《西学治平》为继《修身西学》《齐家西学》而作，系抄本，无序及年月，共十一章，目次如下：治政原本第一章，此章言王者代天治民，其权来自造物主；政治熟善第二章，此章言国体、政制而归本于专制王国为最好；王职以德为本第三章，此章言为王者当有德为民标帅；仁乃王之首德第四章，此章所言之仁乃爱慕天地真主因爱人之德也；慈民乃仁王之次功第五章，此章言王者当治民以仁；仁验以惠第六章，此章言仁之效在惠民之政；王惠尚中第七章，此章言仁政要有义以济之，方能警恶；义王必遵法度第九章，此章言王治民不能妄用威权，当导守法制；赏罚义政之翼第十章，此章言王欲行义政不能无赏罚；义君亲朝第十一章，此章言王者治民必须亲政，方能行义政。③

徐宗泽先生在徐汇藏书楼看到的《西学治平》和《民治西学》都是抄本。北京北堂遣使会印书馆于民国二十四年（1935）出版的《民治西学》是国内目前可见的、唯一与《西学治平》相关的书。

《民治西学》分上下两卷，共十六章。卷上。高一志破题："民治如田治也。农图治田，先去其砾及诸邪草，然后艺之以嘉种。仕图治民，先须扫除诸邪，然后习之以诸善。"第一章"民治本于仕身"，"造物主原立君主，以师诸民而指迪之也。君主虽贤且智者，又自不足应繁。乃立明仕，以代敷教而偏布政。故仕者恒古亦谓民之师"。对于仕来说，"教民以言大不如教民以身"。第二章"民治始于识正道"，治民的正道就是人道，"造物者之生人，亦必赋之明德，以知其所当知，畀之志气，以为其所当为"。第三章"滋养国学"，教育是一国强盛的"藩卫"。第四章"民治以律"，法度乃国邦之筋，"身无筋而国无律，俱不足立焉"。第五章"育艺杜闲"，"暇闲也者，古今圣贤以为诸善之毒，诸恶之胎"。第六章"民业何

---

① 韩云（1587—1661），字景伯，教名未达尔，韩霖之兄，山西绛州（今新绛县）人，富绅。协助高一志完成《空际格致》《守圉全书》，与罗雅谷、李天经合作《天主经解》，著有《战守惟西洋火器第一议》《催护西洋火器揭》等。
② "斐录"二字为拉丁文 filosofia（哲学）一词的音译。
③ 徐宗泽：《明清间耶稣会士译著提要》，第215页。

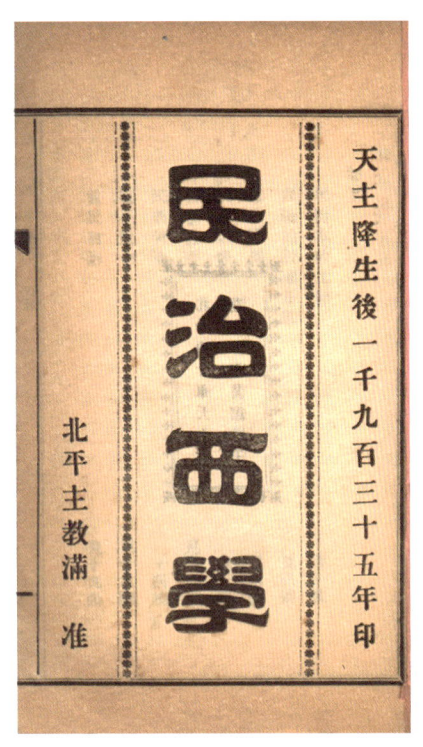

民治西学（扉页）
[意]高一志撰
两卷 一册
民国二十四年（1935）
北堂遣使会印书馆排印
铅印本 纸本 筒子页 线装
十一行二十七字小字双行同
白口四周双边单鱼尾
开本：20×12.8（cm）
半框：15.5×11（cm）
39页

治"，交易的核心是"公平"。第七章"富足民何"，政府掌管货物出入，以丰补歉，以长补短，禁奢，勤农。第八章"贫民何治"，"王乃民之首，民乃王之体，岂有体病且患，而首不痛不衰之耶"。

卷下。第一章"税敛当何"，税敛固为国家之力、国家之需，"万不可宜私之，或以逞其欲，或以从无益之务，或以供奸佞游戏之徒也"。第二章"钱用当何"，逐利者失德。第三章"民以治必须和睦"。第四章"失和争端"，民安国治，皆系于和。第五章"赌博乱媒"。第六章"博酗贼民之和"，以杜醉者之乱，因保万民之和，安其国。第七章"邪淫乱胎"，迷于酒必恣于淫，君子慎独。第八章"淫戏乃治之毒"，民有六失：失时、失业、失羞、失洁、失心、失身。好观邪戏者，必六失。

高一志"西学"里有关治国理政的内容，本与西方近代政治理论没有关系，完全是亚里士多德、托马斯·阿奎那政治学说的复述。仅此而言，有人认为"西学"引进中国始于清末，这话也是对的。西方近代政治学说，如孟德斯鸠、伏尔泰、洛克、卢梭等人的理论在清朝末年才被中国人熟悉。当然"西学"还有另外一层含义，即西方的科学知识，从这方面来说，西学确实是明末传教士大量介绍到中国的。

襄助高一志完成《圣母行实》翻译工作的罗雅谷和汤若望都是当时著名的科学家，他们的科学著作大部分收录在明崇祯至清顺治年间徐光启和李天经编纂辑刻的《崇祯历书》里。

明末清初中国天主教四大杰出人物之一的汤若望（Johann Adam Schall von Bell，1591—1666），耶稣会士，出生于德意志科隆。1618年金尼阁神父带队，汤若望、邓玉函等二十二名传教士，以葡萄牙政府派遣的名义从里斯本启航来华。汤若望在中国生活四十七年，历经明清两朝。

万历四十七年（1619），汤若望和他的教友们抵达澳门，被安置在圣保禄学院里，研习中国语言和文化。天启二年（1622）夏，汤若望换上了中国人的服装，有了中文名字汤若望，字道未——出典于《孟子》的"望道而未之见"。他取道北上，次年到达北京。到北京后，汤若望仿效当年的利玛窦，将他从欧洲带来的数理天文书籍列好目录，呈送朝廷。又将带来的科学仪器在住所内一一陈列，请中国官员们前来参观。汤若望以他的数理天文学知识得到朝廷官员们的赏识。他到北京当年就成功地预测了那年八月八日出现的月食。又写了两篇关于日食的论文,分赠给各官员并送呈朝廷。

崇祯三年(1630)由礼部尚书徐光启疏荐,汤若望回京供职于钦天监,译著历书,推步天文,制作仪器。汤若望的修历,并不仅仅是编制当年历法,而且要追溯中国几千年历史。他将《崇祯历书》重编成《西洋新法历书》。

形势比人强。面临李自成农民军的攻城略地和关外清军的大兵压境,崇祯帝颁旨令汤若望督造火炮。"崇祯七年,南有流贼李自成作乱,北有我大清问罪。崇祯九年,皇上令西士指授铸炮,与开放之法,以守北京。汤若望遵旨,先铸大炮二十尊,可发四十斤之弹。皇上派大臣验放。验得精坚利用。后又铸五百尊,大小不等,俱列于敌楼之上。"① 坚兵利器并未能挽救明王朝的覆亡。不过,根据这次造炮的心得,崇祯十六年(1643)汤若望撰写了《火攻挈要》一书。

崇祯十七年(1644)明亡,清军入关。改朝换代后的新皇帝顺治没有为难这些明遗传教士。明遗传教士受到新朝厚待,可能与他们为朱氏旧朝制造的利炮被清兵用来打败明军有关。

汤若望等人受了些惊吓,但仍履前职,继续修正历法。他担任钦天监监正,在北京城东部的古观象台履职台长。

顺治八年(1651)福临亲政,加恩中外。封汤若望为通议大夫,奉其父和祖父为通奉大夫,其母和祖母二品夫人。顺治十年(1653),又加赐汤若望三代一品封典。汤若望经常出入宫廷,对朝政得失多有建言,先后上奏章三百余封。顺治帝临终议立皇嗣,曾征求汤若望意见。据说当时朝廷中只有汤若望一人知道天花流行的后果,他建议要找一位得过天花的皇子来继承皇位,于是才有了后来的康熙大帝。

"顺治七年,皇上于宣武门堂院之东,复赐汤若望隙地一所,以建圣堂。"为此汤若望留下《都门建堂碑记》。

> 汤若望位居显赫,荣耀一时。钦天监员七十余缺,皇上俱准若望自行选荐。故忌者甚重。每公出,必有差役多人拥护。且时常接见同僚,刻无宁晷。大兴修规不合,汤若望屡上疏辞职。皇上不允。按世祖章,皇帝宠遇汤若望迥逾常格。②

后来清朝禁教期间,中国天主教没有中断的一个重要原因是,在宫廷中工作的耶稣会士们对中国科学文化发展作出了杰出贡献。顺治二年(1645),天下尚未稳定,福临便任命汤若望为钦天监监正。康熙与在北京的耶稣会士往来甚密,宫廷内外常见洋人行走。一向不喜欢外国人的雍正表面上仍然维持旧制,他重用了纪理安③神父、戴进贤④神父及宋君荣⑤神父。乾隆皇帝任用郎世宁等二十二位耶稣会士在内廷

---

① 樊国梁:《燕京开教略》,中篇,第18页。
② 同上书,第26页。
③ 纪理安(Bernard-Kilian Stumpf, 1655—1720),字云风,德国人,1673年入耶稣会。康熙三十三年(1694)来华。擅修辞学、数学,懂珐琅制造工艺,得康熙信任,任职钦天监监正。逝于北京,葬滕公栅栏。
④ 戴进贤(Ignatius Kögler, 1680—1746),字嘉宾,德国人,数学家,拉丁文讲师,1696年入耶稣会。康熙五十五年(1716)来华,在清廷任职二十九年,历任钦天监监正、礼部侍郎。著有《黄道总星图》《灵台仪象志》《仪象考成》《策算》等。
⑤ 宋君荣(Antoine Gaubil, 1689—1759),字奇英,法国人,1704年入耶稣会。雍正元年(1723)来华。逝于北京,葬正福寺。著有《中国征服者成吉思汗、蒙古王朝诸帝史》《成吉思汗及蒙古史》《大唐史纲》《中国天文学史》《中国天文学》《古代中国对黄赤交角的观测》《1735年的七星表》《公元前206年以前的中国王朝天文史》《北京志》等,翻译和注释《书经》《易经》《诗经》《礼记》。

担任天文、绘画、建筑、雕刻、医务、造表、彩釉、翻译等方面的职务，多为二三品官衔。嘉庆禁教最严格，但仍把钦天监交给耶稣会士掌管。朝里有人好办事，每逢出现重大教案，都可以看到朝内供职的洋官员上奏折为其同事开脱，而皇帝多数情况下也给他的洋臣子们一点面子，网开一面。

道光之前，清王朝的"禁教"禁的是洋人传教，并不禁他们在内地生活，不禁他们在朝廷供职。清廷准许两类人留在北京：一是在朝廷供职的，主要是在钦天监供职的；二是在北京四大教堂有神职的。

但是西方传教士在中国的日子还是如履薄冰、如临深渊的。玄烨八岁（1662年）登基后不久发生"康熙教案"，史称"历案"。大臣鳌拜和杨光先参告汤若望等传教士有罪三条：潜谋造反，邪说惑众，历法荒谬。朝廷下令逮捕三十五人，汤若望、南怀仁、利类思、安文思被羁押在北京；耶稣会士聂伯多、郭纳爵、李方西、刘迪我、汪儒望①、穆格我②、毕嘉、张玛诺③、柏应理、恩理格、殷铎泽、何大化、潘国光、陆安德、瞿笃德④、成际理、穆迪我、洪度贞、鲁日满、聂仲迁，方济各会士利安当，多明我会士闵明我、（顶替者）闵明我⑤、萨尔帕特里、略纳尔多等人被遣送到广州。

康熙三年（1664），已经中风瘫痪的汤若望和南怀仁等传教士被判斩监候。康熙五年（1666）汤若望病逝于寓所。

玄烨十四岁亲政，清算鳌拜等人，康熙八年（1669）给汤若望平反。祭文："皇帝谕祭原任通政使司通政使，加二级又加一级，掌钦天监印务事，故汤若望之灵曰：鞠躬尽瘁，臣子之芳踪。恤死报勤，国家之盛典。尔汤若望，来自西域，晓习天文，特畀象历之司，爰锡通微教师之号。遽尔长逝，朕用悼焉。特加因恤，遣官致祭。呜呼，聿垂不朽之荣，庶享匪躬之报。尔有所知，尚克歆享。"为纪念和宣传汤若望的平反，耶稣会士何大化⑥编辑小册子 Innocentia Victrix（《昭雪汤若望》），于康熙十年（1671）在广东印制，大英博物馆有藏。⑦

汤若望葬于北京滕公栅栏利玛窦左侧。"皇上又赐帑银，命与汤若望修坟一座，高大壮丽。墓前列有石人石供，大理石所成。"⑧

---

① 汪儒望（Jean Valat, 1599—1696），字圣同，法国人，1632年入耶稣会。顺治八年（1651）来华，在杭州、南京、山东传教。逝于济南。
② 穆格我（Claude Motel, 1619—1671），字来真，法国人，1637年入耶稣会。顺治十四年（1657）来华，在汉中、四川传教。从广州获释后赴陕西、江西传教。逝后与兄穆迪我葬武昌。
③ 张玛诺（Emmaneul Jorge, 1621—1677），字仲春，葡萄牙人，1638年入耶稣会。顺治八年（1651）来华，在上海、南京、淮安传教。从广州获释后重回淮安。逝后葬南京雨花台。
④ 瞿笃德（Stanislas Torrente, 1616—1681），字天斋，意大利人。1633年入耶稣会。顺治十六年（1659）来华，在海南岛传教。从广州获释后回琼。
⑤ 闵明我（Donminique Navarrete, 1610—1689），西班牙人，多明我会士。顺治十二年（1655）来华，康熙八年（1669）被官府拘捕时，一位意大利耶稣会传教士顶名入狱，他得以逃脱，离华。顶替者后来沿用了他的中文名字，即（顶替者）闵明我（原名 Philippe-Marie Drimaldi, 1639—1712，字德先，意大利人，1657年入耶稣会。康熙五年〔1666〕到澳门，顶替西班牙神父闵明我入狱，释后随南怀仁进京事康熙，曾任北京主教）。
⑥ 何大化（Antoine de Gouvea, 1592—1677），字德川，葡萄牙人，1611年入耶稣会。崇祯九年（1636）来华，在杭州、苏州、福州传教。康熙四年（1665）被解赴广州，释后逝于福州。
⑦ 罗常培：《耶稣会士在音韵学上的贡献补》，北京大学《国学季刊》第七卷第二号抽印本。大英博物馆所藏《昭雪汤若望》并非所传孤本，详见"工具辞书"章。
⑧ 樊国梁：《燕京开教略》，中篇，第30页。

康熙甚至于三十一年（1692）下达一道容教令：

> 查得西洋人，仰慕圣化，由万里航海而来。现今治理历法，用兵之际，力造军器、火炮，差往俄罗斯，诚心效力，克成其事，劳绩甚多。各省居住西洋人，并无为恶乱行之处，又并非左道惑众，异端生事。喇嘛僧等寺庙，尚容人烧香行走。西洋人并无违法之事，反行禁止，似属不宜。相应将各处天主堂俱照旧存留，凡进香供奉之人，仍许照常行走，不必禁止。俟命下之日，通行直隶各省可也。

在后来岁月里，传教士们凡遭到排斥、限制、驱赶，他们总是拿起这道"容教令"为自己申诉。有两本书，《正教奉褒》和《正教奉传》就是耶稣会整理与"容教令"相关的史料所成。

康熙赦免了汤若望等洋教士，对追随洋教士的国人就没有那么怜悯了。汤若望的学生李祖白、宋可成、宋发、朱光显、刘有泰五人，"罪行极大，着即斩首"，"妻子流徙，家产籍没入官"。

李祖白（1610—1665），天主教徒，师从汤若望学习天文学，供职于钦天监，任夏官正①。天启六年（1626）李祖白协助汤若望撰写了《远镜说》，介绍伽利略的天文望远镜，又在顺治年间写就《天学传概》。康熙三年（1664）杨光先等大臣上章参劾汤若望，钦天监奉教者李祖白和汤若望的义子潘尽孝等人受牵连入狱。康熙四年（1665），清廷以潜谋造反、邪说惑众、历法荒谬之罪名，判处李祖白等五人死刑，死后葬北京西便门外青龙桥墓地。

青龙桥墓地初辟于天启四年（1624），位置大约在今日西便门角楼与天宁寺桥之间。与滕公栅栏和正福寺不同，青龙桥墓地埋葬的主要是华籍教徒，其中历史上最重要的人物是李祖白。民国年间北京天主教教会修整青龙桥墓地时，找到李祖白的墓穴，发现其尸骸完整。

民国二十九年（1940）北堂印书馆出版了遣使会神父吴德辉②撰写的《青龙桥茔地志》（*Epitaphia Christiana in coemeterio Tsing-long-k'iao*，1624—1890）。作者在《重修青龙桥茔地记》中叙述：

> 青龙桥茔地，位于北京西便门外，迤北里许，适与城之角楼相向，乃天主教之公墓也。据云，此茔地设立于明末，惜无籍可考；附近教外人名之曰天主坟，即天主教坟地之谓。光绪庚子年前，该茔地极其荒芜，石坊碑碣已多残缺；复经拳匪之乱，焚房伐树，遗迹无存，原有碑碣，或被捣毁，或被掩埋，仅石坊之二柱存立原处。乱平之后，筑西房四间，为看守之计，其他未加整理。民国二十八年秋，遣使会修士方立中，偶与圣母会魏修士，谈及青龙桥茔地事，该修士于庚子年前，曾游其地，尚能忆及该地之状况，认为确有教史之价值。方修士遂约余前往视察，至其地，则见石坊之北，有残碑一方埋没土中，审其地势，似为主要之碑，遂令工人挖掘出土，乃现中外文字之记事，而此茔地缘始之据在焉。二十九年春，复领工人搜罗残碑断碣，共获八十余方，皆明清两代教友之遗迹。尤可喜者，先贤李祖白，及西士哥里亚，二公之坟墓，相继寻获，考察兴趣，因之倍增。余将此事禀明北京满主教，请示办法。主教依此茔地，与北京教史有莫大之关系，命余鸠工修理，保存遗迹。夏六月开始工作，除将李哥二公之遗

---

① 夏官正：钦天监职务。当年获罪的其余四人宋可成为春官正，宋发为秋官正，朱光显为冬官正，刘有泰为中官正。
② 吴德辉（Philippe-Ambroise Ou, Ou Te-Hoei），华籍，光绪十九年（1893）生于北京南堂，民国五年（1916）晋铎，民国八年（1919）发愿，在北京教区任职。著有《天主教的检讨》（北堂印书馆，民国三十一年〔1942〕）等。

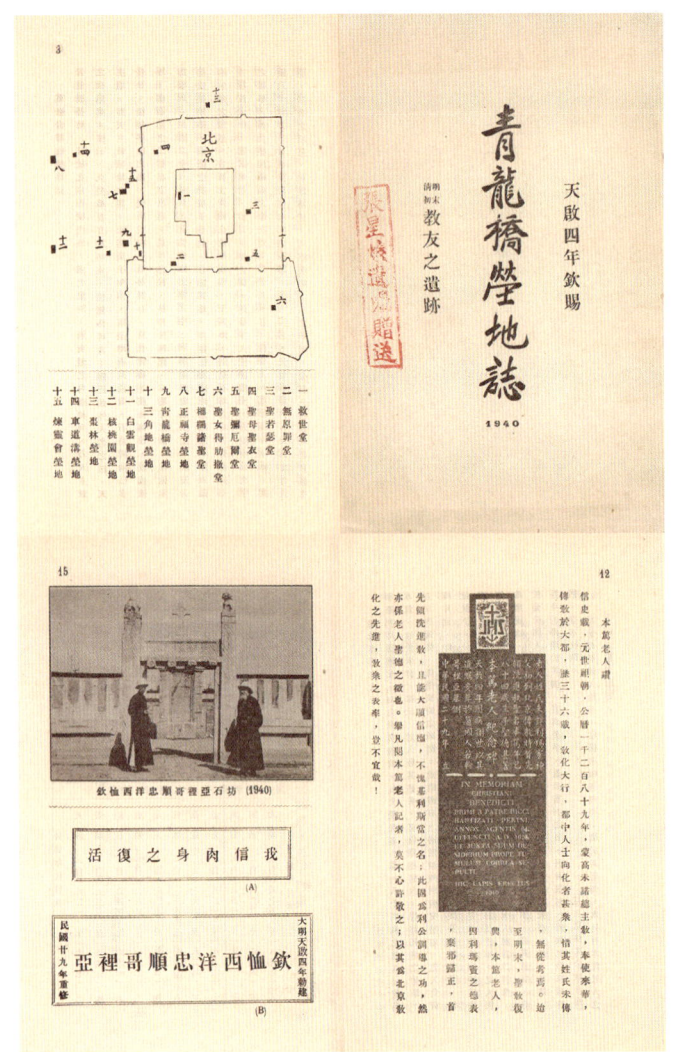

青龙桥茔地志（扉页和内页）
吴德辉撰
一卷 一册
民国二十九年（1940）
北京纳匝肋印书馆排印
铅印本 纸本 平装
开本：22.5×15（cm）
49页
插图29幅

骸，妥为迁葬外，并将残碑断碣，重加整理，护之以垣。复于茔地南端，拆除旧房，改筑北房四间，为看守人之住室，另辟经堂一间，为日后献祭之处。此简陋之经堂，却富有纪念之意义：盖堂中之祭台，系以中宪大夫孙九锡墓前之石椁改造；祭台之四柱，系西士哥里亚盖墓之条石；祭台上之十字架，则系用李公祖白残余之棺木制成。秋八月竣工。爰笔记之，以述重修之始末。

《青龙桥茔地志》详细记录了民国整饰茔地时墓碑残存情况：天启年两通、崇祯年四通、顺治年六通、康熙年二十二通、雍正年无、乾隆年八通、嘉庆年三通、道光年九通、咸丰年七通、同治年五通、光绪年八通、无年月者十一通，残碑八通，共存完整碑碣八十五通。吴德辉等人认真地誊抄八十五通碑文，并记下重新安置的位置。

民国二十九年（1940）十一月十七日，青龙桥茔地重修后举办首次献祭：

时日天朗气清，前来与祭者，除惠司铎方修士外，有城内外各堂，圣德年高之教友十余人。弥撒甫毕，即由一位眉须尽白，七十余岁之老人，手持十字圣架为前导，齐赴茔地，举行安所礼。本笃老人在天之灵，见此手持十字圣架之老人，必莞尔而笑曰：吾友，汝今日行此爱德之功，大获天主之心，百年之后，天主必以永福报汝，汝其勉之哉！

三山论学

天地信无垠，小智安足拟。爰有西方人，来自八万里。拘儒徒管窥，大观自一视。我亦与之游，冷然待深旨。

——叶向高

意大利耶稣会传教士艾儒略被人誉为"西来孔子"。

艾儒略（Giulio Aleni，1582—1649），字思及，出生于意大利北部贵族家庭，在威尼斯长大。1597年进入安东尼神学院学习，1600年入耶稣会，于帕尔马学院学习哲学后在博洛尼亚教授人文科学，1608年晋铎。1609年获准到东方传教，经里斯本搭船前往远东。万历三十八年（1610）抵华，初在澳门神学院讲授数学，天启四年（1624）到福建传教。

艾儒略在华三十多年，深谙中西文化，是利玛窦以后耶稣会传教士中汉语最好的一位。在华传教期间，他出版了二十多种著作，涉及天文历法、地理、数学、神学、哲学、医学等诸多方面，是西学东渐中极为重要的历史人物。他还在泉州发现过古代景教遗物，也去开封府拜访过犹太人后裔。

艾儒略擅长与中国文人讨论哲学和宗教问题，借以传播他的宗教观点。他还喜欢一本接一本地出书，自视为一种高效的传教方式。不论是论学还是著述，他惯于引用儒家思想，强调其与天主教的共同之处，借以吸引官员和文人接受基督教。他积极在中国各地的平民阶层中奔走传教，继续耶稣会尊重中国人祭孔祭祖的传统，模仿中国传统的组织形式来组织教会，尽可能以基督教方式来影响信徒所持传统仪式。

明万历三十八年（1610）艾儒略到北京，然后在上海、扬州、开封、杭州等地传教，天启四年（1624）受叶向高之邀去福州。他旅居中国的三十多年里有二十五年在福建度过。在闽期间，他到过福州、兴化、泉州、建宁、福宁、延平、邵武、汀州、漳州等地，筹建大教堂二十二座，小堂不计其数，受洗礼者达万余人，教堂最为集中的是福州、泉州和兴化等地。闽中名士叶向高、张瑞图、何乔远、徐火勃、林侗、陈鸿等均与之交往，题诗投赠。艾儒略有《闽中诸公赠诗抄本》传世，是为这段历史的留真。

明永历三年①（清顺治六年〔1649〕）清兵入闽，艾儒略避难延平，四月病逝，葬福州北门十字山。

道咸年间，整理故籍的耶稣会神父们，覆刻艾儒略的著作最多的为以下四部：《涤罪正规》《天主降生言行纪略》《天主圣教四字经文》和《口铎日抄》。

《涤罪正规》有慈母堂刻本，道光二十九年（1849）已经完成。此书后有土山湾民国铅排本，现在民间流通的大多是早期刻本，民国铅排本已不多见。

《涤罪正规》分为四卷，其中卷二分为上下两卷。卷一"论省察"，卷二上"论痛悔"，卷二下"论改过"，卷三"论告解"，卷四"论补赎"。艾儒略详细解说了天主教的"解罪说"，告诉人们怎样解脱自己的罪孽，走向真福。艾儒略曰：

> 人生在世，惟至圣钦若不替。故罪过恒寡，自是而下，宁免多过，几于一念一衍、一言一尤、一动一疵矣。其有自矜无过者，正是罪过之人。夫不能认其罪之多，何繇至乎过之寡。罪过害心，犹疾病害身也。身病则有金石草木诸药可疗。至于疗心之药，非天主断不能施，非奉天主之人，断不能受矣。盖

---

① 艾儒略多与南明政权打交道，保留明纪年。后文相似情况不再赘述。

获罪于天主，比无所祷。

吾侪既为肉身计，尤当为灵魂计。宁不为肉身图，更为灵魂图。不救肉身，止无以享世福，不救灵魂，则何以享天福。不救肉身，尚负天主生我之恩，不救灵魂，何以酬天主宠佑之恩，思及于此，解罪能一息缓哉。

由此艾儒略提出涤罪首先要做的是"省察""省念""省言""省事""省缺""神忘"等。

正文前有杨廷筠撰写的《涤罪正规小引》，无疑是他皈依天主教的学习体会：

或读西学解罪说，而窃窃疑之曰，儒者之道，意简理得。得其一，万事毕。苟心性常灵，情欲何有如此，洪炉之点雪，太阳之破暗，何俟随事而制。灭于东复生于西，若是其劳攘乎。嗟嗟，此非弟不洞西学，即儒理，亦有所未莹也。

大抵圣贤之出，皆为救世。救世之术，又各随时。言仁者，救世之分歧；言义者，救世之功利；言礼者，救世之放诞；言智者，救世之支离。至于今课虚崇玄，不患其支离，而患其无归者也。莫若挽之，以信西学之真，实曰实疑，悔曰真悔，此信之说也。五德循环，互为始终，即未必尽然。而机缘近似，不敢谓挽回世风，不从兹始也。

这个时期慈母堂还覆刻了艾儒略的著作《天主圣教四字经文》。该书初刻于明崇祯十五年（1642），清康熙二年（1663）江

涤罪正规（扉页）
［意］艾儒略述
四卷　一册
清道光二十九年（1849）慈母堂辑刻
刻本　纸本　筒子页　线装
九行二十一字小字双行同
白口左右双边单鱼尾
开本：26×15（cm）
半框：17×12（cm）
105页

天主圣教四字经文（扉页和内页）
［意］艾儒略撰
不分卷　一册
清咸丰六年（1856）慈母堂辑刻
刻本　纸本　筒子页　线装
六行九字白口四周双边单鱼尾
开本：19.5×13（cm）
半框：16.5×11（cm）
35页

西钦一堂重刻，有咸丰六年（1856）慈母堂刻本，民国年间各家教会出版机构都有印制，不过内容上多有修改，有的只是用词略加调整，有的则变化较大，尤其是最后几段。

艾儒略的原作共有三百四十六句，大致有四个方面的内容。

【造物之恩不可忘】
全能天主，万有真原。无始无终，常生常王。
无所不在，无所不知，无所不能，万有之始。
无形无声，灵性妙用。万万荣福，万万美善。
惟一至尊，无以加尚。未有天地，先有天主：
一天主父，二天主子，三曰圣神，三位一体。
生天生地，生神生物。生我初人，为人类祖。

【降生之恩不可忘】
耶稣生时，众交发光。天神环卫，如同白昼。
空中奏乐，赞颂庆贺。守夜牧童，神命拜主。
主十二龄，登堂讲道。说明经旨，周不称异。
幼奉圣母，伏听其命。年届三十，出世传教。

【受难之恩不可忘】
十字圣架，迫主肩荷。一路压跌，到山受死。
将主圣身，钉在架上。身旁手足，伤有五处。
钉计三时，圣躯方死。此日惨异，天昏地震。
月西遂东，乃掩日轮。古堂帐裂，殿顶石坠。
相互击碎，坟开圣现。人人悲痛，万物哀伤。

【赎罪之恩不可忘】
十字圣架，现于中天。耶稣威严，驾云而降。
圣母宗徒，拥与审判。在如德亚，塞法山谷。
遣大天神，吹其号器。从天四风，死者复活。
善恶灵魂，俱合肉体。善者在空，恶者伏地。
天神进簿，俱听审判。指出善恶，人人惊危。

在后世天主教信众里，艾儒略的知名度远远超过同时代来华的其他传教士，应该与他留下的这部《四字经》有很大关系：朗朗上口，喜闻乐见。

咸丰六年本的《天主圣教四字经文》收有汤若望顺治七年（1650）撰写的《都门建堂碑记》，铭记北京宣武门南堂建堂始末。

艾儒略于明天启三年（1623）在杭州编译完成的《性学觕述》与《天主圣教四字经文》风格完全相反，该书于明隆武二年（清顺治三年〔1646〕）刻行于闽中天主堂，此刻本稀见。同治十二年（1873）慈母堂重刊，民国十一年（1922）土山湾印书馆有铅排本。书前有陈仪《性学觕述序》、瞿式耜《性学序》、艾儒略天启甲子年（1624[①]）《性学自序》、朱时亨明丙戌年（明隆武二年，清顺治三年〔1646〕）[②]《性学觕述引》。

《性学觕述》共八卷：卷一，"生觉灵三魂总论""魂性诸称异同""灵性必有""灵性非气""人惟一魂""人物不共一性""人性非造物主之分体""灵性非由天地非由父母所赋""灵性非由外来非由内出""灵性为造物主化生赋畀"；卷二，"灵魂为神与形躯判然为二""灵性身后永在不灭""灵魂不灭善恶同然""灵魂离身自有明觉以受苦乐""灵魂身后不轮回人世"；卷三，"约论圣长""论四液"；卷四，"总论知觉外观""目之官""耳之官""鼻之官""口之官""触之官"；卷五，"总论知觉内职""论总知觉内职""论受相之职""论分别之职""论涉记之职"；卷六，"辩觉性灵性""论嗜欲与爱欲""论运动"；卷七，"记心法""记心辨""论寤寐""论梦""破梦"；卷八，"论嘘吸""论寿夭""论老稚""论生死"。

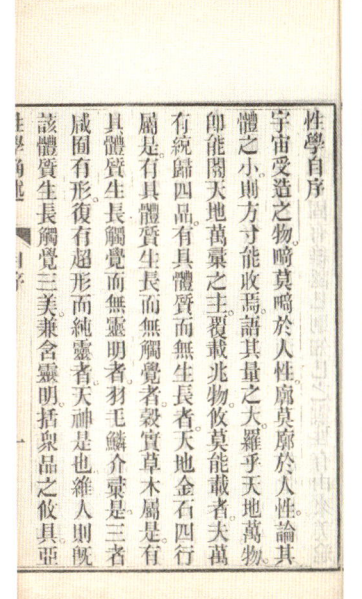

性学觕述（扉页和内页）
[意]艾儒略编译
八卷　两册
清同治十二年（1873）慈母堂辑刻
刻本　纸本　筒子页　线装
九行二十字白口四周双边单鱼尾
开本：25.5×15.5（cm）
半框：20×13.5（cm）
106页

艾儒略如此解释亚里士多德的学说：

> 宇宙受造之物，畸莫于人性，廓莫于人性。论其体之小，则方寸能收焉。语其量之大，罗乎天地万物。即能闢天地万汇之王，覆载兆物……恳祈上主无尽之辉，映彻吾性，未有不悉透其奥焉。譬之灯灯互照，更获太阳射耀，尚有遗明乎？学者克以理义之心，为无像之目，返照顿悟上矣。次则诸圣贤之解，其灯也。有灯矣，其光犹微耿，必也侥主嘿牖。以裨人照所未逮，其太阳乎。吾侪欲认己性，殚眸力，藉灯辉。而更烛以太阳，则有天学性述在焉。其中先穷其本体，与其由来归向之地。次论其外官内司，与夫嗜动之理之具。

[①] 原著署1623年，阴阳历时差。
[②] 原著署明纪年。

不过艾儒略编译本根据的是托马斯·阿奎那改造过的亚里士多德学说，与亚里士多德原著有很大差异。前六卷主要源自亚里士多德《灵魂论》(De Anima)，后两卷编自亚里士多德的《自然诸短篇》(Parva Naturalia)。

在艾儒略的中文著译作品中，可视为科学作品的有《几何要法》和《职方外纪》，所介绍的两个学科他来华前均已学过。

《几何要法》由艾儒略口述，瞿式榖笔受；最早刻于徐光启、李天经在明崇祯至清顺治年间编修的百卷本《西洋新法历书》中。

《职方外纪》是艾儒略编译的世界地理著作，共五卷首一卷[①]：卷首，"五大洲总图界度解"；卷一，"亚细亚总说"，卷二，"欧罗巴总说"，卷三，"利未亚总说"，卷四，"阿墨利加总说"，卷五，"四海总说"。附有七幅地图：《万国全图》《北舆地图》《南舆地图》《亚细亚图》《欧罗巴图》《利未亚图》《南北阿墨利加图》。《职方外纪》是艾儒略著述中刊印版本最多者，有天启年间"天学初函理编十种"刻本、嘉庆十三年（1808）张海鹏编"墨海金壶"刻本、道光二十四年（1844）金山钱氏守山阁丛书刻本、同治四年（1865）京都龙威阁刻本、光绪二十九年（1903）"皇朝藩属舆地丛书"石印本。

艾儒略另有《口铎日抄》，是他在福建的弟子李九标笔记的一本书，记载了艾儒略在福建的宣教活动。书中多处涉及西方天文、历法、舆地等知识，有同治十一年（1872）慈母堂刻本、民国十一年（1922）慈母堂铅排本。

《万物真原》是艾儒略的一部哲学本体论著作，初刻于明崇祯元年（1628），后有清初满文刻本；土山湾慈母堂于光绪二十七年（1901）和光绪三十二年（1906）两次重印。原刊有艾儒略写的长篇"小引"，土山湾重印本无收，可能是重刊时依据的底本不全。

《万物真原》主张"元气不能自分天地"，批判宋代理学，宣扬天主教。十一篇依次是："论万物皆有始""论物不能自生""论天地不能自生人物""论元气不能自分天地""论理不能造物""论凡事宜据理而不可据目""论天地万物有大主宰造之""论天地万物主宰摄治之""论造物主非拟议所尽""论天主造成天地""论天主为万有无原罪之原"。

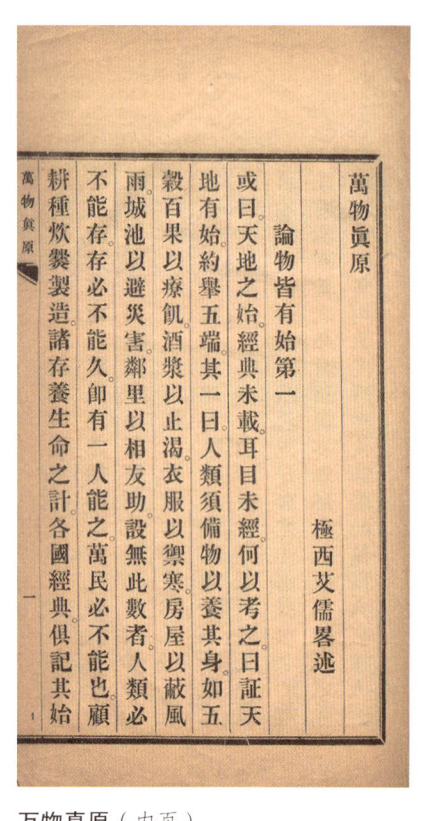

万物真原（内页）
[意] 艾儒略述
十一篇 一册
清光绪三十二年（1906）慈母堂排印
铅印本 纸本 筒子页 线装
九行二十一字白口四周双边单鱼尾
开本：26.2×15（cm）
半框：19.5×12.5（cm）
21 页

---

① "五卷首一卷"为古籍的通用表达方法。

艾儒略于明崇祯十七年（1644）撰有《领圣体要理》，清光绪七年（1881）上海慈母堂活字排印本名为《圣体要理》。艾儒略在书中首先解释了他写作的意义：

> 天主圣教中，所以能蒙造物主宠者，大体有七，教要所谓七圣事之迹是也。凡奉教者，应悉知其义矣。中有领圣体大恩一端，于吾侪尤为吃紧。但教中诸友，有不知其要旨，而未求领者；有寡过未能而不敢领者；有慕受大恩而未知当用何工。以领者兹敬述其概，以资有志者体行。

圣体要理（扉页和书牌）
[意] 艾儒略述
两卷　一册
清光绪七年（1881）慈母堂排印
铅印本　纸本　筒子页　线装
十三行三十字小字单行
白口半页四周双边无鱼尾
开本：20.2×12.6（cm）
全框：15×9（cm）
14页

《圣体要理》分为两卷，上卷目次："圣体为何""立圣体之义""圣体超异""圣体恩效""古经圣体预像""圣体灵迹"。下卷目次："领圣体之时""领圣体有三""领圣体以前功夫""远备三德""近备存想""切备神功""领受礼规""领后五端""领圣体前后经"。

艾儒略解说"远备三德"道："远备有三德，曰洁，曰谦，曰仁。三德备，而后大恩可受也。"洁，即指圣母童贞无玷；谦，居傲乃七宗罪之首；仁，普天之下皆为天主所爱之人。

领圣体是天主教基本要理，为基督教其他教派所不从。论说圣体要理的书籍后来出版很多，且这类经籍多为钦定，因而艾儒略的《圣体要理》很少再印。

艾儒略还有许多论著，天启三年（1623）与杨廷筠合作编写的《万国全图》，是一本世界地图册，是继利玛窦的《坤舆万国全图》之后详细介绍世界地理的文献，也是十九世纪以前中国人学习欧洲地理的重要书籍。艾儒略编写过《西学凡》，介绍了西方文学、哲学、医学、民法、教规和神学等，最早刻于天启年间，收入《天学初函》，后无再刊。

艾儒略的著作里，《杨淇园先生事迹》和《大西利先生行迹》（《大西西泰利先生行迹》）民国时期较受重视，有陈垣（陈援庵）先生民国八年（1919）校刊本，方豪（方杰人）先生对此书也有研究专著。

明后期三朝重臣叶向高①与利玛窦、艾儒略是志朋好友。叶向高崇道信佛，但也礼遇西方来华的传教士，与利玛窦、艾儒略颇有交情，利玛窦去世后叶向高附议力请朝廷赐葬其于北京。叶向高是在万历二十七年（1599）在南京任礼部右侍郎时结识利玛窦的。后与利玛窦切磋围棋技艺，双方以围棋为题展开过探讨，其乐融融。万历三十五年（1607），叶向高升任内阁首辅后，又在北京私宅中款待利玛窦，再论棋道，增进了友谊。利玛窦在《基督教远征中国史》中提及了围棋。据说，这些文字是欧洲历史上第一次对中国围棋进行记录。

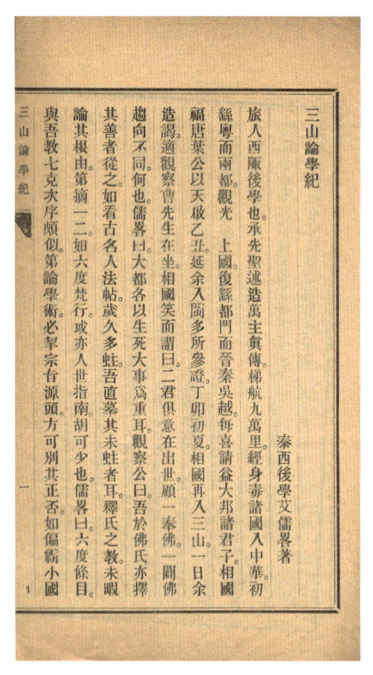

三山论学纪（扉页和内页）
[意] 艾儒略著
一卷 一册
民国十二年（1923）土山湾印书馆排印
铅印本 纸本 筒子页 线装
十行三十字白口四周双边单鱼尾
开本：19.3×13（cm）
半框：15×10（cm）
36页

天启四年（1624），致仕归里的叶向高邀请艾儒略来福州，有了一段时称佳话的"三山论学"。《三山论学纪》，又名《三山论学志》或《三山论学》，是艾儒略最主要的著作。艾儒略与叶向高在福州时，品茗谈天，其学生将两日谈话记录整理成册，即《三山论学纪》。本书本不分卷章，因叶氏学生把他们的对话整理成二十一段，习惯上分为二十一节。他们这两天"高谈阔论"的主要内容是"辨究天主造天地万物之学"，包括"天地万物自必有以造之者""天主为降生救人，而天堂地狱实为天主赏罚之具"。大致可分为四个部分：第一部分（第一至第七节）论述天主唯一，是创造天地万物的全能者；第二部分（第八至第十二节）是对世间善恶祸福问题的解答；第三部分（第十三至第十六节）是对灵魂不灭、死后审判的论述；第四部分（第十七至第二十一节）是对天主降生的考证和释疑。其目的在于教人"尊崇天主"，"遵行教诫"，"返勘吾身从何而出，吾性从何而赋，今日作何昭事，他日作何归复？真真实实，及时图勉"。

《三山论学纪》有国家图书馆列藏为善本的明末段袭刻本、明天启武林天主堂刻本（"西学凡"本）、清初刻本、道光二十七年（1847）刻本、道光二十八年（1848）刻本、民国十二年（1923）

---

① 叶向高（1559—1627），字进卿，号台山，晚年自号福庐山人，福建福清人。万历三十五年（1607）任礼部尚书、东阁大学士，万历后期至天启年间任首辅。因是朝中清流的代表，被列为东林党首魁。著有《说类》《叶台山全集》等。

土山湾印书馆铅排本。

《三山论学纪》里有一首叶向高给艾儒略的诗《赠思及艾先生诗》：

天地信无垠，小智安足拟。爰有西方人，来自八万里。
言慕中华风，深契吾儒里。著书多格言，结交尽贤士。
傲诡良不矜，熙攘乃所鄙。圣化被九埏，殊方表同轨。
拘儒徒管窥，达观自一视。我亦与之游，冷然待深旨。

崇祯十五年（1642）艾儒略在福州刊刻了《天主降生言行纪略》。这本书实际上是一部耶稣言行录，取材自四个福音书。

艾儒略向那个时代刚接触天主教的中国人介绍说：

造物主圣教，有古经，有新经。古经乃天主未降生启示先圣，令传溥世，即以将降生事旨豫详其中。新经乃天主降生后，宗徒与并时圣人纪录者，《中云万日略经》（《好报福音经》），即四圣纪吾主耶稣降生，在世三十三年，救世赎人，以致升天，行事垂训之实，诚开天路之宝信经也。

艾儒略一再强调他的这部《天主降生言行纪略》不是对《圣经》的翻译：

耶稣言行之详，若必欲一一纪述，恐六合虽广，不能容受，猗与休哉。今将四圣所编会撮要略，粗达言义，言之无文，理可长思，令人心会身体，以资神益。虽不至陨越经旨，然未敢云译经也。

《天主降生言行纪略》八卷，也就是把耶稣的生平分为八个阶段：

第一阶段，圣母报喜、耶稣诞生、三王来朝、圣母献子、幼龄讲道。

第二阶段，耶稣受洗、驱魔诱试、婚筵示异、夜访谈道、乞水化人、招四宗徒、命渔得鱼、训责三徒、渡海止风、驱魔入豕、起瘫证赦、玛窦为徒、论食麦穗、十二宗徒。

第三阶段，山中圣训、纳婴圣迹、遣使询主、赦悔罪妇、逐魔喻异、顺主为亲、播种喻意、天国四喻、晦迹本乡、五饼二鱼。

第四阶段，步海圣迹、天粮圣体、底落圣迹、七饼数鱼、山顶

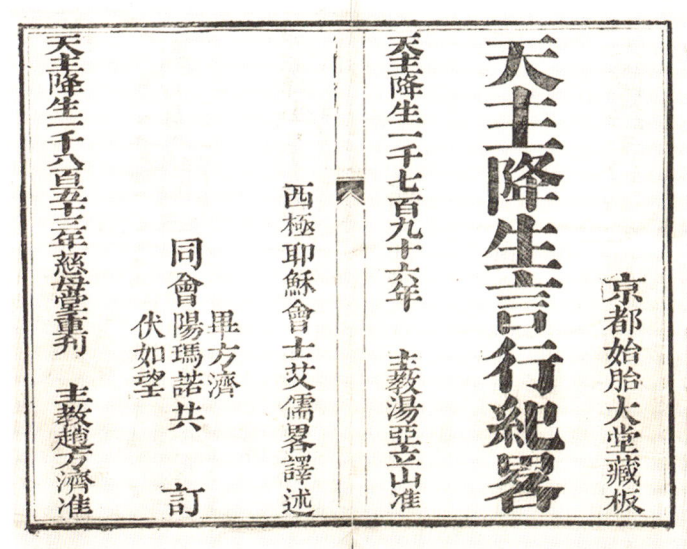

天主降生言行纪略（扉页和书牌）
[意] 艾儒略译述
八卷 两册
清咸丰三年（1853）慈母堂辑刻
刻本 纸本 筒子页 线装
九行二十字小字双行同
白口四周双边单鱼尾
开本：25×15.5（cm）
半框：25×15.5（cm）
156页

圣容、下山驱魔、鱼口完税、抱孩论谦、赦人罪债、自证真主、胎譬证主、牧羊之喻。

第五阶段，复命得训、贤女得训、祷主之论、守贞防死、赴宴训宾、宴论天国、轻世之论、渡河以居、贤王请主、罪人可矜、浪子改过、轻财忠主、夫妇之论、隐示天国、贵恳而谦、因孩示训、舍财升天。

第六阶段，妒谋耶稣、二徒求尊、化富散财、天赏计功、宴中示难、入城发叹、都城圣迹、迫害受难、罚树警人、信主赦人、异端疑主、异端害主、异端昧主、异端认主、施贫之功、预毁都城、审判前兆、醒候审判、审判哀矜。

第七阶段，濯足垂训、圣体大礼、宗徒惊疑、恶徒叛意、宗徒为别、囿祷汗血、扑众耳执、徒三不主、击鞭苦辱、竹杖苦辱、被逼判死、负十字架、钉十字架、悬十字架、架上七言、死被枪伤、万物哀主、日暮殓葬。

第八阶段，耶稣复活、圣体四德、圣母见身、玛大见身、圣女见身、宗徒见身、圣徒见身、在世十日、耶稣升天、升天圣所、圣神降临。

《天主降生言行纪略》是中国天主教历史上一部非常重要的著作，后来许多有关耶稣事迹的作品大多摹照艾儒略的编纂模式。光绪十四年（1888）明守璞将艾儒略《天主降生言行纪略》一书改写成白话文，改名为《耶稣行实》，仍保留原书的八卷，光绪十七年（1891）在河间府胜世堂出版。

此前，崇祯八年（1635）艾儒略在北京刊印了一卷全图本《天主降生出像经解》（或译《天主降生言行纪像》）。这些版画插图与利玛窦送给程大约的版画是同一个作者，即比利时版画家Wierx兄弟，后来由西班牙艺术家拿笪利①重绘。与利玛窦的做法一样，艾儒略把一些版画带到中国，向教友们出示圣子耶稣在现实中的形象，以深化人们对基督受苦受难、拯救世人的印象。为了在中国传播普及，艾儒略请来中国画家和工匠把这些铜版画改成木版画，共有五十六幅，生动形象地介绍耶稣的故事。

常见的本子有嘉庆元年（1796）京都始胎大堂刻本、咸丰三年（1853）慈母堂刻本、光绪元年（1875）胜世堂刻本、光绪二十九年（1903）土山湾铅排本。

天主降生出像经解（插图）
摘自 *Confucio e il Critianesimo*
（《儒学与基督教》）
意大利文　中文
两卷　两册
影印＋胶印　纸本　筒子页　线装
1972年 Tipografia-Vincenzo Bona Torino
印制　Capodanno Bona 丛编　No.125
开本：20.7×14.3（cm）
219页
插图29幅

---

① 拿笪利（Jéronimo Nadal，1507—1580），西班牙人，耶稣会早期成员之一，创作 *Evangelicæ Historæ Imagenes*（《福音圣史图解》）。

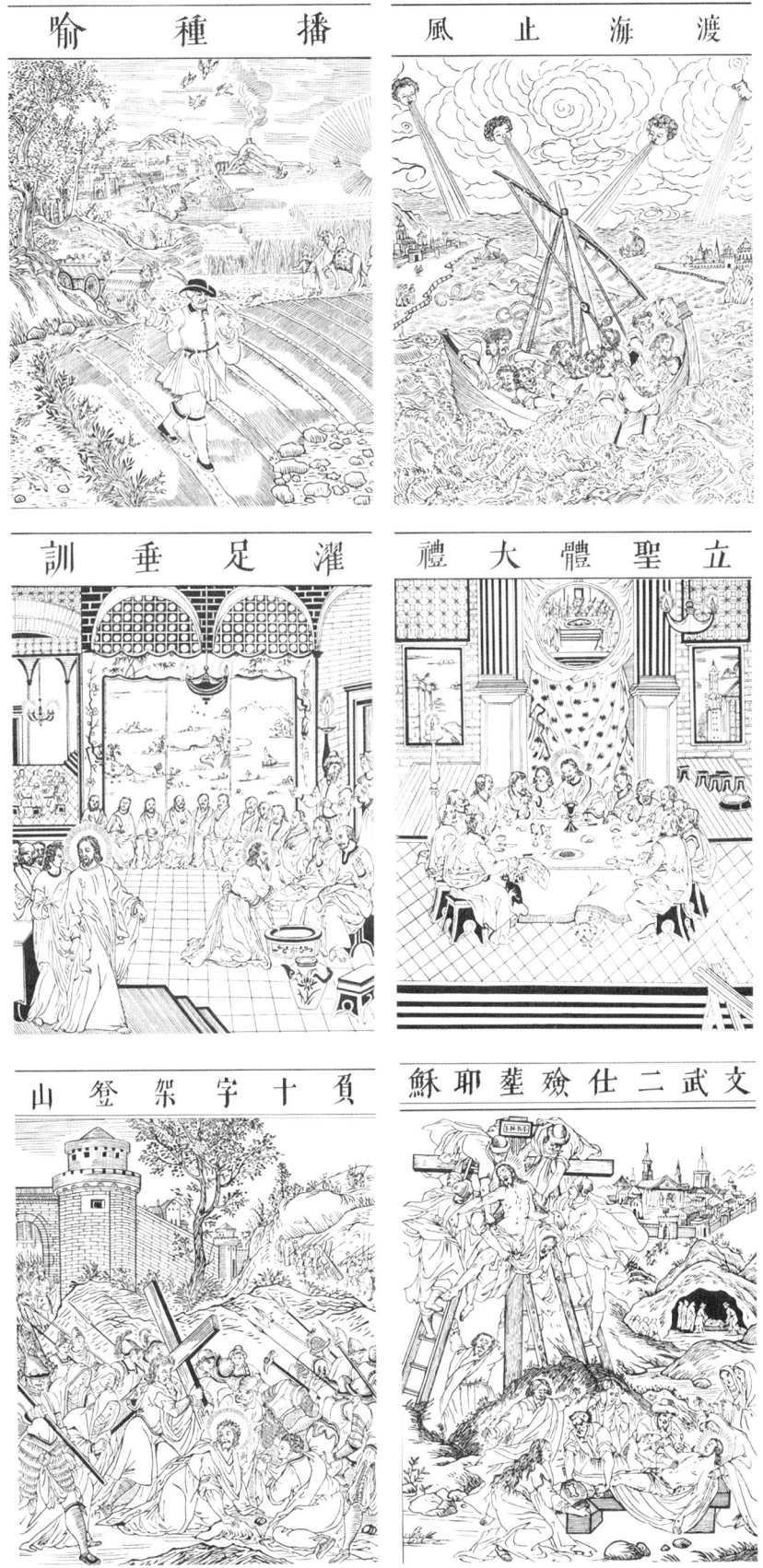

滕公栅栏

> 那些现在仍在这个葡萄园里劳动的人,包括利玛窦在内,不仅将在这里献身,而且将在这里葬身,作为对这里的人民以及对全世界其他人民的一个见证。
>
> ——金尼阁

笔者少时家居北京西城西直门和阜成门一带，对此地天主教遗迹还是比较熟悉的，春嬉秋趣光顾之地自然少不了滕公栅栏和西直门教堂。

依照明朝定例，客死中国的西方传教士必须迁葬澳门神学院墓地。利玛窦病逝后破例安葬在当时叫作平则门、现在叫作阜城门外的"滕公栅栏"。此后与利玛窦比茔者，明末相继有邓玉函、罗雅谷等，清初有龙华民、汤若望、南怀仁、郎世宁等。至十九世纪末，长眠"滕公栅栏"的欧洲传教士已逾百人。

经年毁损后，如今公墓墓碑仅数十块。西边三块墓碑：面向墓穴，中间为利玛窦，左右首分别为汤若望、南怀仁。利玛窦的墓碑镌刻"耶稣会士利公之墓"，有拉丁文和中文两种文字：

D. O. M.

P. Matthæus Ricci, Ttalus Naceratensis Soc. Jesu Profess, in Qua Vixit Annos XLII, Expensis XXVIII in Sacra Apud Sinas Expiditione; Ubi Prim., Cum Chri. Fides Tertio Iam Inveheretur, Sociorum Domicilia Erexit. Tandem Doctrinæ et Vertutis Pama Celeber Obit Pekini A. C. MDCX. Die. XI Maii, Aet. Suæ LIX.

利先生，讳玛窦，号西泰，大西洋意大里亚国人。自幼入会真修，明万历壬午年航海首入中华行教。万历庚子年来都，万历庚戌年卒，在世五十九年，在会四十二年。

自滕公栅栏开了西方传教士葬于中国内地的先例之后，在传教士主要聚集区陆续形成不少天主教传教士墓园，除"滕公栅栏"外，其他著名的还有北京的"正福寺"、杭州的"大方井"、福州的"十字山"、上海的"修士墓"、献县的"云台山"、太原的"西涧河"、济宁的"戴庄茔园"、琼山的"琼州城"、无锡的"惠山"、武昌的"洪山"等。这些茔冢是客殁他乡的传教士们归主之厝，如今已经成为珍贵遗存。

利玛窦之后，北京一直居住有许多耶稣会士，他们大都接受过良好教育，在科学上有一技之长，为朝廷所重用，有的深得皇帝宠信而加官进爵，成了天朝的一代洋臣子。清朝定鼎之后，来华耶稣会士继续受到朝廷重视，在他们中间，除了汤若望，数南怀仁最为著名。

南怀仁（Ferdinand Verbiest，1623—1688），字敦伯，比利时人，顺治十六年（1659）抵中国，在陕西传教，后经汤若望推荐进京协助修历。南怀仁在"康熙季"来华传教士中发挥了非常重要的作用，是位承先启后的人物。在此之前，来华耶稣会传教士，包括利玛窦，不论其国籍，名义上都是受葡萄牙国王派遣来华的。康熙十五年（1676）南怀仁被任命为耶稣会中国省会长后，给耶稣会总部写了一封公开信《告全欧洲耶稣会士书》，呼吁支持在中国的传教事业，还派遣柏应理赴欧洲游说。柏应理通过几位法国大臣，劝说法王路易十四派遣法国传教士去中国，排挤葡萄牙势力，取得中国未来商业利益。野心勃勃的路易十四欣然接受大臣的建议，派遣首批法国耶稣会士洪若翰①、张诚②、白晋③、李明、刘应④等人来华，并于行前给予他们"国王数学家"荣誉称号，顶戴法国科学院通讯院士头衔。康熙二十七年（1688），白晋一行携带三十箱天文仪器抵达北京。这几位法国耶稣会传教士到华后成立法国传教团，不仅对南怀仁帮助很大，就耶稣会在华传教事业来说，也打开了华丽的一章。

这批传教士来华后，每个人都有与中国朝廷和上层官吏关系融洽的故事。

他们系统地向康熙讲授过几何学和算术，用满文编写了实用几何学纲要；后来又把他们的满文讲稿整理成册，并译成汉文，由康熙亲自审定作序。这就是现在故宫博物院所藏满文本《几何原本》，汉语文本收入了《数理精蕴》。

他们首次带来金鸡纳霜（奎宁），康熙三十二年（1693）治好了玄烨的疟疾而深得圣宠。作为酬赏，康熙在皇城西安门内赐地为传教士建"安置房"。

南怀仁与利玛窦、汤若望有着很多相似之处：对科学有一定造诣，对传教事业有高度热情。南怀仁在京城主持钦天监工作。康熙八年（1669），南怀仁奉旨重修观象台的天文仪器，还制造了天球仪、黄道经纬仪、纪限仪、象限仪、地平经仪和地平纬仪。这些天文仪器制作精细，其球体、分度刻画至为精确，而且镌有龙饰，是极其美观的艺术品。观象台仪器的安装于康熙十三年（1674）如期完成。南怀仁撰写了详细的说明，将各种仪器的制法、用法以及所测得的数据，写成《仪象志》十四卷，又撰《仪象图》两卷，合称《新制灵台仪象志》，分发给各有关官员。康熙颁旨："历法天文，关系大典。据奏仪器告成，制造精密，南怀仁殚心料理，勤劳可嘉。"

"康熙历案"发生时，在京的四位神父——汤若望、南怀仁、利类思和安文思都锒铛入狱，拘押达六个月。后康熙降旨开释四人，南怀仁复任钦天监，康熙二十七年（1688）他不慎坠马而死。康熙赐南怀仁谥号"勤敏"。

《教要序论》是南怀仁主要的著作之一，分目六十二篇，以浅显明白的文字概述天主教，是一部论教讲道的著作，多次刻板重印，并有方言版、法文、满文、韩文译本。

《教要序论》序言曰：

> 人阅是书者，恍然知圣教之由来，与夫天主之当崇，人类之有始，灵魂之宝贵，十诫之严切，信德之归向，圣事之周密，是由进功，潜思默祷，可以醒迷津而登道岸，卒至上升福界，永享靡穷，其为益岂浅鲜哉。

---

① 洪若翰（Jean de Fontaney，1643—1710），字时登，法国人，天文学家，1658年入耶稣会。康熙二十六年（1687）来华，在广州、江苏传教。后逝于法国。
② 张诚（Jean-François Gerbillon，1654—1707），字实斋，法国人，1670年入耶稣会。康熙二十六年（1687）来华，与白晋等被康熙帝留用宫中讲授西学，并编译《几何原理》《哲学原理》等著作。康熙二十八年（1689）奉康熙之命同徐日昇一同参加清政府使团与帝俄进行《尼布楚条约》谈判，担任译员。后逝于北京，葬滕公栅栏，后迁正福寺。
③ 白晋（Joachim Bouvet，1656—1730），字明远，法国人，1678年入耶稣会。在耶稣会学校就读，接受了包括神学、语言学、哲学和自然科学等的全面教育，对沙勿略赴华传教途中在上川岛上抱恨终生的故事有所耳闻，受到利玛窦等耶稣会士在华传教事迹的鼓舞，萌发到遥远中国传教的愿望。康熙二十六年（1687）来华。雍正八年（1730）卒于北京，葬正福寺。
④ 刘应（Claude de Visdelou，1656—1737），字声闻，法国人，1673年入耶稣会。康熙二十六年（1687）来华。后逝于印度。著有《鞑靼史》《中国历史》《中国哲学家的宗教史》《中国人的礼仪与祭祀》《易经概说》等，还有《礼记》《书经》《中庸》等拉丁文译作。

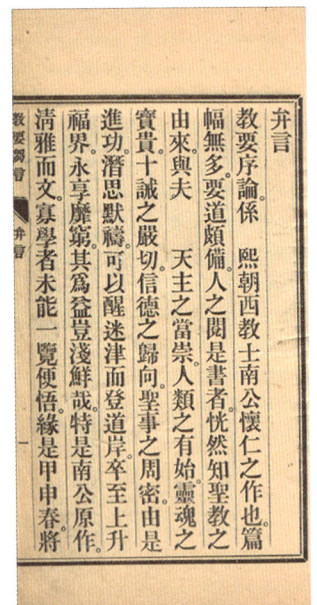

教要刍言（扉页和内页）

[比] 南怀仁 撰

六十二篇 一册

清光绪十二年（1886）慈母堂排印

铅印本 纸本 筒子页 线装

十行三十二字白口四周双边单鱼尾

开本：20.3×12.4（cm）

半框：15×10（cm）

55 页

南怀仁依次简述了天主教的基本教义："天主谓何""天主为神无所不能无所不在无所不知""天主造人天地为人""生人元祖""生人缘故""万物发显天主全能全知全善""天主惟一无二""人宜敬爱天主""人在世原为立功""灵魂不灭""人无托生之理""天堂之乐""地狱之苦""天主十诫""信证""天主全能""鬼神来历""人生来历""地堂""灵性之罚""天主父子之说""三位一体之论""天主降生说""耶稣一位具两性""人罪至重""降生为诸德之表""降生立教""耶稣圣迹""耶稣被恶人嫉妒""惟人性受难""耶稣受难出于情愿""耶稣死时圣迹""耶稣升天说""审判之先说""人复活之说"等。南怀仁还介绍了一些圣事活动的规矩。

《教要序论》初刻于清康熙九年（1670），有江南教区道光二十八年（1848）和咸丰四年（1854）刻本、慈母堂光绪元年（1875）刻本。此后官话本书名改为《教要刍言》（光绪十二年〔1886〕，土山湾慈母堂，铅排本），更多见的是上海话版的《方言教要序论》（光绪九年〔1883〕，土山湾慈母堂，铅排本）。

滕公栅栏长眠着南怀仁与他最好的两位朋友利类思和安文思。他们三人不仅是朋友，也是"战友"，《不得已辩》就记载了他们共同"战斗"的经历。

"康熙历案"期间，大臣杨光先撰了《不得已》一文对传教士发难。传教士们绝地反击，撰写文章为自己辩护。康熙四年（1665），利类思把他和南怀仁、安文思与杨光先的争论整理成书，针锋相对叫作《不得已辩》。利类思在《不得已辩》中自叙对杨先生的不满：

甲辰冬，杨光先著《不得已》等书，余时方羁绁待罪，静听朝廷处分。又以孤旅远人，何能撄其锋刃，而敢措一词乎？阅明年三月，上大赦，得离西曹法署，至是可稍稍吐矣。然当言之而不可言，与夫言及之而不敢言，非复余九万里航海东来之初志也。夫光先借历数，以恣排击厥事，别有颠末。惟是毁圣讪道，悖谬拂经，以是为非，以非为是，一凭其寸舌尺管，撷拾天文之余绪影响。而又援引舛诞以欺当世，莫如《不得已辩》一书。故不得因其讹谬，而弗正告之。顾道本乎率性，而丧乎失德，理明于至当，而忽于苟然。岂得一人之疑，疑众人之信。东海西海，此心此理。

《不得已辩》可以视为南怀仁、利类思和安文思三个人的作品，利类思执笔，对杨光先所言一一辩驳。此篇檄文共分为十七篇："天非二气结成辩""形天由天主所造""辩无始者之义""耶稣称天主又称人之故""天主降生之义""天地之初主不降生之宜""辩开辟至今几万年之妄""主降生于童真之母""天堂地狱实论""主教乃治世之大道""耶稣受难之义""耶稣受难之日食不见于中国之故""中国名儒褒奖主教不一""理不能生物辩""形天非上帝辩""耶稣之功绩迈越诸圣之功绩""辩谋不轨之妄"。附"借历法行教辩"和"中国初人辩"。

虽有不满，论理尚还心平气和；虽有孤怨，言外尚显无可奈何。他们岂能忘记"人在屋檐下"的道理。

《不得已辩》有道光二十七年（1847）江南教区刻本和民国十五年（1926）土山湾印书局铅排本。

利类思（Ludovicus Buglio，1606—1682），字再可，意大利人，1622年入耶稣会。崇祯十年（1637）抵澳门。在当时的耶稣会士中被公认为汉语造诣高深者，重要的作品还有《西方要纪》《超性学要》等。他的《已亡者日课经》和《临终经》也是中国天主教使用率比较高的经书。

《圣母小日课》，利类思编译于康熙十五年（1676），鲁日满[①]校订；包括《申正经》《晚经》《加换祝文》《夜课经》《首三圣咏》《中三圣咏》《后三圣咏》《经书》《赞美经》《晨经》《辰时经》《午时经》《申初经》《赞美歌》。光绪二十八年（1902）土山湾慈母堂活字排印（需要留意，这个版本附有魏继晋译的《圣咏续解》，他的这部著作在近代只有这一种版本）。

安文思（Gabriel de Magalhāes，1609—1677），字景明，葡萄牙人；1624年入耶稣会。崇祯十三年（1640）抵达中国。康熙十六年（1677）病逝于北京。

在华期间，安文思以善于制造机械闻名，曾先后为张献忠和清廷制造过许多仪器，康熙帝称赞其"营造器具有孚上意，其后管理所造之物无不竭力"。安文思与利类思合著有《西方要纪》《超性学要》等。安文思另有 Nouvelle relation de la Chine, Contenant la description des parcularitez les plus considerable de ce Grand Empire

不得已辩（扉页和插图）
[意]利类思撰
十七篇 一册
清道光二十七年（1847）江南教区辑刻
刻本 纸本 筒子页 线装
九行二十字小字双行同
白口四周双边单鱼尾
开本：26.3×15（cm）
半框：19×14（cm）
51页
插图1幅

[①] 鲁日满的详细介绍见"主经体味"章。

圣母小日课（扉页）
[意]利类思编译
[比]鲁日满校订
圣咏续解（扉页）
[德意志]魏继晋译
一卷　十四篇
清光绪二十八年（1902）慈母堂排印
铅印本　纸本　筒子页　平装
九行二十字白口半页四周双边
开本：12.1×8.2（cm）
全框：9.8×5.8（cm）
73页

（《中国新志》）于1689年在巴黎出版。

利类思和安文思这两位洋人在华传教经历颇为传奇，法国传教士古洛东①神父编撰的《圣教入川记》，记述了这对传教搭档的奇遇。

崇祯十五年（1642），利类思和安文思二人进川，创建成都教堂。"有四川在京大员刘阁老，系汤若望及京中耶稣会众司铎之友，善待圣教，时加护佑。"崇祯十七年（清顺治元年〔1644〕）张献忠率军进入成都称帝，年号大西大顺元年。有人荐利类思和安文思"才德兼有"，张献忠"遂发命令，遣礼部之官往迎之"，"款以御宴"，"问泰西各国政事，二位司铎应对如流。献忠大悦，待以上宾之礼"，后又"请二位司铎驻成都，以便顾问"，赐徽号为"天学国师"并每月供给银十两，表示："吾将全国平服之后，即当送尔等还乡。"

这一年冬至节宴会上，张献忠请利类思、安文思与自己同座，席位仅次于丞相。"筵间，献忠询问二司铎教内事件，并问西学，问算学之事甚多。献忠闻之，随同左右辩论，颇有心得。其智识宏深，决断过人，二司铎亦暗暗称善。"他并请利、安二人用红铜制造天、地球仪各一件，另造日晷配合。"献忠见之，鼓掌称善，乐极快慰，惊奇不已"。张献忠还建议二人回国后多派遣天文学士和邮寄天文诸书来华。大西大顺三年（1646）冬，张献忠撤出成都，率部进驻川北准备迎击清兵时，又曾下令随军的利类思、安文思制造天球一具，其体形比在成都所造的天球稍小。

二人曾要求准予离队前往澳门。起初张献忠表示同意，声称将发路费银一千两，并派战士多名护送。当他知道利、安二人"不欲与兵人同行"，另有他图之后，立即下令"此刻不准放行"。当二人夜里以西洋语交谈的情况"被侦探瞥见"报告张献忠时，他立即将二人召来，宣布禁止他们夜里交谈，并警告："吾已有命，须当遵守"，"若不遵命，后当处以死刑"。

清顺治四年（明永历元年〔1647〕），张献忠败亡后，二人被清军将领豪格俘虏，押解北京，豪格死后出狱。顺治八年（1651）创建北京东堂。"康熙历案"时他们又被囚，五年后获释。

---

① 古洛东（Edouard François Gourdin, 1838—1912），又记古尔丹，法国人，1861年入巴黎外方传教会，1863年晋铎。同年（同治二年）来华，在川南传教区任神职，传教于会理、冕宁、越巂、泸州。退休于合江，逝于叙州，葬重庆观音山。

主经体味

> 世人度生,若客渡海。
>
> ——柏应理

沉寂百年后，耶稣会卷土重来。历史的螺旋式发展，正如黑格尔描述的否定之否定，扬弃旧有的状态，在新的形式和内容的合理存在下，以不同以往的面貌重现。

土山湾就是天主教重新开始的载体之一。土山湾印书馆编辑、印刷、发行"三位一体"的出版模式，是中国近代出版业走向现代化的成熟范例。

土山湾印书馆在引进欧洲先进印刷技术上每一阶段都不后于同行，这与其历任主持人有密切关系。土山湾印书馆存续九十多年间（1867—1960），前后共有二十名负责人，担任主任的有严思愠、翁寿祺、潘国磐等人。

法国耶稣会修士翁寿祺（Casimirus Hersant，1830—1895），字锡眉，1851年入会。咸丰九年（1859）来华，于同治十三年（1874）开始主持土山湾孤儿院工艺工场印刷车间，次年出任土山湾印书馆主任直至去世，长达二十一年。翁寿祺是技术派传教士，会修钟表，略晓医理，亦善拍照，起初他自己学习排字，兼管石印。受惠于这位传教士对印刷技术的热爱，土山湾印书馆的印刷技术有长足进步。光绪元年（1875）印刷的第一本西文书目共著录出版物一百八十种，光绪十五年（1889）土山湾印书馆出版图书目录著录有二百二十一种。工场后来屡经扩充，印刷机器也不断增加和改进，光绪二十四年（1898）装置了发动机，有工人一百名，学徒四十人。工场承接了中文《圣经》、中西文教会刊物、宣教小册子、教会学校的教科书，法租界当局的文件、通告和报表，有关气象、地质、地震、水文等方面的书籍，以及地图、挂图、圣像和宗教画片等的印制。

潘国磐（Xaverius Coupé，1886—1971），字金固，法国人，1903年入耶稣会。宣统二年（1910）来华，来华后便被正式分配到土山湾孤儿院工艺工场担任五金车间主任一职，民国元年（1912）接替病故的刘德斋任画馆主任，民国十二年（1923）改任印书馆主任兼画馆主任，直到民国三十年（1941），管理印书馆长达二十年。在他担任土山湾印书馆主任期间，土山湾不论在中文印刷还是在西文印刷方面都有一些名作，出版物也不局限于宗教，还有大量社会科学和人文艺术的作品，如涉及宗教、文学、艺术、历史和地理等的"汉学丛书"；其间还大量印刷光启社、震旦大学和其他天主教机构，包括徐汇天文台和气象台等编撰的书刊。

概览土山湾印书馆这九十多年所覆印前代著作中，经籍类书籍无疑占据主要地位，是这个时期出版的主旋律图书的重点。下文要介绍的《主经体味》《正邪略意》《四末真论》《教要六端》《四终略意》《崇修精蕴》《真道自证》《圣年广益》《易简祷艺》等即属此类，都是各个时期传教士使用最多的经籍。

前面提到的法国传教士殷弘绪，乾隆八年（1743）出版过著作《主经体味》刻本，寡见。光绪七年（1881）土山湾作了覆印。

《主经体味》开宗明义，这样破题：

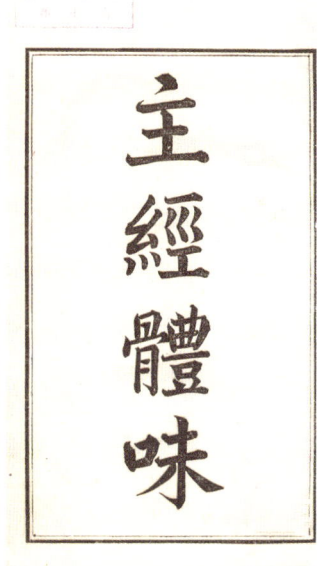 

主经体味（扉页和内页)
[法]殷弘绪著述
八卷首一卷末一卷 一册
清光绪七年（1881）慈母堂排印
铅印本 纸本 筒子页 线装
十三行三十字白口半页四周双边单鱼尾
开本：20×12.7（cm）
全框：15.5×9.5（cm）
85 页

正邪略意（内页）
[法]康福民述
八篇 一册
民国六年（1917）土山湾印书馆排印
铅印本 纸本 筒子页 线装
十行二十五字白口四周双边单鱼尾
开本：25.5×14.6（cm）
半框：20×13（cm）
10 页

主者，乃天神人万物，资始资生之大主，世上无名可名，故曰天主。经者，乃共知共行，心维口诵之大经，系天主耶稣，口传亲授，人人俱该念兹在兹，故称曰圣经。体者，即经中所具神化之体。味者，系体中包含之道味也。

殷弘绪这一段玄而又玄的表述，无非是要说明，这本书讲的是怎样理解《圣经》，如何去体会圣主的天意。不过他的这番论述，还是蛮中国化的。

《正邪略意》，法国来华传教士康福民述。康福民即康治泰，曾为著名的"汉学丛书"撰写过《帝国的运河》。《正邪略意》可查到两种版本，一种是光绪六年（1880）扬州天主堂刻本，另一种是民国六年（1917）土山湾印书馆排印本。

《正邪略意》讲述天主教的各种恩典，劝人警惕魔鬼，辨别外教邪说。作者在引言中说："世人度生，若客渡海。欲到本乡，惟有一船。若登别舟，何能归家。世人本家，即是天堂。凡欲升天，应进圣教。若奉别教，断难升天。正邪两教，具载略意。言虽浅近，义理宏深。天国之路，借此可明。"引言看似浅显打油，正文所论却是很严肃的话题："造物之恩不可忘""降生之恩不可忘""救赎之恩不可忘""审判之严不可得""魔鬼之性必当知""外教之谬正当辨""邪教之事不可从""天堂地狱不可忘"。

柏应理（Philippe Couplet，1623—1693），又记柏斐理，字信未，比利时人，1641年入耶稣会，顺治十六年（1659）抵澳门。柏应理到达中国后，以利玛窦为榜样，并不急于传教，而是按照来华传教士习惯，取中国名字，着中国服装，与文人学士交友，努力学习中国语言文字，悉心研究中国历史、哲学、宗教及传统儒家经典，试图将天主教教理融于其中。经年不懈的努力使得他能够用中文并借助中国传统文化著书宣传天主教。

在中国的头二十年，柏应理奔波忙碌，先后在江西、福建、湖广、浙江、江南等省传教，尤以在江南省时间最长，主持过松江、上海、嘉定、苏州、镇江、淮安、崇明等地教务。在此期间，他广播福音，招收信徒，修缮教堂，教务赖以发达；同时又著书立说，潜心学问，贯通中西之学。柏应理博学多识，时人多愿与之往来，这也便利了他的传教活动，扩大了影响。这个源于利玛窦行之有效的传教方法，成为明末清初来华传教士的共用策略。

康熙二十一年至三十一年间（1682—1692）柏应理返欧述职，先后发表多种拉丁文著作，向欧洲介绍中国。他在凡尔赛宫晋见法王路易十四，陈述派遣更多传教士去中国的必要性，说明此举不仅有利于传教，而且对从中国获得科学知识也大有益处。

康熙三十一年（1692）柏应理离欧返华，在印度果阿近海遭遇风浪，船体颠簸，他遭重物击头身亡。

柏应理注重结识书香门第、学子文人，直接利用他们为传教服务。吴历（吴渔山）和许太夫人是与柏应理交友的华人中最著名的两位。

大画家吴渔山幼年受洗，但后尚佛。柏应理及其搭档鲁日满曾先后到常熟传教，他们有意结交当地名流，以扩大影响。吴渔山亦很敬慕这两位学识渊博的欧洲人，不久，吴渔山与柏应理、鲁日满彼此视为莫逆，吴又弃佛皈耶。吴渔山入教后，与柏应理的关系更加密切，他从柏应理学习拉丁文、神学和哲学等，后来又随柏应理至澳门。①

许太夫人（1607—1680），教名甘第大（Candide），徐光启的孙女，自幼受洗，受家学影响，知书达礼，十六岁时嫁许远度为妻，后称许太夫人。太夫人专心修德，笃信天主，子女均自幼受洗入教。柏应理来华后，在松江一带传教，太夫人尊柏应理为其神师。

许太夫人时常以钱财赞助柏氏及其他传教士。柏应理回欧洲时，许太夫人拿出金银首饰，嘱其代献于罗马圣依纳爵大教堂（S. Ignatii de Loyola in Campo Martio）。在她的带动下，松江信教妇女争相送上戒指和手镯。许太夫人认为柏应理此行一定会觐见教宗，建议其购置中文传教书籍作为给教宗的见面礼。

柏应理曾撰写过许太夫人传记，称扬她的美德。此书法语版于1688年由巴黎E. Michaliet出版，书名 *Histoire d'une dame chrétienne de la Chine*（《一位中国奉教太太许母徐太夫人事略》），后来出版荷兰文、西班牙文等译本。原书不长，但内容十分丰富，从许太夫人的出生、出嫁、济贫、宣教，一直写到夫人寿七十三岁而逝为止，以许太夫人生平事迹为主要线索，兼顾中国民情、民俗等内容。

> 太夫人氏许，有明相国上海徐文定公讳光启孙女，生于明万历三十六年戊申。父字安友，淡于仕进，惟以修德事主为务。母顾淑人，有贤德，训子女必以德。太夫人甫离襁褓，即令习诵经文，训以圣教要

---

① 吴历的详细介绍见"墨井道人"章。

理……适华亭邑庠生许远度为室，系明隆庆辛未进士乐善之孙，大学士秀甫之子。夫婿本恪守儒先教训，时圣教入中国未久，奉教者尚不多觏。蒙教宗恩准，得权联姻娅。非通例也。

在书中，柏氏以生动的笔墨着重刻画了夫人的善良和虔诚："太夫人平日最喜赒恤贫穷，乐善不倦。每阴行其德，弗使人知。邻族之赖以举火者，无虑百十家，远近感颂"，"太夫人日惟诵经默祷，勤修行善，前后守节四十三年，兢惕如一日"，"太夫人性最仁慈。恒喜周恤贫户，扶携困厄。而又为善不求知。兢兢业业，惟日不足，尝于第宅之后，别启一扉，俾得随意于贫困之妇，量加施与，以免家人出入之纷烦"。

柏应理记载许太夫人为教会做的功德之事主要有两件：一是赞助教会印制宣教图书；二是尽其所能捐资修建教堂。比如潘国光神父在上海安仁里修建老天主堂就得到许太夫人帮助；李自成围攻开封府，天主堂倒塌，劫后也是由许太夫人捐资修复。

《一位中国奉教太太许母徐太夫人事略》虽是薄薄一本小册子，留下的却不仅仅是许太夫人的生平行事，还有许多明末清初的珍贵史料，它详细记述了康熙教案——钦天监事件始末，记述了传教士宫中见闻等。

此书中文版有上海徐汇益闻馆于清光绪八年（1882）出版的许彬[1]节译本《许太夫人传略》，此版附有《许公缵曾[2]传》。许彬神父的译本是文言文节译的，民国十六年（1927）沈锦标（沈宰熙）神父将许本改为白话文并校订再版。民国二十七年（1938）土山湾印书馆出版徐允希白话文全译本，书名为《一位中国奉教太太许母徐太夫人事略》。民国三十五年（1946）澳门慈幼印书馆编纂的"灵修小丛书"里，选辑了近人杨塞根据柏应理《一位中国奉教太太许母徐太夫人事略》改编的《中华公进妇女模范——

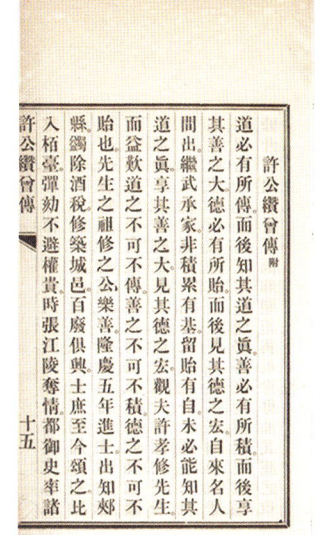

许太夫人传略（内页）
[比]柏应理撰 [清]许彬译
一卷 一册
清光绪八年（1882）
徐汇益闻馆出版
土山湾印书馆排印
铅印本 纸本 筒子页 线装
九行二十字白口四周双边单鱼尾
开本：25.5×15（cm）
半框：17.8×12（cm）
16 页

---

[1] 许彬（Joan Baptista Hui，1840—1899），字采白，上海人，同治元年（1862）入耶稣会，同治十二年（1873）晋铎，曾任职上海老堂。逝于徐家汇，葬圣墓堂。
[2] 许缵曾，字孝修，华亭（今上海）人，生卒不详。出生于天主教世家，是许太夫人八个孩子之长，一岁时徐光启将其抱至天主堂受洗，洗名巴西略。顺治六年（1649）中进士，不再供奉天主，未久蓄妾。顺治末年出任川东道。康熙九年（1670）任云南按察使。著有《滇行记程》《东还记程》《宝论堂稿》等。

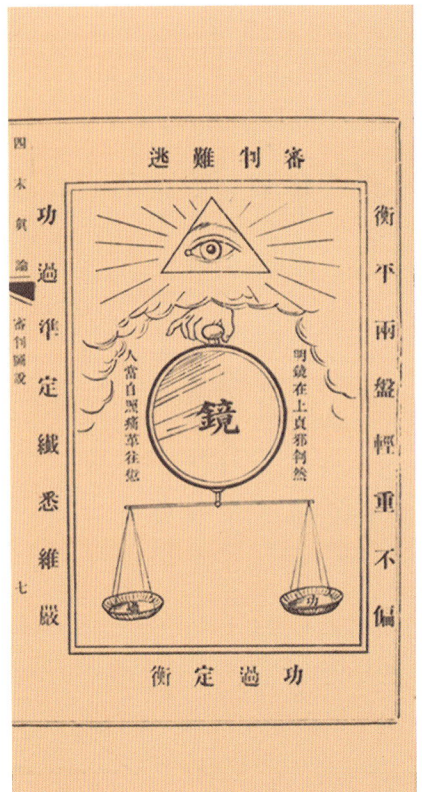
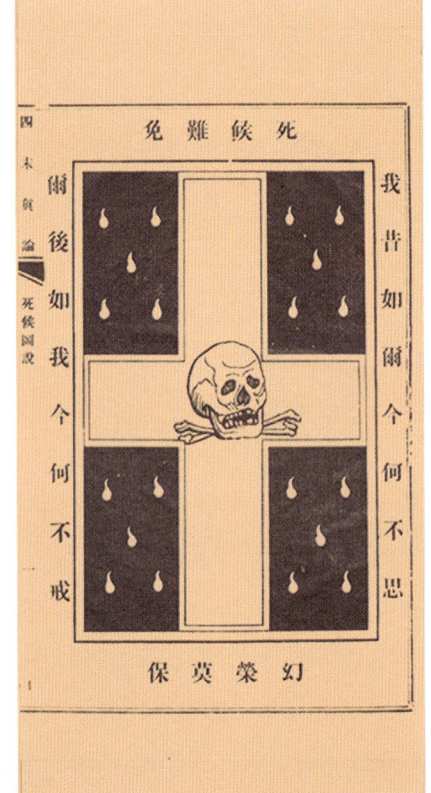

四末真论（插图）
［比］柏应理著
四篇附一篇　一册
民国十四年（1925）慈母堂排印
铅印本　纸本　筒子页　线装
十行二十五字白口四周双边单鱼尾
开本：25.8×15（cm）
半框：20×13（cm）
38页
插图4幅

许母徐太夫人甘第大小传》。

《四末真论》是柏应理中文水平最高的一部著作,康熙十四年(1675)在北京初刊,有道光五年(1825)共乐堂①刻本和民国十四年(1925)慈母堂铅印本。《四末真论》分为五篇:"死候说""审判说""天堂说""地狱说""终末之计甚利于精修"。柏应理在引言里写道:"世人度生,若客渡海。欲正其路,测视东南西北四向而正。不尔路迷弗识何往?倏然舟溺,无法能救。凡人之生,其海也。四末其四向也。可念其真,可测其状否,奚正路耶,奚免溺耶。"

柏应理把人生终归预想为四种状况:

【死候说】

人有生,必有死。自古至今,谁能不死?生当斯世,日月逝矣。恒近于死,人诚以死为怀,断不图一生暂乐,以获无穷永苦。不然终年贸贸,罪未及悔,悔未及改。一朝谢世,永苦忽临,奈之何哉。人之怀死,亦孔多矣。然怀死而不知备死,备死而不知正其原,总属无益。惟思己之灵性,赋畀有自。恐一日离此肉躯,将何着落。从此探理分晓归正,斯为大智人矣。

【审判说】

天主明命而来,必当复命,而时功罪,难逃主鉴。赏罚之严,非如世法可拟。故在生之日,宜思天主造天以覆我,造地以载我,造日月以照我,造万物以养我,造天神以护我,命圣人以教我,而我平生所为,合主命与否?

【天堂说】

天堂之乐,与地狱之苦,正极相反无比之乐也。虽钩深索隐之圣贤,亦不能穷解天国之荣福。惟曰人灵已陟斯域,则恒享多福多美奇。内舒泰,外宁谧,不死不病,不饥不渴,无昼夜递更,无寒暑迭变,无哀愁痛哭之苦。但有形神安乐,目愉心悦,已往之事不得复侵其灵也。

【地狱说】

天主永定惩罚之所,极苦而无尽期。非如释氏所云虚幻,可以化作莲花。亦非六道轮回,可以转生净土,而有出期也。盖缘人生在世,非善即恶,出此入彼。有恶即不能无罚。试观世间卿亭之系曰岸,朝廷曰狱。国法且然,况于天地之大主。照鉴人灵,无微不烛。岂无公狱以昭公刑之所?天堂为诸福之聚,则地狱为诸祸之集。必然矣。

书尾附高一志撰写的《终末之计甚利于精修》一文,内容也是讲"四末"的,未交待附于此的缘由。

《天主圣教百问答》,康熙十四年(1675)初刻于北京,有同治七年(1868)"慈母堂刻本"。柏应理设定了一百个问题,比如"天主二字何解""天主圣性奇妙如何""天主在何处""人既坠于地狱,如何可以出离""世间善人常苦,恶人安乐,似不公义"等,每一个问题的回答都非常简单,大多不过二三十字。柏应理称:

---

① 共乐堂:一般记共乐堂在北京,经费赖之和方豪考证,共乐堂为松江民间刻书机构,活跃于康熙至同治年间,留下一些五口通商之前的书籍,甚为珍贵。曾刊印过许多天主教书籍,如《四末真论》《哀矜炼灵说》《圣沙勿略九日敬礼》《圣教理证》等。土山湾慈母堂创立后,共乐堂渐渐淡出。

天主圣教之理，至无尽也，《百问答》安可尽乎？刻此问答百端，义蕴宏深。泰西诸儒，格物穷理，反复申论，时见于累牍连篇，岂一二语可以阐阙奥旨。然而习俗深者，嗜欲匪浅，虽千百言，难以启其信。而习俗浅者，嗜理必深，虽一二语，足以释其疑。

可谓话不在多，悟性最要。

柏应理信游四方的传教搭档鲁日满，与许太夫人也近熟，亦与吴渔山交往甚密。

鲁日满①（François de Rougemont，1624—1676），字谦受，1641年入耶稣会。顺治十六年（1659）春抵澳门，来华后初传教于浙江，不久又前往江南教区，"秉铎于三吴，振兴常熟之教务"。"康熙历难"，鲁日满曾受牵连被押至北京，继解至广州，圈禁在耶稣会老堂。康熙九年（1670）汤若望得到平反，次年鲁日满返江南，重操旧业。鲁日满传教尤注重儿童教育，故学校林立，气象一新。苏浙文人学者皈依者较多。康熙十五年（1676）秋驻节太仓，病逝于崇明，葬于虞山之阴。

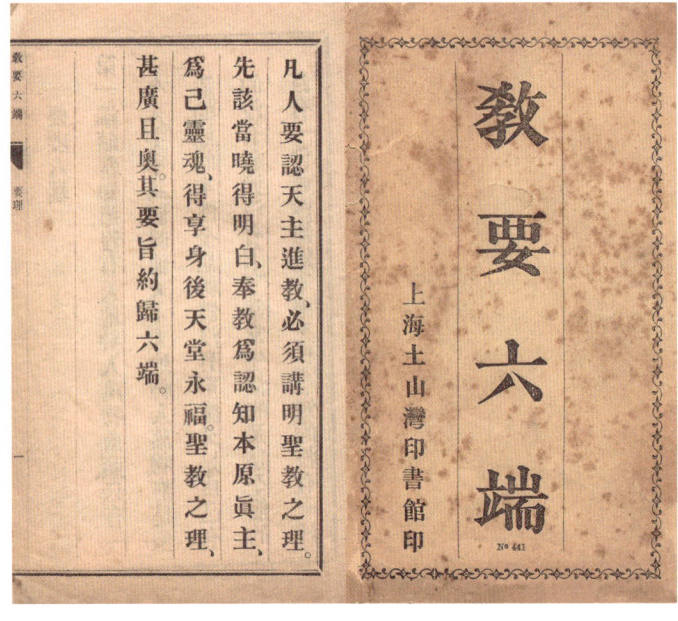

天主圣教百问答（扉页）
［比］柏应理撰
一卷 一册
清同治七年（1868）慈母堂辑刻
刻本 纸本 筒子页 线装
十行二十三字白口四周双边单鱼尾
开本：27.1×15（cm）
半框：21×13（cm）
12页

教要六端（扉页和内页）
［比］鲁日满著
一卷 一册
民国九年（1920）土山湾印书馆排印
铅印本 纸本 筒子页 线装
七行十九字小字双行同
白口四周双边单鱼尾
开本：18.7×12.3（cm）
半框：15.2×10.5（cm） 16页

《教要六端》，鲁日满的著作。"六端"，"要旨归于六端"，"端"应为"方面"之义。《教要六端》开篇曰："凡人要认天主进教，必须讲明圣教之理。先该当晓得明白，奉教为认知本原真主，为己灵魂，得享身后天堂永福。圣教之理，甚广且奥。其要旨约归六端。"哪六端呢？第一端"没有天地神人万物前头，只有一个大主宰。我们叫他天主。天地神人万物，都是他造的"。第二端"一个天主包含三位。第一位的名字叫罢德肋，就是父亲的意思。第二位的名字叫费略，就是儿子的意思。第三位的名字叫斯彼利多三多，就是圣神的意思。这三位不是三个天主。共是一性一体一个天主"。第

---

① 另据梁启超《中国近三百年学术史》记：鲁日满（Franciscus de Rougqont），荷兰人，顺治十六年（1659）来华，康熙十五年（1676）逝于漳州。

三端"天主第二位费略本来是天主。不是人,没有肉身,没有灵魂"。为救赎人类,结合了一个灵魂,一个肉身,降生于世,名叫耶稣。第四端"肉身虽然要死要坏,到底灵魂不死不灭"。第五端"灵魂一离了肉身,就到天主台前去,听天主的审判"。第六端"普天下有许多邪教异端教,正教只有一个,是天主定的"。

对应"要理六端",鲁日满列出"要经六端",简单说就是理解哪段要理就读哪段经文。

鲁日满在江南处理常熟教务多年,这期间的账本和灵修日记,近年在北京图书馆为人发现,整理出版,成为反映当时江南生活及神职人员心理状况的重要资料。

西班牙传教士白多玛神父撰写的《四终略意》与柏应理的《四末真论》非常相似,也分为四卷。此著可谓字字珠玑,句句箴言。四卷四说:

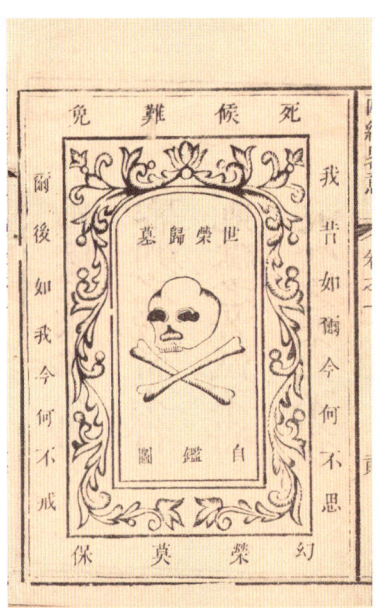

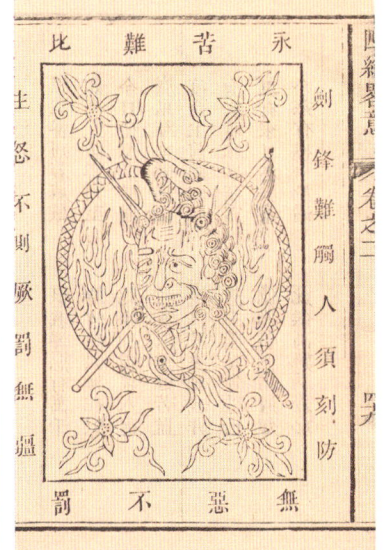

四终略意(封面和插图)
[西] 白多玛撰
四卷 一册
清道光十六年(1836)江南教区辑刻
刻本 纸本 筒子页 线装
九行十九字白口四周双边单鱼尾
开本:23×15(cm)
半框:19×13.5(cm)
90 页
插图 4 幅

【死候之说】

凡人之生，皆必有死，此乃天主所定之规也。圣经曰，已定于万民，每死一次焉。生死相应相称，不能相无。有生必有死，自然之理也。

圣经慰贫者说，毋图富者之荣，毋贪富者之光，毋恋富者之乐。其死速至，其富不能同行，其光其乐莫能随之也。昔者赤身入世，今亦应赤身出世也之。贫者富者，无不皆然。然富者不如贫者，贫者在世，无积财之苦，出世并无遗财之虑。富者在世，多苦积财，出世多虑遗财。宁常为贫穷者，岂宁为富贵者也哉。

【审判之说】

凡欲戒恶为善者，莫若于思念审判之严也。惟真能思念审判之严者，斯乃真能畏主也，真能畏主者，斯乃真能戒恶为善而免审判之苦矣。

恶者见善者不胜荣光，及不胜富乐者，而自己最凌辱，及最灾难者，疼痛怨恨，不可胜言。帝王者，见己小民，如花子及麻风者，坐天堂至尊之位，而自己反做地狱最卑贱者，嫉妒忿怒，不亦甚哉……尊贵者，见前世之卑鄙及贫贱者，传为尊贵富厚者，而自己为轻贱及窘难者，不胜怨恨矣。

【地狱之说】

世上之苦，虽甚虽重，皆有穷尽之望，俱有终期之慰。地狱之苦，永远之苦，无穷尽之望，无终期之慰，万万年年受之，不能穷尽。

凡生时真能视已如在地狱，斯乃真能悔己罪。凡能真悔己罪，斯乃真能免下地狱也。

【天堂之说】

善人入天堂，即天主赐之最大权位，不啻万国万王之权位矣……善人升天，天主赐之最大福富，不啻万国之福……天堂善人蒙天主赐之天堂国王之能，不啻万王之能也……善人升天堂蒙天主赐之至尊至贵，不啻普世帝王之尊矣。天堂善人蒙天主显耀之，令其得至高名望，不啻万君万雄之名望矣。

虽然白多玛的《四终略意》自称是"略意"，讲述的道理比柏应理的《四末真论》却还要细致些。但是两本书的偏重还是有差别的，白多玛作为圣奥古斯丁会①教士，他的著述本着托钵修会的理想，更多地阐明富有者应尽之责。

白多玛（Hortis Oniz），西班牙人，生平不详。根据梁启超《中国近三百年学术史》的记载，应该是清康熙三十四年（1695）到中国。

《四终略意》撰于康熙四十四年（1705）。罗伯济②在出任南京教区主教前，于道光十六年（1836）核准该书在上海重刻。这个镌刻于道光开教前的版本很珍稀。土山湾印书馆在民国十一年（1922）出版过铅排本。

---

① 圣奥古斯丁会（Ordo Sancti Augustini，缩写O. S. A.），天主教托钵修会之一，或译奥斯定会、思定会，亦称奥古斯丁会。原指遵从奥古斯丁（Saint Aurelius Augustinus, 354—430）所倡守则的天主教隐修士。守则内容主要为按福音书所说抛弃家庭、财产而追随基督，在教会内集体过清贫生活，脱离世俗事务；除日常祈祷外，从事济贫和传教工作。明万历三年（1575）起，西班牙奥斯定会会士多次由菲律宾进入福建，未得驻留。清康熙十九年（1680）始在广州成立传教据点，之后曾在湖南的常德、澧州和岳州设立教区。

② 罗伯济（Lodovico Maria Bési, 1805—1871），教名罗类思，意大利人，方济各会会士，1829年晋铎。道光十三年（1833）来华，道光十九年（1839）任山东宗座代牧区首任主教，道光二十二年（1842）任南京教区署理主教，道光二十八年（1848）离华回国。

白多玛神父传世著作还有一部《圣教切要》，是天主教经籍类书籍，有"圣号经""天主经""圣母经""信经""十诫""四规"等，并有各场合祷词及教徒须遵守的行为规范等。初刊于乾隆五十六年（1791），道光二十二年（1842）、民国二年（1913）慈母堂排印了两次。

林安多（Antonius de Sieva，1654—1724），"康熙季"传教士，被提及得不多，记载不详，仅知其为葡萄牙人，1669年入耶稣会，教授过古典和修辞学。后于康熙三十四年（1695）来华，康熙四十六年（1707）秘任南京主教。

他传世的作品只有《崇修精蕴》，并且一百五十多年里一直靠抄本相传，然其影响是多方面的。此书原作者是意大利耶稣会士贾达纳奥（C. A. Cattaneo，1645—1705）神父，雍正八年（1730）林安多将其译为中文，在教友间传阅。光绪十九年（1893）土山湾印书馆将写本整理付梓。"林公于雍正间译，1783年后始传示于人，有同会静园氏序及自序。此书即避静道理，书共十卷，作为十日避静之用，每日有四默想，道理畅达，不令人厌，允为神操之善书。"①

《崇修精蕴》前有崇一子②于光绪十九年（1893）撰写的序言，说明此书的来龙去脉。还有静园于乾隆三十一年（1766）撰写的序言，分析此书的要旨，天主教崇修的精蕴在于：

一曰胜旅，此指天圣而名。一曰炼旅，此以炼灵为言。一曰战旅，此即今世圣而公教会也。盖此世教众，尚居陟降未定之间。克己私，攻仇魔，正如日临战阵，胜则升，负则堕，故名战旅。

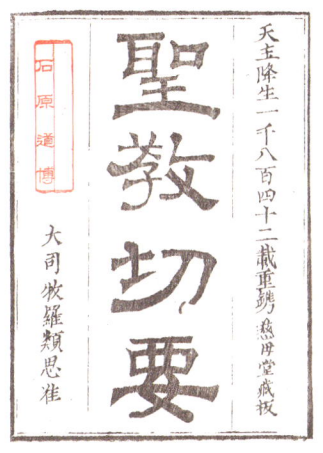

圣教切要（扉页）
[西] 白多玛 撰
四十三篇附一篇 一册
清道光二十二年（1842）
慈母堂辑刻
刻本 纸本 筒子页 线装
十行二十四字小字双行同
白口四周双边单鱼尾
开本：23.2×15.3（cm）
半框：16×12（cm）
62页

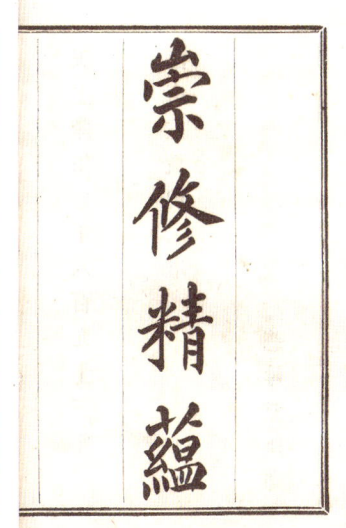

崇修精蕴（扉页和内页）
[葡] 林安多译
十卷 两册
清光绪十九年（1893）慈母堂排印
铅印本 纸本 筒子页 线装
十一行二十六字小字双行同
白口四周双边单鱼尾
开本：20.6×13.4（cm）
半框：160×10.5（cm） 187页

---

① 徐宗泽：《明清间耶稣会士译著提要》，第60页。
② 崇一子，本名龚柴（Simon Kiong，1850—1922），字古愚、固愚，崇一子为其号，华籍，同治六年（1867）入耶稣会，光绪十一年（1885）晋铎，光绪十六年（1890）建傅家玫瑰天主堂老堂。

其中险恶，亦孔多矣。幸有大主之佑在焉，经纪吾主耶稣，曾有常临圣会，直至世终之许矣。

《崇修精蕴》是一部介绍耶稣会创始人圣依纳爵·罗耀拉神修理论的书。林安多在自序里言：

慨夫为恶易，而为善难。林林众庶，鲜出类以成人。逐逐尘途，每终志于饮食。何也？概由正道未明，真原素晦，沉沦物欲，昧阙本良。遂至无虑越思，自成暴弃，诚堪悯叹耳。若夫二氏争鸣，既主于空寂，复背乎根宗。毁心灭性，人道斯亡，何足道哉。至于孔孟遗经，推原于造物，致力乎养存，思学兼臻，危微并惕，庶几成德之途欤。然乃率性而已。

因而奉主之人，应该以圣依纳爵为榜样，"静默神规，淑人缮己，庶能广心充知，辅勇全仁，彻始彻终，亦一亦万。此真入圣超凡，莫可逾越之要道"。随之，他又讲了一番以正确态度对待避静之功的道理："缘人性之良知每汨于纷烦，示之以静避之法，寡闻寡见，俾外诱不侵，庶内情不扰，处心于清天朗日之际而自省可专，人情之怠惰，每略于思维，约之以推想之格，按题著立，非究研主旨，即搜剔己私，率心于起敬起畏之途耳，诚存志定，其为缮修之工，不亦密而有绪乎？"

"莫邪虽利，钝积于不磨；宝鉴虽明，晦成于不拭。"时时常拂拭，方可超凡脱俗，此乃避静之益。

《崇修精蕴》还有一个被学术界关注的问题：它在讲解神修方法和道理时，常常涉及天主教与中国传统文化里某些概念的关系。林安多主张天主教与儒家是可以包容共处的，儒家经典里蕴含了天主教教义，可以相融不悖，只是儒家于"幽尚略而未详"。林安多的这些看法，对当时和后世颇有影响。

《真道自证》是"康熙季"来华传教士沙守信为天主教辩护的著作。首卷有"真道要引"以及他的同事赫苍璧①于康熙五十八年（1719）写的《真道自证记》。正文分为四卷首一卷，首卷"真道要引"，卷一"性理：造物者第一"，卷二"事道：神分邪正"，卷三"驳疑引据：前道于理无不合"，卷四"教：教之经纶"。《真道自证》是一本天主教系统神学论著，作者大量引用《圣经》经文

真道自证（扉页）
[法]沙守信撰
四卷首一卷　一册
民国十五年（1926）土山湾印书馆排印
铅印本　纸本　平装
开本：18.5×12.7（cm）
124 页

---

① 赫苍璧（Julien-Placide Herieu，1671—1746），字子拱，法国人，1687年入耶稣会。康熙四十年（1701）来华。逝于澳门。

和故事，论述了天主教的创造论、天主论、天神论、罪论、人论、救赎论等，旁征博引，试图为这些论题辩护，"合于正理，据以《圣经》"。沙守信讲："主教之道，虽大，而不尚旁搜；虽真，而无庸博采。自证矣，奚用他为？"此书要达到的目的是"融彻烛理，跃然而醒，如拨云雾而睹青天"。沙守信的这本论著在许多方面可以看成是对利玛窦的《天主实义》提出的神名之辩的继续："造物主，本难以名，又不可不称名，曰天，曰帝，所解不一，故姑以'天主'二字称之。盖'天'统乎万物，称天主者，即天地万物之主宰也。"沙守信好一派哲学家式的自信！

沙守信（Emeric de Chavagnac，1670—1717），又记沙守真，生于法国，1685年入耶稣会。康熙四十年（1701）抵广州，奉命在江西传教，主持过江西全省教务，在华十余年未离开过江西，卒于饶州。据说康熙享用过他进贡的法国葡萄酒。

沙守信有许多书信存世，记述了他在江西传教时的所见所闻。这是一位西方传教士留下的他眼中的那个时代中国的面貌，对于今人来说弥足珍贵。他曾在其书信中多次描述当时的中国农业社会和农村状况，康熙四十二年（1703）二月十日写于江西抚州的一封信中有云："赣州是像鲁昂那样大的城市，商业繁华。从赣州到南昌，这一带非常迷人，人口稠密，物产丰富……中国人确实和国外很少通商，但作为补偿，在帝国内部的商业规模都相当大，这是欧洲无法与之相比拟的。中华帝国疆域辽阔，每一个省都是一个王国，有的出产稻米，有的生产布匹，每个省都有它们独一无二的土特产。所有这些物品不是经陆路，而是通过水路运输的，因为这里河道纵横，风景秀丽，这都是欧洲难以与之媲美的。"①

沙守信如其同时代传教士一样看到了从官吏到百姓中国闭塞、无知的一面，他在致郭弼恩神父的信中说道："中国人瞧不起其他民族是传教的最大的障碍之一，甚至在下层群众中也有这种情绪。他们十分执著于他们的国家，他们的道德，他们的风俗习惯和他们的学说信条，他们相信只有中国才配引起人们的注意。我们批评他们信奉菩萨的荒唐时，当我们使他们承认基督教是伟大的、神圣的和颠扑不破的宗教时，他们似乎准备入教了，但事实远非如此。他们会冷冷地回答道：'我们的书里从来也看不到关于你们宗教的事情，这是外来的宗教，如果中国以外真还有什么好东西，真有什么真实的东西，我们的圣人学者们会不知道？'"②

他在信中还这样描述："中国人，内心深处的腐化堕落是与基督教义格格不入的。中国人只要能在外表上维持体面，就可以在暗地里放纵自己干出一些羞于启齿的罪恶勾当。"③

《真道自证》早期版本有康熙六十年（1721）北京刻本、嘉庆元年（1796）北京刻本、嘉庆二十三年（1818）北京刻本（四卷）、咸丰八年（1858）和同治七年（1868）慈母堂刻本（两卷）、光绪三十一年（1905）香港纳匝肋静院铅排本、民国六年（1917）土山湾铅排本（一卷）、民国十四年（1925）北京救世堂铅排本。此外还有胜世堂铅排四卷本，题目与其他版本略有小差别。

《圣年广益》，冯秉正编译，中国天主教历史上非常著名的一部巨著，分春夏秋冬四部十二卷，讲述

---

① 《耶稣会传教士沙守信神父致本会郭弼恩神父的信（1703年2月10日于抚州）》，载杜赫德《耶稣会士中国书简集》，大象出版社2005年版，第一卷，第240页。
② 同上书，第242页。
③ 同上书，第244页。

圣年广益（冬季）（封面）
［法］冯秉正编译
四卷十二编　四册
清光绪元年（1875）慈母堂排印
铅印本　纸本　平装
十行二十二字白口四周双边
开本：14.2×12（cm）
全框：11×7（cm）
1184 页

的是信徒们一年中每天应修的神工，包括默想神工简易要法、日课经文、祷告及默想内容，是一部实用性很强的经籍类书籍，不过由于其特殊的编写体例，大多数著录将其归为传记类，这点需要特别注意。

冯秉正在"首编小引"言：

> 仰惟吾主耶稣，曾训宗徒云：尔如世光，山岭之城不能隐，灯烛不能笼。必置诸高台，照在尔室内众人。尔光宜明人前，得见尔美功，赞美在天尔父，大哉主训，当现在之宗徒，俱见而知之。今欲为继起之宗徒，岂可不闻而知之。况仁爱规条内所行之本分，尽系宗徒之美功。圣经尝言，无爱不为仁，无仁不成爱。果然有仁有爱，必能有高有谦，人我俱受其益。如大光高照，有炎有热，似训语淳淳，应当小心契合。倘或无热无光，断不能尽仁尽爱，何以完圣业规条之本分。今名登圣籍者，未必皆如当日之宗徒。本身尚无热气，身体安有余光。离了善全之法，则长负神恩。于心何忍！再四思维，惟有圣教警言，圣人行事，始足以动人效法，兴其热爱之心。若将现在最大最多之美利，弃之如泥沙，并无一毫顾惜，请问从前进教时，所说敬天主救灵魂的主见，作何着落？弗思甚矣。吾为此惧，将所传来众圣人，一日用一位，多依本圣人弃世之期，挨日编次。

这段话基本概括了冯秉正编译《圣年广益》的初衷和体例。

《圣年广益》的版本主要有四种：乾隆三年（1738）北京十二卷刻本，行款八行二十字白口四周双边；清代中期上海刻本，行款十二行三十字白口四周双边单鱼尾；光绪元年（1875）上海慈母堂春夏秋冬四卷排印本；民国二年（1913）济南府无染原罪堂依月份分十二卷排印本。传教士费赖之称他见过清代十四卷刻本。此外光绪十三年（1887）河间胜世堂出版过《圣年广益撮要》。坊间可见刻本大多为乾隆三年版、二十世纪三十年代后刷本，行款可辨，白纸，开本宏大，四函二十四册，虽无漫漶断版，但字口稍糊。

费赖之介绍，《圣年广益》曾经有满文刻本，嘉庆十年（1805）朝廷明谕为禁书；嘉庆二十年（1815）开禁，修订重刻。

沈东行（Joseph Saraiva，Chen，1709—1766），教名若瑟，松江（今属上海）人，雍正十一年（1733）入耶稣会，乾隆四年（1739）晋铎。逝于北京，葬滕公栅栏。译著有《易简祷艺》，乾隆二十三年（1758）京都圣若瑟堂初刻，同治七年（1868）土山湾慈母堂重梓。

沈东行在序言里陈述了自己对祈祷方法之重要性的理解：

自古学术，以作圣为贵，而作圣以识主为的。然识主之道，非默祷无由登。而默祷之理，非艺莫能明者也。则《祷艺》一书，谓非圣学之首阶乎，顾人不由默祷而求作圣之的者，自必徘徊歧路，进退趑趄，而渐弛慕学之心矣。即有稍知默祷为就的之由者，苟于斯艺而未学焉，则不怨其头绪纷烦而莫考。即嫌其理义幽深而叵测，鲜有不兴望洋之叹者矣……《易简祷艺》之命名，洵不诬已，是艺也。习行之，则求的有踪。而圣学无难日进，展阅之，则群疑悉扫，而道岸有以渐登，将见开卷有益而不忍释手。

《易简祷艺》分为三卷后续一卷，上卷"祈祷规则"，有十四篇："祈祷之尊""祈祷之要""祈祷名义""祈祷分类""祈祷分支""祈祷要指""祈祷祝引""祈祷预备""祈祷宝藏""祈祷品式""祈祷之情""祈祷润泽""祈祷祝言""祈祷易式"。中卷"祈祷帮助"，也有十四篇："对越引言""对越主婴""对越主难""对越主荣""对越主行""圣体圣思""圣母圣思""前题又式""省察过失""自讼略指""领圣体式""谢圣体式""神领圣体""与弥撒式"。下卷"祈祷月课"，三十日每日一课："信光圣召""人生终向""人之死候""世终严判""地狱重刑""以永拟今""天庭荣福""对越天主""重顾灵命""罪过之惧""克己痛补""改过勿缓""世俗瞻徇""勿倚恃己""善用圣宠""善用时光""领圣事迹""弥撒圣祭""矜施贫乏""表仪矜式""任受艰辛""翕合主旨""上爱天主""热爱耶稣""爱迩已者""仁爱仇雠""效法耶稣""爱敬圣母""热心事主""爱敬恩保"。续卷"私省察式"。

贺清泰（Louis de Poirot，1735—1814），生于意大利的法国人，1756年入耶稣会，乾隆三十五年（1770）来华，不久便进入宫廷供职，熟习汉语和满语。作为宫廷画师的贺清泰，擅长山水、人物、走兽，用笔细腻，保留着欧洲画风。贺清泰留下的画作不多，福音题材的作品更少，梵蒂冈美术馆藏有几幅疑似他的画作，描绘的是《旧约》故事。（见95页）他在传教史上的业绩是把《圣经》译成汉文和满文，称《古新圣经》。嘉庆八年（1803）梵蒂冈教廷托人捎话，否定了贺清泰的翻译计划，他不得不辍笔，只完

易简祷艺（插图）
〔清〕沈东行译
三卷续一卷　三册
清同治七年（1868）慈母堂辑刻
刻本　纸本　筒子页　线装
七行十七字小字双行同
白口四周单边单鱼尾
开本：15.3×10（cm）
半框：10.5×7.3（cm）
224页

白鹰图
[法] 贺清泰
中国画 绢本设色
尺幅：157×96（cm）
台北故宫博物院藏

成三十四卷，尚缺《雅歌》《以赛亚书》《但以理书》和《约拿书》。费赖之称他自己有一部分《古新圣经》手稿，北堂也藏有部分手稿。徐宗泽撰写《明清间耶稣会士译著提要》时无疑借用过费赖之的藏稿。

耶稣会重返中国最初覆刻的七八十部早年传教士的著作之中，有一部同治七年（1868）刻本叫作《古新圣经问答》。有文说《古新圣经问答》是贺清泰译作的简编本，错矣，两本书没有任何关联。

《古新圣经问答》是当年北京教区主教、法国遣使会神父孟振生发现的一部手稿，准许上海慈母堂刊印。第一端"天主造世界"，第二端"论初人犯罪"，第三端"论洪水讲性教"，第四端"论亚巴郎及诸古圣"，第五端"论义斯辣厄里德在厄日多国为奴并讲巴斯卦瞻礼"，第六端"论义斯辣厄里德走旷野地方并讲书教"，第七端"论天主同义斯辣厄里德立约"，第八端"论异教邪教"，第九端"论达未并讲基利斯督默西亚"，第十端"论撒落满建立天主堂"，第十一端"论先知圣人"，第十二端"论如德亚国人被掳在巴彼隆地方"，第十三端"论如德亚国人被掳以后的事"，第十四端"论如德亚国人有两样一样是为救灵魂的一样是为顾肉身的"，第十五端"论耶稣基利斯督降诞"，第十六端"论圣若翰保弟斯大"，第十七端"论耶稣选择宗徒"，第十八端"论耶稣讲道"，第十九端"论害耶稣的人"，第二十端"论耶稣受难"，第二十一端"论耶稣被钉十字架死"，第二十二端"论耶稣复活"，第二十三端"论圣神降临"，第二十四端"论天主引外教人弃邪归正"，第二十五端"论各处传教"，第二十六端"论天主圣言有两样一是经书上记的一是口传的"，第二十七端"论灭日露撒冷府的来历"，第二十八端"论圣教窘难"，第二十九端"论圣教平安后并讲隐修的行实"。

同治版的《古新圣经问答》很难寻到，常见的是民国十三年（1924）土山湾慈母堂排印本，民国十九年（1930）北京救世堂也排印过。

土山湾印书馆重新出版的书籍，不都是耶稣会传教士的著作，也有一些其他修会神父的书籍，比如民国十一年（1922）出版的《默想指掌》就是乾隆年间来华的方济各会传教士汤士选[①]主教的

---

① 汤士选（Alexandre de Gouveia，1751—1808），又译汤亚立山，葡萄牙人，方济各会会士（有误记为遣使会会士，墓碑记为方济各会会士）。乾隆四十六年（1781）来华，任钦天监监正，北京教区主教。逝于北京，葬滕公栅栏。著有《立圣母始胎明道会牧训》《默想指掌》（道光二十八年〔1848〕北堂刻本）。

• 主经体味 •

雅各伯与以撒　　　亚伯拉罕与天使　　　发现摩西

[法] 贺清泰
中国画
梵蒂冈美术馆藏

作品。

《默想指掌》分为七章，"默想解略""默想切要""默想规矩""默想式样""默想诸宜""默想去阻""默想解惑"，解释"默想"工课的要领。

汤士选阐释默想之功的重要性：

> 进教容易守诫难，此常语也。然守诫有法，得其法，则守之不觉其难。其法，即是默想。用其法，则人灵从地登天。亲对生成之主宰，面聆诏命，自能知之明而行之笃。古时达味圣王，以默想主诫为每日之工夫。古新二教之诸圣，无不皆然。因默想主诫，圣保禄宗徒登永静天，听人世所未闻之事。圣方济各，在亚尔弗尼亚山，受印五伤，古今未有之奇恩。圣沙勿略、圣味增爵、圣方济各撒肋爵等，仿效诸圣宗徒表样，劝化无数人归正。因每日劝行默想，圣奥斯定、圣伯尔纳铎、圣多玛斯等，贯通经典，作圣教栋梁，开除各样异端，垂教于万世，俱从每日默想主诫而来。

《默想指掌》对专注默想这一工课，讲得比较透彻，是中国天主教重要的释教作品，各家出版机构都有刊印。不过土山湾印书馆这个版本仍然没有署作者名字。

默想指掌（扉页）
[葡]汤士选撰
七章　一册
民国十一年（1922）
土山湾印书馆排印
铅印本　纸本　平装
开本：18.7×12（cm）
76页

理窟未穷

文深入理窟而出之清真。

——黄宗羲

"万历季"传教士们走了,"康熙季"传教士们走了,"道光季"传教士们来了。前驱者们留下的书籍该整理的已经整理,能够刊印的正在付梓。对"道光季"传教士们来说,最重要的莫过于拿出新的作品来,开创一番不同于以往的气象。

徐家汇天主教教育机构在一百年间培育了一茬又一茬人才。教会教育机构设立的目的,既是为了培养传承衣钵的后继者,也是为了努力实现传教区的本土化。但是同样不可能视而不见的是,那些在中国文化沃土上生长的耶稣信徒中,也有一些融贯中西的学者,他们不仅深谙基督教典籍,熟悉拉丁文和法文,中国传统文化功底也颇为厚重。

同治元年(1862)五月二十九日,徐家汇耶稣会学院为刚刚走出徐汇公学校门的十一位年轻中国人举办了入会仪式,他们是许彬(许采白)、李杕(李问渔)、马乾(马相伯)、沈则恭(沈礼门)、沈则宽(沈容斋)、陆伯都(陆省三)、沈则信(沈有孚)、沈熏良(沈陶如)、袁耕心(袁琴舫)、瞿光焕(瞿协堂)、翁慕云(翁毅亭)。他们大多在中国天主教传播史上发挥过举足轻重的作用。

回顾土山湾历史,我们大致可以梳理出从土山湾走出的、有影响力的几代天主教文化人。清末以李问渔、沈则宽、黄伯禄、蒋邑虚、徐伯愚、马相伯为翘楚,民国以徐宗泽、张渔珊、王昌祉、方杰人为代表。还有一点不可不强调:他们的成长无一不受惠于土山湾印书馆,土山湾印书馆为他们提供了园地。当然,按照教会的说法,他们都是沐浴着天主的阳光茁壮成长的。

李杕(Laurentius Li,1840—1911),字问渔,原名浩然,笔名大木斋主。江苏川沙(今属上海浦东新区)人,累世耕读,"自先祖奉教以来,业已八世"。早年曾从川沙庄松楼明经学举业,后来入徐家汇圣依纳爵公学,兼习科学及法文。咸丰九年(1859)绝意科举仕途,专习拉丁文、哲学和神学。同治元年(1862)从徐汇公学毕业,加入耶稣会,光绪五年(1879)晋铎,辗转在松江、青浦、南汇以及更远的安徽建平、宁国等地传教。问渔先生是天主教早期刊物《益闻录》《格致益闻汇报》《汇报》的创办者和主编,晚年还担任过震旦学院院长。

问渔先生是清末民初天主教华籍神父里的第一学者,他视野广阔、功底深厚、著作等身,就是在俗界也是值得尊敬的人物。

问渔先生最早的译作应该是光绪七年(1881)出版的《辩惑卮言》,这也是他出版的第二本书。时任益闻报馆主编的他,节译了法国一本论辩著作,连载在《益闻录》上,之后辑册交慈母堂出版,即《辩惑卮言》。问渔先生节译的这部分,主要是说明天主教与新教的差异。《辩惑卮言》的序言这样说:

天地之大也,南朔东西区其域。万民之众也,总林熙攘浑其俦。凡人具皇降之衷,莫不知有主宰其间者,为之经其始而植其基。饮水思源,理当图报。无知世人不察,背弃真宗,驯至罪戾日滋,自睽天域。幸荡荡上主,悯怜下民,俯降人间,设立天主圣教,为民共由之道。奈数百年前,有罗得禄、加味诺诸人,别定新规,创立门户,自称伯老对斯当,译言辩驳教。道光间始入中国,取名耶稣教,与正教分道扬镳，鱼目混珠。

《辩惑卮言》不分卷，有十六篇："天主概论""真教时期""耶稣行略""统治权""伯多禄为宗徒之长""伯多禄为第一教皇""誓反各教之伪""辨道权""经纪未尽""敬礼圣像""教皇最谦""教皇惟代主行令""敬礼圣母""守贞""徒信不足恃""救灵之路"。

问渔先生这本早期著作虽然多次再版，但就内容而言，分量不重。

《玫瑰经义》是问渔先生编写的天主教经籍类著作。《玫瑰经》，又称为《圣母圣咏》，十五世纪教宗正式颁布为天主教徒用于敬礼圣母玛利亚的祷文。"玫瑰经"一词来源于拉丁语 Rosarium，意为"玫瑰花冠"或"一束玫瑰"，Rosa 即玫瑰之意。此名是比喻连串的祷文如玫瑰馨香，敬献于天主与圣母身前。诵读《玫瑰经》是天主教敬奉圣母的一种方式，涵盖了耶稣的救恩史。

《玫瑰经义》两卷，上卷为对《玫瑰经》的解释和说明。下卷为三十一日默念经文。问渔先生序中曰："夫玫瑰，花之珍者也。经名玫瑰，喻其珍也。"

问渔先生有一本关于圣母的书《奉慈正义》（光绪二十一年［1895］慈母堂铅印）。"奉慈正义"的意思就是"侍奉圣母的道理"。上下两卷，五十五篇，皆是介绍圣母知识的短文。

上卷："圣母无原罪""圣母妙德总论""圣母满被圣宠""圣母本性美妙""天主母尊位""圣母谦虚""圣母信德""圣母侍主""圣母爱主""圣母爱人""圣母恒祷""圣母听命""圣母甘贫""圣母贞节""圣母圣心极妙""圣母痛苦""圣母喜乐""圣母福终""圣母为天皇后""圣母为世人主保""圣母为世人母""圣母至慈""圣母广施恩泽""敬圣母为升天之兆"。

问渔先生每篇短文都是通过几个与圣母有关的故事来论述每个主题，这种行文方式为问渔先生一贯风格，其文字考究，叙述流畅，娓娓道来。如"圣母谦虚"一节：

> 谦为诸德之基。圣母成大德，立大功，膺大荣，其始基亦在谦德。昔日原祖以骄傲败于人类。耶稣救世，甘为贱奴，训徒则云：我心谦也，尔其法之。自古与耶稣心相契、意相求、情相合、德相若者，莫如圣母。耶稣圣心，谦下如深渊，绝无底止。圣母之谦，亦远出众圣人上。

《弥撒小言》是问渔先生撰写的对天主教弥撒解释的专著，十六篇："弥撒为圣教真祭""弥撒名义""弥撒为教中公礼""弥撒表明诸奥迹""弥撒极尊""弥撒荣主""弥撒谢主""弥撒赎罪""弥撒救助炼灵""弥撒求恩""辅弥撒大益""望弥撒大益""望弥撒便法""屡领圣体""申领圣体""拜圣体"。他用许多小故事深入浅出地讲述了弥撒的由来，弥撒活动在天主教信仰中的作用以及弥撒的形式。就写作方法和写作技巧而言，这是问渔先生最好的著作。

天主教圣人圣若瑟，又称为拿撒肋的圣若瑟、劳工的圣若瑟、大圣若瑟等。据传圣若瑟是达味家族后裔，耶稣养父，童贞圣母玛利亚净配。圣若瑟是天主教的译法，基督新教译作约瑟。

圣若瑟有很多好品德，对天主教亦无私奉献，却迟迟未被列入圣品，直到教宗庇护九世在 1870 年才将其册封为圣若瑟，正式奉入圣品之列，其瞻礼定为每年 3 月 19 日。作为劳工主保的瞻礼是 5 月 1 日。圣若瑟还是欧洲以外许多国家天主教会的主保圣人：中国、韩国、越南、墨西哥、秘鲁等。

问渔先生于光绪十八年（1892）作《圣若瑟月新编》，分为两部分，上卷为"圣若瑟传"，下卷为

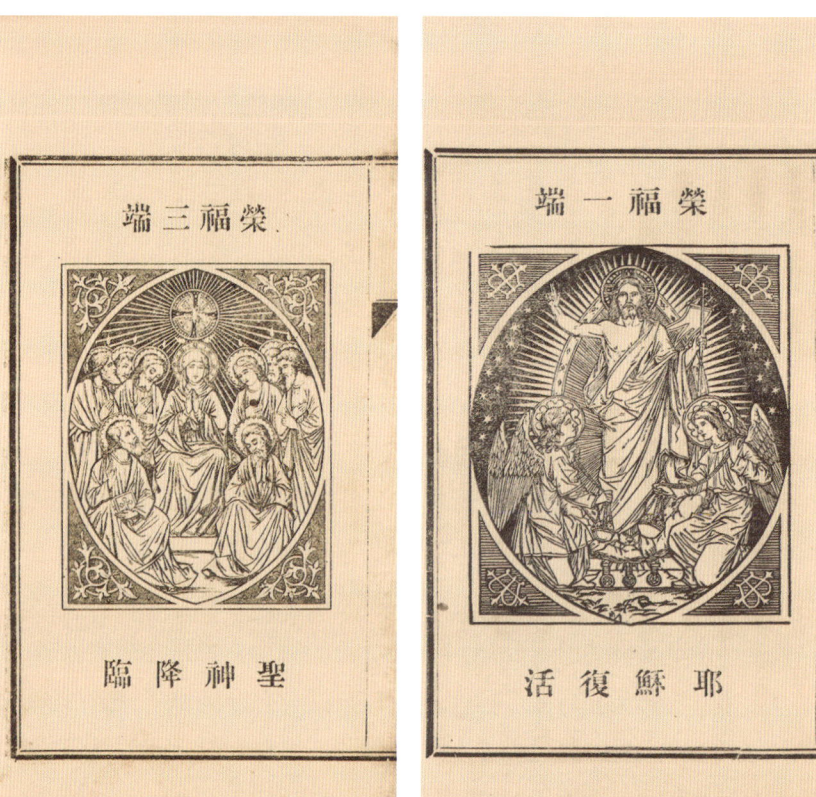

玫瑰经义（插图）
〔清〕李杕编著
两卷　一册
清光绪十四年（1888）慈母堂排印
铅印本　纸本　筒子页　线装
十行三十字白口四周双边单鱼尾
开本：21×13（cm）
半框：15×10（cm）
110 页
插图 14 幅

"圣若瑟月"三十一日逐天祷告内容。下卷尤为精彩，每一日祷告都有"想象""求恩"，然后再分成几个阶段。比如，"一日 圣若瑟始蒙圣宠"，"想象 想见圣若瑟诞后，卧于床上，其容貌端庄，殊出寻常之外"，"求恩 求主助我善想圣若瑟蒙宠之多，自是益爱圣人，常赖其保护"。

《圣若瑟月新编》写法有点像历史剧。"一日 圣若瑟始蒙圣宠""二日 圣若瑟族贵名尊""三日 圣若瑟隐居""四日 圣若瑟为圣母净配""五日 圣若瑟疑圣母孕""六日 圣若瑟往白棱郡""七日 圣若瑟立耶稣名见三圣王""八日 圣若瑟献耶稣于圣殿""九日 圣若瑟逃往厄日多""十日 圣若瑟居厄日多""十一日 圣若瑟失耶稣于圣殿""十二日 圣若瑟为耶稣鞠父""十三日 圣若瑟为圣家长""十四日 圣若瑟

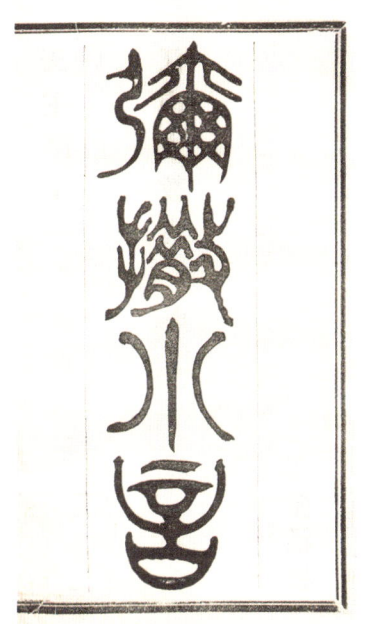

弥撒小言（扉页）
〔清〕李杕撰
十六篇 一册
清光绪二十九年（1903）慈母堂排印
铅印本 纸本 筒子页 线装
十行三十字白口四周双边单鱼尾
开本：19.5×12.5（cm）
半框：15.3×9.8（cm）
43页
插图2幅

圣若瑟月新编（插图）
〔清〕李杕撰
两卷 一册
清光绪十八年（1892）慈母堂排印
铅印本 纸本 筒子页 线装
十行二十四字白口左右双边单鱼尾
开本：20×12.6（cm）
半框：15×9.5（cm）
83页
插图2幅

圣德崇高""十五日 圣若瑟信德""十六日 圣若瑟恃主""十七日 圣若瑟爱天主""十八日 圣若瑟爱耶稣""十九日 圣若瑟爱圣母""二十日 圣若瑟爱人""二十一日 圣若瑟谦虚""二十二日 圣若瑟贞德""二十三日 圣若瑟甘贫""二十四日 圣若瑟忍耐""二十五日 圣若瑟喜乐""二十六日 圣若瑟福终""二十七日 圣若瑟复活升天""二十八日 圣若瑟荣福""二十九日 圣若瑟大权""三十日 圣若瑟为总主保""三十一日 圣若瑟为善终主保"。

《圣若瑟月新编》于民国三年（1914）再版时插图改为彩色。

问渔先生的《圣心月新编》这本书挺有意思，读之可以感受天主教经典的复杂和严谨。

"圣心月"也叫"耶稣圣心月"，即每年六月份（阳历），天主

教重要节日。《圣心月新编》这类题材的书很多，指导信徒在圣心月里，每日应该默想、祈祷什么。比如，第一日是"圣心显现"，第六日是"圣心爱主"，第二十日是"圣心谦虚"，第三十日是"圣心荣乐"。问渔先生把《圣心月新编》写得跟剧本似的：先是"定像"，即脑海中想到天主和圣人；继而是"特求"，提醒自己此日祈祷的目的；然后是"撮意"，即此日祈祷的总旨；最后是分为三步的祈祷，"初思""继思""终思"。这种天主教八股文风正为新教改革者所诟病。

问渔先生于光绪十五年（1889）编译了《圣体纪》，他特别强调此书"非翻译西书，乃自各名人卷籍，采译而成"。他依据的教中明贤著作有圣利高烈、满西、拿笪利、包斯戴尔、劳德利、罗西乌利、罗呐尔等人的作品。

此书写作体例像《圣心月新编》的"圣教八股"，依次为"圣体预像""耶稣预许圣体""耶稣立圣事""耶稣实在面酒形内""面酒变成体血""饼酒取义""耶稣因爱立圣事""拜圣体""领圣体大益""冒领圣体大罪""预备领圣体""谢圣体""屡领圣体""神领圣体""临终圣体""迎送圣体""灵事杂录""公议部谕示""教皇定初

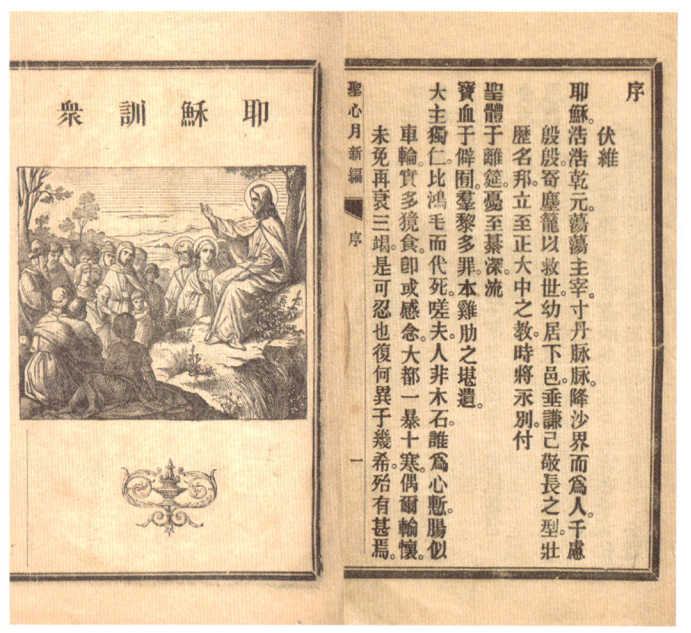

圣心月新编（内页和插图）
〔清〕李杕撰
清光绪二十六年（1900）慈母堂排印
铅印本　纸本　筒子页　线装
十行二十二字白口四周双边单鱼尾
开本：15.8×9.4（cm）
半框：11.3×7.5（cm）
66页

圣体纪（封面和插图）
〔清〕李杕编译
十九篇　一册
民国元年（1912）土山湾印书馆排印
铅印本　纸本　平装
开本：18×12（cm）
144页
插图1幅

领圣体年纪谕旨"。

"领圣体"是天主教的重要教义和仪式。"圣父下悦群神,作昭事巨典,为敬礼指归。救赎鸿恩籍以锡,拯灵先务赖以成。忧者之慰,困者之舒,忘者之援,教会之砥柱,信人之护符,进德之阶梯,寡过之药石,拒魔之干戈,永福之左券,皆于是乎在。"

在中国天主教教会里,问渔先生的《圣体纪》影响很大,它比较系统地介绍了"领圣体"的基本内容、象征意义以及形式和规则。相同主题的书,问渔先生还出过《勤领圣体说》,早期版本署圣心报馆译,上海慈母堂排印;民国版本署李杕问渔译,上海土山湾印书馆排印。原著为法国天主教神父赛渠尔撰,论说领取圣体的理由、方式、益处。据说赛渠尔把此书题献给教宗庇护九世,圣心大悦,颁诏告广。

问渔先生还编译了《亚物演义》,此书由土山湾印书馆初印于光绪十七年(1891),宣统三年(1911)再版。书名不易解,且把他自己写的序言摘引于下,读者自酌。

亚物演义(封面和插图)
〔清〕李杕编译
十一篇 一册
清宣统三年(1911)慈母堂排印
铅印本 纸本 平装
开本:18×12(cm)
82页
插图1幅

> 亚物,贺词也。以其冠经首,故以名全经。西文称天使贺词,于经义为最合。华文名圣母经,似与他经易混,故称谓虽异,旨意皆同。除天主经与圣事经外,无有如亚物一经缘起最尊,恩赦最多,裨益最大。传诵之广,亦当首屈一指。惜信人多不辨其妙,而喃喃者,徒尚唇舌,获报因之以寡。

天主教教会在做圣事活动中,当信友呼唤圣母玛利亚时,往往说"亚物玛利亚",是赞美的意思。问渔先生认为这种赞美有着不同凡世的特别意义,他结合教理详细说明"亚物"的内涵,共分十一篇:"亚物原始""亚物宝贵""亚物奇效""亚物""马亚利""满被额辣济亚者""主与尔偕焉""女中尔为赞美尔胎子耶稣并为赞美""天主圣母玛利亚""为我等罪人今祈天主""及我等死候亚孟"。

此书书名和篇名别扭难解,实际上内容还是易读的,全篇有许多圣人故事,夹叙夹议,并不枯燥。

问渔先生很是自信地说:"从来正教盛行,旁门必启,是犹瑕瑜同产,禾稗并生,千古然天下然也。明季利西泰诸公,传天主

真教问答（扉页）
〔清〕李杕著
十七节　一册
清光绪二十八年（1902）
慈母堂排印
铅印本　纸本　筒子页　线装
九行十九字白口半页四周双边
开本：13.3×9（cm）
全框：9.5×5.5（cm）
73 页

三愿问答（扉页）
［法］高德尔著〔清〕李杕译
一卷　一册
清光绪二十五年（1899）
慈母堂排印
铅印本　纸本　筒子页　线装
九行十九字白口半页四周双边
开本：13.5×9（cm）
全框：10×5.8（cm）
54 页

教来华，铎音洪布，教泽遥宣。初无异教之徒争鸣于中土。自道咸以还，西商麇至，洋舶沓来，异教中人亦接踵庋止。设教堂，散教籍，收教徒，纷纷扰扰，鱼目混珠。"他为此编写《真教问答》，以正视听，"不为谬论所惑也"。《真教问答》以问答形式介绍他自己所属的"老店"是怎么回事。篇名有："真教缘起""真教体制""真教救灵""真教凭证""略教无据""真教至圣""异教无德""真教至公""真教为宗徒所传""真教永留世上""真教神权""真教有立法之权""真教有责罚之权""公众教皇"……

《真教问答》，上海慈母堂于光绪二十五年（1899）初版，以后屡年再版。

发誓"三愿"是天主教修道者的门槛："三愿者，绝色、绝财、绝意也。耶稣训于圣经，教会传之普世，从而矢发之谓为修道。发而聚处一区，务修全德，是为修会。"法国高德尔神父著有《三愿问答》，光绪十五年（1889）问渔先生将此书翻译介绍给中国信友，详细地说明了发愿修道、献身天主的内容、形式、约束、规矩以及好处。"自圣教广布以来，修会何处蔑有，圣贤出其中，末俗赖其化，峻业鸿勋，莫能屈指。往者中国多善信，鲜修士，迨圣教日行，信人日众。而男妇从事修途，较多于畴昔，第进德先贵达道，欲守三愿，非明三愿之理不可。"

这大概是中国出版的有关修道会最早的书籍，初版于光绪十七年（1891），光绪二十五年（1899）、宣统二年（1910）和民国二十二年（1933）再版。

问渔先生是清后期中国天主教培养的在教知识分子。他与徐光启、李之藻、杨廷筠、吴渔山、朱宗元等明末清初信教知识分子不同。那些人是学业有成的士大夫，他们主要被西方科学技术吸引而皈依天主教；而问渔先生是中国天主教有意栽培的，既有深厚中国文化底蕴，又深谙西方文化。

无年不书

克己，就是克除一总不合正理的偏情。耶稣说，谁要跟我，该相反自己背自己的十字架。耶稣所说相反自己，就是克己。

——圣亚尔丰索·利高烈

问渔先生躬身勤勉、著作等身，七十一生寿，著述七十余部，是谓"无年不书"。年年有新书，书书可成家。本章节就此加以较全面的介绍。

在问渔先生之前，中国天主教书籍不外三类：第一类是作为传教基础的经籍类书籍，就是这类也多限于《圣经》编译本和教理问答；第二类是辩护书籍，论证天主教在中国存在的理由，其中包括对中国传统文化的研究；第三类是西学书籍，从利玛窦来华始到清中期，西方科学、天文、物理、算数、地理、法律等知识陆陆续续通过教会出版机构介绍到中国。

问渔先生的学识既广且深，他不仅丰富了教会出版物品种，而且使天主教书籍跳出洋教士的局限和窠臼，不再限于教理的简单重复，而是向教友提供更有深度、更为有趣、更富哲理的读物。问渔先生之后，中国天主教出版物从平面变为立体，从单叠小册变成图书馆。

问渔先生著作书目就是他的年谱（含去世后他人整理出版的著作）：

出版年份	书 名	著 者	出版者及方式
同治十年（1871）	炼狱略说	李杕	慈母堂，刻本
光绪五年（1879）	圣心月新编	李杕	慈母堂
光绪六年（1880）	辩惑卮言	李杕	慈母堂
光绪六年（1880）	答问新编（附辟畦浅论）	倪怀纶，李杕	徐汇印书馆
光绪八年（1882）	砭傲金针	李杕	慈母堂
光绪十一年（1885）	炼狱考	李杕	慈母堂
光绪十二年（1886）	理窟	李杕	慈母堂
光绪十二年（1886）	天神谱	李杕	慈母堂
光绪十二年（1886）	玫瑰经义	李杕	慈母堂
光绪十二年（1886）	圣依纳爵圣水记	李杕	慈母堂
光绪十三年（1887）	宗徒大事录	李杕，刘必振	慈母堂
光绪十三年（1887）	圣母传	李杕，刘必振	慈母堂
光绪十三年（1887）	客问条答	倪怀纶，李杕	徐汇印书馆
光绪十四年（1888）	天梯	李杕	慈母堂
光绪十五年（1889）	圣体纪	李杕	慈母堂
光绪十五年（1889）	德镜	李杕	慈母堂
光绪十五年（1889）	三愿问答	李杕	慈母堂
光绪十六年（1890）	答问录存	李杕	徐汇印书馆
光绪十六年（1890）	徐文定公集	徐光启，李杕	慈母堂

续表

出版年份	书　名	著　者	出版者及方式
光绪十七年（1891）	圣心金鉴	李杕	慈母堂
光绪十七年（1891）	亚物演义	李杕	慈母堂
光绪十七年（1891）	领圣体须知	李杕	慈母堂
光绪十八年（1892）	默思圣难录	李杕	慈母堂，石印
光绪十八年（1892）	圣若瑟月新编	李杕	慈母堂
光绪十八年（1892）	物理推原	李杕	徐汇印书馆，石印
光绪十八年（1892）	忠言（小说）	桑必寿①，虚白斋主人	慈母堂
光绪十九年（1893）	圣体月	李杕	慈母堂
光绪二十年（1894）	弥撒小言	李杕	慈母堂
光绪二十一年（1895）	奉慈正义	李杕	慈母堂
光绪二十一年（1895）	福女玛加利大传	李杕	慈母堂
光绪二十一年（1895）	福女马利亚纳传	李杕	慈母堂
光绪二十三年（1897）	备终录	田文都，李杕	慈母堂
光绪二十三年（1897）	默想圣心九则	李杕	慈母堂
光绪二十三年（1897）	新经译义	李杕	慈母堂
光绪二十三年（1897）	新经译义宗徒大事录合订	李杕	慈母堂
光绪二十四年（1898）	辩惑卮言	李杕	重庆巴邑公义书院
光绪二十五年（1899）	真教问答	李杕	慈母堂
光绪二十五年（1899）	形性学要	李杕	慈母堂
光绪二十五年（1899）	耶稣受难记略	李杕	慈母堂
光绪二十六年（1900）	爱主金言	李杕	慈母堂
光绪二十七年（1901）	心箴	李杕	慈母堂
光绪二十八年（1902）	训蒙十二德	李杕	慈母堂
光绪二十九年（1903）	圣心月新编遗响	李杕	胜世堂
光绪二十九年（1903）	西学列表	赫师慎，李杕	鸿宝斋
光绪三十年（1904）	性法学要	李杕	徐家汇书馆
光绪三十年（1904）	潜德谱	李杕	慈母堂
光绪三十一年（1905）	拳祸记，上集，拳匪祸国记	李杕	慈母堂
光绪三十一年（1905）	拳祸记，下集，拳匪祸教记	李杕	慈母堂
光绪三十二年（1906）	圣日辣尔传	李杕	慈母堂

① 桑必寿（Severus Bizeul，1848—约1912），字树德，法国人，1871年入耶稣会。光绪十四年（1888）来华，光绪二十五年（1899）晋铎，任职芜湖。

续表

出版年份	书　名	著　者	出版者及方式
光绪三十二年（1906）	方言备终录（上海话—法文）	田文都，李杕，苗仰山	慈母堂
光绪三十二年（1906）	方言备终录（上海话）	田文都，李杕，苗仰山	慈母堂
光绪三十二年（1906）	勤领圣体说	李杕	土山湾
光绪三十三年（1907）	拜圣体文	李杕	土山湾
光绪三十三年（1907）	哲学提纲，名理学	李杕	土山湾
光绪三十三年（1907）	哲学提纲，生理学	李杕	土山湾
光绪三十三年（1907）	哲学提纲，天宇学	李杕	土山湾
光绪三十三年（1907）	哲学提纲，灵性学	李杕	土山湾
光绪三十三年（1907）	圣安多尼传	李杕	土山湾
光绪三十三年（1907）	通史辑览（中文本）	翟光朝，李杕	土山湾
宣统元年（1909）	墨井集	吴历，李杕	土山湾
宣统元年（1909）	古文拾级	李杕	土山湾
宣统元年（1909）	哲学提纲，伦理学	李杕	土山湾
宣统元年（1909）	增补拳匪祸教记	李杕	土山湾
宣统二年（1910）	领圣体前后热情	李杕	土山湾
宣统三年（1911）	哲学提纲，原神学	李杕	土山湾
民国元年（1912）	圣留纳多自修志	李杕	公教进行会，石印
民国四年（1915）	续理窟	李杕	土山湾
民国五年（1916）	默思圣难录	李杕	土山湾，彩印
民国十二年（1923）	天演论驳义	大木斋主	土山湾
民国三十年（1941）	引经训童	欧日搦（C. D. Eugène），李杕	公教教育联合会

上列诸书中不乏精彩之作，前章已有多种介绍，这里再撷拾一些最能代表问渔先生风格的书籍，以供赏析。

《炼狱略说》出版于同治十年（1871），是目前看到的问渔先生出版的最早著作，好像也是他出版的唯一木刻本书籍，慈母堂刻本。

第一篇"论炼狱有无"："圣教定论信有炼狱""炼狱之有征以圣经""炼狱之有征以圣传""炼狱之有征以性理""炼狱何在何时受造"。第二篇"论炼狱苦刑"："炼火有形""炼火甚猛""炼灵失苦""炼灵自悔""炼灵受魔鬼害否""炼狱之苦甚重""炼狱之苦渐减"。第三篇"论炼狱灵景况"："何人之灵入狱""炼灵何时出狱""炼灵不能立功""炼灵无罪无恶""炼灵代人求主"。第四篇"论炼狱神乐"："炼灵知必升天""炼灵愿行主旨""炼灵忍苦荣主""苦乐如何能兼"。第五篇"论救灵缘由"："救炼灵悦天主""救灵之功至美""救炼灵获大益"。第六篇"论代补已亡"："代补何意何益""代补者该何如""代补益归何人""代补凶死之人""代补之责甚严"。第七篇"论救灵善工":"弥撒领主""诵经默祷""哀矜济困""克己苦工""施让大赦"。第八篇,附论:"论拯亡会规""论仁爱首功"。

问渔先生强调他写此书的目的是破除迷信,以正视听。以如此笔墨论述"炼狱"的著作在天主教中文文献中不多。不过此题目在天主教信仰中是非常重要的。天主教信仰的手段有两个:劝导和威慑。炼狱就是强力威慑。

问渔先生自感《炼狱略说》"浅陋不文",因而十四年后在那本书的基础上增改,于光绪十一年(1885)撰写了《炼狱考》。

《天梯》,顾名思义,通往天堂的阶梯。

这是问渔先生于光绪十四年(1888)根据意大利传教士亚尔丰索·利高烈的《申尔福解》节译编纂的,主题是赞美圣母,正如问渔先生在"弁言"里说:

> 著这本小书的意思是为劝众教友,全心依靠圣母,事事求她保佑。但最容易动心、教人依靠圣母的是圣母的仁慈、圣母的权柄。所以这本书上,不讲圣母的光荣、德行、高位、圣宠,只讲圣母的全能、圣母的仁爱、圣母的恩典和敬圣母的法子。

不过这本书并没有如"弁言"描述的那么沉闷,也没有那么多呆板的说教。底稿来自亚尔丰索·利高烈,也未改变原作者那种深入浅出、生动活泼、循循善诱的风格,易读易解。它分"圣

炼狱略说(扉页)
〔清〕李杕撰
八篇 一册
清同治十年(1871)慈母堂辑刻
刻本 纸本 筒子页 线装
九行二十一字白口四周双边单鱼尾
开本:20.8×13.6(cm)
半框:16×11(cm)
75页

天梯(扉页和插图)
〔清〕李杕编著
十篇 一册
清光绪三十一年(1905)慈母堂排印
铅印本 纸本 筒子页 线装
八行二十九字白口四周双边单鱼尾
开本:19.5×12.5(cm)
半框:14.5×10(cm)
108页
插图1幅

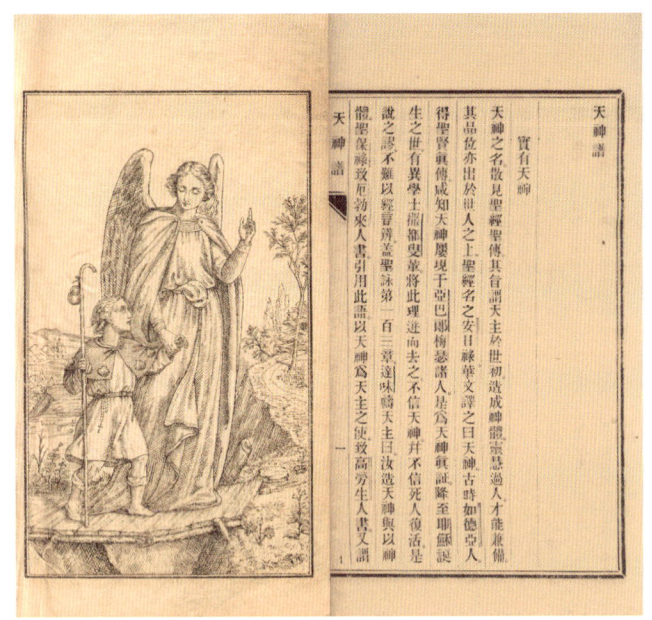

天神谱（内页和插图）
〔清〕李杕编译
三十节　一册
清光绪十二年（1886）慈母堂排印
铅印本　纸本　筒子页　线装
十行三十字白口四周双边单鱼尾
开本：20×12.6（cm）
半框：15×9.8（cm）
89 页
插图 1 幅

母至大权能""圣母至极仁慈""圣母为众人母""圣母救助人灵""圣母助人修德""圣母遏制魔诱""圣母助人善终""圣母拯救炼灵""敬圣母宜恨罪""敬圣母宜行善"各节。

《天神谱》，问渔先生编译，不分卷，三十节，诸如"实有天神""天神受造""天神记数""天神秩序""天神行止""天神遏制邪魔""天神掌治万物""天神守护国郡""天神制人神形""天神摄教守堂""天神护守世人""天神爱人""天神助人致命""天神悦人济困""天神引人善祷""天神卫人贞德""天神助人善终""天神接魂归天"等。

问渔先生曰："天神之名，散见圣经圣传。其旨天主谓于世初，造成神体，灵慧过于人，才能兼备。其品位亦出于世人之上。圣经名之安日禄，华文译之天神。"

中国人避讳谈"死"，而天主教不同，教人"生前思后"。《备终录》是问渔先生与田文都神父合作翻译亚尔丰索·利高烈的作品，有三十六篇，按每日一读编排。"想人死后形象""想世上的福一死就完""想人的性命很短""想恶人的死很可怕""想善人死的平安""想预备善终的法子""想救灵魂的大事""想世俗的虚无""想世上不是久居之地""想大罪的凶恶""想天主的仁慈""想罪的数目""想天主的圣宠""想罪人的糊涂""想公审判的威严""想地狱的永远""想天堂永乐""想祈祷妙功""想恒心为善""想依靠圣母""想爱慕天主"……不须通读这部书，过一眼这些篇目，就知道意大利神父利高烈想要告诉人们在走向永恒时应该做些什么。

问渔先生在"译者序"中概括道，《备终录》"先说道，次激情，通编论世事之幻、神魂之贵、后福之当求、永殃之宜避。言辞恳挚，意义醒豁。细阅而玩索之，觉怦然心动，喟然自咎。善念之萌，不期然而自然"。不吝赞美之辞。

《备终录》有光绪二十三年（1897）土山湾铅排本，至民国十五年（1926）已经出了五版。但是光绪二十三年的《备终录》是典型的"山湾精品"。土山湾还出版过上海话版的《方言备终录》。

《潜德谱》（*Absconditarum viryuyum codex*），亚尔丰索·利高

烈写的一本修心养性的散文集,类似弗兰西斯·培根的《论说文集》。虽是解说天主教义,其中不乏精彩哲理片段。

问渔先生在《潜德谱》里对中国传统理念"克己"两字作了他自己的诠释:

> 克己两字,能有许多意义。我这儿说克己,就是克除一总不合正理的偏情。耶稣说,谁要跟我,该相反自己,背自己的十字架。耶稣所说相反自己,就是克己。几时我们偏爱自己,顺从私欲,与爱天主的心全全相反。所以人克己多少,就是爱天主多少。圣奥古斯丁说,减少偏情,就是增加爱德。减尽偏情,就是圣德成全……《圣经》说,人在世是当兵,该攻打三仇。特地攻打偏情。从前有一个隐修士,去告禀院长德阿多禄说,我克制私欲已经八年,还是一样的利害。院长说,老兄,你只克八年就不耐烦了么?我隐修六十年了,还是天天同偏情打架,没有一天平安。人的心好比一个园子,野草自然生长,拔了又生,生了又拔。要经常挞它。

看来天下道理是一样的,无非是为谁所用。倘若遮蔽"天主"这个主语,这与孔圣的"克己复礼"又有何差别?人在世毛病都是相同的,不论中国圣人还是西洋圣人,谆谆教诲的都是如何克

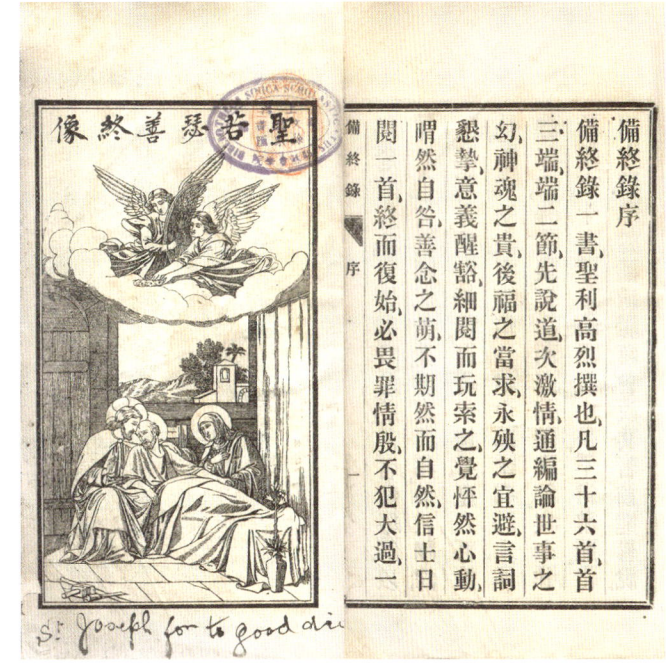

备终录(内页和插图)
〔意〕亚尔丰索·利高烈著
〔清〕李杕、田文都合译
三十六篇　一册
清光绪二十三年(1897)慈母堂排印
铅印本　纸本　筒子页　线装
十行二十五字白口四周双边单鱼尾
开本:20.5×12.8(cm)
半框:15.3×9.8(cm)
172页
插图1幅

潜德谱(扉页和内页)
〔意〕亚尔丰索·利高烈著
〔清〕李杕译
四十四篇　一册
清光绪三十年(1904)慈母堂初版
民国十三年(1924)土山湾印书馆四版
铅印本　纸本　筒子页　线装
十行三十字白口四周双边单鱼尾
开本:19.5×12.3(cm)
半框:15.3×10(cm)
214页

服它们：尽天理，灭私欲。

《潜德谱》四十四篇短文，还有一些论题是值得玩味的，比如"苦身""爱人""爱仇""幽静""守贞尊妙""爱欲谦虚""明悟谦虚""爱人实行"等。

问渔先生把自己笃信基督、潜读圣书、体会人伦的心得写成一本书《心箴》。"箴"，规告、规劝之意。问渔先生写下二十四条箴言，其实就是"论天主教徒的修养"。问渔"序"中说：

夫人情易恶而难善也。欲憾之而志惛，境役之而神往，魔感之而心怯。圣贤人卓尔自立，蒙宠特隆，不为三仇困，且能奋然兴起，猛然致力。破鬼祟之计，积远大之功。若夫庸碌之徒，心志柔懦，一经诱引，辄顺私情，奚啻倦眼闭而渐入黑暗。非闻大声疾呼，殊难觉醒。昔天主依撒意亚曰，发而洪声，指责民罪，此之谓也。杕著箴训廿四首，用为醒心之一助，名之曰心箴。词固浅俚，而理皆出自圣贤书。信人各置一编，随时披阅，殆可为座右箴也。

不要盲从，要真切懂得耶稣告诫；不要随流，要听从耶稣的训示。第一箴"救自己的灵魂你用心么"，第二箴"人有一个宗向你想着么"，第三箴"万物各有宗向你遵守么"，第四箴"天主狠罚大罪你记得么"，第五箴"重罪是最大的祸你怕么"，第六箴"永远的路你走得小心么"，第七箴"死是很可怕的你预备么"，第八箴"私审判很威严你知道么"，第九箴"地狱永远的苦你害怕么"，第十箴"公审判的利害你想念么"，第十一箴"地狱有四大门你知道么"，第十二箴"小罪十分凶恶你晓得么"，第十三箴"你做一总事是为天主么"，第十四箴"时候十分宝贝你浪用么"，第十五箴"抵敌魔鬼诱惑你小心么"，第十六箴"告解圣事你好好儿领么"，第十七箴"圣体大恩你领的热心么"，第十八箴"祈祷十分要紧你知道么"，第十九箴"圣书大有益处你也看么"，第二十箴"耶稣圣心爱你你爱他么"，第二十一箴"圣母至极仁慈你靠他么"，第二十二箴"圣若瑟大主保你恭敬么"，第二十三箴"守护天神你常常恭敬么"，第二十四箴"儿女生徒你好好教训么"。

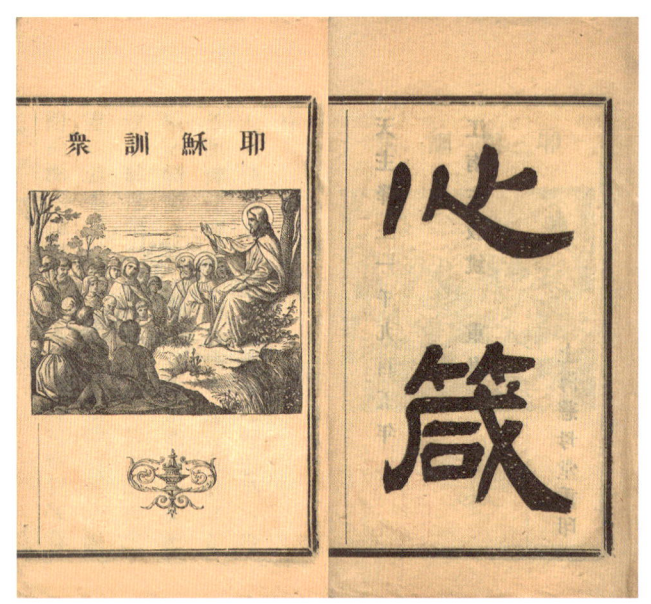

心箴（扉页和插图）
〔清〕李杕撰
一卷 一册
清光绪三十一年（1905）慈母堂排印
铅印本 纸本 筒子页 线装
十行三十字白口四周双边单鱼尾
开本：19.7×12.5（cm）
半框：15.3×10（cm）
82 页
插图 1 幅

问渔先生曾翻译了《圣留纳多自修志》，光绪三十年（1904）连载在《圣心报》上。民国元年（1912）佘山天文台的陈栋神父将这些文章整理成册，交上海公教进行会出版。

此书是一位叫留纳多（Chevalier）的神父，1745年选择"避静"修炼，对自己"爱主爱人，暨自修德表"的记述，是一部天主教圣人的忏悔录。

此书可读性很强，作者把自己避静修炼过程点点滴滴的生活写得颇有味道，生趣盎然。比如作者为了激发自己爱主的情感，日日苦行，从寻常小事做起，克己私欲，吃无盐，食清淡，枕木棍，胸前挂着有七根铁刺的十字架……可见《圣留纳多自修志》是一部论天主教徒道德修养的书籍。

有关西方政治法律的书籍，中国天主教出版物中很少见。问渔先生编译了一本问答体的《性法学要》，在《汇报》上连载，光绪三十年（1904）结集出版。

何为"性法"？问渔先生的理解是："法者，合理之令，出于有权管众之人，用资众益也"，"性法者，合理之令，根于性，出于造物，偏施于同性之众人者也"。法，分为神法和人法。"神法"是"神灵之法"，一曰"永法"，造物之谋划；二曰"性法"，铭记于人们良心之中者；三曰"特示法"，不论是否出于性法，凡造物主示人者。"人法"是有权者制定之法，出自教会的是"教法"，出自君主或议会的是"国法"。

《性法学要》分四卷。卷一"正行学"，包括"人之终向""人之近向""行为""功过""性法"等。卷二"独行法"，包括"人于造物之责""持己之责""待人之责""爱人""执业""立约"等。卷三"合会法"，包括"家会""夫妻之责""离婚之缪""父子之会""主仆之会""国会""国会宗旨""国会统权""定律之权""行律之权""判案之权""上下之分""政府卫民之责"等。卷四"邦交法"，包括"列国通商""国国立约""遣发使臣""战争"等。

在结集出版时，问渔先生写了一篇文字不多的序言，阐明他编译此书的初衷：

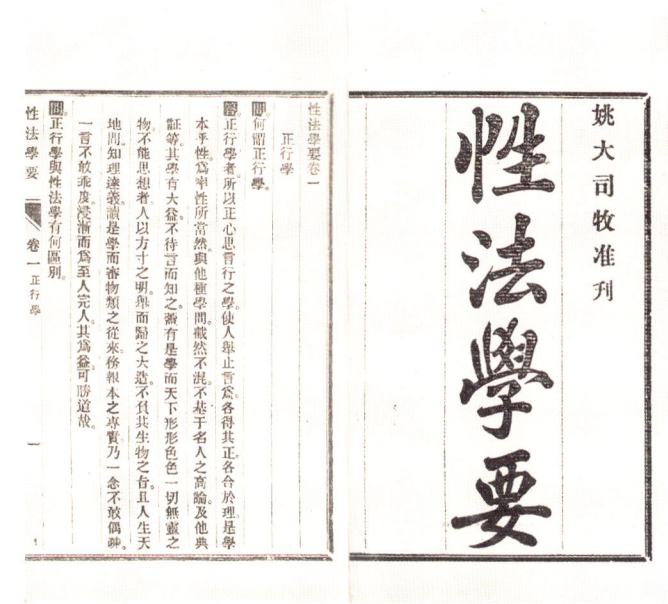

性法学要（扉页和内页）
〔清〕李杕编译
四卷　一册
清光绪三十年（1904）徐家汇书馆排印
铅印本　纸本　筒子页　线装
十行三十字白口四周双边单鱼尾
开本：20×12.8（cm）
半框：15×10（cm）
99页

人生天地间为万物之灵，含生负气饮食起居超然于动植之上，卓然于事业之中。其所以灵有灵性，在焉灵性之用二，一是非之心，二好恶之心。是非明而好恶不正者有之，是非不明而好恶能正者必无其人。故是非之心比于光好恶之心，比于目有目不足又须有光乃可以睹物，无光则暗中摸索，陨陷堪虞职是之由。人生以明理为先，而理之中尤以明性法之理为先。何则性法者？意念之正的言行之程度，晋接之准绳，伦常之规范，推而至于商贾之通、教育之行、君臣之分、列国之交，无一不有其发，即无一不在性法中。慨自人心不古，利禄萦怀，俗尚因之日薄。近岁以来，又有平权、自由、均富之说，渐入于中国，而他年治乱与兴衰，更不可逆料，人苟有心，能不思挽救之法？……愿官绅士庶皆体味而力行之，则风化之纯、国家之盛可拭目待也。

《性法学要》的基本观点，与早年高一志的《民治西学》一样，沿用着托马斯·阿奎那和中世纪改造过的亚里士多德政治学说，在洛克等人的现代民主政治思想和资产阶级革命实践面前，是为枯株朽木之粕。不过就《性法学要》本身而言，当年印数也就几百册，相对少见，对于全面了解李问渔那批本土天主教学者的思想观念却是不可或缺的。

问渔先生在世时，于光绪十二年（1886）把自己发表于各种报刊的文章集成书，取名《理窟》，典出唐陆龟蒙《麈尾赋》"理窟未穷，词源渐吐"，意思是"义理的渊薮"。元侯克中《挽姚左辖雪斋》诗"深探理窟得心传，洞彻先天与后天"，意思是"义理的奥秘"。问渔先生将文集用"理窟"二字，当兼有二义。

问渔先生序言：

夫教以理为本，理之曲直，教之邪正所由分也。吾中国地处东方，富庶甲天下；文字之兴，为时最古。自汉魏以迄今日，上下数千年，三教并行，靡然一辙。佛氏尚空无，说多荒诞。道家尚仙真，事皆穿凿。儒士诚意正心，学问中正，而昭事之典、修省之功、身后之报，皆略而不明，平心衡量，每叹阙如。惟我天主正教，创自乾元，垂自太始，焱汉时大造降凡，重伸旨令，修己淑人之学，至于此而大成，较三教盻于古人，相悬不啻天壤。某也幸，自先祖奉教以来，业已八世，目染耳濡，所知确切，夙欲著一阐道之书，刊行问世。而秉铎之后，奔走于皖江淞水间者，

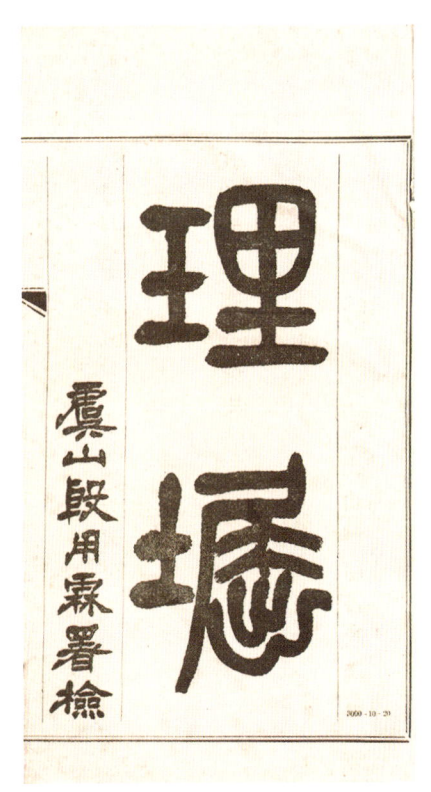

理窟（扉页）
〔清〕李杕撰
九卷　两册
清光绪十二年（1886）慈母堂排印
铅印本　纸本　筒子页　线装
十行二十五字白口四周双边单鱼尾
开本：25.6×15（cm）
半框：20×13（cm）
204 页

寒暄八易，酬应纷如，莫遂所愿。己卯春，上游设益文馆，命予掌馆政，遂将教中要旨，作为论说，按期分类，登列报章，迄今阅八稔，计三百余篇。

就简删繁后，整理出九卷，有文章一百零四篇。

卷一"主宰论"，有十篇，《万物必有主宰论》《主宰无形论》《六经上帝与天即言主宰说》《万物一体辨》《太极不能生万物论》《天地元质考》《形天无灵论》《地舆无灵论》《地中异石考》《地震解》。

卷二"耶稣论"，两篇文章，《耶稣传》和《耶稣赞》。

卷三"天主教论"，有十一篇，《耶稣为主宰降凡论》《耶稣推广天主教说》《答友人问教律书》《天主教非西洋教说》《读景教流行中国碑颂书后》《天主教为主宰真教说》《天主教化俗论》《天主教被诬辨》《教士不娶论》《天主教禁娶妾论》《天主教禁出妻论》。

卷四"道教论"，有二十一篇研究文章，《老子谱系考》《道教本旨辨》《道教起于黄老辨》《书张道陵传后》《仙人辨》《八仙考》《尸解辨》《论养生》《论道家理所》《论道士》《斋戒论》《符箓辨》《道场论》《道家上帝辨》《城隍神论》《西王母考》《三清辨》《关壮缪论》《张仙考》《王灵官考》《书三茅君传后》。

卷五"佛教论"，有二十九篇研究文章，《佛考》《千佛论》《论佛性》《劫数辨》《佛法入中国考》《论辟佛》《观世音论》《僧考》《方丈说》《尼说》《僧衣说》《僧徒受戒说》《参禅辨》《梵书考》《佛说观无量寿佛经书后》《诵佛经论》《佛经须弥山辨》《塔考》《释家道场说》《因果无凭论》《天道辨》《人道辨》《阿修罗道辨》《畜牲道辨》《饿鬼道辨》《地狱道辨》《地狱问答》《戒杀生论》《放生论》。

卷六"儒教论"，有《儒教论》《古儒真训多失真传说》《历朝遗书考》《大学中庸论》《孟子考》《毛诗考》《小戴礼论》《今儒论》《文昌主科第辨》《三教堂论》十篇。

卷七"异端辨"，有《风水》《测字论》《相术论》《推命论》《择日论》《祀灶说》《回煞辨》《雷斋辨》《乌鹊吉凶辨》《烧衣烧纸论》十篇。

卷八"魂鬼说"，有《原魂》《人各一魂说》《阳气为鬼辨》《人死魂散辨》《说鬼》《病家舍药求神说》六篇。

卷九"敦俗说"，有《论女子守贞不嫁》《创设女学论》《溺女论》《保婴说》《购买奴婢说》五篇。

从问渔先生的文章看，他可谓大学问家。然而中国学术史上几乎没有人注意到他，实令人不解。

问渔先生逝后，友人将其遗作集结成书，叫《续理窟》，于民国四年（1915）出版。收录的一百一十篇文章，大多曾发表在他主编的《圣心报》《益闻报》等刊物上。大致可分为四类：一、自然科学类，如《物数推原说》《达氏变类之说绝无凭证说》《猴不能变人论》《元质非自有论》《盘古论》等，这些文章虽也介绍一些西方科学知识，但是更多是用天主教传统观点解说或反驳违教之学，反映问渔先生保守的一面，甚至某些观点比外籍传教士尚有过之；二、教义辩护类，如《天下真教独一无二论》《论辩教三法说》《人人当奉真教说》《立国不可无真教说》等；三、时政类，如《苏报教案论书后》《辩沪报民教论》《驳新闻报五茸秋讯之非》《图富强必须崇真教》等，这类文章针砭时弊，呼吁改革，是那个年代的强音；四、杂论，如《停棺不如薄葬说》《做事宜凭良心说》《傲为首恶论》《戒淫说》《论淫词小说之害》《释懒》《戒贪财说》《戒裸体说》《慎言说》《古今大戏场说》《论祭祖》《论冥婚》《多设公书室议》等。这类文章的主体还是尊崇中国传统文化的道德议论。

问渔先生的好友、清末民初教育家吴馨[①]在序言中说该书"旨要在正风俗，破迷信，贯穿科学，归本真铨，卓然成一家言。值此共和初建，谈论改革者，多昧于自由真义，而矫枉过正者，又欲一扫而空之社会视线，群集于法政问题，而道德风纪之改良与否几成为不急之务……是书冀恢复人人之良知"。

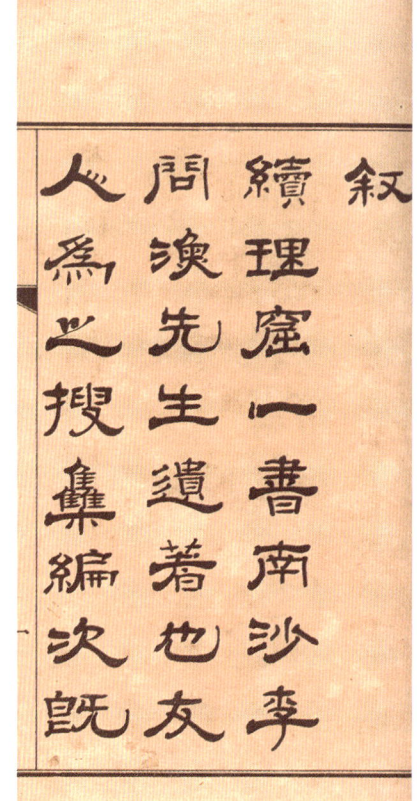

续理窟（内页）
〔清〕李枕撰
一百一十篇　两册
民国四年（1915）土山湾印书馆排印
铅印本　纸本　筒子页　线装
十行二十五字白口四周双边单鱼尾
开本：26.5×15.5（cm）
半框：20×13（cm）
220页

---

① 吴馨（1873—1919），字畹九，号怀疚（怀久），祖籍安徽歙县，祖上在清初因避兵燹迁来上海。光绪十八年（1892）创办务本女塾，这是上海第一所由国人自办的女子学校，光绪二十二年（1896）又办立务本女子中学。宣统二年（1910）被选为上海县视学兼办学所总董。

默思圣难

> 汝谋发展吾主耶稣基督的真教,中国是最有效的基地,一旦中国人信奉真教,必能使日本唾弃现行所有各教学说和派别。
>
> ——沙勿略

英国十九世纪历史学家托马斯·卡莱尔有部名作《英雄和英雄崇拜》。卡莱尔开宗明义讲："我在这里的讲演，讲的是伟人：伟人在世界事务上的举足轻重；伟人在世界历史上的来龙去脉；伟人给世人留下的烙印；伟人所成就的事业。"在卡莱尔滔滔不绝的讲演中，描绘了六种英雄：神灵英雄、先知英雄、诗人英雄、教士英雄、文人英雄、君王英雄。这六种英雄里，有一半与宗教有关。卡莱尔认为把伟人视为神，视为先知，是一个时代"迎接一位伟人的方式"的一种。"既然有一个伟大的灵魂，向生命的神圣意义开放，那么就会有一个人以一种伟大、成功、持久的方式合适地说出这种意义，歌唱它，并为它战斗和工作，就会有一个英雄。"[①]教士也是一种先知，在他身上也需要有一种启示之光。他支配着人民的崇拜，是把他们同看不见的神灵相结合的黏合剂。他是人民的精神首领。他靠自己的智慧，指引人们从大地走向天堂。

笔者很同意卡莱尔对英雄与宗教伟人关系的分析。

土山湾印书馆出版了大量"英雄"传记。大致可以分为三类：第一类，耶稣、圣母、宗徒的故事；第二类，教廷历年列为圣品的圣男圣女的事迹；第三类，天主教名人传记。

第一类的许多书籍是根据《圣经》翻译或改写的，故有人将它们列为"圣经类"，甚至把它们视为《圣经》编译本。

光绪二十三年（1897），问渔先生的《新经译义》出版。《新经译义》所署作者为清末一位江南耶稣会"隐名士"。此书包括《新约》四福音书，并附有"周年瞻礼圣经目录""周年诸圣瞻礼圣经目录""驱魔汇录目录""譬喻汇录目录""图像汇录目录""四史合璧检事表"。此书是四福音书的注本，书眉、行间有作者的注文，有铜版画三十一幅。

此书被学界视为中国天主教翻译《圣经》的最早尝试，此说或可商榷。问渔先生翻译的底本并不是《圣经》原著，而是一种注释本，就像马相伯翻译《新史合编直讲》一样，准确地说，还不能算是翻译《圣经》。况且天主教规矩严格，问渔先生如果翻译《圣经》，在那个时代是绝对不被允许出版的。

问渔先生编译的《耶稣受难记略》在清末民初影响很大，曾被译为多种方言。初版于光绪二十五年（1899），同样未署作者名；民国三年（1914）再版，后重印。民国十八年（1929）改版，开始署作者名，并分"谋杀耶稣""罢斯卦礼""建定圣体""宣布新诫""耶稣训徒""山园祈祷""忧闷至极""恶徒负卖""耶稣被捕""执送司教""恶人诬控""首徒背逆""教署侮辱""恶徒自缢""解送比辣多""恶王凌辱""放巴拉巴""审定死罪""请看斯人""亲负十字架""路遇圣母""钉在架上""恶人讥笑""死于架上""埋葬""复活"等二十六节，便于阅读。问渔先生特地说明："是卷非照译圣经，惟揭其大旨。"

[①] 卡莱尔：《英雄和英雄崇拜——卡莱尔讲演集》，"猫头鹰文库"本，张锋译，上海三联书店1988年版，第1页。译文有改动。

《默思圣难录》，问渔先生写的一部颇受关注的书，在天主教信徒中不乏拥趸。前后出了两种版本，印刷六七次。光绪十八年（1892）初版，白宣纸，石印，筒子页，线装本，铜版画插图三十七幅。可谓"土山湾精品"。

《默思圣难录》于民国五年（1916）铅印再版，平装，彩色凹版插图十八幅。虽说印刷装帧品质不及光绪年间本，但是其彩色插图（见下页）却是土山湾画馆作品弥足珍贵的遗存。

问渔先生对《默思圣难录》的主题非常熟悉，他用六十个"默想"构造了耶稣基督言行录。如"伯大尼晚餐""耶稣望城挥泪""耶稣濯宗徒足""耶稣成圣血之言""用饼酒之义""耶稣谕徒爱主""耶稣往山园言郁闷""耶稣遍体汗血""耶稣迎恶众""耶稣被鞭""耶稣负架出城""西满帮背十字架""耶稣饮苦胆""恶人钉耶稣""架上第一语""宗徒葬圣尸""圣母哀悼"……每一个"默想"都有一个"记事"，讲述耶稣的一段事迹；然后用"想象""求恩""题旨"分层次解说主题。该书深入浅出地解经释道，主题明确，逻辑清晰。

土山湾印书馆光绪十三年（1887）出版了问渔先生的《宗徒大事录》，是根据《新约》里有关使徒故事编译的，与沈则宽光绪十六年（1890）出版的《新史略》所附的《宗徒事略》是不同的两部作品。

类似《宗徒大事录》的书还有《宗徒圣史短篇传》，土山湾印书馆民国八年（1919）出版，未署编译者名字，有著录记为港镇本堂神父陈雅各[①]。是书主要整编《圣经》里有关宗徒的记述。大致分成两部分：第一部分，按顺序叙述了耶稣的十二位门徒；第二部分，介绍了与圣徒对应的瞻礼日期。

作者在开篇的"看圣书之紧要及其目的"里讲了一段很是精彩的话："救灵魂至要之事，在克三仇。三仇之中最猛烈的就是个人的躯壳……克制肉身有六件要端：第一要热心求主；第二躲避

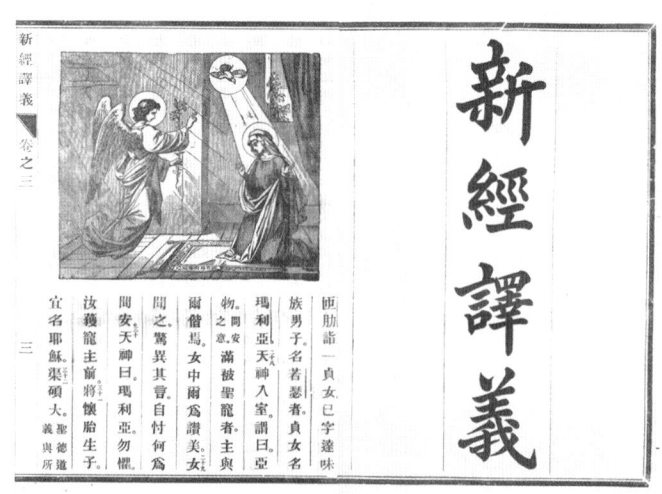

新经译义（扉页和内页）
〔清〕李杕编译
四卷 一册
清光绪二十三年（1897）慈母堂排印
铅印本 纸本 筒子页 线装
九行二十五字小字双行同
白口四周双边单鱼尾
开本：20.6×13（cm）
半框：15×11（cm）
185 页
插图 31 幅

---

① 陈雅各（Jacobus Zen，1867—1932），名泗芬，字恒余，雅各为其教名，娄县（今属江苏）人，光绪三十四年（1908）晋铎。译有《圣多玛斯小传》《宗徒圣史短篇传》《福女罗依斯小史》《八大圣师传略》等。

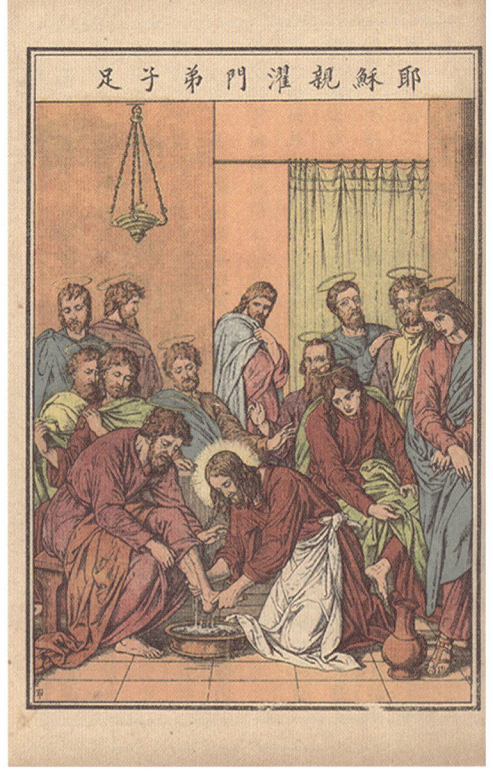

默思圣难录（插图）
〔清〕李杕撰　土山湾画馆绘图
六十篇　一册
民国十七年（1928）土山湾印书馆排印
铅印本　纸本　平装
十一行二十九字白口半页四周双边无鱼尾
开本：18.5×12.5（cm）
全框：15×10.5（cm）
178页
五彩插图17幅　地图1幅

罪机；第三是勤领圣事；第四是默想圣道，或看圣人行实；第五日中功课有序；第六恭敬圣母。"看圣书，可以使人明悟正理，压制肉欲；读圣人故事，可以使人攻克私情，了解他人如何依信德而生，见贤思齐。

作者还列举看圣书的五大优点：

一、道理不能常听，圣书则可常看。

二、有声有色的讲道，有时听不出，或者说得太快。有动心之处，若耳边风吹过去，不及细想。看圣书可反复再念，随你的便。

三、人有毛病，人前不可说，隐隐约约，或不敢明白说的。圣书则直言不讳，没有不敢说的。所以明明白白、清清楚楚、仔仔细细、切切实实，谁也不害怕。

四、看圣书手执一卷，宛如同吾主或神师圣人一堂共话。念他的书，如领他的教，宛若亲聆圣训。

五、圣书是灵魂的镜子，看圣书好比是人照镜子，即将圣人之美德、过错，清清楚楚、仔仔细细地呈现，照一照，或仿效之，或改良之。

几段绪论比正文出彩，这位修道院讲师的点睛之语，入木三分。

第二类有关圣徒事迹的书籍内容丰富。

中国天主教有一位教友们虽未及见，但深受其影响的伟人——沙勿略。圣方济各·沙勿略（San Francisco Xavier，1506—1552），西班牙籍天主教传教士，耶稣会创始人之一。他最先将天主教信仰带到亚洲的马六甲和日本，天主教会称之为"历史上最伟大的传教士"和"传教士们的主保"。沙勿略是日本以及印度果阿、中国澳门教区之主保，瞻礼是每年的12月3日。

沙勿略生于今日西班牙北部一个巴斯克望族家庭。他与罗耀拉创立耶稣会，并受命成为耶稣会的首批传教士之一。1540年沙勿略受国王若奥三世之邀到了葡萄牙。1541年他带队走东方航海路线前往印度、中国、日本等地传教。

后来，他独自离开马六甲前往中国。明嘉靖三十一年（1552）到达距离中国广东海岸很近的上川岛，12月3日因疟疾死于岛上，年仅四十六岁。沙勿略未了却到中央帝国传播福音的心愿。

恰巧就在那一年，利玛窦出生了。三十年后，利玛窦完成天主教传入古老中国的"宿愿"。

沙勿略被"神圣光环"笼罩着，信徒们传说他的尸体久不腐烂。嘉靖三十三年（1554）他被葬在印度果阿。1662年沙勿略被教会列为圣徒，他的茔冢也成为朝拜圣地。马六甲、罗马和澳门圣若瑟修院都供奉沙勿略的部分遗髑。

明崇祯十二年（1639），澳门教会集资并派人到上川岛为沙勿略建衣冠冢，下葬他用过的一顶帽子、一双鞋、一套衣服、一把佩刀、一个十字架，并树立刻有中葡文字的石碑。清康熙三十七年（1698）教会重修此墓，并建了一座石墙瓦顶的圣堂。道光二十七年（1847），耶稣会在中国建造第一座主教座堂上海董家渡教堂时，就将其命名为圣方济各沙勿略堂。

有关圣方济各·沙勿略生平传记的中文文献很多，慈母堂于光绪二十二年（1896）梓印的《圣方济各沙勿略传》是上佳版本之一，亦是"山湾精品"。

该书分为六卷：第一卷从"圣人家族秉性教育"至"满林小歇直抵印度"；第二卷从"圣人抵前印度

景况"至"预言未来仁爱特著";第三卷从"魔鹿加岛移风易俗"至"乘一盗艇幸至日本";第四卷从"初至日本访问教俗"至"山口丰后两处教务";第五卷从"计赴中华重回印度"至"人民拥挤观视圣身";第六卷从"葡王诏录圣人事迹"至"敷教治灵须何如人"。附"圣方济各九日敬礼"。

该书译者是当时在徐汇公学担任校长的天主教中国籍学者蒋升(蒋邑虚)。蒋邑虚先生在序言里概述翻译之原委:

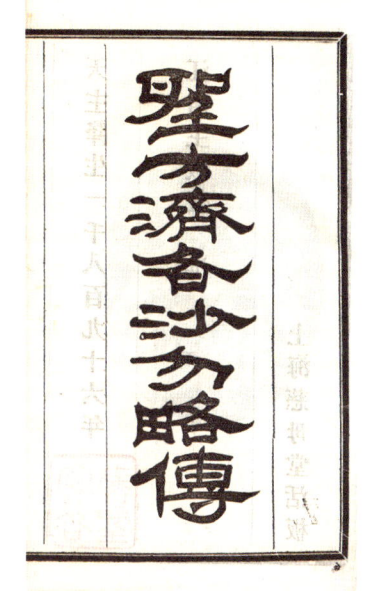

大圣神父、教宗钦使东洋宗徒,沙勿略·方济各,嘉言懿行,特出冠时,过化之神,尤为罕见。其传西字,刊播已遍五洲,书不一书,行之亦久。第华文未译,中邦人士,领悟为难,每为怦然心动。光绪壬辰秋,余掌汇学之十四年,俞子惟几,朱子季球,徐子允希,张子若虞,汪子席珍,朱子砚耕,津津向道,研究华文,兼通辣丁文语言,理当进以格致之学,缘事阻未果。奉长上命,重攻华文,籍深涵养。以诸子曩在汇学读书,每有课作,必请题余,余拈示论说等题外,间翻译西籍。爰将都牵棱所撰圣沙勿略传,分授译述,不半稔而竣。而原事原文迄无罣漏,其中存储诸子文墨者,俞子几得其全,余校阅一过,见可公诸海内。进呈长上,猥蒙准许付梓流传。他日乐与人同共睹圣人矩矱,洵诸子之为功多也,书其颠末,亦愿与有成之意焉尔。

笔者择蒋邑虚先生之述,意不在传主沙勿略。此篇序文,难得一见这批"耶门弟子"早年读书、生活、工作的记叙,字里行间流露出真实的历史。

民国中期土山湾印书馆还出版过《圣方济格沙勿略小传》(*Vita S. Francisci Xaverii*),译者是王昌祉。全书二十四题:"圣人幼时""圣人回头""定志精修""朝拜圣地""传教救人""圣人启程""开导回回""开导孩童""显迹救人""教诲僧徒""回头者众""劝人悔过""黑夜默祷""坚固信德""寻获苦像""教友被难""舍命救人""传教毛老""预言未来""开教日本""教导僧

圣方济各沙勿略传(扉页和插图)
[法]都牵棱著 [清]蒋升译
六卷 一册
清光绪二十二年(1896)慈母堂排印
铅印本 纸本 筒子页 线装
十行二十五字白口四周双边单鱼尾
开本:19×12.3(cm)
半框:15.5×10(cm)
196页
插图6幅 地图1幅

圣方济各沙勿略小传（插图）
王昌祉编译
二十四节　一册
民国十一年（1922）
土山湾印书馆排印
铅印本　纸本　平装
开本：13×9.5（cm）
31页
插图25幅

徒""受人讥笑""圣教广扬""弃世升天"。虽说是一册大众化的普及本,印制水准却令人称赞。与二十四题对应,插有二十四幅精美铜版画,人物栩栩如生。

蒋邑虚还参与翻译过亚尔丰索·利高烈的传记《圣亚尔方骚劳特里垓传》,刊本精美,可谓"山湾精品"。此书分三卷,上卷有十三篇:"家庭事实""初学肄业""度日常规""饮食规模""谦逊之德""洁净之德""端正之德""克苦之德""神贫之德""忆主之德""祈祷神工""爱敬圣母""听命守规"。中卷有五篇:"精明神学""救人神火""爱人敬重""爱人之德""生前特恩"。下卷有八篇:"圣人病终""死后奇迹""论功考绩""教宗钦准二迹""重考立品公案""列入圣品二迹""列入圣品记略""圣人习诵经文"。

光绪三十三年(1907)问渔先生翻译了《圣安多尼传》。圣安多尼(Santo António Fernando de Bulhões),天主教圣人,1195年生于葡萄牙里斯本,1231年在意大利帕多瓦被封为圣人。全书分二十二章讲述圣安多尼神奇的一生。

圣安多尼在欧洲人的日常生活里扮演两个重要角色,一个是高声呼唤圣安多尼的名字,可以使自己遗失的东西复得;再一个是西方人习惯把给穷人施舍馒头的行为,称为"给个圣安多尼馒头吧"!

问渔先生还翻译了相似的传记《圣日辣尔传》,这是十八世纪意大利圣人日辣尔的传记,光绪三十二年(1906)由土山湾慈母堂出版。

问渔先生编译了系列文章刊登在《圣心报》的《圣心瞻礼》专栏上,介绍天主教的"圣心瞻礼",后于光绪十七年(1891)结册付梓,名《圣心金鉴》。

"圣心瞻礼"也来源于一件圣迹。玛加利大(Margaret Mary Alacoque,1647—1690),一位法国天主教修女,生于奥顿教区的乡村,幼年起就表现出对圣体的热爱,喜爱静默和祈祷。据说,她在九岁初领圣体后,就秘密苦行,在胸部纹刻"耶稣"名字。传说她向圣母许愿过修道生活,便立刻消灾灭病。据载,她曾看

圣亚尔方骚劳特里垓传(扉页和内页)
〔清〕蒋升、龚柴译
三卷 一册
清光绪二十一年(1895)慈母堂排印
铅印本 纸本 筒子页 线装
十行二十五字白口四周双边单鱼尾
开本:20.5×12.5(cm)
半框:15×10(cm)
66页
插图2幅

圣心金鉴（插图）
〔清〕李杕撰
十九篇 一册
清光绪十七年（1891）慈母堂排印
铅印本 纸本 筒子页 线装
十行二十四字白口四周双边单鱼尾
开本：20×13（cm）
半框：15×10（cm）
54页
插图1幅

圣女日多达小传（插图）
圣心报馆译
十二章 一册
土山湾印书馆
民国六年（1917）初版
民国二十四年（1935）二版
铅印本 纸本 平装
开本：17×9.4（cm）
插图1幅

见耶稣基督，看见耶稣钉在十字架上，他还活着，责备她遗忘了他，声称他的心是充满爱的。她二十四岁那年进入帕赖勒莫尼亚勒（Paray-le-Monial）圣母修道院当修女。她去世后，耶稣会积极推动教廷正式承认她的圣迹。1920年本笃十五世将她封为圣人。每年10月16日为纪念她的"圣心瞻礼日"。

《圣女日多达小传》，土山湾印书馆于民国六年（1917）出版。圣女日多达（Sanctæ Gertrude），德意志人，本笃会修女。她抵抗世俗利益诱惑，将终生许给耶稣基督，守贞不嫁，而获圣品。

《圣女日多达小传》分十二章介绍日多达其人其事："幼年""归化""圣德""圣母助其成圣""内心谦逊""内心良善""内心洁净""内心依靠爱情""全心托付耶稣""日多达之神火""知恩""福终"。

这本书译者没有写译序，而翻译了很长篇幅的原作者绪言，故而阅读此书很是吃力，不好理解。开篇这样说：

> 吾主曾经宣言："圣女日多达的心，为他是一个有趣味的住宅。"圣教会在圣女瞻礼日的日课经上说着："耶稣基利斯督为发显他所爱慕的净配的功劳，证明他住在日多达心内，如同住在一个有趣味的住宅内。"这是圣教会给这私下的默契，一个极大的证力……这个理由，显明是为着耶稣的特宠，光荣他净配的心咧，日多达却是耶稣基利斯督净配当中，特恩殊宠的净配。

《圣女日多达小传》的作者为法国耶稣会士格老（L. Cros），译者署"圣心报馆后学"。从时间来看，这位"后学"似应该是徐肋（徐伯愚）先生，是在他接任问渔先生主持圣心报馆时期。

土山湾印书馆在民国九年（1920）出版过圣心报馆编译的《可敬小德肋撒传撮要》，民国十二年（1923）再版时改名为《福女德肋撒小史》。这本小册子讲述天主教一位圣女的事迹，分为"传略"和"灵迹"两部分。德肋撒，法国修女，生于1873年，因其对教会的贡献，1923年由教宗庇护十一世宣布其为真福，1925年荣列圣品，1927年教宗钦定其为传教主保。德肋撒在发愿前写信给长姊宝莲道："耶稣问我喜欢走哪一条路？喜欢到什么地方去？我的答复是：我只有一个愿望，抵达爱之山最近的高峰。于是我的救主带我到一条地道，那里不冷也不热，那里没有阳光，没有风雨，那是一个隧道。我在那里看见一道一半遮掩的光，这道光是耶稣的圣目发射出来的……我渴望获得圣女依搦斯的荣冠，假如不能用鲜血为代价的话，至少用爱为代价，获取这个荣冠。"

1800年法国修女玛德肋纳素非与三位圣友创立了"耶稣圣心会"，她们提出的宗旨是"以教育青年为重要使命，把耶稣圣心的爱显示给世人"。"耶稣圣心会"在世界各地建有圣院和学校，除了欧洲，还有美国、加拿大、阿根廷、巴西、智利、刚果、埃及、澳大利亚、日本和印度等。耶稣圣心会曾在上海创办霞飞路圣心学校和震旦女子文理学院。

土山湾印书馆在民国二十八年（1939）出版过一本译自法文的《圣女玛德肋纳素非传》（*Sainte Madeleine-Sophie Barat*），介绍创办耶稣圣心会的这位圣女。此书有许多照片，大多为耶稣圣心会在世界各地学校的照片。

圣女玛德肋纳素非的名言是："为着一个孩子的灵魂，我便愿意建立修会。"

《圣多玛斯小传》，陈泗芬神父编译，民国五年（1916）土山湾印书馆出版。这是一本托马斯·阿奎那的传记，薄薄一册，有五十三节，底本不佳，写得很琐碎。

福女德肋撒小史（封面和内页）
圣心报馆编译
两卷　一册
民国十二年（1923）土山湾印书馆排印
铅印本　纸本　平装
开本：14×9（cm）
48页

圣女玛德肋纳素非传（封面和插图）
耶稣圣心末仆译
七章 一册
民国二十八年（1939）土山湾印书馆排印
铅印本 纸本 平装
开本：19.2×13（cm）
160 页
插图 18 幅

圣达尼老小传（封面）
张士泉编译
三十二节 一册
民国十五年（1926）土山湾印书馆排印
铅印本 纸本 平装
开本：13.7×9.3（cm）
52 页
插图 20 幅

《圣达尼老小传》（Brenis Narratio S. Stanislai Kostka），张士泉编译，土山湾印书馆民国十五年（1926）出版。题为："出身显贵""有形天神""入学之乐""学生表率""觑破俗尘""被兄虐待""可苦得病""恶神威吓""求领圣体""奇领圣体""圣母降慰""赐抱圣婴""面谕圣召""初告神师""禀求不允""潜离维京""遍访不得""追之不及""遗书表白""抵奥不憩""领主又奇""田城初试""罗玛求准""修道之乐""覆禀父书""初学德表""热爱圣母""预知终期""善终之福""死后情形""保禄改化"。

《圣达尼老九德默想》（Meditationes de Novem Virtutibus S. Stanislai Kostka），徐勔编译，土山湾印书馆民国十五年（1926）出版。

圣达尼老（St. Stanislaus Kostka，1550—1568），波兰人，十四岁入维也纳耶稣会中学，圣德模范青年，1726 年荣列圣品。圣达尼老最著名的是九德默想：热心神业、虔敬圣体、热爱圣母、轻视世俗、忠随圣召、谨慎听命、贞洁纯全、谦德工深、克苦周密。

《可敬高隆汴司铎小传》（Compendium Vitæ B. Claudii de la Colombiére），徐勔编译，慈母堂印书馆光绪三十四年（1908）初版，土山湾印书馆民国七年（1918）重印；民国十九年（1930）再版时改名为《真福高隆汴小传》。有三十题："少时品旨""矢原受规""选为神师""解圣女忧""圣女感德""三心缔结""圣女立据""圣心特简""高铎奉献""传扬圣心""调赴英国""请圣女训""静居京中""在英劝人""高铎遇难""抱病返国""管理初学""高铎神慰""高铎圣德""高铎病增""高铎去世""高铎升天""高铎殡葬""圣女敬铎""手书称述""著经赞颂""高铎显现""高铎显灵""立真福品""真福祝文"。

传主高隆汴（B. Claudii de La Colombiére，1640—1682），法国人，耶稣会修道院神师，他的业绩是帮助过玛加利大，并推进圣母圣心月瞻礼。1929年列为真福。

《圣伯辣弥诺小传》（S. Robertus Bellarmino），土山湾印书馆民国十九年（1930）出版。有十九题："髫龄""志学""圣召""初修""讲学""卒业""鲁文""回国""辩惑""巴黎""院长""省长""枢机""圣宠""总牧""与选""晚年""撰者""告竣"。

传主伯辣弥诺（S. Robertus Bellarmino，1542—1621），意大利人，天主教枢机主教，在灵修上很有见地。1930年列为圣品。

还有一种书也可以视为圣人传记。民国六年（1917）耶稣会总长物拉地米尔·来陶高斯基曾致书给赎世主会，为纪念圣亚尔丰索去世二百周年。徐家汇耶稣会初学院将之译为中文《耶稣会总长公信》，民国八年（1919）出版。从内容上看，此书不外是亚尔丰索·利高烈的生平记述。

圣伯辣弥诺小传（插图）
十九节　一册
民国十九年（1930）土山湾印书馆排印
铅印本　纸本　平装
开本：13×8.8（cm）
32页
插图1幅

第三类天主教教会名人传记书籍相对少一些。

《庇护第十》，民国二十五年（1936）土山湾印书馆出版，为教宗庇护十世传记。庇护十世（1835—1914），原名朱塞佩·梅尔基奥雷·萨托（Giuseppe Melchiorre Sarto），1903年加冕为天主教第二百五十八任教宗，取名号"庇护十世"。他政治态度较为保守，在位十一年主要处理棘手的法国和西班牙的政教分离运动。虽然他强烈反对法国政府没收教会一切不动产，但最终还是无可奈何地要求法国教团"珍惜超性的利益高于物质的利益"。

《一个模范的工人》（Matt Talbot），华南总修院张之盐编译，民国二十六年（1937）由土山湾印书馆出版。

传主马宝·德波（1856—1925），爱尔兰人，勤奋、爱主、宽厚，是天主教劳动界杰出表率。他的名言是："天国不是许给聪明及受过教育的人，却是许给那有小孩子的灵魂者。"

上帝面前人人平等，上至教皇，下至劳工，都可以成为教会为之树碑立传的榜样，只要其爱主、爱主、再爱主。

以史代论，以史注经，这种形式在基督教发展史上表现得十分平常。毫不奇怪，一部基督教历史其实就是一部"英雄"的传记。

欧洲历史上曾经有不少基督教理论"大师"或"学者"写下经典论著，试图用更具光环的理论，罩在那些浪漫的、极富生命力的"故事"上面，意在拔高、升华、固化其教义。事实证明，这些努力并未成功。正如德国文学家歌德所说："理论是灰色的，生命之树常青。"让一代一代基督教信徒虔诚信奉的不是什么理论，不是什么说法，而是因为基督教满足了他们英雄崇拜的需求。

正因为如此，基督教，不论天主教还是新教，向追随者们布道时，宣讲的多是基督教的历史、历史人物和历史故事。历史类书籍在他们的出版物中也占有相当大的份额，也是最引人注意的。从土山湾的出版物来看，上述判断并非妄言。

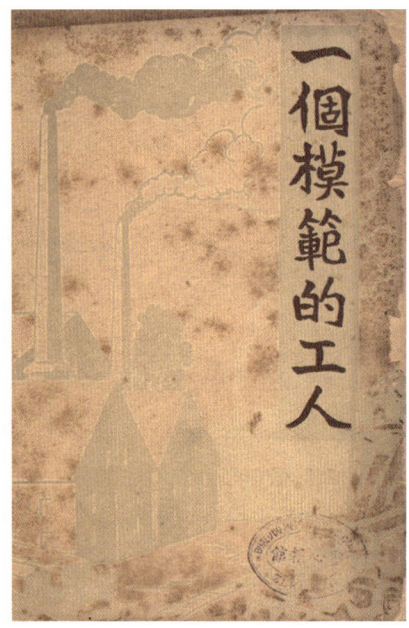

一个模范的工人（封面）
张之盐编译
一卷　一册
民国二十六年（1937）
土山湾印书馆排印
铅印本　纸本　平装
开本：19×13.2（cm）
43 页

爱主准则

我实实在在的告诉你们:一粒麦子不落在地里死了,仍旧是一粒;若是死了,就结出许多子粒来。爱惜自己生命的,就失丧生命;在这世上恨恶自己生命的,就要保守生命到永生。

——《约翰福音》

土山湾的强大显示在团队力量上。道咸年间来的传教士们，初创时期整理明末清初"故籍"，彰显传承，然而整理故籍远远不能满足传教事业发展的需要，因此又在徐家汇和土山湾置办起家业，创办印书馆。李问渔、沈则宽、黄伯禄、蒋邑虚、徐伯愚、俞伯录等新生代走到天主教中国传教的舞台中央。辛勤耕耘的作者与立志进取的出版机构默契配合，土山湾印书馆在后一个百年中，成为中国一流的出版机构。

俞伯录[①]神父翻译的亚尔丰索·利高烈的著作《爱主准则》，于光绪二十九年（1903）出版。这部书讲述了信徒与耶稣的关系，有题十八篇："耶稣苦难之思启人还爱之情""耶稣圣体之思启人还爱之情""思耶稣为爱我人所作之功常深仰恃之情""爱慕耶稣为人严责""爱德含忍也""爱德良善也""爱德不嫉妒也""爱德作事不疏忽也""爱德不夸张也""爱德不贪求也""爱德不寻私利也""爱德不动怒也""爱德不起恶念不乐罪愆而喜真实""爱德无不肯受也""爱德无不信也""爱德无不望也""爱德无不能当也""爱主之人当修诸德"。

俞伯录翻译的《圣母祷文疏解》出版于民国二年（1913）。俞神父介绍，《圣母祷文》在西方也称为《老来德祷文》，老来德是意大利一地名，传为圣母纪念地。圣母纪念地"本在纳匝肋者，于一千二百九十余年，灵迁于此。四方来朝者，恒不乏人……故名老来德祷文。是经赞颂圣母之德位，称呼圣母之名号，恳求圣母之恩惠。列举靡遗，揭明若晰。洵为尊敬圣母之善法，祈祷圣母之约言。故圣教会早已准定，恒珍之在他经右"。

《圣母祷文疏解》有五十八节，如"天主矜怜我等""基利斯督矜怜我等""基利斯督俯听我等""在

爱主准则（扉页和内页）
［意］利高烈 著
〔清〕俞伯录 译
十九篇　一册
清光绪二十九年（1903）慈母堂排印
铅印本　纸本　筒子页　线装
十行二十五字白口四周双边单鱼尾
开本：20.5×13（cm）
半框：15×10（cm）
117 页

[①] 俞伯录（Petrus Yu，1865—约1937），名致中，字惟儿，教名伯录，上海人。光绪十四年（1888）入耶稣会，大修院哲学博士，光绪三十年（1904）晋铎。曾在江苏海门传教，后任职徐汇公学、圣母始胎会值会司铎。译著有《爱主准则》和《圣母祷文疏解》，编著有《辩护真教课本》。

圣母祷文疏解（扉页和内页）
〔清〕俞伯录译
五十八节　一册
民国二年（1913）土山湾印书馆排印
铅印本　纸本　平装
开本：18.3×12.3（cm）
195 页
插图 1 幅

天天主父者矜怜我等""至贞之母为我等祈""无损者母为我等祈""无玷者母为我等祈""可爱者母为我等祈""可奇者母为我等祈""善导者母为我等祈""造物之母为我等祈""救世之母为我等祈""极智者贞女为我等祈""可敬者贞女为我等祈""可颂者贞女为我等祈""大能者贞女为我等祈""宽仁者贞女为我等祈""大忠者贞女为我等祈"等。

俞伯录请同窗蒋邑虚先生为《圣母祷文疏解》作序。

蒋升（Andreas Tsiang，1843—1913），字邑虚，号南窗侍者子虚氏；同治六年（1867）入耶稣会，早年就读于徐汇公学，光绪八年（1882）晋铎，曾任徐汇公学校长。蒋邑虚译作非常多，大多也在土山湾印书馆出版，前述的《圣方济各沙勿略传》《圣亚尔方骚劳特里埃传》以外，还见《修成正鹄》《省慈编》和《默想正则》等。

《修成正鹄》是一部讲述修行的书，出版于光绪六年（1880），共三集，每集八卷。沈锦标参与翻译。此书铅活字摆印，白宣纸，筒子页，线装；属"山湾精品"。

蒋邑虚先生自己介绍，《修成正鹄》一书系泰西耶稣会学者劳德理爵所撰：

成己成物为吾侪正心诚意之鉴，统智愚贤丕共臻。圣域如射之鹄，彼有的焉。篇中条分缕析，奥旨名言类多援引古昔圣贤经传语录，足以佑昭后人者咸缀于篇，凡立志修成之士，洵堪奉为

修成正鹄（扉页）
（泰西）劳德理爵撰
〔清〕蒋升　沈锦标译
三集二十四卷　六册
清光绪六年（1880）慈母堂排印
铅印本　纸本　筒子页　线装
十三行二十九字小字单行同
白口半页四周双边
开本：19.3×12.5（cm）
全框：14.5×9（cm）　746 页

楷模焉……庶乎,道无遗蕴,聊备勤修,善士他日功成之一助。

《礼》云,为君鹄,为臣鹄,为父鹄,为子鹄,是编乃修道之鹄,故名之曰修成正鹄。

上集,"论诸德及修成之法"。卷一"论诸德及修成之法",卷二"论日工之修成",卷三"行事之意宜纯宜正",卷四"论昆弟之和爱",卷五"论祈祷",卷六"天主在鉴论",卷七"论省察",卷八"论翕合主旨"。

中集,"论修士当行之德"。卷一"论克苦",卷二"论端正静默",卷三"论谦逊",卷四"论诱惑",卷五"论偏爱亲族",卷六"论忧愁喜乐",卷七"首论吾侪于基利斯督所得之宝藏宏福,次论默想耶稣苦难之法,末论默想耶稣苦难之益",卷八"论领圣体及与圣祭"。

下集,"论引修士修成诸德"。卷一"论耶稣会宗向规矩及领众修士得向之法",卷二"论修会之愿及其大益",卷三"论神贫愿",卷四"论洁德",卷五"论听命之德",卷六"论遵守规条",卷七"诉心于长上神师宜明宜全",卷八"论兄弟规劝"。

《修成正鹄》比起胜世堂出版的《默想全书》等神修著作,论广度,论深度,毫不逊色。按道理此书应该成为土山湾印书馆神修著作的重点,但是此书只"试印"三百套,后无再版,不清楚个中原委。倪怀纶主教不同寻常地特意在书前写了一段关于自己核准此书的文字,话中有话,似乎对此书译作"速成"持保留意见。

《省慈编》,初版于光绪三年(1877),光绪十七年(1891)再版,是一本指导信徒在圣母月如何祈祷的经籍类书籍,蒋邑虚在"弁言"中说:"《省慈编》一书,系圣母月内,每日之默想也……编分起工、继工、终工三节……上九,默想圣母行实;中九,默想圣母诸德;下九,默想圣母名号。"《省慈编》这类书籍非常多,且发行量很大,存世量也大。

《默想正则》,光绪三年(1877)初版,内容与《省慈编》相似,然它所指导的默想和祈祷不是针对圣母月的。作者在书前"小引"中说:"默想之艺,有关作圣之学,诚非浅细,然是学也,不在我人之教诫与斯世之道理,而在圣神之宠佑与我之善愿。故欲善行默想,而得默想之益者,首宜专求主宠。"

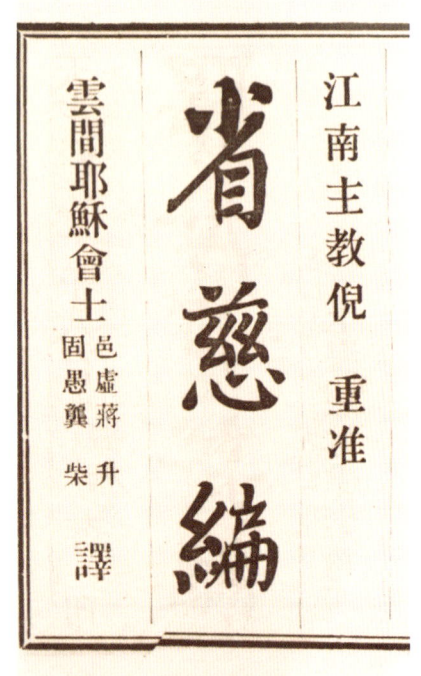

省慈编(扉页)
〔清〕蒋升、龚柴译
一卷　一册
清光绪十七年(1891)慈母堂排印
铅印本　纸本　筒子页　线装
十行二十二字白口四周双边单鱼尾
开本:14.5×9.5(cm)
半框:11.5×7.5(cm)
98 页

徐劢（Stephanus Zi，1851—1932），字伯愚，堂号补过草庐，吴县（今属江苏苏州）人，光绪元年（1875）入耶稣会，光绪十四年（1888）晋铎。"汉学丛书"刊有他三部法文著作：《中国文科举制度》《中国武科举制度》《徐州府团湖事件史料》。宣统三年（1911）徐伯愚先生接替过世的问渔先生担任《圣心报》负责人，还经常给《益闻录》撰稿，主要写一些地理类的新潮文章。

《露德圣母纪略》，记述圣母在露德显圣事迹。据说，1858年，法国南方的一个小城露德，有一位年轻漂亮的妇人，在一位贫寒的十四岁女孩伯尔纳德面前现身了十八次，并且告诉那女孩她就是耶稣的母亲；嘱念《玫瑰经》，为罪人祈祷。她使该地涌出新的泉源，她要求人们到那儿朝圣、游行，并使山间流出一道灵泉，治疗病人。她发放的泉水使不少病人痊愈，她还治疗一些人肉体或精神上的重病、绝症。由此她声名鹊起，朝拜者络绎不绝。她自称："我是无染原罪者。"教会机构确认此事可信，核准建堂立像，露德小城遂成为基督教著名朝圣地之一。

《露德圣母纪略》分为三卷，上卷"显现始末"，讲述了伯尔纳德的出身及她看到的圣母十八次显现；中卷"朝礼胜概"，有建堂荣迎、朝山拜母、宗殿冠像、玫瑰新堂和钦定瞻礼等七节；下卷"灵泉圣迹"，介绍欧洲、非洲、美洲、亚洲和中国各地教友报

默想正则（内页）
一卷　一册
清光绪五年（1879）慈母堂排印
铅印本　纸本　筒子页　线装
十行二十二字白口半页四周双边
开本：15×9.9（cm）
全框：11.3×7.8（cm）
35 页

露德圣母纪略（插图）
〔清〕徐劢撰
一卷　一册
清光绪七年（1881）慈母堂排印
铅印本　纸本　筒子页　线装
九行二十二字小字双行同
白口半页四周双边
开本：15×10（cm）
全框：11×7（cm）
47 页
插图 2 幅

告的圣母灵迹；附卷"苏女精修"（二版后改为"修女小传"），有四节：离家初学、在会精修、患病福终和终后荣耀。

徐伯愚先生的《露德圣母纪略》是中国天主教出版史上的名著，再三重版，且每版都有不同。光绪七年（1881）初版，铅活字摆印，白纸，六十四开本，筒子页线装；尚不分卷；铜版画两幅；问渔先生和徐汇大修院的冯翊题序，伯愚先生自叙。光绪二十六年（1900）二版，铅活字摆印，白纸，小三十二开本，筒子页线装；分为三卷首一卷；铜版画十幅；增加伯愚先生《重刻露德圣母纪略叙》。民国五年（1916）三版，仍然是铅活字摆印，小三十二开本，但是改为平印平装，道林纸，卷况未变，插图改为一幅彩色插图，十五幅照片；又添加伯愚先生《三刻露德圣母纪略序》。或许第三版比较符合土山湾编辑们的审美，此后基本依此版重印。

从每篇序言的落款可以看出伯愚先生的工作变化：光绪七年时，他在徐汇公学憩楼；光绪二十六年时，他在七宝荣召堂；民国三年时，他在法租界圣若瑟大堂；民国八年出版《若瑟小篇》时他在淮安；晚年落脚上海，翻译《天门宝钥》时他已回到圣心报馆工作。

民国十五年（1926）徐劢又编译《福女伯尔纳德传略》（*Brevis Noyio Vitæ*, *Beatæ Bernadette Soubirous*），可以看成《露德圣母纪略》的缩写本。

徐伯愚先生推荐过一本耶稣会神父纶古尔（Lehmkuhl）写的介绍"痛悔"的书 *La contrition parfaite, Elef d'or du paradis*（《纯全痛悔，天堂金钥》），民国十六年（1927）翻译付梓，中文书名《天门宝钥》。

天国钥匙，原系耶稣亲授于圣伯多禄，故圣人职掌天堂开闭之权；但仍由吾人使之开，使之闭，何则？人犯罪，自闭天堂，伯多禄亦不能为之开；追犯罪而痛悔，升天之分已复，伯多禄亦不能为之闭；可见痛悔，真是开天堂之钥匙也。

福女伯尔纳德传略（封面和内页）
〔清〕徐劢编译
三十八节　一册
民国十五年（1926）土山湾印书馆排印
铅印本　纸本　平装
开本：13.9×9.3（cm）
78页
插图8幅

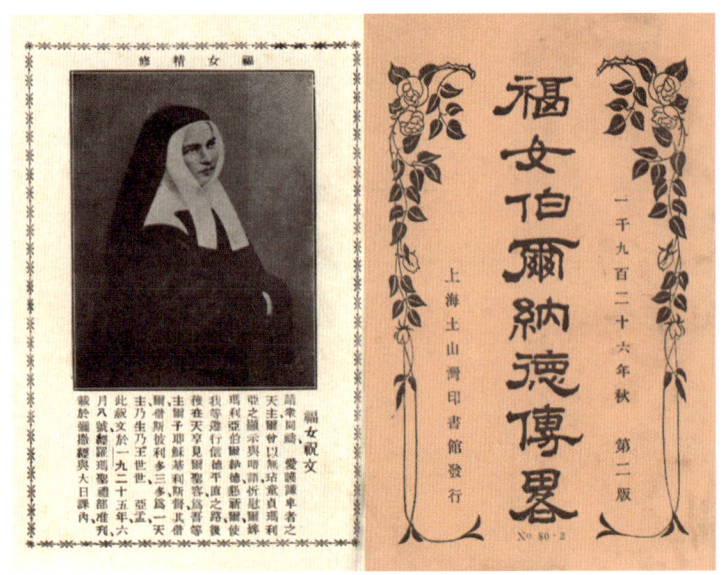

《天门宝钥》分七篇叙述:"痛悔两字怎么解""什么是上等痛悔""如何发上等痛悔""发上等痛悔难否""上等痛悔有何效""上等痛悔要紧么""何时发上等痛悔"。

徐伯愚先生撰写的《显灵圣牌约考》是一本讲述天主教"显灵圣牌"的起源、传播、功效的书籍。"显灵圣牌"在中国叫作圣母圣牌或无原罪圣牌,是天主教会给信徒提供的一种"信物"。全书分上下两卷,自撰"小引",有精美插图三幅。它更像一本产品说明书。

光绪三十三年(1907)徐伯愚先生受朋友、法国传教士陈士谦神父之托,帮助其整理手稿《首瞻礼六简本》,编纂出三卷本。他在书前"小引"里解释道:"当今普世教会,将首瞻礼六敬功,在在传行。前教宗良十三,复于首瞻礼六,特颁大赦,激励信民。足证此举,为目下教众,最有裨益……首瞻礼六之缘原、敬功、实益,揭其大旨,概系圣女马加利大在世亲笔于书,而遗后人者,继以首瞻礼六经言,兼收汇录。"

《首瞻礼六简本》三卷,第一卷"首瞻礼六要旨",中卷"首瞻礼六经文",下卷"首瞻礼六默想"。

显灵圣牌约考(插图和内页)
〔清〕徐劢撰
两卷 一册
清光绪十四年(1888)慈母堂排印
铅印本 纸本 筒子页 线装
十三行三十字白口四周双边单鱼尾
开本:20×12.2(cm)
半框:15×10(cm)
19 页
插图 3 幅

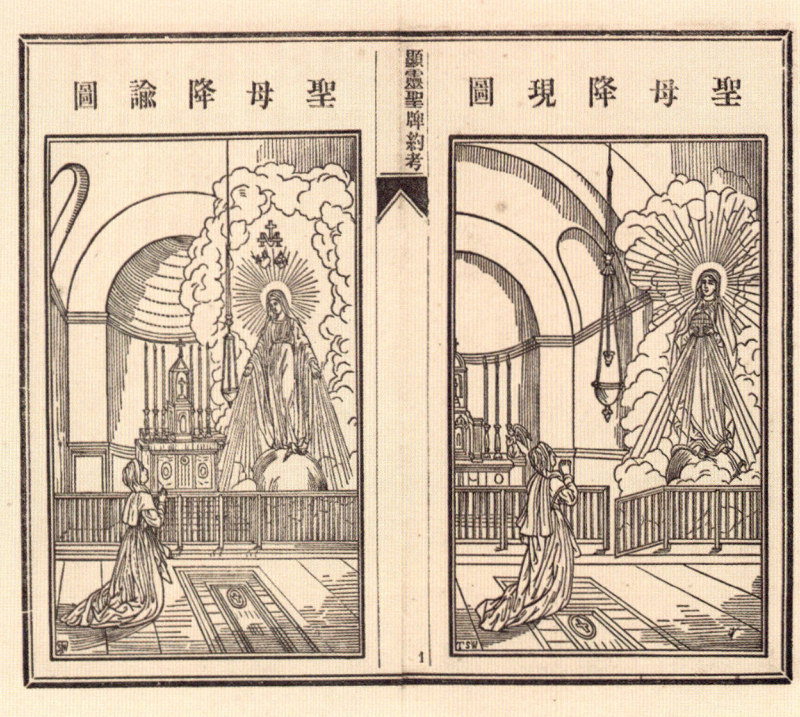

若瑟小篇（插图）
〔清〕徐励编译
两卷附一卷 一册
民国十七年（1928）
土山湾印书馆排印
铅印本 纸本 平装
开本：10.4×7（cm）
184 页
插图 1 幅

《若瑟小篇》（*Libellus de St. Joseph*），伯愚先生于民国八年（1919）、六十八岁时编译于淮安。此书两卷附一卷，上卷"若瑟尊荣"，下卷"若瑟默想"，附卷"若瑟经史"。

他在序言里提及对圣若瑟瞻礼的意义："圣教会内敬礼若瑟之功，虽初时未见显扬，然至今世，四方风动，上下一心，奉为中国大主保，又圣教会总主保，升其瞻礼为头等礼，并连行八日，可称极盛。所以然者，皆因大圣为圣子义父，圣后贞夫，品位至高，是以普世一致崇奉。"

帮助伯愚先生校订《若瑟小篇》的有三位耶稣会华籍神父：潘谷声①、俞伯录、张骏声②。

民国元年（1912），许彬先生翻译了《周年默想》，这是一本类似于冯秉正的《圣年广益》的灵修类著作。按月按日介绍天主教当期瞻礼节日，教徒应该所思、所想、所做的事情。这部书的编写形式是天主教常用的"八股文"写法："主题""瞻礼""定像""特求"。问渔先生的《圣心月新编》也是这么写的，只不过圣心月是六月。

蒋邑虚先生在《周年默想序》里说："演习默想为救灵要务，作圣始基。古今来成圣成贤者，大抵肇端夫此，顾通经饱学之士，而外不能无专书，以为之先导，欧美诸国固不乏方言善本，而我国信人尚缺同文专辑，同人憾焉。"

民国十六年（1927）土山湾印书馆出版了圣母兄弟会的孟否尔神父撰写的《天国之阶》（*Le regne de Jesus par marie*）。顾名思义，这是教人步入天堂的指导，可谓"升天之梯"。作者将"天梯"分为三步：一、"圣奴"；二、"内修"；三、"外行"。作者强调，他说的升天之梯，不是狭义的外在形式，而是精神的修炼。

第一步"圣奴"，就是要"我全属于圣母，乃能更得全属于耶稣，一任其圣智措置。我身世、我心灵、我主权，甘为伊奴"。第二步"内修"，晨祈晚祷，心向圣母。第三步"外行"，举手投足，恭敬圣母。

张璜③翻译了帅渠尔的《苦中慰乐宝鉴》（*A ceux qui souffrent*

---

① 潘谷声的详细介绍见"修道人家（续三）"章。
② 张骏声（Laurentias Tsang，1869—1930），又记张俊声，字若虚，又名省机，笔名渔人，奉贤（今属上海）人，光绪十九年（1893）入耶稣会，光绪三十四年（1908）晋铎。
③ 字渔珊，详细介绍见"东西来去（续三）"章。

consolations）。帅渠尔（Louis Gaston Adrien de Ségur），法国天主教主教，他的父亲曾跟随拉法耶特参加美国独立战争。帅渠尔在大学学习法律和绘画，毕业后在法国驻罗马使馆工作。1856年回到巴黎进入圣叙尔皮斯神学院。失明后专心传教。他写了许多传教书籍。

帅渠尔的《苦中慰乐宝鉴》是他比较重要的作品，分为三十七篇，讨论了贫穷问题、疾病问题，苦难中祈祷、告解、圣餐、默想的益处，以及受虐待的人如何"修德成圣"等。帅渠尔讲道并不枯燥，整本书都是讲述他亲自体验的人和事，庖丁解牛般辩解道理。

译者张璜在此书序言中非常中国化地说道：

天国之阶（插图）
[法] 孟否尔著
三卷 一册
民国十六年（1927）土山湾印书馆排印
铅印本 纸本 平装
开本：18.8×12.6（cm）
174 页

苦中慰乐宝鉴（封面）
[法] 帅渠尔著 [中] 张璜译
三十七篇 一册
民国七年（1918）土山湾印书馆排印
铅印本 纸本 平装
开本：18.9×12.2（cm）
273 页

> 吃得苦中苦，方为人上人。这是中国的古语，人人知道的，外教人也知道。苦难，是提拔人类升高发达的秘诀。圣经上说基利斯督该当先受苦，后人入其上国。若不是基利斯督亲自立出吃苦表样，教训我们效法他，哪个人肯信呢？吾主耶稣教训人说，哪个不背十字架来跟从我的，不是我的门徒。从此可见，吃苦，是世上独一无二的必由之路。走此苦路，然后能升天享福。

管逊渊，著作常署名管宜穆。管氏为西班牙传教士，在民国汉学界小有名气，他在"汉学丛书"中出版了三部著作，分别是《开封府犹太人碑铭》《教务纪略》《劝学篇》，获得过"儒莲奖"。他对上海话颇有造诣，帮上海教区把几种常用的经书翻译成了上海话版本。

管逊渊神父编写的《圣母玫瑰经十五端》，慈母堂光绪七年（1881）初版，土山湾印书馆民国十五年（1926）再版。

以下为《玫瑰经》基本的十五段:

"欢喜一端:圣母领报,天神朝拜圣母玛利亚,报曰:天主特选为母";"欢喜二端:圣母往见圣妇依撒伯尔";"欢喜三端:吾主耶稣基利斯督降诞";"欢喜四端:圣母献耶稣于主堂";"欢喜五端:耶稣十二龄讲道"。

"痛苦一端:耶稣山园祈祷";"痛苦二端:耶稣系受鞭笞";"痛苦三端:耶稣受茨冠之苦辱";"痛苦四端:耶稣负十字架陟山受死";"痛苦五端:耶稣被钉十字架上死"。

"荣福一端:耶稣复活";"荣福二端:耶稣升天";"荣福三端:圣神降临";"荣福四端:圣母荣召升天";"荣福五端:天主立圣母于九品天神之上,以为天地之母皇及世人之主保"。

有人为《玫瑰经》增加了"光明五端",不是基础经文:

"光明一端:耶稣约旦河受洗";"光明二端:加纳婚宴";"光明三端:耶稣宣讲天国劝人悔改";"光明四端:耶稣显圣容";"光明五端:耶稣建立圣体圣事"。

除了传教书籍,土山湾印书馆还有大量世俗出版物,但是它很少出版新教或其他修会成员的书籍,《圣教鉴略》(*Histoire de l'Eglise*)是其中之一,讲的是英格兰宗教史,译者应思理,耶稣会神父孙文桢①编校。

应思理(Elias B. Inslee,1822—1871),美国南长老会派驻宁波的神父,曾任咸丰四年(1854)宁波创刊的中文杂志《中外新报》(*Chinese and Foreign Gazette*)主编。应思理与同属美国南长老会的传教士司徒尔和司徒雷登父子、赛珍珠的父亲赛兆祥,以及吴板桥、杜步西、林嘉美、钟爱华、白秀生等人同道厮熟。

由于应思理牧师不属于天主教,天主教书目中对《圣教鉴略》的记录只有编校者孙文桢。

《圣教鉴略》最早于咸丰十年(1860)在宁波刊印,刻本。土山湾印书馆宣统三年(1911)和民国十九年(1930)两次出版铅排本,书后附"历代教皇表"和中外文对照"大西总皇表"。

陈泗芬神父于民国七年(1918)翻译出版了《听道何益》(*Á*

圣教鉴略(封面)
[美]应思理译
[清]孙文桢编校
八卷附两卷 一册
民国十九年(1930)土山湾印书馆排印
铅印本 纸本 平装
开本:18.4×13(cm)
296 页
插图 2 幅

---

① 孙文桢(Vincentius Suen,1868—约1917),字士章,教名味增爵,皖北人,光绪十九年(1893)入耶稣会,光绪三十四年(1908)晋铎。著述有《圣教鉴略》《中国地图志略》等。

Quoi Bon Aller au Sermon），这是一本主题为布道、听道的方法和益处的书，节译于法国耶稣会神父笪玛斯所著的《吾之难题》(*Mes Difficultés*)，该书有《信教何益》《我从多数》《进堂何益》等十卷，《听道何益》是第九卷。

译者说明此书大意：

书曰：养不教，父之过。谚曰：人不劝不善，铁不打不成。此两语，明示人劝善教养之至要也。当今教皇本笃十五……谆谆垂训，以宣讲事业之重要，宣讲之缘起，宣讲之效力，宣讲不力之恶果，并掬诚相示宣讲者三要件、四谬点等，整饬宣讲，维持教养，积极奋兴，督促进行者矣。

听道何益（封面）
陈泗芬译
十章　一册
民国七年（1918）
土山湾印书馆排印
十行三十字小字双行同
白口四周双边单鱼尾
铅印本　纸本　筒子页　线装
开本：19.7×12（cm）
半框：15×10（cm）
18页

《听道何益》分为十章，第一章《讲道之缘起》，第二章《听道天主圣言》，第三章《圣言宣布，类分三式》，第四章《宗徒宣讲之感化力》，第五章《吾人讲道化人之奇迹》，第六章《听讲无效之谬点何在》，第七章《人舌尚有大力，况天主之圣言乎》，第八章《厌闻圣道之原因》，第九章《结束之小言》，第十章《译者之撮辞》。附件是教宗本笃十五世谕训《讲道人应有的条件和资格》。

除了这些教会学者外，上至主教，下至教友，都曾为土山湾印书馆撰写宣教读物。

一位名叫范中（Fan Tchong，教名第幕德阿）的教友，撰写了一本小册子名《圣教小引》，主要讲述自己皈依天主教后读圣书的体会。他非常诚恳地讲道：

余十余年前，闻得有天主教从大西远土来，其规戒、趋向俱与异端外教大不相同，独崇正实。故余虽不敏，尽心竭诚，寻晤其传教先生，讨论其理，果然闻所未闻，真为至妙，实实落落，众人宜知、宜信、宜从极深极大的道理，是以谨依教礼。入其门，久与传教先生考究要理，躬试教规。至今虽不敢曰得其精奥，聊亦充满闻道之初愿而已。今欲克去骄吝私心，姑以教中紧要几端，传与同志者，望其合情一意，共享吾所已得真实，无限永存，而不能灭坏之宝耳。

这位教友的核心体会是，耶稣基督所讲的是"宜信之理"，天主教的戒律是"宜守之戒"，教徒对上帝的膜拜是"宜行之礼"。

《圣教小引》，光绪十四年（1888）上海土山湾慈母堂初版，民国十六年（1927）再版。

圣教小引（封面）
范中撰
一卷　一册
民国十六年（1927）土山湾印书馆排印
十行二十五字白口四周双边单鱼尾
铅印本　纸本　筒子页　线装
开本：25×14.5（cm）
半框：20×13（cm）
17页

修成正鹄

> 寡与人语，多与主谈。
>
> ——圣亚尔丰索·利高烈

天主教典籍里，除了《圣经》外，编纂印制最多的无疑还是教会活动基础用书，释教、护教、训诲、阐明教义或驳斥异端等，包括天主的基本要理及其解释，圣事活动规则和形式，教会组织体系和纪律等，其中最权威的当是教宗或教廷亲自审定并颁布的。

大致说来，这些教会活动基础用书分为四类。

第一类，"释教"。天主教基本要理及其解释，各个传教会、各个教区都印有大量这类书籍，最权威的当是教宗或教廷亲自审定并颁布的。

上海土山湾印书馆就出版过一套"钦定"书籍，即1905年教宗庇护十世颁发的 *Compendium doctrinæ christianæ*，中文版将其编译成三种：《圣教要理简本：幼童教理》《圣教要理简本：简明教理》和《圣教要理简本：增广教理》。书前有教宗写给罗马枢机主教伯多禄·蓝毕祺的颁布诏书。《圣教要理简本》均为拉丁文—中文对照，中文为白话文。

《圣教要理简本：幼童教理》：第一章讲几端至要信德道理，第二章讲几样要紧的道理，第三章讲信望爱三德及痛悔和别样经言。共五十一条。

《圣教要理简本：简明教理》：第一部分讲信德道理要端，第二部分讲祈祷，第三部分讲天主诫命又圣教规矩及罪恶道理，第四部分讲圣事。共三百一十三条。

《圣教要理简本：增广教理》：引言讲圣教要理及其他分类；第一部分讲宗徒信经，包括解释信经的十二端，天主创造天地万物、天神、人及人之原罪、圣父及圣子、圣母、圣徒、圣教会、天堂和地狱；第二部分讲祈祷，包括天主经及其"七求"和圣母经；第三部分讲天主诫命及圣教会规矩，包括十诫命和五条规；第四部分讲圣事，包括圣洗、坚振、神品、领圣体、弥撒祭献、告解、告明、补赎、大赦、终傅、圣品、婚配；第五部分讲几样要紧德行及信友要紧知道的几端道理，包括超性德行、信德、奥妙道理、圣经、圣传、望德、爱德、枢德（智德、义德、勇德、节德）、恩典、真福、哀矜、原罪本罪及十宗罪、四末、日课神业。共九百九十三条。

毫无疑问，《圣教要理简本》是中文天主教经籍里最为权威、最为完备的释教读本。相对而言，诸如龙华民的《圣教日课》等书只能看成是区域性"定本"。

《圣教要理简本》，宣统元年（1909）土山湾印书馆石印平装。

这类经籍类书籍毫无疑问是土山湾印书馆出版的重点，特点是比较严谨。

光绪元年（1875）慈母堂又印制了《圣事要理》。此版《圣事要理》内容上与其他版本没有什么不同，分四篇："领洗问答""告解问答""圣体问答"和"坚振问答"。其价值在于它是土山湾印书馆出版的早期铅印图书之一，有标志性意义。此书行款：九行十九字白口半页四周双边，白宣纸，筒子页，线装。属"山湾精品"。《圣事要理》第一篇罗如望撰，其他三篇方守义[①]撰，后来出版的同名书籍大多是翻印这

---

① 方守义（Marie-Dieudonné D'Olliéres, 1722—1780），法国人，1742年入耶稣会。乾隆二十四年（1759）来华。逝于北京。

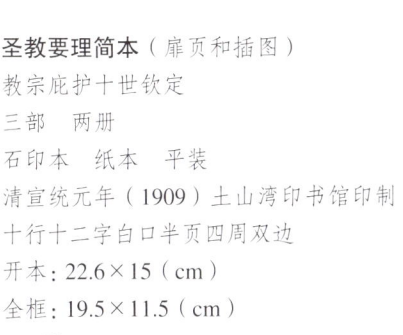

圣教要理简本（扉页和插图）
教宗庇护十世钦定
三部　两册
石印本　纸本　平装
清宣统元年（1909）土山湾印书馆印制
十行十二字白口半页四周双边
开本：22.6×15（cm）
全框：19.5×11.5（cm）
497 页
插图 1 幅

本书，包括其衍生品拉丁文译本、罗马注音字母本、上海话本以及朝鲜语本等。

孙文桢把意大利来华传教士苗仰山神父的苏松方言本《方言问答撮要》改译为官话本，易名《教理撮要问答》，民国六年（1917）由土山湾印书馆出版。这种由方言本反向改译为官话本的情况不多见。

《教理撮要问答》有三卷，第一卷"当信的要理"，第二卷"当守的规诫"，第三卷"当领的礼规"。

光绪十三年（1887）戴尔第根据自己讲解教理的实践，编写了一部《教理详解》，与《教理撮要问答》内容相同。有光绪二十五年（1899）慈母堂铅印本、民国八年（1919）土山湾印书馆重版铅印本。

《教理详解》分为三卷，上卷"该当信的道理"，中卷"该当守的诫命"，下卷"该当用得神佑的法子"。

当然最常用的、印数最大的是《要经汇集》和《要理问答》等书，多而普及，通常书名前面会有刊印教区的名字，如《上海教区要经汇集》《上海教区要理问答》《海门教区要经汇集》《海门教区要理问答》等。到民国时期，这类书单次印量会高达几万册。

《问答撮要》，光绪二十年（1894）和光绪三十三年（1907）慈母堂两次刊印，后多见方言本。天主教入门读物，分为一分题、二分题、三分题、四分题和经言七端。此题目类书籍非常多，新

圣事要理（扉页）
清光绪元年（1875）慈母堂排印
铅印本　纸本　筒子页　线装
九行十九字白口半页四周双边
开本：13×8.7（cm）
全框：10×6.3（cm）
26 页

入会教徒人手一册。

《圣路善工》，民国九年（1920）土山湾慈母堂出版。明末天启年间来华的葡萄牙人伏若望编撰，也叫《苦路经》，是中国天主教使用较为广泛的日课经书之一，多家出版机构都反复印刷过。

在耶路撒冷老城有一条"苦路"（Dorola Rosa）——受难之路，也就是耶稣基督的受难之路，从耶路撒冷老城的狮子门内小广场开始，一共有十四站。黑黑的高墙上钉有铭牌，介绍耶稣在某个

圣路善工（插图）
[葡]伏若望编撰
十四节　一册
民国九年（1920）土山湾印书馆排印
铅印本　纸本　平装
开本：12.2×8.8（cm）
38页　插图14幅

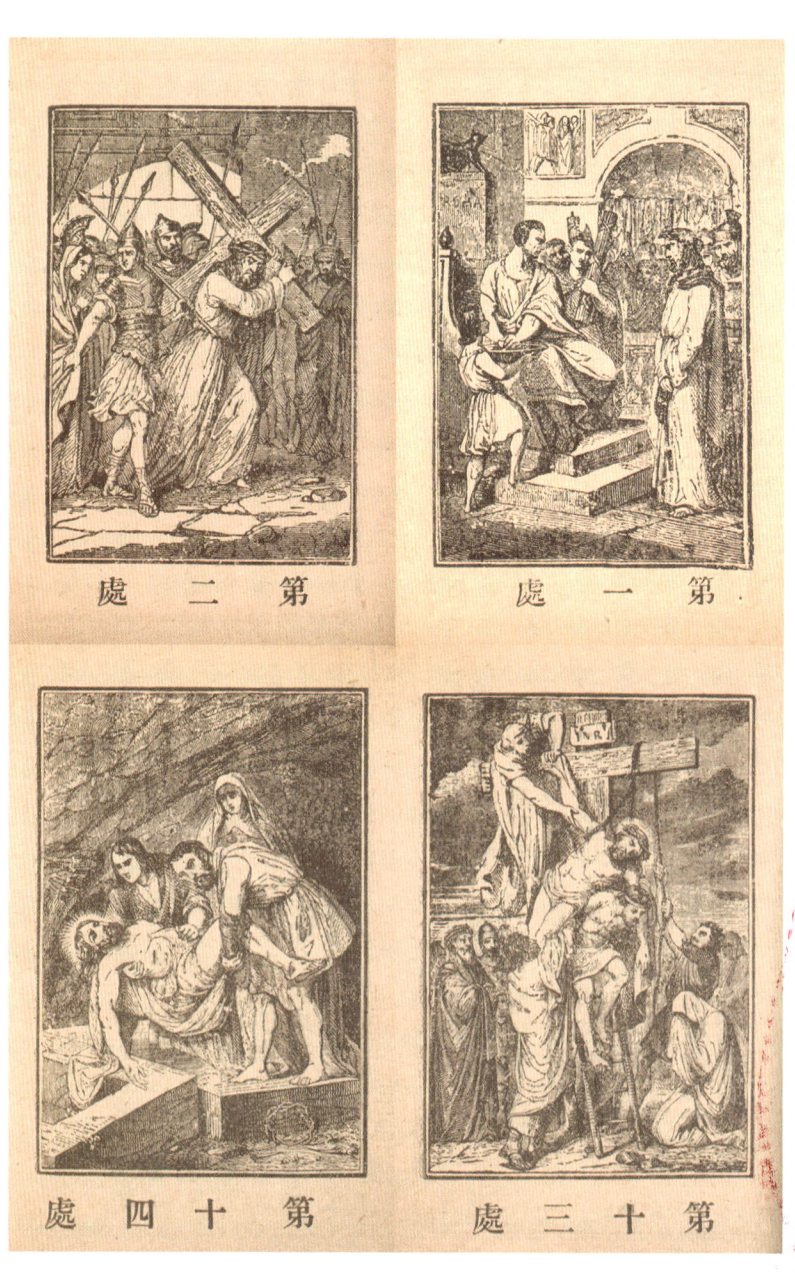

地点所受到的虐待，使人仿佛亲眼目睹他背负着十字架蹒跚行走的过程。路的尽头是著名的"圣墓大教堂"。

天主教的神师们把耶稣受难前在苦路上的十四个"桥段"故事串联起来，为教友编写了祈祷经文，告诉他们在事圣活动中，脑海里想着耶稣在苦路上的罹难形象，心中默诵苦路经文，祈求耶稣基督赎罪，是修行达圣的一种捷径。

在几十种版本里，土山湾的《圣路善工》的印制质量是最好的，虽然仅仅是堂口摆放的圣事用书。

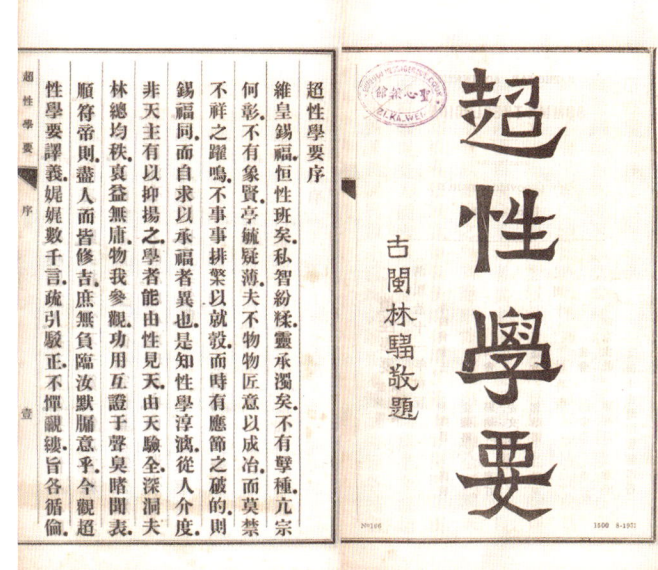

超性学要（扉页和内页）
［意］托马斯·阿奎那著
［意］利类思、［葡］安文思译
三十二卷　十八册
民国十九年（1930）土山湾印书馆排印
铅印本　纸本　筒子页　线装
九行二十三字小字双行同
白口四周双边单鱼尾
开本：25×15（cm）
半框：20×13（cm）
1330 页

释教书籍中最为权威的、分量最重的无疑是托马斯·阿奎那的《神学大全》。土山湾印书馆于民国十九年（1930）重新出版了利类思和安文思根据《神学大全》翻译的《超性学要》，包括《论天主》（第一大支第一卷至第六卷）、《论三位一体》（第一大支第七卷至第九卷）、《论万物原始》（第一大支第十卷）、《论天神》（第一大支第十一卷至第十五卷）、《论形物之造》（第一大支第十六卷）、《论人灵魂肉身》（第一大支第十七卷至第二十四卷）、《论宰治万物》（第一大支第二十五卷至第二十六卷）、《论天主降生与救世之恩》（第三大支第一卷至第三卷）、《论复活》（第三大支第一卷至第二卷）等。

这个版本的《超性学要》把利类思和安文思没有翻译的《神学大全》其他卷章也在总目录里列出，给读者一个完整概念。

重新修订《超性学要》的是耶稣会士山宗泰[①]。此书出版标准比较高，白宣纸，筒子页，线装，印数不低，一千五百套。这个时期公教教育联合会同时出版的《超性学要》印制品质稍差，并且没有山宗泰编的总目录。

土山湾印书馆出版的释教类书籍里不仅有从西文译为中文的书籍，也有法文、拉丁文著作。民国中期出版的 *Caelestis margarita*《天国珍宝》和 *De matrimonio in missionibus ac potissimum in Sinis*，

---

① 山宗泰（Eugenius Beaucé, 1878—1962），字鲁瞻，法国人，1895 年入耶稣会。光绪二十九年（1903）来华，任徐汇公学校长，民国三年（1914）晋铎，任职徐家汇天主堂。

Tractatus practicus et casus（《婚姻的实施和事例》）具有代表性。

Caelestis margarita（《天国珍宝》），民国二十二年（1933）出版，作者牧子民[①]。牧神师用拉丁文写成的《天国珍宝》是一部讲解天主教教义的学术著作，分为四十五章：1. 万物之源（Quænam sit origo Mea）；2. 属灵的生命（Spiritualis nativitas）；3. 基督的教会（Vita Christiani vita Christi）；4. 上帝的子民（Dinina adoption quantum sit beneficium）；5. 上帝的意旨（In que reponenda sit homonis deificatio）；6. 超自然的完满人格（Finis, homini propositus, est supernaturalis）；7. 信仰之光（Lumen Fidei）；8. 神恩浩荡（Charitatis præstantia）；9. 天堂之分享（Cælestis hereditas）；10. 基督之神迹（Christus mysticus）；11. 基督之新娘（Sponsa Christi）；12. 圣灵是教会的灵魂（Spiritus Sanctus quasi anima Ecclesiæ）；13. 拯救（Omnia create nostra sunt）；14. 恩宠与惩罚（Gratia et peccatum in angelis）；15. 痛苦之根源（Fons doloris peccatum）；16. 圣恩化解痛苦（Gratia Christi lenimentum doloris christiani）；17. 灵魂死亡是重罪（Peccatum est mors animæ）；18. 死亡（Mors justorum）；19. 严厉的神圣审判（Severitas justitiæ divinæ）；20. 地狱（Infernus）；21. 公审判（Judicium universale）；22. 改变宿命（Vera conversio）；23. 侍奉耶稣基督（Jesus Christus Rex）；24. 救赎和神化（Dei Incarnatio et hominis deificatio）；25. 神医（Cælestis Medicus）；26. 高标神父（Bonus Pastor）；27. 圣祭（Præsentia sacramentalis）；28. 圣物（Jesus fons vitæ）；29. 圣体（Panis euch aristicus）；30. 茨冠（Arbor sanctitatis）；31. 圣芝（Duodecim fructus Spiritus Sancti）；32. 兄弟爱德（Charitas fraterna）；33. 天堂永福（Cæleste gaudium）；34. 神圣的美（Pulchritudo divina）；35. 不朽（Gloriosa corporis immortalitas）；36. 神圣友谊（Amicitia divina）；37. 三位一体（Inhabitatio Sanctissimæ Trinitatis）；38. 神圣的净配（Sponsa Christi）；39. 圣洁（Sanctitas, maxima hominis excellntia）；40. 圣品（Miranda sacerdotis dignitas）；41. 圣女（Divina Maternitas）；42. 基督徒的完美（De Christiana perfectione）；43. 神圣的仪式（Divinus pædagogus）；44. 热爱吾主（De amore divino in nobis excitando）；45. 隐藏的宝藏（Thesaurus absconditus）。

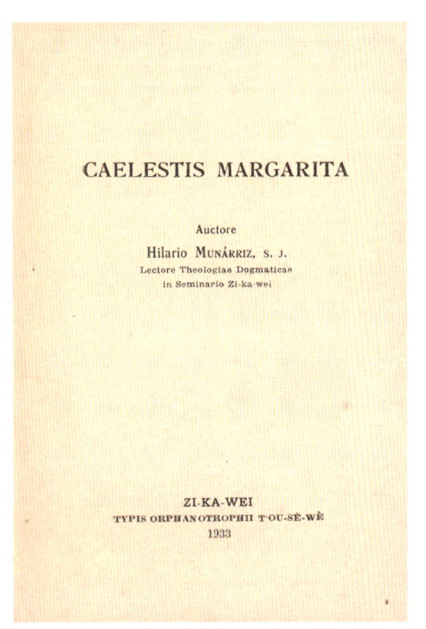

Caelestis margarita
天国珍宝（封面）
［西］牧子民撰
拉丁文
四十五章　一册
民国二十二年（1933）土山湾印书馆排印
铅印本　纸本　平装
开本：18.5×12.5（cm）

[①] 牧子民（Hilario Munárriz, 1885—?），字同乐，西班牙人，1904年入耶稣会，1922年晋铎。民国十八年（1929）来华，徐家汇大修院神学讲师。民国二十三年（1934）回国，余迹不详。

《天国珍宝》引经据典,尤其大量引用圣奥古斯丁的教理著作,深入浅出,系统周备,像是根据讲义整理的。

第二类,"公经"。教徒日常奉主工课用书。

《周主日祷文》是近代教会编印的主日经文合集,包括孟儒望①编的《圣号祷文》中的《向天主圣三诵》《向天主耶稣诵》《向圣母玛利亚诵》《感谢天主诵》《耶稣圣名祷文》和《炼狱祷文》中的《为求在教已亡父母亲友恩人诵》《为求凡诸信者灵魂诵》,阳玛诺编的《天神祷文》中的《圣弥额尔及诸天神列品祷文》《向诸品天神诵》《向圣弥额尔大天神诵》《向护守天神诵》和《圣若瑟祷文》中的《大圣若瑟祷文》《向若瑟诵》《大圣若瑟新祷文》,艾儒略编的《耶稣圣体祷文》,以及其他人编的《耶稣圣心祷文》中的《耶稣圣心祷文》《奉献祝文》《圣心颂》,《圣母圣心祷文》中的《圣母圣心祷文》《圣母圣心祝文》《向圣母圣心念珠十字诵》,《谢圣体经》中的《已领圣体祝文》《爱心诵》《感谢经》《祈求经》《奉献经》《领圣体后诵》《向耶稣苦像诵》等。

此书版次繁多,常见土山湾印书馆光绪二十七年(1901)铅排本。

同样重要的主日经文书籍有《周年瞻礼经》,这是一部篇幅很大的合集,有七十五篇主日经文:《主日经》《立耶稣圣名》《三王来朝》《恭敬耶稣圣名》《恭敬圣家》《圣母献耶稣于主堂》《日本国三位致命》《无玷圣母降现露德》《圣堂礼仪》《圣堂内瞻礼六诵》《诸圣宗徒》《大圣若瑟》《圣母领报》《圣母痛苦》《圣枝礼仪》《建定圣体大礼》《耶稣受难》《望复活》《耶稣复活》《耶稣复活第一副瞻礼》《耶稣复活第二副瞻礼》《大祈祷》《圣马尔谷圣史》《圣若瑟主保》《寻获十字圣架》《圣若瑟涅玻莫》《圣母进教之佑》《三天祈祷》《耶稣升天》《圣神降临》《圣神降临第一副瞻礼》《圣神降临第二副瞻礼》《天主圣三》《耶稣圣体》《耶稣圣心》《圣类斯公撒格》《生若翰保弟斯大诞日》《耶稣圣血》《圣母往见圣妇依撒伯尔》《圣衣会本瞻礼》《圣味增爵》《圣妇亚纳》《圣依纳爵》《建圣母雪地殿》《耶稣显圣容》《圣老楞佐致命》《圣母升天》《圣若亚敬》《圣母圣心》《圣母圣诞》《赞颂圣母圣名》《光荣十字圣架》《圣母七苦》《建圣弥额

周年瞻礼经(扉页)
七十五篇首一篇
清光绪二十七年(1901)慈母堂排印
铅印本　纸本　筒子页
平装　合订一册
九行十九字半页四周双边
开本:12×8.2(cm)
全框:9.7×5.5(cm)
389页

---

① 孟儒望(Jean Monteiao,1603—1648),葡萄牙人,1620年入耶稣会,1625年赴印度。崇祯十年(1637)来华,在江西、浙江传教。后殁于印度。

大天神殿》《守护天神》《圣母玫瑰》《圣五伤方济各》《圣母为天主之母》《圣方济各波尔日亚》《圣母至洁》《圣路加圣史》《诸圣瞻礼》《追思已亡诸信友》《圣达尼老各斯加》《圣母主保》《无玷圣母显灵圣牌》《献圣母于主堂》《圣方济各沙勿略》《圣母无原罪始胎》《耶稣圣诞子时瞻礼》《耶稣圣诞昧爽瞻礼》《耶稣圣诞天明瞻礼》《圣斯德望首先致命》《诸圣婴孩致命》《圣西尔物斯德肋》。

土山湾慈母堂同治二年（1863）刊刻过《周主日瞻礼公经》，铅印本出版于同治十三年（1874）。

《圣母圣心小日课》，徐劢先生的译本，光绪三十三年（1907）出版。这本小日课包括《夜经课》《赞美经》《晨经》《辰时经》《午时经》《申初经》《申正经》《晚经》八篇默想祈祷圣母的日诵短经。

除了常用的经书之外，还有几种颇有"个性"的书籍值得了解：

《助增救灵神火经文》，土山湾印书馆民国十一年（1922）印制，选编者是耶稣会神父翟光朝[①]。此书收了十首经文：《传扬信德祝文》《奉献万民于圣心诵》《求为外教改化诵》《求为中国及蒙古改化诵》《求圣心赐中国归化诵》《向圣弥额尔总领天神诵》《求圣心为临终者诵》《求圣心赐罪人改迁祝文》《求圣心为众人诵》《保存圣召经》。

这些经文非主日经文，是为特别场合的特别活动准备的补充性祈祷文。有些今日读来仍然令人感兴趣，比如《求为中国及蒙古改化诵》：

吾主耶稣基利斯督，普世人类独一无二之救援。尔已广行权力，自此海迄于彼海，自此河迄于地涯。恳垂怜为中国及蒙古，仍坐幽暗死影最可怜惜之人，启尔至圣之心，俾因尔无玷圣母至慈童贞玛利亚，及圣方济各沙勿略转达，举皆弃绝邪神，敬拜尔前，归附尔圣教。尔乃生与王于世世者。亚孟！

《奉献全家于圣心录要》，上海圣心报馆辑译，于民国二十二年（1933）由土山湾印书馆印制。本书为"奉献全家于圣心"运动主旨的记录。该运动由祈祷宗会于1889年发起，1907年美国二心会将这个运动改名为"恭迎圣心入王家庭"。

什么是"奉献全家于圣心"？编译者在"小引"中解释：

或问奉献全家于圣心，何意？答曰，奉献，乃在下者进物于在上者之谓。原夫献物于人。既献以后，则物为人有，随其处置。奉献全家于圣心亦然。既献，则全家为圣心所有，圣心为其主。时时事事，全家当顺其命，惬其意。或又问曰，然则何故奉献？答曰，环顾斯世，每家所至要者，莫如和平。无之，则不成规范之家。然此和平，不但在形体一面，而更当注意于神魂一面。盖我灵必先与天主和，与本身和，然后可以与他人和，而得家中之和平。

该书有六篇：第一篇"奉献全家史略"；第二篇"奉献全家需要"；第三篇"奉献全家缘由"；第四篇"奉献全家礼规"，附有两篇经文《奉献启应经文》和《奉献全家之诵》；第五篇"奉献全家功效"；第六篇"奉献全家事宜"。

[①] 翟光朝（Candidus Vanara，1879—1927），字彬甫，意大利人，1896年入耶稣会。光绪二十九年（1903）以读书修士身份来华。

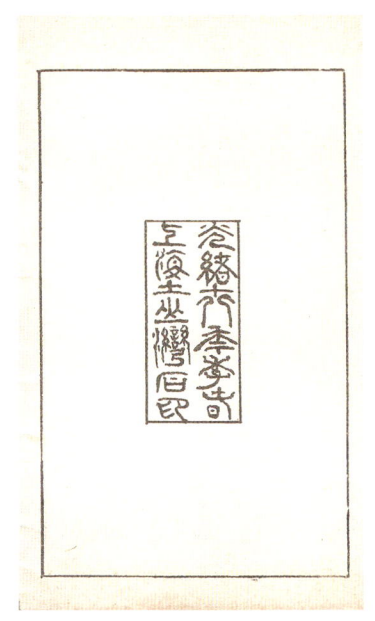 

圣主日礼要（扉页和内页）
江南海院旅人编译
四篇　一册
清光绪十八年（1892）土山湾印制
石印本　纸本　平装
八行二十四字白口半页四周单边
开本：12.2×8（cm）
全框：9.7×6（cm）
11 页

第三类，"规则"。规范圣事活动的形式和规则，既有规范神职人员行为举止的，也有讲述教友应行之事的。

《圣主日礼要》，光绪十八年（1892）石印本，又名《圣主日礼纲》，土山湾印书馆出版的有关主日礼仪的第一批书籍之一。该书有四篇，第一篇"圣枝礼仪"，第二篇"建定圣礼"，第三篇"受难瞻礼"，第四篇"望复活"。每一篇分别说明陈设和礼节。

《执事修程》，土山湾慈母堂光绪四年（1878）石印本，讲述辅理修士职责的教材。分为四部分：第一，"论辅理修士之地位"；第二，"论辅理修士之要务"；第三，"论辅理修士之本分"；第四，"论修士该求之礼规"。

作者特别强调："欲知一物之贵贱真假，该问诸有识者，然后贵者贵，贱者贱，真者真，假者假，黑白分明无半点混杂之误。如古画名器、宝玉珍珠，识者一见可辨。略不经思，世事如此。而神事亦未尝不然。会中有修道士，矢志终身，劳苦服役，名曰辅理修士，职守玛尔大之业，其职分之尊高，工夫之贵重，非常人所得而明晓之也。"侍奉主，多有分工，无贵贱之别。

书后附"真福圣人亚尔方骚赠真福圣人伯多禄克辣物尔四十二言"，是四十二段神修箴言，传世隽永。如"欲爱真主，先该远离私爱，涤除世情俗意，所爱者唯一主，爱他物唯为主"，"修士之成德，不在乎深藏修院，要在力行分内之德"，"寡与人

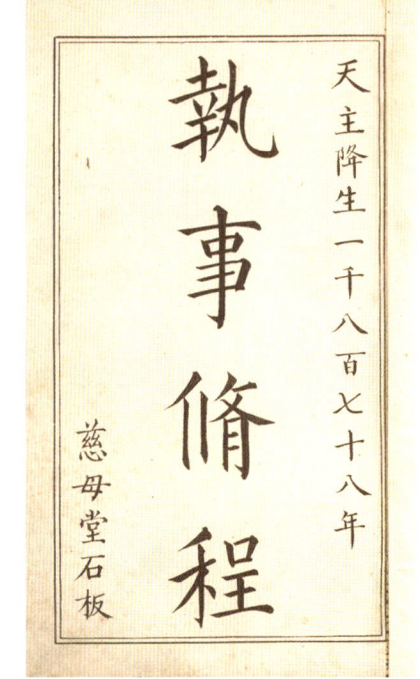

执事修程（扉页）
四部　一册
清光绪四年（1878）慈母堂印制
石印本　纸本　平装
九行二十二字小字双行同白口无框
开本：24.5×16（cm）
143 页

闯畫图

土山湾作塲之二角

各有一辅理修士主任

塲作彫

耶稣会中辅理修士的地位（插图）
基多的义兵编译
九篇　一册
民国二十三年（1934）土山湾印书馆排印
铅印本　纸本　平装
开本：19×13.2（cm）
70页　插图2幅

耶稣会母后像

语，多与主谈"，"好幽静，必得热心"，"见人如见主在，待他人如待主像"，"不食精细甘饴之物、养生之物，惟取其要而已。贪肉之甘饴，必失灵魂之神味。凡爱与世人筵席者，不获圣筵之至味"，"受赞，宜以受辱。但愿见重于主，不愿见重于人。人视外，主视内故也"，"道人惟善，论己惟过"等。

《辅弥撒规则》，神父和教堂工作的神职人员工作用书，详细规定并描述了弥撒活动的形式、程序、职责。天主教各个教派依自己对教义的不同理解，弥撒典礼的规则有一些差别，尤其是在教会内部人员看来，这些差别是比较大的。因此各个教堂都有自己的弥撒规则。该书由土山湾印书馆于民国三年（1914）出版。

民国中期有一本介绍辅理修士工作的书——《耶稣会中辅理修士的地位》值得一读，作者用的是笔名：基多①的义兵。土山湾印书馆民国二十三年（1934）出版。该书有九篇：《耶稣会》《会中人》《会中辅理修士》《圣召的劳作》《日常工作》《不是你们选择了我，是我选择了你们》《进会的步骤》《几位先进：钟修士巴相，康修士玛实，杨修士若瑟》《辅理修士的仪型——圣亚尔方骚》。

《耶稣会中辅理修士的地位》有两处需要留意，一处是图片《耶稣会母后像》。作者指出，在这张画像的六位精修圣人身上，呈现了整个耶稣会各级神修的生活："专任内层工作者，有会祖（穿祭服的）圣依纳爵做主保"；"四方奔走，给黑暗死影中人传布'真光'者，有圣方济各沙勿略做主保"；"三位跪在台前的青年，做会中初学文学哲学神学诸修士们的模范和主保"；"鬓发皓白谦卑地跪在人后者，是圣亚尔方骚。他是会中诸辅理修士们的主保"。

作者是要说明，教会人员神职不同，但都是服侍圣母，在这点上是没有差别的。"他们六位，在生各走了各的路，但起点，是

---

① 基多即基督。

同点:是天主的号召;终点,也是同点:是天主的意旨。他们同样地奉事了天主。"作者的联想蛮有创意。

另一处附上了一张土山湾工艺工场照片,说明当年辅理修士的具体工作情况。列出这张照片的目的是要提醒,在土山湾工艺工场、画馆等类似机构任职的神职人员,他们晋铎后的职务,不是司铎或神父,就是辅理修士或执事。在他们拉丁文拼写的名字前面,如果是 P.(Patrum),指前者;如果是 F.(Fratrum),指后者。

天主教神职人员的神职称谓,在中国常见有:"司铎""司祭""神父""修士"。关于前三者,姚景星神父一段话解释得比较清楚:"司铎司祭神父三名词,名异实同,盖单指一位代表吉利斯多者。说是司铎,因为他握有施行圣事、宣讲圣道,及治理教会三大特权。说是司祭,因为他负有替大众举行祭献的使命。说是神父,因为他生养保育教友们灵魂上的圣宠,的确是灵魂上的一个慈祥的父亲。"① 这三个称呼是天主教的一种正式品位职称,在不同场合的用法不一,获得这一品位的过程和程序叫作"晋铎"。

天主教里讲的"修士"通常指:一、在教会里从事辅助工作的神职人员,通过晋铎获得铎品,与司铎品位平级,代基督行使不同职责,称"辅理修士"或"执事";二、没有晋铎的一般神职人员,相当一部分人一生都未能晋铎;三、以学习或研究身份在教会机构工作的神职人员,一般在教育机构为多,称"读书修士",能力突出者也可以获得"铎品",通常与一般修士不作区分,除非需要特别指明其某种身份;四、皈依天主但没有发愿,一般指教友中间社会地位比较高者,称"在俗修士",类似于佛教里的"居士"。

《省察规式》是一本指导信友反省忏悔的程序规范用书。该书要求信友"省察"有三式。第一式有四步:谢恩、求佑、省察(私省、公省、敬主、待人、持己)、求赦。第二式有五步:谢恩、求佑、省察、痛悔、定改。第三式同样有五步:谢恩、求佑、省察、痛悔、定改。

《潜修小编》是一本指导修道院修行的小册子,原著者为法国耶稣会若望奥利哀神父,江苏教区许方济②神父译;民国十五年

潜修小编(封面)
[法]若望奥利哀著 许方济译
二十三节 一册
民国十五年(1926)土山湾印书馆排印
铅印本 纸本 平装
开本:15.2×9.5(cm)
20 页

---

① 姚景星:《玛利亚司铎之母》,载《江南修院百周纪念》,民国三十二年(1943)徐家汇修道院自印本,第 4 页。
② 许方济(Franciu Borgia Hiu,1895—?),华籍,耶稣会士,民国十三年(1924)晋铎,江苏枫泾(今属上海金山区)本堂神父。

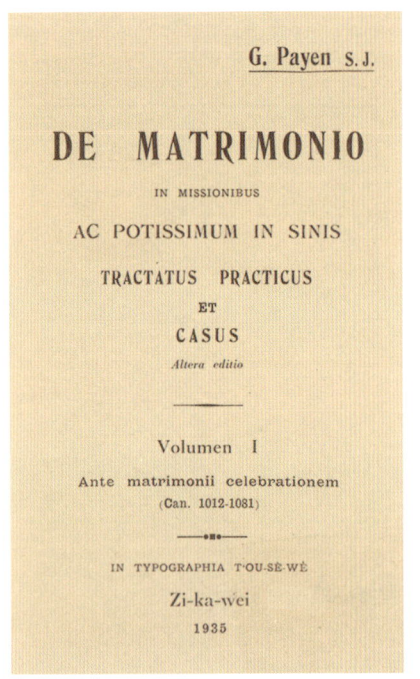

De matrimonio in missionibus ac potissimum in Sinis，Tractatus practicus et casus
婚姻的实施和事例（封面）
［法］晁伯英 编
拉丁文
三卷 三册
民国二十四年（1935）土山湾印书馆排印
铅印本 纸本 平装
开本：23×17（cm）
3043页

神学主讲晁大司铎银庆记念录
（封面和内页）
Annus Jubilaeus Rev. Patris G. Payen S. J.
江南教区 编
一卷 一册
民国十九年（1930）土山湾印书馆排印
铅排本 纸本 平装
开本：22×16（cm）
12页 插图3幅

（1926）土山湾印书馆出版。原著书名为 *Pietas seminarii*（《修道院中之热心》），共有二十三节，讲述修道院生活的宗旨、职责、信念、祈祷、品德、悔罪、读经、敬像、叹息、起居等。

第一节为修道生活定义，很重要：

> 修道院中至要至终之宗旨，在使修道者，因吾主耶稣基利斯督而生活于天主，务使与天主圣子之心情深为契合，而为各修士能如圣保禄宗徒之自称无愧曰：我之生活即基利斯督。又曰我之生活，已非我自生活，乃基利斯督生活于我也。故当为修道者之独一期望，独一心思，独一工夫，乃在使之内以基利斯督之生命为生命，而于外行中表显之。

天主教的传教活动，不仅把传播教理放在首位，也从不轻怠教会组织体系的维系。一方面要求信徒忠诚于以教宗为代表的梵蒂冈威权；另一方面也鼓励成立各类传教组织，以增强其凝聚力和影响力。

De matrimonio in missionibus ac potissimum in Sinis，Tractatus practicus et casus（《婚姻的实施和事例》），民国二十四年（1935）土山湾印书馆出版，作者是法国传教士晁伯英①。

这是一部天主教道德伦理著作，讲的是教友的婚姻规范。教

---

① 晁伯英（Georgius Payen，1862—1940），字杰甫，法国人，1880年入耶稣会，1900年晋铎。光绪三十年（1904）来华，任徐家汇大修院神学讲师。

区管理机构处理教友婚姻问题必须依据天主教教义、符合天主教伦理标准,有根有据。比如教友因婚姻纠纷诉诸教堂神父,神父对此的调解和判决不仅要公平,还须引经据典,言出有本。晁伯英神父的这部三卷三厚册、三千余页的拉丁文著作,是为教会处理教众的婚姻问题提供理论依据和操作事例。第一卷"婚礼之前",第二卷"婚礼之中",第三卷"婚礼之后"。

他编写的同类著作还有 Casus de baptismo in missionibus ac potissimum in Sinis(《教友领洗的实施和事例》),Déontologie médicale d'après le droit naturel(《天赋权利下的医学伦理学》)等。

晁伯英是民国中后期徐家汇天主教圈子里最为德高望重的神父,民国十九年(1930)江南教区曾经隆重庆贺晁伯英晋铎三十周年,出版过《神学主讲晁大司铎银庆记念录》(Annus Jubilaeus Rev. Patris G. Payen S. J.)。

第四类,"修会会规"。讲述教会各种修会组织和纪律。

对于土山湾印书馆来讲,耶稣会的会规毫无疑问是最为重要的典籍。光绪十九年(1893)徐家汇天主堂编译了《耶稣会规》,由土山湾印书馆石印,虽说是平装,但不失精致。全册二十三篇。

生活在耶稣会大家庭里,一言一行都有规则,不可轻举妄动,没有规矩不成方圆。《耶稣会规》二十三篇就是纪律严明的耶稣会之金科玉律。

第一篇"会典简要",概要地介绍了《耶稣会会典》,耶稣会士必须熟记并遵守的纪律有五十二条:

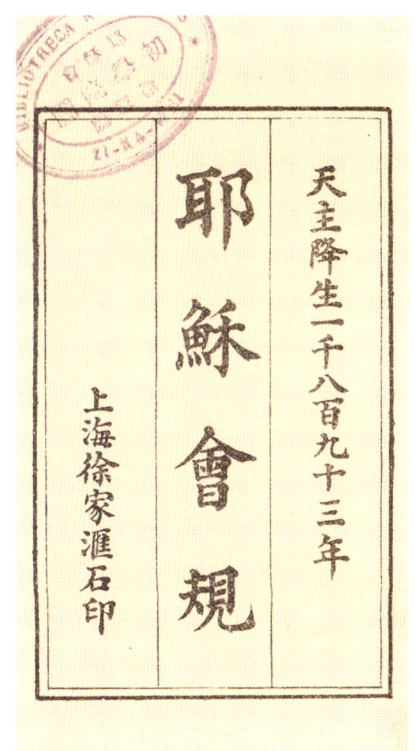

耶稣会规(扉页)
徐家汇天主堂编
二十三篇 一册
清光绪十九年(1893)徐家汇印制
石印本 纸本 平装
九行二十字白口半页四周双边
开本:15×8.8(cm)
全框:10×6.3(cm)
88 页

条 款	会典简要	要 点
第一条	会典之要	耶稣会宗旨
第二条	本会之向	救人灵魂,辅人修德
第三条	本会之向	奉事上主,在此度生
第四条	度生之式	听命长上
第五条	总告解	入会伊始,每六月一次
第六条	省察告解圣体	省察己心,领圣体
第七条	听告司铎	告明司铎
第八条	弃绝己亲	脱肉情,获神宠
第九条	受人指责	知己之愆
第十条	互相规改	受人规正

续表

条　款	会典简要	要　点
第十一条	轻贱世物	爱慕苦架
第十二条	克己	尽己能，行苦功
第十三条	卑贱之工	逆己磨练
第十四条	诱惑	杜骄傲，克偏情
第十五条	精修前进	恒心
第十六条	专务实德	纯全内德
第十七条	正意	一切事宜诚心奉行，视若为奉事天主
第十八条	家训	克去己私，进德全修
第十九条	事主厚情	行热心、谦逊、爱德之工
第二十条	本会品级	专务前修，尽心竭力服事天主，光荣天主
第二十一条	专务热心	专修热心之德
第二十二条	魔计宜防	时时奋修真坚之德
第二十三条	神贫	神贫之德宜爱如修会之坚墙
第二十四条	神贫之工	不论何物不可用之如同己物
第二十五条	神贫之工	贱物己用
第二十六条	神贫之工	不可擅借用诸物
第二十七条	所行神工不可求报	弥撒、听告、讲道均不可收酬谢
第二十八条	洁净	自身灵清净，效天主贞洁
第二十九条	端正	言语谨慎，容貌端方，厚重不骄
第三十条	节制饮食	肉体受养之时，灵魂亦须神粮飨之
第三十一条	听命	不论何等长上均宜一心恭敬，视基利斯督之代权
第三十二条	听命	不可向长上隐藏己事
第三十三条	听命	分内分外听命长上
第三十四条	听命	态度欣快，如出基利斯督
第三十五条	听命	迅速行之
第三十六条	听命	深信不疑
第三十七条	补赎	过失怠忽，爽快补赎
第三十八条	下属长上之命亦宜听从	辅助下属亦听命下属
第三十九条	书信规式	书信需由长上允准审核
第四十条	诉心	丝毫无隐
第四十一条	陈明诱惑	和盘托出
第四十二条	彼此同心合意	以兄弟团结服事天主
第四十三条	心无偏向	包容各面之人

续表

条　款	会典简要	要　点
第四十四条	闲暇当去	空闲为万恶之原
第四十五条	毋与俗事	不可办遗嘱、经理、公事
第四十六条	保养身体	保存肉身精力，奉事天主
第四十七条	内工宜，间以外工	节制
第四十八条	补赎之工须有节制	节制守夜、守斋等苦工
第四十九条	患病	以纯心治灵魂，以谦虚治肉身
第五十条	患病	耐心，等待主恩
第五十一条	求行补赎	请求长上允己补赎
第五十二条	温习会规	每月一次自阅或听诵

第二篇"本会公规"四十九条和第三篇"公示"二十二条，其内容与"会典简要"差不多，只是发布的形式不同。

第四篇"依本会定式诉心训谕"是对"会典简要"第四十条"诉心"的具体解释。包括"诉心之要"和"诉心条目"，后者分解为：一、圣召，二、守愿修德，三、诱惑，四、相反会典，五、爱灵神火，六、祈祷，七、神乐神佑，八、神工之益，九、前进，十、守规，十一、克己苦功，十二、会友，十三、长工，十四、诱惑。这十四条规定的是忏悔的十四个步骤，规清严明。

第五篇"端正规条"是对"会典简要"第二十九条"端正"的详细说明，共有十三条：一、端正谦虚厚重，二、首容，三、目容，四、与人交谈，五、额容鼻容，六、唇容，七、面行和悦，八、衣服，九、手容，十至十二、举止行动，十三、言语。

第六篇"行旅规条"：一、行旅本向，二、行路经文，三、路中，四、求哀矜式，五、忍耐，六、弱者助之，七、患病，八、观感外人，九、节制端正善表，十、观感会友，十一、哀矜，十二、行路时宜守之规。其中有两条很能说明这些规条的特点：

【求哀矜式】纯以爱慕基利斯督之心一路求人哀矜。如是庶全弃恃望银钱世物之意，而以真信热爱全恃造物大主矣，又宜记忆宗徒昔受吾主基利斯督遣发未带钱袋而行。即大主自己亦无枕首之处。

【忍耐】养身紧要之需亦甘愿缺少，以习练寝食之艰难。至路中能遇之凌辱、嬉笑、轻慢，宜恃主宠佑忍受。且喜遇此等机缘得以效法吾主基利斯督而衣其裳衣。

第七篇"副理家规条"，第八篇"助理外工修士规条"，第九篇"管更衣所规条"，这三篇是对辅理修士的职责规定。比如"管更衣所规条"主要规范的不是普普通通的穿衣戴帽，而是针对弥撒仪式时神职人员仪容仪表、烛台圣灯、撞钟洒水、直至手巾等。

第十篇"顾病者规条"，第十一篇"守门规条"，第十二篇"司衣服规条"，第十三篇"买办规条"，第十四篇"司货物规条"，第十五篇"司饭厅规条"，第十六篇"庖人规条"，第十七篇"晓正规条"，第十八篇"查夜规条"，第十九篇"诵经领圣体单"，第二十篇"圣依纳爵论顺德手书"，第二十一篇"初愿文"，第二十二篇"助理外工修士末愿文"，第二十三篇"献绝物件契文"。这些内务条令越往后越具体，

会赦摭陈（封面）
〔清〕徐劢编译
十一篇附一篇 一册
民国四年（1915）土山湾印书馆排印
铅印本 纸本 平装
开本：14×9.3（cm）
98 页

越细致，就连物品用罄后如何申领都规定了格式。

《耶稣会规》在同类书里是最全面的，对耶稣会的内部管理制度和管控方式介绍得最为详细。此书为耶稣会管理层使用，印数不大，存世稀少。

天主教传教修会是教会的组织细胞及其赖以扩展、维系的基础，若需要了解天主教其他修会情况可以吞徐劢编著的《会赦摭陈》，由土山湾印书馆于民国四年（1915）出版。

《会赦摭陈》分为两部分，前一部分介绍了玫瑰会、圣衣会、领报会、善终会、圣心会、母心会、红圣衣会、蓝圣衣会、传信会、圣婴会、祈祷会等。后一部分是附录"圣物大赦"，介绍了"教皇大赦""苦像大赦"和"念珠大赦"。

徐劢神父在例言里说明，教中之会，如玫瑰会、领报会等多矣，可谓指不胜屈。所以只将已在江南教区颁布的掇而辑译，故曰"摭陈"。

徐劢神父还编译过《圣母会公规》，该书于民国四年（1915）出版。第一章，耶稣会创办的圣母会之宗旨；第二章，圣母会的"共务"，即统一公共活动；第三章，圣母会会员独自可做的善行；第四章，圣母会内部"治理"；第五章，入会条件；第六章，圣母会的"公职"；第七章，圣母会的"正职"，指值会神父；第八章，圣母会的"从职"，指辅助人员；第九章，圣母会"交通"，这里的"交通"指会员间联系；第十章，圣母会"区规"。附"圣母会大赦"。

敬奉圣母是天主教的基本教义之一，是天主教不同于基督教新教的重要区别。天主教认为，圣母玛利亚是耶稣的亲人中第一个认定耶稣是天主圣子的人，也是全世界第一个恳请耶稣基督施行神迹的人；在耶稣基督被钉十字架时在场，被耶稣托付给了使徒若望照看；耶稣基督复活后，圣母是第一批赶赴坟地的人之一。"基督是天主与人类间唯一的中保，圣母中保的角色完全隶属于基督。"

因而在中国天主教书籍中有关圣母的著作非常多，歌颂圣母与礼拜耶稣的活动就有着同样重要的地位。从早期那永福撰写的

《圣母圣衣会恩谕》到民国中后期朱佐豪编著的《朝圣母简言》和《中国圣母会考》，可以看出敬奉圣母在中国天主教信徒修行中的重要性。

民国七年（1918），一位圣母圣心会会士辑译了一本小册子《圣母要理简要》，委托土山湾印书馆出版。该书分为三卷二十八章，详细地介绍了天主教信奉圣母的道理和规范。

上卷讲述圣母行实之大概，第一章"论圣母的预选预许及预像"，第二章"论圣母的父母与圣母无原罪始胎"，第三章"论圣母圣诞"，第四章"论圣母圣名"，第五章"论献圣母于主堂"，第六章"论圣母领报"，第七章"论圣母往见"，第八章"论耶稣圣诞割损立名三王来朝"，第九章"论献耶稣于主堂及圣母行取洁礼"，第十章"论圣家避居厄日多国回归纳匝肋耶稣十二龄讲道隐居度日"，第十一章"论因圣母的转求耶稣初显圣迹"，第十二章"论耶稣传教及圣母痛苦"，第十三章"论耶稣复活圣神降临及圣母在耶路撒冷的行实"，第十四章"论圣母去世升天"。

圣母要理简要（封面和插图）
圣母会士辑译
三卷　一册
民国七年（1918）土山湾印书馆排印
铅印本　纸本　平装
开本：19×12.5（cm）
88 页
插图 1 幅

中卷为敬礼圣母之理由，第一章"论圣母品位之尊贵"，第二章"论敬礼圣母"，第三章"论尊敬圣母在乎什么"，第四章"论依靠圣母"，第五章"论爱圣母"，第六章"论效法圣母"。

下卷述敬礼圣母之工课，第一章"论圣母经"，第二章"论玫瑰经"，第三章"论圣母圣衣"，第四章"论圣衣圣牌"，第五章"论圣母瞻礼"，第六章"论几样恭敬圣母的事"，第七章"论几种圣母的会"，第八章"圣师论虔敬圣母如何美善如何要紧而有益"。

为这本书作序者署名"隐士"，此"隐士"应该是马相伯。这类书很多，这本书却很少见。

《祈祷会友便览》，徐劢译，先刊登于《圣心报》，光绪十三年（1887）由土山湾慈母堂辑册出版。民国十九年（1930）重新编译为《祈祷宗会袖珍》，由圣心报馆出版。

祈祷会于1844年在法国成立，是天主教影响比较大的传教组织。《祈祷宗会袖珍》分六卷讲解了祈祷会的基本知识。卷一"历

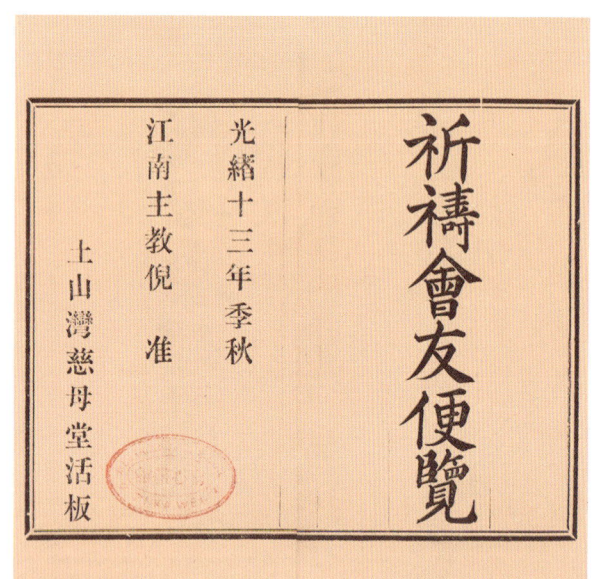

祈祷会友便览（扉页和书牌）
〔清〕徐励编译
二十二篇 一册
清光绪十三年（1887）土山湾慈母堂排印
铅印本 纸本 筒子页 线装
十行二十二字白口四周双边单鱼尾
开本：15×9.7（cm）
半框：11×7（cm）
15页

史和精神"，卷二"定章与职务"，卷三"统系与分设"，卷四"圣心与本会的关系"，卷五"祈祷宗会的宝藏"，卷六"进会仪文"。这本小册子发行量很大，几乎每年都印刷。

徐允希神父翻译过一册《祈祷宗会问答》（*Catechiemus de apostolayu orationis*），民国二十六年（1937）出版。原著者是撒肋爵传教会总会长狄索（T. R. P. Tissot）神父。

《祈祷宗会问答》分上下两编。上编"论祈祷与献功"，介绍祈祷会的宗旨、祈祷的效力、祈祷的种类、献功的利益。下编"论组织与利益"，介绍祈祷宗会的性质、功效、设立法、等级，对于圣心的利益和对于会友的利益。

相近内容的书籍还有民国二十四年（1935）上海圣心报馆翻译印制的《论公进会与祈祷宗会书》，作者是"葡京宗主教宰来叶拉枢机主教"，即葡萄牙大主教。

《安老会修女的生活及其工作》（*Vie et Œuvre de la Petite Sœur des Pauvres*），由土山湾印书馆于民国十九年（1930）出版，详细讲述安老会修女的入会条件、工作职责等。这本书在中国天主教女教徒里影响非常大，为不少史书所记载。

安老会于1840年创立于法国，发起人是佣人出身的若翰纳·俞根（Jeanne Jugan）。她和她的姊妹们成立养老院，收留贫困老人。截至此书出版时，安老会建立的养老院已有三百零九所，收容老人四万余人。"这些老人们，都已离死不远，也许全不理会教友们当作一切的事情，全不懂得他们的本分。吾主耶稣无穷仁慈，将他们托付给安老会修女手里。"

《安老会修女的生活及其工作》一书开头语："假使救世主要将一众灵魂拖到身边，他一定先拣着贫苦无告的老人们。"

《圣母献堂会初学规范》，一部介绍圣母献堂修道院的章程、准则、仪式和规范的书。包括"论初学宗旨""论晨兴与默想""论省察规程""论与祭告解""论领圣体""论拜圣体""论看圣书""论听讲道释规""论自省及诉心""论居房及用时""论端正清洁默静""论听命神贫二德""论贞德""论补赎自讼""论规过""论问答""论读书写字""论手工等事""论饭厅中念书""论用膳""论散心写信""论往外厅"等章节。用现在的话来说，这是一部培养"淑女"的百科全书。

与《圣母献堂会初学规范》类似的书，还有宣统元年（1909）土山湾慈母堂出版的《圣母善导会初学院规》。

土山湾印书馆出版的书籍里，也有"本地化会规"，例如晁伯英神父编纂的拉丁文的 Monita Nankinensia （《南京教区条例》），1918年在巴黎出版，民国二十二年（1933）由土山湾印书馆增订。

晁大神父撰写这部《南京教区条例》的形式甚为"夸张"，中等篇幅的著作却分了五卷八十章一千五百目。第一卷"教区管理"，第二卷"品德修养"，第三卷"圣事安排"，第四卷"规则纪律"，第五卷"会规文献"。与前述编译西方的著作不同，晁大神父的《南京教区条例》是一份本土化的文献，他结合中国法律法规和上海、江苏、安徽等地风俗习惯，详细地说明本教区圣事活动和日常生活的规则，诸如区域管辖、日常事务、行为守则、人员安排、人才培养、培训机构、学校社团等，"弥撒""礼拜""圣餐"这些天主教最基本的圣事活动在中国教区的具体实施办法，以及在洗礼、坚振、弥撒、忏悔、禁欲、听命、仁爱等方面教区对神职教友的品德要求。

晁伯英的文风守旧、刻板、繁琐、枯燥。这位法国人偏好拉丁文写作。拉丁文词汇远不如法语丰富，语法也不及法语严谨。倘若是研究教理的著作用拉丁文或可以接受，但这位神父用拉丁文撰写日常事务，读来晦涩难懂、味同嚼蜡。

类似《南京教区条例》的书籍还有徐家汇圣依纳爵主教堂编的 Primum concilium sinense, anno 1924（《1924年中国基本教规》）。从题目来看，这部拉丁文书籍应属于连续出版物，但著录只有民国十八年（1929）土山湾印书馆出版的这一本。

圣母献堂会初学规范（插图）
二十三节　一册
清光绪二十六年（1900）
慈母堂排印
铅印本　纸本　筒子页　线装
十行三十字白口四周双边单鱼尾
开本：20.3×13（cm）
半框：15.3×9.5（cm）
46页
插图1幅

Primum concilium sinense, anno 1924
1924年中国基本教规（封面）
徐家汇圣依纳爵教堂编
拉丁文
两卷　一册
民国十八年（1929）土山湾印书馆排印
铅印本　纸本　精装
开本：25×16.5（cm）
396页

訓真辨妄

> 中国这个古老的帝国以普遍讲究温文有礼而知名于世,这是他们最为重视的仁、义、礼、智、信五大美德之一。
>
> ——利玛窦

中国天主教传教史上有一个持久而重要的主题："辨妄"。这也是天主教传教史的一个传统，是传教的一种手段或方式，在欧洲叫作 Apologetique（护教）。从明末利玛窦来华伊始，延至民国，围绕着这个主题的论辩从未消停过：天主教是真正信仰，中国本土传统崇拜是迷信。利玛窦的《天主实义》、利类思的《不得已辩》、杨廷筠的《代疑编》，三大名著主要是讨论中西儒耶之异同的。在早期，这种论辩是传教的必要手段，立己排他；到后期，这个主题演变为一种形式上的东西文化冲突，甚至有人认为是对中国文化的诋损。

其实"辨妄"还是"不辨妄"，对于今天来说已经不重要了，有价值的是来华传教士们为了说明中国"迷信"状况，搜集、整理了大量中国民间传统文化资料，流传至今，成为今日中国重要的非物质文化遗产的珍贵资料。

在这个论辩中，除了三大名著外，要特别关注的天主教著作还有四本：《圣教理证》《集说诠真》《诹真辨妄》和《中国迷信研究》。

《圣教理证》"是书言天地有主宰，将天主之实有性体阐解详明，然后驳斥儒佛道等之种种迷信，而归本于皈依圣教之紧要"①。此书采用问答写法，论辩了天主教的基本要理。

《圣教理证》的目的：

> 圣教之道，正大光明，有根有源，愈驳愈明，越究越深，令人笃信实行。然尝见多有教友，书理浅薄，不能回答外教之驳问，卒至辞穷理遁，致玷圣教之英名，惹外教人之耻笑，实属可悲。吾今不避谫陋，博采诸书中最浅近之词，辑成一编，名《圣教理证》，以为对答外教素常之问，以服其心，解其疑，免其毁谤，而或引其奉教也。
>
> 真光出土，去普世之暗；正道入耳，解心中之惑。
>
> 万民得今世安生光至暗灭，能识正道，能别好歹，能知取舍，能兴百工；万民赖此，以得今世安生。神灵获后世永福疑解心定，则可诚意，则可修身，则可齐治，则可立功；神灵赖此，以获后世永福。

全本的《圣教理证》有六十三个论题。这六十三个论题是天主教代表的西方文化与中国传统文化碰撞的根本所在。通过《圣教理证》，可以窥见中国人和中国文化在西方传教士眼中的样子。

一、论天主二字之解；二、论天主全能、全知、全善；三、论天主为何生人有恶；四、论为何天主生猛兽害人；五、论一主难以管天地万物；六、论天主从谁而生；七、论何谓天主无终；八、论何人看见天主；九、《四书》《五经》内未有天主之名；十、论为何从儒教不足，必该从天主之教；十一、论为何

---

① 徐宗泽：《明清间耶稣会士译著提要》，第125页。

不敬孔子；十二、论为何不敬祖宗；十三、论烧钱纸之妄；十四、论不拜死尸；十五、论天堂地狱；十六、论魂有三等；十七、论神人鬼三样；十八、论为何天主准魔鬼出世害人；十九、论魔鬼害人之故；二十、论天主公义何在；二十一、论为何天主不罚恶人为报善人之雠；二十二、论为何天主不均分财帛于人；二十三、论为何称天主教为圣教；二十四、论奉教人守何诫；二十五、论守诫之人少；二十六、论为何帝王不遵圣教；二十七、论不可言外国之教不当从；二十八、论异端；二十九、论贴神字与五字牌之伪；三十、论风水；三十一、论择日；三十二、论算命；三十三、论面相；三十四、论占卦、求签、测字；三十五、论神祇菩萨；三十六、论帝王无封神之权；三十七、论佛；三十八、论轮回托生；三十九、论老君或老聃；四十、论玉皇；四十一、论观音；四十二、论梓潼；四十三、论真武；四十四、论天妃或天后；四十五、论城隍；四十六、论萧公；四十七、论晏公；四十八、论关羽；四十九、论许真君；五十、论财神；五十一、论社稷；五十二、论阎王；五十三、论神仙；五十四、论张天师；五十九、论为何传道之人离家不事父母；六十、论传教士不婚的好处；六十一、论不可言奉教为难；六十二、论外教人虽行善功难得天堂真福；六十三、论奉教不可迟绥。

从第二十九论题到第五十八论题，介绍了三十个与中国风土人情有关的问题，当然在天主教作家眼里这些都是"迷信"。

《圣教理证》的基本轮廓，在冯秉正撰写于雍正十一年（1733）的《盛世刍荛》中已经形成，在这本书的第五篇"异端篇"里，冯秉正驳斥了在天主教传教士眼里的中国民俗中三十六种迷信现象。《盛世刍荛》这一部分是《圣教理证》和黄伯禄几本著作的雏形。

《圣教理证》的作者，在耶稣会的出版机构的版本里做了模糊处理，未提及作者名字，只注明"教宗鉴牧斯德范订校梓"。斯德范，即范若瑟①，川东宗座代牧区主教。不过遣使会的北京北堂印书馆、巴黎外方传教修会的香港纳匝肋印书馆、圣言会的兖州天主堂印书馆出版的《圣教理证》都指明其作者是巴黎外方传教修

圣教理证（扉页）
［法］白德旺撰
六十七篇　一册
清咸丰二年（1852）慈母堂辑刻
写刻本　纸本　筒子页　线装
九行二十四字白口四周单边单鱼尾
开本：21.7×13.3（cm）
半框：16.8×11（cm）
60页

---

① 范若瑟（Eugène Desflèches，1814—1887），法国人，巴黎外方传教修会会士。道光二十年（1840）来华，在贵州、四川传教。

会的白德旺①主教。

准确地说，《圣教理证》是白德旺的作品，黄伯禄将其整理编排付梓，并作序。此书当年在天主教各教区广泛传播，几乎各家出版机构都翻印过。可见最早版本是咸丰二年（1852）上海慈母堂和共乐堂刻本，后有光绪十年（1884）上海土山湾印书馆铅排本、光绪二十三年（1897）福建刻本、光绪二十九年（1903）和宣统二年（1910）河间胜世堂铅排本、光绪三十二年（1906）方济各会刻本、光绪三十年（1904）和民国三年（1914）兖州府天主堂印书馆铅排本、民国四年（1915）北京救世堂铅排本、民国二十三年（1934）长沙铅排本、民国三十年（1941）天津崇德堂印书馆铅排本等。

清末慈母堂或土山湾的版本大多有黄伯禄于光绪十年（1884）写的序言，故而一些著作也署黄伯禄编。改编本有沈锦标的《圣教理证选要》。新教出版机构也出版过《圣教理证》，光绪二十一年（1895）广州美华浸信会印书局出版陈乙山改编本《辟邪归正》，论题为六十九个，内容没有什么变化。

黄伯禄（Pierre Hoang，1830—1909），名成亿，字志山，号斐默，教名伯禄，江苏海门人，幼年就读于私塾；道光二十三年（1843）入张朴桥修道院潜修十七年，研习拉丁文、哲学、神学等；咸丰十年（1860）晋铎后出任小修院院长，兼授拉丁文和哲学，后在上海、苏州、海门等地传教；光绪元年（1875）任徐汇公学校长，兼管小修院；三年后退隐董家渡专心著述。

黄伯禄平生著作之多在中国籍神父中少有，一生著述计三十余种，其中中文著作十九种，法文著作十余种，拉丁文著述五种，几乎全部由土山湾印书馆出版。仅"汉学丛书"就编收了他的八本法文著作《契券汇式》《中国婚姻律》《官盐论》《大清会典》《中国大地震目录》《中西历日合璧》《中国纪元杂论文集》《日月蚀考》。此外他还有中文著作《集说诠真》《圣女斐乐默纳传》《函牍举隅》《正教奉褒》《正教奉传》《诇真辨妄》《函牍碎锦》《圣母院函稿》等。

黄伯禄学识渊博，曾用汉语、英语、法语和拉丁语发表著作，早年许多教外学者以为他是外国人。民国四年（1915）10月，年轻的胡适在美国哥伦比亚大学读书时偶见一本署名为"天主教司铎黄伯禄斐默氏"的《集说诠真》，于是在日记中记道：

此书盖为辟多神迷信之俗而作。蒋序曰："黄君搜集群书，细加抉择，编年释地，将数百年流俗之讹，不经之说，分条摭引，抒己见以申辨之。"是也。所引书籍至二百余种之多，亦不可多得之作。今年余在哥伦比亚大学藏书楼见之。其说处处为耶教说法，其偏执处有可笑者。然搜讨甚勤，又以其出于外人之手也，故记以褒之。②

胡适先生这里提到的"黄伯禄斐默"就是中国籍耶稣会士黄伯禄神父，不过胡先生把他的国籍弄差了，以为他是洋人。

据黄伯禄自己讲，《集说诠真》"余辑是编，始于丁丑……竣于庚辰，首尾四年，乃发行问世"。也就是光绪三年（1877）动笔，光绪六年（1880）完成。不过，初版牌记署光绪五年（1879）镌刻。光绪五

---

① 白德旺（Etienne Raymong Albrand，1805—1853），又记白斯德望，法国人，1831年入巴黎外方传教会，1832年赴暹罗传教。道光二十六年（1846）来华，道光二十九年（1849）任贵州主教。
② 胡适：《藏晖室札记》，上海亚东图书馆民国二十八年（1939）版，第797页。

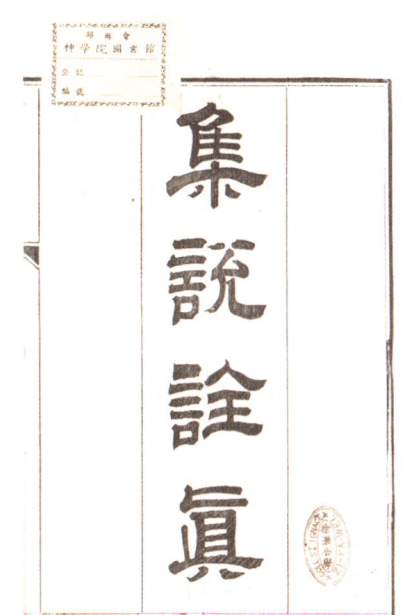

集说诠真
集说诠真提要（扉页和内页）
〔清〕黄伯禄辑〔清〕蒋超凡校
一百四十七篇　载体　五册
清光绪五年（1879）慈母堂辑刻
刻本　纸本　筒子页　线装
九行二十字小字双行同
白口四周双边单鱼尾
开本：26×16.5（cm）
半框：20.8×14.5（cm）
494 页

年的刻本只有《集说诠真》和《集说诠真提要》五册。

黄伯禄请他的学长蒋超凡校阅《集说诠真》书稿，书前有光绪四年（1878）黄伯禄和蒋超凡各自的序言；前例有"先儒姓氏""引用书目""续书目""凡例"。正文题目整整六十篇。

《集说诠真提要》一卷一册，前有黄伯禄光绪五年（1879）序。

光绪六年（1880）黄伯禄重新校订，又作《集说诠真续编》，前有黄伯禄自序。续补了二十五篇。书后附"历代永统纪年表图"。光绪三十一年（1905）本为《集说诠真》《集说诠真续编》《集说诠真提要》完整三部六册，铅排本。

黄伯禄在光绪四年（1878）的序言里这样说起他撰写《集说诠真》的初衷：

> 粤稽生人者上主。上主独为宰制之大主。斯祸福人者亦惟上主，上主又独为赏罚之真主。洪荒乍辟之初，人多浑朴，尚知真主，畏之敬之，尊亲昭事之，罔替焉。后世人心不古，虚灵之体，一蔽于私欲，再淆于习尚。遂昧其所自，谖弃真主。以致食德不念旧，饮水不思源。甚至奸诈蜂起，妖妄焰炽。指已死之人曰神曰主，粉饰怪诞，以神臆说，不穷其本，不审其原，人鬼也，而上主之，似祸淫福善之权，惟彼是操，矫妄之祠，几遍环宇，而造化真宗之传，殆将绝矣，余尝痛之。

正于此不甘，他深感"辨妄"和"辟妄"的迫切性：

> 丁丑秋，病余多暇，纵观往籍，旁及搜神志怪之书，因将诸神事实，捃摭成编，逐一诠释，辟妄说以达真理，冀有志者阅之而自悟。

他给自己这部书的定位是"发聋振聩，易俗移风，实是编为之嚆矢焉"。

黄伯禄在《集说诠真提要》序言中讲：

> 《书》有之曰，惟人万物之灵。所谓灵者，非仅备五官四体而已。谓其妙悟识真理耳。理散于万殊，汇于一本，人之生有自，死有归。生自上主，死归上主，所自所归。二者实包涵夫万理……释道之说，皆昧乎生之所自，死之所归者也。儒则传自义轩，道统相承，宜乎彻要理识大原矣。无如古时经籍，历遭灾厄，什无一存，致后儒无由考索。

因此他自己：

> 将造物主按理穷源，征其实有。更将儒释道三教，援引书籍，述其源流，又将审辨述事真伪要例，准情酌理，缕析陈明。

《集说诠真提要》这一册才是黄伯禄"辨妄"的重头。第一篇"证有造物主"，第二篇"考儒释道三教源流"，第三篇"辨述事真伪"。第二篇的篇幅很大，黄伯禄分七十三节考述了儒家源流、释教源流、道家源流，以及三教统论等，比如"儒家自尊而非释道""释教自尊而非儒教""道家自尊而非儒教""释道两家互相争胜""儒教创始""儒教相传""儒教倾颓""孔子继统""儒教分裂""孟子继统""儒教绝统""经典十厄""宋儒新旨""释教原始""汉时释教""宋时释教""元时释教""明时释教""释教大旨""道教原始""秦时道教""道教大旨""释老诞妄""释经非浮屠氏本书""道教非创自老子""释道两家互相剽窃"等。

《集说诠真》的立意和内容与《圣教理证》相似，多有重叠，增加了"石敢当""太极""元始天尊""三清""金阙上帝""玄天上帝""文昌帝君""魁星""蚕女""青衣神""炕三姑娘""紫姑神""土地""地藏王""灶君""福神""后土""十殿阎王""张仙人""东王公""西王母""李八百""八仙""刘海""和合""刘猛将军""刘太尉""三茅君""佑圣真君""三官""三元""五圣""五通""五岳""龙王""开路神""神荼郁垒""桃符""门神将军""钟馗""痘神""哼哈二将""天王""罗汉""鲁班""公输子""张仙""灌口神""二郎神""玉灵官真君""萨守坚真君""祠山张大帝""岳鄂王""施相公""施忠佑武烈大帝""陈司徒""五司徒""都天神""萧王""太一""太岁""寿星""火神""水神""河伯""海神""四海神""波涛神""江神""川泽神""池神""汉神""洛神""太湖水神""淮涡水神""风伯""雨师""雷公""电母""蒋相公""温元帅""五代元帅""雷海青""药王""瘟神""罗神""黄道婆""陈夫人""柏姬""白鸡""七姑子""糊涂""总管""利济侯""戚公子""蛇王""青蛙神""扫晴娘""床神""圣姑"等。

黄伯禄于光绪十一年（1886）又在慈母堂出版了《訓真辨妄》一书。《訓真辨妄》体例与《圣教理证》相同。有人认为黄伯禄的《訓真辨妄》就是《圣教理证》，这种说法不完全对。《訓真辨妄》和《圣教理证》是主题相似的两本书。光绪十年（1884）黄伯禄先是再次整理了《圣教理证》，加上了他写的序言，在土山湾印书馆出版。之后或同时，他自己又参照《圣教理证》的内容和体例先后撰写了《集说诠真》和《訓真辨妄》。

《訓真辨妄》与《圣教理证》《集说诠真》的差别主要在论题数目上，《圣教理证》有六十三个题目，《集说诠真》和《集说诠真续编》加起来有八十五个题目，而《訓真辨妄》有一百一十九个题目。

黄伯禄在《訓真辨妄》里，对论题有所增删或者合并，增加的论题有："叩拜亡人""木主""禁荐亡人""家堂""天地君亲师五字碑""纸钱""买路钱""解天饷""纸马""纸房子""纸幡""符录""御火鸡""姜太公在此百无禁忌""门贴福字""六壬课""掷

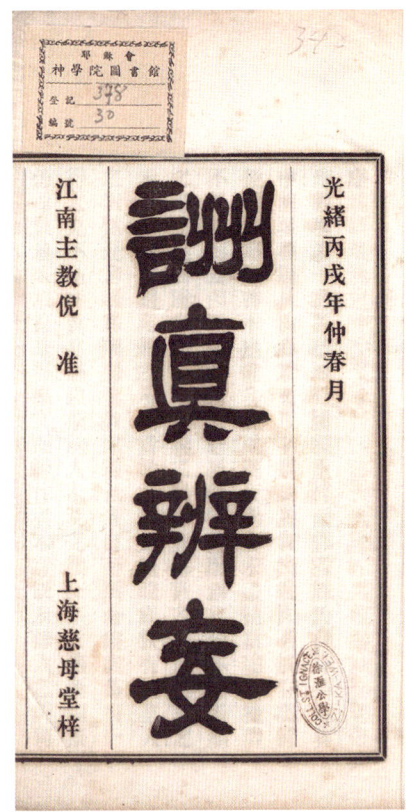

訓真辨妄（扉页）
〔清〕黄伯禄撰
一百一十九篇　一册
清光绪十一年（1886）慈母堂排印
铅印本　纸本
筒子页　线装
十行四十字小字双行同
白口四周双边单鱼尾
开本：26.8×15.7（cm）
半框：20×13（cm）
95 页

玫""避煞""戒杀""放生""吃素""持斋正义""吃素教""招魂""念佛珠""撞梵钟""腊八粥""赤豆粥""上主特宠之圣人理应敬礼，世俗之圣贤神佛不可敬礼""麻姑""东岳""马王""四大金刚"等。

此书用三分之二的篇幅介绍中国的一些民间风俗，并对每一种其视为迷信的中国风俗给出符合天主教教义的看法。如"叩拜亡人"：

作揖跪叩，俯伏稽颡等礼，行之于亡人，自古已然。原其本意，盖谓凡人一死，灵魂即逝。所遗者，惟此不灵之尸骸。然尸骸虽属不灵，究系人之遗体，亦应敬重，因是礼之义拜。事固寻常，理无稍乖。但今俗叩拜亡人，其会意有大不然者，故天主教特为申禁。盖彼以尸骸尚其神，故尸棺曰灵柩，挽额题灵右，几案称灵座，牌位书灵位。凡亡人，当在生时，人见之，未必即肯下拜。及死后，即系卑幼，而其尊长，莫不自忘其为尊长，向尸跪拜，唯恐不诚。问其意，曰：望其赐福也，畏其降祸也。彼以为亡人秉祸福之权。而仆仆叩拜，谬妄甚矣。虽或有二三达士，每于叩拜亡人，只礼其尸，不望其赐佑免灾。但二三人之卓见，不足破千万人之谬妄。圣教乌得不禁哉？然天主教规，亦令人敬礼祖先遗骸，所禁者，惟违理之俗礼。至于殡殓安葬等事，虽切戒僭越奢靡，然常劝谕各按门第，悉依无乖于理之俗尚，竭力举行，方于孝道无亏。凡事因所常因，革所当革，天主教必先审察情由，始行定夺，俱有至理存焉。

由此可见，天主教对其视为"迷信"的那些东西，并不是全然排斥。依循利玛窦的规矩，该尊重的，礼敬之；有违教义者，陈明之。

对照《圣教理证》看《訓真辨妄》，可以说，黄伯禄是在整理《圣教理证》一书时有了一些新的想法，他补充了自己的资料，而写出《訓真辨妄》。从主题看，后者比前者多出近一倍。法国传教士禄是遒在宣统三年（1911）着手为"汉学丛书"编著的 *Recherches sur les superstition en Chine*（《中国迷信研究》）①，无疑接受过黄伯禄的指点和帮助，甚至可以推测其写作大纲是在黄伯禄参与下完成的，基本上是按照《圣教理证》提出的问题展开的，甚至题目的次序大部分也是一样的。《中国迷信研究》受《集说诠真》和《訓真辨妄》的影响更直接。

《圣教理证》《集说诠真》《訓真辨妄》三本书差别不大，讲的都是作者认为是迷信的那些中国传统文化的东西，只是编撰在后的内容更丰富。

"辨妄"的历史就是天主教在中国求生存、谋发展的历史。依《圣教理证》而衍生的作品，除了黄伯禄的著述外，还有其他天主教作家的作品，比如遣使会孟振生神父的《俗言警教》，方济各会田文都神父的《真理警世》，圣言会罗赛神父的《谈论真假》，都是如此内容，无不似曾相识。

---

① 本书的详细内容见"东西来去（续四）"章。

辟畦辩道

> 儒家的最终目的和总的意图是国内的太平和秩序。他们也期待家庭的经济安全和个人的道德修养。他们所述的箴言确实都是指导人们达到这些目的的，完全符合良心的光明与基督教的真理。
>
> ——利玛窦

辨妄著作，早期传教士写得比较多，目的是向中国人说明自己存在的道理，说明天主教与中国人的生活合拍，与中国传统文化一致，或者说明天主教是真理，而中国人的本土信仰都是迷信。

"康熙季"法国来华传教士孙璋是位值得尊敬的汉学家。他与艾儒略一样，在他自己的著作中认真地讨论天主教的基本理论与中国文化传统的关系——冲突、矛盾、悖节以及调和相济。

孙璋（Alexandre de La Charme，1695—1767），字玉峰，又字德昭①，法国人，1712年入耶稣会，雍正六年（1728）来华，终其余生三十九年以北京为家，去世于北京。他的满语和汉语造诣极深。俄罗斯破坏《尼布楚条约》侵入中国东北地区，孙璋曾随徐日昇、张诚等人参团与俄罗斯交涉，索回俄占黑龙江以东两千平方公里土地。孙璋成名作是《性理真诠》和《性理真诠提纲》，但是比较珍贵的作品是《甲子会记》。《甲子会记》为明代薛应旂所著，孙璋用法文逐段注释，稿本藏于德国慕尼黑图书馆。他还有《华辣文对照字典》和《华法蒙满文对照字典》两种未刊稿本，徐宗泽记录这两种曾藏于西什库藏书室。

《性理真诠》，乾隆十八年（1753）北京西安门首善堂初版，孙璋自己在乾隆二十二年（1757）又将其译为满文。这是一部篇幅长、内容艰深的哲学著作，分为四卷首一卷，其中卷二和卷三又分别拆为上下分卷。首卷"灵性之体"，二卷"灵性之原"，三卷和四卷"灵性之道"。

择其大意，孙璋认为很多中国先秦儒家著作在秦始皇焚书时已经亡佚，因而人们至今仍不知"五经"的完整面目。而他通过重新发掘《易经》等经书的真义，揭明中国五经的真义就是"天主五经"。

> 此书之作，非我一人之私意，以诬己者诬天下也；乃详考先儒古经，恰证后哲真学，虽辞不惮烦，累累万言，然皆凭据凿凿，无半点含糊气，如佳肴美馔，罗列筵前，要使宾朋满座，各投其情好之所宜，非但借譬喻之辞，了事而已也……譬喻之辞，不过指明原有之实理，令人易晓耳；倘先无实理，即有千百譬喻，俱属虚设矣。故此书之作也，特为发明真道实义，而真道实义，载于中国五经：五经者，皆系古先明哲，穷理尽性，躬行实践，有得之妙道精理，垂之千古，以教万世者也。但五经之言，至理渊邃，浅尝者，不能深究其义；且秦火而后，又皆残缺失序；虽代生贤哲，遵信而接续焉，然不过收什一于千百，而五经全旨，概乎不得复闻矣，痛哉悲哉！予忧灵性之义，愈久而愈失其真也，爰是沉思静虑，殚尽心神。援引古体妙义，博采名哲格言，十余年来，集成此书，公之天下。

《性理真诠》通篇皆是先儒曰如何如何，后儒曰如何如何。

他论辩而求索"实理"，在第二卷"灵性之原"里是这样表述的，比如第四篇论太极，"太极系上主造物原质，非可以上主为太极""太极系浑然之气，不能为万物之原""历考古经书，不重言太极""孔子不重言太极""孔门不传太极""古经重言主宰不言太极有灵明""近儒所云太极与孔子所论太极相反""皇极经世书论太

---

① 费赖之《在华耶稣会士列传及书目》第324目记：孙璋字玉峰。《性理真诠》书牌记"孙璋德昭氏述"。

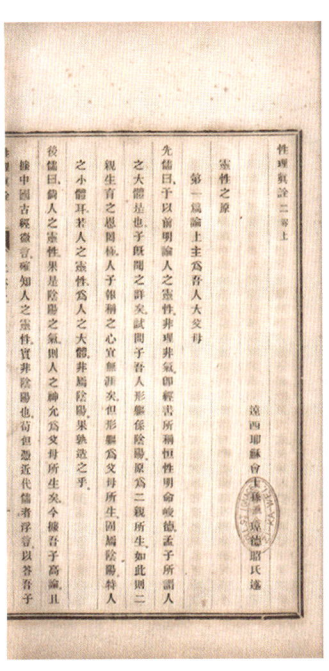

性理真诠（内页）
［法］孙璋述
四卷首一卷　四册
清光绪十五年（1889）慈母堂排印
铅印本　纸本　筒子页　线装
十行三十二字四周双边单鱼尾
开本：26.6×15.6（cm）
半框：20×13（cm）
290 页

极之谬与孔子之意大相悬殊"。他认为后世讲的"空""无"不能表达"太极"的本性。宋明理学后儒对太极的诠释在一多、前后、虚实、纯杂等方面互相矛盾；"太极"既非"空"，亦非"无"，亦非"气"，而是"元质"，即天主创世所用的原初质料。这种"元质"虽然蕴含于阴阳二"气"之中，但是阴阳二"气"之消长变化的动机并非来自"太极"本身，而是来自"天主"。

批驳了后儒对先儒的曲解后，孙璋把较大篇幅留给论述"真教实理"的"灵性之道"。他在第三卷上里提出，"守五伦不足为真教""真教唯有上主所创""真教唯一不能有二""上主真教与世永存""人们凭自己的本良可知何为真教"等。他在第三卷下里分析了各类异端的危害，特别痛斥汉唐以来性理书籍之误，剖析了宋明理学之谬。洋洋洒洒十万言的《性理真诠》最后归结到第四卷：中国古儒真教系天主教，天主教系宇内公教。

《性理真诠》是明末清初来华传教士撰写的论辩书籍里最有深度的一部。其出版之际正是天主教在华生死攸关时刻，传教士们对中国传统文化一时噤口少言，孙璋之作不同凡响，值得关注。

相似的书籍还有初刻于康熙五十三年（1714）的《醒世迷编》。这是部很有特点的书，作者项署"楚州遑叟郁荪湘华氏著，燕山丰利刘鉁仲符氏评订"。这是一部"辟佛"之书，也就是批评佛教的书。作者用儒家思想、历史事实和新的地理知识，驳斥

醒世迷编（内页）
郁荪著　刘鉁评订
两卷　一册
民国十二年（1923）土山湾印书馆排印
铅印本　纸本　筒子页　线装
十行三十字白口四周双边单鱼尾
开本：19.5×13（cm）
半框：15×10（cm）
122 页

佛教的"安谬"。分为两卷，上卷十则："佛世宗""佛生""佛死""佛国不远""佛经诞生""佛经狂妄非理""佛经不相合""佛戒杀物命""佛轮回之说""禅宗顿悟"。下卷六则："佛教始入中国""佞佛之祸""佞佛之愚""佛教倡乱""西僧受封之始""先贤辟佛"。

《醒世迷编》的作者郁苏，字湘华，生平无稽。从徐宗泽在《明清间耶稣会士译著提要》中看，作者应该是康熙年间来华耶稣会传教士。《醒世迷编》有一定影响力，近代天主教书籍各类目录均著录此书。

天主教来华第二个百年，清政府完全放开了基督教传教活动，传教士们由此能够在中国各地盖教堂，办学校，只有他们没有能力去的地方，没有他们不能去的地方。故而他们似乎没有必要为自己辩争了，他们大多也无暇写那些令人纠结的论辩著作了。

不过，少了，不是没有。在比较纯学术层面上，还是有学子把论辩书籍作为自己的主攻方向。其他出版机构很少出版这类书，但是土山湾印书馆给他们提供了表现的舞台。

从另一个角度看，天主教论辩书籍无不涵括作者对中国传统文化的搜寻，浸透了他们的研究心血。是非或许辩而不清，但是在这些传教士著作里很少有不学无术的讹作。

张维祺（Jacobi Tchang，1856—1935），教名雅各布伯，文献一概称为张雅各布伯。生于察哈尔烂营子一个天主教世家，同治十一年（1872）入西湾子小修院，光绪八年（1882）在献县修院学习，光绪十二年（1886）毕业后返回西湾子传教，次年晋铎，民国十八年（1929）退休。逝于西湾子。《在华圣母圣心会士名录》未著录张维祺，说明张维祺是西湾子教区神父，但没有加入圣母圣心会。

民国十三年（1924）五月，中国天主教史上第一次主教会议在上海召开。出席会议的有四十二位主教，五位监牧和苦修会会长，十三位传教区代表，二十四名各修会代表以及中国神职人员多名。会议主持刚恒毅大主教介绍西湾子教区代表张维祺神父身份时，称其为刚刚出版的《邪正理考》的作者。民国二十八年（1939）土山湾印书馆出版过隆德理①编写的《张雅各布伯司铎行传》（*Vita Patris Jacobi Tchang*）。可见这位神父在当时颇有影响。

《查教关键》是张维祺神父撰写的一部为天主教在中国地位辩护的论著。三卷补一卷。第一卷"论治国以查教为要"，第二卷"论孔子之教与耶稣之教互相比较"，第三卷"论迷信"，补卷"解释疑问"。

这类题目似乎是天主教来到中国后恒久不变的话题，不论利玛窦、汤若望、艾儒略、利类思还是南怀仁，无不孜孜研修中华典籍，学儒知孔，又不吝笔墨，或取儒以用，或论儒耶无隙，或论儒耶体用，或妄谈孔儒之革新，或辩查耶说之高明。不过此类话题多见于明清之际天主教入华的初创时期，体现了天主教为争得生存权利之努力。此后少有重量级论著面世，尤其是五四新文化运动之后。

《查教关键》写于五四运动前一年（1918），是在新文化运动的背景下写成的。作者的主旨是，在社会变革之际，有诸多思想影响人们。若要整理人心，须拨乱反正。"查教"就是辨别哪种"主义"更适合中国。"儒教之所以不肯崇奉真教，而反摈黜正教者，皆因不明之故。因不查，故不能明，因不明，故不知查。辩道之书，虽云汗栋，而彼仍居墙下门外，非有以启之迪之者，终难使之升堂入室。所赖有具爱火之热心同胞，能将辩道诸书，广传遍送焉，则获益莫大矣。"作者着墨重点是比较孔子学说和天主教教

---

① 隆德理（Vaieer Rondelez，1904—1983），比利时人，1925年入圣母圣心会，1930年晋铎。民国二十年（1931）来华，任西湾子小修院教士、西湾子主教秘书、档案室主任。日军占领期间被拘于潍县和北平，战后回比利时。

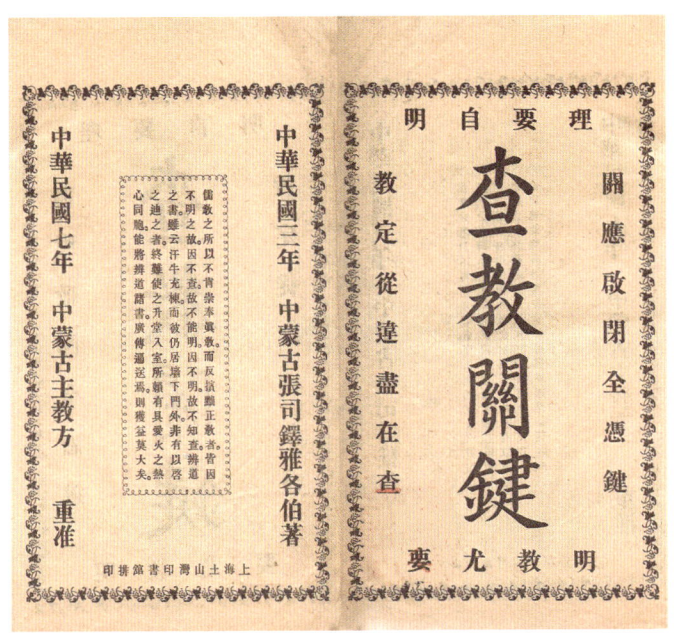

查教关键（扉页和书牌）
〔清〕张维祺撰
三卷补一卷 一册
民国七年（1918）土山湾印书馆排印
铅印本 纸本 筒子页 线装
十二行二十四字白口四周双边单鱼尾
开本：19.5×12.5（cm）
半框：15×10（cm）
366页

义，认为不论从立教、道理、规诫还是反迷信看，天主教要优于孔子学说，几千年独尊的孔孟之道为社会进步的障碍。

有意思的是，张维祺引用陈独秀批驳以康有为为代表的"尊孔会"的文字，力陈"孔子之道不足为修身之大本""天主之道为修成之大全"。不知仲甫①先生是否知道张雅各布伯？是否读过《查教关键》？

虽说张维祺作为天主教神父，立场是弘扬教会，但他对孔孟之道的分析批判与该时代主流思想倾向合脉，一些观点也还是可取的。《查教关键》在以往研究五四新文化运动历史中常被忽略，其实也应该承认它在"打倒孔家店"时起着推波助澜的作用。

张维祺神父的《邪正理考》是与《查教关键》一样引人关注的"力作"。不过在这本写于六年之后的著作里，他对孔孟儒家学说的态度较为温和，不那么急吼吼地要"打倒孔家店"了，给儒家学说在"真教"传播中尚保留有一隅之地。

《邪正理考》也采用问答形式，第一卷"论敬神之道"，第二卷"讲孝亲之礼"，第三卷"证圣教之真"，第四卷"解疑惑之端"，第五卷"明传教之义"。这是一部很系统地阐述天主教教义的书，不仅包括教理，还有张维祺神父所擅长的，把天主教的道理与中国文化观念联系起来，用中国人能够接受的讲法说出来。

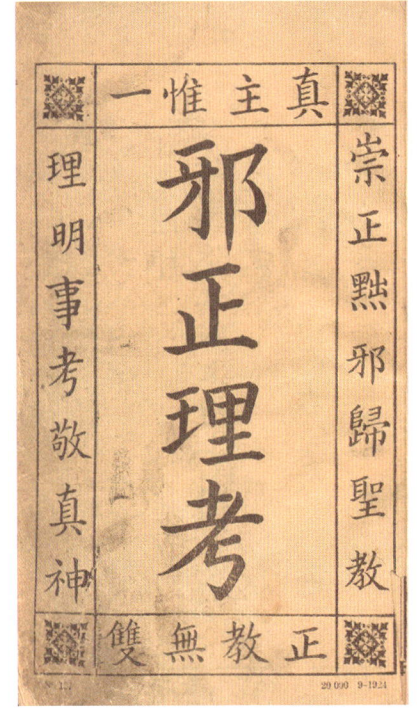

邪正理考（封面）
〔清〕张维祺撰
五卷 一册
清光绪三十三年（1907）
土山湾印书馆排印
铅印本 纸本 筒子页 线装
十一行二十八字白口半页四周双边
开本：18×12（cm）
全框：14×9（cm）
566页

---

① 仲甫为陈独秀之字。

他在书中大谈孔孟学说，针砭佛学道论，其架势不让王国维、梁启超。张维祺神父在序言中非常自信地说："常见有多少人，不肯奉天主教，且有毁谤天主教的，皆是因为没有听明道理，不知分辨邪正的缘故。一来肯听的人少，二来会讲的人也不多，所以邪正不能明，真假无处考，不得不同流合污，人云亦云。"

那么什么是真理呢？张维祺神父讲了很多，择举一例。

问：儒教所敬的神是神不是神？

答：古儒所敬的上帝、上天，以及万灵之真宰，细看古书的文本，也该指的是造物主，也像敬的是真神。但后来的儒教，另外是从秦始皇把咱们中国的书烧了以后，失了真传，迷了正道，竟成了个混沌世界了……比那黑夜迷了路的人还更可怜。若说当今儒教人所敬的是神不是神，当看儒教人所敬的神虽多，到底出不了这三样，第一样是死物，比如天地日月；第二样是古人，比如玉皇观音；第三样是牲口，比如龟神玉兔。这三样都是受造之物，并非造物之主。

真教最要（封面）
〔清〕张维祺著
一卷　一册
民国十一年（1922）西湾子教区出版
土山湾印书馆排印
铅印本　纸本　平装
开本：19.8×12.8（cm）
10 页

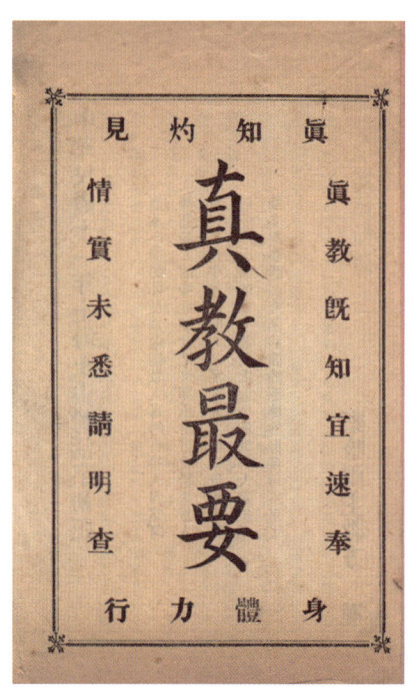

张维祺神父就是这样分辨"正"与"邪"，用中国人的道理纠正中国人的误念，以期拨乱反正。

《邪正理考》与《查教关键》一样，是外来的"和尚"写不出来的，张维祺神父这部有相当中国文化功底的著作在当时天主教圈子里是很有影响的，不仅迭次再版，还出过精选本《邪正理考简言》，便于洋教士们阅读。

张维祺还著有《真教大益》和《真教最要》。

《真教最要》与《查教关键》《邪正理考》一样都是西湾子教区的出版物，由土山湾印书馆排印。《真教最要》出版于民国十一年（1922），没有署作者名字，从行文风格看，为张维祺神父所撰写是没有疑问的。

张维祺神父以其特有风格，在扉页上印着："这本小书，另外是为送儒教人写的。有些人，因为可怜儒教人的缘故，愿意把辨邪正的书散给儒教人看。但是大半都是财力不足，书大不能多散。如今写这一本小书，就是为多散。所以这个真教的大关系，不能多提、多讲、多证，不过简简捷捷的。"

为了多散发，《真教最要》比《查教关键》和《邪正理考》的篇幅小多了，只有区区十页。

真教，就是真神立的教。真教所敬的，该是真神。真教的道理、规矩、敬礼、终向，全该是至真、至正、至相称的。掌教的人，该是有真权柄的，而且这六样，全该是从真神来的，再有真神的凭据，这就是真教。所说的真神，就是天主。所以天主教就是真教。

随后他讨论了两种人：一、论知道真教的人；二、论不明真教的人。对不同的人施与不同的劝诫，同归于主，乃真教之最要。

江南代牧区主教倪怀纶①撰写的《答问新编（附辟畦浅论）》是另一种"论辩"著作。《答问新编》的形式模仿艾儒略的《三山论学纪》，是本文学色彩浓厚的散文作品。

倪怀纶假借一位"申江梅岭生"到南阳郡访友林先生，家中憩栖七日，与林先生在园中鸿雪轩指点江山、漫谈天下。他们先是谈上海"万国通商"带来的变化：洋人接踵而来，熙熙攘攘。身处穷乡僻壤的林先生对此深感忧虑，尤其对天主教不解。他高谈阔论中国孔学之伟大，认为"吾国不需要耶教天主"。于是梅岭生"知无不言"，一一释疑。主客二人，借辟畦之地，你来我往，谦和交流，虚心讨论，各抒己见，以诚相待。

林先生：吾中国圣圣相传，贤贤继起，尧舜禹汤文武周公孔子之教，垂自上古，历万世而不敝，取精用宏，万物毕赅，语大天下莫能载，语小天下莫能破，岂斯道之外复有所谓正教哉？

梅先生：夫道大而无外，亦推而莫尽者也。昔神农师悉诸，黄帝师大挠，尧师子州，舜师许由，文王师吕尚，孔子师苌弘，是古帝王犹以道有未尽，而折节就学，岂后之人反而谓尧舜禹汤文武周公孔子之外，别无义理可求耶？又况秦燔而后，古籍不完，即或三代前至理详明，迄今未免有阙如之憾。漫教士以大中至正之教，传行中国，发人所未发，明人所未明，宜理所宜然。子何怪与？

倪怀纶让他的梅先生说出他想说的道理："天""道"都是可以变化的，中国人不可固守孔子学说。

主客托盏品茗，谈古论今，细细交换了对中国传统文化的看法，比如礼仪、纲常、婚娶风俗、迷信崇拜等；也反复讨论了天主、门徒、灵迹、复活、拯救等天主教的信仰。主客切磋二十余天，甚悦，揖别。

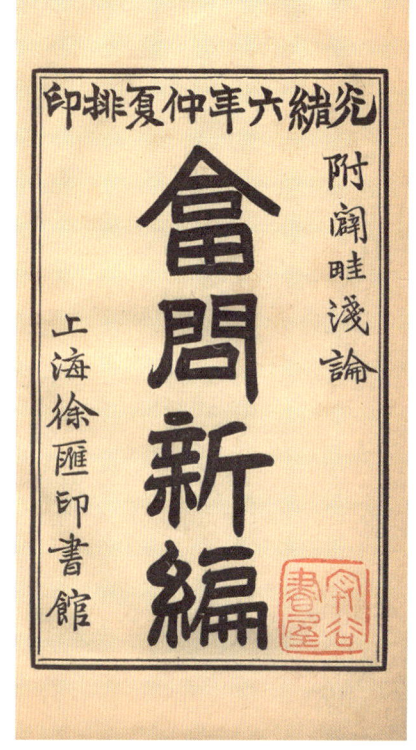

答问新编（附辟畦浅论）（扉页）
[法]倪怀纶撰
不分卷 一册
清光绪六年（1880）徐汇印书馆排印
铅印本 纸本 筒子页 线装
十二行二十八字白口半页四周双边
开本：24.5×15.5（cm）
全框：17.5×11（cm）
20页

---

① 倪怀纶（Valentin Garnier，1825—1898），字霭尔，法国人。同治八年（1869）到上海，光绪五年（1879）起任江南代牧区主教。逝于徐家汇。

《答问新编（附辟畦浅论）》一书署光绪六年（1880）上海徐汇印书馆出版，文字十分考究。倪怀纶在序言里交代："爰将教中要理数十章，时人素所疑问者数十事，缕析条陈，设为问答，嘱李司铎秋重加参订，翻译成帙。"有几本书与《答问新编》是派生关系，需要特别解释说明。

《答问新编》书牌又注明"附辟畦浅论"，这里编纂似有些混乱。光绪六年（1880）版的这本书是对话体散文作品，并不是倪怀纶所言嘱李问渔整理的问答体著作。其实在《答问新编（附辟畦浅论）》里看到的只是"辟畦浅论"几个字而已。

倪主教嘱咐李问渔："辞，务取其简，惧以冗长致厌也；文，务从其浅，欲其雅俗共赏也。书成，名之曰《答问新编》。"《答问新编（附辟畦浅论）》的文字既不简也不浅。倪主教所说的《答问新编》其实是指另一本书，后来出版时书名用的是《客问条答》。

"然又以乡农孺妇尚欠浅文之未解，故于明年春，复嘱沈司铎容斋，将《答问新编》一书，易以俚言，名曰《答客刍言》。俾人人得以开卷了然。"这里所说的改成《答客刍言》的是对话体"辟畦浅论"。

可以这样捋清，《答问新编》是倪怀纶主教尝试用新的体裁撰写的"辨妄"著作，李问渔先生译为中文。经李问渔、沈容斋分别改写、润色，前后形成的三本书《答问新编（附辟畦浅论）》《答客刍言》和《客问条答》，可以视为《答问新编》的三个版本。

倪怀纶在光绪六年（1880）讲的只是他的计划，后来的实施与他原初的设想不同也很自然的。《答问新编（附辟畦浅论）》近似文言，《答客刍言》较为浅白。《答问新编（附辟畦浅论）》和《答客刍言》是对话体，《客问条答》是问答体。《答问新编》是原创作品，与那个时代许多宣教书籍不同，因而不断地修修改改，不足为奇，勿以是咎。

《答客刍言》，光绪七年（1881）出版，木活字排印本，为"山湾精品"。因为《答客刍言》有容斋先生写的序言，致使几乎所有著录都误记容斋先生为《答客刍言》的作者。

容斋先生在序言里概述了《答客刍言》的意义和重要性：

答客刍言（封面和内页）
〔法〕倪怀纶撰
〔清〕沈容斋编
一卷 一册
清光绪七年（1881）慈母堂排印
木印本 纸本 筒子页 线装
九行二十字白口四周双边单鱼尾
开本：26.6×15.4（cm）
半框：18×13（cm）
57页

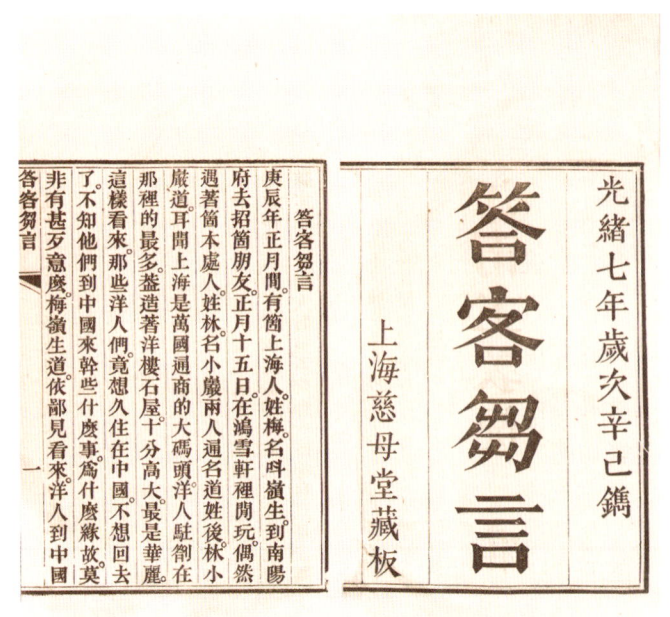

古人有云，闻道发端于始疑。韪哉斯言。盖人必疑而问，问而明，明而后择善以行。无偏废，无躐等也。特是生今之世，为今之人，万事皆知疑而问而明而行。独于天地之主宰，正教之由来，祸福之机缘，疑矣而问者实鲜，问矣而明者尤鲜，明矣而行者更鲜……当今教士之辙遍天下，教会之名播寰区，讵不闻吾中国有天主教者，传自汉唐来自西土，以昭事天地之主为先务，以修已淑人、改过从善为要端，以积德立功力、图身后之报为归宿。即不能周知其原委，亦早已悬拟于寸衷所谓疑是也，疑固不可不问也。

需要留意，《答客刍言》的民国十六年（1927）版本，名同实异，也是问答体，但内容多有不同。

《客问条答》，光绪十三年（1887）土山湾印书馆出版，是"山湾精品"。序言仍沿用倪怀纶在《答问新编（附辟畦浅论）》写的那篇，只是删节过半，落款时间署光绪八年（1882）。从内容来看，《客问条答》把"辟畦浅论"里的"申江梅岭生"与"南阳林先生"二人对话，择其精要，换写成问答体。因其迻自"辟畦浅论"，与其他要理问答类书籍还是不同的，以辨妄为主，饶有文采。

客曰：圣贤书所载，皆仁义礼智，日用纲常之理。取之不尽，用之无穷。何必西洋人越俎代谋，哓哓申辩，自诩为益人才智耶？

答曰：经书贤传，载有仁义礼智，日用纲常之理固已。然人生必以返本归原、钦崇天地大主为先务，以修己淑人、得享身后永福为要事。乃孔子罕言命，又曰未知生，焉知死。又曰未能事神，焉能事鬼。是要道大端，阙略未及。徒致功于寻常日用之间，岂非于生死大道，独抱遗珠之憾哉。

客曰：儒者之论，人死四十九日而散，又安有所谓天堂地狱哉？

答曰：孔子曰君子疾没世而名不称也。如使骨肉归灰，神魂消散，则毁与誉，无与于我，又何需乎美誉乎？此神魂不灭之证一也。吾中国自古皆有祭，设裳衣，荐时食，忾闻慨见，如在目前。使父母之魂，早已消亡，果和所取义而为然乎？此神魂不灭之证二也……

客曰：贵教之天堂地狱，与佛氏之天堂地狱，有何异义？

客问条答（扉页和内页）
[法]倪怀纶撰 〔清〕李杕编
一卷 一册
清光绪十三年（1887）
土山湾印书馆排印
铅印本 纸本 筒子页 线装
十行二十三字白口四周双边单鱼尾
开本：26×15（cm）
半框：20×13（cm）
32页

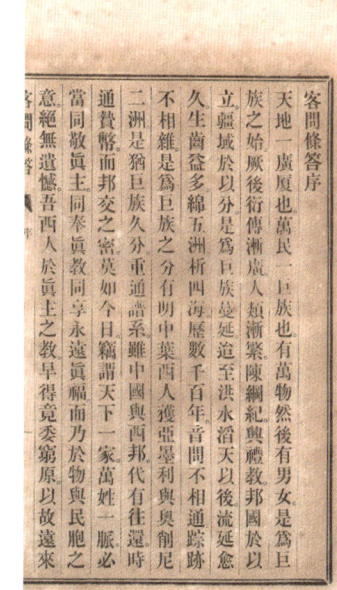
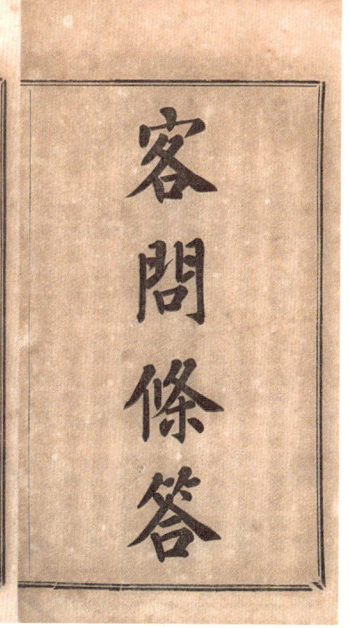

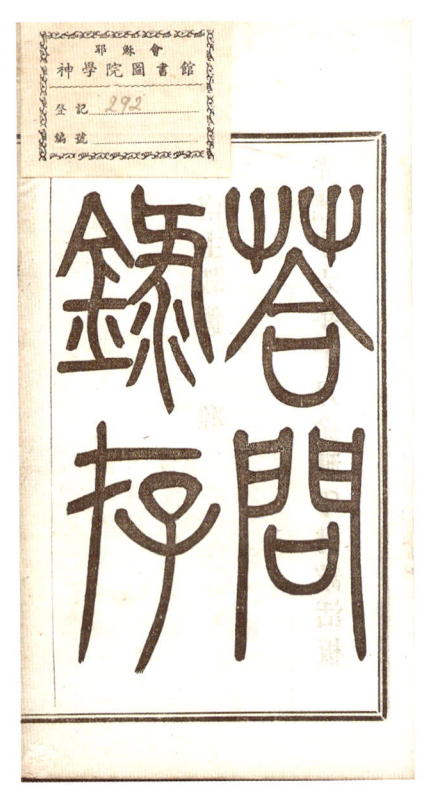

答问录存（封面）
〔清〕李杕撰
一卷 一册
清光绪十六年（1890）徐汇印书馆排印
铅印本 纸本 筒子页 线装
十行二十五字白口四周双边单鱼尾
开本：20×12.3（cm）
半框：15×9.8（cm）
60页

答曰：佛氏天堂地狱，以轮回六道为本根，其说大背正理。故虽有其名，实则无此天堂地狱也。

倪怀纶答客三书，多易其稿，斟酌不烦，"辞不尚华，文从清浅"，得问渔、容斋倾襄，付诸枣梨。

受倪主教《答问新编（附辟畦浅论）》和《答客刍言》的启发，问渔先生也用这种论辩散文体裁撰写了《答问录存》。序曰：

书名答问，自梁代始，武帝制毛诗答问，春秋答问，宋中散大夫徐广撰礼论答问。厥后仿而名者，不胜枚举。其所载未必承人问而答之也，大都自为设问，自为应答，使理义明而阅者易于领会，法至良焉。近今人心不古，势利萦怀，将崇正辟邪之学，往往置膜外而不疑，或疑而不知问，或问而不能解其惑。不疑不问，过在于己。问而不解其惑，答之者未得其道也。

问渔先生自诩对天下道理深有所知，故扮作辨道之人，遣抒天主之理。

问渔先生设定的对话背景是戊子（光绪十四年〔1888〕）秋，他在天津遇到一位福建饱学之士陈渔人。他们在大沽登船南下，聚舱欢谈。陈渔人自恃少壮，"登贤书，服官斋"，口若悬河。其间还有沈君、张君等人加入。船至上海，他们登岸歇息，继续畅聊。前前后后十几日，聊了五十多个话题，主要是围绕黄老之道、宋儒之学展开的。

张子曰，天地不能无主，予亦深信。有主而敬礼之，亦理所当然。第伊古以来，善而反祸，恶而反福。如孔子厄陈，阳货得位，颜子屡空，盗跖富有。如此之类，屈指不胜。天地有主宰，何竟听其自然也？予曰，善恶真报，不在世间。子舆氏云，人之有德慧术智者，恒存乎疢疾。又曰，天降大任于是人也，必先苦其心志，劳其骨筋，饿其体肤，空乏其身，行拂乱其所为。则灾难所以成德，犹参苓所以养生也。君欲于此得报，亦不明甚矣。虽然，尧致三多，舜有四海，共工流幽州，驩兜放崇山，在生受报者，亦复不少，君毋妄疑主宰可矣也。张君曰诺。

《答问录存》，徐汇印书馆光绪十六年（1890）出版，属"山湾精品"。

初桄拾级

> 如果不想显得没有教养或无知,或想懂得别人所说的或所写的是什么,一个人就必须深谙各种不同的表达思想的方式。
>
> ——利玛窦

中国是个多礼数的国家。天主教传教士的前辈们初到中国时，在礼仪上显得进退失据。因此在后来的文献中，不难发现他们对礼教类书籍格外关注，孜孜矻矻地学习中国人的精致和高雅。

《尺牍初桄》就是这么一部教人们如何写信的书。新安涂敷五先生道光七年（1827）原作，南窗侍者子虚氏光绪九年（1883）根据新安涂敷五先生手稿删减，编为两集。后增"附上卷"和"汇注"两卷。"南窗侍者子虚氏"就是蒋邑虚先生，民国十年（1921）第四版署"南沙南窗侍者邑虚氏"。

在纸张发明之前，我们的先人用竹木或帛，制成尺把长的版面，用以书写记事，叙情表意，传递消息，因此这种载体有尺素、尺函、尺牍、尺笺、尺翰、尺书等多种称谓，其中以尺牍用得最早也最多，故成为信件的代称。桄则是门、几、车、船、梯、床、织机等物上的横木。"尺牍初桄"在这里的意思就是写信的入门工具。

《尺牍初桄》分上下两卷。

上卷有"书札规格""天文异名""地理异名""岁时异名""职官异名""人品异名""政治异名""文事异明""人事异名""食物异名""杂物异名""花卉异名""果品异名""禽兽异名""称呼辨误""本族前后辈称呼""曾祖母族称呼""祖母族称呼""母族称呼""女婿姊妹姑表各亲称呼""姻戚称呼""师友称呼""妇女行帖称呼""交接称呼""书奉语""肃拜语""启禀语"。

下卷有"借贷语""承借不应语""承借约缓语""承借答有语""还借酬谢语""取讨语""承取答允语""承取求缓语""浼托语""承托不应语""承托约宽语""赴托未遂语""赴托已遂语""探问语""承探问答复语""荐引语""承荐不允语""承荐约缓语""承荐答允语""邀饮语""承约不允语""承约求缓语""承约答允语""延请语""承请求缓语""承请不允语""承请答允语""拜访语""送行语""迎宾语""谢迎宾语""干求语""承求不允语""承求约缓语""承求答允语""谢应干求语"①"辞馈语""辞馈不允语""辞

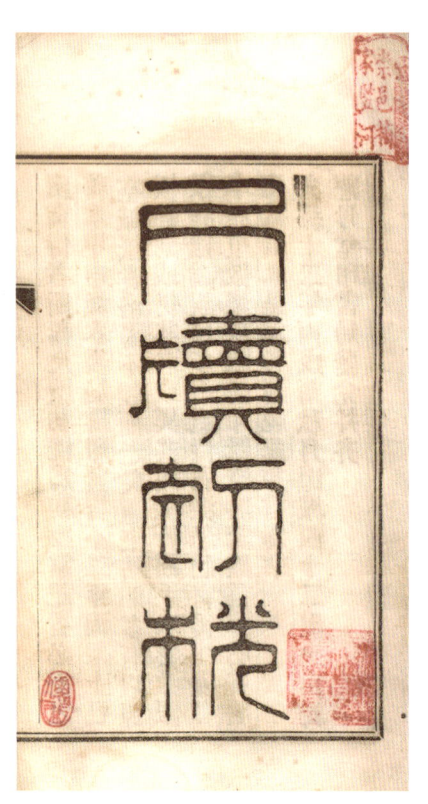

尺牍初桄（扉页）
〔清〕新安涂敷五先生原作
〔清〕南窗侍者子虚氏编著
两卷附两卷　四册
清光绪十二年（1886）土山湾印书馆排印
铅印本　纸本　筒子页　线装
十行三十字小字双行同
白口四周双边单鱼尾
开本：20.6×12.8（cm）
半框：15×10（cm）
329 页

---

① 谢应干求语：谢，拒绝；应，回应；干，干预、干涉、干系，为相牵连之意。——承复旦大学潘良桢先生疏解。

馈答允语""馈遗语""谢馈遗语""劝戒语""承劝戒不允语""承劝戒答允语""庆贺语""谢庆贺语""慰问语""谢慰问语"等。

蒋邑虚先生的《尺牍初桄》在当时及以后很长时间里，都是同类书中的佼佼者，被不同机构以不同形式翻印，但宗教机构中仅有土山湾慈母堂印书局，故此版本存世很少。

入乡随俗，这一点是利玛窦进入中国传教取得巨大成功的心得。为了更好地向中国人传扬基督福音，利玛窦连生活起居都中国化了。起初，他削发僧服，自称"西僧"，后来又脱掉袈裟，改穿儒服，因为他发现在中国真正占统治地位的是儒家。欲使天主教广布华夏，首先要结交士大夫阶层，通过他们再接触到统治阶层，以便自上而下地传教。为此，利玛窦在中国人瞿太素帮助之下学习中国儒学经典，熟读四书五经，自称"西儒"，在与人交谈时常常引经据典，令周围的中国士绅啧啧称奇。

以利玛窦为代表的耶稣会传教士在中国传教之所以能够取得成功，在于他们走了一条本土化的道路。他们尊重中国传统文化和礼俗，认为"儒家的道理没有任何与天主教道理相冲突的地方"。他们学习中国的语言和文化，在传播西洋科学和文化的同时，传播天主教。尤其重要的是，也使利玛窦遭到其他修会攻击的是，他坦然地向孔子像行礼。这样的传教策略被清朝康熙皇帝称为"利玛窦规矩"，现代研究天主教史的中外学者也将其视为传教士的"适应政策"。

光绪七年（1881）土山湾慈母堂印书馆还出版了一部蒋邑虚先生编著的《通问便集》，为类工具书。第一卷，家族函禀，包括"祖孙谕禀""父子谕禀""伯侄谕禀""姑侄谕禀""兄弟音问""夫妇音问""姑嫂音问"。第二卷，外戚书禀，包括"外祖孙谕禀""舅甥谕禀""翁婿禀札""姑丈内侄禀札""姐丈内弟禀札""表兄书启""亲家书启""姻侄笺牍""师生禀札"。第三卷，通禀尊长，包括"杂存类""殴辱类""残害类""阻扰类""盗贼类""业产类""索抢类""禀恳类""强逼类"。第四卷，朋友赠答，包括"托代类""荐举类""延请类""借贷类""求索类""还欠类""馈遗类""酬谢类""探问类""催促类""辞却类""诉苦类""述怀

通问便集（扉页和内页）
〔清〕蒋升编著
四卷五十一章 一册
清光绪七年（1881）
土山湾慈母堂仿聚珍版
铅印本 纸本 筒子页 线装
十三行三十字小字双行同
白口半页四周双边
开本：19.5×12.2（cm）
全框：15.5×9.3（cm）
145页

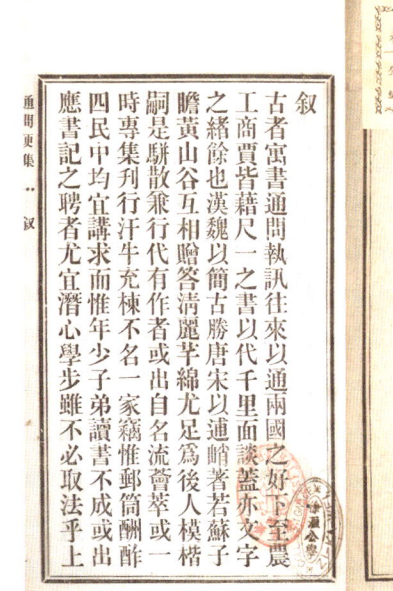

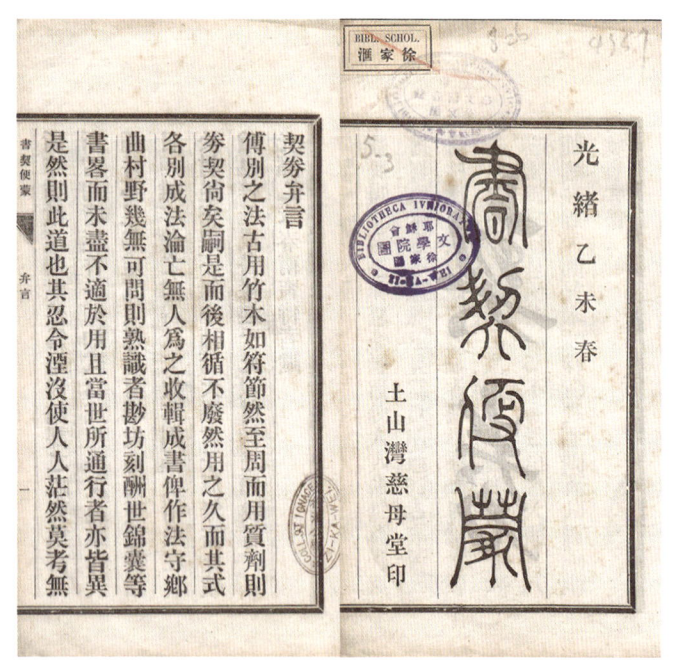

书契便蒙（扉页和内页）
〔清〕蒋升编撰
两卷首一卷 两册
清光绪二十年至二十一年（1894—1895）
土山湾慈母堂排印
铅印本 纸本 筒子页 线装
十行三十字小字双行同
白口四周双边单鱼尾
开本：20.3×12.5（cm）
半框：15×10（cm）
130页

"类""贸易类""资助类""规劝类""慰唁类""灾荒类""救灾类""庆贺类""恕责类""争讼类""卧游类""理境类""缕陈类"。

此书光绪十一年（1885）再版，名为《增注通问便集》，有蒋邑虚先生写的"重刊《通问便集》序"。

蒋邑虚后来还编撰了一套《书契便蒙》交土山湾慈母堂上梓，上卷"书信"出版于光绪二十年（1894），次年下卷"契券"出版。

《书契便蒙》有首卷，编者分十篇介绍中国人的敬辞和谦辞："自呼语""肃拜语""启禀语""称谓语""书奉语""附馈语""回物语""书附名致意语""书后附笔请安问候语""交接称呼"。

上卷"书信"分为三篇，第一篇"亲族往来"，包含"祖孙谕禀""父子谕禀""伯叔侄谕禀""兄弟音问"。第二篇"外戚书禀"，包含"外祖孙谕禀""舅甥谕禀""翁婿禀札""表兄弟书启"。第三篇"朋友赠答"，包含"借贷语""承借不应""承借答有""还借酬谢""取讨语""谢应免托语""探问语""承探答复语""引荐语""承荐不允语""期约语""承约不允语"……有三十八类，与《尺牍初桄》下卷和《通问便集》的内容近似，略微简单。

下卷"契券"，没有分类，编列了各种契书和票券样式，如"父子分书""兄弟分关据""叔侄分关据""抚养遗嘱""过房文书""承领异姓立嗣拨付据""坐产招夫婚帖""出嫁婚帖""活典田文契""加找田价文契""加绝田文契""永远绝卖田文契""活顶田面正契""活顶田面副契""遗失活典副契据""遗失活典正契据""加绝田面文契""活卖田房文契""加找田房文契""加绝田房文契""绝卖田房文契""出房约期据""拆卸契式""叹息田房文契""回赎式""互换式""召票格式""租房契式""赁房文契""招租田文契""认租田文契""会租据""招佃帖式""承佃帖式""付度""分种揽据""退佃限期据""吐退据""推户据""情让据""推据式""议单式""召据式""合伙合同文契""项首合同""卖树据""绝卖木桥据""卖牛包胎式""卖牛契式""卖马文契""贴换马文契""卖船文契""借基址约""戤田借票""抵借票""约票式""收票""转寄收单""汇兑单""包造房屋契""承揽包票水木作头""木作包票""水作包票""包揽拆运房屋文契""包揽挑货帖""载船揽帖""承领造作字""承担凭字""伏约帖式""奉养据""延师关约""从师关约""投师关约""投师券""会约式""至公摇会约式"等八十四篇。

《通问便集》出版的那一年，黄伯禄也完成了大部头的《函牍举隅》，经请蒋超凡审校，于次年（光绪八年〔1882〕）托付上海慈母堂出版。《函牍举隅》十卷十册。

第一卷"阻挠类"："索规毁抢串差牌坊""仇恨教民借端凶殴""商借未遂纠众毁扰""造谣毁产阻挠传教""勒逼背教毁物毒殴""勒背教规恃长毁抢""勒延地师霸阻建造""巫祝妄言拆毁厝舍""借端图诈抢去牛只""滋扰教堂投审顶代""入堂喧嚷恣意慢辱""扣留保结不准与试"。

第二卷"请示类"："谤书传布请饬收毁""揭帖污蔑函请根究""谣言蜂起几酿巨变""采购米石请饬验收""采办货物请给护照""遣送婴孩函请给护""改建堂宇请示禁约""兵营无礼函请示禁""堂前作践请给谕条"。

第三卷"庙捐类"："归并办捐区别民教""建复宫宇按成划捐""照章免捐不移他项""捐难区别酌量改移""勒捐未遂恃蛮搬抢""迎神恃众毁打招牌""同业敬神恃强派费""派捐醮费唆使滋闹"。

第四卷"置产类"："买屋改堂横被挠阻""买地诈扰援约辨明""旧屋翻新绅士追控""买地建堂找价阻挠""创建病院由堂经理""捐产助堂族人霸阻""买地迁冢价让公产"。

第五卷"风化类"："退继挟恨强抢处女""许字童养借端赖婚""聘妻病故串谋妄指""商请退聘被索重金""匿情行聘借词反噬""遵例退婚诬控停妻""背约图婚妄思强逼""一女两字例遵先许""串通蚁棍略卖民妇""在教民妇被人拐卖""拐卖作妾恃不给领""例准改嫁棍徒讹诈"。

第六卷"租欠类"："积欠房租恃蛮抗占""积欠租银分别追

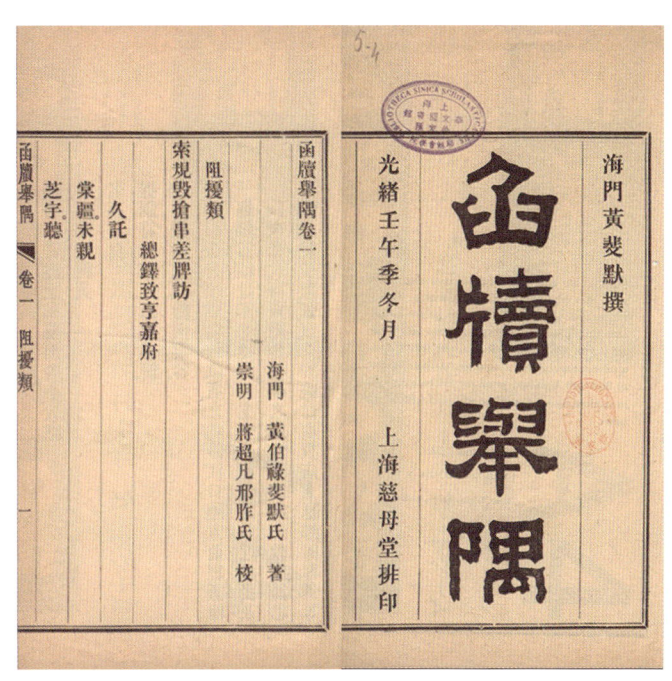

函牍举隅（扉页和目录）
〔清〕黄伯禄编纂
十卷　十册
清光绪八年（1882）慈母堂排印
铅印本　纸本　筒子页　线装
九行二十四字白口四周双边单鱼尾
开本：27×15.5（cm）
半框：20×12.5（cm）
472 页

办""欠租占住架词抵制""新旧租户互相缠讼""抗踞聚赌屡限不迁""欠租抗饰分别追究""顽佃抗阻劣保串庇""刁佃霸种缠扰不休""冒名取货迹类串谋""婴堂存项典商图没"。

第七卷"杂事类":"武营失马查明致复""劣生抗传疑匪教堂""案犯诬扳牵涉教堂""编造牌册歧视教民""演戏被阻意图报复""游民丛集请饬驱逐""教民肇事送局责惩""教中败类请移重惩""县案积压移府亲提""被窃重物犯毙免追""图窃现获营弁保释""两次被窃获贼追赃""索现未遂抢搬屋料""修理巡船擅占堂场""堂侧窝赌例应举首"。

第八卷"知照类":"商宪接篆照会到堂""臬升藩篆由道转致""关道莅任照会到堂""关道莅任具函知照""关道复任具函知照""郡丞莅任照会到堂""邑令到任函来知照""新简主教照会关道""主教署任函致郡丞""主教莅任邑令函贺""关道因公往返知照""主教因公往返知照""调派总铎函知请详""过境束候提及旧案""主教过境顺托结案""总铎调任具函辞行""旧案办结具函申谢""致送年礼备函同贺""皇帝晏驾照会礼节""太后崩逝巡道转行""建元登极叠函照知""亲政大典照会到堂"。

第九卷"订会类":"巡道莅任互订拜答""海防莅任互订拜答""邑宰莅任互订拜答""参戎莅任互订拜答""西国元旦订期拜贺""中历元旦订期拜贺""道升廉访濒行告辞""道晋藩篆主教送行""制宪过境互订拜答""面商公事函订日期""具帖敦请婉词却谢"。

第十卷"贺候类":"主教回任修贺升院""专员片候函复鸣谢""晋升藩篆具函申贺""晋升臬篆具函申贺""晋升道篆具函申贺""郡守莅任具函申贺""郡牧莅任具函申贺""郡丞莅任具函申贺""邑令莅任具函申贺""总铎莅任函候藩司""总铎莅任函候臬司""总铎莅任函候巡道""总铎莅任函候郡守""总铎莅任函候邑令""郡守贺岁总铎笺答""郡牧贺岁总铎笺答""总铎贺岁郡丞函复""总铎贺岁邑宰具复"。

黄伯禄的《函牍举隅》与蒋邑虚的《通问便集》《书契便蒙》两部著作的主题是一样的,内容却有不同,蒋邑虚的介绍偏重日常生活中函牍往来的礼规,黄伯禄的《函牍举隅》则完完全全是为教会人员与官署衙门打交道而准备的公文范本。据此可以推断,黄伯禄和蒋邑虚二位在选题、编纂过程中各有分工,配合默契。

与黄伯禄所言的函牍有关的另一类天主教遗物是教会的布告,因其性质,几乎很难保存下来。上海地区天主教的布告,在清代基本是木刻版印刷的,清末有少量石印,民国多见铅印。从保存下来的教区布告(见下页插图)可以看出,行文简洁通俗,体例讲究,符合黄伯禄讲授的"函牍"规范。

黄伯禄的《圣母院函稿》是教授修道院女生写信的工具书。黄伯禄在序言里这样说:

《诗经传疏》曰:古者女师,教以妇德妇功,礼重男女之别。故教女之师,以女为之。《左传》诂曰:姆,女师也。唐刺史吕和叔文有曰:故复长之,如滋芳兰之易茂。姆师教之,如琢美玉之易成。教女之有女师,由来久矣。吾圣教有贞女,既无主中馈、操井臼之累,而吾教中之女公学、育婴堂,随任之以掌管,其抚弃婴,诲幼女,俱视若芳兰美玉,甘心茹苦,不惮辛劳。非为名,非为利,非为德报,惟思致身行善,胞与为怀。较诸古之女师,有更足多者。因念若辈,自幼在圣母院读书,及长,蒙天主圣召,矢志守贞,练习修灵之业,数年业成,奉遣他往供职,行其素愿。是与院长、同学、同事及本管长上、父母亲族,必有请示、禀承、述事、致意、往来信函也。

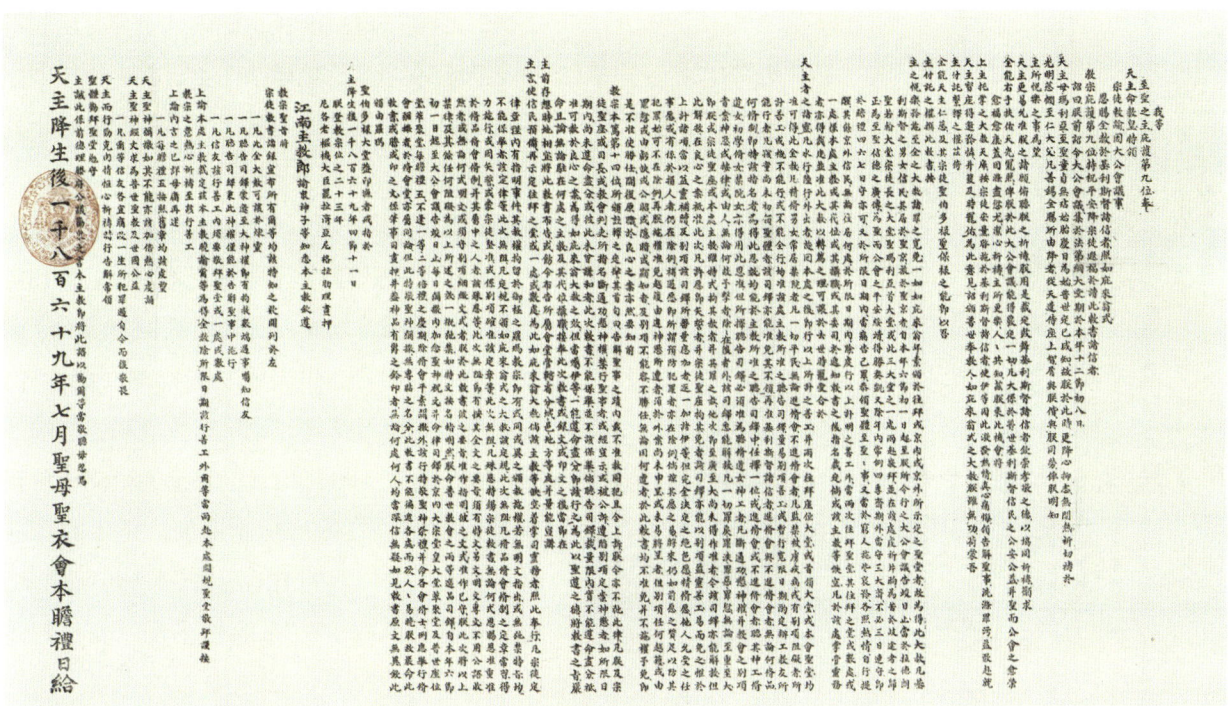

如比来翁大赦布告
[法] 郎怀仁发布
清同治八年（1869）七月
圣母圣衣会本瞻礼日
刻本　纸本
七十九行五十字
尺幅：67×120（cm）

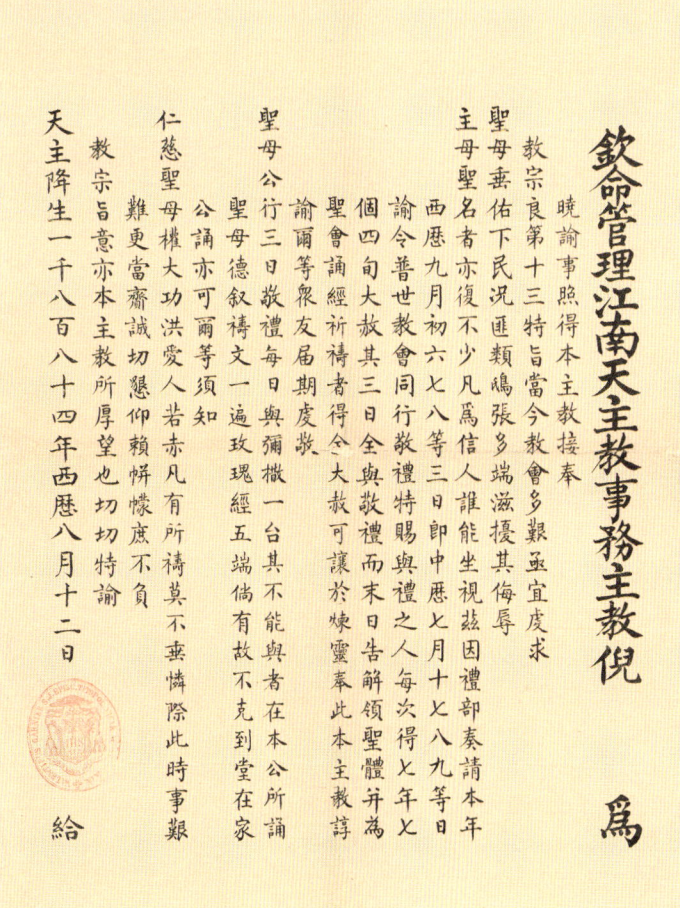

祈安圣母瞻礼布告
[法] 倪怀纶发布
清光绪十年（1884）八月十二日
石印本　纸本
十七行二十五字
尺幅：57×40（cm）

因而《圣母院函稿》编纂体例与《函牍举隅》大有不同。黄伯禄站在圣母院一位毕业学生的角度，准备她处理日常生活问题的七十九篇书信范文，因而书名称《圣母院函稿》。譬如禀付给圣母院院长，述说离院履新行程情形的信函，述说女学堂的见闻，述说所见婴儿堂情景，请求准许姊妹入院，跟院长交涉治疗病婴、培训等事项，以及院长姆姆的回函式样。还有一些与同学姊妹讨论日常生活和工作的往来信件的范文，禀付给自己长上的呈文，再有就是给祖辈、父母及其他亲长，兄弟姊妹以及小辈的不同内容的信函范文。《圣母院函稿》有三个实用的附录："亲族称呼表""寄信封面式"和"汇摘注释"。

《圣母院函稿》，光绪十八年（1892）慈母堂初版。此类书的编纂刊印反映来华传教士们融入中国社会文化的真诚努力。类似的书土山湾印书馆还出版过黄伯禄的《函牍碎锦注释》《契券汇式》等。

中国籍神父龚古愚先生编纂了一套中国应酬礼仪书籍《应酬官话》，附罗马字母注音。同时又迻译《应酬土话》，又有两种版

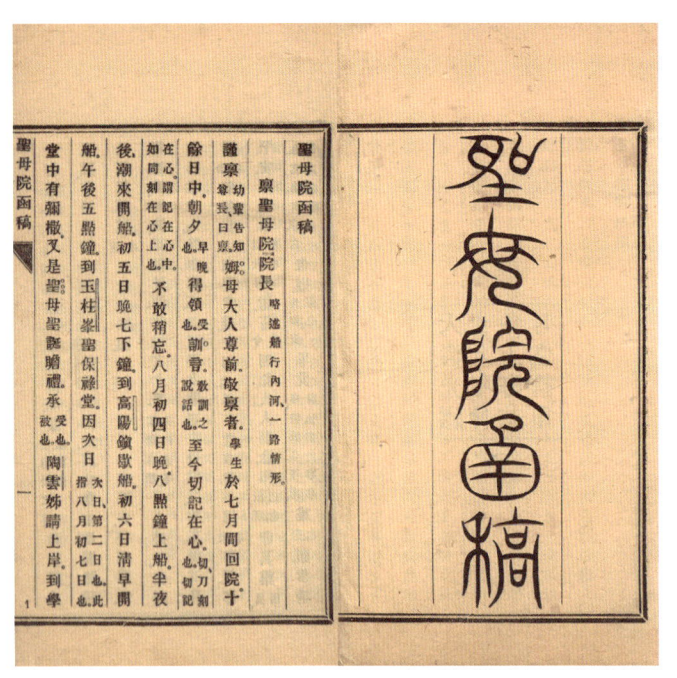

圣母院函稿（封面和内页）
〔清〕黄伯禄撰
不分卷 两册
清光绪十八年（1892）慈母堂排印
铅印本 纸本 筒子页 线装
八行二十四字小字双行同
白口四周双边单鱼尾
开本：19.5×12.2（cm）
半框：15×10（cm）
160 页

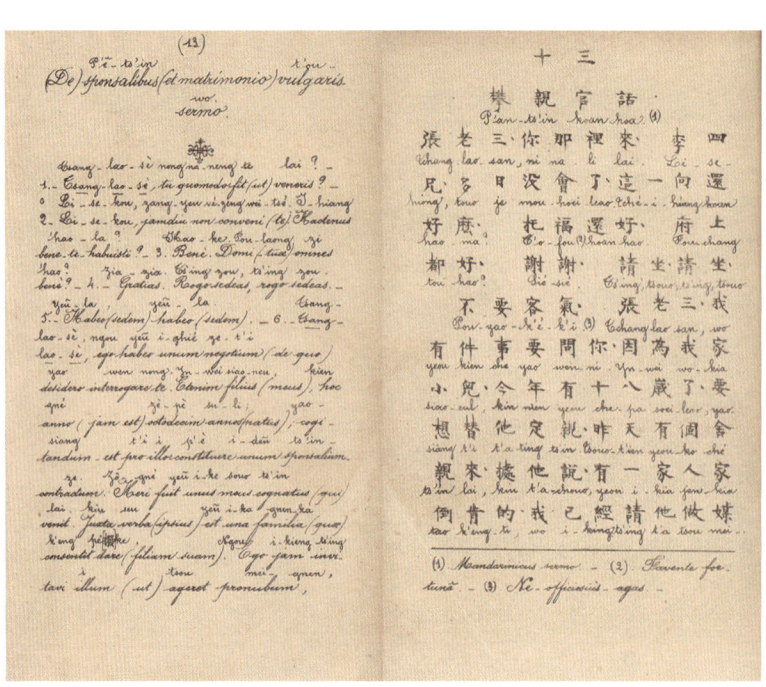

应酬官话（内页）
〔清〕龚柴撰
中文拉丁文对照 罗马字母注音
三卷 三册
约清光绪三十二年（1906）
土山湾印书馆印制
石印本 手书上板 平印 纸本 线装
中文行款：七行十六字无框 西文横排
开本：24×15.3（cm）
400 页

本，上海话本、上海话与拉丁文对照本，土山湾慈母堂印书馆石印出版，都是三卷三册，具体出版时间不详，不过龚古愚先生根据这套书改编的法文本 Quelques mots sur la politesse chinoise（《中国应酬话》）在光绪三十二年（1906）列入"汉学丛书"出版，《应酬官话》和《应酬土话》刊印时间当是之前一两年。

第一卷篇目："人身略说""房屋略说""房子里日用家生略说""内外科疾病并残废略说""道路略说""四时节气花草果品百谷菜蔬风雨略说""鸟兽虫蚁水族略说""工匠手艺略说""生意店铺行场略说""肴馔略说""布匹绸缎常服礼服冠带略说"。

第二卷篇目："学生读书作文略说""乡村人家攀亲""入赘""再醮""族亲称呼略说""酬应琐言""宾主座位略说""中国仕途略说"。

第三卷篇目："大清会典京外官相见略说""大清京都文职设官略说""合会借债略说""置产官话（土话）""教外人异端略说""丧葬服制略说"。

看一下书中具体的内容：

【族亲称呼略说】

问，九族是哪些？答，高祖父母、曾祖父母、祖父母、夫妇、儿女、孙儿女、曾孙儿女、玄孙儿女。

问，高祖父母什么称呼呢？答，现在世俗上，称呼老太爷爷。问，曾祖父母甚称呼呢？答，男称呼太爷爷，女叫太奶奶。问，祖父母甚称呼呢？答，男称呼爷爷，女称奶奶。

问，父母甚称呼呢？答，称呼爹妈，又叫爷娘。至于本身同子孙的四代，没有什么称呼。

问，高祖的兄弟叫什么呢？答，称呼高伯祖、高叔祖。问，曾祖的兄弟叫什么呢？答，称呼曾伯祖、曾叔祖。问，祖父母的兄弟叫什么呢？答，称呼伯祖、叔祖。问，父母的兄弟叫什么呢？答，叫伯伯、叔叔。凡是女祖宗，不过加一母字，叫高祖母就是了，没有甚别的称呼。

问，自己的兄弟叫什么呢？答，不过是某兄某弟。问，兄弟的子孙什么称呼呢？答，侄子、侄孙、侄曾孙、侄玄孙。问，兄弟的妻子，同这兄弟子孙的妻子叫什么？答，哥哥的妻子叫嫂子，兄弟的妻子叫弟媳妇，侄子的妻子叫侄媳妇，侄孙的妻子叫侄孙媳妇，曾侄孙同这侄玄孙的妻子，不过加一个媳字。

问，父、母、妻，三党宗亲是什么称呼呢？答，父党的亲有高祖的姑丈母，有曾祖的姑丈母，有祖姑丈、祖姑丈母，还有姑父、姑母。更有姑表的兄弟姊妹，也不过称呼某哥、某弟、某姊、某妹。至于姑母的子孙都不过是称表侄、表侄女、表侄孙及表侄孙女。表侄等类的妻子，要加一个媳字。若是论到表兄弟的妻子，也是叫表嫂、表弟媳妇。

问，姊妹的公婆叫什么呢？……

六亲九族的称谓，逐次介绍，不一而足。龚古愚神父这套中国应酬话是为来华传教士传教准备的，不仅教授他们本地语言，也要求他们熟悉中国的官场规矩和人情世故。

太原明原堂出版过天主教太原主教凤朝瑞[1]编撰的《圣教条例》。同名书籍早年也有刻印，内容不同。

---

[1] 凤朝瑞（Agapitus Fiorentini，1866—1941），又称亚加彼多，或凤亚加彼多，意大利人，方济各会传教士。光绪二十一年（1895）来华，初在湖北传教，光绪二十八年（1902）升主教，派往太原，后两次出任太原主教（光绪二十八年至宣统元年〔1902—1909〕和民国五年至二十九年〔1916—1940〕）。逝后葬西涧河。

《圣教条例》是讲述中国"天主教礼数"的书，其中有些内容与《尺牍初桄》类似。该书内容包括："教训子孙""婚姻要旨""婚姻要款""庚帖模式""结亲求免式""圣教丧事禁条""圣教丧事条规"等。虽然该书重点是规范教友日常行为规矩，强调天主教信仰及其特质要求，比如："凡开明悟之孩童，父母当竭力教训，使其明白经言要理，为能妥当领受坚振告解等圣事"，"婚姻一事，不特为五伦之首及男女终身之关系，且更为圣教之秘迹"等。但每项规定都考虑到中国教友的文化传统及习俗，比如详细规定了教友丧事中应该如何祈祷，杜绝迷信活动，但是也要求教友"丧期已过，勿思孝道已尽，当常忆先亡，而以祈祷之功助之"。

《圣教条例》的作者还模拟中国人的习惯，为教友的婚娶撰写了很中国化又很天主教式的文范：

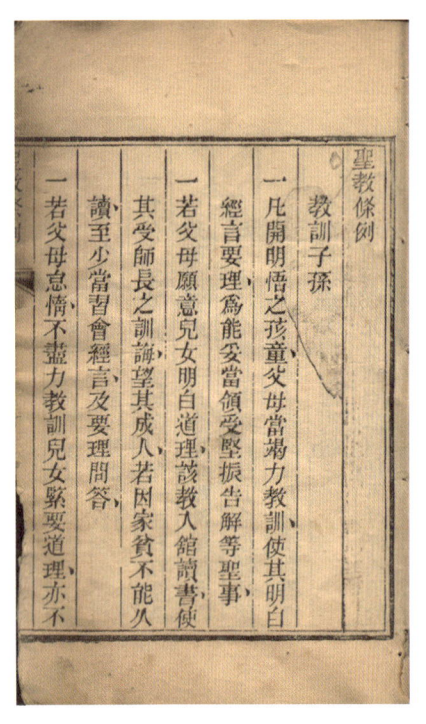

圣教条例（内页）
［意］凤朝瑞撰
一卷　一册
清光绪二十八年至宣统元年（1902—1909）太原明原堂辑刻
刻本　纸本　筒子页　线装
八行二十字小字双行同
白口四周双边单鱼尾
开本：21×14（cm）
半框：15×12（cm）
21页

【庚帖】荷承　第几男　主恩于　年　月　日生，于光绪　年　月　日　凭媒证　人说合。主恩于　年　月　日生，荷承　第几女。

【报期模式】厥初　天主造成天地万物，次用土造人，男名亚当，女名厄袜，配为夫妇，主特宠爱，赋与灵性之能，相传本类，有继续不息之恩，为普世万民之元祖。……承蒙　大硕德老亲翁不嫌寒门贫陋，愿缔一肋之戚，宴乐六樽之宾　允　令媛与小儿谐百年之佳遇，逆旅相助，同赴天国者，于今定于　月　日，兹呈六礼，肃修彩舆，躬迎于归之喜，成全人伦衍裔之欢。聊具不腆之仪兼忱，仰祈鉴纳，俯赐　玉诺曷胜荣感之至。　谨此　恭报　预闻　光绪　年　日书　忝眷姻弟　偕室　氏顿首正容拜

此书初刻于凤朝瑞太原主教的第一个任期期间；民国三十年（1941）署太原天主堂印书馆铅排再版。

天主教传教士编纂传教出版物，十分娴熟地采用中国百姓喜闻乐见、通俗易懂的物样，因地制宜，不拘形式。比如，各地教堂堂口在天主教节日期间，往往很中国化地在门廊上张贴大红大绿的对联，不过内容是宣教口号。为指导这类工作，出版机构也出版过楹联、对联书籍。

目前可见最早的楹联书籍是太原明原堂光绪二年（1876）出版的《圣教对联》，编者是方济各会华籍神父田文都。

明原堂版《圣教对联》共收有近一百六十副对联，归类为"主对""圣母对""天神对联""诸神对""圣教对联""习礼""杂用对联""书斋""春联""生意""婚姻"等，分类略显杂糅。试看几副：

> 宇宙中万物森森追究根原造从天主，
> 乾坤内群民密密溯寻始祖生自亚当。

> 仁仁仁首先先物且物物都征美利，
> 圣圣圣善教教人俾人人共享尊荣。

> 孝是百行原十字额十字背子戴双十方是孝子，
> 仁为元善长一爱上一爱下人兼二爱始为仁人。

> 圣贤道理如云挂山头行至山头云又远，
> 经书意味似云浮水面劈破水面月还沉。

光绪三十年（1904）潞郡天主堂印书馆镌刻了一本《新选圣教对联》。据编者山西南圻主教翟守仁在为该书写的序言里说明，此书是根据田文都神父的《圣教通行对联》和楚北郭栋臣①神父的《圣教对联》编纂的，还补充了坊间《酬世锦囊》《应酬汇选》等精彩内容。选录如下：

【质当铺】
> 子母善权取利须循天理，
> 锱铢必较生财要顺人心。

【铁铺】
> 炉火纯青集铸六州之铁，
> 匠心可白灵沾十字之光。

【米铺】
> 糊口有资升斗不忘上主，

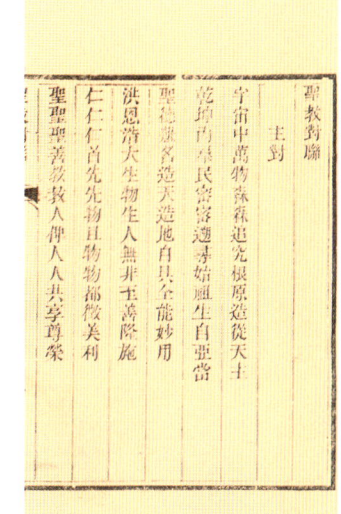

圣教对联（内页）
〔清〕田文都编撰
十一篇 一册
清光绪二年（1876）
太原明原堂辑刻
刻本 纸本 筒子页 线装
八行二十字白口四周双边单鱼尾
开本：21.3×14（cm）
半框：15×12（cm）
21页

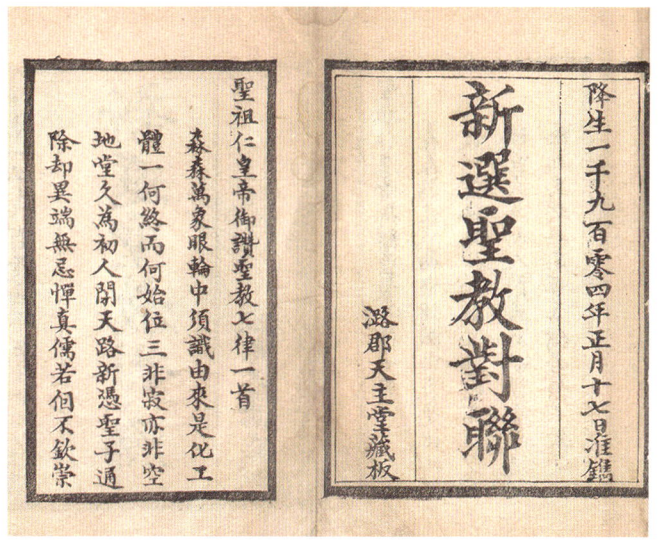

新选圣教对联（扉页和内页）
［荷兰］翟守仁编
一百二十六节 一册
清光绪三十年（1904）潞郡天主堂辑刻
刻本 纸本 筒子页 线装
八行二十字白口四周双边单鱼尾
开本：21×14（cm）
半框：14.5×12（cm）
91页

---

① 郭栋臣（Giuseppe Maria Guo，1846—1923），字松柏，教名若瑟，潜江人。咸丰十一年（1861）留学意大利那不勒斯圣家书院（文华书院），1872年毕业后留校，1873年晋铎。在那不勒斯出版译著有《新镌三字经》(1869)、《华学进境》(1872)。光绪十二年（1886）回国后创立汉口柏泉天主堂和武昌花园山大主堂。逝于武昌。

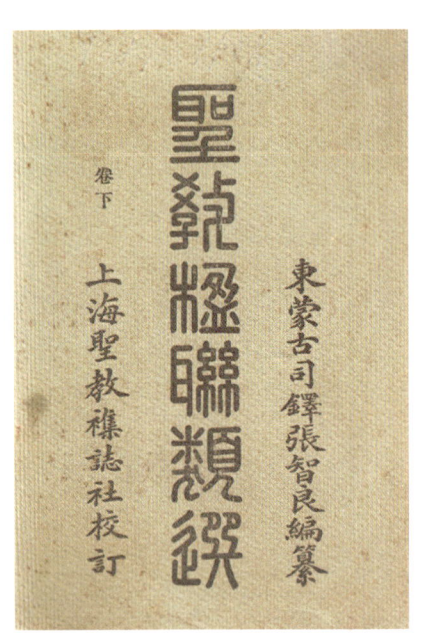

圣教楹联类选（封面）
张智良编纂　上海圣教杂志社校订
两卷　两册
民国十一年（1922）土山湾慈母堂排印
铅印本　纸本　平装
开本：18.8×12.3（cm）
740 页

养身甚便运筹多赖商人。

【炭铺】

天地如炉万国九州同炉就，

颙蒙似炭四规十诫可开明。

【刻字铺】

天学铭心莫笑雕虫小技，

主恩刻骨端看起凤文章。

【剃头】

整顿面容先把寸心打扫，

涤除尘垢好将上主钦崇。

《圣教楹联类选》，天主教东蒙古教区张智良①编纂的一本适用于天主教的对联集，有民国十一年（1922）土山湾慈母堂排印本。上卷：天主部，圣母部，神圣部，教礼部。下卷：贺挽部，工商部，居处部，新春部。有些对联还是很有意思的：

传道真诚，事主纯一。
持躬廉洁，接物和平。

爱主爱人，吾人师表。
淑身淑世，今世宗徒。

品正行端，足孚人望。
德高任重，长受主恩。

天主无私，为善自然获福。
圣贤有教，修身可以齐家。

兖州天主堂印书馆出版的《圣教对联》，编者是擅长编写地方曲目的信徒费金标②，他在序言里讲述了自己编撰的初衷："坊间所刊联本，多富贵吉祥语，每杂以异端典故；写作宜春帖子，则新桃旧符，殊不宜于奉教门户也。其婚姻丧葬等联，如牛女会合，鹤鸾仙游之类，词义均乖教理。至庵观寺院各联语更属邪说诬民，而为我教所严禁。职是之故，各省教堂，遂有圣教对联之作，颁

---

① 张智良（Evarist Chang，1887—1932），华籍，教名艾伯李斯特，圣母圣心会会士。民国六年（1917）晋铎，民国十八年（1929）任集宁教区副主教。
② 费金标（Fei Kin-piao），字午舟，山东寿张人，生平不详。著有《洪水灭世》《圣教古史小说鼓词》《古圣若瑟》等。

诸信友。俾书写应用，无碍教规，法至良，意至美矣。"

兖州版《圣教对联》分门别类，有"天主对""耶稣对""耶稣圣心对""圣体对""弥撒对""圣诞对""受难对""三王来朝对""献堂对""复活对""升天对""降临对""圣体瞻礼对""圣母对""大圣若瑟对""圣依纳爵对""沙勿略对""春对""建房对""书斋对""舆图对""圣教丧对""棺额""婚姻通用对""匾额""生意对"等。

费金标选的有些对联还是比较工整的：

【天主对】
宇宙中万物森森追究根原造从天主，
乾坤内群民密密溯寻始祖生自亚当。

【耶稣对】
化育群生天地主，
指归永福圣贤师。

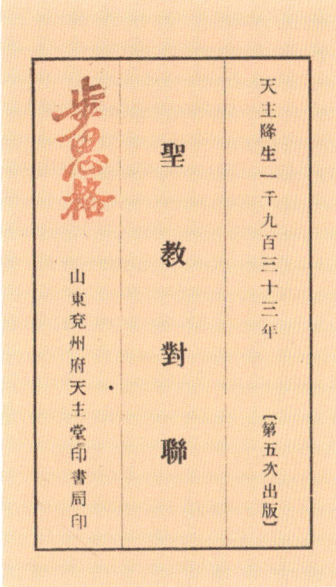

圣教对联（扉页）
费金标编
三十七篇 一册
民国二十二年（1933）
兖州天主堂印书馆排印
铅印本 纸本 平装
开本：16.5×10.7（cm）
64 页

教会为西方来华传教士准备好学习"套餐"，不仅有这些熟悉中国文化环境的书籍，还有大量供他们了解中国的知识手册，天文地理、人文历史、民俗风土等，尽心竭力。

光绪五年（1879）土山湾印书馆出版 *Parva rerum sinesium adumbratio*，这是一本中国知识手册，根据内容姑译为《中国便览》，作者是徐劢。

《中国便览》第一部分是"中国历朝年表"（series dynastiarum），从三皇五帝到清光绪。第二部分是"中国直省"（provinciæ sinarum proprie dictarum），包括十八省，其中详细介绍江南教区所辖上海、江苏、安徽地理情况和历史沿革。第三部分是"国政"（gubernium sinense），介绍清朝政治体制、官吏设置、世爵等级、满洲八旗、

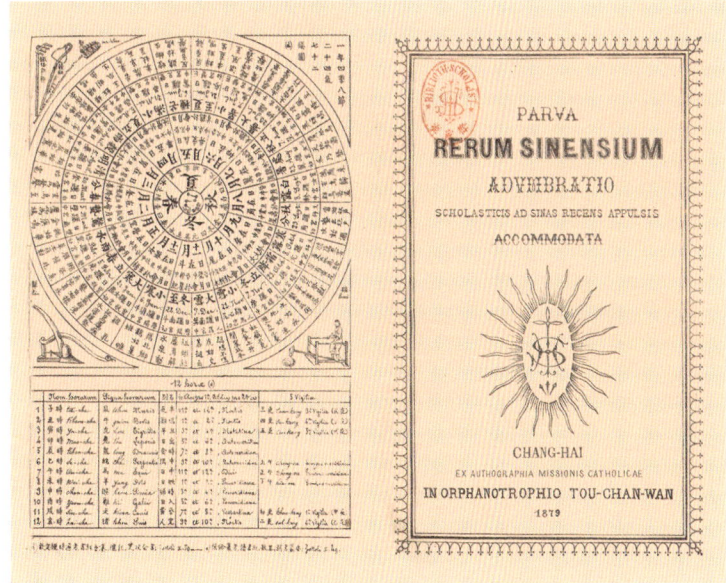

Parva rerum sinesium adumbratio
中国便览（封面和内页）
〔清〕徐劢撰
六卷 一册
清光绪五年（1879）土山湾印书馆印制
石印本 手书上板 纸本 平装
开本：23×14.2（cm）
68 页

文官武官，等等。第四部分"四民"（quatuor classes sinensium），介绍文武科举、古今字体、中文典籍、天干地支、阴历节气、古器发明、度量衡器等。第五部分"左道"（sectæ superstitiones），概略介绍了儒教、释教、道教，还有一些他们视为迷信的中国民间崇拜活动，如对灶神、土地、关公等的祭礼。第六部分"正教"（renligio catholica），介绍天主教在中国的传播历史，涉及景教、利玛窦、徐光启、李之藻、汤若望、罗文藻、南怀仁、钦天监教案、嘉庆禁教，以及江南教区的现状等。

这类书籍前后出版过很多，有利于向新来乍到的洋教士们灌输中国知识，加快他们的"脱胎换骨"，适应环境，最终目的不外乎完成"神圣"使命。

工具辞书

这个国家，以文为业的人们从小到老都要埋头学习他们的这些符号。毫无疑问这种钻研要花去大量的时间，那本来可以用来获得更有用的知识的。

——利玛窦

中国语言学大师罗常培①于1922年曾经撰写论文《耶稣会士在音韵学上的贡献》，罗先生在此文中开创性地提出新结论：利玛窦等明末清初耶稣会士最早尝试用罗马字母为汉字注音。

罗先生的观点是，明朝万历、天启年间，一班耶稣会士带着他们会里的特殊精神和学养，相继来到中国。当时明朝的学者，徐光启、李之藻、杨廷筠、韩霖、王徵等人，都跟他们往来，对于明清之交的学术思想界，产生了很大的影响。"他们对于中国音韵学的贡献，反倒被其他方面的成绩所掩，不大引起人们的注意。据我观察，利玛窦的罗马字注音跟金尼阁的《西儒耳目资》在中国音韵学史上跟以前守温②参考梵文所造的三十六字母，以后李光地③《音韵阐微》参考满文所造的'合声'反切，应当具有同等的地位。"④

其意义有三：一、用罗马字母分析汉字的音素，使向来被人看成繁难的反切，变成简易的东西；二、用罗马字母标注明代的字音，使现在对于当时的普通音，仍可推知大概；三、给中国音韵学研究开出一条新路，对当时的音韵学者，如方以智、杨选杞、刘献廷等产生了很大影响。

根据有限史料，利玛窦、郭居静、庞迪我三人率先研究用罗马字母为汉字注音，目的是为了便利西方传教士学习汉语。利玛窦著有《大西字母》，明万历三十四年（1606）他又在郭居静帮助下，重新修订《大西字母》，以《西字奇迹》书名在北京刊印。此书现在梵蒂冈图书馆藏有孤本，似乎不全。此外，《程氏墨苑》也保留了《西字奇迹》的部分内容。利玛窦当年结识墨商程幼博，送给他《西字奇迹》、几幅铜版画圣像和三篇像记，并写了《述文赠幼博程子》。程幼博把利玛窦的馈赠收录在他的名作《程氏墨苑》中，今日人们了解《西字奇迹》主要得益于《程氏墨苑》。民国十六年（1927）北平辅仁大学影印出版陈垣根据《程氏墨苑》整理的《明季之欧化美术及罗马字注音》，罗佛在《中国耶教艺术》里有关利玛窦与程幼博的这一部分内容，复现的也是《程氏墨苑》版的《西字奇迹》。

继利玛窦之后，金尼阁于天启五年（1625）著《西儒耳目资》。《西儒耳目资》分为三卷，第一卷"译引首谱"，第二卷"列音韵谱"，第三卷"列边正谱"。金尼阁在利玛窦、郭居静等人研究的基础上，更为系统地拿出音韵、字父、字母、反切等拼写方案，因此可以说《西儒耳目资》实际上就是一部"汉字西语拼音词典"。

---

① 罗常培（1899—1958），字莘田，号恬庵，笔名贾尹耕，斋名未济斋，满族，北京人。语言学家、语言教育家，历任西北大学、厦门大学、中山大学、北京大学教授，中央研究院历史语言研究所研究员，北京大学文科研究所所长。毕生从事语言教学、少数民族语言研究、方言调查、音韵学研究。与赵元任、李方桂合称为中国语言学界的"三巨头"。
② 守温，唐代沙门僧人，相传采西域婆罗门书之四十二字母创"守温三十字母"，宋代演化为"守温三十六字母"，敦煌有宋人《守温韵学残卷》。
③ 李光地（1642—1718），字晋卿，号厚庵，别号榕村，福建泉州安溪湖头人。康熙九年（1670）中进士，进翰林，累官至文渊阁大学士兼吏部尚书。
④ 罗常培：《耶稣会士在音韵学上的贡献》，载《国立中央研究院历史语言研究所集刊》第一本第三分，商务印书馆民国十九年（1930），第268页。

• 工具辞书 •

西儒耳目资（内页）
［法］金尼阁撰
三卷　三册
影印本　纸本　筒子页　线装
据明天启五年（1625）王徵、张问达刻本影印
民国二十二年（1933）
北京大学、北平图书馆出版
十二行二十字小字双行同
白口四周双边单鱼尾
开本：21.3×13（cm）
半框：15×10（cm）
426 页

《四库全书总目》著录有《西儒耳目资》。天启丙寅本刷印很少，后世罕见，又一直没有覆刻。民国二十二年（1933），北京大学和北平图书馆联袂依据北平图书馆藏本出版影印本，为现在可找到的比较实用的版本。

民国二十七年（1938）罗常培收到向觉明[①]先生在大英博物馆影印的照片——康熙十年耶稣会士何大化编辑的汉文与拉丁文对照书籍 Innocentia Victrix（《昭雪汤若望》），甚为稀奇。罗先生发现此书所有汉字一侧都附着罗马字对音，仔细比对发现何大化的罗马字对音与利玛窦、金尼阁的方案有不少出入，但是从时代久远来考虑，他们的方案总体来说还是"大同小异"的。

罗常培先生立即撰写《耶稣会士在音韵学上的贡献补》，阐述他的新发现，并将《昭雪汤若望》整体附文后，准备发表于北京大学《国学季刊》第七卷第二号上。然而当期《国学季刊》出刊时此文被撤下，不知究竟，出版者敷衍道："本文原编入北京大学国学季刊第七卷第二号，印就后发现观点上有问题。现撤出，请求批评，望勿外传。"

罗先生对明末清初耶稣会士研发罗马字母注音汉字的立论是站得住脚的。殷铎泽等人于康熙元年（1662）在江西建昌刻板 Sapientia Sinica（《中国人的智慧》）一书，全部汉字也都附有罗马字母注音。罗先生那个年代所见资料有限，在今日大数据时代，我们更容易获得海外馆藏的珍贵文献。事实上，从利玛窦那时起至民国，不论天主教还是新教，传教士们一直在使用"罗马字母注音符号"，从未停止过。由此可见，在中国，世俗学者与基督教教士之间的隔阂是非常大的，学术交流、文化沟通甚为不畅。

语言学大师罗常培谈的是非常深奥的音韵学理论，非专业读者只需了解概貌和结论即可。罗先生说："直接用罗马字母注音，使后人对于当时各个字的音值得到比较清晰的印象，并且给音韵学的研究开辟出一条新蹊径，明季的耶稣会士要算是'筚路蓝缕，以启山林'的功臣了。"[②]

需要说明的是，作为语言学大师，罗常培先生对问题的着力点与常人不同。他常常探究大量资料对一种学科的发散性影响，而对于创始者来说，未必有那样的深思远虑。不论利玛窦、郭居静，还是金尼阁、何大化，他们研究中文音韵，用罗马字母标注汉字，其首要的实用目的是编辑"汉语字典"。这是西方人编写涉汉辞典的第一次尝试，起点非常高。

双语辞典或多语辞典的出现，是人类跨地域、跨民族、跨洲洋活动的必然结果，体现人类文化交流的深度。中国先秦的《尔雅》和东汉的《说文解字》只需要释义，是语文性辞典。欧洲中世纪，拉丁文是通用语言，绝大部分书籍、公文均以拉丁文表述。随着文艺复兴和工业革命，欧洲出现了真正的民族国家，突出了民族语言的使用，才产生双语辞典的需求。

中国出现汉语与西方语言的双语辞典是应西方传教士来华之"运"而生的。利玛窦、郭居静、金尼阁，他们的著作和他们的注音方案并没有流行于世，只是其音韵学研究方法对清代学者有某些影响；但

---

① 向觉明（1900—1966），名达，以字行，笔名方回、佛陀耶舍，湖南溆浦土家族人。民国八年（1919）考入南京高等师范学校，后任商务印书馆编译员、北平图书馆编纂委员会委员兼北京大学讲师。民国二十四年（1935）到牛津大学鲍德利图书馆工作，在英国博物馆检索敦煌写卷和汉文典籍。民国二十六年（1937）赴德国考察劫自中国的壁画写卷。次年回国，先后任浙江大学、西南联合大学教授。抗战胜利后，任北京大学历史系教授兼掌北大图书馆。中华人民共和国成立后，任北京大学历史系教授、图书馆长、中国科学院哲学社会科学学部委员。
② 罗常培：《耶稣会士在音韵学上的贡献》，第267页。

· 工具辞书 ·

昭雪汤若望文件封面（文件一）

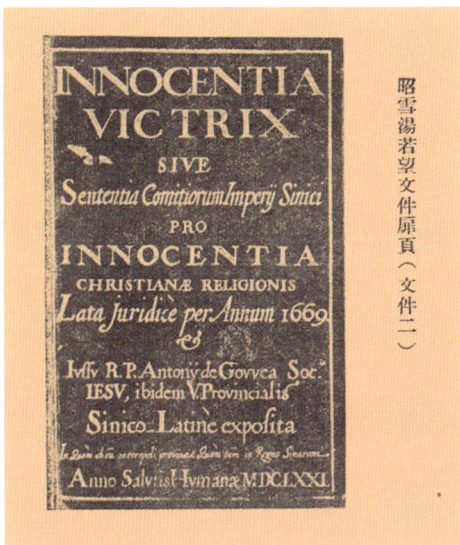

昭雪汤若望文件扉页（文件二）

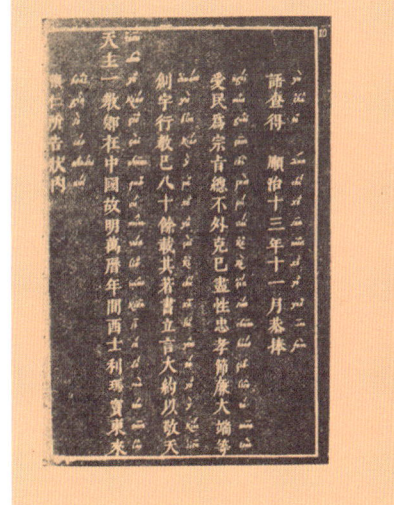

礼部等衙门爲详查利類思等呈控各由题本（文件三）

［上諭］免楊光先死並免其妻子流徒天主教除南懷仁等照常奉行外仍禁止立堂傳教（文件五）

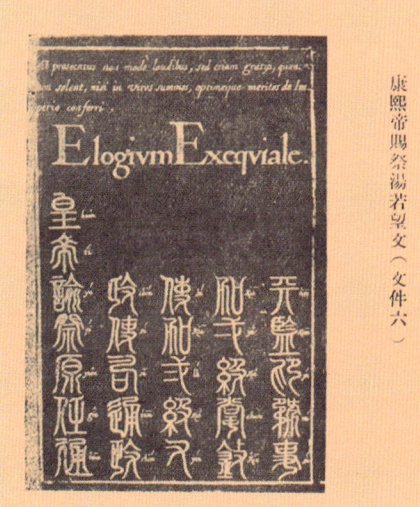

康熙帝賜祭湯若望文（文件六）

礼部會議擬將利類思具題之處無庸再議题本（文件九）

Innocentia Victrix
昭雪汤若望（封面和内页）
［葡］何大化辑
一卷　一册
拉丁文　葡萄牙文　中文
康熙十年（1671）广东辑刻
刻本　纸本　筒子页　线装
开本：21×14（cm）
116页

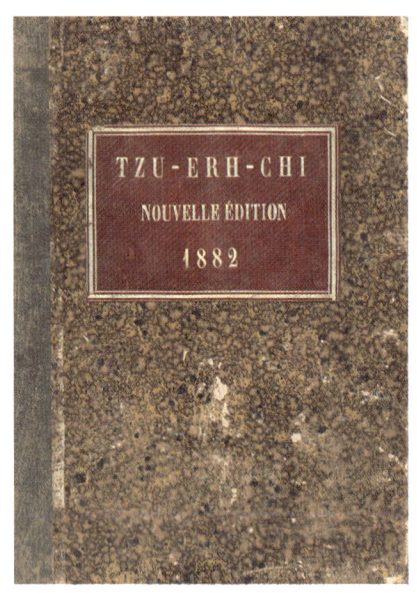

TZU-ERH-CHI
自迩集（封面）
［英］威妥玛编纂
三卷 一册
清光绪八年（1882）北堂印书馆排印
铅印本 纸本 平装
开本：27×20（cm）
54 页

是，传教士们总是要来中国的，西方商贾总是要来中国的，双语辞典总会在中国有受众的。

早年利玛窦、金尼阁、郭居静在钟巴相①的帮助下，曾于万历二十六年（1598）编纂过 *Dictionarium Sinico-Latinum*（《汉拉词典》），手稿现存罗马耶稣会档案馆。著有《性理真诠》的"康熙季"法国传教士孙璋就曾编纂了《华辣文对照字典》和《华法蒙满文对照字典》，惜未刊行。

新教伦敦会传教士马礼逊②于嘉庆二十年（1815）编纂了三帙六册的 *Dictionary of the Chinese Language*（《马礼逊字典》），第一帙《字典》，汉英字典，依康熙字典的体例，笔画为序；第二帙《五车韵府》，汉英字典，以罗马字母注音为序；第三帙《英汉字典》。嘉庆二十年至道光三年（1815—1823）陆续由澳门东印度公司出版。马礼逊在扉页上印上一句中文"博雅好古之儒，有所据，以为考究，斯亦善读书者之一大助"，肯定这部词典的价值。

无论利玛窦—金尼阁注音方案，还是马礼逊编纂《字典》的注音方案，都是以南京官话发音为基础的。同治六年（1867）英国驻华使馆公使威妥玛③编纂 *TZU-ERH-CHI*（《自迩集》），以北京官话为发音基础，重新设计了一套新的罗马字母注音方案："威妥玛式"。"威妥玛式"方案因著名汉学家翟理斯④在他的 *Chinese-English Dictionary*（《华英辞典》）里采用而在国内外得到广泛普及，成为主流，延续达百余年。《自迩集》，有光绪八年（1882）北堂印书馆版本。

与马礼逊同时代来华的葡萄牙籍遣使会传教士江沙维⑤，只身到澳门，赶上嘉庆禁教，无法赴北京履职，只得羁留濠江，潜心研究汉学，名噪一时。澳门圣若瑟修院先后出版他的著作

---

① 钟巴相（Sébastien Fernander, 1562—1622），原名鸣仁，字念江，教名巴相，广东新会人，富家子弟。万历十九年（1591）入耶稣会，华人入耶稣会第一人，在俗修士。作为翻译和仆从，陪利玛窦等人北上传教。逝于杭州，葬大方井。
② 马礼逊（Robert Morrison, 1782—1834），英国人，受伦敦传教会派遣于嘉庆十二年（1807）来华。首次全译《圣经》（《神天圣书》），编纂《华英字典》，创办《察世俗每月统纪传》杂志等。创办"英华书院"，开传教士创办教会学校之先河。又和东印度公司医生在澳门开设眼科医馆，首创行医传教方式。
③ 威妥玛（Thomas Francis Wade, 1818—1895），英国外交官，汉学家，毕业于剑桥大学。道光二十一年（1841）随英军参与第一次鸦片战争来华，参与中英《天津条约》《北京条约》谈判。咸丰十一年（1861）任英国驻华使馆参赞，同治十年（1871）任驻华公使。光绪九年（1883）退休回国，任教于剑桥大学。
④ 翟理斯（Herbert Giles, 1845—1935），英国人。同治六年（1867）作为外交官来华，先后在天津、宁波、汉口、广州、汕头、厦门、福州、上海、淡水等地工作。光绪十九年（1893）回国，任剑桥大学教授。著译有《字学举隅》《三字经》《聊斋志异》《古今诗选》《华英字典》《古今姓氏族谱》等。获1898年儒莲奖。
⑤ 江沙维（Joaquim Affonso Gonçalves, 1781—1872），又记公神父，葡萄牙人，1799年入遣使会。嘉庆十八年（1813）到澳门，欲赴北京未果，此后一直在澳门圣若瑟修院任教。逝于澳门，葬圣若瑟教堂。

· 工具辞书 ·

辣丁中华合璧字典（封面和扉页）
Lexicon manuale Latino-Sinicum
［葡］江沙维编
拉丁文　中文
不分卷　一册
民国二十六年（1937）
北平西什库遣使会印字馆排印
铅印本　纸本　平装
开本：22.4×15（cm）
446页

有：*Grammatica latina ad usum sinensium juvenum*（《辣丁字文》，道光八年〔1828〕），*Arte China*（《汉字文法》，道光九年〔1829〕），*Diccionario Portuguez-China*（《葡华字典》，道光十一年〔1831〕），*Diccionario China-Portuguez*（《华葡字典》，道光十三年〔1833〕），*Vocabularium Latino-Sinicum*（《洋汉合字典》，道光十六年〔1836〕），*Lexicon manuale Latino-Sinicum*（《辣汉小字典》，道光十九年〔1839〕），*Lexicon magnum Latino-Sinicum*（《辣汉大字典》，道光二十一年〔1841〕）等。

江沙维的《辣汉大字典》令后来一百年来华传教士的学习和工作受益匪浅，在国际汉学界也有不俗的口碑，多家出版机构屡次再版，比较重要的有：同治二年（1863）河间胜世堂《辣丁中华合璧字典》、光绪四年（1878）北堂印书馆《拉华语汇》和北堂印书馆民国十一年（1922）《辣丁中华合璧字典》。

十九世纪下半叶开始，教会出版机构和教外出版机构开始大量编辑出版双语语文辞典、双语专业辞典、双语百科全书以及语法书籍。

土山湾印书馆出版过多部双语辞典：光绪二十年（1894）出版应儒望①编纂的松江方言 *Dictionnaire Français-Chinois, Dialecte de Chang-hai, Song-kiang, etc.*（《方言法汉辞典》）；光绪二十五

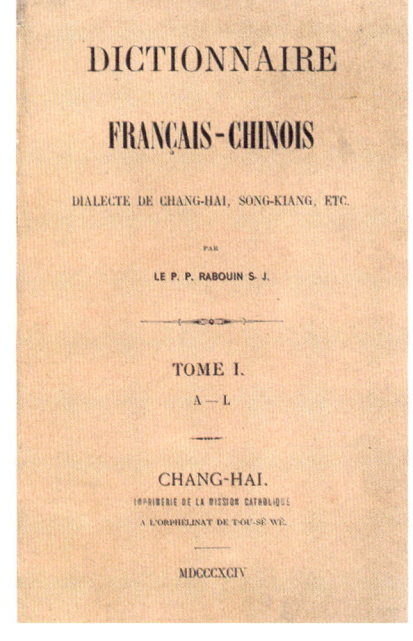

Dictionnaire Français-Chinois, Dialecte de Chang-hai, Song-kiang, etc.
方言法汉辞典（封面）
［法］应儒望编
法文　松江方言
两卷　一册
清光绪二十年（1894）土山湾印书馆排印
铅印本　纸本　硬精装
开本：24.6×16.5（cm）
1314页

---

① 应儒望（Paulus Rabouin，1828—1896），字雅君，法国人，1854年入耶稣会。同治五年（1866）来华，次年（1867）晋铎。逝于上海。

年（1899）出版华克诚①编纂的 *Petit dictionnaire Français-Chinois*（《法汉字汇简编》）和 *Petit dictionnaire Chinois-Français*（《汉法字汇简编》）；光绪三十二年（1906）出版贝迪荣编纂的 *Dictionarium Latino-Sinicum, Histoirica et Geographica*（《辣丁中华字典，历史和地理》）；光绪三十一年（1905）出版贝迪荣编纂的上海话版 *Petit dictionnaire Français-Chinois*（《法汉小辞典》）等。

有一套西班牙语汉语双语字典比较特别。西班牙籍传教士严毅（Aloisius Nieto），生于1879年，1896年入耶稣会，民国初年来华，民国四年（1915）晋铎，后在安徽庐州教区合肥堂区任神职。严毅编纂了 *Diccionario manual Castellano Chino*（《班华字典》）和 *Diccionario manual Chino Castellano*（《华班字典》），分别于民国二十年（1931）和民国二十二年（1933），由上海徐家汇联群商业印书所出版。这家"联群商业印书所"其实就是土山湾印书馆，是西班牙人的称呼。

Diccionario manual Castellano Chino
班华字典（封面）
［西］严毅编纂
西班牙文　中文
不分卷　一册
民国二十年（1931）
徐家汇联群商业印书所排印
铅印本　纸本　精装
开本：19.4×14（cm）
802页

Diccionario manual Chino Castellano
华班字典（封面）
［西］严毅编纂
中文　西班牙文
不分卷　一册
民国二十二年（1933）
徐家汇联群商业印书所排印
铅印本　纸本　精装
开本：19.4×14（cm）
852页

河间胜世堂出版的双语辞书有法籍神父顾赛芬编纂的几部辞典：*Dictionnaire Francais-Chinois*（《法汉常谈》，光绪十年〔1884〕）；*Dictionnaire Chinois-Français*（《华法字典》，光绪十六年〔1890〕）；*Dictionarium Sinicum & Latinum, ex radicum ordine*（《华拉字典》，光绪十八年〔1892〕）；*Guide de la Conversation Français-Anglais-Chinois*，《法英华会话导引》，光绪二十五年〔1899〕）；*Petit dictionnaire Chinois-Françai*（《华法小字典》，光绪二十九年〔1903〕）等。

顾赛芬编纂的《华法字典》以音韵为序，发音以《佩文韵府》和《康熙字典》为底本，每一字条均有罗马字母注音和法文释义。

---

① 华克诚（Augustus Debesse，1854—1929），字虚谷，法国人，1880年入耶稣会。光绪八年（1882）来华，光绪十八年（1892）晋铎。

• 工具辞书 •

Dictionnaire Français-Chinois, Contenant les expressions les plus usitées de la langue mandarine
法汉常谈（封面和扉页）
[法]顾赛芬编纂
法文　中文
不分卷　一册
清光绪十年（1884）
河间府胜世堂印书房排印
铅印本　纸本　精装
开本：24×16（cm）
1007页

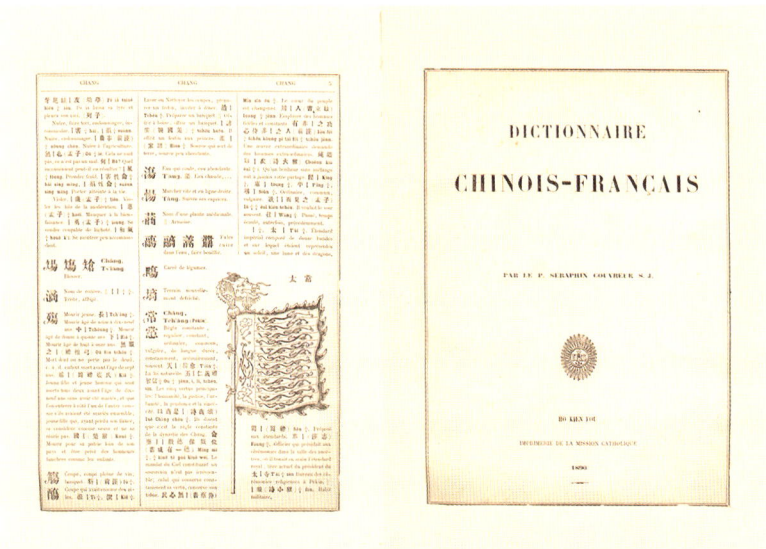

Dictionnaire Chinois-Français
华法字典（封面和内页）
[法]顾赛芬编
中文　法文　罗马字母注音
不分卷　一册
清光绪十六年（1890）
河间府胜世堂印书房排印
铅印本　纸本　平装
开本：32.2×24.5（cm）
1018页

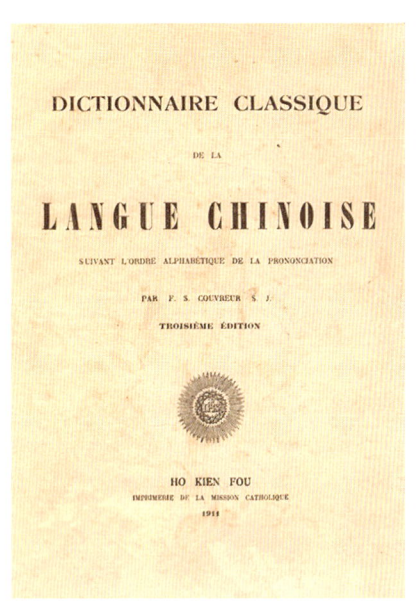

Dictionnaire classique de la langue chinoise
汉语菁华字典（封面）
［法］顾赛芬编
中文　法文　罗马字母注音
不分卷　一册
清宣统三年（1911）
河间府胜世堂印书房第三版
铅印本　纸本　平装
开本：33.3×25.5（cm）
1144 页

尤其值得注意的是，与其他洋教士编纂的双语字典不同，《华法字典》是字源性字典，揣摩《说文解字》，每一字条都详细引据该字在中国典籍中的出处和释义，如例：

【束】Chou：Serre ou Attacher avec un lien，lier，botte，faisceau｜†牲（孟子），Lier la victime｜†带（论语），Avoir les reins ceinte｜生刍（诗小雅），Une botte de fourrage vert｜胡童结（杜甫），L'accoutrement des esclaves barbares｜纳币（礼杂记），Cinq pièces d'éoffe｜失其搜（诗周颂），Cent flèches sifflent｜修（论语），Dix tranches de viande séchée；honoraire d'un maître d'école。

【幕】Mou：Soleil couchant, soir, vieillesse｜朝†（孟子），Matin et soir｜春†，La fin du printemps, la troisième lume 常诵春树（云之句）｜年†｜齿†，Le soir de la vie｜迟†（屈原我日），La tardive vieilesse｜年高（杂剧），Je suis vieux et au déclin da ma carrière。

《华法字典》还随文配有大量插图，图版大多取自乾隆八年（1743）刻印的清人郑之侨①《六经图》。

光绪三十年（1904）《华法字典》再版时，书名改为 *Dictionnaire classique de la Langue Chinoise*（《汉语菁华字典》），副书名 *suivant l'ordre alphabétique de la prononciation*。从形式上看与第一版差别不大，法文释义，罗马字母注音，也是字源性字典；但是内容有很大改变，丰富了许多，顾赛芬在宣统三年（1911）第三版序言里说明：

我们的《华法字典》1890年出版后受到异乎寻常的好评，获得法兰西学院儒莲奖。1904年我们着手开始修订，形式差不多，但有一些变化，排列次序和分类标题也有所改变。示例更多引据古典书籍，也关注了各个时代的官文、小说、戏剧和日常语言……

光绪三十年（1904）的《汉语菁华字典》有两种版本，音韵排序本和笔画排序本。另外，民国三十六年（1947）北京法文图书馆再版过这部工具书。

---

① 郑之侨（1707—1784），字茂云，号东里，广东潮阳人，雍正十三年（1735）举人，乾隆二年（1737）进士。授江西铅山县令兼弋阳县令，任饶州府同知，署广西柳州府知府、湖南宝庆府知府、山东济东泰武道员、湖广安襄郧兵备道。著有《农桑易知录》《六经图》《鹅湖讲学汇编》《濂溪书院劝学篇》等。

因为使用中得心应手，法国汉学家马伯乐[1]称赞这部字典是同类字典中最好的一种。

民国三十一年（1942），天津工商学院教授巴志永[2]神父曾根据顾赛芬的《华法字典》着手编纂一部 *Penser chinois: dictionnaire idéologique du chinois usuel*（《思泉：新体分类辞典》）。这部主要用于德胜院中文教学的工具书，只出了两本作为指导性的编纂样本，远没有完成。

顾赛芬的《华拉字典》与《华法字典》，同样是字源性字典。如例：

【昔】Si. 丗者（孟子）†tchè，畴|（礼檀弓）tch'eôu†. Olim, antiquitus, jamdiu, nuper, geri. 在|（诗商颂）Tsài†. Antiquitus. 谁|然矣（诗陈风）Choêi†jên i. Jamdiu ita est.|日†jêu. Præteriti dies.|时†chêu. Præteritum tempus. 平|P'ing†. Jamdiu solitum est.|夕. Nox. 通|不寐（庄子）T'ōng†pŏu méi. Tota nocte somno carere.

其与《华法字典》非常重要的区别有两点：一是《华法字典》以音韵排序，而《华拉字典》以部首排序；另一点，《华拉字典》没有插图，篇幅一千两百页，比《华法字典》还厚一些。

《华法小字典》是《华法字典》的衍生品。顾赛芬在前言里说明了两点：第一，这部小字典的目标读者是初学汉语的人，包括短期旅行者；第二，《华法小字典》与《华法字典》之不同，不仅是选择的字汇减少，而且字根编排体例也从音韵为序改为部首为序。

有两点顾赛芬考虑不同：《华法小字典》的词汇释义仍然突出字源性，这对于以初学者为使用对象的工具书来说似乎过于复杂；从篇幅来看也是过于厚重，这部"小字典"是同类书的一倍。

顾赛芬编纂的双语辞典，就体例而言，与现代辞书差别不大。他编纂《华法字典》具先天优势，有许多汉籍典籍可供参考，不会像田清波那样为《鄂尔多斯蒙古语词典》没能做到"字源性"而无奈辩解。

《法英华会话导引》则是部口袋本的会话手册，分五篇：第一

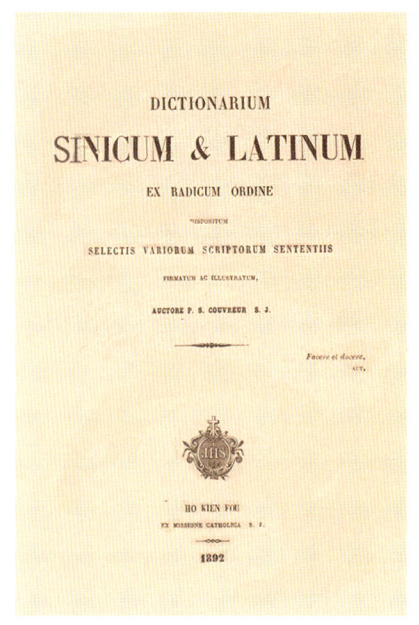

Dictionarium Sinicum & Latinum, ex radicum ordine
华拉字典（封面）
[法] 顾赛芬编纂
中文 拉丁文
不分卷 一册
清光绪十八年（1892）
河间府胜世堂印书房排印
铅印本 纸本 平装
开本：25×16（cm）
1200 页

---

[1] 马伯乐（Henri Maspero，1883—1945），法国人，汉学家。著有 *Le dialecte de Tch'angngan sous les T'ang*（《唐代长安方言研究》），*Le Taoisme et les religions chinoises*（《道教与中国宗教》）等。第二次世界大战中死于德国布痕瓦尔德集中营。
[2] 巴志永（Henricus Pattyn，1902—？），法国人，1918 年入耶稣会。民国十五年（1926）来华，民国二十四年（1935）晋铎。在天津工商学院和北平德胜院任教授。1951 年离华回国，余迹不详。

篇"字汇"、第二篇"句法"、第三篇"家常话"、第四篇"谈论"、续篇。

第一篇"字汇"。小类："天地万物""地球""地名""地上的气""金玉石类""度量，样子，颜色""时候""瞻礼""草木""禽兽""人事""当家亲戚""灵魂""身体""残瘫疾病""医学""衣服""饮食""吃饭的家伙""厨房的家伙""烧火""房子""行路""种地种园子""使船""兵事""买卖""关口""政事官职""天主教""邪教异端事""玩意儿""应酬的话"。

第二篇"句法"。小类："名子""代名""活言"。

第三篇"家常话"。小类："求，要，愿意""辞""说是有的，说是没有的""疑惑，估量""惊讶""交情，仇恨""喜乐，忧愁""忿怒""责备""商量""问答""说，说话，叫""听，听见，懂得""喜欢，爱""找，找着，查出来""差错，哄骗，认得，承认""离开，留，许""时候""早起，晌午，晚""时辰""好天，不好天，风""下雨，打雷，下雹子""上冻，下雪""春天，夏天，秋天""热天""冷天"。

第四篇"谈论"。小类："身体""逛一逛""时辰表""年纪""早起""晚晌""晚晌睡觉""吃喝""早饭""中饭""茶，晚饭""生火""新闻""果子""花，菜""教，学""学中国话""上学""学堂""两个学生""针线活""和卖书的""和卖布的""和卖家伙的""和裁缝""和鞋匠""和医生""走道的人"（遇路人）、"问道""问人的住处""和马夫""找船""走海""卡房""丧事""拜会""拜年"。

续篇。小类："俗话""分两，尺寸，升斗""时辰""甲子""节气"。

显然，顾赛芬编纂《法英华会话导引》的目的是要帮助新来华的洋神父们尽快适应中国的语言环境，细致入微地教会他们应付日常生活中的问题，通过与本地人的语言交流而融入其服务之人群。用心良苦。

民国三年（1914）胜世堂印书房出版了陶德明①神父编的两本一套词典，*Vocabulaire français-chinois des sciences, mathématiques, physiques et naturelles*（《法汉科学词典》）和《汉法科学词典》(*Vocabulaire chinois-français des sciences, mathématiques, physiques et naturelles*)。在编排上出版者将其算为一套，第一卷是法汉，第二卷是汉法，而且两本词典的页码也是连续的。这两本词典在中国老一代科学家中使用很普遍，中华人民共和国成立后，许多科研单位的图书馆和资料室也都藏有这套必备工具书。民国中期李诗堂②神父对这两部辞典作过增订：*Supplement radioectricite français-chinois*（《法汉科学词典增订》）和 *Supplement radioectricite chinois-français*（《汉法科学词典增订》）。

民国十九年（1930）河间胜世堂印书房出版一部"专业"词典，*Adjumenta missionarii, thesaurus latino-sinicus*，中文叫《教理词典》，编者是鄂恩涛、刘斌和何礼伟③。称其"专业"，因为这部词典偏重宗教词汇。这是一部拉丁文—中文词典，版式三栏，拉丁文、中文、罗马字母注音，音韵排序。就其篇幅而言，此书的单词量并不算大。编者收集了大量择自福音书的例句，便于读者从拉丁文着手，一句一句理解中文含义。因而编者认为其作品有别于一般辞典，又称其为《教士宝囊》。此书是阅读或翻译天主教拉丁文献的好助手。

---

① 陶德明（Charles Taranzano, 1866—1942），字符朗，法国人，1888年入耶稣会。光绪二十八年（1902）来华，同年晋铎。
② 李诗堂（Marcel Lichtenberger, 1906—1985），法国人，1929年入耶稣会。民国二十一年（1932）来华，民国三十六年（1947）在河北献县被拘，1949年回国。
③ 何礼伟（Gervasius Olivier, 1874—1943），法国人，1892年入耶稣会。宣统元年（1909）来华，民国十七年（1928）晋铎，在河北献县天主堂任教职。逝于献县。

· 工具辞书 ·

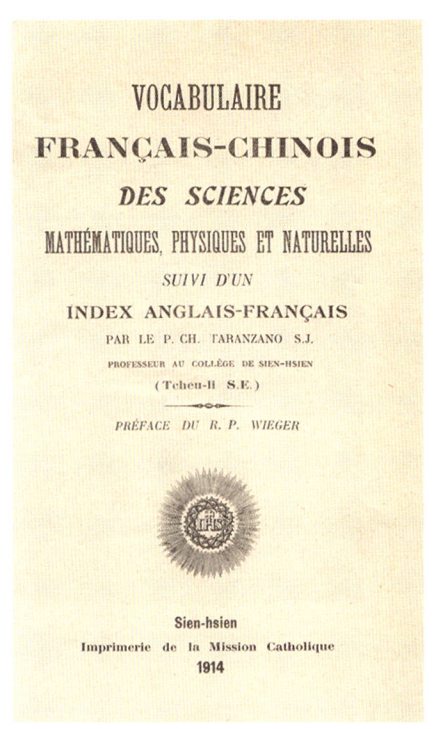

Vocabulaire français-chinois des sciences, mathématiques, physiques et naturelles
法汉科学词典（封面）
［法］陶德明编
法文　中文
不分卷　一册
民国三年（1914）献县天主堂排印
铅印本　纸本　平装
开本：24×15.5（cm）
455 页　插图 35 幅

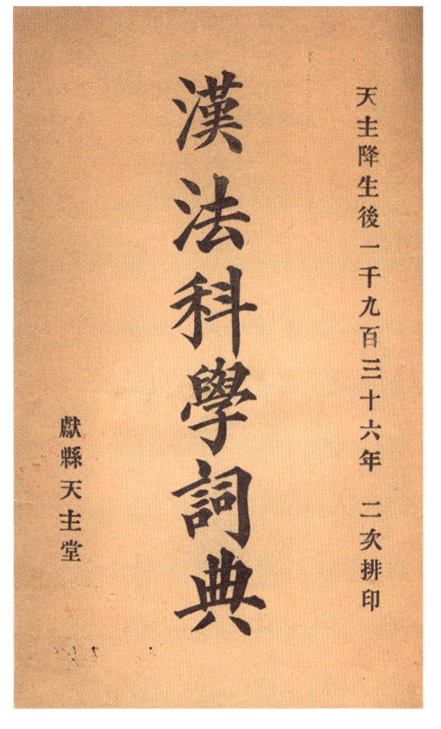

汉法科学词典（封面）
Vocabulaire chinois-français des sciences, mathématiques, physiques et naturelles
［法］陶德明编
中文　法文
不分卷　一册
民国二十五年（1936）献县天主堂二版
铅印本　纸本　平装
开本：25×17（cm）
495 页

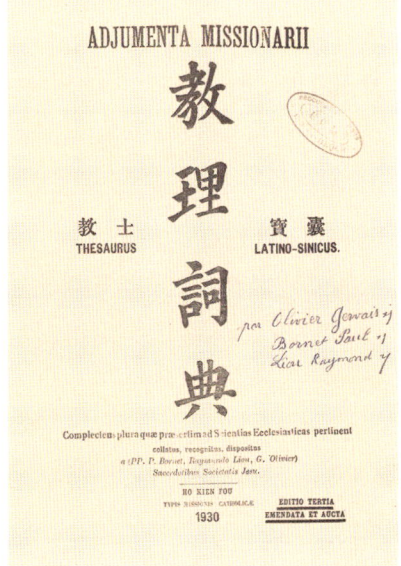

Adjumenta missionarii, thesaurus latino-sinicus
教理词典（封面和内页）
［法］鄂恩涛、何礼伟、［中］刘斌编
拉丁文　中文　罗马字母注音
不分卷　一册
民国十九年（1930）
河间胜世堂印书房排印
铅印本　纸本　平装
开本：26×16（cm）
431 页

207

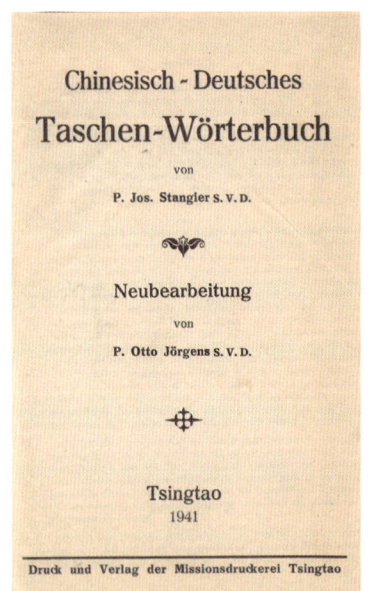  

Chinesisch-Deutsches Taschen-Wörterbuch，*Neubearbeitung*
增订华德词典（封面）
[德]商格理编纂 [德]岳立仞修订
中文　德文
不分卷　一册
民国三十年（1941）青岛天主堂修订版
铅印本　纸本　精装
开本：18.3×12（cm）
857 页

华德字典（封面）
Chinesisch-Deutsches Wörterbuch
[德]薛田资编纂
中文　德文
不分卷　一册
民国十七年（1928）
兖州天主堂印书馆排印
铅印本　纸本　精装
开本：22.2×15.5（cm）
842 页

Deutsch-Chinesisches Wörterbuch
德华字典（封面）
[德]薛田资编纂
德文　中文
不分卷　一册
民国十八年（1929）
兖州天主堂印书馆排印
铅印本　纸本　精装
开本：22.2×15（cm）
773 页

天主教各个出版机构都出有各种双语辞典，语言类型依各修会传教士国籍而不同：土山湾印书馆和北堂印书馆基本是法语或法汉辞典；兖州天主堂印书馆对编纂德文或德汉辞典比较有兴趣；而方济各会一些意大利人聚集区，比如汉口和济南，出版了意大利文或意汉辞典。所有这些出版机构对拉丁文辞典的关注则是共同的。

早在民国三年（1914）兖州天主堂印书馆在青岛出版了德国圣言会商格理[①]神父编纂的 *Chinesisch-Deutsches Taschen-Wörterbuch*（《华德词典》）。这部袖珍词典参考了华克诚和贝迪荣的汉法词典。二十余年后，岳立仞[②]神父重新修订了商格理的词典，*Chinesisch-Deutsches Taschen-Wörterbuch*，*Neubearbeitung*（《增订华德词典》）于民国三十年（1941）出版。

---

① 商格理（Josef Stangier，1872—1953），德国人，圣言会士，1899 年晋铎。同年（光绪二十五年）来华，在临沂费县、青岛任神职。
② 岳立仞（Otto Jörgens，1879—1946），德国人，1905 年入圣言会，1906 年晋铎，同年（光绪三十二年）来华，宣统二年（1910）任戴家庄学校校长，民国十四年（1925）任济宁师范学校校长，民国二十四年（1935）后在青岛任职。

兖州天主堂印书馆还出版过圣言会德国神父薛田资①编纂的 Chinesisch-Deutsches Wörterbuch（《华德字典》，民国十七年〔1928〕）和 Deutsch-Chinesisches Wörterbuch（《德华字典》，民国十八年〔1929〕）。

太原明原堂印书馆出版过一部鲜能一见的辞典 Parvum Dictionarium Latino-Sinicum（《拉丁中华小字典》），编者是方济各会传教士、德国人梅斯特里（Theodosius Maestri），民国二十九年（1940）出版。

意大利方济各会传教士德尼诺②神父编纂过一本中文—意大利文双语字典 Piccolo Vocabolario Cinese-Italiano（Piccolo Dizionario Cinese-Italiano，《华意小字典》），民国十四年（1925）北堂印书馆出版。这部小词典以音韵为序排列，意大利文释义，罗马字母注音。编者说明这部字典是为初到中国的传教士准备的。

辅仁大学于民国三十七年（1948）出版了英中双语专业辞典《生物学名辞》（Biological Vocabulary），编者是辅仁大学农学系教授马德武③和郑葆珊④。文后附"生物普通分类法""植物界分类略表""动物界分类略表""地质年代表"，最后还有一张图表"地质钟"。

香港纳匝肋印书馆出版的双语辞典最为丰富，不仅有法语、拉丁语双语辞典，还有中国云贵少数民族语言双语辞典，以及越

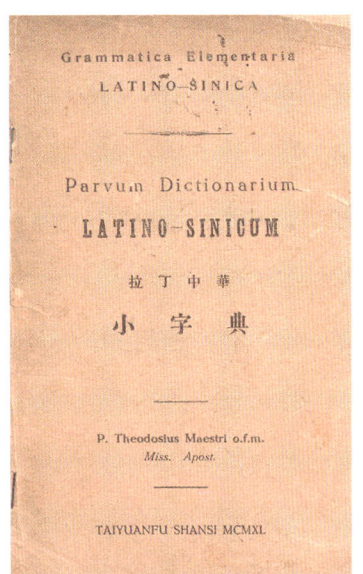

Parvum Dictionarium Latino-Sinicum
拉丁中华小字典（封面）
［德］梅斯特里编
拉丁文　中文
不分卷　一册
民国二十九年（1940）
太原明原堂印书馆排印
铅印本　纸本　平装
开本：20×13（cm）
143 页

Piccolo Vocabolario Cinese-Italiano
华意小字典（封面）
［意］德尼诺编纂
中文　意大利文
不分卷　一册
民国十四年（1925）
北京北堂印书馆排印
铅印本　纸本　平装
开本：17.3×12.3（cm）
325 页

---

① 薛田资（Gerorg Maria Stenz，1869—1928），德国人，1887 年入圣言会。光绪十八年（1892）来华，次年晋铎。著有《孔子故里》（光绪二十八年〔1902〕）等。
② 德尼诺（Generoso De Nino，1879—1955），意大利人，方济各会会士。来华后在湖北教区和陕西蒲城县堂区任神职。还著有 Sunto Storico de Vicariato Hupé occ. in Cina（《鄂西天主教简史》，北堂印书馆民国十三年〔1924〕）印制。
③ 马德武（Gregory Mathews，1876—1949），又记马条兹，德国人，圣言会士，辅仁大学生物系、农学系教授。还著有《非洲播道之开祖》（上海广学会，民国二年〔1913〕）等。
④ 郑葆珊（1922—1985），辽宁绥化人，动物学家、鱼类学家。民国三十三年（1944）毕业于辅仁大学生物系，留校任教，1951 年任中国科学院动物研究所研究员。

南、老挝、柬埔寨等印度支那国家的民族语言双语词典。择几种最有代表性的辞典作简要介绍。

在柬埔寨度过近五十年岁月的金边主教伯纳德①神父，二十八岁走进柬泰边境拜林山区传教，身居龙荒蛮甸，晨兢夕厉，熟练掌握高棉语，并且自己独创用罗马字母拼写高棉语方案。在此基础上，他编纂了一部 Dictionnaire Cambodgien-Français（《高棉语—法语辞典》），光绪二十八年（1902）由香港纳匝肋印书馆出版。

还有在老挝生活了五十年的夸兹②主教，他编写了 Manuel de Conversation Franco-Laocienne（《法语—老挝语会话手册》），光绪三十二年（1906）由香港纳匝肋印书馆刊印。老挝文是接近泰文的拼音文字，较古老的一种称为"多坦"，只见于与佛教有关的经文，另一种称为"多老"，是传教士来到印度支那后用罗马字母改造老挝语言后的文字。夸兹编的会话手册所用文字就是后一种，现在老挝官方的通用文字。

香港纳匝肋印书馆早在光绪二十五年（1899）出版过 Dictionnaire Japonais-Français de L'Histoire et de la Géographie du Japon（《和法历史地理辞典》），编者陈姓神父③因编纂本辞典于1907年获法国科学院奖。

类似的辞典还有香港纳匝肋印书馆于民国二十三年（1934）出版的 Dictionnaire Historique et Géographique de la Mandchourie（《满洲历史地理辞典》），由巴黎外方传教会的纪怀德④神父编纂。

《满洲历史地理辞典》收入的词条多为满洲地理名称、人物事件、典章制度、名胜古迹、语言文字、经济贸易、货币金融、风

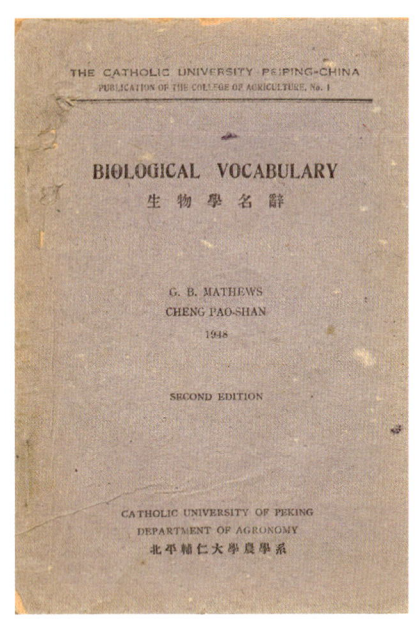

Biological Vocabulary
生物学名辞（封面）
［德］马德武、［中］郑葆珊编
英文　中文
一册
民国三十七年（1948）
北平辅仁大学农学系出版
铅印本　纸本　平装
开本：18.3×13.1（cm）
236 页

---

① 伯纳德（Jean-Baptiste Bernard，1866—1939），法国人，早年在皮伊的小修院学习，1887年加入巴黎外方传教会，1891年晋铎，同年被遣柬埔寨教区。初在马德望传教，1903年出任金边主教。逝于金边。
② 夸兹（Marie Joseph Cuaz，1862—1950），法国人，1885年晋铎，同年赴暹罗。1899年调任老挝主教。逝于法国。著有 Etude sur la langue laocienne（香港纳匝肋印书馆，光绪三十年〔1904〕），Lexique français-laocien（香港纳匝肋印书馆，光绪三十年〔1904〕），Contes siamois et laotiens（巴黎，1906），Proverbes laotiens（巴黎，1907），Essai de dictionnaire français-siamois（曼谷天主教印书馆，1903），Deux légendes siamoises（河内远东印书馆，1905）等。
③ 陈姓神父，即帕皮诺特（Jacques Edmond Papinot，1860—1942），法国人，1885年入巴黎外方传教会，1886年晋铎，同年（光绪十二年）底赴香港教区，次年（明治十九年）被派往日本金田堂区任神职。
④ 纪怀德（Lucien Louis Gibert，1888—1968），法国人，1906年入巴黎外方传教会，1913年晋铎，同年（民国二年）来华。赴今东北教区，任吉林修院院长，民国六年（1917）起先后主持龙湾县、吴家屯教务，民国二十四年（1935）任长春主教。1951年被逐返法。

· 工具辞书 ·

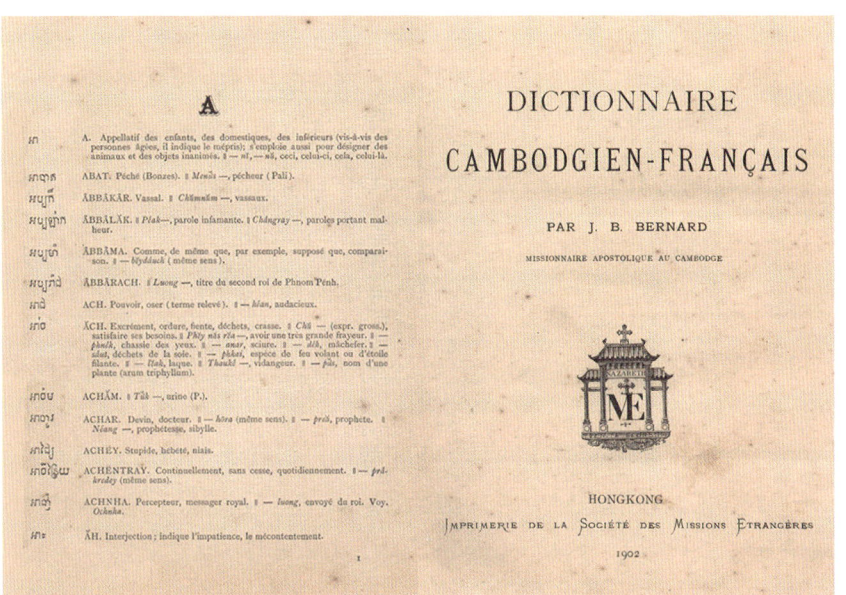

Dictionnaire Cambodgien-Français
高棉语—法语辞典（封面和内页）
［法］伯纳德编
高棉文　法文
不分卷　一册
清光绪二十八年（1902）
香港纳匝肋印书馆排印
铅印本　纸本　精装
开本：25×18.5（cm）
386 页

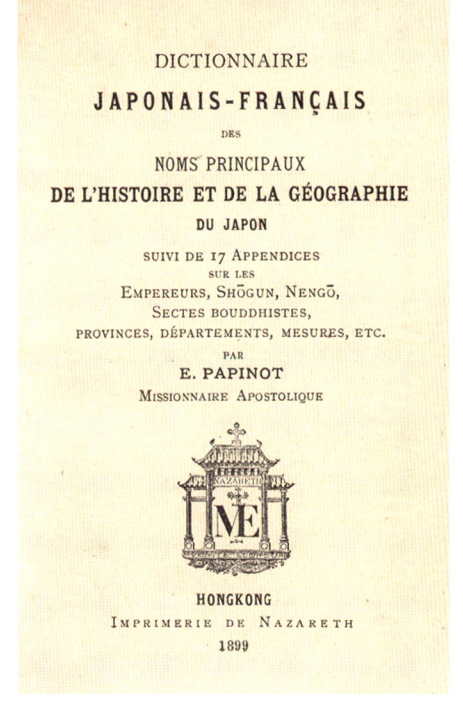

Manuel de Conversation Franco-Laocienne
法语—老挝语会话手册（封面）
［法］夸兹编
法文　老挝文
不分卷　一册
清光绪三十二年（1906）香港纳匝肋印书馆排印
铅印本　纸本　平装
开本：18.5×12.2（cm）
296 页

Dictionnaire Japonais-Français de l'Histoire et de la Géographie du Japon
和法历史地理辞典（封面）
［法］帕皮诺特编纂
日文　法文
不分卷　一册
清光绪二十五年（1899）香港纳匝肋印书馆排印
铅印本　纸本　平装
开本：18×12（cm）
297 页

俗习惯、博闻掌故等；涉及民族有汉、契丹、女真、满、蒙古、朝鲜、俄罗斯等。辞典以罗马注音字母排序，有汉字和满文，法语释义，附有一百一十幅插图、十二幅地图、八张表格。

《和法历史地理辞典》和《满洲历史地理辞典》不只是双语字典，更是百科全书式的工具书，是知识类辞书。

这类辞书，与纯语言性词典或字典是不同的，它们往往带有编纂者本人的思想和政治倾向，在人类历史上常常扮演着特殊角色。譬如法国启蒙运动泰斗伏尔泰就曾编写《哲学辞典》，被天主教会视为离经叛道的邪恶学说，被法国封建王朝视为大逆不道，却引导了一批思想更为开放的年轻人走上法国启蒙运动的时代舞台。

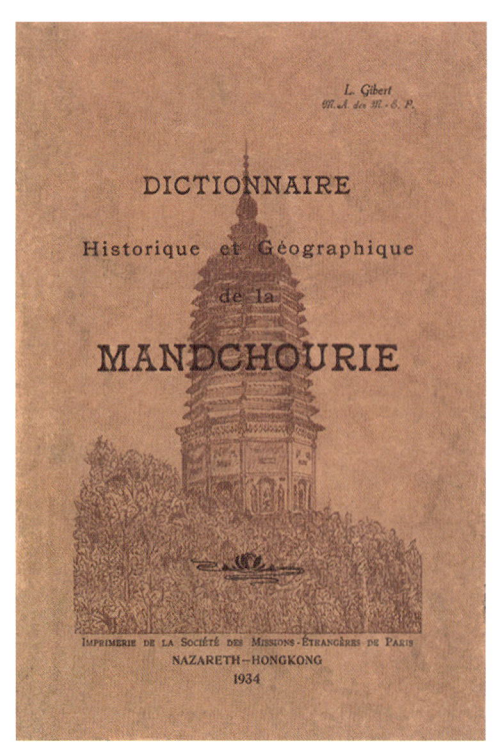

Dictionnaire Historique et Géographique de la Mandchourie
满洲历史地理辞典（封面和插图）
［法］纪怀德编纂
法文
不分卷　一册
民国二十三年（1934）
香港纳匝肋印书馆排印
铅印本　纸本　平装
开本：23×15.6（cm）
1040 页
插图 110 幅　地图 12 幅　表格 8 张

HARBIN. — *En haut* : Prystan, Eglise russe.
Au milieu: Prystan, la Kitaiskaya.
En bas : Nouvelle Ville, la gare.

HARBIN. — *En haut* : Prystan.
Au milieu : La grande rue de Fou-kia-tien.
En bas : Les bords du Soungari. —

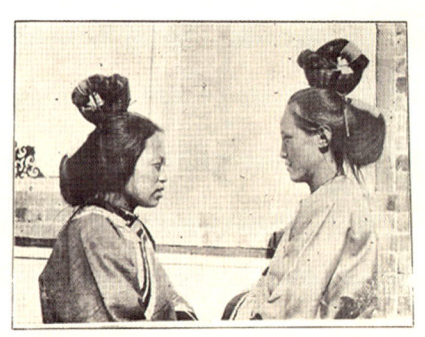

En haut : Femmes chrétiennes de la région de Lin-si (Barin).
En bas : Mongols de la région de Barga. (*Cl. Asia*)

En haut : Trompes lamaïques et Lamas mongols (Barin).
En bas : Princes mongols Korts'in en costume de cérémonie (*Cl. Asia*).

方言白话

> 上帝保佑，我们耶稣会的会友凡是献身在这个民族中的传道工作的，都经过不懈的努力而学会了说他们的语言。
>
> ——利玛窦

胡适之先生在解释所倡导的"文学革命"时说过,白话文学其实自唐以来就一直存在"演化","一千年前,就有许多诗人用白话做诗做词了;八九百年前,就有人用白话讲学了;七八百年前,就有人用白话做小说了;六百年前,就有白话的戏曲了;《水浒》《三国》《西游》《金瓶梅》,是三四百年前的作品;《儒林外史》《红楼梦》,是一百四五十年前的作品"。① 因此,白话文学不是某些人造的东西,而是中国文学史的趋势。

历史进化有两种,一种是完全自然的演化,一种是顺着自然的趋势,加上人力的推动。前者可叫作"演进",后者可叫作"革命"。《新青年》所倡导的正是后者:一种有意的主张,一种人为的促进。

天主教文学所做的,既不是自然演进,也不是胡适之先生主张的人为的"革命",而是第三种:需求,或曰应运而生。话语传播是天主教传教活动的主要方式之一,面对天南海北的信众——其中大部分是大字不识的百姓,教会必须选择最适合的方式和最适合的语言。教会这样做是有其布道需求的考虑,但是不可忽视的是,客观上他们在胡适之先生号召"革命"的五十年之前就已经有意识地、系统地在天主教内推动白话文普及了。

在天主教历史上,"方言"曾经是个问题。在长达一千多年的历史时期中,罗马教廷只允许用拉丁文书写天主教的典籍以及教廷档案,不允许欧洲各国使用自己的民族语言,即"方言"从事教事活动。

传教士们在中国基本没有碰到这个问题。他们想用拉丁文就用拉丁文,觉得法文合适就用法文,意大利文、葡萄牙文、西班牙文、英文、德文,都常见诸他们留下的文献。为了便于自己相互交流,各国的传教士也按国别相对抱团。山东,德国人多;上海,法国人多;安庆,西班牙人多;太原,意大利人多;潞州,荷兰人多;塞外,比利时人多。

学习中文是洋教士们头疼的问题。同样,中华五十多个民族的语言和汉民族天书似的各地方言,也是传教士们要更加努力克服的困难。《圣经》及基督教那些典籍的中文翻译,从语言角度可分为汉语和少数民族语言两大类。在这两个方面,新教比天主教做得更加深入细致。他们不仅翻译了《圣经》文理本、浅文理本、官话本,还统一"各路诸侯",编出至今仍广泛使用的"和合本"。新教教士们出版了中国许多少数民族的《圣经》译本,包括傈僳族、苗族、满族、蒙古族、京族、藏族等。有些民族本来没有自己的文字,洋教士们还为这些民族"创造"文字。

笔者藏书多年,陋宅略有数种中国少数民族文字或方言本的《圣经》译本,比如:光绪十七年(1891)福州话本《旧约全书》,也称"榕腔圣经";光绪二十二年(1896)卡尔纳克蒙古文本"四福音书";光绪三十年(1904)仲家语本《马太福音》;光绪三十一年(1905)罗马字母台州土话本《旧约全

---

① 胡适:《白话文学史》上卷,新月书店民国十七年(1928)版,引子,第1页。

书》;光绪三十二年(1907)罗马字母国语本《马太福音》;光绪三十三年(1907)藏文本《利未记》《民数记》《申命记》;民国元年(1912)兴化平话字本《新旧约全书》;民国元年(1912)傈僳语本《马太福音》;民国二年(1913)蒙古文本《约拿书》;民国四年(1915)罗马字母汕头语本《新约全书》;民国六年(1917)傈僳族语本《路加福音》;民国八年(1919)广东话本《新约全书》;民国十年(1921)蒙古文本《箴言》;民国十一年(1922)哈萨克文本《使徒行传》;民国十三年(1924)罗马字母客家话本《新约全书》;民国十五年(1926)和民国十七年(1928)傈僳语本《使徒行传》;民国十九年(1930)藏文本《列王记》;民国二十年(1931)怒山语本《马可福音》;民国二十一年(1932)纳西语本《马可福音》;民国二十二年(1933)花傈僳语本《马可福音》;民国二十二年(1933)藏文本《新约全书》;民国二十四年(1935)花傈僳语本《马太福音》;民国二十四年(1935)福州话本《马太福音》;民国二十五年(1936)花苗语本《新约全书》;民国二十五年(1936)花傈僳语本《路加福音》;民国三十六年(1947)喀什噶尔突厥语本"四福音书";民国三十七年(1948)纳苏语本《新约全书》;1950年佤文本《新约全书》等。

类似罗常培先生讲的那种罗马字母注音符号的书籍有光绪十四年(1888)大英国圣教书会罗马字母本《官话新约全书》、光绪三十一年(1905)罗马字母国语本《马可福音》,还有民国八年(1919)注音符号官话本《马可福音》、民国二十三年(1934)注音符号官话本《但以理书》、民国二十六年(1937)注音符号官话本《申命记》。后三种与利玛窦的罗马字母拼音方案相去甚远,与现在的汉语拼音更为相近,今天台湾地区仍在使用。

这些方言本或民族本《圣经》都是基督教新教的作品,与天主教没有关系。天主教对翻译《圣经》持谨慎态度。这些书籍都是新教圣书公会出版的,超出本书论述范围,此不细论。

在中国少数民族语言上,天主教"矜持"一些,不如基督教新教做的工作多。不过,他们除了避开直接翻译《圣经》,在天主教典籍上也做了不少其他尝试。

"官话",在清末民国是比较复杂的概念,洋教士对"官话"的理解也五花八门。官话和合本《新旧约全书》所说的"官话"是把"北京官话"当作"汉语标准语",民国称"国语",这种案例在传教士著作中不多见。1956年之前从未有全国统一认可的"汉语标准语",因而"官话"又分为东北官话、北京官话、冀鲁官话、胶辽官话、中原官话、兰银官话、江淮官话、西南官话,语言学家称它们为"官话方言"或"次官话"。阅读传教士著作时应该特别注意,他们标称的"官话"和"方言"的含义与现在一般理解并不一样。他们说的"官话"有时是指某种相对于当地土语而言的"官话方言";有时又将某种"官话方言"视为相对于"官话"而言的"方言";有时甚至把"官话"看成相对文言文而言的"白话口语"等。就算像戴遂良、闵宣化这样有学问的人,他们多数时候也不能够准确区别和定义自己记述的"官话"和"方言",这与他们生活的区域比较狭小有关。

据说日本人承继明代旧观念,以为中国官场使用的语言还是南京的"吴语"。明治七年(同治十三年〔1874〕)日本向中国派遣的公使注意到官场上通行的是北京话,为便于日本人学习北京官话,明治十五年(光绪八年〔1882〕)东京出版了日本长崎人吴启太编纂的《官话指南》。此类中国人自己也没有编过的书籍,被引进后颇受追捧,屡被翻印,九江书局、上海美华书馆、福州美华书局、上海别发洋行都有出版。

Boussole du Langage Mandarin, Koan-Hoa Tche-Nan
官话指南（封面）
[法] 董师中编译
法文　中文　罗马字母注音
四卷　两册
清光绪十三年（1887）
土山湾慈母堂排印
铅印本　纸本　平装
开本：24×16.3（cm）
481 页

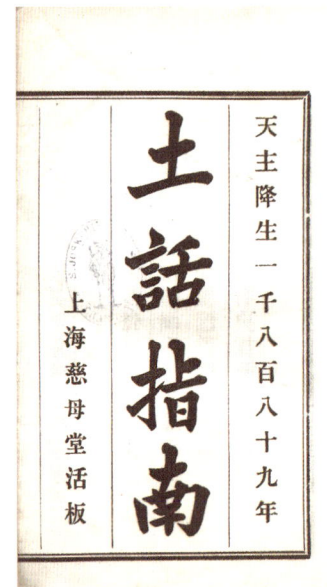

土话指南（扉页）
[日] 吴启太撰　[法] 董师中法译　佚名译松江方言
松江方言　法文　罗马字母注音
两卷　一册
清光绪十五年（1889）慈母堂排印
铅印本　纸本　中文筒子页
西文双面平印　线装
十三行三十字白口四周双边单鱼尾
西文横排
开本：20×12.4（cm）
半框：15×9.8（cm）
58 页

光绪十三年（1887）土山湾印书馆出版了法国传教士董师中①编译的中法对照本 *Boussole du Langage Mandarin*（*Koan-Hoa Tche-Nan*，《官话指南》）。董本《官话指南》编排为四卷八十章：第一卷，Formules de Conversation Qu'il Faut Savoir（"应对须知"）；第二卷，Mandarins et Marchands Parlant de Leurs Affaires（"官商吐属"）；第三卷，Style Ordinaire des Commandements（"使令通话"）；第四卷，Dialogues entre Mandarins（"官话问答"）。董师中在每页页下加有罗马字母注音和法文注释。

光绪十五年（1889），《官话指南》的中文被改译为松江方言出版，书名《土话指南》，准确地说，书名应该是《中法对照松江方言〈官话指南〉》。《土话指南》分上下两卷，上卷有"应对须知"和"官商吐属"四十章，下卷有"使令通话"二十章。《土话指南》在语言学研究领域十分重要，并且这本书存世不多。

前述龚古愚神父编纂的那套"中国应酬话"，有方言本《应酬土话》，分上海话本和上海话与拉丁文对照本。读起来别有一番味道。

【再醮土话】问，寡妇为啥咾要再醮？答，或者为年轻无靠托，或者为穷苦，咾难活命。然而男人咾有功名个，例上勿能个再醮。所以乡下人家有个，绅衿人家没得个。问，再醮那能个规矩？答，譬如一家人家，有一个寡妇，意思之间，要想再醮，就有人来，搭伊公婆话，或者没得公婆个，搭伊个阿伯阿叔话。话

---

① 董师中（Henricus Boucher，1857—1908），字子敏，法国人，1875 年入耶稣会。光绪八年（1882）来华，光绪十八年（1892）晋铎。

• 方言白话 •

咾,听得侬个媳妇,因为家里穷苦,打算转嫁一个丈夫。贴正有一个人,穷咾讨勿起亲事,要想讨一个二婚头,情愿出洋钱几十个,勿知道侬媳妇肯嫁否?

【中国仕途略说】讲到大清朝做官个路,一总有三样规矩。第一样味,是科甲出身;第二样味,是捐班出身;第三样味,是保举出身。科甲出身叫正途,捐班搭是保举,是异路功名。

【教外人异端略说】问,外教人做异端,虽然听得人话,总勿曾晓得明白,请先生指教指教。答,我亦未知其详,不过拣晓得个,搭侬话话看。每年正月初五夜,各店家接财神,到初九是玉皇大帝生日,五更三点时候,各庙个神道齐来朝贺。行三跪九叩首礼。同官府见皇帝一样……到得二月十九,是观音生日,各处观音堂里,斋做佛会,烧香个人,也多几个……半个月清明里向,大小人家齐要到祖宗坟上去,上坟祭祖,烧纸钱纸锭。倒是三月半,龙华庙里做佛会,极其热闹。

今天偶尔可以遇到一些天主教典籍的方言译本,读来饶有趣味。从这里我们找到向那些洋教士们学习的地方:关注细节。要赢得更多的信众,空喊口号是不行的,高高在上也是不行的。为达理想之目的,要穷尽所能。

《耶稣受难记略方言》,是问渔先生根据新约四圣史编写的耶稣受难的故事所作,徐汇天文台台长、天文学家、法国耶稣会神父蔡尚质著有上海崇明方言译本。蔡尚质为方言本作的序这样说:

四个圣史,记拉个耶稣一总行事,本来为圣教会一定个道理。讲到耶稣受难个故事,更加要加自伲热心纪念。因为为救自家个灵魂,搭之常生个道理,大大哩有好处个,信德个道理,已经完全包括拉者。假使常常去看看,可以晓得吾主爱人个真,可以加增自伲认得天主个见识,又可以热自伲爱慕天主个心。可惜有文理个书,弗是逐一个人可以懂,就如有一部圣书,叫新史合编,挪耶稣三十三年个行实,翻之中国个文理,注之官话,画之图像。法子已经好极拉者,而弗读书个人,究竟还弗会懂得。

应酬土话(内页)
〔清〕龚柴撰
中文拉丁文对照
三卷 三册
清光绪三十二年(1906)
土山湾印书馆印制
石印本 手书上板 平印 纸本 线装
七行十六字无框
开本:23×15.3(cm)
403页

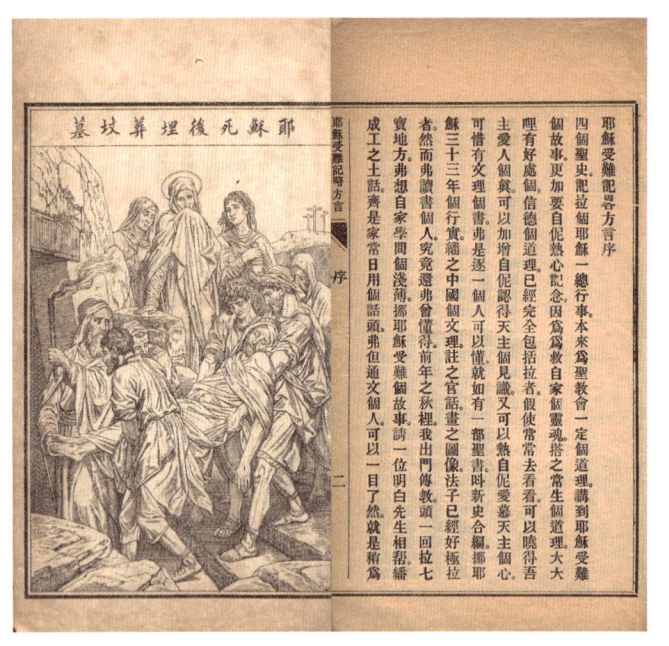

耶稣受难记略方言（内页和插图）
〔清〕李杕著
［法］蔡尚质（方言）
上海话
一卷　一册
清宣统元年（1909）土山湾慈母堂排印
铅印本　纸本　筒子页　线装
十行三十字白口四周双边单鱼尾
开本：20×12.5（cm）
半框：15×10（cm）
22页　插图34幅

乙未秋，余出权铎，首及蒲溪，爰不揣鄙陋，将是书中受难事迹，译成土话，均类行常日用之谈，匪特通文达理者，举能玩味，即知字面者，亦能一目了然。

蔡尚质这段表白清楚地表明他们这些传教士在事业上的态度。

天主教与新教对四福音书的译法是不同的，天主教分别译为《玛宝圣经》《玛尔谷圣经》《路加圣经》和《若望圣经》，而新教译为《马太福音》《马可福音》《路加福音》《约翰福音》。不熟悉的人会以为是不同的书。

土山湾印书馆出版了一套《方言圣经》，是用崇明、南汇一带上海话译的，老上海人读起来很有趣。《玛宝圣经》开篇是这样读的：

亚巴郎个后代，达味个子孙，耶稣基利斯督个家谱。亚巴郎生依撒格，依撒格生雅各布伯，雅各布伯生如达，搭之伊个弟兄……忽然天主个天神，拉梦里向，发显拉伊咾话，若瑟达味个后嗣，勿要怕，娶侬个妻子玛丽亚，因为伊个怀孕，从天主圣神来个。伊将来要生一个儿子，侬替伊题一个名头，叫耶稣。因为伊要担自家百姓，从罪里向救出来。所有一切事体，侪要应验先知个说话。有个童女，怀孕生儿子，伊个名头，叫爱玛努厄尔，就是话天主，搭伲一淘。若瑟醒之转来，照天神吩咐拉个说话，收受自家个净配。到底勿曾同房过。等到生之长子题伊个名头叫耶稣。

土白，是白话，不是官话也。

《教要序论》，比利时耶稣会传教士南怀仁宣教作品中最重要的一本，是一部论教进道的著作，文字浅显易懂，适于教外之人了解天主教。光绪九年（1883）慈母堂出版了崇正子译为上海话的《方言教要序论》。该书使用上海话编写，甚至是南汇、崇明一带口音，读起来蛮有意思，现在一般上海人也未必搞得清。教会对待传播"福音"很重视"深入人心""不留死角"。

意大利来华传教士苗仰山把高一志的《圣人行实》译成上海话，刊为《方言圣人行实摘录》。简单说，这本书就是天主教历史上被奉为"圣人""圣女"那些人的传记集。共编入圣热罗尼莫、圣妇默辣尼亚、圣女笃罗德亚、圣安多尼、圣方济各·沙勿略、圣女亚加大、圣味增爵、圣本笃等十七人的传记。民国七年（1918）胜世堂出版的《数圣芳标》，是《方言圣人行实摘录》的官话本。

苗景筠（Christophorus Bortolazzi），字仰山，号崇正子，意大利人，生于1856年，1874年入耶稣会。光绪五年（1879）来华，光绪十八年（1892）晋铎。来华后长期在崇明岛传教，民国五年（1916）参与重建崇明总铎区总铎教堂大公所。逝于民国二十三年（1934）左右。他深谙崇明方言，留下的作品大多与崇明方言有关，如由土山湾印书馆出版的《方言备终录》《方言问答撮要》和《方言圣人行实摘录》等。

《方言备终录》，原作是利高烈撰写、李问渔翻译的《备终录》，苗仰山神父于光绪三十二年（1906）译为上海话。这本书有三种语言，上海话、原著的法语和罗马字母官话注音。例如：

> 圣经上话，侬记好拉。侬本来是坭，后来还要归到坭。就是将来有一日要死，死之后来，侬要葬拉坟墓里，肉身臭烂，满身尧是蛆虫。如同先知意撒依亚话，侬个铺盖就是虫，一总人死之，齐是什介能。尊贵个，卑贱个，做皇帝个，做百姓个，死之以后，灵魂到一个永远个地方去，肉身要变成功灰咾坭。

罗马字母官话注音例句：*Faong-Yé Bei-Tsong Lôh*（《方言备终录》）。

教会为了传教需要会出版一些"教理问答""教理撮要问答"类的小册子，并且不定期根据梵蒂冈的新的释义而增改。光绪二十八年（1902）土山湾印书馆出版的苗仰山《方言问答撮要》就是这类书籍的松江方言本子，后年年有修订版。书分三十八章，

方言教要序论（内页）
［比］南怀仁著
〔清〕崇正子（方言）
上海话　拉丁文
六十二篇　一册
清光绪九年（1883）慈母堂排印
铅印本　纸本　筒子页　线装
十三行三十字白口四周双边
开本：19.5×12.5（cm）
半框：15.3×10（cm）
45页

方言备终录（扉页和插图）
［意］利高烈著
〔清〕田文都　李杕译
［意］苗仰山（方言）
上海话　法文　罗马字母注音
一卷　一册
清光绪三十二年（1906）慈母堂排印
铅印本　纸本　筒子页　线装
十一行二十四字白口四周双边单鱼尾
开本：13.3×9（cm）
半框：15×9.5（cm）
插图1幅

问答体,涉及天主教教义的方方面面。用现在的话来说就是理解教理的"标准答案"。

苗神父在书前"小引"述:

啥人教小学生子书个,该当晓得替伊拉教书,或者教经,好是好个。不过还要替伊拉讲讲圣教会里个要紧道理。因为单不过教书咾经,弗替伊拉讲道理,先生个本分弗曾尽完全,只好算尽得半个。但是对小囝讲道理,弗是容易个事体。

光绪三十三年(1907)苗仰山又把《问答撮要》译为上海话,体例与松江话本差不多,只是增加一章"讲圣体圣事"。对比一下,上海崇明话与苏州松江话的差异跃然纸上,甚有味道。

教中先生,㑚个本分,垃拉天主台前,是顶贵重个。尽来到界味,有格外个功劳。圣教会也得极大个好处。所以话,小囝大起来,成圣成贤,半把拉拉先生手里。请人㑚想想,㑚个本分,重呢勿重,有关系呢没得。

翻译,不能仅是不同语言的转换,如果能注意到不同语言的习惯表述方法,译者便可称高手。

土山湾印书馆印制的方言书籍量最大的是一本名为《方言问答》的小册子,有各地方言版本。目前能见到的最早的本子是光绪八年(1882)慈母堂出版的苗仰山苏松方言译本。几乎每一两年再版印刷,每次印数三五万册。可以想见这种各个堂口必备书籍的需求量之大。《方言问答》的内容有"方言领洗问答""方言告解问答""方言圣体问答"和"方言坚振问答"四篇。《方言问答》还有松江方言与官话对照本《问答译本》,由土山湾慈母堂光绪二十年(1894)出版。

江南教区倪怀纶主教曾建议将一些常用的经书加以通俗注解,译成当地方言俚语。西班牙传教士管宜穆请缨,完成《圣教经文注解》《玫瑰经注解》《弥撒规程注解》和《圣教要理问答注解》等书的注释,并与他的好友张茂才合作译为松江方言。注解是用白话文写的,每段经文的注释后面都并列松江方言译本。"是经注解后,继以方言,是依前经字句

圣教经文注解(封面和内页)
[西]管宜穆注解 〔清〕张茂才(方言)
松江方言
两卷 一册
土山湾慈母堂
清光绪二十三年(1897)初版
清光绪三十三年(1907)再版
铅印本 纸本 筒子页 线装
七行十七字小字双行同
白口四周双边单鱼尾
开本:19.5×12.5(cm)
半框:15×9.5(cm)
86页

而译，俾经中字句意，豁然在目，妇女辈更易于通晓。"

《圣教经文注解》两卷，初版于光绪二十三年（1897），该书分别对早课和晚课的常用经文襄以注解，"是经注解并非特为助获神益，亦为教中童蒙讲习之资。故经中逐字逐句注解分明，间又指明一义，或尾以俗云字样，俱为儿女易悟起见"。

《圣教要理问答注解》初版于光绪二十四年（1898）。这本书可以看成是《圣教经文注解》的姊妹篇，也是管宜穆和张茂才合作完成的，体例一致。也分四个部分："领洗问答""告解问答""圣体问答""坚振问答"。也是张茂才把注解译成松江方言。

《玫瑰经注解》出版于光绪二十五年（1899），此书也叫《圣母玫瑰经十五端注解》，包括欢喜五端、痛苦五端、荣福五端。

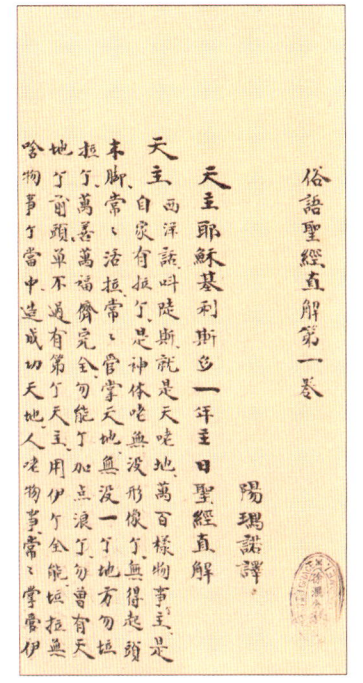

俗语圣经直解（内页）
[葡] 阳玛诺著
上海话
十四卷　八册
清末抄本　筒子页　线装
六行二十字小字双行同
白口无框无格
开本：23.3×12.7（cm）
1158 页

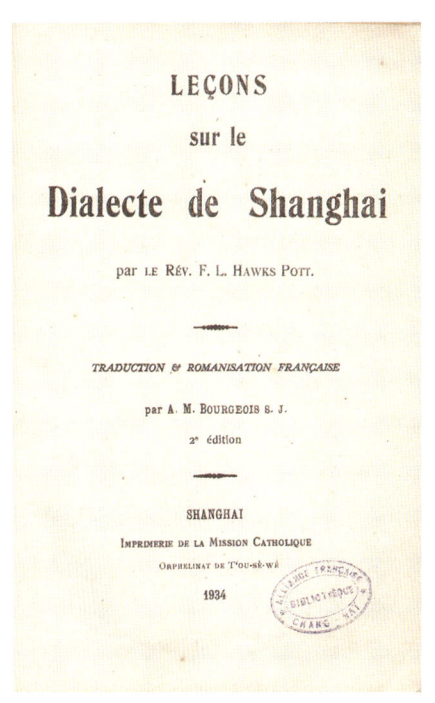

Leçons sur le Dialecte de Shanghai（封面）
上海话练习课本
[法] 浦君南撰
法文　上海话　罗马字母注音
三十一课　一册
土山湾印书馆
民国十一年（1922）初版
民国二十三年（1934）第二版
铅印本　纸本　精装
开本：21.5×14（cm）
239 页

《弥撒规程注解》出版于光绪二十七年（1901），详细讲解弥撒程序：一、善愿；二、将祭；三、正祭；四、撤祭。以及每一步骤的祈求、祝文、经文等。

上海话本《周年主日及大瞻礼圣经》（*Les Évangiles des Dimanches et Fêtes*），民国二年（1913）由土山湾印书馆印制。这本书是辑述主日瞻礼日和一般大瞻礼日所需咏诵的《圣经》篇章，共有六十四篇。

土山湾印书馆组织翻译成方言的书籍里，部头最大的是迻译阳玛诺的名著《俗语圣经直解》，没有正式出版，存稿本多部，共十四卷，八册。翻译时间大约在光绪年间，上海话，译者不详，不外乎苗仰山几人。

生活在上海的耶稣会神父们，对上海话还作了理论化尝试，开设方言课程和编撰方言教科书。执教震旦大学的浦君南[①]神父撰写过 *Leçons sur le Dialecte de Shanghai*（《上海话练习课本》）和 *Grammaire de*

---

① 浦君南（Albertus Bourgeois，1893—？），法国人，1910年入耶稣会。民国八年（1919）来华，民国十七年（1928）晋铎，执教震旦大学。1950年离华，余迹不详。

Chinesische Grammatik
汉语语法（封面）
［德］苗德秀编纂
德文　山东方言　罗马字母注音
不分卷　一册
民国十六年（1927）
兖州天主堂印书馆排印
铅印本　纸本　平装
开本：22.5×15（cm）　515页

Dialecte de Shanghai（《上海话语法》）。《上海话练习课本》，民国十一年（1922）由土山湾印书馆初版，分为三十一课，法语—上海话，罗马字母注音；书后附"沪法词汇表"。土山湾印书馆的方言书籍比当年上海滩流行的"洋泾浜教科书""洋泾浜词典"要严肃得多。

当然，关注中国地方方言的不仅有耶稣会和土山湾印书馆，其他修会和出版机构也偶有涉及，只是出版物不如土山湾印书馆那么系统。如民国十六年（1927）兖州天主堂印书馆出版苗德秀编撰的德文的 *Chinesische Grammatik*（《汉语语法》），副书名 *Einführung in die Umgangssprache；mit besonderer Berücksichtigung der Shantungsprache*，其书中汉语表述习惯和罗马字母注音，均采用山东方言。

广东传教区有一位深谙粤语的欧磐石神父。欧磐石（Louis Marie Aubazac，1871—1919），法国人，1889年入巴黎外方传教会，1894年晋铎，同年（光绪二十年）来华，奉遣广东小修院。他在这里学会客家话和广东话，流利得"如同母语"。光绪二十八年（1902）因严重胃病回法休养，光绪三十一年（1905）返回传教区，在顺德平步和广州教区教堂任职。民国八年（1919）逝于广州。

欧磐石神父养病期间潜心著述，编纂了一部后来影响比较大的广东话—法语双解字典，*Dictionnaire Français-Cantonnais*（《法粤字典》）和 *Dictionnaire Cantonnais-Français*（《粤法字典》），香港纳匝肋印书馆分别于宣统元年（1909）和民国元年（1912）出版。

他留下的主要著作大多与粤语有关，*Lexique Français-Cantonais des Termes de Religion*（《法粤宗教术语字典》，民国七年〔1918〕），*Proverbes Chinois*（《中国谚语》，粤语—法语，民国七年〔1918〕）。他的四本中文宣教译作《省察要理》《教中宝藏》《圣保禄书翰》《宗徒公函》都是用粤语撰写的。

与欧磐石学术专长相似的还有法国的雷慕贤神父。雷慕贤（Charles Rey，1866—1943），法国人，1885年入巴黎外方传教会，1889年晋铎，同年（光绪二十五年）来华，赴广东教区，任职嘉应、陆丰等地。雷慕贤全部著述都与客家话有关，比如香港纳匝肋印书馆于光绪二十七年（1901）出版的 *Dictionnaire chinois-*

français, *dialecte hac-ka*(《客家话—法语字典》)。在中国天主教学术圈里,欧磐石和雷慕贤在中国语言研究上的贡献,可以与晁德莅、于纯璧、顾赛芬、戴遂良、苗德秀等人比肩。

香港纳匝肋印书馆在民国十五年(1926)出版过 *Introduction to Hakka*(《客家话导引》),编者是玛利诺外方传教会[1]神父德罗特[2]。《客家话导引》是一部教材,第一部分"音节",第二部分"音调",第三部分"句子",第四部分"英语译客家话",第五部分"语法",第六部分"词汇表"。天主教在华南出版机构香港纳匝肋印书馆和法属印度支那联邦当局的河内远东印书馆比较关注这类选题。

在香港纳匝肋印书馆这一年组稿出版计划里还有 *Introduction à l'Etude du*

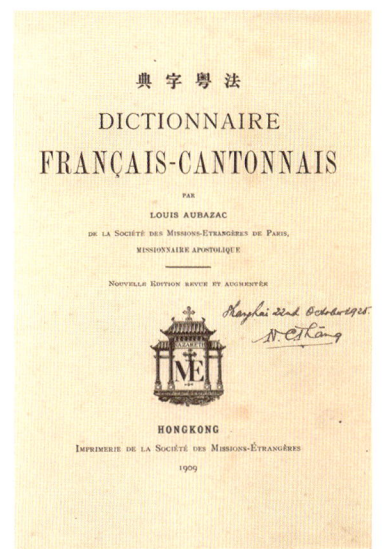

Dictionnaire Français-Cantonnais
法粤字典(封面)
[法]欧磐石编
法文　广东话
不分卷　一册
清宣统元年(1909)
香港纳匝肋印书馆排印
铅印本　纸本　平装
开本:25×18(cm)　469页

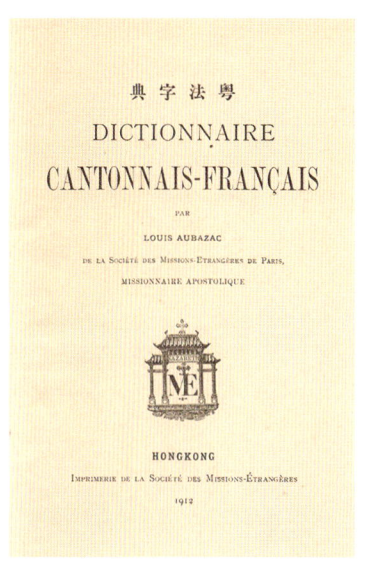

粤法字典(封面)
Dictionnaire Cantonnais-Français
[法]欧磐石编
广东话　法文
不分卷　两册
民国元年(1912)
香港纳匝肋印书馆排印
铅印本　纸本　精装
开本:25×18.5(cm)
1106页

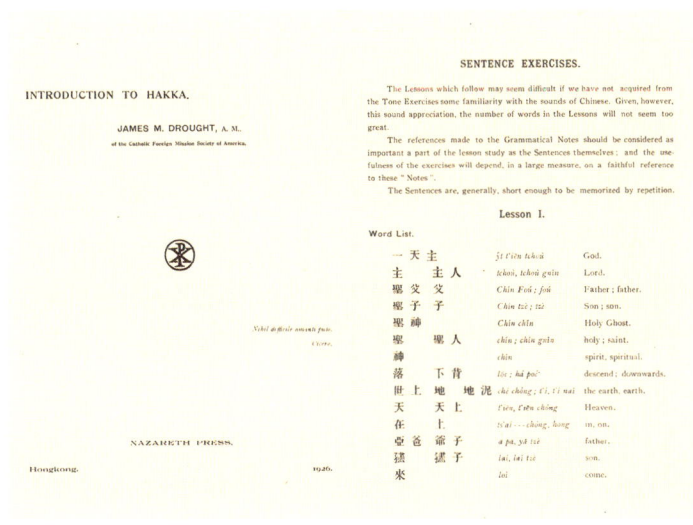

Introduction to Hakka
客家话导引(扉页和内页)
[美]德罗特编纂
英文　中文　罗马字母注音
六部分　一册
民国十五年(1926)
香港纳匝肋印书馆排印
铅印本　纸本　平装
开本:23×17(cm)
298页

---

[1] 玛利诺外方传教会(Societas de Maryknoll pro missionibus exteris,缩写 M. M.),亦称美国外方传教会(Catholic Foreign Mission Society of America,缩写 A. M.),美国第一家天主教外方传教修会。民国七年(1918)派第一批传教士到达中国广东省,后陆续接收江门教区(民国十三年〔1924〕)、嘉应教区(民国十四年〔1925〕)、梧州教区(民国十九年〔1930〕)、抚顺教区(民国二十一年〔1932〕)、桂林监牧区(民国二十七年〔1938〕)等。
[2] 德罗特(James M. Drought,1896—1972),美国人,生于伊利诺伊,逝于加利福尼亚,玛利诺外方传教会会士,来华后在广东传教。

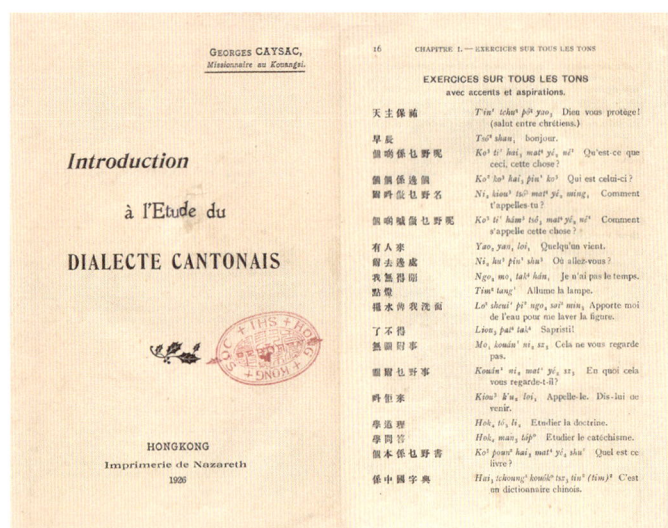

Introduction à l'Etude du Dialecte Cantonais
粤语导引（扉页和书牌）
［法］陈神父编纂
法文　粤语　罗马字母注音
四章　一册
民国十五年（1926）
香港纳匝肋印书馆排印
铅印本　纸本　平装
开本：21.5×14（cm）
229 页

Dialecte Cantonais（《粤语导引》），编者是广西教区的陈神父①，没有查到他完整的汉名。

这部民国十五年（1926）出版的方言教科书受到欧磐石神父影响比较大，与前辈不同的是，他侧重于介绍广西粤语的特点、讲究、与当地其他语言的关联。他在《致年轻读者》的序言里表示，希望他们学习粤语时，一是要不放过日常生活里点点滴滴的机会，积少成多，积水成渊；二是关注学习方法，语言是活的，要有语感。

《粤语导引》分为四章：第一章，粤语发音；第二章，汉语文章的语法和结构；第三章是重点，共有七十课，讲解不同类词汇的运用；第四章是附录，主要是讲解数词、量词、月份、时辰、尺寸、重量、亲属称谓、谦辞敬辞，以及一些副词的特别用法等。

光绪十九年（1893）香港纳匝肋印书馆刊行四川南境教区以古洛东领衔、几位巴黎外方传教会神父合作编纂的 Dictionnaire Chinois-Français de la Langue Mandarine Parlée dans L'Ouest de la Chine（《华西官话汉法字典》）。这是一部迄至今日仍然独一无二的工具书。

华西官话是汉语官话方言的一种，亦称西南官话，主要使用者分布在中国西南部四川、重庆、云南、贵州等地，在鄂、湘、桂、陕、豫也有少量使用者。印度支那各国，如越南、老挝、缅甸的华人聚集区普遍使用这种官话方言，缅甸果敢地区的官方语言就是华西官话。

《华西官话汉法字典》，汉字发音音序排列，汉字字头后是罗马字母注音和法语释义，然后是例句和用法。它是非常标准的字典类工具书，比赫赫有名的《新华字典》早问世整整六十年。

光绪二十二年（1896）香港纳匝肋印书馆出版 Premières Études de la Langue Mandarine Parlée（《华西官话发音初探》），这是古洛东神父研究华西官话的著作，可以视为《华西官话汉法字

---

① 陈神父（Georges Justin Caysac，1886—1946），法国人，1904年入巴黎外方传教会，1909年晋铎，同年（宣统元年）来华，赴广西教区，在壮族地区海渊、龙州、上思传教。第二次世界大战后调往西贡和河内教区。逝于河内。

典》配套书。此书分为三卷,在第一卷"发音"里,古洛东神父对这部字典里的华西官话汉字音韵做了具体说明,指出同一汉字在不同地区发音有差别,不同人群的发音也有差异,他纠正了《华西官话汉法字典》注音上的错误,补充了新的信息和内容。在第二卷"使用"里,古洛东就"祭祀""身体""疾病""职业""饮食,居住,服饰""文化""计时,货币,度量衡""货郎""农民""慈善""睦邻""旅行""问路""拜访"等十四个方面字汇在日常交流中发音的变化,作了具体探讨。第三卷"结语"。《华西官话发音初探》没有汉字,仅标注了所涉汉字在《华西官话汉法字典》里对应的页码。

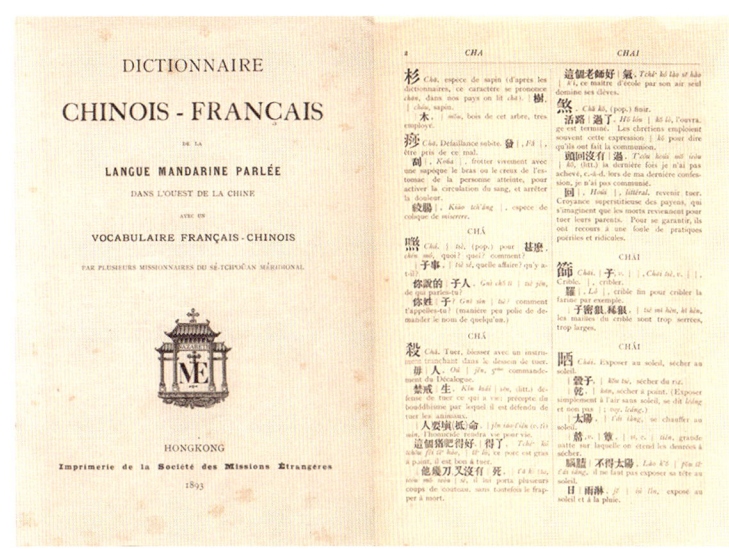

Dictionnaire Chinois-Français de la Langue Mandarine Parlée dans L'Ouest de la Chine
华西官话汉法字典(封面和内页)
[法] 巴黎外方传教会神父编纂
华西官话 法文
不分卷 一册
清光绪十九年(1893)
香港纳匝肋印书馆排印
铅印本 纸本 平装
开本:25×18(cm)
731 页

总体来说,山东、河北、山西等北方省份的方言与官话差别不大,耶稣会没有遭遇在江苏、上海、浙江等地,巴黎外方传教会在广东、香港等地遇到的语言障碍,因而没有刻意用方言编排出版大量宣教书籍和工具书。

明末清初,"万历季"和"康熙季"传教士大多游走于中国士大夫阶层,收徒传经的往往是那些知书达理的知识分子和中层官员,如徐光启、李之藻、吴渔山、朱宗元等人。究其原因,一是洋教士们初来乍到,需要蒙有一定身份人的庇护才能生存;二是士大夫阶层有文化,读书多,易于接受新的事物,排外情绪比较弱;三是历代统治者无不忌讳"智""士"与"草民"河同水密,"民可使由之,不可使知之"。耶稣会这时期不可能犯大忌在民众中寻找信徒。

清末民初这种情况渐有变化。随着开放教禁,基督教,不论天主教还是新教,都欲把自己的福音传到更多、更远的地方,自然便采取"有教无类"的政策了。应该说,这个方面新教比天主教做得好,更深入民众,比如杨格非①,被称为"街头传教士",他的绘有煽情图画的福音单就像今天的小广告,无孔不入地散到村村落落。天主教总体还是比较保守的,但是为了赢得更多信众,也不得不"与时俱进",传教的目标人群和传教的方式也做了调

---

① 杨格非的详细介绍见"乐国之王"章。

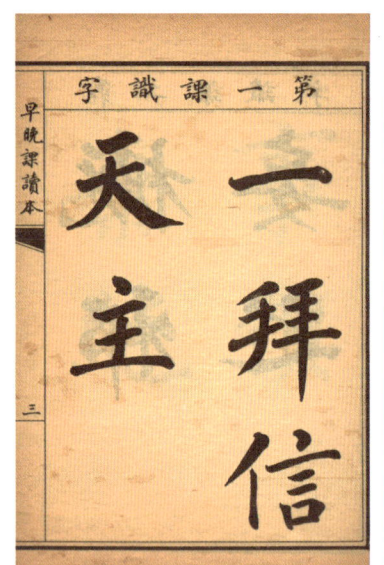

早晚课读本（内页）
一卷 两册
民国三年（1914）
土山湾慈母堂印制
石印本 纸本 筒子页 线装
行字不等白口四周双边单鱼尾
开本：20.5×13.5（cm）
半框：17×12（cm）
112页

敬奉惟一真主（内页）
一卷 一册
民国八年（1919）
土山湾印书馆排印
铅印本 纸本 筒子页 线装
十行二十五字白口四周双边单鱼尾
开本：24×14.5（cm）
半框：19.5×13（cm）
40页

整，从现存的一些书籍中可以了解到。

《早晚课读本》，土山湾慈母堂于民国初年为信友编纂的入门级祈祷用书，石印线装本，既是圣事用书，也是识字课本，共二百一十八课。这套书的读者定位是文盲，可以说是土山湾印书局出版的最初级的读物。类似读本也偶见盲文资料，只不过不是正式出版物。

《敬奉惟一真主》，这本民国八年（1919）由土山湾出版的小册子，没有署作者名，仅仅称是"甘北司铎"，可知是天主教兰州教区圣母圣心会的一位比利时神父。他的书真让人大开眼界，原来传教之书还可以这样写：

张：李三爷请进来烤火。

李：好好是。今年冬天真冷。老兄近日看报。有新闻没有。

张：近来的光景不好。如今已经民国六年了。还不平安。南省争战独立。北省也不太平……

张：你看世上。一家只有一家长。一国只有一君主。天下万民也只有一至尊的君王。家长能管几口人。国王也不过能管几省的百姓。到底这天下各国各家。全属于一个大君主权下。这个君主就是天主。

李：那是不错的。一定有个大主宰。掌管天地万物。我们称他天爷上帝。

张：老兄说的大主宰。就是造万物万国的天主。他能兴朝廷。他能灭朝廷。我们的先祖。知道的很明白。书经上说。大舜既为天子。肆类于上帝。就是把他登极的事。上报于天主……

随手撷取几句，即可窥一斑。讲了什么并不重要，怎么讲则是要点。读这本书时，总是让人眼前浮现一方情景：野营万里无城郭，雨雪纷纷连大漠。几位志奉圣主的神父，在昏暗的油灯下，或喃喃吁天语，或唧唧驭笔耕……

乐国之王

> 世如旷野，任行飘荡，随遇而安。
>
> ——班扬

十九世纪传教士们开始大量翻译和创作宣教文学读物。这个时期新教传教士的作品居多，天主教作家涉猎仍然较少。其中被研究者提到最多的是马若瑟的《儒交信》、郭实腊的《赎罪之传道》、班扬的《天路历程》、米怜的《张远两友相论》、杨格非的《引家当道》。以上几位作家除马若瑟属天主教外，都是属新教。

康熙四十年至五十年（1701—1711），马若瑟撰写了章回小说《儒交信》，共六回，叙述几位中国学子皈依天主的故事。此书当年没有出版，手稿藏法国国家图书馆。民国三十一年（1942）河间胜世堂印书房主要根据法国国家图书馆所藏稿本首次刊印。对比内容，胜世堂本比法藏本多了一位"耶稣会后学崔玛宝"写的"弁言"和几段注释。

基督教文学作品中有广泛影响的当属班扬①的《天路历程》(*The Pilgrim's Progress*)，有人把它同但丁的《神曲》、奥古斯丁的《忏悔录》一起并列为西方最伟大的三部宗教题材文学名著。《天路历程》于1678年问世后风靡全球，为不同文化和宗教背景的人们所青睐，被奉为"人生追寻的指南""心路历程的向导"。咸丰元年（1851）长老会传教士宾为霖②将《天路历程》译为文言文，同治四年（1865）又译为官话本。

米怜③创作的小说《张远两友相论》的背景设在中国：张和远是好友，张是虔诚教徒，远则对圣教蒙昧无知。二人偶然在路上相遇谈起耶稣教。此后远常常拜访张，请他解答教义上的疑惑。二人在夜晚的梧桐树下进行了一系列对话，远最终成了一名信徒。

汉学家郭实腊④写有章回体小说《赎罪之传道》（道光十六年〔1836〕）和《海谟训道》（道光十八年〔1838〕）。他还撰写过《大英国统志》（道光十四年〔1834〕）和《古今万国纲鉴》（道光十八年〔1838〕）。

令人敬佩的来华新教传教士杨格非⑤，道光十八年（1838）在《万国公报》上连载自己的小说《引家归道》。这部小说就像他其他的书一样，通俗易懂，朗朗上口。小说讲述了一位李姓后生，行为不端，偶进教堂，皈依天主，浪子回头，笃行真道，"李先生修身齐家、正己化人之事，已足证圣道之感动人心，使人弃邪从正也"。

民国以后，陆陆续续有一些天主教文学作品问世。

---

① 班扬（John Bunyan，1628—1688），英国伦敦会传教士，著名的小说家和散文家。
② 宾为霖（William Chalmers Burns，1815—1868），或记宾威廉、宾惠廉，苏格兰人，英国长老会牧师。咸丰元年（1851）到广州，后在厦门、东北传教。逝于营口。还编写了《潮腔神诗》《榕腔神诗》《厦腔神诗》及《正道启蒙》等。
③ 米怜（William Milne，1785—1822），苏格兰人，英国伦敦会牧师。嘉庆十七年（1812）奉命来华协助马礼逊工作，次年到达澳门。后任马六甲英华书院（Anglo Chinese College）校长。逝于马六甲。
④ 郭实腊（Karl Friedrich August Gützlaff，1803—1851），文献中多见郭实猎，从其名字发音看似应为"腊"，又记郭士立，德国人，路德会牧师。道光十一年（1831）来华。中文、日文、泰文著述极为丰富。
⑤ 杨格非（John Griffith，1831—1912），英国人，英国公理会牧师。咸丰五年（1855）来华，中国华中地区基督教事业的开创者，在中国传教五十年，光绪十四年（1888）被选为英国公理会全国总会主席。撰写了很多传教作品，还翻译了《圣经》中的部分内容。

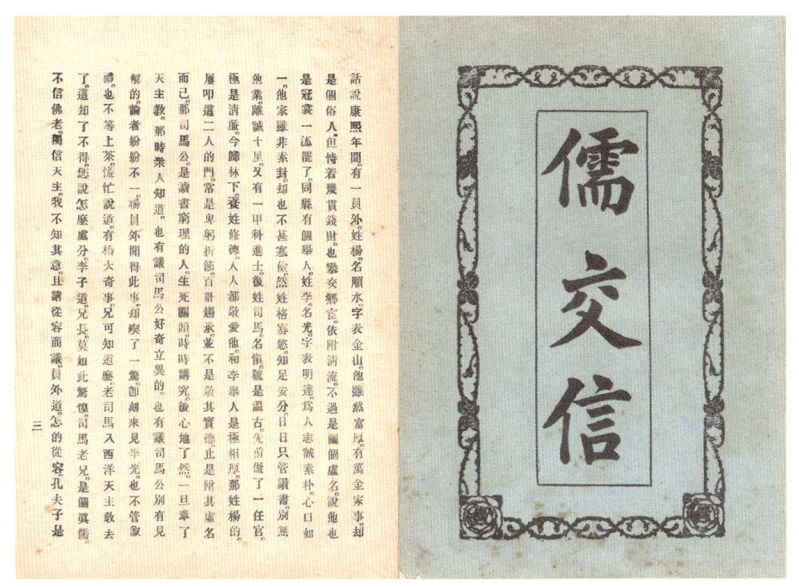

儒交信（封面和内页）
[法]马若瑟撰　崔玛宝注
六回　一册
民国三十一年（1942）
河间胜世堂印书房排印
铅印本　平装
开本：18×12.4（cm）
76 页

《金牌梦》，由献县天主堂于民国六年（1917）初版，民国二十三年（1934）再版，是章回体长篇小说，二十四回，每回间有插图。书始一梦，梦中李太璞和夫人方氏历经二十年悲欢离合、啼笑因缘，梦醒皆空。作者借传奇故事，宣扬天主教教义，劝人有爱人爱天主平和之心，劝人们从贪图世俗享受的靡梦中醒来，幡然悔过，相信天主，迷途知返。

《金牌梦》的作者韩天民（Han T'ien Minn），河北饶阳县人，生年不详，天主教徒，还著有《胡大闹游地狱》《邪正斗智》和《道真来华》等。民国三十年（1941），韩天民被日本侵略者活埋。

除了小说外，各类剧本也是天主教文学作品的重点，这可能与教会需要经常组织教友集体活动有关系，对无阅读能力的信友是效果更佳的宣教手段。

《艾红致命惨剧》（Les Mariyrs des Catacombes），一出三幕悲情话剧，由献县天主堂于民国二十三年（1934）出版，作者署明守璞。该剧背景是罗马皇帝奥来利亚奥时期。故事基本情节为：艾卜里神父劝说罗马贵族艾特里和他的义子艾红皈依天主教，受到埃及术士和罗马皇帝的残酷迫害。

作者在剧末严肃地说道："这幕罗马致命剧，绝非无中生有的理想演义，绝非画蛇添足的任意捏造；却是完全本诸公教历史，信而有证，凿凿有据的事实。当着纪元后三百年的时间，公教信友，为义而被窘难，舍生致命的，至少也有十好几万！这其中磨

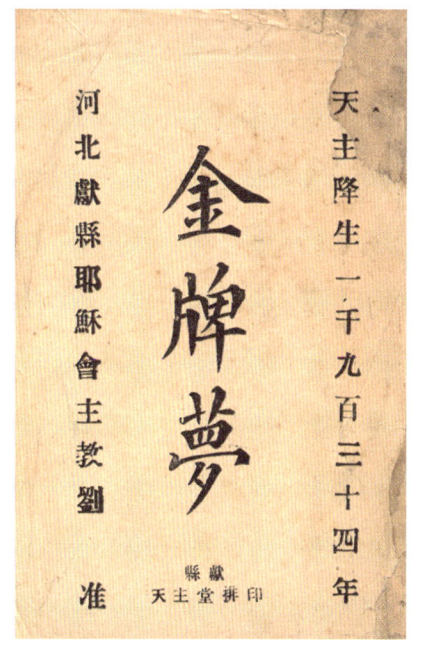

金牌梦（扉页）
韩天民撰
二十四篇　一册
民国二十三年（1934）献县天主堂排印
铅印本　纸本　平装
开本：17.5×12（cm）
346 页

艾红致命惨剧（封面）
明守璞撰
三篇 一册
民国二十三年（1934）
河间胜世堂印书房排印
铅印本 纸本 平装
开本：18.3×12.3（cm）
143 页

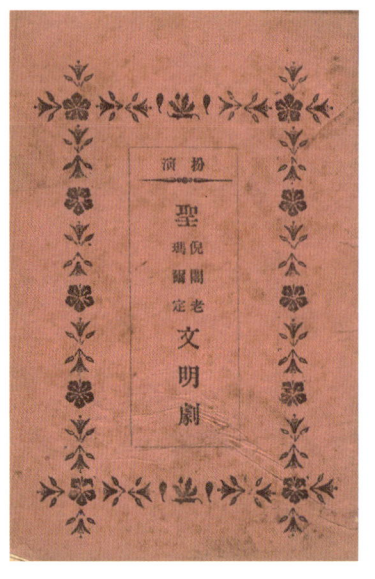

圣倪阁老玛尔定文明剧（封面）
明守璞 撰
两部 一册
民国二十三年（1934）
河间胜世堂印书房排印
铅印本 纸本 平装
开本：18×12.1（cm）
30 页

而不磷、涅而不缁的高节操，光明磊落、不屈不挠的勇敢气概，匹夫不可夺志、见危授命的真精神，当然是很有可研究的真价值，今人见而生泪，钦佩莫名，玩味不尽的。"他进一步反问，有那么多王孙贵族、公侯将相、上流社会知识分子，为了天主教信仰视死如归、奋不顾身，难道他们糊里糊涂、毫无意义地为了不真实的东西牺牲吗？

民国二十三年（1934）河间胜世堂还出版明守璞的《圣倪阁老玛尔定文明剧》，此书包含两个小剧本：《圣倪阁老的奇迹》（S. Nicolaus）和《圣玛尔定的爱德》（S. Martinus）。

《圣倪阁老的奇迹》，两幕剧，剧情：三个孩子在乡下黑店被害，七年后倪阁老主教惩治坏人，三个孩子复活。

《圣玛尔定的爱德》，独幕剧，故事是圣人玛尔定救助一名乞丐，乞丐皈依天主教。

兖州天主堂印书馆为"公教庆典娱乐"也出版了一些剧本，常见的有《洪水灭世》《烈女则济利亚》《圣女依搦斯戏》《亚来淑戏》《尽泪倾血》《弥撒奥义》等。

《尽泪倾血》，民国二十六年（1937）出版，四幕话剧，编剧耶稣会士马耀犒，译者王奎斌。《尽泪倾血》是出很沉重的悲剧，剧情背景是清乾隆排教时期。翰林学士吴士良及其次子吴顺德均为天主教徒。侍卫首领安有为刺杀当朝宰相，诬陷是吴士良所为。吴顺德为父受难，视死如归。后真相终于大白。

《弥撒奥义》，民国三十二年（1943）出版，原作者为西班牙的卡尔德隆（Calderon），唐贵珍翻译。这是一出故事情节不太吸引人的话剧，剧中人物有"智慧""愚昧""亚当""梅瑟""异教""犹太教""基督""宗徒们"等，从这些角色的名字可以猜到剧情故事。剧中人物滔滔不绝地雄辩，讲述各自信仰的奥义，最终耶稣基督战胜异教学说。

《洪水灭世》，民国十年（1921）出版，是山东寿张人费金标编撰的梆子腔剧本,故事借鉴《旧约》,描述洪水滔天,人寰惨烈,主派天神救难于人间。"只因普世上罪恶深重,天主爷发义怒不把他宽。到如今我也就心思一定,愿随着天主意回在家銮。"

宣教作品与地方戏曲结合,可见教会用心至重。

上海徐家汇类斯小学为纪念圣类思·公撒格列品两百周年编写了九出话剧《敝屣世荣》。土山湾印书馆民国十五年(1926)印制。剧中人物都是圣类思·公撒格的家人。主题是他放弃爵位的故事。圣类思·公撒格是世袭侯爵,前程无量,家族厚望。然而他奉主召唤,立志修行,遭到其父亲和家族成员的竭力反对和百般阻挠。圣类思·公撒格向道益诚,神工倍奋,默求圣母指引,说服家人,放弃继承爵位。

洪水灭世(内页)
费金标撰
一卷 一册
民国十年(1921)
兖州天主堂印书馆排印
铅印本 纸本 平装
开本:12.7×8.5(cm)
45页

敝屣世荣(封面)
上海徐家汇类斯小学编
九篇 一册
民国十五年(1926)
土山湾印书馆排印
铅印本 纸本 平装
开本:15.4×9.8(cm)
36页

编者为每一出都配写了乐曲。

第二次世界大战后,民国三十六年(1947)天津崇德堂出版了天津工商学院讲师、法国传教士李山甫①编写的歌剧剧本《在马槽前》《降生救世的福音》《埋没的智者》《欺诈的社会》等,协助李山甫完成几部剧本中文文字工作的是范存惠。

《在马槽前》和《降生救世的福音》的故事情节改编自"福音书"。《在马槽前》是二幕圣诞节小歌剧,李山甫为《在马槽前》选编了六首歌曲:《圣诞夜》(两首)、《牧童》、《请众快来》、《叶塞之花》、《圣诞谢恩歌》。《在马槽前》出版前曾由贞友女子中学歌剧团排演,北平第一广播电台播放。

李山甫为《降生救世的福音》选编了七首歌曲:《来!来!致圣默西亚》《横笛独奏曲》《天使报喜》《光荣歌》《耶稣圣诞》《圣母摇篮歌》《可爱耶稣圣婴》。

---

① 李山甫(György Litványi, 1901—1983),又记李法尼,匈牙利人,1921年入耶稣会。民国十六年(1927)以读书修士身份来华,民国二十六年(1937)晋铎。1950年离华。

而《埋没的智者》和《欺诈的社会》的剧情背景则是当代社会，揭露和针砭世间种种背离基督精神的现象，劝人迷途知返。这两部作品说是歌剧，其实就是一般剧本，没有编词谱曲，只有人物对白。

已知的宣教剧本属耶稣会几家出版机构的比较多一些，偶然也可见其他修会的作品，比如民国十八年（1929）山西潞安教区印制了成玉堂[①]神父编写的《扮演真福和神父小史新剧》。该剧主角是意大利人和理德[②]神父，他在元代来大都传教三年，后经山西、陕西、四川、西藏回国，被授予真福铎品。"真福以孤弱寒士，孑身东来，并无行囊川资，跋涉数万里，经历十余国。所遭猛兽野人，奇险巨祸，于性命在在堪虞，而真福竟毅然置之度外，处之泰然。其爱主之真心，救人之切情……"

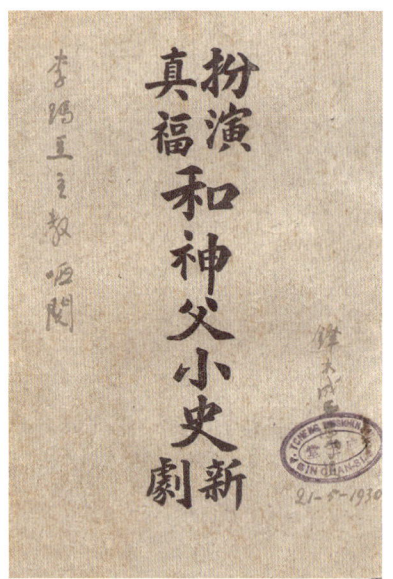

扮演真福和神父小史新剧（封面和内页）
成玉堂编撰
五幕 一册
民国十八年（1929）山西潞安教区排印
铅印本 纸本 平装
开本：18.2×13.1（cm）
38 页 插图 1 幅

鼓词是中国特有的民间文学体裁，是以鼓、板击节说唱的曲艺艺术形式，主要盛行于北方。有的天主教出版机构因势利导，利用这种百姓喜闻乐见的文学形式传播福音。

费金标是撰写鼓词唱本的行家里手，他的作品最初在兖州天主堂印书馆出版。民国四年（1915），他发表了《致命小传鼓词》，民国七年（1918）撰写过鼓词唱本《圣教古史小说鼓词》，把《旧约》故事改编为八集唱本，第一集《创世记》，第二集《出谷记》《户籍记》《申命记》，第三集《约稣位传》《长老传》《卢德传》，第四集《前列王传》，第五集《中列王传》，第六集《后列王传》，第七集《大尼尔传》，第八集《爱斯德传》。

后来几部鼓词唱本移至土山湾印书馆出版，有民国八年（1919）的《多俾亚传》和民国十一年（1920）的《古圣若瑟》等。

[①] 成玉堂（1875—1940），名捷三，字玉堂，山西晋城人，方济各会士，光绪二十九年（1903）晋铎，民国二十一年（1932）任洪洞监牧区监牧主教。
[②] 和理德（Teodorico Pedrini，1265—1331），又记鄂多立克，意大利人，1280年入方济各会，1290年晋铎。1314年离开威尼斯东行，元至治二年（1322）抵中国广州；后北上经泉州、福州、杭州、南京，于至治五年（1325）抵达元都城汗八里（今北京）。致和元年（1328）回国，1331年逝于帕多瓦。1775年被列入真福。

《多俾亚传》原本是《旧约》的故事，讲述一个被充军到外乡的犹太人家庭的故事，主人公受尽人间苦难，双目失明，婚姻破裂。后得到天神辣法耳帮助，又见光明，家庭幸福，高寿一百二十岁。费金标编写的《多俾亚传》有六回：

第一回"老多俾亚失目"：

恒心敬主守规，忍耐世苦尽道。济孤悯贫有功劳，再加热心更妙。天主公义昭彰，常常现世有报。莫说行好不见好，还是时辰不到。

第二回"少多俾亚讨账"：

善人受苦皆有因，原来坚固忍耐心。刚才走到绝人路，开道忽然有天神。

多俾亚传（封面）
费金标撰
六回　一册
"德育小说"第四册
民国八年（1919）土山湾印书馆排印
铅印本　纸本　平装
开本：18.9×12（cm）
70页

第三回"少多俾亚求亲"：

正夫正妻自一双，恶鬼不能害善良。若看撒辣七夫死，单等多俾一才郎。

第四回"少多俾亚成亲"：

夫妻既然是良缘，成全婚配不烦难。今夜父母担忧事，正是天神来保全。

第五回"少多俾亚还家"：

善人出外百福临，增福增财又增人。自己那里想得到，总是多亏天上神。

第六回"全家福乐"：

众明公看看圣人行善事，天主爷真是赏赐格外强。咱如今说到这里住了罢，回家去夜头早晚再思量。

土山湾印书馆把《多俾亚传》列入丛书"德育小说"第四册出版。这个丛书还有陈悲鸿（Miss Grace Tch'en）撰写的小说《女儿镜》、竹梧书屋侍者撰写的小说《烛雠记》、费金标撰写的剧本《古圣若瑟》等。

天主教各类机构编撰的文学作品大多是儿童读物，以弥补儿

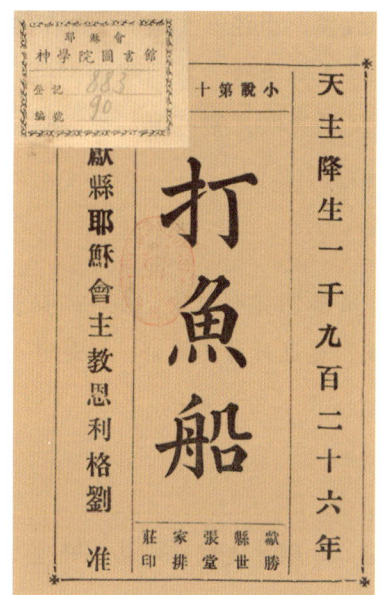

孝女救父（封面）
［德］施米德著　［中］陈明译
二十回　一册
民国六年（1917）
河间胜世堂印书房排印
铅印本　纸本　平装
开本：19×12.5（cm）
100页

打鱼船（扉页）
［德］施密德著　［中］陈明译
十一回　一册
献县张家庄胜世堂
民国七年（1918）初版
民国十五年（1926）再版
铅印本　纸本　平装
开本：17.2×12（cm）
82页

羔羊记　十回
萤火虫　三回（封面）
［德］施米德著　［中］陈明译
一册
河间胜世堂印书房
民国七年（1918）初版
民国二十二年（1933）再版
铅印本　纸本　平装
开本：18.5×12.9（cm）
103页

童宣教读物的匮乏。欧洲有一类文学作品称为福音小说，风格多轻松活泼，内容多为向善的故事，主张善有善报，恶有恶报，很适合孩子阅读。

民国初期，河间胜世堂集中出版了一批宣教文学作品，以小说为主，仅德国作家约翰·克利斯朵夫·施米德的小说就有十来种，且都是明守璞（详细介绍见"退思胜世"章。这些书籍署"陈明"译）翻译的，其中包括《花篮子》《羔羊记　萤火虫》《儿童乐》《孝女救父》《打鱼船》《孤儿传》《乞儿传》《孝女传》《白玉鸟》《洋葎一枝》《少年独修》《女君子》《偷孩子》《夜路看家》《黑人白人》《老修人》《寡妇传　老天主堂》《野鹿看家》等。

约翰·克利斯朵夫·施米德（Christoph von Schmid, Chanoine Schmid, 1768—1854），德国天主教神父、作家，擅于撰写儿童读物和赞美诗，他写的圣诞歌曲赞美诗《小朋友，都来吧！》至今仍在世界上广为传唱。他一生共写了一百多部儿童读物。八十六岁时，施米德死于德国奥格斯堡流行的霍乱。

《孝女救父》（Rose de Tannenbourg），民国六年（1917）出版，中篇章回小说。故事讲德国境内有一座山，山上有一位老将军艾德伯，其女儿很爱他。父亲被歹人囚禁，她求主庇护，排除险阻，救得父亲。后来艾德伯坐的牢房被改成教堂，祭台前立有石碑，上书金字："你孝敬父母，你是有福的人。"

《亡羊归栈》，民国六年（1917）出版，中篇小说，以第一人称讲述自己皈依天主教的历程。各章题目："在异教时之热心""归正前之善表""修会败坏党羽分歧""家庭度日之景况""弃邪归正"等。

《打鱼船》，民国七年（1918）出版，章回体小说。故事讲河边住有一位渔夫葛老斯和他的儿子利斯，贫困潦倒，难为生计。但是他们在主的感召下，助人为乐，善待老人；对欺负他们的人不计前嫌，握手言和。好人终得好报。

《乞儿传》，民国四年（1915）出版，中篇章回小说。是一个名叫安当的流浪穷孩子得到一位护林员照顾的故事。第一回"穷孩子有人可怜"，第二回"安当的来历"，第三回"管树林的过日子"，第四回"安当学画工"，第五回"安当画的像"，第六回"管树林的无辜受辱"，第七回"管树林的忧患不止"，第八回"安当回家阖家大喜"，第九回"安当以德报德"。

《偷孩子》，民国四年（1915）出版，中篇章回小说。是德国将军福德利的儿子恩利格失而复得的故事。第一回"恩利格幼时其母远行"，第二回"小恩利格睡觉有贼来偷"，第三回"孩子不见母亲痛苦"，第四回"小恩利格避居山洞"，第五回"小恩利格出洞见物惊奇"，第六回"小恩利格见隐修人受好教育"，第七回"小恩利格还家景况"，第八回"小恩利格店中遇父"，第九回"小恩利格见母亲"，第十回"贼人被逮赏罚严明"。

明守璞特别点评道，这个故事给人十条教训：为父母的要用心教育孩子；做活的人要听当家的命，善尽本分；不要看戏，看戏有危险；不要玩钱，玩钱败家；要信天主照管世界；要做爱人的事；人有患难的时候要依靠天主；要想天堂，有万福万乐；要信天主赏善惩恶；要专心救灵魂。

《羔羊记　萤火虫》，民国七年（1918）出版，由两个短篇《羔羊记》和《萤火虫》构成。

《羔羊记》的故事：一位在森林中拣樱桃的小女孩，救下富人家遗失的一头小羔羊，贫穷的她谨记天主十诫，抵住诱惑，失羊归主；善有善报，此后发生一系列奇迹使得她的家庭与富户联亲，改变命运。

《萤火虫》的故事相似：一位贫穷的寡妇，被主人家冤枉，却以德报怨，善待了主家小少爷，像一只萤火虫在黑暗中给人以帮助；她的善行使得她得到回报，找到凭证，昭雪冤屈。

基督教，不论是天主教还是新教，均注重对新生代的感化工作，费尽心血引导后生。《雪球传》就是土山湾印书馆编纂的"德育小说"丛书的一种。尽管出版于民国初年，其语汇对于今天的人来说，不仅不陌生，还挺亲切。《雪球传》故事主线是：南美洲巴拉圭一位淳朴安详、抱诚守真的女奴杏才利纳，皈依天主教，善溢及人，她的故事流传不朽。

土山湾印书馆出版的小说类书籍不多，目前可见出版最早的是民国六年（1917）的《阿里排排逢盗记》（Ali-Baba et les Quarante Voleurs），译自《一千零一夜》。故事讲波斯国有兄弟二人，卡新和阿里排排。卡新娶了个富家女，丈人死后继承财产。而阿里排排的老婆是穷人囡，过着苦日子。一天阿里排排在山林中发现强盗藏匿宝藏的洞穴，得了笔横财。贪婪的卡新想夺走全部财宝……善恶终有报。

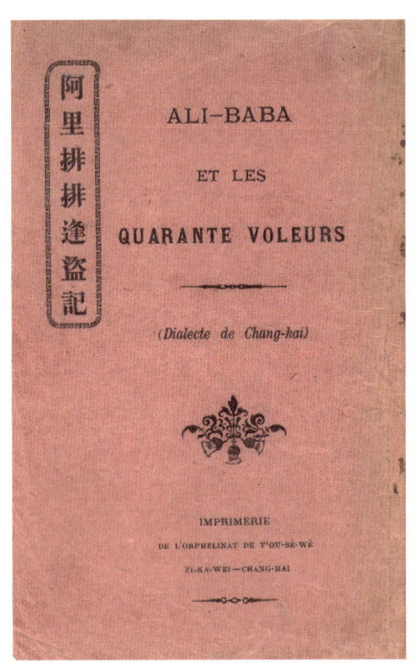

阿里排排逢盗记（封面）
上海话
一卷　一册
民国六年（1917）土山湾印书馆排印
铅印本　纸本　平装
开本：18.5×12（cm）
80页

《阿里排排逢盗记》是用上海话翻译的一部中篇小说，未署译者。在此之前，宣统二年（1910）上海美华书局出版过官话本《阿里巴巴遇盗记》，由济南府师范学校教员 M. E. Tsur 译自伦敦麦克米伦出版公司1910年出版的 Ali Baba and the Forty Thieves。土山湾版和美华版阿里巴巴的故事底本是一样的，然译本完全不同。

刚刚从徐家汇耶稣会大修院神学班毕业的陈秋棠[①]和姚锦文[②]在民国二十三年（1934）翻译的《我们的小类斯》（Saint Louis de Gonzaguo），是一本讲述天主教青年和学生主保类斯·公撒格生平的小说，"献给有志弃俗修道的小读者"。原作者为法国耶稣会士达里亚（P. F. M. D'Aria），共二十章。

惠济良主教在该书序言里对小读者说，小类斯要成为你们的表率，不是要你们像他那样刻苦，只要知道压制肉欲；不是要你们像他那样守夜不睡，只要不贪赖床榻，早去望弥撒、领圣体；不是要你们像他那样节食守斋，只要不陷于饕餮奢靡，多一些克己而已。惠主教这番话颇有分寸。

作者在卷末的结束语中，谆谆教诲那些未来承继侍奉天主使命的小读者们："你们当着世界财帛快乐诱惑的时候，各人要对自己说的一句格言：'这些为永远有什么益处？'如果你们常常把永远做标准，你们终不致走入歧途。"不贪图迷恋眼下享乐，不沉迷一时利益得失，用"永远"衡量一切，一切都是过眼烟云。

大修院神父张鸿儒[③]翻译的法国耶稣会士赫雷若（Claudio Garcia Herrero）撰写的儿童读物《小天神》（Un Angel de Ocho Años），讲述的是被称为"小天使"的安东尼的故事：孩提时期、敬爱圣母、切爱圣体、克己精神、慈爱心肠、救人灵魂、弃世升天、奇迹等。《小天神》，安庆天主堂民国二十六年（1937）出版。

圣体军是天主教的儿童教友组织，在民国时期有一定影响。土山湾印书馆出版过一套"圣体军小丛书"，有《小宗徒》《遗书一束》《乐国之王》《花鸟曲》《奉献》《感化》《耶稣的回音》《耶稣的小朋友》《天上英儿》《新光》《热心》《母亲》《致命去》《我的邮票》《圣

---

① 陈秋棠（Ignatius Zen，1905—1995），华籍，民国十二年（1923）入耶稣会，任职常熟马楼、陆家市堂区。1955年因龚品梅案入狱，1988年获释。
② 姚锦文（Hyginus Yao，1903—?），字维周，华籍，民国十二年（1923）入耶稣会，民国二十三年（1934）晋铎，任职嘉定南翔宝山堂区。
③ 张鸿儒（Joannes Tsang，1913—?），字汉章，教名如望，安徽六安人，民国三十年（1941）晋铎。

体军良友》《队长向导》《苦耶稣》《寄小天神》等。

《小宗徒》，作者为法国耶稣会士马尔东（P. V. Marmoiton），原书名《宗徒之心》（*Cœur D'Apôtres*），译者张希斌①。土山湾印书馆民国二十年（1931）初版，民国二十三年（1934）收入"圣体军小丛书"。这是一部电影小说，讲述一名叫祁肋的法国孩子，在父母的关爱下，参加圣体军，过上快乐生活的故事。

《乐国之王》，长篇寓言小说，民国二十三年（1934）出版。英国作家洛约拉（Mother Mary Loyolade）的儿童寓言作品。不知道什么原因，从前国内多将作者译为"马利老爷"，是出于幽默还是另有原因不得而知；译作玛丽·洛约拉女士更合适，或译为"玛丽嬷嬷"更好一些。玛丽嬷嬷（1845—1930），英国天主教作家，著作颇丰，有《黄金之城》《有福的哀恸》《忏悔与共融》《第一圣餐》《第一次告白》《请原谅我们的罪过》《恩若涌泉》《天堂酬赏》《弥撒：救死扶伤》《善之家》《拿撒肋的耶稣：耶稣的故事》《圣子》《儿童规则》《小童祈祷书格式》《基督的战士》《圣餐前后》等。

玛丽嬷嬷在《乐国之王》里讲了一些"极乐园""国王""草棚""恶魔""守护天使"的儿童故事，寓含着善恶是非、天国至荣的天主教道理。

《花鸟曲》，诗歌集，民国二十三年（1934）出版，作者张孝松②。《花鸟曲》有儿童诗歌三十八首，歌曲二十一首，如《起身》：

喔喔喔！雄鸡啼。小军人，快跪起！

对圣心像前：把今日一天底工程，双手向耶稣呈现。

喔喔喔！雄鸡啼。小军人，快披衣！

整发又洗脸！厅堂中清脆的钟声，召你去领受圣体！

《天上英儿》（*Votre Ama Guy*），民国二十四年（1935）出版。原作者为法国人碧禄（Henry Perroy），金鲁贤③译。《天上英儿》是一本儿童传记，讲述一名法国儿童琪特·丰笳郎的故事，虽然他只

小天神（封面）
［法］赫雷若著　［中］张鸿儒译
十章　一册
民国二十六年（1937）安庆天主堂排印
铅印本　纸本　平装
开本：18.5×13（cm）
96页　插图14幅

---

① 张希斌（Matthæus Tsang，1909—1990），名登儒，以字行，教名玛窦，上海人，耶稣会会士，毕业于徐汇中学；民国十四年（1925）入上海教区小修道院，民国十七年（1928）入震旦大学，民国二十六年（1937）毕业于徐家汇大修院，晋铎。后出任扬州震旦中学校长和常熟鹿苑有原中学校长。1955年因龚品梅案被捕，后获释。
② 张孝松（Josephus Tsang，1914—？），华籍，民国三十一年（1942）毕业于徐家汇大修院，晋铎，任职海州城头天主堂，为《圣体军》月刊主编。1953年因龚品梅案被捕。
③ 金鲁贤（Aloisius Kien, Aloysius Jin Luxian，1916—2013），原名金鲁意，教名类思，上海人。自称自幼父母双亡，是天主教会养大的孤儿。民国二十七年（1938）入耶稣会，民国三十四年（1945）晋铎，次年毕业于徐家汇耶稣会神学院，随后赴法国、德国、奥地利、意大利求学；1950年获罗马宗座额我略大学博士学位。1955年因龚品梅案入狱，1982年获释，任上海佘山修道院创院院长。全国政协十二届委员，中国天主教爱国会名誉主席，上海教区主教。

乐国之王（封面和插图）
［英］玛丽·洛约拉撰
张孝松译
一卷　一册
圣体军小丛书
民国二十三年（1934）
土山湾印书馆排印
铅印本　纸本　平装
开本：19.3×13（cm）
140页　插图100幅

活了十一岁,但因他种种奉主的行为,被视为圣体军的小英雄。

《圣体军良友》,民国二十五年(1936)出版,张希斌编著。这是一本实用圣体军顾问手册,详细介绍了圣体军小史,做好圣体军人的方法,各种集会典礼的仪式,圣体军的徽章、军旗,圣体军记录纸的意义,教宗通牒可以得到的大赦等。

《寄小天神》,书信体文集。民国二十七年(1938)出版,作者张孝松。张孝松写给圣体军小朋友的十几封信,题目分别是"为什么""重大的使命""伟大的使命""效法乞丐""好表样""我们的战具""领圣体""背,懂,做""五不主义""月和星""束在一起""路""话《家》""大减价""玉簪花""玫瑰经""出发吧"。

天上英儿(封面)
[法]碧禄著 [中]金鲁贤译
十章 一册
圣体军小丛书
民国二十四年(1935)
土山湾印书馆排印
铅印本 纸本 平装
开本:19.3×13(cm)
68页
插图1幅

寄小天神(封面)
张孝松撰
十八篇 一册
圣体军小丛书
民国二十七年(1938)
土山湾印书馆排印
铅印本 纸本 平装
开本:19×13.2(cm)
96页

《苦耶稣》,圣经故事。民国二十三年(1934)初版,编者陈田[①]。篇名:"苦难主日""欢迎耶稣""建立圣体""山园祈祷""审判厅中""苦路""十字架旁""圣母怀中"等。

翻阅这些书后,笔者的感觉是,近代作家的语言系统和思维结构离我们真的很近,没有年轮刻画出来的那么久远。

The Four Horsemen Ride Again(《再接再厉》),西文文学作品,民国二十九年(1940)土山湾印书馆出版的美国耶稣会士科尔内(James F. Kearney)撰写的短篇小说集。这本书不见于任何著录,可能虽是土山湾印书馆印制的,但未在中国发行。

这部英文作品旨在向西方世界讲述天主教在中国发生的故事。全书分为两个部分,以抗日战争为分野,共十个故事。第一个"徐

---

① 陈田(Mathias Zen,1911—2005),原名陈忻德,教名玛弟亚,笔名陈田,浦东花木人,祖辈奉教。徐汇公学毕业后考入震旦大学,民国十八年(1929)入耶稣会,民国二十八年(1939)徐家汇大修院毕业后晋铎,历任曹家渡做副本堂兼弥额尔学校校长、扬州天主堂做本堂兼达德学校校长、陆家嘴圣家堂和其昌栈网尖若瑟堂做本堂兼达尼老小学和培尔小学校长等。1958年被划为右派,1961年被捕,在安徽白茅岭农场劳改,1980年获释。

苦耶稣（封面及插图）
陈田编
六篇　一册
圣体军小丛书
民国二十六年（1937）
土山湾印书馆排印
铅印本　纸本　平装
开本：19×13（cm）
108 页
插图 13 幅

阁老的故事"，讲徐光启与利玛窦等人的交往。第二个"郎世宁修士，侍奉皇帝的艺术家"。第三个"四处漂泊的主教"，讲巴黎外方传教会的日本东京主教 Pierre-André Retord 的传教经历。第四个"奥沙利文修女和天津的屠杀"，讲死于同治九年（1870）天津教案的一位殉教者。第五个"刺面的殉教者"，讲民国初年河北献县一名信徒因信仰天主教被刺面羞辱的故事。第六个"艾神父感人泪下的信"，讲述在苏州任职的法国神父艾赉沃①的传教生涯。第七个"虽死犹生的神父"，讲述一位名叫胡贡（Joseph Hugon）的神父在上海的传教事迹。第八个"中国神父的战争日记"。第九个"来自中国战场的故事"。第十个"战场天使"。后三个故事讲的都是教会神职人员和教友积极投身抗日战争的所作所为。

土山湾印书馆把《再接再厉》编入其一套英语文学丛书 Portraits of China（"直面中国"）。此书由美国 John Wiley & Sons 出版公司再版时，书名改为 The Four Horsemen of the Apocalypse Ride Again。

原书名 The Four Horsemen Ride Again，直译应该是《四位骑手再接再厉》。面对处于法西斯侵略战争水深火热的苦难民族，作者在序言里是这样表达的：

> 不论是在俗修士还是发愿教士，不论是主教还是神父，不论是男人们还是女人们，不论中国人还是外国人，不论欧洲人还是美洲人，为这项恢宏伟业通力合作吧！人在做，主在看。

The Four Horsemen Ride Again
再接再厉（封面）
［美］科尔内撰
英文
十篇　一册
民国二十九年（1940）
土山湾印书馆排印
铅印本　纸本　精装
开本：22×15.5（cm）
219 页

---

① 艾赉沃（Leopoldus Gain，1852—1930），字葆德，法国人，1874 年入耶稣会。光绪二年（1876）来华，光绪十四年（1888）晋铎。

泽沐桃李

> 中国人不屑从外国人的书里学习任何东西，他们相信只有他们自己才有真正的科学和知识。
>
> ——利玛窦

耶稣会的传教活动历来把教育放在重要位置。1534年罗耀拉与另外六位志同道合者共同创建耶稣会时就写下《神操》作为耶稣会的纲领性文件。他提出，人的心灵原本都存有罪恶，这种罪恶虽然可以被神性所取代，但必须经过严酷而痛苦的磨炼和斗争。这种磨炼和斗争就是精神训练。精神训练的主要目的是使人充分领悟上帝的伟大，同时认识到人生的使命就是崇拜和服务于上帝。

随后他又制定了《教育大纲》(*Ratio Studiorum*)，对耶稣会学校的任务、目的、学制、教学内容、课程设置、管理、教师、学生、考试、纪律、奖惩等，都作了非常详尽、全面的规定。其基本目的是培养虔诚的基督教信徒，使学生绝对服从天主教会，效忠教宗。为了实现这个教育目的，耶稣会学校强调服从、守纪律等品质，严格要求学生绝对服从教师和学校当局。《教育大纲》还规定，耶稣会学校采用寄宿制的免费教育。

耶稣会在欧洲办了许多学校，十六至十八世纪鼎盛时期在校学生达两百万之多，欧洲名校大多与耶稣会有关。笛卡尔、伏尔泰、狄德罗等一大批欧洲文化名人都曾就读耶稣会创办的学校，尽管他们中许多人后来在政治上成为耶稣会坚决的反对者。

耶稣会来中国后，也依照传统兴致勃勃地开办学校，对中国旧的教育制度和体系冲击很大。上海天主教会在土山湾办的学校比如大修院、小修院，重点是培养神职人员。除此之外，他们也办了一些"俗世"学校。徐汇公学是上海开办最早的新式学校，道光二十九年（1849）南格禄在徐家汇开校招生，翌年正式取名圣依纳爵公学（Collège Saint Ignace）。民国建立后，该校按中国新学制分为中学和小学，民国十九年（1930）增设高中部；民国二十一年（1932）按当时国民政府要求改为国民教育学校，更名为徐汇公学。陆续主持过徐汇公学的有：

姓　名	职务	在任时间	姓　名	职务	在任时间
南格禄	理学	1850—1851	翟彬甫	理学	1915—1924
晁德莅	理学	1852—1870	松梁才①	理学	1925—1927
马相伯	理学	1871—1874	姚瓈唐	理学	1925—1928
黄伯禄	理学	1875—1879	张家树	理学	1928—1937
蒋邑虚	理学	1880—1899	万尔典②	院长	1928—1932

---

① 松梁才（Augustus Savio，1882—约1935），字晚青，法国人，1899年入耶稣会。光绪二十七年（1901）来华，民国十一年（1922）晋铎。逝于上海。
② 万尔典（Josephus Verdier，1877—1971），字乃虞，法国人，1894年入耶稣会。光绪三十二年（1906）来华，光绪三十三年（1907）晋铎；光绪三十四年（1908）任海州本堂，民国八年（1919）任江南耶稣会会长，民国十七年（1928）任徐汇公学校长，民国二十一年（1932）任洋泾浜账房总管，民国二十七年（1938）任广慈医院院长，民国三十六年（1947）任土山湾孤儿工艺院院长。1953年离华回国。

姓　名	职务	在任时间	姓　名	职务	在任时间
雅第阶①	理学	1899—1900	山宗泰	院长	1932—1934
蒋邑虚	理学	1901—1902	姚瓒唐	院长	1934—1937
潘谷声	理学	1902—1903	张家树	院长	1937—1943
蒋邑虚	理学	1904—1905	沈百顺	理学	1937—1942
张秉杓②	理学	1906—1907	张伯达	理学	1942—1943
郎本仁③	理学	1908—1909	王方④	理学	1943—1944
山宗泰	理学	1910—1911	张伯达	院长	1943—1951
姚瓒唐	理学	1911—1912	朱树德	理学	1944—1947
山宗泰	理学	1913—1914	朱洪声⑤	理学	1947—1949

"理学"相当于国民学校的教导主任，"院长"相当于校长。有记载，自咸丰九年至民国九年（1859—1920）在校生累计有三千八百余人，英才俊彦，代不乏人。李问渔、蒋邑虚、沈礼门、沈容斋、潘谷声、徐宗泽、张家树等校友都曾先后担任过母校的教员和校长。

徐汇公学的校友中名人荟萃。马相伯十一岁入徐汇公学，为公学第一批学生。其弟马建忠，七岁随兄入校，师从晁德莅，潜心研究希腊文、拉丁文、法文及数理等学，"精通法文，而华文函启亦颇通畅，洵英材也"（《曾纪泽集·日记》）。中国地质学巨擘翁文灏也是徐汇公学的学生，翻译家傅雷也曾在徐汇公学就读。

了解徐汇公学的办学情况，有两种统计资料颇有价值：《徐汇公学同学录》和《徐汇公学奖赏册》（*Des Prix*）。《徐汇公学奖赏册》详细记录了徐汇公学每一年各年级各班次在"优勤""圣学""哲学""经训""圣教辩护及圣教史略""教理详解""古新史略""方言问答""伦理""拉丁文""法文""讲读文课""测量代数""物理学""积分""算学""历史地理""论说序述""默写传记""翻译""法文译汉""文范""书法"等各科成绩最好者（奖赏）和名次（附录）。这两种年册反映了学校教育状况和学生情况。

徐汇公学早年也称"徐汇公塾"。十九世纪后叶，在马相伯、黄伯禄和蒋邑虚三位华籍神父主理徐汇公塾时期，倾向走科举的传统道路，鼓励学生参与科举考试。以下这种教材即是证据。

光绪四年（1878）徐汇公塾编纂了《汇学读本》，由土山湾慈母堂辑刻，两册。光绪十二年（1886）徐汇

---

① 雅第阶（Sylvanus Adigard，1839—1907），字俊才，法国人，1865 年入耶稣会，1878 年晋铎。光绪二十二年（1896）来华。逝于上海。
② 即张士泉，详细介绍见"国家真诠"章。
③ 郎本仁（Paschalis Le Biboul，1862—1931），字纯夫，法国人，1881 年入耶稣会。光绪二十五年（1889）来华，光绪二十六年（1900）晋铎；宣统元年（1909）任徐汇公学理学，后任董家渡天主堂本堂。逝于上海。
④ 王方（Fr. Borgia Waong，1901—?），民国十四年（1925）入耶稣会，民国二十五年（1936）晋铎，民国三十二年（1943）任徐汇公学理学，后在该校任教。
⑤ 朱洪声（1915—1993），青浦人，世代信仰天主教。民国二十二年（1933）赴比利时读书，在法国加入耶稣会，民国三十三年（1944）晋铎。回国后任徐汇中学理学，1950 年任君王堂副本堂。1955 年因龚品梅案被捕并获刑。

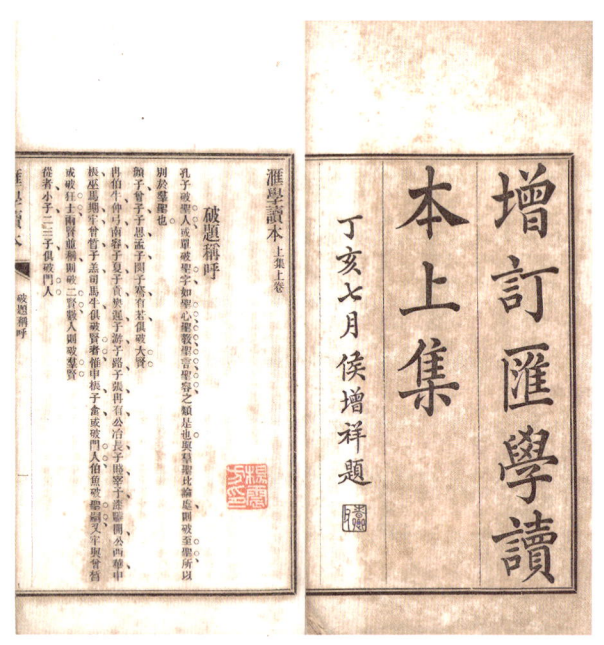

增订汇学读本上集（扉页及内页）
徐汇公塾编
两卷　两册
清光绪十四年（1888）土山湾慈母堂排印
铅印本　纸本　筒子页　线装
十一行三十五字小字双行同
白口四周双边单鱼尾
开本：26×15（cm）
半框：18×12（cm）
168 页

公塾又将其扩编为《增订汇学读本》，有光绪十四年（1888）土山湾慈母堂出版的铅活字排印本。《增订汇学读本》分上下两集，每集又有两卷，"所选概系先朝名大家文理法双清，毫无遗憾"。上集，"上卷详载读文作文诸法，及破承起讲入手提比捷诀……下卷仅存题目易解词"。下集，"功候较进，法更完密。上卷专取枯窘虚缩，截上截下，及单句难构之题。下卷只存长章搭载滚作双单扇题，文字末附偏锋翻案文若干篇，不过为学者聊备一格而已"。简言之，《汇学读本》是地地道道的八股文教材。

上集上卷开篇是"破题称呼""破题字眼"等，然后依次为"破题""承题""对面擒题法""点染映合法""暗擒法""明擒法""引古擒题法""两层加翻法""全翻一句到题法""旁面擒题法""借宾定主法"等。上集上下卷叫作"作文法"，也就是讲解范文，择选了《论语》四十篇和《孟子》三十篇。

马相伯等人要求徐汇公学学生掌握好国学基本功无疑是有道理的，但是用科举和八股文束缚学生，逆时代潮流，有误人子弟之嫌。他们这样做与耶稣会的办学方针格格不入，被教会当局"纠偏"也是理所当然的。光绪三十一年（1905）清政府正式废除科举制度，开明之士仿效传教士大力开办新学，蔚然成风。讲到这段历史，许多文献记载的大多是马相伯等人受教会的迫害及其抱怨。实事求是地看，马相伯等人不免固执己见、因袭陈规。其实，马相伯后来也改变了自己的办学态度，他用新的教育思想打造了震旦大学、复旦大学和辅仁大学。

当然，纵观徐汇公学历史，《汇学读本》这类科举教材实属个案，并非主流，新学才是这所近代中国最能代表西方教育理念和教学方法的新式学校之主导课程。

出版校用教材历来是土山湾印书馆等天主教出版机构的业务重点。这些教材分为教会自用和国民教材两种。教会自用的教材是指为教会各级大小修院准备宣教典籍、职修书籍、神修著作、拉丁文语法和辞典类图书，还有为西方传教士编写的汉语学习教材。而国民教材完全不一样，按照国民政府教育部门的指导意见编写，几乎不带宣教内容，不仅为教会学校使用，非教会的学校也广泛采用。

• 泽沐桃李 •

数理问答　数学习题
（扉页和内页）
[比] 佘宾王著
两种不分卷　一册
清光绪二十九年（1903）
土山湾慈母堂印书馆排印
铅印本　纸本　筒子页　线装
开本：19.5×12.7（cm）
77 页

【数理类教材】

土山湾印书馆出版的有关西方科学的教材，主要有汇报馆的译本《形性学要》《几何探要》《透物电光机图说》《实验指南》《最新实用电学》《最近无线电报电话学》《气象通诠》；外国学者编译为中文的自然科学教材，有戴连江翻译的《几何学》（民国二年〔1913〕）、《代数学》等。

《数理问答》和《量法问答》是当时的名师佘宾王撰写的数学教材和几何教材。佘宾王（Franciscus Scherer），比利时人，生于1860年，1877年入耶稣会。光绪五年（1879）来华，光绪二十九年（1903）晋铎。数学教师，任教于徐家汇天主堂蒲西学馆（蒲西公书馆）。民国初回国。著有《数理问答》（光绪二十七年〔1901〕徐汇印书馆）、《数学习题》（光绪二十七年〔1901〕徐汇印书馆）、《土话算法》（光绪二十七年〔1901〕土山湾印书馆石印）、《量法问答》（光绪二十八年〔1902〕徐汇印书馆）、《天文问答》（光绪二十九年〔1903〕土山湾慈母堂）、《代数问答》（光绪三十年〔1904〕土山湾印书馆石印）、《几何学》（震旦学院课本）等。

佘宾王如果活在今天，一定也是炙手可热的名校名师。

《代数学》是震旦大学教授陆翔[①]为该校编译的教材，内容

代数学（封面）
陆翔编译
六章　一册
清宣统二年（1910）土山湾慈母堂排印
铅印本　纸本　平装
开本：18.4×13.3（cm）
393 页

---

① 陆翔，字云伯，生卒不详，吴江人，近代海派书画大家陆恢（陆廉夫）之子，毕业于徐汇公学，民国十八年（1929）入震旦大学学习工科，后执教于震旦大学，为海上名儒周退密授业师。著有《五胡二十国史表》，译有伯希和撰写的《敦煌石室访书记》和《敦煌石窟图录》等。

包括正负数、正负数的运用、代数运算的要义、一次方程、一次函数、二次方程、级数对数利息等。该书土山湾初版于宣统二年（1910）。陆翔不是一般的数学教授，后来成为知名画家、敦煌学家，他的绘画知识对伯希和整理敦煌图录帮助很大。

【史地类教材】

《皇朝直省府厅州县歌括》，中国地理教材，蒋升撰，光绪二十四年（1898）土山湾慈母堂印书局出版。此前江楚书局于清光绪二十三年（1897）先刊（行款十行二十三字小字双行同黑口左右边双鱼尾，刻本）。

把此书仅仅定性为"蒙学读物"似不贴切。此书应该是蒋邑虚先生为新来华洋教士们了解中国而写的，曾作为土山湾、徐家汇教会学校的中国地理读物。此书虽简洁，却颇具史料价值，比如，有关徽州历史区域及婺源归属，现在仍是相关争论的依据。

《皇朝直省府厅州县歌括》包括二十二个省：直隶省、江苏省、安徽省、山东省、山西省、河南省、陕西省、甘肃省、新疆省、福建省、浙江省、江西省、湖北省、湖南省、四川省、广东省、广西省、云南省、贵州省、盛京省、吉林省、黑龙江省。

邑虚先生还撰写了《新疆府厅州县歌括》（光绪元年〔1875〕）、《东三省府厅州县歌括》（光绪元年〔1875〕）、《五洲括地歌》等。

《五洲括地歌》，土山湾慈母堂印书局于光绪二十四年（1898）出版，分为"总论""亚细亚洲""欧罗巴洲""亚斐利加州""亚墨里加洲""澳削尼亚洲"六篇，附有七幅地图。

大地椭圆如凹球，东西半分五大洲。东半是亚欧斐澳，亚墨里加西半周。

这是《五洲括地歌》开篇对世界的勾勒。

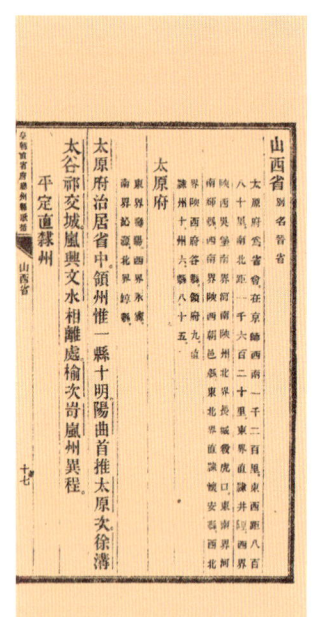

皇朝直省府厅州县歌括（内页）
〔清〕蒋升撰
一卷　一册
清光绪二十四年（1898）
土山湾慈母堂印书局排印
铅印本　纸本　筒子页　线装
九行二十三字小字双行同
白口四周双边单鱼尾
开本：19.5×12.5（cm）
半框：14×9（cm）
82页

五洲括地歌（扉页）
〔清〕蒋升撰
六篇　一册
清光绪二十四年（1898）
土山湾慈母堂印书局排印
铅印本　纸本　筒子页　线装
九行二十三字小字双行同
白口四周双边单鱼尾
开本：27×15.6（cm）
半框：20×13（cm）
18页　地图7幅

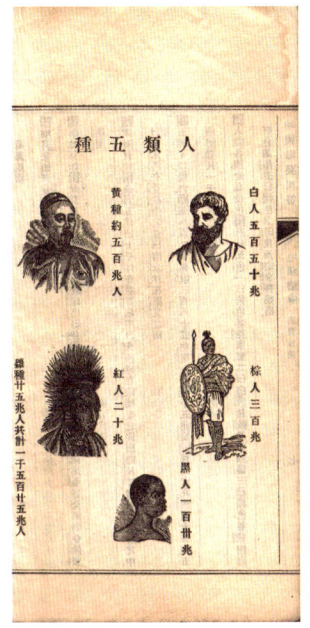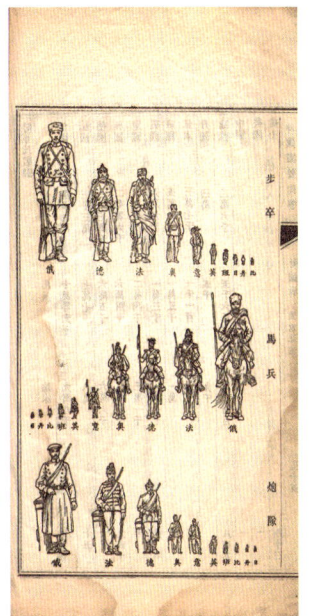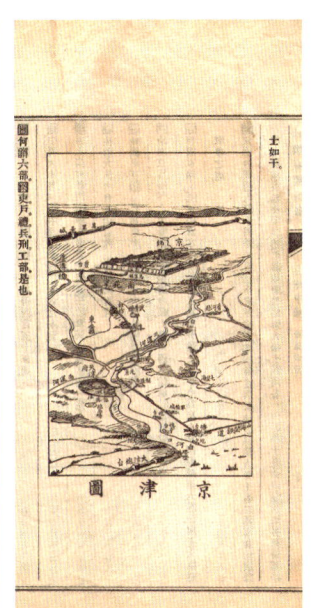

五洲大国谁为首，英吉利当推巨擘。俄罗斯国得为次，中国第三余非匹。第四即为合众国，巴西稍逊核其实。第六算是土耳其，法兰西可居第七。屈指第八日耳曼，大国幅员略堪悉。

虽然政治版图早已今非昔比，邑虚先生一百二十年前编成打油诗的地理知识课本对自然地理的描绘却与人们今日的了解大致相当。

类似《皇朝直省府厅州县歌括》和《五洲括地歌》的教科书，还有孙文桢编撰的《坤舆撮要问答》，光绪二十四年（1898）由土山湾出版，是介绍西学地理知识的书籍，五卷。卷一"地理总论"，卷二"亚洲中国"，卷三"大清二十二省府州县表"，卷四"五洲略志"，卷五"坤舆撮要问答附表图"。

此书民国间作为小学教材多次再版，书名更为《地理撮要》，卷次为：卷一"地理总论"，卷二"中国形势"，卷三"五洲志略"，卷四"地理图表"。这样的编排与现代同类教科书比较一致。其中插图大量使用彩色的。

民国十七年（1928）土山湾印书馆出版了徐汇公学教员周儒望①为本校编写的法文教材 Géographie de la Chine（《中华地理》），

坤舆撮要问答（插图）
〔清〕孙文桢编撰
五卷　一册
清光绪二十四年（1898）
土山湾印书馆排印
铅印本　纸本　筒子页　线装
九行二十二字小字单行四十字
白口四周双边单鱼尾
开本：26.5×15.5（cm）
半框：19.8×13.2（cm）
63 页
插图随文
地图 1 幅

---

① 周儒望（Renatus Joüon，1869—约1938），法国人，1891年入耶稣会，1908年晋铎。宣统元年（1909）来华，在土山湾孤儿院和徐汇公学任教。

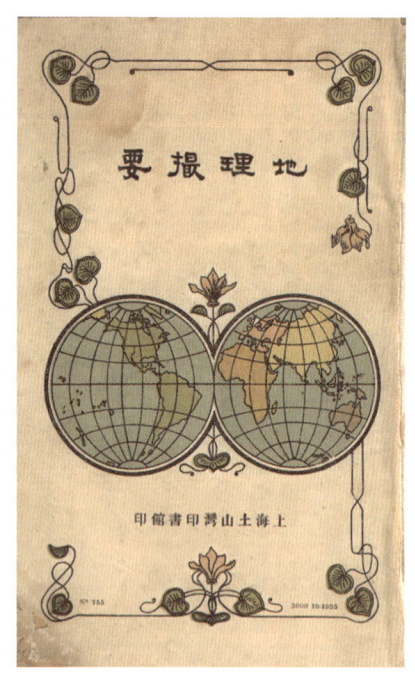

地理撮要（封面）
〔清〕孙文桢编撰
四卷　一册
民国十四年（1925）土山湾印书馆排印
铅印本　纸本　硬精装
开本：23.3×14.6（cm）
120页　插图100余幅

图文并茂地介绍了三十个省和西藏、蒙古的地理情况，以及中国山脉、植物、动物、通商口岸、滇越铁路、航路、矿产、进出口货物等。《中华地理》是民国中期徐汇公学主要的地理课本，每年修订。

地理教材还有法国主母会①编的 *Géographie, cours moyen*（《地理　中等课程》）、夏之时的《中国地舆志略》（中文）和 *Géographie de l'Empire de Chine (cours supérieur)*（《法文中国坤舆详志》），三者为土山湾印书馆出版、供徐汇公学等教会学校使用的课程教材。

《初级小学常识》，民国二十七年（1938）出版，是一套图文并茂的启蒙课本，从"牛耕田，马拉车，羊吃草，公鸡会报晓，母鸡会生蛋"开始。

《高级小学历史课本》，徐允希编，民国二十年（1931）土山湾印书馆出版，四册。

《历史讲义》，土山湾印书馆出版的简明中国史，龚品梅②编著，内分四卷：卷一记"上古至南北朝"；卷二记"隋至明末"；卷三记"近代史"（实为清代史）；卷四记"现代史"，自辛亥革命至二十世纪二十年代末。

翟光朝编撰了法文 *Meneto d'Histoire Générale*（《通史辑览》，光绪三十三年〔1907〕）出版，同年李杕将此书译为中文本，次年甘沛澍③又译为英文本 *Outlines of Universal History*。《通史辑览》是一部世界历史教材，分为四卷：第一卷"古代"，十一课，七十九节；第二卷"中世纪"，十课，四十二节；第三卷"近代"，十课，三十六节；第四卷"当代"，十课，五十五节；随文插图八十五幅，附"历史年表"和"世界大事表"。

历史类教材还有盛恺编写的《世界历史》，徐汇中学编写的《历代帝王年号简明表》等。

---

① 法国主母会（FF. Maristes），1597年圣奥斯定会士在法国创立的修会，宗旨是教育贫穷女童。
② 龚品梅（Ignatius Kiong，1901—2000），字天爵，教名依纳爵，松江唐墓桥（今浦东新区唐镇）人，民国十九年（1930）毕业于徐家汇大修院，晋铎，任教震旦大学。1955年被捕，1985年获释。逝于美国。
③ 甘沛澍（Martin Kennelly，1859—约1928），字商霖，爱尔兰人，1878年入耶稣会。光绪十一年（1885）来华，光绪二十六年（1900）晋铎，任职徐家汇天主堂。

Géographie, cours moyen
地理 中等课程（内页）
法国主母会编
法文
四章 一册
民国二十年（1931）
土山湾印书馆排印
铅印 纸本 精装
开本：26.8×19.5（cm）
69页
黑白插图 148幅
彩色插图 43幅

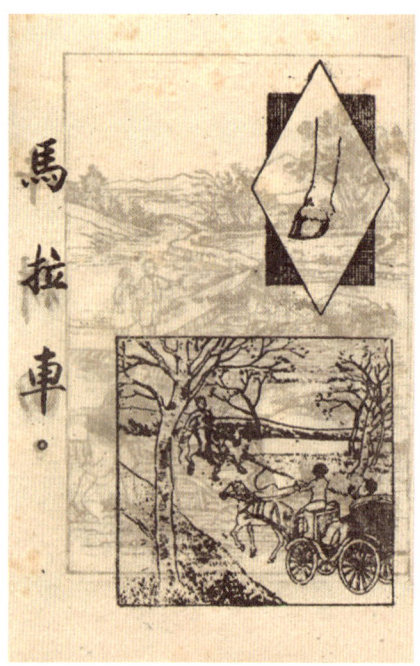

初级小学常识（内页）
四册
民国二十七年（1938）
土山湾印书馆排印
铅印本　纸本　平装
开本：18.5×12.6（cm）
40页
插图150幅

通史辑览（内页）

Outlines of Uniwersal History

［法］翟光朝撰

［爱尔兰］甘沛澍译

英文

四卷 一册

清光绪三十四年（1908）

土山湾印书馆排印

铅印本 纸本 精装

开本：19×12.7（cm）

243页 插图85幅

【国文类教材】

宣统元年（1909）土山湾印书馆出版了时年六十九岁的问渔先生编写的《古文拾级》。《古文拾级》选古文九十九篇，编为八卷。卷一"国朝文"，即清朝文章；卷二"明文"；卷三卷四"宋文"；卷五"宋唐文"；卷六"唐文"；卷七"汉文"；卷八"汉周文"。编排顺序，当朝为首。问渔先生谦言此书适合学生读。不过问渔先生了不得的是请来两位名人为他的文集作序，一位是马良（马相伯），一位是张謇（张季直）。

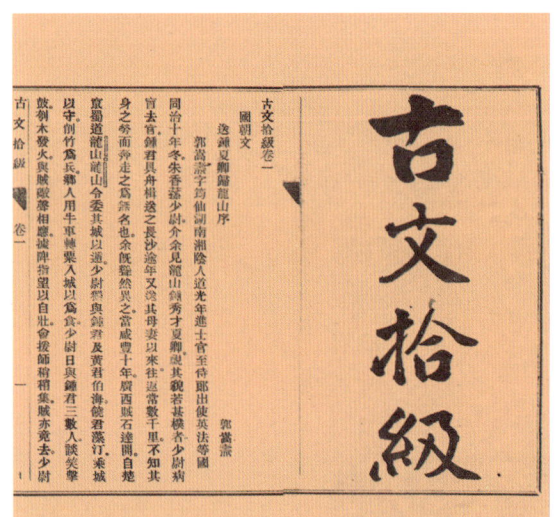

古文拾级（扉页及内页）
〔清〕李枎辑注
八卷 一册
清宣统元年（1909）土山湾印书馆排印
铅印本 纸本 筒子页 线装
十行三十字白口四周双边单鱼尾
开本：20.3×12.8（cm）
半框：15×10.5（cm）
103页

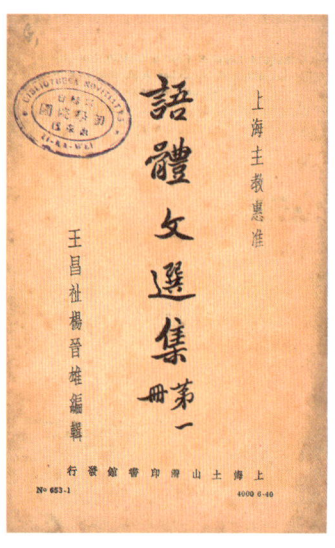

语体文选集（扉页）
王昌祉、杨晋雄编辑
六册
民国二十九年（1940）
土山湾印书馆排印
铅印本 纸本 平装
开本：18.8×13（cm）
214页

王昌祉神父为上海徐家汇耶稣会文学院选编了六册教材《语体文选集》，收录的文章有古文也有当代文章，还有有关天主教的文章。以第一册为例，选择了五十五篇文章，第一篇就是冰心的散文《离家》，还有刘延陵的诗歌《水手》、丰子恺的译文《名耀世界的〈月光曲〉》、沈则宽的散文《撒洛满的明判》、施耐庵的《水浒》摘节《景阳冈》、夏丏尊的散文《一个追忆》、萧若瑟的历史小说《望弥撒的故事》、徐志摩的诗歌《车眺》和《沪杭车中》、都德的小说《新先生》、郑振铎的历史故事《阿剌伯人》、天行的杂记《隐修院中的陆徵祥》以及唐诗宋词选等。

所谓语体文，编者定义为"以有文艺风味的文字为限，包括诗歌、剧本、小说、故事、传记、游记、杂记、日记、书信、演说、小品文等类"。按现在的解释，所谓语体文就是白话文。

当时普通市民若不经意看到土山湾印书馆的出版物，会以为这家出版机构与商务印书馆、中华书局、开明书店一样，也是一家普通的出版机构。市面上，土山湾出版的非宗教书籍随手可得。

土山湾印书馆从清末开始，就介入普通国民学校的教材的出版，影响较大的有：《初级小学国语新读本》《高等小学国文新课本》《国民学校国文新课本》《国民学校国文新课本说明书》《中学国文课本菁华》《国民学校文法便览表》等。这些教材大多是青浦诸巷会人潘谷声主持圣教杂志社期间编写的，其功不可没。

公立、私立中小学也选用土山湾印书局编印的课本和教辅资料。徐汇公学等教会学校按照国民政府的政令，全部纳入国民教育体系后，土山湾出的教材也遵循了国民政府的教育大纲，最典型的事例是其音乐教材收入了《青天白日满地红》。

《高等小学国文新课本》，潘谷声主编，共五册，线装，土山湾印书馆民国六年（1917）初版。

《国民学校国文新课本》（*Nouneau Manuel de Littérature Nationale*），中文法文双语教材，潘谷声主编，清宣统年间初版，几乎两三年修订一次，前后再版十几次。这套教材的特点是，图文并茂，尤其是低年级的课本，每两页就有一幅精美插图（见下页）。依仗土山湾的印刷技术，其品质堪称一时翘楚，在当时是深受欢迎的。

《中学国文课本菁华》，共四册，最初是徐家汇天主教学校启明女校的内部教材，民国八年（1919）土山湾印书馆整理出版。这套教材比《高等小学国文新课本》和《国民学校国文新课本》内容要深得多，可以看到当时教会学校对中国学生古文基础要求之严格。四册教材选了四百篇古文，从《史记》《汉书》《国策》，到唐宋大家文章，直至曾国藩、梁任公等人时文。其无涉"天主恩泽"，完完全全的"国色天香"。

编者邹弢①叙言："启明女校，创始于前清丙午之纪。丁未秋，余受校中之聘，归自燕北，得观学其中。时女界震旦光开，大有欣欣向荣之象。"而编辑这么一套教材的目的是："清淑不钟于男子也，故天资人力，各有难齐，其所读之书，以下里而就阳春，或以生知而下侪困学。钧陶所及，岂能合大冶为一炉。"因而须因

中学国文课本菁华（扉页）
邹弢编
四册
民国八年（1919）土山湾印书馆印制
石印本　纸本　筒子页　线装
九行二十七字小字双行同
白口四周双边单鱼尾
开本：20×13.5（cm）
半框：17×11.5（cm）
630页

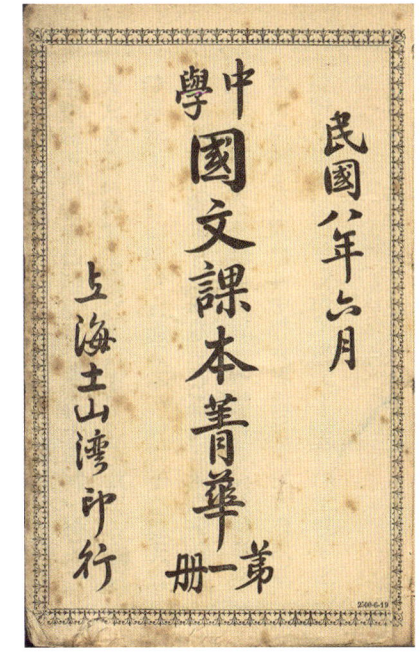

---

① 邹弢（1850—1931），字翰飞，号酒丐、瘦鹤词人，江苏无锡人。久居上海，有作《断肠碑》《浇愁集》等。曾任《苏报》主编，晚年在上海启明女学任教。

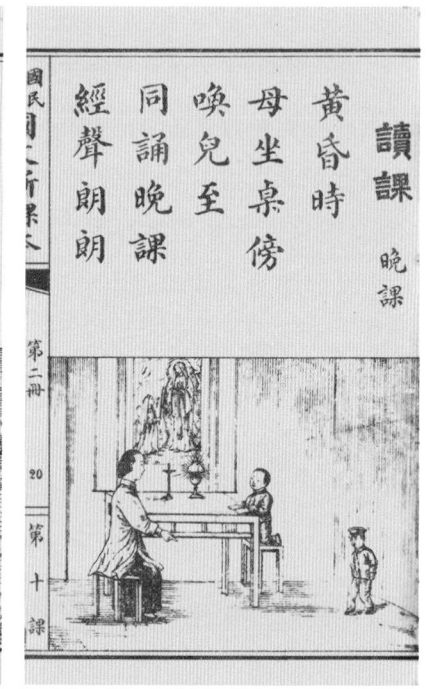

国民学校国文新课本（内页）
Nouneau Manuel de Littérature Nationale
潘谷声编
中文　法文
八册
民国四年（1915）土山湾印书馆排印
石印本　纸本　筒子页　线装
开本：20×13.5（cm）
870 页　插图随文

材施教。

民国二十年（1931）徐汇师范学校（汇师中学）曾编写本校用教材《初中国文选读》。民国三十五年（1946）震旦附中主任龚品梅组织朱廷珪、朱翔等教员编写同样书名的教材。震旦附中的《初中国文选读》三年六册，每册均分为两类，甲类"精读文"，为韩非、陆游、苏轼、白居易等人的古文经典；乙类"略读文"，为梁启超、蔡元培、胡适、朱自清、巴金、苏雪林等人的时文。编者请来世界书局总经理陆高谊①作序。

【外语教材】

土山湾印书馆出版的外语教材以法文为主。最初土山湾印书馆为徐汇公学出版了《法语进阶》和《法文初范》，非常实用，深受欢迎，年年再版。土山湾印书馆以这两本书为基础，整合出版系列法语教材，徐汇公学和震旦大学采用不同组合，交替使用。不仅如此，当年非天主教教会中学和大学的法语课程大多也采用这两套课本。商务印书馆出版的法语教材也曾向土山湾印书馆借用过这两套书的版型。

第一年级：《法语进阶》（Introduction à l'étude de la Langue Française），董师中编写，光绪十年（1884）初版。

第二年级：《法文初范》（Grammire Française），张骏声编写，光绪二十四年（1898）初版；《字文释例》（Etude des mots & des formes），南从周编写，光绪二十九年（1903）出版；《法文摘本》（Prélections française），樊国栋②编写，光绪三十四年（1908）出版。

第三年级：《修词初级》（Éléments de syntaxe），宗维城③编写，光绪三十二年（1906）出版；《法文菁华》（Extraits des écrivains français），惠济良编写，光绪二十四年（1898）出版。

第四年级：《修词大成》（Compléments de syntaxe），宗维城编

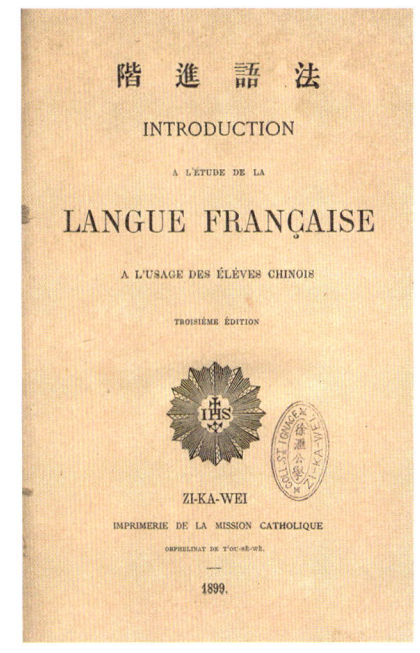

Introduction à l'étude de la Langue Française
法语进阶（封面）
[法] 董师中编写
法文　中文
三十一章　一册
土山湾慈母堂
清光绪十年（1884）初版
清光绪二十五年（1899）三版
铅印本　纸本　精装
开本：24×16（cm）　108页

---

① 陆高谊（1899—1984），浙江绍兴人，民国十三年（1924）毕业于杭州之江大学，后任河南第一女子师范校长、河南中山大学教务长、杭州之江大学附中校长等职。民国二十二年（1933）进世界书局，民国二十三年至三十五年（1934—1946）任世界书局总经理。

② 樊国栋（Henricus Tosten，1872—1960），字奠臣，法国人，1894年入耶稣会。光绪十八年（1902）来华，民国元年（1912）晋铎，在震旦大学讲授法语等。施蛰存的文章曾回忆过这位严师。

③ 宗维城（Ludovicus Téteau，1874—1952），字守坚，法国人，1897年入耶稣会。光绪二十八年（1902）来华，民国十年（1921）晋铎，任徐家汇天主堂神职。

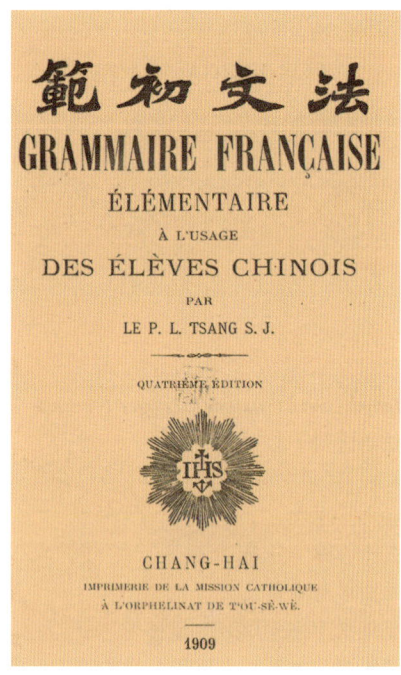 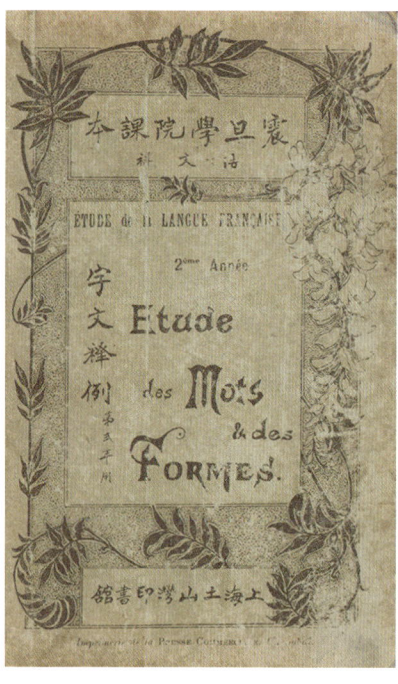 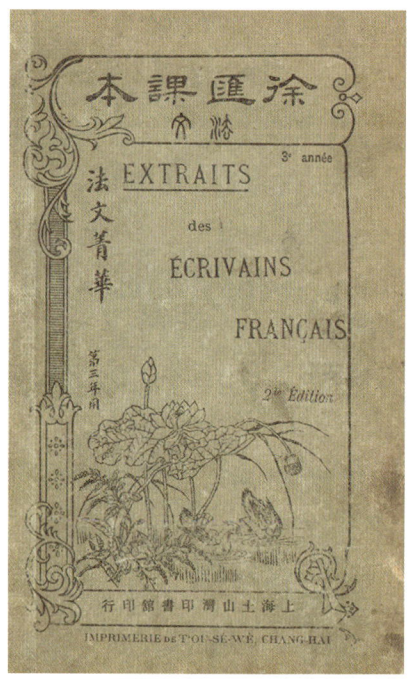

Grammire Française
法文初范（封面）
〔清〕张骏声编写
不分卷　一册
土山湾印书馆
清光绪二十四年（1898）初版
清宣统元年（1909）三版
铅印本　纸本　精装
开本：18.5×12.5（cm）
308 页

Etude des mots & des formes
字文释例（封面）
［法］南从周编写
法文　中文
四卷　一册
土山湾印书馆
清光绪二十九年（1903）初版
清光绪三十二年（1906）再版
铅印本　纸本　精装
开本：19.5×13（cm）
297 页

Extraits des écrivains français
法文菁华（封面）
［法］惠济良编写
法文　中文
一百章　一册
土山湾慈母堂
清光绪二十四年（1898）初版
清光绪三十四年（1908）二版
铅印本　纸本　精装
开本：18.5×12.5（cm）
279 页

写，光绪三十四年（1908）出版；《法文观止》（*Morceaux choisis des auteurs français*），边德和①编写，光绪三十四年（1908）出版。

民国二十六年（1937），徐汇公学根据教学需要，着手重新编了一套本校专用的法语教材：*Leçon de Langue Française*（《法语读本》），包括《法语初阶》（*Cours Préparatoire*）、《法语进阶》（*Cours Élémentaire*）、《法语升阶》（*Cours Moyen*）。编写者是法国神父舒德惠②。这套书印制时间比较晚，又逢战乱，故发行量不大，印制质量也较差，与前两套相比影响有限。此外，这一年徐汇公学还

---

① 边德和（Jean-Joseph Piet, 1875—1934），字靖邦，法国人，1892 年入耶稣会。光绪十九年（1893）来华，民国元年（1912）晋铎，任虹口天主堂本堂神父。
② 舒德惠（Achilles Durand, 1871—1940），字心怡，法国人，1894 年入耶稣会。光绪二十八年（1902）来华，民国三年（1914）晋铎，任职徐家汇天主堂和土山湾印书馆。

编有法文语法教材《中学法文文范》(*Grammaire française, cours moyen*)。

拉丁语是一门"死"语言，现在主要用于天主教典籍以及医药、动植物名称，使用率很低。拉丁文—中文的语法书、辞典类书籍，大多是清末民初教会出版的，天主教各个出版机构都出版过不止一种拉丁文工具书。笔者案头日用的就是这个时期的辞典，极便查阅。

土山湾印书馆出版过贝迪荣神父编写的两本拉丁文教材，光绪三十年（1904）刊印的《拉丁文津》(*Adjumenta pro alumnis studentibus linguæ latinæ*)和光绪三十一年（1905）刊印的《拉丁文进阶》(*A. B. C. D. Latinæ Linguæ, ad usum sinensium allumnorum*)。

河间胜世堂印书房民国十八年（1929）出版过本教区神父芮卿云①的《拉丁文法》(*Institutiones Linguæ Latinæ*)等语言类书籍。

香港纳匝肋静院印书馆民国十一年（1922）出版过 *Grammatica Latina*（《拉丁文范》），原作者法国保禄·克鲁赛（D. P. Crouzet），天主教蒙古教区热河的松树嘴子修院（Seminario Soung-chou-tsoei-tzcu）编译。民国二十七年（1938）纳匝肋印书馆还出版了法国传教士赛热（M. Seyrès, F. M. P.）编纂的英文—拉丁文双语本：*A complete Latin grammar, adapted from Petitmangin's Latin grammar*（《拉丁语法》）。

兖州天主堂印书馆于光绪三十一年（1905）着手编辑圣言会维昌禄②神父和苗德秀③神父编纂的一套拉丁文教材，分三个系列：*Rudimenta linguæ latinæ*（《拉丁文初学》）、*Elementa linguæ latinæ*（《拉丁文词学》）和 *Syntaxis Linguæ Latinæ*（《拉丁文句学》）。每个系列分别有 *Grammatica*（《话规》）和 *Exercitia*（《课本》）。民国十九年（1930）左右，维昌禄神父又为三个系列分别补充了教员

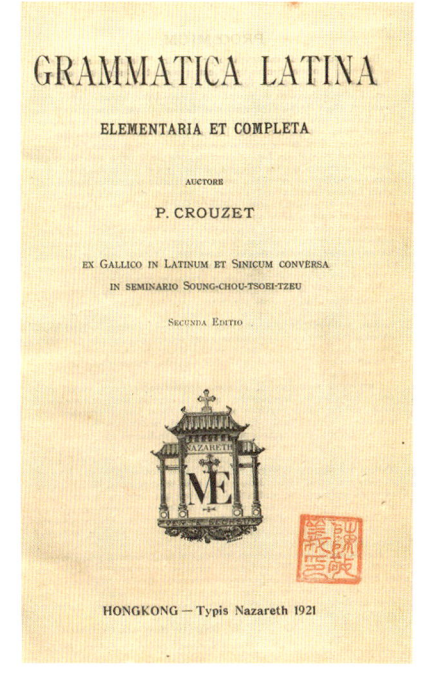

Grammatica Latina
拉丁文范（封面）
［法］保禄·克鲁赛著
松树嘴子修院译
拉丁文　中文
三部　一册
民国十一年（1922）
香港纳匝肋静院印书馆排印
铅印本　纸本　精装
开本：21×14.1（cm）
208 页

---

① 芮卿云（Julianus Monget, 1854—1923），字世隆，法国人，1877 年入耶稣会。光绪八年（1882）来华，光绪二十年（1894）晋铎，任职河北献县教区。还著有《盛礼弥撒曲调集》等。
② 维昌禄（Giorgio Weig, 1883—1941），德国人，拉丁语专家，圣言会会士。光绪三十四年（1908）来华，在兖州修院教书，历任兖州小修院院长和兖州大修院院长，民国十四年（1925）任青岛代牧区主教。逝于青岛。
③ 苗德秀（Theodor Mittler, 1887—1956），德国人，1903 年入圣言会。民国二年（1913）来华，兖州教区任职，民国二十一年至二十五年（1932—1936）任中国主教团委员会会长，《公教教育丛刊》主编。民国二十五年（1936）任戴家庄语言学校和兖州大修院教师。1949 年去菲律宾。编著另有《中华拉丁大辞典》。

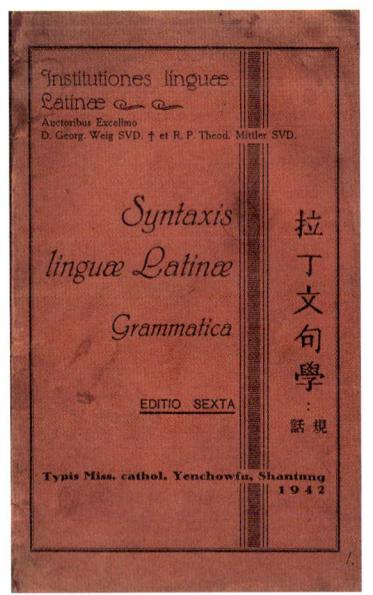  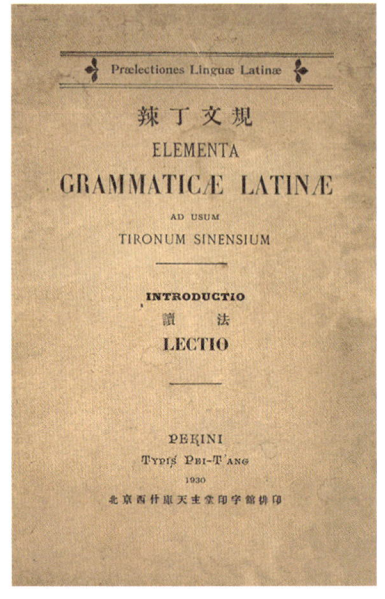

Syntaxis Linguæ Latinæ, Grammatica
拉丁文句学：话规（封面）
［德］维昌禄、苗德秀编纂
拉丁文　中文
不分卷　一册
民国三十一年（1942）
兖州保禄印书馆排印
铅印本　纸本　平装
开本：21×13.4（cm）
86 页

Syntaxis Linguæ Latinæ
拉丁文句学（教员用）（封面）
［德］维昌禄编
拉丁文　中文
九十五课　一册
民国十九年（1930）
山东兖州郡天主堂印书局排印
铅印　纸本　平装
开本：22.2×14.7（cm）
94 页

Elementa Grammaticæ Latinæ, Introductio, Lectio
辣丁文规　首卷　读法（封面）
［法］于纯璧编撰
拉丁文　中文
两章　一册
民国十九年（1930）
北平西什库天主堂印字馆排印
铅印本　纸本　平装
开本：22×14.2（cm）
46 页

用书（*Pars Magistri*），至此，三个系列九种书完整出齐。这套拉丁文教材在当年的影响力和权威性，堪比上海土山湾印书馆的法语教材。

这里特别列举维昌禄和苗德秀这套拉丁文教材是要提醒注意，自赫德明神父到维昌禄神父、苗德秀神父组成的"兖州语言学派"，在汉语和西方语言研究领域颇有建树，引起西方语言学界注目。该学派的代表作是赫德明的《汉语语法》、维昌禄的《拉丁辞林》和苗德秀的《中华拉丁大辞典》。

北堂印书馆光绪四年（1878）出版过于纯璧神父的两套拉丁文教科书，第一套 *Elementa Grammaticæ Latinæ*（《辣丁文规》），三卷首一卷，每卷一册，独立成书。首卷，*Lectio*（《读法》），第一卷，*Rudimenta*（《字法》），第二卷，*Syntaxis*（《句法》），第三卷，*Stylus*（《文法》）。第二套 *Exempla Latina*（《辣丁习课》），两部四卷，第一部，*Themata*（《汉译辣课》），第一卷，*Textus Sinicus*（《汉语原著》），第二卷，*Vocabularium*（《汉辣字典》）；第二部，*Versiones*（《辣译汉课》），第一卷，*Textus Latinus*（《辣文原著》），第二卷，*Lexicon*（《辣汉字典》）。还有一部配套的书 *A. B. C. Linguæ Latinæ*（《辣丁字母表》）。这套拉丁文教科书屡次再版，使用了半个多世纪。

天主教在华出版机构里，拉丁文书籍水准最高的是兖州天主堂印书馆和北平北堂印书馆，这与所属修会神父本身的拉丁文水平有直接关系。有些神职人员来华之前本来就是拉丁文教师，甚至是相关专业的知名学者。

【汉语教材】

各地教会机构都有培养神职人员的修道院：小修院（Seminarium Minus）、大修院（Seminarium Majus）、神学院（Auditores Theologle）、哲学院（Auditores Philosophiæ）。所用教材除了通常可以想到的神学教材外，这些修院为帮助来华传教士学习汉语，在天主教各家出版机构都曾编过相关教材，其中最有名的是河间胜世堂印书房出版的戴遂良神父的 *Caractères Chinois*（《汉字》），别题详述；还有学习中国历史和文化的课本。

光绪十一年（1885）北堂印书馆出版了 *Manuel de la Langue Chinoise Parlée*（《汉语会话手册》），编撰者是法国外交官于雅乐①。于雅乐在导言里介绍了汉语语法，说明了汉语的词和句的构成及其规则。正文两卷，第一卷"简单句子和会话"，第二卷"深入交谈的复杂会话"。

光绪十三年至十六年（1887—1890）北堂印书馆又出版了于雅乐的 *Cours Éclectique Graduel et Pratique de Langue Chinoise Parlée*（《京话指南》），这是一部类似于《官话指南》的教材，全书分四册：第一册是导论 Introduction à L'étude de la Langue Chinoise（"汉学初阶"）和第一卷 Les Principes Généraux de la Langue Chinoise Parlée（"话章"）；第二册是第二卷 Phrases Faciles et Dialogues Mélangés（"官音丛语"）；第三册、第四册是第三卷 Conversations

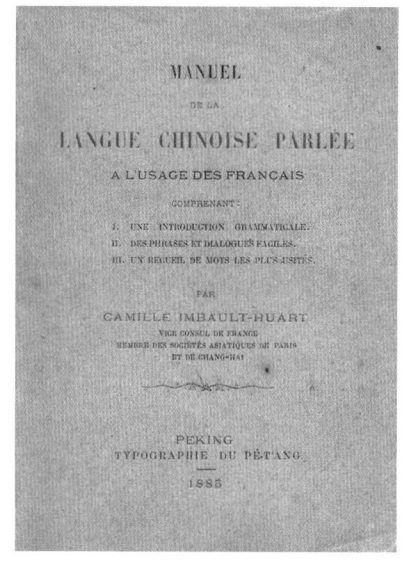

Manuel de la Langue Chinoise Parlée
汉语会话手册（封面）
［法］于雅乐编撰
法文　中文
两卷首一卷　一册
清光绪十一年（1885）
北京北堂印书馆排印
铅印本　纸本　平装
开本：18×14（cm）
140 页

---

① 于雅乐（Camille Imbault-Huart，1857—1897），法国人，汉学家。光绪十四年（1888）任法国驻广州领事。

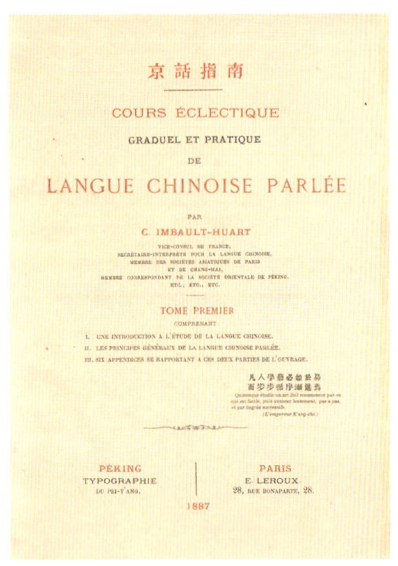

Cours Éclectique Graduel et Pratique de Langue Chinoise Parlée
京话指南（封面）
［法］于雅乐编写
法文　中文
三卷　四册
清光绪十三年至十六年（1887—1890）
北京北堂印书馆排印
铅印本　纸本　平装
开本：30×22（cm）
645 页

da la Capitale Mises par Écrit（"都门笔谈"）和 Textes Chinois（"汉籍原文"）。

于雅乐在《京话指南》里提出，学习汉语的方法要由浅入深、循序渐进。他引用《庭训格言》里雍正所记康熙的教诲"凡人学艺必始于易，而步步循序渐进焉"（Quiconque étudie un art doit commencer par ce qui est facile, puis avacer lentement, pas à pas, et par degrés successifs）作为他这部著作的编写原则。

《京话指南》的中文书名和标题都是于雅乐自己拟定的。他解释道，之所以书名用《京话指南》为的是有别于《官话指南》。《京话指南》编写水平和质量不比《官话指南》差，但是《官话指南》影响太大了，以至于雅乐的著作无论在当时，还是现在，一直没有受到应有的关注，近乎默默无闻。

光绪十二年（1886）北堂印书馆还有一部重要的中文教材问世，*Kung Yü So T'an*, *Leçons Progressives pour l'étude du Chinois Parlé et Écrit*（《公余琐谈》），作者为穆意索①。

穆意索是中国海关官员，他编纂这部教材本来是为在海关工作的外籍人士编写的教材，由于实用性强，易学易懂，又兼顾公函禀文，授权北堂正式出版后，有较多洋人任职的官方机构皆选之为教材，甚至在香港、澳门某些普通学校也有将其作为教材的。

《公余琐谈》有一百课（一百节），归为五十二个单元："官话""八旗""房屋家具""蒙学""马夫""服饰""婚嫁""丧葬""算命""饮食""亲属""历史""科举""官府""刑法""官吏""行省""褒奖""武职级""徽章""税赋""异邦""订立条约""国际交往""国际关系""通商口岸和海关""商贾买卖""灯塔、领航和关闸""花鸟""植物""水路""河工""精神信仰""州府""妻妾名分""成语典故""行医""州府名称""地方武装""铁路""邮政""货币""宗教""教育""和尚""官员等级""制瓷"《三国志》《红楼梦》《水浒传》《聊斋》"四篇公文"等。

穆意索在每一课里重点讲解几个汉字，有注音以及法文、英文释义，然后是这几个汉字应用的小短文以及小短文的法英译文。

---

① 穆意索（Auguste Mouillesaux de Bernières，1848—1911），法国人。同治七年（1868）入职中国海关，光绪十年（1884）任上海江海关副总监，后赴日本海关任职至日本明治三十二年（1899）。擅长绘画和摄影，与夫人共同留下许多作品传世。

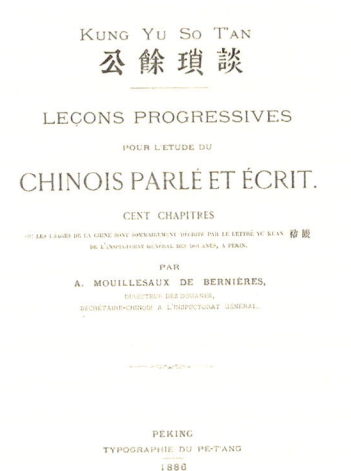
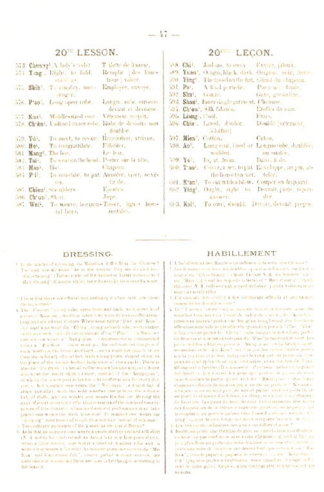

Kung Yü So T'an, *Leçons Progressives pour l'étude du Chinois Parlé et Écrit*
公余琐谈（封面和内页）
［法］穆意索编撰
中文　法文　英文
一百课　一册
清光绪十二年（1886）
北堂印书馆排印
铅印本　纸本　平装
开本：31×24.5（cm）　231页

全书共讲解了二千六百三十五个汉字。

《公余琐谈》是一部中文语言教材，也是中国知识手册，从今人的视角来看似乎粗浅了一些，但当年对于想要在这个东方国度觅衣求食乃至有所成就的洋人来说，还是大有帮助的。

北堂印书馆于民国七年（1918）出版了戴德荣① 神父编撰的一部双语教材 Exercices de chinois parlé（《汉语口语课本》）。戴德荣是北京遣使会的多产作家，北堂印书馆出版他的作品有：《圣伯多禄行实》《圣若瑟行实》《圣长雅各布伯行实》《圣女加大利纳行实》《圣女路济亚行实》《圣女小德肋撒言行录》《圣女依搦斯行实》《圣母则济利亚行实》《圣安德肋行实》《圣若望宗徒行实》等。

戴德荣的《汉语口语课本》可看成一本教科书，也可以看成一本小辞典，以罗马注音字母读音查汉字和法文，也可以法文查汉字和读音。汉语发音是北京官话，当年在北京、天津、河北一带使用比较广泛，对新来传教士很实用。

潘谷声主编的《高等小学国文新课本》和《国民学校国文新课本》还有法文本、英文本和西班牙文本，中西文对照，罗马字母标注发音，土山湾印书馆于民国七年（1919）出版，各有八卷

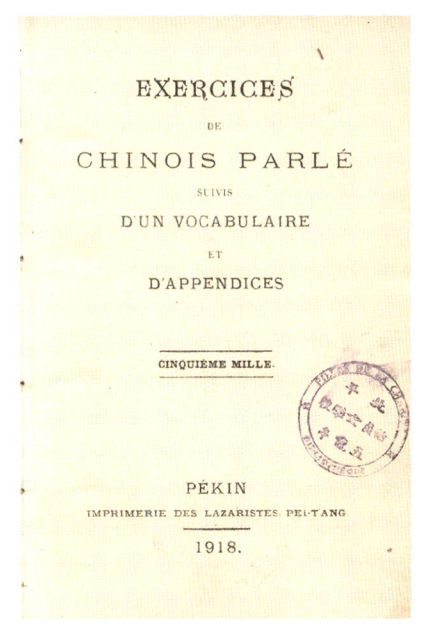

Exercices de chinois parlé
汉语口语课本（封面）
［法］戴德荣编撰
中文　法文
不分卷　一册
民国七年（1918）北堂遣使会印书馆排印
铅印本　纸本　精装
开本：18×12.5（cm）
349页

---

① 戴德荣（Émile Déhus，1864—1934），法国人，1884年入遣使会，1890年晋铎。同年（光绪十六年）来华，在北京传教。逝后葬滕公栅栏。

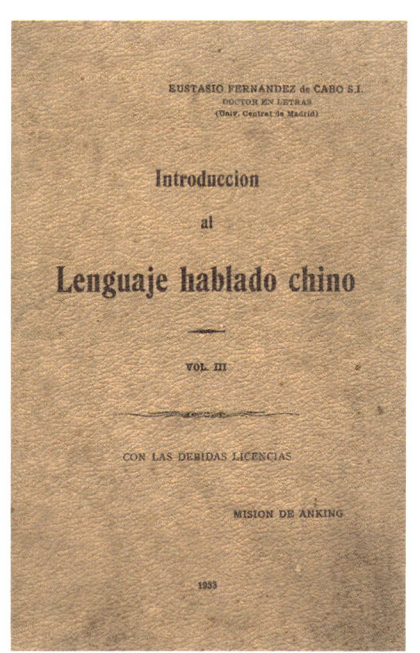

Introduccion al lenguaje hablado chino
中国日常口语入门（封面）
[西]顾怀仁编
中文　拉丁文　罗马字母注音
四卷　四册
民国二十二年（1933）
土山湾印书馆排印
铅印本　纸本　平装
开本：24.6×17（cm）
180页

八册；内容比较浅显，仅仅是识字课本，读者对象应该是母语非汉语的外籍学生。法文本潘谷声分别找孔明道和田国柱神父帮助编写，西班牙文本和英文本是与胡其昭①神父合作的。

民国二十二年（1933）上海土山湾印书馆出版了一套顾怀仁②神父编纂的拉丁文—中文对照本 *Introduccion al lenguaje hablado chino*（《中国日常口语入门》）。从内容来看，这套教材应该是为初来中国的洋人准备的。早年献县教区以及芜湖、安庆等地新来的欧洲传教士，通常被安排在天津崇德堂学习汉语。自民国十七年（1928）起，崇德堂将此项职责交给工商学院，后来又转给在北京新成立的汉语培训机构德胜院。顾怀仁初踏中国土地时就是在天津工商学院得到汉语"扫盲"的，后来他在母校教授过汉语，担任汉语学习部主任。《中国日常口语入门》就是他在这个期间编撰的教材，分为四卷，每卷三十课。每一课分成四节，第一节是单字，第二节是词组，第三节是句子，第四节是短文。前两节单字和词组有罗马注音字母；用拉丁文解释字、词、句、文的含义。

土山湾印书馆于民国十九年（1930）出版了 *Metodo Accelerato per Imparare La Lingua Cinese*（《汉语速成法》），编者是湖北老河口教区副主教范济黎③神父。这部意大利文—中文教材的初衷和目的应该与《中国日常口语入门》差不多，范济黎神父根据自己学习中文的心得，为当地新来的传教士准备了富有他个人色彩的汉语入门教材。他提炼归纳出八百五十八个汉字母字（不是偏旁部首），把相关汉字归结在一起，便于学生掌握，用罗马字母注音，意大利文释义。这部教材分十二个月，每月二十五课。

与范济黎一起来华，后来任老河口教区主教的费乐礼④神父为

---

① 胡其昭（San Martín Vicente Huarte，1877—1935），西班牙人，耶稣会士，1908年晋铎。民国五年（1916）来华，传教巢湖、当涂，民国十一年（1922）任安徽代牧，民国十三年（1924）任芜湖主教。
② 顾怀仁（Eustasio Fernandez de Cabo），西班牙人，生卒不详，耶稣会士。民国十四年（1925）来华，被派遣至安庆教区，后在天津工商学院教授中文。1951年回国，在马德里中央大学执教。
③ 范济黎（Gentile Magonio），意大利人，生卒不详，方济各会士。民国十一年（1922）来华，赴湖北老河口教区传教，长期在襄阳传教。1951年被捕，1955年被驱逐出境。
④ 费乐礼（Alfonso Maria Corrado Ferroni，1892—1966），意大利人，1914年加入方济各会，1920年晋铎。民国十八年（1929）来华，赴湖北老河口教区传教，民国二十一年（1932）任老河口教区副主教，民国三十五年（1946）任老河口教区主教。1951年被捕。1955年被驱逐出境。

《汉语速成法》写了长篇序言,讲述了他们这些洋教士在学习汉语过程中遇到的种种困难,还谈到他们在老河口和襄阳地区的传教经历。

【修身类】

哲学修身类教材有问渔先生的译著《西学关键》和《哲学提纲》、徐宗泽的《哲学史纲》和《伦理答疑》等。

《哲学提纲》六种,包括《名理学》《伦理学》《灵性学》《生理学》《天宇学》《原神学》等分册,土山湾印书馆于光绪三十三年至宣统三年(1907—1911)出版。

《伦理学》是《哲学提纲》总题之下的一个分册,全书分上、中、下三卷,共七十八个学题,每一学题下分有发明(即论题)、证理、释难、推理、备览等,以解析学题,其内容大都来自教会伦理,许多概念标注拉丁文。

徐宗泽把自己在徐汇女子中学的讲义编成《伦理答疑》,共三编十一篇:"论人的行为""论良心""论法律""论罪""论德行""论天主十诫""圣教规诫""论政党及禁书刊物""论职位""论圣事""论大赦"等。

哲学修身类教材还有《小学修身新课本》《小学用公民教科书》《公民课本》等。

【神学类】

教会学校所授课程,除了按国家规定安排教育部审定国民学校教育大纲的内容外,也有其特色是毋庸置疑的。有关宗教课程的读本有《圣教启蒙课本》《圣教启蒙课本教授法》《探原课本》等。

比如有一套专供徐汇公学神学课程使用的《辩护真教课本》(*Cours d'Apologétique*,编者为华籍神父俞伯录。民国元年(1912)徐汇公学石印,四册;民国四年(1915)出版活字排印本,三册。

《辩护真教课本》共四卷,石印本与铅印本略有不同。石印本:第一卷"本性之教,依人性不可不从",第二卷"上主若默示超示之教,人理当信从",第三卷"理宜信从基利斯督所立之教",第四卷"理宜信从基利斯督罗马公教会"。

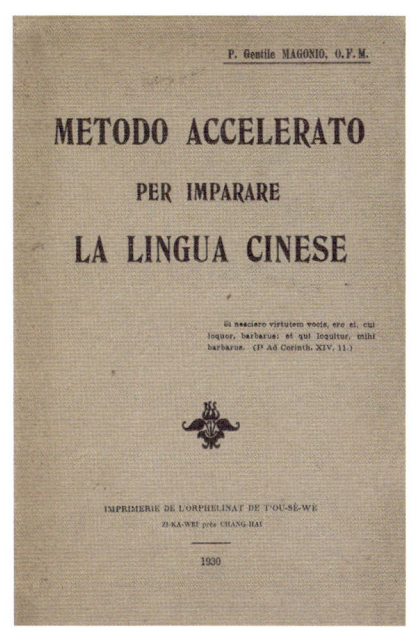

Metodo Accelerato per Imparare La Lingua Cinese
汉语速成法(封面)
[意]范济黎编
意大利文 中文
三百课 一册
民国十九年(1930)土山湾印书馆排印
铅印本 平装
开本:23×15.5(cm)
555页

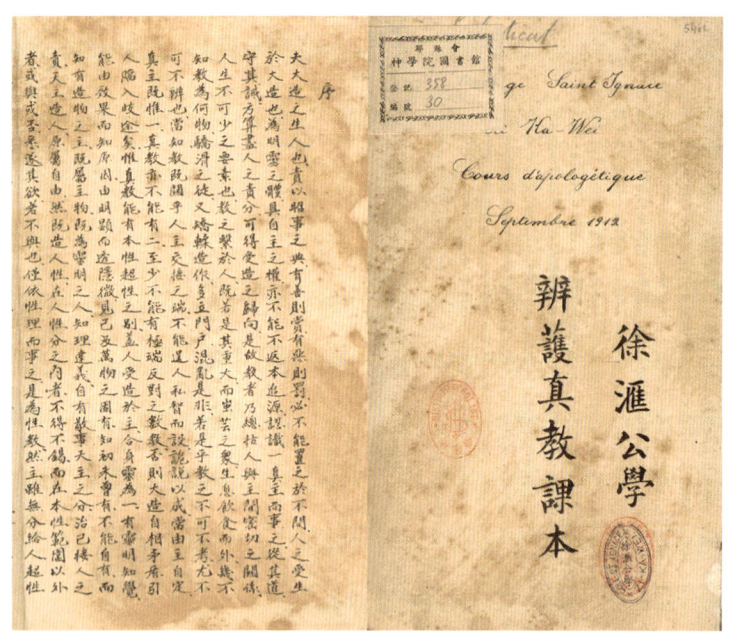

辩护真教课本（封面和内页）
〔清〕俞伯禄编
四卷　四册
民国元年（1912）徐汇公学出版
石印本　纸本　平装
开本：25×16.5（cm）
650页

铅印本的编者序言有很大调整和补充，内容稍有修改：

第一卷"理宜承认率性之教"。第一节"论天主"，第二节"论人"，第三节"论人对于天主之关系"。

第二卷"理宜承认超示之教"。第一节"公论超性宗教"，第二节"论默示"，第三节"默示可以辨明"。

第三卷"理宜信仰基利斯督教"。第一编"论不宗基利斯督之教"，第二编"论超示宗教显现之事迹"，第三编"论基利斯督教为天主教真教之间接证据"，第四编"基利斯督教变化世界之奇迹"。

第四卷"理宜信从基利斯督罗马公教会"。上编"详论基利斯督之教会"，下编"孰为基利斯督之真教会"。

俞伯禄神父在序言里说："夫大造之生人也，责以昭事之典，有善则赏，有恶则惩，必不能置之于不问。人之受生于大造也，为明灵之体，具自主之权，亦不能不返本追源，认识一真主而事之，从其道，守其诫，方算尽人之责分，可得受造之归向。是故教者乃总括人与主间密切之关系。"是言学习《辩护真教课本》的重要性。

他在凡例中又补充说明："是书略仿西国大学考教论道书之成例，每将重大问题先发明其界词、析义题旨以及谬说来历等，叙述于前，以清眉目，而后证理，更易于明晰；次陈证据，著题推究，由原达委，或由果溯因，一一考求，不辞烦琐……"俞伯禄神父如此编写中学课本，体例似乎比附托马斯·阿奎那的《神学大全》，可以想象当时中学生读这门课程的艰辛。

徐宗泽于民国十六年（1927）撰写了《探原课本》。他开篇便引用法国思想家笛卡尔的名言"我思故我在"作为他研究的起点。"我有思想，故知我为实有；缘思想，当有所以思想者之我；从主观思想者之我，推理而至客观所思想之物，以研究万有。今我取其法，以探万有之原，即从人为出发点，以至于神，以至于敬神之组织——宗教，以至于真宗教——圣教会，令人得获其报本归原之道也。"

《探原课本》由四部分组成,"原人学""原神学""宗教学"和"圣教会",实际上可以视为四本书。

"原人学"讲述人之由来、人之性体、人之终究。

"原神学"讲述神之实有、神之性体、造物者之生活、造物主之能。

"宗教学"分上下两编,依次讲述超示宗教、辨别默启之标准、默启之源流、"耶稣基多"自证为天主子。

"圣教会"篇幅较大,分为四编附一编:第一编"论基多之教会",第二编"耶稣所立之教会由宗徒继续传下",第三编"论圣教会之标准",第四编"论信理之根源及规则",附编"圣教会在超性方面之观察"。

《探原课本》的出版者是徐宗泽先生任职的圣教杂志社,土山湾印书馆印制发行,在土山湾出版目录里著录为教材。

《圣教启蒙课本教授法》,教员用书,四册,江南公教进行会出版,土山湾印书馆民国三年(1914)石印本。这套书详尽说明了《圣教启蒙课本》的讲述要点,甚至包括授课顺序、何时板书、怎样启发学生以及与文字对应的图画等。

民国二十五年至二十八年(1936—1939)土山湾印书馆出版过王仁生①神父编撰的《高中教理讲义》,三卷三册。第一卷"信道",二十章;第二卷"诫命",十八章;第三卷"圣事",十五章。此书使用"寿命"大约有二十年,中华人民共和国成立后很多年,需要教授天主教教理的场合,仍在使用王仁生神父的这部教材。

其他天主教出版机构也都有教材出版,如兖州天主堂印书馆也出版过顾若愚②编写的《初级小学公教道理教科书》(四编,民国二十八年〔1939〕)、《高级小学公教道理教科书》(两编,民国二十九年〔1940〕)、《初级中学公教道理教科书》(三编,民国二十八年〔1939〕)等。

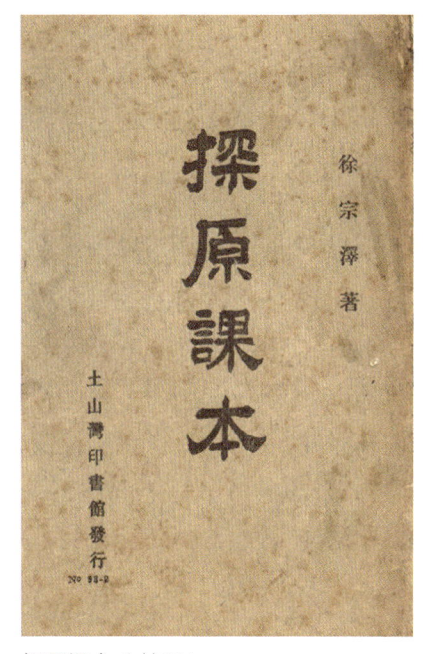

探原课本(封面)
徐宗泽著
四部 一册
民国十六年(1927)
圣教杂志社出版
土山湾印书馆排印
铅印本 纸本 平装
开本:18.4×12.4(cm)
364 页

---

① 王仁生(Aloisius Waong,1907—1960),字润身。早年就读徐汇公学,毕业于震旦大学,民国十七年(1928)入耶稣会,民国三十四年(1945)晋铎。任职上海圣伯多禄教堂,后担任震旦附中校长。1953年被捕,1955年因龚品梅案被判刑,逝于安徽获港。
② 顾若愚(Hermann Köster,1904—1978),德国人,圣言会会士。民国十一年(1922)来华,负责兖州天主堂印书馆,后任辅仁大学教授、《华裔学志》编委。1953年回国。

概言之，从天主教传教士编纂的教材来看，他们是教育学的行家里手。撇开教材中那些保守内容不论，他们把西方先进的教育思想和教学方法引进到中国，在废黜私塾、构建新学的嬗变时期起到了积极作用。

初级中学公教道理教科书（封面和内页）
[德] 顾若愚编
三编　三册
民国二十八年（1939）
兖州保禄印书馆排印
铅印本　纸本　平装
开本：18.2×12.3（cm）
106 页　插图 10 幅

圣歌天籁

天主堂开天籁齐,钟鸣琴响自高低。

阜成门外玫瑰发,杯酒还浇利泰西。

——尤桐

土山湾不只是印刷所这一单一功能，它对中国近代的摄影、绘画、音乐、工艺美术乃至建筑、天文等方面都产生过影响。土山湾的音乐虽然没有绘画那么有名气，但是由于它不仅是职业教育，也是土山湾孩子的业余生活的一部分，因此在当时受重视的程度丝毫不亚于绘画。

明朝后期，西洋音乐随着传教士来到中国。《利玛窦中国札记》有述，利玛窦于明万历年间来华，曾携钢琴[①]等西洋器物到北京进献于皇帝。利玛窦本人没有操琴天赋，庞迪我神父是中国宫廷的第一位外国音乐教师，他最初教四名太监学习钢琴。"在中国人中间，演奏这种乐器被认为是一种先进的艺术，宫廷乐师的地位高于算学家。"一个月后，太监们每人都学会了一首乐曲。利玛窦虽不会弹琴，但略通晓音律乐理，他为介绍西洋乐曲编译了中文歌词《西琴曲意》，"这些歌曲都是涉及伦理题材、教导着良好的道德品行的抒情诗，并引用了基督教作家的话加以妥善的说明。这些歌曲非常受人欢迎，许多文人学士都要求神父送给他们歌曲的抄本，并高度赞扬歌中所教导的内容。他们说，这些歌曲提醒皇帝应该以歌曲中所提到的品德来治理国家"[②]。《西琴曲意》作于万历二十八年（1600），被认为是天主教赞美诗歌词中最早翻译成中文的作品。今日可见的《西琴曲意》来自《畸人十篇》（道光二十七年〔1847〕江南教区刻本）卷下之附录。

万历二十八年，岁次庚子，窦具赘物赴京师献上。间有西洋乐器雅琴一具，视中州异形，抚之有异音。皇上奇之，因乐师问曰：其奏必有本国之曲，愿闻之。窦对曰：夫他曲，旅人罔之，惟习道语数曲，今译其大意，以大朝文字，敬陈于左，第译其意。而不能随其本韵者，方音异也。

利玛窦的《西琴曲意》共八首，题目是：《吾愿在上》《牧童游山》《善计寿修》《德之勇巧》《悔老无德》《胸中庸平》《肩负双囊》《定命四达》。这八首里，《德之勇巧》的译文较有味道：

琴瑟之音虽雅，止能盈广寓，和友朋，径达墙壁之外。而乐及邻人，不如德行之声之洋洋。其以四海为界乎，环宇莫载。则犹通天之九重，浮日月星辰之上，悦天神而致天主之宠乎。勇哉，大德之成，能攻苍天之金刚石城，而息至咸之怒矣。巧哉，德之大成，有闻于天，能感无形之神明矣。

汤若望来华后，为明代崇祯皇帝修理好了遗忘在角落里的那台四十年前利玛窦进贡的钢琴。他还撰写了一本中文的"钢琴学"，后附赞美诗旋律一首作为练习谱例，不过该书已失传。清顺治年间，汤若望在北京宣武门建立新教堂并安装了钢琴。

---

① 这里说的是一种击弦古钢琴（Clavichord），音译科拉维科德，通译七十二弦琴，现代钢琴问世前欧洲最流行的键盘乐器。击弦古钢琴的音量小而纤细，具有一种恬淡的金属音色，有些像敲击钢片琴，听起来也有其迷人之处。在小范围的室内乐作品中有着其他乐器所难以替代的声音效果。
② Matteo Ricci & Nicolas Trigault, *De Christiana expeditione apud Sinas suspecta ab Societate Jesu*, tom. VI, chp. xiii.

葡萄牙传教士徐日昇①擅长演奏并制作西洋乐器，著有《律吕纂要》，这是第一部关于西方音乐理论的中文书籍。徐日昇成为十七世纪西乐东传的代表人物。康熙十一年至十二年（1672—1673）在澳门圣保禄学院学习的徐日昇，被南怀仁以谙习音乐推荐给康熙。康熙派人去澳门召徐日昇入朝。南怀仁记云："一六七六年，彼与日昇暨吾同侍帝侧，帝命日昇弹钢琴，怀仁继弹中国曲。日昇静聆之，接弹此曲，毫厘不失原调。帝甚惊异，命复弹，仍如前。帝讶而指日昇曰：'是人果然天才也。'"②

柏应理在《许太夫人传略》中记述了传教士们在宫里的生活：

初汤若望蒙召入宫，修整日晷。见某殿列有利玛窦进呈之风琴一座，遂弹数阕，余音裊裊，极目送手挥之致。上甚悦之。旋进三王来朝圣像一尊，像书一本。内绘救世主事迹。惟妙惟肖，若望复为之讲解。上均颔之。继复弹吟圣咏。宫中后妃嫔御，咸来观听。

参考南怀仁的记述，柏应理的这段史料饶有趣味。

笔者中学时在北京新街口上学，每天上学放学都会路过永远紧闭正门的西直门教堂。当时这里已被改为一家制药厂的库房，工人不多，但进出旁门，仍显肃静。看不见神圣标识，唯有墙内那棵遮天蔽日的皂角树兀自记述着岁月摩挲的痕迹。

这座位于西直门内的天主堂又名圣母圣衣堂，俗称西堂，是北京四大天主堂中唯一不是由耶稣会士创建的。西堂为哥特式建筑，教堂外观比较低调，堂内有高大的科林斯柱和尖顶券窗，看起来高大华丽。堂内还有一座"圣母山"，甚为罕见。主持西堂修建的是德理格神父。

德理格（Teodorico Pedrini，1671—1746），字性涵，意大利人，1698年入遣使会。罗马教宗派遣主教铎罗③到中国巡视，德理格作为铎罗的随员来华；康熙十三年（1710）到澳门，次年进京。康熙皇帝很赏识德理格，留他教授皇子们西学。德理格深受清廷器重。当康熙得知铎罗奉罗马天主教教宗派遣来华的目的

德理格碑拓（碑阳）
中题"圣未瞻爵会士德公之墓"旁题简历，周刻花边
中文　拉丁文
拓片　纸本　一通
清乾隆十一年（1746）镌刻
北京市西城区北营房北街马尾沟教堂滕公栅栏
清光绪二十九年（1903）拓印
尺幅：110×54（cm）

---

① 徐日昇（Thomas Pereira，1645—1708），字寅公，葡萄牙人，1663年入耶稣会，康熙十一年（1672）来华。在中俄《尼布楚条约》谈判时担任翻译。逝于北京，葬滕公栅栏。著有《南先生行述》《律吕正义·续篇》等。
② 费赖之：《在华耶稣会士列传及书目》，第381页。
③ 铎罗（Charles-Thomas Maillard de Tournon，1668—1710），意大利人，1701年任主教，1707年获封红衣主教。1703年作为教皇克莱门特十一世的特使东来，访问多国。康熙四十四年（1705）到澳门，次年抵京，协调"礼仪之争"未果，康熙四十六年（1707）被押解并囚澳门。逝于澳门。

是要纠正和推翻利玛窦制定的中国传教政策时，甚感愤怒，派人把铎罗押解到澳门，并责澳门总督将其软禁。铎罗生前没有机会回罗马复命，他去世前在澳门写了 Mémoires pour Rome sur l'état de la religion chreétienne dans la Chine（《基督教在华状况——复罗马报告》），1709 年出版。

不快归不快，康熙还是把德理格留在了京城。雍正三年（1725）德理格修建西堂，直接隶属于罗马教廷传信部，不受中国教区管辖。西堂与北京另外三座耶稣会士创建的教堂，在罗马教宗宣布解散耶稣会后全部转归遣使会管辖。雍正年禁教后，德理格在朝廷服务，与当地传教士无往来，颇受教士们非议。

德理格还擅长音乐和绘画，会制造乐器，而且是一名作曲家。他曾受康熙之命担任宫廷乐师，并参加康熙钦定《律吕正义》——中国第一部中文西洋乐理著作，收入《四库全书》——第五卷《律吕正义·续编》"协均度曲"的撰写工作。德理格遗作有浓郁复调风格的奏鸣曲十二首（小提琴独奏与固定低音谱），他是继徐日昇之后又一名以精通音乐而著名的洋教士。

德理格逝于乾隆十一年（1746），葬滕公栅栏。

法国人钱德明，擅长演奏长笛和钢琴，居京四十三年，客死中国。除了日常在宫廷教授西学和指导乐队操练乐器外，钱德明于乾隆十九年（1754）把李光地的《古乐经传》译为法文，寄给法国友人。一位叫鲁西埃的修道院长参考了他的译文撰写了《论古代音乐》。钱德明得知鲁西埃擅自使用自己的译稿，并且歪曲译稿内容、没有正确描述中国音乐在人类文明发展史上的地位而深感不满，遂于乾隆四十一年（1776）撰写了自己的音乐史作 De la Musique des Chinois, tant Anciens que Modernes（《中国古今音乐考》），1780 年（乾隆四十五年）收入 Mémoires Concernant l'histoire, les sciences, les arts, les mœurs, les usages, etc des Chinois（《中国历史科学艺术习俗实录》）第六卷在巴黎发表。

他在该书中讲到自己在中国学习音乐的过程：

吾粗通音乐，擅操长笛和钢琴，显摆小技，博人注目……然《野蛮人》《独角兽》等优雅奏鸣曲和悠扬长笛曲，中国听众不以为然……

不计久日，吾熟稔中国古乐。古之中国，音乐显于威严至高、天下一尊。自初始即敬为科学，亦陶然而醉，亦心怡神操，二者皆具矣。

他还认为中国治理有方、民习风俗有范与音乐陶冶相关：

孔夫子一向谨言肃行，却尤喜音乐。周游列国，劝人相信音乐之妙，可使治国氤氲勃勃生气。《论语》记载："子在齐闻《韶》，三月不知肉味，曰：'不图为乐之至于斯。'""子谓《韶》：'尽美矣，又尽善也。'"

《中国古今音乐考》分为三编，第一编，Des Huit Sortes de Sons（"八音"）：金钟、石磬、丝瑟、竹管、匏笙、土埙、革鼓。第二编，Des Lu（"乐律"）：十二律。第三编，Des Tons（"声调"）：七声。

《中国古今音乐考》是向西方人系统介绍中国音乐的开山之作，是最早用西文撰写的研究中国音乐的著作，以尊重中国文化的态度客观积极地介绍和评价中国音乐。这本书在西方学者研究中国音乐的著作里多被列入重要参考书目。中国和西方历史学家和音乐理论学者历来重视钱德明的《中国古今音乐考》，不乏美誉。

· 圣歌天籁 ·

德国传教士魏继晋和波希米亚传教士鲁仲贤[1]来京后，为取悦乾隆，曾合作指导由十八个太监组成的合唱队学习唱歌和音乐。得益于顺治、康熙、乾隆对西洋音乐的喜好，紫禁城时有管弦乐演奏。而最早接触西洋音乐的中国人就是奉命向洋教士学习的朝中太监。身着清装的金发碧眼的洋人和他们教授的黑发长辫学生们，组成的西洋室内管弦乐队和合唱队的表演，多么令人心醉神迷。

据载，清代北京天主教的西什库教堂和宣武门教堂都有大型管风琴、钢琴、大提琴等西洋乐器，每当教会节日，天籁般的管风琴琴声和悠扬的唱诗班歌声，成为京城一道独特风景，教友云集，就连皇亲国戚、达官显贵也忍不住驻足瞻观。明末清初大才子尤侗[2]在康熙年间写过一首诗《欧罗巴》，描述当时的教堂音乐：

三学相传有四科，历家今号小羲和。
音声万变都成字，试作耶稣十字歌。
天主堂开天籁齐，钟鸣琴响自高低。
阜成门外玫瑰发，杯酒还浇利泰西。

明末清初大画家、早期天主教徒吴渔山，亦擅奏古琴。康熙二十年（1681），他随法国传教士柏应理去欧洲不成，滞留澳门，闲来赋诗，辑《三巴集》，有《岙中杂咏》三十首、《圣学诗》八十二首、《三余集》八十九首。

《三巴集》中的大部分内容与天主教有关，如《感咏圣会真理》第五首：

广乐钧天奏，欢腾会众灵。
器吹金角号，音和凤狮经。
内景无穷照，真花不断馨。
此间绕一日，世上已千龄。

管风琴悠扬的乐声在教堂内震荡回响，配合静默诵经祈祷，这样新颖美妙的宗教生活在当时吸引着人们漫步教堂。吴渔山滞澳期间很是享受这样的信仰体验，他如此描述自己听道时所经历的愉悦佳境，如《感咏圣会真理》第八首：

褆福佳音报，传来悦众心。
灵禽栖芥树，小骑击蒟林。
遍地玫瑰发，凌云独鹿深。
登堂无以献，听抚十弦琴。

《圣学诗·咏圣会源流》第八首：

---

[1] 鲁仲贤（Jean Walter，1708—1759），字尚德，波希米亚人，1729年入耶稣会。乾隆六年（1741）来华。逝于北京。
[2] 尤侗（1618—1704），字展成，号悔庵、西堂老人等，苏州府长洲（今属江苏）人，明末清初著名诗人、戏曲家，顺治称其为"真才子"，康熙称其为"老名士"。著有《西堂全集》。

荣加玉冕锡衣金，血战功劳赤子心。

万色万香万花谷，一根一杆一菊林。

忉灵饫饮耶稣爵，跃体倾听达味琴。

圣圣圣声呼不断，羔羊座下唱酬音。

天主教礼仪的华美仅用"荣加玉冕锡衣金"半句诗文就描绘得淋漓尽致。最后"圣圣圣声呼不断，羔羊座下唱酬音"描写的是信徒们激昂演唱"圣祭礼"弥撒曲的情形，呼唤着基督耶稣神圣名。

吴渔山是中国创作天主教圣诗的第一人，他用中国传统音乐的曲牌和古歌填词撰写弥撒和赞美诗歌词《天乐正音谱》。《天乐正音谱》共有南北曲九套，拟古乐歌二十章，以曲牌填词写成，包括《红衲袄》《绣太平》《宜春乐》《太师引》《东瓯令》《刘泼帽》等。

郑骞①先生点评《天乐正音谱》道：

格律妥帖，机调圆熟，且复浑雅渊穆，声稀味淡，居然于南北曲中，别开新境。乃知才人之技，洵无施而不可，陆放翁所谓才高遇事即峥嵘者，渔山其庶几乎。然常熟密迩吴下，顺康上接启祯，梁魏范袁，流风未沫；渔山生长其间，耳闻目染，寻声按谱，余事能工，固亦时为之，境为之。观其常以南中方音协韵，而北套未尽精纯，即一证也。抑有进者，词主抒情，曲兼叙事，俱不宜于说理。此编诸作，寓情于理，胱挚诚焉，如见耆年大德，耳提面命，自非学养深厚，艺与道合者，孰能臻此。

《天乐正音谱》的曲调套用曲牌和古歌的写作手法，是用当时国人所熟悉的词曲赋形式宣扬西来的宗教内容，是运用中国音乐中的古雅之风贴合天主教礼仪传统的神圣肃穆的创作。

《天乐正音谱》古本难觅，或已失传。民国三十四年（1945）徐宗泽示人一批天主教古籍，其中有此作的抄本。方豪先生借阅此抄本。民国三十六年（1947）徐溘然长逝，方未及归还。民国三十七年（1948）方豪携抄本移居台湾，与郑骞合作，重新校订《天乐正音谱》，1950年刊印。

校订本将《天乐正音谱》分为"弥撒乐音""称颂圣母乐章""敬谢天主钧天乐""喻罪乐章""悲思世乐章""警傲乐章""戒心乐章""咏规程""悲魔傲""每瑟谕众乐章"。方杰人和郑骞先生逐字校正，附有注疏。他们两人分别写有跋，对了解此书的来龙去脉和这些圣歌的价值很有裨益。试赏之：

【叨叨令】合天神、天钦（和）地钦、为先知圣人宗徒敬。圣子的、（在）蒙难（日真）苦辛、惨模糊将心肠迸。复活后、看升（了）永宁、明明证了身言行。受教罢、天神聚迎、笑吟吟满将恩荣赠。（你看他操存）兀的不主保人也么哥。兀的不辅翼人也么哥。要我等、依归至尊、索与他诚诚恳恳（的）信。

【东瓯令】休迷执。莫鹰扬。抑傲居谦拜五伤。勤勤告解无羁绊。存不得、丝毫妄。从今存敛九回肠。实信常生王。

【宜春乐】闻天国。是故乡。始孽生、厄袜亚当。岂能无恙。违天获罪谁能挽。致群灵、造孽堪诛。

---

① 郑骞（1906—1991），字因百，辽宁铁岭人，中国古典诗词曲研究者。燕京大学毕业，曾任教汇文中学、燕京大学、暨南大学。1948年赴台，任台湾大学中国文学系教授。著有《辛稼轩年谱》《词选》《曲选》《校订元刊杂剧三十种》等作品三十余种。

感一主、慈悲难仗。(故)耶稣降诞。降求救赎。万国遐方。

好一个"耶稣降诞""万国遐方"!

此外,吴渔山《三巴集》中收有《诵圣会源流》十二首,第二首:

未画开天始问基,高悬判世指终期。
一人血注五伤尽,万国心倾十字奇。
闾阎有梯通淡荡,妖魔无术逞迷离。
仔肩好附耶稣后,仰止山巅步步随。

后来人们把这首诗称为《仰止歌》,民国九年(1920)裘昌年①配以中国传统曲调《云淡》。民国二十年(1931)《仰止歌》收入中华基督教会联合编订的集大成圣歌集《普天颂赞》。

无论天主教还是新教,对《圣经》中的《诗篇》都十分重视。新教早期来华传教士马礼逊、宾为霖等人陆续用广州白话、闽南话翻译了《诗篇》,诸如《养心神诗》(嘉庆十九年〔1814〕)、《养心神诗新编》(咸丰七年〔1857〕)、《厦腔神诗》(同治元年〔1862〕)等,并由广东、福建传入台湾。

有一种评论是贴切的:基督教是一个音乐的宗教,一个歌唱的宗教。在世界上所有宗教中,只有基督教音乐最多,歌唱最多,音乐水平的发展也最快最高。无论从理性还是从情感而言,诗歌都比其他文学样式更容易传达宗教思想。在表达对宇宙、自然的赞美,对美的向往与追慕,对生与死的感悟时,诗歌与宗教容易达成一种契合。基督教的圣歌便是契合的典型。

出生于基督教新教家庭的朱维之②教授曾经讲过:"《圣经》在世界文学史中有地位的宝库,这是尽人皆知的;除《圣经》以外其次重要的基督教作品,便要算是圣歌了。圣歌文字一方面要浅显明白,老妪能解;一方面又要不失诗意,不致成为庸俗化的打油诗。丁尼生认为最不容易成功的一种诗体,就是圣歌。成功的圣歌名作,确是世界的瑰宝。若有人问我:中国基督教文学最伟大的成就是什么?我毫不犹疑地说:'五四'以前,《国语和合本圣经》是最伟大的成就;'五四'以后,《普天颂赞》是最伟大的成就。"③当然这是新教的看法。

中国的圣歌可以分为两大类,一类是翻译的,一类是创作的,翻译的远多于创作的。犹如中国的基督教是从西洋传入的,中国教会的圣歌,前期全是由西洋教会的圣歌翻译过来的。

徐汇公学曾经为学生编纂上海话本的《方言避静歌十二则》,光绪三十三年(1907)土山湾印书馆正式出版,公开发行,差不多每两年印刷一次。

十二则就是十二首:《避静歌》《救灵歌》《死亡歌》《天堂歌》《地狱歌》《私审判歌》《公审判歌》《痛悔叹》《受难叹》《耶稣圣心歌》《圣母歌》《若瑟歌》。示例:

---

① 裘昌年(1869—1931),字岐伯、公岐,号让翁、岸桥道人,江苏无锡人。为近代著名书法家。
② 朱维之(1905—1999),浙江苍南人,中国希伯来基督教文学与文化研究的开拓者之一。民国十九年(1930)赴日本中央大学和早稻田大学进修,回国后在福建协和大学、上海沪江大学任教,曾任沪江大学中文系教授;1952年调任南开大学教授。
③ 朱维之:《漫谈四十年来基督教文学在中国》,刊《金陵神学志》1950年第2期。

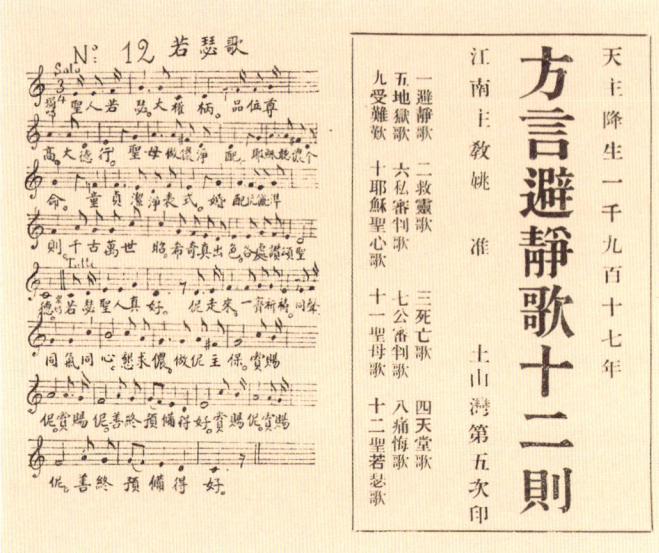

方言避静歌十二则(扉页和内页)
徐汇公学编
一册
土山湾印书馆
清光绪三十三年(1907)初版
民国六年(1917)第五次印
铅印本+石印本　纸本　平装
开本:15×9.5(cm)
42页

各式圣歌(封面)
一册
民国十五年(1926)土山湾印书馆排印
铅印本　纸本　平装
开本:13×9(cm)
66页

【避静歌】

避静好处十分多,可惜人家怕啰嗦。

不肯用好好时辰,后来懊悔无奈何。

【救灵歌】

尊贵卑贱一总人,大家要紧救灵魂。

四规十诫守得好,间日包进天堂门。

【死亡歌】

死日一到齐是空,不管好汉咾英雄。

天主叫收无倔强,早点预备得善终。

【天堂歌】

天主造人有终向,要人个个升天堂。

天堂福乐说不尽,请侬自家去尝尝。

【痛悔叹】

懊恼,真心痛悔,我个罪过,天主最可爱。

懊恼,真心痛悔,天主可怜,消灭我的罪秽。

想前头,犯罪大不对,乃朝后,总不再违背。

天主,宽容忍耐。定当志向,犯罪总不再。

每首歌词有三至十几段不等,分独唱部和众唱部;曲谱为五线谱。对于上海教友来说,这本歌集是非常实用的,普及率很高。

《各式圣歌》在当年天主教歌本中是最普及的一种,有十八首,包括《圣诞歌》《耶稣圣诞(俚语)》《圣若瑟歌》《圣咏》《复活歌》

《圣母德叙祷文》《圣母经》《求圣若瑟为中国大主保》《圣母圣心（俚语）》《耶稣升天歌》《圣神降临歌》《耶稣圣体歌》《耶稣圣心歌》《圣母圣心祷文》《圣母始胎歌》《圣若瑟新祷文》《圣母升天歌》《圣教采茶歌》。

其中最中国化的是《圣教采茶歌》，套用了赣南民歌曲调：

正月里采茶是新春，天主全知又全能。生天生地生人物，万古流传直至今。
二月里采茶茶发芽，信徒圣教是天阶。亚当原祖传人类，万国原来共一家。
三月里采茶茶叶青，可恨魔鬼诱先人。哄得原祖吃命果，逆命之罪犯得深。
四月里采茶茶叶长，吃了命果实堪伤。遗传儿孙有原罪，不能稳步上天堂。
五月里采茶茶叶尖，人心败坏主悲怜。差遣先知提不醒，后发洪水苦难言。
六月里采茶热难当，遭此大难好凄惶。水淹四十零八日，只存诺厄人四双。
七月里采茶茶叶黄，诺厄父子分四方。四大部洲传人类，后来伏羲到中邦。
八月里采茶茶叶青，提起伏羲更稀奇。诺厄子孙十三代，不说根源人不知。
九月里采茶是重阳，异端邪教甚猖狂。可怜人不识天主，偏拜魔鬼当爹娘。
十月里采茶小阳春，须知魔鬼是天神。路济弗尔生骄傲，罚他火狱到如今。
十一月里采茶过寒冬，耶稣降世马槽中。亲身救赎无穷惠，甘受鞭笞不怕凶。
十二月里采茶大雪天，耶稣被钉在山巅。愿将亲母为人母，主保天堂亿万年。

编写得着实不错。《各式圣歌》，土山湾印书馆初版于光绪三年（1877），后经年屡次修订再版。

宣统元年（1909）土山湾慈母堂出版了一册小歌本《圣教要理歌》，原书未署编者名讳，实为诸巷会长辈沈锦标（沈宰熙）先生。沈神父共编入二十二首歌：《钦崇天主》《天主真主》《三位一体》《元祖亚当》《降生救赎》《耶稣圣诞》《立耶稣名》《耶稣传教》《耶稣受难》《十字圣架》《复活升天》《圣神降临》《审判万民》《历代教皇》《宗徒传教》《超性三德》《天主圣教》《天主圣母》《九品天神》《天主十诫》《圣教四规》《圣事七件》。每首歌词多为四字八句，也有四字十二句或二十句审判万民的，如：

【钦崇天主】
全能天主，常在人中。皇帝百姓，齐要钦崇。
人在世上，为善立功。天堂永福，享受无穷。

【审判万民】
天地终前，世人可怜。威严审判，高山旁边。
永赏永罚，至公无偏。好歹行为，显露人前。
好人享福，永远在天。恶人受苦，终无穷年。

编者为这二十二首圣歌谱写了两段五线谱曲调。

民国二年（1913）土山湾印书馆出版过《佘山圣母歌》，作者署"渔人"①。这本横开本小册子的《佘

---

① 渔人，张骏声笔名。

圣教要理歌（封面和内页）
〔清〕沈锦标编
二十二首 一册
清宣统元年（1909）土山湾慈母堂排印
十五行九字白口半页四周双边
铅印本 纸本 平装
开本：12×18.5（cm）
全框：9.5×15（cm）
12页

山圣母歌》有四十八段，都是围绕佘山圣母堂撰写的，五线曲谱。

江南地方有佘山，天主拣做圣母山。
各处人来拜圣母，春夏秋冬不空闲。

类似诗歌集各个出版机构都不乏出版物，仅叫《圣教歌选》的就有河间胜世堂本（光绪十六年〔1890〕）、兖州天主堂印书馆本（民国二十一年〔1932〕）、天津崇德堂本（民国三十七年〔1948〕）等。内容大同小异，比如胜世堂《圣教歌选》，收录

佘山圣母歌（封面）
张骏声编撰
一册
民国二年（1913）土山湾印书馆排印
铅印本 纸本 平装
开本：11.3×15.3（cm）
16页

圣教歌选（封面）
一册
民国九年（1920）
河间胜世堂印书房排印
铅印本 纸本 平装
开本：18×12.4（cm）
174页

了一百三十四首圣歌，分成七类，包括"避静歌""耶稣瞻礼圣歌""圣体歌""圣心歌""圣母歌""圣若瑟歌""天神及圣人歌"。

篇幅比较大的圣教歌本要算兖州天主堂印书馆于民国二十二年（1933）出版的《圣歌汇集》，分为"降临节歌""圣诞节歌""封斋节歌""复活节歌""圣体歌""圣心歌""圣母歌""天神和诸圣歌""炼灵歌""普通歌""弥撒歌""祷文""圣母对经"等十三单元共二百四十八首歌，五线曲谱。此书于民国三十二年（1943）再版时删去了歌词的拉丁文注音，篇幅减少三分之一。据记还有一本配套书《圣歌汇集风琴谱》。

圣歌汇集（内页）
圣歌汇集编委会编
一册
民国二十二年（1933）
兖州天主堂印书馆排印
铅印本　纸本　平装
开本：17×11.5（cm）
348页

民国十四年（1925）舒德惠和翟光朝神父编写了一本《徐汇公学歌唱集》。民国二十年（1931）徐汇公学被纳入国民教育体系后，《歌唱集》内容有较大调整，书名也改为《徐汇中学歌唱集》。从内容来看，《徐汇中学歌唱集》没有宗教色彩，收入歌曲四十八首：《党歌》《徐汇中学校歌》《徐汇中学新校歌》《大中华》《美哉中华》《国旗》《青天白日满地红》《新中国》《春景》《蜜蜂》《童子军》《中华好国民》《渔舟》《水中的白鹅》《春之花》《远行》《花非花》《潮》《渔父》《采桑曲》《古出军行》《出军歌》《放纸鹞》《运动会》《小人国的奇迹》《看我驾了小飞艇》《陆军》《海军》《分工合作》《蜘蛛和蜻蜓》《布布谷》《足球助威歌》《龟兔赛跑》《真是好计谋》《弓》《心声》《满江红》《夏日》《航海》《人与自然界》《新中国的主人》《劝学》《送出师西征》《别董大》《和平》《卿云》《休业式》等。

有见一本小册子《经歌简集》，徐汇中学于民国三十八年（1949）印制，收了七首圣歌：《教友歌》《耶稣圣诞歌》《耶稣圣心歌》《奉慈歌》《露德圣母歌》《大圣若瑟歌》《圣方济各沙勿略歌》。有意思的是，在封面的徐汇中学校徽上方有一行字"保守生用"。可以理解，徐汇中学被纳入国民教育体系后，信教、在教学生应该属于"保守生"。此词无贬义，体现一种尊重态度。

咏唱经文是天主教音乐的另一种形式，或者说这是天主教诵

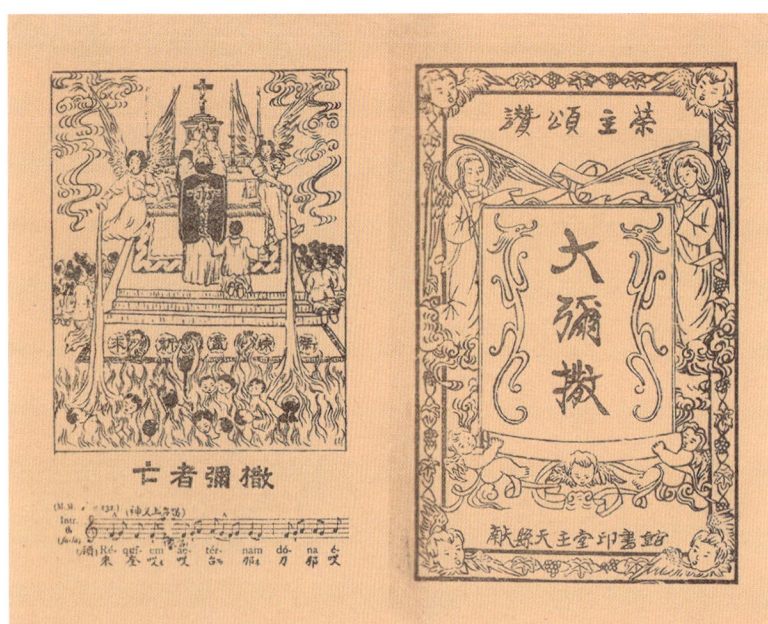

大弥撒（封面和内页）
三节　一册
民国三十年（1941）
献县天主堂印书馆印制
石印本　纸本　平装
开本：21.5×13.5（cm）
30 页　插图 2 幅

Kyriale ou Chants Ordinaires de la Messe
弥撒日常咏唱（内页）
拉丁文　中文　罗马字母注音
五线谱
十篇　一册
民国十七年（1928）
北堂遣使会印书馆排印
铅印本　纸本　平装
开本：20.3×13（cm）
41 页

经的一种形式：在祈祷时，咏唱某些章节。诵唱的句子没有词义，仅仅是拉丁文的发音。这种形式很像用中文对音译念诵梵语佛经。

《咏唱经文撮要》，土山湾孤儿院自用书，四十二段经文咏唱曲谱，唱词为拉丁文，汉字注音。这是很别致的，以往为了便于洋教士学习中文，惯常用拉丁文或罗马字母为汉字注音，此恰恰相反。

献县天主堂印书房印制了一部咏唱经文的歌集叫作《大弥撒》，包括一般弥撒用的《和音弥撒》四首——《弥撒咏唱》《崇高之主》《牧羊者》等，《亡者弥撒》——追悼逝者弥动四个阶段"神父上台""书信后""奉献时""起棺"咏唱的四首，以及领圣体时咏唱的《笃信耶稣》。《大弥撒》为五线谱，有中文和拉丁文唱词，还有风琴配曲。

北堂遣使会印书馆出版的同类书 *Kyriale ou Chants Ordinaires de la Messe*（《弥撒日常咏唱》），民国十七年（1928）出版，收有

《撒圣水经文》《复活瞻礼撒圣水经文》《各楼利亚》《兑来刀》《桑克都司》《亚各奴斯代衣》《亡者弥撒》《领圣体后》《弥撒后拜安所经文》《起棺时经文》等。曲谱为五线谱,谱间为拉丁文和对音汉字。与《咏唱经文撮要》不同的是,曲后另有汉译经文。

土山湾印书馆曾经出版一套《风琴小谱》,作者卞依纳①,光绪三十四年(1908)初版,上中下三册:"辨声""练手""练口"。民国十三年(1924)再版时增加了第四册"国乐"。每册大约三十至七十首练习曲,五线谱。

《风琴小谱》是中国近代音乐史研究中一部非常重要的史料。它是民国许多人学习风琴的启蒙教材。青浦南社会员、作家陆宗贽,民国十二年(1923)在《学生杂志》发表一篇文章,谈"怎样学音乐?"其中提到他少时学习乐器时,神父老师手把手教他练习《风琴小谱》,受益良多。他告诫后人:"学习弹琴的人,选择书的问题,应当格外留心一些。"《风琴小谱》是学琴者之良友。

《风琴小谱》当年印数并不少,每次印数都在千册左右,但存量极少,极为珍贵。

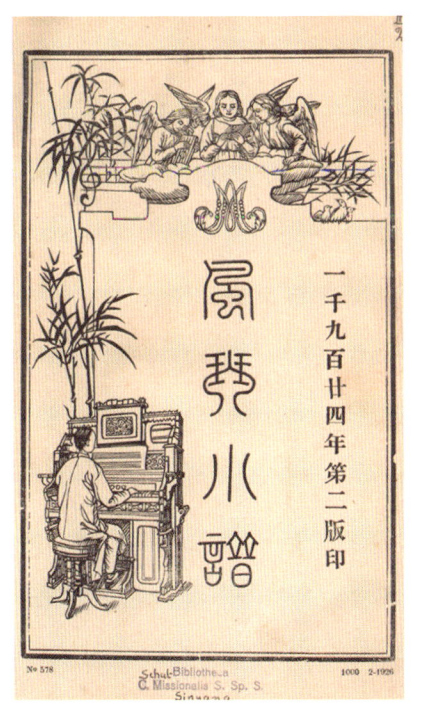

风琴小谱(封面)
[意]卞依纳编写
三卷 三册
土山湾印书馆
清光绪三十四年(1908)初版
民国十三年(1924)第二版
石印本 纸本 硬精装
开本:24.3×16.8(cm)
260 页

---

① 卞依纳(Ignatius Pien,1681—1763),意大利人,1698 年入耶稣会,1712 年发愿,1716 年晋铎。逝于罗马。有著录将其中文译名记为卡依纳,有误。

汇堂石室

> 古往今来，上帝显示出他能把人们吸引到自己身边来，方法不止一种。
>
> ——利玛窦

南格禄是徐家汇和土山湾被尊为天主教重镇地位的奠基人。

耶稣会传教士南格禄神父，道光二十二年（1842）来华，长期担任江南耶稣会会长。南格禄初到上海，南京教区①署理主教、方济各会士罗伯济留他做秘书和助手，委为主教代权。

道光二十六年（1846）后，大批法国耶稣会士陆续来沪，教务逐步扩展，南格禄和罗伯济两人为争夺人事权和财务权矛盾渐深。罗伯济返欧，意欲得到罗马教廷支持，阻止耶稣会派遣传教士，而派遣更多方济各会传教士来上海，使江南教区成为方济各会传教区。但他的想法没有得到教廷支持，罗伯济因而辞职。接替罗伯济的是那不勒斯圣家会的赵方济②，正是这位赵方济主教因病回罗马后，建议梵蒂冈教廷把江南教区代牧权给耶稣会。咸丰六年（1856）在教廷的授权下，南京教区改为江南代牧区，受耶稣会管辖。1859年年文思③出任主教，由此翻开天主教中国传教史上的第二段华丽篇章。

再看南格禄。当年他初来乍到，曾打算在靠近上海老城的董家渡建堂，因故未成。他最终相中"水道方便，北通上海，南通松江"的徐家汇。蒲汇塘、肇嘉浜和法华泾三水汇合处的徐家汇，当年还是个人烟稀少的小村庄，明代徐光启曾在这里建农庄，从事农业实验；徐光启的父亲、夫人去世后都归葬于徐氏墓地，他自己也长眠于此。

道光二十七年（1847）南格禄在徐氏墓地北侧动工兴建新的耶稣会住院。耶稣会住院内附建有耶稣会士宿舍和小堂，专辟三间"修士室"收藏宗教图书，供会士参考阅览之用，这是徐汇藏书楼的雏形。后经咸丰十年（1860）和光绪二十三年（1897）两次扩建，形成独立的两层藏书楼——徐家汇藏书楼（Bibliotheca Zi-ka-wei），雅称汇堂石室，亦称徐汇藏书楼。

南格禄于道光二十八年（1848）开始担任江南耶稣会会长，次年在徐家汇开设学校，是为徐汇公学的前身。他后来曾到松江一带传教，咸丰元年（1851）出任修道院院长，直到去世。由他创建的徐家汇藏书楼在后人的努力下，终形成融汇神学与各种文化于一体的著名图书馆。

当年的徐家汇藏书楼，就收有西文珍本计一千八百种两千余册，有介绍中国习俗、儒学、伦理道德、艺术等文化方面的书籍，也有介绍西方机械、测绘、历算、水利、数学、军工制造技术等实用科学的书籍。以下几位神父对藏书楼多有贡献：晁德莅、费赖之、徐允希、徐宗泽。

晁德莅（Angelo Zottoli，1826—1902），字敬庄，意大利人，后加入法国耶稣会，道光二十八年

---

① 当时天主教南京教区主教驻地在上海。
② 赵方济（F.Xavier Maresca，1806—1855），意大利人，那不勒斯圣家会会士。道光二十年（1840）来华，曾在湖北传教，道光二十七年（1847）在上海浦东金家巷被祝圣为南京教区副主教，罗伯济主教辞职后，担任天主教南京教区主教。咸丰五年（1855）因病回国，逝于家乡。
③ 年文思（André-Pierre Borgniet，1811—1862），字安德，法国人，1845年入耶稣会。道光二十七年（1847）来华，咸丰六年（1856）晋铎。咸丰九年（1859）被任命为江南代牧区首任耶稣会士主教。同治元年（1862）染上霍乱，逝于献县。

(1848)来华,久居徐家汇,苦学汉语,熟读儒家经典;道光三十年(1850)晋铎,咸丰二年(1852)任圣依纳爵公学校长,任职十五年,被称为这个学校的"真正创始人"。他还担任过初学院院长、神学院讲师等职。晁德莅在江南天主教圈子里可谓是桃李满天下,其中最著名的是中国首位华籍主教朱开敏。

晁德莅的著作本本都是很有分量的,并且多数属于慈母堂刻本。

《大赦例解》,咸丰三年(1853)初刊,书牌上没有署明镌刻机构,批准刊印者是当时耶稣会会长鄂尔璧[1];同治二年(1863)土山湾慈母堂重刻;民国中期印制过铅排本。

《大赦例解》是晁德莅神父写给他所担任校长的徐汇公学弟子的书籍。他如此概括这本书的意义:

今夫尘寰扰攘之中,每见有贫乏者矣,系念仓箱,缨情爵禄,营营逐逐,而无时休酣于其间。设或偶值宝矿,有不喜溢眉宇,竭智焦劳,希图全获者乎?不知人之生也,身贫可忧,灵贫更可忧。德行薄,则内不足;气习染,则外亦亏。将使罪积而无功可补,恶盈而无善可偿。其困何如,其之何如哉。况乎罪恶所招,皆有称(惩)罚,即其纤忽微愆,一一当偿者,其数不可胜计,其罚独可胜算乎?又有履歧途,频致永僇,即或已经悔改,悠欤可逭,而暂罚不可宽,则所负之债,尤难为万一之偿耳……吾主耶稣在世时,累积勋劳,莫可穷限。兼之圣母及诸圣人,树德立功,亦难数计。夫凡精修之效,本具二益,一为受报之善,一为赎罪之功。其受报之善已畴也,其赎罪之功未罄耳。

由此,晁德莅神父分六篇逐一介绍圣教会、圣母会、圣衣会、青圣衣会、诸圣物、诸圣功之缘起、本意及大赦的解释,指导信友选择合适的获得恩赦的方式和途径。一、圣教会大赦:大赦原义之旨,全限大赦之辨,得大赦之要端,让炼灵之确解。二、圣

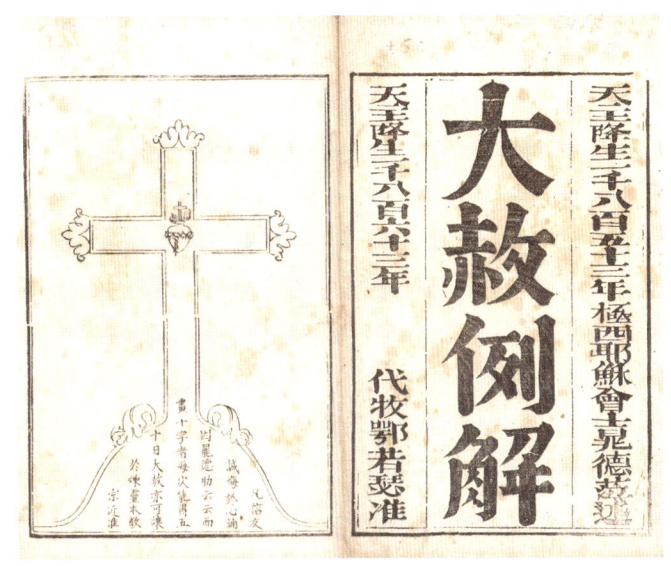

大赦例解
[意]晁德莅撰
六篇 一册
清同治二年(1863)辑刻
刻本 纸本 筒子页 线装
九行二十四字白口四周双边单鱼尾
开本:19.4×13(cm)
半框:15.3×12(cm)
41页 插图2幅

---

[1] 鄂尔璧(Josephus Gonnet,1815—1895),字若瑟,法国人,1840年入耶稣会。道光二十四年(1844)来华,咸丰二年(1852)晋铎。曾任耶稣会会长、耶稣会住院院长。逝于献县。

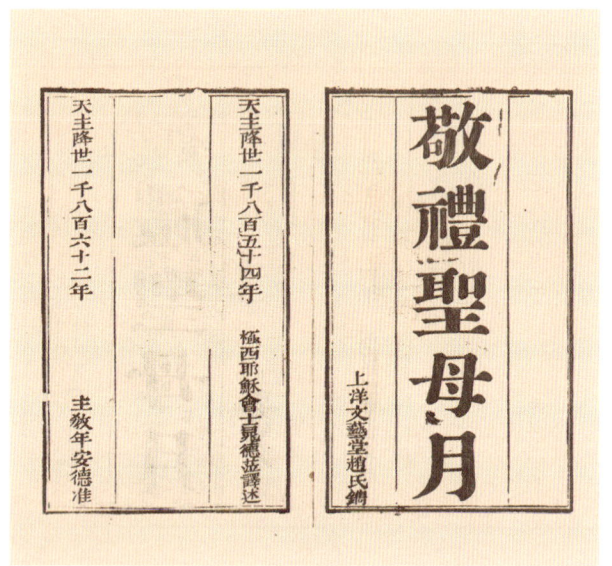

敬礼圣母月（扉页和书牌）
[意]晁德莅 译述
三十一篇　一册
清同治元年（1862）上洋文艺堂辑刻
刻本　纸本　筒子页　线装
九行二十四字小字单行同
黑口四周双边双鱼尾
开本：25.8×15（cm）
半框：10.7×12（cm）
91页

母会大赦：圣母会之肇始，圣母会之本义，圣母会全大赦，圣母会限大赦。三、圣衣会恩赦：圣衣会初进阶，圣衣会四大益，前三益之要益，第四益之要端。四、青圣衣恩赦：始胎圣衣缘起，周年一斋广益，青圣衣全大赦，青圣衣限大赦。五、诸圣物大赦：教皇所谕四端，四端所附七解，诸圣物全大赦，诸圣物限大赦。六、诸圣功大赦：素行神功大赦，简行神功大赦，习诵经文大赦，选诵经文大赦。

晁德莅于咸丰四年（1854）译述的《敬礼圣母月》（*Mensis Marianus*），因主教赵方济因病返欧阙职，久未付梓。年文思出任主教后，遂批准委托上海上洋文艺堂于同治元年（1862）刊印。这本主日经书，指导信徒在"圣母月瞻礼"每日所思、所想、所做："敬礼之要""救灵之思""灵贵之思""救身之思""时候之思""重罪之思""罪罚之思""死候之思""公判之思""永狱之思""永堕无数之思""教中忍心之思""致人陷恶之思""畏人妄议之思""升天之思""天衢之思""奉敬圣母之思""天主常在之思""兼役两主之思""延迟改过之思""告解之思""圣体之思""默启之思""轻罪之思""炼狱之思""耶稣婴孩之功""耶稣幼年之表""耶稣野隐之训""耶稣钉死之警""圣母痛苦之思""专慕耶稣之思"。书后附有《献心善规》《献心祝文》《大赦宽容》三篇经文，以及赞美诗集《月间歌诗》。

有关圣母月瞻礼的书籍非常多，晁德莅翻译的这本《敬礼圣母月》是最好的，底本质量上乘，译文述意流畅。后有民国十四年（1925）土山湾铅排本。

晁德莅的《敬礼圣心月》刻于同治四年（1865），他开宗明义阐释圣心月瞻礼的意义：

聿溯中古之人，昧于真宗，多违正理。由是肆意妄动，断丧天良。日趋于地狱之路而不知，遥溯及之，诚可概也。幸蒙天主矜怜，自天降诞，敷教以醒众迷。籍是而人皆被化，世奏雍熙焉。孰意当此叔季，异端复作，风俗更偷。熙熙攘攘之俦，大都系念仓箱，缨情利禄。而身心性命之学，反本归原之道，皆置之膜外，绝不关心。吾主见之，弥深悱恻，盖以其顽梗性成，难逃义怒也。

而又悯其刑罚之严，仁心不忍。用是露厥圣心，以为爱人之证。推其意，欲统万世罪人，触于目而感于心，以为改迁之极则也。由是观之，可知敬礼圣心之功，寔为中流之砥柱，救世之良方也。

《敬礼圣心月》的体例是这样编排的：

上浣：第一日"敬礼圣心之原"，附《幸获诵》；第二日"敬礼圣心月之向"，附《归向诵》；第三日"敬礼圣心之尊"，附《钦崇诵》；第四日"敬礼圣心之意"，附《吁告诵》；第五日"敬礼圣心之效"，附《仰佑诵》；第六日"敬礼圣心之益"，附《望临诵》；第七日"敬礼圣心之阻"，附《伏祈诵》；第八日"敬礼圣心之法"，附《求医诵》；第九日"敬礼圣心之师"，附《信从诵》；第十日"敬礼圣心之式"，附《奔卫诵》。

中浣：第一日"潜思圣心之妙"，附《归附诵》；第二日"潜思圣心之爱"，附《亲爱诵》；第三日"潜思圣心之富"，附《恃怙诵》；第四日"潜思圣心之苦"，附《追忆诵》；第五日"潜思圣心之忧"，附《惨伤诵》；第六日"潜思圣心之伤"，附《系恋诵》；第七日"潜思圣心之愿"，附《奉献诵》；第八日"潜思圣心之命"，附《献心诵》；第九日"潜思圣心之召"，附《舒怀诵》；第十日"潜思圣心之哀"，附《表悯诵》。

下浣：第一日"缅怀圣心之功"，附《仰法诵》；第二日"敬爱圣心之功"，附《付托诵》；第三日"代补主辱之功"，附《补辱诵》；第四日"领拜圣体之功"，附《望法诵》；第五日"契合圣心之功"，附《契合诵》；第六日"信托圣心之功"，附《求托诵》；第七日"勃发衷情之功"，附《惊喜诵》；第八日"传扬敬礼之功"，附《转求诵》；第九日"潜居圣心之功"，附《持志诵》；第十日"尊敬圣心之功"，附《善愿诵》。

《敬礼圣心月》有民国六年（1917）铅排本。

晁德莅三部瞻礼书的最后一部是《敬礼若瑟月》，初刊于同治七年（1868），同治十年（1871）重刊。此书仍依月之三旬分成三卷。

上浣"选为主保十缘"：上甲"耶稣遗表"，上乙"圣母芳

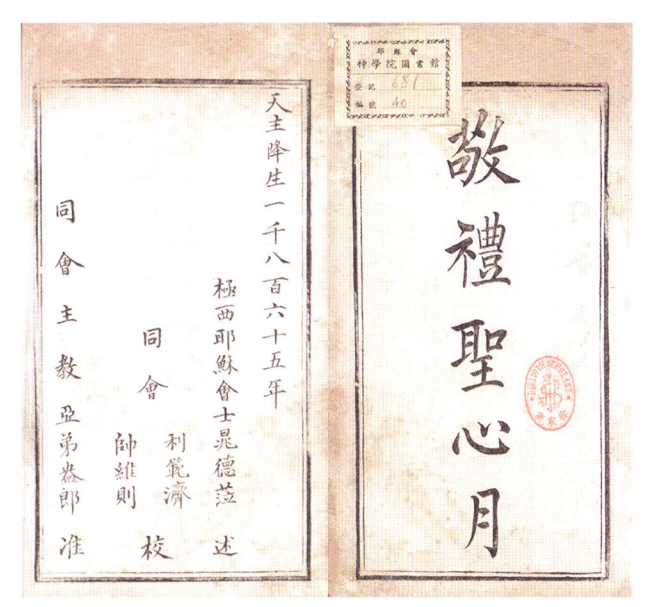

敬礼圣心月（扉页和书牌）
[法] 晁德莅编译
三卷　一册
清同治四年（1865）慈母堂辑刻
刻本　纸本　筒子页　线装
九行二十字白口四周双边单鱼尾
开本：24.6×15.3（cm）
半框：20.5×12（cm）
175页

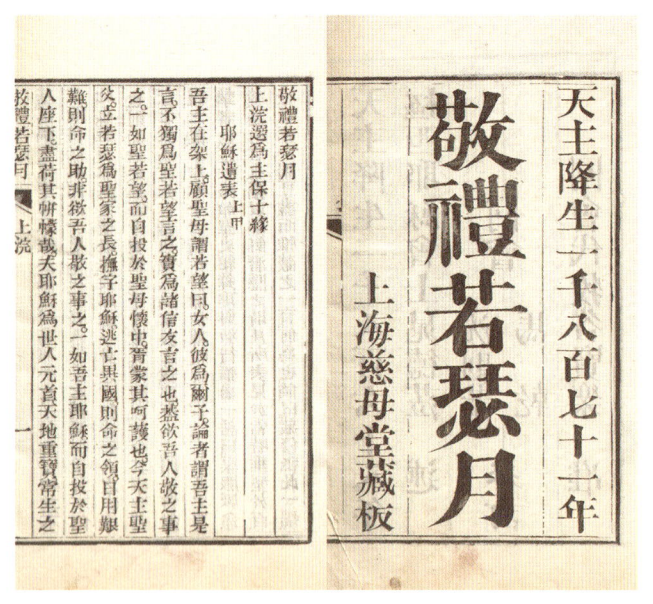

敬礼若瑟月（扉页和内页）
[法] 晁德莅著
三卷 一册
清同治十年（1871）慈母堂辑刻
刻本 纸本 筒子页 线装
九行二十四字小字双行同
白口四周双边单鱼尾
开本：26.5×15.5（cm）
半框：17×11.5（cm）
44 页

踪"，上丙"天神高标"，上丁"修院芳徽"，上戊"信国诚心"，上己"名士宣扬"，上庚"信友共仰"，上辛"贤人表率"，上壬"圣教隆情"，上癸"临终救佑"。

中浣"显为主保十端"：中甲"主保信人"，中乙"主保新友"，中丙"主保修女"，中丁"主保修院"，中戊"主保内修"，中己"主保领危"，中庚"主保形病"，中辛"主保行路"，中壬"主保临终"，中癸"主保神形"。

下浣"敬为主保十法"：下甲"恭敬圣像"，下乙"师法圣表"，下丙"深情怙恃"，下丁"虔奉主保"，下戊"宣扬敬礼"，下己"奉献仪物"，下庚"敬呼圣名"，下辛"虔进圣会"，下壬"敬礼九日"，下癸"记念七乐"，闰日"每日善工"。

晁德莅在序言里意味深长地道出自己对圣人的崇敬：

> 天主欲简一人，擢之高位，寄之重任，必与其胜任之宠。故于昔时圣祖，当代先知，类颁殊宠，俾之克称其职。后至新教时，创始图成。有宗徒开其先，有圣师继其后，皆蒙殊恩，以赞成大业。即创修会圣祖，缵定良谟，崇修去恶，无不各膺创本会之宠也。则有一职，即有一职之宠。夫固天主锡典之常经，任人之常道也。今吾圣若瑟，天主寄以何任也？鞠养圣子，与协辅圣母之任也……试思吾主当时，如何默感其心，热其神爱，通其恩宠耶。一望而有圣恩之沃，一笑而有圣宠之增。言语中，亲爱之景，皆足以烁其内心也。

咸丰九年（1859）晁德莅完成他的《真教自证》（*Vera Religio per Seipsam Probata*），是为他在汇学的讲义，没有付梓。后经他的中国学生沈则恭、李问渔和洋徒弟伏日章①整理润色，十三年后出版。

《真教自证》分为六篇，第一篇"上主超示教人其要足拟其有"，第二篇"设主超示教人人宜探究而从"，第三篇"设主超示教人人必可据其真"，第四篇"超示实已有在耶稣亲教传人"，第

---

① 伏日章（Antonius Femiani，1824—1875），字亦昭，意大利人，1853 年入耶稣会。咸丰十一年（1861）来华，同治五年（1866）晋铎，在上海"老天主堂"等堂区任神职。逝于宁波。

五篇"耶稣真教白秉真据辨是于非",第六篇"独罗玛教具是真据独为真教"。

晁德莅同那个时期大多数洋教士一样,偏爱用文言文撰写中文著作。洋人写的文言文磕磕巴巴,虽经学生润色,《真教自证》也还是有点不好阅读,与《敬礼圣母月》的译文如出自两人之手。晁神父序言:

> 今夫人之生也,无不受造于天主,即无不属于天主。有受属之分,即有昭事之责。有其责而人莫能外,即所谓教也。教之系于人者,既如是其亲且切。斯人之求阙教者,不可以淡而忘,特无如悠焉忽焉。日处于覆载之中,而莫知所从者,十有八九。此有心世道者,所由以论教为先也,然教宜论,而教之真伪尤宜辨。吾见夫世之纷纷杂处,各挟一说以耸人者,盖不知其数千百种,噫,何其昧也!……真教之理自能证之,断非邪说所能混……俾真道自著而无所掩,此即是书之本旨也。

晁神父这本著作影响还是比较大的,因其问世较早,在他的学生李问渔、蒋邑虚、沈容斋等人的著作里,多多少少留有此书的遗痕,比如李问渔的《真教问答》。

《真教自证》有同治十一年(1872)慈母堂刻本、宣统三年(1911)土山湾排印本。

晁德莅为徐汇公学的弟子编译了一部神学教材《取譬训蒙》(Catchismus comparationibus exemplisque adornatus),三卷三册厚厚的释教类书籍,书名取自《论语·雍也》:"能近取譬,可谓仁之方也已。"比喻推己及人,开蒙启智。晁神父在书前序言里谆谆教诲他的弟子们修身立命的重要性:

> 遘稽依纳爵之登圣域也,鸿功骏业,史不胜书。然功业中最灿著者,又在训蒙。良以蒙养不端,则后日之作圣无基也。虽圣

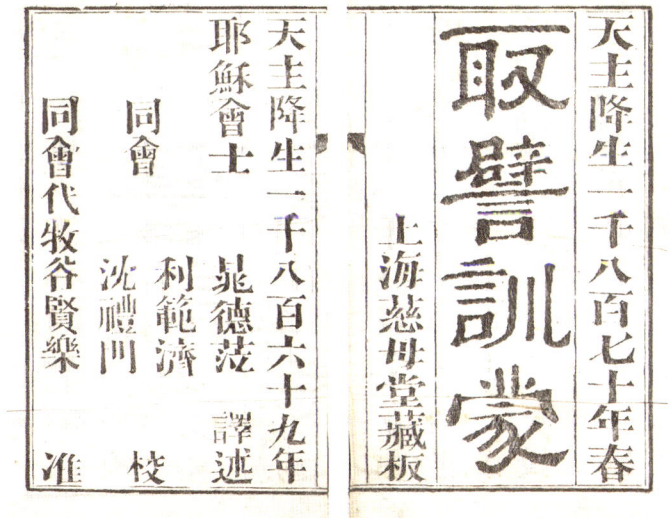

真教自证(内页)
[意]晁德莅著
六篇 一册
清同治十一年(1872)
慈母堂辑刻
铅印本 纸本 筒子页 线装
九行二十字白口四周双边单鱼尾
开本:25×13.3(cm)
半框:16×11(cm)
54页

取譬训蒙(扉页和书牌)
[意]晁德莅译述
三卷 三册
清同治九年(1870)慈母堂辑刻
刻本 纸本 筒子页 线装
九行二十四字白口四周双边单鱼尾
开本:25.5×15.5(cm)
半框:17×11.5(cm)
368页

人改迁之始，潜迹深山，静专神务，以独善而非兼善者。自蒙耶稣圣母临眷后，居名邑，览群书，学业既成。思有以广其薪传，宏其教育，于是建设学校，罗致青年。乃以道德性命之学，训以圣教切要之端。一时之沐其陶成者，实繁有徒，迄今年湮代远。圣人之风徽已渺，圣人之典则犹新。故诸幼童犹得优游门下，大以成大，小以成小，斯非圣人之良模，曷以昭垂于不朽。何则？盖圣人倡之于前，令其会中修士，皆率此意以矢愿，从此渐传渐广，圣学遂相传于勿替焉。即如汇学诸生，亦隶圣人门下，而所禀承有圣经贤传、教理简约等书。然此皆言简意赅，非诸幼童所能测其精蕴。爰乃特著词旨清浅，最易明晓者，名曰《取譬训蒙》，绘成三集，传授诸生。庶于倾听之余，均可实得于心。庶毕圣依纳爵设教之精心，深慰余乐育人才之美意也矣。

《取譬训蒙》每一卷都分诸多课，晁德莅称为"首"，设问已答，释解道理，然后细说如何去做，称为"迹"。

《取譬训蒙》上卷讲"信德信经望德爱德"：

吾人侨世，天主事理，暗昧不明。正如夜行之人，手无灯烛，前无所见，怅怅何之。于此有人焉，怜其磐桓歧路，踯躅不前，照之以灯，导之以路，则可向前程而长往矣，幸何如之。又如人眺望远乡，欲详察夫此方之景色，但凭其目力之能，虽熟视之，仍盲然无睹。倘得千里镜以窥之，则未见者可见矣，未识者可识矣，岂非大异于昔日也哉？吾人于天主之理，身后之事，暗昧不明，幸天主赋之信德，俾之明见，而有所向，宛如暗中之照以灯光，窥远之有千里镜也。吾侪可不步此光明乎？若能步此明光，则天堂虽云未见，不啻已见天堂矣；地狱虽云未见，一如已见地狱矣。而于圣教诸道莫不知之明，而信之确，无殊主亲临而语己也。虽然，天主之道，仅知之不足，必继以实践乃可。而实践之基，在望以后之厚报，与爱由来之大源也。故又以望爱二德，附于卷尾，而明解之，又以往事明证之。

此卷三十课，内容包括：信德体用、教要道理、我信天主、论化成、论天地、守护天神、惟一费略、圣神将孕、玛利亚之童身、耶稣死于十字架、耶稣复活、耶稣升天、审判生死者、诸圣相通功、罪之赦、肉身复活、天堂常生、地狱常生、望德体用、望德缘由、冒望之罪、失望之诱、爱德体用、爱德之要、爱德之验等。后附《圣达尼老祷文》《圣类思祷文》和《天神祷文》三篇。

《取譬训蒙》中卷讲"天主十诫守诫良法"：

吾人处世，将往天堂，正如羁旅还乡，意欲坐拥家资耳。无如旅人还乡时，适逢黑夜，路值深渊，斯渊仅有薄板可渡。斯世也，上无明月，下视冥冥，且左右无栏，手不秉烛。倘使偶焉失足，必坠于深渊也无疑，恐何如之？设于此时，有照以灯光，卫以桥栏，披之以手者，其人欣感若何，难以言状。岂知旅人即我众人也。旅人之还家乡，即我往天堂之像也。黑夜者，三仇之蒙蔽也。薄板者，生命之脆薄也。过此板者，于危险中渡生命也。冥冥之深渊，即黑暗之地狱也。桥栏者，天主之十诫也。灯光者，天主之默牖，明示我十诫为升天之正路也。以手披之者，即天主之宠佑，辅我能守十诫也。然我人处世之时非一日，守诫之难非一端。设非常求主佑，何能免乎罪戾哉？故又劝人求主，而以求主之法，附之于后。

此卷四十课，内容包括："十诫总意""守诫善法""首诫正道""敬主数法""犯诫诸罪""二诫解""三诫解""望弥撒之分""望弥撒之益""四诫解""五诫解""爱仇之命""恶表之害""淫论之罪""犯罪之机""淫习之伤""淫恶之重""七诫解""补偿人物""八诫解""妄判是非""九诫与邪念""十诫与恶愿""大罪之效""小罪之说""善看圣书""祈祷总意""默想简法""善祷良法""天主经前二祈求""天主经中二祈求""天主经第五祈求""天主经末二祈求""圣母经解""圣母佑人终时""何得圣母保佑"等。后附《圣嘉西赞圣母诗》和《求圣母救急难诗》两篇。

《取譬训蒙》下卷讲"圣事七件正义旁义"：

观夫羁旅登程，风尘跋涉，口渴唇焦，几至渴死中途，难以再进。幸而磐桓细望，瞥见清泉而饮之，不觉神清气爽，于是解焦渴而乃兴乃止，瞻衡宇而载欣载奔，无忧困疲中道矣。吾人之往天堂亦然。旅人之口渴唇焦，即私欲猛烈，莫之能御，犹口渴而求饮，身疲而难进也。当此之时，神力渐微，而魔障迭兴。冀得奋行天路，不綦难哉。幸也，耶稣怜吾等之力弱，设良法以医之，即圣事七迹是。因此圣事，解吾灵之焦渴，振已疲之精神，宛如饮清泉而气爽神清也。夫圣事中，至有效者，即告解与圣体圣事。其所领多寡之数，随吾欲而并无限止。七件圣事，苟诚心行之，天主亦即因之而赋以圣宠，予以隆恩也。何幸如之！故今以圣事七迹，备录于是卷而详解之。

此卷四十课，内容包括："圣事总意""圣事本效""告解圣事""省察之要""省察之法""痛悔之理""痛悔之效""定改之道""告明众罪""冒办告解""告解当有之情""告解当行之规""补赎之分""炼狱之苦""扶助炼灵""圣教大赦""大赦所要""大赦余解""办总告解之益""听讲告解之心""就正神师""圣体本意""圣体蕴奥""各领圣体要法""备领圣体良法""感谢圣体善法""勤领圣体大益""敬拜圣体""临终圣体""领洗圣事""圣洗首效""圣洗余效""坚振圣事""坚振礼仪""终傅圣事""神品圣事""神品升阶""婚配圣事""将配旨要"等。后附《耶稣圣诞歌》《耶稣复活歌》和《耶稣升天歌》三篇。

《取譬训蒙》，同治九年（1870）慈母堂初刻，有光绪十年（1884）土山湾铅排本。此书是那个时期中国天主教最为全面系统的释教书籍，因当年只是为徐汇公学十几个学生刊备教材，印数极少，遗存甚罕。

晁德莅校长在向中国学生传授天主教教义、西方文学、自然科学知识的同时，也向来华西方人介绍中国文学和语言。光绪五年至八年（1879—1882）土山湾印书馆陆续出版过他编译的拉丁文巨作 *Cursus Litteraturæ Sinicæ*（《中国文学教程》）。

《中国文学教程》分五册，自蒙童《三字经》，以至诗、词、歌、赋、八股文、尺牍、楹联、小说等，无所不包。该书副题 *neo-missionariis accommodatus*（"适用新来传教士"）。

第一册 "家常话"（Lingua familiaris），供最低班用。光绪五年（1879）出版。

晁德莅在《中国文学教程》第一册的导论里，大致介绍了汉文字的结构、发音及"六书"。然后他分四个部分为读者择选一些中国古文，汉文与拉丁文对照，页下注字词发音和字义。

第一部分 "蒙学"（Primæ lectiones），包括《圣谕广训》的 "孝顺爹娘"（De pietate filiali）、"和爱弟兄"（De fratrum concordia）、"亲爱族人"（De consanguineorum concordia）、"和睦乡里"（De viciniæ）、"种田养

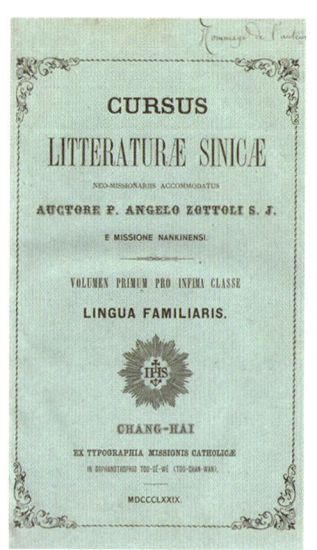 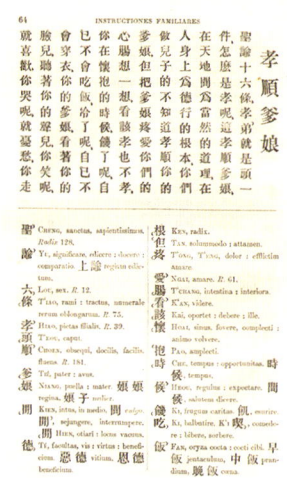 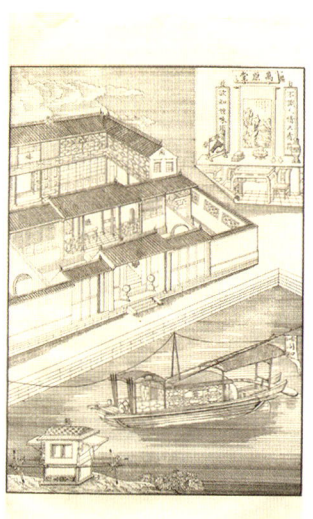

中国文学教程（第一册）（封面、内页和插图）

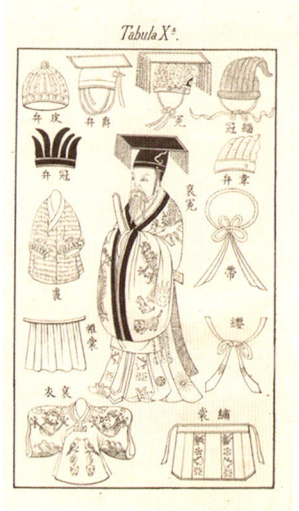 

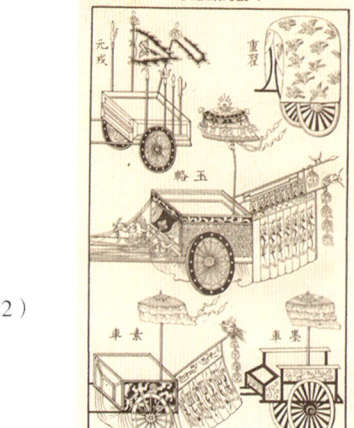 

Cursus Litteraturæ Sinicæ
中国文学教程
［意］晁德莅撰
拉丁文　中文　罗马字母注音
五部　五册
清光绪五年至八年（1879—1882）
土山湾慈母堂出版排印
铅印本　纸本　精装
开本：24×17（cm）
3933 页
插图 33 幅

中国文学教程（第二册）（插图）

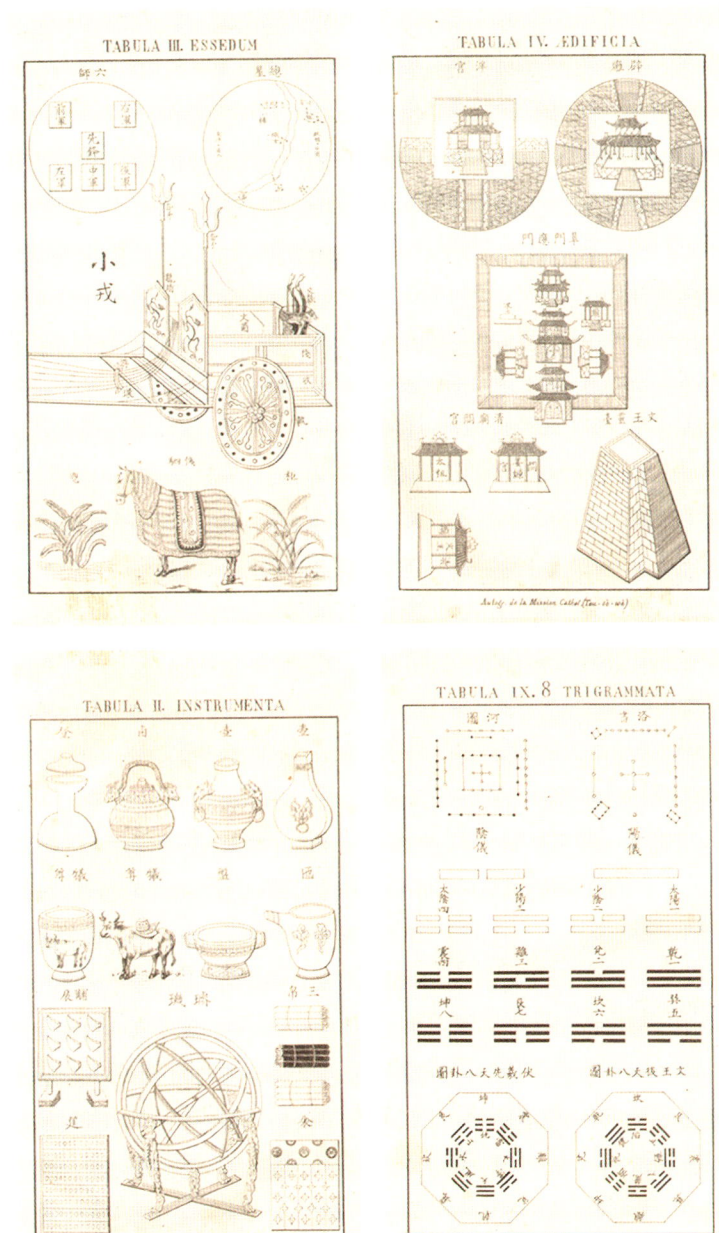

中国文学教程（第三册）（插图）

蚕"（De agrorum et bombycum cultura）、"惜用钱财"（De sobrietate expensarum）、"设立学馆"（De instituendis gymnasiis）、"用刑惩治"（De pœnali animadersione）、"行礼实意"（De civilibus moribus）、"各守本业"（De statuum diversitate）、"教训子弟"（De educatione puerorum）、"禁告谎状"（De falsis accusationibus）、"全完钱粮"（De solutione tributi）、"保甲除贼"（De societabus contra fures）、"保守身命"（De conservatione vitæ）；《家宝初集》的"重儒"（Dignitas litterati）、"醒言"（Excitantia verba）、"心言"（Animi significationes）、"常礼"（Ordinariæ ceremoniæ）；《家宝二集》的"时习事"（Jugiter recolenda facta）等。

第二部分"杂剧"（Dialogi comici），选自《元人杂剧百种》的《杀狗劝夫》（Occiso cane corrigens virum，楔子、第三折）、《东堂老》（Orientalis aulæ senex，楔子、第一折、第三折、第四折）、《潇湘雨》（Ad siao et siang imber，楔子、第四折）、《来生债》（Futuræ vitæ fenora，楔子、第一折）、《薛仁贵》（Dux Sié Jen Koei，楔子、第一折、第二折）、《马陵道》（Discipulorum solertiæ periclitatio，楔子）、《冤家债主》（Callidi furis technæ，楔子）、《慎鸾交》（Bini personate fures，第二十出）、《风筝误》（Chartacei milvi lusus，第六出、第七出、第八出）、《奈何天》（Ridicula hominis effigies，第二出）等。

第三部分"小说"（Parvæ narrationes），有《今古奇观》里的《孝弟里》（Piæ fraternitatis pagus）、《双义祠》（Gemiæ viryutis fanum）、《薄情郎》（Inhumanus maritus）、《芙蓉屏》（Hibisci tabella）等。

第四部分"才子"（Descriptions romanenses），选有《三国志》（Trium regnorum monumenta）第一、三、四、二十五、四十一、四十五、四十六、四十七、四十九、五十三、五十六回；《好逑传》（Belli consortia historia）第四、五回；《玉娇梨》（Yu Kiao et Li）第五回；《平山冷燕》（P'ing et chan et leng et yen）第十、十三、十四回；《水浒传》（Fluvialis ripæ histria）第二十二、二十七、二十八、二十九、三十回；《西厢记》（Occiduæ diœtæ memoria）卷一、二；《琵琶记》（Manualis chelyos memoria）第三十七、三十九、四十、四十一、四十二出；《白圭志》（Candidæ tesseræ monumentum）第七回；《斩鬼传》（Profligatoris dæmonum historia）第一回；《三合剑》（Triplicis junctionis ensis）第二十六、二十七回。

正文后是"儿化词表""特殊称谓表""谦辞表""量词表""叠语表""成语表""短句表"以及"中国行政区域"（只限十八省）。

第二册"经典研读"（Studium classicorum），光绪五年（1879）出版，供低年级用。晁德莅先大略介绍一些中国的基本知识，如中国历年，从黄帝到光绪登基，历史地名，如莒、虞、杞、虢、郑、邹、越等，还有天干地支、时令节气、民间诸神、度量衡律、甲骨卜算、钟磬鼓瑟、列鼎彝器、祭舞傩仪等。为了更直观理解，作者随文配有二十来幅插图。

晁德莅选讲的儒学经典有《三字经》（Ternarum litteraum liber）、《百家姓》（Cenyum familiarum cognomina）、《千字文》（Mille Litterarum lucubratio）、《神童诗》（In Peringeniosum puerum carmen）、《大学》（Magna scientia）、《中庸》（Medii Æquabilitas）、《论语》（Dissertæ sententiæ）。

第三册"范文研读"（Studium canonicorum），光绪六年（1880）出版，供中级班用。入选的有《诗经》（Liber Carminum）、《书经》（Liber Annalium）、《易经》（Mutationum liber）、《礼记》（Rituum memoriale）、《春秋》（Ver et Autumnus）。

《诗经》里有《国风》（Regnorum mores）十五篇，《小雅》（Humile Decorum）八篇，《大雅》（Summum *decorum*）三篇,《颂》(*Præconia*) 四篇;《书经》里有《虞书》(*Yu Ætatis annales*) 五篇,《夏书》(*Hia Dynastiæ annales*) 三篇,《商书》(*Chang Dynastiæ annales*) 十一篇,《周书》(*Tcheou Dynastiæ annales*) 三十篇;《易经》三十三篇;《礼记》六篇;《春秋》"隐公"一小节。为了使学生更好地理解这一册的内容,晁德莅在正课之前,准备了一些基础知识,包括鸟兽虫鱼、草菜木谷的汉语别称和雅称。

第四册"修辞规范"(Stylus rhetoricus),光绪六年(1880)出版,供最高班用。可以分成两部分,前一部分仍然是讲授中国古典,包括"三传"(Tres memoriæ),《春秋》《穀梁》《公羊》三传;"古文"(Antiquæ prosæ),含周文三十一篇、汉文十八篇、晋文三篇、唐文十七篇、宋文二十四篇、明文七篇。后一部分是一些实用类文范,如"简牍"(Stylus epistolaris)、"奏折"(Relationis genus)、"牒文"(Denuntionis genus)、"禀帖"(Expositionis genus)、"申文"(Significationis genus)、"照会"(Certificationis genus)等。

为了让学生深入学习,晁德莅提高了本册难度,在正课后,添加两个内容:一是中国汉语典故(Exornatior rerum nomenclatio),注明出典;二是汉语虚字(Orationis particule)。

第五册"诗与文"(Pars Oratoria Et Poetica),光绪八年(1882)出版,供文学班用。晁德莅先是耐心地讲解中国人写文章的格式:破题,承题,起讲,入题,起股,出题,中股,后股,虚股,落题等。然后分五个部分择选了一些汉语诗词歌赋,译为拉丁文,并予注解。

第一部分"名文"(Celebratæ amplificationes),有"小题名文"三十五篇和"大题名文"二十篇。第二部分"时文"(Recentiores amplificationes),有"小题时文"二十篇和"大题时文"十篇。第三部分"诗歌"(Versus cantusque),"五言诗"里有五绝五十首,五律五十首,五排二十首,五古二十首,试帖六十首;"七言诗"有七绝一百首,七律五十首,七排五首,七古十五首,今诗十首。第四部分"词赋"(Descriptiones cantionesque),分为"歌赋"和"词曲","歌赋"有二十四阕,其中必读的十二首:《风赋》《鹦鹉赋》《登楼赋》《别赋》《小池赋》《萤火赋》《梅花赋》《惜余春赋》《荷珠赋》《感春赋》《盆梅赋》《白燕赋》。"词曲"又讲究词和曲;收"曲牌"一百首,编者用罗马字母标注曲牌格律谱;收"曲词"《怀旧》《秋月》《春思》《别情》《秋思》《金陵怀古》《石头城》《元夕》《凯旋舟次》《春景》等四十阕。第五部分"联对"(Parallelæ inscriptiones),分类收有"故事""应制""庙祀""廨字""胜迹""格言""佳话""挽词""集句""杂缀"各三十副。

《中国文学教程》只有第一册被宣承化[①]神父译成法文,光绪十七年(1891)由土山湾慈母堂出版。

晁德莅的《中国文学教程》是一种中国文学教材,但仅仅这样理解还是远远不够的,在世界汉学研究史上,《中国文学教程》也有很高的关注度,其中很多中国文学作品都是由晁德莅首次介绍到世界各地的。晁德莅在世界汉学研究上有一定的地位,几乎所有汉学史著作都在他身上用足笔墨。

Cursus Litteraturæ Sinicæ(《中国文学教程》)让晁德莅收获了1884年儒莲奖,它还被列入《中国国家图书馆外文善本书目》。

---

① 宣承化(Carolus de Bussy,1823—1902),字惠卿,法国人,1878年入耶稣会。光绪五年(1879)来华,光绪十六年(1890)晋铎。逝于上海。

马相伯曾在《一日一谈》里缅怀这位恩师:"我在同学中间,天资还不算坏,晁教习很喜欢我,他教我各种自然科学,我非常有兴趣,而我对于数学更特别喜欢。"那年(1852)晁德莅二十六岁,马相伯十二岁。

耶稣会住院迁至徐家汇之时,南格禄已开始部署藏书工作,提出耶稣会士人人有义务为教区藏书建设收集和贡献藏书。

徐家汇藏书楼的早期管理均由教区委派耶稣会士兼职负责。光绪元年(1875)后,藏书楼才正式有专职管理人员,藏书楼资源和设施亦由耶稣会直接任命神职人员参与常年建设和维护。晁德莅及其助手法国传教士夏鸣雷,学生马相伯、李问渔、茅本荃、杨维时①等人具体负责过藏书楼,张璜也担任过藏书楼中文部主任。这批嗜书如命的夫子们,凿楹纳书为生,汗牛充栋当乐,为藏书楼日后发展奠定了坚实基础。后来又赖徐宗泽和法国传教士费赖之精耕细作,藏书楼日臻完善。自光绪元年至民国,先后有九位中国籍神父担任徐家汇藏书楼主持。

海门人茅本荃(Josephus Mao,1868—约1947),字用白,光绪十二年(1886)入上海大修院学习,光绪十七年(1891)入耶稣会,光绪三十一年(1905)晋铎,在徐家汇藏书楼工作。他留下的作品有《申尔福疏解》(宣统三年〔1911〕土山湾印书馆)、《青旸圣母史略》(民国二十一年〔1932〕土山湾印书馆)和《弥撒旧闻》。

《弥撒旧闻》(*Explanatio Missæ*),茅本荃编著于民国二十一年(1932),土山湾印书馆三年后出版。这部书在有关弥撒祭礼的中文书籍里,内容是比较详尽的,共有十卷。

第一卷"论弥撒原始",分述弥撒预像、如人祭礼、弥撒名称、今昔无异、非人私立等。第二卷"论弥撒分类",分述大礼弥撒、平常弥撒、致敬弥撒、许愿弥撒、炼狱弥撒、三十日祭、预行炼祭、已圣弥撒。第三卷"论弥撒日行",分述弥撒时间、守空心斋、难中举祭、夜中举祭、时间改短、昼夜不息、时刻统表。第四卷"论弥撒祭礼",分述东方祭礼、罗马祭礼、班国祭礼、哥肋祭

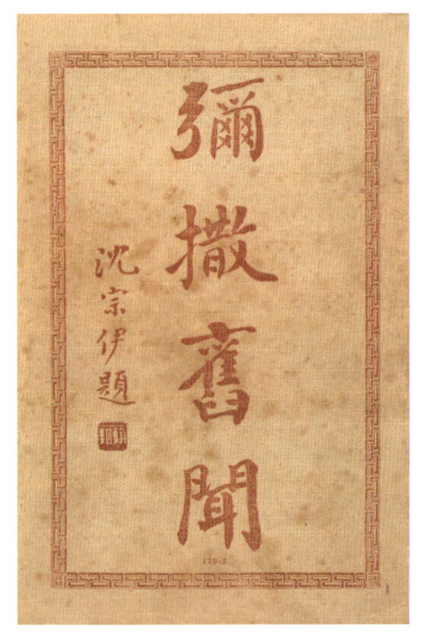

弥撒旧闻(封面)
茅本荃编著
十卷 一册
民国二十四年(1935)
土山湾印书馆排印
铅印本 纸本 平装
开本:19×13.1(cm)
532 页

---

① 杨维时(Lucas Yang,1874—约1948),字绍震,光绪三十二年(1906)入耶稣会,民国十一年(1922)晋铎,任职徐家汇天主堂,为《圣教杂志》主编、汇师小学校长、徐家汇藏书楼主任。逝于上海。

礼、盎博罗礼、辅祭善表。第五卷"论弥撒礼服",分述礼服源流、祭服寓意、方领略考、长白衣考、圣索略考、手带略考、领带略考、祭披略考、内祭披考、圣服略考、圣布圣襄、圣盖略考、九折布考。第六卷"论弥撒圣器",分述圣器总论、圣盘略考、圣爵略考、圣体略考、圣鸽略考。第七卷"论弥撒祭品",分述有酵无酵、无酵之饼、阿斯帝亚、弥撒祭酒、信人献酒、重视祭品。第八卷"论弥撒圣台",分述祭台名称、祭台由来、台制台所、一堂数台、圣石由来、金石祭台、移动祭台、台布台帏、台上苦像、蜡台燃烛、非蜡不可、圣体龛考、圣体灯考、经页子考、弥撒经架、洒水壶盘、四时花卉、圣体发光、弥撒升香、香炉香船。第九卷"论弥撒圣堂",分述祭无定所、建造圣堂、祝圣圣堂、祝圣典礼、天主堂考、著名圣殿、圣堂置钟、堂中捐献。第十卷"论圣教神品",分述传授神品、授神品时、高等神阶、次等神阶、主教名称、主教职权、主教礼服、主教仪仗、司铎职权、司铎待遇、司铎登品、六品辅祭、五品辅祭、四品卫队、三品驱魔、二品诵经、一品司门。

这是一个历经千年的成熟组织才有的完备规矩。

令人不解的是,为什么茅先生起名为"弥撒旧闻",有点像散文作品书名,其实用"弥撒详解"应该更清楚明白。

这位学术研究型神父还写过一部书 Congrégations religieuses chinoises（《中国天主教修会》）,土山湾印书馆民国十四年（1925）印制,非常罕见,封面上有一行小字 circulation prinee（内部交流）,当年肯定印数很少,或者没有上市。茅本荃神父对天主教各修会、善会在中国的活动情况做了概述。

茅本荃分六章说明了四十家修会在华活动情况,包括:"圣若瑟会""圣母会""方济各圣心会""圣母无染原罪会""圣家会""耶稣圣心之方济各第三修女会""圣婴会""方济各第三训蒙院""圣亚纳会""拯灵会""献堂会""主母会""耶稣圣心会"等。

除了几种年报和年鉴资料外,《中国天主教修会》是笔者见过的唯一介绍中国天主教修会和善会的专著。

徐家汇藏书楼的一书一字都浸透着徐成贤和徐宗泽叔侄俩的心血。

徐成贤（Simon Zi,1870—约1940）,字允希,徐光启十一世孙,徐宗泽的叔叔;光绪十九年（1893）入耶稣会,光绪三十四年（1908）晋铎;曾执教震旦学院,主编过《汇报》;在晁德莅之后曾主持徐家汇藏书楼,后在土山湾印书馆工作。他最有名的书是翻译柏应理撰写的《一位中国奉教太太——许母徐太夫人甘第大传略》。光绪十六年（1890）问渔先生编纂了《徐文定公集》,徐允希继而于光绪三十四年（1908）出版了《增订徐文定公集》。他的著作还有编撰的《苏州致命纪略》（土山湾慈母堂,民国二十一年〔1932〕）、翻译的《圣母小日课圣咏疏解》（土山湾印书馆,民国二十六年〔1937〕）以及与马相伯合作编译的《灵心小史》等。

民国天主教四大才子之一的王昌祉也曾长期参与徐家汇藏书楼的工作,他的笔名"王石室"就来自徐家汇藏书楼的别称"汇堂石室"。土山湾印书馆在民国十六年（1927）出版了王昌祉编译的《贤妇戴伊济传略》。戴伊济是罗马一名贫妇,上有父母丈夫,下有子女儿孙。她轻富重贫,蒙天主特眷,奇恩异宠接二连三,驱魔愈疾,扶危济困。戴伊济因而被天主教奉为"真福"。

贤妇戴伊济传略（插图）
王昌祉编译
三十章 一册
民国十六年（1927）土山湾印书馆排印
铅印本 纸本 平装
开本：19×13（cm）
141页 插图2幅

同在一栋楼工作的徐允希为《贤妇戴伊济传略》写了序言，第一段很是精彩：

> 人家说：做圣人，人人难；世俗人，穷苦的，更难；女流辈不消说。试看圣人们的行实，不是精修隐修，便是名门贵族；若那世俗人，整天忙碌操作，东奔西走，常虑衣食不周，养家不得，儿女啁啁啧啧，亲朋杂沓往来，哪来工夫念经默想？哪有钱财施济哀矜？罢了，世俗人谈不到做圣人的！然而不然！……古语云，圣贤不择地而生。吾中国，圣教传行，已三百余载，城乡妇女，不少孜孜为善，一意向上的，也有刻苦功修，期至圣贤的，贤妇戴伊济大可作她们的好模范。

徐允希于民国二十九年（1940）自己也编译了一部戴伊济的传记，书名差不多，叫《贤妇亚纳玛利亚戴伊济传》，底本不同，分为五卷六十七章。此译本没有出版，只见稿本。

徐家汇藏书楼历任主任中，徐宗泽居位时间最长（民国九年至三十六年〔1920—1947〕）。他注重对中国地方志的搜集，并主持编制了徐家汇藏书楼的藏书目录——《汇堂石室书目》。

天主教上海教区的图书机构除了徐家汇藏书楼，旧时图书上的钤印和藏书票还可见"徐家汇耶稣会修院图书馆""徐家汇耶稣会初学院图书馆""徐家汇大修院图书馆""徐家汇神学院图书馆""徐家汇哲学院图书馆""徐家汇中文图书馆""徐汇公学图书馆""震旦大学图书馆""汇报馆""益闻馆""慈母堂画馆""启明女校"等，有几个名称或许是一家，不同时期的名称不一样而已。

徐家汇天主教各类藏书机构以及各家修道院留下许多稿本和抄本，流散于世，大致讲可以归为几类：

一、已经出版书籍的底稿或修改稿，比如黄伯禄的《集说诠真》手稿，这类稿本很多，价值不大，除非对研究某个特定专题的人有用。

二、由于某种原因没有出版的稿本，诸如徐允希的《贤妇亚纳玛利亚戴伊济传》，这类手稿很有价值。不过需要注意这类尚未经过教会审核的文稿没能出版的原因，有的是稿件尚不成熟，有的是没有纳入出版计划耽搁了，有的则是文稿本身得不到教会管理机构认可，如马相伯的某些书稿。

三、作者未完成作品的手稿，比如刘必振的《慈母堂画馆中兴记》和《刘氏家传杂存》，这类稿本最有价值，往往有着鲜为人知的珍贵史料。

四、大小修院学生的作业或者洋教士来华后学习汉语的习作，多见中国历史书籍的摘抄。除了见证他们学习的勤奋刻苦外，基本没有价值，比如张正明的《冷菊课余随笔》等。

五、杂志、年鉴等刊物的编辑过程底稿，多见类似剪报的资料，一般价值不大。

六、教会各级机构的统计资料、公文档案，比如堂区的洗礼名册、终傅名册等，育婴堂和孤儿院领养法律公文，教会与官府往来公函等。

七、神职人员私人文稿、日记等，价值因文而异。

总之，收藏稿本、抄本，关键在于能够读懂其内容，有能力鉴别其价值，因为基本不用考虑这些稿本、抄本的书法价值。

天主教在华其他机构大多也有自己的藏书机构，规模比较大的还有辅仁大学图书馆、震旦大学图书馆和中国公教进行会图书馆。天主教藏书机构里历史更悠久、规模更宏大、藏书更丰富的当属北堂藏书楼，教会内部人士惯称其为"北堂大书库"。

北堂藏书楼藏有自利玛窦来华后，明末清初传教会留下的图书、地图、手稿、文献、档案，嘉庆至道光年间从因禁教关闭的教堂调集的图书资料，以及历代传教士私人藏书捐献入库。"这些书一直束之高阁，两三百年无人整理、查阅、使用。"①

民国二十八年（1939）在洛克菲勒基金会资助下，北堂藏书楼主任惠泽霖②牵头，着手整理杂乱无章的北堂大书库。日军侵占北平期间，北堂法国神父大多被送往潍县集中营，惠泽霖因病留在藏书楼，避得外界风雨，埋头编纂北堂书目。北堂印书馆陆续出版 Catalogue of the Pei-t'ang Library（《北堂藏书楼书目》）：民国三十三年（1944）出版第一册 French Section（"法文书目"），民国三十六年（1947）出版第二册 Latin Section（"拉丁文书目"），民国三十七年（1948）出版第三册其他语言书目，民国三十八年（1949）一月出版合订本。

合订本书前有惠泽霖神父用英文撰写的重要论作 Historical Sketch of Peit'ang Library（《北堂藏书史略》）。他根据第一手资料详细地说明了北堂藏书的发源、演化和现状，其权威性无可替代。此论有八章，其中比较重要的是"南堂藏书"和"移交俄国教团代管"两章。

第一章"南堂藏书"。南堂藏书基于两个部分："利玛窦藏书"和"金尼阁藏书"。

利玛窦神父万历三十三年（1605）建立南堂，同时设藏书楼。所谓"利玛窦藏书"不是利玛窦一个人的，也包括早期其他"开拓者"的书籍。藏书来源或是传教士从欧洲带来的，或是传教士来华后

---

① 方豪：《明季西书七千部流入中国考》，载《方豪文录》，上智编译馆民国三十七年（1948）版，第13页。
② 惠泽霖（Hubert-Germain Verhaeren，1877—1920），字霈如，荷兰人，1895年在巴黎加入遣使会，1897年发愿，1902年晋铎，同年（光绪二十八年）来华，在北京宣化府教区传教，后任北堂藏书楼主任。

 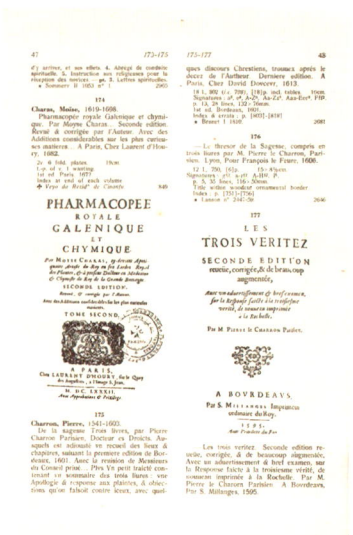 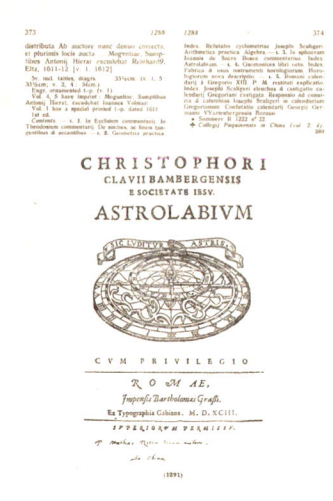

Catalogue of the Pei-t'ang Library
北堂藏书楼书目（封面和内页）
[法] 惠泽霖编纂
英文　法文　拉丁文
十二卷　一册
民国三十八年（1949）
北京遣使会印书馆排印
铅印本　纸本　平装
开本：27.6×20（cm）
694 页
插图 81 幅

北堂藏书楼书目　No.177　　　北堂藏书楼书目　No.1291

向组织和亲朋好友索要的；大部分是天文、地理、星相类书籍，如：【No.1291】Fr. Clavius 的 *Astrolabium*（《星相学》，1593）；【No.2355】Abraham Ortelius 的 *Theatrum orbis terrae*（《世界概观》，1570）等。历史文献并没有记载这些书籍的来龙去脉，惠泽霖神父只是根据利玛窦等人曾在自己的著作和书信里提及过或使用过而推断的。

另一部分是赫赫有名的"金尼阁藏书"。金尼阁于万历四十一年（1613）离开澳门返回罗马向教廷述职，受命广采西文书籍。在欧洲，他每到一处，都不厌其烦地向所见之人诉说自己的一个神圣愿望：要在中国"建立一座与教廷名称相匹配的图书馆，它将是自教廷向这片遥远土地传去的天主教信仰的一座永久文化丰碑"。他的努力颇有成效：教宗保罗五世从梵蒂冈教皇图书馆为他择选了五百三十四种四百五十七册图书，并馈赠了一千金币；圣洛朗修道院院长捐赠给南京修道院的图书有二十三种二十九册；金尼阁和邓玉函等人还在欧洲其他地方募集图书两百种一百四十三册，又募集到捐款一千金币，不过这批图书装帧不好，他们收到的捐款主要用于委托书商重新装帧，有些做成了合订本，故而总册数少于种数。

金尼阁与其他传教士于1618年携书从里斯本出发，万历四十八年（1620）抵澳门。由于时局变化，内地排教事件频发，这批图书滞留澳门，天启三年（1623）局势稳定后，才陆续运到南堂。此时南京修道院已经关闭，圣洛朗赠书留在南堂。

历史上传说金尼阁募集和购买的图书有七千册之多。惠泽霖神父认为此说不可信，史料记载的捐赠和募款肯定带不回来这么多书籍。惠泽霖神父的结论非常重要：一、所谓金尼阁获得七千册书籍的传闻，直接史料都出现在金尼阁回国之前杨廷筠、李之藻和王徵的书信里，大概率为"道听途说"；二、上述三批图书现存只有六百二十九册，金尼阁带回的书籍与这个数相差不多；三、几百年来，"金尼阁藏书"是中国天主教人的珍宝，受到几代神父的精心呵护，遗损并不严重。

"利玛窦藏书"和"金尼阁藏书"多是著名的"摇篮本"。"摇篮本"（Incunabula）是西方目录学家对十五世纪后半叶欧洲活字印刷文献的称呼，自十七世纪中叶开始成为欧洲收藏界追逐的珍品，被称为"纸上财富"。方杰人先生在《明季西书七千部流入中国考》一文中感叹："人们在整理北堂藏书楼时发现七千部残余数百册……七千部之湮没不彰，又不仅教会蒙受损失而已，我国科学之进步，亦与延迟二三百年，此语或非过当。鉴往察来，国人当之所勉矣。"① 需要指出的是，方杰人等天主教学者对《北堂藏书楼书目》的研究并不充分，他们离开中国大陆前只静心读过法文目录，并不了解《北堂藏书楼书目》全貌，尚不清楚惠泽霖神父的结论。

南堂藏书不只是"摇篮本"，还有后来一些积累。这些图书历经火灾、教案、禁教、耶稣会撤离诸事件后，交到遣使会手中时尚有五百四十六种七百三十八册。

第二章"东堂藏书"。利类思和安文思神父于顺治十二年（1655）建立东堂，曾藏有一些图书，失于火灾，只存十九册，后归南堂。

第三章"北堂藏书"。张诚等那批法国派遣的传教士来华后，于康熙三十二年（1693）修建北堂，设立藏书楼，后移交遣使会。道光七年（1827）禁教后，北堂被拆毁，图书藏匿正福寺。孟振生主教赴西湾子上任时路经正福寺发现藏书，遂派人悄然分批运到西湾子。这批书有的被埋在地下，损毁严重，残余二百九十册。

第四章"西堂藏书"。德理格于雍正元年（1723）建西堂，嘉庆十六年（1811）西堂被拆毁，六十二种一百零二册藏书移至南堂。

第五章"教皇特使嘉乐②主教藏书"。嘉乐主教是教皇继铎罗之后的第二个遣华使，他留下图书五十一种六十册，初藏西堂，后归南堂。

第六章"主教府藏书"。北京主教府设于南堂，有索智能③和汤士选两位主教留下的书籍，前者九十三种一百一十五册；后者二百二十八种五百一十二册。后存南堂藏书楼。

第七章"各地教堂藏书"。天主教在中国许多地方都在住院设有藏书机构，由于教案和禁教，各地教堂陆续关闭，藏书调至南堂。

第八章"移交俄国教团代管"。这一章记述南堂藏书去而复得、少为人知的历史。道光十年（1830）

---

① 方豪：《明季西书七千部流入中国考》，载《方豪文录》，第13页。
② 嘉乐（Carlo Ambrogio Mezzabarba, 1685—1741），意大利人，主教。康熙五十八年（1719）受罗马教廷派遣来华协调"礼仪之争"。
③ 索智能（Polycarpe de Souza, 1679—1757），字睿公，葡萄牙人，1711年入耶稣会。雍正四年（1726）随国王特使来华，乾隆五年（1740）任北京主教。逝于北京。

遣使会撤离都城,北京主教府厕身西湾子,不得已把南堂藏书委托"北馆"(俄罗斯东正教北京教团)代管。鸦片战争后,北京教区移座京城,同时运回西湾子保存的北堂藏书。因南堂已经彻底拆毁,北堂尚有可用房屋,主教府和藏书楼便设于北堂。至英法联军发动第二次鸦片战争之时,经孟振生主教交涉,咸丰十二年(1862)俄罗斯教团终将藏书归还北堂,自此天主教在北京的藏书实现"大一统"——新北堂藏书。光绪十三年(1887)北堂藏书楼建了新址,虽经义和团运动等,仍得以完整保存下来。

惠泽霖神父《北堂藏书楼书目》没有做分类统计,但是他介绍,在他之前狄仁吉[①]神父在俄罗斯东正教教团归还藏书后曾整理过一份书目。惠泽霖把两个书目分别做了统计,狄仁吉书目是藏书分类统计,他自己书目是藏书来源统计:

狄仁吉书目	册数	惠泽霖书目	册数
圣经	205	南堂:教皇保禄五世捐赠	457
教父学	123	南堂:圣洛朗院长捐赠	29
教理	637	南堂:其他捐赠	143
护教	204	南堂:后续收藏	738
教规	305	东堂	13
讲道	300	北堂	290
历史	531	西堂	102
礼仪书	173	嘉乐主教	69
苦行	700	索智能主教	115
哲学	265	汤士选主教	512
地理水文	96	济南住院	82
文学	178	镇江住院	42
数学	378	杭州住院	35
天文和日象	438	淮安住院	43
物理和化学	178	南京住院	67
力学	131	正定住院	16
自然史	148	开封住院	6
医学	308	上海住院	8
语言	120	武昌住院	6
传记	196	绛州住院	75
其他	316	遣使会士	75
总计	5926	佚名	2278
实计	5930	总计	5133

[①] 狄仁吉(Jean Baptiste Raphaël Thierry,1823—1880),法国人,1850 年晋铎,1852 年入遣使会。咸丰五年(1855)来华,在北京教区任职。逝后葬正福寺。

《北堂藏书楼书目》收法文图书七百零九种、拉丁文图书两千四百二十六种、意大利文图书四百零九种、葡萄牙文图书二百一十四种、西班牙文图书一百二十六种、德文图书一百一十二种、希腊文图书五十五种、荷兰文图书二十三种、英文图书十八种、希伯来文图书三种、波兰文图书三种、斯拉夫文图书一种、补遗两种，总共四千一百零一种。

《北堂藏书楼书目》按作者名字的西文字母排序，编排上有一个特点，没有页码，标记栏码，正文和附录都是一页双栏，页码是栏码的一半。此外，随文有八十一幅插图，全是原著扉页的书影。书后有两个索引："人名索引"和"图书索引"。

惠泽霖神父对于北堂藏书研究比较深入，交待也还清楚，然而与现实还是有出入的。比如当下古籍市场偶尔也可见一些北堂藏书，甚至有北堂藏的"摇篮本"。它们流落市井是在惠泽霖整理之前还是之后呢？北堂藏书的钤印一般有三种：Vicariat Apostolique de Pékin & Tche-Ly Nord，Bibliothèque du Pé-Tang（紫色方印）；Bibliotheca，Apost. Pekinehsis, Domus Petang（蓝色圆印）；Bibliotheca Domus S.Salvatoris Peking（红色圆印）。笔者见过有全部三种钤印的几本书，如 *Exercice de Piété pour La Communion*（1811，F. Savy, Lyon），*Lettres Édifiantes et Curieuses*, *Écrites des Missions Étrangères*, *Mémoires de la Chine*（1811，Nocl-Eticnnc Sens, Toulouse），*Leçons de Mécanique*（1861，Dunod Éditeur, Paris），*Cours Élémentaire de Chimie Générale*（1844，Société Encyclographique des Sciences Médicales, Bruxelles），*Biographie Universelle ou Dictionnaire Historique*（1848，J. Leroux, Paris），*La Légende des Siècles*（Victor Hugo, 1859，Nelson, Paris）等，只有第一种惠泽霖神父在《北堂藏书楼书目》里著录过【№.332】，且为 1786 年版本。还见过钤东堂藏书印 Peking Tung T'ang Catholic Mission, Est Salus in Cruce，北京东堂（蓝色圆章）的书籍：*The Abbot*（1820，Thomas Nelson and Sons, London），*Reflections on the French Revolution and other Essays*（Edmund Burke, 1910，L. M. Dent and Sons, London），*The Fair Irish Maid*（1911，Hurst, London）等。钤保定府大修院印 Sbminarium Majus Pao-Ting-Fou（蓝色方章）的书籍：*Histoire de N.-S. Jésus-Christ*，*Exposition des Saints Évangiles*（1864，Librairie de Louis Vivès, Paris）等。尚存一些疑点需要研究，余推测，惠泽霖神父整理书目时，根据自己的判断，有意漏掉一些他认为"价值"不大的书籍，比如雨果的 *La Légende des Siècles*（《历代传说》），可能惠泽霖认为此书藏在北堂藏书楼不合适；其实 1859 年奈尔逊（Nelson）出版的《历代传说》是此书最早版本，在欧洲被视为珍品。

惠泽霖神父在《北堂藏书楼书目》书末写了一段很有意味的话：

昨年 12 月 15 日兵临城下，京都深陷重围，我惶惶中写下这些笔记。幸至当下，藏书楼安然无恙。媾和谈判即启，祈望战火不会再次伤及几代神父留下的这份历史悠久的遗产。

天文地理

> 对于那些固执地维护从自己祖先传下来的错误的人来说，利玛窦神父讲授的地理学和天文学基本原理简直是骇人听闻、不可思议的东西。
>
> ——金尼阁

《江南传教史》里有这样一段记述：

> 耶稣会的上级老早就想继承北京老教区的传统，由博学多才的会士们办一个富有成效的科学和传教相结合的机构。他们派来南格禄、杜惠伯、罗礼思等几位学者神父到中国来就是为此目的。由于江南缺少神父八十多年了，教友无心打理圣事，迫使这个科学计划久推未施。①

南格禄等几位耶稣会传教士抵达上海时，带来了当时欧洲最为先进的天文仪器，准备重操先辈的旧业。

如史式徽所言，南格禄一干人一直忙忙碌碌地在徐家汇大兴土木，蓝图上的教堂、孤儿院、工艺工场、印书馆、修道院、学校、藏书楼逐一付诸实现。南格禄并没有忘记那项科学使命，于道光二十五年（1845）着手筹建天文台，然时做时停，断断续续，进展缓慢。

到了六七十年代，耶稣会总会又物色新人陆续派往上海，前后有刘德耀②、高龙鞶③、能恩斯④等人。同治十一年（1872）上海天文台正式成立，开始气象观测。主持天文台工作的主要是两位法籍神父刘德耀和高龙鞶。他们来华前都有在法国斯通赫斯特天文台工作的经历，在气象学上较为专业。天文台设在肇嘉浜畔，初创时期仅有平房数间，条件简陋，观测工作只能在会士住所东侧的平台上进行。天文台当时分为三个厅，西厅有两间神父的卧室，中厅摆放仪器及进行业务，东厅为图书室。最初这里的天文仪器只有一架气象记录仪、几支寒暑表和气压表，还有高神父自制的测风车。

传教士们来华时带来的仪器，大多都转运到了北方的献县。光绪九年（1883）献县气象台筹建工作中止后，这批珍贵的仪器又被运回了上海。是年上海天文台建成高四十一米的木塔，安装了测风仪。光绪十年（1884）神父们应上海租界当局请求在外滩设立信号台，悬挂气象信球、信旗，为停泊在黄浦江和进出上海港的舰船服务。

光绪二十三年（1897）徐汇天文台编著的《报风要则》是这个时期工作的存证。这本书全名《中国沿海飓风及风暴标号条例》，有四篇，"引言""飓风浅解""小启"和"条例"，附"上海报午时及风信标记专例"，具体地告诉从前对飓风和烈风预报不熟悉的中国人：何为飓风、烈风，了解飓风和烈风对生活和劳作的影响，如何分辨飓风和烈风等级、风信标记级别、信旗及信旗台。编者说明：

---

① J. de la Servière, *Histoire de la mission du Kiang-nan*, tom. II, par. II, chp. I, ii, p. 194.
② 刘德耀（Henri Le Lec, 1832—1882），字斌齐，法国人，耶稣会士。同治四年（1865）来华，在上海董家渡建立气象观测站。光绪八年（1882）逝于芜湖。
③ 高龙鞶（Augustin Colombel, 1833—1905），字镐鼎，法国人，1851年入耶稣会，来华前曾在斯通赫斯特天文台学习天文和气象学。同治八年（1869）来华，同年晋铎，被派往南京筹建天文台，未果，回沪；同治十一年（1872）参与筹备徐汇天文台工作。光绪三十一年（1905）逝于上海。
④ 能恩斯（Marcus Dechevrens, 1845—1923），字慕谷，瑞士人，1862年入耶稣会。同治十二年（1873）来华，光绪六年（1880）晋铎。为徐汇天文台第一任台长，负责气象观测。光绪十三年（1887）返欧。

· 天文地理 ·

《报风条例》一册，上海徐家汇观星台所刊布。盖用以报往来中国沿海口岸之舟人，得以知夏间之飓风，及冬间之烈风者也。由是，停泊之船，借以提防。将出口而未出之船，暂缓行程。即急欲出口起行，亦得有备于波浪之中，不致为风所乘也。西谚有言曰，一人得报，先知危急，胜于不知之二人。其斯之谓欤？

《报风要则》，土山湾慈母堂出版，白纸铅印线装，属"山湾精品"。书中有插图，如飓风形成示意图，还有五颜六色、形状多样的信旗图案，手工设色。

光绪二十五年（1899），耶稣会士们在徐光启墓园东边辟地筹建规模更大的天文台，在第一任台长能恩斯神父主持下于光绪二十七年（1901）建成。新天文台大楼为三层罗马式建筑，主体高十七米，大楼中央为测风塔，顶高四十米，共分三层，为砖木结构。塔上有贝克莱风向风速仪，塔的第二层正面安有大时鸣钟一座。

早在光绪三年（1877）能恩斯神父刚刚到任时，就添置了地磁记录仪，开展地磁学科研项目。除台长的公共事务外，他还主抓磁学部的工作。光绪二十九年（1903）徐汇天文台在外滩信号台东南隅安置地磁记录仪。由于二十世纪初法租界开通到徐家汇的有轨电车对地磁观测有干扰，光绪三十四年（1908）地磁观测部便迁往昆山的陆家浜。

徐汇天文台的雁月飞①神父曾经编撰过一本小册子 *L'Observatoire de Zi-ka-wei, Cinquante Ans De Travaux Scientifiques*（《徐家汇天文台五十年科学工作》，Imprimerie d'Art G. Boüan，Paris，1928），此前，此书内容曾于民国十二年（1923）发表在上海《字林西报》年底专刊上。

《徐家汇天文台五十年科学工作》用五十四幅照片和插图，记述了徐家汇天文台从同治十二年（1873）建立到民国十二年（1923）

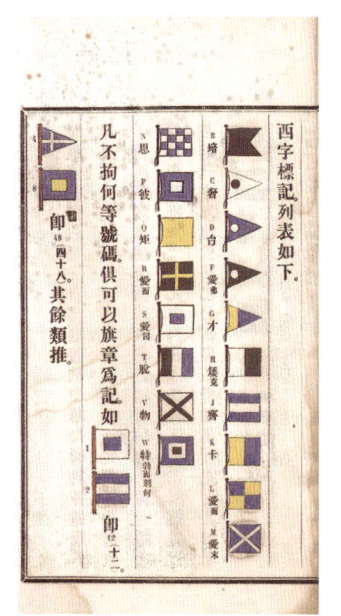

报风要则（扉页和内页）
徐家汇天文台著
四篇　一册
清光绪二十三年（1897）
土山湾慈母堂排印
铅印本　纸本　筒子页　线装
十行二十二字小字双行同
四周双边单鱼尾
开本：26.5×15.5（cm）
半框：20×13（cm）
18 页
插图 14 幅

---

① 雁月飞（Petrus Lejay，1898—1958），法国人，1915 年入耶稣会。民国十五年（1926）来华，民国二十一年（1932）晋铎。专业天重力；民国十五年至二十八年（1926—1939）任徐汇天文台总台长。民国二十八年（1939）回国，为法国科学院院士。

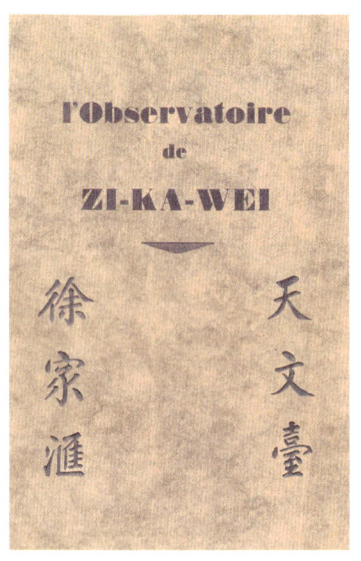

L'Observatoire de Zi-ka-wei, Cinquante Ans De Travaux Scientifiques
徐家汇天文台五十年科学工作
（封面和插图）
［法］雁月飞撰
法文
五篇　一册
1928 年 Imprimerie d'Art G. Boüan，Paris 出版
铅印本　软精装
开本：28.5×22.5（cm）
46 页
插图 54 幅

• 天文地理 •

间的科研工作。第一篇"服务海洋的天文台",第二篇"气象观测研究的天文台",第三篇"授时服务",第四篇"天文观测台",第五篇"地球物理天文台"。还介绍了徐汇天文总台辖属三个分支机构:徐汇(Zi-ka-wei)天文台、佘山(Zô-sè)天文台、绿葭浜(陆家浜,Loh-ka-pang,或 Lu Kia Pang)天文台及三位创始人能恩斯、蔡尚质和马德赍。书后附录"徐汇天文台人员"和"天文台发表的主要成果"。

上海各天文台历任负责人:

徐汇天文台	职 务	时 间	徐汇天文台	职 务	时 间
刘德耀	初创者	1865	蔡尚质	代理台长	1926—1929
高龙鞶	初创者	1872	雁月飞	台长	1930—1939
能恩斯	台长	1876—1887	茅若虚③	台长	1939—1950
广其仁①	代理台长	1887—1888	佘山天文台	职 务	时 间
蔡尚质	台长	1888—1896	蔡尚质	台长	1901—1924
劳积勋②	副台长	1894—1896	葛式④	台长	1924—1931
劳积勋	台长	1896—1914	卫尔甘⑤	台长	1932—1946
田国柱	代理台长	1914—1919	绿葭浜天文台	职 务	时 间
劳积勋	台长	1919—1926	马德赍	台长	1898—1936

蔡尚质(Stanislas Chevalier,1852—1930),字思达,法国人,1871 年入耶稣会,光绪九年(1883)来上海,光绪十八年(1892)晋铎。蔡尚质神父在华有两项成就是人们不应该忘记的。第一,他领衔创建徐汇天文总台及佘山天文台,亲任台长,对中国现代意义上的天文学研究做出卓越贡献。他曾负责国际第一次经度联测上海基点工作,这 基点被列为世界经度三大基点之一。他的论文《赤道带照相星表》,曾获法国科学院奖。第二,他用两年时间考察长江水道,测定长江沿岸五十个城市的经纬度,编制出版《扬子江上游地图集,从宜昌府至屏山县》,为长江开发和利用提供了科学依据。另外,他还娴熟上海本地方言,为教会翻译了一些宣教书籍。

时任《圣教杂志》主编的孔明道⑥撰写了蔡公的传记 Le R. P. Stanislas Chevalier (1852—1930)(《蔡

---

① 广其仁(Bernardus Ooms,1856—1930),字本笃,荷兰人,1877 年入耶稣会。光绪四年(1878)来华,光绪二十一年(1895)晋铎。任职董家渡老堂。
② 劳积勋(Aloiisius Froc,1859—1932),字亦棣,法国人,1875 年入耶稣会。光绪九年(1883)来华,光绪二十一年(1895)晋铎。屡任徐汇天文台台长,兼教徐汇公学和启明女校,杨绛先生在回忆录里多次谈到这位博学的洋神父。民国十五年(1926)因病回国,逝于家乡。
③ 茅若虚(Ludovicus Dumas,1901—1970),法国人,1918 年入耶稣会。民国二十年(1931)来华,民国二十七年(1938)晋铎。次年出任天文台台长,民国三十五年(1946)至 1952 年任震旦大学校长。
④ 葛式(Ludovicus Gauchet,1873—1951),字兴道,法国人,1891 年入耶稣会。光绪三十三年(1907)来华,宣统元年(1909)晋铎,民国十三年(1924)任佘山天文台台长,民国三十五年(1946)留守佘山天文台。1950 年回国。
⑤ 卫尔甘(Edm. de la Villmarqué,1881—1946),法国人,1909 年入耶稣会。民国十一年(1922)来华,民国十二年(1923)晋铎,一直任职于佘山天文台。
⑥ 孔明道(Joseph de Lapparent,1862—约 1947),字鲁光,法国人,1888 年入耶稣会。光绪二十八年(1902)来华,光绪二十九年(1903)晋铎。光绪二十九年至三十二年(1903—1906)担任土山湾工艺工场主任,民国元年(1912)任震旦大学院院长。逝于上海。

Le R. P. Stanislas Chevalier
蔡尚质（封面和插图）
［法］孔道明撰
法文
八章　一册
1937年 Jersey Maison Saint-Louis，Paris 出版
铅印本　平装
开本：24×1.6（cm）
71页　插图1幅

尚质》），1937年由 Jersey Maison Saint-Louis 在巴黎出版。

《蔡尚质》分为八章：第一章，童年和读书（1852—1871）；第二章，宗教生活的初期（1871—1883）；第三章，在中国的学习（1883—1888）；第四章，徐汇天文台（1888—1901）；第五章，佘山天文台（1901—1924）；第六章，各种探索（1924—1930）；第七章，宗教研究；第八章，病魔缠身，离世。书后附有"蔡尚质作品"，一共八十四种著作或论文，绝大部分都是在土山湾出版的，第一部是 *Grande carte de Chine*（《皇朝直省地舆全图》，光绪十三年〔1887〕），最后一部是 *Annales de l'observatoire astronomique de Zo-se (Chine)*（《佘山天文台年报》）。中文的有《皇朝直省地舆全图》（光绪二十年〔1894〕）、《耶稣受难记略方言》（光绪三十三年〔1907〕）、《太阳光圜图，墨子图附》（民国四年〔1915〕）、《太阴图说》（民国十一年〔1922〕）等。

《徐家汇天文台五十年科学工作》一书列举编者认为徐汇天文台最有代表性的科学论作如下：

【气象学】

外　文　名	中　文　名	作　者	发表时间
Parmi les 21 mémoires du P. W. Dechevrens	能恩斯二十一篇论文集	能恩斯	
Le typhon du 31 Juillet 1879	1879年7月31日台风	能恩斯	1880
The typhoons of the Chinese sea 1880	1880年中国海洋之台风	能恩斯	1881
Sur l'inclinaison des vents	关于风之斜度	能恩斯	1881
Les variations de temperature observes dans les cyclones	旋风中温度的变化	能恩斯	
Le movement des couches élevée de l'atmosphère	高空气流运动	能恩斯	1885
L'atmosphère en Extrême-Orient	远东大气	劳积勋	1898
The storms of August	8月风暴	劳积勋	1910
La pluie en Chine	中国的降水	劳积勋	1900—1910

续表

外 文 名	中 文 名	作 者	发表时间
La temperature en Chine	中国之气候	田国柱	1918
Atlas of tracks of 620 typhoons 1893—1918	1893年至1918年620次台风路径图	劳积勋	1920
Typhoons in 1926	1926年台风	龙相齐	1927
La pluie en Chine	中国降水量	龙相齐	1928

【地球物理学】

外 文 名	中 文 名	作 者	发表时间
Observations magnétiques 1876—1927	1876年至1927年地磁观测	能恩斯 马德赉 蔡尚质	1928
Etudes magnétiques，No.1 à 23	地磁研究	马德赉	
Mouvements séismiques des magnetometer à Zi-ka-wei et Loh-ka-pang	徐家汇和绿葭浜天文台地磁记录的地震运动	马德赉 龙相齐	1881
Note de Séismologie	地震学研究	龙相齐	
Typhoons and atmospherics，shipping and Engineering	台风和气流对航运及工程的影响	龙相齐	1925
Réception à Chang-hai des signaux de Bordeaux	从上海接收的波尔多信号	龙相齐	
Recherches Radiogoniométriques sur les typhons	对台风的无线电测向研究	龙相齐	
Les perturbations orageuses du champ électrique	风暴扰乱电场强度	雁月飞	1925
Les perturbations orageuses du champ électrique et leur propagation à grande distance	风暴扰乱电场强度及传播距离	雁月飞	1926

【地理学】

外 文 名	中 文 名	作 者	发表时间
La navigation sur le Haut Yang-tsé	扬子江航道	蔡尚质	1899
Atlas du Haut Yang-tsé	扬子江上游地图集	蔡尚质	1899

【天文学】

外 文 名	中 文 名	作 者	发表时间
Annales de l'Observatoire de Zo-se (Chine)，Tome I à XVII	佘山天文台年报	蔡尚质	1912—1928
Etude photographiques des diamètres du Soleil	关于太阳直径赤道照相研究	蔡尚质	1912

续表

外文名	中文名	作者	发表时间
Comètes observes en 1911	1911年彗星观测	蔡尚质	1912
Etude de la photosphère	光球研究	蔡尚质	
Etude photographique des amas Messier 67、46 et 22	关于第67、46和22号Messier星团的照相研究	蔡尚质	1914
Etude photographique des taches solaires	关于太阳黑子的照相研究	蔡尚质	1913
Recherches sur les taches solaires	太阳黑子研究	蔡尚质	
Tour d'Equateur	赤道星图	蔡尚质 高 均①	1928
Nova Aquilæ	天鹰座新星	蔡尚质	1918
Catalogue d'étoiles observes à Pékin au XVIIᵉ siècle	十七世纪北京观测的星表	乔宾化② 蔡尚质 高 均	1911
La lune texte français et chinois	关于月球的法文和中文文献	蔡尚质 高 均	
1122 étoiles doubles de Herschel	赫歇尔的1122颗双星	田国柱	
Coopération de l'Observatoire de Zi-ka-wei aux mesures mondiales de longitude	徐汇天文台对地球经度的国际联测	蔡尚质 卜尔克 卫尔甘 雁月飞	1926
Catalogue de 14000 étoiles de la zone -0°, 50'à +0°, 50'	赤道带−0°50′～+0°50′中1.4万颗恒星照相星表	蔡尚质	1926
Tables pour observations à l'astrolabe à prisme	棱镜天体观测台	卫尔甘	1927
Petite planète Isara	小行星Isara(365号)	卫尔甘	1928
Perturbations par Jupiter de la planète Gunhild	木星对891小行星的干扰	葛 式	1927
Perturbations generals par Jupiter des planétes don't le movement proper est compris entre 1000 et 1100	木星对小行星的干扰通常在1000至1100千米范围内	卫尔甘	1928

需要特别注意几点：一、徐汇天文台在那个时代与国际天文学界是接轨的，研究人员与国际机构和同行往来密切，他们担纲着国际重大课题的研究，也掌握当时其他的课题研究成果；二、徐汇天文台研

---

① 高均（Kao Kiun，1888—1970），字君平，号平子，别号在园，江苏金山（今属上海）人。光绪三十年（1904）考入上海震旦学院理科修学法文和拉丁文，民国元年（1912）毕业后在佘山天文台进修，师从蔡尚质神父。民国三年（1914）担任震旦学院天象学教授，民国十三年（1924）参加青岛观象台的接管工作，民国十七年（1928）任中央研究院天文研究所研究员。民国三十七年（1948）赴台。逝于台北。
② 乔宾化（Tsutsihashi，1866—1965），字瀛生，原名土桥八前太，日本人。光绪十四年（1888）来华，在佘山天文台从事天文学研究。

究人员的水准不逊于国际同行，他们所列出的科研成果在当年是世界领先的，得到国际组织和同行的公认，即便在今天其论文引用率仍是很高的；三、徐汇天文台的神父和科学家在国际上赫赫有名，他们中许多人是法兰西科学院或梵蒂冈科学院院士，他们的名字经常出现在专业学会领袖名册上；四、徐汇天文台对我国本土天文研究起到引领作用，国民政府的天文机构与徐汇天文台保持紧密学术联系，高均等人离开徐家汇后在中国人自己的天文机构里发挥重要作用；五、徐汇天文台的这些论著有的发表在国际专业期刊上，但绝大部分首发于徐汇天文台的科研杂志，或由土山湾印书馆出版，徐家汇的出版机构见证了他们辉煌的事业；六、第二次世界大战爆发后，徐汇天文台的科研工作停止，其鼎盛不过六七十年光景，战后，日本人抢占的天文研究设备大多被国民政府接收。

徐汇天文台出版物有多种，大部分刊物都在土山湾印书馆出版，主要有：*Bulletin des Observations de Zi-ka-wei*（《徐汇天文台观测公报》），同治十一年至民国二十四年（1872—1935），共六十一卷；*Observatoire Magnetique, Meteorologique et Sismologique de Zi-ka-wei*（《地磁气象和地震观测公报——徐汇天文台观测公报副刊》），同治十一年至光绪三十三年（1872—1907），共三十四卷；*Bulletin Meteorologique et Seismologique de Zi-ka-wei*（《气象和地震观测公报》），光绪三十四年至宣统三年（1908—1911），共四卷；*Annales de l'observatoire astronomique de Zo-se (Chine)*（《佘山天文台年报》），光绪三十三年至民国三十一年（1907—1942），共二十七卷；*Observations magnetiques faites a l'Observatoire de Lu Kia Pang*（《绿葭浜天文台地磁观测报告》），光绪三十四年至民国二十四年（1908—1935），共二十卷；*Zi-ka-wei Observatoire, Calendrier-annuaire*（《天文年历》），光绪四年至民国二十一年（1878—1932），共三十卷；*Bulletin aerologique: Zi-ka-wei observatoire meteorologique*（《徐汇天文台物理气象记录》），民国二十三年至民国三十五年（1934—1946），共十册；*Bulletin Seismologique de Zi-ka-wei*（《徐汇天文台地震公报》），民国十年至民国二十一年（1921—1932），共十二册，等等。这些珍贵的科学杂志，国内除了在国家级图书馆和个别科研院所外，难以见到，不过在国外旧书市场上还能觅得踪迹。

地磁气象观测站（Observatoire Magnétique et Météorologique）是徐汇天文台下设机构，其出版的专业刊物 *Bulletins des Observations*（《地磁气象观测公报》）是《徐汇天文台观测公报》的子刊，创办于同治十一年（1872）；每期内容一般分为三部分：Magnétieme（"地磁"）、Météorologie（"气象"）和 Appendice（"附录"）。这些观测报告都是逐月统计和记录，由台长能恩斯神父签发。他每期撰写导言，对该年的观测情况、地磁和气象的变化，以及他们的工作等作概要说明。

地磁气象观测站也时常出版研究专刊，有见能恩斯神父编写的报告 *Les typhons de Chine 1882*（《1882年中国海洋之台风》），分为两卷，上卷是法文撰写的，Les Typhons des Mers de Chine des Mois de Juillet et Août 1882（"1882年7月8月中国海洋之台风"），下卷是英文撰写的，The Typhoons of the China Seas during the Months of September, October and November 1882（"1882年9月10月11月中国海洋之台风"）。能恩斯神父对中国海洋台风季的台风情况逐月作出分析。此专项分析报告于光绪十年（1884）由土山湾慈母堂刊印。

《徐家汇天文台中国天气报告》（*Zi-ka-wei Observatory, China weather Service*），每日一页，英文、法

Observatoire Magnétique et Météorologique
Bulletins des Observations de 1876
地磁气象观测站 1876 年观测公报
（封面和内页）
徐汇天文台编
法文
三部分　一册
清光绪二年（1876）土山湾慈母堂排印
铅印本　纸本　平装
开本：25×15.5（cm）
239 页

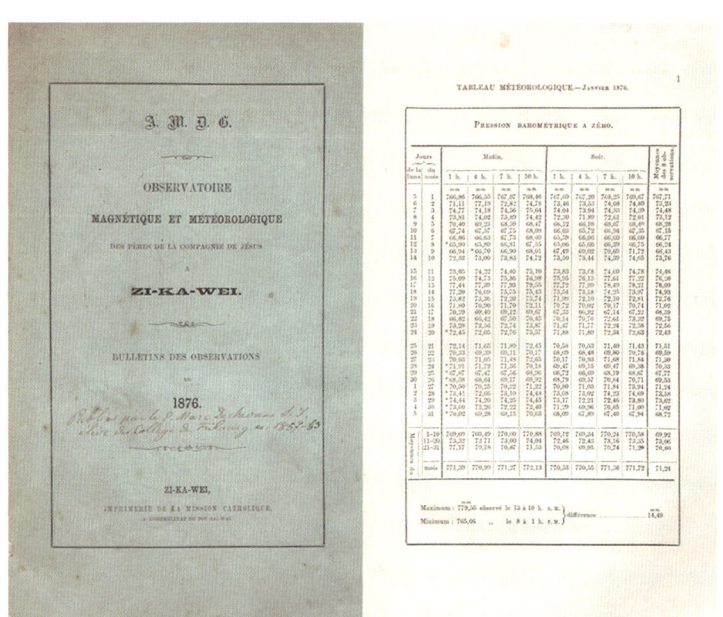

Les typhons de Chine 1882
1882 年中国海洋之台风（内页）
［法］能恩斯撰
法文　英文
两卷　两册
清光绪十年（1884）土山湾慈母堂排印
铅印本　纸本　平装
开本：30×23（cm）
86 页
地图 12 幅

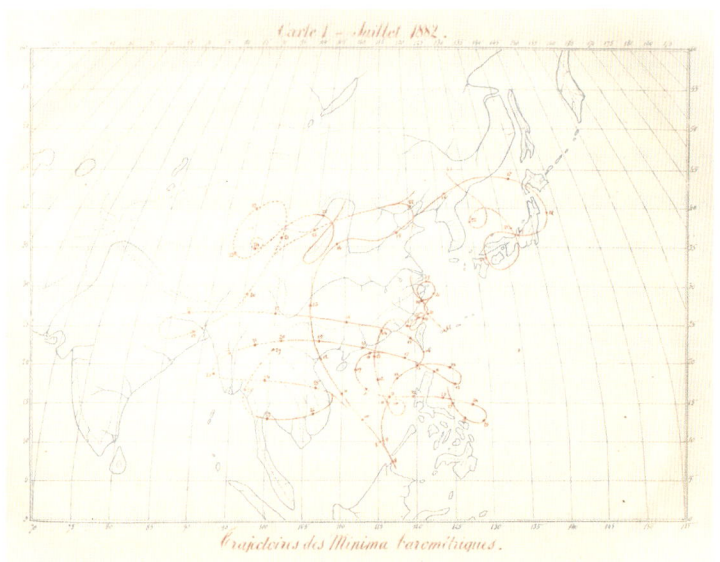

文、中文混用，正面是"高空气象图"，在铅印"中国沿海气象图"底版上覆印标注当日有关数值：高度、温度、湿度、风向、风速等。背面是"中国天气测候表"，记录范围从堪察加半岛到中南半岛沿岸。

《徐家汇天文台中国天气报告》非公开出版物，仅仅是天文台工作资料，散页，夹板辑册，每季一夹。印数极少，纸质较差，留存不多。

《佘山天文台年报》，每一期通常有蔡尚质台长或者雁月飞神父写的导言，然后各部门主要负责人介绍所辖工作。以民国十六

· 天文地理 ·

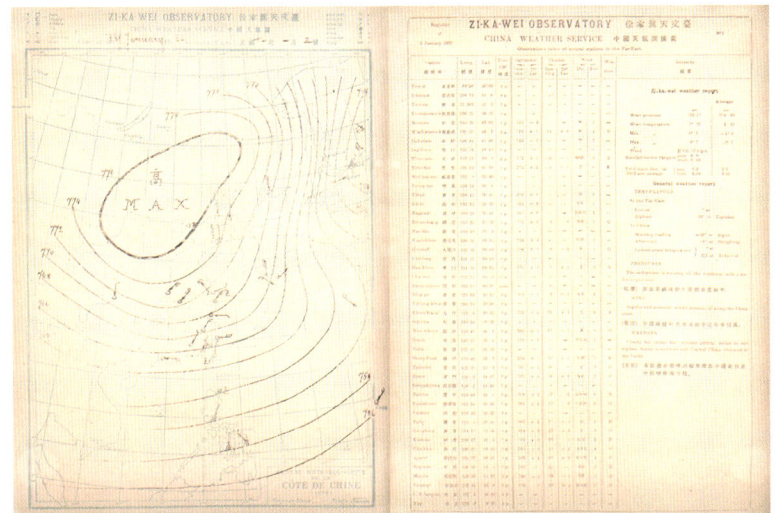

Zi-ka-wei Observatory, China Weather Service
徐家汇天文台中国天气报告（内页）
徐家汇天文台编
英文　法文　中文
民国十一年（1922）第一季度
铅印本　纸本　散页夹板
开本：29×23.3 (cm)
91 页　图表 91 幅

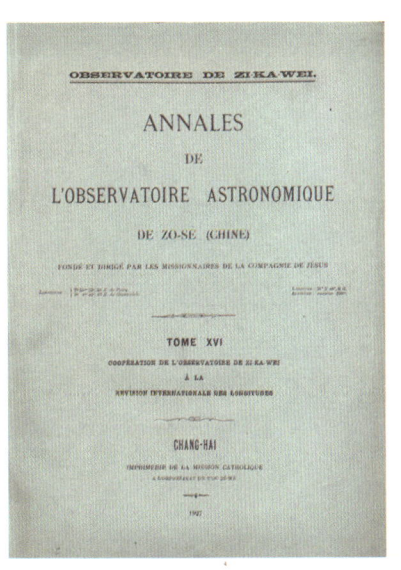

Annales de l'observatoire astronomique de Zo-se (Chine)
佘山天文台年报（封面和插图）
徐家汇天文台编
法文
第十六卷　一册
民国十六年（1927）土山湾印书馆排印
铅印本　纸本　平装
开本：31×24.5 (cm)
156 页
照片 13 幅　插图 12 幅

年（1927）出版的第十六卷为例，第一部分主题是佘山天文台设备，第一章是卜尔克①写的"通用仪器"，第二章是雁月飞写的"无线电波接收仪"，第三章是蔡尚质与其他两位共同写的"天文观测仪器"。这一部分有仪器照片和天文台工作照。第二部分主题是观测方法和结论，雁月飞撰写，有三章，都是观测数据、计算公式和统计表格，甚为专业，不学难述。

　　光绪十八年（1892）徐家汇天文台台长蔡尚质神父发起成立上海气象学会（*Shanghai Meteorological Society*），这个学会每年出版一期年度报告。身为会长，蔡尚质神父在第一年年度报告

---

①　卜尔克（Mauritius Burgaud，1884—？），法国人，1902 年入耶稣会。民国十一年（1922）来华，次年晋铎。任职于徐家汇天主堂和徐家汇天文台，主持地磁和授时观测。1953 年回国。

Shanghai Meteorological Society, First Annual Report for the Year 1892
上海气象学会1892年第一年年度报告
（封面和内页）
［法］蔡尚质撰
英文
四篇 一册
清光绪十九年（1893）土山湾慈母堂排印
铅印本 纸本 平装
开本：25.5×16.3（cm）
50页
图表10幅

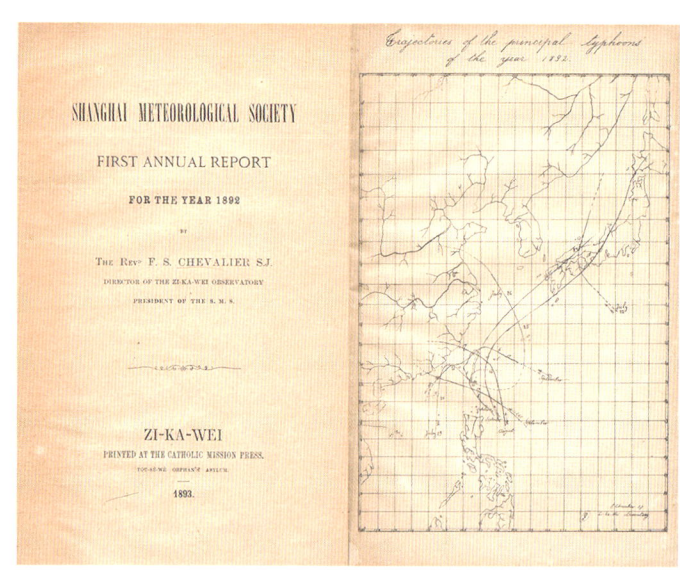

Shanghai Meteorological Society, Fourth Annual Report for the Year 1895
上海气象学会1895年第四年年度报告
Essay on the Variations of the Atmospheric Pressure Over Siberia and Eastern Asia, During the Months of January and February 1890
1890年1月2月西伯利亚及东亚气压之变化
（封面和内页）
［法］蔡尚质撰
英文
一卷 一册
清光绪二十二年（1896）土山湾慈母堂排印
铅印本 纸本 平装
开本：25.5×16.3（cm）
102页
图表120幅

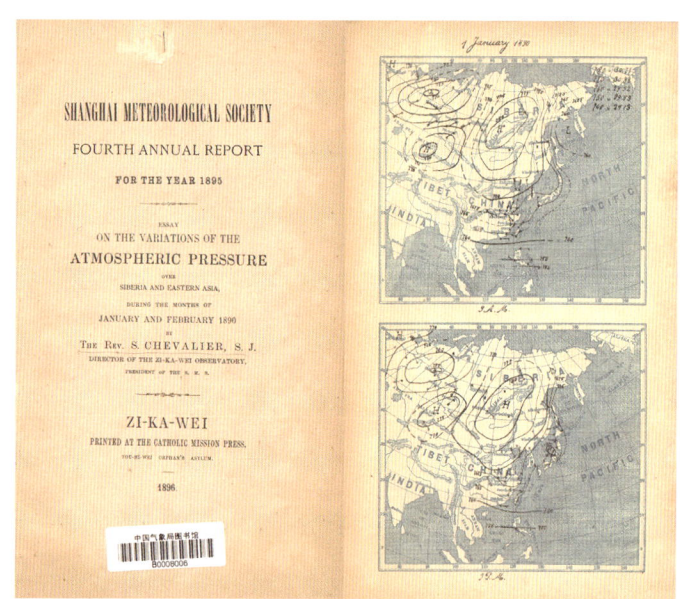

里，除了回顾这一年天气基本情况外，还有两篇主题论文：*On the International Nomenclature of Clouds*（《云之国际命名法》）和 *Fogs along the Northern Coast of China*（《中国北部沿海之雾》）。

光绪二十年（1894）第三年年度报告的主题论文是 *Essay on the Winter Storms on Coast of China*（《中国沿岸之冬季风暴》）。蔡尚质神父讨论了何为冬季风暴，冬季风暴形成的源头，气旋轨迹，超级气旋的高度和强度，超级气旋给中国沿海地区带来的灾害之特点等。

光绪二十一年（1895）第四年年度报告的主题论文是 *Essay on the Variations of the Atmospheric Pressure Over Siberia and Eastern Asia, During the Months of January and February 1890*（《1890年1

月 2 月西伯利亚及东亚气压之变化》），详细介绍了报告期西伯利亚、蒙古、俄罗斯远东、朝鲜、日本以及中国东北气压变化状况。

笔者只见过三期《上海气象学会年度报告》，就形式来看不过是例行报告，带有浓浓的科学之"繁琐"，但对于气象科学来说是很重要的史料。

龙相齐①神父撰写的 Atlas Thermométrique de la Chine（《中华民国气候图解》），从印制角度看，可谓徐家汇天文台出版的优秀书籍之一，开本宏大，套色精准。龙相齐神父逐一分析了十二个月里中国各地气候变化的特点和成因，以及寒期和暑期的平均温差。他以一位科学工作者的精神严谨地说明："西历一九一八年，田国柱②司铎曾著《中国之气候》一书出版，本书之作，即所详该书之不足，更图表而补充之……中国现有之观测台为数过少，不足以保证木图指数之绝对准确。"

龙相齐神父在地震研究上也有所长，Observatoire de Zi-ka-wei, Notes de Séismologie（《徐家汇天文台地震记录》）第八期专刊，发表了他撰写的 Houle et Microséismes sur la Côte de Chine（《中国海岸的涌浪和微震》），主要是震波图表。后由土山湾印书馆于民国十六年（1927）出版。龙相齐记录和分析了民国十二年至十五年（1923—1926）间太平洋几次地震时，他在中国东部沿海（长山列岛等地）观测到的涌浪和微震情况。

围绕徐家汇天文台的业务，土山湾印书馆出版了气象、天文、地震、历法等方面的书籍，是这个时期徐家汇科学文献出版的特色。

马德赉③是绿葭浜（陆家浜）天文台台长，专业从事地磁

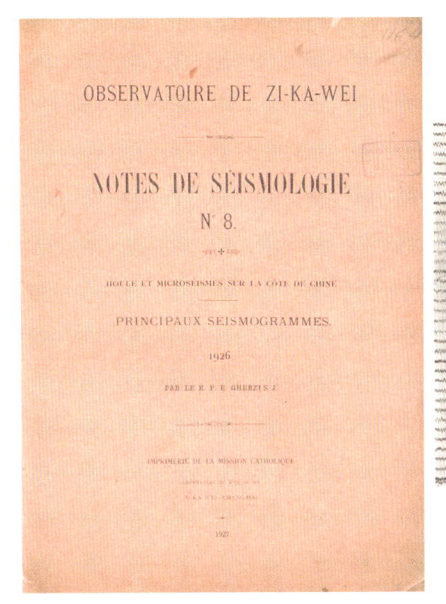
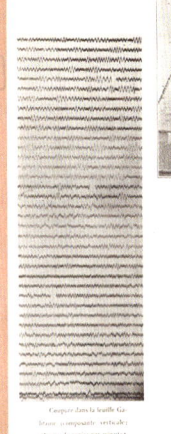

Observatoire de Zi-ka-wei, Notes de séismologie, N°8.
徐家汇天文台地震记录　第八期
Houle et Microséismes sur la Côte de Chine
中国海岸的涌浪和微震（封面和内页）
［法］龙相齐撰
不分卷　一册
民国十六年（1927）土山湾印书馆排印
铅印本　纸本　平装
开本：31.5×24.8（cm）
12 页　图表 6 幅

---

① 龙相齐（Ernestus Gherzi，1886—1973），法国人，1903 年入耶稣会。宣统二年（1910）来华，民国九年（1920）入徐家汇天文台，民国十年（1921）晋铎。1953 年回国后曾任梵蒂冈科学学院院士。
② 田国柱（Henricus Gauthier，1870—1949），法国人，1892 年入耶稣会。光绪三十一年（1905）来华，宣统元年（1909）晋铎。任徐家汇天文台台长。民国八年（1919）回国。
③ 马德赉（Josephus Tardif De Moidrey，1858—1936），名德，字赉，（译名以天文台相关档案记录为依据）法国人，1876 入耶稣会。光绪十五年（1889）来华，光绪二十三年（1897）晋铎。

Note of the Climate of Shanghai
上海气象记录（1873—1902）（封面）
［法］马德赉撰
英文
九章　一册
清光绪三十年（1904）
上海东方印书馆排印
铅印本　平装
开本：18.5×12.5（cm）
39页　图表43幅

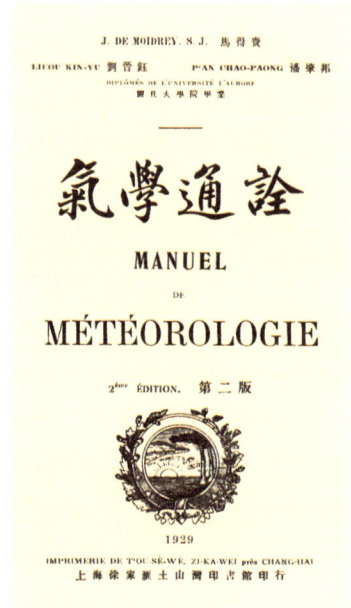

气学通诠（封面）
［法］马德赉著
［中］刘晋钰、潘肇邦译
四卷　一册
民国十八年（1929）
土山湾印书馆排印
铅印本　纸本　精装
开本：22.3×14.9（cm）
209页　插图66幅

观测与研究，撰写过 Note of the Climate of Shanghai（《上海气象记录（1873—1902）》），分九章介绍了徐家汇天文台建台近三十年来上海的"气温""气压和气旋""湿度""云雾""雨量和落雪""风向""臭氧""健康状况""1902年磁值"。马德赉为这本英文小册子绘制了四十余幅图表，他把这本书交给上海东方印书馆，光绪三十年（1904）出版。这是中国最早出版的此类综合性分析报告，甚为罕见。

他另著有《气学通诠》（Manuel Météorologie），一部比较专业的气象学专著。首卷"温度释要"，讲述温度测验、温度变化、温度分布、日射测验等；卷二"空气释要"，讲述空气压力、气压变景、占风、风和气压分布；卷三"空中汽解"，讲述空气的燥湿、云象、气象别状、测雨、暴风雨、挂龙；卷四"天象杂志"，包括天象杂说、寻常现象之观察、自记机解、簿记及平均数记算法、蒙气高处探讨、中国境内气象之近况、设备气象台论等。

此书有大量图示和插图。五篇补遗很实用："气象台价值""法华气学字典""华法气学字典""常用表式""常用表式解"。

除了专业书之外，他的两本法文著作《中国各州府基督信众分布图》和《天主教在中国高丽日本六百年铎阶制度》还被收入著名的"汉学丛书"。

黄伯禄不是徐家汇天文台的科研人员，不过土山湾印书馆出版过他的几部天文地理著作，如 Catalogue des Tremblements de Terre Signalés en Chine（《中国大地震目录》）法文版，于宣统元年（1909）出版，列为"汉学丛书"第二十八种。这本书记载了从公元前1767年至公元1895年间中国发生的三千三百二十二次大小地震，是中

• 天文地理 •

国历史上第一本独立的地震专著。中国地质学泰斗翁文灏[①]先生二十世纪二十年代研究过甘肃地震问题，编辑《甘肃地震表》时曾将黄伯禄这部著作作为主要的参考资料，并将其简称为中国地震"法文表"。黄伯禄著《中国大地震目录》对于中国地震学的贡献是显而易见的。

黄伯禄还编写过一本《中西历日合璧》，也就是公历与农历对照本，现在看来此书没有什么太多意思，在当时却是很实用的工具书。自从徐光启、汤若望等人编纂《崇祯历书》以来，中国历法基本与世界接轨，传教士们每年都要核校修订。光绪三十年（1904）土山湾印书馆出版《中西历日合璧》的英文本 A Notice of the Chinese Calendar and a Concordance with the European Calendar。黄伯禄逝于宣统元年（1909），次年，光启社把他的这部著作的法文本 Concordance des Chronologies Néoméniques Chinoise et Européenne 列为"汉学丛书"第二十九种出版。书前有"汉学丛书"编辑部写的加了黑框的"告读者"：

黄伯禄神父本打算为这部著作写一篇有关中国历年的重要导言，因他的离世，只留下未及修改的草稿。1909 年 10 月 8 日，他平静、虔诚地在徐家汇家中去世，鞠躬尽瘁。

作者从前用拉丁文撰写过序言。我们原原本本将其译为法文，

A Notice of the Chinese Calendar and a Concordance with the European Calendar
中西历日合璧（扉页）
〔清〕黄伯禄著
英文　中文
不分卷　一册
清光绪三十年（1904）
沪西徐汇书坊排印
铅印本　纸本　平装
开本：23.4×15.3（cm）
124 页

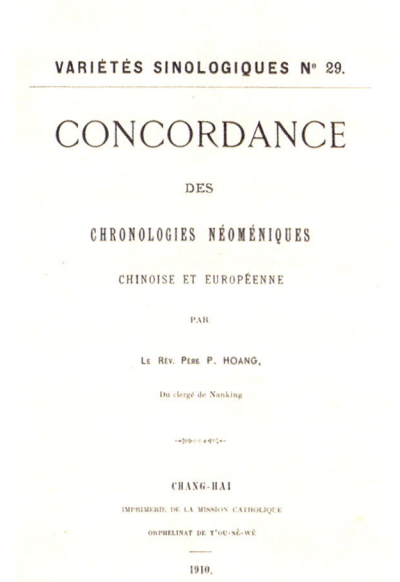

Concordance des chronologies néoméniques chinoise et européenne
中西历日合璧（封面）
〔清〕黄伯禄著
法文　中文
不分卷　一册
"汉学丛书"第二十九种
清宣统二年（1910）土山湾慈母堂排印
铅印本　纸本　平装
开本：24.5×17（cm）
569 页

[①] 翁文灏（1889—1971），字咏霓，浙江鄞县（今宁波市鄞州区）人，徐汇公学毕业后旅欧留学，专攻地质学，获鲁汶大学博士学位。民国元年（1912）回国，创办地质调查所，任教北京大学、清华大学。民国三十七年（1948）任国民政府行政院院长，1949 年赴法，1951 年回国，任全国政协委员等。

只做了必不可少的技术性修改。《中西历日合璧》出版不可再拖延了，它对有志研究中国历史的人会很有帮助。黄伯禄神父在序言里对此书的使用已经做了必要的解释。

汉学丛书编辑部，1910年1月1日于徐家汇

黄伯禄的这本《中西历日合璧》起始时间是姬周共和元年（公元前841），迄至"大清癸卯年"（2023）①，其中仅宣统纪年就排满了一个甲子。按照传教士们对大清王朝千年基业之信心，恐怕我们今日还留着辫子吧！

"上知天文，下知地理，文经武律，以立其身。"天文与地理知识不仅是中国经世之才所必知，对西洋人来说也是格物致知的襟连之学。

利玛窦首次见万历皇帝呈送的礼物中，吸引神宗朱翊钧眼球的当是那套《坤舆万国全图》。

现存《坤舆万国全图》原刻本有六幅，分别藏于梵蒂冈图书馆、美国贝尔图书馆、日本京都大学、日本宫城县图书馆、日本内阁图书馆和巴黎私人收藏。中国只在南京博物院有一摹本。

1938年梵蒂冈图书馆出版了一部非常重要的书籍，著名天主教史学家、意大利耶稣会士德礼贤②用意大利文译注的 *Il Mappamondo Cinese*（《坤舆万国全图》），这是目前可见最权威、最完整的版本。德礼贤的译作依据的是梵蒂冈图书馆所藏万历三十年（1602）北京刻本。

民国三十六年（1947）方豪先生曾写过《梵蒂冈出版利玛窦〈坤舆万国全图〉读后记》，详细介绍了德礼贤这部著作。他记述当时中国只有一本《坤舆万国全图》，他和雷永明神父跑遍半个北京城，才在意大利驻北平领事馆见到此书。1940年梵蒂冈赠送一部精装本给日本昭和天皇，作为日本开国两千六百年纪念的贺礼。

方豪先生讲："本书优点，在将前人研究成绩，全部采入；中国、日本、伦敦、巴黎所藏利玛窦《世界地图》，亦都有摄影，颇便稽考。"他也指出了德礼贤著作之不足：利玛窦绘《坤舆万国全图》依据参考的世界地图是奥代理③的 *Theatrum Orbis Terrarum*（《寰宇大观》），北堂藏书楼藏有明代传教士们使用过的《寰宇大观》1570年、1595年两种版本，二者有所不同。德礼贤有条件进入北堂藏书楼，自称在未加整理的故纸堆里拣阅了这两种版本的《寰宇大观》，而他在自己著作里却将二者混淆，把后者当作前者加以引用、评论。④

德礼贤这部意大利文著作分为三卷。

第一卷"先贤史记"（Saggio Storico）。第一章"《坤舆万国全图》的作者利玛窦（1552—1610）"，介绍利玛窦进京之前在广东、南昌、南京的经历。第二章"传教士科学工作"，讲述了中国人对"天"的原

---

① "汉学丛书"本编至大清庚子年（2020）。
② 德礼贤（Pascal M. D'Elia，1890—1963），意大利人，1904年入耶稣会。民国元年（1912）来华，民国十三年（1924）晋铎。历史学家，徐家汇光启社员。其名著《中国天主教传教史》有中文本；民国三十一年（1942）编辑出版《利玛窦全集》。
③ 奥代理（Abraham Ortelius，1527—1598），比利时人，1564年绘制地图册 *Theatrum Orbis Terrarum*（《寰宇大观》），被认为是现代地图开创者。
④ 参见方豪：《梵蒂冈出版利玛窦〈坤舆万国全图〉读后记》，载《方豪文录》，第263—266页。

• 天文地理 •

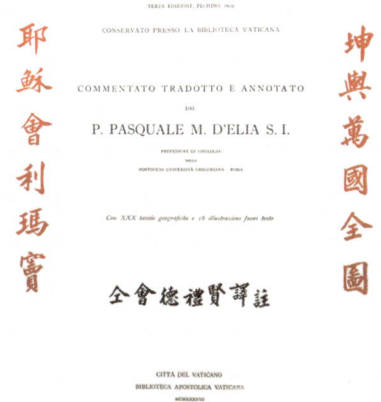

Il Mappamondo Cinese
坤舆万国全图（封面和插图）
［意大利］德礼贤译注
意大利文
三卷　三册
铅印本 + 影印本　纸本　线装
1938年罗马梵蒂冈图书馆出版
Citta del Vaticano，Bibloteca Apostlica Vaticana
开本：56.5 × 45（cm）
274 页
插图 1 幅　地图 47 幅

本认识，利玛窦与中国文人最初的交往。第三章"初绘地图（1584—1596）"，介绍利玛窦在肇庆、韶州、南京、苏州、南昌、建安等地期间阅读的一些中国舆地和方志书籍，如《大明一统志》《山海舆地图》等，以及得到徐光启、李之藻等的帮助，绘制《山海舆地全图》。第四章"第二次绘制地图（1600）"，介绍利玛窦在南京重新绘制《山海舆地全图》。第五章"第三次和第四次绘制地图（1602，1603）"，利玛窦万历二十九年（1601）进京觐见皇帝，随身携带欧洲地图，中国文人为地图作序，与李之藻合作完成第三稿；后赴杭州，在李之藻等人帮助下完成第四稿以及地图的刊印。第六章"利玛窦地图贵州刊本（1604）"，郭青螺在贵阳刊刻利玛窦地图，有郭青螺写的序，以及"四千载后 太西国利生特山海舆地全图 入中国"①标题。第七章"殿本地图（1608）"，李应试在北京负责完成宫廷摹绘本。第八章"利玛窦地图基础资料"。第九章"梵蒂冈图书馆藏利玛窦地图，一些细节与其他版本差异"，德礼贤考证其为万历三十年（1602）与李之藻合作的刊本。第十章"利玛窦地图的圆锥投影绘制方法对中国地图的影响"，主要介绍中国古代测绘地图的方式以及后来的进步，篇幅最大，引据大量中国古代文献。第十一章"利玛窦地图的开创性"。第十二章"坤舆地图与利玛窦的传教理念"。

第二卷"地图籍册"（Tavole Geografiche）。德礼贤编纂他当时所知世界各地收藏的利玛窦地图：一、梵蒂冈图书馆，二、东京帝国大学图书馆，三、伦敦地理学会，四、北平历史博物馆，五、北平私人（Sig. Nicolas）收藏。梵蒂冈图书馆所藏利玛窦地图没有设色，德礼贤在书中提供藏图有两种：历史遗留的原件和重新整修图。后者套印了意大利语译文。他还把梵蒂冈的藏图按经纬分成二十四个局部区块：美洲东部、东北部、东南部、中部、北部、亚洲中部、东南部、欧洲中部、东部、非洲东北部、南部等大比例尺局部区块。

第三卷"题记疏解"（Note Alle Tavole Geografiche）。利玛窦《坤舆万国全图》原图的四周有大量文字，如利玛窦的自序，李之藻、陈民志、杨景淳、祁光宗的题跋等。地图上还有图解，利玛窦署名的两篇有全图说明和"论地球比九重天之星远且大几何"；还有一些知识性说明，"九重天说""天地仪""四行论""昼夜""量天尺""日月食""中气""南北两半球""太阳出入赤道纬度表""横度里数表"等。德礼贤放大地图的二十四个局部，目的是让读者看清楚地图上的文字。然后他逐行逐字疏解这些文字。德礼贤在这卷里力求解释和厘清序跋里所提及的中国士大夫的宇宙观在中国文化传统中的脉络，同时也找来一些欧洲古地图，佐证利玛窦的《坤舆万国全图》与西方人世界观之关联。

一张地图，改变了中国历史，也改变了世界发展进程。

《坤舆万国全图》之后，传教士在中国完成的重要坤舆图册还有《皇舆全览图》和《乾隆内府舆图》。《皇舆全览图》始制于康熙四十七年（1708），历经十载完成。民国时期辅仁大学德籍教授福华德曾经出版过研究《皇舆全览图》的专著。

《乾隆内府舆图》完成于乾隆十一年（1746）。那年法国传教士蒋友仁②为乾隆皇帝完成修建圆明园大水法后，又领旨为《大清一统志》绘制地图。乾隆"令在朝修士，将大清一统地舆及沿革之疆域，加工

---

① 原标题如此。
② 蒋友仁（Michel Benoit，1715—1774），又称蒋弥格尔，字德翊，法国人，1737年入耶稣会。乾隆九年（1744）来华，供事乾隆朝廷，制造大水法、望远镜等；刻铜版舆图和《西师战功图》。

绘成图册，令蒋友仁镌为铜版。友仁遵旨刊刻。刊成铜版一百零四片，每片刷印百张，共计一万零四百张，装潢成套，奏呈御览。上悦"①。这些地图后来被蒋友仁寄回法国，路易十五颁库银刊印。

继往开来，"道光季"传教士秉承利玛窦先业，在中国近代地理学上做了许多有益工作。清末民初在这方面贡献之大者首推夏之时神父。夏之时（Aloysius Richard），字建周，法国人，生于1868年，1887年入耶稣会，光绪二十八年（1902）来华，光绪三十一年（1905）晋铎，曾任震旦大学图书馆馆长，民国三十七年（1948）前后逝于上海。著有 Géographie de l'Empire de Chine（cours supérieur）（《法文中国坤舆详志》）等著作，并绘有 Grande Carte des 18 Provinces（《中国十八省全图》，土山湾慈母堂光绪三十一年〔1905〕）。

《法文中国坤舆详志》就是《中国坤舆详志》的法文版，扉页有中文书名《法文中国坤舆详志》。该书分为两部分：第一部分"十八省"，五卷，"北部""中部""南部""沿海"以及"政治和经济地理"；第二部分"中国藩属地"，六卷，"满洲""蒙古""新疆""西藏""朝鲜""台湾"。

此书放在今天来看内容平平淡淡，但作为一部工具书还是非常实用的。附录有"十八省地名索引""中国道台列表""中国城镇名称索引""汉字地名索引""文武官称""总索引"等。

夏之时神父为自己的著作绘制了不可缺少的五十一幅地图，其中随文地图十五幅，插页地图三十五幅，插袋后附彩色地图一幅，即《中国十八省全图》。

《中国坤舆详志》在中国近代是非常有名的地理著作，当时很多读书人可能不知道夏之时是传教士，却很可能读过他的书。

爱尔兰传教士甘沛澍对土山湾印书馆英译作品有着特殊贡献，他不仅对夏之时名噪一时的著作进行了英译，如 Comprehensive Geography of the Chinese Empire and Dependencies（《中国坤舆详志》）和 Large Map of the 18 Provinces（《中国十八省全图》，土山湾印书馆光绪三十四年〔1908〕），还是禄是遒的 Recherches sur les superstitions en Chine（《中国迷信研究》）英文本的主要编译者。

光绪三十四年（1908），甘沛澍完成翻译《中国坤舆详志》的副产品，编纂了一部英文新书 A List of the Cities, Towns and Open

Géographie de l'Empire de Chine
（*cours supérieur*）
法文中国坤舆详志（封面）
［法］夏之时撰
法文
两部　一册
清光绪三十一年（1905）
土山湾印书馆排印
铅印本　纸本　平装
开本：20.6×14.3（cm）
564页
地图51幅

---

① 樊国梁：《燕京开教略》，中篇，第73页。

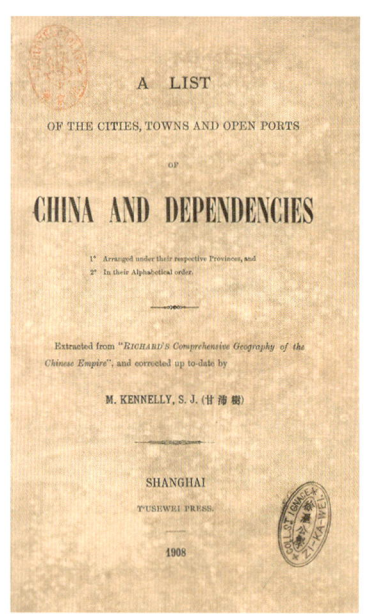

A List of the Cities, Towns and Open Ports of China and Dependencies
中国府厅州县名和开放口岸合表
（封面）
［爱尔兰］甘沛澍编
英文
两卷　一册
清光绪三十四年（1908）
土山湾印书馆排印
铅印本　纸本　精装
开本：25.5×16（cm）
83 页

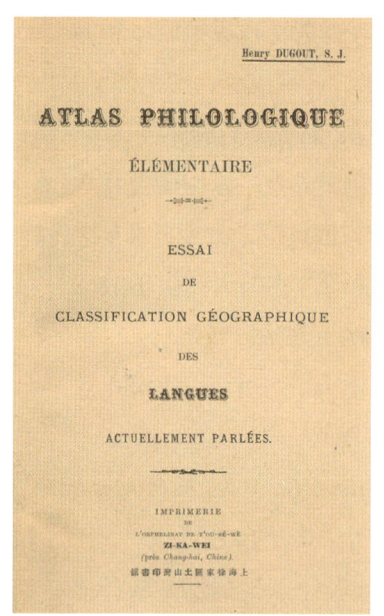

Atlas philologique élémentaire, Essai de classification géographique des langues
基础语史学地图集——语言地理分类（封面）
［法］屠恩烈撰
法文
四部分　一册
清宣统二年（1910）
土山湾印书馆排印
铅印本　纸本　精装
开本：25.3×16（cm）
104 页
地图 15 幅

Ports of China and Dependencies（《中国府厅州县名和开放口岸合表》）。

此作不是地图册，而是地理类资料性工具书，一本中国地理名册。第一部分中文在前，罗马字母注音在后，有三个表格：中国十八省各省城镇名称、满洲城镇名称、新疆城镇名称。第二部分，罗马字母注音在前，中文在后，述中国城镇及开放口岸。

专注于地理研究的屠恩烈①神父撰写过土山湾印书馆出版的地理类书籍中最为专业的一本，*Atlas philologique élémentaire, Essai de classification géographique des langues*（《基础语史学地图集——语言地理分类》）。

这部出版于宣统二年（1910）的著作，分为四部分。第一部分"语言大致分布"，欧洲、比利时、瑞士、俄国、高加索、日本、中国、印度支那、印度半岛、西亚、阿拉伯、非洲、北美和中美洲、南美洲、大洋洲。随文插有十五幅彩色地图，并大致统计使用各种语言的人口数量。第二部分"从种族角度看语言一般分类"。第三部分"祖语及其扩散"（les langues maternelles, les plus répandues）。第四部分是索引。

《基础语史学地图集》与世界通行的语言分类方法完全不同，当是屠恩烈一家之言，作为史料还是有一定参考价值的。

屠恩烈来华两年便出版了这部论作，考虑到来华时已经三十三岁，他在法国时应该就在地理研究上有一定功底和成就。屠恩烈还编撰过《江苏省地图》（"汉学丛书"第五十四种）和《耶稣会司铎和修士名录》。

---

① 屠恩烈（Henricus Dugout，1875—1927），字克谦，法国人，1902 年入耶稣会。光绪三十四年（1908）来华，在徐家汇大修院、罗家湾、崇明等教区任职。

• 天文地理 •

清末民初坤地舆图类书籍篇幅最大的要属龚柴、徐劢、许彬合编的《五洲图考》。问渔先生担任主编的《益闻录》，办得像一份同仁刊物，在其开辟的《五洲图考》专栏，龚柴先生撰写亚洲和欧洲部分，徐劢先生撰写中国部分，许彬先生写非洲、墨洲（即美洲）和澳洲部分。后辑集成册，即《五洲图考》。初版于光绪二十四年（1898），上海徐家汇印书馆石印；有光绪二十八年（1902）修订本。

问渔先生为《五洲图考》写了洋洋洒洒的长篇序言，采白先生自作序。问渔先生曰：

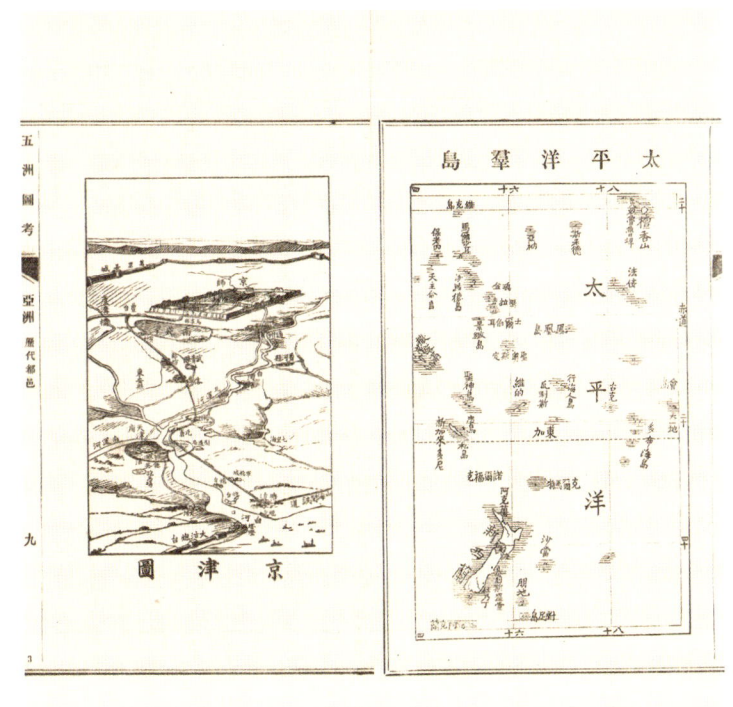

五洲图考（插图）
［清］龚柴、徐劢、许彬合编
五卷首一卷　四册
清光绪二十四年（1898）
徐家汇印书馆排印
铅印＋石印本　纸本
筒子页　线装
十行四十字白口四周双边单鱼尾
开本：26.4×15.6 (cm)
半框：20×13 (cm)
289 页
地图 86 幅　插图 4 幅

327

圣贤教天下，仰观天文之外，又必俯察夫地理。以故禹贡纪要、荒周官志、职方周牌，设四隤之喻，邹衍创九州岛之说，舆地之学，由来尚矣……昔利玛窦、艾儒略、高一志、南怀仁诸公，自驻足中华，即以传授西学为己任，于是博采群言，闭门著述，有《空际格致》《职方外级》《表度说》《坤舆图说》等书付梓行世。当时名公卿争先快睹，脍炙一时，是中国有全球图考，自西教士始也。惟是学问之道，愈求愈博，愈考愈精。而地舆一学，亦今之详胜于古之略矣。

《五洲图考》首卷是"地理总论"，然后分五个部分介绍亚洲、欧洲、墨洲（美洲）、非洲和澳洲的地理知识，其中亚洲部分非常详细，澳洲最为简单。《五洲图考》载有各洲总图，以及主要国家分图、中国各省分图，共有八十六幅地图，其中三分之一是跨页拉图。地图册的价值当然在于地图，但是《五洲图考》的地图绘制精细度不高，然解说比较详备，不仅介绍了地理概貌，还简述了国家地理的形成历史。

从印制角度说，《五洲图考》是"山湾精品"。

与地理书籍相关联，土山湾印书馆印制的地图当年在上海滩也有一席之地。地图不如书籍易于保存，国内各家图书馆很少藏有土山湾印书馆印制的地图。就市面可见而言，土山湾印书馆出版的地图大致可以分为两类：教区地图和学术研究所用地图。

【教区地图】

早年神父们每到一地，首先搜集当地地图，不仅为了熟悉周围情况，更多是考虑传教机构设置的合理性和便利性。遗存的神父使用过的地图可以证实，地图上圈圈点点、一勾一线，大多标注教堂、修院等场所与附近城镇和村庄的道路、河流、桥梁、山丘以及彼此距离等。当然更有价值的是神父们自己绘制的地图，早期多见费赖之、夏鸣雷、陈士谦、方殿华、屠恩烈、马德赉等人的作品。

费赖之在光绪四年至五年间（1878—1879），曾经详细绘制了上海周边府县地图，如 Song-kiang fou, Fong-hen hien（《松江府奉贤县地图》）；Song-kiang fou, Nan-hoei hien（《松江府南汇县地图》）；Song-kiang fou, Tsing-pou hien（《松江府青浦县地图》）；Song-kiang fou, Hoa-ting hien（《松江府华亭县地图》）等。都由土山湾慈母堂印刷，单色石印。

夏鸣雷神父留下的地图种类不多，绘制得很精细，笔者藏有他的 Section de Tsong-ming, 1885—86（《崇明教区地图，1885—1886》，光绪十二年〔1886〕石印。见 330 页）和 Carte de Hai-men, 1887—89（《海门教区地图，1887—1889》，光绪十六年〔1890〕石印，设色。见 331 页）。

陈士谦[①]神父绘制的地图比较专业，如 Essai de carte de la province du Ngan-hoei（《安徽省测绘图》，光绪十四年〔1888〕石印，设色。见 332 页）；Carte de la section de Sou-tseu, 1885—1886（《苏州教区地图，1885—1886》，光绪十四年〔1888〕石印，设色。见 333 页）；Essai de carte du T'che Tcheou fou（《池州府测绘图》，光绪十四年〔1888〕石印，设色。见 334 页）、Tchang-tcheou fou（《常州府地图》，光绪十五年〔1889〕石印，设色）等。

民国年间土山湾印书馆出版的地图里影响最大、使用最为广泛的是中文版的《中华天主教教区全图》

---

① 陈士谦（Augustus Pierre，1856—1923），字逊斋，法国人，1875 年入耶稣会。光绪十一年（1885）来华，光绪二十年（1894）晋铎。

(*Missions Catholiques en Chine*,吕道茂①绘制,民国十九年〔1930〕彩印)、法文版的 *Shanghai Catholique*(《天主教上海教区图》,民国二十二年〔1933〕彩印)以及《常州府传教区域图》(民国二十年〔1931〕彩印。见335页)。

这些教区地图的用途主要有三种:一是便利神父巡游教区,布点设堂;二是用于编撰图书、统计资料等;三是向梵蒂冈、法国政府、耶稣会总部直观地汇报传教业绩。从笔者手头资料看,第二类用途最多,是主要的。

【学术研究】

游走各地的传教士对中国山川形胜产生兴趣,著文述意,考察心得,用西方科学方法绘制一方地图,在那个年代还是颇有学术价值的事体。圣母圣心会传教士在塞外,采风口述民歌,绘制草原沙漠地图,为今日研究中国西北人文地理留下了珍贵史料,比如土山湾慈母堂在光绪十年(1884)出版过李崇耀②神父绘制的 *Carte du Koukou-nor*(《青海湖地图》)等。

有关长江的地理研究和测绘地图里比较有影响的是陈士谦在光绪十四年(1888)绘制的 *Cours du Kiang, de Nan-king à Tong-lieou*(《长江河道图,从南京至东流》,光绪十五年〔1889〕由土山湾印书馆出版,石印,手工设色。见336页)《长江河道图,从南京至东流》主要绘制的是皖江,夏鸣雷的"汉学丛书"本《安徽省志》用的就是这张图。

光绪二十三年至二十四年(1897—1898),刚刚卸任徐汇天文总台台长的蔡尚质神父率队考察了长江上游,留下三部驰名海外的作品:*Atlas du Haut Yang-tse, de I-tchang fou à P'ing-chan hien en 1897—1898*(《扬子江上游地图集,从宜昌府至屏山县》),光绪二十五年(1899)上海东方印书馆出版,与之配套的有 *Le Haut Yang-tse, de I-tchang fou a P'ing-chan hien en 1897—1898, Voyage et description*(《扬子江上游行述,从宜昌府至屏山县》)以及 *La*

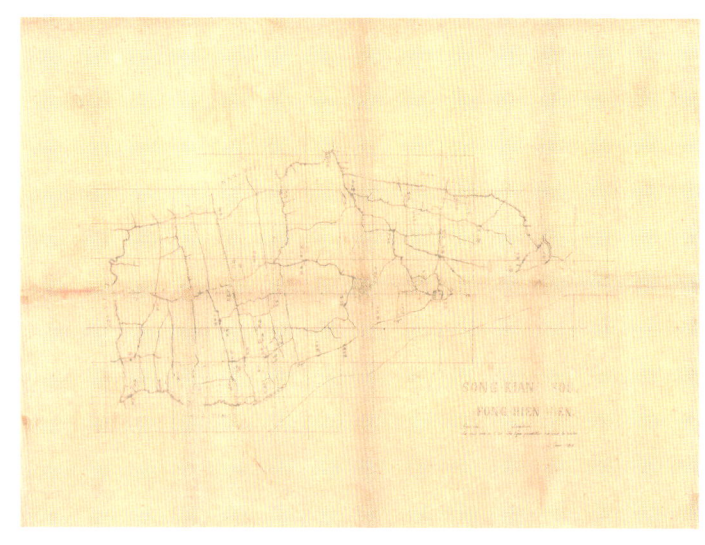

Song-kiang fou, Fong-hen hien
松江府奉贤县地图
[法]费赖之绘制
法文
清光绪四年(1878)土山湾慈母堂印制
石印本 纸本 一幅
尺幅:63×50(cm)

---

① 吕道茂(Joan.-Bapt. Prud'homme,1881—1958),法国人,1915年入耶稣会。民国十二年(1923)来华,民国二十二年(1933)晋铎,曾任土山湾孤儿院院长。1950年离华。
② 李崇耀(Albert Gueluy,1849—1924),比利时人,1875年入圣母圣心会,1872年晋铎。光绪三年(1877)来华,历任西湾子、兰州本堂、兰州修院院长。光绪九年(1883)回国,后曾赴刚果活动。

***Section de Tsong-ming*, 1885—86**
崇明教区地图，1885—1886
［法］夏鸣雷绘制
法文
清光绪十二年（1886）土山湾慈母堂印制
石印本　手工设色　纸本　一幅
尺幅：43×57（cm）

• 天文地理 •

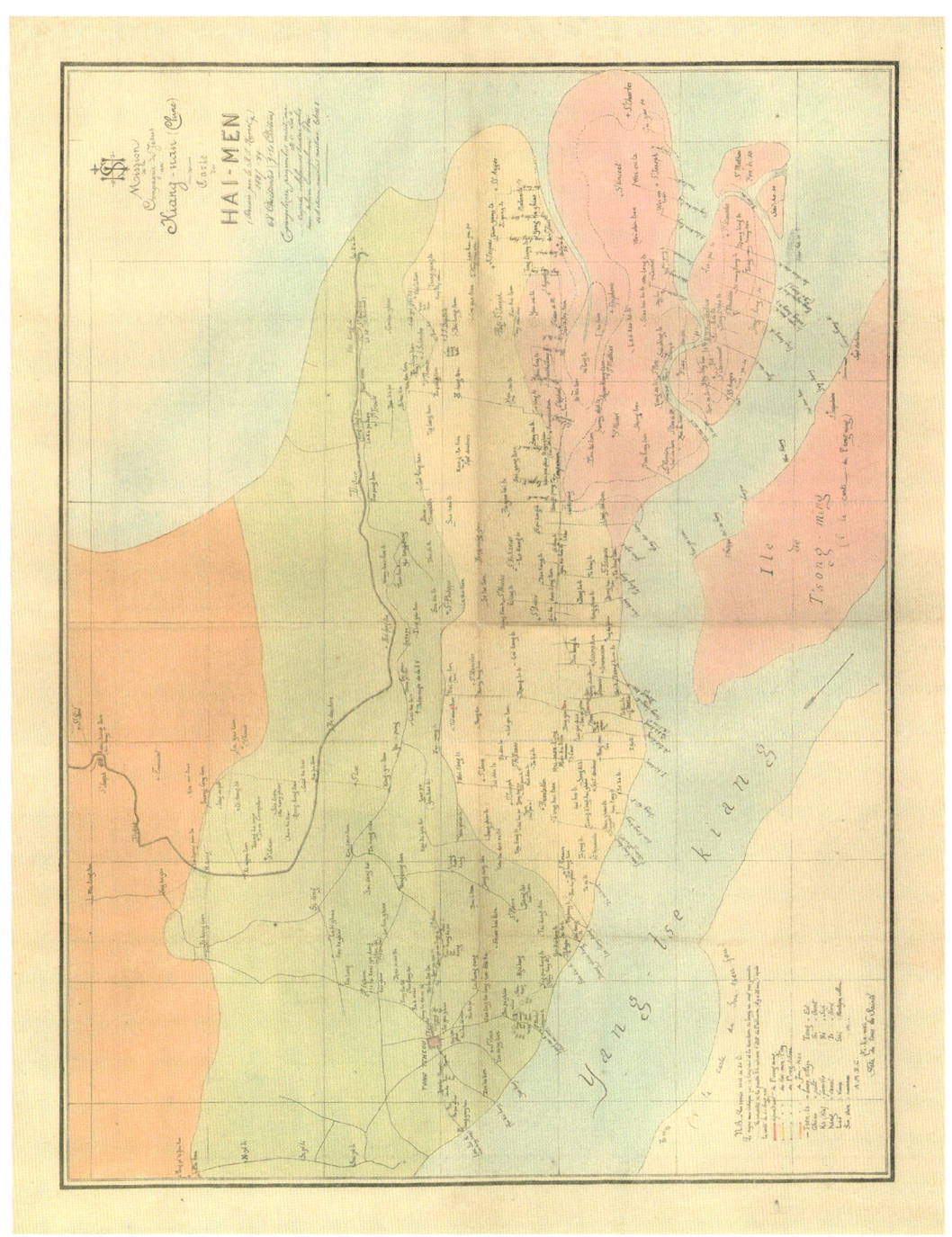

Carte de Hai-men, 1887—89
海门教区地图, 1887—1889
[法] 夏鸣雷绘制
法文
清光绪十六年 (1890) 徐家汇慈母堂印制
石印本 手工设色 纸本 一幅
尺幅: 66×54 (cm)

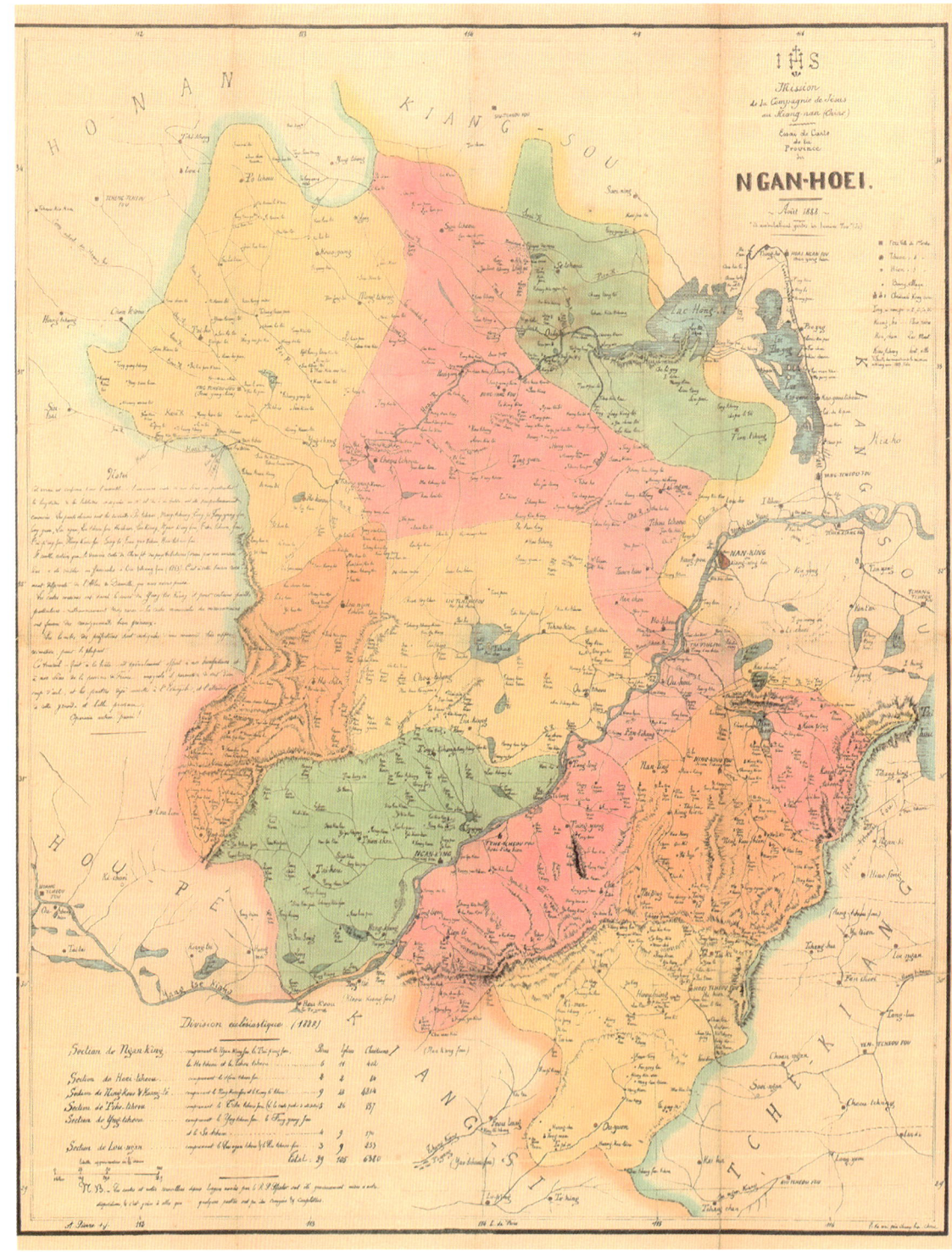

Essai de carte de la province du Ngan-hoei
安徽省测绘图
［法］陈士谦绘制
法文
清光绪十四年（1888）徐家汇慈母堂印制
石印本　手工设色　纸本　一幅
尺幅：63×49（cm）

· 天文地理 ·

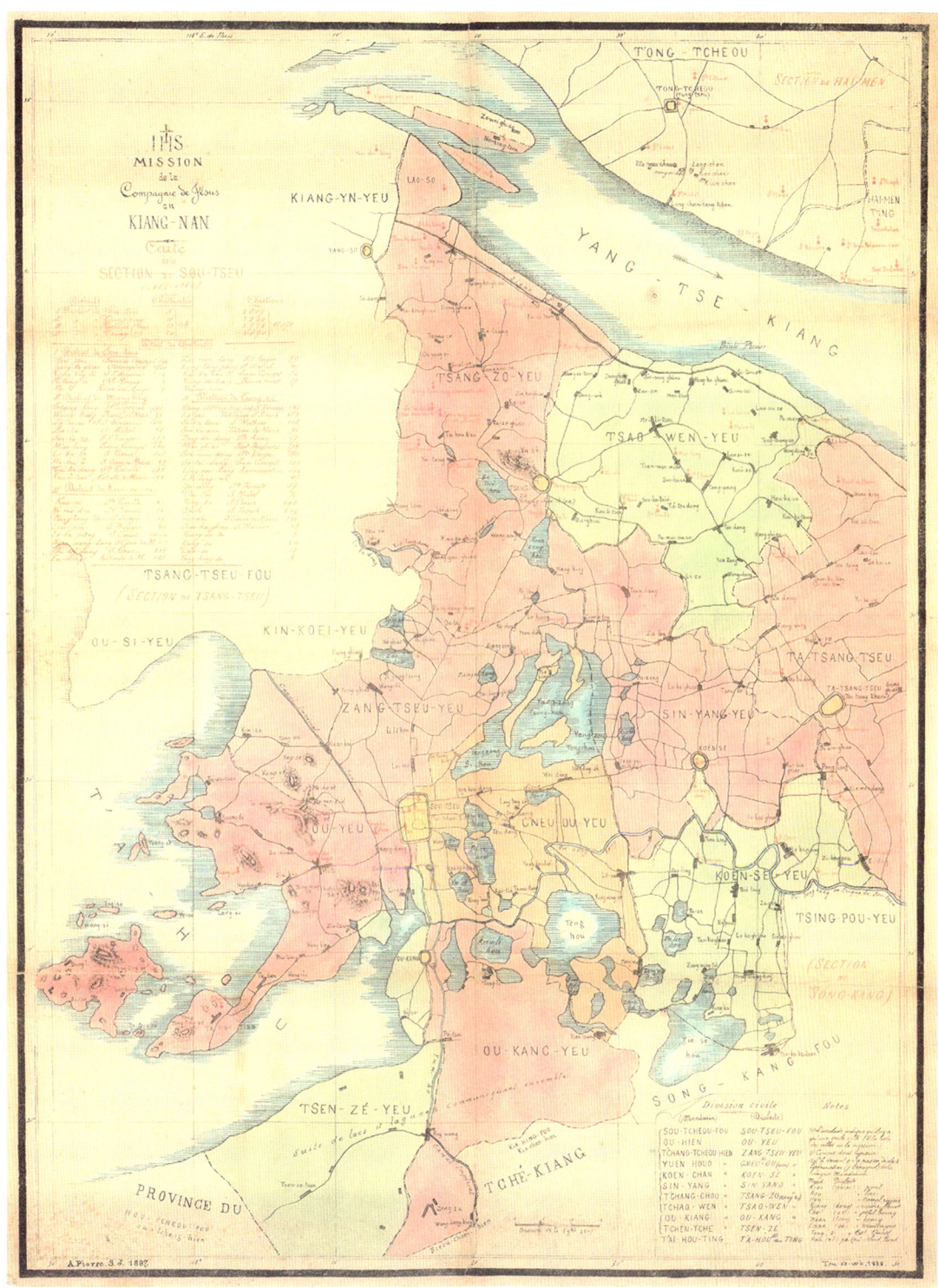

Carte de la section de Sou-tseu, 1885—1886
苏州教区地图，1885—1886
［法］陈士谦绘制（清光绪十三年［1887］）
法文
清光绪十四年（1888）土山湾慈母堂印制
石印本　手工设色　纸本　一幅
尺幅：64.5×49.5（cm）

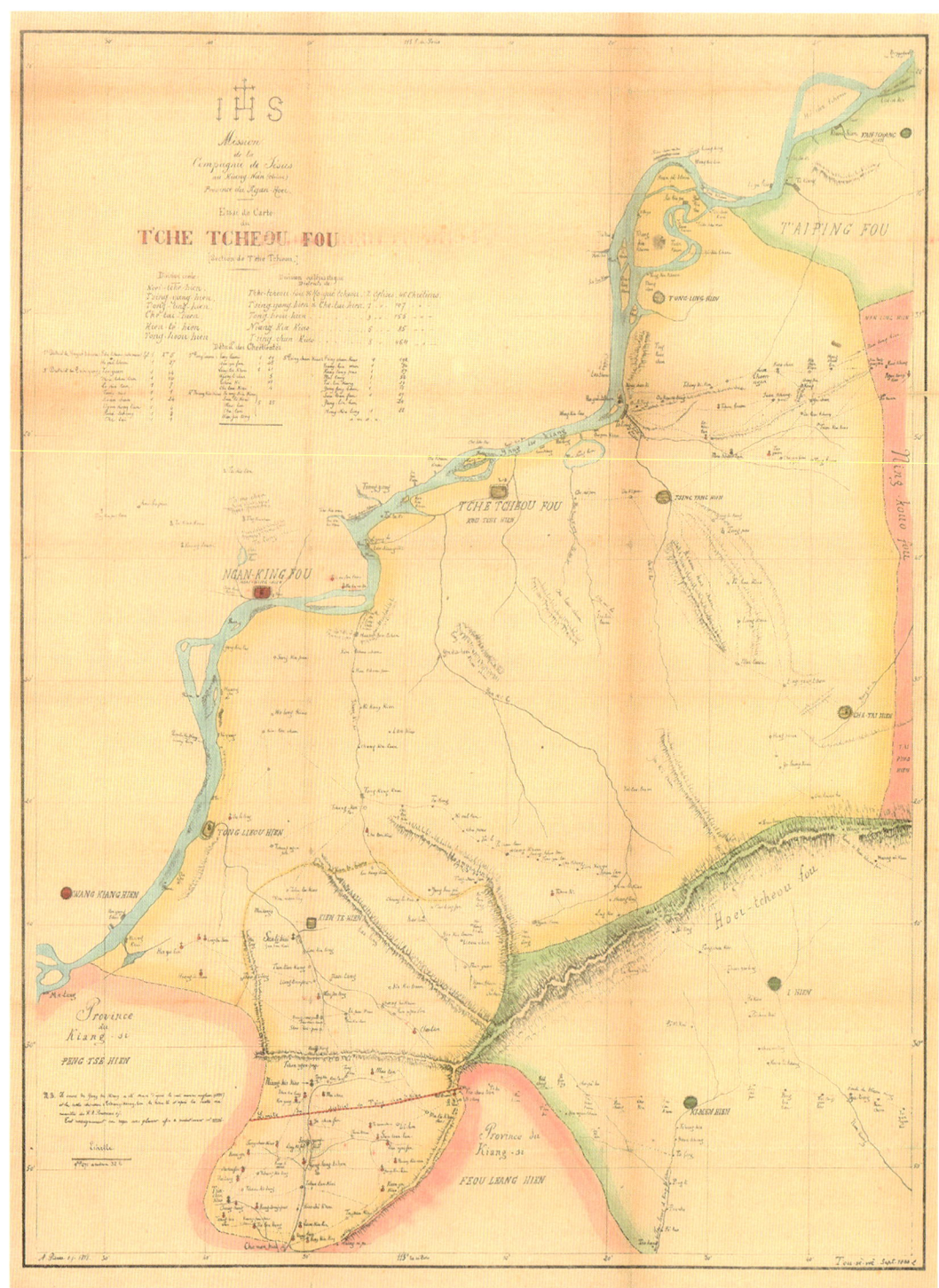

Essai de carte du T'che Tcheou fou
池州府测绘图
[法]陈士谦绘制
法文
清光绪十四年（1888）土山湾慈母堂印制
石印　手工设色　纸本　一幅
尺幅：64×49（cm）

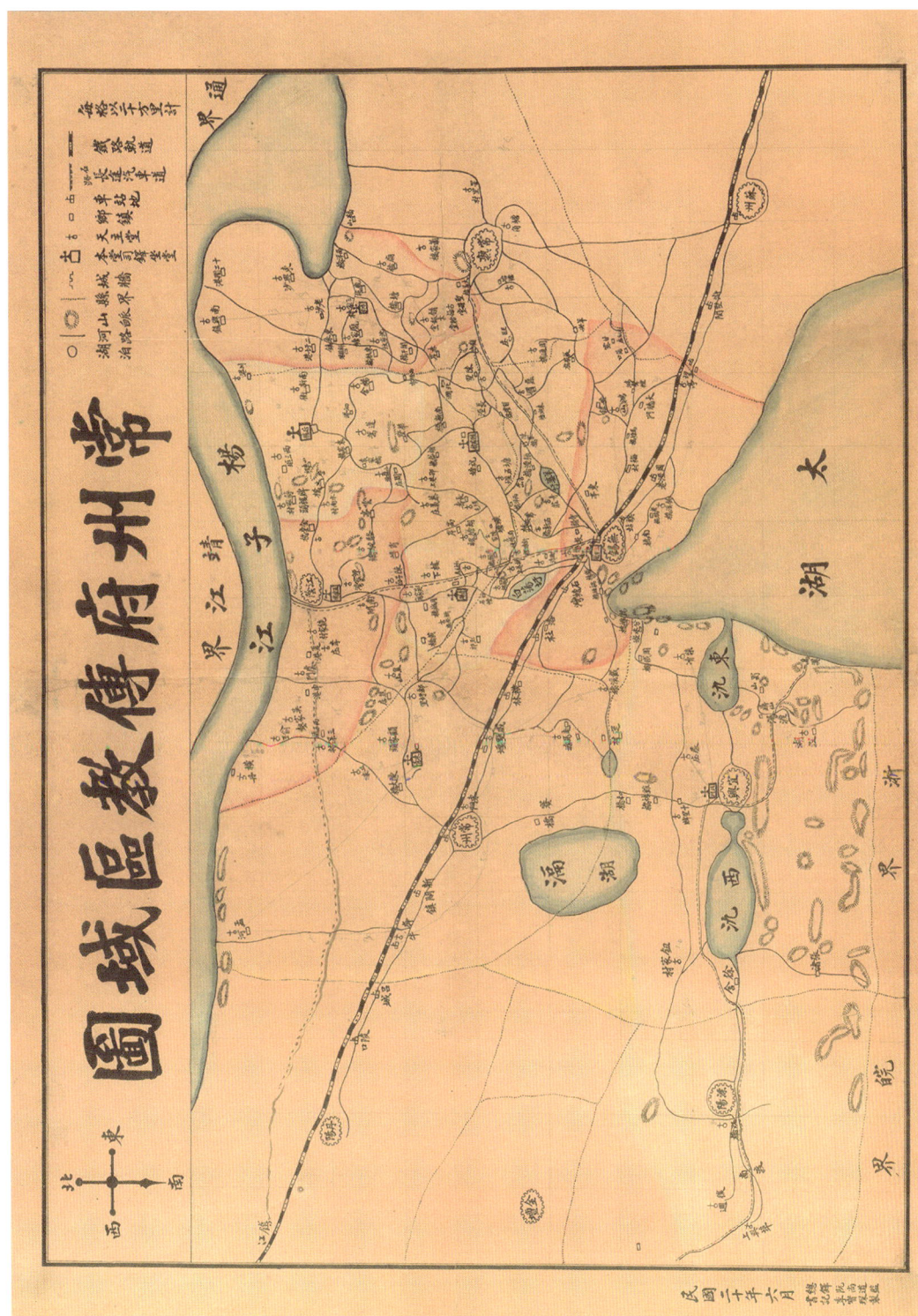

常州府传教区域图
阮尚道监牧宝采制
铅印 设色 纸本 一幅
民国二十年（1931）土山湾印书馆印制
尺幅：54×73（cm）

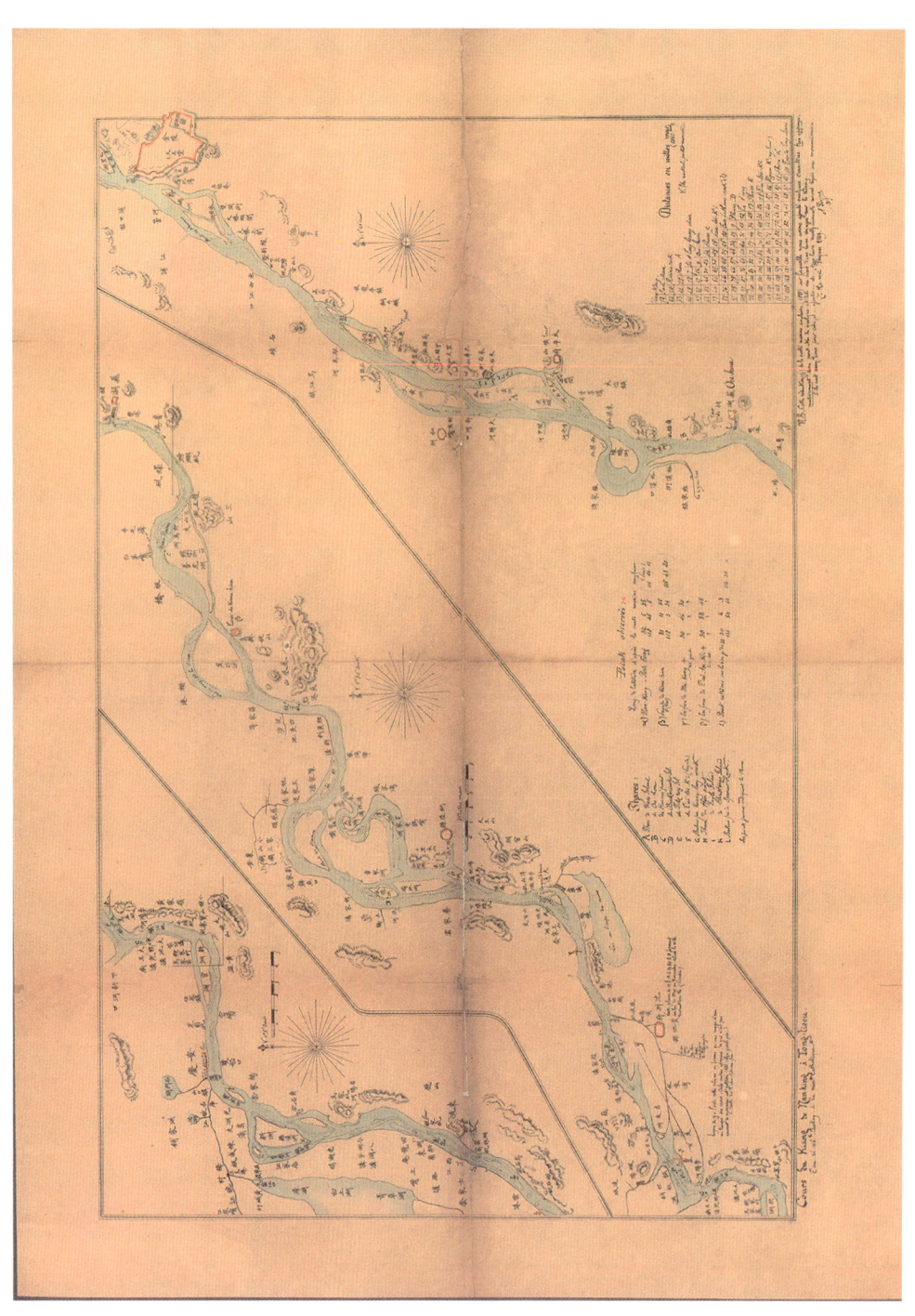

Cours du Kiang, de Nan-king à Tong-lieou
长江河道图,从南京至东流
[法] 陈士谦绘
法文 中文
清光绪十五年(1889)土山湾慈母堂印制
石印本 纸本 手工设色 一幅
尺幅:45×56(cm)

Navigation à Vapeur sur le Haut Yang-tse(《扬子江航道》)。

《扬子江上游行述，从宜昌府至屏山县》的副标题是 *complement de l'atlas du haut Yang-tse*(《〈扬子江上游地图集〉文述》)。作者以日记形式记叙了他的考察行程，对地图集做了文字描述。卷首"从上海到宜昌府，旅行目的和准备"。第一章，"从宜昌府到巫峡：宜昌登船，驶入三峡，水流湍急，牛肝马肺峡→古泄滩→归州→一滩→巴东县→官渡口"（1897年10月29日至11月13日）。第二章，"巫峡→神女溪→风箱峡→瞿塘峡→白帝城→夔州府"（11月14日至19日）。第三章，"夔州府→茅草坝→安坪→黄石咀→灯影峡→新津口→云阳县和张飞庙→兴隆滩→大小周溪→万县，拜访万县教区"（11月23日至27日）。第四章，"万县登船→湖滩→乌龙池→石宝寨→黄家坝→忠州→洋渡镇→高家城→丰都县→鸡公岭→坪西坝→涪州"（11月29日至12月7日）。第五章，"从涪州到重庆府：荔枝园→李渡→石沱→白鹤梁→汉女峰→长寿县→洛碛镇→木洞→洞洛峡→重庆府"（12月8日至12日）。第六章，"重庆府，会见法国公使穆文琦①，传教区的保护，四川传教区，教区的历史和现状，拜见柏德立②神父，拜访大修院，赖神父③去世"。第七章，"从重庆府到合江县：大茅峡→铜罐驿→江津县→石门场→油溪场，新年吃鲟鱼→张公济渡，竹筏→屎巴砣→笔架山→合江县"（12月27日至1898年1月3日）。第八章，"从合江县到随州府：老泸州→溪口→泸州→纳溪县→大渡口→二龙口→江安县→田坝头→南溪县→南广→随州府"（1月4日至13日）。第九章，"随州府：造访随州教区，屏山县行纪"。第十章，"自随州府回上海"（2月5日至4月14日）。

《扬子江上游行述，从宜昌府至屏山县》不是一部简单的游记，虽然蔡尚质神父对他走过的山川形胜不乏细致的描述，对川东天主教教区活动也有于今罕见的记载，但是他的着眼点是气象学和地理学。每到一处，或峡谷，或险滩，或渡口，或激流，他都会一丝不苟地记录下方位坐标和江水流速等。蔡尚质神父用这部书一半的篇幅设立了独立的五个附录，记载了他行迹之处搜集

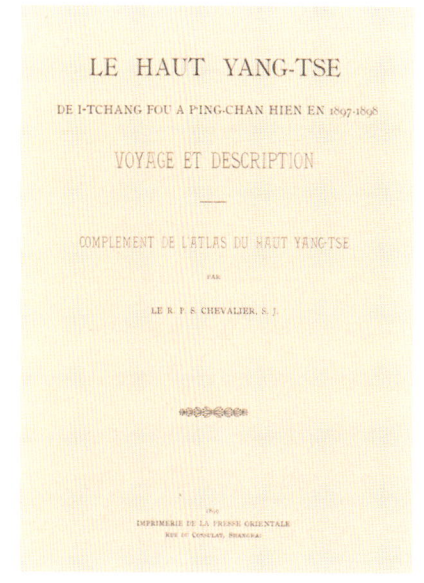

Le Haut Yang-tse, de I-tchang fou a P'ing-chan hien en 1897—1898, Voyage et description
扬子江上游行述，从宜昌府至屏山县
（封面）
［法］蔡尚质撰
法文
十章首一章 一册
清光绪二十五年（1899）
上海东方印书馆排印
铅印本 纸本 精装
开本：32.8×25.7（cm）
188页

---

① 穆文琦（M.G. Morisse），又记毛利瑟，法国人，曾任法国驻华公使，考古学家，西夏文研究专家。
② 柏德立（Laurent Blettery，1825—1898），法国人，1850年晋铎，1858年入巴黎外方传教会。咸丰九年（1859）来华，在川东教区的江津、绥定传教，同治三年（1864）创建白果树大修院，后拒绝出任川东主教。逝于重庆。
③ 赖神父（Louis La Cacaze，1867—1897），法国人，1884年入巴黎外方传教会，1889年晋铎。同年（光绪十五年）来华，在川东传教，后在沙坪坝小修院、重庆修院任教。逝于重庆，葬于曾家岩墓地。

的水文资料，是非常专业的书籍。再加上《扬子江上游地图集，从宜昌府至屏山县》和《扬子江航道》，实际上形成四份有关长江上游的科学考察报告，是蔡尚质神父对长江研究的开创性贡献，中国科学史不该遗漏这位法国人。法国科学院和法国地理学会也为此颁发给蔡尚质神父杰出成就奖。

著名的"汉学丛书"里与地图相关的著作有夏鸣雷的 L'île de Tsong-ming à l'embouchure du Yang-tse-kiang（《扬子江口崇明岛》，光绪十八年〔1892〕）和 La Province du Ngan-hoei（《安徽省志》，光绪十九年〔1893〕）；方殿华的 Plan de Nankin（《江宁府城图》，光绪二十五年〔1899〕）和 Nankin d'alors et d'aujourd'hui : Aperçu histoirique et géographique（《金陵古今——史地概述》，光绪二十九年〔1903〕）；马德赉的 Carte des prefectures de Chine et de Leur Population Chretienne en 1911（《中国各州府基督信众分布图》，民国二年〔1913〕）；蒋方济的 Carte du Se-tch'ouan occidental levée en 1908—1910（《川西坝地图，1908—1910》，民国四年〔1915〕）；屠恩烈的 Carte de la province du Kiang-sou（《江苏省地图》，民国十一年〔1922〕）。"汉学丛书"总共四十六种，其中涉及地图的有七种，占六分之一强，比重很大，可见传教士们在地理研究上花费的精力。

光绪十八年（1892）土山湾慈母堂印书馆印制了方殿华绘制的中文版地图《江宁府图》，彩色石印，册页。（见340页）《江宁府图》是迄今发现的最早的南京经纬地图，它清晰地绘制了夫子庙、水师学堂以及道路、山川、湖泊及古迹等，尤以江南贡院建筑群平面图气势最为雄伟。方殿华去世后，光启社将他的遗作 Plan de Nankin（《江宁府城图》）、Nankin port ouvert（《南京开埠》）、Aperçu historique et géographique（《史地概述》）三部法文著作，列为"汉学丛书"第十六种、第十八种和第二十三种出版。

民国六年（1917）法国传教士顾赛芬发表汉学地理著作 Géographie Ancienne et Moderne de la Chine（《中国古今地理》），由河间胜世堂出版。顾赛芬的《中国古今地理》与夏之时的《中国坤舆详志》编纂形式完全不同，《中国坤舆详志》是地理教科书，《中国古今地理》是中国历史地理的研究著作。顾赛芬参考乾隆《大清一统志》等一些中国古籍，分省列述了一千八百六十四个中国地名，解释地名来源、使用年代、古今沿革等。附录有"大禹九州岛"（Les Neuf Provinces du Grand Iu）、"春秋时期① 地理名词"（Noms Géographiques du Tch'ouen Ts'iou et du Tso Tchouan）和以拼音为序的"地理名词索引"（Table Alphabétique avec les numerous de référence）。正文和附录的每一中文名词都有罗马字母注音，符合顾赛芬著作的一贯风格。

这部法文著作后袋附有两幅大张地图，一幅是法国人焦宾华② 和诸巷会人潘谷声合作绘制的 Carte de Printemps et Automne Période（《春秋地理考实图》），另一幅是顾赛芬绘制的《内地十八省府州县地图》。与其说《中国古今地理》附带两幅地图，不如说《中国古今地理》是这两幅地图的"名词解释"或"文字说明"更贴切。

此前这两幅地图作为教会学校教学用挂图，曾由徐家汇天主堂和河间天主堂单独出版。

---

① 原文用 Tch'ouen Ts'iou et du Tso Tchouan（春秋左传），顾赛芬这里的理解似乎有误，"春秋左传"不应该是一个时间概念。
② 焦宾华（Ignatius Lorando, 1859—约1938），字楚才，法国人，1881年入耶稣会。光绪十三年（1887）来华，光绪二十六年（1900）晋铎。

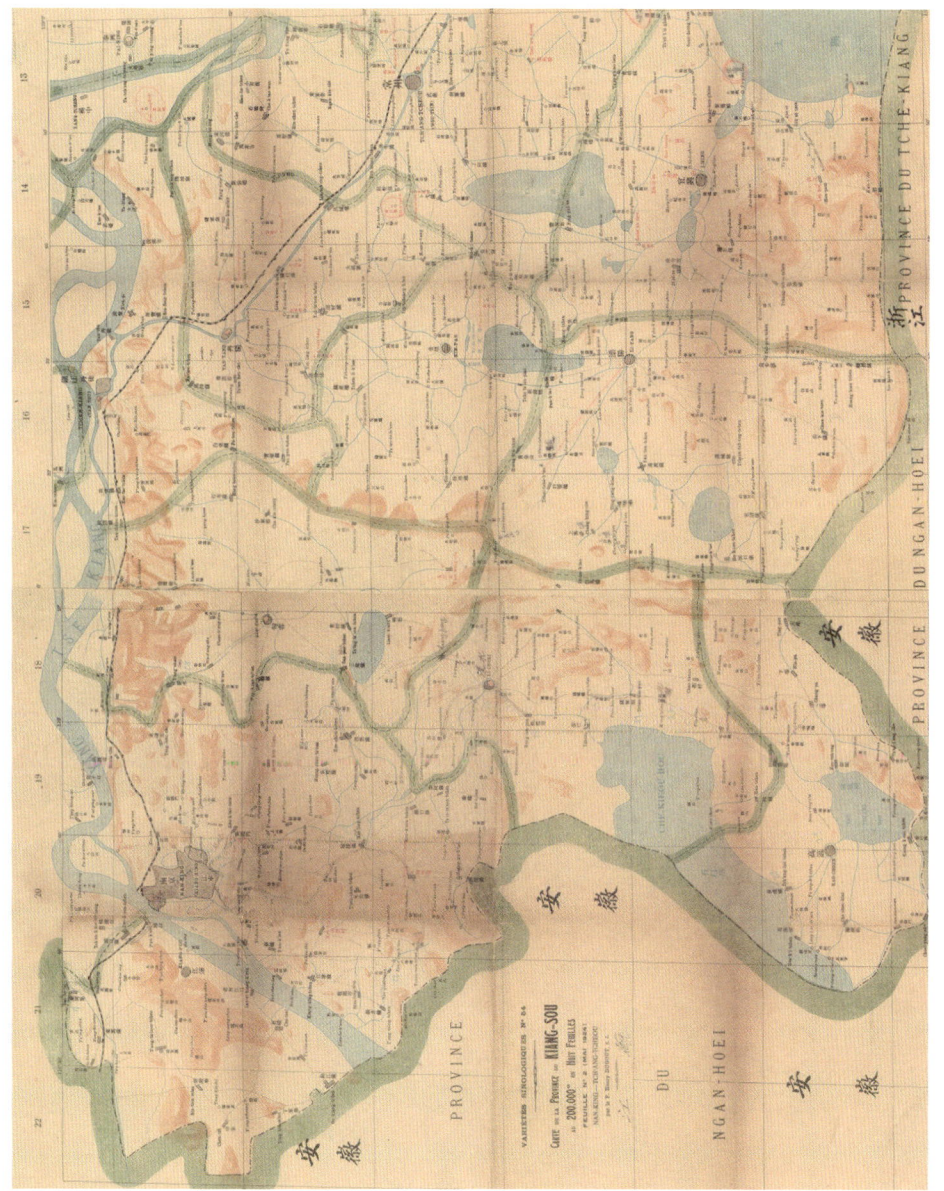

Carte de la province du Kiang-sou

江苏省地图

[法]屠恩烈著

法文

土山湾印书馆

清光绪十八年（1892）初印

民国十三年（1924）二印

"汉学丛书" 第五十四种

插图半幅 纸本 彩色铅印

尺幅：70×90（cm）

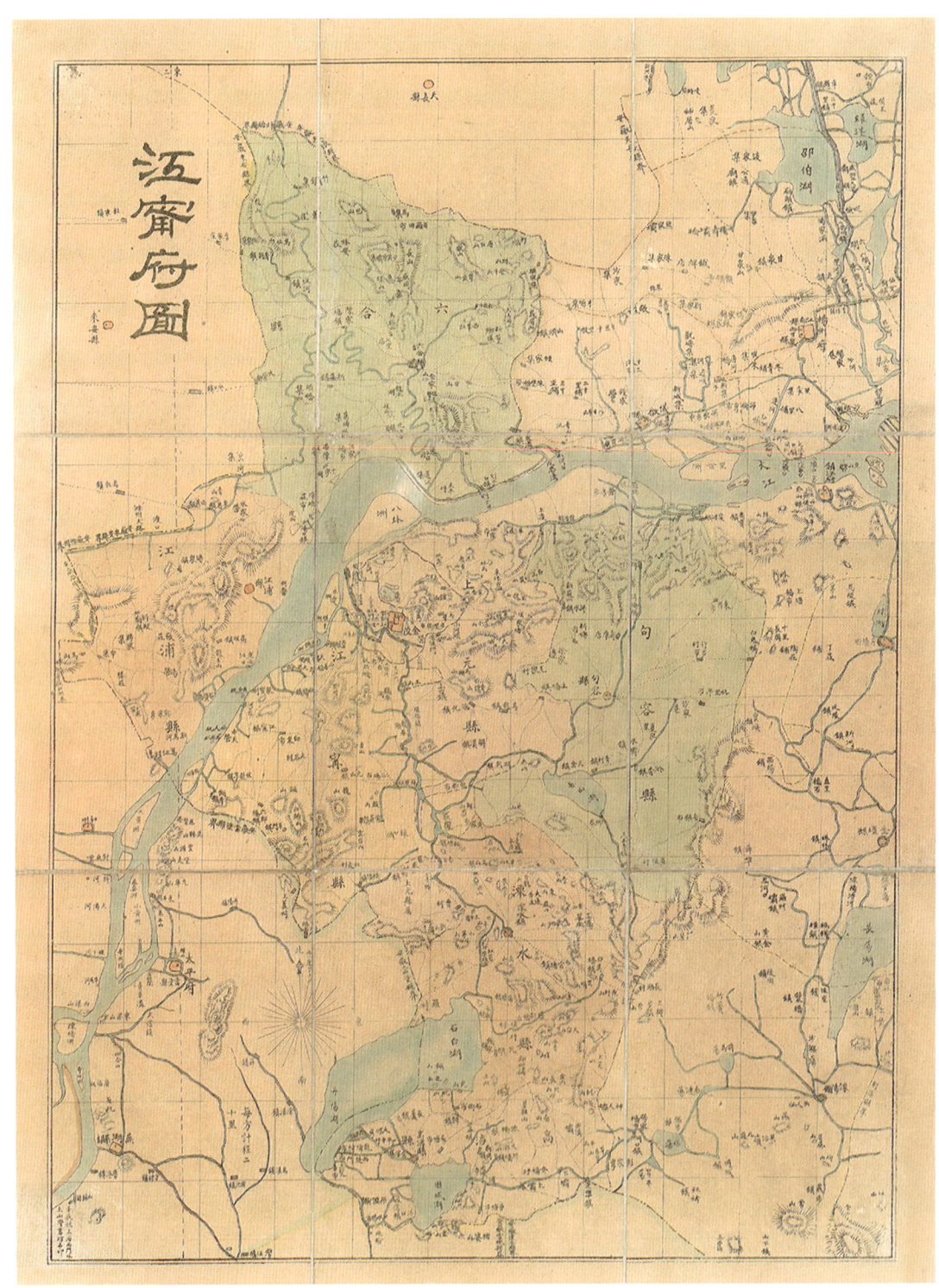

江宁府图

[法]方殿华绘

清光绪十八年(1892)土山湾印书馆印制

"汉学丛书"第十六种

彩色石印本　纸本　布裱　册页

尺幅：51×38(cm)

·天文地理·

《春秋地理考实图》最早见光绪十七年（1891）土山湾印书馆石印本，单色。（见下页）有题记：

> 春秋析域与近世殊，除《杜氏集解释》例外，如《水经注》《元和志》《钦定传说会纂》、江慎修《地理考实》、高澹人《地名考略》等，不下数十家。大都援古证今，详为考核第卷轴，浩繁而鲜图画，学者欲研究之，多望洋叹焉。兹宗江氏说，参以他家言创制一图，了如指掌。因篇幅限，往古山河未尽图绘，阅者谅之。
>
> 徐汇天主堂识

土山湾印书馆这幅以江永①《春秋地理考实》为底本绘制的春秋地图，是为诸如徐汇公学等教会学校历史课程准备的授课挂图。

《内地十八省府州县地图》是顾赛芬绘制的中国内地地图，河间胜世堂印书房彩色石印。这里所说的内地不是相对沿海地区而言的，而是有别于边疆地区的内地。

民国四年（1915），时在川西传教的巴黎外方传教会神父法国人蒋方济②撰写并绘制 Carte du Se-tch'ouan occidental levée en 1908—1910（《川西坝地图，1908—1910》）一书，托付上海光启社，后者将其列入"汉学丛书"第四十三种出版。随后土山湾印书馆有单独出版彩版的《川西坝》挂图。这张《川西坝》挂图是当年最详尽、最准确的川康地图。

类似《川西坝》挂图还有清末巴黎外方传教会重庆教区印制的 Plan de Tchong-King（《重庆府传教图》，见 343 页）。重庆古城墙建于十三世纪，是重庆知府彭大雅为抵御蒙古军队而筑，因而是川渝山城防御体系的重要环节。宋兵依此坚守四十余年，阻止西线元军"顺流而下、直取临安"的战略意图，因而史书称重庆城垣"为蜀根本"和"国之西门"。《重庆府传教图》清楚详细地记述了重庆古城墙原貌。

作为上海重要的印刷机构，土山湾印书馆出版过大量商业化的地图，就如同印制"月份牌"一样，在那个时代，彰显了土山湾印书馆的印刷技术和印制实力。

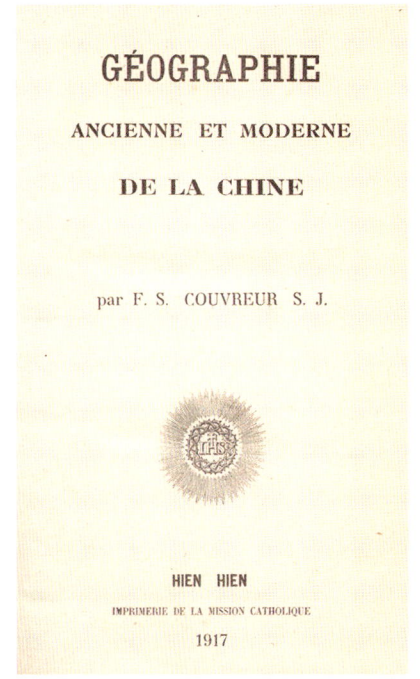

Géographie Ancienne et Moderne de la Chine
中国古今地理（封面）
［法］顾赛芬撰
法文
不分卷　一册
民国六年（1917）献县天主堂印书房排印
铅印本　纸本　平装
开本：24×16.5（cm）
425 页　地图 2 幅

---

① 江永（1681—1762），字慎修，又字慎斋，徽州府婺源县江湾镇（今属江西）人。清代著名经学家、音韵学家、天文学家、地理学家和数学家，皖派经学创始人。著有《春秋地理考实》等。
② 蒋方济（François Roux，1882—1969），法国人，1904 年入巴黎外方传教会，1907 年晋铎。同年（光绪三十三年）来华，在天岭场学习汉语，派往川西传教；民国十一年（1922）主持河坝场修院，民国二十三年（1934）出任大修院院长。1952 年回国。

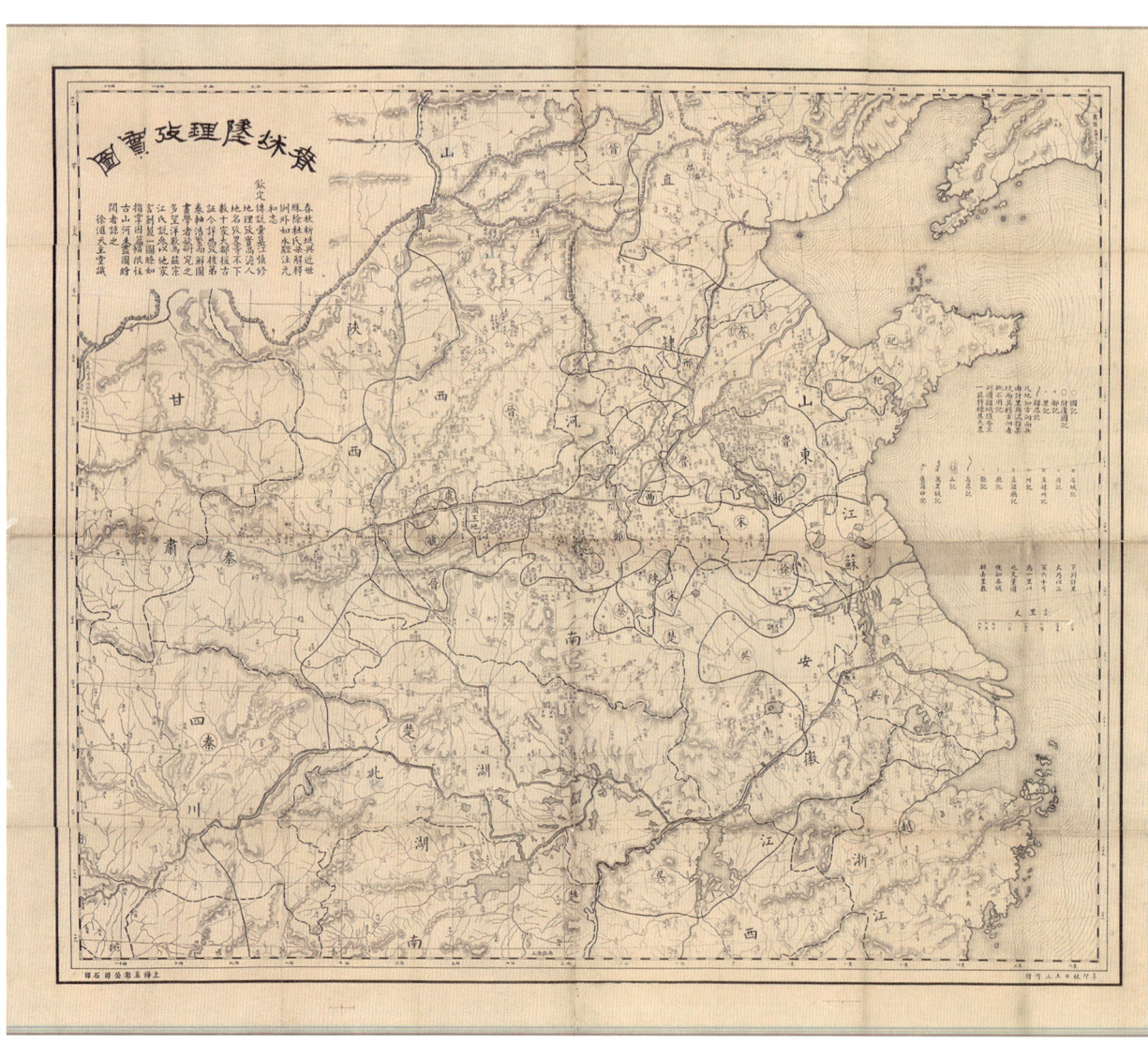

春秋地理考实图

Carte de Printemps et Automne Période

［法］焦宾华、［中］潘谷声绘

清光绪十七年（1891）土山湾印书馆印制

石印本　纸本　一幅

尺幅：102×106（cm）

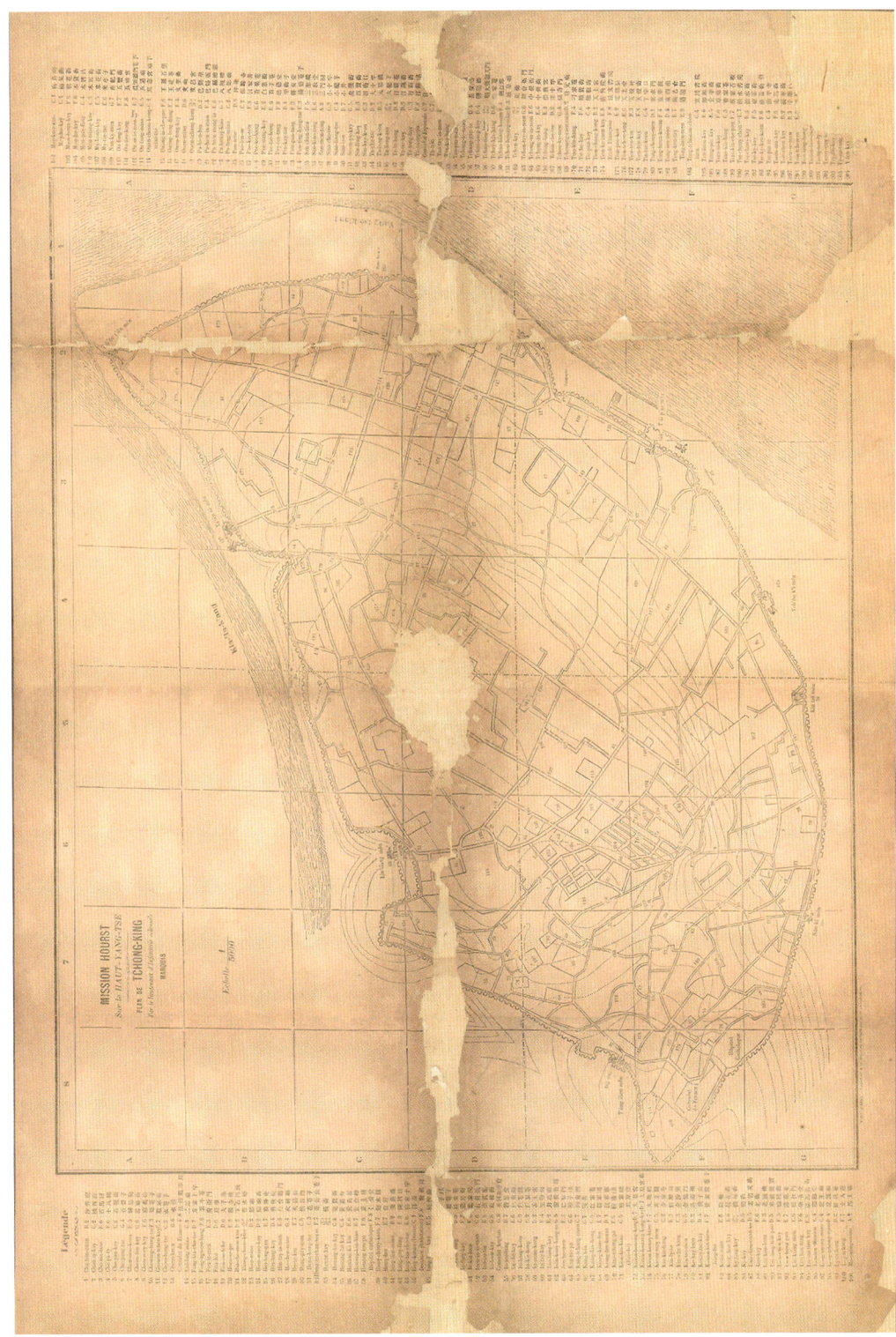

Plan de Tchong-king
重庆府传教图

法文
清末重庆教区印制
石印本 纸本 一幅
尺幅：60×85（cm）

千奇万妙

> 在中国这里每个人都清楚，但凡有希望在哲学领域成名的，则不会去钻研费力不讨好的数学或医学；除非家传或自认平庸。
>
> ——利玛窦

天主教传教士们，从利玛窦开始，就有意地把西方科学知识、科学研究方法和科学研究工具带到中国，不仅如此，他们还因地制宜做一些力所能及的科学工作，培养了一批思想开放的中国科学家。这是天主教传教士的一个传统。

继徐汇藏书楼、徐汇天文台之后，耶稣会在上海创办的第三个文化科学机构是震旦博物馆。动物学家韩伯禄[①]于同治七年（1868）来华后，在上海整理此前传教士收集的软体类动物和植物的标本，并于同治十二年（1873）创办以他自己名字命名的博物馆 Musée Heude（韩伯禄博物馆），早期院址在徐家汇，中文称徐家汇博物院，研究主题为"自然历史"，以收藏动植物标本为主，为中国第一批自然博物馆之一。

徐家汇博物院以梅花鹿标本最为丰富。该院在光绪十年（1884）印制过一本韩伯禄编写的 *Catalogue des Cerfs Tachetés（Sikas）du Musée de Zi-ka-wei, ou Notes Préparatoires a la Monographie*（《徐家汇博物院梅花鹿标本目录》）。韩伯禄编写这份目录时博物院还处于草创时期，博物院里有关梅花鹿的标本分藏六个区域，藏品有梅花鹿身体各个部位的标本三十七件。韩伯禄说明这些标本来自中国和日本，这份目录是他在光绪四年（1878）撰写专著 *Cerfs*（《说鹿》）时做的笔记。《说鹿》一书曾获法国教育部奖，并被视为科学名著。

光绪十八年（1892）后，韩伯禄曾去菲律宾、苏门答腊、爪哇以及东南亚其他地区采集标本；光绪二十五年（1899）又前往中南半岛等地考察。韩伯禄主编有《南京地区河产贝类志》《陆上软体动物志》《哺乳类动物志》和 *Ouvrages sur l'Hstoire Naturelle de l'Empire Chinois*（《中华帝国自然史丛刊》）等。

韩伯禄逝世后，光绪二十九年（1903）法国神父柏永年[②]继任博物院院长。柏神父精于禽鸟类动物研究，1924年法国自然博物学会向他颁发了银质奖章，以表彰其在这一领域的突出成就。

二十世纪三十年代初叶，徐家汇博物院经六十余年不断收集的各类动植物标本，已将这座原本就不大的小楼堆得满坑满谷，不得已，另觅新址、修建新楼的计划提到教会管理层议事日程上。民国十九年（1930）新院舍落成于吕班路震旦大学校园内，由学校当局管理，易名"震旦博物馆"。

震旦博物馆代表性学术刊物是 *Notes d'Entomologie Chinoise*（《中国昆虫学汇报》）和 *Notes de Malacologie Chinoise*（《中国软体动物学汇报》），大约出版于民国十八年至三十二年（1929—1943）间，由土山湾印书馆印制。

[①] 韩伯禄（Petrus Marie Heude，1836—1902），字石贞，法国人，1856年入耶稣会。同治七年（1868）来华，同治九年（1870）晋铎。逝于上海。

[②] 柏永年（Frederic Courtois，1860—1929），法国人，耶稣会士，鸟类专家。光绪二十九年（1903）来华。

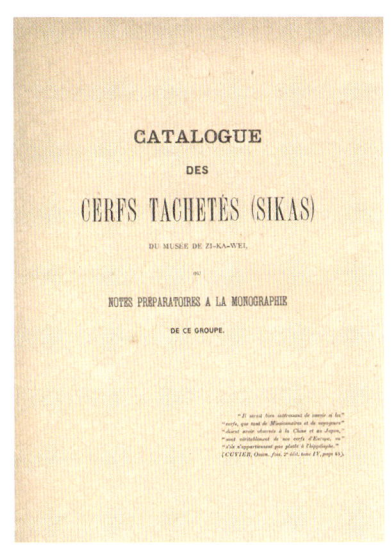

Catalogue des Cerfs Tachetés（Sikas）du Musée de Zi-ka-wei, ou Notes Préparatoires a la Monographie
徐家汇博物院梅花鹿标本目录（封面）
［法］韩伯禄撰
法文
一卷 一册
清光绪十年（1884）徐家汇博物院出版
土山湾慈母堂排印
铅印本 纸本 平装
开本：36.5×28（cm） 12页

Notes d'Entomologie Chinoise
中国昆虫学汇报（封面）
法文
第八卷第五期 一册
民国三十年（1941）震旦大学出版
土山湾印书馆排印
铅印本 纸本 平装
开本：24.7×16.7（cm）
43页

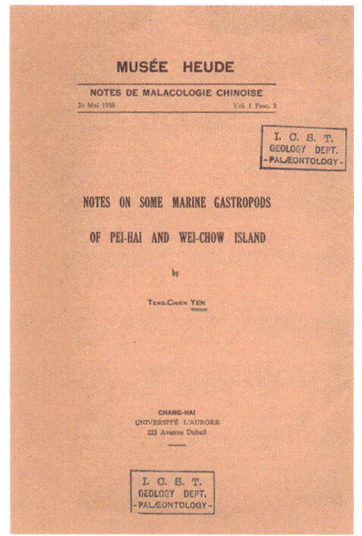

Notes de Malacologie Chinoise
中国软体动物学汇报（封面）
英文
第一卷第二期
民国二十四年（1935）
震旦博物馆出版
土山湾印书馆排印
铅印本 纸本 一册 平装
开本：24.7×17（cm）
47页 地图1幅

《中国昆虫学汇报》第八卷第四期发表论文 *Étude Systématique des Scoliidæ de Chine, et leurs Relations Avec les Autres Groupes de Scoliidæ*（《关于中国土蜂的系统研究》）。没有署作者名字。

《中国昆虫学汇报》第八卷第五期发表丁谦[①]撰写的 *Zoogeographical Notes On the Genus Atlanticus With Keys and Descriptions Of Seven New Chinese Species*（《中国新发现的大西洋属七个物种的特征和描述》）。

《中国昆虫学汇报》第十卷第一期发表乂宏平崎[②]撰写的 *Note on some East Asiatic Sphecoidea in the Collection of the Musée Heude*（《震旦博物馆收藏的东亚泥蜂》）。

---

① 丁谦（E. R. Tinkham），又记丁克汉，生卒不详，美国人，动物学家。任教于中国岭南大学。一些昆虫类新种属是以他的名字命名的，如"广西台蚱属"（Formosatettix Tinkham）、"广东大头蝗"（cantonensis. Tinkham）、"尼蝗属"（Niitakacris Tinkham）等。
② 乂宏平崎（Keizo Yasumatsu，1908—1983），日本人，农学家，昆虫学家，九州岛大学教授；二十世纪三十年代受日本农学会派遣来华，在山西等地从事农业研究。

《中国软体动物学汇报》第一卷第二期发表阎敦健[①]撰写的 Notes on Some Marine Gastropods of Pei-hai and Wei-chow Island（《北海和涠洲岛海生腹足动物研究》）。

天主教在中国拥有三家博物馆：成立于同治十二年（1873）的上海震旦博物馆、成立于民国十年（1922）的天津北疆博物馆、成立于民国二十九年（1940）的北京辅仁大学东方人类学博物馆。

清末民初"道光季"的这批传教士们，手中握有这么多出版机构，号称出版了几万种图书，在一百多年时间里，居然没有一家出版机构再版、覆刊过"万历季"和"康熙季"传教士的科学著作，不论是洋教士利玛窦、汤若望的还是他们中国学生徐光启、李之藻、杨廷筠的，《坤舆万国全图》《崇祯历书》《几何原本》《浑盖通宪图说》《同文算指》《圜容较义》《天学初函》《测量法义》《泰西水法》等科学书籍，几乎没有在天主教出版机构图书目录里出现过，令人匪夷所思。

明末清初，人们尚且手工木刻刊印书籍，而清末民国有铅版、铜版、石印、珂罗版、影印、凹版等多种印刷技术，本可以轻而易举地印制得十分完美，却没有人来做。这个时期存留的这些科学书籍却散见于清代盐商潘仕成[②]镌刻的"海山仙馆丛书"中，比如利玛窦和徐光启合作的《测量法义》、徐光启的《勾股义》等。或许有一个解释，他们认为他们前辈们的这些"科学"著作已经过时了，天主教的经籍和神修书籍这些形而上的东西总是永恒真理，科学技术这些形而下的东西都是过眼云烟。

十九世纪九十年代的中国正处于一个行之几千年的旧制度即将崩溃的边缘，甲午战败、马关蒙耻、戊戌变法等一系列事件，催发中国知识分子变革的激情。光绪二十四年（1898），严复翻译出版《赫胥黎天演论》，向中国人怒吼出不振作自强就会亡国灭种的警告，并指出植物、动物中都不乏生存竞争，适者生存、不适者淘汰的例子，人类亦然；中国再也不能妄自尊大，一味大弹"夷夏轩轾"的老调，否则国将不国。

不仅前后有魏源、王韬、李善兰、徐寿、华蘅芳、郑观应等人大批译介西书，传播西方政治、伦理、科学、技术知识，为洋务运动推波助澜，而且不少在华西方传教士也为中国的变革出谋划策，主要是新教学者，如杨格非、丁韪良、花之安、李提摩太、傅兰雅、韦廉臣、谢卫楼、林乐知等。他们设立机构，大量翻译西方名著，引领了当时中国的思想启蒙运动；他们有时甚至针砭时弊，直陈政治变革主张，比如李提摩太的《兴华万年策》。

而这个时期天主教出版物的时代气息却相对寡淡。虽然土山湾印书馆出版了一些天文学、气象学文献和传教士们写的科学著作，但与其出版总量相比，这类书是微不足道的，诸如《物理推原》《形性学要》《动物学要》《动物呈奇》《天文问答》《太阳光圈图》《太阳图说》《气学通诠》《报风新例》《实验指南》《千奇万妙》《西学关键》等，不论是物理的推原，还是千奇万妙的世界，这些出版物与中国的现实和中国人的

[①] 阎敦健（Yen Teng-Chien，1903—1972），中国贝类学家，地质学家。民国三十四年（1945）他采自浙江寿昌东村的鱼化石，被国际机构确立为鱼类新属"中鲚鱼属"（Mesoclupea），亦称"阎氏中鲚鱼属"（Yen-Mesoclupea）。

[②] 潘仕成（1804—1873），字德畬、德舆，祖籍福建，世居广州，晚清官商巨富。先祖以盐商起家，他继承家业，成为广州十三行的巨商，后又从政，也是博古通今的收藏家。清道光中期辑刊"海山仙馆丛书"，共收书五十六种，四百九十二卷，分为经、史、子、集四部共一百册。

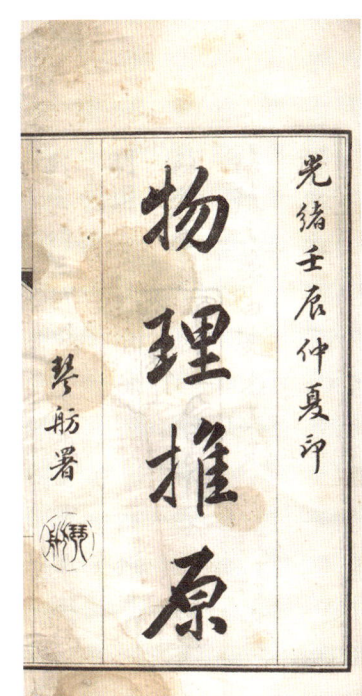

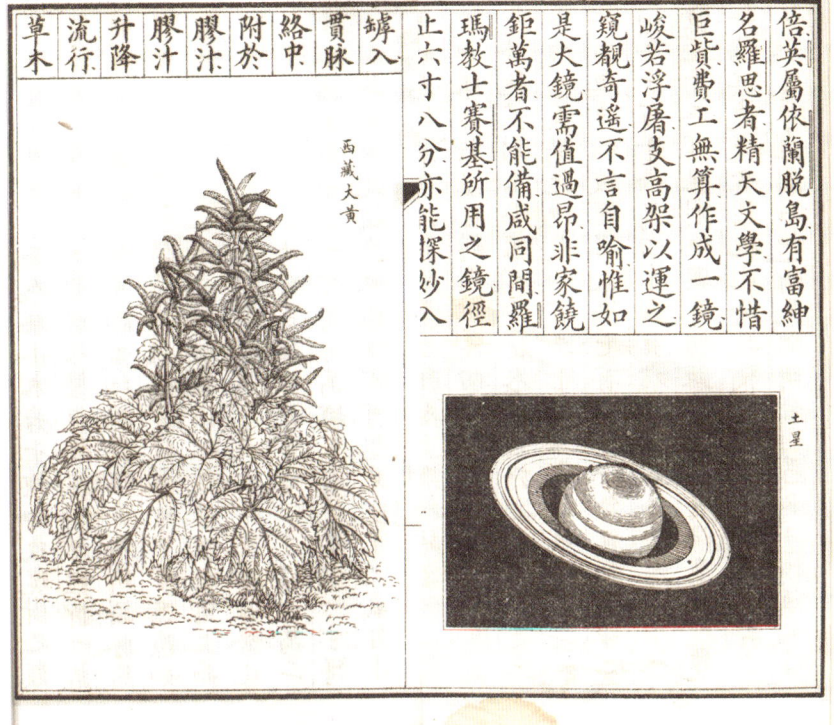

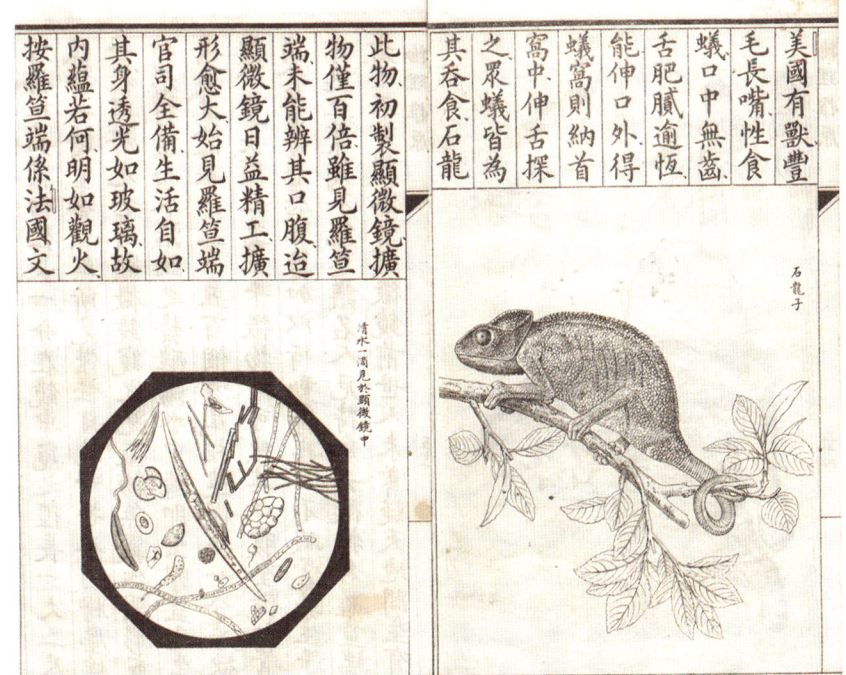

物理推原（扉页和内页）
〔法〕罗第爱撰 〔清〕李杕编译
〔清〕王泰度绘图
八篇 一册
清光绪十八年（1892）
徐汇书馆印制
石印本 纸本 筒子页 线装
九行二十一字白口四周双边单鱼尾
开本：26×16 (cm)
半框：20.3×13 (cm)
插图 45 幅

真正需求相差甚远。半个世纪以后,当徐宗泽、王昌祉、方杰人等中国天主教新生代走到台前时,矫枉必会过正。

光绪十八年(1892)上海徐汇书馆出版石印本的《物理推原》,此书是问渔先生根据法国传教士罗第爱所著《物理论》节译,分为七篇:"天象""形性""植物""人畜禽鱼""虫豸""蚌族""微物"。

卷末附《推原》一篇,是问渔先生自己的论述,曰:

> 夫物必有所从来,而前之所无,斯有于后。若行一事而立意得其正,任人得其当,择材得其力,选时得其宜,自经始以及告竣,处置裕如,成功尽善。是必谋者作者,俱极智巧,不然,鲁莽相将,曷克臻此。

问渔先生一番推导后,得出结论:

> 物理之原何如?曰物原即主宰。我教谓之天主,古儒称天,或称上帝。宣尼云,获罪于天无所祷也。诗言,荡荡上帝,下民之辟。皆主宰也。主宰无形无声,无躯无体,恒有而无始,常存而无终,智能无量,慈爱靡穷。顷刻生成万有,不需材料光阴。既生之后,掌治冥中,毋使殄灭,故四时行,百物生,千古若由一辙。夫人俯仰于世,日用饮食,视听言为,无一非主宰之恩。

《物理推原》这本书从内容来看一般,旧时新鲜,然而时过境迁。但是它因两个特点可被视为好书:第一,此书有四十五幅精美插图,反映了土山湾画院的艺术水平;第二,此书开本大,印刷和装帧十分考究,反映了土山湾印书馆印刷车间的工艺水平,是"山湾精品"中的上品。

不仅是问渔先生,那个时代天主教传教士都有一种普遍的思维悖论,表现为世界观与方法论的冲突。在方法论上,他们不排斥甚至赞同当代的科学知识,就如《物理推原》所表现的那样,把科学知识作为一种可用的工具介绍给国人。然而究竟如何看待这些自然现象,如何解释自然现象背后的道理,他们依旧囿于天主教的基本教义和原则,不逾越雷池一步。

民国十二年(1923)土山湾印书馆出版了问渔先生的遗作《天演论驳义》,就是奉教文人之思维定势的表现。《天演论驳义》有八章:第一章"万物原始",第二章"天演说由来",第三

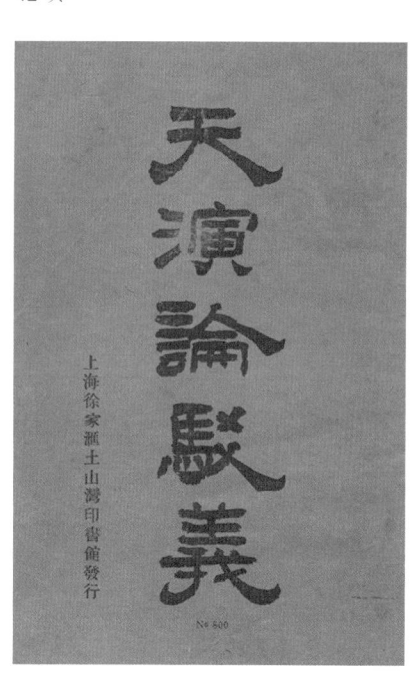

天演论驳义(封面)
〔清〕李杕著
八章 一册
民国十二年(1923)土山湾印书馆排印
铅印本 纸本 平装
开本:18.5×13(cm)
42页

章"无生不能变有生有觉",第四章"无灵不能变有灵",第五章"天演六据皆非",第六章"天演不合实迹",第七章"达氏四律均无实据",第八章"天演论多谬"。

问渔先生读了严复翻译的《赫胥黎天演论》,义愤填膺,不吐不快:

> 夫求学必探其本,欲悉天演之伪,先考天地之由来。天地有始乎?曰有,凡为数,必有其始。地以自旋一周为一日,以绕日一周为一岁,自太初迄于今,不知几千万周,几千万岁……天地成于元质,元质何所从来?曰有二说,或以为自有,或以为受主。然元质非自有之物,确有明证……恒与他物合,恒为他物制。自太初迄于今,无独立之一息,自有之物断不其然。元质既非自有,必有生之者,生之者称造物。故有万物,必有造物者无疑也。

神学为体,科学为用,这是当时天主教作家的一般原则,既要看到他们思想的保守一面,也要体恤他们"政治正确"的必要性。

《形性学要》,问渔先生翻译赫师慎的著作。《形性学要》有十卷:卷一"形体公性及动力",卷二"重学",卷三"水学",卷四"气学",卷五"声学",卷六"热学",卷七"光学",卷八"磁学",卷九"电学",卷十"气候学"。光绪二十五年(1899)由问渔先生做主编的徐汇汇报馆出版,此书存世稀少。

赫师慎(Aloysius Van Hée,1873—1951),亦名万海依,字尔瞻,比利时人,光绪十八年(1892)来华,在汇报馆谋了份工作,次年入耶稣会。赫师慎是位有影响的中算史研究专家。他的《中国百鸡问题或不定分析》一文发表于1913年《通报》(T'oung Pao)的学术论文栏目,其中介绍了中国古代数学中著名的百鸡问题和剩余定理及其解法。他在《汇学杂志》和《汇报》发表过系列文章《西学列表》《泰西事物丛考》《泰西列代名人传》《近代博士传略》等,出版过《动物学要》《千奇万妙》《实验指南》等书籍。

《千奇万妙》是一部百科科普读物,内容有"物性从谈""论物不能自动自静""微隙涨缩""汽越纸布""物别刚柔""谓力之理""西陲力十""善跳""戏有益""马上逞奇""美人凌波""显轿""论离心力""西国地黄牛""地心吸力""论形物重心""重心向下异景""空气卮言""空气压力""气被压而缩""隔板吹灯""鼓气之法""鼓气报""入水衣""水下船""盆中取蜡""气热为风""旋风""论轻重之理""各国气候""水火从考""湿之异景""断续回龙""布孔吸水""微孔吸力""针浮水上""水面吸力""水力吸拒""水不沾身""水酒不融""水箭吸洋""盆满不溢""径水遂折""火性总论""聚光点""小试化学法""空杯生烟""化铅奇观""改花色法""画蛋""鬼火""火异""烛焰""改瓶为杯法""小戏法""论引热""冬日谈""西人冰鞋""冰戏""冰房异制""电气""电闪入地中""猫身有电""吸铁石""鸭表""声浪""声圈""压线闻雷""留声机器""声分远近""五官异景""论眼黑点""人身短长考""髯长九尺""食蚁奇闻""鸦鳄相争""蛇皮长挂""鱼性好睡""犬之报主""蚯蚓利农""猛兽服人""瓶中完卵""龙骨龙齿"等。

《千奇万妙》有土山湾慈母堂印书局光绪二十九年(1903)铅排本。土山湾慈母堂印书局还于光绪二十九年(1903)出版了《动物学要》,以问答形式介绍西方动物学知识,也属普及读物,该书有二百余幅生动插图。

赫师慎有几本书的出版方式比较特殊,如《西学列表》《泰西事物丛考》《泰西列代名人传》,是由徐汇汇报馆将赫氏在《汇报》上发表的同名连载文章结集成书,于光绪二十九年(1903)出版,交鸿宝斋

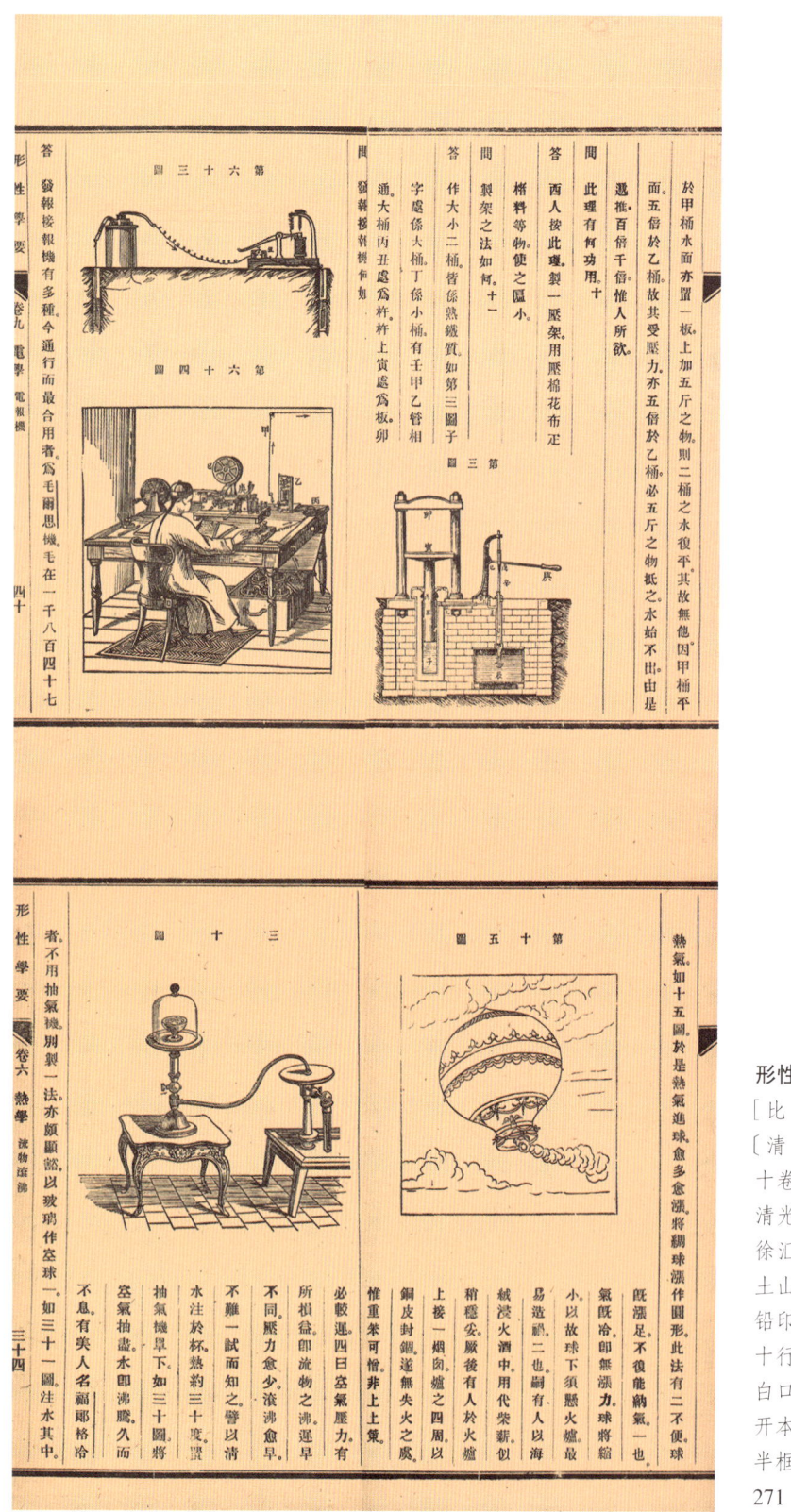

形性学要（内页）
［比］赫师慎辑
［清］李杕译 ［清］王泰度绘图
十卷 四册
清光绪二十五年（1899）
徐汇汇报馆出版
土山湾印书馆排印
铅印本 纸本 筒子页 线装
十行三十二字 小字双行同
白口 四周双边 单鱼尾
开本：26×15（cm）
半框：20×13（cm）
271页 插图200幅

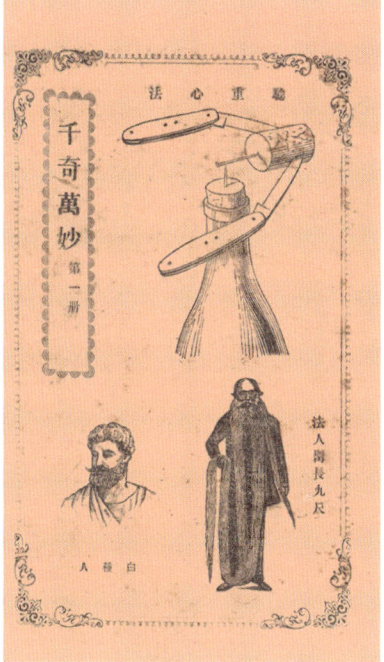

千奇万妙（封面）
［比］赫师慎辑〔清〕朱飞译
不分卷 两册
清光绪二十九年（1903）
土山湾慈母堂印书局排印
铅印本 纸本 筒子页 线装
十行四十字白口四周双边单鱼尾
开本：26.5×16（cm）
半框：20×13（cm）
130 页
插图 280 幅

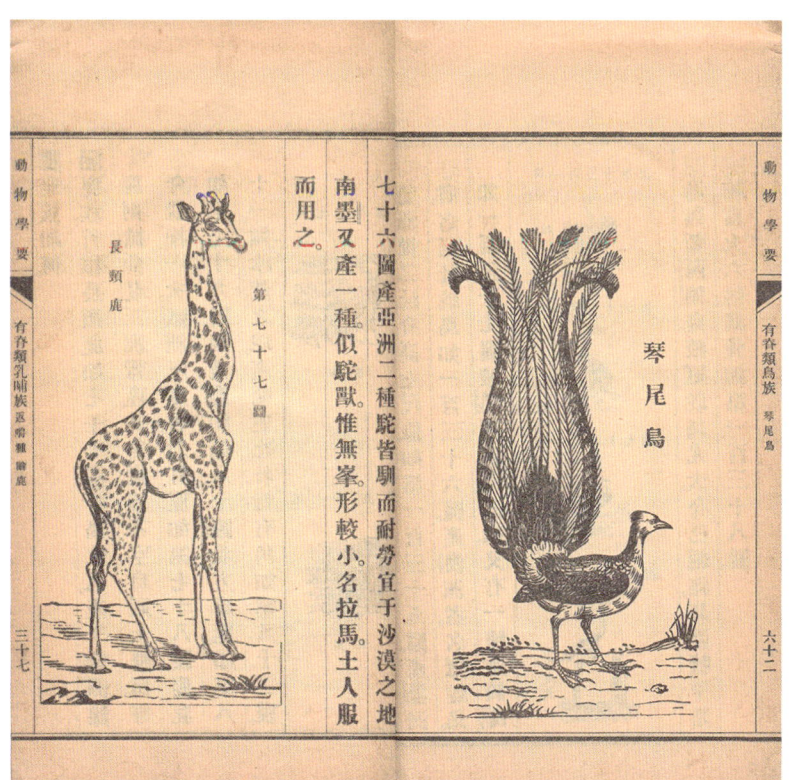

动物学要（内页）
［比］赫师慎辑〔清〕朱飞译
一卷 一册
清光绪二十九年（1903）
土山湾慈母堂印书局排印
铅印本 纸本 筒子页 线装
九行二十二字白口四周双边单鱼尾
开本：26×15（cm）
半框：20×13（cm）
110 页
插图 207 幅

石版印制。

《西学列表》，担任汇报主编的问渔先生亲自翻译，是部类似《十万个为什么》的科普读物。倘若望名生义，以为赫神父是要写一本类似于《梁任公胡适之先生审定研究国学书目》那样"好为人师"的书，那真是误解他了。

赫师慎这部著作的特点是"数"，开宗明义：

> 数为六艺之一，各物多寡、大小、长短、轻重、高低、广狭、方圆等，皆须以数算之，故不明算学者，各西学皆不能贯串，是以泰西各学都兼算法，如天度地度、化学分剂歁项、出入物产盛衰，皆有数可考；人丁之多少、道里之长短、山川之高低、疆域之广狭、斤两之轻重、形势之方圆，各有清查之法。

《西学列表》告诉读者的是世间万事万物的"数"：太空中已知各种等级星球的数量，太阳系行星的数量，行星绕太阳运行的距离，地球与太阳间最长最短距离，日出日落时间，地球椭圆直径，各大洲活火山死火山数量，天下江河数量及长度，天下岛屿数量，天下名峡数量，天下山脉数量及高度，各国船舶数量及吨位，北极探险次数，天下瀑布数量，人类人种数量，环球人口户籍，中国丁口数量，中国各省面积、丁口、税收，世界各国面积、丁口、密度等。

《泰西事物丛考》的译者是徐汇汇报馆工作人员朱飞。这本书放现在看来也为科普读物，但内容比其他几本略深一些。赫师慎在序言里申明他给中国人介绍的西学，对开启民智、推动中国维新进步合当有益：

> 智慧何由新？新之于学问；学问何由新？新之于见闻。士人足不出户庭，日手一编，无间寒暑，不可谓非有心稽。古之儒特所习者，多陈陈相因，因编所研者，尽陈陈相因之理，则虽胸如玉府，腹如珠船，终不能畅发新机，新其见闻，新其学问，而并新其智慧，不愧为识时务之俊杰也。中朝锐意维新，定新章领、颁新政，汲汲以自新之民为务，知泰西各科学，邃精新意……共

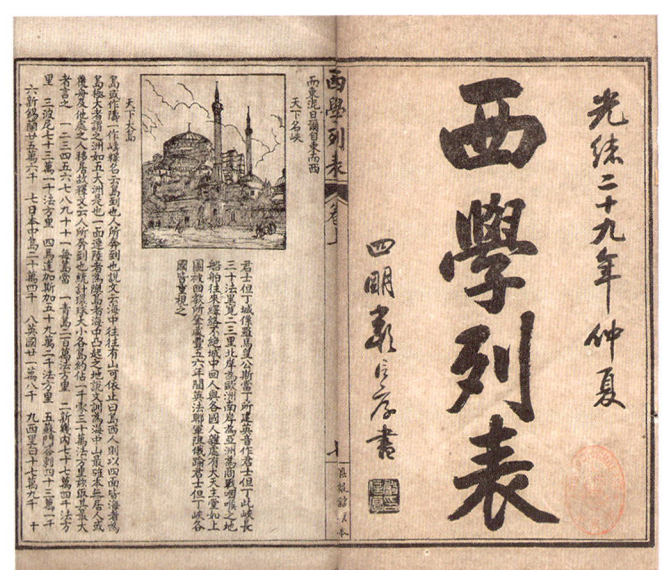

西学列表（扉页和内页）
［比］赫师慎撰 ［清］李杕译
两卷 两册
清光绪二十九年（1903）
徐汇汇报馆出版 鸿宝斋印制
石印本 纸本 筒子页 线装
十八行四十二字白口四周双边单鱼尾
开本：20.4×13.4（cm）
74 页
插图 29 幅

· 千奇万妙 ·

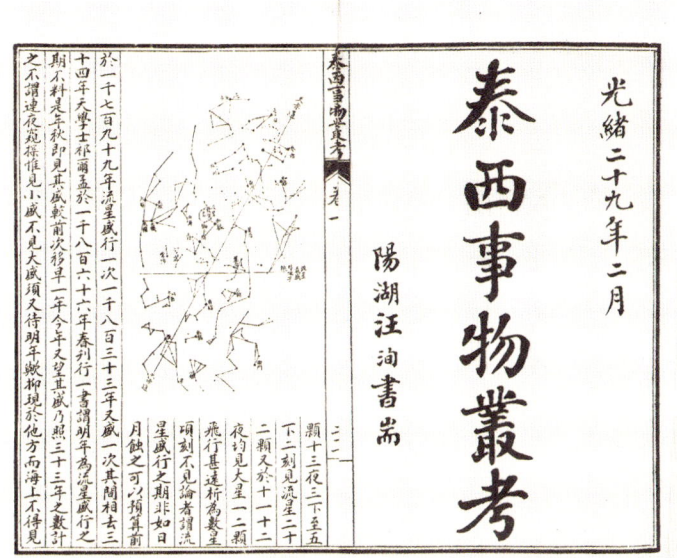

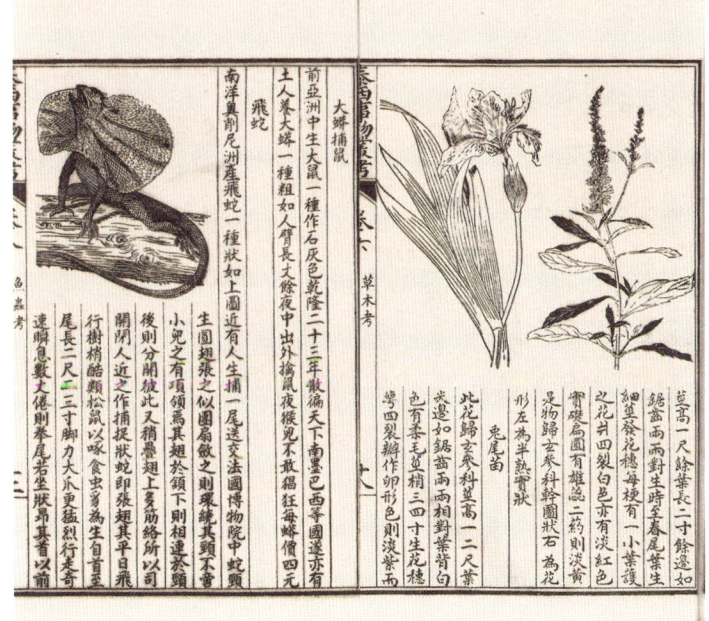

泰西事物丛考（封面和内页）
［比］赫师慎撰 ［清］朱飞译
八卷 六册
清光绪二十九年（1903）
徐汇汇报馆出版 鸿宝斋印制
石印本 纸本 筒子页 线装
十二行三十二字白口四周双边单鱼尾
开本：20.5×13（cm）
半框：16.5×11（cm）
419页
插图 464幅

事李、张诸君亦有为当此国治方新凡华人。人有志富国，有志强兵，与夫有志天文、地理、人工、物曲及旁考鸟兽、鱼虫、草木者，未始不可以是编为援引。倘又引而伸之，触而长，长则见闻新，而学问亦新，学问新而智慧与之俱新，以之共佐维新之治，自必不难。

《泰西事物丛考》包括"天象地舆考""生物气象考""人类考""人事杂物考""杂艺气用考""草木考""鸟兽考""鱼虫考"等八卷。此书插图达四百六十四幅，也许因为这个，徐汇汇报馆选择当时石印技术比较成熟的鸿宝斋印制。

赫师慎的《形性学要》《千奇万妙》《动物学要》《西学列表》《泰西事物丛考》等著作在天主教出版物中令人耳目一新,它们没有以往教会书籍的"救世主"窠套,科学就是科学,普及科学知识,破除一切迷信。《泰西事物丛考》开篇两节把作者的"世界观"揭示得彻彻底底:

【天地原始】

开辟之先,元宰先造一原质,即所云混沌,其质团圞约有自日至海王星轨道之大。混沌之动,极速忽然分开,成日月诸星⋯⋯

【世界说】

欲知世界如何,先当明世界两字之义。或云世界即地球,未免小视乎世界矣。或云上而日月星辰,下而山川草木,皆世界也,仍未免小视夫世界。世界者,乃星宿相吸、彼此连环成为一统,方谓之世界。其吸力不至各分疆宇者,乃别种世界,西人谓:世界外尚有世界⋯⋯

面对千奇万妙的世界,作者兴不由己,在热闹中"忘记"了上帝。

悬壶济世,普济众生。天主教传教士遍走天涯,无不以"壶翁"形象感召百姓。天主教在中国更是如此,注重治病救人,解人危难,换得人心。白晋呈献奎宁,治好了康熙皇帝的疟疾,一席人等均成为康熙的座上宾。

民国三十一年(1942)杭州天主堂本堂江道源[①]神父撰写《十九世纪前中华基督教对于医药之贡献》一书,交由兖州保禄印书馆出版。

江道源神父这本书从四百年前圣方济各·沙勿略来华开篇,指出早期传教士之所以能够"东传"成功,有赖于他们"学术传教"——重视教育、传播科学的政策,医学就是其中重要一环。

书分三卷:第一卷"唐代基督教医学之痕迹",景教之直接影响,与回教之间接关系;第二卷"元代基督教医学史之鳞爪",基

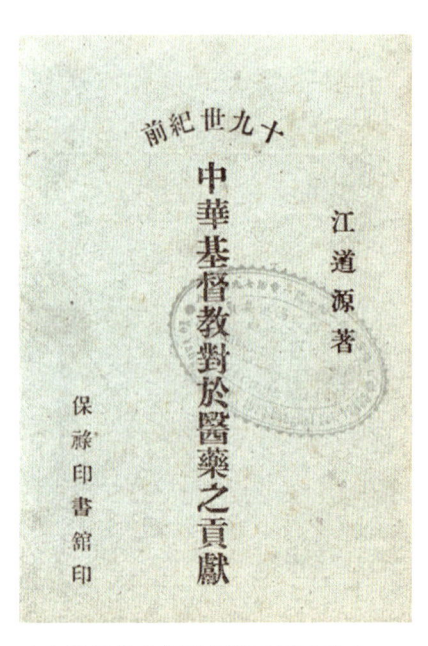

十九世纪前中华基督教对于医药之贡献(封面)
江道源著
三卷 一册
民国三十一年(1942)
兖州保禄印书馆出版排印
铅印本 纸本 平装
开本:13×9.2(cm) 60页

---

① 江道源(Jean Kiang,1899—1944),江西饶州府(治鄱阳)人,民国七年(1918)入遣使会嘉兴修院,民国九年(1920)发愿,民国十四年(1925)晋铎后赴江西传教。后任天主教杭州备修院院长,民国三十一年(1942)任杭州总堂神父。还著有《科学家与宗教》等。

督教复兴，基督教医士遍走朝野；第三卷"明清之际入华天主教士在医学上之成绩"，西学先驱，开办医院，设立孤儿院及圣母会，沟通医术，近讲解剖，充任太医，其他会士及俄国教士协同医治。

江道源神父所著的这类专题研究书籍在清末民国期间非常少见，他引用的许多资料不见他人提述。比如，据江神父考证，吕洞宾是景教徒，他的《救劫经咒》有基督教教义的成分。

江神父在说明明清天主教传教活动时，列举了许多西方传教士的原本身份是医师，如邓玉函、卜弥格①、巴多明、黎宁石、卢依道②等近二十人侍奉皇帝身边，常常充代太医。

江神父的研究参考了陈垣等人的论著。他的一些具体结论或有勉强之处，但总体来说，他的选题还是很有价值的。

土山湾印书馆出版过戴尔第神父的实用医书《医方宝诀》。戴尔第（Joannes Twerdy，1846—1910），字意云，法国人，同治六年（1867）入耶稣会，同年来华，光绪八年（1882）晋铎，后被派往安徽传教，任合肥天主堂神父；光绪年间先后在六安、舒城、苏家埠、戚家桥、韩摆渡、丁集和独山等地设立天主教分堂。光绪二十二年（1896）戴尔第初到六安曾惹起"苏家埠教案"。安徽六安天主教会除了日常传教活动和节日活动外，还进行一些社会活动，如开办学校、医院等，宣传教旨、扩大影响。教会办的学校先后有提供教徒子女学习经文的经文小学、圣类思小学和崇义中学。

这位有医学知识背景的戴尔第神父，有心收集中医土方，译为法语，辑册刊行。《医方宝诀》有医方一百九十一个，皆记载方名、配方成分、制作方法、食用办法和主治功用。

《医方宝诀》，土山湾出过两种版本。一种为光绪十七年（1891）出版的法汉双语版；一种为民国十年（1921）出版的中文版，重庆曾家岩圣家书局翻印过这本书。

土山湾印书馆在民国十三年（1924）出版的《小儿科》是一本与教会没有一点关系的书籍，介绍中医中的儿童疾病治疗和验方，有七幅版画。

笔者曾偶遇一本非常有意思的书——《施药录》，胜世堂印书房正式书目里是没有收录的。胜世堂成立初期，光绪十七年（1891）河间天主堂编撰，收录了三十副中药剂方："少阳丹""胜金丹""海沫水""化毒散""还阳丹""回生散""健脾散""惊风散""利口丹""宁嗽散""犀黄丸""泻黄散""太极丸""玉霜散""玉香糖""万益丸""黄眼药""一扫光""金黄膏""龙衣散""收毒膏""补皮膏""消云散""万应膏""健脾丸""驱虫丸""利中丸""凝露粉""宁嗽丸""截疟丹"等。这些药方应是河北本地的验方。

《施药录》似乎与戴尔第的《医方宝诀》差别不大，说其有意思是其序言中开诚心、布公道的一番道理：

> 我圣教遵上主爱人如己之命，中外一家，一视同仁。一切畛域之见，不参胸臆。我教士航海远来，

---

① 卜弥格（Michel Boym，1612—1659），字致远，波兰人，1639年入耶稣会，擅长数学和生物学。明隆武元年（清顺治二年，1645）来华，在华南沿海一带传教，视南明小朝廷为中华正统，与弘光、隆武、永历交往甚密；明永历五年（1651）受隅居广西的永历皇帝委托出使罗马，希冀得到罗马教廷和欧洲天主教势力对永历朝廷的援助，当他于永历十二年（1658，清顺治十五年）回到中国时，却发现清朝的统治已相当稳固，回天乏术的卜弥格次年在安南北圻郁郁而终。

② 卢依道（P. Isidore Lucci，1671—1719），意大利人，1689年入耶稣会。康熙三十年（1691）到澳门，次年应康熙之召进京。康熙三十三年（1694）赴交趾。

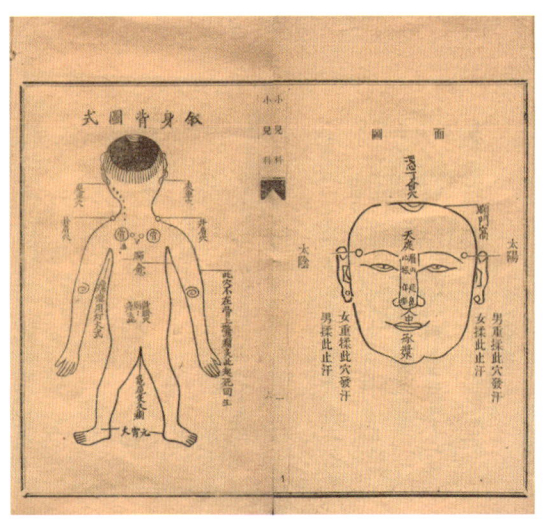

小儿科（插图）

一卷　一册

民国十三年（1924）土山湾印书馆排印

铅印本　纸本　筒子页　线装

八行十九字白口四周双边单鱼尾

开本：19.5×12（cm）

半框：15×10.5（cm）

78 页

插图 7 幅

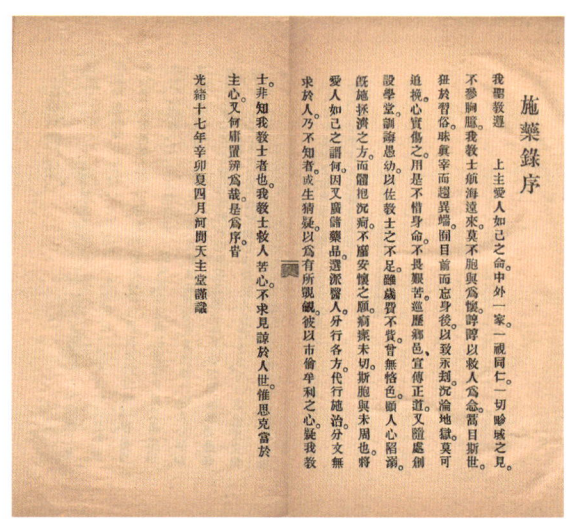

施药录（内页）

河间天主堂编撰

不分卷　一册

清光绪十七年（1891）河间胜世堂印书房排印

铅印本　纸本　筒子页　线装

十二行字不等白口无框单鱼尾

开本：19×12.6（cm）

11 页

莫不胞与为怀，谆谆以救人为念。蒿目斯世，狃于习俗，昧真宰而趋异端，囿目前而忘身后，以致永劫，沉沦地狱，莫可追挽，心实伤之。用是不惜生命，不畏艰苦，巡历乡邑，宣传正道。又随处创设学堂，训诲愚幼，以佐教士之不足。虽岁费不赀，曾无吝色。顾人心陷溺，既施拯济之方，而体抱沉疴，不廑安怀之愿。痌瘝未切，斯胞与未周也，将爱人如己之谓何。因又广储药品，还派医人，分行各方，代行施治，分文无求于人。乃不知者，或生猜疑，以为有所觊觎。彼以市侩牟利之心，疑我教士，非知我教士者也。我教士救人苦心，不求见谅于人世，惟思克当于主心。又何置辨为哉？

漂洋过海、不远万里来到中国的传教士们，不仅仅是要拯救他们认为的那些背离上帝的"堕落"心灵，而且也不乏悬壶济世、解除世人肉体痛苦之为。

抚恤孤儿

> 人性之善也,犹水之就下也。人无有不善,水无有不下。
>
> ——孟子

光绪四年（1878），耶稣会徐家汇大修院院长柏立德①在去世前终于了却了一桩心愿——看到自己多年调查研究完成的著作 L'Infanticide et l'Œuvre de la Sainte-Enfance en Chine（《中国溺婴与天主教圣婴会》）面世，这是古今中外第一部系统研究中国溺婴现象的专著。

这部装帧古朴的石印版著作，正文分为三卷十章。

第一卷"溺婴频发的史料"（Preuves historiques de la fréquence de L'infanticide）。第一章"官方公布的溺婴情况"，作者采信的资料从明亡（1644）到清光绪元年（1875），溺婴情况一言以蔽之：屡禁不止。第二章"佛教道教书籍里有关溺婴的记述"，例证佛道两家坚决反对溺婴。第三章"儒学书籍有关溺婴的记载"。第四章"新闻媒体报道的溺婴情况"。第五章"民俗画里的溺婴"。

第二卷"溺婴和基督教的慈爱"（L'infanticide et la charité Chrétienne）。第六章"十七世纪以来为非教婴孩作临终洗礼的善行"，第七章"十七世纪以来收养非教婴孩的善行"，第八章"十七世纪以来的教会孤儿院"。

第三卷"溺婴与中国人的仁爱"（L'infanticide et la Philanthropie Chinoise）。第九章"非教婴孩"，第十章"溺婴产生原因"。

最后的附录是"佐证史料"（Pièces justificatives），作者撷取了六十六段中文古籍中有关溺婴的史料片段，但没有注明出处。

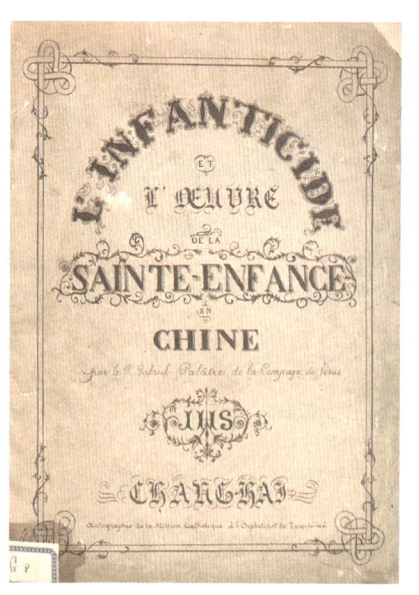

L'Infanticide et l'Œuvre de la Sainte-Enfance en Chine
中国溺婴与天主教圣婴会（封面和插图）
［法］柏立德撰
法文
三卷附一卷　一册
清光绪四年（1878）土山湾印书馆印制
石印本　手书上板　纸本　平装
开本：32×25（cm）
277 页
石印插图 17 幅　木刻插图 6 幅

---

① 柏立德（Gabriel Palatre，1830—1878），字介于，法国人，1853 年入耶稣会。同治二年（1863）来华，同治五年（1866）晋铎，主持徐家汇大修院。逝于徐家汇。

• 抚恤孤儿 •

    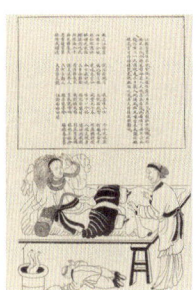 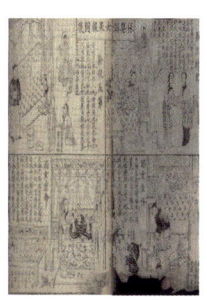

李稳婆　　　桷腹临盆产婴弃水　　　救溺发贵　　　陈大生溺四女　　　江阴李某溺女　　　保婴溺女果报图后

救溺易相　　　　　　溺女伤子　　　　　　溺女难产图

溺女变畜图　　　　　溺女绝男图　　　　　帮溺绝嗣图

阻溺获福图　　　　　救婴荣显　　　　　　溺女破家

教溺虎噬　　　　　　啮乳索命　　　　　　毙女绝嗣

书前有柏立德于光绪二年（1876）撰写的长篇导言和光绪四年（1878）补写的序言，向读者交待这部书的构思由来、撰写过程、出版周折以及他对中国溺婴现象的深恶痛绝。

圣教会是耶稣基督耕耘的王国，耶稣说"爱人胜己"，受到苦难深重的人们之崇戴。他恩宠穷人免受践踏，以自己的行动挽救穷人沦落被羞辱被欺负的境地。然而，设立育婴堂这种善举丝毫没有消除穷人的抱怨，被说成施以小恩小惠、收买人心而受到恶语中伤。

一些传教士曾经严肃指出过，中国的溺婴现象是非常普遍的，中国人对此前传教士尝试为他们设立的育婴堂极为反感，笔者所在城市确实如此。不论走到哪里，尤其是乡村，溺婴事件比比皆是，司空见惯。官员们睁一眼闭一眼，熟视无睹，禁止溺婴的法令只是纸面文章，无人遵守，无人监督。传教士建议而设立的补充法律规定也没有得到人们尊重。

因此柏立德认为，对于溺婴这种现象，有必要从中国历史文化传统着手剖析，辅以基督精神长久深入之影响，才能有效地改变这种非人道的陋习。

光绪十年（1884）出版的法国传教士范世熙撰写的《中国论札》，又使中国溺婴问题在欧洲引发一场小小的风波。范世熙在他的画论里介绍了《二十四孝全图》，某些欧洲人据此把"埋儿葬母"视为一种溺婴现象予以抨击，为此又把柏立德的这部著作找出来作为佐证，争论的核心是中国是否存在溺婴现象，圣婴会从欧洲募集的资金用于在中国开设育婴堂是否妥当等。

鸦片战争以后，清政府逐渐开放教禁，天主教会获得了前所未有的传教便利。特别是道光二十四年（1844）《黄埔条约》和咸丰十年（1860）《北京条约》的签订，为天主教传教活动由"五口"（上海、广州、福州、厦门、宁波）扩展到内地提供了条约保护，这些条款的规定有利于天主教会在中国开办育婴堂、医院、救济院等各种社会慈善事业组织。

中国天主教举办慈善事业，首先要提及上海土山湾孤儿院。民国三十一年（1942）孤儿院印制了一本小册子《上海徐家汇土山湾孤儿院》。开篇是江南区主教惠济良神父题词："抚养一般孤儿，除身心之进修外，更授以成家立业、服务社会之技能。"

《上海徐家汇土山湾孤儿院》自述院史：咸丰五年（1855）薛孔昭[①]神父在青浦横塘创办育婴堂，后迁入上海郊区蔡家湾改为孤儿院；咸丰十年（1860）太平军攻至蔡家湾，房屋被焚毁，神父被害，孤儿多罹难，幸存孤儿避难于董家渡和小南门；同治三年（1864）孤儿院有了稳定院址：土山湾。

此后孤儿院创办工艺工场，训练孤儿学艺，期长大成人后可有工作谋生之技。咸丰五年至民国三十一年（1855—1942），八十七年里，孤儿院收养孤儿五千五百余人，他们长大后，或是留院办工场做工，或是假上海其他工场商店谋生，抑或自开生意。

《上海徐家汇土山湾孤儿院》特别强调，院办工场全部盈利都用于孤儿院维持费用。它给信众算了一笔账，通常孤儿院有儿童三百名左右，一名孤儿每年仅膳食费用开支就达一千元，[②]不计燃料、水电、衣

---

① 薛孔昭（Aloysius Sica, 1814—1895），字类思，意大利那不勒斯人，1831年入耶稣会，1849年晋铎。咸丰七年（1857）来华。逝于上海。
② 原文如此，数额疑似偏高，或为募捐筹款之辞。

服、书籍、医药、零钱、教师薪资等。因此孤儿院有时也向社会募捐。

土山湾孤儿院工艺工场不同时期设置的生产车间不尽相同，民国中后期整合为五个部门。木工车间：制造中西木器，雕刻立体人像，金银彩绘，油漆器具。五金车间：制作刀叉杯盘、教堂圣像和钟台。绘画车间：水彩，铅画，油画，彩色玻璃。印刷车间：石印，铅印，五彩印。发行所：装帧和贩卖图书。部门设置有过变动，比如石印，也就是照相间，很长时间曾是土山湾主要部门，独立设置。

史式徽在《江南传教史》中如此记述：

当时孤儿们学习的主要有木工、制鞋、成衣、雕刻、镀金、油彩、绘画、纺织以及农活；还有制作印刷用的汉字字模和木版。

雕刻、镀金、油彩、绘画这个车间是范廷佐的两位得意门生陆伯都和刘必振带到土山湾的，他俩尽己所知把技术精心传授给孤儿们，培养了一批行家里手。这所工场规模后来扩大了，这所工场绘制、印刷的圣像，深受中国教友的喜爱，连同他们制作教堂圣具，遍布庞大中华帝国各地教堂。①

宣统二年（1910）土山湾印书馆出版了一本专门介绍木工车间的书籍，*Ateliers de Sculpture et d'Ebenisterie*，*Orphelinat de Zi-ka-wei*，*Shanghai*（《土山湾孤儿院木雕工坊》）。这本难得一见的书籍由文字和图片组成，文字部分题为"造访土山湾"，分为三章。第一章"寻迹土山湾"，介绍土山湾工艺工场的地理位置、车间门类及分布等。第二章"土山湾小史"，1842年天主教在巴黎成立圣婴会，该会于道光二十九年（1849）在上海开设育婴堂，安置了二百五十四名孤儿，随后又为这些孩子成立工场和学校。雕刻和木工车间是土山湾工艺工场最早设立的部门，是按照范廷佐②的想法创办的。第三章"今日土山湾"，作者的记述有别于其他史料：

二百五十四名孤儿是这些车间的主体。在工场最初的八到十年间，加入工场学技的有两类人，一类是圣母院的孤儿，一类是被父母送来学徒的。后一类需要签订契约，工场只负责孩子们的学习和工作，而信仰完全自由。这是十分必要的防范措施，孩子太小，易受不良影响……

这些孩子们在学校和工场朝夕相处，学徒劳动的时间因年龄而异。每个车间都有辅理修士负责，配以熟练工人做助手，而他们往往就是土山湾高年级的学生。穿过工场的院子，可以看到人头攒动的大厂房，厂房里摆放着慈祥的圣母雕像，下面是两张中式跪凳。院子的右侧，依次是绘画车间、镀金车间、上釉车间、五金车间、木雕车间。木雕车间制作精美的中式家具，很受欧洲访客的赞赏……

今日土山湾维护着远东地区天主堂的光彩荣耀——为神圣的祭祀制作了庄严和美丽。

《土山湾孤儿院木雕工坊》的图片部分是四十九幅木雕产品的照片，有产品名称、尺寸及编号。

这本书没有署名作者，从行文角度来看，应该是巴黎圣婴会来土山湾考察工作的人。

得好友绍兴王超先生帮助，笔者经年搜藏得二三十件流散海外、二十世纪二三十年代上海制作的黄

---

① J. de la Servière, *Histoire de la mission du Kiang-nan*, tom. II, par.II, chp. II, ii, p. 275.
② 范廷佐的详细介绍见"山湾堂团"章。

Ateliers de Sculture et d'Ebenisterie, Orphelinat de Zi-ka-wei, Shanghai

土山湾孤儿院木雕工坊

（扉页和插图）

法文

三卷　一册

清宣统二年（1910）

土山湾印书馆排印

铅印本　纸本　精装

开本：17.5×26（cm）

53 页

插图 49 幅

杨木雕，一直未究其详。本作临近交稿时见到法国国立海洋博物馆（Musée National de la Marine）为纪念中法建交五十周年出版的画册 Scènes de la vie en Chine, Les figurines de bois de T'ou-sè-wè（《中国民间生活，上海土山湾孤儿院人物木刻》），才弄明白这些黄杨木雕都出自土山湾孤儿院木工车间。

这本画册的编者之一、法国人伊望，其外曾祖父毕果[1]是法国海军中将，民国二十六年至二十八年（1937—1939）曾担任法国远东海军总司令，参加过淞沪会战，率军保护法租界。战后土山湾孤儿院送给他的谢礼里就有一箱黄杨木人物木雕。

这个祖传的木箱里，到底藏的是什么东西呢？

具体地说，有一百零九个黄杨木制的人物木雕，全部是手工制作，包括染色和装饰。一眼望去，光彩熠熠，是顶级的手工工艺。每个木雕的高度都在八到十厘米……木雕包括达官贵人、农民、僧侣、街头商贩以及艺人工匠等。他们使得过去中国多种多样的社会风貌惟妙惟肖地重现出来。诸多的民间生活场景，给今人勾画出一幅文字资料无法代替的、生动的历史画卷。一个父亲正在和儿子一起放风筝，一个手拿阳伞的母亲牵着儿子漫步街头，还有十几个被处极刑的中国罪犯，这无疑使这幅民间景观的内涵得到了进一步的充实。这些刑罚场面，令人望而生畏，冷汗不止，震动心房，它自然让人想起了西方宗教法庭的各种酷刑，真是不寒而栗。

从打麻将的人到道士，从耕田者到官员，这当中的很多形象是很容易辨别出来的。然而，有些还是隐藏着神秘的痕迹，特别是一些行当，包括上面刻写的汉字，对于今天的西方人来说，仍然是不解之谜。

……木箱的左侧上方，一张已经发黄的纸上用汉字写着"土山湾育婴堂"，而右侧上方的字迹为"1938年6月23日"。[2]

土山湾工艺工场木工间创办人是法国人马力耀[3]，贡献最大者是德籍神父葛承亮。葛承亮（Aloysius Beck，1854—1931），字卧冈，德国巴伐利亚人，1877年入耶稣会，光绪十八年（1892）来华，光绪二十年（1894）开始主持土山湾木工车间，光绪三十三年（1907）晋铎，任辅理修士。葛承亮来华前是舞台戏剧机械师，在华岁月基本消耗在土山湾木工车间里。民国二十年（1931）去世前回国，他回顾往昔经历，说了一句近乎信徒般的箴言："耶稣做了三十年木匠，我和中国孩子们享受了三十年的同样生活。"

土山湾木工间为1915年在美国旧金山举办的"巴拿马—太平洋博览会"制作的"中国牌楼"模型，现存上海土山湾博物馆。

---

[1] 毕果（Jules Le Bigot，1884—1965），法国人，年轻时加入法国海军陆战队，1925年升为舰长。民国二十五年（1936）任法国远东海军总司令来上海，民国二十八年（1939）回国。法国被德占领后，他被俘，关押于战俘营。
[2] Christian Henriot et Ivan Macaux: Scènes de la vie en Chine, Les figurines de bois de T'ou-sè-wè（《中国民间生活，上海土山湾孤儿院人物木刻》），Équateurs，1924，pp. 52—53。
[3] 马力耀（Leo Mariot，1830—1902），字慈良，法国人，1850年入耶稣会。同治二年（1863）来华，同治五年（1866）晋铎。逝于上海。

Scènes de la vie en Chine, Les figurines de bois de T'ou-sè-wè
中国民间生活，上海土山湾孤儿院人物木刻（内页）
［法］安克强、伊望著
法文　中文
两卷　一册
1924 年 Équateurs, Paris 排印
胶印本　纸本　精装
开本：24.5×28.7（cm）
291 页
插图 166 幅　地图 1 幅
（下图部分木雕为笔者所藏）

· 抚恤孤儿 ·

土山湾工艺工场还为此次博览会制作了八十六座佛塔模型，展示了江苏、甘肃、广东、广西、贵州、山东、山西、陕西、四川、云南等省和高丽的佛塔艺术。

为使参观者理解这些模型，他们还印制了一部精美图册 Collection of China's Pagodas（《中国佛塔图集》），作为随展宣传品。《中国佛塔图集》有八十一个佛塔模型的十八幅黑白照片，中式蝴蝶装，古朴大气。不过有的佛塔名称和建造年代标注得不太准确。

编号	塔 名	地 点	建造朝代	模型高度	编号	塔 名	地 点	建造朝代	模型高度
1	天封塔	宁波府	唐代	7	2	六和塔	杭州府	宋代	13
3	保俶塔	杭州府	宋代	7	4	太子塔	普陀山	元代	3
5	千佛塔	北京	清代	9	6	慈生寺塔	宛平县	明代	13
7	白玉塔	北京	清代	7	8	临济塔	大名府	唐代	13
9	天宁寺塔	宛平县	明代	13	10	定州塔	定州府	明代	11
11	砖方塔	定州府	清代	9	12	喇嘛塔	打箭炉		
13	木塔	正定府	唐代	9	14	砖方塔	正定府	清代	9
15	五佛塔	正定府			16	华塔	正定府		9
17	白塔	福州府	唐代	7	18	古塔	厦门		7
19	石塔	福州府	晋代	7	20	铁塔	开封府	清代	9
21	雷峰塔	杭州府	春秋	7	22	北塔	彰德府	清代	
23	喇嘛塔	打箭炉			24	双塔	锦州府	宋代	11
25	宝通塔	武昌府	宋代	7	26	东山塔	宜昌府	明代	7
27	双林塔	淮阴县	宋代	7	28	水光塔	宿州		7
29	万园塔	临晋县	唐代	6	30	报应塔	重庆府	清代	9
31	宝塔	信丰县		9	32	梯云塔	南康府	宋代	
33	普化寺塔	宜章县	唐代		34	烧云山	松江府	宋代	7
35	报恩塔	南京	宋代	9	36	龙华塔	上海	宋代	7
37	兴圣塔	松江府	汉代	9	38	西林塔	松江府	明代	7
39	北寺塔	苏州府	宋代	9	40	双塔	苏州府	宋代	7
41	方塔	常熟县	清代	9	42	佘山塔	松江府	宋代	7
43	慈寿塔	镇江府	明代	7	44	栖霞山古塔	南京	隋代	5
45	千佛塔	咸阳县	明代		46	花塔	广州府	元代	9
47	光塔	广州府	唐代		50	东山塔	伏羌县		
51	万佛塔	安庆府	唐代	7	52	六边塔	兖州府	唐代	7
53	阿弥陀佛塔	太原府	明代	13	54	宝塔	太原府	清代	9
55	宝塔	荣城县		7	56	兴隆塔	兖州府	唐代	13

续表

编号	塔名	地点	建造朝代	模型高度	编号	塔名	地点	建造朝代	模型高度
57	重光塔	雩都县	宋代	7	58	铁塔	兖州府		9
59	方塔	西安府	唐代	7	60	古塔	三原县		3
61	古塔	烟台			62	兴平塔	兴平县	明代	
63	魁星宝塔	临晋县			64	雁塔	西安府	唐代	15
65	文塔	泾阳县	清代		66	方塔	兴平县	唐代	
67	雁塔	巩昌府	清代		68	白衣寺塔	兰州府	明代	
69	砖塔	平凉府	明代		70	方塔	云南府	明代	13
71	常乐塔	云南府	唐代	13	72	三塔寺	大理府	南邵	
73	三塔寺	大理府	南邵		74	观音塔	辽阳州	唐代	13
75	热河塔	热河	清代	9	79	广济塔	芜湖县	唐代	
80	铁塔	开封府			81	石柱塔	汉城	唐代	
82	兴法寺塔	江原道	高丽王朝		83	慈恩寺塔	兰州府	明代	
84	古楼	东昌府	明代		85	真身宝塔	武功县	唐代	
86	白雀寺塔	永县	唐代						

* 模型高度单位为英尺。

据说"巴拿马—太平洋博览会"后，这些佛塔模型被芝加哥菲尔德自然历史博物馆收藏，由于保管懈怠，只有三座保存完好：杭州六和塔（2号）、北京千佛塔（5号）、镇江慈寿塔（43号）。近年又转卖给了私人投资者。

《中国佛塔图集》附有英文小册子 Chinese Pagodas，介绍中国佛塔建造历史和不同时代佛塔的艺术特点。书后还有一张地图《中国佛塔的分布》（见下页）。

谈到土山湾孤儿院必须提及一位洋教士——夏显德神父，土山湾孤儿院创始人之一，也是土山湾工艺工场和土山湾印书馆的创办者。他在土山湾的史册上应该被"置顶"。

这位夏显德（Francisco Giaquinto，1818—1864）是法国人，字懋修，道光二十九年（1849）来华，咸丰元年（1851）初被派到上海蔡家湾管理孤儿院。当时一共有六十六个孤儿，四十三个男孩，二十三个女孩。夏显德把女孩送到浦东唐墓桥孤女院，蔡家湾只留男孩。这些男孩身上都有"令人作呕的"溃疡，还有一些失明、失聪或失语。他们也没有工作习惯和能力。夏显德在蔡家湾的六年中作出典范，亲手照顾这些可怜的孩子中最病重的和最讨人嫌的。在他的照顾下，孩子们身体状况好转起来，开始接受学习，首先是祈祷和教理，然后是常用字阅读和书写，长大了开始在学校与工场半工半读。夏显德在这里创建了木工作坊、织布作坊和印刷作坊等，向孤儿们传授谋生手艺。

咸丰十年（1860）太平军洗劫蔡家湾，孤儿院避难于董家渡和小南门。

夏公日居病孩之中，讲道理、听告解、敷终油、送圣体、助善，终日无暇，且为病孩洗疮敷药，医

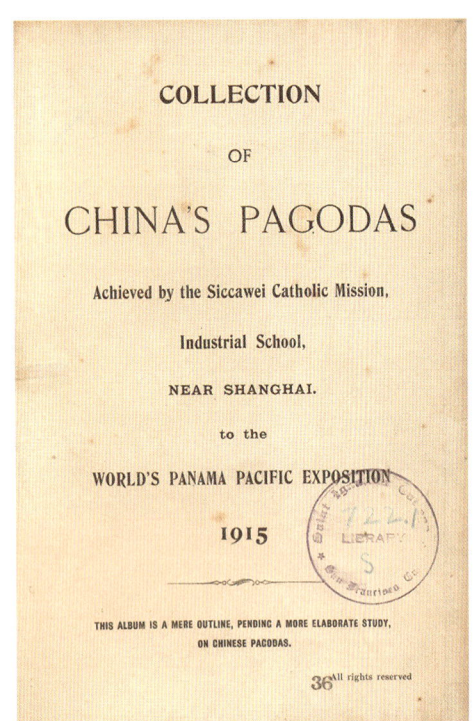

COLLECTION

OF

CHINA'S PAGODAS

Achieved by the Siccawei Catholic Mission,

Industrial School,

NEAR SHANGHAI.

to the

WORLD'S PANAMA PACIFIC EXPOSITION

1915

THIS ALBUM IS A MERE OUTLINE, PENDING A MORE ELABORATE STUDY, ON CHINESE PAGODAS.

36

Collection of China's Pagodas

中国佛塔图集（封面、附图和内页）

土山湾工艺工场编

不分卷　一册

民国四年（1915）土山湾印书馆排印

珂罗版　纸本　蝴蝶装

开本：25×16.7（cm）

18 页

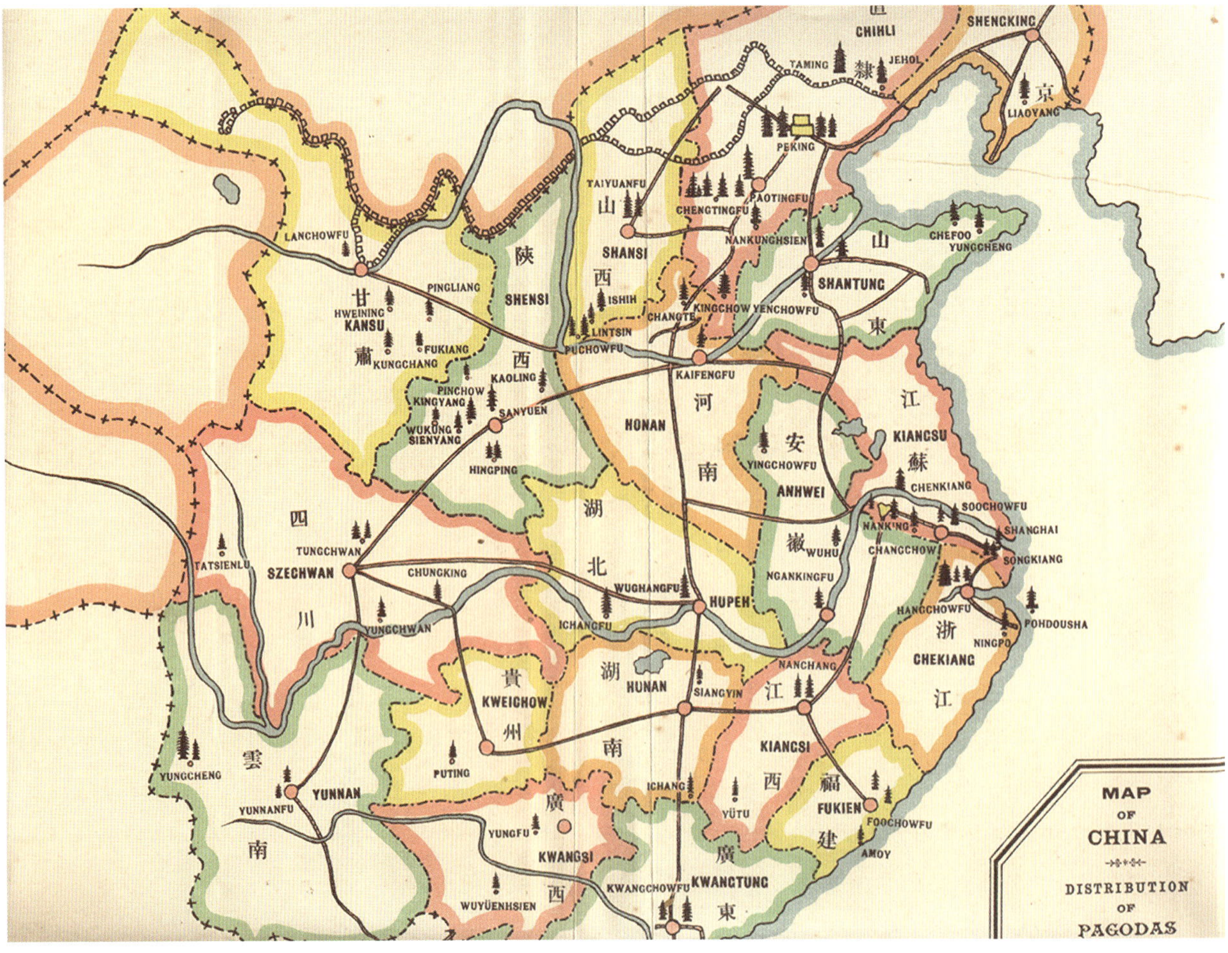

中国佛塔的分布

观光日本（扉页）
［法］夏显德译
［清］沈则恭、蒋超凡、李杕纂订
两卷六十九章 一册
清同治十年（1871）慈母堂辑刻
刻本 纸本 筒子页 线装
九行二十一字白口四周双边单鱼尾
开本：19.2×13（cm）
半框：16×11（cm）
80 页

其灵、兼医其身，故其卧室酷类病房，每见病孩绕膝数匝，慰之、诲之而又抚摸之，怜爱交加，始终如一。凡人情所不愿为者，夏公独乐为之，所谓众人慈母，洵无愧色。夏公自直隶抱病回沪时，德躬尚未复原，复任管理育婴，劳顿数月，形容瘦削。于一千八百六十四年四月三十日，备领圣事，安逝于董家渡堂内。诸孩闻耗，啜泣之声不绝。①

夏显德神父留下的著作不多，《观光日本》是其译作之一。此书是一位欧洲传教士写的天主教在日本传教的故事。译者开篇明义引用孟子名言道："水信无分于东西，无分于上下乎？人性之善也，犹水之就下也。人无有不善，水无有不下。今夫水，搏而跃之，可使过颡；激而行之，可使在山。是岂水之性哉？其势则然也！人之可使为不善，其性亦犹是也。"人性的善良就像水向低处流一样势所必然。人没有不善良的，就像水没有不向低处流的一样。人，可以使他做不善的事，这种违背他善良本性的行为，跟让水违背它向低处流的行为，本质是一样的。人终归还是向善的。夏显德神父对人性的看法受到中国儒家思想的影响，认同"人之初，性本善"。天主教其他释教著作几乎没有这样表述的。

《观光日本》记述天主教在日本传教的六十九个故事，说明圣教感化人心，使人善向天主："兄妹齐名""名僧归化""国王进教""贞表流芳""圣水神能""国后懿范""邪魔劝教""付洗国后""节妇善表"……译者认为：中日邻邦，文化同宗，天主教在两国所遇、所求、所言、所行是相近的，因而观察日本，可惠及中国传教事业。

夏显德的这本《观光日本》同治十年（1871）就有土山湾慈母堂的刻本了，还有民国十二年（1923）土山湾排印本。这本书是夏显德的遗著，后经弟子沈则恭神父拉上蒋超凡②和李问渔一起整理出版，也算是在徐家汇、土山湾成长的这批孩子对教育过他们的老神父的纪念吧。

同治三年（1864）夏显德神父病逝后，耶稣会会长鄂尔璧神父委派沈则恭的二弟沈则宽（容斋）接管小南门孤儿院事务，担任孤儿院院长。之后不久，孤儿们被安置到土山湾一所老房子，

---

① 《蔡家湾育婴堂始迁上海小南门》，载《善导报》民国三年（1914）第15期，第70页。
② 蒋超凡（Justinus Tsiang，1817—1884），字邢阼，又字小艇，洗名儒斯定，崇明（今属上海）人。咸丰八年（1858）入耶稣会，同治二年（1863）晋铎。逝于徐家汇，葬圣墓堂。

同时合并迁入的还有唐墓桥孤儿院等。容斋先生主掌土山湾时期，土山湾工艺工场、土山湾画馆、土山湾印书馆开始羽翼渐丰。

沈则恭（Franciscus Sen，1836—1930），字礼门，松江（今属上海）人，早年就读于徐汇公学。同治元年（1862）教区为培养专职教士，在徐家汇设立耶稣会初学院，当年有学生十一名，沈则恭在其列，并集体加入耶稣会。沈则恭毕业后在徐汇公学任教，光绪二年（1876）晋铎，曾任常熟天主教堂神父，光绪三十四年（1908）左右退休。逝于江苏如皋。

沈则恭神父自己著作不多，《福女玛利亚亚纳传》是他的译品，又名《玛利亚亚纳行实》，是天主教真福亚纳·玛利亚·泰琪的传记作品，有光绪五年（1879）慈母堂铅排本。

沈则恭还译有《圣依纳爵传略》，慈母堂版初印于光绪十一年（1885），铅排两卷本。《圣依纳爵传略》（Vita S. Ignatii），耶稣会创始人依纳爵·罗耀拉的传记，用四十小节勾勒了圣人轰轰烈烈的一生："作圣开基""离家避世""苦行圣功""灵困忧疑""德修上进""救灵热愿""患病垂危""往朝圣地""迁往意国""安抵圣京""恭拜圣处""言旋故国""发奋读书""冤明开释""异国遣征""窘迫异常""屡遭诬妄""同志九人""病回珂里""征途劳悴""请命教宗""升授铎品""耶稣显现""名扬罗马""整顿颓风""奇冤昭雪""呈请会规""振铎宏声""赈恤灾区""钦准小会""公举总统""讲解要理""从游日众""捏诬审明""辞管女院""辞受牧爵""诏旨重准""辞任总统""圣寿不长""噩耗惊闻"。

沈则恭与马相伯过从甚密。相老辞去清廷职务后，怀着"教育救国"的理想，只身重返上海徐家汇。在沈则恭神父的斡旋下，相老将哥哥马建勋留给他的松江泗泾的三千市良田和上海卢家湾、

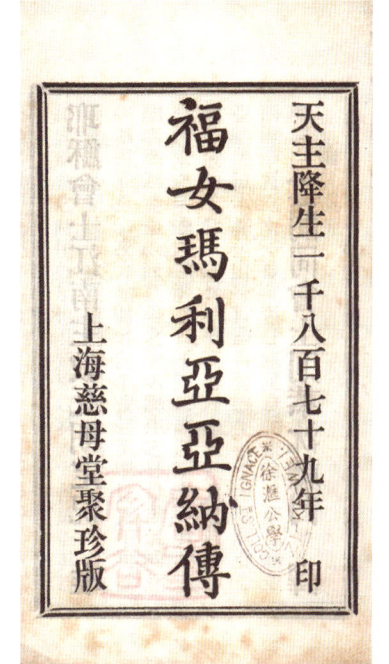

福女玛利亚亚纳传（扉页）
〔清〕沈则恭译
一卷　一册
清光绪五年（1879）慈母堂排印
铅印本　纸本　筒子页　线装
十行二十二字白口半页四周双边
开本：15×9.5（cm）
半框：11.3×7.8（cm）
39页

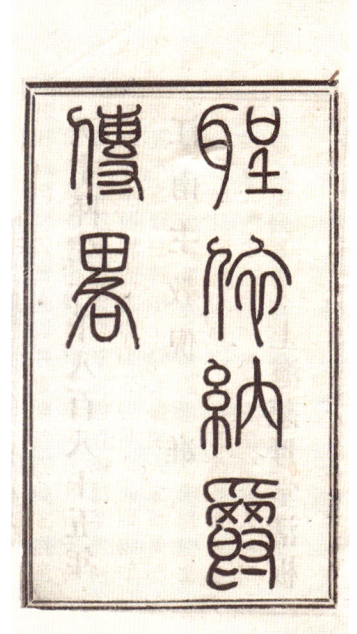

圣依纳爵传略（扉页）
〔清〕沈则恭译
两卷　一册
清光绪十一年（1885）
慈母堂排印
铅印本　纸本　筒子页　线装
十行二十二字白口四周
双边单鱼尾
开本：15×10（cm）
半框：11.5×7.5（cm）
56页

董家渡的地产等，全部捐给教会，创办学校。而代表教会接受捐赠的就是沈则恭的二弟、人称"沈二神父"的沈容斋。沈容斋用马相伯的捐赠在孤儿院中建立了一座设施齐全的现代化小学"慈云小学"。慈云小学三楼靠西的五间房间留给马相伯做宿舍。

厘清土山湾相关机构的名称不是件容易的事。

孤儿院办工场后来称为"土山湾孤儿院工艺工场"（或"土山湾育婴堂工艺工场""土山湾慈母堂工艺工场"），民国后期也称为"土山湾孤儿院工艺学校"。名称比较多的原因，一是由于历史变迁，名称前后不尽一致；二是中国人与外国人的语言习惯不同；三是称谓的语境不同，从生产角度大多称"土山湾孤儿院工艺工场"，而作为劳动技能培训机构往往被称为"土山湾孤儿院工艺学校"。比如图书印制部门，从生产功能上称为"土山湾孤儿院工艺工场"的排版车间、印刷车间、照相车间等，也偶见"印刷所"之称，而从出版角度则应该称为"土山湾印书馆"（"慈母堂印书馆"）。同样，图画部门作为绘制加工实体称为"绘画车间"，作为培训机构称为"绘画学校"，二者对外统称"土山湾画馆"（"慈母堂画馆"）。

土山湾印书馆名称也很多，如慈母堂、土山湾慈母堂、上海土山湾慈母堂印书局、上海土山湾慈母堂印书馆、上海土山湾、土山湾书馆、上海徐家汇土山湾慈母堂印书馆、上海徐家汇天主堂土山湾印书馆、上海徐家汇印书馆、沪城西十二里土山湾慈母堂印书局等，仅中文名称就有二十余种。

大致看，清晚期用"慈母堂"或"土山湾慈母堂"比较多，民国以后用"慈母堂"的一定是重版后刷。光绪年间就有了"土山湾"用法，非为主流。世纪交替期间"土山湾"和"慈母堂"混用，或同时出现。民国以后基本用"土山湾印书馆"。其他一些特殊用法可能与特定的书籍有关。

土山湾印书馆的西文名称一般用法是 Imprimerie-Librairie L'orphelinat de T'ou-sè-wè 或 L'Orphelinat de T'ou-sè-wè，意为土山湾孤儿院印书馆；民国中期，有些土山湾西文出版物版权页上，也有为 T'ou-sè-wè 特别注明是 Ex-Typographia Missionis Catholicæ（前天主教传教会印刷所）的。在印书馆馆名上，"土山湾"的使用在西文书比中文书要早二十来年。

土山湾印书馆有一个副牌"上海联群商业印书所"（Union Commerciale, Zikawei），只见出版西班牙书籍时用过。还有"上海东方印书馆"（Presse Orientale, Shanghai），偏重科学类书籍，它与土山湾印书馆的出版物多有交叉，书籍的作者基本上也是天主教神职人员。二者肯定有某种关联，但具体情况不详。

神父们偏爱使用"慈母堂"的原因有几种说法。据说在蔡家湾时期，孤儿院设在当地一所小教堂"慈母堂"旁边；迁至土山湾以后在孤儿院里又重新建有小教堂，也称"慈母堂"，人们习惯上又把育婴堂和孤儿院称为"慈母堂"。更主要的原因是，土山湾育儿堂和孤儿院的主保是圣母玛利亚，没有比"慈母堂"更贴切、更能彰显这些机构肩负的特殊使命的了。

山湾堂囝

土山湾亦有可画之所,盖中国西洋画之摇篮也。

——徐悲鸿

土山湾在历史上可以大书的事情有三,排在第一的是其慈善事业,第二位的是印书馆,第三位的是画馆,不论从重要性还是从时间上看都是如此。当然三者又是相互关联、相互依存、无法分割的。

土山湾孤儿院又称土山湾育婴堂,累年收养的孤儿有五千五百余人。为解决这批孤儿的生计问题,孤儿院安排了国文、算术、习字、天主教义等四年文化基础教育,大致在学童十三岁时按各人的资质分别授以某种工艺技能,十九岁左右卒业,"或留堂工作,或外出谋生,悉听自便",以留堂工作的学生居多。

这些留在土山湾、史称"山湾堂团"的学生与李问渔、沈容斋、马相伯等人完全不同,他们受的教育是专业技艺,而不是系统的天主教教理知识研习、教会仪式规程学习或拉丁文和法文训练等高等教育。他们不是神职人员,仅仅是技工。虽然他们中有些人也有出类拔萃的表现,但他们的职业规划是完全不同的。

史式徽在《江南传教史》中记述如下:

咸丰二年(1852),从欧洲新来的辅理修士里有位艺术家、西班牙人范廷佐。他父亲是位杰出雕塑家,在埃斯科里亚尔王宫做过雕塑……范修士建议在徐家汇办一所绘画和雕塑宗教圣品的工艺学校,提供教堂装饰品,而且也影响教友家庭和教外人士……1852年工艺学校开课,范修士在培养中国徒弟时非常耐心、非常智慧……范廷佐修士培养的学徒一直保持着他们的传统,1850年横塘孤儿院迁往土山湾,绘画雕刻工艺学校也合并进土山湾;绘画雕刻工艺学校一直很兴旺;远东不少教堂的优美装饰受惠于范修士培养的这批真正艺术家。[1]

史式徽说的这位范修士即土山湾画馆奠基者范廷佐。范廷佐(Joannes Ferrer,1817—1856),字尽臣,西班牙人,1842年入耶稣会,道光二十七年(1847)来华,咸丰五年(1855)晋铎。范廷佐的父亲是雕塑家,参加过埃斯科里亚尔修道院的装潢雕塑工作。范廷佐年轻时接受了严格的西方艺术教育训练,并受到其父亲的雕刻艺术思想的影响,擅长雕塑、绘画和建筑设计。后进耶稣会那波利修道院成为修士。来华后,范廷佐相继主持董家渡天主堂和徐家汇天主堂耶稣会住院的设计,亲自绘制和雕塑圣像。他最有代表性的作品有徐家汇大教堂祭坛前的《墓中基督》、徐汇藏书楼的浮雕《耶稣会的圣人与真福》和《依纳爵临终图》。

范廷佐创办专门培养中国孤儿学习绘画、雕塑及版画方面的技艺,供应教堂装饰品和耶稣会宣传品的孤儿院工艺工场绘画车间,为土山湾画馆的雏形;咸丰元年(1851)范廷佐在孤儿院工艺工场绘画车间基础上,组建绘画学校(L'École de Beaux-Arts),收徒授艺。在前期教学中,范廷佐担任素描与雕塑的教学工作,并开设了油画课程。这是中国传统美术教学中所没有的。由于土山湾画馆的设立是基于教会的需要,因此在其美术教育中,更注重教会工艺美术。在绘画上以宗教人物画、花卉和壁画等为主要内容,并临摹欧洲名画出售。

---

[1] J. de la Servière, *Histoire de la mission du Kiang-nan*, tom. I, par. II, chp. II, ii, p. 213.

· 山湾堂团 ·

有位叫陆伯都的年轻人，十六岁时被江南教区郎怀仁主教从浦东张家楼修道院选派到工艺学校学习，成为范廷佐的第一名学生。陆伯都（Petrus Lo，1836—1880），字省三，江苏川沙（今属上海）人，山湾堂团，徐家汇孤儿院孤儿，少小为张家湾天主堂教徒。同治元年（1862）与李问渔、马相伯、沈则恭、沈则宽等十一人入初学院第一期学习，集体加入耶稣会。同治十三年（1874）晋铎。光绪六年（1880）因肺结核病去世。

范廷佐于咸丰六年（1856）因病去世后，陆伯都继承恩师衣钵，主持工艺学校的绘画业务。同治三年（1864）陆伯都将图画部门迁入土山湾，正式成立土山湾画馆。土山湾画馆不仅使"山湾堂团"有了摹学绘画的选项，还对社会公开授艺，培养了一批西画艺术家，而且也启蒙了中国近代美术教育。

必须要提到这段时期画馆的三位资深画家：马义谷、艾尔梅和范世熙。

马义谷（Nicolas Massa，1815—1876），字仲甫，意大利人，1833年入耶稣会。道光二十六年（1846）到上海，在青浦横塘修道院教授拉丁文。次年范廷佐主持设计董家渡天主堂时，请马义谷帮助绘制圣像。在图画室内部，马义谷负责教授油画和打稿。范廷佐去世之后，马义谷成为徐家汇雕塑、绘画工作的主持人。马义谷于咸丰九年（1859）晋铎，光绪二年（1876）逝于徐家汇。

艾尔梅（Faustinus Laimé，1825—1862），字羹才，法国人，1850年入耶稣会。咸丰八年（1858）来华，咸丰十年（1860）晋铎。艾尔梅毕业于法国一所美术学校，来华之前就是比较有影响的画家，擅长油画。他在图画室生活了四年，教授学生绘画。逝于奉贤。

范世熙（Adolphe Vasseur，1828—1899），字俊卿，法国人，1847年入耶稣会，1862年晋铎。同治四年（1865）来华，先是在海门、崇明、昆山教区任职，同治九年（1870）被时任孤儿院院长的石可贞神父①调至土山湾画馆，教授版画和素描；同治十一年（1872）离职，改赴加拿大等地传教。终逝于巴黎。

范世熙来华七年，在土山湾画馆工作只有两年，时间虽短，但不是匆匆过客。范世熙在法国读书时学习过哲学和神学，对欧洲绘画艺术也比较熟悉，在版画和素描上学有所成，毕业后还教授过这些课程。他把在中国工作的大部分时间用于绘制和研究天主教绘画上，所绘大约有一百七十幅作品，其中有一半多是为法国机构绘制的。同治四年至七年（1865—1868）这四年间，范世熙绘制并刊刻圣像近七十种，有的是口袋大小的画片，有的是室内挂画；有纸基的，也有布基的；有墨板，也有设色；甚至还可以按需求绘制更大幅的，比如《欢喜五端》《痛苦五端》《荣福五端》原图尺寸是30×20（cm）的，订制可以做成110×12.7（cm）的。《圣母升天像》和《耶稣五伤像》最大尺幅可达340×153（cm），这么大尺幅的画像应该不是木刻刷版，而是手绘的，且是布基的。

同治八年（1869）江南教区出版了基于范世熙圣像画的天主教经典著作的插图本。慈母堂刊印的有《玫瑰经图像十五端》（Le Rosaire）和《诸宗徒行实圣像》（Les Vies des Apôtres），金陵天主堂刊印的有《要理六端和要经六端全图》（Les six Principales vérités et Les six Principales prières）、《救世主实行全图》（La Vie de Jésus-Christ）、《圣教圣像全图》（La suite de la Religion）、《救世主预像全图》（L'Ancien Testament）。

---

① 石可贞（Æmilius Chevreuil，1827—1893），字介如，1847年入耶稣会。咸丰九年（1859）来华，同治二年（1863）晋铎。逝于上海。

救世主实行全图（封面和内页）
[法] 范世熙绘图
六十一篇　一册
清同治八年（1869）金陵天主堂辑刻
刻本　纸本　手工设色
筒子页　线装
十行三十三字白口半页四周双边
开本：35×25（cm）
板框：28.5×20.5（cm）
62页
插图59幅　书花2幅

此后半个多世纪,上海土山湾印书馆的许多"有像"书籍,仍常常采用范世熙的画作。

《救世主实行全图》的文字叙述采用艾儒略的《天主降生言行纪略》,萃择六十一段耶稣事迹,基本上一文一图,共有六十一幅木刻雕版图画,其中插图五十九幅,书花两幅,原版墨刷,有部分手工五彩设色本。笔者见过这种五彩设色本,范世熙的绘图的确出神入化,栩栩如生,但设色水准不高。初学画画的堂团们,虽不能说乱涂乱画,然末学肤受,难以恭维。法国诗人谢阁兰曾参观过土山湾画馆,给他留下种种不好的印象里就有学徒们为图画上色时的杂乱无序,无艺术创作可言。诸如此类的还有宣统元年(1909)土山湾慈母堂出版的五彩插图版《新史像解》等。从鉴赏角度来看,这些设色插图实不及墨版的有味道,土山湾慈母堂光绪十年(1884)的《古史参箴》、光绪十八年(1892)的《古史像解》和《物理推原》、光绪二十年(1894)的《新史像解》和《真福禄多尔弗致命传》、光绪三十二年(1906)的《默思圣难录》等,这些墨版"有像"书籍才算得上是"山湾精品"。

实事求是地说,范世熙这些画作不是他的原创,而是模仿欧洲天主教绘画,添加了他自己构想的中国元素完成的。范世熙对中国天主教艺术的贡献,不仅仅是整理出一套系统的宣教画片,影响到土山湾画馆绘画风格和水准,增进了土山湾印书馆出版物的丰富性和美感,他最重要的工作是,倾尽余生呼吁人们重视天主教绘画对于传布福音的重要性,孜孜不倦地宣传中国天主教绘画在世界艺术史的地位。

范世熙离开中国后发表了名为"天主教画论"的著作——*Mélanges sur la Chine*(《中国论札》),第一部 *Lettres Illustrées sur une Ecole Chinoise de Saint-Luc*(《圣路加学校画论》),巴黎 Imprimerie des Apprentie-Orphelins 1884 年出版。Ecole Chinoise de Saint-Luc("中国圣路加学校")是范世熙给土山湾画馆起的名字,因为圣路加是土山湾画馆的主保,但他的建议好像没有得到其他人的认同和采纳,所以第一部的书名不妨译为《土山湾画馆画论》,简单明了。

《中国论札》采取书信体形式,范世熙在第一部里编排了八封信,介绍土山湾画馆的绘画。《中国论札》开篇有两封往来短信,可以视为导言,是梵蒂冈传信部西梅奥尼红衣主教 1883 年给范世熙的信,以及范世熙的复函。西梅奥尼赞赏他对天主教绘画的研究,而他向西梅奥尼提出,绘画艺术可以更加有效地传播天主教信仰,应该成立更多的圣路加学校,为信仰的传播服务。

正文是六封他写给倪怀纶主教的信。在第一封信里介绍他从中国带回的绘画在欧洲受到的关注,许多人看到土山湾画馆的作品时眼睛为之一亮。这些画作反映了天主教绘画在中国的本土化过程,某些表现手法与《圣迹图》《琵琶记》等中国书籍里的插图如出一辙。在第二封信里,范世熙跟倪怀纶谈及传教士初入中国时,已然十分重视福音传播与艺术修养的结合,潘国光在上海老天主堂设有绘画工坊,卫匡国在杭州修建了美轮美奂的"无原罪圣母堂",宫廷画师王致诚[①]绘制了《乾隆征战图》等,为当年传教士融入中国社会打下基础。在第三封形式上写给倪怀纶主教的信里,范世熙向欧洲读者介绍了六部中国版画集:《二十四孝全图》《太上感应篇》《佛教地狱教理插图》《妈祖奇迹插图书籍》《佛教诸神图》《圣迹图》。他在这里还附录了收集的其他版画,如《慈悲观音像》《西方极乐世界依正庄严图》等。在第四封信里,他非常坦诚地讲述了自己对办好土山湾画馆的看法,对范廷佐、马义谷、艾尔梅、苏念澄等人的

---

① 王致诚(Jean-Denis Attiret,1702—1768),又记德尼,法国人,1735 年入耶稣会。乾隆三年(1738)来华,乾隆十一年(1746)晋铎,为在俗修士、宫廷画师。逝于北京。

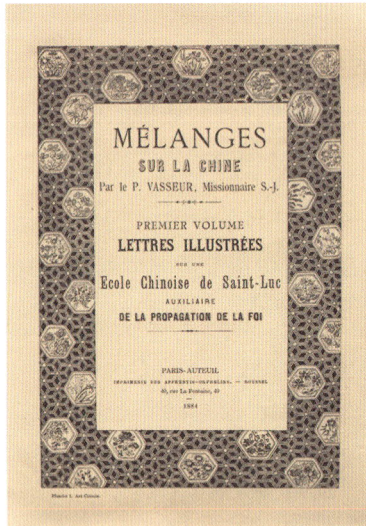

Lettres Illustrées sur une Ecole Chinoise de Saint-Luc
圣路加学校画论（封面和插图）
Mélanges sur la Chine vol. I
中国论札　第一部
［法］范世熙撰
法文
1884 年 Imprimerie des Apprentie-Orphelins，Paris 排印
铅印本　纸本　平装　一册
开本：33×26（cm）
190 页
插图 203 幅

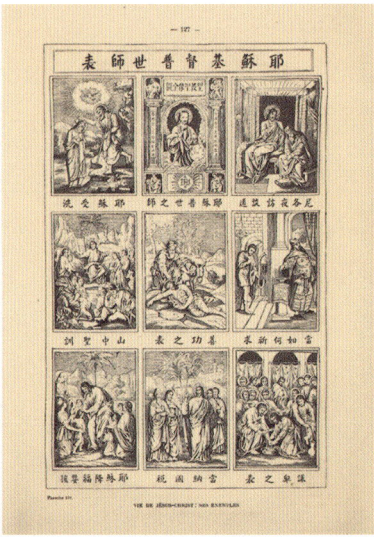
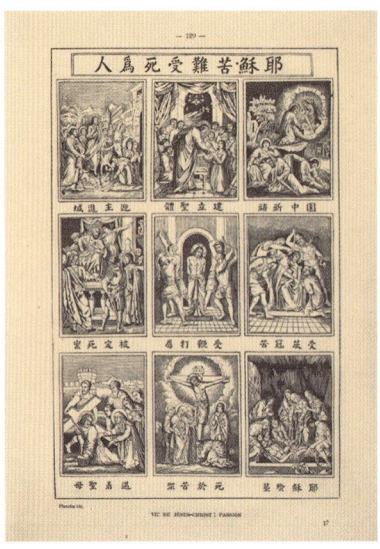

个人成就和性格缺陷逐一作了评价。他的意思很明确，教区主管对画馆的作用重视不够。倘若把画馆办好，教会就有了一种强大的武器，可以拯救那些异教徒的信仰。在第五封信里，范世熙提出自己的建议，天主教艺术在中国的发展之路——本土化，不论是教堂设计还是圣像雕绘，都应该融合更多的中国元素。他专门附上一篇文章，提出在中国建造天主堂应该富有中国建筑风格。他甚至亲自勾画了几幅设计方案，从外立面到厅堂，乃至窗棂。在最后一封信里，范世熙希望倪怀纶主教支持他提出的弘扬和推广天主教绘画工作计划。他慷慨激昂地讲，在中国，佛教和道教从前用这种宣传方式成功地维持着迷信，而我们现在完全可以用同样的方法解救"迷途羔羊"。

有些文章把 Mélanges sur la Chine 译为《中国版画集》，这是没有读过此书而望文生义的误解。《中国论札》是画论，不是画册，虽然有二百零三幅版画和各类插图。范世熙找来这些画作，目的是要说明天主教的绘画历史、艺术风格、不同文化背景的比较、不同艺术的融合、艺术对传播信仰的作用等，而不是画作的归集。

《中国论札》的第二部 Lettres Illustrées sur la Civilisation Chinoise（《中国画论》），① 没有发现任何著录信息。不过范世熙在第一部里列了第二部的目录，有七封信和二十来组插图。七封信讨论的主题分别是："中国文化的发源、原则和稳定性""孔子对中国文化的影响""中国的物质文明""中国艺术""中国百姓和文人，天主教徒和圣婴会""对中国文人的图像护教计划""对传教士的图像博学计划"。

范世熙及其画作只是土山湾画馆故事里的一段小小插曲，详细介绍他的作品只是为了勾勒出画馆的传承和影响。在土山湾画馆形成和发展的历史上，他本人不是主角，他的作品也算不上主流。

陆伯都体弱多病，且才华不足，难胜其任，在他负责期间，土山湾画馆业务上无甚建树，日常事务管理混乱。陆伯都去世后，刘必振上位，土山湾画馆走进自己发展的第二个阶段——成熟和辉煌，教会史上称"画馆中兴"。

刘必振（Simeon Lieu，1843—1912），字德斋，号竹梧书屋侍者，教名西默盎（Simeon），江苏常熟人。据土山湾画馆留存的德斋先生辑录稿本《刘氏家传杂存》记载，刘氏家族可溯始祖刘澄生活在嘉靖、万历年间，原居徽州歙县，第二十三世祖刘源派举家迁苏州府常熟县昭邑罟里村。第二十六世祖刘天立是刘氏家族奉教第一人。刘氏先祖详细奉教情况见下表：

世系	名	字	号	教名	生年	卒年
二十六世祖	天立	惟中	历山	亚历山	康熙三年（1664）	乾隆二十一年（1756）
二十七世祖	士秀	书升	露嘉	路加	康熙三十九年（1700）	乾隆三十一年（1766）
二十八世祖	文思	庭辉	吾村	类思	乾隆元年（1736）	嘉庆二十一年（1816）
二十九世祖	用霖	雨望		伯多禄	乾隆二十五年（1760）	嘉庆十九年（1814）
三十世祖	潮	西棠		西满	乾隆五十六年（1791）	道光二十七年（1847）

① 有文称在徐家汇藏书楼见到过第二部，出版信息：Dumoulin, Paris, 1890。

德斋先生的祖父刘潮曾任职浙江布政司，后兼务农商，家境优渥。也是自西棠公刘潮起，刘家走出单传，支脉繁盛，侍主奉教，耕读传家。家宅西厅设一小天主教堂，名"有原堂"，源于"万有真原"。

德斋先生的父亲是西棠公第八子刘应箕，号南圃，教名若瑟，生于道光二年（1822），卒于光绪二十一年（1895）。南圃公有二男一女。咸丰十年（1860）太平军扫荡常熟，南圃公被掳掳。刘家弃业，跟随法国神父乘船出走，分散避难于松江张朴桥和董家渡沈家——刘家在常熟与耶稣会神父往来密切，危难时期，教会援手相助了这些"奉教世家"的后人。葛仁章①神父将刘家四十余口安置在洋泾浜一宅，先后介绍刘必庆、刘必振兄弟进徐汇公学读书。刘必振前后就读于晁德莅担任校长的徐汇公学和耶稣会初学院。离开耶稣会初学院后，刘必振到土山湾画馆跟随陆伯都习画。他是同治六年（1867）加入耶稣会的，光绪四年（1878）晋铎，辅理修士。

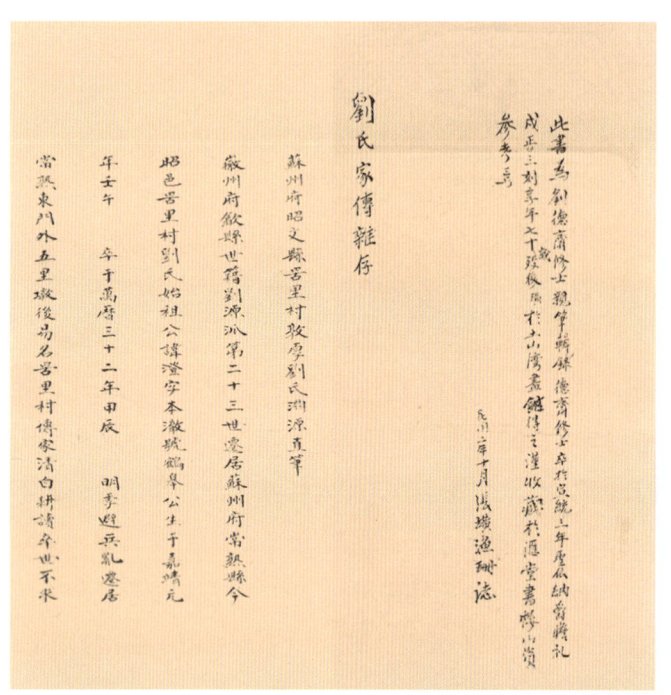

刘氏家传杂存
附录：乾隆四十一年续修世谱刘源浉汉升支下传
〔清〕刘必振辑录
不分卷　两册
清同治六年（1867）
抄本　纸本　筒子页　线装
六行二十四字无格无框
开本：24.5×13.2（cm）
79页

德斋先生在《刘氏家传杂存》辑述祖上荫德之后，自述得知父亲从太平军中脱难，感主恩宠，遂决意终身侍主：

> 振自咸丰十一年春到汇学习西法绘事，同治元年春夏之间，蒙主赐以圣召之恩，惟自愧卑微，曷敢行之然。蒙主不弃，屡动其衷，即将此意告知听神工司铎晁神父，神父云，须求主而熟思之……秉明母亲，又将家事渐次安置妥帖……振于进修院之前，送三妹于圣母院读书，惟不及为胞弟完婚。因于同治六年秋，圣母圣诞瞻礼前晚，在徐汇进初学院，满望合族为振兼谢兼求天主仁慈，即赐以圣召，复恳赐以恒心，至终承行主旨，庶不负圣召之洪恩，为厚幸焉。

陆伯都早在光绪二年（1876）就把土山湾画馆管理责任交给德斋先生。德斋先生是执掌画馆时间最长、影响最大的一位。光

---

① 葛仁章（Stanislaus Clavelin，1814—1863），名必达，以字行，法国人，1837年入耶稣会。道光二十四年（1844）来华，咸丰四年（1854）晋铎，主持苏州、无锡、常州一带教务。逝于上海。

绪二年到民国元年（1876—1912）的三十六年间，正是土山湾画馆发展最辉煌的时期，目前所知出自土山湾画馆的名人，几乎都是在刘必振主掌画馆期间来馆学习的。德斋先生先学水画，后学油画，以画水彩风景为长。董家渡教堂中的守护天神画像、圣依纳爵、圣亚纳、圣德肋撒等画像也均为其所作。

德斋先生的"画馆中兴"是从土山湾画馆建章建制、正规化建设着手的。

【选孩纳徒】学画者年龄要适中，十二三岁太小，十四五岁正好。学徒五六年满师，正好成人，便可独当一面。光绪五年（1879）"学画章程"如此规定：一、中西二法选其一者，先学着色一年，押金拾千文，学满退还，中途退学或违学规者，扣除饭钱，其间发剃头钱二百文，一年后启俸，每月一千文至两千文，堂团则无需交押金；二、兼学西法者，先学铅笔画两年；三、兼学西法、自备饮食者，一年启俸；四、幼童习着色、西法，三年出徒，启俸；五、幼童学习中西二法、自备饮食，两年出徒，启俸；六、幼童非特定学习中西二法者，下午三点至晚上来馆，四年出徒；七、因生病等学时不足者必须补足，主日除外；八、学期未满，自行离馆者，需补还饭食和零用；九、除堂团，其他学画者衣服自备。

有的规定还是蛮奇特的，比如，建议学生在正式学画之前，先学一年裁缝，然后才可全日学画，道理是学生们可无穿衣之虑。

【读经为本】范廷佐初创画馆确定圣路加为画馆主保，故每年主保瞻礼日，学徒们的礼物有主保画像，还有餐食点心。刘德斋要求他的学生习画不得耽误读经，学画安排在读经之后。每个礼拜日，画馆都会举办读经活动，神父将文言转化为上海话，讲授圣书数行，如《善生福终》《十诫劝论》《取譬训蒙》等，或学徒们轮流在饭厅中央给大家公诵圣书。

【修金三等】学徒满师可以留馆。馆中画师分为三等：一等，画油画，非月俸，一日工一日俸，每日一二百文，可在堂吃饭，歇工无俸，但管饭，有家者，月给饭洋两元；二等，画水画，日俸一百至一百五十文，其他福利同一等；三等，水画着色，计件

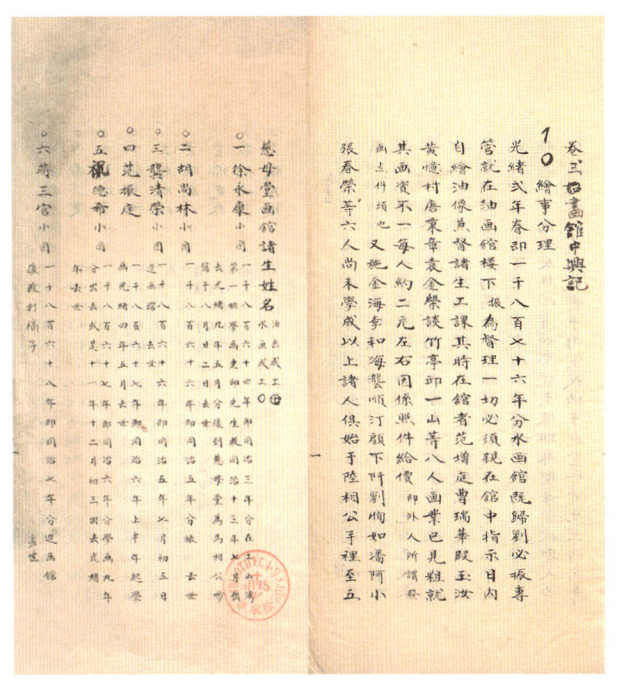

慈母堂画馆中兴记
〔清〕刘必振撰
总三卷三册
清光绪二十一年（1895）
稿本　纸本　筒子页　线装
九行二十四字小字双行同无框
开本：25.3×13.5（cm）
104 页

筹俸，在堂管饭，每月需贴还饭钱六十文。例外的是，堂团启俸后，所有工钱存于公账，每月八厘计息，包生活。

【绘事分理】德斋先生主持画馆期间，把绘画分为打稿、水画、油画等。学徒在画馆学习，先是学为先生或师兄打好的画稿上色，然后学习打稿，最后才能学习水画或油画技巧。当年土山湾画馆仅从欧洲购入少量绘画用品，颜色及画布涂底材料都要在当地自制，因而学徒要从研磨调制颜料学起。学徒们通过临摹复制圣像学习绘画技巧，这种传习方式构成了土山湾画馆最明显的专业特色。通过这种初期的美术教育，明清以来持续长达三百年的圣像艺术，以其一定规模的传习授徒教育形式，获得了新的展示空间，而在这新的空间里，中国的学徒们系统地掌握了绘画构图能力，由于他们的实践，西方圣像艺术，从以前舶来的印刷品变成了自制的原作。在这样的严格训练下，土山湾画馆的学生成为第一批系统掌握西方绘画技术的中国人。

德斋先生对画馆学徒强调基本功训练。《绘事浅说》和《铅笔习画帖》是其在光绪三十三年（1907）前后为土山湾画馆编制的美术教材。《绘事浅说》两卷：第一卷讲述习画宗旨及用笔诸法，如把笔法、画线法、分色相、画方圆、绘图设问、花卉起手法等；第二卷具体解说人物身体的构成和比例及具体画法，如头部、五官、手足、全身、表情和人像作品临摹等。

《铅笔习画帖》两卷三册，板纸，册页，石印。第一卷"花式"，有画线、方形、花草、花饰等示图。第二卷"人物"，首册有耳目、鼻口、手足、面部、起稿图、弱年相、青年像、高年貌等示图；次册是各类画稿示范，如侧面、倾右、次光暗、俯思貌、安静貌、注意貌、肉苦貌、忧愁貌、哭泣貌、出神貌、欣喜貌、忿恨貌、童年貌、壮年貌、老年貌、少妇像、老妇像、梅瑟古像等。两卷共三十幅。

从德斋先生的两部习画教材可以看到，土山湾画馆美术教育是非常正式的。画馆设有图画室和雕塑室，图画间从欧洲引进了西洋绘画艺术，有铅笔画、水彩画、木炭画、油画等。雕塑室包括塑像、木雕、木刻等西洋雕塑艺术。虽然西洋美术早在利玛窦之前就已传入中国，但是仅作为艺术欣赏或个人创作，将

铅笔习画帖（封面和内页）
〔清〕刘必振编
两卷　三册
清光绪三十三年（1907）土山湾画馆印制
石印本　册页
开本：36×26.5（cm）
图 30 幅

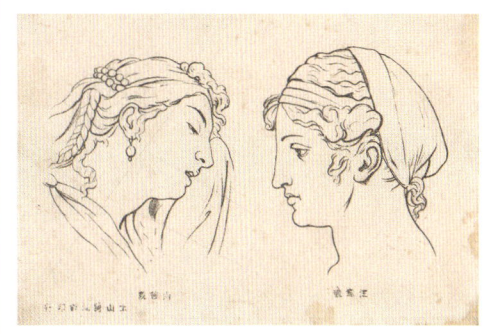
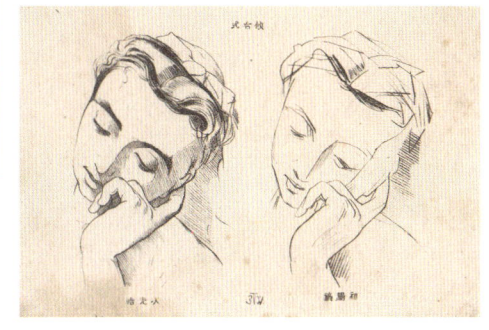

透视学撮要（扉页和内页）
［法］戴买尔·格克罗著
［清］沈良能编译
二十九节 一册
民国六年（1917）土山湾印书馆排印
铅印本 纸本 精装
开本：18.4×12.3（cm）
60 页
插图 55 幅

西洋画纳入正式教育还是从土山湾画馆开始的。

透视学是西洋绘画的基本功，也是西洋绘画与中国画的根本区别。因而土山湾画馆将学生的透视学知识视为庖刃。诸巷会人沈良能民国二年（1913）翻译了法国人戴买尔·格克罗（Demarquet Crauk）撰写的《透视学》，交由商务印书馆出版。土山湾印书馆在民国六年（1917）专门为画馆授业重新出版了这本书，名为《透视学撮要》。

近代著名画家和美术教育家颜文樑[①]，早年师从任伯年学习西洋画，就是从学习沈良能翻译的这本《透视学》起步的。他摒弃少年时摹写《十竹斋画谱》养成的旧习，与朋友"共同探讨，并以书中理论，观察实景，自此有志于透视学研究"。颜文梁是中国第一代油画家中运用透视方法表现光线二维效果最突出的一位。他作于1920年的油画《厨房》据言是中国早期油画运用透视学理论的代表作。可见沈良能为土山湾学生习画准备的这本教科书影响之大。

【中兴恩师】刘必振中兴画馆得益于两位洋教士的襄助，庄其仪和方殿华。

庄其仪（Carolus Rathouis，1834—1890），字敬斋，法国人，1865 年入耶稣会，光绪三年（1877）来华，次年晋铎；逝于上海。庄其仪本职是医生，来华后在徐家汇大修院行医，在洋泾浜天主堂任本堂神父，后去博物院绘制标本。自光绪八年（1882）始，他常常闲逛到画馆，"甚爱育婴堂绘画诸生，虽非本职，每于公务之余日还抽二三刻工夫，在馆亲自教授诸生画稿临像诸要端，久而无倦，大著耐性爱人之德"（《慈母堂画馆中兴记》）。庄其仪与画馆学徒的私交密切，王泰度、曹国桢、朱畔陶等生与其为忘年之交。他去世后下葬时，画馆学徒都赶到上海南门外圣墓堂墓地为他扶柩。

方殿华（Aloysius Gaillard，1850—1900），字赓卿，法国人，1868 年入耶稣会。在英国哲尔济岛修院里度过了青年时代，他酷爱绘画，在岛上画了几幅海景画。光绪十一年（1885）来华，次年

[①] 颜文樑（1893—1988），江苏苏州人，画家，美术教育家。宣统三年（1911）入商务印书馆画图室学习西洋画，民国十七年（1928）赴欧洲学习，投门法国巴黎高等美术专科学校，民国二十一年（1932）回国，创办苏州美术专科学校。

晋铎。在董家渡学习了一年中文后，便克服语言障碍进行传教活动。由于头痛症复发并日渐加剧，他在苏北海门传教一段时间后返回上海，此后几年大多在上海度过。庄其仪病故后，他接手其博物院责任，还兼管土山湾工艺工场木工车间和石印车间，以及画馆稿子间。光绪二十年（1894）他被派往南京。后为进行北京与南京两座古城对比研究而北上，途中旧病复发，光绪二十六年（1900）逝于北京，葬于献县。

方殿华曾在徐家汇研究汉学，主攻中国的历史、风俗和艺术，曾撰写过两篇讨论中国艺术的文章《中国艺术研究》和《中国木刻艺术与绘画艺术》，被视为西方人研究中国艺术的初期尝试之一。方殿华多才多艺，又勤奋不辍，还为"汉学丛书"提供了四部书稿：《中国的十字符与卍字符》《江宁府城图》《金陵古今——南京开埠》《金陵古今——史地概述》。

【后进卓荦】刘必振编撰于光绪二十一年（1895）的《慈母堂画馆中兴记》稿本记载学徒名录[①]如下：

编号	姓名	入馆年份	身份	专业	现况（年）	编号	姓名	入馆年份	身份	专业	现况（年）
1	徐永康	1864	堂团	水画	1874 离馆 1883 去世	19	孙阿官	1872		水画	留馆
2	胡尚林	1866	堂团	水画	1866 去世	20	张余庆	1872		未成	1873 离馆
3	龚清荣	1866	堂团	水画	去世	21	龚阿顺	1872		未成	1874 离馆
4	范振廷	1867		水画	1878 去世	22	金玛弟	1872		未成	转打稿间
5	祝德希	1867	堂团	水画	1870 离馆	23	唐秉章	1872		水画	离馆
6	蒋三官	1868	堂团	水画	去世	24	赵多默	1872	堂团	未成	离馆
7	黄类思	1868	堂团	水画	留馆	25	金郁棠	1872		未成	1872 离馆
8	潘良	1869		水画	1881 去世	26	谈竹亭	1873	外教	水画	1876 离馆
9	曹瑞华	1870	堂团	水画	留馆	27	刘竹山	1873		水画	离馆
10	段玉汝	1870		水画	留馆	28	李显文	1873		水画	离馆
11	赵依纳	1870		未成	离馆	29	袁金荣	1873		水画	离馆
12	陈鹿门	1870	堂团	未成	转印书馆	30	张庆观	1873		未成	离馆
13	潘克恭	1870		水画	留馆，1888 转稿子间	31	邱益山	1874		水画	留馆
14	张秋泉	1870		水画	留馆，1888 转稿子间	32	王九如	1874		未成	1875 离馆
15	张月槎	1870		水画	留馆，1888 转稿子间	33	陆奎生	1874		未成	去世
16	张企华	1870		未成	1885 离馆	34	黄叶村	1874		未成	转打稿间
17	李阿福	1871	堂团	未成	1885 转刻花间	35	施金海	1875	堂团	水画	留馆
18	桑继生	1871	堂团	未成	去世	36	方阿宝	1875	堂团	水画	留馆

① 《慈母堂画馆中兴记》编撰于光绪二十一年（1895），稿本里有他人另笔补充，故有些资料晚于1895年。

续表

编号	姓名	入馆年份	身份	专业	现况（年）	编号	姓名	入馆年份	身份	专业	现况（年）
37	龚顺德	1876		水画	1883 离馆	67	潘逢时	1880		油画	1884 留馆
38	郁芝兰	1876		未成	1876 离馆	68	刘匡成	1880	堂团	水画	1883 离馆
39	张春荣	1876	堂团	未成	离馆	69	李树德	1880		未成	1880 离馆
40	顾夏阡	1876		水画	1879 离馆	70	孙贵华	1880	堂团	油画	1884 离馆
41	李和海	1876		水画	留馆	71	夏生棠	1880		油画	1888 留馆
42	潘阿小	1876		水画	1876 去世	72	施兰生	1880		水画	1883 离馆
43	刘恂如	1876		未成	1876 离馆	73	程云亭	1880	外教	水画	留馆
44	何	1876		未成	1876 离馆	74	黄蔚文	1880	外教	水画	1880 离馆
45	恩礼阁	1876	公寄生	油画	益闻馆，修士	75	张少卿	1880	外教	水画	1880 离馆
46	施惠生	1876	堂团	水画	1881 离馆	76	孙茂松	1880		未成	1884 离馆
47	庄阿元	1876		水画	1880 离馆	77	陆全观	1880	外教	未成	1881 离馆
48	张盛忠	1877		水画	1882 离馆	78	蔡祥春	1880		未成	1881 离馆
49	李华生	1876	堂团	未成	1877 离馆	79	季漱石	1880	外教	水画	1880 去世
50	顾进善	1876			不详	80	汤胜全	1880		未成	1881 离馆
51	马万祥	1876		水画	1877 离馆	81	薛龙宝	1880		未成	1882 离馆
52	陈文景	1877	堂团	油画	1880 留馆	82	孙贵全	1880	外教	未成	1882 年转刻花间
53	姚试覆	1877	堂团	油画	1882 留馆	83	邹相宝	1881		水画	1884 年离馆
54	徐斯德	1877		未成	1877 离馆	84	姜润生	1881	外教	水画	离馆
55	马方济	1877		未成	1877 离馆	85	葛士林	1881	堂团	水画	1882 年转打稿间
56	笪仰子	1877		未成	离馆	86	张建本	1882		未成	1883 离馆
57	蒋洪儒	1877		未成	1878 离馆	87	庄冠群	1882	汇学生	半绘半读	1883 离馆
58	鲍少和	1877		未成	1877 离馆	88	孟永姜	1883		未成	1884 离馆
59	朱福庆	1878	堂团	油画	1883 去世	89	孟杏堂	1883		油画	1888 入印书馆
60	顾诵芬	1878	外教	水画	1880 去世	90	范应儒	1883		油画	1888 留馆
61	王泰度	1879		油画	1902 去世	91	朱友明	1883		油画	1890 离馆
62	刘朴山	1879		水画	1880 留馆	92	顾昊奎	1883		水画	1887 留馆 1888 去世
63	包兰生	1879		未成	1880 离馆	93	郑阿东	1884		水画	1887 去世
64	朱幼岩	1879		水画	1888 入画坊	94	陈秉璋	1884	汇学生	油画	1891 入初学院
65	陆馥琴	1879		未成	1880 离馆	95	曹国祯	1884	汇学生	半绘半读	1884 离馆
66	沈锡卿	1879		未成	1879 离馆	96	蒋伯勋	1884	汇学生	半绘半读	1890 去世

续表

编号	姓名	入馆年份	身份	专业	现况（年）	编号	姓名	入馆年份	身份	专业	现况（年）
97	朱畔陶	1885	汇学生	半绘半读	1888 入初学院，修士	123	饶梦莲	1891	进修	水画	1891 离馆
98	陆锦章	1886		油画	1890 留馆	124	陈海棠	1891	公寄生		在学
99	吴司和	1886		未成	1888 离馆	125	许瑞祥	1891		水画	入小修院
100	温桂生	1886		油画	1893 留馆	126	曹金山	1891		未成	1895 去世
101	宋德林	1886		油画	1893 留馆	127	凌敬春	1891	公寄生	水画	在学
102	龙云生	1886		未成	1894 去世	128	朱明宝	1891		未成	1895 离馆
103	陈阿荣	1886		未成	1894 去世	129	李德和	1891		油画	1900 离馆赴北堂
104	杨福甘	1886		未成	1886 离馆	130	杨德康	1892	外教	水画	1897 去世
105	沈桂林	1887		未成	1887 离馆	131	童善臣	1892		水画	1900 离馆
106	王四福	1887		油画	1893 留馆	132	吴祥生	1892		水画	1895 去世
107	王桂松	1888	公寄生	水画	1893 留馆	133	徐尚甘	1892	公寄生	未成	1892 离馆
108	徐金生	1888		未成	1889 离馆	134	王建生	1892		未成	1894 转刻花间
109	顾桂甫	1888		未成	1890 去世	135	王永青	1893		水油画	1898 留馆
110	董玉堂	1888		未成	1890 离馆	136	刘文英	1893	汇学生	半绘半读	在学
111	孙莲生	1888		未成	1889 离馆	137	潘山坪	1893			在学
112	侯利祥	1888		未成	1889 离馆	138	姚子珊	1886			在学
113	陈海忠	1888		未成	1888 离馆	139	顾玉生	1894		油画	1895 留馆
114	饶广德	1888		未成	1890 转刻花间	140	张补生	1894	木器间代培		在学
115	顾重申	1889	汇学生	半绘半读	1889 入初学院	141	朱俊甫	1894	木器间代培		在学
116	曹奇骏	1889		未成	1889 转刻花间	142	沈辉仁	1895			在学
117	赵金生	1889		未成	1890 转漆器间	143	胡阿海	1895	木器间代培	打稿	在学
118	阮萱斋	1890	进修	水画	1890 离馆	144	唐桂秋	1895			在学
119	郭春山	1890		未成	1890 离馆	145	赵子仪	1895			在学
120	张国屏	1890	汇学生	半绘半读	1890 离馆	146	王小宝	1895			在学
121	傅兰生	1890		水画	在学	147	姚元炯	1895		未成	1896 离馆
122	张锡安	1890		未成	1893 去世						

注：1. 凡"留馆"均为学成出师；2."汇学"即徐汇公学；3."进修生"通常是各个教区保送的习画生；4."公寄生"是父母把未成年孩子送到画馆习画，与孤儿出身的堂团有差别；5."外教"指非天主教的信徒；6."打稿间"指专门的素描部门；7."刻花间"和"漆器间"都是土山湾工艺院木器车间的部门；8. 王永青即徐咏清。

从同治三年（1864）至光绪二十一年（1895）凡三十一年，正式或非正式在画馆学习绘画的学徒有一百四十七人，其中学成出师的六十四人，占百分之四十三。这中间留在土山湾系统工作的三十六人，占百分之五十六，占总学生数百分之二十四。这些未出师的学徒里，学业未成的原因，一半是没有绘画禀赋，知难而退；一半是没有耐性，不辞而别，或不知所踪。有几位徐汇公学的学生"半画半读"来馆，可看成"选修课程"，无谓学满出师。这里面还有"外教"学徒十人，占总数的百分之六。

　　出身"山湾堂团"的有二十二人，占总数百分之十五，其中学满出师的十八人，占总数百分之十二；学满出师后留在土山湾系统工作的十二人，占百分之六十六，占总数的百分之八。这几个比例比起一般学生而言还是高出许多的。自光绪六年（1880）以后"山湾堂团"在画馆学习的人数日趋减少，可能的原因是，画馆创办的早期侧重教授"山湾堂团"的生活技能，而后来刘必振他们把画馆办得更像一所"美术学校"，学生来源也更多样化了，有教外人士，有徐汇公学和大小修院的学生，有各地教会推荐来进修的"苗子"，还有子承父业的后继者。这个时期，教会内部有意用"土山湾画馆"和"土山湾画坊"两个概念，前者指教授画业的职能，后者指创作出版的功能。不过二者并没有严格界限，后来也不再用后者了。

　　"山湾堂团"安守约（Henricius Eu Ngan，1864—1937），字敬斋，即画生名录上的恩礼阁，爱尔兰人；三岁母亲去世，服务于关税局的英籍父亲送其进土山湾孤儿院公寄；光绪二年（1876）进画馆，前后在馆学画七年，从刘必振学画，习打稿和油画，光绪十年（1884）满师，光绪十四年（1888）入耶稣会，到修院学习，光绪二十五年（1899）晋铎，辅理修士，后在《益闻报》馆绘制地图，又协助方殿华神父在博物院绘制兽骨鹿头标本，后来他在画馆教授这项素描画技。光绪二十一年（1901）安守约师从翁寿祺学习照相，后任土山湾印书馆照相间主任，是土山湾掌握全套石印技术最熟练的人，此前土山湾石印书籍的某些环节尚需外包加工。他也是把珂罗版印刷技术引入土山湾的人。后逝于上海洋泾浜会院。

　　王泰度（1864—1902），字静斋，教名安德肋，故又名王安德，江苏苏州人，清初画家王翚①之后。光绪五年（1879）王泰度与弟王洪福、娘舅秦少卿进画馆。头一年读经兼学裁缝，后习书法、素描三年，光绪八年（1882）学油画，次年满师留馆。参与《道原精萃》绘制，"王泰度之功大半，姚四福次之，安守约、孙桂华等人又次之"（《慈母堂画馆中兴记》）。李问渔主编的《益闻录》上插图多数由王泰度执笔。李问渔的《形性学要》《物理推原》插图也是由王泰度绘制。他在画馆的最大成就是独自完成于光绪十八年（1892）的《古史像解》和光绪二十年（1894）的《新史像解》全部画稿。光绪十七年（1891）经马建忠推荐，招商局以每月俸金十五两聘其任专职画师，王泰度以"安于薄俸，只知感激本堂培植之恩，以图报效，另无异想"，不舍画馆而婉拒。娶苏州女，育有二子一女。光绪二十八年（1902）染风寒去世，教会彰其"表率同人"。

　　"山湾堂团"徐咏清（1880—1953），上海人，幼年丧父母，徐家汇天主教堂孤儿院收养，十三岁入

---

① 王翚（1632—1717），字石谷，号耕烟散人、剑门樵客、乌目山人、清晖老人等，江苏常熟人。被称为"清初画圣"，与王鉴、王时敏、王原祁合称"四王"。康熙年间皈依天主教。

画馆，随刘必振习画，善工素描、水彩画和油画；十六岁出师，入土山湾印书馆做美编，从事插图创作、装帧设计，擅长水彩画和油画；民国二年（1913）开设自己的水彩画馆，在民国广告画和月份牌等实用美术设计圈子风光一时。日寇入侵上海后，偕眷去香港。

年画是中国画的一种，是与天时星历相关的民间艺术，以天津杨柳青、山东杨家埠、苏州桃花坞最有代表性。十九世纪七八十年代，在西方文化冲击下，中国民间传统年画逐渐式微，取而代之的是各式各样的改良替代品，比如从上海、天津等地兴起的"月份牌"为城乡百姓所喜闻乐见。天主教堂发行的"瞻礼日表"是最早出现的月份牌。教会每年都需要印制大量瞻礼日表，方便教友上教堂做圣事或在家祷告。把瞻礼日表做成月份牌样式，在年关发放、销售给教友，或者作为宣教材料散于市井，使之逐步取代年画，成为居家过年之必备。虽然不能说"月份牌"是土山湾印书馆的独创，但是土山湾印书馆的"月份牌"从清后期到民国，影响一直非常大，其设计精美，印制海量，占据市场主流。

张充仁（1907—1998），上海七宝人，生于徐家汇，幼年丧母。他从小喜欢画画，七岁入圣类思小学，图画考试总是名列前茅。十四岁入土山湾工艺工场，学习摄影、制版。师从安守约习素描，在照相间学习石印制版和珂罗版技艺。他的书法和古典文学得益于曾外祖父辈的马相伯的调教，艺术功底雄厚。十八岁时他为话剧团绘制布景，二十岁开始学习油画，二十一岁成为一家电影厂的绘景工，后在上海时报馆任美术编辑。民国十八年（1929）张充仁与友创办影楼"上海美社"，此间多有水彩画创作。

在马相伯的帮助下，张充仁拿到出自庚子赔款的"中比庚款奖学金"，于民国二十年（1931）考入比利时皇家美术学院油画高级班深造，后又转入雕塑高级班。在校期间，他先后获得过比利时国王亚尔培金质奖、布鲁塞尔市政府奖、中国驻比利时使馆颁发的"三育奖"。1934年经陆徵祥介绍，他结识比利时漫画家埃尔热，帮助后者创作了《蓝莲花——丁丁在中国》。1935年，张充仁告别母校，在英国、荷兰、德国、奥地利、意大利等地游学，年底回国。

张充仁是土山湾绘画艺术的优秀代表。民国二十五年（1936）

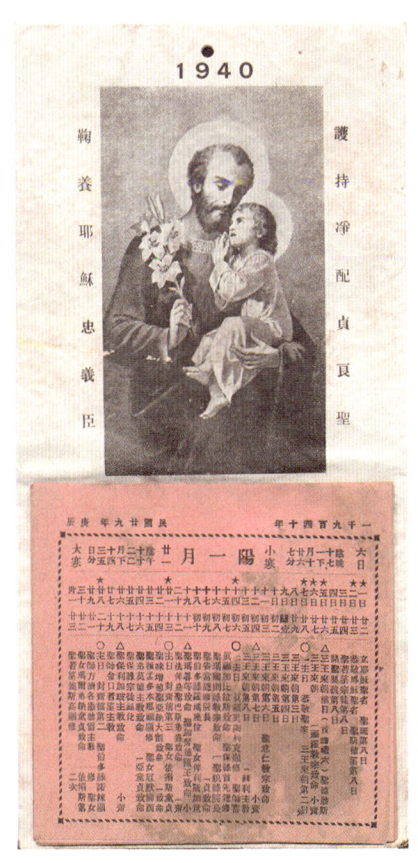

瞻礼日表

张充仁画作和雕塑作品选

赤子

槽瓮梭蟹

茅盾

齐白石

初，张充仁在上海创办"充仁画室"，教授绘画和雕塑，有弟子三百余人。这个时期他创作精力最为旺盛，许多传世作品出在"充仁画室"。张充仁后期艺术创作主要表现在雕塑上，先后为马相伯、于右任、蒋介石、冯玉祥、司徒雷登、聂耳、埃尔热、密特朗、邓小平、齐白石、茅盾等名人塑像，蜚声中外。

【画馆作品】土山湾画馆存续近百年，首要工作是为上海各教堂和圣事活动绘制圣像，以及为宣教书籍绘制插图。当然其成就远远不仅于此。

美国旧金山大学利玛窦研究所藏有四幅水彩画：《利玛窦》《汤若望》《南怀仁》《徐光启》。土山湾为1915年在美国旧金山举行的"巴拿马—太平洋博览会"送展的工艺品中就有这四幅水彩画。四幅画像原作在此次博览会后被留在旧金山，曾任利玛窦研究所所长的马爱德（Edward Malatesta）在旧金山湾区一个老仓库里找到了它们。

四幅画是以西方素描技巧为基础的水彩人像绘画，大小为127×66 cm。画面上人物四周有浑天仪、风琴、地球仪和望远镜等，墙上挂有耶稣像、圣母像和世界地图。画作上端各有"像赞"，马相伯撰，夏鼎彝书。画像右下角有画家签名，徐光启、利玛窦、汤若望画像署名为"On Tsing Ze"，南怀仁画像署名为"On Zeng Sun"。在画家署名下还有三个缩写字母"T. S. W."（"土山湾"），还签署时间"民国三年七月"。On Tsing Ze，即翁寿祺，字锡眉，法国人，土山湾孤儿院印刷车间和印书馆主任。这里英文拼写取其姓、名、字各一：翁、锡、祺。当年来华传教士常有这种"创新"用法。也许画作上的签名是徒弟补签的，而徒弟并不清楚其师的中文名字，拼写成翁锡祺是完全可能的。另一个"On Zeng Sun"可能也是翁寿祺，因为四幅画的风格似出自一人手笔。

这四幅参加"巴拿马—太平洋博览会"的画作并非原创作品。原作应为墨稿，不是水彩；原作应该一直在中国国内，悬陈于类似徐汇藏书楼或"绿野堂"的地方。民国二十二年（1933）为纪念徐光启逝世三百周年，清末民国大画家林驺也曾摹画过描述徐光启的那幅名作《万物真原》。

圣像绘制是土山湾画馆的主要工作。土山湾画馆将其圣教绘画分为两类。一类是"专助教友热心者，如全能主像、耶稣、圣母、宗徒、圣人等像。其式裱以屏幅，或悬于内室，或供于厅堂皆可"。另一类"特为专助传教神父讲解要理之用，如地堂十诫、四末等像"。后一种用途更广，其益尤大。《慈母堂画馆中兴记》这样说明：

不特本省中传教神父用，为传教时讲解之用，亦便以开发童蒙，启迪愚民。即中华各省教士，咸寄信来购，所办不少，借以阐明圣道于教外人中，其功不浅。夫教外人中，凡通文达理之辈，欲授以天国奥旨。圣教书籍品类不少，皆能开卷了然，易于会晤。独乡农妇孺，若教以天主造物降生、圣训、受难救赎等圣迹，非画以图像置其目前。独将圣道，依理空讲，惜听者难于领会，即教士亦不便解释。即使谆谆教诲，恐讲者舌疲唇焦，闻者犹在云雾之中，漠然不懂。若将善人恶人死后之景象，分别绘图，以及天堂之福、地狱之苦、审判之严，一一描形摹像，可悬挂厅堂。俾外教来观者，只须照像解说，虽五尺童子，闻此三言两语，亦能豁然开朗，且能牢记不忘也。此等圣像，系范神父其首创之。其立意诚美。即此首创之举，其于传扬圣教之功，亦已大矣。

范世熙在《土山湾画馆画论》提到的他给倪怀纶主教写了六封信，阐述绘画艺术对于天主教传播

利玛窦

徐光启

汤若望

南怀仁

尺幅：127×66（cm）
旧金山大学利玛窦研究所藏

福音的益处。范世熙的建议得到倪怀纶主教的认同，光绪九年（1883）他责命土山湾画馆绘制一套天主耶稣降生圣迹图。刘必振在《慈母堂画馆中兴记》中曰：

> 刘必振率领慈母堂诸生，摹绘大小图三百余则，雇民镌之板。夫手民亦慈母堂培植成者也。前半部，耶稣行实图像，承庄司铎指示鉴定；下半部，圣母、宗徒等事迹，赖方司铎督绘。三历春秋，全书告成。

光绪十三年（1887）这部大型画册《道原精萃》出版，倪怀纶编纂并作序。此作代表了土山湾画馆全盛时期的风貌，从中可了解、品鉴刘必振及其学生的绘画水平。方殿华指导制版，并撰写"像记"：

> 圣教创建伊始，遂尚图形。耶稣升天后数十载，圣母宗徒，相继云亡。信人追念殷恳，画其像以致敬。神传面目，笔写丹青。迄今千数百年，陈迹湮泯，纵难快睹。而罗马地窟之中，尚有存者。窃思愚鲁庸人，不解文字，观圣像则前人故事，如寓目中。较六书象形之义，尤加一等。彼文人学士，固能博览群经，然阅时稍久，回首茫然。惟睹圣像则因物思人，愈于温故。夫然，圣像，记珠也，明镜也，真照也。所以记往事，悟道义，昭教礼，一举而三善备焉。明神宗万历二十年，耶稣会司铎拿笪利，始聘精画二人，绘耶稣事迹，计一百三十六章，参列《圣经》，公诸西海。事为教皇格肋孟所知，立将诏书，殊为嘉奖。崇祯八年，艾司铎如略，传教中邦，撰《主像经解》，仿拿君原本，画五十六像，为时人所推许。无何，不胫而走，架上已空，阅如千岁。艾君撰《天主降生言行纪略》，付梓福州，流传甚广，无如世代迁移，枣梨散毁。自今求之，旧籍寥寥矣。咸丰三年，法司铎某，仿拿君稿，绘像百十三枚，镌于钢，缀图说，惟撰以法文，而裨于华人也鲜。去年江南主教倪大司牧，辑《道原精萃》一书，嘱刘修士必振，率

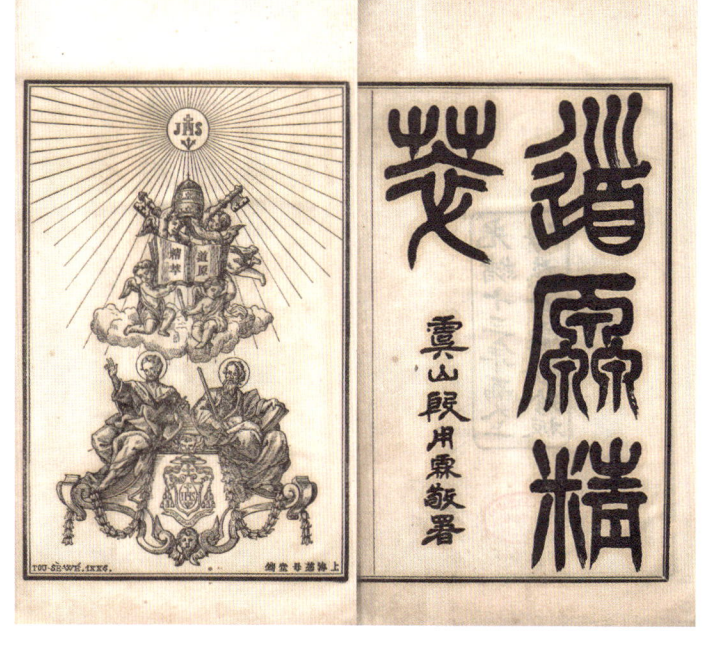

道原精萃（封面和插图）
［法］倪怀伦编纂
〔清〕刘必振等绘
七卷　八册
清光绪十三年（1887）慈母堂印制
铅印＋木刻　纸本　筒子页　线装
九行二十四字小字双行同
白口四周双边单鱼尾
开本：29.5×18（cm）
半框：21×14（cm）
1230页　插图240幅

慈母堂小生，画像三百章，列于是书。其间百十一章，仿法司铎原著，余皆博采名家，描写成幅。既竣，雇于民镌于木。夫手民亦慈母堂培植成技者也。予自去岁以来，承委督绘像等艺，恐阅是书者，不知是像之由来，爰志此于卷首云。

《道原精萃》共八册，收著七种，每种也可单独成书。光绪十三年（1887）初刻本开本宏大，白纸。民国十三年（1924）第二版开本略小，竹纸，版类：混搭。文字铅活字排印，图像木刻，共二百四十一幅插图。当年售价两千文。

	书　名	作者	绘图	插图
第一册	序言	倪怀纶	刘必振	1
	像记	方殿华		
	万物真原	艾儒略	刘必振	2
	天主降生引义	艾儒略	刘必振	10
第二册	天主降生言行纪略，卷一，卷二	艾儒略	刘必振	39
第三册	天主降生言行纪略，卷三，卷四，卷五	艾儒略	刘必振	45
第四册	天主降生言行纪略，卷六，卷七，卷八	艾儒略	刘必振	61
第五册	宗徒大事录	李杕	刘必振	31
第六册	圣母传	李杕	刘必振	21
第七册	宗徒列传	高一志	刘必振	28
第八册	教皇洪序	李杕	刘必振	3

艾儒略的《万物真原》前文已述（附图所用版本与前文不同）。

《天主降生引义》，艾儒略撰，两卷。上卷八章："天主无始，初制天地人物而时宰之""人溺罪恶，天主降罚垂诫""如德亚国，恒存圣教真传""天主预示降生，而古圣亟望其救世""天主古经，预译西文""天主圣三，降生系第二位费略""降生事迹，尽符古经预言""降生实效"。下卷二十一章："人尽有罪，不能自赎""圣人不能赦人罪，亦不能代人赎罪""天神不能代人赎罪""非天主降生，救世之功不全""降生一事，于天主极相宜而非亵""天主降生时，其本体未尝变易""天主降生，取人性不染人罪""天主降生，未尝离天""天主降生，未尝贬小""耶稣灵魂，非天主本体，三体在一位之妙""降生不当从空而降""降生不必为帝王之胄""降生不必在中邦""中邦蚤闻降生之旨""受难非亵，为爱万民""人宜承受主恩""降生之功，足救万世""降生之恩，施于万方，大于化成天地""受洗必由真悔，始获主宥""天主转人之恶，以成大善""耶稣非诸圣人可拟"。

《天主降生言行纪略》前文也已述（附图所用版本与前文不同，见398页）。

《宗徒大事录》（见400页），问渔先生节译自《新约》，有二十八章，与高一志《宗徒列传》的不同

万物真原（插图）

［意］艾儒略述

〔清〕刘必振等绘

一卷

清光绪十三年（1887）慈母堂印制

铅印＋木刻　纸本　筒子页　线装

九行二十四字白口四周双边单鱼尾

开本：29.5×18（cm）

半框：21×14（cm）

19页

插图3幅

天主降生引义（内页）

［意］艾儒略撰

〔清〕刘必振等绘

两卷

铅印＋木刻　纸本　筒子页　线装

清光绪十三年（1887）慈母堂印制

行款九行二十四字白口四周

双边单鱼尾

开本：29.5×18（cm）

半框：21×14（cm）

35页

插图10幅

天主降生言行纪略（插图）
[意]艾儒略撰
[清]刘必振等绘
八卷 三册
清光绪十三年（1887）慈母堂印制
铅印＋木刻 纸本 筒子页 线装
九行二十四字白口四周双边单鱼尾
开本：29.3×18（cm）
半框：21×14（cm）
310页
插图145幅

点在于述事非述人，比如："耶稣升天，玛弟亚补位""圣神降临，宗徒宣教""伯铎罗疗跛训众""伯多禄若望下狱，信人鬻产献资""夫妇受刑，伯多禄被辱""简受六品，斯德望被逮""斯德望致命""圣会遇艰，司库受洗""撒乌禄入正教，伯多禄活死人""伯多禄旨高尔纳略付洗多人"……"保禄在王前申辩，自鸣非痴""保禄航海遇大风，舟中未伤一人""保禄至默里达与罗玛，传道行奇"。

《圣母传》（见下页），问渔先生应该是根据圣亚尔丰索·利高烈等人的著作编译的，不分章节，述说圣母事迹和地位。

圣母者，造物主降生为人之母也。天主于无始间，定圣子降生，即简一生母。则天地未有之先，天主早简圣母，迨人类传生。先知代出，天主屡显先兆，用征圣母将生。古经一部，频论及之。或明陈直指，或设喻隐言……此皆天主预选圣母之实据。

《宗徒列传》（见401页）取自高一志《天主圣教圣人行实》（崇祯二年〔1629〕初刻于绛州）第一卷，问渔先生作序。问渔先生讲，《圣人行实》存留数部，大多为残章断简。"虽《圣年广益》一书，亦载宗徒事迹，总不及高子之详。特是措辞未能简净，而阅者每嫌冗烦也。述事未尽的确，而学士虞其采滥也。"经问渔先生删繁就简，修整后的《宗徒列传》有十五位宗徒的传记：伯多禄、安德肋、若望、长雅各布伯、斐理伯、次雅各布伯、多默、巴尔多禄茂、玛窦、西满达陡、马弟亚、保禄、巴尔纳伯、路加、玛尔谷。

《教皇洪序》（见401页）是问渔先生编纂的一部教皇制度和编年史作，分为九节："耶稣立教必有教皇""伯多禄为第一位教皇""伯多禄设座罗马""教皇继伯多禄统摄教会""教皇全权在众主教上""教皇立论定章颁行合会终无差误""推举教皇典礼""人欲升天宜听教皇命""教皇摄政大有裨于国家"。附中国历法与教历对照表。《教皇洪序》选有插图三幅：《救世真主》《圣伯多禄第一教皇》《教皇良十三》。第一版的插图只是最后一幅不同，当期教宗由利奥十三世换成了庇护十一世的图像。

《道原精萃》的价值在于它是土山湾绘画艺术的代表作，绘、刻、印样样精良，美不胜收，堪为经典。光绪三十年（1904）土山湾印书馆从《道原精萃》二百四十幅版画里择选了一百五十四幅，抽印独立成书，名为《道原精萃图》，① 分为上中下三卷，编排顺序是《圣母传》《宗徒大事录》《宗徒列传》《教皇洪序》《万物真原》《天主降生引义》《天主降生言行纪略》；各卷书只保留了图中文字，其余舍去。作者署刘必振等绘，未署艾儒略、高一志、李杕等文字作者名。当年售价五角。

类似《道原精萃》这样的书，还有光绪十八年（1892）出版的《古史像解》及光绪二十年（1894）出版的《新史像解》等。前者收图一百零七幅，后者收图一百零三幅，皆由刘必振及其徒所绘。这些图书已成为后人考察土山湾画馆的珍贵文献。

土山湾画馆本身不仅是西洋美术教育在中国最早的实践，而且对于打开中国近代美术大规模的专业教育也有着直接的影响。清末以前，国内尚无自行兴办的近代新式美术教育机构，社会对于美术教育

---

① 近年张美兰编译的《美国哈佛大学哈佛燕京图书馆藏晚清民国间新教传教士中文译著目录提要》里，收录了《道原精萃图》这类并非新教传教士所作的著作；被误录的天主教书籍还有《圣经直解》《轻世金书便览》《燕京开教略》《拳匪祸教记》等。

宗徒大事录（插图）
〔清〕李杕译 〔清〕刘必振等绘
二十八章 一册
清光绪十三年（1887）慈母堂印制
铅印＋木刻 纸本 筒子页 线装
九行二十四字小字双行同白口四周
双边单鱼尾
开本：29.3×18（cm）
半框：21×14（cm）
91 页
插图 31 幅

圣母传（插图）
〔清〕李杕译 〔清〕刘必振等绘
一卷 一册
清光绪十三年（1887）慈母堂印制
铅印＋木刻 纸本 筒子页 线装
九行二十四字白口四周双边单鱼尾
开本：29.3×18（cm）
半框：21×14（cm）
46 页
插图 21 幅

宗徒列传（插图）
〔意〕高一志撰
〔清〕刘必振等绘
十五篇 一册
清光绪十三年（1887）慈母堂印制
铅印 + 木刻 纸本 筒子页 线装
九行二十四字白口四周双边单鱼尾
开本：29.3×18（cm）
半框：21×14（cm）
68 页
插图 28 幅

教皇洪序（插图）
〔清〕李杕编纂
〔清〕刘必振等绘
一卷附一卷 一册
清光绪十三年（1887）慈母堂印制
铅印 + 木刻 纸本 筒子页 线装
九行二十四字小字双行
白口四周双边单鱼尾
开本：29.3×18（cm）
半框：21×14（cm）
35 页
插图 3 幅

的漠然依旧,在科举取士的制度下,美术难以得到重视,在常人眼中那仅是雕虫小技。传统的美术教育都是如此,西画教育自然更是无从谈起。

土山湾画馆在中国近现代绘画史上有着特殊地位。人们常常引用徐悲鸿一段话佐证土山湾画馆的历史地位:"天主教入中国,上海徐家汇亦其根据地之一,中西文化之沟通,该处曾有极珍贵之贡献。土山湾亦有习画之所,盖中国西洋画之摇篮也。"[①]

---

① 徐悲鸿:《中国新艺术运动的回顾与前瞻》,载《时事新报》,民国三十二年(1943)三月十五日。

像解圣史

> 主宰无形无声,无躯无体,恒有而无始,常存而无终,智能无量,慈爱靡穷。
>
> ——李杕

石印技术是德国人在十八世纪发明的，十九世纪中期传入中国。土山湾印书馆是中国第一批使用石印技术规模化生产的机构之一。在土山湾印书馆推广石印技术的是翁寿祺①和他的徒弟安守约。翁寿祺于同治十三年（1874）担任土山湾孤儿院印刷间和土山湾印书馆主任，上任后立即着手设立照相部，石印和珂罗印刷都归照相部。大约在十九世纪末叶，教会在华印刷机构引进了彩色石印技术。由于石印材料需要进口，加之珂罗版和其他影印技术很快也进入中国，石印印刷品没有成为主流。尤其是彩色石印技术在国内发展得不成熟，很快被珂罗版取代，彩色石印印刷品存世不多。

土山湾印书馆率先使用石印技术后，国内书商才纷纷置器，上海一度出现了近百家石印书局，各类石印书籍远销全国各地，大大促进了西学的传播。光绪四年（1878）由上海徐家汇天主堂创办的《益闻录》半月刊即由土山湾印书馆石印出版，这是中国天主教历史上最早由教会组织出版发行的报刊。

光绪元年（1875）土山湾印书馆引进珂罗版技术，并购买了圆盘机等印刷机械，用于印制耶稣像、圣母像等图片。照相铜锌版是照相术应用于印刷制版的产物，照相制版术在中国也当推土山湾印书馆为最先。

土山湾印书馆早期倾向于采用石印印制西文书籍，作者的拉丁文和法文手稿或清抄手誊稿，晒版印刷，类似中国古籍的"手书上版"。如前述的《中国溺婴与天主教圣婴会》和《中国便览》就是此类石印本的代表作。不过从效果来看并不尽如人意，像是后来的蜡纸刻板油印，字迹不清，远不如铅印。

但土山湾印书馆石印的中文书籍质量还是很好的，诸如《默思圣难录》《古史②像解》《新史像解》《喜乐圣母圣心之善法》《圣母净配圣若瑟传》等。

光绪十七年（1891）上海慈母堂出版问渔先生《默思圣难录》的石印版，属"山湾精品"。这是清末民初新技术引进与中国传统书籍审美观念相结合的巅峰代表。这是一个分野：此前传统渐显迂腐，此后革新忘却本原。此前中国传统刊印技术过于复杂、艰难，严重阻碍文化的普及；此后的书籍则使中国知识分子两千年间情有独钟的审美形式难得再现。

沈则宽（Matthæus Sen，1838—1913），字容斋，浙江吴兴人，华籍耶稣会神父，人称"沈二神父"，同治元年（1862）入耶稣会，光绪三年（1877）晋铎。他接替恩师夏显德神父主掌土山湾孤儿院，是土山湾三大机构——孤儿院、印书馆、画馆——实际总负责人，还出任过《圣心报》主编。

光绪十八年（1892）和光绪二十年（1894），土山湾印书馆先后出版了沈则宽神父的《古史像解》和《新史像解》的石印本。《古史像解》编译了《旧约》的一百零六段故事，土山湾画馆为此绘就一百零六幅版画；《新史像解》有一百段故事，配有一百余幅版画。

---

① 一般介绍中国印刷史的书籍提到的翁相公就是指翁寿祺。"相公"是教会内部对辅理修士的称呼。
② 古史：天主教的"古史"就是《旧约》讲的历史，"新史"就是《新约》讲的历史。

默思圣难录（扉页和插图）
〔清〕李杕撰　土山湾画馆绘
六十篇　一册
清光绪十七年（1891）慈母堂印制
石印本　纸本　筒子页　线装
十行二十四字白口四周双边单鱼尾
开本：20.5×13（cm）
半框：15.5×10（cm）
128页
插图19幅　图花17幅　地图1幅

《古史像解》和《新史像解》，土山湾画馆辉煌之遗存，具有历史代表性。容斋先生在两书中采用问答体，一图一论，解释《旧约》《新约》记载的人物及事件。两书内容可谓一般，其价值在于二百余幅插图天人合一、精美无比。也为"山湾精品"。

《古史像解》卷首的一幅题为《训蒙图》，此图描绘村塾授课的情景：一位老先生端坐八仙桌案旁，捧书诵读，四周六个儿童各拿书本，专心听讲；在天花板处，一朵祥云之上，耶稣正俯身观看。也许耶稣的故事正是这堂课讲述的内容。有趣的是，在老师的背后有一幅中国的山水小景，而在他右侧的书架上方，则有一个十字架，这或许是东西方文化融合的一个典型例子。在图像次页有"训蒙图赞"：

> 嗟夫世事，转盼成空。惟善是宝，惟德宜崇。道为根本，端赖能通。幼岁学习，壮用无穷。作之师傅，功绩殊隆。耶稣默鉴，降福靡终。

宣统元年（1909），上海土山湾印书馆又推出五彩插图版的《古史像解》和《新史像解》，仍很精美，这两套五彩插图是"山湾堂团"王泰度生前完成的。

光绪十年（1884）土山湾印书馆出版《古史参箴》（*Historia Veteris Testamenti*），容斋先生节译、箴注。这是一部有收藏价值的书，虽为天主教讲道之作，但就其以史论道的方法而言，还是颇有阅读价值的。属"山湾精品"。每卷章分为"史""箴"两部分。史部介绍《旧约》全书内容，箴部为对世人的规劝。

第一卷为摩西五经：《创世记》《出谷记》《肋未记》《户籍记》《申命记》。第二卷至第四卷为历史书，第二卷为《肋未记》《户籍记》《申命记》《若稣嗳传》《民长传》《卢德传》，第三卷为《列王传》，第四卷为先知书：《大尼厄尔传》《若伯传》《儒弟德传》《多俾亚》《若纳传》《厄斯得耳传》《爱斯忐拉斯》《纳海米亚斯传》《玛加白阿传》。

江南代牧区主教倪怀纶为《古史参箴》写的序言，其气魄宏大，择要录之：

> 古今圣经为天地第一大书。上而神明，下而物性，中而淑人修己之方，无不备载。详略不同，根宗必蕴，立言铁铸，叙事眉清，示自千元，传自先圣，宇宙必败，书理不磨。其间有创世、援民、立王、列传诸篇，尤为信士所当悉。盖经记造化之功，读之令人起敬；记赏罚之严，读之令人起畏。记主宰将降，何其仁也；古祖事功，何其伟也；梅瑟灵迹，何其确也；祈祷获益，何其速也。首尾数十卷，诸如此类。录事殊，载道明，惊世醒心之举；棋布星罗，大资修古。予自莅任以来，欲得一化俗善书，潜心陶淑，俾家喻户晓，人人传诵。学究授蒙童，公塾课弟子；幼而习之，壮而忆之，镂骨铭心，终身取法。

一位法籍传教士能写出如此上佳之汉语文章，实属可嘉。可见洋教士们来华后，在学习中国文化上的勤奋刻苦。

《古史参箴》有版画一百一十四幅，是刘必振率其学生绘制的。后来出版的《古史像解》用的是同一套插图。

"圣经故事"这个题材是基督教——不论是天主教还是新教——都十分热衷的。容斋先生另著《古新史略》讲述的也是"圣经故事"。《古新史略》光绪十六年（1890）初版，属"山湾精品"。

古史像解（扉页和插图）
〔清〕沈则宽辑译　王泰度绘
一百一十四篇　一册
清光绪三十一年（1905）
土山湾印书馆印制
石印本　纸本　筒子页　线装
十一行二十四字白口四周
双边单鱼尾
开本：20×10.3（cm）
半框：15×11（cm）
122 页
插图 106 幅　地图 8 幅

新史像解（插图）
〔清〕沈则宽辑译　王泰度绘
一百篇　一册
清宣统元年（1909）
土山湾印书馆印制
石印本　纸本　筒子页　线装
九行二十九字白口半页四周
双边单鱼尾
开本：18×12.5（cm）
全框：16×10（cm）
203页
彩色插图102幅

古史参笺（插图）
〔清〕沈则宽节译并注
〔清〕望雅君、恒楚材校
四卷　四册
清光绪十年（1884）
土山湾印书馆排印
铅印本　纸本　平装
开本：18.5×12.5（cm）
878 页
插图 112 幅

容斋先生在书中提到自己著书目的言：

《古新史略》这部书，大约记载从天主造天地，到天主降生，及宗徒传教的事迹。原文是亚尔满话，后来流传各国……书中间有图像，虽不很识字的看了，也能会意。至于做这书的本意，原为小学生们的，所以我劝教中父母，凡有小娃子上学，该当各备一部……长大成人了，自然晓得爱主爱人，修德行善，做一个热心的教友。

《古新史略》包含三本可以独立成册的书籍：《古史略》《新史略》《宗徒事略》。

《古史略》（见下页），六卷，光绪十六年（1890）土山湾初版，亦属"山湾精品"。容斋先生对"古史"解释有云：

古经为上主默告之词。其间有教律，有预言，有祷语，有礼典，有记事之书。所谓古史，乃摭其述事之篇，汇为数卷，似古经外别成一籍，而实则宗古经，且不外古经也，明知之而熟悉之。斯取法有方，信心益固。真主降生之举何自来，正教贯通之道何自传，皆可会悟寸衷，绝无疑义。若是乎欲为善信，可不知古史乎哉。

为此他先译注《古史参箴》，受到欢迎，又作《古史略》。

《新史略》（见413页），七卷。就内容来讲，这本"耶稣言行录"与其他同类书没有什么太多不同，都是依据《新约》，讲述圣母领报、耶稣诞生、三王来朝、圣母献堂、河边受洗、登舟讲道、命渔得鱼、濯足垂训、牧羊之喻、耶稣受难、荣光复活、十二门徒等脱俗超凡并拯救万民的故事。但是这本土山湾慈母堂出版的小册子之所以深受神俗两界欢迎，是因为它有五十二幅铜版画插图。这些插图多是土山湾画馆的学生们临摹欧洲名画的作品，栩栩如生、惟妙惟肖，保留至今，难能可贵。

《宗徒事略》（见414页）是容斋先生根据《新约全书》的"使徒行传"的故事改编的，共十八章。

1929年重庆曾家岩圣家书局翻版过容斋先生的《古新史略》。

《新史合编》（见415页），容斋先生译自意大利主教费来第所作皇皇十五万字著作《福音书合编注疏》，该书特点是把四个福音书混合编排，依据耶稣诞生到升天，逐字逐句解说耶稣的圣迹和言行。译者序说：

耶稣言行，乃奇奇妙妙，少无二者也。圣门四史，若望、路加、玛宝、玛尔谷，将目睹耳闻之事，笔之于书，韦几稍参差，文有详略，欲阅者融会贯通，殆始易易。缘是教中明人，将四史汇为一编，以便参考。

《新史合编》常见的版本是与《耶稣受难记略》（见416页）一起的合订本，把有关耶稣受难的故事单独编译成册，通俗易懂，为文化不高的教友备读。所以这个小册子非常受欢迎，多次出了单行本。

《地狱信证》是清末民初影响比较大的一部天主教教义类书籍，耶稣会神父斯顾拔著，沈容斋编译。土山湾印书馆在光绪二十七年（1901）初版，后累年再版。该书有九章："地狱公论""地狱显微""地狱恶人显形""不信地狱刚愎自欺""地狱真道""地狱之刑""怕地狱救灵善法""地狱之思"等。

古史略（内页）
〔清〕沈则宽撰
六卷　一册
清光绪十六年（1890）慈母堂排印
铅印本　纸本　筒子页　线装
十一行二十六字白口四周
双边单鱼尾
开本：20.5×13（cm）
半框：16×10.5（cm）
116 页
插图 56 幅　地图 6 幅

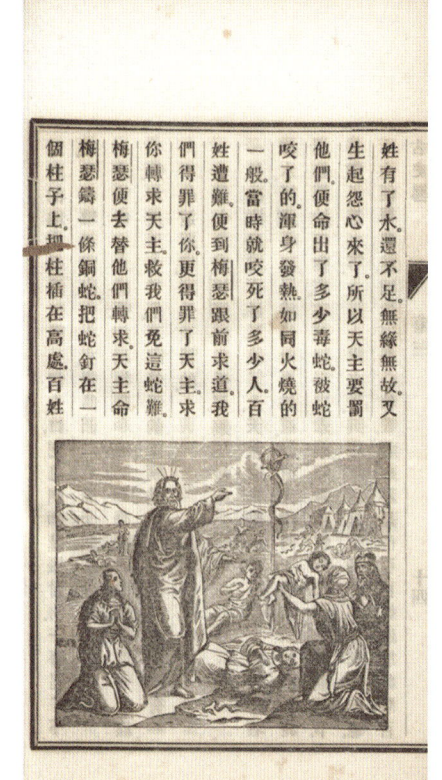

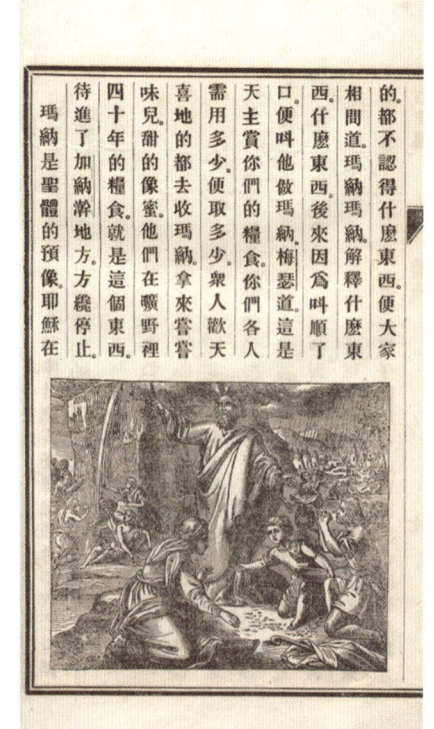
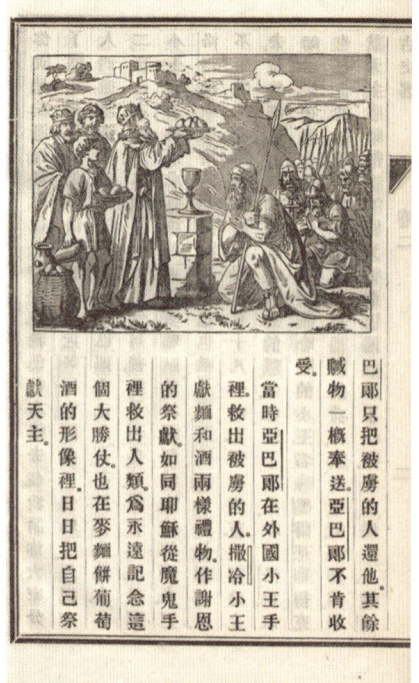

像解圣史

第五章　耶穌誕生。

那降生的大事將在瑪利亞身上成功。所以天主把這事告訴若瑟知道。在夢中一位天主的天神。告訴他這未發顯出來的後嗣若瑟該把瑪利亞因聖神留在你身邊。你要做了天主的功。替他的兒子取一個名字叫做耶穌。解釋救世者。因為

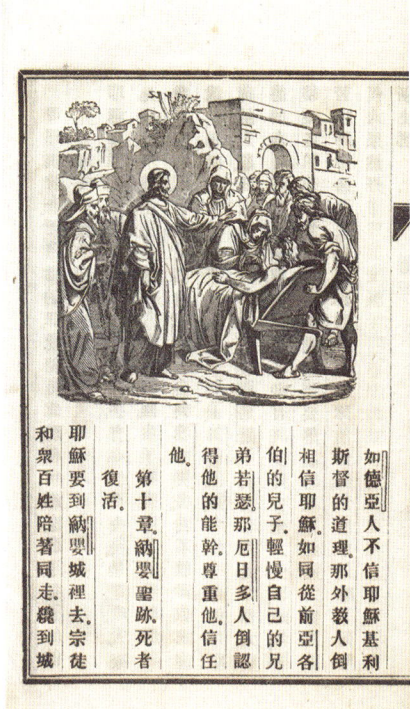

如德亞人不信耶穌基利斯督的道理。那外教人倒相信耶穌。如同從前亞伯的兒子。輕慢自己的兄弟若瑟那厄日多人倒認得他的能幹尊重他信任他。

第十章。納嬰畢跡死者復活。

耶穌要到納嬰城裡去。宗徒和衆百姓陪著同走。幾到城

第二十二章。耶穌榮入聖京。

過了一日耶穌到日路撒冷去。走到近城的阿理瓦山上。便向宗徒道。你們到前面白發熱村裡去。幾進村子口。便見一匹驢駒子。沒有人騎過的。拴在那裡。你們去解開牽他到這裡來。倘當若有人問你們為什麼牽他。你們便對主要用他。便把驢果然。全照耶穌所說的。有人將驢駒子牽來。把自己的衣裳攤在

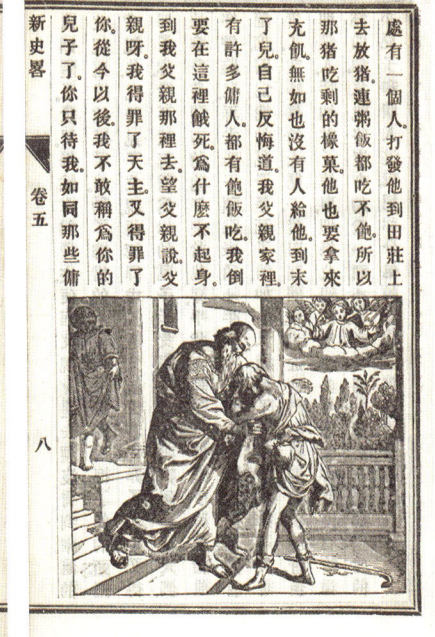

卷五

新史畧

處有一個人。打發他到田莊上去放猪。連帶飯都吃不飽。所以那猪吃剩的橡菓他也要拿來充飢。無如也沒有人給他。到末了兒。自己反悔道。我父親家裡有許多傭人。都有飽飯吃。我倒要在這裡餓死。為什麼不起身。到我父親那裡去望不親說父親呀。我得罪了天主。又得罪了你。從今以後我不敢稱為你的兒子了。你只待我。如同那些傭

八

新史略（內頁）
〔清〕沈則寬撰
七卷附一卷　一冊
清光緒十六年（1890）慈母堂排印
鉛印本　紙本　筒子頁　線裝
十一行二十六字四周雙邊單魚尾
開本：20.5×13（cm）
半框：16×10.5（cm）
124 頁
插圖 50 幅　地圖 2 幅

宗徒事略（内页）

〔清〕沈则宽撰

十八篇　一册

清光绪十六年（1890）慈母堂排印

铅印本　纸本　筒子页　线装

十一行二十六字四周双边单鱼尾

开本：20.5×13（cm）

半框：16×10.5（cm）

25 页

插图 10 幅

新史合编（内页）

［意］费来第编著

〔清〕沈则宽译述

二十卷　三册

清光绪十三年（1887）

土山湾印书馆排印

铅印本　纸本　筒子页　线装

十三行三十字白口四周双边单鱼尾

开本：19.5×12.5（cm）

半框：15×10（cm）

325页

插图41幅

耶稣受难记略
〔清〕沈则宽编译
一卷 一册
清光绪十三年（1887）土山湾印书馆排印
铅印本 纸本 筒子页 线装
十三行三十字白口四周双边单鱼尾
开本：20.5×13.5（cm）
半框：15×10（cm）
13页
插图1幅

容斋先生在序言里有一段颇为精彩的论说：

人世以人治人，尚有赏罚，而谓至公至义之天主，顾漫漫然无赏罚，一听善恶是非之混乱如此，是天主而不天主也。天主又何必救人？救人又何必受难？至语人曰：青葱之木且如此，腐朽之本降若何？是故圣贤之论，以为人既有罪，身前不地狱，身后必地狱。所谓身前地狱者，常念地狱之刑，奋然趋善，克己苦身，以避恶也。

天主教有关地狱之说，信徒与非信徒的感触是不一样的。无论如何，地狱之说是给人们世俗生活的所作所为画了一条底线，逾越者万劫难复。法国启蒙运动导师、一生都在与宗教作不妥协斗争的伏尔泰，面对社会道德乱象，晚年也不得不感叹道："即使没有上帝，也要创造一位上帝吧！"

墨井道人

> 渡浦渡浦莫迟误,来朝顾病浦西路。
> ——吴渔山

问渔先生晚年编纂过一部《墨井集》，宣统元年（1909）土山湾印书馆出版。这是明末清初中国第一代天主教徒吴历的文集，共有五卷。

第一卷《传记》，有问渔先生在宣统元年（1909）写的《吴渔山先生行状》、张云章在康熙五十三年（1714）[①]撰写的《墨井道人传》。其中，《行状》是问渔先生从《常昭志》《确庵集》《周朝画征录》《嘉定县志》《苏州府志》等书摘录吴渔山事迹的"集览"和"集注"。第二卷《墨井诗钞》，共一百二十四首。第三卷《三巴集》，有宋实颖[②]和尤侗的序，以及墨井七十七首作于澳门的诗词。第四卷《墨井题跋》，有五十篇书画题跋。第五卷《吴渔山先生口铎》，赵仑[③]笔记先生日常讲道言论。

吴历生于明崇祯五年（1632），常熟人，本名启历，字渔山，号桃溪居士。唐代学者陆广微在《吴地记》中记载："常熟县北一百九十步有孔子弟子言偃宅，中有圣井，阔三尺，深十丈。旁有盟，盟北百步有浣纱石，可方四丈。"所记"圣井"即指墨井。前人有诗咏井："吴公遗井在，水色同墨汁"；"言公墨井今安在？佥谓虞城委巷旁"。即称此井为"言子墨井"。吴渔山家宅比邻此井，皈依天主教后自号"墨井道人"。

问渔先生在《墨井集》引旧文记：吴历"问学于陈孝廉确庵，问诗于钱宗伯牧斋，学画于王常烟客，学琴于陈高士岷，既皆得其指授矣，均得其心传。渔山先生，孝子，以画之可取润以奉母也"。母殁，郁郁寡欢。结交天主教教士，"恍然于惠迪吉从逆凶之真旨，决意皈依，受洗入教"。康熙十五年（1676）吴渔山结识比利时传教士鲁日满。当年有幅《湖光春色图》，他跋题"帱函有道先生，侨居隐于娄水，予久怀相访而未遂。于辰春从游远西鲁先生，得登君子之堂"。远西鲁先生就是鲁日满。

康熙二十年（1681），柏应理神父答应带吴渔山赴罗马觐见教宗，二人结伴抵澳门，本欲搭荷兰商船赴欧，人至澳门，未能成行。吴渔山居澳五个月，次年加入耶稣会，教名西满·沙勿略，并遵习俗取葡语名 A Cunha（雅古纳）。吴渔山客居澳门圣保禄教堂，吟诗作画，有《渔山袖珍册》《白传溢江图卷》《秋山红叶图》等作品。

吴渔山于康熙二十七年（1688）晋铎，此后在嘉定、上海一带传教，康熙五十七年（1718）逝于上海，葬南门外圣墓堂耶稣会墓地，碑文由葡萄牙传教士孟由义[④]题写。雍正即位后不久，严禁天主教在华传教，各地教堂和教士墓地也被籍没入官；吴渔山墓所在的修士墓地，从此鞠为茂草。不过宣统元年（1909）时吴渔山的墓碑尚在，光启社曾墨拓碑片。

[①] 张云章（1648—1726），字汉瞻，号倬庵，又号朴村，嘉定（今属上海）人，国子监生。清代学者，"嘉定六君子"之一。康熙初举孝廉方正，议叙知县，曾主潞河书院。著有《朴村诗集》。
[②] 宋实颖（1621—1705），字既庭，号湘尹，江苏长洲（今吴县）人，顺治十七年（1660）举人。
[③] 赵仑，字修令，嘉定（今属上海）人，明末清初人，天主教徒，为吴渔山作《续口铎日抄》传名。
[④] 孟由义（Emmanuel Mendes，1656—1743），字居仁，葡萄牙人，1673年入耶稣会。康熙二十三年（1684）来华，康熙二十九年（1690）发愿，在上海、松江、江西传教。逝于澳门。

· 墨井道人 ·

墨井集（内页）
〔明〕吴历撰〔清〕李杕编
五卷 一册
清宣统元年（1909）土山湾印书馆排印
铅印本 纸本 筒子页 线装
九行二十三字小字双行同
白口四周双边单鱼尾
开本：26.5×15（cm）
半框：18.5×13（cm）
96页

方杰人《中国天主教史人物传》对吴渔山的才华作出肯定："在中国天主教史上，元、明以来，能兼擅诗、琴、书、画的，亦吴历一人而已。"[①]

诗言志，画表情。吴渔山终其一生一介布衣，他的精神世界也随着历史的变迁先儒后佛再耶，反映到他的画作上，在不同时期有不同特点。吴渔山早期代表作品有《早雪图》《琵琶行图卷》《秋林步月图》《秋寺晚钟图》《山村田舍图》《仿松雪仙居图》等。皈依天主后，他全身心投入教会工作，大约有近二十年时间画作不多。但数量少不代表质量不高，美术史上普遍认为吴渔山许多代表作就是出在这一时期，比如《山中苦雨诗画卷》（四十三岁作）、《兴福庵感旧图卷》（四十三岁作）、《湖光春色图》（四十四岁作）等。

吴渔山著有《墨井诗钞》。

吴历墓碑拓（碑阳）
中题"天学修士渔山吴公之墓" 旁题简历，周刻花边
[葡] 孟由义撰文
中文　拓片　一通
清康熙五十七年（1718）镌刻
上海南门外圣墓堂耶稣会墓地
清宣统元年（1909）光启社拓印
尺幅：124×60（cm）

【瘦马】
毛骨尚殊众，秋深奈病何。
战场空草绿，壮士且悲歌。
力尽尘无限，嘶残岁几多。
主恩知不浅，泪血洒晴莎。

【题秋江晚渡】
空江雁字横秋，野渡斜阳满舟。
南北去来不了，白苹红蓼悠悠。

【葡萄西酒】
葡萄西酒满瓶香，欲献金门道路长。
料得此非夷狄造，不妨飞骑进君王。

吴渔山在澳门居留期间著有《三巴集》。"三巴"即为其居地澳门圣保禄教堂音译。《三巴集》开篇是《澳门杂咏》三十首，记录了澳门给他留下的印象，是研究早期澳门的重要资料。

第八首讲渔民别妇远海捕鱼：

少妇凝妆锦覆披，那知虚髻画长眉。
夫因重利常为客，每见潮生动别离。

---

① 方豪：《中国天主教史人物传》，第366页。

第二十四首表思乡愁绪：

每叹秋风别钓矶，两儿如燕各飞飞。
料应此际俱相忆，江浙鲈鱼先后肥。

当然《三巴集》里最不落窠臼的还是渔山作的《福音诗歌》。

【庆贺圣母领报二首】
救世宏基肇圣胎，福音乍报主神来。
乾坤莫囿贞怀蕴，久扃天衢今始开。
永福之门此日开，尊神报命自天来。
肋霞郡内朝元后，万物真君降圣胎。

【克傲】
傲恶知何似，骄狮不可驯。雄心夸有物，俯目视无人。
几日凌云气，千秋委地尘。争如勤自克，万德一谦真。

【克吝】
贪恶知何似，痴猴握固然。解囊眉早皱，拜赐色争艳。
卒世饶千算，终期但两拳。争如勤自克，心惠破悭键。

【克淫】
淫恶知何似，流情水决溪。乍污颜尚赧，稍纵意全迷。
兽行丛多指，神监逼暗闻。争如勤自克，贞德是金堤。

【克忿】
忿恶知何似，风狂火举熛。无端才有触，誓死不相饶。
岂是轻三尺，居然患一朝。争如勤自克，常用太和浇。

【克妒】
妒恶知何似，平流忽起波。高才容我独，好事恨人多。
咄咄偏相逼，昍昍奈若何。争如勤自克，一恕百无他。

【克饕】
饕恶知何似，溟墟吸众流。万钱难下箸，一笑为挛瓯。
直待腹相负，方知躯是仇。争如勤自克，甘节德之俦。

【克怠】
怠恶知何似，驽骀负主恩。有躯安綦养，无志望骞腾。
神业难期顿，流光欲若奔。争如勤自克，振策入修门。

清代大学者尤侗点评："吴子雅工诗擅书画，近从海外归，言词泠泠，有御风之致。予异之益甚，亦执化人之袪矣。"渔山先生三巴诗歌不同于他人的特别之处，不是抒情，不是怀愁，不是金戈铁马，不是月下缠绵，而是"化人之祛"，尤侗直点要津。

渔山先生的《墨井题跋》，从古籍收藏角度看，虽不及《放翁题跋》《益公题跋》《山谷题跋》《海岳题跋》《淮海题跋》《西山题跋》《东坡题跋》等宋人题跋辑集那么显赫知名，然作为画家，渔山先生所书的款跋却有笔墨浑然一体之妙。《墨井题跋》择二：

竹之所贵，要画其节操。风霜岁寒中，卓然苍翠也。山中酒熟，独酌成醉。信笔挥洒，遂成苍翠。甚娱乐也。何可一日不画此君。

墨井道人年垂五十，学道于三巴，眠食第二层楼，观海潮度日，已五阅于兹矣。忆五十年看云尘世，较此物外观潮，未觉今是昨非，亦不知海与世，孰险孰危。索笔图由，道眼者，必有以教我。

《口铎》是渔山先生日常的讲道言论，由赵仑笔记。这部渔山先生遗著为最早的中国神父讲道集。

康熙三十五年七月十八日。圣母升天瞻礼，有搓溪一教友，向先生称庆，曰幸哉，夫子之来也。先生曰，余来何幸，尔来乃幸耳。余退而思曰，旨哉夫子之言也。天主圣教，何日不在人目前，贵人信之望之爱之耳。不信不爱不望，何幸之有？能信能望能爱，乃幸耳。

某日，吴渔山参加圣若瑟瞻礼，环顾左右只有三人。他对周围人讲：

无虑其少也，惟少正易见功。一以当百，一以当千，在自勉耳，毋徇名忘实也。试观今日所悬圣像，图中所绘何意。盖言，圣方济各其始固功名士也，一遇圣依纳爵，示以耶稣负十字架诸苦，即发爱人热心，奋志劝人，遭众不服，群啐其面。一啐焉弗之拭，讲道如故。再啐三啐，仍莫之拭，讲道又如故。人乃奇之，叹曰，斯人也，能忍如是，其品行必有大过人者。聚而听之，其有能明者曰，信也。

天主鉴其爱人之切而不没其心之热，故发显之，以待人之学之也。人惟爱人，始成其为爱己，人苟爱己，未有不切于爱人者。爱人与爱己相须而不相离也。爱己而不爱人，吾未前闻。故天主十诫，爱天主以下，即系以爱人如己。爱己必以实，不以名。爱人亦必以实，不以名。名至而实不至，君子所愧也。

从《口铎》看，渔山先生对天主教是真心信仰，毫无虚妄。他所理解的天主教与今日所传别无二致。虽然他的言论不可与徐光启、李之藻、朱宗元比深度，却胜在溢于言表的朴素和由衷之情。

《口铎》是赵仑仿李九标为艾儒略作《口铎日抄》而为吴渔山所作。方豪先生认为此书书名应该是《续口铎日抄》，李问渔记书名《吴渔山先生口铎》为误。

后人将吴渔山这些著作合辑为五卷本《墨井集》，版本几种，以李问渔编纂的最有代表性。

宣统二年（1910）问渔先生又编纂《墨井书画集》，收录吴渔山画作二十九幅和李钟珏[①]的《墨井书画集序》，交土山湾印书馆付梓。此书采用珂罗版印刷，白纸线装，非常精美。

有关吴渔山生平研究得最专业的书籍是陈援庵先生撰写的《吴渔山先生年谱》（辅仁大学民国二十六年

---

① 李钟珏（1853—1927），原名安曾，字平书，后改名钟珏，晚号且顽，祖籍江苏苏州，曾祖时迁居宝山高桥镇。为清代外交官员，曾任中国驻新加坡领事。

· 墨井道人 ·

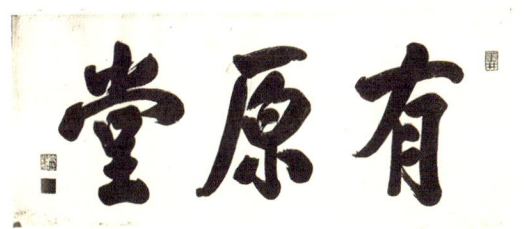

墨井书画集（内页）
〔明〕吴历作〔清〕李杕编
一册
珂罗版　纸本　筒子页　线装
清宣统二年（1910）
土山湾印书馆排印
开本：26.5×16.2（cm）
32页
插图29幅

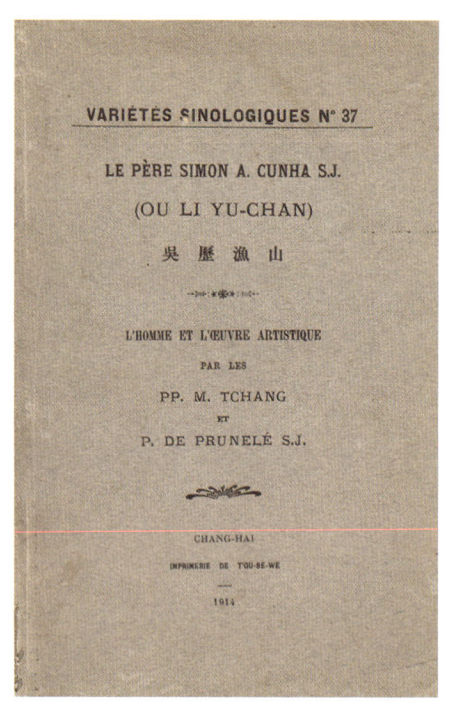  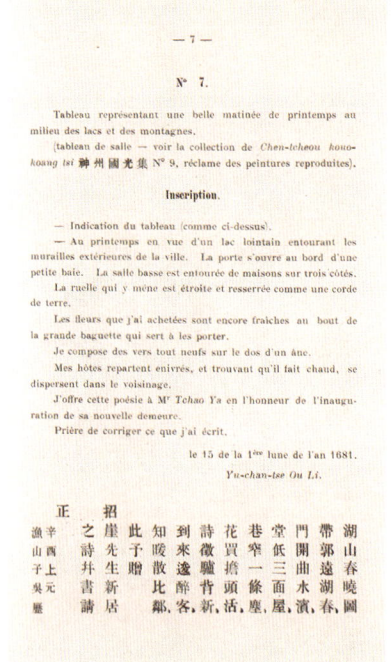

Le Père Simon A. Cunha S. J.（ou Li Yu-chan）: l'homme et l'œuvre artistique
吴历渔山：其人及艺术作品
（封面、插图和内页）
〔清〕张璜［法〕晋都禄编撰
法文
一卷　一册
"汉学丛书"第三十七种
民国三年（1914）土山湾印书馆排印
珂罗＋铅印本　纸本　平装
开本：24.5×16（cm）
53 页
插图 38 幅

〔1937〕刻本，附有《墨井集源流考》），此作有丰浮露英文节译本：*Wu Yü-shan*（《华裔学志》第三卷第一期，民国二十七年〔1938〕）。

张璜和晋都禄[①]撰写的 *Le Père Simon A. Cunha S. J.（ou Li Yu-chan）: l'homme et l'œuvre artistique*（《吴历渔山：其人及艺术作品》），民国三年（1914）出版。被列为"汉学丛书"第三十七种。此书主体是吴渔山的三十八幅作品，有画作、扇面和书法。张璜把重点放在每张画的题跋上，对画作本身和题跋都作了详细说明。

画集前有《吴渔山神父小传》，介绍吴历与钱谦益的师承关系、结交柏应理皈依天主教以及参加罗文藻的祝圣等。还有李钟珏撰于宣统二年（1910）的《墨井书画集序》，中文为墨稿，并附有法语译文。

有人说，文化和艺术是土山湾的传教士们在拯救人们灵魂以外做得最璀璨醒目的工作，《墨井书画集》和《吴历渔山：其人及艺术作品》大概也算是具代表性的作品。

宣统二年（1910），美籍德国汉学家劳费尔出版其名著 *Christian Art in China*（《中国耶教艺术》），这本书后来在中国文字史和艺术史研究领域有非常重要的影响。民国二十六年（1937）

---

① 晋都禄（Petrus de Prunelé，1881—？），字信卿，法国人，1900 年入耶稣会。光绪三十四年（1908）来华，民国八年（1919）晋铎，在上海、徐州、扬州等地任神职。1951 年回国，余迹不详。

又在北平隆福寺街的文殿阁书庄影印出版。

劳费尔（Berthold Laufer，1874—1934），德国出生的犹太人，汉学家；1893年在柏林大学师从顾路柏①攻读汉学，1897年获得德国莱比锡大学博士学位，1898年移民美国。劳费尔通晓汉语、日语、藏语；民国初年多次来中国考察，自述"我深深地爱着中国的大地及其人民"。劳费尔晚年罹患忧郁症，后在芝加哥跳楼身亡。

劳费尔著有Chinese Grave-Sculptures of the Han Period（《汉墓砖雕》，1911）；Jade, a Study in Chinese Archeology and Religion（《中国玉器》，1912）；Chinese Clay Figures（《中国陶俑》，1914）；Chinese Baskets（《中国篮篓》，1925），Ivory in China（《中国牙雕》，1925）等。他的著作大多数都是芝加哥菲尔德自然史博物馆出版的。

劳费尔于十九世纪末曾在西安发现一幅被称为《中国的圣母》卷轴。他认为这幅创作于十六世纪后期的画，有些类似于罗马马乔列教堂的同题材壁画：圣母头戴斗篷，遮住头发及双肩、后背；圣母面目清秀，只是怀中抱着的圣婴耶稣是一个中国孩童的模样。据说当年利玛窦在肇庆、南京传教时曾经多次向教友展示过相似的圣母像，他说"大家都非常欣赏这张画像的美丽高雅，包括色调、线条及活生生的姿态"。

这次发现，触发了劳费尔对中国天主教早期艺术研究的热情，《中国耶教艺术》便是他自己研究的汇集。该书分为两个部分：前一部分是劳费尔收藏的二十二幅中国的天主教画作，后一部分主要介绍《程氏墨苑》里利玛窦赠程幼博的"宝像图"及他撰写的像记。

劳费尔在《中国耶教艺术》序言中是这样描述中国基督教绘画的：

在十六世纪，东亚世界逐渐接触欧洲商业，欧洲艺术品也来到了东方。源自欧洲的木刻和铜版画在印度是着色的，并装订成册。通过艺术品特别是绘画打动人心，尤其是耶稣会传教士的策略。当耶稣会进入日本的时候就是这样，沙勿略带去了一幅圣母

Christian Art in China
中国耶教艺术（封面）
[美]劳费尔著
英文
一卷 一册
民国二十六年（1937）文殿阁书庄印制
珂罗+铅印本 纸本 平装
开本：26.6×19.5（cm）
29页
插图22幅

---

① 顾路柏（Wilhelm Grube，1855—1908），又记顾威廉、葛卢百，德国人，汉学家，有名作 *Geschichte der Chinesischen Literatur*（《中国文学史》）等。

的画像。据记载，1562年时，有五座教堂装饰了这类绘画，其中很多是那个时期从葡萄牙订购的。

欧洲艺术出现在中国，以及开始对中国艺术发挥影响，可以追溯到十六世纪末和明朝的晚期，或许可以大体上以1583年为标志，那是伟大的耶稣会士利玛窦到达中国的时间。

在那个早期时代，外国艺术的样本不仅从外国进口到中国，正如我们将会看到，也被中国画家所摹绘。这里面一个很好的例子是一本册页，有六幅绢画，都是欧洲作品的摹本。这些画里最后一张的右下角落款"玄宰笔书"（Hsüan-Tsai Pishu），玄宰是画家董其昌（Tung K'i-ch'ang, 1555—1636）的字。落款附加了一个红色的印章，但是现在几乎消失难以辨认了。这个册页是我在陕西省西安府得到的。

由于《中国耶教艺术》是黑白印制的，无法反映画作的原貌，好在劳费尔用文字描绘了这本董其昌的册页。

【第一幅画】表现一位也许是门徒的人坐在树荫下石凳子上，左手拿着一本打开的书，右手拿着一支鹅毛笔。他的上衣是深蓝色的，系有一条细细的红腰带；他的领巾是亮红色的；他的下衣是紫色的。他的长发垂到颈部和前额。一个穿着红色衣服的小男孩站在凳子后，左手捧着书的边缘。

【第二幅画】表现一名荷兰将军的形象：披挂着锁子甲，戴着假发，长长的卷发盖住了耳朵。他的右手抓着一个东西，很可能是长矛的把柄或者旗杆，身体左边似乎露出一把中式长剑的剑柄。跟随他的两名士兵戴着奇怪的尖顶帽，一个是蓝色，一个是紫色。

【第三幅画】可能表现的是耶稣去耶路撒冷的路上，在以马忤斯（Emmaus）遇到两个门徒。耶稣穿着一件红色外套，左膀披着绿色大披肩，光着双脚，长长的卷发，抬起右手，双手手指叉开，像是在讲什么。

【第四幅画】可能是施洗礼者约翰在监狱里，拱顶也许暗示是在土牢里。他手里拿着弯曲成圈的蛇，这个通常不是施洗礼者约翰的符号标志，这里最好的解释是暗喻着智慧。他跷着腿坐在长凳子上，绿外袍……

【第五幅画】表现坐在树荫下的使徒路加正在一本敞开的书上写字，身后有头牛。他身披长长的蓝色外套，胸前衬衫露着白边，玫瑰色束腰外衣雅致地披在右肩上。

【第六幅画】尺寸最大（37厘米×30厘米），好像是表现一群象征着艺术和科学的人物出现在露台上。最右边的女人，身着红色束腰外衣，蓝色方巾，头发上系绿色丝带，右手举着地球仪，用左手拨转它。挨着她的女人，绿色外衣，红色腰带，玫瑰色披肩盖住肩膀，她用圆规在方木板上画圈。靠着露台栏杆的那个男人，手里拿着折叠起来的东西，他裹在蓝色外套里，戴棕色袖套。

介绍完这六幅画作后，劳费尔十分肯定地说，不论是内容还是绘画技巧，董玄宰的画无疑深受那个时代利玛窦和耶稣会传教士们所带去的欧洲绘画艺术的影响。

董其昌（1555—1636），明代书画家，字玄宰，号思白、香光居士，华亭（今上海松江）人。万历十七年（1589）进士，授翰林院编修，官至南京礼部尚书，卒后谥文敏。董其昌颇有才气，通禅理、精

董其昌册页第一幅画

董其昌册页第二幅画

董其昌册页第三幅画

董其昌册页第四幅画

董其昌册页第五幅画

董其昌册页第六幅画

鉴藏、工诗文、擅书法、精绘画。他执艺坛牛耳数十年，绘画追求平淡天真的格调，讲究笔致墨韵。他的《高逸图》《关山雪霁图》《江干三树图》《秋兴八景》《昼锦堂图》《九峰雪霁图》等都是传世名作。

没有文献记载董其昌与天主教有什么关系，但是非常清楚的是，董其昌与徐光启以及利玛窦那些西方传教士关系密切，往来频繁。董其昌的学生经常承接传教士交代的一些绘画活儿。

利玛窦在南京期间，经由南京礼部都监祝石林介绍认识安徽休宁著名制墨商人程幼博。程幼博于万历二十三年（1595）刊印《程氏墨苑》，他为宣传自己的墨品，制作了墨模雕刻图谱集用于馈赠客户。由著名画家丁云鹏、吴廷羽绘图，徽州黄氏木刻名工黄应泰、黄一彬等镌刻。《程氏墨苑》收录程幼博所造名墨图案五百二十式，其中图版五十幅。分玄工、舆图、人官、物华、儒藏、缁黄六类，另有附录"人文爵里"。全书六卷共十二册，初有天、地、人、物、儒、释、道各集。《程氏墨苑》是中国古代艺术水准很高的墨谱图集，程幼博在墨品的造型设计和图式安排上新意迭出，丁云鹏的图稿精丽绝伦，黄氏三匠的刻工勾凝断顿，线条细若胎毛、柔如绢丝，曲尽其妙，为明代四大墨谱中最精者，郑振铎称其为"版画之国宝"。

利玛窦对墨商程幼博非常尊重。《利玛窦中国札记》中记述他自己对中国书法、毛笔、砚墨非常感兴趣，他特别说明在中国"制墨人通常也被列入艺术家"。[①] 他送给程氏三幅欧洲基督教铜版画作，程幼博非常喜欢，把利玛窦所赠的基督教画品补充进他的《程氏墨苑》。

利玛窦特为此撰文《述文赠幼博程子》：

广哉，文字之功于宇内耶！世无文，何任其愤悱，何堪其暗汶乎？百步之远，声不相闻，而寓书以通，即两人者睽居几万里之外，且相问答谈论如对坐焉。百世之后人未生，吾未能知其何人，而以此文也不令万世之后可达己意，如同世而在百世之前。先正已没，后人因其遗书，犹闻其法言，视其丰容，知其时之治乱，于生彼时者无异也。万国九州岛岛，芬布大地，一人之身，百旬之寿，竭蹶以行，不能殚极。而吾曹因书志，卧坐不出室门，即知其俗，达其政，度其广，识其土宜物产，曾不终日舆地，如指掌焉。

圣教之业，百家之工，六艺之巧，无书何令今至盛若是与？故国逾尚文，逾易治，何者？言之传，莫纪之以书，不广也，不稳也。一人言之，或万人听之，多则声不暨已。书者能令无量数人同闻之，其远也，且异方无碍也。言者速流，不容闻者详思而谛识之，不容言者再三修整而俾确定焉。若书也，作者预择之，笔而重笔，改易方圆，乃著之众也。故能著书，功大乎立言者也。

今岁窦因石林祝翁诗束，幸得与幼博程子握手，知此君旨远矣。程子寿逾艾而志气不少衰，行游四方，一意以好古博雅为事。即其所制墨绝精巧，则不但自作，而且以廓助作者。吾乃以钦仰大国之文至盛也。向尝见中国彝鼎法物，如《博古图》所载，往往极工致，其时人无异学，工不二事，所以乃尔。今观程子所制墨，如《墨苑》所载，似与畴昔工巧无异。吾乃谂大国之文治，行将上企唐虞三代，且骎骎上之矣。程子闻敝邦素习文，而异岸之士且文者殊状，欲得而谛观之。子曰，子得中国一世之名文，

[①] Matteo Ricci & Nicolas Trigault, *De Christiana expeditione apud Sinas suspecta ab Societate Jesu*, tom. I, chp. iv.

何以荒外文为耶。褊小之国，僻陋之学，如令演绎所闻，或者万分之一，不无少裨大国文明之盛耳，若其文也，不能及也。

万历三十三年岁次乙巳腊月朔　欧逻巴　利玛窦撰并羽笔

利玛窦所赠程幼博的圣像铜版画，前两幅是荷兰著名画家德沃斯①创作，威尔克斯②雕刻完成的，第三幅版画作者为德佩斯③。程幼博高薪请来丁云鹏，把利玛窦所赠铜版画转绘木刻画摹刻，刊于《程氏墨苑》卷六下，并为《圣经》图解的"宝像图"，分别冠以中文名字，并撰写像记。

劳费尔在《中国耶教艺术》里，也展示了取自《程氏墨苑》的利玛窦送程幼博的三幅"宝像图"。这三幅圣像图的名字都是利玛窦写给程幼博的，利玛窦写的像记是用罗马字母注音拼写的。

【第一幅】信而步海（sin lh pú hài），表现的是耶稣和圣彼得，故事来自《马太福音》和《马可福音》有关情节。像记：

信而步海，疑而即沉

天主已降生，托人形以行教于世。先诲十二圣徒，其元徒名曰伯多落，一日在船，恍惚见天主立海涯。则曰，倘是天主，使我步海不沉。天主使之，行时望猛风发波浪，其心便疑而渐沉。天主援其手曰，少信者，何以疑乎？笃信道之人，踵弱水如坚石，其复疑，水复本性焉。勇君子行天命，火莫燃，刃莫刺，水莫溺，风浪何惧乎！然元徒疑也。以我信矣，则一人瞬之疑，足以竟解兆众之后疑。使彼无疑，我信无据。故感其信，亦感其疑也。

欧逻巴　利玛窦撰

【第二幅】二徒闻实（lh't'ǔ vâen xiě），表现的是耶稣和以马忤斯（Emmaus）的两个门徒，故事来自《路加福音》。像记：

二徒闻实，即舍空虚

天主救世之故，受难时有二徒避而同行，且谈其事而忧焉。天主变形而忽入其中，问忧之故。因解古《圣经》言，证天主必以苦难救世，而后复入于己天国也，则示我勿从世乐，勿辞世苦

信而步海

二徒闻实

---

① 德沃斯（Maerten de Vos，1532—1603），荷兰著名画家。代表作有《圣路加画圣母》《一个33岁的男人》《托马斯的怀疑》《阿多尼斯之死》等。
② 威尔克斯（Antonius Wierx，1555—1604），安特卫普雕刻家、版画家。
③ 德佩斯（Crispin de Passe，1564—1637），安特卫普雕刻家、版画家。

淫色秽气

天主

欤？天主降世，欲乐则乐，欲苦则苦，而必择苦，决不谬矣。世苦之中，蓄有大乐；世乐之际，藏有大苦，非上智也，孰辩焉。二徒既悟，终身为道，寻楚辛，如俗人逐珍贝矣。夫其楚辛久已息，而其爱苦之功常享于天国也。

万历三十三年岁次乙巳腊月朔　遇宝像三座　耶稣会利玛窦谨题

【第三幅】淫色秽气（yñ sẹ guéi kí），故事来源于《创世记》。像记：

淫色秽气，自速天火

上古锁多麻等郡人，全溺于淫色，天主因而弃绝之。夫中有洁人落氏，天主命天神预示之，遽出城往山。即天雨大，炽盛火，人及兽虫焚燎无遗，乃及树木山石，俱化灰烬，沉陷于地。地潴为湖，代发臭水，至今为证。天帝恶嫌邪色秽淫，如此也。落氏秽中自致净，是天奇宠之也。善中从善，夫人能之。惟值邪俗而卓然竦正，是真勇毅，世希有焉。智遇善俗则喜，用以自赖，遇恶习则喜，用以自砺，无适不由己也。

万历三十三年岁次乙巳腊月朔　遇宝像三座　耶稣会利玛窦谨题

在《中国耶教艺术》里，劳费尔还展示了一幅版画《天主》（T'iēn chù），表现的是圣母和圣婴，版画作者是威尔克斯[①]。劳费尔认为这幅版画是利玛窦最为喜欢的圣像，利玛窦传教四方，贴身携带，示人以敬。

利玛窦的《述文赠幼博程子》及三篇像记，呈现的是利玛窦、郭居静、庞迪我、金尼阁等人用罗马字母为汉字注音的方案，这一方案在民国得到罗常培等人的重视，成为语言学研究的一项重要内容。

---

① 威尔克斯（Hieronymus Wierx，1553—1619），安特卫普雕刻家、版画家，作品有《亚当和夏娃之后》等。

东西来去

> 孔夫子身体力行的温良恭俭让的生活方式，使他的同胞相信他远比世界各国那些德高望重的人更为神圣。
>
> ——利玛窦

从利玛窦时期开始，来华的西方传教士们就像一手拿着一把扇子：一面是"西学"，另一面是"汉学"。前者是亮给中国人看的，吸引了上至皇帝下至士大夫的关注目光；后者是亮给自己看的，时时提醒自己研习中国文化的迫切性。前者是为了改变别人，后者是为了改变自己。

同时，利玛窦和他的同伴及后继者们千方百计把中国文化介绍到欧洲，也是为了获得罗马教廷和欧洲人对他们在中国行为的更多支持。

欧洲人了解异国情况，通常从两个方面着手：一是一般风土人情，二是文化蕴意。自从十六世纪传教士去到中国后，欧洲人并不缺乏对中国的了解，那时欧洲市面上不时有介绍这个东方神秘帝国的书籍出现：有的是传教士撰写著作的手稿发表，有的是传教士寄自远东的信函辑刻。

李明（Louis Le Comte，1655—1728），字复初，法国人，耶稣会传教士，就是康熙二十六年（1687）与张诚、洪若翰、白晋、刘应等人，顶着从路易十四那里拿到的"法国王家数学家"光环来华传教中的一位。与白晋等人相比，李明传教业绩并不显著，可圈点之处似乎不多。他于康熙三十年（1691）回国，此后把自己于康熙二十六年至三十一年（1687—1692）写的十四封书信汇编出版，这却为他在历史上留下了浓墨重彩的一笔。此书法文本 *Nouveaux memoires sur l'etat present de la Chine*（《中国近事报道》）1696 年在巴黎出版；德文本 *Das Heutige Sina* 1699 年在法兰克福出版。

《中国近事报道》，两卷，两册，羊皮面硬精装，有大量铜版画。

第一封信是给法国国务大臣庞查特瑞恩（Louis Phélypeaux，comte de Pontchartrain，1643—1727）的，记述他从暹罗到北京旅途中的所见所闻。第二封信是给讷莫尔（De Nemours）公爵夫人的，他向讷莫尔

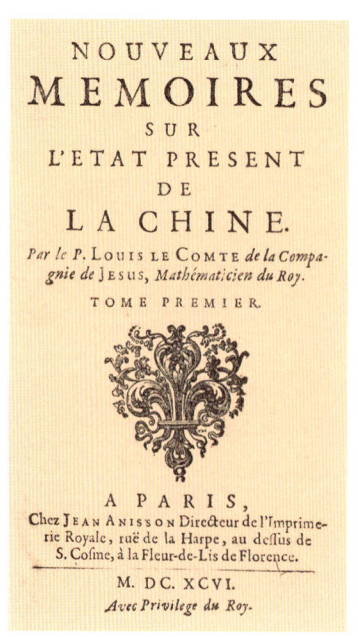

Nouveaux memoires sur l'etat present de la Chine
中国近事报道（封面和插图）
［法］李明撰
法文
两卷十四篇　两册
1696 年 Jean Anisson Directeur de L'Imprimerie Royale 出版
铅印本　手工纸本
羊皮面　硬精装
开本：16.8×11（cm）
1044 页
铜版画 22 幅

 运河
 观象仪
 康熙
 孔子

 中国军官
 中国妇人
 中国士兵
 中国学童

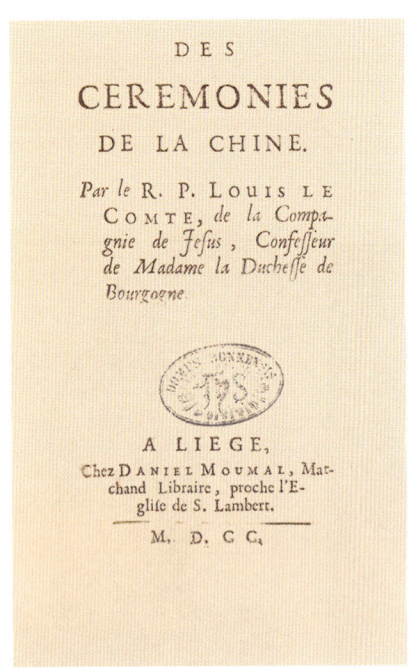

Des Ceremonies de la Chine
中国礼仪（封面）
［法］李明撰
法文
两卷　一册
1700年 A Liege, Marchand Libraire 出版
铅印本　纸本　精装
开本：16×9.7（cm）
300页

夫人讲述觐见康熙的情况以及北京城给他们的震撼。第三封信写给红衣主教福斯坦伯格（De Furstemberg），讲述"中国那些难以描述的城市、建筑和工程"，其中详细介绍了北京观象台。第四封信写给克雷西（De Creci）伯爵，谈中国的气候、地理、运河、河流和物产。第五封信致法国外交国务秘书托尔斯（De Tousi）侯爵，泛泛讲到中国人的民族性格特点、古老历史、崇尚情操、风俗习惯、善恶品质。第六封信致波依隆（De Boüillon）公爵夫人，告诉这位夫人他所见到的中国人的卫生习惯和生活讲究。第七封信写给法国上议院院长、莱茵大主教丢柯（L'Archevesque Duc），主题是关于中国人的语言、文字、书籍和道德观念，重点是孔子及其著作。第八封信写给法国国务秘书菲力伯斯（De Phelipeaux），继续阐述他对中国人精神特点的看法。第九封信写给红衣主教迪特雷斯（D'Estrées），为他讲述他所好奇的中国统治之术。第十封信致红衣主教波依隆（De Boüillon），讲的无疑是他的收信人最关心的问题——中国古代宗教和现今宗教情况。第十一封信致法国总主教罗伊·孔塞勒（Roullié Conseiller），向他汇报天主教在中国传教的进展。第十二封致国王告解神父拉雪兹（De La Chaize），向其汇报在中国宣教的方法以及新的教徒之虔诚度。第十三封信致红衣主教让松（De Janson），谈及康熙皇帝允许天主教在中华帝国全境传教的圣谕。第十四封信致比雍（Bignon）修道院院长，似乎是专门的压轴之作，主题是天主教在印度和中国的展望。

1700年李明还出版了另一本著作 *Des Ceremonies de la Chine*（《中国礼仪》），也是一本信札集，包含四封信，一封长信是写给公爵曼恩（Le Duc du Maine），主题是中国礼仪问题。另三封短信是写给不同人的，主题谈孔夫子哲学。那个时代，有关中国的话题，欧洲人最感兴趣的，除了孔夫子和儒家学说，比较有现实感的是中国礼仪和"礼仪之争"。李明在《中国近事报道》里对这个话题讲得比较少，《中国礼仪》的出版算是及时而明智的补充。

《中国近事报道》影响很大，据说短短四年间法文版重印五次，除德文外，还有英文、意大利文译本。由于此书出版正逢欧洲教会争议对华传教政策的关键时期，1700年被索邦学院审查判为不宜流传书籍，打入冷宫。现在一些著述将此事件描述为轩然大波，有失客观，不过是索邦学院的千千万万案子中的一宗，仅此而已。

今日看来，《中国近事报道》的价值并不在于其是否引起轩然大波，而是：一、《中国近事报道》为当时渴望从中国传统文化中寻找佐证自己启蒙思想合理性的那批理性主义思想家提供了资源；二、《中国近事报道》被忽视两三百年，其留下的珍贵史料被"重新发现"，为汉学和天主教传教史增添了新的材料，何况它不是一直静静地躺在梵蒂冈或法国国家图书馆书库里的手稿，而是曾正式出版并流行一时。《中国近事报道》并不是人们臆想的那样"受迫害"，被"焚书"了，不过是其受到的热捧被索邦学院泼了一盆冷水。这本书在欧美古籍市场上珍贵而并不寡见，只是品相和版本的不同而已。

在那个时代来华传教士里，李明是没有在古老东方帝国鞠躬尽瘁、奋斗终身的不多见的几位之一，他因澳门葡萄牙传教机构克扣传教经费而回国寻求公道，一去不返。

《中国近事报道》出版八十年后，来华传教士又在欧洲推出一部力作——法国神父钱德明等人编撰的 Mémoires Concernant l'histoire, les sciences, les arts, les mœurs, les usages, etc des Chinois （《中国历史科学艺术习俗实录》），书名又略作 Mémoires Concernant les Chinois（《中国实录》），扉页上署 par les missionnaires de Pekin（"北京传教士撰"）。

钱德明（Jean-Joseph-Marie Amiot，1718—1793），字若瑟，法国人，1739 年入耶稣会，乾隆十五年（1750）到澳门，次年奉旨进京；乾隆二十六年（1761）任法国传教团司库，乾隆四十四年（1779）出任法国传教团团长。耶稣会解散后，北京法国传教团也不复存在，钱德明是这个时期仍在坚守的几位耶稣会士和北京法国传教团善后成员，在耶稣会与遣使会完成平稳交接上起了无可替代的作用。[1]

他长期供职朝廷，在宫廷中教授西学。当年有西方旅人谑言："入北京有如乞丐，居北京有如狱囚，出北京有如盗贼。"而钱德明居留北京达四十三年，潜心笃志，"不学无术具有成见之旅行家所不能为者也"[2]。法王路易十六在大革命风暴中被枭首，九个月后消息传到北京，钱德明闻之猝发中风，不日逝于寓所，归葬正福寺。

他在《中国古今音乐考》的序言里讲道：

甫至一国，通晓斯土养育之民的语言和风俗甚为紧要，以己体验，循循善导，传播吾教。诸事中，科学暨艺术话题最易趣味相投，吾倾重教授之数学及相衍科学，在京城里和宫廷内好公不寡。

久居北京，自认为深谙"第二故乡"之风土人情，钱德明发起编写一部全面详细介绍中国的书籍，邀请了几位在京供职的传教士韩国英[3]、晁俊秀[4]、高类思[5]、金济时[6]等共同撰写，这就是《中国历史科学

---

[1] 参见 Camille de Rochemonteix：Joseph Amiot et les Derniers Survivants de la Mission Française a Pékin, 1750—1795, Librairie Alphonse Picard et Lils, Paris, 1915.
[2] 费赖之：《在华耶稣会士列传及书目》，第 876—880 页。
[3] 韩国英（Pierre-Martial Cibot，1727—1780），字伯督，法国人，1743 年入耶稣会。乾隆二十四年（1759）来华。逝于北京，葬正福寺。
[4] 晁俊秀（François Bourgeois，1723—1792），字济各，又记赵进修，法国人，1740 年入耶稣会。乾隆三十二年（1767）来华。逝于北京，葬正福寺。
[5] 高类思（Aloys Kao，1733—1790），洗名塞西尔（Cecile），华人。受业蒋友仁，赴法求学，乾隆三十一年（1766）回国，在北京、湖广传教。逝于北京。
[6] 金济时（Jean-Paul-Louis Collas，1735—1781），字保禄，法国人，1751 年入耶稣会，在巴黎从事天文观测。乾隆三十二年（1767）来华，乾隆三十五年（1770）发愿，在朝廷供职历算师。

艺术习俗实录》，1776—1791年（乾隆四十一年至五十六年）由巴黎Chez Nyon Libraire陆续出版，十五卷十五册。这部七千五百多页的巨作，有插图近两百幅。

第一卷有韩国英撰《中国古代历史》《远古王朝》，钱德明译注《高宗纯皇帝御制平定准噶尔告成太学碑文》《乾隆御撰土尔扈特部归顺记》，韩国英译注《大学》《中庸》等篇。

第二卷有钱德明撰《籍证的中国古代史》，将西方人认为神话传说的黄帝、尧舜皆列入中国正史；钱德明撰《埃及与中国文字比较研究》，纠正当时流行的中国象形文字来自埃及的观点；高类思撰《中国和埃及哲学研究考注》；韩国英撰《野蚕和家蚕》《一种叫作香椿的植物》《木棉和草棉》《竹之种植和用处》《司马君实独乐园》《温室》等篇。

第三卷有钱德明撰《中国名人谱》，韩国英撰《中国植物：睡莲、玉兰、秋海棠、茉莉、菱角、牡丹、楮树、栗树》《康熙行亲耕礼》，晁俊秀撰《阿桂将军平苗记》等篇。

第四卷有韩国英撰《中国古今孝道》《中国利息》《天花》《谈谈〈洗冤录〉》《道士的功夫》《康熙几暇格物编》《中医方剂》《沉香》《蘑菇和灵芝》《诸物：酒、醋、哈密葡萄》等篇。

第五卷有钱德明撰《欧洲人对中国的了解和最初交往》和《中国名人谱（续）》，韩国英撰《中国染料》《哈密国志》等篇。

第六卷主要是钱德明的《中国古今音乐考》；钱德明一封信《〈中国和埃及哲学的研究〉商榷》，谈及中国风俗（包括纳妾、溺婴）、税赋、阉人等；韩国英撰《响石》等篇。

第七卷主要是钱德明编译的《中国兵法》。

第八卷有钱德明撰《中国名人谱（续）》《中国兵法（续）》，韩国英撰《中国语言文字》《可输入中国的商品》《鹿血》《中国陶器》《志工部》《中式庭院》等篇。

第九卷有钱德明撰《〈圣祖玄烨皇帝〉导论》；韩国英撰《中国语言文字（续）》；传教士信函摘抄，如晁俊秀论中国版画的信札、韩国英论象形文字转化字母文字的信札、钱德明谈班禅去世和乾隆赐达赖喇嘛书信札数篇。

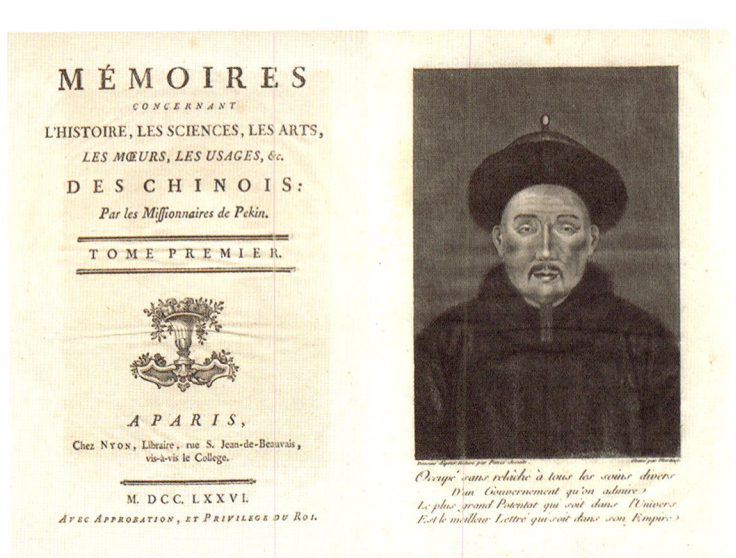

Mémoires Concernant l'histoire, les sciences, les arts, les mœurs, les usages, etc des Chinois
中国历史科学艺术习俗实录（封面和插图）
［法］钱德明、晁俊秀、韩国英、金济时
［清］高类思等撰
法文
十五卷　十五册
1776—1791年 A Paris, Chez Nyon, Libraire, rue S. Jean-de-Beauvais, vis-à-vis le College 出版
铅印本　纸本　精装
开本：25.5×20（cm）
7566页　插图163幅

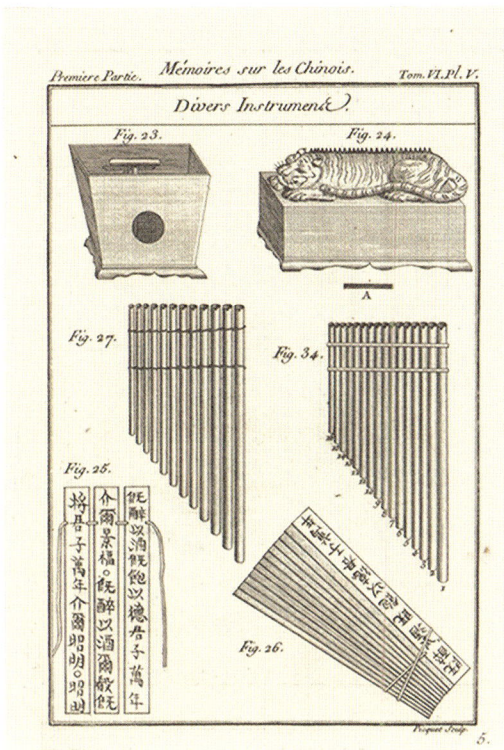
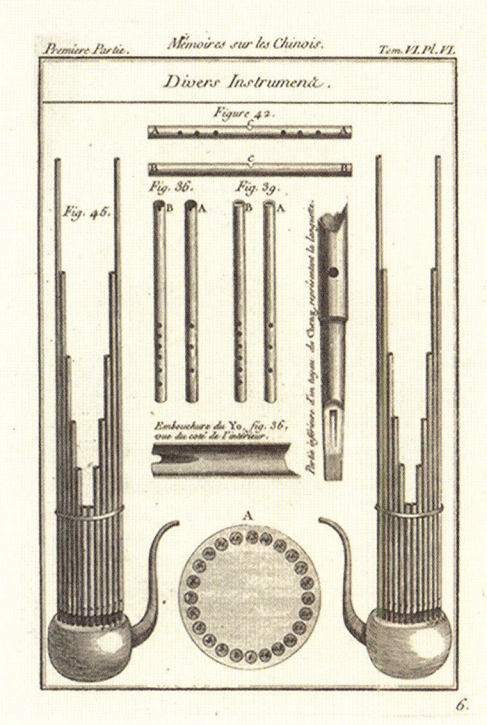
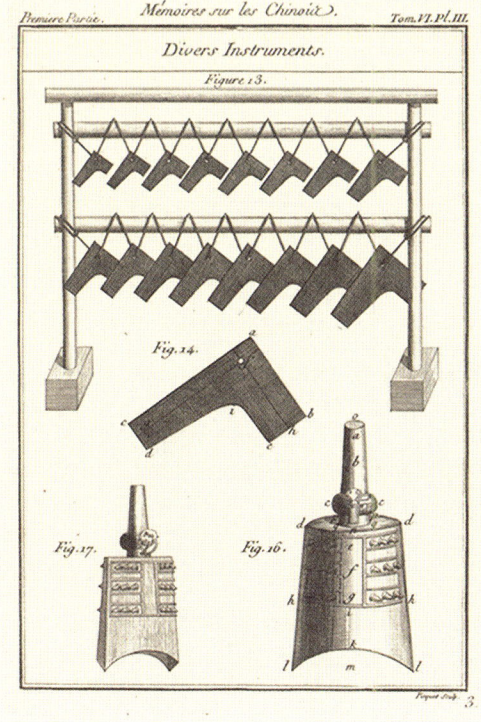
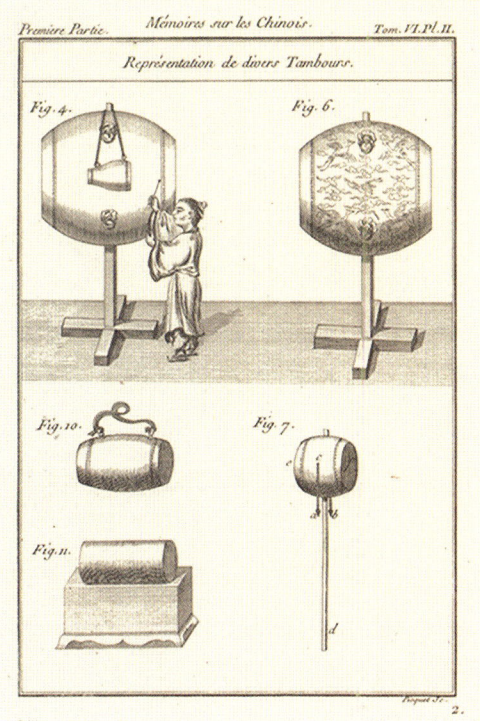

第十卷有钱德明撰《中国名人谱（续）》；韩国英编撰《中国格言谚语》。

第十一卷有金济时撰《中国天象观测史》《中国肉食》《中国花木》《气象台修缮和扩建》以及他的几封信札；韩国英撰《桃树》《朱砂和水银》《硼砂》《鸡毛掸子》《中国实用技艺》《马》《牡丹》《皂荚》等数篇。

第十二卷主要是钱德明撰写的《孔夫子传》《孔子年表》《孔门世系》，从黄帝即位（公元前 2637 年）至乾隆四十九年（1784），插有十几幅"圣迹图"。

第十三卷有钱德明撰《孔子门徒略传》，介绍颜回、子路、曾参、子思、孟子等人；钱德明编撰《鞑靼满语语法》；钱德明未完成的《中华帝国编年史简表》，介绍中国文化的特点，神话故事，祭器卦象等；韩国英撰《中国古人长寿之道》《蜂蜜和蜂蜡》《玉石》《琉璃瓦》《燕子》《梅花鹿》《蝉》等篇。

第十四卷有钱德明撰《〈中国既往和现存部落民族〉导言》；钱德明译《西番回回国使节致中国皇帝表章奏疏》；韩国英撰《中国风俗与〈以斯帖记〉所志风俗之比较》等篇。

第十五卷主要有韩国英的《中国风俗与〈以斯帖记〉所志风俗之比较（续）》；钱德明书信摘要二十余篇，如《中国舞蹈》《中国医药》《中国昆虫》，还涉及乾隆出巡、塞外遇险、立储，霸州教案，河州教案等。

《中国历史科学艺术习俗实录》里有钱德明的两部非常重要的著作，一部是 *De la Musique des Chinois, tant Anciens que Modernes*（《中国古今音乐考》），前文（"圣歌天籁"章）已述。另一部是译著 *Art Militaire des Chinois*（《中国兵法》）。在此书中，钱德明翻译了雍正《治军语录》十篇、《孙子兵法》十三篇、《吴子兵法》六篇、《司马法》五篇、《六韬》两篇，以及他根据中国古籍整理撰写的图说"阵法"，附有二十八幅插图。《中国兵法》于 1782 年（乾隆四十七年）发表在《中国历史科学艺术习俗实录》第七卷和第八卷上，是中国军事著作第一次被介绍到西方，受到欢迎，自是情理之中。拿破仑对《孙子兵法》的了解就来自钱德明的这部译作。

历史学家对钱德明主持编著《中国历史科学艺术习俗实录》给予很高评价："法国传教士之有功于科学和文学实无逾于德明者。盖其深通语言，判断充分，论理有据；其文体轻漫，又不失庄重流畅；满腔热忱于工作，困知勉行。"① 钱德明的《中国历史科学艺术习俗实录》是他们几代人在一个改变历史流向、推动文明浪潮的大事件中的集体记忆。

《中国历史科学艺术习俗实录》毫无疑问是一部那个时代最全面最丰富的介绍中国历史文化的百科全书，不仅在当时对于孜孜以求、渴望了解东方国度一切事物的西方思想家们来说如获至宝，成为他们创造改变现状的新理论、新思想的依据，而且今日重读这部著作，对于准确描述和解构历史也是大有裨益的。

钱德明等几位传教士去世后，巴黎另一家出版社 Chez Gay 于 1814—1815 年间又补充出版了第十六卷和第十七卷。

《中国国家图书馆外文善本书目》著录有《中国历史科学艺术习俗实录》。

四书五经翻译成西方的语言，始于明清之际来华的天主教耶稣会士。利玛窦主张将孔孟之道和宗法思想同天主教相融合。他曾尽己所知地介绍过西方科学，其他传教士也把译介西学视为己任，同时也是为了向罗马教宗及西方社会证明中国社会文明的美好，开启向西方介绍中国文化的窗户，由此形成明末

---

① 费赖之：《在华耶稣会士列传及书目》，第 876 页。译文有改动。

清初中西方文化交流的潮流。毫不夸张地说，这股潮流改变了西方政治文化的历史走向，随后也使中国社会发生了翻天覆地的改变。一言以概之：东西来去。

柏应理除了撰写《四末真论》《天主圣教百问答》《一位中国奉教太太许母徐太夫人事略》外，他还是一位名噪一时的汉学家。康熙二十年（1681）受耶稣会中国传教会的委派，柏应理回到欧洲，觐见教宗英诺森十一世，呈献四百余卷传教士收集的中国文献，这批书遂入藏梵蒂冈图书馆，成为该馆早期汉籍藏书之一。

柏应理这趟回欧述职忙忙碌碌，公私兼顾，收获颇丰。先是于1686年（康熙二十五年）在巴黎出版了 Catalogus patrum Societatis Jesu: qui post obitum S. Francisci Xaverii primo saeculo, sive ab anno 1581, usque ad 1681, in Imperio Sinarum Jesu-Christi fidem propagarunt（《在华耶稣会司铎名录——自沙勿略以来一百年间在中华帝国的耶稣基督之忠实传播者》），次年又编纂出版了 Confucius Sinarum Philosophus, sive Scientia Sinensis Latine Exposita（《中国贤哲孔夫子——拉丁文释解中国学问》）。

此书并非由柏应理一人完成，其形成有一个过程。这里要提到"建昌学派"。耶稣会中国省副会长郭纳爵[1]与他的学生殷铎泽[2]在江西建昌传教时，打算合作出版一本 Sapientia Sinica（《中国人的智慧》），他们编写了一篇孔子传记，翻译了《大学》，康熙元年（1662）在江西建昌刊版，"建昌学派"由此得名。他们后来翻译了《论语》，刻于印度果阿。殷铎泽自己翻译了《中庸》，取名 Sinarum Scientia Politico-Moralis（《中国政治伦理学》），康熙六年（1667）刻于广州。

柏应理把殷铎泽等人零散完成的译稿，合编成使孔子学说在欧洲如日中天的《中国贤哲孔夫子》。所以应该说，柏应理的《中国贤哲孔夫子》是"建昌学派"汉学研究的集成。

《中国贤哲孔夫子》每一部分的扉页都列有一串耶稣会士的名字，大部分是"建昌学派"的成员，如聂伯多[3]、何大化、潘国光、柏应理、殷铎泽、鲁日满、恩理格[4]、郭纳爵、洪度贞[5]、张玛诺、刘迪我[6]、聂仲迁[7]、利玛弟[8]、穆迪我[9]、成际理、李方西[10]、毕嘉[11]等，版权页只署有柏应理、殷铎泽、鲁日满、恩理格

---

[1] 郭纳爵（Ignatius da Costa，1603—1666），字德旌，葡萄牙人，1617年入耶稣会。明崇祯七年（1634）来华，在山西、陕西、江西传教。逝于广东。著有《中国科学提要》《原染亏益》《身后编》《老人妙处》《教要》等。
[2] 殷铎泽（Prospero Intorcetta，1626—1696），字觉斯，意大利人，1642年入耶稣会。顺治十六年（1659）与卫匡国来华，两人同为杭州天主教早期传教者。康熙三十五年（1696）逝于杭州，葬大方井。著有《耶稣会例》《泰西殷觉斯先生行述》等，参与翻译《西文四书直解》等。
[3] 聂伯多（Pierre Cunevari，1594—1675），字石宗，意大利人，1622年入耶稣会。崇祯三年（1630）来华，在河南、浙江、福建传教。康熙教案被释后离广州赴南昌。
[4] 恩理格（Christian Wolfgang Herdtrich，1624—1684），字性涵，奥地利人，1641年入耶稣会。顺治十七年（1660）来华，曾在钦天监参与修历，参与翻译《西文四书直解》。康熙二十三年（1684）逝于绛州。
[5] 洪度贞（Humbert Augery，1616—1673），字复斋，法国人，1634年入耶稣会。顺治十三年（1656）来华，在杭州传教；康熙教案被释后复回杭州。逝后葬大方井。
[6] 刘迪我（Jacques le Favre，1610—1676），字圣及，法国人，1627年入耶稣会。顺治十三年（1656）来华，在江西赣州传教。康熙教案被释后离广州改赴崇明岛传教。逝后葬上海圣墓堂。
[7] 聂仲迁（Adrien Greslon，1614—1695），字若端，法国人，1636年入耶稣会，教授文学和神学。顺治十三年（1656）来华，在广东海南、江西吉安传教。康熙教案被释后赴赣州。
[8] 利玛弟（Mathias de Maya，1616—1670），字圣先，葡萄牙人，1629年入耶稣会，教授文学、哲学和神学。顺治十三年（1656）来华，在海南传教。
[9] 穆迪我（Jacques Motel，1618—1692），字惠吉，法国人，1637年入耶稣会，教授文法、古典文学、修辞学。顺治十四年（1657）其兄弟三人来华，在江西传教。康熙教案被释后离广州赴武昌。
[10] 李方西（Jean-François Ronusi de Ferrariis，1608—1671），字六宇，意大利人，1624年入耶稣会。崇祯十三年（1640）来华，在陕西、山东、安徽传教。康熙教案被释后赴陕西，途中逝于安庆。
[11] 毕嘉（Jean-Dominique Gabiani，1623—1696），字铎民，意大利人，1639年入耶稣会。顺治十六年（1659）来华，在扬州、镇江、南京传教；康熙教案被释后赴江南，主持淮安、镇江、苏州教务。逝于扬州，葬金匮山。

四人,其他人多署"同订",可以理解成共同讨论,看过文稿,提过意见。

《中国贤哲孔夫子》包括"中国经籍导论""孔子传",以及《大学》《中庸》和《论语》拉丁译文,但缺《孟子》。编辑《中国贤哲孔夫子》的本意是为中国传教中出现的礼仪问题辩护,故把中国描写为完美无缺的文明先进,是值得赞美和模仿的理想国家。《中国贤哲孔夫子》的出版吸引了更多欧洲学者关注中国的目光。

《中国贤哲孔夫子》有四部分。第一部分是柏应理写给法王路易十四的"献辞",表达了他对法王支持在华传教事业的敬意。第二部分"导言",说明耶稣会士之所以编撰此书,并不是为了满足欧洲人对中国的兴趣,而是希望此书能为到中国去传教的教士们提供一种可用的工具;"导言"对中国的道教、佛教作了介绍与批判,讨论了佛、道和儒学的区别,指明哪些是中国的经典著作,这些著作有哪些重要的注疏本。第三部分是八页的孔子传记,材料取自中国文献,开卷便是孔子的全身像,据说这是欧洲出版物中最早的孔子画像。孔子身穿儒服,头戴儒冠,手持笏板,站在一座庙宇式的书馆之前。第四部分是《大学》《中庸》《论语》的译文和注解,共二百八十八页,总题目为《中国人的智慧》(*Scientiae Sinicae*),即郭纳爵、殷铎泽选译的那本书。《中国贤哲孔夫子》的最后是柏应理编写的 *Tabula chronologica Monarchiae Sinicae 2952 B. C.—1683 A. D.* (《中华帝国年表,公元前2952年—公元1683年》),及他所绘的中国十五省省图、一百一十五座大城市的地理位置、耶稣会士在华建立的近两百处教堂的标志。

这些出版物对欧洲社会精神的冲击完全超出这些传教士们的预料,尤其在法国启蒙运动领袖那里,简直成为破除世俗封建藩篱、扫荡教会思想禁锢的无敌锐器。

伏尔泰流亡日内瓦期间,独自憩居在莱蒙湖畔费尔内小镇。他在私宅德利斯山庄里写下一生近半数的著作。他全身心地支持百科全书派活动,抨击欧洲封建制度,嬉笑怒骂皆成文章,被称为"欧洲的良心"。

在远处阿尔卑斯山的皑皑白雪映衬下,伏尔泰沉心于东方传教士寄回来的大量信件和书籍之中,这些新的素材,为他的写作添薪加柴。据说伏尔泰阅读过当时能够接触到的大部分有关中国的文献,尤其是柏应理和殷铎泽编译的《中国贤哲孔夫子》和《中国人的智慧》,使他的思路豁然开朗。

伏尔泰认为,中国文化是《圣经》之前的文化,也是《圣经》以外的文化。这种文化与基督教迥然不同,不苟谈灵魂不死,不侈言天国永福。孔夫子从不以神祇或预言师自命,不谈迷信,只谈道德,不把真理与迷信混为一谈;与儒学相比,基督教既迷信又虚伪,应该彻底摒弃;儒学是人类幸福和和平的体现,是最合乎人类理性的哲学。

伏尔泰在《路易十四时代》最后一章讨论了耶稣会教士在中国挑起的礼仪之争,他十分厌恶地斥责道,这种争论在我们这儿已经吵了一千七百年了,乱哄哄的,现在居然闹到崇尚温良恭俭让的孔夫子国度,令人不快。①

伏尔泰另一部著作《风俗论》全名为《试论通史和各国人民的风尚及精神》,此书认为中国有两个好东西:一个是孔夫子倡导的"述而不作",这是遵从理性的最纯洁道德实践,是修身治国的政治实践;另

---

① 参见伏尔泰:《路易十四时代》,商务印书馆1982年版,第594页。

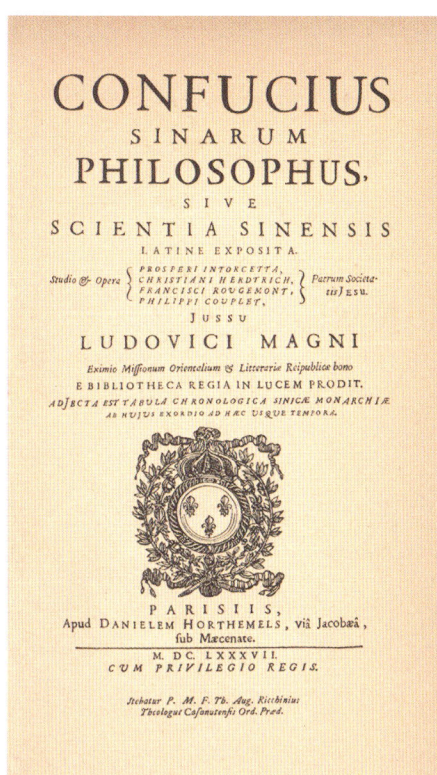

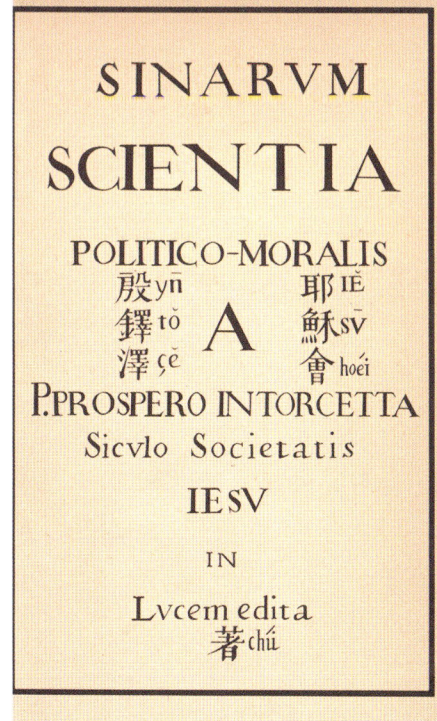

《中国贤哲孔夫子》各部分扉页

一个是中国的科举制度，乃为全世界独一无二的民主吏制。

后来他为《风俗论》写的再版序言《历史哲学》一文，对中国文化的推崇态度有所缓和，认为近两百年来，中国在科技方面发展滞缓，不及欧洲；但是认为孔夫子的道德学说是完美的，欧洲人不能望其项背。

伏尔泰托人把柏应理带回法国的孔子画像摹绘成大幅油画，挂在德利斯山庄书房的墙上。伏尔泰觉得孔夫子的格言"己所不欲，勿施于人"是基督教教义所缺乏的精神。耶稣禁阻人们施恶，孔夫子规劝人们行善。西方宗教的教理根本无法与孔夫子"以直报怨，以德报德"这种纯道德理念相比。他相信，倘若人们遵守孔夫子推崇的"仁义"，世界就不会有战争。

除了《路易十四时代》(1752)、《风俗论》(1756)，伏尔泰还把他的这些观点反复写进其他重要的著作里：《咏自然法则》(1752)、《哲学辞典》(1764)、《无知的哲学家》(1766)。

耶稣会来华传教士马若瑟，雍正十年（1732）将中国元曲《赵氏孤儿》率先译为法文，*Cho-chi-cou-eulh; ou, L'Orphelin de la Maison de Tchao, Tragédie Chinoise*。伏尔泰先是从《法兰西信使报》看到剧情介绍，后来在杜赫德①神父主编的《中华帝国全志》(或译《中国通志》，1735)里读到全译本，倏然萌发创作一部同题材歌剧的想法，即有了1755年在枫丹白露上演的《中国孤儿》(*L'Orphelin de la Chine*)。伏尔泰对《赵氏孤儿》大刀阔斧地修改，把剧情背景从春秋战国改为元朝，把诸侯国内部的文武不和改为两个民族间的矛盾。伏尔泰想通过此剧宣扬中国文化和孔子伦理学说的伟大；尽管大宋王朝被野蛮民族征服，然征服者一如既往地总是融化在被征服者的道德文化之中。

关于伏尔泰和其他法国启蒙思想家对中国文化的更多论述，可参考笔者与吾恩师三十年前合撰的《启蒙思想泰斗伏尔泰》②。

---

① 杜赫德（Jean B. du Halde，1674—1743），法国汉学家，耶稣会士，未到过中国。他采纳了十七位来华耶稣会传教士报告和有关中国社会历史文化文献，辑录《中华帝国全志》四卷本，1735年在巴黎出版，该书被称为有关中国的百科全书，曾为启蒙思想家提供了不少中国资料。书中有孔子和康熙帝像，还收录了马若瑟翻译的《赵氏孤儿》和殷宏绪翻译冯梦龙的"三言""两拍"部分篇章。
② 葛力、姚鹏：《启蒙思想泰斗伏尔泰》，世界知识出版社1989年版。

东西来去（续一）

> 我们会说这个国家本土的语言，亲身研究过他们的习俗和法律，并且最后而又最为重要的是，我们还专心致志日以继夜地攻读他们的文献。这些优点当然是那些从未进入这个陌生世界的人们所缺乏的。
>
> ——利玛窦

清后期，中国天主教在汉学研究上丝毫没有懈怠，其汉学上的努力充分体现在光启社的前世今生上。

光启社，法文名称为 Bureau Sinologique，是道光二十二年（1842）耶稣会传教士重返上海后，在上海耶稣会住院内设立的非常重要的汉学研究机构。最初只是为了帮助外来传教士学习汉语而设置，实行社员制，参加社里活动的必须是会员。初期它的一些印刷品仅在少数教会人士中流传，并不面向教徒和社会，故鲜有人知。后来光启社网罗了一大批教会中的人才，真正做起汉学研究。光启社不仅是耶稣会在华的汉学中心，也是在上海的教务研究机构，承担着收集整理教区文件、编纂统计年报、起草文牍报告，以及土山湾印书馆出版的部分书籍的编辑工作等。民国中期，光启社逐步由耶稣会中国籍神父主持，也翻译出版天主教宣教书籍。

光启社最引人注目的汉学研究成果是光绪十八年（1892）着手编纂的"汉学丛书"（*Variétés Sinologiques*）。这套丛书总数多达七十册，由夏鸣雷神父发起，是土山湾印书馆出版的第一套西文丛书，内容涉及宗教、道德、文学、艺术、历史和地理等。具体书目参考下表：

编号	出版时间	书名	作者
E1	1892	*L'Ile de Tsong-ming à l'embouchure du Yang-tse-kiang*，扬子江口崇明岛	[法]夏鸣雷
E2	1893	*La Province du Ngan-hoei*，安徽省志	[法]夏鸣雷
E3	1893	*Croix et Swastika en Chine*，中国的十字符与卍字符	[法]方殿华
E4	1894	*Le Canal Impérial: étude historique et descriptive*，帝国的运河	[法]康治泰
E5	1894	*Pratique des examens littéraires en Chine*，中国文科举制度	[中]徐劢
E6	1894	*Le Philosophe Tchou Hi: sa doctrine, son Influence*，朱熹哲学，他的理论和影响	[法]贾斯达
E7	1895	*La stèle chrétienne de Si-ngan-fou: Fac-similé de l'inscription syro-chinoise, 1ère partie*，西安府基督碑（1）	[法]夏鸣雷
E8	1895	*Allusions littéraires première série: premier fascicule, classifiques 1 a 10*，文学典故（1）	[法]贝迪荣
E9	1896	*Pratique des examens militaires en Chine*，中国武科举制度	[中]徐劢
E10	1896	*Histoire du Royaume de Ou (1122—473 AV. J.-C.)*，吴国史	[法]彭亚伯
E11	1897	*Notions techniques sur la propriété en Chine: avec un choix d'actes et de documents officiels*，契券汇式	[中]黄伯禄
E12	1897	*La stèle chrétienne de Si-ngan-fou: Fac-similé de l'inscription syro-chinoise, 2ère partie*，西安府基督碑（2）	[法]夏鸣雷
E13	1898	*Allusions littéraires première série: second fascicule, classifiques 102 a 213*，文学典故（2）	[法]贝迪荣
E14	1898	*Le mariage chinois au point de vue légal*，大清律摘译婚姻门律例注译	[中]黄伯禄

· 东西来去（续一）·

续表

编号	出版时间	书　名	作　者
E15	1898	*Exposé du commerce Public du Sel*，官盐论	[中]黄伯禄
E16	1899	*Plan de Nakin*，江宁府城图	[法]方殿华
E17	1900	*Inscription Juines de K'ai-fong-fou*，开封府犹太人碑铭	[西]管宜穆
E18	1901	*Nankin d'alors et d'aujourd'hui：Nankin port ouvert*，金陵古今——南京开埠	[法]方殿华
E19	1901	*T'ien-Tchou "seigneur du ciel"：a propos d'une stèle bouddhique de Tch'eng-tou*，成都佛碑上的"天主"	[法]夏鸣雷
E20	1902	*La stèle chrétienne de Si-ngan-fou：Fac-similé de l'inscription syro-chinoise，3ère partie*，西安府基督碑（3）	[法]夏鸣雷
E21	1902	*Mélanges sur l'adminstration*，大清会典	[中]黄伯禄
E22	1903	*Histoire du Royaume de Tch'ou（1122—223 AV. J.-C.）*，楚国史	[法]彭亚伯
E23	1903	*Nankin d'alors et d'aujourd'hui：Aperçu histoirique et géographique*，金陵古今——史地概述	[法]方殿华
E24	1905	*Synchronismes Chinois，Chronologie complète et concordance avec l'ère chrétienne*，欧亚纪元合表	[中]张璜
E25	1906	*Quelques mots sur la politesse chinoise*，中国应酬话	[中]龚柴
E26	1909	*K'iuen-Hio P'ien，Exhortations à l'étude*，劝学篇	[中]张之洞 [西]管宜穆
E27	1909	*Histoire du Royaume de Ts'in（777—207 AV. J.-C.）*，秦国史	[法]彭亚伯
E28	1909，1914	*Catalogue des tremblements de terre signalés en Chine*，中国大地震目录（两部）	[中]黄伯禄
E29	1910	*Concordance des chronologies néoméniques chinoise et européenne*，中西历日合璧	[中]黄伯禄
E30	1910	*Histoire du Royaumes de Tsin（1106—452 AV. J.-C.）*，晋国史	[法]彭亚伯
E31	1910	*Histoire des Trois Royaumes Han（423—230）Wei（423—209）et Tchao（403—222）*，韩魏赵三国史	[法]彭亚伯
E32	1911	*Researches sur les Superstitution en Chine（I—II）*，中国迷信研究（1—2）	[法]禄是遒
E33	1912	*Tombeau des Liang，Famille Siao：Siao Choen-tche*，萧梁陵墓考	[中]张璜
E34	1911	*Researches sur les Superstitution en Chine（III—IV）*，中国迷信研究（3—4）	[法]禄是遒
E35	1913	*Carte des prefectures de Chine et de leur population chretienne en 1911*，中国各州府基督信众分布图	[法]马德赉
E36	1913	*Researches sur les superstitution en Chine（V）*，中国迷信研究（5）	[法]禄是遒
E37	1914	*Le Père Simon à Cunha，l'homme et l'œuvre artistique*，吴渔山：其人及艺术作品	[中]张璜
E38	1914	*La Hierarchie Catholique en Chine，en Coree et au Japan，1307—1914*，天主教在中国高丽日本六百年铎阶制度	[法]马德赉
E39	1914	*Researches sur les superstitution en Chine（VI）*，中国迷信研究（6）	[法]禄是遒
E40	1914	*Notice historique sur les t'oan ou cercles du Siu-tcheou fou，particullièrement sur ceux du district de Ou-toan*，徐州府团湖事件史料，特别是五段地区	[中]徐劢

续表

编号	出版时间	书名	作者
E41	1914	*Researches sur les superstitution en Chine*（VII），中国迷信研究（7）	［法］禄是遒
E42	1914	*Researches sur les superstitution en Chine*（VII），中国迷信研究（8）	［法］禄是遒
E43	1915	*Carte du Se-tch'ouan occidental levée en 1908—1910*，川西坝地图，1908—1910	［法］蒋方济
E44	1914	*Researches sur les superstitution en Chine*（IX），中国迷信研究（9）	［法］禄是遒
E45	1914	*Researches sur les superstitution en Chine*（X），中国迷信研究（10）	［法］禄是遒
E46	1914	*Researches sur les superstitution en Chine*（XI），中国迷信研究（11）	［法］禄是遒
E47	1917	*La Chine et les religions étrangères*，*Kiao-Ou-Ki-Lio*，教务纪略	［中］周馥 ［西］管宜穆
E48	1918	*Researches sur les superstitution en Chine*（XII），中国迷信研究（12）	［法］禄是遒
E49	1918	*Researches sur les superstitution en Chine*（XIII），中国迷信研究（13）	［法］禄是遒
E50	1918	*Dictons et proverbes des Chinois habitant la Monglie Sud-Ouest*，蒙古西南部流传的中国格言和谚语	［比］彭嵩寿
E51	1919	*Researches sur les superstitution en Chine*（XIII），中国迷信研究（14）	［法］禄是遒
E52	1920	*Mélanges sur la chronologie chinoise*，中国纪元杂论文集	［法］夏鸣雷 ［法］向白华① ［中］黄伯禄
E53	1922	*Notes sur le T'Oemet*，土默特笔记	［比］彭嵩寿
E54	1922	*Carte de la province du Kiang-sou*，江苏省地图	［法］屠恩烈
E55	1924	*Manuel du code chinois*，大清律例便览	［法］鲍来思
E56	1925	*Catalogue des éclipses de soleil et de lune*，日月蚀考	［中］黄伯禄
E57	1929	*Researches sur les superstitution en Chine*（XV），中国迷信研究（15）	［法］禄是遒
E58	1932	*Le mariage chez les T'ou-jen du Kan-sou*，甘肃土人的婚姻	［比］康国泰
E59	1932	*Notices Biographiques et Bibliographiques sur les Jésuites de l'Ancienne Mission de Chine, 1552—1773*，在华耶稣会士列传及书目（1）	［法］费赖之
E60	1932	*Notices Biographiques et Bibliographiques sur les Jésuites de l'Ancienne Mission de Chine, 1552—1773*，在华耶稣会士列传及书目（2）	［法］费赖之
E61	1934	*Researches sur les superstitution en Chine*（XVI），中国迷信研究（16）	［法］禄是遒
E62	1936	*Researches sur les superstitution en Chine*（XVII），中国迷信研究（17）	［法］禄是遒
E63	1936	*La philosophie morale de Wang Yang-Ming*，王阳明的道德哲学	［中］王昌祉
E64	1937	*L'écriture chinoise et le geste humain*，中国文字与人体姿势	［中］张正明
E65	1937	*Le parallélisme dans les vers du Cheu King*，诗经中之对偶律	［中］张正明
E66	1938	*Researches sur les superstitution en Chine*（XVIII），中国迷信研究（18）	［法］禄是遒

---

① 向白华（Gabriel Chambeau，1861—1936），字爱莲，法国人，1878年入耶稣会，光绪二十一年（1895）来华，光绪二十六年（1900）晋铎。

"汉学丛书"按内容可大致分为五类：

一、方志舆图：《扬子江口崇明岛》《安徽省志》《江宁府城图》《金陵古今——南京开埠》《金陵古今——史地概述》《川西坝地图，1908—1910》《江苏省地图》。

二、传教史纪：《中国的十字符与卍字符》《西安府基督碑》《开封府犹太人碑铭》《成都佛碑上的"天主"》《中国各州府基督信众分布图》《吴历渔山：其人及艺术作品》《天主教在中国高丽日本六百年铎阶制度》《教务纪略》《在华耶稣会士列传及书目》。

三、中国历史：《帝国的运河》《中国文科举制度》《中国武科举制度》《吴国史》《契券汇式》《官盐论》《大清会典》《楚国史》《秦史》《晋国史》《韩魏赵三国史》《萧梁陵墓考》《徐州府团湖事件史料》《大清律例便览》。

四、中国文化：《朱熹哲学，他的理论和影响》《文学典故》

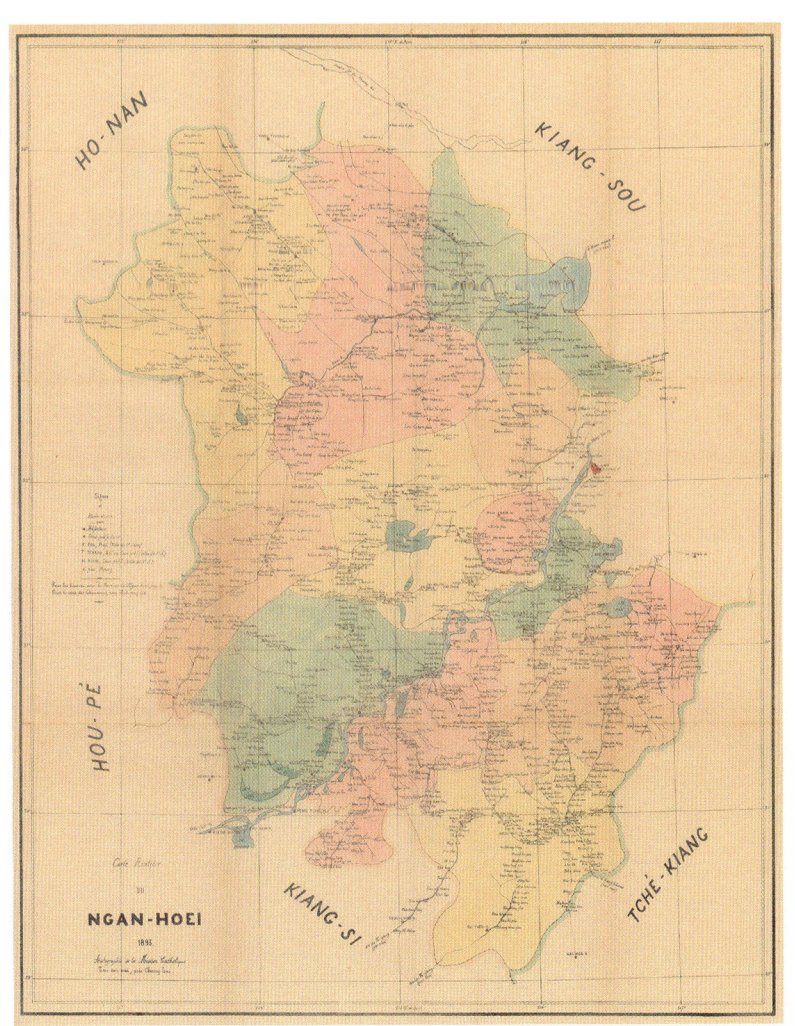

La province du Ngan-hoei
安徽省志（封面和地图）
［法］夏鸣雷撰
法文
五篇 一册
"汉学丛书"第二种
清光绪十九年（1893）土山湾慈母堂排印
铅印本 纸本 平装
开本：24×16（cm）
130页 地图2幅

La Stèle Chrétienne de Si-ngan-fou
西安府基督碑（封面和插图）
［法］夏鸣雷著
法文
总三卷　三册
"汉学丛书"第七种
清光绪二十一年（1895）
土山湾慈母堂排印
铅印本　纸本　平装
开本：24.7×16.3（cm）
124 页
插图 100 幅

《中国婚姻律》《中国应酬话》《劝学篇》《中国迷信研究》《蒙古西南部流传的中国格言和谚语》《土默特笔记》《甘肃土人的婚姻》《王阳明的道德哲学》《中国文字与人体姿势》《诗经中之对偶律》。

五、科学文献：《欧亚纪元合表》《中国大地震目录》《中西历日合璧》《中国纪元杂论文集》《日月蚀考》。

"汉学丛书"编号为六十六目，其中《中国迷信研究》前两种、《中国大地震考》和《大清律例便览》各为两部，整整七十部。

如果按作者归类，"汉学丛书"离不开这几位贡献最大者——夏鸣雷、方殿华、彭亚伯、管宜穆、马德赉、贝迪荣、康治泰等神父。

夏鸣雷是"汉学丛书"发起者，丛书共收录他的著作《扬子江口崇明岛》《安徽省志》《西安府基督碑》《成都佛碑上的"天主"》，以及与黄伯禄合著的《中国纪元杂论文集》五种。

夏鸣雷（Henri Havret，1848—1901），字殷其，法国人，1872年入耶稣会；同治十三年（1874）来华，先在徐家汇进修哲学和神学，光绪十年（1884）后在松江、海门、芜湖等地传教；光绪十四年（1888）晋铎，在耶稣会大修院教授哲学和神学；光绪二十年（1894）任该院院长，在此期间发起编纂"汉学丛书"；光绪二十四年（1898）因劳累病重回法国治疗，自知余日无多，执意回到中国，光绪二十七年（1901）卒于徐家汇。

La province du Ngan-hoei（《安徽省志》），"汉学丛书"第二种，出版于光绪十九年（1893）。夏鸣雷神父分五篇介绍了安徽的情况。第一篇"基本概述"：地理位置、人口、资源、区域划分、河流、山脉等。第二篇"政府和军队"：民事官员表和军事官员表。第三篇"内部组织"：第一节"皖南地区"，徽州府、池州府、宁国府、广德府、太平府；第二节"安庆地区"，安庆府、庐州府、滁州府、和州府；第三节"凤阳地区"，六安州、凤阳府、颍州、泗州。第四篇"各地捐税"。第五篇"地理名词表"。

这部作品没有什么深度，只是对安徽的情况作了概括性介绍，包括人文地理、风土人情、名山大川等。值得留意的有两处：一、他在第四篇里列举了当时安徽名目繁多的税赋、丁粮、漕粮、水田银、地丁银、芦课银等,对研究清末地方经济和社会状况或有参考价值;二、后袋附两幅地图,他自己绘制的《安徽省地图》和陈士谦绘制的《长江河道图,从南京至东流》。

La Stèle Chrétienne de Si-ngan-fou：Fac-similé de l'inscription syro-chinoise(《西安府基督碑》),三卷,法文。第一卷为珂罗版碑文拓片,光绪二十一年(1895)出版。第二卷为景教碑史,分为四章,"发现""记述""征引书目""中文史料",光绪二十三年(1897)出版。第三卷为注解和订正,夏鸣雷逝世次年即光绪二十八年(1902)出版,友人代为编校。此册收录了明天启五年(1625)金尼阁所作景教碑文的拉丁译文,1628年巴黎刊行的法文译本,崇祯二年(1629)邓玉函以法文翻译的碑上的叙利亚文,崇祯四年(1631)的意大利文译文、何大化作的拉丁译文。

明代天启年间在陕西出土的"西安府大秦景教流行中国碑",一直受学术界重视。李之藻于天启五年(1625)出过关于该碑拓本的书,徐光启也作过《景教堂碑记》和《铁十字箸》。

葡萄牙耶稣会士阳玛诺用中文撰写的《景教流行中国碑颂正诠》完成于崇祯十四年(1641),三年后始刊行。光绪四年(1878)慈母堂重刊,民国五年(1916)土山湾印书馆出版铅排本,书名简为《唐景教碑颂正诠》。书前有阳玛诺写于明崇祯十四年(1641)的序,李之藻写于明天启五年(1625)的《读景教碑书后》,大秦寺僧景净写于唐建中二年(781)的《景教流行中国碑颂并序》。该书考据景教"即利氏西泰所传圣教"。

《唐景教碑颂正诠》以中文逐字逐句疏解碑文,譬如:

【景教】性家曰,物名指解物性,名义既明,物性了然。因性

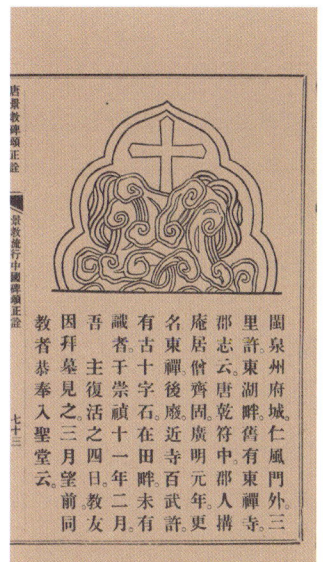
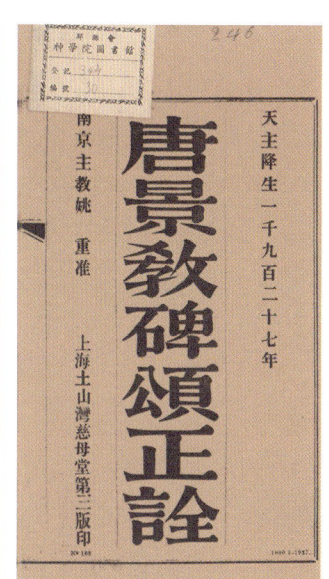

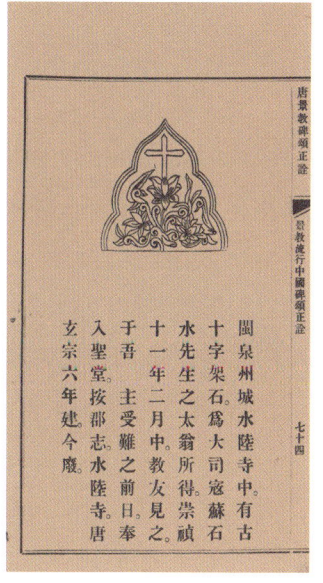

唐景教碑颂正诠(扉页和内页)
[葡]阳玛诺注
一卷 一册
民国十六年(1927)
土山湾慈母堂第三版印
铅印本 纸本 筒子页 线装
十行二十五字小字双行三十五字
白口四周双边单鱼尾
开本：25×15（cm）
半框：20×1.3（cm）
插图 3 幅

家欲明解某物之意，立符物意之名首务也。景净士将述圣教，首立可名曰圣教，景教也。识景之义，圣教之妙明矣。景者，光明广大之义。

【流行中国】据碑考年，当时圣教在唐，约二百载，累朝钦崇，圣堂星布，繇宰官泊都泉州，掘土得石，上勒十字圣架之形，又于近地得石亦然。今并竖温陵堂内。自唐距明，既阅今古，繇闽去陕，又极西东，乃碑刻多证。流行惟旧，于兹益信。

【碑颂】碑文体具二端，先序后颂。序者，序圣教之宗。自初入华邦，以迄周弥方域。修士册名，列宗显号，都邑著方。颂者，颂圣教之奥纪。累朝弘奖，用兹传徽不朽。太平有本，协和有原，盛美有自。

阳玛诺作为一个传教士，既精通天主教的经典，又熟悉中国文化，其对教义的诠释比李之藻、徐光启的要深入。以后中国文人的研究都沉湎于金石考证，如顾炎武有《金石文字记》，叶奕苞有《金石录补》，林侗有《来斋金石刻考略》，毕沅有《关中金石记》，钱大昕有《潜研堂金石文跋尾》，钱谦益有《景教考》，杭世骏有《景教续考》等，直到近现代才有改观，如洪钧的《元史译文证补》附有《景教考》，刘师培有《景教源流考》，杨荣懿有《景教碑文纪事考正》，钱念劬有《大秦景教流行中国碑跋》等。

民国期间，有关这个课题西文研究里最重要的著作是英国圣公会传教士慕阿德牧师撰写的 The Christian Monument at Si An Fu（《大秦景教流行中国碑考证》，民国七年〔1918〕，英国皇家亚洲学会华北分会），他参考了夏鸣雷神父的著作，对景教碑上各种文字逐字逐句作了评注。

方杰人对夏鸣雷神父这样评价："关于景教来华及景教碑之研究，由于敦煌方面景教其他文献之相继出现，东西学者，近年已有更精密之考证，然夏氏在距今八十年前，有此辉煌巨著，已足睥睨当世，为不朽之作矣！而其创立汉学丛书，亦自有其不可泯灭之功绩。"[1]

与西安的"大秦景教流行中国碑"相似的另一个备受洋教士们关注的课题是"开封犹太人碑铭"。

西班牙耶稣会士管宜穆宣统二年（1910）撰写了一部 Inscriptions Juives de K'ai-fong-fou（《开封府犹太人碑铭》），全书译注了有关开封府犹太人的三通汉文碑铭：明弘治二年（1489）"重建清真寺记"、明正德七年（1512）"尊崇道经寺记"和清康熙二年（1663）"重建清真寺记"。作者还译注了当时在开封犹太教会堂内尚残存的匾额与楹联。西方有关开封犹太人的研究，大量引征管宜穆这部著作提供的史料。

管宜穆（Jerôme Tobar，1855—1917），字逊渊，西班牙人，1878年入耶稣会；光绪六年（1880）来华，光绪二十三年（1897）晋铎，曾任职耶稣会江南教区。编著有：光绪二十六年（1900）出版的 Inscription Juines de K'ai-fong-fou（《开封府犹太人碑铭》，"汉学丛书"第十七种），民国六年（1917）的 La Chine et les religions étrangères, Kiao-Ou-Ki-Lio（《教务纪略》，"汉学丛书"第四十七种）以及《圣教要理问答注解》《圣母玫瑰经十五端》等。管宜穆因《教务纪略》获1918年度儒莲奖。

管宜穆的《开封府犹太人碑铭》是西方研究开封犹太人的经典之作，陈援庵先生民国八年（1919）

---

[1] 方豪：《中国天主教史人物传》，第363页。

撰写的《开封一赐乐业教考》也曾参阅过管宜穆神父的著作。管宜穆对碑文的注释最详细,对于匾额和楹联的录文最完整,错误也相对较少。由于这些匾额和楹联早已毁坏或佚散,甚至连开封犹太教会堂也不复存在了,所以他记录下来的碑文弥足珍贵。

利玛窦早在万历三十三年(1605)在北京见过一位赴京参加科举的开封犹太人举子艾田。此事引起在华耶稣会士和欧洲宗教界、学术界的极大关注,有关中国犹太人,尤其是开封犹太人的史料逐渐受人关注。在华耶稣会士们累年不断地进行实地调查和研究,他们把这些调查结果都寄回欧洲。

艾儒略奉罗马教廷之命于万历四十一年(1613)亲临开封府,见到了开封犹太人的礼拜寺,但他提出看碑铭的要求被婉拒。

九十余年后,另一位意大利人骆保禄①于康熙四十三年(1704)访问开封,受到赵、金、石、高、张、李、艾七姓犹太人的欢迎,特允其进入"至圣所",见珍藏有用锲文书于羊皮上的十三部经卷,并获得管宜穆《开封府犹太人碑铭》所收的那三通犹太碑刻拓本。骆保禄留有七封相关书简,是研究中国犹太人生活的珍贵史料。

民国十五年(1926)北堂印书馆出版遣使会传教士步履中②撰写的 Les Inscriptions Sémitiques de Loyang(《洛阳闪米特文碑铭》)。这部作品是对在洛阳发现的、藏于北平公立博物馆的三通带有闪

Inscriptions Juives de K'ai-fong-fou
开封府犹太人碑铭(封面)
[西]管宜穆撰
法文
一卷 一册
"汉学丛书"第十七种
清宣统二年(1910)
土山湾慈母堂排印
铅印本 纸本 平装
开本:25×16(cm)
111页
插图8幅

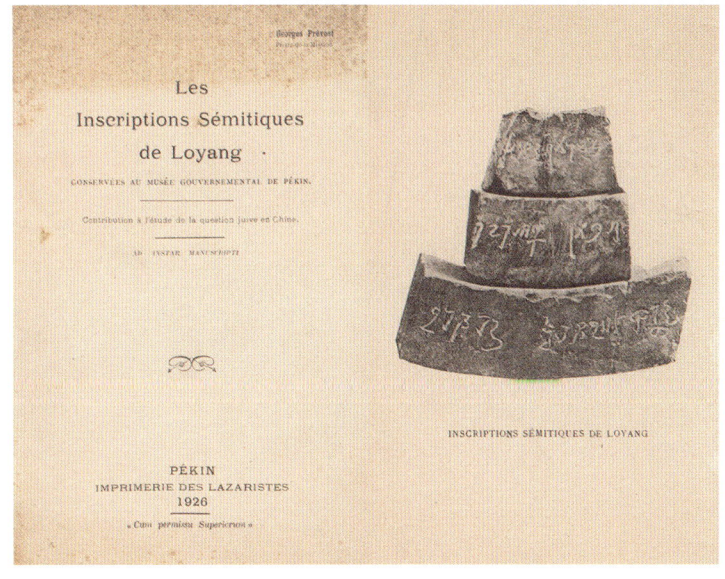

Les Inscriptions Sémitiques de Loyang
洛阳闪米特文碑铭(封面和内页)
[法]步履中撰
法文
三章 一册
民国十五年(1926)北京北堂印书馆排印
铅印本 纸本 平装
开本:23×15(cm)
31页 插图1幅

---

① 骆保禄(Giampaolo Gozani,1659—1732),意大利人,1674年入耶稣会。康熙三十三年(1694)来华,传教于福州、河南等地。逝于澳门。
② 步履中(Georges Prévost,1896—?),法国人,1913年入遣使会,1915年发愿,1920年晋铎。民国十一年(1922)来华,后在北平遣使会栅栏修院执教。民国十五年(1926)回法国,余迹不详。

米特文字残碑的研究报告。

步履中提出三个问题,并逐次给出自己的答案。第一,残碑现状,第二,铭文意思,第三,中国为何会有这些碑刻,它们是哪个文明的遗物。步履中参考了管宜穆的著作,认为三通残碑的价值与《大秦景教流行中国碑》《开封犹太人碑》《新疆回纥墓刻》不相上下,是两宋年间犹太人在中国活动的遗迹,是研究中西文明交流史和中西交通史的重要史料。

西方传教士们如此重视研究来华犹太人,其原因有二:一是证明中国自古以来就存在着"上帝的子民",二是分析开封犹太人的原始《圣经》与流行于世的基督教《圣经》文本的差异。

东西来去（续二）

> 东海有圣人出焉，此心同也，此理同也；西海有圣人出焉，此心同也，此理同也。
>
> ——陆九渊

光绪二十四年（1898）管宜穆借《中法新汇报》（*L'Echo de Chine*）季刊连载了张之洞的《劝学篇》法文译本。是年底，该译本在上海由东方印书馆作为"东方丛书"之零种正式出版。《中法新汇报》的主笔法国人雷墨尔（J. Emile Lemière）在"译者前言"对张之洞的爱国和所谓"慎重改革"精神表示赞赏，评价张之洞属于将爱传统同爱国视为一事，传统对他们来说即意味着祖国的那一类中国人。"人们常说中国不存在爱国主义，这是经不起检验的。"他把当时中国主张改革的"爱国者"分为两类：一类以康有为等为代表，"希望骤然彻底地改变一切，将帝国一下子抛在改革的路上"；另一类则以张之洞等为代表，"更加慎重，步子迈得小些，以一种更持久的方式来进行建设"。

张之洞《劝学篇》的这个"东方丛书本"不是全译本，不少篇目只译了一两个段落，比如"内篇"的"宗经第五"，只译了第一小段。管宜穆后来重新修订，补充了漏译的段落，宣统元年（1909）作为"汉学丛书"第二十六种由土山湾印书馆再版，可称"汉学丛书本"。

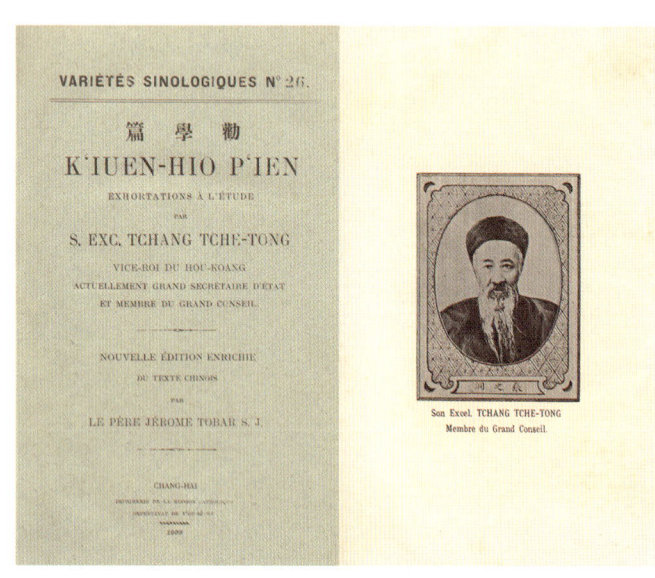

K'iuen Hio-P'ien*, *Exhortations à l'étude
劝学篇（封面和插图）
〔清〕张之洞著
〔西〕管宜穆译
法文　中文
两卷　载体　一册
"汉学丛书"第二十六种
清宣统元年（1909）土山湾印书馆排印
铅印本　纸本　平装
开本：24.5×15.5（cm）
198页　插图1幅

在法国汉学家考迪埃①的帮助下，"汉学丛书本"将中文原文也随译文排于每页下栏，也就是法文和中文的对照本。

《劝学篇》法译本书名 *Exhortations à l'étude*，常用罗马字母拼写为 *K'iuen Hio-P'ien*。《劝学篇》共二十四篇，法译本分为两卷，即中文的"内篇"和"外篇"。

"内篇"：*Unisses vos cœurs*（"同心"），*Enseigner la fidélité à la dynastie régnante*（"教忠"），*Remettre en honneur la pratique des relations fondamentales de la société*（"明纲"），*Connaissez votre race*（"知类"），

---

① 考迪埃（Henri Cordier，1849—1925），又译考尔迭，法国汉学家，世界汉学权威刊物《通报》的创办人之一，所编辑的五卷本《西人论中国书目》是西方汉学史上首部较为完整的汉学书目。还著有《东域纪程录丛》等。1880年获得"儒莲奖"。

Honorez les classiques（"宗经"），*Rectifisz vos idées sur le pouvoir*（"正权"），*Ayez de l'oedre dans vos études*（"循序"），*Attachez vous aux choses les plus Importantes*（"守约"），*Enlevez le poison*（"去毒"）。

"外篇"：*Augmentez vos connaissance pratiques*（"益智"），*Voyages pour vous instruire*（"游学"），*Etablissez des écoles*（"设学"），*Du règlement desécoles*（"学制"），*Développer l'œuvre de la traduction ges livres étrangers*（"广译"），*Lisez les journaux et revues*（"阅报"），*Changez vos méthodes*（"变法"），*Il faut reformer les examens*（"变科举"），*De l'agriculture, de l'industrie et du commerce*（"农工商学"），*De la science militaire*（"兵学"），*De la minéralogie*（"矿学"），*Des chemins de fer*（"铁路"），*Ayez une idée exacte et vraie des choses*（"会通"），*Ne supprimez pas l'armée*（"非弭兵"），*N'attaquez pas les religions étrangères*（"非攻教"）。

管宜穆的《劝学篇》译本有些译文不是很贴切，比如"外篇"的"变法第七"，张之洞讲："变法者，朝廷之事也，何为而与士民言？曰：不然，法之变与不变，操于国家之权，而实成于士民之心志议论。"管宜穆神父将"变法"译为 changez vos méthodes[①]似有不妥，应该是 changez vos lois[②]。再有，从择题、注释到翻译，都留下编译者自己诉求的痕迹。

管宜穆是"最早以外国语言翻译此书"的人。新教传教士也译介过《劝学篇》。美国南长老会传教士吴板桥[③]在《教务杂志》(*The Chinese Recorder*)上连刊《劝学篇》英文译文。光绪二十六年（1900）这个英译本在纽约出版，名为 *China's Only Hope*（《中国的唯一希望》）。

吴板桥在"译者前言"中写道，像这样一本书如果出版于甲午中日战争之前，将会被看作是具有革命倾向的著作，然而即便位高权重、远见卓识有如张之洞者，也不敢在彼时将其刊行。但那场战争以及由欧洲列强所带来的其他问题的持续不断的压力，迫使中国走上了改革之路。可以肯定，张之洞阁下在准备此书之前，对其所欲言者已然深思熟虑。他的观点，完全代表了当权者和文人学士的看法，且所有观点都被置于经典证据的保护和支持之下。《劝学篇》所探讨的问题正是当时人们热切关心的焦点，所以它出版后引起了成千上万中国士人的关注。后来其影响急剧扩大，很大程度上又缘于戊戌变法的发生。至于传教士和一般外国人对其也深怀兴趣，则是因为他们从中得意地看到，"长久习惯于孔教那垂死的令人昏昏欲睡的陈词滥调的中国人，现在终于被时代的现实震醒了"。吴板桥最后特别强调指出："了解该书的内容，对于传教士将是有用的，因为它代表了总督这样层级的中国官员的思想倾向。"

赫赫有名的新教传教士杨格非给吴板桥英译本写了序言。杨格非看重张之洞的教育计划，认为若不是戊戌变法造成中断，这一计划肯定能取得非凡的成功。这一切也表明张氏"不仅是一个改革家，而且是一个最激进的敢作敢为的改革家"。他还赞扬了张之洞对外部世界的广泛了解和对本国问题的剀切批评，认为张之洞对外部世界的认识尽管还谈不上完满，陈述中不免经常出错，但总体来说却在力求公正、克服偏见；至于张之洞对国内种种弊病的剖评，他则认为反映了其对中国国情了如指掌，显示出其难得的务实精神和无畏的勇气。

---

① 直译为"改变你们的办法"。
② 直译为"改变你们的法律"。
③ 吴板桥（Samuel Isett Woodbridge，1856—1926），受美国南长老会派遣，光绪八年（1882）来华，次年在镇江开辟了南长老会的传教站，与司徒尔（司徒雷登之父）先后创立镇江市内三处教堂。光绪二十八年（1902）在上海创办了长老会的机关报《通问报》。其有关中国的译著很多，特别关注张之洞的思想活动。

管宜穆还翻译过周馥编纂的 La Chine et les religions étrangères, Kiao-Ou-Ki-Lio（《教务纪略》）。周馥（Tcheou Fou，1837—1921），字玉山，号兰溪，安徽建德（今属东至）人，随李鸿章办洋务三十余年，深受倚重，是为清末重臣。周馥曾署理直隶总督兼北洋通商大臣，任山东巡抚加兵部尚书，署两江总督、闽浙总督（未到任）和两广总督，光绪三十三年（1907）告老还乡，后逝于天津。其长子周学海是赫赫有名的中医，四子周学熙是实业家，曾孙周一良等晚辈为学界名流。

周馥与基督教人士多有往来。他与马建忠是同僚，马相伯曾在他麾下任职，过从甚密。马相伯开办复旦公学之初，时任两江总督的他施以援手，划拨吴淞镇台的旧衙门七十亩为校址，拨开办费大洋一万元。

周馥在山东巡抚任上曾巡视德国魏玛会传教士卫礼贤创办的"礼贤书院"，对新式教育赞赏有加。他晚年居青岛，向卫礼贤雅荐京师大学堂监督劳乃宣①，助其研究和翻译中国的传统文化经典。

光绪二十九年（1903），周馥编纂刊刻了一部有关基督教的著作《教务纪略》。《教务纪略》全书编作九卷，分为教派、传教、教规、教例、条约、章程、成案、杂录，卷首另有清廷列朝帝后谕旨一卷。周馥在序言中叙述其奉李鸿章之意编纂此书的缘由：

光绪二十六年，在京襄赞和议，承全权大臣奏派，办结京师顺直教案。窃见教民受祸之惨，平民受扰之毒，国家赔款抚款之巨，心实痛之。事毕，履任直藩，民教宿怨未释，凡所以惩劝而安辑者，无不备至。幸锋镝潜销，光华复旦。惟虑民教之再起风波也，爰属直绅李进士刚己，搜辑各集，撮录要旨，俾辟见闻而拓风气，非劝人入彼教也。要使先知彼教大旨，与夫各国正教之所出、尊奉之所由，而后廷旨弛禁、听其内地传教之大意，亦昭然共白于天下。

《教务纪略》通行本书署李刚己②辑录，实际上李刚己只是执笔者，编纂者应该还是周馥。③民国六年（1917）管宜穆将《教务纪略》译为法文，列入"汉学丛书"第四十七种出版，该丛书本署周馥为编纂者。

法国传教士贾斯达④著述的 Le philosophe Tchou Hi: sa doctrine, son influence（《朱熹哲学，他的理论和影响》），作为"汉学丛书"第六种出版于光绪二十年（1894）。

《朱熹哲学，他的理论和影响》序言是这样开篇的：

笔者在这部书里试图阐述，现代文人的著作里反映出的思想，在他们启蒙教育时期就打下了烙印。

或许人们没有意识到，他们的那些似乎是一个模子刻出来的著作，都可以追溯到中国人智慧的黄金

---

① 劳乃宣（1843—1921），字季瑄，号玉初，又号韧叟，浙江桐乡人，中国近代音韵学家，清末修律，为"礼法之争"中礼教派主要代表人物之一。同治十年（1871）进士，曾任直隶知县。光绪三十四年（1908）奉诏进京，任宪政编查馆参议、政务处提调，授江宁提学使。宣统三年（1911）任京师大学堂总监督、袁世凯内阁学部副大臣。
② 李刚己（1872—1914），直隶南宫（今属河北）人，就学于保定莲池书院。光绪二十四年（1898）考中戊戌科三甲第一百九十一名进士，历任灵丘、繁峙、五台、静乐知县，辛亥革命后任大同知府。民国三年（1914）受聘于保定高等师范国文部。著有《西教纪略》等。
③ 参考辛德勇：《从〈西教纪略〉到〈教务纪略〉》，刊《中华文史论丛》2009年第2期。
④ 贾斯达（Stanislaus Le Gall，1858—1916），字宜禄，法国人，1875年入耶稣会。光绪三年（1877）来华，光绪二十年（1894）晋铎。

时代。由于自身某些陈腐和显而易见的原因,他们的思想总是在刻板的体系内复述和疏解。朱熹的著作为官方所认可的思想,还列入科举考试科目。这位令人生畏的哲学家,他的影响长达六个世纪,与此伴生的是解释他思想的书籍汗牛充栋,最重要的就是《性理大全》和《性理精义》。

贾斯达是这样构思他的著作的:第一卷"历史简述",第一章"朱熹及其著作和理论",第二章"朱熹的影响";第二卷"朱熹理论的基本要点",第一章"宇宙观",第一节"宇宙演化"、第二节"理气"、第三节"太极"、第四节"阴阳",第二章"三才",第一节"天地"、第二节"乾坤"、第三节"天地父母,气化"、第四节"万物一体",第三章"人学",第一节"性"、第二节"人之修养,贤人君子"、第三节"圣人"、第四节"鬼神,生死";第三卷"《御纂朱子全书》节译",第一章"理气总论",第二章"太极",第三章"天地"。

总体来说,《朱熹哲学,他的理论和影响》对朱熹学说的介绍还是比较全面的,篇幅不大,注重原著,谨慎解释。缺点是对朱熹与邵雍、程颐、程颢、王阳明等宋明理学诸子思想的脉络关系没有展开叙述。

Croix et swastika en Chine(《中国的十字符与卍字符》),作为"汉学丛书"第三种出版于光绪十九年(1893)。这是一部别开生面又独树一帜的著作。方殿华神父把"卍字符"和"十字符"两个中西文化有着独特代表性的符号对比研究,探究其哲学、宗教、建筑、美学等方面的意义。全书分为两卷。

第一卷"卍字符及其类似符号"。在第一章"卍字符"里,方殿华提出,卍字符最早出现在《河图》和《洛书》等书里。① 根据《说文解字》,这里的卍字符号本来是"十分""十全"的意思,如中国人称尊者"万寿无量"。佛教传入中国后,卍字符被频繁借用,依照《佛心经》解释,卍字符在佛教里体现的是佛法无边的意思。卍字符在中国文化里有着特殊寓意而得到广泛应用,譬如:中国园林常用卍字栏杆,因为中国人认为卍字有"不到头"的意味;八卦图实际上也是卍字构图,表现"二气交感,化生万物";

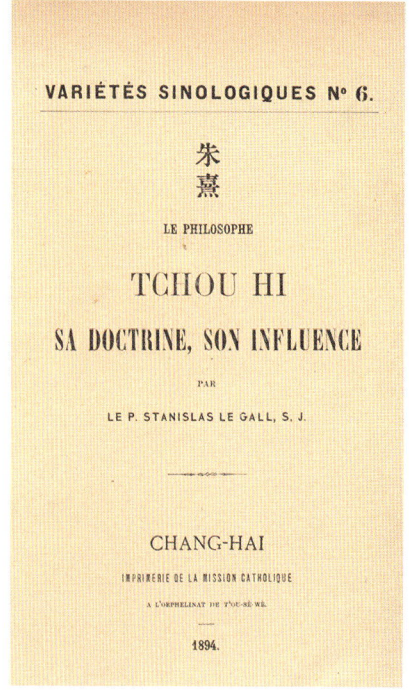

Le philosophe Tchou Hi: sa doctrine, son influence
朱熹哲学,他的理论和影响(封面)
[法]贾斯达著述
法文
三卷 一册
"汉学丛书"第六种
清光绪二十年(1894)
土山湾慈母堂排印
铅印本 纸本 平装
开本:24×15(cm)
134 页

---

① "河图洛书"是古代儒家关于《周易》和《洪范》来源的传说,涉及两幅神秘地图。方殿华视其为书应该有误。

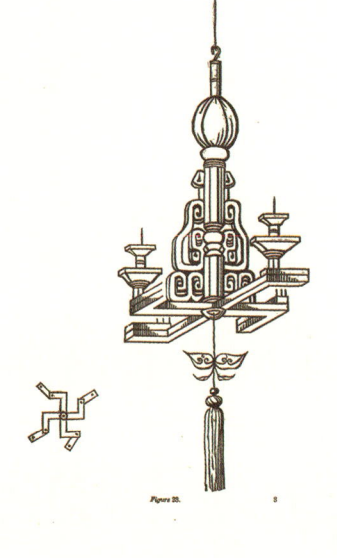

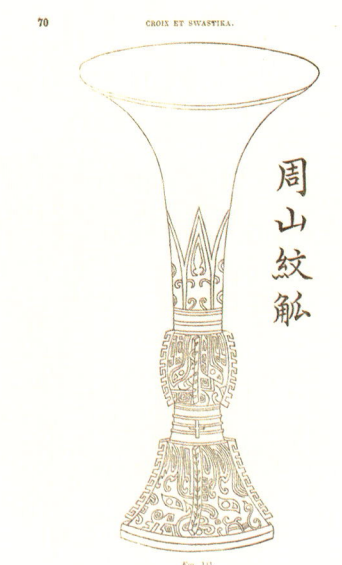
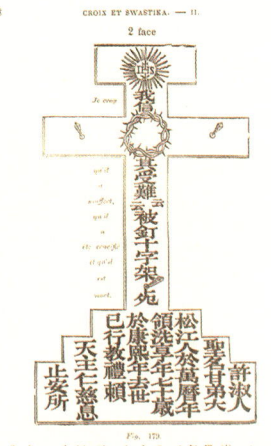

Croix et swastika en Chine
中国的十字符与卍字符
（封面和插图）
［法］方殿华撰
法文
两卷 一册
"汉学丛书"第三种
土山湾慈母堂
清光绪十九年（1893）初版
清光绪三十年（1904）二版
铅印本 纸本 平装
开本：25.5×17.5（cm）
250 页

中国窗棂、烛台、吊灯等常见卍字符号加枝叶造型，象征着"无上菩提"；中国元宝、如意、年画也用卍字符号，俗意"黄金万两"等。在第二章"卍字装饰"，方殿华陈示他搜集的香炉、牌楼、花墙、钱币等多种卍字符装饰图纹，以及由卍字衍生的其他复合花纹，如云雷纹等。在第三章"建筑与卍字符"里，方殿华举了几列组合图案，示意在中国建筑构造中大量利用卍字符。在第四章"礼器"里，方殿华重点说明中国礼器和泉币上卍字符的使用及意义，譬如青铜器"商立戈觚""周山纹觚""周小圜觚"等。

第二卷"十字符"。在第一章"古代历史遗迹"里，方殿华自然与别的作者一样，无非是回顾基督教传入中国的"襁褓期"。在第二章"西安府石碑"里，方殿华引入了"大秦景教流行中国碑"的话题，认为中国人之所以把 Croix 这个外来词译为"十字"，是因为"十字"在他们那里有着特别含义，如《说文解字》："十：十数之具也，一为东西，丨为南北，则四方中央具矣。"因而基督教初入中国被称为"十字教"，基督的象征符号被称为"十字架"。在第三章"十字符古之传序"里，方殿华逐一介绍了从宋代一赐乐业教、唐代洛阳和西安的大秦景教，到元代扬州十字寺和泉州方济各会教堂残址，以及明代天主教在中国各地留下的十字符遗迹。在第四章"十字架"里，方殿华细说清代中国各地著名教堂的十字架造型：南通的狼山圣母堂、无锡的许太夫人墓等。在第五章"十字符"里，方殿华举了许多例子说明"十字符"在中国文化的方方面面之扩散和应用，虽然比不上卍字符，但也有广泛影响。

擅长绘图的方殿华神父为他的著作绘制了二百零九幅插图，可谓锦上添花。《中国的十字符与卍字符》是一部学术价值颇高的专著，作者借两个典型的文化符号，从古到今，从民俗到典律，从宗教到建筑，剖析其在中国文化中的特殊意义。

方殿华神父是一位非常睿智的作家，选题精准、独特，论说深邃、系统，头脑清晰，文字优雅，高屋建瓴。

方殿华神父久居南京，对古金陵城和江宁府的历史心怀敬畏。在被派遣到南京石鼓路天主堂布道之后，传教之余，他油然升起研究这座在欧洲享有几个世纪盛名的中国古都的巨大热情。他走遍南京的街衢巷陌，烛下披阅史地古籍，想必别有一番心绪。"指点六朝形胜地，唯有青山如壁"，"到如今、只有蒋山青，秦淮碧！"

方殿华神父是近代在南京历史研究上成就堪称卓越者之一，他做笔记、绘草图、拍照片，不知疲倦地为编纂 Nankin d'alors et d'aujourd'hui（《金陵古今》）系列著作积累资料。他寻觅的是"六代豪华"，感叹的是"王谢堂燕"，目见的是"荒烟衰草"，聆听的是"露冷蛩泣"，考据的是"故国陈迹"，收获的是"秦淮如碧"。

方殿华神父对南京的研究与当时西方人流行的游记式泛泛介绍不同，他的超越在于将深入实地的细致考察与丰富的历史资料考证相结合，故其对南京的研究视野和诠释评述更广更深。而且由于拥有扎实的文学功底，他的作品文笔流畅，措辞考究，可读性很强。

方殿华大部分著作生前没有出版，光启社整理了他的遗稿 Plan de Nankin（《江宁府城图》）、Nankin d'alors et d'aujourd'hui: Nankin port ouvert（《金陵古今——南京开埠》）、Nankin d'alors et d'aujourd'hui: Aperçu historique et géographique（《金陵古今——史地概述》），列为"汉学丛书"第十六种、十八种和二十三种，由土山湾印书馆付梓。

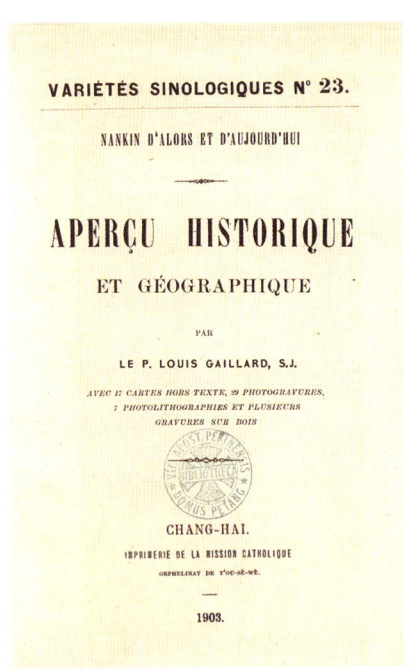

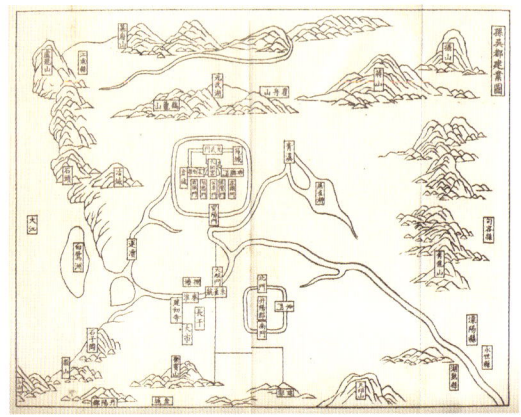
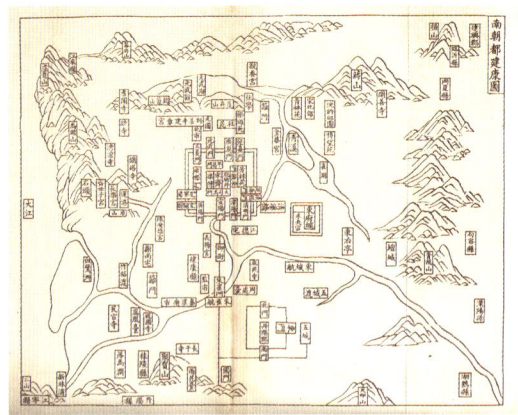
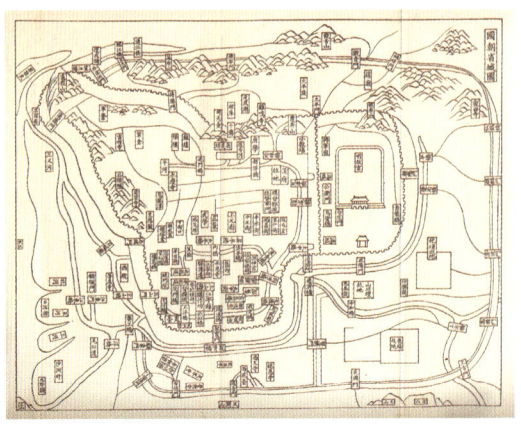

Nankin d'alors et d'aujourd'hui: Aperçu historique et géographique
金陵古今——史地概述（封面和地图）
［法］方殿华著
法文
十六章　一册
"汉学丛书"二十三种
清光绪二十九年（1903）
土山湾印书馆排印
铅印本　纸本　平装
开本：24.4×16（cm）
350页
照片36幅　地图18幅
拓片9幅（影印）　插图3幅

《金陵古今——史地概述》简称《史地概述》,出版于光绪二十九年(1903),分为十六章。在导言里,作者细说了南京的居民、山水、物产、城墙、官衙、古今语言变迁。第一章"三国之前",第二章"三国、东晋、南朝",第三章"南朝宋",第四章"南朝齐",第五章"南朝梁",第六章"南朝陈",第七章"隋朝",第八章"唐朝",第九章"宋朝",第十章至第十二章"明朝",第十三章"清朝",第十四章"鸦片战争"。

《史地概述》文后有三则附录:一、"金陵四十景";二、"南京代牧区历任主教";三、"金陵碑铭",有《汉代隶书碑》《校官碑》①《汉寿亭侯碑》《武侯祠碑》《三国吴遗碑》《关夫子手笔碑》《宝志三绝碑》②《净土指南》《松江府御碑》《卢龙山碑刻》等十通,方殿华将碑文译成法语,并做了详细疏解。

方殿华神父为自己的著作准备了三十六幅照片、十八幅地图、九幅拓片、三幅插图,其中包括消失已久的江宁将军署大门、太平门门洞、武庙大钟等颇为罕见的照片,一些碑刻原物现今不存,可见其学术价值不菲。十八幅地图是:

1	吴越楚地图	7	隋蒋州图	13	国朝省城图
2	秦秣陵县图	8	唐升州图考	14	府境方括图
3	汉丹阳郡图	9	南唐江宁府图	15	境内诸山图
4	孙吴都建业图	10	宋建康府图	16	境内诸水图
5	东晋都建康图	11	元集庆路图	17	历代互见图
6	南朝都建康图	12	明都城图	18	钟阜山

标为《金陵古今》的书有两本,虽然《史地概述》出版时间在后,但从逻辑上讲,《南京开埠》应该是《史地概述》的续篇。方殿华神父在《南京开埠》里写了十九章,从咸丰八年(1858)签订《中法天津条约》、南京开埠起笔,细数四十余年南京开放的历程及变化。当然,南京开埠是在中国整个沿海地区开放的大背景下完成的,因而作者有不少篇幅讲的是广州、宁波、上海、天津等沿海港口城市的开放历史。

第一章,《中法天津条约》和南京开埠,南京城及其港口情况;第二章,南京开埠的意见纷争;第三章,1842年的征战给南京造成极大苦难;第四章,英法对南京的谋划;第五章,法国在南京获得的这个国家法律之外的特权;第六章,外国人在南京的法律地位;第七章,1858年条约给予的传教自由及基督教在中国的法律地位;第八章,1860年条约给予的传教权利;第九章,英国政府为新教争取的特权多于天主教;第十章,李鸿章在一些问题上反复无常的态度;第十一章,有关归还早年天主教会资产的法律规定;第十二章,南京天主教墓地的保护;第十三章,南京真正开放的时间,从利玛窦到1895年;第

---

① 《校官碑》,全称《汉溧阳长潘干校官碑》,碑刻于东汉灵帝光和四年(181),南宋绍兴十三年(1143)南京固城湖出土,为汉隶中不可多得的艺术珍品。
② 宝志三绝碑,位于南京灵谷梁代名僧宝志的墓塔——宝公塔,是宝志和尚留在世上屈指可数的遗迹之一,塔前的志公殿内有一块黑色石碑,因碑上刻有吴道子所绘宝志像,李白所作像赞,像赞由颜真卿书写,故称"唐贤三绝碑"。清代第三次重刻,碑额上端又增添乾隆手书"净土指南"四字。宝志和尚,生于东晋末年,历宋、齐、梁朝,金陵高僧,世称宝公、志公。

十四章，新教在南京建立的大学、医院、学校；第十五章，帝国的海关、国民学校、军事学校、语言学校等；第十六章，外国政府对南京的各种意见；第十七章，南京开埠后的自由航行权；第十八章，外国人的居住权；第十九章，南京的地方邮政。附录一，"中国开放港口名录"；附录二，"主教名录""外交官名录""南京官员名录"；附录三，"1264—1865年有关传教主要规定摘编"。

与《史地概述》相比，《南京开埠》的插图和地图少得多，拉页地图只有三幅：《中国开放港口地图》《南京欧洲租界图》和《广东和珠江地图》。随文还有《烟台港地图》和描绘局部的十一幅《南京河道图》。

《南京开埠》出版于方殿华去世次年的光绪二十七年（1901），书前刊登了他的生平简介和讣告：

> 本书作者最终还是没能等到他的著作付梓的一天。他的溘然离世，不仅打断了他的行程，也中断了我们的忠诚和友谊，留给编辑们的仅仅是他的手稿。此书的出版是他期待得到的唯一的回报。然而，缺少了他的睿智，"汉学丛书"的编纂工作增添了一些难以克服的困难。
>
> 方殿华神父1850年7月14日生于巴黎，1868年10月1日加入耶稣会，他的父亲就是耶稣会士……他关注我们中国教区由来已久，盼望有一天为此奉献自己的修养、自己的一技之长、自己的丰富学识。方殿华的长上担心充满艺术家性格的他，面对中国的现实，会渐感厌倦而半途而废，出于发挥他的才华考虑，将其派往江南教区，期待他以适合自己的方式进行传教工作……1885年10月20日，他与九个传教士结伴抵达上海……派遣到扬子江口北岸的海门教区。在那里他的头疼病加重，自感身体无法承担太重工作，不得已报告给徐家汇。随后几年，他被调往徐家汇土山湾孤儿院和南京大修院，出任多种岗位，如编辑《宗教研究》，这份杂志的文章打上了他个人的深深印记。他有良好观察力，注重细节，择选适当……得到苏建章①主教允许，方殿华寓居南京，他的传教工作就是写作……

方殿华志向远大，为了使自己的著作更加完善，打算把中国的两个首都做个比较研究。樊国梁主教

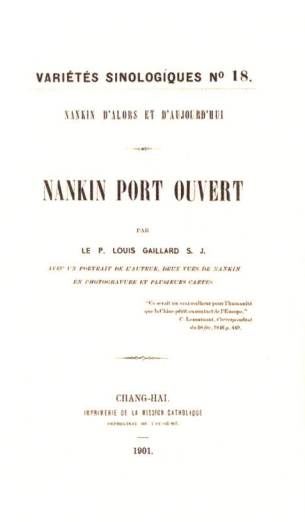 

Nankin d'alors et d'aujourd'hui: Nankin port ouvert

金陵古今——南京开埠（封面和插图）

[法] 方殿华著

法文

十九章　一册

"汉学丛书"第十八种

清光绪二十七年（1901）土山湾慈母堂排印

铅印本　纸本　平装

开本：25×17（cm）

477页　插图5幅　地图5幅

---

① 苏建章（Jean-Baptiste Simon，1846—1899），教籍名录记苏继章，字志高，法国人，1868年入耶稣会。光绪十二年（1886）来华，光绪十三年（1887）晋铎，光绪二十五年（1899）任江南代牧区主教。同年逝于芜湖。

· 东西来去（续二）·

Pé-ki-ko près de T'ai t'cheng.

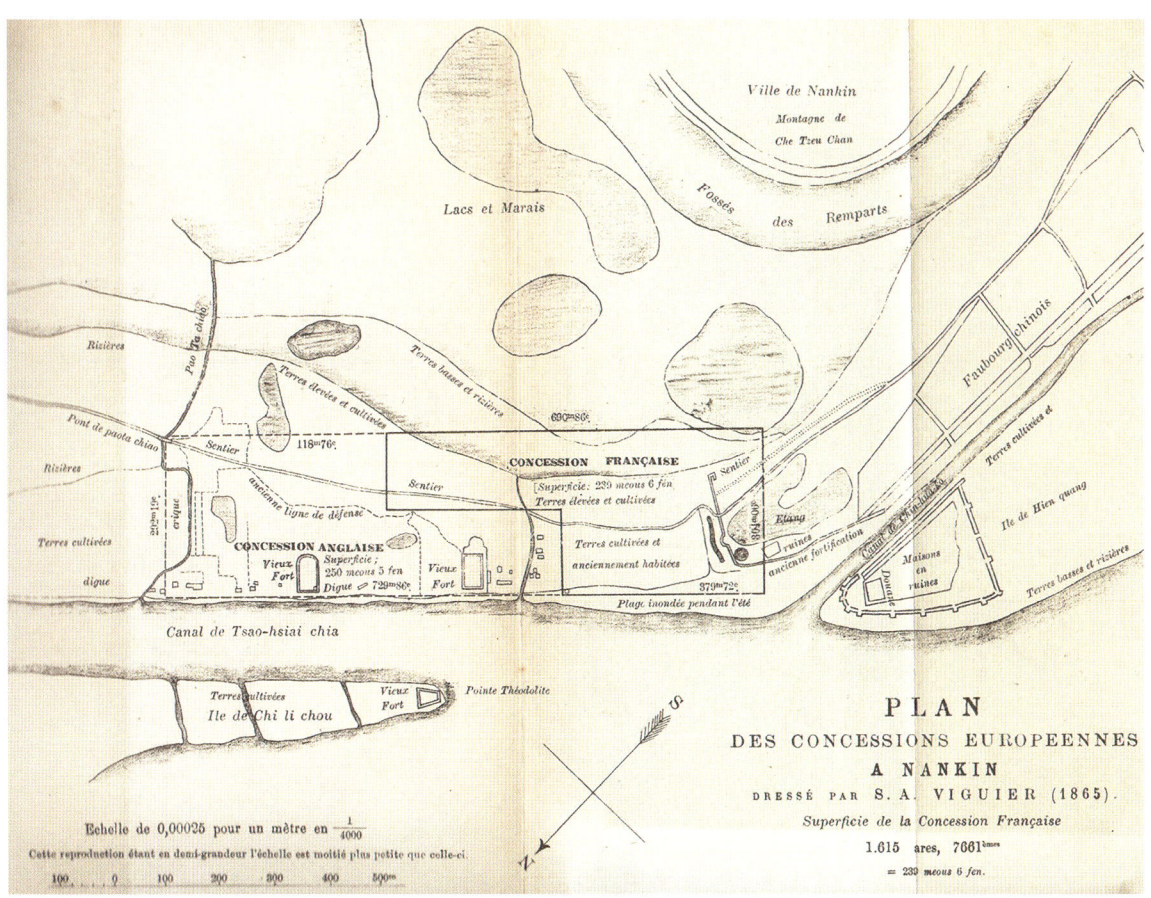

接受他的请求,诚恳地邀请他来北京考察。计划付诸实施,他于1900年4月6日离开上海,16日抵达北京。在那里,他把时间用于阅读文献,考察耶稣会遗迹。一次科研远足,天寒地冻引发他患上胸膜炎。5月12日上午,处于弥留之际的他没有流露出丝毫恐惧。樊国梁主教建议天津来一位耶稣会神父作助祭。"不必麻烦了,我会平静地离去",这句简朴的话胜过滔滔雄辩,是一颗纯洁心灵的忠诚回声。亲爱的神父,主与我们同在!

方殿华的灵柩就近运至河间献县,葬在那里的耶稣会墓地。1904年法兰西学院追颁方殿华的"儒莲奖",算是在他的墓碑前送上的鲜花吧!

那个年代许多读书人都知道有个"南京贝迪荣神父"。贝迪荣编过两本常用双语词典颇有名气,*Dictionarium Latino-Sinicum, Histoirica et Geographica*(《拉丁中华字典》,土山湾慈母堂光绪三十二年〔1906〕出版)和 *Petit dictionnaire Français-Chinois*(《法汉小辞典》,土山湾慈母堂光绪三十一年〔1905〕出版),后者是一本法语—上海话双语词典,现今仍然有语言学学者关注,笔者在网上看到某日本学者办学术讲座,其中有一讲的主题就是"关于贝迪荣神父《法汉小辞典》的上海话"。

贝迪荣(Corentino Pétillon,1858—1939),字国霖,法国人,1877年入耶稣会,光绪五年(1879)来华,光绪二十三年(1897)晋铎。贝迪荣是位中国古文底子非常好的传教士,从他的 *Allusions littéraires*(《文学典故》)可以见得。《文学典故》,法文著作,共两部,第一部于光绪二十一年(1895)出版,"汉学丛书"第八种;第二部于光绪二十四年(1898)出版,"汉学丛书"第十三种。

贝迪荣在《文学典故》里,详细地列举了中国文学作品中许多词汇使用时所含的不同喻义。如他所说的"暗喻"与我们今天讲的有相似的地方,也不尽相同,但总的来说他指的是"典故",或中国文学里

Allusions littéraires
文学典故(封面)
[法]贝迪荣著
法文
两部 两册
第一部,光绪二十一年(1895),"汉学丛书"第八种
第二部,光绪二十四年(1898),"汉学丛书"第十三种
土山湾印书馆排印
铅印本 纸本 平装
开本:25.5×16.5(cm)
561 页

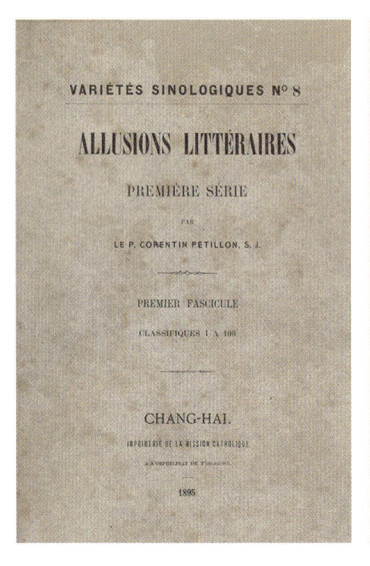
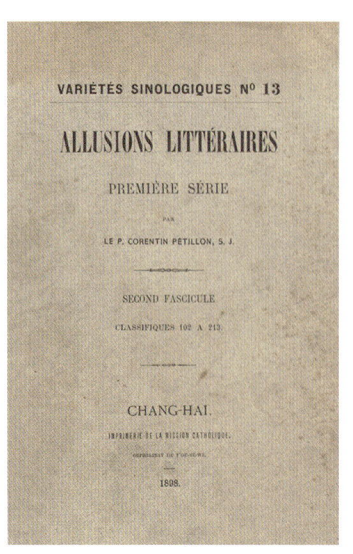

· 东西来去（续二）·

习惯说的"出典"。例如：

【兀兀穷年】出自韩退之《进学解》"焚膏油以继晷，恒兀兀以穷年"。
【往来无白】意为交替皆圣，出自刘禹锡。
【出六】出典自《宋书·符瑞志》"草木花多五出，花雪独六出"。
【看舞工书法】出自王羲之《书法苑》。
【友益者三】出自《论语》"友直，友谅，友多闻，益矣"。
【猛画江成路】出自《搜神记》。
【唇亡齿寒】典出《左传·僖公五年》"辅车相依，唇亡齿寒"。
【大器晚成】出自《老子》"大器之人若九鼎瑚琏，不可卒成也"。
【姚黄魏紫】典出唐开元年间牡丹的别称。
【作嫁衣裳】自秦韬玉的诗《贫女》"最恨年年压金线，为他人作嫁衣裳"。
【千岁之龟　死而留甲】出自《庄子·秋水》。

贝迪荣用法文较详细地解释了每个典故的含义和出处，厚厚两大册，译成《中国文学典故辞典》或许应该更全面准确。以往许多书籍和文章把贝迪荣这套书译为《文学中的暗喻》，就法文 *Allusions Littéraires* 这几个单词直译是这个意思，因为法语词典里没有与"典故"对应的词汇。"汉学丛书"的两册《文学典故》的扉页上都注明是 première série（第一卷），看来贝迪荣并没有完成编纂计划。该书按汉字部首偏旁为序编排，一共有二百一十三个部首。可惜，《文学典故》的编辑上有个技术瑕疵，第一册部首从一至一百止，而第二册部首是从一百零二开始的，没有连上。

彭安多（Albertus Tschepe，1844—1912），字亚伯，文献常用彭亚伯，德国人，1865 年入耶稣会，同治九年（1870）来华，光绪八年（1882）晋铎，曾在泰州教区任神职。因其是德国人，与兖州的圣言会传教士往来密切，兖州天主堂印书馆还出版过他的几部著作。

彭亚伯神父有五本书纳入"汉学丛书"，可谓战国十雄史：

Histoire du Royaume de Ou（*1122—473 AV. J.-C.*）(《吴国史》），光绪二十二年（1896）作为"汉学丛书"第十种出版，记述了公元前 1122 年至公元前 473 年的吴国历史。全书分为八章，主要介绍从太伯创建吴国，经寿梦、诸樊、余祭、余昧、僚到阖闾和夫差八位吴主。附有三幅地图：《吴淞江图》《常熟县图》和《吴国地图》。

Histoire du Royaume de Tch'ou（*1122—223 AV. J.-C.*）(《楚国史》），光绪二十九年（1903）作为"汉学丛书"第二十二种出版，记述了公元前 1122 年至公元前 223 年的楚国历史。作者先是概述了楚国地理，然后叙述了周朝早期的楚国，重点介绍武王、文王、殇王、成王、穆王、庄王、共王、康王、悫王、灵王、平王、昭王、惠王、简王、声王、悼王、肃王、宣王、威王、怀王、顷襄王、考烈王、幽王、哀王、负刍等二十五位楚王的历史故事。书后附有《楚国地图》。

Histoire du Royaume de Ts'in（*777—207 AV. J.-C.*）(《秦国史》），宣统元年（1909）作为"汉学丛书"第二十七种出版，记述了公元前 777 年至公元前 207 年的秦国历史。《秦国史》篇幅比较大，大致分为三

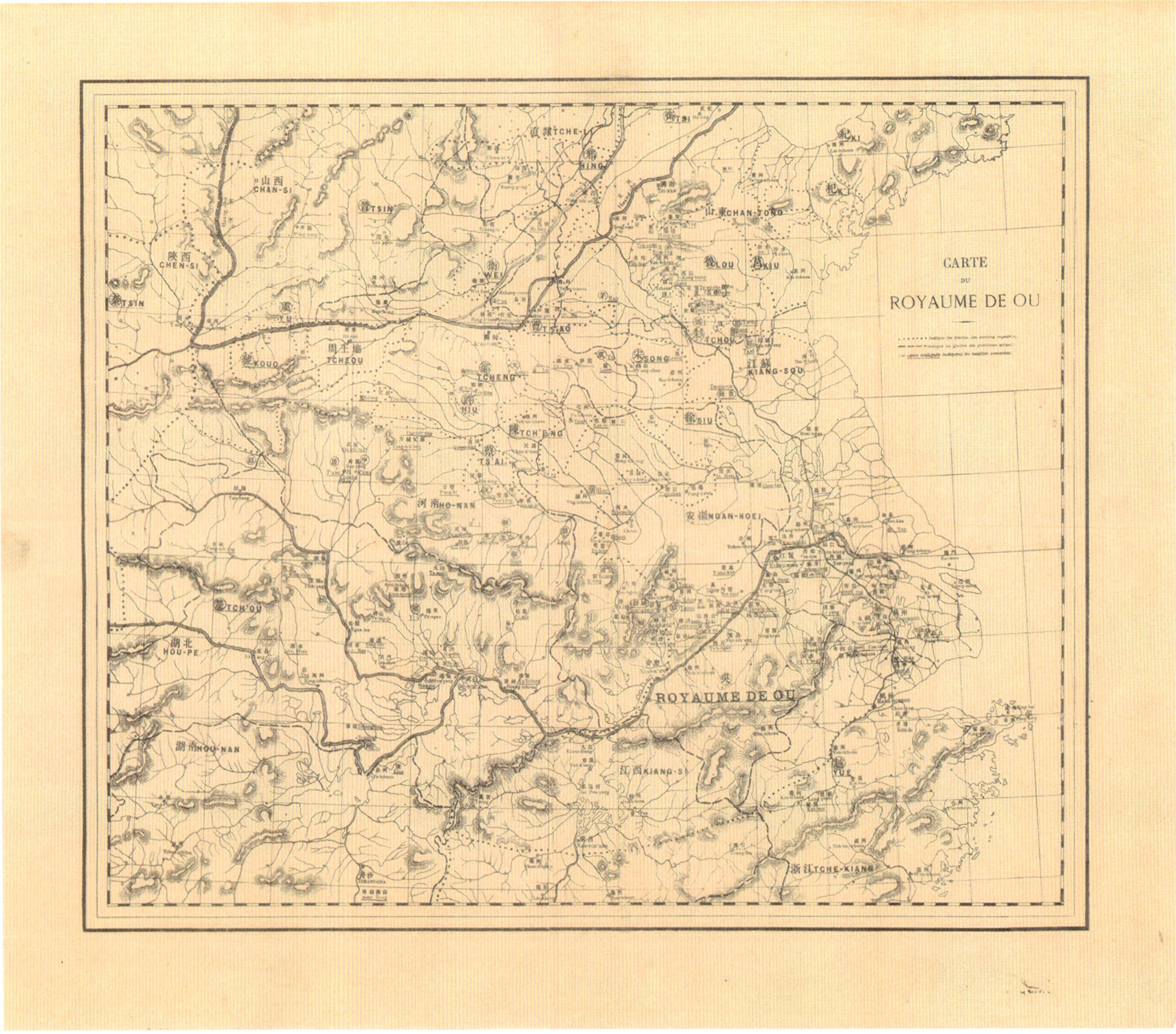

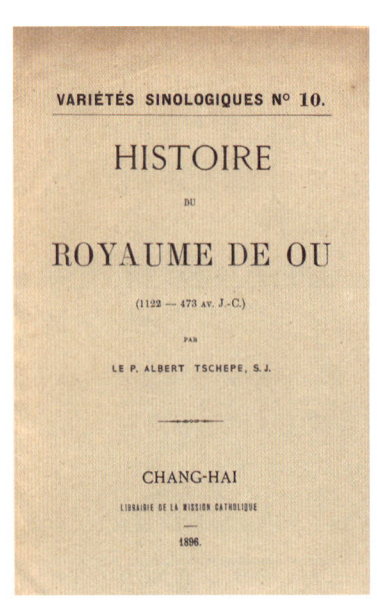

VARIÉTÉS SINOLOGIQUES N° 10.

HISTOIRE

DU

ROYAUME DE OU

(1122 — 473 AV. J.-C.)

PAR

LE P. ALBERT TSCHEPE, S.J.

CHANG-HAI

LIBRAIRIE DE LA MISSION CATHOLIQUE

1896.

Histoire du Royaume de Ou（*1122—473 AV. J.-C.*）

吴国史（封面和插图）

［德］彭亚伯编撰

法文

一卷　一册

“汉学丛书”第十种

清光绪二十二年（1896）

土山湾慈母堂排印

铅印本　纸本　平装

开本：24.5×16（cm）

175 页

插图 115 幅　地图 3 幅

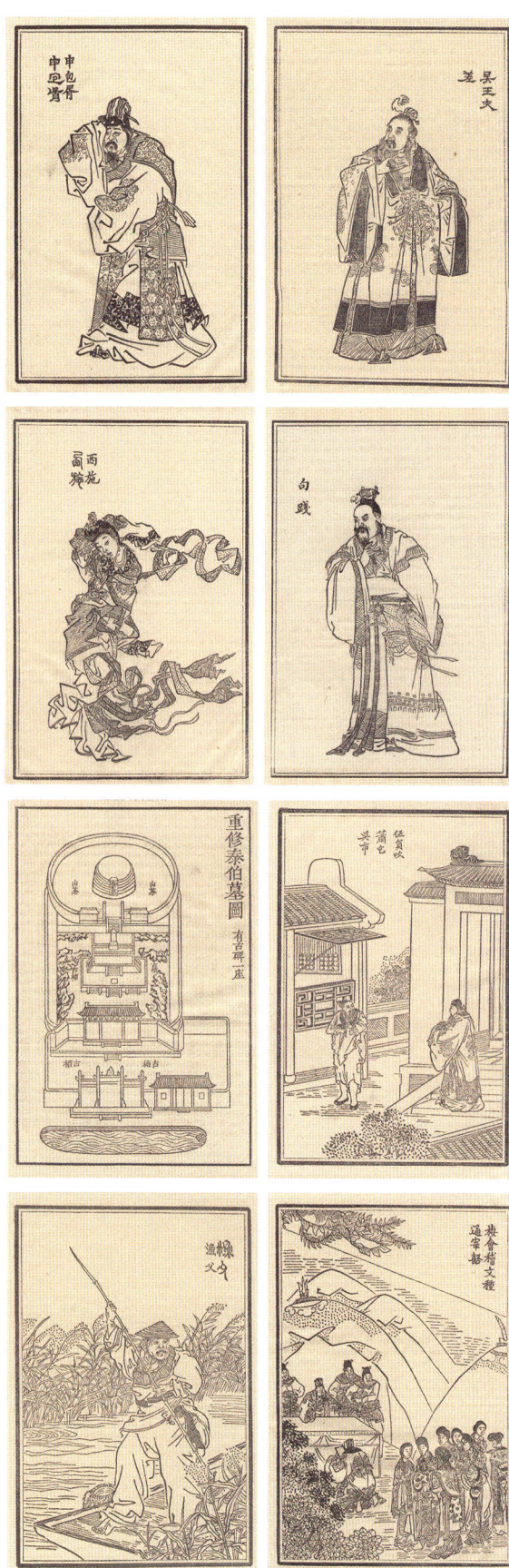

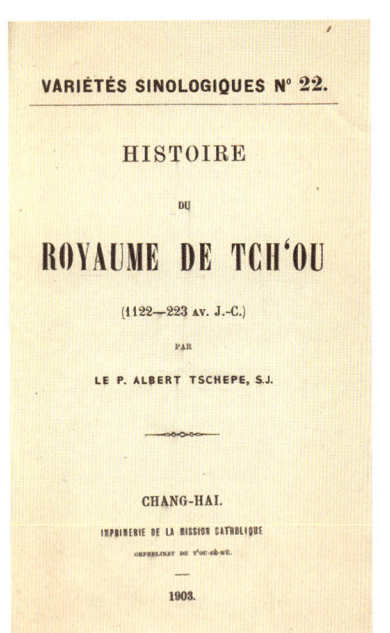

Histoire du Royaume de Tch'ou
（*1122—223 AV. J.-C.*）
楚国史（封面）
［德］彭亚伯编撰
法文
不分卷　一册
"汉学丛书"第二十二种
清光绪二十九年（1903）
土山湾慈母堂排印
铅印本　纸本　平装
开本：25.5×16.5（cm）
402 页　地图 1 幅

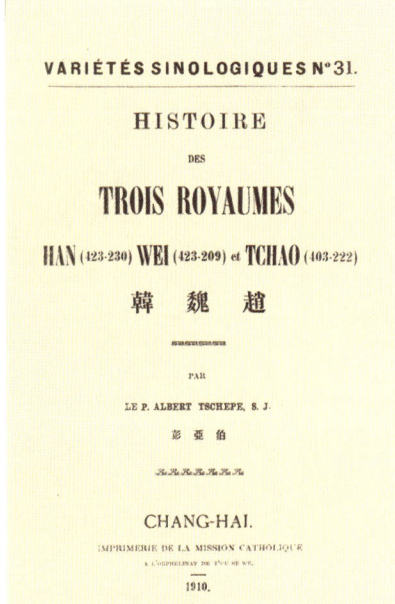

Histoire des Trois Royaumes Han（*423—230*）***Wei***（*423—209*）***et Tchao***（*403—222*）
韩魏赵三国史（封面）
［德］彭亚伯编撰
法文
三卷　一册
"汉学丛书"第三十一种
清宣统二年（1910）土山湾慈母堂排印
铅印本　纸本　平装
开本：24.5×15.5（cm）
164 页

块：第一，作者概述了秦国地理和有关秦国的史籍；第二，作者依次叙述了秦王朝建立之前从襄王到庄襄王秦国二十八位国君；第三，详述秦朝史，秦始皇、秦二世以及楚汉灭秦。书后附有《秦国地图》。

Histoire du Royaume de Tsin（*1106—452 AV. J.-C.*）(《晋国史》)，宣统二年（1910）作为"汉学丛书"第三十种出版，记述了公元前 1106 年至公元前 452 年的晋国历史。《晋国史》体例如前几本，作者先是概述了晋国地理，然后叙述了早期晋国情况，再用了二十节介绍唐叔虞、献公、惠公、怀公、文公、襄公、灵公、成公、景公、厉公、悼公、平公、昭公、顷公、定公、出公、哀公、幽公、烈公、孝公、静公等晋国公事迹，其中晋平公和晋昭公较为详细。

Histoire des Trois Royaumes Han（*423—230*）*Wei*（*423—209*）*et Tchao*（*403—222*）(《韩魏赵三国史》)，宣统二年（1910）作为"汉学丛书"第三十一种出版。彭亚伯分三卷，分别叙述了战国三晋韩国、魏国、赵国。

据彭亚伯自己的说明，他的这五部书，基本根据《史记》《左传》《通鉴纲目》《钦定春秋传说汇纂》《方舆纪要简览》《读史方舆纪要》等中国史籍以及一些地方志翻译编纂成书。这位德国神父下了很大功夫，完成了他感兴趣的春秋战国的多部历史书。然而与早年冯秉正将《通鉴纲目》译为法文类似，至少在中国人眼里，这些算不上研究性学术著作。

民国十三年（1924）"汉学丛书"出版了法国传教士鲍来思[①]

---

① 鲍来思（Guy Boulais, 1843—1894），字惟都，法国人，1864 年入耶稣会。同治八年（1869）来华，光绪七年（1881）晋铎。光绪二十年（1894）逝于上海。

编撰的 Manuel du code chinois（《大清律例便览》）。

《大清律例》是中国封建社会最后一部法典。顺治二年（1645）即以"详译明律，参以国制，增损剂量，期于平允"为指导思想，着手制订法典。三年律成，定名为《大清律集解附例》。康熙二十八年（1689）将康熙十八年（1679）纂修的《现行则例》附于律文之后。乾隆五年（1740）更名为《大清律例》。

《大清律例》原典四十卷，卷帙浩大。鲍来思的《大清律例便览》将其择要编辑为七卷。

第一卷，名例律（Loi générales）。第一章，五刑，赎罪；第二章，十恶；第三章，八议；第四章，职官有罪；第五章，犯罪免发遣，无官犯罪；第六章，常赦所不原；第七章，共犯分首从；第八章，犯罪自首；第九章，天文生有犯，工乐户及妇人犯罪；第十章，加减罪例；第十一章，给没赃物；第十二章，犯罪共逃；第十三章，处决叛军；第十四章，徒流迁徙充军地方。

第二卷，吏部（Tribunal suprême des Fonctions Publiques）。第一章，官员袭荫，文不封侯；第二章，大臣专擅选官；第三章，贡举非其人；第四章，擅离职役；第五章，奸党；第六章，弃毁制书印信；第七章，上书奏事犯讳；第八章，官文书稽程。

第三卷，户部（Tribunal suprême des Familles et des Revenus）。第一章，脱漏户口；第二章，人户以籍为定；第三章，私度僧道；第四章，收留迷失子女；第五章，赋役不均；第六章，立嫡子违法；第七章，卑幼私擅用财；第八章，收养孤老；第九章，欺隐田粮；第十章，典买田宅；第十一章，盗卖田宅；第十二章，盗耕种官民田；第十三章，婚姻；第十四章，男女婚姻；第十五章，典雇妻女；第十六章，妻妾失序；第十七章，居丧嫁娶；第十八章，同姓为婚，尊卑为婚；第十九章，娶逃走妇女、乐人为妻妾；第二十章，强占良家妻女；第二十一章，僧道娶妻；第二十二章，嫁娶违律主婚媒人罪；第二十三章，出妻；第二十四章，钱法；第二十五章，私借官物，冒充官粮；第二十六章，损坏仓库财物；第二十七章，盐法；第二十八章，违禁取利；第二十九章，费用受寄财产；第三十章，得遗失物；第三十一章，私充牙行埠头。

第四卷，礼部（Tribunal suprême des Rites）。第一章，祭享；第二章，致祭祀典神祇；第三章，禁止师巫邪术；第四章，合和御药，收藏禁书；第五章，上书陈言，禁止迎送；第六章，服舍

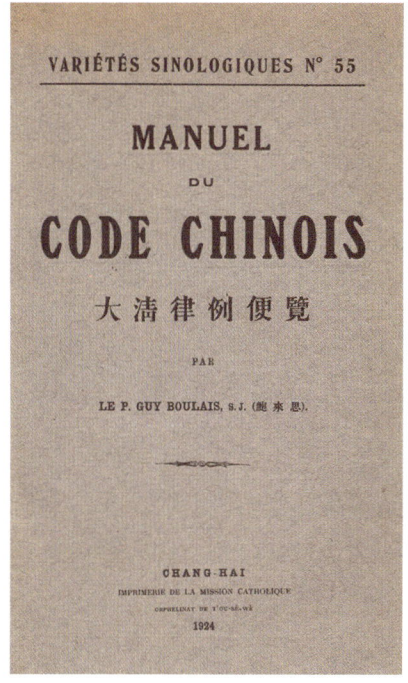

Manuel du code chinois
大清律例便览（封面）
[法] 鲍来思编纂
法文
七卷 一册
"汉学丛书"第五十五种
民国十三年（1924）土山湾慈母堂排印
铅印本 纸本 平装
开本：25×17（cm）
740 页

违式；第七章，僧道拜父母；第八章，匿父母夫丧，丧葬。

第五卷，兵部（Tribunal suprême des Armes）。第一章，太庙门擅入，宫殿门擅入；第二章，宫殿造作罢不出；第三章，冲突仪仗；第四章，擅调官军；第五章，主将不固守，纵军掳掠；第六章，激变良民；第七章，私藏应禁军器；第八章，私越冒度关津；第九章，私出外境及违禁下海；第十章，收养畜产不如法；第十一章，递送公文。

第六卷，刑部（Tribunal suprême des Peines）。第一章，谋反大逆；第二章，监守盗仓库钱粮；第三章，强盗；第四章，劫囚；第五章，白昼抢夺；第六章，窃盗；第七章，盗马牛畜产；第八章，盗田野谷面；第九章，亲属相盗；第十章，诈欺官私取财；第十一章，略人略卖人；第十二章，发冢；第十三章，夜无故入人家；第十四章，盗贼窝主；第十五章，谋杀人；第十六章，谋杀祖父母父母；第十七章，杀死奸夫；第十八章，杀一家三口；第十九章，采生折割人；第二十章，斗殴及故杀；第二十一章，戏杀误杀过失杀伤人；第二十二章，夫殴死有罪妻妾；第二十三章，弓箭伤人，车马杀伤人；第二十四章，威逼人致死；第二十五章，尊长为人杀私和；第二十六章，斗殴；第二十七章，保辜限期；第二十八章，宫内忿争；第二十九章，殴授业师；第三十章，良贱相殴；第三十一章，奴婢殴家长；第三十二章，妻妾殴夫；第三十三章，同姓亲属相殴；第三十四章，殴祖父母父母；第三十五章，妻妾与夫亲属相殴；第三十六章，殴妻前夫之子；第三十七章，骂人；第三十八章，越诉；第三十九章，投匿名文书告人罪；第四十章，听讼回避；第四十一章，诬告；第四十二章，干名犯义；第四十三章，子孙违反教令；第四十四章，教唆词讼；第四十五章，官吏受财；第四十六章，坐赃致罪；第四十七章，在官求索借贷人财物；第四十八章，家人求索；第四十九章，诈传诏旨；第五十章，私铸铜钱；第五十一章，诈假官；第五十二章，诈教诱人犯法；第五十三章，犯奸；第五十四章，纵容妻妾犯奸；第五十五章，亲属相奸；第五十六章，诬执翁奸；第五十七章，官吏宿奸；第五十八章，居丧及僧道犯奸；第五十九章，良贱相奸，买良为娼；第六十章，拆毁申明亭；第六十一章，失火；第六十二章，扮做杂剧；第六十三章，捕亡；第六十四章，因应禁而不禁；第六十五章，陵虐罪囚；第六十六章，老幼不考讯；第六十七章，有司决囚等第；第六十八章，检验尸伤不以实。

第七卷，工部（Tribunal suprême des Travaux Publics）。第一章，造作不如法；第二章，织造违禁龙凤段匹；第三章，盗决河防；第四章，侵占道路。

这部法文的《大清律例便览》大部分是按照《大清律例》的体例编辑的，只是第四卷"礼部"取自《大清通礼》和《大清会典》两部关于礼仪的律例。

鲍来思的《大清律例便览》完成于光绪十七年（1891），不知为何光启社"汉学丛书"编辑部拖延了三十二年，且在他逝后的三十年才出版。这部著作受到西方法学界的格外关注，《大清律例》是旧时代世界上最全面、最完备的法律。在香港，这部法律对华人使用到1997年英国人交出管辖权。

"康治泰"这个名字多见于中国近代史料，他的某部著作提到，从同治六年（1867）到光绪十五年（1889）扬州天主教的育婴堂共收两千四百一十四名婴儿，其中受洗后不久死亡者达一千零三名，死亡率超过百分之四十一。康治泰原本是想说明育婴堂条件艰苦，需要教区和社会慈善组织的财务支持，但是他提供的数据后来成为帝国主义在华犯下滔天罪行的证据。

康治泰（Domin Gandar，1829—约1909），字福民，法国人，1862年入耶稣会，同治三年（1864）来华，同治十二年（1873）晋铎，曾任扬州、镇江、佘山、芜湖本堂。他所著《天主教在浦东》《江南传教区的本土神职班》等书均有史料价值。由于他常年在润扬地区传教，对扬州运河有着抹不去的情感和直观了解。借行教之便，他完成了一部讲述大运河历史和现状的著作 Le Canal Impérial：étude historique et descriptive（《帝国的运河》），为"汉学丛书"第四种，光绪二十年（1894）出版。

《帝国的运河》分为八章：第一章"总论"，第二章"古老的帝国运河"，第三章"帝国的新运河"，第四章"明运河的维护"，

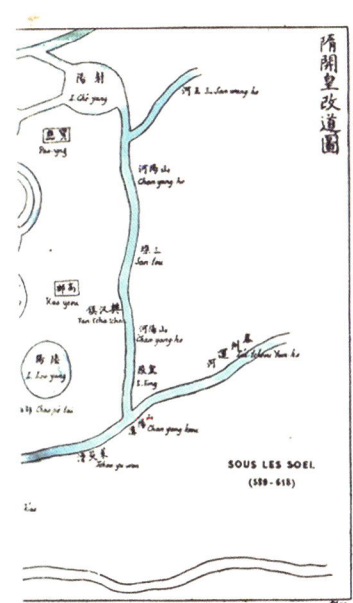

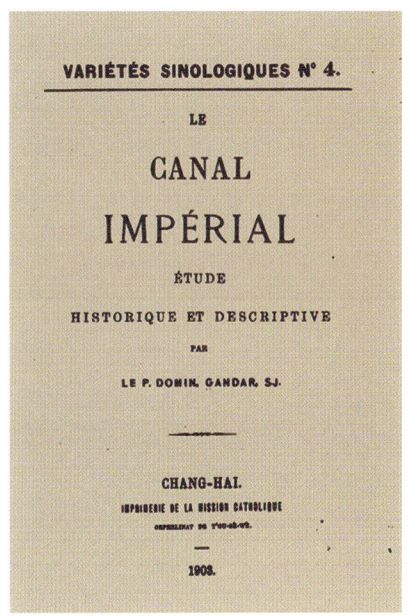

Le Canal Impérial：étude historique et descriptive
帝国的运河（封面和插图）
[法] 康治泰 著
法文
八卷 一册
"汉学丛书"第四种
土山湾慈母堂
清光绪二十年（1894）初版
清光绪二十九年（1903）排印
铅印本 纸本 平装
开本：25×17（cm）
78 页
地图 17 幅

第五章"清运河的维护",第六章"运河现状",第七章"货运",第八章"客运航线"。附有十七幅手绘设色地图。

康治泰在序言里动情地写道:

> 聪明智慧的能工巧匠们,打造了这条帝国贡运的新河道;古往今来,河水居高而落,何见扶摇直上。欧洲的运河在她面前黯然失色。啊,这是一个十几代人完成的恢宏巨作!她是划时代的工程;她的开通使千千万万人聊以生存!她的开通让数以千计官员失去顶戴花翎,这又能根治腐败丛生否?六十年的乾隆王朝彻底改造大运河,但是她远远不会是终结。与命运搏斗的人民决不会放弃自己的事业,千百次地重新开始,永不停息。

东西来去（续三）

> 我要请读者同情这些人民，祈祷上帝拯救他们。他们蒙蔽在异教的黑暗中茫茫数千年，从没有看到一线基督教的光明。
>
> ——利玛窦

参与"汉学丛书"的多为洋人,也有几位华籍耶稣会士学者借助这个学术平台,向欧洲人介绍中国的思想和文化传统。他们的著作,相比洋人的来说,摒弃了猎奇成分,较有深度,便于读者了解中国人自己的见解。

土山湾印书馆在光绪八年(1882)出版过黄伯禄中文的《契券汇式》(*De Legali Dominio*),黄伯禄又在光绪二十三年(1897)为"汉学丛书"把此书改写为法文本 *Notions techniques sur la propriété en Chine, avec un choix d'actes et de documents officiels*,对中国契券形式及法律问题作了进一步探讨。

黄伯禄的这部研究中国房产和地产契约的法文专著,非常详细地分析和记述了中国契约的格式、条款、签字画押等特殊形式以及出卖人、购买人、居间担保人(中证、保揽、保正、代笔)作用的体现。

第一部分"操作性研究",包括"相关人员各种称谓""置业转移的各种形式""置业转移的登记备案""帝国的岁入""销售契约的确认""地下和地面""区位和建筑物""地籍官册""上海租界地""各类定价或评估机构""规银""面积单位""重量单位""长度单位""公滩尺"等十九节。有五个附录,介绍中国人在契约数字上的特殊写法。

第二部分"凭证范本和官方文件",包括"法国传教士买地章程""活卖田文契""加找田价文契""加绝卖田文契""叹气据""活顶田面文契""加绝田面文契""典当田房正契""加绝永卖田房文契""情借据""杜绝田宅文契""捐助堂基据""推户据""会租据""认田据""佃约""租䜣""赁房文契""召票""上海法国租界道契式""上海英国租界道契式"等。

置产契约是中国历史上一种不同于世界各国的财产保证法律形式的契约,分为官契和民契两种,内容和形式丰富多样,既有

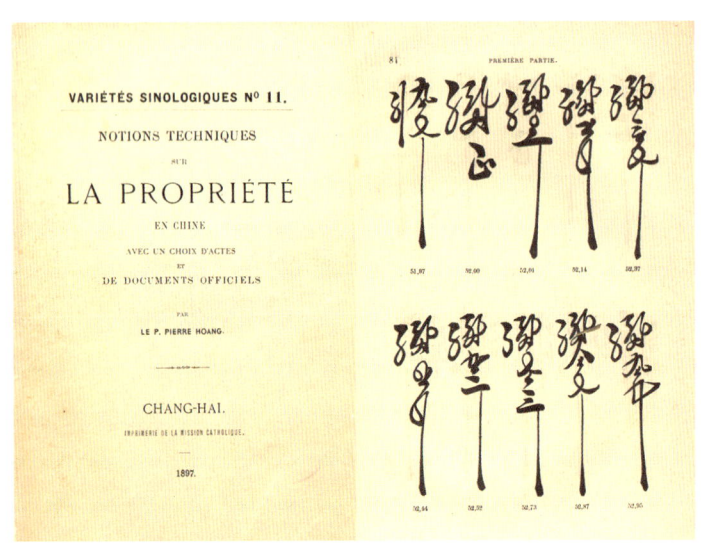

Notions techniques sur la propriété en Chine, avec un choix d'actes et de documents officiels
契券汇式(封面和内页)
〔清〕黄伯禄著
法文
两篇 一册
"汉学丛书"第十一种
清光绪二十三年(1897)
土山湾慈母堂排印
铅印本 纸本 平装
开本:25.5×16.5(cm)
198页

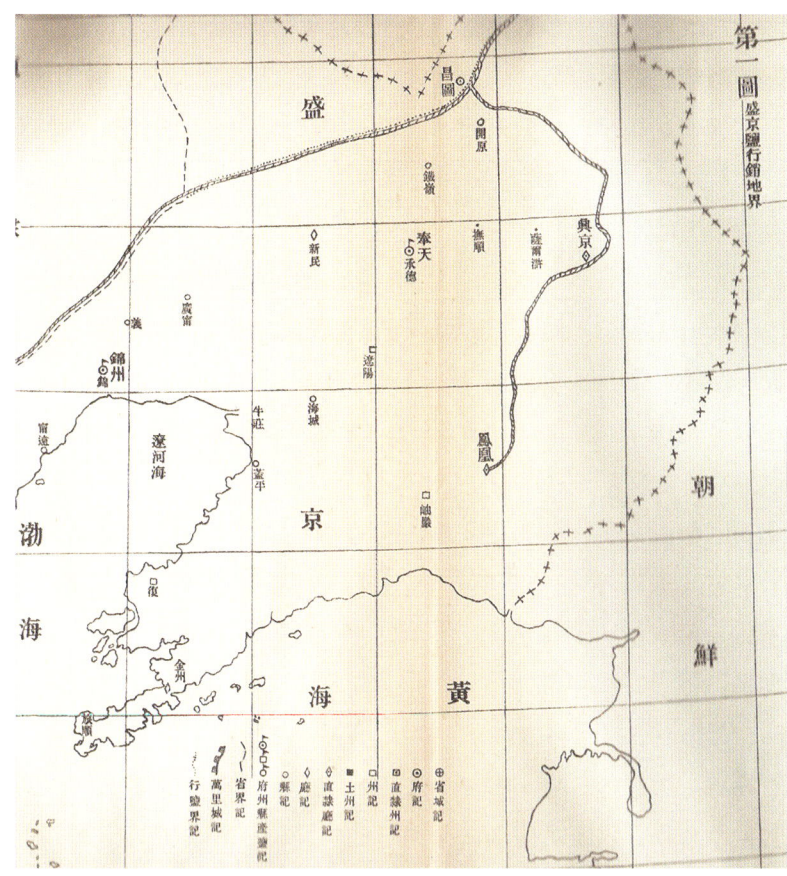

Exposé du Commerce Public du Sel
官盐论（封面和地图）
〔清〕黄伯禄撰
法文
三节 一册
"汉学丛书"第十五种
清光绪二十四年（1898）
土山湾慈母堂排印
铅印本 纸本 平装
开本：24×16（cm）
15 页
地图 14 幅

含有"官定民约"的中国法定法律文件，也有体现"乡规民俗"的传统的习惯契约形式。从这些"契书"里，可以了解许许多多中国历史课题，比如中国的改朝换代对民间财产的处理态度，中国民间的契约精神保障、实现和处罚等，其多为中国历史研究的空白。

"汉学丛书"第十五种选辑的是黄伯禄的 *Exposé du Commerce Public du Sel* (《官盐论》)，出版于光绪二十四年（1898）。在这本信息量很大的小册子里，黄伯禄分三节介绍了中国盐铁官营史、官盐专卖分区、盐政管理体系、买卖私盐的处罚等问题。据黄伯禄研究，西周周公摄政于洛、春秋战国管仲治齐国、秦朝李冰治四川的史实中，都有信息说明那时已经开始设立盐官；自汉代正式实行官营制度。

清代官盐专卖分十三个区：盛京盐、长芦盐、蒙古盐、山东盐、两淮盐、两浙盐、福建盐、广东盐、河东盐、陕西盐、甘肃盐、四川盐、云南盐。黄伯禄相应地绘制了十三幅《行销地界图》。

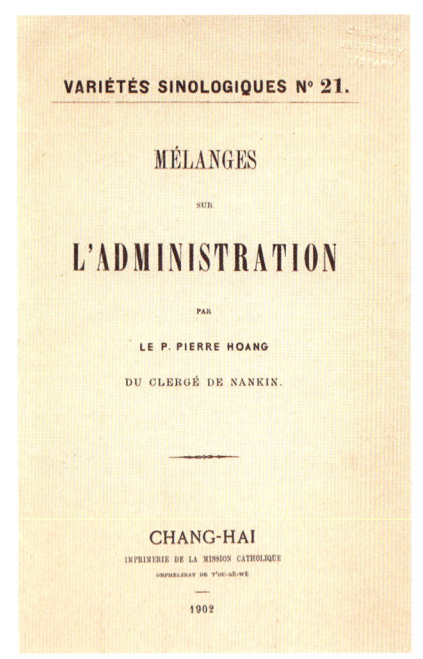

Mélanges sur l'administration
大清会典（封面）
〔清〕黄伯禄编撰
法文
十一章　一册
"汉学丛书"第二十一种
清光绪二十八年（1902）
土山湾印书馆排印
铅印本　纸本　平装
开本：23.5×16（cm）
233 页

盐政管理设立十四种衙门：总理盐政、盐运司、盐道、运同、监掣同知、运副、盐提举、运判、盐经历、盐课大使、批验大使、运库大使、盐知事、盐巡检。清代对关乎国计民生的食盐运销管理很严苛，《大清律例》《嘉庆会典事例》《同治户部则例》对此都有清晰规定。

光绪二十八年（1902）土山湾印书馆把黄伯禄的 *Mélanges sur l'administration*（《大清会典》）列入"汉学丛书"第二十一种出版。作者主要根据《东华录》《嘉庆会典事例》《皇朝文献通考》《学政全书》《大清律例》等当朝典籍，向西方人系统介绍中国行政管理架构和体系。

这部法文著作分为十一章。第一章"皇帝、皇后、妃妾，皇子承继体系"：从皇太极努尔哈赤讲到光绪载湉，涉及历代皇帝、皇后、皇太后、太皇太后、贵妃、贵人、嫔，还有亲王、郡王、贝勒、贝子等。第二章"官吏"：内务府、军机处、中书科、六部、都察院、理藩院、大理寺等，列表详细说明地方机构和官员的设置。第三章"宝玺和官印"：细数了皇帝宝玺二十五枚，皇族宝印八枚，以及各府部、关防等的官印，列表说明其印文、质地、寸分、纽式、语言和应用范围。第四章"官印使用规则"：接印、开印、封印等。第五章"官员奖惩"：加级、记录、加衔、笞杖、俸银、养廉银等。第六章"救护日月食"。第七章"敕诰"。第八章"八旗"。第九章"奴婢和雇工"。第十章"罪人"。第十一章"朱熹及宋明理学"：概述朱熹、周敦颐、邵雍、张载、程颢、程颐、陆九渊、王守仁等人的理学对中国行政典章形成和完善的影响。

黄伯禄为《大清会典》整理了十四则附录："皇帝和皇室成员名称""内府官员名称""朝臣名称""府院官员名称""宫廷宿卫职名""翰林官员职名""京城巡防职名""外省官员名称""外省漕盐学正职名""外省次级官职""司祭职名""统军职名""校尉职名""荣誉头衔"。

总体来说，《大清会典》简洁明了，对于西方人了解中国几千年形成的庞大的行政管理架构非常有用，与鲍来思的《大清律例便览》一样，在西方思想文献潮涌般介绍到中国的年代，也同样把中国典籍译介到西方。国人往往忽略了这种"东西来去"的双向历史过程，倘若站在历史的高地重观这些思想文化流动的脉络，基于事实的研究是有文章可作的。

黄伯禄神父被编入"汉学丛书"的法文著作还有：*Le mariage chinois au point de vue légal*（《中国婚姻律》）、*Catalogue des tremblements de terre signalés en Chine*（《中国大地震目录》）、*Concordance des chronologies néoméniques chinoise et européenne*（《中西历日合璧》）、*Mélanges sur la chronologie chinoise*（《中国纪元杂论文集》）、*Catalogue des éclipses de soleil et de lune*（《日月蚀考》）。

徐劢神父也有三部著作被纳入了"汉学丛书"：*Pratique des examens littéraires en Chine*（《中国文科举制度》）；*Pratique des examens militaires en Chine*（《中国武科举制度》）；*Notice histoirique sur les t'oan ou cercles du Siu-tcheou fou, Particullièrement sur ceux du district de Ou-toan*（《徐州府湖团事件史料，特别是五段地区》）。

《中国文科举制度》，"汉学丛书"第五种，光绪二十年（1894）出版，分为四卷：

第一卷"乡试"。第一章"概述"，作者从童生童试说起，介绍了投考、应考、昌考、扣考、进场、下场、观场、出场、净场等科考的大致流程。第二章"乡试前阶"，这里讲的科举考试的"前阶"，指的是科考的律法，用现在的话说叫作"科考的游戏规则"。《大清律例》规定，对于科考作弊者，处罚从笞杖、流放，直至斩立决；具体规定了考生的丁忧、名号、户籍、考题回避等问题的处理规则。第三章"县考"，介绍了考场程序：唱名、发卷、首题、次题、后题、缮写、避讳、缴卷、弥封、正场、复试、补考。第四章"府试"。第五章"院考"，从作者的介绍可了解，清代科考作弊手段也花样百出：移席、换卷、丢纸、说话、顾盼、搀越、抗拒、吟哦等。第六章"发榜"，包括雀顶、蓝衫、金花、捷报、谒圣等。第七章"岁考"。第八章"会考等级"：廪生、增生、附生、恩贡、拔贡、岁贡、副贡、优贡、监生、荫生。第九章"科考"，作者归列了中国科考的十十个阶段，或者说步骤。

第二卷"会试"。第一章"概述"，考场官员设置：受卷官、弥封官、誊录官、对读官；考卷：墨卷、草稿、誊真、朱卷；生分：旗卷、民卷、官卷；生额：官生、恩科、加额，清代或有满字号、合字号、夹字号、贝字号、南皿、北皿、中皿等。第二章"贡考前阶"：卖卷厂、收卷局、上马宴、宾兴宴、显轿、龙门、蹋场等。第三章"贡考"：考场三路，点名定式；题纸、添注、涂改；放牌、草稿、誊真；犯贴、越幅、曳白、污卷、漏写、挖补；墨义、帖经、策问等。第四章"弥封"：草榜、发榜，题名录、乡试录、龙虎榜等。第五章"宗室"。

第三卷"殿试"。第一章"科举分级"：秀才、举人、进士。第二章"会考"。第三章"殿试"：阅卷大臣、覆勘大臣、读卷官、受卷官、弥封官、收掌官、印卷官、填榜官；黄榜、金榜、甲榜；一甲、二甲、三甲；状元、榜眼、探花；恩荣宴、金榜题名。第四章"朝考"。

第四卷"附录"，包括：一、翻译，翻译秀才、翻译举人、翻译进士；二、《熙朝鼎甲录》，记录了从顺治三年（1646）至光绪二十年（1894）一百零八榜、三甲七百四十八人名录，以及他们的籍贯和任职情况。

伯愚先生在序言里说明撰写这部著作的初衷：

在中国居住过一段时间的外国人都知道这个帝国有科举制度，中国文人通过乡试、贡试、殿试可以

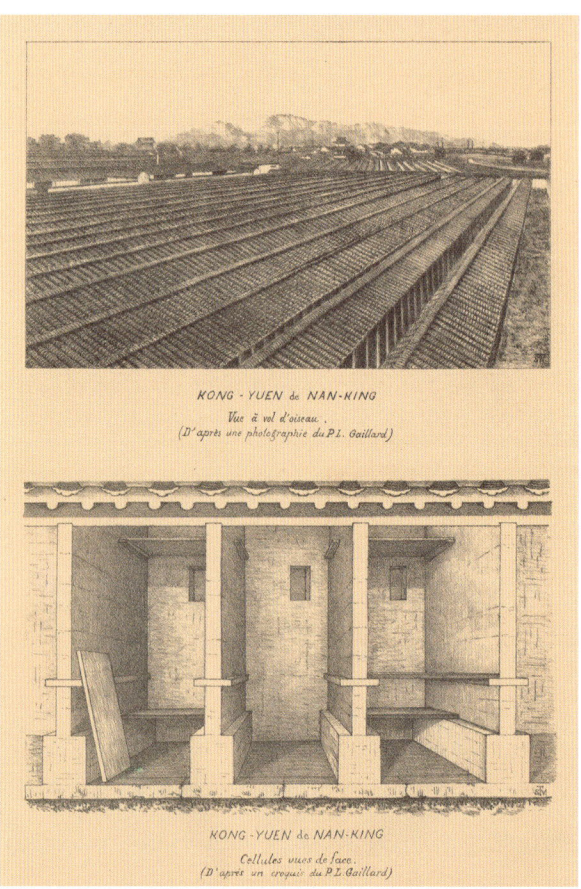
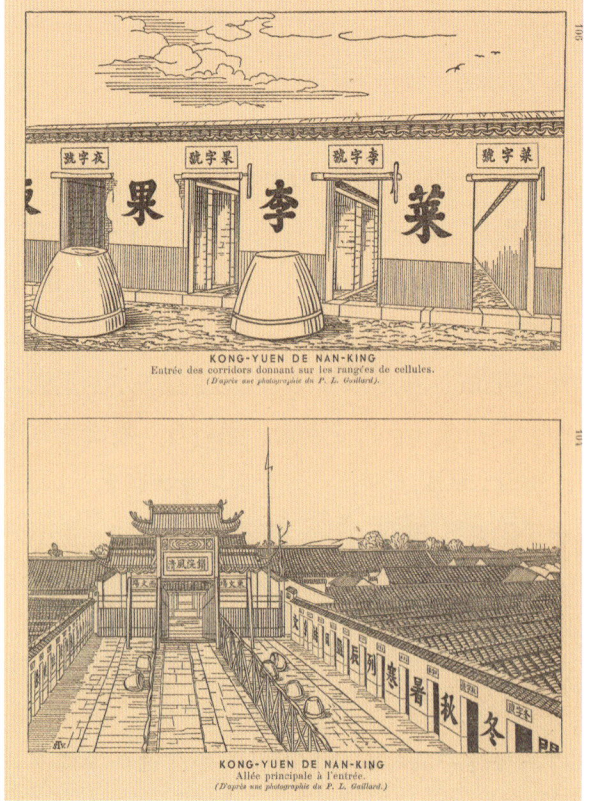

Pratique des examens littéraires en Chine
中国文科举制度（封面和插图）
〔清〕徐励著
法文
四卷 一册
"汉学丛书"第五种
清光绪二十年（1894）土山湾慈母堂排印
铅印本 纸本 平装
开本：24.2×16（cm）
278 页
插图 41 幅 地图 2 幅

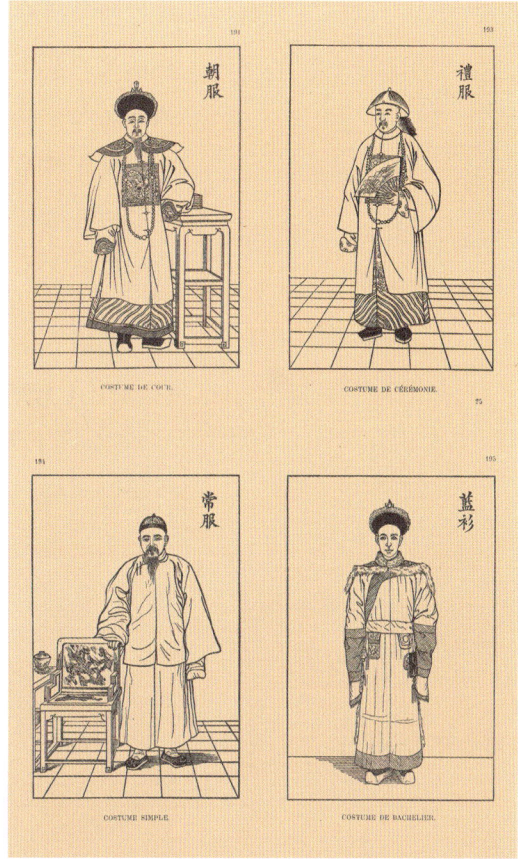
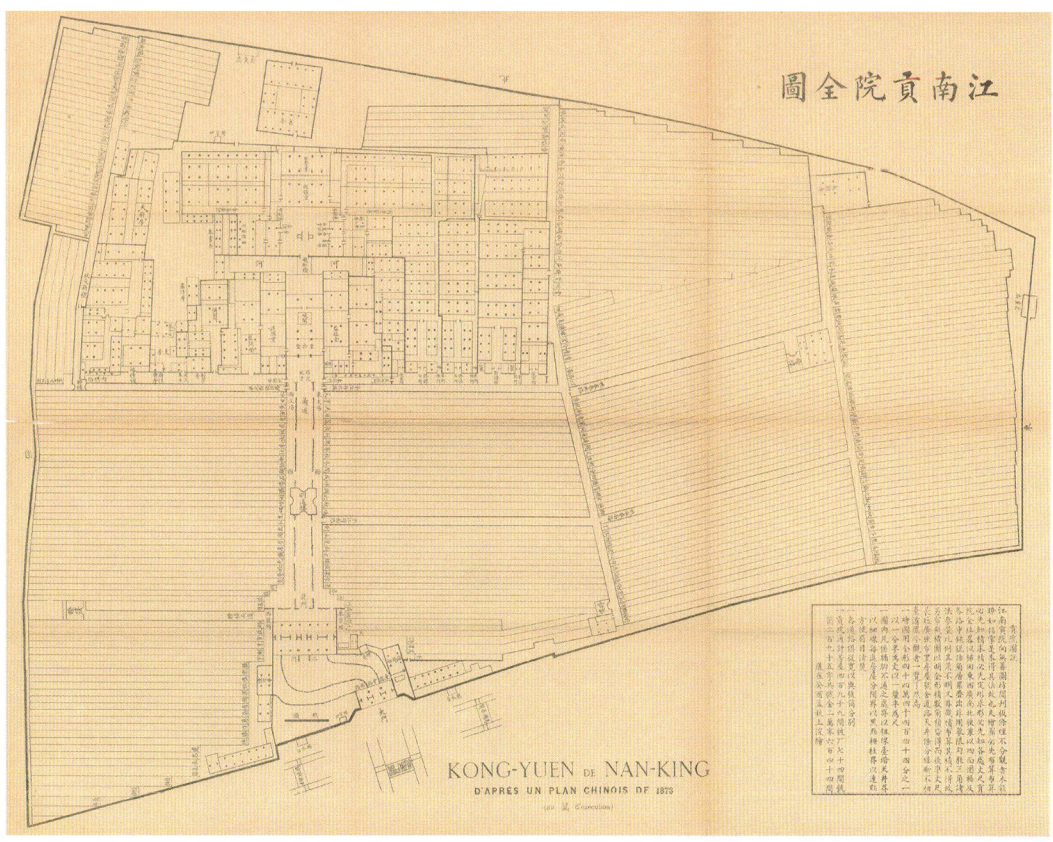

获得相应的等级身份。但是很少有人了解在这个东方国度,文科举制度的具体实施有很大不同。究其细节,一言难尽。那些渴望拥有文人等级的中国人,必须通过科举考试获得,其规则错综复杂,操作参差错落,用一种概念很难准确概括这种考试。我写这本书的目的仅仅是说明,在不同情况下、在不同阶段,科举考试的知识和脉络……

伯愚先生还为《中国文科举制度》准备了四十一幅插图和两幅地图:《紫禁城全图》和《江南贡院全图》。

《中国武科举制度》,"汉学丛书"第九种,光绪二十二年(1896)出版,分为三卷。

第一卷"会考"。第一章"概述",介绍了中国武科考试过程、

Pratique des examens militaires en Chine
中国武科举制度(封面和插图)
〔清〕徐劢撰
法文
三卷 一册
"汉学丛书"第九种
清光绪二十二年(1896)
土山湾慈母堂排印
铅印本 纸本 平装
开本:24×16(cm)
131页 插图46幅

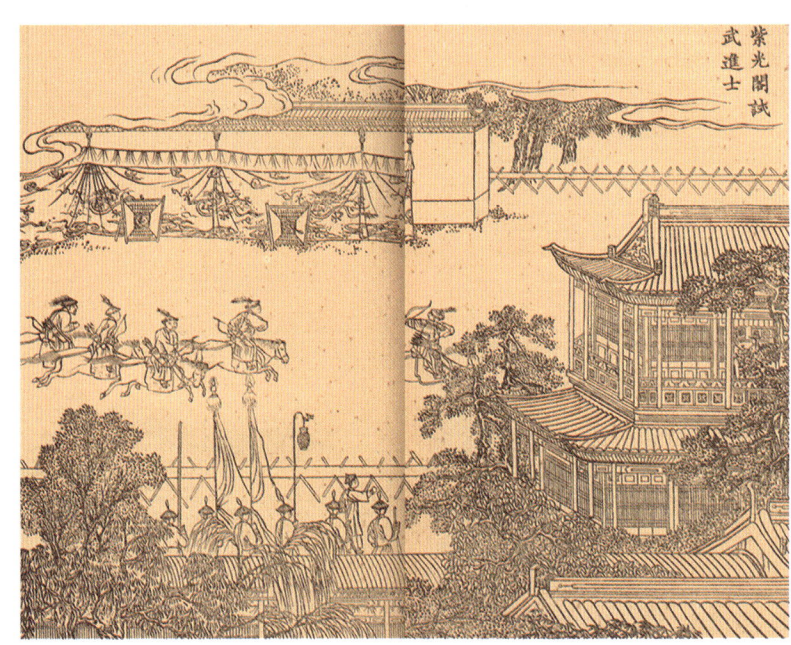

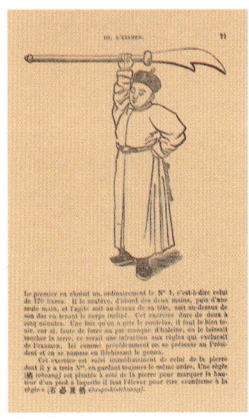  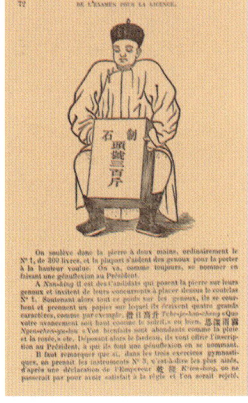

内容，特别介绍了中国式弓箭。第二章"武县考"。第三章"武府考"。第四章"武院考"。第五章"武岁考"。

第二卷"武生"。第一章"概述"，通过基层考试者获得武生资格，也叫武秀才。第二章"录道"。第三章"武考"。第四章"考后"：弥封、龙虎榜、武题名录、鹰扬宴等。

第三卷"武状元"。第一章"概述"。第二章"武会试"。第三章"武殿试"；殿试后有午门题榜、长安门榜棚、授武职衔、上表谢恩、会武宴。

近代以来，关于中国文科举制度的研究比较多，而有关武科举制度的著述比较少，究其原因，"文举"是科举制度的主流，"武举"仅仅是伴生产品，被视为"杂途"。徐劢先生在序言里有这么一段话，阐明他的见解：

> 与欧洲不同，欧洲知识分类有文学、法律、数学、物理、自然科学等，而中国的知识分类是"文"和"武"，便有与此对应的这两类考试……无法回避的事实是，在中国习武之人没有文化，社会地位往往得不到认可；若不通过有关考试，则受人讥讽和嘲笑。我并不是要为武科举制度辩护，只是想说明存在就是合理的。热兵器出现以前，体力是武人最大的本钱，战斗时起着主要作用。然而倘若仅凭雄武征服世界，今日统治中华帝国的或不是满清，更可能是罗马人了。

> 或许我们还应该说，当体力和弓箭在战斗中失去优势后，掌握步枪和大炮的使用技能比"武举"考试获得职衔重要得多。我并不想否认一切，或许这是统治之需。我只是讲因循守旧，死路一条，今日所见便是其最终结局。

徐劢神父交代，他撰写这两部著作的主要参考文献是《大清会典》《大清律例》《学政全书》《科场条例》。他对清代科举制度和操作实践的介绍，详细程度超出现今的一些著作。让西方读者多少感到有点遗憾的是，他们从徐劢神父的著作里，全面而具体地了解到的这个曾备受他们推崇的制度，已经是过去式了。

张璜（Mathias Tchang，1852—1929），字渔珊，江苏川沙（今属上海）人，教名玛弟亚，光绪十九年（1893）入耶稣会，光绪三十四年（1908）晋铎，徐家汇天主教堂神父，他的名字常常出现在土山湾孤儿院史料里，后任徐汇藏书楼中文部主任。渔珊先生的历史著作主要是《欧亚纪元合表》《徐汇纪略》《萧梁陵墓考》。

Synchronismes Chinois, *Chronologie Complète et Concordance avec l'ère Chrétienne*（《欧亚纪元合表》）中文版出版在先，法文版在后，中文版于光绪三十年（1904）由土山湾慈母堂出版，法文版于光绪三十一年（1905）由土山湾孤儿院印刷所付梓。法文版原书有副题"中西完备纪元表，含远东历史重要年号（中国、日本、高丽、安南、蒙古等，迄自公元前2357年至1904年）"。法文版列"汉学丛书"第二十四种。

法文版有张璜光绪二十九年（1903）写的"导言"。前例比较复杂，中文版与法文版排列也不太一样，有"引用书目"、"欧亚纪元韵府"（包括"年号首字标韵"和"年号首字检韵"）、"拟议不用年号"、"干支别

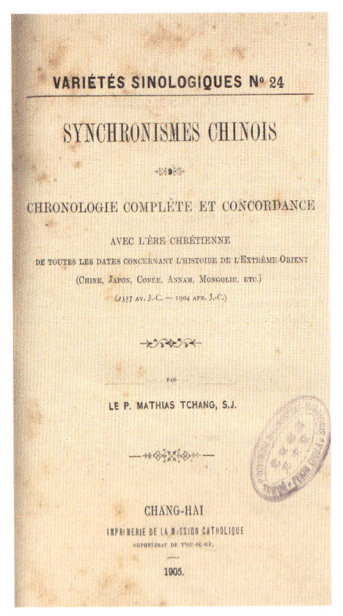 

Synchronismes Chinois, Chronologie Complète et Concordance avec l'ère Chrétienne
欧亚纪元合表（封面和扉页）
〔清〕张璜著
中文　法文
不分卷　一册
"汉学丛书"第二十四种
土山湾慈母堂排印
中文版清光绪三十年（1904）
法文版清光绪三十一年（1905）
铅印本　纸本　硬精装
开本：25×16.5（cm）
530页

名"。后例"天下大事纪元表"，包括"正统帝王"和"列国君主"。中文版除了上述内容外，还有"凡例""年号补遗""六十周甲图"，而正文标题用"三元甲子编年表"。

其中"干支别名"对现在读者来说较陌生，但饶有趣味，遇疑可查此书。

【天干】阏逢（甲），旃蒙（乙），游兆（丙），柔兆（丙），强圉（丁），徒雒（戊），祝犁（己），上章（庚），尚章（庚），重光（辛），横艾（壬），昭阳（癸），尚章（癸）。

【地支】困敦（子），赤奋若（丑），摄提格（寅），单阏（卯），执余（辰），屠维（巳），大荒落（巳），敦牂（午），协洽（未），涒滩（申），作噩（酉），阉茂（戌），大渊献（亥）。

【月份】太簇月（一月），夹月（二月），桐月（三月），乏月（四月），仲夏（五月），瓜月（七月），西秋（八月），杪秋（九月），上冬（十月），子月（十一月），大吕月（十二月）等。

还有其他用法：乙夜（晚上十点），上澣（每月上旬），下浣（每月下旬），天腊（一月初一），月夕（八月十五），冬住（十二月二十一），朱明（夏天），朏日（每月第三日），耗磨（每月第十六日）等。

《欧亚纪元合表》在"列国君主"里，把中国描绘成万国来朝的"中央帝国"，给人感觉似乎从古至今，中国周边各国多为其藩国。当然这不是渔珊先生本意，但是为史学研究留下很有价值的史料。

渔珊先生在书中详细考证了汉学家们历来有关历史年表的著作，比如柏应理康熙二十六年（1687）的 *Tabula Chronolojica Monarchiae Sinicae Juxta Cyclos LX*（《中华帝国甲子纪年表》）、傅圣泽[①]的 *Tabula Chronolojica Historiae Sinicae Connexas Cumcyclo Qui Vulgo Kia-Tse Dicitur*（《中国历史纪年与通称甲子对照表》，雍

---

① 傅圣泽（Jean-François Foucquet，1665—1741），字方济，法国人，1681年入耶稣会，教授哲学、神学、古典学、数学。康熙三十八年（1699）来华，初在福建和江西传教，后居北京，康熙五十九年（1720）返欧洲述职。逝于罗马。还著有 *Tabula Chronologica Historiae Sinicae*（《中国历史年表》）等。

正六年〔1728〕），以及冯秉正、宋君荣、包梯爱①、钱德明、晁德莅等前辈的同题材的相关著作，并校点了这些年表中的错误。

民国元年（1912）出版的"汉学丛书"第三十三种是张璜神父的 Tombeau des Liang, Famille Siao（《萧梁陵墓考》）。

"旧国多陵墓，荒凉无岁年"。居金陵，多伤感。与方殿华神父经历和志趣相同，渔珊先生光绪二十七年（1901）客居南京，丽日偕友，履步青山，品察古迹。他对南京及周围句容、丹阳等地的萧宏墓、萧秀墓、萧憺墓、萧景墓、萧正立墓等十二处南梁陵墓尤有兴趣。他大量引据古代文献，缕析中国历史中萧氏大姓的来龙去脉，讲述南梁王朝的盛衰兴废，重点借考据位于江苏丹阳的梁文帝萧顺之陵墓，系统地介绍中国丧葬文化的丰富内涵。渔珊先生研究南梁的历史著作没有完成，"汉学丛书"出版的《萧梁陵墓考》只是他构思作品的第一部分 Siao Choen-Tche（《萧顺之》）。

萧顺之，南梁太祖、梁文帝，字文纬，谥号懿。其子萧衍，梁武帝，字叔达，庙号高祖，开创南梁。钱穆先生讲："独有一萧衍老翁，俭过汉文，勤如王莽，可谓南朝一令主。"②萧衍笃信佛教，倾注大量精力研究佛学，著有《涅槃》《大品》《净名》《三慧》等数百卷佛学著作。他在经史、歌赋方面颇有成就。他曾主持编撰了六百卷的《通史》，自负地在臣下面前夸口："我造《通史》，此书若成，众史可废。"（《梁书·萧子恪》）他是南梁"竟陵八友"之一，现存诗歌有八十多首，推崇乐府诗，有《江南上云乐》和《江南弄》。他在书法、音乐、绘画、棋艺上也有建树。唐代名臣魏徵讲萧衍："布德施惠，悦近来远，开荡荡之王道，革靡靡之商俗，大修文教，盛饰礼容，鼓扇玄风，阐扬儒业，介胄仁义，

Fei-long ma sur le tombeau de Ou San-se des T'ang p. 66

Tombeau de Siao King : lionceau, couronnement, inscription à caractères inverses, cordage, sculptures,

Tombeau de Siao Tsi à Che-che kan, près de Kiu-yong. p. 99.

Tombeau des Liang , Famille Siao
萧梁陵墓考（插图）
〔清〕张璜撰
法文
第一卷七章　一册
"汉学丛书"第三十三种
民国元年（1912）土山湾印书馆排印
铅印本　纸本　平装
开本：26×16.5（cm）
108 页
插图 26 幅　地图 1 幅

---

① 包梯爱（Jean-Pierre Guillaume Pauthier，1801—1873），法国汉学家，作品有 La Doctrine du Tao（《道教学说》，1831）、La Chine（《中华帝国》，1837）、Le Tao-te-king（《道德经》，1838）、Les Livres sacrés de l'Orient（《东方圣典》，1840）、Confucius et Mencius（《孔孟之道》，1841）、Dictionnaire étymologique chinois-annamite-latin-français（《汉语—安南语—拉丁语—法语的词源词典》，1867）等。
② 钱穆：《国史大纲》，商务印书馆 1996 年版，第 56 页。

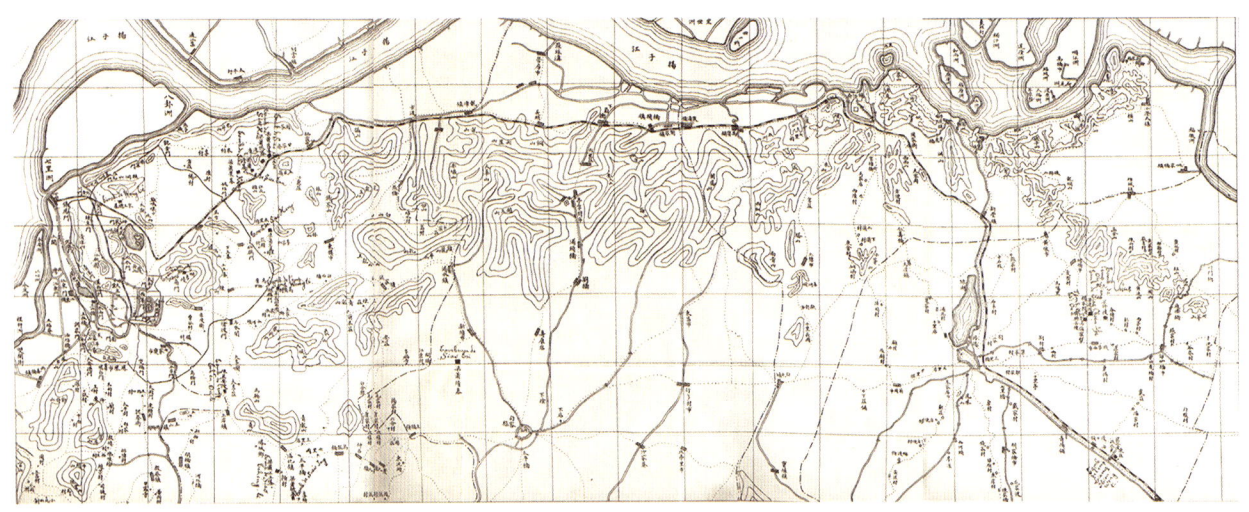

金陵陵墓分布地图

折冲樽俎，声振寰区，泽流遐裔，干戈载戢，凡数十年，济济焉，洋洋焉，魏、晋以来，未有若斯之盛。"（《梁书·敬帝》）

《萧梁陵墓考》分为七章：第一章"南京建都各朝总表"，第二章"南京历朝古陵墓全图"，第三章"梁朝简史"，第四章"萧氏溯源及至梁朝"，第五章"萧梁封王总表"，第六章"梁代萧氏陵墓表"，第七章"萧顺之"。

前六章是铺陈，第七章"萧顺之"是重点，分十五节：第一节"萧顺之生平"；第二节"孝子梁武帝"；第三节"复原的陵墓建筑群"；第四节"地方志记载萧顺之墓况"；第五节"考古学家考定萧顺之墓况"，渔珊先生列举了欧阳修《宋文帝神道碑》、陆游《入蜀记》、莫有芝《梁建陵阙》以及《镇江志》《丹阳志》等文献或碑记；第六节"遗迹区位"；第七节"龟驼碑"；第八节"麒麟"；第九节"圆柱和基座"；第十节"圆柱：瓜棱式，阙式，承露盘式"；第十一节"反写铭文"；第十二节"碑文"；第十三节"神道"；第十四节"神道碑，墓志铭，墓冢，墓饰雕纹"；第十五节"结论"。书后附《金陵陵墓分布地图》一幅。

渔珊先生在序言里说："这部著作是在尊敬的夏鸣雷神父的督促下潜心十年研究完成的作品。我们这些人做了自己最应当做的事情，会如同碑铭那样被人们铭记千秋。"《萧梁陵墓考》一书在中国考古和地方历史研究领域是划时代的作品，得洋神父青睐和鞭策鼓励，又幸逢"汉学丛书"徐图征进。作者十年寒窗的砥砺之作，至今仍为同课题难于超越的学术精品。

民国十九年（1930）土山湾印书馆出版李卓的中文节译本，

书名《梁代陵墓考》。此译本简化了有关萧梁一般性史述。考古学家卫聚贤①作序,书后有叶恭绰②撰写的跋文。尤为重要的是,增补了两幅渔珊先生于光绪二十七年(1901)绘制的《南京附近历代陵墓图》,地图右上有张璜先生撰写的图记:

璜不敏,酷嗜古迹,侨寓金陵二年有余。公余之暇,每与二三同志四出访求。归后证以《通鉴纲目》《陵寝备考》,府县志、金石等书,将八代陵墓汇作一表,书明某陵在某县某处,其不知实在处所者,亦列陵名,以俟后之博雅君子匡所不逮云。

光绪辛丑孟夏之月,铁沙张璜渔珊识

"南朝四百八十寺,多少楼台烟雨中"。稽考南梁陵墓和萧氏历史是张渔珊先生未竟之业,他在书中说:"倘若再有余暇,当会秉史学方法研究萧宏、萧秀、萧憺、萧景、萧暎及萧赜墓园之所藏而未尽者。"

"汉学丛书"第六十三种 La philosophie morale de Wang Yang-Ming(《王阳明的道德哲学》),原书有中文书名,作者是耶稣会华籍学者王昌祉。

《王阳明的道德哲学》是一部用法文撰写的论述明代哲学家王阳明"心学"的学术著作,第一章"中庸和人",第二章"良知之在人心",第三章"良知概念",第四章"致良知",第五章"知行合一",第六章"良知学说和良知本体的流行概念",第七章"知

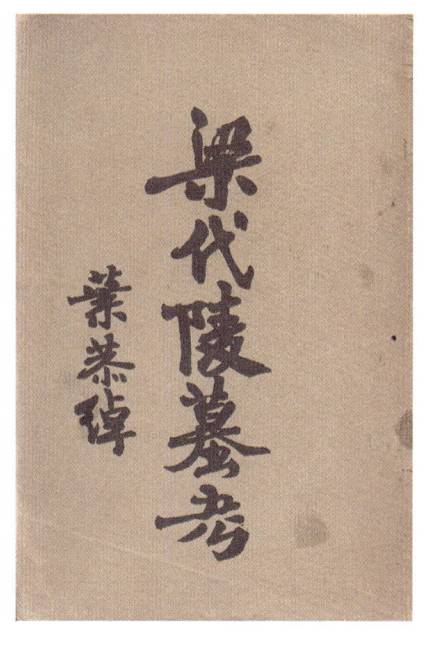

梁代陵墓考(封面)
〔清〕张璜撰　李卓译
七章　一册
民国十九年(1930)土山湾印书馆排印
铅印本　纸本　平装
开本:18.5×12.8(cm)
44 页
插图 35 幅　地图 3 幅

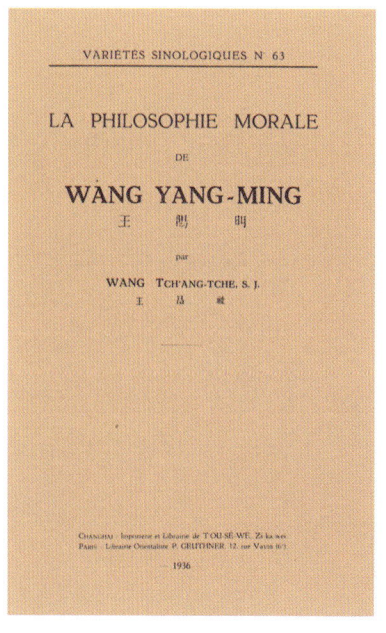

La philosophie morale de Wang Yang-Ming
王阳明的道德哲学(封面)
王昌祉著
法文
八章　一册
"汉学丛书"第六十三种
民国二十五年(1936)
土山湾慈母堂排印
铅印本　纸本　平装
开本:25.3×16.7(cm)
248 页

---

① 卫聚贤(1899—1989),字怀彬,山西万泉人,历史学家、考古学家,民国十六年(1927)毕业于清华国学研究院,师从梁启超、王国维。执教暨南大学、中国公学等,民国十七年(1928)任南京古物保存所所长,1950 年后居台湾、香港等地。
② 叶恭绰(1881—1968),字誉虎,广东番禺人。京师大学堂毕业。民国后,历任路政司司长、交通部次长、部长等职。中华人民共和国成立后,为北京中国画院(现名北京画院)首任院长。

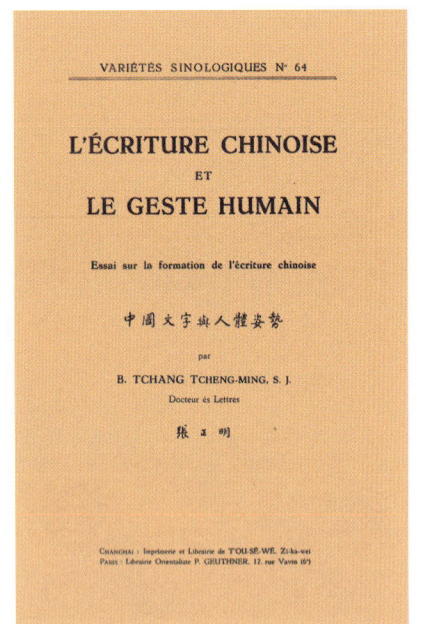

L'écriture chinoise et le Geste Humain：
Essai sur la formation de l'écriture chinoise
中国文字与人体姿势（封面）
张正明著
法文
六章　一册
"汉学丛书"第六十四种
民国二十六年（1937）土山湾印书馆排印
铅印本　纸本　平装
开本：25.5×16.8（cm）
205 页

而不行，只是未知"，第八章"良知本体的完美和道德实践"。

这部著作学术性很强，别说洋人，就是中国人，倘若不了解中国哲学也未必看得明白。正因此，近年从国外回流的这部书，不管私藏还是馆藏，几乎都是崭新崭新的，有的毛边本尚没有裁口。

王昌祉（Wang Tch, ang-Tche，1899—1960），字叔若，笔名王石室，洗名若瑟；法文名 Silvestro Wang，英文名 Sylvester Wang。江苏松江（今属上海）人，早年就读徐汇公学，民国七年（1918）入徐家汇修道院，民国十年（1921）入耶稣会；曾去安徽休宁襄助传教两年，后在耶稣会文学院专攻中西文学，又在徐汇中学任职四年。他两次赴欧深造，民国十七年（1928）先后在英国泽西岛、法国里昂神学院学习；民国二十四年（1935）获巴黎天主教大学神学博士学位，为中国神父中得此学位的第一人；次年又获巴黎大学文学院哲学博士学位。民国二十六年（1937）初回到上海，晋铎；后担任光启社副社长兼主笔、《圣心报》副主编、耶稣会文学院和神学院中文系主任、震旦大学公教青年会指导司铎等职。民国三十六年（1947）在震旦大学文学院中文系教授拉丁文。民国三十八年（1949），他奉命率耶稣会文学院和初学院修生五十人前往菲律宾，后转赴台湾，在台湾天主教机构担任神职，任教于台湾辅仁大学。

"汉学丛书"第六十四种《中国文字与人体姿势》和第六十五种《诗经中之对偶律》，法文著作，原书有中文书名，作者都是耶稣会华籍神父张正明。

《中国文字与人体姿势》还有副书名 *Essai sur la formation de l'écriture chinoise*，直译为《论中国文字的结构》。

作者认为，中国文字有六大功能：象形、指事、会意、形声、转注、假借。这六大功能是不可分的。人们创造文字的过程就是把自己的想象客观化的过程，人们记录自己的肢体语言，经年累月固化下来，就形成文字。文字的结构是人体姿势的模仿和表现。

第一卷"人体姿态与中国文字结构的姿态"：第一章"象形文字表现的姿态"，第二章"岩画文字表现的姿态"，第三章"复合文字的组合"。第二卷"汉文中表现的人体的姿态"：第四章"人体姿态"，第五章"拟人姿态"，第六章"固化和文字结构"。

Le Parallélisme dans les Vers du Cheu King,《诗经中之对偶律》。

《诗经》时代还未出现四声八韵之说，律诗也未诞生。然而，这并不等于古诗没有平仄，没有粘对。汉语的形式特点之一就是对称性。与此相应，汉族文化心理也有明显的对称均衡倾向。叠字的出现，便是适应这种文化心理要求，叠字形式是对称，语言也是一种对称。先秦诗歌平仄不很严格，但也采用美的形式、美的手段。其中，最常见的就是对偶句。叠字、对偶，都是为了满足对称均衡。叠字，本来就是一种修辞手段，《诗经》中的叠字，常常连用，并兼有反复、对偶、排比、顶真、对比、象征、递进、比喻、回文等辞格。这种叠字兼辞格现象，对于状物抒情具有相当重要的作用。

《诗经中之对偶律》是用法文撰写的讲中国文学的著作，似乎应该比讲哲学的要好懂些。其实不然，中国诗歌的对偶律恐怕用法文是说不清楚的，于是作者通篇引用大量中文汉字来说明，如此一来，这部著作除了汉学家，其他法国读者就不无抱怨了。

《中国文字与人体姿势》和《诗经中之对偶律》两部著作的作者张正明这个名字史载不多，其实，如果知道他的另一个名字张伯达，就会豁然开朗。张正明（Tchang Tcheng-Ming，1905—1951），教名伯达（Bède），生于江苏安定一个世代信奉天主教的大家族，自幼受到良好教育，学业成绩优异，据说很早就怀着终身"愈显主荣"的志向，中学毕业后，民国十四年（1925）入耶稣会。民国二十一年（1932）他被耶稣会派赴法国深造，民国二十六年（1937）获得巴黎大学文字学博士衔后回到中国。博士论文即《中国文字与人体姿势》。

民国二十九年（1940），张正明在徐家汇圣依纳爵大堂晋铎，同年秋，担任徐汇中学校长，民国三十二年（1943）晋铎。民国三十六年（1947）震旦大学新设文学院，张正明兼任院长。1951年，张正明因抵制"三自爱国运动"被捕入狱，同年11月死于狱中。

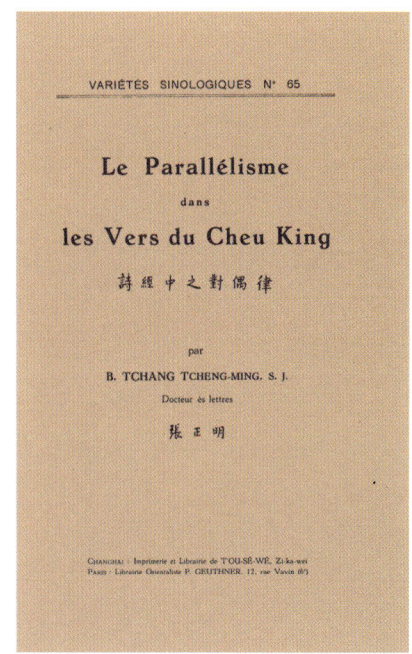

Le Parallélisme dans les Vers du Cheu King
诗经中之对偶律（封面）
张正明著
法文
三章　一册
"汉学丛书"第六十五种
民国二十六年（1937）土山湾印书馆排印
铅印本　纸本　平装
开本：25.3×16.7（cm）
100页

东西来去（续四）

> 在一千五百年长河里，这一民族几乎没有崇拜过偶像，他们所崇拜的就算是偶像，也不像咱们埃及人、希腊人和罗马人的偶像那么可憎。
>
> ——利玛窦

在土山湾印书馆出版的汉学研究著作里，法国耶稣会士禄是遒编著的 Recherches sur les superstitions en Chine（《中国迷信研究》）无疑是划时代的汉学巨作。

《中国迷信研究》在"汉学丛书"中占了非常大的分量，篇幅达四分之一强。清宣统三年（1911）开工，民国二十七年（1938）杀青，用了二十七年，差不多一代人的时间。《中国迷信研究》三卷十八册，共三千七百九十五页，有一千零二十四幅插图，大部分是彩色的。

第一卷 Les Pratiques Superstitieuses（"迷信活动"）。禄是遒说这一卷主要围绕异教徒从襁褓到坟墓的迷信行为。他走遍江南教区所辖的江苏和安徽两省，文中所说的迷信活动绝大部分是他的所见所闻，也有少量的是他的同事在其他省帮助他采集的。

第一册（页码：1—146。图码：1—65。宣统三年〔1911〕出版），第一章"诞生初时"："生前""初生""婴儿迷信""过关"。第二章"红事"："纳采""问名""纳吉""纳征""请期""亲迎""婚礼"。第三章"白事"："临终""死后""入殓""殡礼""纸马""买路钱"。第四章"送葬"："路引""血盆池""超度符"。第五章"祭奠亡者"："木主""叩拜亡人""祭荐亡人""纸钱""撞梵钟""纸房子""纸幡子""轮回""避煞""招亡""做斋打醮"。

中国人把结婚称为"红事"。红事的程序有：纳采、问名、纳吉、纳征、请期、亲迎。入新家：放炮竹，脚着鞍，拜祖位，夫妻互拜。"闹新房"是下流粗鄙的恶俗，三天里任何人都可以随意进新房，对新娘评头论足，满嘴下流话，没有廉耻。新娘不能拒绝，也不能躲藏，受尽折磨和羞辱。

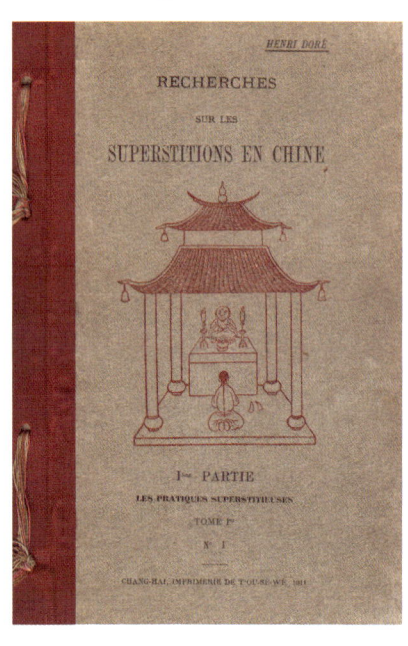 

Recherches sur les superstitions en Chine
中国迷信研究（封面和插图）
［法］禄是遒编著
法文
三卷十八册
铅印本　纸本　硬精装
清宣统三年至民国二十七年（1911—1938）
土山湾慈母堂排印
"汉学丛书"第三十二、三十四、三十六、三十九、四十一、四十二、四十四、四十五、四十六、四十八、四十九、五十一、五十七、六十一、六十二、六十六种
开本：25×17.5（cm）
3795页　插图1024幅

孔子弟子子皋，葬妻时损坏申祥的庄稼，"子皋见申祥请偿，故拒之，云：'孟氏不以是犯禾之事罪责于我，以孟氏自为奢暴之故也。朋友不以是犯禾之事离弃于我，以其小失，非大故也。斯，此也。以吾为邑长于此成邑，乃买道而葬，清俭大过，在后世之人，难可继续也。'以孟氏不罪于己，故郑云恃宠；不肯偿禾，故云虐民"（《礼记·檀弓下》）。由此形成一个传统，出殡时有人在队伍前头撒纸钱，叫买路钱。这个风俗多多少少与子皋那件事有关，子皋的辩解没有道理，损害赔偿，天经地义。百姓其实是迷信孤魂野鬼在出殡途中索要钱财，担心拦路挡道，文人将其与子皋联系在一起，编个欺人说法。

买路钱

第二册（页码：147—216，图码：66—151，宣统三年〔1911〕出版），第六章"符箓"："一般护符""逼邪""五行""守护武士""驱邪避凶之书""门符"。

和尚和道士为敛财不择手段，尤其是在帮助亡灵的法术上更是五花八门，迎合着民众的需求。他们编造出符箓，称其可以把亡人解救出地狱苦难，以保来世幸福。符箓种类颇多，根据亡者情况和家人诉求而有所不同。街头纸马店销售一些普通的符箓。有人快不行了，家人便到纸马店买张字符，告知阎王一个灵魂就要到他那里。因死因不同（上吊、溺死等），符箓各异。道士或者和尚在仪式上把符箓烧掉，就算告知神灵了。

符箓包括字符、画符、祈请符等，一般是和尚和道士制作的具有神力的纸张，用来治病、制瘟、驱魔，求得神的保佑。人间不幸不可预料，于是符箓种类繁多，与时俱进，应付裕如。

治病符是用来预防治疗疾病的，每种病都有符箓，和尚和道士"对症下符"，是符箓中数量最大的。人们相信疾病可以通过咒语转移到这些符箓上，烧掉符箓，可以替人消病。招魂符是治病符的一种，当疾病危及孩童的性命时，把招魂符放在枕头下，如

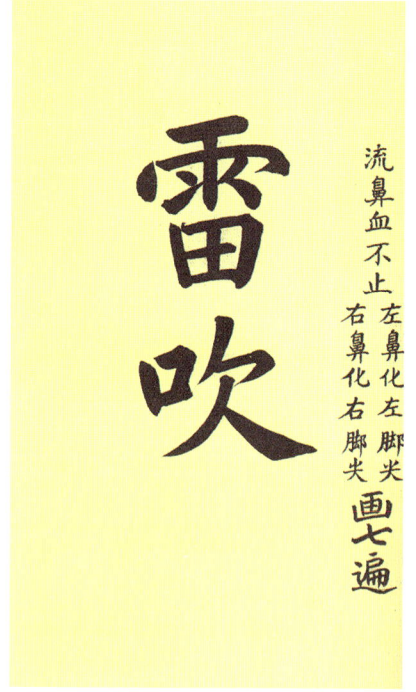

"马甲"这张图所寄托的意思是,备好鞍具的马匹飞奔,把孩童的灵魂装进马鞍上那个葫芦里带回给灵魂的主人。

治病符种类分得很多很细,有止咳符、止吐符、化痰符、止泻符、浮肿符、眼疾符、乳疼符、胃疼符、百病万灵符等。"雷吹",专治流鼻血不止的符咒,在患者脚前把符咒烧掉。右脚边烧可以止住右鼻孔流血,左脚边烧的可以止左鼻孔流血,最后还应该往患者鼻孔里撒点纸灰。

第三册(页码:217—322。图码:152—179。民国元年〔1912〕出版),第七章"算命""相面""文王课""六壬课""奇门遁甲""卜签""掷珓杯珓""测字""择日""竖柱""吉凶之兆""打时"。第八章"历中宜忌""风水""家堂""天地君亲师""解天饷""纸马甲马""姜子牙在此百无禁忌""福禄寿财喜""石敢当""戒杀""放生""吃素""吃素教"。

卜籤是准备一百支磨光的竹签,将甲、乙、丙、丁、戊、己、庚、辛、壬、癸十个字循环配伍,每支签写有吉祥或不祥短语,描述人生境遇:成功或者失败,富有还是贫穷,荣誉还是耻辱等。求签者把竹签放进竹筒里,在神龛前摇晃,总会掉落一支签,然后请和尚或道士解签,说明命运好坏。如果是为病人卜签,则需购买相应的药物。也有用铜钱代替竹签的,把铜钱蘸上朱砂,置于筒中摇晃,以掉落的铜钱对应的数字查找书中对应的卦象。类似的还有文王课、六壬课、奇门遁甲课、掷珓、测字、择日、打时等。

竖柱是安徽女人比较喜欢的迷信活动,不很普及。事者把三只筷子竖在盛满水的碗里,旋转浸润,直到立在水中不倒。通常孩子的母亲边做边嘟囔:孩子为什么会病?为什么头痛?是不是他死去的叔叔不开心了?是不是孩子奶奶在那边没钱花了?问到某一问题时

如果筷子不倒，说明那个问题猜对了。禄是道说这是没有意义的占卜，三只筷子立在水里是平衡原理，有点运气，与提什么问题无关。

中国民众中流行的迷信活动多注重"吉凶之兆"，如鸟叫、灯花、耳热、眼跳、打喷嚏等。

第四册（页码：323—488。图码：180—232。民国元年〔1912〕出版），第八章（续）"招魂""抢童子""香坛""埋木人纸人""鲁班术""许愿""赌咒""拜兄弟""辟邪""天信""太阳经""玉皇令""佛珠""烧平安香""帝王符""打水椿""做踅子""海州祭祀""皇历"。第九章"特殊节日"："过年""牲畜生日""过小年""破五""腊八粥"。第十章"矿物、动物、植物的神力"："龟""凤凰""麒麟""龙""狐狸精""仙鹤""公鸡""蚕猫""桃树""石榴""莲花""松树""枣子""竹子""梅花""栗子""菖草""万年青""牡丹花"。

中国人过新年的习俗最为丰富多彩，隐含的迷信活动无处不在。除夕的习俗有"封井""扫尘""压岁钱""接灶""封门""贴春联""挂吉祥物""开嘴"等。年初一的习俗有"开财门""抢财神""拜天地""拜家堂""拜灶君""发香坛""上香""拜年""开年饭"等。正月初二是狗生日，供奉道教财神玄坛菩萨，供品通常有猪头、鸡、鱼。正月初三是猪生日，在菩萨脚边烧利日钱。正月初四是鸭生日，会请和尚或道士到澡堂作道场，期盼人们洗澡平安。正月初五拜五路财神，点五支香烧纸钱。正月初六是马生日，佛教徒纪念燃灯佛生日。正月初七是人类的生日，祭拜女娲第七天造出人类。正月初八是稻日，初九是菜日，初十是麦日。正月十三挂鬼灯，送鬼神回冥府。

五月初五也叫龙舟节，人们要举办端阳竞渡。龙舟节是纪念楚国大夫屈原。屈原本来深得楚怀王信任，官至三闾大夫，后遭流放，途中作《离骚》，抒发对国、对君的哀衷。楚怀王死后，屈原万念俱灰，投汨罗江自沉。后人在这天举办龙舟赛表示奋力找回屈原的意思。旧时人们往江中投掷竹筒饭纪念亡魂，现在改吃三角形的粽子了。

正月十五是龙灯节，大街小巷挂满灯笼，如同灯的长龙。纱和纸做的灯笼高高地挑在头顶，敲锣打鼓，燃放炮竹；舞龙灯的

人走街串巷，烘托出节日的喜庆。

中国人习惯把阴历十二月称为腊月，早在秦朝就有用腊制贡品祭祀鬼神的传统，因而叫腊月。人们在腊月初八吃腊八粥，即用稻、黍、稷、麦、菽五谷，与栗子、红枣、花生等混合煮出的粥。腊八粥有祛寒保暖、驱鬼辟邪功效。

腊月初八这天，寺庙也有施粥习惯。和尚们熬一大锅七宝五味粥，分施百姓。皇帝也会在腊八这天派官员督办腊八粥，犒劳百官。有的地方人们把腊八粥刷在门框上，供奉门神，而把腊八粥涂在枣树上则是祈求来年硕果累累。

同样流行的习俗还有冬至日喝赤豆粥，《荆楚岁时记》曰："共工氏有不才子，以冬至日死，为厉，畏赤豆，故作赤豆粥以禳之。"共工氏之子死于冬至，这日常常出来作祟。此鬼独惧赤小豆，人们这天选择喝赤豆粥以辟邪。冬至赤豆粥在中国是人人要喝的，不分富贵贫穷，皆源于此说。煮好赤豆粥，家里人每人一碗，不在场的人这也需备留回来享用。就连婴儿、家猫、家犬也有份，所以叫"百家粥"。

植物也会寓意特别含义。中国有一种常绿植物叫万年青，人们参加婚礼常常送万年青为贺礼，隐喻在祝福新人像万年青一样恩恩爱爱，白头偕老。日常生活中，家里摆放万年青同样表达主人希望万年家庆。

第五册（页码：1—92。图码：1—150。民国三年〔1914〕出版）"符箓释解"，是独立的，作者将其作为对第二册的补充。这一册很有价值，选择一百五十张符箓逐字逐句解读，这是前人没有系统做过的事情。不过从图书编辑角度看编排有些"混乱"，内容不连贯，页码和图码也不连续，说明作者的思路在这里有中断，后来的英文版也没捋顺。

第二卷 Le Panthéon Chinois

("中国仙神谱")。禄是遒说明在本卷里他向读者显示的是他于清末搜集到的各式各样中国神仙的画片，西方叫万神殿，他在这里称为神仙谱。他为这些神仙撰写了"生平简历"，追溯了故事来源。

第六册（页码：1—196。图码：1—54。民国三年〔1914〕出版），第一章"三字圣"："三圣""三清""三尊大佛""三官"。第二章"名人"："文昌""魁星""朱衣金甲""关帝"。第三章"菩萨"："燃灯佛""弥勒佛""阿弥陀佛""药师佛""大势至菩萨""毗卢佛""十二大天师""观音""地藏王""十殿阎罗"。

文昌称梓潼君。禄是遒介绍，文昌本名张亚，唐朝越州人，居四川梓潼，学问了得，升为礼部尚书，后辞归南山。川人敬佩他的才华和德行，在梓潼七曲山建梓潼庙供奉。《文献通考》《明史》等记载，梓潼名张亚子，晋朝官员，居四川七曲山，在战场上阵亡，后人为其建庙。唐朝和宋朝被封为英显王，元朝受赐文昌君。

在道教神仙谱里，梓潼君是居住大熊星的司命神，主掌文人的命运。梓潼君曾十七次下凡，第一次周武王时，化名张善勋；第二次周宣王时，化名张忠嗣；第三次周敬王时，化名仲弓子长……第十三次在北宋哲宗时期，化名张浚，平定骚乱。梓潼君每一次显现都为人间百姓救难解危，穰穰满家。

文昌庙遍布中国各地，凡欲科举之人都要祭拜梓潼君，祈估自己金榜题名。

燃灯佛。佛教传说舍卫城居住着名叫难陀的乞丐，她到处行乞，常见国王及臣民都喜笑颜开地去供养佛陀。她无限感慨，哀声长叹：我宿世的罪业多么深重，今生如此贫穷下贱，即使想要供佛，都是那么地窘迫匮乏。一日，难陀终于乞得一件旧衣，换得一文钱，如果没有这一文钱，这一晚注定又要在饥饿中度过。她点灯供佛的心愿却义无反顾，黑夜来临，难陀恭敬地点起油灯，如愿供养给佛陀。她恳切地发愿道：佛陀，我今生贫苦，现在以小灯供养于佛，希望消除我过去的罪障，来世能得智慧光明。天亮前，目犍连前去巡视灯供，其他的灯火都熄灭了，唯独难陀的灯盏灯柱如新，光亮醒目。任凭目犍连怎么卖力去灭，灯盏的火焰依旧如故。目犍连心里很是诧异。佛陀微笑解释道，这盏灯火你是灭不掉的，因为这是主人发菩提心所布施的，她的心力就如

同这盏灯光亮而不灭。说到这里，难陀来朝礼佛陀，佛陀慈颜爱语地为她授记道：你于来世，百劫之中，当得做佛，号曰燃灯。于是难陀就在佛陀的僧团出家为比丘尼，后来成为佛。

第七册（页码：197—298。图码：55—107。民国三年〔1914〕出版），第三章"菩萨"（续）："准提""伽蓝""韦陀菩萨""玉帝梵王""香神花神""罗汉""十六尊者""十二元甲""四大天王""龙王""东土六祖""大圣""志公""傅大士""懒残禅师""慧远禅师""鸠摩罗什禅师""杯渡禅师""元珪禅师""无畏禅师"。

第八册（页码：299—462。图码：108—130。民国三年〔1914〕出版），第三章"菩萨"（续）："金刚三藏""不空""一行禅师""西域僧禅师""普庵禅师""知玄禅师""暨公老佛菩萨""华严和尚佛陀跋陀禅师""宝公禅师智璪禅师""通玄禅师""昙无竭禅师""鉴源禅师""大志禅师""本净禅师""嵩岳伏僧禅师""佛陀耶舍禅师""孙猴子""沙和尚""猪八戒""唐僧""白马""六十五位高僧""禅师""六圣祖"。

印度婆罗门教的魔利支（Marici）是光明女神，中国佛教将其译为准提（Dorje Tsundi）。她有八个胳膊，一只手拿着月，一只手拿着日。她是光明佛母，也是保家卫国的象征。道教借鉴佛教的说法，将其描绘成天后星宿，强加给她一个叫作斗父天尊的丈夫和九个孩子。在道教里，准提成了战神。《封神演义》的准提变成男身，武艺高强，刀枪剑戟样样精通，放毒烟、施雷电，天兵天将，所向披靡，帮助姜子牙打败通天教主。

寺院和道观现在都祭奉准提，而人们把她本来身份忘记了，甚至性别也忽视了。受密宗的影响，她的形象通常是三头八臂，其中有一个头还是猪头。

第九册（页码：463—680。图码：131—206。民国四年〔1915〕出版），第四章"道仙"："元始天尊""玉皇""通天教主""洪钧道人""玄天上帝""木公金母""八仙""刘海仙""张道陵""许真君""四大天王""太一""十二丁甲神""斗母""哪吒三太子""哼哈""青龙""灌口神""王灵官萨守坚""镇元仙""列子""淮南子""王元帅""南华庄主""谢天君""混炁庞元帅""李元帅""刘天君""王高二元帅""田华毕元帅""田雨元帅""党元帅""石元帅""副应元帅""杨元帅""高元帅""张元帅""新兴苟元帅""铁

元帅""康元帅""孟元帅""风火院田元帅""九鲤湖仙""王侍宸""黄先师""北极驱邪院""白鹤童子""杨四将军""赤脚仙""温元帅""千里眼顺风耳""姜子牙""三茅""金阙上帝、玉阙上帝""五老"。

"五老"是中国家喻户晓的形象，多为艺术创作的主题。据说"五老"是地球上最早的人类，代表着金、木、水、火、土五行。金是西王母，木是木公，水是水精子，火是赤精子，地是黄老。通常人们把西王母去掉，习惯只描绘"四老"。

第十册（页码：681—860。图码：207—245。民国四年〔1915〕出版），第五章"天界"。1."雷神"："五雷神""雷祖""雷公""雷震子""电母""风伯""雨师""斗姆宫"。2."天医院"："药王殿""盘古""伏羲""神农""黄帝""药王""十明医""华佗""眼光菩萨""催生娘娘""癞神""疹神""痧神""麻神""五方神""痘神"。3."水府"："阳侯""马衔""晁闳""四渎神""松江游奕神""井神""水母娘娘"。4."火神"："罗宣""赤精子""祝融"。5."瘟神"："吕岳""周信""朱天麟""杨文辉""香山五岳神"。6."太岁"。7."五岳"。8."驱邪院"："天师""判官""钟馗"。

司火神仙有赤精子和祝融。赤精子生于石唐山，发明燧木取火。《列仙传》记："宁封子者，黄帝时人也，世传为黄帝陶正。有人过之，为其掌火，能出五色烟，久则以教封子。封子积火自烧，而随烟气上下。视其灰烬，犹有其骨。时人共葬于宁北山中，故谓之宁封子焉。"

道家经典提及驱邪院有神仙杨大天君、施大天君、周大天君、宋大天君、宁大天君、李大天君、贺大天君。中国人常常请他们来家，驱魔除妖。还有两位道士最为了得，一位是冥府判官，一位是钟馗。

四老

判官

判官居丰都天子殿，主掌审判来到冥府的幽魂。唐朝有位叫崔珏的人，官拜兹州县令和礼部侍郎，与丞相魏徵过从甚密，结为至交；生前为官清正，死后当了阎罗王最信赖的查案判官，赏善罚恶，手拿"生死簿"和勾魂笔，只需一勾一点，须臾间决定人之生死。《西游记》第十回有个故事，泾河龙王与袁守诚打赌，错行雨布，被魏徵梦斩。泾河龙王向唐王索命，唐王寝食难安，命在顷刻。魏徵奏劝唐王宽心，自己有招管保陛下长生。"崔珏乃是太上先皇帝驾前之臣，先受兹州令，后升礼部侍郎。再日与臣八拜为交，相知甚厚。他如今已死，现在阴司做掌生死文簿的丰都判官，梦中常与臣相会。此去若将此书付与他，他念微臣薄分，必然放陛下回来。管教魂魄还阳世，定取龙颜转帝都。"崔珏大笔一挥，给太宗延寿二十年。

信奉佛道之家无不张贴钟馗画像，钟馗生得铁面虬髯，相貌奇异，常衣衫褴褛，面相凶恶足以避邪。钟馗本是民间吉神，被道教纳入其仙谱，专司捉鬼。相传唐玄宗在一次外出巡游后忽染重病，药无疗效。一天夜里他梦见一个穿着红色衣服的小鬼偷走了他的珍宝，便怒斥小鬼。突然有一个戴着破帽子的大鬼，把小鬼吃到肚子里。皇帝问其何人，大鬼回答："臣本是终南山进士，名叫钟馗，皇帝嫌弃我的长相丑陋，不待见我，我撞死在殿台上，死后专司捉鬼勾当。"唐玄宗梦醒病愈，令画家吴道子把梦中钟馗的形象画下来，吴道子竟也做过与唐玄宗类似的梦，很快画出唐玄宗梦到的钟馗。唐玄宗命人将钟馗像贴在龙榻边，此后再无恶梦。唐玄宗赐号钟馗"镇宅圣君""万应之神"。

钟馗

第十一册（页码：861—1052。图码：246—304。民国五年〔1916〕出版），第六章"保护神"："社稷""后土""城隍""土地""灶君""天妃""晏公""萧公""蚕女""紫姑神""坑三姑娘""合和""刘猛将军""叭咋""福神""郭子仪""财神""寿星""神荼郁垒""门神""张仙""碧霞元君""罗神""五代元帅""银匠""玉盗将军""樊哙""掠刷使""纣王""酒中八仙""织女""鲁班公输子""黄道婆""蛇王""施相公""牛王""猪圈神"。

被中国人称为神仙的各种各样，五花八门，都是人们日常生活寄托的保护神，门神秦叔宝，科举神糊涂，银匠神弥勒佛，情神牛郎织女，工匠神鲁班，织神黄道婆，猪栏神朱子真等。文人

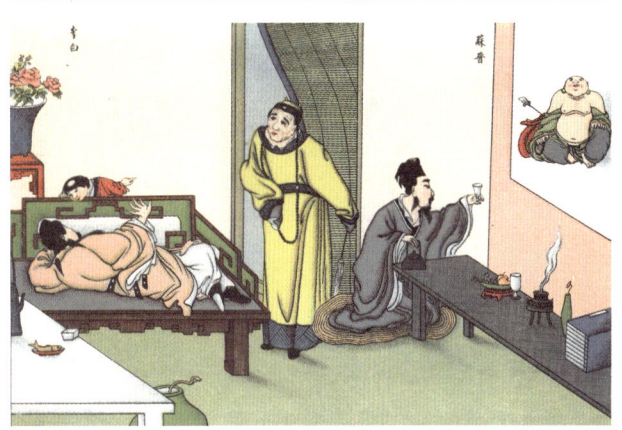

酒中八仙

喜欢"酒中八仙",最初的酒仙有六位,称为"竹溪六逸"。唐开元二十五年(737)李白移家东鲁,与山东名士孔巢父、韩准、裴政、张叔明、陶沔在泰安府徂徕山下的竹溪隐居,纵酒酣歌,啸傲泉石,举杯邀月,诗思骀荡,世人称"竹溪六逸","昨宵梦里还,云弄竹溪月"(李白《送韩准裴政孔巢父还山》)。后人在杭州建有酒仙殿,祭祀牌位有八尊:贺知章、李琎、李适之、崔宗之、苏晋、李白、张旭、焦遂。

第十二册(页码:1053—1286。图码:305—362。民国七年〔1918〕出版),第六章"保护神"(续):"羊精""狗精""蜈蚣精""青蛙神""石敢当""扫晴娘""床公床母""女娲""波斯""郑三公""侯二公""耿七公""李三娘""赵玉娘""黄昆""杜康""司马相如""罗祖大仙""轩辕黄帝""鬼谷子""蔡伦""孙膑""李老君""赵公明""刘备""神农""李铁拐""西施""卞和""蒙恬""鬼谷子""葛仙翁""郑元和""潘金莲""俞伯牙""黑连祖师""喜神""禄神""马王""张公艺"。第七章"复合神":"青衣神""祠山张大帝""五

帝""三义阁""麻姑王方平""岳飞""都天""五司徒""蒋相公""崔府君""戚公子""忠佑武烈大帝""柏姬白鸡""七姑子""总管利济侯""萧何""圣姑升姑""威济侯""嵩里相公""灵瓜侯""袁千里"。第八章"星宿":"日宫赤将""二十八宿""五行星""二凶星""紫微星""五斗""一百一十五天神""天罡""七十二地煞""九曜""七十星宿""皇历百星宿""小说中的神"。

女娲补天。传说女娲的母亲叫诸英,父亲是水精子,母亲先生下伏羲,三个月后生下她。女娲头上有两只犄角,身体如蜗,因而叫女娲。中国历史上还称她抱娲、女希氏,家住成纪,砍柴为生。伏羲成为部落首领后,她随兄长到宛丘的陈仓。女娲主张家族内部婚姻,建立婚配制度,男女青年在媒人介绍下结合,举办婚礼仪式,禁止未婚结合。女娲也被称为皋谋和女媒。

伏羲和女娲在仓颉、中央、昆吾的陪伴下拜访郁华子。郁华子把二人收为弟子,带他们到竹山,坐在磐石上。郁华子对女娲说,你可以用融化的石头补天。之后,郁华子遁形。伏羲去世后,女娲成为部落首领,称为女皇。共工氏名康回,水神,与火神祝融在衡山交战,"往古之时,四极废,九州裂,天不兼覆,地不周载,火滥炎而不灭,水浩洋而不息,猛兽食颛民,鸷鸟攫老弱。于是,女娲炼五色石以补苍天,断鳌足以立四极,杀黑龙以济冀州,积芦灰以止淫水。苍天补,四极正;淫水涸,冀州平;狡虫死,颛民生;背方州,抱圆天"(《淮南子·览冥训》)。女娲背靠大地、怀抱青天,让春天温暖,夏天炽热,秋天肃杀,冬天寒冷。她头枕着方尺、身躺着准绳,当阴阳之气阻塞不通时,便给予疏理贯通;当逆气伤物危害百姓积聚财物时,便给予禁止消除。从此天地就永久牢固了。

女娲活了一百四十三岁,为纪念她为中国婚姻制度建立的贡献,被视为媒人之保护神。

第三卷 *Popularisation du Confucéisme, du Bouddhisme et du Taoïsme en Chine*("中国民间的儒释道")。禄是遒在这一卷根据中国书籍的记载,介绍自己搜集的有关孔子、老子和释迦牟尼的画片,同时概述儒家、道教和佛教的基本知识。

第十三册(页码:1—262。图码:1—80。民国七年〔1918〕出版),第一部分"孔子及其学说",A."孔子生平",第一章"诞生和青年",第二章"中年",第三章"周游列国",第四章"隐退和去世"。B."孔庙一百一十四位圣贤",第一章"四配",第二章"十二哲",第三章"东庑先贤六十四位",第四章"西庑先贤六十四位"。

禄是遒根据《孔子圣迹图》的故事重新摹画了孔子的生平。

鲁昭公七年,鲁国大夫孟僖子陪同鲁昭公去楚国访问,因其不熟悉礼仪而出了洋相,回国后决心补上这一课,找懂礼仪的人学习。鲁昭公二十四年(前518年),孟僖子临死前要儿子孟懿子和南宫敬叔拜孔子为师,学习礼仪。这一年孔子三十四岁。孟僖子死后,孟懿子成为孟氏家族宗长,他将孔子引荐给鲁昭公。鲁昭公赐孔子一乘车、两匹马和一个驾车奴。由南宫敬叔陪同孔子前往东周都城洛邑,考察周王室的礼仪、文物、典章、制度。南宫敬叔一直追随孔子,后来成为孔子的女婿,是七十二贤人之一。

大夫师事

孔子死后,人们每年按时到孔子墓前祭祀。孔子故居被改作孔庙,庙内保存孔子生前的衣、冠、琴、车、书。后来,汉高祖刘邦途经曲阜,也以太牢(猪、羊、牛三牲)级别来祭祀孔子。

第十四册(页码:263—606。图码:97[①]—195。民国八年〔1919〕出版),第一部分"孔子及其学说"(续),A."籍载儒学",第一章"儒教":"儒教经典""儒教反对分封和割据""汉朝""三国魏晋""南北朝""唐朝""北宋南宋""辽金元""元朝""明朝""清朝";"孔子行实"。第二章"宋代新儒学"。B."民间儒教",第一章"图说民间儒教":"二十四孝""其他儒圣"。第二章"民间儒教道德规范":"陶侃出游""韩天秀私访""情同朱张"。第三章"广告语和小说报刊中的民间儒教"。

曾参,字子舆。事母至孝。参曾采薪山中,家有客至,母无措。参不还,乃啮其指,参忽心痛,负薪以归,

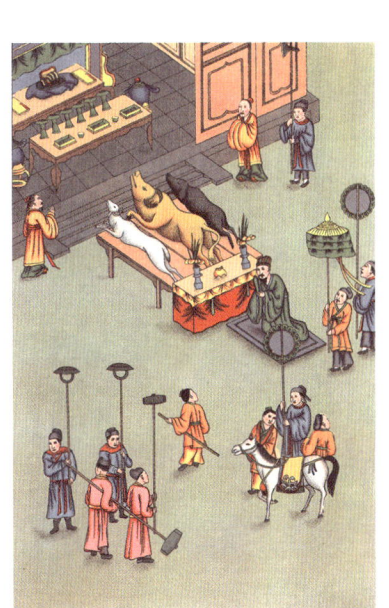

汉高祀鲁

曾子痛心

---

① 原书图码不连续。

萧遥欣

禅河澡浴

跪问其母。母曰:"有客忽至。吾啮指以悟汝耳。"(《二十四孝》)

南齐曲江公萧遥欣少有神采干局。为童子时,有一小儿左右弹飞鸟,未尝不应弦而下。"遥欣谓之曰:凡戏多端,何急弹此。鸟自云中翔,何关人事。小儿感之,终身不复捉弹。尔时年十一,士庶多竞此戏,遥欣一说,旬月播之,远近闻者,不复为之。"(《太平广记·萧遥欣》)

第十五册(页码:1—394。图码:1—45。民国十八年〔1929〕出版),第二部分"佛与佛教",A."图说佛祖释迦牟尼生平",第一章"诞生和青年":"佛祖的生前""释迦族人""释迦牟尼诞生""自蓝毗尼园返回王宫""相士阿私陀的预言""释迦牟尼的乳母""学业""娶亲""婚后""奢靡""觉悟",第二章"离宫和开悟":"耶所塔那之梦""离宫""禅修""六年苦行""尼连禅河沐浴""开悟""魔罗""魔罗女儿""最终的胜利""转佛法"。第三章"前期教化":"感悟四十九天""第二次诱惑""前往波罗奈国""鹿野苑讲道""耶舍出家""追随者富楼那和那烂陀""轶事""三迦叶皈依""最早的佛教寺院——竹林精舍""第一位佛教尊者——摩诃迦叶""舍利佛和目犍连""五百商人的故事""释迦牟尼到伽毗罗卫国""拜访净饭王""优波离和五百王子出家""儿子罗睺罗及其故事""佛祖兄弟皈依""佛祖堂弟提婆达多和阿难""祇园精舍的建立""须达多的妻子""百头鱼""婆罗门信徒皈依"。第四章"中期教化":"王舍城""二赴迦毗罗卫城""佛祖皈依动物和人""佛祖受攻击""净土宗产生""佛祖法力""施舍快乐勤劳孝顺""普度众生""天堂和地狱""佛祖被追随者保护""王家持护""佛祖入灭""阿尼律陀和佛祖"。第五章"教化结束":"佛祖安排继承人""佛祖回到人间""到毗舍离国""回拘尸那罗""教徒保护神""最后告别佛祖""佛祖圆寂""佛祖与母亲""葬礼""最早两部经藏"。

禄是遒主要根据《佛本行集经》《释迦如来应化录》等书籍,介绍了佛祖释迦牟尼的事迹。

尔时彼处尼连禅河,以诸末香种种众花弥满水上,合杂而流。是时菩萨,于彼水中,既澡浴已。取其袈裟,于水中漉出捩晒干,着于体上。欲渡彼水,波流湍疾,身体尪羸。不能得越。兼复六年精勤苦行,身力劣弱,不能得济彼河之岸。

于彼初夜,以手指地,降伏魔众波旬眷属。是时此地六种震动,乃至大震，犹打铜钟。是时一切聚落城邑国土，所居有诸人众，彼等皆悉见大地动。闻震吼声，心并生疑，各各自往至相师边，或卜师边，天文师边，或仙人边，或至所解占仰师边。悉皆借问此事，云何何故大地如是震动。作此大声，魔与沙门，谁胜谁劣。汝等各自善能占仰，唯愿为我解说斯事，尔时彼等一切诸仙天文师等，各自报其所问人言，摩伽陀国伽耶聚落，有两大力，相共角试，一求出世最大法王，一求世间非法之王。两竞争斗，而于彼中，求法王者，扑于彼求非法王者。其事已讫，后夜中得成大法王。

地神作证

第十六册（页码：1—389。图码：1—6。民国二十三年〔1934〕出版），第二部分"佛与佛教"（续），B."中国佛教"（唐代以前的印度和中国），第一章"佛教传入中国前"："原始佛教""僧团""七叶窟第一次集结""毗舍离第二次集结""华氏城第三次集结""僧团分裂""迦湿弥罗第四次集结""佛教在印度衰落"。第二章"中国佛教简史"："汉明帝前佛教在中国传播""官方认可""东汉佛教""三国时期的进展""两晋佛教""南北朝""隋朝""初唐""中唐""晚唐"。

第十七册（页码：1—311。图码：1—10。民国二十五年〔1936〕出版），第二部分"佛与佛教"（续），B."中国佛教（唐代至今）"，第二章"中国佛教简史"（续）："五代""北宋佛教""南宋佛教""元代佛教""明代佛教""清代佛教""中国佛教宗派"。第三章"现代净土宗教义"："宗旨""早期信经""传播""心行和愿力"《万善同归集》。第四章"现代净土宗的善恶观"：《因果实录》《无量寿经》《普门品经》"各类报应""最终审判""现代净土宗的因果报应观""净土宗高僧""佛教的贡献"。第五章"民间佛教表现"："历书""建筑""装饰""陶器""服饰""艺术象征图案""纸马""小说和戏剧"。

佛教三十三祖：初祖摩诃迦叶尊者，二祖阿难陀尊者，三祖商那和修尊者，四祖优婆鞠多尊者，五祖提多迦尊者，六祖弥遮迦尊者，七祖婆须蜜尊者，八祖佛陀难提尊者，九祖伏驮密多尊者，十祖胁尊者，十一祖富那夜奢尊者，十二祖马鸣大士，十三祖迦毗摩罗尊者，十四祖龙树尊者，十五祖迦那提婆尊者，十六祖罗睺罗多尊者，十七祖僧伽难提尊者，十八祖伽耶舍多尊者，十九祖鸠摩罗多尊者，二十祖阇夜多尊者，二十一祖婆修盘头尊者，二十二祖摩拏罗尊者，二十三祖鹤勒那尊者，二十四祖师子

尊者，二十五祖婆舍斯多尊者，二十六祖不如密多尊者，二十七祖般若多罗尊者，二十八祖菩提达摩大师，二十九祖慧可大师，三十祖僧璨大师，三十一祖道信大师，三十二祖弘忍大师，三十三祖慧能大师。

第十八册（页码：1—229。图码：1—24。民国二十七年〔1938〕出版），第三部分"老子与道教"，A."老子生平"，第一章"孔子前的老子"："溯源""太上老君""太上老君的母亲玄妙玉女""老子生相奇特""西出函谷""徐甲讨债""老子青阳肆观天象""老子九重天""老子《化胡经》""老子传道到克什米尔""到条支""到于阗""老子游历四面八方"。第二章"孔子后的老子"："孔子和老子的会面""老子实际生年生地和其人""周末秦初的记载""汉朝记载""老子和张道陵""道士葛玄""道士寇谦之""道家预见唐朝""道教利于唐朝""宋朝记载"。B."道教学说"，第一章"道教宇宙观"："世界的形成和演化""道家的天""天神谱""地仙谱""新神仙谱""现代道教的神仙""各个时期的道教"。第二章"长生不老"："生老的规律""用虚假方式尝试长生""调理身体阴阳""长生药""炼丹""修炼"。第三章"修炼"："性功""命功""洗心退藏""禅卧养气""聚火载金""养真培气""采药结丹""婴儿现形""端拱冥心"。第四章"现代道教修炼方法"："现代道教的山门""儒释道方法互用""民间道教的纸马""道场""民间道教里的符箓占卜""道观"。

洗心退藏。洗心，就是清心之意，心中无一毫私意；退藏，即不仅无一毫私意，亦不产生任何欲念。来知德说："洗心者，心之本然，圣人之心无一毫私欲，如江汉以濯之矣……退藏于密者，此心未发也。"（《周易·系辞传》）

端拱冥心。"夫冥心者，深居静室，端拱默然，一尘不染，万虑俱忘，无思无为，任

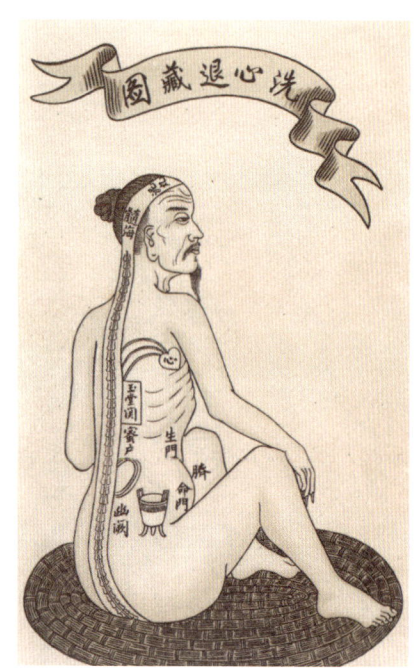

运自如；无视无听，抱神以静，无内无外，无将无应，离相离空，离迷离妄，体含虚寂，常觉常明，但冥此心，万法归一，则婴儿安居于清灵之境、栖止于不动之场。色不得而碍之，空不得而缚之，体若虚空，安然自在矣。"（《性命圭旨·端拱冥心》）

作者禄是遒的经历与夏鸣雷神父真是相似。禄是遒（Henri Doré，1859—1931），字庆生，法国人，勒芒神学院毕业，1884年加入耶稣会，光绪十二年（1886）来华，在上海学习中文，后又赴安徽传教。光绪二十一年（1895）回上海养病，一年后又赴江苏几个教区任职；光绪二十三年（1897）晋铎。禄是遒利用自己江南教区乡村传教三十多年的机会，在上海、江苏、安徽等地调查中国民间迷信习俗，收集了大量包括中国年画、符咒、神像、庙宇以及迷信崇拜场面在内的民俗图片资料。民国七年（1918），积劳成疾的禄是遒回徐汇藏书楼工作，从事研究工作和教学活动。

禄是遒在第一册的序言里是这样说的：

二十多年来，我几乎天天与那些不信基督的人打交道，日积月累的经验有助于了解他们的所思所想。我觉得把这些见闻记述下来对传教工作也是有益的。

关注这个主题由来已久，我常常拜访寺庙，走街串巷搜集相关的民间画片。我亲耳在听，亲眼在看，还查阅文献，追索这些迷信现象的产生原因和发展脉络。我通常会翻译一些基本资料，从中获得灵感。

在第二卷和第三卷里，这些文献资料过于繁复，我直接使用了一些汉字，并添加注释。我的目标就像挖一口深井，寻找对这些迷信现象的解释，因而我注明了引用资料的出处。我的工作也有便利之处，可以参考其他人的著作，比如，黄伯禄神父写了多部同样主题的著作，他的研究细致入微，即使他已作古，其著作仍然有益于科学研究。

除自己收集的一手资料外，禄是遒列出他的主要参考资料有近两百种，如《礼记》《读礼通考》《通典》《白虎通》《山海经》《太上三官经》《楞伽经》《清异录》《封氏闻见录》《东京梦华录》《天香楼偶得》《陔余丛考》《印雪轩随笔》《荆楚岁时记》《搜神记》《太平广记》《潜夫论》《路史》《风俗通》《梁溪漫志》《奇门大全》《琅琊代醉编》等中文文献，并参考了黄伯禄、卢公明[①]、葛兰言[②]等中外学者的有关著作。他对日常生活中的婚丧嫁娶、岁时节庆，到流行的各类符咒占卜、各色仙怪，以及儒释道三教的神祇都做了详略不一的讲解。他的著作并不是简单地摆"杂货摊"，把收集到的材料简单地罗列陈设，而是始终围绕着清晰的主题：写一本帮助新来的传教士认识中国和中国人，以利于传教的中国民间风俗与信仰手册。无论是讲解中国人的生活习俗，还是解释中国民间的宇宙观、世界观，禄是遒都是带着"批判"的口吻在讲解。该书的题名"中国迷信"已经体现出作者的基本立场，即书中所描绘的中国日常生活图卷里的种

---

① 卢公明（Justus Doolittle，1824—1880），美国公理会传教士。道光二十九年（1849）来华，长期在福州传教。著有《中国人的社会生活》《西洋中华通书》《华人贫窭之故》《劝戒鸦片论》《悔罪信耶稣论》等二十余部，其中大多用福州话撰写。
② 葛兰言（Marcel Granet，1884—1940），法国学者，社会学家和汉学家，沙畹（详细介绍见"兀兀穷年"章）的学生，多次来华考察，主要致力于中国古代宗教的研究。著有《中国古代的祭礼与歌谣》《中国人的宗教》《中国古代的节庆与歌谣》《中国古代的婚姻范畴》《古代中国之舞蹈与传说》《中国人的思想》《中国文明》《中国的封建制度》等。1920年获儒莲奖。

种内容皆是"背离了真正的崇尚和荣耀"的"迷信"。

《中国迷信研究》有受黄伯禄影响的深深烙印——作者所列长长的参考书目里,除了中国古代经典和杂书外,近人书籍只有黄伯禄的《集说诠真》和《酬真辨妄》。禄是遒编著《中国迷信研究》的最初构思应该得到过黄伯禄和蒋超凡的点拨,他阅读过黄伯禄整理的白德旺神父的《圣教理证》。禄是遒基本上按照《圣教理证》《集说诠真》和《酬真辨妄》的脉络来构思自己的著作,甚至题目的次序大部分都与《圣教理证》有呼应关系。了解了《圣教理证》及其后来一系列"辨妄"书籍形成的前因后果,就不会把这套书的中文书名译为"中国民间崇拜",而是还其本来面目"中国迷信研究"。

许多书籍、文章,甚至这套书的中文新译本,都偏好将此书译为"中国民间崇拜",有理解上的误差。如果此书是世俗学者撰著或世俗机构出版,这个译名或许可以成立。考虑到此书著者是天主教神父,且由天主教出版机构出版,应该译成"中国迷信研究"更贴切。自从利玛窦来华传教,天主教传教士们一直把与天主教教义背离的中国传统文化现象视为某种"迷信"。历来天主教文献和对天主教在华传教的研究著作,也都约定俗成地把天主教传教士眼中看到的这些非天主教文化符号,用"迷信"一词表述。我们没有必要狭隘地理解这里所说的"迷信",更不必纠结用"迷信"一词会带来贬义。

作者最初的想法与后来的实践或有不同,因而此书法文版编排上稍有杂乱,部、卷、章、节,体例前后不一致。英文版在编排和体例上有一些改进。

从出版角度看,作者在世时出版的前十五册,资料收集、编辑水平、印刷质量、装帧效果都是非常出色的。而最后三册与此判若云泥,乍看起来样子差不多,却透露出一种不知何故的潦草。编辑体例也变了,精美图片少得不能再少了……显示出光启社和土山湾印书馆更多依赖作者而自身编辑能力较差的弱点。

禄是遒为《中国迷信研究》每一册都写了序言,着重说明每一部分的核心内容。他去世后出版的后三册的序言则是光启社的编辑撰写的,第十六册的序言就像一篇悼词:

《中国迷信研究》的作者永别于世了。生于1859年的禄是遒,死在我们上海的医务室里,安葬在教区墓地,身边躺着三百多位传教士。禄是遒1882年在勒芒获得神职,1884年在Aberovey en Ecosse加入耶稣会,1886年10月18日出发来上海。1887—1895年在安徽教区传教,后二十年在江苏教区任职。在完成传教工作之余,他孜孜不倦地为《中国迷信研究》搜集资料。他还接触了那些需要他来感化的非基督徒,了解他们的思想和信仰状况,然后把这些资料撰写出来与大家分享。众所周知,他的著作出版是成功的。我们今天的第十六册也是如此。有关佛教历史的第十七册业已完成。禄是遒论述道教的遗作也整理就绪……

禄是遒神父在上海度过二十多个春秋,徐家汇两座图书馆对他来说尤其重要,获益匪浅。他患上口炎性腹泻症,仍不肯放弃工作,1931年11月4日安然离世。

《中国迷信研究》法文本于宣统三年(1911)起陆续出版,第一卷面世就受到法国汉学界高度关注,儒莲奖评委们顶多看到前四册,就毫不犹豫地把1912年的奖项颁予禄是遒。

倘若今日推荐中国天主教百年三部伟大著作,当获殊荣的无疑应该是禄是遒的《中国迷信研究》、田清波的《鄂尔多斯蒙古语词典》和德日进的《东亚地质及人类原始》。

禄是遒还与甘沛澍和芬戴礼①合作，编译了英文本 Researches into Chinese Superstitions，仍是土山湾印书馆出版。哈佛大学数据库（Harvard Library Bibliographic Dataset）显示英文本是十三卷，出版时间是民国三年至民国二十七年（1914—1938）。国内藏书机构通常著录为十卷，几乎没有后三卷信息。1966年台湾再版的是十三卷本，2009年上海出版中文本为十卷。英文本虽然可能把卷次做了调整，但肯定不是全本。而这个中文版又是依据英文版节译的，欠妥，不如直接翻译法文版。

在几十年间，禄是遒一边编著法文版，发稿付梓；甘沛澍一边翻译英文本，排版跟进。英译版第一卷出版时，甘沛澍曾估计全书将有八卷，结果大大超出这一预估，全书扩展为十三卷，这恐怕也超过了禄是遒本人的预计。甘沛澍大约逝于民国十七年（1928），只完成前九卷和第十卷部分的翻译工作。芬戴礼接过翻译工作的接力棒，翻译了后四卷。民国二十五年（1936）芬戴礼去世，后续工作应该是光启社编辑们完成的。甘沛澍、芬戴礼与禄是遒一样，都没有见到恢宏巨著的完整面目。

禄是遒作《中国迷信研究》还伴生副产品，民国十五年（1926）他编写了一本法文的《中国迷信手册》，由土山湾印书馆出版。顾名思义，"手册"即类似辞典的书。禄是遒用《中国迷信手册》概述了中国传统风俗的方方面面，没有图片，没有表格。

Manuel des Superstitions Chinoises, ou Petit Indicateur des Superstitions les Plus Communes en Chine（《中国迷信手册》）分为九章。第一章"护婴迷信"，介绍婴儿出生前后中国人的讲究，比如出生前有"观音送子""泰山娘娘""张果""吕洞宾""峨眉山""九华山"；出生后"洗三朝""艾草""项圈""百绳索""百家锁""斩妖剑""百家饭"等。

第二章"定亲和嫁娶"（特别说明这个叫"红事"）："男大四，不过四""男大三，必上万""枣子""梨子""抱牌做亲""塞婆嘴""劝性子""制新娘"等。

第三章"忠病"："纸马""改星宿""烧替身""送瘟神"等。

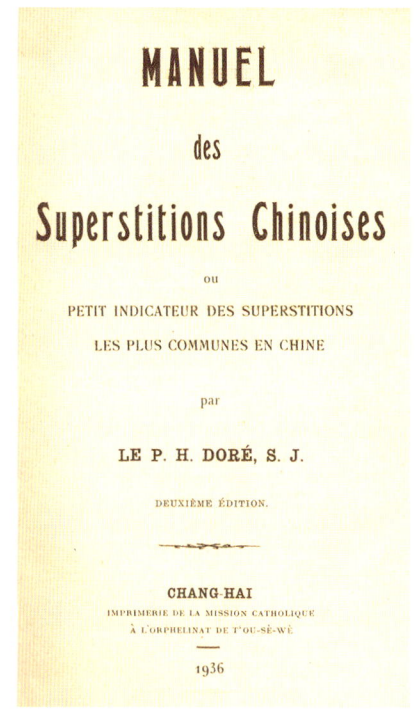

Manuel des Superstitions Chinoises, ou Petit Indicateur des Superstitions les Plus Communes en Chine
中国迷信手册（封面）
［法］禄是遒编著
法文
九章　一册
铅印本　纸本　精装
民国十五年（1926）土山湾慈母堂排印
开本：18.3×12.6（cm）
221页

---

① 芬戴礼（Daniel J. Finn，1886—1936），又记范达贤，爱尔兰人，耶稣会士，考古学家。任教耶稣会士香港仔湾修道院、香港大学地理系。著有 *Popular indulgences explained*（香港，民国十六年〔1927〕）、*Archaeological finds on Lamma Island near Hong Kong*（香港，民国二十四年〔1935〕）等。

第四章"死亡和葬礼":死前备寿衣寿品;死后的"土地爷""城隍庙""弯钉""镙锭""盂兰会""哭丧棒""功德"等。

第五章"中国人宅邸清规戒律":"照壁墙""门神"等。

第六章"占卜——求签相面":"黄历""含牌""测字""算命""相面""诸葛金钱卦""择日""狐狸精""黄狼精""风水"等。

第七章"对无神性东西的崇拜":"关公""天坛""夫子庙""张飞庙""西施庙""萧何""利玛窦庙"等。

第八章"迷信节日日历"。

第九章"地方色彩的迷信"。

《中国迷信手册》是本挺有趣味的书,简洁实用,许多内容现代中国人也知之甚少。不论把它看作是民间崇拜还是迷信,洋教士们在汉学上的辛勤耕耘,都为我们的非物质文化传统的研究搜集和整理了珍贵的一手文献。

"东西来去"并不仅限于中国与西方的思想文化互动。土山湾印书馆也涉猎过传教士对东亚和中南半岛国家文化的研究,比如民国二十六年(1937)出版埃斯加勒瑞①神父撰写的 *Le Bouddhisme et Cultes d'Annam*(《佛教与安南的祭拜》)。《佛教与安南的祭拜》如其书名分为两卷,在上卷"佛教"里,作者根据自己在安南(今越南)读书获得的知识,依次介绍了佛祖生平和事迹、佛教的基本理论和教义、佛教的宣扬和传播、大乘佛教和小乘佛教的异同、小乘佛教的南传。在下卷"安南的祭拜"里,作者详细介绍了佛教在印度以外的南亚、中南半岛国家的分支和递传,进入安南后的传布情况;安南的和尚,安南的佛塔、佛室、佛龛、佛教法事、佛教节日等;探讨了佛教进入安南后,与儒家、道家学说的冲突和共处,以及安南思想文化的嬗变。这些融合文化体现在:一、"神灵祭拜",包括对民族古代英雄和贤哲的祭拜,对祖先的祭拜,对民族伟人和强人的祭拜;二、"动物祭拜",对鲸鱼、老虎、蛇的祭拜;三、"巫术",涉及魔法、诅咒、护符、妖术等;四、"祭天"。书后附有一幅埃斯加勒瑞神父绘制的地图《佛教传布图》。

Le Bouddhisme et Cultes d'Annam
佛教与安南的祭拜(封面)
[法]埃斯加勒瑞撰
法文
两卷一册
铅印本 纸本 平装
民国二十六年(1937)
土山湾慈母堂排印
开本:22×14(cm)
246页 地图1幅

---

① 埃斯加勒瑞(Lucien Escalère,1888—1953),法国人,1907年入巴黎外方传教会,1913年晋铎,同年赴越南北部东境教区传教。

《佛教与安南的祭拜》对安南民俗研究比较粗浅，与禄是遒的《中国迷信研究》非一个学术档次，不可相提并论。

在研究东亚、中南半岛国家的文化上，巴黎外方传教会和香港纳匝肋印书馆的成绩卓著，出版过大量研究书籍，在这个领域土山湾印书馆难望项背。

嘉庆年"禁教"后，"传教士汉学"研究陷入百年低潮期。随着大清"开教"，汉学研究无论在中国还是在欧洲又开启新的百年"黄金期"。有两个连续出版物是这个"黄金期"的扛鼎之作，一个是土山湾印书馆的"汉学丛书"，一个是法荷出版的法文刊物《通报》。

1890年法国汉学家考狄和荷兰汉学家薛力赫[1]在荷兰莱顿（Leiden）创办汉学杂志 T'oung Pao，即 Archives（《通报》），定位于"对亚洲东方诸国的历史、语言、地理和民族学研究，包括中国、日本、朝鲜、印度支那、中亚和马来半岛"。此刊物由荷兰博睿出版社（E. J. Brill）出版，历经百余载，至今仍为欧洲汉学研究的权威刊物。

百年间云集在《通报》周围的都是欧洲赫赫有名的汉学大家：考狄、薛力赫、沙畹[2]、伯希和、戴闻达[3]、戴密微[4]、何赖思[5]、夏德[6]、高延[7]、佩初兹[8]、葛兰言、斯坦因[9]、马伯乐。间有来华外交官，如翟理斯、柴赫[10]等人。在华的天主教和新教传教士如夏显德、管宜穆、理雅各、劳费尔、赫师慎、武林吉[11]、慕阿德[12]、德礼贤、闵宣化、裴化行、艾伯华等人的论著也频繁出现在这个学术平台上。[13]

---

[1] 薛力赫（Gustaaf Schlegel，1840—1903），又记施古德，荷兰汉学家和自然学家。获1887年儒莲奖。
[2] 沙畹（Emmanuel-Édouard Chavannes，1865—1918），法国人，被誉为"欧洲汉学泰斗"，世界上第一批整理研究敦煌与新疆文物的学者之一；对中国的佛、道、摩尼教、碑帖、古文字、西域史、地理等皆有研究。
[3] 戴闻达（J. J. L. Duyvendak，1889—1954），荷兰汉学家。民国元年（1912）来华，在荷兰使馆工作，民国七年（1918）回国后任莱顿大学汉学研究所教授。
[4] 戴密微（Paul Demiéville，1894—1979），法国汉学家、敦煌学者。民国十年（1921）由法兰西远东学院派遣赴中国考察，民国十三年（1924）再次来华，被聘为厦门大学教授，教授西方哲学、佛教和梵文。
[5] 何赖思（Charles De Harlez，1832—1899），比利时汉学家。著译有《朱子之教义与影响》《〈易经〉复原、翻译与注释》等。
[6] 夏德（Friedrich Hirth，1845—1927），德国汉学家。同治八年（1870）来华，任职于厦门海关。后回国，任慕尼黑大学教授。
[7] 高延（Jan Jakob Maria de Groot，1854—1921），荷兰汉学家，荷兰莱顿大学中国语言与文学教授。1898年获儒莲奖。
[8] 佩初兹（Raphael Petrucci，1872—1917），法国汉学家。著有 Kiai-Tseu-Yuan Houa Tchouan Encyclopédie de la peinture chinoise（《〈芥子园画传〉：中国绘画百科全书》）、Philosophie de la nature dans l'art d'extrême-orient（《远东艺术中的自然哲学》）等。1912年和1921年获儒莲奖。
[9] 斯坦因（Marc Aurel Stein，1862—1943），生于匈牙利的英籍犹太人，考古学家、艺术史家、语言学家、地理学家和探险家。四次来华探险考察，带走大量敦煌的佛教文物。
[10] 柴赫（Erwin Ritter von Zach，1872—1942），又记赞克，奥地利汉学家。光绪二十七年（1901）出任奥匈帝国驻华外交官。著有 Zum Ausbau der Gabelentzschen Grammatik（《甲柏连孜〈汉文经纬〉增补》，民国三十三年〔1944〕北京德国研究所出版），编译过德文本《杜甫李白诗文选》等。
[11] 武林吉（Franklin Ohlinger，1845—1919），美国美以美会传教士。同治九年（1870）来华后在福建传教，创办福州英华书院。著有 Hsing-hua Proverbs and Sayings（《兴化谚语和俗语》）等。
[12] 慕阿德（Arthur Christopher Moule，1873—1957），英国人，东方学家，英国圣公会传教士慕稼谷（George Evans Moule，1828—1912）之子，生于杭州。剑桥大学毕业后，受圣公会派遣于光绪十五年（1889）来华传教。以研究《马可·波罗行纪》为专长。获1931年儒莲奖。
[13] 参考黄勇：《国际中国学杂志〈通报〉文章日录汉译》，引自作者个人网页 http://yong321.freeshell.org/misc/TougPaoArticleInChinese.html。

儒莲奖（Prix Stanislas Julien）是法兰西文学院颁发的东方学奖项，以法国汉学家儒莲①的名字命名，1872年创立，1875年起每年颁发一次，第二次世界大战期间暂停。有一些儒莲奖获奖者的学术成就与"汉学丛书"息息相关，如黄伯禄、方殿华、徐伯愚、管宜穆、禄是遒、鲍来思等人。而在《通报》上发表论著的儒莲奖获得者大部分都是欧洲学院派汉学家。

1875—1949年凡七十五年间儒莲奖共评颁六十六次，共有六十七人、八十一次获奖，其中学院派汉学家二十六人三十二次，占百分之三十八和百分之三十九；来华（远东）传教士十八人二十次，占百分之二十七和百分之二十六；外交官等来华长差者十人十四次，占百分之二十和百分之十七；来华（远东）一般学者七人七次，占百分之十和百分之八；中国在教学者两人三次，占百分之三和百分之四；中国一般学者或机构四人四次，占百分之六和百分之五。从儒莲奖获奖人结构分析，汉学研究领域"学院派"与"实践派"人数大抵持平，当然这种划分本身也不尽科学。二十世纪五十年代之后，儒莲奖获奖者基本都是学者了。

年份	获奖人	国籍	身　份	获　奖　成　就
1875	理雅各（James Legge）	英国	伦敦会遣华传教士	*The Chinese Classics*，中国经典
1884	晁德莅（Angelo Zottoli）	意大利	耶稣会遣华传教士	*Cursus litteraturae sinicae*，中国文学教程
1886	顾赛芬（Seraphin Couvreur）	法国	耶稣会遣华传教士	*Dictionnaire francais-chinois*，法汉常谈
1891	顾赛芬（Seraphin Couvreur）	法国	耶稣会遣华传教士	*Dictionnaire chinois-français*，华法字典
1895	顾赛芬（Seraphin Couvreur）	法国	耶稣会遣华传教士	*Choix de documents*，正教褒传
1899	黄伯禄（Pierre Hoang）	中国	耶稣会士	*Notions techniques sur la propriété en Chine*，契券汇式
1899	徐勋（Stephanus Zi）	中国	耶稣会士	*Pratique des examens militaires en Chine*，中国武科举制度
1904	方殿华（Louis Gaillard）	法国	耶稣会遣华传教士	*Nankin d'alors et d'aujourd'hui*，金陵古今
1905	戴遂良（Léon Wieger）	法国	耶稣会遣华传教士	*Rudiments de parler et de style chinois, dialecte de Hokien fou*，汉语口语入门——河间府方言
1906	拉盖（Emile Raguet）	比利时	巴黎外方传教会遣日传教士	*Dictionnaire français-japonais*，法和会话大辞典
1906	小野藤太（Ono Tota）	日本	日本学者	

---

① 儒莲（Stanislas Julien, 1797—1873），法国汉学家，法兰西学院院士，精通汉语，将许多中文图书译为法文，如《孟子》《大唐西域记》《太上感应篇》《天工开物》《道德经》《复仇豹》《赵氏孤儿》《西厢记》《平山冷燕》《白蛇精记》《突厥历史资料》《景德镇陶录》《金瓶梅的续集》《中国小说选》等，还著有《汉语新句法》等。

· 东西来去（续四）·

续表

年份	获奖人	国籍	身份	获奖成就
1910	邓明德（Paul Vial）	法国	巴黎外方传教会遣华传教士	Dictionnaire francais-lolo, dialecte gni，法语—倮倮撒尼方言词典
	方义和（Joseph Esquirol）	法国	巴黎外方传教会遣华传教士	Essai de dictionnaire dioi₃-français 仲家语—法语双解字典
	韦利亚（Gustave Williatte）	法国	巴黎外方传教会遣华传教士	
	米约（Stanislas Millot）	法国	来华海军军官	Dictionnaire des Formes Cursives des Caractères Chinois，草字汇
1912	萨维纳（François Marie Savina）	法国	巴黎外方传教会遣华传教士	Dictionnaire de tay-Annamite-français，安南岱依语—法语词典
	禄是遒（Henri Dorè）	法国	耶稣会遣华传教士	Recherches sur les Superstitions en Chine，中国迷信研究
	佩初兹（Raphaël Petrucci）	法国	汉学家	Philosophie de la nature dans l'art d'extrême-orient，远东艺术中的自然哲学
1914	德维寒尔（Marinus Willem de Wisser）	荷兰	汉学家，日本学家	The Dragon in China and Japan，汉和之龙
	黄伯禄（Pierre Hoang）	中国	耶稣会士	Catalogue des tremblements de terre signalés en Chine d'après les sources chinoises，中国大地震目录
1918	管宜穆（Jérôme Tobar）	西班牙	耶稣会遣华传教士	La Chine et les religions étrangères, Kiao-Ou-Ki-Lio，教务纪略
1919	库寿龄（Samuel Couling）	英国	浸礼会遣华传教士	The Encyclopædia Sinica，中国百科辞典
1922	梁亨利（Paul Xavier Lamass）	法国	巴黎外方传教会遣华传教士	Sin Kouo Wen ou Nouveau Manuel de la Langue Écrit Chinoise，新国文
1925	鲍来思（Guy Boulais）	法国	耶稣会遣华传教士	Manuel de code chinois，大清律例便览
1931	慕阿德（Arthur Christopher Moule）	英国	圣公会遣华传教士，汉学家	Christians in China before the Year 1550，1550年前的中国基督教史
1934	万嘉德（Anastasius Van den Wyngaert）	荷兰	方济各会遣华传教士	Sinica Franciscana, volumes I and II，中国方济各会第一卷和第二卷
1947	戴柏诚（Homer Hasenpflug Dubs）	美国	圣道会遣华传教士	The History of the Former Han Dynasty, a critical translation with annotations，前汉书译注

兀兀穷年

> 我告诉人们跟我生活在一起的中国人的真实一面，我珍视他们，我爱他们，因而我要把汉语知识告诉更多的人。
>
> ——戴遂良

Chinois parlé manuel, koan-hoa du Nord, non-pékinois
汉语入门课程——非京北方官话
（封面）
［法］戴遂良 撰
法文 中文
四卷 一册
"汉语入门"第一部
民国元年（1912）
河间府胜世堂印书房排印
铅印本 纸本 平装
开本：23.5×16.5（cm）
1145 页

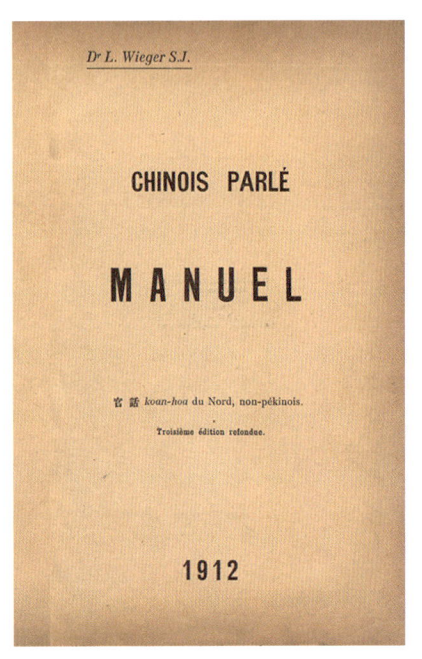

用"焚膏油以继晷，恒兀兀以穷年"来形容传教士们的写作生涯是再贴切不过的了。"目不窥园，足不下楼，兀兀穷年，沥尽心血"，神父们立志将一生奉献给耶稣基督，他们的现世生活朴实、简单，无须在世俗繁复的生活里浪费光阴，他们将大把大把时间埋头在他们所关注的事情上。尤其是来华传教士们，他们背井离乡，茕茕孑立，形影相吊，故而亦能"专心致志，惨淡经营，自少而壮而老，穷毕生之财力心思，以制造一物"，亦故多人得以成为汉学家、科学家，有其必然性。

直隶河间府就有这样一拨神父，他们僻处冀南一隅，心静神宁。其中有一位神父，他一人的关于中国的写作成果辑册成书竟多达四万余页，折合成汉字差不多两千五百万字。这是什么概念？摞起来差不多两米高，这可不只是"著作等身"了。完成这一伟业的是位耶稣会医生，中文名字叫戴遂良，当然他完成这些工作后也被称为汉学家了。

戴遂良（Léon Wieger，1856—1933），字廷弼，法国人，①1881年入耶稣会，光绪十三年（1887）来华，光绪二十四年（1898）晋铎。戴遂良在华的大部分时间在河间教区的献县度过。他开始为医师，后致力于汉学。据说到教区后，其半生岁月里只离开河间府一次，几类于终身未离开家乡的德国伟大哲学家康德了。

在欧美汉学界提到戴遂良，最著名的就是他的汉语语言学著作《汉语入门课程》和《汉字》。许多著名汉学家回顾往事时都曾提到，他们最初接触汉语是从这两本书开始的。

从光绪二十一年（1895）开始，戴遂良着手撰写一套引导外国传教士学习汉语的丛书，叫作 *Rudiments de parler et style chinois*（"汉语入门"，文献中见简写 *Rudiments*），共十二部。第一部 *Chinois parlé manuel*（《汉语入门课程》），一卷，光绪十五年（1889）初版；第二部 *Catéchèses*（《教理》），光绪二十三年

---

① 戴遂良为斯特拉斯堡人，教籍名录认定为德国人，但也有资料著录其为法国人，概因历史上德国和法国曾多次交替拥有对斯特拉斯堡的主权。

（1897）出版；第三部 *Sermons*（《训诫》），三卷，光绪二十三年至二十八年（1897—1902）出版；第四部 *Morale et usages*（《乡规民俗》），光绪二十三年（1897）出版；第五部和第六部 *Narrations populaires*（《语体文》），光绪二十一年（1895）出版；第七部和第八部 *Langue écrite*（《文言文》），光绪三十四年（1908）出版；第九部 *Textes philosophiques*（《哲学文选》），光绪三十二年（1906）出版；第十部和第十一部 *Textes historiques*（《历史文选》），三卷，光绪二十九年至三十一年（1903—1905）出版；第十二部 *Caractères chinois*（《汉字》），两卷，光绪二十六年（1900）出版。

需要注意的是，这十二部书大多数最初是以单行本出版，戴遂良后来才逐步把它们整合成这套丛书，因此书名略有不同，体例上不尽一致，内容多有重复。

"汉语入门"由河间府胜世堂出版、印刷，胜世堂和法国 Librarie Orientale & Américaine 出版机构共同发行，在法国发行的书均手工粘贴 Librarie Orientale & Américaine 标签，覆盖"胜世堂"几个字。"汉语入门"作为清朝时候的作品，为避讳，书中的"玄"字一律缺笔。另外，作为在北方传教的神父的作品这部书的汉语表达带有强烈的儿化色彩。

"汉语入门"第一部，初版书名是 *Rudiments de parler chinois，Dialect du Hokienfou*（《汉语口语入门——河间府方言》），民国元年（1912）第三版改为 *Chinois parlé manuel，koan-hua du Nord，non-pékinois*（《汉语入门课程——非京北方官话》）。戴遂良所说的"非京北方官话"的"河间府方言"现在属于"冀鲁官话"。《汉语入门课程》第一卷"音调"，第二卷"语法"，第三卷"单词"，第四卷"词句"。其中，后三卷是混编的，共有五百个课程，由易到难，由简到繁，从字、词到句子、短文，分析和讲述了"名词""形容词""后缀词""动词""比较词和最高词""疑问词""介词""副词""连词""感叹词""代词"等。附录是"百家姓"。

戴遂良于光绪二十六年（1900）编撰 *Caractères*（《汉字》），又于光绪三十一年（1905）和民国五年（1916）两次增修，并将本书编入"汉语入门"第十二部。

《汉字》的正文前面有长篇导论，戴遂良的"导论"是这部著作的精华，讲了几个问题：

一、中国文字史概述（Sommaire histoique）。戴遂良从伏羲、

Caractères
汉字（封面）
［法］戴遂良撰
法文
两卷　一册
"汉语入门"第十二部
清光绪二十六年（1900）
河间府胜世堂印书房排印
铅印本　纸本　平装
开本：19.5×15（cm）
654 页

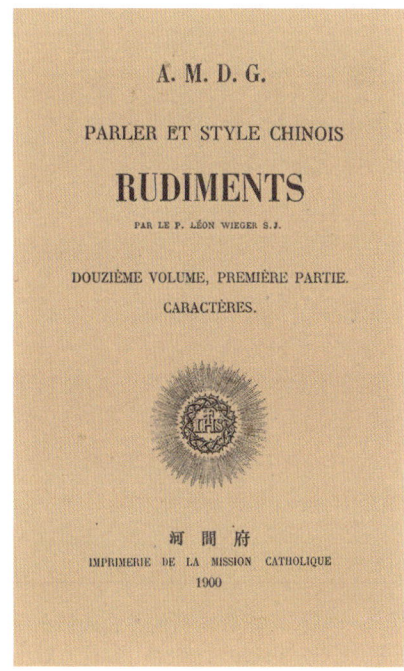

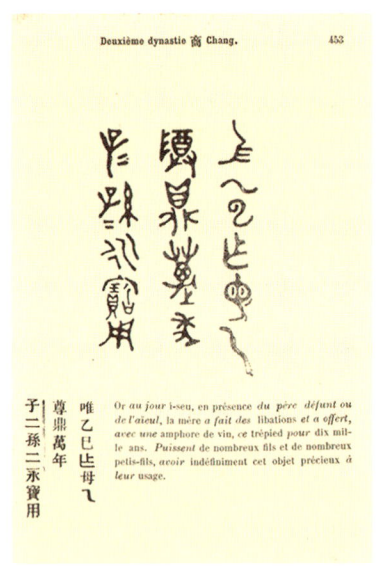
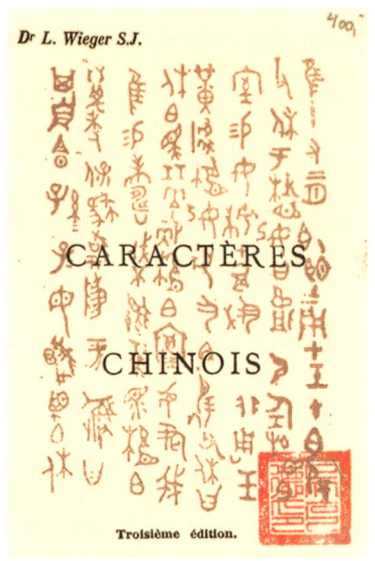
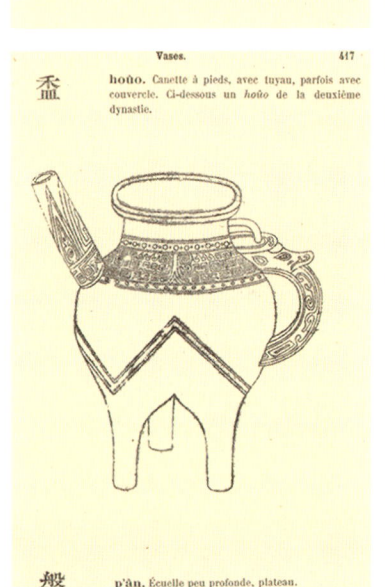

Caractères chinois

汉字（封面和内页）

［法］戴遂良撰

法文　中文

两卷　一册

"汉语入门"第十二部

民国五年（1916）

河间胜世堂印书房三版

铅印本　纸本　平装

开本：18.8×14.4（cm）　1200 页

插图 16 幅　铭文 120 幅

仓颉、黄帝、李斯、程邈、蒙恬到许慎，从结绳、籀文、大篆、小篆、隶字、楷字到草书，从《竹书纪年》"三仓"①到《说文解字》《六书通》，概括介绍了中国文字的发展演变过程，以及不同历史时期对汉字产生过重大影响的事件、人物与书籍等。

二、六书②（Six catégories des caractères），介绍六种文字的特点。

三、构成和解析（Composition et décomposition），笔画（Radicaux）、声符（Phonétiques）、字源（Primitines）。

四、字学典籍（Classification des caractères）。戴遂良推荐了几部工具书：类编看《尔雅》，字根读《说文》和《康熙字典》，发音查《佩文韵府》，反切用《五方元音》，以及《字学举隅》。

《汉字》正文分为两卷。

第一卷"字源研究"（Leçons étymologiques），讲解部首偏旁，共分为一百七十七个部首。

附录："金文"。详细介绍青铜器种类："钟""鼎""鬲""甗""爵""角""斝""盉""盘""尊""觚""壶""罍""觯""簠""簋""彝""敦""卣""匜""豆"。以及钟鼎文字的特点，并推荐读者进一步可阅读薛尚功的《历代钟鼎彝器款识法帖》、杨桓的《六书统》、阮元的《积古斋钟鼎彝器款识》、吴荣光的《筠清馆金文》、汪立名的《钟鼎字源》等。

第二卷"三个词汇表"（Triple lexique）：一、声符汉字表（Phonétiques），八百五十八目；二、音韵汉字表（Sons）；三、笔画汉字表（Radicaux），二百一十四目。

---

① "三仓"：汉代流行的《仓颉篇》《训纂篇》和《滂喜篇》三种字书。
② 六书：指象形、指事、会意、形声、转注、假借。为汉字的构成和使用方式。

民国四年（1915）法国传教士胡树勋[①]将《汉字》译为英文 Chinese Characters: their etymology, history, classification and signification 出版。

戴遂良的《汉字》是世界上第一批尝试使用声符作为汉字排序的"字典"之一。这部一千二百页的皇皇巨著，曾帮助许许多多人迈过汉语门槛，步入汉学宝库，这点是没有疑义的。

在 Morale et usages（《乡规民俗》[②]）这一部作品里，戴遂良简略地介绍了他所知道的中国人的道德观念。大致分为书名表明的那两个部分"乡规"和"民俗"，共有二十三篇小文章。一、"子女对父母孝敬"，二、"兄弟亲情"，三、"邻里和睦"，四、"勤劳致富"，五、"勤俭持家"，六、"善待生命"，七、"教育为本"，八、"子堕父过"，九、"礼貌谦和"，十、"旁门左道"，十一、"苛捐杂税"，十二、"心正身修"，十三、"品行节操"，十四、"家规家训"，十五、"修福积善"，十六、"三句箴言"，十七、"儿童规矩"，十八、"道家说法"，十九、"佛教说法"，二十、"年节岁庆"，二十一、"男婚女嫁"，二十二、"收养、过继、联姻、怀子、祝福"，二十三、"丧葬祭礼"。

Morale et usages
乡规民俗（封面和内页）
［法］戴遂良撰
法文　中文
两卷　一册
"汉语入门"第四部
清光绪三十一年（1905）
河间府胜世堂印书房排印
铅印　纸本　平装
开本：18.5×14（cm）
547 页

Narrations populaires（《语体文》），介绍中国古典小说，是"汉语入门"十二部里最受关注的。

在这部作品里，戴遂良选取了六十三篇文章，每篇文章分为三个部分：官话中文、法文注解和法文译文。这六十三篇长短不一的文章都是民间故事，没有篇名，没有注明文章原名的出处，又对情节作了改编，故而很难逐一还原。经初步考证，戴遂良的故事题材大致选自抱瓮老人

[①] 胡树勋（Leo Davrout，1875—1953），字允济，法国人，1891 年入耶稣会。光绪三十二年（1906）来华，次年晋铎，在献县教区任职。后去菲律宾。
[②] 该书版式为中文在左，法文在右。二十三篇文章都是戴遂良自己编写的，与第五部和第六部的《语体文》不同，不是对中国古典名著的摘译。用的是官话，通俗易懂。每篇文章都穿插一些小故事，生动活泼。

Narrations populaires
语体文（封面和内页）
[法]戴遂良撰
法文　中文
六十三篇　一册
"汉语入门"第五部、第六部
清光绪二十九年（1903）
河间府胜世堂印书房排印
铅印本　纸本　平装
开本：19×15.4（cm）
785页

的《今古奇观》、石天基的《家宝二集》和蒲松龄的《聊斋志异》等。

选自《家宝二集》的有"泣杖""容讪笑""怀桔""遥遵父命"等篇。从《聊斋志异》选取"赵城虎""考城隍""崂山道士""狐嫁女""长清僧""陆判""种梨""妖术""任秀"等篇。

可视为取自《今古奇观》的有第五十八篇"滕大尹鬼断家私"，第五十九篇"李沂公穷邸遇侠客"，第六十篇"宋小官团圆破毡帽"，第六十一篇"吕大郎还金完骨肉"，第六十三篇"王甲害人终害己"。

戴遂良对他择取的文章作了改写，使其更加符合当时的白话标准。

他在第三版序言里说，他选的这些文章，其中的成语、短语、典故及叙述，都是十足的中国人表述方式。诚然，这些文章里，充斥着没有受过教育的人说的、现在看来不大规范的话。但是不管怎么说，"终归还是中国人的中文"（Chinois chinois）。可以理解，戴遂良序言中的解释是对自己这部著作的诠释。

戴遂良神父晚年与时俱进，编纂了 Locutions moderns (Néologie)(《新词义》) 作为《语体文》的补充，民国十四年（1925）由胜世堂出版。《新词义》归集的是当时流行的新词汇，比如"爱格斯光线""山珍海味""舍己为人""社交""声学""生存竞争""绅士""劳工神圣""身心疲惫""世界和平""适者生存""实在论""实用主义""睡狮梦醒""水深火热""顺乎自然""发现新世界""发动机""放纵主义""非义之财""奉献""革命党""八股文章"等，大约有一万三千个词，罗马字母注音，法文释义。此书每过几年便推出一次修订增补版，民国二十五年（1936）第三版，民国二十八年（1939）第四版，其中第三版没有署戴遂良神父名字。

裴化行在他编纂的《戴遂良神父著作分类目录》里，著录"汉语入门"的第七部和第八部是 Langue écrite（《文言文》）。裴化行神父肯定没有看到过这两部书，因为老戴神父并没有完成它们。

光绪三十四年（1908）胜世堂印书房出版《文言文》，副题是 Mécanisme phraséologie（"成语"），民国十八年（1929）再版时副题改为 Précis，grammaire et phraséologie（"预备课：文法和例句"）。

戴遂良对这个主题的思路似乎没有捋清楚，他的本意是想择选一些固定短语，介绍文言文里一些词汇的用法，他采用的例子有"小舟顺水而来""有朋自远方来，不亦乐乎""瓦上有霜，其白如粉；及见日光，化而为水""钟欲其鸣则必撞，说话若多定要错"。戴遂良逐句解释这些短语，说明"之乎者也"的意思和用法。然而他所谓的这些成语或固定短语并不能代表汉语文言文，甚至更接近语体文（白话文），可以说"文不对题"。

戴遂良自己对这个主题可能也没有信心。《文言文》在"汉语入门"十二部里是篇幅最小的，有六十一篇，不过才一百来页，很不匹配。他后来把书名副题改成"预备课"，说明他自认只是开了个头，只算是学习文言文的入门课程。

力有不逮，只好放弃。胜世堂印书房编排戴遂良神父的目录时，把他的《汉字》《历史文选》《哲学文选》归于"文言文类"（"文话类"），《文言文》算是这些书的入门教程，试图把缺了"汉语入门"的第七部和第八部这件事说圆。一本小册子占了两个坑。

Textes philosophiques（《哲学文选》）是一本哲学文献集，戴遂良从中国历史史料当中，摘录有关哲学思想的句子、段落和篇章。依中国古籍习惯，译为"文选"比较得体。

《哲学文选》分为十九章：第一章"周以前"；第二章《洪范》（la Grande Règle）；第三章"周朝"，《尚书》（Annales）和《诗经》（Odes）；第四章"周朝"，《周礼》（Rituels）；第五章"周朝"，《易经》（Mutations）；第六章"周朝结束，春秋时期"；第七章"老子"；第八章"孔子"；第九章"门生"，公元前五世纪至公元前三世纪；第十章"异端"，杨朱、墨翟、荀况、王充；第十一章"道教"，公元前五世纪至公元后二世纪，邓析子、管子、列

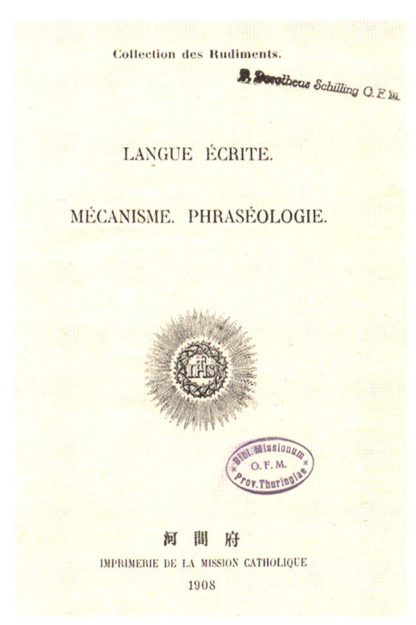

Langue écrite, Mécanisme phraséologie
文言文，成语（封面）
[法]戴遂良撰
中文　法文　罗马字母注音
六十一篇　一册
"汉语入门"第七部、第八部
清光绪三十四年（1908）
河间府胜世堂印书房排印
铅印本　装帧　平装
开本：18×14（cm）
102 页

子、刘安；第十二章"朱子"，十二世纪；第十三章"儒学理论"（*Doctrine des lettrés*），十一世纪至十八世纪；第十四章"现代崇拜"；第十五章"佛教"；第十六章"现代道教"；第十九章"伊斯兰教"。

这部五百五十页的《哲学文选》取自《诗经》《尚书》《史记》《国语》《周礼》《左传》《易经》《战国策》《晏子春秋》《礼记》《楚辞》《道德经》《论语》《孟子》《中庸》《大学》《孔子家语》《孔子集语》《荀子》《墨子》《邓析子》《管子》《列子》《庄子》《淮南子》《朱子全书》《朱子语录》《经世文》《图书集成》《华严经》《长阿含经》《杂心论》《增一经》《楼炭经》《观佛三昧经》《菩萨藏经》《业报差别经》《婆娑论》《顺正理论》《庄严经》《起世经》《瑞应经》《修行本起经》《千佛因缘经》《譬喻经》《因果经》《佛本行经》《瑜伽论》《中阿含经》《分别功德论》《尸迦罗越六同拜经》《罗云忍辱经》《法句喻经》《出曜经》《杂宝藏经》《摩邓女经》《杂阿含经》《典礼》《释疑》《正学》《指南》，以及没有指明具体出处的司马光、何垣、吴澄、邵雍等人的文章。

《哲学文选》采用左栏中文原文，右栏法语译文的体例，配有大量插图。毋庸讳言，这些插图的绘制水平和制作品质完全无法与"汉学丛书"等土山湾印书馆的作品相比。但是，戴遂良把这么大量的中国哲学原著译成西方文字，是一件前无古人的工作。虽然他只是"语录体"摘译，但是对西方读者了解中国哲学思想、宗教思想的概况很有裨益。当然，戴氏的编选工作同样存在种种不足，如果他把主题聚焦在先秦，效果会更好。

Textes historiques（《历史文选》）的编纂体例与《哲学文选》一样。共三卷。第一卷从盘古开天地至东汉，分为"史前时期"（Temps préhistoriques，4477 à 2698），半史前时期（Temps semi-préhistoriques，2697 à 2358），封建帝国（L'empire féodal），专制帝国（L'empire absolu）；第二卷从三国至唐朝；第三卷从五代十国至清光绪元年（1875）。正文前有"甲子纪年表"。每个朝代都附有历史地图。

戴遂良在《历史文选》里，没有一一注明他的文选的出处，据他自己讲，除了《通鉴纲目》外，还取材自《国语》《战国策》《史记》《汉书》《后汉书》《三国志》《晋书》《旧五代史》《新五代史》《续通鉴纲目》《纲鉴易知录》等。

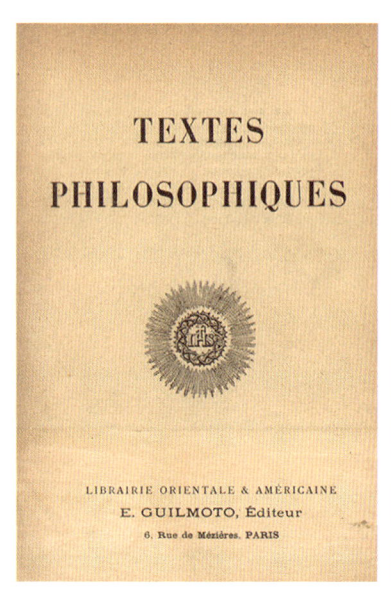

Textes philosophiques
哲学文选（封面、内页和插图）
［法］戴遂良撰
法文　中文
十九章　一册
"汉语入门"第九部
清光绪三十二年（1906）
河间府胜世堂印书房排印
铅印本　纸本　平装
开本：19×14.5（cm）
555 页
插图 145 幅

38 Parangons confucianistes. L'empereur 舜 Chcúnn. T.H page 43.   194 Parangons confucianistes. L'empereur 堯 Yáo. T.H. page 37.   208 文王 Wénn-wang, avec ses deux fils 發 Fă et 旦 Tán. T.H.p.83 s.

212 旦 Tán de Tcheóu, dit 周公 le duc de Tcheóu. T.H.page 58 seq.   222 Confucius, image des écoles.   230 孟子 Mencius, costume de son temps. T.H.page 204.

240 董仲舒 Tòng-tchoungchou qui harangua 漢武帝. T.H. page 453.   268 朱熹 Tchôu-hi, philosophe, commentateur. T.H pages 1860, 1899 seq.   260 司馬光 Sêuma-koang, politique, historien. T.H.page 1859.

Textes historiques

历史文选（封面、内页和插图）

［法］戴遂良撰

法文　中文

三卷　三册

“汉语入门”第十部、第十一部

清光绪二十九年至三十一年

（1903—1905）河间府胜世堂印书房排印

铅印本　纸本　平装

开本：19×15.4（cm）

2173 页

插图 15 幅　地图 25 幅

L. WIEGER S.J.

RUDIMENTS

10. TEXTES HISTORIQUES.

Nihil sub sole novum,
nec valet quisquam dicere:
Ecce hoc recens est;
jam enim præcessit in sæculis,
quæ fuerunt ante nos.
Eccle. 1, 10.

河間府

IMPRIMERIE DE LA MISSION CATHOLIQUE

1903

Carte VIII.

庚辰、秦王政二十六年、王初幷天下、自以爲德兼三皇、功過五帝、乃更號曰皇帝。命爲制。令爲詔。自稱曰朕。追尊莊襄王爲太上皇。○制曰、死而以行爲諡。則是子議父、臣議君也、甚無謂。自今以來、除諡法。朕爲始皇帝。後世以計數、二世、三世、至於萬世。○初齊人鄒衍論著終始五德之運、始皇采用其說。以爲周得火德、秦伐周、從所不勝爲水德、水德屬北方、故衣服、旌旄、節旗、皆

259

DYNASTIE 秦 TS'ÎNN.

221-207

En 221, 26e année depuis son avènement au trône de *Ts'inn*, l'empire tout entier étant soumis, *Tchêng* trouvant que sa vertu égalait celle des trois 皇 antiques *Fôu-hi Chênn-noung Hoâng-ti*, et que ses hauts faits surpassaient ceux des cinq 帝 *Châo-hao Tchoān-hu K'ōu Yâo* et *Choúnn*, s'adjugea les deux titres 皇帝, que nous traduirons par Empereur. Il ordonna que ses décrets s'appelleraient *tchéu*, et ses ordres *tchâo*. Il créa, pour se désigner lui-même, le pronom personnel spécial *tchénn*. Il anoblit ses ancêtres, en commençant par son père (?) le roi *Tchoāng-siang*, qui devint l'Empereur Suprême. — Puis il fit un décret ainsi conçu : Pour décerner un titre posthume, le fils doit juger son père, le ministre doit juger son prince défunt ; cet usage est donc inconvenant. Que désormais les titres posthumes soient abolis. Moi, je suis 始皇帝 le Premier Empereur. Mes successeurs porteront chacun son numéro d'ordre, Second Empereur, Troisième Empereur, et ainsi de suite, à l'infini. — Vers l'an 370, le fameux philosophe *Tcheōu-yen* de *Ts'i* ayant remplacé le système de la *genèse* mutuelle des éléments (p. 23) par celui de leur *destruction* mutuelle, l'empereur qui croyait à ce système, conclut que, les *Tcheōu* ayant régné par la vertu du feu, et les *Ts'inn* les ayant vaincus, la vertu protectrice des *Ts'inn* devait être celle de l'eau, l'eau détruisant le feu. L'eau répondant au nord, et le nord à la couleur noire, par décret impérial, sous la nouvelle dynastie, les drapeaux, les vêtements et les coiffures, furent tous noirs. Le chiffre de l'eau étant *six*, les tablettes de créance eurent six pouces, les chars furent attelés de six chevaux, le pas agraire eut six pieds. L'eau répondant au principe *yīnn* qui régit les supplices, les lois furent appliquées avec la plus impitoyable rigueur, et de longtemps, par principe, on ne fit aucune

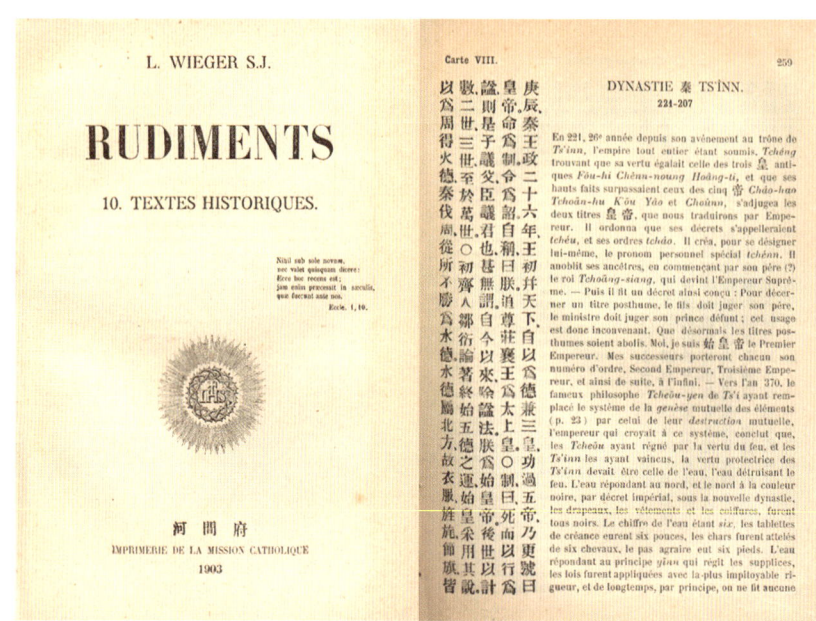

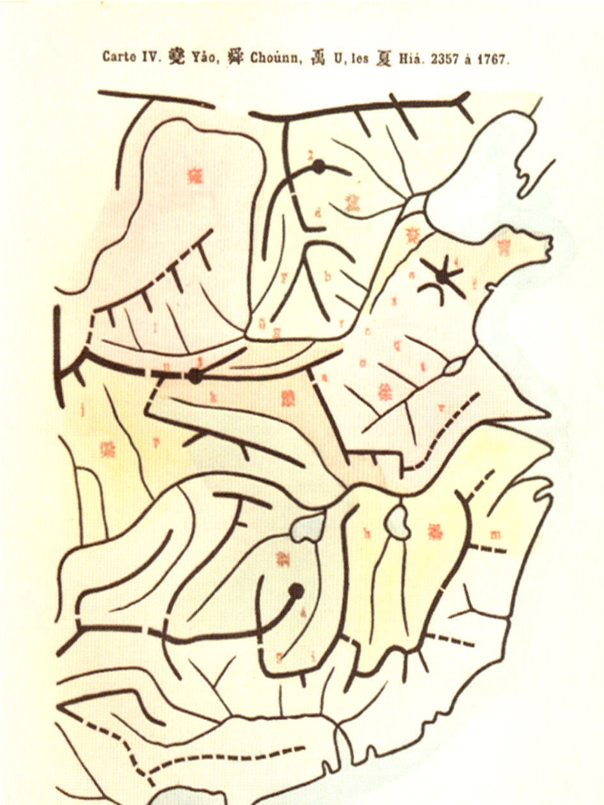

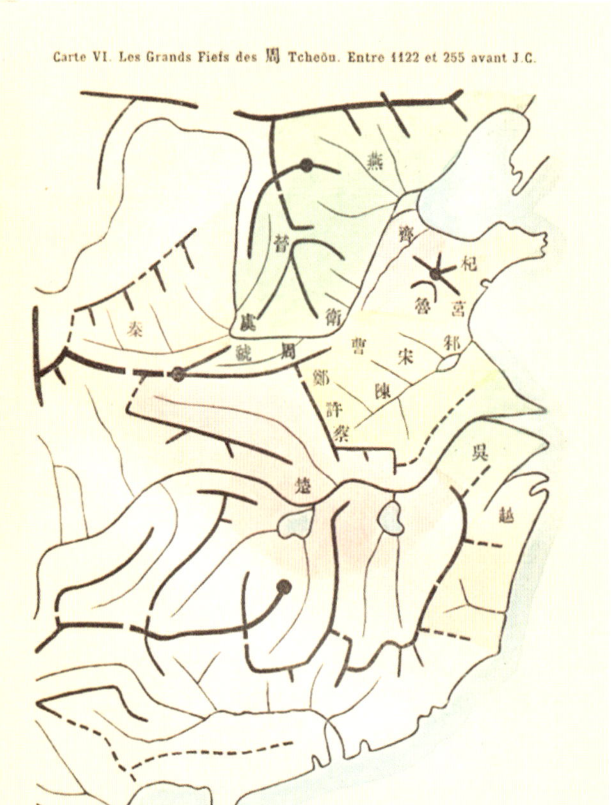

102 **Empereur et Impératrice.**

74 **Vêtements et Chaussures.**

106 **Coiffures.**

108 **Vases rituels.**

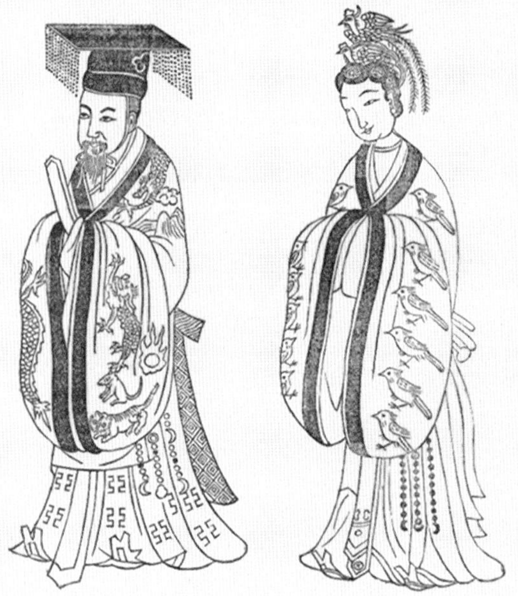

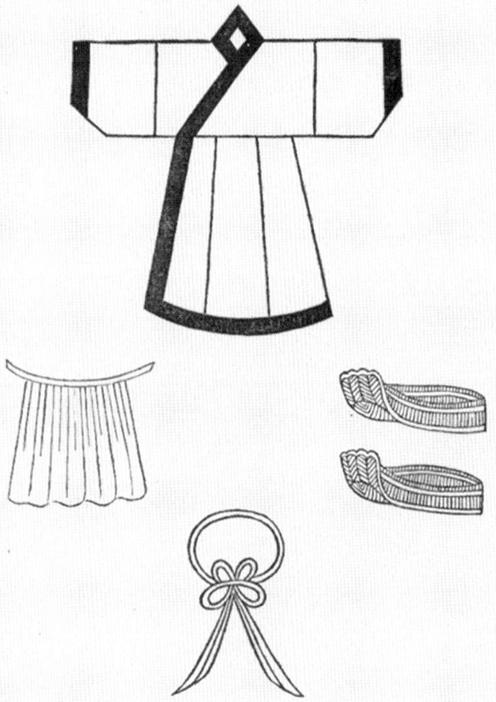

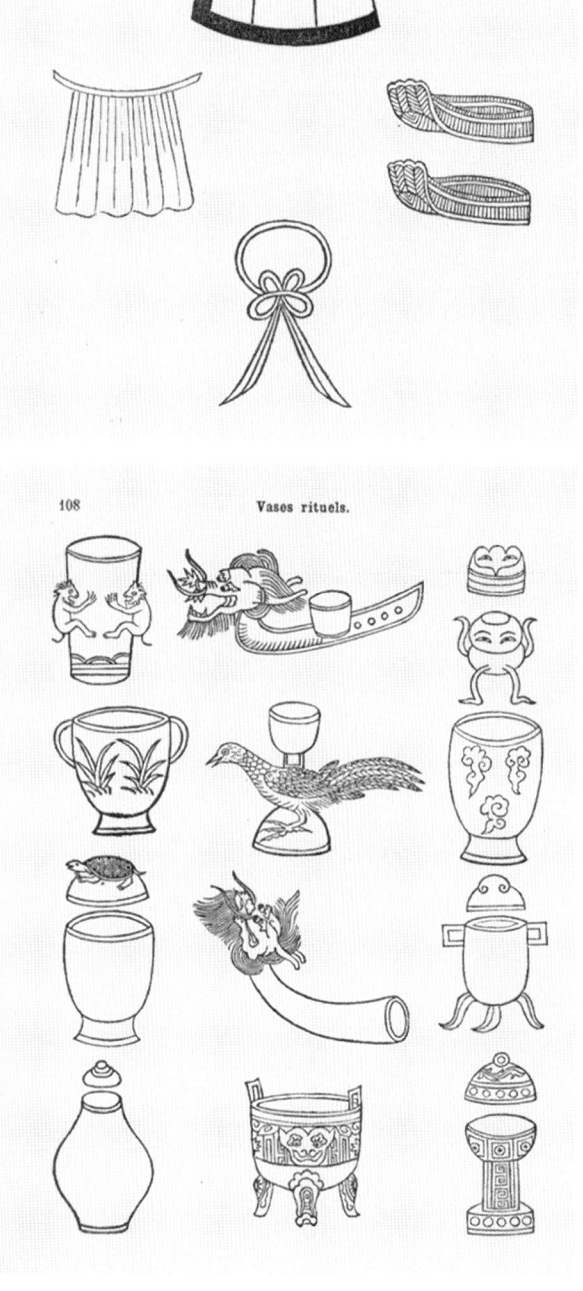

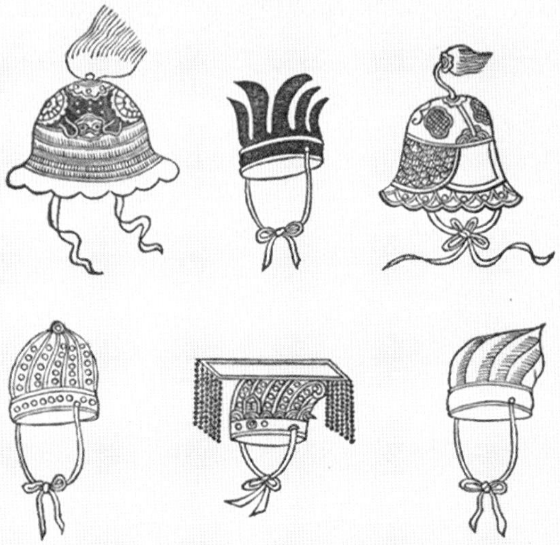

《历史文选》后来出过两版增修本，民国十一年（1922）的 Textes historiques, Histoire politique de la Chine: depuis l'origine jusqu'en 1912 (《历史文选，1912年之前中国政治史料》)，民国十八年（1929）的 Textes historiques, Histoire politique de la Chine: depuis l'origine jusqu'en 1929 (《历史文选，1929年之前中国政治史料》)，内容和体例变化不大，只是把历史下限分别延至民国成立和中原大战、蒋桂战争爆发。

戴遂良的《历史文选》在欧洲曾经非常受欢迎，因它较为通俗易懂；但某些主流汉学家对此书多有批评，认为戴遂良随心所欲地摘译《通鉴纲目》，掺杂了他自己的主观臆断和解释，没有什么价值。

沙畹对戴遂良的著作也颇有微词，但还是给予《历史文选》三七开的评价：尽管这部著作缺少其所依赖的权威性资料之出处，也未曾提供支持自己观点之论据；尽管它通过一系列的轶事，仅仅从微观的角度来观察历史；尽管作者在对史实的描述中添加了大量的个人见解，但是对它的阅读是件颇有价值的事情；这部著作让我们清楚地了解到大部分受过教育的中国人的历史观……戴遂良努力地让我们认识中国人的真实面貌，他将活生生的中国人，连同他们的思想和行为展现在我们面前。

另一位汉学家古恒① 也认为，"汉语入门"是一套实用的，关于中国流行语言、文学、文字、风俗、信仰、哲学和历史的百科全书。

---

① 古恒（Maurice Courant，1865—1935），法国东方学家。光绪十五年（1889）在法国驻华使馆工作，后又至韩国、日本担任外交官，1895年赴里昂大学任教。1896年凭借《朝鲜书志》获得儒莲奖，此后又于1903、1913、1915年获儒莲奖。1913年受聘为里昂大学汉学教授。

青灯黄卷

> 世事难料啊，终归会有那么一天，中国古代典籍会举足轻重的。
>
> ——马若瑟

戴遂良说过，中华民族是一个伟大的民族，但很少有人了解中国人，很多人对他们的评价常常是负面的。他把自己的生活情景写在书里，告诉人们跟他生活在一起的中国人的真实一面。他珍视他们，爱他们，因而要把汉语知识告诉更多的人。

Folk-lore chinois moderne（《中国现代民间传说》），署河间府天主堂印书馆宣统元年（1909）出版。

他向读者介绍说，中国历史上有许多"志"，每个地方也有自己的"志"，这些官方修的"志"中，最权威的便是"二十四史"。除此之外，还有许许多多另类的"志"，就是《中国现代民间传说》所要介绍的。

戴遂良列举了长长的他读过的关于中国民间传说的古籍书单①：

三世纪：《列仙传》《高士传》《博物志》。

四世纪：《神仙传》《搜神记》。

五世纪：《神异经》《搜神后记》《灵应录》《幽明录》《冥祥记》《异苑》。

六世纪：《还魂记》《述异记》。

七世纪：《通幽记》《志怪录》《洽闻记》《树萱录》《洞微志》《独

Folk-lore chinois moderne
中国现代民间传说（封面、内页和插图）
[法] 戴遂良撰
法文　中文
二百二十篇　一册
清宣统元年（1909）
河间府天主堂印书馆排印
铅印本　纸本　平装
开本：18.6×14（cm）
422 页
插图 5 幅

---

① 以下书单中年代均为戴书标注。

异志》《灵怪录》《续仙传》《桂苑丛谈》。

八世纪：《两京记》《辨疑志》《闻见记》。

九世纪：《集异记》《宣室记》《幻异记》《奇事记》《录异记》《闻奇录》《潇湘录》《酉阳杂俎》《纪闻》。

十世纪：《原化记》《稽神录》《广异记》《玉堂闲话》《北梦琐言》《云笈七签》。

十一世纪：《青箱杂记》《墨客挥犀》《文昌杂录》《春渚纪闻》《括异志》。

十二世纪：《闻见前录》《闻见后录》《云仙杂记》《续博物志》《墨庄漫录》《太平广记》《鬼董》。

十三世纪：《五色线》《旌异记》《清尊录》《癸辛杂识》《江行杂录》《养疴漫笔》《闲窗括异志》《三国志演义》《辍耕录》《牡丹灯记》《龙兴慈记》《西游记》。

十五世纪：《异闻总录》。

十七世纪：《神仙通鉴》《列仙通纪》《聊斋志异》《红楼梦》。

十八世纪：《通俗编》《新齐谐》《古今图书集成》。

十九世纪：《阅微草堂笔记》《玉历钞传警世》《关帝明圣真经》《圣帝经诵本》《文昌帝君本愿真经》《重订敬灶章》《灶神真经》《暗室灯》《群仙集》。

戴遂良从这八十一本书里节选了二百二十个故事片断，并译成法文，中法文对照。

《中国现代民间传说》的导言里，分二十一个小节简要介绍了中国民间传说的一些基本概念，比如"天""玉皇""关帝""城隍""土地""灶君""雷公""阎王""煞神""鬼国""鬼""冤鬼""妖怪""夜叉""魂""扶乩""符""张天师""妖人""魅""泰山"等。

戴遂良《中国现代民间传说》与禄是遒的《中国迷信研究》相比，它们关注的对象是一致的，但不是一类书，差别主要在于：一、《中国现代民间传说》介绍的是古典原著，《中国迷信研究》介绍的是概念和现象；二、《中国现代民间传说》把中国民间故事定位为中国历史传说，《中国迷信研究》则把同样的东西定位为民间迷信现象。个中差异，细细品来还是很大的。

Histoire des croyances religieuses et des opinions philosophiques en Chine（《中国古今宗教信仰和哲学思想史》），民国六年（1917）胜世堂初版，此书中文部分避清讳，"玄"字缺笔。民国十六年（1927）汉学家文仁亭①将此书译为英文出版。

戴遂良的《中国古今宗教信仰和哲学思想史》像一本教材，把中国思想史分为四个时期：第一时期"古代有神论"（Théisme Antique），远古至耶稣诞生前 500 年；第二时期"哲学和政治学"（Philosophie et Politique），耶稣诞生前 500 年至耶稣诞生后 65 年；第三时期"佛教和道教"（Buddhisme et Taoïsme），耶稣诞生后 65 年至 1000 年；第四时期"理学和反理学"（Rationalisme et Indifférentisme），耶稣诞生后 1000 年至 1912 年。全书共七十七课。

第一时期"古代有神论"：一、远古中国人，尧、舜、禹，民选首领，第一个朝代夏；二、商代，

---

① 文仁亭（Edward Theodore Chalmers Werner，1864—1954），又记倭纳，英国汉学家。另著有 *China of the Chinese*（《中国人的中国》，Pitman & Sons，London，1919）、*Myths and Legends of China*（《中国的神话与传说》，George Harrap，London，1922）、*Autumn Leaves*（《秋叶》，Kelly & Walsh，Shanghai，1928）、*A Dictionary of Chinese Mythology*（《中国神话辞典》，Kelly & Walsh，Shanghai，1932）等。

Histoire des croyances religieuses et des opinions philosophiques en Chine
中国古今宗教信仰和哲学思想史
（封面和插图）
［法］戴遂良撰
法文　中文
四卷　一册
民国十六年（1927）
河间胜世堂印书房排印
铅印本　纸本　平装
开本：26×17.5（cm）
755 页
插图 20 幅

苏轼

老子

关帝

观世音

汤、纣，世袭制；三、青铜器和金文；四、周朝，"天"；五、鬼神；六、《礼记》；七、诸侯；八、屈原；九、《易经》；十至十四，周礼，礼仪，社稷；十五、孔子，老子；十六、小结。

第二时期"哲学和政治学"：十七至十八、老庄，《道德经》，《庄子》；十九至二十三、列子，惠子，杨朱；二十四、墨翟；二十五、名家；二十六、子思；二十七至三十、法家，管仲，韩非，商鞅；三十一至三十四、秦国，吕不韦，李斯；三十五、刘邦，陆贾，贾谊；三十六至三十七、汉武帝，张骞；三十八、司马迁《史记》；三十九、刘安《淮南子》；四十、董仲舒《春秋繁露》；四十一、《素问》；四十二、班固《汉书》；四十三、扬雄《方言》；四十四、王充《论衡》；四十五、西汉小结；四十六、东汉。

第三时期"佛教和道教"：四十七、白马寺；四十八、安世高；四十九、牟子；五十、郑玄；五十一、三国；五十二、东晋，道家；五十三至五十九、佛经；六十至六十二、道藏；六十三至六十八、唐朝佛教；六十九、唐朝道教；七十、关公，城隍，土地。

第四时期"理学和反理学"：七十一、宋朝，朱熹，张载，周敦颐，程颐；七十二至七十三、元朝，也里可温；七十四、王阳明；七十五、清真教；七十六、清朝，顾炎武，胡渭，阮元，太平天国，袁世凯；七十七、浪漫小说，包括《西游记》《三国演义》《红楼梦》《聊斋志异》《新齐谐》《太平广记》，戏剧，包括《朱砂担》《神奴儿》《吕洞宾度铁拐李》《三封书》《倩女离魂》《孟良盗骨》《两世姻缘》《告阎罗》《窦娥冤》《乌盆记》《双槐树》《探阴山》《目连救母》《天雷报》《马义救主》《五花洞》《红梅阁》《王家庄》《骂阎罗》《思凡》）。

许多文章认为《中国古今宗教信仰和哲学思想史》这本书没有章法。笔者初阅尚不以为然，读几遍后颇有同感，戴遂良何止是没有章法，简直是不得要领，虎头蛇尾。前一半还算有个认真态度，写到两汉之后开始迷糊；最后两课似心存旁骛，草草了事。虽然学界从另外角度看，认为戴遂良详细译介二十部中国戏剧曲目，对汉学研究颇有贡献，但是贡献与态度毕竟是两回事。

但无论如何，《中国古今宗教信仰和哲学思想史》是西方人第一部研究中国思想、哲学、信仰史的专著。这部七百七十六页的著作，跨越了自尧、舜、禹至清末的四千余年。有人作过比较，戴遂良的史著仅比谢无量[①]的《中国哲学史》晚出版一年。

La Chine a travers les ages, hommes et choses（《历代中国，其人其事》），戴遂良撰于民国八年（1919），次年由胜世堂出版。戴遂良此前著作都是由献县耶稣分会会长、长期主持胜世堂工作的葛光彼[②]神父校阅、编辑的，民国七年（1918）葛光彼神父去世。随后，戴遂良把最新出版的《历代中国》题献给了葛光彼神父，纪念这位助己成就者。

《历代中国，其人其事》把中国历史分为六个时期。第一个时期"封建帝国"（L'empire féodal），他的理解是从夏和苗，经商、殷、西周、东周至战国六个朝代。第二个时期"秦汉专制帝国"（L'empire absolu

---

[①] 谢无量（1884—1964），原名蒙，字大澄，号希范，后易名沉，字无量，别署啬庵，四川乐至人。早年与李叔同、黄炎培等同入南洋公学。清末任成都存古学堂监督，民国初期任孙中山秘书长、黄埔军校教官等职，后从事教育和著述，1949年后任川西博物馆馆长等职。在学术、诗文、书法方面都允称一代大家。
[②] 葛光彼（Æmilius Becker，1836—1918），法国人，1856年入耶稣会，1874年晋铎。光绪四年（1878）来华，主持胜世堂出版工作。著有《法音指南》等。

La Chine a travers les ages, hommes et choses
历代中国，其人其事（封面和插图）
［法］戴遂良撰
法文　中文
六篇　一册
民国九年（1920）
河间胜世堂印书房排印
铅印本　纸本　平装
开本：26×17.3（cm）
548页

周武王

des Ts'inn et des han），他把这时期分成三段："秦和汉""王莽"和"东汉"。第三个时期"修道中国"（La Chine religieuse），经历"三国""晋"和分裂的中国——"南北朝"。第四个时期"享乐中国"（La Chine joyeuse）："隋""唐""五代"。第五个时期"衰弱中国"（La Chine sénile）："宋"。第六个时期"托管中国"（La Chine en tutelle）：蒙古人统治的"元"、太监统治的"明"、满人统治的"清"。不知道戴遂良的"托管中国"是自己创造的概念还是抄来的，倘若是他自己琢磨的，那真应该对这位洋人另眼相看了！

戴遂良的《历代中国，其人其事》写得不太像是一部中国历史书籍，可能是因为他的通俗演义和武侠小说看得太多了。

他在这部作品里随文翻译了大量古典文献作为述史佐证。

在先秦时期他翻译了《尚书》的《尧典》《舜典》《禹贡》《益稷》《甘誓》《汤誓》《殷武》《牧誓》《顾命》《康王之诰》《吕刑》；《诗经》的《楚茨》《出车》《杕杜》《瞻卬》。这个时期诗歌有《楚辞》里的《卜居》《九辩》《渔父》以及他认为是鲁国人写的《黄鹄歌》。

秦汉时期有《史记》里的《刘胥传》《彭祖传》《陆贾传》《贾谊传》《晁错传》《司马相如传》《司马谈传》；《汉书》里有关吾丘寿王、丙吉、杨恽、贾损之、刘辅、刘向、贡禹、谷永、贾让等人的传记片断；《后汉书》里有关冯衍、马援、鲁恭、左雄、陈蕃、周磐、傅燮、应劭、郑玄的传记片断。戴遂良尤其强调周磐和傅燮在中国教育上的作为。他译有诗歌"汉铙歌十八曲"的《战城南》，西汉赵幽王刘友的《幽歌》，东汉秦嘉的《留郡赠妇诗》三首，宋子侯的《董娇娆》，高彪的《清诫》，赵壹的《刺世疾邪赋》，蔡邕的《琴歌》，孔融《杂诗》，蔡琰（文姬）的《胡笳十八拍》，张衡的《骷髅赋》。

三国两晋南北朝时期选译几篇文章，如曹操的《魏武帝遗令》，曹叡的《赐彭城王据玺书》，曹植的《金瓠哀辞》，鲁褒的《钱神论》等。有曹操的《短歌行》《薤露》《却东门行》《精列》，曹植的《惟汉行》《野田黄雀行》《当墙欲高行》《种葛篇》，王粲的《七哀诗》，蔡邕的《饮马长城窟行》，左延年的《从军行》，徐幹的《与新婚妻别》，应璩的《三叟》，阮瑀的《驾出北郭门行》和《七哀诗》，缪袭的《挽歌》，何晏的《拟古》，嵇康的《清思赋》，傅玄的《苦相篇》和《明月篇》，潘岳的《哀诗》，杨芳的《合劝诗》，陶渊明的《神释》《还旧居》《杂诗》和《拟挽歌辞》，孙楚的《和氏外孙小同哀文》，鲍照的《拟行路难》，吴迈远的《飞来双白》，谢朓的《别江水曹》和《顾欢》，萧衍的《逸民》和《会三教》，萧纲的《如炎》《灵空》和《梦》，江总的《营涅槃》，阳固的《刺谗诗》，王由的《五盛阴》，庾信的《道士步虚词》。

隋唐五代时期的诗词译有李德林的《咏松树》，杨素的《赠薛内史》，郑颋的《临终诗》和《自伤》，卢象的《寒食》，刘长卿的《旧井》，孟浩然的《采樵》，李白的《月下独酌》《日出入行》和《古风》，杜甫的《义鹘》《石壕吏》和《遣兴》，白居易的《短歌行》《夜援琴》《续古》《凶宅》和《梦仙》。

写到宋代，戴遂良虎头蛇尾的毛病又显现出来了，他只用了二十四页纸就"囊尽"三百一十九年的两宋文学，佐述的资料不多，仅诗歌十九首：王禹偁的《感流亡》，范成大的《祭灶词》《此生》和《喜晴》，梅尧臣的《哀书》《雪夜留梁推官饮》《汝坟贫女》和《读书》，晁补之的《虾蟆》，苏东坡的《登州海市》，张耒的《阿几》《秋日晒古城》和《再和马图》，文同的《织妇怨》，王令的《哭诗》和《春风》，方岳的《狂泉》，韩琦的《蜂蚕》，苏舜钦的《猎狐》。

元明清三代，戴遂良选译了达溥化的《葡萄》，方夔的《夜坐苦蚊》，戴表元的《秋虫叹》，余阙的《白马谁家子》，黄复圭的《双燕吟》，张宇的《雌鸡行》和《哭侄》，方孝孺的《闲居感怀》，黄淳耀的《野人》，高启的《野田行》，李梦阳的《野风》，瞿佑的《春社词》，薛惠的《鸡鸣篇》，以及王阳明一首心学诗歌。

老戴神父在一部书里一口气翻译了如此大量的中国古诗词，在汉诗西译事业上可谓前无古人。尽管西方出版的汉诗集中至今尚没有采用过他的译品，但是这不妨碍《历代中国，其人其事》作为初步了解中国的门槛读物之价值。

《历代中国，其人其事》后半部分有两个附录"中国历史朝代表"和"人物传记索引"，前一个编得不专业，有些乱，但占了这部书三分之一篇幅的"人物传记索引"非常难得，有较高的实用价值。

三十年代初，献县教区曾开办过为期四年的汉语研修班——"汉语教学"（lingua sinica doceo），戴遂良担任主讲。研修班结束后，他把讲稿结集为 Controversiæ, Evolutio opinionum apud Sinenses ab antiquitate ad hodiernum diem（《中国思想演变研讨录》），胜世堂在他去世的第二年——民国二十三年（1934）出版。全书分为二十一讲。

第一讲至第五讲为"序说"："汉族起源、古代纪年""创世主""神灵""自然，天地恒通、天子、天道、阴阳、五行、八卦等""天理"。

第六讲至第十一讲为"儒家学说"："孔子""曾子，《大学》""子思，《中庸》""孟子，良心""后继者：墨翟、梁启超""荒诞的迷信"。

第十二讲至第十三讲为"道教"："一神论""伦理学、政治学、清静无为"。

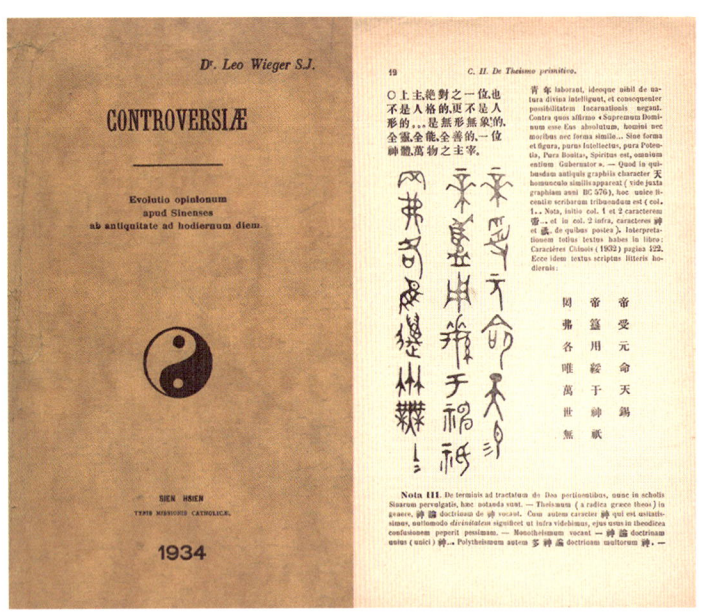

Controversiæ, Evolutio opinionum apud Sinenses ab antiquitate ad hodiernum diem
中国思想演变研讨录（封面和内页）
［法］戴遂良 撰
拉丁文　中文
二十一讲　一册
民国二十三年（1934）
献县天主堂排印
铅印本　纸本　平装
开本：25.8×17.5（cm）
185页

第十四讲至第十六讲为"新儒家"："宋明理学""元、明、清""王阳明"。

第十七讲至第十九讲为"佛教"："天台宗、小乘、大乘""净土宗""禅宗"。

第二十讲，"三教合流"。

第二十一讲，"中国穆斯林"。

戴遂良采用他熟悉的方式，从中国古代经典原著里，截取一段段他认为比较重要的文字，分主题归类释义。这本文集与他此前论述中国历史和中国文化的著作不同，是用拉丁文撰写的。

老戴神父摆出一副"通吃"中国历史的架势，侃完"历代中国"，继而演绎起"当代中国"。从宣统三年（1911）至民国二十一年（1931），编撰了一套丛书 *Chine moderne*（"当代中国"），在整整二十年间，老戴神父根据自己耳濡目染的中国社会变化的风风雨雨，编撰了浩漫的十部书：第一部，*Prodromes*（《山雨欲来》，宣统三年〔1911〕）；第二部，*Le Flot Montant*（《涨潮》，民国十年〔1921〕）；第三部，*Remous et Écumes*（《旋涡和浪花》，民国十一年〔1922〕）；第四部，*L'Outre d'Éole*（《置身度外》，民国十二年〔1923〕）；第五部，*Nationalisme, Xénophobie, Antichristianisme*（《民族主义、排外主义、非基督教运动》，民国十三年〔1924〕）；第六部，*Le Fou aux Poudres*（《一点即燃》，民国十四年〔1925〕）；第七部，*Boum!*（《砰!》，民国十六年〔1927〕）；第八部，*Chaos*（《混乱》，民国二十年〔1931〕）；第九部，*Moralisme*（《修身教育》，民国二十一年〔1932〕）；第十部，*X...ismes Divers*（《形形色色的主义》，民国二十一年〔1932〕）。

借用今日词汇说，"当代中国"就是一套"书报文摘"。

第一部，*Prodromes*（《山雨欲来》）。顾名思义，老戴神父在这本书里所要介绍的是推翻清帝国的革命活动。前四章的文章择自《经世文》，多为民族主义者的主张。第五章至第三十三章，选摘了梁启超《饮冰室合集》里的二十八篇文章，老戴神父感兴趣的主题有"新民之道""独立自助""公德""私德""国家""权利""自由""自治""自尊"等。第三十四章，咸丰十一年至光绪二十七年（1861—1901）间反基督教的文章。第三十五章，光绪三十年至三十四年（1904—1908）间的中文报刊情况。第三十六章，宣统三年（1911）孙文的文章。

第四部，*L'Outre d'éole*（《置身度外》）。第一章，宣统三年（1911）至民国十二年（1923）的大事记；第二章，民国十二年宪法；第三章，各类宗教活动综述；第四章，新教在中国的放任；第五章，法文和中文传教刊物；第六章，中国青年；第七章，混乱；第八章，临城劫案；第九章，加拉罕事件；第十章，阎锡山；第十一章，抵制"二十一条"运动；第十二章，妇女运动；第十三章，社会主义和共产主义；第十四章，总统选举。

Prodromes
山雨欲来（封面）
[法]戴遂良编译
法文　中文
三十六章　一册
"当代中国"第一部
献县印书房
清宣统三年（1911）初版
民国二十年（1931）再版
铅印本　纸本　平装
开本：25×16.5（cm）　229 页

L'Outre d'éole
置身度外（封面）
[法]戴遂良编译
法文　中文
十四章　一册
"当代中国"第四部
民国十二年（1923）
献县印书房排印
铅印本　纸本　平装
开本：24×15（cm）
471 页

第五部，*Nationalisme，Xénophobie，Antichristianisme*（《民族主义、排外主义、非基督教运动》）。第一章，孙文在广东改组国民党，国共合作；第二章，各类宗教活动综述；第三章，泰戈尔到访；第四章，纪念"五四"和"六三"；第五章，纪念"五七"和"五九"；第六章，中国的三K党；第七章，平民教育运动；第八章，学界的忿怒；第九章，教育的卖国行径；第十章，民族独立；第十一章，苏俄事件；第十二章，悼列宁；第十三章，反帝国主义运动；第十四章，非基督教运动；第十五章，妇女运动；第十六章，社会主义和共产主义；第十七章，杂记。附民国十三年（1924）大事记。

"当代中国"的编纂体例并不一贯。戴遂良在前五部采用《哲学文选》和《历史文选》的方式，左栏是择摘文献原文，右栏是法语译文；第六部和第七部不再选摘中文文献，直接用法文

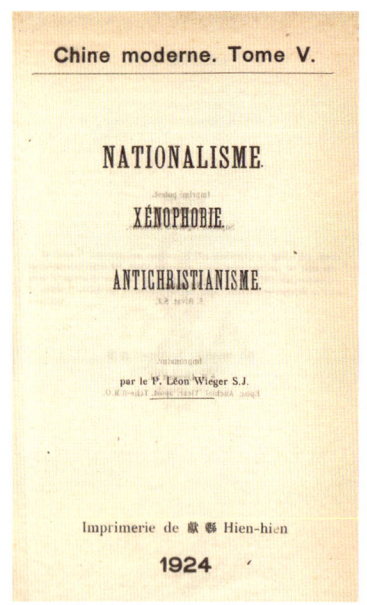

Nationalisme, Xénophobie, Antichristianisme
民族主义、排外主义、非基督教运动（封面）
[法]戴遂良编译
法文 中文
十七章 一册
"当代中国"第五部
民国十三年（1924）
献县印书房排印
铅印本 纸本 平装
开本：24×15（cm）
294 页

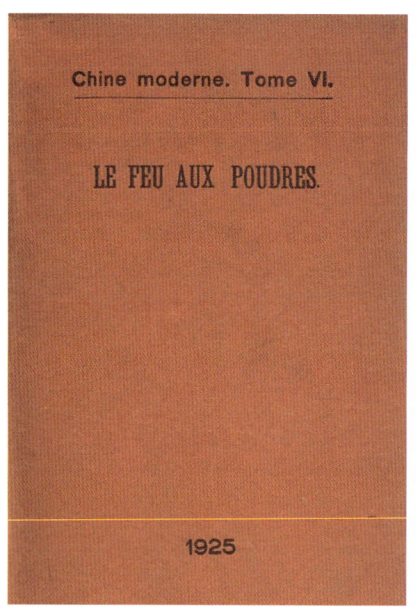

Le feu aux poudres
一点即燃（封面）
[法]戴遂良编译
法文 中文
一百五十篇 一册
"当代中国"第六部
民国十四年（1925）
献县印书房排印
铅印本 纸本 平装
开本：25.2×16.2（cm）
293 页

记述事件过程。

第六部，*Le feu aux poudres*（《一点即燃》）。书前是民国十三年（1924）大事记，随后作者用一百五十篇短文贯通这一时期的重大事件。第一篇就讲到少年共产国际在徐家汇和复旦中学学生中的影响，提到恽代英、高岳生、吴稚晖等人，以及共产国际对中国政治事务的影响。第四篇记述的是雷鸣远及其天津《益世报》。第十七篇记述冯玉祥组建"讨贼联军"，占领北京，驱逐清逊帝溥仪，颁布《清室优待条例》，成立善后会。第五十一篇记述国民党召开"四大"，孙中山发表三民主义主张。第七十六篇记述蔡元培、蒋梦麟促进中国的法国文化研究，成立中法教育委员会。作者在书中所记载的天主教在华活动，如北京成立"天主教学生救国团"、《中华归主》杂志出版等，对研究这一时期天主教历史颇有帮助。

民国十三年（1924）这一年，中国各派政治势力为逐鹿中原积蓄力量，随后两年便发生了"五卅惨案"和"北伐战争"，老戴神父把年度用词概括为"一点即燃"，还是比较准确的。

第七部，*Boum!*（《砰!》），编译了民国十五年至十六年（1926—1927）中国时事，有九十篇短文，记述了北伐军赢得汀泗桥战役，占领武昌；北京成立国际不平等条约研究会；教育部成立"国语统一筹备会"，推行国语罗马字母拼音法；一批重要论著发表，包括梁漱溟的《东西文化》、蒋梦麟的《改变人生的态度》、梁启超的《欧游心影录》、胡适的《我们对于近代文明的态度》；国民党开始"清党"，上海发生"四一二"反革命政变。

第八部，*Chaos*（《混乱》），时间跨度比较大，自民国十六年（1927）至民国二十年（1931），体例又回到前五部的形式，择选了七十八篇中文文章译为法文，如《工人武装暴动》《上海学生革命同志会宣言》《五一劳动纪念日宣传大纲》《日本出兵山东》《何应钦等电请讨冯逆》《蒋主席电阎锡山劝勿甘为党国罪人》《今日之日本公理屈服于强权，国联不啻宣告破产》等。在老戴神父眼里，这时的中国，内有国民党清剿共产党，共产党的武装反抗，又是蒋、冯、阎混战；外有日本的侵略，国联袖手旁观：内忧外患，天下大乱。

廉颇老矣，老戴神父似乎力不从心，他的编年体文选"当代中国"也就此罢手了。最后两部是专题文选。

第九部，*Moralisme*（《修身教育》）。此书最初编于民国十年（1921），加上副题 *officiel des écoles, en 1920*，可以译为《1920年官颁修身课本》，当时戴遂良是把它作为"当代中国"第一部规划的，不知什么原因，民国二十一年（1932）再版时，被列为"当代中国"第九部。不过就内容而言，《修身教育》置于"当代中国"丛书编序靠后也有道理，前八部都是按历史发生次序编纂的，而《修身教育》是一个专题，介绍民国初年中国学校教育的变化情况。老戴神父把土山湾印书馆、美华书馆、广学会等有教会背景的出版机构出版的教材放置一边，突出的是国民学校的修身和道德教育，进入他视线的有商务印书馆的《新制单级修身教科书》《国民女子修身教科书》《高等女子修身教科书》《修身要义》《新体修身讲义》，中华书局的《高等小学新式修身教科书》《中学校新制修身课本》等。老戴神父编纂此书是要读者了解，在废私塾、办新学的转变时期，中国学生接受的教育呈现两个特点：一是中

***Boum*!**
砰！（封面）
［法］戴遂良 编译
法文　中文
九十篇　一册
"当代中国"第七部
民国十六年（1927）
献县印书房排印
铅印本　纸本　平装
开本：24.5×15.5（cm）
250 页

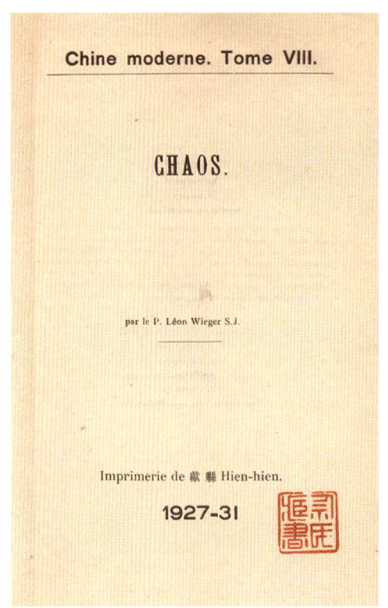

Chaos
混乱（封面）
［法］戴遂良 编译
法文　中文
七十八篇　一册
"当代中国"第八部
民国二十年（1931）
献县印书房排印
铅印本　纸本　平装
开本：24.5×15.5（cm）
207 页

Moralisme: officiel des écoles, en 1920
修身教育（封面、内页和插图）
［法］戴遂良编译
法文　中文
九卷　一册
"当代中国"第九部
民国十年（1921）
献县印书房排印
铅印本　纸本　平装
开本：24.5×16（cm）
529 页
插图 18 幅

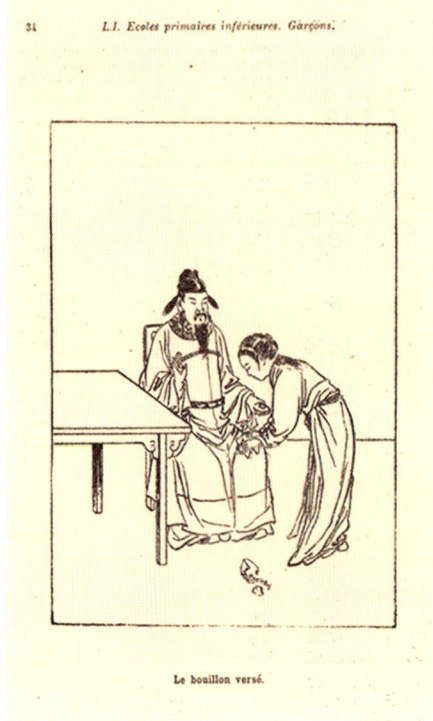

国传统道德观念仍然是思想品质教育的主线,"中学为体"在修身课程中表现最为明显;二是在这些陶冶品性的教育里,也出现"新教育""新道德论"的内容,强调"爱国""民族""博爱""公权""私权""人格""自尊"等。

胜世堂印书房的编辑们,为第九卷《修身教育》,从当时中国新式教科书里择选了十八幅插图,均童真烂漫,趣味高雅。

戴遂良也有涉猎中国佛教的专著。他的 Bouddhisme chinois (《中国佛教》) 一书在西方还是有一定影响的。该书有两部:第一部, Vinaya, Monachisme et Discipline (《律藏,修行,小乘律》),河间胜世堂印书房出版于宣统二年(1910);第二部, Les vies chinoises du Buddha (《菩萨的中国故事》),河间胜世堂印书房出版于民国二年(1913)。

在第一部《律藏,修行,小乘律》里,戴遂良写了一篇很长的导言,分十章依次介绍了"印度波斯拜火教""吠陀教与佛教""《奥义书》与现实主义泛神论""吠檀多与理想主义泛神论""数论派与万物有灵论""瑜伽与苦行""反对佛陀""小乘佛教和大乘佛教""印度和中国的佛教学派""中国佛教历史概况"。导言之后编者做了两个插录,一个是"三藏",另一个是"菩萨名录和中国高僧名录"。

在正文"佛教文献"里,编者节选十五篇佛经,原著列左,法语译文排右。第一篇《律藏》和《小乘律》,第二篇和第三篇《诵摩羯比丘要用》,第四篇《摩羯》,第五篇和第六篇《沙弥十诫并威仪》,第七篇《度沙弥尼文》,第八篇《沙弥尼戒经》,第九篇《沙弥尼戒文》,第十篇《受大戒法》,第十一篇《式叉摩那受大戒法》,第十二篇和第十三篇《四分律比丘戒本》,第十四篇《四分律比丘戒本事义》,第十五篇《四分律》。

第二部《菩萨的中国故事》,编者选的是明代僧人宝成①编撰的《释迦如来应化录》,基本完整地翻译了该书二百零八个故事。出版者根据嘉庆十三年(1808)和硕豫亲王裕丰刊本,择选了这部版画名著中的一百九十七幅圣迹图。

戴遂良晚年还编写过 Amidisme, chinois et japonais (《中国和日

Vinaya, Monachisme et Discipline
律藏,修行,小乘律(封面)
[法]戴遂良撰
法文　中文
十五篇　一册
清宣统二年(1910)
河间府胜世堂印书房排印
铅印本　纸本　平装
开本:22.2×14.5(cm)
479页　插图4幅

---

① 宝成,即释宝成,明代南京皇家寺院报恩寺僧官,道行高深,学问渊博。成化二十二年(1486)编撰《释迦如来应化录》(又称《释氏源流》),详细描述了佛教东传的曲折过程,廓清了佛教的本质和教义,从佛教本位出发,极力将儒教、道教纳入佛教的体系,强调佛教文化对中国传统文化的深刻影响。该书收图四百余幅,是同类题材中版画最多的一种。

Indra trait une vache pour Ananda.

Un vieillard est reçu moine.

Il est confié, par son père, à sa tante Prajapati.

Enfance. Jeux au parc.

Les vies chinoises du Buddha
菩萨的中国故事（封面和插图）
［法］戴遂良编译
法文　中文
二百零八篇　一册
民国二年（1913）河间胜世堂印书房排印
铅印本　纸本　精装
开本：22×15（cm）
454 页
插图 200 幅

本净土宗》），河间胜世堂出版于民国十七年（1928）。

《中国和日本净土宗》分为两个部分，一共二十节。前十四节介绍中国的净土宗：马鸣《大乘起信论》、支娄迦谶经师、龙树、支谦经师、康僧铠经师、鸠摩罗什经师、慧远大师、时称经师（畺良耶舍）、智𫖮大师、世亲大师、道绰大师、善道法师，以及中国净土宗的发展和"千年轮回"。后六节介绍净土宗传入日本、法然祖师、法然语录、净土宗佛经残卷、净土宗僧众受迫害、净土宗追随者。

从这本书来看，戴遂良对净土宗只能说感兴趣，浮皮潦草，没有什么深入研究。他摘了一些中文原文，再译成法文，作了一些注释。公平地讲，佛教典籍对于洋人来说太难了。

戴遂良对道教的研究著作不多，*Taoïsme*（《道教》），两卷两册，第一卷，Bibliographie Générale（"道教典籍目录"），出版于宣统三年（1911）；第二卷，Les Pères du Système Taoiste, Lao-tzeu, Lie-tzeu, Tchoang-tzeu（"道祖：老子，列子，庄子"），出版于民国二年（1913）。

戴遂良为自己的著作写了长篇导论，讲了两个问题：一、道家思想的形成；二、道教演变历史。他的导论叙述的基本是常识性的内容，平淡无奇。

第一卷，"道教典籍目录"包括两个部分，第一部分，《道藏》（*Le Canon Taoïste*）和《大明续道藏经》（*Supplément des Ming*），这两种目录都是中法文双语对照的，有法文的附录"《道藏》索引"。第二部分，"其他道教书籍目录"，包括《汉书·艺文志》、《隋书·经籍志》、《唐书·艺文志》、《宋史·艺文志》、《辽金元艺文志》、明代焦竑《国史经籍志》、清代《四库全书》、"日本道家""民间道书"。这个目录是中文的；另有中法文对照附录"道教作者名录"。

第二卷，"道祖：老子，列子，庄子"分为三个部分，第一部分，《道德经》（*Tao-Tei-King*），戴遂良先是用中文介绍了中国古籍有关老子《道德经》的文献和研究、注释著作，然后是中文与法文对照的《道德经》八十一篇全文。第二部分，《冲虚真经》（*Tch'oung-*

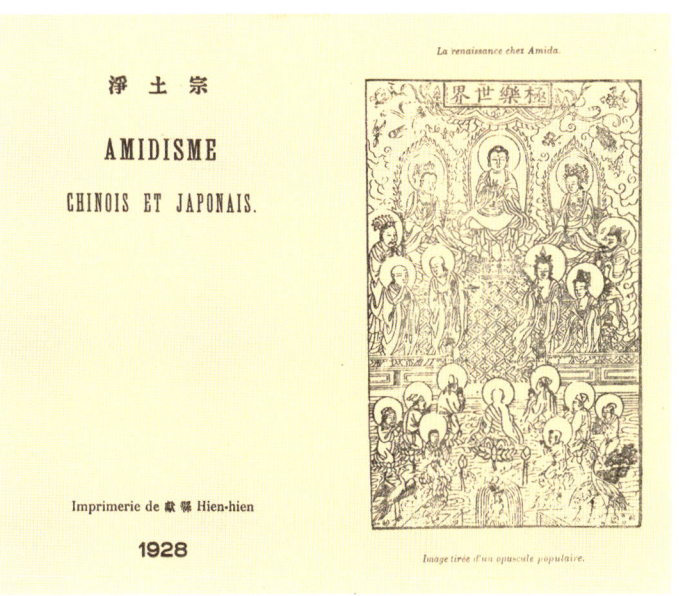

Amidisme, chinois et japonais
中国和日本净土宗（封面和插图）
［法］戴遂良撰
法文　中文
二十节　一册
民国十七年（1928）
献县印书房排印
铅印本　纸本　平装
开本：24.7×15.8（cm）
52页
插图1幅

Hu-Tchenn-King），先是"列子书籍目录"，然后将刘向整理的存世八篇翻译为法文。第三部分，《南华真经》(*Nan-Hoa-Tchenn-King*)，正文前是"庄子书籍目录"，接着是存世三十三篇的法文译文。

道教在汉学研究领域历来是比较热门的科目，戴遂良的《道教》为后继者做了很好的基础工作，受到格外关注，是他"文献引用率"最高的著作，也是在他身后再版次数最多的著作。这样的编撰方式可能没有更多的出彩之处，但是西方读者通过他的努力可以对这个中国本土宗教有全面的了解。揣想老戴神父在天国会因此感到宽慰。

干什么吃喝什么，作为传教士，戴遂良的布道书籍也是很有他个人特色的。"汉语入门"第二部 *Catéchèses*（《教理》）和第三部 *Sermons*（《训诫》）是戴神父神学著作的基础，他后来的一些专著都是依据这两部书优化的，比如脍炙人口的《戴士劝语》①就是把《训诫》的一部分展开而成的。

Conciones neo-mossionariis dicatæ（《戴士劝语》）是戴遂良最有特色的宣教书籍。在形式上，他模仿中国先秦诸子的著作写作方式，采用"论语体"，把天主教长篇说教提炼浓缩，直白铺述。读之朗朗上口，品之趣味盎然。

《戴士劝语》最初是由河间胜世堂在民国二年至三年（1913—1914）出版的，中文与拉丁文对照，分为三部。第一部，Missio（"四规"）；第二部，Festa（"瞻礼"）；第三部，Homiliæ（"主日"）。

庖解第一部示意。第一部前页有梵蒂冈枢机主教辣法额尔麦理代尔瓦1912年给戴遂良的信，表彰他为传教事业做出的贡献。第一部分上下卷，上卷有五十篇，如"头传四规""讲立功劳""大罪关系""人都该死""预备善终""恶终善终""讲私审判""地狱的苦""后悔失望""永苦永福""地狱四门""小罪炼狱""善过一天""忍耐三题""所思所愿""机会冒失""宽免规矩""爱天主爱别人""爱人哀矜""善表恶表""儿女父母""管教儿女""上学定亲""婆媳夫妻""教王国君""七罪七德""天堂永福""教友三等""前进主保""齐心理堂""天国人心"等。下卷有三十篇，如"要事只一""听主之命""有叶无果""炼采金沙""背十字架""记念死后""魔之隐计""彼此忍耐""三钉之意""默想苦像""善办神

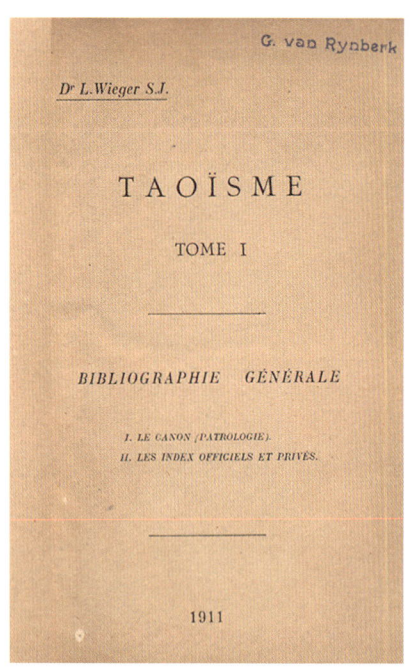

Taoïsme **Tome I**
道教　第一卷
Bibliographie Générale
道教典籍目录（封面）
［法］戴遂良编撰
法文　中文
两卷　两册
第一卷清宣统三年（1911）
河间胜世堂印书房排印
铅印本　纸本　平装
开本：22.5×15（cm）
859 页

---

① 早期中文称《戴士劝》（Tai Che K'iuan），后改称《戴士劝语》。

工""善领圣体""善望弥撒""进教之佑"等。

《戴士劝语》其他两部形式上差不多。十年后《戴士劝语》再版时增至四部，内容变化不大，只是重新编排了，从前三部中拆分出第四部Catecheticæ（"要理"）。

戴遂良的"开教系列"（*Brèves sommes pour categories spécials*）有《望教须知》《辅助传教》《君问愚答》《奉教须知》，这四本书都没有注明出版日期和出版机构，也没按天主教惯例标注出版批准人。从排印字体和版式看，是戴遂良长期工作的河北献县胜世堂出版的；出版时间是民国初年（1912—1921）。这类"三无"出版物一般是没有经过管事主教核准的自印本，不过这四本书后来也都列入胜世堂印书房出版目录。透过这类小事，似乎可以看到戴神父恃才不羁、我行我素的性格。

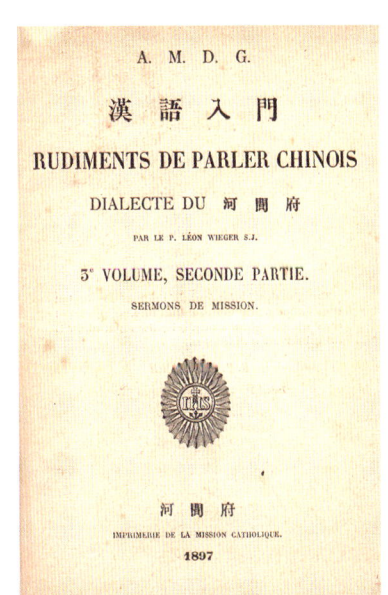

Sermons de mission
训诫（封面）
［法］戴遂良撰
法文　河间府方言
四十一篇　一册
"汉语入门"第三部
清光绪二十三年（1897）
河间府胜世堂印书房排印
铅印本　纸本　平装
开本：18×13.5（cm）
879 页

戴士劝语（封面）
Conciones neo-mossionariis dicatæ
［法］戴遂良撰
中文　拉丁文
三部　三册
民国二年至民国三年（1913—1914）河间胜世堂印书房排印
铅印本　纸本　精装
开本：23.4×16.5（cm）
3100 页

不论《望教须知》还是《辅助传教》，戴神父讲的道理都脱离了教会的"范本"，比较随意、任性，别的神父是不会把如此讲稿付梓的。

《望教须知》分四十三节，采取自问自答方式，解说天主教的基本教理。戴神父开篇这样说，信奉天主教，是为了得到天主的保护，生前一辈子平安，死后得天堂永福的恩赏。

信奉天主教与打官司、报仇、欺负乡亲、玩大钱、抽大烟、犯国法逃脱处罚没有关系。为此奉教，不得要领。天主教不是助长闹事、助长犯法的教会，天主不会庇护坏人。

有的人因为贫穷，或不愿交纳村公费，或为了闺女上学管饭而奉教。这样做不是奉教的"正为头"，"天主教不是个吃饭会"。

不奉教或不遵守教规，得不到永福，那是一定的。生前没有奉教，死后都要遭受永苦吗？戴神父说他不知道，天主会同每个

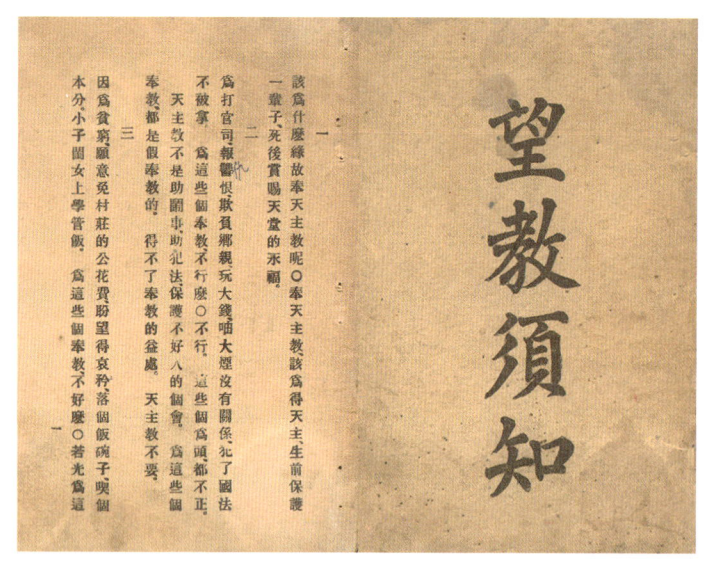

望教须知（封面和内页）
［法］戴遂良撰
四十三节 一册
民国初年（1912—1921）
河间胜世堂印书房排印
铅印本 纸本 平装
开本：18×12（cm）
40 页

人一一算账。

望教是指入教之前的准备，预备作教徒。望教首先要把家里异端对象除净，把异端风俗弃绝。望教的人要开始"保守"，即改毛病，守诫命，学要理，学念经。只有"学会了守奉教的规矩，信心不含糊，主意不动摇，行为也好，名声也强，才给他领洗"。

偶有人不用领洗也可享受天主的宠爱，"用自己的明悟认识了天主，凭自己的良知免了罪恶，真心归于了天主，一心热爱了天主，这样的人，虽然没有领洗，天主自己付给宠爱，也得天堂"。

奉教之人获得天主恩典，或是自己来求，或是依赖神父。

自己来求，若是用自己的话表达，叫作祈祷；若是用圣人编的话表述，叫作念经。天主对奉教者有求必应，早起求，保护一天；晚上求，保护一宿，这就是早晚课。求主应该谦逊、恭敬、热心、恳切。

神父是天主与奉教者的中间人。神父为奉教者做六件事情：圣洗、坚振、告解、圣体、婚配、终傅。所谓"神父，神子"，即是说，神父出命，教友听命。

林林总总，《望教须知》通俗浅白，但是戴神父讲道理的方式、表述的语言逻辑结构，与通常教会书籍相差很大，举重若轻，非自信者难有此担当。

《辅助传教》的内容比书名要有意思得多，其读者并不是辅理修士，"辅助传教的是谁呢？就是那没有神品，相帮神父传教的人们"。包括神父身边的人，给神父管事的人，学校教书的人，堂区的会长以及有才干的教友。

戴遂良分了二十节讲述了他认为一切可以帮助神父工作的人，应该如何为了敬奉天主，帮助人们抛弃世俗意志。他的表述风趣幽默：

谁若有了为天主的那个心，就辅助传教吧。谁若但有世俗心，在家里抱孩子吧。

谁辅助传教，未免的就得在自己那个过日子上头，赔一点儿钱财。神父能帮补的那个小俸禄，也不过这么一点儿，抵不住耽误的那个工夫。所以这辅助传教,在世界上发不了财。在天堂上却发大财呢。吾主耶稣说了,谁为天主舍了钱财工夫一个,天主就还他一百。

戴神父对想要辅助传教的人提出不同要求:神父身边的人要热心,神父的管家要公道,教书的先生们要本分,堂区的主管要管账清白。

对待耶稣新教,戴神父这样说:"耶稣教是异端教,是丧灵魂不得天堂的教。所以,该恨他们的道理,不许听他们演说,不许念他们的书。"但是不要恨那些耶稣新教的信徒,因为那些人不明事理,"自作自受"。

戴遂良把自己布道的讲稿整理成一本书叫作《君问愚答》。这部书除了回答一般的天主教教义问题外,还有这么几点颇有新意:第一,天主教就是中国的宗教,不是舶来品;第二,中国古代文献就有天主教的踪迹,如孔子的著作里就有天主教的思想;第三,上帝与中国圣人讲的"天"是一个意思;第四,耶稣教不是天主教。

《君问愚答》这本小册子也用了大量儿化音的字,并用小字把"儿"字逐一排出。

戴遂良晚年体弱多病,仍然笔耕不辍。在他去世前一年,初到中国时得到戴遂良不吝帮助、后来也成为国际著名汉学家的裴化行神父,曾著书总结他的学术生涯:

戴遂良著作广布中国四十余年,在成千成万人心中播撒了种

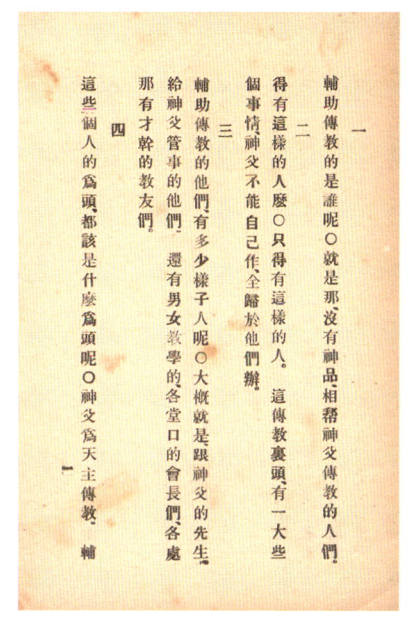

辅助传教(内页)
[法]戴遂良撰
二十节 一册
民国初年(1912—1921)
河间胜世堂印书房排印
铅印本 纸本 平装
开本:18.5×12(cm)
17页

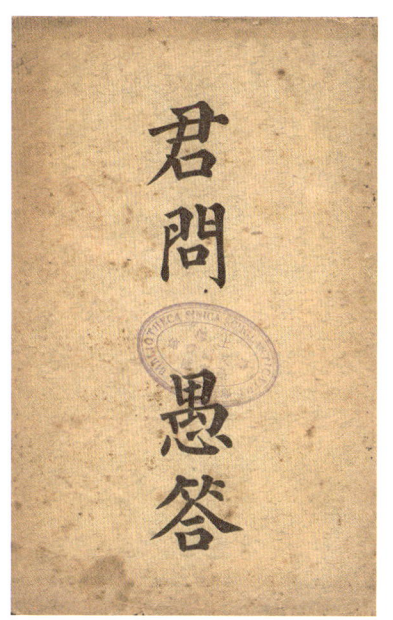

君问愚答(封面)
[法]戴遂良述
二十七篇 一册
民国初年(1912—1921)
河间胜世堂印书房排印
铅印本 纸本 平装
开本:18×12(cm)
29页

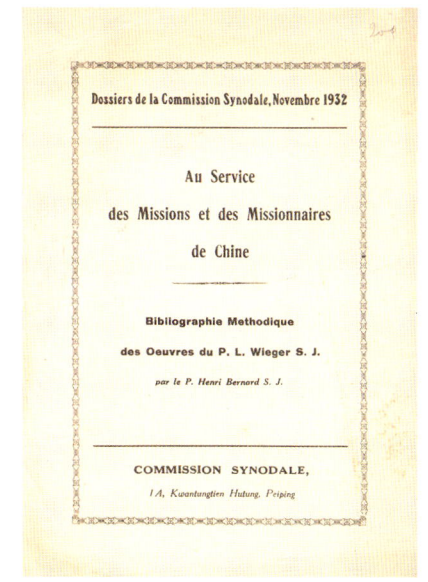

Bibliographie Methodique des Oeuvres du P. L. Wieger S. J.
戴遂良神父著作分类目录(封面)
[法]裴化行撰
法文
一册
铅印本 纸本 平装
公教教育丛刊
民国二十一年(1932)十一月期
开本:24.5×18.2(cm)
8页

子。一而再再而三地反复修订重版的这些著作，对于作者原本构思和设想来说恐已面目全非。因而编纂戴神父的分类著作目录，需要追随他的思考脉络，方可勾勒出一位才思敏锐又善变作家之著作的大致轮廓。

这本公教教育联合会出版的裴化行编写的 *Bibliographie Methodique des Oeuvres du P. L. Wieger S. J.*（《戴遂良神父著作分类目录》），发表于《公教教育丛刊》民国二十一年第十期（*Dossiers de la Commission Synodale*，Novembre 1932）和法国汉学杂志《通报》（*T'oung Pao*，Archives）1927年第二十五卷第三期。

裴化行神父在这份档案里，整理出戴遂良的著作共有六十一种，其中有些是再版或修订本，重新归纳整理有五十七种：

	原　书　名	译　名	丛书名或其他	出版年份
汉语类	*Cours pratique de chinois parlé*	官话入门		1892年第四版
	Chinois parlé manuel, koan-hoa du Nord, non-pékinois	汉语入门课程——非京北方官话	*Rudiments de parler chinois*, vol. 1 汉语入门，第一部	1889
	Narrations populaires	语体文	*Rudiments de parler chinois*, vol. 5 et vol. 6 汉语入门，第五、六部	1893，1895
	Chinois écrit	文言文	*Rudiments de parler chinois*, vol. 7 et vol. 8 汉语入门，第七、八部	1908
	Charactèrs chinois/edude des caractères, graphies, antiques, lexiques	汉字	*Rudiments de parler chinois*, vol. 12 汉语入门，第十二部	1900
	Chinese characters: their etymology, history, classification and signification	汉字	英文本，胡树勋译	1915
	Locutions moderns（*Néologie*）	新词义	《语体文》的补充	1925
汉语类	*Morale et usages*	乡规民俗	*Rudiments de parler chinois*, vol. 4 汉语入门，第四部	1897
	Moral Tenets and Customs in China	乡规民俗	英文本，胡树勋译	1913
	Folk-lore chinois moderne	中国现代民间传说		1909
	Bouddhisme chinois	中国佛教	Tom. 1, *Vinaya, Monachisme et discipline*（*Hinayana, Véhicule Inférieur*），律藏，修行，小乘律	1910
			Tom. 2, *Les vies chinoises du Buddha*，菩萨的中国故事	1913
	Taoïsme	道教，两卷	Tom. 1, *Bibliographie générale*，道教经典目录	1911
			Tom. 2, *Les pères du système Taoiste, Lao-tzeu, Lie-tzeu, Tchoang-tzeu*， 道祖：老子，列子，庄子	1913

续表

	原书名	译名	丛书名或其他	出版年份
汉语类	*Prodromes*	山雨欲来	*Chine moderne*, tom. 1 当代中国，第一部	1911
	Le flot montant	涨潮	*Chine moderne*, tom. 2 当代中国，第二部	1921
	Remous et écumes	旋涡和浪花	*Chine moderne*, tom. 3 当代中国，第三部	1922
	L'Outre d'éole	置身度外	*Chine moderne*, tom. 4 当代中国，第四部	1923
文选类	*Nationalisme, xénophobie, antichristianisme*	民族主义、排外主义、非基督教运动	*Chine moderne*, tom. 5 当代中国，第五部	1924
	Le fou aux poudres	一点即燃	*Chine moderne*, tom. 6 当代中国，第六部	1925
	Boum!	砰!	*Chine moderne*, tom. 7 当代中国，第七部	1927
	Chaos	混乱	*Chine moderne*, tom. 8 当代中国，第八部	1931
	Moralisme	修身教育	*Chine moderne*, tom. 9 当代中国，第九部	1932
	X…ismes Divers	形形色色的主义	*Chine moderne*, tom. 10 当代中国，第十部	1932
	Textes philosophiques	哲学文选	*Rudiments de parler chinois*, vol. 9 汉语入门，第九部	1906
	Textes philosophiques. Confucianisme, Taoïsme, Bouddhisme	哲学文选，儒道释		1930
	Amidisme, chinois et japonais	中国和日本净土宗		1928
	Histoire des croyances religieuses et des opinions philosophiques en Chine	中国古今宗教信仰和哲学思想史		1917
	A History of the Religious Beliefs and Philosophical Opinions in China	中国古今宗教信仰和哲学思想史	英文本，文仁亭译	1927
	Textes historiques	历史文选	*Rudiments de parler chinois*, vol. 10，11 汉语入门，第十、十一部	1903—1905
	Textes historiques, Histoire politique de la Chine: depuis l'origine jusqu'en 1912	历史文选，1912年之前中国政治史料	历史文选增修本	1922—1923
	Textes historiques, Histoire politique de la Chine: depuis l'origine jusqu'en 1929	历史文选，1929年之前中国政治史料	历史文选增修本	1929

续表

	原　书　名	译　　名	丛书名或其他	出版年份
文选类	*La Chine a travers les âges, hommes et choses*	历代中国，其人其事		1920
	China throughout the Ages	历代中国，其人其事	英文本，文仁亭译	1924
	Controversiæ, Evolutio opinionum apud Sinenses ab antiquitate ad hodiernum diem	中国思想演变研讨录	拉丁文	1934
宣教类	*Catéchèses*	教理	*Rudiments de parler chinois*, vol. 2 汉语入门，第二部	1897
	Sermons	训诫	*Rudiments de parler chinois*, vol. 3 汉语入门，第三部① Tom. 1, *Sermons de mission la Toussaint à Pâques* Tom. 2, *Sermons de mission* Tom. 3, *Sermons de fête*, 戴士劝语	1897 1897 1897 1897
	耶稣受难	*Passion*	戴士劝语，单行本	1908
	四末	*Fins dernières*	戴士劝语，单行本	1908
	敬慕圣体	*Du culte de la Sainte Eucharistie*	戴士劝语，单行本	1908
	十诫	*Commandements*	戴士劝语，单行本	1908
	日用粮	*Pain quotidien*	戴士劝语，单行本	1908
	以心体心	*Culte du Sacré-Cœur*	戴士劝语，单行本	1908
	瞻礼	*Tchan-li*	戴士劝语，单行本	1909
	Conciones Neo-mossionariis Dicatæ	戴士劝语，三部	戴士劝语，改编本 Tom. 1, *Missio* Tom. 2, *Festa* Tom. 3, *Homiliæ*	1913 1914 1914
	Conciones Neo-mossionariis Dicatæ	戴士劝语，四部	戴士劝语，改编本 Tom. 1, *Missio* Tom. 2, *Festa* Tom. 3, *Dominicales homileticæ* Tom. 4, *Dominicales catecheticæ*	1925 1926 1925 1925
	戴士劝语		Tom. 1，四规 Tom. 2，瞻礼 Tom. 3，主日 Tom. 4，要理	

---

① 该书封面标为"汉语入门"第五部，与其他资料记录不符，似排印有误。

续表

	原 书 名	译 名	丛书名或其他	出版年份
宣教类	天理	*La norme céleste*	笔谈系列，*Tracts pour païens, série jaune*	
	路遇	*Rencontre sur le chemin de la vie*	笔谈系列，*Tracts pour païens, série jaune*	
	孝敬	*Piété filiale*	笔谈系列，*Tracts pour païens, série jaune*	
	婚姻	*Mariage*	笔谈系列，*Tracts pour païens, série jaune*	
	慎独	*Chenn-toû*	笔谈系列，*Tracts pour païens, série jaune*	
	Zayton	泉州	古今述系列，*Tracts pour chrétiens, série verte*	
	Moloch	摩洛	古今述系列，*Tracts pour chrétiens, série verte*	
	L'Archiduchesse	公主	古今述系列，*Tracts pour chrétiens, série verte*	
	Mammon	财神	古今述系列，*Tracts pour chrétiens, série verte*	
	辅助传教	*Directoire pour les auxiliares*	开教系列，*Brèves sommes pour categories spéciales*	
	君问愚答	*Païens qui s'informent*	开教系列，*Brèves sommes pour categories spéciales*	
	望教须知	*Catéchumènes*	开教系列，*Brèves sommes pour categories spéciales*	
	奉教须知	*Néophytes*	开教系列，*Brèves sommes pour categories spéciales*	

且不论洋教士们的中国文化功底究竟有多深，他们孜孜不倦的读书精神还是可赞的，正如裴化行反复强调戴神父的过人之处：光绪十三年（1887）才到中国，两个寒暑后就敢推出《汉语入门课程》，同时有了"汉语入门"系列丛书的构想，光绪十九年（1893）到光绪三十四年（1908），短短十五个春秋基本成就。"十载青灯黄卷，萤窗苦勉旃。"天道酬勤！

济济有众

十六世纪播下的福音种子已经成长为我们今日赞美不已的中国教会之苍天大树。从现实反观历史,我们丝毫不会为过去所做的一切成功的努力感到惊讶。

——裴化行

耶稣会重返中国后，从教廷获得认可，拥有两个教区的代牧权力：一个是以上海为中心的江南教区，主教座堂在徐家汇；另一个是以献县为中心的直隶东南教区，习称河间教区，又称献县教区，主教座堂在张家庄。由于都是耶稣会管理的，河间教区与江南教区无论是圣事安排、修院设置，还是研究课题，都非常相似，只是河间教区的规模小些，实力稍逊。

献县教区成立于咸丰七年（1857）。民国二十一年（1932）教区自印了一本册子《献县教区银庆三周纪念》，详细褒扬了教区成立七十五年的业绩。七十五年间，教区有二百三十人晋升司铎，其中有华裔司铎十三位；教区在职的有欧洲来的主教一位、司铎五十九位、读书修士十八位、辅理修士十二位、修女百人。教区有育婴院一所，医院两所。教区成立时有教友一千八百五十七人；义和团运动中罹难教友五千一百五十三人；当今在册信众十万五千五百零三人。

献县是天主教传教士的福地，许多后来在国际上出名的学者都有在献县工作的经历，比如顾赛芬、桑志华、德日进、裴化行、明兴礼等，他们的"教籍"都属于天主教耶稣会河间府献县教区。

顾赛芬（Seraphin Couvreur，1835—1919），法国人，1853年入耶稣会，同治九年（1870）来华，同治十一年（1872）晋铎；来华后在北京学习汉语，后在直隶省河间教区当神父多年，其间回过法国，光绪三十年（1904）重回河间府。他喜欢中国古典文学，且文笔不错。

顾赛芬除了编纂过几部影响颇大的辞书外，还翻译了大量中国典籍，是这时期汉学家中翻译、研究中国典籍成绩卓著者之一。他翻译的中国古籍包括 Choix de documents：lettres officielles，proclamations，édits，mémoriaux，inscriptions（《正教褒传》，法文译本，罗马字母注音，河间府胜世堂光绪二十年〔1894〕）；Les quatres livres（《四书》）；Cheu King（《诗经》）；Chou King（《书经》）；Li ki（《礼记》）；Cérémonial（《仪礼》）等。

顾赛芬在汉学上的成就使得他在"儒莲奖"历史上上演了"帽子戏法"，于1886年、1891年、1895年三次获此殊荣。

这里必须指出一个广为流传的错误：顾赛芬采用把汉文典籍译成法文和拉丁文的双语释义，特别是拉丁文具有简洁性，行文自由，能逐字逐句地直译汉语原文，用它进行翻译使译文显得精炼可读。

错矣！所谓的拉丁文法文双语译本并不是望文生义的那样，他的"拉丁文译文"是用罗马字母为中文注音，[①]或者理解为音译也可。这项工作从利玛窦、金尼阁就开始尝试了。不论他的《四书》《诗经》《书经》译本还是《春秋》《左传》《仪礼》的译本，版式都采用三段式，上段为中文，繁体竖排，注释用小字双行；中段为罗马注音字母，是为音译；然后是法文，是为意译；下栏是法文注释，版式为双排。

---

① 也可以称为拉丁注音字母，罗常培等人习称罗马注音字母，从习。

Les quatre livres（《四书》），法文、中文双语译本，罗马字母注音，河间府胜世堂光绪二十一年（1895）初版。顾赛芬的《四书》应该称为"四书集注"，因为他采用的中文底本是朱熹的《四书集注》，不仅翻译了"四书"原著，也翻译了朱熹的注释，这是与其他译本不一样的地方；编排顺序是后来通行的《大学》《中庸》《论语》《孟子》。顾赛芬在每篇之前写了几十字的简短介绍。书后有"中国历史年表"和"四书汉字词典"，后者以笔画排序，有注音和释义。

顾赛芬虽然不是译"四书"的第一人，但是他的译本在学术界和汉学圈评价很高。顾赛芬治学方式和态度被欧洲主流汉学界所接受。他厚积薄发，谨言慎行，一丝不苟，精益求精。

西方汉学家们对中国古典文学作品《诗经》有着浓厚的兴趣，早在清初康熙年间，那位把《赵氏孤儿》介绍到欧洲的法国传教士马若瑟就曾翻译过六篇《诗经》。然而翻译《诗经》的难度相当大，一直没有传教士或汉学家把这个硬骨头完整啃下来。顾赛芬完成了。光绪二十二年（1896）河间府胜世堂出版他的全译本 *Cheu King*（《诗经》），分为四卷：《风》《小雅》《大雅》《颂》。

顾赛芬在初版序言特别交待，他的这本《诗经》译本主要依据清人邹圣脉辑注的《诗经备旨》。他在初版序言最后赞美道：

《诗经》可能是最能向人们提供有关远东古老人民的风俗、习惯和信仰方面资料的书，它无疑会使伦理学家、历史学家产生特别的兴趣，对传教士也大有裨益。

献县教区银庆三周纪念（封面）
一册
民国二十一年（1932）
献县教区排印
铅印本　纸本　平装
中文繁体竖排
开本：17.8×11.7（cm）
31 页

Les quatre livres
四书（封面和内页）
［法］顾赛芬编译
法文　中文　罗马字母注音
四卷　一册
清光绪二十一年（1895）
河间府胜世堂印书房排印
铅印本　纸本　平装
开本：25.2×16.5（cm）
748 页

---

① 邹圣脉（1691—1762），字宜彦，别号梧冈，工文学，善书法，为清代声名颇著的学者。著有《幼学琼林》。后人为之汇集有《寄傲山房诗文集》《书经备旨》《易经备旨》《书画同珍》《绘像妥注》《寄傲山房塾课新增幼学故事琼林》等。

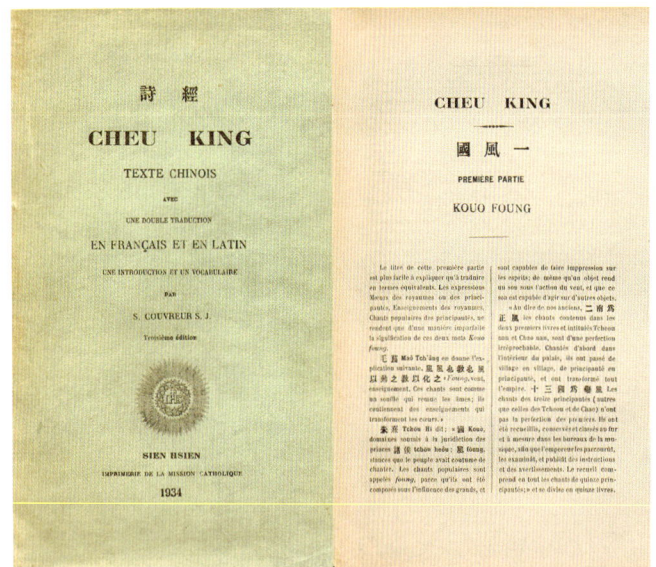

Cheu King
诗经（封面和内页）
［法］顾赛芬编译
法文　中文　罗马字母注音
四卷　一册
民国二十三年（1934）
献县天主堂印书房排印
铅印本　纸本　平装
开本：25.7×16.6（cm）
555页

顾赛芬还写了长篇导言，对《诗经》的形成、版本、注释等逐一做了详细介绍，分为两章。第一章"《诗经》概述"，叙述了"《诗经》的历史""《诗经》的文学和诗学构成""《诗经》的道德观"；第二章"《诗经》详介"，依次为"周朝疆域""大禹工程""商朝""家族的由来和周朝的分封国""文王时期""周朝伐纣""武王的胜利""溥天之下，莫非王土""政体""中国人的体格""建筑""农业""狩猎""女作""出行""兵器""婚嫁""节日""乐器""傩剧""学校""天文""天穹""祭祀""巫术""格言"等。

叙述当中，顾赛芬用了大量篇幅引述了《诗经》以及《诗经备旨》《诗经体注》里关于"天""天地""上帝天地也""昊天上帝乃司祸福趋避之权者也""上帝天之主宰也"的内容，以此暗示《诗经》与天主教有某种契合。

顾赛芬的 Chou King（《书经》），法文译本，罗马字母注音，河间府胜世堂光绪二十三年（1897）初版，也是第一个全译本。此书与戴遂良的"汉语入门"相似，也是胜世堂与法国出版机构合作出版，在中国印刷，手工粘贴印有 Librairie Orientale & Américaine 的标签，在巴黎发行。

该译本依据的底本是清内务府本的《钦定书经传说汇纂》，分

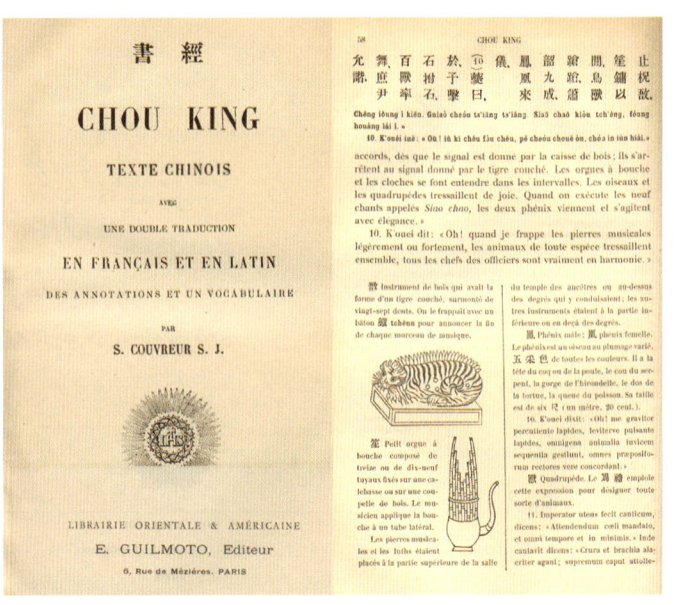

Chou King
书经（封面和内页）
［法］顾赛芬编译
法文　中文　罗马字母注音
四卷　一册
清光绪二十三年（1897）
河间府胜世堂印书房排印
铅印本　纸本　平装
开本：25×17（cm）
464页

为四卷:"虞书""夏书""商书"和"周书"。共六十章;体例与《四书》《诗经》相同,上栏中文原著,中栏为罗马字母注音和法文译文,下栏为注释。如果说有什么特色的话,这部书的注释特别详细。

顾赛芬在《书经》序言里首先告诉欧洲读者,《书经》有许多存疑的地方。"《书经》不是本来意义上的史料,而是与中国历史有关的古代文献汇编。这些文献是在那些事件发生后不久被记录下来的?还是在一段历史过程以后?"当然他没有能力给出结论。

书后附"前周帝王表""甲子表""二十八宿"和"汉字表"。

孔子曰:"君子礼以饰情。"(《礼记·曾子问》)顾赛芬认为孔夫子这句话是其学说的真谛,他把这句话刻意印在自己光绪二十五年(1899)完成的《礼记》一书的扉页上。

Li Ki(《礼记》),副书名 *ou Mémoires sur les Bienséances et les Cérémonies*,与他的其他几部书体例一样,有中文原文,有罗马字母注音,有法文译文和注释。全书分为两卷四十六篇,依次为"曲礼""檀弓""王制""月令""曾子问""文王世子""礼运""礼器""郊特牲""内则""玉藻""明堂位""丧服小记""大传""少仪""学记""乐记""杂记""丧大记""祭法""祭义""祭统""经解""哀公问""仲尼燕居""孔子闲居""坊记""中庸""表记""缁衣""奔丧""问丧""服问""间传""三年问""深衣""投壶""儒行""大学""冠义""昏义""乡饮酒义""射义""燕义""聘义""丧服四制",基本上与中文原作的篇目和顺序一样,因为他把相同的篇名合并,比原作篇数少三篇。

这部《礼记》有序言,顾赛芬还撰写了篇幅较长的导言,主要讲了八个问题:一、《礼记》里的名言,二、《礼记》原源,三、秦皇毁书,四、《礼记》再现,五、河间献王历史,六、《周礼》出土,七、《礼记》成书过程,八、《礼记》作者。

Cérémonial(《仪礼》),法文译本,罗马字母注音,献县天主堂民国五年(1916)初版。这是顾赛芬晚年的译作,是他的几部作品中最简单的,共十七篇,没有注释,也没有"汉字表"等常

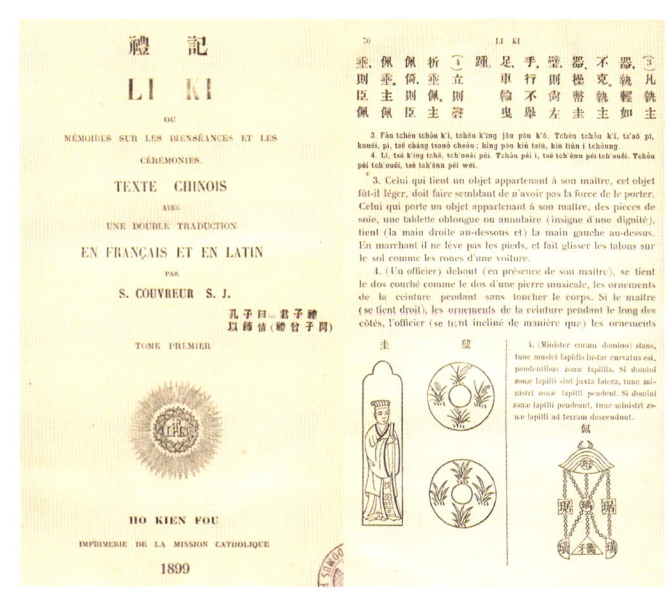

Li Ki
礼记(封面和内页)
[法]顾赛芬编译
法文 中文 罗马字母注音
两卷 两册
清光绪二十五年(1899)
河间府胜世堂印书房排印
铅印本 纸本 硬精装
开本:25×17.5(cm)
788页

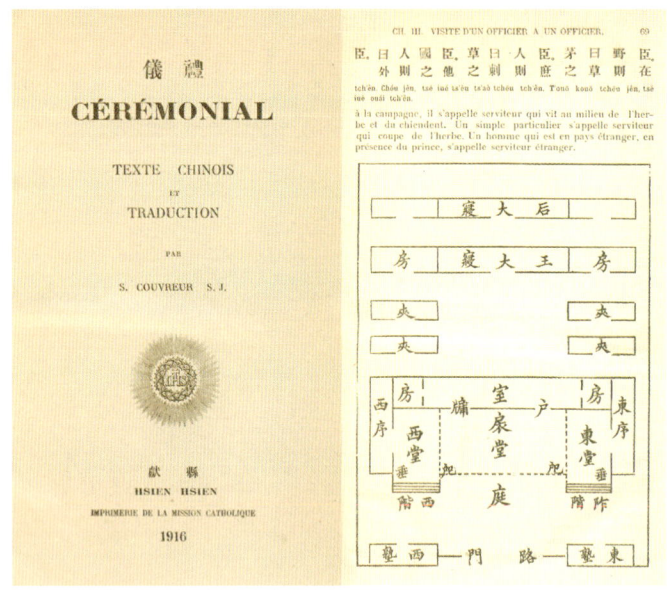

Cérémonial
仪礼（封面和内页）
［法］顾赛芬编译
法文　中文　罗马字母注音
十七篇　一册
民国五年（1916）
献县天主堂印书房排印
铅印本　纸本　平装
开本：25×16.2（cm）
667 页
插图 10 幅

用附录。顾赛芬在序言里说明，中国古代关于"礼"的文献有"三礼"——《礼记》《周礼》《仪礼》，其中《礼记》最为重要，《周礼》和《仪礼》的基本内容在《礼记》里均有体现。他自己早先出版过《礼记》译本，对周礼有详细介绍，故建议读者阅读时参看该译本。中国儒家典籍"三礼"，顾赛芬翻译了其中两部，未见有他的《周礼》译本著录。

顾赛芬对西方汉学的最大贡献是系统地用法文翻译了中国经典，并且翻译质量得到了西方主流汉学界认同。近代西方有三位公认的汉籍翻译大家，英国传教士理雅各[①]、德国传教士卫礼贤[②]，再就是法国传教士顾赛芬，在法译典籍里他当仁不让。

顾赛芬是一位值得中国人尊重的传教士，他为西方人了解中国文化做了扎扎实实的基础工作。

河间府献县教区外延扩展的重点一直放在天津，在天津的扩展上还是饶有成果的。用于筹措经费的"账房"——崇德堂办得有声有色，北疆博物馆和天津工商学院也可圈可点。

北疆博物馆是与桑志华这个名字联系在一起的。桑志华（Émile Licent，1876—1952），又记黎桑，耶稣会神父，法国著名地质学家、古生物学家、考古学家。1912 年桑志华获得法国南锡科学院动物学博士学位，民国三年（1914）来华，教籍属献县教区，安居天津。在华大部分时间从事野外考察和考古调查工作，二十五年间桑志华的足迹遍及中国北方各省，行程五万多公里。其中他在民国三年至十二年（1914—1923）间对黄河流域的十年考查尤为重要，考查成果发表为 *Comptes rendus de dix années（1914—1923）de séjour et d'exploration dans le bassin du Fleuve Jaune, du Pai ho et des autres tributaires du golfe du Pei Tcheu-ly*（《黄河及北直隶湾其他支流流域

[①] 理雅各（James Legge，1815—1897），英国人，伦敦布道会传教士。道光二十年（1840）到马六甲，道光二十三年（1843）到香港，办"英华书院"，经常往来内地。陆续翻译《论语》《大学》《中庸》《孟子》《春秋》《礼记》《书经》《孝经》《易经》《诗经》《道德经》《庄子》等。"儒莲奖"第一位获奖者。

[②] 卫礼贤（Richard Wilhelm，1873—1930），又记卫希圣，亦作尉礼贤，德国人，魏玛会传教士。光绪二十三年（1897）来华，在青岛传教，办"礼贤书院"。翻译了《老子》《庄子》和《列子》等道家著作。

十年旅考》)。从天津法文图书馆民国三十年(1941)出版的桑志华整理的中文版《黄河流域十年实地调查记目录》看,他这十年的行程为：直隶海湾→河南→山西→陕西→蒙古→绥远→甘肃→青海→鄂尔多斯→黄河航路→庙岛(渤海)→山东。他的考察笔记所记载的内容可谓包罗万象：蜜蜂、飞艇、玛瑙、荒原之蒜、支那古燕、蒙古百灵、冲积层、化石羚羊、硬煤、青石板、兵工厂、蒙古美术、蒙古旗部、杜鹃花、指南针、土匪、遂镰、盘羊、京巴狗、景泰蓝、风水、烧酒、运河、长城、花岗岩、灌溉、乳油灯、开滦煤矿、钱币、当铺、石磨、罂粟、旧陶器、人力车等,目之所及,五花八门,大约有一千八百项之多。

无可置疑,桑志华十几年鞍马劳顿、风尘仆仆,肩负的主要任务是地质学和古生物学考察,他和同伴们采集地质、古生物标本达数万件。这些标本被陆续运回天津,藏于耶稣会账房崇德堂,日积月累,终至无地存放,桑志华遂向耶稣会长上提出兴建博物馆正式馆舍的要求,得到批准后于民国十年(1921)在马场道动工,次年落成。桑志华为其取名为 Musée Hoangho Paiho ("黄河白河博物馆")。后几经扩建,中文名后更为"北疆博物馆"。

桑志华神父记述他筹建北疆博物馆的过程：

> 我所阐述的成就,其计划始于1912年。该计划曾经得到当时献县教区耶稣会会长金道宣[①]神父、法国耶稣会北方省会长朴烈神

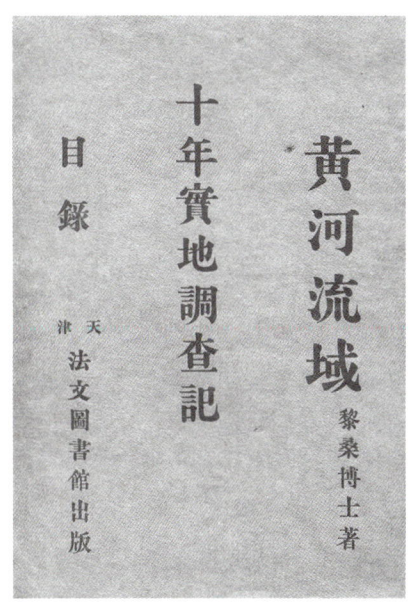

黄河流域十年实地调查记目录(封面)
[法] 黎桑著
一卷 一册
民国三十年(1941)天津法文图书馆排印
铅印本 纸本 平装
开本：29.5×22.8(cm)
69页

Musée Hoang-bo-pei-ho / Hoang-ho—pei-ho Museum
北疆博物馆(明信片)
天津工商学院编
法文 英文
民国中期印制
凹版 黑白
尺幅：14×9(cm)

---

① 金道宣(Raphael Gaudissart,1854—1938),字仁铎,法国人,1876年入耶稣会。光绪十八年(1892)来华,次年晋铎。在献县教区、天津工商学院任神职。

甫（L. Poullier）和耶稣会总会长魏恩兹神甫（X. Wernz）采纳并一致通过。

当时的中国仍然是一个不为人们所完全了解的国家，尤其是北方腹地（黄河流域、内蒙古）及西藏附近，其地质和动植物区系，不论从纯科学角度，还是经济角度，还有许多宝藏等待人们去发掘。的确，过去已有不少探险家到过这些地区，提出过某些计划，但是一些人往往把注意力集中于某个地区或特殊问题上，对于进行全面的考察，还没有人付诸实施。

因此，为了研究中国北方疆域的自然资源，包括矿产、农业及其他，为解决已经出现的科学问题，需要设立一个考证资料和藏品的研究中心，而非一所大学。这就是从1914年开始，促使我下定决心前往中国北方各地进行考察旅行，并在天津创立一个博物馆的动机。①

民国十六年（1927）桑志华被法国政府授予"铁十字骑士勋章"，表彰其创办北疆博物馆的特殊功绩。日本人挑起卢沟桥事件、侵占华北后，桑志华神父中断在华科研工作，于民国二十七年（1938）离华回法。

接替桑志华任北疆博物馆馆长的有罗学宾②（民国二十八年至三十四年〔1939—1945〕）和明兴礼（1951—1952）等人。

耶稣会在天津的学术研究和出版工作主要有两条线，一是以崇德堂名义出版一些宣教书籍，另一是民国中后期开始，胜世堂印书房在天津设立分支机构，以北疆博物馆为实体，出版"北疆博物馆丛书"等科学考察类书籍。这时期在天津出版外文书籍一般署 Mission de Sienhsien de Tientsin。有一个情况需要提醒，民国中期开始，主要是桑志华筹建北疆博物馆之后，胜世堂的许多外文书籍，尤其是科学考察文献，被安排在天津印刷。有文认为这些书籍是在国外印刷后运到中国的，事实正好相反，传教士们在欧洲出版的书籍许多是在中国印刷，"贴牌"在欧洲发行的。也有胜世堂出版的书籍在欧洲印刷的事例，这与经费有关，承担印刷费用的欧洲某些机构，往往指定欧洲某家印刷厂。

桑志华主编的"北疆博物馆丛书"（*Publications du Musée Hoangho Paiho de Tien Tsin*）对那个时期的中国野外科学考察工作，对于生物学和地质学有很大贡献。这套丛书大约出版了五十来种。

编号	书　　名	作　　者	出版时间（年）
1	*Itinéraires suivis dans le bassin du Golfe du Pei Tcheuly, 1914—1923*，1914—1923年对北直隶湾盆地的连续考察	桑志华	1924
2	*Comptes rendus de dix années (1914—1923) de séjour et d'exploration dans le bassin du Fleuve Jaune, du Paiho et des autres tributaires du golfe du Pei Tcheu-ly*，黄河及北直隶湾其他支流流域十年旅考	桑志华	1924
3	*Le Paléolithique de la Chine*，中国旧石器时代	桑志华，德日进，布勒，步日耶	1928

---

① Emile Licent：*Vingt deux années d'exploration dans le Nord de la Chine, en Mandchourie, en Mongolie et au Bas-Tibet, 1914—1935*（《1914—1935年间华北、蒙古和西藏二十年之考察》），天津"北疆博物馆丛书"第三十九种，民国二十四年（1935）出版，序言。
② 罗学宾（Petrus Leroy, 1900—?），法国人，动物学家，1920年入耶稣会。民国十九年（1930）来华，民国二十七年（1938）晋铎，民国二十八年至三十四年（1939—1945）任天津工商学院讲师和北疆博物馆馆长，负责北疆出版物编辑、沿海标本采集研究。民国三十五年（1946）回国，余迹不详。

续表

编号	书名	作者	出版时间（年）
4	*Voyage aux Terrasses du Sang Kan Ho, a l'Entrée de la Plaine de Sining Hien*，桑干河平原纪行	桑志华	1924
5	*Notes géologiques sur la région de-K'i-ning-hien et sur les volcans de Koan ts'ounnze et de Kong-keull-t'eou*，集宁地区地质记录	桑志华	1936
6	*La flore tertiaire du Wei-Tch'ang: province de Jehol, Chine*，中国热河省围场的第三地质纪植物	德帕佩①	1932
7	*Epicopeidae, Collections des mammifères du Musée Hoang ho Pai ho de Tientsin*，天津北疆博物馆哺乳动物标本——凤蛾	斯特连科夫	1932
8	*Notes on acherontinae*	巴甫洛夫②	1932
9	*Collection des mammifères du Musée Hoangho Paiho de Tien Tsin, Felidae, Carnivora*，天津北疆博物馆猫科食肉目哺乳动物标本	雅各甫列夫	1932
10	*Collection des mammifères du Musée Hoangho Paiho de Tien Tsin*，天津北疆博物馆哺乳动物标本	雅各甫列夫	1932
11	*Liste preliminaire des amphibiens des collections du Musee Hoangho Paiho de Tien Tsin*，天津北疆博物馆两栖动物序篇	巴甫洛夫	1932
12	*Listes des sauriens et serpents des collections du Musee Hoangho Paiho de Tien Tsin*，天津北疆博物馆蜥蜴和蛇标本目录	巴甫洛夫	1932
13	*Materials for the study of fauna of Northern China, Manchuria and Mongolia*，华北满洲蒙古动物研究资料	巴甫洛夫	1932
14	*Les collections Néolithiques du musée Hoangho Paiho de Tien Tsin*，天津北疆博物馆新石器时代文物藏品	桑志华	1932
15	*Annélides Polychètes du Golfe du Pei-tcheu-ly de la collection du musée Hoang ho Pai ho*，北疆博物馆收藏的北直隶湾地多毛环节动物标本	罗学宾，桑志华	1932
16	*Matériaux pour servir à l'étude des Chênes de Mongolie, de Mandchourie et du Nord de la Chine*，蒙古满洲和华北栎树研究	柯兹洛夫	1933
17	*Le plancton de surface des cotes du Pei-tcheu-ly*，北直隶水平标高的浮游生物	肖杜因	1933
18	*Etudes sur les plantes du Nord de la Chine. Eriochloa*，华北植物研究——稗草	柯兹洛夫	1933
19	*La collection d'oiseaux du Musée Hoangho Paiho de Tien-tsin*，天津北疆博物馆鸟类标本	苏汝安	1933
20	*Les poissons des collections ichthyologiques du Musée Hoangho Paiho: catalogue systématique provisoire*，北疆博物馆鱼类标本	雅各甫列夫	1933

---

① 德帕佩（Georges Depape，1884—1960），法国人，植物学家。最早研究河北围场植物化石。
② 巴甫洛夫（P. Pavlov），俄裔科学家，民国十九年至民国二十四年（1930—1935）在北疆博物馆负责鞘翅目、爬行类、两栖类标本研究整理。

续表

编号	书　　　名	作　　者	出版时间（年）
21	*Trois formes poecilogoniques du Nord de la Chine et de Mandchourie*，华北和满洲变温动物三种形态	罗学宾	1933
22	*Herbier du Musée Hoangho Paiho, Renonculacées*，北疆博物馆植物图集——毛茛科	柯兹洛夫	1933
23	不详		
24	*Etude sur les plantes du Nord de la Chine: de Mongolie et de Mandchourie. Fam. Polygalacées*，华北蒙古和满洲远志属植物研究	柯兹洛夫	1933
25	*Brahmaeidae des collections du musée Hoangho Paiho*，北疆博物馆箩纹蛾标本	斯特连科夫	1933
26	*Collections des mammifères du Musée Hoangho Paiho à Tien Tsin*，天津北疆博物馆哺乳动物标本	雅各甫列夫	1932
27	*Notes sur les oiseaux observes au Jehol de 1911 à 1932*，1911年至1932年热河地区鸟类观察记录	苏汝安①	1933
28	*Collections des mammifères du Musée Hoangho Paiho de Tientsin*，天津北疆博物馆哺乳动物标本	雅各甫列夫	1934
29	*Liste additionnelle des poissons des collections du Musée Hoangho Paiho pour l'année 1933*，天津北疆博物馆1933年鱼类标本补充目录	雅各甫列夫	1934
30	*Bibliographie critique du Musee Hoangho Paiho de Tien Tsin (1914—1934)*，1914年至1934年天津北疆博物馆考证目录	桑志华	1934
31	*Additions faites de 1928 à 1933 la collection d'oiseaux du Musée Hoangho Paiho de Tien Tsin*，天津北疆博物馆1928—1933年鸟类标本补充目录	苏汝安，桑志华	1934
32	不详		
33	*Sur la découverte de couches mésozoiques à poissons dans la région de Hailar*，海拉尔地区中生代地层的鱼类	德日进	1934
34	*The Non-Marine Gastropods of North China, part. I*，华北非海生软体动物，第一卷	阎敦健	1935
35	*Collection des Mammifères du Musée Hoangho Paiho de Tien Tsin, Ungulata Ordre Artiodactyla Fam. Bovidae, Cervidae et Suidae*，北疆博物馆哺乳动物藏品，有蹄类偶蹄目动物，牛科、鹿科和猪科	雅各甫列夫	1935
36	*Diatomées récoltées par le Père E. Licent au cours de ses voyages, dans le nord de la Chine, au bas Tibet, en Mongolie et en Mandjourie: quatre stations: bord ouest du Kou kou noor (Bagha oulan), yen tch'ê (Chansi s. o.), lac près de Kalgan, Mao eull chan (e. de Harbin-Mandjourie)*，桑志华神父在华北西藏蒙古和满洲采集的藻类	斯克沃尔佐夫②	1935

① 苏汝安（Georges Seys，1886—1956），又记司义斯，比利时人，1906年入圣母圣心会，1911年晋铎。同年（宣统三年）来华，曾任松树嘴子小修院院长。
② 斯克沃尔佐夫（B. W. Skvortzow 或 B. V. Skvortsov），俄裔科学家，藻类学家，二十世纪二十年代初至第二次世界大战爆发前在东亚从事藻类研究，发表过有关中国松花江和兴凯湖、华北平原、长江下游、四川盆地以及朝鲜、日本等地的藻类论文。有些藻类是以他名字命名的，如 Pleurosigma elongatum var. sinica Skvortzow（长斜纹藻中华变种）等。

续表

编号	书　　名	作　者	出版时间（年）
37	*The pliocene lacustrine series in Central Shansi*，山西中部上新世湖相沉积	桑志华，汤道平	1935
38	*Comptes rendus de Onze années（1923—1933）de séjour et d'exploration dans le bassin du Fleuve Jaune, du Paiho et des autres tributaires du golfe du Pei Tcheu-Ly. Tome 1—3, 1925—1930*，黄河及北直隶湾其他支流流域十年旅考，三卷	桑志华	1935—1936
39	*Vingt deux années d'exploration dans le Nord de la Chine, en Mandchourie, en Mongolie et au Bas-Tibet,（1914—1935）*，1914—1935年间华北、蒙古和西藏二十年之考察	桑志华	1935
40	*L'artésianisme dans la grande plaine du Tcheu Ly: le Puits Jaillissant de Lso Si Kai Tientsin, 1935—1936*，直隶大平原的水脉：天津老西开自流井 [1]	桑志华	1936
41	不详		
42	*Notes on some dytiscidae from Musee HoangHo PaiHo, Tientsin with descriptions of eleven new species*，天津北疆博物馆龙虱科昆虫标本	谭锡畴 [2]	1937
43	*New remains of postschizotherium from S. E. Shansi*，晋东南第四纪化石	德日进，桑志华	1936
44	不详		
45	不详		
46	*The Non-Marine Gastropods of North China, part. II*，华北非海生软体动物，第二卷	阎敦健	1937
47	不详		
48	*Collections des mammifères du Musée Hoangho Paiho de Tientsin*，天津北疆博物馆哺乳动物标本	雅各甫列夫	1938
49	*Collections des mammifères du Musée Hoangho Paiho de Tientsin, Rodentia（Glires）*，天津北疆博物馆哺乳动物标本——啮齿目	雅各甫列夫	1938
50	*Additional notes on non-marine gastropods of North China*，华北非海生软体动物，续篇	阎敦健	1938

---

[1] 老西开（Lso Si Kai）自流井，桑志华于民国二十四年（1935）开凿的天津第一口试验地热井，坐落在旧法租界老西开教堂附近（今宝鸡道2号景阳里小区），井深861米，出口温度29～30℃，井口每小时自流量6000加仑；1972年开始停止自流。桑志华根据老西开地热成井资料得出三点结论：一、河北平原地热井具有喷射（即自流）能力；二、虽在近海地带，但极少盐质之成分；三、喷射能力随井之深度而增强。

[2] 谭锡畴（Feng H. Tang, 1892—1952），中国地质学家。1926年毕业于美国威斯康星州立大学，回国后进入中国地质调查所。曾在北京大学、北洋大学、西南联合大学、云南大学等校执教。著有《北京西山地质志》等。

细析有代表性的几部著作，大致可以了解"北疆博物馆丛书"的研究兴趣、外延和内涵以及科研水准：

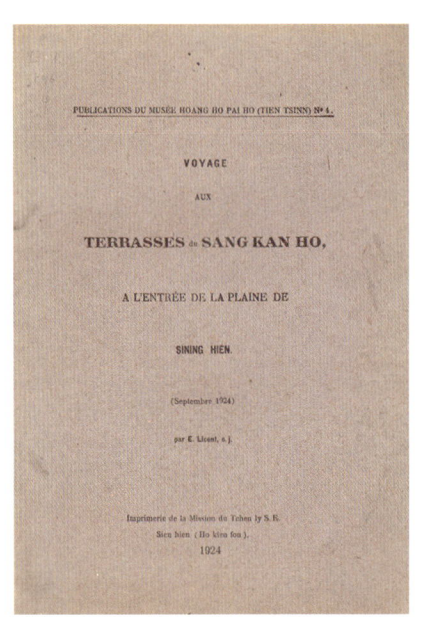

Voyage aux Terrasses du Sang Kan Ho, a l'Entrée de la Plaine de Sining Hien
桑干河平原纪行（封面）
［法］桑志华撰
法文
一卷 一册
"北疆博物馆丛书"第四种
民国十三年（1924）
河间胜世堂印书房排印
铅印本 纸本 平装
开本：30×22.2（cm）
14页
插图2幅 地图1幅

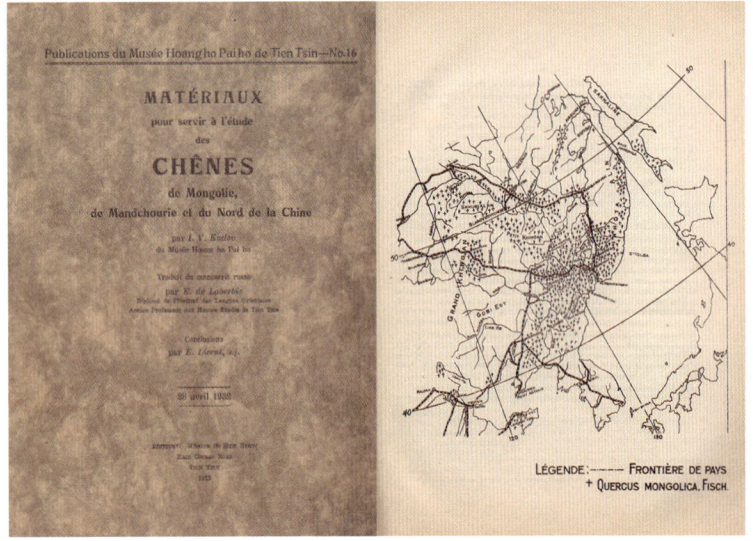

Matériaux pour servir à l'étude des Chênes de Mongolie, de Mandchourie et du Nord de la Chine
蒙古满洲和华北栎树研究（封面和插图）
［俄］柯兹洛夫撰
法文
十一篇 一册
"北疆博物馆丛书"第十六种
民国二十一年（1932）
河间胜世堂印书房排印
铅印本 纸本 精装
开本：30×22.8（cm）
119页 插图7幅

Voyage aux Terrasses du Sang Kan Ho, a l'Entrée de La Plaine de Sining Hien（《桑干河平原纪行》），民国十三年（1924）初版，"北疆博物馆丛书"第四种，桑志华著。这部著作是桑志华等人在华北平原的地质考察报告。

Matériaux pour servir à l'étude des Chênes de Mongolie, de Mandchourie et du Nord de la Chine（《蒙古满洲和华北栎树研究》），民国二十一年（1932）出版，"北疆博物馆丛书"第十六种。作者柯兹洛夫[①]，俄罗斯人，不知其宗教信仰，在北疆博物馆做桑志华的助手，负责植物标本整理工作。他的《蒙古满洲和华北栎树研究》是对北疆博物馆相关标本的整理报告，分十一篇介绍了蒙古栎（Quercus mongolica Fisch）、辽东栎（Quercus liaotungesis）、槲栎（Quercus aliena）、槲树（Quercus dentata）、枹树（Quercus glandulifera）、黄连木（Quercus chinensis）、锐齿槲栎（Quercus serrata）、檀子树（Quercus baronii）、麦李（Quercus glandulosa）、栓皮栎（Quercus variabilis）、刺叶高山栎（Quercus spinosa）等的收藏情况。柯兹洛夫的报告发表前经由桑志华审核并作报告结论。此书由东方语言学院的拉贝尔比（E. de Laberbis）译为法文。

Etude sur les Plantes du Nord de la Chine, de Mongolie et de Mandchourie, Fam. Polygalacées（《华北蒙古和满洲远志属植物研究》），作者柯兹洛夫，民国二十二年（1933）出版，"北疆博物

---

① 柯兹洛夫（I. V. Kozlov），俄裔科学家。民国十九年（1930）来北疆博物馆，负责植物腊叶标本整理。

馆丛书"第二十四种。柯兹洛夫在此报告里整理了四种标本：远志（Polygala tenuifofia willd）、远志科小扁豆（Polygala triphylla）、瓜子金（Polygala japonica Houtt）、西伯利亚远志（Polygala Sibirica）。他仍是求助拉贝尔比将报告译为法文发表。

Brahmaeidae des Collections du Musée Hoangho Paiho（《北疆博物馆箩纹蛾标本》），民国二十二年（1933）出版，"北疆博物馆丛书"第二十五种。作者斯特连科夫[①]，身份与柯兹洛夫差不多，他整理的标本涉及昆虫比较多。斯特连科夫在这份报告里分析了北疆博物馆收藏的箩纹蛾族类：波水蜡蛾（Brahmaea undulata）、黄褐箩纹蛾（Brahmaea certhia）、黑褐箩纹蛾（Brahmaea christophi）、青球箩纹蛾（Brahmaea hearseyi）等。

The Non-Marine Gastropods of North China（《华北非海生软体动物》），英文，作者阎敦健，第一卷民国二十四年（1935）出版，"北疆博物馆丛书"第三十四种；第二卷民国二十六年（1937）出版，"北疆博物馆丛书"第四十六种。这是一个地质学和古生物学研究领域的重要课题，民国时期，裴文中和丁文江等人做过开创性工作，此著作与他们的研究基本同步，至今被引用率仍很高。

Collection des Mammifères du Musée Hoangho Paiho de Tien Tsin, Ungulata Ordre Artiodactyla Fam. Bovidæ, Cervidæ et Suidæ（《北疆博物馆哺乳动物藏品，有蹄类偶蹄目动物，牛科、鹿科和猪科》），法文，民国二十四年（1935）出版，"北疆博物馆丛书"第三十五种。作者雅各甫列夫[②]，桑志华的助手，兴趣偏重哺乳动物。这份报告内容是：蒙古盘羊（Ovis ammon mongolica）、崖羊

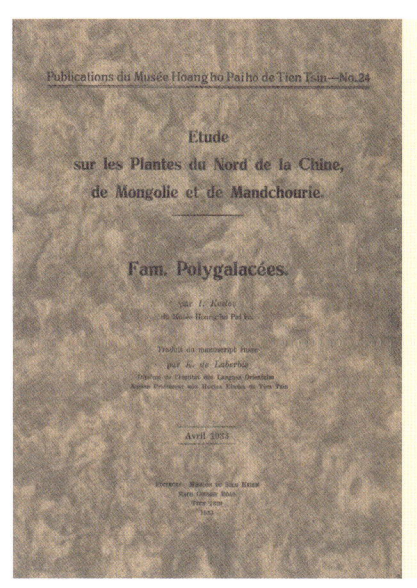
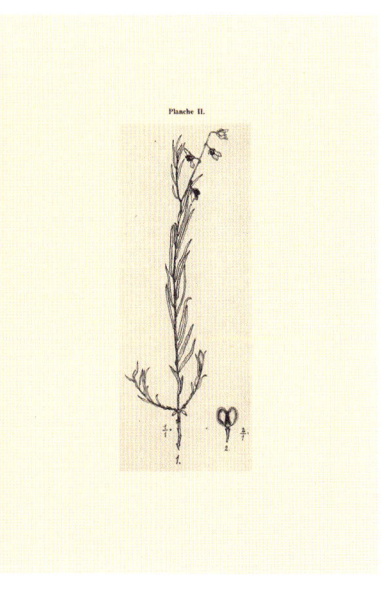

Etude sur les Plantes du Nord de la Chine, de Mongolie et de Mandchourie, Fam. Polygalacées
华北蒙古和满洲远志属植物研究
（封面和插图）
［俄］柯兹洛夫撰
法文
四篇 一册
"北疆博物馆丛书"第二十四种
民国二十二年（1933）
河间胜世堂印书房排印
铅印本 纸本 精装
开本：30×22.5（cm）
26页
插图4幅

---

① 斯特连科夫（V. Strelkov），俄裔科学家。民国十九年（1930）来北疆博物馆，负责鱼类、哺乳类、蛛形纲标本研究整理。
② 雅各甫列夫（B. P. Jakovlev），俄裔科学家。民国十九年至民国二十一年（1930—1932）在北疆博物馆负责鞘翅目研究。国际上一些鞘翅目盲蝽科和同蝽科昆虫是以他的名字命名的。

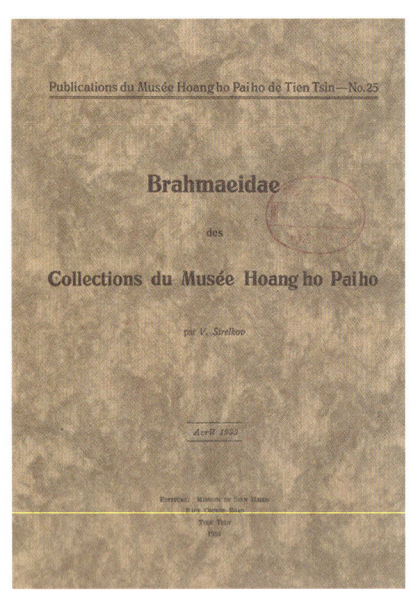
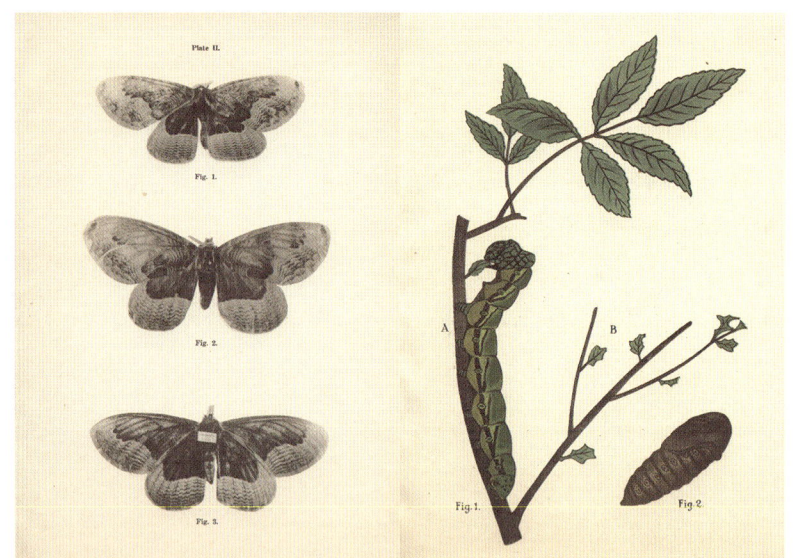

Brahmaeidae des Collections du Musée Hoangho Paiho
北疆博物馆箩纹蛾标本（封面和插图）
［俄］V. 斯特莱尔科夫撰
法文
四篇　一册
"北疆博物馆丛书"第二十五种
民国二十二年（1933）
河间胜世堂印书房排印
铅印本　纸本　精装
开本：30×22.5（cm）
26页　插图7幅

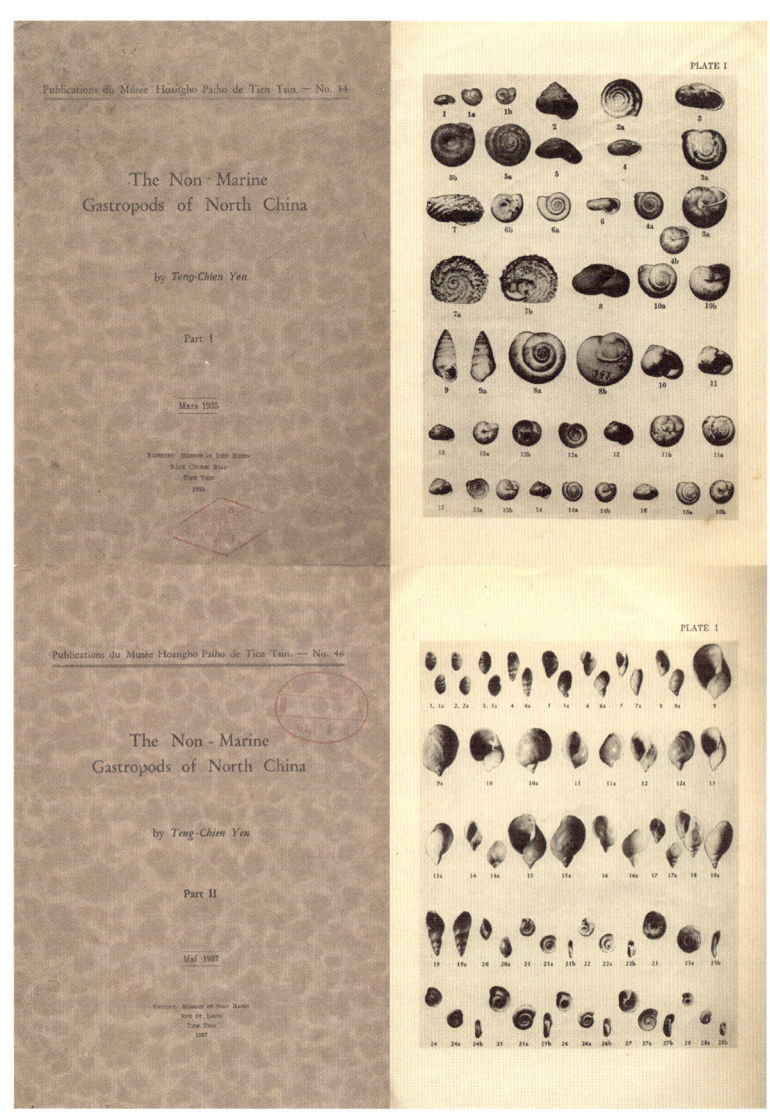

The Non-Marine Gastropods of North China
华北非海生软体动物（封面和插图）
阎敦健撰
英文
两卷　两册
"北疆博物馆丛书"第三十四种、第四十六种
河间府胜世堂印书房
第一卷民国二十四年（1935）排印
第二卷民国二十六年（1937）排印
铅印本　纸本　平装
开本：29.5×22（cm）
87页　插图5幅

（Pseudois nahoor hodgson）、中华斑羚（Nemorhaedus caudatus）、鹅喉羚（Gazella gutturosa）、普氏羚羊（Gazella przewalskii buchner）、黄羊（Gazella yarkandensis blanford）、马麝（Moschus moschiferus sifanicus buchner）、梅花鹿（Cervus nippon mantchuricusr）、白臀鹿（Cervus macneilli kansuensis pocock）、满洲马鹿（Cervus canadensis xanthopygus）、驼鹿（Capreolus bedfordi bedfordo thom）、华北狍（Capreolus capreolus bedfordi）、野猪（Sus moupinensis）等。

北疆博物馆藏品里有一些是各地神父收集贡献的，但主要是桑志华、德日进等人在河北泥河湾、山西榆社、甘肃庆阳、内蒙古萨拉乌苏等地地质考察的收获。

民国十年（1921）冬，桑志华收到在内蒙古传教的神父发现疑似古生物化石的报告。次年八月，他到达萨拉乌苏河谷的邵家沟，在这片湖相沉积地区发现史前旧石器地质的遗址。他的考察报告放到法国古生物研究所所长布勒[①]的办公桌上后，引起了后者的关注：此前从没有在东亚发现过旧石器时期人类活动的记录。布勒随即派遣德日进携款一万法郎经费来华。民国十二年（1923）五月德日进抵达天津。八月，桑志华和德日进一起再次考察了萨拉乌苏，收获颇丰，带回北疆博物馆的化石有二十六箱，最重要的是有三只完整的十万年前的披毛犀化石，还有野驴、王氏水牛、普氏野马、古菱齿象等，这些化石后来被命名为"萨拉乌苏动物群"。

其后的岁月里，桑志华、德日进等人还发现并发掘了幸家沟遗址，这是中国最早发掘并进行系统研究旧石器时代晚期文化遗址，对中国的史前考古有开创性贡献。

民国十七年（1928），一本非常重要的考古报告问世，Le Paléolithique de la Chine（《中国旧石器时代》），由布勒、步日耶[②]、

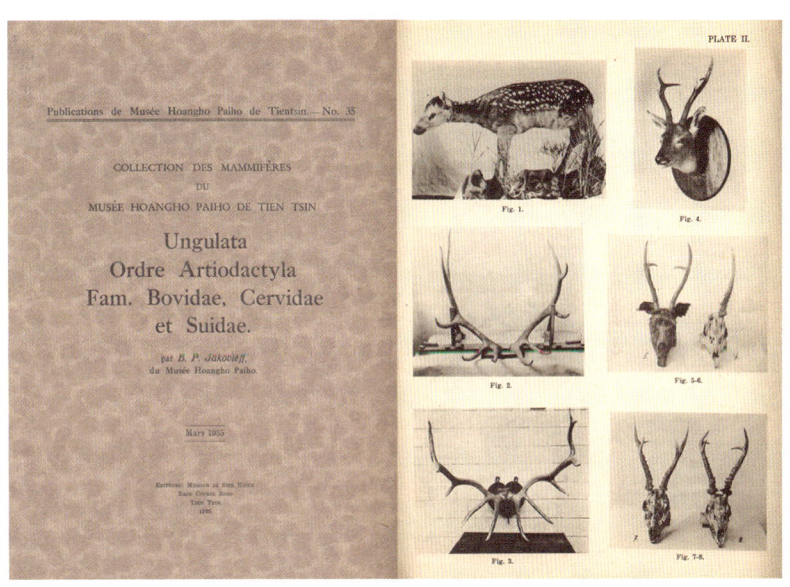

Collection des Mammifères du Musée Hoangho Paiho de Tien Tsin，Ungulata Ordre Artiodactyla Fam. Bovidae，Cervidae et Suidae
北疆博物馆哺乳动物藏品，有蹄类偶蹄目动物，牛科、鹿科和猪科
（封面和插图）
［俄］雅各布甫列夫撰
法文
十三篇　一册
"北疆博物馆丛书"第三十五种
民国二十四年（1935）
河间胜世堂印书房排印
铅印本　纸本　平装
开本：29.7×22.3（cm）
31页
插图2幅

---

① 布勒（Marcellin Boule，1861—1942），法国人，古生物学家，巴黎古生物研究所所长。研究了完整的尼安德特人样本，并出版研究报告。
② 步日耶（Henri Breuil，1877—1961），法国人，考古学家、人类学家、地质学家。曾参与周口店北京猿人发掘工作。

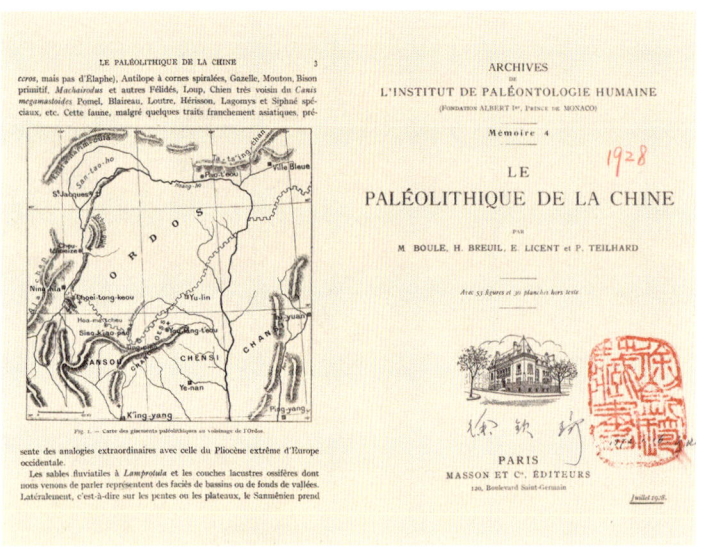

Le Paléolithique de la Chine
中国旧石器时代（封面和内页）
［法］布勒、步日耶、桑志华、德日进撰
法文
三卷 一册
民国十七年（1928）天津北疆博物馆
河间胜世堂印书房出版
铅印本 纸本 平装
开本：26.6×19.5（cm）
200 页
插图 80 幅

桑志华、德日进合作完成，在巴黎和天津两地联合出版。在巴黎出版时纳入摩纳哥国王阿尔伯特一世基金会"人类旧石器时期研究所档案"论文集第四部。中国的出版机构为北疆博物馆，纳入"北疆博物馆丛书"第三种。

《中国旧石器时代》分为"导论"（布勒撰）、第一部分"地层学，断层"（德日进和桑志华撰）、第二部分"旧石器时代"（布勒和德日进撰）、第三部分"考古学"（步日耶撰），附录为三十组考古发掘实物照片。

这部学术专著的核心是桑志华、德日进一行在甘肃庆阳县城以北约五十五公里幸家沟黄土层中首次发现中国旧石器遗址。多位学者从不同专业角度肯定了中国北方存在过旧石器时期，讨论了中国旧石器时代的特点。

德日进（Pierre Teilhard de Chardin，1881—1955），生于法国，1899 年加入耶稣会，1918 年晋铎。1913 年他与步日耶考察西班牙西北部史前岩洞壁画，1922 年取得巴黎大学地质学博士学位，同时在巴黎天主教大学讲授古生物学。

德日进应桑志华神父邀请、受布勒的派遣来献县，并参与筹建天津北疆博物馆。他在中国度过了二十三年的学术生涯。他走遍中国，考察新生代地质以及古脊椎动物与古人类化石。民国二十一年至二十八年（1932—1939），他参加法国科学界发起的"黄色远征"活动，对华南、印度、缅甸、印度尼西亚等地进行系统的古生物考察。

民国十二年（1923），德日进在整理桑志华上次从萨拉乌苏邵家沟带回的羚羊牙齿、鸵鸟蛋片化石时，发现一枚桑志华疏忽的疑似人类牙齿的化石。他们委托北京协和医院的加拿大解剖学家步达生[①]教授鉴定，最后确认这枚化石是七万年前旧石器时期晚期智人、一名七岁儿童的左上外侧门齿。发现这枚"河套人"门

---

① 步达生（Davidson Black，1884—1934），加拿大人，解剖学家，1906 年毕业于加拿大多伦多大学。民国八年（1919）来华任北京协和医学院教授。周口店考古工作的负责人之一，民国十六年（1927）根据北京人遗址中发现的一枚下臼齿，给"北京人"定名为中国猿人北京种。发表过多种有关北京人和中国新石器时代人骨的论著。

齿的意义虽不及后来周口店挖掘的"北京猿人"头盖骨，但在中国地质生物及考古领域是开创性的非凡发现。这枚两边缘翻卷成棱、中间低凹的"铲形门齿"后来被认为是中国人的标准"生理印记"，有着"铲形门齿"的"河套人"被认为可能是今天中国人的直接祖先。

德日进被中国科学界看作是中国古脊椎动物学的奠基者和领路人。民国十八年（1929）德日进被聘为中国地质调查所新生代研究室顾问，参与周口店"北京猿人"的挖掘和鉴定工作。恰在这一年，裴文中[①]教授发现一个完整的北京猿人头盖骨。民国二十四年（1935）贾兰坡[②]接替裴文中主持发掘工作，并于次年发现三块头盖骨。德日进参与了历次发掘全过程。贾兰坡的发现是德日进等人研究鉴定的，确认了"北京猿人"头盖骨为猿人颅骨，从而确认了人类发展过程中猿人阶段的存在。贾兰坡晚年回忆说，他二十三岁初入这个领域，给德日进做助手，学得许多知识，德日进引领他入门。

Bulletin of the Geological Society of China
中国地质学会志（第十九卷第三期）
（目录和插图）
中国地质学会编
英文
民国二十八年（1939）出版
开本：26×19.3（cm）
132 页
插图 60 幅

《中国地质学会志》(*Bulletin of the Geological Society of China*) 第十九卷第三期（民国二十八年〔1939〕）第一篇是裴文中教授的 *New Fossil Material and Artifacts Collected from the Choukoutien Region During the Years 1937 to 1939*（《民国二十六年至二十八年期间在周口店附近所发现之新化石及考古材料》），第二篇是德日进的 *On Two Skulls of Machairodus from the Lower Pleistocene Beds of Choukoutien*（《周口店更新统初期之二，剑齿虎头骨》）。

桑志华和德日进在《中国地质学会志》上发表过许多专业论文，几乎每一期都可以看到他们的名字。比如民国十六年（1927）出版的第六卷第一期上有两人合作的 *The Basal Beds of the Sedimentary Series in South-western in Shansi*（《山西西南部水成层

[①] 裴文中（1904—1982），字明华，河北丰润（今唐山市丰润区）人，中国古人类学家、旧石器考古学家。民国十六年（1927）毕业于北京大学地系，1937 年获法国巴黎大学博士学位。民国十八年（1929）主持周口店的发掘和研究，发现北京猿人第一个头盖骨，此后主持山顶洞人遗址发掘。为中国古人类学的主要创始人。
[②] 贾兰坡（1908—2001），字郁生，河北玉田人，中国古人类学家、史前考古学家、第四纪地质学家。北平汇文中学毕业。1931 年进入实业部地质调查所，后任中国科学院古脊椎动物与古人类研究所研究员。

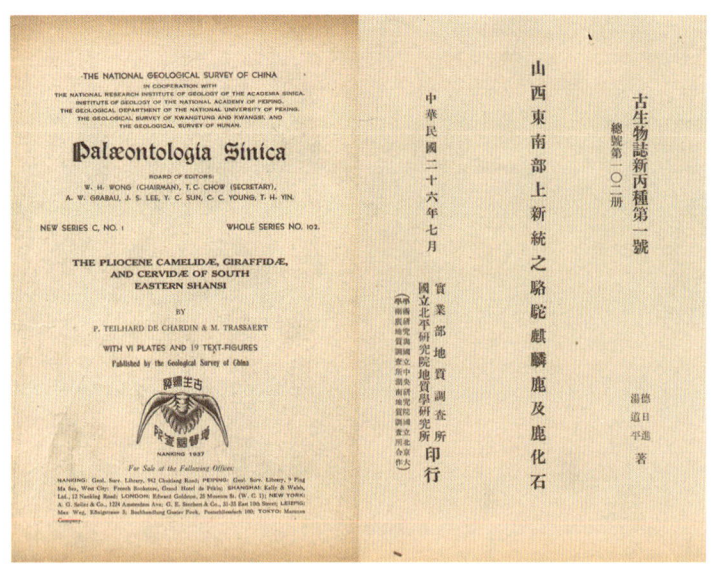

Palæontologia Sinica
中国古生物志（封面）
南京地质调查所编
英文　中文
丙种第一号
民国二十六年（1937）出版
开本：29×22（cm）
70 页
插图 23 幅

之底部》），民国十九年（1930）出版的第九卷第一期有两人合作的 Geological Observation in Northern Manchuria and Barga（《吉林黑龙江地质观察》），民国二十一年（1932）出版的第十二卷第一期有德日进的 On some Neolithic and Possibly Palaeolithic Finds in Mongolia, Sinkiang and West China（《中国西部及蒙古新疆几个新石器或旧石器之发见》），民国二十二年（1933）出版的第十三卷第一期有德日进的 The Base of the Palæozoic in Shansi, Metamorphism and Cycles（《山西古生代底部地质》），民国二十五年（1936）出版的第十六卷第三期有德日进和桑志华合作的 New remain of Postschizotherium from S. E. Shansi（《晋东南第四纪化石》），民国二十八年（1939）出版的第十九卷第三期还有德日进的 The Miocene Cervids from Shantung（《山东中新统之鹿类化石》）等，这些都是德日进有代表性的学术作品。

南京地质调查所出版的《中国古生物志》（Palæontologia Sinica）上也有德日进撰写的一些学术论文，如民国二十六年（1937）他与天津北疆博物馆的同事、法国传教士汤道平①合作发表了 The Pliocene Camelidæ, Giraffidæ, and Cervidæ of South Eastern Shansi（《山西东南部上新统之骆驼麒麟鹿及鹿化石》）等。

如此高频率高密度发表原创专业文章，可想而知，这些神父们几乎长年累月地生活在野外，其专业精神无可挑剔。

桑志华和德日进等人在北疆博物馆所从事的研究工作，一直受到日本人的关注。民国二十年（1931）"九一八事件"后，日本天皇通过日军最高参谋长写信给桑志华神父，请他把关于北疆博物馆所有研究著作一概寄送日本，允诺在那里安排出版。桑志华、德日进、罗学宾和汤道平多次受邀访问日本，介绍北疆博物馆的科研情况。②

---

① 汤道平（Mauritius Trassaert，1898—?），法国人，1917 年入耶稣会。民国二十一年（1932）来华，次年晋铎。任天津工商学院生物学教授，在北疆博物馆做膜翅目研究，常年陪同桑志华、德日进野外考察。民国二十七年（1938）底回国，在《耶稣会献县教区名录》上列为编外人员，余迹不详。
② 信息来自《天津工商学院简史》（稿本，赵振声 1964 年译）。

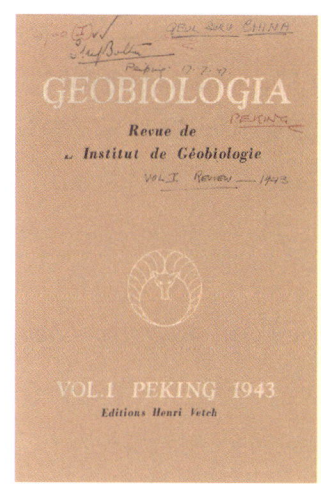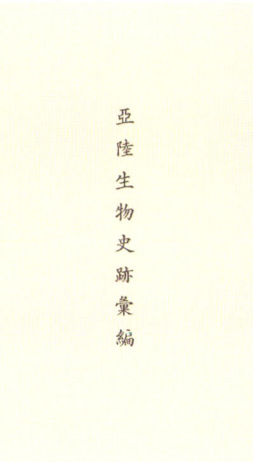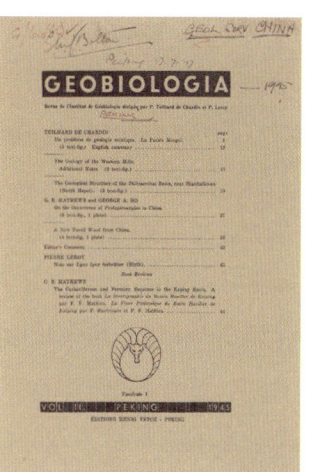

时任馆长的罗学宾，对觊觎北疆博物馆藏品的日本人早有戒心，为了保护科研成果不被日军掠夺和破坏，民国二十八年（1939）四月经耶稣会总会会长批准，他以筹建私立北京地质生物学研究所（Institut de Géobiologie Pékin）的名义，把北疆博物馆重要标本、实验室设备和部分图书资料，转移到北京使馆区东交民巷台基厂三条三号。次年北京地质生物学研究所成立，德日进任名誉所长，罗学宾任所长，研究人员还有王兴义[①]等人。

罗学宾在为研究所成立撰写的启事里这样描述他们的使命：

本所为继续并扩大天津北疆博物馆（桑志华神父创立于民国十三年）之工作起见，于民国二十九年时，在北京成立。

本所同人以为亚洲大陆之生物及土地，自古迄今，演变之程序，在全世界上，似为一独立之单位。本所同人愿与各方学者，共同研究其纵横嬗变之事实及原理。

北京地质生物学研究所满打满算只存在了区区五年，但是研究成果还是蛮丰富的。德日进和罗学宾主编过自己的刊物 Geobiologia（直译"地质生物学报"，中文刊名《亚陆生物史迹汇编》），民国三十二年（1943）和民国三十四年（1945）出版了两卷。

第一卷有六篇论文：德日进的 Géobiologie et Geobiologia（《地质生物学与〈亚陆生物史迹汇编〉》）、The Genesis of the Western

Geobiologia
亚陆生物史迹汇编（封面、内页和插图）
［法］德日进、罗学宾主编
法文　英文
第一卷　一册
铅印本　纸本　平装
民国三十二年（1943）
北京法文书店出版
北京辅仁大学印刷部排印
开本：27.5×22（cm）
149 页
插图 30 幅
第二卷　一册
铅印本　纸本　平装
民国三十四年（1945）
北京法文书店出版
北京辅仁大学印刷部排印
开本：27.5×22（cm）
48 页
插图 22 幅

[①] 王兴义（Jacobus Roi, 1902—？），法国人，1920 年入耶稣会。民国二十六年（1937）以读书修士身份来华，次年晋铎，在北疆博物馆做植物分类工作，曾执教震旦大学、复旦大学。1951 年回国，余迹不详。

Hills of Peking（《北京西山的成因》）、Contorted in the Sinian Limestone（《震旦系石灰岩的扭曲现象》）；罗学宾的 Biogéographie et Géobiologie（《生物地质学与地质生物学》）、A North China Masked-Civet（《华北的果子狸》）；马德武的 A fossil Dipterid found near Peking（《北京附近发现的双翅目化石》）。第二卷只出版了第一期，有五篇论文：德日进的 Un probléme de géologie asiatique：La Faciès Mongol（《亚洲的一个地理问题——蒙古岩相》）、The Geology of the Western Hills（《西山的地质》）、The Geological Structure of the Shihmenchai Basin, near Shanhaikwan（《山海关附近石门寨盆地的地理构造》）；马德武的 On the Occurrence of Protopiceoxylon in China（《中国发现原始云杉型木属》）以及 A New Fossil Wood from China（《中国新发现的木化石》）。

他们也出版过少量书籍，延续着德日进等人的科学研究。这个时期北京地质生物学研究所出版了一套科研丛书，可稽的有十二种：

序号	书　名	著　者	出版时间（年）
1	The Granitisation of China，中国花岗岩	德日进	1940
2	On the Occurence of the Hair-seal: phoca richardsi (Gray) on the coast of North-China，华北沿海灰海豹	罗学宾	1940
3	The Late-Cenozoic Unionids of China，中国新生代晚期蚌类	罗学宾	1940
4	Observations on Living Chinese Mole-Rats，中国鼹鼠	罗学宾	1941
5	Phytogeography of Central Asia，中亚细亚植物地理之研究	王兴义	1941
6	Pleistocene Formations and Stone Age Man in China，更新世和石器时代中国人	德特拉①	1941
7	Early Man in China, bound with Fossil Men，东亚地质及人类原始	德日进	1941
8	Chinese Fossil Mammals, a Complete Bibliography Analysed, Tabulated, Annotated and Indexed，中国哺乳动物化石类编	德日进，罗学宾	1942
9	New Rodents of the Pliocene & Lower Pleistocene of North China，新发见之上新统及下更新统之啮齿类动物	德日进	1942
10	Le Néolithique de la Chine，中国新石器时代	德日进，裴文中	1942
11	Les Félidés de Chine，中国猫科动物	德日进，罗学宾	1944
12	Les Mustélidés de Chine，中国獾科动物	德日进，罗学宾	1945

---

① 德特拉（Helmut de Terra，1900—1981），德国人，地质学家、探险家、考古学家、人类学家，慕尼黑大学地质学和地理学博士。1927—1928 年参加德国探险队，穿越喜马拉雅山，考察冰川及我国西藏、新疆、印度、缅甸等地。后在卡内基基金会资助下，与德日进合作研究中国石器时期，1964 年出版《德日进回忆录》。

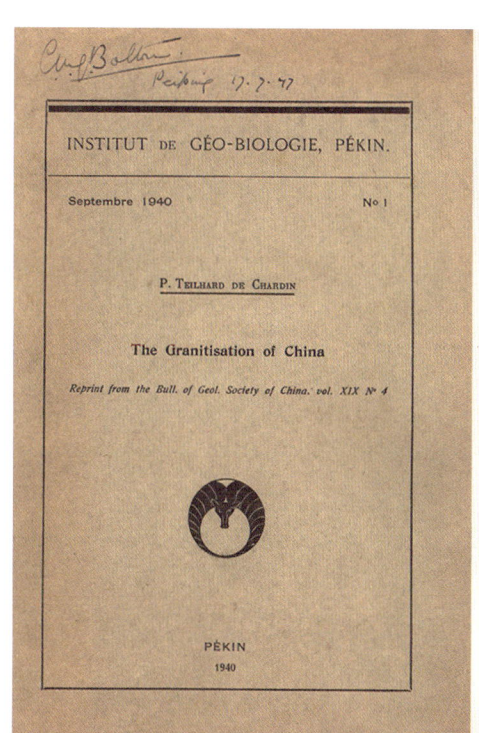
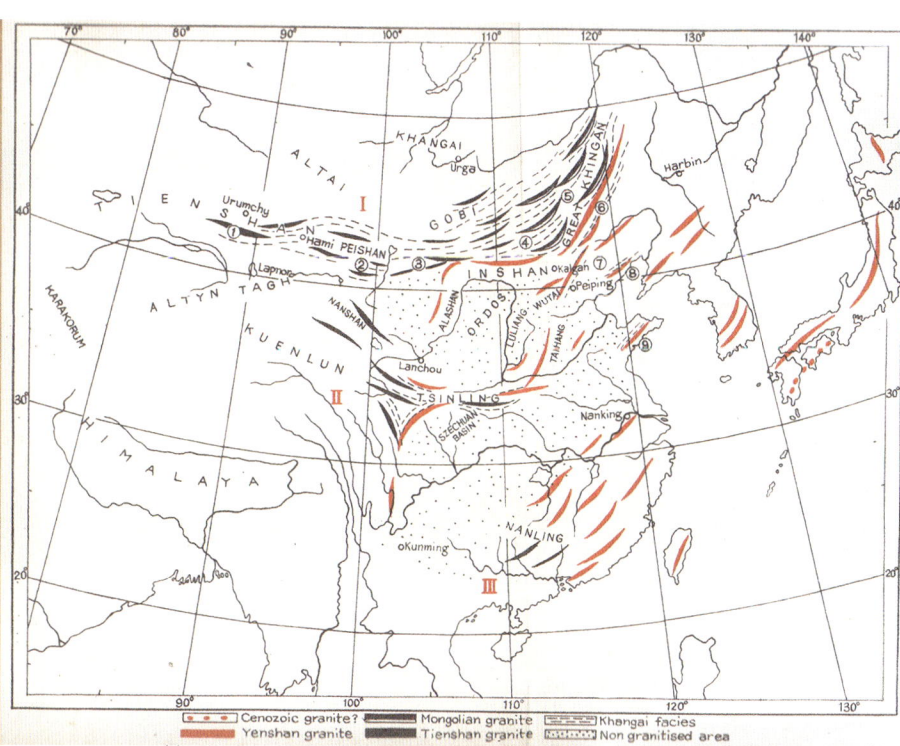

The Granitisation of China
中国花岗岩（封面和地图）
［法］德日进撰
英文
两章全　一册
"北京地质生物学研究所丛书"第一种
民国二十九年（1940）北京地质生物学研究所出版
铅印本　纸本　平装
开本：26×19（cm）
37页
插图13幅　地图1幅

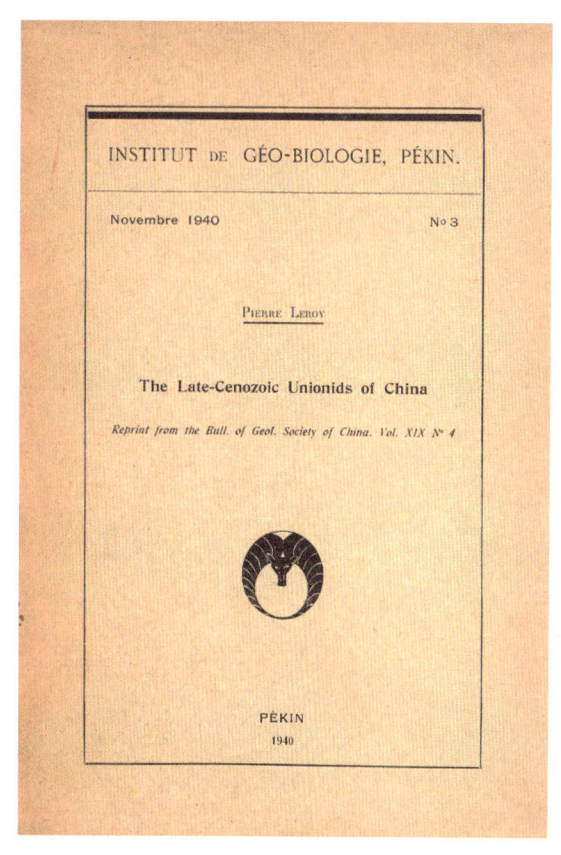

The Late-Cenozoic Unionids of China
中国新生代晚期蚌类（封面）
［法］罗学宾撰
英文
六章　一册
"北京地质生物学研究所丛书"第三种
民国二十九年（1940）北京地质生物学研究所出版
铅印本　纸本　平装
开本：26×19（cm）
61页

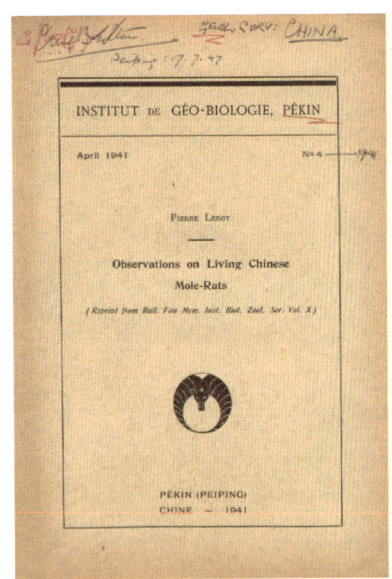 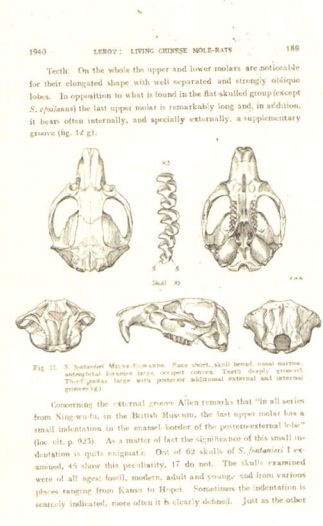

Observations on Living Chinese Mole-Rats
中国鼹鼠（封面和内页）
［法］罗学宾撰
英文
三章　一册
"北京地质生物学研究所丛书"第四种
民国三十年（1941）
北京地质生物学研究所出版
铅印本　纸本　平装
开本：26×19（cm）
24页
插图13幅　地图1幅

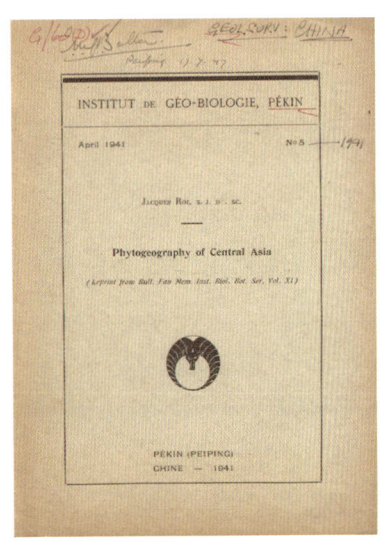 

Phytogeography of Central Asia
中亚细亚植物地理之研究
（封面和内页）
［法］王兴义撰
英文
三章　一册
"北京地质生物学研究所丛书"第五种
民国三十年（1941）
北京地质生物学研究所出版
铅印本　纸本　平装
开本：26×19（cm）
35页　插图19幅　地图1幅

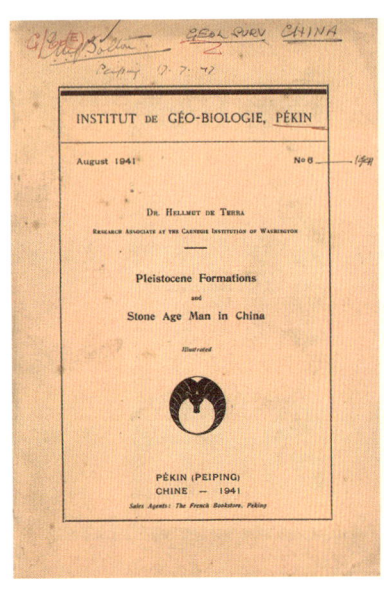 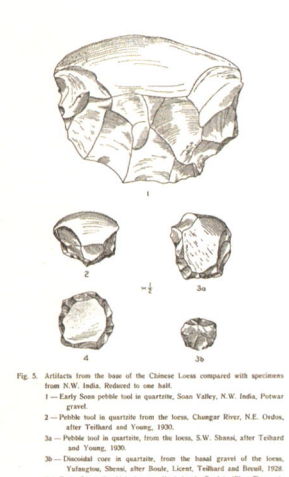

Pleistocene Formations and Stone Age Man in China
更新世和石器时代中国人
（封面和内页）
［德］德特拉撰
英文
两卷　一册
"北京地质生物学研究所丛书"第六种
民国三十年（1941）
北京地质生物学研究所出版
北京西什库遣使会印书馆排印
北京法文书店发行
铅印本　纸本　平装
开本：27.5×19（cm）
54页　插图5幅

Chinese Fossil Mammals, a Complete Bibliography Analysed, Tabulated, Annotated and Indexed
中国哺乳动物化石类编（封面）
［法］德日进、罗学宾撰
英文
四卷 一册
"北京地质生物学研究所丛书"第八种
民国三十一年（1942）北京地质生物学研究所出版
北京法文书店发行
铅印本 纸本 平装
开本：26.6×18.7（cm）
142 页
地图 1 幅

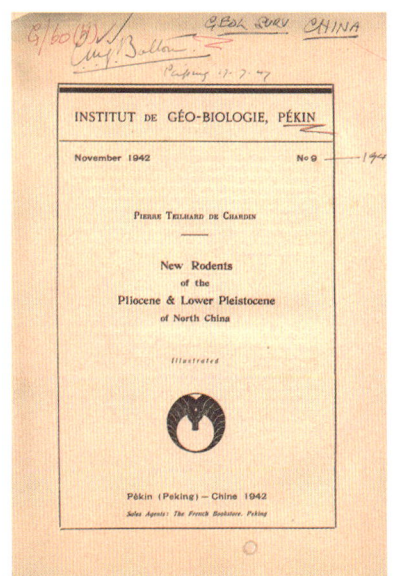

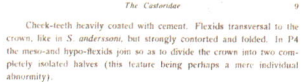
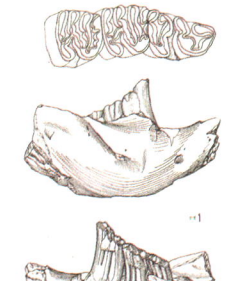

New Rodents of the Pliocene & Lower Pleistocene of North China
新发见之上新统及下更新统之啮齿类动物
（封面和内页）
［法］德日进撰
英文
三卷 一册
"北京地质生物学研究所丛书"第九种
民国三十一年（1942）
北京地质生物学研究所出版
北京西什库遣使会印书馆排印
北京法文书店发行
铅印本 纸本 平装
开本：27.7×20（cm）
101 页
插图 61 幅

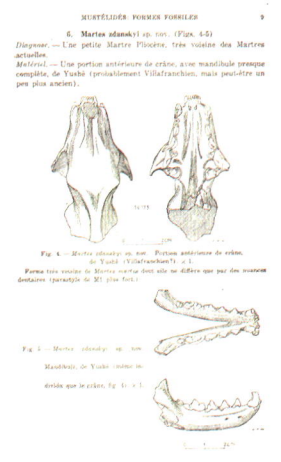

Les Mustélidés de Chine
中国鼬科动物（封面和内页）
［法］德日进、罗学宾撰
法文
两卷 一册
"北京地质生物学研究所丛书"第十二种
民国三十四年（1945）
北京地质生物学研究所出版
北京辅仁大学印书局排印
北京法文书店发行
铅印本 纸本 平装
开本：27×20（cm）
56 页
插图 24 幅

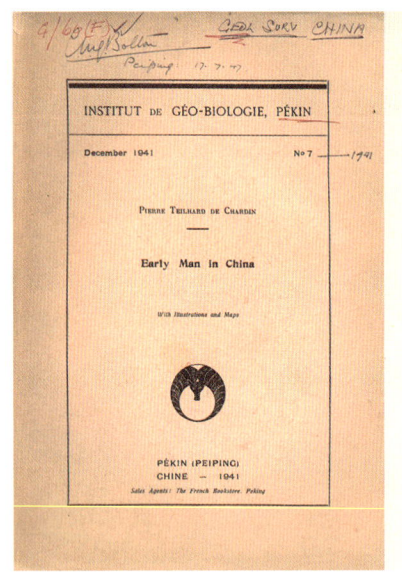
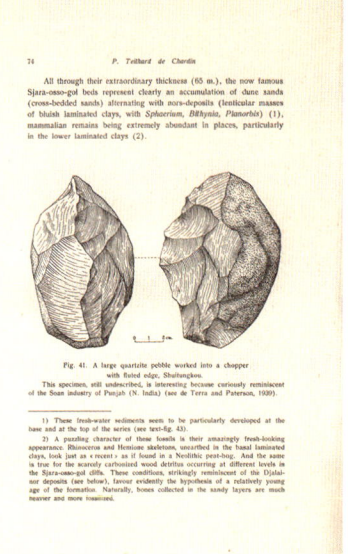

***Early Man in China*, bound with Fossil Men**
东亚地质及人类原始（封面和内页）
［法］德日进撰
英文
两卷 一册
"北京地质生物学研究所丛书"第七种
民国三十年（1941）
北京地质生物学研究所出版
北京西什库遣使会印书馆排印
北京法文书店发行
铅印本 纸本 平装
开本：28×20（cm）
99页
插图51幅 地图5幅

还有四种书籍已经编排，没有付梓①：第十三种博爱礼②的 *Chinese Amphibians*（《中国两栖动物》，民国三十四年〔1945〕）；第十四种，马德武的 *The Permo-Triassic Flora of Patachu (Peking)*（《北平八大处二叠纪和三叠纪植物》）；第十五种，马德武的 *The Palaeozoic and Mesozoic Plants of China*（《中国古生代和中生代植物》）；第十六种，罗学宾的 *Chinese Living Mammals*（《中国尚存哺乳动物》）。此外还有德日进的 *The Western Hills of Peking*（《北京西山》）仅列入出版计划。

第二次世界大战胜利后，德日进与罗学宾结伴返回家乡，北京地质生物学研究所工作中断。

从这些出版物可以看到北京地质生物学研究所学术活动轨迹：德日进和罗学宾有两年时间尝试编辑杂志，其余年份主要放在编纂丛书上。北京地质生物学研究所的出版工作受惠于与魏智父子的合作，杂志和丛书均为法国图书馆出版，辅仁大学印书馆印制。

"北京地质生物学研究所丛书"不乏世界科学史上的名著。

Early Man in China, bound with Fossil Men（《东亚地质及人类原始》），中文书名见原书版权页。德日进在前言里介绍这部著作的基本概况：

> 1933年，步达生博士等人发表了《中国原人史要》（*Fossil Man in China*），可以说是对北京猿人的开创性研究。自那以后，在中国和印度、缅甸、马来亚周边地区收集到大量新的资料，扩大和清晰了我们对中国史前历史的知识。因而，增订《中国原人史要》是必要的，北京地质调查所新生代研究室两年前就开始筹划此事，魏敦瑞③教授、裴文中和我三人搭伙，分别主持自己擅长

---

① 北京大学图书馆藏王兴义的 *Bibliography of Bamboo*（《竹谱》），出版年代不确定，应是 *Phytogeography of Central Asia*（《中亚细亚植物地理之研究》）一部分。
② 博爱礼（Alice M. Boring, 1883—1955），美国人，女，于民国十二年（1923）至1950年任教于燕京大学生物系。
③ 魏敦瑞（Franz Weidenreich, 1873—1948），德国人，解剖学家和体质人类学家。民国二十四年至民国三十年（1935—1941）任北京协和医学院教授，并接替病故的加拿大学者步达生，任中国地质调查所新生代研究室名誉主任，继续研究北京人化石。著有《中国猿人头骨》《中国猿人下颌骨》和《北京人头骨》等。

的体质人类学、考古学和地质学专业区划。不幸的是，条件有限，力所不逮，我们的计划不得不一再延迟。

等待期间，我仔细地整理出这篇稿子，从一位地质学家的角度，勾勒出有关中国原人知识的大纲。我尽可能清楚地说明中国更新世晚期沉积物、气候和进化状况（第一卷），接着（第二卷）是近二十年中国发现的与古生物学相关的各种人类遗址。我尽力借助大量原始图片佐证我的观点。

"北京地质生物学研究所丛书"曾经出版德特拉的《更新世和石器时代中国人》。这本书里，中国更新世时代的资料是在中国以外被发现的，是有着专业知识、训练有素的地质学家在中国的西藏以及印度、缅甸、爪哇等地找到的证据。而我的这篇新作，主题相同，视角不一，依据的是在中国本土发现的第一手资料而来的新知识，以及依据我在中国二十年考察获得的研究成果。

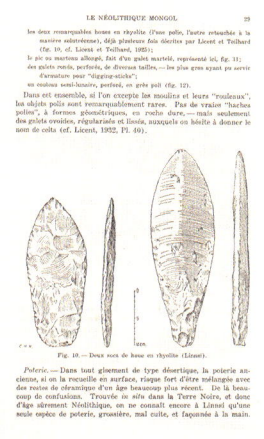

这部作品分为两卷：第一卷"中国早期人类的大陆环境"、第二卷"人类遗址的分布"。德日进为自己的著作配了五十一张图片，其中有二十一张是从前没有发表过的。另外他还准备了五幅地图。

民国三十三年（1944），德日进与裴文中教授合作撰写 *Le Néolithique de la Chine*（《中国新石器时代》），作者在前言里说明：

> 过往几年，对旧石器时代的研究在中国史前研究领域得到广泛重视。北京猿人是继鄂尔多斯莫斯特①时代或奥瑞纳②时代（旧石器时代中期或后期）的发现之后人类遗址新的发现，研究者对更新世地层做考古学调查的活动区域遍布整个国家，且越走越偏远。
>
> 尽管这些研究有时不够缜密，目标方向也很老套，但无论如

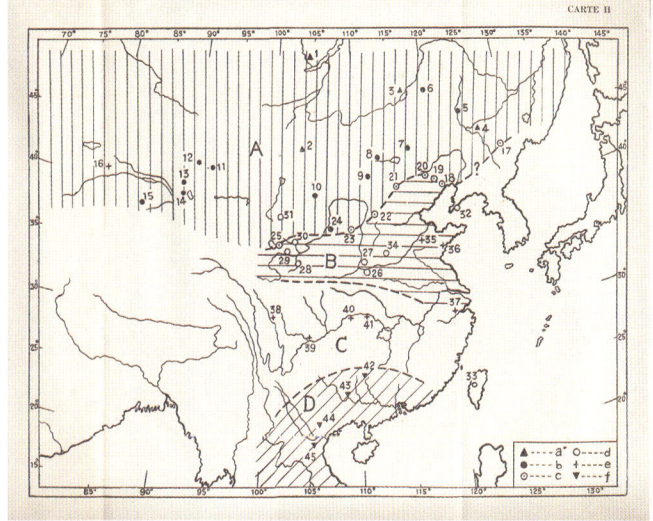

Le Néolithique de la Chine
中国新石器时代（封面、内页和地图）
［法］德日进、裴文中撰
法文
四卷　一册
"北京地质生物学研究所丛书"第十种
民国三十三年（1944）
北京地质生物学研究所出版
北京辅仁大学印书局排印
北京法文书店发行
印数 600 册
铅印本　纸本　平装
开本：27.5×20（cm）
100 页
插图 48 幅　地图 2 幅

---

① 莫斯特（Mousteriennes），欧洲旧石器时代中期人类遗址，"旧石器时代中期"的代名词。
② 奥瑞纳（Aurignaciennes），欧洲旧石器时代后期人类遗址，"旧石器时代后期"的代名词。

何,这些分析说明,亚洲东北部和中部特别有利于早期人类的进化。北京猿人与印度—马来猿人有许多相似之处,与罗斯—欧罗巴的黄土地旧石器时代的特征完全不同。我们也可以看到,在更新世时代,中国和蒙古曾经是文明洼地,不是文明流出的高地;就人类进化而言,是接收外界流入而不是溢出之处。

由此我们形成这些新的观点。

德日进和裴文中先是说明了新石器时代的定义和特征、新石器时代低级和高级状态、研究新石器时代的难点和益处。然后分四卷——"更新世末期的中国""蒙古新石器时代""黄河流域新石器时代""吉林南部新石器时代",逐次介绍了他们采集的标本和他们的分析。他们准备了考古学著作必不可少的图片四十八幅,直观地讲解自己的分析;还附有两幅地图:《中国黄土地的分布和外貌》和《中国新石器时代遗址分布图》。

《中国新石器时代》发表的意义在于,其承续了《中国旧石器时代》,为完整地解读中国史前历史增添了重要的篇章。

德日进、罗学宾等人在颠沛流离的烽火岁月里,艰难竭蹶刊印的这批著作,印数极少,(《东亚地质及人类原始》印数七百五十册,《中国新石器时代》印数六百册)流传不广,保存不易,甚为珍稀,是为善本,在近年海外拍卖会上奇货可居,价格不菲。

民国二十九年(1940),困于北京的德日进完成手稿 The Phenomenon of Man (《人之现象》)。他把宇宙看成是一种进化,从无生命到出现生物,从生命到出现人的精神,是一个持续不断的完整的进化过程。进化朝着精神发展,呈现一种社会化和全球化发展运动。针对德日进的这些大胆言论,天主教会认为他的观点离经叛道,背离传统神学教义,禁止他的著作出版。

民国三十五年(1946)德日进离华回法。他当选为法国科学院院士,后又受美国基金会委托赴非洲考察猿人。1955年,漂泊半生的德日进在纽约居所郁郁而终,葬于当地耶稣会墓地。就在这一年,他的《人之现象》在巴黎出版。他的著述被辑为十三卷的《德日进著作集》。英国历史学家汤因比给予德日进很高的评价,称其既是科学家,又是精神界巨人。

桑志华和德日进是两位在中国地质学和古生物学领域功不可没的伟大科学家。

民国二十二年(1933)胜世堂出版 *Aux portes de la Chine, les missionnaires du seizième siècle, 1514—1588*(《天主教十六世纪在华传教志》)一书,作者是河间教区神父裴化行。

裴化行(Henri Bernard,1889—1975),法国人,1908年加入耶稣会,民国十年(1921)来华,在献县教区任神职,民国十三年(1924)晋铎后到天津,在天津工商学院教授数学,在献县修道院讲授中国哲学,民国三十六年(1947)回法国。裴化行精通汉文,在神学、宗教史、远东领域、中国传教史、中国哲学和传统以及与教育有关的文学艺术和科学方面,留下了卷帙浩繁的著作。

《天主教在华传教志,1514—1588年》有两卷。上卷"佛朗机[①]"。第一章"天主教的衰落",第二章"马六甲的佛朗机",第三章"圣沙勿略",第四章"因禁在广东的葡萄牙人",第五章"耶稣会在中国

---

① 佛朗机,Franchi 或 Fo-lang-ki,伊斯兰教对欧洲天主教徒的旧称。

传教突飞猛进"，第六章"神圣的澳门港"，第七章"西班牙奥斯定会传教士在福建首次传播科学活动"，第八章"吕宋的佛朗机"。下卷"仙华寺"。第一章"广东结交官员要人"，第二章"在中国奠定最初的基础"，第三章"是否与佛朗机合作"，第四章"肇庆府的传教基地"，第五章"来自印度的'僧'"，第六章"天主的学园"，第七章"前途光明"，第八章"道路曲折"。

民国二十五年（1936）商务印书馆曾出版过此书的中译本，由萧浚华翻译，译文有一定的自由发挥。

裴化行著作还有 Le mappemonde Ricci de musée historique de Pékin（《北平历史博物馆的利玛窦世界地图》，民国十七年〔1928〕，Imprimerie de la Politique de Pékin），Sagesse Chinoise et Philosophie Chretienne：essai sur leurs relations historiques（《中国学识与基督教哲学之间历史关系的研究》，民国二十四年〔1935〕胜世堂，天津），Matteo Ricci's Scientific Contribution to China（《利玛窦对中国科学的贡献》，民国二十四年〔1935〕法文图书馆，天津），La découverte de Nestoriens Mongols aux Ordos et l'histoire ancienne du christianisme en Extrême-Orient（《蒙古景教历书的发现与基督教远东古代史》，民国二十四年〔1935〕胜世堂，天津），Sur les Traces du Père Matthieu Ricci（《利玛窦的足迹》，民国二十八年〔1939〕胜世堂，天津），裴化行编纂、鄂恩涛[①]翻译 Lettres et mémoires d'Adam Schall S. J.：relation historique（《汤若望书信和回忆录》，民国三十一年〔1942〕胜世堂，天津）。

民国二十六年（1937）裴化行在胜世堂出版 Le Père Mathieu Ricci et la Société Chinoise de Son Temps，1552—1610（《利玛窦神父和当时的中国社会，1552—1610年》）。这本书是基于《利玛窦通信集》编著的，史料性比较强，不能简单视为利玛窦传记。1993年商务印书馆出版了中译本，名为《利玛窦神父传》。

裴化行在序文里讲："十六世纪播下的福音种子已经成长为我们今日赞美不已的中国教会之参天大树。从现实反观历史，我们丝毫不会为过去所做的一切成功的努力感到惊讶。"裴化行的这些话说于民国二十六年（1937），他只说对了一半，前人播种，后人

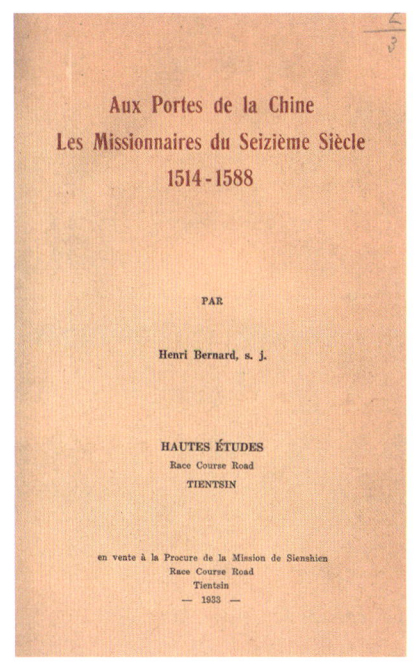

Aux portes de la Chine, les missionnaires du seizième siècle, 1514—1588
天主教十六世纪在华传教志（封面）
〔法〕裴化行撰
法文
两卷　一册
民国二十二年（1933）天津胜世堂排印
铅印本　纸本　平装
开本：23.2×15.5（cm）
283 页

[①] 鄂恩涛（Paulus Bornet，1869—?），字化薄，法国人，1891年入耶稣会。光绪三十年（1904）来华，光绪三十四年（1908）晋铎，任献县教区耶稣会会长、北平德胜院院长。1951年回国，余迹不详。

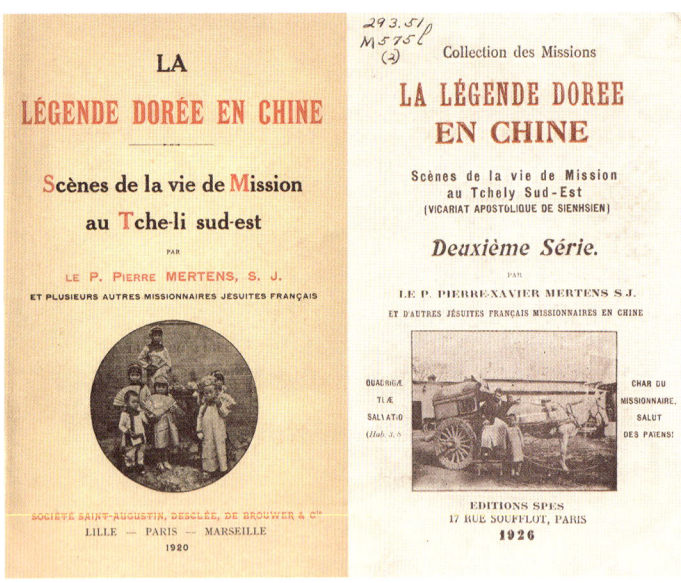

La légende dorée en Chine
中国圣徒（封面）
［法］谈天道撰
法文
两卷 两册
河间胜世堂 《中国、锡兰、马达加斯加》杂志社出版
第一卷 1920 年里尔排印
第二卷 1926 年巴黎排印
铅印本 纸本 平装
开本：22×14.3（cm）
526 页
插图 108 幅 地图 4 幅

收获，这句话说对了，但是天主教在中国的发展，恰恰在他踌躇满志时，走进历史的狭路。

总而言之，如果说"汉学丛书"是土山湾印书馆的拳头产品，那么胜世堂印书房最有学术价值的书籍当属"北疆博物馆丛书"，前者偏重人文，后者偏重格致，两者都与宣教没有直接关系。

耶稣会总部在法国里尔（Lille）出版的传教杂志《中国、锡兰、马达加斯加》（*Chine*，*Ceylan*，*Madagascar*，缩写CCM）是在中国传教士里传布较广的"插图半月刊"，是观察在华传教士生活的一扇重要窗口。《中国、锡兰、马达加斯加》杂志社在中国设立的"账房"与献县教区合作，以 Scènes de la vie de Mission au Tchely sud-est（"直隶东南教区生活舞台"）的同样主题，出版了天津工商学院讲师、法国传教士谈天道①与其同事合作撰写的两部著作《中国圣徒》和《中国札记》，经献县教区主教刘钦明②审核批准，由胜世堂出版，③《中国、锡兰、马达加斯加》杂志出资安排在法国排印。

La légende dorée en Chine（《中国圣徒》）的第一卷 1920 年印于法国里尔，第二卷 1926 年印于巴黎。第一卷有二十二章，第二卷有十五章，内容都是献县教区奉教殉难者"可歌可泣"的故事。

Gerbes chinoises（《中国札记》）民国二十三年（1934）在里尔印刷，为两卷。第一卷，Les Jésuites dans la Mission de Sien-Hsien depuis 1856（"1856 年以来献县教区的耶稣会士"），前有刘钦明主教写的序言。正文共分十二章：第一章"地理概览"，第二章"历史一瞥"，第三章"传教士生活"，第四章"教徒的生活和不信教者的皈依"，第五章"献县，核心驻地"，第六章"修道院和在俗或在教的本土修士"，第七章"大名府教区及其善绩"，第八章"天津及工商学院"，第九章"桑志华科学考察和他的博物馆"，第

---

① 谈天道（Petrus Mertens，1881—?），法国人，1899 年入耶稣会。民国五年（1916）来华，民国六年（1917）晋铎，任天津工商学院和北平德胜院讲师。1951 年回国，余迹不详。
② 刘钦明（Henricus Lécroart，1864—1939），字文思，法国人，1883 年入耶稣会，1900 年晋铎。光绪二十七年（1901）来华，民国八年（1919）任献县教区主教。
③ 两本书均列入胜世堂图书出版目录。

• 济济有众 •

— Bonze taoïste scandant la prière vue un petit gong.
— Bonze bouddhiste en costume de cérémonie.

Gerbes chinoises
中国札记（封面和插图）
［法］谈天道编著
法文
两卷　一册
河北献县天主堂
《中国、锡兰、马达加斯加》杂志社出版
1934年里尔排印
铅印本　纸本　平装
开本：27.3×21.3（cm）
178页

— M. l'abbé Paul Su, l'apôtre de Tchang-yuan.
— Un mandarin en grande tenue au temps de la Boxe.

— Le P. Licent et un de ses aides.
— Le P. Teilhard de Chardin, membre du groupe chinois de la "Croisière jaune".
— Les dix prêtres séculiers de l'ordination de 1932, entourant Mgr. Lécroart.

579

十章"出版工作和传教书籍",第十一章"悬壶济世和婴儿受洗",第十二章"修会、贞女会和女善会",小结"展望未来"。

第二卷 Scènes Vécus("现实的舞台"),有四篇独立文章:第一篇"义和拳时期的基督徒",第二篇"鸦片的牺牲者",第三篇"死于非命的殉道者",第四篇"中国草民的企盼"。前三篇是谈天道写的,第四篇作者是贾容光①。

《中国札记》是一部记述耶稣会在献县传教情况的著作,详细地介绍了自咸丰六年(1856)李秀芳等神父来献县开辟教区以后,天主教在这个地方的坎坷历史,保存了大量其他文献所未收的系统史料。然而,《中国札记》更有价值的是它随传教故事一起留下的那个年代河北东南部献县、大名、邯郸等地的人文世貌、风土人情,读之饶有趣味,合卷回味无穷。

如同圣言会在兖州教区注重以泰山、曲阜为象征的儒家文化,耶稣会在献县也把研究燕赵豪侠传统视为己任,他们所做的方方面面远远超出奉主传教之本职。

---

① 贾容光(Maurice Cannepin,1876—1934),法国人,1903年入耶稣会。宣统二年(1910)来华,在河南濮阳清丰县等地传教,后任天津工商学院讲师。逝于天津。

退思胜世

我求天主赏我智德,天主就赏了我智德。依我看来,得智德,比得江山,做皇帝,还好得多。世上任凭什么财帛,万不能同智德相比。金银宝贝,一比智德,真就如泥土一个样了。

——罗特里神父

河间府胜世堂印书房（Typographiæ Sienhsien Ho Kien Fou），即献县（Sienhsien/Hisen hsien）张家庄天主堂总堂印书馆，亦见署献县天主堂、献县印书房、胜世堂，成立于同治十三年（1874）。胜世堂印书房起初是河间教区为了满足教徒、教会学生和传教人员的诵经、学习，以及研究教理、教义和教会历史的需要创建的。初期印书房的印务由法国溥若思①具体负责。溥若思精通汉语，他用了二十年的时间研制汉字字范字模。采取木版刻制汉字字模，浇铸铅字，成功地克服了汉字字形复杂、不便制造铅字的困难。溥若思对中文印刷技术进步有着重要贡献。

河间胜世堂印书房出版的书籍专业水平较高，在中外宗教界、学术界享有很高声誉，被认为是与上海土山湾、香港纳匝肋静院、北京救世堂同一水平的天主教在华出版印刷机构。

今日反观胜世堂印书房出版的书籍，笔者感觉最有价值的当属那些讲述修行理道的著作，真可谓令人回味无穷。

民国二年（1913）胜世堂印书房出版了耶稣会创始人依纳爵·罗耀拉著作的第一个中文本《依纳神操》，全名《圣祖依纳爵乐由辣神操》。

依纳爵·罗耀拉，天主教圣人，出生于西班牙，曾在王宫中充当侍卫，后在治伤静养期间，阅读有关耶稣和圣人的传记，大彻大悟，皈依天主；后赴巴黎攻读神学，周围聚集了一批志同道合者。1534年8月15日，罗耀拉、沙勿略等七人在巴黎的蒙马特高地聚会，发誓共守贫穷和贞洁信念，创立了耶稣会。1540年教宗保罗三世正式批准成立耶稣会，罗耀拉成为第一任会长。耶稣会口号是"愈显主荣"。罗耀拉所著《神操》一书为灵修辅导和退省神功的经典之作。罗耀拉1556年逝于罗马，1662年荣列圣品。教宗庇护十一世封他为神修和退省的主保。

胜世堂印书房出版的《依纳神操》，编排有点乱，像是未完稿，大致有九篇："小引""根基""统御""选择""瞻想""奥迹""圣母往见依撒伯尔""分辨异神之规""分施哀矜之规"。

译者序言：

圣若伯曰：人生如战，实非虚语也。盖此教众，而居陡降未定之间。克私攻魔，正如日临战场，胜则升，负则坠。故今世之教会，称为战争之教会。其中危险恐多，所可恃以不败者，幸有天主之佑在焉……圣人既蒙当选，上主即授操兵之法，所谓默启圣人所著之《神操》书是也。用此书之神策，败邪魔之诡术。业蒙教宗即降谕旨，恩准行世，允为克胜灵仇之宝器。尔征其神效于人间者，几遍寰区。由此而改恶迁善者有之；修德峻极者有之；弃俗精修者有之。似此奇效，莫可枚举。

---

① 溥若思（Josephus Pruvot，1840—?），字慎思，1861年入耶稣会。同治九年（1870）来华，光绪元年（1875）晋铎，辅理修士。后离华，余迹不详。

另有一跋，堪为经典：

圣依纳爵《神操》一书，是正人一生的错误，使人回头，重守天主的规诫，去人之私欲，补人之不足，教人如何做法，可以得其神益。故此书，先说人生终向，人生在世上，原来为何，用何道路可以升天。有使人细看，人既犯罪，为得终向，不但生出多少阻挡，且生出多少害处，引人发痛悔前非的善念，以去其升天阻挡。此等功夫，叫作炼路，指洗练灵魂之意。炼狱之后，即引人默想耶稣行实，及耶稣的苦难。见耶稣所留爱情受苦之表，以激人修德前进爱慕天主，而不辞劳苦，是为明路，指灵魂受天主之光照，明白修德之正路。然后又使人默想吾主耶稣复活升天之荣福，教人爱慕天主。不但死后得同耶稣升天之光荣，即今世亦可得同耶稣复活之喜乐，引人乐守天主最大之诫，而不辞劳苦，是为合路，即以爱情结合天主也。最后使人瞻想爱慕天主之题，以结神操之工，此《神操》书之前后次序也。

这篇跋文清晰地概括和解释了《神操》的基本内容。

《依纳神操》未署出版机构和译者名称，从图书编排和版式看，是河间胜世堂的图书；从行文风格看可确定为刘赖孟多神父所译。

刘赖孟多（Raymond Liou，1871—1960），字右文，原名斌，赖孟多为其教名，文献多署刘赖孟多，河北景县人。光绪二十七年（1901）入耶稣会，毕业于上海大修院，民国元年（1912）晋铎，先后在圣若瑟大修院、耶稣会文学院、仁慈堂、仁惠学校等任教数十年，担任献县公学校长。民国三十二年（1943）出任天津工商学院女子文学系主任，又任献县慕华中学校长。1949年去台湾。

刘斌主要著作有《默想全书》《退思录》《义勇列传》《圣依纳爵传》《圣方济格玻尔日内传》《圣伯多禄卡拉米尔传》《幼学袖简》《辅士袖简》《默思主苦》《真教理证》《圣方热罗》《圣克辣未尔传》《李义和传》《圣心训言》等。

《退思录》作为刘斌和胜世堂印书房代表作之一，它的出版在当时天主教传教界有重要影响。

"进思尽忠，退思补过，社稷之卫也。"中国圣人贤达所言的"退思补过"乃"进思尽忠"的补充。"古之欲明明德于天下者，先治其国；欲治其国者，先齐其家；欲齐其家者，先修其身；

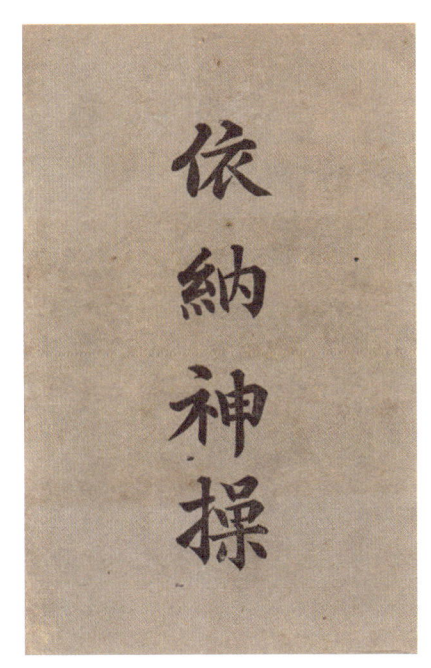

依纳神操（封面）
［西］依纳爵·罗耀拉撰
刘斌译
九篇　一册
民国二年（1913）
河间胜世堂印书房排印
铅印本　纸本　平装
开本：18.3×12.5（cm）
190页

欲修其身者，先正其心；欲正其心者，先诚其意；欲诚其意者，先致其知，致知在格物。物格而后知至，知至而后意诚，意诚而后心正，心正而后身修，身修而后家齐，家齐而后国治，国治而后天下平。"退思是修身养性的手段，立言于"君子有絜矩之道""德本财末"。

其实在许多天主教神父看来"退思"就是"神修"，二者词异意同，并无二致，是天主教的一门重要功课，意指"默想""祈祷""面壁反省""避静神工"等。一般人看来，天主教的"退思"，相比于中国士大夫的"退思"，形式重于内容。作为一种宗教，程序化的东西是必须有的，再自我的表现也必须通过一定的形式规范地实施。而中国士大夫的"道德文章"完全是自我修养。从这点来说，二者迥异。但是天主教的"退思"，在它的形式下面涌动的仍然是作为信徒的人自觉的、出自内心深处的反省和修养。

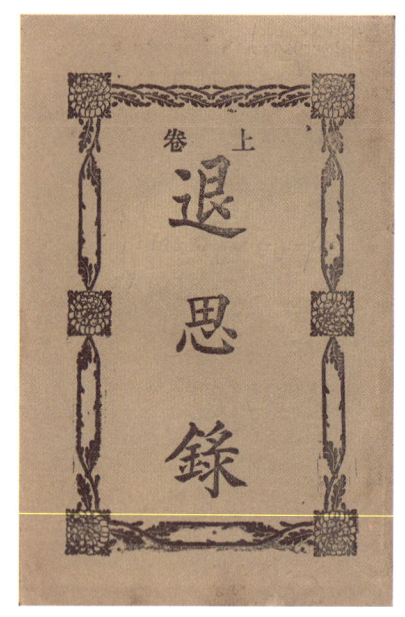

退思录（封面）
刘斌编译
两卷　两册
民国十五年（1926）
河间胜世堂印书房排印
铅印本　纸本　平装
开本：18.5×12.5（cm）
971 页

崇修引（扉页）
[西]罗特理撰　[中]萧若瑟译
二十二卷　十册
清光绪二十一年至二十四年
（1895—1898）河间胜世堂印书房排印
铅印本　纸本　筒子页　线装
十行二十七字白口四周双边单鱼尾
开本：19.5×13（cm）
半框：15×11（cm）
890 页

《退思录》分为两卷，上下卷共八个主日，列出信徒们"默想"的主题。想想耶稣，对照自己，面壁避静，退思补过。译者刘斌在书前讲："我圣教中人，莫不重视避静神工。上自主教司铎、各会修士，下及学界书生、男女教友，欲善生福终、妥救己灵者，虽重任在身，俗务鞅掌，必忙中偷闲……避静一次。"

《崇修引》，罗特理①撰，萧若瑟译。光绪二十一年至二十四年（1895—1898）河间胜世堂出版，铅排线装。

《崇修引》是一部大部头作品，共二十二卷。卷一"贵德篇"，卷二"庸行篇"，卷三"正意篇"，卷四"省察篇"，卷五"祈祷

---

① 罗特理（Alphonso Rodriguez，1532—1617），西班牙人，1571 年入耶稣会，天主教圣人。留有大量神修手稿，结集成 Obras Espirituales del B. Alonso Rodriguez（汉译即《崇修引》；Barcelona，1885）。

篇",卷六"对越天主篇",卷七"翕合主旨篇",卷八"克己篇",卷九"端默合篇",卷十"谦逊篇",卷十一"诱惑篇",卷十二"忧喜篇",卷十三"救赎篇",卷十四"圣体篇",卷十五"三愿总论",卷十六"神贫篇",卷十七"贞洁篇",卷十八"听命篇",卷十九"兼善篇",卷二十"友爱篇",卷二十一"规过篇",卷二十二"守规篇"。

崇修,就是崇尚知识,崇尚知识即要读圣书。译者曰:

读圣书之益,前圣论之详矣。亘古以来,多少大圣名贤,其悔过自新,弃俗静修,既而优入圣域,无不发轫于读圣书。凡人潜心一读,即觉潜移默化,心境顿殊,油然而萌悔过爱主之挚情,厌世好德之善念。此固人人可经验而知者。以故古来圣贤垂训,莫不斤斤以读圣书为要务,佥谓圣书为冷淡者改过迁善之机枢,亦热心者超凡入圣之阶梯。人能日读圣书,即必日进于纯诣,所谓"开卷有益"者,惟圣书始能当之。昔贤谓:"人祈祷,乃是人向天主言;看圣书,乃是天主向人言。"吾侪罪人,旅兹下土,得不时与至尊天主接谈,躬聆圣训,岂非一大快事乎?故凡吾信人,无论在修会与否,有神品与否,均不可不日读圣书。至少每日一二刻工夫,推开一切闲杂俗务,静心披览,借资神益。诚以吾人处世,神目易昏,善志易弛,必如此自策自励,庶可稳步天衢,高翔圣域,或不至迷惘陨越,废于半途耳。兹将欧洲著名神师罗特理所著《崇修》一书,共二十二卷,次第译出。书用国语,不尚文雅,俾广大群众,皆可一目了然,即闻他人诵读,亦不难声入心通。是书理解平易,意味渊长,久为欧洲各国善士所欣赏,曾名之曰"金书",其声价可想而知。且所论皆圣学切实功夫,不尚玄虚,多引《圣经》训语,及古圣先贤名言圣论,阐发详明,循循善诱,洵圣学中第一种善书也。兹言其名曰"崇修引",盖欲为有志崇修者,导引正路,俾不误入歧途;又引申其理,使能触类旁通;兼引进其步,俾能渐臻高明。夫道味弥引而弥长,人心愈引则愈奋。将来修途日进,或且入圣超凡,未始非此书汲引之力也。是则作者之苦心,亦译者之厚望也夫。是为序。

"贵德篇"这样开篇明义:

《智慧书》上说:我求天主赏我智德,天主就赏了我智德。依我看来,得智德,比得江山、做皇帝,还好得多。世上任凭什么财帛,万不能同智德相比。金银宝贝,一比智德,真就如泥土一个样了。

我们奉教人,也该这样看重智德。我们的智德,不是别的,就是事主救灵的大事。专务这件大事的,才算真明智;耽误这件大事的,便是真糊涂。因为天地间,除了这一件是大事,其余别的,都是不要紧的小事。圣保禄宗徒说:"只要我得了基督,其余别的事物,我都看它如粪土一样。"

人若愿意修德前进,该先懂得这修德前进的事,是怎样的贵重,是怎样的要紧。因为人的心,常随明悟的指引,明悟看着好的,人心自然就爱;明悟看着不好的,人心自然就不爱。所以明悟必先看重德行,人心才能爱慕德行。明悟越看重,人心自然越爱慕。爱慕得深,盼望得诚,修德前进就容易了。

做买卖的,该先认明货物的贵贱。认得贵贱,才可以不受人的欺骗;若不认得贵贱,必定免不了上当吃亏,贵的反贱卖了。《圣经》上说:"我们是天国的买卖人。"也该认得天国的贵重。若不认得天国的贵重,就要轻看天国,贪恋世福了。贪恋世福,失了天福,这不像买卖人,拿金银宝玉,换一把粪土一样了吗?

其后，作者有解释：

> 天堂的财帛，大不同世上的财帛。世上的财帛，得着难，失着容易，又怕贼偷，又怕火烧，既不能安享，又不能久享。天堂的财帛，断不如此，欲得即得，而且一得，永不复失。天主愿意我们得天堂的财帛，并不命我们做出奇的事业，但愿意我们如同那世俗人，贪图世上的财帛，那样用心。我为什么还这么冷淡懈怠，不肯用心积聚天堂的财帛呢？圣伯尔纳多叹息说："唉！真正可羞！真正可愧！世俗上贪图有害的财帛，比我们贪图有益的德行还用心。他们贪死亡，比我们贪生命还出力。真正可羞！真正可愧！"

书中还举了一个事例。某隐修院院长庞博，有一天同几个徒弟往亚立山府去。才一进城，遇见一个娼妇，粉白黛绿，打扮得极其妖艳。庞博一见，不禁痛哭流泪说："唉，羞杀我啊！羞杀我啊！"他的徒弟急忙问老师有什么为难的事，庞博说："你们看看这个娼妇，为讨人的喜欢，这样费心。我为悦乐天主，反不如她。她拉人下地狱，比我教人升天堂还出力。如此景况，怎能教我不伤心！"还介绍当初圣方济各·沙勿略往日本开教时，看见买卖船比他还先早到了那里，他便心里惭愧说："可叹，他们做买卖，比我传扬圣教，光荣天主，更不辞劳苦，看了他们真教我羞愧得不得了。"

土山湾印书馆在民国二十三年（1934）曾出版黄梟波莫编纂的简本《崇修引撮要》，基本结构没变，篇幅压缩到不足原书的十分之一。

《慎思录》(*Pensez-Y-Bien*)，法国传教士李秀芳神父撰，明守璞翻译，分为九章，甚为精彩。原作写得生动，道理每每都是通过故事表现的，好理解，好记住。明守璞翻译得也漂亮，白话浅显，又把每章后的结语改成打油诗，朗朗上口。

【论人要紧慎思四终】
贵贱尊卑一总人，大家要紧救灵魂。
四规十诫留心守，自有升天享福恩。

【论罪恶】
富贵功名无几时，不当过分费心思。
倘然失落天堂福，请看此人痴不痴。

慎思录（封面）
［法］李秀芳撰 ［中］明守璞译
九章 一册
民国二年（1913）
河间胜世堂印书房排印
铅印本 纸本 平装
开本：18.5×12.5（cm）
125 页

钱财失落本无妨，害到灵魂最可伤。
若是荒唐多犯罪，将来不得上天堂。

【论死候】
天主全能造我们，本来不死像天神。
只因原祖遗原罪，害煞古今一总人。

人到死时万事空，劝你不必争英雄。
不如打算天堂福，克己修身多立功。

勿论贫穷富贵中，世人个个要临终。
死时光景多无数，高寿轻年各不同。

人到死时百事休，灵魂趁早用心修。
临终圣事完全领，还向仁慈圣母求。

【论审判】
天主公平待世人，将来审判有时辰。
分明善恶无私弊，地狱天堂赏罚真。

若怕威严审判时，如今设法不嫌迟。
只须告解全明白，不使罪恶剩一丝。

天地终穷想几回，世间百事自心灰。
金银宝贝全无用，何必劳劳想发财。

【论地狱】
至尊天主不钦崇，情愿沉迷罪恶中。
现在由身贪小乐，将来受苦实无穷。

常居地狱苦如何，骨筋周身觉苦多。
天主圣容不得见，想来失苦更难过。

幽暗昏黑大火窑，烟雾腾腾硫磺烧。
火海火坑火头旺，日日夜夜任煎熬。

【论炼狱】
皇帝官府造监牢，圈禁犯人不肯饶。
天主罚人造地狱，时时刻刻大火烧。

恳求仁慈好耶稣，记得为人被钉死。
消灭我们诸罪过，望而圣血流一滴。

【论天堂】
天堂快乐本无穷，满足人心常太平。
福气光荣样样有，真真实实难形容。

一上天堂万难平，光荣无间亦无更。
天神无敌圣人众，向主同生热爱情。

【论简者寡】
天主造成好地方，原来第一是天堂。
为人在世身如客，须想将来到本乡。

《慎思录》，民国二年（1913）胜世堂初版。

类似的神修著作还有民国六年（1917）出版的《周月善思》（*Pensées Chrétiennes pour Chaque Jour du Mois*），原著者为法国耶稣会神父步武尔，穆若望译，分为"信德""人的终向""轻慢世俗""死亡""公审判""地狱""地狱永苦""天堂""天主常在眼前""专务救己灵魂""厌恶罪过""做补赎""回头不可延迟""别随大溜（流）""别仗恃自己""善用主恩""善用时候""善领圣体""弥撒""行哀矜""表样""受苦""翕合主旨""依靠天主""爱天主""爱耶稣""爱人""爱仇""效法耶稣""热心恭敬圣母""热心侍奉天主""看圣书"等三十二篇。

胜世堂印书房的史类书籍也有不少可圈可点的，有翻译圣史的书，有介绍圣人和圣徒的书，有推介模范教友的书。

天主教的"古经"书籍一般是指《旧约》。光绪十二年（1886）胜世堂"聚珍版"出版过《古经略说》，未署译者名字。从胜世堂前后出版情况看，此书译者应该是清代天主教学者周凤岐①。《古经略说》译自西文，同名著作天主教各出版机构都出版过，比如北京救世堂民国六年（1917）、兖州天主堂印书馆民国十一年（1922）等。但是胜世堂光绪本篇幅是最大的，倘若都是译自同一种西文书，那这本书是最全的。光绪二十八年（1902）胜世堂曾出版这本书的四卷简本。

古经略说（扉页）
〔清〕周凤岐译
十三卷 一册
清光绪十二年（1886）
河间府胜世堂印书房排印
铅印本 纸本 平装
开本：25.5×17.5（cm）
448 页

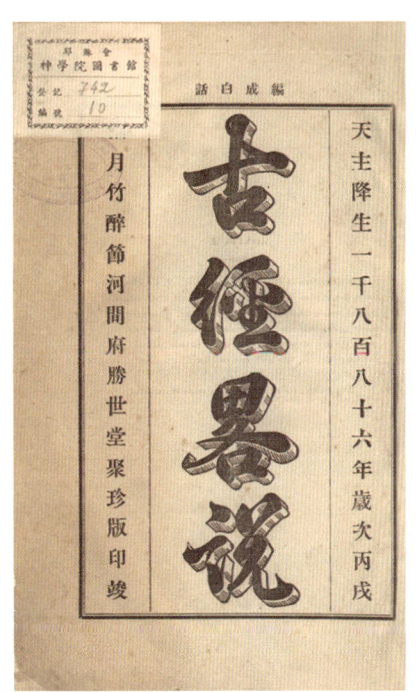

---

① 周凤岐（Petrus Tcheou, 1856—1928），字鸣盛，华籍，光绪元年（1875）入耶稣会，光绪十八年（1892）晋铎。

光绪十九年（1893）胜世堂印书房又出版了《古经摘要》（*Epitome historiæ sacræ*）。此书与《古经略说》完全不同，是献县修道院的中文、法文、拉丁文三语对照本教材。编者从《圣经》里择取二百零九段短文，分别用法文和中文注解，附有单词解释，既是圣史类书籍，又可兼顾中国学生学习拉丁文、洋教士学习中文。

萧诚信（Josephus Siao，1855—1924），字静山，教名若瑟，光绪元年（1875）入耶稣会，光绪五年（1879）考中秀才，光绪十九年（1893）晋铎。从教会学术圈来说，萧若瑟是献县教区华籍神父里学问做得最好的。他于民国十一年（1922）出版《新经全集》，曾翻译《要理条解》。他的史学代表作有《圣教史略》和《天主教传行中国考》。

胜世堂印书房于光绪三十二年（1906）出版的《圣教史略》分为十八卷。前十卷是萧静山翻译西文的著作，讲述了天主教的历史：耶稣立教至教会第二次大难；从教会第三次大难至康斯坦丁胜利；从康斯坦丁进教至罗马灭国；从法国归化至教皇国建立……后八卷是他自己编撰的天主教在华传教史。民国十二年（1923）他把后八卷单独出版，书名为《天主教传行中国考》。

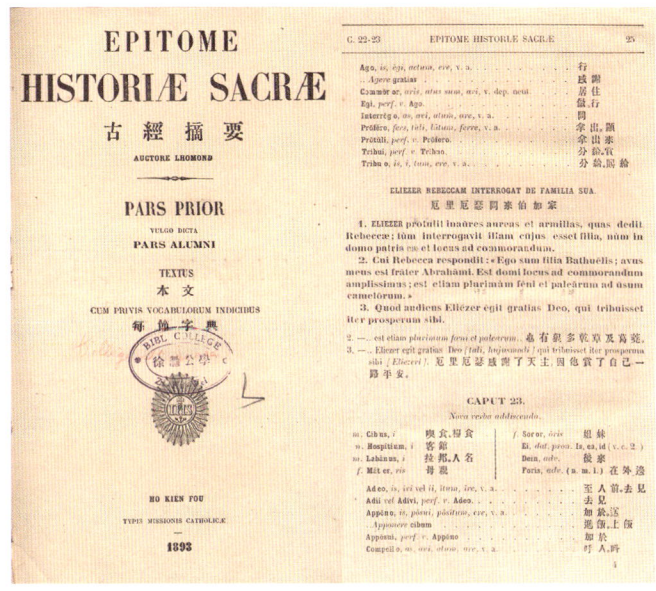

Epitome historiæ sacræ
古经摘要（封面和内页）
拉丁文　法文　中文
二百零九节　一册
清光绪十九年（1893）
河间府胜世堂印书房排印
铅印本　纸本　平装
开本：23×15（cm）
190页
插图1幅

圣教史略（封面和内页）
萧静山译著
十八卷　五册
清光绪三十二年（1906）
河间府胜世堂排印
铅印本　纸本　筒子页　线装
十行二十七字白口四周双边单鱼尾
开本：19.5×13（cm）
半框：15×11（cm）
495页

萧静山不仅对教会典籍融会贯通，是教会史学家，而且在《圣经》研究上也独有建树。《新经全集》，通称"圣经萧静山译本"，是萧神父独立翻译的《新约圣经》现代汉语白话文全译本，附有注释。萧神父根据拉丁文《圣经》"武加大译本"，于民国八年（1919）译成《四福音书》出版，民国十一年（1922）以《新经全集》完整译稿出版，民国三十七年（1948）又对照希腊文原文修订。这是天主教历史上不多的几种《圣经》中文译本，并且也是注释本。

新经全集（扉页）
萧静山 译
两卷　一册
河间胜世堂印书房
民国十年至十一年（1921—1922）初版
民国十九年（1930）第四次排印
铅印本　纸本　平装
开本：24.6×16（cm）
1061 页

新经合编（封面）
［法］巴鸿勋 编著
六卷　一册
民国二十年（1931）
河间胜世堂印书房排印
铅印本　纸本　平装
开本：18.7×13（cm）
612 页
插图 1 幅　地图 2 幅

《新经全集》分上下两集：上集收四个福音书，《圣玛宝福音》《圣玛尔谷福音》《圣路加福音》和《圣若望福音》；下集收《宗徒行实》《罗玛书》《格林多书》《加拉达书》《厄弗所书》《斐理伯府书》《格罗森书》《德撒洛尼书》《监牧书》《赫伯来书》《雅各布伯书》《伯多禄书》《若望书》《如达书》《默示录》等。

胜世堂在民国二十年（1931）出版了巴鸿勋①神父根据《新经全集》改编的注释本《新经合编》。这类题材的书籍在那个年代非常多，不论天主教还是新教，几大教会出版机构都反复出版过不同书名的书籍，教外出版机构也有类似书籍面世。不过巴鸿勋的这本《新经合编》在当时还是十分受欢迎的，是胜世堂的重点图书。

《新经合编》六卷：卷一"耶稣圣婴故事"，卷二"耶稣传教第一年事迹"，卷三"耶稣传教第二年事迹"，卷四"耶稣传教第三年事迹"，卷五"圣主日事迹"，卷六"耶稣升天"。附《周年主

---

① 巴鸿勋（Julius Bataille，1856—1938），字世桢，法国人，1878 年入耶稣会。光绪八年（1882）来华，光绪十九年（1893）晋铎，任职于献县天主堂。

日瞻礼圣经》。《新经合编》在每一段文字后，都附有"注解"。

当然对于天主教会而言，严格讲《新经全集》和《新经合编》并不算翻译《圣经》，因为带有注释，只能看作是"辅导教材"。

柯德烈[①]神父的《耶稣真教》于光绪二十四年（1898）初版，陈怀德[②]译为中文。在某种意义上这部作品也可以看作是历史书籍。柯神父针对当时新教传教士写的《两教合辨》《两教辨正》《公会大纲》等小册子，将在山东省传教的方济各会德国傅神父所著《真理不变》书稿增辑删改、损益过半而成《耶稣真教》。此书从天主教与新教的分裂历史，讲述二者在"原则问题"上的分歧、天主教的坚守。

《耶稣真教》共十六章，论及天主教的经典、教义、教规，并对新教加以抨击。第一章"论圣经"，第二章"论圣教表记"，第三章"论圣教会首"，第四章"论传教之权"，第五章"论摄会之权"，第六章"论遗传"，第七章"论敬祈圣母天神圣人"，第八章"论敬拜圣像十字架圣物"，第九章"论补赎及戒荤"，第十章"论炼狱及大赦"，第十一章"论圣事洗礼坚振"，第十二章"论圣体"，第十三章"论弥撒"，第十四章"论告解"，第十五章"论终傅神品及教士不婚"，第十六章"论真教外不能救灵"。

在中国，天主教与新教正面交锋，当时并不多见，天主教修会与新教宗会双方相处的基本原则是求同存异、和睦共处。

与《耶稣真教》相似的书籍还有土山湾印书馆于民国二十二年（1933）出版的《驳耶稣教》，作者是法国人罗第爱（P. Lodiel），译者也是陈怀德。

耶稣会教士明守璞于光绪十四年（1888）将艾儒略《天主降生言行纪略》一书改写成白话文版《耶稣行实》，仍保留原书的八卷，光绪十七年（1891）由胜世堂初版。

明守璞（Carolus Ming，1854—1939），字食德，原名陈明，教名嘉禄，生于河间府诗经村（今属河北），光绪元年（1875）入耶

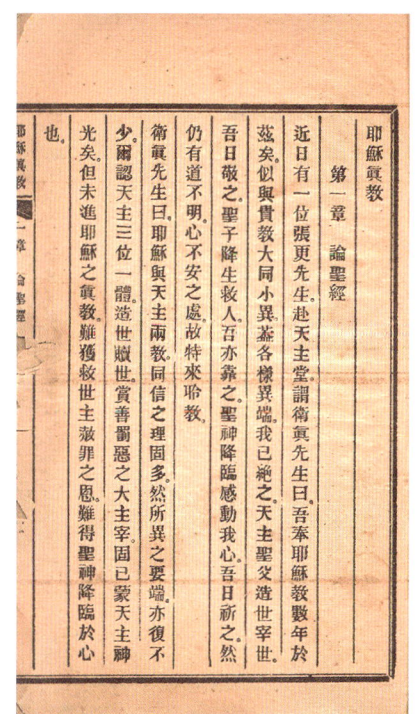

耶稣真教（内页）
[法] 柯德烈撰 [中] 陈怀德译
十六章 一册
清光绪二十四年（1898）
河间胜世堂印书房排印
铅印本 纸本 筒子页 线装
十行二十七字小字双行同
四周单边单鱼尾
开本：19.5×13（cm）
半框：15×10.5（cm）
120页

---

① 柯德烈（Joseph Gatellier，1854—1897），字希圣，法国人，1871年入耶稣会。同治十一年（1872）来华，光绪十五年（1889）晋铎，任职于献县天主堂，传教于景州、故城间。逝于任上。
② 陈怀德（Josephus Zen，1908—2010），名云棠，以字行，教名若望，笔名石室，又名陈棣萼、郁实夫，华籍。民国十六年（1927）入耶稣会，民国三十三年（1944）晋铎，任职于徐家汇大修院、江苏神学院，当过徐汇小修院院长。

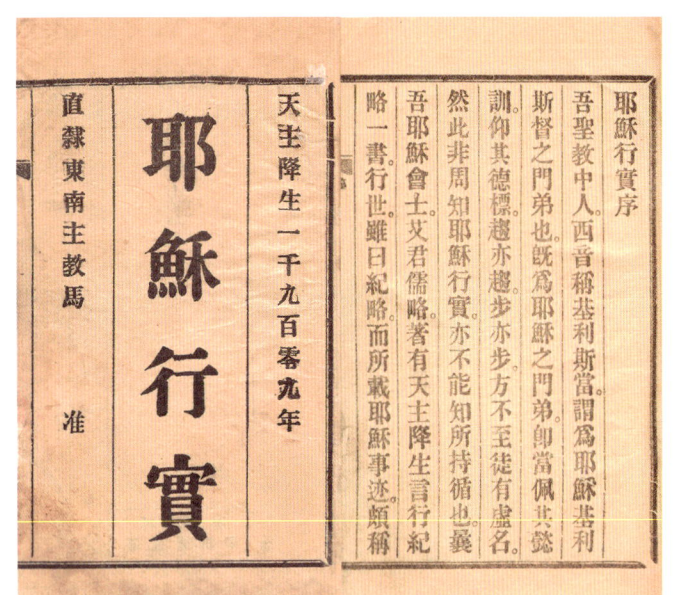

耶稣行实（扉页和内页）
［意］艾儒略译著
［中］明守璞改编
八卷　一册
清宣统元年（1909）
河间胜世堂印书房排印
铅印本　纸本　筒子页　线装
十行二十八字小字双行同
四周双边单鱼尾
开本：19.5×13（cm）
半框：15×10.5（cm）
153页
地图2幅

稣会，光绪十八年（1892）晋铎，天主教献县教区神父，曾在献县、大名、东光等地传教，逝于大名。

胜世堂出版过许多明守璞翻译的儿童读物，如前面介绍过的《羔羊记　萤火虫》《孤儿传》《孝女救父》《儿童乐》《打鱼船》等，这些书籍署记陈明翻译，可见其父母起的名字是陈明。明守璞的译著还有《热心引》《圣格罗行实》《热心神工》《露德圣母记》《慕敬圣律》《拜圣体录》《容孩近我》《慎思录》《拜圣母录》《日逤娃传》等。

胜世堂印书房出版的教会贤哲圣人传记也是非常多的，其中有两部很重要：《圣亚丰索行实》和《圣克辣未尔传》。

《圣亚丰索行实》（*Vie de Ste. Alphonse de Liguori*）是一部长篇文学传记，民国二十二年（1933）胜世堂印书房出版，大名教区主教孟敬安译。译者在序言里开宗明义讲了这么一段话：

吾主耶稣向门徒说，你们是世上的光。人点灯不是放在斗底下，乃是放在灯台上，为光照家中诸人。你们的光也该照耀人前，令人睹尔善工，光荣在天大父。亚丰索样样遵行耶稣的这话。十八世纪上，他为光照圣教，著书立说，讲道宣传，引人走天国道路。特为更改意国南方弊病，就立了救世会，专为救人失迷，使亡羊归栈，走遍村庄，宣传福音。

这部《圣亚丰索行实》是孟敬安神父诸多作品中分量最重的一本。圣亚丰索就是常常译为亚尔丰索·利高烈的那位大名鼎鼎的意大利神父。圣亚尔丰索·利高烈（St. Alphonsus de Marie Liguori，1696—1787），一般又称圣亚尔丰或圣雅风索，主教圣师，赎世主会会祖，生于意大利那不勒斯一个热心奉主的家庭，年轻时研究法学，获法学博士学位，执律师业。八年内，他经办的案件从未有过一次败诉。

利高烈是十八世纪的伦理神学权威，著作等身，同时也是一位伟大的传教士。1726—1752年，前后二十多年，他遍历那不勒斯王国各地讲道，成绩斐然。他的告解亭里常常挤满着告罪者，重罪人被他劝化，回头改过；有宿怨的人息争议和。他在某地讲道完毕，过了几个月，会重往该地，再讲一次，巩固上次的收获。利高烈曾奉那不勒斯总主教之命，在教区举行大规模的讲道；两年后，利高烈创办的赎世主会举行全体大会，通过会规，他当选会长。利高烈所著的《伦理神学》1748年出版，此书获得教宗本笃十四世的奖誉，畅销各地，亚尔丰索生前已再版七次之多。

利高烈尤为热心传扬圣母圣德，1750年出版《光荣圣母》一书。他主持赎世主会会务，还编写过圣歌歌词。1752年以后，因身体原因减少传教工作时间，他就一心著述。有人赞誉他："假如我是教宗，一定立刻将他立为圣人，免去一切审查的手续。"

利高烈著作译为中文的有二十余种，如田文都和李问渔翻译的《备终录》，李问渔翻译的《潜德谱》和《申尔福疏解》，俞伯录翻译的《爱主准则》，王君山翻译的《朝拜圣体》，常守义翻译的《依靠圣母》，以及香港纳匝肋印书馆出版的《颂祝玛利亚荣耀》，光启出版社的《憧憬天乡》等。有关他的传记也很多，除这部《圣亚丰索行实》外，还有蒋邑虚翻译的《圣亚尔方骚劳特里垓传》，耶稣会初学院翻译的纪念利高烈逝世两百周年专辑《耶稣会总长公信》，等等。

圣亚丰索行实（封面）
[法] 孟敬安译
四卷　一册
民国二十二年（1933）
河间胜世堂印书房排印
铅印本　纸本　平装
开本：18.3×12.6（cm）
382页

作为赎世主会（救世会）会祖的亚尔丰索·利高烈，孟敬安神父如是说明他的与众不同：

会主各有其目的，各有其德行。圣五伤方济各竖立神贫旗；多明我赖着玫瑰经，得了神效，摈斥异端，回头之人，不计其数；依纳爵反抗誓反教，灭除坏风气。至于亚丰索振兴教友心火，著了显明道德书籍，力辟让斯尼异端败坏哲学邪说，引人妥当救灵。

罗玛圣部说，他著的道德书不宽不严，合乎中道，无处可摘，可以随他指引。引人救灵的神师能安然走此道路，没有失脚跌倒的危险。

《圣亚丰索行实》分为四卷五十四章。卷一"从诞生到立救世会"：出身富贵，辞律师职，荣感圣召，圣母发显，创救世会。卷二"亚丰索立救世会到升主教"：遇到阻挡，创办修院，避静神工，以德报怨，意南传教，教民法则。卷三"亚丰索升主教到回本会"：晋升主教，巡阅教区，残疾辞职，挂念家人，各样德行。

卷四"亚丰索回至修会到死":治理修会,几样善举,失宠忍耐,终死光荣。

《圣克辣未尔传》(*La Vie de St. Pierre Claver*),民国十七年(1928)胜世堂出版。译者刘斌书前"弁言"对这本书的内容交代得很清楚:

> 圣教会中,热心出众,赫赫有名的圣人行实,汗牛充栋。真是多多不可胜数的了。若说耐人玩味,令人纳罕称赏,像圣伯多禄克辣未尔行实的,依我看来,却是不多。圣人虽然家族贵显,天资英敏,各样本性的才能,莫不超出寻常。竟能把自己将来在世俗场中,所能得的富贵荣明,全弃而不顾,舍离了本家本国,埋名隐迹于异言异俗的南美洲,差不多四十年的工夫,不辞劳苦,不嫌羞辱,拯救服事那些人人厌弃的黑奴们。像这样舍己救人的奇行,真堪与东洋宗徒圣沙勿略后先媲美。虽然就劝化的国都、开创的基业来说,跟不上圣沙勿略。到底若论救人的神火、志气的刚毅、爱人的真诚,及一切多显灵迹、预言未来的特恩,可以说与圣沙勿略,不分上下。这两位圣人,仿佛是圣而公教的两个明星。一个悬在东半球上,一个悬在西半球上,东西映照,灿烂光明。使大地全球诸人,皆能明见教理之真,而知所向往矣。

这部长篇文学传记篇幅达六卷九十章。第一卷十八章和第二卷二十三章,记述克辣未尔从出生到赴南美洲,被所见黑奴的悲惨命运所震撼。"天主施恩于人,虽大公无私,然或先或后,各有预定的时期。当初圣沙勿略在东印度等处,宣传万日略福音,立定了圣教会的基础以后,就到了天主施恩于西印度的时期了。所以天主又拣选一位宗徒,打发他到那新世界去,把圣沙勿略在亚洲并创的事业,也照样开创于美洲。"

第三卷十章和第四卷九章,记述克辣未尔救助黑奴,为他们治病,劝他们奉教,"拯救这些人的灵魂"。

第五卷十八章,记述克辣未尔的不寻常的德行。"使人成圣人的,是德行,不是灵迹,或神魂超拔,或天主的默照等。虽然得了这些特恩的,大概都是圣人。到底不过是真圣人的凭据,并不是圣人之所以为圣人的原因……把圣人的各样德行,略说个大概,认明了圣人的德行,如何超出寻常。"

第六卷十二章,记述克辣未尔的晚年。"出力勤劳,又加上常

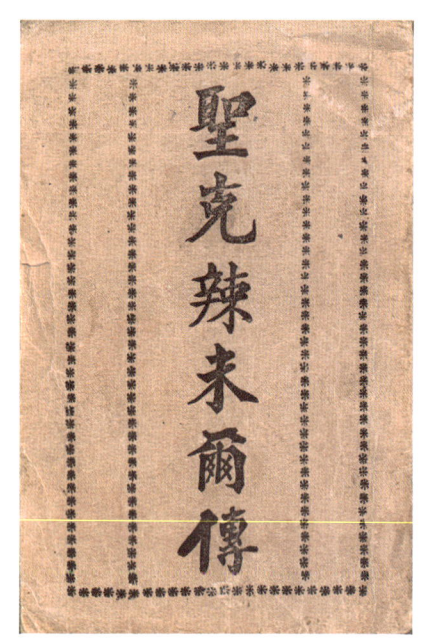

圣克辣未尔传(封面)
刘斌编译
六卷 一册
民国十七年(1928)
河间胜世堂印书房排印
铅印本 纸本 平装
开本:18×12(cm)
565 页

行严厉的苦工，过了三十六年以后，力量消耗，精神颓败，眼看就要到弃世升天、领受赏报的时候了……"

胜世堂出版的圣人传记不止《圣亚丰索行实》和《圣克辣未尔传》，还有许多，是胜世堂图书里最出彩的部分。以下再介绍几部作品。

《闺阁芳标》（Vie da la Vénérable Mère Duchesene），鲍那德（Baunard）嬷嬷原著，民国六年（1917）胜世堂出版。传主是法国笃慎嬷嬷（1769—1852），译者刘斌这样概评笃慎嬷嬷：

> 修女笃慎最明显的德行是刚强，她的心性刚强不亚于男子丈夫。为得胜世俗刚强，为得胜自己也刚强。作事刚强，忍苦也刚强。且不但一时有心火，尚能恒久不变，始终如一。她若拿定了主意，不拘什么人，不拘什么光景，不能使她更改。她若兴办一样事业，不拘遇见什么阻挡，总不停止。她在世八十余年岁，受尽艰难，备尝辛苦，人总没有见过她有败兴的时候。反常感谢天主，勇往直前。是因为她一心依靠天主，所以能自强不息。天主在她心中，谁能动摇她呢？这是她心志刚强的来由，并不是从本性来的血气之刚。

笃慎传记分为四卷。第一卷"论贤女的圣召"，记载她如何爱天主，爱人，喜欢进修会，喜欢传教；热心劝化穷人、孩童和无依无靠者；最终效法耶稣会传教士，选择去南美洲布道。第二卷"论贤女受教育"，她首先入圣心会，学习怎样做修女，然后进预备学校，学习如何做宗徒，前后历时十二年。第三卷"论贤女传教"，记载她赴南美洲传教，教化当地人信仰天主。第四卷"论贤女作自我牺牲"，记述她生命最后十年默默奉献的事迹，建立多所圣心会修道院。1909年教宗降旨，赐笃慎"可敬"名号。

《圣肋思小传》，胜世堂民国十五年（1926）出版，王顺法[①]译。圣肋思通译为圣类思。圣类思·公撒格（St. Aloysius Gonzaga），天主教圣人，1568年出生于意大利贵族家庭。父亲在西班牙宫廷供职，最大的愿望就是把小类思训练成为骁勇善战的军人，巩固家族地位。而圣类思自幼养成每天念早、晚课的习惯，七岁便会念圣母小日课、七篇忏悔圣咏和其他经文。他九岁时看

闺阁芳标（插图）
[法]鲍那德嬷嬷著 [中]刘斌编译
四卷 一册
民国六年（1917）
河间胜世堂印书房排印
铅印本 纸本 平装
开本：25×16.5（cm）
444页
插图1幅

---

① 王顺法（Jacobo Wang），生平不详，《耶稣会献县教区名录》无此人。

圣肋思小传（封面和插图）
王顺法译
两节 一册
民国十五年（1926）
河间胜世堂印书房排印
铅印本 纸本 平装
开本：18.5×12.5（cm）
27 页
插图 1 幅

到富贵人家的奢华生活，非常痛恨，在圣母像前，发愿终身守贞，并且时刻约束自己，严守贞洁之德。类思不顾父亲反对加入耶稣会，进入修院学习，他从不恃着自己是贵族出身而骄纵自己，自愿担任修院中最卑微的职务，服从长上的命令。1591 年，罗马发生瘟疫，多人丧命。类思因为在医院里照顾病人感染瘟疫，二十三岁去世。类思·公撒格被梵蒂冈列为圣人，为"青年主保"，因而很多天主教学校用圣类思冠名。

《真福宝宝辣小传》(Le Biengeureux André Bobola)，原作是法文，译者王振声①，胜世堂民国二十二年（1933）出版。传主宝宝辣，波兰人，1592 年生于一个显贵家族，热心天主教公益活动，乐善好施。后来加入耶稣会，做了圣依纳爵的门徒弟子。他被派到立陶宛传教，被蛮族高济亚人杀害。那时是 1657 年。1853 年教宗颁谕，列宝宝辣为真福铎品。

耶稣会出版机构推出某一题材书籍时偶尔也出现"撞车"。民国十五年（1926）土山湾和胜世堂同时出版三卷本的圣达尼老的传记《圣达尼老行实》，且译自同一本书。土山湾版是张士泉神父译的，略偏文言；胜世堂版未署译者，白话文。

传主达尼老·各斯加（St. Stanislaus Kostka），波兰人，生于 1550 年，年十四入维也纳耶稣会中学。达尼老非常好学，态度端庄，非礼勿视，非礼勿言。他父亲常对客人说："你们在达尼老面前，不要说轻浮的话。否则他会当场晕过去的。"某年，达尼老突患重病，想请神父来施行终傅和送圣体。圣母显现告诉他死期未到，并嘱他入耶稣会。达尼老早已立志弃家修道，病稍愈，即申请入维也纳耶稣会修院，那年他十七岁。后来，达尼老的身体日渐衰弱，自知不久就要脱离尘世。1568 年圣玛利亚大堂举行祝圣瞻礼，达尼老和爱麦虞限神父谈论圣母升天的道理，说道："圣母身灵升天的那一天，在天国是多么盛大的喜事。那一天，天国诸

---

① 王振声（Stanisias Wang，1908—1943），字福宁，又记王修奇，教名达尼老，华籍。民国十七年（1928）入耶稣会，民国三十一年（1942）晋铎。

圣举行隆重的庆典，如同我们在世上庆祝圣母升天瞻礼一样。我多么希望下次圣母升天瞻礼，我能在天国躬与其盛。"达尼老于1726年荣列圣品。

《真福德约发文纳尔致命传略》(*Le Bienheureux Théophane Vénard M. E. P.*)，法文原著作者为特罗楚（Chancine Francis Trochu），中文译者刘保华①，三十一章，河间胜世堂民国二十三年（1934）和民国三十四年（1945）两次印刷。

传主文纳尔（Théophane Vénard，1829—1861），法国人，巴黎外方传教会神父，咸丰二年（1852）来华，先到香港，咸丰四年（1854）转赴越南传教。1861年遭迫害而死，获圣品。

圣达尼老行实（插图）
三卷 一册
民国十五年（1926）
河间胜世堂印书房排印
铅印本 纸本 平装
开本：18×12.5（cm）
96 页
插图 1 幅

《数胜芳标》，民国三年（1914）胜世堂出版。这本书其实是苗仰山神父《方言圣人行实摘录》的官话译本，译者杜席珍②。此书记述了十七位"传教淑人"的模范：圣师热罗尼莫、圣妇默辣尼亚、圣女笃罗德亚、圣安多尼、德国皇后圣格罗第、隐修者圣保禄、圣女则济利亚、童贞圣女亚加人、圣方济各沙勿略、隐修者圣本笃、圣妇莫尼加、耶稣会创始人圣依纳爵、遣使会创立者圣味增爵、童贞圣女德肋撒、圣肋斯·公撒格、圣达尼老·各斯加、苦修会圣五伤·方济各等。

诸如此类的书非常多，其中《数胜芳标》这个书名尤为抓人眼球。

献县教区非常有意识地在信众中树立奉教爱主的标兵和楷模，因而他们树立的典型不仅仅是获得铎品的殉教者，也有教友身边普通人的那些似曾相识的故事。仅择几本有代表性的。

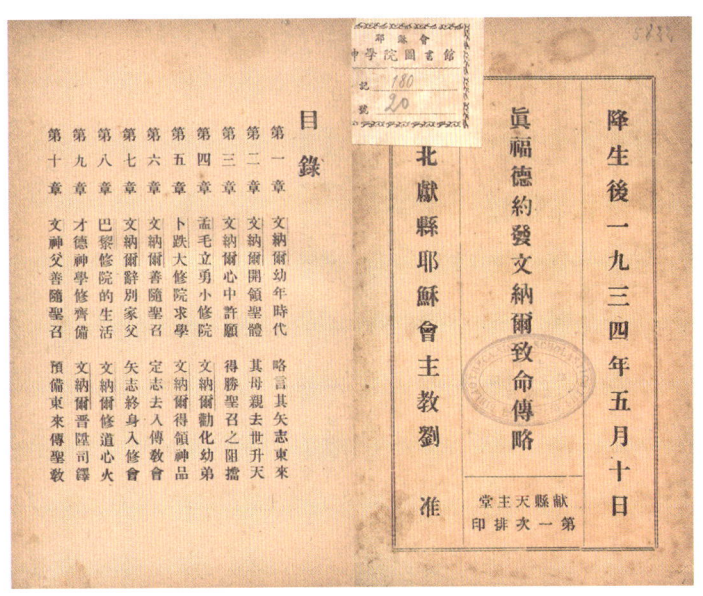

真福德约发文纳尔致命传略
（扉页和目录）
[法]特罗楚著 [中]刘保华译
三十一章 一册
民国三十四年（1945）
献县天主堂第一次排印
铅印本 纸本 平装
开本：18.7×13（cm）
224 页

---

① 刘保华（Josephus Liôu，1912—？），名恩培，以字行，又记刘宝华，华籍。民国二十一年（1932）入耶稣会，民国三十七年（1948）晋铎。任职于天津工商学院等。
② 杜席珍（Marcus Tou，1867—1919），字聘三，华籍。光绪三十年（1904）入耶稣会。

数胜芳标（封面）
［意］苗仰山撰　［中］杜席珍译
十七篇　一册
民国三年（1914）
河间胜世堂印书房排印
铅印本　纸本　平装
开本：18.5×12.5（cm）
178页

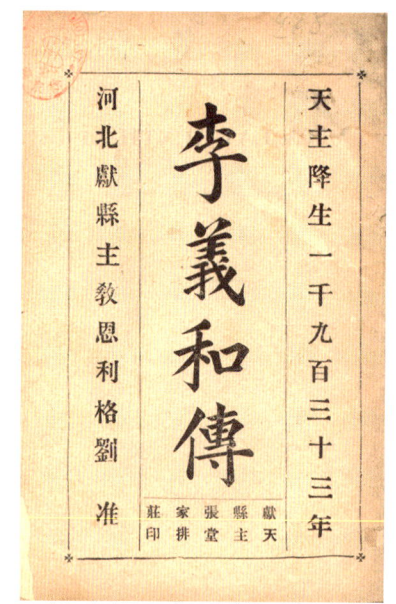

李义和传（扉页）
刘斌撰
两篇　一册
民国二十二年（1933）
献县张家庄天主堂排印
铅印本　纸本　平装
开本：18.7×12.5（cm）
68页

《李义和传》（*Vita Laurentii Li*），刘斌撰，民国二十二年（1933）出版。传主李义和是位普通教友，献县下淀村人，出身传教世家，八代奉教。"邻家失火跪地求主""非理性之言从未出口""口腹之乐总不贪图""冤屈凌辱甘心忍受""量力工作以助父母""可怜穷人量力周济""爱人之德亦有明证""念经求主欣勤恭敬""在公学时循规蹈矩""蒙主圣召定志修道""病中许愿果得痊愈""痛绝怨谤闻言惊走""耐冷忍痛毅勇过人""积劳成疾遂致夭折""非特有功且又无过"。这些小节的题目串起来，便勾勒出了李义和的一生。

刘赖孟多主教在弁言中云：

> 若也李义和者，学业未成，功名未立。虽有一二善行，亦过铁中之铮铮者耳，特为之立传，不亦迂乎？余曰，为是说者，虽不无片面的理由，然犹狃于成见。徒以成绩论英雄，不以气节论英雄也……余以义和位英雄豪杰，非以其事迹言，乃以其气节言。论其事迹，固皆细行微善，似乎无关轻重；若论其志气节操，实有与豪杰英雄不相上下者。盖由小可以见大……义和虽无英雄之功业，实有英雄之资格。

太仓州宝山县有位教友叫张保禄，号尊山，嘉庆咸丰禁教年间的天主教徒，一生两大特点：为人善良、低调谦虚。堪为邻人楷模。光绪三十一年（1905）河间胜世堂出版《张保禄行实》，以表彰这位"好人"。传记这样开头：

> 七宗罪，骄傲居首，实为诸罪之根。天神抗尊，贬为魔鬼；元祖方命，逐出地堂。弥天大祸，盖世奇灾……天主降生济世，即以谦虚而成救赎大功。试观耶稣在世，自诞生马厩，以至钉死辱架，毕生卑贱贫穷，恒以良善心谦，立表垂训。耶稣以此救世

民国后期，天津崇德堂又出版了《张保禄小传》。稍后，1950年献县天主堂重新出版这本小册子，更名《一个传教的模范——张保禄小传》。需要十分留意这本书，这大概是与河间胜世堂印书房有关的机构出版的最后一本书。

胜世堂印书房这几本书介绍的既不是圣徒，也不是真福，仅仅是普普通通的中国人，是教区推荐的模范信徒，讲的是他们平平凡凡的事迹。

张保禄行实（封面）
一卷 一册
清光绪三十一年（1905）
河间胜世堂印书房排印
铅印本 纸本 平装
开本：13×8.7（cm） 42页

一个传教的模范（封面）
一册
1950年献县天主堂排印
铅印本 纸本 平装

宠爱至要

慈爱和诚实彼此相遇,公义和平安彼此相亲。

——《旧约·诗篇》

人们信了天主教就像登上一列去往天堂的火车，领洗、告解、痛悔等仪式，不妨看成是火车票。而为爱天主所做的事情，算个是路上的盘缠吧。人们带的行李越多越好，但不能夹带私货，私货就是小罪。大罪就是火车票丢掉了。人们在通往天堂的火车上，道路崎岖，历经苦难。不过，我们尽可放心，我们坐的这升天堂的火车，走得很快。而且这火车有两个车头，一个在前，就是爱，一个在后，就是敬畏。如若爱的情感不能拉我们归向天主，至少那敬畏之心使我们不敢离开天主。

这是法国传教士孟敬安在《功劳至宝》里的一段话。

孟敬安（Alphonsus Gasperment，1872—1951），字泰然，文献多记为孟亚丰索，法国人，1893年入耶稣会；光绪三十二年（1906）来华，民国二年（1910）晋铎，在河北大名府一带传教，做过大名教区主教。撰有《圣心临格》（胜世堂民国四年〔1915〕）、《中文教程》（Études de Chinois: Langue mandarine，胜世堂民国八年〔1919〕中法文对照本，三卷）、《圣召指南》（胜世堂民国二十年〔1931〕）、《天主圣神》（胜世堂民国三十二年〔1943〕）。

胜世堂出版过一套论"圣宠"（La Gratia）的系列书：《宠爱至贵》《宠佑至要》和《功劳至宝》，最能体现孟敬安的著述风格。

民国八年（1919）出版的《宠爱至贵》，用了二十八章论述"宠爱是什么""宠爱等不得""宠爱能复活"等问题。

同年出版的《宠佑至要》，讲述圣宠功劳，分为"圣宠是什么""圣宠的贵重""天主看重圣宠""奉教人轻看圣宠""圣宠的比喻""得圣宠的法子""足用的宠佑""有实效的宠佑""天主赋给善人的宠佑""天主赏赐给罪人宠佑""天主赏赐给外教人宠佑""天主赏人宠佑不同"等二十七章。孟敬安在这本书里讲了一段关于圣宠的经典看法：

人生在世，第一要务，厥惟救灵。然欲救灵，必须先立功劳。而功劳之立，尤端赖乎圣宠。盖圣宠，为功劳之起点。功劳为救灵之必要。故欲救灵者，不得不讲求功劳至宝。

圣宠是什么？要理上说，圣宠是超性的神恩，仁慈天主，看耶稣的功劳，赏给人的，为帮助人救自己的灵魂。

在《功劳至宝》中，孟敬安分十七章讲述了"人能立功劳""立功劳的章程""立功劳得有正经为头""爱德为超等为头""意向有好几样""行善工有几样好处""行善工有什么效验""功劳能相通""功劳能加增""功劳能复活""因着意向立功劳""因着行为立功劳""因着受苦立功劳""行善工能立什么功劳""把功劳献给耶稣圣心""发天财得有心火""恒心立功劳到死"。

别看题目神神秘秘、艰深晦涩的，这书还是写得非常精彩的。作者在序言中不无忧虑地写道：

吾观世人，夙夜勤劳，起居不遑，殚精竭虑，东奔西逐，大抵皆驰心于财利间……财利为至虚至假之宝，以之扰幸福则有余，以之造幸福则不足。欲求幸福，须专心致志，以求真宝。真宝非他，功劳是也……晨起献心，日间正意，诸凡动作云为，务求积勋累功，将见聚土成丘，细流成河。今日功懋于世，异日赏懋于天。受福受荣，伊于无疆。

刘斌的《默想全书》出版于民国四年至七年（1915—1918），是一大套指导教友祷告的书籍。这种形式的书籍在天主教历史上是很多的，一年十二个月三百六十五天，每天信众祈祷默想的内容，都是与天主教的圣迹和节日有关的，大部分源自《圣经》的故事。比如一月份，一日"圣婴割损"，二日"耶稣圣名"，三日"今年未必非我去世之年"，四日"敬礼耶稣圣婴"，五日"该

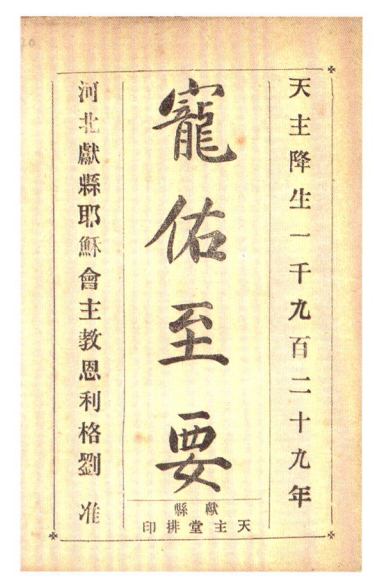

宠佑至要（扉页）
[法] 孟敬安著
二十七章　一册
献县天主堂
民国八年（1919）初版
民国十八年（1929）排印
铅印本　纸本　平装
开本：18.8×1.3（cm）
243 页

功劳至宝（封面）
[法] 孟敬安著
十七章　一册
河间胜世堂印书房
民国七年（1918）初版
民国二十五年（1936）再版
铅印本　纸本　平装
开本：18.5×12（cm）
110 页

当热心的三个缘故"，六日"异星引导三王来朝耶稣"，七日"三王来朝一路的景况"，八日"王黑落得谋弑吾主"，九日"三王来朝拜耶稣圣婴"，十日"三王献礼"，十一日"三王回国"，十二日"世人辜负救赎的恩典"，十三日"进教之恩"，十四日"圣家逃往厄日多国"，十五日"圣家在厄日多国"，十六日"听命有三等"，十七日"圣家回国"，十八日"圣家赴京都瞻礼"，十九日"耶稣十二龄讲道"，二十日"圣母若瑟寻觅耶稣"，二十一日"耶稣隐居纳匝肋"，二十二日"耶稣的上智圣宠与年俱长"，二十三日"成圣人的妙诀"，二十四日"效法耶稣"，二十五日"圣保禄宗徒归化"，二十六日"时候的贵重"，二十七日"勿贪虚荣"，二十八日"世俗虚假"，二十九日"弃绝世俗"，三十日"公私省察最为要紧"，三十一日"勤看圣书多获神益"。

《默想全书》分为六册，每册指导两个月。

在天主教中文典籍里，像《默想全书》这类指导神修默想的

用书，都是模仿清初冯秉正《圣年广益》的体例。

每一种宗教都会给某些急于求成者点拨"捷径"，就如同中国佛教禅宗"放下屠刀，立地成佛"的一声大吼，拯救了千千万万习惯抄近道的皈依者。然走"捷径"也需苦修。

《成德捷径》讲的是一个象征性的修行：苦路。Dorola Rosa——受难之路，也就是耶稣基督的受难之路，从耶路撒冷老城的狮子门内小广场开始，到最终的圣墓大教堂内，一共有十四站。笔者到过耶路撒冷老城，走过那条"苦路"，一条让俗人不得不想起耶稣的路，一条信徒才能体会到那种辛酸苦难的路，一条让人充满神圣感的窄窄的小路。作者开篇指出"谁愿意成圣人，修得极高的德行，有吾主耶稣做榜样"。修得德行的

默想全书（封面）
刘斌编著
十二篇　六册
民国四年至民国七年（1915—1918）
河间胜世堂印书房排印
铅印本　纸本　平装
开本：18.5×12.8（cm）
2079 页

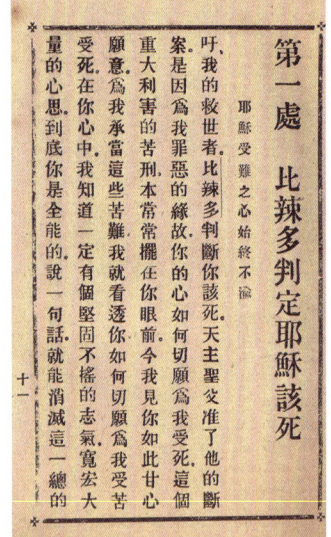

成德捷径（内页）
［法］埃曼努尔著
四节　一册
民国四年（1915）
河间胜世堂印书房排印
铅印本　纸本　平装
开本：15×10.5（cm）
51 页

快捷方式是"苦路"，路的尽头就是耶稣升天大教堂。

《成德捷径》是在耶稣受难的十四处地点默诵的经文，原作者耶稣会神父埃曼努尔（P. Emmanuele Abt.），民国四年（1915）胜世堂出版。

总而言之，河间胜世堂印书房出版物，有别于其他天主教出版机构的特点，是其"神修"类书籍最为丰富。从《崇修引》《慎思录》《成德捷径》《默想全书》《周年善思》《退思录》到"三宠"，部部都堪为经典之作，可见神父们谋划长久，考虑周密，持之以恒。

侍奉圣母，彰显懿德，也是天主教推荐信徒默思修行的主要功课。胜世堂民国二十一年（1932）出版了孟敬安的《无染原罪》（*L'immaculée Conception*）。这部孟敬安写于大名府任上的著作，主题是天主教乃至基督教历史上颇受争议的话题：圣母无染始胎。作者在序言里回顾了十九世纪有关这个信条形成的三个过程。第一，圣母"发显"告诉人们；第二，教皇庇护九世断定圣母无染始胎是"当信的道理"；第三，圣母又借伯尔纳德之口确认教皇之

定断。因而从十九世纪以来，圣母无染始胎信条为"天下教友坚信无疑"。

《无染原罪》共三卷三十九章。卷一"圣母显灵圣牌实传"，讲述圣母多次"显灵"与圣母无染始胎的关联；卷二"讲论圣母无染原罪"，如何证明圣母是无染始胎；卷三"露德圣母纪略"，圣母多次显灵的记载。

有关话题河间胜世堂出版过多本著作，如《圣母无染原罪小日课》（光绪二十九年〔1903〕）、《圣母无染原罪要理问答》（光绪三十年〔1904〕）。

民国六年（1917）胜世堂出版萧若瑟神父根据法国耶稣会作家葛利农·德·孟否尔①的《圣母的秘密》（Le Secret de Marie）编译的《圣母忠仆》。这本书讲的是信徒如何侍奉圣母，"作圣母忠仆的善工如何贵重""修己成圣如何紧要""修己成圣之要则""论圣母如何使吾人相似耶稣""圣愿之贵重之利益""圣愿之内修""恭聆慈训""忠事圣母之益效""圣愿之外行""缮治心田""向耶稣诵""向圣母诵""每晨奉献于耶稣圣心诵""向天主圣父诵""向天主圣子诵""向天主圣神诵"。

圣母忠仆（封面）
［法］孟否尔撰
［中］萧静山编译
一卷　一册
民国六年（1917）
河间胜世堂印书房排印
铅印本　纸本　平装
开本：13.2×9（cm）
116页

同为指导信徒侍奉圣母的书，明守璞于民国元年（1912）翻译了圣利高烈的《同拜圣体录》的一部分，名为《拜圣母录》。这本书是一本讲授礼拜圣母的仪式程序的书，按圣母月三十一天逐日说明礼拜圣母所思所想所做。"盼望看这本书的人，发爱圣母的心，得圣母的保佑。生前守规矩，死后升天堂。永远赞美天主，感谢圣母，人生幸事，未有过于此者。"

胜世堂在民国二十三年（1934）还出版了有关祈祷圣母的书籍《圣母月默想》，原作者为法国耶稣会神父朴烈（L. Poullier），

拜圣母录（扉页和插图）
［意］圣利高烈撰
［中］明守璞编译
一卷　一册
民国四年（1915）
河间胜世堂第三次排印
铅印本　纸本　平装
开本：13.2×9（cm）
48页
插图1幅

---

① 孟否尔（Grignion de Montfort，1673—1716），法国人，神学家、诗人，天主教圣人。

张思谦①翻译。从形式来看，与问渔先生的《圣若瑟月新编》等书差不多。全书分为三十一天，每日分别默想："圣母不同的事迹""圣母的圣德""天主拣选的圣母""古教中的圣玛利亚""圣母无染原罪""圣母圣诞""圣母圣名献圣母与主堂""圣母领报""主之俾女在兹""见圣妇依撒伯尔""圣诞时的圣母""三王来朝时的圣母""圣母献耶稣与主堂""逃往厄日多""隐修和劳工生活""家庭和天主的生活""耶稣十二龄独留圣殿""耶稣辞别圣母""圣母被请婚宴""圣母痛苦""圣母与耶稣同受苦难""圣母伴耶稣登加尔瓦略山""圣母立于十字架旁""耶稣复活后的圣母""耶稣升天时的圣母""圣母圣体大厅祈祷""圣神降临时的圣母""圣母荣召升天""天主立圣母为天上天下之皇后"等。

其实这类"默想"祈祷书，不过是换了一种方式的圣人传记，或写作的角度有所不同。

胜世堂印书房出版的指导圣事活动"规则"类书籍有：

《会典》，耶稣会会规典籍，讲述作为耶稣会教士的行为规范。"本会诸人都该记得，修会的高尚，不在乎富有最完善的规矩，但在乎修士们都按会规的模范度生活。所以一总修士，无论是长上或下属，都该尽心勉力，按会规的模范生活度日，借以造到自己本分位的成全境界。"

土山湾印书馆早年出版过《会典》译本《耶稣会规》。民国二十六年（1937）献县耶稣会院又出版《会典》节译本《会典撮要》，选编了《会典》的卷三"论本会诸人公同的规条"、卷六"论圣愿的责任并关系圣愿之事"、卷十"论保存并扩张本会的法术"。《会典撮要》内容涵括其中最主要篇章，"论遵守会典""论热心神工""论弃绝自己并可苦肉身""论本会外面生活的程度""论相互亲爱彼此团结""论端正并合乎修士身份的态度""论守静默并按修士的态度谈话""论同外人当如何来往""论本会修士来往的私函""论照管本身的康健""论贞洁圣愿""论修院的封禁""论相帮保守贞洁的法子""论神贫圣愿""论放弃财物"等。

耶稣会规矩非常严格，创始人罗耀拉写的《神操》是耶稣会的行为准则。会规要求其会士立绝财、绝色、绝意的誓愿，特别强调无条件地绝对效忠于教皇。耶稣会的信条是 Ad Majorem Dei Gloriam（愈显主荣）。《会典》是每一位发愿入会者都必须熟读、熟知并且终身严格执行的法规。

民国二年（1913）胜世堂出版的耶稣会《初学要训》与《会典撮要》有所不同，虽然针对的读者和编辑的目的应该差不多，但是它为耶稣会初叛者准备的是对天主教经课的讲解，以及对神修活动的程序、方式、步骤的介绍。卷一"论神工"，卷二"论圣学"，卷三"论修规"，卷四"论学习传教救人"，卷五"论劳力的工夫"。最后一卷介绍了一些耶稣会士日常起居的规矩。

刘斌神父翻译的《幼学袖简》，是作者为耶稣会幼学院写的教材，类似师范教材。分为两卷，上卷"论幼学修士当定的志向"，下卷"论幼学的工课"。民国二十六年（1937）胜世堂出版。《幼学袖简》的作者是高代而②神父。

胜世堂有两本为教堂"辅士"准备的业务指导书籍，《辅士宝囊》和《辅士袖简》。

---

① 张思谦（Chrysos Tchang，1910—？），河北献县人，民国十七年（1928）入耶稣会，民国三十三年（1944）任献县小修院院长，民国三十四年（1945）在北平德胜院任教，1953年任献县耶稣会会长兼段家务本堂。
② 高代而（Pierre Cotel，1800—1884），法国人，耶稣会神父，天主教作家。代表作 Les principes de la vie religieuse ou l'explication du cateé chisme des vœux（《宗教生活的原则》，1894）。

《辅士宝囊》，民国二十一年（1932）出版，二十一篇，"会典摘要""公规""圣祖依纳爵论听命之德的书信""端正的规矩""按耶稣会成例诉心的训词""辅理修士的规矩""管堂的规矩""顾病的规矩""守门的规矩""司衣的规矩""管买办的规矩""管食货栈的规矩""管饭厅的规矩""庖丁的规矩""报晓的规矩""查夜的规矩""散心谈话的材料""奉献弥撒经文的时期一览表""初次发愿文""末次发愿文""弃绝财产契文"。

《辅士袖简》（*Manuel des Freres Coadjuters, de la Compagnie de Jésus*），民国十九年（1930）胜世堂出版，作者为格恩肯思①。分为两卷：卷一"入会修道小引"，内容包括："论成全的德行""修成全德行的阻挡""论成全德性的法子"等；卷二"善行神工的法子"，内容涉及"论默想""论省察""论弥撒""论告解""论大赦""论内省""论诉心""论礼貌"等。

《辅士宝囊》与《辅士袖简》差别还是比较大的，前者侧重讲辅理修士的行为规则，后者则着重论述辅理修士的修养。

光绪三十年（1904）胜世堂出版的《传教指南》，对于教会神职人员来说是一本很实用的读物。编著者是献县教区的神父，他在序言里讲述了写作的目的："圣教要务，莫要于事主救灵，此为人生终向，不可不知者。惜中国久迷异端，不识真宰，并不知己有灵魂。醉生梦死，以致永劫，沉沦地狱，莫可追挽，殊堪痛伤。司铎传教，终岁驰驱，拳拳以救人为念。推其心，直欲胥天下之人，尽弃异端，尽认真主，尽脱地狱，而奔天堂，惟是司铎，为数不多。讵能人人面命耳提，所赖为先生者佐理共事。"

《传教指南》分为六章：第一章"先生本分之大意"；第二章

初学要训（扉页）
五卷　一册
民国二年（1913）献县天主堂出版
铅印本　纸本　平装
开本：18.5×12.5（cm）
259页

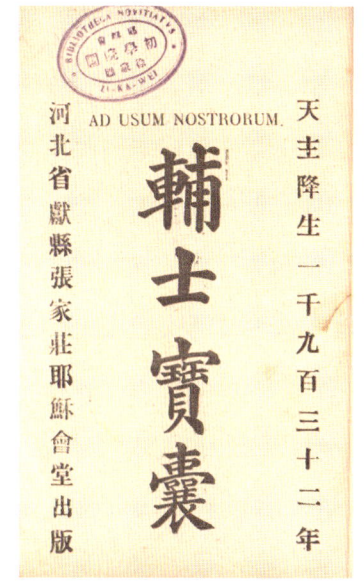

辅士宝囊（扉页）
二十一篇　一册
民国二十一年（1932）
献县张家庄耶稣会堂出版
铅印本　纸本　平装
开本：18.5×12（cm）
127页

---

① 梅恩肯思（Constantino Meynckens，1848—1916），比利时人，耶稣会作家。

"按其分位爱天主万有之上";第三章"宜显爱人之心讲明救灵之道",作者提出五项指标为"听命""爱敬""谦虚""良善""善表";第四章"按自己当尽之本分善表义正心修身",要求是"偏情""克傲";第五章"先生常日之规矩";第六章"学中常日之规矩"。

这里讲的"先生"是指传教士,旧时在上海信友们就称神父为先生。

天主教书籍对修女的讨论大致分为三类,一是讲出家修女的,二是讲潜修之女的,三是专论贞女的。《模范修女》一书是笔者所见有关出家修女修行书籍里最为详备的,巴鸿勋神父译自法国主教勒朗①的 La Sainte Religieuse,河间胜世堂民国二十五年(1936)出版。

《模范修女》分为二十二章。第一章"论自新的工夫",修女自新之目的是要与圣召名实相符,自新就是洗心革面,关乎修德进步;第二章"当看重自己的圣召";第三章"该爱慕自己所入的修会";第四章"修女的分位是最尊贵的",获得圣召的尊贵必须接近天主,必须战胜私欲偏情;第五章"看重圣召是得和平的真根由",意思是说,若修女能够顺从天主,有益于自己内心的和平,也易于同他人和平相处;第六章"论在修会中的益处",为别人祈求天主,替别人做补赎,行苦工;第七章"修成全德行是修女要紧的本分";第八章"为对越天主该有成全的圣德",效法天主之圣善,愿意结合天主就该专务修德;第九章"圣德为得心内真福之由来";第十章"圣德为传教之助佑",明白他人,感化他人;第十一章"成全德行就是爱德",真实的爱德见诸行实;第十二章"当躲避罪恶";第十三章"当行之善",凡事随天主圣意,做事该正经为头;第十四章"甘心忍受世苦",进会修德不免世苦,修德必须忍受世苦,成德喜欢忍受世苦;第十五章"德行成全在乎全守会规";第十六章"谨守会规",心有神乐;第十七章"初学院中守规更要完全";第十八章"守外面的静默是一条重要的规矩";第十九章"守心里的静默是更重要的";第二十章"修女该认识吾主耶稣",看《圣经》,领圣事,修得超群出众的德行,便可认识吾主;第二十一章"修女该爱慕吾主耶稣",爱耶稣之情该是有恒的,日日长进的;第二十二章"效法耶稣的本分",效法

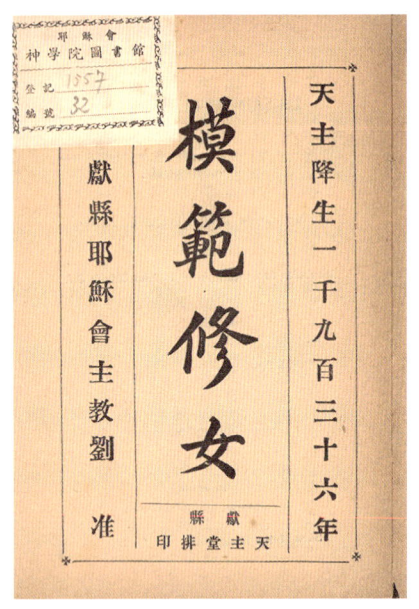

模范修女(扉页)
[法]勒朗撰 [法]巴鸿勋译
二十二章 一册
民国二十五年(1936)献县天主堂排印
铅印本 纸本 平装
开本:18.5×12.5(cm)
162 页

---

① 勒朗(Etienne Lelong,1834—1903),法国人,耶稣会士,主教。

耶稣才算真爱耶稣，效法耶稣必须根植于心，效法耶稣必须表现出来。

巴神父在开篇引言里引用圣保禄的话告诉他的修女读者：

凡一切真实的，一切洁净的，一切公义的，一切圣善的，一切可爱的，一切关乎美名的，若有什么德行，若有什么可赞美的行为，这些事，你们都该着意。你们在我身上所学所受的所见所闻的这些事，你们也要遵行，这样平安的天主就必偕同你们。

如此这样，就是模范修女，修女之楷模。

神父有神父的行事规范，辅士有辅士的当尽职责，传教有传教的举止准绳，修女有修女的懿德芳表。没有规矩不成方圆，在一个国际化成熟组织里发现系统规章规则不足为奇。

第二次世界大战末期至战后，献县教区所在的冀中平原成为八路军管辖的解放区，教区管理层一方面与八路军沟通关系，比如派人去天津帮助八路军购置药品等，另一方面也逐步把工作重心移往周边大城市，这个时期，教区神父在天津和北京的人数以及逗留次数明显多于以往，一些有专业能力的神父选择在工商学院和德胜院长期执教。在这个背景下，胜世堂印书房于民国三十四年（1945）自动歇业。此后虽然作为专业出版机构的胜世堂印书房之名称不再使用，但当地的印刷机构并没有完全撤销，其以各种名义印制书籍的工作仍在继续。可以确定的是，其出版活动的重心逐渐转移到了天津。

崇德自尊

> 愚昧人若静默不言,也可算为智慧。闭口不说,也可算为聪明。
>
> ——《旧约·箴言》

同治八年（1869），耶稣会河间府献县教区在天津设立办事机构圣沙勿略院，同治十年（1871），改名"崇德堂"，亦称"账房"，主要功能是筹措传教资金，用其房产和投资收入，贴补教区八个总本堂区的传教经费。

从现有资料看，崇德堂作为"账房"早期很少有出版活动。民国中后期成立的印书馆，是胜世堂印书房的分支机构，开始编辑一些宣教书籍，尤其在胜世堂歇业后，献县教区的出版活动大多依托崇德堂。民国后期崇德堂印书馆发展很快，除了由于献县教区把出版工作重心移至天津外，还要考虑到耶稣会在天津和北京的几所学校对其出版工作的需求和支撑。

天主教在天津的教务一直辖属于直隶北境教区，也就是北京教区。大约从第一次世界大战后，在教会内部开始有新的议论。民国九年（1920）7月直隶东南教区主教刘钦明给梵蒂冈传信部的报告里提出两个建议，一是希望把天津教区划给耶稣会，二是在天津创办一所大学。梵蒂冈传信部的回复是给北京副主教兼天津主教文贵宾①的，该信件指示："直隶东南教区没有一个重要城市，希望您与该教区主教刘钦明商议，根据宗座视察使的意见，遵着本传信部的建议，你们互相交换教区的界线，使直隶东南教区有个人物众多、商业繁华的重要城市。同时您也与刘钦明主教商议，在天津市为那些贵家子弟成立一职业学校或高等学院，并把这所学院交耶稣会士管理……"②传信部协调的这两件事，第一件因有不同意见被搁置而废，第二件事双方均有此意，一拍即合。

民国十年（1921）耶稣会于普铎③神父从献县调到天津筹备新的学院，④次年在马场道购买了两座小楼办公。民国十一年（1922）桑志华的北疆博物馆新馆落成后，教会立即在马场道开工建设工商学院校舍，次年完工。新学校以工商学院（Institut des Hautes Etudes et Commerciales）之名对外招生，当年开学。学院初设有工、商两科，后发展为三院九系。

民国二十二年（1933）天津工商学院完成在南京国民政府教育部的备案工作，而备案批准公文直到民国三十七年（1948）十一月解放军兵临城下时才拿到，最终核准的校名是"津沽大学"。

先后担任工商学院院长的有：于普铎（民国十年〔1921〕）、裴百纳⑤（民国十四年〔1925〕）、赵振声⑥

---

① 文贵宾（Jean de Vienne，1877—1957），法国人，1895年入遣使会，1900年晋铎。光绪二十七年（1901）来华，在直隶诸地传教；民国六年（1917）任直隶西南教区主教，民国八年（1919）任直隶北境教区副主教，民国十二年（1923）任天津主教，民国二十六年至二十八年（1937—1939）兼署直隶西南教区主教。1951年因间谍罪被捕后被驱逐出境。
② 《天津工商学院简史》，稿本，赵振声1964年译。
③ 于普铎（Paulus Jubaru，1862—1930），多记于溥泽，字恩浩，法国人，1885年入耶稣会。光绪二十七年（1901）来华，同年晋铎；民国十年（1921）创办天津工商学院，为首任院长，后转河北深州任神职。逝于河北大名。
④ 有资料称于普铎神父初期筹办时曾使用过庚子赔款余额，但校史未提。
⑤ 裴百纳（Augustinus Bernard，1889—1962），法国人，1906年入耶稣会，毕业于里尔大学。民国十年（1921）来华，民国十一年（1922）晋铎；次年到天津工商学院执教，民国十四年（1925）担任校长，民国二十年（1931）因病辞职回国，民国三十六年（1947）再回天津工商学院执教。1950年回国。
⑥ 赵振声（Xavier Tchao，1894—1968），河北景县人，民国二年（1913）入耶稣会，民国二十年（1931）晋铎。民国二十六年（1937）任献县教区主教，民国三十七年（1948）任北京总教区代理主教。1956年参与成立中国天主教爱国会。

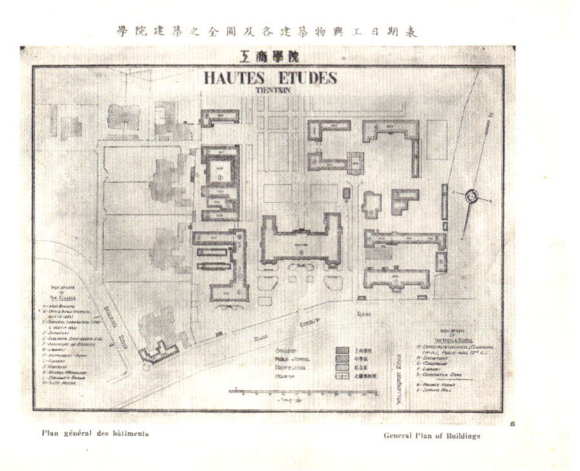

Hautes Etudes
Kung Shang University
天津工商学院（插图）
天津工商学院编
法文　英文　中文
铅印本　纸本　平装　一册
民国三十四年（1945）自印本
开本：19.3×26.7（cm）
18 页
插图 18 幅

（民国二十一年〔1932〕）、华南圭①（民国二十二年〔1933〕）、饶满恒②（民国二十五年〔1936〕）、尚建勋③（民国二十六年〔1937〕）、刘逎仁④（民国三十二年〔1943〕）、卜相贤⑤（民国三十八年〔1949〕）。

天津工商学院办学有一处不同于其他教会学校：耶稣会没有拿到天津教区的管理权，于是便给予天津工商学院相当于天津教区的圣事权力，甚至某些权力大于天津教区。工商学院定期或不定期举办圣事活动的密度不亚于一般大的圣堂；工商学院常常为天津的法国兵营作圣事；工商学院可以为神职人员晋铎，而通常只有上海、献县这一级的教区才有这项权力，甚至安庆、芜湖、徐州、蚌埠等教区的西班牙、加拿大和意大利耶稣会神职人员也每每到天津完成晋铎程序。

在人事结构上学院有几个特点。一、形式上保留着与遣使会的合作关系，文贵宾等人是校董会成员，学校凡有重大活动，文贵宾必以天津教区主教身份出席。二、在学校授课的教员，不乏国际知名学者，如桑志华、德日进、裴化行、田执中等人。三、安庆教区、芜湖教区、徐州教区、蚌埠教区与学院合作比较紧密。这些教区有些特殊性，这里的耶稣会神父多来自西班牙、加拿大和意大利，他们与以法国人为主的上海教区和献县教区虽有隶属关系，往来却不密切。自工商学院成立后，安庆教区、芜湖教区、徐州教区、蚌埠教区有重要圣事活动都会请学院人员参加，也频繁派本地神职人员来学院学习和交流，或者主持课程，比如顾怀仁神父来华初期在崇德堂学习中文，后来又回到工商学院教授中文。

天津工商学院在国民政府教育部备案、拿到办学正式许可后，学生人数有爆发式增长。战争虽然残酷，但对就读私立大学的"贵家子弟"之影响不大，百业凋敝，然不穷教育，这是中国的文化传统。在这所学校里，奉教与不奉教学生比例这个指标与震旦大学相仿，相对而言，辅仁大学奉教学生比重要小得多。

天津工商学院也有自己的出版机构，通常署 Tiensin Hautes Études，以出版学术著作为主，编辑过的"天津工商大学文化丛书"，基本上都是裴化行的著作，比如 *Le Janpon et France, a l'Époque de la Renaissance, 1545—1619*（《文艺复兴时期的日本和法国》）等。不过"天津工商大学文化丛书"所列的一百多种图书，大部分不是自己出版的，而是把胜世堂、崇德堂出版的文化类图书选编成目而已，可以叫"虚拟丛书"。天津工商学院出版社的图书影响不大，天主教在天津出版的书籍主要还是由胜世堂和崇

---

① 华南圭（1877—1961），字通斋，江苏无锡人，光绪二十二年（1896）中举，后就学江苏沧浪亭中西学堂、京师大学堂，光绪三十年（1904）赴法国学习土木工程，回国后帮助詹天佑等人工作，1949年前后一直主持北京城市规划。民国二十二年（1933）天津工商学院为了便于向民国政府申请备案，请华南圭出任校长；民国二十六年（1937）日军轰炸天津后，华南圭辞职。
② 饶满恒（Henricus Jomin, 1895—？），法国人，1913年入耶稣会。民国十六年（1927）来华，民国二十年（1931）晋铎，在天津工商学院执教，民国二十五年（1936）任校长，后任耶稣会献县会长。1950年回国，余迹不详。
③ 尚建勋（Renatus Charvet, 1883—？），法国人，1901年入耶稣会。民国十一年（1922）来华，同年晋铎。主管崇德堂账房，后在天津工商学院执教，民国二十六年（1937）任校长；民国三十五年（1946）任献县耶稣会会长，民国三十六年（1947）在献县被拘。1950年回国，余迹不详。
④ 刘逎仁（Stanislaus Liou, 1907—1975），河北深州人，民国十二年（1923）入耶稣会，民国二十七年（1938）晋铎。民国二十二年（1933）调天津工商学院任教授、训导主任，民国三十二年（1943）任校长，民国三十八年（1949）赴欧。
⑤ 卜相贤（Alfredus Bonningue, 1908—？），法国人，1926年入耶稣会。民国三十年（1941）来华，民国三十三年（1944）晋铎。民国三十八年（1949）任工商学院院长。1951年因间谍罪被捕后被驱逐出境，余迹不详。

德堂承担的。

传教士历来对各国法律十分重视，这是他们走遍世界传布福音的生存之本。近代以来，中国引入西方司法理念，逐步建立起现代司法体系。由于与自己利益攸关，传教士们投入很多精力在中国法律研究上。

鸦片战争后签署的一系列条约，每每给予在华洋人特权。方殿华的 Nankin port ouvert（《南京开埠》）记述了当地给予洋人在政治上的"超国民待遇"；傅立德的 Histoire de la concession française de Changhai（《上海法租界史》）和 Quand la Chine s'ouvrait..., Charles de Montigny Consul de France（《门庸初启——法国驻华领事敏体尼》），讲的就是敏体尼如何充分运用这些特权实现西方在华机构的利益最大化。

第一次世界大战结束后，1921—1922年召开的华盛顿会议上，作为战胜国，中国代表提出废除与西方列强签订条约所设置的"领事裁判权"。会议讨论未果，决定成立国际"治外法权委员会"（La Commission de L'Exterritorialité），调查中国的诉求。

这个治外法权委员会编译了一套北洋政府颁布的法律书籍 Code pénal provisoire de la république de Chine（《中华民国暂行新刑律》），北堂印书馆民国十二年（1923）出版。这是北洋政府对《大清新刑律》稍加删改而制定的刑事法规，于1912年4月30日颁行，内容与《大清新刑律》基本相同。Règlement procédure pénale de la république de Chine（《中华民国刑事诉讼条例》），北堂印书馆民国十二年（1923）出版。这个条例是在清末《刑事诉讼律草案》的基础上制定的，分为总则、一审、上诉、抗告、非常上诉、再审、诉讼费用、执行等，是中国正式公布施行的第一部刑事诉讼法典。Règlement de procédure civile de la république de Chine（《中华民国民事诉讼条例》），民国十三年（1924）北堂印书馆出版，它也是在清末《民事诉讼律草案》的基础上制定的，这个条例分为总则、一审程序、上诉审程序、抗告程序、再审程序，以及特别诉讼程序等，同样是中国正式颁布施行的首部民事诉讼法典。

虽然北京北堂印书馆和香港纳匝肋印书馆都有少量法学书籍出版，但要了解这一时期天主教机构对中国法律科学的研究，主要还应该关注天津工商学院、上海震旦大学法学院和土山湾印书

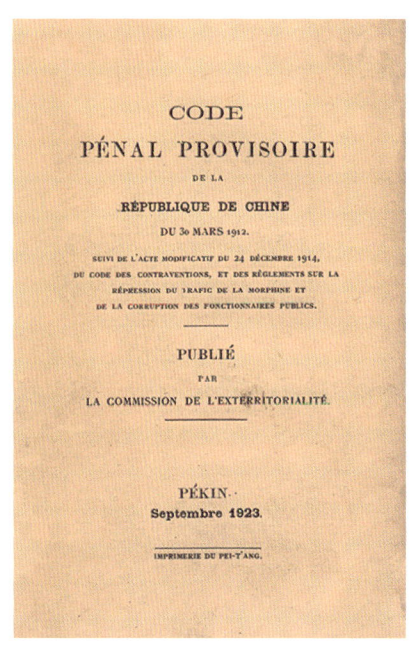

Code pénal provisoire de la république de Chine
中华民国暂行新刑律（封面）
治外法权委员会编译
法文
两卷附一卷 一册
民国十二年（1923）
北京北堂印书馆排印
铅印本 平装
开本：25.3×16.5（cm）
152页

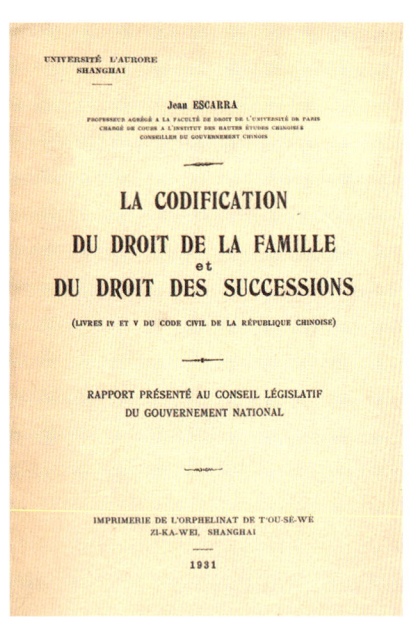

La codification du droit de la famille et du droit des successions
亲属法和继承法的编纂（封面）
［法］埃斯卡拉撰
法文
六章　一册
民国二十年（1931）震旦大学出版
土山湾孤儿院印书馆排印
铅印本　纸本　平装
开本：22.8×15.7（cm）
87 页

馆的出版物，这是这几个机构的学术特色之一。

法国传教士田执中①主要执教于天津工商学院，同时兼任震旦大学法学教授，民国二十五年至三十年（1936—1941）期间，他主编的 Droit chinois moderne（"中国现代法律丛书"）由天津工商学院和震旦大学合作出版，大约有四五十部。田执中的法律著作多数是法文与中文对照本，他每年都会有四五部著作出版，涉及中华民国《船舶法》《船舶登记法》《土地法》《民事诉讼法》《民事调解法》《法院组织法》《行政诉讼法》《行政诉讼法上诉法》《户籍法》《破产法》等。田执中后来编辑和翻译过中国法院的一些案例教材。

这批法律书籍不是田执中一个人撰写的，其中比较有影响力的还有法国人爱斯嘉拉的著作。爱斯嘉拉（Jean Escarra，1885—1955），又记埃斯卡拉，法学家，国际民商法和比较法学巨擘，巴黎法学院教授，民国十年至十八年（1921—1929）被聘为中华民国政府法律顾问，参与起草民国十八年《中华民国民法》。爱斯嘉拉最主要著作是北京法文图书馆出版的 *Le droit chinois：conception et evolution institutions legislatives et judiciaires science et enseignement*（《中国法律》，民国二十五年〔1936〕）。

民国二十年（1931）震旦大学出版了在该校担任客座教授的爱斯嘉拉的著作 *La codification du droit de la famille et du droit des successions*（《亲属法和继承法的编纂》），论述他本人参与起草民国十八年（1929）《中华民国民法》期间遇到的一些学术问题。构作一部符合中国民情和传统的民法，不可能照搬西方法学理论，作为中华民国法律顾问的爱斯嘉拉不得不考虑这些问题。他在编订《亲属法》时遇到了宗亲和血统亲问题、姓氏及夫妻子女问题、家属主义与个人主义问题、家长权与共同生活问题等。在编订《继承法》时面临宗祧继承还是遗产继承问题、继承人之范围次序及共应继分问题、赠与和分居问题、有有贡献者和有无贡献者问题、特留财产问题等。爱斯嘉拉分了六章，说明这些问题的产生与中国文化传统、宗族制度的关系，以及中国历代司法制度对这些问题的处理方式和惯例。

---

① 田执中（Francis Théry，1890—?），法国人，1908 年入耶稣会，法学教授，1926 年晋铎。同年（民国十五年）来华，在献县天主堂任神职，后执教震旦大学和天津工商学院，其间获比利时鲁汶大学商科博士。1950 年回国，余迹不详。

崇德堂福音书（封面）

崇德堂"公教丛书"（封面）

李山甫、萧舜华、申自天、狄守仁等人翻译的福音书，即《玛宝传的福音》《路加传的福音》《玛尔古传的福音》《若望传的福音》《宗徒大事录》等，民国二十八年至三十七年（1939—1948）由崇德堂陆续出版，1950年合订出版，称为《新经全书》。这是天主教在中国少有的《圣经》译本。

这几本书当时都列入崇德堂出版的"公教丛书"。"公教丛书"编撰者以天津工商学院教员为主，如萧舜华、李山甫、申自天、狄守仁、贝兴仁①、萧浚华、徐保和②教授等人，还有辅仁大学的白峰云、乔明顺教授等。"公教丛书"出版有几十种，如萧舜华译的《自先知传的福音》《青年圣经读本》，萧舜华、田景仙翻译的《师主篇》，狄守仁编译的《天主教教义提纲》《九十三题》，申自天编译的《耶稣真徒的生活》《圣母传》《天主教的真谛》《人生的基本问题的解答》《耶稣究竟是谁？》《伦理学》《科学方法论》，贝兴仁的《科学与宗教》，法国高利约神父的《我们的领袖——耶稣传》，姜贤弼编译的法国沙博的著作《耶稣的言语》，白峰云编的《法国短篇小说选》，谈天道的《司铎退省》，朱星元、田景仙合编利玛窦的《天主实义》（文言对照），依纳爵著的《灵修法》，公教丛书编委会译的《伟大的保禄——传教者的模范》和《自尊，天主的儿女，耶稣的肢体》等。

狄守仁③根据法国神学博士马绪尔（Chanoine Masure）的 *Manuel d'inntiation chrétienne* 编译《天主教教义提纲》第一册《问答》，后又根据其他外文书编译第二册《福音原文摘录》，第三册《公教概论》。从选编的结构看，这套书应该是狄守仁在天津工商学院的授课讲义。

狄守仁编著的《九十三题》是一本教理问答，但内容与各个堂口摆放的上百种教理问答还是有些不同的。他是一位二十世纪中期的神学教授，去重复过往神父们的宣教小册子，对他来说显然不是一件有价值的工作。

朱星元④在为这本书写的序言里这样说明狄守仁的工作："本编中所提出的，都是对于人生极重要的问题，也可以说是基本的问题，例如：在人类的物质界外，是否还有精神界？在世界的存在外，是否还有一个存在的根源？"

狄守仁把他的《九十三题》问答分成四章：第一章"灵魂"；第二章"天主"，第一节"良心的立法者"，第二节"天主是世界万物的原始"，第三节"天主是世界万物的创造者"，第四节"天主照管世界"；第三章"宗教"；第四章"公教"。这位神学教授具体是怎样解释和说明的，不叙自明。

申自天⑤与狄守仁总是出现在一起，做着相似的工作，研究课题、写作风格也是相仿相效。申自天翻

---

① 贝兴仁（Renatus Petit, 1900—？），法国人，1932年入耶稣会，1935年晋铎。民国二十六年（1937）来华，执教天津工商学院。1950年回国，余迹不详。
② 徐保和（Stanisiaus Siu, 1908—？），华籍，民国十八年（1929）入耶稣会，读书修士。曾执教于天津工商学院和北平德胜院。
③ 狄守仁（Eduardus Petit, 1897—1985），法国人，1917年入耶稣会。民国十二年（1923）以读书修士身份来华，任职于献县教区，民国二十三年（1934）晋铎，担任天津工商学院学监、理家、教授，北平德胜院教授。1950年回国。著有《简易圣经读本》。
④ 朱星元（1911—1982），又记朱星，江苏宜兴人，在教。早年丧父，孤苦贫寒，寄身教会，民国十九年（1930）毕业于无锡国学专修学校，毕业后在上海复旦大学攻读法文、拉丁文。后离沪北上，在天津工商学院和北洋大学教授古汉语和汉语语法。1950年后在天津师范学院、北京师范学院任教。著有《中国近代诗学之过渡时代论略》《文学理论总编》《中国文学史通论》《公教文学讨论集》《古汉语概论》《金瓶梅考证》等。
⑤ 申自天（Renatus Archen, 1900—？），法国人，1915年入耶稣会。民国二十三年（1934）来华，民国三十一年（1942）晋铎，任天津工商学院教授。1950年赴中国台湾，曾在台北担任本堂神父。

译了法国苏勒罗（Louis Sullerot）的《耶稣真徒的生活》。原著有七部，崇德堂的出版预告里也曾提及中文版是七部，申自天好像只完成四部。这四部翻译工作也没有彻底完成，后续工作是白峰云完成的。这部书是一部讲义，主要内容是：第一，解释公教的性质；第二，证明公教是唯一合理的宗教；第三，公教与其他宗教的比较。

第一部"宗教即天主与人之间生命的联系"，分四卷：人，天主，宗教，与天主共同的家庭生活。第二部"耶稣基督神性和人性生活唯一的源泉"，分三卷：地堂的惨剧，救赎的惨剧，耶稣基督神性生命唯一的源泉。第三部"耶稣在人心中的生活"，分三卷：圣宠生命的源泉——弥撒祭礼，超性生命的分散于众人，超性生命在永生中的结果。第四部"公教道德即效法耶稣"，分三卷：尽对自己的义务去效法耶稣，尽对天主的义务去效法耶稣，尽对人的义务去效法耶稣。

公教丛书编委会集体翻译了《伟大的保禄——传教者的模范》(*Paul-Apôtre du Christ Jésus. Chanoine Glorieux*)，原著法国高利约神父，有七章："一个纯正的犹太人""归服""迈进""艰难的职务""各处漂泊""囚犯的生活""究竟到达了目的地"。

《自尊，天主的儿女，耶稣的肢体》(*Chanoine Glorieux Sois Fier*)，原著著者署名法国高利约神父，译者也是署公教丛书编委会，不过从序言看，应该是狄守仁执笔。

这位时任北平德胜院教授的译者在序言"写在前面"里解释了看似简单、其实高深莫测的主题：自尊。"现在的公教思潮，特别看重两个问题：一即'超性的生命'；一为'神妙神体'。"简单说，"超性的生命"指耶稣基督，"神妙神体"指"天主化的人"，即"公教会"以及"奉教者"。

"公教会"是一个家庭，一总的奉教者，都是属于天主的；他们都遵命于他，如同听命于父母一样……基多曾为他们，死在十字架上，挣来这种恩惠；从此，他们与基多就发生了一种新的关系，那就是"首和肢体"的关系。所以他们就变成了"基多的肢体"。

不难想象，这是一部象牙塔里的"学术著作"。

《自尊，天主的儿女，耶稣的肢体》八卷结构：一、天主的儿女，二、天主的唯一圣子，三、论圣子与义子的关系，四、我们的富源，五、论怎样能度相关天主儿女的生活，六、基多的肢体，七、彼此相互的肢体，八、结论。

《法国短篇小说选》，辅仁大学文学系讲师白峰云[①]选编。编者定了三条选择标准：世界名著，思想正确，公教作家。依此标准，《法国短篇小说选》收了十篇短篇小说：高贝（François Coppèe）的《皇家的圣诞节》和《路易金币》，迪握尔纳（René Duverne）的《小国王之圣诞节》，巴赞（René Bazin）的《归来》，莫尼哀（Pierre-Charles Le Monnier）的《天神的车夫》，俄楼（Ernest Hello）的《两个不相识的人》，玛丽亚木（Mariam）的《钟楼村的牧羊女》，都德（Alphonse Doudet）的《西简先生的羊》，特握（J. de Tauves）的《谁的罪过？》，雨果（Victor Hugo）的《罗尔蒙底的船主》等。

---

① 白峰云（1910—？），河北广平人，就读于燕京大学新闻系、辅仁大学中文系，民国二十七年（1938）毕业。曾在辅仁大学中文系任教。民国三十七年（1948）赴美。

虽然有"思想正确"这个标准，明眼人都可以发现，大学教授与教堂神父的择选结果无疑还是有所不同的。

民国二十七年（1938）崇德堂印制了法国巴黎外方传教会郭振铎①神父为纪念满洲教区创建百年（道光十八年至民国二十七年〔1838—1938〕）编撰的《耶稣言行》。

《耶稣言行》部头很大，乃一巨册，分为四卷：第一卷"耶稣家乡的地理与民族"，第二卷"救世者耶稣降临"，第三卷"耶稣传布福音"，第四卷"耶稣完成救赎事业"。每一卷下有编，每一编下有章，每一章下有节。"世家之叙述，福音之讲解，当时之风俗比喻，地理历史，无不网罗篇内。惟四福音之记载，殊多鳞爪节段，今则归纳为一元化，俾耶稣生平事迹，打成一片，浑然全璧。"

法国短篇小说选（封面）
白峰云编
十篇　一册
公教丛书
民国二十八年（1939）
天津崇德堂排印
铅印本　纸本　平装
开本：18.6×13.2（cm）
166页

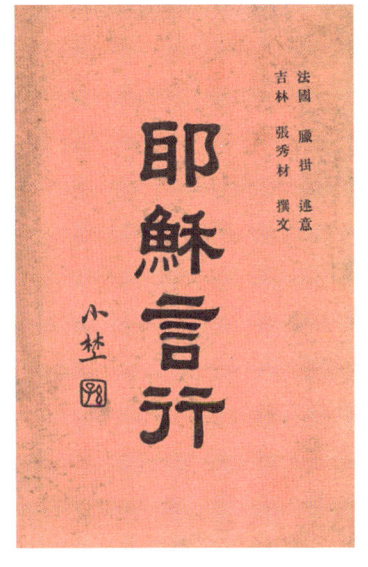

耶稣言行（封面）
［法］郭振铎述意
［中］张秀材撰文
四卷　一册
民国二十七年（1938）
天津崇德堂排印
铅印本　纸本　平装
开本：23.2×15.5（cm）
636页
插图9幅　地图1幅

此著署郭振铎述意，张秀材撰文，丁午樵作序。法国传教士惠化民②主教为是书撰写前言《论四大圣史之信力》。

郭振铎神父是传教士简朴生活的典型，"公神修律己，井井有条，喜藏书，手不释卷，二十年如一日，室内除四壁图书外，余则一几一榻，别无长物"。

崇德堂在民国中后期比较活跃，但总体来说，书籍编排水准和印制质量差强人意，难得有几本书可入收藏者法眼。从手头资料看，崇德堂的出版活动截止于1950年11月，最后出版的书籍如《崇修引》是委托上海土山湾印书馆印制的。

芜湖代牧区和安庆代牧区都是天主教耶稣会江南教区开辟和

---

① 郭振铎（Isidore Lacquois，1874—1946），也用音译名字腊挂，法国人，巴黎外方传教会士。光绪二十八年（1902）到满洲，任职吉林教区，"学习方言，采风问俗"。民国八年（1919）任吉林神罗修院哲学神学教授。译著有《弥撒经》《大日经》《弥撒规程》《圣方济各撒肋爵行世》等。
② 惠化民（Charles Joseph Lemaire，1900—1995），法国人，1925年入巴黎外方传教会。民国十九年（1930）到满洲传教，同年任吉林神罗修院院长。民国二十八年（1939）回国任巴黎外方传教会总会长。

管理的传教区域，由于这两个教区的传教士主要是西班牙耶稣会士，他们与以法国人为主的徐家汇的关系比较松散，土山湾出版的耶稣会教务统计一般也不包含这两个教区，有关这两个教区的资料更是少之又少。

安庆代牧区下设安庆天主堂印书馆，属于当时天主教二线出版机构。安庆天主堂印书馆在民国二十六年（1937）出版的《辩护学》是西班牙耶稣会士于炳南（Antonio Ubierna）编著的，张铄夫和张哲夫合译。

于炳南神父编纂的这本《辩护学》是一部颇有现实感的书籍。他虽为天主教思想辩护，却没有"本本主义"。他把时代思潮拿来做靶子，比如，他为上帝创造人类的信义辩护时，提出"有神进化论"，以批驳科学进化论。他反对自由学说，尤其是康德主张的那种"道德自由"，维护神学的灵魂神体说。他否定共产主义，认为其在经济上是不可行的。他斥责快乐主义、唯利主义、急进主义、厌世主义，认为这些有悖于天主教的伦理观。

此书内容尚丰富，形式却着实枯燥。这位于炳南神父还编有《圣教会史纲》（杨堤译），也是由安庆天主堂印书馆出版。

安庆天主堂印书馆还有一些日常祈祷工课书籍，如顾怀仁编撰的《向圣母求善终小日课》等。

芜湖天主堂印书馆于民国十八年（1929）出版了一套大型释教书籍《要理引伸》，编者李松涛①。第一册"人生终向"，第二册"天主默示"，第三册"天主存在性体"，第四册"造成天地"，第六册"论天主降生"，第八册上"圣神，圣教"，第八册下"圣神，圣教"，第十册"万民四末"，第十一册"天主十诫"，第十二册"次板七诫"，第十三册"四规，罪恶"，第十四册"德行，圣宠"，

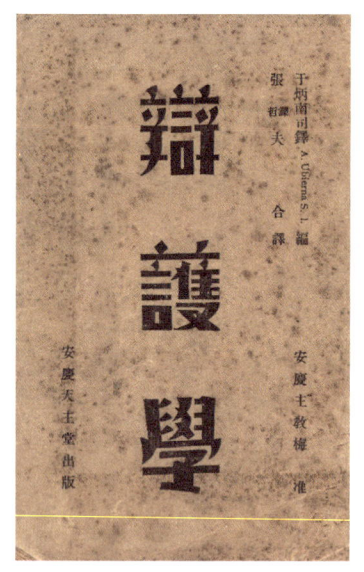

辩护学（封面）
［西］于炳南编
［中］张铄夫、张哲夫合译
六篇十一卷 一册
民国二十六年（1937）
安庆天主堂印书馆排印
铅印本 纸本 平装
开本：18.5×13（cm）
376页

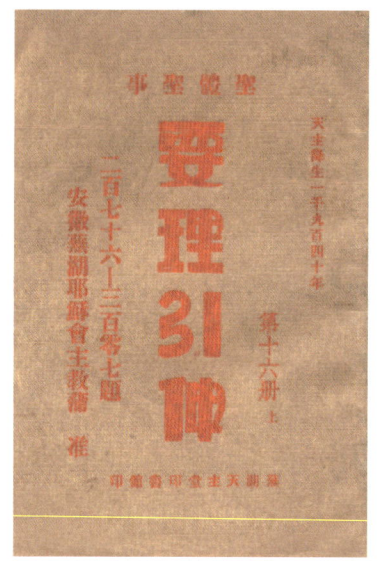

要理引伸（封面）
［西］李松涛编
十六卷 三百七十七题 十七册
民国十八年至二十九年（1929—1940）芜湖天主堂印书馆排印
铅印本 纸本 平装
开本：18×13.2（cm）
7625页

---

① 李松涛（Victor Elizondo），西班牙人，生平不详，曾任芜湖教区耶稣会神父。

第十五册"圣事总论,圣洗坚振告解",第十六册上"圣体圣事",第十六册下"终傅神品婚配",第十七册"祈祷,经文",第十八册"圣教礼仪"。

原书编次混乱,卷码跳越,编次到十八册,没有第五册、第七册和第九册,实际共十六卷十七册。

芜湖天主堂印书馆后来又出版了李松涛编纂的《要理譬解》。这套经籍类书籍内容与《要理引伸》差不多,可以视为《要理引伸》的增订本。第一册"人生终向",第二册上"天主默示存在性体",第二册下"天主造成天地",第三册上"天主降生",第三册下"圣神,圣教",第四册上"万民四末",第四册下"万民四末",第五册上"伦理,一诫",第五册中"二三四五诫",第五册下"六七八九十诫",第六册"恶最,规教",第七册"德行,真福八端,哀矜",第八册上"圣宠、圣事",第八册下"圣事",第九册"祈祷,经文",第十册上"圣教礼仪",第十册下"圣教礼仪"。按照现在的编排习惯,这套书应该是十卷三百七十七题十七册。

这两套书是笔者迄今看到的篇幅最大的中文天主教释教类书籍。

耶稣会出版机构从土山湾印书馆发轫,随其传教活动的拓展,将其触角伸向更广区域。先是在献县成立胜世堂,胜世堂又在天津成立崇德堂,献县教区又成立北疆博物馆,出版了"北疆博物馆丛书",又以天津工商学院教授为主体编纂"公教丛书"。同时,土山湾印书馆又西进到安徽,在安庆、芜湖的天主堂设立印书馆。一南一北一西,三足鼎立,其身后的行辙脚印清晰可循。

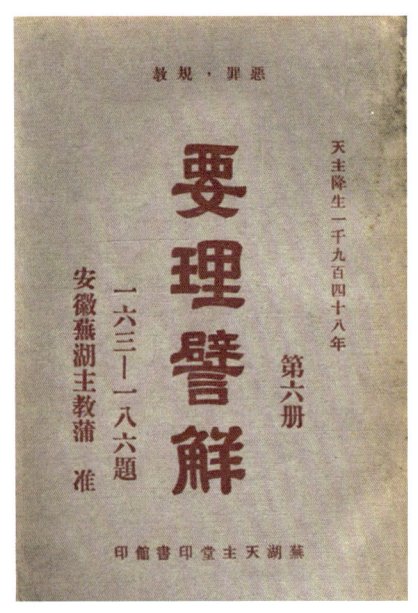

要理譬解(封面)
[西]李松涛编
十卷 三百七十七题 十七册
民国三十五年至三十八年(1946—1949)
芜湖天主堂印书馆排印
铅印本 纸本 平装
开本:18×13(cm)

正福救世

> 我知道我的救赎主活着，末了必站在地上。
> 我这皮肉灭绝之后，我必在肉体之外得见上帝。
> ——《旧约·约伯记》

康熙三十二年（1693），玄烨服用了白晋、张诚、刘应、洪若翰四位法国传教士带来的奎宁（俗称金鸡纳霜）等西药后，不再打摆子了，于是龙颜大悦，赐法国传教团一处宅院，并按传教士生活习惯重新设计改建。

皇帝在这时并未忘记我们。他告诉众人：张诚神父和白晋神父的药粉救了朕的命，洪若翰和刘应神父带来的金鸡纳霜让朕退了烧，朕要重赏。他叫人取来宫城旁边所有房屋的平面图，选了最大最便利的一幢给我们。①

康熙三十三年（1694）张诚、刘应等人奏请皇帝另赐"隙地"，建造大堂。获准。法国传教团得到中南海湖畔蚕池口一块地皮。

皇帝赐给我们这幢房子一年后再次降恩。这次降恩丝毫不比第一次逊色，同样为基督教带来荣誉，他又赐给我们很大一块地以建造我们的教堂……谕令明示，他赐给我们这块地是用于建造一座宏伟教堂的。②

自此，法国传教团不仅有栖身之所，还有一座属于自己的教堂。③康熙四十二年（1703）竣工开堂，时称"救世主堂"（即"救世堂"），按方位亦称北堂，在现今北京图书馆老馆对面。杜美德④神父在一封信里记录了老北堂开堂的情景：

人们首先进入宽四十法尺的一个院子，两侧是十分匀称的两座建筑，两个中式大厅：一个是修会和初学者的教室，另一个是会客厅。会客厅中悬挂着路易十四、法国大主教、法国历代国王、西班牙摄政王、英格兰国王以及其他君王的肖像；还摆放了数学仪器和乐器。为让人们体验到法国宫廷的奢华，我们还展出了从出版物里找到的精美版画。⑤

光绪十三年（1887）中南海扩建，老北堂土地被征用，传教团得到清廷"拆迁补偿款"白银四十五万两，在西安门内西什库南口易地重建；光绪二十六年（1900）整修时又加高一层，遂成哥特式建筑风格的新北堂，即今日西什库教堂。

法国传教团不仅有自己的教堂，还把北京城西郊佛教寺院正佛寺改建为自己的专属墓地"正福寺公

---

① 《耶稣会传教士洪若翰神父致拉雪兹神父的信》（1703年2月15日于舟山），载［法］杜赫德《耶稣会士中国书简集》，大象出版社，2005年版，第一卷，第290页。译文有调整。
② 同上，第294页。译文有调整。
③ 自北堂建成后，法国传教士事北堂，葡萄牙传教士和其他国籍传教士事东堂和南堂。
④ 杜美德（Pierre Jartoux，1668—1720），字嘉平，法国人，1687年入耶稣会。康熙四十年（1701）来华，擅长数学和机械等。逝于北京。
⑤ 《在华耶稣会传教士杜美德神父致本会洪若翰神父的信》（1704年8月20日于北京），载［法］杜赫德《耶稣会中国书简集》，第二卷，第2页。译文有调整。

墓",也称"法国公墓"。第一位安葬于"正福寺公墓"的是白晋。法国传教士们还把公墓修建前去世、已经下葬于"滕公栅栏"的张诚,迁葬于此。此后法国传教士归主后,正福寺公墓就是他们形骸的最后宿地,长眠于此的还有雷孝思、巴多明、殷弘绪、冯秉正、孙璋、钱德明等。

乾隆三十八年（1773）耶稣会被解散,后经法国国王路易十六力争,教廷准允法国遣使会代牧北京教区,接管耶稣会留下的财产,包括西什库大教堂和作为天主教当时在华最大文献中心的北堂图书馆,还有这座"法国公墓"。

民国七年（1918）,北堂印书馆出版了包士杰神父的一部与正福寺公墓有关的著作,*Le cimetière et la paroisse de Tcheng-fou-sse, 1732—1917*（《正福寺墓地和教堂（1732—1917）》）。这位在中国近代史研究领域卓有成绩的神父,详细考证记述了正福寺公墓的起源、形成、变迁、现状以及墓主情况。

《正福寺墓地和教堂（1732—1917）》分三卷。

第一卷"正福寺墓地",是此书主体,有十四章,分别叙述了"古寺庙""法国传教团墓地（1732）""法国公墓""法国公墓第一次修缮（1777）""遣使会管理下的法国公墓（1785）""正福寺""吉德明①入葬正福寺公墓（1812年8月12日）""南弥德在正福寺被拘捕（1819）""孟振生来北京后的法国公墓（1835）""公墓管理人被拘和驱逐,北堂档案的毁坏（1838）""法国公墓的归还（1860）""第三次修缮（1863）""拳民亵渎法国公墓（1900）""第四次修缮（1907—1917）""1900年被破坏后墓葬排列现状"。

第二卷"正福寺教堂（1914）",有八章,分别叙述"正福寺附属教堂""义和拳时期的正福寺""尹氏一家""孙大顺儿""其他人""无名殉教者""北堂围困时期死难基督徒""马公"。包士杰提及这些人多与正福寺教堂有关。

第三卷"附录,正福寺公墓石碑现状及墓志铭誊录全册"。所载石碑共有六十五通,其中耶稣会士三十一通,从张诚（逝于康熙四十六年〔1707〕）至刘多默②（逝于嘉庆元年〔1796〕）；遣使会士三十一通,从韩纳庆③（逝于嘉庆元年〔1796〕）至巴哀米禄④（逝于光绪二十六年〔1900〕）；圣奥古斯丁会士一通,巴黎外方传教会士两通（一通为两人合葬）。还收录庚子年间被毁,无法辨认的两处十人群葬。公墓墓主中有法国人四十七位,中国人十四位,西班牙人一位,意大利人一位,国籍不清者三位。

正福寺公墓和教堂今已不存,大部墓碑保存在北京五塔寺石刻艺术博物馆。文物出版社在2007年曾出版《历史遗踪——正福寺天主教墓地》,对正福寺公墓现状的记述比较具体,而对其历史的考证基本是根据包士杰的这本著作,主编明晓艳、魏扬波的治学态度十分严谨,使此书成为近些年有关天主教研究里难得的佳作。

遣使会（Congrégation de la Mission,缩写C. M.）,又称纳匝肋会（Lazariste）或味增爵会（Ordre de

---

① 吉德明（Jean-Joseph Ghilain,1751—1812）,又记冀若望,比利时人,1776年入法国遣使会,1780年晋铎。乾隆五十年（1785）来华,任法国传教团负责人。嘉庆十七年（1812）逝于正福寺,葬此。
② 刘多默（Tomas Lieou,1725—1796）,华人,耶稣会士。
③ 韩纳庆（Robertus Hanna,1762—1796）,西班牙人,1773年入遣使会,1783年入法国遣使会。乾隆五十三年（1788）抵澳门,乾隆五十九年（1794）抵京,任职钦天监。逝后葬正福寺。《16—20世纪入华天主教传教士列传》记其逝于1797年,正福寺存碑记为1796年,应为阴阳历时差所致。
④ 巴哀米禄（Aemilius Baës,1870—1900）,法国人,1893年入遣使会,1896年晋铎。同年（光绪二十二年）抵上海,赴直隶北部教区传教。逝后葬正福寺。

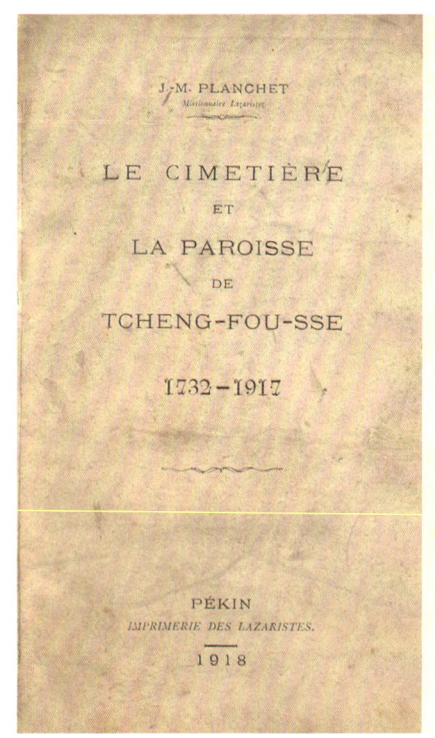

Le cimetière et la paroisse de Tcheng-fou-sse, 1732—1917
正福寺墓地和教堂（1732—1917）（封面和插图）
［法］包士杰撰
法文
三卷　一册
民国七年（1918）北京遣使会印书馆排印
铅印本　纸本　平装
开本：24.5×16（cm）
117页
插图9幅

· 正福救世 ·

Saint-Vincent de Paul），1625 年文生①等六位神父在巴黎圣纳匝肋修道院创立，1633 年获教宗乌尔班八世批准。康熙三十八年（1699）第一批遣使会神父毕天祥②和穆天凡③来华。道光二十年（1840）遣使会的法国神父孟振生④在河北崇礼西湾子被任命为蒙古代牧区主教，咸丰六年（1856）他又担任北京和正定代牧区主教，驻锡北京北堂。遣使会在中国负责河北、江西、浙江三省的十四个教区。

天主教在北京的传教故事比在上海要复杂得多，主持北堂的传教会也历经变化，耶稣会和遣使会都曾"登堂入室"；再加之八国联军、英法联军入侵、义和团暴动和戊戌变法等中国近代史上最悲怆的事件就发生在红墙之下。传教士们身临其境，耳闻目睹，见证沧桑。

包士杰神父还有一部著作 Guide du touriste aux monuments religieux de Pékin（《北京天主教圣迹》）。这本书文字很少，只有十四五篇短文：《老北堂（1693—1886）》《马国贤》《北堂现状（1887）》《北堂大书库》《北京西什库印书房》《北堂的弥撒》《西安门内西什库仁慈堂》《顺治门内天主堂南堂》《台基厂天主堂》《东安门外天主堂》《八面槽椿树胡同养老院》《西堂西伹门内天主堂》《平则门外石门栅栏》《怀来杨家坪神慰院》等；有三幅地图：《北堂鸟瞰》《北京城郊地图》《庚子年前法国使馆全图（1861—1900）》。

包士杰神父把北京天主教圣迹分为十三个组团，用八十七幅照片和三十四幅插图，生动直观地勾勒了天主教在北京的历史、事件、人物、机构、建筑等，是一部"图说历史"。

圣　　迹	图片及图注（中法文）
老北堂 L'Ancien Pétang	康熙皇帝，L'Empereur Kanghsi
	铎罗红衣主教，Maillard de Tournon
	阎当主教，Charles Maigrot
	马国贤⑤，Matthieu Ripa
	法国皇帝类思十六首先遣来中国味增爵神父献的圣品，Calice，Ciboire
	法王类思十六献的圣体光子，Ostensoir
	祭衣，Chasuble
	洒水壶，Burettes
	蜡壶，Chandeliers
	真福徐德新⑥，殉道四川的主教，1785 年住过北堂，Taurin Dufresse Gabriel
	孟振生主教，Joseph-Martial Mouly

---

① 文生（Saint Vincent De Paul，1581—1660），又称味增爵，法国人，遣使会创始人。
② 毕天祥（Ludovico Appiani，1663—1732），法国人，遣使会士。康熙三十八年（1699）来华，先后在北京、广东、温州、四川、云南藏区传教。曾因故而遭关押多年，后逝于澳门。
③ 穆天凡（Johann Muiiener，1673—1742），法国人，遣使会士。康熙三十八年（1699）来华；毕天祥的搭档。
④ 孟振生（Joseph-Martial Mouly，1807—1868），字慕理，法国人，遣使会士。道光二十年（1840）任蒙古代牧区宗座代牧，道光二十六年（1846）任北京教区代牧；咸丰六年（1856）任直隶北境代牧区宗座代牧。逝于北京，葬正福寺。
⑤ 马国贤（Matthieu Ripa，1682—1745），意大利人，1704 年晋铎。康熙四十九年（1710）抵达澳门，次年北上京师，任宫廷画师，制铜版画《避暑山庄三十六景》。雍正元年（1723）回国。著有《清廷十三年》。
⑥ 徐德新（Jean-Gabriel-Taurin Dufresse，1750—1815），又记加俾厄尔，来华初期名李多林，法国人，少时加入巴黎外方传教会，1774 年晋铎。乾隆四十年（1775）来华，乾隆四十二年（1777）赴四川传教，嘉庆五年（1800）任四川主教；嘉庆二十年（1815）被斩首于成都。1900 年被梵蒂冈追认真福。

续表

圣　　迹	图片及图注（中法文）
老北堂 L'Ancien Pétang	古伯察，Evariste Huc
	法国公使布尔布隆，Alphonse de Bourboulon
	法国公使柏尔德密，Jules Berthemy
	老北堂，1865 年重建，Cathédrale du Vieux-Pétang
	苏凤文祝圣仪式，方若望①、孟振生、杜巴尔②、董若翰③、苏凤文④合影，1865 年
	谭微道⑤神父，Amand David
	孟振生、苏凤文合影
	老北堂内外景，Cathédrale du Vieux-Pétang, entrée et intérieur
	老北堂教士宿舍，Résidence des Missionnaires à L'Ancien Pétang
	孟振生的木权杖，La Crosse en Bois
	老北堂露德圣母洞，Grotte de Notre-Dame de Lourdes
	老北堂全图
	身着黄马褂子的田嘉璧主教，Louis-Gabriel Delaplace
	田嘉璧主教与北京诸神父
新北堂 Le Nouveu Pétang	戴济世⑥主教，Ferdinond Tagliabue
	西什库北堂，1887 年重建，La Cathédrale de Pétang
	北堂前院，La Cour d'Honneur
	北堂主教院，La Cour dr L'Evêque
	北堂钟表楼，La Cour de L'Horlogr
	北堂山堂院，La Cour de la Chapelle Episcopale
	北堂大书库，La Bibliothèque du Pêtang
	北堂圣母厅，中日合璧，1896 年建于北堂花园，Kiosque de la Sainte-Vierge

---

① 方若望（Emmanuel Jean Francois Verrolles，1805—1878），法国人，1828 年晋铎，1830 年入巴黎外方传教会。同年（道光十年）来华，赴四川教区，道光二十年（1840）任满洲教区主教。逝于营口。
② 杜巴尔（Eduardus Dubar，1826—1878），字厄督，法国人，1852 年入耶稣会，1860 年晋铎。咸丰十一年（1861）来华，同治三年（1864）任直隶东南教区主教。逝于献县。
③ 董若翰（Jean Baptiste Anouilh，1819—1869），法国人，1843 年入遣使会，1846 年晋铎。道光二十八年（1848）抵澳门，次年（道光二十九年）赴直隶北境教区传教；咸丰八年（1858）任直隶西南教区主教。逝于正定，葬柏棠小修院教堂。
④ 苏凤文（Edmond-François Guierry，1825—1883），法国人，1848 年入遣使会，1851 年晋铎。咸丰三年（1853）来华，赴宁波传教，同治三年（1864）任直隶北境教区主教，同治九年（1870）任浙江教区主教。逝于宁波。
⑤ 谭微道（Jean-Pierre Amand David，1826—1900），法国人，1848 年入遣使会，1853 年晋铎。同治元年（1862）来华，同治十三年（1874）回国。著名博物学家，创建北堂博物馆"百鸟堂"，因北堂拆迁关闭，藏品后归上海震旦博物馆。
⑥ 戴济世（François Ferdinand Tagliabue，1822—1890），法国人，1843 年晋铎。咸丰四年（1854）来华，赴宁波传教，同治七年（1868）任江西教区副主教，同治八年（1869）任直隶西南教区主教，光绪十年（1884）任直隶北境教区主教，光绪十二年（1886）获清廷二品顶戴。逝于北京，葬正福寺。

续表

圣　迹	图片及图注（中法文）
新北堂 Le Nouveu Pétang	慈禧太后，L'Impératrice Douairière Tze Hsi
	施法钦差杰拉德，Auguste Gérard（1852—1922）
	西什库织毯工厂，Les Tapissiers du Pétang
	小修道院，Les Élèves du Petit-Séminaire
	大修道院堂外，1914 年，La Chapelle du Grand-Séminaire
	大修道院堂内，Intérieur de la Chapelle du Grand-Séminaire
	北堂大风琴，Les Orgues du Pétang
	法国武官恩利死于北堂，1900 年，L'Enseigne Paul Henry
	先到北堂救困的日本陆军少将小泉六一，Le Général Koizumi
	西什库印书房，L'Imprimerie des Lazaristes
	北堂法蓝活，Orfévrerie Religieuse du Pétang
	樊国梁主教，Alphonse Favier
	庚子年后北堂，1900 年，La Cathédrale de Pétang
	樊国梁与法国和西班牙军人在北堂前合影
	北堂苦难堂，安放樊国梁灵柩，Chapelle de la Passion，dans la Cathédrale de Pétang
	樊国梁墓碑，Cathédrale de Pétang
	主教小堂，1900 年为各国军人做弥撒
	林懋德主教，Stanislas Jarlin
	前总理陆微祥，凡尔赛和会中国代表团团长，1911 年皈依天主教，Lou Tseng Tsiang
	第一次世界大战胜利后陆微祥外长与法英比奥日官员在北堂合影，1918 年
	霞飞将军访问北堂，1922 年，Maréchal Joffre
	霞飞、林懋德、包士杰等在北堂合影，1922 年
仁慈堂 Le Jenzetang	仁慈堂小婴孩，Orphelinat du Jènzetang
	仁慈堂食堂，Refectoire du Jènzetang
	仁慈堂工厂，Un Ouvroir au Jènzetang
	仁慈堂，La Chapelle du Jènzetang
	仁慈堂地雷，1900 年 8 月 12 日仁慈堂被炸
	霞飞将军在仁慈堂，1922 年
圣若瑟总院 Maison-Mère des Joséphines 耶稣圣心学堂 L'École des Maristes	圣若瑟会首院，建于 1872 年，Le Personnel de la Maison-Mère des Joséphines
	若瑟首院小堂，La Chapelle des Joséphines
	北堂若瑟院，A la Maison-Mère des Joséphines
	耶稣圣心学堂，Paroisse du Pétang
	圣心学堂学生合影，Les Élèves de L'École Paroissiale du Pétang

续表

圣　迹	图片及图注（中法文）
北堂医院 中央医院	圣味增爵养病院，原设南堂，1900 年转到北堂，Hopital Saint Vincent
	平则门内中央医院，建于 1918 年，Hopital Central
法国新坟地 Le Cimetière du Pétang	咸丰年法国兵坟丘，1860 年建于正福寺，义和团平毁正福寺后，1907 年重建于北堂后库，Monument des Soldats Français，au Nord du Pétang
	霞飞在后库法国坟地，1922 年
南堂 Le Nantang，Cathédrale de L'Immaculée Conception	老南堂（1775—1900），L'Ancienne Cathédrale de Pékin
	利玛窦，Matthieu Ricc
	老南堂街门，毁于 1900 年，Portique
	老南堂牌楼，建于 1652 年，毁于 1900 年，Arc de Triomphe en Marnre Élevé Devant L'Eglise du Nantang
	汤士选主教的印章，Sceau de Mgr. de Gouvea
	钦天臣毕学源，Pires Pereira
	老南堂的十字架，L'Ancienne Croix du Nantang
	孟督邦将军，Charles Cousin de Montauban
	顾其卫神父①，Auguste Coqset
	董文学②神父在东交民巷避难，Légations
	董文学神父义和团时期遇难，Carmel D'Addosio
	老南堂毁坏，1900 年
	现今南堂，1904 年，Eglise du Nantang ou Cathédrale de L'Immaculée Conception
	北京南堂法文学堂，建于 1891 年，Collège de L'Immaculée-Conception ou du Nantang
东交民巷天主堂 L'Église Saint-Michel ou des Légations	东交民巷天主堂（台基厂天主堂），建于 1860 年，Eglise Saint-Michel（Légations）
	东交民巷法国医院，建于 1901 年 Hospital Saint-Michel
	德国公使克林德，Le Baron de Ketteler
	克林德牌坊，1919 年移至中央公园
	北京崇文门内法文学堂，École Saint-Michel（Légations）
东交民巷天主堂 L'Église Saint-Michel ou des Légations	圣礼游堂
	观星台
	观象台，L'Observatoire de Pékin

---

① 顾其卫（Jules-Auguste Coqset, 1847—1917），法国人，1866 年入遣使会，1871 年晋铎。光绪元年（1875）来华，赴直隶北境教区传教；光绪十三年（1887）任江西主教，光绪三十三年（1907）任直隶西南教区主教。逝于正定，葬柏棠小修院教堂。

② 董文学（Pascal-Raphaël-Nicolas-Carmel D'Addosio, 1835—1900），意大利人，1858 年入遣使会，1860 年晋铎。同治二年（1863）来华，在直隶北境教区传教。为义和团所杀。

续表

圣　迹	图片及图注（中法文）
东堂 Le Toungtang	汤若望，Adam Schall
	庚子年前东堂，1900 年焚毁，Eglise Saint-Joseph
	老东堂祭台，Maitre Autel
	东堂现状，1904 年
	东堂内景，Intérieur
	艾儒略① 神父，Jules Garrigues
西堂 Le Sitang	老西堂圣母七苦堂，建于 1723 年，1900 年焚毁，Ancienne Eglise de N.-D. des Sept-Douleurs ou Sitang
	建立西堂德理格神父墓碑（栅栏），T. Pedrini
	老西堂门脸，Façade
	西堂圣母圣金堂，建于 1912 年，Eglise du Mt. Carmel
	西堂毓英中学堂，L'École Normale du Sitang
	金葆光② 神父殒命于西堂，Pascal Doré
石门栅栏 Chala	庚子年前栅栏堂，1900 年焚毁，Eglise Saint-Michel
	石门老坟地，1900 年平毁，Le Cimetière de Chala
	庚子年栅栏坟地
	栅栏，圣母会修院，1900 年，Maison Provinciale des Maristes
	栅栏，圣味增爵修院，1900 年，Séminaire des Lazaristes
	石门天主堂，Eglise de Tous Les Sainte à Chala
	石门坟丘，Ossuaire des Martyrs à Chala
正福寺 Le Tchenfousse	正福寺老坟地，建于 1732 年，1900 平毁，Le Cimetière Français de Tchenfousse
	正福寺现今的光景，1900 年
	正福寺大主堂，1907 年，Eglise de Tchenfousse
杨家坪苦修院 La Trappe de Yangkiaping	杨家坪修院，1883 年，Le Monastère Cistercien of Yangkiaping
	杨家坪众修士
	杨家坪先院长魏神父③，Maur Veychard
	杨家坪修院全景

---

① 艾儒略（Jules Garrigues，1840—1900），法国人，1864 年入遣使会，1867 年晋铎。同治七年（1868）来华，赴直隶北境教区传教。为义和团所杀。
② 金葆光（Maurice-Charles-Pascal Dorè，1862—1900），法国人，1880 年入遣使会，1887 年晋铎。光绪十四年（1888）来华，赴直隶北境教区传教。为义和团所杀。
③ 魏神父（Maur Veychard，1854—1919），法国人，1883 年晋铎。光绪十三年（1887）来华，在北京教区杨家坪圣母神慰院修行，光绪二十六年（1900）任院长。逝于河北怀来。

天主教在北京的历史比在上海要稍微早一些，明末清初鼎盛时前者也比后者更加耀眼。但无论主教堂、修道院、教士墓地，还是孤儿院、中小学校、医院、天文台、藏书楼等，两地无甚差别。有所不同的是：一、北京的"圣迹"大多建于清中期之前，许多还是耶稣会撤离之前设立和建造的，而上海以徐家汇为代表的教会机构和建筑基本上是"门户开放"之后的成果；二、上海教会虽然也经历太平天国战事的冲击，但没有像北京教会与中国近代历史事件那么息息相关，围绕北京教会的每一个事件都可以写一部历史剧，展开中国近代史跌宕起伏的画卷；三、皇城脚下的北京教会受这个故都之影响，显得更为保守沉闷，缺乏活力，而耶稣会在上海占其风气之利，比其北京同行稍显活跃，不论是徐汇公学、震旦大学，还是天文台、印书馆均办得有声有色，与中国近代经济、文化的发展一脉相连。

《北京天主教圣迹》，民国十二年（1923）北堂印书馆出版。这本书非常稀有，书中照片印制质量不高，清晰度不好，然而它们是包士杰神父这位历史学家"独家披露"的资料，又以图注史，更显出与众不同的价值，是了解"遣使会的北京传教史"不可不读的著作。

北京北堂印书馆正式成立于同治三年（1864）。咸丰十年（1860）时任主教的孟振生从撤退的英法联军处接手一台铅石两用手摇印刷机，萌发筹办印书馆想法。次年他赴法公务，获一意大

Guide du touriste aux monuments religieux de Pékin
北京天主教圣迹（封面、附图和插图）
［法］包士杰撰
法文　中文
一册
民国十二年（1923）
北京遣使会印书馆排印
铅印本　纸本　平装
开本：26.5×19.5（cm）
158 页
照片 87 幅　插图 34 幅
地图 3 幅

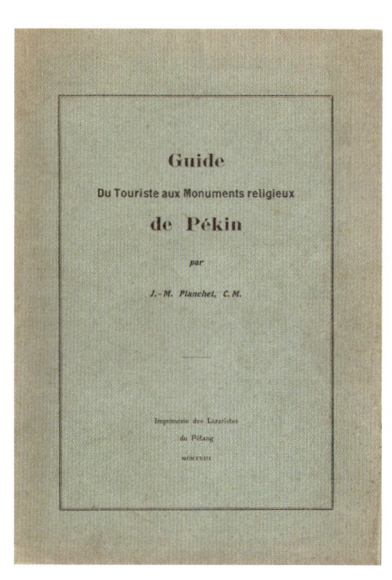

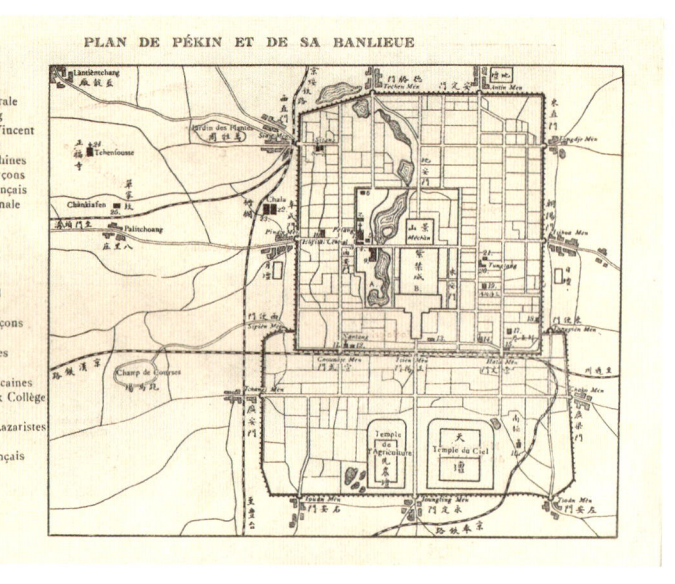

正福救世

利朋友赠印刷机一套，运回北京。同治三年（1864）北堂印刷所开始运行，因技术能力不足，只能印制零散的西文文件，中文书籍仍用雕版木刻。

田嘉璧接任主教后，派人赴欧采购印刷设备和材料，延请在法国印刷厂有过实习经历的梅士吉①修士一同来华，光绪四年（1878）抵京。是年扩建后的印刷厂正式开工，最初印的书籍有拉丁文的 Synodus Vicariatus Tchely Septentrionalis，Habita in civitate Pekinensi anno 1872（《1872年北直隶区教务会议纪事》）、Elementa Grammatiæ Latinæ（《拉丁文法纲要》）、Lexicon Manuale Latino-Sinicum（《拉华语汇》）等。

庚子年（1900），北堂印刷设备大部分毁于战火。次年重置。

梅士吉辅理修士是北堂印书馆功臣，他主管印书馆长达五十四年（1878—1932），民国十七年（1928）因来华五十年"劳苦功高"获得法国政府颁发的勋章。接替梅士吉退休职缺的是李蔚那②神父。

北堂印书馆的出版物形式、内容、体例、风格等不甚统一，也看不到有什么规划。虽然其出版物的物料还比较考究，白纸为多，但是精细不足，品质比不上土山湾的，与胜世堂的相仿。

遣使会治下的北堂印书馆，其书籍牌记上馆名笺署同样多样化，"北京救世堂"（Imprimerie Lazaristes Pekin）和"北堂印书馆"（Imprimerie Pei-t'ang，Imprimerie Pé-t'ang）为多，还有"北平西什库天主堂印书馆""北堂""遣使会印书馆""京都救世堂""北平西什库遣使会印字馆"等，民国后期完整名称是"北平西什库天主堂遣使会印书馆"。

北堂印书馆与土山湾印书馆不同，土山湾从一开始就很注重"经营"，北堂印书馆对此似乎不太在意，其发展也远远落后于土山湾，也慢于胜世堂。北堂印书馆曾有经营不善的时候，民国二十七年（1938）因费用紧张遣散员工半数以上。从其出版书目可知其第二次世界大战期间和战后出版物非常少。

北堂印书馆的中文书籍在光绪年之前的都是木刻版，光绪四年（1878）引进铅印技术，活字铅排，筒子页线装。总体来说，打版不好，凸凹不平，时有折页不正；尤其是插图的制版水平实难恭维。

北堂印书馆前八十年共印行书籍四百万册，有案可稽的出版物三百多种。它所依靠的"文化人"功底不够深厚，虽然田嘉璧、王君山的贡献可见，但是缺少像徐家汇的黄伯禄、李问渔、沈容斋、蒋邑虚、徐伯愚那样学术底蕴厚实、文化修养充实、视野宽广、品德高尚的"大写手"。

《慎思指南》初刻于道光三年（1823），作者为法国遣使会士传教士南弥德。南弥德（Louis François Lamiot，1767—1831），1767年生于法国，1784年加入遣使会；乾隆五十六年（1791）后经澳门到北京，在北京教区任主教。他曾在清廷做法文翻译，任钦天监监正。因禁教，嘉庆二十四年（1819）南弥德在正福寺被拘，递解澳门。在澳期间筹建遣使会寄宿修院。道光十一年（1831）逝世后葬于澳门圣若瑟教堂。

《慎思指南》可能是南弥德在中国传教二十八年撰写的唯一著作，北京教区的刻本刊于道光二十二年（1842）。此书篇幅较大，六卷六册，是一部指导信徒"默想"之书。南弥德在"叙"中解说：

---

① 梅士吉（Auguste-Pierre-Henri Maes，1854—1936），法国人。光绪四年（1878）来华，同年发愿，辅理修士。长期负责北京遣使会印书馆。逝于北京。
② 李蔚那（Aymard-Bernard Duvigneau，1879—1952），法国人，1904年晋铎。同年（光绪三十年）来华，在江西传教；民国十三年（1924）调北平栅栏大修院，民国二十一年（1932）负责北堂印书馆。1951年回法。对中国天主教音乐史有研究，著有 Teodorico Pedrini，Prete della missione，Musico alla corte imperiale di Pechino（1946）。

余言默想二字，教中用之。读书之上，见而异之者多，恐疑为虚无寂灭耳。今以慎思题之，俾人一见即知是书为助笃行之工也。因习子思子以学问思辨，详诚身自白，择善而为知，学而知也。笃行则固执而为仁，利而行也，未有弗知而能行，能行而弗知者也。吾圣教之工，始则以信开其端，继则以行引其绪，使信而不行，其信无益。若信而能行，必贵乎思，思之弗慎，犹之弗思也。故篇内以初思、继思、终思分其目，使思之有所遵循。

《慎思指南》分为六卷：第一卷包括"造生之恩""救赎之恩""信德之恩""修士所受之恩""修士九益""大罪之重"等；第二卷包括"七宗罪"（骄傲、贪吝、饕餮、色迷、嫉妒、忿怒、懒惰）、"人世之苦"、

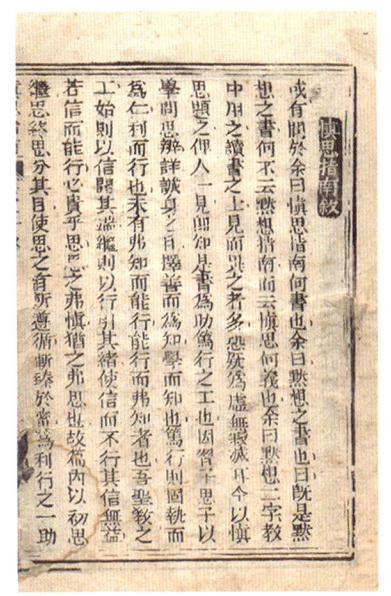

慎思指南（内页）
［法］南弥德著
六卷　六册
清道光二十二年（1842）
北京天主堂辑刻
刻本　纸本　筒子页　线装
十行二十四字白口四周双边单鱼尾
开本：26.5×15.5（cm）
半框：17×12.5（cm）
276 页

慎思指南（扉页）
［法］南弥德著
六卷　两册
清同治四年（1865）慈母堂辑刻
刻本　纸本　筒子页　线装
十行二十四字白口四周三边单鱼尾
开本：20×14（cm）
半框：17.5×12（cm）
288 页

"人生短促"、"人生无定"、"人性劣弱"、"人情反复"、"世俗虚伪"、"人生苦难"、"死候之苦"、"善死之安"、"私判之严"、"地狱之苦"、"天堂之乐"等，第三卷是细说"避静"每日工课，第四卷讲"信德""望德""爱德""智德""义德""勇德""节德""诚实""谦虚""良善""克苦""救人""神贫""贞洁""听命""忍耐""端肃""哀矜""勤敏""恒心"等，第五卷和第六卷讲述每一"主日"的默想。

南弥德在每一题目之下，都是分初思、继思、终思三步，详细解说怎样理解和默想天主的道理。需要注意的是，虽然从篇目上看，与龙华民的《圣教日课》差不多，但实际上是两类书。《圣教日课》之类书籍的内容是修行功课的主日经文，而《慎思指南》是一部解释经文，指导默想、祈祷的书籍。

《慎思指南》是同类书籍中比较上乘的，丰富而严谨，不足的是中文表述不流畅。此书还有同治四年（1865）上海慈母堂刻本

和光绪三十年（1904）土山湾铅排本。

《奉教原由》，一部非常通俗的宣教书籍，采用问答形式劝人信教。此书非常普及。

北堂本《奉教原由》(道光三十年〔1850〕书牌署"圣方济各会主教嘉毕陑尔述"，即意大利传教士杜嘉弼，天主教山西教区首任主教，他还著有《进教问答》(也题《圣教要理问答》或《天主圣教要理》)、《圣教道理约选》和《天主圣教通功经》等。

上海基督出版社于光绪二年（1876）出版过一本《奉教原由俚语》，作者项署Sang Kan Fo，中文法文对照，中文为上海话。此书极为罕见。

《奉教原由》后继出版更名为《一目了然》。与北堂本对比，《一目了然》与《奉教原由》内容差别不大，只是从"上坟墓"一节起有所差别。《一目了然》版本很多，有河间府胜世堂铅排本（光绪二十一年〔1895〕）、上海慈母堂印书馆刻本（光绪二十四年〔1898〕）、香港纳匝肋静院刻本（光绪二十四年〔1898〕）、北京救世堂铅排本（民国七年〔1918〕）、上海慈母堂印书馆铅排本（民国十一年〔1922〕）等。

需要特别注意的是，关于《奉教原由》和《一目了然》的作者，教会出版机构并不能确凿说明。土山湾印书馆视《奉教原由》和《一目了然》为佚名，而北堂印书馆认为《奉教原由》作者是方济各会的杜嘉弼，而又认定撰写《一目了然》和《圣教理证》的都是法国巴黎外方传教会的白德旺主教。

北京救世堂在光绪二十八年（1902）还出版过一本与《奉教原由》内容类似的书籍，名《辨道浅言》。作者序言：

大凡人是教友，即有本分传扬天主圣名，劝人认识恭敬天主，以救灵魂。但因教友中少有读书明理、善于讲论者，故不敢与外教人辩论。即有心存热爱，欲行讲劝者，不过说天主教是真教，不奉天主教不能救灵魂。这只是空头硬占，并未说出情理，不足以服人心，难得实效。

于是作者"遵主圣名，作此小书"。

《辨道浅言》采用对话体。假设遇见一位对天主教心存疑虑的教外人，提出一些日常生活中的问题，另一位在教教友借机逐

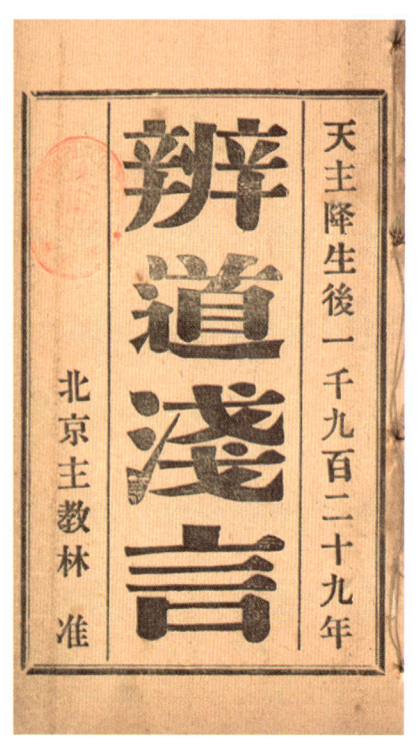

辨道浅言（扉页）
〔清〕王君山编撰
十四章　一册
民国十八年（1929）
北平西什库天主堂印书馆排印
铅印本　纸本　筒子页　线装
九行二十字白口四周双边单鱼尾
开本：17.5×10（cm）
半框：12.5×8（cm）
23页

一答复,宣传天主教教义:"论人有灵魂""论灵魂不死不灭""论人无托生之理""论人死后灵魂各自领赏罚""论天地间必该有真主宰""论天地间的大主宰只能有一个""论真主宰掌管天地人物的事""论天主必立教以教人""论天主教是人人当奉的真教""论人要行好先该奉天主教""论为何缘故人不喜欢天主教""论天主教不随异端坏风俗""论天主教虽有不守规矩的不能说天主教不好""论奉天主教不可畏难"等。

《辨道浅言》是一本很通俗、很口语化的书,见民国十八年(1929)再版本。

此书作者王君山(Paul-Joseph Wang, Wang K'iun-chan,1837—1913),字一峰,教名保禄,河间府任丘赵家坞(今属河北)人,同治八年(1869)入遣使会北京修道院,同年晋铎,同治十年(1871)发愿,后在京津地区传教,先后任本堂司铎、大修院院长、圣婴会会长、主教座堂总铎职务,曾随孟振生主教游历欧洲;逝于北京,葬滕公栅栏。他的

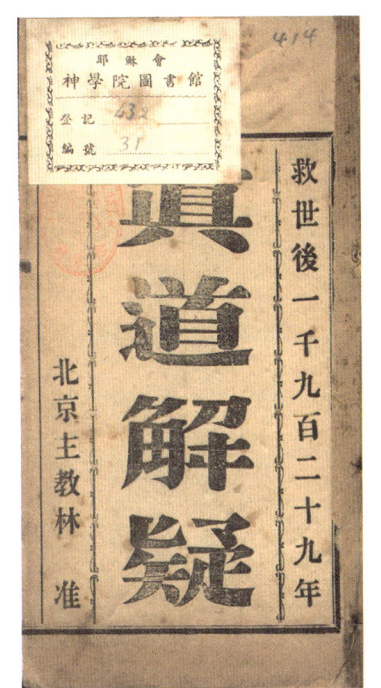

真道解疑(扉页)
〔清〕王君山编撰
一卷 一册
民国十八年(1929)
北京救世堂排印
铅印本 纸本 筒子页 线装
九行二十字白口四周双边单鱼尾
开本:17.3×10(cm)
半框:12.5×8(cm)
40页

辩理问答(扉页)
〔清〕王君山撰
一卷 一册
民国十九年(1930)
北京救世堂排印
铅印本 纸本 筒子页 线装
九行二十字白口四周双边单鱼尾
开本:17.2×10(cm)
半框:12.5×8.3(cm)
11页

著作非常多,如《真道解疑》《辨道浅言》《辩理问答》《策怠神鞭》《朝拜圣体》《炼灵圣月》《默想耶稣苦难》《女学典型》《圣母圣范》《谈道遗稿》《真修训范》等,当然,毫无疑问其中最重要的是他为阳玛诺的《轻世金书》作的注释本《轻世金书直解》和他自己的《遵主圣范》编译本。

王君山在《真道解疑》开篇铿锵道:"尝谓道非教不明,教非道不立。有一教,即有一道。未有说不出一番道理,而能自成为教者也。"作者主要是阐明他自己认为的天主教教义的信证,解释了世人对天主教的种种质疑,以及皈依天主教对人们的益处。

王君山这部论辩书撰于光绪十六年(1890)以前,光绪二十一年(1895)北京救世堂出版,民国十八年(1929)再版。

王君山还撰有《辩理问答》,他设计的背景是道光元年

（1821）某月某日发生在山西文水县新立村的故事。一位名叫王望德的务农人与两位好友聊天，其间讨论了诸如孝悌等孔子之训。后来王望德去邻村卖菜，遇一贡生，两人辩论世界主宰问题。最后王望德因信仰天主教吃官司，他又与朝廷命官赵太守激辩，力主天主教教义利于天下，足以治国安邦，与孔孟学说并行不悖。他把太守驳斥得哑口无言，当庭获释。

《辩理问答》浅显易懂。该书初版应该在光绪四年（1878）之前，因为在这年太原明原堂也翻印过这本书，书名改为《农民正谈》。

类似《辨道浅言》和《辩理问答》，北堂印书馆在民国十八年（1929）出版过圣母圣心会神父元克允[①]撰写的《天理良心》。此书作者项署李慕真，元克允为了增加读者信赖度，假借这么一个人撰写自己皈依天主教的经历：

李慕真与一位名叫张明远的人结伴乘马车去北平，一路上二人言谈投机。张明远给李慕真讲解了天主教的道理，譬如"上帝是造物的真主宰""天主实有，万物为证""上帝实有，经书为证""天主实有，良心为证""天主二字的意义""主宰只有一尊""人为万物之灵""灵魂不灭""善恶有报""慎终追远""轮回谬妄""天主是赏善罚恶的大主宰""天主十诫""心为善恶之源""守斋""鬼神""真教是上主自立的""天主教的源流""现世苦患之根由""私欲之由来""圣教会元首""圣教会之德化""十字架的尊荣""宗教为治安之根本"等话题。几日后到达目的地，李慕真已心皈耶稣。

天主教书籍里，这种劝人皈依的书很多，人物、背景、桥段或许不同，内容和表达意思却大同小异，后来者不脱俗套。

与土山湾一样，北京救世堂系统地整理翻印了一批天主教早期名著，如庞迪我的《七克》、沙守信的《真道自证》、朱宗元的《拯世略说》、杨廷筠的《代疑编》、冯秉正的《圣经广益》等。

民国五年（1916）北京救世堂出版的《代疑俗解》，是根据明

天理良心（封面）
[比] 元克允撰
一卷 一册
民国十八年（1929）
北京北堂印书馆排印
铅印本 纸本 平装
开本：19.5×13.7（cm）
68页

[①] 元克允（Jozef Van Eygen，1873—1961），又记袁敬和，比利时人，1892年入圣母圣心会。毕业于鲁汶耶稣会神学院，1898年晋铎。同年（光绪二十四年）来华赴热河教区，先后任松树嘴子大修院讲师、朝阳、大营子、木头城子副本堂、山湾子学院院长。民国三十一年至三十五年（1942—1945）被拘潍县和北京集中营，战后任红旗本堂。民国三十七年（1948）被拘，获释后回国。

代天主教"三柱石"之一的杨廷筠撰于天启元年（1621）的名著《代疑编》改写的官话本，改编者是遣使会华籍神父康云峰①，他认为《代疑编》"惜此书之文，宜于博雅而不宜于常人，余不揣固陋，逐句逐以浅言，名曰《代疑俗解》。庶常者受其益，而博者亦无所失，洵可谓一举两得"。

《代疑俗解》的题目也被改写了："原同""崇一""贵自""明超""峻操""淡原""分等""破习""定基""引驳""安谁""信独""茹苦""识祈""跲寔""别似""寡俦""善因""知德""区爱""德仇""味罕""祛盈"。对照原书，可以说此书改编并不成功，这些题目其实不及原书一目了然。正文比标题稍稍好懂一点。

民国二十三年（1934）北堂印书馆出版的庞迪我的《七克》是没有经过顾方济改写的本子，根据嘉庆三年（1798）京都始胎大堂七卷本文言文本子翻印的。全书七卷四册，筒子页线装，较为考究。

光绪五年（1879）救世堂刊刻明末奉教士大夫朱宗元的名著《拯世略说》，民国十九年（1930）重出铅排本。此书有同治十二年（1873）慈母堂刻本、民国二十四年（1935）土山湾排印本。

如何拯世？朱宗元给出答案："学以明确生死为要""宇宙之内畛教惟一""物必返其所本""儒者独见大原""二氏不知尊天""天释不可相混""为善不可以无所为""天主性情美好""天地原始""天主必须降生""罪人之功""义人之罪""闻教与不闻教者功罪有辨""祸福皆系上主""死后必有赏罚""赏罚迥别人世""爱仇

代疑俗解（扉页）
〔明〕杨廷筠撰
〔清〕康云峰改编
一卷 一册
民国五年（1916）北京救世堂排印
铅印本 纸本 筒子页 线装
十一行二十五字白口半页四周双边单鱼尾
开本：20×12.8（cm）
半框：15.8×10.5（cm）
60页

拯世略说（扉页）
〔明〕朱宗元撰
二十七篇 一册
民国十九年（1930）
北平西什库天主堂印书馆排印
铅印本 纸本 筒子页 线装
九行二十字白口四周双边单鱼尾
开本：17.7×10.3（cm）
半框：12.5×8（cm）
67页

---

① 康云峰（Barnbé K'ang，1880—1929），北京人，光绪三十二年（1906）入遣使会嘉兴修道院，光绪三十四年（1908）晋铎，在北京任神职。著有《论法指南》。见费赖之《在华耶稣会士列传及书目》，第113页。

复仇说""禁妾守贞之训""世俗鬼神皆非""气质所以不齐""圣事寓奥于迹""神功万不可已""空中自能变化""魔鬼能为变幻""轻弃世福为先""受苦为大吉祥""天地之终有期"。

书前有时任北京教区主教田嘉璧于光绪五年（1879）写的序，详细解说了拯世之道理：

> 恻隐之心，人皆有之。见孺子将入井，而不张皇往救者，非人类矣。不知溺于井，仅溺夫身，溺之小者也。溺于异端，则溺其心，溺之大者也。今天下昏昏，皆溺于佛老，溺于货色，将胥沦永狱。有济世之心者，岂可坐视，而不思所以拯之哉？君子学道，则爱人，众人皆醉，何忍独醒？然天下溺援之以道。是道也者，援天下之具也。无如今之人，不自觉其沉溺之堪怜，而反嗤彼提援之为异，犹夫狂疾之人，不以为病，反目旁人为颠，视险径若康衢，以苦海为乐土。有援之者，反遭其叱辱也，是则不止于溺，竟成为迷矣。嗟夫！援之见拒，听之不忍，必如何而后可。惟有以善法开导，使渐尝良药，渐复厥明可矣。前明朱子宗元，慨世俗之沉溺，具援世之婆心，著有《拯世略说》一书，次第详陈，反复辩论，道真理畅，意恳词赅。洵渡世之宝筏，济人之圣药也。惟望举世之人，破除陈见，虚心省览，慎勿自谓无病，而以正道为异说，则必渐知引领求援，而沉溺可免，道岸可登矣。

田嘉璧（Louis-Gabriel Delaplace, 1820—1884），多记田类斯，法国人，1842年入遣使会，1843年晋铎；道光二十六年（1846）来华，在河南传教；咸丰二年（1852）任中国江西代牧区主教，咸丰四年（1854）任浙江代牧区主教，驻锡宁波，同治九年（1870）调任直隶北境代牧区主教，驻锡北京；逝后葬于正福寺。

田嘉璧自己撰写的主要著作是同治十二年（1873）的《圣教通考》。《圣教通考》其实不是一部书，其有九卷，每卷都是独立成书，视为一套丛书也可以。比如第九卷《恩赦撮要》，刊刻于光绪元年（1875），其又分上下两卷。上卷"统论恩赦"，有三章："论恩赦之意""论大赦之功效""论得大赦之人"。下卷"分论恩赦"，也有三章："论经文大赦""论善功大赦""论圣物大赦"。田主教序言：

> 尝思天主活爱也。有爱德者，则生活于主，而主亦必与之偕焉。窃叹吾人，每为悖逆之子，若天主惟依公义而行，早当严惩吾

圣教通考（扉页）
[法] 田嘉璧撰
圣教通考卷九 三章 一册
清光绪元年（1875）
北京北堂印书馆辑刻
刻本 纸本 筒子页 线装
八行十九字白口四周双边单鱼尾
开本：23×13.5（cm）
半框：16.4×10.5（cm）
79页

辈，如罚抗傲之判神矣。乃天主以慈父之心，立痛告之礼，以除我等罪恶……吾主耶稣之宝血，日流注于我等之身，以洁灵魂，以振善行，以增功绩。而炼灵之苦，亦得借之而减，或竟赖之立脱。

《新经鉴略》是《圣教通考》的第二卷，刻于同治十三年（1874），有三十四章，讲述耶稣基督言行。田主教序言：

> 救世者……乃见其以全能全善，实践所许，遣惟一圣子，亲降于世，救赎教诲人类，俾得以圣宠丰盈，直驱义德之路。而旨于长生之域，其工不更奇且大哉……耶稣之言曰，虽地狱众魔，群起而攻之，不能摇吾教会也，岂止此哉。圣教会以恩报怨，其于天下人，不啻如慈母之于子。以其铎德，以其修会，以其圣师，以其公议，恒行爱德于不替，以神恩救人之灵魂，以道学光人之明悟，以财物济人之肉身。务将耶稣所遗之教法，鞠躬尽瘁，传之世界终穷，直至于天门大开，共得永享真福而后已。

《新经鉴略》有四个附录："论唐朝圣教传入中国""论元朝圣教传于中国""论明朝圣教广扬""论清朝圣教通行"。虽然此类题目的著述比较多，但这四篇短文还是有史料价值的，不逊于《燕京开教略》。

田嘉璧还著有《圣母玫瑰会要》，一本介绍天主教圣母会的书，两章，"论玫瑰经"和"论圣母玫瑰会"。

田嘉璧非常勤勉，留下的作品不可谓不丰厚。

光绪三十四年（1908），北堂印书馆受托印制一部一位圣母小昆仲会神父翻译的《崇修圣范问答》。圣母小昆仲会（Marist Brothers），法国人马塞林·尚巴纳神父1817年在法国创立，以教

新经鉴略（内页）
[法]田嘉璧撰
圣教通考卷二 三十四章 一册
清同治十三年（1874）
北京救世堂辑刻
刻本 纸本 筒子页 线装
八行十九字白口四周双边单鱼尾
开本：22.7×13.6（cm）
半框：16.4×10.5（cm）
101页

圣母玫瑰会要（内页）
[法]田嘉璧撰
两章 一册
清光绪四年（1878）
北京救世堂辑刻
刻本 纸本 筒子页 线装
八行十八字小字双行同白口四周双边单鱼尾
开本：16×10.6（cm）
半框：12.5×9（cm）
21页

育青少年为目标,在世界各地设立学校,传播圣母玛利亚的福音,光绪十七年(1891)进入中国。

《崇修圣范问答》是圣母小昆仲会的经典,1880年教宗利奥十三世亲颁谕旨,准认此书合乎教义。《崇修圣范问答》两卷。上卷内容:"论人之终向及修士之终向""论圣召""论祈祷""论省察""论日课经""论看圣书""论良心""论纯全之地位及圣愿""论进德修行""论想天主鉴临""论诱惑""论分辨心神及魔害人之诡计""论热心救炼灵"。下卷内容:"论孝爱天主""论热爱耶稣""论虔敬圣母及大圣若瑟""殷勤培养孩童的德行""论珍重爱慕神师的教导""论听命""论谨守会规""论尽忠本会""论一家之心神""论欢喜神乐""论好秉性""论知恩""论恒心"。

译者在引言里的一段叙述非常精彩:

吾主耶稣喻圣教如美田,天主其家主也。耕耘种植,备极精勤。凡不受洗者,如野外荒草,不秀不实,他无所用,惟待永火之焚。已受洗者,犹芳卉移植于美田,宠佑优渥,内外交修,滋长发荣,根深实遂,终登天国之廪。又于圣教美田,佳园比栉,家主亲选花木,栽植其间,倍功培养,使之结实,既美且多,以作圣教盛饰。所谓佳园者,圣教各等修会也,选植之花木,各会修士也。

仅就内容而言,本书与其他同类书籍无甚不同,只是圣母小昆仲会留下的中文书籍极少,因而还是很珍贵的。

天主教节日里最重要最隆重的是每年"圣枝主日"至"复活节"这一周,也称"大主日""圣周"。圣枝主日,也称棕枝主日、基督苦难主日,因耶稣在这周被出卖、审判,最后被处十字架死刑,是圣周开始的标志。

光绪三十四年(1908)救世堂出版的《大主日礼义》分三部分。先是介绍圣枝主日的基本内容,游堂、弥撒、瞻礼等,然后详细说明圣体大礼的程序等,最后列举了除了大礼以外一周的庆典,读夜课经、瞻礼耶稣、朝拜十字架、拜苦路、望圣火、点圣五伤蜡等。编撰者是浙江教区主教石伯铎①,他还著有《善与弥撒》。

《善与弥撒》,民国二十年(1931)北京救世堂出版的一本非

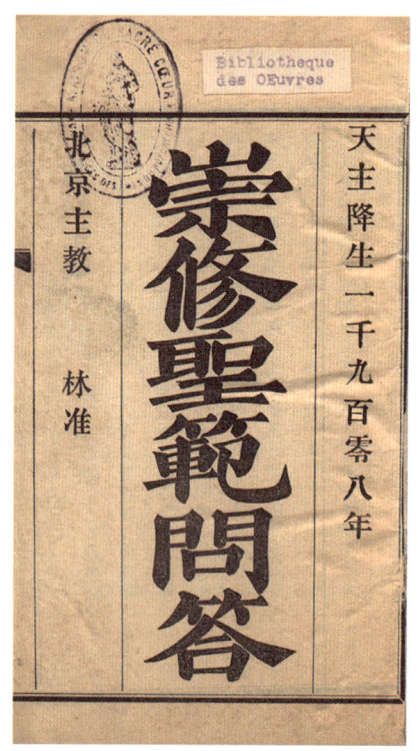

崇修圣范问答(扉页)
圣母小昆仲会会士译
两卷 两册
清光绪三十四年(1908)
北京北堂印书馆代印
铅印本 纸本 筒子页 线装
十行二十七字小字双行不同
白口四周双边单鱼尾
开本:20×13(cm)
半框:15×10.5(cm)
167页

---

① 救世堂本未署著译者名字,《北堂印书馆图书目录》著录译者为 M. Pierre Che,即浙江教区石伯铎主教。石伯铎(Pierre Lavaissière,1813—1849),法国人,1835年入遣使会修院,1837年发愿,次年晋铎。道光十九年(1839)来华,道光二十六年(1846)任浙江主教。逝于宁波。在《北堂印书馆图书目录》里 Pierre Che 名下作品还有《圣味增爵行实》《与礼义注》《圣伯多禄宗徒行实》《真福克来传》等,这些书可能是石伯铎遗作,他的后任田嘉璧将这些书带回北堂印书馆整理出版。

常精致的小书。不仅形式精致,内容也很别致,讲解天主教"弥撒"的规程、圣具、诵咏的细节,以及这些细节的意义。举例:

> 做弥撒的神父,表的是吾主耶稣,所以做弥撒的时候,神父所穿的祭衣,样样都有表意。领布是表的当初恶人,用布蒙住耶稣的脸,打耶稣嘴巴,叫他猜是谁打他。大白衣是表的黑落得同恶人们,给耶稣穿上白袍子,讥笑耶稣,是个疯狂人。绳索是表的恶人,在山园里用绳索把耶稣索起来。手带表的是耶稣受鞭打的时候,把手拴在石柱上。领带是表的耶稣背着十字架,恶人用锁子套在耶稣脖子上,在前头拉着。神父外面披的红袍,祭衣上头有十字,是表的耶稣背十字架。

兖州天主堂印书馆出版过这本书的译本,由罗赛翻译,名为《善望弥撒》。

以往天主教堂都有售卖"圣母显迹圣牌"的,作为教友庇佑圣品。救世堂在光绪二十一年(1895)出版的《圣母显迹圣牌纪略》是一本说明"圣母显迹圣牌"意义的书籍,编译者为正定主教包儒略①。该书共分九章:第一章"贞女嘉大利纳辣博来传",第二章"圣味增爵显现",第三章"圣母初次显现",第四章"圣母二次显现",第五章"圣母三次显现",第六章"圣牌传流甚广显迹施恩其多故有显迹圣牌之名",第七章"恭敬圣母无原罪之滋溢",第八章"嘉大利纳辣博来之终",第九章"圣母显迹圣牌显现瞻礼"。

民国三年(1914)北京救世堂出版江西主教和安当②编撰的

大主日礼义(扉页)
[法]石伯铎编撰
三部 一册
清光绪三十四年(1908)
北京救世堂排印
铅印本 纸本 筒子页 线装
九行二十一字白口四周
双边单鱼尾
开本:16×10(cm)
半框:13×8(cm)
40页 插图1幅

圣母显迹圣牌纪略(封面和插图)
[法]包儒略编译
九章 一册
清光绪二十一年(1895)北京救世堂排印
铅印本 纸本 筒子页 线装
九行十九字白口四周双边单鱼尾
开本:17×10(cm)
半框:12×8(cm)
46页 插图2幅

---

① 包儒略(Jules Bruguière,1851—1906),法国人,1872年入遣使会,1877年晋铎。同年(光绪三年)来华,光绪十七年(1891)任直隶西南区主教。逝于上海。
② 和安当(Casimir Vic,1852—1912),法国人,1873年入遣使会,1875年发愿,1877年晋铎。同年(光绪三年)来华,光绪十一年(1885)任江西主教。逝后葬于抚州。

著作《圣事宣讲》。《圣事宣讲》三册，不分卷，设三十四题逐一解答："总论论圣之迹""论圣洗圣事之迹""论付洗之式""论领洗时弃绝魔鬼""论坚振圣事之迹""论圣神十二奇效""论不可疏忽领受坚振圣事""论圣体圣事之迹""论耶稣立圣体圣事之日""论我们在圣体内恭敬耶稣""论冒领圣体""论善领圣体""论教友按天主诫命有本分领圣体""论不愿领圣体的虚推辞""论弥撒大祭""论圣体之祭""论弥撒大祭与十字架大祭""论弥撒大祭的大终向""论告解圣事之迹""论妥办告解""论真痛悔的四个好凭据""论定改""论在什么光景上该发痛悔""论告明""论告明的各等缘故""论告明当有的四样好凭据""论告明的齐全""论终傅圣事""论神品圣事之迹""论婚配"等。

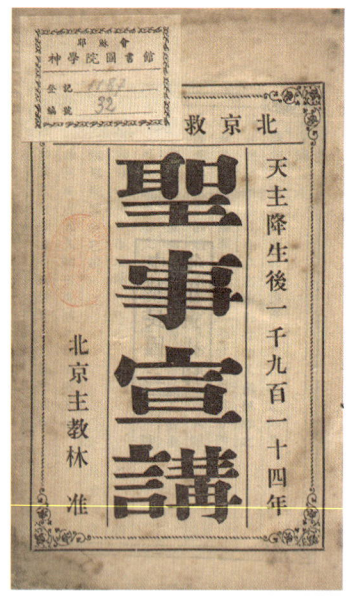

圣事宣讲（扉页）
［法］和安当撰
三十四题　三册
民国三年（1914）北京救世堂排印
铅印本　纸本　筒子页　线装
十一行二十五字细黑口半页四周双边单鱼尾
开本：20×13（cm）
全框：15.5×10（cm）
442页

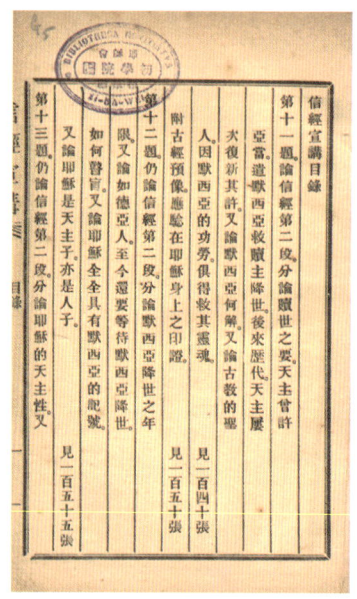

信经宣讲（内页）
［法］林懋德编译
四十九题　四册
清宣统二年（1910）
北京救世堂排印
铅印本　纸本　筒子页　线装
十一行二十七字白口半页四周双边单鱼尾
开本：20×13（cm）
全框：15.5×11（cm）
545页

就篇幅而言，和安当的《圣事宣讲》在讲圣事的书籍里是比较详细和全面的，也是他执事圣事活动多年的心得经验，不过内容上中规中矩，也没有多少文采。

宣统二年（1910）北京北堂印书馆出版了林懋德编译的《信经宣讲》，全书四册。作者分四十九题，引经据典，非常详细地讲解《圣经》及天主教的基本道理。比如，有一题讲到"原罪"："人既因为原罪的缘故，受到了天主的罚，罚到极凶祸的地步，还能做什么可以自救呢？原祖犯罪之后，明悟也昏暗了，圣宠的生命也死了，怎么还能寻得着真实的道路呢？怎么还能挣脱了魔鬼的锁链呢？"作者的答复当然是肯定的。从字面意思，到引申道理，作者谈到了人类应该如何相信天主、驱逐魔鬼而自救的道理和方法，并列举许多印证来说明。

《信经宣讲》全本存量很少。北堂印书馆这类宣教书籍出得很多，与其他出版机构大同小异。

作者林懋德（Stanislas Jarlin，1856—1933），又记林达尼老，生于法国，1889年晋铎；光绪二十五年（1899）来华，任直隶北境代牧区助理主教。义和团扫荡北京城时，林懋德与时任主教樊国梁一起被困在西什库天主堂五十六天。两人劫后余生，遂成生死之交。林懋德在樊国梁去世后，于光绪三十一年（1905）出任直隶北境代牧区主教；光绪二十五年（1899）曾获清廷三品顶戴。民国二十二年（1933）逝于北平，葬滕公栅栏。

可以与这些著作并提的还有包士杰《四史集一》和《四史集一注解》，分别出版于宣统元年（1909）和民国二年（1913），各分十卷。《四史集一》编写的是四福音书的故事，《四史集一注解》是前述的注释本。包士杰专长在历史研究，后文将会详细叙述。

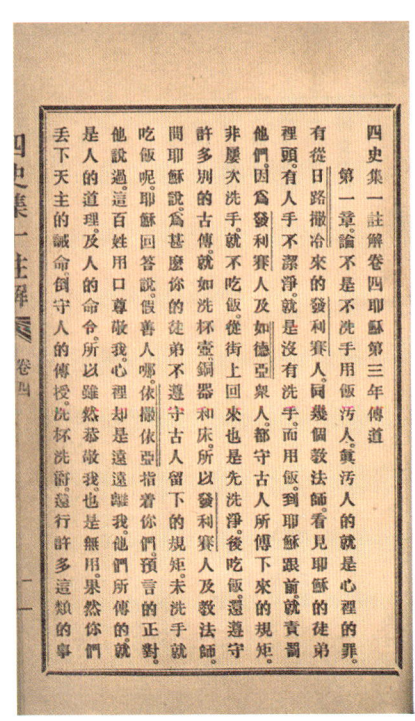

四史集一注解（内页）
［法］包士杰 撰
十卷　三册
民国二年（1913）
北堂遣使会印书馆排印
铅印本　纸本　筒子页　线装
十二行二十五字小字单行三十字半页
四周双边
开本：18×13（cm）
全框：15.5×10（cm）
210页
插图10幅

效法基督

> 看圣书,不是看里头的文章,是求里头的真道;是欲得其中的益处,不是看文词的华美。看书之意与作书之意相合,方好。
>
> ——多马斯·坎佩斯

天主教出版物里有一部书是非常特别的，即 De Imitatione Christi（《效法基督》，1441）。作者多马斯·坎佩斯（Thomas à Kempis，约 1380—1471）相传是中世纪德意志坎佩斯地方的一位修道士，他把自己毕生读经、祷告、默想、灵修、讲道、写作、劝勉的实践，写成这本深受教友喜爱的灵修名著。

说《效法基督》不同于一般天主教书籍基于两点：

第一，译品丰富。

在基督教书籍里，它是除《圣经》之外译本最多的一本书，据说有六千来种不同的版本。据世界书目数据库（Worldcat）的搜索数据：拉丁文 De Christo imitando 有十三个版本，法文 L'Imitation de Jesus-Christ 有四百六十六个版本，荷兰文 De navolging van Christus 有两千三百九十二个版本（包括德文版本），西班牙文 Imitación de Cristo 有二百七十七个版本，英文 The Imitation of Christ 等有一千四百四十一个版本。这是单行本数据，还有大量各种文集的版本。《效法基督》在教会内部几乎是每个神职人员的必修课，被列为必读的基督教"四书"之一。

De Imitatione Christi 中文译本极多，除《效法基督》外，还有许多五花八门的译名，可见著录的有：

书　名	译　者	行　款	刊印者	刊印时间
轻世金书（两卷）	阳玛诺译，朱宗元订			崇祯十三年（1640）刻本
轻世金书（四卷）	阳玛诺译，朱宗元订			乾隆二十二年（1757）刻本
轻世金书直解	朱宗元			崇祯年间刻本
轻世金书口铎句解	赵圣修①，蒋友仁			乾隆年间抄本
轻世金书	阳玛诺，朱宗元	八行二十字白口半页四周双边		嘉庆五年（1800）刻本
轻世金书	阳玛诺译，朱宗元订	八行二十字白口半页四周双边	江南教区	道光二十八年（1848）刻本
轻世金书便览	阳玛诺译，吕若翰②注释	八行十八字小字双行同白口四周单边单鱼尾	粤东天主堂	道光二十八年（1848）刻本
轻世金书	阳玛诺译，朱宗元订	八行二十字白口半页四周双边	上海慈母堂	咸丰六年（1856）刻本

---

① 赵圣修（Louis des Roberts，1703—1760），又名赵类思，字品之，法国人，1720 年入耶稣会。乾隆二年（1737）来华，在湖广一带传教，乾隆十三年（1748）进京。逝后葬正福寺。
② 吕若翰，字若屏，顺德人，在教，生平不详。

• 效法基督 •

续表

书　名	译　者	行　款	刊印者	刊印时间
遵主圣范	王君山	八行十八字白口四周双边单鱼尾	北京救世堂	同治十三年（1874）刻本
遵主圣范	包若瑟①	九行十九字白口四周单边单鱼尾		清末刻本
轻世金书	阳玛诺译，朱宗元订	九行十九字白口四周花边单鱼尾	香港纳匝肋静院	光绪十六年（1890）铅排本
师主吟	蒋升	八行二十五字小字双行同白口半页四周双边	上海慈母堂	光绪二十四年（1898）铅排本
师主编（文言文）	蒋升	八行三十字小字双行同白口半页四周双边	上海慈母堂	光绪二十七年（1901）铅排本
轻世金书直解	阳玛诺译，王君山注释	十行十七字小字双行同白口四周双边	北京救世堂	光绪二十九年（1903）铅排本
遵主圣范新编	包若瑟	十行二十四字白口四周花边	香港纳匝肋静院	光绪二十九年（1903）铅排本
轻世金书便览	阳玛诺译，吕若翰注释	八行十八字小字双行同白口半页四周边花书眉批注	香港纳匝肋静院	光绪二十九年（1903）铅排本
遵主圣范（文言文）	柏亨理	十四行二十八字白口四周双边单鱼尾	上海美华书馆	光绪三十年（1904）铅排本
师主篇（燕北官话）	李友兰②	十行二十七字白口四周双边单鱼尾	河间府胜世堂	光绪三十年（1904）铅排本
遵主圣范新编	王君山	十行二十字白口四周双边单鱼尾	重庆巴邑公义书院	光绪三十一年（1905）铅排本
轻世金书	阳玛诺，朱宗元		上海土山湾	宣统二年（1910）铅排本
遵主圣范	英雅阁，韩汝霖		上海广学会	民国二十六年（1937）铅排本
师主篇	萧舜华，田景仙		天津崇德堂	民国二十八年（1939）铅排本
大道指归	朱希圣		香港公教真理学会	民国三十六年（1947）铅排本

① 包若瑟（Joseph-Andre Boyer，1824—1887），又记宝若瑟，法国人，巴黎外方传教会士，1851年晋铎。咸丰四年（1854）来华，在满洲传教，曾任满洲教区主教。逝于巴彦苏苏（今哈尔滨市巴彦县）。
② 李友兰（Simon Li，1856—约1930），又名纯一，字懋修，教名西满，华籍。光绪元年（1875）入耶稣会，光绪十九年（1893）晋铎。

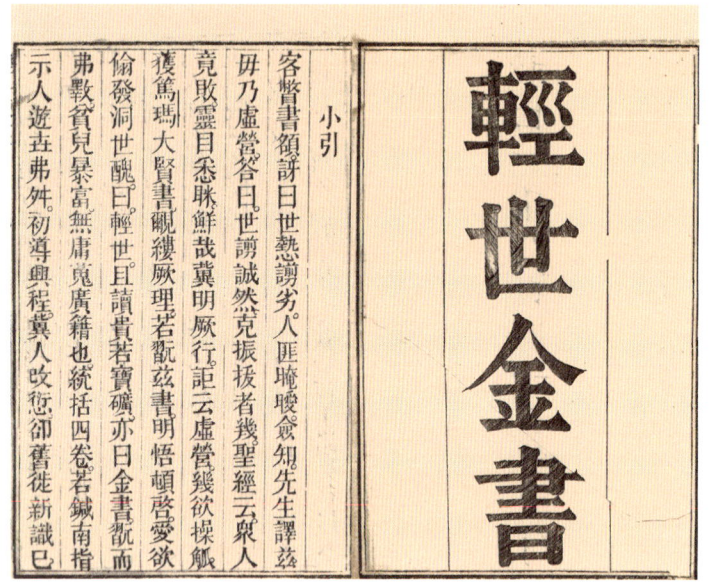

轻世金书（扉页和内页）
［德意志］多马斯·坎佩斯著
［葡］阳玛诺译 〔明〕朱宗元订
四卷 一册
清道光二十八年（1848）江南教区辑刻
刻本 纸本 筒子页 线装
八行二十字小字单行同半页四周双边
开本：23.5×15.3（cm）
全框：19.5×13.5（cm）
112页

书名的译法大致有四种：《轻世金书》《遵主圣范》《师主篇》《大道指归》。田嘉璧和蒋升在自己的序言里都提到此书译名还有《神慰奇编》，笔者未之见。

陈援庵先生于民国十四年（1925）在《语丝》发表《再论〈遵主圣范〉译本》，文中言其所知《遵主圣范》有七个版本。随后张若谷先生写《三论〈遵主圣范〉译本》补充了陈援庵遗漏的三个版本。方杰人先生在民国三十七年（1948）再写《〈遵主圣范〉之中文译本及其注疏》，据他考证的《遵主圣范》的版本有十二个。①

今日整理《遵主圣范》可见有二十多个版本，译本有九种：阳玛诺和朱宗元译本、王君山译本、包若瑟译本、蒋升译本两种、柏亨理译本、李友兰译本、英雅阁和韩汝霖译本、萧舜华和田景仙译本和朱希圣译本。

最早的译本是刻于崇祯十三年（1640）的阳玛诺和朱宗元译本。阳玛诺（Emmanuel Diaz，1574—1659），字演西，葡萄牙人，1592年入耶稣会；1601年在果阿完成学业后，到澳门传授神学六年。明万历三十九年（1611）到广东韶州传教，为当地人所逐；天启元年（1621）被派到北京传教，其间到过南京、松江等地。逝于杭州，葬于大方井墓地。

阳玛诺是最早向中国介绍伽利略望远镜和伽利略的天文发现的人。万历四十三年（1615）他的《天问略》在北京刊印，该书通过问答形式，阐明月相和交食原理、节气、昼夜和太阳运动，并着重阐述了用伽利略望远镜所发现的木星的四颗卫星、月球表面、金星盈亏、太阳黑子及银河带的星体结构等。他还著有《圣经直解》《十诫直诠》《天学举要》《舆图汇集》等书。

阳玛诺在中国天主教传教史上最重要的贡献有三项。一、《效法基督》第一个中文本的译者。二、崇祯十四年（1641）用中文撰写的《唐景教碑颂正诠》，是对景教的开创性研究。三、编撰了许多今日仍在使用的中文经书，如《天神祷文》，包括《圣弥额尔

---

① 方豪：《〈遵主圣范〉之中文译本及其注疏》，载《方豪文录》，第119—130页。

及诸天神列品祷文》《向诸品天神诵》《向圣弥额尔大天神诵》《向护守天神诵》,还有《圣若瑟祷文》,包括《大圣若瑟祷文》《向若瑟诵》《大圣若瑟新祷文》等。

陈援庵对阳玛诺译本是这样说明的:"此书用尚书谟诰体①,与所著《圣经直解》同,其文至艰深,盖鄞人朱宗元所与润色者也……文笔酣畅,与此书体裁绝异。宗元之意,以为翻译圣经贤传,与寻常著述不同,非用尚书谟诰体不足以显其高古也。结果遂有此号称难读之《轻世金书》译本。"②阳玛诺写的引言:

客瞥书额,讶曰:"世热谤劣,人匪唵暖,佥知。先生译兹,毋乃虚营?"答曰:"世谤诚然,克振拔者几!《圣经》云,众人竞败,灵目悉眛,鲜哉冀明厥行,讵云虚营!"几欲操觚,获笃玛大贤书,馈缕厥理。若玩兹书,明悟顿启,爱欲儵发。洞世丑,曰"轻世",且读贵若宝矿,亦曰"全书"。玩而弗敦,贫而暴富,无庸搜广籍也。统括四卷,若针南指,示人游世弗舛。初导兴程,冀人改愆,却旧徙新识已。次导继程,弃欲幻乐,饫道真滋,始肄默工。次又导终程,示以悟入默想,已精求精。末则论主圣体,若庀丰宴福,善士竟程,为程工报。兹四帙大意也。书理而夷奇,咀而愈味。但人攻敦,或宏遵诚,或强希圣,虽趣志人殊,然知玩金裨,是书奚可少哉!昔贤历回回邦,王延观国宝,既阅群书藏,出兹书曰:"知是书耶?"贤曰:"兹乃圣教神书,王不从,焉用?"王曰:"寡人宝聚皆贵,兹书厥极,盖室外饰,是书内饰,钦哉"西士钻厥益曰:"人或撄疑,或瞿患,周策决脱,若应手搅书,即获决脱,厥效神哉!"又拟曰:经记昔主自空命降滋味,谓玛纳,因字教众,奇矣其奇,味虽惟一,公含诸味,人贪某味,玛纳即应,书惟一。诸德之集,自逞之抑,自诿之勖,失心之望,怠食之策,妄豫之禁,虚恐之释,恶德之阻,善德之进,灵病之神剂也。自天降临玛纳,信乎,诸会士日览,赞若神,是故译之。友法兹探验,灵健,蒙裨奢矣。极西阳玛诺识。

正因为此译本文字艰深,后有三种注释本:朱宗元的《轻世金书直解》,吕若翰的《轻世金书便览》,王君山的《轻世金书直解》。

王君山译本最早是北堂印书馆于同治十三年(1874)刻印的,常常被误记为田嘉璧的译品,因为此书未署译者名字,却有田主教写的序言。陈援庵言:"此即《语丝》第五十期所介绍之本。田类斯为味增爵会北京主教。观其自序,似《遵主圣范》译名并不始于田类斯,田不过据旧译重为删订而已。余见重庆圣家堂名目,有《遵主圣范》一种,未识为何本。此本纯用语体,比《轻世金书》易晓,故颇通行。又田序言旧译尚有《神慰奇编》,余求之十余年,未之见。"陈先生就把译者弄错了。

包若瑟译本是浅文言本,方豪之前的研究者几乎没有明确提及过这个译本。不过张若谷曾讲过:"《遵主圣范》此书无译者姓名,亦无印行的年代和地名,共有四本,用连史纸铅印。吾曾见其甲乙二种,(甲)卷头有'遵主圣范弁言'六字,(乙)无'弁言'二字,此种刻本,疑即陈君见于重庆圣家堂书目

---

① 尚书谟诰体:此为《尚书》之两类。谟,作谋解,为谋议、谋划的记录,多出以问答体;诰为告,为告谕,多为君王对臣民的训谕。二者内容有别,文体口气也有别。但《尚书》篇篇皆高古。——承复旦大学潘良桢先生疏解。
② 陈垣:《再论〈遵主圣范〉译本》,刊《语丝》第五十三期,民国十四年(1925)11月16日,第9页。

遵主圣范新编（内页）
［德意志］多马斯·坎佩斯著
［清］王君山译
四卷 一册
清光绪三十一年（1905）
重庆巴邑公义书院印书局排印
铅印本 纸本 筒子页 线装
十行二十字白口四周双边单鱼尾
开本：16.8×10.5（cm）
半框：12.5×8（cm）
197页

的一种。惟已经再版翻印过，故微有不同处耳。"① 张先生所说这个译本应该是清末刊印的那版"包若瑟译本"。此书是刊刻本，不是铅印本，张先生笔误。光绪二十九年（1903）香港纳匝肋印书馆出版《遵主圣范新编》用的也是"包若瑟译本"，陈援庵记："此本无译者姓名，似系将田本改译，其用语比田本更俗。重庆圣家堂书目，亦有《遵主圣范新编》，未识与此本同否。"② 陈先生猜错了，此本既不是翻印北堂本，更不是田主教译文，是包氏译本。方豪先生认为，"包若瑟译本"应该是北京一位司铎所作，包若瑟只是保存着手稿，他去世后刊印时被误记为包氏所译。③ 方先生的判断只是推测而已。

蒋邑虚有两种译本，《师主吟》在前，浅文理本，长短句。序言称此书的体裁"按《师主》之道，不辞不文，而为吟者也"。《师主编》后译，深文理本，"是书译本已有数种，或简故奇倔，难索解人；或散漫晦涩，领略为难；或辞取方言，限于一隅；今本措词清浅，冀人一目了然"。大多数论著都提及胜世堂再版过"蒋邑虚译本"，书名改为《师主篇》，此说为误。胜世堂的《师主篇》是为"李友兰译本"。

李友兰的燕北官话译本《师主篇》最适于阅读。张若谷记："此书与陈君所举蒋升译本，同名异文，1904年天主教耶稣会士李友兰重译，1905年河间府胜世堂重印。"张先生将蒋本与李本甄别开是对的，他弄错的是，两书并不同名。

新教出版机构美华书馆和广学会分别出版过两种译本，"柏亨理译本"和"英雅阁译本"。陈援庵点评"柏亨理译本"时说：

> 柏亨理为耶稣教士。此书即据田类斯本，改语体为文体，凡田本"的""这""我们"等字，均易以"之""此""我等"。凡称天主处，均易以上帝。其自序言："著此书者乃根比斯之笃玛，德国

---

① 张若谷：《三论〈遵主圣范〉译本》，刊《语丝》第五十五期，民国十四年（1925）11月30日，第130页。
② 陈垣：《再论〈遵主圣范〉译本》，刊《语丝》第五十三期，民国十四年（1925）11月16日，第105页。
③ 方豪：《〈遵主圣范〉之中文译本及其注疏》，载《方豪文录》，第119—130页。

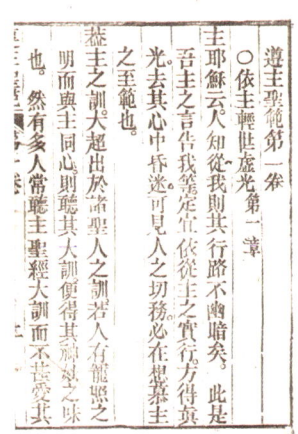   

遵主圣范（内页）
[德意志] 多马斯·坎佩斯著
[法] 包若瑟译
四卷 四册
清末辑刻
刻本 纸本 筒子页 线装
九行十九字白口四周
单边单鱼尾
开本：20×12.5（cm）
半框：15.5×11（cm）
245 页

遵主圣范新编（内页）
[德意志] 多马斯·坎佩斯著
[法] 包若瑟译
四卷 一册
清光绪二十九年（1903）
香港纳匝肋静院印书馆排印
铅印本 纸本 平装
十行二十四字白口半页四周
花边
开本：18.5×12（cm）
180 页

师主编（封面）
[德意志] 多马斯·坎佩斯撰
[清] 蒋升译
文言文
四卷 一册
民国二十四年（1935）
土山湾印书馆排印
铅印本 纸本 平装
十行二十七字小字双行同
半页四周双边
开本：19×13（cm）
全框：15×9.5（cm）
296 页

师主篇（扉页）
[德意志] 多马斯·坎佩斯撰
[清] 李友兰译
燕北官话
四卷 一册
清光绪三十年（1904）
河间府胜世堂排印
铅印本 纸本 筒子页 线装
十行二十七字白口四周
双边单鱼尾
开本：19.8×12.8（cm）
半框：15×10.5（cm）
166 页

人，生于一千三百八十年，十九岁入修士院，在彼七十余年，至九十二岁而卒。其书乃其六十一岁时所著，原文用拉低尼语，至今翻译已经六十余种话语。今特将天主教会主教田类斯所删定之本，略改数处；免门徒见之，或生阻碍。其字面有更换者，乃为使其尤易通行云。"柏亨理之意，盖以文体为比语体通行，然细审其书，文笔平凡，似无谓多此一举。①

看来陈先生对此译本颇有微词。

关于《轻世金书》三种注释本，朱宗元的《轻世金书直解》只见陈援庵和徐宗泽著作提过，无见著录。吕若翰的《轻世金书便览》有粤东天主堂道光二十八年（1848）的刻本，香港纳匝肋印书馆光绪二十九年（1903）根据粤东天主堂藏版出版铅排本。

---

① 陈垣：《再论〈遵主圣范〉译本》，刊《语丝》第五十三期，民国十四年（1925）11月16日，第106页。

轻世金书便览（扉页和内页）

［德意志］多马斯·坎佩斯著
［葡］阳玛诺译
［明］朱宗元订
［清］吕若翰注释
四卷　六册
清道光二十八年（1848）
粤东天主堂辑刻
刻本　纸本　筒子页　线装
八行十八字小字双行同
白口四周单边单鱼尾
开本：22×13.5（cm）
半框：16×11（cm）
150 页

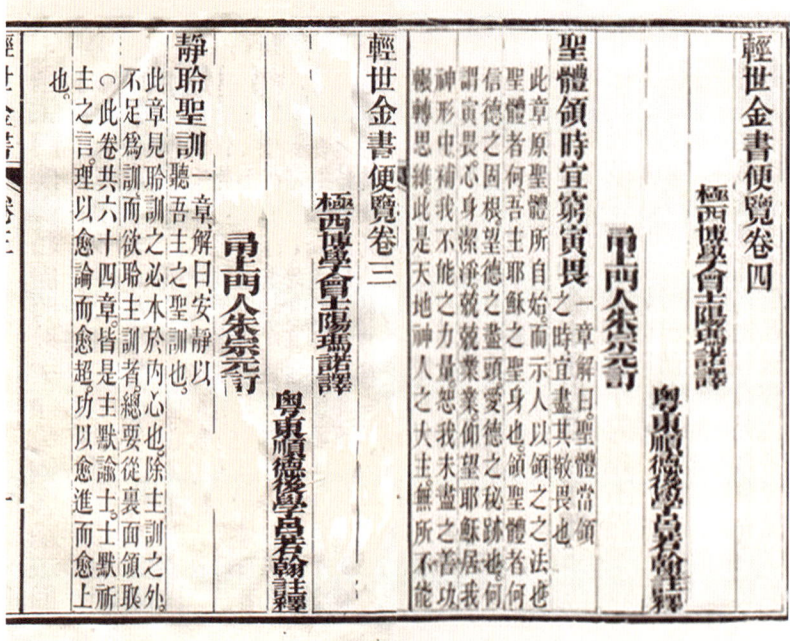

陈援庵先生评曰："吕若翰，粤之顺德人，天主教士，以阳玛诺《轻世金书》难读，特仿《日讲书经解义》体，为之注解，词旨条达，可为阳译功臣。"

王君山在《轻世金书直解》序言里说明自己做这番直解的初衷：

《轻世金书》乃圣教神修之妙书也。明末极西耶稣会士阳玛诺译入汉文，雨上朱子宗元订正之，而字句简古，文义玄奥，非兼通西文者往往难得真解。今之浅文《遵主圣范》，即同一书也，然虽有《遵主圣范》，而人多以能读《轻世金书》为快，求为讲解者甚伙，即其证也。又云，《遵主圣范》与现今通行之西文本相同，而《轻世金书》则与现今通行之西文本繁简迥异，疑当时所据者另为一本……其篇章分合不同，抑词句多寡有别，非得三百年前蜡顶文原本校之不可，是在好学君子。

陈援庵先生评述："序称此书仿《南华发覆》作。《南华发覆》者，坊间《庄子》注本，本文大字，而以疏解之文作小字，纳入本文中，俾读者联贯而读之，其能免续凫断鹤削趾适履之讥者鲜矣。然观其自序，可见田译《遵主圣范》之不能尽满人意，而后人兴反古之思。"

第二，僧俗共解。

《遵主圣范》讲的什么内容，如此受人待见呢？以李友兰的燕北官话译本为例来看一下。《师主篇》全书分四卷一百一十四章：

卷一：第一章"论效法耶稣轻看世俗"，第二章"论谦卑自下"，第三章"论真正道理"，第四章"论办事明智"，第五章"论读圣经"，第六章"论私欲偏情"，第七章"论虚妄骄矜该当躲避"，第八章"论谨避昵交"，第九章"论听命"，第十章"论少说闲话"，第十一章"论求真平安及热切修德"，第十二章"论患难之益"，第十三章"论谨防魔诱"，第十四章"论勿妄断人是非"，第十五章"论爱主办事"，第十六章"论忍耐他人"，第十七章"论修士的本分"，第十八章"论先圣善表"，第十九章"论修士行习"，第二十章"论爱清静寡言"，第二十一章"论心中愧悔"，第二十二章"论人世之苦"，第二十三章"论默想死候"，第二十四章"论审判之严罪过之罚"，第二十五章"论改过自新该当勤谨"。

轻世金书便览（扉页）
[德意志] 多马斯·坎佩斯著
[葡] 阳玛诺译 [明] 朱宗元订
[清] 吕若翰注释
四卷　一册
粤东天主堂藏版
清光绪二十九年（1903）
香港纳匝肋静院排印
铅排本　纸本　平装
八行十八字小字双行同
白口半页四周边花
开本：21.3×13.5（cm）
全框：18.5×11（cm）
166页

卷二：第一章"论同天主契合"，第二章"论谦逊忍耐"，第三章"论能容忍之人"，第四章"论灵魂洁净为人正直"，第五章"论反心自问"，第六章"论良心无罪欢乐无比"，第七章"论爱慕耶稣在万有之上"，第八章"论同耶稣亲热"，第九章"论缺各等安慰"，第十章"论感谢天主之大恩"，第十一章"论爱慕苦架甚少甚稀"，第十二章"论走苦路"。

卷三：第一章"论主与忠仆默谈神交"，第二章"论主训人心不言而喻"，第三章"论聆主圣训务要谦恭"，第四章"论对越天主务要谦诚"，第五章"论诚心爱主其效最奇"，第六章"论真实爱德宜有试验"，第七章"论受主恩典务宜谦隐"，第八章"论天主台前当自轻贱"，第九章"论各种事务当归天主"，第十章"论事主轻世最为甘饴"，第十一章"论欲定志向慎察斟酌"，第十二章"论学习忍耐克制偏情"，第十三章"论效法耶稣谦心顺命"，第十四章"论思审判严可免骄矜"，第十五章"论遇有所欲何以何求"，第十六章"论惟在主怀当求安乐"，第十七章"论关心之事托放大主"，第十八章"论效法耶稣甘忍世苦"，第十九章"论忍耐凌辱试验其忍"，第二十章"论承认己弱及人世苦"，第二十一章"论欲寻安居当在主怀"，第二十二章"论记念天主大恩"，第二十三章"论欲得真安当有四样"，第二十四章"论他人行为不必多管"，第二十五章"论真平安路进修实际"，第二十六章"论心能自由在乎祈祷"，第二十七章"论为得天国自爱为害"，第二十八章"论人说是非不必介意"，第二十九章"论处困苦中当哭当求"，第三十章"论求主圣佑失恩可复"，第三十一章"论轻视万物可得天主"，第三十二章"论克制自己弃绝贪欲"，第三十三章"论人心无定终向归主"，第三十四章"论爱主之人尝其甘馨"，第三十五章"论人在世上难免诱惑"，第三十六章"论他人妄断不必畏惧"，第三十七章"论专心弃己可得自由"，第三十八章"论善理外面遇危求主"，第三十九章"论办事之时不可急迫"，第四十章"论人无微善可以自夸"，第四十一章"论世上光荣当轻当弃"，第四十二章"论平安之福不在人间"，第四十三章"论虚假学问应当轻看"，第四十四章"论外来之事不可包揽"，第四十五章"论勿信人言多言易失"，第四十六章"论人言伤我当靠天主"，第四十七章"论为得常生当受万苦"，第四十八章"论永远真福今世暂苦"，第四十九章"论盼望永福赏报重多"，第五十章"论愁闷之时托己于主"，第五十一章"论不能默想宜习外务"，第五十二章"论不堪安慰宜受鞭策"，第五十三章"论天主圣宠不赏俗人"，第五十四章"论圣宠人欲萌动不同"，第五十五章"论人性败坏圣宠实效"，第五十六章"论效法吾主克己茹苦"，第五十七章"论遇有过失不可失望"，第五十八章"论奥妙主旨不可测度"，第五十九章"论人有所望宜靠天主"。

卷四：第一章"论领主圣体宜极谦恭"，第二章"论圣体圣事大显慈爱"，第三章"论频领圣体大有神益"，第四章"论善领圣体受益良多"，第五章"论圣体至贵铎位至尊"，第六章"论预备领主求主指示"，第七章"论自省己过定志改迁"，第八章"论苦架祭主人当自献"，第九章"论献心身为众祈祷"，第十章"论领圣体时不可推诿"，第十一章"论圣体圣经最要于人"，第十二章"论欲领圣体尽心预备"，第十三章"论热心领主与主结合"，第十四章"论热心灵魂切愿领主圣体"，第十五章"论热心之恩歉祷可得",第十六章"论自诉要需求主加恩",第十七章"论备领圣体炽爱切愿",第十八章"论谦信圣体勿究厥理"。

这本书不仅被基督教奉为圭臬,在世俗文化领域和学术界也多被关注,这是不多见的现象。值得提及的一件事是,近代文学家周作人,于民国十四年(1925)十月在著名文学刊物《语丝》第五十期撰文(署名子荣),论及《遵主圣范》,大发感慨。周作人认为这本书可以与《十日谈》比肩。他在《茶话》栏目的这篇文章言:

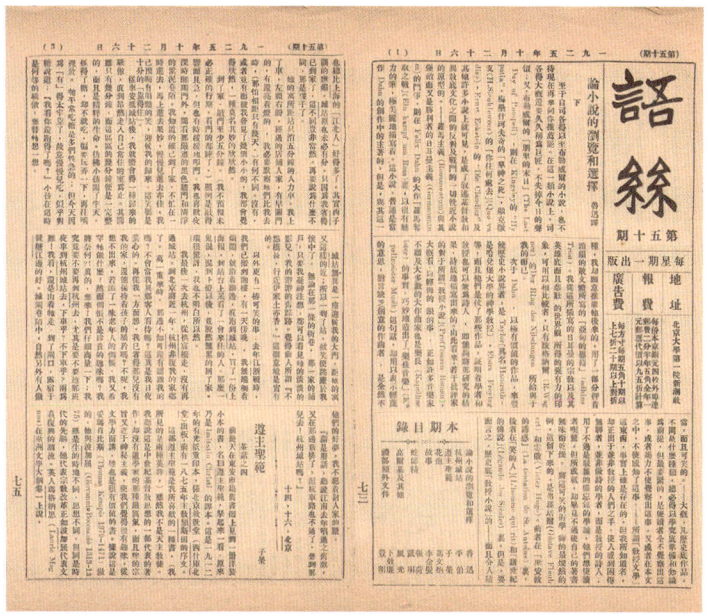

《语丝》周刊第五十期（报头和内页）
民国十四年（1925）10月26日刊行
《语丝》社编辑
北新书局出版

> 前几天在东安市场旧书摊上见到一册洋装小本的书,名曰《遵主圣范》,拿起来一看,原来乃是 Imtatio Christ 的译本。这是一九一二年的有光纸重印本,系北京救世堂（西什库北堂）出版,前有一八七五年主教类斯田的序文。
>
> 这部《遵主圣范》是我所喜欢的一种书（我所见的是两种英译）,虽然我不是天主教徒。我听说这是中世纪基督教思想的一部代表的著作,却没有道学家的那种严厉气,而且它的宗旨又近于神秘主义,使我们觉得很有趣味。从文学方面讲,它也是很有价值的书。据说这是妥玛肯比斯（Thomas Kempis,1379—1471）做的,他与波加屈（Giovanni Boccaccio,1313—1375）虽是生的时地不同,思想不同,但同是时代的先驱,他代表宗教改革,正如波加屈代表文艺复兴的潮流。英国人玛格纳思（Laurie Magnus）在《欧洲文学大纲》卷一上说:"出世主义是《遵主圣范》的最显著的特色,犹如现世主义是《十日谈》（De Cameron）的特色。我们回顾过去,望见宗教改革已隐现在那精神的要求里,这就是引导妥玛往共生宗的僧院的原因。我们又回顾过去,从波加屈的花园里,可以望见文艺复兴已隐现在那花市情人们的决心里,在立意不屈服于黑暗与绝望,却想用尽了官能的新法去反抗那一般的阴暗之计划里了。无论在南欧在北欧,目的是一样的,虽然所选的手段不同。共同的目的是忘却与修复;忘却世上一切的罪恶,修

复中古人的破损心,凭了种种内面的方法。《十日谈》里的一个贵女辩解她们躲到乡间去的理由道:'在那里我们可以听到鸟的歌声,看见绿的山野,海水似地动的稻田,各色各样的树木。在那里我们又可以更广远地看见天空,这虽然对我们很是严厉,但仍有它的那永久的美;我们可以见到各种美的东西,远过于我们的那个荒凉的城墙'。正是一样,妥玛想忘却他的心的荒凉,凭了与天主的神交修复他精神的破损。"

周作人还抄录此书中的几段文字,认为最为精彩,符合其心:

"看圣书,不是看里头的文章,是求里头的真道;是欲得其中的益处,不是看文词的华美。看书之意与作书之意相合,方好。要把浅近热心的书与那文理高妙的书一样平心观看。你莫管作书者学问高低,只该因爱真实道理,才看这部书。不必查问是谁说的,只该留神说的是什么。"

"人能死,天主的真道常有,不论何等人,天主皆按人施训。只因我们看书的时候,于那该轻轻放过的节目偏要多事追究,是以阻我们得其益处。要取圣书之益,该谦逊,诚实,信服,总不要想讨个博学的虚名。你该情愿领圣人们的教,缄口静听。切莫轻慢先圣之言,因为那些训言不是无缘无故就说出来的。"

"你须真知灼见,度此暂生,当是刻刻赴死。人越死于自己,则愈活于天主。"这译语用得如何大胆而又如何苦心,虽然非支及拉耳特(Fitzgerald)的徒弟决不佩服,我却相信就是叫我们来译也想不出别的办法来的了。

他最后感叹道:

末了,我又想起来了,倘若有人肯费光阴与气力,给我们编一本明以来的译书史——不,就是一册表也好——那是怎么可以感谢的工作呀。①

随后作家陈援庵、张若谷等人也加入讨论。陈援庵在第五十三期撰文《再论〈遵主圣范〉译本》,列举了他所了解的七种译本,并对各家翻译风格及译者作了介绍。张若谷在第五十五期撰文《三论〈遵主圣范〉译本》,拈补陈先生之漏记。

周作人、陈援庵、张若谷这些民国文学大家,在《语丝》上笔谈一本天主教书籍,一方面是讨论文学的翻译问题,另一方面显示他们对天主教著作里一些有思想深度的书,也给了了正面评价。

天主教有一些教诲人们提高内心修养的书籍,强调在现世读经、祷告、默想、灵修、劝勉等修行;善待穷苦人,帮助残病人,收养孤遗儿童;身躬勤勉达到精神升华。这类被周作人称为"出世主义"的著作,反映了欧洲文艺复兴、宗教改革等一系列思想解放运动对思想禁锢、政治黑暗的中世纪的反叛。

类似《遵主圣范》的中译书籍还有一些,比如《济美篇》《热心神师》《演习神武》《崇修引》《谈道遗

---

① 周作人:《遵主圣范》,刊《语丝》第五十期,民国十四年(1925)10月26日,第75页。

稿》等,还见过耶稣会神父翁绍基①的稿本《救灵军器》。

北京教区主教田嘉璧以其良好修养和独到眼光,选编了许多西方宗教名著,有如《遵主圣范》和《热心神师》等,安排在北京北堂印书馆出版,并亲自翻译了《热心神师》《演习神武》。

《热心神师》是一部论述天主教神职人员道德修养、行为规范的书。有"论热心及爱天主""论涤除灵污为先""论爱人""论良善待己""论端肃之德""论谦德能令人爱己卑贱""论克苦之德""论艰难""论忍耐""论心内和平""论诱惑""论默想""论涤己眷恋小罪之情""论心当自由""论慷慨之德""论修士之诚实""论在会修女之全德"等章节。

从这些题目可以看出这是一部很有趣味的书,出自神父之手,关注心灵修养,诲人不倦。如果不是由教会出版,其影响应该不亚于弗兰西斯·培根的《论说文集》。

《演习神武》,一部很少见的书,光绪八年(1882)北京救世堂排印。田嘉璧在序言里介绍,此书是西方博学之士在1589年撰写的,类似于《遵主圣范》,但与《遵主圣范》不同,"而其编次、叙说则异盖《圣范》,多集明训而不求贯串。故其旨趣未易得窥,《神武》则依次敷陈、反复辩论后,显示人以应行之则"。此书最初为三十篇,后不断补充至六十余篇。

《演习神武》讲,《圣经》言人生如战场,但是这里所说的战场是指信教之人的修行,人的内心灵魂的战斗。简单说就是,人

热心神师(扉页)
[法]田嘉璧删订
两卷 两册
清光绪九年(1883)
北京救世堂排印
铅印本 纸本
筒子页 线装
九行二十二字白口四周双边单花鱼尾
开本:17×11(cm)
半框:12.3×9(cm)
141页

演习神武(扉页)
[法]田嘉璧编译
六十六篇 一册
清光绪八年(1882)
北京救世堂排印
铅印本 纸本 筒子页 线装
九行二十字白口四周双边单鱼尾
开本:17.2×10.7(cm)
半框:12.5×8.5(cm)
134页

---

① 翁绍基(Clodovæus Bienvenu,1845—1890),字赞臣,法国人,1865年入耶稣会。光绪十一年(1885)来华,光绪十二年(1886)晋铎。逝于亳州蒙城。

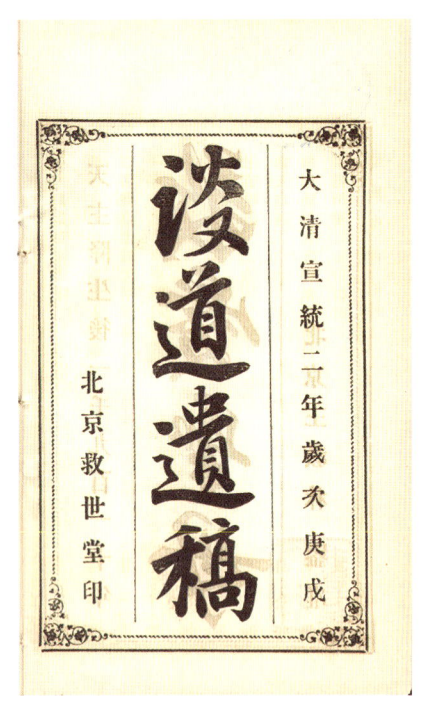

谈道遗稿（扉页）
〔清〕王君山撰
六卷　六册
清宣统二年（1910）北京救世堂排印
铅印本　纸本　筒子页　线装
十行二十七字白口半页四周双边无鱼尾
开本：20.5×13.5（cm）
全框：15.8×10（cm）
258 页

们的修行，就如同与魔鬼战斗；人们的神武来自主。因此，人们日常的修炼功课就是"演习"，只有遵主之圣范，才可得以神武，战胜魔鬼。

择题示意："谨避多事""练爱欲之司正志""每晨如何预备出战""克肉情以避邪淫""善守五官引使向主""随即别生善情""谨守口舌""奸魔诡计多端""魔以何计阻人德径""魔以吾德谋陷吾灵""恒行勿缀""谨避妄断他人""感谢主恩""日行省察"……

《谈道遗稿》六卷六册，北京救世堂于宣统二年（1910）排印，包括《主日圣经》、《瞻礼道理》、《敬爱圣母》、《教友避静》（两卷两册）、《即事昌言》。

此书作者很低调，只署圣味增爵会士编，其实是王君山神父晚年的自选著作集，讲的都是修心养性的道理，娓娓而谈。此书六卷全本十分难得。

在此奢言铺陈以《遵主圣范》为代表的一类天主教"精修"著作，是提示读者注意，天主教看似千篇一律的著作中，其实略有不同，且有迹可循。除了《圣经》读本、主日经文这些经籍外，天主教宣教书籍大致可以归为几类：一、圣人言行，二、辨妄求真，三、修行品道。

百年流泽

从土山湾到诸巷会（下）

姚鹏 著

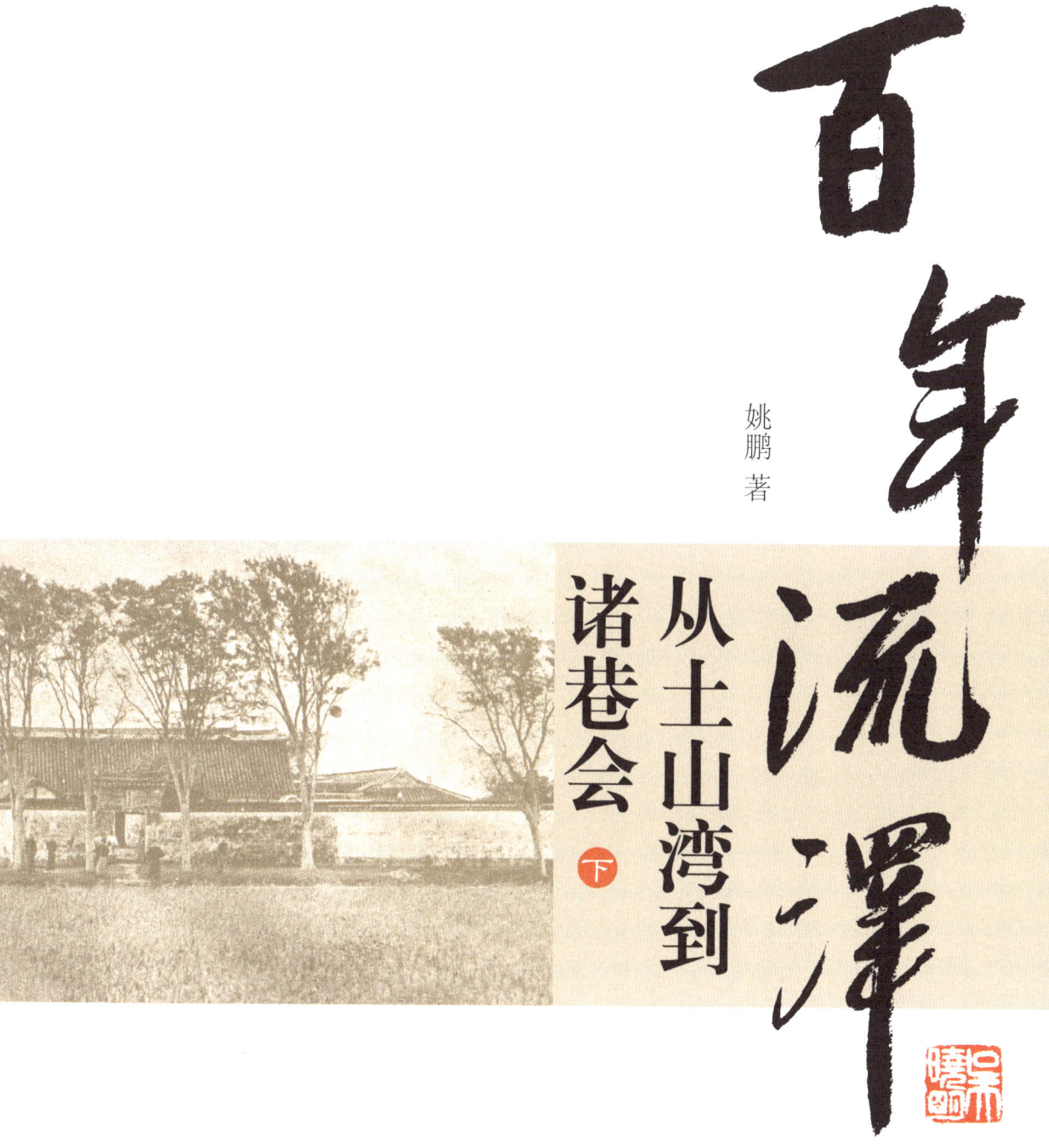

中西书局

北堂印书馆出版最活跃的时期是从樊国梁主教主掌北京教区开始的，即清光绪二十五年（1899），直至第二次世界大战前。

樊国梁（Pierre-Marie-Alphonse Favier，1837—1905），法国人，遣使会士，1861年晋铎，同治元年（1862）来华，光绪二十三年（1897）任直隶北境代牧区助理主教；光绪二十五年（1899）出任直隶北境代牧区主教，获清廷二品顶戴。

光绪二十六年（1900），义和团渐成气候，拥进京城，樊国梁从法国公使馆调水兵修筑工事，武装西什库教堂。义和团围困西什库教堂时，他组织教堂守卫收留数千名中国天主教徒避难。八国联军入京，北堂解围。在列强勒索赔款问题上，樊国梁等传教士在其政府提出的要求以外，额外列出教会受损清单，要求清政府增加赔款。另外，由于有传教士遭义和团所杀，他要求法国公使对华索取精神赔偿。这些要求后来在《辛丑条约》里得到满足。

光绪二十七年（1901）樊国梁回欧洲，受到罗马教廷表彰，教宗赐以"宗座卫士"的梵蒂冈最高荣誉头衔，法国政府亦授以十字荣誉勋章。次年樊国梁重返中国，光绪三十一年（1905）逝于北京，葬于西什库教堂。

樊国梁撰写的《燕京开教略》是北堂印书馆比较重要的书籍。关于此书的形成，樊国梁在序言里是这样交代的：

余于传教之暇，著有法文《北京考略》一书。虽专记北京轶事，而于中国历代之兴亡，民情之变迁等事，亦莫不旁涉一二。至宣传正教乃余本职，故于累朝圣教行使止泥之迹，搜辑尤详。俾余同志之士来华传教者有所遵循，又知传教之不易，而益鼓励其志勇，庶中国终有圣教昌明之日矣。再中国圣教鉴史之记，虽杂见于圣教诸书，然而专治之家至今尚无其人。夫以中国奉教之人，而昧于中国圣教之史，此诚一大憾事也。故余于《北京考略》书内，择其有关于圣教事迹之各端，俱命译为华文，附以人物图考，另题其名曰《燕京开教略》，既可令中国教友稍知中国教史，亦可为后日专修中国教史者之嚆矢。然则，是书之作，未始无补于中国之圣教也。

《燕京开教略》出版于光绪三十一年（1905），分为上中下三卷。

上卷，"由前汉天主耶稣降生至元时圣方济各士柏朗嘉宾开教中国，又由元至明时耶稣会士利玛窦来华"。

中卷，"由明万历间耶稣会利玛窦来华，至大清乾隆间遣使会罗尼阁之时"。

下卷，"由遣使会罗尼阁接理中国教务，至光绪二十年之时"。

简单说，樊国梁把北京天主教历史分成三段：元代之前零散传教活动，明清年间耶稣会主导传教活动，耶稣会撤退后遣使会主掌传教活动。

樊国梁在上卷开篇即讨论基督教是否于汉代已传入中国。耶稣受难后，使徒们星散四方，其中圣多

帝都城记

> 凡自高的必降为卑，自卑的必升为高。
> ——《新约·以弗所书》

元太宗

赛梅多

元定宗妃

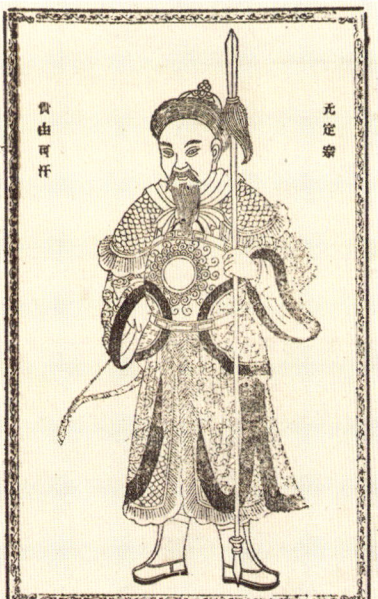

元定宗

燕京开教略（扉页和插图）
［法］樊国梁撰
三卷　三册
清光绪三十一年（1905）
北京救世堂排印
铅印＋木刻　纸本
筒子页　线装
八行二十字小字双行不同
白口半页四周花边
开本：27×16.5（cm）
全框：19×13（cm）
254 页
木刻插图 98 幅

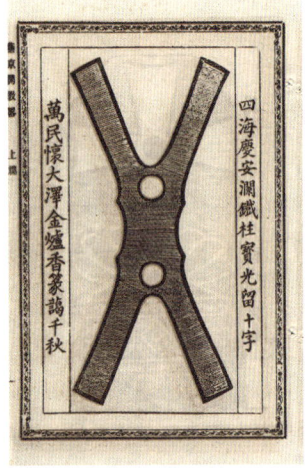  

中国古代基督教遗物两种　　　　　　　　苏努王十二世子若瑟囚禁图

圣方济沙勿略　　　　　罗尼阁　　　　　　德理格

天津望海楼焚堂时之图

默使徒东来印度，建立教会，传播福音。樊国梁认为，东汉时期，中亚商路畅通，印度的传教会就在这个时期把基督教传到中国。"有经文曰，圣多默宗徒，将邪神由印度驱出。又曰圣多默劝化中国，与厄第约俾国之民。又曰，天主之国，因圣多默宗徒，飞降于中国民间。又唐宣宗时，印度大主教德阿多削之大公议中，亦言当时中国教务，系属印度大主教兼理。"樊国梁自称，多年来他访览过许多历史遗迹，可以佐证他的判断。

当然樊国梁肯定不会遗漏阿罗本于唐贞观九年（635）传景教于长安。"传教士阿罗本，率领铎德多人，由大秦而至，传圣教于中国，携有圣经圣像，称为景教。"据说唐太宗"咨询教理，真而止正。特令传授。亲降谕旨，其略曰：今有大德之人，由大秦来观，朕察其教旨，玄妙幽深，总以救人为务。传之国中，大益群生"。

元代，基督教从两个方向再入中国。满洲发现三通元代基督教在此地传教留下的碑刻。另一方向是方济各会传教士孟高维诺①至元三十一年（1294）经海路来华，在元中都（在今河北）立脚。

樊国梁记述，此前南宋末年，教宗依诺增爵四世（即英诺森四世）曾派遣方济各会修士柏朗嘉宾②来华，在上都觐见蒙古大汗，交涉蒙古铁骑杀戮屠城事件。教宗信曰："今闻蒙古君民率百万之众，侵伐奉教外教诸邦，屠戮生灵殆尽。各国之民，颠沛流离，哭声震天地，惨不忍闻。朕甚怪焉。近来蒙古君民不惟不能改过自新，且益肆其暴虐，仍速远伐远有，不顾上主命人本性相安之大诫。不论男妇老幼，恣意杀戮，其义何居？"

时至明朝，中原的基督教并没有因蒙古王朝的灭亡而消失。樊国梁认为，在利玛窦之前已有传教士在北京传教。洪武年间有尼各老包特大主教在位。"明景泰六年（1455），教宗加里斯多第三世（即卡利克斯特三世）在位时，北京尚有方济各会主教一名，掌理北京教务。乃大主教孟高维诺之第七位继任者。"利玛窦来华之前，基督教在华传承从未中断过。

中卷的内容，世人较为熟悉。樊国梁历数受葡萄牙国王派遣，先于利玛窦来华，试图进入内地的传教士——耶稣会的西班牙人沙勿略，奥古斯丁会的西班牙人马尔定拉大，耶稣会的意大利人弥额尔劳介里等，他们进入内地展开的传教活动都未成功。

中卷有些小史料还是颇有意思的。

天启初年，鞑靼南下，所向披靡。徐光启、杨廷筠等人曾上疏奏本，建议借盘踞澳门的葡萄牙士兵助阵，"葡国之兵，猛勇无前"，又建言"耶稣会士等，皆博学宏才，多才多艺之人，宣来京邸，于保国大有神益"。熹宗准奏，诏各地耶稣会士进京。有葡萄牙军官率兵丁四百，乘船北上，后因阻碍，中途折返，进京"勤王"的只有龙华民、阳玛诺等传教士。

雍正朝，亲王苏努"因庇护圣教，全邸被抄"。"苏努王虽未奉教，然家中上下等，大半皆为耶稣会士苏霖③所化，奉教甚诚。"事泄，苏努全家六十余口皆被发配塞外。苏努案牵连耶稣会传教士穆敬远④被

---

① 孟高维诺（Giovanni da Montecorvino，1246—1328），意大利人，方济各会士。元至元二十八年（1291）抵泉州，至元三十一年（1294）抵达元大都，先后任泉州和汗八里主教。逝于大都。
② 柏朗嘉宾（Giovanni da Pian del Carpine，1182—1252），意大利人，方济各会士。南宋淳祐五年（1245）出使蒙古。著有《蒙古行纪》。
③ 苏霖（Joseph Suarez，1656—1690），字沛苍，葡萄牙人，1673年入耶稣会。康熙二十三年（1684）来华。著有《圣母领报会》（康熙三十三年〔1694〕北京刻本）。
④ 穆敬远（João Mourão，1681—1726），字若望，葡萄牙人，1694年入耶稣会。康熙三十九年（1700）来华。逝于流放地西宁。

鸩杀。有关苏努一案，樊国梁的记述与后来陈垣先生在《雍乾间奉天主教之宗室》里的考证略有差异。

樊国梁还提到郎世宁，不过不是因为其绘画。乾隆登基之初，耶稣会在北京办有几处育婴堂，收养弃婴，还给垂死婴儿洗礼。有大臣奏告洋教士迷拐人口。乾隆欲严究。"次日，郎世宁跪伏上前，流涕满面，哀恳皇上格外施恩，勿张其谕。"乾隆怜之，收回成命，只将涉案的中国人治罪，开脱了洋人。

《燕京开教略》里谈到的宫廷画师主要是一位名叫德尼①的耶稣会修士。"德尼画法虽精，奈皇上依中国时尚，惟好水画。德尼不能尽其所长。皇上谕工部曰：水画意趣深长，处处皆宜。德尼油画虽精，惜水画未惬朕意。若使学习水画，定能拔萃超群。"这位出身欧洲的油画名家德尼坚辞不从，"皇上奇其情操，不复相强，愈器重之"。

下卷讲的就是遣使会的传教史了。教廷解散耶稣会，法王路易十六派了三位遣使会传教士罗尼阁、冀若望和巴保禄来华处理交接事项。遣使会接管北京教务后时运不佳，嘉庆年后禁教尤甚，传教士纷纷逃离京城。特别严重的是道光七年（1827）皇帝颁旨籍没北堂，拆毁大堂，拍卖地基。京城唯毕学源②主教恪守岗位，他在钦天监制历，可居住南堂。北京教区一变为败井颓垣，环堵萧然。孟振生于道光十四年（1834）来华，赴西湾子传教，组织避难于此的遣使会传教士欲重整旗鼓。他于道光二十年（1840）任蒙古教区代牧，道光二十六年（1846）接任北京主教后，修饰教堂、重秩圣事活动，复现昔日光景。"孟主教乃能力振摧纲，光复旧物，而大获于前，实重兴北京圣教一代之伟人也。"其实，孟振生也是生逢其时，赶上鸦片战争后清廷开教。

樊国梁在下卷写得比较细致，但乏精彩内容。

总体来说，《燕京开教略》记录了大量史料，这些史料往往是从天主教教会角度观察的，与其他史书有别，因而还是常常被一些研究引据。《燕京开教略》是一部比较系统的天主教在中国传教的历史著作，如果以信史标准衡量，存在几点不足。一、虽然续写了《利玛窦中国札记》之后的历史，然其无法像利玛窦那样，记述自己亲力亲为的躬行实践。二、从史学角度评价，此书欠严谨，故事虽生动，但缺乏信据。三、樊国梁或许没有驾驭这么大题材的能力，以他的学术造诣，如果像包士杰神父那样写一本"拳祸亲历记"或许更合适些。

从收藏角度看，《燕京开教略》活字铅印，大开本、白纸、线装，开卷欣然；木版刊印了人物、风俗、建筑、物产等九十八幅插图，颇有价值，是救世堂少有的好书。此书严格规避清讳。

与胜世堂图书以神修类为特色相比，北堂印书馆的特色是历史类书籍，主要是两类：一类如樊国梁的《燕京开教略》、包士杰的《拳时北堂围困》，为记述发生在身边之事的近代史著；另一类是圣人传记。

北堂印书馆出版的圣人传记中，最重要的莫过于有关遣使会创始人文生（味增爵）的传记。《圣味增爵行实》出版于民国元年（1912），原作者法国安吉利（J.-M. Angeli），译者是石伯铎主教。

《圣味增爵行实》分为三卷，卷一讲述传主童年和学校生活，弃俗修道，领神品，晋神父，初次讲道，创立仁爱会，创建仁爱贞女会，出任蒙养院院长等。卷二讲述传主创立遣使会，制定宗会宗旨，带

---

① 德尼，即王致诚。
② 毕学源（Gaetano Pires Pereira，1763—1838），葡萄牙人。嘉庆五年（1800）来华，曾被任命南京教区主教，未到任，道光七年（1827）任北京教区主教。逝于北京，葬滕公栅栏。

聖味增爵在各村莊宣講聖道　　聖味增爵患病垂危主體復聖身力加增

聖味增爵會真方各來主命武府嘉廿年月五　　聖味增爵會真若翰加尼爲致在昌於光十八十日
聖味增福濟克爲致在昌於慶正五初日　　聖味增福翰偉會主命武府道二年月六

圣味增爵行实（扉页和插图）
［法］安吉利著
［法］石伯铎译
三卷　一册
民国二年（1913）
北京救世堂排印
铅印本　纸本　筒子页　线装
十一行二十七字半页四周双边
开本：21×13.5（cm）
全框：15.7×10（cm）
插图 16 幅

会友下乡传教,培植神品修士,设立改造浪荡女子的学院,制定仁爱会会规,圣人与避静神工,创办讲道会,创立修道院,创立收养婴孩会,救助犯人,圣人劝国王善终等。卷三讲传主荣任教务议院总议长,身患重病,遣使会海外传教,创立养老院,创立贫民院,仁爱贞女会救治伤病,创立圣辣匝禄院,末年行实,传主善终等。

译者在序言里概要其理:

我圣教中,历代圣贤多不能以数计,然不外乎致命、隐修、显修三等。致命者,为保信德而舍暂生。隐修者,或入旷野断绝俗务,苦身以自修,或入隐修院,与人同守修规,此皆为隐修者。至若显修者,不惟独善其身,且以身立表,导人趋善避恶,或竭力救人,虽势瘁亦不辞等等,爱人之工不一而足,此为显修圣贤之所以为。而圣味增爵则显修之一大圣也。其生平爱德功业,笔难罄述。迄今三百载,于全球五大洲,所遗之爱德事业,不惟不减,而且日见加焉。即就中国论之圣人,遣使会之弟子到中国已越百年,其传扬圣教利益国家大有功效,如养疾院、施药院、婴孩院、修道院等等,美举昭昭在人耳目……阅此一篇,得见圣人出奇之爱德,格外之谦德,以及苦身忍耐等德,亦可借以自勉焉。圣人之功业因而愈彰。近代教宗复定圣人为普圣教会各等爱德事功之主保,热心爱人专务爱德之工者,皆宜奉此大圣为主保,取其表样为规模。

类似的书籍北堂印书馆还出版过《圣翟辣尔传》《圣伯多禄宗徒行实》《圣保禄宗徒行实》《圣老楞佐行实》等。北堂印书馆出版的圣人传记中最多的还是石伯铎这位译者归纳的"致命"类。

光绪三十年(1904)北京救世堂出版《可敬罗依斯传》,石伯铎遗作,林懋德增改并序。罗依斯(Louise de Marillac,1591—1660)修女,法国巴黎人,天主教遣使会女会创始人,天主教圣徒。

光绪三十一年(1905)北京救世堂出版了四部纪念四位神父的传记,这四位神父都是在乾嘉禁教时期被处以极刑的"殉教者"。

《真福克来传》,塞撒尔·克来神父传记,石伯铎遗作,林懋德增改。塞撒尔·克来,法国人,生于1748年法国费纳省,后

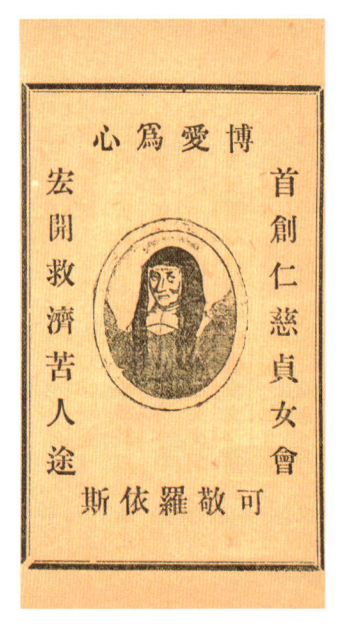

可敬罗依斯传(内页)
[法]石伯铎编译
一卷　一册
清光绪三十年(1904)北京救世堂排印
铅印本　纸本　筒子页　线装
九行十九字白口四周双边单鱼尾
开本:16×10(cm)
半框:11.7×8(cm)
24页　插图18幅

加入遣使会。乾隆五十六年（1791）来华传教，在江西、湖广任神职。嘉庆二十三年（1818）因违反禁教令被捕，嘉庆二十五年（1820）被绞死于武昌。光绪二十六年（1900）罗马教宗册封其为"真福"圣品。

《真福刘达陡神父传》，刘达陡神父传记。刘达陡，四川龙安人，生于乾隆三十四年（1769），重庆府天主堂神父；道光三年（1823）因违反禁教令，被官府绞死于成都。光绪二十六年（1900）罗马教宗册封其为"真福"圣品。

《真福刘保禄神父小传》，刘保禄神父传记。刘保禄，四川潼川人，生于清乾隆四十三年（1778），长期在成都、绵阳、德阳传教。嘉庆二十三年（1818）因违反禁教令被官府绞死于成都。光绪二十六年（1900）罗马教宗册封其为"真福"圣品。

《真福赵奥司定神父传》，赵奥司定神父传记。赵奥司定，贵

真福克来传（扉页）
［法］石伯铎著
一卷 一册
清光绪三十一年（1905）
北京救世堂排印
铅印本 纸本 筒子页 线装
九行十九字白口四周双边单鱼尾
开本：16.5×9.5（cm）
半框：12×8（cm）
30 页

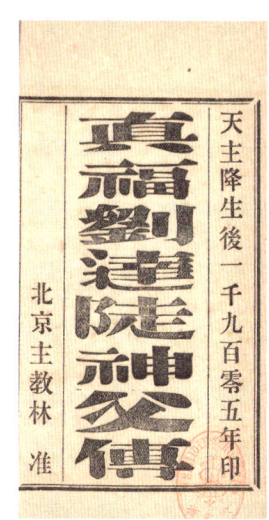 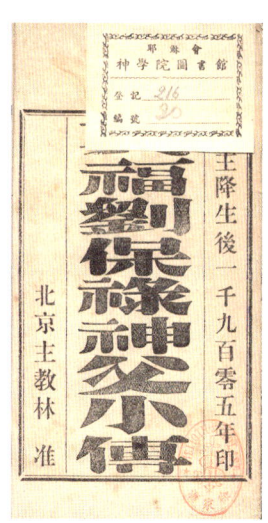 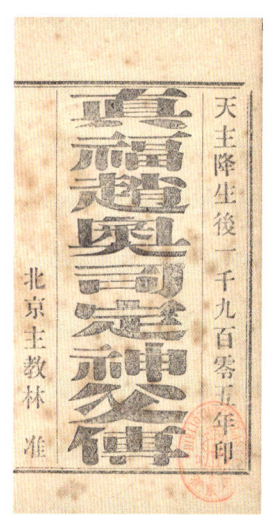

真福刘达陡神父传（扉页）
陆铎撰
一卷 一册
清光绪三十一年（1905）
北京救世堂排印
铅印本 纸本
筒子页 线装
九行十九字白口半页
四周双边单鱼尾
开本：16.5×9.6（cm）
半框：12×8（cm）
11 页

真福刘保禄神父小传（扉页）
陆铎撰
一卷 一册
清光绪三十一年（1905）
北京救世堂排印
铅印本 纸本
筒子页 线装
九行十九字白口半页
四周双边单鱼尾
开本：16.3×9.6（cm）
半框：12×8（cm）
14 页

真福赵奥司定神父传（扉页）
陆铎撰
一卷 一册
清光绪三十一年（1905）
北京救世堂排印
铅印本 纸本
筒子页 线装
九行十九字白口半页
四周双边单鱼尾
开本：15.8×9.3（cm）
半框：12×8（cm）
32 页

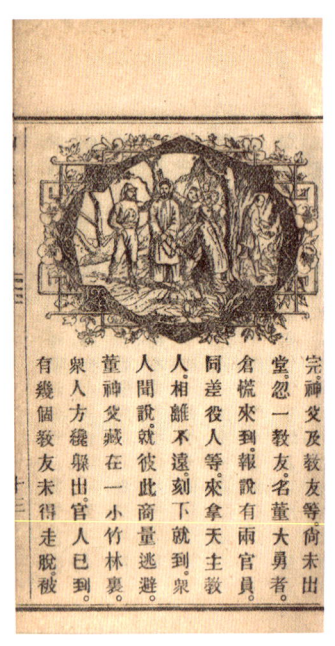

耶稣真徒（内页）
陆铎著
一卷 一册
清光绪三十一年（1905）
北京救世堂排印
铅印本 纸本 筒子页 线装
九行十九字白口四周双边单鱼尾
开本：16.3×9.3（cm）
半框：11.8×8（cm）
35 页
插图 15 幅

州人，生于乾隆十一年（1746），嘉庆十九年（1814）因违反禁教令被官府杀于成都。光绪二十六年（1900）罗马教宗册封其为"真福"圣品。

一口气撰写了后三部真福传记的是陆铎神父[①]。陆铎神父还撰写了董文学的传记《耶稣真徒》，光绪三十一年（1905），救世堂出版。董文学（Jean-Gabriel Perboyre，1802—1840），又记董嘉俾厄尔，法国人，1818年入遣使会，1825年晋铎；道光十五年（1835）经澳门进内地，初在宁波管理教会医院，后到湖北传教，道光十九年（1839）在古城县被捕，次年在武昌被绞死，葬于洪山。1889年被教宗封为"真福"圣品。遣使会有两位中文名字叫董文学的传教士，另一位是1900年死于义和团运动的意大利人Carmel D'Addosio。

北堂印书馆的西文出版物虽不如土山湾和胜世堂那样有计划性，也没有像圣言会那样拥有辅仁大学，占人才优势，能得心应手地独立开启汉学研究的一扇窗户，但是仍有许多学术水准非常高的书籍。

北堂印书馆出版的历史书籍的特点是关注教案，与其所处京畿地区教案频发有关。除了上述殉教者传记外，出版主要聚焦在近代史的一些重要事件：第二次鸦片战争、义和团运动、八国联军侵华等。

光绪二十一年（1895）北京北堂印书馆与遣使会上海账房联合出版高若翰[②]神父编撰的法文著作 *Notices et documents sur les prêtres de la mission et les filles de la charité de S. Vincent de Paul*，副题 *Les premiers martyrs de l'œuvre de la Sainte-Enfance par un prêtre de la mission*，题目太复杂，可以简单译为《天津育婴堂教案史料》。

第二次鸦片战争后，清政府与法国签订《中法天津条约》。依据这个条约，法国传教士在天津狮子林与海河交汇处修建了"望海楼"教堂。教堂附设育婴堂，修女们收养弃婴。时规凡捡拾弃

[①] 陆铎（Grégore Lou，1850—1930），直隶宛平（今属北京）人，遣使会士，光绪二年（1876）晋铎，光绪十八年（1892）入北堂圣若瑟修道院，光绪二十年（1894）发愿后留直隶北部教区传教。曾任北京西堂本堂神父。逝后葬滕公栅栏。

[②] 高若翰（Jean Capy，1846—1912），法国人，遣使会士，1869年晋铎，1876年发愿。光绪十四年（1888）来华，赴直隶北境传教区。逝后葬滕公栅栏。

婴送堂者一律付酬，市井混混借机拐骗儿童交给修女，骗领赏金。再加上当时的医疗条件不好，常有死婴，育婴堂背负了拐卖和虐杀儿童的恶名。同治九年（1870）六月，仇视天主教的百姓烧毁了"望海楼"教堂，杀死二十余位法国神父等，史称"火烧望海楼事件"。《燕京开教略》亦收有描述当时情景的插图（见666页）。

《天津育婴堂教案史料》记述的就是这一教案。这本书非常罕见。

宣统二年（1910）有一部关于庚子之乱的书籍 Le Siège du Pé-t'ang dans Pékin en 1900, Le Commandant Paul Henry et ses trente marins（《法国水兵与北堂庚子事件》）。义和团围困北堂六十余天，守卫主座教堂的是法国陆战队保罗·亨利（恩利）少尉和三十名水兵，亨利少尉战死。这本书是亨利少尉的儿子列奥·亨利为纪念他父亲撰写的。

这本书有两点值得注意。一、书的主题虽以亨利少尉事迹为主，却有大量义和团和八国联军的史料，几乎都是没有受到学术界关注的内容。有关庚子之乱著作里，樊国梁和包士杰的著作更加全面，更具权威，但是列奥·亨利的视角不同，细节记述较为丰富。二、此书出版机构署 Librairie Française du Pé-t'ang, Pékin（北京北堂法文书店），而且没有教会首脑审批项，这种情况不多见。此书于民国十年（1921）再版时便与一般图书无异了。

自元朝以来，来华的商贾和传教士，无不被美轮美奂的北京城所折服。马可·波罗在他的游记里不吝笔墨描述汗八里（元大都）的壮丽景象。城市规划有如棋盘，设计精巧。皇宫大殿气势恢宏、巧夺天工，雕梁画栋，金碧辉煌。世界上的好东西这里应有尽有，商人和旅客为之吸引，来来往往，络绎不绝。

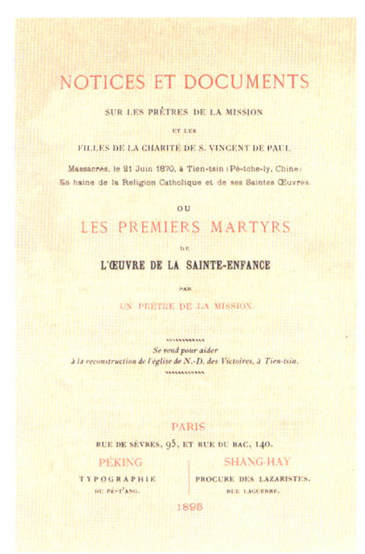

Notices et documents sur les prêtres de la mission et les filles de la charité de S. Vincent de Paul
天津育婴堂教案史料（封面）
［法］高若翰编撰
法文
三卷　一册
清光绪二十一年（1895）北京北堂印书馆、纳匝肋会上海账房出版
北京北堂印书馆排印
铅印本　纸本　平装
开本：24×16（cm）
609页

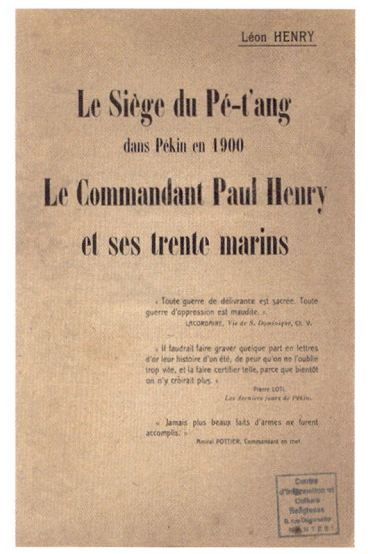

Le Siège du Pé-t'ang dans Pékin en 1900, Le Commandant Paul Henry et ses trente marins
法国水兵与北堂庚子事件（封面）
［法］列奥·亨利撰
法文
二十章　一册
清宣统二年（1910）
北京北堂法文书店排印
铅印本　纸本　平装
开本：25×16（cm）
414页
插图44幅　地图6幅

Péking: Histoire et Description
北京考略（封面）
［法］樊国梁撰
法文
两卷　一册
1897 年里尔天主教学院出版社出版
铅印本　纸本　平装
开本：30.5×22.2（cm）
416 页　插图 524 幅

在近代，围绕北京的著述俨然成为汉学研究的独立学科——"北京学"，上自治国理政，下至铜锅铜碗，都得到境内外汉学家"殷切"的关注。来华传教士们，尤其是生活在北京的遣使会神父们，把研究和宣传北京城当成自己义不容辞的责任。这些著作里最出色的是樊国梁的《北京考略》和于纯璧的《北京城记》。

Péking：*Histoire et Description*（《北京考略》），法国里尔天主教学院出版社（Imprimeurs des Facultés Catholiques de Lille）1897 年出版。樊国梁用了两卷二十五章，介绍了北京的历史和城垣胜迹。上卷"历史"，下卷"描述"。全书插有五百二十四幅木刻版画、照片、地图等。

北京某家出版社 2010 年出版此书中译本，书名《老北京那些事儿》。此译本文字比较流畅，但是书名与樊国梁主教的本意相差甚远，樊国梁在《燕京开教略》里已经给自己这本书定了中文名字《北京考略》。这个译本的编排顺序也与原书不符，把抓眼球的下卷排在前面，学术性较强的上卷放在后部。插图大幅压缩，照片全部遗漏。因而欲了解樊国梁主教《北京考略》的本来面目，还是要看法文原著。还有一种说法也是错的，有文章认为樊国梁的《燕京开教略》是《北京考略》的中译本。其实，它们一本讲天主教在华传教史，一本讲北京城史，相差太远了。

三十年后的民国十七年（1928），北堂印书馆出版了于纯璧的 *Grandeur et Suprématie de Péking*（《北京城记》①），这本书与《北京考略》的写法、编排、版式十分相似，甚至插图也大部分一样。这两本书一定有现在还不清楚的某种关系。

于纯璧（Alphonse-Marie-Joseph Hubrecht，1883—1949），法国人，1902 年入遣使会，1909 年晋铎，同年（宣统元年）来华，在北京和天津任神职。北堂印书馆出版他的西文书籍最多，有二十余部。他原本是拉丁文教师，著作多为语言类书籍，也有其他类著作，如 *Les Trois Royaumes*（《三个王朝》，民国二十三年〔1934〕）、*Plaideurs Chinois*（《中国讼师》，民国二十一年〔1932〕）。他还把《一目了然》译成法文 *Raisons de Croire*（民国二十一年〔1932〕）。

《北京城记》分为史和述两大部分。前言内容为中国历史年

---

①　可直译为《北京伟哉》，或译成《北京高大上》也妥帖。

表，导言概述蒙古人入主中原之前的中国历史——从夏商周到两宋辽金，为引入北京城兴建的话题作了隆重铺垫。

于纯璧在第一卷里用了十九章勾勒北京历史，题目分别为：蒙古帝国、忽必烈大汗、蒙古人的中国王朝、方济各传教士、朱明王朝、满洲鞑靼人入侵、宽厚皇帝崇祯、外交皇帝康熙、中国礼仪之争、立法皇帝雍正、文人皇帝乾隆、施害皇帝嘉庆、和缓皇帝道光[1]、逃亡皇帝咸丰、败家皇帝同治、冷宫皇帝光绪、告别旧制度、中华民国、传教士。

第二卷从第二十章开始。第二十章"皇宫"：紫禁城、莲花池、琼华岛、紫光阁、老宫（清漪园，静宜园）、新宫（圆明园，玉泉山）。第二十一章"皇家寺院"：官奉多神、天坛、地坛、日坛、月坛、先农坛、帝王庙、孔庙。第二十二章"皇家陵园"：明陵、西陵、东陵。第二十三章"皇族生活"：宫闱、节庆、府邸、服饰、家族、婚庆。第二十四章"百姓生活"：商铺、市肆、绘画、工艺品、做寿、澡堂、戏院、节庆、郎中。第二十五章"墓地"：祭祀亡者、葬礼、白云观、黄寺、滕公栅栏墓地、正福寺墓地、樊国梁主教墓地。第二十六章"寺庙"：皇城寺庙、旗人居地寺庙、汉人居地寺庙、郊外寺庙、荒废寺庙。第二十七章，儒教、佛教、道教、回教。第二十八章，京畿平原的气候、物产和风俗。

《北京城记》的出版面世甚为隆重，书前有法国国务部长马特尔（D. de Martel）先生和法国驻华公使馆的考德梅（Henry Codme）先生的来信。同时限量编号发售一千册，全书用重磅道林纸，八开，六百余页。整书插有五百六十幅木刻版画，一百四十幅珂罗版照片，十幅北京各年代的木刻地图，三十幅碑铭，二百二十幅镀锌版的古代艺术图片。

Péking: *Histoire et Description*（《北京考略》）和 *Grandeur et Suprématie de Péking*（《北京城记》）两部著作被收入《中国国家图书馆外文善本书目》。

北堂印书馆西文书籍的作者里最应该关注的是包士杰神父。包士杰（Jean-Marie-Vincent Planchet，1870—1948），法国人，1893 年入遣使会，光绪二十年（1894）来华，光绪二十二年（1896）晋铎，民国二十一年（1932）回法国，余迹不详。包士杰著有许多中文书籍：《拳时北京教友致命》《拳时北堂围困》《四史集一》《古经像解》《新经像解》《圣保禄宗徒行实》《圣老楞佐行实》《圣五伤方济各行实》《我信天主》《要理解略》《克己略说》等。

包士杰在北堂印书馆出版的西文书籍以历史著作为多，有义和团史著，还有遣使会天津传教史著作，以及他重新整理编注的古伯察行脚蒙青藏、砥砺传教的著作《鞑靼西藏旅行记》及其续编。

古伯察（Evariste Huc，1814—1860），法国人，1836 年入遣使会，1839 年晋铎，同年（道光十九年）来华，抵澳门，道光二十一年（1841）获准赴蒙古教区传教。他一身中式打扮来到当时还是遣使会管辖的西湾子教区。又受孟振生主教派遣，与西湾子遣使会会长秦噶哔[2]于道光二十四年（1844）八月动身，往大漠深处，往荒僻高原，寻找有可能皈依上帝的人群。他们前往热河、蒙古诸旗、鄂尔多斯、宁夏、甘肃。他们被草原牧民误认为游方喇嘛，受到热情接待。"去来自在任优游，也无恐怖也无愁。极乐场中

---

[1] 这里的"宽厚""施害""和缓"都是针对天主教的政策而言的。
[2] 秦噶哔（Joseph Gabet，1808—1853），法国人，遣使会士，1833 年晋铎。道光十五年（1835）来华，与古伯察旅行西藏后退出遣使会，赴巴西传教。逝于任上。

 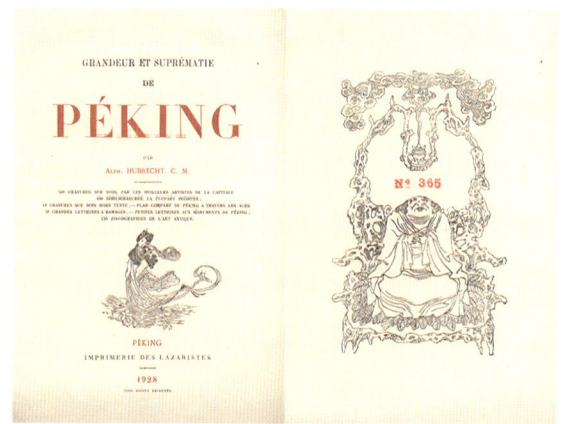

Grandeur et Suprématie de Péking
北京城记
（封面、书脊、封底、扉页和插图）
［法］于纯璧撰
法文
两卷 一册
民国十七年（1928）
北京遣使会印书馆排印
铅印本 纸本 平装
开本：33×25.5（cm）
607 页
插图 810 幅 照片 140 幅
地图 10 幅

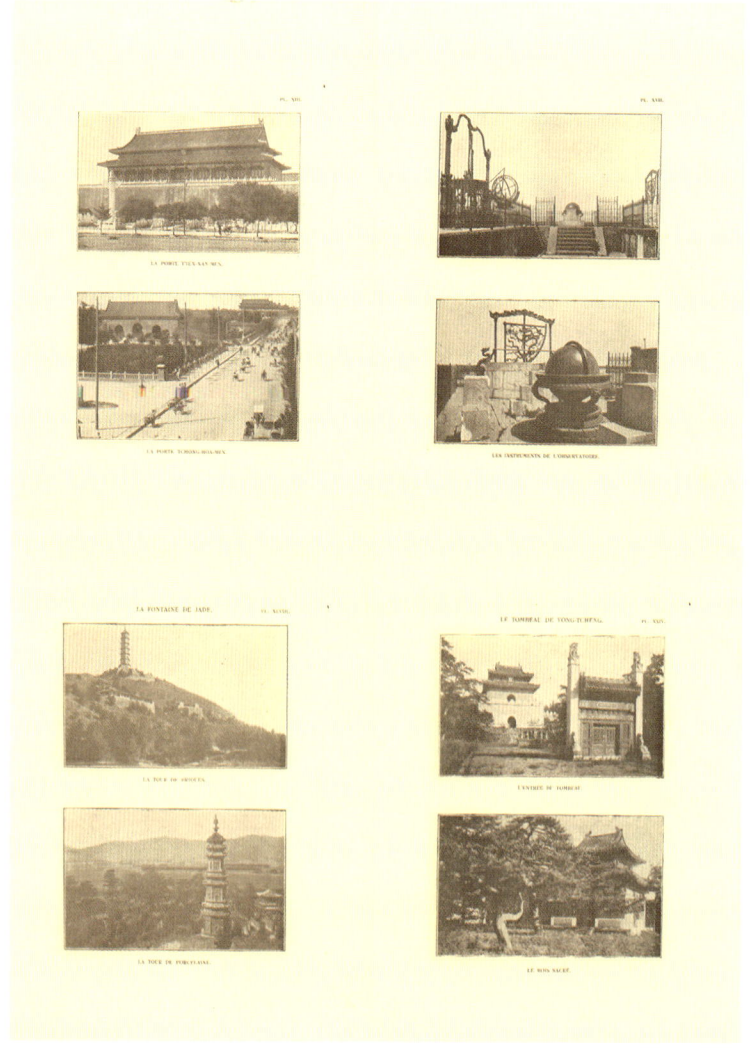

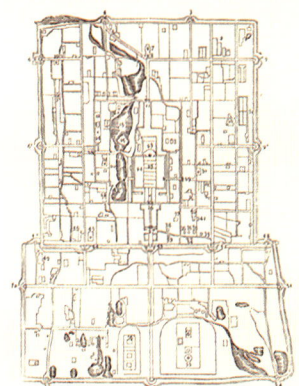
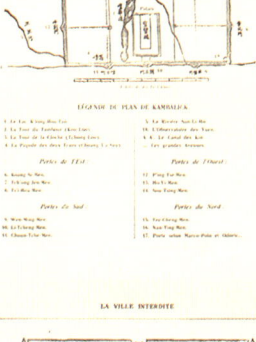
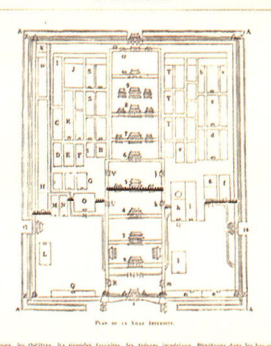

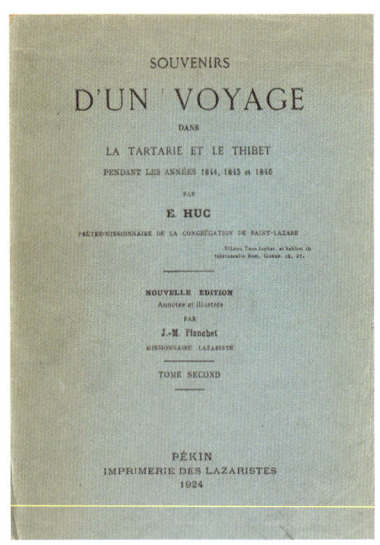

Souvenirs d'un Voyage dans la Tartarie et le Thibet Pendant les Années 1844, 1845 et 1846
鞑靼西藏旅行记（封面和内页）
［法］古伯察撰
［法］包士杰注释
法文
两卷　两册
民国十三年（1924）
北京遣使会印书馆排印
铅印本　纸本　平装
开本：24×17.5（cm）
920 页
插图 150 幅

俱坦荡，大千之处没春秋。"

古伯察和秦噶哔跟随一支几千人的进藏使团继续前行，南下经青海，翻越巴颜喀拉山和唐古拉山，历经千辛万苦、九死一生的磨难，于道光二十六年（1846）一月，站到了布达拉宫脚下。

十八个月的艰苦旅行并未修得正果，古伯察和秦噶哔抵达拉萨两个月即遭官衙驱逐，驻藏大臣琦善奉令将他们解往四川。他们又从打箭炉（康定）出发，经湖北和江西，于道光二十六年（1846）九月抵澳门。古伯察在澳门住下，着手整理他们的旅行笔记。咸丰五年（1855）古伯察返回法国，1860年逝于巴黎，没能圆了重返西藏之梦。

古伯察把玄奘法师和法显高僧"西行求法"之壮举奉为楷模。在《鞑靼西藏旅行记》扉页上，他抄下《西游记》里吴承恩写的一句话："人心生一念，天地尽皆知。善恶若无报，乾坤必有私。"在《中华帝国，鞑靼西藏旅行记续》扉页上他引用法显和尚留下的箴言："诚之所感，无穷否而不通。"

古伯察在澳门完成法文著作 Souvenirs d'un Voyage dans la Tartarie et le Thibet Pendant les Années 1844, 1845 et 1846（《鞑靼西藏旅行记》），于1851年在巴黎付梓。该书是古伯察蒙藏之行的记述，对后人影响很大，法国人伯希和[1]、俄国人普热瓦利斯基[2]、美国人柔克义[3]等，都曾把古伯察的著作作为自己事业起步的必修功课，革囊随伴，鞍上行读。

1854年古伯察在巴黎出版他的另一部法文著作 L'Empire Chinois, Faisant Suite a l'Ouvrage Intitulé Souvenirs d'un Voyage dans la Tartarie et le Thibet（《中华帝国，鞑靼西藏旅行记

L'Empire Chinois, Faisant Suite a l'Ouvrage Intitulé Souvenirs d'un Voyage dans la Tartarie et le Thibet
中华帝国，鞑靼西藏旅行记续
（封面和插图）
［法］古伯察撰
［法］包士杰注释
法文
两卷　两册
民国十二年（1923）
北京遣使会印书馆排印
铅印本　纸本　平装
开本：23.5×17（cm）
966页　插图238幅

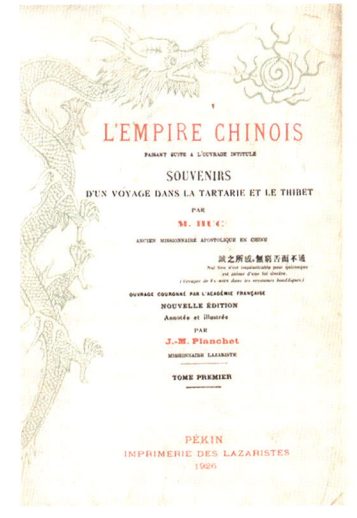

---

[1] 伯希和（Paul Pelliot，1878—1945），法国汉学家，敦煌学家；师从法国汉学家沙畹等人，致力于中国学研究。光绪三十四年（1908）往敦煌石窟探险，购买了大批敦煌文物，带到河内远东法国学院，转运法国。是欧美公认的中国学领袖，其影响遍及欧美及亚洲。
[2] 普热瓦利斯基（Николай Михайлович Пржевальский，1839—1888），俄国人，探险家、博物学家，曾对中亚细亚做四次探险，采集了大量的动植物标本，并发现野生骆驼和稀有品种的野马，有许多物种以他的名字命名，如普氏野马。
[3] 柔克义（William W. Rockhill，1854—1914），美国人，外交官、汉学家。光绪十年（1884）来华，任美国公使馆二秘；光绪十三年（1887）赴西藏考察，撰有 The Land of Lamas（《喇嘛之国》，1891），Dairy of a Journey through Mongolia and Tibet in 1891—1892（《1891—1892年蒙藏旅行日记》）等。

续》)。这是《鞑靼西藏旅行记》的续篇，古伯察记述自己遭官衙遣返，自打箭炉到澳门三个月的经历。他借着这个题目漫谈自己自道光二十年（1839）自澳门进入中国内地、终被递解回澳门，近十年间传教行脚的所见所闻，对中国的哲学、伦理、语言、文学、宗教、制度等文化结构和现象的观感，论述重于史记。

此后，古伯察还发表了四卷的法文著作 Le Christianisme en Chine, en Tartarie et au Thibet（《中国鞑靼西藏的基督教》）。这是一部基督教早期在华传教史，第一卷"从使徒多马到发现好望角"，第二卷"从发现经好望角的海路到中国鞑靼—满洲帝国的建立"，第三卷"从鞑靼—满洲帝国建立到康熙去世"，第四卷"从康熙去世到1858年《天津条约》"。这部著作于1857—1858年间在法国由 Gaume Frères 出版。没有插图，只有一幅宾讷图（P. Bineteau）绘制的《基督教在中国鞑靼、西藏，印度传教地图》，粗略地勾勒出在经好望角的海路发现之前传教士到东方的路径。

包士杰重新整理了古伯察的《鞑靼西藏旅行记》和《中华帝国，鞑靼西藏旅行记续》，分别于民国十三年（1924）和民国十二年（1923）由北堂印书馆出版。

北堂版的《鞑靼西藏旅行记》和《中华帝国，鞑靼西藏旅行记续》仍然为法文，各两卷，没有变化。包士杰为其撰写了前言，保留了古伯察的原序。他为北堂版的两本旅行记作了详细充分的注释，对于了解青藏高原的人文地理，以及清政府对域内少数民族的政策及各种宗教的政治态度颇有裨益。

与法国原版最大的不同是更换了大部分插图和照片，尤其是省略了原版书的地图。可能是制版的技术原因，原版书图片无法再用，但换上的照片和插图拼凑潦草，与原版书的亲历照片相差太远，价值大打折扣。不过从收藏角度看，北堂版《鞑靼西藏旅行记》和《中华帝国，鞑靼西藏旅行记续》虽比法国原版书晚出版七十余年，但是更珍贵些，一是比原版稀缺，二是有包士杰的注释。

耿昇先生的《鞑靼西藏旅行记》中译本是根据北堂本的迻作，他对古伯察著作的价值有充分阐释。尤其是从他引据的《清实录》和《筹办夷务始末》史籍里有关查办古伯察事件的文献，可以看到承办人的记述、官方态度与古伯察自己的描述多有不同。

包士杰的历史著作还有 Histoire de la mission de Pékin（《北京传教史》），第一部"从发端至遣使会抵达"，1923年由巴黎 Louis-Michaud 出版；第二部"从遣使会抵达至义和拳反叛"，1926年巴黎自印本。包士杰发表这部著作时用的是笔名 A. Thomas，且未经教会长上核准。这部著作虽被收入《中国国家图书馆外文善本书目》，但就其内容而言，其实是很普通的一部历史著作。

北堂印书馆出版的纯学术书籍里，冉默德的金石碑铭著作很具有代表性。冉默德（Maurice Jametel，1856—1889），法国人，汉学家，光绪四年至八年（1878—1882）期间曾任法国驻北京公使馆翻译官。在华期间，他撰写了 L'Épigraphie Chinoise au Tibet, inscriptions recueillies, traduites et annotées（《西藏汉字碑铭》），光绪六年（1880）由北京北堂印书馆和巴黎 Ernest Leroux Éditeur 联合出版。

冉默德研究了西藏的三通汉字碑。第一通，西藏教事碑记，镌于嘉庆十三年（1808）八月雪顿节，置于布达拉山色拉寺普陀宗乘之庙。第二通，康熙平定西藏功德碑，镌于雍正二年（1724），置于布达拉宫。第三通，乾隆年间十次征战西藏纪念碑，镌于乾隆五十七年（1792），置于布达拉山。冉默德将三篇汉语铭文译为法文，并且几乎逐字逐句地对铭文中所涉人物和事件、西藏历史和宗教教派，以及西藏与大清中央政府关系、与蒙古人的历史渊源等做了详细注释。

冉默德所论及的三通铭文是研究西藏历史不可或缺的重要史料，除了他之外，至今几乎无人涉猎，故而出版《西藏汉字碑铭》一书是北堂印书馆所作的巨大学术贡献之一。令人稍感遗憾的是《西藏汉字碑铭》没有附原碑拓片。

离华回国后，冉默德长期在巴黎国立东方语言学院担任汉语教授，著名汉学家儒莲和德微理亚①都曾师从冉默德学习中国金石碑铭之学。1883年冉默德获儒莲奖。他还有两部影响甚大的著作：*Emailleurs Pekinois*（《北京铜匠》，1886）和 *Pekin：Souvenirs de l'Empire du Milieu*（《北京：中央帝国丰碑》，1887）。

在西译中国古代经典领域，北堂印书馆联系的作者群里没有戴遂良这类猛将，似乎也缺少土山湾和胜世堂的系统规划，即便如此，北堂并不输给其他天主教出版机构。身处中国文化中心的北堂印书馆，从来不缺少好的作者和好的题材。在今日古籍市场上，不经意间就可以找到几本北堂印书馆出版的可圈可点的书籍。

法国驻华外交官于雅乐的作品中，北堂印书馆除了早年出版过他的语言类书籍《汉语会话手册》和《京话指南》外，还刊印过《笑谈随笔》和《本朝诗集》。

Anecdotes, Historiettes et Bon Mots, en Chinois Parlé（《笑谈随笔》）出版于光绪八年（1882）。此书是于雅乐的译品，他从石成金②《传家宝二集》（《家宝二集》）的《笑得好》里，选择了如《认穷人》《挨打》《治驼背》《忘送节礼》《赏旧皇历》《死错了人》《打个半死》《落水》《别动手》《书是印板的》《哑巴说话》《外科剪箭管》《鸦龟争儿》《打嚏喷》《饼价》《请大夫》《雇跟班》《升官脱鞋》等十八个段子，译为法文，双语对照，并对每个故事的关键词语作了详细注释。

没有仔细对比晁德莅的《中国文学教程》和戴遂良的《语体文》，不清楚他们翻译的《传家宝》是否包括《笑得好》这篇。不

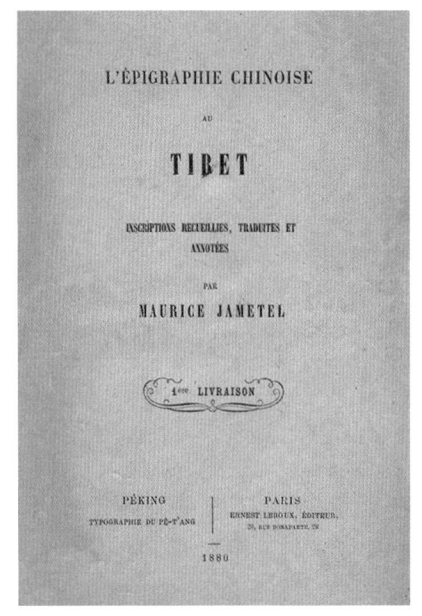

L'Épigraphie Chinoise au Tibet, inscriptions recueillies, traduites et annotées
西藏汉字碑铭（封面）
［法］冉默德撰
法文
三卷 一册
清光绪六年（1880）北京北堂印书馆、巴黎 Ernest Leroux Éditeur 出版
北京北堂印书馆排印
铅印本 纸本 平装
开本：23.8×15.2（cm）
34页

---

① 德微理亚（Jean-Gabriel Déveria，1844—1899），法国人，汉学家，东方语言学家。咸丰十年（1860）任法国驻天津福州领事馆翻译，同治十二年（1873）任法国驻华公使馆一等翻译官。在华期间与曾国藩等人来往密切。光绪六年（1880）回国，1889年任巴黎国立东方语言学院汉语教授。受冉默德影响，对中国金石学颇有心得，尤专长中国语言、安南历史、云南少数民族研究。获1888年儒莲奖。

② 石成金（1660—1747），字天基，号惺斋，江苏扬州人。撰有《传家宝》四集。

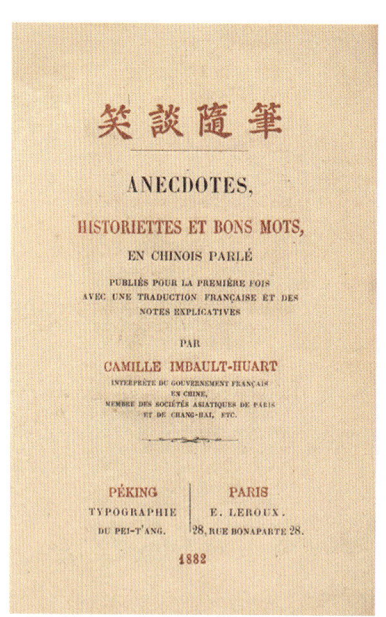

Anecdotes, Historiettes et Bon Mots, en Chinois Parlé
笑谈随笔（封面）
［法］于雅乐编译
法文　中文
十八篇　一册
清光绪八年（1882）
北京北堂印书馆排印
铅印本　纸本　平装
开本：17×11（cm）
124 页

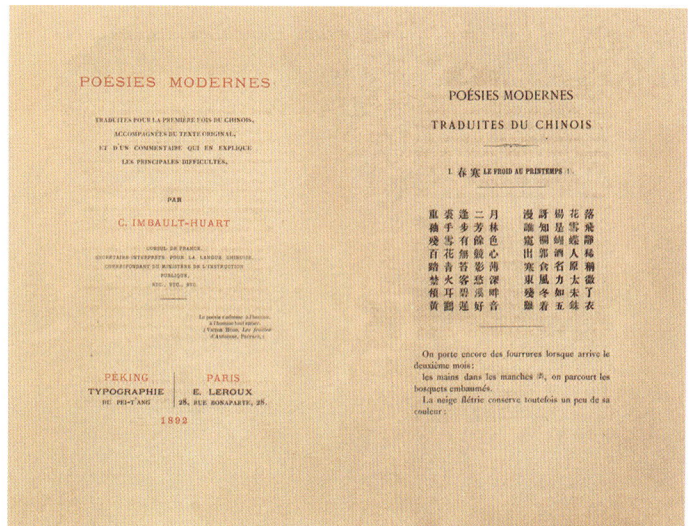

Poésies Modernes
本朝诗集（封面和内页）
［法］于雅乐编译
法文　中文
十四篇　一册
清光绪十八年（1892）
北京北堂印书馆排印
铅印本　纸本　平装
开本：24.5×15.5（cm）
166 页

管如何，于雅乐法译的《笑谈随笔》作为一部中国笑话故事专集，还是前人没有做过的事情。

Poésies Modernes（《本朝诗集》）出版于光绪十八年（1892），是于雅乐翻译的清诗集。不过这本《本朝诗集》都择自袁枚①的《小仓山房诗集》(*Collection des poésies de la maison sise sur la Colline du grenier*)，或许这只是开头，于雅乐还有后续的翻译计划。

《本朝诗集》选译了袁枚的诗作《春寒》《到家》《新燕篇》《除夕》《除夕泊船上》《月下弹琴》《秦始皇陵》《哭阿良》《元旦》《冰》《灌花》《喜老》《随园杂兴》《答人问随园》等十四篇五十五首。于雅乐对每首诗、每一句话都仔细地作了非常专业的解释，说明其字源字义、典故出处等。

北京东交民巷使馆区这两位法国人——冉默德和于雅乐，虽非传教士，却都与北堂印书馆结下不解的缘分。

北堂印书馆的法国神父们，偶尔也会出版几种纯文学书籍。

头戴"中国诗人"桂冠的谢阁兰，曾为北堂印书馆编纂一套丛书 *Collection Coréenne*（"高丽集"）。这套丛书编录了有三部文学作品：《古今碑录》《东明》《阿拉丁神灯》。

谢阁兰（Victor Segalen，1878—1919），法国诗人、作家、医生、考古学家。他出生在一个保守的天主教家庭，1898 年考入波尔多海军医学院；光绪二十六年（1900）初次来到中国，宣统元年至民国六年（1909—1917）间又以海军军医等身份三度来华。

---

① 袁枚（1716—1797），字子才，号简斋、随园，晚年自号仓山居士，浙江钱塘（今杭州）人，清代诗人、诗论家。乾隆年进士，才华出众，诗文冠江南，为"乾隆三大家"之一，与纪晓岚并誉，有"南袁北纪"之称。

谢阁兰熟悉北京、天津、南京，大半个中国留下过他的足迹，东游长江流域，西攀青藏高原，南及四川盆地，北上黄土高坡，游览名山胜水，考察文化遗址。民国六年（1917）的旅行是他最后一次中国之行，后因不堪抑郁症折磨在林中自尽。1934年谢阁兰的名字被法国政府镌刻在巴黎先贤祠墙上，跻身法兰西名人之列。

宣统元年（1911），谢阁兰受聘天津皇家医学院教职，举家迁津门。他在这里完成了诗集 Stèles（《古今碑录》）。在山雨欲来的中国革命前夜，他敏感地看到日薄西山的大清帝国已经气息奄奄，旧制度行将就木。谢阁兰早先在西安考察乾陵时，面对那里的石碑蕃臣、翼马雄狮等苍白造像不免触景生情，禁不住热泪盈眶。此时此刻，他目睹大清帝国乃至两千年君权本位的法统行将瓦解，自然联想到那般"西风残照"的景象。因而他选择《古今碑录》这个书名，借助中国"碑"字的虚虚实实之多重含义，抒发面对暮色苍茫中暗淡的碑影，内心油然而生的感慨和畅想。

> 这是一些局限在石板上的纪念碑，它们刻着铭文，高高地耸立着，把平展的额头嵌入中国的天空。人们会在道路旁、寺院里、陵墓前突然撞上它们。它们记载着一件事、一个愿望、一种存在，迫使人们止步伫立，面对它们。在这个破烂不堪、摇摇欲坠的帝国中，只有它们意味着稳定。①

《古今碑录》的六十四首诗是用法文写的，也有法文题目，但是每首诗开头都有几字中文，有人将其视为装饰性符号。其实这些就是谢阁兰为他的每首诗确定的中文名字，法文名字反倒是迎合法文读者所做的提要。《古今碑录》分为六集：

第一集"南面"（Stèles Face au Midi）：《无朝心宣年撰》《作咸池之乐》《作大渊之乐》《作承云之乐》《真所谓大乱之道》《无灾无害弥月

Stèles
古今碑录（封面和内页）
[法]谢阁兰撰
法文
六集 一册
"高丽集"丛书
民国三年（1914）北京北堂印书馆排印
铅印本 纸本 筒子页 经折装
开本：29×14.5（cm）
全框：19.5×10.5（cm）
70页

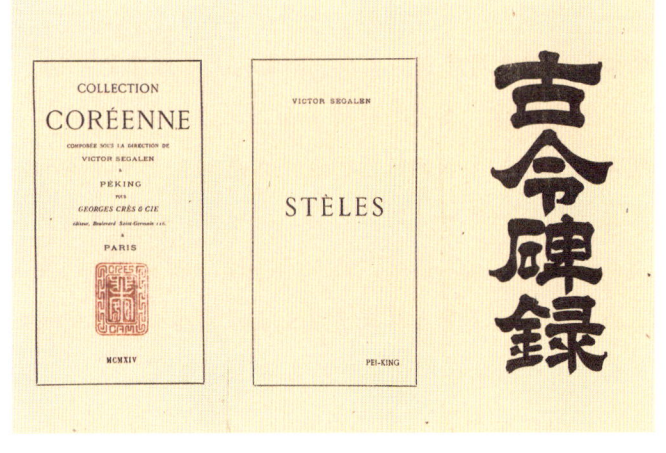

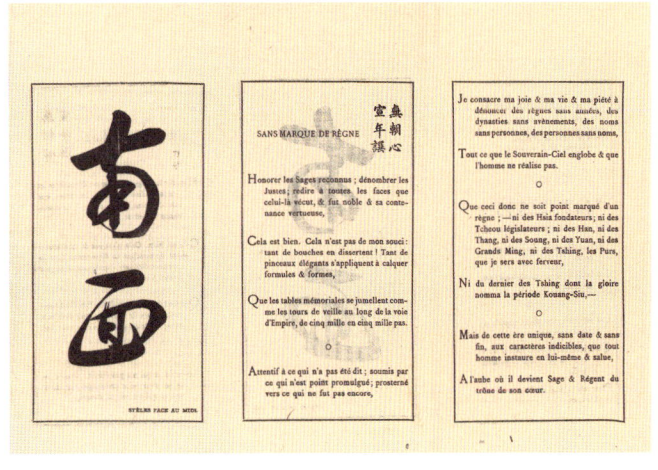

---

① 谢阁兰：《碑》，车槿山、秦海鹰译，北京三联书店1993年版，序，第3页。

不迟是生后稷》《大秦景教流行中国碑》《山野之人于时无用》《以香为信》《视若天神》《万岁万万岁》《万里万万里》《封官》《王西征于青鸟之所憩》《其国无师长，其民无嗜欲》《诒卜皇陵》《钦此》。

第二集 "北面"（Stèles Face au Nord）：《班瑞于群后》《人以铜为镜人以古为镜人以人为镜》《君子耻其言而过其行》《死朋生友》《秘园》《求友声》《东向形北向心》《之死而致死之不仁》。

第三集 "东面"（Stèles Orientées）：《夫妇有别》《撕绸倒血》《目井》《嫠有何害先夫当之矣》《覆水难收》《乐石》《月出照兮劳心惨兮》《女子有行远兄弟》《云碑》《童女之颂》《不为而成》《敬避字敬忘名》。

第四集 "西面"（Stèles Occidentées）：《他日再生当令我得之》《死当为厉鬼以杀贼》《㚔①》《龙刻起矣毋泥蟠》《希夷碑》《胜则洗而以请》《援戈尔麾落日》。

第五集 "曲直"（Stèles du Bord du Chemin）：《行路须知》《陆海》《上平下乱》《阴阳界》《坠泪碑》《虽则七襄不成报章》《太祖女皇帝之神道》。

第六集 "中"（Stèles du Milieu）：《为自难》《混沌》《记珠》《心师之神》《旄别善意渥沛甘霖》《地下心中》《飞檐》《日亡吾乃亡草》《㝭颂》《名可名非常名》《紫禁城》《騆騆牡马在垌之野》《讳名》。

谢阁兰是这样诠释自己的"碑意"的：

> 碑的座向不是任意的。如果碑文记载的是政令、皇帝对某个圣贤的敬意、对某种学说的赞词、朝代的颂歌、皇帝对民众的告示、南面的天子颁布的一切，那么碑就面向南方。
>
> 出于敬重，友谊之碑将面向正北方——美德那黑色的极点而立。爱情之碑将面向东方而立，以便黎明美化它们最柔和的轮廓，也使凶恶的轮廓变得柔和。武士英雄之碑将面向血染的西方——红色的宫殿而立。其他的碑——路边之碑，将依照道路的随意走向而立，一座座都毫无保留地把自己献给行人、骡夫、车手、太监、盗贼、商人、行僧、风尘仆仆的凡人。它们用闪烁着符号的正面对着这些人，而这些人或者在重负下弯着腰或者忍受着没有米饭和辣椒的饥饿，经过时把它们当成了界碑。因此，它们虽然能让所有人接近，但精华却只留给了少数人。
>
> 还有一些碑不朝南也不朝北，不朝东也不朝西，不面对任何可以的方向，它们指示着最杰出的位置——中央。如同那些倒置的石板或者那些看不见的一面刻有文字的拱顶，这些中央之碑把自己的符号献给大地，给大地打上了印记。②

民国元年（1912）北堂印书馆为谢阁兰印制八十册《古今碑录》，高丽贡纸，筒子页，经折装，实木板夹。这个版本没有发行，谢阁兰全数赠友。民国三年（1914）北堂印书馆正式出版《古今碑录》，列入"高丽集"，编号限量发行，高丽贡纸大开本三十五册，高丽贡纸普通本三十五册，高丽皮纸（桑皮纸）本五百七十册，同样为筒子页，经折装。总的来说，这部书从内容到形式，从里到外，从丛书名称到诗集书名，从大小标题到装帧设计，处处体现谢阁兰追求的"别出心裁"效果。《古今碑录》出版百周年之际，北堂印书馆出版的这部诗集，被评为法国当代四十种文学珍本之一。

---

① 㚔：甲骨文"射"字。
② 谢阁兰：《碑》，序，第7—8页。

谢阁兰把自己的诗集题献给好友保罗·克洛岱尔，并把克洛岱尔的诗集 Connaissance de l'Est（《东明》）编入丛书"高丽集"。克洛岱尔（Paul Claudel，1868—1955），法国人，天主教作家，擅长于诗歌、剧作和文学评论。他的作品主题离不开天主教，他的诗歌《五大颂歌》，剧作《少女维奥兰》《缎子鞋》，三部曲《人质》《硬面包》《受辱的神父》等名作多取材《圣经》。克洛岱尔1892年进入法国外交部，在多个国家出任外交官，光绪二十一年至二十六年（1895—1900）任法国驻上海领事，光绪二十六年至宣统元年（1900—1909）在福州使馆任职。

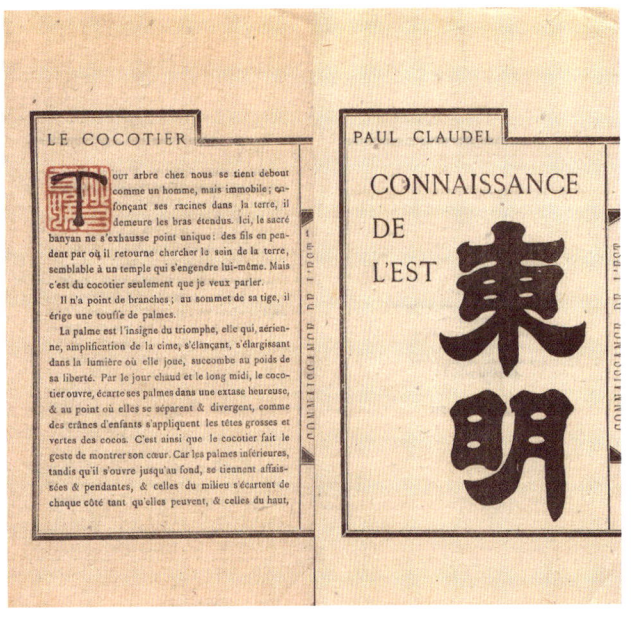

Connaissance de l'Est
东明（扉页和内页）
［法］克洛岱尔撰
法文
六十一篇　两册
"高丽集"丛书
民国三年（1914）北京北堂印书馆排印
铅印本　纸本　筒子页　线装
开本：28.7×18（cm）
半框：18.5×13.5（cm）
226页

民国三年（1914）北堂印书馆出版的《东明》，是克洛岱尔在中国期间写的散文集，五十二篇写于上海，九篇写于福州，题目有《椰树》《佛塔》《村夜》《花园》《海之思》《墓园传说》《榕树》《浪尖》《这里和那里》《解脱》《源泉》《月光露台》《时钟》《墓冢》《金色时光》等。

"高丽集"丛书还收入了 Histoire d'Aladdin et de la Lampe Magique（《阿拉丁神灯》），北堂印书馆民国三年（1914）出版。版本择自法国作家马尔迪鲁斯①的译本 Des Contes des Mille Nuits et Une Nuit（《一千零一夜》）。阿拉伯故事集《一千零一夜》最初三百年间以手抄本流传，1704年法国人加朗（Antoine Galland）的法译本正式出版，这个译本比流行手抄本多了《阿拉丁神灯》和《阿里巴巴与四十大盗》。出生在埃及的法国医生马尔迪鲁斯于1898年重新翻译《一千零一夜》，这个法译本收录的故事远多于此前的译本，还保留了对情欲的描写，标榜"足本""原味本"，有人称其为二十世纪最好的译本。

《东明》和《阿拉丁神灯》也与《古今碑录》一样，编号限量发行，每部书共印六百三十册，各分三种版本：高丽贡纸大开本、高丽贡纸普通本和高丽纸（桑皮纸）本，装帧讲究，筒子页，线装，函封。

---

① 马尔迪鲁斯（Joseph Charles Mardrus，1868—1949），法国人，生于开罗，医生、作家。1898年编译法文本《一千零一夜》有别从前，为近代最全的流行版本。

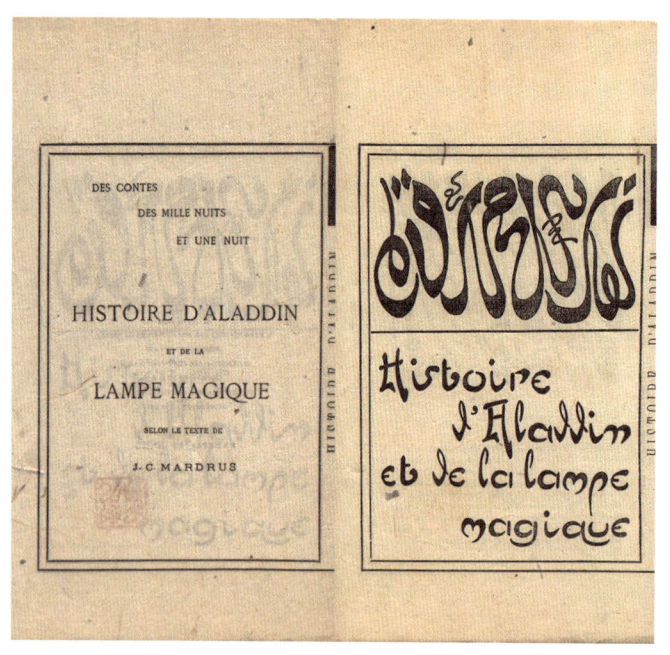

Histoire d'Aladdin et de la Lampe Magique
阿拉丁神灯（扉页和内页）
[法] 马尔迪鲁斯译
法文
四十节　两册
"高丽集"丛书
民国三年（1914）北堂印书馆排印
铅印本　纸本　筒子页　线装
开本：29×18.5（cm）
半框：19.5×14（cm）
87 页

北堂印书馆这个时期出版的文学作品还有法国人弗朗西斯·魏智的诗集。弗朗西斯·魏智（Francis Vetch，1862—1944），他追随心中崇拜的英雄，1918年偕家人从马赛出发，沿海上丝绸之路，东游列国，吟诗唱赋，融乐其途。在五四运动如火如荼的激情年代，魏智一家三口抵达中国北京，找到圣母指引他托付一生的落脚之地。

魏智先任职北堂遣使会印书馆，不久便给自己敲定终身职业——创建法文图书馆[1]（La Librairie Française，Vetch）。这是民国时期北京最负盛名的外文出版和发行机构，开设在北京饭店内，后在天津设分号。老魏智去世之前将产业交给他儿子亨利·魏智[2]。那个时代栖身北京的中国文化名人几乎没有人不是这家书店的常客，他们的文章和回忆录里总会出现法文图书馆的名字，家中藏书总有几本钤印着 Vetch。

北京法文图书馆出版过那个时期中国许多重要学术著作，如田清波的 *Textes oraux Ordos, recueillis et publiés avec introduction, notes morphologiques, commentaires et glossaire*（《鄂尔多斯口述文学原本》）、裴化行的 *Matteo Riccis Scientific Contribution to China*（《利玛窦对中国科学的贡献》）、顾赛芬的 *Dictionnaire Classique de la Langue Chinoise*（《汉语菁华字典》）等。当年在北京还有些类似的西方人办的出版机构，比如那世宝[3]印字馆（Albert Nachbaur Éditeur）等，其影响远不及法文图书馆。

老魏智在北京整理旅途中的诗作，结集为 *La semeuse*（《播种》），民国八年（1919）交北堂印书馆出版。《播种》分三集，第一集"短歌"，第二集"金发女神"，第三集"智慧天穹"。"智慧天穹"是几篇小歌剧，如《圣母之梦》等。

《播种》也是中式装帧，筒子页，线装，上等桑皮纸，函封。

---

[1] 译为"法文书店"似为更妥，不过该机构出版书籍的版权页上，出版者中文名称均为"法文图书馆"。
[2] 亨利·魏智（Henri Vetch，1898—1978），法国人，弗朗西斯·魏智之子。民国三十年（1941）子承父业，接手法文图书馆。1951年因"炮轰天安门事件"被捕，被驱逐出境。
[3] 那世宝（Albert Nachbaur，1880—1933），法国人。民国八年（1919）来华，任法文《北京新闻》报社长兼主笔，曾先后开设那世宝印字馆、那世宝书店、那世宝万国无线电通讯社等。著有《北京漫谈》《北京漫谈续编》《中国民间画》等。

遣使会与耶稣会一样，除了北京北堂印书馆这个核心出版机构外，随着传教区域的扩展，在所辖之地也都设有出版机构。

江西在明末清初本来是耶稣会重点传教区域之一，那时一些著名汉学家都有在江西传教的经历，形成过"建昌学派"。清末民初，遣使会接管江西教务。

《圣教公课》是江西吉安教区主教徐则麟[①]编纂的天主教主日经文。上卷包括早课、晚课的《醒时经》《赞美经》《圣号经》等经文以及祷告程序。这本书的特色是下卷，下卷收入的一些特别场合祈祷用经文是比较全的，包括：《助善终引》《病时诵》《临终感谢求助诵》《临终经》《终后祷文》《入殓礼节》《起棺经》《抬棺入墓安葬经》《为已亡男女幼童通用经》《周年到墓地经》《为凡安息圣地祝文》《安葬或到墓追思已亡日弥撒后祝文》《炼狱祷文》《为在教适亡诵》《为在教已亡

La semeuse
播种（扉页和内页）
[法] 弗朗西斯·魏智撰
法文
三卷　三册
民国八年（1919）北京北堂印书馆排印
铅印本　纸本　筒子页　线装
开本：29.6×18.5（cm）
半框：25×13.5（cm）
169 页
插图 47 幅　地图 1 幅

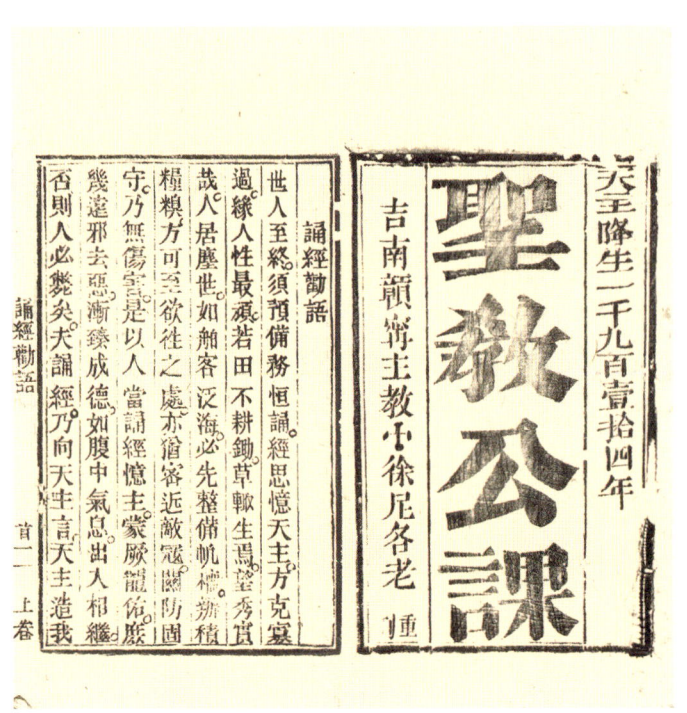

圣教公课（扉页和内页）
[意] 徐则麟编
两卷　两册
民国三年（1914）吉南赣宁教区辑刻
刻本　纸本　筒子页　线装
八行十八字小字双行同
白口半页四周双边无鱼尾
开本：19.2×12.2（cm）
全框：13.5×9.5（cm）
116 页

---

① 徐则麟（Nicolas Ciceri，1854—1932），意大利人，1876 年入遣使会，1878 年晋铎。同年（光绪四年）来华，在江西传教。光绪三十三年（1907）任赣南主教。民国十六年（1927）回国，1931 年辞去主教。

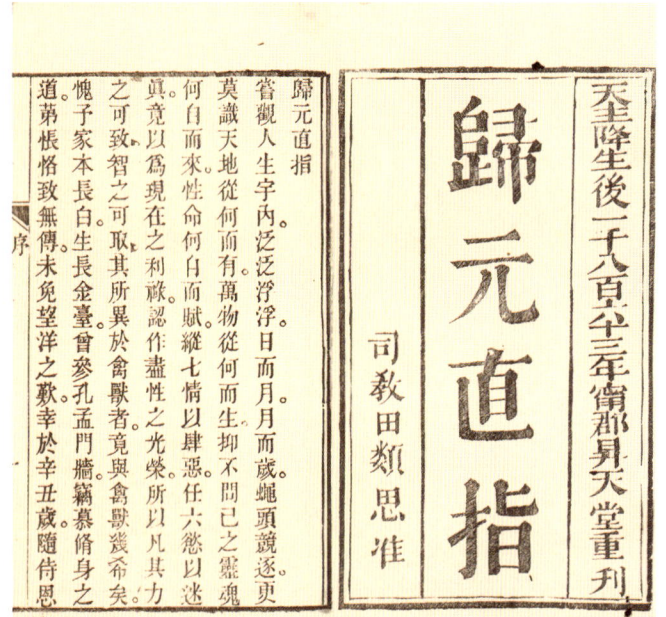

归元直指（扉页和内页）
〔清〕赵若望撰
两卷　一册
清同治二年（1863）
宁波圣母升天堂辑刻
刻本　纸本　筒子页　线装
九行二十五字白口左右双边单鱼尾
开本：22.6×13（cm）
半框：17.5×11（cm）
46页

父母亲友诵》《为凡诸信者灵魂诵》《圣殓布经》《为已亡教宗诵》《为已亡铎德诵》《为已亡父母诵》《为已亡者祝文》《达未圣王痛悔经七端》。这些经文很有实用性。

宁波也是遣使会管理的传教区，有两座主教堂"圣母升天堂"和"圣母七苦堂"，有各自的印书馆。

同治二年（1863）圣母升天堂辑刻了一部释教作品《归元直指》，一位名叫赵若望的教友撰写于雍正八年（1730）。全书分为两卷五篇。上卷三篇：首篇"论天地有主"，二篇"论人魂不灭"，三篇"论永福永苦"。下卷两篇：四篇"论降生之略"，五篇"论传教之由"。

此书的内容比较泛泛，不过作者的序文还是有些功底的：

尝观人生宇内，泛泛浮浮。日而月，月而岁。蝇头竞逐，更莫识天地从何而有，万物从何而生。抑不问己之灵魂何自而来，性命何自而赋。纵七情以肆恶，任六欲以迷真。竟以为现在之利禄，认作尽性之光荣。所以凡其力之可致，智之可取。其所异于禽兽者，竟与禽兽几希矣……上主赋我灵魂，造两仪以覆载，产万物而资生，种种隆恩，浩大罔极。

由此了解，《归元直指》是作者认真讲述自己皈依天主教之后对教义的理解和体会。此书还可见兖州天主堂印书馆民国铅排本。

圣母七苦堂在宁波北岸，建于同治十一年（1872），为宁波主教座堂。《圣教经言问答节要》，圣母七苦堂于民国五年（1916）出版的传教用书，十二篇："圣教经言切要""进教要理""圣洗要理""告解要理""圣体要理""坚振要理""终傅要理""神品要理""婚配要理""祈圣神佑经""圣母玫瑰经十五端""赞美经"。

天主教在直隶正定的传播起始于利玛窦时期。雍正禁教后，有北京"南堂教友"躲避于正定诸县，道光二十六年（1846），遣使会从耶稣会葡萄牙神父手里接管正定教区。

正定教区的出版活动历时久矣，尤清末民初十分活跃，在二三线教区比较突出。正定教区有自己的出版机构，而且其名称还继承明末清初的堂号——正郡首善堂。有见光绪十五年（1889）刊刻的《朝拜圣体经解》，原作者是亚尔丰索·利高烈，王君山译。

《朝拜圣体经解》两卷，上卷是朝拜圣体的三十一段经文，下卷是朝拜圣体时的十二段祷告语"咏叹"，并有作者的注解。

译者于光绪十三年（1887）分别为上下卷写了序，在序言里介绍了天主教膜拜圣体的缘由、意义和重要性，而后作了两首诗概括之。

【咏圣事之奇】

七端圣事意微妙，天降神粮迹更奇。有限却将无限载，无形竟藉有形施。

一人独领非余剩，万姓同餐弗少亏。恶者妄临罹永祸，善灵敬受享常禧。

【咏圣体之爱】

为友捐躯恩已尽，那知吾主爱尤隆。甘承众罪如己罪，愿付己躯养我躯。

主仆同心亲切切，君臣结体乐融融。徒爱师慰立言曰，吾与尔偕至世终。

正郡首善堂刻印《朝拜圣体经解》，可以看出从技术角度上有些新的尝试，书中序言和几幅插图采用"红印"（不是套色），可能是油墨质量不好，"红印"部分普遍漫漶、褪色，字迹不清。虽已用心，事倍功半。

抗日战争期间，正定县所在的直隶西南教区是战争颇为残酷的地方之一。天主教管理机构派遣日本籍神父田口芳五郎和岩下庄一二人到正定教区，协调与占领军的关系，保护教友。民国二十六年（1937）"卢沟桥事变"后，当任主教文致和①及八位洋神父，因拒绝日军带走藏匿于教堂的女教友，被日军烧死，史称"正定天主堂惨案"。北京总教区对日军行为也无可奈何，只能派遣非常熟悉正定教区事务的文贵宾主教善后，为文致和等人施作弥撒大礼。

圣教经言问答节要（插图）
十二卷　一册
民国五年（1916）
宁波圣母七苦堂排印
铅印本　纸本　筒子页　线装
七行十六字白口半页四周双边
开本：16.7×10（cm）
全框：13×8（cm）
44 页
插图 1 幅

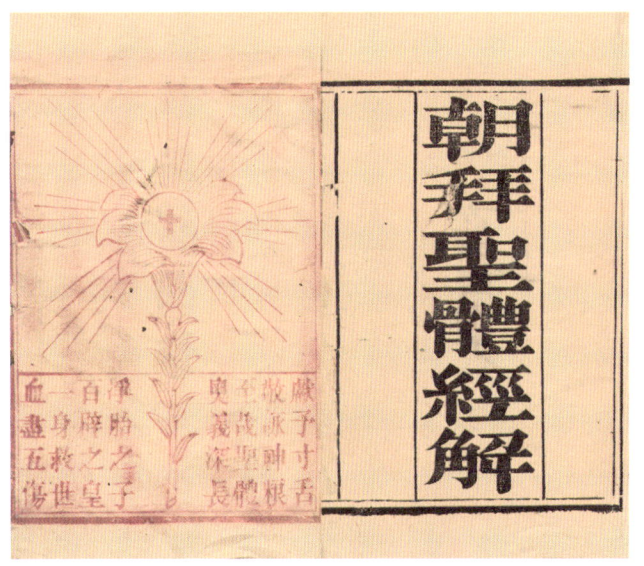

朝拜圣体经解（扉页和插图）
［意］利高烈撰
［清］王君山译
两卷　一册
清光绪十五年（1889）正郡首善堂辑刻
刻本　朱墨双色　纸本
筒子页　线装
九行二十字白口四周双边单鱼尾
开本：17.3×11（cm）
半框：12×9（cm）　100 页　插图 2 幅

---

① 文致和（Franciscus Hubertus Schraven，1873—1937），荷兰人，1886 年入遣使会，1896 年发愿，1899 年晋铎。同年（光绪二十五年）来华。民国九年（1920）任直隶西南教区（正定）主教。

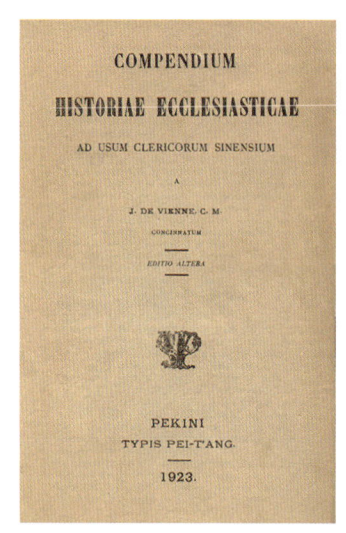

Compendium Historiae Ecclesiasticae, ad usum clericorum sinensium
天主教会史（封面）
［法］文贵宾撰
拉丁文
七卷 一册
民国十二年（1923）
北京北堂印书馆排印
铅印本 纸本 精装
开本：21×14（cm）
520页

文贵宾，天津主教，所著不多，有见他民国十二年（1923）撰写的一本书 *Compendium Historiae Ecclesiasticae, ad usum clericorum sinensium*（《天主教会史》）。这部拉丁文著作内容一般，形式上与萧若瑟神父的《圣教史略》差不多，多的只是天主教在中国的传教史记。

保定城直隶总督府毗邻一座天主教圣伯多禄教堂，这座建于辛亥革命前一年的教堂本是保定教区的主教座堂。宣统二年（1910）法国遣使会传教士富成功①在此出任保定教区首任主教。笔者猜测，这位富成功神父与罗马教廷有着不一般的关系，民国六年（1917），他在自辖教区出版了一本《圣教要理问答》，居然僭越自己的传教组织和上级教区，跳级向梵蒂冈申请并得到教宗庇护十世特别的"恩准"出版中译本。这本书前有法文和中文的罗马教皇国务秘书德尔·瓦尔（Rafael Merry Del Val，1865—1930）枢机主教"复中直隶保定富主教若瑟报告教皇忻允汉文必约第十问答出版书"，以及1912年教宗庇护十世委托梵蒂冈教皇国枢机主教编写这本《圣教要理问答》的敕令。由此可见，这本《圣教要理问答》不同于其他类似题材书籍，其权威性直接来自教廷。

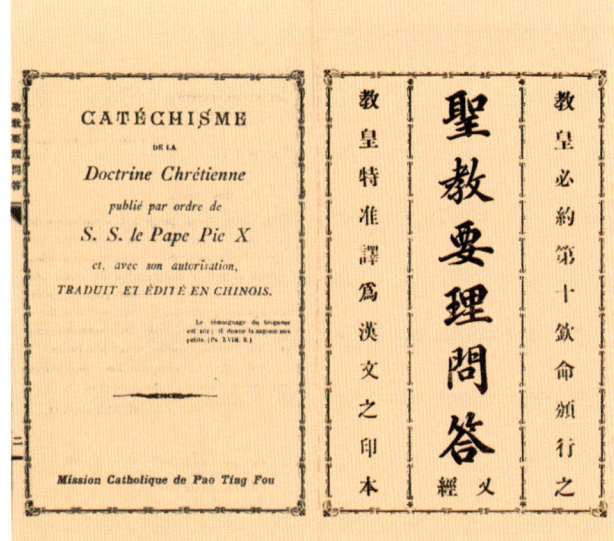

圣教要理问答（扉页和内页）
教皇必约第十钦命颁行之
教皇特准译为汉文之印本
［梵蒂冈］枢机主教作 ［中］张宝臣译
三卷首一卷次一卷 一册
民国六年（1917）保定天主堂排印
铅印本 纸本 筒子页 线装
十行二十五字小字双行不同
白口半页四周单花边单鱼尾
开本：23.5×14（cm）
全框：16×11（cm）
81页

让中国教徒更为"膜拜"的是，编写此书的枢机主教允诺"教要理学要理能得大赦"，也就是学习此书可以得到教宗承诺的"赎罪"。比如，家长用此书教诲儿女，可获得百日大赦；教师讲习此书，可获得百日大赦；教友间不拘形式学习此书半个小时，便可获得百日大赦；在圣母瞻礼日专修此书者，可获得三年大赦，同时兼领圣体者，可获得七年大赦。

这种有着立竿见影效果之"权威"书籍是天主教特有的，新教不借此度人。

---

① 富成功（Joseph-Sylvain-Marius Fabrègues，1872—1923），法国人，1890年入遣使会，1896年晋铎。同年来华，在直隶北部传教。宣统二年（1910）任直隶中部教区主教。逝于西伯利亚的鄂木斯克。

筚路蓝缕

> 生命在他里头,这生命就是人的光。
> ——《约翰福音》

有这样一批传教士，早在清朝初期他们就来到中国，经年累月颠沛于峰峦叠嶂的苗羌地区，在封闭不闻世事的纯朴人群里寻找福音受众，这些"拓荒者"来自巴黎外方传教会。

巴黎外方传教会（Societas Parisiensis missionum ad exteras gentes，Missions Étrangères de Paris，缩写 M. E. P.），法国天主教修道传教会，1659年成立于巴黎，1664年得到教宗的恩准。与传统的天主教修会不同，巴黎外方传教会将全部力量投入海外传教。在海外传教组织里它是最早成立的。

巴黎外方传教会于康熙十九年（1680）初入中国，早期在福建传教，禁教时期在四川秘密传教。其累年在中国开辟的有成都、康定、重庆、广州、宁远、叙府、贵阳、安龙、昆明、南宁、沈阳、吉林、汕头、北海等十六个教区。

巴黎外方传教会的东方总部设在中国香港，其触角伸到内地的西南地区、两广和东北，乃至西藏的边缘地带，日本、朝鲜、印度支那、印度等地也都是其重要的传教区域。

巴黎外方传教会神父们的著作主要发表在五大出版机构及其刊物：

一、巴黎外方传教会在中国设立的香港纳匝肋印书馆（Imprimerie de Nazareth Pokfulum Hongkong），以及该印书馆出版的学术期刊 Bulletin de la Société des Missions—Étrangères de Paris（《巴黎外方传教会集刊》）。

二、巴黎外方传教会在四川教区设立的重庆曾家岩圣家书局。

三、巴黎外方传教会在满洲教区设立的奉天小南关天主堂圣教印书馆。

四、法属印度支那联邦当局的河内远东印书馆（Imprimerie d'Extrême-Orient Hanoi），这家印书馆学术著作的大多数作者有巴黎外方传教会背景，俨然是巴黎外方传教会的出版机构。

五、河内远东法兰西学院出版的系列学术刊物。法属印度支那当局光绪二十四年（1898）在西贡设立的研究机构"法国印度支那古迹调查会"，光绪二十六年（1900）更名为远东法兰西学院（École Française d'Extrême-Orient），光绪二十八年（1902）北移河内，第二次世界大战后迁到法国。这家研究机构于光绪二十七年（1901）创办了 Bulletin de l'Ecole Française d'Extrême-Orient（《远东法兰西学院集刊》，缩写 BEFEO），及其衍生刊物 Bibliothèque de l'Ecole Française d'Extrême-Orient（《远东法兰西学院集刊图书目录专刊》）、Chronique de l'Année de l'Ecole Française d'Extrême-Orient（《远东法兰西学院集刊论文索引专刊》）、Mémoires Archéologiques de l'Ecole Française d'Extrême-Orient（《远东法兰西学院集刊考古专刊》）、Études Cambodgiennes de l'Ecole Française d'Extrême-Orient（《远东法兰西学院集刊柬埔寨研究专刊》）等。主持这些刊物时间最长的、对这些刊物贡献最大的是法籍犹太学者戈岱司[①]。

上文提及的五家出版机构的学术特色：一是注重对中国文化的研究，出版和保存了许多文化史料；

---

① 戈岱司（George Cœdès，1886—1969），法国人，东南亚历史学家和考古学家，专长梵文和高棉文。1918年任泰国皇家图书馆馆长，1929—1946年主编《远东法国学院集刊》。著述颇丰，代表作 Études Cambodgiennes（《柬埔寨研究》，河内远东印书馆，1913年）。

二是整理了中国东北、华南、西南地区和朝鲜、日本、越南、老挝、柬埔寨等地少数民族的人类学资料，广泛地研究中国南部和西南部的人文地理，对中国西南边陲少数民族文化风俗的收集和整理尤为饶富，在民族学方面的成就超过新教出版机构的努力。

天主教在香港和澳门都有过比较强大的出版机构。在港出版机构，影响比较大的要算香港纳匝肋印书馆——可以与上海土山湾印书馆和北京北堂印书馆比肩的出版机构。纳匝肋印书馆，也称纳匝肋静院印书馆，最初草创于澳门。光绪十一年（1885）巴黎外方传教会的罗若望①神父等人，在澳门兴建了纳匝肋静院（Nazareth Seminary），并交由他的助手满方济②神父在修院附近筹建纳匝肋静院印书馆。Nazareth 音译"纳匝助"，又译"拿撒肋"，传说该地为耶稣诞生地。Seminary 即"隐修院"，又译"静院"。据说罗若望把修会的格言"工作与祈祷"修改为"印刷与祈祷"，作为印书馆的格言。

当时，葡萄牙政府对非葡裔天主教传教士在澳门活动的政策日渐严苛，罗若望神父等人感觉在澳门继续发展多有不便，决定移师香港。光绪十一年（1885），他们从太古洋行（Swire）手上购入利牧苑，光绪二十一年（1895）正式成立香港纳匝肋静院印书馆。

那位满方济神父心灵手巧，亲手制作印书馆最终采用的七万印刷字模，这恐怕是使纳匝肋印书馆声名鹊起的、有别其他出版机构的地方，能与之比肩的唯有上海美华印书馆的姜别利③牧师，还有影响稍欠的胜世堂溥若思神父。纳匝肋印书馆出版的图书的文字有二十八种，包括一些在此之前从未用过的文字。初期每年有六万多册出版物，印刷《圣经》、教理书籍、祈祷文集、多国语言的字典，地理、历史、社会、自然科学书籍，还有地图、图表及各类教材。二十世纪二十年代，每年初版、再版书籍或达上百种。以拉丁文为多，占百分之三十七；其次中文，占百分之二十五；法文占百分之十九；还有安南语、高棉语、老挝语、马来语、缅语、日语等东亚东南亚语言书籍，甚至涉及帕劳语、关岛的查莫罗、新喀里多尼亚的卡纳克语等一些小语种。此外，纳匝肋印书馆出版了一些中国少数民族语言的书籍，如苗语、彝语、瑶语、傣语、藏语等，颇有价值。

彝文图书正式出版物是宣统元年（1909）香港纳匝肋印书馆出版的《法语—倮倮撒尼方言词典》（*Dictionnaire Français-Lolo, Dialecte Gni*）和《纳多库瑟》两部铅印著作。这两部书是云南乃至世界上最早用铅字印刷的正式出版的彝文图书。

法国天主教神父邓明德④光绪五年（1879）到中国云南路南彝区传教时，邀请了当地著名的毕摩⑤

---

① 罗若望（Jean Joseph Rousseille，1832—1900），法国人，1854 年入巴黎外方传教会。咸丰六年（1856）任职香港司库部，1860 年任巴黎外方传教会罗马总司库；光绪十一年（1885）再赴港，创办香港纳匝肋修道院（静院）和印书馆。光绪二十五年（1899）回国。
② 满方济（François Monnier，1856—1910），法国人，1877 年入巴黎外方传教会，1878 年晋铎，次年赴印度。光绪十年（1884）到香港，主持与纳匝肋修道院相关的工作。民国二十八年（1939）逝于香港。
③ 姜别利（William Gamble，1830—1886），美籍爱尔兰人。咸丰八年（1858）被美北长老会派往中国，在宁波主持华花圣经书房，咸丰十年（1860）将华花圣经书房改名美华书馆并迁往上海。其对中国的印刷业产生了重大影响，发明了用电镀法制造汉字铅活字铜模，有 1—7 号大小七种宋体铅字，称为"美华字"，还发明了元宝式排字架，将汉字铅字按使用频率分类，并按照部首排列，提高了排版取字的效率，为中国印刷业长期沿用。
④ 邓明德（Paul Felix Angele Vial，1855—1917），法国人，巴黎外方传教会会士。光绪五年（1879）到中国云南彝区传教，创办尚志小学等。著有《法语—倮倮撒尼方言词典》等，获 1910 年儒莲奖。方杰人有专文研究邓明德：《路南夷族考察记行》和《罗罗人研究者 Vial 传略》。
⑤ 毕摩，彝族祭司，主持祭祀，编造典籍，医治疾病，彝族旧制度五个等级中最受尊重的人。

共同搜集整理彝文单字、单词，把一字多形的彝文进行规范化，用整理规范出来的四百三十个彝文字编写彝文书籍。约在光绪三十三年（1907），他带着彝族撒尼青年毕应斗前往香港制作彝文铜模，并在那里进行了彝文图书的排版、校对、印刷等出版工作。《法语—倮倮撒尼方言词典》用法文、彝文两种文字对照，详细地记载了彝文的语法，是学习彝族语言文字的入门钥匙。邓明德与和他一起从事类似工作的方义和、韦利亚同获1910年儒莲奖。

《纳多库瑟》是用彝文编写的《圣教要理问答》，内容为对《圣经》的认识，即造物历史、教会的历史等；教徒要遵守的条文（律戒），即上帝十戒、教会四规；教徒要做的事（指圣事），即领圣宠、教会四规；祈祷时要说的话，包括必须祈祷和自由祈祷。此书在路南彝区流传着两种纸质不同的版本，一种是在香港用新闻纸印制的版本，一种是用绵纸印刷的版本。用绵纸印刷的版本是后来用从香港带回来的彝文铅字在彝区再版的。

方义和①和韦利亚②编纂的 *Essai de Dictionnaire Dioi₃-Français*（《仲家语—法语双解字典》），光绪三十四年（1908）由香港纳匝肋印书馆出版。两位神父标注的副题：Reproduisant la langue parlée par les tribus Thai de la haute Rivière de l'Ouest（"依西江上游仲家人口语再造"）。

"Dioi₃"究竟指哪个民族？编者在前言里是这样描述的：

> 西江上游以及毗邻的贵州中部支流地区居住的土著人，人口无疑是十分稀少的。在 Dioi 人和 Diai 人（汉语有不同称呼：仲家，狆家，僮家，夷人）笼统名称下，有着称谓不同的多个民族，可以根据他们体貌和口音做出区隔。侬人（pou Nong），居住在广西西北部偏僻之隅，他们身体健壮，口音粗哑，喉音很重；在贵州一些地方也有分布，在云南和东京（Tonkin，河内）也可以见到他们。侵人（pou

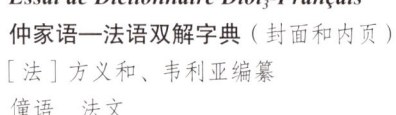

Essai de Dictionnaire Dioi₃-Français
仲家语—法语双解字典（封面和内页）
［法］方义和、韦利亚编纂
僮语　法文
两卷　一册
清光绪三十四年（1908）
香港纳匝肋印书馆排印
铅印本　纸本　平装
开本：22.5×15（cm）
589页

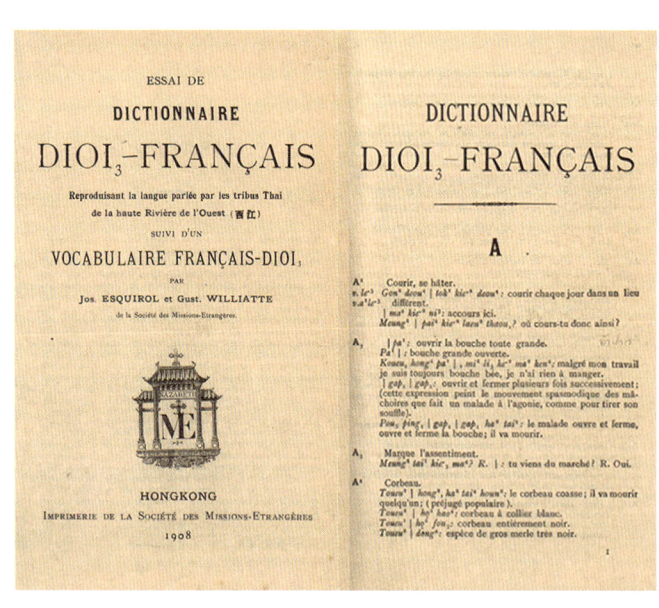

---

① 方义和（Joseph Esquirol，1870—1934），法国人，1890年入巴黎外方传教会，1895年晋铎。同年（光绪二十一年）来华，赴贵州蓝龙教区，先后在册亭、罗斛、王母、贞丰等少数民族聚集区传教。逝于安龙。获1910年儒莲奖。
② 韦利亚（Gustave Williatte，1872—1944），法国人，1893年入巴黎外方传教会，1896年晋铎。光绪二十二年（1896）来华，在布依族地区传教。民国三十三年（1944）逝于金甲厂。获1910年儒莲奖。

Man），居住在贵州的册亨和罗斛，以及广西的泗城府。纳人（pou Na），受汉族人挤压躲进海拔较高的山区。还有一些佯人（pou Man）、侬人（pou Nong）以及僮人（Dioi）的其他民族，为防备汉族人的攻击，被迫逃避到炎热潮湿、瘴疠肆虐的低洼谷地。

这番解释还是不够清晰，与现代官方在民族认定和划分上采用的原则和标准是有差异的。编者在副题上所谓的"再造"，是指他们用罗马字母为"仲家语"重新设计的拼写文字。

民国二十年（1931）香港纳匝肋印书馆又出版方义和编纂的 *Dictionnaire 'Ka₋nao₋-Français et Français-'Ka₋nao₋*（《黑苗语—法语双解字典》）。编者在前言里说明：

苗族（Miao），历史不同时期也称为 M'ong 或者 M'ao，是中国的古老民族。她的生成与中国一样久远……

Les kanao，汉人称黑苗（hě miâo），是苗人的一支，生活在中国贵州黄平的沅江周围狭窄区域里。黑苗人在当地是有地位的人，受过教育，有文化，有自己的田产和佃农。由于黑苗语词汇量较少，当地往往两种语言并用，且汉语使用越来越普遍。

方义和的研究与我国当代的民族认定和划分也还是有所不同的，但是他如实地记述了当时的民族状况，还是很有价值的。

民国十四年（1925）香港纳匝肋印书馆出版了 *Histoire des Miao*（《苗史》），从这部著作可以引出一位杰出传教士的事迹。《苗史》的作者萨维纳（François Marie Savina，1876—1941），又记沙文纳，法国人，是一位世界历史上少有的民族语言学和人类学大师级人物。他 1897 年加入巴黎外方传教会，1901 年晋铎后赴越南东京高境教区（Haut Tonkin），在兴化学习汉语和越南语。光绪二十九年至民国十四年（1903—1925）间，他传布福音的脚印遍及越北崇山峻岭、云贵莽莽高原。他每到一地，倾心学习当地民族语言，在宣光、永绥、巴刹、莱州学会了岱依语，在老街、沙坝学会了苗语，在同登、高平学会了侬语，在芒街、先安学会了僮语，又在云南和广西熟练掌握了中国官话和闽南话。

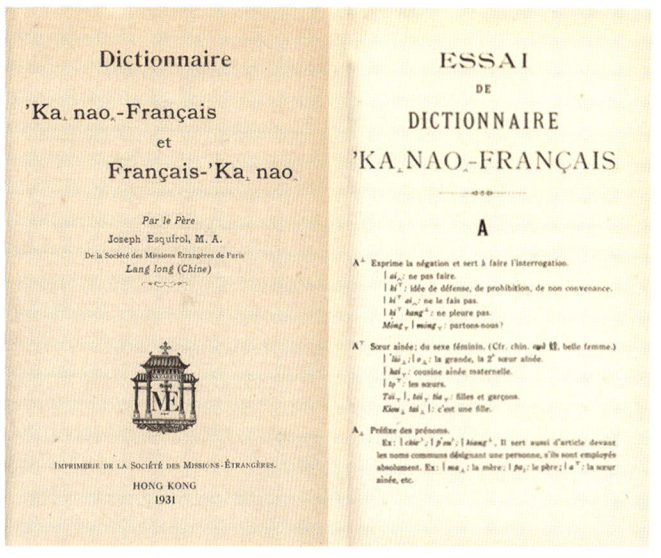

Dictionnaire 'Ka₋nao₋-Français et Français-'Ka₋nao₋
黑苗语—法语双解字典（封面和内页）
［法］方义和编纂
黑苗语 法文
两卷 一册
民国二十年（1931）
香港纳匝肋印书馆排印
铅印本 纸本 平装
开本：22.5×15（cm）
519 页

萨维纳在宣光休整时首次尝试编纂辞典，完成了 Dictionnaire de Tay①-Annamite-Français（《安南岱依语—法语词典》，河内远东印书馆，1909），凭借此书，他的名字写进了1912年儒莲奖获奖者名单。

随后几年萨维纳完成了 Dictionnaire Miao-Tseu-Français（《苗语—法语词典》，河内远东印书馆，1917）。《苗语—法语词典》由四部分组成，最前面是萨维纳写于1915年的导论"东京地区之苗族"，第二部分"苗语基本语法"，第三部分是正文 Dictionnaire Miao-Tseu-Français（《苗语—法语词典》），第四部分是附录 Vocabulaire Français-Miaotse（法语—苗语词汇）。

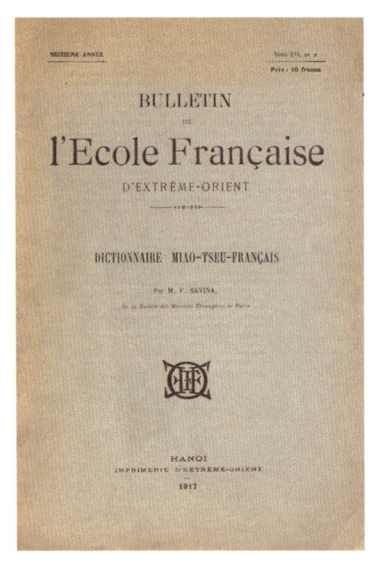

Dictionnaire Miao-Tseu-Français
苗语—法语词典（封面）
[法]萨维纳编
苗语 法语
不分卷 一册
远东法兰西学院集刊第16卷第2期专刊
1917年河内远东印书馆排印
铅印本 纸本 平装
开本：28.5×19.5（cm） 246 页

《苗语—法语词典》形式上主要是苗语与法语互译，但是对一些常用词汇，萨维纳也标注上对应的汉字和罗马字母拼写的汉字注音，可能有些苗语词只能用汉字才能清楚表达其含义。

萨维纳的 Dictionnaire Étymologique Français-Nung②-Chinois（《法语—侬语—汉语词源词典》），民国十三年（1924）香港纳匝肋印书馆出版。编者为此撰写的序言可以说是研究中国西南地区和中南半岛民族语言发展的一篇重要学术论文。他开宗明义地写道：

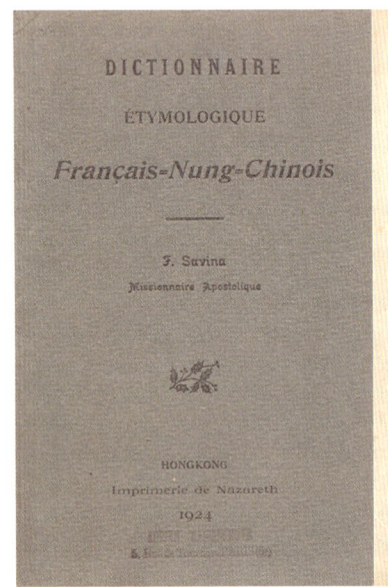

Dictionnaire Étymologique Français-Nung-Chinois
法语—侬语—汉语词源词典
（封面和内页）
[法]萨维纳编纂
法文 侬语 汉字
不分卷 一册
民国十三年（1924）
香港纳匝肋印书馆排印
铅印本 纸本 精装
开本：25.5×19（cm） 528 页

> 傣人居住区域十分广阔，东西从西藏雅鲁藏布江到扬子江，南北从云南高原到马六甲，包括印度阿萨姆邦一部，缅甸一部，泰国和老挝全部，东京北部，滇南，黔西，广西大部，广东西南，以及海南岛……

---

① Tay：岱依语，岱依族生活在越南北方高平、谅山、北洴、太原、广宁、河江等地。
② Nung：侬语，中国滇、桂及越南北部高平、谅山、北太、河宣、黄连山、广宁等地使用的一种语言，使用时与汉语夹杂混合，有别于当地其他语言，属于汉藏语系。

这部词典所使用的语言是侬语口语,众所周知,侬语是泰语大家族中一个重要分支,因而有必要详细讨论。

萨维纳回顾了中国西南地区和中南半岛诸多民族及其语言形成之历史过程,随后说道:

> 倘若有人问我,泰语诸方言中最接近粤语的是哪一个,不仅常用词汇相同,而且在发音、语法上也有相似之处,我可以毫不犹豫地回答,是侬语。

萨维纳的部部著作在学术领域都是出类拔萃的,《法语—侬语—汉语词源词典》是其中学术分量最重的一部。它是一部多语表意词典,但编者考虑更多的是泰语、侬语、苗语、粤语、客家话等民族语言和方言的演变,以及相互间的融合和影响;它是一部教人们说话识字的词典,但编者更希望通过对语言的解析体现出多民族文化的碰撞和因袭关系。

在《法语—侬语—汉语词源词典》里,萨维纳用自己创造的罗马字母拼写的"侬文"为法文释义,同时为了表意准确,又用汉字和粤语释义,并给汉字和粤语加上罗马字母注音。该词典的附录包括:"粤语—侬语对照表""侬人的祭拜和时节"等。

萨维纳硕果累累,还有一系列语言学巨著相继问世:*Dictionnaire Français-Mán*①(《法语—僈语词典》,河内远东印书馆,1926)、*Dictionnaire Français—Hoklo*②(《法语—福佬话词典》,河内远东印书馆,1926)、*Dictionnaire Ong-Bê*③*–Français*(《临高语—法语词典》,河内远东印书馆,1927)、*Dictionnaire Hiai-Ao*④(《岐彝语词典》,河内远东印书馆,1928)、*Lexique Tay-Français & Français-Tay*(《岱侬语—法语双解字典》,河内远东印书馆,1931)等。

民国十四年(1925)中国政府提出勘察海南岛、研究和甄别海南岛民族状况的计划,得到法属印度支那当局的支持。萨维纳领衔,筹措到远东法兰西学院的资助,带领他的考察队走遍海南岛的山山水水。有一次,在大约民国十七年(1928)秋天,萨维纳在海南岛的军事长官黄强将军和一百五十名士兵的带领下,历

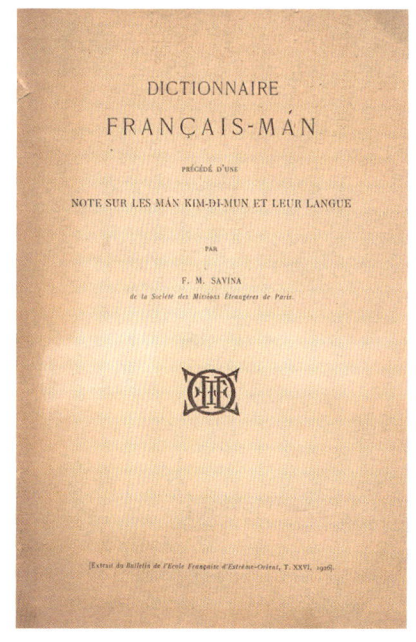

Dictionnaire Français-Mán
法语—僈语词典(封面)
[法]萨维纳编
法文 僈语
不分卷 一册
远东法文学院集刊第 26 卷抽印本
铅印本 纸本 平装
1926 年河内远东印书馆排印
开本:28.5×19.6(cm)
255 页

---

① Mán:僈语,瑶族在越南和老挝称僈,僈人没有文字,萨维纳等传教士创立用罗马字母拼写的"僈文"。
② Hoklo:福佬语,闽南话的一种方言。
③ Ong-Bê:临高语,海南岛北部临高人语言,属于侗台语系。
④ Hiai-Ao:岐彝语,有译为"海澳",属于侗台语系。岐彝,海南岛彝族的一支,应该是史博图在《海南岛彝族志》中提到的"大岐彝"。

时二十天，穿越整个海南岛，历尽艰险。

萨维纳的海南岛考察，奉命完成了主要使命——绘制一比一百万比例尺的彩色地形地图 *Ile de Hainan*（《海南岛地图》）。他的考察报告 *Monographie de Hainan*（《海南岛》），1928 年纳入 *Cahiers de la Société de Géographie de Hanoi*（"河内地质学会丛书"）出版。此次科考使命的重点是彝族，但萨维纳对海南岛其他民族的语言也格外关注，搜罗了丰富的信息。海南之行之后，他还留下几部手稿：*Dictionnaire Français–Bê*（《法语—临高语词典》）、*Dictionnaire Hoklo-Français*（《福佬话—法语词典》）、*Dictionnaire Dai*①*-Français*（《方言彝语—法语词典》，*Lexique Français-Hoklo*（《法语—福佬话字典》）、*Lexique Français-Dai*（《法语—方言彝语字典》），*Lexique Cantonnais-Nùng-Hoklo*（《粤语—侬语—福佬话字典》）等。

1929 年萨维纳返回河内，在远东法兰西学院执教。民国二十三年（1934），五十八岁的他疾病缠身，遂退休移居香港。在港期间他整理出版了 *Guide Linguistique de l'Indochine Française*（《法属印度支那语言指南》，香港纳匝肋印书馆，民国二十八年〔1939〕）等几部中国及越南边区少数民族语言的书籍；民国三十年（1941）逝于港岛。

萨维纳的杰出贡献主要在民族语言学方面，他的专著不多，只有《苗史》（*Histoire des Miao*）和勉强算得上专著的考察报告《海南岛》。《苗史》初版于民国十四年（1925），民国十九年（1930）再出增订版。这部法文著作有四章：

Dévidoir Miao.

Groupe de femmes Miao au marché de Chapa (Tonkin)

Histoire des Miao
苗史（封面和插图）
［法］萨维纳撰
法文
四章 一册
民国十四年（1925）
香港纳匝肋印书馆初版
民国十九年（1930）增订版
铅印本 纸本 平装
开本：25.5×19.5（cm）
303 页
照片 14 幅

---

① Dai：彝族自称谓；萨维纳这里指的是某一彝族部落方言，属于侗台语系。

• 筚路蓝缕 •

Femme Miao portant son enfant.

Jeunes filles Thô des environs de Chapa, Tonkin.

Femme Miao filant le chanvre.

Vieillard Miao portant la hotte.

Miao jouant du Cheng.

Femme Man en costume de Fête.

Miao allant au marché pour vendre des tubercules de Salsepareille.

Pilons à riz hydrauliques chez les Miao.

699

第一章"苗语比较研究"。萨维纳提出苗语有十个系列：天、地、家、身体、服饰、居屋、动物、植物、动词、形容词。他列举出五百个单词，用于解释这十个系列语汇的含义和特点。然后他又选择二百五十个单词，比如一、二、三、四、五、六、七、八、九、十，比较它们在苗语、僈语、罗罗语、傣语、安南语、汉语、藏语、鞑靼语、马来语、恩丁语里发音之差异，还把它们与波利尼西亚语方言发音作了对比。更有价值的是，萨维纳追溯了这些民族发源和迁移的历史，分析了其语言的形成和演变过程。

第二章"历史中的苗人"。萨维纳讲述苗族起源是从《旧约·创世记》里巴比伦人建造巴别塔故事说起的。通天之塔被废之后，一部分人远避到东方，就是苗人的祖先。这是从希伯来人那里找来的传说。他用大量篇幅介绍中国史料里有关苗人的记载，甚为详细。

第三章"苗人的生活"。萨维纳记述了自己生活在苗族人中间的感受：依山而居，融融亲情，缺医少药，劳作艰辛。以及苗族人的艳丽服饰和婚丧节庆等。

第四章"苗人的信仰"。萨维纳对苗族人的宗教信仰记载得比较简单，可能由于他的天主教传教士身份而本能地排斥或回避，他接触这方面活动比较少，记录也似蜻蜓点水。萨维纳作为语言学家，他关注的是苗族的语言要素和构成演化，其他述说只是这个主题的铺衬。

在《苗史》里，萨维纳偏好用表格梳理资料，对比各种语言的词汇。他可能不会拍照，或者压根就没有相机，书中全部十四幅照片都是香港纳匝肋印书馆编辑从资料库里帮他挑选的。

法国传教士和学者对毗邻法属印度支那的中国西南地区人文地理研究是有传统的，早在光绪六年（1880）法国驻云南蒙自外交官弥乐石①就曾著有 *La Province Chinoise du Yun-nan*（《中国云南省》），对云南山川地理、文化风俗、民族聚集和分布做过比较深入的研究，为后继者的跟进提供了可借鉴的思路。在研究中国西南少数民族著作里还有一部比较重要，*Les Barbares Soumis du Yunnan*（《云南归化蛮番》），作者是当时法国驻昆明领事馆副领事苏利埃②先生。苏利埃对云南及跨境地区某些所谓"未开化"民族作了比较完整的介绍。分上下两卷：上卷按区域叙述，如"车里""木邦""八百""老挝""孟养""缅甸""孟定""猛县""南甸""干崖""陇川""耿马""猛密""蛮莫""威远""湾甸州""康""潞江""芒市""孟连""茶山长""钮兀""里麻"等；下卷按民族叙述，如"爨蛮""卢鹿蛮""白猡猡""黑猡猡""撒弥猡猡""撒完猡猡""阿者猡猡""鲁屋猡猡""干猡猡""妙猡猡""摩察""僰夷""白人""普特""窝泥""拇鸡""朴喇""磨些""力些""西番""古宗""扯苏""土人""土獠""蒲人""侬人""沙人""羯些子""阿昌""缥人""哈喇""缅人""结些""遮些""地羊鬼""野人""喇记""阿城"等。作者在附录里节取清人余庆远③的《维西见闻录》有关篇章，作为自己搜集资料的补充。

---

① 弥乐石（Émile Rocher, 1846—1924），又记罗舍，法国人。光绪十三年（1887）出任法国驻中国蒙自首任领事。著有 *La Province Chinoise du Yun-Nan*（1879—1880, Ernest Leroux, Paris），获1881年儒莲奖。
② 苏利埃（George Soulié de Morant, 1878—1955），法国人，学者、外交家。另著有 *Histoire de l'Art Chinois*；*Théâtre et musique modernes en Chine*；*Les sciences occultes en Chine*，*La main*；*Histoire de la Chine de l'Antiquite jusqu'en 1929*；*Le probléme des Bronzes Antiques de la Chine*；等等，他还把《西游记》译为法文，致力于把针灸介绍到欧洲，其著作 *L'Acuponcture chinoise*（《中国针灸》）影响很大。
③ 余庆远，字璟度，清乾隆年间湖北安陆人。乾隆三十四年（1769）随兄丽江通判余长庆到维西地区，乾隆三十五年（1770）撰《维西见闻纪》，对维西六族么些、古宗、那马、巴苴、傈僳、怒子及云南人文地理有详细记述。

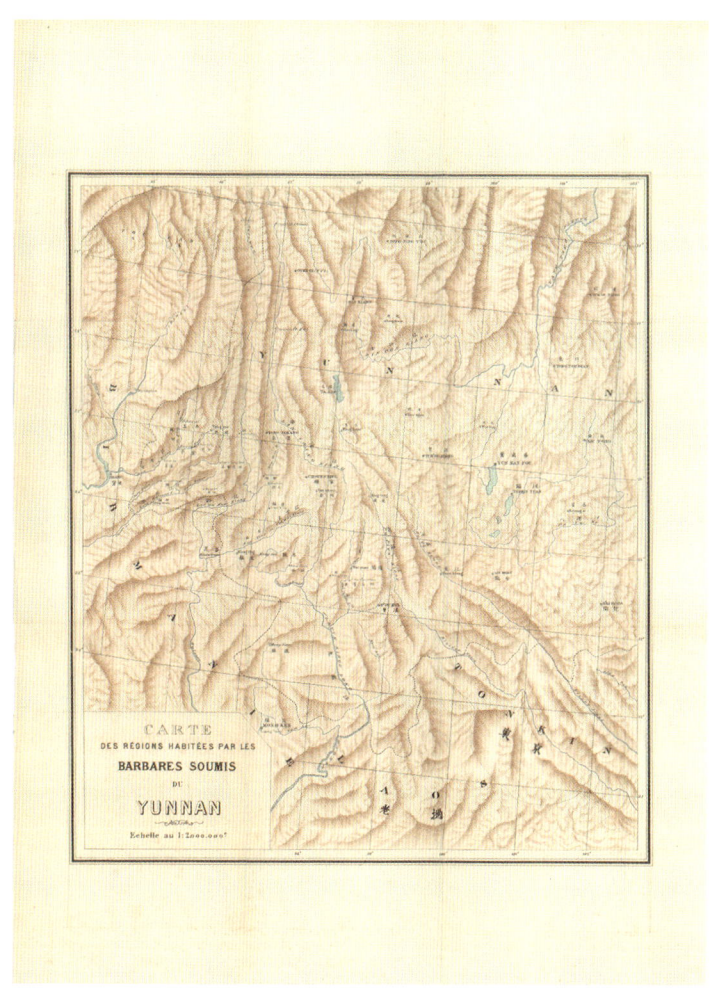

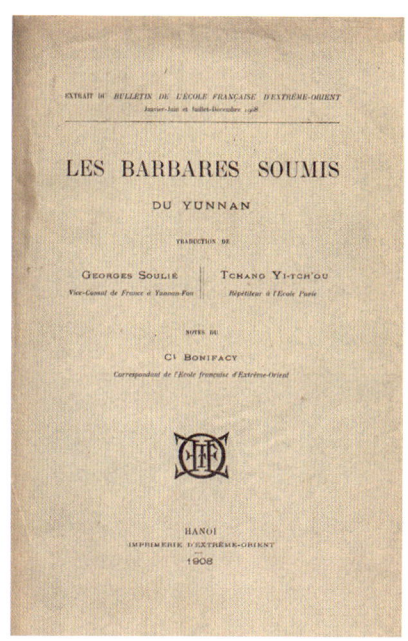

Les Barbares Soumis du Yunnan
云南归化蛮番（封面和地图）
［法］苏利埃撰
法文
两卷附一卷　一册
远东法兰西学院集刊 1908 年第 1 期
第 2 期抽印本
1908 年河内远东印书馆排印
铅印本　纸本　平装
开本：28.5×19.5（cm）
74 页　地图 1 幅

苏利埃还为自己的著作绘制了一幅地图：*Carte des Régions Habitées par les Barbares Soumis du Yunnan*（《云南归化蛮番分布图》）。

《云南归化蛮番》最初于 1908 年连载于《远东法兰西学院集刊》，同年出版抽印本（单行本）。

在苏利埃出版《云南归化蛮番》之后不久，奥龙①受法国政府之委托，于光绪三十二年至宣统元年（1906—1909）期间在中国西南地区以及西藏、蒙古等地进行考察，发表调查报告 *Les Derniers Barbares*，*Chine-Tibet-Mongole*，*Mission d'Ollone*，*1906—1909*（《最后的蛮人》，Pierre Lafitte & Cie Éditeurs，巴黎，1911），英译本 *In Forbidden China*，*the d'Ollone Mission*（《中国禁地》，T. F. Unwin，伦敦，1912）。

---

① 奥龙（Henri Marie Gustave d'Ollone，1868—1945），法国人，探险家。

随着经济发展和社会进步，这些所谓"未开化"民族已经杳无踪迹，苏利埃等人借己工作便利，搜集整理的这些史料，对于研究人类学和民族学，可谓金壶墨汁，一弧珍琼。此书虽不是巴黎外方传教会在华出版物，因其非同等闲，故简记不弃。

二十世纪初叶开始，国际学术界兴起一股"边疆学"研究风气，其通用定义是："两个不相等形式的文化，互相接触，因而产生相互影响的现象。"投入"边疆学"研究的学者尤为关注中国的民族现象，如民国二十八年（1939）美国著名学者赖德懋①在《中国的边疆》一书里，谈到研究中国边疆学的现实意义时说道："今日中国所发生的事件已经反映亚洲内陆边疆的外面。比日本侵略远要重要的，是为抵抗日本侵略而产生的中国生活的改变。中国内部这种改变的波纹，已经传到亚洲内陆边疆的外面去。"②因而研究中国边疆学，对预判第二次世界大战后亚洲新的文化标准和政治秩序尤为重要。

这里需要提示的是，不论是萨维纳、苏利埃，还是后面还要谈及的古纯仁、和为贵、田清波、霍尔曼、艾伯华、贺登崧、骆克、史博图等人，他们对中国少数民族地区的研究不是孤立现象，而是在边疆学兴起的这个大背景下完成的，与时代的学术趋向应节合拍。

天主教进入西藏传教并不顺利，不过巴黎外方传教会的传教士们还是把他们在藏区传教的收获用文字保留了下来，其代表人物有戴高丹、倪德隆和古纯仁。

早期涉及西藏的书籍有见香港纳匝肋印书馆出版的戴高丹③神父编撰的 *Essai de grammaire thibétaine pour le langage parlé*（《藏语口语语法》，光绪二十五年〔1899〕），*Dictionnaire thibétain-latin-français*（《藏语—拉丁语—法语词典》，光绪二十五年〔1899〕）。

《藏语口语语法》是薄薄不到一百页的小册子，分为两卷，上卷"字母"；下卷"词"，有"虚词""实词""名词""代词""形容词""动词""副词""连词""数词""句子"十章。

《藏语—拉丁语—法语词典》最初并不是戴高丹神父编写的，早在咸丰二年（1852），两位巴黎外方传教会的神父罗启桢④和萧法日⑤在西藏传教时编纂了这部词典，光绪九年（1883）戴高丹在巴塘发现这些手稿，经他增订和整理后在香港付梓。

香港纳匝肋印书馆后来还出版倪德隆⑥神父编写的 *Grammatica latino-thibetana*（《拉丁语—藏语语法》，宣统元年〔1909〕）、*Dictionnaire français-tibétain de langue parlée*（《法语—藏语词典》，民国五年

---

① 赖德懋（Owen Lattimore，1900—1989），又记拉铁摩尔，美国人，汉学家、蒙古学家。光绪二十七年（1901）随父来华，民国十一年（1922）开始周游新疆、内蒙和东北各地。民国二十六年（1937）曾访问延安。民国三十年（1941）由美国总统罗斯福推荐任蒋介石的私人政治顾问。
② 赖德懋：《中国的边疆》，正中书局民国三十年（1941）版，第363页。
③ 戴高丹（Auguste Desgodins，1826—1913），法国人，1850年晋铎。咸丰五年（1855）来华，赴西藏，曾进入昌都的巴贡、贡觉、官觉等地，被驱逐后落脚雅安，光绪六年（1880）从打箭炉出发经加尔各答和大吉岭到达亚东。光绪二十年至二十九年（1894—1903）在香港研究写作。后返亚东并逝于此地。
④ 罗启桢（Charles René Renou，1812—1863），法国人，1836年入巴黎外方传教会，1837年晋铎。道光十八年（1838）来华，赴四川教区，曾到过本巴、打箭炉，被遣返，后又在云南、西藏传教。逝于拉萨。
⑤ 萧法日（Jean Fage，1824—1888），法国人，1845年入巴黎外方传教会。同年（道光二十五年）来华，赴云南普洱教区；咸丰四年（1854）赴藏区的本巴、本买、巴塘、打箭炉等地，光绪九年（1883）返回云南普洱。逝于昭通。
⑥ 倪德隆（Pierre Philippe Giraudeau，1850—1941），法国人，巴黎外方传教会会士，1876年晋铎。光绪四年（1878）来华，先后在巴塘、磨西面、打箭炉传教，光绪二十三年（1897）任西藏教区辅理主教，光绪二十七年（1901）任主教。民国二十五年（1936）退休居打箭炉，后逝于此地。

〔1916〕）等。

民国二十八年（1939）香港纳匝肋印书馆出版了 Trente Ans aux Portes du Thibet interdit, 1908—1938（《闯入藏区禁地三十年》），这是一部难得的天主教神父记述藏区传教经历的著作。作者是巴黎外方传教会法国神父古纯仁①，他在滇藏边区传教四十二年，是一位名副其实的"藏学通"。他熟悉汉语和藏语，民国后期还编有藏文语法书，修订过倪德隆主教早年编撰的《法语—藏语词典》。

古纯仁神父陆陆续续撰写了许多有关藏区人文地理的著作和文章，后来连载于华西大学华西边疆研究所康藏研究社编辑的《康藏研究月刊》上，有《川滇之藏边》（第十二至二十九期）、《川边之打箭炉地区》（第十六至十七期）、《川边霍尔地区与瞻对》（第十八期）、《理塘与巴塘》（第十九至二十期）、《旅行怒江盆地》（第二十一期）、《旅行金沙江盆地》（第二十二期）、《察哇龙之巡礼》（第二十三期）、《康藏民族杂写》（第二十六至二十九期）等。

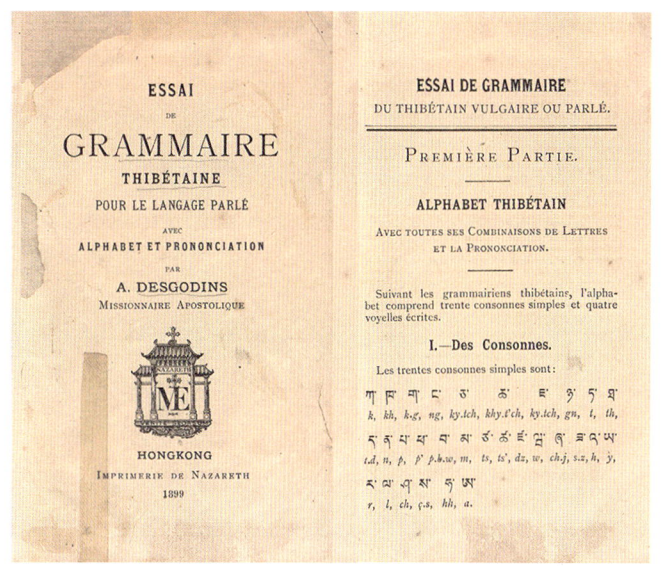

Essai de grammaire thibétaine pour le langage parlé
藏语口语语法（封面和内页）
［法］戴高升编撰
藏文　法文
两卷　一册
清光绪二十五年（1899）
香港纳匝肋印书馆排印
铅印本　纸本　平装
开本：18×12（cm）
92页

《闯入藏区禁地三十年》可以说是古纯仁神父藏区研究的总结之作，分为三卷：

第一卷"鹰翔藏区"（Le Thibet à vol d'oiseau）。第一章，各国传教士，尤其是巴黎外方传教士在藏区开拓的历史；第二章，研究藏文化的切入点；第三章，藏区喇嘛教（附喇嘛教诸神谱）；第四章，历史袭承；第五章，藏区今昔。

第二卷"天主教藏区传教史"（La Mission Catholique du Thibet）。第一章，遭受迫害（1900—1906）；第二章，帝国与共和（1906—1913）；第三章，内部动荡（1913—1920）。

第三卷"汉藏边区，四川藏区行纪"（A la Frontière Sino-Thibétaine, Marcher Thibétaines du Setchouan）。第一章，藏区行纪；第二章，谚语、民谣、赞歌；第三章，四川藏区行纪，上盐井②

---

① 古纯仁（Francis Goré，1883—1954），法国人，巴黎外方传教会会士。光绪三十三年（1907）晋铎后来华，光绪三十四年（1908）赴藏区札坝传教，民国三年（1914）任打箭炉本堂，民国九年（1920）任雅安本堂，民国二十年（1931）任云南茨山教区副主教，管辖茨中、维西、贡山、德钦等地区教务。1952年被逐离华，后逝于日内瓦。

② 上盐井，西藏地名，在滇藏边界。

（1920—1930）；第四章，云南藏区行纪；第五章，代牧区日志，茨中①（1931—1937）；第六章，藏区传教阻力。

书后有四则附录，其中"法藏字汇索引"对于这个学科专业研究者来说颇为实用。

《闯入藏区禁地三十年》的价值不仅在于古纯仁神父对四川、云南藏区风土人情的记述，时至民国中期，外界对封闭的藏区之了解与半个世纪前已经大不一样了。虽然古纯仁着墨点在川滇藏区，在细节上保存下无可替代的史料，但是对后人更有帮助的是两点：一、他记述了他与喇嘛、活佛交往的资料，可以重现身居中国社会历史大变革时期这些人的态度和行为；二、他详细记载天主教在川滇藏区开拓、发展的历史，一个亲历者的记述比任何统计资料更为真实、更为生动、更为丰富。

民国十四年（1925）香港纳匝肋印书馆出版和为贵②神父撰写的 Au Pays des Pavillons Noirs③, la Mission du Kouangsi（《身陷土匪之乡——广西传教史》）。这部法文著作分为十二章。第一章"广西福音传播概况"，大致分三个阶段：道光二十八年至光绪元年（1848—1875），自马赖④神父以后的零散传教活动；光绪元年至二十五年（1875—1899）草创期；光绪二十六年至民国十一年（1900—1922）拓展期。第二章"广西的殉教者"，记述了马赖神父、邓神父⑤和苏安宁⑥神父等人的"殉教"事迹。第三章至第五章是"土匪余烬复起"，

Trente Ans aux Portes du Thibet interdit, 1908—1938
闯入藏区禁地三十年（封面和插图）
［法］古纯仁撰
法文
三卷 一册
民国二十八年（1939）
香港纳匝肋印书馆排印
铅印本 纸本 平装
开本：25×18.2（cm）
照片 57 幅 地图 4 幅

---

① 茨中，云南迪庆村庄，曾是天主教茨口堂区所在地。
② 和为贵（Joseph Jean Baptiste Cuenot，1888—1970），法国人，1911年入巴黎外方传教会。1913年（民国二年）晋铎后来华，赴广西教区桂林传教，民国十三年（1924）任修仁本堂，民国十六年（1927）任南宁小修院院长。民国二十六年（1937）因在大轰炸中负重伤而回国。
③ Pavillons Noirs，直译是黑色的旗子，作者在这里描述广西土匪猖獗，官军红色旗子一出现，土匪的黑色和白色旗子便藏匿起来。
④ 马赖（Auguste Chapdelaine，1814—1856），法国人，巴黎外方传教会会士，1843年晋铎。咸丰二年（1852）来华，咸丰四年（1854）到贵阳，同年赴广西西林；咸丰六年（1856）被捕，死于狱中，史称"西林教案"。法国以"西林教案"为借口，加入英国发起的第二次鸦片战争，战后签订《天津条约》。
⑤ 邓神父（Frédéric Victor Mazel，1871—1897），法国人，1891年入巴黎外方传教会，1896年晋铎。同年（光绪二十二年）来华，被派往广西传教区，次年在赴西林的途中遇害。
⑥ 苏安宁（Mathieu Bertholet，1865—1898），法国人，1886年入巴黎外方传教会。同年（光绪十二年）来华，赴广西贵县传教。光绪二十四年（1898）在其执管的堂区遇害。

• 筚路蓝缕 •

Le B^x Chapdelaine,
1814 - 1856

Le Supplice de la Cage
(Ici, à la différence de ce qui eut lieu pour le B^x Chapdelaine,
le condamné a les mains libres)

Femme *Panyao*
en costume de cérémonie

Missionnaires du Kouangsi réunis pour l'Ordination du 18 Septembre 1915

Au Pays des Pavillons Noirs, la Mission du Kouangsi
身陷土匪之乡——广西传教史
（插图）
［法］和为贵撰
法文
十二章 一册
民国十四年（1925）
香港纳匝肋印书馆排印
铅印本 纸本 平装
开本：22.3×14（cm）
173 页 照片 17 幅

叙述民国十年（1921）左右，中国内乱导致广西各地兵匪一家，殃及传教事业，以及在这种动乱情况下各地教区的发展状况。第六章"教区组织机构"。第七章"教徒情况"。第八章"板田村"①。第九章"荆棘满途"。第十章"难施拳脚"。第十一章"荆棘玫瑰"。第十二章"憧憬"。

《身陷土匪之乡——广西传教史》随文配印了十七幅历史照片。书前有时任广西代牧区南宁主教刘志中②写的序言。书后有三个附录："广西巴黎外方传教士名录""广西各地传教区状况""有关广西传教区的著作"。总体来说，这部作品不是一部刻板的学术著作，许多篇章用了活泼的文学笔触，可读性较强。

巴黎外方传教会不同于其他修会的最大特点是传教地域广阔，从中国东北、朝鲜半岛、华南、华西到印度支那、印度，接触到的民族多种多样、各有独特的文化面貌，而这其中有许多知识恰恰是我们知之甚少的。这个特点在其会刊 Bulletin de la Société des Missions Étrangères de Paris（《巴黎外方传教会集刊》）里显示得最为清楚，随意翻翻，不经意间都会有引人入胜的标题映入眼帘：

文章名（原文）	文章名（中文）	作者	发表时间
Au Pays de l'éléphant blanc	白象国度	萧林③	民国十七年（1928）
Au Pays des Pagodes	佛塔之国	达恩④	民国十二年（1923）
Aux Rives de l'Irrawaddy	徜徉在伊洛瓦底河畔	达恩	民国十六年（1927）
Brahmanisme et Bouddhisme	婆罗门教与佛教	巴依鲁⑤	民国十三年（1924）
Causerie sur l'Art Chinois	漫谈中国艺术	杜公谋⑥	民国十四年（1925）
Chez les Lolos Noirs	和黑彝在一起	光若翰⑦	民国十六年（1927）
Histoire de la Mission du Cambodge	柬埔寨传教史	皮阿涅⑧	民国十八年（1929）
La Léproserie de Thanh hoa	清化麻风病院	博尔勒⑨	民国十二年（1923）
La Flore de la Mission de Lanlong	蓝龙教区的花卉	方义和	民国十八年（1929）
La Race Tho	芹苴的民族	陈神父（Georges Justin Caysac）	民国十一年（1922）

---

① 板田村，广西桂林平乐县一地名，当时约有六百户居民，是天主教在广西的一处模范堂区。
② 刘志中（Maurice Ducœur，1878—1929），法国人，1895年入巴黎外方传教会，1901年晋铎。同年（光绪二十七年）来华，赴广西泗州、钦州传教，创建板田堂区；宣统二年（1910）被任命为广西和南宁主教。逝于香港。
③ 萧林（Louis Chorin，1888—1965），法国人，1908年入巴黎外方传教会，1912年晋铎。同年到暹罗曼谷，学习汉语，在曼谷教区传教并主持圣母升天印书馆（Imprimerie de l'Assomption），1947年出任曼谷主教。逝于曼谷。
④ 达恩（Philémon Auguste Darne，1872—1935），法国人，巴黎外方传教会会士，在暹罗曼德勒、瑞波、眉缪等地传教。逝后葬于眉缪。
⑤ 巴依鲁（Henri Bailleau，1876—1933），法国人，巴黎外方传教会会士。1900年赴印度，加入香港—贡伯戈讷姆传教会，学习泰米尔语，在贡伯戈讷姆、本地治里等地传教。
⑥ 杜公谋（Denis Doutreligne，1881—1929），法国人，1901年入巴黎外方传教会，1906年晋铎。同年（光绪三十二年）来华，赴贵州传教区，任黄本本堂。民国十八年（1929）死于战乱。
⑦ 光若翰（Jean-Baptiste Budes de Guébriant，1860—1935），法国人，1883年入巴黎外方传教会，1885年晋铎。同年（光绪十一年）来华，赴四川南部传教区，任职于古蔺、河堤口等，后任建昌主教、广州主教等。
⑧ 皮阿涅（Henri Jules Victor Pianet，1852—1915），法国人，1879年入巴黎外方传教会，1881年晋铎。1882年赴柬埔寨，在湄公河流域的朔庄、芹苴、金边、马德望等地传教。
⑨ 博尔勒（Antoine Bourlet，Abbà，1874—1952），法国人，1896年入巴黎外方传教会，1898年晋铎。同年赴河内学习越南语，后在老挝、越南等教区传教。著有 Cantiques spirituels（1817）等。

续表

文章名（原文）	文章名（中文）	作　者	发表时间
Le Bonheur d'après la conception chioise	中国人憧憬的幸福	法布尔	民国十七年（1928）
Le Bouddha Gautama	佛祖乔达摩	巴依鲁	民国十三年（1924）
Le Bouddhisme en Indochine	印度支那的佛教	施利克林①	民国二十年（1931）
Le Clergé Indigène dans les Missions des Indes	印度本土教士	维伊雷②	民国十一年（1922）
Le Dernier des Ming	明朝最后的余脉	达恩	民国十五年（1926）
Le Lamaïsme est-il le Bouddhisme indien?	喇嘛制度来源于印度佛教？	古纯仁	民国十五年（1926）
Le Néo-Bouddhisme en Chine et au Japon	中日新佛教	施利克林	民国二十年（1931）
Le Paganisme et l'Enfant au Kouangtong	广东的异教与孩子	法布尔	民国十二年（1923）
Le Tantrisme au Japon	日本密宗	维雍③	民国十五年（1926）
Les 'Ka⊥nao∧ de Tchēn fōng au Koúy-Tcheōu	贵州贞丰的仡佬人	方义和	民国二十年（1931）
Les Négrilles dans la presqu'île Malaise	来自马来半岛的黑人	谢贝斯塔④	民国十四年（1925）
Les Origines de L'écriture Chinoise	中国文字的起源	陆神父⑤	民国十三年（1924）
Les Origines de la Civilization Japonaise	日本文明的起源	马丁⑥	民国十三年（1924）
Les Superstitions Laotiennes	老挝人的迷信崇拜	艾克斯考芬⑦	民国十二年（1923）
Les Yue, ancêtres d'une partie des habitants du Kouangtong-Kouangsi	越人，粤桂部分居民之祖先	周怀仁⑧	民国十八年（1929）

---

① 施利克林（Albert Schlicklin，1857—1932），法国人，巴黎外方传教会会士，1884年晋铎。1885年到越南河内教区。
② 维伊雷（Marius Veyret，1877—1933），法国人，中学毕业后加入巴黎外方传教会。1899年到印度迈索尔，学习泰米尔语，在喀拉拉邦怀纳德一带传教。
③ 维雍（Aimé Villion，1843—1932），法国人，1863年入巴黎外方传教会，1864年晋铎。清光绪十二年（1886）来香港和上海，1870年到达日本教区，在大阪、长崎、神户一带传教。逝后葬于大阪。对日本佛教颇有研究，著有《切支丹大名史》。
④ 谢贝斯塔（Paul Schebesta，1887—1968），德国人，人类学家，圣言会会士，早年在莫桑比克，从基桑加尼到布尼亚横穿刚果原始森林，考察黑人生活；后到印度之南，从吉兰丹州到马六甲横穿马来半岛。著有 Grammatical Sketch of the Jahai Dialect, Spoken by a Negrito Tribe of Ulu Perak and Ulu Kelantan, Malay Peninsula（1928）、Die Negrito Asiens（1952）。
⑤ 即皮埃尔·罗切特（Pierre Rochette，1879—1949），法国人，1899年入巴黎外方传教会，1903年晋铎。同年（光绪二十九年）来华，赴四川南部传教，任职于河堤口小修院、南溪。民国十九年（1930）回法。
⑥ 马丁（Jean Marie Martin，1886—1975），法国人，巴黎外方传教会会士。1910年到达日本福冈。
⑦ 艾克斯考芬（Anthelme Excoffon，1871—1955），法国人，巴黎外方传教会会士。1894年到老挝，在万象、他曲等湄公河流域地区传教。第二次世界大战期间被日军拘留巴色集中营。战后回法。
⑧ 周怀仁（Camille Héraud，1867—1937），法国人，1885年入巴黎外方传教会，1890年晋铎。同年（光绪十六年）来华，赴广西传教区，在瑶族地区三里墟、芦湄、桂平传教，任南宁本堂和广西修院教授。逝于香港。

续表

文章名（原文）	文章名（中文）	作　者	发表时间
Mentalité Japomaise	日本人的情操	马丁	民国十九年（1930）
Mes amis les bonzes	我的僧侣朋友	维雍	民国十三年（1924）
Souvenirs de Birmanie	缅甸记忆	郭德克①	民国十九年（1930）
Un coin de la Mission du Thibet	西藏教区一隅	古纯仁	民国十三年（1924）
Un voyage d'exploration aux Ryukyu	琉球行考	哈尔博②	民国十四年（1925）
Une intéressante découverte au Siam	在暹罗有趣的发现	萧林	民国十九年（1930）
Une page de l'histoire du Chau Laos	老挝历史的一页	德杰尔杰（J. B. Degeorges）	民国十五年（1926）
Une rentrée subreptice en Corée	逃离高丽	罗神父③	民国十五年（1926）
Une visite à la Léprosesie de Sheklung	造访石龙麻风病医院	廖德修④	民国十五年（1926）

从《巴黎外方传教会集刊》上的部分精彩文章可以看到：一、巴黎外方传教会传教区域，除印度等国，基本是汉文化圈。传教士们不论在中国还是在中国以外的东亚、印度支那活动，他们在履行奉主职责之外，对当地本土文化研究几乎没有偏离儒家文化主题；二、在华南、中国西南边陲和其他东亚、印度支那活动的传教士，对当地民族及其语言、习俗、祭祀、历史、文化、地理等做了大量资料搜集和整理工作，各有多维研究；三、传教士们在印度支那和南亚的研究或多或少受到殖民主义感染，戴着派遣国制作的或深或浅的"墨镜"观察周围世界，比如地理的划分、民族的认定等，与历史因袭传统并不相同，有人为做作痕迹；四、这些作品总体来说瑕瑜互见，留给后人对那些稍纵即逝的文化遗产的念想。

香港纳匝肋印书馆还有一些主题别样的书籍，其历史价值同样不可忽略，譬如民国十四年（1925）出版的《石龙麻风病医院》和《中国佛教圣地峨眉山》，民国二十六年（1937）出版的《文如其人——中国人生活格言和谚语》。

Film de la vie Chinoise, Proverbes et Locutions（《文如其人——中国人生活格言和谚语》）是一部当年深受欢迎的书。作者让·阿尔弗雷德·法布尔（Jean Alfred Fabre, 1878—1967），人称曾神父，法国人，1900年入巴黎外方传教会，1902年晋铎，光绪二十九年（1903）来华，在广东教区传教，光绪三十二年（1906）任教广东修道院，同时还兼任两个堂区的本堂神父。清王朝倒塌后，曾神父曾一度避静于香港红磡。民国二年（1913）后的十年间，曾神父一直执教广东修道院，教授神学等课程，并担任院长。

---

① 郭德克（Jean Louis Godec，1867—1935），法国人，1888年入巴黎外方传教会，1890年晋铎。同年到印度本地治里教区，在阿拉第（Allady）任神职。
② 哈尔博（Auguste Halbout，1864—1945），法国人，1884年入巴黎外方传教会，1888年晋铎。1889年赴日本教区，在长崎、臼杵、奄美、赤城、黑崎等地传教。
③ 即莱昂·古斯塔夫·罗伯特（Léon Gustave Robert，1866—1956），法国人，1885年入巴黎外方传教会。光绪十四年（1888）赴香港任总司库，光绪十七年（1891）任上海司库，1935年任巴黎外方传教会总会长。
④ 廖德修（Alfred Jarreau，1873—1958），法国人，1902年入巴黎外方传教会。光绪三十年（1904）来华，赴广州传教区，任东莞本堂。1951年回国。

Ouverture du tombeau du Bx Tchoi François.

Jeune fille kanao Mlle Yang a tchen Anne.

Cliché Signoret 1928

Professeur et élèves kanao aux écoles de la Mission auprès de leur curé. (Cliché Larregain 1926.)

Visite de S. E. Mgr Dreyer, Délégué apostolique de l'Indochine
4 Avril 1929

Une famille Kanao.
Mr. P'àn sé liên, sa femme, son fils, son frère et sa sœur.

巴黎外方传教会集刊（插图）

民国十二年（1923）他离职居顺德，民国十三年（1924）返回家乡法国马赛。民国二十一年（1932）曾神父再次来华，在汕头教区任职。日军占领广东和香港期间，曾神父以自己特殊的身份勇敢地出面与日军斡旋，庇护中国教徒，并尽力帮助被日军关押在丛林集中营的各国战俘。民国三十七年（1948）他又回广东修道院教书，民国三十八年（1949）避隐香港纳匝肋修道院，1953年终回法国。

曾神父的《文如其人——中国人生活格言和谚语》是一部在选题和编纂方法上别有特色的著作。曾神父在序言里开篇这样说：

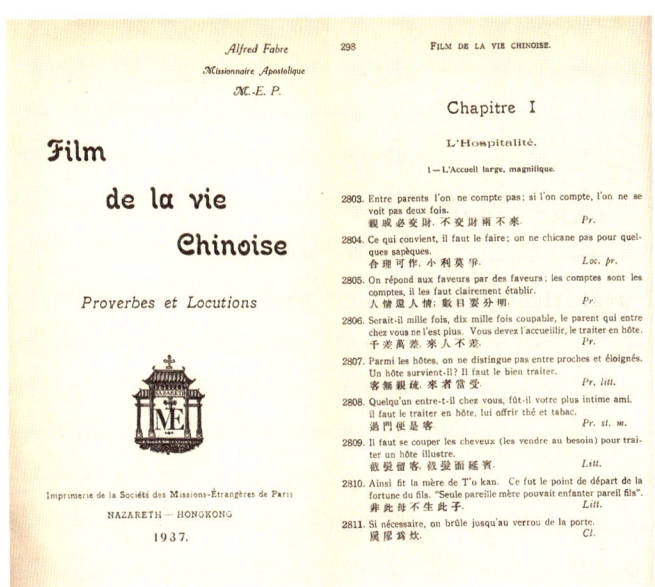

Film de la vie Chinoise, *Proverbes et Locutions*
文如其人——中国人生活格言和谚语
（封面和内页）
[法]让·阿尔弗雷德·法布尔撰
法文　中文
十卷　一册
民国二十六年（1937）
香港纳匝肋印书馆排印
铅印本　纸本　平装
开本：21.6×14.3（cm）
694 页

　　文如其人，言为心声。研究文学体裁就是对人自身的探索。文学体裁表现的不是个体态度，而是整个民族的性格，恰是此研究最饶有意味之处。

曾神父认为，中国人的格言和谚语最能体现这个民族的性格。他搜集了六千三百零五条格言和谚语，法文与中文对照，分门别类，归为十卷：第一卷"婚姻"，第二卷"家庭"，第三卷"教育"，第四卷"智慧"，第五卷"社交"，第六卷"财富"，第七卷"统治"，第八卷"责任"，第九卷"生老病死"，第十卷"祭祀崇拜"。择例：

【8—9】Les parfaits unions sont à l'avance nouées dans le Ciel, Le Ciel les a préparées, le Ciel lui-même les realize。良缘由凤缔，佳偶自天成。

【200】La jeune et timide épouse pète en silence, effrayée du public。新妇屙屁，惊惊轻轻。

【264】Dix filles, dix mille écus d'or au logis: vous n'en êtes pas plus riche, Dix moieties de fils, cinq gendres, ne vaudront jamais un fils de votre vhair。家内万金不富，堂前五子冇儿。

【869】Comme larbre craint les premiers gels, fin octobre, l'homme, lui, craint une vieillesse misèrable。树怕霜降风，人怕老来穷。

【1234】Les sages sont le trésor dun royaume, les letters la perle dun festin。士者国之宝，儒为席上珍。

【2059】Les cœurs different comme les visages。人心不同，如其面焉。

【2416】Paroles alambiquées trahissent la vertu, études sans discretion offusquent la vérité。绮语背德，杂学乱道。

【4211】Le bon juge tempère dindulgence ses arr'êts au vermillon。仁流丹笔。

【6251】Jeune fille aux lèvres roses comme la fleur du nénuphar, aura vêtement et vivres en abondance。唇若红莲，衣食丰足。

编者对自己择选的格言和谚语做了简单的疏解，解释其在中国人身上所反映的生活现实、所体现的传统习俗、所恪守的处世哲学；称赞了中国人表达方式的委婉、含蓄、诙谐、幽默。

曾神父生活在广东、香港一带，搜集的中国格言和谚语偏重岭南人的习惯用法，但是基本还是官话表达，《香港纳匝肋印书馆图书目录》将其列为粤语图书似为不妥。

《文如其人——中国人生活格言和谚语》出版后受到业界好评和读者欢迎，法国科学院授予曾神父特别奖，表彰其向世界介绍中国人丰富多彩的文化习俗，认为他的作品具有"原创性"的独特文学价值。

民国十三年（1924）香港纳匝肋印书馆还出版过曾神父的 En Butinant Virgile（《维吉尔诗歌酌义》）。这部书是曾神父的史学论著，他研究了维吉尔的《农事诗》(Géorgiques) 和《埃涅阿斯纪》(Enéide)、奥维德的《变形记》(Métamorphoses)，讨论了这两位古罗马诗人的诗歌里有关早期基督教创立时期苦难历程的记载，分析了神话故事描绘的英雄人物与基督教的关联，以及维吉尔和奥维德二人的诗歌与基督教教义相一致的思想。《维吉尔诗歌酌义》共二十八篇，有"创世纪""创人纪""蛮荒时代""神爱""天空""恺撒之死"等。

曾神父在香港纳匝肋印书馆出版的著作还有：La Léproserie de Sheuntak（《顺德麻风病院》，民国十四年〔1925〕）、De l'Ombre à la Lumière（《从黑暗走向光明》，民国二十三年〔1934〕）、Praedica Verbum: Porte-Voix du Christ（《基督的预言》，民国二十七年〔1938〕）等。此外，曾神父时常在《教务杂志》和《巴黎外方传教会集刊》上发表文章。

"震旦国中，峨眉者，山之领袖"。中国佛教名山峨眉山历来备受来华传教士瞩目，他们对中国古贤歌咏的这座蜀国仙山所蕴含的丰富文化神往心仪，不乏研究之作。美国浸信会传教士费尔朴[①]在成都华西大学教授英文和哲学，每逢假期，这位出生于落基山脉的教授都会背上行囊，结伴攀援川西高山，贡嘎、峨眉、青城无不留下他的足迹。"未几，余复为峨山而神往。尝结伴香客，攀临此山之巅，深入檀林，遍谒神殿。严冬则积雪莹莹，盛夏则芳草青青。晨则旭日初升，金光灿烂，夜则皓月当空，银色荡漾。"费尔朴教授根据清人黄绶芙《峨山图说》编译了一部英文著作 A New Edition of the Omei Illustrated Guide Book（《峨山

[①] 费尔朴（Dryden Linsley Phelps, 1896—1978），美国人，浸信会传教士。早年就读于耶鲁大学，获文学和神学学位，在牛津大学皇后学院获博士学位。民国十年（1921）来华，在华西协合大学任牧师，民国十四年（1925）至1951年任华西协合大学文学院院长、教授。民国三十六年（1947）华西大学学运"费尔朴事件"当事人。1951年到香港大学任教。译作另有《峨山香客辑咏》《陶渊明诗集》等。

图志》),民国二十五年(1936)华西协合大学与哈佛燕京学社出版。

香港纳匝肋印书馆出版过同样主题的著作,有一位在川西传教的法国董神父[①]撰写了 Un Pelerinage bouddhique en Chine, Le Mont Omi(《中国佛教圣地峨眉山》)。与费尔朴教授的 A New Edition of the Omei Illustrated Guide Book(《峨山图志》)相比,董神父的著作内容略显单薄,印制不甚讲究,但从字里行间可以看到,身处川西的巴黎外方传教会神父在享受着川蜀文化的同时,也有对中国文化精神上的追求。

Un Pelerinage bouddhique en Chine, Le Mont Omi
中国佛教圣地峨眉山(封面和插图)
[法]普罗斯珀·勒·鲁撰
法文
十三章 一册
民国十四年(1925)
香港纳匝肋印书馆排印
铅印本 纸本 平装
开本:23.5×16(cm)
56页
照片8幅

麻风病在我国古已有之,历朝历代对它的有效治疗方式不多,大多把麻风病人集体收容在深山或孤岛上,限制他们与外界联系,采用断粮、断交通的方式,使之自生自灭。

传教士在中国和印度遇到这种在欧洲几乎灭绝的疾病,对他们来说,是修行的好机会。《圣经》里记载过耶稣基督曾告诫信徒,关怀麻风病人是主的旨意,"洁净麻风病人"是每个信徒必须履行的善行。因而,收治麻风病人对于基督徒来说是其体现自己信仰的一部分。来华传教会,不论天主教还是新教,都积极参与这项慈善事业。早期比较著名的麻风病医院有美国美以美会于光绪二十七年(1901)创办的福建兴华麻风院,德国礼贤会于光绪三十一年(1905)创办的东莞麻风院,天主教巴黎外方传教会于光绪三十三年(1907)创办的广州石龙麻风病院和美国南浸会于民国八年(1919)创办的广东大衾岛麻风院等。

耶稣会神父波义通(R. R. Boyton)撰写的 *La Léproserie de Shek-Lung*(《石龙麻风病医院》),记述的就是巴黎外方传教会救治麻风病人的经历。全书分为六章:"中国麻风病人身心状况""慈善在行动""改变愚昧偏见""基督教看待麻风病人""善举之崇高及其遗憾""周而复始严酷局面,被遗弃者的出路"。

作者重点介绍对石龙麻风病医院贡献最大的两位神父,一

[①] 即普罗斯珀·勒·鲁(Prosper Le Roux,1877—1936),法国人,1901年入巴黎外方传教会,次年晋铎。光绪二十八年(1902)来华,先后任四川自流井、纳溪、叙州本堂。逝于叙州,葬于美姑。

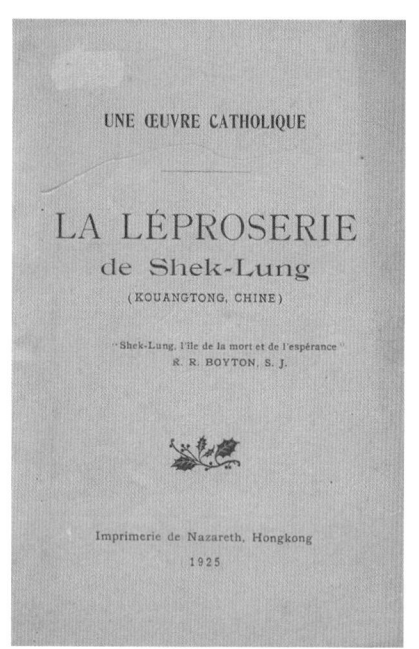

La Léproserie de Shek-Lung
石龙麻风病医院（封面和插图）
[法] 波义通撰
法文
六章 一册
民国十四年（1925）
香港纳匝肋印书馆排印
铅印本 纸本 平装
开本：24×16（cm）
30 页
照片 11 幅

康神父

祝福神父

位是在六十七岁高龄创办石龙麻风病医院的比利时人康神父[1]，他二十六岁便投入拯救麻风病人的工作，曾到过印度洋科摩洛群岛；光绪三十四年（1908）到香港，在广东石龙建立自己的麻风病医院。石龙有两个小岛，男患者居 l'Ile Saint Joseph（圣约瑟夫岛），女患者居 l'Ile Sainte Marie（圣玛利亚岛），两处前后收治过七百五十名男性患者和两百名女性患者。岛上各建有一座小教堂。民国三年（1914）康神父因肺炎逝于香港。民国十五年（1926）在比利时使馆安排下，遵照他临终愿望，教会将他的遗骨迁移到石龙——他的爱心、他效法耶稣拯救世人罪恶和困难之践行、他一生呕心沥血最大梦想的实现之地。另一位是法国神父祝福[2]，他接替年老多病的康神父后，石龙麻风病医院有长足发展，截至民国十三年（1924），诊治和留院的病人，男性达二千三百多人，女性有八百四十人。

---

[1] 即路易斯·兰伯特·康拉迪（Louis Lambert Conrardy，1841—1914），比利时人，1867年晋铎，1871年入巴黎外方传教会。同年赴印度本地治里教区，在开利开尔等地传教。光绪三十三年（1907）赴中国广东传教区，在石龙创办麻风病医院。民国三年（1914）逝于香港。有文记载他死于麻风病，也有记载他死于肺炎，前者更壮烈，后者较可信。

[2] 祝福（Gustave-Joseph Deswazières，1882—1959），法国人，1900年入巴黎外方传教会，1905年晋铎。同年（光绪三十一年）来华，在广东传教；民国二年（1913）接替患病的康神父负责石龙麻风病医院；民国十七年（1928）任北海主教，民国十八年（1929）任香港纳匝肋住院院长，民国二十九年（1940）再任北海主教，民国三十六年（1947）任广州总主教区主教。

《石龙麻风病医院》所载麻风病人生活照片

《石龙麻风病医院》留下近十幅那个年代麻风病人生活和治疗的珍贵照片。

服务于麻风病人的还有圣母无原罪女修会的五名加拿大修女：拉法尔（Raphael）、弗朗西斯（Fracis）、克拉拉（Clara）、巴尔纳德（Barnard）、达缅恩（Damian）。她们照料病人的治疗和生活起居，更重要的责任是辅导圣事。她们常年，甚至可以说终身生活在岛上，寸步不离。

作者用一句话概括这些传教士的事业："石龙，这里是死亡，也孕育着希望！"

圣人言行

他恪守自己的信仰，为信仰而牺牲。他默默把时间用在为教友办告解的圣事上。他是一位伟大的赎罪者；一位慈悲为怀的人。与其他许多圣人的共通点是，他懂得以审慎和温良的态度帮助他人。

——特乌朗神父

香港纳匝肋印书馆出版的汉文宣教书籍大约有三百来种，有一些是比较稀见珍贵的，不过总的来说，原创的著作较少，多是翻印传教士的旧作，或是易版内地其他出版社书籍。印书馆地处弹丸小岛，恐难聚拢有真才实学之人，1949年以后才有根本性改变。香港纳匝肋印书馆从日军占领港岛时起就很少有出版活动了，1954年正式歇业。

香港纳匝肋印书馆有两部根据《圣经》改编的圣教历史书籍：《圣纲鉴小略》和《圣教鉴略》。

《圣纲鉴小略》的译者是两广教区主教明稽垺①，初版于光绪十八年（1892），明主教离职回国以后出版的。此书原题为"古经撮要"，编译者也没有具体交待为何要改书名，也没有通常不可缺少的序言，说明此书编辑出版时编译者没有参与。

这类书一般会按主题或者按时间，归整成几个部分便于阅读。而《圣纲鉴小略》编了二百五十八节，无卷无章，一口气讲了二百五十八个《旧约》里的故事，如天主初造天地、泥土捏人、亚当与夏娃等。

相对来说，《圣教鉴略》则更注意编写的技巧和出版编辑的加工。这部《圣教鉴略》不是应思理编译、讲述英格兰宗教史的《圣教鉴略》（*Histoire de l'Eglise*）。本书作者是北京教区主教田嘉璧，最初于同治五年（1866）由北堂遣使会印书馆刊印，后来先是粤东耀德堂同治十年（1871）雕版，继而香港纳匝肋印书馆、重庆曾家岩印书馆、太原明原堂印书馆等都有出版，是中国天主教出版物里比较重要的书籍之一。

田主教开宗明义讲到学习圣教历史有助于提高信奉天主的悟性和自觉性：

盖夫国家史纪纲典，志乎使后人知其所当戒效而已。今夫《圣教鉴略》，又有大上者。要乎世人认识肇造天地真主，时掌人物君元，厥自上古迄今，何等明智慷慨。保存圣教真实，预定使人救灵善法，信友诚能专心览习，必然明白吾人敬主奉教之为大幸大福焉。

田嘉璧的《圣教鉴略》分为两卷，上卷内容是《旧约》故事，有五十章。下卷内容以《新约》的耶稣事迹为主，附以天主教中国传教历史，有三十二章。此书之所以深受欢迎，在于作者是用自己的话，用中国人易懂的语言，讲述天主教的事情，而不像一些外文原版书翻译那样生硬。

《圣人言行》是香港纳匝肋静院印书馆于清光绪二十一年（1895）出版的，作者艾儒略②不是大名鼎鼎的明末来华传教士艾儒略，而是四川川东巴黎传教会同名神父。《圣人言行》的特点是把耶稣基督的言

---

① 明稽垺（Philippe Guillemin，1814—1886），法国人，1839年晋铎，1848年入巴黎外方传教会。同年（道光二十八年）来华，在广东教区任神职，并主持香港沙勿略修院工作；咸丰五年（1855）任粤桂教区主教，光绪元年（1875）两广教区分拆后任广东主教。光绪五年（1879）回国。

② 艾儒略（Joseph Jules Artif，1844—1929），法国人，巴黎外方传教会会士，1867年晋铎。同治八年（1869）来华，在川东传教，不久因病回国。光绪六年（1880）左右再来亚洲，先后在香港纳匝肋印书馆和安南西贡任神职。逝于法国。

• 圣人言行 •

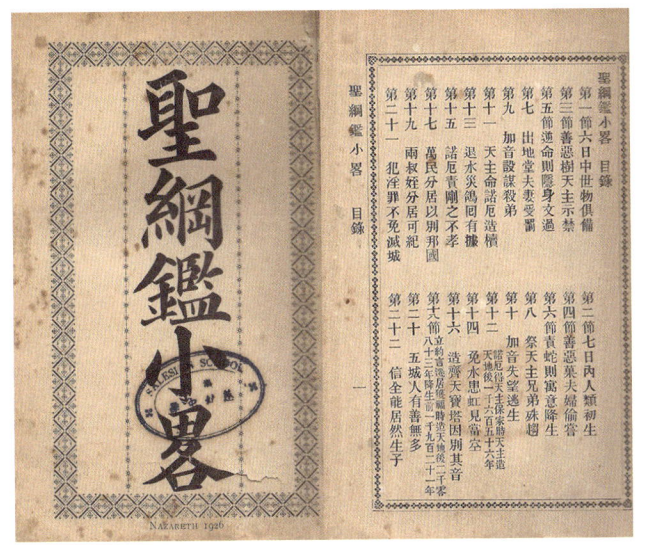

圣纲鉴小略（封面和内页）
［法］明稽垿编译
二百五十八节 一册
香港纳匝肋印书馆
清光绪十八年（1892）初版
民国十五年（1926）排印
铅印本 纸本 平装
开本：18.5×12.5（cm）
128 页

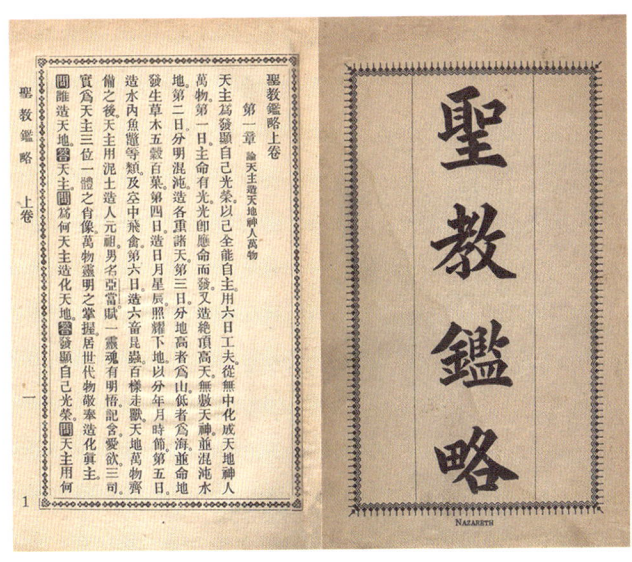

圣教鉴略（封面和内页）
［法］田嘉璧撰
两卷全 一册
民国二十九年（1940）
香港纳匝肋印书馆排印
铅印本 纸本 平装
开本：18.5×12（cm）
137 页

行，按月按日分类归纳，便于祈祷者逐月逐日有针对性地对照学习，其实就是冯秉正《圣年广益》的改写本。

香港纳匝肋静院印书馆光绪二十八年（1902）和光绪三十三年（1907）又再版，名《圣人言行新编》。

民国十七年（1928）香港纳匝肋静院印书馆重新排印的《耶稣言行纪略》是根据明末来华意大利传教士艾儒略著作改编的，改编者未署名。

《耶稣言行纪略》分为四卷：卷一，讲耶稣童年故事；卷二，讲耶稣传教历程；卷三，讲耶稣经受的苦难；卷四，讲耶稣死后复活和神迹。

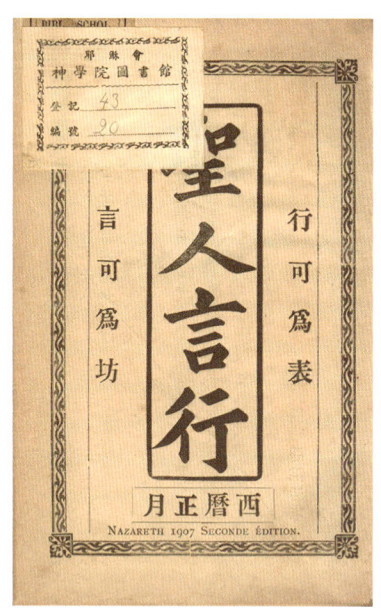

圣人言行(封面)
[法] 艾儒略撰
十二卷 十二册
清光绪二十一年(1895)
香港纳匝肋印书馆排印
铅印本 纸本 平装
开本:17×10.5(cm)
半框:15×9(cm)
2600页

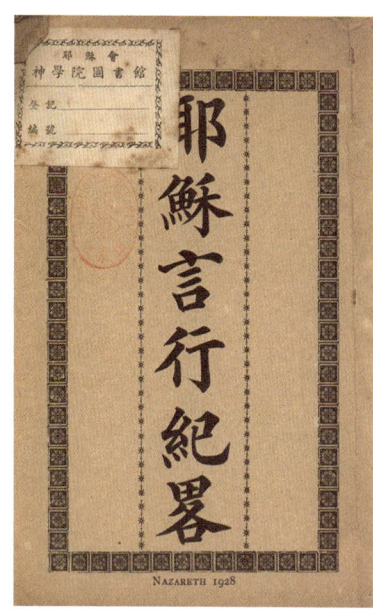

耶稣言行纪略(封面)
[法] 艾儒略撰
四卷 一册
民国十七年(1928)
香港纳匝肋印书馆排印
铅印本 纸本 平装
开本:18.5×12.3(cm)
158页

民国十五年(1926)出版的《驳明两教合辨》是一部驳斥新教的著作。作者只在序言最后署"泰西传教会司铎王",书目著录 P. Wong,或 P. Ouâng,是一位广东教区巴黎外方传教会华籍神父。王神父自序此书的来龙去脉:

天主教,至公至一,极圣极神,圣贤以之修己安人,朝野以之齐家治国,有血气者,莫不当从。不料有一牧师,姓秀名耀春者,于光绪十二年间,在上海著印伪书一本,名曰《两教合辨》,妄引新旧二约,诸卷章节,以粉饰上帝教之非,而污蔑吾天主之真。考其所述,则言言虚伪,字字荒唐。更有丑恶不堪者,言之无忌,其心不正,自可知矣。盖言者心之声也。志道德者言道德,志功名者言功名,彼辈志惟淫佚言货利也。惟此伪书,迄今仍布散城乡,乃吾华人,真教与裂教,天主与上帝,两教之原委,未知分辨,而弗克详明者居多。尤有吾教诸友,素以《圣经》奥理,未经考究,恐阅是书者,受其诬惑,信其诳谬,以致舍正路而弗由,误歧途而弗返,是则吾所深惜者也。因述是编,名曰《驳明两教合辨》,以申明真道,稍释怀疑。

此书正文非常细致地对《两教合辨》逐条驳斥,例如圣书、偶像、婚姻、祈祷、遗传、圣餐、洗礼、认罪、赎罪等,此不赘引。附录有摘自《道原精萃》的"历代罗马教皇年表"。

《修规益要》,一本讲述天主教修道者修行遵规守矩道理的书。上卷讲修道者慎待修道规矩,下卷告诫修行者要谨小慎微。

修行修的就是"谨小慎微",这类话题不多见。作者说:"谨小慎微的人,在生能享良心的平安,能立无数的功劳,能得许多圣宠;死后还能得永远的光荣福乐。若不谨小慎微,生时良心不得平安，常常减少圣宠，脏污灵魂，死后还当下炼狱，受许多的重罚。"总之，作者认为，修行无小事。轻忽小事"是轻忽大事之门"，"是作贱己灵"，"是昏愚可耻之事"，因而不会有"齐全之德"。

《修规益要》作者自谦"末铎"，是位苦修会神父，纳匝肋印书馆民国元年（1912）出版。

民国初年朱珊泉①神父编著了一本天主教灵修类书籍《补灵要药》，书的内容一般，没有什么特色，但是朱神父写的序言饶有味道。朱神父劝解说："人之生也，必望身体强壮，无灾患疾病。苟患疾病，虽火灼刀锯，或剖腹剜肉、截足断手，被尽艰苦，倘能除去疾病，必任医者施为。虽出尽方法而求痊愈，终不免一死。然则余等愿受苦而求病愈，但不能保得永久也，岂不虚乎。且人之欲享世福，必先求学问。由是自幼至长，专务求学……冒风雨、受寒暑，夙兴夜寐、破费金钱。如此劳苦伤财，必曰功成财可得也……俗语说得好：金也空，银也空，死后何尝在手中。而求永福，该全守天主十诫，常向天主，常赖天主。若欲补养灵魂，心常向主。"于是作者转入正题，指导读者做祈祷。

驳明两教合辨（封面）
〔清〕泰西传教会司铎王撰
十四篇　一册
民国十五年（1926）
香港纳匝肋印书馆排印
铅印本　纸本　平装
开本：18.5×12（cm）
180 页

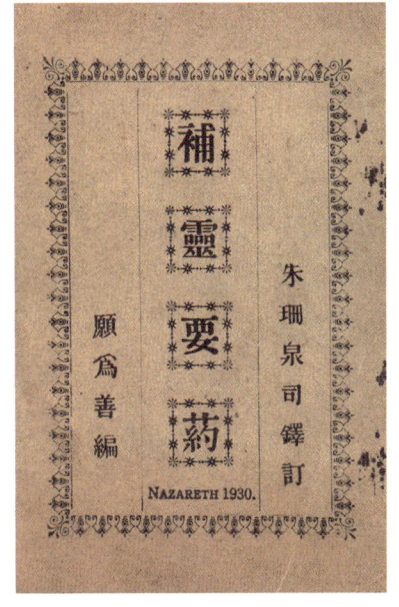

补灵要药（封面）
朱珊泉订　愿为善编
一卷　一册
民国十九年（1930）
香港纳匝肋印书馆排印
铅印本　纸本　平装
开本：11.3×8（cm）
28 页

《要理讲论》，四川川南传教会古洛东神父述，光绪二十二年（1896）由香港纳匝肋静院印书馆出版，分为四卷：卷一"当信何道"，卷二"当求如何"，卷三"当行何事"，卷四"该领何恩"。与河间胜世堂的《要理讲论》（民国十六年〔1927〕）和《要理大全》（民国二十六年〔1937〕）内容差不多。

纳匝肋静院印书馆于宣统元年（1909）出版的《圣教日课》

---

① 朱珊泉，生卒不详，华籍，巴黎外方传教会会士，宣统二年（1910）曾任广州东山圣五伤方济各堂本堂神父。

与内地各机构的同名书没有二样，分为上中下三卷，附有《耶稣圣名祷文》《耶稣圣体歌》和《圣若瑟祷文》。

同样还有《圣母圣月》，这个版本应该是遣使会北京教区孟振生主教编写的，民国十九年（1930）出版；共分三十一篇，讲述圣母月每日祈祷的重点内容和方式。后附《圣母德叙祷文》《向圣母玛利亚诵》《圣母无原罪祷文》《赞美圣母无玷之经文》《托赖圣母经》《奉献圣母经》《向圣母求洁德诵》《圣方济各沙勿略的祝文为外教人归化》《求圣母助佑经》等与圣母月相关的经文。

亚尔丰索·利高烈的 Le glorie di Maria 是他丰富的宣教著述中传播最广的名作，受到世界各国各地传教会的热烈推崇，中国天主教各家出版机构毫无例外都刊行过这部著作。土山湾印书馆的《申尔福解》、胜世堂印书房的《拜圣母录》、北堂明德学园的《依靠圣母》、兖州天主堂印书馆的《光荣圣母》、香港纳匝肋印书馆的中文译本《颂祝玛利亚荣耀》和越南文译本《圣母之光荣》，都是利高烈此作的不同译本，有的是节译本。

香港纳匝肋印书馆的《颂祝玛利亚荣耀》出版于光绪三十二年（1906），成书有些特殊，几位参与翻译者都是福建多明我传教士。开篇有利高烈的传记"圣亚尔方稣玛利亚利高烈行实略志"和利高烈写的序言。全书分为十章："申尔福天主圣母仁慈之母""我等之生命我等之福""我等之望申尔福""旅之兹下土厄袜子孙悲恩号尔""悲恩号尔于此涕泣之谷哀涟叹尔""呜呼其我等之主保""聊亦回目怜视我众""及此窜流期后与我等见尔胎普颂之子耶稣""吁其宽哉仁哉""甘哉卒世童贞玛利亚"。从各章题目可以看出，这几位译者的文风过于老朽，这个译本受众盖寡。几种译本里比较好的是赫德明的《光荣圣母》。

《敬礼耶稣圣心月》，编者署梁安德（André Leâng），分三十日讲述"耶稣圣心月"礼规，与其他同类书没有什么不同。主题文后有五篇附要："耶稣圣心瞻礼日""敬礼经文""敬礼谐务""圣心会规""入会诵"。

《升神品礼意略译》，民国十五年（1926）出版的一本图文并茂的小册子。这是节选自有关弥撒大礼书籍的一部分："祝圣神品礼"。此书非常细致地讲述了"祝圣神品礼"的礼仪规程："升白衣""升掌门职""升念书职""升驱魔职""升备祭""升五品""升六

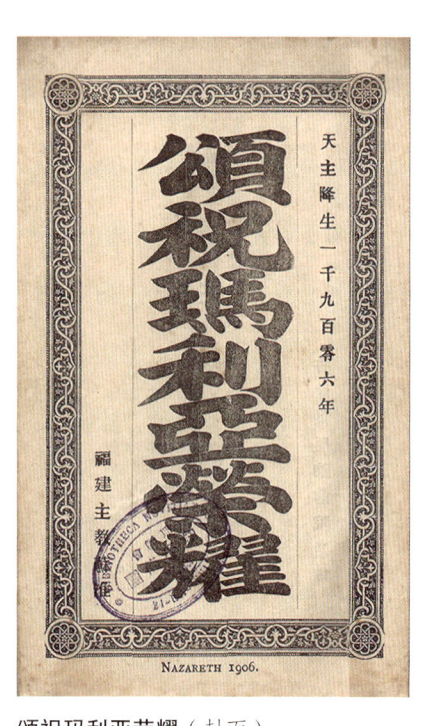

颂祝玛利亚荣耀（封面）
［意］利高烈撰　刘玛诺述
（泰西）阮若瑟识　江玛迩谷订
十章　一册
清光绪三十二年（1906）
香港纳匝肋印书馆排印
铅印本　纸本　平装
十二行三十字小字双行同
半页四周花边
开本：18×12（cm）
全框：15×9（cm）
106 页

陞掌門職

彌撒中聖書誦畢。副主教召陞品者某日陞掌門職者在。眾跪各應日在。主教勸諭日凡敲鐘開閉聖堂聖室以及為傳教者展書俱屬爾本份。

五

陞白衣

各人左臂佩白衣右手持蠟燭副主教逐一召之各應日在眾祝日請眾同禱祈主教起立。賜以聖詠第十五章即唱聖咏云。主教云斯。祈主保存餘云時主教用剪刀剪去

二

陞驅魔職

副主教召曰陞驅魔職者某進前各應日在。各人右手持蠟燭跪主教座前主教勸諭曰爾宜驅逐自己之私慾猶如驅逐他人之邪魔勉之。

九

陞鐸德

副主教召陞品者進前引至主教座前請曰可敬者爰聖會請將斯六品陞為鐸德主教問曰爾知其堪當乎答曰盡人懦弱之見識余知而證其堪當此職主教曰感謝天主遂

二十

升神品礼意略译（内页）
八节 一册
民国十五年（1926）
香港纳匝肋印书馆排印
铅印本 纸本 平装
开本：12.2×9（cm）
26页

香港纳匝肋静院印书馆也出版大量西文的宣教书籍，最具代表性的应该提到印度支那南圻教区神父提里尔①用法文编写的 *Explication des Evangiles*（《福音详解》），此书光绪二十年（1894）出版，四卷四册。后来卜士杰②神父把这书编译为拉丁文的 *Expositiones in Sancta Evangelia*，民国元年至民国十二年（1912—1923）陆续出版，八卷八册。编写和翻译这样一部著作是项非常浩大的工程。

香港纳匝肋印书馆光绪二十八年（1902）还出版过大部头的 *Evangile Saint Jean Commentaires*（《约翰福音注疏》），作者是日本大阪教区的坎佩农③神父。《约翰福音注疏》有两卷：第一卷"耶稣生平"，讲述耶稣救赎民众的事迹；第二卷"最后晚餐"，讲述耶稣基督的受难和恩宠。

天主教解经释义的著作一般都比较繁琐冗长，在圣托马斯·阿奎那和圣奥古斯丁那个时代就是如此。无论哪家出版机构，无论中文还是西文，这类著作每种少则两三册，多则十几册，比较典型的是芜湖教区出版的《要理引伸》和《要理譬解》，有十七八巨册，三四千页。

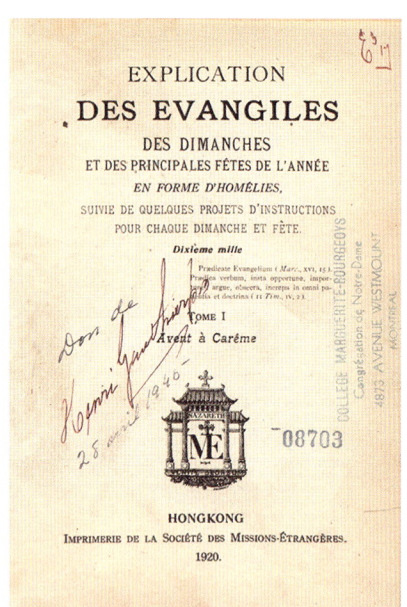

Explication des Evangiles
福音详解（封面）
［法］提里尔撰
法文
四卷　四册
香港纳匝肋印书馆
清光绪二十年（1894）初版
民国九年（1920）第四版
铅印本　纸本　精装
开本：18.5×12.5（cm）
2353 页

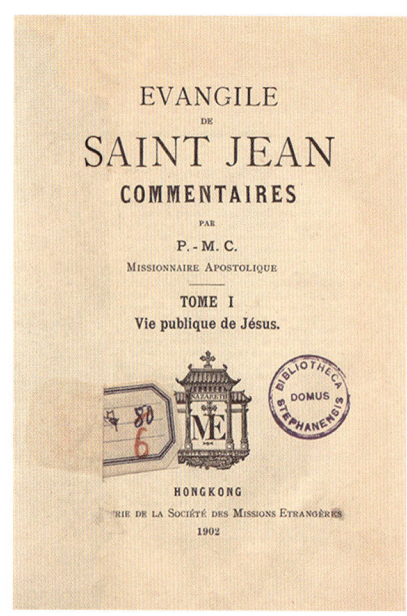

Evangile Saint Jean Commentaires
约翰福音注疏（封面）
［法］坎佩农撰
法文
两卷　两册
清光绪二十八年（1902）
香港纳匝肋印书馆排印
铅印本　纸本　平装
开本：18×12（cm）
1428 页

---

① 提里尔（Juliano Thiriet，1839—1897），法国人，早年进入巴黎外方传教会小修院，1858年毕业于南锡大修院，1862年晋铎。同年赴印度支那南圻教区，1866年任西贡神学院教授。
② 卜士杰（Pierre Louis Bousquet，1874—1945），法国人，1892年入巴黎外方传教会，1897年晋铎。同年（光绪二十三年）来华，赴贵州教区，在乌江流域传教；民国十二年（1923）到香港纳匝肋静院印书馆工作。民国三十四年（1945）死于日军监狱。
③ 坎佩农（Pierre Marie Compagnon，1859—1915），法国人，1880年入巴黎外方传教会，1882年晋铎。明治十七年（1884）被派往日本南部传教区，先后在大阪、京都等地传教。大正二年（1913）因健康原因回国。

• 圣人言行 •

早在崇祯十三年（1640）耶稣会会士利类思就远赴四川传教，因与张献忠农民起义军有瓜葛而遭重创。经此挫折，四川教务于顺治十二年（1655）划归安南代牧区，康熙十九年（1680）又划归福建代牧区。直到康熙三十五年（1696），四川才独立成为代牧区，后分为川东和川西两个代牧区。清中期以后四川教区划归巴黎外方传教会管辖。

曾家岩圣家书局是天主教重庆教区的出版机构，清末亦称巴邑公义书院印书局，主要出版一些自用的宣教书籍。其在抗日战争时期比较活跃，这与大量难民入川有关。战时物资匮乏，曾家岩圣家书局的出版物大多用"四川熟料纸"，这是一种当地土纸。不仅圣家书局用这种纸，重庆的商务印书馆等出版机构这个时期的图书都用这种纸，比如方杰人的《中国天主教史论丛甲集》。

曾家岩圣家书局的书籍有《善牧芳型》（光绪三十三年〔1907〕）、《真教通行录》（光绪三十三年〔1907〕）、《溯源雅鉴》（宣统元年〔1909〕）等；翻印有戴尔第的《医方宝诀》（光绪二十一年〔1895〕）、王君山译本《遵主圣范新编》（光绪三十一年〔1905〕）、张维祺的《查教关键》（民国三年〔1914〕）和沈则宽的《古新史略》（民国十八年〔1929〕）等。最重要的原创书籍有两部，《主证遗芳》和《圣教入川记》。

《主证遗芳》也叫《黔蜀粤西致命传》，重庆巴邑圣家堂于光绪三十四年（1908）出版；编纂者播州（遵义）傅文寿。这套书分为《黔省主证遗芳》（五卷五册）和《粤西主证遗芳》（三卷一册）。

《黔省主证遗芳》，记述自嘉庆以后贵州和四川传教区殉教者殒命的故事，述及吴国盛、刘文元、郝开芝、张大鹏、张天申、罗廷荫、吴学圣、卢廷美、陈昌品、义若望、陈显恒、易贞美等人。编纂者讲到郝开芝殉难时，万分感叹道：

原夫修己缮灵，怀仁履义，特立独行，不顾他人是之非之，卒至舍身成仁。因以垂诸久远而无替者，是皆博学慎思明辨，而信道之笃也……可惊可骇之伟行者乎，芨彼真福等，一自访道，识奉真主，迸黜异端，遂自以弘正道为怀，救拔世迷为任，迨夫狡魔移害，奸人肆毒，救灵之志弥坚。信主之心恒切，何辞万苦千辛，称扬正教，弗惧桁杨刀锯，冀救人灵。此真福等之昭耀乎日月，莫足

黔省主证遗芳（封面）
〔清〕傅文寿编撰
五卷　五册
清光绪三十四年至宣统二年（1908—1910）
重庆巴邑圣家堂排印
铅印本　纸本　筒子页　线装
八行二十字小字双行二十六字白口四周双边单鱼尾
开本：20×13（cm）
半框：16×10.5（cm）
220页

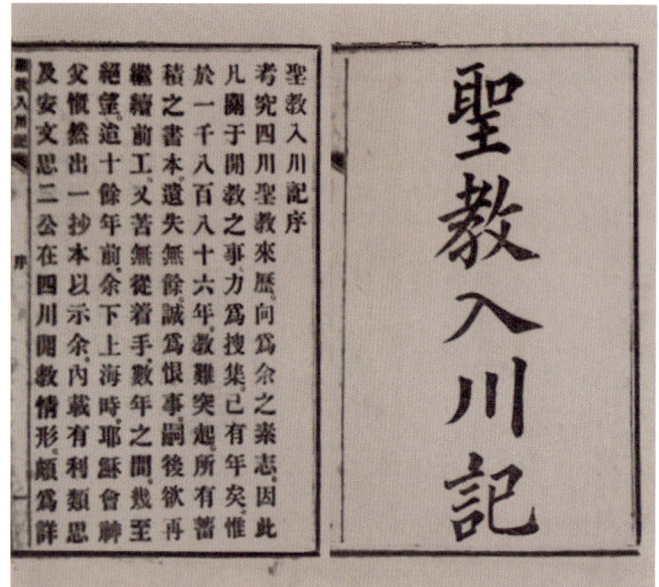

圣教入川记（扉页和内页）

［法］古洛东编撰

一卷 一册

民国六年（1917）

重庆曾家岩圣家书局排印

铅印本 纸本 筒子页 线装

十三行二十七字白口四周单边单鱼尾

开本：18.5×13.5（cm）

半框：16×10（cm）

76页

以方其明。卑巘乎泰山，夫岂有碍其峻哉。

这些人后来被教廷追授"中华真福"铎品。

《圣教入川记》，民国六年（1917）出版，法国传教士古洛东编撰。古洛东在序言里讲："追十余年前，余下上海时，耶稣会神父慨然出一抄本以示余，内载利类思及安文思二公在四川开教情形，颇为详细。余甚为欣慰，不觉精神为之一振，复向各方征求其余事实。即本书所记载者是也。"也就是说古洛东是根据一部手抄本编写的。

前文已述，《圣教入川记》用了很大篇幅记述明末清初到四川传教的天主教传教士意大利人利类思、葡萄牙人安文思与张献忠农民军接触的情况。这些记述，对了解大西农民政权对待宗教、对待外国人、对待科学技术的态度，都是很有参考价值的。

此外，《圣教入川记》还载了明清交替之际四川生灵涂炭的情况，对历史研究有一定帮助。

张献忠灭后，旗兵在川一时未能设官治理。彼时川人不甘服旗人权下者，逃往他方，聚集人马，抵抗旗兵，如此约有十载。迨至一千六百六十年间，川省稍定，始行设官。所有官长，皆无一定地点居住，亦无衙署，东来西往，如委员然。此时四川已有复生之景象，不幸又值云南吴三桂之乱，连年刀兵不息。自一千六百六十七年至一千六百八十一年，一连十五载，川民各处被搂，不遭兵人之劫，即遇寇盗之害。哀哉川氏，无处不被劫掠，殊云惨矣。幸至一千六百八十一年，匪党盗寇悉为殄灭。然四川际此兵燹之后，地广人稀，除少数人避迹山寨者，余皆无人迹。所有地土，无人耕种，不吝荒郊旷野，一望无际。

《主证遗芳》和《圣教入川记》是两部曾家岩圣家书局原刊的书籍，此外还有许多宣教书籍。

《圣教礼规》，一本介绍天主教各种场合下不同礼仪的书籍。可查最早有光绪三十年（1904）香港纳匝肋静院和重庆巴邑公义书院的版本。民国三十四年（1945）曾家岩圣家书局印行熟料纸本。

·圣人言行·

《圣教礼规》是一本实用又很中国化的书籍。卷一有"提醒病人发诸善情模式""灵魂出窍时诵""临终条规""痛悔""愿死""临终祷文""灵魂离肉身后诵"等，卷二有"葬丧礼节""葬幼童时诵""讣闻式""圣会丧事禁条""告白""碑文式"等，卷三有"诵亡者日课规模""暮课""为先亡鉴牧铎德祝文""为先亡父母祝文""赞颂经""炼狱祷文""公审判词"等，卷四有"婚姻要旨""接亲行礼""请众诵经""庚帖模式""报期模式""三代拜帖"等。

《圣教经课》，曾家岩圣家书局民国二十二年（1933）出版，这本战前出版的书很讲究，用的是道林纸。《圣教经课》分为上下卷：上卷有"早课经""主日经""弥撒圣祭经""圣体经"，目下九十六种经文；下卷有四十六种经文。除了各种经籍书常见的经文外，还有一些为四川教徒特备的，如《遇荒年诵》《旱时求雨霖雨时求晴诵》《芒种时诵》《秋收时诵》《风波之时诵》《遇患难时求免诵》《守节者诵》《守童贞者诵》《求谋策之恩诵》《为退诱惑诵》等许多"立竿见影"的经文。

《圣路善工》，全名《耶稣受难圣路善工》，伏若望编译，曾家岩圣家书局民国二十五年（1936）出版。这本书与胜世堂版的《成德捷径》内容差不多，都是讲人若要免除自己的罪恶，最好的办法是以耶稣为榜样，在"苦路"上修德行。

《六十三默想》，曾家岩圣家书局民国二十八年（1939）出版，是指导教徒祈祷用书，且这些默想与圣母玛利亚有关。"我们念六十三，先发善意，即是记念圣母在世，一生所为的善事，所受的苦，所行的德，所立的功。心中所发的内情，感谢天主赐以洪恩。"

川版书还见《耶稣的苦难》和《圣母灵心录》，是赎世主会的书籍。赎世主会（Congregatio Sanctissimi Redemptoris，缩写 C.S.S.R.），也称赎主会，创立于 1732 年天主教的修会，将圣亚尔丰索·利高烈视为会祖。

《耶稣的苦难》，赎世主会传教士南星耀著，成都赎主院民国三十五年（1946）出版。作者南星耀（R.P.Eusebio Arnáiz），又记蓝星耀，葡萄牙人，赎世主会会士；生平不详，来华后在成都传教，建有成都救赎院，1949 年后到澳门和香港，对澳门历史有研究，著有 Macau, mãe das missões no Extremo Oriente（《远东传教的发端》，1957）。他还著有《耶稣隐居生活》《圣母灵心录》《圣母净配》《沙漠呼声》《并蒂红萏》《怎样祈祷》《默想指南》《服从的王道》《救主耶稣》等。

此书根据《圣经》而作，记述耶稣受难故事，分十八章：耶稣荣入圣京、最后的训诲、圣京破灭和世界末日的预言、最后的晚餐、耶稣山园祈祷、耶稣被逮、耶稣在大司祭衙署受审、不忠信的门徒、恶徒的失望、耶稣在比拉多面前、耶稣的死案、耶稣被钉于十字架、耶稣悬于十字架、耶稣崩逝、耶稣殓葬、耶稣复活、耶稣升天、圣神降临。

南星耀还编有《圣母灵心录》，民国三十七年（1948）由成都赎主院出版。

慈幼会也称鲍思高慈幼会（Salésiens de St.-Bosco，缩写 S.D.B.）、撒肋爵会（Society of St.Francis de Sales，缩写 S.S.），由圣若望·鲍思高（San Giovanni Bosco，1815—1888）创立于 1859 年，是意大利的男子修道会，以普及平民教育、救助失学青年为宣道宗旨。意大利慈幼会受澳门主教邀请到澳门进行传教，其会士雷鸣道（St. Louis Versiglia，1873—1930），鲍思高的嫡传弟子，于光绪三十二年（1906）率领首批六名慈幼会传教士到澳门，建立澳门慈幼会，创办慈幼会东亚区第一座会院，名"无原罪工艺学校"，还设立一所孤儿院，即现今澳门慈幼中学的前身。民国六年（1917）澳门慈幼会获准在粤北韶州设传教区，民国九年（1920）雷鸣道神父被委命为韶关代牧区代牧，次年成为该教区首位主教。

民国十九年（1930），雷鸣道主教与高惠黎神父乘船前往广东连州传教，途中遇土匪索取过路费，雷主教与高神父为了保护女学生，与土匪交涉，后被土匪单独带到附近树林中枪杀。2000年，他们与多位"中华殉道者"被教宗约翰·保罗二世册封为圣人，庆日为2月25日。

慈幼会在传教区域收留街上流浪少年，设职业学校、孤儿院，出版育教读物。在澳门开办慈幼印书馆，在香港设置分支机构，创办圣类斯工艺学校，类似早期土山湾工艺工场的印刷车间。

慈幼印书馆成立于二十世纪三十年代，较之其他天主教出版机构稍晚，其出版高峰在四五十年代；其出版特点是内容极为丰富、偏重普及性读物，但排印装帧质量较差。

《十九世纪的伟人》（*Un Grande Italiano*），慈幼会创始人圣徒鲍思高的传记，意大利乌古斯安尼（Ruffino Uguccioni）原著，香港慈幼会神学院民国二十八年（1939）出版，香港圣类斯工艺学校印刷。

《十九世纪的伟人》用了"悲惨的曙光""艰难的肇业""阴险的敌谋""异特的灵迹""安怡的寿终"等七卷，记述了鲍思高作为圣人的言行。这套书竖排，双面平印，线装，还算古朴大方，在慈幼版书籍中不多见。

慈幼印书馆顾及普及性读物的成本，其出版物基本上都是六十四开本骑马钉口袋书。其四十年代后半期至五十年代初出版的"公教小读物丛刊""袖珍丛书""灵修小丛书"等有几百本之巨。

民国三十六年（1947）慈幼印书馆出版了一本别开生面的宣

Mgr Versiglia et le P. Olive, nos deux premiers Missionnaires en Chine
鲍思高会最早来到中国两位传教士——雷鸣道主教和奥利维神父（明信片）
慈幼会编
法文
民国中期印制
凹版　黑白
尺幅：14×9（cm）

十九世纪的伟人（封面）
［意］乌古斯安尼著
胡重生译
七卷　一册
民国二十八年（1939）
香港慈幼会神学院出版
香港圣类斯工艺学校排印
双面平印　竖排　线装
开本：19.5×13.5（cm）
336页
插图随文

教书籍《图像要理问答》。类似要理问答的书，各出版机构印制有几十种上百版，而慈幼印书馆用一百一十六幅绘声绘色的图画来解说教理还是不多见的，值得关注。惜乎印制质量欠佳，纸张较差，如有机会再版，当为惠泽普罗之品。

天主教香港教区与内地其他教区不同，并不归属某一修会，历史上一直归属于梵蒂冈教廷传信部管理。道光二十一年（1841）教廷在香港设立宗座鉴牧区，同治十三年（1874）改设宗座代牧区，民国十六年（1927）升为圣统制教区，由宗座外方传教会①管理。历年出任香港教区主教的有来自方济各会的、巴黎外方传教会的、米兰外方传教会的，后期则都是宗座外方传教会的。香港有各类修会四十余家，没有一家在形式上居主导地位。巴黎外方传教会在香港影响很大，也不过是其东方传教总部设在这里，管理着东亚、中南半岛至印度的半月弧区域。

香港教区于民国二十三年（1934）创办了一家自己的出版机构——香港公教真理学会（The Cathalic Truth Society of Hong Kong），亦称真理学会，主要出版教区的期刊、年度天主教手册、

图像要理问答（内页）
一卷　一册
民国三十六年（1947）
香港慈幼印书馆出版
香港圣类斯工艺学校排印
铅印本　纸本　平装
开本：18.6×13.4（cm）
118页
插图116幅

---

① 宗座外方传教会（Pontificium Institutum pro Missionibus Exteris，缩写 P. I. M. E.），1926年由米兰外方传教会（成立于1850年）和罗马圣保禄修会（成立于1874年）合并而成，由教宗庇护十一世批准。其中国活动区域主要在香港，在内地管理有陕西汉中教区。

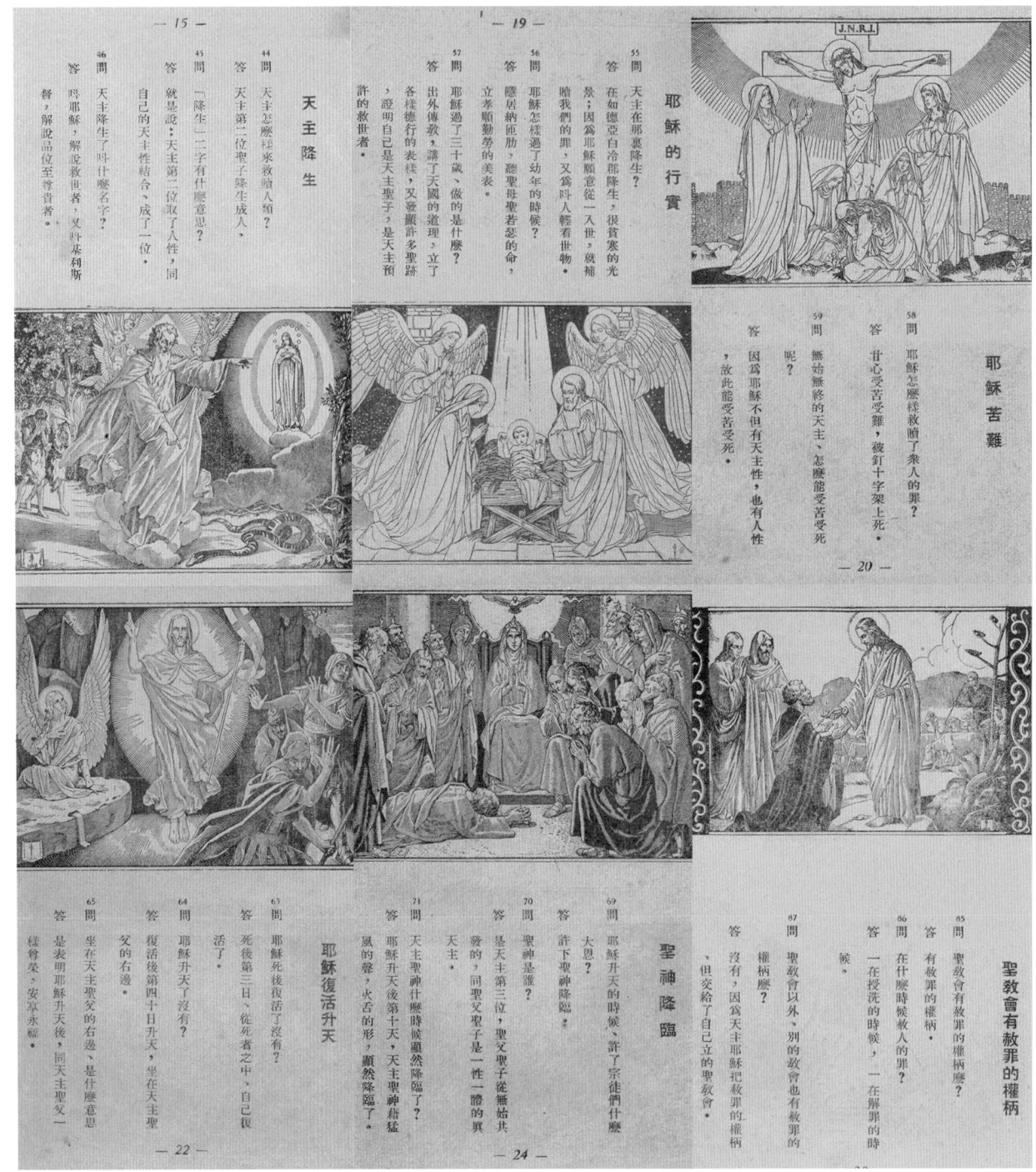

礼仪指南、中小学宗教和伦理课本；还翻译有关灵修、信仰、神学及《圣经》等外文书籍。香港真理学会是民国中后期至五十年代天主教在华主要出版社，1949年后许多与天主教有关的学者离开内地，他们初期的著作大多选在香港真理学会出版。

香港真理学会于民国二十八年（1939）出版了一部理应得到重视的书——《圣维亚纳讲道选集》。此书是圣维亚纳著作集，两卷二十六讲。卷一"论道"，卷二"圣训"。译者是徐家汇大修院神父沈汝孝[①]。

圣维亚纳（St. Jean-Baptiste-Marie Vianney，1786—1859），法国里昂人。他被授予"圣人"称号是因为在法国大革命时期对抗国民议会的法令，坚持信仰，不畏强权。传记作者特乌朗（Jorge Lopez Teulon）神父说：

> 回忆起圣维亚纳生活的那场大革命，教会遭受的十几年迫害。自由、博爱、平等的思想冲击，几乎彻底摧毁教会。人们往往淡忘天主教会在大革命中遭受的迫害，做出的牺牲：教宗为此册封的"真福"就达四百位。圣维亚纳也是如此，他恪守自己的信仰，为信仰而牺牲。他默默把时间用在为教友办告解的圣事上。他是一位伟大的赎罪者，一位慈悲为怀的人……与其他许多圣人的共通点是，他懂得以审慎和温良的态度帮助他人。

香港真理学会于民国二十九年（1940）出版了王昌祉编著的《红色的百合花——中国致命真福传》，六卷六册。第一卷，"真福若瑟张大鹏""真福日罗尼莫卢廷美""老楞佐王宾、亚加大林贞女合传"；第二卷，"真福若瑟张文澜""保禄陈昌品""若翰罗廷荫""玛尔大王罗氏合传"；第三卷，"真福文若望司铎""玛尔定吴学圣""若望张天申""若望陈显恒、路济亚易贞女合传"；第四卷，"亚纳王贞女传"；第五卷和第六卷，"血染黄河"。天主教烈士传记是教会各出版机构偏爱的选题，一种崇拜英雄的传统。

王昌祉在香港真理会出版的书籍很多，常见的还有《给儿童们》（民国二十八年〔1939〕）、《傅兰萨蒂小传》（民国二十八年〔1939〕）、《信仰与行为》（民国三十年〔1941〕）、《耶稣基督的受难与复活》（民国三十八年〔1949〕）、《耶稣基督的教训》（民国

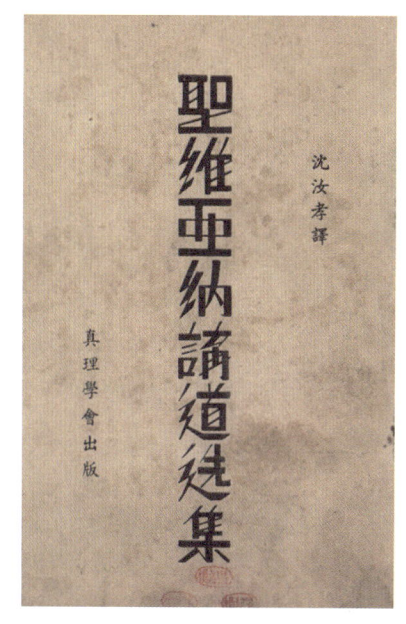

圣维亚纳讲道选集（封面）
［法］特乌朗编著　沈汝孝译
两卷二十八讲　一册
民国二十八年（1939）
香港真理学会出版
铅印本　纸本　平装
开本：190×13（cm）
118页

---

① 沈汝孝（Antonius Sen），字安芳，生于光绪二十三年（1897），华籍。民国六年（1917）入耶稣会，民国二十二年（1933）晋铎。任职于徐汇公学、徐家汇大修院、江苏赣榆堂区等。

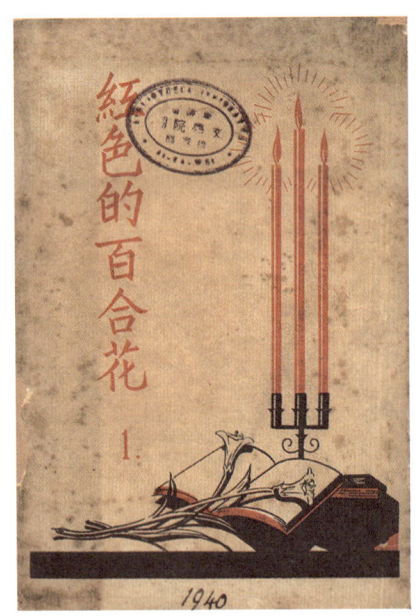

红色的百合花
——中国致命真福传（封面）
王昌祉编著
六卷　六册
民国二十九年（1940）
香港真理学会出版
铅印本　纸本　平装
开本：18.9×13（cm）
79 页

万王之王／耶稣行实彩图（封面和内页）
[美]保罗教友会编
两卷　一册
民国三十八年（1949）
香港真理学会出版
美国排印
铅印本　纸本　平装
开本：26×18.7（cm）
96 页　插图 395 幅

三十八年〔1949〕）、《原子能明证有神》（民国三十八年〔1949〕）、《生命的奇妙明证有神》（1950）等。

日军侵占香港时期，香港真理学会出版的书籍很少，现在常见的出版物是民国二十三年（1934）至民国三十年（1941）间，及民国三十四年（1945）至五十年代。

《万王之王》，原书署香港公教真理学会出版，未署其他出版信息，《公教图书目录》（*Libri Pro Propagatione Fidei*）著录（№.2—5）：民国三十八年（1949），编者为 Catechetical Guild of Paul，Minnesota，U. S. A.（美国明尼苏达州保罗教友会），书名又称 *Vie de N. S. en Images de Couleurs*（《耶稣行实彩图》）。

《万王之王》是一本连环画册，用三百九十五幅画讲述耶稣的故事，分为两部，故事连贯，主题："耶稣是谁？万王之王"。此书图画绘制比较精美，文字为白话，表述流畅，但是印刷质量不高，彩色套印不精准，纸张也很差，明显可以感觉到是战后头几年经济最萧条、物资最匮乏时期的出版物。

默想神工

凡是有不和的地方,我们要为和谐而努力;凡是有谬误的地方,我们要为真理而努力;凡是有疑虑的地方,我们要为信任而努力;凡是有绝望的地方,我们要为希望而努力。

——圣方济各

早在利玛窦来华三百年之前，方济各会会士孟高维诺主教于元代至元二十六年（1289），受罗马教廷派遣前往时值蒙古人统治的中国元朝，经海路两年后泊泉州港，至元三十一年（1294）抵达元大都，是为最早期的来华方济各会传教士。改朝换代后，朱明王朝国泰民安，方济各会"梅开二度"，利安当神父于崇祯六年（1633）抵达福建福安。

山西是天主教在中国最早踏足的地方，万历四十八年（1620）耶稣会传教士艾儒略、金尼阁、高一志等人陆续来此传教。康熙三十五年（1696）山西设立了代牧区。清代中期以后，山西境内传教活动和教务管理归属方济各会。

光绪十六年（1890）罗马教廷将山西划为北境、南境两教区，北境教区称太原教区，南境教区称潞安教区。

太原西涧河村的正南，隔河紧傍有天主教太原教区神职人员集体坟茔，此坟茔是十九世纪九十年代艾士杰主教所置。陵园内，走廊之东为神父墓地，葬五十余人。北段对面，葬有六位主教，依次为张保禄（意大利人，逝于光绪二年〔1876〕）、金雅敬（意大利人，逝于乾隆五十五年〔1790〕）、路类思（意大利人，逝于嘉庆二十一年〔1816〕）、江类思（意大利人，逝于光绪十七年〔1891〕）、翟守仁（荷兰人，逝于民国三十二年〔1943〕）、苗其秀（荷兰人，逝于民国三十二年〔1943〕）。前四人为天主教山陕教区和山西教区主教，后二人系潞安教区主教，抗战期间暂居太原天主堂，民国三十二年（1943）相继卒于太原，葬此西涧河教会坟茔。

太原教区出版机构有太原府天主堂印书局（Imprimerie Missionis Catholic Taiyuanfu），又称明原堂，亦见署山西明原堂、晋省明原堂、山右明原堂、晋阳明原堂等。

《圣五伤方济各行实》，太原府天主堂印书局民国十五年（1926）出版。这是一部方济各会创始人圣方济各的传记。圣方济各（San Francesco di Assisi，1181—1226），意大利亚西西人，父亲是绸布商人，生活富足。年轻时常饮酒作乐，后悔改归正。他将所有财物都捐给穷人，靠布施行乞过生活，潜心研究学问，为传扬福音而游走四方。1209年经教宗准许成立方济各会（Ordo Fratrum Minorum，缩写 O. F. M.），也称小兄弟会。

《圣五伤方济各行实》这本书非常有名，被许多天主教徒，尤其是方济各会士视为经典。为纪念圣方济各去世七百周年，安圣谟、周道范[①]和马焕章合作重新翻译了这部巨著。

近六百页的译本分为二十五章：第一章，方济各诞生、领洗和教育；第二章，怜哀穷人；第三章，甘修神贫；第四章，苦身克己；第五章，弃绝家业；第六章，服事癞病；第七章，三修圣堂；第八章，会之由来；第九章，先收三徒；第十章，起头传教；第十一章，预言后事；第十二章，求准新会；第十三章，讲道劝睦；第十四章，成立首堂；第十五章，回亚西西；第十六章，徒弟修道；第十七章，收

---

① 周道范，法国人，方济各会士，生平不详，民国六年（1917）曾任职于潍坊天主堂。

徒四人；第十八章，圣女嘉辣；第十九章，圣女善终；第二十章，疑己圣召；第二十一章，本会训徒；第二十二章，东传受阻；第二十三章，传教班国；第二十四章，外尔纳山；第二十五章，途中讲道。

明原堂印书局出版的书籍有两个特点：一是其出版书籍木刻刊印的比较多，这与方济各会进入中国较早有关；二是为其写作宣教书籍的主要是两位传教士，意大利神父杜嘉弼和华籍神父田文都。

《家学浅论》，一部十分有名的天主教著作，作者是巴黎外方传教会的梅慕雅①神父。咸丰四年（1854）明原堂重刻，署老神师撰、杜嘉弼②增补，上下两卷，主要讲天主教的家庭伦理观。上卷讲父母对子女的本分，下卷讲子女对父母的本分，比如"父母该当责备儿女""责备儿女之法""父母如何犯缺本分之罪""儿女当爱父母""儿女当孝敬父母""儿女当遵听父母的命""儿女如何犯缺本分的罪""儿女如何该当尽力以得善过幼时""幼年人素常所有的毛病""为善过幼时诵"等。

作者列举了父母没有尽到本分的十宗罪：一、父母溺爱儿女，只顾养他们的肉身，不尽力拯救他们的灵魂；二、没有尽力阻止儿女犯罪；三、不引导子女聆听神父讲道理；四、不督促儿女做神工；五、不责罚儿女的过失；六、父母阻碍儿女在修道、守贞、婚配方面的自由选择；七、父母在儿女面前做不洁事情；八、父母在儿女面前口出丑言；九、家中有伤风败俗事情；十、父母勉强儿女婚配。

儿女的本分三宗：爱父母，孝敬父母，遵听其命。"天主以

圣五伤方济各行实（封面）
[意] 安圣谟译
[法] 周道范、马焕章校阅
二十五章　两册
民国十五年（1926）
太原府天主堂印书局排印
铅印本　纸本　平装
开本：19×13.2（cm）
589 页

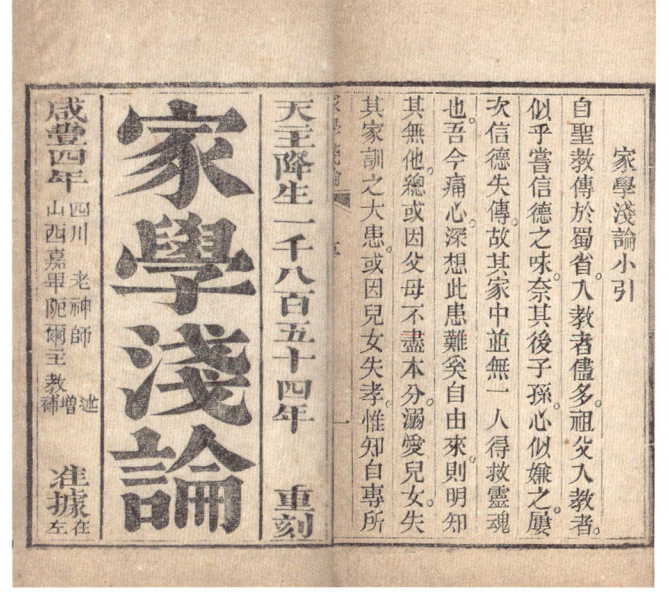

家学浅论（扉页和内页）
[法] 梅慕雅撰　[意] 杜嘉弼增补
两卷　一册
清咸丰四年（1854）太原明原堂辑刻
刻本　纸本　筒子页　线装
七行十八字白口四周双边单鱼尾
开本：21×14（cm）
半框：16×12（cm）　28 页

---

① 梅慕雅（Jean-Martin Moÿe，1730—1793），又记梅耶，法国人，巴黎外方传教会会士，1754 年晋铎。乾隆三十六年（1771）来华，为川东和贵州署理本堂助理神父，创办女子学校等。乾隆四十七年（1782）退出巴黎外方传教会回国。逝后被封"真福"。
② 杜嘉弼（Gabriel Grioglio，1813—1891），文献常用名嘉毕陁尔，意大利人，方济各会会士。道光二十四年（1844）出任天主教中国山西教区主教。为山西潞州教区开拓者、主教。逝于山西。

下，父母是儿女的根原。故儿女当爱己父母，比爱他人更热切，此乃本性的爱。"

以主的名义讨论中国天主教徒的家庭伦理，这样的书籍非常少见，尤其书中处处照顾中国文化传统观念，值得后来研究者重视。

咸丰元年（1851）山西教区刊刻本区主教杜嘉弼选编的《圣教道理约选》。杜嘉弼选取陆安德的《善生福终正路》、汤士选的《默想指掌》、白多玛的《圣教切要》、庞迪我的《庞子遗诠》、南怀仁的《教要序论》、潘国光的《天神会课》和《圣体规仪》、沈东行的《易简祷艺》等著作节编而成。该书包括"看圣教书之法""听讲之法""修德之法""理家之法""默想紧要""默想法度""默想式样""默想法度续""默想去阻""默想解惑""圣号经""天主经""圣母经""信经""十诫""四规""圣体""弥撒"等。杜嘉弼作有"道理约选序"，讲述刊刻这部书的原委：

> 读圣教道理书，系人改过迁善之良法，是以前辈神父知此为当务之急，欲助奉教人前进天堂之路，并欲引教外之人，认识恭敬真主，特著许多妙书。俾人诵读，佥获神益，意甚善也。但因历年既久，书缺有渐，今此之人，虽欲诵读以沾神益，实难购索，非有以纂辑之，必至观感无资，何以获改过迁善之良法哉。是故予欲为本处奉教人，备一简约与众有益之书，以为进德之资。

可见那个时代宣教书籍的匮乏。因而杜嘉弼虽然在华时间仅十来年，却编著了不少宣教书籍，还有《圣教要理日课》《天主圣教续经》《早晚日课》和《奉教原由》等，数量可观。

民国二十五年（1936）明原堂印书馆重新排印《圣教道理约选》，这个版本在编排上与刻本差别比较大。

杜嘉弼的另一部作品《天主圣教续经》是不得不提到的一部受方济各会重视的典籍，咸丰七年（1857）明原堂刊刻，有八篇短经：《五伤经》《圣母七苦经》《神领圣体式》《往恭圣体式》《往敬圣母式》《耶稣圣诞前九日经文》《圣母瞻礼前九日经文》《追思已亡八日经为炼灵圣咏》。其中有几通经在其他修会的经籍里几乎没有，因而受方济各会重视。

《五伤经》分为五节："恭拜右手之伤""恭拜左手之伤""恭拜右足之伤""恭拜左足之伤""恭拜肋旁之伤"。

《圣母七苦经》：第一苦，献耶稣于圣殿；第二苦，避难厄日多；第三苦，往京都瞻礼路上不见耶稣；第四苦，见耶稣背负十字架游街；第五苦，见耶稣气绝身亡；第六苦，圣母抱耶稣于怀中；第七苦，葬耶稣于石墓。

其他几篇经文分别译自亚尔丰索·利高烈和琉那尔铎的相关著作。

山西南境的潞郡是杜嘉弼开拓的教区。潞郡天主堂印书馆在光绪三十一年（1905）辑刻过杜嘉弼的《天主圣教通功经》。"通功经"不是特定经文，而是经文汇编，包含日常主要经文，早晚日课、弥撒过程及对经等。

明原堂印书馆在光绪四年（1878）刊刻过类似《遵主圣范》的神修著作《前进略说》，田文都编著。此书内容很出彩，以前受关注不多。

田文都，字兰秀，又记字丰兰，教名安德，生年不详，山西长治人，方济各会士，咸丰六年（1856）晋铎，长治教区神父，光绪二十七年（1901）逝于潞安。他是天主教在山西的在教之人中最有学问的，

• 默想神工 •

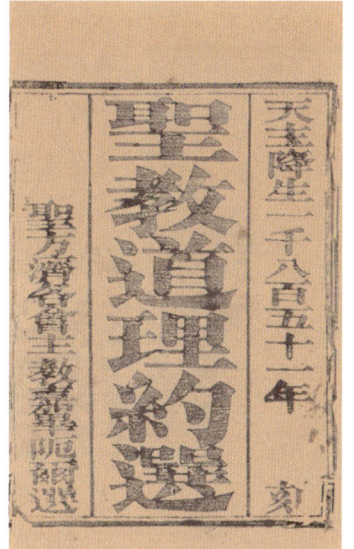

圣教道理约选（扉页和内页）
[意]杜嘉弼选编
一卷　一册
清咸丰元年（1851）
太原府天主堂印书局辑刻
刻本　纸本　筒子页　线装
九行二十字小字双行同
白口四周单边单鱼尾
开本：20×13.7（cm）
半框：15×12（cm）
95 页

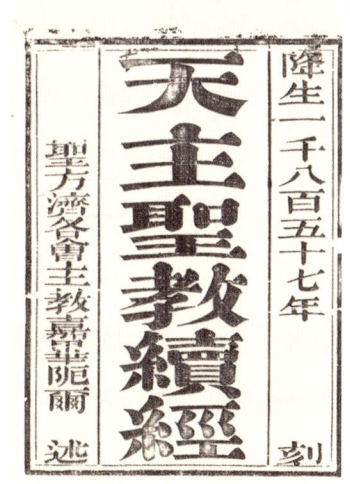

天主圣教续经（扉页和内页）
[意]杜嘉弼述
八篇　一册
清咸丰七年（1857）太原明原堂辑刻
刻本　纸本　筒子页　线装
十五行二十二字白口四周双边单鱼尾
开本：20×14.5（cm）
全框：20.1×14.5（cm）
24 页

有不少中文书籍留世，如与李问渔合译利高烈撰写的《备终录》，编撰《前进略说》，译著《仰合天主圣意》《真理警世》(光绪十四年〔1888〕明原堂刻本)，编纂《圣教对联》(光绪二年〔1876〕明原堂刻本)等。

这位与问渔先生交情笃深的田文都，文字功夫也是极好的，他在《前进略说》中开宗明义讲：

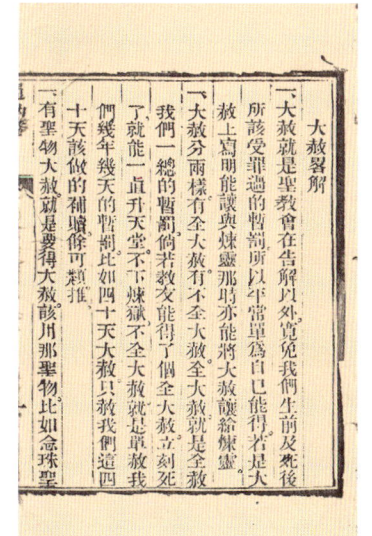

天主圣教通功经（内页）
[意]杜嘉弼编译
七节　两册
清光绪三十一年（1905）
潞郡天主堂辑刻
刻本　纸本
筒子页　线装
十行二十二字小字双行同
白口四周双边单鱼尾
开本：20×15（cm）
半框：15×12（cm）
65 页

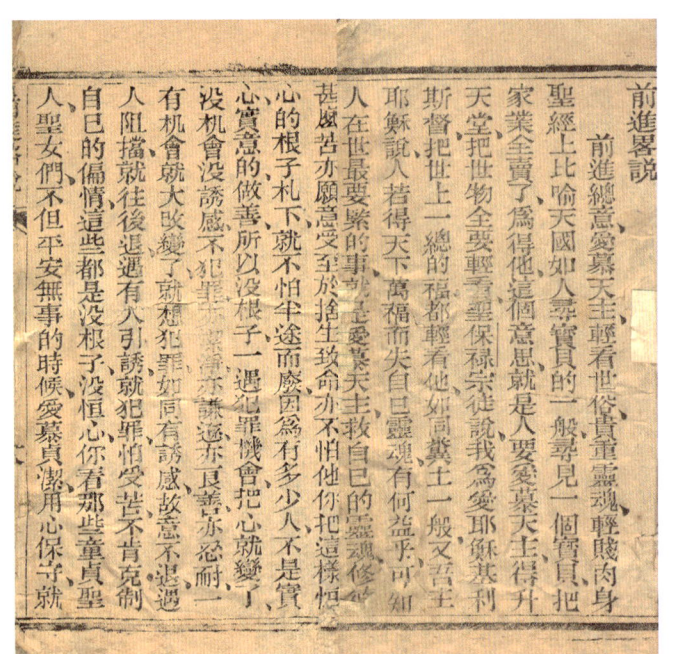

前进略说（内页）
〔清〕田文都 编
一卷 一册
清光绪四年（1878）太原明原堂辑刻
刻本 纸本 筒子页 订装
八行二十二字白口四周双边单鱼尾
开本：19.5×12.5（cm）
半框：16×10（cm）
29 页

前进总意，爱慕天主、轻看世俗、贵重灵魂、轻贱肉身。圣经上比喻天国如人寻宝贝的一般，寻见一个宝贝，把家业全卖了，为得他。这个意思就是人要爱慕天主，得升天堂，把世物全要轻看。圣保禄宗徒说，我为爱耶稣基利斯督，把世上一总的福都轻看他，如同粪土一般。

简单理解，这里说的"前进"就是修行。《前进略说》指出几个要点。第一，不急于求成、不懒惰，勤于神功。"你实心愿意往前进，就能往前进；你实心愿意成圣人，就能成圣人；你实心愿意守贞，就能守成；只要你肯，就行。"第二，"不可记得以前做了善功，单想现今如何往前进"。愿意成圣人，天天往前进。第三，若要进步，须有高大的志向、勇敢的德行。走自己的路，让别人去说吧。"随耶稣的表样，按圣人圣女的行实做，不要看平常人的样子，亦不要听平常人的话。"第四，但做好事，莫问前程。"每天如同起头的一般，天天如同末了的一般，亦不瞻前头，亦不管后来。"第五，要抵抗住诱惑，不可半途而废。"该当知道，有时候我们软弱，不知不觉就退下来了。到底立刻觉了，快勉力自己，加倍勇敢，再往前进。"第六，经不起诱惑时，要想想缔约的苦难。"你做善，天主一定赏，你做恶，天主一定罚。"

《前进略说》这本小册子，从内容来看，不像是田神父自己撰写的，不知道田神父取材哪本书，没有交代；如果是田神父自己编写的，也是他阅读《遵主圣范》的心得。这本书光绪四年（1878）明原堂初刻，光绪十三年（1887）重刷。此外有民国三年（1914）济南无染原罪堂铅排本和民国五年（1916）兖州天主堂印书馆铅排本。后者发行量大，影响也大。

田文都神父还编写过一部非常重要的学术著作《真理警世》。这部著作类似于黄伯禄的《訓真辨妄》和《集说诠真》，是天主教"辨妄"的作品。不过从论题看，田文都更多是参考了白德旺的《圣教理证》和孟振生的《俗言警教》。

作者在序言里讲：

且夫理道贵真，昔人论之详矣。盖真者，无伪无妄之谓也，于理有一言之或虚，则失真而为伪矣，始终本末咸乎谓之真，于理有一毫之弗即反真而为妄矣。今天下左道遍行，教门百出，著书立说，各矜其长。考其书类多穿凿，究其理更多虚伪，间有警人淑世等语，亦缺略而不全，不可谓之真也。至于儒门，虽有正心诚意之学，而于昭事之典、没后之报未免阙如。惟我圣教创自乾元，垂自太始，作述灿著，皆本真传，虽至微卷小本，亦莫不觉世淑人。如《圣教理证》和《俗言警教》二卷，辞既质直而无伪，理更真诚而无妄。观其崇正黜邪，析疑辨难，引人认识天主生前克尽大孝，死后得享常生。真警世之大道，救世之真理也。慨夫二书出自他省，购阅维艰，且文辞稍异而理原大同，无须并览，是以不揣固陋，聊为减增，合二书而集为一卷，名之曰《真理警世》。

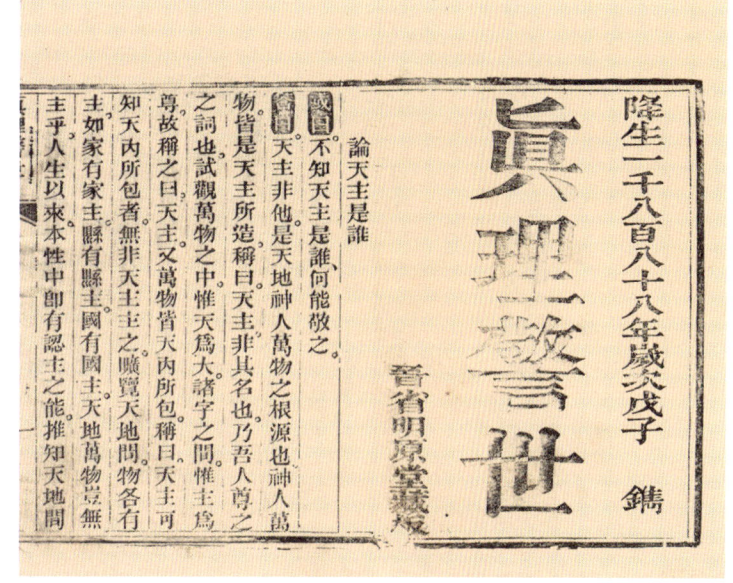

真理警世（扉页和内页）
〔清〕田文都编撰
一百零二篇　一册
清光绪十四年（1888）晋省明原堂辑刻
刻本　纸本　筒子页　线装
九行二十字白口四周双边单鱼尾
开本：25.5×17（cm）
半框：18×14.5（cm）
103 页

作者这段话把撰写此书的目的和道理本原交待得清清楚楚。

田文都神父的"辨妄"著作共一百零二篇，论题比《圣教理证》多，少于《诮真辨妄》。篇目有："论天主是谁""论天无知觉灵明""论地无知觉灵明""论孔子不明言天主并非无天主""论眼见不足真证""西士来中国原为正经大事""孝不孝不在有后无后""天主正教与别教不同说""天主教与耶稣教不同有五""圣教从宗徒传下来的""必遵教皇之命乃为真天主教""论见天主不以在肉目全以在心目""论人之日用粮是天主的""论恭敬天主之实体""论祭献奉事天主人的本分不为僭分""论天地万物天主所造不是偶然而成""论太极不是天主""论天主无所从生""论天地不能生人物""论死物不能生活物""论道不能生万物""论天主亲与人人说话于理不可""论人不敬天主并无好心""不恭敬天主难逃天主之罚""论真赏罚不全在生前""论流芳遗臭不算赏罚""天堂地狱乃为真赏罚""天堂地狱之实据与佛不同""生前之道当尽死后之道更当究""孔子不能生知安行尽知""遵天主诫命才算守理""人身有死灵魂没有死""四行五行之分别""论气非灵魂""论灵魂之说""托生之说不足劝善反足助恶""托生之说万不可信""论不因偶然信为实有""论灵魂不能受杀""敬真神不宜敬假神""论真神假神之来历""论不灭假神之益""论天主爱世人不偏""论皇上不能封神""论关公不能为神""论孔子不禁止言人过""论世俗祭礼之妄""不当敬死人如神""不拜死亡""殡葬父母之正论""论葬父母不用非分之礼""论不当敬尸""论富贵人奉教之难""论善不善不在人多人少""论从义不从众""孔子亦望天主之教""从义不宜畏难""天主正道人人能走""奉教为成全自己不看别人""论佛为异端""论中国佛之来历""论佛愈多愈妄""论佛妄言独尊之罪""论教真不真道理正不正不在中国外国""论儒教道理不全""论圣人之真伪""人有人的本分不宜如禽兽胡闹""道不同不相为谋的正解""孔子于人神鬼处分不清""玉皇是死人不是天主""论烧纸之妄""论演戏之妄""论风水之妄""论择日之妄""论算命之妄""论面相之妄""论占卦求签测字之妄""论神祇菩萨""论老君老聃""论观音""论梓潼""论真武""论天妃或天后""论城隍""论萧公""论晏公""论许真君""论财神""论社稷""论阎王""论家堂之谬""论灶君之妄""论张天师""论神仙""论长斋或密密教""论斋禁肉食不禁鸡鸭蛋及水族等物""论圣教何故不许娶妾""论外教人虽行善不能得天堂真福""论奉教不可迟缓""论天主教非西洋教""论传教之来历""论保护教民之故"。另附"上谕抄录"。

《真理警世》由明原堂于光绪十四年（1888）刊印，大开本；民国六年（1917）明原堂重排铅字本。

《炼狱圣月》，田文都译述的天主教释教书籍。田文都在"小引"介绍《炼狱圣月》：

> 按圣经贤传，人死后有三个去处，一天堂，一地狱，一炼狱。天堂是天主赏天神及圣人，永福永乐的好处。地狱是天主罚魔鬼及恶人，永祸永苦的监牢。炼狱是天主设立的暂苦之所，人的灵魂离肉身时，若有小过，或补赎不完，死后即在此炼狱补完，才能升天堂。天堂圣人，万福全备，不少世人帮助。地狱恶人，已受永苦，万不能救。惟有炼狱

炼狱圣月（扉页和内页）
〔清〕田文都译述
三十篇　一册
清光绪六年（1880）省明原堂辑刻
刻本　纸本　筒子页　线装
八行二十二字白口四周双边单鱼尾
开本：21.5×14.5（cm）
半框：17×12.5（cm）
90页

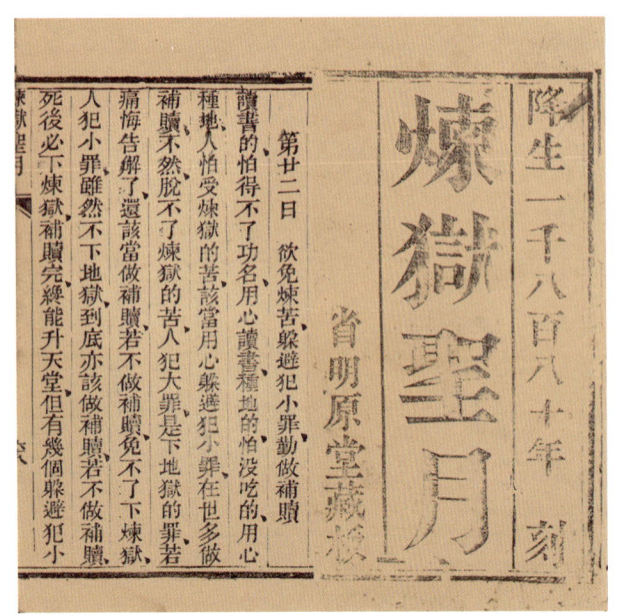

灵魂，蒙主怜悯，准世人为彼祈求，可能救援。故此仰体天主爱人之意，及圣会诸神相通功，述此炼灵圣月，望诸信友，于此月内，勤行善工，热心祈求天主，赏赐炼灵，早升天堂。因炼狱灵魂，在炼狱中，受烈火焚烧，实难忍受，切愿人救援。若人救其脱免炼狱大火，荣登天国，其功岂浅鲜哉。有仁爱之心者勉之。

田文都在这本书里分三十日讲述炼狱工课的方法、道理、用处，讲诸圣之德行，所享之荣耀，及炼狱道理。有"诸圣瞻礼""追思已亡""救炼灵受报""炼苦极大""炼狱觉苦""炼狱失苦""炼灵盼望见天主""天主公义罚炼灵做相称罪的补赎""天堂圣人及世人能救炼灵""弥撒是救炼灵头等善法""得大赦能救炼灵""念经行善工能救炼灵""念苦路经能免炼苦""想圣母痛苦能免炼苦""与弥撒能得大恩""为炼灵哀矜贫人""念玫瑰经能救炼灵""欲免炼苦现世当做补赎""天主愿人救炼灵""敬爱圣母的人死后得免炼苦""圣母仁慈格外救炼灵""欲免炼苦躲避犯小罪勤做补赎""谁不愿在世做补赎是愚人""天主严罚犯小罪的人""救炼灵是得天堂善法""不救炼灵的人多""炼灵狠望世人救他们""炼灵报答恩人""炼灵三时报答恩人""恒心救炼灵"。

《炼狱圣月》，明原堂光绪六年（1880）刊印，后有民国二十年（1931）铅排本。此书行文生动，深奥但不枯燥。

光绪四年（1878）明原堂刊印《圣母七苦》，署"晋阳铎德张安多尼译述"，"古陶铎德田文都辣修饰"。山西宗座代牧区主教江类思①作"圣母七苦小引"：

> 吾主耶稣，自天降世，为救吾人灵魂，甘受万苦万难，被钉十字架而死。至所拣童贞玛利亚，为其降生之母，虽未受钉死之刑，但其一生所受之痛苦，笔舌难尽。是故默想耶稣苦难之外，又当常想圣母之苦，大获神益。

作者在开篇也述：

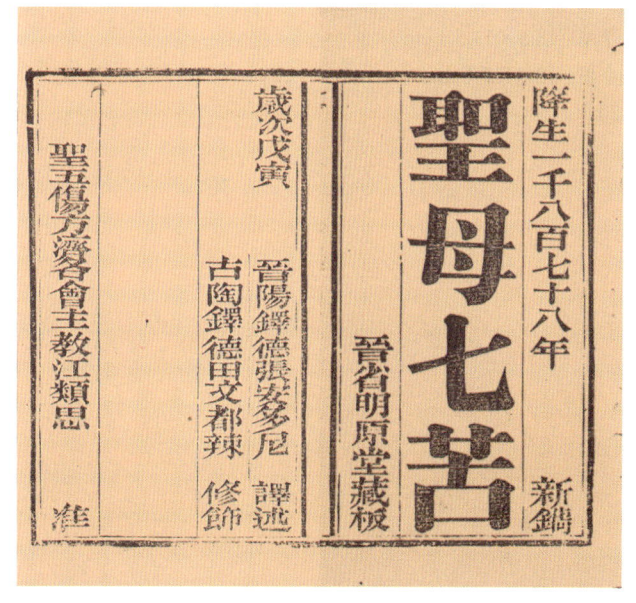

圣母七苦（扉页和书牌）
[意] 张安多尼译述
[清] 田文都修饰
七篇　一册
清光绪四年（1878）晋省明原堂辑刻
刻本　纸本　筒子页　线装
八行二十二字白口四周双边单鱼尾
开本：20.5×12.5（cm）
半框：16×11（cm）
34页

---

① 江类思（Luigi Moccagatta，1809—1891），意大利人，方济各会士。道光十二年（1832）晋铎并来华；道光二十八年（1848）起先后任山东宗座代牧区和山西宗座代牧区主教。

要经祈求默想（默想神工）（扉页）
〔清〕田文都编译
两卷 一册
清光绪五年（1879）
太原明原堂辑刻
刻本 纸本 筒子页 线装
七行十八字白口四周双边单鱼尾
开本：18.5×11.5（cm）
半框：13×9.5（cm）
20 页

吾主耶稣称为万苦之君，致命之王。因其一生所受之苦难，非致命圣人等可比。又圣母称诸为义致命之后，因圣母所受之苦，除耶稣苦难外，亦非致命圣人之苦可比。依撒意亚先知圣人，预言圣母之苦说，天主将以苦难之冠，戴尔头上。圣伯尔纳多曰，圣母之苦，刀剑虽未伤身，但其心内之苦，至大无比，不啻万死之苦也。

两段引文基本把这部书的意义和内容交待清楚了。

圣母一苦："闻西默盎，预言吾主，受难之状"。圣母二苦："王黑落德，心生恶计，谋杀吾主"。圣母三苦："京都占礼，行归在路，不见吾主"。圣母四苦："主负十字，重压跌倒，苦街相遇"。圣母五苦："见举圣架，通体全伤，七言而终"。圣母六苦："吾主圣体，二圣去下，白布敬殓"。圣母七苦："圣体痊葬，石板盖墓，忧闷回府"。

"圣母七苦"这个提法也是方济各会特有的，从教义来讲，与天主教其他概念差不多，只不过方济各会特别强调祈祷和默想圣母玛利亚所受七大苦难，对于信徒获得恩赦有特别功效。

田文都神父还编译过《要经祈求默想》，光绪五年（1879）明原堂印书馆刊印，包括两个内容：《要紧祈求》和《默想神工》。

《要紧祈求》收的是可以起到立竿见影效果的祈祷工课和祷告文："早晨一起念""早饭毕念""前半晌念""午时念""后半晌念""日落时念""临睡时念"。

《默想神工》讲的是天主教主要工课"默想"，教徒在礼拜时应该向主默想什么。"想要紧救灵魂""想大罪的凶恶""想死候""想世上不常久""想审判""想地狱""想天堂"。

田文都神父著作内容丰富，涉及天主教教义的方方面面，《前进略说》讲的是神修，《真理警世》讲的是辨妄，《炼狱圣月》讲的是救赎，《圣母七苦》讲的是恩赦，《要经祈求默想》讲的是神工。此外他还撰有《守贞规范》和《古迹嘉训》。

《守贞规范》明原堂光绪四年（1878）刊印。田神父分三篇讲述了他对"守贞"的理解。在上篇"论贞洁之德"里作者这样赞美天主教的"贞德"：

圣贤们讲论贞洁，是馨香的德行，圣德的根基，灵魂的美丽，肉身的光荣，宠教的奇恩。古教的人，不认得这个德行尊贵，以不生产为羞耻，为没福。但这个德行，是天主留与宠教中最珍贵的德行。论这个德行，将有形的人，变成无形的天神。

中篇"论守贞善法"。贞洁虽美，并非易事。因人受原罪之染，本性劣弱，私欲邪情时攻于心。于是作者用很大篇幅介绍了十二个锦囊：一、"谨守三司五官"，二、"祈求天主"，三、"常想天主无所不在"，四、"热心恭敬圣母"，五、"躲避同人来往"，六、"轻看世俗"，七、"端肃德行"，八、"勤领圣事"，九、"短祈祷"，十、"看圣书"，十一、"效法耶稣"，十二、"常行默想"。

下篇"论童贞圣人圣女行实"。

天堂路窄，地狱路宽。窄路引人直升天堂，宽路引人直入地狱。可知要升天堂，必定当走此窄路，方妥。不然地狱之苦不能免也。夫守贞者，既砍断世俗，割舍肉情，正入此窄路矣。何幸如之？诚恐路途崎岖，时或迷径，盲然不知所往。

因此作者列举"守贞"的六位模范：意大利人玛利亚·玛大肋纳、意大利人味增爵·亚贵辣、法国人加大利纳、法国人德尔斐纳、日本人梅生爵、美国人罗撒。目的是要引导"守贞人们循路正行"。

田文都概括其著要旨：

守贞者，志向要正。不图世俗虚名，不为阿顺舆情。当出自本心情愿，专为洁净，奉事天主，悦乐主心。效法圣母，轻看世俗，克除肉情，容易救己灵魂，升得天堂。又要志向坚固，守贞到死，不论遇见什么诱惑，总不变心。邪魔恶人，如何引诱，千刀万剐，宁死不犯丑陋之罪。全然死绝世俗，同天主活，如此定了坚固志向，必不致半途而废。吾主耶稣曰："有为得天国，割除自己肉欲者，能悟者悟之。"

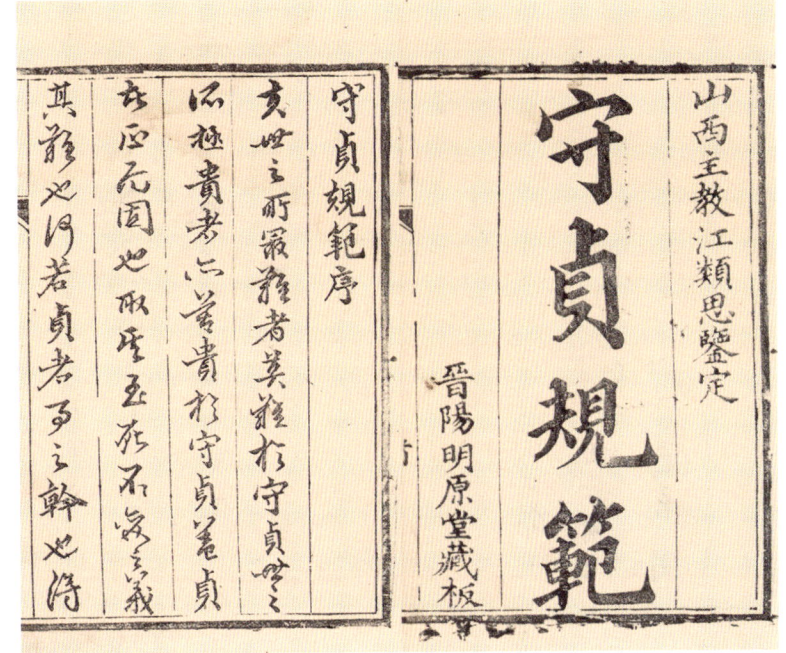

守贞规范（扉页和内页）
〔清〕田文都撰
三篇　一册
清光绪四年（1878）晋阳明原堂辑刻
刻本　纸本　筒子页　线装
八行二十二字白口四周双边单鱼尾
开本：20×13（cm）
半框：14.5×10.5（cm）
48页

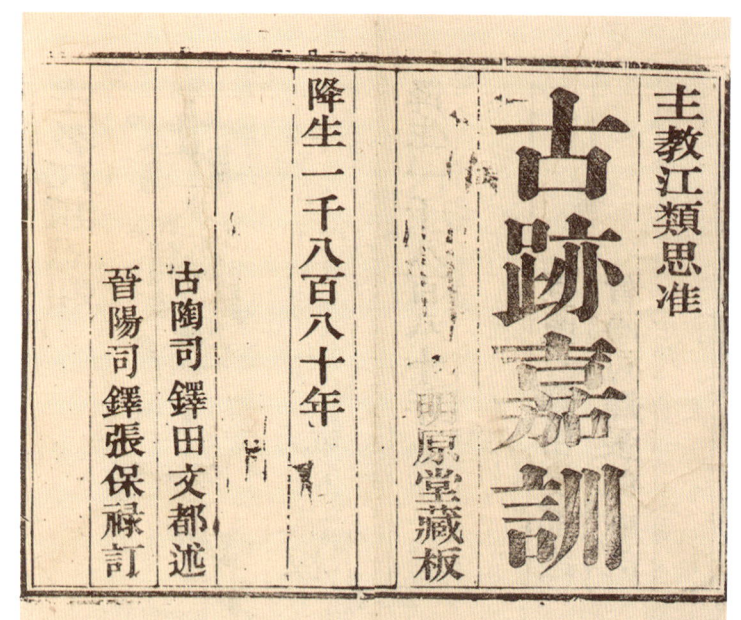

古迹嘉训（扉页和书牌）
〔清〕田文都述〔清〕张保禄订
一卷　一册
清光绪六年（1880）太原明原堂辑刻
刻本　纸本　筒子页　线装
九行二十二字白口四周双边单鱼尾
开本：19.6×13（cm）
半框：16×11（cm）
34 页

田文都的《守贞规范》在同类著作中属于上品，但不知何故此书后来几乎没有再版。

《古迹嘉训》明原堂光绪六年（1880）刊印，是一部讲述天主教先贤圣人言行的书籍。田文都在书前"小引"坦陈自己的初衷：

> 余尝读圣教经史，每见圣贤嘉美之训、卓异之型，心切景仰，是以公务之余，纂辑成书，名曰《古迹嘉训》，俾有心道范者，观摩有资亦或修德之一助云尔。

田神父从各种传记和历史书中择选了五十来篇小故事，有味增爵、方济各、加大利纳、梅瑟、玛大肋纳等圣铎高品之人，也有不具名而高风亮节之士。

田文都的作品还有翻译亚尔丰索·利高烈的著作《仰合天主圣意》（明原堂光绪四年〔1878〕刻本）。

除了与杜嘉弼和田文都有关的书籍外，明原堂还有一些书籍值得一提。

《敬礼圣方济各九日神工》，光绪四年（1878）辑刻。江类思撰写序言：

> 尝思传圣人名誉之隆，而不传圣人行实之表览者，疑为阙文。传其行实而略其日积月累之功，则后人无以取法。有方济各圣人，系意大利国人，自幼热心敬主，与众不同。其生平、实德，尤足以感发人心。故前人述其平日克苦进德、修业之功，演为敬礼九日默想神工。每日指出一德令人效法，又于默想后著一祝文，使人仰求天主仁慈，加其神力，俾能勉力步趋圣人之遗表，渐臻圣域。

九日默想的圣德：第一日"圣人谦逊德行"，第二日"圣人神品德行"，第三日"圣人克苦之德"，第四日"圣人忍耐之德"，第五日"圣人爱慕天主"，第六日"圣人爱人德行"，第七日"圣人尽力行神工"，第八日"圣人印五伤奇迹"，第九日"圣人之善终"。

《圣方济各第三会》,光绪十六年(1890)刻印。关于这个题目其他印书馆没有涉及过,是方济各修会特有的书籍。时任山西主教艾士杰[①]为该书写了序言"圣方济各三会源流",对方济各三个修会作了介绍:

在昔人心大变,圣教多难之际,意大理国亚细西府出一大圣,名方济各五伤。谦贫苦修,全效耶稣之圣表,竭诚讲劝,四民归化者如云。圣人善为众谋,用意宏远,特立男女二会,律以内外三绝,使之入会专修。善生即获安死,惟难人尽藏修,同登道岸。圣人心尚歉然。适有富商真福路爵,闻道动行,苦无范围,乃率其妻恳曰:"弃世守贞者,入院静修,尤为妥协。吾辈俗务缠身,不能脱卸,又该何如,敢请赐

敬礼圣方济各九日神工(扉页)
[意]江类思编译
不分卷 一册
清光绪四年(1878)山西明原堂辑刻
刻本 纸本 筒子页 线装
七行十六字白口四周双边单鱼尾
开本:17.5×11.5(cm)
半框:14×9(cm)
16页

圣方济各第三会(内页)
[意]艾士杰编译
不分卷 一册
清光绪十六年(1890)山西明原堂辑刻
刻本 纸本 筒子页 线装
七行十七字小字双行同
白口四周双边单鱼尾
开本:17.5×11.5(cm)
半框:13×10(cm)
35页

教?"圣人曰:"善,吾人久欲再立一会,俾男女贵贱诸人,随在入籍善修。然则端自尔始可也。"随按天主圣意,酌定规模。奏准后,各处布立,名曰俗修,或苦修第三会。

这部书内容大致有:入会初学及发愿;入会行为;执事、监察、遵规;三会恩赦,包括全大赦、限大赦和殊恩;三会礼规,包括入会礼节、发愿礼节等。还有《圣母花冠经》《向圣母玛利亚诵》《圣五伤方济各诵》《圣安多尼祝文》《为炼灵念终后经》等经文。后附"圣安多尼会"。此书有与正文不衔接的四面补页,补充

---

① 艾士杰(Gregorio Maria Grassi,1833—1900),教名额我略,意大利人,1849年入方济各会,1856年晋铎。咸丰十年(1860)来华,先后在山东、山西传教;光绪二年(1876)升为山西教区副主教,代替年迈的舅父江类思负责全省的教务;光绪十七年(1891)升为主教。义和团运动时,与其他二十六名神职人员被杀于太原。1946年教宗庇护十二世封其为"真福"。

了"全赦规条""圣五伤方济各祝文""许愿祈求"和"许愿之言"。

光绪三十一年（1905）潞郡天主堂还刊印了杜嘉弼的后任翟守仁[①]主教的《圣月经文》。这是一部天主教经籍类书籍，内容主要是选编了与圣母圣心月相关的祈祷文，共五篇：《若瑟圣月经》《圣母圣月经》《耶稣圣心圣月经》《炼狱圣月经》《圣母玫瑰圣月经》。

天主教陕西教区也是方济各会管理的传教区。

天主教传入陕西是在明末天启五年（1625）。那一年金尼阁神父从山西绛州来到西安，在糖坊街购地设堂传教。其时，陕西信教人数在全国十三行省中排名第二，仅次于江南。康熙三十五年（1696）陕西为宗座代牧区，由方济各会负责。康熙四十六年（1707）陕西与山西合并成立秦晋代牧区。直到道光二十五年（1845）山陕再次分治。二十世纪二十年代，教廷将陕西传教区管理分为三块：方济各会管理的西安教区，方济各住院会（O. F. M. Conv.）管理的安康教区，宗座外方传教会管理的汉中教区。

林奇爱[②]任陕西副主教时，曾于同治二年（1863）重刊过冯秉正的《盛世刍荛》。《盛世刍荛》初刊于雍正十一年（1733），五篇首一篇，首篇"仁爱引言"实际上就是序文，冯秉正讲："善恶正邪之辨，吉凶升降之关，无他，仁与不仁而已。尽仁之道，非爱不为功，尽爱之道，非上爱天主下爱众人，不足以成仁。从未有不爱人而可称爱主者，亦未有爱主而不爱人者。"

冯秉正进而说明他编撰《盛世刍荛》的缘由：

溯前明万历年间因西儒利公等，进呈经像，此后代有传人。其时最著者，如大学士徐文定公、大宗伯李我存、少京兆杨淇园

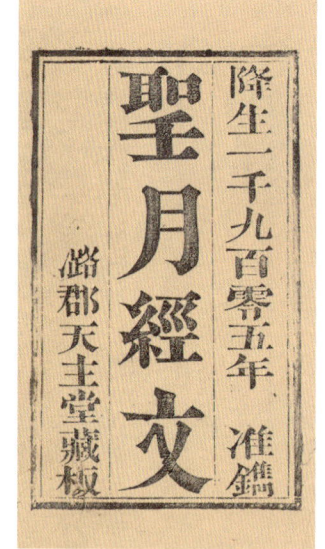

圣月经文（扉页）
[荷] 翟守仁编译
五卷　一册
清光绪三十一年（1905）
潞郡天主堂辑刻
刻本　纸本
筒子页　线装
七行十七字小字双行同
白口四周双边单鱼尾
开本：19.7×12.5（cm）
半框：15×9.5（cm）
43页

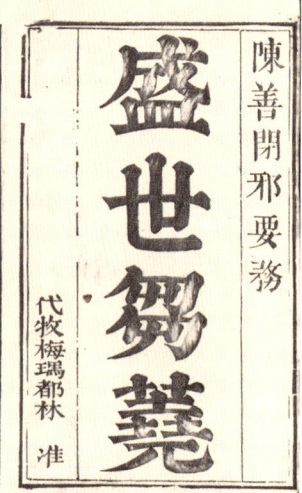

盛世刍荛（扉页和内页）
[法] 冯秉正撰
五篇首一篇　四册
清同治二年（1863）陕西教区辑刻
刻本　纸本　筒子页　线装
八行二十字小字双行同
黑口四周双边单鱼尾
开本：22.5×13.5（cm）
半框：18×11.5（cm）　187页

---

① 翟守仁（Alberto Odorico Timmer, 1859—1943），荷兰人，方济各会会士。光绪十四年（1888）来华，在湖北传教，后调山西；光绪二十七年（1901）任天主教潞安教区主教，民国十六年（1927）因病退职。逝于太原，葬于西洞河墓地。
② 林奇爱（Amatus Pagnucci, 1833—1901），又记林梅玛都，或林雅玛笃，意大利人，方济各会会士。同治元年（1862）来华，初任陕西副主教，光绪十年至十三年（1884—1887）任陕西主教，光绪十三年至二十七年（1887—1901）任陕北主教。

诸君子，昌言伟论，著述如林。虽不尽学之渊深，亦足发后人之愤悱。所虑理本精微，辞多华藻，谁家爨婢，尽属文人。既难应付亲朋，何以兼通雅俗。若欲得心应口，必须俗语常言。此刍荛之所由作也。

简言之，他的《盛世刍荛》比明末先师们的著述通俗易懂。

第一篇"溯源篇"，恭敬天主的缘故。天地万物必先有一主宰，生存掌管，不是理气，不是自然而然，不是有生有死的人所造；天主为何造化天地万物，给人使用；我们的本分是依靠天主。第二篇"救赎篇"，天主救赎的来历。元祖犯罪由于自主，当受重罚；天主不弃罪裔，必来救赎；天主降生恩教，万国流传；救赎之恩，身前身后，受福无穷。第三篇"灵魂篇"，生气不是灵魂。灵魂、觉魂、生魂来路不同；惟灵魂不灭。第四篇"赏罚篇"，赏罚为造物主真传。生前祸福算不得真赏真罚；身后虚名，与赏罚无干；世上吉凶祸福，俱系劝诫之方；天堂善报，自古圣贤，俱真心切望；无形之灵魂，能受赏罚。第五篇"异端篇"，辟北斗、文昌、城隍、土地、金乌、玉兔、井灶、门神；辟佛有弑母、弃父、傲世、欺人四大逆；辟轮回十大弊端；辟占卜、求签、灼龟、起课；辟择日辰宜忌、星宿吉凶；辟画符念咒、去病逐邪、师公师婆、蛊毒魔魅；辟相面；辟算命；辟风水；辟祈晴祷雨；辟禳灾打醮、野祭呼魂；辟佛家吃斋戒杀；辟念佛参禅；辟烧神化马、纸锭纸钱；辟超度破狱；辟修炼内丹外丹；辟娶妾；辟毁谤。

《盛世刍荛》常见刻本主要是这个同治二年本，后有光绪五年（1879）河间胜世堂本、民国二年（1913）北京救世堂和民国十五年（1926）兖州天主堂印书馆铅排本。

陕西教区出版的书籍很少见到，有一本《公私诵经文》，民国二十三年（1934）经万九楼①主教批准，"西京竹笆市积春诚代印"。由此看来陕西教区没有自己的出版机构。

《公私诵经文》是石印本，手写楷体小字俊美

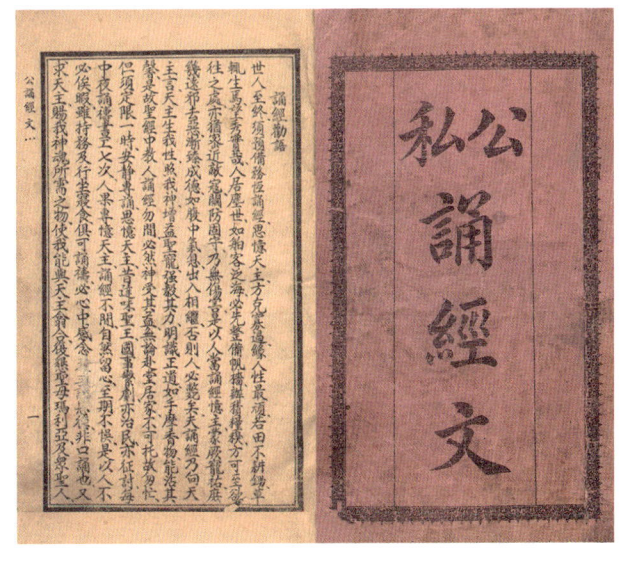

公私诵经文（封面和内页）
西安天主堂编纂
两卷 一册
民国二十三年（1934）
西京竹笆市积春诚代印
石印本 手书上板 纸本 平装
开本：17×12（cm）
200 页

---

① 万九楼（Pacifico Giulio Vanni, 1893—1967），意大利人，方济各会士，1920 年晋铎；民国二十一年（1932）至 1952 年先后担任西安代牧区主教和西安教区总主教。

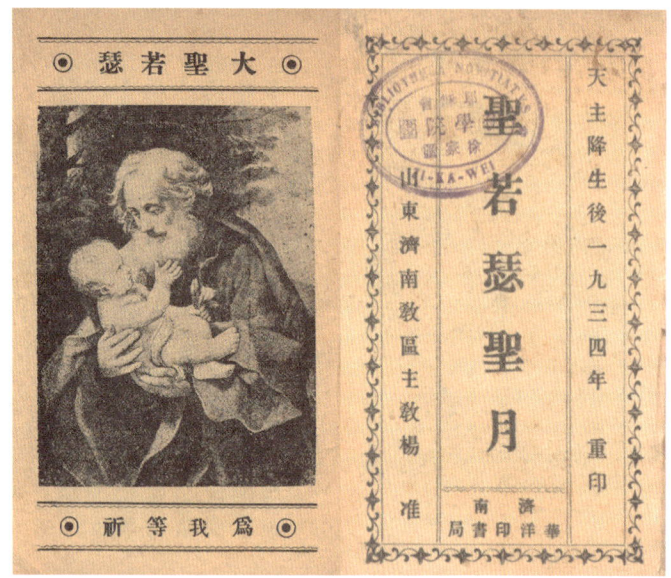

圣若瑟圣月（扉页和插图）
[意] 李博明编著
三十一篇 一册
民国二十三年（1934）
济南华洋印书局排印
铅印本 纸本 平装
开本：12.8×9（cm）
184页
插图1幅

漂亮，这家"积春诚"专业水平不低。此书分为两卷。上卷是"公诵经文"，意思是在公共活动中，教徒们一起诵文，分类有"耶稣圣诞""三王来朝""圣若瑟中国主保""苦难主日""耶稣复活""耶稣升天""圣神降临""圣母升天""诸神瞻礼"等。下卷是"私诵经文"，可以理解为个人祷告时默诵的经文，分类有"每日五要""出门经文""进堂祝文""奉事耶稣圣心诵"等，都是日课经文。

道光十九年（1839）山东成立代牧区，方济各会罗伯济出任主教，光绪十一年（1885）分设南境代牧区和北境代牧区，民国十三年（1924）北境代牧区更名济南总教区。济南府华洋印书局（Typographiæ Missionis Catholicae Tsinanfu），是方济各传教会管辖的天主教济南教区的出版机构，成立于十九世纪后叶，不过在很长时间里，仍用"济南府无染罪堂"名称出版。

《圣若瑟圣月》，编撰者为山东济南总教区主教李博明①，华洋印书局初版于清光绪十二年至十四年间（1886—1888）。

李博明神父写有引言：

在圣人圣女之中，除了圣母，没有超过圣若瑟的德行、地位、光荣的。因为圣若瑟有各样的德行，是圣母的净配，是吾主耶稣赡养的父亲。既然圣人的德行、地位、光荣如此高大，天主必定很宠爱他。他在天主台前不拘求什么，也必然允他的祈求。所以，自古以来各修会里都格外恭敬圣若瑟。第一恭敬圣若瑟的就是圣衣会圣女德肋撒。那时候立了许多童贞院，不大离，都以圣若瑟为主保……第二是圣方济各会，从一起头儿，就格外恭敬圣若瑟……第三是圣多明我会、耶稣会、遣使会恭敬圣若瑟。总而言之，各修会里都恭敬圣若瑟，都得到了圣若瑟许多的恩典……圣若瑟赏赐我们善尽各人地位上的本分，再求圣人赏赐我们中国圣教广扬、异端消灭、外教人弃邪归正、奉教的热心事主。在世都走救灵之正路，死后皆享天堂的真福。

---

① 李博明（Benjamino Geremia，1843—1888），意大利人，方济各会会士。光绪十一年（1885）任中国山东北境主教。

择引了李博明神父长长的一段话,是因为他存世著作很少见,并且人们很容易把这本《圣若瑟圣月》与其他同名书混淆,同样书名的书籍各个修会或出版机构都有。方济各会的《圣若瑟圣月》与其他修会的相比,强调的重点有差异。

光绪二十八年(1902),申永福①出任山东北境教区主教后,比较注重宣教书籍的出版工作,他安排辖区济南无染原罪堂刊印了一批重要典籍,比如《圣体月》《圣事要理问答》等。

《圣体月》是亚尔丰索·利高烈的著作,宣统二年(1910)济南府无染罪堂出版,未署译者,与李问渔的译本差不多,没有特别之处。译者"自序":

> 这本朝拜圣体月,原来是圣亚尔风索所作。因圣体是圣教会的狠②基十分要紧之一大端,诸圣宠之源泉,永福之终向。所以把这本小书,翻成官话,盼望众神友,热心朝拜圣体及恭敬圣母。

民国二年(1913)济南无染原罪堂印制了《圣事要理问答》。方济各会的《圣事要理问答》与其他修会的同名书内容大同小异,也是由"要理问答""告解问答""圣体问答""坚振问答"四部分组成。

申永福在引言里说:

> 闻之羽毛不丰满者不足以高飞,道理不明通者亦不足以救灵魂。因此圣教会为教友准备了几种要理,目的是使人明白拯救灵魂的道理。"不意人性怠惰学习甚难,自安愚昧可奈何。余秉铎山左多年,所睹此景像不禁喟然兴叹。曰,与其多而不学,孰若少之为妙。"故而再简编为几种要理问答,"其义精微而深奥,其理显然而易明事。最切要语甚浅近,俾学者展卷豁然洞若观火,呜呼,是真足以启教中之愚蒙,而为明道救灵之一助也"。

民国中期,济南华洋印书局出版过一套方济各会天主公教神职杂志社编纂的"神职杂志"连续出版物,余见过第一种《崇修学的观念》和第二种《神修引领》。

《崇修学的观念》(*Idea theologia ascetica*),原作者德意志神

圣体月(内页)
[意]亚尔丰索·利高烈著
三十一篇 一册
清宣统二年(1910)
济南府无染罪堂排印
铅印本 纸本 筒子页 线装
十行二十字白口四周双边单鱼尾
开本:14×8.8(cm)
半框:10×6.5(cm)
75页

---

① 申永福(Ephrem Giesen,1868—1919),荷兰人,方济各会会士。光绪二十八年至民国八年(1902—1919)任天主教中国济南教区主教。
② "狠"应该是"根"字。

崇修学的观念（封面）
［德意志］奈玛依尔撰　范光夏译
四篇　一册
民国二十年（1931）
济南华洋印书馆排印
铅印本　纸本　平装
开本：18.8×13（cm）
228 页

父奈玛依尔，译者济南洪家楼总修院范光夏神父，民国二十年（1931）出版。

按本书解释，专讲修德成圣的学问叫作"崇修学"，是在现世指导人灵至善至美的超性学，犹如伦理学指导国民，问答学指导信友。因而崇修学又叫"圣人之学"或"圣德的艺术"。

全书分为四篇。第一篇概论崇修学，"人生的终向""终向的阻碍""达终向的方法"。第二篇讲涤除罪恶的原则，"涤除大罪""涤除大罪的根苗""涤除犯罪的情绪""涤除小罪""善理恒心"。第三篇讲光明之路的原则："善祈祷的准绳"，"善劳苦的准绳"——灵魂的善行，肉身的善行，职务的善行；"善坚忍的准绳"——心灵忧郁上的坚忍，讥笑与凌辱上的坚忍，肉身的苦痛上的坚忍，财产的损失上的坚忍，早死与凶死上的坚忍；"各样德行的准绳"——超性的德行，悟思的德行，伦理的德行。第四篇讲通过崇修达到与主结合。

德国神父亚尔邦的《天主经》是天主教重要的释教名作。从著录看，济南洪家楼总修院的郎神父（Sac. E. Lange）也曾翻译过此作，未见，不知其是否为全译本。兖州天主堂印书馆民国二十二年（1933）出版过李若翰神父翻译的此书全本：《前三求·尔名见圣》《第四求·日用之粮》《后三求·尔免我债》。

不过这位方济各会的郎神父随后著有《天主经解》一书，民国二十九年（1940）由济南华洋印书局出版。从《天主经解》的"小引"可以知道，郎神父民国二十七年（1938）在洪家楼总修院大堂讲授过亚尔邦的《天主经》，《天主经解》是他的授课提纲，分九篇："善于祈祷的耶稣基督""在天我等父者""我等愿尔名见圣""尔国临格""尔旨承行于地如于天焉""我等望尔今日与我日用粮""尔免我债，如我亦免负我债者""又不我许陷于诱惑""乃救我于凶恶！亚孟！"。

《圣教历史》，济南华洋印书局出版的教会史图书，由牟作梁和李道昌合译，民国二十六年（1937）出版。此书分为三卷：卷一，初世纪（一世纪—五世纪）；卷二，中世纪欧洲各国进教（六世纪—十五世纪）；卷三，近世纪圣教得最后胜利（十六世纪—二十世纪）。

《若尔当传》，民国三十年（1941）出版，是方济各会士德意志人若尔当的小传，成秉智译。若尔当是一位平凡的方济各会修士,"生活于天主内,而死于天主内",是一位身体力行而做到"修德成圣,淑己淑人,爱人如己,荣主救人"的楷模。成秉智的译作还有《要理启蒙》等。

《辟邪崇真》,民国二十八年(1939)出版,辨妄之书。不过据作者李若翰自己讲,与脱胎于《圣教理证》的那些书不同,"言语和辩证法均现代化,是根据辩证学编纂的,是无论何人,是教内的,教外的,读此书皆有益处"。其目的是扫除迷信。

《辟邪崇真》有四篇。第一篇"论邪神与异端",包括十八章:中国人信仰的邪神,邪神之不可敬,论封神,论佛老,依靠邪神的空虚,论轮回等。第二篇"论真神的实有",包括八章:盘古之造天地说,天地之为父母说,以人类共同的意志证明有一个真神,以人类良心的呼唤证明有一个真神,以世界生活的进化证明有一个真神,以世界的秩序与总旨证明有一个真神等。第三篇"论人有个灵魂",有七章:肉身有与神体结合的必要,恶人死后将要受罚及原因,修德行的人死后应得的赏报等。第四篇"论真宗教",有二十四章:论人类有钦崇天主的严分,论钦崇天主不该只限内心,圣教会与政体统一的必要,天主教非外国宗教,犹太教非天主教等。

济南天主堂印书局有一本拉丁文大部头著作 *Theses Dogmaticae*(《教义学全集》),作者是方济各会士贺德士[①]神父。

一般著录均记此书为三卷,可能因日文版为三卷。济南天主堂印书局出版的至少是五卷,有见第三卷 *De Deo Une*(《论天主唯

圣教历史(封面)
牟作梁、李道昌译
三卷 一册
民国二十六年(1937)
济南华洋印书局排印
铅印本 纸本 平装
开本:26×18.5(cm)
162 页
插图 1 幅

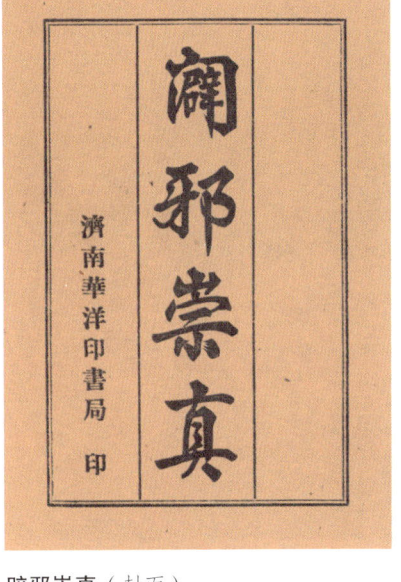

辟邪崇真(封面)
[德]李若翰撰
四篇 一册
民国二十八年(1939)
济南华洋印书局排印
铅印本 纸本 平装
开本:18.5×13.2(cm)
271 页

---

① 贺德士(Maurus Heinrichs,1904—1996),德国人,1923 年入方济各会,1929 年晋铎,在柏林获神学和汉学博士。民国二十年(1931)来华,在济南洪家楼总修院教授天主教教义学。1954 年赴日本东京圣安东尼神学院做研究。主要著作有《教义学全集》等,有日文译本。

一》)和第五卷 *De Deo Creante et Elevante*(《论天主创造世界》)。

在济南洪家楼总修院讲授神学的贺德士神父，孜孜不倦地研究中国文化典籍，他读过顾赛芬翻译的《四书》《诗经》《书经》《礼记》，戴遂良编译的《哲学文献》《道教》《辩论集》，还读过佛尔克的《中国古代哲学史》，甚至还研习过冯友兰先生的《中国哲学史》和《人生哲学》，胡适先生的《中国哲学史大纲》。

因而我们看到的《教义学全集》，并不是字面上那样纯粹讲述天主教教义的书，其价值在于贺德士神父像早年来华传教士，如孙璋在《性理真诠》所做的，采纳中国传统典籍的思想论说天主教教义，辅证天主教与中国儒家、道家主张源承一致，并行不悖。比如，在讲述"天主唯一"时，贺德士引据《礼记》的说法以解释世间万物都是天主意志的体现，天主之"道性"蕴育四季清明："天有四时，春秋冬夏，风雨霜露，无非教也；地载神气，神气风霆，风霆流行，庶物露生，无非教也。""春作夏长，仁也。秋敛冬藏，义也。"

《教义学全集》的缺点是，贺德士神父中文功底略差，凡涉中国古籍，他基本上都是借用戴遂良和顾赛芬的译作。日译本的局限性可能不太明显吧，毕竟日本天主教界尚没有人尝试把中国传统思想与天主教教义结合在一起。

济南天主堂印书局的西文著作还有 *Das Prophetische Berufsbewusstsein bei Jeremias*(《耶利米亚先知的预言》)，副题 *Biblisch-theologische Erörterung*("圣经神学研究")。这部德文神学著作的作者是德国方济各会士翟熙[1]，民国三十一年（1942）出版，在北平 Yü T'ai 印刷厂印制，可能与方济堂有关。

在方济各会掌管的山东北境代牧区里，烟台教区的规模是最大的。烟台教区也出版了不少书籍，以圣事用书为主，比如《玫瑰经》（民国十一年〔1922〕）、《进教要理》（民国十二年〔1923〕）、《简言要理》（民国二十八年〔1939〕）等。

明朝万历年，就有传教士在湖北广布福音，但张献忠起义军摧毁了天主教传教士们千辛万苦打下的基础。至清代，湖北先后

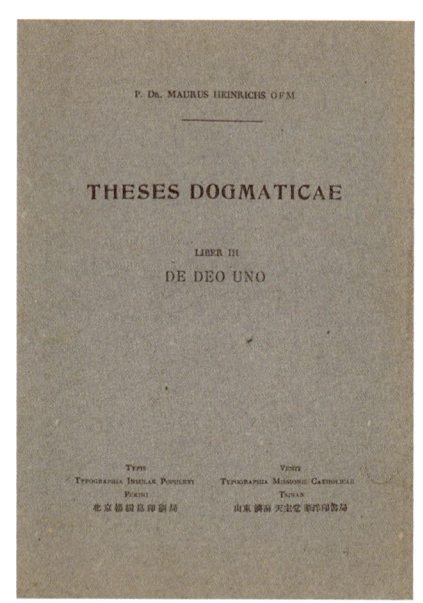

Theses Dogmaticae
教义学全集（封面）
［德］贺德士撰
拉丁文
五卷　五册
民国三十一年（1942）
北京杨树岛印刷局
济南天主堂华洋印书局出版
铅印本　纸本　平装
开本：25×18（cm）
1300 页

---

[1] 翟熙（Theobaldus Diederich，1911—2008），又记莫嘉铎，德国人，1930 年入方济各会，1936 年晋铎。民国三十年（1941）来华，在北平习中文；民国三十二年（1943）任济南本堂，兼任方济会修士神师，在修院教授《圣经》；民国三十七年（1948）抵汉口，在方济会两湖总修院任神师，教授圣经学；不久赴港澳，在思高学圣经学会从事翻译工作，还担任香港圣文德书院院长。

由安南代牧区和福建代牧区兼管，康熙三十五年（1696）湖北和湖南成立湖广代牧区，咸丰六年（1856）两湖分立，湖北单独成立代牧区，主要管辖区域有汉口、武昌、宜昌等地，也就是后来的湖北东境教区，徐伯达①担任主教。湖北是方济各会管理的传教区，目前可见湖北东境教区的书籍不多，早期刊本零零散散有见几种，如《扫云记》《大圣五伤方济各行实》《天主圣教要理问答》等。

《扫云记》，同治元年（1862）由湖北主教徐伯达审批出版，顾名思义，这本书是讲拨云见日、认识天主。湖北崇正书院一位名叫郭保禄的教友写了序言，行文也是讲究的：

今夫天本至高也，一有云，而高者不高矣；日本至明也，一有云，而明者不明矣。一时久居黑暗者，罔不仰天望日，交相叹曰，安得泱泱之大风，扫此曈曈之密云，而共游于光天化日之下乎。

夫有形之云，固赖惠风以扫之，而无形之云，必须善教以扫之。盖主付人性，原为万物之灵，自染习俗，谁不坠于云雾之中？视异端为中庸，奉佛老为师保，而圣教之真传，扫地殆尽矣。于此而告以性理之光明，则有若浮云蔽日矣。指以天学之正大，则有若烟云绕心矣。此《扫云记》之所由作也，层层问答，语语启发，不啻风卷残云，拨云雾而见青天。愿世之览此记者，打扫心田，不使云根落脚。然后得门而入，自觉今是昨非。可以扫一己之云，即可以扫一家之云，更可以扫一国之云、天

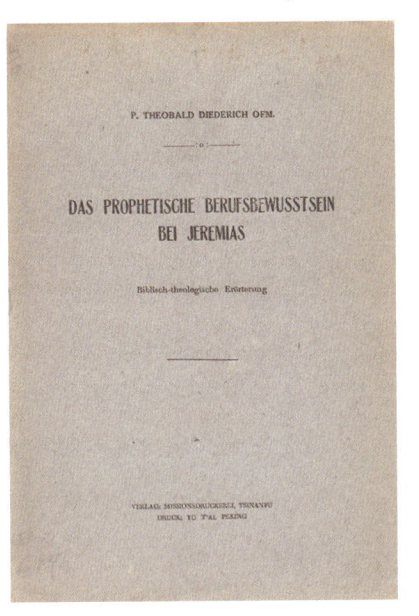

Das Prophetische Berufsbewusstsein bei Jeremias，Biblisch-theologische Erörterung
耶利米亚先知的预言，圣经神学研究
（封面）
［德］翟熙撰
德文
三卷　一册
民国三十一年（1942）
济南天主堂印书馆出版
铅印本　纸本　平装
开本：25.7×19（cm）
161 页

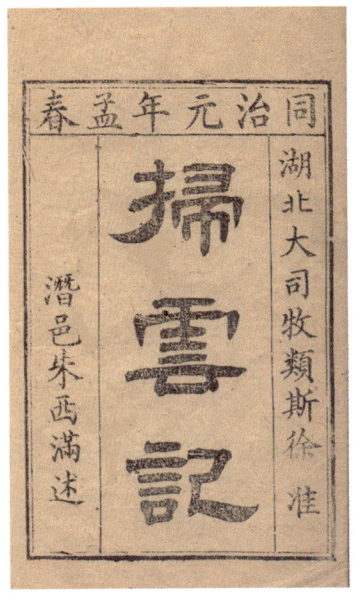

扫云记（扉页）
［清］朱西满述
一卷　一册
清同治元年（1862）
湖北代牧区辑刻
刻本　纸本　筒子页　线装
九行二十字白口四周双边单鱼尾
开本：20×12.5（cm）
半框：15.5×10.5（cm）
11 页

---

① 徐伯达（Alois Caelestinus Spelta，1818—1862），教名类思，意大利人，1836 年入方济各会，1845 年晋铎。道光二十九年（1849）来华，咸丰五年（1855）任南京教区主教，咸丰六年（1856）任湖北教区主教。逝于宜昌。

下之云矣。又何患不扫清浊俗，而致教友如云，同登青云之梯也哉。

《扫云记》的作者是华人教徒朱西满①，他在这篇仅仅十一页的著作里，力主天主教与儒家思想的一致性：

> 孔子曰：己欲立，而立人；己欲达，而达人。自己恭敬天主，亦推己及人之事也。但所为者，原是为灵魂，不是为肉体；原是为永福，不是为世福。后世愚夫愚妇，久为邪魔所陷，一旦劝他恭敬天主，他反说我祖先数十代，都敬菩萨，发富发贵，多子多孙，无往不好。突然有个什么天主，亦是稀奇之说也。是亦异端之流也。

> 不知家有主以当家事，国有主以管万民。岂以明明之上天，独无赫赫之主耶？顾自三教同流之说起，而众论塞胸，群疑满腹。

朱西满认为阻碍人们认清天主的是牟尼的佛家和李耳的道家。人们不相信天主亲许的天堂以赏善，地狱以罚恶，却心甘情愿轻信和尚道士以致被骗取钱财。儒家经典并不待见佛道之学。天主之教虽为西洋救世之说，但金不择地，惟兼是宝。摒弃异端邪说，侍奉天主，一日克己，天下归仁，也乃尊孔敬儒矣。

光绪八年（1882），时任天主教湖北东境代牧区主教的明位笃②，组织人翻译并刊印过后来被许多出版机构广泛复印的该会圣祖的传记《大圣五伤方济各行实》。

在刻印《大圣五伤方济各行实》稍前，光绪七年（1881）明位笃在自己的鄂东教区刊印了《天主圣教要理问答》，此书内容与他书无大不同，但版本稀见。

鄂东版《天主圣教要理问答》分为两部分。第一部分"圣教要理"，主要回答"进教道理"和"七圣秘迹"："圣洗秘迹""坚振秘迹""告解秘迹""圣体秘迹""终傅秘迹""神品秘迹""婚配秘迹"。第二部分"经言要理"，依次解释"圣号经""天主经""圣

天主圣教要理问答（扉页）
两篇　一册
清光绪七年（1881）
天主教鄂东教区辑刻
刻本　纸本　筒子页　线装
八行十六字白口四周双边单鱼尾
开本：17.7×11.2（cm）
半框：14.2×9.3（cm）
28页

---

① 朱西满，清嘉庆道光年间湖北潜邑人，生平不详，天主教徒，还著有《援溺宝筏》（咸丰十年〔1860〕）。
② 明位笃（Eustachio Vito Modesto Zanoli，1831—1883），意大利人，1857年入方济各会，1854年晋铎。咸丰六年（1856）来华，赴湖北教区，咸丰七年（1857）出任湖北辅理主教，同治元年（1862）始先后担任湖北代牧区主教和鄂东代牧区主教。逝后葬于武昌花园山洪山墓地。

母经""宗徒信经""天主十诫""圣教四规""信德诵""望德诵""爱德诵""小悔罪经""圣神七恩""罪宗七端""克罪七德""吁天主降罚之罪四端""悖反圣神之罪六端""超性三德""宗德四端""神哀矜七端""形哀矜七端""修身赎罪三路""世人三仇""超世劝谕三绝""世人灵魂三司""世人肉身五官""真福八端""万民四终"。

此版本要理问答极为通俗,比如"万民四终"是这样解释的:死后之来免不得,审判之严当不得,地狱之苦受不得,天堂之乐比不得。

湖北宜昌天主教教区于民国十九年（1930）出版了《真福正路》,是圣方济各会一位牟姓司铎翻译的,委托南昌天主堂印书馆代印。《真福正路》采用问答形式讲述什么是天主教的"真福",如何修炼以达到"真福"。与庞迪我的《七克》、亚尔丰索·利高烈的《潜德谱》这类书很相近。首篇"真福总论":第一篇"圣德的初步即炼路",第二篇"圣德的二步即明路",第三篇"行为的德行即宗德四端",第四篇"圣德的三步即终路"。

这本书用了上等道林纸,但排印校对质量却很差,标题中主目子目不一致,顺序颠倒。由此可以看出小教区印书馆的出版质量还是无法与大社相比。

从著录情况看,方济各会在汉口出版的书籍很多,意大利文居主,但是现在馆藏和流通的书籍甚少。有见一本《圣歌》（Cantica Sacra Sinica）,于民国三十年（1941）由汉口天主堂印书馆出版,编者为意大利神父皮亚圣丁（A. Piasentin）,共辑选三十七首,类似土山湾印书馆《各式圣歌》里的《圣教采茶歌》。这本《圣歌》也有一首《圣母采茶歌》：

正月采茶是新年,叩拜圣母第一恩,天主预简救世母,求尔赐我得常生。

二月采茶茶叶生,叩拜圣母第二恩,始胎并无原罪染,求尔赐我全赦恩。

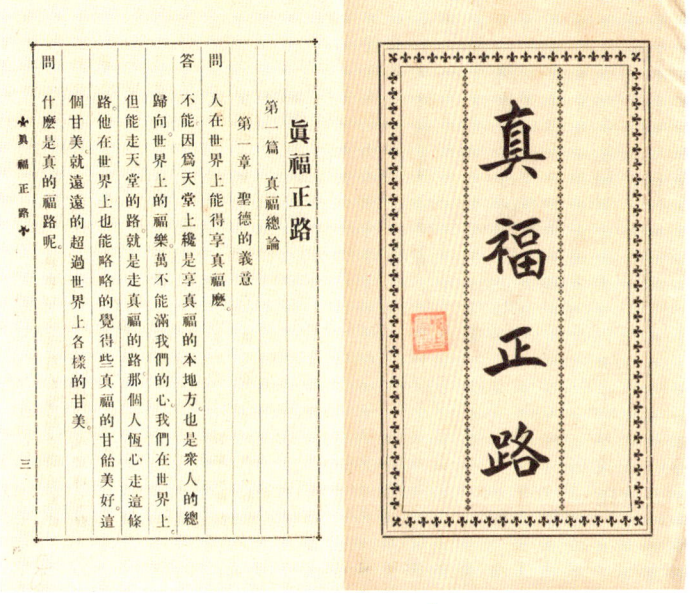

真福正路（封面和内页）
圣方济各会牟司铎译
四篇首一篇 一册
民国十九年（1930）南昌天主堂排印
铅印本 纸本 精装
开本：19×13.5（cm）
324 页

Cantica Sacra Sinica
圣歌（封面和内页）
［意］皮亚圣丁编
三十七首　一册
民国三十年（1941）
汉口天主堂印书馆排印
铅印本　纸本　平装
开本：18.5×11.2（cm）
69页　插图1幅

三月采茶茶叶青，叩拜圣母第三恩，天主圣子选为母，求尔赐我真谦逊。

四月采茶茶更新，叩拜圣母第四恩，天主宠佑无罪染，求尔赐我救灵魂。

五月采茶茶爱人，叩拜圣母第五恩，圣母之神生圣子，求尔赐我守童贞。

六月采茶茶长成，叩拜圣母第六恩，圣诞之时无产苦，求尔赐我痛悔心。

七月采茶茶叶匀，叩拜圣母第七恩，卒世童贞诸德表，求尔赐我克邪情。

八月采茶茶纷纷，叩拜圣母第八恩，吾主受难尔心苦，求尔赐我忍耐心。

九月采茶茶难行，叩拜圣母第九恩，耶稣复活尔心喜，求尔赐我乐善行。

十月采茶茶山冷，叩拜圣母第十恩，荣召升天超神圣，求尔赐我随尔升。

冬月采茶茶水冰，叩拜圣母十一恩，天上母皇世主保，求尔赐我善终恩。

腊月采茶送年情，叩拜圣母十二恩，时时仰望吾慈母，加我宠佑长热心。

总体来看，这首诗比土山湾印书馆的《圣教采茶歌》对仗工整些，合辙押韵稍好。

方济各会主要管辖的太原、潞安、宁波、西安、济南、湖北六大教区大都有自己的出版机构，从它们的出版物可以了解到，方济各会虽然在国外是以保守著称的，但是在中国与其他天主教传教会差别不大。

方济各会在中国多地设立的账房称为方济堂（Domus Franciscana）。天津方济堂是北方山东、山西等省方济各会所设立，其房地产收入支持上述省份的教区，以及承担太原和济南总修院、北京语言学校和思高圣经学会的经费。上海方济堂成立于民国十二年（1923），为山东方济各会筹资。

还有北京方济堂和香港方济堂。北京方济堂在民国后期也出版许多传教书籍，大多与雷永明[①]神父的思高圣经学会有关。民国三十四年（1945）雷永明神父在北京后海创立思高圣经学会，翻译《圣经》，这个时期的出版物署"方济堂圣经会"，有时署"思高圣经学会"。思高圣经学会离开内地后，香港方济堂账房继续予其资助。

多明我会（Ordo Prædicatorm，缩写 O. P.），在中国又称明道会、宣道会，也是在华时间非常长的修会之一，其远东传教重心在菲律宾。明末，西班牙神父高奇、黎玉范等来华，居福建传教。第一位华籍主教罗文藻就是多明我会士，在菲律宾祝圣。

近代开教以来，多明我会承继传统，继续在福建和台湾传教。该会在华出版机构有福州公教印书馆（Typigraphiæ Missionis Catholicæ Foochow），出版物同一般教区出版机构的工作差不多，为一些经文日课类书籍，比如《圣教四字经文》《佑助炼狱善灵九日瞻礼经文》《要理问答》《早晚五端经》《圣罗阁九日经》《圣母玫瑰九日经》《多明我九日经》《玫瑰圣月》等。

《圣父多明我行实》是福州公教印书馆值得关注的不多的几部著作之一。原名 Vita Sti. P. Dominici, Ord. Præd. Fundator，是多明我总会会长温默肋多（Ven. Humberto）、何肋兰（Bto. Jordan）、圣安多尼诺（St. Antonino）撰写的该会创始人多明我的三本传记，江多玛斯译。江多玛斯（Thoma Kiang, O. P.），闽南思明人，嘉庆十五年（1810）赴吕宋马尼拉多明我修道院学习，业毕回国，在福州教区晋铎，逝于道光四年（1824，时公历1825）。江神父在吕宋学习时，"功课余闲"，于嘉庆十九年（1814）把三本书编译为一部《圣父多明我行实》。译稿随身带回，逢禁教严厉，晦藏信友，终归杨光学。民国十年（1921）为纪念圣多明我去世七百周年，教友杨光学将遗稿理妥，交福州公教印书馆出版。

圣父多明我行实（扉页和插图）
〔清〕江多玛斯编译　杨光学校阅
四卷　一册
民国十年（1921）福州公教印书馆排印
铅排本　纸本　筒子页　线装
十行三十字白口四周双边单鱼尾
开本：19.5×12.3（cm）
半框：15.5×10（cm）
105 页

[①] 雷永明（Blessed Gabriele Allegra, 1907—1976），意大利人，1929年入方济各会，1930年晋铎。民国二十年（1931）来华，在衡阳教区传教，民国二十四年（1935）着手翻译《圣经》，民国三十四年（1945）创办思高圣经学会；民国三十七年（1948）思高圣经学会迁往香港；1968年完成"思高本"《圣经》翻译工作。2012年被梵蒂冈列为真福圣品。

《圣父多明我行实》有四卷,第一卷记述圣人的早年生活:"圣人未生先兆""初年进德""大进于学""自献赎掳""自出传道""被掳盗船圣迹""往多罗撒地方""焚书不毁圣迹""立院以救贫女""劝化裂教""劝化女流""援赦后生""飞腾空中"等。

第二卷记述圣人在罗马追随教宗:"前往罗马""学师夜梦""与圣人方济各相逢""两宗徒降予以圣杖圣书""再立新殿于罗马""复活死匠""复活儿童圣迹""天神奉饼圣迹""回生其徒""驱魔圣迹""杯酒饮百人圣迹""命魔执烛"等。

第三卷记述圣人创建多明我修会:"登居学师之职""朝见本国王及拜先圣墓""建立圣会讲道圣迹""先言死期""苦工之洞""邪魔诡计""再往法国""途中圣迹""遣士传教""疗病圣迹""圣方济各相会甘泉圣迹""公议圣训""颁行会式""天神护卫""承得教宗诏谕""传道大益"等。

第四卷记述圣人晚年事迹:"少寐""鞭策""论苦衣""论谦虚""辞居高位""喜隐其神工""喜居神贫""常持严斋缄默""勤行传教""取洁苦工""待人之宽""热心至极""热心敬圣母""生前死后甚似耶稣""死期之病""会子神视""会子承升天之慰"等。

江神父在他去世前一年,曾整饬手稿,题写序言:

> 溯自天主建立圣会之后,邪魔不胜忿恨,尽出其狱,用其千百诡计,以攻此至洁之圣会。古来几多奸徒坠入魔计叛反圣道,逞其能辨,以逆之者。许多恶官,设其酷虐,以迫击之者。更有许多背虐之罪人,加污圣教,甚于凶狼以亵秽之者。然而至洁之会,常常得胜,每每光荣,周有少屈。盖知吾主所立许以圣死酷架,护其圣会,胜于挥戟,虽强将奈彼何哉?……盖《经》云,吾于此石上,立吾圣会。地狱之门,不能胜他。天地有坏,天主圣言,永无有变。

塞外秋实

溯流穷源,寻末求本。

——艾儒略

今日的滑雪胜地——坝上草原崇礼，这个历史上叫作西湾子的村庄本不以滑雪闻名。她的故事一半绘在围场狩猎的图谱上，一半写在天主教在华传教史记里。

早在康熙三十九年（1700）传教士就来到崇礼，在西湾子村修建教堂，布传福音。百年间十四次大兴土木，搭建起教堂及其周围占地百余亩的建筑群。道光初年清廷严肃清理在京洋神父，除了在钦天监任职的屈指可数的几人外，北京教区遣使会传教士悉数"逃亡"，避厕西湾子。这座坝上小城一时成为北京教区的中心，是天主教在华硕果仅存的"重镇"之一。道光十四年（1834）孟振生神父来到西湾子，临危受命，在此接任北京教区主教。道光十八年（1838）教廷从北京教区分设出辽东教区，道光二十年（1840）辽东教区又分为遣使会管理的蒙古教区和巴黎外方传教会管理的辽东教区。孟振生任蒙古教区主教，主教府设在西湾子村。清廷"弛禁"后，北京教区主教府迁回京城。同治三年（1864）罗马教廷把蒙古教区划归圣母圣心会管理。圣母圣心会从遣使会手中继承下这份自利玛窦以来传教士们两百余年积蓄下来的"资产"。

圣母圣心会（Congrégations du Cœur Immaculé de Marie，缩写 C. I. C. M.），南怀义①神父于1862年在比利时司各特（Scheut，文献常以此词代称圣母圣心会会士）创建，他创立的目的是要"解决中国的贫穷与孤儿院的缺乏"。1864年南怀义申请前往中国传教，得到教廷的许可后，他和韩默理②等四位神父先期来到西湾子，接管遣使会匀出的蒙古宗座代牧区。

经过十多年的苦心经营，圣母圣心会修建了松树嘴子（热河）、西湾子（察哈尔）、公沟堰、归化城、河套三盛公、陕北三边小桥畔等处的教堂。光绪四年（1878）创立了甘肃代牧区；光绪九年（1883）内蒙地区分为三个传教区：赤峰热河一带的"东蒙古代牧区"，西湾子集宁一带的"中蒙古代牧区"，绥远、陕北及宁夏一带的"西南蒙古代牧区"。圣母圣心会在中国传教九十年间，共从欧洲派遣六百七十九位传教士来华，他们还学着中国人的习惯，把自己的中文名字按"怀仁秉德"等字排辈分。③

在中国诸多传教会里，圣母圣心会和圣言会与众不同，其初期是专门为在中国传教而设立的修会，④因而它们无宗派嫌隙，耶稣会、遣使会、方济各会等都给予它帮助和发展的机会。比如，土山湾印书馆为圣母圣心会传教士出版了许多著作，不仔细分辨，还以为那些作者是耶稣会的。"汉学丛书"的作者，基本上是耶稣会和圣母圣心会传教士。圣言会管理辅仁大学，会外传教士参与教学最多者也是圣母圣心

---

① 南怀义（Theophile Verbist，1823—1868），又记南怀仁，比利时人，生于安特卫普，1847年晋铎。同治四年（1865）来华，次年任蒙古代牧区临时代牧。逝于老虎沟。
② 韩默理（Ferdinand Hamer，1840—1900），字希泰，荷兰人，圣母圣心会士，1864年晋铎。同治四年（1865）来华，曾任关东本堂、西湾子代牧，光绪四年（1878）任甘肃主教，后任西南蒙古主教。逝于托克托。
③ 实际上并没有严格执行。
④ 见"天堂永福"章对圣言会的介绍。

· 塞外秋实 ·

De Tijgervallei, laatste rustplaats van den Z. E. P. Theophiel Verilst, Stichter van Scheut.
老虎沟——圣母圣心会会祖南怀义安息地（明信片）
《圣母圣心会》杂志社编
荷兰文
清末民初印制
尼尔斯图片社（Nels）发行
凹版　黑白
尺幅：14×9（cm）

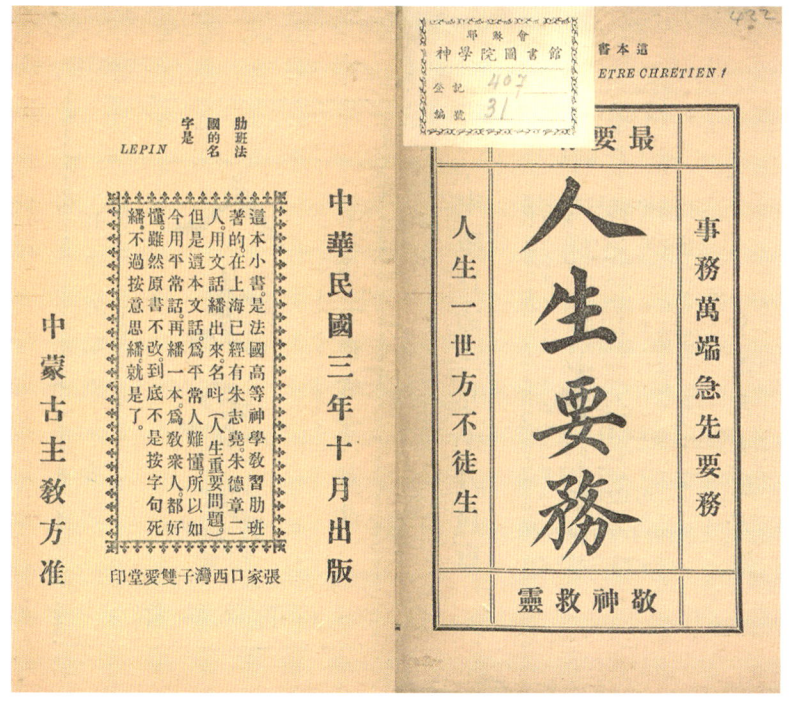

人生要务（扉页和内页）
［法］肋班著　张维祺译
五篇　一册
西湾子双爱堂出版　土山湾印书馆排印
铅印本　纸本　筒子页　线装
十一行二十五字白口四周双边
开本：20×13.2（cm）
半框：15×11（cm）
29页

会会士。圣母圣心会中汉学有成就者大多任教于辅仁大学。

西湾子教区出版机构不太活跃，出版书籍很少，有见双爱堂（圣母圣心会设在上海的账房）于民国三年（1914）出版的一本法国神学教授肋班神父的《人生要务》，译者是写过《查教关键》和《邪正理考》的那位张维祺神父，其译序曰：

倘若有人愿意知道，我们人，在世上活上一辈子，什么是最要紧、最有关系的事。只要人肯仔细思想，用心定夺，必定要自己问的说，人是什么，人是从哪里来的，人在世该做什么，人死后究竟归于个什么。这都是关系我们人、身心性命,并永远的大事。

作者指出,因而"人生要务"是要弄明白并且遵循五个真道:第一真道,"有一个天主";第二真道,"人有一个灵魂,也有身后的生命";第三真道,"有一个天主命人遵守的教";第四真道,"真教不出基督教";第五真道,"真教就是天主教"。

《人生要务》由土山湾印书馆印制。土山湾曾经出版同一本书的诸巷会人朱志尧译本,名为《人生重要问题》。

天主教宁夏教区最初属于绥远教区,亦称银川教区。民国十一年(1922)的西南蒙古代牧区分为宁夏代牧区和绥远代牧区。宁夏代牧区的主教府设在内蒙古磴口的三盛公,民国三十五年(1946)升为宁夏教区。

与绥远教区一样,宁夏教区的传教管理者是圣母圣心会,主教先后有费达德①和石扬休②。石扬休神父在任期间,宁夏天主堂于民国二十四年(1935)出版了《救主行实图解》,此书是耶稣传记的画册,一共四十幅图,配四十篇文字。

绘画者狄化淳(Leo Van Dijk,或 Dyck,1878—1951),比利时人,1896 年入圣母圣心会,1902 年晋铎,同年(光绪二十八年)来华,光绪三十年(1904)任兰州本堂神父,民国十六年至三十一年(1927—1942)历任宁夏代牧区、绥远代牧区、归化城本堂神父。第二次世界大战期间狄化淳的命运与其

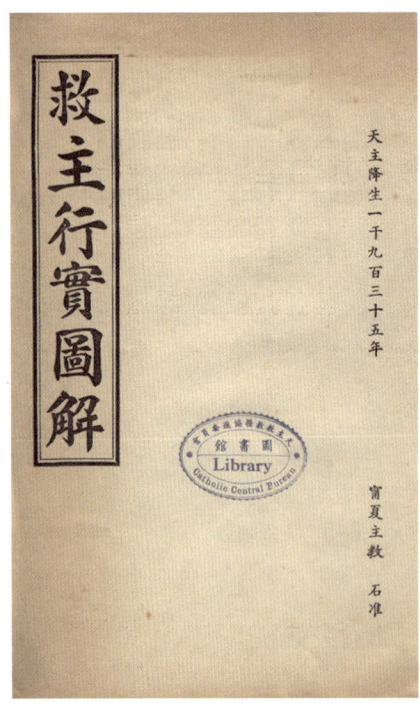

救主行实图解(封面和插图)
[比] 陶福音撰文
[比] 狄化淳绘画
四十篇 一册
民国二十四年(1935)宁夏大主教区出版
铅印本 纸本 筒子页 线装
开本:26.5×19(cm)
50 页
彩色插图 40 幅

---

① 费达德(Godfried Fredrix,1866—1938),荷兰人,圣母圣心会会士,1892 年晋铎。光绪十九年(1893)来华,历任甘肃会长、宁夏主教。民国二十七年(1938)逝于大同。
② 石扬休(Gaspare Schotte,1881—1944),比利时人,圣母圣心会会士,1907 年晋铎。同年(光绪三十三年)来华,历任西南蒙古省会长、宁夏主教。民国三十三年(1944)逝于三盛公。

耶穌聖誕

耶穌受洗爾熱當河

受難前夕建立聖體

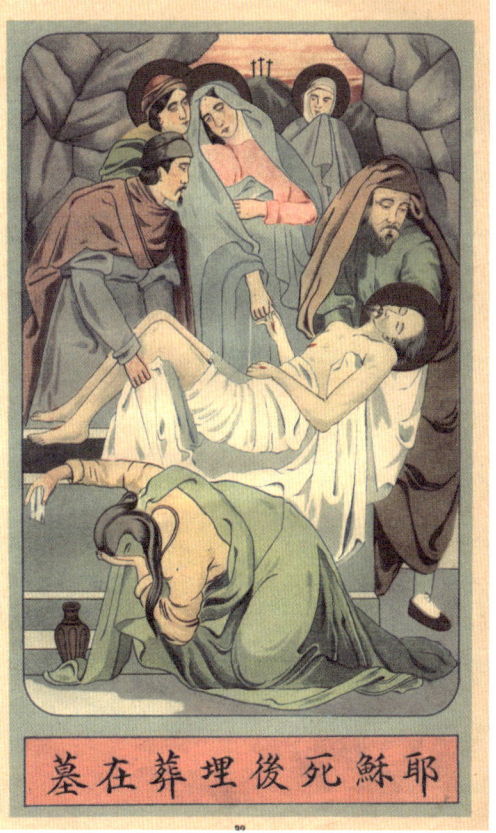

耶穌死後埋葬在墓

他圣母圣心会传教士一样,遭日军拘押;战后在北京医院做驻院神父,也推介天主教绘画艺术。后回国,逝于司各特。

此书有四十幅耶稣行迹图,水彩画,绘制及印刷非常精美,应该是在上海等沿海地区印制的。饶有意趣的是,这四十幅绘画里的人物形象,既不同于西方传教士舶来的欧洲圣像画,也不同于辅仁画派的汉人面孔,却比较接近西亚阿拉伯人或波斯人。

《救主行实图解》是难得一见的美品。

在此之前,狄化淳绘制的第一本画册是《问答像解》,文字部分是张润波主教撰写的,民国十六年(1927)天津普爱堂出版,上海土山湾印书馆印制。该书根据常用的教理问答绘制,有"奉教的目的""何

问答像解(内页插图)
张润波撰文
[比]狄化淳绘画
一册
民国十六年(1927)
天津普爱堂出版
土山湾印书馆印制
铅印本 纸本 平装
开本:21×17(cm)
80页
彩色插图40幅

为天主""圣母""原罪""私审判""公审判""死后灵魂的景况""圣教及圣教的元首""圣洗坚振告解""终傅神品婚配""诸圣相通功""善终""恶终""圣宠""祈祷""天主十诫""钦崇一天主""恭敬圣人""恭敬圣母""爱德之表""圣教四规"等,一图一文,共四十幅。

狄化淳作品不多,在布鲁塞尔出版过 China, Mongolië en Koukounor（《中国青海蒙古人》）,还有民国二十五年（1936）绘制的被称为"全能像"的许多种圣像画片。

书籍是传教士们留下的宣教足迹。圣母圣心会的传教士们长期生活在塞外荒域,又关心中国问题,因而他们传教之余,潜心研究中国文化,终得硕果累累,名人辈出。

石德懋（Leon-Jean-Marie De Smedt, 1881—1951）,比利时人,1899年入圣母圣心会,1905年晋铎,同年（光绪三十一年）来华,民国二十年（1931）出任中蒙古（西湾子）教区主教。太平洋战争爆发后,石德懋等比利时传教士被日军关押在山东省潍县乐道院和北平集中营,战后获释。1951年因"圣母军案"被捕,死于张家口。

田清波（Antoine Mostaert, 1881—1971）,比利时人,1899年入圣母圣心会,① 在司各特修道院研习哲学、神学、古汉语和蒙文。1905年晋铎,当年（光绪三十一年）来华。田清波在华前二十年间在西南蒙古教区传教,曾任白泥井子和城川本堂。他活跃在鄂尔多斯南部鄂托克旗南境的城川一带,致力于蒙古语言学的调查研究,搜集了大量有关鄂尔多斯传统、风习、历史、宗教文献和民俗学等方面的资料。民国十四年（1925）田清波加盟辅仁大学做学术研究,在其著作中有一半以上是研究鄂尔多斯的语言、历史和文学的。他还参与《华裔学志》的编辑工作。民国三十七年（1948）田清波离华赴美,继续蒙古文学研究,发起哈佛燕京学社出版的蒙古历史文献丛刊 Scripta Mongolica（《蒙古抄本集刊》）,其中蒙古编年史《蒙古源流》有他撰写的《〈额尔德尼—因·脱卜赤〉——蒙古编年史导论》。他是西方著名蒙古学专家,蒙古语言学、蒙古史及民俗学考古学的权威,以《鄂尔多斯蒙语词典》和《蒙汉大词典》独步学术界。

石德懋和田清波两位同庚好友合作完成了巨作 Le Dialecte Monguor, Parlé par les Mongols du Kansou Occidental（《蒙古方言,陇西蒙古语入门》）,共三部:第一部 Phonétique（《蒙古语语音》）,第二部 Grammaire（《蒙古语语法》）,第三部 Dictionnaire Monguor-Français（《蒙古语—法语词典》）。三部独立成书,1930年首先在奥地利维也纳出版,民国二十二年（1933）辅仁大学出版,其中第二部《蒙古语语法》于民国三十四年（1945）纳入"华裔学志专刊"第六种再版。

还有一位在学术界较为知名的彭嵩寿神父。彭嵩寿（Jozef Van Oost, 1877—1939）,比利时人,1896年加入圣母圣心会,1901年晋铎,光绪二十八年（1902）来华,在三盛公学习中文,后任二十四顷地和归化城本堂神父,三十年代回比利时。彭嵩寿有两部法文著作收进土山湾印书馆出版的"汉学丛书",一部是第五十种《蒙古西南部流传的中国格言和谚语》,一部是第五十三种《土默特笔记》。他还著有 Bermyn Alfons（《闵玉清② 传》）、Chansons Populaires Chinoises de la Region Sud des Ordos（《鄂尔多斯南部

---

① 《1697—1935年在华遣使会士列传》（[法]方立中著,遣使会士北平印刷厂,1936年版）也收入田清波,不知其详。
② 闵玉清（Bermyn Alfons, 1853—1915）,比利时人,1877年入圣母圣心会,1876年晋铎。光绪四年（1878）来华,任职城川、宁条梁、三道河副本堂,下营子本堂,西南蒙古教区主教。逝于缸房营子。

中国民歌》，民国元年〔1912〕）、*En Butinat*：*Scenes et Croquis de Mongolie*（《蒙古采风记》，上海土山湾印书馆，民国六年〔1917〕）等。

"学会名贤集，说话不用力。"彭嵩寿在 *Dictons et proverbes des Chinois habitant la Mongolie Sud-Ouest*（《蒙古西南部流传的中国格言和谚语》）中引用了这句中国格言作为序言的开篇，点睛出这部著作的价值和他编纂这部书的目的。彭嵩寿来华后长期在包头、二十四顷地、归化一带的西南蒙古教区传教，此区域是汉族、蒙古族、满族等多民族混居地方，独特的文化现象勾起彭嵩寿的兴趣。不过，出版于民国七年（1918）的这部书表现的主要是当地的汉族民间文化。

彭嵩寿搜集了八百九十段格言和谚语，主文为中文，罗马字母注音，每段下面均有法文译文和注释。

【1】杀人放火吃饱饭，看经念佛常忍饥。

【13】山尖，水清，人薄淡。

【17】上山不骑马不算马，下山不下马不算人。

【30】世上有三不让：银钱不让人，儿女不让人，田地不让人。

【31】世上有三不羞：官打民不羞，父打子不羞，夫打妻不羞。

【32】世上有四毒：云儿里的日头，洞里头的风，蝎子的尾巴，后娘的心。

【33】世上有四大难听：磨新锅，发大锯，驴斗叫，寡妇哭。

【34】世上有四大宽滔：穿大鞋，放响屁，河里洗脸，校场里睡。

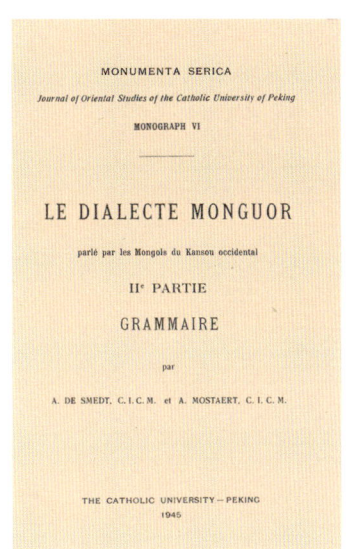

Le Dialecte Monguor、Parlé par les Mongols du Kansou Occidental
蒙古方言，陇西蒙古语入门 第二部
Grammaire
蒙古语语法（封面）
［比］石德懋、田清波编
法文
一册
"华裔学志专刊"第六种
民国三十四年（1945）
辅仁大学出版社出版
北平纳匝肋印书馆排印
铅印本 纸本 平装
开本：25.2×17（cm） 205 页

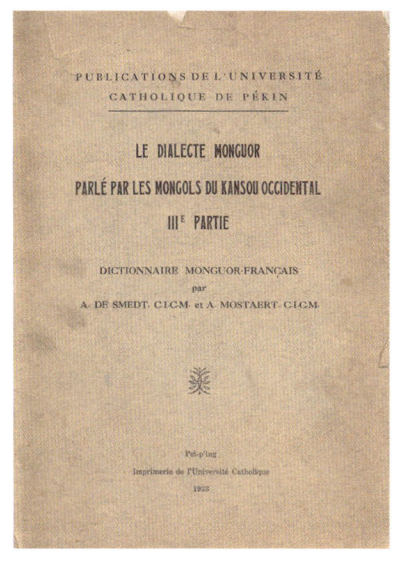

Le Dialecte Monguor、Parlé par les Mongols du Kansou Occidental
蒙古方言，陇西蒙古语入门 第三部
Dictionnaire Monguor-Français
蒙古语—法语词典（封面）
［比］石德懋、田清波编
法文
民国二十二年（1933）辅仁大学出版
铅印本 纸本 平装 一册
开本：26×19.5（cm）
521 页

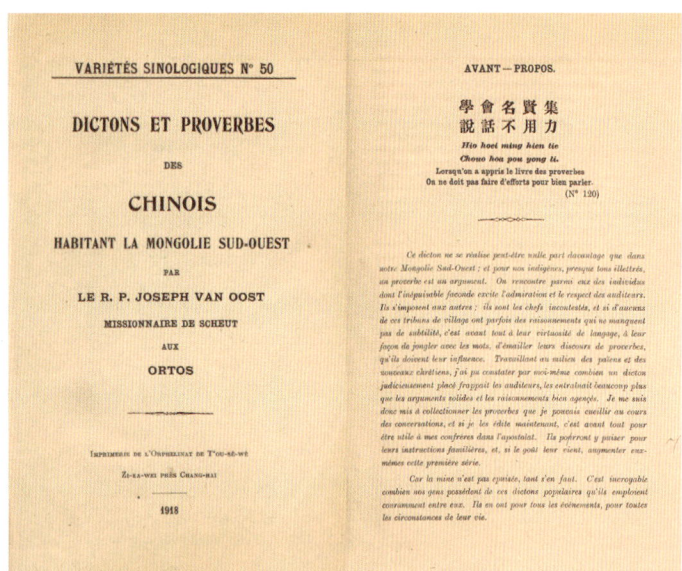

Dictons et proverbes des Chinois habitant la Mongolie Sud-Ouest
蒙古西南部流传的中国格言和谚语
（封面和内页）
[比] 彭嵩寿 编
中文　法文　罗马字母注音
不分卷　一册
"汉学丛书"第五十种
民国七年（1918）土山湾印书馆排印
铅印本　纸本　平装
开本：26.5×16（cm）
356 页

【60】二婚婆姨二婚汉，睡到半夜个搞转，他想他的婆姨，他想他的汉。

【121】虚虚的说话，实实的拿钱。

【174】一辈子挣下一个红罗伞，一风刮了光布摊。

【189】钱银是死宝，儿女是活宝。

【192】赢了钱买花带，输了钱解裤带。

【217】人离乡贱，物离乡贵。

【306】家有光棍招棍光，家有梧桐招凤凰。

【341】穷不过讨吃，死不过断气。

【342】穷不读书，富不教学。

【352】官向民，民向官，和尚向的出家人。

【355】官不嫌民穷，阎王不嫌鬼瘦。

【356】官不修衙门，客不修店。

【665】大清好比一条龙，梅旦儿好比北京城。

【724】庄户是人家的好，儿子是自己的好。

【887】娶一个媳妇子，埋一个儿。

八百多个格言和谚语里，有一些是歇后语和俏皮话，其中讲天气气候的占有一定比重，而且编者所收集的蒙古西南及晋北格言和谚语，与中国北方人的习惯用语大同小异。虽有一些不足，我们还是应该给彭嵩寿的工作以积极评价，他清楚地看到中国语言文化的丰富性，费尽心思记录下来，存遗后人；认真翻译为西文，让西方人了解中国人做人做事之原则。

Notes sur le T'oemet（《土默特笔记》），出版于民国十一年（1922），是一部研究内蒙古土默特地区的专著。

全书分为五卷。第一卷"地理和历史"。彭嵩寿描述长城以外地区的"大清好比一条龙"，混居着蒙古族、汉族等多民族。自汉至明这片区域中存在过一些强悍的民族，清朝把整个蒙古纳入中国版图。自乾隆以来，土默特人活动区域称为善岱，像这个名字一样，"善岱有吉地没有凶地"，是一处水草丰美的好地方。

第二卷"蒙古人"。彭嵩寿记述当地蒙古族实行都统制，他们大多信仰喇嘛教，也混杂一些汉族传统文化信仰，如财神爷、土地庙、河神庙、皇历等。

第三卷"汉人"。彭嵩寿随手记下一些当地汉人口传民谣谚语。当地来自山西的商贾较多,关于他们的说法如:

山西人没手有腿。
钱不加三,粟不过五。

还记载了草原牧民对牲口的独特眼光:

先看四个蹄,后买一张皮。
草口摸一把,要个鬐头齐。
兔鼻梁子,耳周尖,长的一对黄鼠眼。
线脸孤蹄,龟子忘八都不骑。
人不错为仙,马不错为龙。
春买骨头秋买膘。

土默特自古就是产煤区,因而有独特的窑工文化:

背山的米面,窑黑子的油。
窑黑子埋了还没死,河路汉死了还没埋。
早流明夜流黑,刮起大风赶浪行。

第四卷"土默特文化遗产"。彭嵩寿认为,土默特不仅自然物产富饶,也有很厚重的文化传承,从阴山到土默特,千百年来英雄涌现,名人辈出。昭君出塞,留下昭君坟;杨业及其杨家将鏖战沙场,"脚踏雁门关,一箭射至大青山",从五台山迄至大草原,总能看到他们的遗迹。彭嵩寿反复提到"南蛮盗宝",当地人认为"南蛮盗宝"破坏了土默特"风水"。彭嵩寿还简单记述了康熙年间设立归化城,道光年间年少时的慈禧太后曾临归化城,此地有自己独特的文化。

第五卷"民歌和民乐",是这本书的重点。彭嵩寿用了三分之二的篇幅记述并介绍了当地十来首民歌:《珍珠倒卷帘》(十二节),《绣荷包》(二十五节),《送郎儿》(十节),《盼五更》(七节),《走西口》(二十七节),《害娃娃》(三十二节),《打连城》(五节),《好女不观灯》(秧歌),《二毛人》(九节),《娃娃睡睡》(童谣),《小花儿》(童谣),《脚斗脚》(童谣),《呱呱鸣》(童谣),《棒一棒二》(童谣)等。

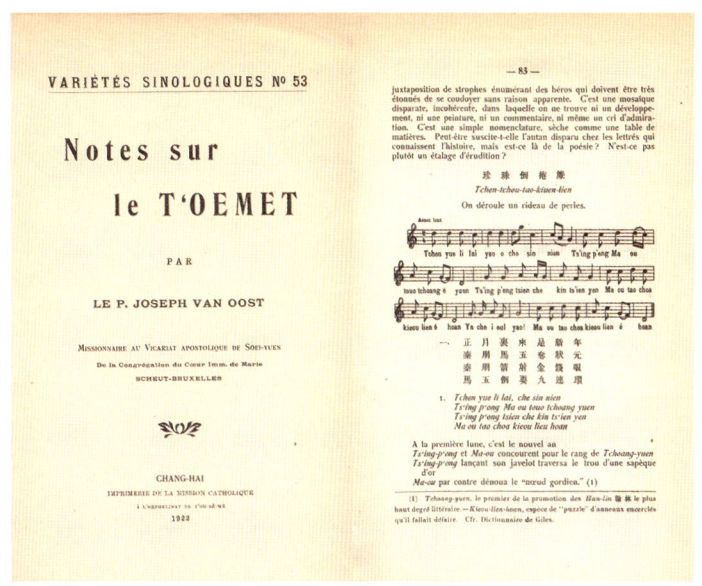

Notes sur le T'oemet
土默特笔记(封面和内页)
[比]彭嵩寿著
法文
五卷 一册
"汉学丛书"第五十三种
民国十一年(1922)土山慈母堂排印
铅印本 纸本 平装
开本:26×16(cm)
182页
地图1幅

彭嵩寿记述歌词，还译为法文，用罗马字母注音，非常珍贵的是用五线谱记述了曲调。《土默特笔记》没有仅仅堆砌资料，彭嵩寿还具体地介绍这些民歌曲调的特点，不同内容民歌曲调的变化，以及这些民乐与当地乐器的关系。帮助彭嵩寿完成记谱的是约瑟夫（A. M. Joseph）。

再叙一位名人康国泰。康国泰（Louis Schram，1883—1971），又名许让，比利时人，1902年入圣母圣心会，宣统元年（1909）来华，在西宁、临夏、浑源、陕坝、蛮会等地当神父，日军入侵时被囚，战后任三盛公本堂神父，参与北平怀仁书院活动。后回国，逝于故乡。他著有 The Monguors of the Kansu-Tibetan frontier（《甘藏边区的蒙古人》，1954）等。

康国泰的 Le mariage chez les T'ou-Jen du Kan-sou（《甘肃土人的婚姻》，民国二十一年〔1932〕）纳入"汉学丛书"（第五十八种）。该书共有六章：第一章"买卖婚姻"（Mariages par achat）、第二章"劳役或入赘婚姻"（Mariages par prestation de ses services ou de sa pesonne）、第三章"例外婚姻"（Mariages anormaux）、第四章"离婚，休妻，换妻"（Divorce，Répudiation，Échange de femmes）、第五章"逃婚"（Épouses en fuite）、第六章"母系氏族"（Le Matriaecat）。

"婚姻在土人中是一生中的大事，超越其他一切的事。一个人若不结婚就不算是好人，他们认为一个人应当依着自然规律生活，这就是说，应当结婚生孩子。"土著地区父母亲在孩子很小的时候就给他提亲，订婚时男方邀请两个巧言善辩的人与媒人一同到女方家，女方也请两位长者作陪，在饮酒之际各施心计，往往在姑娘的身价即彩礼上讨价还价，争执不休。举行认亲仪式时，男方的父亲、舅舅邀上媒人来到女方家，并带来已协商好的礼物后，小姑娘即由一位同伴陪同，向翁舅行三跪九叩之礼。婚姻的时间、新娘的嫁妆、宴请宾客时摆什么筵席等，全由家长来决定和操作。

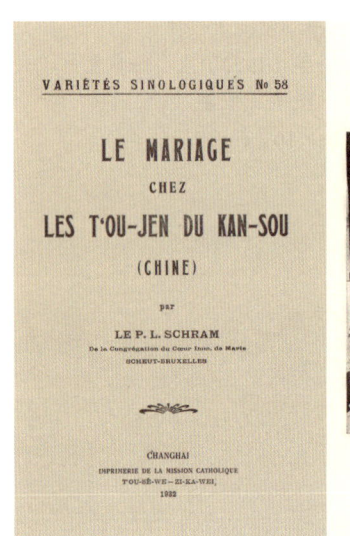

Le mariage chez les T'ou-Jen du Kan-sou
甘肃土人的婚姻（封面和插图）
[比]康国泰著
法文
六章　一册
"汉学丛书"第五十八种
民国二十一年（1932）土山湾慈母堂排印
铅印本　纸本　平装
开本：25.5×16.3（cm）
189页　照片12幅

《甘肃土人的婚姻》对婚姻种类、婚姻过程以及各种婚姻的社会文化背景均有介绍，从送给未婚妻的礼物，到迎亲、婚宴，每一处都不吝笔墨。虽然从专业角度看此书可能并不很重要，然而在那个时代一位洋神父记录的土人社会生活风俗事迹,对某些婚姻现象提出了独到的见解,还是有价值的。

本书有费孝通夫妇的中译本。费孝通的夫人王同惠在民国二十四年(1935)蜜月旅行时期翻译了《甘肃土人的婚姻》,1997年历经磨难才得出版,费孝通在序言里深情地回顾这部译稿形成的来龙去脉,"劫后余生":

在这里我想插一节有关许让(Le P. L. Schram)神父的话。我实在不知道同惠为什么翻译这本《甘肃土人的婚姻》。当然有可能是由于吴文藻先生在讲"文化人类学"和"家族制度"课时提到了这本书。但是这本书在当时人类学界并不能说是一本有名的著作,许让神父在人类学界也并不是个著名的学者。同惠怎么会挑这本书来翻译的呢?她没有同我说明过。这本译稿一九七八年我在书架底层重新发现时我还不知道许让神父是个什么样的人,只在该书的附注中常见到引用史禄国老师的著作,估计他们之间可能是有联系的,因为我在清华念书时就知道史禄国老师在北平城里有一批常在辅仁大学会面的欧洲学者,其中有些是天主教的神父,但是否包括许让神父我并不清楚。

直到一九九〇年我才从《西北民族研究》读到房建昌先生的一篇关于土族白虎祭的文章才得知许让神父的简历。据该文引芊之一的《青海民族入门》中的一段说,许让神父是比利时籍,中文名康国泰。一九一〇年由甘肃甘北传教区派到西宁传教。在南大街修建宽敞的天主堂。一九三二年由上海徐家汇天主堂出版《甘肃土人的婚姻》。后来在美国费城出版《甘肃边境的土族》三大册,包括《土族的起源、历史及社会组织》,一九五四年;《土族的宗教生活》,一九五七年;《土族族谱》,一九六一年。上引文还说:"康国泰上引书卷序言自称:一九一一至一九二二年他在西宁地区传教;对土族最感兴趣。他于一九〇九年(宣统元年)抵达甘肃省(一九二八年青海建省),一九一一年抵西宁,被派至塔尔寺学了半年藏语,后被派至碾伯(包括今乐都、民和)分教区——传教点,继续学了四年藏语,在传教过程中,他觉得土族比藏族更引起他的兴趣。"

许让神父为什么觉得土族比藏族更能引起他的兴趣?我至今没有机会看到他的三大册关于土族的巨著,所以还不能答复这个问题。但是在一九五七年前我从民族研究的实践中也曾看中过土族在内的处于甘肃、青海到四川西部的那一条民族走廊里的一些人数不多的小民族。这条民族走廊正处在青藏高原东麓和横断山脉及中部平原之间的那一条从甘肃西北部沿祁连山脉向南延伸到沿甘肃边界和四川北部的狭长地带。在这里居住着一连串人数较少的民族,如裕固族、保安族、土族、东乡族、撒拉族以及羌族等。他们夹在汉族、藏族、蒙古族和回族等人数较多的大民族之间,他们的语言、宗教和生活方式都各自具有其特点,同时又和上述的较大民族有密切的联系。我曾设想过如果"从历史上,从现在的语言、体质、文物、社会结构、风俗习惯、神话、传说等等,综合起来,进行考察……可以解决很多问题,诸如民族的形成、接触、融合、变化等"。①

圣母圣心会有一对有师承关系的汉学家,闵宣化和贺登崧。

---

① 费孝通:《〈甘肃土人的婚姻〉中文本序言》,见《甘肃土人的婚姻》,辽宁教育出版社1998年版,第11—13页。

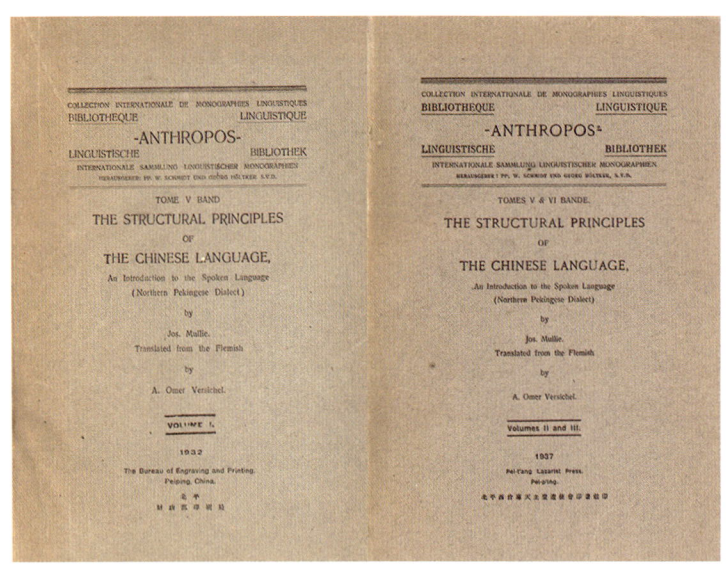

The Structural Principles of the Chinese Language：*An Introduction to the Spoken Language*，*Northern Pekingese Dialect*
汉语基本语法：燕北方言口语导论
（封面）
［比］闵宣化撰
英文　佛拉芒文　中文
三卷　两册
"国际语言学专著丛书"第五部、第六部
第一卷民国二十一年（1932）
北平财政部印刷局排印
第二第三卷民国二十六年（1937）
北平西什库天主堂遣使会印书馆排印
铅印本　纸本　平装
开本：28×20（cm）
1257页

闵宣化（Jozef Mullie，1886—1976），比利时人，1903年入圣母圣心会，1909年（宣统元年）晋铎并来华，先后在哈达、深井、塔子沟和承德等地任本堂神父；民国二十年（1931）离华回国，在比利时圣母圣心会学院、荷兰乌特勒支大学教授中文。

闵宣化的著述主要有：*Les Anciennes Villes de l'Empire des Grands Leao au Royaume Mongol de Barin*（《东蒙古辽代旧城探考记》，民国十一年〔1922〕）；*The Structural Principles of the Chinese Language*：*An Introduction to the Spoken Language*，*Northern Pekingese Dialect*（《汉语基本语法：燕北方言口语导论》）；*Leerbock voor het praktisch gebruik van het Hakka–dialect*（《客家方言辞典》）。

《汉语基本语法：燕北方言口语导论》，闵宣化原本是用佛拉芒文撰写的，书名 *Het chineesch taaleigen inleiding tot de gesprokene taal*，*Noord-Pekineesch dialekt*，民国十九年至二十年（1930—1931）由北平西什库天主堂遣使会印书馆出版，后由魏正俗①译为英文，收入圣言会施密特（W. Schmidtd）和霍尔克（Georg Höltker）神父主编的 *Collection internationale de monographies linguistques*（"国际语言学专著丛书"），第一卷于民国二十一年（1932）由北平财政部印刷局印制，第二卷和第三卷于民国二十六年（1937）由北平西什库天主堂遣使会印书馆印制。

闵宣化在《汉语基本语法：燕北方言口语导论》里所谓的 Northern Pekingese Dialect 应该指的是"北京官话"的一个分支，不知现在语言学家将其归入哪个分片区。闵宣化认为，华北地区方言主要分为北京南部河间话和北京北部热河话，他的著作研究的是后者。他搜集大量热河方言用例，大多是口语和俚语。他以热河方言为基础，详细地讲解了汉语语法的构成，分析了句子的

---

① 魏正俗（Omer Versichel，1889—1949），比利时人，1909年入圣母圣心会，1915年晋铎。民国九年（1920）来华，曾任城厂、山湾子、乌牛台、金家店、丰宁多地本堂神父。民国二十三年（1934）回国。

主谓宾和补语的结构。作者在汉字后面加上罗马字母注音,并附解义和用例。

这部巨作标为三卷,第三卷是索引,正文实际上是两卷,共十二章,依次为:"音韵""字根""语法概述""实词""形容词""数词""代词""动词""副词""介词和后置词""连词""感叹词和拟声词"。

魏正俗的英译本基本保留佛拉芒文原作的样子,变动不大,大多数情况下只是在原作的中文、罗马注音字母、佛拉芒文的下面加上了英文释义。

从闵宣化列出自己写作时的参考书目可以看到他的用力之勤:戴遂良的 *Chinois Parlé—Manuel Koan-Hoa du Nord, non pékinois*(《汉语口语》)、鄂恩涛的 *Essai de Syntaxe du Chinois Parlé*(《汉语语法入门》)、孟敬安的 *Etudes de Chinois:Langue Mandarine*(《中文教程》)、赫德明的 *Chinesische Grammatik*(《汉语语法》)、苗德秀的 *Chinesische Grammatik*(《汉语语法》)、古洛东的 *Premières Études de la Langue Mandarine Parlée*(《华西官话发音初探》)、于雅乐的 *Cours Eclectique Graduel et Pratique de Langue Chinoise Parlée*(《京话指南》)、艾迪瑾①的 *Grammar of Chinese Colloquiial Language*(《汉语口语语法》)、翟理斯的 *Chinese without a Teacher*(《汉言无师自明》)、威妥玛的 *Yü yen tzǔ-êrh-chi*(《语言自迩集》)、顾赛芬的 *Guide de la Conversation Français-Anglais-Chinois*(《法英华会话导引》)等,还有一些法国和德国出版的书籍,基本囊括了那个年代重要的汉语语法著作。

闵宣化在荷兰乌特勒支大学的比利时学生贺登崧(Willem Grootaers,1911—1999),1932 年入圣母圣心会,在鲁汶大学学习语言学,1938 年晋铎,民国二十八年(1939)来华,曾任大同本堂神父,太平洋战争爆发后先后被拘潍县集中营和北平德胜院。战后贺登崧被辅仁大学聘任为语言学教授;1950 年转赴日本,任东京本堂神父,后在奈良天理大学和东京天主教上智大学教书,逝于东京。

贺登崧是"地理方言学"开创者,他出版的 *La Géographie linguistque en Chine*(《汉语地理方言学》)是这个研究领域的开山之作。与"地理方言学"相关,他还提出"地理民俗学"。现有文献大多把贺登崧的理论译为"方言地理学",似为不妥,贺登崧的意思是要把地理学的方法和手段用于方言和民俗研究,不是要设立地理学新的分科,故应该译为"地理方言学"和"地理民俗学"。

在华期间,他带领学生对张家口、万全、宣化等地区的方言做田野调查,发表了数部有关"地理民俗学"的论著:*Temples and History of Wanch'üan Chahar:the Geographical Method Applied to Folklore*(《万全的寺庙和历史,地理学方法用于民俗学》)、*The Sanctuaries in a North-China City:a complete survey of the cultic buildings in the city of Hsüan-hua(Chahar)*(《一座华北城市的祭堂,宣化的宗教建筑全览》,辅仁大学,民国三十七年〔1948〕),以及发表在《华裔学志》的《中国语言学及民俗学之地理的研究》等文。

《万全的寺庙和历史,地理学方法用于民俗学》,民国三十七年(1948)发表于《华裔学志》第十三

---

① 艾迪瑾(Joseph Edkins,1823—1905),又记艾约瑟,英国人,伦敦宣道会传教士。道光二十三年(1843)来华,在上海传教,与麦都思、慕维廉等英国伦敦会传教士创建墨海书馆;同治二年(1863)到北京,创立了缸瓦市教会。逝于上海。

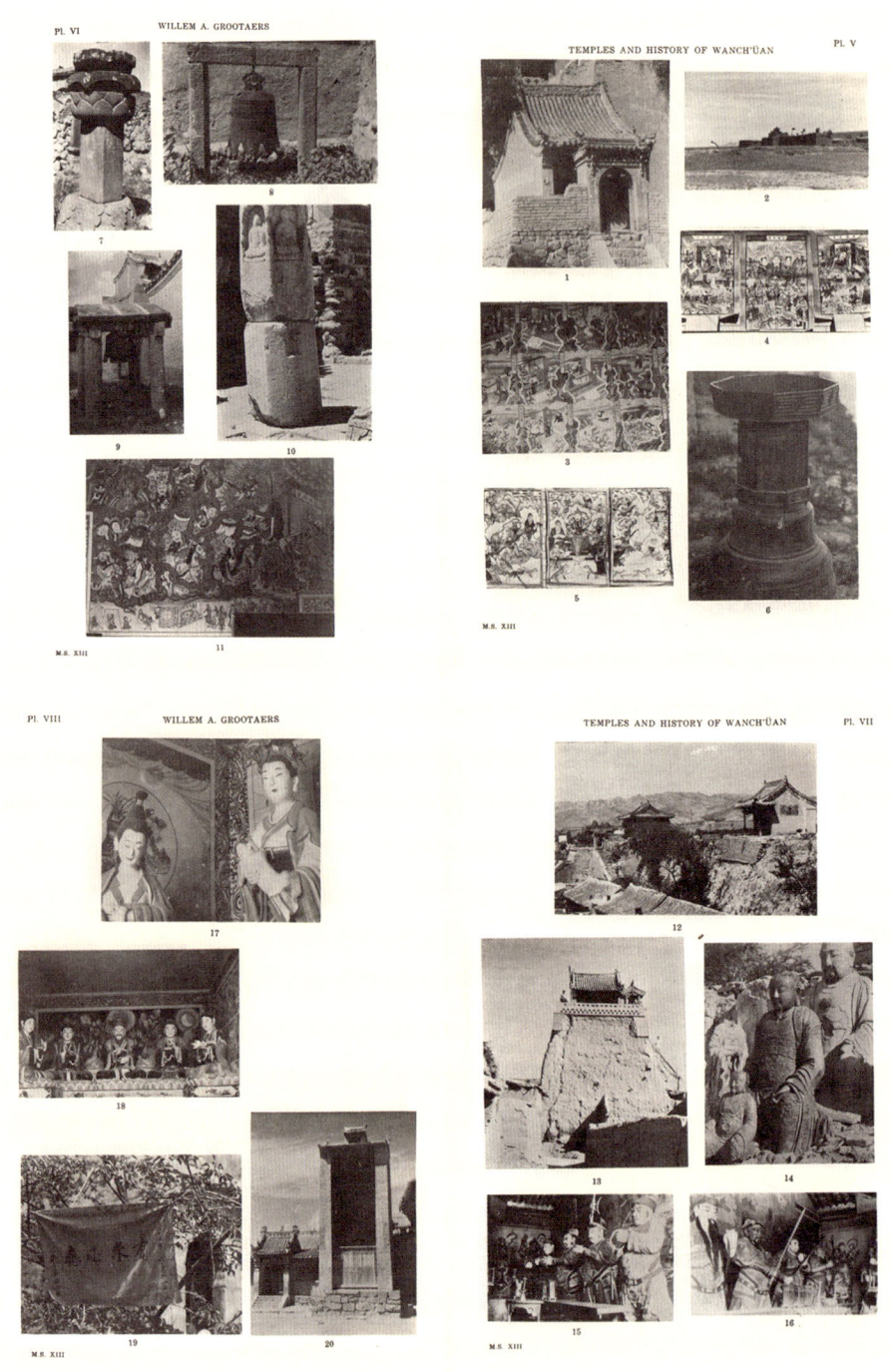

Temples and History of Wanch'üan Chahar: the Geographical Method Applied to Folklore
万全的寺庙和历史，地理学方法用于民俗学（插图）
［比］贺登崧撰
英文
两卷 一册
《华裔学志》第十三卷抽印本，民国三十七年（1948）北平辅仁大学出版
铅印本 纸本 平装
开本：26.9×19（cm）
108页 地图8幅 照片20幅

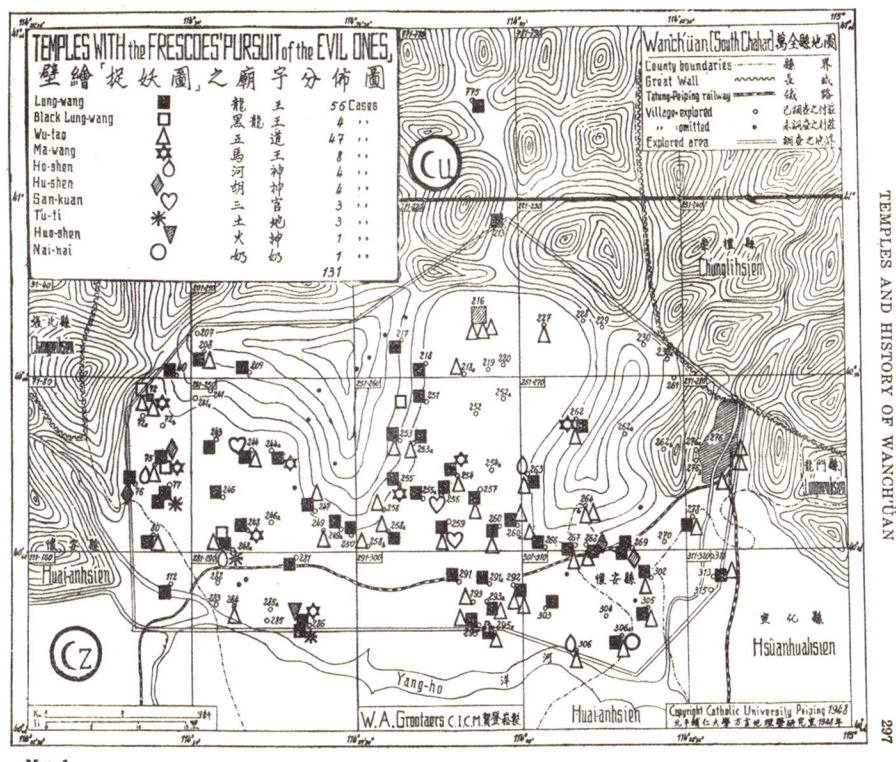

Map 1

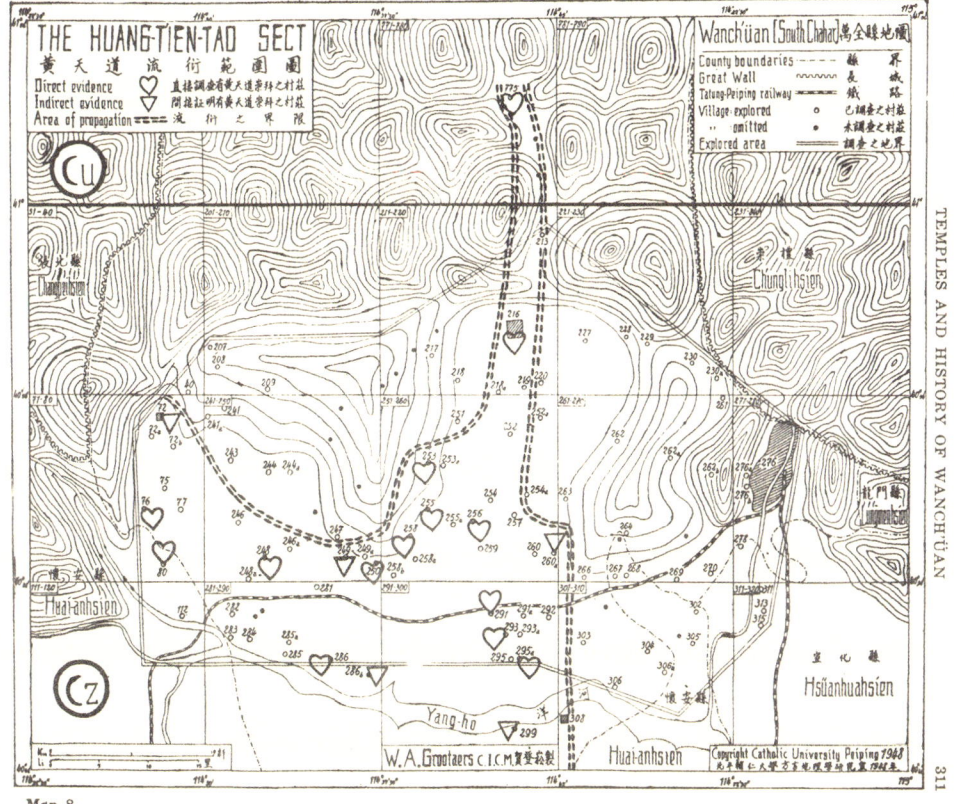

Map 8

卷，协助他完成这部著作的是他的学生李世瑜①等人。

《万全的寺庙和历史，地理学方法用于民俗学》分上下两卷：上卷"万全的祭拜"，下卷"地理学方法解读历史"。在上卷的导言里，贺登崧说明他和学生在察哈尔南部万全县考察的区域和坐标方位、考察的目的和方法、如何甄选和整理资料、寺庙的种类和数量、每一寺庙的造像等情况、寺庙的共性之处、查阅地方史料等。随后，贺登崧用了三十三章，分别介绍万全寺庙里祭拜的神祇及同类寺庙的名称、地理位置、建造历史和地理变迁，造像和祭拜方式，壁画特点和分布，祭拜对象的事迹和典故，重要匾额对联，庙藏典籍等。这三十三类寺庙中有龙王庙（含黑龙王庙）一百零九座，五道庙一百零九座，观音庙九十五座，关帝庙（含三贤庙）六十七座，真武庙（含南真武庙）五十七座，马王庙五十七座，佛寺四十三座，河神庙三十五座，三官庙三十四座，文昌阁二十三座和魁星庙十七座，奶奶庙（娘娘庙）二十三座，胡神庙二十三座，玉皇庙十九座，地藏庙十七座，玄坛庙十三座，普明寺十四座，财神庙十七座，大仙庙十座，三皇庙七座，弥勒佛庙八座，虫王庙八座，火神庙七座，土地庙十座，城隍庙六座，达摩庙五座，山神庙五座，三星庙两座，韦陀庙一座，三教庙三座，三清寺两座，风神庙一座，北岳庙一座，瘟神庙三座。

贺登崧神父还随手记下庙堂前悬挂的他认为比较有趣的对联：

【五道庙】
秦穆公敕封五道，楚庄王恩赐将军。
纣王驾前山神将，泰山封过五道神。
身披金甲游五路，手持宝剑寻四方。
拴狼锁虎山神将，拿妖捉怪五道神。

【观音庙】
问观音为何倒坐，因世人不肯回头。

在下卷"地理学方法解读历史"里，贺登崧强调使用历史地图和地方志对研究民俗学的重要性。他用六幅地图《考察区域最老地图》《文昌魁星之崇拜图》《考察地南区图》《考察中心及西区东区图》《中心区放射图》《黄天道留衍范围图》等，说明万全县寺庙演化的历史、兴衰变迁的时代和路线，与历朝历代在当地生活诸民族的民俗文化和宗教信仰的关系。

贺登崧的"地理民俗学"的方法论其实并不复杂，就是把民俗文化遗存还原到地理存在，考虑其历史面目，探究显性的文化符号的内在关联，搭建某一民俗文化的多维结构。这是一种实证主义方法在民俗学的运用，成功与否在于其能不能自圆其说了。

天主教甘肃教区主教陶福音对中国经典也有不错的修养，民国二年（1913）香港纳匝肋印书馆出版过他的著作 *Étude sur les Classiques Chinois*（《中国经典研究》）。陶福音（Hubert Otto, 1850—1938），又记

---

① 李世瑜（Li Shih-yü, 1922—2010），天津人，民国三十七年（1948）毕业于辅仁大学社会学系和研究院人类学部，师从贺登崧研习语言学理论。曾任教辅仁大学、天津师范大学等。创立了"天津方言岛"学说，对天津方言作开创性的研究。著有《现代华北秘密宗教》《宝卷宗录》《天津的方言俚语》等。

陶洪伯，比利时人，1873年入圣母圣心会，同年晋铎；光绪二年（1876）来华，任高家营子、岱海、西营子本堂，甘肃主教；退休于宁夏，逝于归化城。

《中国经典研究》分为三卷。第一卷"孟子学说"，作者用了十章，依次介绍了孟子为何人、孟子的民本思想、孟子的性善论、孟子论神、孟子孝悌思想、孟子的弟子和后人等。陶福音对自己择选的孟子思想做了详细的解说，有些看法甚为勉强，比如他用圣奥古斯丁的神学观点解释孟子的民本思想，试图找出二者的一致性。陶福音在第二卷里介绍了南浔人方浏生①编写的《蒙学箴言》。这是一本倡导新学、劝告乡村私塾先生改革儿童教育的书。第三卷是陶福音的法译《书经》。

总体来看，陶福音主教潜心研究中国古代经典文献，受到教会同仁的尊敬和推崇。但是他的《中国经典研究》一书，叙述粗糙，编排无序，与同时代同行的作品相比算不上上乘之作。陶福音把中国古代经典译为法文的还有《四书》（香港纳匝肋印书馆，光绪二十三年〔1897〕）和《诗经》（香港纳匝肋印书馆，光绪三十三年〔1907〕）。

田清波、康国泰、彭嵩寿、闵宣化、贺登崧、陶福音等一连串名字，还不是在汉学研究上卓有成绩的圣母圣心会传教团队的全部，民俗研究学者司礼义②神父，画家方希圣③，民国后期"出镜率"非常高的、对民国新文学颇有研究的善秉仁和文宝峰，也都是圣母圣心会的传教士。

圣母圣心会与辅仁大学合作比较多，民国三十六年（1947）圣母圣心会在辅仁大学设立"怀仁书院"，作为培养高等人才及传教士的研究机构。

圣母圣心会的"家底"本来仅仅是比利时司各特镇的一批有志来华传播福音的献身者，凭着一腔热血，历经几十年耕耘，在中国天主教修会中脱颖而出，其在华传教活动无疑是卓有成效的。

Étude sur les Classiques Chinois
中国经典研究（封面）
［比］陶福音编译
法文
三卷　一册
民国二年（1913）香港纳匝肋印书馆排印
铅印本　纸本　平装
开本：18.5×12.5（cm）
333页

---

① 方浏生（1878—？），字佩刚，吴兴南浔（今属浙江湖州）人，曾任小学教师，光绪三十年（1904）创办《通俗报》。著有《私塾改良法》《文字教授改良论》《新式修身教科书》《公民读本》等，参与编纂《中华大字典》。
② 司礼义（Paul Serruys，1912—1999），比利时人，1929年入圣母圣心会，1935年晋铎。民国二十五年（1936）来华，在平定、张北等地传教，抗战期间被日军羁押。战后赴美国研究蒙古语。
③ 方希圣（Edmond van Genechten，1903—1974），比利时人，1924年入圣母圣心会。民国十八年（1929）来华，民国十九年（1930）晋铎，历任西湾子、两间房子、灶火沟本堂，后居北京推广天主教绘画艺术。抗战期间被日军囚于潍县集中营。民国三十六年（1947）回国。

他们还走出中国，传教足迹遍布菲律宾、日本、刚果等地。圣母圣心会的成效吸引了更多仿效者。

且不论信仰如何，回望生活在茫茫大漠里的传教士，令人常常感慨万端，借得纳兰性德词一首：

> 山一程，水一程。身向榆关那畔行，夜深千帐灯。
> 风一更，雪一更。聒碎乡心梦不成，故园无此声。

民国十一年（1922）教宗庇护十一世任命刚恒毅为首任宗座驻华代表，领总主教衔。刚恒毅上任后进行了一系列改革，其中包括成立新的全国性管理协调机构，有中华公教教育联合会、天主教教务协进委员会、中华公教进行会等，这些机构除了职能工作外，在民国中后期也加入了长长的图书出版队伍。

中国天主教会为了鼓励教会学校发展，谋求对各教区天主教教育的统一管理，民国十七年（1928）在北平成立中华公教教育联合会（Commission Synodale，亦称公教教育联合会），作为天主教在华教育中枢机构，由梵蒂冈教宗驻华代表直接管理。从历史运作来看，中华公教教育联合会并没有达到原初设想的目标，并没有改变各个教区各自为政的状况。不过联合会倒是出版了一些宣教书籍，有一定影响。传信印书局、公记印书局是中华公教教育联合会的出版机构，光启学会是中华公教教育联合会的学术团体。

中华公教教育联合会有几本书与塞外传教会有关系。他们编纂了一套丛书，分为三个系列："神修篇"（*Series Ascetica*）、"护教篇"（*Series Apologetica*）和"教育篇"（*Series Paedagosica*）。

"神修篇"的《圣若翰伯尔格满每日训言》和《亚尔斯本堂圣味亚内传》是由常守义主持的山西大同大修道院组织编译的。

《圣若翰伯尔格满每日训言》（*Pensees de Saint Jean Berhmans*），法国天主教圣徒若翰·伯尔格满在一年之中的每日训言，张润波主教编译，署"山西大同大修道院译"，民国十六年（1927）北堂印书馆初版，中华公教教育联合会民国二十八年（1939）再版。伯尔格满是位哲学博士，被授予圣品是因为他是耶稣会里读书学习的模范。

这本箴言集充满智慧：

> 我的苦像、念珠、会规本，是我最爱的三样物件，有了这三

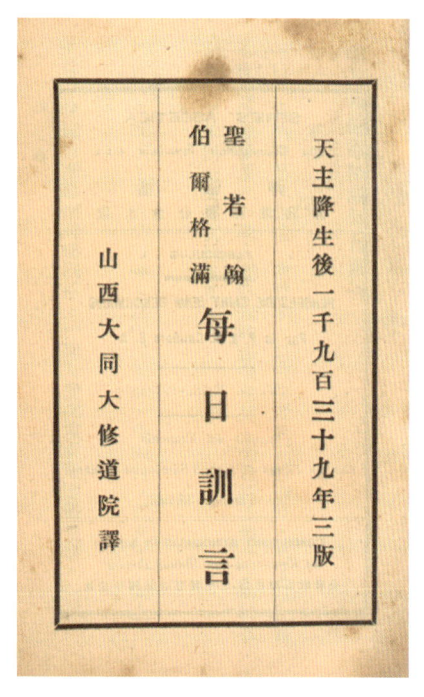

圣若翰伯尔格满每日训言（扉页）
山西大同大修道院译
十二篇　一册
"神修篇"丛编之一
民国二十八年（1939）
公教教育联合会出版
铅印本　纸本　平装
开本：18.5×13（cm）
102 页

样，我死也甘心了。

我既成了耶稣的同伴，就该同耶稣一齐被钉，死在十字架上。

你活着，常常记念死，因为死亡二字，能管束你一生的行为。光阴迅速如箭，生命逝如流水，一晃就过，现在你该轻看，躲避虚幻之世物，死后好享天堂的永福。人生在世就是为死，但死又是为生，因为人灵魂一离开肉身，就起首度永远的生命。

圣人的母亲临终的时候，圣人给他写信说，母亲你勇敢战斗吧，该举目向上，瞻仰天主给你预备的荣冠。

我用饭时，想见吾主耶稣，与门徒同食。看他的举动行为，处处效法。或想耶稣圣婴，在我心里，向我乞食，我该把顶上的食物，留下来养他。

念书为头纯正，乃是一件很有功劳的事。

圣人的同窗述说，圣人专心读书，如同行祈祷一样用心。圣人也亲自说过，我入修会，不为空闲，是为出力劳苦。

一件事做得好，如甜蜜一般，很中悦天主。又如一张美丽图画，标着天主的美容，很悦乐天主的心。我的灵魂，难道你，不肯给天上的慈父，加这样的欢乐么？

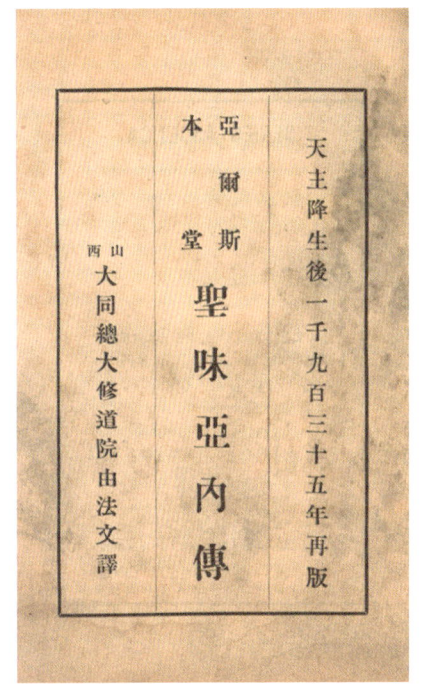

亚尔斯本堂圣味亚内传（扉页）
山西大同大修道院译
十一章　一册
"神修篇"丛编之二
民国二十四年（1935）
公教教育联合会出版
铅印本　纸本　平装
开本：18.3×12.8（cm）
278页

《亚尔斯本堂圣味亚内传》(*Le Saint Cure D'ars*)，法国天主教圣徒味亚内（圣维亚纳）传记，民国二十四年（1935）出版。

"神修篇"还有嘉布遣会传教士编撰的《传信与圣伯铎二善会史略》《传信伩助会》《司铎与善会》等。

嘉布遣会（Capuchins）是十六世纪在罗马成立的天主教行乞修士方济各修会的三个独立分支之一，正式名称为"嘉布遣小兄弟会"（Orders of Friars Minor Capuchins）。嘉布遣会的名称意为行乞修士所戴的尖帽。嘉布遣会早在乾隆年间就已经进入中国，因禁教退出。民国十一年（1922）梵蒂冈传信部将圣母圣心会韩默理主教和陶福音主教开创的甘肃教区分为东西两个区：陇西代牧区分配给德国圣言会，陇东代牧区分配给嘉布遣会。后者又拆分为南部的秦州监牧区和北部的平凉监牧区。获得陇东代牧区管理权的嘉布遣会分为两个团体：德国嘉布遣会居秦州监牧区，西班牙嘉布遣会居平凉监牧区。

《传信与圣伯铎二善会史略》《传信伩助会》《司铎与善会》三本书内容差不多，介绍传信伩助会和圣伯铎伩助会发展过程和成

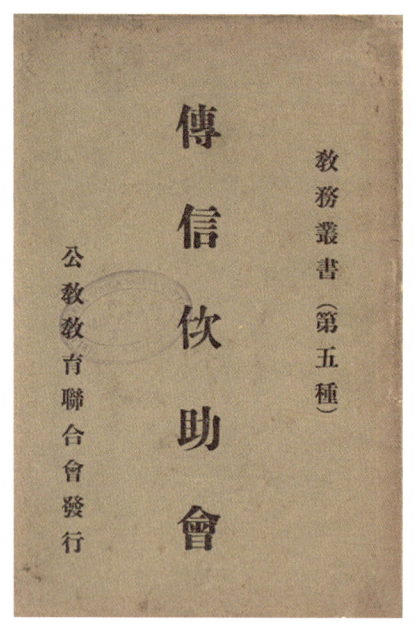

传信伙助会（封面）
［德］韩默理译
［德］范神父编
五章　一册
"神修篇"丛编之一
"教务丛书"第五种
民国二十一年（1932）
公教教育联合会出版　公记印书局排印
铅印本　纸本　平装
开本：19×12.9（cm）
20页

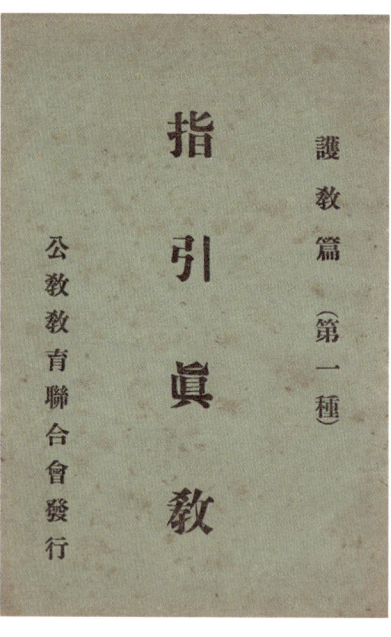

指引真教（封面）
［德］欧神父、［中］赵幼松合编
不分卷　一册
"护教篇"丛编第一种
民国二十一年（1932）
公教教育联合会出版　公记印书局排印
铅印本　纸本　平装
开本：19.2×13（cm）
24页

效，以及欧美天主教国的两善会情况等，附有"二善会组织大纲"和"善会之大赦和特恩"等。

《传信伙助会》是韩默理主教的旧作，德国嘉布遣会传教士范神父①整理。

"护教篇"笔者见过第一种《指引真教》（民国二十一年〔1932〕）和第四种《欧美列国宗教教育之比较研究》（民国二十二年〔1933〕）。《指引真教》的作者是甘肃秦州教区嘉布遣会传教士欧神父②和赵幼松③。

"教育篇"笔者见过第四种《教育方法论》（民国二十一年〔1932〕）和第五种《公教传教员》（民国二十二年〔1933〕），都是欧神父的著作。《教育方法论》是一份写作提纲，分上下两篇，探讨教育的一般方法和天主教教育的特殊性。《公教传教员》分为三部分："论传教的本分""论传教员该怎样尽本分"和"论传教员的功劳"。

五四运动后，从北京和上海肇始、波及全国的"非基督教运动"，给天主教在华传播造成很大影响。民国十一年（1922）世界基督教学生同盟借清华大学校园召开年会，上海学生成立"非基督教学生同盟"与之对抗，得到陈独秀、李大钊、汪精卫、蔡元培、戴季陶、吴稚晖等社会名流的支持，他们提出："我们要为人类社会扫除宗教的毒害。我们深恶痛绝宗教之流毒于人类社会十倍于洪水猛兽。有宗教可无人类，有人类便无宗教。宗教与人类，

---

① 即弗兰西斯科·伦斯·贡萨尔沃（Francois Rens Gonsalvo，1855—1929），德国人，甘肃秦州教区嘉布遣会传教士。
② 即卡尔·谢尔（Karl Schell，1881—1934），德国人，甘肃秦州教区嘉布遣会传教士。著有 Compendium Sacræ Liturgiæ（兖州天主堂印书馆，民国八年〔1919〕）。
③ 赵幼松（Chao Yu-Sung），华籍，嘉布遣会会士，生平不详。

不能两立。"周作人、钱玄同、沈兼士等教授附议，发表《信仰自由宣言》。席卷中国的"非基督教运动"对知识界冲击最大，随之影响到动荡时局下政府的政治取向。

这一年，梵蒂冈恰好有了新教宗。新教宗庇护十一世派遣全权代表刚恒毅来华，欲解释梵蒂冈对华政策，改善天主教在中国人眼中的形象。刚恒毅（Celso Costantini，1876—1958），字高伟，意大利人，1899年晋铎，1921年任主教。民国十一年（1922）他以宗座驻华代表身份来华，领总主教衔。刚恒毅初来中国，走访各地教区，拜会政府官吏，会见教友，了解天主教教会在中国面临的问题。他曾经表示：

> 在华外国人的政治活动建立在一种特权和制裁的结构之上……而天主教在华的司法状况也与此结构联系在一起，这一点伤害了中国人的自尊心。根据同外国人订立的条约，宗教得以被容忍。而天主教传教事业被看作是一种外来的事物，带有为外国列强所纵容的嫌疑。①

为改变所面对的窘境，刚恒毅大刀阔斧地进行了全方位改革。一是把中国教区重新划分为十七个大主教区；二是成立新的全国性协调机构；三是推动欧洲各国政府废除不平等条约强加于中国的"保教权""治外法权"；四是设立"本籍教区"，也就是划出一些教区由中国籍神父担任主教，力推神职人员本土化。

为了推广神职人员本土化，同时也为了淡化各修会间的隔膜，刚恒毅不仅重新划分了教区，还在一些地方开办中国总教区主导的跨修会的"会外神职班"，强化中国本土神职人员的培训。"会外神职班"还有特别指定的教区供其学员实习实践，比如蒙古教区的赤峰、集宁，河北教区的赵县、宣化、永年、保定，山东教区的临清、阳谷，山西教区的汾阳、洪洞；陕西教区的盩厔（今周至），江苏教区的海门、南京，河南教区的驻马店，四川教区的顺庆、万县（今重庆万州区）、嘉定（治乐山县），湖北教区的蒲圻、襄阳，云南教区的昭通以及澳门教区等。

这种跨修会培训的最重要基地是在圣母圣心会辖区的绥远哲学神学修院，由常守义②神父担任院长。绥远哲学神学修道院，又称内蒙教区天主教神哲学院，其前身是绥远省归绥市天主教神哲学院。民国二十四年（1935）山西大同神哲学院因无法容纳众多的修道生，遂在绥远另建神哲学院。绥远哲学神学修道院的职责主要是为举办"会外神职班"，培训中国本土神职人员。类似的有遣使会管理辖区的北堂明德学园和天津明德学园。

北堂明德学园与绥远哲学神学修院、大同神学院合作出版过一些天主教读物，主要有常守义的《淑行行气》（民国二十三年〔1934〕）、《自裁自驭》（民国三十二年〔1943〕）、《神修引领》（民国三十三年〔1944〕）等近十种。

常守义于民国二十四年（1935）编译的《依靠圣母》一书，是亚尔丰索·利高烈撰写的《光荣圣母》的一部分，主要讲解申尔福经文。"可以说是一对依靠圣母的申论，又可说是历代圣人对依靠圣母的言论集。"

---

① 转引自刘国鹏：《刚恒毅与中国天主教的本地化》，社会科学文献出版社2011年版，第112页。
② 常守义（Shou Yi Chang, Joseph，1903—1991），内蒙古集宁香火地人，圣母圣心会士，民国十六年（1927）晋铎。先后任绥远哲学修道院（厚和哲学修道院）院长、辅仁大学哲学讲师。逝于玫瑰营。

Repos après l'étude: Les philosophes de Suiyuan font pique-nique
绥远神学院的哲学家们在野餐（明信片）
圣母圣心会编
法文
荷兰安特卫普 1920—1930 年印制
凹版黑白
尺幅：13.5×9（cm）

依靠圣母（封面和插图）
［意］亚尔丰索·利高烈著　［中］常守义译
十章　一册
民国三十四年（1935）
北堂明德学园出版
铅印本　纸本　平装
开本：14.3×9.2（cm）
230 页
插图 10 幅

　　民国二十二年（1933）北堂明德学园出版传记文学作品《中国的玫瑰花朵》，副题是"贞女玛利德肋撒汪大润小传"，记述这位英年早逝的女孩奉主善行的故事。作者是甘春霖①神父。《中国的玫瑰花朵》在民国二十三年（1934）再版时书前有梵蒂冈枢机主教、梵蒂冈传信部以及教宗驻华代表刚恒毅专为此书写来的三封信函，褒奖汪大润。

---

① 甘春霖（Eugène-Gustave Castel，1885—1957），法国人，1904 年入遣使会，1911 年晋铎。同年（宣统三年）来华，民国四年（1915）在北平任神职。

二十世纪二十年代,讲了几十年的天主教本地化终于有了实质性进展。民国十五年(1926),在刚恒毅、雷鸣远等人以不同方式的推动下,梵蒂冈任命了六位中国籍主教:海门教区朱开敏(耶稣会)、宣化教区赵怀义[1]、台州教区胡若山[2](遣使会)、蠡县教区孙德桢[3](遣使会)、汾阳教区陈国砥[4](方济各会)、蒲圻教区成和德[5](方济各会)。同年十月,这六位主教前往罗马接受教宗庇护十一世亲自祝圣。

赵怀义的弟弟赵怀信曾经陪同兄长赴罗马接受教宗祝圣,他写了厚厚一本书《二年的回忆》,记述他们一行所见所闻,祝圣大礼的仪式和盛况,以及赵怀义主教从被任命为主教到其去世两年间的心路历程。《二年的回忆》印有大量照片,是他们罗马之行的留真。虽然记述的史实偏重赵怀义和宣化教区,然因作者是亲历近睹,史料价值还是很珍贵的。

宣化教区比较特殊,民国大部分时期直属梵蒂冈宗座驻华代表,刚恒毅在此创立完全本土化的修会主徒会。这个时期的宣化教区比较超脱,三任主教赵怀义、程有猷[6]、张润波都没有洋修会的背景。宣化教区也是刚恒毅推行天主教中国化的"模范教区",自民国十五年(1926)以后都是华籍神父出任主教。

中国的玫瑰花朵(封面和插图)
[法]甘春霖撰 沈守愚译
十一章 一册
民国二十三年(1934)
北堂明德学园出版 公记印书局排印
铅印本 纸本 平装
开本:19×13.2(cm)
96页
插图10幅

---

[1] 赵怀义(1880—1927),教名斐理伯,北京人。光绪十九年(1893)入北京北堂小修院,光绪三十年(1904)晋铎,在宣化、新安传教,又任北京毓英中学校长,民国十二年(1923)任刚恒毅总主教的华文秘书,民国十五年(1926)任宣化教区代牧主教。逝于宣化。
[2] 胡若山(1881—1962),教名若瑟,浙江定海人,天主教育婴堂孤儿,先后进入定海小修院、宁波大修院、嘉兴文生总修院。光绪三十二年(1906)入遣使会,宣统元年(1909)晋铎。民国十五年(1926)任台州代牧区主教。
[3] 孙德桢(1869—1954),教名默尔觉,北京人。光绪二十三年(1897)晋铎,光绪二十五年(1899)入遣使会,民国十五年(1926)任安国教区代牧主教,与雷鸣远神父合作创办耀汉小兄弟会和德来小姊妹会。民国二十五年(1936)退休后隐居北平清河耀汉小兄弟会院。
[4] 陈国砥(1875—1930),教名类思,山西潞安人。光绪二十二年(1896)入方济各会,光绪二十九年(1903)晋铎。民国十五年(1926)任汾阳教区代牧主教。
[5] 成和德(1873—1928),教名奥多利各,湖北老河口人。光绪二十年(1894)入方济各会,攻读神哲学,光绪二十六年(1900)毕业于高达拿玛嘉利达修院,民国十五年(1926)任湖北蒲圻教区代牧主教。民国十七年(1928)逝于衡阳。
[6] 程有猷(P. Tch'eng, 1881—1935),字宣基,别名东渔,圣名伯多禄,河北怀来人。光绪三十年(1904)晋铎,民国十六年(1927)任教廷驻华代表公署秘书,民国十七年(1928)任宣化主教。

民国二十五年（1936）教廷任命张润波①出任宣化教区主教。张润波身体欠佳，病病快快。某次病重他曾许愿，倘若痊愈，便翻译出版一本宣教书籍，感激主佑。愈后，民国九年（1920）他翻译了《圣魏亚乃》还愿。《圣魏亚乃》原作分上下两卷，中译本只出版了上卷，出版者署朴庵堂平寓，应该是与辅仁大学北平公教图书馆有关的机构。传主魏亚乃，即法国大革命时期表现勇敢、信仰坚定的圣维亚纳，被奉为本堂神父的楷模。

民国三十七年（1948）上智编译馆出版张润波翻译的最后一部著作《圣味增爵保禄氏神修格言》。静卧北京万桑医院病榻上的张主教将他这本书的来龙去脉娓娓道来：

二年的回忆（封面）
赵怀信著
六章　一册
民国十八年（1929）
北平公教图书馆排印
铅印本　纸本　平装
开本：19×13（cm）
416页
照片20幅

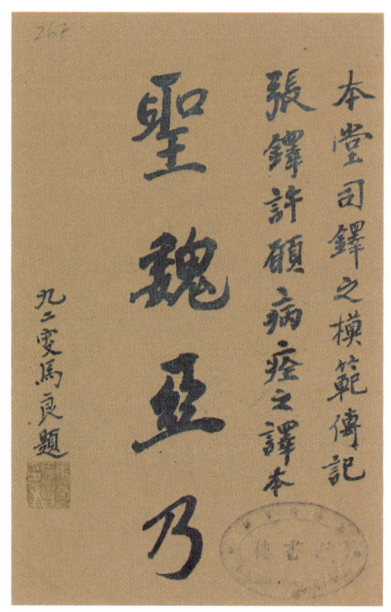

圣魏亚乃（扉页）
张润波辑译
上卷　一册
民国二十年（1931）朴庵堂平寓出版
铅印本　纸本　平装
开本：19×13（cm）
156页
插图3幅

> 数年前，予任宣化宗座代牧时，曾赴西合营总堂视察教务。公余之暇，偶于该堂图书室，瞥见破旧西文书籍一堆；据云乃划分教区时，遣使会携走之胜余也。故纸堆，予素所嗜好，爰详加检阅，乃于蛛网尘封中，发现1860年版法文本袖珍小册一，颜曰"圣味增爵保禄氏神修格言"；恭读数则，不禁喟然叹曰："圣味增爵之精神在此！圣味增爵之精神在此！"

让张主教如此感叹的是一本什么书呢？是遣使会会祖保罗·文生的言论集。文生创立遣使会，"传报福音于贫者"；创立仁爱贞女会，"安慰苦难者，扶助茕茕无告者"；创建修道院，"光

---

① 张润波（1899—1949），字子惠，教名若瑟，河北武清（今属天津）人，民国十一年（1922）北京修院毕业，晋铎，留院教书。民国十八年（1929）任职辅仁大学学生神师，民国二十二年（1933）任辅仁中学训导员，民国二十五年（1936）任宣化主教，民国三十七年（1948）因健康原因退职。

辉圣教之品级"。遣使会士奉文生神修格言为圭臬。这本《圣味增爵保禄氏神修格言》按十二月编排，共有三百六十六条格言：

我该立定志愿，常要遵照永远不会骗人的耶稣基利斯督的道理作事；而总不随从常常骗人的世俗的成见作事。

互相友爱，是德行的灵魂，是修会的天堂。

为战胜魔鬼，最有力的武器，就是谦逊。

善良与容忍他人，是安和的源泉，是结合人心的最好联系。

吾主降来人世，所做的第一件事，就是神贫；他所愿意教训我们的第一件事，也是神贫："神贫者乃是真福人，因为天国是他们的。"

在患病时，我们认识得更清楚，我们在健康时究竟是何等人？凡能发现病苦中所藏的珍宝的人，他才是真真有福的人。

之所以详细介绍这本超出本作设定年代区间的书，是因为笔者对张润波写作的时代背景及他此时的心情感兴趣。张主教在这本书付梓前写了"译者前言"，落笔时间是民国三十七年（1948）五月，即国共三大战役一决雌雄的前夜。张润波主教对时局的看法反映并代表了一部分中国天主教国籍高层神职人员的倾向：

我国现当胜利之后，行宪之初，而我国圣教亦当教体新颁之际，逢此双开新纪元之大时代，凡我教胞，尤其神职界与修士修女，果能以圣味增爵之精神，充实其神修，则于建设中华圣教会与复兴祖国之伟业，必能发挥绝大之效力。

这是一份遗言，坦露出他对未来中国的憧憬。遗憾的是他没有看到中华人民共和国的诞生。

圣味增爵保禄氏神修格言（插图）
张润波译
十二章　一册
民国三十七年（1948）
北平上智编译馆排印
铅印本　纸本　平装
开本：15.3×10.5（cm）
60页

天堂永福

> 我愿在天堂仍是中国人,我愿为中国人死一千次,我没有其他的心愿,只希望我的尸骨埋在中国同胞中间。
>
> ——福若瑟

圣言会（Societas Verbi Divini，缩写 S. V. D.），1875 年由德国人杨生（Arnold Janssen, 1831—1909）在德荷边境中世纪古镇斯泰尔（Steyl）组建，西文文献中也把圣言会简称为 Steyl。光绪五年（1879）德国人安治泰①和奥地利人福若瑟作为圣言会首批传教士踏上中国土地。

圣言会在华的传教无论历史和范围都无法与耶稣会、遣使会、方济各会等相比，然其影响不可小觑。圣言会光绪十一年（1885）正式获准成立山东南境教区即兖州教区，安治泰出任主教。民国十一年（1922）教廷将圣母圣心会开辟的甘肃传教区域重新整合，成立陇东代牧区和陇西代牧区，前者交嘉布遣会管理。圣言会接管后者，濮登博②任主教。民国中期圣言会受教廷委托管理辅仁大学，也算他们在中国的发展成就。

有一项轰轰烈烈的事业，必然有一位甘于献身的杰出人物。福若瑟（St. Joseph Freinademetz，1852—1908），生于奥地利的提罗尔，自幼矢志修道，1875 年晋铎。1878 年他结识圣言会创办人杨生，随即加入了这个成立不久的修会。次年来华。光绪八年（1882）与安治泰创建以兖州为中心的山东南境传教区，在阳谷县坡里村设立传教基地。福若瑟在此度过二十七年传教生涯，直到去世，被称为"鲁南传教区之父"。

福若瑟穿中式长袍马褂，吃中国农村的简单食物，梳着清朝男子长辫，留着胡须，不靠任何交通工具，凭着一双腿，无论酷暑寒冬，晴天雨天，走遍面积七万多平方公里、人口接近一千万的鲁南教区，讲道、探访、施行圣事。在短短二十七年内，这里的教徒由最初的一百五十八人扩展到二十万人。光绪三十四年（1908）福若瑟因照料伤寒病人受感染，在济宁城北的戴家庄圣言会会院病逝。教友遂其心愿，将他葬于圣言会墓园。2003 年他被罗马教廷追封为圣人，正如颁封辞所说，"或许这也并非他所看重的"。

福若瑟的家书上有一段让人潸然泪下的话："我愿在天堂仍是中国人，我愿为中国人死上一千次，我没有其他的心愿，只希望我的尸骨埋在中国同胞中间。"福若瑟还说过："爱是教外人所懂得的唯一外国语言。"

民国十五年（1926）时任兖州教区主教的韩宁镐③用德文撰写了一部纪念福若瑟神父的传记：*P. Jos. Freinademetz S. V. D., Sein Leben und Wirken, Zugleich Beiträge zur Geschichte der Mission Süd-Schantung*（《圣言会神父福若瑟生之所行，为开拓鲁南传教事业呕心沥血》）。

《圣言会神父福若瑟生之所行》分七个时期概述福若瑟鞠躬尽瘁的一生：一、青年和求学，励志传教（1852—1882）；二、创建鲁南传教区（1882—1886）；三、襄助主教巩固和开拓鲁南教区（1886—1891）；四、尽心内部治理，传教区安身立命之地（1891—1896）；五、拳乱时期，郁结惆怅（1896—1900）；六、

---

① 安治泰（John Baptist Anzer, 1851—1903），德国人，1875 年入圣言会训练学校。光绪五年（1879）来华，光绪八年（1882）被任命为山东南境代牧区代理主教，光绪十二年（1886）正式成为宗座代牧；光绪十九年（1893）获清政府三品顶戴，次年又获二品顶戴。
② 濮登博（Theodorus Buddenbrock, 1878—1959），德国人，1901 年入圣言会，1905 年晋铎。民国十三年（1924）任中国陇西代牧区主教，民国三十五年（1946）任兰州总主教。1950 年因间谍案被捕，1952 年被驱逐出境。
③ 韩宁镐（Augustin Henninghaus, 1862—1939），字万和，德国人，1879 年入圣言会，1885 年晋铎。光绪十二年（1886）来华，在阳谷县坡里、嘉祥、巨野、郓城、济宁、青岛传教，光绪三十年（1904）任鲁南教区主教。

走遍乡村，开创新时期（1900—1904）；
七、最后岁月，身后遗产（1904—1908）。

韩宁镐在传记最后给予福若瑟极高评价：

> 勇者无畏，福若瑟是成功者。他心无杂念，谦恭儒雅，甘贫守节，无嗜无欲，奉献无取，宅心仁厚，博爱无类，一位心存圣爱的传教士！面对这位强者，此时此地站立在圣堂之下的人们，每当回眸往事，常常感念不尽。

斗转星移，不论现在与那时多么不同，吾侪后来者既已选择传教事业，生如福若瑟，仿效比肩，奋然进取，用更多的善爱，卓越的成就，完成前人未完遗愿；以福若瑟为榜样，割除身上脓疮，做一个脱离低级趣味的高尚者。

P. Jos. Freinademetz S. V. D., *Sein Leben und Wirken*, *Zugleich Beiträge zur Geschichte der Mission Süd-Schantung*
圣言会神父福若瑟生之所行，为开拓鲁南传教事业呕心沥血（封面和插图）
［德］韩宁镐撰
德文
七卷　一册
民国十五年（1926）
兖州天主堂印书馆排印
铅印本　纸本　硬精装
开本：20.3×14（cm）
653 页
插图 2 幅　地图 1 幅

福若瑟为兖州教区留下了一项重要的遗产——圣言会的出版机构兖州天主堂印书馆。兖州府天主堂印书馆（Druck und Verlag der Katholischen Mission Yenchowfu 或 Typographiæ Missionis Catholic，Yenchowfu，Shantung），光绪二十九年（1903）成立，习惯多称为兖州府保禄印书局，由于民国后期宗座外方传教会的罗马圣保禄修会还成立了南京保禄学会和南京保禄印书馆，为避免混淆，用兖州天主堂印书馆称之。兖州天主堂印书馆是兖州天主教会的宣教资料印刷中心，同时也是当时山东地区所有教会印刷书籍的集散地。他们的资料有些是自己编写和出版的，有些是国外书籍翻译后印刷，也有原版外文书籍，印刷厂也有外接业务。兖州天主堂印书馆采购了当时最先进的印刷设备，据说一年生产可达二十五万册。

兖州天主堂印书馆相对上海土山湾、北京救世堂、天津胜世堂来说成立得比较晚，出版的高峰主要在民国前期。该印书馆几乎没有出版过木刻雕版书籍，多以铅印为主。其图书的印制品质还比较好，这与兖州天主教会主要由德国传教士掌管、德国人做事风格严谨有关。

笔者偶见一本颇为开明的德文小册子 *Neujahrsgruss aus Yenchowfu Südschantung，China*，有中文书名《天主赐福》，兖州主

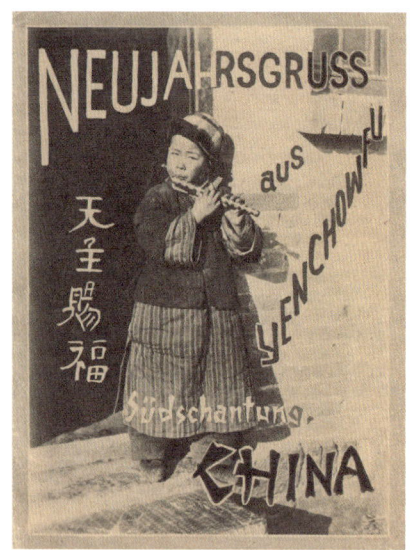

Neujahrsgruss aus Yenchowfu
Südschantung , China
天主赐福（封面和插图）
［德］韩宁镐撰
德文
一卷　一册
民国二十一年（1932）
兖州天主堂印书馆出版
铅印本　平装
开本：15×11.2（cm）
31 页
照片 26 幅

教韩宁镐为民国二十二年（1933）新年撰写的教区宣传册，"来自中国鲁南兖州教区的新年祝福"。薄薄一本小书概述了过去一年兖州教区方方面面的成绩，附有二十六幅照片，记录了那个年代鲁南人的生活情景。此书是兖州天主堂印书馆出版的，但不是本馆排印的，因为书中的德文用的是花体字，兖州天主堂印书馆应该没有花体字模。

如同其他天主教出版机构总有几位领军人物一样，赫德明神父是兖州教区的大秀才。赫德明（Joseph Hesser，1867—1920），德国人，与卡尔·马克思是特里尔的老乡，1889 年入圣言会，光绪十八年（1892）来华，光绪十九年（1893）晋铎，去过上海和重庆，后到山东，任职于兖州教区，曾任戴家庄传教士学校校长，逝于斯。

宣统元年（1909）兖州天主堂印书馆出的《天堂永福》，是一本赫德明神父写得很耐读的书，讲述"天堂的福乐世人懂不透""圣人往后看就享大福乐""论天堂的美丽""论圣人在天堂上享各样福乐""圣人看见天神圣人更加福乐""圣人们看自己灵魂肉身有多么好看更加福乐""圣人们往上看对面见天主就享极大的福乐""天堂的福是永远的"。这些也是本书八章的题目。

琢磨这些标题，笔者眼前看见的不是天堂和圣人，而是在幽暗的烛灯下奋笔疾书的洋神父赫先生。与他的那些上海土山湾的同事相比，同样是由衷至诚地传递耶稣福音，但是他们的立意、表达、追求是多么不同，他们的修养、品位、情趣是何等相异。

此书特点是适合布道演说，也许它就是布道讲演稿，较为通俗。天堂是什么？"天堂是全备无缺、享永福的地方。"天堂什么样？天堂是一座城，"城墙是金刚盖的。城里的房屋都是精金子修的，如同明净的玻璃一样。城墙上的根基都是用各样的宝石修的"，金刚石、蓝宝石、绿玛瑙、绿宝石、红玛瑙、黄宝石、黄碧玺、水苍玉、红碧玺、翡翠、红宝石、紫晶。城门是珍珠做的。人们进了天堂可以享到什么样的永福？穷人不再受苦，受冤的人不再蒙冤，疾病的人不再得病……可谓极具煽动性的讲演。

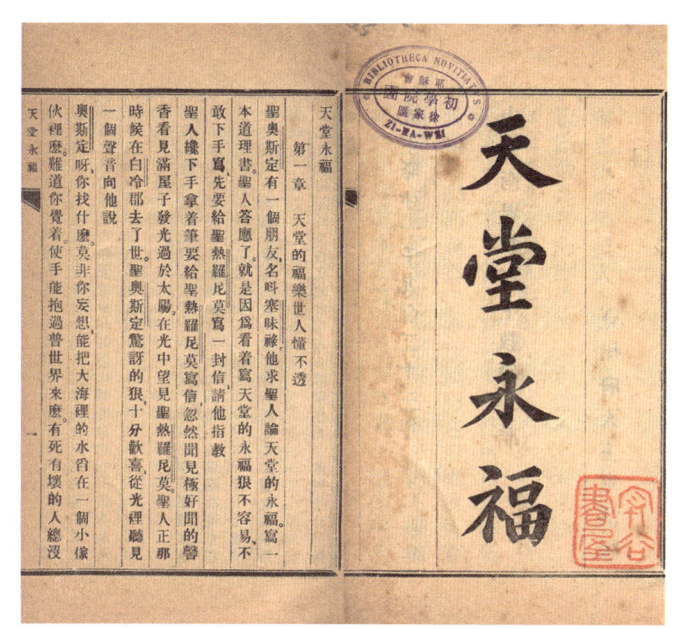

天堂永福（扉页和内页）
［德］赫德明撰
八章　一册
清宣统元年（1909）
兖州天主堂印书馆排印
铅印本　纸本　筒子页　线装
十一行二十六字白口四周双边单鱼尾
开本：19.5×13（cm）
半框：14.5×10（cm）
32 页

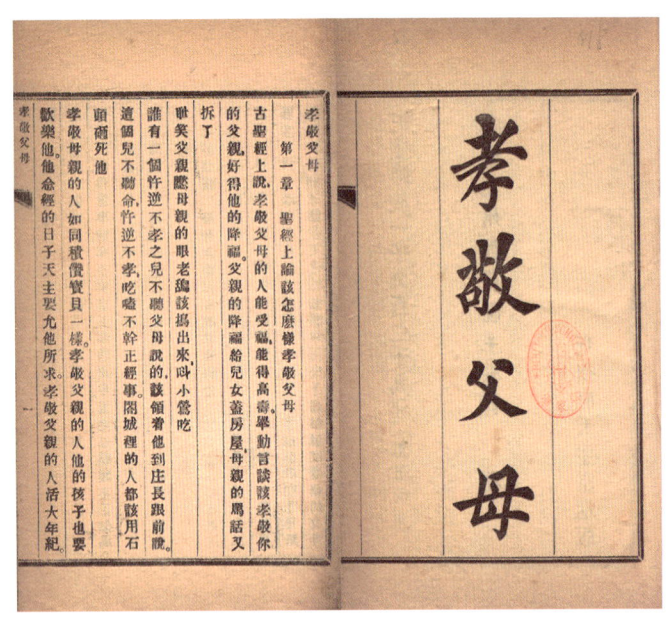

孝敬父母（扉页及内页）
[德] 赫德明译
四十章 一册
清宣统元年（1909）
兖州天主堂印书馆排印
铅印本 纸本 筒子页 线装
十一行二十六字白口四周双边单鱼尾
开本：19.4×13（cm）
半框：14.5×10.5（cm）
28 页

赫德明神父于宣统元年（1909）写过一本不打开看以为是儒学书籍的《孝敬父母》，在此书中他试图厘清天主教教理与"孝"——中国重要的传统观念之一——的关系。赫神父在"小引"里是这样说的：

按儒书说，孝敬父母狠要紧。书上说，百德孝为先，外教人说，奉教的既然不烧香、不拜死尸，就为不孝。岂不知，奉教人有天主的严命该孝敬父母。当初天主把十诫刻在两块石板上，就第二石板上是孝敬父母这一诫刻在里头。这是教训我们，爱人的诫命里头，天主拿着孝敬父母当头一条，最要紧的。凡是守规矩的教友真也孝敬父母，有一些不守规矩的人，轻慢凌辱父母。我写了这本小书，是为警醒一总的孩子们孝敬父母，好在世上不受天主的严惩，反得天主的大降福。我也求天主感动人的心。

赫德明神父写作《孝敬父母》比《天堂永福》早二十来年，可能是他刚来中国时间不久，中文叙述磕磕巴巴，倒装句比比皆是。

他把他的想法分了四十章陈述。"圣经上论该怎么样孝敬父母""吾主耶稣狠听父母的命""古圣若瑟为孝子""依撒格为孝子活大年纪""路德的行实""少比多亚为孝受天主的厚报""齐大人孝敬父母受赏""太后赏报孝子""教皇本督第十一位孝敬他的母亲""亚尔风雪国王事亲最孝""忤逆不孝之子受罚""死人的头发变成白的""打娘的孩子中疯""打娘的孩子脸上生烂疮""哄娘的孩子遭死症""木匠吵娘自己的孩子烧死""骂父亲的儿憋死""孩子不给他娘饭吃自己饿死""打死娘自招死""踢娘的人脚上长疮""儿卖娘使用的对象后来受穷""学生装不认娘被同窗耻笑""婢女不认他娘被主人撵走""一报还一报""违背父亲的命要命""儿要攥死他娘自己被人攥死""儿骂娘舌头肿起来""骂父亲的孩子淹死""骂父亲的儿被雷劈死""儿骂娘成哑巴""凌辱父母活不大年纪""父母咒骂儿女儿女受罚""该怎样孝敬父母"等。

在赫德明神父眼里，孝敬父母与天主教教义不悖，但是是有条件的。"父母代替天主教儿养女，孝敬父母就算恭敬天主。"如果父母说的不对不要听，因为"听天主的命比听人的命更要紧"。

· 天堂永福 ·

《孝敬父母》，兖州天主堂宣统元年（1909）出版，铅排线装。有一个问题，赫神父署名是"译"作，原作者是谁呢？这种写法怎么可能有西方的原作呢？应该是他自己的著作，至少应该是编译。

赫德明神父在一本书里警告说：

> 奉教人也有记仇的，且有记世仇的，他们这样很有下地狱的危险。恐怕不明白道理的人，不知道记仇的罪有多么大。我为教训这等人，又为提醒他们改过，就写了这本小书。谁还没有不记仇，看过这个本子或听念，我希望谁加小心后来总不记仇。求求天主圣神，降福这个本子，能感动许多人真心爱仇才好。

他说的这本小书就是民国元年（1912）出版的《真心爱仇》。此书十九章：第一章"论爱仇人是新教的诫命"；第二章"论该爱仇人"；第三章"我们愿意天主宽赦我们，我们也该宽赦别人"；第四章"撒比爵不宽免仇人背教"；第五章"论恼恨人算恼恨天主"；第六章"你们用什么尺子量，后来也用什么尺子量你们"；第七章"圣若望瓜伯督宽免仇人"；第八章"圣斯德望为砸死他的人求天主"；第九章"论宽免仇人不算丢人"；第十章"吾主耶稣给我们立了爱仇人的表样"；第十一章"论该怎么样宽免仇"；第十二章"亚尔风雪宽免杀他父亲的凶手"；第十三章"一个外教人宽免仇人就得领洗"；第十四章"调和的是真福，人因为要称他们为天主的儿女"；第十五章"某太太爱害他父母的凶手"；第十六章"宽免凶手大有功"；第十七章"神父从水里救谋害他的人"；第十八章"爱仇人的德行很悦乐天主"；第十九章"宽免仇人救炼狱灵魂"。

教友，你也有仇人么？外教人有仇人，他们光知道报仇，不知道宽免仇，更不知道爱仇。吾主耶稣降生以前，世人没大有爱人如己的心，都是各人顾各人的多。

从吾主耶稣降生以后就兴爱人如己。这个诫命是吾主耶稣定的，吾主耶稣头死前那一晚上向宗徒们说，我给你们立新诫命是，叫你们相亲相爱，如同我爱了你们一样。你们若果然相亲相爱，众人从这里就看出你们是我的徒弟来。既然该爱人如己，也该爱仇人，因为仇人也是天主所造的人。

真心爱仇（扉页）
［德］赫德明撰
十九章 一册
民国元年（1912）
兖州天主堂印书馆排印
铅印本 纸本 筒子页 线装
九行十九字白口四周双边单鱼尾
开本：14×9.5（cm）
半框：11×8（cm）
41 页

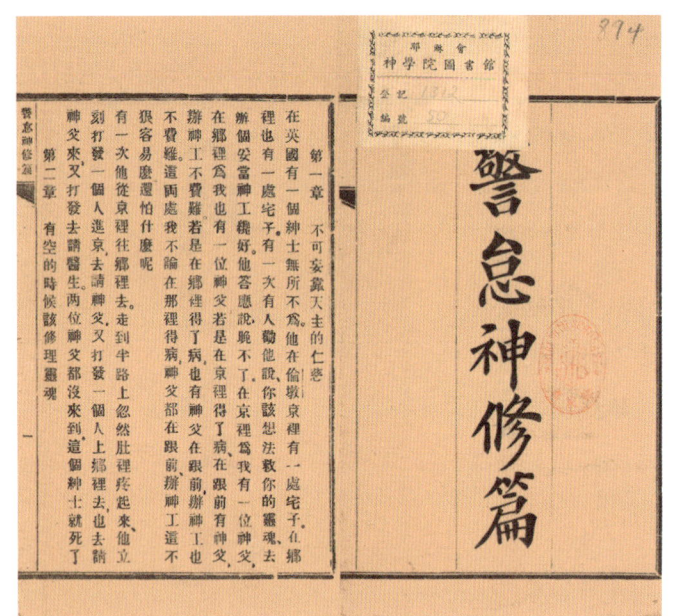

警怠神修篇（扉页和内页）
［德］赫德明撰
十九章　一册
民国二年（1913）
兖州天主堂印书局排印
铅印本　纸本　筒子页　线装
十二行二十六字白口四周双边单鱼尾
开本：19.5×13（cm）
半框：14.5×10.5（cm）
15 页

赫德明神父文字表述虽然有点问题，比如"你们用什么尺子量，后来也用什么尺子量你们"，这句话缺乏宾语和主语。然而他讲述道理还是清楚明白的，句句铿锵，掷地有声。此类主题的书很多，赫神父这本书写得最好。

循着一贯的风格，赫德明神父又写了《警怠神修篇》，用十九个小故事，娓娓道出神修之重要性。"写的这本小书，专是提醒罪人快回头写的，又净行实。看这些行实，可以明白，人不愿意早回头，怕后来捞不着了。"

"不可妄靠天主的仁慈""有空的时候该修理灵魂""领圣事不可推辞""满四规不可迟延""醉汉得猝死""死亡有先兆""神父在家也找不着他""如何生如何死""不可故驳真理""生前不顾灵魂难保得善终""悖判圣神之罪甚大""生前不恭敬天主怕临死找不着天主""生前不愿意奉教临死难保领洗""因不听朋友劝酗酒丧了命""因为不听一句话耽误了坐朝廷""不听神父的劝言为灵魂大有害""临死难回头"。

"教友，若是你也有大罪，从前没有搞清楚，或是有毛病不愿意改，你看了这本册子上的行实或听念，你就赶快办妥当总神工，改你的毛病，本子为你才算有好处。""赶紧，临死难回头！"

《警怠神修篇》民国二年（1913）兖州天主堂印书馆初版。

《告明切要》比《警怠神修篇》早一年出版。赫德明神父分三卷，"我写了《告明切要》这本小书有两个意思，第一个意思，是要提醒那先瞒过大罪的人，快办妥当神工。第二个意思，是要警醒那先没有瞒过大罪的人，一辈子不要上魔鬼的当，常告清白罪"。

看来赫德明神父写这本书时，没有请中国同事帮助，他的表述也很吃力，常常词不达意。

上卷讲"冒办过神工的行实"，有二十二章；中卷讲"一些好的道理劝人不要瞒大罪"，有六章；下卷讲"神父不露神工的道理"，有八章。赫神父这里说的"行实"是指历史故事；他所说的"神工"意指天主教信徒每日需做的工课，如读经、祷告、忏悔、告解等，也包含善行。

赫德明神父在《告明切要》的三十六章里，用三十六个生动的故事道明天主教徒应如何对主忠诚、坦率，以期获得天主的保佑。

赫德明逝世后，民国十一年（1922）兖州天主堂印书馆出版他撰写的《大罪至重》，告诫人们大罪必罚，迷途须知返：

> 话说，耳不闻心不烦。人若不明白犯罪的害处，也不怕不尽心避罪。这本书专讲犯大罪的害处，又讲一些的行实，好提醒你们不犯大罪。人明白道理，倒不躲避大罪，道理终久毫无益。世上最大的凶恶就是大罪，教友们平常拿着犯大罪，不当很大的不好，死后可懂得大罪的凶恶害处。不如生前明白好，明白大罪的利害，自然少犯。

告明切要（扉页）
[德] 赫德明撰
三卷　一册
民国十一年（1922）
兖州天主堂第四次印
铅印本　纸本　筒子页　线装
十二行二十七字
白口四周双边单鱼尾
开本：20×13（cm）
半框：14.5×10.5（cm）
67页

大罪至重（扉页）
[德] 赫德明撰
十八章　一册
民国十一年（1922）
兖州天主堂印书馆排印
铅印本　纸本　平装
开本：15×10（cm）
116页

赫神父分十八章剖析了大罪至重："论罪的本意""论罪的分别""犯大罪是重重羞辱我们无上的主宰""犯大罪辜负我们全善大父之恩是忘恩失义极恶的心""犯大罪背叛最爱慕我们的救世者是失信不忠可咒骂的心""论恶神因着犯罪受的罚有多么重大""论原祖因为一个大罪受的罚有多么重大""论天主耶稣为我们的罪受苦受死""犯大罪夺宠爱并夺天主义子的爵位""犯大罪也夺一总的功劳及升天堂的名分""再论犯大罪的害处""犯大罪惹天主的降罚""犯大罪失良心的平安积攒许多的暂罚""略讲地狱是大罪的报应""再讲地狱""论各人的罪有限定之数""讲天主无限量的仁慈""再讲天主的仁慈"。

诸如《天堂永福》《孝敬父母》《真心爱仇》《警怠神修篇》《告明切要》《大罪至重》这类书籍，其写作方式很是别样，故事生动，语句通俗，这与神父礼拜活动时宣道讲演有关系，可以看作是天主教文学的一种特殊形式。献县教区神父戴遂良的中文著作也具有这种特点。

赫德明神父还编写了《守瞻礼之日》一书，是要告诫教友必须遵守天主十诫的第三戒条，遵守主日瞻礼的规定。第一章"守瞻礼之日要紧"，第二章"再论守瞻礼之日多么要紧"，第三章"该怎样守主日"，第四章"罢工的日子找不着玛纳"，第五章"不守主日伤三个人的命"，第六章"主日搬麦个子全被火烧"，第七章"犯主日被马踢死"，第八章"守主日的人不受雹子的害"，第九章"主日磨面伤命"，第十章"主日盖屋子两个人跌死"，第十一章"主日赶集没了钱了"，第十二章"主日赚的钱都叫天主要回去了"，第十三章"圣神降临做活受重罚"，第十四章"主日芟草草刮没了"，第十五章"圣母瞻礼做活得恶死"，第十六章"一个犯主日的人被雷劈死"，第十七章"两个主日不望弥撒的人炸死了"，第十八章"犯主日丧命"，第十九章"犯耶稣圣诞瞻礼受罚"，第二十章"主日修桥天主不降福"，第二十一章"穷人犯主日不得好"，第二十二章"主日下井摔死了"，第二十三章"不守主日得猝死"，第二十四章"某人犯主日牲口就死了"，第二十五章"守主日穷不了"，第二十六章"两个不守瞻礼的人受重罚"，第二十七章"再有几个犯主日受罚的人"，第二十八章"主日做活祸不单行"，第二十九章"主日打水鸭子受罚"，第三十章"守主日过日子更顺当"，第三十一章"守主日当时若有害终究倒有益"，第三十二章"主日开船受害"，第三十三章"守主日似有有害反有益"，第三十四章"说轻慢主日的话被火烧死"，第三十五章"守不全主日受罚"，第三十六章"犯主日的木匠赔钱"，第三十七章"犯主日罚猝死"，第三十八章"买卖人不愿意犯主日得便宜"。

好像写得有点啰唆了。一言以蔽之，做好主日瞻礼就会有好运。

赫德明还有两部类似主题的书《主日瞻礼圣经》和《领圣体经》。《主日瞻礼圣经》出版于民国九年（1920），与《守瞻礼之日》不同，其为主日瞻礼诵用《圣经》摘要，比如将临日、耶稣诞生日、三王来朝日、封斋日、复活日、降临日等。《领圣体经》，民国十三年（1924）出版，都是领圣体仪式过程所须默诵的经文。

《光荣圣母》，亚尔丰索·利高烈的名作。赫神父译本的"小引"颇为精彩：

领圣体经（封面和插图）
［德］赫德明编译
三十八卷　一册
民国十三年（1924）
兖州天主堂书局第四次出版
铅印本　纸本　平装
开本：14.5×10（cm）
439 页
插图 1 幅

圣若望宗徒在默照经第十二篇第一节上说,在天上出了个大像,就是有一个妇女,穿着太阳,脚端着月亮,头上戴着一个有十二个宝星的花冠。这个妇女指的圣母玛利亚。太阳指的吾主耶稣,圣母穿着太阳,因为圣母近进结合义德之日,太阳又发的光大于别的星星。圣母的圣宠德行,也远远超过众位天神、圣人。圣母脚底下踹着月亮,因为月亮不常圆,月亮就是表的那不长远的财物。圣母脚底下踹着月亮,是因为圣母拿着财物如粪土,好像把世界上的钱财踹在脚底下的一样。月亮自己没有光,就是借太阳的光照着世界。圣母所得的圣宠恩典都是从天主来的,圣母又把圣宠恩典赏给世人。圣母头上戴着一个有十二个宝星的花冠,是表的圣母所得的那十二样大恩典,就是:第一,圣母无染原罪。第二,圣母真是天主的母亲。第三,圣母一辈子连小罪也没有犯。第四,圣母不能犯罪。第五,圣母没有私欲偏情。第六,圣母生耶稣前是童贞。第七,圣母生耶稣当时是童贞。第八,圣母生耶稣后是童贞。第九,圣母是满圣宠的。第十,圣母得了一个另外的圣死。第十一,圣母的圣尸没有坏。第十二,圣母连肉身也升了天堂。

这本赫德明《光荣圣母》译本是全本,共有二十九章,除了讲述十二样大恩典的上述十二章外,其余分别是:十三、"论圣母的预像";十四、"论圣母圣诞";十五、"论圣母圣名";圣母圣名瞻礼来历;十六、"论献圣母于主堂";十七、"论圣母配圣若瑟";十八、"论圣母的圣殿";十九、"论圣教会怎么恭敬圣母",圣母一年瞻礼,圣母七苦瞻礼来历,圣母进教之佑来历,圣母雪地瞻礼来历,圣母救赎被掳者瞻礼来历,圣母恩保瞻礼来历,圣母普天下几个宠处;二十、"论圣母是世人的中人";二十一、"论圣母是我们的母亲";二十二、"论圣母是罪人之托";二十三、"论圣母是炼狱灵魂的慈母";二十四、"论圣母保护恭敬她的人不下地狱";二十五、"论恭敬圣母大有好处";二十六、"论念圣母经",邪教人恭敬圣母得恩;二十七、"论玫瑰经",念珠来历,念玫瑰经来历,玫瑰经瞻礼来历,魔鬼怕念玫瑰经;二十八、"论圣母圣衣",圣衣治病,枪炮打不死带着圣衣的人;二十九、"论圣母无染原罪的圣牌",罪人戴圣牌可回头。

《光荣圣母》,兖州天主堂印书馆民国十一年(1922)出版,有赫德明两篇短序。

在圣史方面,赫德明神父编译过《新经略说》和《古经略

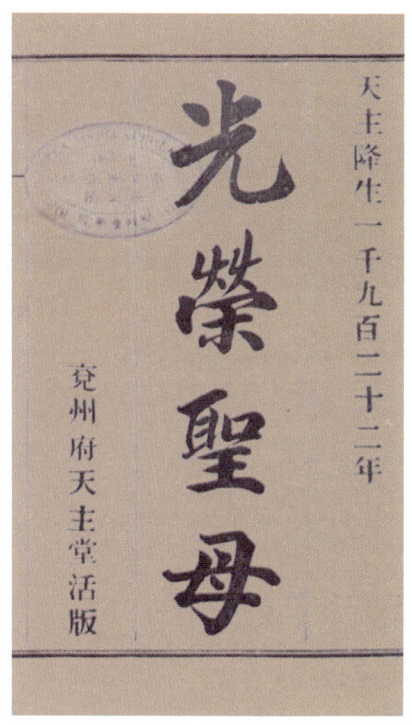

光荣圣母(扉页)
[意]亚尔丰索·利高烈撰
[德]赫德明译
二十九章 一册
民国十一年(1922)
兖州天主堂活版
铅印本 筒子页 线装
十一行二十六字小字双行四周双边单鱼尾
开本:19×13.5(cm)
半框:14.5×10.5(cm)
55页

说》,与沈容斋神父的《古新史略》类似,是《新旧约全书》白话文编译本,兖州天主堂印书馆于光绪三十一年(1905)出版了这两部作品。

民国三年(1914)赫德明神父出过一本《古经大略》,他在序言中说明:"《古经大略》这部书是从德国很出名的一本书翻出来的,同《古经略说》不全一样。话比那简捷,不带讲,就是带像,学生句句都该念熟。"《古经大略》共九十五篇,分为"讲从亚当到亚巴郎的事""论依撒尔百姓的行实""讲梅瑟的行实""讲耶稣爱和判官""论国王的时候""论被虏的百姓住在巴比隆""被掳的百姓出了巴比隆以后的时候"等七部分。

与《古经略说》不同的是,《古经大略》有五十余幅铜版画,虽说由于纸张较次,插图清晰度很差,但是仍可以看出这些铜版画原本还是很精美的。这在兖州府天主堂印书馆出版书籍中不多见。不过,与土山湾印书馆书籍插图不同,兖州版图书插图都是从国外图书中复制过来的。

《新经略说》和《古经略说》在二十世纪四十年代以后还出版过一种简本,《新经大略》《古经大略》《古新经史像略说》,虽也保留一些插图,但是版式、纸张、排印、装帧等更差,乏善可陈。

赫德明神父的《耶稣苦难》,初版于民国五年(1916),民国十年(1921)再版。这不是一本通常意义上的耶稣传记,他撰写"耶稣苦难"依据的是另一种版本。有一位修女安娜·卡塔琳娜·埃梅里克①,她身上有耶稣留下的记号(天主教称为"五伤"),因而相信自己得到过耶稣启示,声言自己见到过耶稣的苦难,并根据自己的所见,为耶稣摆脱苦难向天主祈福。

赫德明神父根据埃梅里克修女的述说编写了二十章的《耶稣苦难》:"默想耶稣苦难有大好处""耶稣受的苦难至大无比""耶稣山园祈祷""耶稣被拿""耶稣在亚纳斯和盖法斯""伯多禄背负耶稣""圣母的苦""耶稣坐监""耶稣自证是天主""右达斯失望吊死""耶稣在彼拉多面前被诬告""黑落德轻慢耶稣""耶稣受鞭笞""耶稣受茨冠苦辱""比拉多判决耶稣该死""耶稣背负十字架""耶稣被钉十字架上""耶稣悬在十字架上说了七句话后晏驾""殡葬耶稣""受苦大有益处"。

耶稣苦难(封面)
[德] 赫德明编著
二十章 一册
民国十年(1921)
兖州天主堂印书馆排印
铅印本 纸本 平装
开本:19×13(cm)
230 页
插图 1 幅

---

① 安娜·卡塔琳娜·埃梅里克(Anna Katharina Emmerick,1774—1824),德国人,天主教圣女。

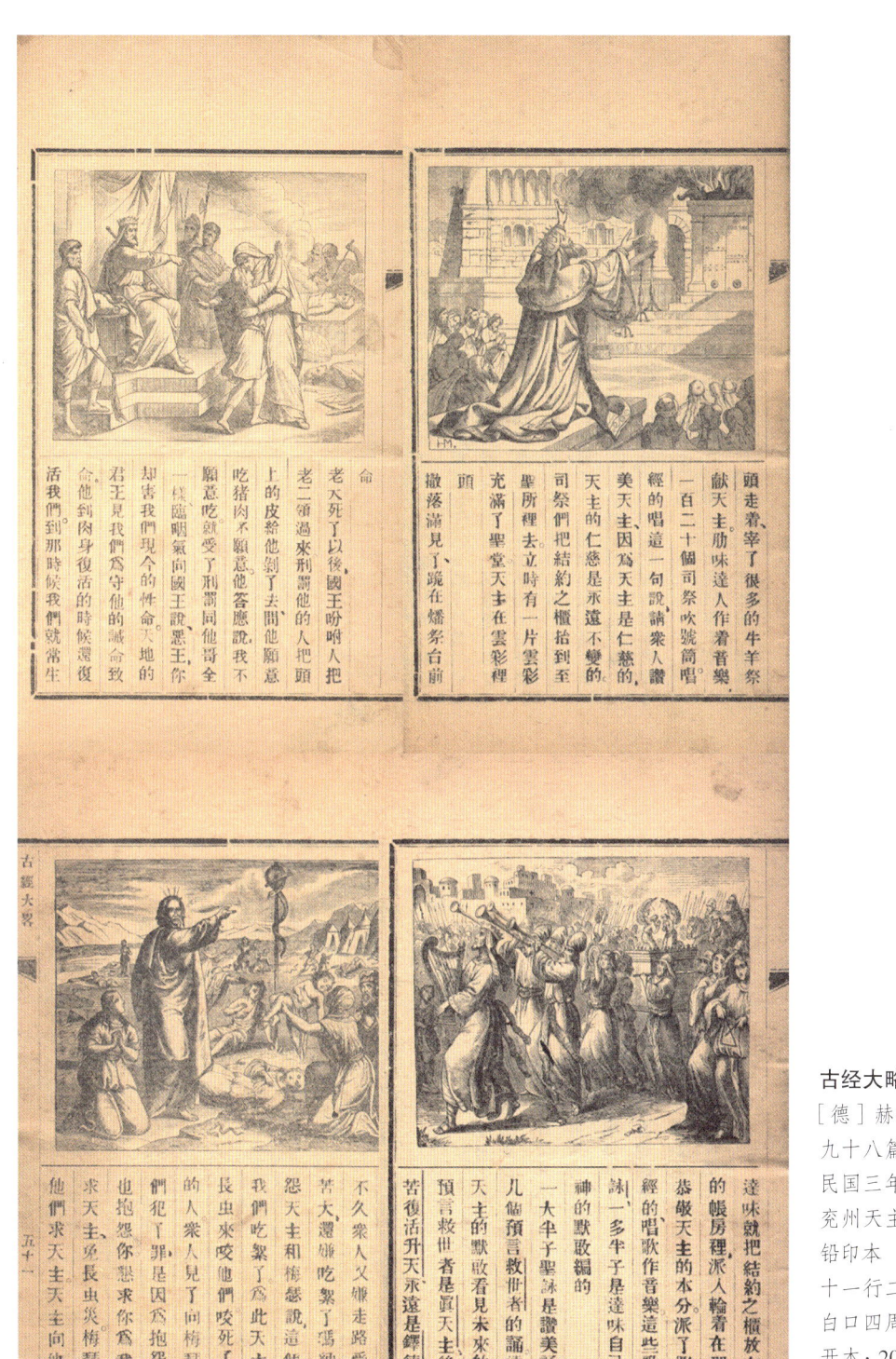

古经大略（内页）
［德］赫德明译著
九十八篇 一册
民国三年（1914）
兖州天主堂印书馆排印
铅印本 纸本 筒子页 线装
十一行二十六字小字双行不同
白口四周双边单鱼尾
开本：20×13.5（cm）
半框：14.8×10.5（cm）
118页
插图52幅 地图2幅

述的少，论的多，是该书特点。

赫德明神父活了五十三岁，其中有二十三年是在中国兖州这块土地上度过的，逝于斯，葬于斯。

兖州天主堂印书馆的《成德三径》《默中之手》《谈论真假》《神翼用健》《天主经》和《恭敬天主圣神》，是几部可以列入天主教必读书目的经典。

《成德三径》，一部讲述信徒修炼成德的目的、标准和方法的书。法国耶稣会士狄根珂（P. Dirckinck）神父著，李福诚①译，兖州天主堂印书馆民国九年（1920）刊印。

成德三径就是三级路径：炼路、明路和联路。

首卷讲"炼路"，讲克己的二十七步："思慕齐全""躲避大罪""躲避小罪""克制眼目""节制饮食""克制耳朵""克制鼻子""克制动觉""克制嘴手足及诸官""克制舌头""躲避撒谎""克制习惯发誓""克制好评论人""克制拉舌头""克制骄傲""克制虚荣""克制吝啬""克制迷色""克制嫉妒""克制贪饕""克制忿怒""克制懒惰""克制想象""克制嗜好及他的偏情""克制自爱""克制明悟""克制私意"。

卷二讲"明路"，即修得良好品德的三十三步："切望修德""信德""望德""不恃自己""依恃天主""敬畏天主""明智""分拣""义""钦崇""补赎""孝爱父母""听命""知恩""真实""诚实""友谊""大方""勇敢""忍耐""恒久""节制自己""节食""节饮""守大斋""贞洁""克苦""良善仁慈""谦逊""神贫""勤学""静默""端方"。

卷三讲"联路"，认识天主、回归天主，简单说还是克己复礼，要有三十三步："承认自己神目瞽盲""切望认识天主""认识天主之本体""认识天主圣三""认识天主永远""认识天主无限无量""认识天主之全能""认识天主之上智""认识天主之美善""认识天主之甘饴""认识天主之体面""认识天主之圣德""认识天主各样德性""认识天主爱人""认识耶稣基利斯督我等主""认识吾主耶稣降生垂训之表""认识圣体圣事""认识天主为恩主""论什么是爱天主""论心爱天主""论口爱天主""论行为爱天主""论爱天主在

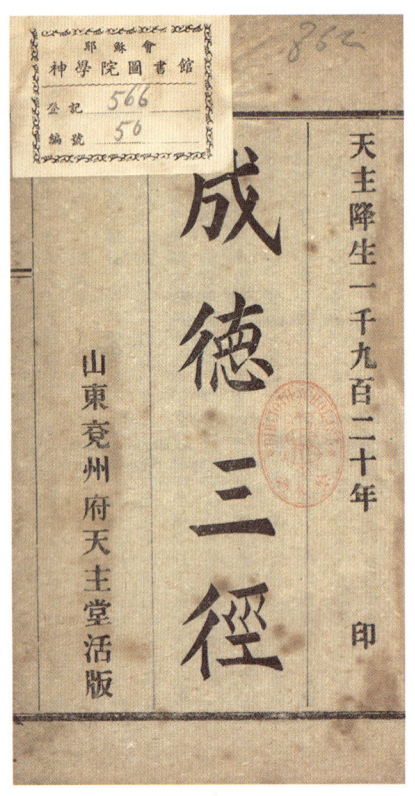

成德三径（扉页）
[法] 狄根珂撰　李福诚译
三卷　一册
民国九年（1920）
兖州天主堂印书局排印
铅印本　纸本　筒子页　线装
十二行二十九字白口四周双边无鱼尾
开本：19.5×13（cm）
半框：15×10.5（cm）
122页

---

① 李福诚（Augustino Li），生卒不详，山东诸城人，圣言会神父，任职于单县、成武县、曹州等教区。

遵守主命""论爱天主该惜阴""爱天主在翕合天主圣意""爱天主无所不在""爱天主热切救人灵魂""论爱天主之神乐""论爱天主之平和""论爱人""爱天主该发仁慈施哀矜""论爱德之慈善""以爱与主联合"。

"教会古来圣师,往往教人以缔结天主之工,必由此之径循序而上,方能至纯全妙境。"此乃成德三径之密钥。

《默中之手》,一本通俗易懂的书。顾名思义,它讲述的是上帝就在人们身边、默默牵着人们手的道理。民国十六年(1927)出版,作者擅于讲故事,将人们日常生活的种种偶遇、现象、传闻、苦乐、福祸娓娓道来,把这些事情与冥冥之主联系在一起。"天下的事理万物,大小精粗,没有能逃出天主圣手以外的。别说天高啦,地厚啦,日月运行啦,风晴雨露啦,就是你的一举一动、一言一语,事情的顺逆,衣食的多寡,连你头上的头发,汗毛的数目,也都是天主的圣手精确密置的啊!"人们生活中总是有一只"默中之手"在指导、在掌控、在扶植。一位泥水匠的遭遇、一位贵妇避雨时农家的善行、一位本堂神父的屡屡神迹、一位苦像前念经而富有的老翁等故事,无不体现作者立意的"默中之手"。

《默中之手》的作者是瑞士卫方济(F. Wetzel)神父,译者是兖州圣心修道院神父伏开鹏①。这位卫方济不是康熙来华、翻译过《中国六经》并撰写过《人罪至重》的那位比利时传教士卫方济。

民国十七年(1928)兖州天主堂印书馆出版了一部讲究修行、反省的著作《神翼用健》,作者是吉尔②,译者是李若翰③神父。"译者序言"把此书主旨交待得非常清楚:

《神翼用健》一书系 Wie lernt man gut beten 之译本。译此原名则为《怎学善祷》。端其内容乃为《紧要神工的简解》。译者却

默中之手(扉页和插图)
[瑞士]卫方济撰
[中]伏开鹏译
九章 一册
民国十六年(1927)
兖州天主堂印书局排印
铅印本 纸本 筒子页 线装
十一行二十六字白口半页四周双边
开本:18.2×12(cm)
全框:15×8.5(cm)
140 页
插图 1 幅

---

① 伏开鹏(Johannes Baptist Fu, 1904—?),山东沭阳人,圣言会士,民国十三年(1924)晋铎。曾任兖州圣心修道院讲师,辅仁附中教导主任,辅仁大学训导主任;民国二十七年(1938)为保护学生被日军拘捕。1949年赴美,八十年代逝于芝加哥。
② 吉尔(Wilhelm Gier, 1867—1951),德国人,圣言会第三任总会长。
③ 李若翰(Johanns B. Blick, 1878—1937),德国人,1891年入圣言会,1902年晋铎。同年(光绪二十八年)来华,次年到上海,赴兖州教区,在单县、阳谷县、定陶县(今为区)等地任神职。

神翼用健（插图）
［德］李若翰译
十八章 一册
民国十七年（1928）
兖州天主堂印书馆排印
铅印本 纸本 平装
中文繁体竖排
开本：19×13（cm）
394 页

颜之曰《神翼用健》，盖前哲先贤，本圣经之旨，咸以祈祷克己为趋贤超凡之二翼，一翼独健，难得咫尺高飞，双翼并丰，方可万仞翱翔，是知祈祷克己未可偏废。然苟不善祈祷，克己万难自用，故欲健克己之翼，亦必赖祈祷之多力，此不待烦言者也。是书之作，虽首在引人善祷，而为成善祷之工，亦示人克己之术，惟其志一而兼及其二也，故斯名之。

《神翼用健》有十八章："默祷浅言""口祷数箴""天主经""耶稣的大祈祷及其别的经言""玫瑰经""大日课""苦路善工""弥撒圣祭""领圣体""朝拜圣体""每主日的告解""私省察""论得大赦""论月静会神""奉献圣心祝文""每月首瞻礼七向圣母之敬礼""论定正意""论对越天主"。最后结论"论一切神功的终向"：

（一）你无论行什么神工，总不可忘了终向。行神工的终向，不是别的，就是为增长你的知识、神力，拔除你的私欲偏情，在你的分位上，全全承行天主的圣意，满他的心愿。我说的私欲偏情，就是那些违反天主的诫命圣意，和与耶稣所立的公理善表不合的倾向。

（二）你若愿意得一个量你神工价值的确实准则，你就看看你的忍耐、和气、爱人、自谦、自贱，甘心悦服上司，谨守规矩，勤励，尽本分的诚心，心意的清洁，都一天比一天长进么？

（三）若你陷入偏情，你就算入了魔鬼的奴隶之班了，也得受他管辖，受他使唤。他就要使弄你，如同打风琴的一样，遂心如意的，爱叫你响你就得响，不叫你响你就不能响。

（四）多咱我们自己的私意全全灭了，使我们心意全合于了天主的心意，这才是我们修德的起头。

（五）你要尽力做事，全为悦乐天主。凡是能悦乐天主的事，总不推辞。

（六）耶稣愿意你同他相似，所以叫你做的事也不见什么效验。你只管尽上力量修德行善，好能同耶稣一齐受苦被钉死于现世，为的是也能同他永享光荣福乐于天堂。

（七）紧靠耶稣及你心中的圣神，并在你圣母的庇护之下，慷慷慨慨地背你的十字架。不当嫌重，不当说有胜不过去的难处。难处是专为叫我们得胜他们的。我们有天主坚固我们，就什么事都能行了。

·天堂永福·

天主教主祈祷文有段祷告词："在天我等父者，我等愿尔名见圣。尔国临格。而旨承行于地，如于天焉。我等望尔，今日与我，我日用粮。尔免我债，如我亦免负我债者。"1853年德国神父亚尔邦[1]根据这段祷告词写了一套书叫作《天主经》。该书分为三卷："前三求""第四求""后三求"。《前三求·尔名见圣》，劝人荣耀天主的圣名，使天国降临，世人承行主旨；《第四求·日用之粮》，劝人依靠天主生活；《后三求·尔免我债》，帮助罪人得到赦免。

李若翰神父翻译了这套《天主经》，民国二十二年（1933）由兖州天主堂印书馆出版。严格讲李若翰神父做的是编译，只取了亚尔邦神父的立意，讲的是中国的内容。

亚尔邦神父在《前三求·尔名见圣》中讲了个故事：一位青年上树捋榆树叶，不慎掉下来，非常痛苦，哭天喊地，求父亲救他于苦难。由此可见，正如人们性命将尽的时候，需要有父亲守候身边一样，人生更需要仁慈的天主无时无刻的帮助。"也该有一位仁爱良善全能的父亲，帮助我们，安慰我们，赦我们的罪，教我们视死如归，死后再赏我们个天堂。我们有那么一位父亲多么好，你认得那么一位吗？"虽然我们只会死一次，但是我们需要时时侍奉天主，等待他的降临。

由此道理，作者分四章逐一展开：一、"在天我等父者"，二、"尔名见圣"，三、"尔国临格"，四、"尔旨承行于地如于天焉"。

世上的昆虫，假使有明悟，一定得要时时刻刻，抬着头，望着天，又是点头，又是磕头，朝拜天主，譬如蝇子咧，蚊子咧，蚂蚁咧，蚂蜡咧……这一切天空飞的，地上爬的，土里拱的，草里逝的，水里游的，的确都要恭敬、拜拜天主的。可惜！就是没有明悟呢！

人类有明悟有智慧，但是人类同样也需要恭敬天主。"一打起风琴来，一唱起圣歌来，满堂里听见嗡嗡悦耳的琴声，及悠扬嘹亮的歌声。合堂里无数的穷的富的，男的女的，老的少的等等教友，都是低着头，捧着手，恭恭敬敬地跪在天主台前望弥撒，谢旧恩，求新恩，发痛悔，拿主义。这样人在世上光荣天主的圣名，简直是如同天神在天堂上光荣天主的圣名一般。"人们所作所为就

天主经　前三求　尔名见圣（封面）
［德］亚尔邦著
［德］李若翰述意　韩朝明记录
四章　一册
民国二十二年（1933）
兖州天主堂印书馆排印
铅印本　纸本　平装
开本：22×14.5（cm）
120页

---

[1] 亚尔邦（Albano Stolz，1808—1883），德国人，天主教神学家，1833年晋铎。早年在弗莱堡大学学习法律，在海德堡大学学习文学，后任社区神父、弗莱堡大学教授。

是为了等待天主的来临。

《第四求·日用之粮》分为八章："论小雀""靠天主吃饭""人无饭吃不怨天主""嫉妒""哀矜""灵魂的粮""天主禁止的粮""感谢日用之粮"。稍稍动动脑筋就会明白，这里说的肯定不是加利利湖的五饼二鱼①，也不是鲁南的煎饼卷大葱。"日用之粮"是精神食粮，是指"主的恩惠"。

《第四求·日用之粮》里第七章"天主禁止的粮"是一篇应该格外关注的文章，讲"哪些是天主赏给的粮，哪些是天主禁止的粮"。作者从天主教立场解说了"自由""平等""开通"。

现时的标语就是"民当开通""平等自由""民当前进"。这个法子不错，很好！能振刷民众的精神，解放民众的束缚。可是不要离开天主的真教，离开天主的真教，就是天主禁止的粮！

作者解释，所谓"开通"是指民众开智，增强辨别真假是非的能力，相信天主教的真理，弃邪归正，轻肉体，重灵魂，行善避恶，敬主救灵。"这是天主赏给我们的粮，这样才是真开通。"从前中国人敬泥塑菩萨，敬死人，是愚昧，不是天主之粮；而相信人是猴变的，或者不顾死后，也不是天主之粮。

"天主教和儒教一样的说法，'四海之内皆兄弟'，为什么缘故这样说呢？因为万民是天主造化的，养育的，保护的，天主是万民的大父母，天堂是万民的老家。"人人都有信仰天主教的资格，因而人人都是平等的。而人们在社会中不可能是平等的，君君、臣臣、父父、子子，必须有上下区分。

人心最容易向恶，不容易向善。天主之粮只有人们行善的"自由"。但是天主给每个人良心，定下十诫，不可解放一切，无拘无束。

作者驳斥当时世界上流行的新的思想学说，狠狠地批判了与天主教不同的其他教派，挖苦他们"如同穿着衣服的猴子"，享用不到天主之粮。

天主教，就是耶稣说的，从小芥末种长出来的那棵的树，天下的飞鸟都栖息那棵树上。

天主经　第四求　日用之粮（封面）
［德］亚尔邦著
［德］李若翰述意　韩朝明记录
八章　一册
民国二十二年（1933）
兖州天主堂印书馆排印
铅印本　纸本　平装
开本：22×14.5（cm）
122页

---

① 传说耶稣在以色列加利利传道时以五个饼、两条鱼喂饱了五千人。

《后三求·尔免我债》开篇是这样表述的：

有个会拉胡琴的，到晚上无事的时间有人求他拉拉给众人听。他于是拿过胡琴来，先定定弦，试试音符对不对符……我们的灵魂，和这胡琴有相同的说法；但是那拉胡琴是为悦乐人的听官，我们活在世面，是为悦乐天主的心，好救我们的灵魂。你愿意悦乐天主，就该恭敬他；要恭敬天主救灵魂，那你的思言行为，都得合天主的圣意。胡琴有四根弦，灵魂可有七情，喜、怒、哀、乐、爱、恶、欲，也该如胡琴似的一般合格。这样七情当合天主圣意，以天主圣意为标准。灵魂的七情都合天主圣意的，则是善人，不合的，则是恶人。

拉胡琴定的是弦，而敬主救灵则要看我们所思、所言、所行是否合乎天主的圣意。调整七情，"心里要清静，有个好法子，就是僻静"。

作者讲了十三篇道理：一、"人不知自"，二、"省察己罪"，三、"天主十诫"，四、"天主降罚在世"，五、"天主降罚在地狱"，六、"如何脱免地狱"，七、"耶稣受难"，八、"依靠耶稣得救"，九、"告明己罪"，十、"赦罪之益"，十一、"天堂是回头之报"，十二、"世福是回头之报"，十三、"末篇道理"。末篇道理，也就是作者的结论：

朋友！为效法圣人，从此后我们不但要救自己的及近人的灵魂，但给自己念经，也该效法耶稣为万万人祈求天主。那么我们为天下万民也举起手来，求天主宽免，求天主保护，救赎一总的人于大罪的凶恶。从此天天站在天主台前，诚心诚意地念天主耶稣亲口教给我们的经言："尔免我债，如我亦免负我债者；又不许我陷于诱惑，乃救我于凶恶。亚门！"

兖州教区还有一位罗赛（Peter Röser，1862—1944）神父，德国人，1877年入圣言会，1886年晋铎，同年（光绪十二年）来华，一直在兖州教区任职，担任圣家献女传教会会长。罗赛的著述丰富不亚于赫德明。他的《恭敬天主圣神》出版于民国二十年（1931），这里讲的"天主圣神"是指天主教"三位一体"的那位"圣灵"。"一位天主包含有三位，第一位的名字叫罗德肋，解说圣父；第二位的名字叫费略，解说圣子；第三位的名字叫斯彼利多

天主经　后三求　尔免我债（封面）
[德]亚尔邦著
[德]李若翰述意　韩朝明记录
十三章　一册
民国二十二年（1933）
兖州天主堂印书馆排印
铅印本　纸本　平装
开本：22×14.5（cm）
182页

恭敬天主圣神（插图）
[德] 罗赛编著
十九篇 一册
民国二十年（1931）
兖州天主堂印书馆排印
铅印本 纸本 平装
开本：17.8×13（cm）
142页

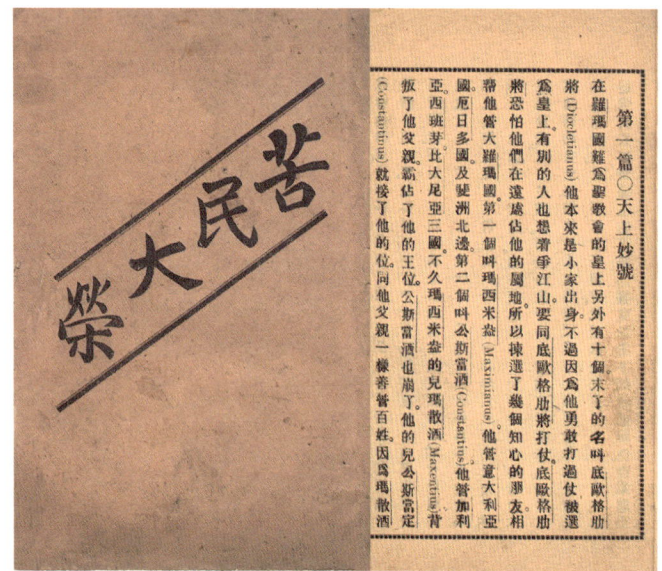

苦民大荣（封面和内页）
[德] 罗赛撰
十二篇 一册
民国五年（1916）
兖州天主堂印书馆排印
铅印本 纸本 平装
开本：18.2×12.8（cm）
118页
插图1幅

三多，解说圣神。从此看来，圣神同圣父圣子一样是真天主。"

在中文宣教书籍中，论及"圣灵"的比较少，除非是翻译托马斯·阿奎那的《神学大全》那类著作，可能是因为这个概念比较晦涩难懂。《恭敬天主圣神》用十九篇文字试图说明这些深奥问题："天主圣神是谁""天主圣神初次发显出来""天主圣神悬在耶稣头顶上""圣神降临""天主圣神借舌像""天主圣神赏给了圣母的恩典""天主圣神赏给了宗徒们的恩典""天主圣神赏给了教友们的恩典""天主圣神为吾心之怡客""我们在天主圣神跟前的本分""得天主圣神的善法""得大主圣神的阻挡""敬畏之神恩""孝爱之神恩""聪敏之神恩""刚毅之神恩""超见之神恩""明达之神恩""上智之神恩"。附录有六种与圣神有关的经文。

我们不大懂的天主圣神的道理，不大恭敬他，还有别的缘故。天主圣三每一位本来无形无象，是人的眼不能看见的纯神。到底圣父借着老年人的形象发显过与古圣人们，所以我们要想天主圣父，就把他当有大威严的、极俊美的老年人，放在我们面前。这样容易恭敬圣父，亦容易发爱慕他的情。天主第二位圣子，降生为人。同我们一样一个真肉身，三十三年之久，与世人同居同处。为此我们就容易心里想天主圣子，恭敬他，爱慕他……吾主耶稣受洗的时候，天主圣神借着白鸽子的形象，发显在耶稣头顶上。耶稣升天后第十日，天主圣神又借着火舌头的形象，发显出来了。这两样形象，虽然有很好的神意，到底不如人的形象，能感动我们爱慕天主圣神，恭敬他。

《恭敬天主圣神》的作者侧重说明，恭敬圣灵可以使人们获得"敬畏""孝爱""聪敏""刚毅""超见""明达""上智"七种品格。依余见，圣灵本应无具象，但予人智慧，从信者自我领悟矣。

罗赛的《苦民大荣》讲述的是早期基督教遭受迫害时的情景。

> 吾主耶稣的行事豫表圣教会的行事。吾主耶稣受了万苦钉死在十字架上以后，第三日因自己的全能从坟墓里复活起来了。他所立的圣教会三百年之久受了恶人难为，很多教友们藏在地穴里在石矿里山洞里，仿佛埋在坟墓里头的人。如今在罗玛府还有这样的地穴，都是很长很深，就是不大很宽，平常不过有几尺宽。教友们在里头掏了一口屋子当小堂，死了教友就把他埋在穴两边，用石板堵塞坟墓，把死人的姓名身份都刻在石板上。他是致命死的也就刻上一个巴尔玛树枝子。圣教会的窘难到了极处天主就救了他，叫他复活起来，赏赐他很大的光荣。

因而，他编写《苦民大荣》这本小册子，是要"提醒教友，圣教会遭难的时候，该坚心依靠全能的天主保护他，举扬他"。罗赛在《苦民大荣》里讲了十二篇这个时期的故事："天上妙号""忠信的贞妇""凶信""发丧""苦父孝子""苦孩子""路非奴坐监""好朋友""路非奴出跑马场""公斯当定打胜仗""公斯当定进京""善报恶应"。《苦民大荣》初版于民国五年（1916），通俗易懂，不过罗赛的汉语表述不够流畅。

民国八年（1919）兖州天主教印书馆出版了罗赛的《童贞指南》，这本讲述"存天理，灭人欲""尊天主，修洁德"道理的著作，是同类中文书中篇幅最大的一部，共有四十二篇："论人都该修洁德""论童贞的尊贵""论童贞的大光厚报""论守贞的难处""论对阅天主""论祈祷""论领圣事""论谦虚""论端正小心""论躲避犯罪机会""论不该独居单行""论躲避空闲""论克苦""论躲避私爱私交情""论度日规矩""论默想""论省察""论看圣书""论望弥撒""论望弥撒的善法""论祈祷""论恭敬圣体""论恭敬圣母""论圣母小日课""论修德成圣""论德行长进""论随天主圣意""论认己""论散心""论说话""论做工""论受诱惑""论分清善导恶引""论回头不仍陷前罪""论挂念天主的光荣""论救别人的灵魂""论传教""论代洗""论帮助病人善终""论见神父""论谁不可守贞""论入修会"。

童贞指南（扉页和插图）
［德］罗赛撰
四十二篇　一册
民国十三年（1924）
兖州天主堂印书馆第三次印
铅印本　纸本　筒子页　线装
十二行二十六字白口四周双边单鱼尾
开本：19.5×13（cm）
半框：14.5×10.5（cm）
148 页　插图 1 幅

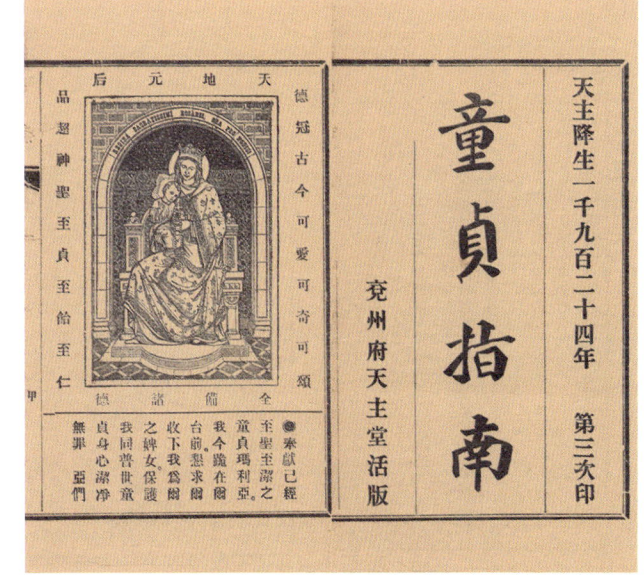

书前有一幅圣母玛利亚的铜版画，上联"德冠古今可爱可奇可颂"，下联"品超神圣至贞至饴至仁"，横批"天地元后，全备诸德"。

早期传教士派往中国工作之前，需要在欧洲专门机构参加天主教传教知识培训，毕业后才能跨洋履职。随着传教规模扩大，许多传教士是到中国后才参加培训的。此外，更多有培训需要的是中国本土神职人员，虽然晋级高级神职的机会对他们来说甚小，但是自民国以后，中下级神职绝大多数实现本地化。为此，各传教团都有一些培训机构，比如初学院、大修院等。

罗赛组织编纂了一套这种用途的教材——《新传教士》，四卷四册，是非常系统的讲义，兖州天主堂印书馆民国二十一年（1932）出版，全套书很少见。

罗赛的著述还有《每日恭敬圣若瑟经》《青年风浪》《善望弥撒》《圣教礼仪》《圣类思主日敬礼》《圣母小日课注解》《圣若瑟月》《圣若瑟月日课》《谈论真假》《中华光荣》《祷文详解》等。

《祷文详解》初版于民国四年（1915），分为四章，耶稣圣名祷文、耶稣圣心祷文、圣母祷文、圣若瑟祷文，介绍几类祈祷文的基本内容。

《谈论真假》这本书与黄伯禄的《訓真辨妄》《集说诠真》不一样，虽然也谈天主教与儒释道，但是基本上是本浅显通俗的教理问答，与《一目了然》差不多。两个人，姓张和姓李，路边聊天，谈论真假。两个人聊了六天，聊了六个问题：

第一个问题是天主教在中国，如"天主教比儒教好""天主教不可称为外国教""皇上们出上谕称赞天主教""天主教不修庙、不唱戏又不纳税""奉教的不同外教人定亲""天主教不敬神仙"等。

第二个问题讨论天主是什么，如"天地万物不是自有的""天地万物都是天主造的""天主是自有的""只有一个天主""天主掌管天地万物""天主无所不在，有时看不见的纯神""天主无所不知""天主无始无终"等。

第三个问题论异端，如"外教所敬的神是恶神""看风水""择日""算命""相面""占卦、

谈论真假（扉页和内页）
［德］罗赛撰
六篇　一册
兖州天主堂印书馆
清光绪三十四年（1908）初版
民国十三年（1924）第六次出版
铅印本　纸本　平装
开本：18.2×12.8（cm）
109 页

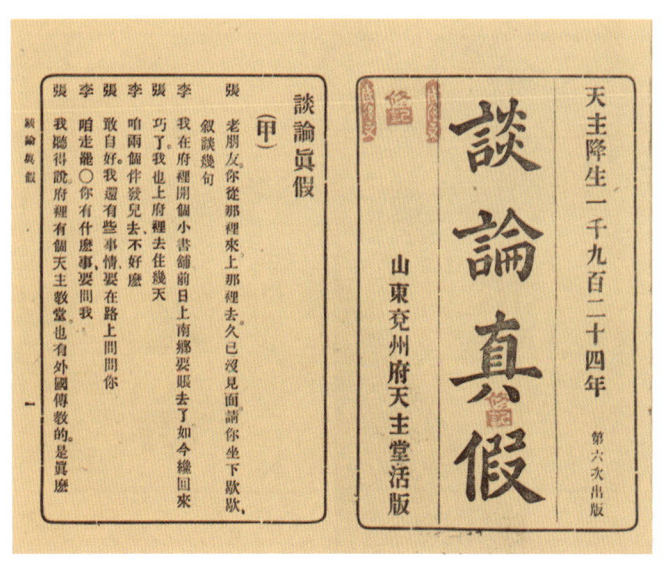

求签、拆字""问庙上神"等。

第四个问题论迷信，如"持斋""敬牌位""烧纸钱""老的死了不给他们磕头""上坟""孝敬父母""请和尚破地狱""烧香""门神、灶王、财神"等。

第五个问题是弃邪归正，如"弃邪归正的难处""外国传教的净行善""不光奉教的穷""天主十诫""弥撒""守大小斋"等。

第六个问题是批驳新教，如"天主教是独一无二的真教""路德教冒称耶稣教""不可说无论奉什么教（都）能救灵魂""修会不是道门""神父不成家""神贫、贞洁、听命之愿"等。

《谈论真假》多次印刷，但存世很少，初版于光绪三十四年（1908）。

兖州天主堂印书馆有一本"辨妄"的书，即北京教区孟振生主教写的《俗言警教》，民国十五年（1926）出版，也是一本类似《圣教埋证》《訓真辨妄》和《集说诠真》的"辨妄"的书，容有七十五题："论天主是谁""论天无知觉灵明""论地无知觉灵明""论孔子不明言天主并非无天主""论眼见不足真证""西士来中国原为正经大事""孝不孝不在有后无后""天主正教至一至圣至公与别教不同说""论至圣至公""圣教宗徒传下来的""必遵教皇之命乃为真天主教""论见天主不以在肉目全以在心目""论人所日用粮是天主的""论恭敬天主之恭敬寔礼""论祭献奉事天主人人本分不为僭分""论天地万物天主所造不是偶然而成""论太极不是天主用太极者乃为天主""论天主无所从生""论天地不能生人物""论死物不能生活物""论道生万物之妄""论天主亲与人人说话于理不可""孔子不能生知安行尽知""论皇上不能封神""论关公不能为神""论孔子不禁止言人过""奉教人不敬孔子为圣人""论世俗祭礼之妄""不当敬死人为神""不拜死亡""殡葬父母之正论""论葬父不用非分之礼""论从义不从众""孔子亦望天主之教""论佛为异端""论中国佛之来历"等。

孟振生主教在此书开篇写下一篇《叹诗》，蛮有意味：

大哉天主，至尊无对。化育群生，肇造万汇。上天下地，无一得悖。尊而且亲，成兹人类。肉躯诚微，灵性极贵。邪情初萌，原祖遗罪。子孙咸染，率性道废。书道中兴，后世又背。蠢蠢黔首，俱作主愆。听从魔诱，弗肯远退。惜乎我众，正道具废。永殃难免，见主多愧。主心悯世，降救人类。立表训众，弃绝虚伪。世

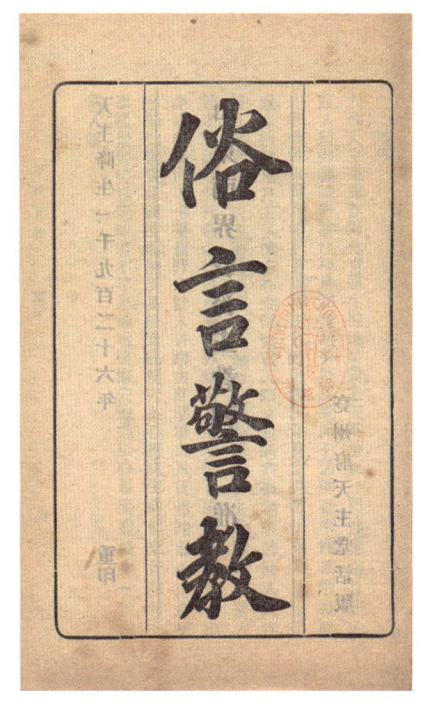

俗言警教（封面）
［法］孟振生编撰
一卷　一册
民国十五年（1926）
兖州天主堂印书馆排印
铅印本　纸本　平装
开本：19.5×13.2（cm）
88页

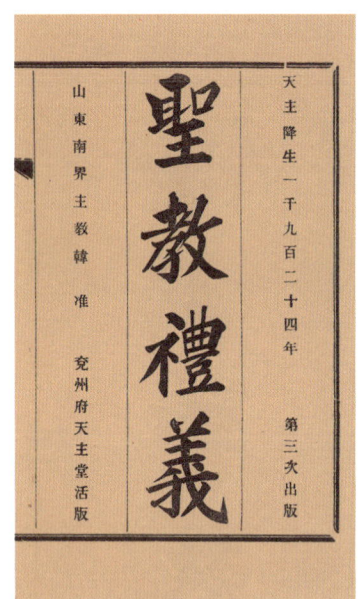

圣教礼义（扉页）
［德］史培禄编撰
四卷　一册
民国十三年（1924）
兖州天主堂印书馆第三次出版
铅印本　纸本　筒子页　线装
十一行二十六字大小字单行不等
白口四周双边单鱼尾
开本：20×13.5（cm）
半框：15×10.3（cm）
194 页
插图 1 幅

圣教全经本（插图）
［德］史培禄编
十五卷　一册
民国二十八年（1939）保禄印书馆代印
铅印本　纸本　平装
开本：13×9（cm）
420 页
插图 1 幅

人久迷，终日沉睡。仁慈天主，警醒我辈。爰立诚命，振聋启聩。顺命上升，违命下坠。人勉之哉，切守勿背。痛改往愆，洗涤前罪。爱敬上主，功德宜备。尘俗幻景，一概全退。无奈世人，多罹重罪。地狱永苦，率由自坠。想念及此，滂沱血泪。茫茫寰宇，论知灵贵。真福世福，迥异万倍。彻底根究，良心难昧。生从何来，死向何去。事关紧要，切宜玩味。若不早思，徒增后悔。安饱逸居，心思妄费。枉生一世，何为人类。

《俗言警教》最早于咸丰七年（1857）在北京救世堂刊印，兖州府出版后，又有香港纳匝肋静院本（光绪二十九年〔1903〕）。

圣言会在山东境外管理的教区还有民国二十二年（1933）升为代牧区的河南信阳教区，德国圣言会传教士史培禄①曾出任主教。史培禄神父编写过《圣教礼义》，民国十三年（1924）兖州天主堂出版，介绍天主教礼仪规矩。卷一"圣年篇"，天主教各类纪念日，有国际圣日，也有中国本土纪念日。卷二"圣事篇"，圣事活动的规矩，从七件圣事——圣洗、坚振、告解、圣体、终傅、神品、婚配，一直到举手投足，无不具体。卷三"圣物篇"，圣水、圣盐、乳香、念珠、圣像等样式及其摆放。卷四"圣会篇"，各种教会组织。附录"在中国致命死的真福人"。

史培禄主教在位时还编纂了一种《圣教全经本》日课经书，兖州天主堂印书馆民国二十八年（1939）代印，在新乡教区和信阳教区广为使用。《圣教全经本》包括"早课""晚课""主日规""主日经""望弥撒经""领圣体经""告解规式""各样经文""玫

---

① 史培禄（Hermann Schoppelrey，1876—1940），又记史赫曼，德国人，1889 年入圣言会，1900 年晋铎。光绪二十三年（1897）来华，民国二十二年至二十九年（1933—1940）任河南信阳教区主教。

瑰经""祷文集""苦经集""周年瞻礼""圣月""要理问答"等十五卷,是天主教经文书籍中集大成者。

接替史培禄出任信阳传教区主教的是华籍圣言会士张作岖①神父。张维笃于民国二十六年(1937)编写了《周年经训》,一直没有被准允出版,直到继任信阳主教第三年才由兖州天主堂印书馆付梓。此书分为两个部分:"周年经训引得"和"圣人瞻礼经训"。共十三篇。张维笃依主日顺序,摘引了《圣经》里相关内容,予以自己的释解,说明该主日瞻礼的意义。或许正是因为此书带有太多张维笃自己的释义,才延宕了六年出版,他在"卷头语"里流露出不加掩饰的不满。

这些是兖州天主堂印书馆比较有代表性的出版物。兖州天主堂印书馆也是综合性出版机构,与土山湾、胜世堂差不多,图书的内容基本上不是主日经文就是神修、辨安、传记类宣教著作。

民国十一年至十二年(1922—1923)间,兖州天主堂陆续编辑了一套大部头书《问答释义》,共五卷。第一、二卷"要理问答释义"(韩宁镐和福若瑟编撰),第三卷"告解问答释义"(赫德明编撰),第四卷"圣体问答释义"(韩宁镐编撰),第五卷"坚振问答释义"(韩宁镐编撰)。有两种版本:济南无原罪堂本和兖州天主堂印书馆本。

有一套神父用书《司铎默想宝书》,原名很响亮,叫作《金宝筐》,作者是杰森(Joannis Janssen),张立贞②译,兖州天主堂印书馆民国七年(1918)出版。此书分为三卷:上卷论列炼路,中卷论列明路,下卷论列合路。

在礼拜祈祷日,神父引导教友履行圣事责任。不同节日,不同进程,"默想"的内容是繁复且不同的。有了这本"金宝筐",

司铎默想宝书(封面和插图)
张立贞辑译
四卷 两册
民国七年(1918)
兖州天主堂印书局排印
铅印本 纸本 平装
开本:20×13(cm)
1735页
插图3幅

---

① 张作岖(Vitus Chang,1903—1982),曹州(今山东曹县)人,教名维笃,1926年加入圣言会,曾任兖州小修院院长,民国三十年至三十八年(1941—1949)任信阳教区代牧主教;民国三十五年(1946)被河南华籍神职人员推选为开封总主教,遭意大利籍神父反对,无果。1949年赴中国台湾和菲律宾,1960年赴德国。还著有《斐洲致命始末》《圣若望伯尔各满主日敬礼》等。
② 张立贞(Petro Chang),生卒不详,教名伯多禄,山东蒲州人,圣言会神父,在曹州、范县教区传教,后任宽城本堂神父。

神父们便可得心应手。"循序渐进,升堂入室。每瞻礼六默想耶稣苦难事迹,因耶稣苦难圣死,实际去罪修德缔结吾主之大助也。"

兖州天主堂印书馆还有三本书值得一提:《七件圣事略说》《欢迎耶稣圣婴》和《领洗前后盛典》。这三本书是教堂圣事规范指导用书。

《七件圣事略说》,作者就是与福若瑟一起来山东打拼的,后来坐上兖州教区主教位子的安治泰神父。该书初版于光绪三十年(1904),最后一版出版于民国二十一年(1932)。

《欢迎耶稣圣婴》,山东曹州教区万宾来[①]神父于民国二十五年(1936)编撰的小册子。此书介绍了天主教为什么要欢迎耶稣圣婴,欢迎耶稣圣婴有哪些仪式,欢迎耶稣圣婴的礼节,欢迎耶稣圣婴的诵词等。书中有几幅图片,还有一首圣歌《何人叩门》。

《领洗前后盛典》,也是万宾来神父的作品,主要分为"领洗以前的礼规""领受圣洗当时的礼规""领洗以后的礼节"。对天主

欢迎耶稣圣婴(封面和内页)
[德] 万宾来著
一卷 一册
民国二十五年(1936)
兖州天主堂印书馆排印
铅印本 纸本 平装
开本:17.7×12.5(cm)
27页
插图4幅

领洗前后盛典(封面和插图)
[德] 万宾来著
三篇 一册
民国二十八年(1939)
兖州天主堂印书馆排印
铅印 纸本 平装
开本:18×12.4(cm)
32页
插图17幅

---

① 万宾来(Karl Weber,1886—1970),德国人,1899年入圣言会。光绪三十三年(1907)来华,宣统二年(1910)晋铎,民国二十六年(1937)任沂州代牧区首任主教。

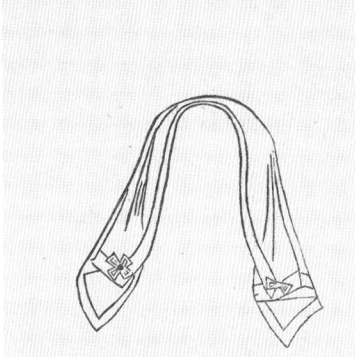

領洗白帕嬰兒用
（原物五分之一）
四邊之及兩十字用紅色

領洗斗篷為童子用
（原物九分之一或十二分之一）
衣領邊間用紅色

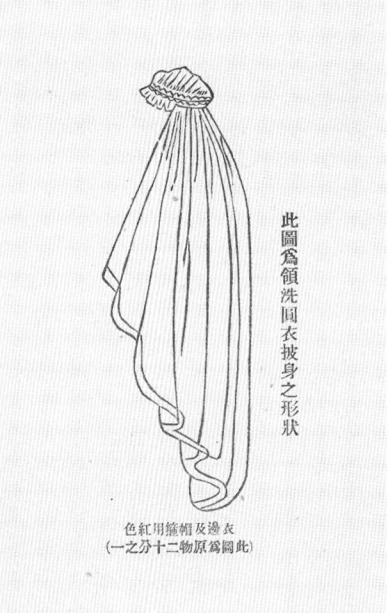

此圖為領洗圓衣披身之形狀
（此為原物二十分之一）
衣邊及壓帽用紅色

聖洗水壺

此壺係銅質製成濟南光華報社出售價洋一元一角

教领洗仪式规程介绍得详详细细，并绘有图示。

万神父解释天主教徒受洗的道理：

《圣经》上说：从肉生的是肉，从神生的是神。所以我们人头一次生到世界上，不过是个肉欲的人，由父母的情意生的，随着私欲过些世俗日子，当魔鬼的奴才，生前的结局落个死亡，死后还得下地狱，在天主台前真没有丝毫的价值。所以按耶稣的话，该再从水及圣神重生，得一个新生命。在这短促的新生命内，勉力为天主生活，死后好得常生。

领圣洗而获重生，就是这个道理。

孔子故里

虚心的人有福了,因为天国是他们的。哀恸的人有福了,因为他们必得安慰。温柔的人有福了,因为他们必承受地土。饥渴慕义的人有福了,因为他们必得饱足。

——《马太福音》

兖州教区的德国神父们，自踏上邹鲁大地伊始，就对这块蕴育中华文明的土壤抱有难以割舍的兴趣。据说安治泰主教在世时一直想结识衍圣公，但不得其门而入，屡遭婉拒。韩宁镐出任主教后，经中间人斡旋，费尽周折，终于在光绪三十三年（1907）赴曲阜拜见孔子第七十六代嫡孙孔令贻①。韩宁镐主教事后报告云：

> 兖州距曲阜十七公里。头天刚下过大雪，大地白茫茫一片，吾侪如约曲阜，欲往朝拜的是一位老圣人，一位光泽几十代甚至百代的贤人！他的智语箴言就像这雪一样，覆盖着这个民族整个精神生活。他的思想保护了天赋道德的种子之萌芽，或也会妨碍其茁壮成长。浅雪没蹄，天寒地坼，孔府没料到我们还会来。我们在路舍小憩，陪同者赶去孔府禀告。
>
> 走进孔府，我才充分意识到此次拜访的历史意义。世人唯有在曲阜才能真正感到孔子的魅力，一干人穿梭于神圣建筑周间，仿佛路人皆为孔圣。苍老的古柏、巍峨的殿堂，彰示着孔子之显耀。而我，天主教山东南境教区正权代表与这位伟大家族领袖终于见面了。主啊，企盼他有朝一日率领孔子后人面向基督十字架走来。
>
> 邀请衍圣公来兖州作客，他欣然应允。孔府按常规礼仪送我离府。雪深路滑，不第孔庙，只谒见了北门外古柏林中的孔子墓。拜访县官后归还旅社。坐立未稳，衍圣公身着礼服又来回访。大雪中旅社外聚集众人围观难得一见的景象。衍圣公邀我明日去府早膳。不得已允往。饭后，衍圣公以典型中国人的客气表示，匆忙准备，粗茶淡饭，怠慢贵客。我忙不迭地应答，珍馐美味，前所未尝。②

几周后，孔令贻到兖州给神父们拜年，迎候他的有安治泰主教等人，大家还一起以主教府大门为背景合影。

> 有幸迎来衍圣公莅临兖州主教府。他来拜年。先是在一个官员家遇到他，便客气地邀请他们翌日来主教府小坐。
>
> 我们准备周详，餐厅洁净，门挂红幅。衍圣公和仆从，在八个官员陪同下，夹道而入，颇为壮观。衍圣公惊叹教堂之宏伟，尤其激赞安治泰主教修建的主教府大门。我很想带他进教堂看看，他淡然无从。揖别，允诺不日再来。③

孔令贻来兖州主教府时，薛田资神父应该也在场，他在 *In der Heimat des Konfuzius*（《孔子故里》）一书里

---

① 孔令贻（1872—1919），孔子的第七十六代嫡孙。光绪三年（1877）袭衍圣公，光绪二十四年（1898）奉谕为翰林院侍讲，并正式主持孔府府务，民国三年（1914）中华民国封其为衍圣公。民国七年（1919）病逝于北京太仆寺街衍圣公府。
②③ Augustin Henninghaus: *Bei den Nachkommen des Konfuzius*（《拜见孔子后人》，1905），载夏德威（Richaed Hartwich）*Steyler Missionare in China*（《圣言会在中国》），Band. II, Styler Verlag, St. Augustin, 1985, pp. 71—74。

提到此事，并出示自己保留的孔令贻名帖。

光绪三十四年（1908）春，孔令贻途经济宁，参观那里的天主教教堂。恩博仁①神父尽地主之谊：

> 几日来我们迎候学生称呼的"中国教皇"。衍圣公来此待了一个半时辰，用些茶点，还摆弄了留声机。参观教堂，走遍学校。他断言，他的伟大祖先孔子之思想，启蒙心智，荫翳人类，因而欧洲一定建有孔子的神庙。我们小心翼翼地告诉他真相。
>
> 布恩溥②神父后来议论说，这样一位某些方面影响力超过皇帝的显贵，居然愿意与我们外邦人密切来往，令人称奇。③

兖州圣言会神父以与孔子后人结好视为幸事荣耀，无疑表现出他们想要了解中国文化的心愿，以及为传教事业而融合进中国人生活的欲望。他们明白，仅靠宣教书籍不足以吸引更多中国人，尤其不足以得到中国知识分子的认同。传教于此，自然需要扎根于这片沃土，汲取营养。传教士们对这块土地文化历史的兴趣，从兖州天主堂出版的几部与中国文化有关的研究著作中可知其浓其厚。

兖州天主堂印书馆在清末民初编纂过一套丛书 *Studien und Schilderungen aus China*（"研究和记述中国丛书"），出版过四种，作者都是耶稣会神父德国人彭亚伯。第一种，《泰山及其祭拜》；第二种，《曲阜和邹县的儒家圣地》；第三种，《十七世纪前日华交通史》；第四种，《孔夫子》。

Der T'ai-schan und seine Kultstätten（《泰山及其祭拜》）成书于光绪三十二年（1906），彭亚伯神父在前言里说道：

> 对泰山及其祭拜活动的记述，是根据我1901年和1903年在泰山实地考察后个人亲身感受整理而成的，也参考了一些中文地理和历史的文献。有文学修养和造诣的人，与那些普通读者和旅游者的关注点肯定是不一样的。倘若一位有志从事汉学研究的人，这本书会激起他去泰山的兴趣。
>
> 本书所附的照片，是鲁南教区圣言会诺广训④神父1903年拍摄的。

《泰山及其祭拜》有五章。第一章"史地概述"，简述了山东地名来源、泰山的地理数据、三山五岳、祭祖之山、祭帝之山、祭神之山、碧霞元君等。第二章"泰安府和泰山的圣地"，介绍了东岳庙、岱庙、遥参亭、东岳坊等。第三章"泰安府岱庙"，记述了厚宰门、配天门、仁安门、无字碑、孤忠柏、峻极殿等。第四章"泰山拾阶"。第五章"泰山之巅"，作者登顶岱宗，一览众山。他格外欣赏"舍身崖"的一副对联——"舍身无舍何况爱缘，非舍非爱作如是观"。

---

① 恩博仁（Heinrich Erlemann, 1852—1917），德国人，1883年入圣言会。光绪九年（1883）来华，光绪十年（1884）晋铎。建筑师，曾主持济宁天主堂设计和建造。
② 布恩溥（Theodor Bücker, 1856—1912），字青云，德国人，1879年加入圣言会，1883年晋铎，同年（光绪九年）来华，在山东沂水、寿张、费县、兰山、郯城等地传教，后任济宁主教。
③ Heinrich Erlemann: *Herzog Kung besucht Tsining*（《衍圣公访济宁》，1908），载夏德威 *Steyler Missionare in China*（《圣言会在中国》），Band. II, p. 374.
④ 诺广训（Petrus Noyen, 1870—1921），德裔荷兰人，1883年入圣言会，1893年晋铎。光绪二十年（1894）来华，宣统元年（1909）回国。1913年转赴马来，曾任小巽他群岛主教。圣言会马来西亚传教事业开拓者。爱好摄影，留下许多记录中国和马来西亚人文风俗的作品。

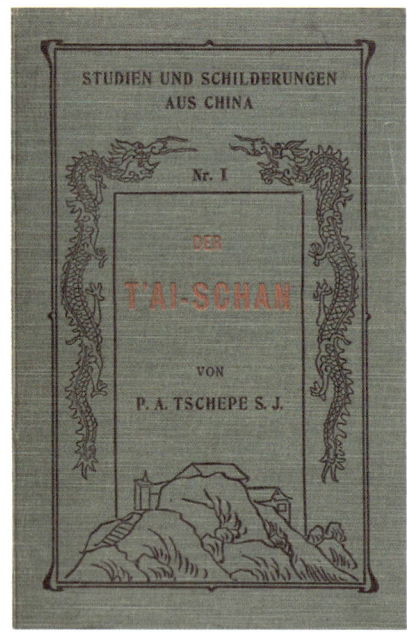

Der T'ai-schan und seine Kultstätten
泰山及其祭拜（封面和插图）
［德］彭亚伯撰
德文
五章　一册
"研究和记述中国丛书"第一种
清光绪三十二年（1906）兖州天主堂印书馆排印
铅印本　纸本　精装
开本：23.3×16（cm）
124 页
插图 35 幅

(Nr. 6.) Die hl. Bäume des Han-wu-ti.

(Nr. 4.) Die Ehrenpforte Tung-yüo-fang.

(Nr. 10.) Die Ehrenpforte Tai-tsung-fang.

(Nr. 8.) Innerer Vorhof im Heiligtum des Tai-miau.

作者竭尽自己所知，尽量详细地介绍泰山圣地的文化背景、历史典故、名人轶事、宗教源流，避免被看作是一本简单的名胜导引或游记。宽容地看，那个年代一个外国人，对这样一个主题产生浓浓兴致，如此努力地写出这样一部图文并茂的德文著作实属不易。但论及研究水平，只能说在洋教士里其选题与众不同罢了。实事求是地讲，这是很平常的一本书。在这里还真不能责备作者没有尽心，泰山文化博大精深，一个洋人怎能在短期内搞得清楚？

Heiligtümer des Konfuzianismus in K'ü-fu und Tschou-hien（《曲阜和邹县的儒家圣地》），成书于光绪三十二年（1906），分为三卷，第一卷"孔子圣地"，第二卷"颜子圣地"，第三章"孟子圣地"。彭亚伯把大部分笔墨用在第一卷上了，他写了四章：第一章"孔子祖地"，第二章"曲阜孔庙历史"，第三章"曲阜孔庙现状"，第四章"孔林"。

韩宁镐主教为彭亚伯的著作做了诠释，他在序言里写道：

"研究和记述中国丛书"的第一种描述了泰山，接下来这本书是一位外邦人继续对另一个古老主题的研究。《曲阜和邹县的儒家圣地》细致地讲述了伟大古老中国的圣贤孔子、颜子和孟子的陵墓和庙堂。除了泰山某些特别之处外，中国人的宗教信仰和精神生活大多在孔子的陵墓和庙堂有充分体现。徒步旅行者攀登泰山后，再去曲阜一日之程，并不太远，但是两处名胜却很少被纳入一个行程，令人不可思议。倘若我们的文字和图片，有助于我们同胞了解中国人对其先贤的崇拜状况，说明我们的历史选题的方向是正确的。

出版者为《曲阜和邹县的儒家圣地》一书插配了六十三幅照片和三幅地图（见下页）。

Japans Beziehungen zu China, Seit den Ältesten Zeiten bis zum jahre 1600（《十七世纪前日华交通史》），出版于光绪三十三年（1907），是一部研究中日文化交流史的专著，分十九章，叙述了日本民族的起源，以及在中国汉、魏、晋、刘宋、南齐、梁、隋、唐、宋、金、元、明各朝代，日本与中国的交往历史，中国文化、经济、制度、宗教等方面对日本的影响。作者对朱明时期所用笔墨最多，从洪武至万历，各各详细有专章。

Japans Beziehungen zu China , Seit den Ältesten Zeiten bis zum jahre 1600
十七世纪前日华交通史（封面）
[德] 彭亚伯撰
德文
十九章 一册
"研究和记述中国丛书"第三种
清光绪三十三年（1907）
兖州天主堂印书馆排印
铅印本 纸本 精装
开本：23.5×16.2（cm）
328页

 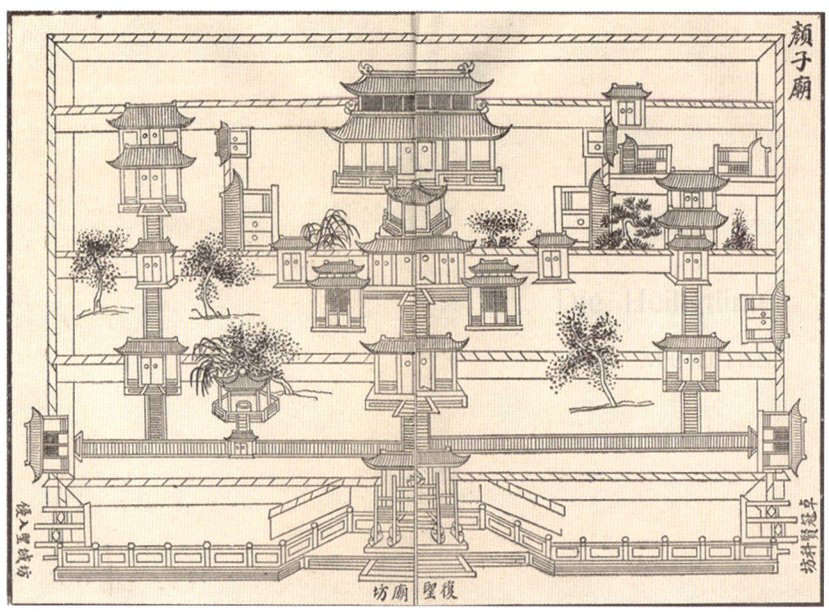

Heiligtümer des Konfuzianismus in K'ü-fu und Tschou-hien
曲阜和邹县的儒家圣地（封面和插图）

［德］彭亚伯撰
德文
三卷　一册
"研究和记述中国丛书"第二种
清光绪三十二年（1906）兖州天主堂印书馆排印
铅印本　纸本　精装
开本：22.3×16（cm）
132 页
插图 63 幅　地图 3 幅

(Nr. 1). Das Stadttor Wan-jen-kung-ts'iang.

(Nr. 27.) Tempel zu den hl. Reliquien des Konfuzius.

(Nr. 63.) Grab der Mutter des Mencius.

彭亚伯是一位著述勤勉的传教士，也十分喜爱中国历史文化，但在向他"爱我中华"的精神表示敬意的同时，不得不指出他有误导后人的倾向。他不是一位学者，缺乏学术研究的基本训练，不了解著书立说所必需的严肃规则。他做学问的作风不够踏实，这点上还不如河间府法国传教士戴遂良。《十七世纪前日华交通史》的参考书目不客气地把他的学术老底暴露无遗，这么一部专著所引之经和典，没有日本史料，而完全采用中国典籍，并且参阅的居然是《古今图书集成》，未免太草率了。两个问题要搞清楚：治学与兴趣是两码事，学术研究与普及读物也是两码事。

Konfucius（《孔夫子》）分为两部出版：第一部 *Sein Leben*（《孔子传》），宣统二年（1910）出版；第二部 *Seine Schüler*（《孔子门徒传》），民国四年（1915）出版。

《孔子传》分五十一章："孔子祖先""孔子父亲""孔子出生""青年时期""孔时鲁国""出任小吏""为母守丧""习礼乐""郯国办学""鲁国办学""出使诸国""访问齐国""聘任太傅""鲁乱避齐""齐人加害""回乡教书""旅之洛阳""阳虎谋反""中都司空""鲁国司寇""隳三都""别离鲁国""周游列国""失徒颜回""孔子的文人性格""丧妻之痛""鲁国国老""反对田赋""孟子之死""丧子伯鱼""西狩获麟""欲讨陈恒""子路之死""孔子西归""孔夫子历史地位"等。作者还穿插一些有关孔子的地理名胜和历史掌故，如"汶上孔庙""尼山""启圣王林""曲阜"等。

《孔子传》有二十六幅照片。一百多年来，历经战乱和政治动荡，有关孔子的圣迹已非昔貌，因此彭亚伯留下的图片资料有一定的史料价值。

《孔子门徒传》分为两卷。上卷用十二章介绍孔子弟子等情况："孔子四大弟子：复圣颜子、宗圣曾子、述圣子思子、亚圣孟子""颜子，孔子爱徒""籍载颜子""孔庙里颜回家族""复圣公林""颜回庙""曲阜复圣庙""颜子后人""颜子后人：刘宋""子思子，孔子之孙""曾子""孟子"。下卷用十二章介绍孔子学说继承者，属于所谓"圣门十六子"："闵子骞""冉子""子贡""子路""子夏""有若""伯牛""子我""子有""子游""子张""朱熹"。

作者参考著作主要是清人冯云鹓①的《圣门十六子书》和明代曲阜志书《陋巷志》。

《孔子门徒传》有三十一幅照片，大部分是颜回、子思、曾子、孟子的庙堂和陵墓的影像。

彭亚伯还为土山湾印书馆的"汉学丛书"提供过《晋国史》《吴国史》《楚国史》《秦国史》《韩魏赵三国史》的书稿。

民国二十三年（1934）兖州天主堂印书馆出版 *Tächan-Tchüfu Führer*, *T'aishan-Küfow Guide*（《泰山曲阜指南》），作者是德国圣言会传教士董师冕②神父。《泰山曲阜指南》用德文、英文和中文三种语言写成，有二百八十幅老照片，书后另附对每幅照片的详细说明。这本书用的是铜版纸，照片质量也上乘，保存了泰山和曲阜两处文化遗产的历史面貌，还记录了当时一些人文风情和习俗。

读者不可简单地把《泰山曲阜指南》视为关于旅游的书籍，在游览信息之外让人更感兴趣的是，西方传教士眼里看到了什么，文化的差异对同一现象究竟有什么样的不同解构。

---

① 冯云鹓，清江苏通州（今南通市通州区）人，与兄冯云鹏合著《金石索》。
② 董师冕（Ferdinand Dransmann，1882—1942），德国人，1900年入圣言会。光绪二十九年（1903）来华，宣统元年（1909）晋铎，民国三十一年（1942）回国。还著有《汉文仟语》（民国二十八年〔1939〕，兖州）等。

Konfucius, I. Teil 孔夫子　第一部
Sein Leben 孔子传（封面和插图）

［德］彭亚伯撰

德文

五十一章　一册

"研究和记述中国丛书"第四种

清宣统二年（1910）兖州府天主堂印书馆排印

铅印本　纸本　精装

开本：23.5×15.5（cm）

291 页

照片 26 幅

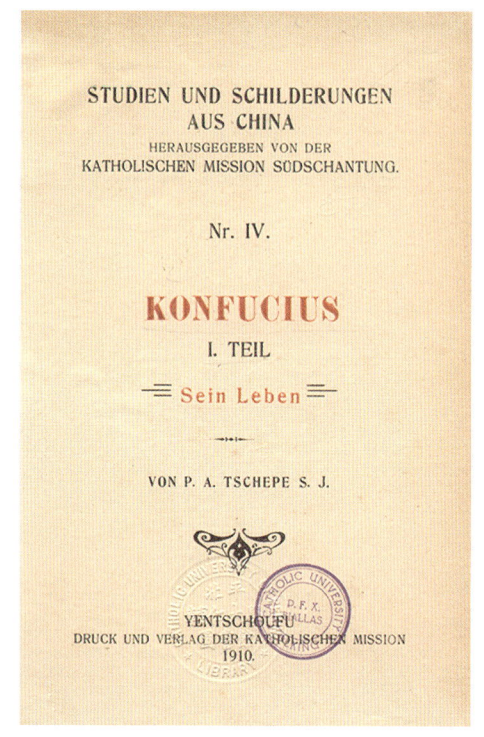

(Nr. 28.) Statue des Konfuzius in seinem Tempel in Tchiu-fu.

(Nr. 22.) Altes Stadttor bei Chao-hao-ling.

(Nr. 23.) Das Süd Tor „Yang-scheng-men" in Tchiu-fu.

(Nr. 21.) Grab und Grabmäler der Eltern des Konfuzius.

Konfucius*, *II. Teil 孔夫子 第二部
Seine Schüler 孔子门徒传（封面和插图）
[德]彭亚伯撰
德文
两卷二十四章 一册
"研究和记述中国丛书" 第四种
民国四年（1915）兖州天主堂印书馆排印
铅印本 纸本 精装
开本：23.5×15.5（cm）
372 页
照片 31 幅

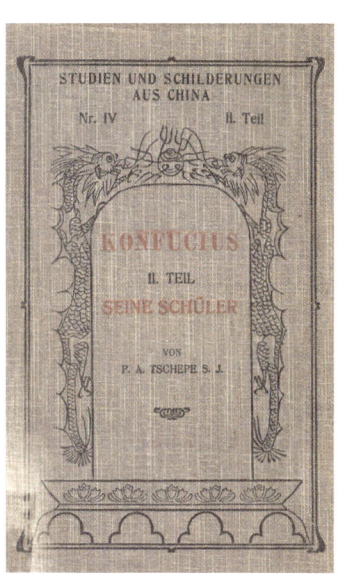

Tempel des Yen huei in Tchü-fu.

Tempel der Mutter des Mencius und Kiosk, wo Hsee sie Hocker bewachte.

Zweite Häuserreihe im Tempel des Jen huei in Tchü-fu.

Das vorhergehende Tor allein.

1. Der jetzige (77.) Stammhalter der Familie Yen. 2. Der Schreiber.
3. P. Noyen, Missionar von Südschantung.

Grab des Mencius.

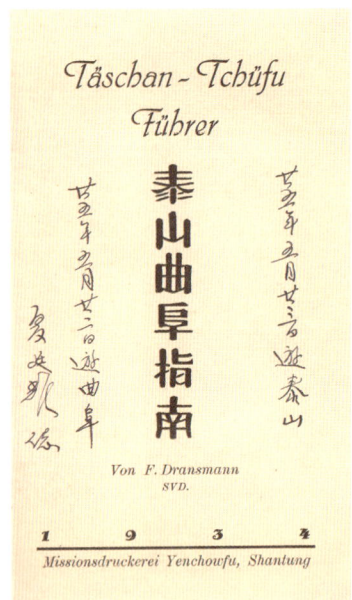

Täschan-Tchüfu Führer,
T'aishan-Küfow Guide
泰山曲阜指南（封面和插图）
［德］董师冕编著
德文　英文　中文
不分卷　一册
民国二十三年（1934）
兖州天主堂印书馆排印
铅印　纸本　平装
开本：18.4×11.8（cm）
368 页
照片 280 幅

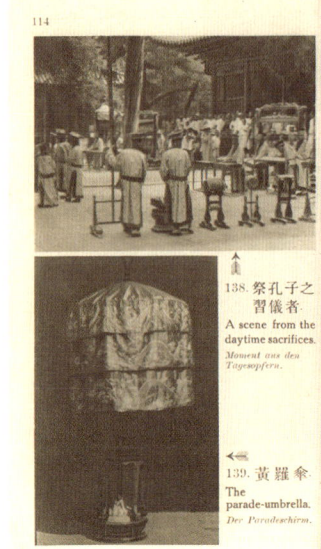

十里不同俗，百里不同话，丰富多彩的中国文化，让过着刻板乏味生活的传教士们，看得津津有味，兴致盎然。德国圣言会传教士葛米福①为自己拟订了一个很好的研究课题：鲁南丧礼。仅从这个课题的立意看，葛神父应该是位兖州教区本堂神父之类的中层神职人员。他每日生活在普罗大众中间，又时常需要为教友做终傅，日久天长积累了一些中国人的丧葬习俗知识。又因是在本地任神职，他自然不会奢谈更遥远的地方发生的事体。

民国二十一年（1932），兖州天主堂印书馆出版了葛米福的 Der Totenkult in Südschantung（《鲁南丧礼考》）。这部德文书分六十篇，记述山东南部地区民间白事习俗。"阴间观念""寿衣""灵床""灵床朝向""守灵""指路""烧纸""烧到头轿""照尸灯""影身草""噙口鱼""绊脚索""鸡鸣枕""恶狗庄，猴子山，蚂蚁山""过金桥""往外送""灵棚""孝衣，孝服""孝鞋""哀杖""泼汤""孤独""出映""吊孝""随葬品""入殓""截尸""躲棺钉""棺饰""发引""静坟""接魂""饯行""供祭""辞灵""盘缠""开光""送路""渡桥""放施食""末祭""风水""设货，打路鬼""迁丘""猪羊大祭""丧架子""丧宴""闯棺""摔老盆""路祭""招魂""闯林""扫财""灵牌""圆坟""驱魔咒语""神路""坟茔和位置"等。

《鲁南丧礼考》可不是简单的名词解释，每项下都对礼仪有详细描述，有时还跳出话题，引申出人们如此讲究的原因。比如，"灵床朝向"，当地有不同说法：头朝东，睡得甜；头朝东，年不空；头朝东，死一坑等。如"烧纸"：阎王好见，小鬼难缠。如"鸡鸣枕"：死人头前一只鸡，光会打鸣不会飞；死人一时迷了路，鸡叫一声把路提。如"随葬品"：头顶金，脚跐银，辈辈儿孙不受贫。如"开光"：开耳光，听四方；开眼光，观八方；开鼻光，闻五香；开嘴光，吃猪羊；开手光，拿得准；开心光，好亮堂；开脚光，走四乡。

现有关于鲁南丧礼的资料不少，都不及葛米福神父记述得全面细致。为了更形象地解释这些风俗，作者随文附配三十九幅插图。

薛田资神父还有两部关于鲁南历史文化的著作，一是光绪二十八年（1902）撰写的 In der Heimat des Konfuzius, Skizzen, Bilder und Erlebnisse aus Schantung（《孔子故里》），出版者是圣言会总部斯泰尔的传教印书局（Druk und Derlag der Missionsdrukerei Steyl）。此书用花体字排印，阅读起来非常吃力，另有八十四幅照片和插图，甚为精美。另一是光绪三十三年（1907）撰写的 Beiträge zur Volkskunde Süd-Schantungs（《鲁南民俗》），出版者是德国莱比锡的 R. Voigtländers Verlag。此书收集的资料非常精彩，价值不亚于禄是遒、戴遂良、彭嵩寿、艾伯华等人同类著作，惜非中国本土出版，不展开叙述，仅展示部分插图以飨读者。

兖州天主堂印书馆民国二十四年（1935）出版有一部学术著作 Von Urmenschen zur Hochkultur（《汉族文明进化史》），作者霍尔曼的来华背景和学术方向与赫德明、罗赛等人完全不同。

民国十一年（1922）德国圣言会获得陇西代牧区（凉州教区）管理权后，陆续派遣传教士到中国，

---

① 葛米福（Lambert Manuskript Kalff, 1880—1962），德国人，1901年入圣言会。光绪三十年（1904）来华，光绪三十四年（1908）晋铎。1951年回国。

Der Totenkult in Südschantung
鲁南丧礼考（封面和插图）
［德］葛米福撰
德文
六十篇　一册
民国二十一年（1932）
兖州天主堂印书馆排印
铅印本　纸本　精装
开本：22.5×15（cm）
109 页
插图 39 幅

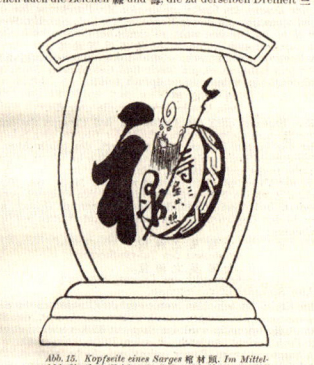

• 孔子故里 •

In der Heimat des Konfuzius，Skizzen，Bilder und Erlebnisse aus Schantung

孔子故里（封面和内页）

［德］薛田资撰

德文

八章 一册

1902年斯泰尔传教印书局排印

铅印本 纸本 精装

开本：23.3×16.3（cm）

286页

Beiträge zur Volkskunde Süd-Schantungs
鲁南民俗（封面、内页和插图）
［德］薛田资撰
德文
四章　一册
1907 年 R. Voigtländers Verlag 排印
铅印本　纸本　平装
开本：28.2×20（cm）
116 页
插图 19 幅

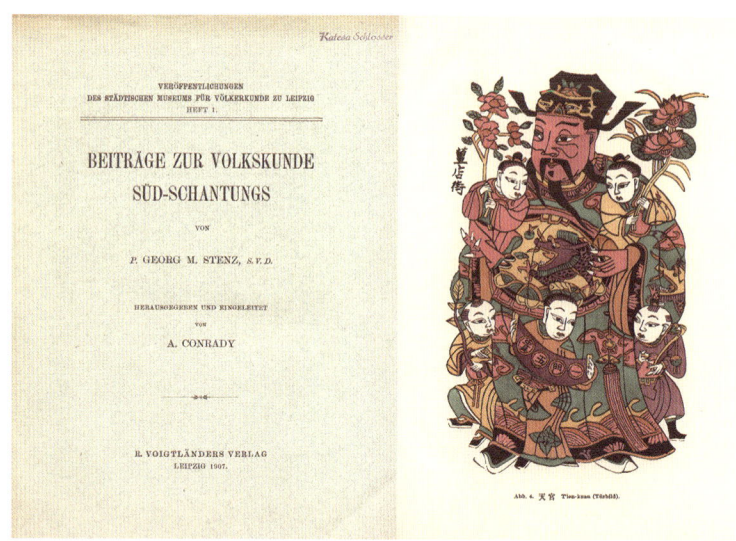

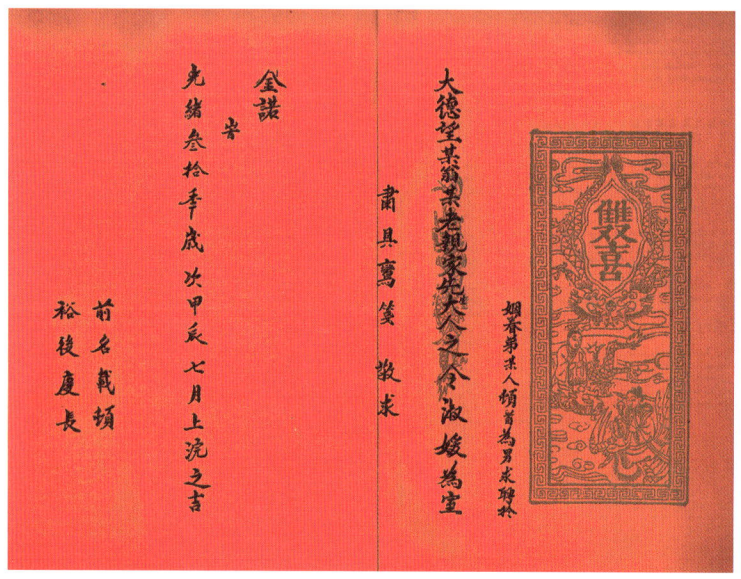

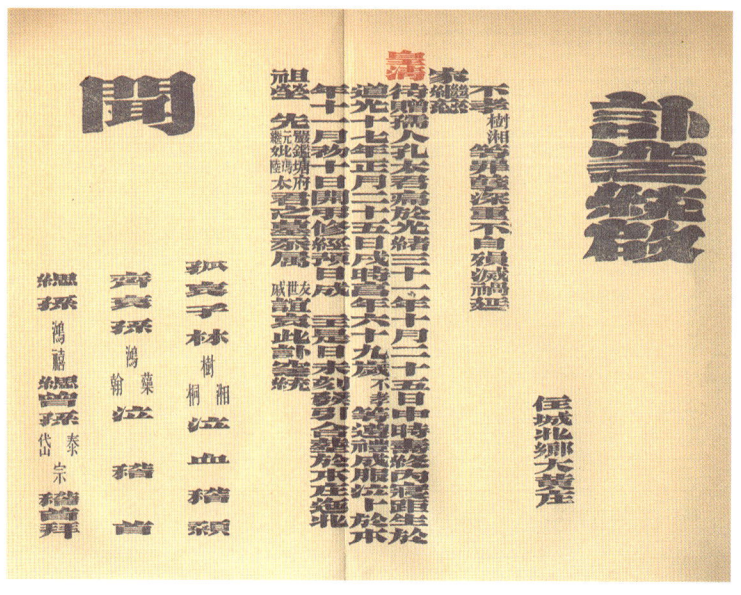

深入甘肃、青海、新疆等地，建立了三十个传教点。这些传教士里有民族学家、人类学家，如山道明[①]和费惠民[②]等。传教只是他们工作的一小部分，他们的兴趣主要在藏区的人文地理和风土人情上。这项派遣活动持续到1953年，三十年里派遣团出了九十名德国藏学家，其中最有成就者就是霍尔曼。

霍尔曼（Matthias Hermanns，1899—1972），德国圣言会士，民国十八年（1929）来华，在青海湖一带传教；民国三十六年（1947）回国。为第二次世界大战后德国的藏学领衔者。他一生发表了十二部论著，多数是研究西藏问题的。三十年代末，他曾在一个名叫祁家川的村子，见到过刚刚完成的"灵童转世"仪式，当时"灵童"尚未坐床。这位"灵童"就是后来成为十四世达赖喇嘛的四岁男孩拉木登珠。他记述这个孩子家庭条件不错，说着一口青海当地方言，当时根本不知道什么是西藏，只知道祁家川。[③]与十四世达赖的这次见面可能是霍尔曼后来在藏区做研究工作最便捷有效的"护照"。

这里需要特别说明，1959年之前，西方学界对藏传佛教基本持负面看法，不论是进入西藏比较早的英国探险家，还是对西藏事物情有独钟的德国传教士，大都认为西藏的政教体制以及藏传佛教某些非常规的祭祀方法与现代文明相悖，他们早年的著作对西藏的了解多出于猎奇之心，少有赞美之辞，甚至很难找到正面评价。这种成见从霍尔曼开始略有改观，他不喜欢他的藏学前辈和同事全盘否定藏文化的态度，遇到争论时总是提醒研究藏学的德国后辈"藏传佛教丛弊有善"，言外之意，不能只看到西藏传统的负面。这居然成为他最常被引用的名言，个中隐喻，耐人寻味。

霍尔曼主要论著还有 *Schöpfungs und Abstammungsmythen der Tibeter*（《创世记——西藏原始宗教思想》，1946）和 *Mythen und Mysterien，Magie und Religion der Tibeter*（《佛法和神师——藏传佛教》，1956）。霍尔曼藏学研究的卓越成果是将藏族英雄史诗《格萨尔王传》译成德文 *Das National-Epos der Tibeter Gling König Ge Sar*，Verlag Josef Habbel（1965）。

他还有一些研究中国历史文化的论著，以《汉族文明进化史》为代表。霍尔曼构思他的《汉族文明进化史》本来是两部，第一部，*Chinas Ursprung*（《汉民族的起源》），第二部，*Chinas Entwicklung*（《汉民族的发展》），从现有资料看，霍尔曼只完成或仅出版了第一部。

霍尔曼神父在导言里说：

中国人如同经年累月漂泊于茫茫大海的轮船上，偶尔也会靠岸，他们又本能地把自己关在封闭的码头上。中国人心灵暧昧和奸诈。军阀和特权阶层统治着四万万劳苦大众，强征暴敛而发财的人以及强盗和兵痞为其帮凶，贫苦百姓和仍生活在原始状态的人们日复一日地忍受奴役。远东与西方世界真是天壤之别。精神的灭失和道德的沦丧使这个世界只剩下卑鄙龌龊了。不论商贾还是买办统统沉湎于物欲不可

[①] 山道明（Dominik Gerhard Schröde，1911—1972），德国人，圣言会士，民族学家。民国二十七年（1938）来华，在青海任神职，民国三十四年（1945）获辅仁大学硕士学位。后长期生活在青海互助土人居住区。1949年回国，在弗莱堡大学和法兰克福大学攻读博士学位。1960年在日本名古屋南山大学从事日本原住民和中国台湾少数民族研究，著有《知本卑南族的出草仪式：一个文献》等。
[②] 费惠民（Johan Frick，1903—2003），德国人，圣言会士。民国二十年（1931）来华，在甘肃南部和青海任神职。著作多涉及当地社会、宗教、民俗等。1952年赴台湾。
[③] 参见 Matthias Hermanns，*Mythen und Mysterien，Magie und Religion der Tibeter*（《佛法和神师——藏传佛教》），Cologne，B. Pick，1956。

Von Urmenschen zur Hochkultur
汉族文明进化史（封面、扉页和插图）
［德］霍尔曼撰
德文
一卷 一册
民国二十四年（1935）
兖州天主堂印书馆排印
铅印本 纸本 平装
开本：23.2×15.5（cm）
316 页
照片 124 幅

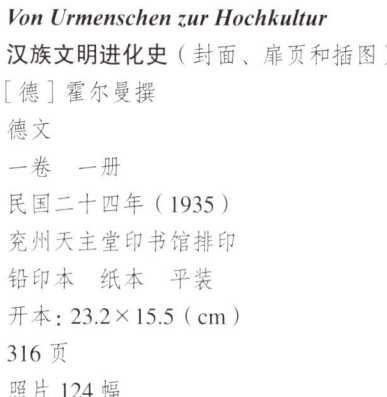 汉人

 汉人

 汉人

 西番人

 蒙古人

 土人

 穆斯林

 满族

 苗族

自拔。贪婪的欧洲商人在他们黄皮肤同行面前倒显得颇有文化了，显而易见，古老文化反而相形见绌。古老文明被钉上一文不值的标签。

历史很丰满，现实很骨感。面对耳闻目睹的现实，霍尔曼神父阅读了辜鸿铭等中国文人的一些著作，启发他静心学习中国古典文献，研究中国历史，目的是从历史的角度看待和理解中国人。正如他对藏文化所言"藏传佛教丛弊有善"类似，他对汉文化的概括是"由原人而高尚底文化"。

《汉民族的起源》分为九章，第一章"中国编年史"，第二章"古代中华文明发端地"，第三章"古代中国政治体制"，第四章"家族关系"。

第五章"经济活动"，介绍了"房屋""手工艺""兵器""服饰""雇佣""畜牧""耕作""贸易""狩猎和渔业""妇女家作""诗歌""学术和艺术"。

第六章"宗教和文化"，第七章"史前中国"，第八章"中国上古先民时期的苗人"，第九章"中国文化的肇始"。

霍尔曼在他的著作里选用了自己在中国各地拍摄的十二组一百二十四幅照片，十二组分别是："汉人"（Chinesen）、"西番人"（Si-Fän）、"春节"（Frühlingsspiele）、"蒙古人"（Mongolen）、"祭天"（Schang-di Opfer）、"土人"（Tu-jen）、"穆斯林"（Mohammedaner）、"满族"（Män-dschu）、"史诗传诵者"（Prähistorik：Paläolithikum）、"新石器时期遗址"（Neolithlkum）、"苗子"（Miau-dse）、"甘肃的汉人模样"（Chinesinnen-Typen aus Kan-su）。这些照片与那个时代来华旅游、探险、采风等洋人们拍摄的照片虽无大不同，但是从选择的拍摄角度可以看出霍尔曼的良苦用心。

霍尔曼选择以孔子画像作为《汉族文明进化史》的封面。不过我们从他的著作里，似乎并没有看出他对于中国现状纠结的感受是如何解脱的。

文化殿堂

> 我们希望在中国人民的眼里,天主教会并不是他们的敌人,而是他们在本民族语言、传统、古典文学等方面的朋友。
>
> ——英敛之

出于对"以学兴教"的期待，天主教和新教无不把在华办学放在传教工作的重要位置。到五四运动那年，新教在华已经开办的大学有燕京大学、北京协和医学院、齐鲁大学、金陵女子大学、金陵大学、东吴大学、沪江大学、圣约翰大学、之江大学、福建协和大学、岭南大学、雅礼大学、文华书院、武昌博文书院、华西协和大学等。

相对新教，天主教在华办学开拓步伐比较扎实，其一百年间在华开办的大学只有上海震旦大学、北京辅仁大学、天津工商学院。前两所都与马相伯有密切关系。

早在民国元年（1912），马相伯和英敛之鉴于天主教在中国仅有一所大学，上书教宗庇护十世，请派才高德硕之教士来中国北方创设公教大学，此议因第一次世界大战而废。民国二年（1913）英敛之在北京香山敬宜园自行创办"辅仁社"，因经费拮据仅维持了一年。民国八年（1919）马相伯和英敛之向教宗来华代表再议在北京创办高等学校，民国十一年（1922）罗马教廷授权美国本笃会来华举办 Peking Catholic University（北京公教大学），教廷资助十万美金作为开办费。民国十四年（1925）英敛之购置北京西城定阜大街涛贝勒府为校址，并先期在王府西书房成立大学预科，取名"北京公教大学附属辅仁社"（McManus Academy of Chinese Studies），奥图尔[①]任校长，英敛之担任社长。次年初英敛之因肝癌逝世，陈垣继任辅仁社社长。民国十六年（1927）辅仁正式开设大学课程，在民国政府教育部正式注册登记中文名字为"私立北平辅仁大学"，奥图尔任校务长，陈垣任校长。

民国二十二年（1933）由于世界经济危机，设于美国的辅仁大学基金的资产贬值，美国本笃会难以为继。教廷乃改派圣言会接办，圣言会派人出任监督和校务长。圣言会山东区会长舒德禄[②]神父及鲍润生神父来北京正式办理移交手续。圣言会自从福若瑟和安治泰于光绪八年（1882）到达山东，在曹州府、兖州府、沂州府和济宁直隶州苦心经营五十年后，终于有机会走出山东，从本笃会手里接收了北平辅仁大学的管理权。

恰恰由于圣言会的德国背景，在日军侵占北平时期，美欧籍教授几乎全部撤离或者被关进日军集中营的情况下，辅仁大学不但没有南迁，还有所发展，一跃成为华北地区最重要的高等学府。

二十世纪四十年代，辅仁大学编辑出版过"辅仁大学丛书"，这套丛书反映了辅仁大学学术特点，但只出版了第一辑八本：《中西交通史料汇编》（张星烺[③]，排印本）、《吴渔山先生年谱》（陈垣，刻本）、《旧五代史辑本发覆》（陈垣，刻本）、《天壤阁甲骨文存》（唐兰，影印本）、《释氏疑年录文存》（陈垣，刻本）、

[①] 奥图尔（George Barry O'Toole，1886—1944），美国人，美国本笃会会士。中国辅仁大学筹备初期第一任校长（后改称校务长，即代表教会派驻辅仁的最高长官，圣言会接管后仍沿用此体制）。
[②] 舒德禄（Theodore Schu，1892—1965），德国人，1906年入圣言会，1916年晋铎。同年（民国五年）来华，曾任兖州教区副主教、圣言会山东区会长，民国二十五年（1936）起任兖州教区主教。1952年卦菲律宾，1955年回德国。
[③] 张星烺（1889—1951），字亮尘，江苏泗阳人，历史学家，先后在厦门大学、北京大学、辅仁大学、清华大学、北京师范大学、燕京大学任教。

《明季滇黔佛教考》（陈垣，排印本）、《广韵声系》（沈兼士，影印本）、《南宋初河北新道教考》（陈垣，排印本）。其中《吴渔山先生年谱》和《释氏疑年录文存》两部刻本又同时列入陈垣先生自己的"励耘书屋丛刊"。

陈垣（1880—1971），字援庵，广东江门新会人，历史学家。受好友英敛之和马相伯影响，他一度十分接近天主教，还曾允诺二人撰写一部中国基督教史。民国六年（1917）他的史学成名作《元也里可温教考》完成。他认为，中国基督教初为唐代的景教，依次为元代的也里可温教、明代的天主教、清以后的耶稣教。所谓"也里可温"，是元代基督教的总称。元亡，也里可温就绝迹于中国。但对于宗教史来说，它又是世界宗教史的一个组成部分。他这一著作不但引起中国文学界的注意，也受到国际学者和宗教史研究专家的重视。从那以后他陆续完成《南宋初河北新道教考》《开封一赐乐业教考》《火祆教入中国考》《摩尼教入中国考》《明季滇黔佛教考》《清初僧诤记》《中国佛教史籍概论》等有关宗教的学术论著。

《吴渔山先生年谱》，陈援庵考证明末大画家、天主教徒吴历生平的著作，两卷，附"墨井集源流考"一卷。吴渔山年谱不少，陈援庵后作的特点是通过吴历画作的题跋，偏重考证传主与当朝名士王士禛等人的往来。

《释氏疑年录》，一部检索历史上僧人生卒年的工具书。其特点是：收罗齐全，较少缺漏；考订辨伪，比较详尽；所录僧人，统一在名字前冠以地名、寺名。同时，在每个僧人下，列出与此人有关的基本史籍，为研究者提供了方便。

《清初僧诤记》三卷十章：卷一"临济与曹洞之诤"，卷二"天童派之诤"，卷三"新旧势力之诤"。主要叙述法门中故国派与新朝派之争，虽为宗派争执，却反映了清初政治斗争。

《南宋初河北新道教考》四卷：卷一"全真篇上"，卷二"全真篇下"，卷三"大道篇"，卷四"太一篇"。陈援庵先生整理了新发现的宋代道教文献，撰写了这部历史专著。

《开封一赐乐业教考》，民国八年（1919）写成。"一赐乐业教"，中国古代对聚居河南开封犹太人信奉的犹太教的专称。"一赐乐业"是希伯来文 yiśrā'ēl 的古音译，即以色列。开封一赐乐业教在明清时所立的三座寺庙，有碑文，但是学术界对其何时传至

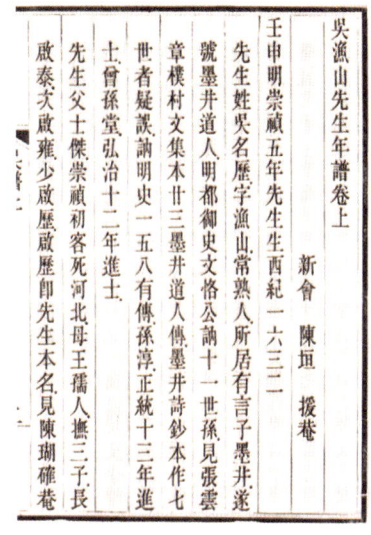

吴渔山先生年谱（内页）
陈垣撰
两卷附一卷　一册
"辅仁大学丛书"第二种
民国二十六年（1937）
辅仁大学出版　励耘书屋辑刻
刻本　纸本　筒子页　线装
十行二十一字小字双行同
白口四周双边单鱼尾
开本：29×17.5（cm）
半框：17.5×13（cm）
58页
插图1幅

中国说法不同。陈垣试图证明开封犹太教非宋以前所至，汉文典籍对犹太教的记载始见于《元史》，元以前无征。文中还详细考证了该教与回教之异同、教中人物之大略、寺宇的沿革、经文的内容和源流。《开封一赐乐业教考》正文十八章，有卷首假序，介绍《重建清真寺记》《尊崇道经寺记》和已佚的《重建清真寺记及碑阴题名》。书末有清末民初学者叶瀚①作《一赐乐教碑跋》。

《雍乾间奉天主教之宗室》，陈援庵先生撰于民国二十年（1931），发表于《辅仁学志》第三卷第二期，上下两编。

上编"苏努诸子"，考述清太祖努尔哈赤之四世孙苏努史事迹，确证其五个儿子（书尔陈、苏尔金、库尔陈、乌尔陈、勒什亨）信奉天主教的缘由和终果。

下编"简亲王德沛"，德沛为清显祖塔克世之五世孙，镇国公。陈援庵先生认为，从史料无法证信德沛奉教，但是从德沛留下的著作分析，他的"性理学说"追随利玛窦《天主实义》，他在《实践录》中的"格致学说"也受汤若望影响很大，他的《讲学录》中一再谈及"辟妄学说"是延续徐光启的观点。由此，陈援庵先生结论："圣教史略谓某宗室曾奉天主教，而推崇德沛者谓其宜祀孔庭，似乎凿枘不合。然自利玛窦以来，有以天主为中心，儒家面目者矣，亦犹宋明儒之心儒貌云尔。况从表面观之，虔诚之天主教徒，与践履笃实之道学家，恒无以异也。"

辅仁大学还出版过一些相当有学术影响力的著作和古籍整理作品：利玛窦的《明季之欧化美术及罗马字注音》，方壮猷的《室韦考》，梁启超的《清代学者整理旧学之总成绩》和《中国近三百年学术史》，张溥的《汉魏六朝一百三家集题辞》，孙人和的《宋词选》，余嘉锡的《宋江三十六人考实》和《古籍校读法》，余逊的《早期道教之政治信念》，陈奇猷的《韩非子集释删要》，林传鼎的《唐宋以来三十四个历史人物心理特质的估计》和《字相的实验研究》，德国人伍尔夫（P. T. Wulf）著、王普译《原子物理学入门》等。

民国二十九年（1940）底，叶德礼②教授倡议在辅仁大学创办东方人类学博物馆（Museum of Oriental Ethnology），馆址设在北平恭王府，研究定位为"远东各民族及其相互关系"。东方人类学博物馆是继中央研究院民族博物馆、华西大学博物馆、中山大学考古文物工作室等之后，我国在人类学领域的新的研究机构。该博物馆组织考古学、民族学野外考察和文物标本搜集，我国有些民族学家、人类学家出自这个摇篮。

东方人类学博物馆于民国三十一年（1942）创办 Folklore Studies（《民俗学志》），这份杂志在大陆出版了前七卷，第八卷和第九卷在日本印刷，后来落脚于台北，继办到1962年，前后共二十一卷。

对民间歌谣的重视和研究是近代新文化运动的伴生物。陈独秀的"国民文学"、胡适的"白话文学"，无不强调民间歌谣是文学的"源泉活水"。文学大家周作人、刘半农、沈尹默、郑振铎、刘大白、俞平伯

---

① 叶瀚（1861—1936），字浩吾，浙江仁和（今杭州）人，留学日本，学习师范教育。光绪十九年（1893）投张之洞，在湖北自强学堂任教，光绪二十八年（1902）与蔡元培、章太炎等发起成立中国教育会，民国十二年（1923）参加北大考古学会。有集《晚学庐丛稿》。
② 叶德礼（Matthias Eder, 1902—1980），奥地利人，中学毕业后加入圣言会，1930年晋铎，同年到日本。民国二十七年（1938）来华，任辅仁大学教授，主编 Folklore Studies（《民俗学志》），同时任《华裔学志》编委。1950年赴日本。

等人，成立同仁会社，创办歌谣刊物，做了大量征集、整理和研究工作。歌谣研究是新文化运动的主题之一，是民国新文学最活跃的题目。在华传教士受到周围文化气氛的影响，也对中国歌谣产生浓厚兴趣，如田清波搜集鄂尔多斯口述文学，彭嵩寿撰写土默特民歌笔记，古纯仁在川滇藏区采风，他们的研究成果有着难以替代的历史贡献。他们对中国文化某些方面的研究比中国自己的学者要全面、细致，源于他们研究使用的现代科学方法和他们的专业精神。

《民俗学志》第四卷有叶德礼撰写的 *Das Jahr im Chinesischen Volkslied*（《中国岁时歌谣》）。叶德礼教授四方采风，行迹遍及半个中国，搜集江苏、福建、广东、湖南、河北、陕北、北京、东北等地方歌谣，对其中有关岁时歌谣进行整理、翻译成德文、注释，于民国三十五年（1946）辑册出版。《中国岁时歌谣》分四卷。

第一卷"节日"（Feste）：一、春节（Neujahr），二、清明节（Besondere Tage im Feühling），三、龙舟节（Drachenbootfest），四、中秋节（Mittherbst Fest），五、重阳节（Der 15. Tag Des 7. Une Der 9. Tag Des 9. Monates）。

Das Jahr im Chinesischen Volkslied
中国岁时歌谣（封面）
［奥地利］叶德礼撰
德文
四卷　一册
民国三十五年（1946）北平辅仁大学出版
铅印本　纸本　平装
开本：26×18.3（cm）
160页

【塞北歌谣】
新年喜，新年里面唱大戏。
请朋友，叫亲戚，天堂上，搬筵席。
红灯结彩花世界，爆竹声声启新意。

第二卷"劳作"（Arbeit）：一、耕种（Anbauarbeit），二、播种（Das Werden Der Saat），三、收获（Ernte），四、耕者所思（Gedanken Über Bauernstand und Landarbeit），五、佃户歌谣及其他（Hirtenlieder Uns Anderes），六、晚秋和冬季（Spätherbst und Winter）。

【江苏歌谣】
燕子来，好种田，鸿雁来，好过年。
一年辛苦一年粮，省来拿去丸钱粮。
若使年成收不好，一条老命送监房。

【福建歌谣】
端阳有雨是丰年，芒种闻雷美亦然。
夏至风从西北起，瓜蔬园内受煎熬。

【东北歌谣】

种田钱，万万年。

做工钱，后代延。

经商钱，三十年。

衙门钱，一蓬烟。

第三卷"四季嬗变"（Der Wechsel Der Natur）：一、春季（Frühling），二、夏季（Sommer），三、秋季（Herbest），四、冬季（Winter）。

【湖南歌谣】

一年去了一年来，又见梅花带雪开。

梅花落地成雪片，开窗望雪待郎来。

第四卷"节气歌"（Die Jahresabschitte und Monate）：一、一年四季十二月劳作的自然气候和风俗（Wetter Arbeit, Natur und Brauchtum in den Vierundzwanzig Jahresabschnitten und Zwölf Monaten），二、月份时气（Die Zwölf Monate und Menschenschicksale），三、四季时光（Die Vier Jahreszeiten）。

【浙江歌谣】

正月正，正告癞头捉苍蝇；二月二，二告癞头拿根棒；

三月三，三告癞头过溪滩；四月四，四告癞头做本戏；

五月五，五告癞头做端午；六月六，六告癞头生痱毒；

七月七，七告癞头洗头虱；八月八，八告癞头缺一跌；

九月九，九告癞头做缸酒；十月十，十告癞头作田缺。

《中国岁时歌谣》共收录二百三十一首歌谣，虽说未必都是精品，却实实在在集结成那个年代篇幅最大的一本中国民谣。叶德礼教授的工作的最大价值是把这些歌谣作为汉学研究的一部分介绍到西方，并对歌谣中所涉中国风俗作了详细的解释，在这一点上，早前传教士们多把中国传统中不符合天主教价值观的东西斥为迷信。

出版纯学术著作是大学学术独立性的标志，但出版这些书籍不仅耗费办学经费，还占有学校许许多多资源。因而做这些事情必须与学校当局的理念、想法、追求相一致。

上海的震旦和北京的辅仁继承天主教在华传统，无不重视出版。但是不论震旦还是辅仁，与土山湾、胜世堂、救世堂这类教会专业出版机构不同，它们出版的书籍基本上与天主教没有直接关系，一般只出版世俗的科学著作、学术著作，显示的是大学在思想文化上的独立性。

相伯老曾为学校规定了三条原则：崇尚科学、注重文艺、不谈教理。

英敛之在致陈垣的信中说：当这所大学正式开学后，我们希望您能担任中国文学、历史的教授；我们希望在中国人民的眼里，天主教会并不是他们的敌人，而是他们在本民族语言、传统、古典文学等方面的朋友。

陈垣复函提出辅仁大学办学的根本宗旨：其一，发展中国固有之文化，介绍世界科学新知识，以示公教之公；其二，辅仁大学的办学方法是大胆吸收和重用教外的中国著名学者，重视国文和中国本土学术文化的研究。

中国的天主教绘画艺术大致分为三个阶段：

第一阶段（1583—1826），利玛窦打开中国传教大门，他编写的《西字奇迹》里的圣像画赢得宫廷内外的关注。明末清初追随利玛窦来华的传教士艾儒略、汤若望等人模仿欧洲画作镌刻的有像福音读本，系统地介绍了耶稣圣迹故事；郎世宁等人有幸进入宫廷，将西洋绘画艺术带到中国，为了适应中国人的审美观念，他不得不改变自己的绘画技巧和绘画风格。洋教士们的创作活动大多在紫禁城内以及为教堂做装饰，然其作品对民间画家还是有一定影响的，比如董其昌及其弟子就有一些作品模仿"洋画"。同时期还有以吴渔山为代表的早年皈依天主教的画家，或接近天主教的画家，其画风仍然对中国传统不离不弃，只是信仰的嬗变导致意境有所变化。

第二阶段（1842—1912），土山湾画馆的中西融合。刘必振斩岸堙溪，带领画馆走上"中兴"之道。初始是绘画艺术上的"洋泾浜"，逐步强大到形成"海派"。土山湾的绘画作品绝大部分用于宣教图书，也常见于全国各地教堂的装饰，间或有少量月份牌之类实用作品。土山湾绘画学校引入、推广西方版画和油画艺术，对中国绘画艺术的"世界化"做出了不可磨灭的贡献。

第三阶段（1925—1941），民国中期，天主教在中国艰难地推行"本土化"策略，在艺术领域的表现是涌现出圣像画"本土化"尝试。圣母圣心会狄化淳神父推广的天主教绘画艺术，以其通俗易懂、大众喜闻乐见的形式，唯美地表现了耶稣基督的故事和天主教基本教义。以陈缘督领衔的"辅仁画派"，其直观特点是在中国绘画艺术中添加了一些西洋绘画的表现方法，实质上是西洋画表现技巧与中国传统绘画表现手法的融合，这些基督教题材作品中的人物，如耶稣、圣母、使徒等，都是以东方人的面孔和端仪呈现。梵语唐言，采福音的历史，讲中国的故事。

陈煦（1902—1967），字缘督，号梅湖，教名路加，广东梅县（今梅州市）人；学者、画家。陈缘督自幼习画，擅长中国画，尤长仕女画。民国六年（1917）离开家乡赴北平，从金北楼①学画。民国十二年（1923）入中国画学研究会，民国十五年（1926）参与创办湖社画会，任副干事长，此期间有《桐荫抚琴图》《无量寿佛图》《试马图》等重要作品。民国十九年（1930）任职辅仁大学教育学院美术系教授，讲授人物画课程。民国二十一年（1932）圣诞节，受洗入教。民国二十九年（1940），和陆鸿年参加邓以蛰②发起成立的"中华全国美术会北平分会"。历任国立北平艺术专科学校、京华美术专科学校、辅仁大学美术系、北京艺术师范学院、中央工艺美术学院等校教授。在中国基督教发展史上，陈缘督被誉为教会绘

---

① 金北楼（1878—1926），名绍城，字巩伯，号北楼，又号藕湖，浙江吴兴（今属湖州）人。出身书香门第，自幼喜爱绘画，山水花鸟皆能，兼工篆隶镌刻，旁及古文辞。宣统二年（1910）创立中国画学研究会，担任会长，民国九年（1920）发起成立湖社画会。著有《藕庐诗草》《北楼论画》《画学讲义》。
② 邓以蛰（1892—1973），字叔存，安徽怀宁人。出身翰墨世家，清代书法家和篆刻家邓石如的五世孙。美学家、美术史家和艺术理论家。

耶稣圣诞
陈缘督绘
民国十四年（1925）
中国画

耶稣降福孩子们
陈缘督绘
民国中期
中国画

画领域的开路人。

民国十四年（1925），刚恒毅在北平参观了陈缘督的个人画展后邀请他来到宗座代表公署，跟他谈及耶稣和圣母，给他诵读《圣经》，展示几幅意大利早期画作和一些宗教艺术品供他参考。几天以后，陈缘督画了一幅表现圣母和圣婴的作品《耶稣圣诞》，面请刚恒毅指点。这幅画采用中国传统表现手法，刚强的松柏、富贵的牡丹，而成熟的透视效果体现作者西洋绘画的功底。他的画作得到刚恒毅的赞赏，推荐刊载在一些教会杂志上，这是陈缘督个人圣像画创作的起点，也是中国天主教新画派的开端。陈缘督这样剖白自己的心路变化：

> 当我依照中国艺术的古老法则描绘基督教奇迹寓言的时候，我相信，所表现的对象在客观视觉上予人新颖和未知的影响，与此同时，在一个明显的程度上我也在丰富古老的艺术法则……如果，我能依照中国艺术原理通过画面表现我们神圣的教义，并且依靠这种如此习以为常的方法吸引同胞靠近上帝去认识，为什么我不从事这一有益和令人愉悦的事工呢？①

民国三十六年（1937）陈缘督在辅仁大学举办的天主教美术展览会开幕式上，概括自己的创作理念时说，中国绘画的价值并不在于它外在的形式，而在于它能表现艺术家的思想。中国艺术是象征的和主观的，这与造型或写实派完全不同。所以中国画是会心的，但是画家能用他的笔，表现出他的风味与技巧，因此画家与画匠是不能混为一谈的。不过一般画家对宗教题材不太感兴趣，因为中国画家多半都眷恋中国历史与小说的题材。但是过去佛教与道教都曾有过杰出的画家和画派，因此我们天主教画家，实可以借鉴这些老前辈。

---

① Daniel Johnson Fleming, *Each with His Own Brush: Contemporary Christian Art in Asia and Africa*, Friendship Press USA., 1938, p. 13.

刚恒毅在《基督宗教艺术在中国》一文里评价道，陈缘督国画方面的着色非常精巧，构图非常坚定，尤可欣赏的是他的画作充分表现了精神和诗意的才赋，他用线条谱写了旋律，他用色彩构成了乐章。

王肃达（1910—1963），字赞虞，笔名墨浪，北京人；先祖于十八世纪末由浙江迁栖北京，这个信奉佛教的大家族有七十余人，恪守严格的宗法家规。其父是中医。王肃达十二岁跟随徐燕荪①学习中国画人物画。民国二十二年（1933）成为湖社画会成员，是年秋，应陈缘督邀请加入辅仁大学美术系。民国二十三年（1934）他的第一幅画作参加了辅仁大学圣诞节绘画展。民国二十五年（1936）毕业后曾任辅仁大学美术系和辅仁中学教员。民国二十六年（1937），王肃达力排众议皈依天主教，教名乔治，从此他全身心投入圣像画创作。民国二十八年（1939）王肃达受河南新乡教区主教米干②神父邀请赴新乡为当地教堂绘制三十五幅基督题材系列绘画。三年后返回辅仁大学，继续从事教学和创作工作。

耶稣复活后显身玛达利纳
王肃达绘
民国二十五年（1936）
中国画
高 100（cm）

贤哲来朝
王肃达绘
民国三十六年（1947）
中国画
高 125（cm）

王肃达圣像画里关注度比较高的有《梅花下的圣母》和《耶稣复活后显身玛达利纳》，评论家认为这两幅画充分表现出中国绘画的古典美；还有《吾主耶稣》，淡然、和蔼、儒雅的长者形象很容易被受儒家文化熏陶的中国人肯定和接受。

徐济华（1912—1937），河北大兴人，出身贫寒。中学毕业后入辅仁大学美术系，成为陈缘督学生，在圣像画创作上颇有天赋。民国二十一年（1932）皈依天主教，教名弗禄（嘉禄，Carlo）；民国二十四年（1935）毕业于辅仁大学美术系。可惜二十五岁英年早逝，赍志而没。

陆鸿年（1919—1989），江苏太仓人，出身于书香门第。祖父

---

① 徐燕荪（1899—1961），原名徐存昭，别名徐操，号霜红楼主，斋号霜红楼、寒水堂、归燕楼等，河北深县（今深州）人。擅长中国画。
② 米干（Thomas Megan，1899—1951），美国人，1920 年入圣言会。民国二十五至三十七年（1936—1948）任中国河南新乡教区主教。

湖中圣训
徐济华绘
民国二十四年（1935）
中国画

最后的晚餐
徐济华绘
民国中期
中国画

陆宝忠（1850—1908），字伯葵，清末教育家；光绪二年（1876）进士，先后授庶吉士、编修等职；十一年（1885），任湖南督学使，后历任少詹事、内阁学士兼礼部侍郎、兵部右侍郎等职；二十六年（1900），出任顺天学政；疏请整顿教育，广设学堂，被朝廷采纳并付诸实施；三十一年（1905），又疏请设立文部，管理自京师大学堂、译学馆以下的各省学堂；主张加强职业教育，多设商、农、工、蚕、林学等科目，使青少年学有一技之长；三十二年（1906），任礼部尚书；三十三年（1907），因御史赵启霖案被革职，复职后不久谢世，谥文慎。外祖父徐郙（1838—1907），字寿蘅，号颂阁，浙江嘉定（今属上海）人；于同治元年（1861）应壬戌年进士试，殿试被赐一甲一名进士第，授翰林院编修，官至兵部尚书、左都御史；光绪二十六年（1900）拜协办大学士、礼部尚书；工诗，善书画。

受到家庭的影响，陆鸿年幼时就对书画颇感兴趣，在中学时拜画家李智超[①]学习山水画技法。民国二十一年（1932），陆鸿年就读于北平辅仁大学艺术专科，在陈缘督等先生的精心培养下，绘画技法日渐成熟。在校期间，陆鸿年对壁画形成兴趣，不仅自己认真研究中国古代壁画知识，还跟从白立鼎[②]教授学习西方壁画艺术。民国二十五年（1936）毕业时，陆鸿年居美术系考试总分之第一名。毕业典礼上，校长陈垣表彰陆鸿年为本届毕业生之"状元"。

毕业后，陆鸿年留校任美术系助教，兼辅仁附中美术教员，后兼任古物陈列所国画研究馆研究员，民国二十八年（1939）师从黄宾虹攻山水画。陆鸿年擅国画工笔重彩人物，尤以仕女画见称。作品构图新颖、笔墨细腻、形象秀美。作品有《盗灵芝》《竹

---

① 李智超（1900—1978），笔名白洋，河北安新人，中国山水画家、美术史论家。代表作品有《林荫瀑布》《散花精舍》《黄山笔架峰》等。
② 白立鼎，奥地利人，辅仁大学美术系教授，讲授西洋画、透视学、水彩画和壁画课程。

溪浣沙》《曲终音韵细推敲》等。

任教期间陆鸿年与徐济华、王肃达等同仁参与了陈缘督带领美术系师生从事基督教艺术本土化的创作，并多次举办圣艺术画展。他们皆熟读《圣经》，矢志于圣艺绘画，风格特征兼工带写、精义传神，为中国文人画传统赋予了新的精神内涵。民国三十二年（1943）陆鸿年皈依天主教。

二十世纪五十年代后，陆鸿年的美术事业主要体现在他对中国传统壁画的保护整理上。1953年后多次去敦煌、麦积山及新疆、山西、河北等地的著名寺庙临摹壁画，尤其是1957—1962年六次率队到山西省芮城的永乐宫，完成了对永乐宫各殿八百多平方米壁画的临摹任务。永乐宫以壁画艺术闻名天下，这里的壁画是我国现存壁画艺术的瑰宝，可与敦煌壁画媲美。永乐宫壁画满布龙虎殿、三清殿、纯阳殿、重阳殿四座大殿内，壁画总面积达1000平方米。这些绘制精美的壁画题材丰富，画技高超，继承了唐、宋以后优秀的绘画技法，又融汇了元代的绘画特点，可以说是汇集了历代壁画之大成，特别是直接继承了唐代宗教壁画的人物造型开放、比例严谨、用笔细致、姿态生动、衣纹畅快、气势雄伟的风格。因此，永乐宫壁画为后人进一步破译中国宗教人物画高峰时期的唐代壁画面貌提供了很好的摹本。1975年陆鸿年还完成了河北磁县北齐高润墓壁画的临摹任务。

参加陈缘督的圣像画计划的还有一些人，有些是他的学生，有些是他的同事，包括邢莲芳、崔鸿仪、黄瑞龙、李鸣远、王呈祥、林保罗、方希圣、詹鹏、王心镜、刘克蕩等人。（下页展示部分人的作品）这些人或许没有皈依天主教，只是作为艺术创作者加入陈缘督的圈子。

雪中圣家
陆鸿年绘
民国中期
中国画

花沐圣母
陆鸿年绘
民国中期
中国画

圣家
邢莲芳绘
民国中期
中国画

通报圣母
崔鸿仪绘
民国中期
中国画

圣母子沐浴
林保罗绘
民国中期
中国画

埋葬
方希圣绘
民国中期
中国画

十四苦像——墓中耶稣
黄瑞龙绘
民国二十八年（1939）
中国画

辅仁大学圣像画选

丝域史迹

> 演西也是西来客,天问曾刊艺海尘。
> 此日若逢山带阁,引书定补鲍山人。
> ——陈援庵

国内外不少学人都将汉学研究的重点放在欧美国家的汉学家及其著作上，其实，在华传教士的汉学研究更有理由成为关注的对象。他们掌握着第一手资料，有着身在西方的"学院派"汉学家们无法比拟的对中国文化的"切身"体验，以及由此带来的感触、思考、判断。或许他们的学历不够耀眼，或许他们的学术血统不够高贵，然而他们在中国文化的古老河流里水击三千，人才辈出。

天主教研究汉学的除了耶稣会在上海的"光启社"和河间献县教区，民国中后期北京辅仁大学的汉学研究也算异军突起。适逢天主教江南教区的诸机构遇到发展瓶颈，略显颓态，陈援庵先生在辅仁大学招兵买马，广招中外贤士，欲把辅仁打造成国际著名的汉学研究基地，体现了当年英敛之和马相伯借孔子"以文会友，以友辅仁"之语命名"辅仁"的本意。

比利时人田清波、爱沙尼亚人钢和泰[1]、德国人艾锷风和谢礼士[2]等国际著名汉学家加盟辅仁，使这所新办大学的实力不可小觑。陈援庵先生筑良巢引来张星烺、沈兼士、英千里[3]等中国知名学者在辅仁执教。为了提高汉学研究的水准，陈援庵先生还时常把自己的好友胡适之、陈寅恪、柯绍忞请到辅仁大学交流点拨学生。胡适之先生代陈援庵校长表达他们的共同愿望，希望"嗣后研究中国学问，须中外学者合作，以补以前各自埋头研究之缺陷，及使世界了解中国文化之真价值"，即是加强辅仁大学中外学者合作，推动国际汉学研究。

立志弘扬汉学是英敛之和马相伯创办辅仁大学的初衷之一，他们在《美国本笃会士创设北京公教大学宣言书稿》里表达过对当时学术界妄自尊大的不满：

今日者，离心离德，几无公是公非之可言。加以党阀纠纷，喧呶夺攘，求其志不为财移，财不为豪劫者盖鲜。天下事，往往千人成之而不足，一人毁之而有余；千日成之而不足，一日毁之而有余，将华夏数千年之文物作用，不但吐弃之，非笑之，甚欲尽绝根株以为快。有心人能不怒焉伤之？最可惜者，粗解旁行，浮慕西法之辈，皮毛是袭，所有家珍，徒供他人之考古，亦可谓不善变矣。本会以之，第欲以效忠于欧者，效忠于亚，矢与有心人共挽此狂澜耳。[4]

辅仁大学最初有《辅仁英文学志》和中文《辅仁学志》两种学术刊物，发表校内外学者各种专业

---

[1] 钢和泰（Alexander von Stael-Holstein, 1877—1937），爱沙尼亚男爵，汉学家、梵语学者。任教于中国北京大学，陈寅恪与胡适都曾从他学习梵文。长期担任哈佛燕京学社驻燕京大学的中印研究所所长。
[2] 谢礼士（Ernst Schierlitz, 1902—1940），德国汉学家，辅仁大学教授兼图书馆主任，中德学会常务干事，《华裔学志》编委。
[3] 英千里（1900—1969），名骥良，出生于北京，满族人，英敛之之子，少年赴英留学，民国十三年（1924）伦敦大学毕业回国，协助父亲筹办辅仁大学，任辅仁大学教授兼秘书长；抗战后任北平教育局局长及社会教育司司长。民国三十八年（1949）赴台，任教于台湾大学、辅仁大学。
[4] 英华、马相伯：《美国本笃会士创设北京公教大学宣言书稿》，载《马相伯先生文集》，北平上智编译馆民国三十六年（1947），第70页。

的学术报告。民国二十三年（1934）主管辅仁校务工作的鲍润生教授建议把《辅仁英文学志》改为汉学研究专业杂志，获陈援庵校长首肯。洋教士们为新刊物起了个拉丁文名字：*Monumenta Serica*，直译"丝域之迹"或"丝域史迹"，意思是把中国文化历史的遗产介绍给西方人。中文刊名《华裔学志》来自陈援庵先生，他解释"裔"字是指远方的人民，"华裔学志"意为中国与远方人民间文化关系的学术研究刊物。定位为"东方研究杂志"（Journal of Oriental Studies）的《华裔学志》于民国二十四年（1935）正式创刊，搭起辅仁大学汉学研究的国际舞台。

《华裔学志》首任主编鲍润生（Franz Xaver Biallas，1878—1936）教授，生于波兰的德国人，1893年入圣言会。他师从德国著名汉学家孔好古①、伯希和学习汉语和藏语，在莱比锡大学获得博士学位，博士论文是 *K'üh Yüan's "Fahrt in die Ferne"（Yüan-yu）. Einleitung, Text, Übersetzung und Erläuter-ung*（《屈原的〈远游〉：导论、文本、译文及阐释》）。鲍润生1905年晋铎，同年（光绪三十一年）别师来华，在圣言会中国大本营兖州教区从事研究工作。民国十四年（1925）到青岛，民国十五年至二十二年（1926—1933）在上海；民国二十二年（1933）到辅仁大学社会学系任教授，回归他所热爱的汉学研究职业。据说他在辅仁讲授的第一课就是屈原的《离骚》。

鲍润生在中国可能只出版过一部著作：*Konfuzius und sein Kult: ein Beitrag zur Kulturgeschichte Chinas und ein Führer zur Heimatstadt des Konfuzius*（《祭孔：对中华文明和邹鲁文化的启引》），民国十七年（1928）由德国汉学家洪涛生②创办的北京杨树岛出版社出版。

这位曾在山东传教近三十年的神父，在自己的著作里分三卷分别论述了"孔府与中国文化""孔子与儒家""孔府的祭礼"

Konfuzius und sein Kult: ein Beitrag zur Kulturgeschichte Chinas und ein Führer zur Heimatstadt des Konfuzius
祭孔：对中华文明和邹鲁文化的启引
（封面和插图）
［德］鲍润生撰
德文
三卷　一册
民国十七年（1928）
北京杨树岛出版社出版
铅印本　纸本　精装
开本：26×19.5（cm）
130页
插图61幅　地图5幅

---

① 孔好古（August Conrady，1864—1925），德国汉学家、藏学家，中国上古史研究专家。著有屈原《天问》德文全译本、《斯文·赫定在楼兰发现的汉文写本及零星物品》《澳斯特利语言和印度支那语言之间的关系（1916）》等。
② 洪涛生（Vincenz Hundhausen，1878—1955），德国人。二十世纪初二十年代来华，执教于北京大学德语系。翻译并组织演出多部中国古典名剧，出版过德译本《道德经》《西厢记》《琵琶行》《牡丹亭》等。

等，他的着墨点是：祭拜孔子的礼典所体现的中国祭祀文化。该书附有六十一幅照片和五幅地图——《鲁国图》《孔府和孔林图》《孔林图》《孔庙图》《圣庙全图》。作者还记下了几首祭乐的词和谱，是更为珍贵的历史文献。

创办并主编《华裔学志》是鲍润生一生最大的成就。创刊第二年，鲍润生患斑疹伤寒去世。陈援庵先生在《从教外典籍见明末清初之天主教》一文文末附诗《题鲍润生司铎译楚辞二绝》：

屈子喜为方外友，骞公早有楚辞音。
如今又得新知己，鲍叔西来自柏林。
演西也是西来客，天问曾刊艺海尘。
此日若逢山带阁，引书定补鲍山人。

陈援庵先生自注：

忆民国十一二年间，英敛之先生介绍余与鲍润生司铎相识，云鲍正翻译《楚辞》。余甚为惊讶，以天主教与《楚辞》不易发生关系。惟明末西士阳玛诺著《天问略》，后列入《艺海珠尘》，"天问"二字，实本《楚辞》。雍正间《山带阁注楚辞》《远游》《天问》诸篇，引用利玛窦、阳玛诺、傅泛际、汤若望之说，为天主教与《楚辞》发生关系之始，盖已二三百年于兹矣。其引利玛窦说，称为利山人，因利亦曾自号为大西域山人也。①

鲍润生之后，校务长雷冕②神父署理主编，顾若愚神父接手杂志日常事务性工作。

《华裔学志》使用的语言不固定，德文、法文和英文都有，随作者习惯。通用栏目有四个：《论文》（*Articles*）、《短论》（*Miscellaneous*）、《书评》（*Book Reviews*）、《刊物简评》（*Review of Reviews*）。有时独立出版副刊《书评》（*Book Reviews*）。

先后加入《华裔学志》编辑部的有德国人鲍润生、雷冕、顾若愚、谢礼士、艾锷风、叶德礼、丰浮露、福华德、罗樾、钢和泰，比利时人田清波，法国人戴何都③，中国人陈垣、张星烺、沈兼士、英千里、方志彤④等。

艾锷风是一位对中国现代文化圈影响深远的学者。艾锷风（Gustave Ecke，1896—1971），又记艾克，德国人，汉学家；1922年在波恩大学完成博士论文，民国十二年（1923）来华，莅厦门大学讲授欧洲哲学，民国十七年（1928）应友之邀至北京，先后任教清华大学和辅仁大学。除了参与编辑《华裔学志》，他还积极投身梁思成创办的中国营造学社的活动。民国三十八年（1949）艾锷风离华赴夏威夷，加入美国籍，任职于火奴鲁鲁艺术学院亚洲艺术中心。

---

① 陈垣：《题鲍润生司铎译楚辞二绝》，载《陈垣学术论文集》，中华书局1980年版，第一集，第226页。
② 雷冕（Rudolf Rahmann，1902—1985），德国人，圣言会会士，中国辅仁大学校务长。
③ 戴何都（Robert des Rotours，1891—1980），法国人，汉学家，任职法国汉学研究所，多研究中国唐史和官吏制度。因《〈新唐书·食货志〉译释》一书获1933年儒莲奖。
④ 方志彤（1910—1995），学者、翻译家、教育家，专长中国文学与比较文学。出生于日本统治时期的朝鲜，在中国接受教育，民国二十九年至三十六年（1940—1947）在《华裔学志》编辑部工作，后移居美国，执教于哈佛大学。

艾锷风不仅参与《华裔学志》的选题和编辑工作，自己也提供了十几篇稿件，虽然大多是短文，但是投稿数量是最多的：

栏目	文章原名	文章中译名	收入《华裔学志》卷名
论文	Structural Features of the Stone-Built T'ing-Pagoda, I	清代石塔结构特点	第一卷
短论	Das Porträt einer Vase	郎世宁的一个花瓶图案	第二卷
短论	On a Wei Relief Represented in a Rubbing	一块魏代浮雕拓片	第二卷
短论	Ergänzungen und Erläuterungen zu Professor Boerschmanns Kritik von "The Twin Pagodas of Zayton"	答复 Boerschmanns 教授对《泉州刺桐双塔》的诘问	第二卷
短论	Notes on Early Bronzes	有关早期青铜器笔记	第二卷
短论	The Institute for Research in Chinese Architecture. A Short Summary of the Field Work Carried on from Spring 1932 to Spring 1937	中国营造学社五年野外春考简报	第二卷
短论	Comments on Calligraphies and Paintings	书法和绘画	第三卷
短论	A New Torso from the T'ien-lung Shan	天龙山新发现塑像躯干残部	第四卷
短论	Zur Architektur der Gedächtnishalle	陵庙的建筑艺术	第五卷
短论	Once More Shen-t'ung Ssu and Ling-yen Ssu	再议山东神通寺和灵严寺	第七卷
论文	Wandlungen des Faltstuhls. Bemerkungen zur Geschichte der Eurasischen Stuhlform	折叠椅的演变	第九卷
论文	Structural Features of the Stone-Built T'ing-Pagoda, II	清代石塔结构特点（续）	第十三卷

艾锷风对中国建筑和家具颇有研究心得，是这个领域的权威人物。艾锷风著有 The Twin Pagodas of Zayton（《泉州刺桐双塔》，1935）、Chinese Domestic Furniture（《中国花梨家具图考》，1944）、Chinese Painting in Hawaii（《夏威夷藏中国画》，1965）等。时至今日他的《中国花梨家具图考》和《使华访古录》仍是中国古典家具、青铜器研究和收藏界炙手可热的书籍。

艾锷风来华初期对中国青铜器比较关注，民国二十六年（1937）《华裔学志》第二卷有他的短文 Notes on Early Bronzes（《有关早期青铜器笔记》），介绍商周时期的三种青铜器：盘、觯、鼎，具体说明最新发现的"夔龙盘""龟鱼盘"等器物的发掘地点、尺寸、铭文等基本信息。

民国二十八年（1939），辅仁大学出版社出版艾锷风教授撰写的名著 Frühe chinesische bronzen aus der Sammlung Oskar Trautmann，直译为《陶德曼所藏中国早期青铜器》，艾锷风给自己著作确定的中文书名是《使华访古录》。这是一部研究中国青铜器的专著，所根据的是德国驻华大使陶德曼[①]收藏的青铜器。

艾锷风教授在书中逐一扼要地介绍了陶德曼收藏的二十件青铜器的尺寸、制作工艺、用途、铭文、出

---

① 陶德曼（Oskar Paul Trautmann，1877—1950），德国人，外交官，1907—1914 年德国驻俄国副领事，1921 年任驻神户总领事。民国二十年（1931）在北京任驻华公使，民国二十四年（1935）后赴南京任驻华大使。

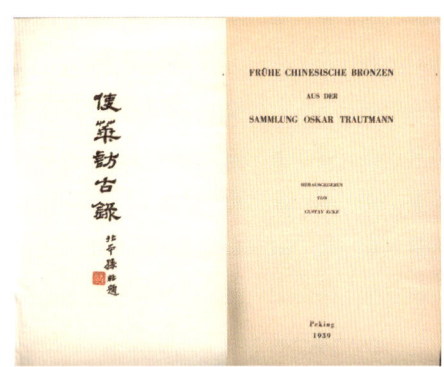

Frühe chinesische bronzen aus der Sammlung Oskar Trautmann
使华访古录（封面、扉页和插图）
［德］艾锷风撰
德文
不分卷　一册
民国二十八年（1939）
辅仁大学出版社出版
北平彩华印书局制版
铅印＋珂罗版　纸本
筒子页　线装
开本：33×22（cm）
108 页
照片 30 幅　拓片 61 幅

I

II

III

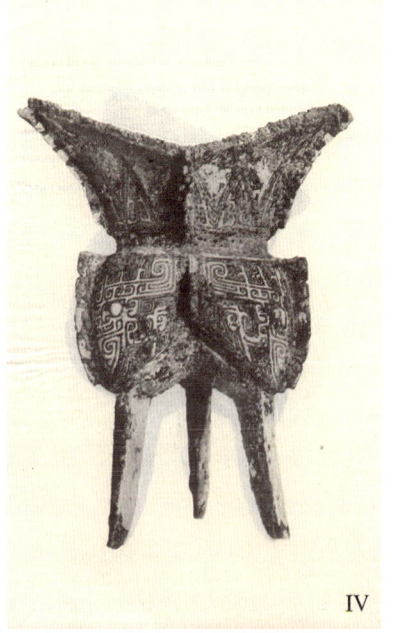

IV

土地点等。他在前言里讲道："我们有幸在这里见到的青铜器，主要来自安阳、浚县、洛阳以及华北的历史遗址。那些年，藏者对这些古物喜爱到如痴如醉，他虚心好学，不耻下问，力排纷扰，打破限制，与形形色色古董商打交道，一件件积攒下来这些宝贝。这些青铜器制作于久远的商周年代，战国时期以后渐渐不被重视了。作为纹饰一部分的钟鼎文之研究尚没得到应有的重视……"因而，经得陶德曼先生的允许，他对这些青铜器做了高质量的整理，有照片，也有局部拓片。

《使华访古录》收录的陶德曼二十件青铜器清单：

编号	器物名称	出土地	高 度	铭 文	照片（数）	拓片（数）
I	鼎	安阳	193 mm	内壁纹饰	1	3
II	鼎	安阳	185 mm	内壁纹饰	1	3
III	鼎	安阳	310 mm	叠云	1	3
IV	鼎	安阳	179 mm		1	1
V	鼎	安阳	132 mm	内底纹饰	1	3
VI	鼎	洛阳	184 mm	□作癸父	2	3
VII	鼎	浚县	211 mm	白□作厥父尊□	2	4
VIII	方彝	安阳	191 mm	内壁花纹	2	6
IX	簋		150 mm	内壁有焊缝，差15mm，利作宝尊□□	1	3
X	壶	安阳	331 mm		1	3
XI	卣	浚县	302 mm	□渚白逄作氏考宝旅□	2	6
XII	觚	安阳	293 mm		1	3
XIII	觯	安阳	187 mm	内壁花纹，模糊不清	2	2
XIV	觯	安阳	193 mm	光	2	6
XV	爵		186 mm		2	2
XVI	角	安阳	202 mm		2	
XVII	盘	安阳	112 mm	内壁兽形纹饰，有舟字	2	3
XVIII	簋		165 mm		1	
XIX	鼎		238 mm		2	3
XX	瓿		298 mm		1	4

《使华访古录》印制非常考究，北平彩华印书局制作珂罗版，辅仁大学出版社出版，文字部分使用道林纸，双面平印；图录部分使用洋宣纸，筒子页、线装、函套、骨别等。

民国二十三年（1934）《辅仁英文学志》第九期刊有艾锷风授课讲稿 *Sechs Schaubilder Pekinger Innenraeume des Achtzehnten Jahrhunderts*（《十八世纪京式建筑内部空间六图》）。艾锷风阅读了中国古籍有关文献资料，详细说明北京传统建筑的营造规则。

他先是解释了京式建筑的材料和基本做法：仰尘、井口笸子、支条、苇棚、海墁、金砖等。然后介绍建筑外立面构成元素：落地罩、隔扇、横披、牙子、条环板、裙板、书画窗、八方罩、冰裂梅槛窗、

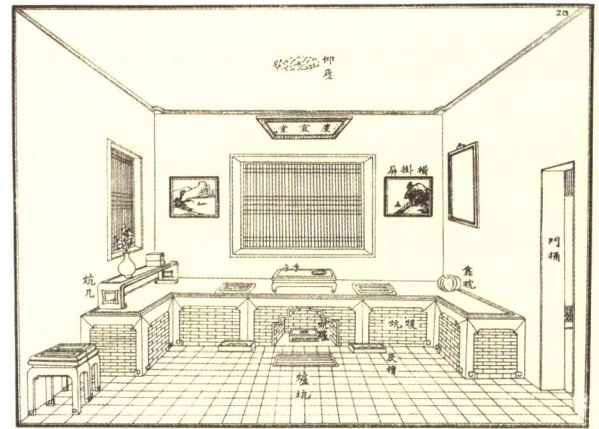
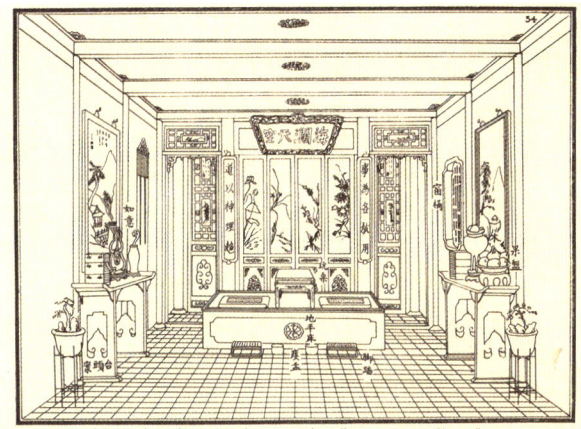

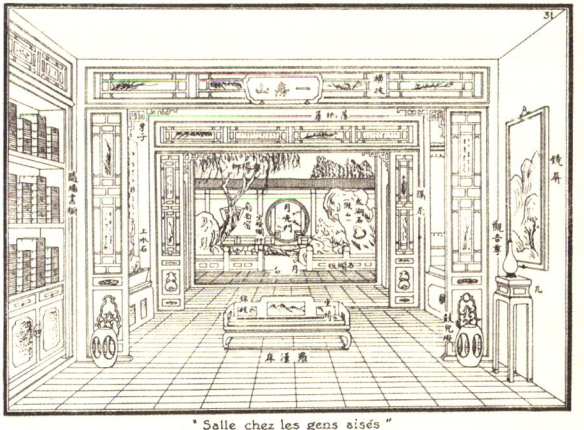
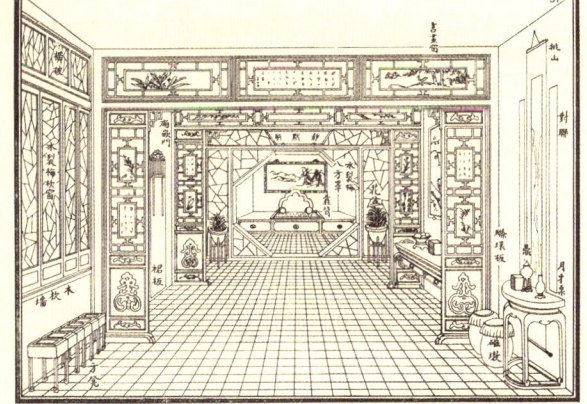

十八世纪京式建筑内部空间六图（插图）
［德］艾锷风著
法文　英文
《辅仁英文学志》第九期刊载
民国二十三年（1934）北平辅仁大学出版
铅印本　纸本　平装
开本：25×17（cm）
203 页
插图 18 幅

塞板、炕造、活隔扇。走进厢房室内是暖炕、炕炉，还有地平床、罗汉床、坐褥、锦被、靠枕、靠被、炕桌、炕儿、灰槽、痰盂、脚踏等。

艾锷风进一步谈到中堂的摆设、家具各自的位置以及相互关系：书橱、八仙桌、棋盘、棋子盒、平头案、条案、台头案、月牙桌、方凳、瓜棱凳、鼓儿墩、瓷墩、坐凳栏杆、牛角灯、中堂、对联、镜屏、挂屏、匾额等。还有一些摆件：观音尊、果盘、笔筒、鼎、磬牌、如意、花盆、花缸、条盆、盘松、上水石等。

随后他又带读者"走"到户外，依次点评：镶嵌门、门桶、窗桶、圆光窗、门帘、木坎墙、砖坎墙，以及垂杨柳、廊子、太湖石、假山、石栏板、玲珑花墙、锦窗、月洞门等。

艾锷风陈明他所说的清代建筑营造规制，根据的是北平故宫博物院收藏的郎世宁画作，以及有关圆明三园的图册，还有《金瓶梅》插图等文献。

民国二十七年（1938）出版的《华裔学志》第三卷分为两期出版，从题目可以了解这份杂志的学术方向：

栏目	作者	文章原名及中译名
论文	范可法	*Freedom of Marriage in Modern Chinese Law*，中华民国法律里的婚姻自由
论文	裴化行	*L'Encyclopédie astronomique du Père Schall*，汤若望的天文历书
论文	魏勒①	*Bemerkungen zum soghdischen Dhyāna-Texte*，摩尼教梵文经书考释
论文	陈垣	*Wu Yü-shan*，吴渔山年谱——纪念耶稣会晋铎两百五十周年（丰浮露译）
论文	骆克	*The Zhěr-Khin Tribe and Their Religious Literature*，德西②部落及其宗教文献
论文	福华德	*Materialien zur Kartographie der Mandju-Zeit*，满州疆域舆图
论文	马丁③	*Preliminary Report on Nestorian Remains North of Kuei-hua, Suiyüan*，关于绥远归化北部景教遗迹的初步报告
论文	陈垣	*On the Damaged Tablets Discovered by Mr. D. Martin in Inner Mongolia*，马丁先生在内蒙古发现的残碑（英千里译）
论文	史图博	*The Yao of the Province of Kuangtung*，广东瑶族
论文	柴赫	*Tu Fu's Gedichte*, III. Buch，杜甫诗集
论文	谢礼士	*Das Wen-yüan-ko der Mingzeit*，明代文渊阁
短论	北村沢吉④	*Quintessence of the Science of Ju*，儒学概论（丰浮露译）

---

① 魏勒（Friedrich Weller，1889—1980），德国人，佛学家、印度学家，莱比锡大学教授。1943—1980年任莱比锡萨克森科学院院长。1985年萨克森科学院设立魏勒科学奖，以奖励对远东和印度研究作出优秀贡献者。
② 德西：云南贡嘎山纳西族摩梭人部落。
③ 马丁（Desmond Henry Martin，1889—1971），美国人，蒙古学家，任教于中国辅仁大学。代表作 *The Rise of Chingis Khan and His Conquest of North China*（《成吉思汗的崛起及其在中国北方的征战》，1950）是蒙古学权威著作。
④ 北村沢吉（Kitamura Sawakichi，1874—1945），又记闇然，日本汉学家、书法家，广岛文理大学教授。著有《学庸精义》（1918）、《儒学概论》（商务印书馆，民国十七年〔1928〕）、《周易十翼精义》（1938）、《儒教道德的特质及其学说之变迁》、《论语义注及集义》等，其《五山文学史稿》（1941）是研究日本汉诗的权威著作。

续表

栏目	作 者	文章原名及中译名
短论	塔卡茨①	On the Hsiung-nu Figure at the Tomb of Huo Ch'ü-ping，霍去病墓的匈奴人造像
短论	石坦安②	Note on a Theatrical Museum in Peking，记北平一家戏剧博物馆
短论	谢礼士	In Memory of Alexander Wilhelm Baron von Staël-Holstein，悼念钢和泰
短论	夏白龙③	Le Professeur William Hung, lauréat du prix Stanislas Julien，洪业④教授荣获儒莲奖
短论	福华德	Zur Druckausgabe der Shih-lu der Mandju-Dynastie，《满洲实录》的版本
短论	艾锷风	Comments on Calligraphies and Paintings，有关书法和绘画
短论	何博礼⑤	The Origin of Human Helminths According to Old Chinese Medical Literature，中国古代文献有关人体寄生虫资料
短论	普祖鲁斯基⑥	Dragon chinois et nāga indien，中国龙与印度那伽
短论	张星烺	The Rebellion of the Persian Garrison in Ch'üan-chou (A. D. 1357—1366)，关于泉州波斯人驻军的一次叛乱，公元1357—1366

撰写 The Yao of the province of Kuangtung（《广东瑶族》）一文的史图博，在《华裔学志》撰稿人里比较另类。史图博（Hans Stuebel，1885—1961），德国人，生理学家，初为耶拿大学生理学教授，民国十三年（1924）来华，任教于上海同济大学医学院生理系。民国二十六年（1937）日军二次轰炸江湾的同济校园后，为求"一张平静的书桌"，同济大学决定迁往西南内地。本来德籍教授可以留在上海，但史图博不愿意离开自己的学生，便随校同行，经过金华、赣州、吉安、八步、昆明，历时三年多到达四川宜宾李庄，深得同济师生的褒扬。战后史图博的活动轨迹不详，只有师生为他庆六十寿辰的记载。

史图博虽为生理学家，他一生最大的成就却在民族人类学领域，最知名的头衔是民族学家。他曾经赴台湾考察过少数民族，民国二十年（1931）又从广东到海南岛实地调查，完成彝族人类学和民族学研究。民国二十一年（1932）初，一·二八事变中日军炸毁同济大学吴淞校区，史图博的调查资料和旅考笔记焚于战火。同年他又踏上海南岛，开始第二次旅考，回来后动手重新整理考察资料和笔记，于民国

---

① 塔卡茨（Zoltán de Takács，1880—1964），匈牙利人，东方学家、历史学家，布达佩斯东亚艺术博物馆馆长。
② 石坦安（Diether Von Den Steinen，1903—1954），德国人，来华后在辅仁大学和清华大学教授语言，与季羡林同事。名作为翻译李白的《静夜思》。他的论文提到的博物馆指梅兰芳京剧博物馆。
③ 夏白龙（Witold Jablonski，1901—1957），波兰人，汉学家。民国二十年（1931）来华，曾在清华大学和燕京大学外国文学系任教，著有《中国民间画像》等。
④ 洪业（1893—1980），字鹿岑，号煨莲，福建闽侯人，毕业于美国比亚大学和纽约联合神学院，民国十二年（1923）回国，执教燕京大学，任职于哈佛燕京社和燕京图书馆。民国三十五年（1946）往哈佛大学任教。著有《考利玛窦之世界地图》《驳景教碑出土于盩厔说》《杜甫：中国最伟大的诗人》；因《礼记引得序》获1938年儒莲奖。
⑤ 何博礼（Reinhard Hoeppli，1893—1973），瑞士人，寄生生物学家，以研究血吸虫病见长。民国十九年（1930）来华，任职于北京协和医院，民国三十一年（1942）任瑞士驻华使馆医生、瑞士使馆荣誉领事。
⑥ 普祖鲁斯基（Jean Przyluski，1885—1944），波兰人，法国籍，语言学家、藏学家、佛学家、印度支那殖民政府职员。在越南学会中文和梵文。1913年返法，在巴黎高等学院任教授，1924年首先提出"汉藏语系"概念。他的论文提到的 nāga（那伽）在印度梵语和巴利语中指一种怪兽。

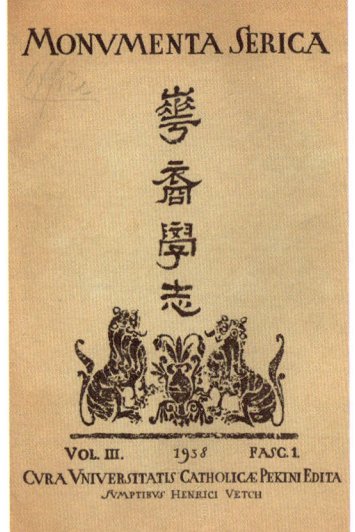

Monumenta Serica

华裔学志（封面和内页）

华裔学志编辑部编

德文　英文　法文

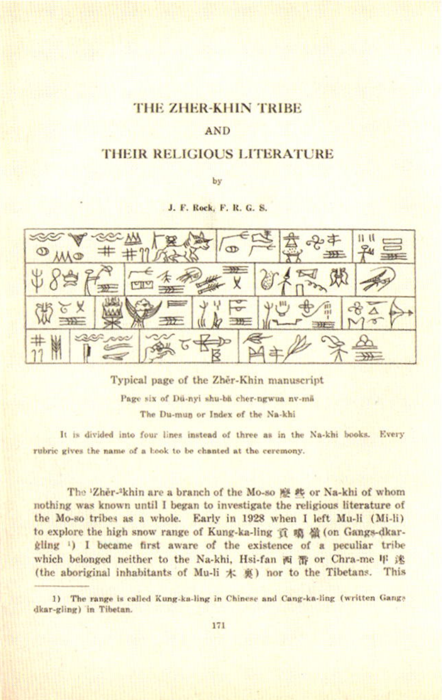

第三卷第一期　一册

民国二十七年（1938）

北平辅仁大学出版

铅印本　纸本　平装

开本：27×20（cm）

344 页

132　CH'EN YUAN

As the first of August 1937 is the 250th anniversary of Wu Yü-shan's[2] ordination, I am utilizing this opportunity, to write this essay in the hope that I shall be able to bring the life and character of this interesting personage more clearly before the public.

Portrait of Wu Yü-shan

This portrait, taken from the Lien-ch'uan ming-jên hua-hsiang fu-chüan 練川名人畫象附卷 (Portraits of Illustrious Personages of Chia-ting, Supplement), bears the title: Portrait of Wu, a Wên-hsüeh-shêng 文學生吳先生象. However, the Yü-yang k'o-ming-lu 虞陽科名錄 (List of Candidates from Ch'ang-shu Who Passed State Examinations) does not contain the name of a Wu Li who is supposed to have obtained the degree of shêng-yüan (hsiu-ts'ai) during the Shun-chih and K'ang-hsi years.

2) Yü-shan is his tzŭ or courtesy name. His hao or literary name is Mo-ching tao-jên 墨井道人 (the recluse of the Ink-well), or shortly: Mo-ching. Chi-li 啓歷 or Li 歷 is his original name.. We shall refer to him henceforth only by the name Yü-shan.

THE ZHER-KHIN TRIBE

AND

THEIR RELIGIOUS LITERATURE

by

J. F. Rock, F. R. G. S.

Typical page of the Zhĕr-Khin manuscript

Page six of Dü-nyi shu-bä cher-ngwua nv-mä

The Du-muŋ or Index of the Na-khi

It is divided into four lines instead of three as in the Na-khi books. Every rubric gives the name of a book to be chanted at the ceremony.

The [1]Zhĕr-[2]khin are a branch of the Mo-so 麼些 or Na-khi of whom nothing was known until I began to investigate the religious literature of the Mo-so tribes as a whole. Early in 1928 when I left Mu-li (Mi-li) to explore the high snow range of Kung-ka-ling 貢嘎嶺 (on Gangs-dkar-gling [1]) I became first aware of the existence of a peculiar tribe which belonged neither to the Na-khi, Hsi-fan 西番 or Chra-me 甲迷 (the aboriginal inhabitants of Mu-li 木裏) nor to the Tibetans. This

1) The range is called Kung-ka-ling in Chinese and Cang-ka-ling (written Gangs-dkar-gling) in Tibetan.

171

246　DESMOND MARTIN

Fig. 3
Bitchik Jellag

Fig. 5
Ulan Baishing

Fig. 4

276　ZOLTAN DE TAKACS

Rubbings kindly shown to me by Dr. Herbert Müller were of particular interest (Fig. 21). But neither rubbings nor photographs can convey a proper impression of the weathered stone. Perhaps the sketches here illustrated may be of some use to other students of this often discussed problem.

Zoltán de Takács

Fig. 15

Fig. 16

Fig. 19

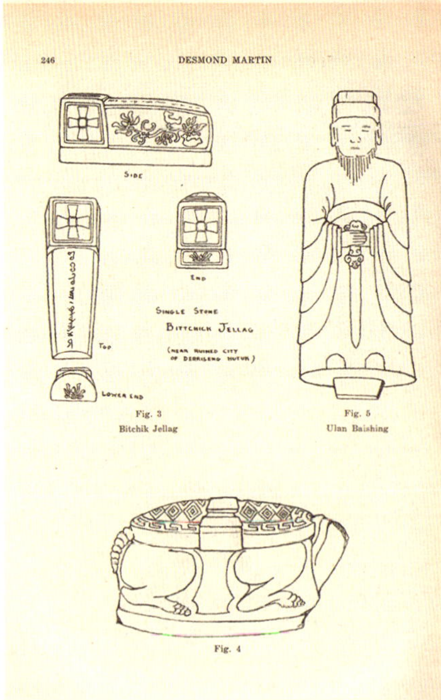

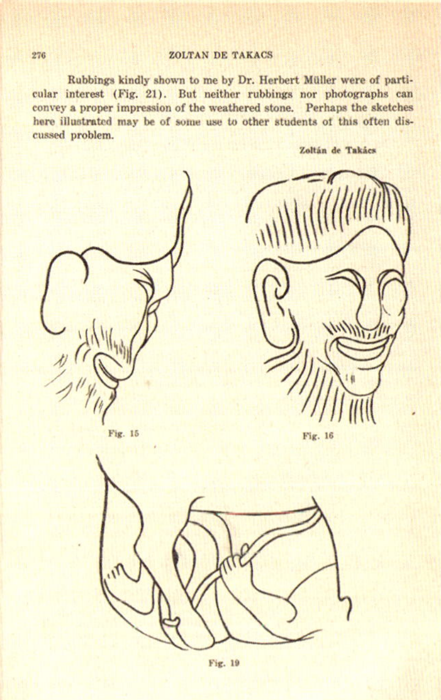

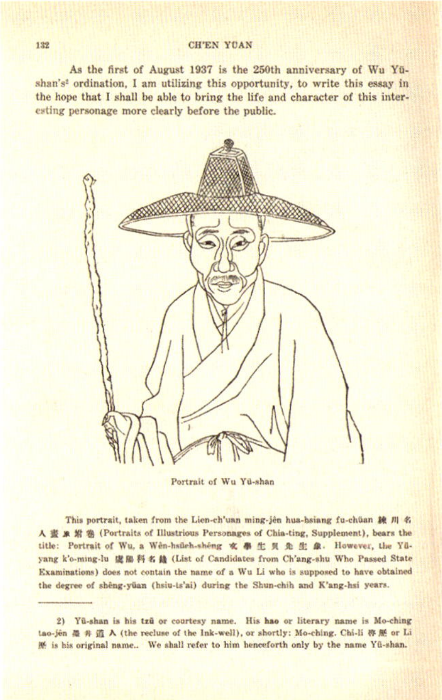

二十四年（1935）完成中国民族学研究史上的名著《海南岛黎族志》，1937年在德国柏林出版。昭和十八年（1943）日本学者平野义太郎①受日军占领海南岛"启发"，着手编译了日文版的《海南岛民族志》，交由东京亩傍书房出版。正是这个日文本使史图博的著作广为人知。此书中文译本有中国科学院广东民族研究所1964年油印本和近年海南出版社翻印本，因都是译自日文版，书名也都随平野义太郎的用法而为《海南岛民族志》。日文本是节译本，因而通过中译本了解到的并不是史博图著作的全貌。

Die Li-Stämme der Insel Hainan, ein Beitrag zur Volkskunde Südchinas（《海南岛黎族志》），主要论述黎族的分类和历史，分为四章：第一章，"本地黎"（Ben-di-Li），包括白沙峒黎、元门峒黎、小水峒黎以及西部本地黎；第二章，"美孚黎"（Me-fu-Li）；第三章，"岐"（Ki），包括生铁黎、红毛峒黎、大岐黎、布配黎；第四章，"侾"（Ha），包括南劳黎、多港黎。附录有五章："海南岛苗族""汉化的黎族""海南岛汉族之民族学"《崖州志》史料""人类学统计分析"。

史图博详细记述了黎族四个支系的"人类学现象"：健康情况、衣着和纹身、居住地的房屋建筑方法和室内陈设、劳动工具、农业耕作、狩猎、手工业、商业、语言、教育、"刻木为契"、歌谣和音乐、宗教、家族观念、社会组织和社会活动、与汉族关系等。

《海南岛黎族志》有史图博民国二十四年（1935）写于上海宝山的序言、民国二十六年（1937）的出

Die Li-Stämme der Insel Hainan, ein Beitrag zur Volkskunde Südchinas
海南岛黎族志（插图）
［德］史图博著
德文
四章　一册
铅印本　纸本　平装
1937年柏林 Klinkhardt & Biermann Verlag 出版
开本：28×18.5（cm）
338页
插图260幅

---

① 平野义太郎（1897—1980），日本人，汉学家，马克思主义者，日本共产党"日本和平委员会"委员长，"讲座派"代表人物。支持日本侵略战争。著有《日本资本主义的机构》《无产阶级民主主义革命》《道教的经典》《功过格》《民族政治学理论》《法律与阶级斗争》等。

奥雅　村庄奥雅的儿子　杞黎妇女　法师

版序言，以及《1932年第二次海南岛旅行记》一文。随文有史图博搜集或拍摄的二百六十张图片。

史图博还著有《浙江景宁敕木山畲民调查记》(民国十八年〔1929〕)和《海南岛人种学考察报告》（未发表）等。

民国三十五年（1946）出版的《华裔学志》第十一卷的重点文章如下：

栏目	作 者	文 章 原 名 及 中 译 名
论文	丰浮露	Pao-P'u Tzu, Nei-p'ien, Chapter XI，《抱朴子》内篇，第十一章
论文	福华德	Analecta zur mongolischen Übersetzungs literatur der Yüan-Zeit，元朝文学蒙译文选
论文	方志彤	On the Authorship of the Chiu-Ching San-chuan Yen-Ko-Li，九经三传沿革例著者考
论文	傅吾康①	Yü Ch'ien, Staatsmann und Kriegsminister, 1398-1457，政治家和军事家于谦
论文	方志彤	On the Kuang-Yün Sheng-His，广韵声系
论文	卫德明②	A Third List of Recent Sinological Publications in China，中国近期出版汉学著作目录（三）
论文	贺登崧	Différences phonétiques dans les dialectes chinois，汉语方言的语音差异
论文	齐德芳③	Phonetics of North-China Dialects, A Study of their Diffusion，华北方言的语音
论文	罗樾	Bronzentexte der Chou-Zeit，周代金文
短论	裴化行	Note complémentaire sur l'Atlas de K'ang-hi，有关康熙地图的补充
短论	罗樾	Clay Figurines and Facsimiles from the Warring States Period，战国时期的陶俑和金文拓片
短论	艾伯华	Ein chinesisches Dokument in Istanbul，伊斯坦布尔的中国文献

罗樾（Max Lochr，1903—1988），德国人，艺术史家，专长于中国美术史研究和中国青铜器研究；1931年在慕尼黑大学学习远东艺术，获博士学位，任职于慕尼黑博物馆；民国二十九年（1940）来华，在中德学院学习中文，后任中德学会会长，继而任教于清华大学；民国三十八年（1949）回国；1952年移居美国，任哈佛大学东亚艺术教授。罗樾师承高本汉④，在中国青铜器研究领域有着开拓性贡献，在他之前，中国青铜器收集和整理大都偏重于钟鼎文字和礼器用途研究。罗樾等人惯以实证历史学方法，把

---

① 傅吾康（Wolfgang Franke，1912—2007），德国人，汉学家，傅兰克之子，德国战后汉堡学派主要代表。1930—1935年就读于柏林大学、汉堡大学，专攻汉学、日语和近代史，1935年获汉堡大学哲学博士学位。民国二十六年（1937）来华，先后赴上海和北平，任北平中德学会秘书等职，战后任教于辅仁大学、四川大学、北京大学，1950年回德国。专长于明清史、中国近代史和近代东南亚华人碑刻史籍。
② 卫德明（Hellmut Wilhelm，1905—1990），德国人，卫礼贤之子，生于中国青岛。第一次世界大战后随父回国，完成学业。民国二十一年（1932）来华，创办北平德国研究所，民国三十七年（1948）应费正清邀请赴美。著有《中国思想史和社会史》（1942）、《中国的社会和国家：一个帝国的历史》（1944）等，曾参与父亲德译《易经》工作，并以讲授《易经》而闻名于欧美。民国三十一年至三十二年（1942—1943）和民国三十五年（1946）在《华裔学志》上分多次发表《1938年以来中国近期出版汉学著作目录》，将在中国出版的汉学书籍分为中文作品和西文作品两部分，其中涉及西文书籍357部，中文专著489部。
③ 齐德芳（Franz Giet，1902—1993），比利时人，圣言会会士。民国十九年（1930）来华，在河北、山东传教，民国三十四年（1945）任辅仁大学外语实习所所长，德语系教授兼辅仁中学教师。民国三十六年（1947）返欧，获波恩大学博士学位；1951年任教于日本南山大学。1963年赴台湾执教于辅仁大学。著作还有 Beiträge zur Einführung in das Chinesische Studium（兖州天主堂印书馆，民国二十六年〔1937〕）等。
④ 高本汉（Klas Bernhard Johannes Karlgren，1889—1978），瑞典人，汉学家，哥德堡大学教授、校长，远东考古博物馆馆长。宣统二年（1910）来华游学，据说可以使用中国二十四种方言。两年后回国，发表 Etudes sur la phonologiechinoise（《中国音韵学研究》），获1916年儒莲奖。

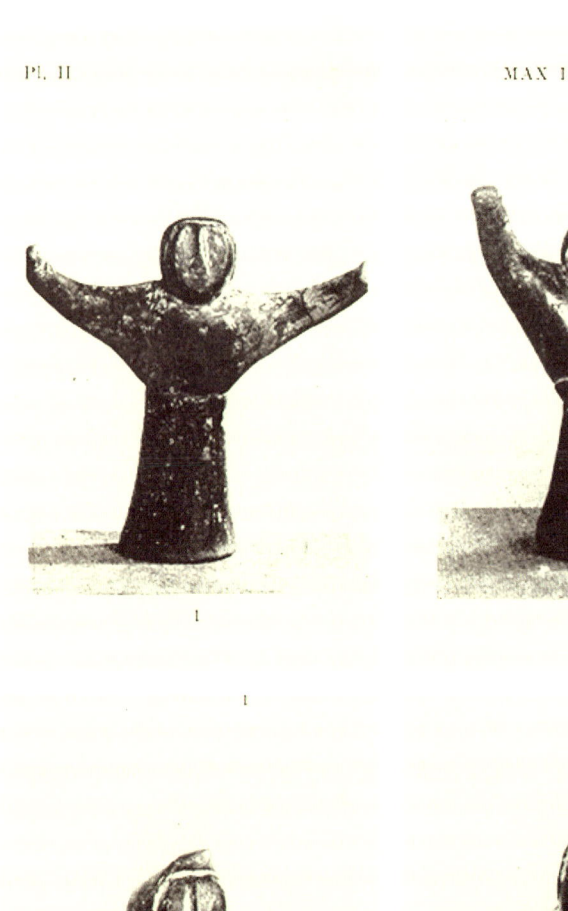

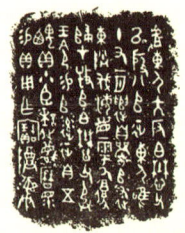

Bronzentexte der Chou-Zeit, Clay Figurines and Facsimiles from the Warring State Period
周代金文，战国时期的陶俑和金文拓片
（内页和插图）
[德] 罗樾撰
德文　英文
两篇　一册
民国三十五年（1946）
北平辅仁大学出版
铅印本　纸本　平装
开本：26.5×18（cm）
65页
插图18幅

中国青铜器制作分为五个时期，对应于商周历史的变迁，使中国青铜器文化有了断代标记，并为后来的考古发现所证实。

《华裔学志》编辑部把罗樾在第十一卷上发表的两篇文章，抽出合并出版文集 Bronzentexte der Chou-Zeit，Clay Figurines and Facsimiles from the Warring States Period（《周代金文，战国时期的陶俑和金文拓片》），前篇是用德文撰写的《周代金文》，罗樾对"臣辰盉""旅鼎""大保簋""作册大鼎""吕行壶""师旅鼎""小臣宅簋""御正卫簋"等十件青铜器的金文做了解读和注释。后篇是用英文撰写的《战国时期的陶俑和金文拓片》，是罗樾对河南卫辉县李峪村出土文物的研究报告。

民国三十六年（1947）出版的《华裔学志》第十二卷的重点文章有：

栏目	作者	文章原名及中译名
论文	李华德①	Sanskrit Insciptions from Yünan I，云南的梵文铭刻
论文	卫德明	Schriften und Fragmente zur Entwicklung der staatsrechtlichen Theorie in der Chou-Zeit，周代名家残存文献
论文	罗文达	The Nomenclature of Jews in China，在华犹太人称谓
论文	裴化行	Les sources mongoles et chinoises de l'atlas Martini（1655），卫匡国 1655 年《中国新地图志》记述的蒙古和中国史料
论文	沈兼士	On Early Samantograms，初期意符字
论文	施雷波（M. G. Schreiber）	Das Volk der Hsien-pi zur Han-Zeit，汉代鲜卑人
论文	艾伯华	Sinologische Bemerkungen über den Stanmm der Kay，凯·斯坦姆的汉学研究
短论	贺登崧	Catholic University Expedition to Wanch'üan，辅仁大学在察南万全设立分校
短论	顾若愚	On the Particle chiih，论虚词"止"
短论	季羡林	Pāli Āsīyati，巴利文的 Āsīyati
短论	陈宗祥	The Dual System and the Clans of the Li-su and Shui-t'ien Tribes，傈僳部落和水田部落的两种氏族体系
短论	惠泽霖	A German Edition of Fr. Martini's "Novus Atlas Sinensis"，德文版卫匡国《中国新地图志》

A German Edition of Fr. Martini's "Novus Atlas Sinensis"（《德文版卫匡国〈中国新地图志〉》）虽然只是一篇短论，内容却十分丰富。由于作者惠泽霖这位遣使会神父身在北堂藏书楼这一当时众多学者羡慕的机构，故而熟悉许多其他学者无法了解的文献。惠泽霖神父参与过福华德、裴化行等人关于康熙年间出版的多种版本地图的讨论，他提及自己见过一幅 1655 年阿姆斯特丹出版的卫匡国的 Novus Atlas Sinensis（《中国新地图志》），标题是拉丁文的。这幅德文地图与 1655 年拉丁文版、1656 年法文版、1658 年西班牙文版大致相同，但从来没有人见过或提起过。惠泽霖把几个版本做了对比分析，并将拉丁文版

---

① 李华德（Walter Liebenthal，1886—1982），德国人，哲学家、汉学家、印度学家。民国二十三年（1934）来华，在燕京大学任教，后随北京大学转移长沙、昆明等地，抗战胜利后复在北京大学任教。后赴印度，最终回到德国。通巴利语和梵文，专长于印度佛教与中国佛学。还译有《荷泽神会传》等。

Monumenta Serica
华裔学志（内页）
华裔学志编辑部编
德文　英文　法文
第十二卷　一册
民国三十六年（1947）北平辅仁大学出版
铅印本　纸本　平装
开本：26.8×19.3（cm）
392 页

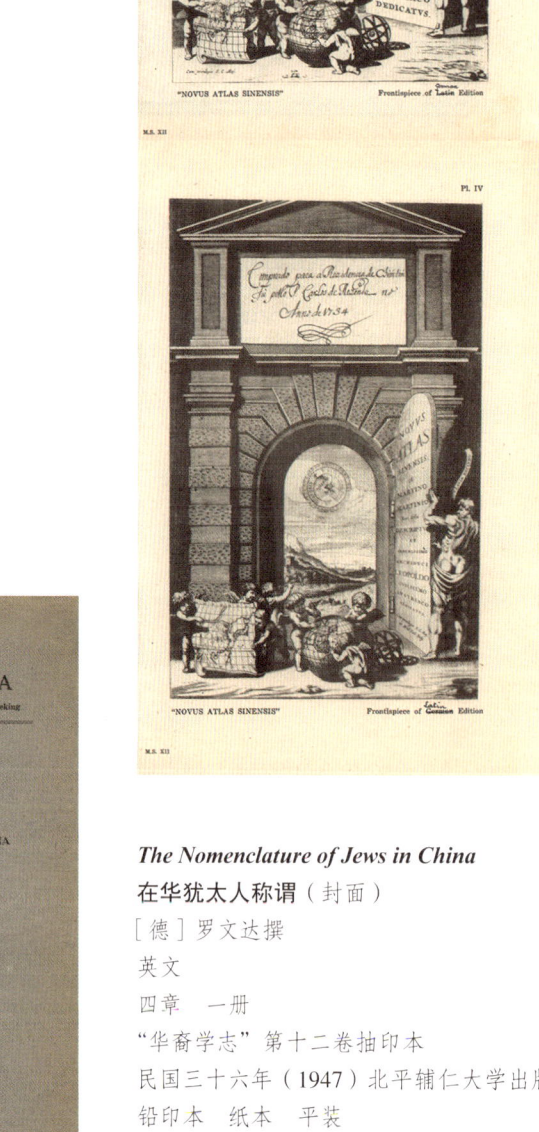

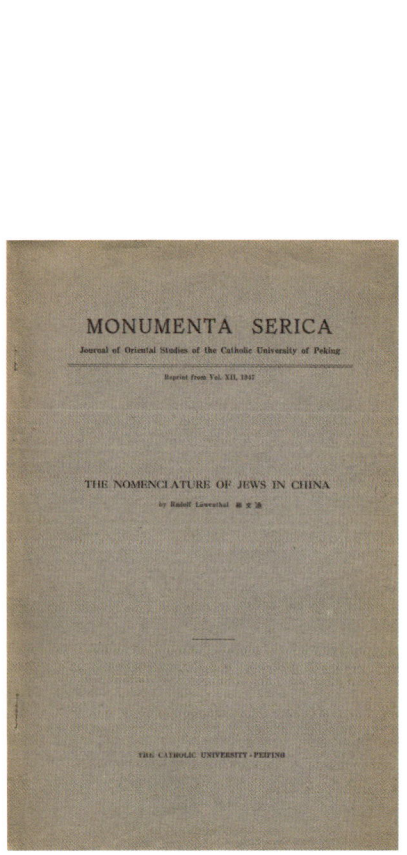

The Nomenclature of Jews in China
在华犹太人称谓（封面）
［德］罗文达撰
英文
四章　一册
"华裔学志"第十二卷抽印本
民国三十六年（1947）北平辅仁大学出版社排印
铅印本　纸本　平装
开本：26.4×17.7（cm）
30 页

和德文版图样提供给《华裔学志》。

第十二卷里还有一部论作值得关注，罗文达①撰写的 The Nomenclature of Jews in China（《在华犹太人称谓》）。罗文达探讨了几个十分有趣的问题：一、开封四块犹太人碑铭（弘治二年〔1489〕、正德七年〔1512〕、康熙二年〔1663〕、康熙十七年〔1678〕）上《圣经》人物的中文名称，与伊斯兰教、景教、天主教和新教的对应用法；二、犹太人四块碑铭上借自伊斯兰教的对神之称呼；三、碑铭上以及希伯来人中国后裔的中国姓氏；四、中国历史文献对 Jews，Judea，Hebrew 的称呼，作者归纳和整理出六十六种称谓，如"术忽回回每""竹忽""主吾""主鹘""朱炭""祝虎""朱尔代人""主鹤""犹太""攸特""一赐乐业""义辣尔""依撒尔""以色列""石忽""蓝帽回回""青回回""真回回""挑筋教""挑景教""天竺教""旧经教"等。

《在华犹太人称谓》当年由辅仁大学出版社出版抽印本。罗文达这个选题在那个年代是比较热门的，曾受学术界关注，陈垣先生和方豪先生也有这方面的论作。

民国三十七年（1948）出版的《华裔学志》第十三卷，是《华裔学志》在中国出版的最后一期，也是诸卷中学术分量最重的。主要内容如下：

栏目	作者	文章原名及中译名
论文	骆克	The Muan bpö Ceremony，or the Sacrifice to Heaven as Practiced by the Na-Khi，祭天古歌——纳西人祭天仪式
论文	师觉月②	Ancient Chinese Names of India，古代中国对印度称谓
论文	艾锷风	Structural Features of the Stone-Built T'ing Pagoda，清代石塔结构特点（续）
论文	贺登崧	Temples and History of Wanch'ün，万全的寺庙和历史
论文	海尼士③	Ein mandschu-mongolisches Diplom für einen lamaistischen Würdenträger，满蒙对班禅喇嘛的册封
论文	霍尔曼	Überlieferungen der Tibeter nach einem Manuskript aus dem Anfang des 13. Jahrh. N. Chr.，西藏十三世纪留传手稿
短论	林仰山	A Scultured Panel from T'êng-hsien，藤县砖雕画像
短论	裴文中、艾尔霍夫（Jos Eierhoff）	On a Collection of Prehistoric Pottery at the Catholic Mission in Lanchow，兰州教区收藏的史前陶器
短论	雷冕	Remarks on the Sacrifice to Heaven of the Na-Khi and Other Tribes in South-West China，中国西南部纳西族和其他族群的祭天
短论	卫德明	Eine Chou-Inschrift über Atemtechnik，周代铭文
讣告	方志彤	In Memoriam Shen Chien-Shih 1887—1947，悼念沈兼士

---

① 罗文达（Rudolf Lœwenthal，1904—1996），德国人，燕京大学新闻系教授，著有 The Catholic Press in China（《在华天主教报刊》）等。
② 师觉月（Prabodh Chandra Bagchi，1898—1956），印度人，1921年毕业于加尔各答大学，1926年获得巴黎大学文学博士学位，后任教于加尔各答大学研究院。民国三十六年（1947）任中国北京大学客座教授，与胡适甚熟。著有《中国佛教经典考》《大正新修大藏经总目录》等。
③ 海尼士（Erich Haenisch，1880—1966），德国人，汉学家、满蒙学家、语言学家，执教于哥廷根大学、莱比锡大学、慕尼黑大学。第二次世界大战期间全家被关押于布痕瓦尔德集中营。著有《近五十年来德国之汉学》等。

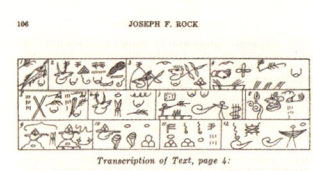

The Muan bpö Ceremony, or the Sacrifice to Heaven as Practiced by the Na-Khi
祭天古歌——纳西人祭天仪式（内页）
［美］骆克撰
英文
《华裔学志》第十三卷抽印本一册
民国三十七年（1948）北平辅仁大学出版
铅印本　纸本　平装
开本：26.9×19（cm）
160页
插图145幅　照片8幅

骆克（Josef Franz Karl Rock，1894—1962），奥地利人，早年在夏威夷研究植物学和东方文化，民国六年（1917）在中国云南开展科学考察，民国三十八年（1949）离开丽江赴夏威夷，加入美籍。骆克是名探险家、地质学家、语言学家和植物学家，国际学术界公认的纳西文化研究权威，其代表作有 *The Ancient Nakhi Kingdom of Southwest China*（《中国西南古纳西王国》，1948）、*Nakhi-Eiglish Encyclopedic Dictionary*（《纳西语—英语百科辞典》，1964）等。

骆克教授于民国三十六年（1947）撰写了 *The Muan bpö Ceremony, or the Sacrifice to Heaven as Practiced by the Na-Khi*（《祭天古歌——纳西人祭天仪式》），虽然被收入《论文》栏目，但这不是一篇论文，而是一部一百六十页图文并茂的完整著作。骆克教授回顾说，他初次接触纳西人是在民国十一年（1922）的春天，作为美国华盛顿州农业部农业科考队的成员，受国家地理学会委托来华。民国十六年（1927）和民国十九年（1930）他又以哈佛大学教授身份两次到云南研究纳西人文化，直至民国三十二年（1943）才完成此项目。

《祭天古歌——纳西人祭天仪式》的背景是云南丽江玉龙山下一个纳西人叫作 Nv-lv-k'ö 的村落，当地纳西族东巴（dto-mba）祭师在祭天仪式时口中不停地念诵"美补"，即骆克标志的"Muan bpö"，这罗马字母拼写的纳西文单词，意为"祭天"。"纳西美补迪"，即祭天是纳西人最大的事；"纳西美补若"，即纳西人是祭天的子民。纳西族祭天一般在正月初一至十五这段时间内择日举行，为期或四五天，或七八天不等，属大祭；有的还进行秋祭，即小祭。有专门的祭天场，形成了相对稳定的祭天群。祭天仪式由祭司东巴主持，每一程式都要由东巴诵唱相应的祭天经诗，合起来多达近万行，构成了洋洋大观的祭天长歌，它是纳西古代祭天活动程式化的结果，是祭司东巴在主持祭天活动的过程中，为配合具体而繁缛的仪式、仪节而编写创作的祭天经诗。

骆克教授除了在导言里简单地介绍纳西族的历史和文化特点外，大多篇幅都用来解读他搜集到的一百四十五幅祭天时使用的图画象形文字，译为罗马字母的纳西文字，并及英文释义。非常繁复，不遑赘述。正如天主教出版机构出版的许多书籍一样，《祭天古歌》为后人留下了随着岁月流淌而渐渐湮灭的文化之记忆。

1948年骆克获得儒莲奖时，评委关注的仍然是他在纳西文化研究上的贡献。

《华裔学志》编委中贡献稿件最多的是艾锷风教授，最少的是佛尔克。佛尔克偶有散作，只是闲来帮同事翻译两三篇论文。佛尔克（Alfred Forke，1867—1944），德国人，汉学家；早年在日内瓦大学和柏林大学学习法律，获博士学位。在柏林大学东方语言研究所获中文译员资格后，他于光绪十六年（1890）来华，在德国驻北京领事馆工作，光绪二十九年（1903）辞职回国，任柏林大学东方语言所教授和汉堡大学中国语言文化研究所所长，其间成就使他荣获1908年儒莲奖。民国二十四年（1935）佛尔克退休后再次来华，学术巅峰已过的他在辅仁大学教授了近十年哲学课程。

前述近代西方有三位公认的汉籍翻译大家：英国传教士理雅各、法国传教士顾赛芬、德国传教士卫礼贤。方志浼教授撰文谈及德国汉籍翻译时认为，近代德国人里介绍中国典籍最有成就的是四位：卫礼贤之经学，译有《四书》《易经》《庄子》《吕氏春秋》《列子》《道德经》《礼记》等书；傅兰克①之史学，著有三巨册《中华帝国史》等；柴赫之文学，译有《昭明文选》《李太白全集》《杜甫全集》《陶渊明全书》等；佛尔克之哲学，著有《中国哲学史》等。方志浼教授对佛尔克翻译的中国典籍推崇有加："在当代德国汉学者中，除了柴赫以外，对于中文能深深地了解者，大概可推佛尔克吧。他的翻译是很可靠的。"②

佛尔克的成名作是三卷本的 Geschichte der alten chinesischen Philosophie《中国哲学史》(1927—1938)，他还著有 The World-Conception of the Chinese (《中国人的世界观》，伦敦，1925)、Die Gedankenwelt des chinesischen Kulturkreises (《中国文化圈的思想世界》，慕尼黑，1927) 等。他翻译过不少中国古典文献：王充的《论衡》；柳宗元的诗，如《首春逢耕者》《中夜起望西园值月上》等。以翻译的元杂剧《灰阑记》影响最大，德国著名戏剧家、诗人布莱希特的名作《高加索灰阑记》便参考了佛尔克的译本。布莱希特的青年时代，适逢卫礼贤、佛尔克等人把中国古典哲学著作如《易经》《道德经》《南华经》《论语》《孟子》《墨子》等翻译成德文出版。纳粹统治德国后，布莱希特流亡丹麦，据说他每天把佛尔克翻译的《墨子》带在身边，去到哪里读到哪里，十分推崇墨子为平民立言的思想。他的剧本《高加索灰阑记》也充分体现了其研习《墨子》的心得。

《华裔学志》的前身《辅仁英文学志》民国十六年（1927）第十四期发表了佛尔克的论作 Ta-ts'in das Römische Reich (《罗马帝国时期的大秦》)。佛尔克整理分析了《后汉书》《隋书》《唐书》等中国典籍里面有关大秦的记载，引述当时中国人对大秦的认识——"其人民皆长大平正，有类中国，故谓之大秦"；考证与罗马帝国的交通路径，以及与安息、海西、大食的关系；指出中国典籍里对大秦风土人情的有些描述反映的并不是罗马帝国，而是丝绸之路上的其他民族。

---

① 傅兰克（Otto Franke，1863—1946），又记福兰阁，德国人。光绪十四年（1888）作为德国驻华使馆翻译生来华，后在中国各地德国领事馆任翻译或领事，光绪二十七年（1901）转任中国驻柏林使馆参赞。1907年后在汉堡大学和柏林大学教授汉学。著有《中华帝国史》《关于中国文化与历史讲演和论文集》等。
② 方志浼：《佛尔克教授与其名著〈中国哲学史〉》，刊于中德学会《研究与进步》第一期，民国二十八年（1939）。

《华裔学志》编辑部还编有雷冕和丰浮露①主编的丛书 Monumenta Serica（"华裔学志专刊"）：

编号	书　　名	作　者	出版时间（年）
1	Textes oraux Ordos, recueillis et publiés avec introduction, notes morphologiques, commentaires et glossaire，鄂尔多斯口述文学原本	田清波	1937
2	An Outline of Modern Chinese Family Law，中华民国亲属法大纲	范可法	1939
3	Die Lokalkulturen des Südens und Ostens，中国西南部地区文化	艾伯华	1942
4	Der Jesuiten-Atlas Der Kanghssi-Zeit, Seine Entstehunsgeschichte, Nebst Namensindices Für Die Karten Der Mandjurei, Mongolei, Ostturkestan und Tibet，康熙皇舆全览图	福华德	1943
5	Dictionnaire Ordos，鄂尔多斯蒙语词典	田清波	1941—1944
6	Le Dialecte Monguor, parlé par les Mongols du Kansou occidental. II. partie, Grammaire，陇西蒙语方言，第二部，语法	石德懋，田清波	1945
7	Geschichte der chinesischen Literatur und ihrer gedanklichen Grundlage, nach Nagasawa Kikuya, Shina Gakujutsu Bungeishi，中国文学史	长沢规矩也，丰浮露	1945
8	The "Mongol atlas" of China by Chu Ssu-pen and the Kuang-yü-t'u，《〈广舆图〉版本考》	福华德	1946
9	Quellen zur Rechtsgeschichte der T'ang-Zeit，唐律探究	宾格尔	1946
10	Bolur Erike, "eine Kette aus Bergkristallen", eine monogolische Chronik der Kienlung-Zeit von Rasipungsuy (1774/75), Literaturhistorisch untersucht，《水晶念珠》研究	海西希	1946
11	Folklore Ordos (traduction des Textes oraux Ordos)，法译鄂尔多斯民间文学	田清波	1947
12	Itô Jinsai: a philosopher, educator and sinologist of the Tokugawa period，伊藤仁斋：德川时期的哲学家、教育家和汉学家	薛宝义	1948
13	The Book of Chao: a translation from the original Chinese with introduction, notes and appendices，肇论	李华德	1948

"华裔学志专刊"第一种，Textes oraux Ordos, recueillis et publiés avec introduction, notes morphologiques, commentaires et glossaire（《鄂尔多斯口述文学原本》），圣母圣心会传教士、辅仁大学教授田清波编著，民国二十六年（1937）由北京法文图书馆出版。

《鄂尔多斯口述文学原本》是田清波搜集的鄂尔多斯口述文学作品集，分六卷，共一千零二十五篇。这部近八百页的著作是一部音写本，音写本是古籍整理的一种方法，田清波用罗马注音字母原原本本记录他收集到的鄂尔多斯口述文学资料。

Oraux 这个词通常译为"民歌"，不过就田清波的著作而言，他搜集整理的鄂尔多斯口头传承的作品

---

① 丰浮露（Eugene Feifel, 1902—1999），又记费佛乐、范佛，丰浮露为日文名。德国人，圣言会士。1927年到日本；民国二十三年（1934）来华，任辅仁大学教授，《华裔学志》编委。1952年赴日本，1964年定居美国。著作还有：*Po Chü-i as a censor. His Memorials presented to the Emperor Hsien-Tsung during the years 808—810.* Mouton（1961），*Moderne Chinesische Poesie von 1919 bis 1982*（1988）等。

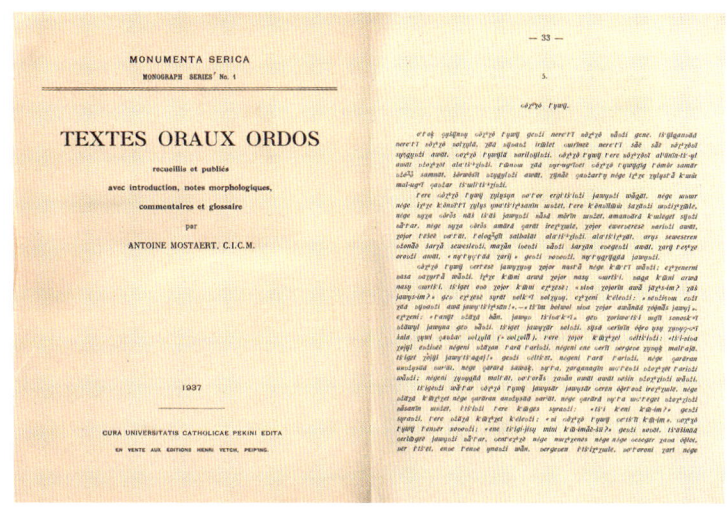

Textes oraux Ordos, recueillis et publiés avec introduction, notes morphologiques, commentaires et glossaire
鄂尔多斯口述文学原本（封面和内页）
［比］田清波编著
法文　拉丁化蒙古文
六卷　一册
"华裔学志专刊"第一种
民国二十六年（1937）北平法文图书馆出版
铅印本　纸本　平装
开本：29.5×23.5（cm）
768 页

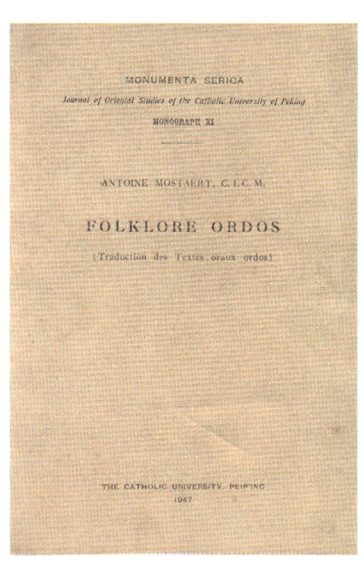

Folklore Ordos (traduction des Textes oraux Ordos)
法译鄂尔多斯口述文学（封面）
［比］田清波撰
法文
七卷　一册
"华裔学志专刊"第十一种
民国三十六年（1947）
北平辅仁大学出版
北平遣使会印书馆排印
铅印本　纸本　平装
开本：26×18.5（cm）
605 页

并不都是诗歌，因此还是译为"口述文学"为妥。

这部书太难看懂了，田清波花了十年时间把他搜集的鄂尔多斯口述文学记录底档译成法文，*Folklore Ordos (traduction des Textes oraux Ordos)*（《法译鄂尔多斯口述文学》），民国三十六年（1947）列入"华裔学志专刊"第十一种出版。

《法译鄂尔多斯口述文学》共有七卷，第一卷"神话故事、传奇传说、道闻轶事"；第二卷"歌谣"；第三卷"谜语，猜题"；第四卷"童谣童趣"；第五卷"感恩、禳求、诅咒、祈唤的套语"；第六卷"嘲讽，挖苦和羞辱"；第七卷"格言，谚语，警句及其他"。前六卷题目与《鄂尔多斯口述文学原本》相同，编者将原第六卷分列两卷。

其中第一卷"神话故事、传奇传说、道闻轶事"是田清波这部著作的重点，大约用了一半篇幅。由于田清波基本都是用法文直接记述的，很难准确地还原汉语，大致有这样一些故事，如 *Palangsang*（《巴拉仓》）、*Le lama Nagandzana*（《龙树菩萨》）、*Le lama tibétain*（《西藏喇嘛》）、*Le maître de discipline de Lha-sa*（《拉萨经师》）、*Dialogue entre le lama docteur ès sciences religieuses et le prince*（《神师与国王的对话》）、*La vieille et le vieux*（《老头和老太》）、*Le lièvre rusé*（《狡猾的野兔》）、*Dalai Lama*（《达赖喇嘛》）等六十六个。

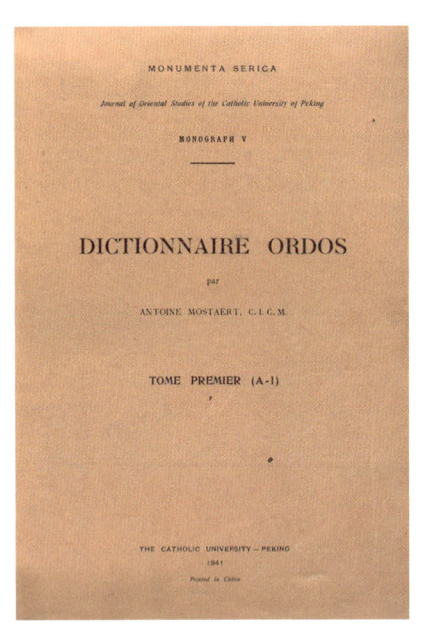

Dictionnaire Ordos
鄂尔多斯蒙古语词典（封面）
[比] 田清波编
鄂尔多斯蒙古文　法文
三部　三册
"华裔学志专刊"第五种
民国三十年至民国三十三年（1941—1944）
北平辅仁大学出版社出版
北堂印书馆排印
铅印本　纸本　平装
开本：31.8×25（cm）
950 页

田清波在"导言"里指出：

> 蒙古民间文化，是流传在当今蒙族众多部落的口述大众文学，远远没有得到充分研究。这些资料曾经被策本①、波普②、符拉基米尔佐夫③、兰司铁④、桑切耶夫⑤、鲁德涅夫⑥等人搜集、整理和发表，我的译作部分地参阅了他们的研究成果。此外，这些有着极高学术价值的资料之所以信手可用，更重要的是借助了蒙古北部和蒙古西部人士的研究工作，如喀尔喀人的研究。蒙古南部人对于内蒙古的蒙古研究和资料采集做得非常少，倘若不算鄂尔多斯，这个区域的研究至今仍然是个空白。

正因此，田清波认为自己民国三十六年（1947）出版的这本著作具有划时代意义。不过，倘若田清波配备一位中国助手，把《鄂尔多斯口述文学》编成法文与中文对照本，对于今天的研究或许更有价值和实用性。

"华裔学志专刊"第五种，*Dictionnaire Ordos*（《鄂尔多斯蒙古语词典》）是田清波神父编纂的旷世巨作。这部辞典由三部构成：第一部，A—I；第二部，J—Z；第三部"索引"；分别于民国三十年（1941）、民国三十一年（1942）、民国三十三年（1944）由辅仁大学出版社出版，北堂印书馆印制。这是一部鄂尔多斯方言蒙古语—法语词典，八开本，将近一千页的恢宏作品，是田清波继 *Dictionnaire Monguor-Français*（《蒙古语—法语词典》）之后又一语言学力作。

田清波在前言里交待了他编纂《鄂尔多斯蒙古语词典》的过程：

> 现在呈现给大家有关蒙古语的作品，是我研究南部蒙古方言

---

① 策本（Žamcarano Cyben，1880—1942），蒙古人，生于外贝加尔山，俄国布尔什维克党党员，共产国际代表。在伊尔库茨克的教师神学院学习，毕业于伊尔库茨克大学，1909 年在内蒙古和鄂尔多斯地区收集有关萨满教及蒙古法律的史诗和材料。因著 *Mongol chronicles of the XVIIth century*（《十七世纪蒙古编年史》），1937 年被苏联最高法院军事委员会判处有期徒刑五年。
② 波普（Nicholas Poppe，1897—1991），苏联人，生于中国烟台。语言学家，蒙语流利，熟悉蒙古口述文学。著有《八思巴字蒙古语碑铭》等三十余部作品。
③ 符拉基米尔佐夫（B. Ya. Vladimircov，1884—1931），苏联人，蒙古学家，熟悉达斡尔语和阿尔泰语。著有《蒙古书写语言和喀尔喀方言比较语法》《卫拉特蒙古英雄史诗》等。
④ 兰司铁（Gustaf John Ramstedt，1873—1950），芬兰人，语言学家、阿尔泰学奠基人，精于历史比较语法研究。先后到过俄国喀山、彼得堡、西伯利亚，蒙古恰克图、库伦等地和中国新疆塔城、乌鲁木齐，考察研究蒙古、突厥和通古斯诸语言。1909 年在蒙古希乃乌苏地方发现回鹘时代鲁尼文《磨延啜碑》，对研究回鹘汗国历史和古维吾尔语有重大意义。著有 *Einfuhrung in die Altaische Sprachwissenschaft*（《阿尔泰语言学导论》）。
⑤ 桑切耶夫（Garma Dancaranovič Sanžeev，1902—1982），苏联人，蒙古学家。把蒙古语分为中部方言（喀尔喀、察哈尔、鄂尔多斯）、西部方言（卡尔梅克—卫拉特语）、北部方言（布里亚特语）。
⑥ 鲁德涅夫（Andrei Dmitrievich Rudnev，1878—1958），苏联人，圣彼得堡大学东方语言系教授，蒙古方言学开创者。著有《蒙古各部落的乐曲》等。

词汇初步工作的延续。资料的搜集是从1906年至1925年在鄂尔多斯南部地区完成的,我在那里传教逗留了十九年。1930年后我又多次回到那个地区,有机会对搜集的资料作进一步补充和完善。

《鄂尔多斯口述文学原本》一书的词汇表,显然也是鄂尔多斯词汇的一部分。这个词汇表包含了六千五百多个单词,都收入了本书。现在这部词典的词条达两万一千个。其中大约有五百个单词,来自上个世纪末西南蒙古代牧区闵玉清主教留下的手稿,我重新做了复核。

在这部词典里,我对全部词汇,包括词组和短语,都尽己所能给出说明和解释。编纂期间,我十分谨慎考虑到这部词典的使用之便利性,使之易于查找。比如,省略了单词间关联性。我也没有犹豫地删除了含糊不清的内容。

在这部词典里,读者了解的语言是鄂尔多斯南部人说的话,作为一种鄂尔多斯方言,与鄂尔多斯北部人讲的话只有细小差别。

田清波还特别说明自己词典的编纂原则:

有一点需要注意,与当今一些词典注重词源不同,我的词典没有兼顾词源学,不同于兰司铁先生在卡尔梅克卫拉特语研究上所做的那样。我所能够做到的只是把蒙古文字书写正确,以及通常一般词典里包含的大致内容。不论印刷品还是手稿,不可能完全符合词源学标准,尤其是涉及方言的时候。即使正确的形式用于方言也往往行不通。

人们都不记得藏语和满语的词源生成了,汉语成为其最大源头。同样,我所做的或许只能是把汉语作为鄂尔多斯语言的基础。

手捧着沉甸甸的《鄂尔多斯蒙古语词典》,笔者虽然对这部词典的主体内容一个字也看不懂,但是仍然对这位远道而来的田清波神父充满敬畏之心。

由此看到一个现象,来华传教士们对丰富多彩的中国区域文化之研究巨细靡遗、寻幽入微。河间胜世堂出版谈天道的《中国札记》反映的是耶稣会对燕赵豪侠传统的兴趣;在兖州天主堂印书馆出版的《泰山曲阜指南》和《鲁南丧礼考》里,流溢出圣言会神父直面泰山、曲阜体现的邹鲁儒家文化时内心迸发的共鸣;田清波的《鄂尔多斯口述文学》和《鄂尔多斯蒙古语词典》、彭嵩寿的《土默特笔记》、康国泰的《甘肃土人的婚姻》、贺登崧的《万全的寺庙和历史,地理学方法用于民俗学》,又无不体现圣母圣心会传教士对生活在中国北方茫茫草原的各民族之关注。

"华裔学志专刊"第二种,*An Outline of Modern Chinese Family Law*(《中华民国亲属法大纲》),作者是在辅仁大学执教的荷兰人范可法[①],这是他的博士论文的一部分,摘取其中的两卷。第一卷"导言",主要是介绍民国二十年(1931)颁布的《中华民国亲属法》的起草过程。他先是分析了中国人的思维特点对中国法律的影响,指出中国传统家庭法规大多是通过宗族实现的;清末修律,三次起草亲属法,由于大理院的干扰没有成功;国民党的立法原则及在南京几次起草并通过现行亲属法。第二卷"现行法律",分析研究《中华

---

① 范可法(Marius Hendrikus van der Valk,1908—1978),又记范德沃,荷兰人。还著有 *Interpretations of the Supreme Court at Peking, years 1915 and 1916*(1949),*Conservatism in modern Chinese family law*(1956)等。

An Outline of Modern Chinese Family Law
中华民国亲属法大纲
（封面）
[荷兰] 范可法撰
英文
两卷　一册
"华裔学志专刊"第二种
民国二十八年（1939）
北平法文图书馆出版
辅仁大学印书局排印
铅印本　纸本　平装
开本：25.4×11（cm）
219 页

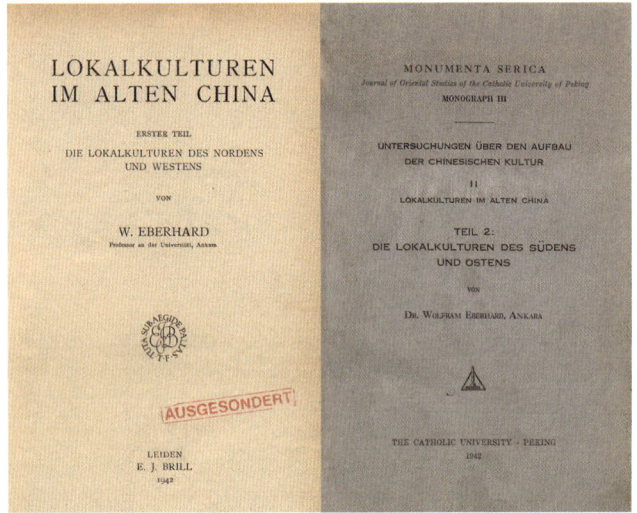

Die Lokalkulturen des Nordens und Westens
中国西北部地区文化
Die Lokalkulturen des Südens und Ostens
中国西南部地区文化（封面）
[德] 艾伯华撰
德文
五章　一册
"华裔学志专刊"第三种
民国三十一年（1942）北平辅仁大学出版
铅印本　纸本　平装
开本：24×16（cm）
588 页

民国亲属法》的立法原则和基本条款，诸如婚姻、父母和子女、监护权、司法援助、居所、家族会议等。

《中华民国亲属法大纲》于民国二十八年（1939）由辅仁大学出版社排印，北平法文图书馆出版发行。

"华裔学志专刊"第三种，*Die Lokalkulturen des Südens und Ostens*（《中国西南部地区文化》），是辅仁大学教授艾伯华撰写的 *Untersuchungen über den Aufbau der Chinesischen Kultur*（《中华民族文化构成研究》）之第二部 *Lokalkulturen im Alten China*（《古代中国地区文化》）中的一部分。不清楚艾伯华的《中华民族文化构成研究》这部宏大计划究竟完成多少、出版了几部几卷。

艾伯华（Wolfram Eberhard，1909—1989），德国人，汉学家，人类学家；1927 年入柏林大学专修古汉语和社会人类学，同时学习了满语、蒙古语、日语和梵语。1929 年艾伯华在柏林人类学博物馆工作，民国二十三年（1934）来华，为他工作的博物馆进行民族学采风，考察了华南和华东，搜集民间传说。艾伯华在北京大学、辅仁大学教授拉丁语和德语，其间游历华北和华西。民国二十五年（1936）回德后，又为躲避纳粹而出走海外，颠沛流离于美国、日本、中国和土耳其。战后艾伯华赴美，加入美籍，任加利福尼亚大学伯克利分校终身教授。其著述颇丰，还有著作 *Hua Shun, the Taoist Sacred Mountain in West China*（《华山　华西道教圣山》，1974）等。

《古代中国地区文化》有两部九章。上部书名是 *Die Lokalkulturen des Nordens und Westens*（《中国西北部地区文化》），1942 年作为《通报》第三十七卷的增刊由荷兰莱顿 E. J. Brill 出版。第一章和第二章"北方文化"，第三章"藏文化"，第四章"巴文化"。

辅仁大学"华裔学志专刊"同年出版的《中国西南部地区

文化》是《古代中国地区文化》的下部，第五章至第九章。第五章"瑶文化"，介绍有"木客""封豨""无支祈""五通""彭侯""必方""回禄""陆终""祝融""婆娑""凿齿""大风""修蛇""嫦娥""常仪""高禖"等。第六章"傣文化"，介绍有"守宫""破镜""方诸""阳遂""鬼车""句芒""蜒民""鳖蜃""木居士""空桑""州留""糖牛""哀牢""九龙""应龙""八蜡""吉贝""恍根""回煞""紫姑""马郎""泮宫""穷奇""傩""狂夫"等。第七章"越文化"，介绍有"防风""相柳""息壤""会稽""木鱼""伍子胥""范蠡""鸱夷""曹娥""孙恩""郁洲""琅琊""神荼""郁垒"等。第八章"辽文化"，介绍有"混沌""浑天""盘古""重黎""钟离"等。第九章"通古斯文化"，介绍满洲诸民族一些民俗文化。

艾伯华教授的这部著作与禄是遒的 *Recherches sur les Superstitions en Chine*（《中国迷信研究》）选题形式上差不多，但是他偏重收集边疆少数民族地区的民俗文化。别看这本书在中国几乎没有人知道其存在，但是在国外汉学界是非常权威的著作，欧美国家出版的辞典、百科全书或者维基百科的相关条目，往往引自艾伯华的介绍和解释。

"华裔学志专刊"第四种，辅仁大学德籍教授福华德撰写的 *Der Jesuiten-Atlas Der Kanghsi-Zeit, Seine Entstehunsgeschichte, Nebst Namensindices Für Die Karten Der Mandjurei, Mongolei, Ostturkestan und Tibet*，原题直译《康熙王朝耶稣会传教士的地图，形成，以及满洲、蒙古、东突厥斯坦和西藏地图地名综表》，陈垣先生用中文题书名《康熙皇舆全览图》，译名从简。

福华德（Walter Fuchs，1902—1979），又记福克司，德国人，汉学家，满蒙学家，二十世纪二十年代来华，出任辅仁大学、燕京大学教授和北平中德学会会长，还著有《柳如是别传》《惠超往五天竺国传》《满文标注地图考》、*Beitrage zur Mandjurischen Bibliographie und Literatur*（《满洲书目文献》，东京，1936年）等。

Der Jesuiten-Atlas Der Kanghsi-Zeit, Seine Entstehunsgeschichte, Nebst Namensindices Für Die Karten Der Mandjurei, Mongolei, Ostturkestan und Tibet
康熙皇舆全览图（封面和插页）
［德］福克司著
德文
三部 一册
"华裔学志专刊"第四种
民国三十二年（1943）
辅仁大学华裔学志社出版
铅印本 纸本 平装
开本：28×20.5（cm）
414 页

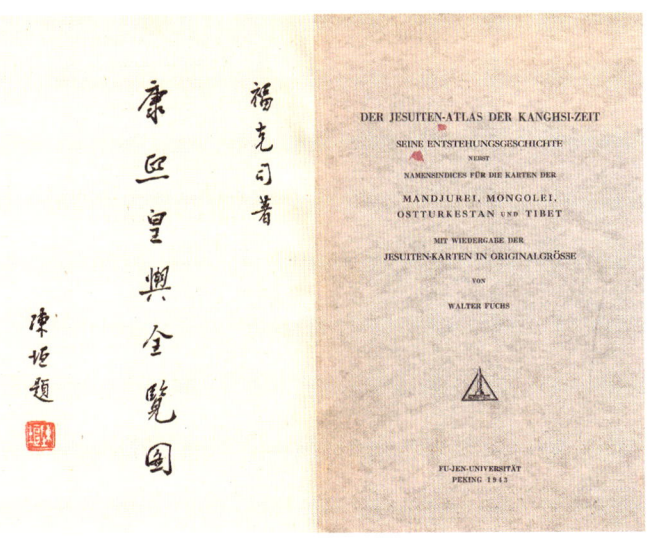

《康熙皇舆全览图》有三部分。第一部分是福华德论著的正文，介绍《皇舆全览图》的完成过程。康熙四十七年（1708）奉旨开始测绘，完成于康熙五十五年（1716）。于康熙五十六年（1717）初刊，有总图一幅，分图二十八幅；以后多次增补，一共三十一幅图，包括《盛京全图》《乌苏里江图》《黑龙江口图》《黑龙江源图》《色楞厄河图》《热河图》《河套图》《河源图》《哈密噶斯图》《杂旺阿尔布滩图》《金沙澜沧等江源图》《拉藏图》《雅鲁藏布江图》《冈底斯阿林图》《哈密图》《朝鲜图》《直隶图》《山东图》《山西图》《陕西图》《河南图》《江南图》《浙江图》《江西图》《湖广图》《福建图》《广东图》《广西图》《贵州图》《四川图》《云南图》等。

《皇舆全览图》以天文观测与星象三角测量方式进行，采用梯形投影法绘制，比例为四十万分之一。地图描绘范围东北至库页岛，东南至台湾，西至伊犁河，北至贝加尔湖，南至崖州。当年参与绘制《皇舆全览图》的有耶稣会来华传教士白晋、雷孝思、杜德美等人。

福华德利用《康熙实录》等史料，介绍《皇舆全览图》形成过程中遇到的问题，比如，新疆准噶尔问题、青海西藏问题、阿里问题、长白山问题、科尔沁问题等，说明这些区域的划界当年在《皇舆全览图》上都已经明确解决，列入中华版图。

第二部分专门考证满洲、蒙古、西藏的地名古今之异同。

第三部分是《皇舆全览图》的"西文索引"和"中文索引"。"西文索引"只限于对满洲、蒙古、东突厥斯坦、西藏地名做罗马字母拼法、中文名称、坐标，地图标号。"中文索引"的内容不仅有地名的汉字，还有详细的方位坐标。

福华德的《康熙皇舆全览图》在我国历史地理学上有着非常重要的地位，它用西方实证历史学方法，归类分解康熙地图上诸多文化符号，透视平面经纬，以期描绘一个民族形成的故事。福华德对《皇舆全览图》地名历史变迁的考证，不仅展现中华各民族生存之沿革，也为解决当下国际纷争提供了权威的"学术依据"。

福华德还著有 The "Mongol atlas" of China by Chu Ssu-pen and the Kuang-yü-t'u，直译《朱思本绘制的中国元朝地图与〈广舆图〉》，原书有中文书名《〈广舆图〉版本考》。

朱思本（1273—1333），字本初，号贞一，临川人；因"厌世溷浊"，入龙虎山中拜张仁靖真人学道。他广游天下，采用"计里画方"法，于元延祐七年（1320）绘制完成精度甚高的《舆地图》两卷，"方位不爽臺厘"。明代罗洪先为《舆地图》补充，作《广舆图》。罗洪先（1504—1564），字达大，号念庵，吉安人；嘉靖年间志重绘天下舆图，"尝遍观天下图籍，虽极详尽，其疏密失准，远近错误，百篇而一，莫之能切也。访求三年，偶得元人朱思本图，其图有计里画方之法，而形实自是可据，从而分合，东西相俦，不至背舛。于是悉所见闻，增其未备，因广其图，至于数十。"朱思本和罗洪先采用的"计里画方"是当时中国最先进的地图绘制方法，直到明末利玛窦来华传入西方的绘图法后，更科学的经纬度才开始逐渐代替"计里画方"。

福华德介绍了朱思本《舆地图》的形成及其所依据的文献，详细地对比罗洪先的《广舆图》与《舆地图》的同异，主要讨论了自明代以后各种版本《广舆图》的差异，以及几个版本的序言。他研究的版本有：嘉靖二十年（1541）、嘉靖三十四年（1555）、嘉靖三十七年（1558）、嘉靖四十年（1561）、嘉靖四十五年（1566）、隆庆六年（1572）、万历七年（1579）、万历二十七年（1599）和万历四十三年（1615）等。

《〈广舆图〉版本考》于民国三十五年（1946）列入"华裔学志专刊"第八种出版，附有四十八幅地图。

"华裔学志专刊"第七种，*Geschichte der chinesischen Literatur und ihrer gedanklichen Grundlage*，*nach Nagasawa Kikuya*，*Shina Gakujutsu Bungeishi*，（《中国文学史》），日本汉学家长沢规矩也著，丰浮露译。

长沢规矩也（Kikuya Nagasawa，1902—1980），字士伦，号静庵，日本神奈川人，汉学家、版本学家、目录学家；东京帝国大学中国哲学文学科毕业，从事中国文学史、中国文化史和中国目录学的研究，并讲授日汉书目学；主要著作有：《书目学论考》《中国版本目录学书籍解题》《静庵汉籍解题长篇》《汉籍整理法》《古书目录法解说》《日汉古书编目法》等。

经福华德教授的推荐，丰浮露对长沢规矩也的学术研究产生兴趣，遂选1939年出版于东京的《支那学术文艺史》译为德文，民国三十四年（1945）付梓，即《中国文学史》。共十二章。第一章"导论"，论述中国文化的起源、中国的学术、儒家思想、中国文学的特点等。第二章至第十二章分别论述"先秦学术流派""先秦文学""汉魏六朝学术""汉魏六朝文学""隋唐学术""隋唐文学""宋元文学""宋代学术的鼎盛""明代文学""清代学术""清代文学"。

长沢规矩也这本著作的特点是把每一朝代学术思想与当期文学作品进行对照和分析，试图找出其中的关联。《中国文学史》里对中国学术著作和文学作品的介绍采用题解方式，简明扼要。

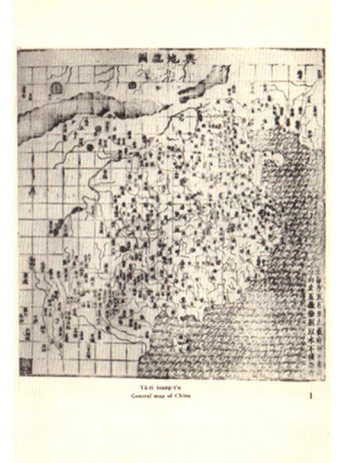
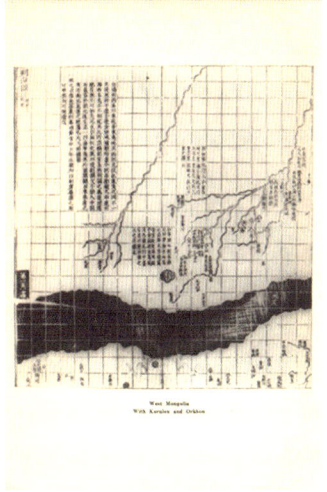

The "Mongol atlas" of China by Chu Ssu-pen and the Kuang-yü-t'u
《广舆图》版本考（封面和内页）
［德］福华德撰
英文
十八章　一册
"华裔学志专刊"第八种
民国三十五年（1946）辅仁大学出版
铅印本　纸本　平装
开本：26.5×19.2（cm）
32页
地图48幅

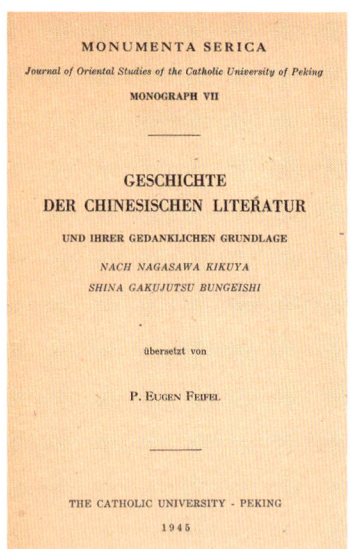

Geschichte der chinesischen Literatur und ihrer gedanklichen Grundlage, nach Nagasawa Kikuya, Shina Gakujutsu Bungeishi
中国文学史（封面）
［日］长沢规矩也著
［德］丰浮露译
德文
十二章　一册
"华裔学志专刊"第七种
民国三十四年（1945）
北平辅仁大学出版社排印
铅印本　纸本　平装
开本：25×17（cm）
444 页

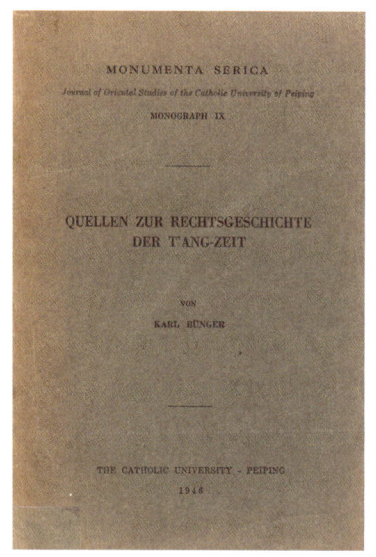

Quellen zur Rechtsgeschichte der T'ang-Zeit
唐律探究（封面）
［德］宾格尔撰
德文
三部分　一册
"华裔学志专刊"第九种
民国三十五年（1946）
北平辅仁大学出版社出版
铅印本　纸本　平装
开本：24×16.2（cm）
311 页

丰浮露写了"译者序"，几乎没有涉及著作内容本身，也没有他自己的观点，似乎他就是一位普通"译手"。书后附有"参考书目""中国历代年表"和"索引"，"索引"是中国历史人物和作品的德文与中文对照表，实用性较强。

"华裔学志专刊"第九种，*Quellen zur Rechtsgeschichte der T'ang-Zeit*（《唐律探究》），德国汉学家宾格尔①撰写的研究中国唐朝律法的专著。此著由三个部分组成，第一部分正文，第二部分译文，第三部分附录和索引。

作者在第一部分分四章概述自己的研究心得。第一章"唐朝在中国法制史的地位"。第二章"唐朝律书"，包括《旧唐书》《新唐书》《唐会要》《唐六典》《唐大诏令集》《册府元龟》《通典》《太平御览》等。第三章"唐朝立法"。第四章"唐律探究"，包括立法者——皇帝，判例法，习惯法，立法理念，律法典籍，"守法"概念——约束官吏与皇帝的法律关系。

第二部分节译了《旧唐书》第五十章"刑法志"，《新唐书》第五十六章"刑法志"，《唐会要》第三十九章"定格令""议刑轻重""君上慎恤""臣下守法"，对原著做了详细注解。

在第三部分附录里有参考书目、中文典籍、唐朝年表、名词索引、唐朝官衙官吏设置等。

总体来说，《唐律探究》是一部信息量很大的著作，有学术深度。旧时对这个课题的研究较为丰富，尤其从民国开始，为建立和完善民主法制制度，中国学者多有涉猎，因而洋人的研究没有

---

① 宾格尔（Karl Bünger，1903—1997），德国汉学家、法史学家。民国二十五年（1936）和民国三十年（1941）两次来华，曾任苏州大学、同济大学教授。

那么突出。

"华裔学志专刊"第十种，*Bolur Erike*, "*eine Kette aus Bergkristallen*", *eine monogolische Chronik der Kienlung-Zeit von Rasipungsuy*（*1774/75*）, *Literaturhistorisch untersucht*，全名《关于拉西彭楚克乾隆三十九年至四十年撰写的蒙古编年史〈水晶念珠〉之文学史研究》，简译《〈水晶念珠〉研究》。

作者海西希（Walther Heissig，1913—2005），又记海西西，德国人，出生于维也纳，毕业于柏林大学和维也纳大学。受瑞典探险家斯文·赫定的影响，学习蒙古学、汉学、文化人类学；民国三十年（1941）来华，任德驻华使馆文化参赞，结识田清波等辅仁大学教授，职外在内蒙古和东北地区收集研究资料，从事民间文学调查工作。战后因间谍嫌疑被美军拘捕，但被允许监外在辅仁大学从事研究工作。在此期间海西希专注研究拉西彭楚克的《水晶念珠》，收获颇丰。1950年获释回国，在波恩大学任教，继续从事蒙古史、满族史、萨满教等研究，成为国际著名蒙古史专家，发表蒙古学、藏学学术论著一百五十余部。

拉西彭楚克，孛儿只斤氏，蒙古人，乾隆二十年（1755）生于蒙古巴林部克什克腾旗；历史学家，精通蒙、汉、藏、满文。他曾于乾隆三十七年（1772）撰写了《格鲁坚赞·赛音绰克图活佛传》，又在乾隆三十九年至四十年（1774—1775）完成蒙古编年史《大元国水晶念珠》（简称《水晶念珠》，*Bolur Erike*），存抄本五章十册，分别论述了蒙古族族源、蒙古汗统源流、成吉思汗及元朝兴衰、后元诸可汗历史、成吉思汗后裔历史及佛教传入等。

"水晶念珠"意为水晶的串珠，譬喻一连串"辉煌朝代"。作者编写这部蒙古编年史主要依据汉文史籍，也有一些资料是他从蒙古典籍和传说中搜集整理的。他对蒙古历史断代和定位也与汉文史籍有所不同，着力记述了蒙古族的渊源和血统系谱，蒙古各个部落的兴衰过程，蒙古族文学、哲学以及宗教信仰的形成和发

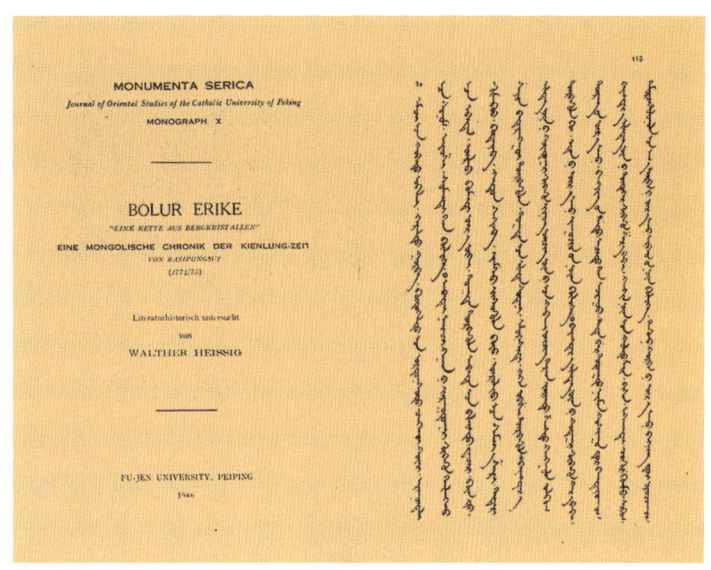

Bolur Erike, "*eine Kette aus Bergkristallen*", *eine monogolische Chronik der Kienlung-Zeit von Rasipungsuy*（*1774/75*）, *Literaturhistorisch untersucht*
《水晶念珠》研究（封面和内页）
［德］海西希撰
德文　蒙古文
七章　一册
"华裔学志专刊"第十种
民国三十五年（1946）
北平辅仁大学出版
北平协和印书局排印
铅印＋影印本　纸本　平装
开本：22.7×16（cm）
225页
插图3幅

展等。一些学者对拉西彭楚克的著作给予很高评价,认为它可以解释和说明史学界一直存在的许多争议问题。如果基于拉西彭楚克的记述重新审视以往的史料,蒙古历史和中国历史的写法或许会有所不同。

《水晶念珠》存五种抄本,乌兰巴托藏抄本两种,四王子旗抄本一种,还有田清波神父宣统三年(1911)在鄂尔多斯发现的抄本两种。得到田清波神父的指导和帮助,海西希于民国三十五年(1946)用德文发表的《〈水晶念珠〉研究》共有七章:第一章,"已知抄本和出版物";第二章,"作者及其著作";第三章,"《水晶念珠》的传行";第四章,"同时代相关史诗和传说";第五章,"明代蒙古流传文献";第六章,"府藏文献";第七章,"蒙古语原文",影印了鄂尔多斯抄本的一部分。

在《水晶念珠》研究上成就最大的非田清波神父莫属,二十世纪五六十年代他在哈佛燕京学社编辑出版的 Scripta Mongolica(《蒙古抄本集刊》)是这个学科专业集大成者。

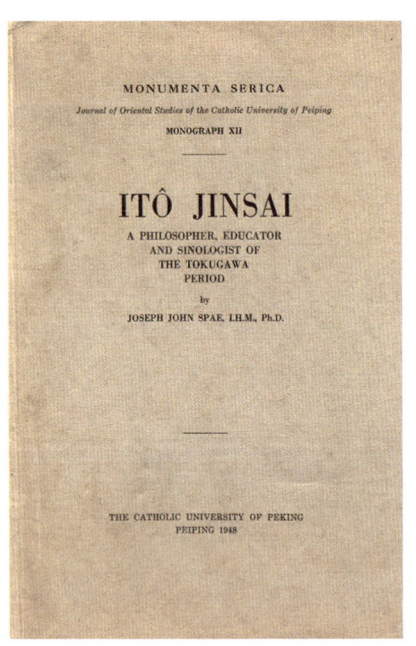

Itô Jinsai: a philosopher, educator and sinologist of the Tokugawa period
伊藤仁斋:德川时期的哲学家、教育家和汉学家(封面)
[比]薛宝义撰
英文
八章 一册
"华裔学志专刊"第十二种
民国二十七年(1948)
北平辅仁大学印书局排印
铅印本 纸本 平装
开本:27.4×19(cm)
278 页
插图 1 幅

"华裔学志专刊"第十二种,*Itô Jinsai: a philosopher, educator and sinologist of the Tokugawa period*,(《伊藤仁斋:德川时期的哲学家、教育家和汉学家》)。

作者薛宝义(Joseph John Spae,1913—1989),比利时人,圣母圣心会里不多见的研究日本的学者;1930 年入圣母圣心会,1933 年在鲁汶大学学习神学和东方语言,1936 年晋铎,次年(民国二十六年)来华,初在北平学习汉语,次年转赴日本京都帝国大学学日语,太平洋战争爆发后被拘于神户;战后赴美国哥伦比亚大学取得博士学位,回日本,任姬路城教区本堂神父,东京东方学院主任。七十年代退休回比利时,逝于鲁汶。

传主伊藤仁斋(宽永四年至宝永二年〔1627—1705〕),名维桢,字源佐、源吉、源七,号仁斋、古义堂、棠阴,日本哲学家,古义学派(又称堀川学派)创立者,终身布衣。十一岁开蒙学习中国儒学经典,初时崇奉宋儒的理气学说。他的哲学思想受到中国明朝哲学家吴苏原的影响。中年始疑宋儒背离孔子和孟子,遂摈弃朱子学,独崇孔孟,主张恢复儒家经典的古义,十分重视《论语》和《孟子》两书,并要建立所谓"圣学"。逝世后,他的弟子私谥他为"古学先生"。

《伊藤仁斋：德川时期的哲学家、教育家和汉学家》出版于民国三十七年（1948），笔者本以为是薛宝义在哥伦比亚大学的博士论文，其实不然。薛宝义序言："写作这部书是在日本集中营三年时光里难得享有的快乐。莱维①曾经说过，书是三件事的结果：钱，机会和一点点勤奋。赞助人的慷慨，上司的鼓励和专业的奉献，才是一点点勤奋而获得赐福和喜悦的源泉。"

此书有七章，内容包括"日本的堀川学派""日本儒学历史资料""伊藤仁斋生平""哲学家和道学家伊藤仁斋""教育家伊藤仁斋""汉学家伊藤仁斋""古义堂和伊藤仁斋的后继者"等。

《华裔学志》编辑部民国三十八年（1949）撤离中国迁往日本，与天主教在名古屋新成立的南山大学（Nanzan University）合作，继续出版大约到六十年代中期，后迁址德国。

"华裔学志专刊"这套丛书在编辑部撤离中国前大约出版了十三部，至今仍在出版，序号编到六十六。②另据巴佩兰（Barbara Hoster）的 The Contribution of Monumenta Serica and Its Institute to Western Sinology（《〈华裔学志〉及其研究所对西方汉学的贡献》）③一文记叙，《华裔学志》编辑部还出版过系列书籍"华裔选集"，大约有八九种，大部分是华裔学志研究中心 1994—2003 年间在德国奥古斯丁-内特塔尔的圣言会研究中心出版的，其中只有第一种古德里奇④夫人撰写的中国民俗学名著 The Peking Temple of the Eastern Peak, the Tung-yüeh Miao in Peking and its Lore（《东岳庙》）1964 年出版于名古屋。

天主教会把《华裔学志》在学术上的成功复制到日本，日本耶稣会主办的上智大学（Sophia University）于昭和十一年（1938）创办 Monumenta Nipponica（《日本学志》），英文半年刊。《日本学志》办刊主旨基本移植于《华裔学志》，定位为研究日本社会、文化、历史、宗教、文学、艺术、人类学等学科的学术刊物。《华裔学志》发表的文章常常出现在《日本学志》上。有些文章以为《日本学志》是《华裔学志》编辑部于民国三十八年（1949）离开中国到日本继续出刊的产物，实是误解。《华裔学志》编辑部离开中国初期曾在日本逗留，但与《日本学志》不是一回事。

《华裔学志》在中国仅出版到民国三十七年（1948），十三年共出版十三卷，最初一年出版两期，既有洋神父、洋教授的作品，也有本土学者如陈援庵、沈兼士、费孝通、张星烺、杨树达、季羡林、裴文中的文章。除当代人的研究文章之外，《华裔学志》还把中国古典文学的精品，如杜甫诗等译成德文，起到了沟通中外文化的作用。

《华裔学志》离开中国后，辗转多地，延续至今，是欧洲著名汉学研究刊物。现在由德国华裔学志研究中心（Monumenta Serica Institute）在德国 Sankt Augustin-Nettetal 出版，由于有辅仁大学背景的缘故，在台湾学界阅读者比较多。

---

① 莱维（Sylvain Lévi, 1863—1935），法国人，印度学家，梵文专家，其研究领域非常广泛，包括吠陀研究、印度宗教史、佛教、人类学、社会学、哲学、历史、文学、戏剧、文献学等。著述影响甚广，有弟子伯希和等。
② 最新一部著作为德国《华裔学志》研究所主任顾孝永（Piotr Adamek）所著 A Good Son Is Sad if He Hears the Name of His Father. The Tabooing of Names in China as a Way of Implementing Social Values（Sankt Augustin, 2015）。
③ 台湾《汉学研究通讯》，第二十三卷第二期（2004 年 5 月），第 1—22 页。
④ 古德里奇（Anne Swann Goodrich, 1895—2005），美国人。民国十九年至二十一年（1930—1932）居中国北平（今北京），考察东岳庙，采记有关东岳庙众神的口头传说和民间风俗习惯。

与时偕行

无疑地在我底诅咒中同时也闪耀着爱的火花，这爱与憎的矛盾，将永远是我的矛盾罢。我并不为自己辩解，我们只看那一个宣传爱之福音，而且为爱人之故，被钉在十字架上的基督，是怎样地诅咒过人……将来在人间，也许这爱与憎的矛盾，会有消灭之一日，可是在现在我是要学那一个历史上的伟人的样子来诅咒人了。

——巴金

民国中后期,中国北方除了辅仁大学以《华裔学志》为载体的汉学研究外,对中国新文学运动的关注是那个时代"汉学"较有特色的新趋向,善秉仁、文宝峰和明兴礼做了很多工作,体现了他们与时偕行的特点。

圣母圣心会在上海等城市所设立的账房称为普爱堂,经营房地产业,以资传教。旧时上海卢湾区的霞飞坊(淮海坊)和金亚尔培公寓(陕南村)都是普爱堂开发的房地产项目,普爱堂拥有上海法租界高档住宅的半壁江山。

普爱堂在文化和学术上也留下浓墨重彩。

比利时人善秉仁(Joseph Schyns,1899—1979),圣母圣心会会士,1912—1918年在比利时列日的S. D. B. 学院及法国Ferrieres Saint-Rochus小修院学习人文学科;1921—1925年在鲁汶学习神学,1924年晋铎。民国十四年(1925)来华后,善秉仁在天津学习语言一年,后赴内蒙古传教,先后任西湾子副本堂、灶火沟堂本堂、西湾子教区南壕堑(西营子)堂的会计和本堂神父,后又任宁夏教区蛮会堂本堂和传教区会长。

民国三十二年(1943)善秉仁与其他神职人员被日本宪兵队先后拘留于潍县和北平的集中营,日本战败后获释。民国三十七年(1948)善秉仁担任圣母圣心会与辅仁大学合办的北京怀仁书院秘书。1952年退休回比利时。

在集中营囚禁期间,善秉仁阅读了大量中国现代文学作品,颇有心得。战后他借用圣母圣心会账房名义,在北平设立"普爱堂编辑部",出版了一些颇有文学意味的书籍,如他编纂了一套丛书"批评和文学研究",分为四部:第一部 *Romans a lire et romans a proscrire*(《说部甄评》)及其中文本《文艺月旦(甲集)》;第二部文宝峰的法文著作 *Pomans à lire et pomans à proscrire*(《中国新文学史》)和拟出版的中文本;第三部 *1500 Modern Chinese Novels & Plays*(《中国现代小说戏剧一千五百种》)和拟出版的中文本,即《文艺月旦(乙集)》;第四部是计划中赵燕声①编著的 *500 Short Biographies of Modern Authors*(《五百位现代作家小传》)。另有《中法对照新文学辞典》,已编好,未付梓。

撰写《中国新文学史》的文宝峰与善秉仁有着同样的经历。文宝峰(Hubert-Hendrik Van Boven,1911—2003),比利时人,1929年入圣母圣心会,1935年晋铎。民国二十五年(1936)文宝峰来华,任

---

① 赵燕声(约1920—约1960),又记赵燕生,笔名景明,河北临城人。民国三十二年(1943)毕业于辅仁大学西语系,在校期间曾担任辅仁学生刊物《辅仁文苑》编辑。毕业后进入北京中法汉学研究所工作,担任该所图书馆西文书刊编辑。民国三十七年(1948)进入北平怀仁书院,任善秉仁的助手。1949年后在中国科学院图书馆工作;后卧轨自杀。还编著有《文化方面的工作》(民国三十六年〔1947〕)、《现代中国文学研究书目》(民国三十七年〔1948〕)、《世界的原始》(1950)、《徐志摩年谱》(未刊)、《中法对照新文学辞典》(未刊),翻译惠泽霖撰写的《王徵与所译〈奇器图说〉》(民国三十六年〔1947〕)等。

绥远副本堂，抗战期间先后被拘潍县和北平的集中营，战后任巴拉盖本堂。常风①先生在一篇记述周作人的文章中曾提到文宝峰：

> 见了文宝峰我才知道他们的教会一直在绥远一带传教，因此他会说绥远方言。文宝峰跟我交谈是英文与汉语并用，他喜欢中国新文学，被日本侵略军关进集中营后，他继续阅读新文学作品和有关书籍，我也把我手头对他有用的书借给他。过了三四个月，文宝峰就开始用法文写《中国现代文学史》，1944年7月底他已写完。1945年日本帝国主义投降后不久文宝峰到我家找我，他告诉我说他们的教会领导认为他思想左倾要他回比利时，他在离开中国之前很希望能拜访一次周作人。与文宝峰接触近一年，我发现他对周作人和鲁迅都很崇拜。②

与前辈不同，善秉仁、文宝峰、明兴礼这些专攻中国新文学的天主教神父们，与民国文学大家交往勤密，和睦融洽，并引以为荣。据说民国三十七年（1948）梁实秋召集了一次"京派"作家聚会，善秉仁、文宝峰也参加了。事后梁实秋收到常风寄来的合影照片时说："照片中的善司铎面部模糊不可辨识，我想不起他的风貌，不过我知道天主教神父中很多饱学之士，喜与文人往来。"③

据说文宝峰拜访过他崇拜的周作人，了却了心愿。然而被教会认定"思想左倾"的他，担心自己马上被遣送回比利时的事情并没有发生，直到1949年他才随着大拨传教士离华归乡，在司各特和鲁汶大学教授中文。1952年他转赴日本传教，任本堂神父并从事中国文化研究，在日本退休，逝于姬路城。

民国三十四年（1945）善秉仁出版法文的 Romans a lire et pomans a proscrire（《说部甄评》），次年他出版《说部甄评》的中文版《文艺月旦（甲集）》。《文艺月旦（甲集）》是近现代中国小说提要，有六百部小说书评，一百一十位作者小传；中文译者是景明。《文艺月旦（甲集）》比《说部甄评》增补了赵燕声撰写的"作家小传"，民国三十六年（1947）北平独立出版社印制，普爱堂发行。《文艺月旦（甲集）》分为三部："现代之部""旧体之

文艺月旦（甲集）（封面）
[比]善秉仁编
[中]景明译
三部　一册
"批评和文学研究"丛书第一部
民国三十六年（1947）天津普爱堂出版
铅印本　纸本　平装
开本：25.5×18.8（cm）
220页

---

① 常风（1910—2002），原名常凤瑑，字镂青，笔名常风、苏波等，山西榆次人。宣统二年（1910）考入清华大学外国文学系，叶公超的高足；后执教于北京大学西语系、山西大学外语系。
② 常风：《逝水集》，辽宁教育出版社1995年版，第106页。
③ 梁实秋：《忆李长之》，载《梁实秋怀人丛录》，中国广播电视出版社1989年版，第318页。

部""译本之部";附录有三:"作家小传""著者索引""书名索引"。

此书当时就有批评之声。聂崇岐①《〈说部甄评〉甲集阅后记》一文指出这部书的缺点:一、取材稍滥,二、收罗未广,三、分类不当。②

1500 Modern Chinese Novels & Plays(《中国现代小说戏剧一千五百种》),辅仁大学与普爱堂编辑部合作,于民国三十七年(1948)出版,这种合作出版形式比较多见。此书对中国现代文学作品作了简要介绍,所以有人将此书译为《中国现代小说戏剧一千五百种提要》也是对的。这是一部非常有名的介绍中国现代文学的著作,篇幅宏大,内容丰富,举凡作家生平和文学成就、作品等都有介绍。书前有善秉仁写的导言。全书分为三部分:第一部分,苏雪林作 Present Day Fiction & Drama in China ("中国当代小说和戏剧"),第二部分,赵燕声作 Short Biographies of Authors ("作家小传"),第三部分,善秉仁作 1500 Modern Chinese Novels & Plays ("中国现代小说戏剧一千五百种")。

善秉仁在《文艺月旦(甲集)》导言里说:

> 传教的生活,和轻浮的文学作品,几乎是南辕北辙风马牛不相及的两件事,可是读者先不必大惊小怪,我们在这个总检讨的工作里,虽说翻腾了不少的书,却仍然没有失掉我们做传教士的本色。所谓图书批判,实际上唯一的目的,只是借阅览指导来替人类心灵效点劳而已。

由此许多评论讲善秉仁的《文艺月旦(甲集)》和《中国现代小说戏剧一千五百种》如何如何体现了他的天主教的价值观。此说法过于牵强,不能苟同。其实每篇书评或小传都仅有区区三五行字,信息量很小,说明不了什么。只不过他在书评后面注明适合什么人看,比如巴金的《爱的十字架》,注明的是"可以给成熟的人看"。这个标准难道是天主教的吗?

当然也不可否认善秉仁有强烈的天主教"社会责任感",他写的导言完全是一篇自我陶醉的、所谓的天主教对文艺青年的道德说教。倘若跳过"导言"部分,无论《文艺月旦(甲集)》还是

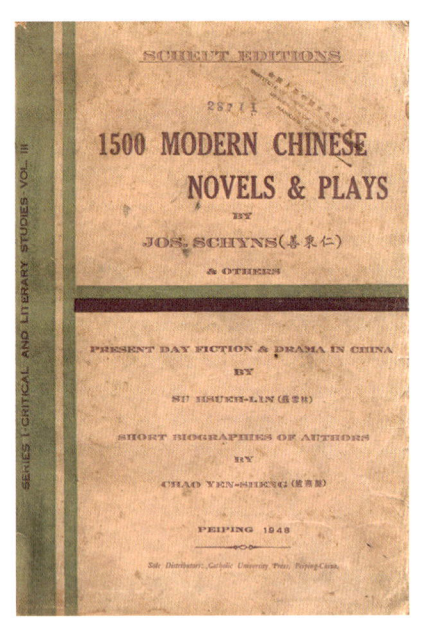

1500 Modern Chinese Novels & Plays
中国现代小说戏剧一千五百种(封面)
[比]善秉仁编纂
英文
三卷 一册
"批评和文学研究"丛书第三部
民国三十七年(1948)
辅仁大学出版社排印
铅印本 纸本 平装
开本:25.5×18.2(cm)
484 页

---

① 聂崇岐(1903—1962),字筱山,天津蓟县(今蓟州区)人。史学家、目录学家。民国十七年(1928)毕业于燕京大学,执教于燕京大学,任燕大引得编纂处编辑、北平中法汉学研究所研究员兼通检部主任。著有《宋史丛考》等。
② 聂崇岐:《〈说部甄评〉甲集阅后记》,刊《上智编译馆馆刊》第一卷,民国三十五年(1946),第 60 页。

《中国现代小说戏剧一千五百种》，还都是很有价值的学术文献。善秉仁没有拥挤在竞相译介中国古代经典的"公共汽车"上，而是另辟蹊径，执着于中国新文学研究领域，在西方汉学领域有其代表性。

善秉仁与苏雪林很熟，著有《公教作家苏雪林》。

天主教女修士苏雪林（1897—1999），名小梅，字雪林，笔名瑞庐、绿漪等，报考北京高等女子师范时将名字改为苏梅，由法归国后常署名苏雪林。她祖籍安徽太平，光绪二十三年（1897）生于浙江省瑞安县，自诩半个浙江人。民国十年（1921）秋，苏雪林考入吴稚晖、李石曾在法国创办的里昂中法大学，先学西方文学，后学绘画艺术。在法生活三年，水土不服，小病缠身，加之父亲病故，母卧病榻，遂于民国十四年（1925）辍学提前回国。苏雪林在法期间患了一次很严重的病，住院期间得到医院里一些天主教修女的细心照顾，苏雪林深受感动。在一位外国好友的劝说下，她皈依了天主教。

苏雪林一生跨越两个世纪，执教五十载，创作七十年，出版著作五十部。她先后在沪江大学、安徽大学、武汉大学任教。她笔耕不辍，被喻为文坛的常青树。她的作品涵盖小说、散文、戏剧、文艺批评，在中国古代文学和现当代文学研究中成绩卓著。

1949年离开内地后，苏雪林先去香港，在公教真理学会谋得编辑工作。1950年二次赴法，研究屈赋与世界文化的关系。1952年应聘台湾省立师范大学教授，1957年赴台南成功大学任教授，1974年退休。

苏雪林是一位非常勤勉的作家，帮助善秉仁神父完成《中国现代小说戏剧一千五百种》中的"中国当代小说和戏剧"一卷的编纂工作，还有短篇小说《天马集》《雪林自选集》《秀峰夜话》，散文集《绿天》《三大圣地的巡礼》《欧游揽胜》《眼泪的海》《人生三部曲》《闲话战争》《风雨鸡鸣》，专著《论中国旧小说》《辽金元文学》《唐诗概论》《二三十年代的作家与作品》，旧诗词《灯前诗草》及杂文《犹大之吻》等。

苏雪林的自传体长篇小说《棘心》在教会中曾赢得了许多读者。《棘心》于民国八年（1919）出版，刚一出版，马相伯老人就听他的外甥朱志尧称赞此书极好。老人在致《圣教杂志》主编徐宗泽神父的信中说："得此于女士，自可登报……灵芬（即绿漪）稿附往。"在另一信中说："志尧见《棘心》，以为极好。欲请苏女士及其叔伯兄弟女友等在三角地小花园主日上午膳谈道；为此请转致苏女士，但须于主日前一二日约定可也。老夫亦得借此消散。"

在擅长的小说和散文之外，苏雪林也有学术著作。香港真理学会出版的《中国传统文化与天主古教》一书应该是她有代表性的作品。

苏雪林破题是从英国诗人吉柏龄①的一句诗开始的，吉柏龄吟道："东方自东方，西方自西方，两者永远不能会面。"那怎么可能！世界需要沟通中西文化。代表中国文化的是儒家学说，代表西方文化的是天主教，因而首先要从二者入手。

作者引用史料，首先说明自利玛窦来东土，传教士的工作主要就是融合天主教与儒家学说，求同存异。随后作者着重考证"希伯来时期"的基督教，也就是她在书名中用的"天主古教"对中国文化的影响，认为自此开始，基督教思想与儒家学说大致相符，比如贵人主义，比如重民主义，比如孝道，以及

---

① 吉柏龄（Rudyard Kipling，1865—1936），通译吉卜林，英国小说家、诗人，出生于印度孟买。一生共创作八部诗集、四部长篇小说、二十一部短篇小说集和历史故事集，以及大量散文、随笔、游记等，代表作有《丛林故事》《如果》等。获得1907年诺贝尔文学奖。

仁慈、天命等。再者，作者还提到老子、墨子、荀子、随巢子的某些思想与基督教观念也并行不悖。她最后的结论是：

> 我们中华民族虽已于不可诘究的古远年代，接受了希伯来的上帝，但就商代甲骨文考察，祭典繁多，早变为多神教了。战国时代儒家大量吸收希伯来文化，建立学派，不过因此项文化实在崇高优美；又以过去的因素，臭味自然投合，也不过出于草木本心，闻风相悦的态度，内心实无清晰的自觉，哪里可以称为宗教信仰呢？

况且天主古教并不是耶稣降生后传播的天主教，就算中国人从战国时期延承希伯来的思想，也不

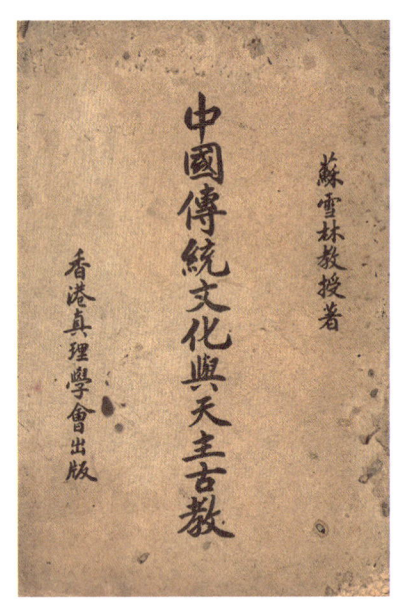

中国传统文化与天主古教（封面）
苏雪林著
一卷　一册
1950年香港真理学会出版
铅印本　纸本　平装
开本：18.4×13.3（cm）
48页

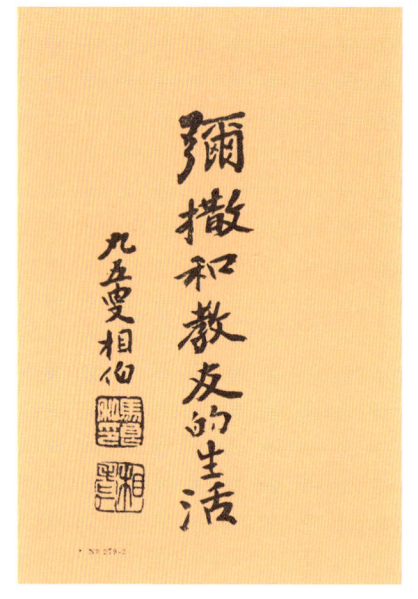

弥撒和教友的生活（封面）
杨寿康编译
十一章　一册
民国二十三年（1934）光启社出版
土山湾印书馆排印
铅印本　纸本　平装
开本：18.8×13（cm）
172页

可能获得圣宠，也不可能阶升天国。因而信奉天主的人们还是要追随圣教会。

钱锺书夫人杨绛先生，与自家姊妹几人少年时都曾离开苏州到上海徐家汇天主教的启明女校读书。她有一位长其十二岁的大姐杨寿康①，是位虔诚的天主教徒，毕业后曾在启明女子中学任教。杨寿康与比她小两岁的闺蜜苏雪林过从甚密，抗战爆发前苏雪林每年寒暑假到上海必做两件事，礼拜日必去徐家汇天主教堂望弥撒，然后必去吾望杨寿康，二人以姊妹相称。光启社民国二十三年（1934）出版杨寿康的《弥撒和教友的生活》，苏雪林特在武昌《光华报》上撰文向教友推介。

《弥撒和教友的生活》十一章："弥撒的伟大和尊严""神圣的牺牲""加瓦尔略山和祭台""弥撒和教友的生活""弥撒和

---

① 杨寿康（1899—1995），天主教徒，作家、翻译家、民国才子杨荫杭之长女。早年就读于徐家汇启明女子中学，民国八年（1919）毕业后留校任教；姑母杨荫榆、姊妹杨同康、杨闰康、杨季康（杨绛）、杨必都曾就读于徐家汇启明女子中学。

钦崇""弥撒和感谢""弥撒和死亡""弥撒和痛苦""弥撒和祈祷""弥撒和传信事业""欲得弥撒最大效果的主要条件"。

民国二十一年（1932）杨寿康还编译过《人类的超性特恩》（*Dieu en Nous*），此书分为四篇：天主所赏赐给吾人的超性性命是相对本性性命而言的；本性性命就是照人性应当活的性命；超性性命是超乎人性应当活的性命；这个性命是天主赏赐给我们人类全体的一个特恩。"这个特恩，天主造人的时候，就同本性性命同时赐给元祖亚当的；若使亚当不犯罪，也要同本性性命一同传下的。何奈元祖犯罪，就是失掉了！但是天主十分仁慈，要恢复这个性命，所以遣他的圣子降生为人，救赎人类，用他的无限功劳，为吾人恢复这个性命。使我们因得他立的圣洗圣事，就能再生而活这个尊贵的性命了。"

民国二十六年（1937），杨寿康任教的上海徐家汇启明女子中学出版了她翻译的《公教进行会女宗徒弗隆物洛夫人传略》，传主弗隆物洛夫人是十九世纪法国人，被誉为公教进行会的楷模。惠济良主教为杨寿康的译作写了序言，他是这样概括传主美德的：

> 一枝仁惠而体微的笔，既已把保禄·弗隆物洛夫人满载着嘉德懿行，足资矜式的传略，译成华文，我们便乐于把这译文先行介绍给公教进行会的女会员们，其次介绍一切不愿停留在自私生活中而却愿献身人群、服务社会、为人民谋幸福而乐人之乐的一切人众。

> 为他人谋幸福！那是这位优秀的灵魂，为实现所谓圣教会的理想而始终把持着的目标。这位具备纯全爱德的灵魂，仿佛圣女德肋撒一般，向天主宣了最完善的誓愿之后，不停地活着利人的生活。

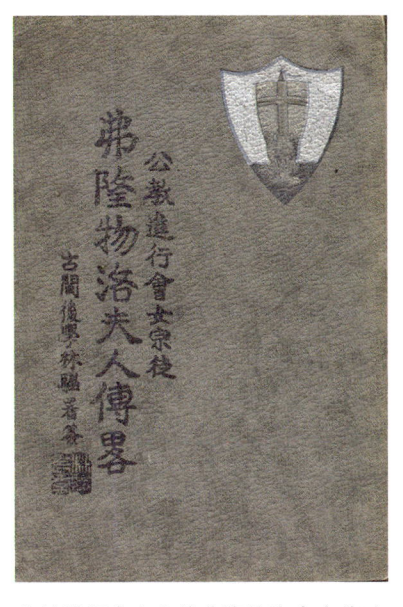

公教进行会女宗徒弗隆物洛夫人传略（封面）
［法］亨理·马斯克理爱主教著
［中］杨寿康译
二十一章　一册
民国二十六年（1937）
徐家汇启明女子中学出版
土山湾印书馆排印
铅印本　纸本　平装
开本：19×13（cm）
177 页

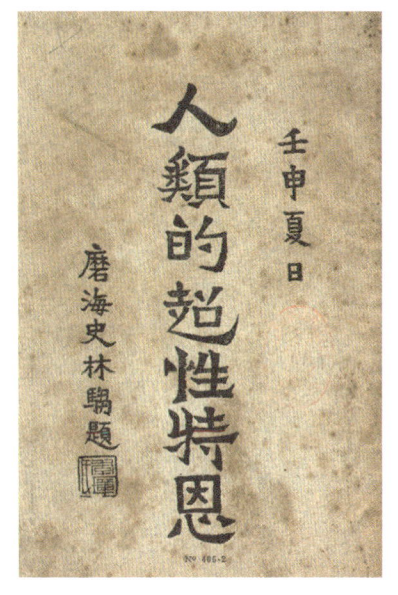

人类的超性特恩（封面）
杨寿康编译
四篇　一册
民国二十一年（1932）
土山湾印书馆排印
铅印本　纸本　平装
开本：18.5×12.1（cm）
61 页

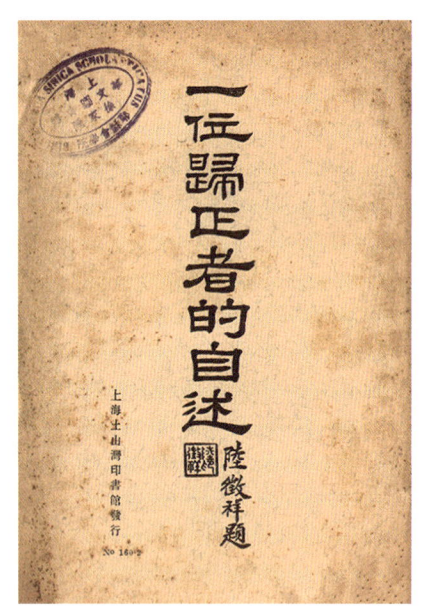

一位归正者的自述（封面）
[英]尼各姆姆撰　[中]杨寿康译
五章　一册
民国二十八年（1939）圣教杂志社出版
土山湾印书馆排印
铅印本　纸本　平装
开本：19×12.8（cm）
97页

民国二十八年（1939）圣教杂志社出版的一部文学传记《一位归正者的自述》，译自英国修女加大利纳·尼各（Catherine Nicholl）姆姆撰写的自传 Mémoires D'une Convertir、Récit Authentique。徐宗泽先生不仅安排杨寿康的译稿在自己担任主编的杂志社出版，还认真地为她撰写序言。

尼各姆姆出身伦敦贵族，本来是英国圣公会教徒，后放弃新教而皈依天主教，其间经历折磨、困难、疑虑和纠结。天主教会为她的转变赐以特殊恩宠，引之弃邪归正，同时尊重其自由，使之自情自愿，自己抉择。

尼各姆姆在《一位归正者的自述》里把自己一生分为五段：幼年时代，罗马居住时期，公教思想萌芽时期，归正经过，修道圣召。

原编者序言："照诚信二字各方面的意义讲，这本书可称为'诚信之书'。第一，是说作者对于公教逐步所得到的诚信；其次，便是说她用真诚、信实来述说她当时归化公教所经历的各种悲欢情形。这位尼各姆姆在她八十遐龄的过程中，得到她长上的示意，来自述她一生的事实。"

土山湾印书馆还出版过杨寿康的译作《善牧会创始人真福贝勒蒂修女事略》（民国二十三年〔1934〕）等。

徐宗泽先生是杨寿康和苏雪林的神师。杨寿康的所有著作都有徐宗泽写的序言。徐宗泽于民国三十六年（1947）六月二十日在上海因患伤寒症不治逝世后，远在武昌的苏雪林连夜赶写了两篇悼文《哭徐宗泽》和《愿为天主好儿女——我与徐宗泽神父》。

二十世纪四五十年代与苏雪林一同蜚声文坛的另一位女作家张秀亚，在台湾出版了散文集《三色堇》，以其清新美文陶醉了宝岛的读者。台湾诗人痖弦说，继周作人、朱自清、冰心和徐志摩之后，是张秀亚把美文这支火把带到台湾，并在五十年代创造了文学史上空前的女作家活跃时代。

很少有人知道，张秀亚这位天津女作家早年的文学道路与大主教息息相关，密不可分。张秀亚（1919—2001），祖籍在天主教重镇沧州河间，幼年随家迁居天津；从小信奉天主教；十三岁入河北第一女子师范学校，民国二十七年（1938）考入辅仁大学中国文学系，毕业后赴重庆担任《益世报》副刊编辑。抗战胜利后张秀亚回母校任教，民国三十七年（1948）随辅仁大学迁台。

张秀亚十六岁开始在文坛崭露头角，在天津《益世报·文学周刊》等刊物发表散文和诗歌，得到沈从文、萧乾、凌叔华等著名作家赞赏。考入辅仁大学前一年，张秀亚第一本短篇小说集《在大龙河畔》出版。随后她陆续奉献给读者《青苔诗集》，短篇小说集《寻梦草》，中篇小说《海沤》等。与此同时，张秀亚还在香港真理学会出版过一些文学译作，如《圣诞海航》《心之所寄》《固执》《山穷水尽》等。

张秀亚这些早期作品里，有几部是在大陆天主教出版机构出版的。民国三十年（1941）张秀亚把短篇小说集《皈依》和中篇小说《幸福的泉源》前后交予兖州天主堂印书馆。她在《幸福的泉源》的"写在前面"序文里说到自己这部小说的主旨：

> 曾经有多少次，在绿树荫里，我遥遥的望着白石砌的玉带桥，自心上吐出悠长的叹息。——桥下，流动着汩汩的水波。桥上，流动着奔忙的人类。在夕阳中，那匆匆来往的影子，竟像是薄纸剪的！是多么微渺堪怜啊……
>
> 幸福，像是无形的隐花的植物，你不能以手攀折，而只能以心灵去寻觅。
>
> 十字架上的宝血，是不涸的幸福泉源。那戴荆棘冠的木匠，是该冠以真理华冕的君主！吻那十字木架上受伤的手足，仰望那哀怜你的眼睛！幸福在那里，道路在那里，永远发光的灿灿恒星在那里，永远美丽的爱情玫瑰在那里！去寻！便可以得到。

兖州天主堂印书馆为张秀亚的短篇小说集《皈依》写的编者话，如此推介这位女作家："公教在我国文坛上根本没有什么好位置，女作家尤其少得可怜！绿漪女士后，继其后者实无其人。自张秀亚女士皈依公教以来，这一朵文艺之花，已走向光明招展的途中。"

确如这位编者所说，中国天主教历史上崭露头角的女信徒寡见，好像文献里仅见徐光启孙女许夫人，记不清还有其他面孔。而我们只知道许夫人的教名是甘第大，不了解她是否像一般中国妇女那样没有自己的名字。近代，苏雪林、杨寿康、张秀亚三位活跃在中国文坛的杰出女性，体现在她们作为上的，既有开放时代抹不去的气息，也有天主教会自身的改变，与时偕行，生生不息。

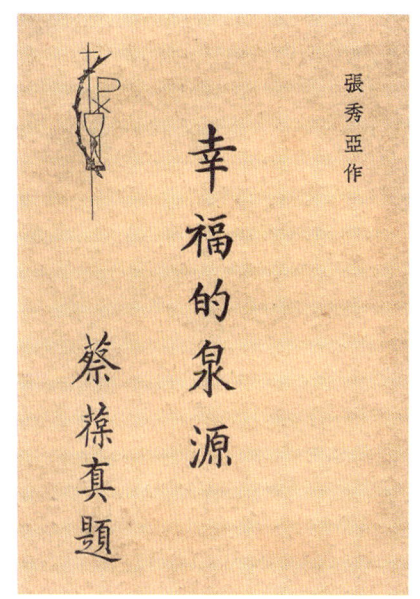

幸福的泉源（封面）
张秀亚作
十六章　一册
民国三十年（1941）
兖州天主堂印书馆排印
铅印本　纸本　平装
开本：18.7×12.8（cm）
73 页

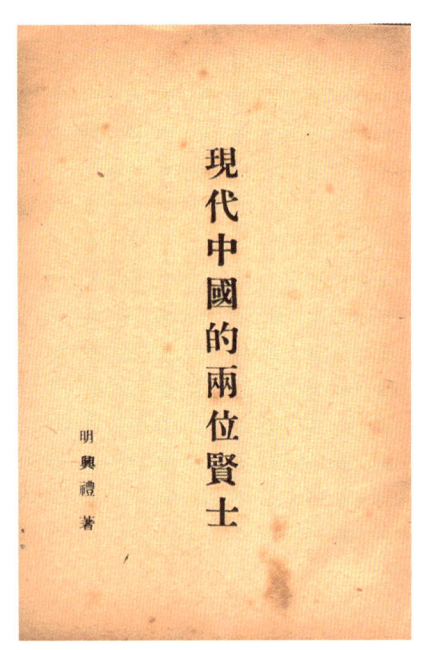

现代中国的两位贤士（封面）
[法] 明兴礼撰
二卷 一册
民国三十七年（1948）天津崇德堂排印
铅印本 纸本 平装
开本：13×9（cm）
56 页

明兴礼神父曾写过一本《现代中国的两位贤士》，民国三十七年（1948）天津崇德堂出版。书中把两位天主教徒"东方贤士吴经熊"和"歌颂母爱的苏雪林"奉为楷模。他在说到苏雪林皈依天主教时这样叙述：

苏梅将亲自经历到这无所不包的基督博爱精神。"痛苦"将在这太自大的灵魂上画上一条"需要爱来弥补"的裂痕，由这裂痕，玛莎修女和白朗女士母爱一般的友爱，才能进入苏梅的内心，在这自大的心上，种上一个更伟大的爱的幼苗。

明兴礼介绍的另一位贤士是吴经熊。他在"东方贤士吴经熊"一节，记述了他与吴经熊的交往。

吴经熊坐在高高的文椅里，身穿着法官的宽袍，头戴着博士帽，容貌端庄，目光炯炯，这是上海会审公堂的主席，面庞是年轻的，态度是沉静的，双唇上含着一丝微笑：外表虽有法官的严肃，然而不难窥出他慈父般的和蔼与文人的潇洒。

在明兴礼神父书里与苏雪林并列为"现代中国两位贤士"的吴经熊①，民国二十六年（1937）皈依天主教。他工作之余翻译了天主教书籍《圣咏译义初稿》。"圣咏"即《圣经》的《诗篇》。吴经熊用中国古典诗歌形式和体裁，把《诗篇》译成文言文。蒋中正接受他这位小老乡的请求，把《圣咏译义初稿》手稿置于案头，拨冗批改，以彰虔诚。

吴经熊在驻罗马教廷公使任上，曾经用英文撰写 The Science of Love 一书，该书于民国三十二年（1943）由其好友陈香伯译为中文，民国三十五年（1946）由香港真理学会出版，名为《笃爱之科学》。民国三十六年（1947）上智编译馆也曾翻译出版过这本书，书名《爱的科学》。

第一章"宗教与科学之关系"，第二章"圣哲对于天主之观感"，第三章"笃爱出于天赋"，第四章"爱主而无私图"，第五章"视天主为爱人"，第六章"殉爱之意义"，第七章"练达之婴孩"，

---

① 吴经熊（1899—1986），字德生，浙江鄞县（今宁波市鄞州区）人，先后在上海沪江大学、天津北洋大学、东吴大学就学，后赴美国密歇根大学法学院攻读法律博士学位，再赴法国巴黎大学、德国柏林大学和美国哈佛大学访学。民国十三年（1924）归国，历任东吴大学教授、上海特区法院院长、东吴大学法学院院长和中国驻罗马教廷公使。逝于台北。

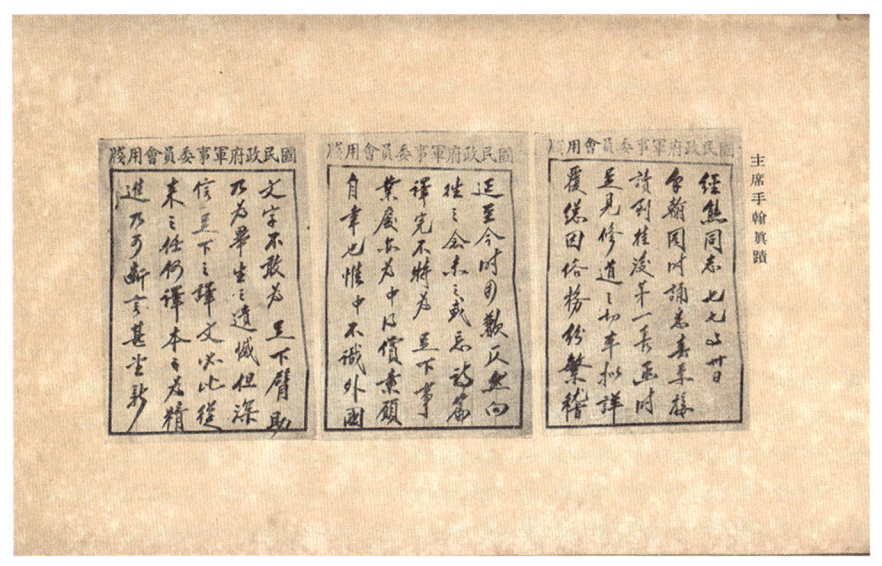
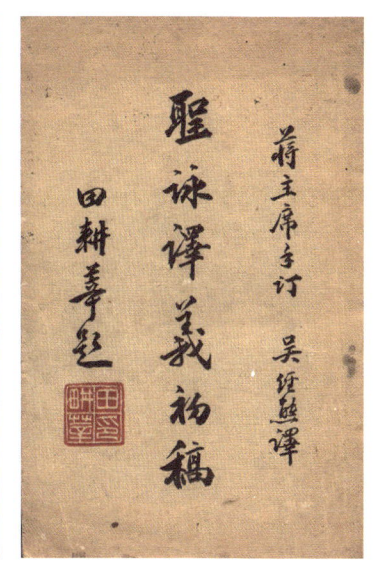

圣咏译义初稿（封面和内页）
吴经熊译　蒋中正手订
五卷　一册
民国三十五年（1946）商务印刷馆排印
铅印本　纸本　平装
开本：22×15（cm）
121 页

第八章"以笃爱而获解脱"，第九章"美术之人生"，第十章"自觉之人生"，第十一章"笃爱之理论"，第十二章"生死之超脱"。

上智版《爱的科学》有方杰人先生写的序言，方先生说："吴德生先生的 The Science of Love 是一部英文名著，它之所以出名，不但因为英文漂亮，亦因为他所表扬的圣女德兰的爱，真挚动人，令人百读不厌。"又点评道："爱尔兰真理学会获得许可，在爱尔兰翻版印行。美国的 Sunday Visitor 杂志也出了一版，达三十万份。四五年来，法文本，各地方德文本，意文本和两种印度文本都已先后问世，或止在翻译中。但远在 1943 年 7 月陈香伯先生已译为中文，典雅清澈，实为最上乘的译手；可惜因受战事影响，直到去年冬天才出版……青年学生却颇以读陈译为苦，都希望有一语体译本；我考虑了再三，就托本馆宋超群君重译。"

明兴礼（Jean Monsterleet，1912—2001），笔名 Gerard De Boll，民国中期新生代汉学家，法国人。1929 年入耶稣会，民国二十六年（1937）以读书修士身份来华，民国三十四年（1945）回法国巴黎大学攻读博士学位，被列为献县教区的"编外人员"[①]，民国三十六

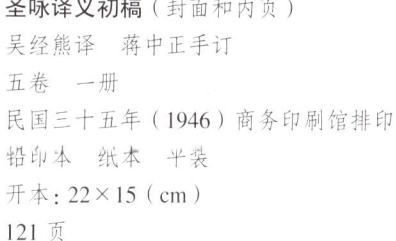
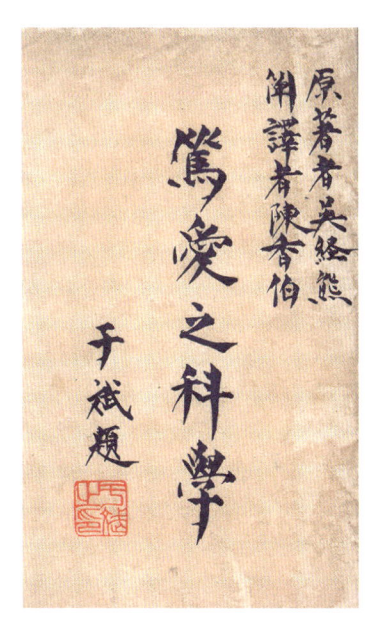

笃爱之科学（封面）
吴经熊原著　陈香伯阐译
十二章　一册
民国三十五年（1946）
香港真理学会出版
香港圣类斯工艺学校排印
铅印本　纸本　平装
开本：18.5×11（cm）
57 页

---

① 手中资料恰巧是明兴礼回法作博士论文答辩期间的，《献县教区名录》列为在法编外人员（gegentes extra missionem in Gallia）。

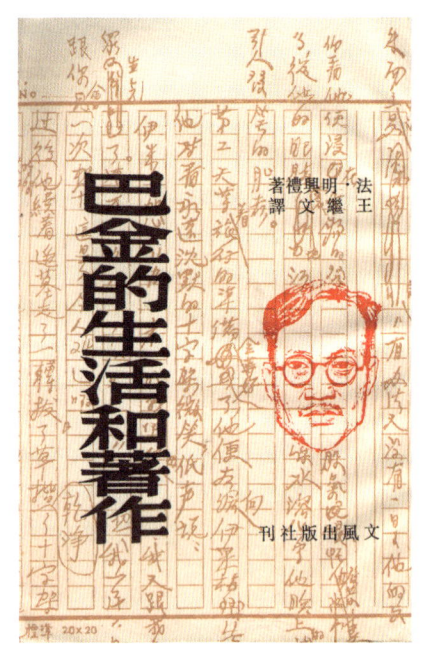

巴金的生活和著作（封面）
[法] 明兴礼 撰
八章 一册
1950年文风出版社出版
铅印本 纸本 平装
开本：18×11（cm）
212页

年（1947）回华后在景县的教籍名册上列名，长期派驻上海徐家汇工作。他在天津工商学院、辅仁大学等几所教会学校担任过教职。中华人民共和国成立后，凭借自己的学者身份和与中国知名作家的密切关系，明兴礼又在中国工作了三年，接手洋教士撤离后的遗留事务，比如出任北疆博物馆馆长等，1952年才依依不舍回国。

挥别外籍同事离华，明兴礼在处理善后事务之余，还没忘记与华籍神父们合作，继续传教职责。他在这个时期编撰了一套丛书"今日的神修论丛"，分"生活""弥撒""瞻礼""致命"四组，共十二本，于1950年陆续出版。需注意，这套书的出版项仅署"天津营口道二十二号"，也就是崇德堂的地址，说明此时崇德堂印书馆已经歇业。

明兴礼在华十五年，学术上长于中国新文学，1947年他获得巴黎大学文学博士学位，论文题目就是《中国当代文学：见证时代的作家们》，后来在巴黎出版根据该论文增改的专著 Sommets de la littérature chinoise contemporaine（《中国当代文学的顶峰》，1953年香港真理学会出版此书中文本《新文学简史》）。此论著奠定了明兴礼在汉学上，尤其是中国新文学研究领域无可替代的地位。在《新文学简史》中，明兴礼讨论了中国新文学的诗歌，比如"徐志摩——热情浪漫的诗人""闻一多——注重规律的诗人"等。他还对曹禺、田汉、洪深等戏剧家的剧作有系统研究。

那个时期，天主教杂志和公众刊物时有明兴礼风格一新、引人瞩目的文章，介绍鲁迅、曹禺、冰心、周作人、沈从文、巴金、苏雪林，如《两个种族，两代人：老舍笔下的"二马"》《从母爱到上帝之爱：时代的见证人苏雪林》《曹禺的世界》《文明的官司：曹禺的〈北京人〉》等。

明兴礼与巴金往来频繁。民国三十五年（1946）他到巴金家中作客，拿出自己的博士论文请巴金提意见。次年，明兴礼出版《巴金的生活和著作》。与中国作家的亲密接触，耳濡目染，使他对中国新文学的理解与同时代汉学家相比别有深度。

光荣归主

> 我是一只狗,只会叫,叫了一百年,还没有把中国叫醒。
>
> ——马相伯

马相伯（1840—1939），名良，字相伯；出生当日即被送往教堂受洗，洗名圣若瑟。他是宋代大学者马端临①二十世孙。其父马松岩"世奉天主教，以布衣授徒，兼通医学，乐善好施"。②

咸丰元年（1851），虚岁十二岁的马相伯，独自离开江苏省镇江府丹阳县北乡落马家村，被明末以来世代信奉天主教的家庭长辈送到上海城外的徐家汇，入法国耶稣会办的圣依纳爵公学接受启蒙教育，学名斯藏；同治元年（1862）入耶稣会初学院；同治三年（1864）入耶稣会大修院修中国文学和拉丁文。喜杜甫诗，曾作一诗："天堂远放雁为伴，日暮不收鸟啄疮。谁家且养愿后惠，更试明年春草长。"后习哲学、神学。同治九年（1870）得神学博士学位，并与李问渔、沈容斋、沈礼门等同时晋铎。

马相伯在徐家汇和土山湾学习，每一级都是"头班生"。他与天主教耶稣会几位"顶梁柱"是相濡以沫的挚友。但是马相伯是他们同辈中最长寿的，这个寿量可不是眉毛胡子多长了一把两把，简直是多享受了一代人的岁月。

马相伯笃信天主，散尽祖产，助教布施。每年遇到江南天灾人祸，虔诚而殷实的马相伯家族总是认捐最多的。

马相伯性格坚毅而执拗，他与天主教教会机构相处八十七年，不太喜欢洋教士，洋教士也不喜欢他。同信一个教，各走各的路。马相伯出任母校徐汇公学校长后，在徐汇公学定规制训，强调国学的经史子集。因一些学生参加科举考试考取秀才，与耶稣会的培养目标发生冲突，光绪元年（1875）马相伯被调往徐家汇天文台，次年又被调往南京，任耶稣会编修，翻译外国著作。马相伯又因以往翻译的《数理大全》未能出版，对会长高若天③不满，毅然退出耶稣会，只身回沪。

后来，马相伯在胞弟马建忠的建议下投帖李鸿章，入其麾下，尝试洋务。光绪三年（1877）赴山东泺口的机器局当差；光绪七年（1881）随黎庶昌赴日，任东京使馆参赞和神户领事等职；次年奉李鸿章命，赴朝鲜襄助改革新政；后调台湾充任巡抚刘铭传幕僚；再出洋至英美法考察数年。

光绪二十五年（1899）李鸿章调任两广总督。次年，仕途不顺的马相伯迫于家族的压力重回徐家汇，把自己的精力全部投入到兴学办教上。据说时在南洋公学任教的蔡元培每日清晨步行到土山湾，垂手"乐善堂"门外，静候马相伯做完晨祷，随其习练拉丁文。南洋公学"墨水瓶"事件后，蔡元培建议南洋公学黄炎培、胡敦复等学生求助马相伯，光绪二十九年（1903）马相伯遂起意在与孤儿院一墙之隔的徐家汇气象台旧舍筹办一所大学，这便有了后来震旦大学院与复旦大学难解难分、恩恩怨怨几十年的故事。

民国二十四年（1935）土山湾印书馆印制的《私立震旦大学一览》对马相伯创办震旦大学的历史有

---

① 马端临（1254—1323），字贵舆，号竹洲，饶州乐平（今属江西）人，宋元之际著名的历史学家。为谋求治国安民之术，探讨会通因仍之道，讲究变通张弛之故，以杜佑《通典》为蓝本，完成中国古代典章制度方面的集大成之作《文献通考》；还著有《大学集注》《多识录》等。
② 张若谷：《马相伯先生年谱》，商务印书馆民国二十八年（1939）版，第3页。
③ 高若天（Augustus Foucault, 1826—1887），字乐天，法国人，1845年入耶稣会，1860年晋铎。同治五年（1866）来华，曾任耶稣会总修院院长等职。

比较详细的记述:

公元1898年(光绪戊戌),耶稣会士重来中国,方思继绳利、汤诸贤之业,对中国学术界有所贡献。适值新学初兴,士风丕变。梁任公先生以法使馆之介绍,敦请马相伯先生主持拟办之译学馆。而相伯先生则上书清政府,请政府将是馆设于上海,并延耶稣会士襄理馆务。书上议将定,而突遭戊戌政变,慈禧复政,译学馆之筹备遂告中止。

公元1903年(光绪癸卯)为本校始创之年。时相伯先生方寓居土山湾,子民先生则掌教于徐汇之南洋公学(今交通大学),相距咫尺,过从甚密。得间联合南洋师生数人,建议先生设校招生,教授所谓西学。先生允之,并约定耶稣会士偕来暂住。至二月杪,新校成立,定名"震旦学院",盖兼东方光明及前途无量之意焉。三月一日正式开课,学生共二十人。初仅治哲学及拉丁文,旋即由会士二人兼授英法语文。时任公先生避居日本,主《新民丛报》,闻"震旦"成立大喜,揭载其章程于报中,且附以勖勉之辞,盖任公先生之夙愿至是始偿,宜其闻之色喜也。

当时校舍即徐汇气象台之旧址,门临往土山湾之小路。课室东北隅附设厨房一间,司阍仆名钱鸿儒者,服务"震旦"二十四年之久,克尽阙职。民国十六年已七十八岁,以疾终。至今话"震旦"往事者犹时时追忆及之也。

明年(1904)春,学生人数已四倍于前。相伯先生认为锐进之时期已至,乃请耶稣会会长尽力相助。会长乃命调安徽教士南从周司铎至沪,充本校"总教习"。

南司铎既任新职,擘画经营不遗余力,并商于相伯先生,变通旧章程,加重厘定。学生未能见谅,表示异议。相伯先生不欲以个人进退阻南司铎之热心,乃解职已去。学生见创办人引退,亦相率离校,校务竟无形停顿者年余。

离校学生另组新校于吴淞江湾,即今之复旦大学是也。

然"震旦"虽创立未久,而良法美意已著称于士大夫间。最初学者如瑞安项骧①、阳湖方毅②等赞助尤力。时江都周馥与相伯

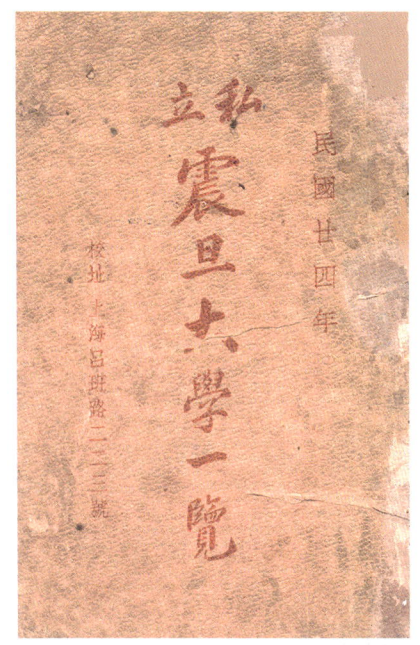

私立震旦大学一览(封面)
震旦大学校长室编
四编 一册
民国二十四年(1935)土山湾印书馆排印
铅印本 纸本 平装
开本:26×18(cm)
166页
插图24幅

---

① 项骧(1880—1944),字伟臣,号微尘,浙江瑞安人,清末进士。早岁就读于瑞安方言馆,光绪二十七年(1901)入上海南洋公学,南洋公学罢课风后转入震旦大学。
② 方毅(1876—1954),字叔远,江苏武进人,毕业于南菁书院,后追随马相伯。宣统二年(1910)应聘商务印书馆编译所,参与《新字典》和《辞源》编纂工作。

先生有旧，自请代为"震旦"向政府备案。是年冬十一月，江都莅校参观，称道不绝口，而绅耆张季直①、李平书②、姚子让③诸先生对"震旦"校务尤多关怀，不忍见弦诵之久辍，共谋所以复其旧观者，合组校董会，公推夏蕉饮司庶务，而以李问渔司铎秉承董事总理校务，南司铎仍留总教习旧职……

光绪三十一年（1905）八月复课。光绪三十四年（1908）迁校卢家湾吕班路。同年韩绍康④奉命主持校务。宣统二年（1910）孔明道任校务总理。

《私立震旦大学一览》对震旦学院创办历史的陈述还是基本客观的，除了对马相伯与南从周⑤的矛盾冲突轻描淡写、归咎学生外。其实不必讳言，既已出走，另起炉灶，必是分颜。笔者修业复旦，此传奇当听渲染多焉。从尊重"震旦"官方表态来看，有几点需要注意：一、虽然马相伯另辟复旦大学，关系缓和后马相伯并没有完全"背弃"震旦，他终身是震旦大学的董事长；二、在震旦大学复课问题上，缓解马相伯与耶稣会管理层矛盾的关键人是李问渔，校董会请问渔先生总理校务，妥协互携，尽管耄耋之年的问渔先生只守虚位五年。

有关震旦分裂的原因，张若谷⑥在《马相伯先生年谱》里是这样记述的：

是年春先生微疾养疴，外籍教员改革校政，别定规制，违创办之初意，先生为避免师生冲突计，乃率全体学生离徐家汇旧址，谋另觅新校址……维时校址未定，而报端忽发现徐家汇震旦学院招生广告，先生因与严（严复）、熊（熊师复）、袁（袁希涛⑦）三先生联名启事，更名为复旦公学，此复旦二字与社会相见之初一次也。⑧

《马相伯先生年谱》《于右任先生六十岁年谱》《震旦大学二十五年小史》等对此事件有大同小异的记载。

民国九年（1920）起，八十高龄的马相伯便开始隐居土山湾"乐善堂"，潜心奉圣，著书立说。方豪记：

---

① 即张謇（1853—1926），字季直，号啬庵，江苏南通人，中国近代实业家、教育家，创办过二十多个企业，三百七十多所学校。
② 李平书（1854—1927），初名安曾，更名钟珏，号瑟斋，苏州人。前清曾署广东陵丰、新宁、遂溪知县，江南制造局提调，兼任中国通商银行总董、轮船招商局董事、江苏铁路公司董事，创立医学会，创设中西女子医学堂等；辛亥革命中参与上海起义。
③ 姚子让（1857—1933），字文榕，前清举人，精于算学，教育家。
④ 韩绍康（Hyacinthus Allain，1862—约1934），字亦昌，法国人，1889年入耶稣会。光绪二十八年（1902）来华，光绪三十一年（1905）晋铎，光绪三十四年至宣统二年（1908—1910）任震旦大学校长。
⑤ 南从周（Felix Perrin，1858—1911），字清臣，法国人，1877年入耶稣会。光绪十一年（1885）来华，光绪二十三年（1897）晋铎，曾在安徽亳州、阜阳传教，光绪二十九年（1903）应马相伯之邀出任震旦大学院教务长，光绪三十一年（1905）取代马相伯任震旦大学院总教习；光绪三十四年（1908）离任。
⑥ 张若谷（1905—1967），教名马尔谷，上海南汇（今属浦东新区）人，生于世代天主教之家，早年就读于徐汇公学，民国十四年（1925）震旦大学毕业。后任上海艺术大学教授、《革命军日报》编辑、古巴驻华公使馆秘书等；抗日战争中曾遭日军逮捕；民国三十二年（1943）由佘山进教之佑圣母大殿胙封为宗座圣殿。创作《佘山圣母歌》。战后出任南京区总主教于斌的私人秘书、天主教《益世报》南京版编辑。
⑦ 袁希涛（1866—1930），字观澜，上海宝山人，光绪举人。教育家，创立了宝山绘丈学堂，参与筹办复旦公学并担任第一任教务长。
⑧ 张若谷：《马相伯先生年谱》，第214页。

至是，先生目观世风日下，袁世凯复僭自称帝，乃益倡宗教，屡为公开演说，痛切陈词……素主民治，鉴于国民未能了解宪法真谛，译艾士萌《宪法大全》；又发表议论，主南北分治，召开国民大会……教廷派员视察中国教务，则陈述应兴应革诸端，不稍顾忌。教宗本笃十五世颁兴教之谕，先生亲为移译。九年冬南归，息影上海徐家汇之土山湾，时年已八十一矣。①

林驺②先生在《文藻月刊》民国二十六年（1937）五月号，曾撰文《土山湾乐善堂旧闻》记述老友晚年生活点滴：

上海徐家汇土山湾孤儿院第三楼层，系天主教会优待现任国府委员九八老人马相伯夫子隐居之所，名曰乐善堂。堂有洋房一排五间，一为会客厅，二为老人卧室，三为小圣堂，四为秘书处，五为厨房。老人每晨四点钟即起，着衣盥漱毕，端坐于卧室与圣堂之中间门首，右手握圣经，左手持念珠，闭目默想天主。六点钟，徐西满③神父即来做弥撒。老人望弥撒领谢圣体后，即用早膳。膳极简单，不过一盂牛乳咖啡茶，与两块饼干而已。膳后即暂时搁置默祷读经之生活，而入于常人态度。纵观经史子集，博览群书，诵唐宋诗文，而尤喜读四书。逐日必重翻《圣经》一二段。此外或临各名人草帖，或应人之求，书匾额堂幅屏条。书法颓然天放，横扫千军。长作大长寿字，劲险刻厉，奇伟魁梧，如立、如行、如走，信笔淋漓，其妙入神，老当益壮，绝不似八九叟之腕力也。且善诙谐，好谈论，或谈中外之风流韵事，或谈古今之成败得失，从心所欲，而不逾矩。此所谓国风好色而不淫，小雅怨诽而不乱也。④

一些书文称马相伯著述宏富、著作等身。其实马相伯先生一生大部分精力都用在兴教办学上，与几位"发小"相比，他的著作尚不算多。后人编有《马相伯先生文集》和《相伯先生国难言论集》。

天主教来华二三百年一直没有自己翻译的全本《圣经》，这

文藻月刊　马相伯先生寿诞专辑（封面）
文藻月刊社编
第一卷第五期
一期　一册
民国二十六年（1937）
南京东南印刷所排印
铅印本　纸本　平装
开本：26×18.5（cm）
58页

---

① 方豪：《马相伯先生文集》，第1页。
② 林驺，福建闽侯人，著名书画家，与翻译家林纾是同乡同辈，中国近代第一批留学生之一。回国后担任过驻多国外派公使。因林纾先生不懂外文，其译作均赖于林驺等人口译。林驺文字作品有《徐汇纪略》（民国二十二年〔1933〕土山湾印书馆），画作有《蜀道难》《秋林策杖》《水鸭》《谷间灵动》等。
③ 即徐允希。
④ 林驺：《土山湾乐善堂旧闻》，刊《文藻月刊》第一卷第五期，民国二十六年（1937）。

方面不如新教做得有成效。英国长老会传教士马礼逊嘉庆十二年（1807）来华，七年后就完成《新约》翻译，十二年后又完成《旧约》的翻译，道光三年（1823）在马六甲出版《新旧约全书》。而天主教撰写、翻译、出版的是大量基于《圣经》衍生的宣教书籍，却没有给他们的追随者们一部"原著"。天主教在翻译《圣经》工作上的态度极为严肃，要求可谓苛刻，尽管时常会有所谓《圣经》译本问世，却无人敢声言自己的译本译自《圣经》原著，只是移译某种注释本，"打擦边球"。

光绪元年（1875）有人在南京翻译了原本的四福音书，《圣玛窦圣史》《圣玛尔谷圣史》《圣若望圣史》《圣路嘉圣史》[①]，署"江苏丹阳县王多默寓金陵时译述"。此译本没有正式出版，译者曾于民国六年（1917）和民国八年（1919）誊写几部惠友。誊写的题签：译者 Thoma Wang Theologo, ex Missionis Nankinensis，校对者署 A. P. Hephans Tsang, S. J.。

查检天主教教籍名录，不曾有过名叫 Thoma Wang（王多默）的教职人员，而有能力翻译福音书的绝不会是普通教友。这个时间点上唯有马相伯具有翻译此书的条件：光绪元年（1875），马相伯受排挤被免除徐汇公学校长之职，翌年又奉命寓居南京研

圣玛窦圣史　圣玛尔谷圣史
圣若望圣史　圣路嘉圣史（扉页）
〔清〕王多默译
四卷　四册
清光绪元年（1875）、光绪九年（1883）译稿
民国六年（1917）、民国八年（1919）誊写
抄本　纸本　筒子页　线装
九行二十五字无框
开本：23.5×13（cm）
331 页

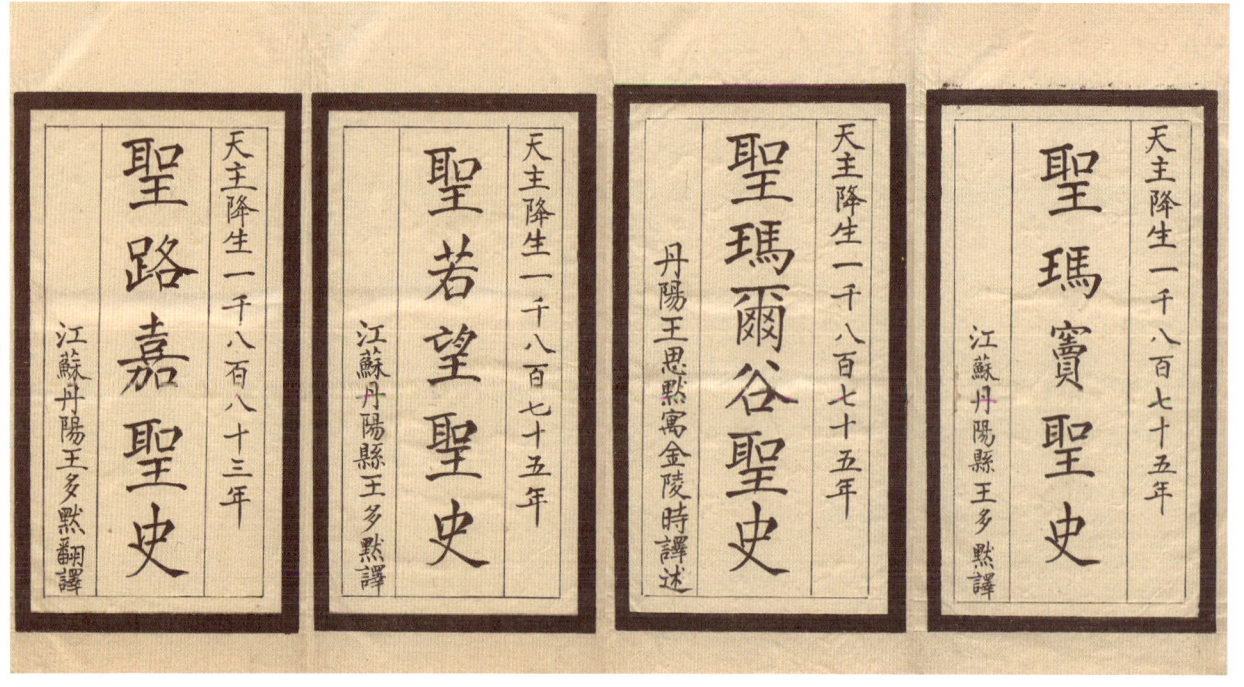

① 《圣路嘉圣史》完成于光绪九年（1883），有文记载同一译者这一年还完成《使徒行传》的译文，未见原本。

究天文和数学，而后又因翻译《数理大全》未得出版而退出耶稣会，忿然"出走"，这与署明"前南京教区的"（ex Missionis Nankinensis）相符合。民国六年至八年（1917—1919），恰是马相伯在徐家汇潜心学问、舍财办校的当口，与誊写书稿的时间有交集。四部书的正题是《按圣玛窦宗徒兼圣史记载的圣经》《按圣路嘉宗徒兼圣史记载的圣经》《按圣若望宗徒兼圣史记载的圣经》《按圣玛尔谷宗徒兼圣史记载的圣经》，这种不循习规的翻译方法是马相伯一贯的行文风格，与他后来的《救世福音》一样。这位王多默籍贯丹阳县，而马相伯就是丹阳县人，虽然隐姓埋名，译者还是留有伏笔。由此可以断定这四部福音书的译者王多默就是神学博士马相伯先生。校对者 A. P. Hephans Tsang，S. J. 疑似张璜先生。

马相伯与高若天翻脸、退出耶稣会的原因恐怕不止因《数理大全》未出版，与他翻译的四部福音书得不到认可也有关系。从这四部福音书手稿看，马相伯的译文通顺易读，"达""雅"尚有余，"信"则略欠。

马相伯不愿受教会的羁绊，打定主意一定要自己翻译《圣经》。直接翻译《圣经》得不到教会批准，他不得不像同时代其他人一样"打擦边球"，翻译注释本，民国二年（1913）他在土山湾印书馆出版《新史合编直讲》。这套二十卷的巨作译自意大利人费来第（Mastai Ferretti）的 Les Evangiles unistraduits et commentes（《福音书合编注疏》）。

《新史合编直讲》并不是四本福音书的原样。四本福音书的故事有一些重复，费来第便把《福音书》重新编排，去掉重复的内容。在体例上，《新史合编直讲》分二十卷二百六十七章，总共二百六十七个故事，每个故事注明出自某个福音某一节。比如，卷一：第一章"圣路加书札弁言"（路壹一至四），第二章"天神报若翰受孕"（路壹五至廿五），第三章"圣母报领"（玛壹廿六至卅八），第四章"耶稣宗谱"（玛壹一至十七），第五章"圣母往见"（路壹卅九至五六），第六章"若翰诞生受割身礼"（路壹五七至八十），第七章"天神梦示若瑟奥义"（玛壹十八至廿五），第八章"耶稣圣诞行割身礼"（路贰一至廿一），第九章"玛日来朝"

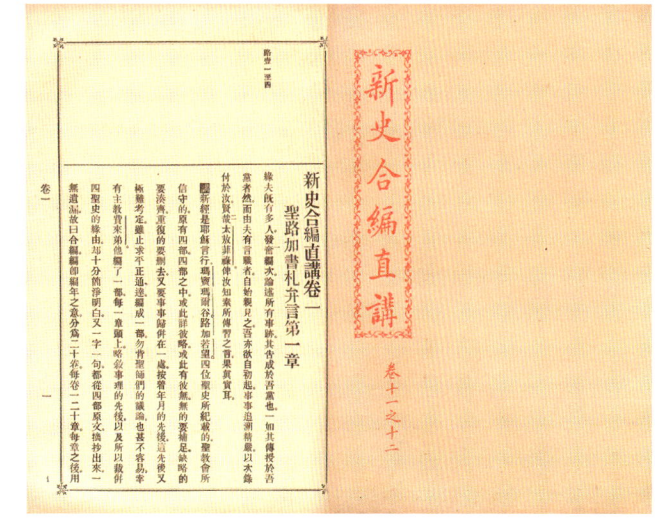

新史合编直讲（封面和内页）
[意]费来第编注 [清]马相伯译
二十卷 十册
民国二年（1913）土山湾印书馆排印
铅印本 纸本 平装
十二行三十字半页四周双边上下双栏
开本：24.4×17（cm）
全框：21×13（cm）
1500 页

（玛贰一至十二），第十章"圣母献耶稣于主堂"（玛贰十三，路贰廿二至卅八），第十一章"避往厄日多国"（路贰卅九，玛贰十三至十五），第十二章"诸圣婴孩致命"（玛贰十六至十八），第十三章"归自厄日多国"（玛贰十九至廿三），第十四章"耶稣十二龄讲道"（路贰四十至五二）。

《新史合编直讲》还附录有"周年弥撒圣经目录""诸圣弥撒经""诸弥撒通用经""还愿弥撒""向至童贞母弥撒""求为炼灵""音译名称合璧"等，详细说明福音书与哪部主日经相对应。

费来第的《福音书合编注疏》有很大影响，在全世界广为刊行。光绪十三年（1887）土山湾印书馆出版的沈容斋译本《新史合编》用的也是这个本子，河间胜世堂印书房和香港纳匝肋印书馆都曾出版过类似的译本或节译本。

有人认为费来第如此整理福音书有利于阅读和理解，费来第的改编使《福音书》的逻辑性更强了。也有人持否定态度，方杰人对他老师的这个译品不以为然，他不客气地说过："费来第认为是重复的，不一定是重复，而他认为不重复的，也许真是重复的。而且，天主教会对《圣经》的态度一向严谨，四福音虽有重复之处，但都是天主圣神的启示，任何人不能添减什么。所以《新史合编直讲》只是一部有关四福音的著作，而不是《圣经》，不能在教会礼仪上诵读使用。"① 从学术上看方杰人的评论或有道理，而在情理上其实并不公平，当年马相伯先生直接翻译《圣经》的尝试得不到教会管理机构的认同，他也无可奈何。

不甘心的马老晚年又另起炉灶，着手重新翻译福音书原本，林骎先生在《土山湾乐善堂旧闻》一文里提到马老每日坚持翻译几页《圣经》，指的应该就是这项工作。民国二十六年（1937）业已完成，迫于战乱，直到他去世十年后，民国三十八年（1949）才由相伯编译馆编辑，商务印书馆出版，书名《救世福音》。

马相伯留有《救世福音对译序》，说明新旧约《圣经》的历史，并解释了他译文的一些用词差异。他选用的底本是1904年的《罗玛监本四圣史》，译文有他自己做的简单"批解"，"批解"依据的是他所熟悉的费来第的《福音书合编注疏》。四福音书的篇名翻译得也极富马相伯特色，《福音经·记者玛窦》《福音经·记者玛尔谷》《福音经·记者路嘉》和《福音经·记者若望》。

马相伯于民国七年（1918）自校自刊了卫匡国的《重刊真主灵性理证》和龙华民的《重刊灵魂道体说》，这是马相伯一生做得不多的纯学术工作之一。

卫匡国②（Martin Martini，1614—1661），字济泰，意大利人，1631年入耶稣会，1640年偕同二十一名耶稣会士赴远东，途经印度果阿后只身继续东行，崇祯十六年（1643）到中国。卫匡国入华之初，正值明政权摇摇欲坠之时：一方面是关内的农民起义势如破竹，京师指日可夺；另一方面是关外的八旗大军重兵压城，伺机长驱直入。据说，卫匡国此名是为取悦明廷和士大夫，以袒露匡扶、保卫大明国的心意。

顺治七年（1650），卫匡国受托为中国耶稣会传教团代理人，赴罗马教廷为中国礼仪辩护。卫匡国在

---

① 方豪：《马相伯先生与〈圣经〉》，刊《东方杂志》第九卷第七期。
② 梁启超的《中国近三百年学术史》记：卫匡国（Martinus〔Martini〕），匈牙利人，崇祯十六年（1643）来华，顺治十八年（1661）逝于杭州；著有《真主灵性理证》《逑友篇》等。

罗马参加了关于中国的礼仪之争，同多明我会士辩论多时，最后以他的见解获胜，罗马教廷事后颁布敕令称，中国教徒的敬天、祭祖、尊孔等礼仪只要无碍于天主教的传播均可照旧进行。顺治十四年（1657）卫匡国返回中国，曾觐见皇帝。此后在杭州传教。顺治十八年（1661）卫匡国病逝于杭州，葬于杭州大方井。

《真主灵性理证》，天主教早期经典，分上下两卷，上卷"天主理证"，下卷"灵魂理证"。按旧神学分类应该属于本体论，与艾儒略的《万物真原》相似。此书清初曾刊印，后简散梓朽，毁意不全。马相伯搜集残篇，整理旧稿，交土山湾印书馆出版，即《重刊真主灵性理证》。

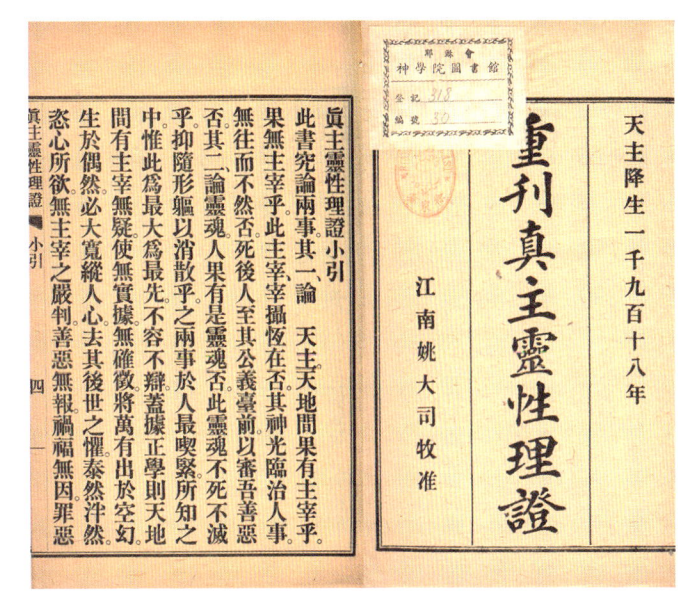

重刊真主灵性理证（扉页和内页）
［意］卫匡国述
［清］马良辑
两卷　一册
民国七年（1918）土山湾印书馆排印
铅印本　纸本　筒子页　线装
十行二十字小字双行同
白口四周双边单鱼尾
开本：20×13.2（cm）
半框：15.5×11.5（cm）
38页

龙华民的《灵魂道体说》大约作于明朝崇祯十一年（1638）之前，与卫匡国的《真主灵性理证》一样年久未刊，几近失传。相伯老自校自刊为《重刊灵魂道体说》。

龙华民在序言开篇明意曰：

> 夫人外有肉体，内有灵魂，二者相合，乃始成人。而之所以异于物者，固不在肉躯，而在灵魂，则灵魂贵矣。且灵魂宁独较异于物，兼更上肖造物大主，种种不一焉，则灵魂又最贵矣。

龙华民认为中国儒释道三家讲的"道体"实际上是一个东西：

> 儒云物物各具一太极，道云物物俱是大道，释云物物俱有佛性，皆是也。所谓太极、大道、佛性，皆指道体言也。且前人又谓之太乙、太素、太朴、太质、太初、太极、无极、无声无臭、虚空大道、不生不灭，种种名色，莫非形容道妙耳。

龙华民用"四同八异"论证了中国"道体说"与天主教"灵魂说"的同异。"道体说"与"灵魂说"相同点在于：一是"溯其原来"，二者皆为天主所造；二是"要其末后"，二者皆为永久不灭；三是"论其体性"，二者皆属于一定之体，在本体论的意义上，二者皆无损益消长之异；四是"论其功力"，"二者皆能实体平物，盖道体本为形物之体质，一受形物之体模，即形物之全体成焉；灵魂本为人身之体模，一赋予人身之体质，即吾人之全体

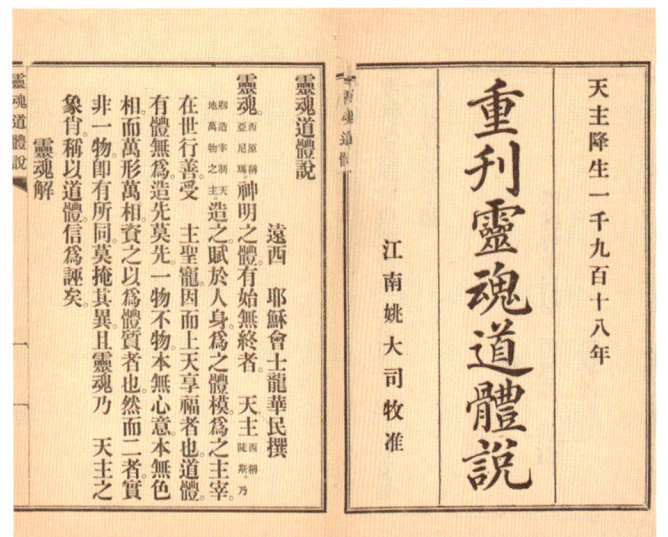

重刊灵魂道体说（扉页和内页）
［意］龙华民述
［清］马良辑
两卷 一册
民国七年（1918）土山湾印书馆排印
铅印本 纸本 筒子页 线装
十行二十字小字双行同
白口四周双边单鱼尾
开本：20×13.2（cm）
半框：15.5×11.5（cm）
9页

成焉。故曰：二者皆能体物也。"

不同点在于："灵魂，神明之体，有始无终者。天主造之，赋予人身，为之体模，为之主宰，在世行善，受主圣宠，因而上天享福者也。""道体分之则为天地，散之则为万物，而天地万物，总一道体所成，无有殊异，故曰物一体。灵魂不然，人各有一，各具全体，彼此各异，不共者也。"因此，龙华民与一些传教士断言，中国人是更重视肉体享受的民族。龙华民这个观点在当代仍然受到西方思想界的广泛附和。

1937年，淞沪战起，胡愈之一日来访，马相伯沉痛地说："我是一只狗，只会叫，叫了一百年，还没有把中国叫醒。"在座诸人，感慨唏嘘，无以为言。上海沦陷后，马相伯应李宗仁之邀移居桂林风洞山。民国二十七年（1938）又应于右任之请迁往昆明，道经越南谅山时一病不起。他给上海复旦同学会的亲笔信言："国无宁日，民不聊生，老朽何为，流离异域。正愧无德无功，每嫌多寿多辱！"忧愁病沉中的马相伯当有陆放翁那般感叹啊："僵卧孤村不自哀，尚思为国戍轮台。夜阑卧听风吹雨，铁马冰河入梦来。"

民国二十八年（1939）四月六日相伯老虚年百岁，民国政府颁嘉奖："民族之英，国家之瑞。"延安贺电："国家之光，人类之瑞。"这年十一月四日马相伯在谅山病逝。其弟子于右任[①]挽词："光荣归上帝，生死护中华。"

本笃会修士陆徵祥一生最佩服的教会人物就是马相伯。他在相伯老百岁寿辰时给好友的信中说："相老为公教耆宿，创办震旦大学及种种慈善事业，功在国家。自沈阳事变，唤起国人，奋发自救，有不还我河山不止之呼声。相老实为共起救国，加紧努力之楷模。"[②]

相伯老在越南谅山去世消息传来，远在比利时的陆徵祥特制成追悼卡片散发给欧美友人，正面印有马相伯肖像、生平介绍和

---

① 于右任（1879—1964），陕西三原人，我国现代政治家、教育家、书法家。早年系同盟会成员，长年在国民政府担任高级官员。复旦大学、上海大学、国立西北农林专科学校等中国近现代著名高校的创办人之一。逝于台北。
② 《陆徵祥致罗光函》（1939年4月5日），载《罗光全书》，台湾学生书局1996年版，第31册第438页。

"还我河山"墨迹。陆徵祥借此表达他如马相伯一般爱主爱人爱国之思,以及"还我河山"的夙愿。

了解中国近代史的中国人都不会也不该疏忽这个名字:陆徵祥。陆徵祥(1871—1949),字子欣,号慎独主人,上海人,天主教本笃会修士;父亲是一位基督教新教徒,曾经在伦敦传教会工作。陆徵祥十三岁开始学习西方语言,法语娴熟,后来又攻读外交学和国际关系,光绪十八年(1892)毕业。随后开始在政府外交部门工作,逐渐升任秘书等职位。光绪二十二年(1896)李鸿章在俄国签订《中俄密约》时,陆徵祥亦参与其事;光绪二十五年(1899)出席第一次海牙会议。同年他和比利时人培德女士结婚,继续参与政府的各种外交活动。宣统三年(1911)陆徵祥受洗入教。之后他担任了北洋政府的外交总长。

第一次世界大战结束后,民国七年(1918)底,陆徵祥率中国代表团参加巴黎和会。英法帝国将原先德国占领的山东半岛划归日本,陆徵祥和顾维钧率中国代表团顶住北洋政府压力,没有在和约上签字。北洋政府在巴黎和会上的优柔态度,是引发五四运动的导火索。

陆徵祥的夫人是他在俄国彼得堡认识的培德·比夫小姐。培德的祖父和父亲均系比利时的高级军官,据说她本人举止娴雅,又有几分家传的刚毅。陆徵祥对培德一见钟情,一生都敬爱有加。民国十五年(1926)培德在瑞士病逝,陆徵祥辞去中国驻瑞士公使职务为夫人守丧。次年,他送夫人灵柩回到比利时的布鲁塞尔下葬。陆徵祥在《回忆及浮想》里说道:"当我妻子去世后,我立刻感到孤独,我一生只在此时寻求一件东西,我求一退省时机。在退省中,我有意寻路走入仁慈天主的家中。"来年,他进了本笃会的比利时圣安德鲁修道院,成为初级修道士,后晋为正式修道士,1935年晋铎,1945年他被教廷封为圣安德鲁修道院名誉院长。第二次世界大战期间,纳粹占领了比利时,圣安德鲁修道院被充作德军军营,修士们全被赶出修道院。战争期间,他主编《益世报海外通讯》,向欧洲介绍中国人民浴血反抗侵略者的情况,呼吁世界人民支持中国的抗日战争。1949年他患重病。修道院的院长南文主教去看望他,对他说:"中国占去了你一半的心。"他无力说话,却伸出三根手指。南文明白了,说:"中国占去了你四分之三的心。"

按本笃会规定,修士死后不得摆放花圈挽联,故陆徵祥的追思礼拜上灵前无他物,仅有比利时国王送的一束鲜花,还是修道院破例收下的。修道院地下墓室有几十个墓穴,第一行第一孔葬了前任院长,陆徵祥安葬在第二行第一孔。

陆徵祥写于比利时圣安德鲁修道院的《本笃会史略》,徐家汇圣教杂志社译为中文,书前有梵蒂冈红衣主教巴则礼的题辞。本笃会是天主教的一个隐修会,又译为本尼狄克派,公元529年意大利人圣本笃在意大利中部卡西诺山创立,遵循中世纪初流行于意大利和高卢的隐修活动。本笃会隐修院的象征是十字架及耕地的犁。

了解本笃会,读其会规就知十之八九了。《本笃会史略》这样介绍:

我们要创立一座事主学校:在这学校里,我们希望没有严厉而繁重的规定。可是,为改正恶习,为保持爱德,按理该有稍微严格的纪律,切勿因此沮丧,逃离得救之路,而此路的入口处必须是窄狭的。但当我们在修道生活和信德上有了进步时,我们将会心旷神怡,具有爱情的不可言传的欢乐,在天主诫命的道路上奔跑。这样决不致离弃他的领导,却在隐院中遵守他的教训,至死不变,以忍耐分担基督的

本笃会史略（扉页和插图）
陆徵祥撰
一卷　一册
民国二十四年（1935）
徐家汇圣教杂志社出版
铅印本　纸本　筒子页　线装
十行二十八字细黑口四周单边单鱼尾
开本：20×13.3（cm）
半框：14×10（cm）
23 页

苦难，将来得以共享他的天国。

陆徵祥一直有个愿望，把他在比利时修道的圣安德鲁修道院引进到中国。民国十七年（1928）他着手在四川南充顺庆筹办"西山本笃会修道院"（La Colline de Si Chan），次年得到罗马传信部批准，修道院举行圣典。民国十九年（1930）初学院落成。

为此修道院印制《西山圣本笃会修院创立记》，陆徵祥题签，土山湾印书馆代印。圣安德鲁修道院还委托"比利时邮政"发行一套纪念明信片 Monastère de Si'shan Shunking, Sze Chwan, Chine（《四川顺庆西山院》），一套十二张，直观地介绍了这座修道院隐秘幽静的庭院和山清水秀的环境。

陆徵祥的学术贡献是他竭力推动中国"孝道"思想与天主教教义的结合，他是中国天主教圈子里的"孝道先生"。《嘉兴许竹筼先生立身一字诀遗训》是陆徵祥致天津好友刘盖枕的一封信，其中谈及他的恩师许竹筼①先生的教诲。

身为天主教本笃会修士的陆徵祥，在这封信中回顾了他的恩师许景澄关于"孝道"的看法，而作为中国天主教出版中心的土山湾印书馆将此信摘编付梓，其意义值得玩味。"今日追述这番话，心里盼望国人都做孝子。在战场必忠勇，在政府必尽职，在社会必正派，在家庭必尽本分。"这就是中国天主教的领袖们也可认同并且推广的伦理规范。

在中国天主教作家里，陆徵祥对中国"孝道"与天主教信仰的关系讲得最多，他曾经著有《人文携手》（La Rencontré des Humanités），后译为英文 Ways of Confucious and Christ（《孔子与基督之道》）。在这本书里，陆徵祥反复论证天主教的孝道与儒家孝道相通不悖。他对天主教和儒学孝道的看法，对徐景贤和苏雪林影响很大，徐景贤民国二十年（1931）撰有他的成名之作《孝

---

① 许竹筼（1845—1900），字景澄，浙江嘉兴人，同治进士，光绪六年（1880）开始外交生涯，曾被清政府任命为驻法、德、奥、荷、俄公使；因反对清兵助义和团攻打洋人，被慈禧以"任意妄奏，语多离间"的罪名问斩。曾写《外国师船表》，建议加强海防。

西山圣本笃会修院创立记（封面和插图）
一卷 一册
民国十九年（1930）土山湾印书馆排印
铅印本 纸本 平装
开本：19×12.6（cm）
15 页
插图 2 幅

Monastère de Si'shan Shunking, Sze Chwan, Chine
四川顺庆西山院
比利时圣安德鲁修道院编
法文 中文
明信片 12 张
1930 年比利时邮政印制
尺幅：10.5×15（cm）

经之研究》，苏雪林的书里也常常提到"陆院长"的孝道理念。

陆徵祥曾推荐一本书《勒赛夫人日记与日思录》。法国天主教徒、女修士依撒伯尔·勒赛夫人（1866—1913），家庭殷实，教养十分；油画、雕刻、音乐、文学等都有心得；深谙英文、俄文、意大利文等；侨居过西班牙、北非、意大利、希腊、俄国、德国；举止文雅，端庄大方。她甘贫厌世、舍身忘己、忍受痛苦，并写下几本日记，记述自己的生活，以及自己对家庭伦理、教育等方面的想法及反思。此书的题材有些像卢梭的《忏悔录》，不过她比卢梭阳光，信仰坚定。

她在离世前打算把这些日记付之一炬，被她姐姐劝阻。这些日记被热心教友发现并整理出版，好评一时，

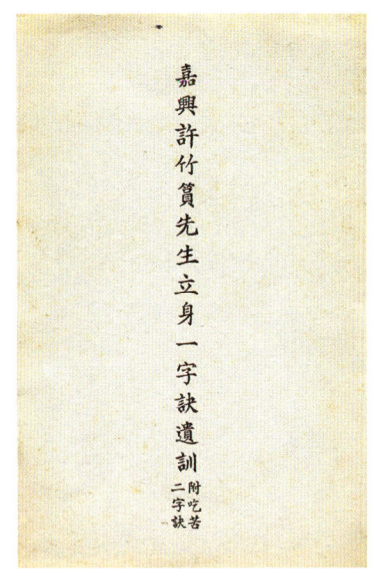

嘉兴许竹筼先生立身一字诀遗训
陆徵祥述
两卷 一册
民国二十四年（1935）
土山湾印书馆印制
影印本 纸本 平装
尺幅：16.2×11（cm）
7 页

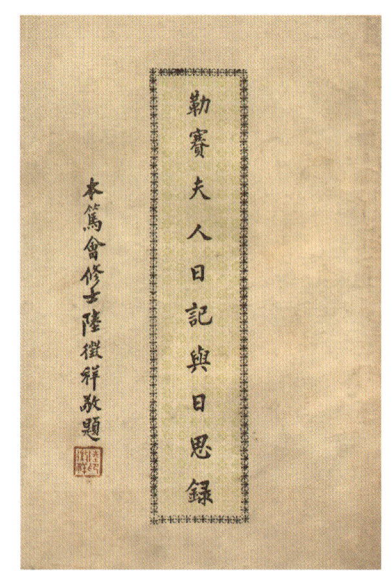

勒赛夫人日记与日思录（封面）
[法] 依撒伯尔·勒赛夫人著
[中] 林骁译
一卷 一册
民国二十二年（1933）
陆氏慕庐自印本
铅印本 纸本 平装
开本：19.3×13.1（cm）
281 页

备受敬仰，称其为"灵魂之遗嘱""精神的日记"。经陆徵祥推荐，林骁将其译为中文，民国二十二年（1933）出版。马相伯特为此题写序言，大赞"吾旧教之真之德之美"。

慕庐，陆徵祥家族的堂号，民国九年（1920）陆徵祥在滕公栅栏附近购置一块土地，建造墓园，称之为"慕庐"，将其祖母和父母的遗骨迁葬于此。"慕庐"仿古希腊神庙样式，建筑装饰采用中国传统作法，中西合璧。墓坐东南朝西北，对着马尾沟教堂，也是罗马教廷的方向。墓以砖石砌筑，上为祭堂，下为墓室，是中国传统礼仪与天主教礼仪的结合。墓外抱厦的横梁上刻有一行法文"Famille Lou"（陆家）。祭堂嵌有溥仪所书题额，康有为所书门联，陆润庠所书汉白玉挽联，四壁还嵌有民国名人的题词石刻。祭堂内还有意大利艺术家摹绘的古孝子救亲图。该墓园建筑由比利时工程师督造。法国艺术家铸造了陆徵祥的"哭亲像"，长跪于墓前。

马相伯、英敛之、雷鸣远三位是志同道合的莫逆挚友，代表

着中国天主教内部的温和改革派。

英华（1867—1926），字敛之，号安蹇斋主、万松野人，满族正红旗人；光绪十四年（1888）皈依天主教，光绪二十四年（1898）前后受康有为、梁启超变法思想影响，撰写文章《论兴利必先除弊》，开始评论国事，曾在澳门《知新报》上发表同情戊戌维新变法的文章。光绪二十八年（1902），英敛之在天津创办《大公报》，自兼任总理和编撰工作，提倡变法维新，不避权贵，抨击时弊。他本人每日为《大公报》写一篇社论，以"开风气，牖民智，挹彼欧西学术，启我同胞聪明"为办报宗旨。辛亥革命后，他名义上仍负责《大公报》工作，实际上已退居北京香山静宜园，以主要精力创办女学、辅仁社等慈善教育事业，关注于天主教革新工作。英敛之因主持《大公报》而驰名，隐退后成为天主教知识分子在北方的"代言人"，当时有"南马北英"之说。

英敛之居住的香山静宜园在松树林里，故他自号"万松野人"，著有《万松野人言善录》，是宣传天主教教理的文集；他还把自己在报刊上发表的论文结集，出版《是也集》。民国元年（1912）英敛之邀相伯先生联名向罗马教廷申请在北京建立一所天主教大学，经历种种曲折，直到民国十四年（1925）英敛之购地后才办起来学校，取名"北京公教大学附属辅仁社"，英敛之任首任社长。民国十五年（1926）英敛之逝世，享年五十九岁，灵柩归葬西郊八里庄慈寿寺塔底，这里是英氏家族墓地。

雷鸣远（Frederic Vincent Lebbe，1877—1940），字振声，比利时人，1895年加入遣使会，光绪二十七年（1901）来华。光绪二十九年（1903）以后他一直在京东和天津一带传教，做过涿州总本堂神父和天津总本堂神父，驻锡望海楼教堂。

雷鸣远是中国天主教中少有的公开地、不加掩饰地对中国人抱有同情态度的洋人。雷鸣远对自己亲眼看见西方人欺压中国人的种种暴行十分不满，他向北平主教抱怨，北京"城内有两块病，两块白疤：东边一块是东交民巷，白晃晃的一片洋楼；西边一块就是北堂，也是白晃晃的一片洋楼。这两块东西与城内一切景致完全不同，完全不配。这两个东西的性质，本来彼此完全不同：东交民巷是帝国主义的司令台，用武力来侵略中国，是他的专门手艺。我们北堂呢？本来是讲平等博爱的，与帝国主义水火不相容。谁想到这两个东西，现在竟发生了极密切的关系，天主教与帝国主义的联手，活生生地表现出来了"。

雷鸣远调任天津教区后做了两件大事，一是把望海楼教堂的法国国旗换为中国龙旗；另一个是创办了近代中国四大报纸之一的《益世报》。正是办《益世报》的机缘使他结识了同在天津办《大公报》的英敛之，又与马相伯结下忘年交。马、英、雷金兰之约源于他们对中国政治变革和天主教本土化的一致看法。

雷鸣远始终秉持"中国归中国人，中国人归基督"的信念，要求摆脱各个传教会为所属国家利益服务的痼疾，实现天主教本土化。雷鸣远曾对在《益世报》工作的罗隆基[①]讲："你不要怕，我们教中还有

[①] 罗隆基（1896—1965），字努生，江西安福人。民国二年（1913）入清华大学，五四运动清华学生领袖。民国十年（1921）赴美，先后入威斯康星大学和哥伦比亚大学攻读政治学，后赴英国伦敦政治经济学院获得政治学博士学位。民国十七年（1928）回国，在上海光华大学任教，创办《新月》杂志，参与创建中国民主同盟。中华人民共和国成立后任森林工业部部长、民盟中央副主席。1957年被划为"头号"右派。

救国（封面）
［比］雷鸣远、［中］英敛之、［中］刘俊卿撰
六篇　一册
民国四年（1915）自印本
铅印本　纸本　筒子页　线装
十一行二十五字白口四周双边
开本：19.5×13.5（cm）
27页

人说我是共产党呢！除了我相信上帝，我是有神论者外，我的确是个共产主义者。我们的耶稣是要消灭阶级、消灭剥削的。"

民国四年（1915）前后，雷鸣远在天津办了一个系列讲座"救国演说会"，邀请英敛之和马相伯同台，后演说稿被整理成册，名《救国》。《救国》收录了雷鸣远三篇讲演，英敛之一篇讲演和刘俊卿两篇讲演。雷鸣远这位《益世报》负责人在讲演中疾呼："一个宝藏富厚、开化最早的老文明国，如今百病丛生、沉疴莫起。凡亡国的兆头，无不一一全备。这话听着，叫人十分难过。"中国的现状究于两类人：一派是奴隶成性的奸贼，一派是忍耐成性的袖手旁观者。这位天津总本堂神父又说："孔教自名为宗教，道佛回耶，更名为宗教。至于贴门神，祭灶王，拜死人，拜木偶的，亦都自名宗教。究竟是倚哪一个理，宗哪一个教，可以救国呢？"雷神父给出答案："如今兄弟从天良上敬告诸君，世上惟有天主教是真宗教，惟独天主教真能救国。这是我敢以性命作保证的。"

英敛之的演说一针见血，不让雷鸣远："西国所奉之耶稣，是舍身救世的。故此他的门徒必要效法他的牺牲。中国所奉之孔教，是明哲保身的。故此他那门徒，也要危邦不入，乱邦不居的。这就是两教目的大不同的地方了。"虽说孔子之道也讲要"舍生取义"和"杀身成仁"，但是就人性而言，如果给两个选项，出于自私自利的本能，人们还是会趋利避害地选择明哲保身。因此要救国，必须信奉天主教，以耶稣为榜样做出奉献。

雷鸣远在序言开篇写下这么一段话，表达了他对中国的感情：

不佞寄居中土十余年矣。忆自弃国来华主前矢志之际，已将此身此命献为中国之牺牲……与中国邦人君子游，亲爱日深，感情日厚，献身中国之志为之弥坚。故虽籍隶比国，而自分此身已为中国人矣。

相伯老对陈援庵先生不仅有提携之恩，还是他的精神导师。在相伯老和英敛之影响下，陈援庵的信仰与天主教非常接近，虽然最终他没有皈依天主教，但他一直是天主教会可信赖的同道者。英敛之和相伯老筹办辅仁大学时，毫不犹豫把总教鞭交给他。有一本书可以看到相垣关系之相濡以沫。民国八年（1919），三十九岁的陈援庵先生自印了一本他研究明代天主教的学术著作，收录他校刊的利玛窦《辩学遗牍》和艾儒略《大西利先生行迹》，以及他自己撰写的《明浙西李之藻传》。七十九岁的相伯老为陈援庵写了三篇序和跋。

马相伯的弟子徐景贤（1901—1947），字庐伽，又名徐哲夫，江西铅山河口人，清华学校国学研究院毕业，一生致力于研究天主教发展史。民国初年清华学校国学研究院前后只办四届，仅招收七十二名研究生，徐景贤以全国第一的成绩考进了国学研究院。在攻读国学期间，他学习成绩出类拔萃，思想更是相当活跃。他擅长演讲，喜欢钻研天主教史，文笔犀利，很早就显示出他在写作上的特长。受马相伯的影响，他在研究天主教文化史方面颇有建树，陆续著有《徐光启著述考略》《明季之欧化学术及罗马字注音考释》等，在导师陈援庵指导下完成《中国天主教史》。民国二十年（1931）中华公教教育联合会的北平公记印书局出版他编撰的《孝经之研究》。

民国二十一年（1932）徐景贤正式拜马相伯为师，充当马相伯的私人秘书，多次代表马相伯老师参加各种社会学术活动。民国二十二年（1933）他编写《相伯先生国难言论集》，记录了相伯老的谆谆教诲："想当年创办震旦，我因游历欧美各国，决心想办新式的中国大学，和欧美大学教育并驾齐驱，这是理想。"

民国三十六年（1947）徐景贤在老家江西铅山河口去世。

民国二十年（1931），徐景贤受聘香港基督教报刊《中和日报》第一任督印人，没有到任履职，不过这一年却为《中和日报》写了系列专栏文章，当年出版单行本《十字言论集》。《十字言论集》分上下两辑，收入《公益与报纸》《论建设之真谛》《再论建设》《三论建设》《四论建设》《五论建设》《说马》《岁首献辞》《对于荷国新设立汉学研究院之意见》《评最近中日女权运动》《对于孟禄博士最近演讲的感想》《设立香港美术馆》《中枢人物应当有砥柱中流之精神》等十四篇文章。研究徐景贤，《十字言论集》是必不可少的，然此书世存极少，且用新闻纸，品相甚差。

徐景贤的《圣教宗与中国》，民国二十二年（1933）列入我存杂志社的"我存丛书"出版。这是一本历史书，一本天主教中国大事记。是书分甲编和乙编。甲编"古事记"，称为元代的故事、明代的故事和清代的故事。乙编"今事记"，编年史，从民国十一

十字言论集（封面）
徐景贤撰
两辑　一册
民国二十年（1931）
香港中和日报印务有限公司排印
铅印本　纸本　平装
开本：24.2×16.7（cm）
50页

圣教宗与中国（封面和扉页）
徐景贤编撰
两编　一册
"我存丛书"第一种
民国二十二年（1933）我存杂志社出版
铅印本　纸本　平装
开本：18.8×13.1（cm）
122页

年（1922）至民国二十二年（1933）。此书史料性比较强。

《徐文定故事》是徐景贤为徐光启诞辰三百周年纪念会所作讲演，最初发表在厦门鼓浪屿天主堂的《公教周刊》上，后整理成论文集，我存杂志社将其编入"我存丛书"（"我存文库"），民国二十四年（1935）出版。

第一讲"上海徐阁老"，第二讲"有两个世界"，第三讲"好家庭子弟"，第四讲"世路的历程"，第五讲"四书与五经"，第六讲"一拜信天主"，第七讲"论交结朋友"，第八讲"王阳明学派"（附"利玛窦与冯应京"），第九讲"一个新生命"，第十讲"科学与宗教"，第十一讲"千里避静云"，第十二讲"在涕泣之谷"，第十三讲"为公教进行"，第十四讲"无望还是望"，第十五讲"我们的导师"，第十六讲"齐家的模范"，第十七讲至第二十四讲"真福八德"。徐景贤特意说明，他写的徐光启故事集，以历史史实为主，间或用文学想象叙述法为辅。

《现代女子教育专家耶稣孝女会创办人刚第达及其事业》，民国二十四年（1935）由安庆天主堂出版。除了国家图书馆外，其他著录均记为徐景贤作品。其实这本传记有两个部分：耶稣孝女会创始人刚第达的高足弟子、中国耶稣孝女会会长翻译的《耶稣玛利亚刚第达姆母传略》和徐景贤为这本传记写的导言《现代女子教育专家耶稣孝女会创办人刚第达及其事业》。

《耶稣玛利亚刚第达姆母传略》（*Vida de la R. M. Gandida Maria de Jesus*），原著西班牙文，作者西班牙人齐皮特里亚（Juana Josefa Cipitria），共三十章，附有耶稣孝女会在世界各地的基本资料。

刚第达（Gandida Maria de Jesus，1845—1912），西班牙修女，1869年创立耶稣孝女会，是一家遍布世界的慈善修会，在中国影响不大，在安庆建有中国分会，现存有建于民国二十四年（1935）的安庆圣母院。

当时在安徽大学任教的徐景贤，受安庆公教进行会之托撰写了长篇导言。徐景贤从十年前他尚在北京大学读书时，周作人、陈援庵等老师讨论《遵主圣范》一书说起。他批评周作人：赞叹了《遵主圣范》，却知而不行，又有何益？热心灰了，等于消极。

我也曾到从前的金銮宝殿中，见过皇帝御座后面的屏扇，大约正在头顶上，有一个"圣"字，这个字和"仁"字，都是孔夫子不敢承当的！因此，我四万万七千万，老小新旧，多则多矣！然而尚实在缺人，缺哪一种人呢？缺乏好人，更缺乏圣人！

进而引入正题：把像刚第达这样的好人、圣人介绍给四万万七千万中国人，是中国知识分子的一种积极的生活态度，一种义不容辞的社会责任，而不是周作人伤感的那样"老的小的，村的俏的；新的旧的，肥的瘦的，见过了不少。说好说丑，都表示一种敬意；然而归结根蒂全是徒然，都可不必"。这种消极态度与天主教信仰格格不入。

相伯老关门弟子方杰人先生编纂过恩师文集《马相伯先生文集》和《马相伯先生文集续编》。

《马相伯先生文集》收录相老从光绪八年（1882）的《上朝鲜国王条陈》至民国二十六年（1937）的《致徐润农司铎三书》一百三十九篇文章，还有十二篇"增编"，附"家书节录"六十六通。书前有陈援庵撰序和方杰人整理的《马相伯先生事略》。

《马相伯先生文集续编》收录相老从光绪二十三年（1897）至民国二十六年（1937）《致英敛之先生四书》等六十篇文章。正续集都是于右任题签，正集有相老照片和墨迹。

方杰人先生编纂的这套文集，是收辑马相伯文章最多的书籍，其中有不少是书信和题词。

方豪（1910—1980），字杰人，杭县（今杭州）人，出生于天主教世家。民国十一年（1922）入杭州天主教修道院，攻读拉丁文，继入宁波圣保罗神学院，民国二十四年（1935）晋铎；后任

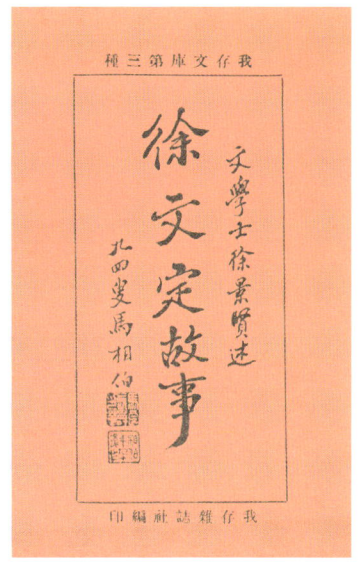

徐文定故事（封面）
徐景贤述
二十四节　一册
"我存文库"第三种
民国二十四年（1935）
我存杂志社编印
铅印本　纸本　平装
开本：19×13.1（cm）
106 页

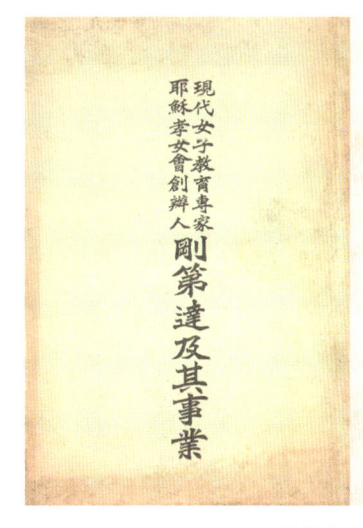 

现代女子教育专家耶稣孝女会创办人刚第达及其事业
[西]齐皮特里亚撰
中国耶稣孝女会会长译
三十章　一册
民国二十四年（1935）安庆天主堂排印
铅印本　纸本　平装
开本：21×15.3（cm）
136 页
插图 29 幅

马相伯先生文集（封面和插图）
方豪编
一百五十二篇 一册
民国三十六年（1947）上智编译馆出版
铅印本 纸本 平装
开本：22.5×15.3（cm）
448 页
插图 4 幅

浙江大学、复旦大学教授、系主任、院长。1949 年到台湾，任教于台湾大学、辅仁大学，担任清史编纂委员会委员。方豪在台大教授宋史，李敖早期的作品中常提到方豪。1974 年方豪当选为台湾"中央研究院院士"。1980 年去世。他还著有《中西交通史》《宋史》《方豪六十自定稿》《方豪六十至六十四自选待定稿》等。

方杰人为民国天主教四大才子之一。他对马相伯的论著做了搜集、整理、出版的工作，并对其生活的各方面作了综合的研究。他还编著有《马相伯先生事略》《马相伯先生年谱》《马相伯先生生平及其思想》《马相伯先生筹设函夏考文苑始末》。

方杰人早年受陈援庵先生影响很大，他的学术风格与陈援庵先生相像，注重天主教历史事件的考据。例如，他在《我存杂志》第四卷第六期、第七期发表的论文《我国圣教二十二种名称之考释》，考证了中国历史文献中天主教的不同别称及其来源：景教、秦教、也里可温、十字教、天主教、耶稣圣教、天教、主教、天学、主学、西教、西儒教、利教、罗玛教、公教、加特力教、天主耶稣教、旧教、基利斯督教、天、天主等。

这二十二种叫法，有一些单独列出是为勉强，但是他系统的考述不无益处。"景教"：西安景教碑铭。"秦教"：《唐书》《资治通鉴》《唐会要》等书称景教为秦教。"也里可温"：见于元代史籍。"十字教"：源于《马可·波罗行纪》。"天主教"：罗明坚、利玛窦开始使用。"耶稣圣教"：出自艾儒略《涤罪正规》。"天教"：出自黄伯禄《正教奉褒》，与犹人教的称呼相冲突。"主教"：出自利玛窦《天主实义》。"天学"：利玛窦《天主实义》原名《天学实义》。"西教"：出自杨廷筠《代疑篇》。"利教"：出自杨廷筠《代疑篇》，指利玛窦学说。"罗玛教"：出自晁德莅《真教自证》。"加特力教"：Catholic 音译。"公教"：出自利玛窦《天主实义》和杨廷筠《代疑篇》。"天主耶稣教"：《明史》对天主教的称谓。"旧教"：初见马相伯《书利先生行迹后》。"基利斯督教"：Christus 音译。

方杰人离开大陆前，北平上智编译馆出版了《方豪文录》。此书收录方杰人三十九篇重要文章，有《明季西书七千部流入中国考》《〈遵主圣范〉之中文译本及其注疏》《名理探译刻卷数考》《天主实义之改窜》《徐文定公耶稣像赞校异》《十七八世纪来华西人对我国经籍之研究》《汤若望汉名之来历》《南怀仁之汉字书法与汉文尺牍》《拉丁文传入中国考》《读吴渔山遗书札记》《马相伯先生事略》《雷故司铎鸣远事略》等。

《方豪文录》同时印了三种版本：洋宣纸本十部，编号一至十；道林纸本四十部，编号一至四十；新闻纸本四百五十部，无编号。印数奇少的原因是抗战后北平纸张稀缺。此书十分珍贵。

民国三十六年（1947）《上智编译馆馆刊》第二卷第一期有一篇方杰人的文章《马相伯先生著述系年拟目》，对研究马相伯生平和著述很有帮助。

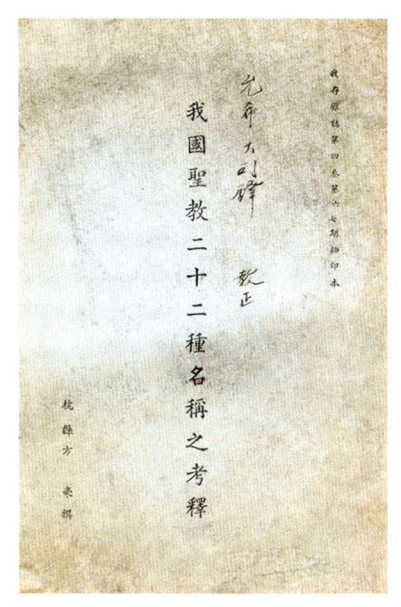

我国圣教二十二种名称之考释（封面）
方豪撰
一卷　一册
《我存杂志》第四卷第六期第七期抽印本
民国二十五年（1936）
杭州天主堂出版
铅印本　纸本　平装
开本：25.8×19.2（cm）
8 页

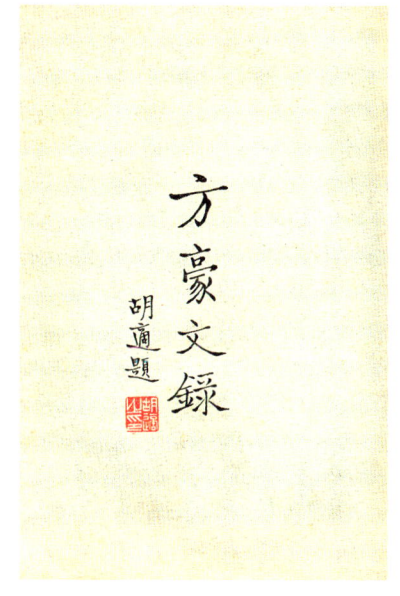

方豪文录（封面）
方豪著
三十九篇　一册
民国三十七年（1948）
上智编译馆出版
铅印本　纸本　平装
开本：26.6×19（cm）
346 页
插图 10 幅

徐氏庖言

> 天主教欲创造一大事业也,往往兴起一二才德出众之人,为其工具,使其成事。
>
> ——徐宗泽

民国二十二年（1933）十一月二十四日是徐光启逝世三百周年纪念日，这无疑是中国天主教需要纪念的一件大事。

据载，这次纪念活动办得很隆重，蒋中正、林森、孔祥熙、宋子文、吴佩孚、徐世昌、蔡元培、于右任、叶恭绰、张元济、张伯苓、唐文治等政界、学界头面人物六十余人寄来题咏，表示敬仰；《申报》《新闻报》《大公报》《东方杂志》《新中华》《科学杂志》等几十家报刊或出专号，或刊论文，以表纪念；黄节、竺可桢、向达、潘光旦、牟润孙、徐景贤等学者撰文从各个方面对徐光启的贡献作了阐述。

是日的追思会内容丰富。上午徐汇大修院开演讲会，参与者仅限神父与修士，会上由丁宗杰、陈秋棠和张登儒三位修士作了演讲，题目分别是"徐文定与利玛窦""徐文定公与圣教会"和"大著作家徐文定公"。午后在徐光启墓园办追思会。自圣母院经过徐汇大堂，沿天文台路至阁老坟，沿途还搭建牌楼三座，分别位于圣母院桥、天文台路和徐光启墓前。追思大会的到场人数过万，有男女修院、徐汇中学、启明女中、类思小学及上海公教各校学生和附近百姓。

圣教杂志社出版了"三百周纪念（一六三三——一九三三）"的《徐上海特刊》。"徐上海"是教会学者对徐光启的昵称。封面为马相伯"九四叟马良"题签。该期杂志收入徐宗泽等人所作十七篇纪念文章：《陆徵祥为徐文定公列品事上安国孙主教书》，徐宗泽的《奉教阁老的传略》《奉教阁老与圣教》《奉教阁老与家庭》《徐上海轶事》《奉教阁老与民族》《奉教阁老之政治经济》《奉教阁老与科学》《徐阁老的旧宅——九间楼》《利玛窦以学问为传教之法》《阁老奉教著作的存佚》《徐文定公轶事》《徐文定公的子和孙男孙女》，裴化行的《现代中国文化之前驱徐光启》，丁宗杰的《徐光启与利玛窦》，沈百顺的《徐文定公的农政全书》，徐景贤的《奉教阁老的著作》。

《徐上海特刊》有五幅图片，第一幅《万物真原》，近代著名画家林骉所作，与现在收藏在美国旧金山大学利玛窦研究所的那四幅水彩画中的《徐光启》极为相似，题有"像赞"，在右下角有一耶稣会专用的徽标 AMDG（愈显主荣）。另外四张是照片：徐光启故居"九间楼"以及"阁老坊""徐上海文定公墓"等。

次年（1934）圣教杂志社又出版了徐宗泽编辑的《徐义定公逝世三百年纪念文汇编》，文章收录了柏应理撰写、张星曜①翻译的《徐光启行略》，竺可桢的《近代科学先驱徐光启》和《纪念明末先哲徐文定公》，潘光旦的《徐文定公三百年祭后》，徐景贤的《徐光启对中国近代教育之贡献》和《徐文定公奏议四表叙》，马相伯的《徐文定公与中国科学》等十七篇发表在各种杂志上的纪念文章；还摘录了古籍、地方志和徐氏家谱里的徐光启传记；也刊印了民国名人孙科、张元济、张伯苓、蒋梦麟、徐世昌、唐文治、

---

① 张星曜（1633—1715），字紫臣，浙江杭州人，康熙十七年（1678）经殷铎泽受洗，教名依纳爵，号依纳子。著有《天儒同异考》《天教明辨》《熙朝崇正集》《熙朝定案》《辟略说条驳》《圣教赞铭》《通鉴纪事本末补后编》等。

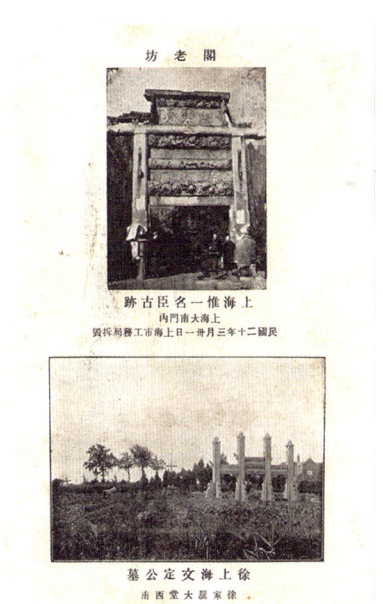
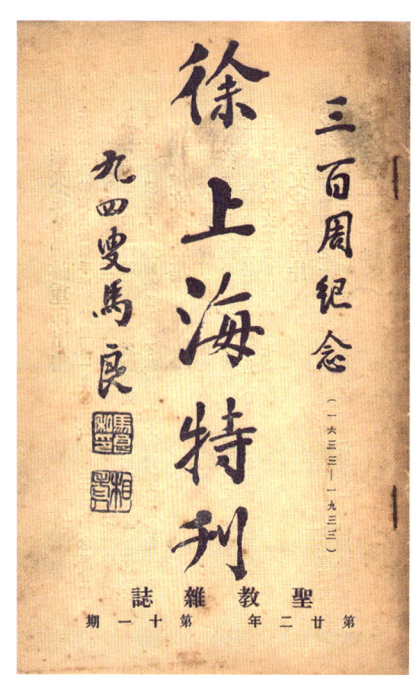

徐上海特刊（封面和插图）
圣教杂志社编
《圣教杂志》第二十二卷第十一期
一册
民国二十二年（1933）
土山湾印书馆排印
铅印本　纸本　平装
开本：21.8×14.7（cm）
96 页
插图 5 幅

吴佩孚、冯玉祥、蔡元培、何应钦、陈果夫、宋子文、马君武、邹鲁、柳亚子、蒋中正、叶公绰、吴铁成、于右任等五十九人的题咏。

　　这类纪念徐光启的活动大概是民国二三十年代以后开始的，此前家祭为多。从洋教士们的研究著作可以看出，他们更加关心天主教来华传教史、景教流传中国考这类题目，对徐光启等中国信徒所作所为，关注不多，研究较少。这个时期大规模纪念徐光启，应该与中国天主教教会里华籍神父越来越多有关。

　　为纪念徐光启逝世三百周年，徐家汇教会机构有三部出版物非常值得关注：《增订徐文定公集》《明相国徐文定公墨迹》《徐氏庖言》。

　　前文已述，清末民初，中国天主教会大规模整理、覆刊明末清初天主教故籍时，很少顾及徐光启、李之藻、杨廷筠所谓圣教三柱石的著作，没有给他们应有的地位。从笔者手头资料看，仅出过一本徐光启的文集，光绪二十二年（1896）上海慈母堂刊印问渔先生编纂的《徐文定公集》。《徐文定公集》分成四卷，卷一为问渔先生编译的《徐文定公行实》，附"寿文"二则，《利子奏疏》和《墓志铭》；卷二为"徐文定公文稿"，有《耶稣像赞》《圣母像赞》《正道题纲》《俞子如先生像赞》《先祖事略》《先祖妣事略》《先考事略》《先妣事略》《与海翁夫子书》《答乡人书》《泰西水法序》《刻几何原本序》；卷三为"徐文定公奏稿"十二篇；卷四为

徐文定公逝世三百年纪念文汇编
（封面和插图）
徐宗泽编
十七篇 一册
民国二十三年（1934）
圣教杂志社出版
土山湾印书馆排印
铅印本 纸本 平装
开本：22.5×14（cm）
112页
插图26面

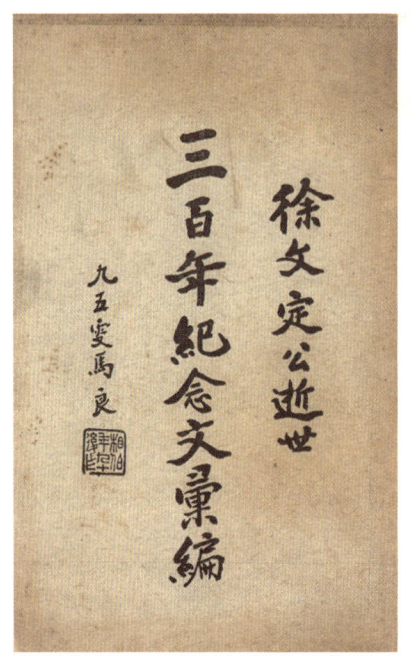

徐文定公墓前牌坊

徐文定墓全景

徐文定公集（扉页和插图）
〔明〕徐光启著〔清〕李杕编
四卷 一册
清光绪二十二年（1896）
上海慈母堂排印
铅印本 纸本 筒子页 线装
十行二十三字小字双行同
白口四周双边单鱼尾
开本：26.7×15.3（cm）
半框：20×13（cm）
98页
插图1幅

"附稿",四篇徐光启给兵部和礼部有关观象等事务的呈文。

问渔先生在集前序文言:

> 圣教肪行一国,率有圣哲诞生,以非常之才,立德功言三者,彪炳一世。或又行起死肉骨,不药病等异,耀人目,警人心,风动四民。于是所言必信,有感斯孚,过化存神,教泽深远。父传之子,子传之孙。虽遇艰难困厄,而信志坚贞,历千百年不变。如班有圣雅各布而俗美,法有圣肋米而化行,印度有圣方济而崇正,皆明证也。我中国圣教盛行,犹在元代,其时有和德理者,亦圣贤中一人,宣训燕京,都士向慕。后以遄返西邦,未获卒业,论者惜之。明季利子玛窦,航海来华。上海徐文定公与之友善,闻其教,首先崇奉。用其不世之才,力推广,撰论说,译经书,陈奏朝廷,阐扬大义,教之所以行,文定之功居多,迄今垂三百载,传二十余省。溯厥源流,讵容忘本,然延至今日,知公者其谁。每一念及,良用喟然……呜呼,公诚伟人哉!文名盖当世,功业留简编。尤能信奉真教,簪笏立朝,绝不隐讳。若今稍识之无,从事帖括,辄诋我教,刺刺不休者,何其不自量欤,蒙一介庸流,行无足算,曷敢与文士抗衡。惟愿其一去成见,细审真教原委,而见善力行,则彼之福,即蒙之望也。

宣统元年(1909)上海慈母堂出版徐光启十一世孙徐允希增订的六卷本《增订徐文定公集》,民国二十二年(1933)又以徐家汇天主堂藏书楼名义再版。

是年,徐汇藏书楼推出《明相国徐文定公墨迹》。此书初刊于光绪二十九年(1903),存世极少,民国二十二年(1933)石印再版。首页是林驺摹画的徐光启肖像《万物真原》。主页前有徐允希写的"石印先文定公墨迹叙略"、编定者的"徐文定公传";后有徐光启十二世孙徐宗德①于光绪二十九年(1903)写的跋文。

该书择选徐光启墨迹十一幅:万历三十四

明相国徐文定公墨迹(封面和插图)
〔明〕徐光启作
十一幅 一册
民国二十二年(1933)
上海徐家汇天主堂藏书楼出版
土山湾印书馆印制
石印本 纸本 筒子页 线装
八行十九字
开本:26×15.1(cm)
52页
插图1幅

---

① 徐宗德,字养田,徐泾蟠龙(今属上海)人,徐宗泽胞兄,生卒无考。光绪三十二年(1906)以优贡身份赴京朝考,得二等,获知县衔分发浙江省候补;回回乡"课农学圃",宣统元年(1909)筹办蟠龙"裕德树艺试验场";民国七年(1918)当选北洋政府众议院候补议员,民国八年(1919)在广州当选非常国会议员。

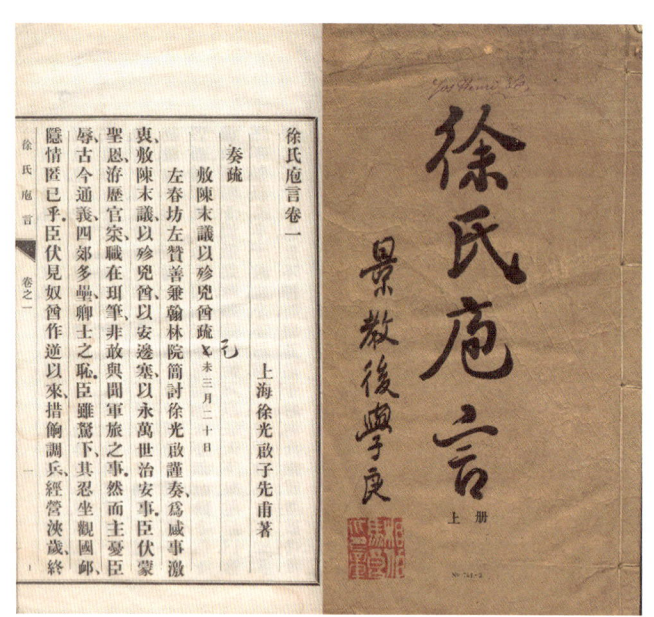

徐氏庖言（封面和内页）
〔明〕徐光启撰
徐家汇光启社校刊
五卷 两册
民国二十二年（1933）
上海徐家汇天主堂藏书楼出版
土山湾印书馆排印
铅印本 纸本 筒子页 线装
九行二十三字小字单行同
白口四周双边单鱼尾
开本：25.5×15（cm）
半框：19.7×13.5（cm）
插图 1 幅

年（1606）一幅，万历三十五年（1607）一幅，万历三十九年（1611）三幅，万历四十一年（1613）一幅，万历四十四年（1616）四幅，万历四十七年（1619）一幅。

这十一幅墨迹都是徐光启的尺牍，大部分是与来华西方传教士的往来，比如有万历三十九年（1611）写给病中意大利传教士郭居静的信函，万历四十一年（1613）致朋友为西班牙传教士庞迪我辩护的信函。

《徐氏庖言》，徐光启文集，其子徐先甫编于明末。因诸文多见防备边事的内容，清乾隆时列为禁书。为纪念徐光启逝世三百周年，徐家汇天主教会从巴黎国立图书馆影印原书，由上海光启社整理，重版付梓。后人徐宗泽撰序，马相伯题签。

此书铅排，洋宣纸，筒子页，线装，印制精美，为民国中后期教会出版物中少见。

为纪念徐光启逝世三百周年，徐宗泽还编译了《文定公徐上海传略》，土山湾印书馆民国二十二年（1933）出版。徐宗泽选译十三段有关徐光启生平的记述，但是没有注明出处。他把惠济良主教写给他的一封信置前作为序言。惠济良盛赞徐光启有八德：神贫之德，良善之德，不怨之德，嗜义之德，哀矜之德，心净之德，和气之德，为义之德。"奉教阁老，秉基利斯督的精神，虔修真福八端，留吾人以此好表"，"这基利斯督的精神，就是陶冶圣人的模型，因为要成圣救灵，须要同化于基利斯督；基利斯督者，是圣德的根源"。

星移斗转，二十世纪前半叶，随着李问渔等中国天主教华籍先辈相继离世，天主教、新教的传教活动渐渐完成代际更替。尤其是天主教耶稣会体系，依靠上海徐家汇、土山湾"基地"的支撑，不仅实现了教会首脑机构的更替，教会的"知识分子"、学术精英也平缓地、不动声色地完成了接班。

徐宗泽（1886—1947），字润农，生于徐家汇，徐光启第十二世孙；十九岁为秀才，二十岁入耶稣会，继而赴欧美，攻读文学、哲学和神学，晋升司铎；民国十年（1921）归国后在南汇县境实习传教；两年后任徐家汇藏书楼馆长兼《圣教杂志》主编。淞沪战事起,《圣教杂志》停刊,他便专事图书馆工作,多年来搜集地方志两千余种,成为该楼藏书一大特色。同时他还兼职启明女中校务;有《哲学史纲》《心理学概论》《社会学概论》《社会经济学概论》《中国天主教传教史概论》《明清间耶稣会士译著提要》《三民主义节要》等专著和其他著作四十余部。

徐宗泽首先是位在教学者,神学研究是他的本职工作。

自民国十九年(1930)起至民国三十二年(1943),徐宗泽陆续推出专著《神学提纲》。他在此书序言里说:"神学是最尊贵之学,以其论天主故。神学关于认知天主、爱天主、事天主之大本,故不特神学士当研究,教友亦当研究。"

《神学提纲》有六部:第一部《天主三位一体论》,第二部《天主造物论》,第三部《圣宠论》,第四部《信望爱三德论》,第五部《圣事论》,第六部《天主降生救赎论》。

《天主三位一体论》讲的是"天主之本有,三位一体之奥理"。分为两个部分:"天主惟一论"和"天主圣三论"。"天主惟一论"有三编:"论天主实有""论天主之性体及优长""论天主之知识与愿欲"。"天主圣三论"分五章:"论天主圣三之真义""论天主之原来""论三位之互视""论天主圣三包含之位性暨征号""论天主位之遣使"。

《天主造物论》讲的是"天主是造物主,造成天地神人万物"。这本书分为两部分:"天主造物论"和"四末论"。"天主造物论"有七章:"论天主造世界""论天主造人依其本性之伦序""论天神"等。"四末论"有六章:"论炼狱""论地狱""论天国""论复活"等。

《圣宠论》,"耶稣救赎之功,其效是圣宠,人得之,获赦罪,成天主义子,得天国名分"。分两编:"圣宠论"和"宠爱

文定公徐上海传略(封面)
徐宗泽编译
一卷 一册
民国二十二年(1933)
土山湾印书馆排印
铅印本 纸本 平装
开本:18.8×12.7(cm)
30 页
插图 1 幅

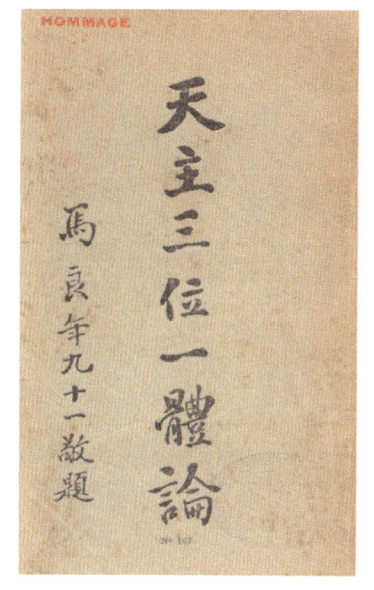

天主三位一体论(封面)
徐宗泽编撰
两部 一册
光启社圣教杂志社
《神学提纲》第一部
民国十九年(1930)
土山湾印书馆排印
铅印本 纸本 平装
开本:18.7×12(cm)
216 页

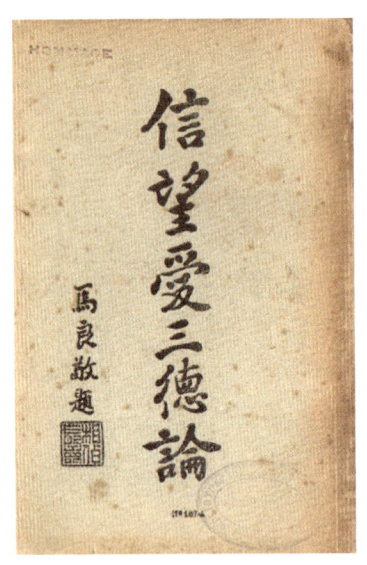 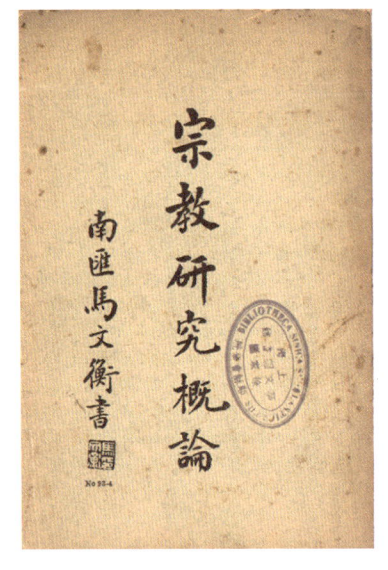

信望爱三德论（封面）
徐宗泽编撰
四编　一册
光启社圣教杂志社
《神学提纲》第四部
民国二十年（1931）
土山湾印书馆排印
铅印本　纸本　平装
开本：18.1×12.1（cm）
198 页

宗教研究概论（封面）
徐宗泽撰
十篇　一册
民国二十八年（1939）
圣教杂志社出版
土山湾印书馆排印
铅印本　纸本　平装
开本：19×13（cm）
121 页

论"。"圣宠论"包含"论宠佑之性体"和"论宠佑之特性"。"宠爱论"包含"论致义之性体""宠爱之研究""论宠爱之效力""论致义之准备""致义之特性""论致义之效果"。

《信望爱三德论》分为四编：第一编"超性德能总论"，第二编"信德论"，第三编"望德论"，第四编"爱德论"。

《圣事论》讲的是"天主赐人圣宠，立有圣事"。第一编"总论圣事"，第二编"论圣洗"，第三编"论坚振"，第四编"论圣体"，第五编"论告解"，第六编"论终傅"，第七编"论神品"，第八编"论婚配"。

《天主降生救赎论》：上编"论天主降生"，下编"论耶稣基多救赎之工"，附编"论圣母玛利亚"。

《神学提纲》的出版者是天主教研究机构光启社，土山湾印书馆印刷发行。

就形式和内容来说，《神学提纲》真没有什么可以圈点之处，也不可能有什么"突破"。这类主题著作本本雷同，只是书名改来改去。尽管如此，在中国天主教体系内华人神职人员能够写这类书的并不多。《神学提纲》的出版，也显示徐宗泽在中国天主教会中的重要性和那个时期本土神职人员地位的上升。

《宗教研究概论》是徐宗泽在《圣教杂志》上发表的十篇论说教义文章的集子，题目分别是《人类之宗教信仰》《世界上宗教之主要观念》《宗教之定义》《宗教之起源》《宗教为人类所必要论》《真教之寻索》《耶稣所立之罗马公教为真教》《罗马公教道理之研究》《罗马公教伦理之研究》《皈依罗马公教之程序》。

徐先生曰：

> 夫人生而为有灵物，非宗教不生活；纵世有倡言无神无教者，然终不能尽灭人之良知良能。一无宗教观念者，犹如花之始放，

当培之养之；培养之当有书籍，释其疑，解其惑，革其邪，导其正，庶求道者知所适从焉。

此乃一位信道者铿锵肺腑之言。

《社会经济学概论》出版于民国二十三年（1934），反映了徐宗泽这一代神职人员与时俱进、思想开放的一面。该书有五章：第一章"生产论"，第二章"交易论"，第三章"分配论"，第四章"消费论"，第五章"中国经济状况"。徐宗泽在这五章里，概括地介绍了西方近代经济思想之主要学说，尤以第一章的三节"天然论""资本论""劳力论"着墨最重。他谈到资本是生产要素时，特别介绍马克思的剩余价值学说，他对马克思的劳资理论持否定看法。

徐宗泽将经济学归为社会学的一个分支，他认为，经济学说实际上表达的是社会学研究的事实，又与社会伦理学的研究宗向一致。"社会经济学所研究者为财富。然财富不能离人之动作，及其行谊而独占一地位；换言之，财富与人之动作，及其行谊，有密切之关系。财富与人之行谊合论之，社会经济方成一社会学问。"他将自己的论著定义为"社会经济学之研究品，乃在物质利益界上之人之动作耳"。

书后附《经济学思想史概论》，这是一短篇经济学说史。

总体来说，徐宗泽对近代西方经济学说颇有兴趣，但是还不能把他视为一位经济学家。他的知识非常丰富，涉猎学科广泛，天主教神职人员也不是"单面人"。

太平洋战争爆发后，更多的传教士改变自己对日本侵略中国的态度，以不同形式参加到反法西斯阵线。中国天主教教会也不例外，他们中的绝大部分把日本军队视为敌人。在日占区，天主教机构帮助过中国军人，秘密提供医疗服务，帮助印刷宣传品等。在上海、北平等大城市，他们参加了反战宣传。

民国二十八年（1939）土山湾印书馆出版了徐宗泽编写的《天主教之战争观》(Ecclesia et Bellum)一书，系统地阐述了徐先生对天主教在战争与和平这一问题上的观点的理解。

徐宗泽在此书序言里讲：

> 战争是天下最大的一个灾难；所以创造和平底天主，和爱好和平底圣教会命吾人求天主，救免战争底祸患；耶稣圣号祷文上

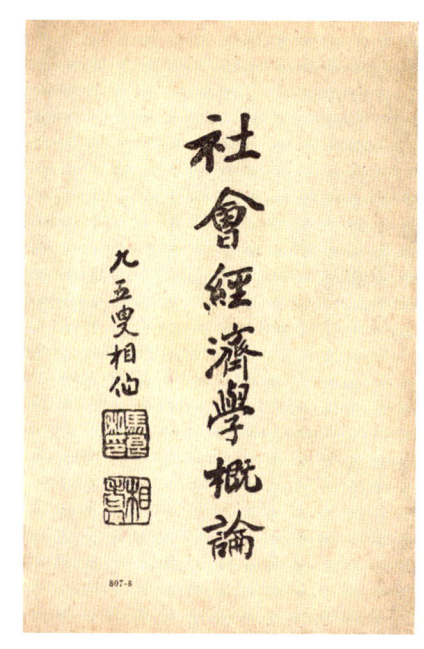

社会经济学概论（封面）
徐宗泽撰
五章 一册
民国二十三年（1934）圣教杂志社出版
土山湾印书馆排印
铅印本 平装
开本：19×13（cm）
206 页

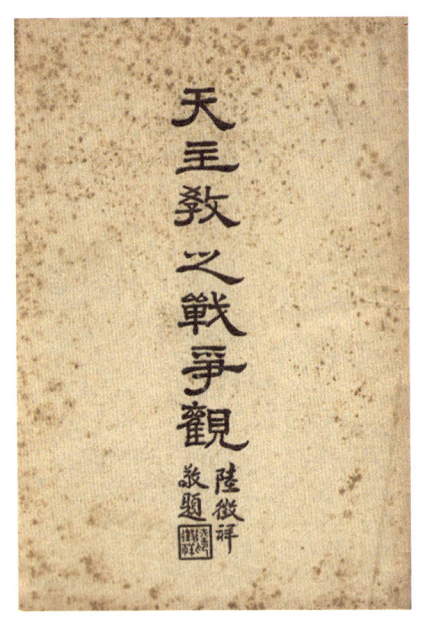

天主教之战争观（封面）
徐宗泽撰
五篇　一册
民国二十八年（1939）
圣教杂志社出版
土山湾印书馆排印
铅印本　纸本　平装
开本：18.8×12.7（cm）
95页

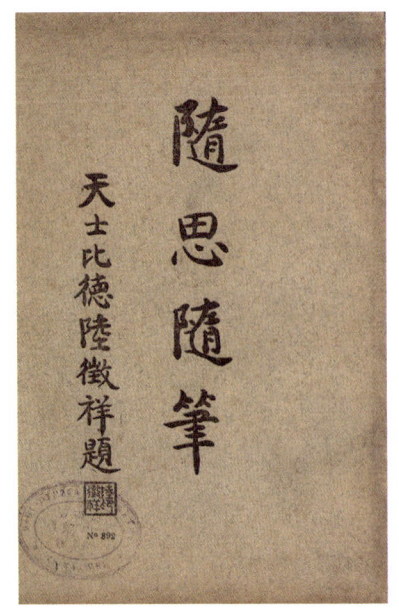

随思随笔（封面）
徐宗泽撰
三百篇　一册
民国二十九年（1940）
圣教杂志社出版
土山湾印书馆排印
铅印本　纸本　平装
开本：18.7×13（cm）
191页

说"于疫荒兵戈，耶稣救我等"，即是此意。

但，天主也是正义和公理底主宰；圣教会也是正义和公理的保护人，所以当正义被侵犯，公理被推翻，致无别法足以恢复和平底时候，天主和圣教会未尝以义战为不正当；不是为鼓励战争，实因战争为保护正义，维持公理的惟一的最后的有效方法。

然即在战争之中，天主上智也尝垂视吾众，使战争能得到他的最超越的最神圣的宗向；使各民族得以洗涤累世积年的污染，而革面洗心。圣教会则以其慈母之心，排纷解难，务使战争底痛苦得以减轻，而正义和公理得以恢复。

《天主教之战争观》一书有两部分，前一部分是徐宗泽的"天主教之战争观"，有五篇：第一篇"战争论"，第二篇"天主上智亭毒中之战争"，第三篇"战争与爱国"，第四篇"国际关系论"，第五篇"战争时期中吾人之祈祷"。后一部分是一篇译文《公教对于战争之观念》，法国布里埃（De la Brière）撰，械材译。

徐宗泽在战争与和平问题上的态度是鲜明的：反对战争，维护正义和公理；拥护以正义的战争手段反对践踏公理的侵略；天主保佑一切因战争罹难的普罗大众。

与李问渔的《理窟》非常相似，民国二十九年（1940）徐宗泽也把在自己主编的《圣教杂志》上发表的文章辑集成书，名叫《随思随笔》。时间跨度从民国二十三年至二十七年（1934—1938），共有三百篇短文，内容非常丰富：《论随笔》《九五叟译圣经》《译名宜统一》《论祭孔》《陆伯鸿先生之理财法》《徐汇藏书楼之方志》《论男女学生之读书》《论人求福之心》《论澳门之三巴寺》《论幽默文字》

《论积财产之愚》《论死之真旨》《中国人不知自己之文明》《中国青年之忘记文学》《论高利率与第七诫》《科举时之考试》《中国男多于女》《节迷信之费用》《多读哲学以清思想》《良心上的寒暑表》《山西洪洞之迁民树》《论蝇之繁殖》《科学岂真万能吗》《论人之自私》《田村许母徐甘第大墓》《多吃则多病》《人格》《机关多做事难》《自杀罪》《法京图书馆中之中国书》《老子无为之真意义》《景教碑》《倭寇与汉奸》《考试之弊》《蟹的销数》《牛津图书馆所藏圣教书》《敲西瓜子》《上海的棚户》《害病时方知天主恩》《沪战之损失》《吹毛求疵》《喧宾夺主》《徐文定公留心社会学》《利玛窦徐光启提倡西学》《论利玛窦之自鸣钟》《月饼》《汉字拉丁化》《西儒耳目资之拼音》《徐汇藏书楼与传教》《方志与家谱》《四书西译》《愈显主荣》等。

徐宗泽神父知识面甚广，兴趣也丰富多彩，仅仅从他的这些文章的名字，就可以大致勾勒出徐神父半部生平传记，留给后人的不是严肃呆板的神父模样，而是活脱脱一位爱国悯民、关心世事的淳厚学者。

托庇祖荫，徐光启后人一直得到中国天主教会的尊重，然徐氏家族中的修道者却不多见。徐光启有双重身份，内阁大学士和天主教信徒，他的后人大多数选择学而优则仕的中国传统价值观，"物格而后知至，知至而后意诚，意诚而后心正，心正而后身修，身修而后家齐，家齐而后国治，国治而后天下平"。徐氏家族世代偶有人受洗，而且亦非主流，这与诸巷会修道人家大相径庭。据统计，自徐光启以下十五代，在谱人口七百九十人，其中秀才者九十九人，而奉教者很少，宣统二年（1910）计，第十五代曾孙的七支中尚有徐以性、徐以慎、徐以忡三支仍然有奉教传统，这三支里只有不多一部分人奉教。[①]自徐光启之后，徐氏家族晋铎者只有徐允希、徐宗泽、徐宗海[②]、徐德禄[③]四人，与走科举之途的人数不可同日而语。而徐允希、徐宗泽叔侄能在天主教近代百年发展中大有作为，也仅仅是个例。

光绪二十九年（1903），徐光启受洗三百周年纪念日上，后人重修光启墓园，在墓道中建白色大理石十字架一座。据说现已损毁的十字架基座镌刻有耶稣会题写的一段拉丁文：

Magno Sinarum Doctori Siu Paulo Imperatoriæ Ejusdem Regni Majiestatis a Secretis Consiliis Viro Omnium Regni Primatum Illustrissimo Et ob Susceptam Fidem, Quam Coluit. Amavit. Ampliavit. Ultra Saeculares Annos Celeberrimo Societas Universa Jesu. Grati Animi Amorisque Monumentum Posuit.

徐阁老保禄氏，公冥冥之灵，咸望素著，仁厚睿智，化被万方，攘袂引领后人，顶礼膜拜，奉全神明，迷途者知返。百年祭典，耶稣会重治墓园，慰藉天魂。

[①] 王成义：《徐光启家世》，上海大学出版社2009年版。
[②] 徐宗海（1886—1969），字朝伯，又字嘉平，洗名味增德，光绪三十二年（1906）入耶稣会，1905—1906年留学法国，学习哲学和神学。民国十三年（1924）晋铎，先后在浦东钱家天主堂、傅家天主堂、张家楼天主堂、金山张堰天主堂、昆山张泾天主堂、徐家汇圣依纳爵大堂任本堂神父。曾在徐汇公学任教。1955年任上海耶稣会会长。1958年后被管制，精神失常。
[③] 徐德禄（1944—2013），教名西尔物斯德肋，徐光启第十三世孙。1989年晋铎，先后在无锡、江阴、吴江、相城、昆山、常熟和太仓等地担任本堂神父。

国家真诠

> 政府与人民，皆当知国家之所以为国家，而后能各尽厥职。
>
> ——徐宗泽

以徐光启名讳命名的光启社，是中国天主教在上海举办的学术研究机构，法文名字是 Bureau Sinologique（直译"汉学研究所"），以编辑出版在华耶稣会士汉学、神学及传教史研究成果为宗旨。光启社作为天主教上海教区的汉学研究中心，不仅关注中国传统文化，出版了引人注目的"汉学丛书"，还有心于中国现实政治、文化、经济的研究，以及编纂教务资料。民国中期以后，随着华人学者更多的参与，光启社走出象牙塔，融入社会。

民国十八年（1929）光启社和土山湾印书馆合作出版了一本 Le Triple Démisme de Suen Wen（《香山孙文三民主义》），意大利耶稣会士、著名史学家德礼贤神父翻译并评注。

《香山孙文三民主义》分为"导言"和"三民主义"。"导言"有四章：第一章"孙文：其人其书"，第二章"三民主义"，第三章"三民主义概要"，第四章"三民主义评价"。

"三民主义"分为三部分。第一部分"种族民主，即民族主义"，收录中山先生六次讲演稿：《种族压迫》《政治压迫和经济压迫》《中华民族的历史》《白种人帝国主义和黄种人帝国主义》《中华民族何去何从？》《中国实现伟大复兴的三个办法》。

第二部分"政治民主，即民权主义"，也收录中山先生六次讲演稿：《民主的历史》《自由》《平等》《历史上的民权：进步、障碍和结果》《中国民主问题的解决：权能分离》《新的统治机器的结构：孙文的新民权主义》。

第三部分"经济民主，即民生主义"①，收录中山先生四次讲演稿：《社会问题：社会主义者和马克思主义者的反驳》《社会问题：民主主义者的方案》《社会问题：吃饭》《社会问题：着衣》。

《香山孙文三民主义》这部书是德礼贤编译的，但此书中没有提及底本信息。总体来说，德礼贤在翻译上还是忠实于中山先生的讲稿的，他的评注则另当别论。从中山先生尚在世时起，他的演讲稿有多少读者就有多少种理解，本来如此，何咎洋人？

这本三民主义的书前，有一篇教宗授权红衣主教康斯坦丁（Celsus Costantini）为其代表写的一封拉丁文的信函。

西方来华传教士们关心"三民主义"话题并不是什么新鲜事，或许这是他们关心中国政治的体现；或许是国民政府与梵蒂冈文化交流的计划；或许纯粹是传教士们汉学研究的学术课题：都有可能。

民国十九年（1930）香港公教真理学会出版德礼贤撰写的《孙中山先生对于基督教的态度》。在这本薄薄的小册子里，德礼贤首先列述当时中国政治精英们与基督教的关系：

中华民国国民政府主席蒋介石，于1930年10月23日受洗入誓。反教监理会的事，使我们想起中国目下虽则到处唱着反对基督教的论调，然而当代要人，如前外交部长王正廷，中山先生连襟财政部长宋

---

① 德礼贤在这里用的是 socialisme 一词。

子文,蒋主席连襟实业部长孔祥熙,中山先生哲嗣前铁道部长孙科,前禁烟委员会主席张之江,前卫生部长刘瑞恒等,都是基督信徒。但是我们更记得已故国民党总理,国民革命伟大的领袖,孙中山本人,也是一个基督信徒,曾经受过洗礼的,而且还愿意像基督信徒一样的死,一样的殡葬。

然后,德礼贤介绍中山先生自少年时起,到就任民国大总统,一生都是忠实的基督信徒。说他多次表白:"上主遣我到中国为救中国不受囚禁和欺压。我并没有违反上主的使命","我是基督教徒,上主遣我为我国人民和罪恶奋斗。耶稣是革命家,我也是一样"。

中山先生对天主教也怀有同情的态度,肯定天主教近代以来在传播西方文明和民主思想方面的贡献:

> 吾人排万难,冒万死而革命,今日幸得光复祖国,推其原因,皆由有外国之观感,渐染欧美文明,输入世界新理,以至风气日开民智日辟……而此观感,得力于教会西教士传教者为多。此则不独仆一人所当感谢,亦我民国四万万同胞,皆所当感谢者也。

德礼贤指出,世人都知道中山先生的"余致力国民革命凡四十年……"这个政治遗嘱,却极少有人了解他还有宗教遗嘱:

> 我本基督教徒,与魔鬼奋斗四十余年。尔等亦当如是奋斗,更当信上帝。

民国中期的光启社编辑们终于坐不住冷板凳了,但突破藩篱的冲动有余,扎扎实实的严谨风格不再。这个时期及以后出版的"汉学丛书"便清楚反映出编排质量、印刷品质等都在下滑,一本不如一本,一年不如一年。

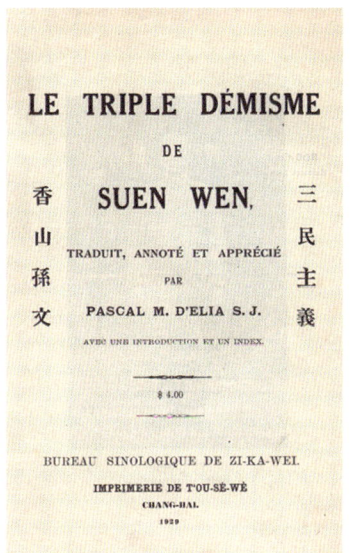

Le Triple Démisme de Suen Wen
香山孙文三民主义(封面)
[意]德礼贤译著
法文
两集 一册
民国十八年(1929)徐家汇光启社和土山湾印书馆出版
土山湾印书馆排印
铅印本 纸本 平装
开本:23×16.5(cm)
527页 照片1幅

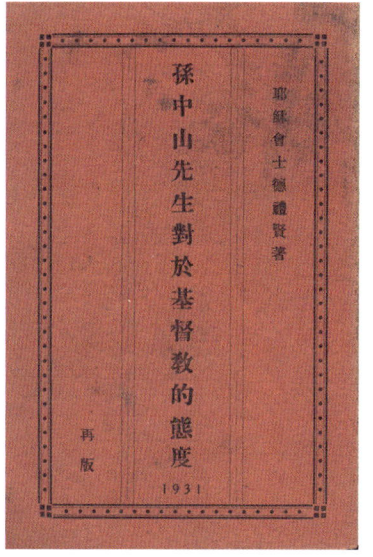

孙中山先生对于基督教的态度(封面)
[意]德礼贤撰
一卷 一册
香港公教真理学会
民国十九年(1930)初版
民国二十年(1931)再版
香港圣类斯实业学校排印
铅印本 纸本 平装
开本:17.6×12.2(cm)
30页

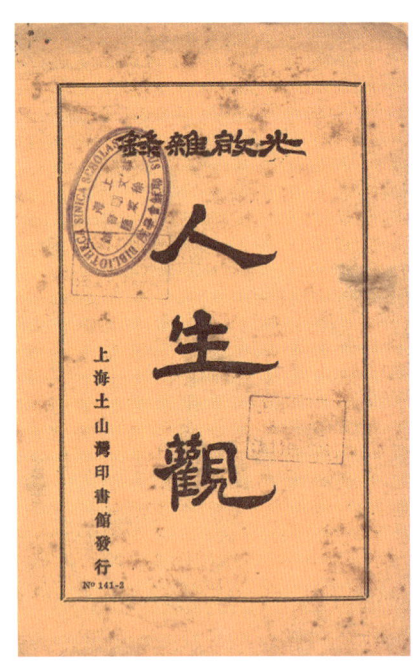

人生观（封面）
三篇　一册
"光启杂录"丛编
民国二十四年（1935）
土山湾印书馆排印
铅印本　平装
开本：19×13（cm）
20 页

二十世纪二三十年代可谓民国出版业的鼎盛时期。这个时期有一股丛书潮，只要是个出版社，不论规模大小，家家都有几套甚至十几套丛书，似乎没有丛书的出版社就不是出版社。天主教出版单位也未能免俗，土山湾印书馆有两套丛书在业界可谓声名在外。一是光启社编纂的"光启杂录"，二是圣教杂志社主编的"圣教杂志丛刊"。

【光启杂录】

虽然光启社推出的非学术性丛书被人诟病为"不务正业"，但是光启社推出的"光启杂录"（*Mélanges de Zi-ka-wei*）丛书本身还是这个时期有些影响的出版物。接下来对此丛书所收书目介绍一部分。

"你从哪里来的，将来到什么地方去？""人有灵魂，灵魂是不死不灭？""你有一天要死，死了以后是不是就此了结呢？""光启杂录"丛书第二种的编者试图大胆回答这三个哲学终极问题，并把自己的想法叫作《人生观》（*L'Ame Humaine et La Vie Future*）。当然他问的不是古希腊神话中的司芬克斯谜语，回答的也不是六祖偈颂，而是地地道道的基督福音。"天地万物的真主宰，是我们人类的来源！""造物主特赋人类不死不灭的灵魂""帮助你走上这天堂的路"。

《人生观》未署作者名字，但是作者非常自信，声称仅仅占用你三四十分钟时间，他就可以让你一目了然，"明澈人生之概观"。

《今日社会的问题》出版于民国十七年（1928），土山湾印书馆印刷，译者顾守熙[①]。此书分为三节：第一节，经济放任主义与资本主义；第二节，社会主义共产主义和过激主义；第三节，工作与产业。

《天主教适合人性》，光启社编著。"人为有理性之物，天主既创造之如是，亦当待遇之如是。唯是，理性于人类既为一种光明与导引，天主亦不能强人类以一不合原则之宗教。然则此既为吾人肯定，又为天主默启，并为人类所当信奉之天主教，其必当适合理性原则，亦无疑矣。"这个引言之后是四章论证："天主教为完全者""天主教为有联络者""天主教能适合于一般人""天主教为

[①] 顾守熙（1893—1975），字仲贤，洗名斐理伯，安徽合肥人，天主教徒，震旦大学法学院教授。曾任上海法租界律师，陆伯鸿筹办的上海普慈医院董事会会长。历任上海市第一、二届人大代表。

确实者"。

这本谈论"人性"的书的内容落伍于当时的潮流,使读者感到味同嚼蜡、不知所云。

《社会律》,比利时国际问题研究会起草的一个文件,行文形式类似于《公民权宣言》。这是天主教的"人权宣言",开宗明义:"人类肖造物以生,亘古永存,非为社会。此人类所以邀造物之垂爱,而耶稣基利斯督所以舍身救赎也。"同时此文件所阐述的思想恰恰与那个时代的主流观点相悖,强调"社会人":"个人主义,在法律上,即以根本之主观主义,表现之。以绝对之自治权属之个人,而以无范围之价值界之个人权利。十九世纪之各国宪法,多犯此弊。"

《社会律》共五章三十三节。绪论,第一章"人与社会",第二章"公民生活",第三章"经济生活",第四章"国际生活",第五章"超越生活。尘世生活之成功"。

朱云侣①民国十八年(1929)翻译了法国耶稣会士耐龙(P. Neyyron)撰写的《慈善事业概略》(*Histoire de la charité*),列入"光启杂录"第五种。该书分十章介绍了天主教在欧洲的慈善事业的历史。第一章"上古时代之慈善事业",第二章"犹太人及圣教初兴时之慈善事业",第三章"圣教艰难后之慈善事业及小亚细亚慈善事业之建设",第四章"欧洲于北蛮侵略时之慈善事业",第五章"中古时代之慈善事业",第六章"誓反教之反叛与当时之慈善事业",第七章"圣教改良与当时之慈善事业",第八章"法国十七世纪之慈善事业",第九章"十八世纪之慈善事业",第十章"十九世纪及二十世纪之慈善事业"。

朱云侣在书后备有"附识",量化地介绍了天主教在上海开展

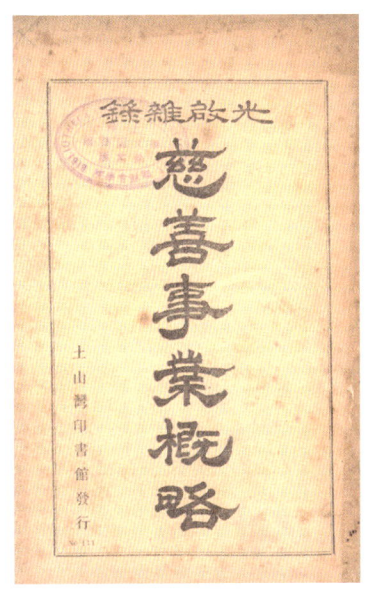

慈善事业概略(封面)
[法]耐龙撰 [中]朱云侣译
十章 一册
"光启杂录"丛编
民国十八年(1929)
土山湾印书馆排印
铅印本 纸本 平装
开本:18.1×12(cm)
98页

天主教适合人性(封面)
光启社编
四章 一册
"光启杂录"丛编
民国十八年(1929)
土山湾印书馆排印
铅印本 纸本 平装
开本:18.5×12.3(cm)
22页

---

① 朱云侣(1906—?),名光炯,以字行,上海人,民国十六年(1927)入耶稣会。毕业于震旦大学,先后在徐家汇大修院和上海中法工学院任教。

的慈善工作。比如徐家汇、洋泾浜、卢家湾等处办有孤儿院、育婴堂、聋哑学校、工艺院、徐汇公学、若瑟师范、崇德女学、类斯小学、广济医院、广慈医院等,有一定史料价值。

《教皇庇护第十一世教育通牒》(L'encyclique Divini Illius de Sa Sainteté Pie XI),这是一本教皇于1929年颁布的有关天主教教育工作的指导性纲要,分为四章:绪言说明公教教育的道理,第一章"教育权应属何人",第二章"谁当受教育",第三章"论教育之环境",第四章"圣教会教育究属如何"。结论不言而喻。此书民国二十年(1931)列入"光启杂录"第十种出版,译者张士泉。

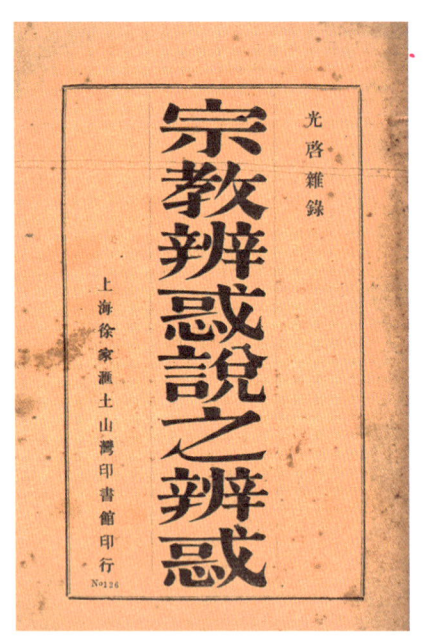

宗教辩惑说之辨惑(封面)
张士泉著
七章 一册
"光启杂录"丛编
民国十五年(1926)土山湾印书馆排印
铅印本 纸本 平装
开本:19×13(cm)
191页

《宗教辨惑说之辨惑》,民国十五年(1926)初版,民国二十二年(1933)土山湾印书馆再版,"光启杂录"第十六种,张士泉著。聂云台[①]先生民国十三年(1924)撰有《宗教辨惑说》,对天主教提出质疑。该书分为七章:第一章"缘起",第二章"宗教之目的",第三章"天道之意义",第四章"儒家求仁之方法",第五章"耶教离人事以言天道之误",第六章"因果感应说与救主赎罪及最高权赏罚说",第七章"结论",附"儒家畏天命与耶教祷谢上帝辨"。

张士泉神父对《宗教辨惑说》的质疑逐条驳议,认为聂云台这本书:

> 质诸教会友人,折衷求是,足见先生温恭冲逊,不耻下问,旁搜博采,求道真诚,殊深佩服。不佞孤陋寡闻,腹笥空虚,惟悉在教会中已十有余世矣;吾祖吾父,皆生于斯终于斯,而愚亦生于斯长于斯;论教会之内容,虽不敢自信深造通玄;然亦不无一得,比一非生长于教会之人,谅知之较为确切。遇人问津,或见人失路,而不为指引,不独于教理悖忤,且与人道背驰。乃今者既见聂先生如是热心向学,研究宗教;且又编此《宗教辨惑说》,以质疑辨难;并以示善与同人,先觉觉人之美意。故凡见说中有所误会隔膜,不足以觉人,且反足以惑人之处;不揣谫陋,敢胆坦白直陈,按章敬辨,庶不致以误传误。

张士泉(1872—约1949),早年名张秉衡,后改名张秉杓,字

[①] 聂云台(1880—1953),名其杰,号云台,法名慧杰,湖南衡阳人,曾国藩的外孙,民国企业家,恒丰纺织新局总经理、大中华纱厂总经理,创办大通纺织股份有限公司、华丰纺织公司、中国铁工厂、中美贸易公司及上海纱布交易所等。撰写过《保富法》。

乐赓，笔名张士泉，上海七宝人，光绪十九年（1893）入耶稣会，光绪三十四年（1908）晋铎；光绪三十二年（1906）任徐汇公学理学，曾任耶稣会神学院初学院教师、中国圣母会执行会长、值会司铎；后任江阴本堂、董家渡本堂民国三十四年（1945）在徐家汇大修院和徐汇公学任教，曾任上海教区副主教。他译有《中国开教时的圣母会》《预简特恩的探究》（上海土山湾印书馆，民国二十九年〔1940〕）等，他的文集取名为《一线之光》（民国三十六年〔1947〕）和《一线之光续编》（民国三十八年〔1949〕），收录他的文章四五十篇，都是护教主题，列"光启杂录"丛书。

"光启杂录"第十七种的《康庄》于民国二十一年（1932）出版，译者署宣城人余诚（应该是笔名）。余诚大发感叹：

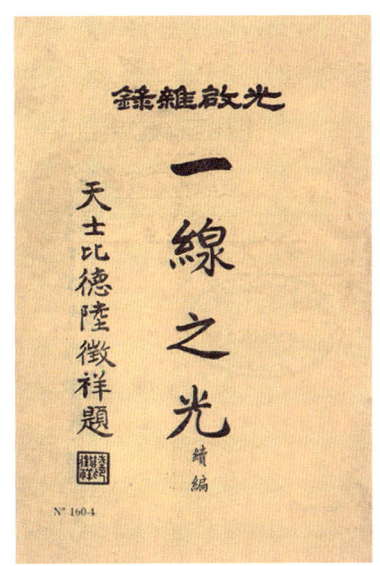

一线之光续编（封面）
张士泉编
十二篇 一册
"光启杂录"丛编
民国三十八年（1949）
土山湾印书馆排印
铅印本 纸本 平装
开本：18.2×12.5（cm）
121页

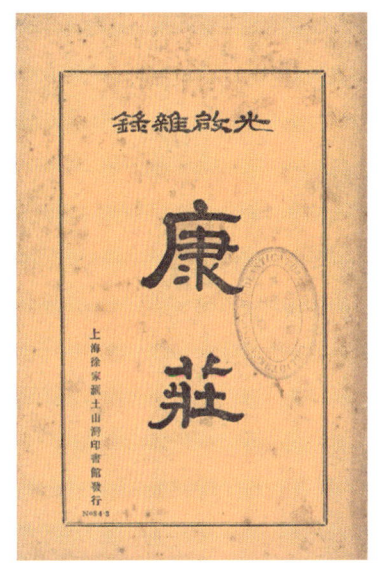

康庄（封面）
余诚译
六章 一册
"光启杂录"丛编
民国二十四年（1935）
土山湾印书馆排印
铅印本 纸本 平装
开本：18.3×12（cm）
86页

"世道衰微，人心不古"，是向来年高有德者，慨叹世态的口头语。这两句话，说的确实不错。尤其在现今思想解放时代，一般醉心新文化的人，只求物质生活的安乐，不问礼义纲纪是什么一回事。所以世道人心，江河日下，不知弄到什么田地。生活在这万恶的环境中，就是束身自好的学者，也难寻着一条光明正路。何况那随风逐浪的青年，怎能不遭着没顶大祸。试问世道人心所以如此的原因是什么，不是为了缺乏真道德吗？缺乏真道德的原因，不是为了缺乏真宗教吗？因为真宗教，是道德的护卫，人生的指南。要挽回世道，纠正人心，确不能不拿真宗教为根本。

因而他"受良心驱使"，本着"科学思想"，阐明真宗教和人生问题，给学者们指出一条康庄大道。于是他编译《康庄》一书，依次说明"万物来源""人类原始""宗教""灵魂""人生目的"等。

"光启杂录"都是交由土山湾印书馆刊印发行的，丛书还包含:《天主教大纲》(民国二十八年〔1939〕)、《共产主义检讨》(民国二十八年〔1939〕),以及《天主造物论》《四末论》等。

【圣教杂志丛刊】

圣教杂志社除了出版《圣教杂志》外,还编辑丛书"圣教杂志丛刊"。这套丛书都是土山湾印书馆印制,前后出版了几十本,有《国家真诠》《苏维埃俄罗斯之观察》《劳工问题》《八十年来之江南传教史》《共产主义驳论》《教育权之原则》《方德望司铎小传》《天主上智亭毒万物论》《灌输西学之伟人》《社会丛谈》《妇女问题》《共产主义驳论》《天主教与妇女问题》《教皇庇护第十一世避静通牒》《天主教传入中国概观》《圣宠论》《非非基督教》《方德望神父小传》《论教会之概观》《自主权论》《近今文化趋势痛言》《论妇女运动》《论观电影》《教育之原理》等。

《国家真诠》,徐宗泽神父著述,用九个篇章阐释作者对"国家"的看法:"国家之定义""国家之宗向""国家之统治权""国家原始""统治权之原始""统治权之得失"……这本书的立旨不是天主教,而是法国启蒙哲学,徐宗泽大量介绍了孟德斯鸠、卢梭的民权和契约思想,难能可贵。

徐宗泽的"绪论"这样说:

中国自古以来,为君主专制国;天下者,一人之天下,一家之天下也;百姓耕田而食,凿井而饮,服从皇帝之命,不知其他也。故何怪数千年来,百姓对于国事,如秦人视楚人之肥瘠,不知有国家思想。此岂中国人无爱国之心欤?吾有以知其不然;盖积重之势使然焉。近者满清倾覆,共和成立,国内国外,人民饱尝切肤之痛,恍然憬悟为保护人民之名分,当有一富强之国家,良善之政府,以为之助援。爱国之心,勃然兴起,此固人民觉悟之好现象也。然爱国亦当有理义以范围之,换言之,政府与人民,皆当知国家之所以为国家,而后能各尽厥职。爰不揣谫陋,作国家论。

徐宗泽先生知识丰富,除了天文物理等理工科学问外,文科类学科他基本都有涉及,都有著作涉猎。民国十六年(1927)他有一本教育学小册子《教育之原理》也列入"圣教杂志丛刊"。

《教育之原理》主要介绍西方教育理论,尤其强调天主教的教育思想观念。第一篇"何为教育",第二篇"家庭与教育",第三

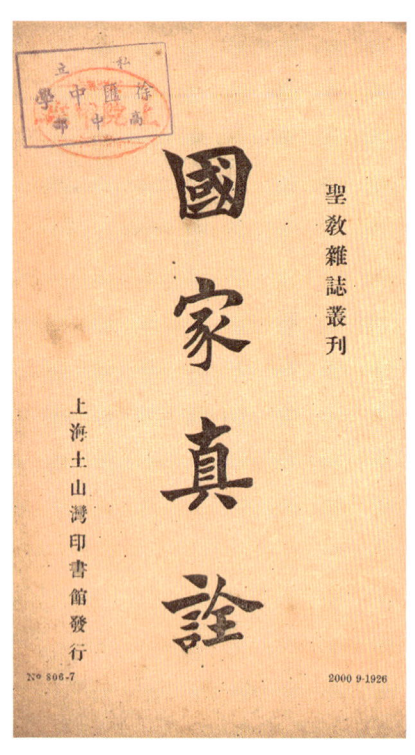

国家真诠(封面)
徐宗泽撰
九篇 一册
圣教杂志丛刊
民国十五年(1926)土山湾印书馆排印
铅印本 纸本 平装
开本:18.7×12(cm)
41 页

篇"国家与教育",第四篇"圣教会与教育",第五篇"圣教会教育之要紧",第六篇"历史上之圣教学校概观",第七篇"历史上之圣教教育之精神",第八篇"教育不能与宗教分离"。

徐宗泽将教育定义为:"教育者,制造人之所以为人也。"天主教教育的精神就是"发展其植生生活,觉生生活,灵生生活",惟其才是完备的教育,而仅仅"锻炼其身体,发展其知识,培养其德行"还是不够的。

徐宗泽还俨然是中国天主教里的妇女问题专家,他在担任《圣教杂志》主编期间,在自己的杂志上陆续发表不少有关妇女问题的文章,譬如,《妇女运动》《妇女解放》《提高妇女人格》《歌谣与妇女》《女子无才便是德》《妇女经济独立》《废娼问题》《蓄妾问题》《寡妇再醮问题》《过门守节》《童养媳》《贞操问题》《守贞》《独身主义》《妇女的羞耻》《自由离婚》《一夫一妻制为原始的婚姻制》《犯奸不能为离婚理由》《离婚率》《婚约有解除的可能性》《自由恋爱》《男女社交》《婚姻的目的》《性本能的宗向》《性解放的谬谈》《婚约一经实践已不可能解除了》《堕胎的恶罪》《避妊的罪恶》《马尔萨斯主义》《优生学》《废除家庭的妄谈》《男女同校》《妇女劳工问题》《女子教育》等。

其中《歌谣与妇女》,是徐宗泽给刘经庵①的同名著作写的书评。

【卫辉歌谣】

打枣竿,钻子莲,养活闺女不赚钱。

推不得磨,打不得水,养活闺女不说嘴。

【彭德歌谣】

饼子花,开的圆,娘打闺女谁可怜?

俺是你家浮萍草,能在你家住儿年?

徐先生认为这些歌谣折射出堪忧的中国妇女状况。

民国二十年(1931)徐先生将其中四十一篇辑集《妇女问题杂评》,列入"圣教杂志丛刊"出版。

徐宗泽民国十四年(1925)为"圣教杂志丛刊"撰写了一本《天主教与妇女问题》,阐述天主教的妇女观。他认为"当今之世,有一事最萦扰人心,而受人注意者,即近今之各种主义,新问题是也……耶稣所讲真道,足以解释此等问题"。

徐宗泽分二十节论述他认为的天主教妇女观:"妇女之性体""历史上之妇女""耶稣之妇女观""妇女解放""妇女在家庭中之地位""妇女之职业""婚姻问题""婚姻之超越观念""童贞地位比婚配高尚""婚姻之要素条件""夫妻不能分离""一夫一妻制""一夫一妻之益""离婚多妻害之事实观""婚姻之宗向""社交问题""妇女参政""自由恋爱""男女同校""两性教育"。最后是"结论":

---

① 刘经庵,河南卫辉人,生卒不详,毕业于燕京大学。著有《歌谣与妇女》(民国十六年〔1927〕)、《中国纯文学史纲》(民国二十四年〔1935〕)等。

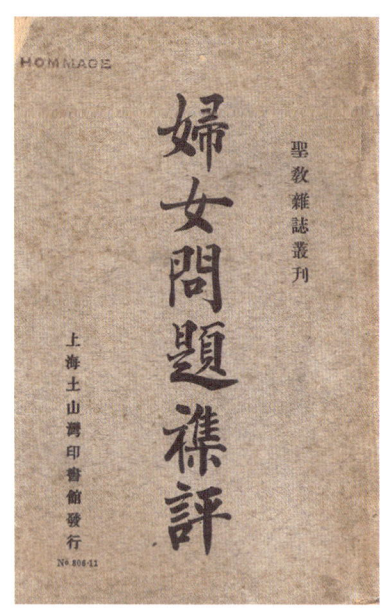 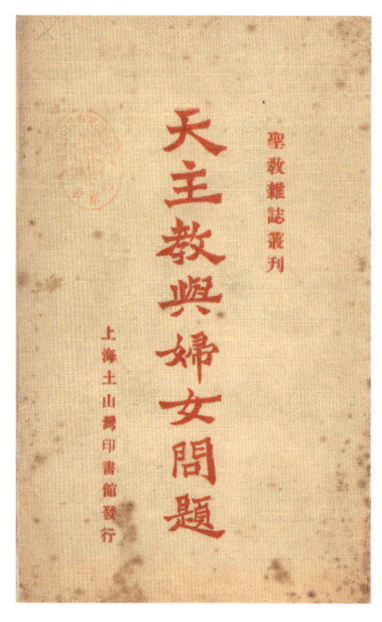

妇女问题杂评（封面）
徐宗泽撰
四十一篇　一册
圣教杂志丛刊
民国二十年（1931）
土山湾印书馆排印
铅印本　纸本　平装
开本：18.3×12.5（cm）
112页

天主教与妇女问题（封面）
徐宗泽著
二十节　一册
圣教杂志丛刊
民国十五年（1925）
土山湾印书馆排印
铅印本　纸本　平装
开本：18.7×12.2（cm）
64页

妇女之问题，为今日问题中最新最重要之一。欧美先开其蹊径，中国步踵其尘迹，原此问题之由来，由于生计之问题。近日工厂林立，机器发达，生计之程度日高，生存之竞争日烈。女子生当斯世，不甘受男性之支配，思谋自立之道。有见妇女之人格、之地位，在历史上往往被男性卑视、男性压迫，于是思脱其轭，去其链，曰，妇女解放；曰，男女平等；曰，妇女参政；曰，经济独立；曰，自由恋爱；曰，社交公开。此种新要求，虽有片面之价值，吾固未尝不许可之，然其运动之逸出正规也实多。妇女虽有其尊敬之人格、高尚之地位，然当完美一己之有灵性体，享受现世之幸福，卒获在天无穷之富乐。而妇女天赋之义务，实主家政，为贤母、为良妻，以繁殖人类。阃外之事，男性主之。此男女秉性当然，不能乱其秩序也。

需要注意，此书出版次年，徐宗泽又在土山湾印书馆推出一本《妇女问题》，内容没有什么变化，只是书名上稍微变了。

不论徐宗泽写的《天主教与妇女问题》能不能代表天主教的官方意见，教会在妇女问题上有着一贯明确的主张。民国十九年（1930）南京教区编了一本小册子名叫《妇女时髦问题》，副题是《天主教神长摒斥不端服装训谕汇编》。书中摘引了罗马教宗代牧枢机主教崩比利（Basilio Pompili，1858—1931）《致罗马女学校师长函》《教宗庇护十一世训辞》等五篇教宗或主教们的训谕，对当时妇女服装做了规定，"应当摒绝这些过于透露的、紧仄而惹人犯罪的衣服；严禁袒胸、露肘、长不蔽膝盖各种衣着。就是袖子至少要到臂弯子，旗袍裙袴等，至少要遮过膝盖"。对那些穿着上"寡廉鲜耻""伤风败俗"者，要禁止她们进教堂，禁止她们做圣事，禁止她们参加任何善会等。

教会的保守态度有个堂皇的理由："我不为世俗祈祷。"

徐宗泽从友处得到一些手稿，是黄长谷记述孙中山于民国十三年（1924）二月到八月在各地的讲演，经国民党元老邹鲁校对。徐宗泽对这些演讲的内容很感兴趣，在中山先生每篇讲演的后面加上自己的心得——"按语"，整理成稿《三民主义分析》。徐宗泽认为："吾圣教会对于三民主义，在教育上，亦不能无关系……圣教会对于三民主义，应当研究。"他将书稿捎给好朋友蒋梦麟①征求意见。蒋梦麟认为："今日之研究三民主义者，应在三民主义整个含义中探讨，不应作断章取义之推敲。"蒋梦麟帮助徐宗泽删去自认为不妥之处，或对重要"按语"略加修改，并建议徐宗泽把书名改为《三民主义节要》。

《三民主义节要》民国十九年（1930）土山湾印书馆出版，分为三篇："民族主义"（六讲），"民权主义"（六讲），"民生主义"（四讲）。后附"孙中山先生年传"。有蒋梦麟和徐宗泽的序，胡汉民题写书名。

"圣教杂志丛刊"第七种是《教皇良十三②劳工通牒》，张士泉译，出版于民国十八年（1929）。译者在弁言坦陈：

今夫中国之所谓新者，外国大抵已为旧矣。枪炮也，机器也，日用品也，往往如是。至于思潮意浪，亦何独不然？如今吾

妇女时髦问题——天主教神长摈斥不端服装训谕汇编（封面）
[法]惠济良编
五篇　一册
民国十九年（1930）
土山湾印书馆排印
铅印本　纸本　平装
开本：18.4×12（cm）
26页

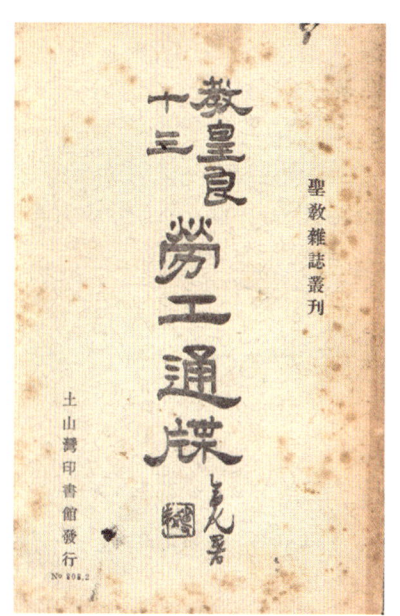

教皇良十三劳工通牒（封面）
张士泉编译
八章　一册
圣教杂志丛刊
民国十八年（1929）
土山湾印书馆排印
铅印本　纸本　平装
开本：18.3×12（cm）
90页

---

① 蒋梦麟（1886—1964），原名梦熊，字兆贤，号孟邻，浙江余姚人，著名教育家，曾任国民政府教育部长、北京大学校长。1949年去台湾，1964年在台北病逝。
② 良十三（Leo XIII, 1810—1903），通译利奥十三世。

中国如何怨富商大贾之骄横；如何怜小工苦力之困难；劳动界如何屡起风潮，以致罢工要挟；资本家如何束手无策，逼使闭门休业。……盖在前世纪之中，欧洲之烟云倏扰，恐犹甚于此者。幸有罗马教宗据圣教真理，颁谕忠告，辟邪说之狂澜，作中流之砥柱。如前教宗良十三于1891年所解决待遇劳工问题之通牒，即其一例也……教宗对于个人，对于家庭，对于国家，对于资产阶级，对于无产阶级，对于圣教会，对于工艺会等，分别详示，谓各有主权，各有职务，果当相援相助，不可侵权越分也……欧洲各国所以能得浪静风平，转危为安，百废复兴者，洵全赖此最纯正、最圆满解决所极难解决之通牒也。

这个通牒的基本内容：第一章"解决劳工待遇问题之原因之原则之困难之危险之紧要"；第二章"总言社会党之共产主义不足以解决劳工问题"；第三章"主特为解决劳工问题以私产制为基础，乃自圣教会可得圆满之解决遂缕陈其解决之善法"；第四章"总论惟圣教会能从实际上移风易俗改良社会"；第五章"特论取解决普通社会之方法，借以解决无产阶级问题"；第六章"论圣教会亦赖国家之辅助，所谓国家即其立法当合乎性律及神律者"；第七章"劳资间团结各种善会，刷新推广以救济劳工，益必不小，已往之成绩可证"；第八章"教宗勖勉各界各尽其职，并谕令恢复基利斯督之教化，尤宜推广其所示之爱德"。

那个时期教会常常使用"通牒"一词，发布教宗的一些重要公告。《教皇良十三劳工通牒》公布的是教宗对劳工问题的看法，又如《教皇庇护第十一世避静通牒》，讲的是对信徒避静活动的要求。第一章"圣年大赦引起避静神工"，第二章"避静的好处"，第三章"避静神工的由来和历史"，第四章"行避静为教中各等人的本分"，第五章"做避静的条件"，第六章"结论"。

《预简特恩的探究》的译者也是张士泉。该书全名《从历史方面探究这句传说"凡死在耶稣会中是得预简特恩一定的保证"》。《预简特恩的探究》和《教皇庇护第十一世避静通牒》这两本书都是冷僻之书。

民国十五年（1926）"圣教杂志丛刊"出版了张士泉撰写的《非非基督教》。背景是：在新文化运动中，中国知识分子反对基督教的比较多，提倡以美育代替宗教；陈独秀则提出了"分离说"，主张基督信仰应该与体制化的基督教分开来。民国十一年（1922）北

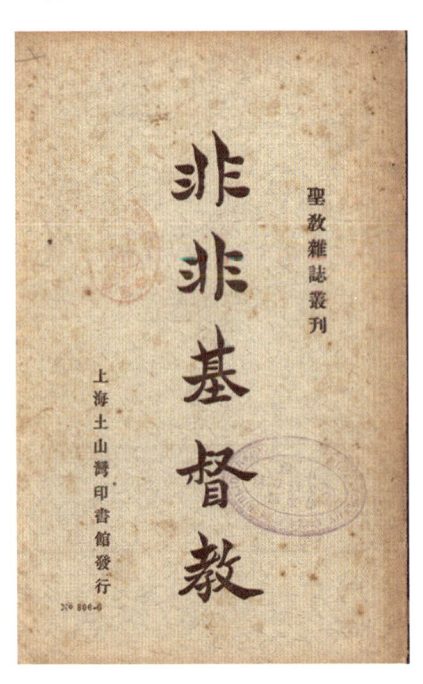

非非基督教（封面）
张士泉撰
一卷　一册
圣教杂志丛刊
民国十五年（1926）土山湾印书馆排印
铅印本　纸本　平装
开本：18.7×12.2（cm）
36页

京大学的学生，在北平召开"基督教学生同盟第十一届大会"的同时，发起"反基督教运动"，他们提出："我们自誓为人类扫除宗教的毒害。我们深恶痛绝宗教之流毒于人类社会，十倍千倍于洪水猛兽。有宗教应无人类，有人类应无宗教。宗教与人类，不能两立。"

张士泉为此写了这本为基督教辩护的书，非"非基督教"。他的基本论点很简单，宗教有好有坏，不能一概而论，不能打倒一切。天主教就是好的宗教。"非基督教同盟设用科学的大题来攻击可以攻击人造的宗教，没有根基的宗教，那自然一攻即破的；倘用来攻打神立的宗教，根据真理的宗教，那是越打越坚，因为这是率性的学，加了超性的学，犹如灯烛添了电光，不是更加光辉吗？"他认为，天主教把科学的真理和宗教的真理结合在一起，使其相得益彰。

当然张士泉非"非基督教"的理由还不止这一条。他还回顾了利玛窦来华传教后的三百年，云行雨施，人们不仅看到天主教与儒家学说友好相处，也看到教士们介绍的西学对中国社会经济文化发展的积极影响。

"圣教杂志丛刊"有一本《天主教传入中国概观》，民国二十二年（1933）出版。没有署作者名字，一般著录为圣教杂志社编撰，从行文看不像是集体作品。此书偏重天主教传入中国的历史考证，附录三篇：《十字圣架五次显现中华》《陕西新发现之圣教古碑》和《天主正道解略》。

"光启杂录"和"圣教杂志丛刊"当年印数都不少，现存量也较大。除了这两套丛书外，当时还有一些丛书也可一表。

"文艺丛书"，圣教杂志社民国中期编辑。

《十字架影》（*Umbra Crucis*），作者意大利蒙劳①女士，译者是上海大修院神父丁宗杰②，出版于民国二十三年（1934）。

《十字架影》有"晏西满家""复活拉匝禄""紧急会议""因主名而来者受赞扬""茹德斯委钱圣殿内疾出""看这个人""叛徒之

十字架影（封面和插图）
［意］蒙劳撰　［中］丁宗杰译
九篇　一册
文艺丛书
民国二十三年（1934）土山湾印书馆排印
铅印本　纸本　平装
开本：18.6×13（cm）
106 页
插图 1 幅

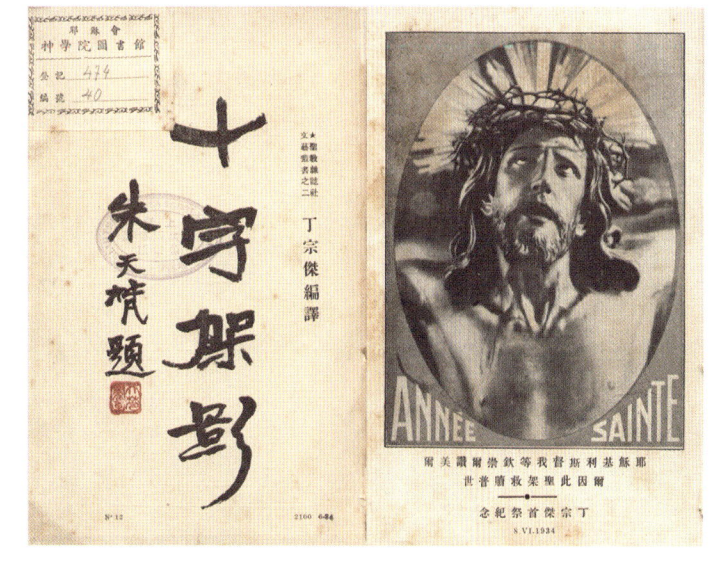

---

① 蒙劳（Marie-Adèle-Louise-Eugénie Reynès Monlaur，1866—1940），意大利人，天主教女作家。
② 丁宗杰（1905—1990），上海浦东人，民国十二年（1923）入耶稣会，民国二十三年（1934）晋铎。担任过《圣心报》主编。

死""受难晚上之圣殿""督府之夜"等篇章。虽说书名和章节编排与早期书籍有所不同，但实际上还是引据了四个福音书。

丁宗杰神父最有影响的著作是一套《耶稣传》，完整书名是《天主子，救世主，耶稣基多传》（*Vita D. N. Jesu-Christi，Jésus-Christ，Fils de Dieu，Sauveur*），原著者是法国里昂公教大学文学院院长克利斯底亚尼（L. Cristiani）神父。共六编，上中下三册：首编"幼年时代"，二编"传教时代"，三编"加里肋传教的末期"，四编"离乡赴京至受难"，五编"受难时期"，六编"光荣时期"。

丁宗杰译上下两册，王昌祉译中册。土山湾印书馆于民国二十七年至二十八年（1938—1939）出版。

这是一部耶稣的文学传记，是至今中文耶稣传记里篇幅最大、内容最丰富的一种。其原著在西方广为人知，读者甚众，被称为"公教家庭书籍"。上海教区惠济良主教为这套中译本写的序言有这么一句话："教友们的认识耶稣，大概只是浮浮泛泛；耶稣为他们，直似一个陌生的外方人。圣若翰曾说：'他在你们中站着，你们却不认识他。'这句话，可是正对他们说的。"是说读耶稣的传记、了解耶稣生平的重要性。

丁宗杰神父还著有《周日存想》《小英雄》《奉献——我的修道历程》《耶稣基督这个人》等，二十世纪八十年代曾参与翻译史式徽的《江南传教史》（上海译文出版社1983年出版）。

"圣时默想丛编"，圣心报馆编辑的一套连续出版物，有见

耶稣传（封面）
［法］克利斯底亚尼撰
［中］丁宗杰、王昌祉译
六编 三册
民国二十七年至二十八年（1938—1939）土山湾印书馆排印
铅印本 平装
开本：19×13.1（cm）
992页
插图3幅 地图3幅

《向耶稣圣灵诵》。此书可能是吴应枫[①]神父在《圣心报》发表的文章的辑册。该书有十二篇："耶稣圣灵恩宠我""耶稣圣躯扶佑我""耶稣圣血酣畅我""耶稣圣肋之水洁清我""耶稣苦难圣死坚励我""呜呼伏求全善耶稣垂允""藏我于圣伤中""勿弃我""勿许我离背""望救我于诸恶仇""迄我死候召我趋赴主台前""皆主神圣赞扬吾主于无穷世"。

吴应枫神父是李问渔先生的南沙同乡，著述也丰，还见他的作品《我信圣而公教会》（土山湾印书馆，1950）、译述《圣奥斯定忏悔录》（土山湾印书馆，1950）、《教父学大纲》（土山湾印书馆，1955）等。

"圣心小丛书"，二十世纪三十年代王昌祉主编。这套丛书与"光启杂录"和"圣教杂志丛刊"不同，重心在宣教，无涉社会政治问题。出版量不大，有见《圣心诵句默想》《圣心良友》等。

《圣心诵句默想》，王昌祉译著，民国二十九年（1940）土山湾印书馆出版，一本指导祈祷的书，体例和内容类似于问渔先生的《圣若瑟月新编》，先是"定像"，然后"求恩"，最后默诵对应的经句祷告。是老派的"天主教八股文"。

"震大公青会丛书"，由土山湾印书馆代震旦大学印制，有见《信爱》《翼下共鸣录》《救世主》《教友生活》《忆》等书。

《信爱》，作者法国耶稣会士纳代拉克（De Nadaillac），译者王仁生。《信爱》内容丰富，有四十篇，"造物主""马槽""播种人""井边夫人""无花果树""天粮""善牧""茨冠""浪子""背十字架""葡萄""受苦的灵魂""救世主""宝血""复活""热心""太阳""神乐"等。

译文也很优美流畅，开篇这样说：

> 吾将领受的是谁？是天主，是无穷大无穷能的天主，是造万物的主宰：他一言，从虚无中造成了一只微渺的有肢体有生命的小虫；他也不费多力，一言，从虚无中，造成了一个伟大的美丽的有次序的世界。
>
> 天主是伟大的，他无处不在；他在星宿的那边，他在吾心的里面。他在：他透入了我比水透入了海绵更密切。我在这伟大的天主

向耶稣圣灵诵（封面）
吴应枫撰
十二篇 一册
圣时默想丛编
民国二十六年（1937）
土山湾印书馆排印
铅印本 纸本 平装
开本：13.2×9.4（cm）
36 页

[①] 吴应枫（1898—1977），字江秋，上海南沙（今属浦东新区）人，民国十年（1921）入耶稣会，民国二十四年（1935）晋铎。曾任金科中学校长、震旦大学附中主任、虹口圣心堂神父。著译还有《敬礼圣类思默想九则》（土山湾印书馆，民国二十一年〔1932〕）、《我们昆弟身上的基多》（震旦大学，民国三十年〔1941〕）、《耶稣会祖圣依纳爵传》（土山湾印书馆，1952）、《圣多默谟尔传》（土山湾印书馆，1953）。1955年因龚品梅案被捕，1977年逝于安徽白茅岭。

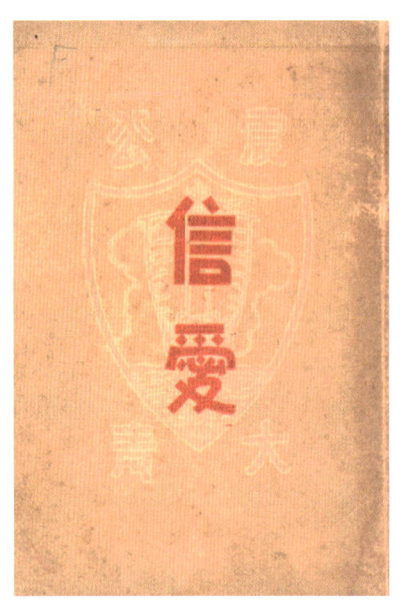

信爱（封面）
[法]纳代拉克著
[中]王仁生译
四十篇　一册
震大公青会丛书
民国二十六年（1937）
土山湾印书馆排印
铅印本　纸本　平装
开本：13.3×9.5（cm）
283页

前，吾是谁？吾在中国四万万同胞中算什么？中国在地球上算什么？世界，完全的世界，在天主前算什么？一粒微尘；还要千万倍的小吧！吾，吾算什么？

诸如吴应枫、王仁生等这个时期的天主教学者有一个共同特点，遣词行文情绪饱满，比较夸张，没有了李问渔、蒋邑虚、黄伯禄那些清末学者的谦和、持中、文雅。

"慈音丛书"，由《慈音》杂志社和圣母会编辑，有见《中华圣母》《中国圣母会考》《师母篇》等。

《中华圣母》，惠济良撰，王昌祉译，民国三十年（1941）土山湾印书馆出版。彩图，小册子。作者惠济良（Auguste Haouisée，1877—1948），字伟人，法国人，1896年入耶稣会，光绪二十九年（1903）来华，在上海震旦学院以及海关公学担任教师，并习汉语；光绪三十三年（1907）进入徐家汇母心修院研读神学哲学，民国四年（1915）晋铎。民国三十五年（1946）惠济良被委任为上海教区主教。民国三十七年（1948）惠济良病逝于上海，葬于董家渡圣方济各·沙勿略堂。

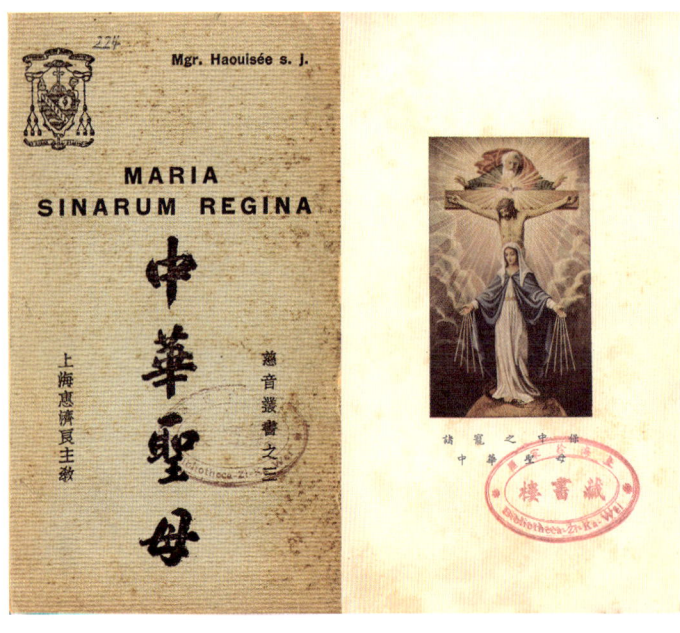

中华圣母（封面和插图）
[法]惠济良撰　[中]王昌祉译
一卷　一册
慈音丛书
民国三十年（1941）土山湾印书馆排印
铅印本　纸本　平装
开本：17.8×10.6（cm）
60页
插图1幅

总体来说，中国天主教在二十世纪二三十年代发生了一些显著变化，其中之一就是从"关心国家大事"转向"关心政治"。之前，李问渔那些人办《汇报》，对"国家大事"的涉足主要还是报道一些时事政文，或是对某些文化问题聚友恳谈，或是对西学传播奋力鼓噪。而到了二三十年代，不论天主教还是新教，多已没有生存的"后顾之忧"，不会像他们前辈那样审慎，故多陷于中国政治斗争不能自拔。同时，中国这一二十年经历了翻天覆地的变革，社会氛围今非昔比。因此，从这个时期开始，天主教和新教的出版物逐步加大了在政治舞台上的话语权。

但仅就出版角度而言，这些丛书的选编和排印水平都较平常，亮点不多。

圣心益闻

类皆有益闻见,不尚浮夸。

——李问渔

我国具有近代意义的报刊，其产生和最初的发展都是由外国人完成的，发轫于西方基督教会对华的传教活动。西方宗教团体以及传教士们通过办报传播西方宗教、伦理和文化，以期借此影响中国人的思想。他们最初办的是外文报纸，后来为了进一步融入华人社会，开始请中国人办中文报纸。《益闻录》即属此类，它是天主教在上海办的第一份中文报，李问渔先生为天主教中文报刊的第一位主编。

问渔先生是报人，他写了那么多著作都是副业。问渔先生的办报思想，可见于为《益闻录》写的"弁言"。在他看来，"创立新闻者，殆皆追慕古风，殷然有望治之心，不徒资谈笑，志怪异而已"，他办报"亦愿参司马公之意义，而效太史氏之阐发"。《益闻录》在他的操持下于光绪四年（1878）十二月十六日开始试刊，摘录中西各报，删繁录要，每月发行两期。与传教士在华活动相呼应，《益闻录》注重宣传宗教与宣传西方科学知识并重，从报纸刊载内容、问渔先生由中而西的求学经历来看，二者是契合的。

《益闻录》设有《谕旨恭录》《论道》《宫廷要闻》《通信摘译》《教事登录》《摘译泰西各报》《社会新闻》《科学论说》《京报选录》《诗赋》等栏目，兼通"上下之情""中外之故"，日渐受到读者欢迎。《益闻录》还有许多深受读者欢迎的连载：《五洲图考》《地舆图考》《小方壶斋舆地丛钞》《理窟》《答问存录》等。

光绪二十四年（1898），《益闻录》与创刊未久的另一天主教会杂志《格致新报》合并，更名为《格致益闻汇报》。问渔先生仍主报务，力图通过上谕、论说、西学、答问、译学问报、各国电音要事、中国近日大事及有关时务之奏章等诸多内容，进一步扩大宣传和影响。

次年，《格致益闻汇报》从第一百号起改名《汇报》，法文报名 Revus pour tous，意为"大众杂志"。光绪三十一年（1905）开始在头版头条增加"要闻著目"，年终加印"全年大事表"和全年"论说及西学目录"。光绪三十二年（1906）由单张报改为册式，趋向杂志化，登载科学、论说、时事内容。光绪三十三年（1907）始侧重经济报道，增加《商情》栏目分量，详载各业信息。《汇报》逐渐成为政、商、学、民等各界获取信息、开启智识的重要渠道。随着报纸间竞争日烈，问渔先生主持下的报纸不断作出顺应形势的调整，兼顾不同人群不断变化的阅读需要，坚持刊行达三十三年不辍。

宣统三年（1911）问渔先生去世，《汇报》停刊。

土山湾印书馆印制发行的报刊还有《圣心报》《圣教杂志》《华校杂志》《慈音》《圣体军月刊》等。

《圣心报》月刊，光绪十三年（1887）创刊，是祈祷宗会的"机关报"，办报宗旨是"礼敬耶稣圣心"，创办人兼主编也是问渔先生。问渔先生去世后，主持报务的有潘谷声、徐伯愚、孔明道、徐允希、沈则宽、张渔珊、王昌祉、丁宗杰、丁汝仁等人，其中除孔明道是法国耶稣会神父外，大多为耶稣会中国籍神父。该刊主要刊登有关宗教的文章与通讯，主编大多兼任全国祈祷宗会的总秘书。1949年改为活页半月刊，更名《祈祷宗会》，同年10月又改名《心声》，1951年停刊。《圣心报》也是依托土山湾印书馆排印发行的。

· 圣心益闻 ·

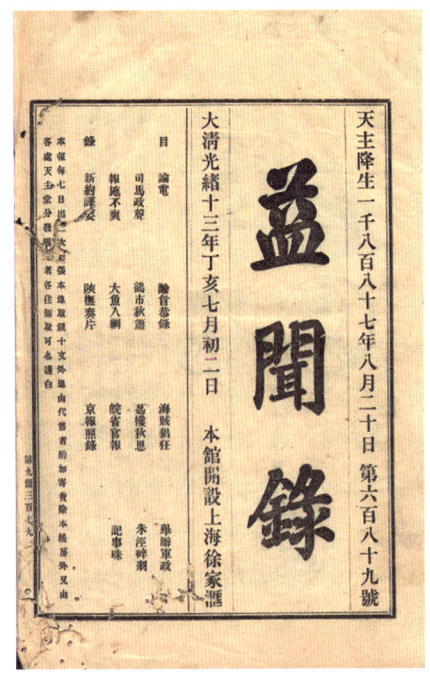 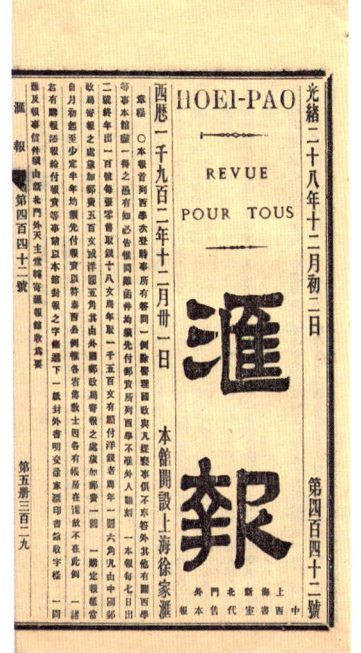 

益闻录（报头）
第六百八十九号
上海徐家汇益闻报馆编
清光绪十三年丁亥初二日（1887年8月20日）土山湾印书馆排印
铅印本 纸本 筒子页 线装
开本：27.2×18.5（cm）
半框：20.3×15.5（cm）
10页

汇报（报头）
第四百四十二号
汇报馆编
清光绪二十八年十二月初二日（1902年12月31日）
土山湾印书馆排印
铅印本 纸本 筒子页 线装
十七行四十二字白口
四周双边单鱼尾
开本：25.3×14.6（cm）
半框：21×12.5（cm）
8页

圣心报（报头）
第二百四十一号
圣心报馆编
清光绪三十三年（1907）
土山湾印书馆排印
铅印本 纸本 筒子页 线装
十三行三十字四周双边单鱼尾
开本：20.5×12.7（cm）
半框：15×9.8（cm）
12页

《圣教杂志》月刊，民国元年（1912）一月创刊，创办人兼主编为诸巷会人潘谷声。民国十一年（1922）孔明道接任主编，次年改由杨维时任主编，再次年中国神父徐宗泽接任主编，抗日战争全面爆发后停刊。

《圣教杂志》是近代中国天主教颇有影响力的教会机关刊物之一，办刊宗旨以宣传天主教教义为主，也涉及中西学术文化以及经济、社会问题；是国内外传教士及教徒进行交流的媒介。该刊物的撰稿人大约可分为四类：一是教会学校的教师和学生，二是教会神职人员，三是天主教编辑出版机构的工作人员，四是中国的天主教教友。由于它发行量很大，加上编者和作者在教俗两界的人脉和声誉的影响，所以在社会上扮演了重要的舆论角色。通

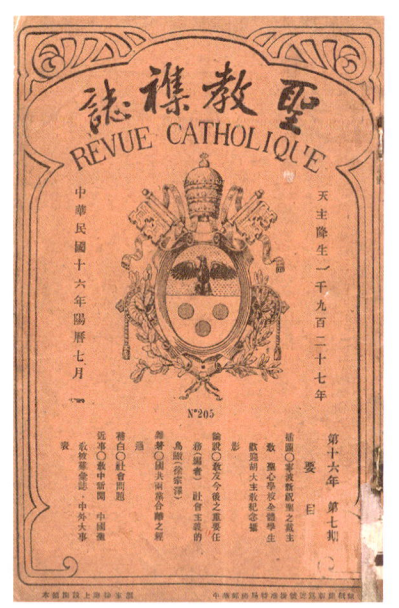

圣教杂志（封面）
第十六年　第七期
圣教杂志社编
民国十六年（1927）七月
土山湾印书馆排印
铅印本　纸本　平装
开本：22.5×15（cm）
48页
照片2幅

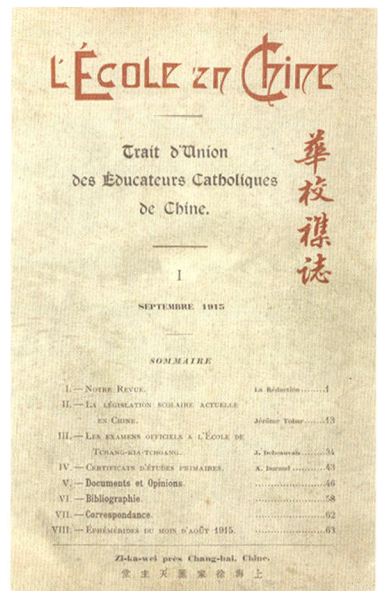

L'École en Chine
华校杂志（封面）
第一期
华校杂志编辑部编
法文
民国四年（1915）六月
土山湾印书馆排印
铅印本　纸本　平装
开本：24×16.5（cm）
72页

过《圣教杂志》，我们能了解众多传教士和教徒彼此通报的传教信息，还有他们在传教过程中遇到的各种问题以及解决的方法。《圣教杂志》作为中国天主教喉舌之机关报，相较其他杂志，它的政治色彩更浓一些。有人给《圣教杂志》非常高的评价，称这份杂志的六十年出版生涯从一个侧面记录了中国近代史，记录了中国近代发展的每一步脚印。

土山湾印书馆办过法文月刊 *L'École en Chine*（《华校杂志》），民国四年（1915）六月试刊，九月份正式发刊，办刊主旨是 trait d'union des éducateues Catholiques（"天主教教育工作者的纽带和桥梁"）。此刊存续时间可能不长，几乎未有著录，笔者见过民国四年至六年（1915—1917）出版的二十来期。

《华校杂志》与后来的《公教学校》不同，完全是一份教育工作者的杂志，刊登的都是与教育相关的文章，有办校的，有讨论课程的，有新课本介绍的，如创刊号的文章《中国法学学者的学术动向》《献县张家庄学校的期终考试》《初级教育的文凭》，以及栏目《信息和建议》《新书目》《当月大事记》等。发表文章的教师，不仅讨论神学课程的教授心得，主导的文章还是研究数理化和中国文学历史课程的，甚至也有对商务印书馆、中华书局出版的教材的研讨。

《慈音》是一份月刊，中国圣母始胎会会刊，由徐家汇圣依纳爵公学圣母始胎会主办，民国二十四年（1935）在上海创刊，由于战争原因，仅仅出版到民国三十三年（1944）。

《慈音》杂志非常精致，版式协调，开本活泼，纸张尚好，印刷考究。每一期都有图片，或红或蓝或绿套色，在天主教杂志中

慈音（封面合集）
上海教区徐家汇圣依纳爵公学圣母始胎会会刊
民国二十四年至三十三年（1935—1944）土山湾印书馆排印
铅印本　纸本　平装
开本：18×11（cm）

圣体军联合刊（封面）
圣体军月刊社编
石印本　纸本　平装
民国二十年（1931）
土山湾印书馆印制
开本：18.6×12.8（cm）

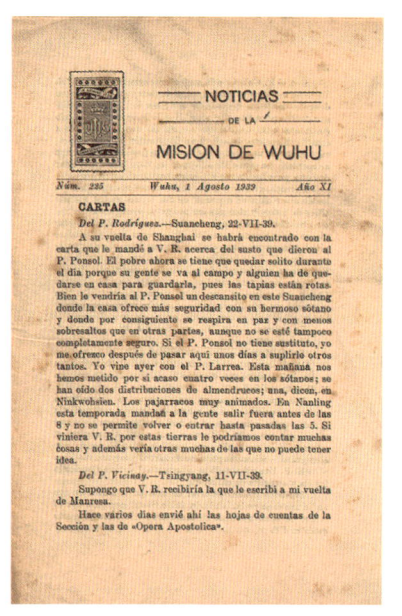

Noticias de la mision de Wuhu
芜湖教务新闻（报头）
半月刊
芜湖教区主编　西班牙文
民国二十八年（1939）八月，总225期
铅印本　纸本　平装
开本：23×15.5（cm）
12 页

品质最好。《慈音》杂志发行量四百份，存世量极少，尤其是最后一年的几期难觅。

天主教少年儿童期刊里影响最大的无疑是圣体军组织编辑的刊物，如《圣体军联合刊》和《圣体军月刊》。《圣体军月刊》创刊于民国二十年（1931）五月，南京教区主办，主编王昌祉，社址上海徐家汇，土山湾印书馆印制；初期刊名为《圣体军联合刊》，石印本，后更名为《圣体军月刊》，铅印本。

初期栏目比较简单：《队长的精神》《我们的军情》《我们的祈求》《圣心宝藏》等。栏目不固定，不清晰。

改刊后栏目通常有：《祈祷宗意》《特嘱》《训练》《热心》《好表样》《专载》《剧本》《通信》《军情》《小故事》《繁星》《新田地》《乐园》《本月内我要领圣体》等。

《圣体军月刊》从民国二十四年（1935）开始出版全罗马字母注音本，*Sygsthiaehkyunc Gyuatkhanc*，内容与汉字本同步，但是编排比较简单，只有文字，没有插图。战后《圣体军月刊》再次改版，栏目又不固定，封面设计近似《慈音》杂志。

耶稣会管辖的芜湖教区有一份自己的内部刊物，*Noticias de la mision de Wuhu*（《芜湖教务新闻》），西班牙文，半月刊，民国十八年（1929）创刊，民国三十年（1941）停刊。此份刊物难得一见。

耶稣会以外，其他修会在各地都有自己的报刊，影响最大的是天津的《益世报》、北平的《北平天主教丛刊》、香港的《巴黎外方传教会集刊》、兖州的《天主公教白话报》。

民国四年（1915）罗马教廷指派的天津教区副主教、比利时遣使会神父雷鸣远和中国教徒刘守荣、杜竹萱筹办《益世报》，刘守荣出任总经理。《益世报》曾与《大公报》《申报》《民国日报》一起被称为"民国四大报刊"。

民国十二年至十七年间（1923—1928）颜旨微出任总主笔。颜旨微仿照梁启超"新文体"，以浅近文言评论时事。他与上海《商报》主笔陈布雷齐名，当时有"北颜南陈"之说。《益世报》在北方影响力较大。周恩来赴法国勤工俭学时，被该报聘为特约记者，先后为《益世报》撰写长篇通讯达五十余篇。

民国十四年（1925）奉系军阀势力进入天津，由于《益世报》有反奉拥直的倾向，刘守荣被逮捕，报纸被强行接管。民国十六年（1927）该报北京版编辑路友于和李大钊一起被张作霖杀害。民国二十六年（1937），《益世报》的董事会秘书兼副社长师潜叔和社长生宝堂因为反对日本人接管，被特务机关杀害，《益世报》随之停刊。

民国二十七年（1938）南京教区总主教于斌①在昆明主持《益世报》复刊。民国二十九年（1940）迁至重庆出版。抗日战争胜利后《益世报》复刊，陆续在天津、北平、西安、上海、南京独立出版地方版。

雷鸣远在天津还创办了《益世主日报》，民国元年（1912）初创名为《广义录》，又更名《广义报》，民国五年（1916）定名为《益世主日报》周刊，主要栏目有《教务纪闻》《史略》《要问简报》《宗教文学》《教育问题》《论坛》《演说》《考据》等。日军发动侵华战争后停刊。战后于民国三十五年（1946）在南京复刊。

Le Bulletin Catholique de Pékin（《北平天主教丛刊》），法文月刊，遣使会创办于民国二年（1913），北堂印书馆出版，内容颇为丰富。如民国二十四年（1935）一月（第二十二年第二百五十七月）记录有 A Nos Lecteurs（"编者声明"）、Vicariat Apostolique de Pékin（"北平代牧区"）、Les Missions de Chine（"中国各地传教会"），本期涉及蒙古教区的西宁、满洲教区的吉林、河北教区的宣化、山西教区的大同、江苏教区的上海、福建教区的福州、广东教区的香港和贵州教区的蓝龙，记录这些教区当期发生的重要事

益世周刊（南京版）（封面）
第二十九卷第二期
南京益世周刊社编
民国三十六年（1947）七月六日出版
铅印本　纸本　平装
开本：26.5×18.5（cm）

---

① 于斌（1901—1978），字野声，黑龙江兰西人，十四岁受洗，教名保禄，早年参加五四运动，后入吉林神学院，民国二十五年（1936）任南京教区总主教，1954年至台湾，曾任台湾辅仁大学校长。

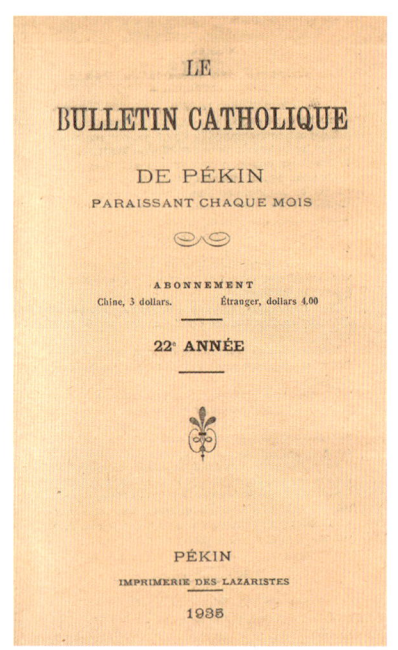  

Le Bulletin Catholique de Pékin
北平天主教丛刊（封面和插图）
月刊
北平遣使会编
法文
民国二年至三十八年（1913—1949）
北平遣使会印书馆排印
铅印本　平装
开本：22.6×16（cm）

Bulletin de la Société des Missions-Étrangères de Paris
巴黎外方传教会丛刊（封面）
月刊
香港巴黎外方传教会编
法文
香港纳匝肋印书馆排印
铅印本　纸本　平装
开本：21.6×14（cm）

情，这个题目下内容最多。此外还有丰富的专栏：*Varia*（《书评》）专栏，有 *St. Thomas et La Chine*（《介绍〈圣托马斯和中国〉》）、《高一志的〈修身西学〉》等；*Ricciana*（《浮萍》）专栏，有 *La Musique Européenne en Chine*（《西乐在中国》连载）；*A travers le Monde Catholique*（《行遍天主教世界》）专栏，有 *Art chrétien et art indigene*（《基督教艺术与土著艺术》）、*Éphémérides*（《中国大事记》）、*Hore de Chine*（《国外大事记》）等。

《北平天主教丛刊》总体来说严谨、保守。每期都有一些插图，史料性很强。

Bulletin de la Société des Missions-Étrangères de Paris（《巴黎外方传教会集刊》），法文月刊，巴黎外方传教会创办于民国十一年（1922），香港纳匝肋印书馆出版。从民国十一年（1922）第一期至民国十九年（1930）第一百零八期栏目和刊载文章定量分析：

栏目	主题	篇数	栏目	主题	篇数
时事新闻	大弥撒	9	时事新闻	政治事件	12
	祝圣	2		教会事件	24
	主教晋升	17		神父生日	20
教区事记	日本（东京、长崎、福冈、大阪、函馆）	273	教区事记	东京（河内、荣市、会安、发艳）	268
	高丽（汉城、太阁）	178		交趾支那（昆顿、西贡、顺化、金边）	208
	满洲（奉天、吉林）	154		西印度支那（曼谷、马六甲、曼德勒、南缅、老挝）	321
	华西（成都、重庆、叙府、打箭炉、宁远府）	415		印度（班加罗尔、贡伯戈讷姆、塞勒姆、本地治里、迈索尔）	217
	华南（云南府、贵阳、广东、汕头、北海、南宁）	609	管理机构通讯		281
护教活动		1	苦行静修	默想圣诞	22
背教绝罚		11		默想圣体	12
礼拜仪式		4		默想圣母	13
圣事活动		11		默想圣若瑟	13
本土教士		23		默想圣徒	5
法权		1		默想早期殉道者	38
本会会务		25	传教动态		47
哲学		3	历史	日本	15
宗教		14		高丽	9
神学		3		中国	19
科学		6		印度支那	14
教育		8		印度	8
艺术		2	考古		1
语言		9	人种学		13
民俗民习		10	散文		3
作家与著作		182	时光雕刻	罗马	30
专著		13		巴黎	13
诗歌		21		日本	29
思索与箴言		10		高丽	11
书信手稿		12		中国	56
回忆录		3		印度支那	58
地理，旅行		19		印度	19
出版动态		2	花边杂文		32
讣告		275			

从民国二十年（1931）第一百零九期起，《巴黎外方传教会集刊》改版，但编辑方针和栏目变化不大。

圣言会于民国六年（1917）创办半月刊《天主公教白话报》，由兖州天主堂印书馆出版；发行方式一是通过邮局，二是通过属区各个堂区，再由堂区派发信徒，每期发行量大致三千份左右。

《天主公教白话报》是一份普及型宣教杂志，办刊口号是"牖启民智，愈显主荣"，主要宣传天主教教

天主公教白话报（封面和插图）
第十六年　第十八号
半月刊
兖州圣言会编
民国二十一年（1932）九月十五日
兖州天主堂印书馆排印
铅印本　纸本　平装
开本：25.7×18.9（cm）

义教理、传播天主教动态，同时采用小说、鼓词、诗歌等形式发表各种宗教类文学作品，主要栏目有《首篇道理》《圣人言行》《故事》《教务》《杂俎》《小说》等。从发行量来看，在天主教内部算是中等偏上的刊物了。

《文藻月刊》，南京教区民国二十六年（1937）创办，主编李善修①。当年出版八期（一月至八月），随后停刊；民国三十七年（1948）复刊。《文藻月刊》带有天主教南京总主教于斌的个人色

文藻月刊（封面）
第一卷第六、七、八期
文藻月刊社编
民国二十六年（1937）六—八月
铅印本　纸本　平装
开本：26×18.5（cm）

---

① 李善修（？—1980），华籍神父。曾任南京教区总主教秘书，1949年赴台湾。著有《慕道者指南》《天主教中国化的探讨》（1976）等。

彩和烙印。南京解放后，迁往台湾继办。

《文藻月刊》是综合性刊物，刊发宣教文章，也发表有关中国文化艺术的文章，且政治倾向性很强；栏目有《月旦室》《广播机》《艺苑》《信箱》《落叶笼》《图书馆》《档案处》《听筒》等。

震旦和辅仁两所天主教大学也有不少自己的刊物。

震旦大学主办的刊物主要有学校的 Bulletin de l'Université l'Aurore（《震旦杂志》）、Université de Changhai，Bulletin des Sciences（《震旦大学院工科杂志》）、Université l'Aurore Chang-hai，Bulletin de Littérature et de Droit（《震旦大学院文学法政杂志》）；医学院的 Bulletin Médical de l'Université de l'Aurore（《震旦医刊》）；震旦博物馆的 Notes d'Entomologie Chinoise（《中国昆虫学汇报》）等。从这些杂志发表的论文看，它们都是纯学术性刊物。

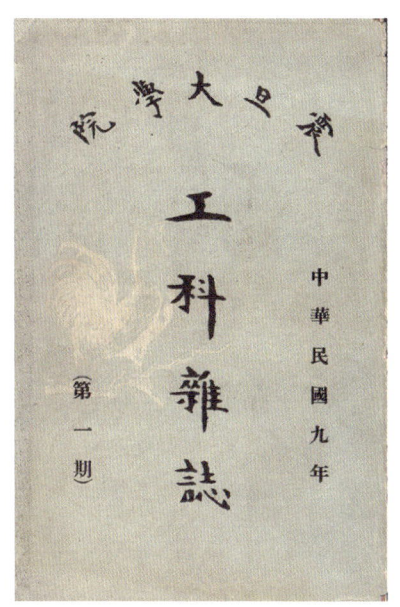

Université de Changhai, Bulletin des Sciences
震旦大学院工科杂志（封面）
创刊号
震旦大学院工科杂志编辑部编
法文　中文
民国九年（1920）土山湾印书馆排印
铅印本　纸本　平装　一册
开本：23×15.2（cm）
38 页
插图 22 幅

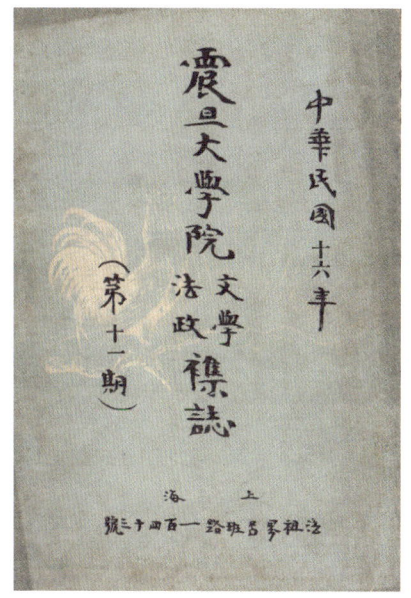

Université l'Aurore Chang-hai, Bulletin de Littérature et de Droit
震旦大学院文学法政杂志（封面）
第十一期
震旦大学院文学法学杂志编辑部编
法文　中文
民国十六年（1927）土山湾印书馆排印
铅印本　纸本　平装
开本：22.8×16（cm）
113 页

《震旦大学院工科杂志》创刊号上有三篇论文：Tcheou Wen-tcheng 撰写的 Projet de Pont-Rail（《铁路桥梁设计》）；Yu Hing-Tchong 撰写的 Excursion au Nord-Est de la Chine pendant les vacances d'été 1919（《1919 年中国东北暑假的讨论》）；梅理① 撰写的 Poudres et explosifs, conférence faite（《粉尘和爆炸，事例报告》）。

《震旦大学院文学法政杂志》民国十六年（1927）第十一期，除了第一篇是上年学校大事记外，有七篇论文：Ngai Tchen-ling 撰写的 Courrier de nos anciens（《古之驿》），Kou Cheou-hi 撰写的 Le

---

① 梅理（Paul Mailly），生卒不详，法国人。震旦大学光电学教授，曾参与上海中法工学院早期筹办工作。

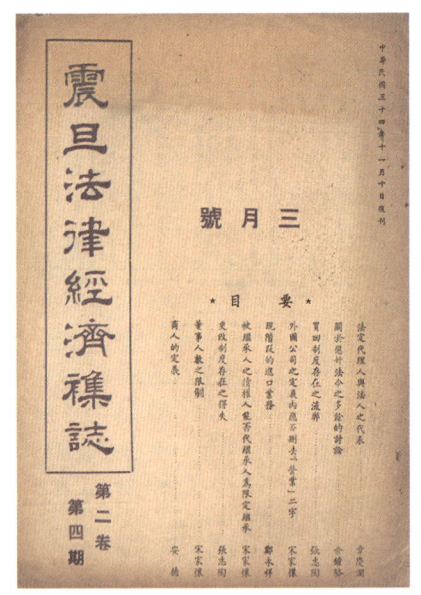

震旦法律经济杂志（封面）
第二卷第四期
月刊
震旦大学法学院编
民国三十五年（1946）三月
震旦大学法学院出版
土山湾印书馆排印
铅印本　纸本　平装　一册
开本：25.2×18（cm）
18页

辅仁学志（封面）
第二卷第一期
半年刊
辅仁大学辅仁学志编辑会编辑
铅印本　纸本　平装
开本：26×19（cm）

docteur Hou T'ing-fou（《Hou T'ing-fou 博士》）、A. Proulx 撰写的 *Essai de lexicographie chinoise*（《中文辞典的编纂》）、Siao T'ong 撰写的 *De la succession et de l'adoption en droit chinois*（《中国法律里的遗产和继承》）、L. Richard 撰写的 *Richesses agricoles et minerals du Hou-nan*（《河南的农业和矿业》）、樊国栋撰写的 *Histoire de la litérature chinoise*（《韩愈的古文运动》）。

这份以文学为主的杂志因战争停刊。民国三十四年（1945）复刊，杂志改名为《震旦法律经济杂志》，改由法学院主办。虽然刊名或捎带"经济"二字，却以法学为主，且为民国时期不多见的比较专业的法学杂志。

从今天来看，震旦大学开办的诸学科里，对后来影响最大的应该是法学。震旦法学院在中国法学教育界历史最悠久，实力最雄厚，1949年后全国院系调整，这一块并入华东政法学院，仍为国内法学界翘楚。

辅仁大学创立初期，民国十七年（1928）办了两种学术期刊：*Bulletin de Catholic University of Peking*（《辅仁英文学志》）和中文的《辅仁学志》。《辅仁学志》，陈援庵自任主编，编委有校务长德国人雷冕神父、秘书长英千里、教务长荷兰人胡鲁士、文学院院长沈兼士、教育系主任张怀、国文系主任余嘉锡、历史系主任张星烺、经济系教授张重一、国文系教授储皖峰等人。《辅仁学志》以整年为卷，年出两期。民国三十六年（1947）停刊，共出版十五卷。

《辅仁学志》发表了许多对后世学术研究有着重要影响的文章，如陈垣的《吴渔山先生年谱》《切韵与鲜卑》《雍乾间奉天主教之宗室》《吴渔山晋铎二百五十年纪念》《汤若望与木陈忞》《语录与顺治宫廷》《清初僧诤记》《明末殉国者陈于阶传》《通鉴胡注表微》；

历史学家张鸿翔的《西北归化人世系表》《明外族赐姓考》；国学大师余嘉锡的《北周毁佛主谋者卫元嵩》《晋辟雍碑考证》《小说家出于稗官说》《寒食散考》《宋江三十六人考实》《汉武伐大宛为改良马政考》《疑年录稽疑》《杨家将故事考信录》《汉池阳令张君残碑跋》《太史公书亡篇考》；秦汉史专家余逊的《南朝之北士地位》；戏曲家孙楷第的《吴昌龄与杂剧西游记》；历史学家岑仲勉的《〈新唐书·突厥传〉拟注》《汉书西域传校释》《跋突厥文阙特勤碑》；中国哲学史家容肇祖的《吕留良及其思想》；历史学家初聘的《汉书西域传奄蔡校释》《汉书西域传康居校释》；历史学家方壮猷的《室韦考》；民族学家王静如的《突厥文回纥英武威远毗伽可汗碑译释》；历史学家孟森的《汉书西域传奄蔡校释》《汉书西域传康居校释》《再说钦察》《汉书西域传校释》《陈子昂及其文集之事迹》；历史学家赵光贤的《明失辽东考原》等。

辅仁大学教育学院美术科民国二十二年（1933）创办《辅仁美术月刊》，虽说是月刊，但只出了十期便停刊了。此杂志是一本同人刊物，印数很少，大概只有五百本左右。

从书影的第三期来看，《陈白沙画像与天主教士》讲了一段掌故。康熙四十六年（1707）北京来了三位传教士，精天算的山遥瞻①、精音律的德理格、精绘画的马国贤。当时中国人学西画皆拜

辅仁美术月刊（封面和内页）
第三期
辅仁大学教育学院美术科编
民国二十二年（1933）六月一日出版
铅印本　纸本　平装
开本：26×19（cm）

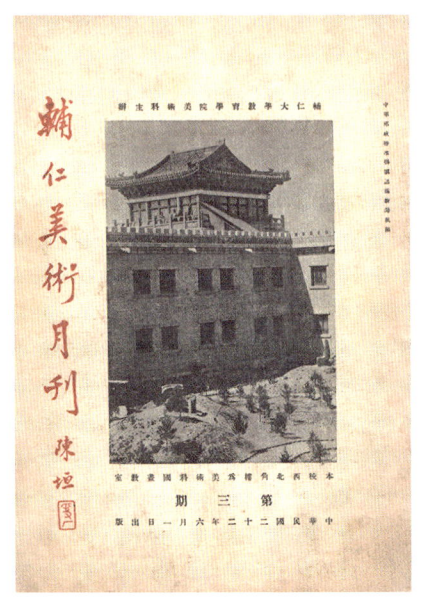
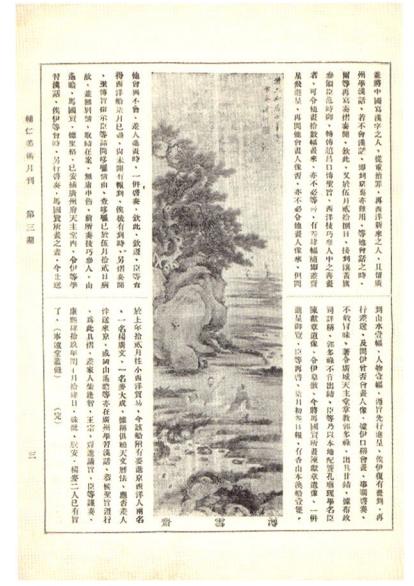

① 山遥瞻（Guillaume Fabre-Bonjour，1669—1714），法国人，地理学家，奥古斯丁会会士。康熙四十九年（1710）来华，供职清廷，奉旨参与绘制《皇舆全览图》等。逝于北京，葬滕公栅栏。

郎世宁，备受冷落的马国贤通过努力为自己打开了一片园地。《民族美术》是陈路加撰写的连载文章，介绍董其昌等人的画作。其他文章与天主教没有关系，就画论画。

《春笋》是辅仁大学出版的文学刊物，创办于民国十八年（1929），有散文、小说、剧作，还有诗歌、游记、文学评论；有原创的，也有译文。影响不大，维持了六年，民国二十四年（1935）停刊。

《辅仁生活》，民国二十八年（1939）创刊，辅仁大学校内读物，中英文双语。编者在创刊号说了一番诚恳的话：

春笋（封面）
第二卷第二期
辅仁大学春笋社编
月刊
铅印本　纸本　平装
开本：21.5×19.2（cm）

辅仁生活（报头）
第一期
辅仁生活出版社编
中文　英文
民国二十八年（1939）十一月二十五日
辅仁大学出版社排印
铅印本　纸本　平装　一册
开本：26.5×19.5（cm）
16 页

> 秋残冬迫，《辅仁生活》，终于在这寒冷与死寂的空气中被献到诸位师长及同学的面前了。它能不能给师长及同学带来一点温暖，一点生气呢？我们不敢说，但是我们将尽力去做。我们是为同学服务，为师长服务，为学校服务。

日军侵占北平，多所名校南迁，孤零零的辅仁守望着偌大一座城池和迁不走的古老文化，编者感到"寒冷与死寂"当是情不自禁之表露。

在天津的工商学院虽然起步比较低，但也向震旦、辅仁看齐，自办的刊物有《工商学志》（*Hautes Etudes Review*）、《天津通讯》（面向普通学生）、《公教学生》（面向保守学生）、《北辰》、《导光》、《工商生活》、《工商向导》等。

《工商学志》（*Hautes Etudes Review*）是工商学院出版的学术刊物，比较少见，以民国三十六年（1947）出版的第十一卷第一期为例，有四篇英文论文和一篇中文论文：C. Y. Kao 撰写的 *The Kuan Ting Detention Reservoir*（《官厅蓄洪水库》）和 *Dyke*

Construction and Breach Closing Wodks for the North China Rivers（《华北河流的堤防设施》），赵祖武[1]撰写的 Method of Moment Distribution by means of Increased Moments（《增进力矩分配法》，中英文），暴安良[2]撰写的 Factor of Safety or Factor of Ignorance（《安全系数》）和《中国教育制度改革刍议》。

比较而言，在天主教大学的几种学报里，《工商学志》办刊的水准差强人意，科学论文勉强属于中等水平，人文学科无甚趣味可言，与《辅仁学志》《华裔学志》不可相提并论。不过在工商学院经济拮据、尚需开荒的年代，能够坚持出版学术刊物当属不易。

《工商生活》是一份校内读物，有见民国三十年（1941）出版的第三期"莫扎尔特音乐会专刊"。那年八九月份，工商学院管弦乐队在英文学堂主办"莫扎尔特作品慈善音乐会"，为此编撰专

工商学志（封面）
第十一卷第一期
天津马场道工商学院主办
中文 英文
民国三十六年（1947）工商学院出版
开本：26.5×19（cm）
30 页
插图 3 幅

工商生活（封面和内页）
第三期 莫扎尔特音乐会专刊
天津工商学院编
民国三十年（1941）工商学院出版
铅印本 纸本 平装 一册
开本：26.4×19.2（cm）
20 页
插图 4 幅

---

[1] 赵祖武（1919—2002），浙江杭州人，满族，固体力学专家。民国二十六年（1937）考入天津工商学院土木工程系，民国三十一年（1942）毕业。1949 年后任教于唐山交通大学（现西南交通大学）等。

[2] 暴安良（Henricus Pollet，1890—？），法国人，1918 年入耶稣会。民国十四年（1925）来华，民国二十三年（1934）晋铎，在天津工商学院任教，民国二十二年（1933）因在电学和风力学上的发明获法国科学院奖金。1950 年回国，余迹不详。

教育丛刊（封面）
Collectanea Commissions Synodalis
第二卷第四期
月刊
公教教育联合会编
拉丁文 法文
民国十八年（1929）七月排印
铅印本 纸本 平装 一册
开本：24×18（cm）
82 页

新北辰（封面）
第二卷第五期
月刊
新北辰杂志社编辑
民国二十四年（1936）
光启学会发行 传信印书局排印
铅印本 纸本 平装
开本：26×19（cm）

刊，重点是介绍莫扎特和他的音乐作品：《莫扎尔特传》《莫扎尔特的恋爱史》《两个朋友（莫扎尔特与海登）》《命运多舛的伟大音乐家》，以及《管弦乐的欣赏》等。

天主教在华三大全国性管理机构，公教教育联合会、天主教教务协进会、中华全国公教进行会，都把办报办刊作为自己的宣传手段。

《教育丛刊》，中华公教教育联合会会刊，创办于民国十七年（1928），主编苗德秀，以拉丁文（*Collectanea Commissionis Synodalis*）、法文（*Dossiers de la Commission Synodale*）、英文（*Digest of the Synodal Commission*）以及中文四种文字的刊名出版。办刊目的是为在华传教士提供相互交流的平台，提供历史、文化、语言、教育方面的信息；尤其侧重刊登教士们的回忆录，因而这份期刊留下众多史料，如裴化行为戴遂良撰写的学术年表《戴遂良神父著作分类目录》就发表于《教育丛刊》民国二十一年第十期。

《教育丛刊》出版后，公教教育联合会由于某种原因另刊行中文《教育益闻录》，初为月刊，民国二十三年（1934）改为季刊。光启学会成立后，《教育益闻录》被改组，与教育无关的内容并入天津工商学院主办的《北辰》杂志，民国二十四年（1935）组成《新北辰》。《新北辰》通常栏目有《论著》《文艺》《书评》《消息》等。例如第二卷第五期的《论著》专栏，主要讨论与家庭婚姻有关的话题：《节育能救中国吗》《苏联关于家庭教育政策演变原因》《婚姻正义》《目前的一个婚姻问题》《介绍一件有关婚姻问题重要文件》等。

《书评》栏目是苏雪林写的《凌叔华的〈花之寺〉与女人》，介绍凌叔华的小说集《花之寺》，称赞她是中国的曼殊斐儿，借用徐志摩的话说："一般小说只是小说，她的小说是纯粹的文学，真的艺术；平常的作者只求暂时的流行，博群众的欢迎，她却只想留下几小块'时灰'掩不暗的真品，只要得少数知音者的赞赏。"虽然是天主教会办的杂志，然而编辑们的品位与民国新文学的主流还是合拍的，撇开世界观不谈，就办刊方法、学术追求、文学品位而言，与世俗杂志并无二样。

同年，原《教育益闻录》中的有关教育部分改编扩充成了新旬刊《公教学校》。主要分为《言论》《教育法令》《公教教育消息》《一般教育消息》《教育家介绍》《时论选粹》《读物评鉴》《宗教讲话》等栏目。

China Missionary（《中国传教士》），天主教教务协进委员会机关报，比利时传教士高乐康[①]主编的英文刊物。

《公教进行》，中华全国公教进行会会刊，发刊于民国十八年（1929），旬刊。

《磐石杂志》，北平中华公教进行会青年部全国指导会民国二十二年（1933）创办，综合性中文月刊（每年十期）。主要内容：公教进行会青年运动信息，公教各种研究和调查，宗教、社会、经济、道德、法律、政治、教育、哲学、科学、文学等方面思想学说文章，重要书籍介绍和译作，时事图片。栏目有《教理与学术》《修养与训练》《社会常识》《会务》《杂俎》《公教新闻》等。月发行量两千册。

有一份杂志出刊比较晚，但很重要，即《上智编译馆馆刊》。这是抗战后到中华人民共和国成立这段时期，中国天主教会在匆匆忙忙中试图认认真真办的一件事。

民国三十五年（1946）田耕莘[②]被教宗任命为北平总主教区总主教，于当年七月创办上智编译馆，编译馆外文名称是 Institutum S. Thomae。上智编译馆馆长是方杰人神父。方杰人去台后，五十年代初期，上智编译馆仍有出版活动，偏学术性，还出版了十几种书籍。

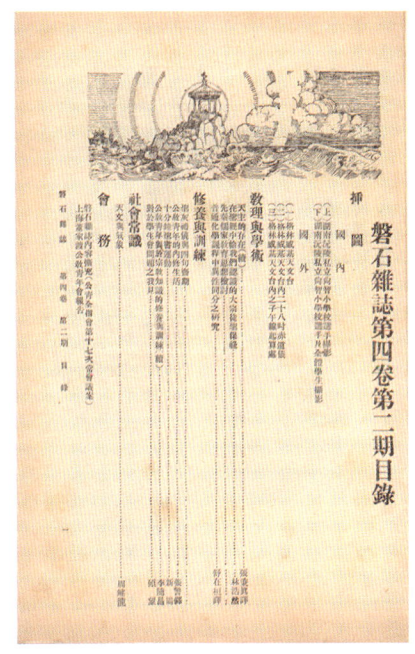

磐石杂志（内页）
第四卷第二期
月刊
中华公教进行会青年部全国指导会编辑
民国二十六年（1937）
天津益世报馆排印
铅印本　纸本　平装
开本：26.5×18.7（cm）

---

① 高乐康（François Legrand，1903—1984），比利时人，1920 年入圣母圣心会，1926 年晋铎。民国十八年（1929）来华，先后任老虎山、北苏集、西湾子本堂神父；抗战时期被拘；战后历任北平怀仁书院院长、天主教教务协进会上海负责人、《中国传教士》杂志社主任。1951 年因圣母军案被判刑，1954 年获释回国。
② 田耕莘（1890—1967），字聘三，山东阳谷人，民国十八年（1929）入圣言会，在兖州教区传教，民国三十五年（1946）。任北平总主教区总主教。后逝于台湾。

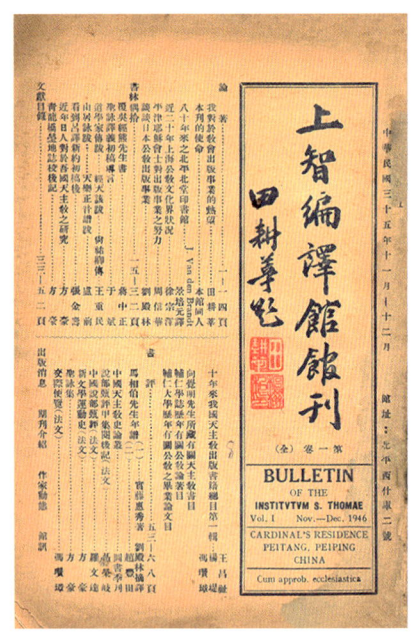

上智编译馆馆刊（封面）
第一卷
双月刊
上智编译馆编
铅印本　纸本　平装
开本：22.6×15.5（cm）

《上智编译馆馆刊》出版过三卷十三期（第一卷一期，第二卷六期，第三卷六期，其中第二卷第四、五期合刊，第三卷第三、第四期合刊，共十一册），民国三十七年（1948）六月编辑部声明因主编方杰人离职赴台而休刊。《馆刊》栏目有《论著》《书林偶拾》《文献目录》《书评》《出版消息》《期刊介绍》《作家动态》《馆讯》。在创刊号里有徐宗泽的《近二十年上海公教文化界状况》，蒋中正的《覆吴经熊先生书》，于斌的《圣咏译义初稿导言》，王重民①的《道学家传跋》，方豪的《近年日人对于吾国天主教之研究》和《青龙桥茔地志校后记》，王昌祉等人编的《十年来我国天主教出版书籍总目第一辑》等。

《十年来我国天主教出版书籍总目》非常重要。抗战期间，天主教出版活动处于混乱和无序之中，这个书目及时地作了有效的总结，对于天主教文献的整理、收藏至为关键。战争使土山湾、胜世堂、救世堂几大天主教出版机构大伤元气，可以说是一蹶不振。而在1945—1949年这段时间里，上智编译馆所做的工作可谓弥足珍贵，其出版的图书和刊物都是学术价值非常高的著述，反映了方杰人这位复旦大学历史学教授的品位和学术鉴赏力。

---

① 王重民（1903—1975），字有三，号冷庐主人，河北高阳人，古文献学家、目录学家、版本学家、图书馆学教育家、敦煌学家。毕业于辅仁大学国文系，后任教于天津工商学院和辅仁大学，任职于北京图书馆和北京大学图书馆。

传教史记

> 利玛窦传入天主教是何等艰难；然卒能成功；此实是天主的一大特恩，要归功于圣沙勿略方济各的祈祷的。
>
> ——徐宗泽

天主教会对于自己在中国"筚路蓝缕，以启山林"的峥嵘岁月，想必感到无比自豪，这是他们近两千年披荆斩棘传教历程中最有戏剧情节的一个篇章：有梦想，有牺牲；有谋略，有格调；有扩张，有妥协；有沮丧，有欣喜。凡是一部鸿篇史诗所具有的，天主教在中国跌宕起伏的传教故事都完全符合。正因此，三百年来总是有传教士按捺不住激荡的心情，回顾自己走过的艰难路途，写下一篇又一篇传教史记。

天主教中国传教史书籍，涉及历史著作的各种题材和体裁，有编年体、纪传体、断代体、纪事本末体等。

【编年体史作】

最早有关中国天主教的史著无疑应该是利玛窦和金尼阁的 De Christiana Expeditione apud Sinas Suscepta ab Societate Jesu（《基督教远征中国史》），也就是中国人熟知的《利玛窦中国札记》。这部与《马可·波罗行纪》同等重要的早期汉学著作是利玛窦晚年用意大利文撰写的笔记，记述了他们在中国的所见所闻和他们团队的传教事迹。万历三十八年（1610）金尼阁抵达北京时恰是利玛窦去世后不久，他见到利玛窦的笔记，将其视为珍宝，妥藏之。

金尼阁（Nicolas Trigault，1577—1628），字四表，生于当时属于比利时、现属法国的城市杜埃，1594年入耶稣会；在完成了教会规定的学业后，他志愿赴远东传播福音。万历三十五年（1607）进入中国后，他主要在杭州、西安、绛州（今新绛县）传教。

万历四十一年（1613）金尼阁奉龙华民之命回罗马向教宗汇报教务，他有心地把利玛窦的手稿带在身边。在从澳门到罗马的漫长旅途中，金尼阁把这份意大利文手稿译成拉丁文，又补充了一些史料和对利玛窦本人的介绍，附有利玛窦去世后其哀荣的记述。

这部拉丁文本1615年在德国奥格斯堡出版（Augsburg: Verlag Antonij Hierat von Creollen），封题为《耶稣会士利玛窦神父的基督教远征中国史，会务记录五卷》，"题献教皇保罗五世"，著者署名"比利时人尼古拉·金尼阁"。金尼阁整理的《基督教远征中国史》在欧洲引起很大反响，陆续以法义、德义、西班牙文、意大利文、英文出版。金尼阁也正是因这本书而名噪欧洲。

《基督教远征中国史》分为五卷，后四卷为金尼阁在北京所获得的利玛窦在华传教的笔记，即会务记录，主要记载耶稣会在华传教的经历，对了解天主教的传道工作极为重要。而第一卷为金尼阁用拉丁文撰写的，介绍利玛窦的日记，为读者提供后四卷的背景资料。

金尼阁曾把自己撰写的部分以 Regni Chinensis Descriptio（《天朝纪事》）为名单独出版，目前见到最早的版本是1639年（MDC XXXIX）由埃尔泽菲尔家族（Elzeviriana）印制，铅印，手工纸，平装。扉页印有书名、出版机构、出版年份，作者署 Ex varijs authoribus（集体），金尼阁的名字只出现在内页，说明出版者并不认同此书是金尼阁个人作品。扉页设计很有中国味道，中国对联式样，书名居中，左右竖式构图。右侧行书"平沙落雁",下钤方印;左侧一幅"平沙落雁"图。天头画有一位老翁,身穿长款衣裳,袖长盖手,富有中国特色。地脚画有中国地形图,图中有长江、黄河、长城,山峦起伏,海疆辽阔。出版者用心良苦。

金尼阁完成向教宗汇报教务工作后,与响应号召、愿意随他东行的二十二位耶稣会传教士,于1618年动身前往中国,同船有七千余部教宗等人的赠书,包括后来成为"北堂摇篮本"的一批书。航程中遭受瘟疫传染、海上风暴、海盗侵袭,船只抵达澳门时仅幸存五人,这五人后来个个都是大名鼎鼎,其余四人是邓玉函、汤若望、罗雅谷、傅泛际。

在中国的传教事业成就了金尼阁的夙愿,他在天主教中国传教史和汉学史上无不有着非常重要的地位,在许多领域都有不凡的贡献,例如他的《西儒耳目资》在中国音韵学和拼音化方面做了开创性工作;他带到中国的摇篮本,尽管现存世不多,也是世界圣经学、版本学、印刷学的珍稀财富。

崇祯元年(1628)金尼阁逝于杭州,葬于大方井。

近代以来,教会编纂的编年体传教史大致分为两类,一类是天主教在华一般传教史;一类是各修会在华历史。

第一类天主教在华一般传教史中,樊国梁的《燕京开教略》被人们反复提及,引用率很高。类似还有包士杰神父的《北京传教史》。

萧若瑟神父所撰《天主教传行中国考》,河间胜世堂印书房民国十二年(1923)出版,是他的巨著《圣教史略》中有关天主教在华传教的部分,分为八卷,第一卷"自汉唐至元太祖",第二卷"自元初迄元末",第三卷"自明初至沈潅教难",第四卷"自沈

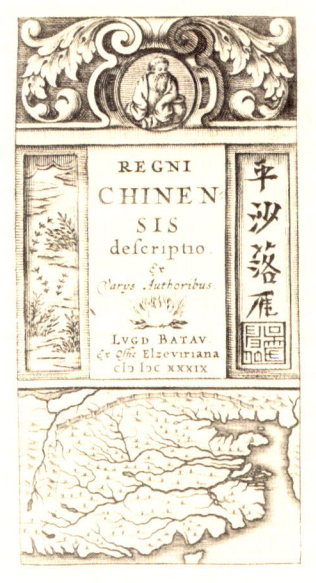

Regni Chinensis descriptio
天朝纪事(扉页)
[法] 金尼阁撰
法文
一卷 一册
1639年埃尔泽菲尔家族排印
铅印本 手工纸本 平装
开本:12.3×6.5(cm)
365页

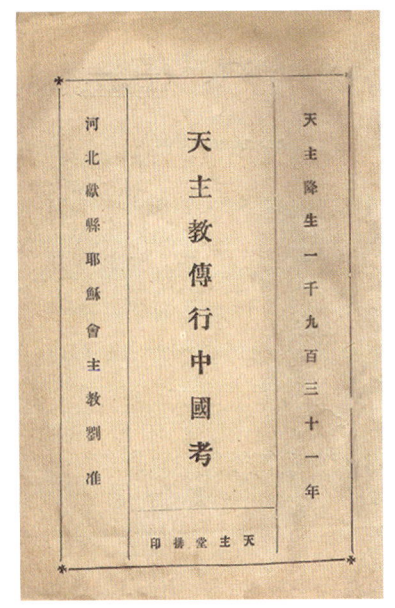

天主教传行中国考(封面)
萧静山撰
八卷 一册
献县天主堂
民国十二年(1923)初版
民国二十年(1931)第五次排印
铅印本 纸本 平装
开本:18.7×13(cm)
509页

淮教难至崇祯末"，第五卷"自崇祯末至永历末"，第六卷"自顺治初至康熙末"，第七卷"自雍正至咸丰末"，第八卷"自咸丰末至光绪末"。

宗徒弟子，遵耶稣遗命，赖其德能，四出传道，无远弗届。以后代有传人，继续不绝，以至于今。屈指计之，殆将二千年于兹矣。即我中国，自古与外洋不通，自负文明，鄙外洋为夷族。而基督教之传入，为时业已久远。一盛于唐，再盛于元。自明季利玛窦复来，自今又三百年余载。如无遭我国人士之排外性，与匪乱之频仍，摧残不已……赖我主之暗中扶持，固如海中石山，凭八面浪，鼓荡震撼，屹然不稍动也；蚍蜉撼树，愚公移山，亦听之而已。

《天主教传行中国考》是萧若瑟神父成名之作，在天主教历史文献里举足轻重。

裴化行神父的 Aux portes de la Chine, les missionnaires du seizième siècle, 1514—1588 （《天主教十六世纪在华传教志》），民国二十二年（1933）由河间胜世堂印书房出版。同年出版的中译本纳入商务印书馆的"万有文库"，通俗普及，发行量大，为人熟悉，多被引用。

民国十六年（1927）土山湾印书馆出版了一部英文学术著作 Catholic Native Episcopacy in China 用的中文书名是《中华本国主教》。作者是意大利耶稣会士、时任北平辅仁大学教授的德礼贤。

《中华本国主教》有三卷。作者在导言中兴奋地指出，民国十五年（1926）教宗庇护十一世任命了六位华籍不同层级的主教：宣化的赵怀义，蠡县的孙德桢，蒲圻的成和德，汾阳的陈国砥，台州的胡若山，海门的朱开敏。这么大的动作，"是一项新的政策还是开创一个新的时代？"作者自问自答。天主教神职人员本土化这项政策必然开启天主教在中国传教事业的新时代。

德礼贤教授分两卷回顾了华人出任天主教主教的历史，然后又对这段历史进行了总结。

第一卷，Catholicity: The Open-Door Policy of The Church（"教会叩门之策"）。

第二卷，Efforts Along The Ages To Pave The Way To The New Era（"走向新时代的筚路蓝缕之程"），分为两个时期：

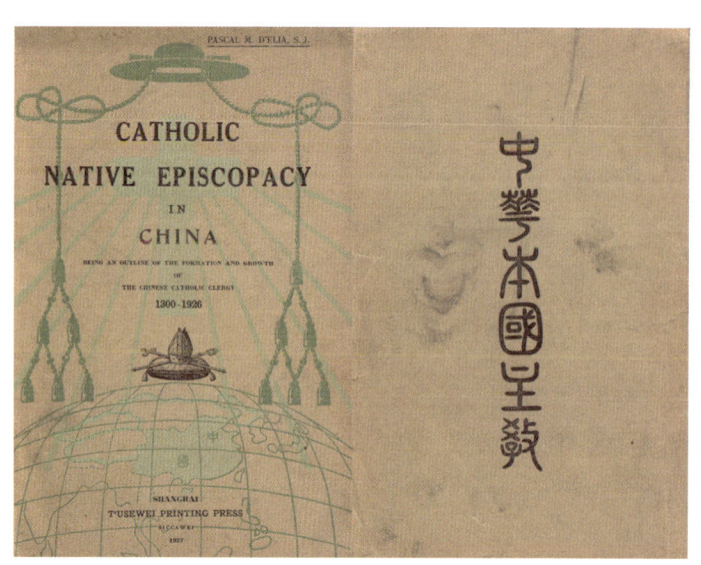

Catholic Native Episcopacy in China
中华本国主教（封面、扉页和插图）
［意］德礼贤撰
英文
三卷附一卷　一册
民国十六年（1927）土山湾印书馆排印
铅印本　纸本　平装
开本：23×15.5（cm）
106 页
插图 6 幅

• 传教史记 •

Giovanni du Monte Corvino O.F.M.
First Archbishop of Khanbalig or Peking (1247-1328).

中国第一华主教罗大司教真象

Gregory Lo O.P. the first Chinese Priest and Bishop.
(1616-1691)

THE NEWLY CONSECRATED CHINESE BISHOPS (OCTOBER 28th, 1926).

The Rt. Rev. Chu 朱   The Rt. Rev. Ch'en 陈   The Rt. Rev. Ch'eng 成
(Haimen)   (Fengyang)   (P'uk'i)

The Rt. Rev. Hu 胡   The Rt. Rev. Chao 赵   The Rt. Rev. Sun 孙
(Taichow)   (Süanhwa)   (Lihsien)

THE SIX CHINESE CATHOLIC BISHOPS ELECT.

The Rt. Rev. Hu 胡   The Rt. Rev. Sun 孙   The Rt. Rev. Chao 赵
The Rt. Rev. Ch'en 陈   The Rt. Rev. Chu 朱   The Rt. Rev. Ch'eng 成

第一时期，元朝至道光二十四年（1844）清朝廷依《中法黄埔条约》全面"弛教"。第一章，The Medieval Missons（"中世纪的传教士"），元代有第一位大主教，北京主教方济各会的孟高维诺（Giovanni da Montecorvino）。第二章，The One Hundred Years Campaign of Jesuite in Favour of a Chinese Liturgy（"耶稣会历经百年的中国礼仪适应"）。第三章，The Very First Chinese Clergy（"首位华籍神父"），这里说的无疑是康熙二十四年（1685）罗文藻在广州祝圣。康熙二十七年（1688），罗文藻又在澳门为耶稣会中国司铎三人祝圣：万其渊（五十四岁），吴渔山（五十七岁），刘蕴德（六十岁）。罗主教使用教宗亚历山大七世所许权杖。康熙二十九年（1690）罗文藻在南京又为耶稣会司铎何天章（二十三岁）祝圣。第四章，Seminaries Abroad: Ayuthia-Penang（"境外的修道活动：马来槟城"）。第五章，First Attempts of Inland Seminaries（"内地修道活动最初的尝试"）。第六章，A Bird's-Eye-View of the Early Efforts（"概览早期成就"）。第七章，Results at the End of the First Period（"第一时期结束和成果"）。

第二时期，道光二十四年（1844）清廷全面"弛教"至民国十五年（1926）本书成书。第一章，The Foreign Mission Organized（"有组织的外国传教士"）。第二章，Manifold Difficulties Overcome（"克服艰难险阻"）。第三章，The Educational Training of Seminariste（"修道教育训练"）。第四章，The Native Clergy, Secular and Regular（"本土的神父、修士和修道者"）。第五章，Results at the End of the Second Period（"第二时期的结束和结果"）。第六章，A Foreign Mission to Become A Native Church（"从一个外来教会到一个本土教会"）。第七章，The Dawn of the Native Church, The First Plenary Council of China, 1924（"本土教会初露端倪，1924年中国天主教第一次代表大会"）。

第三卷，The Native Episcopacy: The Crowning Point of Both the Policy and the Efforts of the Church（"政策的开放和教会的努力使得本土主教崭露头角"）。第一章，The Encyclical Rerum Ecclesia（"教宗通谕"）。第二章，The Nomination of the Chinese Bishops（"任命多位华籍主教"）。第三章，The Episcopal Consecration in Rome（"罗马的祝圣仪式"）。

结论：第一章，Not A New Policy but A New Era（"与时俱进"）；第二章，The Lesson Tauget to the World by the Great Historic Event（"以史为鉴"）。

德礼贤还撰有法文 Les Missions Catholiques en Chine: Résumé d'Histoire de l'Eglise Catholique en Chine, depuis les origines jusqu'à nos jours（《中国天主教传教史》，土山湾印书馆，民国二十三年〔1934〕），英文版为 The Catholic Missions in China: A Short Sketch of the History of the Catholic Church in China from the Earliest Records to Our Own Days（Commercial Press，Paris，1934）。王云五主编的"万有文库"收入的德礼贤的《中国天主教传教史》（商务印书馆，民国二十二年〔1933〕）就是此书的中文本。出版时间差一年，可以算是中文、法文、英文同时出版。

徐宗泽的学术名著《中国天主教传教史概论》，写于二十世纪二十年代，陆续发表在他主编的《圣教杂志》上。民国二十七年（1938）由土山湾印书馆结集出版。《中国天主教传教史概论》共分十一章，系统概述了天主教传教士们在中国披荆斩棘的过程和跌宕起伏的历史。作品条理清晰、论述厚重。

第一章"开封犹太教"，第二章"唐景教碑出土史略"，第三章，"唐景教论"，第四章"元代之聂斯脱利异教",第五章"罗马教廷与蒙古通使史略",第六章"明末天主教之传入中国",第七章"中国天主教——自利玛窦逝世至明末",第八章"中国天主教史——自清入关至康熙朝",第九章"雍乾嘉道时之天主教",第十章"中国天主教史——自鸦片战争至今日",第十一章"附录:中国圣教掌故拾零"。

徐宗泽先生的这本书,写得四平八稳,从学术角度看鲜有创意,但他囊括了当时学术界比较成熟的研究成果,系统而沉稳地进行了叙述。

此书最后一章,即附录,记述了天主教在中国传教士史上的一些典故,内容丰富有趣。

倘若需要列举研究中国天主教历史的十本必看书籍,德礼贤的《中华本国圣教》和史式徽的《江南传教史》理当入选。

第二类有关各修会在华历史的著作里,记述耶稣会的是最丰富的。

法国来华天文学家高龙鞶撰写过 Histoire de la mission du Kiang-nan(《江南传教史》),三部五卷,上海土山湾慈母堂光绪二十一年至三十一年(1895—1905)石印。

法国传教士、历史学家史式徽参考高龙鞶的著作,撰写了同名史作 Histoire de la mission du Kiang-nan(《江南传教史》,两卷,上海土山湾印书馆民国三年〔1914〕出版),副题 Jesuites De La Province De France(Paris)("法国外省的耶稣会士")。

史式徽(Joseph de la Servière,1866—1937),字德甫,法国人,文学博士、教会史教授,1884年入耶稣会,1903年晋铎,宣统元年(1909)来华后一直在上海徐家汇神学院、大小修院以及震旦大学任教,并编写教会内部书报。

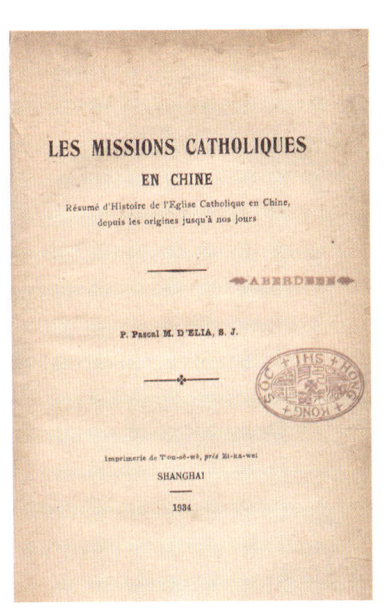

Les Missions Catholiques en Chine:Résumé d'Histoire de l'Eglise Catholique en Chine, depuis les origines jusqu'à nos jours
中国天主教传教史(封面)
[意]德礼贤撰
法文
十七章 一册
民国二十三年(1934)
土山湾印书馆排印
铅印本 纸本 平装
开本:24.5×15.5(cm)
91页

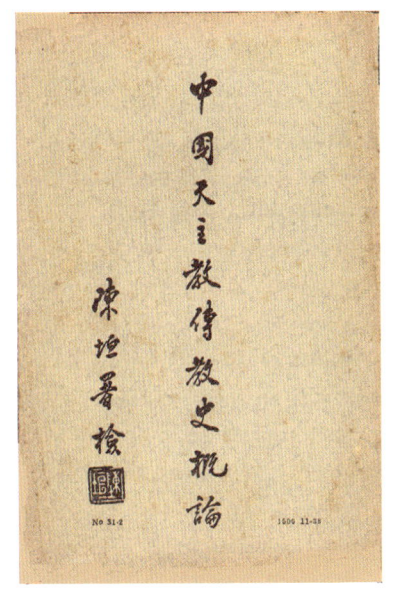

中国天主教传教史概论(封面)
徐宗泽编著
十一章 一册
民国二十七年(1938)
土山湾印书馆排印
铅印本 纸本 平装
开本:19×13.2(cm)
368页

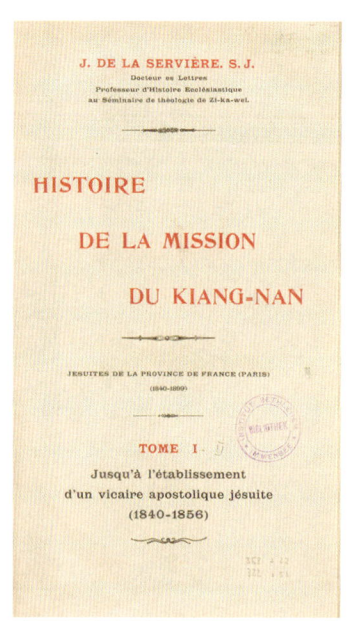

Histoire de la mission du Kiang-nan, Jesuites de la province de France（Paris）
江南传教史——法国外省的耶稣会士（封面）
［法］史式徽著
法文
两卷 一册
民国三年（1914）
土山湾印书馆排印
铅印本 纸本 精装
开本：24.3×17（cm）
756 页
地图 1 幅

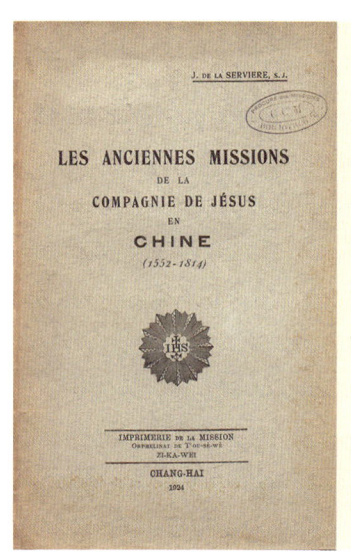

Les anciennes missions de la compagnie de Jésus en Chine（1552—1814）
耶稣会古代在华传教史（封面和插图）
［法］史式徽撰
法文
两卷 一册
民国十三年（1924）土山湾印书馆排印
铅印本 纸本 平装
开本：22.5×14.5（cm）
页数 82
插图 6 幅 地图 2 幅

拟写三卷的《江南传教史》是史式徽早期著作之一，记述道光十九年（1839）至光绪二十六年（1900）江南教区的历史。以先后担任主教的罗伯济、赵方济、徐类思、年文思、郎怀仁的任期作为划分阶段的根据。前两卷（1839—1878）于民国三年（1914）由土山湾慈母堂印书馆出版。

史式徽编写这部法文著作时，查阅了罗马、巴黎、上海等地的教会档案，英国、法国外交档案和法国驻华使馆、法国驻沪领事馆档案以及相关外文书刊，资料较为丰富，其中有的是国内难得见到的，有的很少有人引用过。上海译文出版社 1983 年出版了该书中文译本。

《江南传教史》第三卷（1878—1900），虽经预告，但不曾与读者见面，估计他的计划做了调整。

土山湾还出版过史式徽的史作 *Les anciennes missions de la compagnie de Jésus en Chine*（*1552—1814*）（《耶稣会古代在华传教史》，民国十三年〔1924〕）和 *La nouvelle mission du Kiang-nan*（*1840—1922*）（《近代江南传教史》，民国十四年〔1925〕）。这两本书可以看成是一套书，讲述天主教在华的完整历史，从沙勿略登临上川岛起至作者落笔为止，其中未连续时期是嘉庆—道光年间清廷禁教。

《耶稣会古代在华传教史》分为两卷十四章。第一卷"明季（1552—1662）"：第一章"开端（1552—1582）"；第二章"初期逗留（1582—1598）"；第三章"利玛窦在南京和北京（1598—1610）"；第四章"利玛窦的成功（1610—1615）"；第五章"迫害（1615—1623）"；第六章"安稳时期（1623—1644）"；第七章"明朝灭亡（1644—1662）"。第二卷"清季（1644—1814）"：第八章"顺治王朝（1644—1664）"；第九章"康熙早期（1662—1671）"；第十章"康熙容教（1671—1705）"；第十一章"康熙王朝晚期（1705—1723）"；第十二章"雍正王朝

（1723—1736）";第十三章"乾隆王朝（1736—1796）";第十四章"嘉庆王朝（1796）和道光王朝（1821—1851）"。

《近代江南传教史》体例上如《江南传教史》，依照主教任职划分时期，分为五章，第一章"罗伯济主教时期（1839—1848）"，第二章"赵方济主教时期（1848—1855）"，第三章"年文思主教时期（1856—1862）"，第四章"郎怀仁主教时期（1864—1878）"，第五章"1878—1923年传教区的发展"。

《江南传教史》是严谨的学术著作，《耶稣会古代在华传教史》和《近代江南传教史》是天主教在华简史，是普及性读物。

民国十五年（1926）土山湾印书馆出版了一本史料价值比较高的著作，耶稣会士双国英撰写的 *Les etapes de la mission du Kiang-nan 1842—1922*（《江南教区〔1842—1922〕沿革》）。后来增修再版，民国二十二年（1933）又出版 *Les etapes de la mission du Kiang-nan 1842—1922, et de la mission de Nanking 1922—1932*（《中国江南教区〔1842—1922〕和南京教区〔1922—1932〕沿革》）。双国英（Ludovicus Hermand, 1873—1939），法国人，1891年入耶稣会，光绪二十九年（1903）来华，初在徐家汇任职；民国三年（1914）后出任泰州天主堂和海州天主堂本堂神父，民国二十八年（1939）海州天主堂遭土匪抢劫，双国英被枪杀。双国英在海州先后创建了国英中学、国英小学、墟沟国仁小学等；其著述还有与夏之时合作绘制的《中国地舆志略附图》。

《中国江南教区（1842—1922）和南京教区（1922—1932）沿革》讲的其实是一个教区两个阶段的发展史，在民国十一年（1922）以前称为江南教区，以后改名为南京教区。是书以此分为两卷。

第一卷开篇介绍江南教区概况，地理、人口、交通、新教、伊斯兰教、风土人情、气候等。第一篇用四张地图详细说明江南教区"福音传播的历程"，还有四张统计表："新入教人数""领洗人数""信徒人数增长"和"领圣体人数"。第二篇具体说明上海徐家汇情况：孤儿院、学校、慈善医院、慈善工场、墓地、天文台、

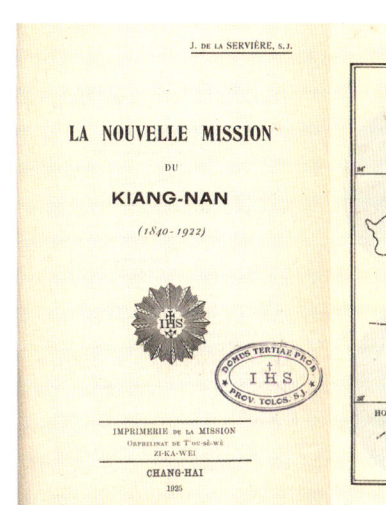

La nouvelle mission du Kiang-nan（1840—1922）
近代江南传教史（封面和插图）
[法]史式徽撰
法文
五章 一册
民国十四年（1925）土山湾印书馆排印
铅印本 纸本 平装
开本：22.8×14（cm）
50页
地图1幅 插图4幅

Les etapes de la mission du Kiangnan 1842—1922, et de la mission de Nanking 1922—1932
中国江南教区（1842—1922）和南京教区（1922—1932）沿革（内页）
［法］双国英撰
法文
两卷　一册
民国二十二年（1933）
土山湾印书馆排印
铅印本　纸本　平装
开本：26.3×19（cm）
90页
插图85幅

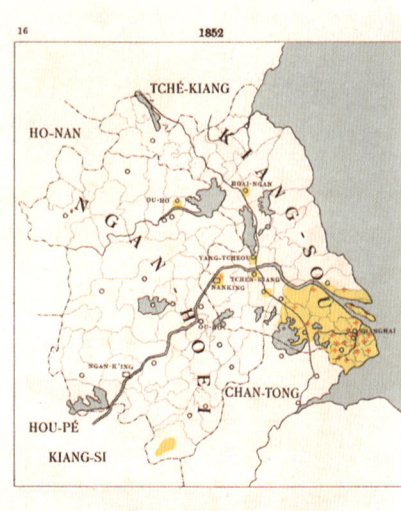
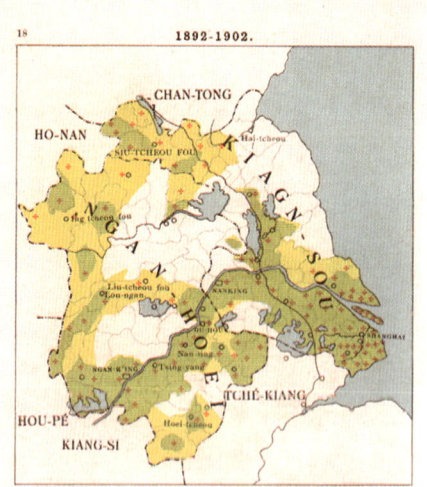

La Sᵗᵉ Enfance.

1. BAPTÊMES.

À côté des 570 330 baptêmes d'adultes et d'enfants de chrétiens, nous devons mentionner comme un apport considérable, non pas pour la terre, mais pour le ciel, près de 2 000 000 de baptêmes d'enfants d'infidèles en danger de mort. C'est la gerbe de la Sᵗᵉ Enfance.

Les missionnaires eux-mêmes n'en sont que pour très peu de chose, une glane, les moissonneurs, Elle est surtout la moisson de nos dévouées religieuses dans leurs dispensaires, de zélés chrétiens, entre autres les médecins, et de nos Vierges Chinoises, qui pour soigner les enfants ont leur entrée partout.

Vers 1848, on ne baptisait guère que 2000 "petits voleurs de Paradis". En 1917, on montait à 48000 enfants baptisés.

Il y a sur notre graphique, deux fléchissements, l'un en 1892-93, année de persécution assez violente, puis de 1904 à 1913, sans cause bien définie. Après une belle ascension, on retombe de 1917 à 1922; ici la raison est toute simple: la diminution des subsides de la Sᵗᵉ Enfance, diminution due au change très défavorable.

2. ENFANTS RECUEILLIS.

En outre de ces baptêmes, il y a chaque année un certain nombre d'enfants recueillis dans nos orphelinats. Quelques uns sont recueillis de droite ou de gauche; la plupart y sont apportés par les païens eux-mêmes. La "rentrée" de ces bébés a atteint 10 400 en 1912, et en 1917. A partir de cette dernière date, les chiffres baissent, pour la même raison que pour les baptêmes; notons aussi que beaucoup d'orphelinats païens se sont fondés, tandis que ceux de la mission ont dû diminuer.

Ceux de ces pauvres petits, arrivés souvent mourant aux orphelinats, qui échappent à une mortalité infantile de 60 à 70 %, sont placés en nourrice, gardés dans des crèches ou confiés à des familles chrétiennes qui les adoptent.

On apporte un bébé au Seng-mou-yeu.

Les orphelins et orphelines sont, plus tard, instruits et apprennent ensuite un métier, les uns à l'Orphelinat de T'ou-sè-wè, sous la direction des Pères, les autres au couvent du Seng-mou-yen, sous la conduite des Religieuses Auxiliatrices.

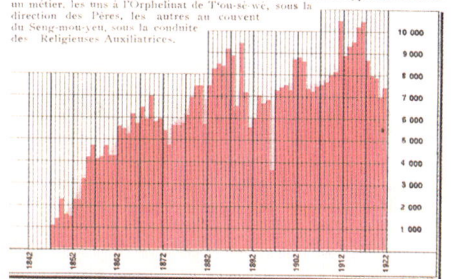

les enfants doivent obligatoirement suivre au moins les *écoles de prières*, a rendu les écoles du Kiang-nan si prospères.

Les graphiques se passent de commentaires.

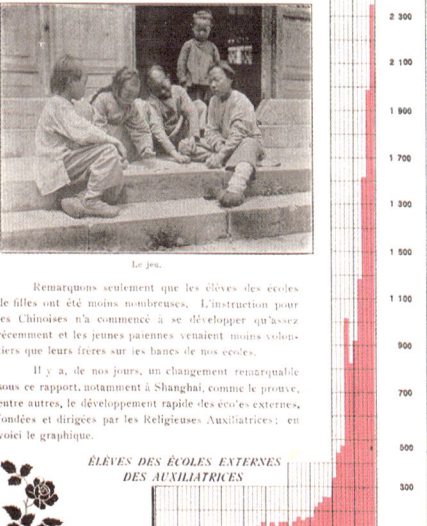

Le jeu.

Remarquons seulement que les élèves des écoles de filles ont été moins nombreuses. L'instruction pour les Chinoises n'a commencé à se développer qu'assez récemment et les jeunes païennes venaient moins volontiers que leurs frères sur les bancs de nos écoles.

Il y a, de nos jours, un changement remarquable sous ce rapport, notamment à Shanghai, comme le prouve, entre autres, le développement rapide des écoles externes, fondées et dirigées par les Religieuses Auxiliatrices; en voici le graphique.

ÉLÈVES DES ÉCOLES EXTERNES DES AUXILIATRICES

Œuvres diverses à Shanghai.

Des *ateliers* de fonderie, menuiserie, sculpture, peinture, imprimerie, à l'Orphelinat de T'ou-sè-wè, et des *ouvroirs*: lingerie, broderie, dentelles, chez les Religieuses Auxiliatrices du Seng-mou-yen occupent, outre les apprentis presque tous orphelins, plus d'un millier d'ouvriers et d'ouvrières.

Les religieuses Auxiliatrices ont une *École de Sourds-Muets*, des *Crèches* externes, des *Patronages* et *Congrégations*; pour les étrangers, des Œuvres diverses, *Bibliothèques, Protection de la Jeune Fille, Société des Dames de Sᵗᵉ Monique, Congrégations, Œuvre des Tabernacles, Œuvre du Travail pour les Pauvres; Catéchuménats* en toutes les langues; japonais, français, anglais, allemand, italien, russe, etc., sans oublier l'*Œuvre des Annamites*, employés à la Police Française.

Il va sans dire que les Congrégations de la Ste Vierge dans les Collèges sont très en honneur.

Un *Cercle Catholique* très actif et deux *Conférences de St Vincent de Paul*, à Shanghai, sont à signaler comme foyer de zèle et de piété.

T'ou-sè-wè, un coin de l'atelier de peinture.

Le Carmel.

Le Carmel de Chine, fondé, en 1869, par 5 religieuses du Monastère de Laval, est le centre de prières et de sacrifices par excellence dans la Mission du Kiang-nan. Nombreuses y sont entrées les postulantes Chinoises et le monastère de T'ou-sè-wè, près Shanghai, a essaimé en 1920 pour aller fonder le Carmel de Tch'ong-k'ing au Se-tch'oan.

博物馆、出版事业等。第三篇是江南教区教徒、耶稣会士、欧洲神父和本土神父情况分析，男女信徒分布情况，欧洲传教士和本土传教士的分布。第四篇是教区主教和江南教区各分教区情况。

第二卷籍载范围从上海扩大到江苏全省。开篇是江苏天主教传教历史沿革，然后依次介绍了信教人数、新入教人数、传教士情况、耶稣会士和神父去世情况、扩张情况（上海区、徐家汇以及南京教区领圣体人数、孤儿院、学校、慈善医院、慈善工场、科学机构等）、信徒情况、南京教区各分教区情况、1922—1932年南京教区大事记、1922—1932年有关中国的主要出版物。

《中国江南教区（1842—1922）和南京教区（1922—1932）沿革》印制考究，铜版纸，彩色插图，有孤儿入院、学童入学、土山湾画馆以及早期几任主教的珍贵照片。

姚缵唐①神父还撰有 Cent ans sur le Fleuve Bleu: une mission des Jésuites（《百年流泽：一个耶稣会传教区》，土山湾印书馆，民国三十一年〔1942〕）。

除了耶稣会，其他各家修会也撰写过很多自己在中国各地的传教史。

记述遣使会在华传教史以樊国梁的《燕京开教略》和包士杰神父的《北京传教史》最为重要，两部著作的后半部都是讲述遣使会在华历史。

记述方济各会在湖北传教史记的有 Sunto Storico de Vicariato Hupé occ. in Cina（《鄂西天主教简史》，北堂印书馆，民国十三年〔1924〕）。

记述方济各会在山陕传教史记的有 Vicariatus Taiyuanfu seu Brevis Historia, Antiquæ Franciscanæ missionis Shansi et Shensi, a sua origine ad dies nostros, 1700—1928（《太原府代牧区简史》，北堂印书馆，民国十八年（1929））。

《太原府代牧区简史》，意大利方济各会神父里奇（Joannes Ricci）撰，北堂印书馆民国十八年（1929）出版。这部拉丁文著作有三卷，概述了自十八世纪至民国十七年（1928）天主教在山陕传播福音的经历，重点叙述方济各会开拓两省的传教事迹。第一卷有十一章，从叶宗贤②康熙三十五年（1696）出任山陕教区首任主教开篇，讲述至道光二十三年（1843）金亚敬③主教去世。第二卷有六章，从道光二十四年（1844）山陕分立，冯尚仁④出任陕甘主教起始，至民国十七年（1928）希贤⑤出任陕西中心教区主教。第三卷有八章，特别介绍了山陕教区几个时期的情况：杜嘉弼署理的山西教区，江类思署理的山

---

① 姚缵唐（Yvu Henry，1880—？），字虞臣，法国人，1898年入耶稣会。光绪三十年（1904）来华，任徐汇公学校长，民国四年（1915）晋铎，任震旦大学校长，民国十七年（1928）任徐家汇大修院院长，民国二十六年（1937）任上海耶稣会会长，民国三十七年（1948）任上海教区代主教，1950年接替龚品梅任上海教区主教。1953年被驱逐出境，余迹不详。

② 叶宗贤（Basilius de Gemona，1648—1704），意大利人，方济各会士。康熙二十三年（1684）来华，先在广东、浙江、湖北、湖南、四川、贵州等地传教，康熙三十五年（1696）任山陕教区主教。著有《汉字西译》《字汇拉定略解》和《宗元直指》等。

③ 金亚敬（Joachim Salvetti，1769—1843），又记苏若亚敬、艾若亚敬，意大利人，1787年入方济各会。嘉庆九年（1804）来华，嘉庆二十二年（1817）出任山陕主教。逝于祁县。

④ 冯尚仁（Alphonso Donato，1804—1848），意大利人，方济各会士。道光十一年（1831）任中国山陕辅理主教，道光二十四年（1844）任陕甘主教。

⑤ 希贤（Eugenio Massi，1874—1944），意大利人，方济各会士，1898年晋铎。光绪二十九年（1903）来华，宣统二年（1910）任晋北教区代牧，民国五年（1916）任西安教区代牧，民国十六年（1927）任汉口代牧。在汉口死于日军空袭。

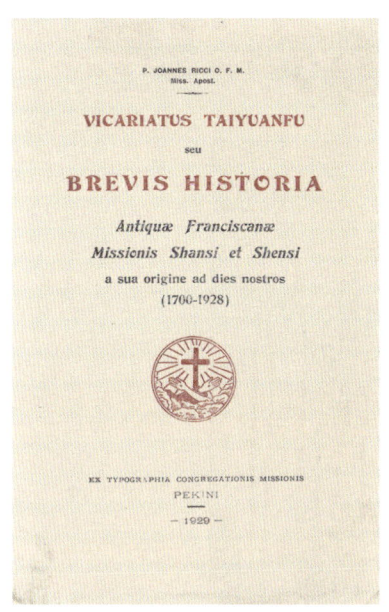

Vicariatus Taiyuanfu seu Brevis Historia, *Antiquæ Franciscanæ missionis Shansi et Shensi*, *a sua origine ad dies nostros*（1700—1928）

太原府代牧区简史（封面和插图）

［意］里奇撰

拉丁文

三卷　一册

民国十八年（1929）

北平遣使会印书馆排印

铅印本　纸本　平装

开本：25×16.5（cm）

191 页

照片 44 幅

Ecclesia in civitate *Tshu-tze*,
in Vicariatu Sianfu.

Facies Ecclesiae Cathedralis *Tai-yuan-fu*.

Ecclesia in pago *Ku-nien*.

Ecclesia in pago *Ts'ao-yuen-t'ou*.

西教区，艾士杰署理的晋北教区，义和团时期的山陕教区，凤朝瑞重组教区，希贤重组教区，晋南教区，凤朝瑞逝后山西教区状况。

总体来说，《太原府代牧区简史》文采不足，行文干涩，不过史料性还是比较强的，书后六份有关方济各会管理教区人员情况的附录、随文的四十四幅历史照片尤其少见。

记述巴黎外方传教会四川传教史的有古洛东神父的《圣教入川记》。

记述巴黎外方传教会西藏传教史的有古纯仁神父的 Trente Ans aux Portes du Thibet interdit, 1908—1938（《闯入藏区禁地三十年》）。

记述巴黎外方传教会贵州传教史的有和为贵神父的 Au Pays des Pavillons Noirs, la Mission du Kouangsi（《身陷土匪之乡——广西传教史》）。

法国历史学家陆南[①]神父撰写的有关巴黎外方传教会传教史的著作，最丰富，最为系统，如 Histoire de la mission du Thibet（《西藏传教史》，1902），Histoire des Missions de Chine, Kouang-si（《中国广西传教史》，1903），La Mission de Manchourie（《满洲传教史》，1905），Histoire des Missions de Chine, Kouy-tcheou（《中国贵州传教史》，1907—1908），Histoire des missions de Chine, Kouang-tong（《中国广东传教史》，1917），Histoire des missions de Chine, Setchoan（《中国四川传教史》，1920）等。这些书是研究巴黎外方传教会在华传教史不可不备的著作。

香港纳匝肋印书馆出版过几部有关天主教在东亚和印度支那诸国的传教史著，比如民国十三年（1924）出版的法文版 Le Catholicisme en Corée; son origine et ses progres（《高丽天主教史》）等，这些非常重要的学术著作以往很少进入中国学者的视线。

《高丽天主教史》分为四卷：第一卷"基督教初入高丽，初受迫害（1784—1831）"；第二卷"以血殉道（1839—1866）"；第三卷"走出地下，初尝收获（1890—1911）"；第四卷"高丽教会的组织体系（1912—1923）"，形成汉城、光州、元山三个代牧区和平壤教区。

作者在长篇序言里细述了高句丽、百济、新罗等民族形成的历史；传教士们在利玛窦、汤若望等人介绍的"西学"感召下，为福音传播赴汤蹈火、前赴后继的历史。

就这部《高丽天主教史》来说，不仅在研究天主教时非常重要，对于全面了解朝鲜历史也是不可或缺的。

《高丽天主教史》同年还出版了英文版 The Catholic Church in Korea，其内容、结构和篇幅与法文版无异。

关于日本传教史的书籍，有见香港纳匝肋印书馆光绪三十年（1904）出版的 Les Daimyo Chrétiens; ou Un Siècle de l'Histoire Religieuse et Politique du Japon, 1549—1650（《基督大名——日本宗教政治百年史》），

[①] 陆南（Adrien Charles Launay，1853—1927），法国人，1874年入巴黎外方传教会，1875年晋铎；1877年赴交趾支那西境教区，在西贡、南圻等地传教；后在香港养病并从事研究工作。1884年返回巴黎后一直研究巴黎外方传教会历史。此后多次来华，到上海、北京等地。亦到访过越南西贡、老挝，河内等。巴黎外方传教会总会档案史专家。著有 L'Histoire de la Societe des Missions Étrangères（1894），L'Histoire des Missions de l'Inde（1898），Memorial de la Societe des Missions Étrangères（香港，1912）等。

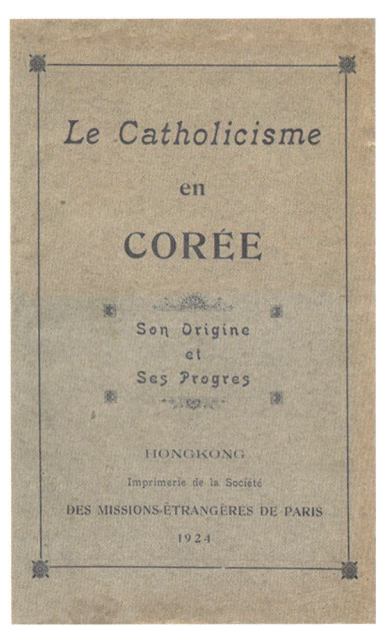

Tomb of the Regent and Princess Mary Min

(Several years ago the remains of the prince and princess were transferred from this tomb which is only half a league from Seoul)

THE FOUR BISHOPS OF KOREA
Mgr. Demange　Mgr. Devred　Mgr. Sauer
Mgr. MUTEL

Chapel in a Christian village in Korea

Le Catholicisme en Corée: son origine et ses progres
高丽天主教史（封面和插图）
法文
四卷　一册
民国十三年（1924）
香港纳匝肋印书馆排印
铅印本　纸本　平装
开本：21.5×14（cm）
111 页
插图 35 幅　地图 1 幅

作者是斯定荃①神父。

这本书日本译为《圣人传》，记述日本战国时期天主教在日本传教经历。天文十八年（1549），沙勿略一行抵达日本九州鹿儿岛，开始了天主教在日本的传教征程。沙勿略死后，范礼安神父领导耶稣会得到地方封建领主——大名的支持，迅速扩张，许多大名及其家人皈依天主教。丰臣秀吉对天主教采取限制政策，天正十五年（1587）颁布《伴天连追放令》。德川家康执政初期对天主教采取宽容政策，后于庆长十七年（1612）颁布禁教令。随后的德川秀忠和德川家光亦采取同样政策，宽永十年至十六年（1633—1639）德川家光先后五次下达"闭关锁国令"。伴随着一大批殉道者，天主教在日本第一次传教努力彻底失败。

这些史作有的在中国出版，有的在欧洲出版，大多是来华传教士撰写的。

【纪事体史作】

纪事本末体是以事件为主线的史著，上海土山湾慈母堂出版的《正教奉褒》和《正教奉传》是这类书籍里较有代表性的。

康熙中前期，由于天主教传教士们在历法、绘画、音乐方面的成绩，尤其是在与俄国人边境交涉、顺利签署《尼布楚条约》这件事上帮了朝廷很大的忙，康熙三十一年（1692）清廷曾颁布了允许天主教在华传播的诏令，史称"康熙容教令"。这是天主教入华百余年后首次得到中国朝廷以旨令形式的正式允准。

但传教士们在中国的宽松日子不到三十年。由于罗马教皇一再坚持禁止在华传教士遵守中国礼仪，惹怒清廷，康熙五十九年（1720）皇帝的态度骤然改变，颁旨禁教。对"康熙容教令"的不同解读，甚至是否存在这段历史，奉教与反天主教两派意见截然对立。黄伯禄编纂《正教奉褒》和《正教奉传》，记载了"康熙容教令"颁布的过程及其内容，以及后来朝廷和各地府衙对于天主教传教的态度和措施的史料。

《正教奉褒》主要依据中文文献，并参照部分西文资料，精加校雠，按照年代顺序，起自唐太宗贞观年间阿罗本到长安（大秦景教），讫于清宣宗道光年间高守谦回国，详细介绍了天主教在华

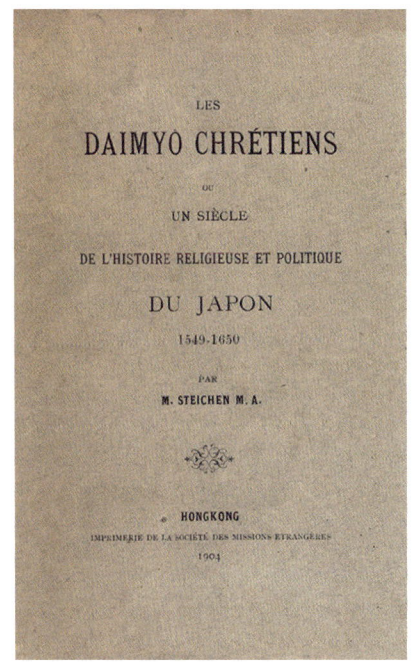

Les Daimyo Chrétiens：ou Un Siècle de l'Histoire Religieuse et Politique du Japon，1549—1650

基督大名——日本宗教政治百年史（封面）

[卢森堡] 斯定荃撰
法文
二十五章　一册
清光绪三十年（1904）
香港纳匝肋印书馆排印
铅印本　纸本　平装
开本：29.5×13.5（cm）
454 页

---

① 斯定荃（Michel Steichen，1857—1929），卢森堡人，1882 年入巴黎外方传教会，1885 年晋铎。明治二十年（1887）到日本，在东京教区任神职。

正教奉褒（封面）
〔清〕黄伯禄编
不分卷 两册
清光绪十年（1884）
慈母堂排印
铅印本 纸本
筒子页 线装
十行三十二字小字双行同
白口四周双边单鱼尾
开本：26.5×15.3（cm）
半框：20×13（cm）
169 页

正教奉传（扉页和内页）
〔清〕黄伯禄编
一百三十篇 两册
清光绪三十四年（1908）慈母堂排印
铅印本 纸本 筒子页 线装
十行二十三字小字双行不同
白口四周双边单鱼尾
开本：24.3×15（cm）
半框：19.5×13（cm）
196 页

的传播。该书于光绪十年（1884）初版，累年递修，是一部被学界反复引用的天主教史书。

费赖之在《在华耶稣会士列传及书目》中认为黄伯禄的《正教奉褒》是艾儒略的《熙朝崇正集》的增补本，冯承钧先生对照后指出两本书完全不同，费氏判断有误。

《正教奉传》收集了许多围绕执行容教令的史料：朝廷的"上谕"，礼部的"题奏"，衙门的"告示"，洋人的"照会"等。黄公在第一版序言里说明此书主旨：

天主教传行中国，越千数百载。虽屡被奸谋，时遭厄难，仍蒙圣主贤臣，察鉴真主，奉行勿替。兹将所及见闻之朝廷恩旨，及中外大臣奏稿示谕，并道府州县告示，汇辑一卷，颜之曰正教奉传，爰述天主教传行中国之原委。

此书光绪三年（1877）初版的是木刊本，只收有三十五篇；光绪十六年（1890）增订，补充了三十四篇，改为铅活字摆印；光绪二十六年（1900）续增了五十篇，光绪二十七年（1901）再续增了十一篇，光绪三十四年（1908）上海慈母堂出版完整铅排本。

天主教学者，如方豪等人对《正教奉褒》和《正教奉传》非常重视，黄伯禄收集整理的历史文献为他们的研究工作提供了不可多得的信史。

法国传教士顾赛芬于光绪二十年（1894）将《正教奉传》编译成法文著作，*Choix de documents：lettres officielles，proclamations，édits，mémoriaux，inscriptions*（《正教褒传》），河间胜世堂出版。顾赛芬的译本是把《正教奉褒》和《正教奉传》的史料重新归类，列有中文原文、法文译文和罗马字母注音，分为五卷：第一卷"敕令和公函"，第二卷"布告"，第三卷"奏章和回忆录"，第四卷"《京报》《京抄》《邸报》"，第五卷"碑铭"。

中国天主教有两块伤疤，一块是自上而下发生的乾嘉"禁教"，另一块是自下而上的庚子"排教"。晚清义和团运动是中国天主教会挥之不去的噩梦，因而教会学者撰写了不少相关书籍。

土山湾印书馆曾出版问渔先生撰写的两卷本《拳祸记》，上卷《拳匪祸国记》，下卷《拳匪祸教记》，光绪三十一年（1905）出版。《拳祸记》面世后因史料欠准确，得问渔先生重新修改，宣统元年（1909）出版增补本。

上卷《拳匪祸国记》有二十八篇，"拳团始原""拳祸缘起""奸臣祸国""政府被惑""拳匪伪术""拳党横行""客使被戕""华洋决裂""大沽失陷""聂军败迹""华兵攻天津租界""聂士成殉难""津城失守""忠臣冤戮""南数省相约保护""军士勤王""使馆被围""俄侵东三省""联军进京""官绅殉难""联军剿匪""惩治罪魁""中外议和""会议赔款""议定约章""中俄新约""国书""回銮志盛"。有光绪、慈禧、董福祥、袁昶、许景澄、刘坤一、张之洞、肃王、庆王、王文韶、端王、李鸿章、荣禄、袁世凯十四位人物的画像，七张历史照片，四幅地图。

下卷《拳匪祸教记》介绍北方各省区义和团运动及南方各省反教会活动的情况，篇目均为区域：直隶北境、直隶东南境、直隶西南境、满洲南境、满洲北境、东蒙古、中蒙古、西南蒙古、山西北境等三十篇。

问渔先生在序言里讲：

古人有言，无平不陂，无往不复，循环之理，千古不磨。故八埏无常治之民，五洲无永安之国……上而王公，中而官绅，下而民庶，其以拳术为可恃者，十居六七。以故喧动一时，决意与洋人为难。不自量力，冒昧造灾。

问渔先生身为华人，又混迹于洋人圈子里，此双重身份使他对待义和团的态度颇为纠结，所以他对义和团运动总的定性是"愚昧"。

《解疑集》是上海天主教区编写的，记录光绪十七年（1891）夏中国各地出现"匪徒"蜂起，攻击教堂的历史情况。本书刊载了光绪十七年五月初七"上谕"，严肃地解释教案缘由，并引据媒体报道，讲述各教案始末。核心是要说明，天主教是受害者，希望求得社会的公平对待和理解。

类似《拳祸记》和《解疑集》的天主教书籍比较多，大多记

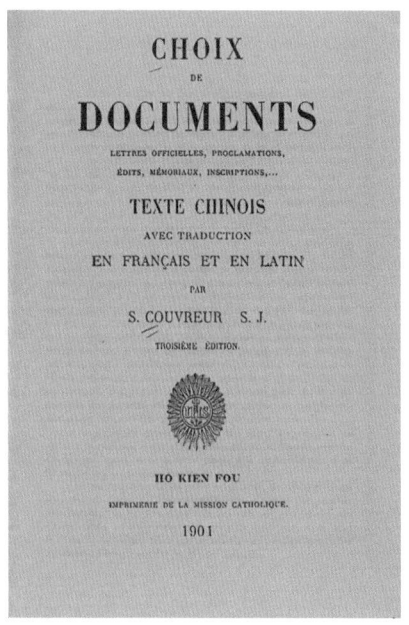

Choix de documents：lettres officielles, proclamations, édits, mémoriaux, inscriptions
正教褒传（封面）
〔清〕黄伯禄编
〔法〕顾赛芬译
法文　中文　罗马字母注音
五卷　一册
河间府胜世堂印书房
清光绪二十年（1894）初版
清光绪二十七年（1901）三版
铅印本　纸本　平装
开本：21×14（cm）
560页

拳祸记（扉页、内页和插图）
〔清〕李杕撰
两卷　两册
清光绪三十一年（1905）
土山湾印书馆排印
铅印本　纸本　平装
开本：22.5×15（cm）
838页
插图50幅

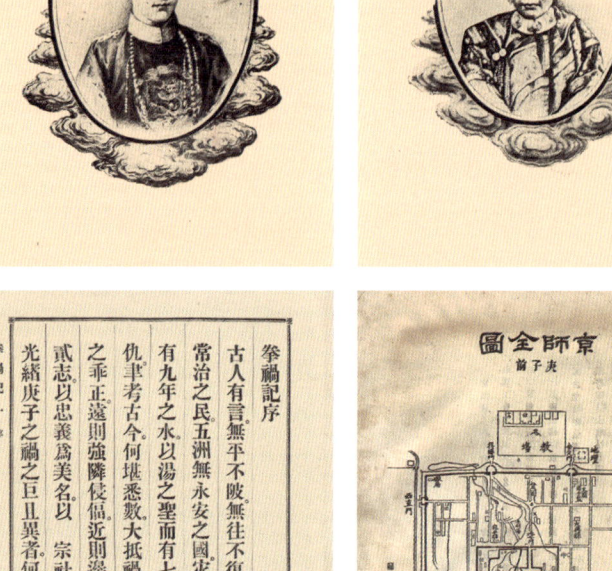

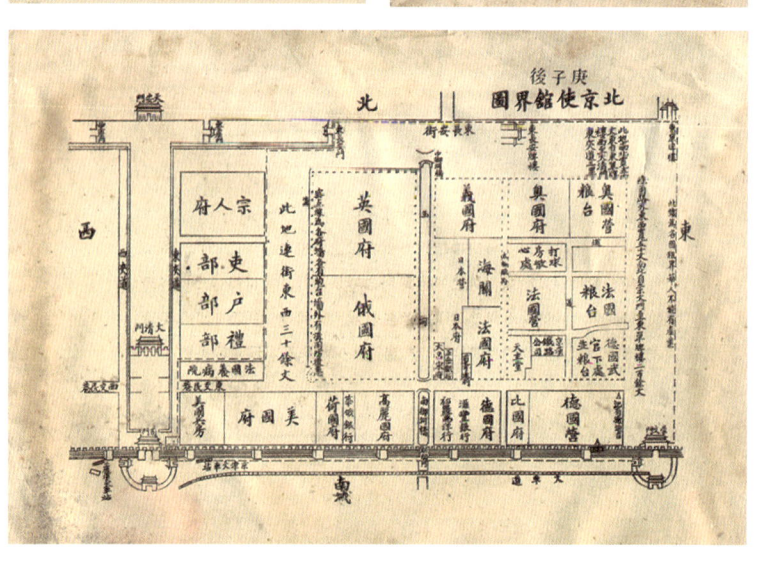

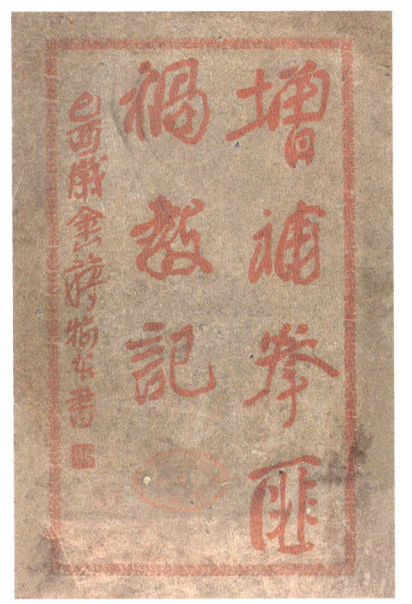 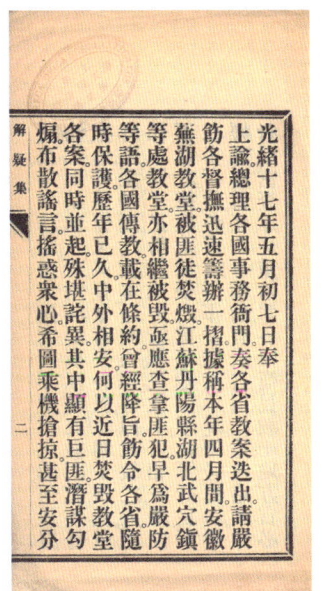 

增补拳匪祸教记（封面）
〔清〕李杕撰
一卷　一册
清宣统元年（1909）土山湾印书馆排印
铅印本　纸本　平装
开本：22.2×15.5（cm）
522 页
插图 50 幅

解疑集（内页）
上海天主堂编
一卷　一册
清光绪十七年（1891）
土山湾印书馆排印
铅印本　纸本　筒子页　线装
十三行三十字白口
四周双边单鱼尾
开本：20.4×12.5（cm）
半框：15×10（cm）
21 页

拳时北京教友致命（封面）
[法]包士杰撰
十八卷　两册
民国九年至十年（1920—1921）
北京救世堂排印
铅印本　纸本　筒子页　线装
十一行二十五字白口半页
四周双边无鱼尾
开本：19.5×12.6（cm）
半框：15.5×11（cm）
180 页

述天主教历史某一阶段的事件，有一定史料价值。同类书还有包士杰的《拳时北京教友致命》和《拳时北堂围困》（民国九年〔1920〕北京救世堂排印本）、《拳时杂录》（民国元年〔1912〕北京救世堂排印本）、《拳时上谕》（民国八年〔1919〕北京救世堂排印本）等。

【纪传体史作】

天主教出版机构出版的纪念他们"烈士"的小传，可以视作纪传体通史中的列传，比如《圣方济各沙勿略传》《真福克来传》《真福刘达陡神父传》《真福刘保禄神父小传》《真福赵奥司定神父传》，还有《主证遗芳》等。这些书不单单是人物传记，也是记述某个时期、某个事件的重要史料。比较典型的是湖北西北教区成和德主教撰写的《刘董二位致命真福合传》，土山湾印书馆民国十年（1921）代印。

是书传主两位，刘·方济各·克来和董·若望·俾厄尔玻亚

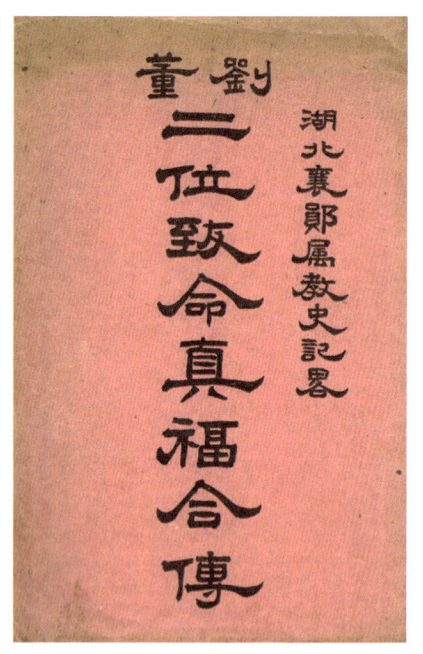

刘董二位致命真福合传（封面）
湖北襄郧属教史记略
天主教湖北西北教区编撰
两篇　一册
民国十年（1921）土山湾印书馆代印
铅印本　纸本　平装
开本：22.5×15.1（cm）
65页

尔。真福刘克来的传记北京救世堂早已出过。真福董若望，1802年生于法国，遣使会传教士，道光十五年（1835）来华，在河南、湖北一代传教，道光二十年（1840）在武昌被官府处死。

这本书还有一个副书名《湖北襄郧属教史记略》，由此看来，虽为两位真福传记，实际上编者的定位是教会的地方传教史，通过两位真福的事迹，记述了天主教在湖北襄樊（今襄阳）、郧县（今十堰郧阳区）地区传教的历程。

【教务籍档】

顺治四年（1647），早期华人天主教徒韩霖和张赓①曾合编《圣教信证》，附录"耶稣会士姓氏著述"，记明末清初来华传教士的中文传记及译著书目，康熙七年至十三年间（1668—1674）刊刻于北京。后南怀仁增补《圣教信证》，改书名《道学家传》。

柏应理又增订《道学家传》，并译成拉丁文 Catalogus patrum societatis Jesu: qui post obitum S. Francisci Xaverii primo saeculo, sive ab anno 1581, usque ad 1681, in Imperio Sinarum Jesu-Christi fidem propagarunt（《在华耶稣会司铎名录——自沙勿略以来一百年间在中华帝国的耶稣基督之忠实传播者》），1686年在巴黎付梓。拉丁文本编制年代自万历九年至康熙二十年（1581—1681），凡百年，较《道学家传》延长了三十五年。这是一部比较严谨的传记集，对后人研究天主教传教史大有裨益。该书介绍了自沙勿略以来来华耶稣会士的姓名、国籍、来华年月、传教地点、卒年、墓地和中文著述等，颇为翔实。方杰人认为该书是柏应理的"最大贡献之一"。

《圣教信证》和《在华耶稣会司铎名录》这类历史书籍的体例后来多被教会史学家模仿。

同治十二年（1873）土山湾慈母堂石印出版法国耶稣会士费赖之撰写的 Notices Biographiques et Bibliographiques sur les Jésuites de l'Ancienne Mission de Chine, 1552—1773（《在华耶稣会士列传及书目》），收录嘉靖三十一年至乾隆三十八年（1552—1773）来华耶稣会士共四百六十七人，书目约八百种，是后来研究西方耶稣会士在华传教史最为重要的文献目录。光绪十二年（1886），光启社将此书收入"汉学丛书"第五十九种和第六十种，铅印再版。民国二十七年（1938）商务印书馆出版的《入华耶稣会士列传》

---

① 张赓（1570—1647），字夏詹，号明皋，福建晋江人，天启元年（1621）受洗，教名为玛窦。万历二十五年（1597）举人。后来在河南、广东做过县令。仕归故里后助艾儒略传教；与艾儒略合译《圣梦歌》，还为艾儒略的《口铎日抄》和《五十余言》作序跋。

是此书摘译本，只译出前五十人传记，无译书目。1995年商务印书馆出版冯秉均的全译本。法国耶稣会士荣振华①1973年完成 Répertoire des Jesuites de Chine de 1552—1800（《在华耶稣会士列传及书目补编》），作为费赖之著作的补充。

费赖之（Louis Pfister，1833—1891），字福民，法国人，1852年入耶稣会，同治六年（1867）来华，同治九年（1870）晋铎；曾在崇明、海门短期传教，后多居徐家汇管理藏书楼，研究中国史地以及天主教传入中国历史，编辑期刊，绘制江南教区地图等。费赖之平生著述较多，光绪十七年（1891）出版的《通报》曾载其著作目录。

费赖之有写日记的习惯，在华二十四年无一日漏记。光绪十七年（1891）费赖之居芜湖时，当地百姓与教会发生冲突，百姓焚毁了法国人设计监造的、砖木石混结构的芜湖圣若瑟主教座堂。费赖之的这些日记和他本人都殁于这场大火。

编辑各类"统计名录"和"统计年报"成为各个教区日常统计工作。又由这种"统计名录"和"统计年报"演变成类似年鉴的资料档案。

早在耶稣会重返中国初期出版的"慈母堂刻本"里，有一本郎怀仁②主教于同治七年（1868）编的《圣事总录》。此书特别之处在于其不是论著，而是一份统计表册，分为"神工录""圣洗录""遗孩圣洗录""坚振录""婚配录""赐免录""亡者录"七张表格，列出非常详细的项目，要求各教堂、教区逐级统计，当时定于五年一报。这部书反映的是郎怀仁加强教务管理，开始教会正规化建设。

夏鸣雷神父曾经编纂过一部 La Mission du Kiang-nan, son histoire, ses œuvres（《近三年的江南教区》），光绪二十六年（1900）土山湾印书馆出版。两年后，光绪二十八年（1902）又出版 La Mission du Kiang-nan, Les trios dernières années 1899—1901（《近三年的江南教区续编》）。

这两部作品是夏鸣雷神父的最后著作，印量很少，是耶稣会法国总部编纂的一套世界各地传教区工作情况汇总的一部分，土山湾印书馆仅作为工作用书或存档刊印少许。《近三年的江南教区》全书分为七章，第一章"一般事件概述"，第二章"主教"，

圣事总录（扉页）
［法］郎怀仁编
七卷 一册
清同治七年（1868）慈母堂刊印
刻本 纸本 筒子页 线装
表格四周双边单鱼尾
开本：24.5×15.5（cm）
半框：22×12.5（cm）
153页

---

① 荣振华（Joseph Dehergne，1903—1990），法国人，耶稣会士，1925年入耶稣会。民国二十五年（1936）来华，民国二十六年（1937）晋铎，1940—1951年任教于震旦大学。1951年回法国。
② 郎怀仁（Adrianus Languillat，1808—1878），字厚甫，法国人，1841年入耶稣会。道光二十四年（1844）来华，咸丰元年（1851）任上海徐家汇耶稣会住院院长、副主教，咸丰四年（1854）晋铎，咸丰六年（1856）任直隶东南区宗座代牧，同治二年（1863）获朝廷三品顶戴，同治三年（1864）调任江南宗座代牧区代牧。逝于上海。

La Mission du Kiang-nan, Les trios dernières années 1899—1901
近三年的江南教区续编
（封面和插图）
法文
夏鸣雷编
七章　一册
铅印本　纸本　平装
清光绪二十八年（1902）
土山湾印书馆排印
开本：25.3×16.8(cm)
172 页
地图 1 幅　图表 3 幅

Catalogus Patrum Ac Fratrum S. J.
耶稣会司铎和修士名录（封面）
光启社编
法文　拉丁文
一册
清光绪三十四年（1908）
土山湾慈母堂排印
铅印本　纸本　平装
开本：24.3×15.6（cm）
104 页　插图 1 幅　地图 1 幅

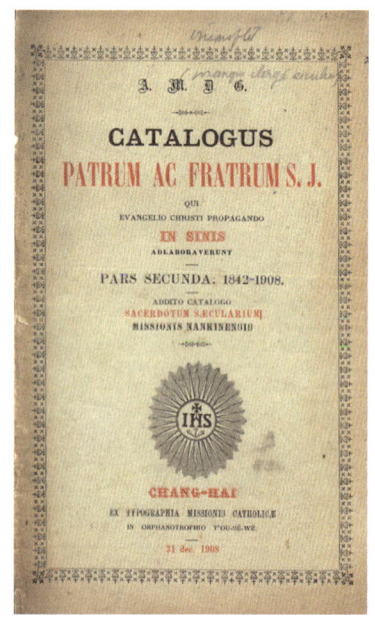

第三章"已亡者，新来者"，第四章，"传教活动"，第五章"上海"（附"徐汇天文台""佘山天文台"），第六章"江苏教区"，第七章"安徽教区"。

附表三张："江南总区圣事活动统计表""江苏教区圣事活动统计表""安徽教区圣事活动统计表"。三张表格都是光绪二十六年至二十七年（1900—1901）的。书后袋插有 *Carte du Kiang-nan, Provinces du Kiang-sou et du Ngan-hoei*（《江南苏皖两省地图》）。

耶稣会管理的江南教区自光绪三十四年（1908）起，不间断地编辑出版各类统计年报。从民国中期开始，这项工作的组织更加细致，基层教区也有独立的统计资料。

这些年报大致分两个层级：一、耶稣会中国省或总教区，如江南教区（或南京教区）、直隶东南教区（献县教区）；二、区域教区，如上海教区、江苏教区、海门教区、芜湖教区、徐州教区、蚌埠教区、安庆教区等。

这些年报侧重点不同，统计内容主题分为四类：

一、教士名录。这份年报可以视为柏应理和费赖之工作的延续，实用性很强。

Catalogus Patrum Ac Fratrum S. J.（《耶稣会司铎和修士名录》），包括两个部分：*Index Chronologicus Patrum Ac Fratrum Missionis Kiang-nan*（"江南教区司铎和修士名录"）和 *Index Chronologicus Patrum Ac Fratrum Missionis Tche-li*[①]（"直隶东南教区司铎和修士名

---

① Tche-li，全称 Tche-li Sud-Est，直隶东南传教区，即河间府献县教区的正式称谓。

录")。第一册收录时间从道光二十二年（1842）起至光绪三十四年（1908），然后自宣统元年（1909）起每年更新出版。这套名录最初编撰者是法国传教士屠恩烈神父，后来由光启社接手续编。

Catalogus missionis de Sienhsien Provinciæ Campaniæ Societatis Jesu（《耶稣会献县教区名录》）。这份直隶东南教区的名录在民国三十四年（1945）之前由胜世堂印书房出版，胜世堂歇业后由天津崇德堂出版。统计范围包括：献县天主教区（Mission Catholique, Sienhsien）、天津崇德堂（Mission de Sienhsien, Chung Te Tang）、北平德胜院①（Peiping Domus Studiorum S. Natalis）、天津工商学院（Tiensin Collegium SS Cordis Jesu）等。

二、教区统计。此年报反映被统计单元的当期状态。

Status missionis Nankinensis Societatis Jesu（《耶稣会南京教区统计》）。这份年报区域涵纳：徐家汇；土山湾；上海基地（Residentia），包括洋泾浜、董家渡、虹口、卢家湾；江苏省，包括南京、扬州、苏州、松江、浦东、常州、徐州、崇明、海门、南通；安徽省，包括芜湖、庐州、宁国、安庆、徽州、池州、颍州、凤阳、六安等地，随传教拓展有所调整。内容包括当期南京传教区主教、各区域司铎和辅理人员名录。这份名录第一本也编于光绪三十四年（1908），起始时间为道光二十二年（1842）。

还有 *Status missionis Shanghai Societatis Jesu*（《耶稣会上海教区统计》），*Status missionis Süchowensis Societatis Jesu*（《耶稣会徐州教区统计》），*Status Vicariatus Apostolici Haimenesis*（《海门代牧区统计》），*Status missionis Pengpu Societatis Jesu*（《耶稣会蚌埠教区统计》）等。

三、圣事统计。这份年报基本上是表格，记述各教区本年度圣事活动的数据，如弥撒、瞻礼、慈善活动等，很详细，每年的资料不叠加。

具体有：*Œuvres de la mission du Kiang-nan*（《江南教区圣事统计》），*Œuvres de la mission de Nankin*（《南京教区圣事统计》），*Œuvres de la mission de Shanghai*（《上海教区圣事统计》），*Œuvres de la mission de Kiang-sou*（《江苏教区圣事统计》），*Œuvres de la mission de Süchow*（《徐州教区圣事统计》），*Opera Vicariatus de Pengpu*（《蚌埠代牧区圣事统计》）等。

四、教育统计。包括两种，"修道院和学校统计"和"大小修院修业名录"。

"修道院和学校统计"比较少见，如 *Missions Séminaires Écoles Catholiques en Chine*（《中国天主教各教区修道院和学校》），光启社编，土山湾出版。该书统计范围是全国性的（包括香港、西藏等地）天主教在华各家修会（包括善会）在各个教区举办的修道院类型：大修院、小修院、神学院、哲学院、拉丁文学院等。以及当期在校学生人数、毕业人数等。还统计了各家修会在各个教区举办的学校，这项统计比较简单，只有当期在校人数、年级等。

"大小修院修业名录"这份年报在"教区统计"里已包括，单独列出可能是上报对口机构和用途不一样。如 *Catalogus Seminarii Majori & Minoris Vicaritus Apostolici Shanghai*（《上海教区大小修院修业名录》），*Catalogus Seminarii Majori & Minoris Vicaritus Apostolici Nankinensis*（《南京教区大小修院修业名录》）等。

耶稣会的这些年报，除了献县教区的以外，都是各地将统计资料整理好后汇总到上海，由光启社编辑后，交土山湾印书馆排印。现在市场上偶尔可以遇到一些当年编纂时留下的底稿，不过价值不大。此类年报品种较多，存世数量不大，且品相往往较差。

---

① 北平德胜院，天主教献县教区于民国二十六年（1937）在北平专门为外国传教士设立的语言学校，位于德胜门内石虎胡同一号，民国三十七年（1948）停办。

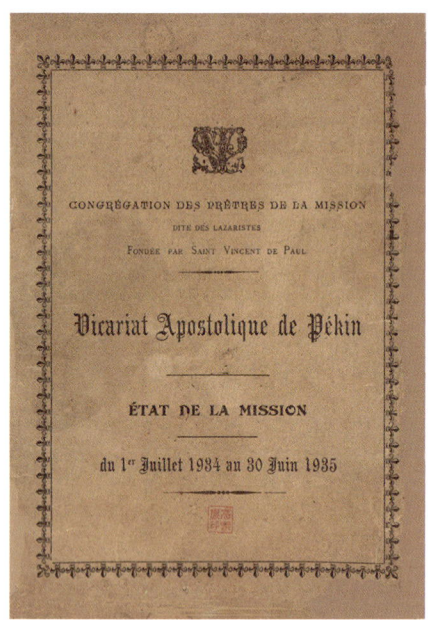

Vicariat apostolique de Pékin: état de la mission
北平代牧区概况（封面）
法文
不分卷　一册
民国二十四年（1935）
北平遣使会印书馆排印
铅印本　纸本　平装
开本：28×12.5（cm）
208 页

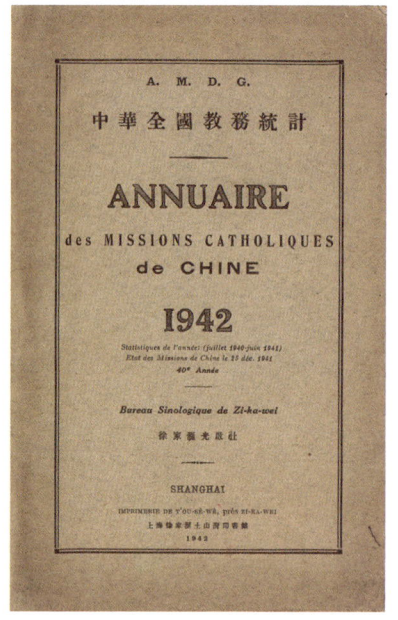

Annuaire des missions Catholiques de Chine
中华全国教务统计（封面）
年刊　每期一册
徐家汇光启社编
法文　中文
清光绪二十九年（1903）至 1950 年
土山湾印书馆排印
铅印本　纸本　平装
开本：24.5×16（cm）

其他修会和传教区也有类似教务统计，如遣使会的 *Vicariat apostolique de Pékin: état de la mission*（《北平代牧区概况》），巴黎外方传教会的 *Annuaire des missions Catholiques du Manchoukuo*（《满洲国天主公教教务年鉴》）等。

近些年出版的《16—20 世纪入华天主教传教士列传》里有耶稣会的传教士的资料，还有遣使会和巴黎外方传教会的资料。台湾南怀仁文化协会出版过《在华圣母圣心会士名录》。现在需要整理的是方济各会和多明我会传教士资料，还有道光二十二年（1842）以后耶稣会传教士的系统资料，也就是费赖之和荣振华的《在华耶稣会士列传及书目》及《在华耶稣会士列传及书目补编》论及范围以后的系统资料。

天主教在华也出版过几种全国性的教务统计，比较有代表性的是上海土山湾印书馆出版的 *Annuaire des missions Catholiques de Chine*（《中华全国教务统计》）和北堂印书馆出版的 *Les missions de Chine*（《中国传教会》）。

《中华全国教务统计》，上海光启社编纂，光绪二十九年（1903）创刊，1950 年停刊，每年一期，共出版四十八期。《中华全国教务统计》统计的项目是不变的，包括："传教区""传教区首长""各修会管理区域""各教区司铎、修士、修女、教友情况""各善会情况""各教区神学院（大修院和小修院）情况""各教区圣事（皈依、领洗、告解、圣体、终傅、婚配等）情况""各教区慈善事业（孤儿院、婴儿院、安老院、诊所等）情况""各教区出版期刊""各教区办教育情况""各地天主堂"等。笔者见过一些编纂统计的原始底稿，非常繁复。

不过使用者会发现，光启社的《中华全国教务统计》完整性不好，大而化之，资料不够精确，尤其对耶稣会以外修会的传教情况统计得很笼统。

比较而言，北堂印书馆编纂的 Les missions de Chine（《中国传教会》）还是有专业水平的。这份统计是包士杰于民国五年（1916）开始编纂的，时名 Les missions de Chine et du Japon（《中国和日本传教会》），北平遣使会印书馆出版。民国二十一年（1932）包士杰回国后，由遣使会上海账房（办事处）继续在沪出版，改为仅限中国传教会统计。

《中国和日本传教会》和《中国传教会》的特点是朴实实用，对大小传教区逐一详细记录教区成立时间、历史沿革、历任主教、管辖区域、信徒数量、主教座堂地址、现任主教以及神职人员、主要教堂名称、本堂神父、举办学校、医院和慈善机构等，推荐研究者使用这部工具书。

从内容看，《中国传教会》比《中国和日本传教会》简单许多，涵盖范围减少了日本和朝鲜，主要是减掉了《中国和日本传教会》的第二部分 Faits & Document（"传教业绩和资料"）。包士杰编纂《中国和日本传教会》花了很大心血，做了多种研究工作，详细介绍各地传教工作与当地政府的往来；分析了各地传教会深入开展工作面临的现实问题，比如，儿童教育问题（la question scolaire）、有利于传教的政策（biens de missions）、治外法权问题（la question exterritorialité）等，可以视为时代背景的解析。这个水平的研究在包士杰离职后，恐怕很难有人担纲。因此，改版后的

Les missions de Chine et du Japon
中国和日本传教会（第十六卷）
（插图）
[法] 包士杰编
法文
一册
民国二十一年（1931）
北平遣使会印书馆排印
铅印本　纸本　平装
开本：20×14.5（cm）
782 页
插图 85 幅

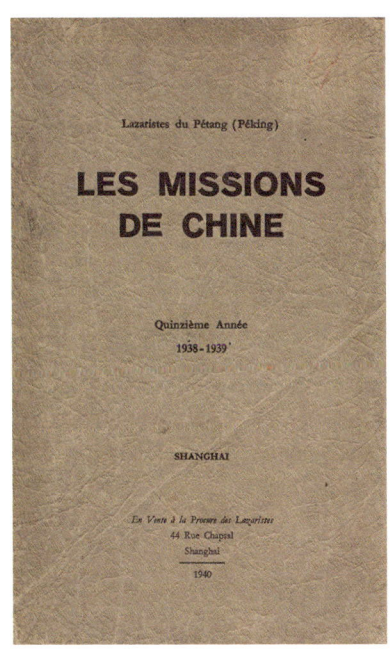

Les missions de Chine, Qwintlème Année 1938—1939
中国传教会（1938—1939）
（封面）
第十五卷
北平遣使会编
法文　中文
一册
民国二十九年（1940）
遣使会上海账房出版
铅印本　纸本　平装
开本：24×15（cm）
536 页

Nuncium Summi Pontificis PII P. P. XI Ad Sinenses
庇护十一世致中华电（封面）
公教教育联合会编
《公教教务公文》Series Missonlogica 第二卷
拉丁文　中文
十一章　一册
民国十八年（1929）公教教育联合会出版
铅印本　纸本　平装
开本：24.5×18（cm）
110 页　插图 1 幅

《中国传教会》减少了研究报告，缩编成仅仅是一份质量比较好的统计年鉴。

教务统计之外，教会还编辑当期文献。中华公教教育联合会有两套文献性连续出版物，*Series Missionologica*（《公教教务公文》）和 *Litteræ Encyclicæ*（《教宗通牒》）。

《公教教务公文》，中文书名《教宗致中华电》（*Nuncium Summi Pontificis Ad Sinenses*），拉丁文中文对照。有见其中两卷，民国十五年（1926）出版的《庇护十世致中华电》和民国十八年（1929）出版的《庇护十一世致中华电》。

此书收录了罗马教廷与中国天主教高层所讨论的一些与中国有关的教务问题往来函电。比如在第二卷里有，枢机主教嘉司巴利于民国十七年（1928）代教宗致刚恒毅的七封电文，关心中国内战以及帝国主义列强侵华等问题。此书分为九章，"原文及译释""中华六位本籍主教复教宗书""王正廷复刚大主教书""各教区之欢腾""教宗致中华电之注解""中华对于教宗通电之感想""中华报界之记载""外国报界之记载""传教区报纸之记载""罗马教宗对中国人的宣言书""罗马教皇以平等同情待中国"等。

《公教教务公文》的阅读性不是很强，但作为教宗与中国教会往来的史料，其作用是很重要的。

土山湾印书馆等天主教机构出版这些史料性书籍，对研究天主教在中国的传教史是不可或缺的，费赖之、史式徽、荣振华、高龙鞶、萧若瑟、裴化行、陈垣、德礼贤等历史学家的史作，多从中取材引据，视为信史。

修道人家

> 吾族自先祖仁先公奉圣教以来……或谨俭以克家，或忠厚以处事，而所以修德于其身，遗训于后人者，不无可载也。然无谱以为之传，则后世子孙数典忘祖，将何以守法以绳，继其家风。
>
> ——沈初鸣

民国年间有三本讲述了几个奉教人家故事的书籍——《诸巷会记》《吴兴沈氏奉教宗谱》和《诸巷会修道人表》，人们从这三部珍贵历史文献里可以大致看到天主教在中国传播的活生生的历史，以及近代中国最有代表性、最具典型意义的社会阶层精神生活的样貌。

《诸巷会记》，沈宰熙于民国六年（1917）撰修，自印本。何为诸巷会？《诸巷会记》开篇释义：

> 诸巷会，系天主教之信友会，在江苏省内，七百四十四中之一会；其地点，在该省之青浦县境，淀山湖之西畔。

诸巷会人信奉天主教始于何时，已无从考察。据老辈口传，很久很久以前，乡间瘟疫，邪术作祟，求治无效，偶遇奉教者，劝曰：此等鬼病，南北东西，多不胜数；若非速进天主教，全家恐被魔鬼捉去。于是一朱姓老太走进城内天主堂，求见神父后，家中病人即病愈。于是乎，"村人闻此奇事，咸来问询，交相称奇，以为天主神力异能，能制胜魔鬼。愿投名奉教者，不乏其人"。参与其中者就有被尊为诸巷会沈姓家族祖先的沈仁先。不出三年，村中男女老少大多领洗奉教，遂成一圣教信友会，沈仁先任会长。

如此叙事是中国古典文学常用的手法，《水浒传》便是以"张天师祈禳瘟疫，洪太尉误走妖魔"开篇的，天灾引人祸，人心故思变。当然这个故事发生在何时没有明确记载，按沈家奉教已九代至十代推算，如果确有其事，应该有二百五十年了，大致在顺治末年或康熙初年。

> 追思自康熙朝至道光末叶，于此二百年中，圣教艰难频仍。教士之被逐，不止一次，圣堂毁没，在在皆是。为天主致命者，有之；被长官拘禁者，亦有之。惜夫畏刑背教者，亦未尝无之。
>
> 吾本会列宗列祖，借此教厄之候，必然心焉惴惴，东奔西走，欲保存天主所赐之信德。……故来到淀山湖畔，隐迹乡村僻壤，躲避教难。即便如此，难免官府查拿，故将奉教之圣像圣牌置于船上，邀神父湖中领圣事，望弥撒。

道光年间，禁教渐弛，先人们在金家庄开堂，请神父常驻。后成立泰莱桥总堂，统管这些"大船会"：黄渡、青浦、甪里、金家庄。就在这个时期，沈姓和朱姓，从金家庄迁居到诸巷，修建教堂，并另起一会，名"诸巷会"。

咸丰年间，沈家为避太平天国之难，散居四方，大多迁至上海董家渡，还有徐家汇（六十一家三百零二人）、虹口和陆家嘴（四百十四人）、张朴桥（十二家九十人）、周庄（六七十人）等地。极少人家去了常熟、西塘、汉口、宜昌等地。

民国二十年（1931）完成上海徐家汇大修院学业、刚刚入会的沈润卿①，孝奉祖辈之命完成《诸巷会

---

① 沈润卿（Barnabas Sen，1900—？），诸巷会人，民国九年（1920）入耶稣会，民国二十年（1931）晋铎。曾任青浦朱家角天主堂、傅家玫瑰天主堂神父。

修道人表》。《诸巷会修道人表》类似家谱的体例，只不过讲述的是同缘地理的几大家族、依傍相同信仰的一群人聚在一起，自称"诸巷会"（Tchou-hiang 或 Tsu-haong）。

沈润卿在"诸巷会修道人表叙"中说明他们这群人的来龙去脉：

> 诸巷，属松江淀山湖西畔一小村。大抵清康熙时，青浦有沈朱周等姓，得奉圣教。为免教难而避居于此，曰诸巷会。初殆业渔，由湖而海，业日张。咸丰十年为避发匪，复纷纷迁上海，近董家渡。以其有大堂故也。生于斯，长于斯，乃舍渔而业大商。子姓至二千余。应属上海而仍自称诸巷会者，盖志信教所由始与。自迁上海迄今男女弃家修道者，统计百余人，是蒙天主宠召者得百之五焉。先伯祖讳锦标司铎，曾拟编修道人表，未卒业而病逝，叔祖英标以其事嘱卿。卿虽不敏，不敢不承先志。一以表扬上主，一以鼓吹会众欣从圣召。爰于课暇从事，数月告成。适因球朱大司牧为诸项会修道者之光辉，故以朱姓冠首，余则以修道人数之多寡而次第之。
>
> 时　公历一千九百三十一年季夏十一日　司铎沈润卿敬识于上海大修院

诸巷会记（封面和内页）
〔清〕沈宰熙撰
二十篇　一册
民国六年（1917）自印本
铅印本　纸本　平装
开本：19.5×13.2（cm）
78 页

读这本《诸巷会修道人表》，对于"诸巷会"可以有一个大致了解。

第一，"诸巷"起初是青浦县商榻镇淀山湖边一地名，清初一些信奉天主教的家族，为避教难，从外地定居此地。迁出地大概是江苏、江西、皖南等。诸巷有朱、陆、周、潘、秦、姚、沈七姓。这些人居住在淀山湖周围，以打鱼为生。或成为当地富户，由渔而商，自湖而海，"获利甚丰，闻者咋舌"。史式徽提及他们时说："诸巷镇上原有许多富裕教友家庭拥有出海大船，商及北方港口和辽东半岛。"①

第二，这些命途多舛的人在此建立教堂，侍奉天主。又因不

---

① J. de la Servière, *Histoire de la mission du Kiang-nan*, tom. II, par. I, chp. II, iii, p. 99.

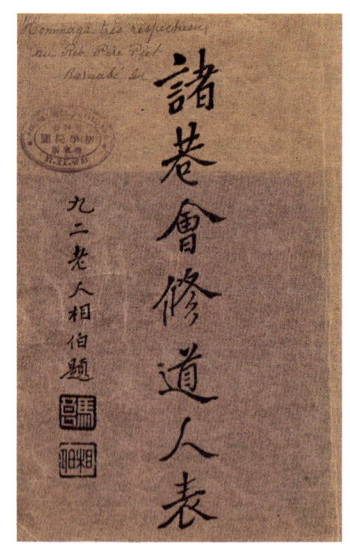
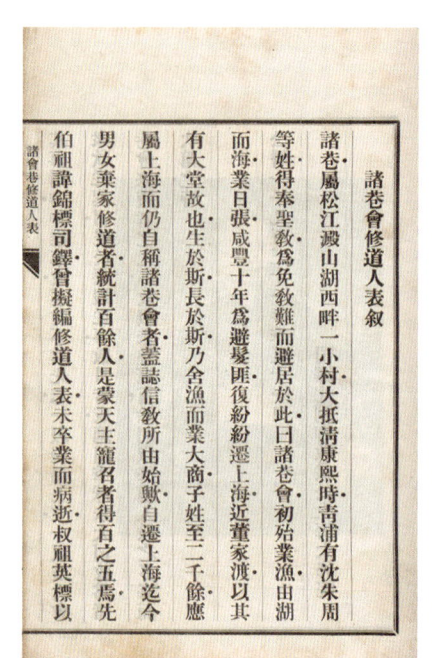

诸巷会修道人表（封面、内页和插图）
沈润卿编著
一卷　一册
民国二十年（1931）诸巷会自印本
套色铅印本　纸本　筒子页　线装
八行二十五字白口四周双边
开本：26.5×18（cm）
半框：19×14（cm）
48 页
插图 63 幅

愿意与当地其他人为伍，自起信会称为"诸巷会"。诸巷会是天主教在江苏的七百四十四个信会之一。

第三，太平天国世乱，咸丰十一年（1861）这些家族举家避难迁至上海董家渡。《江南传教史》记载，太平军（文中称发匪）来后，诸巷会的教友们"下决心把常驻码头迁往董家渡。从1860年年底开始，他们的沙船陆续停泊在黄浦江了，在主教大堂周围安顿好家眷。这些为富且仁、怀有宗徒精神的信教家庭使这座圣方济各教堂俨然成为教区之模范"。① 董家渡有当时上海最大的教堂——圣方济各沙勿略主教座堂（崇祯十三年〔1640〕由意大利传教士潘国光建造的上海第一座天主堂），同时又临近黄浦江。诸巷会人家走吴淞江水路到董家渡下船，依教堂歇息。一来方便圣事，二来得洋人庇护，三来此地是当时上海商贸最繁荣之地，小船换大船，商机无限。

第四，《诸巷会修道人表》排他性很强，仅限于"修道人"。但是，没有上此表的人也不能排除在诸巷七大家族之外；没有上此表的人，也不能认为他们不信天主教。沈润卿先生为编《诸巷会修道人表》设立了什么门槛，他没有交代清楚。

《诸巷会修道人表》列了朱姓十二家，沈姓十五家，陆姓两家，周姓五家，秦姓三家，潘姓和姚姓各一家，并且比较详细表列这三十九家的子孙信教男女名户，以及他们姓、名、号、教名、生期、进院、职务（时间）、终期等。这些人有的已担任大主教，有的是传教神父、耶稣会神父、大小修院修士、耶稣会修士、耶稣会辅理修士、撒肋爵会修士、主徒会修士，也有圣衣会修女、拯亡会修女、安老会修女、方济各会修女、仁爱会修女、献堂会修女。

《诸巷会记》与《诸巷会修道人表》两本谱记有四点差异。一、《诸巷会记》以沈家为主线，兼顾他家；而《诸巷会修道人表》里，由于朱开敏身份最为显赫，朱姓排第一位，沈家次之，兼顾他家。二、《诸巷会记》完成较早，对老辈记述较为详细；而《诸巷会修道人表》完成于十五年后，传说和推测的故事尽量简化，记述的人多是凿凿有据的人和事。三、《诸巷会记》记载的几大家族事迹并不限于诸巷会人，也就是说并不严格限于奉教者；而《诸巷会修道人表》明明白白就是一份修道人表。四、沈宰熙因辈分较长，比起小辈沈润卿，他的叙述更为洒脱、随意，因而《诸巷会记》比《诸巷会修道人表》好看，《诸巷会修道人表》比《诸巷会记》拘谨。

沈宰熙在《诸巷会记》记述的一些诸巷的事情，沈润卿几乎没有提到，或许是他没有回过诸巷，或许他生活的年代这些故迹已经湮灭。

沈、朱几家脱离泰莱桥会，自开诸巷会的原因，很少有记载。《诸巷会记》把另立堂口的缘故讲得很简单明白，沈、朱几家是大户，船舶也都是海船，往来金家庄甚为不便。于是他们在淀山湖口一处叫作诸巷的地方修建新的会堂，也就是教堂，不受泰莱桥会管理。几大家族几百上千富足人口，不可能挤居在"诸巷"一个小村庄，他们称作诸巷会只是因为那是堂口所在地。诸巷会堂于咸丰元年（1851）建成，耗银九千数百两。②

---

① J. de la Servière, *Histoire de la mission du Kiang-nan*, tom. II, par. I, chp. II, iii, p. 100.
② 笔者好友上海曹公平先生近期探访过诸巷会旧址，遗存全无，教堂拆毁，传材料用于修建青浦县（现上海青浦区）第一百货商店。他偶然在一位九旬老翁家咸菜缸觅到一块圆石，或为会堂材料遗物。

《诸巷会记》叙,早在乾隆嘉庆年间,几家以捕鱼为业,春夏入海,秋冬归湖。后来沈家朱家首先换了大船,经商为业,往来上海、天津、营口,极盛时有海船四十余艘。

船 名	船 主	船 名	船 主	船 名	船 主
瑞泰	朱朴斋	永茂	沈贵全	森茂	沈健亭
源泰	朱朴斋	同茂	沈贵全	福茂	沈守亭
福泰	朱朴斋	祥茂	沈贵全	咸茂	沈祝颐
生泰	朱朴斋	裕茂	沈裕全	聚茂	沈瑞源
万泰	朱朴斋	增茂	沈裕全	隆茂	沈芝堂
兴泰	朱朴斋	瑞茂	沈裕全	发盛	沈秋汀
永泰	朱茂兴	长茂	沈珍全	永盛	沈秋波
源发	朱茂兴	万茂	沈珍全	福康	沈趋山
长泰	朱茂兴	泰茂	沈珍全	福泰	沈景行
隆泰	朱瑞兴	德茂	沈景山	永盛	沈邦达
同泰	朱茂兴	发茂	沈景山	福增	沈静卿
益茂	沈瑞全	福源	未详	恒盛	陆耀昌
鸿茂	沈瑞全	乾茂	沈雪堂	永利	周锡昌
公茂	沈玉全	仁茂	沈雪堂	裕兴	周小九
协茂	沈玉全	吉茂	沈荣堂	源茂	合 办
和茂	沈玉全	源茂	沈健亭		

由此表可见诸巷会大户人家之富足。同时,《诸巷会记》也特别点出:"本会信人,大概从事商务,不重读书。即读书,亦无多年月,不求深进,只得稍通文理,便向商场而去。此是本信会之一大缺点。故本会中人,大儒硕士,杳无其人。"因故,《诸巷会记》里"文庠姓氏"区区几笔,乏善可陈。

不过诸巷会人为天主教在中国的传播功不可没,无人能及。《诸巷会记》记载民国六年(1917)诸巷会七姓人家修道情况:

晋铎者	族 系	晋 铎	神职籍属
老陆神父	陆舜昌之祖	读书澳门,晋铎回国	山东省、江苏省
新陆神父	陆舜昌之父	读书意大利,晋铎回国	湖北省
沈宰熙	沈瑞全之子	1878 年	江苏省
秦桂三	秦碌粟之子	1888 年	江苏省
秦完卿	秦爱森之子	1888 年	江苏省

续表

晋铎者	族系	晋铎	神职籍属
朱季球	朱朴斋之子	1898年	江苏省
潘秋麓	潘景庭之子	1898年	江苏省
沈野求	沈雪棠之子	1899年	江苏省
朱洞云	朱秀章之子	1901年	江苏省
沈香亭	沈建标之子	1905年	江苏省
陆志山	陆桂棠之子	1905年	江苏省
姚勤芳	姚庆云之子	1912年	江苏省
朱秉则	朱志尧之子	1912年	江苏省
朱宠谷	朱邦藩之子	1915年	江苏省
朱燮君	朱德源之子		耶稣会襄理会事
沈凤冈	沈志贤之子		大修院读书
沈永生	沈季棠之子		大修院读书
朱体谷	朱邦藩之子		大修院读书

到了民国二十年（1931）沈润卿编修《诸巷会修道人表》时修道情况有了很大变化：

神职	姓名	字号	生年	进会年份	晋铎年份	卒年
主教	朱季球	铭德	1868	1888	1898	
传教司铎	秦彩鹏	桂山	1857	1874	1888	1916
	秦廷璧	完卿	1858	1874	1888	1902
	朱 韬	洞云	1869	1888	1901	
	沈香亭	焕章	1874	1893	1905	
	陆鸿渐	志山	1876	1893	1905	
	姚承枢	勤芳	1882	1900	1912	
	朱彝章	秉则	1884	1900	1912	
	朱赓虞	子韶	1885	1903	1915	
	沈守约	思文	1887	1906	1918	
	沈初鸣	凤冈	1887	1906	1918	
	朱体国	德声	1894	1913	1924	
	周邦璐	静生	1895	1913	1926	1927
	朱 瑾	守瑜	1895	1913	1927	
	沈桂芳	维馨	1899	1917	1928	
	周祥生	熊飞	1898	1917	1928	

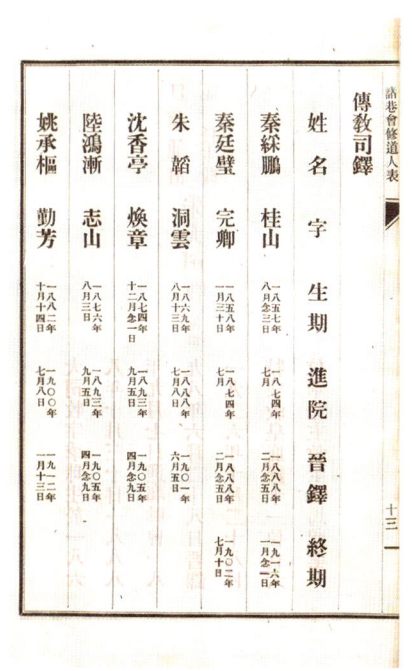

《诸巷会修道人表》对1931年传教司铎情况的记载

续表

神 职	姓 名	字号	生年	进会年份	晋铎年份	卒年
传教司铎	朱桂良	慕悌	1898	1917	1928	
	沈润卿		1900	1920	1931	
耶稣会司铎	沈锦标	宰熙	1845	1867	1878	1929
	潘谷声	秋麓	1867	1888	1898	1921
	沈赉良	野求	1868	1891	1899	
	沈安芳	祖同	1897	1917	1929	

从中可以看到，民国六年（1917）时诸巷会人晋铎者只有区区十四人，而十五年后晋铎人数近乎翻了一番，神职甚至最高位至主教。

神 职	姓 名	字号	生年	进会年份	晋铎年份	卒年
大小修院修士	朱心祥			1899		1902
	秦秋芳		1903	1921		1925
	沈则功		1911	1927		1929
	沈造新		1910	1927		
	沈曾安		1910	1928		
	沈曾培		1913	1930		
	周浚良		1913	1930		
	朱树德		1913	1930		
耶稣会修士	朱佐仕	依纳	1899①	1920		
	沈百顺	达义	1903	1925		
	朱佐豪	育材	1905	1926		
耶稣会辅理修士	朱耿陶	燮君	1867	1888	1889	
撒肋爵会修士	朱清彝		1898			1928
主徒会修士	沈华良		1906	1928		

《诸巷会记》编修时在大小修院学习的只有三位，《诸巷会修道人表》编修时，不仅这三位已经晋铎，同时还有八位在学习。

---

① 《耶稣会上海教区统计》记朱佐仕生于清光绪二十四年（1898）。

修道人家（续一）

> 中国的道德书籍充满了子女应该孝敬父母和长辈的教诲，看看他们的表现就可知道世界上没有别的民族可以与中国人媲美了。
>
> ——利玛窦

编修《诸巷会记》的同时，沈宰熙先生还主持编修了《吴兴沈氏奉教宗谱》，民国六年（1917）由商务印书馆出版。

尚在徐家汇大修院哲学院学习的诸巷会人沈初鸣在《吴兴沈氏奉教宗谱》后跋言：

家喜贵乎？有谱曰，夫孝莫大于显亲，义莫先于聚族。先人之善言、美行、懿德、芳表，非谱何以载焉？子孙之思慕、追远、睦姻、恤党，非谱何以稽焉？无以载则不传，无以稽则不知。先人之德业就湮没。子孙之析居日以离散，数世之后，视同祖之兄弟犹如路人，于亲亲之仁、收族之谊，无奈有亏欠。则谱之作，其不可以少缓也明矣。吾族自先祖仁先公奉圣教以来……或瑾俭以克家，或忠厚以处事，而所以修德于其身，遗训于后人者，不无可载也。然无谱以为之传，则后世子孙数典忘祖，将何以守法以绳，继其家风。

吴兴沈氏与诸巷会什么关系，两本书讲得都不明确。笔者揣测，"天下沈姓出吴兴"，吴兴沈氏起源如沈约《宋书》说，乃西汉沈遵庶传而至海昏侯沈戎，东汉初年由寿春迁至乌程余不乡成为吴兴沈氏之祖。两千年来一脉相承，耕读传家，人才辈出，著名的有清代法学先驱沈家本、民国文人沈尹默等。沈氏家族十分注重家族教育。在太平天国运动湖州总人口损失百分之七十八点九[①]的背景下，沈氏并没有消亡沉沦，而是在近代化历程中影响民主志士发起革命运动，成就近代历史上的辉煌。吴兴沈氏以其众多的人口、勤学刻苦的家风适应了历史发展，长盛不衰，其最有名的当属竹墩沈氏。

从《吴兴沈氏奉教宗谱》看，诸巷会沈家虽在青浦，但仍是吴兴沈家的一支。不过诸巷会沈家应该不是吴兴沈氏家族的主脉，而是旁支。他们有着与沈家本等人代表的吴兴沈家主流颇为不同的性格。吴兴沈家主脉秉承中国农耕文化下"耕读"的传统，而从诸巷会沈家历史看，他们并不重视耕读一道。他们秉承江浙人特有的生生不息的打拼精神，眼界宽阔，思想开放，见多识广，使其一脉异军突起。

《吴兴沈氏奉教宗谱》是按传统家谱形式编纂的，因而比《诸巷会记》和《诸巷会修道人表》记述得更细致，最大的特点是有一百张鲜见的沈家照片，这些照片是沈良能为编此书挨家挨户搜集来的。

家谱里列述了沈家奉教前辈："任先公"（沈仁先）、"贤良公"（沈仁先次子）、"云高公"（贤良公义子）、"大德公"、"永茂公"（道光年）、"瑞全公"（嘉庆十五年至光绪二十九年）、"夏氏夫人"（瑞全公续配）、"珍全公"（道光六年至光绪六年）、"爱二小姐"（沈珍全二女）、"芳标"、"砚耕"（沈裕全二子）、"克刚"（沈裕全四子）、"俊生"（沈能贤之子）、"雪贞"（沈珍全之女）、"桂秀"（沈砚田长女）、"婉秀"。这十六位德高望重的前辈每位都有不一样的侍主事迹。

[①] 本数据来源于《太平天国战争对浙江人口的影响》（曹树基、李玉尚著，《复旦学报（社会科学版）》2000年第5期）一文。

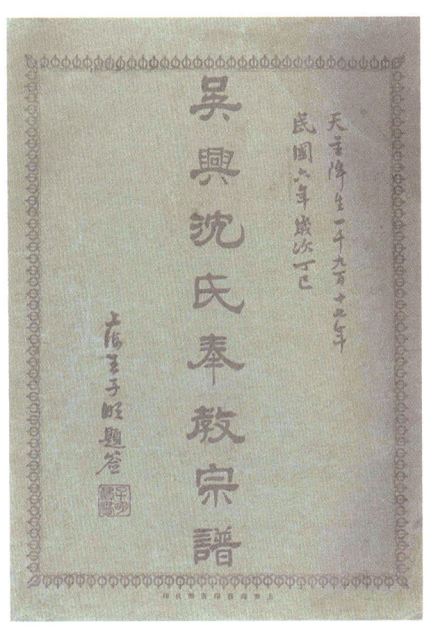

吴兴沈氏奉教宗谱（封面和插图）
〔清〕沈锦标编修
民国六年（1917）商务印书馆出版
铅印本　纸本　平装
开本：17×20（cm）
76 页
插图 100 幅

诸巷会修道者人数最多的当属沈家。我们在翻阅有关天主教在华近代史的资料时，尤其是在上海天主教历史中，遇到姓氏最多的也是沈姓。早在徐家汇刚刚创办耶稣会初学院时，当年有初学生十一名，都来自徐汇公学，马相伯、李问渔、蒋邑虚、沈礼门（沈则恭）、沈容斋（沈则宽）等，这其中就有两位出自沈家。沈礼门和沈容斋先生应该是吴兴沈家，但是他们都没有在《吴兴沈氏奉教宗谱》和《诸巷会修道人表》里，因而可以说《吴兴沈氏奉教宗谱》与《诸巷会修道人表》的外延没有差别，不包括吴兴沈氏其他家族的奉教人员，仍仅仅是诸巷会的修道人表。

在《诸巷会修道人表》里可以找到立志天主教传教事业的修道人物。沈姓十五家，发愿出家者五十四人。

一代祖				最近一代	发愿情况
沈瑞全					未
	锦标				耶稣会司铎
	四德				圣衣会修女
	建标				未
		道生			未
				月英	安老会修女
				月荷	拯亡会修女
				香亭	传教司铎

续表

一代祖				最近一代	发愿情况
				纳英	拯亡会修女
				秀英	拯亡会修女
		英标			未
			吉生		未
				曾安	小修院修士
				曾培	小修院修士
		寿贞			圣衣会修女
沈玉全					未
		荫棠			未
			金声		未
				润馨	传教司铎
				雅秀	献堂会修女
		季棠			未
			裕生		未
				造新	大修院修士
			守约		传教司铎
				仲秀	拯亡会修女
沈贵全					未
				吉英	圣衣会修女
沈裕全					未
		湘帆			未
			杏芳		未
				华良	主徒会修士
		砚耕			未
			安芳		耶稣会司铎
				侬秀	安老会修女
		砚田			未
				和秀	仁爱会修女
				文秀	仁爱会修女
				道秀	仁爱会修女
				桂秀	拯亡会修女
		刚克			未
				凤秀	拯亡会修女

续表

一代祖				最近一代	发愿情况
	安姑				拯亡会修女
	禄妹				圣衣会修女
沈珍全					未
	爱姑				拯亡会修女
	庆贤				未
			奇秀		安老会修女
		宠光			未
				撷芳	拯亡会修女
			德秀		安老会修女
	志贤				未
			品秀		拯亡会修女
			初鸣		传教司铎
			娟秀		拯亡会修女
			福秀		拯亡会修女
			美秀		拯亡会修女
	明贤				未
			恩秀		拯亡会修女
沈雪棠					未
		赟良			耶稣会司铎
沈俭亭					未
	庆贞				献堂会修女
	国康				未
		妙玉			拯亡会修女
	国安				未
			则功		小修院修士
			如青		仁爱会修女
			洪青		仁爱会修女
沈宠源					未
		百顺			耶稣会修士
沈芳平					未
				蓝氏	拯亡会修女
沈静卿					未
	安贞				拯亡会修女
	学渊				未

续表

一代祖			最近一代	发愿情况
			月娥	拯亡会修女
			慧娥	拯亡会修女
			淑娥	方济各会修女
沈中庭				未
			侬宝	献堂会修女
沈善庆				未
			桂芳	传教司铎
沈芝棠				未
	纳贞			圣衣会修女
	耕阳			未
		朱氏		圣衣会修女
沈祝颐				未
			迎大	仁爱会修女
沈爱官				未
			义宝	圣衣会修女

*《诸巷会修道人表》里，诸代迭系并不连贯，有跳越，此表第一列记载可溯最老一辈，第四列和第五列反映最近一辈。

沈锦标（Firminus Sen，1845—1929），号宰熙，教名斐尔米诺，诸巷会人。家庭富足，至父时已有大沙船三桅。十四岁就读徐汇公学。为避太平军举家迁董家渡。同治六年（1867）与龚古愚、蒋邑虚、刘必振等十位华人同批入耶稣会，光绪八年（1882）晋铎；在苏州、常熟等地传教，任本堂神父，三十余年中领洗入教者多达数千人。民国五年（1916）七十二岁时调回上海，任徐家汇天主堂副本堂神父、男女修院神师、上海公教进行会监督。宰熙先生一生不得教会重用，民国十二年（1924）教廷首任驻华代表刚恒毅在上海徐家汇天主堂召集中华全国主教会议时，宰熙先生已八十岁高龄，却以"徐汇华铎"身份受命担任"门卫员"。教会历史学家史式徽曾称他是"上海最年长的天主教士"，并为之立传。沈锦标撰有《造屋三知》《中西齐家谱》《益寿谈》《正心编》《诸巷会记》《圣召经言》《修道说》等。

《中西齐家谱》是一部讲家庭伦理的著作，宰熙先生编译此书，试图用天主教的道理修正中国人的齐家思想。

中西齐家谱（封面）
〔清〕沈锦标编译
八章　一册
清光绪三十年（1904）慈母堂排印
铅印本　纸本　双面平印　线装
开本：24.6×15.7（cm）
181 页
插图 1 幅

第一章"奉事天主":恭敬天主,家常经言救灵道理。第二章"家政":子女的本分,父母的本分。第三章"听命":小辈听命的本分,长辈出命的本分。第四章"孝敬父母":小辈一面的本分,长辈一面的本分。第五章"相爱":子女爱父母,父母爱子女,夫妇相爱,兄妹相爱。第六章"主仆本分":主人待仆人的本分,仆人待主人的本分。第七章"家庭德行":勤工,节食(戒贪饕,戒酒醉),洁净,公道,诚实,善良,爱本乡。第八章"庆日":主日歇息,本名吉日,新年喜庆。

从题目来看,这是一本中国传统论著,然文中道理却基于耶稣基督的圣训。比如讲到"子女的本分"时是这样分析的:"《圣经·出谷记》天主说,敬重你们的父母,在世上,能得长寿。天主给梅瑟圣人十条诫命,命人遵守。前三诫说钦崇天主的本分。第四诫说孝敬父母的本分……因为天主后来就是生身父母,最该当恭敬的了……因为尊长的地位是从天主来的。"

同时他也引据大量中国传统的为人处世、子女孝道的传统理念,说明这些道理与天主教思想相符。

【礼貌俚语】长呼就要应,长语起立言。长问言必对,长立幼勿坐。长过坐必起,长步路必敬。长命起不跪,长命坐不立。长辈交谈时,小辈静无语。行走长在前,进门幼居后。出门必告长,归家又面长。立勿靠长台,立勿背长面。遇长要请安,称长不用名……

【女儿训】信教女儿与学生,我今告尔礼规训。恭敬长上好听名,第四诫命天主定。有个女儿骂父母,不学这辈不肖人。同人往来须和气,声高气硬惹事体……大叫大笑不尊重,惹人轻贱坏门风。走时举步要端正,立时门墙勿靠身。待人不要失礼貌,家家与我都相好。做人须知应酬话,客来交谈满面欢……

这就是宰熙先生认为的中西齐家谱。

宰熙先生一生的著述,许多是围绕家庭伦理的,他重视家人健康题目,重视齐家本分题目,注重饬修家谱题目。

《家庭教育简编》,宰熙先生遗稿,民国十八年(1929)收入"光启杂录"。十篇辑册:"教育意义""圣经金训""前圣良箴""我华谚语""教育工夫""父母本分""家庭关系""教育须早""教育之益""教育善表"等。

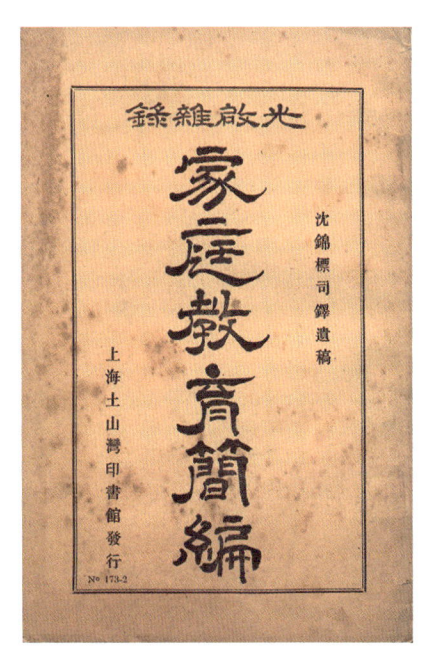

家庭教育简编(封面)
〔清〕沈锦标著
十篇 一册
"光启杂录"丛编
民国十八年(1929)土山湾印书馆排印
铅印本 纸本 平装
开本:18.4×12(cm)
28页

益寿谈（封面）
〔清〕沈锦标撰
十篇　一册
民国三年（1914）自印本
铅印本　纸本　平装
开本：18.8×13（cm）
23 页

正心编（封面）
〔清〕沈锦标著
十二章　一册
民国十三年（1924）土山湾印书馆排印
铅印本　纸本　平装
开本：14.5×9.3（cm）
35 页

《益寿谈》，民国三年（1914）出版。高寿达八十五岁的宰熙先生自有其养生之道，他言：

> 卫生益寿之道，西人极为重视，吾国人则往往忽焉不讲，以致种性日弱，疾病丛生，死亡相继。违大造好生之意，阻国家进化之机，甚非细故也。

于是，他从空气、饮食、日光、劳动、睡眠、平安、远医药、洁净、择配等方面介绍了他所了解的科学知识。

沈锦标在《正心编》一书中提出教友修心养性的十二条要点："正思想""正意向""正性情""正语言""正瞻视""正听闻""正饮食""正嗅闻""正举动""正像司""正工作""正喜乐"。这里面大多数语汇今日仍在用，可知古往今来诲人之道，不过一二理而已。《正心编》于民国十三年（1924）由土山湾印书馆排印。

早在光绪七年（1881）土山湾慈母堂出版了沈锦标编译的《执事高标》，此书用上海话撰写，讲述一百一十三位天主教辅理修士尽心尽责的事迹，有"老楞佐日本士""若瑟日罗尼莫""马诺厄尔毕来""方济各物劳朝""加斯巴罗论叔""奥斯定伯禄多""方济各俾利辣""多明我姚亚士""味增爵黑伐类""公撒尔格老士""依纳爵福加道""若望勿尔能士"等。

笔者手边有徐家汇耶稣会初学院图书馆旧藏《执事高标》抄本。虽不是宰熙先生誊稿，然其字体工整，行楷隽美。

光绪二十年（1894）土山湾慈母堂出版了沈锦标编译的天主教圣人禄多尔弗①传记《真福禄多尔弗致命传》。此书印制精美，属"山湾精品"。

---

① 禄多尔弗，意大利人，生于1550年，在印度传教，1583年被当地人谋害，1893年教皇封其为"真福"。

《真福禄多尔弗致命传》十八章:"比美天神""济贫扶病""蒙主圣召""肄业精修""主召传教""往赴印度""保禄公学""皇请教士""修士陛见""皇廷谈道""勇受艰难""回归卧亚""撒递传教""致命同人""为主致命""致命光荣""多显圣迹""敬礼光荣"。

沈赉良(Josephus Sen,1868—1934),字野求,又作沈良能,诸巷会人,光绪十七年(1891)入会,光绪三十四年(1908)[①]晋铎。沈赉良的代表作是他编撰的《圣歌》,一本非常珍贵的圣歌集,土山湾于清光绪二十四年(1898)出版,五线谱式,收录圣事常用的圣歌七十六首:《耶稣圣诞歌》《耶稣圣诞歌(俚语)》《耶稣受难歌》《耶稣复活歌》《耶稣升天歌》《圣神降临歌》《耶稣圣体歌》《耶稣圣心歌》《圣母始胎歌》《圣母无原罪赞》《圣母领报歌》《圣母圣心歌》《露德圣母歌》《圣母痛苦歌》《圣家歌》《圣若瑟圣咏》《圣依纳爵歌》《圣方济各沙勿略歌》《圣类思歌》《圣达尼老歌》《死亡歌》《天堂歌》《地狱歌》《公审判歌》《痛悔词》《圣教采茶歌》等。这七十六首圣歌基本涵

执事高标(内页)
上海话
〔清〕沈锦标编译
一百一十三篇 一册
清光绪年间(1875—1907)
抄本 纸本 线装
十行二十三字无框
开本:21.8×16.5(cm)
103 页

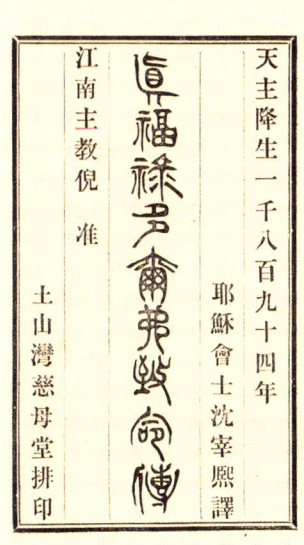

真福禄多尔弗致命传(封面和插图)
〔清〕沈宰熙译
十八章 一册
清光绪二十年(1894)
土山湾慈母堂排印
铅印本 纸本 筒子页 线装
十行二十五字小字双行
同白口四周双边单鱼尾
开本:20.6×12.7(cm)
半框:15.5×9.5(cm)
75 页
插图 1 幅

---

① 据《耶稣会南京教区统计》。《诸巷会修道人表》记为光绪二十五年(1899)。

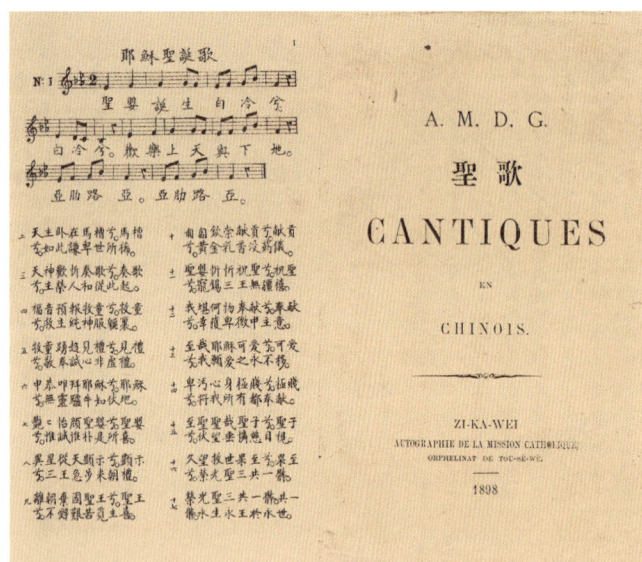

圣歌（封面和内页）
沈赉良编撰
一册
清光绪二十四年（1898）
土山湾慈母堂印制
石印本　纸本　平装
开本：15.8×10（cm）
103 页

盖了教友默想耶稣基督牺牲自己、拯救人类的整个历程。

沈赉良曾为土山湾画馆学生翻译过《透视学撮要》，这本书对中国早期第一代油画家有过非常大的影响。他还编译过《实用电学》（民国十一年〔1922〕初版）和《最新无线电报电话学》（民国十八年〔1929〕）。

沈初鸣（Ignatius Sen，1889—1974），字凤冈，教名依纳爵，诸巷会人，沈锦标之侄；民国七年（1918）毕业于上海徐家汇神哲学院，晋铎后派往安徽池州城外天主堂，民国十五年（1926）调任江苏吴江黎里天主堂；民国三十三年（1944）调鹿苑天主堂，任本堂神父兼有原小学校长；1954 年调苏州大新巷天主堂，任本堂神父；1956 年代理苏州教区主教；1958 年被选为苏州教区正权主教。在中华人民共和国成立前沈初鸣曾用家产造教堂。

沈百顺（Stanislaus Sen，1903—1985），字达义[①]，教名达尼老，诸巷会人，民国十四年（1925）入耶稣会；民国二十七年（1938）晋铎；民国二十六年至三十一年（1937—1942）担任徐汇中学教

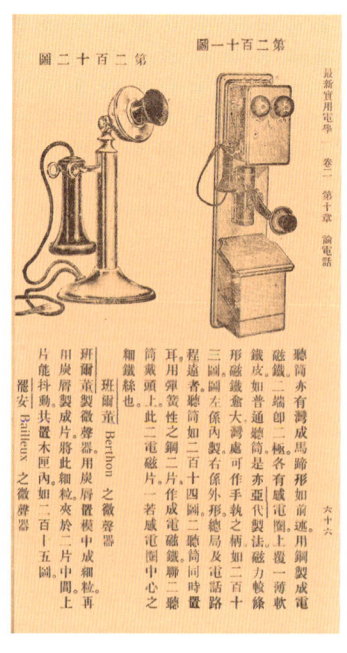

实用电学（封面和内页）
沈赉良编译
六卷　六册
土山湾印书馆
民国十一年（1922）初版
民国二十四年（1935）再版
铅印本　纸本　平装
开本：22×14.3（cm）
414 页
插图 592 幅

---

① 《耶稣会南京教区统计》记为"远义"。

务长；1954—1956年任朱家角耶稣升天堂本堂神父。沈百顺撰有《徐文定公的〈农政全书〉》。1955年因龚品梅案被捕，死于上海监狱。

沈曾安（Ignatius Sen），诸巷会人，生于宣统二年（1910），民国十七年（1928）入耶稣会；撰有《古代基多教之国家观》（民国二十五年〔1936〕《新北辰》杂志第二卷第十一期）。

沈造新（Josephus Sen），诸巷会人，生于宣统二年（1910），民国十六年（1927）入耶稣会，后在大小修院学习十年，民国二十六年（1937）晋铎，曾任主母会备修院院长。他翻译的几本书在当时影响还是比较大的。

宗教与科学（封面）
［法］圭伯特撰 ［中］沈造新译
八章 一册
民国十五年（1926）土山湾印书馆排印
铅印本 纸本 平装
开本：19×13（cm）
225页

小歌童（封面）
［法］范恩著 ［中］沈造新译
二十一节 一册
民国二十五年（1936）
土山湾印书馆排印
铅印本 纸本 平装
开本：19×13（cm）
258页

《小歌童》，民国二十五年（1936）出版，法国耶稣会神父皮耶尔·范恩（P. Finn）写的小说。沈造新认为范恩的这本处女作非常适合中国儿童阅读，因为它宣传的是："一、手足之情，二、师生的亲爱，三、儿童的听命以及听命所得的效果。"

沈造新在课余时间尝试翻译了这本《小歌童》，胞姐沈才俊还专门为此给他写来贺信，勉励有加。这封信作为序言刊在书前。

沈造新翻译了圭伯特（J. Guibert）神父的著作 *Les Croyances Religieuses et les Sciences de la Nature*（《宗教与科学》），在序言里他谈及翻译此书的目的："唯物派与无宗教派们屡屡戴上了科学的冠冕借以打倒宗教，他们开场就很热烈地从事研究科学，继而说科学可以揭破宗教的谜；凡科学越发达，越能拨开宗教的迷雾。"此书分为八章：第一章"抵触"，第二章"原始"，第三章"世间伦序"，第四章"进化论"，第五章"生物学"，第六章"定命论"，第七章"人类原始"，第八章"圣经与科学"。

从内容来看，这本辩护书籍非常平常，早期问渔先生的一些译作多涉此类，无非是拿某些事例论证现代科学与天主教的本体

圣保禄（封面）
[法]普拉特撰　[中]沈造新译
四篇　一册
民国二十六年（1937）
土山湾印书馆排印
铅印本　纸本　平装
开本：18.8×13（cm）
302页
插图17幅　地图1幅

神爱牺牲——沈则功修士小传（封面）
蔡洗耳编撰
四章　一册
民国二十五年（1936）
土山湾印书馆排印
铅印本　纸本　平装
开本：19×13（cm）
184页
插图22幅

论并不冲突，与教义宣讲的世界观和宇宙观并无二致。

《圣保禄》(*Saint Paul*)，民国二十六年（1937）由土山湾印书馆出版，原作者法国耶稣会士普拉特（F. Prat）。沈造新在"译者的话"里自述："幼年时，听得教师讲《宗徒大事录》，我就心往神驰的佩服大宗徒圣保禄了，现在既与他走着同样的道路，并且在最近之将来又要与他做同样的传教工作，度同样的生活。"为使自己更加了解这位大宗徒的历史与传教精神，便阅读并移译圣保禄的这本传记。

《圣保禄》有六篇："特选之器""外邦宗徒""圣保罗在欧洲""圣保罗在亚洲""基多的囚徒""致命"。

沈则功（Cyrillus Sen，1911—1929），诸巷会人，生于上海董家渡，民国十六年（1927）入耶稣会。他在大修院学习期间因病英年早逝。沈则功离世五六年后被教会树立为年轻有为、专心奉主的典型楷模。蔡洗耳①于民国二十五年（1935）不寻常地写了这本《神爱牺牲——沈则功修士小传》，纪念这位英年早逝的神修小老弟。

这位青年的祖先，原籍浙江，明末清初的时代，就奉了天主教，后来迁到江苏青浦县诸巷会居住，到现在已有二百七八十年了；他们都是热心教友，初以捕鱼和开鱼行为业（见沈氏宗谱），后来航船经商。他的祖父还有出海的大沙船数艘；从此就迁到上海，他们同族的人，大半住在县城东南面董家渡天主堂的附近。

---

① 蔡洗耳（Silvester T'sa，1899—？），名蘜，号仲芗，教名西尔物斯德肋，南汇横沔镇（今属上海浦东新区）人，光绪二十七年（1901）入耶稣会，民国十年（1921）入徐家汇小修院专学习拉丁文，民国十三年（1924）入徐家汇大修院攻读哲学和神学，民国二十一年（1932）晋铎，曾任周浦汤家巷和扬州本堂神父。

· 修道人家（续一）·

为沈则功写传的这位蔡洗耳是他的同窗好友。从《神爱牺牲》这本难得一见的书中，我们可以看到诸巷会天主教家族的传统和习惯，管窥时代一斑。

则功生在西历 1911 年 2 月 8 号，就是前清宣统三年辛亥正月初十日早上三点钟左右，当日就抱到董家渡堂中，由尚司铎①给他付洗，沈鹤亭先生做他的代父；为的是明天是亚力山府主教圣师济利禄瞻礼，他的领洗圣名就叫济利禄。

沈儿的母亲，见沈氏族中，男女修道的，不下数十人（计沈氏修道的男女，约共六十余人，眼下在世的，还有四十余位），独自己门内，没有一个，为此在产生他的那朝，就把他献给童真圣母，切望天上母后，格外保佑他，收录他做个孝子，将来能得修道做神父。母氏热切的期望，可在她时常咏唱的一首催眠歌里显露出来："好阿小，志气高，不要哭，不要闹，早早睡觉；大起来，去修道，升了神父好传教。"

沈则功，一位普普通通的修士，得到超出常规的关注。小小一册书，由九十七岁的马相伯亲书题签，蔡元培笔序《天主教修士沈君小传》，何等"铺张"。

在祖叔祖爷们的关照下，像沈造新、沈则功这样的诸巷会新生代已经崭露头角，修道人家似乎后继有人，然惜不逢时。《诸巷会修道人表》是修道人家鼎盛时代的记录，留下的只是他们对恢宏历史的怅惘和记忆。

---

① 尚全斌（Franciscus Storr，1859—约1909），字翼道，德国人，1876 年入耶稣会。光绪八年（1882）来华，光绪二十年（1894）晋铎。

修道人家（续二）

> 好阿小，志气高，不要哭，不要闹，早早睡觉；大起来，去修道，升了神父好传教。
>
> ——诸巷会人家童谣

诸巷会修道人中，人数最多的当属沈氏。但由于朱季球身份最为显赫，《诸巷会修道人表》里朱姓居首。

《诸巷会修道人表》排列了朱姓十二家的修道情况，可追述记载的有二十七位，这个家族发愿出家者比例不及沈家高。

一代祖			最近一代	发愿情况
朱朴斋				未
	朱仲玛			未
			杏宝	献堂会修女
	朱爱姑			拯亡会修女
	朱志尧			未
			彝章	传教司铎
			月宝	拯亡会修女
	朱云佐			未
		鲁异		未
			嘉修	拯亡会修女
	朱季球			海门主教
	朱季琳			未
			明章	圣衣会修女
			丽章	拯亡会修女
朱瑞兴				未
	金寿			
			桂良	传教司铎
	九妹			圣衣会修女
朱秀章	韬			传教司铎
	思泉			未
			清彝	撒肋爵会修士
朱德源				未
	耿陶			耶稣会修士
朱效才				未
	佐廷			未
			树德	小修院修士
	佐仕			耶稣会修士

续表

一代祖		最近一代	发愿情况
	佐豪		耶稣会修士
朱宝卿			未
	瑾		传教司铎
	恩秀		仁爱会修女
朱瑞春			未
	邦藩		未
		庚虞	传教司铎
		体国	传教司铎
	桂姑		献堂会修女
朱雪香			未
		恩贞	安老会修女
		吉贞	安老会修女
朱岳春			未
		心祥	大修院修士
朱仲华			未
		素姑	献堂会修女
朱万利			未
		寿姑	献堂会修女
		小姑	献堂会修女
朱琴斋			未
		心姑	献堂会修女

*《诸巷会修道人表》里，诸代迭系并不连贯，有跳越，此表第一列记载可溯最老一辈，第四列和第五列反映最近一辈。

诸巷会人都认同朱季球神父是排位最高的。说起朱季球神父，知道这个名字的人很少，文献中也很少用这个称谓，其实他就是赫赫有名的朱开敏。朱开敏（Tsu Kai-Min，1868—1960），字志刚，又字铭德，号季球，教名希孟或西满（Simon Tsu），生于董家渡，诸巷会人。

光绪八年（1882）朱开敏十四岁入上海董家渡小修院学习拉丁文；后入徐家汇大修院学习神哲学，为晁德莅的门生。光绪十四年（1888）入耶稣会，光绪二十九年（1903）晋铎。因其在修院成绩优异，深得长上信任与器重，破格将其分派在浦东的金家巷担任本堂神父。

金家巷圣母无罪始胎堂与高丽教会颇有历史渊源，朝鲜第一

《诸巷会修道人表》所收朱开敏照片

位神父金大健于民国三十四年（1945）在此祝圣，后来在朝鲜被杀殉教。金大健在朝鲜国内颇受尊崇，百年后被封为韩国第一位圣人。在朱开敏出任金家巷本堂的时候，正值朝鲜闵妃为日本浪人所杀，朝鲜沦为殖民地，一大批爱国志士流亡中国江南一带，而天主教那时已在朝鲜上层人士间广为流传。由于这层渊源，很多朝鲜人流亡上海后都来此礼拜，或寻求帮助。朱开敏为这些初来乍到、背井离乡的朝鲜爱国志士提供很多帮助和照顾，他们中的一部分人数年以后在上海成立"大韩民国临时政府"，其中就有韩国的国父——金九。

民国十五年（1926），在刚恒毅总主教关于教会本地化的建议下，教廷将原属于南京代牧区的崇明、海门、启东、南通、如皋、泰兴、靖江等七县划出，成立海门代牧区，任命朱开敏为天主教海门代牧区主教。同年，教廷为表示对中国主教的重视，特谕朱开敏等前往罗马祝圣。民国三十五年（1946）朱开敏被委任为海门教区正权主教。朱开敏是天主教两千年来第一位中国籍教区主教。

朱开敏与一些社会名流如蒋中正、孙科、于右任、蔡元培、邵力子等关系密切，与韩国国父金九等人也私交甚笃。

朱开敏在海门教区创办了一百多所学校和医院、安老院、育婴堂；修建教堂一百多座，如南通狼山圣母堂、启东曹家镇德肋撒堂、海门天朴袁公所、崇明大公所四大教堂，以及启东母佑堂、崇明圣三堂、启东曹家镇德肋撒堂等。

1960年朱开敏病逝于海门教区主教公署，安葬于袁公所墓地。

朱开敏所在的朱家是一个自明朝以来世代信仰天主教的家庭。诸巷朱家祖居江苏青浦（今上海青浦区）潭西的丝网棣，以捕鱼为生。据传，朱家祖卜居住江苏沛地（今徐州沛县），明末从北方南下，后分为三支：一支到江西，即车袋角朱家的祖先；一支到广东；再一支到江苏，即青浦丝网棣朱家。据青浦朱氏家谱记载，朱家始祖"席厚履丰，融融怡怡"。朱家十九世纪初迁到诸巷，到诸巷后勤恳治家，由渔而商，自湖而海。

咸丰十一年（1861）春，诸巷七个天主教家族为避太平军战乱，移居上海董家渡圣方济各沙勿略主教座堂附近。自青浦迁来董家渡的朱家共有三房，都是第三代朱洪升的后人，分宅而居。以老屋墙体的颜色和居住地分称黑墙头、白墙头和梅家弄。黑墙

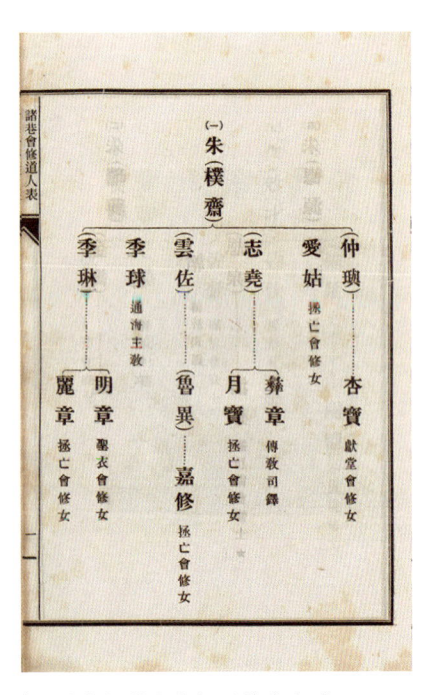

《诸巷会修道人表》所载朱家谱系

头家长是朱家第六代朱朴斋，白墙头是他的堂兄弟朱厚斋，梅家弄是远房的再从兄弟朱万茂、朱万顺。三房都经营沙船，故又被合称为"董家渡沙船朱家"。朱朴斋（1828—1890）是晚清中国沙船业巨头，彼时朱家已成为当地豪富。

朱朴斋的原配诸巷沈氏生一子；继妻亦为诸巷沈氏，生一子去世；再续娶马氏马建淑，即朱开敏的母亲。她是江苏丹徒人，才学能力出众，三位胞弟更是中国近代史的名人，号称"马氏三杰"。大弟马建勋早年受曾国藩拔擢，入北洋幕府，后投身李鸿章的洋务运动，深受器重，参与平定太平天国，是晚清著名的军事家；二弟马相伯，前文多有述及，毋庸多言。

三弟马建忠（1845—1900），字眉叔，别名乾，学名马斯才，同治九年（1870）为李鸿章的幕僚，随办洋务，因为熟悉西洋文化和语言，得李鸿章赏识。光绪八年（1882）朝鲜发生政变，清廷派他和丁汝昌、吴长庆等带兵前去助朝鲜"平乱"。光绪十年（1884）马建忠加入唐廷枢主持的轮船招商局。光绪十六年（1890）开始撰写《富民说》，主张发展对外贸易、扶持民间工商业等措施以富民强国。光绪二十一年（1895），他随李鸿章赴日谈判签订《马关条约》。马建忠是晚清重要的外交家，据说他还参与设计了韩国国旗太极旗。

马建忠在学术上的成就是他与马相伯合作完成的《马氏文通》①（光绪二十四年〔1898〕商务印书馆出版）。这部书与德国汉学家甲柏连孜②于1881年（光绪七年）出版的 Chinesische Grammatik（《汉文经纬》）一起，被认为奠定了中国汉语语法学基础。梁任公在《中国近三百年学术史》中讲："眉叔是深通欧文的人，这部书是把王（引之）、俞（樾）之学融会贯通之后，仿欧人的文法书把语词详密分类组织而成的。著书的时候是光绪二十一、二十二年，他住在上海的昌寿里，和我比邻而居。每成一条，我便先睹为快，有时还承他虚心商榷。他那种研究精神，到今日想起来，还给我很有力的鞭策。至于他的天才和这部书的价值，现

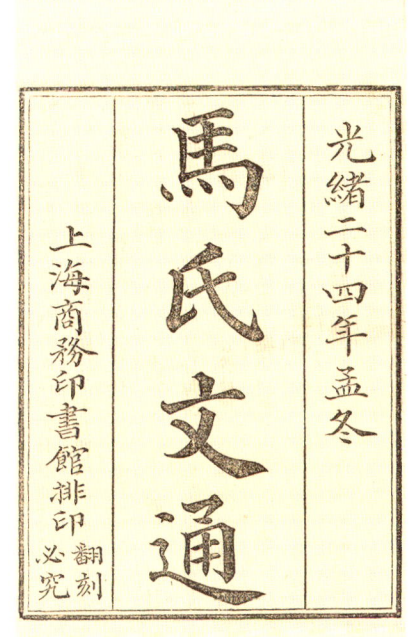

马氏文通（扉页）
〔清〕马建忠
十卷 十册
清光绪二十四年（1898）
商务印书馆排印
铅印本 纸本 筒子页 线装
十行二十四字小字双行同
黑口四周双边
开本：18.5×12.5（cm）
半框：14×10.5（cm）
621页

---

① 署名马建忠。张若谷《马相伯先生年谱》（商务印书馆1939年版，第99页）记《马氏文通》为兄弟二人合作完成。
② 甲柏连孜（Geoge von der Gabelentz，1840—1893），德国汉学家。其父汉斯·冯德·甲柏连孜（Hans Conon von Der Gabelentz，1807—1873）是德国汉学和蒙古学家。小甲柏连孜十八岁自学中文，以研究中文和满文《太极图说》获博士学位。成名作 Chinesische grammatik（《汉文经纬》或《中文语法》，1881；有北平德国研究所民国三十三年〔1944〕影印本），还著有 Beitrage zllr chinesischen grammatik，die sprche des Chuang-Tsi（《〈庄子〉对中国语法的贡献》）以及研究老子、文子的论著。

在知道的人甚多，不用我赞美了。"王力先生在《中国语言学史》中说："中国真正的语法书，要算《马氏文通》为第一部。马氏在著作中有许多独到之处，《马氏文通》可以说是富于创造性的一部语法书。他开创中国语法学的功劳是很大的……"吕叔湘先生在重印版《马氏文通》的序中说："它是我国第一部讲语法的书。"

大姐马建淑育有两女四男，朱志贞、朱爱贞、朱志尧、朱云佐、朱季球、朱季琳。朱家四兄弟都是天主教徒。

朱志尧（1863—1955），字宠德，号开甲，教名尼格老（Nicolas），诸巷会人；早年就读于二舅马相伯担任校长的徐汇公学，后曾数次作为随员随舅父马相伯、马建忠出访欧美。光绪二十三年（1897）盛宣怀任命朱志尧为大德榨油厂总办。次年朱志尧由马相伯、马建忠推荐，接替朱云佐出任东方汇理银行买办。

戊戌变法前后，朱志尧与弟弟合办《格致新报》，亲任主编，还大力资助汪康年等人，先后创办了《知新报》《昌言报》；光绪二十八年（1902）又支持英敛之创办《大公报》。朱志尧在《格致新报缘起》一文中写道，鸦片战争给中国带来的"痛非不深，创非不巨"，但数十年来中国依旧"所教非所求，所求非所用，所用非所习"，一而再、再而三地"误于务末而舍本"；他明确提出，格致实为"治国平天下之根柢也"，以此呼吁国人学习推广近代科学技术知识，以图富强。

光绪三十年（1904）朱志尧投资创办求新制造机器轮船厂，跻身中国最大实业家行列。抗日战争时期，朱志尧的企业损失严重。为阻止日军进攻，国民政府先后征用他的轮船，后都沉没。抗日战争胜利后，他向国民党政府申请收回原产业，未果。

朱云佐（1865—1898），诸巷会人。创办了《格致新报》，向国人推广近代科学技术知识，并担任东方汇理银行的买办，有"中国买办第一人"之称。

朱季琳（1874—1952），诸巷会人。华商电气公司和合众轮船公司的董事长，当年在上海有"法租朱半界"之称。

朱佐豪（Josephus Tsu，1905—1951），字育才，诸巷会人，朱志尧和朱开敏的堂叔朱效才的第三子。民国十五年（1926）入耶稣会，民国三十二年（1943）晋铎，任职徐家汇大修院。他留有两部书《朝圣母简言》和《中国圣母会考》。

《朝圣母简言》，民国二十三年（1934）土山湾印书馆出版，介绍中国天主教圣母堂的来历，共三篇：一、中国拜圣母的根基；二、中国拜圣母的来历；三、拜圣母的益处。

《中国圣母会考》，民国二十九年（1940）土山湾印书馆出版。这本书比朱佐豪自己六年前写的书要详细完备。其中有几个章节比较重要："利玛窦于北京成立第一个圣母会""中华圣母古像考""中国第一个正式成立的圣母会""中国第一个正式圣母会的考据""徐文定公是圣母会友否""中国的女圣母会"等。

从朱佐豪在书中提及的人和事来看，他在中国圣母会应该任有重要职务。

朱佐豪的二哥朱佐仕（Ignatius Tsu），字依纳，诸巷会人，生于光绪二十五年（1899），民国九年（1920）入耶稣会，民国二十六年（1937）晋铎。

民国二十二年（1933）朱佐仕牵头翻译《耶稣受难遗迹考略》。此书原著是法国神父罗毫弗尔利

江蘇佘山聖母堂

教主郎（一）
Mgr. Langillat

一八六八年三月一日郎主教祝聖佘山第一座小堂天角堂（二）

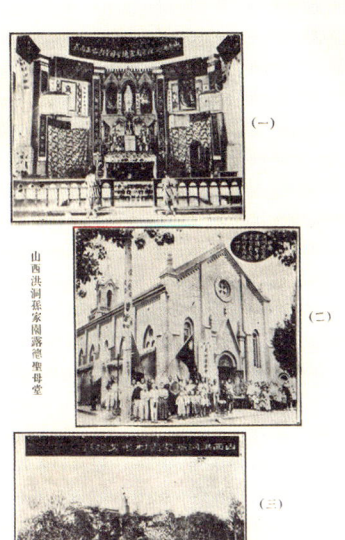

（一）

山西洪洞孫家園露德聖母堂（二）

（三）

朝圣母简言（封面和插图）
朱佐豪编译
三卷附一卷 一册
民国二十三年（1934）
土山湾印书馆排印
铅印本 纸本 平装
开本：24.4×15.4（cm）
100页
插图60幅

浙江定海沈家门進教之佑堂

沈家门全景（一）

露德假山（二）

中山小堂正祭台（四）

徐滙中學公拜聖母（五）

中国圣母会考（封面和内页）
朱佐豪编
一卷　一册
慈音丛书
民国二十九年（1940）
土山湾印书馆排印
铅印本　纸本　平装
开本：18.3×11（cm）
57 页

（M. Roohault de Fleury）撰写的 *Mémoire sur les instruments de la passion de Notre-Seigneur Jésus-Christ*，他自己翻译了其中几卷。徐家汇圣心报馆组织张士泉神父等圣心报馆同仁，"陆续迻译，三易寒暑"，完译全书，先是连载于《圣心报》，后于民国二十七年（1938）由土山湾印书馆集结出版，徐允希作序。

在天主教里，《耶稣受难遗迹考略》是部名著，罗毫弗尔利神父考察了巴黎圣母院以及意大利许多名城的教堂，对各教堂的耶稣遗迹做了仔细研究。第一章"十字架木考"，作者详细说明圣十字架的重量、长度、制作方式以及藏地；第二章"圣钉考"，记述了钉死耶稣钉子的数目及其流传等；第三章"横额考"，主要说明十字架横额的形状、质料和所刻文字；第四章"茨冠考"，茨冠是指耶稣受难时头戴的荆冠；第五章"殓布考"；第六章"圣帕考"；第七章"圣袍考"；第八章"救世遗迹杂考"，包括三十银钱、鞭笞和石柱、圣梯、芦柑、苦胆和蜜蜡酒、圣枪、生盘、马槽、晚餐桌、苦路—圣墓等。

《耶稣受难遗迹考略》的编辑体例有特点，前半部分是"耶稣受难遗迹图说"，有二十三幅图片，附有说明；后半部分是正文，也另有插图。一本很有价值又颇为耐读的另类考古书籍。

朱希圣（Hi-cheng Tchou），诸巷会人，朱志尧的第三子，音乐家，风琴师，任教上海美术专科学校，比较知名的作品有天主

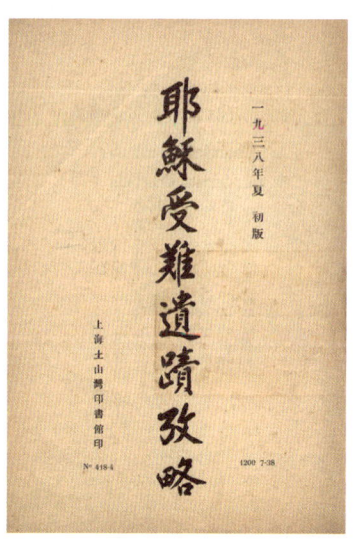

耶稣受难遗迹考略（封面和内页）
［法］罗毫弗尔利撰　［中］朱佐仕、张士泉等译
八章　一册
民国二十七年（1938）土山湾印书馆出版排印
铅印本　纸本　平装
开本：26×18.8（cm）
205 页
插图 30 幅

圖貳—十字架圖

第叁—聖身懸架圖

(本書頁數)
(一)頂上橫額 一三四
(二)足下木櫈 一二
(三)雙足分釘 一一四
(四)聖母聖若望近侍 一五

圖叁—聖身懸架圖

第肆—羅瑪與日稜聖木圖

(本書頁數)
(一)羅瑪城外聖保祿堂 二四
(二)日稜聖雅各伯堂 一〇八
(三)羅瑪伯多祿大堂 二八
(四)羅瑪儒斯定十字 二七
(五)羅瑪公斯當定十字 二八
(六)羅瑪日稜聖架堂(三片) 二〇

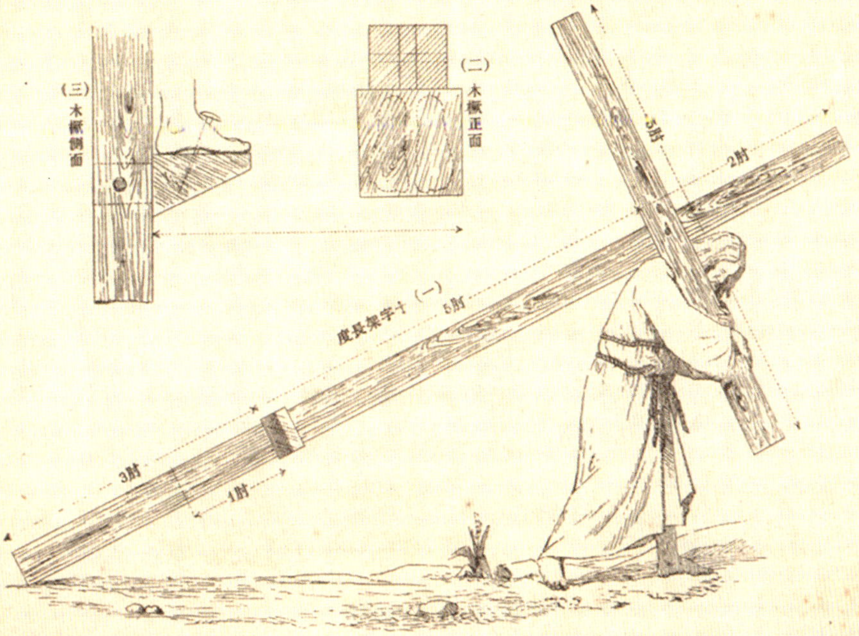

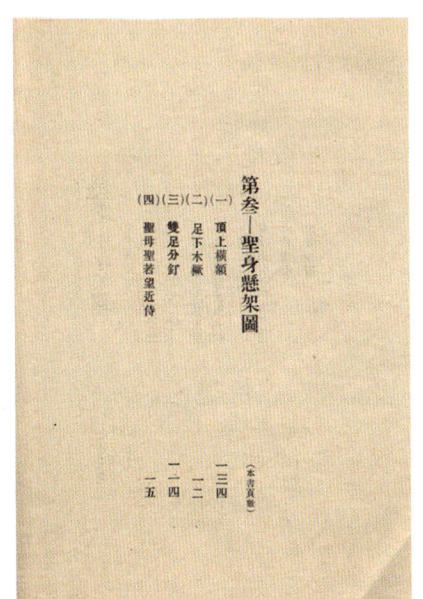

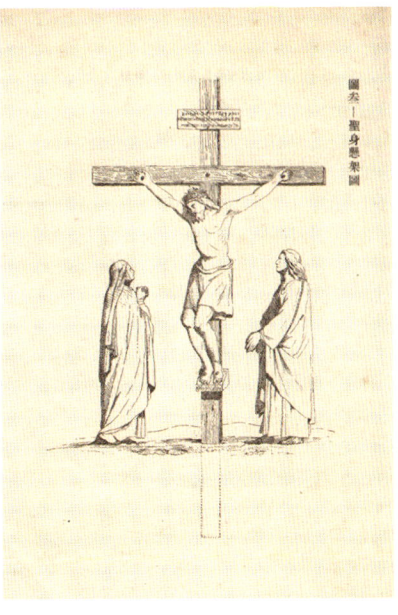

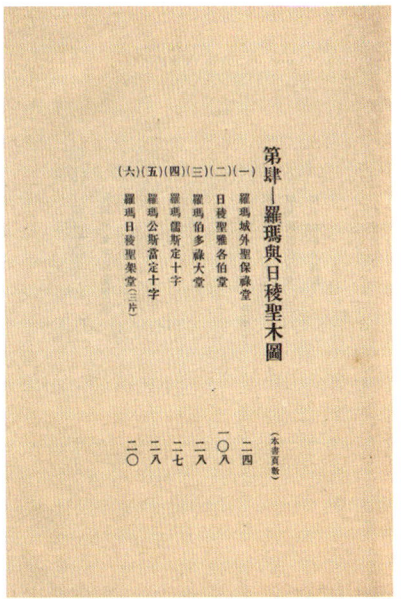

教音乐《汝乃磐石》，以及抗战歌曲《卢沟桥》等。1951年为庆贺朱开敏祝圣二十五周年，他创作了著名的《狼山圣母歌》。朱希圣的女儿朱兆娟①曾任香港拯亡会会长，在当代香港天主教界很有名望。

朱希圣的著述大多是译品。《圣女小德肋撒十日敬礼》，民国三十一年（1942）海门主教公署出版，朱希圣编译自法文Sainte thérèse de l'enfant Jésus。全书分十个日子赞诵圣女小德肋撒的圣德：第一日"谦逊"，第二日"信赖及委顺"，第三日"爱德"，第四日"神婴"，第五日"意志纯洁"，第六日"救灵神火"，第七日"忍受世苦"，第八日"质朴"，第九日"爱情"，第十日"牺牲精神"。

同年出版的《依恃耶稣圣心九日敬礼》，是朱希圣编译的小册子，由三部分组成，第一部分"依恃耶稣圣心九日敬礼诵"，是一段大约一千五百字的祈祷文，有几段颇有亮点：

> 今我愿向大众明白解释者：于彼罪人，我欲告以我心慈悲，无穷无尽；于彼冷淡者，我欲告以我心爱之慕切，乃成烈火一团，亟欲灼而热之；于彼热心善士，我欲告以我心为进修全德，稳达福地之路……
>
> 信我者多矣，但信我仁爱者，实无几人，即有信我仁爱矣，而依靠我之慈悲者，能有几人乎？再，世人之认识我为天主者，数固不少，然而依我如父者，则数不多观也。

在天主教经籍里，有如此讲究文藻者寡见。

第二部分为"修女玛利亚才斐小传"。

第三部分为"耶稣圣心号召众灵"，节自《耶稣圣心通谕》，讲述"耶稣圣心向世人揭露其仁爱的秘蕴"和"耶稣向修道士女揭露圣心的爱情秘蕴"。

同年朱希圣还完成《精修宝诀》，译自法文De la perfection consommée，原作者是圣女加大利纳。这是一部关于修道道理和方法的著作，构思精彩。

第一章，"善士蒙主宠照，彻悟人性之困穷贫乏，天主之尊贵，救灵之艰难，爱求上主，授以简短而精妙之修成宝诀"。

第二章，"主从人愿，慨赐教诲，修德纯全，一言蔽之，要在承行主旨。基多听命，至于舍身捐躯，世人可法可式，拳拳服膺，身体力行"。

第三章，"善士与天主继续深谈。修成之道何在？第一步：善用受造之物。第二步：求彰天主光荣"。

第四章，"第三步：契合天主圣意，完全委顺天主圣意。欲到此点，必先完全舍弃自己。圣子降生，受难救赎，及建定圣体，皆为天主爱人之真凭实据"。

第五章，"善士问主，完全舍弃自己其道何由。吾主答语：深自谦卑，事事听命，万变之来，笃信天主实为全能全知，而又本性善良"。

第六章，"自消自灭者，得尝天下之平安。忧苦忠难中，坚韧不屈，百折不挠。自消自灭者，如何领略上主爱情之甜蜜。死于自己，乃膺天国真福"。

译者写的弁言说明了此书的来龙去脉，值得一读：

> 道在迩，而求诸远，事在易，而求诸难。吾观世上尊德乐道，志切修成者多矣，然登峰造极，能臻纯全有者，盖无几人。推原其故：则非因见理不明，冥趋暗索，卒于知难而退，即因舍近就远，费时旷

---

① 朱兆娟（1918—2012），教名亚加达，诸巷会人，修女。震旦大学女子文理学院医科毕业，民国三十六年（1947）发初愿，1953年发大愿。逝于香港。

日，而终于望洋兴叹。呜呼！修成之道，果若是其难乎？亦乏先觉引导，不得其门而入耳！今有幸，得在罗马华帝冈古籍中，获有圣女加大利纳色纳遗著《精修宝诀》一篇，篇中圣女本其心得，为人开路引导，言简而明，路短而捷，盖篇幅虽小，而精金美玉，满纸琳琅焉。

朗朗上口的好文章，要归功于朱希圣的文字功底。

《修女裴宜业小传》，民国三十二年（1943）海门主教公署出版，译自法文 Soeur Benigne-Consolata Ferrero，是十九世纪意大利修女玛利亚·裴宜业·公少拉带·斐勒洛的传记。朱开敏主教为译作写了长长的序言，对其倍赞赏有加：

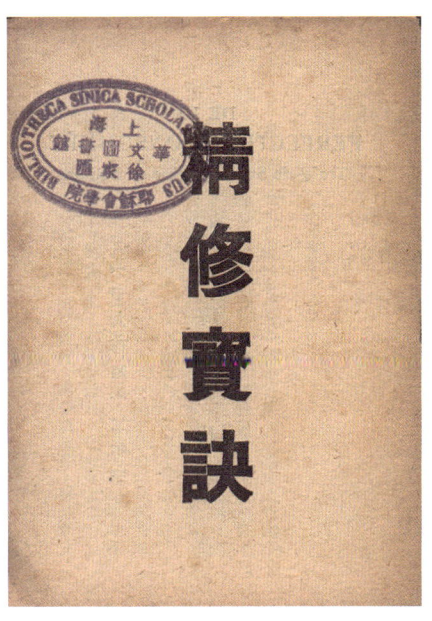

精修宝诀（封面）
朱希圣译
六章　一册
民国三十一年（1942）海门主教公署出版
铅印本　纸本　平装
开本：13×9.3（cm）
30页

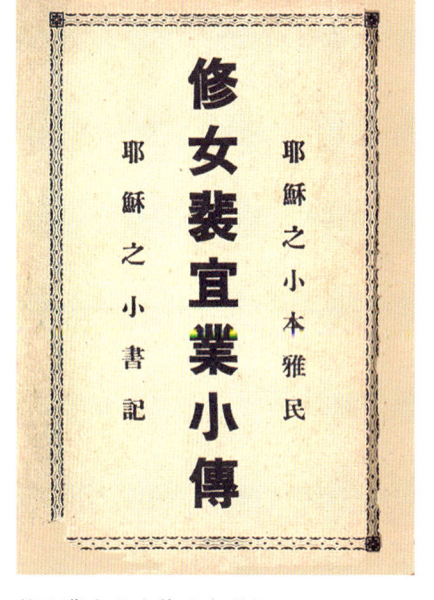

修女裴宜业小传（扉页）
朱希圣译
五卷　一册
民国三十二年（1943）海门主教公署出版
铅印本　纸本　平装
开本：18.2×12.8（cm）
208页
插图1幅

修女谓谁？即意国高末往见会修女曰玛利亚·裴宜业·公少拉带·斐勒洛者是，亦即鼎鼎大名，所谓"耶稣之小本雅民"，"耶稣之小书记"者是。夫余平日窃不自量，固以显扬耶稣圣心为职志者也，一切有关圣心之文字翰墨，固所欢迎不遑，先睹为快者也。今得此译，又安能不惊且喜乎！余不禁三熏三沐，进为译者贺：首贺其为耶稣圣心，肯矢忠勤，手不停挥，报效圣心，惟力是视，圣心自当重酬，遐福之降，胜券可操也；次贺译者笔下风云，才堪倚马。前译《精修宝诀》《耶稣圣心九日敬礼》《圣女小德肋撒十日敬礼》，刊行未及一载，而新作译已接踵问世矣；而况译者方以授徒为业，仅于课余之暇，以甚短促之时间，居然完成此甚艰甚长之大者，其为难能而可贵也，不亦甚可贺乎！至于译笔之忠实，字句之生动，藻饰纷披，而不失其真，则尤令人击节叹赏，而不得不贺其功夫之独到焉。

《修女裴宜业小传》内容有些庞杂，分为五卷：第一卷是这本传记的主体；第二卷是传记的补遗；第三卷"主训集锦"；第四卷"神修袖珍"，包括"箴训""修道人之灵魂宜似凹斯弟亚""爱德小论""领受上主圣爱之十诫""谦德十诫""精旨纯全之十诫""依恃天主之十诫""天主圣慈之十诫""封斋期内神业小功夫""圣母月中神业小功夫""神味干枯，何为而可？""得有神慰神乐时，何为而可？"等；第五卷"谢恩摘录"。

朱希圣的译作还有《多明我啥维豪传》（土山湾印书馆，民国八年〔1919〕）、《耶稣圣心之通谕》（土山湾印书馆，民国二十九年〔1940〕）、《耶稣圣心之母后九日敬礼》（海门主教公署，民国三十一年〔1942〕）、《圣心与司铎》（海门主教公署，民国三十四年〔1945〕）、《圣心与司铎续编》（海门主教公署，民国三十四年〔1945〕）、《大道指归》（海门主教公署，民国三十六年〔1947〕）、《小德肋撒德行新篇》（香港公教真理学会，民国三十六年〔1947〕）、《纯德之路》（土山湾印书馆，1954年）等。

海门教区出版的非日课经文的书籍基本都是朱希圣翻译的，朱开敏的这个侄子对海门教区文化建设之贡献无人可比。

朱树德（Xaverius Tsu，1913—1983），诸巷会人，朱效才的孙子（大儿子朱佐廷的孩子），民国二十四年（1935）入耶稣会，民国三十四年（1945）晋铎。民国三十三年至三十六年（1944—1947）任徐汇公学校长。后赴法国留学，获巴黎大学地理学博士学位。后回国，担任震旦大学天主教学生的神师。1953年被捕入狱，1983年死于合肥监狱。

朱树德著有《新光》一书，短篇圣人传记，"圣体军小丛书"零种，民国二十四年（1935）土山湾印书馆出版。《新光》收入的圣人有圣达尔济斯、福女加大利纳拉蒲兰、可敬多明我啥维豪、圣维雅纳、圣鲍斯高、真福赵奥斯定、吴真福国盛以及二十一位"中华致命真福"。有史料价值的是，书后附"中华二十一位致命真福"表，列出教名、名字、品业、籍贯、致命地、致命年月日以及瞻礼日期。

朱树德有三个弟弟是耶稣会神父：三弟朱励德①、五弟朱育德②、六弟朱立德③。

总之，"修道人家"里朱氏和马氏少有等闲之辈。

新光（封面）
朱树德撰
八篇　一册
圣体军小丛书
民国二十四年（1935）土山湾印书馆排印
铅印本　纸本　平装
开本：19.2×12.3（cm）
112页

---

① 朱励德（Michael Tsu sen，1922—1997），诸巷会人，民国二十九年（1940）入耶稣会，1951年赴台，曾任耶稣会台湾区会长、台湾光启社社长。逝于台北。著有讲道集《硕果丰盈》。
② 朱育德，教名若瑟，诸巷会人，耶稣会士。1955年因龚品梅案被捕，1982年释放后晋铎，现任上海教区副主教。
③ 朱立德，诸巷会人，耶稣会士，生于民国二十二年（1933），五十年代初在上海徐家汇修院学习，1955年因龚品梅案被捕，1982年获释。1988年赴台湾，入辅仁大学神学院习修神学，毕业后晋铎，曾在台北圣家堂任神职。

修道人家（续三）

> 凡要守贞之人，先当知道贞德的尊贵。当知贞德乃是极尊极美之德，实是无价之宝。
> ——《贞德要训》

《诸巷会修道人表》里除了朱沈两大家外，在奉教历史册页上留名的还有五姓十二家：

一代祖			最近一代	发愿情况
陆桂棠				未
			鸿渐	传教司铎
陆雪云				未
	洁宝			仁爱会修女
	山宝			仁爱会修女
	德宝			仁爱会修女
	嘉宝			仁爱会修女
周金平				未
			祥生	传教司铎
周振昌				未
	洁贞			拯亡会修女
	静生			传教司铎
	美贞			献堂会修女
周德庵				未
			浚良	小修院修士
周文华				未
			九妹	献堂会修女
周雪庭				未
			怀贞	圣衣会修女
秦爱森				未
			宝卿	传教司铎
秦禄粟				未
	桂山			传教司铎
	美姑			献堂会修女
秦小平				未
	双庆			未
			秋芳	大修院修士

一代祖		最近一代	发愿情况
	德秀		仁爱会修女
	德宝		仁爱会修女
潘景庭			未
		秋麓	耶稣会司铎
姚庆云			未
		承枢	传教司铎

*《诸巷会修道人表》里，诸代迭系并不连贯，有跳越，此表第一列记载可溯最老一辈，但未必与沈家和朱家平辈；第四列和第五列反映最近一辈。

五姓十二家里发愿出家者二十人，这二十人中奉教贡献最大的是潘谷声。

潘谷声（Joan Baptista P'an，1867—1921），字秋麓，洗名若翰保弟斯大，诸巷会人，籍在青浦，幼年就读于徐汇公学，蒋邑虚校长称他为"神童"。光绪十年（1884）入江南修院，光绪十四年（1888）入耶稣会，凡科学、哲学、神学等，无不悉心研究；光绪三十年（1904）晋铎。潘谷声创办了《圣教杂志》，还主持编写了一系列小学和中学教材，土山湾出版的几套国民教材都与他有关。

《诸巷会修道人表》讲记。

【潘公谷声司铎传略】公讳谷声，字秋麓。幼颖异，既成童，肄业徐汇公学，旋入修院。常为同学冠。晋铎后，传教宁国徐州等处，屡任徐汇公学校长、震旦副校长、圣心报及圣教杂志主任、上海进行会监督、启明校长、献堂会神师，兼创立圣诞女校、类思师范。积劳成疾，竟于民国十年十二月三十日溘然长逝。耗音所至，凡受公之教者无不心丧。为欢迎新教育著有圣教启蒙课本，初高二等国文等课本，奉教学堂多用之。

潘谷声神父年轻时翻译过《圣类思公撒格学生主保小传》，此书由土山湾印书馆于光绪十七年（1891）初版，后版次很多。圣类思·公撒格是天主教青年主保，有关他的传记很早就介绍到中国，如同治八年（1869）慈母堂出版的巴多明《济美篇》。民国二十三年（1934）土山湾印书馆再版的《圣类思公撒格学生主保小传》有三十二幅插图，还算精致。

潘司铎谷声

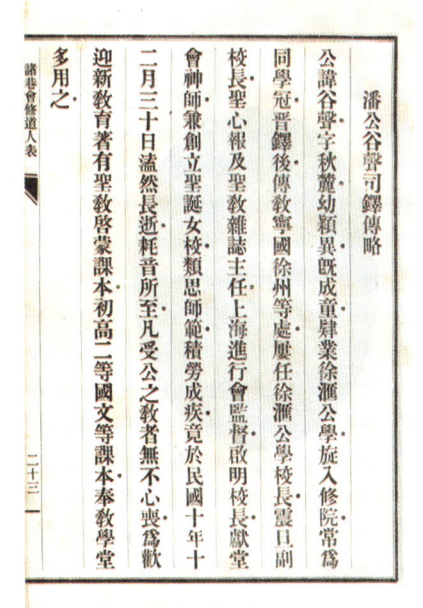

《诸巷会修道人表》对潘谷声的记载

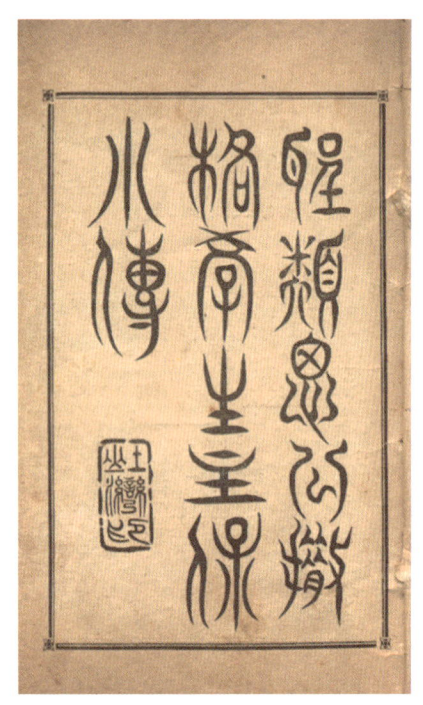

圣类思公撒格学生主保小传
（扉页和插图）
潘谷声撰
三十二节　一册
民国二十三年（1934）
土山湾印书馆排印
铅印本　纸本　平装
开本：13×9.5（cm）
80页
插图 32 幅

宣统三年（1911）出版的《圣母经集》，潘谷声译，徐励校，收录了江南教区正式颁行的有关圣母的一百零八段诵经、祝文、诵句、经文、圣歌、串经等，分为八卷：一、圣母始胎；二、七苦七乐；三、瞻礼祝文；四、圣母诵句；五、各种经文；六、圣母圣歌；七、各式串经；八、九日敬礼。

潘谷声还主编《圣心报》，他擅用余暇，即兴写作，故他的著作多是小册子。民国元年（1912）出版的《中国致命真福传略》还算其中篇幅较大者。这是一个很常见的主题，法文书名是 Vita abreviata 21 BB. martyrum sinensium（《中国二十一位殉教者传》），由此可知，这部书讲的是被教宗授予真福圣品的二十一位中国人。

潘谷声自序：

谚有之曰："致命之血，传教之种"。诚哉是言也。溯圣教之历史，自古迄今，信友之为道而死者，指不胜屈。其始三百年内，教难最剧，流血至数千万人；厥后凡圣教传入一国，必先有无数人见危而授命，然后教化乃能大行。人第见环球五大洲，自西自东，自南自北，无不有圣教之传扬，而不知当初开教之时，固尝历无数之巨艰奇险，百折不回，乃能得有后日之盛也。

《中国致命真福传略》分三卷。第一卷是四川的四位殉教者：赵奥斯定、袁若瑟、刘保禄和刘达陡。第二卷是贵州的十五位殉教者：吴国盛、张大鹏、刘文元、郝开枝、卢廷美、王宾、林亚加大、张文澜、陈昌品、罗廷荫、王玛尔大、吴雪、张天申、陈显恒和易路济亚。第三卷是广西的两位殉教者：白满和曹依搦斯。

民国五年（1916）土山湾印书馆出版了由法国人罗第爱神父撰写、潘谷声编译的《天主上智亭毒万物论》。

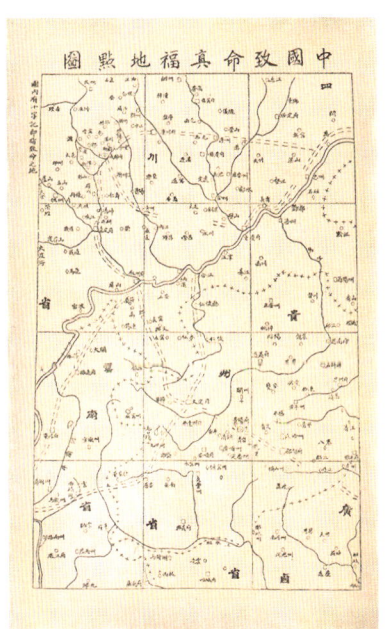

中国致命真福传略（插图）
潘谷声撰
三卷　一册
民国十九年（1930）土山湾印书馆排印
铅印本　纸本　平装
开本：19×13（cm）
94 页

乍一看，不知所云。"亭毒"出自《老子》："长之育之，亭之毒之，养之覆之。"一本作"成之熟之"。高亨《老子正诂》："'亭'当读为'成'，'毒'当读为'熟'，皆音同通用。"后引申为养育、化育。说白了，书名的意思就是"上帝的智慧养育世界万物论"。

《天主上智亭毒万物论》十一篇："以造物主之善证""以物理之秩序证""以博物名家之言证""以伦理之秩序证""以天主默启之教训证""以天主之安排与祈祷证""无用及有害之物证""痛苦疾病论""痛苦之益论""今世祸福论""世上善恶论"等。

此书一次印数并不大，但后来多次再版，并存世有量。这类内容的书籍本身不该有那么多人感兴趣，或得惠于其书名奇妙惹人吧。

土山湾印书馆于民国八年（1919）印制了潘谷声编撰的《玫瑰经浅义》，一本口袋本小书，内容与通常有关《玫瑰经》的书籍没有二样，但其出自土山湾画馆的十六幅彩色插图还是值得称赞的。

诸巷会里，秦姓人家不多，但是家中后生秦秋芳却被树为会里楷模被记案表彰。民国十五年（1926）土山湾印书馆曾出版《修院奇花秦秋芳修士小传》，作者是徐家汇大修院督理、曾在扬州传教的法国耶稣会士邱多廉[①]，吴应枫译述。邱多廉在序言里赞扬他的弟子："秦修士秋芳受洗礼于其诞辰，领终傅于其死日。在此短促时期中风驰电掣，德修猛进，善承主宠，或无蹉跎。予既涉猎其生平，怦然心动，感慨綦深。乃不辞固陋，濡笔作传，上以扬天主之妙迹，下以示模范于青年。"

《诸巷会修道人表》里，秦秋芳的谱记是最长的。

【秦君秋芳修士小传】修士讳秋芳，洗名巴尔多禄茂。生于一千九百〇三年九宫一日。天资颖敏，生性诚朴。初肄于徐汇类思小学，日与圣祭，不避风雨。一九一五年转学汇校，校长业师，见其循规蹈矩，皆器重之。及至上院，任祈祷会领班、圣母会职员，又能勖勉同窗，为其表率。行年十五，由神师允准，发守贞愿。一九二一年毕业时，考录震旦大学。但修士志存修道，即于是年秋，进小修院。中西文学每悉心焉。于仁爱、谦和、听命、忍耐、克己等功，尤致意焉。后见其日记簿曰：天主既召我，惟有规随之，但我更爱其苦难。故自作经文，中有曰：万事万物，必以优者让人。一九二四年秋，升大修院，攻格致物学，探理精深。冠同学，守院规，丝毫勿爽。友爱之德，又所注意。故私省察簿上记曰：自忘、牺牲、友爱于散心时，更不可忘。故其助人也，不待求，忧患者解之，并许代祷。曾作诵句曰：主，我本一无，尔赐我如许，求尔亦赐予同侪，亚孟。可见其志意仁爱为不虚，其敬爱圣体，仿佛圣达尼老，现于面，形于色。日间屡次跪圣体前，热情不外著。有不能自已者，且有时若官止神行也。唤之不闻，必以手撼之始应。其专心致敬有如此。至敬奉圣母，更加人一等。圣母瞻礼前，必躬行九日敬礼。圣母月内，朝朝别献善工。故圣母以为瓜熟蒂落可采矣。适一九二五年夏，随同志赴佘山避暑时，忽喷血不止而安逝。因得葬于圣母亭南，如彼生前之愿常依膝下焉。时九宫四日。计在世二十有二岁。别有小传，虽不敢谓一如青年主保三圣人，殆亦其俦亚欤。

[①] 邱多廉（Josephus Couturier，1875—?），法国人，1894年入耶稣会，1909年晋铎。同年（宣统元年）来华，任扬州、徐州、海门总本堂，在徐家汇大修院执教。1953年回国，余迹不详。

玫瑰经浅义（插图）
潘谷声编撰
一卷　一册
民国八年（1919）土山湾印书馆排印
铅印本　纸本　平装
开本：13×9（cm）
20 页
彩色插图 16 幅

· 修道人家（续三）·

《诸巷会修道人表》有着不同于传统宗谱的特点。中国传统的宗谱无不以男人为中心，男长者居中，左右顺列几房太太。女性最多只有姓氏，不记名字，也没有地位。而在《诸巷会修道人表》里，各家族女性数量接近四分之一，有名、有姓，记生辰，独自占位。尤其是详细记载她们所属修会，彰显其因信而得的尊重。

耶稣会传教士在咸丰年间重返江南传教时，南格禄写道，上海"这个城市似乎注定是开放中国的一扇大门，在这里将举办种种慈善事业，在这辽阔的皇朝国土上，它将成为其他城市的一个典范……"他认为教会需要"一批满腔热情能吃苦耐劳的修女，她们要始终不渝地坚持工作，尤其在初创时期，必须经受种种艰难困苦的考验，而且还要有在本地的女青年中物色选拔许多助手的能力"。

南格禄神父传教中感到，迫切需要对贞女们进行教育，希望欧洲女子修会前来江南协助自己。江南教区开始与天主教女修会联系，介绍她们来中国发展。百年间陆续有仁爱会、拯亡会、方济玛丽传教修女会、加尔默罗圣衣修女会、洛雷托修女会、母佑会、圣高隆庞传教女修女会、耶稣圣心女修会、卢森堡方济第三会仁爱会、善牧会、社会服务修女会等在中国建立自己的分支机构。

史式徽在《江南传教史》中留下许多女修会早期创业史料。

第一批圣衣会修女来到中国时，许多人对她们不以为然，能吸引中国女孩进圣衣会旷日持久。中国教友观念截然不同。圣衣院来华伊始，就有诸多打算进院的女孩前来应试……其中不乏上海富裕教友家的千金。她们心地豁达，但在圣衣院，艰苦生活环境让她们也吃不消，心有余力不足。①

不得已，南格禄安排圣衣院从王家堂迁到土山湾新建好的房

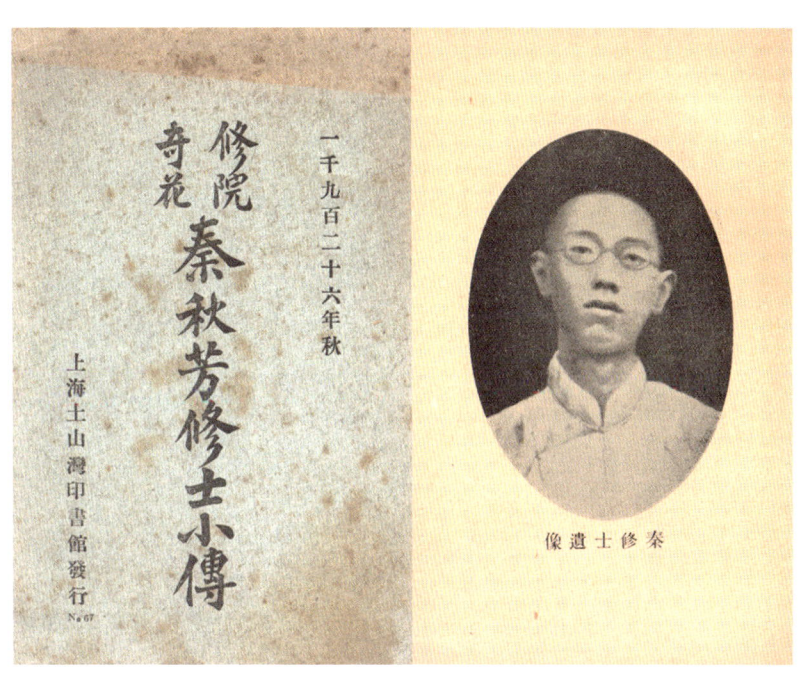

修院奇花秦秋芳修士小传（封面和插图）
［法］邱多廉撰　［中］吴应枫译述
五章　一册
民国十五年（1926）土山湾印书馆排印
铅印本　纸本　平装
开本：18×12.5（cm）
44页
插图 12 幅

---

① J. de la Servière, *Histoire de la mission du Kiang-nan*, tom. II, par. II, chp. II, iii, p. 280.

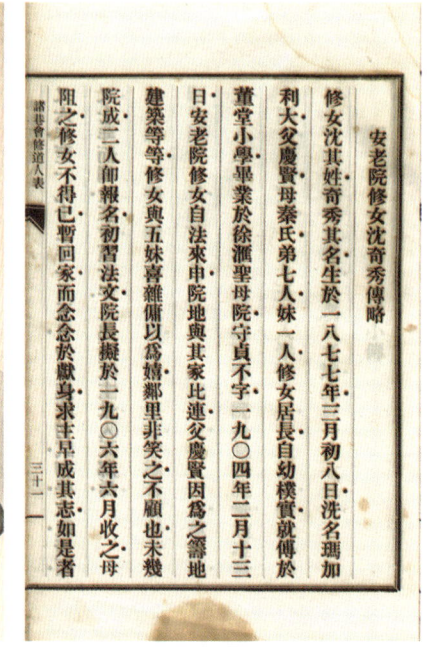
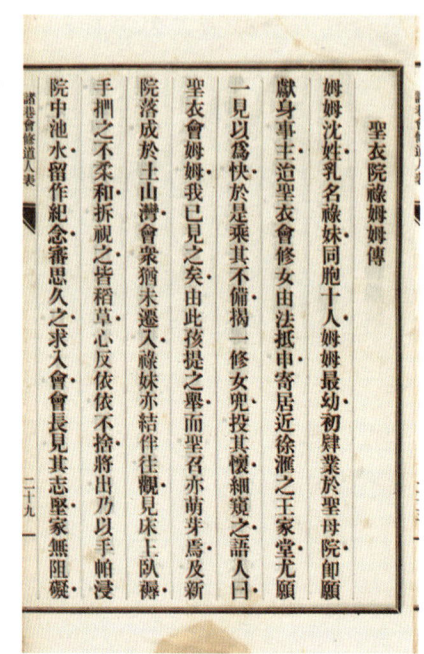

《诸巷会修道人表》对修女事迹的记载

子里，正式成立圣母院，改善了修女们的生活问题。

太平军占据上海周围地区，唐墓桥孤儿院的女童在神父的携领下逃往张家楼、董家渡、王家堂等地避难。局势平定后，女童孤儿院迁入新成立的徐家汇圣母院育婴堂。徐家汇圣母院（Jardin de la Sainte Mére，Seng-Mou-Yeu）管理者主要是献堂会和拯亡会，除了女子修道院外，还办有育婴堂和启明女校、幼稚园、聋哑学堂。与堂团情况相似，考虑女童未来生计，圣母院设立女童工作的刺绣、裁缝、洗衣等工场，还安排她们读书识字。"圣母院自始就成为徐家汇及周围地区女教友宗教生活的中心"。① 民国二十年（1931）法国拯灵会来华考察了徐家汇圣母院，回国后在巴黎发表报告 Le Jardin de la Sainte Mère，Fleurs vivantes au pays des bambous（《圣母院——竹国奇葩》，Éditions Dillen，巴黎），这本图文并茂的书籍是了解当年圣母院管理、运行、教育、生活等情况的非常重要的参考资料。

诸巷会各家族献身天主的女性基本都是上海几家天主教修会的修女，如《诸巷会修道人表》所记圣衣会修女九位，拯亡会修女二十五位，安老会修女六位，方济各会修女一位，仁爱会修女十一位，献堂会修女十三位。详细信息见下表。

---

① J. de la Servière, *Histoire de la mission du Kiang-nan*, tom. II, par. II, chp. II, iii, p. 287.

Le Jardin de la Sainte Mère，Fleurs vivantes au pays des bambous
圣母院——竹国奇葩（内页）
法国拯灵会编
法文
十四章　一册
1931 年 Éditions Dillen，Paris 出版
铅印本　纸本　平装
开本：24.2×19（cm）
64 页
插图 52 幅

修　会	姓　名	会　称	生　年	进会年份	发大愿年份	卒　年
圣衣会修女	沈四德	类思	1848	1870	1880	
	沈义宝	天神	1858	1874		1918
	沈禄妹	耶稣则济利亚				
	沈吉英	十字架若望	1868	1888	1893	
	沈寿贞	玛利亚加利大	1869	1891	1896	
	沈朱氏	类思圣王	1866	1902	1904	1927
	朱九妹	斯德望	1860	1882		
	沈纳贞	玛尔大	1875	1900	1904	
	朱明章			1904	1930	
拯亡会修女	沈爱姑	伯多禄格拉物	1849	1870	1882	1926
	沈安姑	亚纳	1858	1876	1887	1920
	沈安贞	达尼老	1866	1886	1898	
	朱爱贞	十字架若望	1862	1886	1898	
	沈桂秀	弥额尔	1875	1897		1897
	沈品秀	斐尔米诺	1882	1905	1917	
	沈仲秀	德阿法纳	1883	1905	1917	1917
	周吉贞	玛利亚	1891	1910	1918	
	朱月宝	依搦斯	1892	1910	1921	
	沈月娥	依搦斯	1892	1911	1923	
	沈蓝氏	方济各沙勿略	1889	1913		
	沈娟秀	厄玛诺	1894	1914		
	沈恩秀	方济各波尔日亚	1889	1914		
	沈妙玉	依纳爵	1895	1916		
	沈慧娥	加大利纳	1896	1917	1925	
	沈纳英	本笃	1891	1919	1921	
	沈福秀	玛利亚保禄	1899	1921		
	沈纳秀	伯多六玛利亚	1898	1923		
	沈凤秀	伯多禄	1898	1923		
	沈撷英	沙斐亚	1898	1925	1930	
	沈秀英	安德肋	1899	1925		
	沈美秀①	嘉俾额尔	1902	1929		
	朱嘉修		1908	1930		

---

① 沈美秀（1902—2014），尊称九姑、九婆婆，诸巷会人，父沈志贤，叔沈庆贤。诸巷会三份修道人表中最后离世者，按《诸巷会修道人表》推算她享寿112岁，而家人记她享年108岁。

续表

修　会	姓　名	会　称	生　年	进会年份	发大愿年份	卒　年
拯亡会修女	朱丽章	弥额尔	1909	1931		
	沈月荷	罗散				
安老会修女	沈依秀	耶稣玛达勒纳	1884	1908	1910	1910
	沈德秀	耶稣依搦斯	1884	1908	1911	
	沈奇秀	耶稣玛加利大	1876	1912	1915	1919
	沈月英	斐洛木纳方济加	1901	1920	1925	
	朱吉贞	奥斯定玛利亚马大肋纳	1904	1928		
	朱恩贞	奥斯定儒亚纳	1905	1928		
方济各会修女	沈淑娥		1904	1928		
仁爱会修女	沈迎大	玛利亚	1846	1877		1915
	陆洁宝	德肋撒	1874	1876		
	沈和秀	儒理亚	1878	1897		
	陆山宝	亚纳	1876	1900		1906
	沈文秀	刘易斯	1884	1905		1913
	沈德宝	方济加	1885	1906		1929
	沈道秀	依撒伯尔	1889	1906		1908
	朱恩秀	玛利亚	1900	1918		
	陆嘉宝	玛利亚	1902	1918		
	沈如青	亚纳玛利亚	1905	1923		
	沈洪青			1923		
献堂会修女	朱寿姑	亚加大	1842	1869		1878
	秦美姑	依撒伯尔	1848	1869		
	朱小姑	玛利亚	1845	1869		1878
	周玖姑	亚纳	1843	1870		1890
	沈庆姑	路济亚	1854	1875		
	朱桂姑	玛尔大	1844	1876		1911
	朱心姑	德肋撒	1895	1898		
	沈依姑	依撒伯尔	1872	1900		
	沈雅姑	亚加大	1880	1903		
	沈淑姑	玛利亚	1882	1903		
	朱素姑	玛利亚	1878	1909		1926
	周美贞	莫尼加	1898	1921		
	朱杏姑	玛利亚	1900	1927		

沈氏家族修女四十三人，占到沈家修道人数近百分之八十；朱氏家族修女十五人，占到朱家修道人数百分之五十五；其他五家修女七人，占这五家修道人数的百分之三十五。

这些女性入修道院的年龄平均为二十二点五岁，最小的只有两岁，最大的三十六岁；发愿年龄平均为三十点七岁，最小二十五岁，最大四十一岁。

咸丰五年（1855）耶稣会在上海徐家汇成立圣母献堂修女会，同治八年（1869）和同治九年（1870）分别开办献堂会初学院和拯亡会初学院。献堂会总会长姆姆曾说："要使中国人皈依，献堂会的工作是最重要之举，要竭尽全力从灵魂深处拯救人们……以诚相待、慈爱有加、审慎矜持、持之以恒，如此这般才能心心相印。"[1]初学修女除常规的灵修生活外，还要学习一些有关仁爱和传教的工作，照料孤女，给女保守讲解要理，给孩子们传授要理问答等，为传教做准备。此后，献堂会修女作为本堂神父的主要助手，陆续被分配到江南传教区的各主要天主堂从事传教工作。

天主教会认为，守贞与母职是"女性人格完满的两大特别范畴"。一方面，守贞是对妇女的一种圣召，是对妇女尊严的肯定，也是"以不同于结婚的方式来实现女性职位"的一条途径；另一方面，守贞意味着放弃结婚和生理上的母职，使她获得另一种不同的母职——"属灵"的母职。

笔者见过一册上海徐家汇耶稣会神学院图书馆旧藏抄本《贞德要训》，一位叫李德的人写给他四妹亚纳的书。余推测作者的四妹亚纳是已出家的修女，当哥哥的写文告诫她应该如何以贞洁之德侍奉天主。第一节"论真德之贵"，第二节"论守贞之难"，第三节"论守贞之意"，第四节"论守贞之法"，第五节"论贞女每日当守之规"。

李德开宗明义讲：

> 凡要守贞之人，先当知道贞德的尊贵，又当懂得保守贞德的法子，比方一件宝物，若是我们不认得他的尊贵，必不当看重他，也不用心保守他。倘我们认得他的尊贵，自然看重他，也想法子保存他，以免失落宝物。越贵越用心收存。当知贞德乃是极尊极

贞德要训（内页）
李德神父撰　玛窦多默·赵听天抄
一卷　一册
清末（1842—1911）
抄本　纸本　筒子页　线装
七行十四字无边框
开本：12.6×8.9（cm）
25 页

---

[1] J. de la Servière, *Histoire de la mission du Kiang-nan*, tom. II, par. II, chp. II, iii, p. 285.

美之德，实是无价之宝，若尔不认得他的尊贵美好，你必不用心保守他。所以我今与你讲明贞德之尊，守贞之难，保贞之法及贞女每日当守之规。

那个时期，父教女、兄教妹守贞奉主是奉教家庭家教的一部分。

上海教区惠济良主教于民国三十年（1941）撰写的《贞女潜修纲要——纳匝肋圣母潜修德表》（Marie a Nazareth，Petit code de perfection pour les Vierges de district），对不进修道院的"贞女潜修"作了具体规范，"说明她们生活当有的宗旨"。

进会修道的贞女，固然有切实高尚的利益，但是不进会的贞女，却也很能成己成人。这等贞女们，有的照料圣堂，有的教育乡村的儿童。她们尽心竭力，毕生为天主工作，确是很宝贵的。我们固然极需要献堂会贞女，但是不进会的贞女，能"照料堂口"，"教育儿童"，并如圣保禄宗徒所说的"襄助传教"。所以我们也同样需要她们。

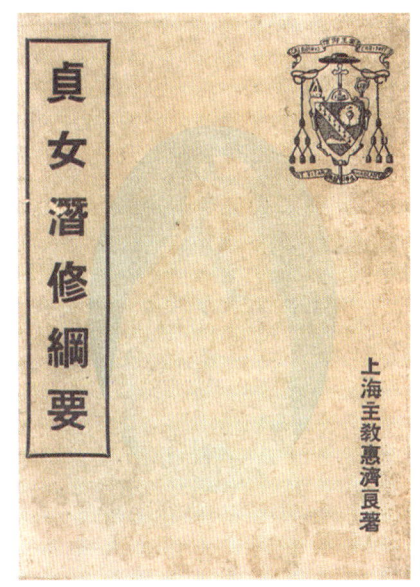

贞女潜修纲要——纳匝勒圣母潜修德表（封面）
［法］惠济良 编著
两篇 一册
民国三十二年（1943）土山湾印书馆排印
铅印本 纸本 平装
开本：12.7×9.5（cm）
82 页

《贞女潜修纲要》分上下两篇。上篇"贞女服事天主的宗旨"，据惠主教讲，贞女潜修的宗旨之依据来自两个方面，一是"圣母的德表"，另一是"保禄宗徒的训言"。守贞是心不两用，专为服事天主，不为俗务所牵累。

这类修女的特点：一、她们的工作是可以有酬薪的，但是"吾主耶稣所预许的天上百倍的恩赐，那才是贞女们正真的、永久的赏报哩！"二、在不忘记服事天主外，可以做一些世上爱人的工作，比如服事父母，照顾病人；三、有试练期，过后再发愿守贞。

潜修贞女日常工作应该效法圣母在纳匝肋的所作所为，照料堂口，照料儿童，襄助传教。

下篇"守贞服事天主的方法"。她们首先要"立善表"，也就是对自己的修行设立标准，核心一个词：自重。其次要"有神火"，超性的神火，也就是不忘做好每日工课。第三要讲究"新式的教学法"。

《贞女潜修纲要》有八个附录：一、"怎样默想"；二、"公教贞女教师的省察资料"；三、"公教贞女教师的生活规则"；四、"公教贞女教师潜修用书举要"；五、"教学法概要"；六、"公教要理教学法纲领";七、"贞女服务奖励规则";八、"贞女奉献典礼",有"司铎祷词""贞女奉献诵"以及"司铎祝言"。择摘"司铎祷词":

天主,因尔圣神之恩宠,恳赐贞女辈:明睿之端肃,智慧之慈祥,庄重之温和,贞洁之旷达。能炙热于爱德之火,专心爱主,不恋世物。有可以称扬之言行,而无贪图赞颂之心思。形洁神清,显扬尔天主。能以圣爱之情敬畏尔,又以圣爱之情事奉尔。

天主,又求尔长为彼等贞女之荣耀,及彼等之安乐与意志,为彼等忧苦中之欣慰,彷徨中之导引,侮辱中之卫护,窘难中之忍耐,贫困中之富裕,饥饿中之粮食,疾病中之药剂……亚孟。

《诸巷会修道人表》用了很大篇幅,记述这个庞大的"传道人家"里女性成员侍主奉献的事迹。

【圣衣院禄姆姆传】姆姆沈姓,乳名禄妹,同胞十人,姆姆最幼。初肄业于圣母院,即愿献身事主。迨圣衣会修女由法抵申,寄居近徐汇之王家堂。尤愿一见以为快,于是乘其不备,揭一修女兜,投其怀,细窥之,语人曰:圣衣会姆姆,我已见之矣。由此孩提之举,而圣召亦萌芽焉。及新院落成于土山湾,会众犹未迁入,禄妹亦结伴往观,见床上卧褥,手扪之不柔和,拆视之,皆稻草。心反依依不舍,将出,乃以手帕浸院中池水,留作纪念。审思久之,求入会。会长见其志坚,家无阻碍,准之。时一八七七年九月八日,时年十六。穿衣后,会名耶稣则济利亚。为初学之领袖,后司内门及看护等职。始终勤勉。晚年虽病,足艰于行,供职仍不稍息。卒以腿瘫,备领省事而终,时一九二六年三月十三日,距生年为一八六四年正月初二,寄世六十六年,会年四八有奇。一生常为修道及传教者祈求,今在天,断不忘为圣召日增,助四万万生灵及早归化焉。

【拯亡会修女爱姆姆传】姆姆沈姓,乳名爱大。一八四九年八月二十三日生。幼志修道,初入献堂会,时江苏区别无他会,后有拯亡会即改会。会名伯多禄格拉物。始终管理育婴堂,事无巨细,漠不关心。病者医之,忧者慰之,其抚之也不啻亲母。故其死也,在堂者,与出嫁者,莫不如丧慈母。且有为之服者,或曰圣伯多禄格拉物为黑人之主保;若修女者可谓孤儿之主保矣。以一九二六年一月二十八日去世,距生七十有八岁。

【安老院修女沈奇秀传略】修女沈其姓,奇秀其名。生于一八七七年三月初八日。洗名玛加利大。父庆贤,母秦氏。弟七人,妹一人,修女居长。自幼朴实,就傅于董堂小学,毕业于徐汇圣母院,守贞不字。一九〇四年二月十三日,安老院修女自法来申。院地与其家比连,父庆贤因为之筹地建筑等等。修女与五妹喜杂佣以为嬉,邻里非笑之,不顾也。未几院成,二人即报名。初习法文。院长拟于一九〇六年六月收之,母阻之。修女不得已,暂回家。而念念于献身,求主早成其志。如是者又六年,至一九十二年一月五日,乃得进院初试、初学、改服、发愿。又七年而病故。在会仅七年。果熟而天主采入天乡焉。

【献堂会修女朱素姑传】素姑奉派于徐州之砀山、五段、马井等处,助理教务、教书、教经,兼讲要理。熟习该州风土人情,遇保守中秉性粗卤、桀骜、难驯者,每能循循善诱,使就范围。功课之余,每自操井臼洗刷等,巡视园圃菜蔬等。持己严密,待人宽和,故人乐与之接。往往见后,有依依不忍舍者。

一九二六年六月十九日，因患紫云瘾，安逝于马井，遂葬于马井。

有一本精致小册子《修道说》，是民国九年（1920）沈锦标为沈爱姑沈姆姆入会五十载彰表而作，"略述修道之幸福，并励后进之志趋"。

宰熙先生首先陈言"修道之义"：

华言修道，有超尘之意，包罗颇广。凡有志离家修身事主者，不论男女，皆称修道。然而有发愿与不发愿之分别。所谓修道者，厥宗向不一，有省身默道、独善其身者，有成己而兼淑人者。独善者绝不与世相周旋，惟借祈祷之工，救人灵魂而已。成己而兼淑人者，自修以外，兼行济世之工，如传扬圣教，施行圣事，安老、启蒙、顾病、济困等善工。但不论在何等修涂，须先有天主之默感，本人之趋向，性情之合宜。而与世周旋之修士，更须报济世之才学及身躯之康健。

然后列举七项益处：修道妥救己灵，修道易成圣德，修道加增功德，修道可比致命，修道减少犯罪之危机，修道之意来自天主。

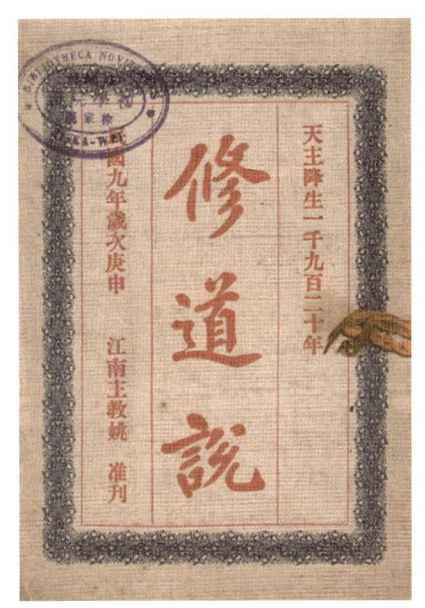

修道说（封面）
〔清〕沈锦标撰
一卷　一册
民国九年（1920）自印本
铅印本　纸本　平装
开本：16.2×11.8（cm）
20页

《诸巷会记》《诸巷会修道人表》《吴兴沈氏奉教宗谱》是研究中国近代史社会问题十分珍贵的资料。

第一，它们不是一般意义上的"家谱"或"族谱"，而是因信仰聚集在一起的一群人的记录。他们固然都有自己的家族，但是首先是共同的信仰使他们有了凝聚力量，合力抵御外扰，同甘共苦求得生存。

第二，它们记述了一组有相同经历的修道人家从避难于水乡，又避祸于海上，颠沛流离，在苦难中生生不息，从而互相提携，各自事业有成的故事。这些修道人家无疑是中国近代社会变迁的一个缩影。这些修道人家的跌宕起伏、峥嵘岁月，恰恰与近代中国社会变化相吻合。

第三，反映出中国宗族传统的力量。千百年来，中国道德伦理是建立在宗族文化基础上的，宗族文化构筑的"乡规民俗"是维持社会正义的基本规则。天主教信仰使诸巷七家凝聚在一起，但是每个家族仍然由传统的宗族文化维系着。这三本族谱的存世，说明的是宗族文化的排他性。吾族之信，传承子孙。

第四，显现出中国宗族文化解体的端倪。《诸巷会修道人表》与传统家谱最明显的不同，是表中的家族成员的"平等"地位。君君臣臣、父父子子的意识削弱了，男尊女卑的观念淡化了，取而代之的是上帝的子民人人平等。西方思想文化的冲击已经开始改变中国社会的组织细胞。虽然维系宗族文化的旧传统尚在，诸巷会在基督教思想的浸润下无疑发生着看得见的变化，这是人们关注和研究诸巷会，这个有别于同时代较为保守的其他宗族团体之价值所在。

第五，时代的进步也推动着弄潮儿逐浪前行，眼界开阔而富甲一方的"修道人家"，不仅经济上有着显赫地位，"文庠姓氏"乏善可陈的窘境也在改变，箕裘堂构中可见文化传承。虽然未赶上状元及第、金榜题名的时代，但"修道人家"的小辈里也不乏博学之才，如徐汇公学最后两任教务主任都是诸巷会人。

《诸巷会记》《诸巷会修道人表》《吴兴沈氏奉教宗谱》是那个时期普普通通的三本书。对其不同的解读可以看出一大堆矛盾现象，而这些矛盾也存在于那个时代中国社会的方方面面。准确地说，"修道人家"是正在改变的中国社会组织的一个小细胞，一个分子。

百年流泽

> 自此，中国人才知道西人还有藏在"船坚炮利"背后的学问。对于"西学的观念"渐渐变了。
>
> ——梁启超

二十世纪四十年代初期，中国天主教迎来自己纷至沓来的盛大节庆。

民国二十九年（1940），圣依纳爵和圣沙勿略创办耶稣会四百周年（1540—1940）。土山湾印书馆为此出版《圣依纳爵》（*Saint Ignace de Loyola*），副题为"耶稣会四百周年纪念"，原作者为法国人巴尔荣[①]，杨堤[②]翻译。

民国三十一年（1942），耶稣会重返中国一百年。江南教区于三月十九日"大圣若瑟瞻礼日"那天在徐家汇举办隆重纪念仪式。上海主教惠济良做了主题讲演，一共说了三个问题："圣教会的传教目标""江南传教士怎样实现这个传教目标""将来工作的目标"。会后土山湾印书馆把他的讲演辑册成书出版，名为《百年流泽》。现在来看，这本书的内容无有特别之处，不过是与惠济良身份相符的工作报告。然而这个时间点、纪念活动的主题，以及这么一篇演讲的题目，不得不让人浮想联翩。

民国三十二年（1943），江南修院一百周年。江南修院于二月六日开始举办三天神圣庆祝会。徐家汇大修院为了庆生，印制了《江南修院百周纪念》一书作为纪念。此书前有蔡宁总主教的贺词，惠济良主教写的序言，正文收入庆祝会上的四篇主题讲演——姚景星[③]的《玛利亚司铎之母》、马龙鳞的《玛利亚传教士之母》、张冬青的《玛利亚罪人之托》、刘德宗的《圣母圣心会史略》，以及编者撰写的《江南修院百周年纪念庆祝纪略》《江南修院百周年简史》《张朴桥庆祝江南修院百周年纪念盛况》。

江南修院即耶稣会上海修道院，李秀芳神父从定海到浦东后最先筹建的教育培训机构，道光二十三年（1843）二月在佘山附近的张朴桥成立，同年七月迁至横塘，道光三十年（1850）又移址浦东张家楼，南格禄神父初为院长。咸丰三年（1853）董家渡主教大堂落成，江南大修院迁至董家渡，张家楼留办小修院；光绪六年（1867）小修院都迁至徐家汇。其后一些年大修院和小修院在董家渡和徐家汇之间往来办学，光绪二十六年（1900）姚宗李任主教之后，大小修院固定在徐家汇办学，统称为徐家汇总修道院。民国十七年（1928）大小修院在徐家汇修建了新的院舍。

余笔到此处，思多涩滞。拈起惠济良的讲演集《百年流泽》，反思这"百年流泽"蕴含的成败兴废之道理。

【思考之一】中国天主教最大传教组织耶稣会重返中国一百年，也是天主教在中国鼎盛的一百年。南格禄等三位神父在列强炮舰的开道下，完成"归去来兮"。他们建大教堂，建育婴堂，建孤儿院，建修道

[①] 巴尔荣（Victor Barjon，1902—1949），法国人，耶稣会士。曾在乍得传教，后在耶稣会博伦哥学院（le collège de Bollengo）任教。
[②] 杨堤（1914—1994），字开启，安徽金寨人，宣城小修院毕业后转入上海大修院学习，民国三十年（1941）晋铎，在太湖县任教职。民国三十二年（1943）考入辅仁大学历史系，1949年毕业后回六安任神职兼崇义小学校长。1957年被划为右派，1960年"摘帽"，1979年以后在省博物馆、省图书馆工作。著有《安徽省天主教传教史》等。
[③] 姚景星（1916—2013），民国三十二年（1943）晋铎。译作有《爱的呼声》《退思恳言》《小牧童》《圣母小故事》《圣龛中的呼声》《我渴》等。其胞妹姚福宝女士2014年自印了姚景星最后的译作《圣女傅天娜——灵心小日记》。

圣依纳爵　耶稣会四百周年纪念
（封面和插图）
［法］巴尔荣撰　［中］杨堤译
四卷附一卷　一册
民国三十年（1941）土山湾印书馆排印
铅印本　纸本　平装
开本：16.8×9.4（cm）
104 页
插图 2 幅　地图 4 幅

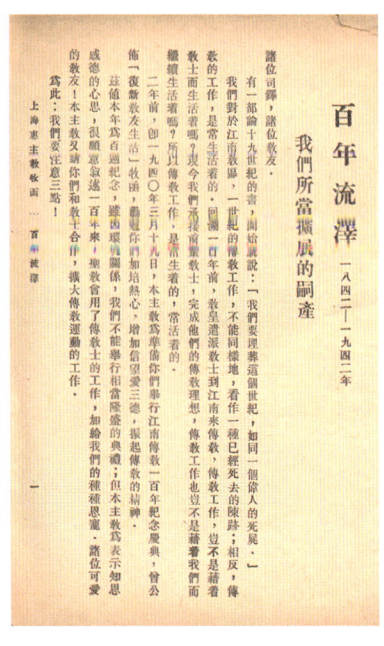 

百年流泽（一八四二——九四二年）
（内页）
［法］惠济良撰
三篇　一册
民国三十一年（1942）
土山湾印书馆排印
铅印本　纸本　平装
开本：18.2×12.5（cm）　26 页

江南修院百周纪念（插图）
徐家汇大修院编
一卷　一册
民国三十二年（1943）
土山湾印书馆排印
铅印本　纸本　平装
开本：17.5×10.5（cm）
49 页

院，建印书馆，建绘画馆，建藏书楼，建天文台，建博物馆，建中小学，建男女校，建大学堂。他们俨然成了无所不能的"国中之王"。徐家汇和土山湾的辉煌似乎证明着他们泰山磐石般的地位。

《中法黄埔条约》为他们铺好道路。在中国，他们只有想去或不想去的地方，有能力去或没有能力去的地方，已经不存在可以或不可以去的地方。他们迈着大步朝前走，他们走过的地方遍布改变天际线的巍峨教堂。

这一百年，是中国第一次"对外开放"、第一次现代化进程。天主教无疑是这两个第一的参与者、推动者、见证者，又是利益攸关者，也是受惠者之一。

【思考之二】安息在滕公栅栏里的利玛窦等老一代传教士们，欣慰地看到自己"理想"的实现。一百年间沧桑嬗变，改天换地，天主教在古老中华帝国的土地上，已经没有可以不可以信的问题，只是人们信还是不信的问题。

在大量零散、孤立、个人自发的皈依天主教行为外，还存在社会化现象或组织化趋势，诸巷会奉教人家是典型案例。上至经济发达、开风气之先的江南富足家族，下至地域闭塞、穷乡僻壤的世代农户，笃信天主，心爱圣母，成为不少中国传统宗族的家规族约。

基督教在一定程度上填补了五四运动打倒孔家店以后中国人的信仰空位，这在中国一些城市的高级知识分子里表现得尤为突出。

且不论李问渔等"耶门弟子"，这百年间又有许多像苏雪林、吴经熊一样的非教会培养的知识分子做出皈依天主教的选择。也有像陈援庵这样的知识分子，虽受马相伯影响十分接近天主教，又惑于马相伯与教会管理者间自厝同异之辙，终而没有迈出皈依天主教的最后一步。

【思考之三】天主教在中国盛世百年，对这个国家的机体的浸润无孔不入，将之仅仅看作外来宗教恐怕已不够了，它俨然已成为一种文化现象。

土山湾印书馆等天主教出版机构海量图书的印行，一方面反映出传教信仰的力量，各地的中心城市，邻巷街坊很难找到没有耶稣书籍的家庭，另一方面显示出它们在世俗的、非宗教领域的商业扩张。不论教材、辅导材料、辞典，还是医书、电工知识，甚至年画、挂历，有市场需求的东西，它们都有供给。

土山湾和胜世堂大量外接订单，印制欧洲出版的书品。欧洲图书馆藏有一些中国市场从未流通的书籍，版权页却署为土山湾印制。T'ou-sè-wè是当时出版业掷地有声的国际品牌。

土山湾所出的书刊纸张洁白、印刷精美，内容涉及政治、经济、地理、历史、军事、民政、风俗、考古、法律、宗教等各方面，行销安南（今越南）、日本、暹罗（今泰国）、缅甸及南洋他国、欧美诸国。

徐家汇、河间献县、辅仁大学等也跻身世界汉学研究中心。除了"汉学丛书"以外，土山湾每年都出版上百种有关中国历史文化、科技资料等的学术报告、专著、文献，从这里扩散到世界各地。

天主教在中国的百年历程，也是神职人员本土化的过程，少数华籍教士有了担任高级神职的机会，比如朱开敏担任海门教区大主教。越来越多的中国神父取代洋教士任职中级及以下神职。本土化最突出、最主要的体现是教会"高级知识分子"的本土化。李问渔、黄伯禄、马相伯、沈容斋、蒋邑虚、徐宗泽、方杰人、王昌祉这些天主教的文化人等，由于文化的本土化特点，最先在天主教社区里"抛头露面"，崭露头角。他们用中国信众容易接受的语言、语气、词汇、典故讲述耶稣的道理，起到洋教士无法企及的效果。

在学术领域，对基督教的研究逐渐成为一个重要学科。梁任公在《中国近三百年学术史》里，一再强调天主教对明清年间学术发展的重要影响。梁任公在该书启篇即言："明末有一场大公案，为中国学术史上应该大笔特书者，曰，欧洲历算学之输入……在这种新环境之下，学界空气，当然变换，后此清朝一代学者，对于历算学都有兴味，而且最喜欢谈经世致用之学。大概受利徐诸人影响不小。"① 在谈到鸦片战争肇始，洋务运动其后创办同文馆、广方言馆，西学渐进时，任公说道："自此，中国人才知道西人还有藏在'船坚炮利'背后的学问。对于'西学的观念'，渐渐变了。虽然，这只是少数中极少数……"②

陈援庵的"古教四考"③、徐宗泽的《中国天主教传教史概论》、方杰人的《中国天主教史论丛甲集》等都成为那个年代学术界的畅销书籍。

【思考之四】天主教来华传教士有力地推动了中国学术研究的发展。天主教会在中国创办了三所大学（震旦、辅仁、工商），三座博物馆（震旦、北疆、辅仁），十几家出版机构，几十种学术刊物。它们培养了几万名在中国现代化建设中担纲栋梁的多学科人才，搜集、整理、保藏、陈列和研究中国自然和文化遗产，为中国学者搭建了科研成果发表和思想交流的平台。

天主教传教士们在中国许多自然科学和人文学科的创立、建设中起了无可替代的作用。桑志华和德日进等人对中国地质学、生物学和古人类学的研究，禄是遒对中国民俗文化的研究，彭亚伯、葛米福、薛田资、董师冕等人对邹鲁文化的研究，田清波、康国泰、彭嵩寿、闵宣化、贺登崧等人对蒙古学和漠北边疆文化的研究，霍尔曼、戴高丹、古纯仁等人对藏学的研究，萨维纳、和为贵等人对云贵边疆少数民族的研究，善秉仁、文宝峰、明兴礼等人对近代新文学的研究，方方面面都作出杰出贡献，撑起国际汉学界的半边天，其影响延续至今，积淀厚重。

他们辛勤地耕耘自己深爱的中国文化土壤，而这片沃土也孕育出一代又一代学术精英。相辅相成，生生不息。

【思考之五】天主教在中国的百年传播，鼎盛的峰值期应该在二十世纪前三十年。学界所应该关注的不是既成事实的盛宴光景，而是一场大戏如何谢幕；有趣的话题不是精心绘制"清明上河图"，而是探求热闹的百年为何戛然而止。

首先，第二次世界大战打乱了世界以及中国文明的进程。民国二十六年（1937）卢沟桥事变，日军展开全面对华战争；民国二十八年（1939）德国和苏联瓜分波兰；民国三十年（1941）德国发动对苏战争，日本发动太平洋战争。欧洲的战争削弱了教廷对各国教会的管理以及财政支持；日本人的武力侵略直接侵害或限制了欧美人在中国和亚洲的行为。

更重要的是，日本人对中国的侵略，从根本上打断了中国自清朝中后期开始的现代化进程，使近一个世纪积累的巨大社会财富损失殆尽。在农村，数以百万计自耕农破产。在城市，工商企业倒闭，包括西方来华企业。前所未有的经济能力的缩水和社会财富的灭失，使得这个社会难以供养寄以生存的宗教

---

① 梁启超：《中国近三百年学术史》，中华书局民国二十五年（1936）版，第8页。"利徐"指利玛窦和徐光启。
② 同上书，第27页。
③ 即《元也里可温教考》《开封一赐乐业教考》《火祆教入中国考》《摩尼教入中国考》。

机构。不仅天主教如此,中国的其他宗教也是如此。百教凋敝。

赵振声主教翻译的那本《天津工商学院简史》,原作是学院一位外籍教师用拉丁文写的。作者书中反复抱怨,从这时开始,以前得到社会格外宠爱的天津工商学院,经费拮据,生活困难。在这所天主教大学里,草地不得不被平掉,种植粮食和蔬菜,还养鸡养鸭。教会还改组学校董事会,聘请五位天津社会名流为董事,中国实业银行总经理龚仙洲和天津房地产大亨徐世章先后出任董事长,文贵宾"谦居"副董事长。为解燃眉之急,学校举办瞻礼仪式,祈祷大圣若瑟保佑办学经费的充裕。

从土山湾印书馆等出版机构出版的图书也可窥见当时时局之一斑。自三十年代后期开始,图书质量越来越差,纸张粗糙,印刷潦草,装帧简陋,乏善可陈。

战后王昌祉、杨堤、冯瓒璋曾经用心整理过战时中国天主教图书出版情况。据他们分析,自民国二十六年至三十五年(1937—1946),中国天主教共有初版新书三百九十七种,平均每年仅四十种:

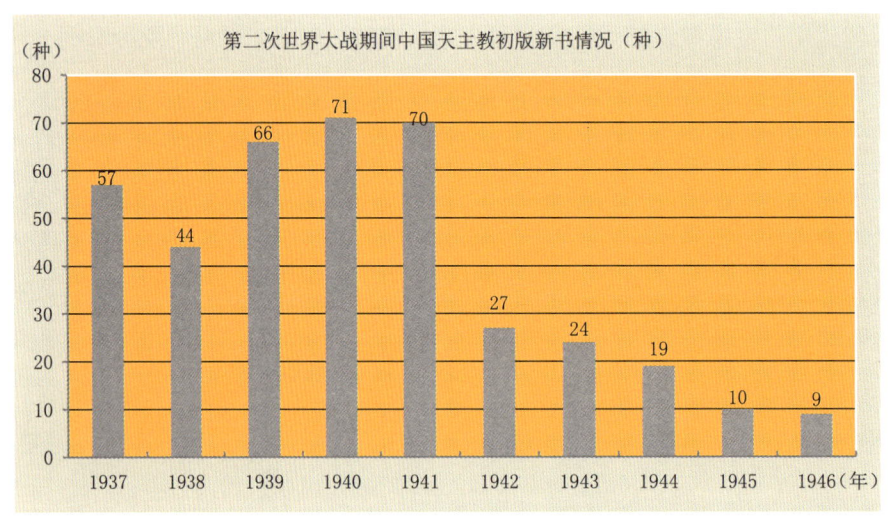

王昌祉等三位先生整理资料虽并不完整,他们的分析还是可用的。伴随战争的是物资紧张和经费困难,日本发动侵华战争和太平洋战争,导致天主教图书出版数量两次锐减。民国二十九年(1940)初版新书一度达七十一种,此后数量逐年下滑,①自此一蹶不振。

战后天主教各家修会的出版工作更多依赖自己的"账房"。耶稣会的"崇德堂",方济各会的"方济堂",圣母圣心会的"普爱堂",遣使会的"首善堂",它们本来在战前仅仅起着筹集信款的辅助作用,这时却普遍地出现在天主教出版事业的前沿。这个现象从一个侧面暴露出教会财务捉襟见肘的窘况。

战后天主教在中国没有恢复元气,最主要的原因是维持其元气的养分不再。皮之不存,毛将焉附?

其次,二十世纪二三十年代的天主教教会组织已经不是清朝后期重返中国时的天主教教会组织了。那时的洋教士们相对比较低调、简单,一心传教;那时的华籍神父性情淡泊,圈子不大,因循守规,一般也不过问政治。

民国中期走上中国历史大舞台的教会管理者们,不论华人还是洋人,尤其是教会知识分子,无不喜

---

① 王昌祉等:《十年来我国天主教出版书籍总目》,刊《上智编译馆馆刊》第一卷,民国三十五年(1946)出版。

欢参与政治。或许是因为在动荡的社会里，知识阶层更易趋向政治，争取政治话语权，在政治生活中寻找救赎。

翻开天主教历史，信仰总是与政治联系在一起，而政治从来也都是教士们的一条不归路。民国中后期，中国天主教有组织地参与政治，从此无法再在奉献天主的静谧教堂里平静地默想、修行。

对于基督教来说，不论天主教还是新教，二十世纪四十年代头两年都是一个坎儿。天主教迎来那么多与百年有关的隆重节日，其实在光鲜背后的未必是喜庆的日子。意悬悬半世心，好一似，荡悠悠三更梦；忽喇喇似大厦倾，昏惨惨似灯将尽。

再次，天主教在华百年，虽有前人不及的业绩，但是有一根本问题始终没有解决：中国人对天主教的排斥心理。问渔先生屡屡抱怨天主教与中国传统文化不合："我教广行天下，其所以致人怨、被人毁者，较他事为尤甚。何则？教律遏情欲，而逞情欲者为之不快，不快则谤矣。教理斥异端，而好异端者为之含愤，含愤则谤矣。教之旨独尊主宰，不祀古人，而他教为之侧目，侧目则亦谤矣。"

解决办法是尽可能从形式到内容彻底本土化，就像禅宗改造佛教一样，而这点对于天主教这样一个保守组织来说，是根本不可能做到的一件事情。

【思考之六】天主教的百年流泽，就像长江，各拉丹冬雪山冰川消融，点点滴滴汇入沱沱河；金沙江激流险峻，三峡虽险，无限风光；告别灯影出西陵，万舟扬帆到大海，看不见危岩险滩，且沉渣泛起、良莠不齐……

"万历季"传教士们犹如在唐古拉山孤身行走的探险队，点点滴滴，掬聚一捧；追求无尘，心如冰晶。

"康熙季"传教士们可以看作在金沙江上玩"漂流"，江涛拍岸，千转沟壑，是为英勇，是为非命。成者，"开疆辟土"；败者，奉召天国。

"道光季"传教士们击水三峡，可谓"朝辞白帝彩云间，千里江陵一日还。两岸猿声啼不住，轻舟已过万重山"。偶见险滩，不碍风光无限。

"民国季"传教士们出了荆江水道，浊水翻涌，迷惘中徘徊，知向谁边？

附 录

说 明

* 本附录中"出版物目录"所收资料不能代表该时期该机构所出版的全部书目。
* "出版物目录"表中"书目编号"一栏信息来自该出版物的"书号"：民国时期的一些出版机构曾为自己的出版物编有书号，一般印在封面、扉页或版权页上。本栏中一些书目无书号或不详，则记载其开本尺寸（单位为毫米）或出版机构。
* "出版物目录"表中"出版年份"一栏中"（R）"表示所标年份非初版年份。
* 凡本作已涉及人物均未注外文名字，若有需要，请查阅"外国人名译名对照表"。

一、上海土山湾印书馆中文出版物目录

出 版 物 名 称	著 译 者	书目编号	出版年份
阿里排排逢盗记（上海话）		Z876	1917
哀矜行诠	罗雅谷	Z174	1877，刻本
哀矜炼灵说	石铎琭	Z205	1875，刻本
哀矜炼灵说	石铎琭	Z205	1917
爱的呼声	若瑟法·梅能台修女，姚景星		1951
爱主金言	李杕	Z406	1900
爱主准则	俞伯录	Z405-1	1903
安老会记	沈锦标	Z746	1912
安老会修女的生活及其工作			1930
八大圣师传略	陈泗芬	Z60	1924
八十年来之江南传教史	史式徽，金文祺	Z734	1929
百家姓			1894，石印
百周传教纪念	惠济良		1942
拜圣体文	李杕	Z277-1	1907
拜圣体文节本	徐允希		1939
保守公言		Z527-2	1927
保守要本（崇明方言）		Z225	1895
报风要则，中国沿海飓风及风暴标号条例	徐汇天文台		1897
备终录	田文都，李杕	Z192	1897

续表

出版物名称	著译者	书目编号	出版年份
本笃会史略	陆徵祥	圣教杂志社	1935
比王利奥波			1941
庇护第九在位二十五年谕			1871，刻本
庇护第十	龚石	738-1	1936
敝屣世荣	徐家汇类斯小学		1926
避静便览		海门主教公署	
避静表记		Z426	1928
避静小引	龚柴	Z423	1893
避静要引节录			1905
砭傲金针	李杕	Z399	1882
辩惑卮言	李杕	Z156	1880
辩护学	于炳南，张铄夫	安庆天主堂	1937
辩护真教课本	俞伯录	徐汇公学	1912，石印
辩护真教课本	俞伯录	Z94	1915
辩诬要言	滕伯禄		1882
驳耶稣教	罗第爱，陈怀德	Z158	1916
补辱诵	Beatus Cl. de la Colombière	Z479-1	
不得已辩，圣教简要	利类思	Z124	1847，刻本
不得已辩，圣教简要	利类思	Z124	1926（R）
参与弥撒对话经文	圣体军月刊社		1938
查教关键	张维祺	Z138-2	1918
唱经本		安庆天主堂	1891，刻本
朝圣母简言	朱佐豪	Z338-3	1934
尺牍初桄	蒋升	Z699	1886
崇修精蕴	林安多	Z422	1893
崇修引撮要	Alph. Rodriguez，黄枭波莫	Z394	1934
訓真辨妄	黄伯禄	Z117	1886
初等小学国文课本	潘谷声	Z661 ad Z668	1915—1916
初等小学国文课本（罗马字母注音+法文）	潘谷声，孔明道	Z661c ad Z668c	1916
初等小学国文课本（罗马字母注音+英文）	潘谷声，胡其昭	Z661d ad Z668d	1916
初等小学国文课本，国文法便览表	潘谷声	Z670	1921

续表

出版物名称	著译者	书目编号	出版年份
初等小学国文课本，学校说明书	潘谷声	Z669	1920（R）
初级国语		Z651-1 ad 8	
初级小学常识		Z809-1 ad 4	1938
初中国文选读	上海徐汇师范	上海徐汇师范	1931
初中国文选读（六册）	震旦大学附中	Z680-1 ad Z680-2	1946
传道员手册	王守义，张帆行		1952
春秋地理考实图	焦宾华，潘谷声		1891，石印
纯德之路	朱希圣		1954
慈善事业概略	朱云侣	Z111	1929
慈音	中国圣母始胎会		1935—1944
答客刍言	倪怀纶，沈容斋	Z120	1881，木活字
答客刍言	倪怀纶，沈容斋	Z120	1927
答客问	朱宗元	Z121	1871，刻本
答客问	朱宗元	Z121	1903
答问录存	李杕	Z118	1890
答问新编（附辟畦浅论）	倪怀纶，李杕	Z119	1880
大家唱	松江张朴桥德原小学		1950，石印
大赦短经汇编	徐勋	Z525	1909
大赦例解	晁德莅	Z202	1863，刻本
大赦例解	晁德莅	Z202	1935
大圣若瑟，St. Joseph	范世熙	1100×650	1865—1868，绘本，彩色
大圣五伤方济各圣月			1906
大造实有	佚名	Z84-2	1923
代数问答	佘宾王	Z812	1904
代数学	陆翔	Z816	1910
代数学，课算指南	陆翔	Z817	1910
代数学，课算指南教授法	陆翔	Z818	1910
代疑编	杨廷筠	Z134	1873，刻本
代疑编	杨廷筠	Z134	1935
单音咏唱撮要	圣母院		1943
到琅山拜圣母去		海门主教公署	1937

续表

出版物名称	著译者	书目编号	出版年份
道原精萃	倪怀纶，刘必振	Z161	1887，铅印+刻本
万物真原，天主降生引义	艾儒略，刘必振	Z161-1	
天主降生言行纪略	艾儒略，刘必振	Z161-2 ad 4	
宗徒大事录	李杕，刘必振	Z161-5	
圣母传	李杕，刘必振	Z161-6	
宗徒列传	高一志，刘必振	Z161-7	
教皇洪序	李杕，刘必振	Z161-8	
道原精萃图	刘必振	Z162	1887，刻本
德行谱	巴多明	Z50-1	1867，刻本
德行谱	巴多明	Z50-1	1931
德镜	李杕	Z326	1889
涤罪正规	艾儒略	Z184	1849，刻本
地理撮要	孙文桢	Z755	1907
地狱，*L'Enfer*	范世熙	1200×650	1865—1868，刻本，或设色
地狱信证	沈容斋	Z195	1901
第一奉献圣心诵	陈士谦	Z482	
东亚宗徒	许霞漫，萧杰一	安庆天主堂	1951
动物呈奇	赫师慎	Z826	1907
动物学要	赫师慎	Z825	1903
多俾亚传（鼓词）	费金标	Z874	1919
厄斯得尔传（剧本）		Z877	1918
恶终，*La Mauvaise*	范世熙	1200×650	1865—1868，刻本，或设色
二十四孝图	一亭居士王震	代有正书局印	1912
发明家的人生观	张帆行		1950
法地玛玫瑰圣母			1942
法文初范	张骏声		1898
法文观止	边德和		1908
法文菁华	惠济良		1908
法语初阶	舒德惠		1939
法语进阶	董师中		1884
法语进阶	舒德惠		1939
法语升阶	舒德惠		1939
方德望神父小传	艾赉沃，杨维时	Z66-1	1926

续表

出版物名称	著译者	书目编号	出版年份
方德望司铎小传	邱多廉，赵石经	Z66-2	1935
方济各贾拉德简传	凡形		1952
方言备终录（法文—上海话）	田文都，李杕，苗仰山	Z194	1906
方言备终录（上海话）	田文都，李杕，苗仰山	Z193	1906
方言避静歌（上海话）		Z563	1907
方言古圣约瑟剧本	费金标		石印本
方言教理问答（松江方言）	崇正子		1902
方言教理详解（上海话）	戴尔第，凌云	Z232	1896，石印
方言教理详解（上海话）	戴尔第，凌云	Z232	1912
方言教要序论（上海话）	南怀仁，崇正子	Z238	1880
方言教要序论（上海话，法译，罗马字母注音）	南怀仁，崇正子	Z239	1883
方言领洗问答			1904
方言圣经			
方言圣人行实摘录（上海话）	苗仰山	Z39	1913
方言圣人行实摘录（上海话，法译）		Z40	
方言问答（崇明方言）		Z220	1907
方言问答（大本，上海话）		Z217	1907
方言问答（上海话，法译，罗马字母注音）		Z218	1907
方言问答（松江方言）	苗仰山		1882
方言问答（小本）		Z219	1907
方言问答撮要（上海话）	苗仰山	Z233	1902
方言问答撮要（松江方言）	苗仰山	Z234	1902
方言问答撮要补遗（松江方言）	苗仰山		
方言西乐问答	张石漱		1903，石印
非非基督教	张士泉	Z806-6	1926
非洲游记	施登莱	Z764	
分辨教会教产教士	张维祺	Z125	1931
风琴小谱（二）	卞依纳	Z578	1926，石印
风琴小谱（三）	卞依纳	Z579	1926，石印
风琴小谱（上中下）	卞依纳		1908，石印
风琴小谱（四）		Z580	1926，石印

续表

出版物名称	著译者	书目编号	出版年份
风琴小谱（一）	卞依纳	Z577	1926，石印
风云变幻	周信华		1940
奉慈正义	李杕	Z327-1	1895
奉献	周浚良	Z880-5	1934
奉献全家诵		Z483	
奉献全家学校于圣心歌	张璜	Z582	1925
奉献全家于圣心礼规			1912
奉献全家于圣心录要	圣心报馆	Z310-2	1933
奉献人类于圣心诵		Z484	
奉献——我的修道历程	丁宗杰		
奉献中国于圣母诵		Z508	1924
弗隆物洛夫人传略	杨寿康	Z739-1	1937
福女伯尔纳德传略	徐劢	Z80-2	1926
福女德肋撒小史	圣心报馆		1923
福女马利亚纳传	李杕	Z73	1895
福女玛加利大传	李杕		1895
福女玛利亚亚纳传	沈礼门	Z72	1879
福女雅松达传	萨乐蒂，张帆行		1954
福音默想	鲍德欣，尤甘		1953
辅弥撒规则			1914
辅弥撒规则注解			1927
辅弥撒经（官音）	戴尔第	Z540	1901
辅弥撒经文		安庆天主堂	刻本
妇女时髦问题	惠济良		1930
妇女问题	徐宗泽	Z806-1	1926
妇女问题杂评	徐宗泽	Z806-11	1931
复申领洗誓约纪念（拉丁文）		Z391-2	
复申领洗誓约纪念（上海话）		Z391-1	
复兴教友生活	惠济良		1940
感化	张孝松	Z880-6	1934
高等小学国文课本	潘谷声	Z671 ad Z676	1917
高等小学国文课本（法文）	潘谷声，田国柱	Z671c ad Z676c	1917

续表

出版物名称	著译者	书目编号	出版年份
高等小学历史课本	徐允希	Z735-1 ad 4	1931
高等小学文范撮要	潘谷声	Z677	1920
高级教理课程答解	徐宗泽		1940
高级小学国语新课本	光启社	Z652-1 ad 4	1917
高级小学自然课本			
高丽致命事略	沈容斋	Z55	1900
高中教理讲义	王仁生		1943
高中教理讲义	王仁生		1942
告解的要式（法文—中文）			1929
告领要经		Z471-1	1923
告领要经袖珍			1911
格言录	倪如范（H. Ni）	Z890	1932
格致益闻汇报	李杕		1898—
各式圣歌		Z562	1877
公教进行会	惠济良	Z169-1	1935
公教母亲总善会公规			
公教人生哲学	杜廷美	Z799	1930
公民课本（上册）	徐宗泽	Z807-1	1929
公民课本（下册）	徐宗泽	Z807-2	1929
公青歌集			
公私诵经文			1920
公学唱歌集	徐汇公学		1925
公议部奏订婚例			1907
恭敬佘山圣母通谕			1936
恭迎耶稣圣心入王于家庭			
共产主义驳论	徐宗泽	Z806-3	1928
共产主义检讨	G. de Raucourt，张正明	Z806-13	1939
古圣约瑟剧本	费金标	Z873	1918
古史参箴	沈容斋	Z22	1884
古史略	沈容斋	Z24	1890
古史像解	沈容斋，刘必振	Z27	1892，石印
古史像解（五彩本）	沈容斋	Z27	1909
古文拾级	李杕	Z697	1909

·附 录·

续表

出 版 物 名 称	著 译 者	书目编号	出版年份
古新圣经问答	佚名	Z18	1868，刻本
古新圣经问答	佚名	Z18	1924
古新史略（合订本）	沈容斋	Z26	1890
观光日本	夏显德	Z54	1871，刻本
观光日本	夏显德	Z54	1923
观测气象之实用指导说明	徐汇天文台		1917
官话指南（中文版）	董师中		1905
光启中学（刊物）	松江光启中学		1936—
国家真诠	徐宗泽	Z806-7	1926
国民学校国文新课本	圣教杂志社		1915
国民学校国文新课本（中文法文）			1919
国民学校即初等小学国文新课本说明书	圣教杂志社		1917
国文选读	龚品梅		1944
国语教材（十二册）	朱翔新		1944
孩童省察和告解的要式（官话）		Z430-1	1927
孩童省察和告解的要式（上海话）		Z430-2	1927
海门首任主教朱银庆纪念册			1951
函牍举隅	黄伯禄	Z700	1882
函牍举隅碎锦注释	黄伯禄	Z701	1902
好青年	萧杰一		1942
和天主共同生活	石芳		1936
红圣衣要旨		Z311	
湖南致命范主教小传	成和德		1921
花鸟曲	张孝松	Z880-4	1934
欢喜五端，Les cinq mystères joyeux	范世熙	300×200	1865—1868，刻本，或设色
欢喜五端，Les cinq mystères joyeux	范世熙	1100×1270（订制）	1865—1868，绘本，彩色
皇朝直省地舆全图	蔡尚质		1894
皇朝直省府厅州县歌括	蒋升	Z762	1898
汇学读本	徐汇公学		1878
汇学圣母会七十周年纪念册	徐汇公学		1924
会敕摭陈	徐劢	Z203	1915
会友袖珍			1888

续表

出 版 物 名 称	著 译 者	书目编号	出版年份
绘事浅说	刘必振	土山湾画馆	1907
婚配录		Z594	
婚配条例		Z258	
基督的路线	方思融		1950
基多青昆手册	王昌祉		1941
畸人十篇	利玛窦	Z403	1928
集说诠真	黄伯禄	Z107	1879，刻本
集说诠真	黄伯禄	Z107	1905
集说诠真提要	黄伯禄	Z107	1879，刻本
集说诠真提要	黄伯禄	Z107	1905
集说诠真续编	黄伯禄	Z107	1885，刻本
集说诠真续编	黄伯禄	Z107	1905
几何学，平面	戴连江	Z814	1913
济美篇	巴多明	Z49	1869，刻本
济美诵		Z522	1926
寄小天神	张孝松	Z281-4	1938
加尔瓦略山与祭台	萨莱，周士良		1950
家庭教育简编	沈锦标	Z173-2	1929
嘉兴许竹篔先生立身一字诀遗训	陆徵祥		1935
架上七言	伯辣弥诺，倪栖梅（Simon Ni）	Z409-1	1924
简言要理		Z211-1	1935
建立圣教，Jésus-Christ fondant son église	范世熙	300×210	1865—1868，刻本，或设色
江南教区奉献的缘由和意义	惠济良		1942
江南修院百周纪念	徐家汇大修院		1943
江宁府城图	方殿华		1892，石印
讲道须知	惠济良		1939
降生奥迹的蕴藏	萨莱，周士良		1950
教父学大纲	吴应枫		1955
教皇庇护第十一世避静通牒	张士泉	Z431	1930
教皇庇护第十一世教育通牒	张士泉	Z173-3	1931
教皇良十三劳工通牒	张士泉	Z808-2	1929
教理便蒙	戴尔第		1885

续表

出版物名称	著译者	书目编号	出版年份
教理撮要		Z211	1938
教理撮要问答	孙文桢	Z235	1917
教理简约	晁德莅	Z252	1858，刻本
教理简约	晁德莅	Z252	1916
教理解释	谈天道		1950
教理问答			1939
教理问答教授法	惠济良	Z214	1940
教理详解	戴尔第	Z231	1887
教练员手册	王昌祉		1947
教要刍言	南怀仁	Z237	1886
教要简言			1931
教要解略	高一志	Z242	1869，刻本
教要解略	高一志	Z242	1914
教要六端（无注）	鲁日满	Z440	1884
教要六端（有注）	鲁日满	Z441	1899
教要序论	南怀仁	Z236	1875，刻本
教要序论	南怀仁	Z236	1903
教要总说		Z251	1915
教友生活	惠济良	Z169-2	1938
教育问答	丁汝仁	Z173-4	1932
教育之原理	徐宗泽	Z806-8	1927
教宗庇护第九颁如比来翁大赦恩谕			1871，刻本
解疑编			1868，刻本
解疑集	上海教区		1891
今日社会的问题	顾守熙	Z808-1	1928
金串经		Z487	
金训	Roothan，徐劢	Z421	1913
尽心诵		Z480	
进圣母会诵（上海话）		Z509	
近代博士传略			1908
晋铎典礼		Z544	1931
晋铎礼仪节要		Z543	1930
经歌降福（曲谱和中文音译）	何云树（E. Grossé）		1925

续表

出 版 物 名 称	著 译 者	书目编号	出版年份
经书总目			1889
精修宝诀	朱希圣	海门主教公署	1942
景教流行中国碑颂正诠	阳玛诺		1878，刻本
景教流行中国碑颂正诠	阳玛诺		1927（R）
敬奉惟一真主	甘北司铎	Z149	1919
敬礼若瑟月	晁德莅	Z371	1868，刻本
敬礼若瑟月	晁德莅	Z371	1903
敬礼圣类思默想九则	吴应枫	Z420-3	1926
敬礼圣母月	晁德莅	Z335	1925
敬礼圣母月（增补慎之慎之）	李秀芳		1873，刻本
敬礼圣心分务		Z297	1931（R）
敬礼圣心月	晁德莅	Z290	1865，刻本
敬礼圣心月	晁德莅	Z290	1917
敬礼耶稣圣心月（增补慎之慎之）	李秀芳		1873，刻本
旧约以色列民族史	戴业劳，周士良		1953
救世主	王昌祉	Z6	1938
救世主圣像，*Le Sauveur du monde entouré des quatre évangélistes*	范世熙	1350×650	1865—1868，刻本，或设色
救世主圣像，*Le Sauveur du monde entouré des quatre évangélistes*	范世熙	1560×760（订制）	1865—1868，绘本，彩色
救世主圣像全图	范世熙		1869，刻本
救世主实行全图	范世熙	金陵天主堂	1869，刻本
救世主预像全图	范世熙		1876，刻本
看图基督教课本			1924（R）
康庄	余诚	Z84-3	1932
科学的呐喊	叶西孟，陶滨	安庆天主堂	1950
可敬多明我啥维豪传	朱希圣	Z57	1911
可敬高隆汴司铎小传	徐勋	Z53	1908
可敬加大利纳德嘉归达传	丁宗杰	Z75	1941
可敬罗依斯小史	陈泗芬	Z80-1	1898
可敬小德肋撒传撮要	圣心报馆		1920
客问条答	倪怀纶，李杕	Z119	1882
口铎日抄	艾儒略，陆安德	Z144	1872，刻本
口铎日抄	艾儒略，陆安德	Z144	1922

续表

出版物名称	著译者	书目编号	出版年份
口算指南	南阜民（L. Janssens）		1917
苦路经（圣路善工，无像）	伏若望	Z449	1925
苦路经（圣路善工，有像）	伏若望	Z450	1927
苦难第二分，*Passion，2me partie*	范世熙	300×210	1865—1868，刻本，或设色
苦难第一分，*Passion，1ère partie*	范世熙	300×210	1865—1868，刻本，或设色
苦像考	J. Hoppenot，萧杰一	Z409-2	1926
苦耶稣	陈田	Z418-3	1934
苦中慰乐宝鉴	张璜	Z408	1918
坤舆撮要问答	孙文桢		1898
拉丁重音研究	陈熙止		1941
劳工问题		Z806-2	
乐国之王	张孝松	Z880-3	1934
离家之后	华南总修院	Z69-2	1937
礼貌撮要	张问行（S. Tchang）	Z889	1916
理窟	李杕	Z131	1886
历代帝王年号简明表	徐汇公学	Z730	1910
历史讲义	龚品梅	Z700-1	1930
史中中的耶稣（五卷）	戴业劳，众允		1951
炼灵通功经	利国安（P. Laurentius），龚尚宾（Th. da Ctuz）	Z462	1890
炼狱，*Le Purgatoire*	范世熙	1200×650	1865—1868，刻本，或设色
炼狱考	李杕	Z201	1885
炼狱略说	李杕		1871，刻本
梁代陵墓考	张璜，李卓		1930
量法问答	佘宾王	Z811	1902
灵魂道体说（重刊）	龙华民	Z91	1918
灵心小诗	椒滨渔父	海门主教公署	1937
灵心小史	马相伯，徐允希	Z78	1928
领圣体前后热情	S. Leonardus，李杕	Z274-1	1910
领圣体须知	利高烈，李杕	Z273	1891
领洗问答（大本）		Z221	

续表

出版物名称	著译者	书目编号	出版年份
刘董二位致命真福合传——湖北襄郧属教史记略	成和德	Z59	1921
露德圣母纪略	徐劢	Z338-1	1881
伦理答疑	徐宗泽	Z807-7	1939
论复活（超性学要）	托马斯·阿奎那，安文思	Z166	1930
论公教进行会	惠济良	Z169	1935
论敬礼童贞圣母无玷圣心——芜湖教区蒲主教通谕	蒲庐	芜湖天主堂印书馆	1944
论人的灵魂和人的肉身（超性学要）	托马斯·阿奎那，利类思	Z166	1930
论三位一体（超性学要）	托马斯·阿奎那，利类思	Z166	1930
论守主日	惠济良		1938
论天神（超性学要）	托马斯·阿奎那，利类思	Z166	1930
论天主（超性学要）	托马斯·阿奎那，利类思	Z166	1930
论天主降生（超性学要）	托马斯·阿奎那，利类思	Z166	1930
论万物原始（超性学要）	托马斯·阿奎那，利类思	Z166	1930
论形物之造（超性学要）	托马斯·阿奎那，利类思	Z166	1930
论宰治（超性学要）	托马斯·阿奎那，利类思	Z166	1930
罗马弥撒经本	Frater Marista de Chefoo	徐汇公学	
罗玛教廷致中国通谕之分析	上海圣教杂志社		
马尔谷福音诠解	张帆行		1954
玛加白阿传	费金标	Z878	1877
玫瑰经浅义	潘谷声		1894
玫瑰经浅义（五彩本）	潘谷声	Z334	1919
玫瑰经十五端	费奇规	Z448	1920
玫瑰经图像十五端	费奇规，范世熙	Z448	1869，刻本
玫瑰经义	李杕	Z333	1886
玫瑰经注解（松江方言）	管宜穆，张茂才	Z530	1899
每日瞻礼斋期表（小本）		Z556	
弥撒对话经文		Z292-1	1939
弥撒规程		Z445-1	1856，刻本
弥撒规程		Z445-1	1878
弥撒规程，附谢圣体经			1902
弥撒规程注解（松江方言）	管宜穆，张茂才	Z529	1901
弥撒后求主诵		Z526	

续表

出版物名称	著译者	书目编号	出版年份
弥撒祭义	艾儒略	Z179	1905
弥撒旧闻	茅本荃	Z179-2	1935
弥撒诠要	达亦文（M. T. de Taille）	Z539	1933
弥撒小言	李杕	Z180	1894
弥撒与教友生活	杨寿康	Z279-2	1934
弥撒真谛	黄弘纲		1955
名理探	傅泛际，李之藻	Z797	1931
明末清初灌输西学之伟人	徐宗泽	Z806-5	1932
明孙火东先生致王葵心先生手书考释	徐景贤		1932
明孙炼致王蔡心手书	徐景贤		1923
明相国徐文定公墨迹	徐允希	徐汇藏书楼	1903，石印
墨井道人三余集		圣教杂志	1936
墨井集	吴历，李杕	Z743	1909
墨井书画集	吴历		1910
默思圣难录	李杕	Z418-1	1892，石印
默思圣难录（彩图本）	李杕	Z418-1	1916
默想圣心九则	李杕	Z289	1897
默想正则图		Z413	1931（R）
默想正则	Roothan，蒋升	Z412	1877
默想指掌	汤士选	Z414	1922
母亲	陈田	Z362	1936
南京教区惠副主教公函	惠济良		1933
尼斯得尔传	费金标	Z877	1918
你天上的母亲	沈汝孝		1940
你也来做一个基多使者	雨文		1949
逆耳忠言	殷弘绪	Z172	1873，刻本
逆耳忠言	殷弘绪	Z172	1927（R）
女儿镜	陈悲鸿	Z871	1922（R）
欧亚纪元合表	张璜	Z729	1904
辟释氏诸妄	徐光启	Z123	1903
辟妄	徐光启	Z123	1931
辟诬编		Z122	1868，刻本
辟诬编		Z122	1904

续表

出版物名称	著译者	书目编号	出版年份
葡京宗主教宰来叶拉枢机论公进会与祈祷宗会书	圣心报馆		1935
七克	庞迪我	Z185	1873，刻本
七克	庞迪我	Z185	1931
七克真训	庞迪我，顾方济	Z186	1857，刻本
七克真训	庞迪我，顾方济	Z186	1904
奇年奇行			1931
祈祷会领班指引		Z301-3	1929
祈祷会友便览	徐勋	Z298	1887
祈祷会主保单		Z299	
祈祷入门	朱义生	Z433	195
祈祷宗会			1949
祈祷宗会纪律讲话	王昌祉		1944
祈祷宗会领班讲话	王昌祉		1944
祈祷宗会问答	徐允希		1937
祈祷宗会献功诵		Z302	
祈祷宗会袖珍	徐勋	Z298-1	1930
祈祷宗会章程		Z300-1	
祈祷宗会宗徒事业		Z300-2	
祈祷宗会总意	圣心报馆		1935
祈祷总意	圣心报馆		1935
启明崇德女校课艺	陶米尼格		1901
气学通诠	马德赉	Z829	1913
契券汇式	黄伯禄	Z706	1897
千奇万妙	赫师慎	Z834	1903
铅笔习画帖	刘必振	上海土山湾画馆	1907，石印
潜德谱	李杕	Z401	1904
潜修小编	许方济	Z411-2	1926
切效经		Z516	
琴调集成	廖树衡（P. Leveque）	Z576	1909
勤领圣体说	DD. de Segur，李杕	Z275	1906
青昆手册	王昌祉		1941
青年圣体军纲要	王昌祉	Z281-9	1941

续表

出版物名称	著译者	书目编号	出版年份
青年问题丛谈	吴应枫		1939
青圣衣会要旨		Z353	
青旸圣母史略	茅本荃	Z338-2	1932
轻世金书	阳玛诺	Z395	1856，刻本
轻世金书	阳玛诺	Z395	1910
清音谱		Z512	1934
求领洗单	B. Mulier	Z599	
求圣若瑟垂佑祝文		Z517	
求圣心为临终者诵		Z485	
求托圣母诵	P. Zucchi	Z497	1926
曲谱（二）		Z581-2	1933
曲谱（一）		Z581-1	1933
取譬训蒙	晁德莅	Z250	1870，刻本
取譬训蒙	晁德莅	Z250	1929
权付重病之人简要道理		Z247	
全国公进会员一致加入祈祷宗会提案	徐允希		
拳祸记（上集，拳匪祸国记）	李杕	Z731	1905
拳祸记（下集，拳匪祸教记）	李杕	Z733	1905
热心		Z279-3	
热心领圣体	连国邦		1941
热心望弥撒	连国邦		1941
人类的超性特恩	杨寿康	Z405-2	1932
人而天主的耶稣基督	王廉		1948
人生的意义	王石室		1950
人生观		Z141-2	1931
人生三大问题		Z141-3	1933
人生要务	肋班，张维祺	Z141-1	1914
人生重要问题	朱志尧，朱德章	Z140	1913
人宜求识元本（中文—法文）	陈栋	Z93-1	1920
人罪至重	卫方济	Z183	1873，刻本
人罪至重	卫方济	Z183	1936（R）
仁爱首功		Z206	1870，刻本
仁爱首功		Z206	1915

续表

出版物名称	著译者	书目编号	出版年份
日用善祷集			1918
荣福五端，Les cinq mystères glorieux	范世熙	300×200	1865—1868，刻本，或设色
荣福五端，Les cinq mystères glorieux	范世熙	1100×1270（订制）	1865—1868，绘本，彩色
如比来翁大赦考	张璜	Z204	1916
入德之门	耶稣会初学读书班修士		1938
若瑟善终，La mort de St. Joseph	范世熙	880×500	1865—1868，刻本，或设色
若瑟善终，La mort de St. Joseph	范世熙	1050×550（订制）	1865—1868，绘本，彩色
若瑟小编	徐劢	Z373	1919
三民主义节要	徐宗泽	Z807-3	1930
三山论学纪	艾儒略	Z143	1923
三愿问答	李杕	Z404	1889
沙杜南	姜贤弼		1941
善恶报略说	南怀仁	Z87	1869，刻本
善恶报略说	南怀仁	Z87	1905
善生福终正路	陆安德	Z170	1852，刻本
善生福终正路	陆安德	Z170	1912
善择地位规则	金玛宝，陈泗芬	Z424	1916
善终，La Bonne mort	范世熙	1200×650	1865—1868，绘本，彩色
善终会规		Z380	1914
善终会期经		Z468	
善终会要旨		Z381	
善终会指导		Z379	1936
善终经	伏若望	Z464	1924
上海董家渡圣母无原罪始胎会成立八十周纪念	上海董家渡圣母无原罪始胎会		1942
上海各区公教进行会会员录			
上海虹口圣若瑟慈善会二十五年纪念册		上海虹口圣若瑟慈善会	1941
上海话练习课本	浦君南		1922
上海教区颁给公教理科毕业证书规程		Z210	1935

续表

出版物名称	著译者	书目编号	出版年份
上海教区教理撮要		Z211-2	
上海教区教理问答		Z213-2	1930
上海教区每日瞻礼斋期表			1937
上海教区圣母献堂会修女录			1946
上海教区瞻礼单			1961—12
上海土山湾孤儿工艺院同学录	上海土山湾孤儿工艺院		1940
上海徐汇中学卅一年度学业成绩展览纪念册	徐汇中学		1942
上海徐家汇天文台记	田国柱		1918
上海徐家汇土山湾孤儿院			1942
上海主教论救世圣年书	惠济良		1934
尚神父小传			1919
佘山	张若虚（张骏声）		1931
佘山三日记	江庸		
佘山圣母歌	渔人（张骏声）	Z565	1913
佘山圣母记	上海圣心报馆		1914
社会丛谈	J. Verdier，杨维时	Z804-1	1926（R）
社会经济学概论	徐宗泽	Z807-5	1934
社会律	比利时国际问题研究会	Z804-3	1930
社会问题		Z806-10	1928
社会学概论	徐宗泽	Z807-4	1934
社会主义鸟瞰	徐宗泽	Z804-2	1928
申尔福解	成和德	Z331	1907
申尔福疏解	S. Ligorius，茅本荃	Z330	1911
神爱牺牲	蔡洗耳	Z67-2	1935
神花单		Z337	
神修检讨，一名忠实信徒的生活	若瑟		1954
神修讲话	葛卢	Z434	1953
神学主讲晁大司铎银庆纪念录			1930
审判，Le Jugement	范世熙	1200×650	1865—1868，刻本，或设色
慎思指南	南弥德	Z417	1865，刻本
慎思指南	南弥德	Z417	1904

续表

出版物名称	著译者	书目编号	出版年份
慎之慎之	李秀芳		1873，刻本
省察办神工样子（上海话）		Z430-2	
省察薄		Z429	
省察告解要式（官话）		Z430-1	
省察规式	李杕	Z427	1929（R）
省察简则	李杕	Z428	
省慈编	蒋升，龚柴		1877
圣安东玛利亚格拉肋小传	张帆行		1951
圣安多尼传	李杕	Z43	1907
圣安多尼圣月	成和德	Z375	1907
圣安多尼赞		Z523	
圣奥古斯定忏悔录	吴应枫		1950
圣奥斯定传	Papini，光启社	Z62	1937
圣保禄	沈造新	Z58-2	1937
圣鲍斯高的童年生活	武幼安	芜湖天主堂	1937
圣伯多禄	张冬青		1941
圣伯辣弥诺枢机小传	徐允希	Z65	1930
圣伯辣弥诺小传	古岱而格		1930
圣宠论	徐宗泽	Z167-3	1930
圣宠问答	沈容斋	Z165	1896
圣达尼老各斯加	王继文		1949
圣达尼老九德默想	徐劻	Z420-2	1926
圣达尼老小传	张士泉	Z50-2	1926
圣多玛斯小传	陈泗芬	Z44	1916
圣多默谟尔传	吴应枫		1953
圣而公会，L'Eglise en concile	沁世熙	1200×650	1869，刻本，设色
圣方济各沙勿略传	蒋升	Z47-1	1896
圣方济各沙勿略小传	王昌祉	Z47-2	1922
圣歌	沈赍良	Z561	1898，石印
圣歌	沈赍良	Z561	1943
圣记百言	罗雅谷	Z400	1873，刻本
圣记百言	罗雅谷	Z400	1911
圣家祷文		Z518	

•附　录•

续表

出 版 物 名 称	著　译　者	书目编号	出版年份
圣家会恩赦录		Z383	
圣家会规		Z698	1896
圣教会史纲	于炳南，杨堤	安庆天主堂	1937
圣教鉴略	孙文桢	Z30	1911
圣教经文详解	管宜穆，张秉彝	Z528	1897
圣教礼规	A. Novella	Z541-2	1932
圣教礼仪撮要	萧杰一		1933
圣教礼仪撮要	萧杰一	安庆天主堂	1941
圣教理证	白德旺	Z135	1852，刻本
圣教理证	白德旺	Z135	1884
圣教理证选要	沈锦标	Z136	1913
圣教启蒙课本	潘谷声	Z654	1912，石印
圣教启蒙课本	潘谷声	Z654	1914
圣教启蒙课本教授法	潘谷声	Z655	1914
圣教切要	白多玛	Z240	1843，刻本
圣教切要	白多玛	Z240	1913
圣教日课	龙华民	Z470	1875，刻本
圣教日课	龙华民	Z470	1904
圣教圣像全图，*La suite de la Religion*（画片二十幅）	范世熙	300×210	1865—1868，刻本，或设色
圣教圣像全图，*La suite de la Religion*（二十幅）	范世熙	1680×330（订制）	1865—1868，绘本，彩色
圣教圣像全图	范世熙	金陵天主堂	1869，刻本
圣教史纲	于炳南	安庆天主堂印书馆	1937
圣教史纲（中学适用）	赵石经（Joachim Tchao）	Z32-1 ad 3	1938
圣教四字经文	艾儒略	Z249	1856，刻本
圣教四字经文	艾儒略	Z249	1929
圣教条例			1857，刻本
圣教要经领洗问答			1904
圣教要理歌	沈锦标	Z564	1909
圣教要理简本：简明教理	庇护十世		1909，石印
圣教要理简本：幼童教理	庇护十世		1909，石印
圣教要理简本：增广教理	庇护十世		1909，石印

续表

出版物名称	著译者	书目编号	出版年份
圣教要理问答			1902
圣教要理问答（粤语）			1916
圣教要理问答注解	管宜穆，张秉彝		1898
圣教要理选集		Z241	1915
圣教楹联类选	张智良	Z884	1922
圣教源流合表图	康治泰	Z109	1881
圣教杂志	潘谷声		1912—
圣经广益	冯秉正	Z16	1859，刻本
圣经广益	冯秉正	Z16	1917
圣经直解	阳玛诺	Z15	1866，刻本
圣经直解	阳玛诺	Z15	1915
圣龛中的呼声	姚景星	Z279-5	1943
圣类思公撒格学生主保小传	潘谷声	Z48	1891
圣类思小传		Z48-1	1891
圣留纳多自修志	李杕	Z441-1	1924（R）
圣路善工	伏若望		1856，刻本
圣路善工	伏若望		1874
圣母抱耶稣，*La Ste. Vierge pt. l'enfant Jésus*	范世熙	1100×650	1865—1868，刻本，或设色
圣母传	李杕		1887
圣母祷文疏解	俞伯录	Z332	1913
圣母道理选集	徐汇总修院		1954
圣母行实	高一志	Z36	1912
圣母会公规	徐劢	Z355	1885
圣母会新公规			1915
圣母会友袖珍	徐劢	Z504	1933（R）
圣母会与公进会的关系	徐劢		1935
圣母会祖尚神父小传		Z45	1919
圣母经汇	潘谷声	Z505	1904
圣母净配圣若瑟传	马若瑟	Z37	1872，刻本
圣母净配圣若瑟传	马若瑟	Z37	1910，石印
圣母净配圣若瑟传	马若瑟	Z37	1929
圣母领报会规程	南怀仁	Z356	1875，刻本

续表

出版物名称	著译者	书目编号	出版年份
圣母领报会规程	南怀仁	Z356	1911
圣母领报会要旨		Z357	
圣母玫瑰会九日敬礼			1897
圣母玫瑰会要旨		Z358	
圣母玫瑰经十五端	管宜穆		1881
圣母玫瑰经十五端（拉丁文—中文）			
圣母玫瑰九日经		Z496	1930
圣母七苦籍规略			1862，刻本
圣母七苦小日课	B. M. V.，徐允希	Z503-2	1932
圣母善导会初学院规		Z360	1909
圣母善导记要	徐励	Z340	1891
圣母升天	严蕴梁（Gné Stanislsas）		1950
圣母升天像，Le couronnement de La Ste. Vierge en presence des anges'au bas sont les apôtres	范世熙	2800×1350 3400×1530	1865—1868，绘本，彩色，布基
圣母圣心会要旨		Z359	
圣母圣心小日课	徐励		1907
圣母圣衣会恩谕	那永福	Z342	1912
圣母圣衣会恩谕	那永福	Z342	1868，刻本
圣母十一姝恩冕旒	B. M. V.	Z498	
圣母始胎会友八十周庆纪念册	徐汇公学		1933
圣母始胎青衣会要旨		Z352	
圣母通牒选集	徐家汇总修院		1954
圣母无原罪始胎会上海董家渡五十周年纪念	董家渡天主堂		1920
圣母无原罪小日课	Bern. de Busto O. F. M，徐励	Z503-1	1910
圣母献堂会初学规范			1900
圣母献堂会规注解			1904
圣母小昆仲会祖尚铎传	退叟		1910
圣母小日课	利类思	Z499-500	1880
圣母小日课·圣咏疏解	利类思	Z325	1848，刻本
圣母小日课·圣咏疏解	利类思	Z325	1877
圣母小日课·圣咏疏解	徐允希		1937
圣母小日课，已亡日课（缩本）	利类思	Z502	

续表

出版物名称	著译者	书目编号	出版年份
圣母要理简要	圣母会士		1918
圣母院函稿	黄伯禄	Z703	1892
圣母月	明修士	安庆天主堂	1938
圣母月新编	蒋升，龚柴	Z336	1877
圣难释义	P. Faber，倪栖梅	Z418-2	1928
圣年广益	冯秉正	Z38	1875
圣年广益	冯秉正	Z38	乾隆刻本，民国中期印刷
圣年广益索引，圣年广益中诸圣姓名中西文对照表	贝迪荣		
圣女伯尔纳德传	旭初		1955
圣女伯尔纳德传略	徐勋	Z80-2	1926
圣女德肋撒行实	李伯辣，徐勋	Z70	1917
圣女斐乐默纳传	黄伯禄	Z71	1879
圣女加大利纳拉蒲兰的内修生活	尧若	Z80-6	1954
圣女罗依斯小史		Z80-1	
圣女玛德肋纳素非传	惠济良		1939
圣女玛加利大传	李杕	Z74	1909
圣女日多达小传	格老，圣心报馆	Z69-1	1917
圣女若纳达尔克传	胡若时（Matt. Hou）	Z76	1928
圣女小德肋撒九日经	王昌祉	Z519-2	1941
圣女小德肋撒十日敬礼	朱希圣	海门主教公署	1942
圣女婴孩耶稣德肋撒传教区总主保诵	Ars Pia	Z519-1	1929
圣女婴孩耶稣德肋撒传略	张璜	Z79-1	1923
圣女婴孩耶稣德肋撒小史	李若望（Joan Li），徐勋	Z79-2	1930（R）
圣门辣尔传	李杕	Z42	1906
圣若翰伯尔各满传	特雷		1955
圣若瑟祷文		Z514	1925（R）
圣若瑟及追思弥撒咏唱序文		Z581	1921
圣若瑟小日课	徐勋	Z515	1923
圣若瑟新祷文			
圣若瑟学校之主保		Z513	1934
圣若瑟月新编	李杕	Z372	1892

续表

出版物名称	著译者	书目编号	出版年份
圣若望	张冬青		1941
圣若望臬玻穆传	魏继晋	Z41	1871，刻本
圣若望臬玻穆传	魏继晋	Z41	1932
圣神降临，La Pentecôte	范世熙	1200×650	1865—1868，刻本，或设色
圣时解说	徐劢	Z284	1932
圣时默想初编	吴应枫		1937
圣事答应经文			1878，刻本
圣事答应经文			1914
圣事答应经文（拉丁文—中文）			1904
圣事答应经文（上海话）	张璜	Z541-1	1926（R）
圣事论	徐宗泽	Z167-5	1931
圣事要理			1875
圣事要理问答	罗如望，方守义	Z215	1867，刻本
圣事要理问答	罗如望，方守义	Z215	1893
圣事要理问答（小本）	罗如望，方守义	Z216	
圣事总录	郎怀仁		1868，刻本
圣事总录	郎怀仁		1897
圣体纪	李杕	Z270	1889
圣体降福用圣体经与圣母经		Z568	
圣体军队长向导	张希斌	Z281-2	1936
圣体军纲要	王昌祉		1941
圣体军歌		Z283-2	
圣体军歌献诵		Z280-4	
圣体军联合刊			1931
圣体军良友	张希斌	Z281-3	1936
圣体军圣心宝藏		Z280-3	
圣体军投军纪念		Z280-5	
圣体军小宗徒手册	王昌祉		1947
圣体军训话卅则	王昌祉		1942
圣体军友手册	王昌祉	Z281-7	1942
圣体军月刊	王昌祉		1931
圣体要理	艾儒略	Z271	1881

续表

出版物名称	著译者	书目编号	出版年份
圣体仪规	潘国光	Z272	1881
圣体月	李杕	Z278	1893
圣维雅纳传	徐家汇小修院	Z61	1931
圣味增爵济贫会规则			1881
圣洗录		Z591	
圣像通功单		Z635	
圣心宝藏		Z306-1	
圣心宝藏专为教皇		Z306-2	
圣心报	李杕		1887—
圣心金鉴	李杕	Z287	1891
圣心良友	王昌祉	Z43-1	1940
圣心圣衣		Z309	
圣心十二殊恩		Z296	
圣心诵句默想	王昌祉	Z293-7	1940
圣心问答	郁质夫（Vincentius Hirgair）	Z286	1898
圣心与司铎	朱希圣		1935
圣心与司铎	朱希圣	海门主教公署	1945
圣心与司铎（续）	朱希圣	海门主教公署	1945
圣心月新编	李杕		1879
圣心之家庭规则		Z310-1	
圣亚尔方骚劳特里垓传	蒋升，龚柴	Z51	1895
圣衣会可敬德肋撒传略			1919
圣衣会修女德肋撒传略	张璜		1913
圣衣纳爵圣水记		Z378	
圣衣片		Z354	
圣依纳爵	巴尔荣，杨堤		1941
圣依纳爵，*St. Ignace*	范世熙	1100×650	1865—1868，刻本，或设色
圣依纳爵传略	沈则恭	Z46-2	1885
圣依纳爵九日敬礼 圣方济各沙勿略九日敬礼	林德瑶	Z524	1871，刻本
圣依纳爵九日敬礼 圣沙勿略九日敬礼	林德瑶	Z524	1900
圣依纳爵圣水记	李杕	Z378	1886

续表

出版物名称	著译者	书目编号	出版年份
圣咏续解	魏继晋	Z325	1878
圣主日礼纲	徐劢	Z542	1883
圣主日礼要	徐劢		1892，石印
盛世刍荛	冯秉正	Z142	1863，刻本
盛世刍荛	冯秉正	Z142	1926（R）
师主编	蒋升	Z398	1901
师主吟	蒋升	Z397	1898
中国十八省全图（中文—法文）	夏之时	Z776	1905
中国十八省全图（中文—英文）	夏之时，甘沛澍	Z777	1908
十二殊恩默想	步培，王洗耳		1941
十二宗徒实行圣像	范世熙		1876
十字架	达乐		1950
十字架与救赎	周士良		1930
十字影架	丁宗杰	Z12	1934
实用电学	沈赉良	Z837-2	1922
世界历史（第二册中古史）	胡诚临	Z722	1916
世界历史（第三册近世史）	盛恺	Z723	1918
世界历史（第四册今世史上）	胡诚临	Z724	1915
世界历史（第五册今世史下）	胡诚临	Z725	1915
世界历史（第一册上古史）	盛恺	Z721	1914
世界语进阶	沈羽		1910
试验指南	赫师慎	Z835	1908
守护天神，*L'Ange gardien*	范世熙	1100×650	1865—1868，刻本，或设色
首瞻礼六简本	陈士谦，徐劢	Z288	1907
受难始末（天主耶稣受难始末）	庞迪我	Z8	1902
书教图像，*Ancien Tastament，2me partie*	范世熙	300×210	1865—1868，刻本，或设色
书契便蒙（契券）	蒋升	Z705	1895
书契便蒙（信札）	蒋升	Z704	1895
数理问答	佘宾王	Z810	1901
数理习题	佘宾王	Z810	1901
司铎退省	邹俊生		1950

续表

出版物名称	著译者	书目编号	出版年份
私立徐汇女子中学校章程			
私立震旦大学一览			1935
私立正德小学卅周年纪念特刊			1945
死说	龙华民	Z188	1935
四福音的历史价值	周士良		
四规册		Z610-612	
四末，Les fins dernières	范世熙	300×210	1865—1868，刻本，或设色
四末，Les fins dernières	范世熙	1280×320（订制）	1865—1868，绘本，彩色
四末真论	柏应理	Z190	1925
四样经			1933
四终略意	白多玛	Z191	1922
诵芬论丛	钱公溥		1949
苏皖献堂会分职表			1934
苏维埃俄罗斯之观察	王昌祉	Z806-4	1926
苏州致命纪略	徐允希	Z64	1932
随思随笔	徐宗泽	Z892	1940
孙火东	徐景贤	Z747	1932
台州教区月刊	海门天主堂		1931—1937
太阳光圜图，墨子图附	蔡尚质		1915
太阴图说	蔡尚质，高均	Z828	1922
泰西列代名人传	赫师慎	Z745	1903
泰西事物丛考	赫师慎，朱君飞	Z887	1903
探原课本	徐宗泽	Z93-2	1927
唐景教碑颂正诠	阳玛诺	Z108	1878，刻本
唐景教碑颂正诠	阳玛诺	Z108	1916
提正编	贾谊睦	Z164	1870，刻本
提正篇	贾谊睦	Z164	1923
天国之阶			1927
天阶	潘国光	Z420-1	1865，刻本
天阶	潘国光	Z420-1	1915
天门宝钥	徐劢	Z189	1927

• 附 录 •

续表

出版物名称	著译者	书目编号	出版年份
天上英儿	金鲁贤	Z68-3	1935
天上珠儿	金鲁贤	Z68-2	1936
天神会课	潘国光	Z253	1861，刻本
天神会课	潘国光	Z253	1882
天神谱	李杕	Z377	1886
天神之粮	丁宗杰		1955
天堂，*Le Ciel*	范世熙	1200×650	1865—1868，刻本，或设色
天梯	李杕	Z328	1888
天文问答	佘宾王	Z827	1903
天演论驳义	李杕	Z800	1932（R）
天主降生救赎论	徐宗泽	Z167-6	1932
天主降生言行纪略	艾儒略	Z7	1853，刻本
天主降生言行纪略	艾儒略	Z7	1903
天主降生引义	艾儒略	Z163	1872，刻本
天主降生引义	艾儒略	Z163	1922
天主教传教史概论	徐宗泽	Z806-9	1938
天主教传入中国概观	光启社		1933
天主教大纲	王仁生，吴礽茂	Z230	1939
天主教大纲	严毅	安庆天主堂	1940
天主教适合人性	光启社	Z93-3	1929
天主教与帝国主义比证		Z127	1934
天主教与妇女问题	徐宗泽	Z806-1	1925
天主教之战争观	徐宗泽	Z806-14	1939
天主三位一体论	徐宗泽	Z167-1	1930
天主上智亭毒万物论	罗第爱，潘谷声	Z88	1916
天主圣教百问答	柏应理	Z243	1868，刻本
天主圣教百问答	柏应理	Z243	1925（R）
天主圣教十诫直诠	阳玛诺	Z256	1915
天主圣教四字经文	艾儒略	Z249	1856，刻本
天主圣教四字经文	艾儒略	Z249	1913
天主圣教小引	范中	Z98	1888
天主圣教约言	苏如望（J. Soerio）	金陵天主堂	1871，石印

续表

出版物名称	著译者	书目编号	出版年份
天主圣教约言	苏如望	Z95	1920
天主圣三，*La Trinité*	范世熙	1200×650	1865—1868，刻本，或设色
天主圣三与爱	萨莱，周士良		1950
天主十诫，*Le Dècalogue*	范世熙	1200×650	1865—1868，刻本，或设色
天主十诫劝论圣迹	潘国光	Z255	1869，刻本
天主十诫劝论圣迹	潘国光	Z255	1904
天主实义	利玛窦	Z82	1868，刻本
天主实义	利玛窦	Z82	1904
天主耶稣受难始末	庞迪我		1895
天主在我们心中	吴应枫		1941
天主造物论四末论	徐宗泽	Z167-2	1930
天主之母	萨莱，周士良		1950
听道何益	陈泗芬	Z92	1918
通功经	杜嘉粥	Z462	
通史辑览（法文）	翟光朝	Z727	1907
通史辑览（英文）	翟光朝，甘沛澍	Z728	1908
通史辑览（中文）	翟光朝，李秋	Z726	1907
通问便集	蒋升		1881
童年圣人	张冬青		1939
童子圣体军纲要	王昌祉	Z281-6	1941
童子圣体军简章		Z282	1934
童子圣体军要略		Z281-1	1929
童子圣体军证书		Z280-1	
痛苦五端，*Les cinq mystères douloureux*	范世熙	300×200	1865—1868，刻本，或设色
痛苦五端，*Les cinq mystères douloureux*	范世熙	1100×1270（订制）	1865—1868，绘本，彩色
透视学撮要	沈赉良	Z850	1917
方言教要序论	南怀仁		1877，石印
方言指南（松江方言，法文，罗马注音字母）	董师中		1889
方言中西合璧			石印

续表

出版物名称	著译者	书目编号	出版年份
方言中西合璧（法文—中文）			石印
土山湾孤儿工艺院一览	土山湾孤儿工艺院		1945
挽救	周信华		1940
晚餐厅	王继文		
万物真原	艾儒略	Z81	1901
往古来今世界第一伟人耶稣基督	柏耿先，萧杰一	芜湖天主堂	1949
往训万民（四集）	萧杰一	芜湖天主堂	1941
为善而过玫瑰月	惠济良		1939
为什么要祈祷	萨莱，周士良		1950
唯心与唯物之间	叶安德		1950
文定公徐上海传略	徐宗泽	Z741-2	1933
问答撮要	Hirgair	Z224	1894
问答像解	张润波，狄化淳		1928
问答译本（官话，松江方言）			1894
我的邮票	张希斌	Z880-10	1936
我们的教皇庇护第十	龚石		
我们的教育	汇师中学		1933
我们的小传教士	诸正瑛	Z903	1939
我们的小德肋撒	陈秋棠	Z79-3	1934
我们的小类思	陈秋棠	Z42-2	1934
我们昆弟身上的基多	吴应枫		1941
我信圣而公教会	吴应枫		1950
我之改奉天主教小史	F. X. Farmer（花），张士泉	Z159	1932
吴杨两修士传	山宗泰		1943
五代宗谱图		Z596	
五代宗谱图（薄本）		Z597	
五代宗谱图（厚本）		Z598	
五伤苦像，*Le Crucifix glorifié*	范世熙	1200×650	1865—1868，刻本，或设色
五十年来之世界宗教	P. Eymieu，马相伯	Z31-1	1927
五洲地名中西合表	赫师慎	Z757	1905
五洲括地歌	蒋升		1898
五洲图考	龚柴，许彬		1902

续表

出版物名称	著译者	书目编号	出版年份
物理推原	李杕	Z84-1	1892，石印
西山圣本笃会修院创立记			1930
西学关键	李杕	Z836	1903，石印
西学列表	赫师慎	Z886	1930
希诺亚人	周信华		1940
喜乐母心善法		Z384	1915
喜乐圣母圣心之善法		Z384	1908，石印
先文定公墨迹	徐允希		1903，石印
贤妇戴伊济传略	王昌祉	Z80-4	1937
显灵圣牌约考	徐劢	Z341	1888
险	临冰		1948
现代女子教育专家耶稣孝女会创办人刚第达及其事业	徐景贤	安庆天主堂	1935
献堂会吴四姑修女传			1939
向苦像诵		Z473	
向圣母求善终小日课	顾怀仁	安庆天主堂	1941
向耶稣圣灵诵	吴应枫	Z285	1937
向耶稣圣心赎罪诵		Z479-2	1928
小儿科		Z842	1924
小歌童	沈造新	Z879-2	1936
小天神	张鸿儒	安庆天主堂	1937
小学适用国语教材		Z641-1 ad 12	1945
小学用公民教科书		Z803-11 ad 18	1934
小耶稣的赏赐	王昌祉		1942
小英雄——献给我慈爱的父亲	丁宗杰	Z879-1	1934
小宗徒	张希斌	Z880-1	1931
小宗徒手册	王昌祉		1947
邪正理考	张维祺	Z137	1907
邪正理考简言	张维祺	Z138-1	1913
邪正理考节本	王昌祉		1941
谢恩经		Z461	1923
谢恩祈祷公经			1890
谢恩祈祷公经规程			1903

续表

出版物名称	著译者	书目编号	出版年份
谢圣体经		Z446	1923
谢主通功已亡终善经		Z465	1925
谢主通功已亡终善经（缩本）		Z466	1922
心理学概论	徐宗泽	Z798-2	1930
心园	朱志尧	Z416-2	1938
心箴	李杕	Z402	1901
新编圣教史纲	赵石经		1938
新订祈祷宗会袖珍	徐允希	Z298-2	1938
新订早晚课			1904
新光	朱树德	Z68-4	1935
新经译义	李杕	Z1	1897
新经译义宗徒大事录合订	李杕	Z3	
新刻全能像，Le Tout-puissant	范世熙	1080×580	1865—1868，刻本，或设色绘本
新刻全能像，Le Tout-puissant	范世熙	1550×750	1865—1868，绘本，彩色，布基
新刻圣母像，La Ste. Vierge pt. l'enfant Jésus	范世熙	1080×580	1865—1868，刻本，或设色
新刻圣母像，La Ste. Vierge pt. l'enfant Jésus	范世熙	1550×750	1865—1868，绘本，彩色，布基
新刻耶稣圣心，Le Sacré-Cœur	范世熙	1080×580	1865—1868，刻本，或设色
新刻耶稣圣心，Le Sacré-Cœur	范世熙	1550×750	1865—1868，绘本，彩色，布基
新史合编	沈容斋		1887
新史合编直讲	马相伯	Z5	1913
新史略	沈容斋	Z25	1890
新史像解	沈容斋，刘必振	Z28	1894，石印
新史像解（五彩）	沈容斋	Z28	1909
新译福音初稿	徐汇总修院		1953
信爱	王仁生	Z274-2	1937
信望爱三德论	徐宗泽	Z167-4	1931
形性学要	李杕	Z824	1899
醒世迷编	郁荪	Z133	1873，刻本

续表

出版物名称	著译者	书目编号	出版年份
醒世迷编	郁苏	Z133	1923
性法学要	李杕	Z802	1904
性教图像，Ancien Tastament，1ère partie	范世熙	300×210	1865—1868，刻本，或设色
性理真诠	孙璋	Z85	1889
性理真诠提纲	孙璋	Z86	1886
性学觕述	艾儒略	Z83	1873，刻本
性学觕述	艾儒略	Z83	1922
修成正鹄	蒋升		1880
修道说	沈宰熙		1920
修女装宜业小传	朱希圣	海门主教公署	1943
修身课本教授法	圣教杂志社	Z805-1 ad 8	1926
修身西学/西学修身	高一志	Z801	1923
修身新课本（小学用）	杨维时	Z803-1 ad 8	1924，石印
修院奇花秦秋芳修士小传	邱多廉，吴应枫	Z67-1	1926
徐汇公学歌唱集	舒德惠，翟光朝	Z566	1925
徐汇公学七十年纪念册			1920
徐汇公学校友会报告			1931
徐汇纪略	林骀		1933
徐汇女子中学七旬周年纪念			1938
徐汇天文台记	马承华	徐汇天文台	1906
徐汇中学圣母会会期经汇集		徐汇中学	1940
徐汇中学圣母始胎会友八十周年纪念册			1933
徐家汇中华圣母会会期经			1950
徐氏庖言	徐光启	Z742-2	1933
徐文定公集	李杕	Z741-1	1890
徐文定公墨迹	徐允希	Z742-1	1933，石印
徐文定公逝世三百年纪念文汇编		圣教杂志社	1934
许母徐太夫人甘第大	徐允希		1938
许太夫人传略	柏应理，许彬	徐汇益闻馆	1882
许太夫人传略	柏应理，许彬，沈锦标	Z740	1927
续理窟	李杕	Z132	1915
玄义玫瑰			1953

续表

出版物名称	著译者	书目编号	出版年份
雪球传	张继良	Z875	1915
血祭的光辉	楼白东，雨青		1952
训蒙十二德	李杕	Z407	1902
训慰神编	殷弘绪	Z19	1872，刻本
训慰神编	殷弘绪	Z19	铅排本
亚物演义	李杕	Z329	1891
演死善功		Z467	1899
杨淇园先生事迹	丁志麟	Z134-2	1935
要歌集			1921
要经汇集		海门主教公署	1954
要经汇集（崇明土白）		Z455	1932
要经汇集（大本）		Z451	1913
要经汇集（上海话）		Z453-2	1932
要经汇集（上海话，缩本）		Z454-1	1926
要经汇集（上海话，小本）		Z454-2	1931
要经汇集（缩本）		Z452-1	1926
要经汇集（小本）		Z452-1	1928
要经六端图像，Les six Principales prières	范世熙	300×210	1865—1868，刻本，或设色
要经六端图像，Les six Principales prières	范世熙	1550×750（订制）	1865—1868，绘本，彩色
要经十端附像		Z442	1907
要经问答			1908
要理简言		Z211-1	1935
要理六端图像，Les six Principales vérités	范世熙	300×210	1865—1868，刻本，或设色
要理六端图像，Les six Principales vérités	范世熙	1550×750（订制）	1865—1868，绘本，彩色
要理六端和要经六端全图	范世熙	金陵天主堂	1869，刻本
要理譬解		芜湖印书馆	1946
要理条解提要	陶福音		1933
要理问答		Z213-1	1876
要理问答（蒙古文）			1915，石印
要理问答注释		Z223	

续表

出版物名称	著译者	书目编号	出版年份
要理引申		芜湖印书馆	1929
耶教毕大尔夫人归正自述	张士泉	Z160-1	1923
耶稣传（上中下）	丁宗杰，王昌祉	Z14-1 ad Z14-3	1938
耶稣诞生，*Lativité de N. S.*	范世熙	1200×650	1865—1868，刻本，或设色
耶稣的回音	张登仪	Z880-7	1934
耶稣的赏赐	王昌祉		1942
耶稣的小朋友	陈田	Z880-8	1935
耶稣帝王祝文	徐劻	Z475	1926
耶稣复活，*La Résurrection*	范世熙	1200×650	1865—1868，刻本，或设色
耶稣会成立四百周年纪念刊			1938
耶稣会初学要则			
耶稣会规	徐家汇天主堂		1893，石印
耶稣会之后	R. P. A. Drive，严蕴梁		1941
耶稣会中辅理修士的地位	基多的义兵		1934
耶稣会总长公信	耶稣会初学院		1919
耶稣会祖圣依纳爵传	吴应枫		1952
耶稣基督这个人	丁宗杰		1950
耶稣基多	梅耿光，萧杰一	安庆天主堂	1949
耶稣生活图解			1955
耶稣升天，*L'Ascension*	范世熙	1200×650	1865—1868，刻本，或设色
耶稣圣表，*Exemples de Jésus-Christ*	范世熙	300×210	1865—1868，刻本，或设色
耶稣圣诞，*Lativité de N. S.*	范世熙	1200×650	1865—1868，刻本，或设色
耶稣圣诞节集锦	教务协进会		1949
耶稣圣迹，*Miracles de Jésus-Christ*	范世熙	300×210	1865—1868，刻本，或设色
耶稣圣名祷文		Z472	
耶稣圣伤串经		Z313	
耶稣圣心，*Le Sacré-Cœur*	范世熙	1100×650	1865—1868，刻本，或设色
耶稣圣心祷文		Z478	

续表

出版物名称	著译者	书目编号	出版年份
耶稣圣心会要旨		Z308	
耶稣圣心九日敬礼		Z477	
耶稣圣心小日课	徐劢	Z486	1901
耶稣圣心之母后九日敬礼	朱希圣	海门主教公署	1942
耶稣圣心之母后九日敬礼	朱希圣		1955
耶稣圣心之通谕	顾古香，朱希圣	Z296-2	1940
耶稣圣训，*Doctrine de Jésus-Christ*	范世熙	300×210	1865—1868，刻本，或设色
耶稣圣婴，*Enfance de N. S. Jésus-Christ*	范世熙	300×210	1865—1868，刻本，或设色
耶稣受难记略	李杕	Z9	1889
耶稣受难记略方言（法文—上海话）	蔡尚质	Z11	1897
耶稣受难记略方言（上海话）	蔡尚质	Z10	1897
耶稣受难遗迹考略	徐允希	Z418-4	1938
耶稣我们的神师	姚景星	Z392	1942
耶稣五伤像，*Le Crucifix glorifié, adoré par tous les peoples de la terre*	范世熙	2800×1350	1865—1868，刻本，或设色
耶稣五伤像，*Le Crucifix glorifié, adoré par tous les peoples de la terre*	范世熙	3400×1530	1865—1868，绘本，彩色，布基
耶稣一瞥	周士良		1950
耶稣真教	柯德烈		1898
一个孩儿的灵魂		Z68-1	1931
一个模范的工人	张之盐	Z738-2	1937
一目了然	崇道主人	Z89	1878，刻本
一目了然		Z89	1909
一条胡同	周信华		1943
一位归正者的自述	杨寿康	Z160-2	1939
一位小公主	沈久漫		1945
一位中国奉教太太许母徐太夫人事略	柏应理，徐允希	Z740-2	1938
一线之光	张士泉	Z160-3	1947
一线之光（续编）	张士泉	Z160-4	1949
医方宝诀（法文—中文）	戴尔第	Z841	1891
医方宝诀（中文）	戴尔第	Z840	1921
依恃耶稣圣心九日敬礼	朱希圣	海门主教公署	1942

续表

出版物名称	著译者	书目编号	出版年份
遗孩圣洗录		Z592	
遗书一束	张登仪	Z880-2	1934
已亡日课经	利类思	Z463	1878
已亡日课经，炼灵通功经	利类思		1863，刻本
以心体心	朱希孟		1941
忆	胡瑞	Z879-3	1937
易简祷艺	沈东行	Z415	1868，刻本
易简祷艺	沈东行	Z415	1902
益闻录	李杕		1878—
翼下共鸣录	胡瑞	Z327-2	1938
婴德问答	渔父	海门天主堂	1935
应酬官话	龚柴	E25	石印
应酬方言	龚柴	E25	石印
永福天衢	利安定	Z254	1873，刻本
永福天衢	利安定	Z254	1914
咏唱经文		Z571-1	1927
咏唱经文（拉丁文）		Z572	1913
咏唱经文补遗		Z571-2	1921
咏唱经文撮要	土山湾孤儿院	Z567	1907，石印
咏唱经文和音（合订）	宣承化	Z575	1903
咏唱经文和音（上集）	宣承化	Z573	1903
咏唱经文和音（下集）	宣承化	Z574	1903
游历圣地记	祁神父，圣心报馆	Z29	1934
幼科铁镜	夏鼎	Z843	1904
幼童日领圣体之问题		Z276	
语体文选集（六册）	王昌祉	Z653-1 ad 5	1940
语体文作法十讲	沈公布	徐汇公学	1947
预备临终	杨堤		1941
预简特恩的探究	张士泉		1940
愈显主荣	赵信义	蚌埠天主堂	1939
月之十五日	Xaverius Yao	280-6	1936
越南致命			1900
在基多耶稣	吴应枫		1942

续表

出 版 物 名 称	著 译 者	书目编号	出版年份
在特殊状况下做父母的本分	惠济良		1938
早晚课		Z443	1878
早晚课（小本）		Z444	1931
早晚课读本		Z658	1914，石印
造屋三知	沈锦标	Z885	1902
怎样望弥撒	P. Dérely	Z279-1	1933
增补拳匪祸教记	李杕	Z733	1909
增订汇学读本			1888
增订圣母会友袖珍			1904
增订徐文定公集	徐允希	Z741-1	1909
增注通问便集	蒋升		1885
增助救灵神火经文	翟光朝		1922
瞻礼公经增补			1875
战壕中的威廉陶贤牧	张冬青		1944
张朴堂六十周年纪念册			1925
张雅各布伯司铎行传	隆德理	Z67-3	1939
照心小镜		Z425	
哲学史纲	徐宗泽	Z798-1	1930
哲学提纲，灵性学	李杕	Z794	1907—1911
哲学提纲，伦理学	李杕	Z795	1909
哲学提纲，名理学	李杕	Z791	1907—1911
哲学提纲，生理学	李杕	Z792	1907
哲学提纲，天宇学	李杕	Z793	1907—1911
哲学提纲，原神学	李杕	Z796	1907—1911
贞女潜修纲要	惠济良	Z411-3	1941
真道自证	沙守信	Z97	1868，刻本
真道自证	沙守信	Z97	1917
真福贝肋蒂修女事略	杨寿康	Z80-3	1934
真福斐理宾杜贤姆传教事略			1941
真福高隆汴小传	徐励		1930
真福禄多尔弗致命传	沈锦标	Z52	1894
真福直指	陆安德	Z171	1873，刻本
真福直指	陆安德	Z171	1933（R）

续表

出版物名称	著译者	书目编号	出版年份
真教大益	张维祺	Z139	1911
真教问答	李杕	Z157	1899
真教自证	晁德莅	Z96	1872,刻本
真教自证	晁德莅	Z96	1911
真教最要	张维祺	Z138-3	1922
真主灵性理证	卫匡国	Z90	1918
震旦大学二十五年小史			1928
震旦大学院概略		震旦大学	1917
震旦医刊		震旦医学院	
拯世略说	朱宗元	Z145	1873,刻本
正教奉褒	黄伯禄	Z105	1884
正教奉传	黄伯禄	Z106	1877,刻本
正教奉传	黄伯禄	Z106	1900
正邪略意	康治泰	扬州天主堂	1877,刻本
正邪略意	康治泰	Z146	1917
正邪略意图裱	康治泰	Z147	
正心编	沈锦标	Z410	1924
正义之友	姜贤弼,陈铁伯		1943
执事高标	沈锦标		1881
执事修程			1878,石印
致命去	张希斌	Z880-9	
中国北方坤舆详志(法文)	夏之时	Z759	
中国大主保圣若瑟圣月	李秀芳	Z371	1863,刻本
中国大主保圣若瑟圣月	李秀芳	Z371	
中国地舆志略(法文)	夏之时	Z759	1906
中国地舆志略(附图)	夏之时,双国英绘图	Z758	1906
中国地舆志略(英文)	夏之时,甘沛澍	Z761	
中国府厅州县名合表(中文—英文)	甘沛澍	Z763	1908
中国各州府基督信众分布图	马德赟		1912
中国古代法律略论	徐象枢		1927
中国开教时的圣母会	张士泉		1933
中国类思传青山修士	方豪		1940
中国廿一位致命祝文		Z520-1	

续表

出版物名称	著译者	书目编号	出版年份
中国圣母会考	朱佐豪		1940
中国书画精选	Ignatio Chen	Z744	1924
中国天主教传教史概论	徐宗泽	Z31-2	1938
中国真福致命诵		Z520-2	1934
中国致命真福传略	潘谷声	Z56	1912
中华民国气候图解，Atlas Thermométrique de la Chine	龙相齐		1934
中华圣母	惠济良		1941
中华天主教教区图	光启社	Z774	1930
中西齐家谱	沈锦标	Z173-1	1904
中学法文文范	徐汇公学	E152	1937
中学国文读本（初集）		Z693	1911
中学国文课本菁华	邹翰飞	Z685 ad Z688	1919
忠言（小说）	桑必寿，虚白斋主人（李杕）	Z148	1892
终末之记甚利于精修	高一志	Z190	1925
周年默想	许彬，蒋升	Z416-1	1912
周年瞻礼公经			1863，刻本
周年瞻礼公经			1874
周年瞻礼经	南怀仁等	Z459	1874
周年瞻礼经，六样经（官话+上海话，大本）	南怀仁等	Z459	1901
周年瞻礼经，六样经（官话+上海话，缩本）	南怀仁等	Z460-1	1901
周年瞻礼经，六样经（官话+上海话，小本）	南怀仁等	Z460-2	1901
周年瞻礼经，昭事堂规（大本）	南怀仁等	Z457	1907
周年瞻礼经，昭事堂规（缩本）	南怀仁等	Z458-1	1914
周年瞻礼经，昭事堂规（小本）	南怀仁等	Z458-2	1914
周年主日及大瞻礼公经（上海话）		Z17	1913
周年主日瞻礼		Z17	刻本
周年主日瞻礼		Z17	1874
周年主日瞻礼公经（法译）		Z17	

续表

出版物名称	著译者	书目编号	出版年份
周日存想	丁宗杰		
周主日祷文（谢圣体经）	阳玛诺，艾儒略，孟儒望		刻本
周主日祷文（谢圣体经）	阳玛诺，艾儒略，孟儒望	Z447	1882
诸宗徒行实圣像	范世熙		1869，刻本
诸宗徒四圣史，Les Apôtres et Évangélistes	范世熙	1100×650	1865—1868，刻本，或设色
烛雠记（小说）	竹梧书屋侍者	Z872	1911
主经体味	殷弘绪	Z419	1881
主日公经		Z469	1876
主日圣经		安庆天主堂	1935
主造乾坤，La Création	范世熙	1200×650	1865—1868，刻本，或设色
助善终经	伏若望	Z464	
追悼圣教宗庇护十一世			1939
字文释例	南从周		1903
宗教辨惑说之辨惑	张士泉	Z126	1926
宗教课程考试大纲	惠济良		1936
宗教研究概论	徐宗泽	Z93-4	1939
宗教与科学	沈造新	Z806-12	1926
宗徒，Les Apôtres	范世熙	340×150	1865—1868，刻本，或设色
宗徒，Les Apôtres	范世熙	1430×370（订制）	1865—1868，绘本，彩色
宗徒大事录	李杕	Z2	1907
宗徒及殉教者的教会	戴业劳，萧亚宜		1951
宗徒圣史短篇传	陈泗芬	Z58-1	1919
总领天神，St. Michel	范世熙	1100×650	1865—1868，刻本，或设色
足球战术	陈天祥	徐汇公学	1947
最近无线电报电话学	沈赉良	Z837-1	1929
遵主圣范	包若瑟	Z396	1913

* 本资料包括土山湾印书馆及辖区机构出版物，未特别注明者均为土山湾印书馆出版。
* 震旦大学等机构出版的书籍大多委托土山湾印书馆代印。
* 本资料里未特别注明者为铅印本。

二、上海土山湾印书馆西文出版物目录

出版物名称	著译者	书目编号	出版年份
1122 étoiles doubles de Herschel，赫歇尔的 1122 颗双星	田国柱		
A Classified Convesation，分类英语	Zee Vee Wai		1905
A Guide to Catholic Shanghai，上海天主教导引（英文本）		E168	
A List of the Cities, Towns and Open Ports, China and Dependencies，中国府厅州县名合表	甘沛澍		1908
A Method to Read, Write and Speak English for the Use of Chinese Pupils, vol. 1，英文进隅	柏应时（R. Beaugendre）	E153	1905
A Method to Read, Write and Speak English for the Use of Chinese Pupils, vol. 2，英文捷诀	柏应时	E153	1905
A Notice of the Chinese Calendar and a Concordance with the European Calendar，中西历日合璧（英文本）	黄伯禄	E158	1885
A. B. C. D. linguæ latinæ，辣丁切音表		E171	1909
Abrégé de Grammaire			1913
Accompagnement du plant-chant	周云敬（A. Bonhomme）		1920
Adjumenta，辣丁文律	张骏声	E172	1911（R）
Agenda missionarii in Sinis		E188	
Allusions littéraires première série: premier fascicule, classifiques 1 a 101，文学典故（1）	贝迪荣	E8	1895
Allusions littéraires première série: second fascicule, classifiques 102 a 213，文学典故（2）	贝迪荣	E13	1898
Annales de l'Observatoire astronomique de Zô-se，佘山天文年刊（27 卷）	徐汇天文台		1907—1942
Annuaires des missions catholiques de Chine	光启社	E197—E199	1903—1950
Annuaires, bulletins et mémoires	能恩斯，蔡尚质，马德赉，田国柱	徐汇天文台	
Annus Jubilaeus Rev. Patris G. Payen S. J.，神学主讲晁大司铎银庆纪念录	江南教区		1930
Arithmétique（Cours préparatoire 1ere année）		震旦	1925
Ateliers de sculpture et d'ebenisterie. Orphelinat de Zi-ka-wei Shanghai			1910
Atlas du Haut Yang-tse, de I-tch'ang fou à P'ing-chan hien，扬子江上游地图集，从宜昌府至平昌县	蔡尚质	E219	1899
Atlas of Tracks of 620 Typhoons 1893—1918，1893 年至 1918 年 620 次台风路径图	劳积勋	徐汇天文台	1920

续表

出版物名称	著译者	书目编号	出版年份
Atlas philologique élémentaire, Essai de classification géographique des langues, 基础语史学地图集——语言地理分类	屠恩烈		1910
Atlas Thermométrique de la Chine, 中华民国气候图解	龙相齐		1934
Aurora University, 震旦大学一览（英文本）		E167	
Aurore Université, 震旦大学一览（法文本）		E167	
Biographie du P. Étienne le Fèvre, S. J., 方德望神父小传	邱多廉	E208	
Bulletin Aerologique：Zi-ka-wei observatoire meteorologique, 徐汇天文台物理气象记录（10卷）	徐汇天文台		1934—1946
Bulletin de Université l'Aurore Chang-hai, 震旦大学院院刊	震旦大学		1920—
Bulletin des Observations de Zi-ka-wei, 徐汇天文台观测公报	徐汇天文台		1872
Bulletin des Observations. Supplement /Observatoire Magnetique, Meteorologique et Sismologique de Zi-ka-wei, 徐汇天文台观测公报—气象和地震报告（34卷）	徐汇天文台		1872—1907
Bulletin Seismologique de Zi-ka-wei, 徐汇天文台地震公报（12卷）	徐汇天文台		1921—1932
Caelestis Margarita	蒙纳里兹（Hilario Munárriz）	E177	1933
Calendrier-annuaire	徐汇天文台		1903—1926
Carte de Chine：les 18 provinces	夏之时		1905
Carte de Hai-men 1887—1889, 海门教区地图 1887—1889	夏鸣雷		1890
Carte de la province du Kiang-sou, 江苏省地图	屠恩烈	E54	1922
Carte de la Section de Sou-tseu, 1885—1886, 苏州教区地图, 1885—1886	陈士谦		1888
Carte de Shanghai Catholique, 天主教上海教区图		E227	1933
Carte des prefectures de Chine et de Leur Population Chretienne en 1911, 中国各州府基督信众分布图	马德赉	E35	1913
Carte du Kiang-nan, 江南地图	蔡尚质		1902
Carte du Kiang-sou et du Ngan-hoei	寿瑞徵（G. Gibert）	E223	
Carte du Koukou-nor, 青海湖地图	李崇耀		1884
Carte du Se-tch'ouan occidental levée en 1908—1910, 川西坝地图, 1908—1910	蒋方济	E43	1915
Carte Gégérale de la Chine et de ses Dépendances	夏之时	E215	
Casus de Baptismo in Missionibus ac Potissimum in Sinis	晁伯英	E191	
Catalogue d'étoiles observes à Pékin au XVIIᵉ siècle, 十七世纪北京观测的星表	乔宾华 蔡尚质 高均		1911

・附 录・

续表

出版物名称	著译者	书目编号	出版年份
Catalogue des éclipses de Soleil et de Lune，日月蚀考	黄伯禄	E56	1925
Catalogue des tremblements de terre signalés en Chine，中国大地震目录（2卷）	黄伯禄	E28	1909—1914
Catalogus Missionis de Sienhsien Provinciæ Campaniæ Societatis Jesu，献县传教区名录			年鉴
Catalogus Patrum ac Fratrum S. J.，耶稣会司铎和修士名录	屠恩烈		年鉴，1908
Catalogus Seminarii Majori & Minoris Vicaritus Apostolici Nankinensis，南京传教区大小修院修业和本堂神父名录			年鉴
Catalogus Seminarii Majori & Minoris Vicaritus Apostolici Shanghai，上海传教区大小修院修业和本堂神父名录			年鉴
Catholic Native Episcopacy in China，中华本国主教	德礼贤	E160	1927
Causerie sur la pêche fluvianle en Chine	Pol. Korrigan		1909
Cent ans sur le Fleuve Bleu: une mission des Jésuites，百年流泽：一个耶稣会传教区	姚缵唐		1942
Charles de Montigny, consul de France	傅立德		1943
China Weather Service，中国天气服务（13卷）	徐汇天文台		1910—1936
Ciceroniana Syntaxis et Exempla，西塞咤文范（汇学拉丁文读本）	滕国瑞（H. de Parsay）	E175	1921
Cities and Towns of China		E164	
Code Civil de la République de Chine, Libre IV—V	田执中	A10	1931，震旦
Code de Procédure Civil de la République de Chine	C. M. Ricard	A25	1935，震旦
Code de Procédure Civil et Loi sur la Conciliation en Matiène Civile	田执中	A15	1932，震旦
Code de Procédure Pénale de la République de Chine	C. Leblanc	A23	1935，震旦
Code Foncier de la République de Chine	田执中	A11	1931，震旦
Code pénal de la république chinois, vol. I	C. M. Ricard	A21	1935，震旦
Code pénal de la république chinois, vol. II	M. Tchen Hiong-Fei	A36	震旦
Collection of China's Pagodas，中国佛塔图集	徐家汇天主堂工艺学校		1915
Commentaire du catéchisme moyen du Vicariat de Shanghai: livre du maître	惠济良		期刊
Complèments de syntaxe，修词大成	宗维城		1908
Conciones neo-missionariis dicatae	戴遂良		1913
Concordance des Chronologies Néoméniques Chinoise et Européenne，中西历日合璧	黄伯禄	E29	1910

续表

出版物名称	著译者	书目编号	出版年份
Concordance des Constellations chinoises et européennes	蔡尚质		1912
Conférence sur le Mètre	L. Viborel		1928，震旦
Congrégations Religieuses Chinois，中国天主教修会	茅本荃		1925
Consuetudianarium ad usum Scholasticorum Collegii Maximi Sinensis Ze-ka-wei			1932
Contionum et Epistolarum，说辞尺牍模范	滕国瑞	E176	
Contrat d'Emprunt de Ssepingkai，Taonanfou	J. R. Baylin	A14	震旦
Conversations Usuelles（法译，罗马字母注音，上海话）		E138	1910
Coopération de l'Observatoire de Zi-ka-wei aux mesures mondiales de longitude，徐汇天文台地球经度国际联测	蔡尚质 卜尔克 卫尔甘 鹇月飞		1926
Cours du Kiang, de Nan-king à Tong-lieou，长江河道图，从南京至东流	陈士谦		1889
Croix et swastika en Chine，中国的十字符与卍字符	方殿华	E3	1893
Cursus Litteraturæ Sinicæ，5 vol.，中国文学教程（拉丁文）	晁德莅	E106 ad E110	1879—1882
Cursus Litteraturæ Sinicæ，vol.1，中国文学教程（法文）	晁德莅，宣承化	E106	1891
Daily Devotions		E159	1904
De calendario sinico variae notiones：Calendarii Sinici et Europaei concordantia	黄伯禄	E182	1885
De catechizandis pueri	白玉贞（F. De Preter）		
De l'indivision en Droit Chinois et en Droit Comparé	Tchou Kao-yong	E242	1933，震旦
De la succession et de l'adoption en droit chinois，中国法律里的遗产和继承	Siao T'ong	震旦	1927
De Legali Dominio，契券汇式	黄伯禄	E181	1882
De Matrimonio in Missionibus ac Potissimum in Sinis，Tractatus Practicus et Casus，婚姻的实施和事例	晁伯英	E192	1935
De Vita St. Aloysii Gonzagæ	Virgilii Cepari	E179	
De Vita St. Francisci Xaverii	Horatii Tursellini	E178	1891
Déontologie médicale d'après le droit naturel，résumé，天赋权利下的医学伦理学（精编本）	晁伯英	E243	1928
Déontologie médicale d'après le droit naturel，天赋权利下的医学伦理学	晁伯英	E243	1922
Des Prix	徐汇公学	徐汇公学	

续表

出版物名称	著译者	书目编号	出版年份
Dialogues à l'hôpital（法译，罗马字母注音，上海话）		E137	1910
Diccionario manual Castellano-Chino，班华字典	严毅	E122	1931
Diccionario manual Chino-Castellano，华班字典	严毅	E124	1933
Diccionario por raices，华班字典（简本）	严毅	E123	
Dictionarium Latino-Sinicum，辣丁中华字典	贝迪荣	E170	1906
Dictionnaire Français-Chinois，法汉辞典（松江方言）	应儒望		1894
Dictons et proverbes des chinois habitant la Mongolie Sud-Ouest，蒙古西南部流传的中国格言和谚语	彭嵩寿	E50	1918
Die katholischen Missionen Chinas Arbeitsfeld der Missionäre			1936
Die neue Wissenschaft vom Leben，新生命科学	Bernhard Steiner		1940
Eléments de Droit Civil Chinois	田执中	A33	1939，震旦
Eléments de Musique et Sonneries de Clairon，音乐课本	徐汇公学		1914
Éléments de Syntaxe，修词初级	宗维城	E145	1906
Emprunts Intérieurs Chinois	J. R. Baylin	A2	1929，震旦
Emprunts Intérieurs Chinois（英文本）	J. R. Baylin, E. Kann	A2	1929，震旦
En butinant scènes et croquis de Mongolie	彭嵩寿		1917
En Famille，汇学杂志		徐汇公学	
Encyclical Letter of Pius XI on Education of Youth		E161	
Encyclique de Pie XI sur L'Éducation de la Jeunesse		E234	1929
Essai de Carte de la Province du Ngan-hoei，安徽省测绘图	陈士谦		1888
Essai de Carte du T'che Tcheou fou，池州府测绘图	陈士谦		1888
Essai de Droit Constitutionnel Chinois	Tch'en Hiong-fei	E242	1933，震旦
Essai sur les emprunts intérieurs de la Chine	Hou Wen-ping		1920
Essay on the Variations of the Atmospheric Pressure Over Siberia and Eastern Asia, During the Months of January and February 1890，1890年1月2月西伯利亚及东亚气压之变化	蔡尚质		1896
Essay on the Winter Storms on the Coast of China, Shanghai Meteorolgical Society Third Annual Repoet，中国沿海之冬季风暴	蔡尚质		1895
Etude des Mots & des Formes，字文释例	南从周	E143	1903
Étude photographique de l'amas d'étoiles Messier	蔡尚质		1912
Étude sur l'établissement des moussons sur la côte de Chine	蔡尚质		1891
Étude sur la pluie en Chine，1873—1925	龙相齐		1928
Étude sur le Magnétisme Terrestre，磁暴观测报告	徐汇天文台		1920—
Étude sur les orages dans le Kiang-nan en 1889	蔡尚质		1890

续表

出版物名称	著译者	书目编号	出版年份
Etudes magnétiques，地磁研究	马德赉	佘山天文台	年报
Examen Neosacerdotum Casus Solvenndi			
Excerpta e Rituali Rpmano		E185	
Exposé de Commerce Public du Sel，官盐论	黄伯禄	E15	1898
Extraits des Écrvains Français，法文菁华	惠济良	E146	1908
Facultates Nankinenses	晁伯英	E190	
Géographie, cours moyen，地理（中等课程）	法国主母会		1931
Géographie Commerciale de la Chine，中华通商地理	周儒望		1937
Géographie de l'Empire de Chine（cours inférieur），法文中国坤舆详志（初等课程）	夏之时	E214	1905
Géographie de l'Empire de Chine（cours supérieur），法文中国坤舆详志（高等课程）	夏之时	E214	1905
Géographie de la Chine，中华地理	周儒望	E218	1928
Grammaire de Dialecte de Shanghai	浦君南		1941（R）
Grammaire de Style, Mécanime, Phraséologie（法译，罗马字母注音，上海话）		E141	
Grammaire Française, Cours Moyen，中学法文文范	徐汇公学	E152	1937
Grammaire Française，法文初范	张骏声	E144	1898
Grande Carte de Chine，皇朝直省地舆全图	蔡尚质	E222	1887
Grande Carte des 18 Provinces，中国十八省全图（法文本）	夏之时	E216	1905，石印
Grande Carte en Couleurs des Missions Catholiques en Chine	光启社	E224	1936
Grande Carte en Couleurs des Missions Catholiques en Chine（德文，西班牙，意大利文，英文）	光启社	E225	1936
Histoire de la Chine, 1644—1912，中国历史	徐汇公学		1925
Histoire de la mission du Kiang-nan，江南传教史	史式徽	E203	1914
Histoire de la mission du Kiang-nan，江南传教史	高龙鞶		1895—1905
Histoire de la Passion de N.-S. Jésus-Christ（上海话）	蔡尚质	E135	
Histoire des Trois Royaumes Han（423—230）Wei（423—209）et Tchao（403—222），韩魏赵三国史	彭亚伯	E31	1910
Histoire du Royaume de Ou（1122—473 AV. J.-C.），吴国史	彭亚伯	E10	1896
Histoire du Royaume de Tch'ou（1122—223 AV. J.-C.），楚国史	彭亚伯	E22	1903
Histoire du Royaume de Ts'in（777—207 AV. J.-C.），秦史	彭亚伯	E27	1907
Histoire du Royaumes de Tsin（1106—452 AV. J.-C.），晋国史	彭亚伯	E30	1910
Index Nominum Sanctorum，圣年广益索引	贝迪荣		

·附 录·

续表

出版物名称	著译者	书目编号	出版年份
Inscription Juines de K'ai-fong-fou，开封府犹太人碑铭	管宜穆	E17	1900
Instructions et conseils pour le dessin géométrique			
Interprétations du Yuan Judiciaire en Mayière en Civile，vol. I	田执中	A26	1940，震旦
Interprétations du Yuan Judiciaire en Mayière en Civile，vol. II	田执中	A31	1939，震旦
Interprétations du Yuan Judiciaire en Mayière en Civile，vol. III	田执中	A35	1936，震旦
Introduccion al Lenguaje hablado chino，中国日常口语入门	顾怀仁	E125	
Introduction à l'étude de la langue française，法语进阶	董师中	E142	1884
Introduction au Cours de la Droit Civil	Me Julien Barraud	A37	震旦
K'iuen-Hio P'ien，*Exhortations à l'étude*，劝学篇	张之洞，管宜穆	E26	1909
La Chine et les religions étrongères，*Kiao-Ou-Ki-Lio*，教务纪略	周馥，管宜穆	E47	1917
Kouo-wen sin K'o-pen，国文新课本（中文，法文，罗马字母注音），六卷			1920
L'Adoption en Droit Chinois	Tch'en Si-tan	E242	1922，震旦
L'Année Judiciare Chinois，1928	田执中，Robert Jobez	A16	1928，震旦
L'Année Judiciare Chinois，1929—1931	田执中	A18	1934，震旦
L'Année Judiciare Chinois，1932	田执中	A19	1934，震旦
L'Année Judiciare Chinois，1933	田执中	A22	1935，震旦
L'Année Judiciare Chinois，1934	田执中	A28	1937，震旦
L'Année Judiciare Chinois，1935	田执中	A29	1938，震旦
L'Année Judiciare Chinois，1936	田执中	A30	1939，震旦
L'Année Judiciare Chinois，1937	田执中	A32	1939，震旦
L'atmosphère en Extrême-Orient，远东大气	劳积勋	徐汇天文台	1898
L'École en Chine，华校杂志		E235	1915—
L'écriture chinoise et le geste humain，中国文字与人体姿势	张正明	E64	1937
L'Epel du Chinois	向白华	E119	
L'Est-Chinois	J. R. Baylin	A3	1929，震旦
L'Etalon or en Chine（法文本）	A. Nachbaur，J. R. B	A8	1927，震旦
L'Etalon or en Chine（中文法文对照本）	J. R. B	A8	1934，震旦
L'Expertise en écriture des Documents Chinois	Robert Jobez	A6	1930，震旦
L'Histoire Naturelle de L'Empire Chinois	韩伯禄		1880
L'Ile de Tsong-ming à l'embouchure du Yang-tse-kiang，扬子江口崇明岛	夏鸣雷	E1	1892

续表

出版物名称	著译者	书目编号	出版年份
L'Import sur les propriétés baties en Chine	Kou Cheou-hi		1920
L'Infanticide et l'Œuvre de la Sainte-Enfance en Chine，中国溺婴与天主教圣婴会	柏立德		1878，石印
L'Observatoire Magnétique de Zi-ka-wei	马德赉		1909
L'Œuvre de T'ai-tsong	Siu Siang-tch'ou	E242	1924，震旦
L'Orphelinat de T'ou-sè-wèi：Son Histoire et ètat Prèsent，土山湾孤儿院：历史和现状	史式徽		1914
La Boussole du Langage Mandarin，官话指南	董师中	E117	1887
La Boussole du langage mandarin，官话指南（法文—中文）	董师中		1905
La Boussole du langage mandarin，官话指南（罗马字母注音）	董师中		1889
La Boussole du Langage Mandarin，官话指南（注释本）	董师中	E118	1889
La Boussole du Langage Mandarin，方言指南（上海话）		E132	1889
La Chine-Géographie Générale à l'Usage des Ecoles Françaises	贾斯达		1903
La Chine：géographie générale a l'usage des écoles françaises，中国地理纵览	蔡尚质		1903
La codification du droit de la famille et du droit des successions，亲属法和继承法编纂	爱斯嘉拉		1931
La Hierarchie Catholique en Chine，en Coree et au Japan，1307—1914，天主教在中国高丽日本六百年铎阶制度	马德赉	E38	1914
La lumière zodiacale étudié d'après les observations faites de 1875 à 1879 à l'observatoire de Zi-ka-wei，Chine	能恩斯		1879
La lune texte français et chinois，法文和中文月球文献	蔡尚质 高均		
La mission du Kiang-nan，son histoire，ses œuvres，近三年的江南教区	夏鸣雷		1900
La mission du Kiang-nan，Les trois dernières années 1899—1901，近三年的江南教区续编	夏鸣雷		1902
La navigation à vapeur sur le haut Yang tse	蔡尚质	E221	
La navigation à vapeur sur le haut Yang-tse，扬子江航道	蔡尚质		1899
La nouvelle mission du Kiang-nan（1840—1922），近代江南传教史	史式徽	E201	1925
La peine d'après le code des T'ang	Ou Koei-hing	E242	1935，震旦
La philosophie morale de Wang Yang-Ming，王阳明的道德哲学	王昌祉	E63	1936
La pluie en Chine，中国之降水	劳积勋	徐汇天文台	1900—1910
La pluie en Chine，中国之降水	龙相齐	徐汇天文台	1928

·附　录·

续表

出　版　物　名　称	著　译　者	书目编号	出版年份
La pluralité et mondes habités	蔡尚质		1918
La Province du Ngan-hoei，安徽省志	夏鸣雷	E2	1893
La Sous-Préfecture Chinoise	Kou Ki-yong	E242	1926，震旦
La stèle chrétienne de Si-ngan-fou：Fac-similé de l'inscription syro-chinoise，1ère partie，西安府基督碑（1）	夏鸣雷	E7	1895
La stèle chrétienne de Si-ngan-fou：Fac-similé de l'inscription syro-chinoise，2ère partie，西安府基督碑（2）	夏鸣雷	E12	1897
La stèle chrétienne de Si-ngan-fou：Fac-similé de l'inscription syro-chinoise，3ère partie，西安府基督碑（3）	夏鸣雷	E20	1902
La Tempérayure en Chine，中国之气候	田国柱		1918
La Vérité sur Jésus de Nazareth	G. De Raucouet	E102	
Latinæ Linguæ Elementa，辣丁文入门	滕国瑞	E174	1927
Latinæ Linguæ Rudimenta，辣丁文进阶	滕国瑞	E173	1927
Le Bouddhisme et Cultes d'Annam，佛教与安南的祭拜	埃斯加勒瑞		1937
Le Canal Impérial：étude historique et descriptive，帝国的运河	康治泰	E4	1894
Le Clergé Chinois au Kiang-nan sous les Ta-Tsing	马德赟	E206	
Le Haut Yang-tse，de I-tchang fou a P'ing-chan hien en 1897—1898，Voyage et description，扬子江上游行述，从宜昌府至屏山县	蔡尚质		1899
Le Magnétism terrestre à Zi-ka-wei，徐汇天文台地磁报告	能恩斯		1881
Le mariage Chinois au point de vue légal，中国婚姻律	黄伯禄	E14	1898
Le mariage chez les T'ou jen du Kan-sou，甘肃土人的婚姻	康国亮	E58	1932
Le movement des couches elevee de l'atmosphere，高空气流运动	能恩斯	徐汇天文台	1885
Le Parallélisme dans les Vers du Cheu King，诗经中之对偶律	张正明	E65	1937
Le Père Simon a Cunha，S. J.(ou Li-Yu-Chan)，l'homme et l'œuvre artistique，吴渔山：其人及艺术作品	张璜，晋都禄	E37	1914
Le philosophe Tchou Hi：sa doctrine, son influence，朱熹哲学，他的理论和影响	贾斯达	E6	1894
Le typhon du 28 Juillet 1915，1915 年 7 月 28 日台风	劳积勋	徐汇天文台	1916
Le typhon du 31 Juillet 1879，1897 年 7 月 31 日台风	能恩斯	徐汇天文台	1880
Lecciones de Lengua Mandarinal	胡其昭	E126	1929
Leçons de Langue Français Illusttées，法语读本 Cours Préparatoire，法语初阶（上下） Cours Élémentaire，法语进阶（上下） Cours Moyen，法语升阶（上下）	舒德惠	E148—E149 E150 E151	1937
Leçons sur le Dialecte de Chang-hai，上海话练习课本（罗马字母注音，法文）	浦君南		1922

续表

出 版 物 名 称	著 译 者	书目编号	出版年份
Les Anciennes Missions de la Compagnie de Jésus en Chine, *1552—1814*，耶稣会古代在华传教史，1552—1814	史式徽	E200	1924
Les Biengeureur du Propre de Chine	鄂恩涛	E105	
Les Confesseurs de la Foi en Chine, *1784—1862*，在华殉教者（1784—1862）	马德赉	E205	1935
Les Doctrines Juridiques et Économiques de Koan Tse	Chen Kia-i	E242	1924
Les Étapes de la Mission du Kiang-nan 1842—1922 et de la Mission de Nanking 1922—1932，江南教区（1842—1932）沿革	双国英	E204	1933
Les Étapes de la Mission du Kiang-nan 1842—1922，江南教区（1842—1922）沿革	双国英	E204	1926
Les Évangiles des Dimanches et Fêtes（上海话）	屠恩烈	E136	
Les Lolos：*histoire*，*religion*，*mœurs*，*langue*，*écriture*	邓明德		1898
Les Missions Catholiques de Chine	德礼贤	E202	1934
Les perturbations orageuses du champ électrique et leur propagation à grande distance，风暴扰乱电场强度及传播距离	鹇月飞	徐汇天文台	1926
Les perturbations orageuses du champ électrique，风暴扰乱电场强度	鹇月飞	徐汇天文台	1925
Les Sociétés de Commerce en Chine	田执中	A4	1929，震旦
Les Titres de Location Perpétuelle sur les Concessioms de Shanghai	Tchang Teng-Ti	A34	1940，震旦
Les Typhons de Chine 1882，1882年中国海洋之台风	蔡尚质		1884
Les variations de temperature observes dans les cyclones，旋风中温度的变化	能恩斯	徐汇天文台	
Les Vendéens, *1793*: *la*"*grande armée*", *la vie régionale*	荣振华		1939
Litteræ Encyclicæ Pix PP. XI de Christiana Educatione		E187	
Loi Chinoise sur les Effets de Commerce	J. R. Baylin	A7	1930，震旦
Loi Chinoise sur les Effets de Commerce（中文法文对照本）	J. R. Baylin	A7	1940，震旦
Loi D'organisation de la Cour Administrative	田执中	E242	1932，震旦
Loi D'organisation des Tribunaux	田执中	A17	1932，震旦
Loi du 26 décembre 1929 sur les Seciétés Commerciales	田执中	A9	1930，震旦
Loi sur la Faillite	田执中	A24	1935，震旦
Loi sur le Commerce Maritime, *1929*	田执中	A39	1929，震旦
Loi sur les Assurances, *1929*	田执中	A38	1929，震旦
Loi sur les Procès Administratufs	田执中	E242	1932，震旦

·附　录·

续表

出版物名称	著译者	书目编号	出版年份
Loi sur les Recours en Matière Administratinrde	田执中	E242	1930，震旦
Loi sur les Sociétés Commerciales	田执中	E242	1930，震旦
Loi sur Létat Civil	田执中，Hoang Jou-Hsiang	A20	1934，震旦
Loi sur lÉtat-Civil, Règlement de Détail pour l'Application de la Loi sur lÉtat-Civil	C. M. Ricard，Kou Cheou-Hi	A20	1934，震旦
Loiu sur les Navires	田执中	A12	1931，震旦
Magnetic observations made at the magnetic observatory, Zi-ka-wei, China during partial solar eclipse, November 11, 1901	马德赉		1901
Manuale Historiæ Missionum	F. Montalban	E184	1935
Manuel des Superstitions Chinoises, ou Petit Indicateur des Superstitions les Plus Communes en Chine, 中国迷信手册	禄是遒	E101	1926
Manuel du code chinois, 大清律例便览	鲍来思	E55	1923 1924
Map of Catholic Missions in China, 中华天主教教区全图（英文本）		E166	1936
Mélanges sur l'adminstration, 大清会典	黄伯禄	E21	1902
Mélanges sur la chronologie chinois, 中国纪元杂论文集	夏鸣雷，向白华，黄伯禄	E52	1920
Men mag maar één God vereeren	唐国泰		
Meneto d'Histoire Générale, 通史钥览	翟光朝	E727	1908
Mew Rayuonu Chinois	胡页	E103	
Messager de Sacré-Cœur de Jésus en Chinois, 圣心报		E237	
Metodo Accelerato per Imparare La Lingua Cinese, 汉语速成法	范济黎		1930
Missions, Séminaires, Écoles en Chine	马德赉，邱多廉	E195	
Missions, Séminaires, Œuvres Catholiques en Chine	光启社	E196	1928—1931
Modèles pour apprendre à dessiner, 6 séries	刘必振		
Monita Nankinensia, 南京教区条例	晁伯英	E189	1933
Morceaux choisis des auteurs français, 法文观止	边德和	E147	1908
Mouvements des couches élévées de l'atmosphère à Zi-ka-wei déterminés par la direction des cirri	能恩斯		1885
Mouvements séismiques des magnetometer à Zi-ka-wei et Loh-ka-pang, 徐家汇和绿葭浜天文台地磁运动记录	马德赉 龙相齐	徐汇天文台	
My Conversion, from Methodist Missionary in China to Catholic Missionary in China, 我之改奉天主教小史	F. X. Farmer（花）	E156	1926

续表

出版物名称	著译者	书目编号	出版年份
Nankin d'alors et d'aujourd'hui: Aperçu historique et géographique，金陵古今——史地概述	方殿华	E23	1903
Nankin d'alors et d'aujourd'hui: Nankin port Ouvert，金陵古今——南京开埠	方殿华	E18	1901
New Manual of Chinese Literature，初等国文	潘谷声，F. J. Magner	E155	
Note de Séismologie，地震学研究	龙相齐	徐汇天文台	
Notes d'Entomologie Chinoise，中国昆虫学汇报	韩伯禄博物馆	韩伯禄博物馆	1929—
Notes de sismologie: le tremblement de terre du Kan-sou（Chine），16 décember 1920	龙相齐		1921
Notes de malacologie chinoise，中国软体动物学汇报	韩伯禄博物馆	韩伯禄博物馆	1935—
Notes sur le T'oemet，上默特笔记	彭嵩寿	E53	1922
Notes sur les 24 Dernières Années des 5 Régions Synodales de Chine（1900—1924）	马德赉	E207	
Notice histoirique sur les t'oan ou cercles du Siu-tcheou fou, particullièrement sur ceux du district de Ou-toan，徐州府团湖事件史料，特别是五段地区	徐劢	E40	1914
Notices Biographiques et Bibliographiques sur les Jésuites de l'Ancienne Mission de Chine，1552—1773，在华耶稣会士列传及书目（1）	费赖之	E59	1873，石印
Notices Biographiques et Bibliographiques sur les Jésuites de l'Ancienne Mission de Chine，1552—1773，在华耶稣会士列传及书目（1）	费赖之	E59	1932
Notices Biographiques et Bibliographiques sur les Jésuitesde l'ancienne Mission de Chine，1552—1773，在华耶稣会士列传及书目（2）	费赖之	E60	1873，石印
Notices Biographiques et Bibliographiques sur les Jésuitesde l'ancienne Mission de Chine，1552—1773，在华耶稣会士列传及书目（2）	费赖之	E60	1932
Notions techniques sur la propriété en Chine: avec un choix d'actes et de documents officiels，契券汇式	黄伯禄	E11	1897
Nouveau manuel de langue chinoise, I série, 8 vol.，国民学校国文课本，初等（西班牙文）	潘谷声	E111	
Nouveau manuel de langue chinoise, I série, 8 vol.，国民学校国文课本，初等（法文）	潘谷声	E111	
Nouveau manuel de langue chinoise, I série, 8 vol.，国民学校国文课本，初等（英文）	潘谷声	E111	

·附 录·

续表

出版物名称	著译者	书目编号	出版年份
Nouveau manuel de langue chinoise，II série，6 vol.，高等小学国文课本	潘谷声	E112	
Nouveau manuel de langue chinoise，II série，6 vol.，高等小学国文课本（中文，法文，罗马字母注音）	田国柱	E112	
Nova Aquilæ，天鹰座新星	蔡尚质		1918
Nuevo manual de la lengua-literaria nacional，6 vol.，高等小学国文课本（西班牙文）	胡其昭	E127	
Observations magnétiques 1876—1927，1876年至1927年地磁观测	能恩斯 马德赉 蔡尚质	徐汇天文台	1928
Observations magnetiques faites a l'Observatoire de Lu Kia Pang，绿葭浜天文台地磁观测报告（20卷）	徐汇天文台		1908—1935
Observations magnetiques, observatoire de Zi-ka-wei，徐汇天文台地磁观测年报	徐汇天文台		1908
Observatoire de Zi-ka-wei notes de séismologie N8，徐汇天文台八度地震观测报告	龙相齐		1927
Œuvres de la mission de la Shanghai，上海教区圣事统计			年报
Œuvres de la mission de Nankin，南京教区圣事统计			年报
Œuvres de la mission de Süchow，徐州教区圣事统计			
Œuvres de la mission du Kiang-nan，江南教区圣事统计			年报
Œuvres de la mission du Kiang-sou，江苏传教区圣事统计			年报
Officium Parvum Sancti Joseph	徐励	E180	
Opera vicariatus de Pengpu，蚌埠教区圣事统计			年报
Organisation du Gouverment Nationaliste	Robert Jobez	A5	1930，震旦
Outlines of uniwersal history，通史辑览（英文本）	翟光朝，甘沛澍	Z728，E154	1908
Ouvrages sur l'hstoire naturelle de l'empire chinois，中华帝国自然史丛刊	韩伯禄	韩伯禄博物馆	
Parmi les 21 mémoires du P. W. Dechevrens，能恩斯二十一篇论文集	能恩斯	徐汇天文台	
Parva rerum sinensium adumbratio，中国便览	徐励		1879，石印
Perturbations generals par Jupiter des planétes don't le movement proper est compris entre 1000 et 1100，木星对小行星的干扰通常在1000至1100千米范围内	卫尔甘		1928
Petit dictionnaire français-chinois，法汉字汇简编	华克诚	E116	1908
Petit dictionnaire chinois-français，汉法字汇简编（官话）	华克诚	E113	
Petit dictionnaire chinois-français，华法字汇（罗马字母注音）	孔明道	E114	
Petit dictionnaire chinois-français，华法字汇（上海话）	孔明道	E131	

续表

出版物名称	著译者	书目编号	出版年份
Petit dictionnaire français-chinois，法汉袖珍辞典（双向合订）	华克诚	E115	1908
Petit dictionnaire français-chinois，法汉字汇简编	华克诚	E115	1908
Petit dictionnaire français-chinois，法华字典（上海话）	贝迪荣	E130	
Petit formulaire médical	戴尔第	E228	1911
Petit Recueil de Vies de Saints（上海话）	苗仰山	E135	
Petite Grammaire（上海话）	应儒望	E128	
Piccolo Dizinario Italiano-Cinese，意华字典	Mons. Landi，O. F. M.	E120	
Plan de Nakin，江宁府城图	方殿华	E16	1899，石印
Plan de Pékin，京师全图			1890，石印
Pour Mieux Setvir et Entendre la Messe	M. T. De La Taille	E104	
Pratique commerciale en Chine，d'après Berliner	J.R.Baylin	A1	1928，震旦
Pratique des examens littéraires en Chine，中国文科举制度	徐劢	E5	1894
Pratique des examens militaires en Chine，中国武科举制度	徐劢	E9	1896
Prélections française，法文摘本	樊国栋		1906
Préparation à la Mort，方言备终录（拉丁文—上海话）	苗仰山	E133	1906
Primum Concilium Sinense，anno 1924		E186	1924
Quelques Mots sur la politesse Chinoise，应酬官话（拉丁文—中文）	龚柴		石印
Quelques Mots sur la politesse Chinoise，应酬方言（拉丁文—上海话）	龚柴		石印
Quelques Mots sur la politesse Chinoise，中国应酬话（法文）	龚柴	E25	1906
Rapport sur le fonctionnement technique de l'Insieut Pasteur de Chany-haien 1945			1945
Recherches sur les taches solaires，太阳黑子研究	蔡尚质		1913
Recueil de nouvelles expressions chinoises，新名词汇录			1910
Régiement de Détail pour L'Application de la Loi sur Létat Civil	C. M. Ricard，Cheou-hi		1934
Règlement Provisoire Relatif au Notariat	Ho Tchong-Chan	A27	1936，震旦
Researches sur les superstitution en Chine（I-II）：*Les pratiques superstitieuses*，中国迷信研究（1—2）	禄是遒	E32	1911
Researches sur les superstitution en Chine（III-IV）：*Les pratiques superstitieuses*，中国迷信研究（3—4）	禄是遒	E34	1911
Researches sur les superstitution en Chine（IX）：*La panthéon Chinois*，中国迷信研究（9）	禄是遒	E44	1914
Researches sur les superstitution en Chine（V）：*La lecteur des Talismans Chinois*，中国迷信研究（5）	禄是遒	E36	1913

续表

出版物名称	著译者	书目编号	出版年份
Researches sur les superstitution en Chine（VI）：La panthéon Chinois，中国迷信研究（6）	禄是遒	E39	1914
Researches sur les superstitution en Chine（VII）：La panthéon Chinois，中国迷信研究（7）	禄是遒	E41	1914
Researches sur les superstitution en Chine（VII）：La panthéon Chinois，中国迷信研究（8）	禄是遒	E42	1914
Researches sur les superstitution en Chine（X）：La panthéon Chinois，中国迷信研究（10）	禄是遒	E45	1914
Researches sur les superstitution en Chine（XI）：La panthéon Chinois，中国迷信研究（11）	禄是遒	E46	1914
Researches sur les superstitution en Chine（XII）：La panthéon Chinois，中国迷信研究（12）	禄是遒	E48	1918
Researches sur les superstitution en Chine（XIII）：La Doctrine du Confucéisme，中国迷信研究（14）	禄是遒	E51	1919
Researches sur les superstitution en Chine（XIII）：Popularisayion du Confucéisme, du Bouddhisme et du Taoïsme en Chine，中国迷信研究（13）	禄是遒	E49	1918
Researches sur les superstitution en Chine（XV）：Sommaire historique du Bouddhisme, Vie illustrée du Bouddha Çakyamouni，中国迷信研究（15）	禄是遒	E57	1929
Researches sur les superstitution en Chine（XVI）：Sommaire historique du Bouddhisme, Inde-Chine jusqu'aux T'ang，中国迷信研究（16）	禄是遒	E61	1934
Researches sur les superstitution en Chine（XVII）：Sommaire historique du Bouddhismehine, depuis les T'ang jusqu'a nos jours，中国迷信研究（17）	禄是遒	E62	1936
Researches sur les superstitution en Chine（XVIII）：Lao-tse et le Taoïme，中国迷信研究（18）	禄是遒	E66	1938
Researchs into Chinese Superstitions，13 vol.，中国迷信研究（英文本）	禄是遒，甘沛澍，范达贤	E100	1914—1938
Résumé du catalogue des tremblements de terre signalés en Chine, depuis 1767 av. J.-C. jusqu'en 1896 ap. J.-C	徐汇天文台		1911
Revue Catholique		E236	
Revue de la Croisade Eucharistique（Sygstiaehkyunc），圣体军		E238	1935—
Richard's Large Map of the 18 Provinces，英文中国十八省全图	夏之时，甘沛澍	E165	1908
Richard's Comprehensive Geography of the Chinese Empire，英文中国坤舆详志	夏之时，甘沛澍	E163	1908

续表

出版物名称	著译者	书目编号	出版年份
Robinson Médecin	Pol. Korigan	E229	
Sacri ministerii annuus catalogus（拉丁文）		Z602-1	
Sacri ministerii annuus catalogus（中文）		Z602-2	
Seraphinus Seu Schola Santi Amoris	Vincentio Caraffa	E183	
Sè-Ze-King、三字经（法译，罗马字母注音，上海话）		E140	1910
Shanghai Meteorolgical Society Annual Repoet			年鉴，1893—
Sillabario Cinese	F. Bortone	E121	
Sommaires d'Histoire romaine、罗马史概要	史式徽	震旦大学	1931
Song-kiang fou，*Fong-hen hien*、松江府奉贤县地图	费赖之		1878，石印
Song-kiang fou，*Hoa-ting hien*、松江府华亭县地图	费赖之		1878，石印
Song-kiang fou，*Nan-hoei hien*、松江府南汇县地图	费赖之		1878，石印
Song-kiang fou，*Tsing-pou hien*、松江府青浦县地图	费赖之		1879，石印
St.Francosci Xaverii epistolæ aliquot selectæ	Horath Tursellini		1891
Status Missionis Nankinensis Societatis Jesu、耶稣会南京教区统计			年报，1908—
Status Missionis Pengpu Societatis Jesu、耶稣会蚌埠传教区统计			年报
Status Missionis Shanghai Provinciæ Franciæ Societatis Jesu、耶稣会上海教区统计			年报
Status Missionis Sienhsien Societatis Jesu、耶稣会徐州教区统计			年报
Status Missionis Süchowensis Societatis Jesu、耶稣会献县教区统计			年报
Status Vicariatus Apostolici Haimenesis、海门代牧区统计			年报
Sur l'inclinaison des vents、关于风之斜度	能恩斯	徐汇天文台	1881
Synchronismes Chinois、欧亚纪元合表	张璜	E24	1905
Systèmes Agraires en Chine	Yuen Ming-pao	E242	1922
T'ien-tchou "seigneur du ciel": a propos d'une stèle bouddhique de Tch'eng-tou、成都佛碑上的"天主"	夏鸣雷	E19	1901
Tableaux Bibliques（法译，罗马字母注音，上海话）		E139	1910
Tables pour observations à l'astrolabe à prisme、棱镜天体观测台	卫尔甘		1927
Tchang-tcheou fou、常州府地图			1889，石印
Temperayure Condition in the Eye of Some Typhoons，*Weather Bureau*、菲律宾台风眼的温度	Charles Deppermann		1937
The "Bokhara" typhoon, October 1892、1892年10月"博卡拉"台风	蔡尚质	徐汇天文台	1893
The Cities and Towns of China			1908

· 附 录·

续表

出版物名称	著译者	书目编号	出版年份
The Four Horsemen Ride Again，再接再厉	J. F. Kearney		1940
The meteorological elements of the climate of Shanghai：twelve years of observations made at Zi-ka-wei by missionaries of the society of Jesus	徐汇天文台		1885
The storms of August，8月风暴	劳积勋	徐汇天文台	1910
The typhoons of the Chinese sea 1880，1880年中国海洋之台风	能恩斯	徐汇天文台	1881
Tombeau des Liang，*Famille Siao*，萧梁陵墓考	张璜	E33	1912
Tour d'Equateur，赤道星表	蔡尚质 高均		1928
Trois coups de filet dans le dictionnaire chinois	陶福音		
Typhoons and atmospherics，*shipping and Engineering*，台风和气流对航运及工程的影响	龙相齐	徐汇天文台	1925
Typhoons in 1926，1926年台风	龙相齐	徐汇天文台	1927
Typhoons in 1931，1931年台风	龙相齐		1933
Un Ami de Jésus，*Cyrille Sen*	光同（A. Gandon）	E212	
Un Séminariste Chinois，*Barthélemy Zin*，修院奇花秦秋芳修士小传	邱多廉	E210	
Université de Changhai，*Bulletin des Sciences*，震旦大学院工科杂志	震旦大学		1920—
Université l'Aurore Chang-hai，*Bulletin de Littérature et de Droit*，震旦大学院文学法学杂志	震旦大学文法学院		1920—
Université l'Aurore-Shanghai-Renseignements Généraux & Organisation des Etudes	震旦大学		1934
Variations de l'aiguille aimantée pendant les eclipses de lune：régime des vents à Zi-ka-wei 1877—1882	能恩斯		
Vie du P.Léopold Gain，*S. J.*（1852—1930）		E209	
Vingt Cantiques sur texte chinois avec accompagnement d'orgue	彭嵩寿		1925
Vita nostra	白玉贞		1930
Vocabulaire Français-Chinois des Sciences Morales et Politiques，法汉科学道德政治辞典	J. Médard	A13	1927，震旦
Zi-ka-wei Observatoire，*Calendrier-annuaire*，天文年历	徐汇天文台		1878—1932
Zi-ka-wei Observatory Publications	F. L. Wipger	E169	
Zi-ka-wei Observatory，徐汇天文台年鉴（30卷）	徐汇天文台		年鉴，1904—

* 本资料包括土山湾印书馆及辖区机构出版物，未特别注明者均为土山湾印书馆出版。
* 震旦大学等机构出版书籍大多委托土山湾印书馆代印。

三、河间胜世堂印书房及天津崇德堂中文出版物目录

出版物名称	著译者	书目编号	出版年份
艾红致命惨剧	明嘉禄	S688	1934
奥园记	M. Rigaux，半芜（P. Spillmann）	S578	1933
巴来斯底纳图		S190	1936
白玉鸟	施米德，明嘉禄	S522	1916
百家姓		S798	1934
拜圣母录	利高烈，明嘉禄	S358	1912
拜圣体录	明嘉禄	S333	1911
苞丽纳雅立格女士小史	张秀才		1941
北辰（刊物）	天津工商学院	崇德堂	1928—
北极探险	明嘉禄	S543	1936（R）
本国史纲要	张锦光	天津工商学院	1947
本国现代史纲要	张锦光	天津工商学院	1946
避静神工	李友兰	S459	1931
避难记	吴金瑞（吴培禄，Petro Ou）	S566	1938
博爱的痕迹	M. Rigaux，李育微（Wei U. Leang）		1940，崇德堂
博爱底痕迹	M. Rigaux，李育微	S544	1934
补辱经		S497	1922
成德捷径	埃曼努尔	S351	1915
崇修引	萧静山	S411	1895—1902
崇修引	萧静山	S411	1950，崇德堂
崇修指南	刘斌		1940
宠爱至贵	孟敬安	S311	1919
宠佑至要	孟敬安	S310	1919
初期的信友们殉难者	明兴礼		1950，崇德堂
初学要训			1913
传教指南		S450	1904
撮会典要			1937
达未大战高力亚（剧本）	明嘉禄	S681	1932
打鱼船	施米德，明嘉禄	S528	1918
大沽沙滩航渠之治理	李凤翔	天津工商学院	1938

续表

出版物名称	著译者	书目编号	出版年份
大弥撒			1941
戴士劝语	戴遂良	S51—54	
祷文摘要	刘斌	S478	1932
导光	天津工商学院	天津工商学院	1933—1934
道真来华	韩天民	S579	1916
东方向曙（剧本）	明嘉禄	S684	1931
对阅天主	明兴礼		1950，崇德堂
儿童乐	施米德，明嘉禄	S519	1915
法国短篇小说选	白峰云	S601	1939，崇德堂
法拉表	吴培禄		1940
法拉表	吴培禄		1946，崇德堂
纺织原料	赵光宸	天津工商学院	1935
奉教须知	戴遂良	S60	1935
奉献中国于圣母诵		S496	
辅弥撒经		S500	1923
辅弥撒经（拉丁文本）		S501	1935
辅弥撒经规			1918，崇德堂
辅十宝赛			1932
辅士袖简	刘斌		1930
辅助传教	戴遂良	S57	
复活节	明兴礼		1950，崇德堂
羔羊记 萤火虫	施米德，明嘉禄	S530	1918
告解指南	孟敬安		1943（R）
给儿童讲的创世纪	萧先义		1950，崇德堂
工商建筑 工商建筑工程学会会刊	天津工商学院工商建筑工程学会	天津工商学院	1941
工商学院公教同学坚振纪念刊		天津工商学院	1938
工商学院简明日课		天津工商学院	1938
工商学院女院成立纪念刊		天津工商学院	1943
公教文学讨论集	刘迺仁，朱星元	天津工商学院	1944
公教学生（期刊）		天津工商学院	1940—1943
构造工程名词草案	王国孚等	天津工商学院	1940

续表

出版物名称	著译者	书目编号	出版年份
功劳至宝	孟敬安	S312	1918
恭迎耶稣圣心作主于家庭	刘斌	S344	1920
恭迎耶稣圣心作主于家庭文凭		S345	
孤儿传	施米德，明嘉禄	S520	1916
古经略说	徐司铎，周凤岐	S185	1886
古经摘要			1893
古圣若瑟（剧本）		S683	1933
古圣若瑟白话演义	武国栋		1931
古史说略（白话）			1886
寡妇传老天主堂	施米德，明嘉禄	S523	1916
闺阁芳标	刘斌		1917
黑人白人	明嘉禄	S541	1919
花篮子	施米德，明嘉禄	S515	1914
航空测量之理论与方法	马泽春	天津工商学院	1939
华北各港之发展	崔松亭	天津工商学院	1938
黄河防洪问题	赵凤翱	天津工商学院	1938
会典撮要节译	献县耶稣会院	献县耶稣会院	1937
婚姻	戴遂良		
积金碎玉		北平德胜院	1940
基督的祭献和我们的祭献	明兴礼		1950，崇德堂
集字本		S795	
简易默想	P. Avancin	S469	1939
讲道须知	韩穆然（Ignatius Han）	S799	1939，胜+崇
降福经歌摘要		S507	1936
降生救世的福音（歌剧）	李山甫，范存惠	S692	1947，崇德堂
教会的动力	明兴礼	崇德堂	1950
教理词典（拉丁文—中文）	鄂恩涛，刘斌，G. Plivier	S161	1930（R）
教要序论	南怀仁	S284	1932
接焊法之论述	宋元明	天津工商学院	1939
芥子	明兴礼	崇德堂	1950
金牌梦	韩天民	S577	1917
进化的方向		崇德堂	1949

· 附　录 ·

续表

出版物名称	著译者	书目编号	出版年份
进教小引	冯秉正	S288	1938
进阶经			1943
经歌汇选		S508	1936
经歌译要	杨印溪（Joanne Yang）		1943
经歌摘要		S506	1937（R）
敬慕圣体	戴遂良	S63	1908
九十三题	狄守仁	S802	1938，崇德堂
救灵引	李友兰	S417	1925
君问愚答	戴遂良	S58	
科学方法论	申白天	S903	1939，崇德堂
科学与宗教	贝兴仁，张准，萧舜华	天津工商学院	1945
科学与宗教	贝兴仁，张准，萧舜华	崇德堂	1950
科学与宗教摘要		崇德堂	1945
可敬贤女笃慎传	刘斌	S251	1917
克劳氏力矩分配法	刘宝祥	天津工商学院	1939
郎世宁修士年谱	刘迺义	天津工商学院	1944
郎金氏及库隆氏土压力之理论	张景文	天津工商学院	1939
老隐修人	明嘉禄	S540	1920
老隐修人	明嘉禄	S540	1949，崇德堂
类思公撒格生活	P. Clair，F. Su	S242	1935
礼节便览	P. Hofbauer（鲍）	S503	1940，崇德堂
李义和传	刘斌	S268	1933
利玛窦神父和当时的中国社会	裴化行，王昌祉		1907
炼狱灵魂	孟敬安		1942
炼狱略说	李秋		1871，刻本
临终经	利类思	S486	1935
灵修法	狄守仁	崇德堂	1944
路得传略	孟敬安	S220	1936（3）
路加传的福音	萧舜华	S194	1939，崇德堂
路遇（笔谈系列）	戴遂良		
露德圣母发显纪略	甘陵苾	S362	1933
露德圣母记	明嘉禄	S363	1911

续表

出版物名称	著译者	书目编号	出版年份
伦理学	申自天	天津工商学院	1944
玛宝传的福音	萧舜华	S192	1939，崇德堂
玛尔谷传的福音	萧舜华	S193	1939，崇德堂
玛利亚	申自天	崇德堂	1948
埋没的智慧（歌剧）	李山甫，范存惠	S687	1947，崇德堂
玫瑰经	费奇观	S485	1938
玫瑰经图解		S369	1887
弥撒规程	阳玛诺	S477	1928
弥撒是宴会	明兴礼	崇德堂	1950
模范女长	巴鸿勋	S454	1935
模范修女	巴鸿勋	S455	1936
魔鬼毒害	孟敬安	S316	1935（R）
默祷释义	萧静山	S460	1917
默思主苦	刘斌	S348	1920
默想全书	刘斌	S465	1915—1918
慕敬圣律	明嘉禄		
内修模范	孟敬安	S431	1919
溺爱	马骏声	大名府天主堂	1948
女儿镜	陈悲鸿		1891
女君子	施米德，明嘉禄	S517	1915
瓯圣行演	吴金瑞	S565	1932
七克真训	庞迪我	S306	1933
欺诈的社会（剧本）	李山甫，范存惠	S688	1947，崇德堂
奇城之王	巨景昌（Bernard Kiu）	S568	1934，崇德堂
祈祷会		S392	
乞儿传	施米德，明嘉禄	S518	1915
气质	马骏声	大名府天主堂	1948
勤领圣体劝	文思安（Alberto Vinchon）	S331	1912
青年圣经读本	萧舜华	崇德堂	1941
清音谱		S512	1912
取譬训蒙	晁德莅		1884

续表

出版物名称	著译者	书目编号	出版年份
热心引	明嘉禄	S416	1914
人生基本问题的解答	申自天	S801	1938，崇德堂
日逎娃传	明嘉禄	S542	1935（R）
日用粮	戴遂良	S64	1908
容孩近我	明嘉禄	S332	1912
如何祈祷	明兴礼	崇德堂	1950
如何忍受痛苦	明兴礼	崇德堂	1950
儒交信	杨印溪		1942
若翰伯尔各满本传	萧静山		1888
若望传的福音	萧舜华	S195	1940，崇德堂
沙杜南	H. Grall，姜贤弼	天津工商学院	1941
善灵乐园	赵主教		1941
善生福终正路	陆安德	S305	1933（R）
善哉天主	巴鸿勋	S413	1936
善终会		S395	
少年独修	施米德，明嘉禄	S529	1918
申尔福义	利高烈，穆敬安（F. Joanne Mou）	S368	1907
神秘祈祷	马骏声	大名府天主堂	1948
神贫是快乐	明兴礼	崇德堂	1950
神修学（八册）	马骏声	大名府天主堂	1948
慎独（笔谈系列）	戴遂良		
慎思录	李秀芳，明嘉禄	S415	1913
生命的源泉	明兴礼	崇德堂	1950
省察篇		S412	1906
圣保禄俘房期书信集	萧舜华	崇德堂	1943
圣保禄行程图		S191	1927
圣保禄罗马加拉达书信集	李山甫	崇德堂	1948
圣伯多禄卡拉米尔传	刘斌		
圣伯辣民传	孟敬安	S243	1935
圣达尼老行实		S236	1926
圣方济格玻尔日内传	刘斌		

续表

出 版 物 名 称	著 译 者	书目编号	出版年份
圣方济各九日敬礼经文		S499	1920
圣方热罗传	刘斌	S241	1935（R）
圣妇依撒伯尔传			1916
圣格罗行实	明嘉禄		
圣家诵		S498	1922
圣教歌选		S509	1920
圣教歌选		崇德堂	1948
圣教歌选	杨若望	S510	1890
圣教歌选（增补）	杨若望	S510	1935
圣教理证	白德旺	S283	1903
圣教理证		崇德堂	1941
圣教日课		S475	1936
圣教史略	萧静山	S217	1906
圣经广益	冯秉正	S206	1934
圣克辣未尔传	刘斌	S238	1928
圣肋思小传	王顺法	S235	1926
圣路善工	伏若望	S484	1934
圣罗格行实	明嘉禄	S232	1920
圣母传	申自天	崇德堂	
圣母蓝圣衣会		S388	
圣母领报会		S384	
圣母玫瑰会		S389	
圣母七苦会		S386	
圣母圣心会		S385	
圣母圣衣会		S387	
圣母无染原罪小日课		S495	1903
圣母无染原罪小日课		天津圣母军	1950
圣母无染原罪要理问答		S355	1904
圣母月	李秀芳		1906
圣母月	萧静山	S356	1922
圣母月	申自天	崇德堂	1950

・附　录・

续表

出版物名称	著译者	书目编号	出版年份
圣母月默想	朴烈，张思谦	S359	1934
圣母忠仆	孟丕尔，萧静山	S357	1917
圣倪各老圣玛尔定文明剧	明嘉禄	S687	1934
圣年广益撮要	冯秉正	S225	1887
圣若瑟祷文		S480	
圣若瑟月	萧静山	S371	1906
圣若瑟月	申自天		1942
圣若望伯尔各满本传	萧静山	S230	1888
圣若望枭波莫传	魏继晋	S233	1917
圣师伯尔纳多行实	P. Cistercienses Yang	S229	1931
圣心申经		S494	
圣心临格	孟敬安	S340	1915
圣心十二殊恩		S342	
圣心训言	刘斌	S420	1936
圣心月	李杕，周凤岐	S341	1931（R）
圣心月	李杕，周凤岐	崇德堂	1940
圣心月新编遗响	李杕		1903
圣辛福良致命（剧本）		S682	1932
圣业尔万骚行实	姚介孚（Henrico Viot），明嘉禄	S234	1920（R）
圣亚丰索行实	孟敬安	S244	1933
圣依纳爵传	刘斌	S237	1929
圣依纳爵灵修法		崇德堂	1944
圣依纳爵神操	刘斌		1913
圣召险阻	孟敬安		1930
圣召小说	孟敬安	S555	1919
圣召指南	孟敬安	S432	1931
盛礼弥撒曲调集	芮卿云		
盛世刍荛	冯秉正	S287	1879，刻本
师范简言	李友兰，杨印溪	S451	1913
师主篇	萧舜华，田景仙	S816	1939，崇德堂
师主篇（燕北官话）	李友兰	S410	1904

续表

出版物名称	著译者	书目编号	出版年份
师主神操	巴鸿勋，李奉周	S468	1937
施药录			1891
十八省府州县地图			光绪年间
十诫	戴遂良	S65	1908
识记篇	狄守仁	崇德堂	1944
实用的祈祷	明兴礼	崇德堂	1950
始终维新的天主教		崇德堂	1940
世界年表	李友梅（D. Raymundo Li）	S219	1936
石工——建筑石料	高怀庆	天津工商学院	1939
守贞宜读	李友兰	S452	1922
数胜芳标	苗仰山，杜席珍	S226	1914
数种主要构造物应力之分析及其计算	洪其明	天津工商学院	1939
司铎金鉴	李友兰	S425	1915
司铎退省	谈天道，邹俊生	崇德堂	1950
四规道理			1940
四末	戴遂良	S67	1908
四史圣经			1918
思泉，新题分类大辞典	吴炎	天津工商学院	1931
私立天津工商学院一览		天津工商学院	1935
特来义圣母记	刘斌	S364	1917
天理（笔谈系列）	戴遂良		
天津聚落之起源	侯仁之	天津工商学院	1945
天主降生言行纪略	艾儒略	S211	1875，刻本
天主降生言行纪略	艾儒略	S211	1910，石印
天主降生言行纪略	艾儒略	S211	1925
天主教传行中国考	萧静山	S218	1923
天主教的真谛	狄守仁	崇德堂	1950
天主教教义大全	申自天	崇德堂	1950
天主教教义提纲（1—3） 问答 福音原文摘录 公教概论	高司铎，狄守仁，朱星元	S803 S804 S805	1937，崇德堂

续表

出版物名称	著译者	书目编号	出版年份
天主圣神	孟敬安		1943（R）
天主十诫	戴遂良	S65	1920
天主实义	利玛窦	S280	1898，刻本
天主实义	利玛窦	S280	1938（R）
天主实义（文言对照）	朱星元，田景迁	崇德堂	1941
铁路轨道及其修养	于风钧	天津工商学院	1939
童年圣经读本	李山甫	崇德堂	1947
偷孩子	施米德，明嘉禄	S516	1915
退思录	刘斌	S467	1926
万物真原	艾儒略	S281	石印本
万物真原	艾儒略	S281	1934
亡羊归栈	刘斌	S265	1917
望教须知	戴遂良	S59	
为传教日写给传教士和本堂司铎	谈天道	北平德胜院	1942
伟大的保禄	公教丛书编委会	S813	1939，崇德堂
我们的道路	明兴礼	崇德堂	1950
我们的领袖——耶稣传	Can. Dom. Glorieux	S815	1939，崇德堂
我们的喜讯	侯树信	河北景县总修道院	1946
我们的喜讯	侯树信	崇德堂	1947
无染原罪	孟敬安	S315	1932
五洲奇剧	谈天道		
屋顶盖面之研究	邓万雄	天津工商学院	1941
牺牲	M. Rigaux，半芜	S569	1934
现代混流力学之概念	王楷	天津工商学院	1939
现代中国的两位贤士	明兴礼	崇德堂	1948
献县教区银庆三周纪念			1932
钱路隧道之里数	薛观瀛	天津工商学院	1939
线算学之大意与其构图及其在工程上之实用	霍荫龄	天津工商学院	1939
萧山缪氏家乘	缪雅南	崇德堂	1949
孝敬	戴遂良		

续表

出版物名称	著译者	书目编号	出版年份
孝女传	施米德，明嘉禄	S521	1916
孝女救父	施米德，明嘉禄	524	1917
孝女有福	施米德，明嘉禄	S527	1918
香港给水工程	毛金铭	天津工商学院	1938
邪正斗智	韩天民	S576	1934
新经合编	巴鸿勋	S205	1931
新经全集	萧静山	S200—S203	1921—1922
新经全书	李山甫，萧舜华	崇德堂	1949
新已亡日课	赵振声	S502	
匈国圣妇依撒伯尔传	姚介孚	S231	1914
修女避静引	巴鸿勋	S453	1935（R）
修身养心	巴鸿勋	S433	1937
修士生活标准	献县初学院		1944
殉难	明兴礼	崇德堂	1950
压力线之研究	张季春	天津工商学院	1939
洋荦一枝	施米德，明嘉禄	S526	1916
要经六端简言要理		S320	1935
要理大全	戴尔第，萧静山	S328	1940（R）
要理条解	刘恩利格		1902
要理问答		S321	1887
要理问答（四卷）		S322	1932
耶稣的言语	姜贤弼	崇德堂	1941
耶稣行实	明嘉禄	S212	1888
耶稣会士	P. Dissard，徐保和	S269	1935
耶稣基督究竟是谁	申自天	崇德堂	1948
耶稣君王	明兴礼	崇德堂	1950
耶稣苦难剧本		S680	1928
耶稣圣诞新剧		6S86	1934
耶稣圣心祷文		S479	
耶稣圣心会		S382	
耶稣受难	戴遂良	S61	1908
耶稣言行	郭振铎，张秀才		1938，崇德堂

·附　录·

续表

出 版 物 名 称	著 译 者	书目编号	出版年份
耶稣真教	柯德烈	S289	1898
耶稣真徒的生活（1—4）	徐司铎，申自天	S806	1938，崇德堂
野鹿看家	施米德，明嘉禄	S525	1917
一个传教的模范——张保禄传	天主教教务协进会	献县天主堂	1950
一目了然		S285	1895
依纳神操	刘斌		1913
已广日课	利类思	S487	1932
易简默想	韩默然		1939
以心体心	戴遂良	S62	1908
义勇列传	刘斌	S267	1935
迎新特刊		天津工商学院	1941
永久的新约	明兴礼	崇德堂	1950
幽默的致命者	明兴礼	崇德堂	1950
游地狱记	孙成义（Al. Sounn）	S567	1933
幼学袖简	刘斌		1937
诱惑	马骏声	大名府天主堂	1948
余暇快览，第一集守护天神店	时萌萱（Stan. Cheu）	S560	1932（R）
与弥撒经　弥撒规程	德玛诺	S477	1928
预施应力钢筋混凝土学	刘肖汉	天津工商学院	1939
原了弹与宇宙精神	卜相贤	崇德堂	1949
在马槽前（歌剧）	李山甫，范存惠	S690	1947，崇德堂
早晚课		S483	1926
怎样参加弥撒	明兴礼	崇德堂	1950
增补要理问答		S323	1933
瞻礼	戴遂良	S66	1909
瞻礼道理	韩穆然	S178	1940
张保禄行实		S266	1905
真道自证	沙守信	S282	1938
真福宝宝辣小传	王振声	S240	1933
真福德约发文纳尔致命传略	特罗楚，刘保华	S245	1934
真福葛乐德高隆汴	孟敬安	S239	1929
真教理证	刘斌	S286	1938（R）

续表

出版物名称	著译者	书目编号	出版年份
真教理证	刘斌	崇德堂	1938
拯亡会		S397	
拯亡会祖母传	刘斌	S250	1916
拯亡劝言	刘斌	S375	1920
正义之友	狄守仁	天津工商学院	1943
正义之友	狄守仁	崇德堂	1949
至一的面饼	明兴礼	崇德堂	1950
中国大主保圣若瑟月	李秀芳		1878，刻本
中国归化	孟敬安	S376	1921
中国国有平绥铁路之沿革及工务之概况	邱泽同	天津工商学院	1939
中华圣母		S398	
终日结合	马骏声	大名府天主堂	1948
终善会		S395	
周月善思	穆敬安	S466	1917
朱家河致命剧	明嘉禄	S685	1934
诸圣会规条		S380	1884
主教训令	赵方济		1942
主日公经		S476	1933
主日公经句解			1937
主日圣经	萧静山		1940
砖工	李桐年	天津工商学院	1939
专务精修	A. P. I. Bayma	S430	1917
造林与治河	吕锦堂	天津工商学院	1939
自先知传的福音	萧舜华	崇德堂	1942
白尊	Can. Dom. Glorieux	S814	1939，崇德堂
宗徒大事录	萧舜华	崇德堂	1941
总理献县传教区事务主教恩利格刘致本区众信友为检察致命事书	刘钦明		

* 本资料包含河间胜世堂、天津崇德堂、天津北疆博物馆以及辖区机构出版物。
* 本资料未特别注明者为胜世堂印书房出版。
* 本资料未特别注明者为铅印本。

四、河间胜世堂印书房及天津崇德堂西文出版物目录

出版物名称	著译者	书目编号	出版年份
A guide to the Hoangho—Paiho museum of natural history	桑志华		1943
A Histoty of the Religious Beliefs and Philosophical Opinions in China，中国古今宗教信仰和哲学思想史（英文本）	戴遂良，文仁亭	S28	1927
Additional notes on non-marine gastropods of North China	阎敦健	北疆博物馆	1938
Additions faites de 1928 Á 1933 Á la collection d'oiseaux du Musée Hoang ho Pai ho de Tien Tsin	苏汝安，桑志华	北疆博物馆	1934
Adjumenta missionarii，Thesaurus Latino-Sinicus，教理词典	鄂恩涛，刘斌，何礼伟		1930
Amidisme，chinois et japonais，中国和日本净土宗	戴遂良	S30	1928
Annélides Polychètes du Golfe du Pei Tcheu Ly de la collection du musée Hoangho Paiho，北疆博物馆收藏的北直隶湾地多毛环节动物标本	罗学宾，桑志华	北疆博物馆	1932
Aux Origines du Cimetière de Chala	裴化行	S102	1934
Aux portes de la Chine，les missonnaires du seizième siècle，1514—1588，天主教十六世纪在华传教志	裴化行	S100	1933
Bibliographie critique du Musee Hoangho Paiho de Tien Tsin（1914—1934），1914年至1934年天津北疆博物馆考证目录	桑志华	北疆博物馆	1934
Bouddhisme chinois，Tome I，Vinuya，Monachisme et discipline，中国佛教，第一部，律藏、修行、小乘律	戴遂良		1910
Bouddhisme chinois，Tome II，Les vies chinoises du Buddha，中国佛教，第二部，菩萨的中国故事	戴遂良		1913
Boum!，砰! La Chine modern，tom.7	戴遂良		1926
Brahmaeidae des collections du musée Hoangho Paiho，北疆博物馆箩纹蛾标本	斯特连科夫	北疆博物馆	1933
Brevis introductio in philosophiam sinicam	裴化行	S147	1940
Carte des 18 Provinces en Chine，内地十八省府州县地图	顾赛芬		1917，石印
Catalogus missionis de Sienhsien provinciæ campaniæ societatis Jesu，耶稣会献县教区名录			崇德堂
Catéchèses，教理，Rudiments de parler chinois，vol. 2	戴遂良		1897
Causeries médicales	Dr. Lossouarn	S172	1930
Cérémonial（I Li），仪礼	顾赛芬	S13	1916
Chaos，混乱，Chine moderne，tom. 8	戴遂良		1927
Cheu King（Recueil de Poésies），诗经	顾赛芬	S9	1897

续表

出版物名称	著译者	书目编号	出版年份
China throughout the Ages，历代中国，其人其事（英译本）	戴遂良，文仁亭	S27	1920
Chine Moderne，当代中国（10卷）	戴遂良	S33—S42	1911—1924
Chinese Characters. Their origin, history, classification and signification，汉字，两卷（英文本）	戴遂良，胡树勋	S23	1915
Chinese Fossil Mammals, a Complete Bibliography Analysed, Tabulated, Annotated and Indexed，中国哺乳动物化石类编	德日进，罗学宾	北京地质生物所	1940
Chinois Parlé Manuel, koan-hoa du Nord, non pékinois，汉语入门课程——非京官话，*Rudiments de parler chinois*, vol. 1	戴遂良	S17	1889
Choix de documents：lettres officielles, proclamations, édits, mémoriaux, inscriptions，正教褒传	顾赛芬	S7	1894
Chou King，书经	顾赛芬	S10	1897
Chronique de la Principanté de Lou：721-481 av. J. C.（Tch'ounn Ts'iou et Tso Tchouan），春秋左传	顾赛芬	S12	1914
Code civil de la république de Chine, Livre IV：De la famille et livre V：De la succession, et lois d'application de ces deux livres	田执中	天津胜世堂	1931
Code foncier de la République de Chine	田执中	天津胜世堂	1931
Collection des mammifères du Musée Hoangho Paiho de Tien Tsin, Ungulata Ordre Artiodactyla Fam. Bovidae, Cervidae et Suidae，北疆博物馆哺乳纲动物藏品，有蹄类偶蹄目动物，牛科、鹿科和猪科	雅各甫列夫	北疆博物馆	1935
Collection des mammifères du Musée Hoangho Paiho de Tien Tsin，天津北疆博物馆哺乳动物标本	雅各甫列夫	北疆博物馆	1932
Collection des mammifères du Musée Hoangho Paiho de Tien Tsin, Felidae, Carnivora，天津北疆博物馆猫科食肉目哺乳动物标本	雅各甫列夫	北疆博物馆	1932
Collections des mammifères du Musée Hoangho Paiho à Tien Tsin，天津北疆博物馆哺乳动物标本	雅各甫列夫	北疆博物馆	1932
Collections des mammifères du Musée Hoangho Paiho de Tientsin，天津北疆博物馆哺乳动物标本	雅各甫列夫	北疆博物馆	1934
Collections des mammifères du Musée Hoangho Paiho de Tientsin，天津北疆博物馆哺乳动物标本	雅各甫列夫	北疆博物馆	1938
Collections des mammifères du Musée Hoangho Paiho de Tientsin, Rodentia (Glires)，天津北疆博物馆哺乳动物标本——啮齿目	雅各甫列夫	北疆博物馆	1938
Comptes rendus de dix années (1914—1923) de séjour et d'exploration dans le bassin du Fleuve Jaune, du Pai ho et des autres tributaires du golfe du Pei Tcheu-ly，黄河及北直隶湾其他支流流域十年旅考	桑志华	北疆博物馆	1924
Comptes rendus de Onze annees (1923—1933) de séjour et d'exploration dans le bassin du Fleuve Jaune, du Pai ho et des autres tributaires du golfe du Pei Tcheu-ly, vol.2，黄河及北直隶湾其他支流流域十年旅考，第二卷	桑志华	北疆博物馆	1935

·附 录·

续表

出 版 物 名 称	著 译 者	书目编号	出版年份
Conciones neo-mossionariis dicatæ，戴士劝语，三部	戴遂良		1913—1914
Conciones neo-mossionariis dicatæ，戴士劝语，四部	戴遂良		1926—1926
Controversiæ，Evolutio opinionum apud Sinenses ab antiquitate ad hodiernum diem，中国思想演变研讨录	戴遂良		1934
Cours pratique de chinois parlé à l'usage des missionnaires du Tcheli S. E. Sons et tons ususuels du Hokiefou，汉语口语课程	戴遂良		1892
Diatomées récoltées par le Père E. Licent au cours de ses voyages，dans le nord de la Chine，au bas Tibet，en Mongolie et en Mandjourie：quatre stations：bord ouest du Kou kou noor (Bagha oulan)，yen tch'è (Chansi s.o.)，lac près de Kalgan，Mao eull chan (e. de Harbin-Mandjourie)，桑志华神父在华北西藏蒙古和满洲采集的藻类	斯克沃尔佐夫	北疆博物馆	1935
Dictionarium Sinicum & Latinum，ex radicum ordine，华拉字典	顾赛芬	S4	1892
Dictionnaire classique de la langue chinoise，汉语菁华字典（笔画排序）	顾赛芬	S1	1904
Dictionnaire classique de la langue chinoise，汉语菁华字典（音韵排序）	顾赛芬	S2	1904
Dictionnaire francais-chinois，法华字典	顾赛芬	S5	1884
Douze années d'exploration dans le nord de la Chine en Mongolie et au Tibet (1914—1925)，在华北满洲西藏十二年科考	桑志华	北疆博物馆	1926
Du Sang Chretien sur le Fleuve Jaune Actes des Martyrs de la Chine Contemporaine		S167	
Early Man in China，bound with Fossil Men，东亚地质及人类原始	德日进	北京地质生物所	1941
Edude des caractères，Graphies，Antiques，Lexiques/Charactèrs Chinois，汉字，Rudiments de parler chinois，vol.12	戴遂良	S23	1900
En Indochine avec le Père Alexander de Rhodes	裴化行	S112	
Epicopeidae，Collections des mammifères du Musée Hoangho Paiho de Tientsin，天津北疆博物馆哺乳动物标本——凤蛾	斯特连科夫	北疆博物馆	1932
Epitome Historiæ Sacræ，古经摘要		S137—S138	1893
Essai de Syntaxe du Chinois Parlé，汉语语法入门	鄂恩涛	S79	1919（R）
Etude sur les plantes du Nord de la Chine：de Mongolie et de Mandchourie. Fam. Polygalacées，华北蒙古和满洲远志属植物研究	柯兹洛夫	北疆博物馆	1933
Etudes de Chinois：Langue Mandarine，中文教程（3卷）	孟敬安	S73-S76	1919
Etudes sur les plantes du Nord de la Chine，Eriochloa，华北植物研究——稗草	柯兹洛夫	北疆博物馆	1933

续表

出版物名称	著译者	书目编号	出版年份
Everyday English	王冠三	天津工商学院	1940
Exercitia Latina	芮卿云	S135	1933（R）
Folk-lore Chinois Moderne，中国现代民间传说	戴遂良	S24	1909
Gallia Tempore Cæsaris	兆雷霖（B. Truxler）	S140	1929
Géographie Ancienne et Moderne de la Chine，中国古今地理	顾赛芬	S14	1917
Gerbes Chinoises，中国札记	谈天道	S166	1934
Guide de la Conversation Français-Anglais-Chinois，法英华会话导引（官话）	顾赛芬	S6	1890
Guide pour étudier la Prononciation Française，法音指南，初集，*Exercices*	葛光彼	S122	1926（R）
Guide pour étudier la Prononciation Française，法音指南，初集，*Règles*	葛光彼	S121	1926（R）
Guide pour étudier la Prononciation Française，法音指南，初集，文范温习	葛光彼	S120	1926（R）
Guide pour étudier la Prononciation Française，法音指南，二集，字句小说	葛光彼	S123	1926（R）
Guide pour étudier la Prononciation Française，法音指南，三集，实用交谈	葛光彼	S124	1926（R）
Guide pour étudier la Prononciation Française，法音指南，四集，艺文杂俎	葛光彼	S125	1926（R）
Herbier du Musée Hoangho Paiho，*Renonculacées*，北疆博物馆植物图集——毛茛科	柯兹洛夫	北疆博物馆	1933
Histoire des Croyances Religieuses et des Opinions Philosophiques en Chine，中国古今宗教信仰和哲学思想史	戴遂良	S28	1917
Hoang Ho，*Pai Ho*，*Loan Ho*，*Leao Ho: Itinéraires suivis dans le bassin du Golfe du Pei Tcheuly 1914—1923*，黄河、白河、滦河、辽河：在北直隶陆湾底部连续考察	桑志华	北疆博物馆	1924
Infiltrations occidentales en Extreme-Orient	裴化行	S111	1939
Institutiones linguæ latinæ，拉丁文法	芮卿云	S128—S129	1929（R）
Jubilus Rhytmicus de Nomine Jesu		S164	1928
Kung Shang Materials Testing Laboratory		天津工商学院	1941

· 附　录 ·

续表

出版物名称	著译者	书目编号	出版年份
Kung Shang University，Hautes Etudes		天津工商学院	1923
L'Amour de Jésus，耶稣之爱（法文）		S163	1936
L'Ancien Vicariat du Tcheli Sud-Est	裴化行，P. Dupot	S168	
L'Apport Scientifique du Père Mattieu Ricci à la Chine	裴化行	S103	1935
L'Archiduchesse，公主	戴遂良		
L'Outre d'Éole，置身度外，Chine moderne，tom. 4	戴遂良		1923
La Chine a travers les âges，hommes et choses，历代中国，其人其事	戴遂良	S27	1919
La collection d'oiseaux du Musée Hoangho Paiho de Tien-tsin，天津北疆博物馆鸟类标本	苏汝安	北疆博物馆	1933
La découverte de Nestoriens Mongols aux Ordos et l'histoire ancienne du christianisme en Extrême-Orient，蒙古景教历书的发现与基督教远东古代史	裴化行	S104	1935
La Famille Chinois，4 vol.	鄂恩涛	S80—S83	1919
La flore tertiaire du Wei-Tch'ang: province de Jehol, Chine，中国热河省围场的第三地质纪植物	德帕佩	北疆博物馆	1932
La Légende Dorée en Chine，scènes de la vie de Mission au Tchely sud-est，deuxième série	谈天道	S175	1926
Langue écrite，文言文，Rudiments de parler chinois，vol. 7 et vol. 8	戴遂良	S22	1908
L'artésianisme dans la grande plaine du Tcheu Ly, le Puits Jaillissant de Lso Si Kai Tientsin, 1935—1936	桑志华	北疆博物馆	1936
Le Flot montant，涨潮	戴遂良		1921
Le Fou aux poudres，一点即燃	戴遂良		1925
Le Frère Bento de Goes	裴化行	S101	1934
Le Japon et la France à l'époque de la Renaissance（1545—1619）	裴化行	天津工商学院	1942
Le Missionnaire Constructeur		S170	1935
Le Néolithique de la Chine，中国新石器时代	德日进，裴文中	北京地质生物所	1944
Le Paléolithique de la Chine，中国旧石器时代	桑志华，德日进，布勒，步日耶	北疆博物馆	1928
Le Père Mathieu Ricci et la Société Chinoise de Son Temps，1552—1610，利玛窦神父和当时的中国社会	裴化行	S107	1937
Le plancton de surface des cotes du Pei-tcheu-ly，北直隶水平标高的浮游生物	肖杜因	北疆博物馆	1933

续表

出版物名称	著译者	书目编号	出版年份
Les Bienheureux du Propro de Chine	鄂恩涛	S169	
Les collections Néolithiques du musée Hoangho Paiho de Tien Tsin，天津北疆博物馆新石器时代文物收藏品	桑志华	北疆博物馆	1932
Les Félidés de Chine，中国猫科动物	德日进，罗学宾	北京地质生物所	1945
Les Franciscains Dechaux de Saint Pierre D'Alcantara	裴化行	S113	
Les Iles Philippines du Grand Archipel de la Chine	裴化行	S106	1936
Les Mémoires Autographes du Père Adam Schall	裴化行	S114	
Les Mustélidés de Chine，中国獾科动物	德日进，罗学宾	北京地质生物所	1945
Les poissons des collections ichthyologiques du Musée Hoangho Paiho：catalogue systématique provisoire	雅各甫列夫	北疆博物馆	1933
Les Premiers Rapports de la Culture Europeenne avec la Civilisation Japonaise	裴化行	S110	1938
Les Quatre Livres，四书	顾赛芬	S8	1895
Lettres et mémoires d'Adam Schall S. J.：relation historique，汤若望书信和回忆录	裴化行，鄂恩涛	北疆博物馆	1942
L'Etude du chinois par la romanisation interdialectique, Manuel alphabétique de langue mandarine	Ernest Jasmin		1942
Li Ki，礼记	顾赛芬	S11	1899
Liste additionnelle des poissons des collections du Musée Hoangho Paiho pour l'année 1933，天津北疆博物馆1933年鱼类标本补充目录	雅各甫列夫	北疆博物馆	1934
Liste preliminaire des amphibiens des collections du Musee Hoangho Paiho de Tien Tsin，天津北疆博物馆两栖动物序篇	巴甫洛夫	北疆博物馆	1932
Listes des sauriens et serpents des collections du Musee Hoangho Paiho de Tien Tsin，天津北疆博物馆蜥蜴和蛇标本目录	巴甫洛夫	北疆博物馆	1932
Locutions Modernes（Néologie），新词义	戴遂良		1936
Mammon，财神	戴遂良		
Materials for the study of fauna of Northern China, Manchuria and mongolia，华北满洲蒙古动物研究资料	巴甫洛夫	北疆博物馆	1932
Matériaux pour servir à l'étude des Chênes de Mongolie, de Mandchourie et du Nord de la Chine，蒙古满洲和华北栎树研究	柯兹洛夫	北疆博物馆	1933
Matteo Ricci's Scientific Contribution to China，利玛窦对中国科学的贡献	裴化行		1935

出版物名称	著译者	书目编号	出版年份
Mémoirs originaux：la paléolithique de la Chine	桑志华，德日进		1925
Moloch，摩洛	戴遂良		
Moral Tenets and Customs in China，乡规民俗（英文本）	戴遂良，胡树勋		1913
Morale et Usages，乡规民俗，Rudiments de parler Chinois，vol. 4	戴遂良		1897
Moralisme，修身教育，Chine moderne，tom. 9	戴遂良		1932
Narrations populaires，语体文，Rudiments de parler chinois，vol. 5 et vol. 6	戴遂良	S18	1893，1895
Nationalisme，xénophobie，antichristianisme，民族主义、排外主义、非基督教运动，Chine moderne，tom. 5	戴遂良		1924
Néologie，新词义	戴遂良		1925
New remains of postschizotherium from S. E. Shansi，晋东南第四纪化石	德日进，桑志华	北疆博物馆	1936
New Rodents of the Pliocene & Lower Pleistocene of North China，新发现之上新统及下更新统之啮齿类动物	德日进	北京地质生物所	1942
Note sur L'évangélisation du Tchéli et de la Tartarie au XVII et XVII Siecles	鄂恩涛	S176	
Notes géologiques sur la région de K'i-ning-hien et sur les volcans de Koan ts'ounnze et de Kong-keull-t'eou，集宁地区地质记录	桑志华	北疆博物馆	1936
Notes on achepominae	巴甫洛夫	北疆博物馆	1932
Notes on some dytiscidae from Musee Hoang Ho Pai Ho, Tientsin with descriptions of eleven new species，天津北疆博物馆龙虱科昆虫标本	谭锡畴	北疆博物馆	1937
Notes sur les oiseaux observes au Jehol de 1911 à 1932，1911年至1932年热河地区鸟类观察记录	苏汝安	北疆博物馆	1933
Observations on Living Chinese Mole-Rats，中国鼹鼠	罗学宾	北京地质生物所	1941
On the occurence of the Hair-seal: phoca richardsi (Gray) on the coast of North-China，华北沿海灰海豹	罗学宾	北京地质生物所	1940
Organisation du gouvernement nationaliste d'après les textes législatifs	Robert Jobez		1929
Parva Collectanea		S139	1931（R）
Petit dictionnaire Chinois-Français，汉法小辞典	顾赛芬	S3	1930
Phytogeography of Central Asia，中亚细亚植物地理之研究	王兴义	北京地质生物所	1941

续表

出 版 物 名 称	著 译 者	书目编号	出版年份
Pleistocene Formations and Stone Age Man in China，更新世和石器时期中国人	德特拉	北京地质生物所	1941
Pour la Comprehension de L'Indochine et de L'Coccident	裴化行	S108	1938
Preces Matutinæ et Vespertinæ，Caterchismus，Preces Rosarii，早晚课 要理问答 玫瑰经（拉丁文）	孟若瑟（Joseph Mann）	S160	1927（R）
Prodromes，山雨欲来，Chine moderne，tom. 1	戴遂良		1911
Regulæ de Accentu et de Quantitate	陶德明	S145	1922
Relation Historique	裴化行	天津工商学院	1942
Remous et écumes，漩涡和浪花，Chine moderne，tom. 3	戴遂良		1922
Robinson-Cycliste	P. Jung	S171	1927
Sagesse chinoise et philosophie Chrétienne: essai sur leurs relations historiques，中国学识与基督教哲学之间历史关系的研究	裴化行	S105	1935
Sermons，训诫，Rudiments de parler chinois，vol. 3	戴遂良		1897—1909
Supplement au vocabulaire des sciences，mathématiques，physiques et naturelles，francais-chinois，法汉科学词典（增订本）	陶德明	S91	1923
Supplement radioectricite francais-chinois，法汉科学词典增订	李诗堂	S90	
Supplement radioectricite chinois-francais，汉法科学词典增订	李诗堂	S92	
Sur la découverte de couches mésozoiques à poissons dans la région de Hailar，海拉尔地区中生代地层的鱼类	德日进	北疆博物馆	1934
Sur les traces du Père Mattieu Ricci，利玛窦的足迹	裴化行	S109	1939
Syntaxis Latina	芮卿云	S130	1933
Tables Valeurs Naturelles des Expressions Trigonometriques，Division Centesimale	E. A. Slosse		1923
Tuoïsme，道教	戴遂良		1911
Textes historiques，Histoire politique de la Chine: depuis l'origine，jusqu'en 1912，历史文选，1912年之前中国政治史料	戴遂良		1922—1923
Textes historiques，Histoire politique de la Chine: depuis l'origine，jusqu'en 1929，历史文选，1929年之前中国政治史料	戴遂良		1929
Textes historiques，历史文选，Rudiments de parler chinois，vol. 10	戴遂良		1903—1905
Textes philosophiques，哲学文选，Rudiments de parler chinois，vol. 9	戴遂良	S29	1906

续表

出版物名称	著译者	书目编号	出版年份
Textes Philosophiques.Confucianisme, Taoïsme, Bouddhisme, 哲学文选, 儒道释	戴遂良		1930
Textus Sinicus, 汉语学习资料（5卷）	戴遂良	S45—S49	1934（R）
The Granitisation of China, 中国花岗岩	德日进	北京地质生物所	1940
The Late-Cenozoic Unionids of China, 中国新生代晚期蚌类	罗学宾	北京地质生物所	1940
The Non-Marine Gastropods of North China, Part. I, 华北非海生软体动物，第一卷	阎敦健	北疆博物馆	1935
The Non-Marine Gastropods of North China, Part. II, 华北非海生软体动物，第二卷	阎敦健	北疆博物馆	1937
The pliocene lacustrine series in Central Shansi, 山西中部上新世湘相沉积	桑志华，汤道平	北疆博物馆	1935
Thesaurus Marianus et Selectarum Precum Indulgentiis Ditatarum Thesaurus	芮卿云	S162	1914
Trois formes poecilogoniques du Nord de la Chine et de Mandchourie, 华北和满洲变温动物三种形态	罗学宾	北疆博物馆	1933
Un Demi Siècle D'Apostolat en Chine	葛光彼	S165	1928（R）
Verba Anomala		S146	
Vingt deux années d'exploration dans le Nord de la Chine, en Mandchourie, en Mongolie et au Bas-Tibet, (1914—1935), 1914—1935年间华北、蒙古和西藏二十年之考察	桑志华	北疆博物馆	1935
Vocabulaire Chinois-Francais des Sciences, Mathématiques, Physiques et Naturelles, 汉法科学词典	陶德明	S92	1914
Vocabulaire Francais-Chinois des Sciences, Mathématiques, Physiques et Naturelles, 法汉科学词典（第一卷）	陶德明	S90	1914
Vocabulaire Francais-Chinois des Sciences Morales et Politiques, 法汉科学道德政治辞典	J. Médard	S93	1914
Voyage aux Terrasses du Sang Kan Ho, a l'entrée de la Plaine de Sining Hien, 桑干河平原纪行	桑志华	北疆博物馆	1924
X…ismes divers, 形形色色旳主义, Chine moderne, tom. 10	戴遂良		1932
Zayton, 泉州	戴遂良		

* 本资料包含河间胜世堂、天津崇德堂、天津北疆博物馆、天津工商学院、北京地质生物学研究所（北京地质生物所）以及辖区机构出版物。

* 本资料未特别注明者为胜世堂印书房出版。

五、北京北堂印书馆及遣使会中文出版物目录

出版物名称	著译者	书目编号	出版年份
巴诺圣母		安国真福院	
避静神功	田嘉璧	L227	1873，刻本
避静神功	田嘉璧	L227	1927
辨道浅言	王君山	L145	1902
辨学遗牍	利玛窦		1880，刻本
辨学遗牍	利玛窦	L140	1934
辩理问答	王君山	L142	1930
策怠神鞭	王君山	L174	1909
唱经本		正郡首善堂	1886，刻本
朝拜圣体	利高烈，王君山	L239	1933
朝拜圣体经解	利高烈，王君山	正郡首善堂	1889，刻本
朝拜耶稣圣体	利高烈，王君山	L239	1898
朝圣团纪念册	梁师鸿	天津益世报社	1935
炽爱的天使——张若瑟修士小传	大同神学总修院		1942
崇修圣范问答	梅里德瓦		1908
抽暇快览（公教武侠小说）		安国真福院	
初会问答	石铎琭	L139	1926
传教何意	汤永望	L143	1907
春秋繁露通检	中法汉学研究所		1944
辍耕录通检	巴黎大学北平汉学研究所		1950
答客问	朱宗元	L141	1927
大金国志通检	巴黎大学北平汉学研究所		1949
大圣若瑟终善会要旨	梅占魁（Jean Menicatti, P. I. M. E.）	L222	1919
大瞻礼弥撒（chants）		L256	1930
大主日礼义	石伯铎	L209	1908
代洗经文		L213	1934
代疑俗解	杨廷筠，康云峰	L208	1916
德叙韵言（poésie）		L265	1909
弟兄结合会问答（中文—法文）	孟雷诺		1941
丁香花悲痛小史	李博德		1941
董神父致命歌诀（poésie）		L263	

续表

出版物名称	著译者	书目编号	出版年份
董真福嘉俾厄尔致命	张辅仁		1940
恩赦撮要	田嘉璧	L166	1875，刻本
发愿要理	田嘉璧		1871，刻本
法蒂玛圣母			1948
法语捷径（三卷）			1913—1915
珐琅祭器样子	西什库天主堂		1925
反省规程	吕登岸（J. Rutten）		1918
方言校笺	周祖谟		1951
方言校笺通检	巴黎大学北平汉学研究所		1951
风俗通义通检	中法汉学研究所		1943
奉教原由	杜嘉弼		1850，刻本
辅弥撒经单		L212	
辅弥撒礼仪	李君武		1942
告解问答			1934
共产主义问题	伯跌夫，刘景辉	安国真福院	
古经鉴略	田嘉璧	L93	1921
古经略说	Aliquis Pater Franciscanus	L92	1917
古经像解（图像）	包士杰	L97	1931
古经像解（中法文）		L96	
古新圣经问答		L95	1930
归元直指	赵若望	宁波升天堂	1863，刻本
孩童善领圣体	沈经纬（Matthieu Chen）	L177	1924
汉代画像全集，初编	傅惜华		1950
汉代画像全集，二编	傅惜华		1951
汉学论丛	巴黎大学北平汉学研究所		1951
护卫耶稣圣心会规		正郡首善堂	1885，刻本
华文圣体降福	雷鸣远	安国真福院	
华语入门	吴索福（S. N. Usoff），迪瑞德		1937
淮南子通检	中法汉学研究所		1944
会赦溯源	田嘉璧	L214	
会长条规	田嘉璧	L176	1873，刻本
会长条规	田嘉璧	L176	1915

续表

出版物名称	著译者	书目编号	出版年份
婚配训言	汤士选	L168	1926
即事昌言	王君山		1910
家庭教育问答	石静山		1942
家学浅论	梅慕雅	L169	1928
坚振问答			1935
拣言要理	田嘉璧	L154	1903
简言苦路不二字			1909
简言问答不二字		L248	1907
简言要理			1937
简言早晚课不二字		L247	1907
教要序论	南怀仁	L160	1931
教友避静	王君山		1910
进教要理	田嘉璧	L157	1879，刻本
进教要理	田嘉璧	L157	1921
经文简集	都若翰	L235	1891
精选圣经	程有猷	L91	1930
敬爱圣母	王君山		1910
救灵近思	马文斌（Joseph Ma）	L151	1928
举世钟爱之女	纪怀德		1948
科学与宗教	李盎博	安国天主堂	1939
可敬罗依斯传	陆铎	L112	1904
克己略说	包士杰	L200	1926
骷髅谈歌（poésie）		L267	1923
辣丁中华合璧字典	江沙维	L65	1936（R）
礼节问题	戴德荣	L183	1930
李我存研究	方豪	杭州天主堂	1937
炼灵圣月	王君山	L204	1902
领圣体经			
论法指南	康云峰	L246	1918
玫瑰经		L243	1935
玫瑰经不二字			1909
玫瑰经苦路不二字		L249	1907
弥撒经本			1947

续表

出版物名称	著译者	书目编号	出版年份
密斯克侧剪影（公教文学小说）	雷鸣远	安国真福院	
民治西学	高一志	L149	1935
明代版画书籍展览会目录			1944
魔鬼的锁链（chants）	加尔德荣，Joseph Moran，C. SS. R.	L262	1935
默想宝鉴	和安当	L225	1894
默想规程		L228	1924
默想规略		L232	1926
默想神功	石铎琭	L231	1933
默想问答	和安当	L229	1895
默想耶稣苦难	王君山	L226	1894
默想指掌	汤士选	L230	1929
目触心惊	吴佩孚		1932
南壕堑学校教学大纲	吕登岸		1911
女学典型	王君山	L170	1888，刻本
女学典型	王君山	L170	
七克	庞迪我	L164	1934
七克真训	庞迪我，顾方济	L165	1904
契丹国志通检	巴黎大学北平汉学研究所		1949
潜夫论通检	中法汉学研究所		1945
青龙桥莹地志	吴德辉		1940
轻世金书直解	王君山	L195	1909
求诸己式		L167	
拳时北京教友致命，北堂南堂	包士杰	L118	1920—1921
拳时北京教友致命，大口屯	包士杰	L126	1920—1921
拳时北京教友致命，东堂	包士杰	L119	1920—1921
拳时北京教友致命，高家庄	包士杰	L124	1920—1921
拳时北京教友致命，贾家瞳	包士杰	L128	1920—1921
拳时北京教友致命，京西京北	包士杰	L121	1920—1921
拳时北京教友致命，京西南	包士杰	L125	1920—1921
拳时北京教友致命，马家场	包士杰	L123	1920—1921
拳时北京教友致命，南屯西小庄	包士杰	L130	1920—1921
拳时北京教友致命，桑峪	包士杰	L122	1920—1921

续表

出 版 物 名 称	著 译 者	书目编号	出版年份
拳时北京教友致命，蔚州	包士杰	L131	1920—1921
拳时北京教友致命，武清蓟州	包士杰	L127	1920—1921
拳时北京教友致命，西堂栅栏	包士杰	L120	1920—1921
拳时北京教友致命，宣化	包士杰	L129	1920—1921
拳时北京教友致命，永宁	包士杰	L132	1920—1921
拳时北堂围困	包士杰	L117	1920
拳时上谕	包士杰	L116	1919
拳时杂录（三种）	包士杰		1912
全国铁路计划图			1908，石印
全要理问答			
热心神师	田嘉璧	L197	1883
日领神粮		L178	1913
山海经通检	中法汉学研究所		1948
善念玫瑰经法	葛司铎		1938
善生福终正路	陆安德	L173	1927
善与弥撒	石伯铎	L210	1931（R）
社会学讲义	雷鸣远，张蔚臣	天津益世报馆	1912
申鉴通检	中法汉学研究所		1947
神修训言	吴司铎		1940
神修引领	尚司铎		1938
慎思指南	南弥德	L224	1842，刻本
慎思指南	南弥德	L224	1929
省察神工	吴德辉		1941
圣安德肋行实	戴德荣	L186	1931
圣保禄宗徒行实	包士杰	L103	1933
圣本笃会规			1894
圣伯多禄行实	戴德荣	L185	1929
圣伯多禄宗徒行实	石伯铎	L102	1906
圣诞子时弥撒			1939
圣歌（chants）		L257	1934
圣歌宝集（chants）		L258	1929
圣号经问题	戴德荣	L179	1930
圣教公课	徐则麟	吉安天主堂	1914，刻本

续表

出版物名称	著译者	书目编号	出版年份
圣教鉴略	田嘉璧		1866，刻本
圣教经言问答节要		宁波七苦堂	1916
圣教救炼灵会			1894
圣教理证	白德旺	L137	1915
圣教浅说	田嘉璧		1873，刻本
圣教浅说	田嘉璧	L163	1926
圣教切要	白多玛	L161	1930
圣教日课			1854，刻本
圣教日课			1888
圣教日课		L233	1932
圣教日课（宣纸本）		L234	
圣教通考	田嘉璧		1873，刻本
圣教通考	田嘉璧		1921
圣教要理问答			刻本
圣教要理问答	教宗庇护十世，	L155	1928
圣教要理问答	教宗庇护十世，富成功，张宝臣	保定天主堂	1917
圣教益世征效		L148	1915
圣经广益	冯秉正	L90	1913
圣老楞佐行实	何士杰	L104	1933
圣老楞佐行实	包士杰	L104	1933
圣路善工		L237	1907
圣母行实歌（poésie）		L264	1923
圣母经问题	戴德荣	L181	1931
圣母玫瑰会要	田嘉璧	L218	1878，刻本
圣母玫瑰会要	田嘉璧	L218	1927
圣母玫瑰经			1935
圣母圣范	王君山	L196	1894
圣母圣心会要	田嘉璧	L220	1878，刻本
圣母圣心会要	田嘉璧	L220	1930
圣母圣衣会规略	田嘉璧	L219	1873，刻本
圣母圣衣会规略	田嘉璧	L219	1933
圣母圣月	孟振生	L201	1903

续表

出版物名称	著译者	书目编号	出版年份
圣母痛苦词（chants）		L260	
圣母显迹圣牌记略	包儒略	L217	1895
圣母显示	龙马定		1949
圣母小日课	利类思	L242	1915
圣年广益	冯秉正	L99	
圣女德肋撒行实		L106	1905
圣女加大利纳行实	戴德荣	L191	1930
圣女路济亚行实	戴德荣	L192	1930
圣女热玛传			1943
圣女小德肋撒言行录	戴德荣		1937
圣女亚加大行实	戴德荣	L190	1930
圣女依搦斯行实	戴德荣	L189	1930
圣女则济利亚行实	戴德荣	L193	1931
圣清音集（poésie）		L268	1920
圣若翰伯尔各满每日训言	张润波		1927
圣若瑟祷文		L244	
圣若瑟行实	戴德荣	L184	1929
圣若瑟会本分规条			1902
圣若瑟会公规			1902
圣若瑟会直指			1902
圣若瑟圣月	田嘉璧	L202	1903
圣若望宗徒行实	戴德荣	L188	1932
圣三救炼灵会	都士良（Jean-Baptiste Sarthou）	L221	1886
圣事经文简要（chants）		L255	1919
圣事宣讲	和安当	L206	1914
圣体降福经文（chants）		L254	1932
圣体问答			1934
圣味增爵德行圣训	陆铎	L199	1912
圣味增爵行实	安吉利，石伯铎	L100	1912
圣五伤方济各行实	包士杰	L105	1933
圣衣会规略	田嘉璧		1914
圣愿问答	田嘉璧	L223	1902
圣愿问答　增定要规若瑟会规			1927

• 附 录 •

续表

出版物名称	著译者	书目编号	出版年份
圣月苦路后祝文		L241	
圣翟辣尔传	Joseph Moran, C. SS. R.	L101	1933
圣长雅各布行实	戴德荣	L187	1929
盛世刍荛	冯秉正	L135	1913
司铎典要	利类思		刻本
私省察	葛司铎		1937
四史集一	包士杰	L88	1909
四史集一注解	包士杰	L89	1913
四书不二字		L250	1909
四终略意	白多玛	L172	1933
俗言警教	孟振生	L146	1857，刻本
俗言警教	孟振生	L146	1915
谈道遗稿	王君山	L207	1910
天眷隆渥	袁希孟（Yuen Rimon）		1938
天理良心	元克允	L150	1922
天堂要理图说明书	牛若望	安国天主堂	1937
天主教	刘心翰	南昌天主堂	1917，石印
天主教的检讨	吴德辉		1942
天主经问题	戴德荣	L180	1931
天主圣教日课			1877，刻本
天主圣教四字经文	艾儒略	L162	1932
天主圣教四字经文（poésie）		L266	1932
天主圣母			
天主十诫总论	潘国光		1924
万物真原	艾儒略	L133	1930
文心雕龙新书	王利器		1951
我们的母亲	周济世	保定天主堂	1939
我信天主	包士杰	L147	1910
西湾圣教源流	隆德理		1939
小学要理教学法	李盎博	安国天主堂	1938
孝敬我们的母亲	周济世	保定天主堂	1939
谢圣体经		L240	1935
新经鉴略	田嘉璧	L94	1874，刻本

续表

出版物名称	著译者	书目编号	出版年份
新经鉴略	田嘉璧	L94	1927
新经像解（图像）	包士杰	L98	1932
新序通检	中法汉学研究所		1946
新撰炼灵圣月	王君山		1902
信经宣讲	林懋德	L205	1910
薛神父传	都保禄	L113	1910
亚肋叔歌（chants）		L261	1912
演习神武	田嘉璧	L98	1882
谚语（Dictons Chinois）	于纯璧	L36	1933
燕京开教略	樊国梁	L115	1905
要理不二字		L252	1909
要理解略	包士杰	L158	1903
要理问答		L152	1901，木活字
要理问答	北京教区	L152	1891
要理问答（大字）	北京教区	L153	1934
要理问题	戴德荣	L182	1933
要理像解	程有猷	L159	1929
耀汉小兄弟会概况		耀汉小兄弟会	1945
耶稣复活圣诞歌（chants）		L259	
耶稣圣心会要	田嘉璧	L215	1878，刻本
耶稣圣心会要	田嘉璧	L215	1903
耶稣圣心圣衣		L216	1903
耶稣圣心圣月	和安当	L203	1887
耶稣真徒	陆铎	L107	1887
一目了然	白德旺	L138	1918
艺文萃译	中法汉学研究所		1945
印象圣路善工	伏若望	L238	1935
应对的弥撒经	葛司铎		1939
与礼义注	石伯铎	L211	1908
在天我等我父者	梅博文		1946
早晚功课		L236	1914
早晚课不二字		L251	1907
早晚日课			1932

· 附 录 ·

续表

出 版 物 名 称	著 译 者	书目编号	出版年份
增定要规			1902
增定要规若瑟会规			1927
斋克	罗雅谷		1937
瞻礼道理	王君山		1910
瞻礼问答	和安当	L156	1907
战国策通检	中法汉学研究所		1948
照永神镜	P. de Seixas，林德瑶	L175	1878，刻本
照永神镜	P. de Seixas，林德瑶	L175	1925
贞修训范	王君山	L171	1897
真道解疑	王君山	L144	1895
真道自证	沙守信	L134	1933
真福克来传	石伯铎	L108	1905
真福刘保禄神父小传	陆铎	L110	1905
真福刘达陡神父传	陆铎	L111	1905
真福热玛贞女传	蒙来霓（Auguste Moglioni）	L114	1935
真福赵奥斯定神父传	陆铎	L109	1905
拯世略说	朱宗元	L136	1879，刻本
拯世略说	朱宗元	L136	1930
中法汉学研究所图书馆馆刊（*Scripta Sinica Bulletin Bibliographique*）	中法汉学研究所		1945—
中国归主	孟敬安		1948
中国天主教文化协进会	于斌	北平益世报馆	1946
周年主日圣经	张辅仁		1945
主日圣经	王君山		1910
字源	于纯璧	L34	1932
宗古歌经简要		L253	1934
宗教丛谈	张辅仁		1943
宗教有无存在的价值	刘宇声	安国真福院	
总牍经		天津荣胜堂	1939
遵主圣范	王君山	L194	1874，刻本
遵主圣范	王君山	L194	1936

* 本资料包含北京北堂印书馆及遣使会教区所辖机构出版物。
* 本资料未特别注明者为北京北堂印书馆。
* 本资料未特别注明者为铅印本。

六、北京北堂印书馆西文出版物目录

出版物名称	著译者	书目编号	出版年份
À propos des Voyages aventureux de Fernand Mendez Pinto / notes de A. J. H. Charignon; recueillies et complétées	M. Médard		1935
A. B. C. Linguæ Latinæ，辣丁字母表	于纯璧	L46	1878
Aditus ad studium sacrae scripturae：historia filiorum israel inserta	孟雷诺（R. J. Flament）		1937
Almanacco	李蔚那		1935
Anciennes Missions et Anciens Missionnaires	鄂恩涛		1927
Anecdotes，Historiettes et Bons Mots, en Chinois Parlé，笑谈随笔	于雅乐		1882
Anomalies，Choix de Lectures	于纯璧	L22	1931
Auri micæ，Series Prima	家辣伯（H. Crapez）	L56	1918
Auri micæ，Series Secunda	家辣伯	L57	1931
Auri micæ，Series Tertia	家辣伯	L58	1920
Basket of Short Stories		L63	1913—1949
Bulletin du fium opus：oeuvre de messes et croisade de prieres sous le patronage de marie-immaculee，新闻简报			1936
Calendario Vincenziano	李蔚那		1935
Cartographie Chinoise：a propos de matthieu ricci	李蔚那		1935
Catalogue des principaux ouvrages sortis des presses des Lazaristes a Pékin de 1864 a 1930	方立中		1933
Catalogue du Fonds Français de la Bibliothèque Nationale de Peiping			1934
Catalogue of the Pei-t'ang Library，北堂藏书楼书目	惠泽霖		1949
Catalogue of the Pei-t'ang Library，French Section，北堂藏书楼书目（法文）	惠泽霖		1944
Catalogue of the Pei-t'ang Library，Latin Section，北堂藏书楼书目（拉丁文）	惠泽霖		1947
Catalogue of the Pei-t'ang Library，Varia Section，北堂藏书楼书目（其他文）	惠泽霖		1948
Catéchisme des vérités les plus nécessaires：mot a mot et traduction française	罗士文（Alexandre-Jean Provost）		1932
Catéchisme des verities les plus nécessaires，要理问答	罗士文	L31	1932
Catéchisme sur les Confréries，弟兄结合会问答（中文—法文）	孟雷诺		1941
Causeries Médicales	Dr. Losouarn	L81	1930
Chats in Chinese，谈记新编	邓罗（C. H. Brewitt-Taylor）		1901

· 附 录 ·

续表

出 版 物 名 称	著 译 者	书目编号	出版年份
Chez les paysans du nord de la Chine, souvenirs de mission	Henri Garnier		1920
Choix de lectures：choses de Chine	于纯璧	L17	1931
Choix de lectures：dialoues	于纯璧		1931
Choix de lectures：narrations	于纯璧		1931
Choix de lectures：petits contes	于纯璧		1931
Code dictionnaire des Familles	M. de Rotrou	L28	
Code penal provisoire de la république de Chine，中华民国暂行新刑律	治外法权委员会		1923
Comment éventer les faux：Études sur quelques antiquités chinoises	Paul Huo Ming-chih		1919
Compendiosum manuale cæremoniarum	刘克明（C. Guilloux）	L73	1931
Compendium historiæ ecclesiasticæ, ad usum clericorum sinensium，天主教会史	文贵宾	L69	1923
Compendium vitæ et martyrii V. Servi Dei J.-G. Perboyre		L78	1888
Conférences spirtuelles	德朋善（A. Vande Velde）		1906
Connaissance de l'Est，东明	克洛岱尔		1914
Conspectus Theoloqiæ Dogmaticæ	孟雷诺	L66	1921
Cours Complet de Dessin Élémentaire		L83	
Cours Éclectique Graduel et Pratique de Langue Chinoise Parlée，京话指南	于雅乐		1887
De Eloquentia，辨妄	于纯璧	L74	1927
De Sanctis Illustribus，圣事详解	于纯璧	L60	1928
De Urbanitate	庞锡祉（Paul Bantegnie）	L75	1919
De viris illustribus urbis Romae：a Romulo ad Augustum	L'Homond，C. F.	L59	1931
Decreta quatuor Synodorum Regionalium，1880，1886，1892，1906		L72	
Description sommaire de 25 districts des environs de Pékin	Maurice Adam		1928
Deux siècles de Sinologie Fraçnaise	王静如		1943
Dialogi Familiares		L61	1929
Dialogues		L24	
Dictionnaire Français-Chinois	毕利干（A. Billequin）	L42	1891
Dictionnaire Phonétique Chinois-Français	魏儒旺（Jean Mac-Weig）	L40	1906

续表

出 版 物 名 称	著 译 者	书目编号	出版年份
Dictons Chinois，谚语	于纯璧	L36	1933
Directions pratiques pour l'organisation des écoles primaries dans nos chrétientés chinoises	吕登岸		1918
Documenta sur les Martyrs de Pékin pendant la Persécution des Boxeurs	包士杰	L10	1920
Elementa Grammaticæ Latinæ，拉丁文规（拉丁文—中文） *Introductio*，*Lectio*，读法 *Vol. I*，*Rudimenta*，字法 *Vol. II*，*Syntaxis*，句法 *Vol. III*，*Stylus*，文法	于纯璧	L47 L48 L49 L50	1878
Elementa prosodiae latinae et carmina selecta e diversis auctoribus：*ad usum seminariorum*	Altera		1937
Entretiens famillier sur la religion，*à l'usage des Chinois payens*	汤永望		1906
Etat des sujets reçus dans la Congrgation de la Mission dans cette maison du Saint—Sauveur de Péking，*plus tard de Mongolie*，*Si Ouan*，*et ensuite de (illisible) et seulement de la province de Pékin*，*1851*			1935
Etudes fraçnaises，法语研究			1943
Etymologies des caractères chinois，字源	于纯璧	L34	1932
Examen de conscience abrégé		L33	
Exempla Latina，辣丁练习课 *I. Themata*，汉译辣课 *Vol. I*，*Textus sinicus*，汉文题目 *Vol. II*，*Vocabularium*，汉辣字典 *II. Versiones*，辣译汉课 *Vol. I*，*Textus latinus*，辣文题目 *Vol. II*，*Lexicon*，辣汉字典	于纯璧	L51 L52 L53 L54	1878
Exercices de chinois parlé，汉语口语课本	戴德荣	L29	1903
Explication du catéchisme de Pékin	于纯璧		1933
Figure de missionnaire Théodoric Pedrini：*prêtre de la mission protonotaire apostolique musicien à la cour impériale de Périn 1670—1746*	李蔚那		1937
Formatio Cleri in Mongolia	桑世晞（Jaak Leyssen）		1940
Fragments bouddhiques.(1 Ser.)，*Apologétique et Dévotion*	贺登崧		1945
Frere Charles Paris	李蔚那		1938
Glossarium Sinico-Latinum	于纯璧	L32	1919

·附 录·

续表

出版物名称	著译者	书目编号	出版年份
Grammaire and vocabulaire de la langue mongole (dialecte des Khalkhas)	于纯璧		1897
Grammaire française	于纯璧	L19	1930
Grammaire Mongole de Schmidt	I. Jakob Schmidt, 石扬休		1935
Grandeur et Suprématie de Péking, 北京城记	于纯璧	L1	1928
Guerre et terreur	Lu Kouo-Tchang	L38	1932
Guide du Touriste aux Monuments Religieux de Pékin, 北京天主教圣迹	包士杰	L13	1923
Hebdomadæ Maioris Liturgiæ	宝瑞玲(F. Bober)		1937
Het chineesch taaleigen inleiding tot de gesprokene taal, Noord-Pekineesch dialekt, vol. 1	闵宣化		1930
Het chineesch taaleigen inleiding tot de gesprokene taal, Noord-Pekineesch dialekt, vol. 2	闵宣化		1931
Het chineesch taaleigen inleiding tot de gesprokene taal, Noord-Pekineesch dialekt, vol. 3	闵宣化		1933
Hez les paysans du Noed de la Chine	H. Garnier	L15	1920
Histoire d'aladdin et de la lampe magique	马尔迪鲁斯		1914
Hyaoslyh wunstap	吕登岸		1934
Japanese tray landscapes	Alfred Koehn		1937
Jean de Monte—Corvino et les Franciscains (Le Catholicisme en Chine au Moyen-Age)	李蔚那		1942
Jesus Christus Sacerdotis Exemplar	J. Frassinetti	L77	1925
Kung Yü So T'an, Leçons Progressives pour l'étude du Chinois Parlé et Écrit, 公余琐谈	穆意索		1886
Kyriale ou chants ordinaires de la messe, 弥撒日常咏唱			1928
L'Ancienne bibliothèque du Pétang	惠泽霖		1940
L'Empire chinois, Faisant Suite a l'Ouvrage Intitulé Souvenirs d'un Voyage dans la Tartarie et le Tibet, 中华帝国, 鞑靼西藏旅行记续	古伯察, 包士杰	L4	1923
L'Enseigne de Vaisseau Paul Henry	巴赞	L8	
L'Épigraphie chinoise au Tibet, inscriptions recueillies, traduites et annotées, 西藏汉字碑铭	冉默德		1880

续表

出版物名称	著译者	书目编号	出版年份
L'Expension nestorienne en Chine d'après Marco Polo	李蔚那		1934
La Bénédiction Sacerdotale	梅岭蕊（Louis-Marie Kervyn，C. I. C. M.）	L76	1936
La Mission de Péking et les Lazaristes	于纯璧		1939
La presse catholique en Chine	Dr Rudolf Löventhal		1936
La Romanisation de la Lanque	易兴化（Mgr.C. Ybanez，O. F. M.）	L45	1912
La Saonte du Pé-tang，Sœur Louise Ducurtyl		L16	1930
La Semeuse，播种	弗朗西斯·魏智		1919
Le Bulletin Catholique de Pekin，北平天主教丛刊			
Le Bx Jean—Gabriel Perboyre et la chrétienté de Tchayuenkow au centenaire de son Martyre 1840—1940	R. Barfucci		1940
Le Choei king tchou et l'ancienne géographie indochinoise	M. Médard		1935
Le Cimetière et la Paroisse de Tcheng-fou-sse，1732—1917，正福寺墓地和教堂（1732—1917）	包士杰	L12	1918
Le Cimetière et les Œuvres Catholiques de Chila（1610—1927）	包士杰	L11	1928
Le clergé chinois du diocèse de Pékin et du Tche-li Nord jusqu'à 1900	方立中		1942
Le Siège du Pé-tang dans Pékin en 1900，Le Commandant Paul Henry et ses trente marins，法国水兵与北堂庚子事件	列奥·亨利	L9	1921
Le Triomphe de la Charté ou le Centenaire de L'Œuvre de la Sainte-Enfance	桑世晞		1942
Leerboek voor het praktisch gebruik van het Hakka-dialect，客家语实用教材	Canisinus van de Ven，R. P. Pacificus Bong		1938
Les anciennes églises de pékin notes d'histoire	鄂恩涛		1945
Les Chemins de fer Chinois.Un programme pour leur développement	A. J. H. Charignon	L18	1914
Les événements du Kiang—si. La mort de M. Antoine Canduglia missionnaire lazariste（juin-septembre 1907）	方立中		1936
Les Inscriptions Sémitiques de Loyang，洛阳闪米特文碑铭	步履中		1926
Les Lazaristes en Chine，1697—1935，1697—1935 年在华遣使会士列传	方立中		1936
Les Lazarristes à Suan-hoa-fou（1783—1927）	包士杰	L14	1927
Les Martyrs de Tientsin	于纯璧	L7	1928

续表

出版物名称	著译者	书目编号	出版年份
Les missions chez les Mongols aux temps moderns	丙存德（Joseph Leonard van Hecken）		1949
Les missions de Chine	上海账房		1933—1942
Les missions de Chine et du Japon	包士杰	L84	1916—1933
Les origines de la Corée	宋嘉铭（Camile August Sainson）		1895
Les origines de quelques chrétientés de l'ancien vicariat du Tcheli Sud-Est	鄂恩涛		1943
Les priers du Matin et du Soir. Le Chemin de la Croix	罗士文	L30	1909
Les Sinim d'isaie seraient-ils, les Chinois?	李蔚那		1936
Les Trois Royaumes	于纯璧	L39	1934
Lettres du Bienheureux Jean-Gabriel Perboyre: pretre de la mission	方立中		1940
Lettres du Bx François-Régis Clet, Prêtre de la Mission	方立中		1944
Lexicon manuale latino-sinicum，拉华语汇	江沙维	L64	1878
Lexicon manuale latino-sinicum，辣丁中华合璧字典	江沙维	L65	1922
Librairie des Lazaristes, Pékin: catalogue			1941—1944
Livre de lecture, contenant les éléments de prononciation et de diction	Mme Blanche Jaques		1915
Manuale Pratico di Corrispondenza Cinese	M. Gusco	L44	1912
Manuel de la Langue Chinoise Parlée，汉语会话手册	丁雅乐		1885
Mémoires sur l'Annam，安南志略	黎崱，宋嘉铭		1896
Mgr Pires Pereira	方立中		1938
Morphologie		L21	
Nicolas Raux, Prétre de la Mission (Ohain 1754-Pékin 1801)	E. Ducarme		1939
Notes bibliographiques: concernant la littérature chretienne de Chine	惠泽霖		1947
Notes pour l'histoire religieuse de Yen	Edm. Noyé		1944
Notices et documents sur les Prêtres de la Mission et les Filles de la Charité de S. Vincent de Paul，天津育婴堂教案史料	高若翰	L6	1895
Notiones Scripturæ Sacræ, Introductio Generalis	李蔚那	L67	1929
Notiones Scripturæ Sacræ, introductio Specialis	李蔚那	L68	1930
On a Peking edition of the Tibetan kanjur which seems to be unknown in the West	钢和泰		1934

续表

出版物名称	著译者	书目编号	出版年份
On a Tibetan text translated into Sanskrit under Ch'ien Lung (XVIII cent.) and into Chinese under Tao Kuang (XIX cent.)	钢和泰		1932
On Two Recent Reconstructions of a Sanskrit Hymn Transliterated with Chinese Characters in the X Century A. D.	钢和泰		1934
Optimisme et Apostolat	家辣伯	L82	1924
Pastoralia Adiumenta pro Regimine Missionum		L71	1923
Petit Dictionnaire Chinois-Français-Anglais	狄德缓（A. Denis）	L41	1906
Petite Corbeille d'Histoires	都止善（P. Dutilleul）	L62	
Petits Coutes		L26	
Phonétique		L20	
Piæ Preces		L80	1931
Piccolo Vocabolairio Cinese-Italiano，华意小字典	德尼诺	L43	
Plaideurs Chinois，中国讼师	于纯璧	L35	1932
Poésies Modernes, traduites pour la première fois du Chinois	于雅乐		1892
Preces Latinæ		L79	1927
Prêtre Jean，légende ou histoire?	李蔚那		1938
Proeve eener Bibliographie van de Missionarissen van Scheut	贺登崧		1941
Quatre-vingts jours aux mains des Rouges			1933
Raisons de croire，一目了然	于纯璧	L37	1932
Recueil de Lettres	狄德缓	L27	1930
Règlement de Procédure Civile de la République de Chine，中华民国民事诉讼条例	治外法权委员会		1924
Règlement de Procédure Pénale de la République de Chine，中华民国刑事诉讼条例	治外法权委员会		1923
Ricciana, mélanges historiques	H. Bernard		1936
Rose de Chine：Marie	甘春霖		1933
Rudimentos de la Lengua Chine Hablada，中华字母	易兴化		1920
Sacerdos in Sinis		L86	1918
Saint Thomas a-t- il porté l'évangile jusqu'en Chine？	李蔚那		1936
Scripta Sinica Bulletin Bibliographique，中法汉学研究所图书馆馆刊	中法汉学研究所		1945—
Seminarium regionale (chala)：Quaestiones de ordinibus			1936
Souvenirs d'un Voyage dans la Tartarie et le Thibet Pendant les Années 1844，1845 et 1846，鞑靼西藏旅行记	古伯察，包士杰	L3	1924

·附 录·

续表

出版物名称	著译者	书目编号	出版年份
Souvenirs of a journey through Tartary, Thibet and china (1844, 1845, 1846), 中华帝国——鞑靼西藏旅行记续	古伯察, 包士杰	L5	1931
Stèles, 古今碑录	谢阁兰		1912
Studium Quotidianum De Imitatione Christi	易兴化		1937
Sunto Storico del Vicariato Hupè Occ.-Sett. in Cina	德尼诺	L17	1924
Supplementum ad Directorium Missionariorum		L70	
Symbolisme des fleurs au Japon	Alfred Koehn		1940
Synodus Vicariatus Tchely Septentrionalis, Habita in civitate Pekinensi anno 1872, 1872年北直隶区教务会议纪事			1878
The Cross Over China's Wall	桑世晞		1941
The Structural Principles of the Chinese Language: An Introduction to the Spoken Language, Northern Pekingese Dialect, 汉语基本语法：燕北方言口语导论，第二卷第三卷	闵宣化, 魏正俗		1937
Tracts Tchen Tao K'I K'an		L87	
Tsao Ouan K'o, Cheung lou chan Koung.Les Prieres du Matin et du Soir le Chemin de la Croix			1909
Tzu-Erh-Chi, 自迩集	威妥玛		1882
Une Trappe en Chine	于纯壁		1933
Varrations		L25	
Verba extranea in Vulgata latina			1938
Verbes irréguliers français sans abréviation y compris les verbes auxiliaires "avoir" et "être", 法文出规动字	贾白兰（Jaques Beuvin）		1914
Vicariat Apostolicus Pekini et Tche-ly septemtrionalis, epistolæ circulares	包士杰		1879
Vicariat apostolique de Pékin: état de la mission, 北平代牧区概况	包士杰		1931—
Victor Dagouassat, prétre de la mision, lieutenant d'artillerie 1886—1917	Hachiti		1938
Ville de Péking: note sur les grands travaux à exécuter	Georges Bouillard		1917
Yuen-Ming-Yuen, L'œuvre architectural des anciens Jésuites au XVII siècle	Maurice Adam	L2	1936

* 本资料包含北京北堂印书馆及遣使会教区所辖机构出版物。
* 本资料未特别注明者为北平北堂印书馆。

七、兖州天主堂印书馆中文出版物目录

出版物名称	著译者	书目编号	出版年份
爱仇雠	薛田资	YH8	1920
避静指南	福若瑟	YC4	1926
伯多禄弗利道芬	满恩礼		1940
参观圣堂	潘来仪（Heinrich Pley）	YA12	1939（R）
成德三径	狄根珂，李福诚	YG10	1920
成婚新例	教宗庇护十世，罗赛	YE3	1931（R）
初级小学公教道理教科书（四编）	顾若愚	YM45—YM48	1939
初级小学算数（教员用，四册）	顾若愚	YM2—YM5	1929（R）
初级小学算数（四册）	顾若愚	YM2—YM5	1929（R）
初级中学公教道理教科书（三编）	顾若愚	YM40—YM42	1939
初领圣体	满恩礼		1940
传教要规	福若瑟	YN11	1916
大罪至重	赫德明	YG1	1922
祷文详解	罗赛	YF22	1915
丁莲峰先生诸神朝天图	丁善长	青岛天主堂	1930，影印本
发丧要规	福若瑟	YN10	1913
凡年老人遇蒙之辈进教要理			1907
访察真教	张志一	青岛天主堂	1942
斐洲致命始末	张作岠	YK4	1932
扶助善终经	成和德		1924
扶助善终要理经文	成和德	YF8	1937（R）
辅祭要规	赫德明	YL13	1915
辅弥撒规程		青岛天主堂	1942
辅撒经	张作岠	YL14	1939
复活	李若翰	YH9	1933
复活弥撒经文	万宾来		1940
覆舟轶事	薛田资	YH8	1926
感恩弥撒经文	万宾来	YL7	1936
高级小学公教道理教科书（两编）	顾若愚	YM43—YM44	1940
高级小学算数（教员用，两册）	顾若愚	YM6—YM7	1920

续表

出 版 物 名 称	著 译 者	书目编号	出版年份
高级小学算数（两册）	顾若愚	YM6—YM7	1920
告解良友	Louis Nau（卢）	YG17	1939（R）
告解圣体儿童经文		青岛天主堂	
告解问答释义	赫德明	YD7	1922
告明切要	赫德明	YG16	1912
公教白话报	顾若愚		期刊
公教家庭			1945
公教家庭与公教公礼	陆乐德		1941
公教教理课本附图	张志一	青岛天主堂	1938
公教进行袖珍		青岛天主堂	
公教考真辟妄	维昌禄	青岛天主堂	
公教生活述要	张怀		1942
公教与科学是否矛盾	刘莉安		1950
公议部奏定联姻结成婚律例			1914
恭敬圣若瑟的劝谕	韩宁镐	YN6	1931
恭敬天主圣神	罗赛	YE5	1931
古经大略	赫德明	YB7	1914
古经简要注训（两卷）	郇和德（Bischof Gebhard）	YD10	1933
古经略说	赫德明	YB5	1905
古经详解（四卷）	赫德明	YB8	1928
古经音表	A. Mohrbacher	YP7	
古新经节要便读	薛田资	YB4	1933（R）
古新经史像略说	Jos. Weiβ	YB3	1939（R）
古新史略图说	I. Kanazei CS.	YB2	1928
光荣圣母	赫德明	YF26	1922
归顺	心馨		1950
归元直指	赵若望	YA6	1931（R）
皈依	张秀亚	YH14	1941
汉文仟语	董师冕	YP20	1939
汉文文法（白话入门）	苗德秀	YP5	1927
汉语成语、俗语和俚语	赫德明		1909
汉语语法	赫德明		1905

续表

出版物名称	著译者	书目编号	出版年份
黑太子	薛田资	YH8	1920
洪水灭世	费金标	YH2	1939（R）
华德字典	薛田资	济宁中西中学校	1917
华德字典	薛田资		1928
欢迎耶稣圣婴	万宾来	YL19	1936
会长要规	布恩溥	YN12	1909
基督降生以前	费爱华		1945
辅祭要规			1929（R）
畸人十篇	利玛窦	YA10	1920
坚振问答释义	韩宁镐	YD7	1922
俭以致富		青岛天主堂	1931
简言要理	韩宁镐	YD3	1934
简言要理		青岛天主堂	1934
简言要理（老人用）		青岛天主堂	1934
江北人	周信华		1941
降临弥撒经文	万宾来	YL7	1935
教皇钦立传教总会	韩宁镐	YN3	1934（R）
教理问答（三卷）	赫德明	YD5	1926
教训儿女	韩宁镐	YN7	1931（R）
教要序论	南怀仁	YE10	1931（R）
尽泪倾血	马耀犒，王奎斌		1937
进教切要	白多玛	YE9	1927
进教切要	白多玛	青岛天主堂	
进教问答		YD4	1939（R）
警怠神修篇	赫德明	YG2	1913
警告	冯斯各，袁意可		1950
警世小说	忧时子		1923
敬礼圣母月	凌宝珂	YF23	1910
九端经		YF5	1939（R）
救世语（鼓词）	孙类思	YH4	1936
救世主传	费爱华		1945
可敬尚巴纳神父小传	魏尚廉		1941

• 附 录 •

续表

出版物名称	著译者	书目编号	出版年份
苦尽甜来	李若翰	YH9	1934
苦民大荣	罗赛	YH7	1916
拉丁文初学，话规	维昌禄，苗德秀	YM9	1909
拉丁文初学，话规，教员用	维昌禄，苗德秀	YM11	1930
拉丁文初学，课本	维昌禄，苗德秀	YM10	1909
拉丁文初学，课本，教员用	维昌禄，苗德秀	YM12	1930
拉丁文词学，话规	维昌禄，苗德秀	YM13	1909
拉丁文词学，话规，教员用	维昌禄，苗德秀	YM15	1930
拉丁文词学，课本	维昌禄，苗德秀	YM14	1909
拉丁文词学，课本，教员用	维昌禄，苗德秀	YM16	1930
拉丁文句学，话规	维昌禄，苗德秀	YM17	1909
拉丁文句学，话规，教员用	维昌禄，苗德秀	YM19	1930
拉丁文句学，课本	维昌禄，苗德秀	YM18	1909
拉丁文句学，课本，教员用	维昌禄，苗德秀	YM20	1930
拉丁文法	Al. Schildknecht S. M. B.	YM65	1942
拉丁文学：诗韵论	维昌禄，苗德秀	YM23	1935（R）
拉丁文学：位置论	维昌禄，苗德秀	YM21	1935（R）
拉丁文学：文藻	维昌禄，苗德秀	YM22	1935（R）
拉丁文学：文章论	维昌禄，苗德秀	YM24	1935（R）
癞女行实	李若翰		1929
老福神父传	韩宁镐	YP17	1926
乐园歌谱	S. Sp. S，岳立仞	YM1	1932
炼灵弥撒经文	万宾来	YL7	1935
烈女则济利亚（剧本）	圣神会	YH3	1934
灵魂的生活	费爱华		1945
领圣体经	赫德明	YF29	1924
领圣体启应短诵	C. Weig	YF10	1923
领洗前后盛典	万宾来	YL8	1939（R）
领洗要理讲话			1940
领洗证书		YL10	
鲁西方言研究	葛米福	YP9	1932
论孩子们初次川领圣体	教宗庇护十世，罗赛	YE2	1931（R）

续表

出版物名称	著译者	书目编号	出版年份
论婚配圣事	韩宁镐	YN9	1921
论勤领圣体的上谕	教宗庇护十世，赫德明	YE1	1913
论勤领圣体的上谕	教宗庇护十世，赫德明	青岛天主堂	1913
论圣物	满恩礼		1940
马瑟	狄刚		1948
每日恭敬圣若瑟经	罗赛	YF18	1919
每天弥撒经文	万宾来	YL7	1943
孟宪三	李若翰	YH9	1934
弥撒奥义	唐贵珍		1943
弥撒及降福经歌		青岛天主堂	
弥撒经	张作岜	YL14	1939
默中之手	卫方济（F. Wetzel），伏开鹏	YA11	1927
你要做一个完善的人吗？	袁意可		1940
怕死救星	亚尔邦，李若翰	YG14	1933
培养健全的青年	戴尼洛，沈士贤		1950
辟妄	徐光启	YA7	1926
七件圣事略说	安治泰	YE4	1904
七件圣事略说	安治泰	青岛天主堂	1902
七克真训	庞迪我，顾方济	YG4	1913
祈祷要义	赫德明	YF1	1916
前进略说	田文都	YG9	1916
亲属系统图表	R. P. Giet	YP18	
青年风浪	罗赛	YG6	1928
人生天职	陆离		1950
日课简集		YF7	1923
善会撮要			1921
善望弥撒	罗赛	YL12	1927
神工奇谈	薛田资	YH8	1927
神翼用健	吉尔，李若翰	YF2	1928
生命的源泉	马业，方方		1950
省察簿		YG12	1930
圣诞弥撒经文	万宾来	YL7	1935

续表

出版物名称	著译者	书目编号	出版年份
圣妇依撒伯尔传	李若翰	YK2	1934
圣歌汇集		YR6	1935（R）
圣歌汇集风琴谱	Th. Rühl	YR7	1939
圣歌摘要		青岛天主堂	1942
圣会宣讲	张志一	青岛天主堂	1932
圣教对联	费金标	YN14	1933（R）
圣教歌选	卢国祥（Rudolf Pieper）	YR5	1932（R）
圣教古史小说鼓词 F.1 创世纪 F.2 出谷纪，户籍纪，申命纪 F.3 约稣位传，长老传，卢德传 F.4 前列王传 F.5 中列王传 F.6 后列王传 F.7 大尼尔传 F.8 爱斯德传	费金标	YH1	1918
圣教会第四规	舒德禄	YN8	1939
圣教礼仪	罗赛	YL18	1924
圣教礼义	史培禄		1913
圣教理证	白德旺	YA8	1904
圣教切要	白多玛	YE9	1913
圣教全经本（新乡本）			1939
圣教全经本（信阳本）			1941
圣教要理			1906
圣教要理七言歌	张志一	青岛天主堂	1929
圣经直解（四卷）	阳玛诺	YC2	1912
圣类思初次开领圣体			1931
圣类思主日敬礼	罗赛	YF20	1926
圣利亚无沾圣心的敬礼	宋子钧		1950
圣路善工	伏若望	青岛天主堂	1931
圣路善工	伏若望	YF14	1933（R）
圣母弥撒经文	万宾来	YL7	1935
圣母小日课	利类思	YF24	1924
圣母小日课注解	罗赛	YF25	1915

续表

出版物名称	著译者	书目编号	出版年份
圣母月	凌宝珂	YF23	1922
圣女依撒斯戏	陆增嘉	YH11	1939
圣人德表（十二卷）	李若翰	YK3	1933—1936
圣人列品祷文	罗赛	YF28	1917
圣人美德目录索引	李若翰		1936
圣日宣讲	高费奈	青岛天主堂	1935
圣若瑟月	罗赛	YF17	1921
圣若瑟月日课	罗赛	YF19	1927
圣若望伯尔各满主日敬礼	张作岖	YF21	1929
圣神弥撒经文	万宾来	YL7	1936
圣体灯传	李若翰	YH9	1929
圣体坚振问答			1927
圣体问答释义	韩宁镐	YD7	1922
圣体月	亚尔丰索，文安多（Anton Wewel）	YF11	1904
圣依纳爵与圣坡理加	李学进（Aloysio Li）	YK5	1933
圣秩典礼	苗德秀，张克定		1948
盛世刍荛	冯秉正	YA3	1926
十九世纪前中华基督教对于医药之贡献	江道源		1942
十六世纪西学东渐考略	江道源		1942
收成谢恩敬礼	万宾来	YL20	1937
守瞻礼之日	赫德明	YG3	1917
守瞻礼主日的本分	韩宁镐	YN5	1934（R）
守贞要规	福若瑟	YN13	1936（R）
曙光			1948
司铎列品祷文		YF28	1931（R）
司铎默想宝书（三卷）	杰森，张立贞	YF27	1927
四木问答			1924
俗言警教	孟振生	YA4	1926
泰山曲阜指南	董师冕	YP10	1934
泰山指南	彭亚伯	YP15	1934

续表

出版物名称	著译者	书目编号	出版年份
谈论真假	罗赛	YA9	1908
天国之钥	亚尔丰素，范石夫		1948
天堂永福	赫德明	YE6	1909
天主公教白话报			1917—
天主画谱	李若翰，房绍昌	YG15	1933
天主教与中国	于斌	YS1	1939
天主教指针	张志一	青岛天主堂	1937
天主经 前三求 第四求 后三求	亚尔邦，李若翰	YG13	1933
天主实义	利玛窦	YA5	1926
同乐传	李若翰	YH9	1932
童贞指南	罗赛	YG7	1919
童子遇险记	J. Svensson SJ.，刘保华	YH10	1931
万物真原	艾儒略	YA2	1926
万应圣母像记略	Henri Pley，张金寿（Ludovico Chang）	YF16	1931
问答略解	伯义思（Jon Buis）	YD8	1926
问答释义（五卷）	韩宁镐等	YD7	1922—1923
我们的创造者	托德，袁意可		1950
我们的教会	托德，郭隆静		1950
我们的救世者	托德，郭隆静		1950
我们的信仰	托德，袁意可		1941
我们的宗教	托德，杨世豪		1948
下会宣讲	张志一	青岛天主堂	1931
贤昆仲	薛田资	YH8	1917
小耶稣	费爱华		1942
孝经	唐玄宗注		1906
孝敬父母	赫德明	YG5	1909
孝子传	薛田资	YH8	1920
谢恩敬礼		YL21	1937

续表

出版物名称	著译者	书目编号	出版年份
谢圣体经	福若瑟	YF9	1939（R）
心理学纲要	岳立仞	YM37	1925
新传教士	罗赛	YC3	1932
新经大略	赫德明	YB9	1922
新经简要	邵阐训	YB12	1926
新经简要注讲（四卷）	邵阐训	YB11	1925
新经略说	赫德明	YB6	1905
信经引义	卫方济，伏开鹏	YE7	1928
信仰与世观	谷奥斯		1950
信仰与智识	王比德		1950
幸福的泉源	张秀亚		1941
袖珍日课备要			1926
袖珍日课要备	夏文林（R. D. Jos. Hsia）	YF6	1939（R）
雪飘菊流	周信华		1945
哑女轶事	薛田资	YH8	1927
亚福来的秘密	众君，半山野人		1940
亚来淑剧	福若瑟	YH5	1917
仰合天主圣意	亚尔风索，田文都	YG11	1909
要经略解	佛尔白	青岛天主堂	1902
要经略解	佛尔白	YE8	1926
要理问答	韩宁镐	YD1	1906
要理问答		青岛天主堂	1943
要理问答（四卷）		YD2	1931—1939
要理问答（中义德义拉丁义）	峃德秀	YP19	1937
要理问答释义（五卷）	韩宁镐	YD6	1922
要理问答宣讲	张志一	青岛天主堂	1939
要作一个完善的人么			1940
耶稣的奇迹	王比德		1950
耶稣复活弥撒经文		YL7	1936
耶稣苦难	赫德明	YF15	1916
耶稣苦难弥撒经文	万宾来	YL7	1935

·附 录·

续表

出版物名称	著译者	书目编号	出版年份
耶稣圣心祷文		YF13	1934（R）
耶稣圣心弥撒经文	万宾来	YL7	1940
耶稣圣心月	昆仲会士	YF12	1935（R）
耶稣言行	萧静山	YB1	1929
一目了然		YA1	1910
一目了然		青岛天主堂	
以德报德	薛田资		1927
以善胜恶	李若翰	YH9	1937
义仆救主记	薛田资	YH8	1926
月份捐钱簿		YN4	1934（R）
云飘菊流	周信华		1942
早晚工课		YF4	1939（R）
早晚课简集		YF3	1938（R）
增补要理问答			1940
照管天主圣堂	韩宁镐	YN2	1926
真心爱仇	赫德明	YG8	1912
正道惟一	安治泰	YN1	1924
致命小传鼓词	费余标	YH6	1915
中华光荣	罗宝	YK1	1919
中华拉丁大辞典			1937
中华圣教歌曲		YR3	1939
中华圣教经歌		YR4	1939
忠厚之酬报	薛田资	YH8	1928
重复领洗圣愿	万宾来	YL9	1939（R）
周年经训	张作岠		1937
周年主日及大瞻礼圣经		青岛天主堂	1930
主日瞻礼圣经	赫德明	YC1	1920
总管回头小说	李若翰	YH9	1929

* 本资料包括兖州天主堂印书馆及圣言会传教区所辖机构出版物。
* 未特别注明者均为兖州天主堂印书馆出版。
* 南京保禄印书馆为意大利圣保禄会机构，与兖州天主堂保禄印书馆无关。
* 本资料未特别注明者为铅印本。

八、兖州天主堂印书馆西文出版物目录

出版物名称	著译者	书目编号	出版年份
ABC Linguæ Latinæ，拉丁字母		YM8	1937（R）
Acta Sanctorum Martyrum，致命圣人史略（课本）	张作岠	YM33	1932
Acta Sanctorum Martyrum，致命圣人史略（拉丁文—中文）	张作岠	YM32	1932
Beiträge zur Einfiührung in das Chinesische Studium	齐德芳		1937
Boekje voor de stugie van het Latin（拉丁文—中文）	徐正鹄（C. De Schutter），顾秉真（F. Sercu）		
Breve manuale philosophiae rationalis: in usum clericorum Sinensium aptatum	Theodosius Maestri		1924
C.Julii Commentarii de Bello Gallico Liber Primus		YM27	1925
C.Julii Commentarii de Bello Gallico Liber Primus, Praeparatio		YM28	1925
Cantate Domino	L.Dier	YR1	1930（R）
Chinesisch-Deutsches Taschen-Wörterbuch，华德词典	商格理	青岛天主堂	1914
Chinesisch-Deutsches Taschen-Wörterbuch, Neubearbeitung，增订华德词典	商格理，岳立仞	青岛天主堂	1941
Chinesisch-Deutsches Wörterbuch，华德字典	薛田资	YP4	1928
Chinesische Grammatik，汉语语法	赫德明		1909
Chinesische Grammatik，汉语语法（鲁语）	苗德秀		1927
Compendium Sacræ Liturgiæ	欧神父，苗德秀	YL15	1919
Der T'ai-schan und seine Kultstätten，泰山及其祭拜	彭亚伯		1906
Der Totenkult in Südschantung，鲁南丧礼考	葛米福	YP14	1932
Deutsch-Chinesisches Hand-Wörterbuch，德华字典			1917
Deutsch-Chinesische Woerterbuch，德华辞海（未完）	佛尔白（Anton Volpert）	YP3	1932
Deutsch-Chinesisxhes, Chinesisches Hand-Woerterbuch mit besonderer, Berücksichtigung der Shandong Porache，德华大辞典（山东方言）	韩宁镐	YP2	1907
Deutsch-Chinesisches Wörterbuch，德华字典	薛田资	YP6	1929
Elementa linguæ latinæ, Exercitia, Pars Magistri，拉丁文词学，课本，教员用	维昌禄	YM16	1930
Elementa linguæ latinæ, Exercitia，拉丁文词学，课本	维昌禄，苗德秀	YM14	1905

·附 录·

续表

出版物名称	著译者	书目编号	出版年份
Elementa linguæ latinæ，*Grammatica*，*Pars Magistri*，拉丁文词学，话规，教员用	维昌禄	YM15	1930
Elementa linguæ latinæ，*Grammatica*，拉丁文词学，话规	维昌禄，苗德秀	YM13	1905
Heiligtümer des Konfuzianismus in K'ü-fu und Tschou-hien，曲阜和邹县儒家圣地	彭亚伯	YP12	1906
Japans Beziehungen zu China，*Seit den Ältesten zeiten bis zum jahre 1600*，十七世纪前日华交通史	彭亚伯	YP13	1907
Kleine Deutsche Grammatik，简明德语语法	Fr. Oster	YM39	1934
Konfucius，孔夫子 *Sein Leben*，孔子传（第一部） *Seine Schüler*，孔子门徒传（第二部）	彭亚伯	YP11	1910 1915
Manuale in usum Missionarium Vicariatus Apostolici de Yenchowfu，兖州教区传教士手册	韩宁镐	YN15	1932
Missæ beatorum sinesium，2 vol.		YL1	
Neo-missionarius concionator，4 tom.		YC3	
Neujahrsgruss aus Yenchowfu Südschantung，*China*，天主赐福	韩宁镐		1933
Orationale		YL3	
P. Joseph Freinademetz S. V. D.，*Sein Leben und Wirken*，*Zugleich Beiträge zur Geschichte der Mission Süd Schantung*，圣言会神父福若瑟生之所行	韩宁镐		1926
Phraseologia latina，拉丁辞林		YM26	1924
Proprium offiorum sinese，4 pras.		YL2	
Rudimenta linguæ latinæ，*Exercitia*，*Pars Magistri*，拉丁文初学，课本，教员用	维昌禄	YM12	1930
Rudimenta linguæ latinæ，*Exercitia*，拉丁文初学，课本	维昌禄，苗德秀	YM10	1905
Rudimenta linguæ latinæ，*Grammatica*，*Pars Magistri*，拉丁文初学，话规，教员用	维昌禄	YM11	1930
Rudimenta linguæ latinæ，*Grammatica*，拉丁文初学，话规	维昌禄，苗德秀	YM9	1905
S. Hieronymi Vitæ Monachorum，独修圣人行传（课本）	张作岖	YM35	1936
S. Hieronymi Vitæ Monachorum，独修圣人行传（拉丁文本中文注释）	张作岖	YM34	1936
Sanctissimum Novæ Legis Sacrificium		YL16	
Sanctissmun Novæ Legis Sacrificlum	福若瑟	YL16	1926（R）

续表

出版物名称	著译者	书目编号	出版年份
Schola Latina，拉丁文拼音表		YM36	1939
Stilistica linguæ Latinæ，*De commentatione*，拉丁文学，文章论		YM24	1935
Stilistica linguæ Latinæ，*Figuræ*，拉丁文学，文藻		YM22	1935
Stilistica linguæ Latinæ，*Ordo Verborum*，拉丁文学，位置论		YM21	1935
Stilistica linguæ Latinæ，*Prosodia*，拉丁文学，诗韵论		YM23	1935
Syntaxis linguæ latinæ，*Exercitia*，*Pars Magistri*，拉丁文句学，课本，教员用	维昌禄	YM20	1930
Syntaxis linguæ latinæ，*Exercitia*，拉丁文句学，课本	维昌禄，苗德秀	YM18	1905
Syntaxis linguæ latinæ，*Grammatica*，*Pars Magistri*，拉丁文句学，话规，教员用	维昌禄	YM19	1930
Syntaxis linguæ latinæ，*Grammatica*，拉丁文句学，话规	维昌禄，苗德秀	YM17	1905
Tabellæ precum Missæ Ministrantium		YL22	1939
Tabellæ Secretarum		YL4	
Täischan-Tchüfu Führer，*T'aishan-Küfow Guide*，泰山曲阜指南	董师冕	YL1	1934
Terminologia philosophica，拉丁中华哲学辞典	苗德秀		1926
Terminologia philosophica，哲学辞典	Alphonso Schnusenberg，苗德秀	YM38	1935（R）
Thesaurus Exercitiorum，习题珍宝		YM25	1933（R）
Verba irregularia，拉丁文研究之辅助，vol. 1，不规则动词之用法		YM29	1936
Verba irregularia，拉丁文研究之辅助，vol. 2，拉丁句图解（教员用）		YM31	1939
Verba irregularia，拉丁文研究之辅助，vol. 2，拉丁句图解（学生用）		YM30	1939
Vespertinum	L. Dier	YR2	1931
Von Urmenschen zur Hochkultur，汉族文明进化史	霍尔曼	YP16	1935

* 本资料包括兖州天主堂印书馆及圣言会传教区所辖机构出版物。
* 未特别注明者均为兖州天主堂印书馆出版。

· 附 录 ·

九、香港纳匝肋印书馆及巴黎外方传教会中文出版物目录

出版物名称	著译者	书目编号	出版年份
拜圣体兼拜圣母简言	蓝禄叶（Pierre-Marie-François Lalouyer）	N721	1916
辩惑卮言	李杕	重庆巴邑公义书院	1898
辩惑卮言	李杕	N573	1935
辨理问答	王君山		1930
驳明两教合辨	P. Wong（王）	N576	1926
补灵要药	朱珊泉	N651	1930（R）
查教关键	张维祺	重庆曾家岩圣家书局	1914
崇修精蕴	Fr. Tchāng	N650	1929
初会问答	石铎琭	N565	1928
答客卮言	倪怀纶，沈容斋	N564	1929
答客问	朱宗元	N563	1935
代疑编	杨廷筠	N562	1905
涤罪正规	艾儒略	N667	1929
端世琼瑶	陈光莹	重庆巴邑公义书院	1908
法文初级		重庆曾家岩圣家书局	1921
奉献于耶稣圣心祝文		N729	1926
扶助善终	沈则谦	重庆巴邑公义书院	1895
辅弥撒经		N823	
辅弥撒经（粤语）		N822	1927
高丽主证	陈光荣	重庆巴邑公义书院	1900
各式圣歌		N820	1935
公教论真	梧州教区各传道员合编		1946
恭迎圣心入王于家庭		N728	1929
恭迎耶稣圣心入王于家庭之礼节（拉丁文，粤语，客家话，罗马字母注音）		N841	1923
古新史略	沈容斋	重庆曾家岩圣家书局	1929
畸人十篇	利玛窦	N668	1896
畸人十篇	利玛窦	重庆曾家岩圣家书局	1899
家学浅论	梅慕雅	N685	1905
家学浅论	梅慕雅	重庆曾家岩圣家书局	1917

续表

出 版 物 名 称	著 译 者	书目编号	出版年份
简言要理		N604—605	1937
简言要理（粤语）		N615	1935
教要序论	南怀仁	N554	1905
教中宝藏（粤语）	欧磐石	N504	1927
进教要理（粤语）		N614	1936
经文便书		N777	1931
敬礼耶稣圣心月	梁安德	N725	1924（R）
客家土谈要理略说	雷慕贤	N619	1920
炼灵赞美经		N779	1920
裂教原委问答		N574	1899
临终领洗		N625	1922
领圣体要经		N790	1931
领洗问答（客家话）	雷慕贤	N618	1935
六十三默想		重庆曾家岩圣家书局	1939
露德圣母九日祈祷		N739	1935
玫瑰大赦	圣母圣心会士	N679	1918
玫瑰经		奉天小南关天主堂公教印书馆	1937
玫瑰经（客家话，罗马字母注音）	马六甲传教会	N836	1927
玫瑰经小问答	司立修（J.-B. Chouzy）	N624	1890
玫瑰九日经		N737	1932
玫瑰圣月		N736	1932
玫瑰十五端经恩赦论	R. P. J. Valls，O. P.	N678	1910
弥撒规程		N789	1926
弥撒祭仪		N693	1928
弥撒经本		N766	1936
弥撒经本，*Missel Romain Latin-Chinois*		N765	1934
弥撒问答（客家话）	雷慕贤	N620	1934
弥撒意略		N694	1930
默祷正路	Un P. Trappiste	N642	1919
默想神功	石铎琭	N640	1928
默想指掌	汤士选	N641	1905

续表

出版物名称	著译者	书目编号	出版年份
辟释氏诸妄	徐光启	N580	1896
辟妄	徐光启	N580	1904
辟妄	徐光启	重庆巴邑公义书院	1900
剖惑至言	Tch'ên Kouāg iǔn	N572	1897
七克直训	庞迪我，顾方济	N662	1925
七克真训（大本）	庞迪我，顾方济	N663	1910
契约字据		重庆曾家岩圣家书局	1938
黔疆诸证		重庆巴邑公义书院	1899，刻本
黔省主证遗芳	傅文寿	重庆巴邑圣家书局	1908
黔信芳踪		重庆巴邑圣家书局	1910
勤领圣体		N723	1921
轻世金书	阳玛诺	N657	1890
轻世金书便览	阳玛诺，吕若翰	粤东天主堂	1848，刻本
轻世金书便览	阳玛诺，吕若翰	粤东天主堂，香港纳匝肋静院	1905
群圣流芳	卜士杰	N527	1921
人之灵魂	梅致远（Jean-Marie Mérel，M. E. P.）	N705	1927（R）
日课撮要		N784	1935
若瑟圣月	李秀芳	粤东天主堂	1870，刻本
若瑟圣月	李秀芳	N742	1921
三山论学	艾儒略	N560	1904
三山论学	艾儒略	重庆巴邑公义书院	1903
善牧芳型——真福若望玛利亚若翰传	陈光荣	重庆曾家岩圣家书局	1907
善生福终	陆安德	N665	1935
善生福终	陆安德	重庆巴邑公义书院	1901
善与弥撒			1931
善终已亡经		N797	1923
上宰相书	B. P. Tying	N556	1902
神品七级	宝若望（Jean Louis Beaulieu）	N692	1910
神生历阶	北京苦修院修士（N. D. de Consolation, Pékin）	N661	1929

续表

出 版 物 名 称	著 译 者	书目编号	出版年份
神武正规	汤若望	N660	1907
慎思指南	南弥德	N43	1903
升神品礼意略译		N696	1926
省察规矩		N688	1932
省察规矩要理（粤语，客家话，拉丁文，法文）	梅致远	N843	1928
省察规式		N689	1927
省察要理，*Examen de conscience*（粤语，法语）	欧磐石	N844	1918
圣安多尼行实		N528	1899
圣保禄书翰（粤语）	欧磐石	N511	1927
圣本笃小史		N530	1936
圣多玛斯九日敬礼	Jos Valls，O. P.	N745	1930
圣方济各撒肋爵行实		N531	1935
圣纲鉴小略	明稽垿	N506	1892
圣家会规		N698	1896
圣教对联		重庆曾家岩圣家书局	1916
圣教鉴略	田嘉璧	N510	1924
圣教鉴略	田嘉璧	粤东耀德堂	1871
圣教经课	云南天主堂	N775	1932
圣教经课		N776	1933
圣教经课		重庆曾家岩圣家书局	1933
圣教经课		重庆巴邑公义书院	1900
圣教礼规		N795	1904
圣教礼规		重庆曾家岩圣家书局	1935
圣教礼规		重庆巴邑公义书院	1904
圣教理证	白德旺	N558	1933
圣教理证	白德旺	重庆曾家岩圣家书局	1914
圣教明征	万济国	N559	1903
圣教切要	白多玛	N553	1931
圣教日课		N782	1909
圣教日课（小本）		N783	1909

• 附　录 •

续表

出版物名称	著译者	书目编号	出版年份
圣教入川记	古洛东	重庆曾家岩圣家书局	1917
圣教四字经文	艾儒略	N617	1929
圣教要理	Mgr. Laribe	N610	1932
圣教要理	云南天主堂	N612	1926
圣教要理		重庆曾家岩圣家书局	1926
圣教要理		重庆曾家岩圣家书局	1930
圣教要理问答		重庆曾家岩圣家书局	1910
圣教要理问答			1925
圣教要理问答（中文，罗马字母注音，英语，法语）		N831	1927
圣教要理问答（中文，罗马字母注音，粤语，拉丁文）	Le Tallandier	N830	1927
圣经广益	冯秉正	N502	1912
圣经直解	阳玛诺		1904
圣路善工（官话）	伏若望	N803	1891
圣路善工（客家话，罗马字母注音，拉丁文，法语）	梅致远	N838	1922
圣路善工（闽南话，罗马字母注音）	Em. Mariette	N839	1911
圣路善工（粤语）		N802	1933
圣罗阁九日敬礼	P. Chérubin de Montpellier，O. F. M	N747	1911
圣罗格传		重庆曾家岩圣家书局	1905
圣母发现于露德实传	艾儒略（Joseph Jules Artif）	N677	1914
圣母行实	高一志	N522	1905
圣母玫瑰经十五端		N812	1932
圣母七苦籍规略		N676	1927
圣母七苦九日经		N738	1912
圣母圣月	孟振生	N735	1930
圣母小日课		N811	1935
圣母月		重庆曾家岩圣家书局	1915
圣女罗撒行实	Père Dominicain，罗森铎	N534	1896

续表

出版物名称	著译者	书目编号	出版年份
圣女罗撒九日瞻礼经文	Jos Valls，O. P.	N753	1921
圣女婴孩耶稣德肋撒九日敬礼经文		N750	1935
圣人言行新编	艾儒略（Joseph Jules Artif）	N526	1895
圣若瑟传	马若瑟	N524	1904
圣若瑟祷文		N816	1913
圣若瑟月		粤东耀德堂	1870，刻本
圣若瑟中国主保九日经（大本）		N743	1909
圣沙勿略九日敬礼		N746	1926
圣神玫瑰经	P. Liu	N807	1913
圣时	皮漱石	奉天小南关天主堂公教印书馆	1936
圣体晚课	P. Liu	N805	1913
圣体要理	艾儒略	N720	1910
圣心祷文		N806	1925
圣心月新编	李杕	N726	1925
圣咏注解	孟秋	N512	1910
圣主日弥撒经文（大本）		N767	1936
盛世刍荛	冯秉正	N557	1904
盛世刍荛	冯秉正	重庆巴邑公义书院印书馆	1893
淑修性气	圭伯特，J. Tch'ang，C. I. C. M	N708	1935
四史圣经译注	德如瑟（Jos. Dejean）	N500	1892
四终略意	白多玛	N664	1903
四终略意	白多玛	重庆巴邑公义书院印书馆	1903
颂祝玛利亚荣耀	亚尔丰索·利高烈	N675	1906
俗言警教	孟振生	N561	1903
俗言警教	孟振生	重庆巴邑公义书院印书馆	1903
溯源雅鉴		重庆曾家岩圣家书局	1909
天堂直路	梅慕雅	N666	1929

·附　录·

续表

出版物名称	著译者	书目编号	出版年份
天堂直路	梅慕雅	重庆巴邑公义书院印书馆	1901
天主降生圣经直解	阳玛诺	N501	1904
天主教奏折	孟振生	香港天主堂	1855，刻本
天主实义	利玛窦	N552	1904
童贞修规	马青山（Joachim Enjobert de Martiliat）	N701	1927
童贞修规			1910
童贞修规新编	Philippe Lau	N702	1934
万物真原	艾儒略	N551	1929
亡者日课		N796	1927
向耶稣圣心赎罪诵		N730	1928
新国文	H. Lamasse，Jasmin	N887	1922
新国文（官话，粤语，上海话）	H. Lamasse	N884	1922
新经公函与默示录	卜士杰		1923
修规益要	Un P. Trappiste	N700	1912
袖珍简祷		N786	1935
亚肋叔歌			1934
要经讲解		重庆巴邑公义书院	1894
要理讲论	古洛东	N013	1896
要理六端讲论	Lucas Li	N566	1929
要理条解注释	陶福音	N273	1931
要理问答	韩宁镐	N600—N603	1936
要理问答（中文，罗马字母注音，闽南话）	Em. Mariette	N832	1927
耶稣行实小传	雷慕贤	N521	1933
耶稣仁爱之王	玛宝，关采萍		1946
耶稣圣心祷文		N806	
耶稣受难圣路善工	伏若望	重庆曾家岩圣家书局	1936
耶稣受难四字经文	卜士杰	N505	1935
耶稣言行	腊挂，张秀材	吉林神罗修院	1938
耶稣言行纪略	艾儒略	N520	1928
耶稣言行问答	雷慕贤	N621	1924

续表

出版物名称	著译者	书目编号	出版年份
耶稣婴孩圣女德肋撒心神篇		N536	1930
耶稣真教四牌	P. Wong（王）	N575	1901
一目了然	白德旺	N550	1898
一小时恭圣体为外教		N722	1935
医方宝诀（中文—法文）	戴尔第	重庆巴邑公义书院印书馆	1895
已亡日课		N798	1907
佑助炼狱善灵九日瞻礼经文		N755	1932
粤西主证遗芳	傅文寿	重庆巴邑圣家书局	1908
早晚课	云贵天主堂	N778	1935
早晚课	广东天主堂	N785	1933
早晚课（暹罗文）		N787	1933
早晚课（粤语，罗马字母注音，拉丁文）		N835	1922
增补经课		重庆曾家岩圣家书局	1933
真道自证	沙守信	N555	1905
真道自证	沙守信	重庆巴邑公义书院印书馆	1901
真福列传		重庆巴邑圣家书局	1904
真福小德肋撒言行录		N535	1924
真教通行录		重庆曾家岩圣家书局	1907
周主日瞻礼福音		重庆巴邑公义书院印书馆	1896
主日公经日课		N788	1928
主日瞻礼圣经讲解	P. Thiriet，卜士杰	N503	1920
主证遗芳	傅文寿	重庆曾家岩圣家书局	1908
祝圣主教礼仪略述		N695	1931
遵主圣范	王君山	N655	1903
遵主圣范新编	包若瑟	N656	1903
遵主圣范新编	王君山	重庆巴邑公义书院印书馆	1905

* 本资料包含香港纳匝肋印书馆及巴黎外方传教会所辖机构出版物。
* 本资料未特别注明者为香港纳匝肋印书馆。
* 本资料未特别注明者为铅印本。

十、香港纳匝肋印书馆西文出版物目录

出 版 物 名 称	著 译 者	书目编号	出版年份
A Catechism of Morality and Religion	T. Fleming，S. J.	N272	1934
A complete Latin grammar, adapted from Petitmangin's Latin grammar，拉丁语法	赛热		1938
A la Conquête du Chau Laos	J. B. Degeoge	N465	1927
Acta et Decreta I^a Synodi，1890		N245	1893
Acta et Decreta Primi Concilii Regionalis coreani habiti anno 1931		N250	1931
Acta et Decreta Tertiæ Synodi		N246	1909
Actions de Grâces après la Sainte Messe	梅岭蕊	N355	1926
Alphabetum latinum ad usum almnorum，辣丁话序		N395	1923
An Hour of Adoration for the Conversion of poor Infideles		N379	1922
Annuaire des Missions Catholiques du Manchoukuo，满洲帝国天主公教教务年鉴		奉天小南关天主堂公教印书馆	
Au Pays des Pavillons Noirs，la Mission du Kouangsi，身陷土匪之乡——广西传教史	和为贵	N459	1925
Aux Rives de l'Irrawaddy，徜徉在伊洛瓦底河畔	达恩		1928
Benedictionale Gregorianum（Hymni et Cantiones 增补）		N144	1928
Biblia Sacra，Vulgatæ editionis		N1	1915
Bulletins de la Société des Missions-Etrangères	巴黎外方传教会		1922
Canons d'Autel		N155—N156	
Cantus Gregoriani Methodus，额咏学要		145	1920
Cantus Liturgici		N141	1923
Catéchèses	陶福音	N271	1933
Catechismus Communis Missionum Coreæ		N270	1934
Catechismus Concilii Tridentini		N210	1926
Chemin de la Croix du Missionnaire	A. Fllastre	N343	1918
Chemin de la Croix（拉丁文插图本）	A. Fllastre	N342	1930
Chineesche vertaling	南阜民		1918
Chou-king ou le livre des Vers，诗经	陶福音		1907
Cinquante ans d'apostolat au Japon	A. Villon		1923
Collectanea Decretorum Sanctæ Sedis		N230	1905

续表

出版物名称	著译者	书目编号	出版年份
Commentaires sur l'Evangile de St. Jean	坎佩农	N4	1902
Commentarium in Facultates Formulæ Tertiæ Majoris	R. P. J. Serra，O. P.	N237	1923
Commonitorium		N211	1905
Compendium Theologiæ Asceticæ		N215	1921
Compendium Theologiæ Dogmaticæ	A. L. Eloy	N202	1927
Compendium Theologiæ Dogmaticæ e probatissimis auctoribus excerptum	J.-M. Dépirre，Louis E. Turgis（杜）	N201	1901
Compendium Theologiæ Moralis	A. L. Eloy	N205	1929
Considerationes Christianæ	F. Nepveu，S. J.	N326	1928
Constitutio Leonis XIII，Romanos Pontifices		N232	1908
Controversial Catechism	P. Dallet	N311	1921
De Deificayione Justorum	L. Laneau	N325	1887
De Ecclesiasticis，Sacerdotibus et Clero	Jos. Mansi	N323	1906
De geest van de Hellige Theresia van het Kindje Jszus（中文）	汤永望		1926
De Imitatione Chriti Libri Quatuor		N320	1931
De l'Ombre à la Lumière，从黑暗走向光明	法布尔	N460	1934
De Laudibus Virginis Mariæ	亚尔丰索·利高烈	N360	1927
De Ordinibus Conferendis		N115	1935
De Parvo Officio B.M.V.		N112	1908
Dialogorum S. Gregorii Magni libri quatuor		N398	1930
Dictionnaire Cantonais-Français，粤法字典	欧磐石	N869	1912
Dictionnaire Chinois-Français，Dialecte Hac-Ka（客家话—法语辞典）	雷慕贤	N880	1926
Dictionnaire Chinois-Français de la Langue Mandarine Parlée dans l'Ouest de la Chine，华西官话汉法字典	川南教区传教士	N856	1893
Dictionnaire Français-Cantonais，法粤字典	欧磐石	N868	1909
Dictionnaire français-tibétain de langue parlée，法语—藏语词典	倪德隆		1916
Dictionnaire Historique et Géographique de la Mandchourie，满洲历史地理辞典	纪怀德	N456	1934
Dictionnaire Japonais-Français de L'Histoire et de la Géographie du Japon，和法历史地理辞典	帕皮诺特		1899
Dictionrarium Etymologicum Latino-Sinicum	E. Grimard（李），G. Ruault（吕）	N414	1926

续表

出版物名称	著译者	书目编号	出版年份
Directorium Commune Missionum Coreæ		N249	1931
Directorium Missionariorum	易兴化	N233	
Discussiones Conscientiæ		N336	1921
Documenta Rectæ Rationis	J.-L. Taberd	N310	1914
Documents Relatifs aux Martyrs de Corée de 1839 et 1846		N454	1924
Documents Relatifs aux Martyrs de Corée de 1866		N455	1925
Documents sur le Clergé Tonkinois aux XVII et XVIII Siècles		N464	1925
Eadem Missa			1927
Eadem Missa cum præfatione			1927
Elementa Arithmeticæ		N410	1927
Elementa Drammaticæ Latinæ		N407	1930
Elementa Grammaticæ latino-sinicæ		N405	1910
Elementa Litteraturæ		N408	1925
Elementa Liturgiæ	卜士杰	N120	
Elementa Rhetoricæ		N409	1933
En Butinant Virgile，维吉尔诗歌酌义	法布尔	N420	1924
En Chine l'étoile contre la croix，五角星与十字架	吕方济（F. Dufay）		1953
Epistola B. Joannis-Gabrielis Taurin-Dufresse		N347	1927
Epitome Historiæ Sacræ		N398	1930
Essai de grammaire thibétaine pour le langage parlé，藏语口语语法	戴高丹	N1150	1899
Etudes de latin	R. P. Seyrès	N417	
Études sur les classiques chinois，中国经典研究	陶福音	N891	1913
Evangile de Saint-Jean，*commentaires*	P.-M. C.		1902—1903
Examens pour retraites ecclésiastiques		N335	1920
Exarcices gradués de langue française	邓明德	N422	1915
Excerpta e rituali romano		N113	1935
Explicatio precum et cæremoniarum ordinarii missæ		N768	1930
Explication des Evangiles des dimanches et des principales fêtes de l'année，4 tom.	提里尔	N276	1894
Expositiones in Epistolas		N274	1932
Expositiones in Sancta Evangelia，*Quæ leguntur intra Missam*，8 Tome（拉丁文译本）	提里尔，卜士杰	N277	1912—1923

续表

出版物名称	著译者	书目编号	出版年份
Fables de La Fontaine	倪德隆		1933
Film de la vie Chinoise, Proverbes et Locutions, 文如其人——中国人生活格言和谚语	法布尔	N877	1937
Flores Historiæ Ecclesiastcæ		N399	1928
Gian		N474	1923
Grammaire Franco-Orientale	邓明德	N421	1913
Grammatica Latina, 辣丁文范	保禄·克鲁塞，松树嘴子修院	N406	1921
Grammatica latino-thibetana ad usum alumnorum missionis Thibeti	倪德隆		1909
Guide Linguistique de l'Indochine Française, 法属印度支那语言指南	萨维纳		1939
Heart and Soul	M.-J. Baulez	N470	1897
Histoire des Miao, 苗史	萨维纳	N1111	1925
Hymni et Cantiones		N143	1927
Hymnus Integer S.Bernardo Attributus Jesu dulcis Memoria		N369	
Instructio S. Congregationis de Propaganda Fide da RR.DD. Vicarios Apostolicos Imperii Sinarum		N236	1883
Introduction à l'Etude du Dialecte Cantonais, 粤语导引	G. Caysac（陈）	N865	1926
Introductionis in Libros Sacros Prælectiones	R. P. Velasco, O. P.	N5	1921
Jésus Vivant dans le Prêtre		N352	1921
Journal d'André Ly		N457	1924
Ka kha'i dpe tschan ma	戴高丹		1904
L'Abbé J.-J. Rousseille	L'Abbé Manceau	N445	1902
L'Education de la Jeunesse	R.P.J.Carabelli	N472	1919
La croix dans la tempête, 波涛中的十字架			1953
La léproserie de Shek-Lung, 石龙麻风病医院	波义通		1925
La léproserie de Sheuntak, 顺德麻风病院	法布尔		1925
La vraie pratique de la dévotion au Sacré-Cœur de Jésus	Th. Gerbier	N344	1908
Latijnsche vertaling van Grammaire Latine	梁济普（L.Van Cauwenbergh）		1918
Latine loquamur	E. Grimard（李），G. Ruault（吕）	N413	1927
Le Bouddhisme dans l'Inde, 印度佛教	H. Bailleau	N468	1924

续表

出版物名称	著译者	书目编号	出版年份
Le Catholicisme en Corée		N452	1924
Le Collège Général de la Société des M.-Et. de Paris（1665—1932）	R. P. Destombes	N444	1933
Le Credo Prêché aux Néophytes	汤永望	N286	1910
Le Décalogue Prêché aux Néophytes	汤永望	N287	1922
Le Livre de Job	P. Delvaux	N7	
Le Livre des Vers，Chē Kīn，诗经	陶福音	N893	1907
Le Roman de Pelandok，森林之王	R. Cardon	N477	1933
Le Shintoïsme，Religion Nationale	J.-M. Martin	N451	1924
Le Vitrail Thomiste	M. H. Lamasse，M. A. P.	N200	
Les Daimyo Chretiens ou Un Siècle de l'Histoire Religieuse et Politique du Japon，1549—1650，基督大名——日本宗教政治百年史	斯定荃		1904
Les quatre livres，Sé Chōu，四书	陶福音	N892	1916
Les Quatre Règles Expliquées aux Enfants	邓明德	N423	1913
Lexique Chinois Français	J. Gaztelu（方）	N855	1934
Lexique Français-Cantonais des Termes de Religion	欧磐石	N871	1918
Libellus Meditationum Sacerdotalium		N349	1921
Liber Pastoralis S. Gregorii Magni		N275	1912
Liste des Caractères	欧磐石	N870	1909
Litteræ Encyclicæ Pii PP. Xi		N290	1926
Liturgie，礼拜程序一百零二种		N12—N101	1888—1936
Locutions Modernes，Dialecte Cantone，粤法新词句		N874	1934
Manuale ad Addiscendam et Docendam Romanisationem Interdialecticam		N886	
Manuale Pietatis	M. Chaudier	N322	1932
Manuel de Conversation Français-Chinois（粤语）	Le Tallandier	N866	1927
Manuel de Conversation Franco-Laocienne			1906
Manuel de Médecine	Constant Desaint	N476	1905
Manuel pour les Soldats de l'Indo-Chine		N372	1899
Meditationes de Vita et Doctrina Jesu Christi	N. Avancino	N327	1897
Mémorial de la Société des Missions-Etrangères（1658—1912），2 vol.	陆南	N441	

续表

出 版 物 名 称	著 译 者	书目编号	出版年份
Memoriale Rituum		N114	1927
Memoriale Vitæ Sacerdotalis		N241	1929
Mensis Eucharisticus	X. Lerrari，S. J.	N340	1924
Méthode de l'Apostolat Moderne en Chine	梅岭蕊		1911
Mêthode pour la Méditation		N365	
Missa cum præfatione			1927
Missa ejusdem			1927
Missa eorumdem			1927
Missa Stæ. Teresiæ a Jesu INfante cantatat			1929
Missæ pro Defunctis		N110	1909
Mon Petit Catéchisme	M. A. Rivière（李）	N291	
Monita da Missionarios		N235	1930
Montaigu de Bourgogne，les seigneurs et le chateau，勃艮第的蒙泰居——诸侯和城堡			1920
Muc. Luc		N641	1930
N. Officium de SS. Corde Jesu cum omnibus ejus psalmis			1929
Nécrologe de la Société des Missions-Etrangères de Paris（1659—1930）		N442	
Nepotianus ex S.Hieronymo		N324	1906
Neuvaine de la Drâce à St.François-Xavier		N364	
Notes à l'Usage NN.SS. les Evêques		N231	1923
Notes pratiques sur la langue Mandarine Parlée，官话实用教程	N. G. Frère Mineur	N852	1911
Notitia linguæ sinicæ，汉语札记	马若瑟	N850	1893
Nova Missa de SS. Corde Jesu cum præfatione			1929
Nova Præfatio cum cantu			1929
Novum Jesu Christi Testamentum		N2	1930
Octiduum Sacrum	Aloysio Bellecio，S. J.	N328	1888
Officia Missionibus Japoniæ concessis		N69	
Officium Beatorum Martyrum Coreanorum			1927
Officium D.N.J.C. Regis			1927
Officium Defunctorum		N142	
Officium Divinum		N772	

• 附 录 •

续表

出 版 物 名 称	著 译 者	书目编号	出版年份
Officium Parvum B. M. V.		N111	1927
Officium S. Petri Canisii C. D.			1927
Oratio S. S. Leonis XIII		N368	
Orationes，圣像十种		N160—N174	
Orationes Dicende dum Sacerdos induitur Sacerdotalibus indumentis			1930
Orationes Matutinæ et Serotinæ		N367	
Parvum Directorium Missionarium		N234	
Pensées pour la retraite de mois		N285	1837
Petit dictionnaire Français-Chinois	J. Gaztelu（方）	N854	1928
Plans d'Instructions Catéchistiques	Mgr. Chapuis	N288	1919
Pour l'Amour de Dieu	圣母圣心会士	N354	1928
Praedica Verbum：Porte-Voix du Christ，基督的预言	法布尔		1938
Praxis Duodenaria		N341	1907
Premières Etudes de la Langue Mandairine Parlée	古洛东	N851	1905
Prière au Christ Roi		N363	
Prière du Soir		N366	
Programmata Examinis Theologiæ		N212	
Proverbes Chinois（粤语，法语）	欧磐石	N876	1918
Recueil d'Expressions et Phrases Choisies	司立修	N853	1894
Renaissance et Transmigration	L. J. Mette	N313	1910
Retraite Ecclésiastique	Louis Tiberge	N283	1893
Retraite sacerdotale et apostolique		N284	1921
Rubricarum Breviarii，Missalis et Ritualis Romani Expositio	Dieusoitbéni	N118	1921
Rubricarum Breviarii，Missalis et Ritualis Romani Expositio Practica	Dieusoitbéni	N119	1934
S.Anselmi		N150	1907
S.Francisci Xaverii Epistolæ		N346	1890
Sacerdos Devotus		N348	1921
Selectæ e Novo Testamento Historiæ	D. Erasmi	N400	1926
Selva S.Alphonsi a Liguorio		N361	1932
Sermones pro Exercitiis Spiritualibus	V. E. Carlassare	N282	1920

续表

出版物名称	著译者	书目编号	出版年份
Serta Flosculorum	Ægid. Guéneau	N151	1907
Seu-chou ou les quatre livres，四书	陶福音		1897
Sin Kouo Wen ou Nouveau Manuel de la Langue Écrit Chinoise，新国文	梁亨利		1922
Sincere Inquiry		N312	1913
Sommaire de la Doctrine Catholique	P. Soullard	N289	1923
Summa Decretorum Synodalium Sutchuen et Hongkong		N247	1910
Summula Ascetica，2 vol.	E. Chargebœuf	N213	1921
Summula Litterarum Latinarum	E. Chargebœuf	N411	1924
Summula Patristica		N214	1928
Synodus Vicariatus Cochinchinensis，1841		N244	1893
Synodus Vicariatus Sutchuensis，1803		N243	1918
Synthesis Decretalium Sinarum	J. M. Caubrière（高）	N248	1928
The Catholic Church in Korea		N453	1924
The Scholar's Guide to Devotion		N377	1935
Tout pour Jésus	P. Faber	N353	1923
Tractatus de Spiritu Sanctæ Teresiæ a Jesu Infante	汤永望	N362	1928
Trente Ans aux Portes du Thibet interdit，1908—1938，闯入藏区禁地三十年	古纯仁		1939
Un Heure d'adoration pour la Conversion des Infidèles	PR. P. J. Carabelli	N380	1919
Un Pelerinage bouddhique en Chine，Le Mont Omi，中国佛教圣地峨眉山	普罗斯珀	N458	1925
Un Vaillant d'Avant la Guerre	P. Kourouvi	N446	1920
Une Visite	Mgr. de Duébriant	N443	
Variæ Quæstiones Practicæ	A. L. Eloy	N206	1924
Visites au Sacré-Cœur de Jésus-Hostie	Th. Gerbier	N345	1908
Vita D. N. J. C. ex Concordia	P. Maheu	N3	1903
Vocabula Latina	E. Grimard（李），G. Ruault（吕）	N412	1927
Vocabularium Latinum		N397	1920
Way of the Dross		N378	

* 本资料包含香港纳匝肋印书馆及巴黎外方传教会所辖机构出版物。
* 本资料未特别注明者为香港纳匝肋印书馆。

· 附 录 ·

十一、香港纳匝肋印书馆小语种出版物目录

出版物名称	著译者	书目编号	出版年份
A Umana Varvai na Buk Tabu，圣史解说（卡纳克语）		N1160	1923
Ăcsâr Latinh，字母表（高棉语）		N1115	1927
Alphabet，字母表（缅语）		N1127	
Antôn thánh tích，圣安东尼传（安南语）	M. Ngô-đình-Khả	N913	1905
Antôn thánh tích vãn，敬礼圣安东尼（安南语）	M. Ngô-đình-Khả	N914	1919
Au học pháp ngũ，法语入门（安南语）	D. Cãn	N1055	1933
Bà thánh Monica và ông thánh Aocutinh，圣莫妮卡和圣奥古斯丁传（安南语）		N921	1924
Bà thánh Monica，圣莫妮卡传（安南语）		N920	1924
Bà thánh Têrêsa，圣特里萨传（安南语）		N922	1917
Bách tích，百年史（安南语）		N945	1926
Bài giảng，主日瞻礼经（安南语）	P. Bayle	N957	1931
Bàn la-kinh huóng đạo Thiên Chúa，指南（安南语）		N1026	1920
Benda jiwa iang brahi nha ia itu babrapa fasal akan pasang api pengasehan kapada Jesus dan Mariam，祈祷书（马来语）		N1139	1894
Bôn giai phép lân hôt chuôi thánh Mâu Môi Khôi，玫瑰经（安南语）		N975	1923
Chamorro Wörterbuch，德语—查莫罗语，查莫罗语—德语辞典	P. Callistus	N1155	1910
Chầu Mình Thánh D.C.Jêsu 15 phút（安南语）		N985	
Chứng lý tự nhuên dạy về Thiên Chúa，上帝实有（安南语）		N1020	1923
Con muôn o nhà，圣召简论（安南语）	D. Càn	N1030	1930
Dictionarium Latino-Thibetanum，拉丁语—藏语辞典	倪德隆	N1147	1916
Dictionnaire Annamite-Latin，安南语—拉丁语辞典			
Dictionnaire Bahnar-Français，缅语—法语辞典		N1129	1889
Dictionnaire Cambodgien-Français，高棉语—法语辞典	伯纳德		1902
Dictionnaire étymologique Français-Nung-Chinois，法语—侬语—中文词源辞典	萨维纳	N1110	1924
Dictionnaire' Ka⊥nao∧-Français et Français-'Ka⊥nao∧，黑苗语—法语双解字典	方义和	N1101	1931
Dictionnaire Français-Cambodgien，法语—高棉语辞典	S.Tandart	N1118	1910—1911
Dictionnaire Japonais-Français，日法辞典	帕皮诺特	N1093	
Dictionnaire Laocien-Français，老挝语—法语辞典	P. Guignard	N1123	1912
Dictionnaire Laotien-Francais	Theodore Guignard		1912
Dictionnaire Palau-Allemand et Allemand-Palau，帕劳语—德语双解辞典	Mgr. Savator Walleser O. C.	N1158	1913

1175

续表

出版物名称	著译者	书目编号	出版年份
Dictionnaire Thibétain-Latin-Français，藏语—拉丁语—法语辞典	西藏传教区	N1146	1899
Dông vât，动物学（安南语）	Fr. Chaize	N1065	1933
Dúc Chúa Bà tu tích vān，圣母诵（安南语）		N930	1926
Dúc Chúa Jêsu Di Ngôn（安南语）	S. Jean	N903	1928
Essai de Dictionnaire Dioi-Français，仲家语—法语双解辞典	方义和，韦利亚	N1100	1908
Essai de Grammaire Thibétain pour le langage parle，藏语语法	戴高丹	N1150	1899
Exercices Latins，拉丁安南语练习		N1051	1928
Fàdógnídópoùsē，Dictionnaire Français-Lolo，Dialecte Gni，法语—倮倮撒尼方言辞典	邓明德	N1105	1909
Giáo nhân thánh Mâu（安南语）	P. Jeanjacquot, S. J.	N1004	1907
Giúp tre xung tôi，为婴孩告解（安南语）		N1012	1930
Grammatica Latino-Thibetana，拉丁语—藏语语法	倪德隆	N1149	1909
Hanh Bà có lôc Margarita Maria，圣玛加利大传（安南语）	P. Qui	N923	1908
Hanh cac Thánh（安南语）		N911	1908
Hanh Chon-Phuóc Giude Lê Dang Thi tu dao，vān，一位殉道者赞美诗（安南语）		N932	1919
Hanh Chon-Phuóc Thôma Thiên tu dao，vān，殉道者托马斯赞美诗（安南语）		N933	1919
Hanh ông thánh Gioang Bêrêmang，圣 Bêrêmang 传（安南语）	P. Qui	N917	1908
Hanh ông thánh Luy Gônggaga，圣公撒格行实（安南语）	P. Qui	N915	1904
Hanh ông thánh Stanislao Kostka，圣 Kostka 传（安南语）	P. Qui	N916	1923
Hla mar má bòtho tòdrong Bá Iāng pang tòdrong khop，天主经（缅语）		N1128	1888
Höi châu Mình Thánh（安南语）		N998	1923
Jalan Salip，苦路（马来语）		N1137	1914
Jeju Kritô，耶稣基督传（缅语）		N1130	1894
Jerusalem=Roma，从耶路撒冷到罗马（安南语）		N944	1926
Jesus Kirisuto sei Fukuin-sho，四福音书（日语）		N1090	1900
Kabaktian sa'hari harian，祈祷书（马来语）		N1138	1905
Kaulangan kapada ser Elkhorban Elmakhudus，申尔福（马来语）	亚尔丰索·利高烈	N1140	1889
Khoáng vât gôm dja lý cùng kim thach hoc，地质学和矿物学（安南语）	Fr. Chaize	N1066	1933
Khôn song bong chêt，生与死（安南语）	Jos. Trang	N1023	1919
Kinh Thánh，圣经（安南语）	A. Schlicklin	N900	1916
Kôkyô yôri（罗马字母注音日文经书）		N1091	
Kôkyô-Kwai Kitosho（罗马字母注音日文祈祷书）		N1092	1927

• 附 录 •

续表

出版物名称	著译者	书目编号	出版年份
Lê luât hôi quan giáo，会长规章（安南语）		N1016	1912
Le Parler Japonais	G. Raoult	N1096	
Lê trieu thuon co truyen giao，东京基督教初创（安南语）		N941	1919
Litania Hati Terkhudus Tuhan Jesua，拉丁圣心（马来语）		N1134	1922
Lòi D. G. T. Piô X.，教宗通牒（安南语）		N952	1909
Luât phép nhà dòng nũ khan don（安南语）	Mgr. Cooman	N965	1924
Manuel de Conversation Francolaocienne，法语—老挝会话手册	Mgr. M.-J. Cuaz	N1122	1906
Mây diêu vê phép rũa tôi，圣洗（安南语）		N962	1920
Minh Giáo xích dôc，辩护书（安南语）		N1028	1923
Muc Luc，祈祷书（安南语）		N1040	1936（R）
Muòi hai on D. C.Jêsu húa cùng bà chân phúc Margarita Maria，圣玛加利大圣心承诺（安南语）		N924	1922
Nadók'óusē，纳多库瑟（彝文圣经要理问答）	邓明德	N1106	1909
Ngan ngũ kinh tho（安南语）	D. Cấn	N904	1926
Nhân loai than thê，解剖学和生理学（安南语）	Fr. Chaize	N1064	1924
Nhanhi nhanhian pada bulan Seti Marianm，圣母经（马来语）		N1142	1898
Ông thánh Lý Mi tu dao，殉道者 Lý Mi，剧本（安南语）		N935	1930
Oratio ad D. N. J.-C.，祈祷书（安南语）		N1043	
Pengajaran atas Rosario，玫瑰经（马来语）		N1141	1891
Petit Catéchisme Anglais-Malais，天主经简本（马来语—英语）		N1135	1913
Petit Catéchisme，天主经（马来语）		N1136	1895
Petit Dictionnaire Annamite-Latin，拉丁语—安南语小辞典		N1050	1928
Phcõm Rpsario，玫瑰经（高棉语）		N1117	1891
Phép bác vât，物理学，四卷（安南语）		N1062	1922
Phép nhât phu nhât phu，và su coi sóc tre con，婚配和教育（安南语）	Mgr. Gendreau	N964	1914
Prĕa bõndau P.săssena，天主经（高棉语）	P. Langenois	N1116	1892
Quê ta ô dâu？人类是什么？（安南语）		N1022	1930
Sách Bôn Roma（安南语）		N973	1901
Sách cām phòng（安南语）		N954	1926
Sách cât nghĩa Bôn，要理解说（安南语）	V. Martin	N972	1935（R）
Sách cha me day con，为全家告解（安南语）	P. Cân	N1011	1926
Sách dân lôi nguyên ngâm，祈祷入门（安南语）	Mgr. Clément Masson	N980	1927
Sách day tâp di dàng nhân dúc lon lành，精修（安南语）	P. Sérard	N990	1906

续表

出版物名称	著译者	书目编号	出版年份
Sách day vê phép Thánh The.	P. Qui	N993	1914
Sách gâm ba muoi môt diêu，每月默想（安南语）		N1081	1892
Sách gâm quanh nam，默想日课（安南语）	P. Qui	N981	1927
Sách giãng các ngày Chúa nhut quanh nam，周年主日瞻礼经（安南语）	J. Chuyên	N956	1925
Sách giang câm phòng cho các nhà viên tu（安南语）	D. Cân	N966	1922
Sách giang vê các chúc Hôi thánh，论圣餐（安南语）	P. Hoàng	N951	1909
Sách giãng vê dia nguc（安南语）	P. Qui	N983	1923
Sách giúp cãm phòng，传教士守则（安南语）		N955	1920
Sách giúp day xung tôi ruóc lê bao dông，教理入门（安南语）		N977	1923
Sách hãm mình sũa tình，默想（安南语）		N982	1921
Sách kinh，*Dja phât-diêm*，祈祷书（安南语）		N1041	1932
Sách lê cho bôn dao，祈祷书（安南语）		N1035—N1036	
Sách Meo latinh，拉丁语法（安南语）		N1054	1918
Sách Meo Phalangsa，法语语法（安南语）	D. Cãn	N1056	1933
Sách tháng Dúc Chúa Bà，圣母月（安南语）		N1006	1898
Sách tháng Trái Tim Dúc C.Giêsu，圣心月（安南语）		N1002	1928
Sách tóm lại nhũng truyên Sâm truyen cũ，古史解说（安南语）		N907	1933
Sách truyên su giang dao thánh trong nuóc Annam，东京传教史（安南语）		N940	1926
Sách vê phép giãi tôi，忏悔（安南语）		N963	1923
Sách xét mình hang ngày，特别告解（安南语）		N1013	1910
Sâm Kí Dao，圣迹考（安南语，法语）		N902	
Sâm truyen Mói，新史解说（安南语）		N908	1932
Sao con không chju lê moi ngày xem lê，勤领圣体（安南语）		N997	1918
Sô mây kinh Latinh，祈祷书（安南语）		N1045	1930
Sô phân loài nguòi thì làm sao，人类地位（安南语）		N1021	1930
So=hoc Lê-phép，难以捕捉的元素（安南语）	P. Nguyên Hoà Hoá	N1070	1933
So=hoc Thiên=van，宇宙元素（安南语）	P. Delmas	N1067	1920
Tháng Dúc Bà，圣母月（安南语）		N1007	1931
Thánh giáo yêu lý（安南语）		N970	1936（R）
Thánh Mâu Phuong danh kim thu，圣母之光荣（安南语）	亚尔丰索·利高烈	N1005	1915
Thánh Vinh，诗篇（安南语）	A. Schlicklin	N901	1914
Thu chung dia phân Phát Diêm Thu chung dia phân Phát Diêm（安南语）		N961	1920

续表

出 版 物 名 称	著 译 者	书目编号	出版年份
Thu chung dia phân Phát Diêm（安南语）		N960	1920
Thuc vât，植物学（安南语）	Fr. Chaize	N1063	1925
Toàn pháp so hoc，初等数学（安南语）	D. Cãn	N1057	1926
Tôn R.T.Trái Tim Dúc C.Giêsu，圣心瞻礼（安南语）	D. Cãn	N1001	1920
Triêt nhon trí ky，真智慧（安南语）		N1024	1931
Truông hoc toán pháp，高等数学（安南语）	D. Cãn	N1058	1919
Truyen Bà thánh Barba，教宗传（安南语）		N925	1926
Truyên Dúc Chúa Bà hiên ra tai Lourdes，露德圣母纪（安南语）		N1008	1903
Truyen ông thánh Bảo-Lôc，圣保禄行实（安南语）		N912	1912
Tshig dan skad rnams kyi gter mdzod chos blon sku yas kyisrtsams pa	倪德隆		1934
Tú chung，四终（安南语）		N991	1928
Tú nguyên yêu lý，基督教要理（安南语）	Mgr. Clément Masson	N950	1924
Tuân câm（安南语）		N967	1923
Van Chuong Annam，安南文学（安南语）	D. Cãn	N1059	1933
Vè cô Cao，圣 Mgr. Borie 诵（安南语）		N931	1915
Vê su chiu lê hang ngày，领圣体解释（安南语）		N996	1928
Vê su chiu lê，领圣体（安南语）		N995	
Viêc cuc trong tê lê Misa tích nghia vãn tãt，弥撒礼仪（安南语）		N994	1924
Viêt Nam công thãn hiên thánh tũdao（1833—1861），交趾支那殉教史（安南语）		N926	1919
Vua Gia-Long，Gialong 传（安南语）		N942	1913
汉字规简（安南语）	D. Cãn	N1072	1927
汉字列歌（安南语）		N1073	1927
会同四教名师（安南语）		N1083	1905
死候保佑要规书（安南语）		N1084	1904
四书不二字音义撮要（安南语）		N1075	1912
四终略说（安南语）		N1085	1904
肆原要理（安南语）	Mgr. Clément Masson	N1080	1898
文契单词（安南语）		N1074	1928
要理辨正邪自证（安南语）		N1082	1905

* 本资料包含香港纳匝肋印书馆及巴黎外方传教会所辖机构出版物。
* 本资料未特别注明者为香港纳匝肋印书馆。
* 本资料里同一语种或为中国少数民族和境外民族共享，无作区隔。

十二、香港公教真理学会出版物目录

出版物名称	著译者	书目编号	出版年份
Jesus Rex Amoris	Mateo Crawley-Boevey，吴经熊	TW1	
Martyr Heroes in modern times	王昌祉	TT5	
The Life and Heroic Death of Anne Wang	王昌祉	TT4	
The Life and Martydom of BI. Joseph Tchang	王昌祉	TT1	
The Life and Martydom of BI. Joseph Tchang	王昌祉	TT2	
The Road to Eternal life and the Martydom of an Opium Smoker	王昌祉	TT6	
爱的艺术	梁保禄		1947
安老会祖若翰娜余康	王昌祉		1939
白衣修女	张秀亚	民众读物小丛书	1947
百龄老人	张若谷		1948
百圣传略	于士铮		1941
拜圣体兼拜圣母简言	蓝禄叶		1926
本基督教救世精神困难必克昭示同胞努力建设新中国			
庇护十二世的生活	黎正甫		1949
避静指南	柏若翰，赖福成	神修丛书	1947
补鞋匠马丁威德	郑心		1949
不可不知		TA4	
成仁取义	步雷	民众读物小丛书	1948
初领圣体	Mgr. L. Morrow	TE2	1939
传教通则	马亦遒（B. Meyer）	TM3	1940
传教与战争			
从伦敦到罗马	庄森，吴丙中		1948
大道指归	朱希圣	神修丛书	1947
戴勉神父传	邢敦本		1941
到美国去做米斯特	杨安然（南洋）	新学生读物丛书	1946
东尼（上）	林藜	民众读物小丛书	1948
东尼（下）	林藜	民众读物小丛书	1948
笃爱之科学	吴经熊，陈香伯		1946
断环记	张秀亚	民众读物小丛书	1947
儿童论	雷克洛，杨寿康		1949

续表

出版物名称	著译者	书目编号	出版年份
法蒂玛的警声	艾克礼		1947
菲蜜欧罗	何继高（Chi Kao Ho）	TF1	1939
福音	吴经熊		1949
复活	沈石水	民众读物小丛书	1947
傅兰萨蒂小传	佘敏生，王昌祉	TB2	1939
给病人的十封信	王昌祉		1941
给儿童们	王昌祉	TM3	1939
给男教友们	何继高	TM6	1940
工作论	雷克洛，顾古香		1949
公教的社会观	欧堪，廖玉华		1949
公教进行组织初阶	马亦遒		1946
公教论真	梧州传教员		1948
公教徒的真意义			1938
公教徒孝敬祖先吗			
公教信理释义	Mgr. L. Morrow	TH3	1939
公教研究丛刊	马亦遒		
公教真理与各教会	陈燕祥（J. Chan）		1940
公教真相		TA3	1940（R）
公教真义与各教会	陈燕祥	TM1	1940
公进的要素	教宗庇护十二世	民众读物小丛书	1947
公进通则	马亦遒	TC3	1939
共产主义的哲学与实施	P. Adrian，蔡任渔	TQ1	1938
共党主义的策略	Mgr. Fulton Sheen，蔡任渔	TQ5	1940
共党主义的哲学与应用	Mgr. Fulton Sheen，蔡任渔	TQ6	1940
关于宇宙的起源问题圣经与科学是否冲突	王昌祉		1949
广播讲演		TP2	1939
归乡道上	寒风		1948
国家与世界大同	王昌祉		1949
黑暗里的明星	炎言		1949
黑女子的呼声（上）	李盎博		1949
黑女子的呼声（下）	李盎博		1949

续表

出 版 物 名 称	著 译 者	书目编号	出版年份
红色的百合花——血染黄河	王昌祉	TT5—TT6	1940
红色的百合花——亚纳王贞女传	王昌祉	TT4	1940
红色的百合花——真福文吴张陈易合传	王昌祉	TT3	1940
红色的百合花——真福张陈罗罗氏合传	王昌祉	TT2	1940
红色的百合花——真福张罗王林合传	王昌祉	TT1	1940
婚配礼仪		TE3	1940
婚姻与独身	王昌祉		1949
基督的新诫命	王昌祉		1949
基督正教	陶洁斋		1949
基多教义	公教进行会研究丛刊		1940
基多之道与阶级之战		TQ3	1936
几个圣经难题	苏尔		1948
几个宗教问题	蔡任渔	TA4	1939
教会与国籍			
教会与救济			
教士们是怎样的人	王昌祉		1949
教友传教之志意	陆伯鸿	TC1	1940
教友袖珍	圣经学会	TD4	1940
教宗论无神论共产主义之通牒	冯德尧	TQ2	1938
教宗正式谈话	C. E. Coughlin，蔡任渔	TM9	1939
芥子	周若渔	民众读物小丛书	1948
进化论与人类原始	雨人	民众读物小丛书	1947
精神不死	王昌祉		1949
军人魂	戴一法		1948
抗战老人	胡振中		1948
抗战老人雷鸣远司铎	耀汉小兄弟会		1947
科学家相信天主的七人理由	王昌祉		1949
科学与科学精神	王昌祉		1949
旷野之声	刘益之	民众读物小丛书	1948
劳动神圣	现代问题研究所		1949
劳工·妇女·儿童	方豪	民众读物小丛书	1947
劳工问题	教宗良第十三，戴明我		1949
理想的社会	于斌	民众读物小丛书	1947

续表

出 版 物 名 称	著 译 者	书目编号	出版年份
良心与道德	王昌祉	民众读物小丛书	1947
灵魂			
陆徵祥传	罗光，刘鸿逊		1949
论基督的身体	赵尔谦		1949
论教友与教外的人结婚及公教孝敬祖先之义			
论敬真神与邪神之别			
论灵魂实有与轮回之妄			
论社会正义	赵尔谦		1949
论守斋之义与善恶之报			
梅格姑娘	林蕤，英孟昭	TB4	1939
弥撒规程			1947
弥撒与人生	关采萍		1946
模范父母	贺近民		1949
摩尔博士的文卷	郭海骏	民众读物小丛书	1947
墨井道人	张泽		1940
墨西哥第一位公进致命	王昌祉		1940
墨子的兼爱与耶稣的博爱	王律		1949
默想指南	南司铎	神修丛书	1947
母亲伟大的责任	梁曼如（Amy Leung）	TM1	1947
男女平等	王昌祉		1949
你在天主教堂中见到什么	P. Martindale，黄斯望	TM4	1939
谦逊	吴丙中	神修丛书	1947
勤领圣体	P. Lintelo，杨凤翔	TN1	1939
青年的美德	路加		1948
人而天主的耶稣基督	王昌祉		1949
人格教育	王昌祉		1949
人生的意义	王昌祉		1949
人生问题	文嘉礼		1947
人生与宗教	牛若望		1949
人是猿变的吗	王昌祉		1949
人心的道德律证明有神	王昌祉		1949
如何爱天主	格罗西，梁保禄	神修丛书	1947
如何生活	何继高	TC2	1938

续表

出版物名称	著译者	书目编号	出版年份
若翰纳余康传	王昌祉	TB5	1939
三字经		TD3	
色	刘菜耀		1923
山穷水尽	张秀亚	民众读物小丛书	1947
烧纸钱的来历及其虚妄			
社会事业与慈善事业	王昌祉		1949
神父与国籍			
神妙的医生	吴燕		1948
神也有真假的吗			
生命的产生	王昌祉		1949
生命的奇妙证明有神	王昌祉		1950
圣安东尼行实			1935
圣本笃小史			1936
圣诞节	刘尚德	民众读物小丛书	1947
圣诞之夜	张罗		1948
圣诞子时弥撒		TE4	1939
圣道之配	马弥雍，范介萍	神修丛书	1949
圣方济各撒肋爵行实			1935
圣嘉弥略·雷列斯传	殷士		1947
圣教理证	Fr. M. Chai	TA6	1948
圣教理证（粤语）	Fr. M. Chai	TA7	
圣经关于人类远祖的记载	王昌祉		1949
圣路加福音	萧舜华	TS2	1939
圣母行述	梅先春		1947
圣母小日课	圣经学会		1949
圣女贞德传	王昌祉		1940
圣体降福	吴丙中		1947
圣体教宗庇护十世小传	王昌祉		1940
圣维亚纳讲道集	沈石水	TP3	1939
圣味增爵会祖翁若南传	黄若瑟，王昌祉	TB3	1938
圣五伤方济各行实	杨乾逊，何芳理		1949
圣洗礼仪		TE2	1940
圣心	陈绪论		1938

续表

出版物名称	著译者	书目编号	出版年份
圣心玛利亚女修传	夏斯尔，叶秋原		1949
圣主日礼仪			1940
时代学生月刊	程野声		1950
世界的伟大证明有神	王昌祉		1949
世界何故有罪恶			
世界上的财富是为谁的	王昌祉		1949
释爱人爱仇与告解之义			
思想与脑	王昌祉		1949
四个基本问题	佚名		1948
孙中山先生对于基督教的态度	德礼贤	TM5	1930
他在祭台干什么？	洪楚贤	TE5	1940
谭化溥司铎遇害记	王昌祉		1941
天国和平之后	刘鸿逊，吴丙中		1949
天神善牧	黎正甫		1947
天主教的著名科学家	王昌祉		1949
天主教的宗教仪式	王昌祉		1949
天主教的组织	王昌祉		1949
天主教关于婚姻与守贞的教义			
天主教精义	吴丙中		1950
天主教是什么	王昌祉		1949
天主教徒也尊敬祖先吗			
天主教为洋教辩			
天主教与科学	王昌祉		1949
天主教与学术的贡献	Fr. M. Chai		
天主教与政治	王昌祉		1949
天主教在中国	牛若望		1948
天主经	赤柱圣衣会	神修丛书	1948
天主究竟有没有			
天主性体质难			
同心曲	张秀亚	民众读物小丛书	1947
晚间一小时之家庭朝拜圣心	玛宝（Matteo Crawaley），陈伦绪（J. Chan）	TD2	1938

续表

出 版 物 名 称	著 译 者	书目编号	出版年份
万王之王（耶稣行实彩图）			1949
万有真原			
为何称天主教为公教			
为什么天主许有教难	王昌祉		1949
我曾加入共产党	王昌祉	TQ4	1938
我的初领圣体	Mgr. L. Morrow	TE2	
我的家在南洋	南洋		1949
我的生活	吴燕		1949
我的童年	程野声	新学生读物丛书	1948
我的主日弥撒经书	吴经熊		1947
我们的经济生活	徐虹矶		1947
我们的圣教（第二集，成人班教授法）	马亦遒	TH6	1939
我们的圣教（第二集，成人班课本）	马亦遒	TH5	1940
我们的圣教（第一集，儿童班教授法）	马亦遒	TH4	1939
我们的圣教（第一集，儿童班课本）	马亦遒	TH3	1939
我们的圣教小引（保守班）	马亦遒		1939
我们的宗教	托德，杨世豪		1949
我们需要整个的真理	王昌祉		1949
我能够做司铎么？	陈伯良	TV1	1938
我能够做修女么？	左爱伦娜（Ellen Chow）	TV2	1940
我是从哪里来的			
我是什么	Fr. Adrian，冯瓒璋	TA5	1940
我为什么入天主教			
我为什么信奉天主教	王昌祉		1949
我原是无神论者（上）	刘鸿逊		1949
我原是无神论者（下）	刘鸿逊		1949
无神抑有神	王昌祉		1949
吾主耶稣的喜报			1947
吾主耶稣言行史略	Fr. L. Chan	TS1	1938
五伤小玫瑰传	包业，刘鸿逊		1949
物质精神和平自由	冯瓒璋	民众读物小丛书	1948
戏勉神父小传	邢敦本		1940

续表

出版物名称	著译者	书目编号	出版年份
向文化事业努力	程野声		1948
像解问答直讲	马亦遒	TH7	1940
小德肋撒德行新谱	朱希圣		1947
小学教师	诸正瑛	新学生读物丛书	1946
新教友袖珍		TD4	
新人生哲学	蔡任渔	民众读物小丛书	1947
新生	潘良清	新学生读物丛书	1946
新袖珍简祷	圣经学会	TD1	1940
信仰与行为	王昌祉	TM7	1941
信仰与迷信	王昌祉		1949
信仰自由	王昌祉		1949
幸福家庭	王昌祉		1949
修生袖珍	师仁杰	TD5	1939
亚尔斯本铎圣维亚纳传	张亨利，王昌祉		1947
要理问答（中英对照）		TH1	
要理问答简编（中英对照）		TH2	
耶稣的生活	E. A. Goodier		1948
耶稣会士威廉兑尔传	陈伦绪	TB1	1938
耶稣基督的传教成绩	王昌祉		1949
耶稣基督的教训	王昌祉		1949
耶稣基督的受难与复活	王昌祉		1949
耶稣基督究竟是谁	王昌祉		1949
耶稣基督所讲的天堂地狱	王昌祉		1949
耶稣基督在世代权	王昌祉		1949
耶稣基督在世上的历史	王昌祉		1949
耶稣基督的母亲	王昌祉		1949
耶稣仁爱之王	关采萍		1946
耶稣圣心入王家庭问答	周若愚		1947
耶稣真教问答（粤语）	马亦遒	TA8	
一个伟大的大女事业家	梅光春，苏雪林		1949
一个新中国			
一个致命者的女儿	顾广源	TF2	1939

续表

出版物名称	著译者	书目编号	出版年份
一目了然		TA9	
一小时恭敬圣体为外教	纳匝肋院		1935
一株幽兰	吴经熊	民众读物小丛书	1947
异军英豪	南国光，杨昌明		1948
译化溥司铎遇害记	王昌祉		1941
永乐·炼苦	周若愚	民众读物小丛书	1947
有没有天主？	佚名	民众读物小丛书	1947
于斌主教抗战言论集	昆明益世报		1937
宇宙有否原始	王昌祉		1949
宇宙之谜	项退结	民众读物小丛书	1948
原子能证明有神	王昌祉		1949
早晚课	圣经学会		1946
战争与和平	王昌祉		1949
哲学的概念	刘宇声		1949
哲学与宗教	文嘉礼，李有行		1948
真福马丁传	赵尔谦		1949
真福马丁九日敬礼	赵尔谦		1949
真教初步	马亦遒	TM2	1939
真教唯一			
真教唯一（续）			
真理的要点	陈燕祥	TA2	1940
正道溯原		TM4	
政府与人民	王昌祉		1949
中国传统文化与天主古教	苏雪林		1950
中国教宗与中国	程野声	民众读物小丛书	1947
中国之友			
周年主日瞻礼圣经（罗马字母）	M. Tennien	TP4	
周年主日瞻礼圣经（罗马字母，粤语）	M. Tennien	TP5	
主之圣言	A. Granelli	TP1	1931
转变	施蛰存		1940
宗教是什么	王昌祉		1949
左太太	庄昌锦		1949

十三、澳门慈幼会印书馆出版物目录

出版物名称	著译者	出版时间	备注
埃及方济各女修会祖罗沙姆传	隐名	1949	灵修小丛书
爱德天使——顾达和普鲁尼	杨塞	1946	灵修小丛书
安琪儿的泪	白德美，傅玉棠	1946	公教小读物丛书
澳门公教庆祝真福若望鲍斯高特刊	澳门公教会	1929	
巴黎之幼童（三幕剧）	柏尔顿，罗号	1948	新青年戏剧丛书
鲍思高继位者卢华小传	傅玉棠	1947	灵修小丛书
鲍斯高母亲玛加利大传	杨塞	1946	灵修小丛书
北菲圣师圣奥斯定小传	何慕人	1946	灵修小丛书
北美殉教烈士小传	张庚天	1950	灵修小丛书
贝英多禄	林廼品	1949	儿童丛书
比利时玉簪若瑟伯尔各满	杨塞	1948	灵修小丛书
冰窟恩仇记		1952	公教小读物丛刊
并蒂红葩芙花及玛利亚传	南星耀	1949	灵修小丛书
病者之慰若望号天主者小传	钟协	1946	灵修小丛书
波兰玉蕺达尼老各斯加传	傅玉棠	1947	灵修小丛书
伯达尼之夜	彭波	1950	公教小读物丛书
捕蝶人	罗斯安利，谢慈佑	1947	新青年小说丛书
不平凡的怀念	岳道	1948	儿童丛书
车床学	车尔利，方廷忠	1948	
彻尔图会会祖——圣布路诺小传	杨塞	1948	灵修小丛书
晨钟集	白德美，袁锦棠	1947	公教小读物丛书
初级古史略	苏冠明	1948	
初级新史略	苏冠明	1946	
传教花絮	傅玉棠	1946	公教小读物丛书
传信会女会祖——包里纳·马利亚·雅里各小传	中玉	1948	灵修小丛书
慈母心	岳道	1947	公教小读物丛书
慈母之声	叶顺天	1946	儿童丛书
慈幼会史略	何慕人	1946	灵修小丛书
大司祭之御路	侯树信	1948	
大学新注	叶深	1946	

续表

出版物名称	著译者	出版时间	备注
当仁不让（三幕剧）	保维尼，钟协	1948	新青年戏剧丛书
登地位的奴隶（五册）		1949	
迪嘉兰	丁山	1947	公教小读物丛刊
地震先生	吴新杰	1949	儿童丛书
第六号音乐室	贾素棠，于顿	1949	新青年小说丛书
典型母亲	阿富福，范介萍	1948	公教小读物丛书
动物世界（二）	郁国尼	1949	儿童丛书
动物世界（三）	若斯	1950	儿童丛书
动物世界（一）	钟协	1946	儿童丛书
独幕谐剧集（二）	王涌	1949	新青年戏剧丛书
独幕谐剧集（二）		1949	新青年戏剧丛书
独幕谐剧集（一）	王涌，余秉昭	1949	新青年戏剧丛书
独幕谐剧集（一）		1949	新青年戏剧丛书
独子		1951	公教小读物丛刊
断头台慈父若瑟嘉发束	杨塞	1947	灵修小丛书
对话录（独幕剧）	邓青慈	1949	新青年戏剧丛书
对天上慈母的职责			
铎修正则	包维尔，姚景星	1947	世光丛书
儿童良友教宗庇护十世	何慕人	1946	灵修小丛书
法学之光康达度斐里尼传	袁锦棠	1947	灵修小丛书
飞翔集（二）	钟协	1948	公教小读物丛书
飞翔集（一）	钟协	1947	公教小读物丛书
风雨归舟（五幕剧）	三友	1949	新青年戏剧丛书
富贵烟云（上）	胡兴粤	1947	新青年小说丛书
富贵烟云（下）	胡兴粤	1947	新青年小说丛书
伽利略案	杜宾田	1949	上海慈幼会
甘贫的王子查多利斯基传	傅玉棠	1948	灵修小丛书
甘贫师表五伤方济各传	傅玉棠	1947	灵修小丛书
橄榄园	钟协	1948	公教小读物丛书
高级古史略	鲍思高，梁铭勋	1947	
高级新史略	鲍思高，梁铭勋	1948	
鸽子过圣诞	戚文光	1949	儿童丛书

续表

出版物名称	著译者	出版时间	备注
革履模型裁法指南	马之先	1947	
公教大演说家——圣若望号金口者小传		1950	灵修小丛书
公教感化了他	莫希功	1947	公教小读物丛书
公教化的生活	钟协	1948	袖珍丛书
公教信友的真相	真理学会	1947	
公教学校主保圣多玛斯传	岳道	1946	灵修小丛书
公教真义与各教会	陈燕翔	1947	
公教作家主保——圣方济各·撒勒爵小传	何慕人	1946	灵修小丛书
公青手册（上）		1951	公教小读物丛刊
公青手册（下）		1951	公教小读物丛刊
古城巨窃	梅安尼，胡兴粤	1947	新青年小说丛书
古史略	梁铭勋	1947	公教史地丛书
古祖若瑟	乐泉	1949	灵修小丛书
固执的画家	吴新杰	1949	儿童丛书
鬼窟歼魔记	嘉米禄，胡兴粤	1947	新青年小说丛书
海豹故事	叶顺天	1946	儿童丛书
海底三杰	普灵西，伍梓锋	1947	新青年小说丛书
黑手党	罗亭，三友	1947	新青年小说丛书
红海之畔	梅安尼，鲁微达	1949	新青年小说丛书
红鹰	狄士洺，子平，三友	1948	新青年小说丛书
花地玛圣母	岳道	1948	灵修小丛书
花地玛小牧童		1950	公教小读物丛刊
荒漠之花	梅安尼，殷士	1947	新青年小说丛书
荒唐古失猫记（二幕剧）	邓青慈	1948	新青年戏剧丛书
悔罪之表——圣妇玛大利纳	傅玉棠	1946	灵修小丛书
基督的养父	卢振	1950	灵修小丛书
基督净配		1949	公教小读物丛刊
计取虎头门	嘉米禄，罗嘉	1949	新青年小说丛书
祭司的日用粮	史密忒，刘宇声		
家室砥柱	李荣光	1948	袖珍丛书
交友的智慧	傅玉棠	1947	新青年小说丛书
劫	姚里莱，龚道熙	1950	新青年小说丛书

续表

出版物名称	著译者	出版时间	备注
解放前夜（上）	悠然	1948	新青年小说丛书
解放前夜（下）	悠然	1948	新青年小说丛书
金翅鸟（两歌剧）	乌古斯安尼，梁丕夏	1949	新青年戏剧丛书
进教之佑降福	安斯尼，傅玉棠	1949	公教小读物丛书
进教之佑女修会史略	傅玉棠	1948	灵修小丛书
敬爱圣母的真谛			
敬礼耶稣圣心九分务	白德美社	1948	袖珍丛书
考试主保若瑟顾伯定诺传	乐泉	1948	灵修小丛书
可敬鲍斯高若望	香山撒纳爵会	1924	
苦尽甜来（歌剧）	福尔基，叶顺天	1950	新青年戏剧丛书
苦难花——圣女詹玛卡加尼	慈幼会士	1946	灵修小丛书
来不及了	钟协	1949	公教小读物丛书
蓝衣人	勒普斯，殷士	1947	新青年小说丛书
烂熳	蓝路一	1950	新青年小说丛书
黎巴嫩的逃亡者	傅玉棠	1948	公教小读物丛书
历代圣母显现史			
炼	库灵尔，丁山	1947	新青年小说丛书
灵迹大圣安多尼小传	岳道	1947	灵修小丛书
灵医会祖嘉弥略雷例斯传	郭尔根	1949	灵修小丛书
流血记	郑天祥	1950	公教小读物丛书
炉边谈话		1951	公教小读物丛刊
露德的回忆			
露德小花——圣女伯尔纳德·苏庇卢小传	邓青慈	1946	灵修小丛书
论小罪	安德肋，叶顺天	1947	公教小读物丛书
落基山	梅安尼，陈基慈	1946	新青年小说丛书
驴子的歌声	偶尔	1948	儿童丛书
绿翎	殷士，小鸥	1949	新青年小说丛书
马高鼎弥额尔传	邓青慈	1944	青年丛书
玛里的小提琴	梁秋浦	1948	儿童丛书
玛利亚无玷圣心的献礼		1951	公教小读物丛刊
玛利亚与祭司			
蚂蚁的故事	若斯	1949	儿童丛书

续表

出版物名称	著译者	出版时间	备注
玫瑰十字军	梁保禄	1947	公教小读物丛书
美畜	叶顺天	1946	儿童丛书
猛士忠魂	乌果斯安尼，王涌	1947	公教小读物丛书
弥额尔马尔高鼎	鲍思高，邓青慈	1947	灵修小丛书
弥撒概论		1950	灵修小丛书
弥撒是什么		1951	公教小读物丛刊
弥撒正祭所纪念的诸圣	刘绪秋	1949	灵修小丛书
免疫主保罗格小传	鲁微达	1946	灵修小丛书
穆罕默德的女儿	梅安尼，鲁微达	1947	新青年小说丛书
莫斯科滑铁卢圣赫肋纳	白德美，傅玉棠	1946	公教小读物丛书
母爱狂人——玛西弥连·高尔伯司铎小传		1950	灵修小丛书
母后典型圣依撒伯尔传	傅玉棠	1947	灵修小丛书
母佑歌集	司马荣	1950	
母佑会史略		1946	灵修小丛书
母佑月	白德美，武幼安	1947	公教小读物丛书
内修生活问答	阿里耶，范介萍	1949	
尼罗河	嘉禄米，虹影	1950	新青年小说丛书
弄巧成拙	钟协	1949	儿童丛书
女工通讯		1951	公教小读物丛刊
女青年主保圣女依搦斯	钟协	1947	灵修小丛书
女巫的约指	万里	1946	儿童丛书
贫困之父——味增爵小传	岳道	1946	灵修小丛书
贫人之后——圣女加辣小传	傅玉棠	1946	灵修小丛书
贫人之母——罗依斯玛丽辣克	傅玉棠	1947	灵修小丛书
七苦圣母的爱儿——圣嘉庇厄尔小传	岳道	1946	灵修小丛书
祈祷生活问答	梁布仁	1948	袖珍丛书
谦逊的童贞玛利亚			
强蛮的狮子	佚名	1949	儿童丛书
青年慈父圣鲍思高传	傅玉棠	1946	灵修小丛书
青年的人格	陈哲敏	1948	
青年你是这样吗	若望鲍斯高，陈伯康	1947	新青年小说丛书
青年袖珍	鲍思高	1949	

续表

出版物名称	著译者	出版时间	备注
青年学生模范类思公撒格	杨塞	1948	灵修小丛书
拳祸一瞥	三友	1948	公教小读物丛书
人类的母亲			
人生历程	施达，廖玉华	1949	公教小读物丛书
人生历程		1949	公教小读物丛刊
人与狼	罗亭，三友	1949	新青年小说丛书
日常生活三十讲	鲁微达	1948	公教小读物丛书
如此社会	钟协	1947	新青年小说丛书
三个希望	龚天瑞	1948	儿童丛书
三烈士（四幕剧）	莫希功	1949	新青年戏剧丛书
杀人与自杀		1952	公教小读物丛刊
沙漠呼声	南星耀	1950	公教小读物丛书
沙维豪	邓学骥	1950	新青年戏剧丛书
上智亭毒若瑟葛多楞高传	杨塞	1948	灵修小丛书
少年著作家白德美小传	傅玉棠	1946	灵修小丛书
社会秩序之重建	赵尔谦，戴明我	1949	圣类斯工艺学校
神灯魅影	石困	1948	公教小读物丛书
神奇的火星雨	勒卜郎，屏西	1949	新青年小说丛书
圣鲍斯高传略	德修士		上海思高学校
圣城末日	史贝曼，丁山	1948	新青年小说丛书
圣诞故事	白德美，钟协	1946	公教小读物丛书
圣诞集锦		1951	公教小读物丛刊
圣都小英雄	梅安尼，岳道	1947	公教小读物丛书
圣方济各·沙勿略小传	张戾天	1950	灵修小丛书
圣后依撒伯尔		1946	灵修小丛书
圣化主日	钟全璋	1948	袖珍丛书
圣教栋梁衣纳爵小传	白德美社	1947	灵修小丛书
圣教释义	李秉源	1948	圣类斯工艺学校
圣经学博士热罗尼莫传	中玉	1948	灵修小丛书
圣路加福音		1937	
圣母净配圣若瑟小传	南星耀	1949	灵修小丛书
圣母灵心录	南星耀	1949	公教小读物丛书

续表

出版物名称	著译者	出版时间	备注
圣母圣室	中玉	1948	灵修小丛书
圣母圣心录		1949	公教小读物丛刊
圣母无染原罪小日课	何慕人	1947	
圣母月	鲁微达	1950	公教小读物丛书
圣母在我们的生命史上			
圣年小史	梁保禄	1950	灵修小丛书
圣女芙花		1949	灵修小丛书
圣女玛加利大传	白德美，傅玉棠	1946	灵修小丛书
圣女小德兰的祈祷	威诺若翰，钟全璋	1949	世光丛书
圣女依搦斯		1946	灵修小丛书
圣若瑟月	贾玛若兰，鲁微达	1947	公教小读物丛书
圣体奥迹	叶露嘉	1949	灵修小丛书
圣体善会——巴斯加拜伦传	钟协	1948	灵修小丛书
圣体圣事宗徒——真福伯多禄·儒利安·爱玛神父小传	岳道	1947	灵修小丛书
圣体小烈士——圣达济斯传	鲁微达	1946	灵修小丛书
圣文生慈善会会祖——菲德烈·欧沙南小传		1950	灵修小丛书
圣心的宗徒——亚辣谷克传	傅玉棠	1946	灵修小丛书
圣心会会祖—圣玛大肋纳·所菲亚·巴拉小传	傅玉棠	1947	灵修小丛书
圣心圣月	鲁微达	1949	公教小读物丛书
圣衣纳爵自传	萧先义	1950	公教小读物丛刊
圣召问题	冯瓒璋	1947	
失鼠奇案	郁国尼	1949	儿童丛书
诗经（上）	陈植性	1940	
诗经（下）	陈植性	1946	
十九世纪的伟人	胡重生	1939	
十三号屋	沉默	1948	新青年小说丛书
十万问题（二）	傅玉棠	1946	儿童丛书
十万问题（六）	傅玉棠	1949	儿童丛书
十万问题（三）	傅玉棠	1946	儿童丛书
十万问题（四）	傅玉棠	1948	儿童丛书
十万问题（五）	傅玉棠	1948	儿童丛书

续表

出 版 物 名 称	著 译 者	出版时间	备 注
十万问题（一）	傅玉棠	1946	儿童丛书
十字圣号	叶露嘉	1949	灵修小丛书
势不两立，迅雷	邓学骧	1950	新青年戏剧丛书
兽王儿女	梅安尼，钟协	1948	公教小读物丛书
赎世主会会祖——圣亚尔方骚·尼果利小传	谢慈佑	1946	灵修小丛书
庶务会士模范——圣亚尔方骚·罗德利盖小传	张庆天	1950	灵修小丛书
四义友	叶顺天	1946	儿童丛书
太平洋的背后	保嘉第尼，邓青慈	1947	公教小读物丛书
太阳之子	赵莱广，鲁微达	1946	新青年小说丛书
谈谈大赦	何慕人	1936	袖珍丛书
淘气的小金	杨塞	1948	儿童丛书
天鹅	张天爵	1950	新青年小说丛书
天国的锁钥	白德美，王涌	1949	公教小读物丛书
天神月	傅玉棠	1949	公教小读物丛书
天下父母心（三幕剧）	殷士	1949	新青年戏剧丛书
天主教要理的基础	白德美	1948	
天主教永垂不朽	奥云德理，郭海俊	1947	
天主之母			
头等彩票（教育剧）	胡重生	1949	新青年戏剧丛书
图像要理问答		1947	
外方人的宗徒——圣保禄小传		1950	灵修小丛书
顽童外传		1950	公教小读物丛刊
晚间一小时之家庭朝拜圣心	玛宝	1938	香港圣类斯工艺学校
王道与霸道	司萍文，莫希功	1947	新青年小说丛书
薇薇害了我	傅玉棠	1946	儿童丛书
为善最乐（三幕剧）	乌古斯安尼，傅玉棠	1949	新青年戏剧丛书
为什么称圣母为进教之佑			
伟大的玛利亚			
卫道战士圣多明我小传	潘稼西	1949	灵修小丛书
蜗牛小姐	佚名	1948	儿童丛书
我的忏悔	韦弥第，邓青慈	1947	新青年小说丛书
我的初领圣体		1950	

·附 录·

续表

出 版 物 名 称	著 译 者	出版时间	备 注
我的公教信仰（三册）	冯瓒璋	1947	
我的妈妈	希利安斯，沈基昌	1953	公教小读物丛刊
我的问题	乐泉	1949	公教小读物丛书
我的志向	司马荣	1950	公教小读物丛书
我们的母亲	周济世	1949	
我们的小学教师	诸正瑛	1950	公教小读物丛书
我们的中保			
我是牧师的女儿		1952	公教小读物丛刊
我知弥撒		1948	
无玷圣母的爱女——圣女加大肋纳·赖宝莲小传	岳道	1948	灵修小丛书
西伯利亚途中		1947	公教小读物丛刊
西方隐修圣祖圣本笃传	潘稼雨	1948	灵修小丛书
闲话圣衣	文启明	1947	公教小读物丛书
贤女加大利纳传	胡兴粤	1946	灵修小丛书
显灵圣牌	鲁微达	1946	灵修小丛书
乡下姑娘		1951	公教小读物丛刊
小白羊	F. M. A.	1950	儿童丛书
小马	钟协	1950	儿童丛书
小卖技者	叶顺大	1946	儿童丛书
小木匠	王涌	1949	儿童丛书
小牧童（上）	佛略烈，姚景星	1947	公教小读物丛书
小牧童（下）	佛略烈，姚景星	1947	公教小读物丛书
小牛郎	余俊才	1948	儿童丛书
小偷儿	钟协	1948	儿童丛书
小先生的信	刘天禄	1949	儿童丛书
小学生问答（五册）	武幼安	1947	
小侦探（三幕剧）	王涌	1950	新青年戏剧丛书
孝爱之性卫冠艾月桂传	邓青慈	1946	灵修小丛书
新经撮要		1950	灵修小丛书
新青年模范——真福多明我·沙维豪小传	邓青慈	1950	灵修小丛书
信友手册	马耀汉	1948	
凶宅		1951	公教小读物丛刊

续表

出版物名称	著译者	出版时间	备注
熊先生的大厦	莫希功	1948	儿童丛书
学生模范	达安礼，邓青慈	1948	新青年小说丛书
学习辅弥撒经文文书	白德美社	1946	
雪地狱		1947	公教小读物丛刊
血露	梅安尼，莫希功	1947	公教小读物丛书
血染金山	嘉禄米，虹影	1949	新青年小说丛书
血洒断头台		1950	公教小读物丛刊
训蒙会会祖——圣若翰·拉撒小传	杨塞	1948	灵修小丛书
亚森罗萍的胜利	勒卜郎，屏西	1950	新青年小说丛书
耶稣的比喻	武幼安	1948	虹采丛书
耶稣的青年	武幼安	1948	虹采丛书
耶稣的圣迹	武幼安	1948	虹采丛书
耶稣的使命	武幼安	1948	虹采丛书
耶稣的喜报	苏冠明	1941	
耶稣苦难	南星耀	1949	公教小读物丛书
耶稣圣名宗徒伯尔纳定	谢慈佑	1948	灵修小丛书
耶稣圣名宗徒——圣伯尔纳定小传		1948	灵修小丛书
耶稣圣心无价的诺言	白德美社	1944	灵修小丛书
耶稣是天主吗	芬梨，叶荫云	1949	
耶稣孝女会会祖——耶稣·玛利亚·刚第达小传		1950	灵修小丛书
野火	柏增，胡德风	1949	公教小读物丛书
夜明珠	百萍	1949	儿童丛书
一朵中国花——麦若望金源传	陈基慈	1947	灵修小丛书
义人颂	李荣光	1949	公教小读物丛书
异教恩仇	狄士洎，高福安	1947	公教小读物丛书
隐修之光——圣安当小传	莫希功	1946	灵修小丛书
婴孩耶稣德肋撒小传	莫希功	1946	灵修小丛书
永援圣母	白德美社	1948	灵修小丛书
永远的祭司	马宁，范介萍	1949	
邮票世界	殷士	1948	公教小读物丛书
狱魔	纪股典，鲁微达	1946	新青年小说丛书
月亮相儿子	梅安尼，丁山	1947	新青年小说丛书
月夜钟声	类思	1949	新青年小说丛书

·附　录·

续表

出版物名称	著译者	出版时间	备注
在病苦中成就伟业的修女		1951	公教小读物丛刊
赞主曲	袁锦棠	1948	
怎样祈祷	南星耀	1949	公教小读物丛书
怎样认识你自己	高兰克尔，李梅鹤	1948	公教小读物丛书
贞德烈女玛利亚郝莉蒂	隐名	1948	灵修小丛书
真福列方济各志来小传	傅卡棠	1946	灵修小丛书
真福玛达利纳加诺撒传	鲁微达	1948	灵修小丛书
真福玛莎利罗传	花荣尼，傅玉棠	1947	灵修小丛书
真有地狱吗	白德美，傅玉棠	1947	公教小读物丛书
至性化元凶（三幕剧）	河心源	1949	新青年戏剧丛书
中国历代名诗	陈植性	1947	
中华公进妇女模范——许母徐太夫人甘第大小传	杨塞	1946	灵修小丛书
中世纪圣教栋梁——圣依纳爵小传		1946	灵修小丛书
中庸新诠	叶深	1946	
忠仆（三幕剧）	莫希功	1949	新青年戏剧丛书
忠实的一天	沉默	1947	公教小读物丛书
钟楼老鼠	济灵	1950	儿童丛书
主保汇编	罗嘉	1946	公教小读物丛刊
主之人杰——独修圣人	钟金章	1949	灵修小丛书
主之人杰——儿童能否成圣人	梁保禄	1949	灵修小丛书
主之人杰——冒险的圣人	梁保禄	1949	灵修小丛书
主之人杰——圣人与动物	钟金章	1949	灵修小丛书
专制魔王	贾懿，范良佐	1950	公教小读物丛书
自由乐园	林廼品	1946	儿童丛书
自作自受（教育剧）	王涌	1949	新青年戏剧丛书
宗徒事业之灵魂	若翰苏达，范介萍	1947	
最大的祸患（三幕剧）	胡兴粤	1948	新青年戏剧丛书
最后的圣诞（三幕剧）	乌古斯安尼，殷士	1948	新青年戏剧丛书
罪与恕（五幕剧）	雷蒙湟，傅玉棠	1948	新青年戏剧丛书
昨非录	李寿义	1951	

* 本资料包含澳门慈幼会印书馆、香港慈幼会印书馆、上海慈幼会印书馆、香港白德美纪念出版社、澳门圣类斯工艺学校、香港圣类斯工艺学校、香港李嘉堂纪念出版社等同门机构的出版物。
* 未见出版机构自编的书目编号。

十四、方济各会在华出版物目录

出版物名称	著译者	出版机构	出版年份
Cantica Sacra Sinica，圣歌	皮亚圣丁	汉口天主堂印书馆	
Cantus Gregoriani Methodus，额咏学要	Mgr. O. Tcheng	汉口天主堂印书馆	
Cantus Gregoriani Selecti	皮亚圣丁	汉口天主堂印书馆	
Cantus Sacri pro Seminariis		济南华洋印书馆	
Cursus Philosophicus，哲学教程		济南天主堂印书局/方济堂	1942
Das Prophetische Berufsbewusstsein bei Jeremias：Biblisch-Theologische Erörterung，耶利米亚先知的预言	翟熙	济南天主堂印书局/方济堂	1942
Directorium Missionariorum	易兴化	汉口天主堂印书馆	
Einführung in die chinesische Schriftsprache alter und neuer Zeit，und in die "Vier Bücher"，中国古今经典入门，四书	F. Lessing	济南天主堂印书局	1917
Elechus Completens Missionarios Exteros ac Genas de Hukwang，ab Anno 1839 ad Annum 1926	Cosma Sartori	汉口天主堂印书馆	
Enchiridion Canoni，seu Respons S. Sedis 1917—1935	Cosma Sartori	汉口天主堂印书馆	
Exerciyium Mensis Maij	Theodosius Maestri	汉口天主堂印书馆	
Grammatica Cinese ad uso Della Italiani	PP. Gonzales，Cosma Sartori	汉口天主堂印书馆	
Grammatica Italiana per I Cinese	Mgr. O. Tcheng	汉口天主堂印书馆	
Hierarchia franciscana in Sinis：seu Vitae episcoporum omnium aliorumque ecclesiae praesulum ex ordine fratrum minorum in sinensibus missionibus ab anno 1307 ad 1928 cum appendice et catalogo 380 missionariorum qui defuncti sunt ab anno 1579 ad dies nostros	Joannes Ricci	武昌天主堂印书馆	1929
I Primi Passi Nello Studio della Lingua Cinese	P. Vlle	汉口天主堂印书馆	
Il Missionatio Italiano che Parla la Lingua Cines	G. Magonio	汉口天主堂印书馆	
Il Promesso non Nato（中文，罗马字母注音）	Generoso de Nino	汉口天主堂印书馆	
In Voce Exsultationis	皮亚圣丁	汉口天主堂印书馆	
Life of St.Anthony	皮亚圣丁	汉口天主堂印书馆	
Mensis S. Joseph Clero Accomodatus	Mgr. Carlassare	汉口天主堂印书馆	
Metodo Accelerato per Imparare il Cinese	G. Magonio	汉口天主堂印书馆	
Ontologia et Cosmologia，本体论和宇宙论	Thoma Uyttenbroeck	济南天主堂印书局/方济堂	1942
Parvum Dictionarium Latino-Sinicum，拉丁中华小辞典	Theodosius Maestri	太原明原堂印书馆	1910

续表

出版物名称	著译者	出版机构	出版年份
Preces Selectæ Quotidianæ		济南天主堂印书局	
Regula Tertii Ordinis S. Francisi	Mgr. O. Tcheng	汉口天主堂印书馆	
Ricordo di un Martire	Gerv. Rossato	汉口天主堂印书馆	
Sacerdotes Hominum Salvatores	Th. Uyttenbroeck	汉口天主堂印书馆	
Sillabario Italiano per I Cinese	Bernardo Menni	汉口天主堂印书馆	
Supplemenyum ad Enchiridion Can. a.1935—1937	Cosma Sartori	汉口天主堂印书馆	
Theses Dogmaticæ，教义学全集	贺德士	济南天主堂印书局	1942
爱德金鉴		济南华洋印书馆	
扮演真福和神父小史新剧	成玉堂	潞安教区	1929
补增圣母圣月	李秀芳	武昌天主堂印书馆	1863，刻本
崇修学的观念	F. Neumayr，范光夏	济南华洋印书馆	1931
出谷纪	思高圣经学会	北平方济堂	1948
传教先生须知，附主教与阎锡山往来公函	太原教区	太原天主堂印书馆	1930
创世记	思高圣经学会	北平方济堂	1948
大圣五伤方济各行实		汉口天主堂印书馆	
大圣五伤方济各行实	明位笃	湖北东境教区	1882，刻本
代洗须知		汉口天主堂印书馆	
代洗要规		烟台大主堂印书馆	
德训篇	方济堂圣经会	北平方济堂	1947
第一弥撒曲	江文也	北平方济堂	1948
儿童神粮（上中下）	V. Demetz	济南华洋印书馆	1940
儿童圣咏歌集	江文也	北平方济堂	1948
儿童要理教学法	O. Hafner	济南华洋印书馆	1937
方济后学圣母传教修女会记		烟台天主堂印书馆	1938
奉教规条		汉口天主堂印书馆	
奉教原由	杜嘉弼	太原明原堂印书馆	刻本
奉教原由	杜嘉弼	太原明原堂印书馆	1934
扶助善终		汉口天主堂印书馆	
扶助善终	沈则谦	鄂省天主堂	1882，刻本
辅弥撒经		济南华洋印书馆	
辅弥撒经		烟台天主堂印书馆	
辅弥撒经	翟奥多利各	潞郡天主堂印书馆	1907，刻本

续表

出版物名称	著译者	出版机构	出版年份
告领袖珍		太原明原堂印书馆	1916
公教教义的基本真理	I. Klug	北平方济堂	1950
公教社会学小课本		济南华洋印书馆	1938
公教演讲学	冯瓒璋	济南华洋印书馆	1937
公私诵经文		西安天主堂	1934，石印
恭敬圣若瑟圣月经	翟奥多利各	潞郡天主堂印书馆	1905，刻本
古迹嘉训	田文都	太原明原堂印书馆	1880，刻本
古经略说	Incognitus	济南华洋印书馆	
古新圣经问答		汉口天主堂印书馆	
故事汇抄		汉口天主堂印书馆	
汉译圣人名称录	希耀东	北平方济堂	1943
户籍纪	思高圣经学会	北平方济堂	1948
护士职业伦理学		上海方济各会医院	1942
家学浅论	梅慕雅，杜嘉弼	济南华洋印书馆	1939
家学浅论	梅慕雅，杜嘉弼	太原明原堂印书馆	1854，刻本
家学浅论	梅慕雅，杜嘉弼	太原明原堂印书馆	1917
简便默想		太原明原堂印书馆	1879，刻本
简便默想		太原明原堂印书馆	1939
简言要理		济南华洋印书馆	
简言要理		烟台天主堂印书馆	1939
进教要理		烟台天主堂印书馆	1923
敬礼圣方济各九日神工	江类思	太原明原堂印书馆	1878，刻本
旧约史书（上册）	思高圣经学会	北平方济堂	1949
苦路善工	伏若望	太原明原堂印书馆	1916
肋未纪	思高圣经学会	北平方济堂	1948
礼节便览	Hafbaur	济南华洋印书馆	1941
炼灵圣月	M. P. Ouang	济南华洋印书馆	
炼狱圣月	田文都	太原明原堂印书馆	1880，刻本
炼狱圣月	田文都	太原明原堂印书馆	1931
烈王传	思高圣经学会	北平方济堂	1949
领圣体必要		济南华洋印书馆	
领圣体经		太原天主堂印书馆	1933
领圣体要经		济南华洋印书馆	

· 附 录 ·

续表

出版物名称	著译者	出版机构	出版年份
论圣洗圣事		济南华洋印书馆	1937
论天主实有的凭据	牟作梁	济南华洋印书馆	1936
论妥当告解	黄司铎	济南华洋印书馆	1934（R）
玛加利大戏剧	J. B. Moris	济南华洋印书馆	1936
玫瑰经		烟台天主堂印书馆	1922
玫瑰经		太原明原堂印书馆	1945
玫瑰经（附像）		济南华洋印书馆	1938
梅瑟五书	思高圣经学会	北平方济堂	1947
弥撒经礼		济南华洋印书馆	
民长纪卢得传	思高圣经学会	北平方济堂	1949
默想神工		烟台天主堂印书馆	
农民正谈	王君山	太原明原堂	1878，刻本
农民正谈	王君山	太原天主堂印书馆	1935
辟邪崇真	李若翰	济南华洋印书馆	1939
七克真训	庞迪我	汉口天主堂印书馆	
七克真训	庞迪我	济南华洋印书馆	
前进略说	田文都	太原明原堂印书馆	1878，刻本
前进略说	田文都	济南华洋印书馆	1914
请众颂主（歌本）		济南华洋印书馆	1937
日课要选		烟台天主堂印书馆	
若尔当传	成秉智	济南华洋印书馆	1941
若苏厄传	思高圣经学会	北平方济堂	1949
撒慕尔传	思高圣经学会	北平方济堂	1949
丧葬例禁		烟台天主堂印书馆	
扫云记		汉口天主堂印书馆	
山西太原教区代牧主教李璐嘉致全教区属下教友牧人书	李璐嘉（D. Luca Capozi）	太原天主教总堂	1941
山西太原教区凤主教晋铎金庆纪念		太原明原堂印书馆	1940
善与弥撒	R. P. J. Dahlenkamp	济南华洋印书馆	1939（R）
上会道理	陈玛尔谷	汉口天主堂印书馆	1925
申命纪	思高圣经学会	北平方济堂	1948
神修引领（上中下）	I. Saura（尚）	济南华洋印书馆	1932
升天径路（中拉对照）	达司铎	济南华洋印书馆	1943

续表

出版物名称	著译者	出版机构	出版年份
圣爱之声		汉口天主堂印书馆	
圣安东尼行实		汉口天主堂印书馆	
圣安多尼行实	N. Gosselin	济南华洋印书馆	
圣方济各第三会	艾士杰	太原明原堂印书馆	1890，刻本
圣方济各第三会（大本）		汉口天主堂印书馆	
圣方济各第三会（小本）		汉口天主堂印书馆	
圣方济各第三会规	李博明	济南华洋印书馆	1914
圣方济各第三会规例	明位笃	鄂东天主堂	1876，刻本
圣方济各第三会规例	郭栋廷	武昌天主堂印书馆	1884，刻本
圣方济各第三会训蒙院规条章程	田罗马	鄂东天主堂	1923
圣方济各行实		济南华洋印书馆	
圣方济各行实		烟台天主堂印书馆	
圣歌	皮亚圣丁	汉口天主堂印书馆	1941（R）
圣会须知		汉口天主堂印书馆	
圣教道理约选	杜嘉弼	太原明原堂印书馆	1851，刻本
圣教道理约选	杜嘉弼	太原明原堂印书馆	1936
圣教对联	田文都	太原明原堂印书馆	1876，刻本
圣教对联	田文都	汉口天主堂印书馆	
圣教对字本		烟台天主堂印书馆	
圣教歌曲		太原明原堂印书馆	1945
圣教歌选		烟台天主堂印书馆	
圣教鉴略		太原明原堂印书馆	
圣教理证		汉口天主堂印书馆	
圣教理证		济南华洋印书馆	
圣教理证		烟台天主堂印书馆	
圣教历史	李道昌，牟作梁	济南华洋印书馆	1937
圣教历史小课本		济南华洋印书馆	
圣教切要	白多玛	济南华洋印书馆	
圣教四字经		济南华洋印书馆	
圣教条例	凤朝瑞	太原明原堂印书馆	1902，刻本
圣教条例	凤朝瑞	太原明原堂印书馆	1941
圣教通考		济南华洋印书馆	1939
圣教新条例		晋南长治天主堂	1921

续表

出版物名称	著译者	出版机构	出版年份
圣经集录		汉口天主堂印书馆	
圣路善工	伏若望	烟台天主堂印书馆	
圣路善工（带像）	伏若望	济南华洋印书馆	1938
圣母玫瑰经	杜嘉弼	太原天主堂印书馆	1940
圣母七苦	张安多尼，田文都	晋省明原堂印书馆	1878，刻本
圣母圣月	李秀芳	武昌天主堂印书馆	1863，刻本
圣母圣月	李秀芳	济南华洋印书馆	
圣母小日课		济南华洋印书馆	1933
圣母小日课		太原明原堂印书馆	1941
圣母月	张信	太原明原堂印书馆	1948
圣年广益	冯秉正	济南华洋印书馆	
圣女德肋撒行实		烟台天主堂印书馆	
圣若瑟善终会简章		烟台天主堂印书馆	
圣若瑟圣月		济南华洋印书馆	1888
圣若瑟月		汉口天主堂印书馆	
圣时	栗临泉	济南华洋印书馆	1940
圣时善情	P. Diricken，顾学德	济南华洋印书馆	1937
圣事要理问答		济南华洋印书馆	1913
圣松大小传		烟台天主堂印书馆	
圣体月	业尔干索	济南华洋印书馆	1910
圣五伤方济各行实	明位笃	武昌天主堂	1882，刻本
圣五伤方济各行实	安圣谟	烟台天主堂印书馆	1926
圣五伤方济各行实	安圣谟	太原明原堂印书馆	1926
圣心月常语	胡鸿来	鄂省天主堂印书馆	1888，刻本
圣心月常语	胡鸿来	汉口天主堂印书馆	
圣咏集	方济堂圣经会	北平方济堂	1946
圣咏作曲集（第二集）	江文也	北平方济堂	1949
圣咏作曲集（第一集）	江文也	北平方济堂	1947
圣咏作曲集（第一集缩印本）	江文也	北平方济堂	1947
圣月经文	翟守仁	潞郡天主堂印书馆	1905，刻本
盛世刍荛	冯秉正	西安天主堂	1863，刻本
十端经		烟台天主堂印书馆	
试译天主教教会法典	杨恩赉，李启人	济南华洋印书馆	1943

续表

出版物名称	著译者	出版机构	出版年份
守贞规范	田文都	晋阳明原堂印书馆	1878，刻本
守贞新规		烟台天主堂印书馆	
守贞须知	高尚志	潞郡天主堂印书馆	刻本
四字经文		汉口天主堂印书馆	
天主教会法典	杨恩赉	济南华洋印书馆	1943
天主经解	Sac. E. Lange（郎）	济南华洋印书馆	1940
天主圣教通功经		潞郡天主堂印书馆	1905，刻本
天主圣教通功经		太原明原堂印书馆	1926
天主圣教续经	杜嘉弼	太原明原堂印书馆	1857，刻本
天主圣教要理（圣教要理日课）	杜嘉弼	太原明原堂印书馆	1915
天主圣教要理（圣教要理日课）	杜嘉弼	太原明原堂印书馆	1845，刻本
天主圣教要理问答		湖北东境教区	1881，刻本
天主堂入门大观		济南华洋印书馆	1937
西游笔略（辅助插图）		汉口天主堂印书馆	
小小秘诀	刘绪堂	济南华洋印书馆	1941
新式六本经		汉口天主堂印书馆	1947（R）
新选圣教对联	田文都	潞郡天主堂印书馆	1904，刻本
醒世迷途		汉口天主堂印书馆	
修女玛利亚松大行实		太原明原堂印书馆	
续游地狱记	张司铎	济南华洋印书馆	1941
训道篇	方济堂圣经会	北平方济堂	1947
雅歌	方济堂圣经会	北平方济堂	1947
仰合天主圣意	田文都	山右明原堂印书馆	1878，刻本
要紧祈求	田文都	党门天主堂	1906，刻本
要经略解		烟台天主堂印书馆	
要经祈求默想（默想神工，要紧祈求）	田文都	太原明原堂印书馆	1879，刻本
要经祈求默想（默想神工，要紧祈求）	田文都	太原明原堂印书馆	1916
要经十端		济南华洋印书馆	
要理问答		烟台天主堂印书馆	
要理问答（合订）		烟台天主堂印书馆	
要理问答（卷二）		烟台天主堂印书馆	
要理问答（卷三）		烟台天主堂印书馆	
要理问答（卷四）		烟台天主堂印书馆	
要理问答（卷一）		烟台天主堂印书馆	
要理问答，II		济南华洋印书馆	

• 附 录 •

续表

出版物名称	著译者	出版机构	出版年份
要理问答，III		济南华洋印书馆	
要理问答，IV		济南华洋印书馆	
耶稣圣心圣月		济南华洋印书馆	
一捆小花		济南华洋印书馆	
一目了然		汉口天主堂印书馆	
一目了然		鄂治天主堂	1882，刻本
一目了然		烟台天主堂印书馆	
与弥撒规程	天主教湘北教区	常州府天主堂	1901
已亡日课		济南华洋印书馆	
约伯传	方济堂圣经会	北平方济堂	1947
早晚工课		济南华洋印书馆	
早晚工课		烟台天主堂印书馆	
早晚经课	天主教湘北教区	常州府天主堂	1901
早晚日课	杜嘉弼	太原明原堂印书馆	1845，刻本
早晚日课	杜嘉弼	太原明原堂印书馆	1915
增补要理问答		烟台天主堂印书馆	
找道直指		烟台天主堂印书馆	
哲学史缩型	常守义	济南华洋印书馆	1943，联合
真福董文学歌诀		汉口天主堂印书馆	
真福圣若望行实致命纪略	张明德	武昌天主堂印书馆	1900，刻本
真福正路	牟司铎	宜昌天主堂，南昌天主堂	1930
真理警世	田文都	太原明原堂印书馆	1888，刻本
真理警世	田文都	太原明原堂印书馆	1917
箴言	方济堂圣经会	北平方济堂	1947
拯救炼灵月	沈则谦	汉口堂主堂印书馆	1900
证验真教学（华装）	R. Steppeter	济南华洋印书馆	1931
证验真教学（洋装）	R. Steppeter	济南华洋印书馆	1931
智慧书	方济堂圣经会	北平方济堂	1947
中华民国法	H. Schlund	济南华洋印书馆	
中华民国法（教员手册）	H. Schlund	济南华洋印书馆	
主婢神谈	F. Caccipaglia	太原明原堂印书馆	1935
主日道理	晋铎	太原明原堂印书馆	1937
主日圣经摘箴简言	张敬一	太原明原堂印书馆	1941
纂集九日神工	翟奥多利各	潞郡天主堂印书馆	1904，刻本

* 本资料包含方济各会在华主要出版机构的出版物。
* 未特别注明者为铅印本。

十五、圣母圣心会在华出版物目录

出版物名称	著译者	出版机构	出版年份
1500 Modern Chinese Novels & Plays，中国现代小说戏剧一千五百种	善秉仁	普爱堂/北京辅仁大学	1948
Abrégé des principles et règies du droit canonique concernant l'sdministration des biens ecclésiastiques	吕登岸	西湾子教区	1904
Accompagnement du plant-chant	周云敬	上海土山湾印书馆	1920
Actions de Grâces après la Sainte Messe	梅岭蕊	香港纳匝肋印书馆	1926
Additions faites de 1928 Á 1933 Á la collection d'oiseaux du Musée Hoangho Paiho de Tien Tsin	苏汝安，桑志华	天津北疆博物馆	1934
Aperçus sur la concordance pratique de quelques points de nos Constitutions avec les directions de Pome	孔明道	赤峰教区	1916
Boekje voor de stugie van het Latin（拉丁文—中文）	徐正鹄，顾秉真	兖州天主堂印书馆	
Carte du Koukou-nor，青海湖地图	李崇耀	上海土山湾印书馆	1884
Carte du Vicariat apostolique de Jehol，热河代牧区地图			
Carte du Vicariat apostolique de Ninghia，宁夏代牧区地图			
Carte du Vicariat apostolique de Soei-yuen，绥远代牧区地图			
Catéchèses	陶福音	香港纳匝肋印书馆	1933
Catechismi Lexicom	吕登岸	公教教育联合会	1935
Chineesche vertaling	南阜民	香港纳匝肋印书馆	1918
Chou-king ou le livre des Vers，诗经	陶福音	香港纳匝肋印书馆	1907
Cihula nomun surtal	田清波	圣母圣心会上海账房	1914
Clichès usueis de la langue mandarine	梅岭蕊	圣母圣心会天津账房	1935
Conférences spirtuelles	德朋善		1906
Croquis des accidents géographiques，（大同教区）地图	甘保真（J. Raskin）	大同教区	1933
Croquis des accidents géographiques，（集宁教区）地图	甘保真	集宁教区	1935
Croquis des accidents géographiques，（绥远教区）地图	甘保真	绥远教区	1935
Croquis des accidents géographiques，（西湾子教区）地图	甘保真	西湾子教区	1934
De catechizandis pueri	白玉贞	上海土山湾印书馆	

续表

出版物名称	著译者	出版机构	出版年份
De geest van de Hellige Theresia van het Kindje Jszus（中文）	汤永望（C. Daems）	香港纳匝肋印书馆	1926
Dictionnaire Ordos，鄂尔多斯蒙古语辞典	田清波	北京辅仁大学	1941—1944
Dictons et proverbes des Chinois habitant la Mongolie Sud-Ouest，蒙古西南部流传的中国格言和谚语	彭嵩寿	上海土山湾印书馆	1918
Directions pratiques pour l'organisation des écoles primaries dans nos chrétientés chinoises	吕登岸	北京北堂印书馆	1918
Eenige opmerkingen over typhusverzorging	方裕如（H. De Hondt）	天津北洋印书局	1929
En butinant: scenes et croquis de Mongolie，蒙古采风记	彭嵩寿	上海土山湾印书馆	1917
Entretiens famillier sur la religion, à l'usage des Chinois payens	汤永望	北京北堂印书馆	1906
Études sur les Classiques Chinois，中国经典研究	陶福音	香港纳匝肋印书馆	1913
Folklore Ordos（traduction des textes oraux Ordos），法译鄂尔多斯口述文学原本	田清波	北京辅仁大学	1947
Grammatica Latina，辣丁文范	保禄·克鲁塞，松树嘴子修院	香港纳匝肋印书馆	1921
Grammaire Mongole de Schmidt	石扬休	北京北堂印书馆	1935
Hebdomadæ Maioris Liturgiæ	宝瑞玲	北京北堂印书馆	1937
Het chineesch taaleigen inleiding tot de gesprokene taal, Noord-Pekineesch dialekt, vol. 3	闵宣化	北京北堂印书馆	1933
Het chineesch taaleigen inleiding tot de gesprokene taal, Noord-Pekineesch dialekt, vol. 1	闵宣化	北京北堂印书馆	1930
Het chineesch taaleigen inleiding tot de gesprokene taal, Noord-Pekineesch dialekt, vol. 2	闵宣化	北京北堂印书馆	1931
Hyaoslyh wunstap	吕登岸	北京北堂印书馆	1934
L'Empire Chinois et les Barbares，中华帝国的蛮族	梅岭蕊	北京	1933
La Bénédiction Sacerdotale	梅岭蕊	北京北堂印书馆	1936
La collection d'oiseaux du Musée Hoangho Paiho de Tien-tsin，天津北疆博物馆鸟类标本	苏汝安	天津北疆博物馆	1933
Latijnsche vertaling van Grammaire Latine	梁济普	香港纳匝肋印书馆	1918
Le Credo Prêché aux Néophytes	汤永望	香港纳匝肋印书馆	1910

续表

出版物名称	著译者	出版机构	出版年份
Le Décalogue Prêché aux Néophytes	汤永望	香港纳匝肋印书馆	1922
Le Dialecte Monguor, parlé par les Mongols du Kansou Occidental. I. partie, Phonétique，陇西蒙古语方言，第一部，蒙古语语音	石德懋、田清波	北京辅仁大学	1933
Le Dialecte Monguor, parlé par les Mongols du Kansou Occidental. II. partie, Grammaire，陇西蒙古语方言，第二部，蒙古语语法	石德懋、田清波	北京辅仁大学	1933
Le Dialecte Monguor, parlé par les Mongols du Kansou Occidental. II. partie, Grammaire，陇西蒙古语方言，第二部，蒙古语语法	石德懋、田清波	北京辅仁大学	1945
Le Dialecte Monguor, parlé par les Mongols du Kansou Occidental. III. partie, Dictionnaire Monguor-Français，陇西蒙古语方言，第三部，蒙古语—法语辞典	石德懋、田清波	北京辅仁大学	1933
Le Mariage chez les T'ou-jen du Kan-sou，甘肃土人的婚姻	康国泰	上海土山湾印书馆	1932
Men mag maar één God vereeren	康国泰	上海土山湾印书馆	
Méthode de l'Apostolat Moderne en Chine	梅岭蕊	香港纳匝肋印书馆	1911
Notes sur le T'œmet，土默特笔记	彭嵩寿	上海土山湾印书馆	1922
Notes sur les oiseaux observes au Jehol de 1911 à 1932，1911年至1932年热河地区鸟类观察记录	苏汝安	天津北疆博物馆	1933
Notions élémentaires de phonétique et Alphabet Général	闵宣化	上海东方印书馆	1922
Ourga（1912—1930）	梅岭蕊	北京	1932
Pomans à lire et Pomans à proscrire，中国新文学史	文宝峰	普爱堂	1948
Pour l'Amour de Dieu	圣母圣心会士	香港纳匝肋印书馆	1928
Praktisch Chineesch-Nederlansch Woordenboek，汉语荷兰语实用辞典	何云树	天津北洋印书局	1935
Regulæ Scholæ Normalis de Nanhaochan（拉丁文—中文）	甘保真	中华公教教育联合会	1930
Romans a lire et romans a proscrire，说部甄评	善秉仁	北平方济堂	1946
Seu-chou ou les quatre livres，四书	陶福音	香港纳匝肋印书馆	1897
Studies of Typhus Fever in China，中国斑疹伤寒研究	吕登岸	北京辅仁大学	1933
Ter dierbare gedachtenis van Erw. Paul de Brabandere		北壕堑教区	1905
Textes oraux Ordos, recueillis et publiés avec introduction, notes morphologiques, commentaires et glossaire，鄂尔多斯口述文学原本	田清波	北京辅仁大学	1937

·附 录·

续表

出 版 物 名 称	著 译 者	出版机构	出版年份
The Structural Principles of the Chinese Language: *An Introduction to the Spoken Language*, *Northern Pekingese Dialect*, 汉语基本语法：燕北方言口语导论，第一卷	闵宣化，魏正俗	北京财政部印刷局	1932
The Structural Principles of the Chinese Language: *An Introduction to the Spoken Language*, *Northern Pekingese Dialect*, 汉语基本语法：燕北方言口语导论，第二卷第三卷	闵宣化，魏正俗	北京北堂印书馆	1937
Tractatus de Spiritu Sanctæ Teresiæ a Jesu Infante	汤永望	香港纳匝肋印书馆	1928
Trois coups de filet dans le dictionnaire chinois	陶福音	上海土山湾印书馆	
Vingt Cantiques sur texte chinois avec accompagnement d'orgue	彭嵩寿	上海土山湾印书馆	1925
Vita nostra	白玉贞	上海土山湾印书馆	1930
边疆公教社会事业	王守礼，傅明渊	普爱堂，上智编译馆	1947
辩护	闵宣化	热河哈达教区	1914
初次告解像解	宝瑞玲	大同教区	1936
初次领圣体像解	宝瑞玲	大同教区	1932
初告讲义	姚正风	永望学会	1941
初级代数练习和问答	吕登岸	西湾子教区	1909
初领讲义	姚正风	永望学会	1941
初学新经	张润波	香港纳匝肋印书馆	
传教何意	汤永望	北京北堂印书馆	1907
祷文歌唱本		普爱堂	1948
地理	闵宣化	热河哈达教区	1914
东蒙古辽代旧城探考记	闵宣化，冯承钧	上海商务印书馆	1930
儿童德径	常守义	绥德学院	1945
发明家的人生观	傅梦弼	普爱堂	1950
反省规程	吕登岸	北京北堂印书馆	1918
公青季刊(期刊)	平凉公教青年会	平凉公教青年会	1945—1949
国语讲义		归绥小修院	1935
进教要理	Bakeroot	永望学会	1942
经歌降福(曲谱和中文音译)	何云树	上海土山湾印书馆	1925
敬奉惟一真主	甘北司铎	上海土山湾印书馆	1919
救主行实图解	陶福音，狄化淳	宁夏教区	1935

续表

出版物名称	著译者	出版机构	出版年份
口算指南	南阜民	上海土山湾印书馆	1917
礼貌	闵宣化	热河哈达教区	1914
利用已过的技术	常守义	大同教区	1937
利用已过的技术	常守义	圣母圣心会天津账房	1938
炼灵圣月	田清波	圣母圣心会上海账房	1921
论理学	常守义	北堂明德学园	1948
玫瑰大赦	圣母圣心会士	香港纳匝肋印书馆	1918
南壕堑学校教学大纲	吕登岸	北京北堂印书馆	1911
廿世纪底思想	阮铁生	宣化教区	1935
农学	闵宣化	热河哈达教区	1914
人生要务	肋班，张维祺	双爱堂	1914
少年良友	葛立模	普爱堂	1944
神灵战术	常守义	北堂明德学园	1946
神修引领	常守义	大同教区	1940
圣歌	甘保真	中华公教教育联合会	1928
圣歌粹集		大同教区	1942
圣教史纲	闵宣化	热河哈达教区	1913
圣母会士袖珍日课		圣母圣心会上海账房	
圣母要理简要		上海土山湾印书馆	1918
圣母小日课	常守义	永望学会	1943
圣母小日课	常守义	北堂明德学园	1948
圣女小德肋撒神婴小传	赵怀义	宣化教区	1944
圣若翰伯尔各满每日训言	张润波	北京北堂印书馆	1927
圣若翰伯尔各满每日训言	张润波	中华公教教育联合会	1927
圣体与热心	张润波	朴庵堂平寓	1931
圣味增爵保禄氏神修格言	张润波	上智编译馆	1949
圣魏亚乃	张润波	朴庵堂平寓	1931
世界大事年表	夏仰圣	普爱堂	1947
淑性性气	常守义	北堂明德学园	1934
天理良心	元克允	北京北堂印书馆	1922
天问	闵宣化	热河哈达教区	1914
万国史纲	闵宣化	热河哈达教区	1914

续表

出 版 物 名 称	著 译 者	出版机构	出版年份
文艺月旦（甲集）	善秉仁	普爱堂	1947
问答像解	张润波，狄化淳	天津普爱堂/上海土山湾印书馆	1927
西湾圣教源流	隆德理	北京北堂印书馆	1939
修女避静道理	张润波	宣化教区	1939
修女避静道理	张润波	宣化天主堂	1943
宣讲纲目	张润波	宣化教区	1940
训练圣体军	常守义	大同修道院	1934
亚尔斯本堂圣味亚内传	常守义	教育联合会	1935
要理条解	田清波	圣母圣心会上海账房	1920
要理条解提要	陶福音	上海土山湾印书馆	1933
要理条解注释	陶福音	香港纳匝肋印书馆	1931
耶稣复活歌		普爱堂	1948
耶稣圣婴孩圣女德肋撒神婴师表	甘保真	中华公教教育联合会	1933
一目了然	田清波	圣母圣心会上海账房	1916
依靠圣母	常守义	北堂明德学园	1935
用己过术	常守义	北堂明德学园	1944
早晚课弥撒经文解说	陶福音	圣母圣心会上海账房	1893
早晚课俗言		双爱堂	1913
战胜自己	常守义	北堂明德学园	1946
张雅各布伯司铎行传	隆德理	上海土山湾印书馆	1939
哲学概论	常守义	北堂明德学园	1941
哲学史	常守义	北堂明德学园	1948
哲学史缩型	常守义	北京西什库遣使会印书馆	1943
哲学史缩型	常守义	济南华洋印书馆	1943
哲学问题	常守义	大同大修院	1936
中国的玫瑰花朵	甘春霖，沈守愚	北堂明德学园	1934
中文学校教学大纲	吕登岸	北京	1911
自裁自驭	常守义	北堂明德学园	1943

* 本资料包含圣母圣心会会士在中国各家出版机构发表的著作。
* 圣母圣心会没有主导性出版机构，本资料与其他资料编排原则不一致。
* 本资料民国二十八年（1939）前的比较完整。

十六、天主教在华全国性机构出版物目录

出版物名称	著译者	书目编号	出版年份
Au Service des Missions et des Missionnaires de Chine		教育联合会	1932—
Bibliographie Methodique des Œuvres du P. L. Wieger S. J.，戴遂良神父著作分类目录	裴化行	教育联合会	1932
Catechismi Lexicom	吕登岸	教育联合会	1935
De Apostolatu Laico，蔡总主教论教友传教（拉丁文本）	蔡宁，冯奎璋	教育联合会	1935
Deus Scientiarum Dominus		教育联合会	1931
L'Action Catholique	惠济良	公教进行会	1935
L'Ecriture Alphabétique du Chinois	PP. Lamasse，PP. Jasmin	教育联合会	1934
Libri Digactici Moderni de Tridemismo: *in usum antea Scholarum Primariarum Dradus* "Inferioris"	苗德秀	教育联合会	
Libri Digactici Moderni de Tridemismo: *in usum antea Scholarum Primariarum Dradus* "Superioris"	苗德秀	教育联合会	
Litteræ Encyclicæ "*Rerum Novarum*"，劳工问题通谕（拉丁文本）	Leonis PP. XIII	教育联合会	
Litteræ Encyclicæ "*Aeterni Patris*"	Pii PP. XIII，Lo Kuang	教育联合会	
Litteræ Encyclicæ "*Divini illius*"	Pii PP. XI	教育联合会	1936
Litteræ Encyclicæ "*Divini Redemptoris*"	Pii PP. X，袁承斌	教育联合会	1937
Litteræ Encyclicæ "*Nova impendet*"	Pii PP. XI，Venantius Chao	教育联合会	1931
Litteræ Encyclicæ "*Ad Catholici Sacerdotii Fastigium*"，论士林哲学之通牒（拉丁文）	Pii PP. XI，牛若望	教育联合会	1935
Motus Mille Litteris Addiscendis，*Pars I*	苗德秀	教育联合会	
Motus Mille Litteris Addiscendis，*Pars II*	苗德秀	教育联合会	1933
Nuncium Summi Pontificis Ad Sinenses，教宗致中华电		教育联合会	1929
On the Trail of the Kidnappers	Xanc Thianemync，P. Jasmin	教育联合会	
Ordo et Canon Missæ，弥撒次序纲领（拉丁文—中文）	利类思	教育联合会	
Philosophia Sinensis Antiqua	Gonsalvus Walter	教育联合会	
Principia Sun-Yat-Sen Erga Catholicos，三民主义与公教要理简言（法文本）	R. T. Martina，D. V. Teng	教育联合会	1932（R）
Ritus et Foemula Consecrationis Altarium Portatilium		教育联合会	
Schall et verbiest maitres fondeurs	Paul Bornet	教育联合会	1946
Terminologia Moderna，新时代社会教科书（拉丁文本）	苗德秀	教育联合会	
Terminologia Tridemistica，新时代三民主义教科书	苗德秀	教育联合会	

·附 录·

续表

出版物名称	著译者	书目编号	出版年份
爱的科学	吴经熊，宋超群	上智编译馆	1947
爱国论	S. E. Mgr. de Jonghe，MEP，袁承斌	教育联合会	
爱主实行	亚尔丰索，R. P. Andrea Li	教育联合会	1936
拔蒙都社会实验	梵若思	教务协进会	1950
白话宣讲		公教进行会	1937
白兰夫人故事集	刘小蕙	公教学术社	1950
本笃会修士陆徵祥言论集		教育联合会	1936
毕嘉尔贞女小史	冯奎璋	教育联合会	1939
敝帚一扫		教务协进会	1949
边疆公教社会事业	王守礼，傅明渊	上智编译馆	1949
辩护真教导言	赵文南	教育联合会	
波动	阎宗临	传信印书局	1936
蔡总主教公进言论	蔡宁，于斌	教育联合会	1935
蔡总主教论教友传教	蔡宁，冯奎璋	教育联合会	1935
察哈尔南壕堑养正中学校规细则		教育联合会	
朝圣行脚	叶秋原	上智编译馆	1947
除旧杂录		教务协进会	1948
传教花絮		教务协进会	1950
传教经验		教务协进会	1951
传教漫话		教务协进会	1950
传教片段		教务协进会	1950
传教司铎		教务协进会	1950
传教碎锦		教务协进会	1950
传教之研究	方豪	上智编译馆	1947
传信伙助会	F. Gonsalvo（范），韩默理	教育联合会	1932
传信与圣伯铎二善会史略	周连墀	教育联合会	1935
辞海词源天主教名词正误	王任光	上智编译馆	1947
大赦经文	黄乐施	公教进行会	1938
道真来华	韩天民	教务协进会	1950
儿童教育概论	黎正甫	教育联合会	1936
梵蒂冈一瞥	马哥	上智编译馆	1946

续表

出版物名称	著译者	书目编号	出版年份
方豪文录	方豪	上智编译馆	1948
刚大主教罗玛的讲演	于斌	教育联合会	1931
刚大主教米郎大学的讲演	于斌	教育联合会	1931
刚总主教到华十周年纪念论文集	刚恒毅	教育联合会	1932
公教传教员	O. Schell（欧）	教育联合会	1933
公教妇女（刊物）		教育联合会	
公教概论	希望	公教进行会	1935
公教教务公文，*Litteræ Encyclicæ "Maximum illud"*		教育联合会	
公教教育丛刊	公教教育联合会	教育联合会	1928—1936
公教教育学简要	O. Schell（欧），林凤栖	教育联合会	1934
公教进行（刊物）		教育联合会	
公教进行的意义	于斌	教育联合会	1934
公教进行要理问答	冯特酒，于斌	教育联合会	1937
公教进行月刊	中华公教信友进行会总监督处	中华公教信友进行会总部	1929—1939
公教劳动青年	托德，郭隆静	教务协进会	1950
公教前途展望	徐雅尔，萧先义	北平光启学院	1947
公教青年		教育联合会	1931
公教司祭	O. Schell（欧）	教育联合会	1937
公教学校（刊物）	中华公教教育联合会	教育联合会	1935—1939
公教与文化	陈哲敏，方豪，叶秋原，庞静亭	上智编译馆	1947
公教主义	朱者赤	上智编译馆	1947
公进导言	顾学德	教育联合会	1935
公进概论	希望（牛若望）	教育联合会	1935
公进组织示范	于斌	教育联合会	1935
公理战胜纪念特刊		公教进行会	1945
关于宗教信仰问题学习资料	文戈	教务协进会	1950
合校本大西西泰利先生行迹	艾儒略	上智编译馆	1947
欢迎中国首任枢机主教纪念册		文化协进会	1946
婚姻通牒，*Litteræ Encyclicæ "Casti connubii"*	Pii PP. XI	教育联合会	1930
家庭问题	Mgr. de Jonghe M. E. P，袁承斌	教育联合会	

・附 录・

续表

出版物名称	著译者	书目编号	出版年份
教务丛谈	孙醒秋	教务协进会	1950
教育方法论	O. Schell（欧）	教育联合会	1932
教育文存	张怀	上智编译馆	1948
教育益闻录		教育联合会	1929—1934
教育哲学	张怀	教育联合会	1935
教宗庇护第十	毕辣尔、周连塈	教育联合会	1940
教宗九世多年以来言论，*Litteræ Encyclicæ* "*Qui Pluribus*"	Pii PP. IX	教育联合会	
教宗十一世避静指南，*Litteræ Encyclicæ* "*Ubi arcano*"	Pii PP. XI	教育联合会	
教宗十一世四十年通牒，*Litteræ Encyclicæ* "*Quadragesimo anno*"	Pii PP. XI	教育联合会	1931
教宗训谕，*Litteræ Encyclicæ* "*Maximum illud*"		教育联合会	
教宗于广播电中之演讲	Pii PP. XI	教育联合会	1931
教宗致中华电，*Nuncium Summi Pontificis Ad Sinenses*		教育联合会	1929
京师私立上义师范学校简章	苗德秀	教育联合会	
救世后既满十九世纪敕定特别圣年颁赐殊恩大赦诏书	Venantio Chao	教育联合会	1933
劳工问题通谕，*Litteræ Encyclicæ* "*Rerum Novarum*"（中文本）	Leonis PP. XIII	教育联合会	
礼节问题		教育联合会	1936
礼仪篇		教育联合会	1933
烈血千秋	冯德南	教务协进会	1950
灵魂的存在	托德、樊若恩	教务协进会	1950
陆总会长公进言论	陆伯鸿	教育联合会	
论复活（超性学要）	托马斯·阿奎那、安文思	教育联合会	1930
论公教进行会	惠济良	公教进行会	1935
论人的灵魂和人的肉身（超性学要）	托马斯·阿奎那、利类思	教育联合会	1930
论三位一体（超性学要）	托马斯·阿奎那、利类思	教育联合会	1930
论圣保禄宗徒——公进师表	希望（牛若望）	公教进行会	1939
论圣教会的教育		教育联合会	
论士林哲学之通牒，*Litteræ Encyclicæ* "*Ad Catholici Sacerdotii Fastigium*"（中文本）	Pii PP. XI、牛若望	教育联合会	1935
论天神（超性学要）	托马斯·阿奎那、利类思	教育联合会	1930
论天主（超性学要）	托马斯·阿奎那、利类思	教育联合会	1930

续表

出版物名称	著译者	书目编号	出版年份
论天主降生（超性学要）	托马斯·阿奎那，利类思	教育联合会	1930
论万物原始（超性学要）	托马斯·阿奎那，利类思	教育联合会	1930
论无神的共产主义通牒	袁承斌	教育联合会	1937
论形物之造（超性学要）	托马斯·阿奎那，利类思	教育联合会	1930
论宰治（超性学要）	托马斯·阿奎那，利类思	教育联合会	1930
罗马字母缀法字典	PP. Rutten-Jasmin	教育联合会	
马相伯先生文集	方豪	上智编译馆	1947
马相伯先生文集续编	方豪	上智编译馆	1948
马相伯学习生活	张天松	上智编译馆	1951
弥撒次序纲领（拉丁文—中文）	利类思	教育联合会	
你非姓王不可	冯德南	教育联合会	1950
欧美列国宗教教育之比较研究	袁承斌	教育联合会	1933
磐石杂志		教育联合会	
泡影	周信华	上智编译馆	1947
迫于基利斯督之慈爱通牒，*Litteræ encyclicæ "Caritate Christi compulsi"*（中文本）	Pii PP. XI, Venantius Chao	教育联合会	1932
庆祝教宗比约十二	冯瓒璋	公教进行会	1938
全国公教教育会议纪要		教务协进会	1948
热心要经　热心要经续编		公教进行会	1930
人的灵性	王继文	北平光启学院	1948
人类的宗教需要	R. D. Francisco Roux，M. E. P.，袁承斌	教育联合会	1935
人生问题讲话	徐景贤	教务协进会	1938
人之出生及进化	Eduard Boné，沈世荣	上智编译馆	1948
三大模范人物	徐景贤，徐话农	教育联合会	1935
三民主义与公教要理简言	R. T. Martina，D. V. Teng	教育联合会	1932（R）
山西洪洞修道院规章	苗德秀	教育联合会	
上智编译馆馆刊		上智编译馆	1946—1948
社会事业宗徒	冯瓒璋	教育联合会	1941
社会学讲义（拉汉对照）	教宗良十三世	教育联合会	

续表

出版物名称	著译者	书目编号	出版年份
社会秩序之重建	戴明我	北平光启学院	1944
神学集成	托马斯·阿奎那	上智编译馆	1950
神婴小路简编	山西大同修院	教育联合会	1937
生活：理智化	巴隆基，侯之正	上智编译馆	1950
生命的灯塔	天角	教务协进会	1950
圣本笃行实	D. I. Herwegen O. S. B.	教育联合会	1932
圣诞前主日	利类思	教育联合会	1932
圣经学概论	袁承斌	教育联合会	1937
圣留纳自修志多	李杕，陈栋	公教进行会	1912
圣年大庆		教务协进会	1950
圣女德肋撒神婴师表	山西大同修院	教育联合会	1933
圣女小德肋撒成德懿范	孙岩圳	教育联合会	1931
圣若翰伯尔各满每日训言	张润波	教育联合会	1939
圣味增爵保禄氏神修格言	张润波	上智编译馆	1948
圣魏亚乃	张润波	教育联合会	1931
圣子降生	冯德南	教务协进会	1950
实在论哲学	陈哲敏	上智编译馆	1950
世界传教事业特刊	冯瓒璋	公教进行会	1938
司铎与善会	周连墀	教育联合会	1941
谈道资料		教务协进会	
天主的意味	徐雅尔，萧先义	北平光启学院	1950
天主教	刘韵轩	公教进行会	1950
天主教浅说	张介眉	上智编译馆	1948
天主教术语名词汉译问题	陈哲敏	教务协进会	1950
童身之圣童身者		教务协进会	
伟大的保禄	高利约	传信印书局	1939
文化方面的工作	高乐康，景明	上智编译馆	1947
我将到天主的祭台前	周连墀	传信印书局	1938
五洲奇剧	谈天道	善会指导会	1943
湘轺日记	吕佩芬	传信印书局	1937
孝经之研究	徐景贤	公记印书局	1931
新北辰（刊物）	光启学会	教育联合会	1935
新答客问	项退结	上智编译馆	1947
新时代三民主义教科书	苗德秀	教育联合会	1934

续表

出 版 物 名 称	著 译 者	书目编号	出版年份
新时代社会教科书（小学校初级用）	苗德秀	教育联合会	
信仰自由和宗教教育	袁承斌	教育联合会	1936
幸福的家庭	衡阳雷，冯瓒璋	教育联合会	1936
亚尔斯本堂圣味亚内传	常守义	教育联合会	1935
要理问答	PP. Rutten-Jasmin	教育联合会	
耶稣诞生节集锦	天主教教务协进会	教务协进会	1949
耶稣基督这个人	丁宗杰	教务协进会	1950
耶稣圣婴孩圣女德肋撒神婴师表	甘保真	教育联合会	1933
一九二二至一九三二刚总主教到华十周纪念论文集		教育联合会	
义文法	王实善	传信印书局	1936
意大利鲍思高教育法	张怀	公教进行会	1937
引经训童	欧日搦，李杕	教育联合会	1935
由圣诞起至三王来朝后第六主日（拉丁文—中文）	利类思	教育联合会	
游华回想录	郭栋臣	公教报社	1931
于斌主教公进言论集		公教进行会	1937
宇宙观与人生观	张永立	上智编译馆	1947
雨后残蕾	黎正甫	传信印书局	1936
在山诗白	唐在山	传信印书局	1936
指引真教	O. Schell（欧），赵幼松	教育联合会	1932
中古文化与士林哲学	赵尔谦	教育联合会	1935
中国传教士（刊物）		教务协进会	1948
中国教会体制成立后教省教区分布图	刘洪凯	上智编译馆	1947
中华公教进行会澳门区指导会报告书		公教进行会	1937
中华公教进行会组织大纲		教育联合会	1932
中华全国公教进行会统计册	冯瓒璋	公教进行会	1937
中华全国公教进行会震旦大学青年会简章	冯瓒璋	公教进行会	
中华全国进行会教区代表大会实录		教育联合会	
主徒会修道院简章		教育联合会	1932
追悼教宗比约十一	冯瓒璋	公教进行会	1938
宗教教育之比较研究	袁承斌	教育联合会	1933
宗教与人生	黎正甫	传信印书局	1936
宗徒任务之要求，Litteræ encyclicæ "Quod apostolici"（中文本）	Leons PP. XIII	教育联合会	

* 本资料中简写，教育联合会："教廷代表公署教务联合会"或"中华公教教育联合会"，出版机构为传信印书局；教务协进会："中国天主教教务协进会"；公教进行会："中华公教进行会"；善会指导会："宗座善会全国指导会"；文化协进会："中国天主教文化协进会"。

十七、北平辅仁大学出版物目录

出版物名称	著译者	书目编号	出版年份
An Annotated Bibliography of Mental Tests and Scale	Wang Cheng-Kuei	J22	
An Outline of Modern Chinese Family Law，中华民国亲属法大纲	范可法	华裔学志专刊2	1939
Biological Vocabulary，生物学名词（英文 中文）	马德武，郑葆珊		1948
Bolur Erike，"eine Kette aus Bergkristallen"，eine monogolische Chronik der Kienlung-Zeit von Rasipungsuy（1774/75），Literarhistorisch untersucht，《水晶念珠》研究	海西希	华裔学志专刊10	1946
Bronzentexten der Chou-Zeit	罗樾		1946
Catalogue of the Catholic University，辅仁年鉴（中英对照）		J4	
Catholic Peking	Joseph Sandhaas S. V. D	J33	
College Readings	Ignatius Ying		1942
Das Jahr im Chinesischen Volkslied，中国岁时歌谣	叶德礼		1946
Der Jesuiten-Atlas Der Kanghssi-Zeit，Seine Entstehunsgeschichte，Nebst Namensindices Für Die Karten Der Mandjurei，Mongolei，Ostturkestan und Tibet，康熙皇舆全览图	福华德	华裔学志专刊4	1943
Deutsche Forscher，德国之研究家		德华读本	1943
Deutschland，lesebuch fur studierende auslander，德国读本	Karl Remme	德华读本	1943
Dictionnaire Ordos，鄂尔多斯蒙古语词典	田清波	华裔学志专刊5	1941—1944
Die Lokalkulturen des Südens und Ostens，中国西南部地区文化	艾伯华	华裔学志专刊3	1942
Die Primzahlen，素数	Rademacher，谯毓琛	德华读本	1945
Die Sektion Fur Deutsche Sprache Und Literatur An Der FU-JEN Universitat Peking	Fritz Bornemann		1942
Diffenentialgleic Hungen，微积分方程式解法	E. Kamke	德华读本	1943
Differences phonetiques dans les dialectes chinois: un exemple d'evolution linguistique locale dans les parlers de TaT'ong (Chansi-nord)	贺登崧		1946
Douze Sonates de Théodore Pedrini	卢华民（Th. Ruhl）	J12	

续表

出版物名称	著译者	书目编号	出版年份
Experimental Psychology after Johannes Lindworsky, S.J.	Josef Goertz	J21	
Famous Chinese Plays	L. C. Arlington，Acton Harold		1937，魏智
Folklore Ordos：traduction des Textes oraux Ordos，法译鄂尔多斯民间文学	田清波	华裔学志专刊 11	1947
Fore-Edge Painting	陆鸿年等		1939
Freshman English			1936
Fruth Chinesische Bronzen aus der Sammling Oskar Trautmann，使华访古录	艾锷风		1939
Fu Jen Art Calender，辅仁美术月刊		J5	
Fu Jen Magazine，辅仁学志（英文）		J3	
General Education	Chang Huai	J23	
Geschichte der chinesischen Literatur und ihrer gedanklichen Grundlage，*nach Nagasawa Kikuya*，*Shina Gakujutsu Bungeishi*，中国文学史	长沢规矩也，丰浮露	华裔学志专刊 7	1945
Grundzüge der Chemie	W. M. Schmidt，王晨	德华读本	1942
Guide to Peiping and Its Environs			1946
Itô Jinsai：a philosopher，educator and sinologist of the Tokugawa period，伊藤仁斋：德川时期的哲学家、教育家和汉学家	薛宝义	华裔学志专刊 12	1948
Kurzgefasstes Lehrbuch der Deutschen Sprache mit Uebungsbuch，德文文法要领	富施公（F. Fuchs），宋化龙		1947
Le Dialecte Monguor，parlé par les Mongols du Kansou Occidental. I. partie，Phonétique，陇西蒙古语方言，第一部，蒙古语语音	石德懋，田清波		1933
Le Dialecte Monguor，parlé par les Mongols du Kansou Occidental. II. partie，Grammaire，陇西蒙古语方言，第二部，蒙古语语法	石德懋，田清波		1933
Le Dialecte Monguor，parlé par les Mongols du Kansou Occidental. II. partie，Grammaire，陇西蒙古语方言，第二部，蒙古语语法	石德懋，田清波	华裔学志专刊 6	1945
Le Dialecte Monguor，parlé par les Mongols du Kansou Occidental. III. partie，Dictionnaire Monguor-Français，陇西蒙古语方言，第三部，蒙古语—法语辞典	石德懋，田清波		1933

· 附 录 ·

续表

出版物名称	著译者	书目编号	出版年份
Lectures for the course General Politology	L. B. A. Fabel		1948
Map Showing Itinerary of John of Montecorvino and Expeditionary Routes of Five Rulers	辅仁地理系		
Monunenta Serica，华裔学志		J2	
Notes on Early Bronzes I, The Institute for Research in Chinese Architecture-A Short Summary of the Field Work Carried on from Spring 1932 to Spring 1937	艾锷风		1937，魏智
Quellen zur Rechtsgeschichte der T'ang-Zeit，唐律探究	宾格尔	华裔学志专刊 9	1946
Recherches sur le Typhus Exanthématique dans le Noed de la China	J. Tchang，S. Lo-Tsong	J32	
Romanization of Chinese Characters	陈垣	J31	
Studies of typhus fever in china	吕登岸		1933
Temples and History of Wanch'üan，万全的寺庙和历史	贺登崧、李世瑜		1948
Textes oraux Ordos, recueillis et publiés avec introduction, notes morphologiques, commentaires et glossaire，鄂尔多斯口述文学原本	田清波	华裔学志专刊 1	1937，魏智
The "Mongol atlas" of China by Chu Ssu-pen and the Kuang-yü-t'u，《广舆图》版本考	福华德	华裔学志专刊 8	1946
The book of Chao, a translation from the original Chinese with introduction, notes and appendices，肇论	李华德	华裔学志专刊 13	1948
The Muan bpö Ceremony, or the Sacrifice to Heaven as Practiced by the Na-Khi，祭天古歌	骆克		1948
The Nomenclature of Jews in China	罗文达		1947
The University of the Pope，辅仁大学			1939
Training of the Will	J. Liudworsky，Liu Chun	J34	
Wissenschaft Bricht Monopole，科学打破垄断	Ation Zischka，邵文雍	德华读本	1944
北京公教	桑达斯		1937
比较宗教史	施密特，萧师毅，陈祥春		1948
苍颉篇辑本述评	王重民	抽印本	1932
崇祯帝之撒像及信仰	牟润孙	抽印本	1939
春笋（期刊）		J7	
二年的回忆	赵怀信	公教图书馆	1929

续表

出版物名称	著译者	书目编号	出版年份
辅大校刊（期刊）	辅仁大学		
辅仁大学语文学会演讲集（一）	辅仁大学语文学会		1940
辅仁大学语文学会演讲集（二）	辅仁大学语文学会		1941
辅仁生活	辅仁生活出版社		1939
辅仁文苑（期刊）		J6	
辅仁学志（期刊）		J1	
古籍校读法	余嘉锡		
古礼制研究			
古文初阶	辅仁社		
古文选	辅仁社		1912
广韵声系	沈兼士	J47	1945
国际家庭教育学	张怀		1937
汉魏六朝一百三家题辞	张溥		1939
纪念孟昭	张秀亚		1942
教廷锡爵纪念册			
教育学概论	张怀		1946
旧五代史辑本发覆	陈垣	J43	1937，刻本
康熙皇舆全览图	福华德		1943，影印
论理学大纲	柴熙		1943
民俗学志			1942—
民元以来天主教史论丛	叶德禄		1943
名理探	傅泛际	辅仁社	1926
明季滇黔佛教考	陈垣	J46	1940
明季之欧化美术及罗马字注音	利玛窦		1927
明外族赐姓考	张鸿翔	抽印本	1932
明外族赐姓续考	张鸿翔	抽印本	1933
明元以来天主教史论丛	叶德禄		1943
目录学讲义	余嘉锡		
南宋初河北新道道教考	陈垣	抽印本	1941
乾隆绛州志之韩霖	叶德禄		
秦汉史			

· 附　录 ·

续表

出 版 物 名 称	著 译 者	书目编号	出版年份
清代学者整理旧学之总成绩	梁启超		
全谢山明直隶宁国知府玉尘钱公神道表	全祖望		
生物学名词（英文—中文）	马德武，郑葆珊		1948
室韦考	方壮猷		
释氏疑年录	陈垣	J45	1939，刻本
四声别义释例	周祖谟	抽印本	
宋词选注	孙人和		
唐宋以来三十四个历史人物心理特质的估计	林传鼎		1939
天壤阁甲骨文存	唐兰	J44	1939，影印
通志校雠略	郑樵		
文苑	文苑社		1939
吴渔山先生年谱	陈垣	J42	1937，刻本
西洋教育史	张怀		
系统的文字学参考书目举要	沈兼士		
薛史辑本避讳例	陈垣		1937，刻本
寻梦草	张秀亚	文苑社	1941
艺文志	班固		1912
隐修会流源考奥图尔			
语录与顺治宫廷	陈垣	抽印本	1939
原子物理学入门：万物之基粒	伍尔夫		1945
正确思考之学	毕德，李世繁		1942
中国金石学			
中国近三百年学术史	梁启超		
中国首任天主教枢机册			1946
中华公教青年会季刊（期刊）	中华公教青年会	公教图书馆	1929—1930
中西交通史汇编	张星烺	J41	
自动教育概论	张怀		1931
字相的实验研究	林传鼎		1941

* 本资料包括辅仁大学及其相关出版机构出版物。
* 本资料限于辅仁大学在大陆时期的出版物。
* 本资料里未特别注明者为铅印本。

十八、天主教在华出版中文报刊目录

名　　称	类型	语言	区域	主　办	创刊年份
安庆教务月刊	月刊	中文	安庆	耶稣会	1932
北辰		中文		天津工商学院，崇德堂	1928
超性教育		中文	大同	永旺学会	
崇实报	周刊	中文	重庆	巴黎外方传教会	1904
崇真报		中文	康定	文化协进会	1943
宠光通讯社	周报	中文	北平	宠光主教会议	1935
春笋	月刊	中文	北平	辅仁大学世俗会	1929
慈音	月刊	中文	上海	圣母始胎会	1935
慈幼会季刊	季刊	中文	澳门	慈幼会	1931
导光	周刊	中文	天津	天津工商学院	1933
道南半月刊	半月刊	中文	福州	多明我会	1935
多玛会刊	年刊	中文	汕头	巴黎外方传教会	1930
法中期刊（Le Trait d'Union）	半年刊	中文—法文	大名	耶稣会	1922
辅大校刊		中文	北平	圣言会	
辅仁广东同学会	半年刊	中文	北平	辅仁大学世俗会	1934
辅仁美术月刊	月刊	中文	北平	辅仁大学世俗会	1933
辅仁生活（Fu Jen Life）		中文	北平	圣言会	1939
辅仁文苑		中文	北平	辅仁大学文苑社	1939
辅仁学志	半年刊	中文	北平	辅仁大学	1928
格致新报	旬刊	中文	上海	耶稣会	1898
格致益闻汇报	周刊	中文	上海	耶稣会	1898
工商建筑	不定期	中英文	天津	天津工商学院	1941
工商生活	月刊	中文	天津	天津工商学院	1940
工商向导	年刊	中文	天津	天津工商学院	1940
工商学生	月刊	中文	天津	天津工商学院	1937
工商学志（Hautes Etudes Review）	半年刊	中文—英文	天津	天津工商学院	1934
公教白话报	半月刊	中文	烟台	圣言会	1940
公教报	月刊	中文	香港	米兰外方传教会	1928
公教妇女	季刊	中文	北平	公教进行会	1934

续表

名　　称	类型	语言	区域	主　　办	创刊年份
公教季刊	季刊	中文	广州	巴黎外方传教会	1924
公教教育丛刊	月刊	中文	北平	教育联合会	1928
公教进行报告书	半年刊	中文	澳门	澳门教区	1935
公教进行会季刊	季刊	中文	松树嘴子	圣母圣心会	1938
公教进行会刊		中文	上海	公教进行会	1947
公教进行会月刊	月刊	中文	松树嘴子	圣母圣心会	1934
公教进行月刊	月刊	中文	北平	公教进行会	1929
公教青年	月刊	中文	广州	巴黎外方传教会	1932
公教青年	月刊	中文	北平	教育联合会	1931
公教学生	季刊	中文	天津	天津工商学院	1940
公教学校	旬刊	中文	北平	教育联合会	1935
公教学志		中文	天津	天津工商学院	1943
公教旬报	旬报	中文	潞安	方济各会	1934
公教月刊	月刊	中文	武昌	方济各会	1940
公教周报	周刊	中文	开封	米兰外方传教会	1948
公教周刊	周刊	中文	厦门	多明我会	1929
公教周刊	周刊	中文	福州	多明我会	1929
公青季刊	季刊	中文	平凉	圣母圣心会公教青年会	1945
光华报	周报	中文	济南	方济各会	1933
光华报	周报	中文	武昌	方济各会	1935
光启中学	不定期	中文	上海	松江光启中学	1936
国民小报	月刊	罗马注音字母	延安	方济各会	1933
海星	季刊	中文	献县	耶稣会	1936
汉口教区		中文	汉口	方济各会	1940
汇报	周刊	中文	上海	耶稣会	1899
汇学杂志	月刊	中文	上海	徐汇公学	1926
惠我小学	月刊	中文	北平	遣使会	1934

续表

名　　称	类型	语言	区域	主　　办	创刊年份
加特立少年	月刊	朝鲜文	延吉	本笃会	1935
将来的中国	月刊	中文	武昌	方济各会	1935
教友生活		中文	重庆	文化协进会	1943
教育益闻录	季刊	中文	北平	教育联合会	1929
教育与心理	半年刊	中文	北平	辅仁大学世俗会	1934
科学杂志	周刊	中文	上海	耶稣会	1908
理工杂志	半年刊	中文	上海	震旦大学	1932
龙江天主教总堂小报	不定期	中文	齐齐哈尔	伯利恒外方传教会	1934
龙沙公教月刊	半月刊	中文	齐齐哈尔	伯利恒外方传教会	1933
满洲公教月刊	月刊	中文	沈阳	奉天南关天主堂	1935
明我	月刊	中文	澳门	慈幼会	1933
明星通讯	半月刊	中文	秦州	嘉布会	1924
母校铎声	月刊	中文	澳门	慈幼会	1931
南针	月刊	中文	南宁	巴黎外方传教会	1934
磐石杂志	月刊	中文	北平	公教进行会	1933
祈祷宗会	半月刊	中文	上海	祈祷会	1949
祈祷宗会主保单	月刊	中文	上海	耶稣会	1922
善导报	月刊	中文	上海	松江公教进行会	1913
上智编译馆馆刊	双月刊	中文	北平	北京教区	1946
神职读物	不定期	中文	北平	教务协进会	1949
生活与思想		中文	南郑	文化协进会	1943
圣教杂志	月刊	中文	上海	耶稣会	1912
圣体军联合刊	月刊	中文	南京	耶稣会	1931
圣体军月刊	月刊	中文	上海	耶稣会	1931
圣心报	月刊	中文	上海	祈祷会	1887
时代学生	月刊	中文	香港	香港真理学会	1950
时事汇录	周刊	中文	上海	耶稣会	1908

·附 录·

续表

名　称	类型	语言	区域	主　办	创刊年份
实益年刊	年刊	中文	青岛	圣言会	1917
蜀铎		中文	成都		1947
台州教区月刊	月刊	中文	海门	耶稣会	1932
天津通讯	年刊	中文	天津	工商学院	1926
天津益世报	日报	中文	天津	世俗会	1915
天主公教白话报	半月刊	中文	烟台	圣言会	1917
文会期刊	半月刊	中文	大名		1940
文珊苗圃	不定期	中文	郁江	遣使会	1935
文藻月刊	月刊	中文	南京		1937
我存杂志	月刊	中文	杭州	遣使会	1933
我们的教区	月刊	中文	嘉应	玛利诺外方传教会	1940
我们的教区	月刊	中文	梅州	玛利诺外方传教会	1935
我们的教育	月刊	中文	上海	汇师中学	1927
细流	季刊	中文	北平	辅仁大学世俗会	1934
献县教区公教进行会	季刊	中文	献县	耶稣会	1925
小军人月刊	月刊	中文	绥化	圣母圣心会	1935
小朋友	半月刊	中文	齐齐哈尔	伯利恒外方传教会	1934
晓明	月刊	中文	平阳	遣使会	1934
校友会年刊	年刊	中文	魏县		1933
心声	半月刊	中文	上海	祈祷会	1949
新北辰	月刊	中文	北平	公教进行会	1935
新南星	月刊	中文	嘉应	玛利诺外方传教会	1941
信鸽	半月刊	中文	上海	抗美援朝上海天主教分会	1951
医学杂志（En Famille），甲种	年刊	中文—法文	上海	耶稣会	1922
艺文萃译	不定期	中文	北平	中法汉学研究所	1945
益华报	周刊	中文	武汉	花园山天主堂	1937
益世报	日报	中文	北平		1945

续表

名　　称	类型	语言	区域	主　办	创刊年份
益世报	日报	中文	天津		1915
益世报	周刊	中文	昆明 重庆		1938
益世报	周刊	中文	上海		1946
益世报	周刊	中文	西安		1945
益世周刊	周刊	中文	南京		1946
益世周刊	周刊	中文	天津		1945
益世主日报	周刊	中文	南京		1946
益世主日报（广益录）	周刊	中文	天津		1912
益闻录	周刊	中文	上海	耶稣会	1878
友善年刊	年刊	中文	潞安	方济各会	1928
远东归化善会	半月刊	中文	北平	特拉普会	1928
真道期刊		中文	北平	北平西什库天主堂印书馆	清末
真光公教月刊	月刊	中文	武昌	方济各会	1935
震旦大学院工科杂志（Université de Changhai，Bulletin des Sciences）	半年刊	法文—中文	上海	震旦大学	1920
震旦大学院文学法政杂志（Université l'Aurore Chang-hai，Bulletin de Littérature et de Droit）	年刊	法文—中文	上海	震旦大学	1915
震旦法律经济杂志	月刊	中文	上海	震旦大学	1945
震旦医刊（Bulletin Médical de l'Université de l'Aurore）	半年刊	中文—法文	上海	震旦大学	1915
震旦杂志（Bulletin de l'Université de l'Aurore）	半年刊	法文—中文	上海	震旦大学	1909
指导月刊	月刊	中文	洪洞	方济各会	1928
中华公教青年会季刊	季刊	中文	北平	公教图书馆	1929
中华全国教务统计（Annuaire des Missions Catholiques de chine）	年刊	法文—中文	上海	耶稣会	1903
钟声	半月刊	中文	齐齐哈尔	伯利恒外方传教会	1936
宗座宪章（Apostolicum）	月刊	中文—拉丁文	济南	方济各会	1930

·附　录·

十九、天主教在华出版西文报刊目录

名　　称	类型	语言	区域	主　办	创刊年份
Agentia Lumen，宠光通讯社	周报	法文	北平	宠光主教会议	1935
Agentia Lumen，宠光通讯社	周报	英文	北平	宠光主教会议	1935
Annuaire des Missions Catholiques du Manchoukou，满洲天主教教务年鉴	年刊	法文	沈阳	巴黎外方传教会	
Annuaires des Missions Catholiques de chine，中华全国教务统计	年刊	法文—中文	上海	光启社	1903
Apostolado Francecano in China	月刊	意大利文	汉口	方济各会	1932
Apostolado，天主公教神职杂志	月刊	意大利文—中文	济南	方济各会	1930
Apostolicum，宗座宪章	月刊	拉丁文—中文	济南	方济各会	1930
Boletin Eclesiastico da Diocese de Macau，澳门教区简报	月刊	葡萄牙文	澳门	澳门教区	1903
Bulletin Aérologique	半年刊	法文	上海	徐汇天文台	1931
Bulletin aerologique：Zi-ka-wei Observatoire Meteorologique，徐汇天文台物理气象记录	年刊	法文	上海	徐汇天文台	
Bulletin de l'Apostolat de la Prière	年刊	英文	香港	巴黎外方传教会	
Bulletin de l'Apostolat de la Prière	年刊	葡萄牙	香港	巴黎外方传教会	
Bulletin de l'Observations de Zô-sè	年刊	法文	上海	徐汇天文台	1907
Bulletin de L'Œuvre do Messes et de la Crosade de Prères，远东归化善会季刊	季刊	拉丁文—中文	北平	特拉普会	1928
Bulletin de la Faculté de Médecine		法文	上海	耶稣会	
Bulletin de la Société des Missions Etrangères de Paris，巴黎外方传教会集刊	月刊	法文	香港	巴黎外方传教会	1922
Bulletin de Université de L'Aurore Chang-hai，震旦大学院院刊	半年刊	法文—中文	上海	震旦大学	1909
Bulletin des Observations de Zi-ka-wei，徐汇天文台观测公报	年刊	法文	上海	徐汇天文台	1872
Bulletin des Observations. Supplement / Observatoire Magnetique, Météorologique et Sismologique de Zi-ka-wei，徐汇天文台观测公报——地磁、气象和地震报告（34卷）	年刊	法文	上海	徐汇天文台	1876
Bulletin du Pium Opus，新闻简报	半月刊	法文	北平	特拉普会，北堂	1929

续表

名　称	类型	语言	区域	主　办	创刊年份
Bulletin Médical de l'Université de l'Aurore，震旦医刊	半年刊	中文—法文	上海	震旦大学	1915
Bulletin Seismologique de Zi-ka-wei，徐家汇地震公报（12卷）	年刊	法文	上海	徐汇天文台	1921
Bulletin Sismique	半月刊	法文	上海	徐汇天文台	1905
Catalogue of the Catholic University，辅仁年鉴	年鉴	中文—英文	北平	辅仁大学	
Catalogus Missionis de Sienhsien Provinciæ Campaniæ Societatis Jesu，耶稣会献县教区名录	年报	法文	天津	崇德堂	
Catalogus Patrum Ac Fratrum S. J.，耶稣会司铎和修士名录	年报	法文	上海	土山湾	1908
Catalogus Seminarii Majori & Minoris Vicaritus Apostolici Nankinensis，南京传教区大小修院修业名录	年报	法文	上海	土山湾	1908
Catalogus Seminarii Majori &Minoris Vicaritus Apostolici Shanghai，上海传教区大小修院修业和本堂神父名录	年报	法文	上海	土山湾	1908
Catecheticum	不定期	拉丁文	大同	大同神学院	1940
Catholic Revew，圣教杂志	周刊	英文	上海	耶稣会	1935
Catholic Review，公教杂志	周刊	英文	上海	私人	1935
China Letter，中国通讯	季刊	英文	上海	加州耶稣会金科中学	1902
China Missionary，中国传教士	月刊	英文	上海	教务协进会	1948—1949
China weather service，中国天气服务（13卷）	日报	法文	上海	徐汇天文台	1906
Chinese Catholic Young Men's Society，中国天主教青年协会	年刊	英文—中文	香港	世俗	1924
Collectanea Commissionis Synodalis，中华公教教育丛刊	月刊	拉丁文	北平	教育联合会	1928
Collectanea Commissions Synodalis，公教教育丛刊	月刊	法文	北平	教育联合会	1928
Daily Weather Report，每日天气报告	日报	英文	上海	徐汇天文台	1906
Daliki Wschó，远东	不定期	波兰文	哈尔滨	巴黎外方传教会	1925
Digest of the Synodale Commission，公教教育丛刊	月刊	英文	北平	教育联合会	1928

• 附 录 •

续表

名　　称	类型	语言	区域	主　　办	创刊年份
Dossiers de la Commission Synodale，公教教育丛刊	月刊	法文	北平	教育联合会	1928
Écho de Chefoo，芝罘回声	双月刊	法文	烟台	方济各会	1903
Echos del Apostolado	月刊	西班牙文	武昌	方济各会	1931
Echos del Apostolado，福音	月刊	西班牙文	常德	奥古斯丁会	1931
Echos du Shek-shat	月刊	法文	广州	巴黎外方传教会	1917
Ecos da Missão de Shiuhing	季刊	葡萄牙文	肇庆	巴黎外方传教会	1925
En Famille，汇学杂志	年刊	法文—中文	上海	耶稣会	1922
Feiille Paroissiale	月刊	法文	芜湖	耶稣会	
Folklore Studies，民俗学志	不定期	多语种	北平	辅仁大学	1946
Franciscans in china，中国方济各会	月刊	英文	武昌	方济各会	1922
Fu Jen Magazine，辅仁学志	月刊	英文	北平	辅仁大学	1928
Geobiologia，亚陆生物史迹汇编	年刊	多语种	北平	地质生物学研究所	1943
Hautes Etudes Review，工商学志	半年刊	英文—中文	天津	天津工商学院	1934
Inter Nos，在我们之间	月刊	意大利文	韶关	慈幼会	1920
Kansu-echo，甘肃回声	不定期	德文	兰州	圣言会	1929
Kaomin Regions Blatt	不定期	德文	青岛	圣言会	1937
L'Année Judiciare Chinois	年刊	法文	上海	震旦大学	1928
L'Araldo Missionario	月刊	意大利文	老河口	方济各会	1930
L'Aurore d'Ouangmou	月刊	法文	安路	巴黎外方传教会	
L'Echo du Thibet	月刊	法文	打箭炉	巴黎外方传教会	
L'École en Chine，华校杂志	月刊	法文	上海	耶稣会	1915
L'Evangile du Dimanche	月刊	法文	汉口	方济各会	1940
La Nostra Missione del S. Cuoew		拉丁文	西安	方济各会	1940
La Vérité，崇实报	周报	法文	重庆	巴黎外方传教会	1904
La Voce Missionaria	年刊	法文	同州	圣母圣心会	1940
Le Bulletin Catholique de Pékin	月刊	法文	北平	遣使会	1914
Le Kién-tcháng	月刊	法文	宁远	巴黎外方传教会	1923
Le Magnétism terrestre à Zi-ka-wei，徐汇天文台地磁报告	不定期	法文	上海	徐汇天文台	1881
Le Missionnaire de Chine，中国传教士		法文	上海	教务协进会	1948

续表

名　　称	类型	语言	区域	主　　办	创刊年份
Le Petit Messager de Ning-Po	半月刊	法文	宁波	遣使会	1911
Le Ripuaire	月刊	法文	蓝龙	巴黎外方传教会	
Le Trait d'Union，法中期刊	半年刊	中文—法文	大名	耶稣会	1922
League Leaflet of Hongkong	月刊	英文	香港	米兰外方传教会	
Les Missions de Chine et du Japon	年鉴	法文	北平	遣使会	1917
Les Missions de Chine，中国传教会	年鉴	法文	北平	遣使会	1924
Lishui Review	季刊	英文	丽水	布拉夫外方传教会	1940
Mélanges et Etudes Missionnaires，传教杂录与研究	月刊	多语种	上海	教务协进会	1949
Mission de Anking	半月刊	西班牙文	安庆	耶稣会	1924
Monumenta Serica，华裔学志	半年刊	多语种	北平	辅仁大学	1935
Notes d'Entomologie Chinoise，中国昆虫学汇报	不定期	多语种	上海	韩伯禄博物馆	1929
Notes de Meteorologie Physique Observatoires de Zi-ka-wei	半年刊	法文	上海	徐汇天文台	1934
Notes de Malacologie Chinoise，中国软体动物学汇报	不定期	多语种	上海	韩伯禄博物馆	1935
Noticia de la Mission de la Anking，安庆教务月刊	月刊	法文	安庆	耶稣会	1932
Noticias de la Mision de Wuhu，芜湖教务新闻	半月刊	西班牙文	芜湖	耶稣会	1929
Nouvelles de la Mission，传教区新闻（史报）	周刊—半月刊	法文	上海	徐家汇耶稣会住院	1873
Nova et vetera	季刊	拉丁文	宜昌	方济各会	1940
Observationes Magnétiques	年刊	法文	上海	徐汇天文台	1876
Observationes magnetiques faites a l'Observatoire de Lu Kia Pang，绿葭浜天文台地磁观测报告（20卷）	不定期	法文	上海	徐汇天文台	1908
Observationes Meteorologicas de Wuhu	季刊	法文	芜湖	土山湾	
Observatoire de Zi-ka-wei, Observations Magnétiques，徐家汇台地磁观测年报	年刊	法文	上海	徐汇天文台	1908
Œuvres de la Mission de Süchow，徐州教区圣事活动统计	年报	法文	上海	土山湾	1908

续表

名　　称	类型	语言	区域	主　　办	创刊年份
Œuvres de la Mission du Kiang-nan，江南传教区圣事活动统计	年报	法文	上海	土山湾	1908
Œuvres de la Mission du Kiang-sou，江苏传教区圣事活动统计	年报	法文	上海	土山湾	1908
Opera Vicariatus de Pengpu，蚌埠教区工作报告	年报	法文	上海	土山湾	1908
Our China Mission	不定期	英文	沙市	方济各会	1940
Parish Weekly，教区周刊	周刊	英文	汉口	方济各会	1935
Petit Echo de Saint-Michel	月刊	法文	北平	遣使会	1920
Petit Messager de Ningbo	半月刊	法文	宁波	遣使会	1939
Physique	半年刊	法文	上海	徐汇天文台	1934
Pium Opus	半月刊	法文	绥化	圣母圣心会	
Relations de Chine，中国通讯	季刊	法文	上海	耶稣会	1902
Relations de la Mission de Nan-kin，南京教区通讯	年刊	法文	上海	耶稣会	1875
Religiao e Pàtria	半月刊	葡萄牙文	澳门	澳门教区	1914
Renseignements du Bureau Sinologique，光启社资料汇总	不定期	法文	上海	光启社	1949
Revue de la Croisade Eucharistique（Sygstiaehkyunc），圣体军	月刊	法文	上海	耶稣会	1935
Ruch Chrzescijansko-Spoleczny，天主教社会运动	月刊	波兰文	哈尔滨	巴黎外方传教会	1923
Ruvue Mensuelle de Météorologie	月刊	法文	上海	徐汇天文台	1913
Sacerdos in Sinis	月刊	拉丁文	北平	遣使会	1917
Scripta Sinica Bulletin Bibliographique，中法汉学研究所图书馆馆刊	年刊	中文—法文	北平	中法汉学研究所	1945
Semaine Religieuse	半月刊	拉丁文	重庆	巴黎外方传教会	
Shanghai Meteorolgical Society Annual Report	年刊	法文	上海	徐汇天文台	1893
Spectator，观察者	半月刊	拉丁文	宜昌	方济各会	1928
St.Fidelis-Stimmen，Missionsanchrichten aus Tsinchow，甘肃秦州教务纪闻	季刊	德文	秦州	嘉布会	1924
Status Missionis Nankinensis Societatis Jesu，耶稣会南京教区统计	年报	法文	上海	土山湾	1908

续表

名　称	类型	语言	区域	主　办	创刊年份
Status Missionis Pengpu Societatis Jesu，耶稣会蚌埠教区统计	年报	法文	上海	土山湾	1908
Status Missionis Shanghai Provinciæ Franciæ Societatis Jesu，耶稣会上海教区统计	年报	法文	上海	土山湾	1908
Status Missionis Süchowensis Societatis Jesu，耶稣会献县教区统计	年报	法文	上海	土山湾	1908
Status Missionis Süchowensis Societatis Jesu，耶稣会徐州教区统计	年报	法文	上海	土山湾	1908
Status Vicariatus Apostolici Haimenesis，海门代牧区统计	年报	法文	上海	土山湾	
Sygsthiaehkyunc gyuatkhanc，圣体军	月刊	罗马字母注音	上海	土山湾	1935
The China Letter，中国	季刊	英文	上海	耶稣会	1930
The Hangkong Catholic Register，香港天主教记录报	周刊	英文	香港	巴黎外方传教会	1877
The Manchu-Knoller，奉天抚顺天主教堂	半月刊	英文	抚顺	玛利诺外方传教会	1927
The Rivulet	半月刊	英文	香港	巴黎外方传教会	1939
The Rock	月刊	英文	香港	耶稣会	1927
Todos Missioneros，传教士	月刊	西班牙文	商丘	重整思定会	1928
Tsingtauer Mission Korrespondenz，青岛传教通讯	不定期	德文	青岛	圣言会	1929
Tygodnik Polski，波兰天主教星期日报	周刊	波兰文	哈尔滨	巴黎外方传教会	1922
Unio Apostolica	季刊	拉丁文	北平	遣使会	1924
Université de Changhai，*Bulletin des Sciences*，震旦大学院工科杂志	年刊	法文	上海	震旦大学	1920
Université L'Aurore Chang-hai，*Bulletin de Littérature et de Droit*，震旦大学院文学法学杂志	半年刊	法文	上海	震旦大学文法学院	1920
Wuhu	季刊	西班牙	芜湖	耶稣会	
Zi-ka-wei Observatoire，*Calendrier-annuaire*，天文年历	年刊	法文	上海	徐汇天文台	1878
Zi-ka-wei Observatory，徐汇天文台年鉴（30卷）	年刊	法文	上海	徐汇天文台	1904

二十、天主教在华传教修会名录

修 会 名 称		来华/创设	传 教 区	来源地
Adoratrices Sanguinis Christi	宝血修女会	1924	献县，周村	美国
Association de la Présentationes	献堂修女会	1860	集宁	
Association of St. Claire of Virgin Catechista	方济各献女会	1939	烟台	德国巴伐利亚
Associées des Sacrés-Cœurs	圣心会	1929	海南	法国
Augustinians of the Assumption (A. A.)	圣母升天奥古斯丁会	1935	长春	法国
Auxiliaires Laïques des Missions; Auxiliaires Féminines Internationales Catholiques	雷鸣远国际女子服务团	1945		比利时
Benedictines of S. T. Odele（O. S. B.）	奥迪尔本笃会	1909	延吉	
Broederscongregatie Onze Lieve Vrouw van Zeven Smarten	圣母七苦兄弟会	1907	永平	荷兰
Canonissae Missionariae a Sancto Augustino	圣母圣心传教修女会	1923	宁夏，绥远，西湾子	比利时
Canons Regular	奥斯定常律会		西藏	
Catéchistes Augustnniennes du Christ-Roi	重整奥古斯丁善会		归德	
Catéchistes Missionnaires de Marie Immaculée	无玷圣母玛利亚女修会	1890	北海	法国
Chinese Sisters of the Immaculate Conception（C. I. C.）	中华无原罪圣母女修会	1932	广州	本土
Congregatio a SS. Stigmatibus D. N. I. C（C. S. S.）	印五伤司铎会	1929	易州	意大利
Congregatio Americana Cassinensis Ordinis Sancti Benedicti（O. S. B.）	美国本笃会	1925	开封	美国
		1934	北京辅仁大学	美国
Congregatio Clericorum Parochialium seu Catechistarum Sancti Viatoris（C. S. V.）	卫道会	1931	林东，四平街	加拿大
		1931	南城（赣）	爱尔兰
Congregatio Clericorum Regularium Marianorum	卫道圣母会	1928	哈尔滨	波兰

续表

修 会 名 称		来华/创设	传 教 区	来源地
Congregatio Cordis Immaculati Mariæ（Scheut, C. I. C. M.）	圣母圣心会	1864	热河	比利时
			宁夏	
			西湾子	
			绥远	
			库伦	
			大同	
			北平	
Congregatio Filiarum B.V. Mariae & S. Joseph	玛利亚若瑟孝女会	1922	热河	荷兰
Congrégation des Petits Frères de Saint-Jean-Baptiste	耀汉小兄弟会	1928	安国，蠡县，汾阳，洪洞	本土
Congregatio Indigenae Catechistarum Augustinensium a Christo Rege	奥斯定基督君王会	1935	商丘	本土
Congregatio missionalis Oblatorum Sanctae Familiae	圣家献女传教会	1910	信阳，兖州，曹州，青岛，阳谷，平凉，秦州，兰州	本土
Congregatio Missionariorum Filiorum Immaculati Cordis Beate Maria Virginis（C. M. F.）	圣母圣心孝子会	1933	屯溪	西班牙
Congregatio Missionis（C. M.）	遣使会	1699	安国	
			正定	巴黎（法）
			北平	巴黎（法）
			顺德	波兰
			天津	巴黎（法）
			永平	荷兰
			赣州	英国
			吉安	土伦（法）
			南昌	巴黎（法）
			余江	英国
			杭州	巴黎（法）
			宁波	巴黎（法）
			台州	
Congregatio Ottoliensis（Cott，O. S. B.）	本笃奥谛连会	1909	延吉	德国

续表

修 会 名 称		来华/创设	传 教 区	来源地
Congregatio Parvularum Sororum Pauperum	安贫小姊妹会	1904	上海，广州，香港	法国
Congregatio Passionis Jesu Christi（C. P.）	苦难会	1921	沅陵	美国
Congregatio Sacrarum Cordium Jesu et Mariæ（Pucpus, C. S. S. C. C.）	比布斯耶稣圣心圣母圣心二心会	1922	琼州	法国
Congregatio Sanctissimi Redemptoris（C. S. S. R.）	赎世主会	1928	成都，宁远	西班牙
Congregatio Servarum Spiritus Sancti de Adoratione Perpetua	拯灵会	1932	青岛	德国
Congregatio Sororum Indigenarum a Virgine Perdolente	圣母痛苦方济传教女修会	1939	衡州	美国
Congregatio Sororum Missionariarum a Nostra Domina Angelorum	天神之后传教女修会	1922	贵阳，安龙，南宁，贵县，肇庆，广州，武昌	加拿大
Congregatio Sororum Sancti Dominici de Maryknoll	多明我玛利诺女修会	1921	江门，梧州，桂林，抚顺	美国
Congregatio Sororum Scholarum Graecensium a Tertio Ordine Sancti Francisci	方济各第三会公教学校姐妹会	1936	昭通	斯洛文尼亚
Congregatio Sororum Scholasticarum Pauperum a Nostra Domina	公教学校圣母会	1928	大名，景县	匈牙利
Congregatio Sororum Tertii Ordinis S. P. Francisci	卢森堡方济各修女会	1927	上海，黄石，傅家冲，威海	卢森堡
Congregatio Sororum Tertii Ordinis Sancti Francisci a Sancta Cruce	方济各圣十字架赐爱修女会	1929	齐齐哈尔	瑞士
Congregatio Spiritus Sti Paracliti	圣神安慰会	1932	永年	本土
Congregatio SS. Nicolai et Bernardi Montis Iovis（C. R.）	瑞士圣奥斯定咏礼会	1933	康定，维西，盐井	瑞士
Congrégation Belge OSB de l'Annonciation	洛本本笃会	1929	顺庆	比利时
Congrégation de la Présentation B. M. V	圣母献堂会	1869	上海，南京，芜湖，安庆，徐州，蚌埠，献县	本土
Congrégation de Marie	圣母院		宁夏，二盛公，绥德	本土
Congregation for Christian Doctrine	圣道会	1937	湘潭	意大利

续表

修 会 名 称		来华/创设	传 教 区	来源地
Congregation of the Sisters of St. Joseph	圣约瑟夫姐妹会	1927	辰州，沅陵	美国
Congregationis Indiginae Sororum Pretiosissimi Sanguinis Domini Nostri Jesu Christi	耶稣宝血女修会	1922	江门	本土
Congregazione del Sacro Cuore di Gesù per la Propagazione della Fede	耶稣圣心传信修女会	1941	易县	意大利
Congregetio Discipulorum Domini（C. D. D.）	主徒会	1928	宣化，洪洞	本土
Daughters of Mary	圣母姐妹会	1934	热河	本土
Dominican Sisters	中华道明修女会		福宁	本土
Figlie della Carità Canossiane（F. D. C. C.）	嘉诺撒仁爱女修会	1860	香港，汉中，郑州，洛阳，南阳，汉口	意大利
Figlie di Sant'Anna	圣亚纳会	1897	赣州，吉安	本土
Filiae Mariae Auxiliatricis	母佑修女会	1923	韶州，香港	意大利
Filles de la Croix	圣十字修女会	1934	大理	法国
Filles de la Doctrine Chrétienne	善道修女会	1908	宁远，叙府，嘉定	意大利
Filles de St.-Joseph	若瑟修女会	1880	北京，保定，天津，邢台，宣化	本土
		1916	正定	本土
		1922	郑州，洛阳，汲县	本土
Filles de Ste Anne	圣亚纳女修会	1940	重庆	本土
Filles du Sacré-Cœur	圣心修女会	1910	杭州	本土
Filles du Saint-Esprit de St. Brieuc	圣神修女会	1936	吉林	法国
Francescane del Cuore Immacolato di Maria dette d'Egitto	埃及方济各修女会	1910	衡州，老河口，太原，荆州，天津，易县，吉林	意大利
Franciscains des Californie	加利福尼亚方济各会		徐州	美国
Franciscains des Léproserie de Mosimien	方济各会磨西面会		打箭炉	
Franciscan Sisters of St. Elizabeth	方济各圣依撒伯尔修女会	1929	潞安，绛州，洪洞	本土
Franciscan Sisters of St. Joseph Good Works Societ Sœursy de la Bse Vierge Marie de Hanyang	圣约瑟善工会方济各女修会	1939	武汉	本土

续表

修 会 名 称		来华/创设	传 教 区	来源地
Franciscan Sisters of St. Rose	圣方济各永久朝拜圣体修女会	1920	武昌	美国
Franciscan Sisters of the Holy Family	方济各圣家修女会	1931	周村	美国
Franciscan Sisters of the Precious Blood	宝血方济各修女会	1940	安康	本土
Fratren Minoricordiae Mariae Auxiliatricis; Barmherzige Brüder von Maria Hilf	奥古斯丁会	1933	兰州	德国
Frères de St. Paul	保禄会	1892	正定	法国
Helferinnen bei der Verbreitung des heiligen Glaubens	传信辅助会	1927	忻州	本土
Hijas de Jesús (Salamanca)	耶稣孝女会	1931	安庆，北京，天津	西班牙
Institutum Franciscalium Missionariarum Mariae	玛利亚方济各传教修会	1886	烟台，潍坊，济南，青岛，威海，益都，成都，重庆，西昌，会理，乐山，宜宾，万县，达县，汉口，宜昌，蒲圻，沙市，梁山，康定，南京，上海，长春，哈尔滨，保定，北京，天津，南壕堑，三原，西安，太原，昆明	
Institutum Fratrum Maristarum a Scholis（F. M. S.）	圣母小昆仲会	1891	北平，天津，杨家坪，威海卫，青岛，上海，重庆，海口，芝罘	
Institutum Fratrum Scholarum Christianarum	公教学校神父会	1875	香港，沈阳，吉林	
Josephines	若瑟仁爱会	1872	北京，顺德，天津，保定，宣化	本土
		1940	临清	本土
		1926	卫辉	本土
		1880	正定	本土
		1914	郑州，洛阳	本土
Joséphistes-Maristes	主母会	1866	北京，大名，上海，宣化，天津，四川，山东	本土

续表

修 会 名 称		来华/创设	传 教 区	来源地
Kongregation der Ilanzer Dominikanerinnen vom hl. Joseph	圣若瑟多明我修女会	1920	汀州	瑞士
Kongregation der Krankenschwestern vom Regulierten Dritten Orden des heiligen Franziskus	方济各第三会医院修女会	1925	济南，周村，新乡	德国
Little Sisters of the Divine Savior	救世主小姊妹会	1949	邵武	本土
Mercedarias Misioneras de Bérriz	伯利斯仁慈圣母传教会	1926	芜湖	西班牙
Milosrdný ch Sestier Sv. Vincenta-Satmárok	仁爱修女会	1934	永州，宝庆	匈牙利
Minime Suore del Sacro Cuore	方济各圣心小姐妹会	1932	福宁	意大利
Misioneras Agustinas Recoletas de María	重整奥斯定传教修女会	1947	归德	西班牙
Misioneras Dominicas del Santísimo Rosario	玫瑰多明我传教修女会	1932	福宁	西班牙
Missionarii Filii Immaculati Cordis（C. M. F.）	圣母圣心孝子会	1933	屯溪	西班牙
Missionarii Sacratissimi Cordis Jesu	圣心传教会	1927	石阡	德国
Missionnarii a Sacratissimo Corde Jesu，Issondum（M. S. C.）	伊苏登耶稣圣心会	1917	贵阳，石阡	德国
Missions Étrangères de Paris（M. E. P.）	巴黎外方传教会	1683	吉林，沈阳，成都，重庆，宁远，叙州，打箭炉，广州，北海，汕头，南宁，贵阳，安龙	法国
Missionsschwestern von der Unbefleckten Empfängnis der Mutter Gottes	方济各圣功修女会	1932	济南	德国，美国
New Jersey Sisters of Charity	新泽西仁爱修女会	1925	辰州，沅陵	美国
Nippon Seibo Homonkai	圣母访亲女修会		奉天	日本
Notre Dame Sisters	圣母会	1926	武昌	美国
Oblates de la Ste.-Famille	圣家会	1903	兰州，平凉，信阳，曹州，青岛，兖州，阳谷	
Oblates Franciscaines Missionnaires de Marie	方济各圣母献女会	1931	益都	本土

续表

修 会 名 称		来华/创设	传 教 区	来源地
Ordo Carmelitarum Discalceatorum	圣母圣衣隐修会	1869	上海，重庆，广州，昆明	
Ordo Cisterciensium Reformatorum（O. C. R.）	熙笃会	1883	怀来，杨家坪	
Ordo Clericorum Regolarium Ministrantium Infirmis	灵医会	1946	昭通	意大利
Ordo Fratrum Carmelitarum Discalceatorum	加尔默圣衣会	1719	荆州，北京	
Ordo Fratrum Minorum Conventualium（O. F. M. con.）	方济各住院会	1925	兴安	意大利
Ordo Fratrum Minorum（O. F. M.）	方济各会	1929	周村	芝加哥（美）
		1894	烟台	阿基坦（法）
		1931	益都	圣丹尼斯（英）
		1839	济南	科隆（德）
		1931	威海卫	洛林（法）
		1936	绛州	荷兰
		1890	潞安	荷兰
		1926	朔州	巴伐利亚（德）
		1844	太原	罗马（意）
		1931	榆次	波兰
		1932	凤翔	
		1932	三原	威尼斯（意）
		1844	西安	托斯卡纳（意）
		1931	同州（大荔）	马尔凯（意）
		1911	延安	葡萄牙
		1856	汉口	威尼斯（意）
		1929	荆州	特兰托（意）
		1870	宜昌	比利时
		1870	老河口	托斯卡纳（意）
		1932	沙市	纽约（美）

续表

修 会 名 称		来华/创设	传 教 区	来源地
Ordo Fratrum Minorum（O. F. M.）	方济各会	1923	武昌	辛辛那提（美）
		1935	新乡	爱尔兰
		1856	长沙	皮埃蒙特（法）
		1930	衡州	皮埃蒙特（法）
		1925	永州	波尔萨诺（意）
		1935	湘潭	波尔萨诺（意）
		1938	宝庆	匈牙利
Ordo Fratrum Minrum Capuccinorum（O. F. M. cap）	方济各嘉布遣会	1922	佳木斯	蒂罗尔（奥）
			秦州	威斯特伐利亚（德）
			平凉	纳瓦拉（西）
Ordo Prædicatorm（O. P.）	多明我会（明道会）	1587	厦门	
			福州	
			福宁	西班牙
			建瓯	英国
			汀州	德国
			重庆	波兰
Ordo Recollectorum S. Augustini（O. R. S. A.）	重整奥古斯丁会	1923	归德	西班牙
Ordo Sancti Francisci Pauperes Clarissae	圣佳兰隐修会	1634	澳门	葡萄牙
Orsoline del Sacro Cuore di Parma	耶稣圣心乌苏拉传教会	1926	蚌埠	意大利
Ordo Sancti Augustini（O. S. A.）	圣奥古斯丁会	1680	常德，岳州，澧州，肇庆	西班牙
Paraclitines	苦难会	1930	沅陵	
Parvulae Sorores Sancti Josephi	圣约瑟小姐妹会	1922	潞安，北京	荷兰
Petites Sœurs de Ste.- Thérèse	圣德会		洪洞	
Petites Sœurs de Ste.- Thérèse de l'Enfant-Jésus	德来修女会	1929	安国，盩厔，洛阳	本土
Petites Sœurs du Divin Sauveur	救世会		邵武	

续表

修 会 名 称		来华/创设	传 教 区	来源地
Pia Societas a Sancto Paolo Apostolo	圣保禄孝女会	1937	南京	意大利
Pia Societas a Sancto Paulo pro Apostolatu Preli（S. S. P.）	圣保禄会	1934	南京	意大利
Pia Societas S. Francisci Xaverii pro Exteris Missionibus，Parme（S. X.）	帕尔玛外方传教会	1899	潍坊，郑州，洛阳	帕尔马（意）
Pia Societas Virginum Magistrarum D.N. a Strata	圣母贞女会	1945	景县，北京	本土
Pieuse Union de la Doctrine Chrétienne	善道会	1913	韩城	
Pontificium Institutum Mediolanense pro Missionibus（P. I. M. E.，M. E. M.）	米兰外方传教会	1858	香港，汉中，开封，南阳，卫辉	意大利
Pontificium Institutum pro Missionibus Exteris（P. I. M. E.）	宗座外方传教会	1926	香港，开封，南阳，卫辉，汉中，汉口	意大利
Pontifico dei Santi Apostoli Pietro e Paolo	罗马圣伯铎与圣保禄外方传教会	1885	陕南	意大利
Présentationes	献堂会	1855	上海，徐州，安庆，蚌埠，芜湖，献县	
Providence Sister-Catechists	主顾传教修女会	1930	开封	本土
Puelle Caritatis Sancti Vincentii a Paulo	仁爱修女会	1848	宁波，北京，天津，正定，上海	法国
Redemptoriats（C. S. S R）	赎世主会	1928	驻马店，宁远	
Région Sœurs de Ste.Dominique	圣多明我献祭会		抚宁	
Religieuses du Saint Cœur de Marie	圣母圣心会	1913	吉林，奉天	本土
Religieuses Indigènes de la Ste Famille	圣家会	1940	吉林	本土
Religiosae Missionariae Sancti Columbani	圣高隆庞传教女修会	1926	汉阳，南城，上海	爱尔兰
Servantes du Sacré-Cœur	圣心婢女会	1908	西湾子	本土
Servantes du Sacré-Cœur de Jésus	圣心堂	1910	重庆，顺庆，万县	本土
Sister Catechists of Our Lady of Kaying	嘉应圣母修女会	1938	嘉应	本土
Sisters of our Lady of China	中华圣母会	1941	阳谷	本土
Sisters of the Most Holy Virgin of Perpetual Help	圣母永助修女会	1946	西宁	本土
Sisters of the Sacred Heart	耶稣圣心会	1939	抚顺	本土

续表

修 会 名 称		来华/创设	传 教 区	来源地
Sisters of the Third Order of St. Francis of Oldenburg	方济各第三修女会	1938	武昌	美国
Societas Scarborensis pro Missionibus ad Exteras Gentes, Bluffs（S. F. M.）	布拉夫斯加波罗外方传教会	1925	丽水	加拿大
Societas Auxiliarium Missionum	传教服务会	1927		比利时
Societas de Maryknoll pro missionibus exteris	玛利诺外方传教会	1918	嘉应，江门，梧州，桂林	美国
Societas Divini Salvatoris（S. D. S.）	救世主会	1921	邵武	德国
Societas Mariae	圣母会	1905	兖州，汉口，济南	
Societas Missionum Exterarumde Bethlehem in Helveyia（S. M. B.）	伯利恒外方传教会	1924	齐齐哈尔	瑞士
Societas Presbyterorum a Sancto Sulpitio	苏比斯会	1934	云南	法国
Societas Presbyterorum Sacratissimi Cordis Jesu de Betharram	圣心司铎会	1922	大理	法国
Societas pro missionibus exteris Provinciæ Quebecensis	魁北克外方传教会	1923	四平街，林东	加拿大
Societas Religiosarum Sanctissimi Cordis Jesu	圣心修女会	1926	上海	法国
Societas S. Columbani pro missionibus ad Exteros（S. S. C.）	高龙庞外方传教会	1920	汉阳，南昌	爱尔兰
Societas S. Francisci Salesii / Salésiens de St.-Bosco（S. D. B.）	鲍思高慈幼会	1917	韶州	意大利
		1902	香港	意大利
		1902	澳门	意大利
		1924	上海	意大利
		1924	昆明	意大利
		1946	北京	意大利
Societas Scarborensis pro Missionibus ad Externas Gentes	斯加波罗外方传教会	1926	处州	加拿大
Societas Servarum Spiritus Sancti	圣言会圣神婢女传教会	1905	兖州，青岛，阳谷，曹州，忻州，信阳，新乡，西陇，秦州，西宁	德国

续表

修　会　名　称		来华/创设	传　教　区	来源地
Societas Sororum Socialium	社会服务修女会	1946	上海	美国
Societas Verbi Divini（S. V. D.）	圣言会	1879	青岛	德国
			兖州	德国
			曹州	德国
			沂州	德国
			兰州	德国
			新疆	德国
			西宁	德国
			新乡	英国
			信阳	英国
			北平	德国
Societatis Jesu（J. S.）	耶稣会	1555	景县	奥地利
			献县	香槟省（法）
			大名	匈牙利
			天津	香槟省（法）
			上海	巴黎（法）
			徐州	加拿大
			安庆	里昂（法）
			蚌埠	十伦（法），罗马（意）
			芜湖	卡斯特尔（意）
			南京	巴黎（法）
			香港，肇庆，赤坎，中山	意大利
			澳门	葡萄牙
Société des Vierges du Purgatoire	拯灵会	1892	宁波，台州	本土
Sœurs Annonciatrices de la Seigneur	显主会	1908	韶州	法国
Sœurs Annonciatrices du Seigneur	显主女修会	1936	韶州	本土
Sœurs Catéchistes de la Providence	圣教会		开封	
Sœurs de Charité	仁爱修女会	1936	梧州	本土

续表

修 会 名 称		来华/创设	传 教 区	来源地
Sœurs de l'Immaculée Conception	圣母无原罪会	1898	广州，永平，南阳，汕头，江门，北海	本土
Sœurs de l'Immaculée Conception	南阳圣母无原罪会	1939	南阳	本土
Sœurs de la Bienheureuse Agathe Lin	真福林昭嘉德贞女会	1937	安龙	本土
Sœurs de la Charité	善心会		北海	
Sœurs de la Charité du Ste. Cœurs de Jésus	耶稣圣心善会		梧州	
Sœurs de la Doctrine Chrétienne	善道会	1922	汉中	本土
Sœurs de la Présentation de la T. S. V.	献堂修女会	1930	集宁	本土
Sœurs de la Ste.- Famille de Nanning	南宁圣家会		蓝龙	
Sœurs de N. D. du Purgatoire	炼狱主母会	1932	献县	本土
Sœurs de Notre-Dame du Bon Pasteur d'Angers	善牧修女会	1933	上海	法国
Sœurs de Saint Joseph de Cluny	克鲁尼圣约瑟夫修女院	1866	广州	法国
Sœurs de Saint-Paul de Chartres	沙特尔圣保罗姐妹会	1848	海南，福宁，云南	法国
Sœurs de St. Joseph	圣约瑟会		临清	
Sœurs de Ste.- Thérèse	圣德会		潮汕	
Sœurs de Ste.-Anne	圣亚纳会	1897	重庆，赣州，吉安	
Sœurs de Ste.-Elisabeth	圣伊丽莎白会	1929	绛州，潞安	
Sœurs de Ste.- Thérèse de l'Enfant-Jésus	小德兰圣婴会	1931	海门，赵县	本土
Sœurs du Divin Amour	圣爱会		沂州，兖州	
Sœurs du Sacré-Cœur	圣心院	1915	贵阳，蓝龙	本土
Sœurs du Sacré-Cœur de Jésus	耶稣圣心修女会	1941	万县	本土
Sœurs du Saint Enfant Jésus	耶稣圣婴会	1936	奉天	法国
Sœurs du Très Pur Cœur de Marie	圣母洁心会	1931	江门	本土
Sœurs Franc. du Précieux Sang	宝血方济各修女会	1927	安康	
Sœurs Missionnaires du Sacré-Cœur des Jésus et de Marie	耶稣玛利亚圣心修女会	1948	海南	法国
Sœurs Précieux Sang	耶稣宝血会	1922	香港	

• 附 录 •

续表

修 会 名 称		来华/创设	传 教 区	来源地
Sœurs Théréslennes de Ste. - Thérèse de l'Enfant Jésus	婴德会	1892	洛阳，盩厔	
Sorores a Divina Providentia	普照修女会	1875	奉天	法国
Sorores a Divino Amore	神爱会		忻州，兖州	本土
Sorores a Loretto ad Pedem Crucis	乐勒脱会	1923	汉阳，上海	美国
Sorores a Providentia de St. Mary-of-the-Woods	主顾修女会	1920	开封	美国
Sorores Benedictinae Olivetane	阿利味丹修女会	1931	延吉	瑞士
Sorores Caritatis Cincinnatenses	爱德会	1928	武昌	美国
Sorores Congregationis Religiosarum Missionariarum S. Dominici	多明我修女会	1859	福州，厦门，台湾	西班牙
Sorores Divini Salvatoris	救主修女会	1925	邵武	德国
Sorores Missionariae a SS. Corde Iesu	耶稣圣心姐妹会	1932	石阡，卫辉	德国
Sorores Missionariae Franciscales a Divina Maternitate	方济各圣母修女会	1947	随州	英国
Sorores Missionariae Immaculatae Conceptionis	圣母无原罪传教女修会	1909	广州，石龙，辽源，崇明岛，徐州	加拿大
Sorores Ordinis Sancti Benedicti	本笃修女会	1930	北京，开封	美国
Sorores Poenitentiae et Caritatis Tertii Ordinis Sancti Francisci	方济各第三会修女会	1929	济南	美国
Sorores Scholarum Tertii Ordinis Sancti Francisci	方济各第三会公教学校姐妹会	1931	青岛	美国
Sorores Tertiariae Franciscanae a Sto. Francisco Solano	方济各沙拉拿修女会	1929	朔州	德国
Sorores Tertiariae Sti Francisci a Sancta Infantia	圣婴会	1905	宜昌，沙市	本土
Sorores Tertiarias Sti. Augustini de Instructione nuncupatas	奥斯定传教修女会	1925	常德，澧州，岳州	西班牙
Sororum Societatis Auxiliatricium Animarum Purgatorii	拯亡会	1867	上海，献县	法国
St. Joseph Good Works Society	圣若瑟善功会	1941	武昌	本土
Suore di Maria Santissima Consolatrice	母佑修女会	1935	开封	意大利

续表

修会名称		来华/创设	传教区	来源地
Suore Ministre degli Infermi di S. Camillo	灵医修女会	1948	昭通	意大利
Suore Sacramentine di Bergamo	圣体修女会	1940	开封	意大利
Terziarie Francescane del S. Cuore	耶稣圣心之方济各第三修女会	1922	鳌垤，汾阳，三原，西安，同州，凤翔	本土
Tertiares Franciscaines	圣方济各第三会训蒙院	1911	汉口，武昌，随县，衡州	本土
Tertiares Franciscaines de la Enfance	圣方济各第三会圣婴会		宜昌，老河口，沙县，施南	
Tertiary Franciscan Missionaries of the Immaculate Conception	方济各第三会圣母无原罪会			
Terziarie Francescane indigene di Santa Teresa del Bambino Gesù	德来圣婴会	1933	老河口，襄阳	本土
Unio Romana Ordinis Sanctae Ursulae	乌尔苏拉修女会	1928	哈尔滨	波兰
		1922	汕头	加拿大
Vierges Catéchistes de la Ste. Trinité	圣三贞女会	1890	北海	本土
Vierges de la Doctrine Chrétienne	圣道会		云南府，昭通	
Vierges de la Doctrine Chrétienne	圣道修女会	1902	太原，榆次	
Vierges de la Sainte-Famille	圣家会	1901	南宁，安龙	本土
Vierges de N. D. du Bon-Consel	圣母善导会	1891	南昌	
Vierges de Notre Dame du Rosaire	圣母玫瑰经修女会	1930	四平街	本土
Vierges de Notre-Dame du Bon Conseil	圣母善导会	1907	南昌	本土
Vierges du Purgatoire	拯灵会		宁波，台州	
Vierges Institutrices	公教学校姐妹会	1909	绥远	本土
Vierges Institutrices Tertiaires de S. François	方济各第三会公教学校姐妹会	1903	打箭炉	本土
Vierges Missionnaires de la Bse Lucie Y	方济各善会		永州	
Virgins of the Christian Doctrine	贞女传信教授会	1922	太原，榆次	本土

* 本资料所涉地名以天主教内部划分传教区域为准，与政治无关。
* 本资料截至 1949 年。

二十一、天主教在华主要学校名录

学校名称	属性	教区	举办修会	创办年份
Collège de Hui Hoho Tchoang	男校	宁夏	圣母圣心会	
Collège de Shenpa	中学，男校	宁夏	圣母圣心会	
Collège de Tuizeliang	男校	宁夏	圣母圣心会	
Collège du Sacré Cœur（宁国）	男校	芜湖	耶稣会	
Collège du St.-Rosaire	中学，女校	西安	方济各圣心女修会	
Collège Ete. Jeanne d'Arc	外侨，男校	上海	法国主母会	
Collège La Salle	书院，男校	香港	FF. des Ecoles Chrétiennes	
Collège Mingyüan	中小学，男校	太原	方济各会	
Collège Saint-Louis pour étrangers	中小学，男校	天津	法国主母会	
Collège St. Antoine	男校	潞安	方济各会	
Collège St. Antoine	男校	长沙	方济各会	
Collège St. Antoine（羌城）	女校	潞安	方济各会	
Collège St. Jean Bosco, à Balgason	中学，男校	宁夏	圣母圣心会	
Collège St. Joseph	男校	宁波		
Collège St. Joseph	书院，男校	香港	FF. des Ecoles Chrétiennes	
Collège St. Vincent（温州）	男校	宁波		
Collège St.-Joseph	中小学，男校	西安	方济各会	
Collège St.Pierre	男校	洪洞	Clergé Séculier	
Collège Ste-Claire	中小学，女校	太原	方济各女修会	
Collège-Petit Séminaire	男校	潞安	方济各会	
Collège-Petit Séminaire（凉州）	男校	兰州	PP.de Steyl	
Collige de Kinghsien	男校	景县	耶稣会	
École Annexe Chinoise	女校	上海		
École B.V.M.	中学，女校	芜湖	Sœurs de la Merci	
École Chungking	男校	重庆		
École de la Providence	外侨，女校	上海	Auxil. Du Purgat	
École de Litupa	中学，女校	万县		
École de Loretie	中学，女校	上海	Sœurs de Loretto	
École de Médecine	男校	绥远	圣母圣心会	
École de Tsiangtsaoho	女校	景县	耶稣会	

续表

学校名称	属性	教区	举办修会	创办年份
École de Tungkadoo	女校	上海		
École des Religieuses（九所）	小学，女校	香港	Religieuses du Précieux-Sang	
École des Sœurs Franciscaines	女校	武昌		
École du Jentsetang	女校	北平	Filles de la Charité	
École du Sacré Cœur	中学，女校	澳门	Canossiennes	
École du Sacré Cœur（高州）	小学，男校	江门		
École élèmentaires	男校	香港		
École Étrangère Ste. Thérèse	小学，女校	上海	Auxil. Du Purgat	
École Indusdrielle d'Aberdeen	男校	香港	PP. Salésiens	
École Itesh	中小学	顺德		
École Maryknotl Convent（九龙塘）	小学，女校	香港	方济各圣心会	
École N. D. de Lourdes（阳江）	小学，女校	江门		
École N. D. des Anges（扬州）	女校	上海	Auxil. Du Purgat	
École Nogue	男校	海南	PP. de Picpus	
École Normale	男校	信阳	PP. du Verbe Divin	
École Normale	中学，女校	信阳	Servantes du St, Esprit	
École Normale de l'Lmmaculée-Conception	女校	安庆	耶稣会	
École Palakal	男校	绥远	圣母圣心会	
École Primaire Supérirure	小学，女校	芜湖		
École San-Té（T'ai-ho）	男校	吉安		
École Secondaire Chinoise	男校	香港		
École St. Joseph（洋泾浜）	中学，女校	上海	Auxil. Du Purgat	
École St. Louis	中学，男校	芜湖	耶稣会	
École St. Stanisias	小学，男校	芜湖		
École St. Benoit	男校	宣化	法国主母会	
École Ste. Marie	外侨，女校	汉口	Relig.Canossiennes	
École Ste. Thérèse	小学，女校	汉口	Relig.Canossiennes	
École Ste. Thérèse	中学，女校	汉口	Relig.Canossiennes	
École Ste. Claire	小学，女校	香港	Sœurs de Notre-Dame des Anges	

・附 录・

续表

学 校 名 称	属 性	教 区	举 办 修 会	创办年份
École Tchen Yuan（Kian）	男校	吉安		
École-N. D. du Bon Conseil	女校	威海卫	卢森堡方济各会	
Écoles secondaires	中学，女校	济南	Sœurs Franciscaines des Ecoles	
Institut Canossien	大学，女校	香港	Sœurs Canossiennes	
Institution Chinoise de la Ste. Famille	女校	上海	Auxil. Du Purgat	
Institution de l'Immaculée-Conception	中学，男校	献县	耶稣会	
L'Etolle	小学，男校	大理	PP. de Bètharram	
L'Immaculée Conceotion	小学，女校	大理	圣十字修女会	
Nativité	女校	上海	Auxil. Du Purgat	
Pensionnat de la Ste. Famille	女校	绥远	圣奥古斯丁修女会	
Pensionnat de ningsia	女校	宁夏	圣奥古斯丁修女会	
Pensionnat de Palakal	女校	绥远	圣奥古斯丁修女会	
Pensionnat du Sacré-Cœur	外侨，女校	北平	方济各女修会	
Pensionnat St.-François	中学，女校	烟台	方济各女修会	
Pensionnat St. Jacques de Sanshengkung	女校	宁夏	圣奥古斯丁修女会	
Pensionnat St-Joseph	中小学，女校	天津	方济各女修会	
Petit Séminaire St. Vincent et Collège Préparatoire	中学，男校	宁波	遣使会	
Santa Rosa de Lima	中学，女校	澳门	方济各女修会	
Zong-tsh	女校	上海	Auxil. Du Purgat	
爱德女学校（胶州）	中小学，女校	青岛	方济各女修会	
曹州女校	中学，女校	曹州		
曹州中学	男校	曹州		
晨光女中	女校	徐州		
晨光中学	男校	徐州		
晨星学校	女校	成都	方济各女修会	
成德女校	中学，女校	重庆	Saurs Indigènes du Sacré Cœur	
诚正小学	男校	天津	法国圣母会	1895
崇德女校（徐汇女子中学）	女校	上海	耶稣会，拯亡会	1867
崇德学校	小学，女校	卫辉		

续表

学校名称	属性	教区	举办修会	创办年份
崇文中小学	男校	安庆		
崇文中小学女分校	女校	安庆		
崇贞小学	男校	贵阳		
崇正女学	小学，女校	贵阳		
崇正女中	女校	蚌埠	耶稣会	
崇正女子师范学校	中学，女校	烟台	方济各女修会	
崇正学校	中学，男校	烟台	法国主母会	
崇正学校（漳州）	中小学，男校	厦门	多明我会	
崇正中学	男校	蚌埠	耶稣会	
慈溪学校	男校	宁波		
慈云小学	男校	上海		
从德女学	中学，女校	万县		
达义小学	小学，男校	扬州	耶稣会	1878
达义女小	小学，女校	扬州	耶稣会	1878
达尼公学（达义女中）	女校	上海	献堂会	1898
达尼公学（达义中学）	男校	上海	主母会	1898
大名法文学校	中学，男校	大名	耶稣会	
德莱女学	女校	洪洞		
德丽师范女校	女校	集宁	方济各女修会	1939
德新学校	外侨，男校	北平	法国主母会	
德信学校	小学，女校	香港	Sœurs Missionnaires de l'Immaculée Conception	
第二慈善学校	小学，男校	叙州	巴黎外方传教会	
第二慈善学校女校	小学，女校	叙州	Srs. De la Chrètienne	
第一慈善学校（打箭炉）	中学，女校	叙州	Srs. De la Chrètienne	
法汉学校	中小学，男校	天津	法国主母会	
法汉中学	男校	汉口	耶稣会	1898
法文学堂	中学，男校	叙州	法国主母会	1904
法文学校	中小学，男校	汉口	法国主母会	
法文专门学校	小学，男校	北平	法国主母会	1908
法语学堂	中学，男校	重庆	法国主母会	1899
方济各修道院	女校	青岛	方济各女修会	

·附 录·

续表

学 校 名 称	属 性	教 区	举 办 修 会	创办年份
芳济学校	男校	平凉	方济各嘉布会	
仿德女中	女校	上海	献堂会	
涪州学校（涪陵）	小学，女校	重庆	Saurs Indigènes du Sacré Cœur	
辅仁大学	大学	北平	圣言会	
辅仁大学附属中学	男校	北平	圣言会	
辅仁大学预科	大学	北平	圣言会	
高密修道院	男校	青岛		
工商学院	大学	天津	耶稣会	1920
工商学院附属中学	男校	天津	耶稣会	1921
工商学院女子文学部	大学	天津	耶稣会	1943
公撒格学校（金科中学）	中学，男校	上海	美国耶稣会	1929
公信小学（乐山）	男校			1915
公信小学（宜宾）	男校			1915
光华女子学校	中小学，女校	北平		
光启中学（松江）	男校	上海	耶稣会	1934
光豫中学	男校	开封		
广慈护士学校	女校	上海	仁爱会	1927
海口女小	女校	海南	Sœurs de St. Paul de Chartres	
海口小学	男校	海南		
海星学校	男校	威海卫	法国主母会	
汉口小学	男校	汉口		
汉口中学	男校	汉口	Fréres Matianites	
汉中学校	小学，男校	汉中	PP. de Milan	
杭州女子中学	女校	杭州	Filles de la Charité	
杭州中学	男校	杭州		
宏育小学	男校	天津	遣使会	1907
华仁英文书院	书院，男校	香港	耶稣会	
惠我女中	女校	北平		
惠我中学	男校	北平		
景德中学	男校	上海		1940
景星学校	男校	宣化		

续表

学 校 名 称	属 性	教 区	举 办 修 会	创办年份
竟存女中	女校	北平		
竟存中学	男校	北平		
静宜女中	女校	开封		
康定学校	小学，男校	打箭炉		
劳莱德学校	外侨，女校	上海	劳莱德修女会	1933
黎明中学	男校	济南	FF. Marianistes	
励群学校	中学，男校	韶州	PP. Salésiens	
利玛窦寄宿学校	书院，男校	香港	耶稣会	
利玛窦中学	男校	南京	耶稣会	
弥额尔公学	外侨，男校	上海	耶稣会	1942
明诚师范学校	男校	重庆	法国主母会	1911
明诚中学	男校	重庆	法国主母会	1912
明德女校	女校	上海	耶稣会	1853
明德学校	中小学，女校	汉中	Canossiennes	
明德学校（Ecole Meng-tak）	中学，女校	广东		
明星学校	女校	威海卫		
明星学校（万安）	小学，男校	吉安		
鸣远小学	男校	天津	遣使会堂	1944
培德女校	女校	上海		1928
培德小学	男校	天津		1908
培德小学	男校	天津	遣使会	1908
培华女校	女校	西湾子	方济各女修会	
平阳女校	女校	宁波		
平阳学校	男校	宁波		
濮阳女校（Collège de Puyang）	女校	大名	耶稣会	
濮阳学校（Collège de Puyang）	男校	大名	耶稣会	
启明女中	女校	上海	拯亡会	1911
启明中学	中学，男校	圻州		
谦德小学	男校	天津	遣使会	1936
邛州上智中学	中学，男校	成都		
仁爱学校	小学，男校	衡州		

续表

学 校 名 称	属 性	教 区	举 办 修 会	创办年份
仁慈堂	中学，女校	献县	拯灵会（Auxiliatrices de Purgatoire）	
若翰纳公学	外侨，男校	上海	耶稣会，法国主母会	1917
若瑟小学	男校	天津	遣使会	1911
若瑟小学	男校	天津	若瑟会	1915
若瑟学校	外侨，女校	上海	拯亡会	1878
三育学校	小学，男校	邵武	PP. Salvatoriens	
善导女中	女校	上海	圣家院	1894
善导女中	女校	武昌	Sœurs de Notre-Dame des Anges	
善导学校	小学，女校	贵阳	Sœurs de Notre-Dame des Anges	
上义师范附属高小广育学校	小学，男校	北平	法国主母会	
上智实业小学	小学，女校	云南	Sœurs de St.-Paul de Chartres	
上智实业学校	小学，男校	云南	PP. Salésiens	
上智学校	慈善	上海	拯亡会	1875
上智中学（德华学堂）	男校	汉口		1908
尚智女校	小学，女校	沅陵		
尚智学校	小学，男校	沅陵		
韶州女中	女校	韶州		
邵武女子小学	女校	邵武		
绍兴女校	女校	宁波		
绍兴学校	男校	宁波		
圣安东尼学校	小学，女校	汉口	Relig. Canossiennes	
圣保禄法国医学院	大学，女校	香港	Sœurs de St. Paul de Chartres	
圣方济学校	外侨，男校	上海		1939
圣方济中学	男校	上海	耶稣会，法国主母会	1874
圣方济中学（虹口）	男校	上海	耶稣会，法国主母会	1944
圣功女子中学	中学，女校	青岛	方济各女修会	
圣功小学	女校	天津	圣母无染原罪会	1914
圣功学校	中学，女校	天津	圣母无染原罪会	1929
圣类斯工艺学校	男校	香港	慈幼会	

续表

学 校 名 称	属 性	教 区	举 办 修 会	创办年份
圣路易学堂	外侨，中学，男校	天津	法国圣母会	1887
圣母玛利亚中学	男校	澳门	耶稣会	
圣若瑟女校	外侨，中学，女校	天津	方济各后学圣母传教修女会	1914
圣若瑟女子中学	女校	汉口	Relig. Canossiennes	1912
圣神学校	小学，女校	香港	方济各圣心会	
圣心护士学校	女校	上海	方济各女修会	1935
圣心女中	女校	上海	圣心会	1937
圣心师范学校	男校	安庆	耶稣会	
圣心学校	男校	上海	圣心会	1926
圣心中学	男校	广东	Laïques	
圣约瑟中学	男校	澳门	耶稣会	
盛新小学校	小学，男校	北平	法国主母会	
盛新中学	中学，男校	北平	法国主母会	
淑范女校	女校	西湾子	方济各女修会	
淑慎女校	女校	保定	方济各女修会	
斯高工艺学校	男校	上海	耶稣会	1924
斯高工艺学校	男校	上海	慈幼会	1925
索菲亚俄童女校	外侨，女校	上海	耶稣会	1938
唐山培仁女学	女校	永平	Filles de la Charité	
唐山培仁学校	男校	永平	Filles de la Charité	
听听中学	中学，男校	徐州	耶稣会	
外侨女校	外侨，女校	上海	圣心会	1926
万县第二小学	小学，男校	万县		
文萃学校（荆州）	男校	宜昌	方济各会	
文学中学	中学，男校	武昌	方济各会	1914
无原罪工艺学校	男校	澳门	慈幼会	1906
西开小学	男校	天津	遣使会	1914
西开中学	男校	天津	遣使会	1916
西开中学（Ecole Si-k'ai）	男校	天津		1916
西满学校	中学，男校	南阳	PP. de Milan	
锡类中学	中小学，男校	海门	Clergè Séculier	

续表

学 校 名 称	属 性	教 区	举 办 修 会	创办年份
晓明女中	女校	上海	拯亡会	1927
晓星女学	女校	平凉	方济各嘉布会	
新昌学校	男校	宁波		
新沙学校（沙市）	中小学，女校	荆州	方济各会	1938
新沙学校（沙市）	中小学，男校	荆州	方济各会	1938
新闸学校	中小学，女校	上海		
徐汇公学	中学，男校	上海	耶稣会	1850
徐家汇圣母院聋哑学校	慈善	上海	拯亡会，献堂会	1893
扬州徐汇公学	中学，男校	上海	耶稣会	1920
扬州徐汇公学女部	中学，女校	上海	耶稣会	1935
杨光学校	中学，男校	福州	多明我会	
养正中学	男校	西湾子	圣母圣心会	
耀蝉中学（浦南）	男校	上海	耶稣会	1940
一德中学		上海		1949
一心教养院		上海		1925
益大女校	女校	大名	耶稣会	
益大学校	男校	大名	耶稣会	
益民小学	男校	天津	遣使会	1942
益世小学	男校	天津	遣使会	1915
益世小学	男校	天津	遣使会	1920
益世学校	女校	宜昌	方济各女修会	
益世学校二部	中学，男校	武昌	方济各会	
懿范女学	小学，女校	福州	多明我女修会	
永曙小学（永川）	男校			1918
有原中学（苏州）	男校	上海		
佑贞女子学校	中小学，女校	北平	Filles de la Charité	
余江第四女子小学	女校	余江		
余江第四小学	男校	余江		
余江中学	男校	余江		
育英女校	小学，女校	大同	圣母圣心会	
育英女校浑源分校	小学，女校	大同	圣母圣心会	
育英学校	小学，男校	大同	圣母圣心会	

续表

学 校 名 称	属 性	教 区	举 办 修 会	创办年份
育英学校浑源分校	小学，男校	大同	圣母圣心会	
彰德学校	小学，男校	卫辉		
贞淑小学	男校	天津	法国圣母会	1906
振声小学	男校	天津	遣使会	1926
震旦大学院	大学	上海	耶稣会	1903
震旦大学院预科	中学	上海	耶稣会	1933
震旦附中	中学	上海	耶稣会	1933
震旦女中	中学，女校	上海	美国圣心会（Dame du Sacré Cœur）	1936
震旦女子文理学院	大学，女校	上海	美国圣心会	1926
震旦女子文理学院外侨学院	外侨，中学，女校	上海	美国圣心会	1926
震旦女子文理学院预科	中学，女校	上海	美国圣心会	1926—1936
震新中学（张家楼）	女校	上海		
正道小学	男校	贵阳		
正心小学（松江）	男校	上海	主母会	
正心小学（松江）	女校	上海	献堂会	
正心中学（松江）	男校	上海	主母会	
正修学校	男校	上海	耶稣会	1861
中法中学	男校	上海	耶稣会，法国主母会	1886
中西女中（济宁）	女校	兖州	PP. de Steyl	
中西中学（济宁）	男校	兖州	PP. de Steyl	

* 本资料不完整，各个堂区大多有各自的小学，难以统计，择要概之。
* 本资料截至 1949 年。

外国人名译名对照表

A

埃斯加勒瑞（Lucien Escalère, 1888—1953）
埃曼努尔（P. Emmanuele）
埃斯卡拉，即爱斯嘉拉
艾伯华（Wolfram Eberhard, 1909—1989）
艾迪瑾（Joseph Edkins, 1823—1905）
艾锷风（Gustave Ecke, 1896—1971）
艾尔霍夫（Jos Eierhoff）
艾尔梅（Faustinus Laimé, 1825—1862）
艾方济（Eugène-Martin-François Estève, 1807—1848）
艾嘉略（Louis-Charles Delamarre, 1810—1863）
艾克，即艾锷风
艾克斯粤菲（Anthelme Excoffon, 1871—1955）
艾崇沃（Leopoldus Gain, 1852—1930）
艾儒略（Giulio Aleni, 1582—1649）
艾儒略（Joseph Jules Artif, 1844—1929）
艾儒略（Jules Garrigues, 1840—1900）
艾若亚敬，即金亚敬
艾士杰（Gregorio Maria Grassi, 1833—1900）
艾约瑟，即艾迪瑾
爱斯嘉拉（Jean Escarra, 1885—1955）
安多（Antoine Thomas, 1644—1709）
安国宁（Anoré Rodrigues, 1729—1796）
安娜·卡塔琳娜·埃梅里克（Anna Katharina Emmerick, 1774—1824）
安守约（Henricius Eu Ngan, 1864—1937）
安文思（Gabriel de Magalhāes, 1609—1677）
安治泰（John Baptist Anzer, 1851—1903）
奥代理（Abraham Ortelius, 1527—1598）
奥古斯丁（Saint Aurelius Augustinus, 354—430）
奥龙（Henri Marie Gustave d'Ollone, 1868—1945）
奥图尔（George Barry O'Toole, 1886—1944）

B

巴哀米禄（Aemilius Baës, 1870—1900）
巴多明（Dominique Parrenin, 1665—1741）
巴尔荣（Victor Barjon, 1902—1949）
巴甫洛夫（P. Pavlov）
巴鸿勋（Julius Bataille, 1856—1938）
巴佩兰（Barbara Hoster）
巴依官（Henri Bailleau, 1876—1933）
巴赞（René Bazin）
巴志永（Henricus Pattyn, 1902—?）
白德旺（Etienne Raymong Albrand, 1805—1853）
白多玛（Hortis Oniz）
白晋（Joachim Bouvet, 1656—1730）
白斯德望，即白德旺
柏德立（Laurent Blettery, 1825—1898）
柏尔德密（Jules Berthemy）
柏朗嘉宾（Giovanni da Pian del Carpine, 1182—1252）
柏立德（Gabriel Palatre, 1830—1878）
柏应理（Philippe Couplet, 1623—1693）
柏永年（Frederic Courtois, 1860—1929）
班扬（John Bunyan, 1628—1688）
包儒略（Jules Bruguière, 1851—1906）
包若瑟（Joseph-Andre Boyer, 1824—1887）
包士杰（Jean-Marie-Vincent Planchet, 1870—1948）
包梯爱（Jean-Pierre Guillaume Pauthier, 1801—1873）

宝若瑟，即包若瑟
保禄·克鲁赛（D. P. Crouzet）
保罗·克洛岱尔（Paul Claudel，1868—1955）
鲍来思（Guy Boulais，1843—1894）
鲍润生（Franz Xaver Biallas，1878—1936）
鲍友管（Antoine Gogeisl，1701—1771）
暴安良（Henricus Pollet，1890—？）
北村沢吉（Kitamura Sawakichi，1874—1945）
贝迪荣（Corentino Pétillon，1858—1939）
贝兴仁（Renatus Petit，1900—？）
崩比利（Basilio Pompili，1858—1931）
毕方济（Francesco Sambiaso，1582—1649）
毕果（Jules Le Bigot，1884—1965）
毕嘉（Jean-Dominique Gabiani，1623—1696）
毕天祥（Ludovico Appiani，1663—1732）
毕学源（Gaetano Pires Pereira，1763—1838）
边德和（Jean-Joseph Piet，1875—1934）
卞依纳（Ignatius Pien，1681—1763）
宾格尔（Karl Bünger，1903—1997）
宾讷图（P. Bineteau）
宾为霖（William Chalmers Burns，1815—1868）
波加屈（Giovanni Boccaccio，1313—1375）
波普（Nicholas Poppe，1897—1991）
波依隆（De Bouillon）
波义通（R. R. Boyton）
伯辣弥诺（S. Robertus Bellarmino，1542—1621）
伯纳德（Jean-Baptiste Bernard，1866—1939）
伯希和（Paul Pelliot，1878—1945）
博爱礼（Alice M. Boring，1883—1955）
博尔勒（Antoine Bourlet，AbbÃ，1874—1952）
卜尔克（Mauritius Burgaud，1884—？）
卜弥格（Michel Boym，1612—1659）
卜士杰（Pierre Louis Bousquet，1874—1945）
卜相贤（Alfredus Bonningue，1908—？）
布恩溥（Theodor Bücker，1856—1912）
布尔布隆（Alphonse de Bourboulon）
布勒（Marcellin Boule，1861—1942）
布里埃（De la Brière）
步达生（Davidson Black，1884—1934）
步履中（Georges Prévost，1896—？）
步日耶（Henri Breuil，1877—1961）

C

蔡尚质（Stanislas Chevalier，1852—1930）
策本（Žamcarano Cyben，1880—1942）

柴赫（Erwin Ritter von Zach，1872—1942）
晁伯英（Georgius Payen，1862—1940）
晁德莅（Angelo Zottoli，1826—1902）
晁俊秀（François Bourgeois，1723—1792）
陈神父（Georges Justin Caysac，1886—1946）
陈士谦（Augustus Pierre，1856—1923）
陈姓神父，即帕皮诺特
成际理（Felicien Pacheco，1622—1686）

D

达恩（Philémon Auguste Darne，1872—1935）
达里亚（P. F. M. D'Aria）
戴柏诚（Homer Hasenpflug Dubs）
戴德荣（Émile Déhus，1864—1934）
戴尔第（Joannes Twerdy，1846—1910）
戴高丹（Auguste Desgodins，1826—1913）
戴何都（Robert des Rotours，1891—1980）
戴济世（François Ferdinand Tagliabue，1822—1890）
戴进贤（Ignatius Kögler，1680—1746）
戴密微（Paul Demiéville，1894—1979）
戴遂良（Léon Wieger，1856—1933）
戴闻达（J. J. L. Duyvendak，1889—1954）
德尔·瓦尔（Rafael Merry Del Val，1865—1930）
德杰尔杰（J. B. Degeorges）
德礼贤（Pascal M. D'Elia，1890—1963）
德理格（Teodorico Pedrini，1671—1746）
德罗特（James M. Drought，1896—1972）
德玛诺（Romanus Hinderer，1669—1744）
德尼，即王致诚
德尼诺（Generoso De Nino，1879—1955）
德帕佩（Georges Depape，1884—1960）
德佩斯（Crispin de Passe，1564—1637）
德日进（Pierre Teilhard de Chardin，1881—1955）
德特拉（Helmut de Terra，1900—1981）
德微理亚（Jean-Gabriel Déveria，1844—1899）
德维塞尔（Marinus Willem de Wisser）
德沃斯（Maerten de Vos，1532—1603）
邓明德（Paul Felix Angele Vial，1855—1917）
邓神父（Frédéric Victor Mazel，1871—1897）
邓玉函（Johann Terentius，1576—1630）
狄根珂（P. Dirckinck）
狄化淳（Leo Van Dijk，或 Dyck，1878—1951）
狄仁吉（Jean Baptiste Raphaël Thierry，1823—1880）
狄守仁（Eduardus Petit，1897—1985）
狄索（T. R. P. Tissot）

· 外国人名译名对照表 ·

迪特雷斯（D'Estrées）
迪握尔纳（René Verneau）
丁克汉，即丁谦
丁谦（E. R. Tinkham）
丢柯（L'Archevesque Duc）
董嘉俾厄尔，即董文学（1802—1840）
董若翰（Jean Baptiste Anouilh, 1819—1869）
董神父，即普罗斯珀·勒·鲁
董师晃（Ferdinand Dransmann, 1882—1942）
董师中（Henricus Boucher, 1857—1908）
董文学（Jean-Gabriel Perboyre, 1802—1840）
董文学（Pascal-Raphaël-Nicolas-Carmel D'Addosio, 1835—1900）
都德（Alphonse Doudet）
杜巴尔（Eduardus Dubar, 1826—1878）
杜公谋（Denis Doutreligne, 1881—1929）
杜赫德（Jean B. du Halde, 1674—1743）
杜嘉弼（Gabriel Grioglio, 1813—1891）
杜美德（Pierre Jartoux, 1668—1720）
多马斯·坎佩斯（Thomas à Kempis, 约1380—1471）
铎罗（Charles-Thomas Maillard de Tournon, 1668—1710）

E
俄楼（Ernest Hello）
鄂多立克，即和理德
鄂冈浩（Paulus Bernet, 1869—?）
鄂尔壁（Josephus Gonnet, 1815—1895）
恩博仁（Heinrich Erlemann, 1852—1917）
恩礼阁，即安守约
恩理格（Christian Wolfgang Herdtrich, 1624—1684）
恩利（Paul Henry）

F
樊国栋（Henricus Tosten, 1872—1960）
樊国梁（Pierre-Marie-Alphonse Favier, 1837—1905）
范达贤，即芬戴礼
范德沃，即范可法
范佛，即丰浮露
范济黎（Gentile Magonio）
范可法（Marius Hendrikus van der Valk, 1908—1978）
范礼安（Alessandro Valignano, 1538—1606）
范若瑟（Eugène Desflèches, 1814—1887）

范神父，即弗兰西斯科·伦斯·贡萨尔沃
范世熙（Adolphe Vasseur, 1828—1899）
范廷佐（Joannes Ferrer, 1817—1856）
方殿华（Aloysius Gaillard, 1850—1900）
方若望（Emmanuel Jean Francois Verrolles, 1805—1878）
方守义（Marie-Dieudonné D'Olliéres, 1722—1780）
方希圣（Edmond van Genechten, 1903—1974）
方义和（Joseph Esquirol, 1870—1934）
非力伯斯（De Phelipeaux）
费达德（Godfried Fredrix, 1866—1938）
费尔朴（Dryden Linsley Phelps, 1896—1978）
费佛乐，即丰浮露
费惠民（Johan Frick, 1903—2003）
费来第（Mastai Ferretti）
费赖之（Louis Pfister, 1833—1891）
费乐礼（Alfonso Maria Corrado Ferroni, 1892—1966）
费奇观（Gaspard Ferreira, 1571—1649）
芬戴礼（Daniel J. Finn, 1886—1936）
丰浮露（Eugene Feifel, 1902—1999）
冯秉正（Joseph-François–Marie-Anne de Moyriac de Mailla, 1669—1748）
冯尚仁（Alphonso Donato, 1804—1848）
凤朝瑞（Agapitus Fiorentini, 1866—1941）
佛尔克（Alfred Forke, 1867—1944）
弗兰西斯科·伦斯·贡萨尔沃（Francois Rens Gonsalvo, 1855—1929）
弗朗西斯·魏智（Francis Vetch, 1862—1944）
伏开鹏（Johannes Baptist Fu, 1904—?）
伏日章（Antonius Femiani, 1824—1875）
伏若望（Joannes Froez, 1590—1638）
符拉基米尔佐夫（B. Ya. Vladimircov, 1884—1931）
福华德（Walter Fuchs, 1902—1979）
福克司，即福华德
福兰阁，即傅兰克
福若瑟（St. Jos. Freinademetz, 1852—1908）
福斯坦伯格（De Furstemberg）
福文高（Domingos-Joaquim Ferreira, 1740—1824）
傅泛际（Francisco Furtado, 1587—1653）
傅泛济，即傅泛际
傅兰克（Otto Franke, 1863—1946）
傅立德（Jean Fredet, 1879—1948）
傅圣泽（Jean-François Foucquet, 1665—1741）

傅吾康（Wolfgang Franke，1912—2007）
傅作霖（Félix da Rocha，1713—1781）
富成功（Joseph-Sylvain-Marius Fabrègues，1872—1923）

G

甘春霖（Eugène-Gustave Castel，1885—1957）
甘沛澍（Martin Kennelly，1859—1928）
刚第达（Gandida Maria de Jesus，1845—1912）
刚恒毅（Celso Costantini，1876—1958）
钢和泰（Alexander von Stael-Holstein，1877—1937）
高贝（François Coppée）
高本汉（Klas Bernhard Johannes Karlgren，1889—1978）
高代而（Pierre Cotel，1800—1884）
高乐康（François Legrand，1903—1984）
高类思（Aloys Kao，1733—1790）
高龙鞶（Augustin Colombel，1833—1905）
高隆汴（B. Claudii de La Colombiére，1640—1682）
高奇（Angelo Cocchi，1597—1633）
高若翰（Jean Capy，1846—1912）
高若天（Augustus Foucault，1826—1887）
高慎思（Joseph d'Espinha，1722—1788）
高守谦（Verissimo Monteiro de Serra，1776—1852）
高延（Jan Jakob Maria de Groot，1854—1921）
高一志（Alfonso Vagnoni，1566—1640）
戈岱司（George Coedès，1886—1969）
格老（L. Cros）
格鲁贤（Jean-Baptiste Grosier，1743—1823）
葛承亮（Aloysius Beck，1854—1931）
葛光彼（Æmilius Becker，1836—1918）
葛兰言（Marcel Granet，1884—1940）
葛卢百，即顾路柏
葛米福（Lambert Manuskript Kalff，1880—1962）
葛仁章（Stanislaus Clavelin，1814—1863）
葛式（Ludovicus Gauchet，1873—1951）
公神父，即江沙维
古伯察（Evariste Huc，1814—1860）
古纯仁（Francis Goré，1883—1954）
古德里奇（Anne Swann Goodrich，1895—2005）
古尔丹，即古洛东
古恒（Maurice Courant，1865—1935）
古洛东（Edouard François Gourdin，1838—1912）
顾方济（François-Xavier Danicourt，1806—1860）

顾怀仁（Eustasio Fernandez de Cabo）
顾路柏（Wilhelm Grube，1855—1908）
顾其卫（Jule-Auguste Coqset，1847—1917）
顾若愚（Hermann Köster，1904—1978）
顾赛芬（Seraphin Couvreur，1835—1919）
顾威廉，即顾路柏
管逊渊，即管宜穆
管宜穆（Jerôme Tobar，1855—1917）
光若翰（Jean-Baptiste Budes de Guébriant，1860—1935）
广其仁（Bernardus Ooms，1856—1930）
圭伯特（J. Guibert）
郭德克（Jean Louis Godec，1867—1935）
郭栋臣（Giuseppe Maria Guo，1846—1923）
郭居静（Lazare Cattaneo，1560—1640）
郭纳爵（Ignatius da Costa，1603—1666）
郭实腊（Karl Friedrich August Gützlaff，1803—1851）
郭士立，即郭实腊
郭振铎（Isidore Lacquois，1874—1946）

H

哈尔博（Auguste Halbout，1864—1945）
海尼士（Erich Haenisch，1880—1966）
海西西，即海西希
海西希（Walter Hessig，1913—2005）
韩伯禄（Petrus Marie Heude，1836—1902）
韩国英（Pierre-Martial Cibot，1727—1780）
韩默理（Ferdinand Hamer，1840—1900）
韩纳庆（Robertus Hanna，1762—1796）
韩宁镐（Augustin Henninghaus，1862—1939）
韩绍康（Hyacinthus Allain，1862—约1934）
何博礼（Reinhard Hoeppli，1893—1973）
何大化（Antoine de Gouvea，1592—1677）
何赖思（Charles De Harlez，1832—1899）
何肋兰（Bto. Jordan）
何礼伟（Gervasius Olivier，1874—1943）
和安当（Casimir Vic，1852—1912）
和理德（Teodorico Pedrini，1265—1331）
和为贵（Joseph Jean Baptiste Cuenot，1888—1970）
贺德士（Maurus Heinrichs，1904—1996）
贺登崧（Willem Grootaers，1911—1999）
贺清泰（Louis de Poirot，1735—1814）
赫苍璧（Julien-Placide Herieu，1671—1746）

• 外国人名译名对照表 •

赫德明（Joseph Hesser，1867—1920）
赫雷若（Claudio Garcia Herrero）
赫师慎（Aloysius Van Hée，1873—1951）
亨利·魏智（Henri Vetch，1898—1978）
洪度亮（François Cayosso，1647—1685）
洪度贞（Humbert Augery，1616—1673）
洪若翰（Jean de Fontaney，1643—1710）
洪涛生（Vincenz Hundhausen，1878—1955）
胡贡（Joseph Hugon）
胡其昭（San Martín Vicente Huarte，1877—1935）
胡树勋（Leo Davrout，1875—1953）
华克诚（Augustus Debesse，1854—1929）
惠化民（Charles Joseph Lemaire，1900—1995）
惠济良（Auguste Haouisée，1877—1948）
惠泽霖（Hubert-Germain Verhaeren，1877—1920）
霍尔曼（Matthias Hermanns，1899—1972）

J

吉柏龄（Rudyard Kipling，1865—1936）
吉卜林，即吉柏龄
吉德明（Jean Joseph Ghislain，1751—1812）
吉尔（Wilhelm Gier，1867—1951）
纪怀德（Lucien Louis Gibert，1888—1968）
纪理安（Bernard-Kilian Stumpf，1655—1720）
冀若望，即吉德明
加俾厄尔，即徐德新
加大利纳·尼各（Catherine Nicholl）
加大挠（Lazare Cattaneo，1560—1640）
加大挠，即郭居静
加朗（Antoine Galland，1646—1715）
嘉毕陋尔，即杜嘉弼
嘉乐（Carlo Ambrogio Mezzabarba，1685—1741）
甲柏连孜（Geoge von der Gabelentz，1840—1893）
甲柏连孜（Hans Conon von der Gabelentz，1807—1873）
贾达纳奥（C. A. Cattaneo，1645—1705）
贾容光（Maurice Cannepin，1876—1934）
贾斯达（Stanislaus Le Gall，1858—1916）
贾宜睦（Jérôme de Gravina，1603—1662）
江类思（Luigi Moccagatta，1809—1891）
江沙维（Joaquim Affonso Gonçalves，1781—1872）
姜别利（William Gamble，1830—1886）
蒋方济（François Roux，1882—1969）

蒋友仁（Michel Benoit，1715—1774）
焦宾华（Ignatius Lorando，1859—约1938）
杰拉德（Auguste Gérard，1852—1922）
杰森（Joannis Janssen）
金百炼（Emmanuel de Pereira，1636—1682）
金葆光（Maurice-Charles-Pascal Dorè，1862—1900）
金道宣（Raphael Gaudissart，1854—1938）
金济时（Jean-Paul-Louis Collas，1735—1781）
金鲁贤（Aloisius Kien, Aloysius Jin Luxian，1916—2013）
金尼阁（Nicolas Trigault，1577—1628）
金亚敬（Joachim Salvetti，1769—1843）
晋都禄（Petrus de Prunelé，1881—?）

K

卡尔·谢尔（Karl Schell，1881—1934）
坎佩农（Pierre Marie Compagnon，1859—1915）
坎佩斯（Thomas à Kempis，约1380—1471）
康福民（Diminique Gandar，1829—约1909）
康国泰（Louis Schram，1883—1971）
康神父，即路易斯·兰伯特·康拉迪
康斯坦丁（Celsus Constantin）
康云峰（Barnbé K'ang，1880—1929）
康治泰（Domin Gandar，1829—约1909）
考德梅（Henry Codme）
考迪埃（Henri Cordier，1849—1925）
考尔迭，即考迪埃
柯德烈（Joseph Gatellier，1854—1897）
柯兹洛夫（I. V. Kozlov）
科尔内（James F. Kearney）
克雷西（De Creci）
克利斯底亚尼（L. Cristiani）
克林德（Le Baron de Ketteler）
孔好古（August Conrady，1864—1925）
孔明道（Joseph de Lapparent，1862—约1947）
库寿龄（Samuel Couling）
夸兹（Marie Joseph Cuaz，1862—1950）

L

拉贝尔比（E. de Laberbis）
拉盖（Emile Raguet）
拉铁摩尔，即赖德懋
拉雪兹（De La Chaize）

腊挂，即郭振铎
莱昂·古斯塔夫·罗伯特（Léon Gustave Robert, 1866—1956）
莱维（Sylvain Lévi, 1863—1935）
赖德懋（Owen Lattimore, 1900—1989）
赖神父（Louis La Cacaze, 1867—1897）
兰司铁（Gustaf John Ramstedt, 1873—1950）
蓝星耀，即南星耀
郎本仁（Paschalis Le Biboul, 1862—1931）
郎怀仁（Adrianus Languillat, 1808—1878）
郎霁·罗旋阁，即罗广祥
郎神父（Sac. E. Lange）
劳费尔（Berthold Laufer, 1874—1934）
劳积勋（Aloiisius Froc, 1859—1932）
勒朗（Etienne Lelong, 1834—1903）
雷冕（Rudolf Rahmann, 1902—1985）
雷鸣道（St. Louis Versiglia, 1873—1930）
雷鸣远（Frederic Vincent Lebbe, 1877—1940）
雷墨尔（J. Emile Lemière）
雷慕贤（Charles Rey, 1866—1943）
雷孝思（Jean-Baptiste Regis, 1663—1738）
雷永明（Blessed Gabriele Allegra, 1907—1976）
黎宁石（Pedro Ribeiro, 1572—1640）
黎桑，即桑志华
黎玉范（Juan Bautista Morales, 1597—1664）
李博明（Benjamino Geremia, 1843—1888）
李崇耀（Albert Gueluy, 1849—1924）
李法尼，即李山甫
李方西（Jean-François Ronusi de Ferrariis, 1608—1671）
李拱辰（José Ribero-Nuñes, 1767—1826）
李华德（Walter Liebenthal, 1886—1982）
李玛诺（Emmanuel Diaz, Senior, 1559—1639）
李明（Louis Le Comte, 1655—1728）
李若翰（Johanns B. Blick, 1878—1937）
李山甫（György Litványi, 1901—1983）
李诗堂（Marcel Lichtenberger, 1906—1985）
李松涛（Victor Elizondo）
李蔚那（Aymard-Bernard Duvigneau, 1879—1952）
李西满（Simon Rodrigues, 1645—1704）
李秀芳（Benjaminus Brueyre, 1810—1880）
里奇（Joannes Ricci）
理雅各（James Legge, 1815—1897）

利安当（Antonio Caballero, 1602—1669）
利安定（Augustin de San Pascual, 1637—1697）
利奥十三世，即良十三
利类思（Ludovicus Buglio, 1606—1682）
利玛弟（Mathias de Maya, 1616—1670）
利玛窦（Matteo Ricci, 1552—1610）
栗安当，即利安当
良十三（Leo XIII, 1810—1903）
梁亨利（Paul Xavier Lamass）
廖德修（Alfred Jarreau, 1873—1958）
林安多（Antonius de Sieva, 1654—1724）
林达尼老，即林懋德
林德瑶（João de Sexas, 1710—1785）
林懋德（Stanislas Jarlin, 1856—1933）
林梅玛都，即林奇爱
林奇爱（Amatus Pagnucci, 1833—1901）
林雅玛笃，即林奇爱
刘德耀（Henri Le Lec, 1832—1882）
刘迪我（Jacques le Favre, 1610—1676）
刘钦明（Henricus Lécroart, 1864—1939）
刘松龄（Augustin de Hallerstein, 1703—1774）
刘应（Claude de Visdelou, 1656—1737）
刘志中（Maurice Ducoeur, 1878—1929）
龙华民（Niccolò Longobardi, 1559—1654）
龙相齐（Ernestus Gherzi, 1886—1973）
隆德理（Vaieer Rondelez, 1904—1983）
卢公明（Justus Doolittle, 1824—1880）
卢纳爵（Ignace Lobo, 1603—?）
卢依道（P. Isidore Lucci, 1671—1719）
鲁德涅夫（Andrei Dmitrievich Rudnev, 1878—1958）
鲁日孟，即鲁日益
鲁日益（Jean de Yrigoyen, 1646—1688）
鲁仲贤（Jean Walter, 1708—1759）
陆安德（Andreas Lubelli, 1610—1683）
陆南（Adrien Charles Launay, 1853—1927）
陆神父，即皮埃尔·罗切特
禄是遒（Henri Doré, 1859—1931）
路易斯·兰伯特·康拉迪（Louis Lambert Conrardy, 1841—1914）
罗伯济（Lodovico Maria Bési, 1805—1871）
罗第爱（P. Lodiel）
罗广祥（Nicolas-Joseph Raux, 1754—1801）

• 外国人名译名对照表 •

罗毫弗尔利（M. Roohaule de Fleury）
罗明坚（Michele Ruggieri，1543—1607）
罗尼阁，即罗广祥
罗启桢（Charles René Renou，1812—1863）
罗如望（João de Rocha，1566—1623）
罗儒望，即罗如望
罗若望（Jean Joseph Rousseille，1832—1900）
罗赛（Peter Röser，1862—1944）
罗舍，即弥乐石
罗神父，即莱昂·古斯塔夫·罗伯特
罗特理（Alphonso Rodriguez，1532—1617）
罗文达（Rudolf Loewenthal，1904—1996）
罗学宾（Petrus Leroy，1900—?）
罗雅各，即罗雅谷
罗雅谷（Giacomo Rho，1593—1638）
罗伊·孔塞勒（Roullié Conseiller）
罗依斯（Louise de Marillac，1591—1660）
罗樾（Max Loehr，1903—1988）
洛约拉（Mother Mary Loyolade，1845—1930）
骆保禄（Giampaolo Gozani，1659—1732）
骆克（Josef Franz Karl Rock，1884—1962）
吕道茂（Joan.-Bapt. Prud'homme，1881—1958）

M

马爱德（Edward Malatesta）
马伯乐（Henri Maspero，1883—1945）
马德赍（Josephus Tardif De Moidrey，1858—1936）
马德武（Gregory Mathews，1876—1949）
马丁（Desmond Henry Martin，1889—1971）
马丁（Jean Marie Martin，1886—1975）
马尔迪鲁斯（Joseph Charles Mardrus，1868—1949）
马尔东（P. V. Marmoiton）
马国贤（Matthieu Ripa，1682—1745）
马赖（Auguste Chapdelaine，1814—1856）
马礼逊（Robert Morrison，1782—1834）
马力耀（Leo Mariot，1830—1902）
马利老爷，即洛约拉
马若瑟（Joseph de Prémare，1666—1735）
马特尔（D. de Martel）
马条兹，即马德武
马绪尔（Chanoine Masure）
马义谷（Nicolas Massa，1815—1876）

玛加利大（Margaret Mary Alacoque，1647—1690）
玛丽嬷嬷，即洛约拉
玛丽亚木（Mariam）
满方济（François Monnier，1856—1910）
毛利瑟，即穆文琦
茅若虚（Ludovicus Dumas，1901—1970）
梅恩肯思（Constantino Meynckens，1848—1916）
梅慕雅（Jean-Martin Moÿe，1730—1793）
梅士吉（Auguste-Pierre-Henri Maes，1854—1936）
梅斯特里（Theodosius Maestri）
梅耶，即梅慕雅
蒙劳（Marie-Adèle-Louise-Eugénie Reynès Monlaur，1866—1940）
孟督邦（Charles Cousin de Montauban）
孟否尔（Grignion de Montfort，1673—1716）
孟高维诺（Giovanni da Montecorvino，1246—1328）
孟敬安（Alphonsus Gasperment，1872—1951）
孟儒望（Jean Monteiao，1603—1648）
孟亚丰索，即孟敬安
孟由义（Emmanuel Mendes，1656—1743）
孟振生（Joseph-Martial Mouly，1807—1868）
弥乐石（Émile Rocher，1846—1924）
米幹（Thomas Megan，1899—1951）
米怜（William Milne，1785—1822）
米约（Stanislas Millot）
苗德秀（Theodor Mittler，1887—1956）
苗景均（Christophorus Bortolazzi，1856—约1934）
闵明我（Donminique Navarrete，1610—1689）
闵明我（Philippe-Marie Grimaldi，1639—1712）
闵宣化（Jozef Mullie，1886—1976）
闵玉清（Bermyn Alfons，1853—1915）
敏体尼（Louis Charles de Montigny，1805—1868）
明稽埒（Philippe Guillemin，1814—1886）
明位笃（Eustachio Vito Modesto Zanoli，1831—1883）
明兴礼（Jean Monsterleet，1912—2001）
莫嘉铎，即翟熙
莫尼哀（Pierre-Charles Le Monnier）
牧子民（Hilario Munárriz，1885—?）
慕阿德（Arthur Christopher Moule，1873—1957）
慕稼谷（George Evans Moule，1828—1912）
穆迪我（Jacques Motel，1618—1692）
穆格我（Claude Motel，1619—1671）

穆敬远（João Mourão，1681—1726）
穆尼阁（Jean-Nicolas Smogolenski，1611—1656）
穆尼各，即穆尼阁
穆天凡（Johann Muiiener，1673—1742）
穆文琦（M. G. Morisse）
穆意索（Auguste Mouillesaux de Bernières，1848—1911）

N

拿笪利（Jérónimo Nadal，1507—1580）
那世宝（Albert Nachbaur，1880—1933）
那永福（Wolfgang de la Nativile）
纳代拉克（De Nadaillac）
耐龙（P. Neyyron）
南从周（Felix Perrin，1858—1911）
南格禄（Claudius Gotteland，1803—1856）
南怀仁（Ferdinand Verbiest，1623—1688）
南怀仁（Godefroid-Xavier de Limbeckhoven，1707—1787）
南怀仁，即南怀义
南怀义（Theophile Verbist，1823—1868）
南弥德（Louis François Lamiot，1767—1831）
南星耀（R. P. Eusebio Arnáiz）
讷莫尔（De Nemours）
能恩斯（Marcus Dechevrens，1845—1923）
倪德隆（Pierre Philippe Giraudeau，1850—1941）
倪怀纶（Valentin Garnier，1825—1898）
年安德，即年文思
年文思（André-Pierre Borgniet，1811—1862）
聂伯多（Pierre Cunevari，1594—1675）
聂仲迁（Adrien Greslon，1614—1695）
臬玻穆的若望（Jan Nepomuck，约1345—1393）
诺广训（Petrus Noyen，1870—1921）

O

欧磐石（Louis Marie Aubazac，1871—1919）
欧日搦（C. D. Eugène）
欧神父，即卡尔·谢尔

P

帕皮诺特（Jacques Edmond Papinot，1860—1942）
潘国光（Francesco Brancati，1607—1671）
潘国磐（Xaverius Coupé，1886—1971）
潘玛诺（Emmanuel Laurifice，1646—1703）

庞查特瑞恩（Louis Phélypeaux，comte de Pontchartrain，1643—1727）
庞迪我（Diego de Pantoja，1571—1618）
裴百纳（Augustinus Bernard，1889—1962）
裴化行（Henri Bernard，1889—1975）
佩初兹（Raphael Petrucci，1872—1917）
彭安多（Albertus Tschepe，1844—1912）
彭嵩寿（Jozef Van Oost，1877—1939）
彭亚伯，即彭安多
皮阿涅（Henri Jules Victor Pianet，1852—1915）
皮埃尔·罗切特（Pierre Rochette，1879—1949）
皮亚圣丁（A. Piasentin）
皮耶尔·范恩（P. Finn）
濮登博（Theodorus Buddenbrock，1878—1959）
朴烈（L. Poullier）
浦君南（Albertus Bourgeois，1893—?）
普罗斯珀·勒·鲁（Prosper Le Roux，1877—1936）
普热瓦利斯基（Николай Михайлович Пржевальский，1839—1888）
普祖鲁斯基（Jean Przyluski，1885—1944）
溥若思（Josephus Pruvot，1840—?）

Q

齐德芳（Franz Giet，1902—1993）
齐皮特里亚（Juana Josefa Cipitria）
钱德明（Jean-Joseph-Marie Amiot，1718—1793）
乔宾化（Tsutsihashi，1866—1965）
秦噶哔（Joseph Gabet，1808—1853）
邱多廉（Josephus Couturier，1875—?）
翟笃德（Stanislas Torrente，1616—1681）
瞿西满（Simon de Cunha，1590—1660）
瞿洗满，即瞿西满

R

冉默德（Maurice-Louis-Marie Jametel，1856—1889）
让·阿尔弗雷德·法布尔（Jean Alfred Fabre，1878—1967）
让松（De Janson）
饶满恒（Henricus Jomin，1895—?）
荣振华（Joseph Dehergne，1903—1990）
柔克义（William W. Rockhill，1854—1914）
儒莲（Stanislas Julien，1797—1873）

外国人名译名对照表

芮卿云（Julianus Monget，1854—1923）
若翰纳·俞根（Jeanne Jugan）
若望臬玻穆，即臬玻穆的若望

S

萨维纳（François Marie Savina，1876—1941）
赛热（M. Seyrès）
桑必寿（Severus Bizeul，1848—约1912）
桑切耶夫（Garma Dancaranovič Sanžeev，1902—1982）
桑志华（Émile Licent，1876—1952）
沙守信（Emeric de Chavagnac，1670—1717）
沙守真，即沙守信
沙畹（Emmanuel-Édouard Chavannes，1865—1918）
沙文纳，即萨维纳
沙勿略·顾，即顾方济
山道明（Dominik Gerhard Schröde，1911—1972）
山遥瞻（Guillaume Fabre-Bonjour，1669—1714）
山宗泰（Eugenius Beaucé，1878—1962）
善秉仁（Joseph Schyns，1899—1979）
商格理（Josef Stangier，1872—1953）
尚建勋（Renatus Charvet，1883—?）
尚全斌（Franciscus Storr，1859—约1909）
佘宾王（Franciscus Scherer，1860—?）
申永福（Ephrem Giesen，1868—1919）
申自天（Renatus Archen，1900—?）
圣安名尼（Santo António Fernando de Bulhões）
圣达尼老·各斯加（St. Stanislaus Kostka，1550—1568）
圣方济各（San Francesco di Assisi，1181—1226）
圣方济各·沙勿略（San Francisco Xavier，1506—1552）
圣类思·公撒格（St. Aloysius de Gonzaga，1568—1591）
圣若望·鲍思高（San Giovanni Bosco，1815—1888）
圣维亚纳（St. Jean-Baptiste-Marie Vianney，1786—1859）
圣亚尔丰索·利高烈（St. Alphonsus de Marie Liguori，1696—1787）
师觉月（Prabodh Chandra Bagchi，1898—1956）
施古德，即薛力赫
施雷波（M. G. Schreiber）
施利克林（Albert Schlicklin，1857—1932）
石伯铎（Pierre Lavaissière，1813—1849）
石德懋（Leon-Jean-Marie De Smedt，1881—1951）
石铎琭（Pedro de la Piñuela，1650—1704）
石可贞（Æmilius Chevreuil，1827—1893）
石坦安（Diether Von Den Steinen，1903—1954）
石扬休（Gaspare Schotte，1881—1944）
史赫曼，即史培禄
史培禄（Hermann Schoppelrey，1876—1940）
史式徽（Joseph de la Servière，1866—1937）
史图博（Hans Stuebel，1885—1961）
舒德惠（Achilles Durand，1871—1940）
舒德禄（Theodore Schu，1892—1965）
帅渠尔（Louis Gaston Adrien de Ségur）
双国英（Ludovicus Hermand，1873—1939）
司礼义（Paul Serruys，1912—1999）
司义斯，即苏汝安
斯德范，即范若瑟
斯定荃（Michel Steichen，1857—1929）
斯坦因（Marc Aurel Stein，1862—1943）
斯特连科夫（V. Strelkov）
松梁才（Augustus Savio，1882—约1935）
宋嘉铭（Camille August Sainson）
宋君荣（Antoine Gaubil，1689—1759）
苏安宁（Mathieu Bertholet，1865—1898）
苏凤文（Edmond-François Guierry，1825—1883）
苏建章（Jean-Baptiste Simon，1846—1899）
苏勒罗（Louis Sullerot）
苏利埃（George Soulié de Morant，1878—1955）
苏霖（Joseph Suarez，1656—1690）
苏念澄（Hippolytus Basuiau，1824—1886）
苏汝安（Georges Seys，1886—1956）
苏若亚敬，即金亚敬
孙璋（Alexandre de La Charme，1695—1767）
索德超（Joseph-Bernard d'Almeida，1728—1805）
索智能（Polycarpe de Souza，1679—1757）

T

塔卡茨（Zoltán de Takács，1880—1964）
谈天道（Petrus Mertens，1881—?）
谭微道（Jean-Pierre Amand David，1826—1900）
汤道平（Mauritius Trassaert，1898—?）
汤若望（Johann Adam Schall von Bell，1591—1666）
汤士选（Alexandre de Gouveia，1751—1808）
陶德曼（Oskar Paul Trautmann，1877—1950）
陶德明（Charles Taranzano，1866—1942）
陶福音（Hubert Otto，1850—1938）

陶洪伯，即陶福音

特罗楚（Chancine Francis Trochu）

特握（J. de Tauves）

特乌朗（Jorge Lopez Teulon））

提里尔（Juliano Thiriet，1839—1897）

田国柱（Henricus Gauthier，1870—1949）

田嘉璧（Louis-Gabriel Delaplace，1820—1884）

田类斯，即田嘉璧

田清波（Antoine Mostaert，1881—1971）

田执中（Francis Théry，1890—?）

屠恩烈（Henricus Dugout，1875—1927）

陶德明（Charles Taranzano，1866—1942）

托尔斯（De Tousi）

妥玛肯比斯（Thomas Kempis，1379—1471）

W

万宾来（Karl Weber，1886—1970）

万尔典（Josephus Verdier，1877—1971）

万海依，即赫师慎

万济国（Francisco Varo，1627—1687）

万嘉德（Anastasius Van den Wyngaert）

万九楼（Pacifico Giulio Vanni，1893—1967）

汪儒望（Jean Valat，1599—1696）

王丰肃，即高一志

王兴义（Jacobus Roi，1902—?）

王致诚（Jean-Denis Attiret，1702—1768）

威尔克斯（Antonius Wierx，1555—1604）

威尔克斯（Hieronymus Wierx，1553—1619）

威妥玛（Thomas Francis Wade，1818—1895）

韦利亚（Gustave Williatte，1872—1944）

维昌禄（Giorgio Weig，1883—1941）

维伊雷（Marius Veyret，1877—1933）

维雍（Aimé Villion，1843—1932）

卫德明（Hellmut Wilhelm，1905—1990）

卫尔甘（Edm. de la Villmarqué，1881—1946）

卫方济（François Noël，1651—1729）

卫匡国（Martin Martini，1614—1661）

卫礼贤（Richard Wilhelm，1873—1930）

卫希圣，即卫礼贤

味增爵，即文生

魏敦瑞（Franz Weidenreich，1873—1948）

魏恩兹（X. Wernz）

魏继晋（Florian Bahr，1706—1771）

魏勒（Friedrich Weller，1889—1980）

魏神父（Maur Veychard，1854—1919）

魏正俗（Omer Versichel，1889—1949）

温默肋多（Ven. Humberto）

文宝峰（Hubert-Hendrik Van Boven，1911—2003）

文贵宾（Jean de Vienne，1877—1957）

文纳尔（Théophane Vénard，1829—1861）

文仁亭（Edward Theodore Chalmers Werner，1864—1954）

文生（Saint Vincent De Paul，1581—1660）

文致和（Franciscus Hubertus Schraven，1873—1937）

翁绍基（Clodovæus Bienvenu，1845—1890）

翁寿祺（Casimirus Hersant，1830—1895）

倭纳，即文仁亭

乌古斯安尼（Ruffino Uguccioni）

吴板桥（Samuel Isett Woodbridge，1856—1926）

伍尔夫（P. T. Wulf）

武林吉（Franklin Ohlinger，1845—1919）

X

希贤（Eugenio Massi，1874—1944）

霞飞（Maréchal Joffre）

夏白龙（Witold Jablonski，1901—1957）

夏德（Friedrich Hirth，1845—1927）

夏鸣雷（Henri Havret，1848—1901）

夏显德（Francisco Giaquinto，1818—1864）

夏之时（Aloysius Richard，1868—约1948）

向白华（Gabriel Chambeau，1861—1936）

萧法日（Jean Fage，1824—1888）

萧林（Louis Chorin，1888—1965）

小泉六一（Koizumi）

小野藤太（Ono Tota）

谢贝斯塔（Paul Schebesta，1887—1968）

谢阁兰（Victor Segalen，1878—1919）

谢礼士（Ernst Schierlitz，1902—1940）

谢务禄，即曾德昭

熊三拔（Sabbathin de Ursis，1575—1620）

徐伯达（Alois Caelestinus Spelta，1818—1862）

徐德新（Jean-Gabriel-Taurin Dufresse，1750—1815）

徐日昇（Thomas Pereira，1645—1708）

徐则麟（Nicolas Ciceri，1854—1932）

许彬（Joan Baptista Hui，1840—1899）

外国人名译名对照表

宣承化（Carolus de Bussy，1823—1902）
薛宝义（Joseph John Spae，1913—1989）
薛孔昭（Aloysius Sica，1814—1895）
薛力赫（Gustaaf Schlegel，1840—1903）
薛田资（Gerorg Maria Stenz，1869—1928）

Y
雅第阶（Sylvanus Adigard，1839—1907）
雅各甫列夫（B. P. Jakovlev）
亚尔邦（Albano Stolz，1808—1883）
亚尔丰索·利高烈，即圣亚尔丰索·利高烈
亚加彼多，即凤朝瑞
严思愠（Stanislaus Bernier，1839—1903）
严毅（Aloisius Nieto，1879- ?）
阎当（Charles Maigrot，1652—1730）
阎敦健（Yen Teng-Chien，1903—1972）
雁月飞（Petrus Lejay，1898—1958）
阳玛诺（Emmanuel Diaz，1574—1659）
杨格非（John Griffith，1831—1912）
杨生（Arnold Janssen，1833—1909）
杨维时（Lucas Yang，1874—约1948）
姚缵唐（Yvu Henry，1880—?）
叶德礼（Matthias Eder，1902—1980）
叶宗贤（Basilius de Gemona，1648—1704）
伊藤仁斋（Ito Jinsai，1627—1705）
依纳爵·罗耀拉（Ignacio de Loyola，1491—1556）
义宏平嶋（Keizo Yasumatsu，1908—1983）
殷铎泽（Prospero Intorcetta，1626—1696）
殷弘绪（François-Xavier d'Entrecolles，1664—1741）
应儒望（Paulus Rabouin，1828—1896）
应思理（Elias B. Inslee，1822—1871）
于炳南（Antonio Ubierna）
于纯璧（Alphonse-Marie-Joseph Hubrecht，1883—1949）
于普铎（Paulus Jubaru，1862—1930）
于溥泽，即于普铎
于雅乐（Camille Imbault-Huart，1857—1897）
元克允（Jozef Van Eygen，1873—1961）
袁敬和，即元克允
约翰·克利斯朵夫·施米德（Christoph von Schmid，ChanoineSchmid，1768—1854）
约瑟夫（A. M. Joseph）
岳立仍（Otto Jörgens，1879—1946）

Z
赞克，即柴赫
曾德昭（Alvaro de Semedo，1585—1658）
曾神父，即让·阿尔弗雷德·法布尔
翟光朝（Candidus Vanara，1879—1927）
翟理斯（Herbert Giles，1845—1935）
翟守仁（Alberto Odorico Timmer，1859—1943）
翟熙（Theobaldus Diederich，1911—2008）
张安当（Antoine Posateri，1640—1705）
张诚（Jean-François Gerbillon，1654—1707）
张玛诺（Emmaneul Jorge，1621—1677）
张思谦（Chrysos Tchang，1910—?）
长沢规矩也（Kikuya Nagasawa，1902—1980）
赵方济（F. Xavier Maresca，1806—1855）
赵进修，即晁俊秀
赵圣修（Louis des Roberts，1703—1760）
钟巴相（Sébastien Fernander，1562—1622）
周怀仁（Camille Héraud，1867—1937）
周儒望（Renatus Joüon，1869—约1938）
朱励德（Michael Tsu sen，1922—1997）
祝福（Gustave-Joseph Deswazières，1882—1959）
庄其仪（Carolus Rathouis，1834—1890）
宗维城（Ludovicus Téteau，1874—1952）

索 引

人名、机构名等索引

A

埃曼努尔 604
埃斯加勒瑞 508
艾伯华 509，702，825，859，861，866，870，871
艾迪瑾 773
艾锷风 846，848，849，852，854，855，863，865
艾尔霍夫 863
艾尔梅 377，379
艾方济 2，50
艾嘉略 24
艾克斯考芬 708
艾赉沃 243
艾儒略 8，14，15，17，42，43，47，53，62，64—70，149，172，174，177，328，379，396，399，422，451，591，633，718，719，734，759，839，899，907，910，976，980
艾士杰 734，745，973
爱斯嘉拉 616
安多 38
安国宁 38
安娜·卡塔琳娜·埃梅里克 798
安圣谟 734
安守约 390，391，404
安文思 58，75—78，147，303，726
安治泰 788，812，816，834
奥代理 322
奥古斯丁 88，111，149，230，627，667，724，777，877，953
奥龙 701
奥图尔 834

B

巴哀米禄 627
巴多明 16，25，26，357，627，1023
巴尔荣 1040
巴甫洛夫 559
巴鸿勋 590，608
巴金 259，879，882，890
巴黎外方传教会 10，24，78，166，210，224，226，227，243，337，341，508—511，597，621，627，629，630，638，651，692—695，702—704，707—709，712—714，718，720，724，725，729，735，760，946，948，950，973，975，984
巴佩兰 877
巴依鲁 707，708
巴赞 620
巴志永 205
白德旺 14，15，166，506，638，738
白多玛 14，15，87—89，736
白峰云 619，620
白晋 25—27，75，356，432，626，627，872
白立鼎 842
柏德立 337
柏尔德密 630
柏亨理 651，652，654，655
柏朗嘉宾 664，667

· 索 引 ·

柏立德　360，362
柏应理　14，16，36，40—42，58，74，79，82，83，85—88，273，275，299，418，424，439，440，442，482，914，980，982
柏永年　346
班扬　229，230
包儒略　645
包若瑟　651—654
包士杰　627，629，631，634，647，668，673，675，680，961，970，979，985
包梯爱　483
保禄·克鲁赛　261
保罗·克洛岱尔　685
鲍来思　446，468—470，476，510，511
鲍润生　834，847，848
鲍思高　727，728
鲍友管　38
暴安良　955
北村泽吉　854
北疆博物馆　348，556—563，565，566，568，569，578，612，623，890
北京地质生物学研究所　569，570，574，575
北京法文图书馆　204，616，686，866
北堂藏书楼　301，303—305，322，861
北堂明德学园　722，781
北堂印书馆　7，8，59，165，200，201，208，209，262—265，301，451，615，627，634，636，638，640，641，643，644，646，653，661，664，668，670，672，674，675，680—682，684—687，693，778，868，947，970，984，985
贝迪荣　202，208，261，444，448，464，465
贝兴仁　619
崩比利　934
毕方济　42
毕果　365
毕嘉　42，58，439
毕天祥　629
毕学源　39，632，668
边德和　260
卞依纳　283
宾格尔　866，874
宾诩图　680

宾为霖　230，277
波加屈　659
波普　868
波依隆　434
波义通　713
伯辣弥诺　129
伯纳德　210
伯希和　249，250，509，679，847，877
博爱礼　574
博尔勒　707
卜尔克　314，317
卜弥格　357
卜士杰　724
卜相贤　614
布恩溥　817
布尔布隆　630
布莱希特　865
布勒　558，565，566
布里埃　922
步达生　566，574
步履中　451，452
步日耶　558，565，566

C

蔡宁　1040
蔡尚质　219，220，311—314，316—318，329，337，338
蔡洗耳　1006，1007
蔡元培　259，534，780，836，892，914，915，1007，1012
策本　868
柴赫　509，854，865
常风　881
常守义　593，778，781
晁伯英　154，155，161
晁德莅　15—17，33，225，246，247，286—293，296—299，382，483，510，681，910，1011
晁俊秀　435，436
陈独秀　175，780，836，936
陈国砥　783，962
陈怀德　591
陈明　156，170，591，592，854

1273

陈秋棠　238，914
陈神父　226，707
陈士谦　137，328，329，449
陈泗芬　127，140
陈田　241
陈香伯　888，889
陈姓神父　210
陈寅恪　846
陈于阶　47，952
陈垣　47，67，196，357，653—655，668，834—836，838，839，842，848，854，863，871，952，986
陈缘督　839—843
成秉智　750，751
成和德　783，962，979
成际理　33，42，58，439
成玉堂　234
程大约　70
程有猷　783
崇德堂　7，166，233，266，280，556—558，599，612，614，619—623，651，888，890，983，1044
崇一子　89
慈母堂刻本　7，14，15，18，20，22，23，27，28，45，62，64，66，70，85，91，108，287，291，637，641，981
慈幼会　727，728
慈幼印书馆　83，728，729
崔鸿仪　843

D

达恩　707，708
达里亚　238
大方井　4，42，43，74，200，439，652，899，961
大木斋主　98，108
戴柏诚　511
戴德荣　265
戴尔第　145，357，725
戴高丹　702，1043
戴何都　848
戴季陶　780
戴济世　630
戴进贤　38，57
戴连江　249
戴密微　509
戴遂良　217，225，263，510，513—520，524，526，527，529—533，535，538，545，546，554，681，752，773，795，821，825，956
戴闻达　509
德尔·瓦尔　690
德杰尔杰　709
德礼贤　36，322，324，509，926，927，962，964，965，986
德理格　273，274，303，633，953
德罗特　225
德玛诺　24
德尼诺　209
德帕佩　559
德佩斯　429
德日进　507，552，558，560，561，565—570，574—576，614，1043
德胜院　205，266，577，578，606，609，619，620，773，983
德特拉　570，575
德微理亚　681
德维塞尔　511
德沃斯　429
邓明德　511，693，694
邓神父　704
邓以蛰　839
邓玉函　20，37，38，40，47，56，74，302，357，449，961
狄根珂　800
狄化淳　762，764，766，839
狄仁吉　304
狄守仁　619，620
狄索　160
迪特雷斯　434
迪握尔纳　620
丁谦　347
丁韪良　348
丁允泰　47
丁宗杰　914，937，938，942
丢柯　434
东方人类学博物馆　348，836
东方印书馆　320，329，374，454

索 引

董其昌　426，428，839，954
董若翰　630
董师冕　821，1043
董师中　218，259
董文学　632，672
都德　256，620
笃慎嬷嬷　595
杜巴尔　630
杜公谋　707
杜赫德　91，442，626
杜嘉弼　23，638，735，736，744，746，970
杜美德　626
杜席珍　597，598
段衰　47
多马斯·坎佩斯　650
多明我会　10，11，14，17，58，748，787，899，984
铎罗　273，274，303，399，629

E

俄楼　620
鄂恩涛　206，577，773
鄂尔璧　287，372
恩博仁　817
恩理格　42，58，439
恩利　237，631，673

F

樊国栋　259，952
樊国梁　4，11，57，58，325，462，464，631，647，664，667，668，673—675，961，970
范存惠　233
范光夏　750
范济黎　266
范可法　854，866，869
范礼安　5，9，10，975
范若瑟　165
范神父　393，780
范世熙　16，362，377，379，381，393，395
范廷佐　363，376，377，379，383
范中　141
方殿华　328，338，386，387，390，395，396，444，445，448，457，459，461，462，464，483，510，615

方豪　45，67，85，276，301，303，322，420，422，450，652—654，863，894，895，898，909—911，958，976
方济各会　2，3，10，17，40，58，88，94，166，170，189，190，208，209，234，266，286，459，511，591，638，667，729，734—736，741，742，745—757，760，783，788，964，970，973，984，991，1000，1030，1033，1044
方济堂　752，756，757，1044
方济堂圣经会　757
方立中　59，766
方浏生　777
方若望　630
方守义　16，144
方希圣　777，843，844
方义和　511，694，695，707，708
方毅　893
方志淜　865
方壮猷　836，953
菲力伯斯　434
费达德　762
费尔朴　712，713
费惠民　829
费金标　192，193，232，234，235
费来第　411，897，898
费赖之　4，9，85，92，94，172，273，286，298，328，435，438，446，641，976，980—982，984，986
费乐礼　266
费奇观　16
费孝通　771，877
芬戴礼　507
丰浮露　424，848，854，859，866，873，874
冯秉正　15，23，24，91，92，138，165，468，483，604，627，640，719，746
冯尚仁　970
冯应京　5，908
冯友兰　752
冯云鹓　821
冯瓒璋　1044
凤朝瑞　189，190，973
佛尔克　752，865
弗兰西斯科·伦斯·贡萨尔沃　780

1275

弗朗西斯·魏智　686
伏尔泰　56，212，246，416，440，442
伏开鹏　801
伏日章　290
伏若望　15，42，43，146，727
符拉基米尔佐夫　868
福华德　324，848，854，855，859，861，866，871—873
福若瑟　731，787—789，811，812，834
福斯坦伯格　434
福文高　39
辅仁大学　53，196，209，210，248，269，301，324，348，422，486，574，614，619，620，672，760，761，766，771，773，776，777，781，783，784，788，801，829，834，836，839—842，846—849，852，854，855，859，861，863，865，866，868—871，875，877，880，882，886，887，890，906，910，947，952—954，958，962，1020，1040，1042
辅仁画派　764，839
傅泛际　20，42，848，961
傅兰克　859，865
傅兰雅　348
傅雷　247
傅立德　51，52，615
傅圣泽　25，27，482
傅文寿　725
傅吾康　859
傅作霖　38
富成功　690

G

甘春霖　782
甘沛澍　252，325，507
刚第达　908，909
刚恒毅　174，778，781—783，840，841，986，1000，1012
钢和泰　846，848，855
高贝　620
高本汉　859
高代而　606
高均　314，315
高乐康　957
高类思　435，436
高龙鞶　308，311，965，986
高隆汴　128，129
高奇　10，757
高若翰　672
高若天　892，897
高慎思　38
高守谦　39，975
高延　509
高一志　54—56，85，114，220，328，396，399，734，948
戈岱司　692
格老　126
格鲁贤　24
葛承亮　365
葛光彼　529
葛兰言　505，509
葛米福　825，1043
葛仁章　382
葛式　311，314
耿昇　680
公教进行会　51，108，113，269，301，778，885，908，956，957，1000
龚柴　89，327，445
龚品梅　238，239，247，252，259，269，939，970，1005，1020
古伯察　630，675，679，680
古纯仁　702—704，708，709，837，973，1043
古德里奇　877
古恒　524
古洛东　78，226，227，721，726，773，973
顾方济　15，18，19，641
顾怀仁　266，614，622
顾路柏　425
顾其卫　632
顾若愚　269，848，861
顾赛芬　202，204—206，225，338，341，510，552—556，686，752，773，865，976
顾守熙　928
顾炎武　47，450，529
管逊渊　139
管宜穆　139，222，223，445，446，448，450—452，

454—456，509—511
光启社 50，80，321，322，338，341，418，444，459，470，486，506，507，846，884，918，920，926—928，980，983—985，1020
光若翰 707
广其仁 311
圭伯特 1005
郭保禄 753
郭德兑 709
郭栋臣 191
郭居静 4，39，42，43，196，198，200，430，918
郭纳爵 42，58，439，440
郭实腊 230
郭振铎 621

H
哈尔博 709
哈佛燕京学社 713，766，846，876
海尼士 863
海西希 866，875，876
韩伯禄 346
韩伯禄博物馆 346
韩国英 435，436，438
韩霖 44，46，47，55，196，980
韩默理 760，779，780
韩纳庆 627
韩宁镐 788，789，791，811，816，819
韩汝霖 651，652
韩绍康 894
韩天民 231
韩霞 47
韩云 55
豪格 78
何博礼 855
何大化 58，198，439，449
何赖思 509
何肋兰 757
何礼伟 206
和安当 645，646
和理德 234
和为贵 702，704，973，1043
河内远东印书馆 210，225，692，696，697，701

贺德士 751，752
贺登崧 702，771，773，776，777，859，861，863，869，1043
贺清泰 93，94
赫苍璧 90
赫德明 262，722，773，791—798，800，805，811，825
赫雷若 238，239
赫师慎 107，351，354，355，509
亨利·魏智 686
洪度亮 42
洪度贞 42，44
洪若翰 75，432，626
洪涛生 847
洪业 855
胡贡 243
胡其昭 266
胡若山 783，962
胡适 166，216，259，354，534，752，836，846，863
胡树勋 517，546
胡愈之 900
胡重生 728
花之安 348
华蘅芳 348
华克诚 202，208
华南圭 614
黄伯禄 18，98，132，165，166，168—170，185，188，246，247，300，320—322，444—446，448，474—477，505，506，510，511，636，738，808，910，940，975—977，1042
黄㚢波莫 586
黄炎培 529，862
惠化民 621
惠济良 238，259，260，362，885，918，935，938，940，1035，1040
惠泽霖 301—305，861，880
霍尔曼 702，825，829，831，863，1043

J
吉柏龄 883
吉德明 627

吉尔　712，801
纪怀德　210，212
纪理安　38，57
季羡林　855，861，877
济南天主堂印书局　751，752
济南华洋印书局　748—751
加大利纳·尼各　886
加大挠　4
加朗　685
嘉毕陋尔　638，735
嘉布遣会　779，780，788
嘉乐　303，304
甲柏连孜　509，1013
贾达纳奥　89
贾容光　580
贾斯达　444，456，457
贾宜睦　16，45
贾谊睦　16，42
建昌学派　40，439，687
江道源　356，357
江多玛斯　757
江类思　734，741，744，745，970
江沙维　200，201
江永　341
姜别利　693
姜贤弼　619
蒋超凡　168，185，372，506
蒋方济　338，341，446
蒋升　123，133，250，651，652，654
蒋邑虚　98，123，125，132—134，138，182—184，186，246，247，250，291，593，636，654，940，997，1000，1023，1042
蒋友仁　324，325，435，650
蒋中正　36，888，914，915，958，1012
焦宾华　338
杰拉德　631
杰森　811
金百炼　40，42
金葆光　633
金北楼　839
金道宣　557
金济时　435，438

金鲁贤　239
金尼阁　3，42，43，56，73，196，198，200，301—303，307，430，449，552，734，746，960，961
金声　47，998
金亚敬　970
晋都禄　424
救世堂　4，23，46，91，94，166，582，588，626，636，638—641，644，645，651，659，661，662，668，670，672，747，789，810，838，958，979，980
救世堂印书馆　4
救世主堂　626

K

卡尔·谢尔　780
坎佩农　724
坎佩斯　649，650
康德　514，622
康福民　81
康国泰　446，770，771，777，869，1043
康斯坦丁　589，926
康云峰　641
康治泰　81，444，448，470—472
考德梅　675
考迪埃　454，509
柯德烈　591
柯绍忞　846
柯兹洛夫　559，560，562，563
科尔内　241
克雷西　434
克利斯底亚尼　938
克林德　632
克洛岱尔　685
孔好古　847
孔令贻　816，817
孔明道　266，311，894，942，943
库寿龄　511
夸兹　210

L

拉贝尔比　562，563
拉盖　510，881

拉西彭楚克　875，876
拉雪兹　434，626
腊挂　621
莱昂·古斯塔夫·罗伯特　709
莱维　877
赖德懋　702
赖神父　337，554，704
兰司铁　868，869
郎本仁　247
郎怀仁　16，377，966，967，981
郎神父　750
郎世宁　26，57，74，243，668，839，849，854，954
劳费尔　424—426，429，430，509
劳积勋　311—313
劳乃宣　456
勒朗　608
雷冕　848，863，866，952
雷鸣道　727，728
雷鸣远　534，783，904—906，946，947
雷墨尔　454
雷慕贤　224，225
雷孝思　24，627，872
雷永明　322，757
黎宁石　40，42，43，357
黎玉范　10，11，757
李博明　748，749
李崇耀　329
李大钊　780，947
李道昌　750
李方西　58，439
李福诚　800
李刚己　456
李拱辰　39
李光地　196，274
李鸿章　456，461，892，901，927，1013
李华德　861，866
李九标　66，422
李玛诺　14，42
李明　75，432，434，435
李平书　894
李若翰　750，751，801，803
李山甫　233，619

李善兰　5，348
李诗堂　206
李世瑜　776
李松涛　622，623
李提摩太　348
李天经　37，47，55，56，66
李蔚那　636
李问渔　98，114，132，178，221，247，290，291，298，372，376，377，390，422，593，636，737，749，892，894，918，922，939—942，997，1042
李西满　42
李秀芳　2，14，15，17，31，33，50，580，586，1040
李应试　57，324
李友兰　651，652，654，657
李之藻　4，6—8，36—38，43，44，47，54，104，194，196，227，303，324，348，422，449，450，907，915
李贽　3
李智超　842
李钟珏　422，424
李自成　57，83
李祖白　45，47，59
里奇　877，970
理雅各　509，510，556，865
利安当　10，58，734
利安定　17
利高烈　105，109，110，125，129，132，143，221，399，592，593，689，722，727，736，737，744，749，755，781，796
利类思　11，15，44，58，75—78，147，164，174，303，725，726
利玛弟　439
联群商业印书所　202，374
良十三　137，399，935，936
梁安德　722
梁亨利　511
梁启超　86，88，176，259，485，531，532，534，536，898，905，947，1039，1043
梁实秋　881
廖德修　709
林安多　89，90

林保罗　843
林传鼎　836
林德瑶　17，31
林乐知　348
林懋德　631，646，647，670
林奇爱　746
林则徐　50
林骈　393，895，898，904，914，917
刘保华　597
刘必振　106，301，363，381—383，386，387，390，391，395，396，399，407，839，1000
刘斌　206，583，584，594，595，598，603，606
刘德耀　308，311
刘迪我　40—42，58，439
刘多默　627
刘经庵　933
刘克黝　843
刘赖孟多　583，598
刘酒仁　614
刘钦明　578，612
刘师培　450
刘松龄　38
刘应　75，382，432，626
刘志中　707
龙华民　9—11，17，37，38，40，74，144，637，667，898—900，960
龙相齐　313，319
隆德理　174
卢公明　505
卢纳爵　42
卢依道　357
鲁德涅夫　868
鲁日满　42，58，77，82，86，87，418，439
鲁日益　42
鲁仲贤　3，275
陆安德　15，17，22，23，42，58，736
陆伯都　98，363，377，381，382
陆伯鸿　51，922，928
陆铎　672
陆高谊　259
陆鸿年　839，841，843
陆南　973

陆神父　708，992
陆翔　249，250
陆徵祥　256，391，631，900—902，904，914
禄是遒　170，325，445，446，490，493，495，500—502，505—507，509—511，527，825，871，1043
路易斯·兰伯特·康拉迪　714
罗伯济　88，286，748，966，967
罗常培　58，196，198，217，430，552
罗第爱　350，591，1025
罗佛　196
罗广祥　39
罗毫弗尔利　1014，1016
罗明坚　3，5，42，910
罗启桢　702
罗如望　10，36，42，43，47，144
罗若望　693
罗赛　170，645，805，807，808，825
罗神父　709
罗特理　584，585
罗文达　861，863
罗文藻　10，194，424，757，964
罗学宾　558—560，568—570，573，574，576
罗雅谷　17，19，20，37，38，40，55，56，74，961
罗耀拉　3，31，90，122，246，373，582，606
罗伊·孔塞勒　434
罗依斯　119，670
罗樾　848，859，861
洛约拉　239
骆保禄　451
骆克　702，854，863—865
吕道茂　329
吕若翰　650，651，653，655，657
绿葭浜天文台　311，313，315

M

马爱德　393
马宝·德波　129
马伯乐　205，509
马德赉　311，313，319，320，328，338，445，448
马德武　209，570，574
马丁　708，709，854

马尔迪鲁斯　685
马尔东　239
马国贤　629，953，954
马焕章　734
马建淑　1013，1014
马建勋　373，1013
马建忠　247，390，456，492，1013，1014
马赖　704
马礼逊　200，230，277，896
马力耀　365
马若瑟　17，25，27，28，230，442，525，553
马特尔　675
马绪尔　619
马耀犒　232
马义谷　377，379
玛加利大　107，125，129，1033，1036
玛丽嬷嬷　239
玛丽亚木　620
玛利诺外方传教会　225
满方济　693
茅本荃　298，299
茅若虚　311
梅恩肯思　607
梅理　951
梅慕雅　735
梅士吉　636
梅斯特里　209
蒙劳　937
孟督邦　632
孟否尔　138，605
孟高维诺　667，734，964
孟敬安　592，593，602，604，773
孟儒望　45，149
孟由义　418
孟振生　94，170，303，304，627，629，630，634，639，668，675，722，738，760，809
弥乐石　700
米幹　841
米怜　230
米约　511
苗德秀　224，225，261，262，773，956
苗景筠　221

苗仰山　108，145，220，221—223，597
闵明我　38，58
闵宣化　217，509，771—773，777，1043
闵玉清　766，869
敏体尼　51，52，615
明稽㘽　718
明守璞　70，231，232，236，237，586，591，592，605
明位笃　754
明兴礼　552，558，880，881，888—890，1043
明原堂　189—191，209，640，718，734，738，740—742，744
莫尼哀　620
牟润孙　914
牟作梁　750
牧子民　148
慕阿德　450，509，511
慕稼谷　509
穆迪我　58，439
穆格我　58
穆敬远　667
穆尼阁　42
穆若望　588
穆天凡　629
穆文琦　337
穆意索　264

N

拿笪利　70，102，395
那世宝　686
那永福　16，158
纳代拉克　939
纳匝肋印书馆　165，209，210，224—226，261，509，593，615，654，655，692—696，698，700，702—704，709，712，713，718，721，722，724，776，777，898，948，973
耐龙　929
南窗侍者子虚氏　133，182
南从周　259，893，894
南格禄　2，14，50，246，286，298，308，1029，1040
南怀仁　11，14，16，17，29，30，38，58，74—77，174，194，220，273，328，393，736，760，911，

1281

980，984
南怀义 760
南门外仁家 41
南弥德 16，627，636，637
南星耀 727
讷莫尔 432
能恩斯 308，309，311—313，315
倪德隆 702，703
倪怀纶 106，134，177—180，222，379，381，393，395，396，407
年文思 15，286，288，966，967
聂伯多 58，439
聂云台 930
聂仲迁 58，439
臬玻穆的若望 30
诺广训 817

O

欧磐石 224—226
欧日搦 108
欧神父 780

P

帕皮诺特 210
潘谷声 138，247，257，265，266，338，942，943，994，1023，1025，1026
潘光旦 914
潘国光 14—16，20—22，39—42，58，83，379，439，736，991
潘国磐 80
潘玛诺 42
潘仕成 348
庞查特瑞恩 432
庞迪我 4，9—11，14，15，17，18，38，196，272，430，640，641，736，755，918
裴百纳 612
裴化行 3，509，519，545，546，549，551，552，576，577，614，686，854，859，861，914，956，962，986
裴文中 563，567，570，574—576，863，877
佩初兹 509，511
彭安多 465
彭嵩寿 446，766—770，777，825，837，869，1043

彭亚伯 444，445，448，465，468，817，819，821，1043
皮阿涅 707
皮埃尔·罗切特 708
皮亚圣丁 755
皮耶尔·范恩 1005
平野义太郎 857
濮登博 788
朴烈 557，605
浦君南 223
普爱堂 764，880—882，1044
普罗斯珀·勒·鲁 713
普热瓦利斯基 679
普祖鲁斯基 855
溥若思 582，693

Q

齐德芳 859
齐皮特里亚 908
钱大昕 450
钱德明 274，435，436，438，483，627
钱谦益 47，424，450
钱玄同 780
遣使会 4，11，15，18，39，55，59，94，165，170，200，265，273，274，282，301，303，304，356，435，451，597，612，614，627，629，630，632—634，636，639，641，642，644，645，664，668，670—672，674，675，680，686—690，718，722，748，760，766，772，781—784，788，861，905，946，947，970，980，984，985，1044
乔宾化 314
秦噶哗 675，679
秦家石桥仁家 41
青龙桥墓地 59
邱多廉 1026
裘昌年 277
瞿笃德 58
瞿光焕 98
瞿式榖 47，66
瞿式夔 47
瞿式耜 44，47，65
瞿太素 47，183

· 索　引 ·

瞿西满　42

R

冉默德　680—682
让·阿尔弗雷德·法布尔　709
让松　434
饶满恒　614
荣振华　10，981，984，986
柔克义　679
儒连　139，200，204，297，450，454，464，505，
　　506，509，510，524，552，556，681，693，694，
　　696，700，848，855，859，865
芮卿云　261
若翰纳·俞根　160

S

萨维纳　511，695—698，700，702，1043
赛渠尔　103
赛热　261
赛兆祥　140
桑必寿　107
桑切耶夫　868
桑志华　552，556—563，565—569，576，578，612，
　　614，1043
沙守信　16，90，91，640
沙畹　505，509，524，679
沙勿略　15，17，31，33，50，75，85，96，117，
　　122，123，133，150，152，193，221，281，356，
　　418，425，439，576，582，586，594，597，612，
　　667，718，722，940，959，966，975，979，980，
　　991，1003，1012，1032，1040
山道明　829
山湾精品　53，110，119，122，125，133，144，178，
　　179，309，328，350，379，404，407，411，1002
山湾堂团　363，375—377，390，407
山遥瞻　953
山宗泰　147，247
善秉仁　777，880—883，1043
商格理　208
上智编译馆　301，784，846，882，888，910，911，
　　957，958，1044
尚建勋　614

尚全斌　1007
佘宾王　249
佘山天文台　51，113，311—316，982
申永福　749
申自天　619，620
沈百顺　247，914，994，1004，1005
沈曾安　994，1005
沈初鸣　987，993，996，1004
沈东行　16，92，93，736
沈兼士　780，835，846，848，861，863，877，952
沈锦标　83，133，166，279，994，1000，1002，1004
沈赉良　994，1003，1004
沈良能　386，996，1003
沈容斋　98，178，247，291，374，376，411，636，
　　798，892，898，997，1042
沈汝孝　731
沈润卿　988，989，991，993，994
沈熏良　98
沈宰熙　83，279，988，991，992，996
沈造新　994，1005—1007
沈则功　994，1006，1007
沈则恭　98，290，372—374，377，997
沈则宽　98，119，132，256，372，377，404，725，
　　942，947
沈则信　98
圣安多尼　108，125，221，597，745，757
圣达尼老　26，128，150，292，596，597，1003，
　　1026
圣方济各　40，50，96，122，123，133，150，152，
　　221，281，356，422，586，597，621，638，664，
　　722，733，734，744，745，748，755，758，940，
　　979，991，1003，1012
圣类思·公撒格　26，233，595，1023
圣母圣心会　159，174，192，228，329，560，640，
　　760—762，764，766，770—773，777—779，781，
　　788，839，866，869，876，880，957，984，1040，
　　1044
圣母小昆仲会　643，644
圣母院　50，166，186，188，363，382，908，914，
　　1016，1030，1036
圣若望·鲍思高　727
圣维亚纳　731，779，784

圣亚尔丰索·利高烈　105，143，399，592，727
圣言会　165，170，208，209，261，269，465，580，672，708，760，772，779，788，789，791，800，801，805，810—812，816，817，821，825，829，834，836，841，847，848，859，866，869，877，950，957
盛恺　252
师觉月　863
施雷波　861
施利克林　708
施米德　236，237
施蛰存　259
十字山　62，74
石伯铎　644，668，670
石成金　681
石德懋　766，866
石铎琭　17
石可贞　377
石坦安　855
石扬休　762
史博图　697，702，857
史培禄　810，811
史式徽　2，14，15，33，53，308，363，376，938，965，966，986，989，1000，1029
史图博　854，855，857，859
释宝成　538
守温　196
首善堂　172，689，1044
舒德惠　260，281
舒德禄　834
赎世主会　129，592，593，727
帅渠尔　138，139
双爱堂　761
双国英　967
司礼义　777
司徒尔　140，455
司徒雷登　140，393，455
思高圣经学会　756，757
斯定荃　975
斯克沃尔佐夫　560
斯坦因　509
斯特连科夫　559，560，563

松梁才　246
宋君荣　57，483
苏安宁　704
苏凤文　630
苏建章　462
苏勒罗　620
苏利埃　700—702
苏霖　667
苏念澄　53，379
苏努　667，668，836
苏汝安　559，560
苏雪林　259，882—884，886—888，890，902，904，956，1042
孙德桢　783
孙德祯　962
孙人和　836
孙文桢　140，145，251
孙元化　47，54
孙璋　172，173，200，627，752
索德超　38，39
索智能　303，304

T

塔卡茨　855
谈天道　578，580，619，869
谭微道　630
谭锡畴　561
汤道平　561，568
汤若望　20，29，37，38，40，56—59，64，74，75，78，86，174，194，198，272，273，321，348，393，577，633，836，839，848，854，911，952，961，973
汤士选　39，94，96，303，304，632，736
陶德曼　849，852
陶德明　206
陶福音　776，777，779
特罗楚　597
特握　620
特乌朗　717，731
滕公栅栏　9，11，20，29，30，31，39，57—59，73—76，92，94，265，273，274，627，639，647，668，672，675，904，953，1042
提里尔　724

天津工商学院　205，233，266，556—558，568，576，578，580，583，597，612，614—616，619，623，834，890，955，956，958，983，1044
天主教教务协进委员会　778，957
田耕莘　957
田国柱　266，311，313，314，319
田嘉璧　630，636，642—644，652，653，661，718
田景仙　619，651，652
田类斯　642，653—655
田清波　205，686，702，766，777，837，846，848，866—869，875，876，1043
田文都　107，108，110，170，190，191，593，735—744
田执中　614，616
屠恩烈　326，328，338，446，983
土山仁冢　41
土山湾慈母堂　7，14，23，66，76，77，85，93，94，125，142，146，150，151，159，161，183，184，189，192，222，228，247—250，279，287，297，299，309，315，325，328，329，338，351，372，374，379，411，464，481，965，966，975，980，1002
土山湾工艺工场　153，311，363，365，368，369，373，387，391，728
土山湾孤儿院　14，50，53，80，282，329，362，363，365，369，374，376，390，393，404，462，481，895
土山湾画馆　119，373，374，376，377，379，381，382—384，386，390，393，395，399，402
托尔斯　434
托马斯·阿奎那　55，56，66，114，127，147，268，724，806
妥玛肯比斯　659

W

万宾来　812
万尔典　246
万海依　351
万济国　11，12
万嘉德　511
万九楼　747
汪精卫　780
汪儒望　42，58
汪汝淳　6，8
王昌祉　98，123，256，299，350，446，485，486，731，938—940，942，946，958，1042，1044
王泰度　386，390，407
王多默　896，897
王方　247，500
王丰肃　54
王国维　176，485
王静如　953
王君山　593，636，639，651—653，657，662，689，725
王奎斌　232
王仁生　269，939，940
王顺法　595
王肃达　841，843
王韬　348
王同惠　771
王心镜　843
王兴义　569，570，574
王振声　596
王徵　47，196，303，880
王致诚　379，668
王重民　958
威尔克斯　429，430
威妥玛　200，773
韦利业　511，694
韦廉臣　348
维昌禄　261，262
维伊雷　708
维雍　708，709
卫德明　859，861，863
卫尔甘　311，314
卫方济　17，801
卫聚贤　485
卫匡国　11，42，43，379，439，861，898，899
卫礼贤　456，556，859，865
魏敦瑞　574
魏恩兹　558
魏继晋　16，30，31，77，275
魏勒　854
魏神父　633

魏源　348

魏正俗　772，773

温默肋多　757

文宝峰　777，880，881，1043

文贵宾　612，614，689，690，1044

文纳尔　597

文仁亭　527，547，548

文生　381，469，552，629，668，741，783，784

文致和　689

翁慕云　98

翁绍基　661

翁寿祺　80，390，393，404

翁文灏　247，321

乌古斯安尼　728

吴板桥　140，455

吴德辉　59，60

吴经熊　888，958，1042

吴历　82，108，418，420，424，447，835

吴馨　116

吴应枫　939，940，1026

吴稚晖　534，780，883

伍尔夫　836

武林吉　509

X

希贤　970，973

霞飞　127，631，632，580

夏白龙　855

夏德　509，816，817

夏鼎彝　393

夏鸣雷　298，328，329，338，444，445，446，448，449，450，484，505，981

夏显德　14，16，52，369，372，404，509

夏之时　252，325，338，967

香港公教真理学会　651，729，732，926，1020

向白华　446

向达　914

项骧　893

萧诚信　589

萧法日　702

萧静山　589，590

萧林　707，709

萧若瑟　256，584，589，605，690，961，962，986

萧舜华　619，651，652

小泉六一　631

小野藤太　510

谢贝斯塔　708

谢阁兰　379，682—685

谢礼士　846，848，854，855

谢卫楼　348

谢无量　529

邢莲芳　843

熊三拔　9，37，38

修士墓　40，41，74，418

徐保和　619

徐伯达　753

徐伯愚　98，127，132，135，136，137，510，636，942

徐德禄　923

徐德新　629

徐光启　3，4，5，9，20，36—39，43，44，46，47，50，54，56，57，66，82，83，104，106，194，196，227，243，286，299，309，321，324，348，393，422，428，449，450，667，836，887，907，908，914，915，917，918，923，926，1043

徐汇天文台　36，51，53，80，219，308，309，311，312，314，315，346，982

徐济华　841，843

徐景贤　902，907，908，914

徐勔　128，135，136，150，158，159，193，327，444，445，477，481，510，1025

徐懋德　38

徐日昇　38，43，75，172，273，274

徐先甫　918

徐燕荪　841

徐咏清　389，390

徐允希　83，160，252，286，299，300，301，895，917，923，942，1016

徐则麟　687

徐宗海　923

徐宗泽　22，28，38，54，55，89，94，98，164，172，174，247，267—269，276，286，298—300，350，655，883，886，913，914，917—923，925，932—935，943，958，959，964，965，1042，1043

许彬　83，98，138，327
许采白　98
许方济　153
许太夫人　39，42，82，83，86，273，459
许缵曾　83
宣承化　297
薛宝义　866，876，877
薛孔昭　362
薛力赫　509
薛田资　208，209，816，825，1043

Y

雅第阶　247
雅各甫列夫　559，561，563
亚尔邦　750，803
亚里士多德　56，65，66，114
严复　348，351，894
严思慍　53，80
严毅　202
阎当　10，629
阎敦健　348，560，561，563
颜文樑　386
兖州天主堂印书馆　165，192，208，209，232，234，261，263，269，280，281，465，588，645，688，722，738，747，750，780，789，791，794，795，798，800，801，803，808，810—812，817，821，825，859，869，887，950
兖州语言学派　262
雁月飞　309，311，313，314，317
阳玛诺　14—16，18，38，42，43，45，149，223，449，450，639，650—653，657，667，848
杨堤　622，1040，1044
杨格非　227，230，348，455
杨光先　33，44，58，59，76，77
杨家坪苦修院　633
杨绛　311，884
杨塞　83
杨生　788
杨寿康　884—887
杨树达　10，17，36，43，44，47，54，63，67，104，164，196，303，348，640，641，667，910，915
杨廷筠　877

杨维时　298，943
姚锦文　238
姚景星　153，1040
姚璜唐　246，247
姚子让　894
姚缵唐　970
叶德礼　836—838，848
叶恭绰　485，914
叶瀚　836
叶向高　3，61，62，68
叶宗贤　970
伊藤仁斋　866，876，877
依纳爵·罗耀拉　3，31，90，373，582
义宏平嶋　347
殷铎泽　33，42，43，58，198，439，440，914
殷弘绪　17，25，28，29，80，81，627
英敛之　381，784，846，882，888，910，911，957，958，1044
英千里　846，848，854，952
英雅阁　651，652，654
应儒望　201
应思理　140，718
尤侗　275，418，421，422
于斌　894，947，950，958
于炳南　622
于纯璧　225，262，674，675
于芦钤　612
于溥泽　612
于雅乐　263，264，681，682，773
于右任　393，894，900，909，914，915，1012
余诚　931
余嘉锡　836，952，953
余庆远　700
俞伯录　132，133，138，267，268，593
郁苏　17，73，174
元克允　640
袁耕心　98
袁枚　682
远东法兰西学院　692，697，698，701
约翰·克利斯朵夫·施米德　236
约瑟夫　714，770
岳立仞　208

Z

曾德昭 42
曾家岩圣家书局 357，411，692，725—727
翟光朝 108，150，252，281
翟理斯 200，509，773
翟守仁 191，734，746
翟熙 752
詹鹏 843
张安当 42
张秉构 247，930
张伯达 247，487
张诚 75，172，303，432，626，627
张充仁 391，393
张冬青 1040
张庚 47
张赓 980
张鸿儒 238
张鸿翔 953
张怀 952
张璜 138，139，298，424，445，481，483，485，897
张謇 256，894
张骏声 138，259，279
张立贞 811
张玛诺 42，58，439
张瑞图 8，62
张润波 764，778，783—785
张若谷 652—654，660，892，894，1013
张士泉 128，247，596，930，931，935—937，1016
张寿 47
张铄夫 622
张思谦 606
张维祺 174—176，725，761
张希斌 239，241
张献忠 77，78，725，726，752
张孝松 239，241
张星烺 834，846，848，855，877，952
张星曜 914
张秀亚 886，887
张雅各布伯 174，175
张渔珊 98，485，942
张正明 301，446，486，487

张之洞 445，454，455，836，977
张之盐 129
张智良 192
张作岠 811
长沢规矩也 866，873
赵方济 286，288，966，967
赵怀信 783
赵怀义 783，962
赵仑 418，422
赵若望 688
赵圣修 650
赵燕声 880—882
赵幼松 780
赵振声 568，612，1044
赵祖武 955
震旦博物馆 346—348，630，951
正福寺公墓 627
郑葆珊 209
郑观应 348
郑骞 276
郑之侨 204
中国圣路加学校 379
中华公教教育联合会 778，907，956，986
中央研究院历史语言研究所 196
钟巴相 200
周道范 734
周恩来 947
周凤岐 588
周馥 446，456，893
周怀仁 708
周儒望 251
周学海 456
周学熙 456
周一良 456
周作人 659，660，780，836，881，886，890，908，909
朱洪声 247
朱季琳 1010，1014
朱开敏 287，783，962，991，1011—1014，1018—1020，1042
朱立德 1020
朱励德 1020

朱朴斋　992，993，1010，1013
朱珊泉　721
朱时亨　65
朱树德　247，994，1020
朱思本　872
朱维之　277
朱西满　754
朱希圣　651，652，1016，1018—1020
朱熹　24，444，447，456，457，476，529，553，821
朱星元　619
朱育德　1020
朱云侣　929
朱云佐　1010，1014
朱志尧　762，883，993，1010，1014，1016
朱宗元　16，17，44，45，47，104，227，422，640，641，650—653，655

朱佐豪　159，994，1014
朱佐仕　994，1014
诸际南　47
诸巷会　257，279，338，386，762，923，943，988，989，991—994，996，997，1000，1003—1007，1009—1011，1014，1016，1018，1020，1022，1023，1026，1029，1030，1032，1036—1038，1042
竺叮桢　914
主母会　252，299，1005
祝福　714
庄其仪　386，387
宗维城　259
邹圣脉　553
邹弢　257

书名、丛书名等索引

《16—20世纪入华天主教传教士列传》 627，984
《1697—1935年在华遣使会士列传》 766
《1735年的七星表》 57
《1872年北直隶区教务会议纪事》 636
《1882年中国海洋之台风》 315
《1890年1月2月西伯利亚及东亚气压之变化》 318
《1891—1892年蒙藏旅行日记》 679
《1914—1935年间华北、蒙古和西藏二十年之考察》 558
《1919年中国东北暑假的讨论》 951
《1920年官颁修身课本》 535
《1924年中国基本教规》 161
《1932年第二次海南岛旅行记》 859
《1938年以来中国近期出版汉学著作目录》 859
《中》 684
《Hou T'ing-fou博士》 952

A

《阿多尼斯之死》 429
《阿尔泰语言学导论》 868
《阿桂将军平苗记》 436
《阿儿》 531
《阿拉丁神灯》 682，685
《阿剌伯人》 256
《阿里巴巴与四十大盗》 685
《阿里巴巴遇盗记》 238
《阿里排排逢盗记》 237，238
《阿修罗道辨》 115
《哀矜炼灵说》 85
《哀矜行诠》 20
《哀诗》 531
《哀书》 531
《埃及与中国文字比较研究》 436
《埃涅阿斯纪》 712
《艾红致命惨剧》 231
《爱的呼声》 1040
《爱的科学》 888，889
《爱的十字架》 882
《爱斯德传》 234
《爱斯式拉斯》 407
《爱心诵》 149
《爱主准则》 132，593
《安徽省测绘图》 328
《安徽省地图》 449
《安徽省天主教传教史》 1040
《安徽省志》 329，338，447，448
《安老会修女的生活及其工作》 160
《安南岱依语—法语词典》 696
《安全系数》 955
《安葬或到墓追思已亡日弥撒后祝文》 687
《按圣路嘉宗徒兼圣史记载的圣经》 897
《按圣玛窦宗徒兼圣史记载的圣经》 897
《按圣玛尔谷宗徒兼圣史记载的圣经》 897
《按圣若望宗徒兼圣史记载的圣经》 897
《暗室灯》 527
《呑中杂咏》 275
《傲为首恶论》 115
《奥义书》 538
《澳门杂咏》 420
《澳斯特利语言和印度支那语言之间的关系（1916）》 847

B

《八大圣师传略》 119
《八面槽椿树胡同养老院》 629
《八十年来之江南传教史》 932
《八思巴字蒙古语碑铭》 868
《八仙考》 115
《巴金的生活和著作》 890
《巴黎外方传教会集刊》 692，707，709，712，946，948，950
《跋突厥文阙特勤碑》 953
《白传溢江图卷》 418
《白圭志》 296
《白虎通》 505
《白话文学史》 216
《白马谁家子》 531
《白蛇精记》 510
《白燕赋》 297
《白玉鸟》 236
《白种人帝国主义和黄种人帝国主义》 926
《百家姓》 296
《百年流泽》 1040

索 引

《百年流泽：一个耶稣会传教区》 970
《百问答》 86
《拜见孔子后人》 816
《拜圣母录》 592，605，722
《拜圣体录》 592
《班华字典》 202
《班瑞于群后》 684
《扮演真福和神父小史新剧》 234
《伴天连追放令》 975
《蚌埠代牧区圣事统计》 983
《宝卷宗录》 776
《宝论堂稿》 83
《宝志三绝碑》 461
《保存圣召经》 150
《保富法》 930
《保婴说》 115
《报风条例》 309
《报风新例》 348
《报风要则》 308，309
《抱朴子》 859
《碑》 683，684
《北辰》 954，956
《北海和涠洲岛海生腹足动物研究》 348
《北疆博物馆哺乳动物藏品，有蹄类偶蹄目动物、牛科、鹿科和猪科》 563
"北疆博物馆丛书" 558，562，563，564，565，566，570，623
《北疆博物馆箩纹蛾标本》 563
《北京城记》 674，675
《北京城郊地图》 629
《北京传教史》 680，961，970
"北京地质生物学研究所丛书" 571，572，573，574，575
《北京附近发现的双翅目化石》 570
《北京铜匠》 681
《北京考略》 664，674，675
《北京漫谈》 686
《北京漫谈续编》 686
《北京人头骨》 574
《北京天主教圣迹》 629，634
《北京西山》 574
《北京西山的成因》 570

《北京西山地质志》 561
《北京西什库印书房》 629
《北京新闻》 686
《北京志》 57
《北京：中央帝国丰碑》 681
《北楼论画》 839
《北梦琐言》 527
《北平八大处二叠纪和三叠纪植物》 574
《北平代牧区概况》 984
《北平历史博物馆的利玛窦世界地图》 577
《北平天主教丛刊》 946，947，948
《北堂藏书楼书目》 301，303，304，305
《北堂藏书史略》 301
《北堂大书库》 629
《北堂的弥撒》 629
《北堂鸟瞰》 629
《北堂现状（1887）》 629
《北堂印书馆图书目录》 644
《北舆地图》 66
《北周毁佛主谋者卫元嵩》 953
《备终录》 110，221，593，737
《奔卫诵》 289
《本草补》 17
《本朝诗集》 681，682
《本笃会史略》 901
《庇护第十》 129
《庇护十一世致中华电》 986
《庇护十二世致中华电》 986
《辟略说条驳》 914
《辟邪崇真》 751
《辟邪归正》 166
《避静歌》 277
《避妊的罪恶》 933
《避暑山庄三十六景》 629
《变形记》 712
《辨道浅言》 638，639，640
《辨惑论》 16
《辨疑志》 527
《辨斋》 11，12
《辩护学》 622
《辩护真教课本》 132，267，268
《辩沪报民教论》 115

1291

《辩惑卮言》 98，99
《辩理问答》 639，640
《辩论集》 752
《辩学遗牍》 907
《辩学章疏》 37
《表度说》 9，328
《表悃诵》 289
《别赋》 297
《别江水曹》 531
《别情》 297
《冰》 682
《并蒂红茁》 727
《病家舍药求神说》 115
《病时诵》 687
《播种》 686
《伯多禄书》 590
《驳景教碑出土于盩厔说》 855
《驳明两教合辨》 720
《驳新闻报五茸秋讯之非》 115
《驳耶稣教》 591
《博古图》 428
《博物志》 526
《薄情郎》 296
《卜居》 530
《补灵要药》 721
《补辱诵》 289
《哺乳类动物志》 346
《不得已》 76
《不得已辩》 14，44，76，77，164
《不是你们选择了我，是我选择了你们》 152
《不为而成》 684

C

《采樵》 531
《蔡家湾育婴堂始迁上海小南门》 372
《蔡尚质》 311，312
《参禅辨》 115
《惨伤诵》 289
《仓颉篇》 516
《藏晖室札记》 166
《藏语口语语法》 702
《藏语—拉丁语—法语词典》 702

《曹禺的世界》 890
《册府元龟》 874
《测量法义》 348
《测字论》 115
《策怠神鞭》 639
《策算》 57
《查教关键》 174，175，176，725，761
《察世俗每月统纪传》 200
《察哇龙之巡礼》 703
《蝉》 438
《忏悔录》 230，904
《忏悔与共融》 239
《昌言报》 1014
《长阿含经》 520
《长江河道图，从南京至东流》 329，449
《长老传》 234
《常熟县图》 465
《常昭志》 418
《常州府传教区域图》 329
《常州府地图》 328
《超性三德》 279
《超性学要》 77，147
《晁错传》 530
《朝拜圣体》 593，639
《朝拜圣体经解》 689
《朝圣母简言》 159，1014
《朝鲜书志》 524
《朝鲜图》 872
《朝鲜志》 24
《潮腔神诗》 230
《车眺》 256
《辰时经》 77，150
《沉香》 436
《陈白沙画像与天主教士》 953
《陈垣学术论文集》 848
《陈子昂及其文集之事迹》 953
《晨经》 77，150
《闯入藏区禁地三十年》 703，704，973
《成德捷径》 604，727
《成德三径》 800
《成都佛碑上的"天主"》 447，448
《成吉思汗的崛起及其在中国北方的征战》 854

《成吉思汗及蒙古史》 57
《城隍神论》 115
《程氏墨苑》 196，425，428，429
《池州府测绘图》 328
《持志诵》 289
《尺牍初桄》 182，183，184，190
《赤道带照相星表》 311
《冲虚真经》 541
《憧憬天乡》 593
《崇高之主》 282
《崇明教区地图，1885—1886》 328
《崇修》 585
《崇修精蕴》 80，89，90
《崇修圣范问答》 643，644
《崇修学的观念》 749
《崇修引》 584，604，621，660
《崇修引撮要》 586
《崇祯历法》 47
《崇祯历书》 20，56，57，321，348
《宠爱至贵》 602
《宠佑至要》 602
《酬世锦囊》 191
《酬真辨妄》 506
《筹办夷务始末》 680
《誎真辨妄》 164，166，169，170，738，739，808，809
《出车》 530
《出谷记》 234，407
《出曜经》 520
《初会问答》 17
《初级教育的文凭》 944
《初级小学常识》 252
《初级小学公教道理教科书》 269
《初级小学国语新读本》 257
《初级中学公教道理教科书》 269
《初学要训》 606
《初中国文选读》 259
《除夕》 682
《除夕泊船上》 682
《厨房》 386
《楚茨》 530
《楚辞》 520，530，848
《楚国地图》 465

《楚国史》 447，465，821
《川边霍尔地区与瞻对》 703
《川边之打箭炉地区》 703
《川滇之藏边》 703
《川西坝》 341
《川西坝地图，1908—1910》 338，341，447
《传记》 418
《传家宝》 681
《传家宝二集》 681
《传教指南》 607
《传信伙助会》 779，780
《传信与圣伯铎二善会史略》 779
《传扬信德祝文》 150
《船舶登记法》 616
《船舶法》 616
《创设女学论》 115
《创世记》 234，407，430
《创世记——西藏原始宗教思想》 829
《吹毛求疵》 923
《春风》 531
《春寒》 682
《春景》 297
《春秋》 296，297，552，556
《春秋地理考实》 341
《春秋地理考实图》 338，341
《春秋繁露》 529
《春社词》 531
《春思》 297
《春笋》 954
《春渚纪闻》 527
《纯德之路》 1020
《纯全痛悔，天堂金钥》 136
《辍耕录》 527
《词选》 276
《辞源》 893
《慈悲观音像》 379
《慈母堂画馆中兴记》 301，386，387，390，393，395
《慈善事业概略》 929
《慈音》 940，942，944，946
"慈音丛书" 940，1016
《雌鸡行》 531
《此生》 531

《刺谗诗》 531
《刺世疾邪赋》 530
《赐彭城王据玺书》 531
《从黑暗走向光明》 712
《从教外典籍见明末清初之天主教》 848
《从军行》 531
《从历史方面探究这句传说"凡死在耶稣会中是得预简特恩一定的保证"》 936
《从母爱到上帝之爱：时代的见证人苏雪林》 890
《从〈西教纪略〉到〈教务纪略〉》 456
《丛林故事》 883
《催护西洋火器揭》 55
《村夜》 685

D

《达道纪言》 55
《达氏变类之说绝无凭证说》 115
《达未圣王痛悔经七端》 688
《答客刍言》 178，179，180
《答客问》 45
《答人问随园》 682
《答问存录》 942
《答问录存》 180
《答问新编（附辟畦浅论）》 177，178，179，180
《答乡人书》 915
《答友人问教律书》 115
《鞑靼满语语法》 438
《鞑靼史》 75
《鞑靼西藏旅行记》 675，679，680
《打鱼船》 236，237，592
《大乘起信论》 541
《大道指归》 652，1020
《大公报》 905，914，947，1014
《大弥撒》 282
《大明续道藏经》 541
《大明一统志》 324
《大尼厄尔传》 407
《大尼尔传》 234
《大品》 483
《大祈祷》 149
《大秦景教流行中国碑》 452，684
《大秦景教流行中国碑跋》 450

《大秦景教流行中国碑考证》 450
《大清会典》 166，447，470，476，481
《大清律集解附例》 469
《大清律例》 469，470，476，477，481
《大清律例便览》 447，448，469，470，476
《大清通礼》 470
《大清新刑律》 615
《大清一统志》 324，338
《大日经》 621
《大赦宽容》 288
《大赦例解》 287
《大圣若瑟》 149
《大圣若瑟祷文》 149，653
《大圣若瑟歌》 281
《大圣若瑟新祷文》 149，653
《大圣五伤方济各行实》 753，754
《大唐史纲》 57
《大唐西域记》 510
《大西利先生行迹》 67，907
《大西字母》 196
《大学》 296，436，439，440，520，531，553，556
《大学集注》 892
《大学中庸论》 115
《大雅》 296，553
《大英国统志》 230
《大元国水晶念珠》 875
《大正新修大藏经总目录》 863
《大主日礼义》 644
《大罪至重》 795
《代数问答》 249
《代数学》 249
《代疑编》 43，44，164，640，641
《代疑篇》 910
《代疑俗解》 640，641
《岱依语—法语双解字典》 697
《戴士劝语》 542，543
《戴士劝》 542
《戴遂良神父著作分类目录》 519，546，956
《丹阳志》 484
《但以理书》 94，217
"当代中国" 532，533，534，535，536
《当墙欲高行》 531

索 引

《导光》 954
《祷文详解》 808
《祷艺》 93
《到家》 682
《盗灵芝》 842
《道藏》 541
《道场论》 115
《道德经》 483，510，520，529，541，556，847，865
《道家上帝辨》 115
《道教》 541，542，752
《道教木旨辨》 115
《道教的经典》 857
《道教起于黄老辨》 115
《道教学说》 483
《道教与中国宗教》 205
《道士步虚词》 531
《道士的功夫》 436
《道学家传》 980
《道学家传跋》 958
《道原精萃》 18，390，395，396，399，720
《道原精萃图》 399
《道真来华》 231
《德汉词汇表》 31
《德华字典》 209
《德日进回忆录》 570
《德日进著作集》 576
《德撒洛尼书》 390
《德文版卫匡国〈中国新地图志〉》 861
《德行谱》 26，27
"德育小说" 235，237
《德之勇巧》 272
《灯前诗草》 883
《登楼赋》 297
《登州海市》 531
《邓析子》 520
《涤罪正规》 62，910
《涤罪正规小引》 63
《邸报》 976
《地磁气象观测公报》 315
《地磁气象和地震观测公报——徐汇天文台观测公报副刊》 315
《地理撮要》 251

《地理考实》 341
《地理 中等课程》 252
《地名考略》 341
《地下心中》 684
《地舆图考》 942
《地舆无灵论》 115
《地狱道辨》 115
《地狱歌》 277，1003
《地狱问答》 115
《地狱信证》 411
《地震解》 115
《地质生物学与〈亚陆生物史迹汇编〉》 569
《地中异石考》 115
《杕社》 530
《帝国的运河》 81，447，472
《第四求·日用之粮》 750，803，804
《第一次告白》 239
《第一圣餐》 239
《滇行记程》 83
《典礼》 520
《定命四达》 272
《东安门外天主堂》 629
"东方丛书" 454
《东方圣典》 483
《东方杂志》 898，914
《东华录》 476
《东汇记神》 63
《东京梦华录》 505
《东蒙古辽代旧城探考记》 772
《东明》 682，685
《东瓯令》 276
《东坡题跋》 422
《东三省府厅州县歌括》 250
《东堂老》 296
《东西文化》 534
《东向形北向心》 684
《东亚地质及人类原始》 507，574，576
《东域纪程录丛》 454
《东岳庙》 877
《董娇娆》 530
《动物呈奇》 348
《动物学要》 348，351，356

1295

《洞微志》 526
《駧駧牡马在峒之野》 684
《都门建堂碑记》 57，64
《窦娥冤》 529
《独角兽》 274
《独身主义》 933
《独异志》 526
《读法》 262
《读景教碑书后》 449
《读景教流行中国碑颂书后》 115
《读礼通考》 505
《读史方舆纪要》 468
《读书》 531
《读吴渔山遗书札记》 911
《笃爱之科学》 888
《笃信耶稣》 282
《杜甫李白诗文选》 509
《杜甫全集》 865
《杜甫：中国最伟大的诗人》 855
《杜氏集解释》 341
《度沙弥尼文》 538
《短歌行》 531
《断肠碑》 257
《缎子鞋》 685
《队长向导》 239
《对于荷国新设立汉学研究院之意见》 907
《对于孟禄博士最近演讲的感想》 907
《敦煌石窟图录》 249
《敦煌石室访书记》 249
《多俾亚》 407
《多俾亚传》 234，235
《多吃则多病》 923
《多读哲学以清思想》 923
《多明我九日经》 757
《多明我啥维豪传》 1020
《多设公书室议》 115
《多识录》 892
《铎书》 46，47
《堕胎的恶罪》 933

E

《峨山图说》 712
《峨山图志》 712，713
《峨山香客辑咏》 712
《鹅湖讲学汇编》 204
《〈额尔德尼—因·脱卜赤〉——蒙古编年史导论》 766
《厄弗所书》 590
《厄斯得耳传》 407
《饿鬼道辨》 115
《鄂尔多斯口述文学》 868，869
《鄂尔多斯口述文学原本》 686，866，867，869
《鄂尔多斯蒙古语词典》 205，507，766，868，869
《鄂尔多斯南部中国民歌》 766
《鄂西天主教简史》 209，970
《恩若涌泉》 239
《恩赦撮要》 642
《儿童规则》 239
《儿童乐》 236，592
《尔雅》 198，516
《二年的回忆》 783
《二三十年代的作家与作品》 883
《二十四孝全图》 362，379
《二十五言》 4

F

《法国短篇小说选》 619，620
《法国水兵与北堂庚子事件》 673
《法汉常谈》 202
《法汉科学词典》 206
《法汉科学词典增订》 206
《法汉小辞典》 202，464
《法汉字汇简编》 202
《法京图书馆中之中国书》 923
《法句喻经》 520
《法兰西信使报》 442
《法律与阶级斗争》 857
《法文初范》 259
《法文观止》 260
《法文菁华》 259
《法文摘本》 259
《法文中国坤舆详志》 252，325
《法译鄂尔多斯口述文学》 867
《法音指南》 529
《法英华会话导引》 202，205，206，773

索 引

《法语—藏语词典》 702，703
《法语初阶》 260
《法语读本》 260
《法语—方言彝语字典》 698
《法语—福佬话词典》 697
《法语—福佬话字典》 698
《法语进阶》 259，260
《法语—老挝语会话手册》 210
《法语—临高语词典》 698
《法语—倮倮撒尼方言词典》 693，694
《法语—侾语词典》 697
《法语—侬语—汉语词源词典》 696，697
《法语升阶》 260
《法院组织法》 616
《法粤字典》 224
《法粤宗教术语字典》 224
《法属印度支那语言指南》 698
《犯奸不能为离婚理由》 933
《梵蒂冈出版利玛窦〈坤舆万国全图〉读后记》 322
《梵书考》 115
《方德望神父小传》 932
《方德望司铎小传》 932
《方豪六十至六十四自选待定稿》 910
《方豪六十自定稿》 910
《方豪文录》 301，303，322，652，654，910，911
《方言》 529
《方言备终录》 110，221
《方言避静歌十二则》 277
《方言法汉辞典》 201
《方言教要序论》 76，220
《方言圣经》 220
《方言圣人行实摘录》 220，221，597
《方言问答》 222
《方言问答撮要》 145，221
《方言彝语—法语词典》 698
《方舆纪要简览》 468
《方丈说》 115
《方志与家谱》 923
《防海纪略》 15
《仿松雪仙居图》 420
《放生论》 115
《放翁题跋》 422

《飞来双白》 531
《飞檐》 684
《非非基督教》 932，936
《非洲播道之开祖》 209
《斐理伯府书》 590
《斐录汇答》 55
《斐洲致命始末》 811
《废娼问题》 933
《废除家庭的安谈》 933
《分别功德论》 520
《粉尘和爆炸，事例报告》 951
《风》 553
《风波之时诵》 727
《风赋》 297
《风琴小谱》 283
《风水》 115
《风俗论》 440，442
《风俗通》 505
《风雨鸡鸣》 883
《风筝误》 296
《封官》 684
《封神演义》 496
《封氏闻见录》 505
《蜂蚕》 531
《蜂蜜和蜂蜡》 438
《奉慈歌》 281
《奉慈正义》 99
《奉教阁老的传略》 914
《奉教阁老的著作》 914
《奉教阁老与家庭》 914
《奉教阁老与科学》 914
《奉教阁老与民族》 914
《奉教阁老与圣教》 914
《奉教阁老之政治经济》 914
《奉教须知》 543
《奉教原由》 638，736
《奉教原由俚语》 638
《奉献》 238
《奉献经》 149
《奉献启应经文》 150
《奉献全家于圣心录要》 150
《奉献全家之诵》 150

1297

《奉献圣母经》 722
《奉献诵》 289
《奉献万民于圣心诵》 150
《奉献——我的修道历程》 938
《奉献祝文》 149
《佛本行集经》 502
《佛本行经》 520
《佛尔克教授与其名著〈中国哲学史〉》 865
《佛法和神师——藏传佛教》 829
《佛法入中国考》 115
《佛教传布图》 508
《佛教地狱教理插图》 379
《佛教与安南的祭拜》 508，509
《佛教诸神图》 379
《佛经须弥山辨》 115
《佛考》 115
《佛说观无量寿佛经书后》 115
《佛塔》 685
《佛心经》 457
《夫妇有别》 684
《伏祈诵》 289
《芙蓉屏》 296
《服从的王道》 727
《浮萍》 948
《符箓辨》 115
《福建图》 872
《福佬话—法语词典》 698
《福女伯尔纳德传略》 136
《福女德肋撒小史》 127
《福女罗依斯小史》 119
《福女玛利亚亚纳传》 373
《福音经·记者路嘉》 898
《福音经·记者玛窦》 898
《福音经·记者玛尔谷》 898
《福音经·记者若望》 898
《福音圣史图解》 70
《福音诗歌》 421
《福音书合编注疏》 411，897，898
《福音详解》 724
《福音原文摘录》 619
《辅理修士的仪型——圣亚尔方骚》 152
《辅弥撒规则》 152

"辅仁大学丛书" 834，835
《辅仁美术月刊》 953
《辅仁生活》 954
《辅仁文苑》 880
《辅仁学志》 836，846，952，955
《辅仁英文学志》 846，847，852，865，952
《辅士宝囊》 606，607
《辅士袖筒》 583，606，607
《辅助传教》 543，544
《付托诵》 289
《妇女的羞耻》 933
《妇女解放》 933
《妇女经济独立》 933
《妇女劳工问题》 933
《妇女时髦问题》 934
《妇女问题》 932，934
《妇女问题杂评》 933
《妇女运动》 933
《复仇豹》 510
《复旦学报（社会科学版）》 996
《复活歌》 278
《复活升天》 279
《傅兰萨蒂小传》 731
《富民说》 1013
《覆水难收》 684
《覆吴经熊先生书》 958

G

《陔余丛考》 505
《改变人生的态度》 534
《甘藏边区的蒙古人》 770
《甘誓》 530
《甘肃地震表》 321
《甘肃土人的婚姻》 448，770，771，869
《感春赋》 297
《感化》 238
《感流亡》 531
《感谢经》 149
《感谢天主诵》 149
《感咏圣会真理》 275
《冈底斯阿林图》 872
《刚恒毅与中国天主教的本地化》 781

索　引

《纲鉴易知录》 520
《高等女子修身教科书》 535
《高等小学国文新课本》 257，265
《高等小学新式修身教科书》 535
《高级小学公教道理教科书》 269
《高级小学历史课本》 252
《高加索灰阑记》 865
"高丽集" 682，683，684，685，686
《高丽天主教史》 973
《高棉语—法语辞典》 210
《高士传》 526
《高一志的〈修身西学〉》 948
《高逸图》 428
《高中教理讲义》 269
《高宗纯皇帝御制平定准噶尔告成太学碑文》 436
《羔羊记　萤火虫》 236，237，592
《告明切要》 794，795
《告全欧洲耶稣会士书》 74
《告阎罗》 529
《歌唱集》 281
《歌谣与妇女》 933
《革命军日报》 894
《阁老奉教著作的存佚》 914
《格林多书》 590
《格鲁坚赞·赛音绰克图活佛传》 875
《格罗森书》 590
《格萨尔土传》 829
《格致新报》 942，1014
《格致新报缘起》 1014
《格致益闻汇报》 98，942
《各式圣歌》 278，279，755
《给儿童们》 731
《根据西藏地图所作的地理历史观察》 24
《更新世和石器时代中国人》 575
《庚寅年上海教区瞻礼单》 53
《庚子年前法国使馆全图（1861—1900）》 629
《工人武装暴动》 535
《工商生活》 954，955
《工商向导》 954
《工商学志》 954，955
《公会大纲》 591
《公教传教员》 780

"公教丛书" 618，619，623
《公教对于战争之观念》 922
《公教概论》 619
《公教教务公文》 986
《公教教育丛刊》 261，546
《公教进行》 957
《公教进行会女宗徒弗隆物洛夫人传略》 885
《公教图书目录》 732
《公教文学讨论集》 619
"公教小读物丛刊" 728
《公教学生》 954
《公教学校》 944，957
《公教周刊》 908
《公教作家苏雪林》 883
《公民读本》 777
《公民课本》 267
《公民权宣言》 929
《公审判歌》 277，1003
《公私诵经文》 747
《公羊》 297
《公益与报纸》 907
《公余琐谈》 264，265
《公元前206年以前的中国王朝天文史》 57
《功过格》 857
《功劳至宝》 602
《恭敬圣家》 149
《恭敬大王圣神》 800，805，806
《恭敬耶稣圣名》 149
《恭敬耶稣圣心经》 33
《共产主义驳论》 932
《共产主义检讨》 932
《勾股义》 348
《购买奴婢说》 115
《孤儿传》 236，592
《古代基多教之国家观》 1005
《古代中国地区文化》 870，871
《古代中国对黄赤交角的观测》 57
《古代中国之舞蹈与传说》 505
《古风》 531
《古汉语概论》 619
《古迹嘉训》 742，744
《古籍校读法》 836

《古今碑录》 682，683，684，685
《古今大戏场说》 115
《古今诗选》 200
《古今图书集成》 527，821
《古今万国纲鉴》 230
《古今姓氏族谱》 200
《古经大略》 798
《古经略说》 588，589，797，798
《古经像解》 675
《古经摘要》 589
《古乐经传》 274
《古儒真训多失真传说》 115
《古圣若瑟》 192，234，235
《古史参箴》 379，407，411
《古史略》 411
《古史像解》 379，390，399，404，407
《古书目录法解说》 873
《古文拾级》 256
《古新经史像略说》 798
《古新圣经》 93，94
《古新圣经问答》 94
《古新史略》 407，411，725，798
《古之驿》 951
《谷间灵动》 895
《穀梁》 297
《固执》 887
《顾欢》 531
《顾命》 530
《寡妇传　老天主堂》 236
《寡妇再醮问题》 933
《关帝明圣真经》 527
《关夫子手笔碑》 461
《关山雪霁图》 428
《关于拉西彭楚克乾隆三十九年至四十年撰写的蒙古编年史〈水晶念珠〉之文学史研究》 875
《关于中国土蜂的系统研究》 347
《关于中国文化与历史讲演和论文集》 865
《关中金石记》 450
《关壮缪论》 115
《观佛三昧经》 520
《观光日本》 372
《观世音论》 115

《官话新约全书》 217
《官话指南》 217，218，263，264
《官厅蓄洪水库》 954
《官盐论》 166，447，475
《馆刊》 958
《管弦乐的欣赏》 956
《管子》 520
《灌花》 682
《灌输西学之伟人》 932
《光华报》 884
"光启杂录" 928，929，930，931，937，939，1001
《光荣圣母》 593，722，781，796，797
《光荣十字圣架》 149
《广东和珠江地图》 462
《广东图》 872
《广东瑶族》 855
《广西图》 872
《广义报》 947
《广义录》 947
《广异记》 527
《广舆图》 872
《〈广舆图〉版本考》 866，872，873
《广韵声系》 835
《归附诵》 289
《归来》 620
《归向诵》 289
《归元直指》 688
《皈依》 887
《皈依罗马公教之程序》 920
《闺阁芳标》 595
《鬼董》 527
《癸辛杂识》 527
《贵州图》 872
《桂苑丛谈》 527
《国策》 257
《国风》 296
"国际语言学专著丛书" 772
《国际中国学杂志〈通报〉文章目录汉译》 509
《国家真诠》 932
《国立中央研究院历史语言研究所集刊》 196
《国民女子修身教科书》 535
《国民学校国文新课本》 257，265

《国民学校国文新课本说明书》 257
《国民学校文法便览表》 257
《国史大纲》 483
《国史经籍志》 541
《国外大事记》 948
《国学季刊》 58，198
《国语》 520
《国语和合本圣经》 277
《过门守节》 933

H

《哈密噶斯图》 872
《哈密国志》 436
《哈密图》 872
《海门代牧区统计》 983
《海门教区地图，1887—1889》 328
《海门教区要经汇集》 145
《海门教区要理问答》 145
《海南岛》 698
《海南岛地图》 698
《海南岛黎族志》 857
《海南岛民族志》 857
《海南岛人种学考察报告》 859
《海南岛彝族志》 697
《海沤》 887
"海山仙馆丛书" 348
《海岳题跋》 422
《海之思》 685
《害病时方知天主恩》 923
《函牍举隅》 166，185，186，188
《函牍碎锦》 166
《函牍碎锦注释》 188
《韩非子集释删要》 836
《韩魏赵三国史》 447，468，821
《韩愈的古文运动》 952
《寒食》 531
《寒食散考》 953
《汉池阳令张君残碑跋》 953
《汉代隶书碑》 461
《汉法科学词典》 206
《汉法科学词典增订》 206
《汉法字汇简编》 202

《汉籍整理法》 873
《汉拉词典》 200
《汉辣字典》 263
《汉溧阳长潘乾校官碑》 461
《汉民族的发展》 829
《汉民族的起源》 829，831
《汉墓砖雕》 425
《汉寿亭侯碑》 461
《汉书》 257，520，529，530
《汉书西域传康居校释》 953
《汉书西域传校释》 953
《汉书西域传奄蔡校释》 953
《汉书·艺文志》 541
《汉魏六朝一百三家集题辞》 836
《汉文经纬》 1013
《汉文仟语》 821
《汉武伐大宛为改良马政考》 953
"汉学丛书" 80，81，136，139，166，170，189，
　 320，321，322，326，329，338，339，340，341，
　 387，424，444，447，448，450，451，454，456，
　 457，458，459，460，462，464，465，466，468，
　 469，470，471，474，475，476，477，478，480，
　 481，482，483，484，485，486，487，490，509，
　 510，520，578，760，766，768，769，770，821，
　 926，927，980，1042
《汉学研究通讯》 877
《汉言儿帅口明》 773
《汉译辣课》 263
《汉语—安南语—拉丁语—法语的词源词典》 483
《汉语地理方言学》 773
《汉语会话手册》 263，681
《汉语基本语法：燕北方言口语导论》 772
《汉语菁华字典》 204，686
《汉语口语》 773
《汉语口语课本》 265
《汉语口语入门——河间府方言》 515
《汉语口语语法》 773
"汉语入门" 514，515，516，517，518，519，520，
　 522，524，542，543，548，549，554
《汉语入门课程》 514，515，549
《汉语入门课程——非京北方官话》 515
《汉语速成法》 266，267

《汉语新句法》 510
《汉语语法》 224，262，773
《汉语语法入门》 773
《汉语原著》 263
《汉语札记》 27
《汉字》 263，514，515，516，517，519
《汉字拉丁化》 923
《汉字文法》 201
《汉字西译》 970
《汉族文明进化史》 825，829，831
《旱时求雨霪雨时求晴诵》 727
《好报福音经》 69
《好逑传》 296
《合劝诗》 531
《何人叩门》 812
《何应钦等电请讨冯逆》 535
《和法历史地理辞典》 210，212
《和氏外孙小同哀文》 531
《和音弥撒》 282
《河南的农业和矿业》 952
《河南图》 872
"河内地质学会丛书" 698
《河套图》 872
《河源图》 872
《荷泽神会传》 861
《荷珠赋》 297
《赫伯来书》 590
《赫胥黎天演论》 348，351
《黑龙江口图》 872
《黑龙江源图》 872
《黑苗语—法语双解字典》 695
《黑人白人》 236
《红楼梦》 216，264，527，529
《红梅阁》 529
《红衲袄》 276
《红色的百合花——中国致命真福传》 731
《洪水灭世》 232
《猴不能变人论》 115
《后汉书》 520，530，865
《后列王传》 234
《后三求·尔免我债》 750，803，805
《后三圣咏》 77

《呼号耶稣临终圣心经》 33
《呼圣若瑟诵》 33
《胡大闹游地狱》 231
《胡笳十八拍》 530
《湖北襄郧属教史记略》 980
《湖光春色图》 418，420
《湖广图》 872
《户籍法》 616
《户籍记》 234，407
"护教篇" 778，780
《沪杭车中》 256
《沪战之损失》 923
《怙圣若瑟诵》 33
《花篮子》 236
《花鸟曲》 238，239
《花园》 685
《花之寺》 956
《华班字典》 202
《华北的果子狸》 570
《华北非海生软体动物》 563
《华北河流的堤防设施》 955
《华北蒙古和满洲远志属植物研究》 562
《华德词典》 208
《华德字典》 209
《华法蒙满文对照字典》 172，200
《华法小字典》 202，205
《华法字典》 202，204，205
《华拉字典》 202，205
《华辣文对照字典》 172，200
《华葡字典》 201
《华人贫窭之故》 505
《华山——华西道教圣山》 870
《华西官话发音初探》 226，227，773
《华西官话汉法字典》 226，227
《华校杂志》 942，944
《华学进境》 191
《华严经》 520
《华裔学志》 269，424，766，773，836，846，847，848，849，854，855，859，861，863，865，866，877，880，955
《〈华裔学志〉及其研究所对西方汉学的贡献》 877
"华裔学志专刊" 766，767，866，867，868，869，

870，871，873，874，875，876，877
《华意小字典》 209
《华英辞典》 200
《华英字典》 200
《华语官话辞典》 12
《化胡经》 504
《画答》 42
《画学讲义》 839
《话规》 261
《怀旧》 297
《怀来杨家坪神慰院》 629
《淮海题跋》 422
《淮南子》 520，529
《欢喜五端》 377
《欢迎耶稣圣婴》 812
《还魂记》 526
《还旧居》 531
《寰有诠》 42
《寰宇大观》 322
《幻异记》 527
《皇朝文献通考》 476
《皇朝直省地舆全图》 312
《皇朝直省府厅州县歌括》 250，251
《皇家的圣诞节》 620
《皇舆全览图》 24，25，324，872，953
《黄道总星图》 57
《黄鹄歌》 530
《黄河及北直隶湾其他支流流域十年旅考》 556
《黄河流域十年实地调查记目录》 557
《黄金之城》 239
《黄山笔架峰》 842
《黄天道留衍范围图》 776
《灰阑记》 865
《回煞辨》 115
《回忆及浮想》 901
《悔老无德》 272
《悔罪信耶稣论》 505
《悔罪要旨》 4
《汇报》 98，113，299，351，940，942
《汇堂石室书目》 300
《汇学读本》 247，248
《汇学杂志》 351

《会典》 606
《会典撮要》 606
《会三教》 531
《会赦摭陈》 158
《会中辅理修士》 152
《会中人》 152
《讳名》 684
《诲谟训道》 230
《绘事浅说》 384
《绘像叉注》 553
《惠超往五天竺国传》 871
《婚姻的目的》 933
《婚姻的实施和事例》 148，154
《婚姻正义》 956
《婚约一经实践已不可能解除了》 933
《婚约有解除的可能性》 933
《浑盖通宪图说》 43，348
《混沌》 684
《混乱》 532，534
《火攻挈要》 57
《火袄教入中国考》 835，1043

J

《机关多做事难》 923
《鸡毛掸子》 438
《鸡鸣篇》 531
《积古斋钟鼎彝器款识》 516
《基础语史学地图集——语言地理分类》 326
《基督大名——日本宗教政治百年史》 973
《基督的预言》 712
《基督的战士》 239
《基督教艺术与上著艺术》 948
《基督教远征中国史》 3，5，68，960
《基督教在华状况——复罗马报告》 274
《基督教在中国鞑靼、西藏，印度传教地图》 680
《基督宗教艺术在中国》 841
《畸人》 12
《畸人十篇》 7，8，12，272
《稽神录》 527
《吉林黑龙江地质观察》 568
《即事昌言》 662
《棘心》 883

《集说诠真》 164，166，168，169，170，300，506，738，808，809
《集说诠真提要》 168
《集说诠真续编》 168，169
《集异记》 527
《籍证的中国古代史》 436
《几何探要》 249
《几何学》 249
《几何要法》 66
《几何原本》 5，75，348
《几何原理》 75
《几位先进：钟修士巴相，康修士玛窦，杨修士若瑟》 152
《记珠》 684
《纪念明末先哲徐文定公》 914
《纪闻》 527
《济美篇》 26，660，1023
《继承法》 616
《祭孔：对中华文明和邹鲁文化的启引》 847
《祭天古歌——纳西人祭天仪式》 864
《祭灶词》 531
《寄傲山房诗文集》 553
《寄傲山房塾课新增幼学故事琼林》 553
《寄小天神》 239，241
《加换祝文》 77
《加拉达书》 590
《家宝初集》 296
《家宝二集》 296，518，681
《家庭教育简编》 1001
《家学浅论》 735
《嘉定县志》 418
《嘉庆会典事例》 476
《嘉兴许竹筼先生立身一字诀遗训》 902
《甲柏连孜〈汉文经纬〉增补》 509
《甲子会记》 172
《贾谊传》 530
《驾出北郭门行》 531
《肩负双囊》 272
《监牧书》 590
《柬埔寨研究》 692
《简平仪说》 9
《简言要理》 752

《简易圣经读本》 619
《建定圣体大礼》 149
《建圣弥额大天神殿》 149
《建圣母雪地殿》 149
《江干三树图》 428
《江南传教区的本土神职班》 471
《江南传教史》 2，33，53，308，363，376，938，965，966，967，991，1029
《江南贡院全图》 480
《江南教区〔1842—1922〕沿革》 967
《江南教区圣事统计》 983
《江南弄》 483
《江南上云乐》 483
《江南苏皖两省地图》 982
《江南图》 872
《江南修院百周纪念》 153，1040
《江南修院百周年纪念庆祝纪略》 1040
《江南修院百周年简史》 1040
《江宁府城图》 338，387，447，459
《江宁府图》 338
《江苏教区圣事统计》 983
《江苏省地图》 326，338，447
《江西图》 872
《江行杂录》 527
《讲道人应有的条件和资格》 141
《讲道之缘起》 141
《讲学录》 836
《蒋主席电阎锡山劝勿甘为党国罪人》 535
《降生救世的福音》 233
《降生救赎》 279
《浇愁集》 257
《椒生随笔》 15
《教父学大纲》 939
《教皇庇护第十一世避静通牒》 932，936
《教皇庇护第十一世教育通牒》 930
《教皇洪序》 399
《教皇良十三》 399
《教皇良十三芳工通牒》 935，936
《教理》 514，542
《教理词典》 206
《教理撮要问答》 145
《教理问答》 12

索 引

《教理详解》 145
《教士宝囊》 206
《教士不娶论》 115
《教务纪略》 139，447，450，456
《教务杂志》 455，712
《教要》 439
《教要刍言》 76
《教要六端》 80，86
《教要序论》 75，76，220，736
《教义学全集》 751，752
《教友避静》 662
《教友歌》 281
《教友领洗的实施和事例》 155
《教友生活》 939
《教育丛刊》 956
《教育大纲》 246
《教育方法论》 780
"教育篇" 778，780
《教育权之原则》 932
《教育益闻录》 956，957
《教育之原理》 932
《教中宝藏》 224
《教宗庇护十一世训辞》 934
《教宗通牒》 986
《教宗致中华电》 986
《节译信之费用》 923
《节育能救中国吗》 956
《劫数辨》 115
《结束之小言》 141
《解脱》 685
《解疑集》 977
《介绍〈圣托马斯和中国〉》 948
《介绍一件有关婚姻问题重要文件》 956
《戒裸体说》 115
《戒杀生论》 115
《戒贪财说》 115
《戒淫说》 115
《〈芥子园画传〉：中国绘画百科全书》 509
《今古奇观》 296，518
"今日的神修论丛" 890
《今日社会的问题》 928
《今日之日本公理屈服于强权，国联不啻宣告破产》 535
《今儒论》 115
《金宝筐》 811
《金瓠哀辞》 531
《金陵古今》 459，461
《金陵古今——南京开埠》 387，447，459
《金陵古今——史地概述》 338，387，447，459，461
《金陵怀古》 297
《金陵陵墓分布地图》 484
《金陵神学志》 277
《金牌梦》 231
《金瓶梅》 216，854
《金瓶梅的续集》 510
《金瓶梅考证》 619
《金色时光》 685
《金沙澜沧等江源图》 872
《金石录补》 450
《金石索》 821
《金石文字记》 450
《金太史文章》 47
《紧要神工的简解》 801
《尽泪倾血》 232
《进会的步骤》 152
《进教问答》 638
《进教要理》 752
《讲堂何益》 141
《进学解》 465
《近代博士传略》 351
《近代江南传教史》 966，967
《近代科学先驱徐光启》 914
《近二十年上海公教文化界状况》 958
《近今文化趋势痛言》 932
《近年日人对于吾国天主教之研究》 958
《近三年的江南教区》 981
《近三年的江南教区续编》 981
《近五十年来德国之汉学》 863
《晋辟雍碑考证》 953
《晋东南第四纪化石》 568
《晋国史》 447，468，821
《晋书》 520
《京报》 976
《京抄》 976

1305

《京话指南》 263，264，681，773
《经传议论》 27
《经歌简集》 281
《经济学思想史概论》 921
《经世文》 520，532
《经书》 77
《经武主编》 47
《荆楚岁时记》 494，505
《旌别善意渥沛甘霖》 684
《旌异记》 527
《惊喜诵》 289
《精列》 531
《精修宝诀》 1018，1019
《景德镇陶录》 510
《景教碑》 923
《景教碑文纪事考正》 450
《景教考》 450
《景教流行中国碑颂并序》 449
《景教流行中国碑颂正诠》 449
《景教堂碑记》 449
《景教续考》 450
《景教源流考》 450
《景阳冈》 256
《警怠神修篇》 794，795
《净名》 483
《净土指南》 461
《敬爱圣母》 662
《敬避字敬忘名》 684
《敬奉惟一真主》 228
《敬礼若瑟月》 289
《敬礼圣方济各九日神工》 744
《敬礼圣类思默想九则》 939
《敬礼圣母月》 15，33，288，291
《敬礼圣若瑟月》 33
《敬礼圣心月》 288，289
《敬礼耶稣圣心月》 33，722
《敬一堂志》 39
《静庵汉籍解题长篇》 873
《静夜思》 855
《九辩》 530
《九峰雪霁图》 428
《九品天神》 279

《九十三题》 619
《九五叟译圣经》 922
《旧井》 531
《旧唐书》 874
《旧五代史》 520
《旧五代史辑本发覆》 834
《救国》 906
《救劫经咒》 357
《救灵歌》 277
《救灵军器》 661
《救世福音》 897，898
《救世福音对译序》 898
《救世真主》 399
《救世主》 939
《救世主实行全图》 377，379
《救世主预像全图》 377
《救主行实图解》 762，764
《救主耶稣》 727
《句法》 262
《君问愚答》 543，545
《君子耻其言而过其行》 684
《筠清馆金文》 516

K

《开封府犹太人碑铭》 139，447，450，451
《开封一赐乐业教考》 451，835，836，1043
《开封犹太人碑》 452
《凯旋舟次》 297
《康藏民族杂写》 703
《康藏研究月刊》 703
《康王之诰》 530
《康熙皇舆全览图》 871，872
《康熙几暇格物编》 436
《康熙实录》 872
《康熙王朝耶稣会传教士的地图，形成，以及满洲、蒙古、东突厥斯坦和西藏地图地名综表》 871
《康熙行亲耕礼》 436
《康熙字典》 202，516
《康庄》 931
《考察地南区图》 776
《考察区域最老地图》 776
《考察中心及西区东区图》 776

《考利玛窦之世界地图》 855
《考试之弊》 923
《科场条例》 481
《科举时之考试》 923
《科学方法论》 619
《科学家与宗教》 356
《科学岂真万能吗》 923
《科学与宗教》 619
《科学杂志》 914
《可敬高隆汴司铎小传》 128
《可敬罗依斯传》 670
《可敬小德肋撒传撮要》 127
《可输入中国的商品》 436
《克己略说》 675
《刻几何原本序》 915
《客家方言辞典》 772
《客家话导引》 225
《客家话—法语字典》 225
《客问条答》 178，179
《课本》 261
《空际格致》 55，328
《孔夫子》 817，821
《孔夫子传》 438
《孔府和孔林图》 848
《孔林图》 848
《孔门世系》 438
《孔孟之道》 483
《孔庙图》 848
《孔子传》 821
《孔子故里》 209，816，825
《孔子集语》 520
《孔子家语》 520
《孔子门徒传》 821
《孔子门徒略传》 438
《孔子年表》 438
《孔子圣迹图》 501
《孔子与基督之道》 902
《口铎》 422
《口铎日抄》 62，66，422，980
《哭阿良》 682
《哭诗》 531
《哭徐宗泽》 886

《哭侄》 531
《骷髅赋》 530
《苦路经》 146
《苦民大荣》 807
《苦难祷文》 42
《苦相篇》 531
《苦耶稣》 239，241
《苦中慰乐宝鉴》 138，139
《狂泉》 531
《坤舆撮要问答》 251
《坤舆图说》 328
《坤舆万国全图》 5，67，322，324，348
《括异志》 527

L

《拉藏图》 872
《拉丁辞林》 262
《拉丁文初学》 261
《拉丁文传入中国考》 911
《拉丁文词学》 261
《拉丁文法》 261
《拉丁文法纲要》 636
《拉丁文范》 261
《拉丁文津》 261
《拉丁文进阶》 261
《拉丁文句学》 261
《拉丁语—藏语语法》 702
《拉丁语法》 261
《拉丁中华小字典》 209
《拉丁中华字典》 464
《拉华语汇》 201，636
《喇嘛之国》 679
《辣丁文规》 262
《辣丁习课》 263
《辣丁中华合璧字典》 201
《辣丁中华字典，历史和地理》 202
《辣丁字母表》 263
《辣丁字文》 201
《辣汉大字典》 201
《辣汉小字典》 201
《辣汉字典》 263
《辣文原著》 263

《辣译汉课》 263
《来生债》 296
《来斋金石刻考略》 450
《蓝莲花——丁丁在中国》 391
《狼山圣母歌》 1018
《琅琊代醉编》 505
《浪尖》 685
《劳工问题》 932
《老北京那些事儿》 674
《老北堂（1693—1886）》 629
《老来德祷文》 132
《老人妙处》 439
《老修人》 236
《老子》 465，556，1026
《老子谱系考》 115
《老子无为之真意义》 923
《老子正诂》 1026
《乐国之王》 238，239
《乐石》 684
《勒赛夫人日记与日思录》 904
《雷故司铎鸣远事略》 911
《雷斋辨》 115
《肋末记》 407
《楞伽经》 505
《冷菊课余随笔》 301
《离婚率》 933
《离家》 256
《离骚》 493，847
《嫠有何害先夫当之矣》 684
《礼》 134
《礼记》 57，75，296，297，505，520，529，552，555，556，752，865
《礼记引得序》 855
《李太白全集》 865
《李义和传》 583，598
《理窟》 114，922，942
《理塘与巴塘》 703
《理想国》 8
《历朝遗书考》 115
《历代传说》 305
《历代帝王年号简明表》 252
《历代教皇》 279

《历代中国，其人其事》 529，530，531
《历代钟鼎彝器款识法帖》 516
《历史讲义》 252
《历史上的民权：进步、障碍和结果》 926
《历史文选，1912年之前中国政治史料》 524
《历史文选，1929年之前中国政治史料》 524
《历史文选》 515，519，520，524，533
《历史遗踪——正福寺天主教墓地》 627
《历史哲学》 442
《立国不可无真教说》 115
《立圣母始胎明道会牧训》 94
《立耶稣名》 279
《立耶稣圣名》 149
《利玛窦》 393
《利玛窦的足迹》 577
《利玛窦对中国科学的贡献》 577，686
《利玛窦全集》 322
《利玛窦神父传》 3，577
《利玛窦神父和当时的中国社会，1552—1610年》 577
《利玛窦通信集》 577
《利玛窦徐光启提倡西学》 923
《利玛窦以学问为传教之法》 914
《利玛窦中国札记》 3，272，428，668，960
《利未记》 217
《利未亚图》 66
《利子奏疏》 915
《濂溪书院劝学篇》 204
《炼灵圣月》 639
《炼狱祷文》 149，687
《炼狱考》 109
《炼狱略说》 108，109
《炼狱圣月》 740，741，742
《炼狱圣月经》 746
《良心上的寒暑表》 923
《梁代陵墓考》 485
《梁建陵阙》 484
《梁任公胡适之先生审定研究国学书目》 354
《梁实秋怀人丛录》 881
《梁溪漫志》 505
《两个不相识的人》 620
《两个朋友（莫扎尔特与海登）》 956
《两个种族，两代人：老舍笔下的"二马"》 890

《两教辨正》 591
《两教合辨》 591，720
《两京记》 527
《两世姻缘》 529
《量法问答》 249
《辽金元文学》 883
《辽金元艺文志》 541
《聊斋》 264
《聊斋志异》 200，518，527，529
《列工传》 407
《列王记》 217
《列仙传》 497，526
《列仙通纪》 527
《列子》 520，556，865
《烈女则济利亚》 232
《猎狐》 531
《林荫瀑布》 842
《临高语—法语词典》 697
《临终感谢求助诵》 687
《临终经》 77，687
《临终诗》 531
《灵怪录》 527
《灵魂道体说》 899
《灵魂论》 66
《灵空》 531
《灵台仪象志》 57
《灵心小史》 299
《灵性学》 267
《灵性旨主》 4
《灵修法》 619
"灵修小丛书" 83，728
《灵言蠡勺》 42
《灵应录》 526
《凌叔华的〈花之寺〉与女人》 956
《陵寝备考》 485
《领圣体后诵》 149
《领圣体经》 796
《领圣体要理》 67
《领洗前后盛典》 812
《刘董二位致命真福合传》 979
《刘泼帽》 276
《刘氏家传杂存》 301，381，382

《刘胥传》 530
《留郡赠妇诗》 530
《琉璃瓦》 438
《柳如是别传》 871
《六经上帝与天即言主宰说》 115
《六经图》 204
《六十三默想》 727
《六书通》 516
《六书统》 516
《六书析义》 27
《六韬》 438
《龙刻起矣毋泥蟠》 684
《龙兴慈记》 527
《楼炭经》 520
《陋巷志》 821
《卢德传》 234，407
《卢龙山碑刻》 461
《鲁国图》 848
《鲁南民俗》 825
《鲁南丧礼考》 825，869
《陆伯鸿先生之理财法》 922
《陆海》 684
《陆贾传》 530
《陆上软体动物志》 346
《陆徵祥为徐文定公列品事上安国孙主教书》 914
《陆徵祥致罗光函》 900
《录异记》 527
《鹿血》 436
《路加传的福音》 619
《路加福音》 217，220，429
《路加圣经》 220
《路南夷族考察记行》 693
《路史》 505
《路易金币》 620
《路易十四时代》 440，442
《露德圣母歌》 281，1003
《露德圣母记》 592
《露德圣母纪略》 135，136
《吕洞宾度铁拐李》 529
《吕留良及其思想》 953
《吕氏春秋》 865
《吕刑》 530

《旅行金沙江盆地》 703
《旅行怒江盆地》 703
《律藏，修行，小乘律》 538
《律吕正义》 274
《律吕正义·续编》 273，274
《律吕纂要》 273
《绿葭浜天文台地磁观测报告》 315
《绿天》 883
《伦理答疑》 267
《伦理神学》 593
《伦理学》 267，619
《论澳门之三巴寺》 922
《论辟佛》 115
《论辩教三法说》 115
《论道家理所》 115
《论道士》 115
《论法指南》 641
《论佛性》 115
《论妇女运动》 932
《论复活》 147
《论高利率与第七诫》 923
《论公进会与祈祷宗会书》 160
《论古代音乐》 274
《论观电影》 932
《论衡》 529，865
《论积财产之愚》 923
《论祭孔》 922
《论祭祖》 115
《论建设之真谛》 907
《论教会之概观》 932
《论利玛窦之自鸣钟》 923
《论冥婚》 115
《论男女学生之读书》 922
《论女子守贞不嫁》 115
《论人灵魂肉身》 147
《论人求福之心》 922
《论人之自私》 923
《论三位一体》 147
《论说文集》 111，661
《论死之真旨》 923
《论四大圣史之信力》 621
《论随笔》 922

《论天神》 147
《论天主》 147
《论天主创造世界》 752
《论天主降生与救世之恩》 147
《论天主唯一》 752
《论万物原始》 147
《论兴利必先除弊》 905
《论形物之造》 147
《论养生》 115
《论淫词小说之害》 115
《论蝇之繁殖》 923
《论幽默文字》 922
《论语》 248，274，296，439，440，465，520，553，556，865，876
《论语义注及集义》 854
《论宰治万物》 147
《论中国旧小说》 883
《论中国文字的结构》 486
《罗尔蒙底的船主》 620
《罗光全书》 900
《罗罗人研究者 Vial 传略》 693
《罗马帝国时期的大秦》 865
《罗马公教道理之研究》 920
《罗马公教伦理之研究》 920
《罗马礼仪书》 11
《罗马弥撒经本》 11
《罗马日课经本》 11
《罗玛监本四圣史》 898
《罗玛书》 590
《罗云忍辱经》 520
《洛阳闪米特文碑铭》 451

M

《妈祖奇迹插图书籍》 379
《马》 438
《马尔萨斯主义》 933
《马国贤》 629
《马可·波罗行纪》 509，910，960
《马可福音》 217，220，429
《马礼逊字典》 200
《马陵道》 296
《马氏文通》 1013，1014

索 引

《马太福音》 216，217，220，429，815
《马相伯先生筹设函夏考文苑始末》 910
《马相伯先生年谱》 892，894，910，1013
《马相伯先生生平及其思想》 910
《马相伯先生事略》 909，910，911
《马相伯先生文集》 846，895，911
《马相伯先生文集续编》 911，909
《马相伯先生与〈圣经〉》 898
《马相伯先生著述系年拟目》 911
《马义救土》 529
《玛宝传的福音》 619
《玛宝圣经》 220
《玛尔古传的福音》 619
《玛尔谷圣经》 220
《玛加白阿传》 407
《玛利亚传教士之母》 1040
《玛利亚司铎之母》 153，1040
《玛利亚亚纳行实》 373
《玛利亚罪人之托》 1040
《骂阎罗》 529
《埋没的智者》 233，234
《满文标注地图考》 871
《满洲传教史》 973
《满洲国天主公教教务年鉴》 984
《满洲历史地理辞典》 210，212
《满洲书目文献》 871
《漫谈四十年来基督教文学在中国》 277
《芒种时诵》 727
《毛诗考》 115
《玫瑰经》 99，135，140，752，1026
《玫瑰经浅义》 1026
《玫瑰经图像十五端》 377
《玫瑰经义》 99
《玫瑰经注解》 222，223
《玫瑰圣月》 757
《梅花赋》 297
《梅花鹿》 438
《梅花下的圣母》 841
《每日恭敬圣若瑟经》 808
《美国本笃会士创设北京公教大学宣言书稿》 846
《美国哈佛大学哈佛燕京图书馆藏晚清民国间新教传教士中文译著目录提要》 399

《门庸初启——法国驻华领事敏体尼》 51，52，615
《蒙古采风记》 767
《蒙古抄本集刊》 766，876
《蒙古方言，陇西蒙古语入门》 766
《蒙古各部落的乐曲》 868
《蒙古景教历书的发现与基督教远东古代史》 577
《蒙古满洲和华北栎树研究》 562
《蒙古书写语言和喀尔喀方言比较语法》 868
《蒙古西南部流传的中国格言和谚语》 448，766，767
《蒙山行纪》 667
《蒙古语—法语词典》 766，868
《蒙古语语法》 766
《蒙古语语音》 766
《蒙古源流》 766
《蒙汉大词典》 766
《蒙学箴言》 777
《蒙引》 12
《孟良盗骨》 529
《孟子》 56，248，440，510，520，553，556，865，876
《孟子考》 115
《梦》 531
《梦仙》 531
《弥撒奥义》 232
《弥撒规程》 53，621
《弥撒规程注解》 222，223
《弥撒和教友的生活》 884
《弥撒经》 621
《弥撒旧闻》 298
《弥撒：救死扶伤》 239
《弥撒日常咏唱》 282
《弥撒小言》 99
《弥撒咏唱》 282
《秘园》 684
《苗史》 695，698，700
《苗语—法语词典》 696
《民长传》 407
《民国二十六年至二十八年期间在周口店附近所发现之新化石及考古材料》 567
《民国日报》 947
《民事调解法》 616
《民事诉讼法》 616

1311

《民事诉讼律草案》 615
《民数记》 217
《民俗学志》 836，837
《民治西学》 55，114
《民主的历史》 926
《民族美术》 954
《民族政治学理论》 857
《民族主义、排外主义、非基督教运动》 532，533
《闵玉清传》 766
《闽中诸公赠诗抄本》 62
《名可名非常名》 684
《名理探》 42
《名理探译刻卷数考》 911
《名理学》 267
《名耀世界的〈月光曲〉》 256
《明季滇黔佛教考》 835
《明季西书七千部流入中国考》 301，303，911
《明季之欧化美术及罗马字注音》 196，836
《明季之欧化学术及罗马字注音考释》 907
《明末殉国者陈于阶传》 952
《明清间耶稣会士译著提要》 22，28，54，55，89，94，164，174，919
《明失辽东考原》 953
《明史》 910
《明外族赐姓考》 953
《明相国徐文定公墨迹》 915，917
《明月篇》 531
《明浙西李之藻传》 907
《冥祥记》 526
《命运多舛的伟大音乐家》 956
《模范修女》 608
《摩邓女经》 520
《摩羯》 538
《摩尼教入中国考》 835，1043
《磨延啜碑》 868
《蘑菇和灵芝》 436
《莫扎尔特传》 956
《莫扎尔特的恋爱史》 956
《墨井道人传》 418
《墨井集》 418，422
《墨井集源流考》 424
《墨井诗钞》 418，420

《墨井书画集》 422，424
《墨井书画集序》 422，424
《墨井题跋》 418，422
《墨客挥犀》 527
《墨苑》 428
《墨庄漫录》 527
《墨子》 520，865
《默示录》 590
《默思圣难录》 119，379，404
《默思主苦》 583
《默想大全》 22
《默想规矩》 22
《默想全书》 134，583，603，604
《默想神工》 742
《默想神功》 17
《默想耶稣苦难》 639
《默想正则》 133，134
《默想指南》 727
《默想指掌》 94，96，736
《默中之手》 800，801
《母亲》 238
《牡丹》 438
《牡丹灯记》 527
《牡丹亭》 847
《木棉和草棉》 436
《目井》 684
《目连救母》 529
《目前的一个婚姻问题》 956v
《牧誓》 530
《牧童游山》 272
《牧羊者》 282
《墓园传说》 685
《墓志铭》 915
《墓中基督》 376
《墓冢》 685
《慕道者指南》 950
《慕敬圣律》 592

N

《拿撒肋的耶稣：耶稣的故事》 239
《纳多库瑟》 693，694
《纳海米亚斯传》 407

《纳西语—英语百科辞典》 864
《奈何天》 296
《男女社交》 933
《男女同校》 933
《南北阿墨利加图》 66
《南朝之北士地位》 953
《南华发覆》 657
《南华经》 865
《南华真经》 542
《南怀仁》 393
《南怀仁之汉字书法与汉文尺牍》 911
《南京地区河产贝类志》 346
《南京附近历代陵墓图》 485
《南京河道图》 462
《南京教区大小修院修业名录》 983
《南京教区圣事统计》 983
《南京教区条例》 161
《南京开埠》 338，461，462，615
《南京欧洲租界图》 462
《南宋初河北新道教考》 835
《南先生行述》 273
《南舆地图》 66
《内地十八省府州县地图》 338，341
《尼说》 115
《拟古》 531
《拟挽歌辞》 531
《拟行路难》 531
《逆耳忠言》 28，29
《溺女论》 115
《涅槃》 483
《牛津图书馆所藏圣教书》 923
《农民正谈》 640
《农桑易知录》 204
《农事诗》 712
《女儿镜》 235
《女君子》 236
《女学典型》 639
《女子教育》 933
《女子无才便是德》 933
《女子有行远兄弟》 684

O
《欧罗巴》 275

《欧罗巴图》 66
《欧美列国宗教教育之比较研究》 780
《欧亚纪元合表》 448，481，482
《欧游揽胜》 883
《欧游心影录》 534
《欧洲人对中国的了解和最初交往》 436
《欧洲文学大纲》 659
《藕庐诗草》 839

P
《盘古论》 115
《磐石杂志》 957
《滂喜篇》 516
《庞子遗诠》 736
《佩文韵府》 202，516
《盆梅赋》 297
《砰！》 532，534
《彭祖传》 530
《硼砂》 438
"批评和文学研究" 880
《琵琶记》 296，379
《琵琶行》 847
《琵琶行图卷》 420
《譬喻经》 520
《贫女》 465
《平等》 926
《半山冷燕》 296，510
《平则门外石门栅栏》 629
《评最近中日女权运动》 907
《婆娑论》 520
《破产法》 616
《菩萨藏经》 520
《菩萨的中国故事》 538
《葡华字典》 201
《葡萄》 531
《朴村诗集》 418
《普门品经》 503
《普世教会之不安》 2
《普天颂赞》 277

Q
《七哀诗》 531
《七件圣事略说》 812

《七克》 9，10，18，640，641，755
《七克大全》 9
《七克真训》 18，19
《欺诈的社会》 233，234
《齐家西学》 55
《岐彝语词典》 697
《其国无师长，其民无嗜欲》 684
《奇门大全》 505
《奇事记》 527
《祈祷会友便览》 159
《祈祷宗会》 942
《祈祷宗会问答》 160
《祈祷宗会袖珍》 159
《祈求经》 149
《乞儿传》 236，237
《气象和地震观测公报》 315
《气象台修缮和扩建》 438
《气象通诠》 249
《气学通诠》 320，348
《启蒙思想泰斗伏尔泰》 442
《契合诵》 289
《契券汇式》 166，188，447，474
《起棺经》 687
《起身》 239
《起世经》 520
《洽闻记》 526
《千佛论》 115
《千佛因缘经》 520
《千奇万妙》 348，351，356
《千字文》 296
《铅笔习画帖》 384
《前进略说》 736，737，738，742
《前列王传》 234
《前三求·尔名见圣》 750，803
《钱神论》 531
《乾隆皇帝御撰明史，冯秉正神父〈中华帝国编年史〉续》 24
《乾隆绛州志》 46
《乾隆内府舆图》 324
《乾隆御撰土尔扈特部归顺记》 436
《乾隆征战图》 379
《潜德谱》 110，111，112，593，755

《潜夫论》 505
《潜修小编》 153
《潜研堂金石文跋尾》 450
《黔省主证遗芳》 725
《黔蜀粤西致命传》 725
《遣兴》 531
《倩女离魂》 529
《敲西瓜子》 923
《切韵与鲜卑》 952
《切支丹大名史》 708
《钦崇诵》 289
《钦崇天主》 279
《钦此》 684
《钦定传说会纂》 341
《钦定春秋传说汇纂》 468
《钦定书经传说汇纂》 554
《钦天监中治历之耶稣会士表》 38
《亲爱诵》 289
《亲属法》 616
《亲属法和继承法的编纂》 616
《秦国地图》 468
《秦国史》 465，821
《秦史》 447
《秦始皇陵》 682
《琴歌》 530
《勤领圣体说》 103
《青海湖地图》 329
《青龙桥茔地志》 59，60
《青龙桥茔地志校后记》 958
《青年风浪》 808
《青年圣经读本》 619
《青苔诗集》 887
《青箱杂记》 527
《青旸圣母史略》 298
《轻世金书》 45，639，652，653，655，657
《轻世金书便览》 399，653，655
《轻世金书直解》 45，639，653，655，657
《清初僧诤记》 835，952
《清代学者整理旧学之总成绩》 836
《清诫》 530
《清实录》 680
《清室优待条例》 534

《清思赋》531
《清廷十三年》629
《清异录》505
《清尊录》527
《请原谅我们的罪过》239
《秋虫叹》531
《秋林步月图》420
《秋林策杖》895
《秋日晒古城》531
《秋山红叶图》418
《秋收时诵》727
《秋思》297
《秋寺晚钟图》420
《秋兴八景》428
《秋叶》527
《秋月》297
《求谋策之恩诵》727
《求圣母救急难诗》293
《求圣母助佑经》722
《求圣若瑟为中国大主保》279
《求圣心赐中国归化诵》150
《求圣心赐罪人改迁祝文》150
《求圣心为临终者诵》150
《求圣心为众人诵》150
《求托圣母诵》33
《求托诵》289
《求为本日临终者祝文》33
《求为外教改化诵》150
《求为中国及蒙古改化诵》150
《求医诵》289
《求友声》684
《述友篇》898
《曲阜和邹县的儒家圣地》817，819
《曲选》276
《曲终音韵细推敲》843
《屈原的〈远游〉：导论、文本、译文及阐释》847
《取譬训蒙》291，292，293，383
《拳匪祸国记》977
《拳匪祸教记》399，977
《拳祸记》977
《拳时北京教友致命》675，979
《拳时北堂围困》668，675，979

《拳时上谕》979
《拳时杂录》979
《劝戒鸦片论》505
《劝学篇》139，448，454，455
《却东门行》531
《确庵集》418
《群仙集》527

R

《热河图》872
《热心》238
《热心神工》592
《热心神师》660，661
《热心引》592
《人道辨》115
《人格》923
《人各一魂说》115
《人类的超性特恩》885
《人类之宗教信仰》920
《人人当奉真教说》115
《人舌尚有大力，况天主之圣言乎》141
《人生的基本问题的解答》619
《人生观》928
《人生三部曲》883
《人生要务》761，762
《人生哲学》752
《人生重要问题》762
《人死魂散辨》115
《人文携手》902
《人物》46
《人以铜为镜人以古为镜人以人为镜》684
《人之现象》576
《人质》685
《人罪至重》801
《日本出兵山东》535
《日本国三位致命》149
《日本学志》877
《日本资本主义的机构》857
《日常工作》152
《日出入行》531
《日汉古书编目法》873
《日讲书经解义》657

1315

《日㧀娃传》 592
《日亡吾乃亡草》 684
《日月蚀考》 166，448，477
《荣福五端》 377
《容孩近我》 592
《榕腔神诗》 230
《榕树》 685
《如达书》 590
《如果》 883
《如炎》 531
《儒弟德传》 407
《儒交信》 27，230
《儒教道德的特质及其学说之变迁》 854
《儒教论》 115
《儒林外史》 216
《儒学概论》 854
《汝坟贫女》 531
《汝乃磐石》 1018
《入华耶稣会士列传》 980
《入殓礼节》 687
《入蜀记》 484
《瑞应经》 520
《若伯传》 407
《若尔当传》 750
《若纳传》 407
《若瑟歌》 277
《若瑟圣月经》 746
《若瑟小篇》 136，138
《若稣噯传》 407
《若望传的福音》 619
《若望圣经》 220
《若望书》 590

S

《撒洛满的明判》 256
《三巴集》 275，277，418，420，421
《三大圣地的巡礼》 883
《三封书》 529
《三个王朝》 674
《三国》 216
《三国吴遗碑》 461
《三国演义》 529

《三国志》 264，296，520
《三国志演义》 527
《三合剑》 296
《三慧》 483
《三教堂论》 115
《三刻露德圣母纪略序》 136
《三论建设》 907
《三论〈遵主圣范〉译本》 652，654，660
《三民主义分析》 935
《三民主义节要》 919，935
《三清辨》 115
《三色堇》 886
《三山论学》 68
《三山论学纪》 68，69，177
《三山论学志》 68
《三叟》 531
《三天祈祷》 149
《三王来朝》 149
《三位一体》 279
《三余集》 275
《三愿问答》 104
《三字经》 200，293，296
《散花精舍》 842
《桑干河平原纪行》 562
《扫云记》 753，754
《色楞厄河图》 872
《僧考》 115
《僧徒受戒说》 115
《僧衣说》 115
《杀狗劝夫》 296
《沙弥尼戒经》 538
《沙弥尼戒文》 538
《沙弥十诫并威仪》 538
《沙漠呼声》 727
《山村田舍图》 420
《山带阁注楚辞》 848
《山东图》 872
《山东中新统之鹿类化石》 568
《山谷题跋》 422
《山海关附近石门寨盆地的地理构造》 570
《山海经》 505
《山海舆地全图》 36，324

《山海舆地图》 324
《山穷水尽》 887
《山西东南部上新统之骆驼麒麟鹿及鹿化石》 568
《山西古生代底部地质》 568
《山西洪洞之迁民树》 923
《山西图》 872
《山西西南部水成层之底部》 567
《山野之人于时无用》 684
《山雨欲来》 532
《山中苦雨诗画卷》 420
《陕西图》 872
《陕西新发现之圣教古碑》 937
《善导报》 372
《善恶报略说》 29
《善计寿修》 272
《善牧芳型》 725
《善牧会创始人真福贝勒蒂修女事略》 886
《善生福终》 383
《善生福终正路》 22，23，736
《善望弥撒》 645，808
《善与弥撒》 644
《善愿诵》 289
《善之家》 239
《商报》 947
《商书》 297
《上朝鲜国王条陈》 911
《上海的棚户》 923
《上海法租界史》 51，615
《上海话练习课本》 223，224
《上海话语法》 224
《上海教区大小修院修业名录》 983
《上海教区圣事统计》 983
《上海教区要经汇集》 145
《上海教区要理问答》 145
《上海气象记录（1873—1902）》 320
《上海气象学会年度报告》 319
《上海县志》 39
《上海徐家汇土山湾孤儿院》 362
《上海学生革命同志会宣言》 535
《上平下乱》 684
《上智编译馆馆刊》 882，911，957，958，1044
《尚书》 519，520，530，653

《尚志堂集》 47
《烧衣烧纸论》 115
《韶》 274
《少年独修》 236
《少女维奥兰》 685
《佘山圣母歌》 279，894
《佘山天文台年报》 312，315，316
《设立香港美术馆》 907
《社会丛谈》 932
《社会经济学概论》 919，921
《社会律》 929
《社会问题：吃饭》 926
《社会问题：民主主义者的方案》 926
《社会问题：社会主义者和马克思主义者的反驳》 926
《社会问题：着衣》 926
《社会学概论》 919
《申报》 914，947
《申初经》 77，150
《申尔福解》 109，722
《申尔福疏解》 298，593
《申命记》 217，234，407
《申正经》 77，150
《身后编》 439
《身陷土匪之乡——广西传教史》 704，707，973
《神爱牺牲》 1007
《神爱牺牲——沈则功修士小传》 1006
《神操》 31，246，582，583，606
《神领圣体式》 736
《神明为主》 27
《神奴儿》 529
《神曲》 230
《神释》 531
《神天圣书》 200
《神童诗》 296
《神慰奇编》 652，653
《神武》 661
《神仙传》 526
《神仙通鉴》 527
"神修篇" 778
《神修引领》 749，781
《神学大全》 147，268，806
《神学提纲》 919，920

《神学主讲晁大司铎银庆记念录》 155
《神异经》 526
《神翼用健》 800，801，802
《审判万民》 279
《慎鸾交》 296
《慎思录》 586，588，592，604
《慎思指南》 636，637
《慎言说》 115
《慎之慎之》 33
《升神品礼意略译》 722
《生理学》 267
《生命的奇妙明证有神》 732
《生若翰保弟斯大诞日》 149
《生物地质学与地质生物学》 570
《生物学名辞》 209
《胜则洗而以请》 684
《圣安德肋行实》 265
《圣安多尼传》 125
《圣安多尼祝文》 745
《圣奥斯定忏悔录》 939
《圣保禄》 1006
《圣保禄书翰》 224
《圣保禄宗徒行实》 670，675
《圣伯多禄第一教皇》 399
《圣伯多禄卡拉米尔传》 583
《圣伯多禄行实》 265
《圣伯多禄宗徒行实》 644，670
《圣伯辣弥诺小传》 129
《圣餐前后》 239
《圣长雅各布伯行实》 265
《圣宠论》 919，932
《圣达尼老祷文》 292
《圣达尼老歌》 1003
《圣达尼老各斯加》 150
《圣达尼老九德默想》 128
《圣达尼老小传》 128
《圣达尼老行实》 596
《圣诞歌》 278
《圣诞海航》 887
《圣帝经诵本》 527
《圣多俾亚传》 28
《圣多玛斯小传》 119，127

《圣多默谟尔传》 939
《圣范》 661
《圣方济格玻尔日内传》 583
《圣方济格沙勿略小传》 123
《圣方济各波尔日亚》 150
《圣方济各第三会》 745
《圣方济各撒肋爵行世》 621
《圣方济各沙勿略》 150
《圣方济各沙勿略传》 122，133，979
《圣方济各沙勿略的祝文为外教人归化》 722
《圣方济各沙勿略歌》 281，1003
《圣方热罗》 583
《圣父多明我行实》 757，758
《圣妇亚纳》 149
《圣纲鉴小略》 718
《圣歌》 755，1003
《圣歌汇集》 281
《圣歌汇集风琴谱》 281
《圣格罗行实》 592
《圣号祷文》 149
《圣号经》 687
《圣迹图》 379
《圣记百言》 19
《圣家歌》 1003
《圣嘉西赞圣母诗》 293
《圣教采茶歌》 279，755，756，1003
《圣教撮言》 22
《圣教道理约选》 23，638，736
《圣教对联》 190，191，192，193，737
《圣教歌选》 280
《圣教公课》 687
《圣教古史小说鼓词》 192，234
《圣教会史纲》 622
《圣教鉴略》 140，718
《圣教经课》 727
《圣教经文注解》 222，223
《圣教经言问答节要》 688
《圣教礼规》 726，727
《圣教礼仪》 808
《圣教礼义》 810
《圣教理证》 85，164，165，166，169，170，506，
  638，738，739，751，809

《圣教理证选要》 166
《圣教历史》 750
《圣教略说》 22
《圣教明征》 12
《圣教启蒙课本》 267，269
《圣教启蒙课本教授法》 267，269
《圣教切要》 14，89，736
《圣教全经本》 810
《圣教日课》 11，144，637，721
《圣教日课要选》 11
《圣教入川记》 78，725，726，973
《圣教圣像全图》 377
《圣教史略》 589，690，961
《圣教四规》 20，279
《圣教四字经文》 757
《圣教条例》 189，190
《圣教通考》 642，643
《圣教通行对联》 191
《圣教问答》 22，23
《圣教小引》 141，142
《圣教信证》 980
《圣教要理》 22
《圣教要理歌》 279
《圣教要理简本》 144
《圣教要理日课》 736
《圣教要理问答》 638，690，694
《圣教要理问答注解》 222，223，450
《圣教楹联类选》 192
《圣教杂志》 298，311，883，918，919，920，922，
　932，933，942，943，944，964，1023
"圣教杂志丛刊" 928，932，933，935，936，937，939
《圣教赞铭》 914
《圣教宗与中国》 907
《圣经广益》 23，640
《圣经直解》 399，652，653
《圣龛中的呼声》 1040
《圣克辣未尔传》 583，592，594，595
《圣老楞佐行实》 670，675
《圣老楞佐致命》 149
《圣肋思小传》 595
《圣类思祷文》 292
《圣类思歌》 1003

《圣类思公撒格学生主保小传》 1023
《圣类思主日敬礼》 808
《圣类斯公撒格》 149
《圣殓布经》 688
《圣留纳多自修志》 113
《圣路加福音》 590
《圣路加画圣母》 429
《圣路加圣史》 150
《圣路加学校画论》 379
《圣路嘉圣史》 896
《圣路善工》 146，147，727
《圣罗阁九日经》 757
《圣马尔谷圣史》 149
《圣玛宝福音》 590
《圣玛窦圣史》 896
《圣玛尔定的爱德》 232
《圣玛尔谷福音》 590
《圣玛尔谷圣史》 896
《圣门十六子书》 821
《圣梦歌》 980
《圣弥额尔及诸天神列品祷文》 149，652
《圣庙全图》 848
《圣母采茶歌》 755
《圣母传》 399，619
《圣母祷文》 132
《圣母祷文疏解》 132，133
《圣母德叙祷文》 279，722
《圣母的秘密》 605
《圣母歌》 277
《圣母花冠经》 745
《圣母会公规》 158
《圣母进教之佑》 149
《圣母经》 279
《圣母经集》 1025
《圣母经解》 20
《圣母净配》 727
《圣母净配圣若瑟传》 27，404
《圣母灵心录》 727
《圣母领报》 149
《圣母领报歌》 1003
《圣母领报会》 667
《圣母玫瑰》 150

《圣母玫瑰会要》 643
《圣母玫瑰经十五端》 139，450
《圣母玫瑰经十五端注解》 223
《圣母玫瑰九日经》 757
《圣母玫瑰圣月经》 746
《圣母七苦》 149，741，742
《圣母七苦经》 736
《圣母善导会初学院规》 161
《圣母升天》 149
《圣母升天歌》 279
《圣母升天像》 377
《圣母圣诞》 149
《圣母圣范》 639
《圣母圣心》 149
《圣母圣心祷文》 149，279
《圣母圣心歌》 1003
《圣母圣心会史略》 1040
《圣母圣心（俚语）》 279
《圣母圣心小日课》 150
《圣母圣心祝文》 149
《圣母圣衣会恩谕》 16，159
《圣母圣咏》 99
《圣母圣月》 722
《圣母圣月经》 746
《圣母始胎歌》 279，1003
《圣母痛苦》 149
《圣母痛苦歌》 1003
《圣母往见圣妇依撒伯尔》 149
《圣母为天主之母》 150
《圣母无染原罪小日课》 605
《圣母无染原罪要理问答》 605
《圣母无原罪祷文》 722
《圣母无原罪始胎》 150
《圣母无原罪赞》 1003
《圣母显迹圣牌纪略》 645
《圣母献堂会初学规范》 160，161
《圣母献耶稣于主堂》 149
《圣母像赞》 915
《圣母小故事》 1040
《圣母小日课》 31，77
《圣母小日课圣咏疏解》 299
《圣母小日课注解》 808

《圣母行实》 53，54，56
《圣母要理简要》 159
《圣母院函稿》 166，186，188
《圣母院——竹国奇葩》 1030
《圣母月》 33
《圣母月默想》 605
《圣母则济利亚行实》 265
《圣母瞻礼前九日经文》 736
《圣母之光荣》 722
《圣母之梦》 686
《圣母至洁》 150
《圣母忠仆》 605
《圣母主保》 150
《圣倪阁老的奇迹》 232
《圣倪阁老玛尔定文明剧》 232
《圣年广益》 23，80，91，92，138，399，604，719
《圣年广益撮要》 92
《圣女斐乐默纳传》 166
《圣女傅天娜——灵心小日记》 1040
《圣女加大利纳行实》 265
《圣女路济亚行实》 265
《圣女玛德肋纳素非传》 127
《圣女日多达小传》 126
《圣女小德肋撒十日敬礼》 1018，1019
《圣女小德肋撒言行录》 265
《圣女依搦斯戏》 232
《圣女依搦斯行实》 265
《圣人行实》 220，399
《圣人言行》 718
《圣人言行新编》 719
《圣人依纳爵经文》 33
《圣日辣尔传》 125
《圣若翰伯尔格满每日训言》 778
《圣若瑟传》 20，27
《圣若瑟祷文》 149，653，722
《圣若瑟歌》 278
《圣若瑟涅玻莫》 149
《圣若瑟圣咏》 1003
《圣若瑟圣月》 748，749
《圣若瑟新祷文》 279
《圣若瑟行实》 265
《圣若瑟月》 808

《圣若瑟月日课》 808
《圣若瑟月新编》 99，101，606，939
《圣若瑟主保》 149
《圣若望伯尔各满主日敬礼》 811
《圣若望福音》 590
《圣若望臬玻穆传》 30，31
《圣若望圣史》 896
《圣若望宗徒行实》 265
《圣若业敬》 149
《圣沙勿略九日敬礼》 31，85
《圣神降临》 149，279
《圣神降临第二副瞻礼》 149
《圣神降临第一副瞻礼》 149
《圣神降临歌》 279，1003
"圣时默想丛编" 938
《圣事论》 919，920
《圣事七件》 279
《圣事宣讲》 646
《圣事要理》 144
《圣事要理问答》 749
《圣事总录》 981
《圣斯德望首先致命》 150
《圣堂礼仪》 149
《圣堂内瞻礼六诵》 149
《圣体规仪》 736
《圣体纪》 102，103
《圣体军》 239
《圣体军联合刊》 946
《圣体军良友》 238，241
"圣体军小丛书" 238，239，1020
《圣体军月刊》 942，946
《圣体要理》 67
《圣体月》 749
《圣维亚纳讲道选集》 731
《圣味增爵》 149
《圣味增爵保禄氏神修格言》 784，785
《圣味增爵行实》 644，668
《圣魏亚乃》 784
《圣五伤方济各》 150
《圣五伤方济各诵》 745
《圣五伤方济各行实》 675，734
《圣西尔物斯德肋》 150

《圣心报》 113，115，125，135，159，404，486，937，939，942，1016，1025
《圣心金鉴》 125
《圣心良友》 939
《圣心临格》 602
《圣心诵句默想》 939
《圣心颂》 149
"圣心小丛书" 939
《圣心训言》 583
《圣心与司铎》 1020
《圣心与司铎续编》 1020
《圣心月新编》 101，102，138
《圣心瞻礼》 125
《圣学诗》 275
《圣学诗·咏圣会源流》 275
《圣亚尔方骚劳特里垓传》 125，133，593
《圣亚丰索行实》 592，593，595
《圣言会神父福若瑟生之所行，为开拓鲁南传教事业呕心沥血》 788
《圣言会在中国》 816，817
《圣言宣布，类分三式》 141
《圣衣会本瞻礼》 149
《圣依纳爵》 149，1040
《圣依纳爵传》 583
《圣依纳爵传略》 373
《圣依纳爵歌》 1003
《圣依纳爵九日敬礼》 31
《圣咏》 278
《圣咏续解》 31，77
《圣咏译义初稿》 888
《圣咏译义初稿导言》 958
《圣谕广训》 293
《圣月经文》 746
《圣翟辣尔传》 670
《圣召的劳作》 152
《圣召经言》 1000
《圣召指南》 602
《圣枝礼仪》 149
《圣主日礼纲》 151
《圣主日礼要》 151
《圣了》 239
《〈圣祖玄烨皇帝〉导论》 436

· 1321 ·

《圣祖依纳爵乐由辣神操》 582
《省察规式》 153
《省察要理》 224
《省慈编》 133，134
《盛京全图》 872
《盛礼弥撒曲调集》 261
《盛世刍荛》 165，746，747
《聖人伝》 975
《尸迦罗越六同拜经》 520
《尸解辨》 115
《师母篇》 940
《师主》 654
《师主编》 654
《师主篇》 619，652，654，657
《师主吟》 654
《诗经》 57，296，487，519，520，530，552，553，554，555，556，752，777
《诗经备旨》 553，554
《诗经传疏》 186
《诗经体注》 554
《诗经中之对偶律》 448，486，487
《诗篇》 277，888
《施药录》 357
《十八世纪京式建筑内部空间六图》 852
《十诫劝论》 383
《十诫劝论圣迹》 22
《十诫直诠》 652
《十九世纪的伟人》 728
《十九世纪前中华基督教对于医药之贡献》 356
《十年来我国天主教出版书籍总目》 958，1044
《十年来我国天主教出版书籍总目第一辑》 958
《十篇》 8
《十七八世纪来华西人对我国经籍之研究》 911
《十七世纪蒙古编年史》 868
《十七世纪前日华交通史》 817，819，821
《十日谈》 659，660
《十万个为什么》 354
《十竹斋画谱》 386
《十字架影》 937
《十字圣架》 279
《十字圣架五次显现中华》 937
《十字言论集》 907

《石壕吏》 531
《石龙麻风病医院》 709，713，716
《石头城》 297
《时事新报》 402
《时钟》 685
《实践录》 836
《实验指南》 249，348，351
《实义》 12
《实用电学》 1004
《史地概述》 338，461，462
《史记》 257，468，520，529，530
《使华访古录》 849，852
《使徒行传》 217，896
《世界的原始》 880
《世界地图》 322
《世界概观》 302
《世界历史》 252
《世界上宗教之主要观念》 920
《式叉摩那受大戒法》 538
《试论通史和各国人民的风尚及精神》 440
《试马图》 839
《视若天神》 684
《是也集》 905
《恃怙圣母诵》 33
《恃怙诵》 289
《室韦考》 836，953
《逝水集》 881
《释迦如来应化录》 502，538
《释家道场说》 115
《释懒》 115
《释氏疑年录》 835
《释氏疑年录文存》 834，835
《释氏源流》 538
《释疑》 520
《守护天神》 150
《守节者诵》 727
《守童贞者诵》 727
《守温韵学残卷》 196
《守圉全书》 55
《守瞻礼之日》 795，796
《守贞》 933
《守贞规范》 742，744

《首春逢耕者》 865
《首三圣咏》 77
《首瞻礼六简本》 137
《受大戒法》 538
《受难叹》 277
《受辱的神父》 685
《书》 168
《书法苑》 465
《书画同珍》 553
《书经》 57，75，296，297，552，554，555，556，752，777
《书经备旨》 553
《书利先生行迹后》 910
《书目学论考》 873
《书契便蒙》 184，186
《书三茅君传后》 115
《书张道陵传后》 115
《淑行行气》 781
《舒怀诵》 289
《赎罪之传道》 230
《蜀道难》 895
《述文赠幼博程子》 196，428，430
《述异记》 526
《树萱录》 526
《数理大全》 892，897
《数理精蕴》 75
《数理问答》 249
《数胜芳标》 597
《数圣芳标》 221
《数学习题》 249
《双槐树》 529
《双燕吟》 531
《双义祠》 296
《谁的罪过？》 620
《水浒》 216，256
《水浒传》 264，296，988
《水经注》 341
《〈水晶念珠〉研究》 875，876
《水手》 256
《水鸭》 895
《睡画二答》 42
《顺德麻风病院》 712

《顺正理论》 520
《顺治门内天主堂南堂》 629
《舜典》 530
《说部甄评》 880，881
《〈说部甄评〉甲集阅后记》 882
《说鬼》 115
《说类》 68
《说鹿》 346
《说马》 907
《说文》 516
《说文解字》 198，204，457，459，516
《硕果丰盈》 1020
《司铎默想宝书》 811
《司铎退省》 619
《司铎与善会》 779
《司马法》 438
《司马君实独乐园》 436
《司马谈传》 530
《司马相如传》 530
《私立震旦大学一览》 892，894
《私审判歌》 277
《私塾改良法》 777
《思凡》 529
《思泉：新体分类辞典》 205
《斯文·赫定在楼兰发现的汉文写本及零星物品》 847
《撕绸倒血》 684
《死当为厉鬼以杀贼》 684
《死朋生友》 684
《死亡歌》 277，1003
《四川顺庆西山院》 902
《四川图》 872
《四分律》 538
《四分律比丘戒本》 538
《四分律比丘戒本事义》 538
《四福音书》 590
《四库全书》 8，9，10，274，541
《四库全书总目》 198
《四论建设》 907
《四末论》 932
《四末真论》 80，85，87，88，439
《四史集一》 647，675
《四史集一注解》 647

《四书》 164，552，553，555，752，777，865
《四书集注》 553
《四书西译》 923
《四位骑手再接再厉》 243
《四终略意》 80，87，88
《四字经》 64
《祀灶说》 115
《松江府奉贤县地图》 328
《松江府华亭县地图》 328
《松江府南汇县地图》 328
《松江府青浦县地图》 328
《松江府御碑》 461
《宋词选》 836
《宋江三十六人考实》 836，953
《宋史丛考》 882
《宋书》 996
《宋文帝神道碑》 484
《送出师西征》 281
《送韩准裴政孔巢父还山》 499
《诵佛经论》 115
《诵摩羯比丘要用》 538
《诵圣会源流》 277
《颂》 297，553
《颂祝玛利亚荣耀》 593，722
《搜神后记》 526
《搜神记》 465，505，526
《苏报》 257
《苏报教案论书后》 115
《苏联关于家庭教育政策演变原因》 956
《苏维埃俄罗斯之观察》 932
《苏州府志》 418
《苏州教区地图，1885—1886》 328
《苏州致命纪略》 299
《俗言警教》 170，738，739，809，810
《俗语圣经直解》 223
《素问》 529
《溯源雅鉴》 725
《虽则七襄不成报章》 684
《隋书》 865
《随思随笔》 922
《随园杂兴》 682
《岁首献辞》 907

《孙中山先生对于基督教的态度》 926
《孙子兵法》 438

T

《他日再生当令我得之》 684
《塔考》 115
《台基厂天主堂》 629
《抬棺入墓安葬经》 687
《太极不能生万物论》 115
《太极图说》 1013
《太平广记》 505，527，529
《太平天国战争对浙江人口的影响》 996
《太平御览》 874
《太上感应篇》 379，510
《太上三官经》 505
《太师引》 276
《太史公书亡篇考》 953
《太阳光圈图》 348
《太阳光圜图，墨子图附》 312
《太阳图说》 348
《太阴图说》 312
《太原府代牧区简史》 970，973
《太祖女皇帝之神道》 684
《泰山及其祭拜》 817
《泰山曲阜指南》 821，869
《泰西列代名人传》 351
《泰西事物丛考》 351，354，355，356
《泰西水法》 9，348
《泰西水法序》 915
《泰西殷觉斯先生行述》 439
《谈道遗稿》 639，660，662
《谈论真假》 170，800，808，809
《谈谈〈洗冤录〉》 436
《谈瀛录》 15
《叹诗》 809
《探阴山》 529
《探原课本》 267，268，269
《汤若望》 393
《汤若望汉名之来历》 911
《汤若望书信和回忆录》 577
《汤若望与木陈忞》 952
《汤誓》 530

《唐大诏令集》 874
《唐代长安方言研究》 205
《唐会要》 874，910
《唐景教碑颂正诠》 449，652
《唐六典》 874
《唐律探究》 874
《唐诗概论》 883
《唐书》 865，910
《唐宋以来三十四个历史人物心理特质的估计》 836
《桃树》 438
《陶德曼所藏中国早期青铜器》 849
《陶渊明全书》 865
《陶渊明诗集》 712
《提高妇女人格》 933
《提正编》 45
《题鲍润生司铎译楚辞二绝》 848
《天朝纪事》 960
《天成人要集》 17
《天道辨》 115
《天地元质考》 115
《天赋权利下的医学伦理学》 155
《天工开物》 510
《天国珍宝》 147，148，149
《天国之阶》 138
《天花》 436
《天教明辨》 914
《天阶》 20
《天津的方言俚语》 776
"天津工商大学文化丛书" 614
《天津工商学院简史》 612
《天津工商学院简史》 568，1044
《天津通讯》 954
《天津育婴堂教案史料》 672，673
《天乐正音谱》 276
《天雷报》 529
《天理良心》 640
《天路历程》 230
《天马集》 883
《天门宝钥》 136，137
《天壤阁甲骨文存》 834
《天儒同异考》 914
《天儒印》 10

《天上英儿》 238，239
《天神祷文》 149，292，652
《天神的车夫》 620
《天神会课》 20，736
《天神谱》 110
《天堂酬赏》 239
《天堂歌》 277，1003
《天堂永福》 791，792，795
《天梯》 109
《天义年历》 315
《天文问答》 249，348
《天问》 847，848
《天问略》 652，848
《天下真教独一无二论》 115
《天香楼偶得》 505
《天学初函》 7，8，10，43，67，348
《天学传概》 59
《天学举要》 652
《天学略义》 45
《天学仁冢》 40
《天学实义》 910
《天演论驳义》 350
《天宇学》 267
《天主》 430
《天主赐福》 789
《天主公教白话报》 946，950
《天主降生出像经解》 70
《天主降生救赎论》 919，920
《天主降生言行纪略》 53，62，69，70，379，395，396，399，591
《天主降生言行纪像》 70
《天主降生引义》 396，399
《天主教被诬辨》 115
《天主教传入中国概观》 932，937
《天主教传行中国考》 589，961，962
《天主教大纲》 932
《天主教的检讨》 59
《天主教的真谛》 619
《天主教非西洋教说》 115
《天主教化俗论》 115
《天主教会史》 690
《天主教教义提纲》 619

《天主教禁出妻论》 115
《天主教禁娶妾论》 115
《天主教上海教区图》 329
《天主教神长摈斥不端服装训谕汇编》 934
《天主教十六世纪在华传教志》 576，962
《天主教适合人性》 928
《天主教为主宰真教说》 115
《天主教修士沈君小传》 1007
《天主教要》 36
《天主教与妇女问题》 932，933，934
《天主教在华传教志，1514—1588年》 576
《天主教在浦东》 471
《天主教在中国高丽日本六百年铎阶制度》 320，447
《天主教之战争观》 921，922
《天主教中国化的探讨》 950
《天主经》 750，800，803
《天主经解》 55，750
《天主三位一体论》 919
《天主上智亭毒万物论》 932，1025，1026
《天主圣教》 279
《天主圣教百问答》 85，439
《天主圣教豁疑论》 45
《天主圣教蒙引》 12
《天主圣教启蒙》 10
《天主圣教圣人行实》 399
《天主圣教十诫直诠》 45
《天主圣教四字经文》 62，63，64
《天主圣教通功经》 638，736
《天主圣教续经》 736
《天主圣教要理》 638
《天主圣教要理问答》 753，754
《天主圣母》 279
《天主圣三》 149
《天主圣神》 602
《天主圣像略说》 10
《天主十诫》 279
《天主十诫劝论圣迹》 20，22
《天主实录》 5，6
《天主实义》 5，6，9，11，12，36，44，91，164，619，836，910
《〈天主实义〉引》 5
《天主实义之改窜》 911

《〈天主实义〉重刻序》 6，43
《天主造物论》 919，932
《天主真主》 279
《天主正道解略》 937
《天主子，救世主，耶稣基多传》 938
《田村许母徐甘第大墓》 923
《铁路桥梁设计》 951
《铁十字箸》 449
《听道何益》 140，141
《听道天主圣言》 141
《听讲无效之谬点何在》 141
《听弥撒凡例》 17
《庭训格言》 264
《停棺不如薄葬说》 115
《通报》 351，454，509，510，546，870，981
《通典》 505，874，892
《通鉴纲目》 24，468，485，520，524
《通鉴纲目——中华帝国编年史》 24
《通鉴胡注表微》 952
《通鉴纪事本末补后编》 914
《通史》 483
《通史辑览》 252
《通俗报》 777
《通俗编》 527
《通问报》 455
《通问便集》 183，184，185，186
《通幽记》 526
《同拜圣体录》 605
《同文算指》 37，43，47，348
《同治户部则例》 476
《桐荫抚琴图》 839
《童女之颂》 684
《童养媳》 933
《童幼教育》 54，55
《童贞指南》 807
《痛悔词》 1003
《痛悔叹》 277
《痛苦五端》 377
《偷孩子》 236，237
《透视学》 386
《透视学撮要》 386，1004
《透物电光机图说》 249

《突厥历史资料》 510
《突厥文回纥英武威远毗伽可汗碑译释》 953
《图富强必须崇真教》 115
《图书集成》 520
《图像要理问答》 729
《土地法》 616
《土话算法》 249
《土话指南》 218
《土默特笔记》 448，766，768，770，869
《土山湾孤儿院木雕工坊》 363
《土山湾画馆画论》 379，393
《土山湾乐善堂旧闻》 895，898
《推命论》 115
《推原》 350
《退思恳言》 1040
《退思录》 583，584，604
《托赖圣母经》 722
《托马斯的怀疑》 429

W

《外国师船表》 902
《挽歌》 531
《挽姚左辖雪斋》 114
《晚经》 77，150
《晚学庐丛稿》 836
《万国公报》 230
《万国全图》 66，67
《万里万万里》 684
《万民四末图》 22
《万全的寺庙和历史，地理学方法用于民俗学》 773，776，869
《万善同归集》 503
《万松野人言善录》 905
《万岁万万岁》 684
《万王之王》 732
《万物必有主宰论》 115
《万物一体辨》 115
《万物真原》 66，67，393，396，399，899，914，917
《亡羊归栈》 237
《亡者弥撒》 282
《王家庄》 529
《王灵官考》 115

《王西征于青鸟之所憩》 684
《王阳明的道德哲学》 448，485
《王宜温和》 55
《王徵与所译〈奇器图说〉》 880
《王政须臣》 55
《往恭圣体式》 736
《往敬圣母式》 736
《望法诵》 289
《望复活》 149
《望教须知》 543，544
《望临诵》 289
《望弥撒的故事》 256
《为凡安息圣地祝文》 687
《为凡诸信者灵魂诵》 688
《为炼灵念终后经》 745
《为求凡诸信者灵魂诵》 149
《为求在教已亡父母亲友恩人诵》 149
《为退诱惑诵》 727
《为已亡铎德诵》 688
《为已亡父母诵》 688
《为已亡教宗诵》 688
《为已亡男女幼童通用经》 687
《为已亡者祝文》 688
《为在教适亡诵》 687
《为在教已亡父母亲友诵》 687
《为自难》 684
《惟汉行》 531
《维吉尔诗歌酌义》 712
《维西见闻纪》 700
《维西见闻录》 700
《卫拉特蒙古英雄史诗》 868
《伟大的保禄——传教者的模范》 619，620
《魏武帝遗令》 531
《温陵张二水先生赠西泰艾思及先生诗》 8
《温室》 436
《文昌帝君本愿真经》 527
《文昌魁星之崇拜图》 776
《文昌杂录》 527
《文昌主科第辨》 115
《文定公徐上海传略》 918
《文法》 263
《文化方面的工作》 880

《文明的官司：曹禺的〈北京人〉》 890
《文如其人——中国人生活格言和谚语》 709，711，712
《文献通考》 495，892
《文学典故》 447，464，465
《文学理论总编》 619
《文学中的暗喻》 465
《文言文》 515，519
"文艺丛书" 937
《文艺复兴时期的日本和法国》 614
《文艺月旦（甲集）》 880，881，882
《文艺月旦（乙集）》 880
《文藻月刊》 895，950，951
《文字教授改良论》 777
《闻见后录》 527
《闻见记》 527
《闻见前录》 527
《闻奇录》 527
《问答》 12，619
《问答撮要》 145，222
《问答释义》 811
《问答像解》 764
《问答译本》 222
《倭寇与汉奸》 923
《我从多数》 141
"我存丛书" 907，908
"我存文库" 908，909
《我存杂志》 910
《我的邮票》 238
《我国圣教二十二种名称之考释》 910
《我渴》 1040
《我们的领袖——耶稣传》 619
《我们的小类斯》 238
《我们对于近代文明的态度》 534
《我们昆弟身上的基多》 939
《我信圣而公教会》 939
《我信天主》 675
《乌盆记》 529
《乌鹊吉凶辨》 115
《乌苏里江图》 872
《无产阶级民主主义革命》 857
《无朝心宣年撰》 683

《无玷圣母降现露德》 149
《无玷圣母显灵圣牌》 150
《无量寿佛图》 839
《无量寿经》 503
《无染原罪》 604，605
《无灾无害弥月不迟是生后稷》 683
《无知的哲学家》 442
《芜湖教务新闻》 946
《吾人讲道化人之奇迹》 141
《吾愿在上》 272
《吾之难题》 141
《吾主耶稣》 841
《吴昌龄与杂剧西游记》 953
《吴地记》 418
《吴国地图》 465
《吴国史》 447，465，821
《吴历渔山：其人及艺术作品》 424，447
《吴淞江图》 465
《吴兴沈氏奉教宗谱》 988，996，997，1037，1038
《吴渔山晋铎二百五十年纪念》 952
《吴渔山神父小传》 424
《吴渔山先生口铎》 418，422
《吴渔山先生年谱》 422，834，835，952
《吴渔山先生行状》 418
《吴子兵法》 438
《五百位现代作家小传》 880
《五车韵府》 200
《五大颂歌》 685
《五方元音》 516
《五胡二十国史表》 249
《五花洞》 529
《五经》 164
《五论建设》 907
《五色线》 527
《五山文学史稿》 854
《五伤经》 736
《五伤经礼规程》 42
《五盛阴》 531
《五十余言》 980
《五一劳动纪念日宣传大纲》 535
《五洲括地歌》 250，251
《五洲图考》 327，328，942

《午时经》 77，150
《武侯祠碑》 461
《物理论》 350
《物理推原》 348，350，379，390
《物数推原说》 115

X

《西安府基督碑》 447，448，449
《西安门内西什库仁慈堂》 629
《西北归化人世系表》 953
《西藏传教史》 973
《西藏汉字碑铭》 680，681
《西番回回国使节致中国皇帝表章奏疏》 438
《西方极乐世界依正庄严图》 379
《西方要纪》 77
《西简先生的羊》 620
《西教纪略》 456
《西乐在中国》 948
《西琴曲意》 272
《西人论中国书目》 454
《西儒耳目资》 196，198，961
《西儒耳目资之拼音》 923
《西山的地质》 570
《西山圣本笃会修院创立记》 902
《西山题跋》 422
《西师战功图》 324
《西堂全集》 275
《西堂西值门内天主堂》 629
《西王母考》 115
《西文四书直解》 439
《西厢记》 296，510，847
《西学》 54
《西学凡》 67
《西学关键》 267，348
《西学列表》 351，354，356
《西学齐家》 55
《西学修身》 55
《西学治平》 55
《西洋新法历书》 57，66
《西洋中华通书》 505
《西游》 216
《西游记》 498，527，529，679，700

《西字奇迹》 196，839
《希夷碑》 684
《惜余春赋》 297
《熙朝崇正集》 914，976
《熙朝鼎甲录》 477
《熙朝定案》 914
《喜老》 682
《喜乐圣母圣心之善法》 404
《喜晴》 531
《系恋诵》 289
《虾蟆》 531
《夏书》 297
《夏威夷藏中国画》 849
《厦腔神诗》 230，277
《仙人辨》 115
《先妣事略》 915
《先考事略》 915
《先祖妣事略》 915
《先祖事略》 915
《闲窗括异志》 527
《闲话战争》 883
《闲居感怀》 531
《贤妇戴伊济传略》 299，300
《贤妇亚纳玛利亚戴伊济传》 300，301
《显灵圣牌约考》 137
《显相十五端玫瑰经》 24
《现代华北秘密宗教》 776
《现代女子教育专家耶稣孝女会创办人刚第达及其事业》 908
《现代中国的两位贤士》 888
《现代中国文化之前驱徐光启》 914
《现代中国文学研究书目》 880
《现行则例》 469
《宪法大全》 895
《献圣母于主堂》 150
《献县教区名录》 889
《献县教区银庆三周纪念》 552
《献县张家庄学校的期终考试》 944
《献心善规》 288
《献心诵》 289
《献心祝文》 288
《乡规民俗》 514，517

《相伯先生国难言论集》 895，907
《相术论》 115
《香港纳匝肋印书馆图书目录》 712
《香山孙文三民主义》 926
《响石》 436
《昷颂》 684
《向护守天神诵》 149，653
《向若瑟求洁净诵》 33
《向若瑟诵》 149，653
《向圣弥额尔大天神诵》 149，653
《向圣弥额尔总领天神诵》 150
《向圣母玛利亚诵》 149，722，745
《向圣母求洁德诵》 722
《向圣母求善终小日课》 622
《向圣母圣心念珠十字诵》 149
《向天主圣三诵》 149
《向天主耶稣诵》 149
《向耶稣苦像诵》 33，149
《向耶稣玛利亚若瑟诵》 33
《向耶稣圣灵诵》 939
《向诸品天神诵》 149，653
《萧梁陵墓考》 447，481，483，484
《萧顺之》 483
《潇湘录》 527
《潇湘雨》 296
《小仓山房诗集》 682
《小乘律》 538
《小池赋》 297
《小戴礼论》 115
《小德肋撒德行新篇》 1020
《小儿科》 357
《小方壶斋舆地丛钞》 942
《小歌童》 1005
《小国王之圣诞节》 620
《小牧童》 1040
《小朋友，都来吧！》 236
《小说家出于稗官说》 953
《小天神》 238
《小童祈祷书格式》 239
《小学修身新课本》 267
《小学用公民教科书》 267
《小雅》 296，553

《小英雄》 938
《小宗徒》 238，239
《孝弟里》 296
《孝经》 556
《孝经之研究》 902，907
《孝敬父母》 792，793，795
《孝女传》 236
《孝女救父》 236，237，592
《校订元刊杂剧三十种》 276
《校官碑》 461
《笑得好》 681
《笑谈随笔》 681，682
《效法基督》 650，652
《邪正斗智》 231
《邪正理考》 174，175，176，761
《邪正理考简言》 176
《谢圣体经》 149
《薤露》 531
《蟹的销数》 923
《心理学概论》 919
《心声》 942
《心师之神》 684
《心箴》 112
《心之所寄》 887
《辛稼轩年谱》 276
《新北辰》 956，1005
《新传教士》 808
《新词义》 518
《新的统治机器的结构：孙文的新民权主义》 926
《新光》 238，1020
《新华字典》 226
《新疆府厅州县歌括》 250
《新疆回纥墓刻》 452
《新经大略》 798
《新经合编》 590，591
《新经鉴略》 643
《新经略说》 797，798
《新经全集》 589，590，591
《新经全书》 619
《新经像解》 675
《新经译义》 118
《新旧约全书》 217，798，896

《新镌三字经》 191
《新民丛报》 893
《新齐谐》 527，529
《新青年》 216
《新史合编》 411，898
《新史合编直讲》 118，897，898
《新史略》 119，411
《新史像解》 379，390，399，404，407
《新式修身教科书》 777
《新唐书》 874
《〈新唐书·食货志〉译释》 848
《〈新唐书·突厥传〉拟注》 953
《新体修身讲义》 535
《新文学简史》 890
《新闻报》 914
《新五代史》 520
《新先生》 256
《新选圣教对联》 191
《新燕篇》 682
《新月》 905
《新制单级修身教科书》 535
《新制灵台仪象志》 75
《新中华》 914
《新字典》 893
《信爱》 939
《信从诵》 289
《信教何益》 141
《信经宣讲》 646
《信经直解》 27
《信望爱三德论》 919，920
《信仰与行为》 731
《信仰自由宣言》 780
《兴福庵感旧图卷》 420
《兴华万年策》 348
《兴化谚语和俗语》 509
《星相学》 302
《刑事诉讼律草案》 615
《行遍天主教世界》 948
《行路须知》 684
《行销地界图》 475
《行政诉讼法》 616
《行政诉讼法上诉法》 616

《行状》 418
《形天无灵论》 115
《形形色色的主义》 532
《形性学要》 249，348，351，356，390
《醒时经》 687
《醒世迷编》 173，174
《幸福的泉源》 887
《幸获诵》 289
《性本能的宗向》 933
《性法学要》 113，114
《性解放的谬谈》 933
《性理大全》 457
《性理精义》 457
《性理真诠》 172，173，200，752
《性理真诠提纲》 172
《性命圭旨·端拱冥心》 505
《性学觕述》 47，64，65
《性学觕述序》 65
《性学觕述引》 65
《性学序》 65
《性学自序》 65
《凶宅》 531
《胸中庸平》 272
《修成正鹄》 133，134
《修词初级》 259
《修词人成》 259
《修道说》 1000，1037
《修道院中之热心》 154
《修规益要》 720，721
《修女裴宜业小传》 1019
《修身教育》 532，535，538
《修身西学》 55
《修身要义》 535
《修行本起经》 520
《修院奇花秦秋芳修士小传》 1026
《秀峰夜话》 883
"袖珍丛书" 728
《绣太平》 276
《徐阁老的旧宅——九间楼》 914
《徐光启》 393，914
《徐光启对中国近代教育之贡献》 914
《徐光启家世》 923

《徐光启行略》 914
《徐光启与利玛窦》 914
《徐光启著述考略》 907
《徐汇藏书楼与传教》 923
《徐汇藏书楼之方志》 922
《徐汇公学歌唱集》 281
《徐汇公学奖赏册》 247
《徐汇公学同学录》 247
《徐汇纪略》 481，895
《徐汇天文台地震公报》 315
《徐汇天文台观测公报》 53，315
《徐汇天文台物理气象记录》 315
《徐汇中学歌唱集》 281
《徐家汇博物院梅花鹿标本目录》 346
《徐家汇天文台地震记录》 319
《徐家汇天文台五十年科学工作》 309，312
《徐家汇天文台中国天气报告》 315，316
《徐上海特刊》 914
《徐上海轶事》 914
《徐氏庖言》 915，918
《徐文定公的〈农政全书〉》 1005
《徐文定公的农政全书》 914
《徐文定公的子和孙男孙女》 914
《徐文定公集》 299，915
《徐文定公留心社会学》 923
《徐文定公三百年祭后》 914
《徐文定公逝世三百年纪念文汇编》 914
《徐文定公行实》 915
《徐文定公耶稣像赞校异》 911
《徐文定公轶事》 914
《徐文定公与中国科学》 914
《徐文定公奏议四表叙》 914
《徐文定故事》 908
《徐志摩年谱》 880
《徐州府团湖事件史料》 135，447
《徐州教区圣事统计》 983
《许公缵曾传》 83
《许太夫人传略》 83，273
《畜牲道辨》 115
《续博物志》 527
《续古》 531
《续古抚今》 28

《续口铎日抄》 418，422
《续理窟》 115
《续通鉴纲目》 520
《续仙传》 527
《蓄妾问题》 933
《宣室记》 527
《喧宾夺主》 923
《旋涡和浪花》 532
《薛仁贵》 296
《学生杂志》 283
《学庸精义》 854
《学政全书》 476，481
《雪林自选集》 883
《雪球传》 237
《雪夜留梁推官饮》 531
《寻获十字圣架》 149
《寻梦草》 887
《荀子》 520
《训诫》 514，542
《训蒙图》 407
《训慰神编》 28
《训纂篇》 516

Y

《崖州志》 857
《雅歌》 94
《雅各布伯书》 590
《雅鲁藏布江图》 872
《亚当和夏娃之后》 430
《亚尔斯本堂圣味亚内传》 778，779
《亚来淑戏》 232
《亚陆生物史迹汇编》 569
《亚物演义》 103
《亚细亚图》 66
《亚洲的一个地理问题——蒙古岩相》 570
《烟台港地图》 462
"研究和记述中国丛书" 817，818，819，820，821，823
《研究与进步》 865
《衍圣公访济宁》 817
《眼泪的海》 883
《演习神武》 660，661

• 索 引 •

《厌闻圣道之原因》 141
《晏子春秋》 520
《燕京开教略》 4，11，57，58，325，399，643，664，668，673，674，961，970
《燕子》 438
《扬子江航道》 337，338
《扬子江口崇明岛》 338，447，448
《扬子江上游地图集，从宜昌府至屏山县》 311，329，338
《扬子江上游行述，从宜昌府至屏山县》 329，337
《阳气为鬼辨》 115
《杨家将故事考信录》 953
《杨淇园先生超性事迹》 44
《杨淇园先生事迹》 67
《杨淇园行迹》 20，27
《洋汉合字典》 201
《洋荨一枝》 236
《仰法诵》 289
《仰合天主圣意》 737，744
《仰佑诵》 289
《仰止歌》 277
《养疴漫笔》 527
《养心神诗》 277
《养心神诗新编》 277
《尧典》 530
《要紧祈求》 742
《要经汇集》 145
《要经祈求默想》 742
《要理大全》 721
《要理讲论》 721
《要理解略》 675
《要理六端和要经六端全图》 377
《要理譬解》 623，724
《要理启蒙》 751
《要理条解》 589
《要理问答》 145，757
《要理引伸》 622，623，724
《椰树》 685
《耶利米亚先知的预言》 752
《耶稣传》 115，938
《耶稣传教》 279
《耶稣的回音》 238

《耶稣的苦难》 727
《耶稣的小朋友》 238
《耶稣的言语》 619
《耶稣复活》 149
《耶稣复活第二副瞻礼》 149
《耶稣复活第一副瞻礼》 149
《耶稣复活歌》 293，1003
《耶稣复活后显身玛达利纳》 841
《耶稣会》 152
《耶稣会蚌埠教区统计》 983
《耶稣会传教士洪若翰神父致拉雪兹神父的信》 626
《耶稣会传教士沙守信神父致本会郭弼恩神父的信（1703年2月10日于抚州）》 91
《耶稣会的圣人与真福》 376
《耶稣会古代在华传教史》 966，967
《耶稣会规》 155，158，606
《耶稣会会典》 155
《耶稣会例》 439
《耶稣会母后像》 152
《耶稣会南京教区统计》 983，1003，1004
《耶稣会上海教区统计》 983，994
《耶稣会士利玛窦神父的基督教远征中国史，会务记录五卷》 960
《耶稣会士在音韵学上的贡献》 196，198
《耶稣会士在音韵学上的贡献补》 58，198
《耶稣会士中国书简集》 91，626
《耶稣会司铎和修士名录》 326，982
《耶稣会献县教区名录》 568，595，983
《耶稣会徐州教区统计》 983
《耶稣会中辅理修士的地位》 152
《耶稣会中国书简集》 626
《耶稣会总长公信》 129，593
《耶稣会祖圣依纳爵传》 939
《耶稣基督的教训》 731
《耶稣基督的受难与复活》 731
《耶稣基督这个人》 938
《耶稣究竟是谁？》 619
《耶稣苦难》 798
《耶稣玛利亚刚第达姆母传略》 908
《耶稣升天》 149
《耶稣升天歌》 279，293，1003
《耶稣圣诞》 279，840

1333

《耶稣圣诞歌》 281，293，1003
《耶稣圣诞歌（俚语）》 1003
《耶稣圣诞（俚语）》 278
《耶稣圣诞昧爽瞻礼》 150
《耶稣圣诞前九日经文》 736
《耶稣圣诞天明瞻礼》 150
《耶稣圣诞子时瞻礼》 150
《耶稣圣名祷文》 149，722
《耶稣圣体》 149
《耶稣圣体祷文》 149
《耶稣圣体歌》 279，722，1003
《耶稣圣心》 149
《耶稣圣心祷文》 149
《耶稣圣心歌》 277，279，281，1003
《耶稣圣心九日敬礼》 1019
《耶稣圣心圣月经》 746
《耶稣圣心通谕》 1018
《耶稣圣心之母后九日敬礼》 1020
《耶稣圣心之通谕》 1020
《耶稣圣血》 149
《耶稣受难》 149，279
《耶稣受难歌》 1003
《耶稣受难记略》 118，411
《耶稣受难记略方言》 219，312
《耶稣受难圣路善工》 727
《耶稣受难遗迹考略》 1014，1016
《耶稣所立之罗马公教为真教》 920
《耶稣推广天主教说》 115
《耶稣为主宰降凡论》 115
《耶稣五伤像》 377
《耶稣显圣容》 149
《耶稣像赞》 915
《耶稣行实》 70，591
《耶稣行实彩图》 732
《耶稣言行》 621
《耶稣言行纪略》 719
《耶稣隐居生活》 727
《耶稣赞》 115
《耶稣真教》 591
《耶稣真徒》 672
《耶稣真徒的生活》 619，620
《野蚕和家蚕》 436

《野风》 531
《野鹿看家》 236
《野蛮人》 274
《野人》 531
《野田黄雀行》 531
《野田行》 531
《业报差别经》 520
《叶台山全集》 68
《夜经课》 150
《夜课经》 77
《夜路看家》 236
《夜援琴》 531
《夜坐苦蚊》 531
《一赐乐教碑跋》 836
《一点即燃》 532，534
《一夫一妻制为原始的婚姻制》 933
《一个33岁的男人》 429
《一个传教的模范——张保禄小传》 599
《一个模范的工人》 129
《一个追忆》 256
《一目了然》 638，674，808
《一千零一夜》 237，685
《一日一谈》 298
《一位归正者的自述》 886
《一位中国奉教太太——许母徐太夫人甘第大传略》 299
《一位中国奉教太太许母徐太夫人事略》 82，83，439
《一线之光》 931
《一线之光续编》 931
《一种叫作香椿的植物》 436
《一座华北城市的祭堂，宣化的宗教建筑全览》 773
《伊藤仁斋：德川时期的哲学家、教育家和汉学家》 876，877
《医方宝诀》 357，725
《依靠圣母》 593，722，781
《依纳爵临终图》 376
《依纳神操》 582，583
《依恃耶稣圣心九日敬礼》 1018
《仪礼》 552，555，556
《仪象考成》 57
《仪象图》 75
《仪象志》 75

索　引

《诒卜皇陵》 684
《宜春乐》 276
《遗书一束》 238
《疑年录稽疑》 953
《已领圣体祝文》 149
《已亡者日课经》 77
《以赛亚书》 94
《以香为信》 684
《义鹃》 531
《义勇列传》 583
《艺海珠尘》 848
《忆》 939
《忆李长之》 881
《异闻总录》 527
《异苑》 526
《译名宜统一》 922
《译者之撮辞》 141
《易简祷艺》 80，92，93，736
《易经》 24，27，57，172，296，297，519，520，529，556，859，865
《易经备旨》 553
《〈易经〉复原、翻译与注释》 509
《易经概说》 75
《益公题跋》 422
《益稷》 530
《益世报》 534，886，894，905，906，946，947
《益世报海外通讯》 901
《益世报·文学周刊》 887
《益世主日报》 947
《益寿谈》 1000，1002
《益闻报》 115，390
《益闻录》 98，135，327，390，404，942
《逸民》 531
《翼下共鸣录》 939
《因果经》 520
《因果实录》 503
《因果无凭论》 115
《阴阳界》 684
《音韵阐微》 196
《音韵字典》 4
《殷武》 530
《引家当道》 230

《引家归道》 230
《饮冰室合集》 532
《饮马长城窟行》 531
《隐修院中的陆徵祥》 256
《印雪轩随笔》 505
《应酬官话》 188，189
《应酬汇选》 191
《应酬土话》 188，189，218
《英汉字典》 200
《英雄和英雄崇拜——卡莱尔讲演集》 118
《鹦鹉赋》 297
《萤火虫》 237
《萤火赋》 297
《营涅槃》 531
《硬面包》 685
《雍乾间奉天主教之宗室》 668，836，952
《咏唱经文撮要》 282，283
《咏松树》 531
《咏自然法则》 442
《优生学》 933
《幽歌》 530
《幽明录》 526
《犹大之吻》 883
《游马人山记》 10
《有福的哀恸》 239
《有关早期青铜器笔记》 849
《酉阳杂俎》 527
《幼学琼林》 553
《幼学袖简》 583，606
《佑助炼狱善灵九日瞻礼经文》 757
《于右任先生六十岁年谱》 894
《俞子如先生像赞》 915
《渔父》 530
《渔山袖珍册》 418
《瑜伽论》 520
《虞书》 297
《舆地图》 872
《舆图汇集》 652
《与海翁夫子书》 915
《与礼义注》 644
《与弥撒功程》 24
《与新娶妻别》 531

《禹贡》 530
《语录与顺治宫廷》 952
《语丝》 652，653，654，655，659，660
《语体文》 514，517，518，546，681
《语体文选集》 256
《语言自迩集》 773
《玉娇梨》 296
《玉历钞传警世》 527
《玉石》 438
《玉堂闲话》 527
《吁告诵》 289
《预简特恩的探究》 931，936
《遇患难时求免诵》 727
《遇荒年诵》 727
《御批通鉴纲目》 24
《御撰资治通鉴纲目三编》 24
《御纂朱子全书》 457
《愈显主荣》 923
《冤家债主》 296
《元旦》 682
《元和志》 341
《元人杂剧百种》 296
《元史译文证补》 450
《元夕》 297
《元也里可温教考》 835，1043
《元质非自有论》 115
《元祖亚当》 279
《原化记》 527
《原魂》 115
《原染亏益》 439
《原神学》 267
《原子能明证有神》 732
《原子物理学入门》 836
《援戈尔麾落日》 684
《援溺宝筏》 754
《源泉》 685
《圜容较义》 43，348
《远东传教的发端》 727
《远东法国学院集刊》 692
《远东法兰西学院集刊》 692，701
《远东法兰西学院集刊柬埔寨研究专刊》 692
《远东法兰西学院集刊考古专刊》 692

《远东法兰西学院集刊论文索引专刊》 692
《远东法兰西学院集刊图书目录专刊》 692
《远东艺术中的自然哲学》 509
《远古王朝》 436
《远镜说》 59
《远西奇器图说》 47
《远游》 848
《愿为天主好儿女——我与徐宗泽神父》 886
《约翰福音》 131，220，691
《约翰福音注疏》 724
《约拿书》 94，217
《约稣位传》 234
《月饼》 923
《月出照兮劳心惨兮》 684
《月光露台》 685
《月间歌诗》 288
《月下弹琴》 682
《月下独酌》 531
《阅微草堂笔记》 527
《粤法字典》 224
《粤西主证遗芳》 725
《粤语导引》 226
《粤语—侬语—福佬话字典》 698
《云碑》 684
《云淡》 277
《云南归化蛮番》 700，701
《云南归化蛮番分布图》 701
《云南图》 872
《云仙杂记》 527
《云之国际命名法》 318

Z

《杂阿含经》 520
《杂宝藏经》 520
《杂诗》 530，531
《杂旺阿尔布滩图》 872
《杂心论》 520
《再和马图》 531
《再接再厉》 241，243
《再论建设》 907
《再论〈遵主圣范〉译本》 652，653，654，655，660
《再说钦察》 953

索 引

《在大龙河畔》 887
《在华圣母圣心会士名录》 174，984
《在华天主教报刊》 863
《在华耶稣会传教士杜美德神父致本会洪若翰神父的信》 626
《在华耶稣会士列传及书目》 4，9，172，273，435，438，447，641，976，980，984
《在华耶稣会士列传及书目补编》 10，981，984
《在华耶稣会司铎名录》 980
《在华耶稣会司铎名录——自沙勿略以来一百年间在中华帝国的耶稣基督之忠实传播者》 439，980
《在华犹太人称谓》 863
《在马槽前》 233
《赞美歌》 77
《赞美经》 77，150，687
《赞美圣母无玷之经文》 722
《赞颂圣母圣名》 149
《早期道教之政治信念》 836
《早晚课读本》 228
《早晚日课》 736
《早晚五端经》 757
《早雪图》 420
《皂荚》 438
《灶神真经》 527
《造屋三知》 1000
《择日论》 115
《怎学善祷》 801
《怎样祈祷》 727
《增补慎之慎之》 33
《增订华德词典》 208
《增订汇学读本》 248
《增订徐文定公集》 299，915，917
《增进力矩分配法》 955
《增一经》 520
《增注通问便集》 184
《赠思及艾先生诗》 69
《赠薛内史》 531
《斋戒论》 115
《瞻礼道理》 662
《瞻礼口铎》 20
《瞻印》 530
《斩鬼传》 296

《战城南》 530
《战国策》 520
《战国时期的陶俑和金文拓片》 861
《战守惟西洋火器第一议》 55
《张保禄小传》 599
《张保禄行实》 598
《张朴桥庆祝江南修院百周年纪念盛况》 1040
《张仙考》 115
《张雅各布伯司铎行传》 174
《张远两友相论》 230
《涨潮》 532
《昭明文选》 865
《昭雪汤若望》 58，198
《赵氏孤儿》 27，442，510，553
《照永神境》 31
《哲学辞典》 212，442
《哲学史纲》 267，919
《哲学提纲》 267
《哲学文献》 752
《哲学文选》 515，519，520，533
《哲学原理》 75
《这里和那里》 685
《浙江景宁敕木山畲民调查记》 859
《浙江图》 872
《贞操问题》 933
《贞德要训》 1021，1034
《贞女潜修纲要——纳巾肋圣母潜修德表》 1035
《真道解疑》 639
《真道自证》 80，90，91，640
《真道自证记》 90
《真福宝宝辣小传》 596
《真福德约发文纳尔致命传略》 597
《真福高隆汴小传》 128
《真福克来传》 644，670，979
《真福刘保禄神父小传》 671，979
《真福刘达陡神父传》 671，979
《真福禄多尔弗致命传》 379，1002，1003
《真福赵奥司定神父传》 671，979
《真福正路》 755
《真福直指》 22，23
《真教大益》 176
《真教理证》 583

《真教通行录》 725
《真教问答》 104，291
《真教之寻索》 920
《真教自证》 290，291，910
《真教最要》 176
《真理不变》 591
《真理警世》 170，737，738，739，740，742
《真神说论》 27
《真所谓大乱之道》 683
《真心爱仇》 793，795
《真修训范》 639
《真主灵性理证》 898，899
《振心总牍》 16
"震大公青会丛书" 939
《震旦博物馆收藏的东亚泥蜂》 347
《震旦大学二十五年小史》 894
《震旦大学院工科杂志》 951
《震旦大学院文学法政杂志》 951
《震旦法律经济杂志》 952
《震旦系石灰岩的扭曲现象》 570
《震旦医刊》 951
《震旦杂志》 951
《镇江志》 484
《箴言》 217
《拯世略说》 45，640，641，642
《正道启蒙》 230
《正道题纲》 915
《正福寺墓地和教堂（1732—1917）》 627
《正教褒传》 552，976
《正教奉褒》 59，166，910，975，976
《正教奉传》 59，166，975，976
《正邪略意》 80，81
《正心编》 1000，1002
《正学》 520
《政治压迫和经济压迫》 926
《之死而致死之不仁》 684
《支那学术文艺史》 873
《知本卑南族的出草仪式：一个文献》 829
《知新报》 905，1014
《织妇怨》 531
《执事高标》 1002
《执事修程》 151

《直隶图》 872
《职方外级》 328
《职方外纪》 66
《指南》 520
《指引真教》 780
《志工部》 436
《志怪录》 526
《治军语录》 438
《致罗马女学校师长函》 934
《致命去》 238
《致命小传鼓词》 234
《致年轻读者》 226
《致徐润农司铎三书》 909
《致英敛之先生四书》 909
《置身度外》 532，533
《中阿含经》 520
《中法对照松江方言〈官话指南〉》 218
《中法对照新文学辞典》 880
《中法新汇报》 454
《中国百鸡问题或不定分析》 351
《中国版本目录学书籍解题》 873
《中国版画集》 381
《中国北部沿海之雾》 318
《中国便览》 193，404
《中国兵法》 436，438
《中国兵法（续）》 436
《中国传教会》 984，985，986
《中国传教士》 957
《中国传统文化与天主古教》 883
《中国纯文学史纲》 933
《中国鞑靼西藏的基督教》 680
《中国大地震考》 448
《中国大地震目录》 166，320，321，448，477
《中国大事记》 948
《中国大主保圣若瑟圣月》 33
《中国当代文学的顶峰》 890
《中国当代文学：见证时代的作家们》 890
《中国的边疆》 702
《中国的封建制度》 505
《中国的玫瑰花朵》 782
《中国的社会和国家：一个帝国的历史》 859
《中国的神话与传说》 527

索　引

《中国的圣母》　425
《中国的十字符与卍字符》　387，447，457，459
《中国的唯一希望》　455
《中国地图志略》　140
《中国地舆志略》　252
《中国地舆志略附图》　967
《中国地质学会志》　567
《中国二十一位殉教者传》　1025
《中国发现原始云杉型木属》　570
《中国法律》　616
《中国法律里的遗产和继承》　952
《中国法学学者的学术动向》　944
《中国风俗与〈以斯帖记〉所志风俗之比较》　438
《中国风俗与〈以斯帖记〉所志风俗之比较（续）》　438
《中国佛教》　538
《中国佛教经典考》　863
《中国佛教圣地峨眉山》　709，713
《中国佛教史籍概论》　835
《中国佛塔的分布》　369
《中国佛塔图集》　368，369
《中国府厅州县名和开放口岸合表》　326
《中国概述》　24
《中国格言谚语》　438
《中国各州府基督信众分布图》　320，338，447
《中国孤儿》　442
《中国古代的祭礼与歌谣》　505
《中国古代的节庆与歌谣》　505
《中国古代历史》　436
《中国古代哲学史》　752
《中国古代之婚姻范畴》　505
《中国古今地理》　338
《中国古今孝道》　436
《中国古今音乐考》　274，435，436，438
《中国古今宗教信仰和哲学思想史》　527，529
《中国古人长寿之道》　438
《中国古生代和中生代植物》　574
《中国古生物志》　568
《中国广东传教史》　973
《中国广西传教史》　973
《中国贵州传教史》　973
《中国国家图书馆外文善本书目》　297，438，675，680

《中国海岸的涌浪和微震》　319
《〈中国和埃及哲学的研究〉商榷》　436
《中国和埃及哲学研究考注》　436
《中国和日本传教会》　985
《中国和日本净土宗》　538，541
《中国花梨家具图考》　849
《中国花木》　438
《中国画论》　381
《中国黄土地的分布和外貌》　576
《中国婚姻律》　166，448，477
《中国纪元杂论文集》　166，448，477
《〈中国既往和现存部落民族〉导言》　438
《中国江南教区〔1842—1922〕和南京教区〔1922—1932〕沿革》　967
《中国江南教区（1842—1922）和南京教区（1922—1932）沿革》　967，970
《中国教育制度改革刍议》　955
《中国近代诗学之过渡时代论略》　619
《中国近三百年学术史》　86，88，836，898，1013，1043
《中国近事报道》　432，434，435
《中国禁地》　701
《中国经典研究》　776，777
《中国旧石器时代》　565，566，576
《中国开放港口地图》　462
《中国开教时的圣母会》　931
《中国科学提要》　439
《中国坤舆详志》　325，338
《中国昆虫》　438
《中国昆虫学汇报》　346，347，951
《中国篮篓》　425
《中国礼仪》　434
《中国历史》　75
《中国历史纪年与通称甲子对照表》　482
《中国历史科学艺术习俗实录》　274，435，438
《中国历史年表》　482
《中国利息》　436
《中国两栖动物》　574
《中国六大经典》　17
《中国六经》　801
《中国论札》　362，379，381
《中国迷信手册》　507，508

《中国迷信研究》 164，170，325，448，490，506，507，509，527，871
《中国民间画》 686
《中国民间画像》 855
《中国民间生活，上海土山湾孤儿院人物木刻》 365
《中国民主问题的解决：权能分离》 926
《中国名人谱》 436
《中国名人谱（续）》 436，438
《中国木刻艺术与绘画艺术》 387
《中国男多于女》 923
《中国溺婴与天主教圣婴会》 360，404
《中国青海蒙古人》 766
《中国青年之忘记文学》 923
《中国染料》 436
《中国人不知自己之文明》 923
《中国人的礼仪与祭祀》 75
《中国人的社会生活》 505
《中国人的世界观》 865
《中国人的思想》 505
《中国人的智慧》 198，439，440
《中国人的中国》 527
《中国人的宗教》 505
《中国日常口语入门》 266
《中国肉食》 438
《中国软体动物学汇报》 346，348
《中国尚存哺乳动物》 574
《中国神话辞典》 527
《中国圣母会考》 159，940，1014
《中国圣徒》 578
《中国十八省全图》 325
《中国实录》 435
《中国实现伟大复兴的三个办法》 926
《中国实用技艺》 438
《中国思想史和社会史》 859
《中国思想演变研讨录》 531
《中国四川传教史》 973
《中国讼师》 674
《中国岁时歌谣》 837，838
《中国陶器》 436
《中国陶俑》 425
《中国天文学》 57
《中国天文学史》 57

《中国天象观测史》 438
《中国天主教传教史》 36，322，964
《中国天主教传教史概论》 919，964，1043
《中国天主教各教区修道院和学校》 983
《中国天主教史》 907
《中国天主教史论丛甲集》 725，1043
《中国天主教史人物传》 45，420，450
《中国天主教修会》 299
《中国通志》 442
《中国文化圈的思想世界》 865
《中国文科举制度》 135，447，477，480
《中国文明》 505
《中国文学典故辞典》 465
《中国文学教程》 293，297，681
《中国文学史》 425，873
《中国文学史通论》 619
《中国文字与人体姿势》 448，486，487
《中国武科举制度》 135，447，477，480
《中国舞蹈》 438
《中国西北部地区文化》 870
《中国西部及蒙古新疆几个新石器或旧石器之发现》 568
《中国西南部地区文化》 870
《中国西南古纳西王国》 864
《中国、锡兰、马达加斯加》 578
《中国贤哲孔夫子》 439，440
"中国现代法律丛书" 616
《中国现代民间传说》 526，527
《中国现代文学史》 881
《中国现代小说戏剧一千五百种》 880，882，883
《中国现代小说戏剧一千五百种提要》 882
《中国小说选》 510
《中国新地图志》 861
《中国新发现的大西洋属七个物种的特征和描述》 347
《中国新发现的木化石》 570
《中国新石器时代》 575，576
《中国新石器时代遗址分布图》 576
《中国新文学史》 880
《中国新艺术运动的回顾与前瞻》 402
《中国新志》 78
《中国学识与基督教哲学之间历史关系的研究》 577
《中国牙雕》 425

索　引

《中国沿岸之冬季风暴》 318
《中国沿海飓风及风暴标号条例》 308
《中国谚语》 224
《中国耶教艺术》 196，424，425，426，429，430
《中国医药》 438
《中国艺术研究》 387
《中国音韵学研究》 859
《中国应酬话》 189，448
《中国语言文字》 436
《中国语言文字（续）》 436
《中国语言学及民俗学之地理的研究》 773
《中国语言学史》 1014
《中国玉器》 425
《中国原人史要》 574
《中国猿人头骨》 574
《中国猿人下颌骨》 574
《中国云南省》 700
《中国札记》 578，580，869
《中国哲学家的宗教史》 75
《中国哲学史》 529，752，865
《中国哲学史大纲》 752
《中国针灸》 700
《中国征服者成吉思汗、蒙古王朝诸帝史》 57
《中国政治伦理学》 439
《中国之气候》 319
《中国植物：睡莲、玉兰、秋海棠、茉莉、菱角、牡丹、楮树、栗树》 436
《中国致命真福传略》 1025
《中和日报》 907
《中华本国主教》 962，965
《中华大帝国志》 42
《中华大字典》 777
《中华地理》 251，252
《中华帝国》 483
《中华帝国编年史简表》 438
《中华帝国，鞑靼西藏旅行记续》 679，680
《中华帝国甲子纪年表》 482
《中华帝国年表，公元前 2952 年—公元 1683 年》 440
《中华帝国年鉴和西方年历对照》 24
《中华帝国全志》 442
《中华帝国史》 865
《中华帝国自然史丛刊》 346

《中华公进妇女模范——许母徐太夫人甘第大小传》 83
《中华光荣》 808
《中华归主》 534
《中华拉丁大辞典》 261，262
《中华民国民法》 616
《中华民国民事诉讼条例》 615
《中华民国气候图解》 319
《中华民国亲属法》 869
《中华民国亲属法大纲》 869，870
《中华民国刑事诉讼条例》 615
《中华民国暂行新刑律》 615
《中华民族的历史》 926
《中华民族何去何从？》 926
《中华民族文化构成研究》 870
《中华全国教务统计》 984，985
《中华圣母》 940
《中华天主教教区全图》 328
《中华文史论丛》 456
《中列王传》 234
《中三圣咏》 77
《中式庭院》 436
《中枢人物应当有砥柱中流之精神》 907
《中外新报》 140
《中文辞典的编纂》 952
《中文教程》 602，773
《中文语法》 1013
《中西交通史》 910
《中西交通史料汇编》 834
《中西历日合璧》 166，321，322，448，477
《中西齐家谱》 1000
《中心区放射图》 776
《中学法文文范》 261
《中学国文课本菁华》 257
《中学校新制修身课本》 535
《中亚细亚植物地理之研究》 574
《中夜起望西园值月上》 865
《中医方剂》 436
《中庸》 46，75，296，436，439，440，520，531，553，556
《中云万日略经》 69
《终后祷文》 687
《终末之计甚利于精修》 85

1341

《钟鼎字源》 516
《钟楼村的牧羊女》 620
《种葛篇》 531
《种族压迫》 926
《仲家语—法语双解字典》 694
《重订敬灶章》 527
《重建清真寺记》 836
《重建清真寺记及碑阴题名》 836
《重镌〈七克真训〉序》 18
《重刊灵魂道体说》 898，899
《重刊真主灵性理证》 898，899
《重刻露德圣母纪略叙》 136
《重庆府传教图》 341
《重修青龙桥茔地记》 59
《周朝画征录》 418
《周代金文，战国时期的陶俑和金文拓片》 861
《周口店更新统初期之二，剑齿虎头骨》 567
《周礼》 519，520，555，556
《周年到墓地经》 687
《周年经训》 811
《周年默想》 138
《周年默想序》 138
《周年善思》 604
《周年瞻礼经》 149
《周年主保圣人单》 16
《周年主日及大瞻礼圣经》 223
《周年主日瞻礼圣经》 590
《周日存想》 938
《周书》 297
《周易》 457
《周易十翼精义》 854
《周月善思》 588
《周主日祷文》 149
《周主日瞻礼公经》 150
《昼锦堂图》 428
《朱砂担》 529
《朱砂和水银》 438
《朱思本绘制的中国元朝地图与〈广舆图〉》 872
《朱熹哲学，他的理论和影响》 447，456，457
《朱子全书》 520
《朱子语录》 520
《朱子之教义与影响》 509

《诸经说》 24
《诸圣婴孩致命》 150
《诸圣瞻礼》 150
《诸圣宗徒》 149
《诸物：酒、醋、哈密葡萄》 436
《诸巷会记》 988，991，992，994，996，1000，1037，1038
《诸巷会修道人表》 988，989，991，993，994，996，997，1000，1003，1007，1010，1011，1022，1023，1026，1029，1030，1032，1036，1037，1038
《诸宗徒行实圣像》 377
《竹谱》 574
《竹书纪年》 516
《竹溪浣沙》 842
《竹之种植和用处》 436
《烛雠记》 235
《主经体味》 80
《主日经》 149
《主日圣经》 662
《主日瞻礼圣经》 796
《主像经解》 395
《主宰无形论》 115
《主证遗芳》 725，726，979
《麈尾赋》 114
《助善终经》 42
《助善终引》 687
《助增救灵神火经文》 150
《转求诵》 289
《庄严经》 520
《庄子》 520，529，556，657，865
《〈庄子〉对中国语法的贡献》 1013
《追思已亡八日经为炼灵圣咏》 736
《追思已亡诸信友》 150
《追忆诵》 289
《坠泪碑》 684
《资治通鉴》 910
《紫禁城》 684
《紫禁城全图》 480
《自裁自驭》 781
《自迩集》 200
《自然诸短篇》 66
《自杀罪》 923

《自伤》 531
《自先知传的福音》 619
《自由》 926
《自由离婚》 933
《自由恋爱》 933
《自主权论》 932
《自尊，天主的儿女，耶稣的肢体》 619，620
《字典》 200
《字法》 262
《字汇拉定略解》 970
《字林西报》 309
《字文释例》 259
《字相的实验研究》 836
《字学举隅》 200，516
《宗教辨惑说》 930
《宗教辨惑说之辨惑》 930
《宗教生活的原则》 606
《宗教为人类所必要论》 920
《宗教研究概论》 920
《宗教与科学》 1005
《宗教之定义》 920
《宗教之起源》 920
《宗徒传教》 279
《宗徒大事录》 119，396，399，619，1006

《宗徒公函》 224
《宗徒列传》 396，399
《宗徒圣史短篇传》 119
《宗徒事略》 119，411
《宗徒行实》 590
《宗徒宣讲之感化力》 141
《宗徒之心》 239
《宗元直指》 970
《奏折皇帝御制诗》 42
《最后的蛮人》 701
《最近无线电报电话学》 249
《最新实用电学》 249
《最新无线电报电话学》 1004
《尊崇道经寺记》 836
《遵主圣范》 639，652，653，657，659，660，661，662，736，738，909，911
《遵主圣范新编》 654，725
《〈遵主圣范〉之中文译本及其注疏》 652，654，911
《左传》 186，468，520，552
《作承云之乐》 683
《作大渊之乐》 683
《作咸池之乐》 683
《做事宜凭良心说》 115

参考书目

【西文】

Matteo Ricci & Nicolas Trigault, *De Christiana expeditione apud Sinas suscepta ab Societate Jesu*, Augsburg, Christoph Mang, M. DC. XV (1615).

Nicolas Trigault, *Regni Chinensis descriptio*, Elzeviriana, M. DC. XXXIX (1639).

Philippe Couplet ect., *Confucius sinarum philosophus, sive scientia sinensis, latine exposita*, Cramoisy für Daniel Hortemels, M. DC. LXXXVII (1687).

Gabriel de Magaillans, *Nouvelle relation de la Chine, contenant la description des particularitez les plus considerables de ce grand Empire*, traduite du Portugais en François par le Sr. B., Claude Barbin, Paris, M. DC. LXXXVIL (1688).

Antoine Arnauld, *Histoire des Differens Entre les Missionaires Jesuites, d'une part, Et ceux des Ordres de St. Dominique et St.Francois, de l'autre, Morale Pratique des Jesuites*, Tome Sixie'me; S.I., M. DC. XCII (1692).

Louis Le Comte, *Nouveaux memoires sur l'etat present de la Chine*, Jean Anisson Directeur de L'Imprimerie Royale, M. DC. XCVI (1696).

Jean Joseph Marie Amiot, Pierre-Martial Cibot ect., *Mémoires concernant l'histoire, les sciences, les arts, les murs, les usages etc des Chinois*, Par les missionnaires de Pé-kin, Chez Nyon, Paris, M. DCC. LXXVI—M. DCC. XCI (1776—1791).

Achille Guidée, *Notice sur la Vie et La Mort du P. E. M. F. Estève*, Poussielgue-Rusand Paris, Lyon, Pélagaud, 1849.

Adrien Launay, *La mission du Thibet par un missionnaire*, Mame s.d. Tours, 1890.

Henri-Joseph Leroy, *En Chine au Tché-ly S.-E., une mission d'après les missionnaires*, Societe de St. Augustin, Desclée, Brouwer et Cie, Bruges, 1900.

Adrien Launay, *Histoire de la mission du Thibet*, Société de Saint-Augustin, Paris, 1902.

Adrien Launay, *Histoire des missions de Chine*, *Mission du Kouang-si*, Librairie Victor Lecoffre, Paris, 1903.

Adrien Launay, *Histoire des missions de Chine Kouy-tcheou*, Lafolye Frères, Paris, 1907—1908.

Bertram Wolferstan, *The Catholic Church in China*, *from 1860 to 1907*, London; Edinburgh: Sands & Co.; St. Louis, Mo.: B Herder, 1909.

J. de la Servière, *Histoire de la mission du Kiang-nan*, Imprimerie de L'Orphelinat de T'ou-sè-wè, Zi-ka-wei près Chang-hai, Chine, 1914.

P. Camille de Rochemonteix, *Joseph Amiot et Les Derniers Survivants de la Mission Française à Pékin (1750—1795)*, Librairie Alphonse Picard et Fils, Paris, 1915.

J. de la Servière, *Le Père Lazare Cattaneo*, *Le Fondateur de la Chrétienté de Chang-hai*, The New China Review, 1921.

Antoine Thomas, *Histoire de la mission de Pékin*, Tome 1. Depuis les origines jusqu'à l'arrivée e des lazaristes, Louis-Michaud. Paris, 1923; Tome 2. Depuis l'arrivée des lazaristes jusqu'à la révolte des boxeurs, Tirage privé, Paris, 1926.

Édouard Lafortune, *Canadiens en Chine*, *Croquis du Siu-tcheou fou*, *Mission des Jésuites du Canada*, L'acyion Paroissiale, Montréal, 1930.

Hermann Fischer, *Augustin Henninghaus 53 Jahre Missionar und Missionsbischof*, Miffionsdruderei Steyl, Doft Kaldenkirchen, Rheinland, 1940.

Johannes Baur, *P. Jos. Freinademetz S.V.D.*, *Ein heiligmäßiger Chinamissionar*, Steyler Verlagsbuchhandlung Kaldenkirchen, Steyl, 1956.

Richaed Hartwich, *Steyler Missionare in China*, Band. I—VI, 1879—1926, Styler Verlag, St. Augustin, 1983—1991.

Christian Henriot et Ivan Macaux, *Scènes de la vie en Chine*, *Les figurines de bois de T'ou-sè-wè*, Musée National de la Marine edi., Équateurs imp., 2014.

【中文】

《明清间耶稣会士译著提要》，徐宗泽著，中华书局 1949 年

《耶稣会士徐日昇关于中俄尼布楚谈判的日记》，[美] 塞比斯著，王立人译，商务印书馆 1973 年

《中国天主教教区划分及其首长接替年表》，赵庆源编，台北闻道出版社 1980 年

《利玛窦中国札记》，[意] 利玛窦 [比] 金尼阁著，何高济译，中华书局 1983 年

《江南传教史》，[法] 史式徽著，天主教上海教区史料译写组译，上海译文出版社 1983 年

《在华耶稣会士列传及书目》，[法]费赖之著，冯承钧译，中华书局1995年

《在华耶稣会士列传及书目补编》，[法]荣振华著，耿昇译，中华书局1995年

《中国对法国哲学思想形成的影响》，[法]维·毕诺著，耿昇译，商务印书馆2000年

《耶稣会士中国书简集·中国回忆录》，[法]杜赫德编，吕一民等译，大象出版社2005年

《中国天主教史人物传》，方豪著，宗教文化出版社2007年

《清初耶稣会士鲁日满：常熟账本及灵修笔记研究》，[比]高华士著，赵殿红译，大象出版社2007年

《在华圣母圣心会士名录》，D. V. Overmeire编，台北见证月刊杂志社2008年

《欧洲所藏雍正乾隆朝天主教文献汇编》，吴旻编校，上海人民出版社2008年

《清代来华传教士马若瑟研究》，[丹麦]龙伯格著，李真等译，大象出版社2009年

《16—20世纪入华天主教传教士列传》，[法]荣振华等著，耿昇译，广西师范大学出版社2010年

《平凉岁月——27位嘉布遣的27年》，[西]利玛窦编，台北光启文化事业2010年

《近代汉译西学书目提要·明末至1919》，张晓编著，北京大学出版社2012年

《传教士与中国经典》，中国人民大学基督教文化研究所编著，宗教文化出版社2012年

《在华天主教报刊》，[德]罗文达著，王海译，暨南大学出版社2013年

《铸以代刻——传教士与中文印刷变局》，苏精著，台湾大学出版中心2014年

【稿本】

《刘氏家传杂存》，刘必振辑，同治六年（1867）

《慈母堂画馆中兴记》，刘必振撰，光绪二十一年（1895）

《敬一堂志》，佚名，同治光绪年间

《天津工商学院简史，1923—1950》，赵振声1964年译自拉丁文

《徐汇藏书楼所藏天主教图书目录稿初编》，上海图书馆1985年油印本

【文档】

Catalogue Des Ouvrages Européens, *Imprimerie L'orphelinat de T'ou-sè-wè*, *Zi-ka-wei Près Chang-hai*（《上海徐家汇土山湾印书馆书目表》），土山湾印书馆1913年出版

Catalogus Librorum, *Librairie des Lazaristes Pékin*, *1936*（《北平西什库天主堂遣使会印书馆图书目录》），北京遣使会印书馆1936年出版

Catalogue, *Imprimerie de Nazareth Pokfulum Hongkong China*, *1937*（《纳匝肋印书馆图书目录》），香港纳匝肋印书馆1937年出版

T'ou-sè-wè（《土山湾产品目录》），第二卷第二期，土山湾印书馆1937年出版

Catalogus Publicationum, *Commissio Synodalis in Sinis*, *1937*（《中华公教教育联合会出版品目录》），

北平遣使会印书馆 1937 年出版

Catalogue Des Ouvrages Européens，*Imprimerie-Librairie l'Orphelinat de T'ou-sè-wè*（《土山湾印书馆西文图书目录》），上海土山湾印书馆 1939 年出版

Willem A. Grootaers en Dries van Coillie，*Proeve Eener Bibliographie van de Missionarissen van Scheut*（《圣母圣心会传教士著作目录》），Kerk en Missie，Brussel，1939

Catalogus Librorum，*Typographiæ Sienhsien*（《胜世堂印书房图书目录》），天津崇德堂 1940 年出版

Catalogus Librorum，*Typographiæ Missionis Catholic*，*Yenchowfu*，*Shantung*（《山东兖州天主教教区圣保禄印书馆图书目录》），兖州天主堂印书馆 1940 年出版

Catalogue 1940，*The Catholic Tryth Society of Hong Kong*（《香港公教真理学会图书目录》），香港公教真理学会 1940 年出版

Annuaire des Missions Catholiques de Chine，*1942*（《中华全国教务统计》），徐家汇光启社编，上海土山湾印书馆 1942 年出版

Catalogus Generalis，*Librorum Catholicorum qui Sinis Edintur*（《中华公教图书总目》），香港真理学会 1950 年出版

Catalogus Librorum Bibliotheca Catholica，*Societatis Verbi Divini*，*Pekini*（《北京圣言会公教图书馆图书目录》），北京公教图书馆 1950 年出版

跋　后

这是一部历史著作：中国天主教百年学术史。

书籍是历史的脚印，是人类文明的足迹。本书采用一种新的写作体裁，铺陈天主教百年间在中国出版的书籍，融汇鲜为人知的人物和事件，贯通成一部中国天主教百年学术史。

从鸦片战争到太平洋战争，这整整一百年恰恰是天主教在中国开拓发展的黄金时期。天主教在此期间创办了上海土山湾印书馆、河间胜世堂印书房、北京北堂印书馆、兖州天主堂印书馆、香港纳匝肋静院印书馆、太原明原堂印书馆等几十家出版机构，出版了大约六千八百种书籍。这些书籍主体无疑是宣教和圣事用书，但也还有大量研究东西方文化的著作，弥足珍贵：传教士们迻译西方格致之学，震聋发聩，让封闭而妄自尊大的国人"睁眼看世界"；传教士们孜孜不倦地研究中国典籍、文化习俗，让西人了解中国学问之厚重；传教士们游走中国边疆宣示耶稣福音的同时，也记录下中华大地上各民族生活情景，在他们的著作里保存了不可再现的文化记忆。

太平洋战争后的七十余年，由于种种原因，这幅恢宏长卷上描绘的人和事被几代人渐渐遗忘。今日在此作里重整这批"古籍"，择其典型一千余种，以逻辑次序为纲目，以时间次序为脉络，条分缕析，再现被遗忘的历史。

清末民国天主教书籍，一块未被耕耘的肥沃土地，余虽多年悉心收藏，仍未心满意足。谨把累年整理之心得，撰著小册，聊慰辛苦。所涉书籍和刊物，不敢称件件精品，但有其意韵与趣味。择选原则如下：

一、本作主题为天主教来华第二个百年，所纳入书籍的出版时间为清道光二十二年（1842）至民国三十一年（1942），即鸦片战争后耶稣会传教士踏上浦东土地至太平洋战争全面爆发。有极少量书籍或因叙述主题需要而超出这个时限。

二、本作原则上择选书籍为在中国（包括大陆和港澳）出版的中外文书籍。有极少量书籍，或因叙述主题需要而超出这个区限。

三、本作兼顾收藏，所介绍的各书绝大多数为本人所藏，或有数本借自友人。

跋 后

四、本作所涉人物、事件繁多，已有公论的一律采用通用资料。

五、本作定位于学术研究，对所介绍图书价值不作褒贬。

早年余全部著述都是和夫人陶建平一起完成的。二十年间俗事耗磨了各自精力，弹指间到了需要白首偕老的年龄，不堪回首。深知若缺少夫人的贤助所有努力都将付诸东流，愈老愈体味到个中道理，在此向夫人致谢。

完成本作受惠于许多朋友，真诚感谢绍兴"泉溪阁"王超先生、上海"悠然阁"姚小俊先生、太仓曹公平先生等书友慨然相助。

同窗兄长、复旦大学潘良桢先生，对我在著述中遇到的汉籍难解之处，拨冗疏释。遗憾的是本作未及一一注明，谨表歉意，并致谢。

姚　鹏

二〇一四年五月二十日识于守谷书屋

图书在版编目（CIP）数据

百年流泽：从土山湾到诸巷会 / 姚鹏著 . —上海：中西书局，2020

ISBN 978-7-5475-1740-6

Ⅰ. ①百… Ⅱ. ①姚… Ⅲ. ①出版事业—史料—汇编—中国—近代 Ⅳ. ① G239.296

中国版本图书馆 CIP 数据核字（2020）第 136298 号

审图号：GS（2020）3488 号
上海文化发展基金会图书出版专项基金资助项目

百年流泽——从土山湾到诸巷会
姚　鹏　著

责任编辑	王　媛
装帧设计	杨钟玮

上海世纪出版集团
出版发行　中西書局（www.zxpress.com.cn）

地　址	上海市陕西北路 457 号（邮编　200040）
印　刷	上海中华商务联合印刷有限公司
开　本	889×1194 毫米　1/16
印　张	85
字　数	2 080 000
版　次	2020 年 12 月第 1 版　2020 年 12 月第 1 次印刷
书　号	ISBN 978-7-5475-1740-6 / G·583
定　价	480.00 元

本书如有质量问题，请与承印厂联系。电话：021-62401305